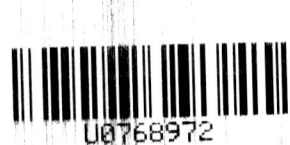

“十三五”国家重点图书出版规划项目

中华通历

先秦 上

主编：王双怀

编者：王双怀　陈佳荣　方　骏

董海鹏　张锦华　樊英峰

陕西师范大学出版总社

图书代号：SK18N0273

图书在版编目（CIP）数据

中华通历．先秦：全2册／王双怀编著．—西安：陕西师范大学出版总社有限公司，2018.4

ISBN 978-7-5613-9896-8

Ⅰ．①中… Ⅱ．①王… Ⅲ．①中国历史—先秦时代 Ⅳ．①K20

中国版本图书馆CIP数据核字（2018）第054245号

中华通历·先秦

ZHONGHUA TONGLI · XIANQIN

王双怀 编著

出 版 人／刘东风

责任编辑／王 森 付玉肖

责任校对／侯坤奇

装帧设计／安 梁

出版发行／陕西师范大学出版总社

（西安市长安南路199号 邮政编码710062）

网 址／http：//www.snupg.com

印 刷／陕西金德佳印务有限公司

开 本／787mm × 1092mm 1/16

印 张／76.25

插 页／8

字 数／1944千

版 次／2018年4月第1版

印 次／2018年4月第1次印刷

书 号／ISBN 978-7-5613-9896-8

定 价／790.00元（上、下册）

目録

CONTENTS

前言

中國是世界上的文明古國，天文曆法素稱發達。早在夏、商、周三代，就有了“觀象授時”的記載，并留下了《黄帝曆》《瑞頊曆》《夏曆》《殷曆》《周曆》和《魯曆》，這在世界歷史上是絕無僅有的。從大量資料來看，中國歷史上所頒行的曆法都是陰陽合曆。這種曆法年有平閏、月有大小，符合中國國情，對農業生産和人們的日常生活具有重要的指導意義。由於中國歷代頒行的曆法采用帝王紀年和干支紀日的獨特方法，因而在豐富的文獻典籍中留下了大量的干支資料。這些資料是我們瞭解歷史時期中國曆法的重要依據，也是我們認識歷史問題的重要依據。但我們現在用慣了公曆（即西曆），面對這些干支，很難立即弄清其中的含義。如果不借助工具書，便無法形成正確的時間概念。

上個世紀以來，海内外的一些學者曾對先秦曆法進行過研究，如劉師培著有《古曆管窺》（寧武南氏《劉申叔先生遺書》本），朱文鑫著有《曆法通志》（商務印書館，1934），章鴻釗著有《中國古曆析疑》（科學出版社，1958）。日本學者藪内清的《中國的天文曆法》（平凡社，1960）和張培瑜等人的《中國古代曆法》（中國科學技術出版社，2008）也是比較重要的研究成果。與此同時，一批專家學者致力於先秦曆表的編纂工作。其中董作賓的《殷曆譜》（“中央研究院”歷史語言研究所，1945）、嚴一萍的《續殷曆譜》（臺北藝文印書館，1955）、張培瑜的《中國先秦史曆表》（齊魯書社，1987）影響較大，陳垣的《二十史朔閏表》（中華書局，1962）、方詩銘和方小芬的《中國史曆日和中西曆日對照表》（上海辭書出版社，1987）亦有先秦曆法方面的内容。這些曆表各有所長，爲我們進一步研究先秦曆法奠定了堅實的基礎。

我大學階段學的是歷史專業，常常被曆法問題所困擾。看到史書中的干支，往往不知所云，只好借助《二十史朔閏表》進行推算。由於干支衆多，推算起來相當困難。後來我考上中國古代史專業的研究生，開始學習中國古代的天文曆法，并製造了换算干支的輔助工具，以此爲契機，産生了編寫《中華通曆》的想法。研究生畢業後，研究曆法、編寫曆表成爲我的一項重要工作。曆算之學甚難，對我這個出身文科的人來説更是如此。要編寫一部能逐日讀出的日曆，絕不是一件容易的事。好在我能吃苦，還能借助現代科技手段提高學習效率和研究速度。1990年，我擬定了《中華通曆》編纂提綱，并在好友楊振江先生的幫助下編制了復原曆法和編寫日曆的程式。此後研究工作和編纂工作全面展開，在我攻讀博士學位和從事博士後研究期間，也一直未曾間斷。1999年，方駿博士、陳佳榮先生、張錦華先生和樊英峰先生對此書表現出較大的熱情，并加入了編纂此書的行列。經過幾年時間的艱苦努力，我們終於編成了《中華日曆通典》。2006年，《中華日曆通典》由吉林文史出版社出版，受到學術界的好評。近些年來，許多從事歷史研究、考古研究和文獻研究的專家學者和研究生認爲《中華日曆通典》部頭太大，價格過高，希望按斷代編輯出版。現在展現在大家面前的這部工具書就是《中華通曆》的先秦部分。

本書是在推算歷代實用曆法、核對史書所載朔閏、參考現存古曆和曆表的基礎上編成的。內容涉及殷商、西周、春秋、戰國等歷史時期。鑒於學術界對先秦曆法的不同認識，本書商周部分從公元前1400年開始，據當時的實際天象編制，春秋部分用《魯曆》，戰國部分用《殷曆》及《瑞頊曆》，列舉年代異同或月首差異，供方家參考。各部分均以朝代和帝王年號爲綱，分别列出每一年的日曆。日曆的格式采用表格，每年一表，有年代、月序、日序、中西曆日對照、節氣與天象等欄目。年代包括帝王年號、年序、年干支、公曆年份、屬相等内容。月序與日序構成座標體系。中西曆日對照列出全年中每日的干支、公曆日期和星期。節氣與天象欄則給出四時八節和日食發生的日期。書後還附有一些實用的曆法資料和年代資料。讀者可以通過帝王年號及年月日干支，直接查出其相應的公曆時間，也可以用公曆日期迅速地查出其相對應的中曆日期。

我們編寫本書的目的一方面是爲了展現中國獨有的曆法體系，另一方面是爲了幫助廣大文史工作者正確理解文獻中的干支所代表的時間。中國的傳統文化博大精深，具有永恒的魅力。在二十一世紀，人們必定還要繼續研究中國的歷史和文化，還要閱讀中國的文獻典籍。隨著史學研究工作的逐步深入，换算干支的情况將會頻繁出現。希望本書成爲大家學習中國歷史文化的一種利器。在本書的編寫過程中，我們參考了以往學者的研究成果。本書的出版，得到陝西師範大學出版社領導的大力支持。編輯侯海英、付玉肖、曹聯養等付出了大量心血。在此，謹表謝忱！由於我們學識有限，加之時間倉促，書中錯誤缺點在所難免，敬請大家批評指正。

王雙懷

2017年7月27日

凡例

一、本書是爲解決先秦時間問題而編纂的日曆，按照歷史順序和史家慣例，采用中西曆對照的形式，逐年逐月逐日列出具體時間，從公元前1400年開始，到公元前221年結束。

二、爲了方便讀者使用，本書融年表、月表、日表、節氣表爲一爐。每年一頁，首列年代、次爲日曆，若有王朝更替或頒布新曆等情況，則注之於當頁之下。年代包含干支紀年和公曆紀年等要素，日曆則以中曆月序和中曆日序爲綱，表列干支及相應的公曆日期，同時附列節氣與天象（日食）方面的信息。讀者無須換算，可直接通過干支快速查出中、西曆日期，也可以通過中曆日期或公曆日期快速查出相應的干支。

三、學術界對先秦曆法頗有爭議。鑒於夏、商、西周時期實行“觀象授時”，本書參考張培瑜等先生的研究成果，復原當時的實際天象，附列諸家年代異同於每頁之下，希望有助於夏、商、西周斷代問題的研究。春秋戰國時期已頒行長時推步曆法。古人所謂“春秋”“戰國”與我們通常所說的“春秋戰國時期”概念略有不同。本書於公元前770年至前723年列出實際天象；前722年至前481年用魯曆，而列周曆、殷曆、夏曆與合朔新曆月首干支於其下；前481年至前249年用殷曆，前248年至前221年用顓頊曆，亦列出周、夏等曆每月朔日干支於其下。夏、殷、周諸曆歲首不同，屬於不同的曆法體係。讀者可以按本書所提供的相關資料，對這一時期的天文曆法進行深入探討。

四、中曆一年，公曆往往經過兩年甚至三年。爲作區分，表題中，中曆所包含主要公曆年份加粗，次要年份不加粗。

五、日曆表中，爲行文方便和排版美觀，公曆每月1日以圓括號加月份表示，如“（1）”，即指1月1日。

殷商日曆

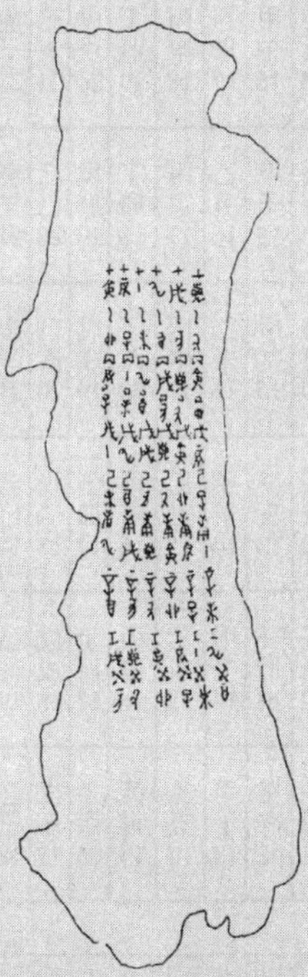

殷商日曆

商沃甲十三年（辛丑 牛年） 公元前 **1400** ~ 前 1399 年

夏曆月序		中西曆日對照	初一	初二	初三	初四	初五	初六	初七	初八	初九	初十	十一	十二	十三	十四	十五	十六	十七	十八	十九	二十	二一	二二	二三	二四	二五	二六	二七	二八	二九	三十	節氣與天象
正月大	庚寅	天干地支西曆	丁亥 10	戊子 11	己丑 12	庚寅 13	辛卯 14	壬辰 15	癸巳 16	甲午 17	乙未 18	丙申 19	丁酉 20	戊戌 21	己亥 22	庚子 23	辛丑 24	壬寅 25	癸卯 26	甲辰 27	乙巳 28	丙午 (3)	丁未 2	戊申 3	己酉 4	庚戌 5	辛亥 6	壬子 7	癸丑 8	甲寅 9	乙卯 10	丙辰 11	壬辰立春
二月小	辛卯	天干地支西曆	丁巳 12	戊午 13	己未 14	庚申 15	辛酉 16	壬戌 17	癸亥 18	甲子 19	乙丑 20	丙寅 21	丁卯 22	戊辰 23	己巳 24	庚午 25	辛未 26	壬申 27	癸酉 28	甲戌 29	乙亥 30	丙子 31	丁丑 (4)	戊寅 2	己卯 3	庚辰 4	辛巳 5	壬午 6	癸未 7	甲申 8	乙酉 9		己卯春分
三月小	壬辰	天干地支西曆	丙戌 10	丁亥 11	戊子 12	己丑 13	庚寅 14	辛卯 15	壬辰 16	癸巳 17	甲午 18	乙未 19	丙申 20	丁酉 21	戊戌 22	己亥 23	庚子 24	辛丑 25	壬寅 26	癸卯 27	甲辰 28	乙巳 29	丙午 30	丁未 (5)	戊申 2	己酉 3	庚戌 4	辛亥 5	壬子 6	癸丑 7	甲寅 8		
四月大	癸巳	天干地支西曆	乙卯 9	丙辰 10	丁巳 11	戊午 12	己未 13	庚申 14	辛酉 15	壬戌 16	癸亥 17	甲子 18	乙丑 19	丙寅 20	丁卯 21	戊辰 22	己巳 23	庚午 24	辛未 25	壬申 26	癸酉 27	甲戌 28	乙亥 29	丙子 30	丁丑 31	戊寅 (6)	己卯 2	庚辰 3	辛巳 4	壬午 5	癸未 6	甲申 7	丙寅立夏
五月小	甲午	天干地支西曆	乙酉 8	丙戌 9	丁亥 10	戊子 11	己丑 12	庚寅 13	辛卯 14	壬辰 15	癸巳 16	甲午 17	乙未 18	丙申 19	丁酉 20	戊戌 21	己亥 22	庚子 23	辛丑 24	壬寅 25	癸卯 26	甲辰 27	乙巳 28	丙午 29	丁未 30	戊申 (7)	己酉 2	庚戌 3	辛亥 4	壬子 5	癸丑 6		癸丑夏至
六月小	乙未	天干地支西曆	甲寅 7	乙卯 8	丙辰 9	丁巳 10	戊午 11	己未 12	庚申 13	辛酉 14	壬戌 15	癸亥 16	甲子 17	乙丑 18	丙寅 19	丁卯 20	戊辰 21	己巳 22	庚午 23	辛未 24	壬申 25	癸酉 26	甲戌 27	乙亥 28	丙子 29	丁丑 30	戊寅 31	己卯 (8)	庚辰 2	辛巳 3	壬午 4		
七月大	丙申	天干地支西曆	癸未 5	甲申 6	乙酉 7	丙戌 8	丁亥 9	戊子 10	己丑 11	庚寅 12	辛卯 13	壬辰 14	癸巳 15	甲午 16	乙未 17	丙申 18	丁酉 19	戊戌 20	己亥 21	庚子 22	辛丑 23	壬寅 24	癸卯 25	甲辰 26	乙巳 27	丙午 28	丁未 29	戊申 30	己酉 31	庚戌 (9)	辛亥 2	壬子 3	己亥立秋
八月大	丁酉	天干地支西曆	癸丑 4	甲寅 5	乙卯 6	丙辰 7	丁巳 8	戊午 9	己未 10	庚申 11	辛酉 12	壬戌 13	癸亥 14	甲子 15	乙丑 16	丙寅 17	丁卯 18	戊辰 19	己巳 20	庚午 21	辛未 22	壬申 23	癸酉 24	甲戌 25	乙亥 26	丙子 27	丁丑 28	戊寅 29	己卯 30	庚辰 (10)	辛巳 2	壬午 3	癸丑日食
九月小	戊戌	天干地支西曆	癸未 4	甲申 5	乙酉 6	丙戌 7	丁亥 8	戊子 9	己丑 10	庚寅 11	辛卯 12	壬辰 13	癸巳 14	甲午 15	乙未 16	丙申 17	丁酉 18	戊戌 19	己亥 20	庚子 21	辛丑 22	壬寅 23	癸卯 24	甲辰 25	乙巳 26	丙午 27	丁未 28	戊申 29	己酉 30	庚戌 31	辛亥 (11)		甲申秋分
十月大	己亥	天干地支西曆	壬子 2	癸丑 3	甲寅 4	乙卯 5	丙辰 6	丁巳 7	戊午 8	己未 9	庚申 10	辛酉 11	壬戌 12	癸亥 13	甲子 14	乙丑 15	丙寅 16	丁卯 17	戊辰 18	己巳 19	庚午 20	辛未 21	壬申 22	癸酉 23	甲戌 24	乙亥 25	丙子 26	丁丑 27	戊寅 28	己卯 29	庚辰 30	辛巳 (12)	戊辰立冬
十一月大	庚子	天干地支西曆	壬午 2	癸未 3	甲申 4	乙酉 5	丙戌 6	丁亥 7	戊子 8	己丑 9	庚寅 10	辛卯 11	壬辰 12	癸巳 13	甲午 14	乙未 15	丙申 16	丁酉 17	戊戌 18	己亥 19	庚子 20	辛丑 21	壬寅 22	癸卯 23	甲辰 24	乙巳 25	丙午 26	丁未 27	戊申 28	己酉 29	庚戌 30	辛亥 31	
十二月大	辛丑	天干地支西曆	壬子 (1)	癸丑 2	甲寅 3	乙卯 4	丙辰 5	丁巳 6	戊午 7	己未 8	庚申 9	辛酉 10	壬戌 11	癸亥 12	甲子 13	乙丑 14	丙寅 15	丁卯 16	戊辰 17	己巳 18	庚午 19	辛未 20	壬申 21	癸酉 22	甲戌 23	乙亥 24	丙子 25	丁丑 26	戊寅 27	己卯 28	庚辰 29	辛巳 30	癸丑冬至

年代異同	竹書紀年	皇極經世	文獻通考	歷代紀年備考	歷代帝王年表	歷代統紀表	中國年曆總譜	斷代工程
		殷盤庚二年	殷盤庚二年	殷盤庚二年	殷盤庚二年	殷盤庚二年		

* 商沃甲以前日历从略。

商沃甲十四年（壬寅 虎年） 公元前1399 ~ 前1398年

夏曆月序		中西曆日對照	初一	初二	初三	初四	初五	初六	初七	初八	初九	初十	十一	十二	十三	十四	十五	十六	十七	十八	十九	二十	二一	二二	二三	二四	二五	二六	二七	二八	二九	三十	節氣與天象
正月小	壬寅	天干地支西曆	壬午31	癸未(2)	甲申2	乙酉3	丙戌4	丁亥5	戊子6	己丑7	庚寅8	辛卯9	壬辰10	癸巳11	甲午12	乙未13	丙申14	丁酉15	戊戌16	己亥17	庚子18	辛丑19	壬寅20	癸卯21	甲辰22	乙巳23	丙午24	丁未25	戊申26	己酉27	庚戌28		戊戌立春
二月大	癸卯	天干地支西曆	辛亥(3)	壬子2	癸丑3	甲寅4	乙卯5	丙辰6	丁巳7	戊午8	己未9	庚申10	辛酉11	壬戌12	癸亥13	甲子14	乙丑15	丙寅16	丁卯17	戊辰18	己巳19	庚午20	辛未21	壬申22	癸酉23	甲戌24	乙亥25	丙子26	丁丑27	戊寅28	己卯29	庚辰30	
閏二月小	癸卯	天干地支西曆	辛巳31	壬午(4)	癸未2	甲申3	乙酉4	丙戌5	丁亥6	戊子7	己丑8	庚寅9	辛卯10	壬辰11	癸巳12	甲午13	乙未14	丙申15	丁酉16	戊戌17	己亥18	庚子19	辛丑20	壬寅21	癸卯22	甲辰23	乙巳24	丙午25	丁未26	戊申27	己酉28		甲申春分
三月小	甲辰	天干地支西曆	庚戌29	辛亥30	壬子(5)	癸丑2	甲寅3	乙卯4	丙辰5	丁巳6	戊午7	己未8	庚申9	辛酉10	壬戌11	癸亥12	甲子13	乙丑14	丙寅15	丁卯16	戊辰17	己巳18	庚午19	辛未20	壬申21	癸酉22	甲戌23	乙亥24	丙子25	丁丑26	戊寅27		辛未立夏
四月大	乙巳	天干地支西曆	己卯28	庚辰29	辛巳30	壬午31	癸未(6)	甲申2	乙酉3	丙戌4	丁亥5	戊子6	己丑7	庚寅8	辛卯9	壬辰10	癸巳11	甲午12	乙未13	丙申14	丁酉15	戊戌16	己亥17	庚子18	辛丑19	壬寅20	癸卯21	甲辰22	乙巳23	丙午24	丁未25	戊申26	
五月小	丙午	天干地支西曆	己酉27	庚戌28	辛亥29	壬子30	癸丑(7)	甲寅2	乙卯3	丙辰4	丁巳5	戊午6	己未7	庚申8	辛酉9	壬戌10	癸亥11	甲子12	乙丑13	丙寅14	丁卯15	戊辰16	己巳17	庚午18	辛未19	壬申20	癸酉21	甲戌22	乙亥23	丙子24	丁丑25		戊午夏至
六月小	丁未	天干地支西曆	戊寅26	己卯27	庚辰28	辛巳29	壬午30	癸未31	甲申(8)	乙酉2	丙戌3	丁亥4	戊子5	己丑6	庚寅7	辛卯8	壬辰9	癸巳10	甲午11	乙未12	丙申13	丁酉14	戊戌15	己亥16	庚子17	辛丑18	壬寅19	癸卯20	甲辰21	乙巳22	丙午23		甲辰立秋
七月大	戊申	天干地支西曆	丁未24	戊申25	己酉26	庚戌27	辛亥28	壬子29	癸丑30	甲寅31	乙卯(9)	丙辰2	丁巳3	戊午4	己未5	庚申6	辛酉7	壬戌8	癸亥9	甲子10	乙丑11	丙寅12	丁卯13	戊辰14	己巳15	庚午16	辛未17	壬申18	癸酉19	甲戌20	乙亥21	丙子22	
八月小	己酉	天干地支西曆	丁丑23	戊寅24	己卯25	庚辰26	辛巳27	壬午28	癸未29	甲申30	乙酉(10)	丙戌2	丁亥3	戊子4	己丑5	庚寅6	辛卯7	壬辰8	癸巳9	甲午10	乙未11	丙申12	丁酉13	戊戌14	己亥15	庚子16	辛丑17	壬寅18	癸卯19	甲辰20	乙巳21		己丑秋分
九月大	庚戌	天干地支西曆	丙午22	丁未23	戊申24	己酉25	庚戌26	辛亥27	壬子28	癸丑29	甲寅30	乙卯31	丙辰(11)	丁巳2	戊午3	己未4	庚申5	辛酉6	壬戌7	癸亥8	甲子9	乙丑10	丙寅11	丁卯12	戊辰13	己巳14	庚午15	辛未16	壬申17	癸酉18	甲戌19	乙亥20	甲戌立冬
十月大	辛亥	天干地支西曆	丙子21	丁丑22	戊寅23	己卯24	庚辰25	辛巳26	壬午27	癸未28	甲申29	乙酉30	丙戌(12)	丁亥2	戊子3	己丑4	庚寅5	辛卯6	壬辰7	癸巳8	甲午9	乙未10	丙申11	丁酉12	戊戌13	己亥14	庚子15	辛丑16	壬寅17	癸卯18	甲辰19	乙巳20	
十一月大	壬子	天干地支西曆	丙午21	丁未22	戊申23	己酉24	庚戌25	辛亥26	壬子27	癸丑28	甲寅29	乙卯30	丙辰31	丁巳(1)	戊午2	己未3	庚申4	辛酉5	壬戌6	癸亥7	甲子8	乙丑9	丙寅10	丁卯11	戊辰12	己巳13	庚午14	辛未15	壬申16	癸酉17	甲戌18	乙亥19	戊午冬至
十二月大	癸丑	天干地支西曆	丙子20	丁丑21	戊寅22	己卯23	庚辰24	辛巳25	壬午26	癸未27	甲申28	乙酉29	丙戌30	丁亥31	戊子(2)	己丑2	庚寅3	辛卯4	壬辰5	癸巳6	甲午7	乙未8	丙申9	丁酉10	戊戌11	己亥12	庚子13	辛丑14	壬寅15	癸卯16	甲辰17	乙巳18	癸卯立春

年代異同	竹書紀年	皇極經世	文獻通考	歷代紀年備考	歷代帝王年表	歷代統紀表	中國年曆總譜	斷代工程
		殷盤庚三年	殷盤庚三年	殷盤庚三年	殷盤庚三年	殷盤庚三年		

商沃甲十五年（癸卯兔年）公元前1398～前1397年

夏曆月序		中西曆對照	夏曆日序																														節氣與天象
			初一	初二	初三	初四	初五	初六	初七	初八	初九	初十	十一	十二	十三	十四	十五	十六	十七	十八	十九	二十	二一	二二	二三	二四	二五	二六	二七	二八	二九	三十	
正月小	甲寅	天地干支西曆	丙午19	丁未20	戊申21	己酉22	庚戌23	辛亥24	壬子25	癸丑26	甲寅27	乙卯28	丙辰(3)	丁巳2	戊午3	己未4	庚申5	辛酉6	壬戌7	癸亥8	甲子9	乙丑10	丙寅11	丁卯12	戊辰13	己巳14	庚午15	辛未16	壬申17	癸酉18	甲戌19		
二月大	乙卯	天地干支西曆	乙亥20	丙子21	丁丑22	戊寅23	己卯24	庚辰25	辛巳26	壬午27	癸未28	甲申29	乙酉30	丙戌31	丁亥(4)	戊子2	己丑3	庚寅4	辛卯5	壬辰6	癸巳7	甲午8	乙未9	丙申10	丁酉11	戊戌12	己亥13	庚子14	辛丑15	壬寅16	癸卯17	甲辰18	己丑春分
三月小	丙辰	天地干支西曆	乙巳19	丙午20	丁未21	戊申22	己酉23	庚戌24	辛亥25	壬子26	癸丑27	甲寅28	乙卯29	丙辰30	丁巳(5)	戊午2	己未3	庚申4	辛酉5	壬戌6	癸亥7	甲子8	乙丑9	丙寅10	丁卯11	戊辰12	己巳13	庚午14	辛未15	壬申16	癸酉17		
四月小	丁巳	天地干支西曆	甲戌18	乙亥19	丙子20	丁丑21	戊寅22	己卯23	庚辰24	辛巳25	壬午26	癸未27	甲申28	乙酉29	丙戌30	丁亥31	戊子(6)	己丑2	庚寅3	辛卯4	壬辰5	癸巳6	甲午7	乙未8	丙申9	丁酉10	戊戌11	己亥12	庚子13	辛丑14	壬寅15		丙子立夏
五月大	戊午	天地干支西曆	癸卯16	甲辰17	乙巳18	丙午19	丁未20	戊申21	己酉22	庚戌23	辛亥24	壬子25	癸丑26	甲寅27	乙卯28	丙辰29	丁巳30	戊午(7)	己未2	庚申3	辛酉4	壬戌5	癸亥6	甲子7	乙丑8	丙寅9	丁卯10	戊辰11	己巳12	庚午13	辛未14	壬申15	癸亥夏至
六月小	己未	天地干支西曆	癸酉16	甲戌17	乙亥18	丙子19	丁丑20	戊寅21	己卯22	庚辰23	辛巳24	壬午25	癸未26	甲申27	乙酉28	丙戌29	丁亥30	戊子31	己丑(8)	庚寅2	辛卯3	壬辰4	癸巳5	甲午6	乙未7	丙申8	丁酉9	戊戌10	己亥11	庚子12	辛丑13		
七月小	庚申	天地干支西曆	壬寅14	癸卯15	甲辰16	乙巳17	丙午18	丁未19	戊申20	己酉21	庚戌22	辛亥23	壬子24	癸丑25	甲寅26	乙卯27	丙辰28	丁巳29	戊午30	己未31	庚申(9)	辛酉2	壬戌3	癸亥4	甲子5	乙丑6	丙寅7	丁卯8	戊辰9	己巳10	庚午11		庚戌立秋
八月大	辛酉	天地干支西曆	辛未12	壬申13	癸酉14	甲戌15	乙亥16	丙子17	丁丑18	戊寅19	己卯20	庚辰21	辛巳22	壬午23	癸未24	甲申25	乙酉26	丙戌27	丁亥28	戊子29	己丑30	庚寅(10)	辛卯2	壬辰3	癸巳4	甲午5	乙未6	丙申7	丁酉8	戊戌9	己亥10	庚子11	乙未秋分
九月小	壬戌	天地干支西曆	辛丑12	壬寅13	癸卯14	甲辰15	乙巳16	丙午17	丁未18	戊申19	己酉20	庚戌21	辛亥22	壬子23	癸丑24	甲寅25	乙卯26	丙辰27	丁巳28	戊午29	己未30	庚申31	辛酉(11)	壬戌2	癸亥3	甲子4	乙丑5	丙寅6	丁卯7	戊辰8	己巳9		
十月大	癸亥	天地干支西曆	庚午10	辛未11	壬申12	癸酉13	甲戌14	乙亥15	丙子16	丁丑17	戊寅18	己卯19	庚辰20	辛巳21	壬午22	癸未23	甲申24	乙酉25	丙戌26	丁亥27	戊子28	己丑29	庚寅30	辛卯(12)	壬辰2	癸巳3	甲午4	乙未5	丙申6	丁酉7	戊戌8	己亥9	己卯立冬
十一月大	甲子	天地干支西曆	庚子10	辛丑11	壬寅12	癸卯13	甲辰14	乙巳15	丙午16	丁未17	戊申18	己酉19	庚戌20	辛亥21	壬子22	癸丑23	甲寅24	乙卯25	丙辰26	丁巳27	戊午28	己未29	庚申30	辛酉31	壬戌(1)	癸亥2	甲子3	乙丑4	丙寅5	丁卯6	戊辰7	己巳8	癸亥冬至
十二月大	乙丑	天地干支西曆	庚午9	辛未10	壬申11	癸酉12	甲戌13	乙亥14	丙子15	丁丑16	戊寅17	己卯18	庚辰19	辛巳20	壬午21	癸未22	甲申23	乙酉24	丙戌25	丁亥26	戊子27	己丑28	庚寅29	辛卯30	壬辰31	癸巳(2)	甲午2	乙未3	丙申4	丁酉5	戊戌6	己亥7	

年代異同	竹書紀年	皇極經世	文獻通考	歷代紀年備考	歷代帝王年表	歷代統紀表	中國年曆總譜	斷代工程
		殷盤庚四年	殷盤庚四年	殷盤庚四年	殷盤庚四年	殷盤庚四年		

商沃甲十六年（甲辰 龍年） 公元前 **1397** ～ 前 1396 年

夏曆月序		中西曆日對照	夏曆日序																														節氣與天象
			初一	初二	初三	初四	初五	初六	初七	初八	初九	初十	十一	十二	十三	十四	十五	十六	十七	十八	十九	二十	二一	二二	二三	二四	二五	二六	二七	二八	二九	三十	
正月小	丙寅	天干地支西曆	庚子 8	辛丑 9	壬寅 10	癸卯 11	甲辰 12	乙巳 13	丙午 14	丁未 15	戊申 16	己酉 17	庚戌 18	辛亥 19	壬子 20	癸丑 21	甲寅 22	乙卯 23	丙辰 24	丁巳 25	戊午 26	己未 27	庚申 28	辛酉 29	壬戌 (3)	癸亥 2	甲子 3	乙丑 4	丙寅 5	丁卯 6	戊辰 7		戊申立春
二月大	丁卯	天干地支西曆	己巳 8	庚午 9	辛未 10	壬申 11	癸酉 12	甲戌 13	乙亥 14	丙子 15	丁丑 16	戊寅 17	己卯 18	庚辰 19	辛巳 20	壬午 21	癸未 22	甲申 23	乙酉 24	丙戌 25	丁亥 26	戊子 27	己丑 28	庚寅 29	辛卯 30	壬辰 31	癸巳 (4)	甲午 2	乙未 3	丙申 4	丁酉 5	戊戌 6	甲午春分
三月小	戊辰	天干地支西曆	己亥 7	庚子 8	辛丑 9	壬寅 10	癸卯 11	甲辰 12	乙巳 13	丙午 14	丁未 15	戊申 16	己酉 17	庚戌 18	辛亥 19	壬子 20	癸丑 21	甲寅 22	乙卯 23	丙辰 24	丁巳 25	戊午 26	己未 27	庚申 28	辛酉 29	壬戌 30	癸亥 (5)	甲子 2	乙丑 3	丙寅 4	丁卯 5		
四月大	己巳	天干地支西曆	戊辰 6	己巳 7	庚午 8	辛未 9	壬申 10	癸酉 11	甲戌 12	乙亥 13	丙子 14	丁丑 15	戊寅 16	己卯 17	庚辰 18	辛巳 19	壬午 20	癸未 21	甲申 22	乙酉 23	丙戌 24	丁亥 25	戊子 26	己丑 27	庚寅 28	辛卯 29	壬辰 30	癸巳 31	甲午 (6)	乙未 2	丙申 3	丁酉 4	辛巳立夏
五月小	庚午	天干地支西曆	戊戌 5	己亥 6	庚子 7	辛丑 8	壬寅 9	癸卯 10	甲辰 11	乙巳 12	丙午 13	丁未 14	戊申 15	己酉 16	庚戌 17	辛亥 18	壬子 19	癸丑 20	甲寅 21	乙卯 22	丙辰 23	丁巳 24	戊午 25	己未 26	庚申 27	辛酉 28	壬戌 29	癸亥 30	甲子 (7)	乙丑 2	丙寅 3		
六月大	辛未	天干地支西曆	丁卯 4	戊辰 5	己巳 6	庚午 7	辛未 8	壬申 9	癸酉 10	甲戌 11	乙亥 12	丙子 13	丁丑 14	戊寅 15	己卯 16	庚辰 17	辛巳 18	壬午 19	癸未 20	甲申 21	乙酉 22	丙戌 23	丁亥 24	戊子 25	己丑 26	庚寅 27	辛卯 28	壬辰 29	癸巳 30	甲午 31	乙未 (8)	丙申 2	己巳夏至 丁卯日食
七月小	壬申	天干地支西曆	丁酉 3	戊戌 4	己亥 5	庚子 6	辛丑 7	壬寅 8	癸卯 9	甲辰 10	乙巳 11	丙午 12	丁未 13	戊申 14	己酉 15	庚戌 16	辛亥 17	壬子 18	癸丑 19	甲寅 20	乙卯 21	丙辰 22	丁巳 23	戊午 24	己未 25	庚申 26	辛酉 27	壬戌 28	癸亥 29	甲子 30	乙丑 31		乙卯立秋
八月小	癸酉	天干地支西曆	丙寅 (9)	丁卯 2	戊辰 3	己巳 4	庚午 5	辛未 6	壬申 7	癸酉 8	甲戌 9	乙亥 10	丙子 11	丁丑 12	戊寅 13	己卯 14	庚辰 15	辛巳 16	壬午 17	癸未 18	甲申 19	乙酉 20	丙戌 21	丁亥 22	戊子 23	己丑 24	庚寅 25	辛卯 26	壬辰 27	癸巳 28	甲午 29		
閏八月大	癸酉	天干地支西曆	乙未 30	丙申 (10)	丁酉 2	戊戌 3	己亥 4	庚子 5	辛丑 6	壬寅 7	癸卯 8	甲辰 9	乙巳 10	丙午 11	丁未 12	戊申 13	己酉 14	庚戌 15	辛亥 16	壬子 17	癸丑 18	甲寅 19	乙卯 20	丙辰 21	丁巳 22	戊午 23	己未 24	庚申 25	辛酉 26	壬戌 27	癸亥 28	甲子 29	庚子秋分
九月小	甲戌	天干地支西曆	乙丑 30	丙寅 31	丁卯 (11)	戊辰 2	己巳 3	庚午 4	辛未 5	壬申 6	癸酉 7	甲戌 8	乙亥 9	丙子 10	丁丑 11	戊寅 12	己卯 13	庚辰 14	辛巳 15	壬午 16	癸未 17	甲申 18	乙酉 19	丙戌 20	丁亥 21	戊子 22	己丑 23	庚寅 24	辛卯 25	壬辰 26	癸巳 27		甲申立冬
十月大	乙亥	天干地支西曆	甲午 28	乙未 29	丙申 30	丁酉 (12)	戊戌 2	己亥 3	庚子 4	辛丑 5	壬寅 6	癸卯 7	甲辰 8	乙巳 9	丙午 10	丁未 11	戊申 12	己酉 13	庚戌 14	辛亥 15	壬子 16	癸丑 17	甲寅 18	乙卯 19	丙辰 20	丁巳 21	戊午 22	己未 23	庚申 24	辛酉 25	壬戌 26	癸亥 27	
十一月大	丙子	天干地支西曆	甲子 28	乙丑 29	丙寅 30	丁卯 31	戊辰 (1)	己巳 2	庚午 3	辛未 4	壬申 5	癸酉 6	甲戌 7	乙亥 8	丙子 9	丁丑 10	戊寅 11	己卯 12	庚辰 13	辛巳 14	壬午 15	癸未 16	甲申 17	乙酉 18	丙戌 19	丁亥 20	戊子 21	己丑 22	庚寅 23	辛卯 24	壬辰 25	癸巳 26	戊辰冬至
十二月小	丁丑	天干地支西曆	甲午 27	乙未 28	丙申 29	丁酉 30	戊戌 31	己亥 (2)	庚子 2	辛丑 3	壬寅 4	癸卯 5	甲辰 6	乙巳 7	丙午 8	丁未 9	戊申 10	己酉 11	庚戌 12	辛亥 13	壬子 14	癸丑 15	甲寅 16	乙卯 17	丙辰 18	丁巳 19	戊午 20	己未 21	庚申 22	辛酉 23	壬戌 24		癸丑立春

年代異同	竹書紀年	皇極經世	文獻通考	歷代紀年備考	歷代帝王年表	歷代統紀表	中國年曆總譜	斷代工程
		殷盤庚五年	殷盤庚五年	殷盤庚五年	殷盤庚五年	殷盤庚五年		

商沃甲十七年（乙巳 蛇年） 公元前**1396** ~ 前1395年

夏曆月序		中西曆日對照	初一	初二	初三	初四	初五	初六	初七	初八	初九	初十	十一	十二	十三	十四	十五	十六	十七	十八	十九	二十	二一	二二	二三	二四	二五	二六	二七	二八	二九	三十	節氣與天象
正月大	戊寅	天干地支西曆	癸亥25	甲子26	乙丑27	丙寅28	丁卯(3)	戊辰2	己巳3	庚午4	辛未5	壬申6	癸酉7	甲戌8	乙亥9	丙子10	丁丑11	戊寅12	己卯13	庚辰14	辛巳15	壬午16	癸未17	甲申18	乙酉19	丙戌20	丁亥21	戊子22	己丑23	庚寅24	辛卯25	壬辰26	
二月大	己卯	天干地支西曆	癸巳27	甲午28	乙未29	丙申30	丁酉31	戊戌(4)	己亥2	庚子3	辛丑4	壬寅5	癸卯6	甲辰7	乙巳8	丙午9	丁未10	戊申11	己酉12	庚戌13	辛亥14	壬子15	癸丑16	甲寅17	乙卯18	丙辰19	丁巳20	戊午21	己未22	庚申23	辛酉24	壬戌25	庚子春分
三月小	庚辰	天干地支西曆	癸亥26	甲子27	乙丑28	丙寅29	丁卯30	戊辰(5)	己巳2	庚午3	辛未4	壬申5	癸酉6	甲戌7	乙亥8	丙子9	丁丑10	戊寅11	己卯12	庚辰13	辛巳14	壬午15	癸未16	甲申17	乙酉18	丙戌19	丁亥20	戊子21	己丑22	庚寅23	辛卯24		丁亥立夏
四月大	辛巳	天干地支西曆	壬辰25	癸巳26	甲午27	乙未28	丙申29	丁酉30	戊戌31	己亥(6)	庚子2	辛丑3	壬寅4	癸卯5	甲辰6	乙巳7	丙午8	丁未9	戊申10	己酉11	庚戌12	辛亥13	壬子14	癸丑15	甲寅16	乙卯17	丙辰18	丁巳19	戊午20	己未21	庚申22	辛酉23	
五月小	壬午	天干地支西曆	壬戌24	癸亥25	甲子26	乙丑27	丙寅28	丁卯29	戊辰30	己巳(7)	庚午2	辛未3	壬申4	癸酉5	甲戌6	乙亥7	丙子8	丁丑9	戊寅10	己卯11	庚辰12	辛巳13	壬午14	癸未15	甲申16	乙酉17	丙戌18	丁亥19	戊子20	己丑21	庚寅22		甲戌夏至 壬戌日食
六月大	癸未	天干地支西曆	辛卯23	壬辰24	癸巳25	甲午26	乙未27	丙申28	丁酉29	戊戌30	己亥31	庚子(8)	辛丑2	壬寅3	癸卯4	甲辰5	乙巳6	丙午7	丁未8	戊申9	己酉10	庚戌11	辛亥12	壬子13	癸丑14	甲寅15	乙卯16	丙辰17	丁巳18	戊午19	己未20	庚申21	庚申立秋
七月小	甲申	天干地支西曆	辛酉22	壬戌23	癸亥24	甲子25	乙丑26	丙寅27	丁卯28	戊辰29	己巳30	庚午31	辛未(9)	壬申2	癸酉3	甲戌4	乙亥5	丙子6	丁丑7	戊寅8	己卯9	庚辰10	辛巳11	壬午12	癸未13	甲申14	乙酉15	丙戌16	丁亥17	戊子18	己丑19		
八月大	乙酉	天干地支西曆	庚寅20	辛卯21	壬辰22	癸巳23	甲午24	乙未25	丙申26	丁酉27	戊戌28	己亥29	庚子30	辛丑(10)	壬寅2	癸卯3	甲辰4	乙巳5	丙午6	丁未7	戊申8	己酉9	庚戌10	辛亥11	壬子12	癸丑13	甲寅14	乙卯15	丙辰16	丁巳17	戊午18	己未19	乙巳秋分
九月小	丙戌	天干地支西曆	庚申20	辛酉21	壬戌22	癸亥23	甲子24	乙丑25	丙寅26	丁卯27	戊辰28	己巳29	庚午30	辛未31	壬申(11)	癸酉2	甲戌3	乙亥4	丙子5	丁丑6	戊寅7	己卯8	庚辰9	辛巳10	壬午11	癸未12	甲申13	乙酉14	丙戌15	丁亥16	戊子17		
十月小	丁亥	天干地支西曆	己丑18	庚寅19	辛卯20	壬辰21	癸巳22	甲午23	乙未24	丙申25	丁酉26	戊戌27	己亥28	庚子29	辛丑30	壬寅(12)	癸卯2	甲辰3	乙巳4	丙午5	丁未6	戊申7	己酉8	庚戌9	辛亥10	壬子11	癸丑12	甲寅13	乙卯14	丙辰15	丁巳16		己丑立冬
十一月大	戊子	天干地支西曆	戊午17	己未18	庚申19	辛酉20	壬戌21	癸亥22	甲子23	乙丑24	丙寅25	丁卯26	戊辰27	己巳28	庚午29	辛未30	壬申31	癸酉(1)	甲戌2	乙亥3	丙子4	丁丑5	戊寅6	己卯7	庚辰8	辛巳9	壬午10	癸未11	甲申12	乙酉13	丙戌14	丁亥15	甲戌冬至
十二月小	己丑	天干地支西曆	戊子16	己丑17	庚寅18	辛卯19	壬辰20	癸巳21	甲午22	乙未23	丙申24	丁酉25	戊戌26	己亥27	庚子28	辛丑29	壬寅30	癸卯31	甲辰(2)	乙巳2	丙午3	丁未4	戊申5	己酉6	庚戌7	辛亥8	壬子9	癸丑10	甲寅11	乙卯12	丙辰13		

年代異同	竹書紀年	皇極經世	文獻通考	歷代紀年備考	歷代帝王年表	歷代統紀表	中國年曆總譜	斷代工程
		殷盤庚六年	殷盤庚六年	殷盤庚六年	殷盤庚六年	殷盤庚六年		

商沃甲十八年（丙午 馬年） 公元前1395 ~ 前1394年

夏曆月序		中西曆日對照	初一	初二	初三	初四	初五	初六	初七	初八	初九	初十	十一	十二	十三	十四	十五	十六	十七	十八	十九	二十	二一	二二	二三	二四	二五	二六	二七	二八	二九	三十	節氣與天象
正月大	庚寅	干支 天地 西曆	丁巳14	戊午15	己未16	庚申17	辛酉18	壬戌19	癸亥20	甲子21	乙丑22	丙寅23	丁卯24	戊辰25	己巳26	庚午27	辛未28	壬申(3)	癸酉2	甲戌3	乙亥4	丙子5	丁丑6	戊寅7	己卯8	庚辰9	辛巳10	壬午11	癸未12	甲申13	乙酉14	丙戌15	己未立春
二月大	辛卯	干支 天地 西曆	丁亥16	戊子17	己丑18	庚寅19	辛卯20	壬辰21	癸巳22	甲午23	乙未24	丙申25	丁酉26	戊戌27	己亥28	庚子29	辛丑30	壬寅31	癸卯(4)	甲辰2	乙巳3	丙午4	丁未5	戊申6	己酉7	庚戌8	辛亥9	壬子10	癸丑11	甲寅12	乙卯13	丙辰14	乙巳春分
三月小	壬辰	干支 天地 西曆	丁巳15	戊午16	己未17	庚申18	辛酉19	壬戌20	癸亥21	甲子22	乙丑23	丙寅24	丁卯25	戊辰26	己巳27	庚午28	辛未29	壬申30	癸酉(5)	甲戌2	乙亥3	丙子4	丁丑5	戊寅6	己卯7	庚辰8	辛巳9	壬午10	癸未11	甲申12	乙酉13		
四月大	癸巳	干支 天地 西曆	丙戌14	丁亥15	戊子16	己丑17	庚寅18	辛卯19	壬辰20	癸巳21	甲午22	乙未23	丙申24	丁酉25	戊戌26	己亥27	庚子28	辛丑29	壬寅30	癸卯31	甲辰(6)	乙巳2	丙午3	丁未4	戊申5	己酉6	庚戌7	辛亥8	壬子9	癸丑10	甲寅11	乙卯12	壬辰立夏
五月大	甲午	干支 天地 西曆	丙辰13	丁巳14	戊午15	己未16	庚申17	辛酉18	壬戌19	癸亥20	甲子21	乙丑22	丙寅23	丁卯24	戊辰25	己巳26	庚午27	辛未28	壬申29	癸酉30	甲戌(7)	乙亥2	丙子3	丁丑4	戊寅5	己卯6	庚辰7	辛巳8	壬午9	癸未10	甲申11	乙酉12	己卯夏至
六月小	乙未	干支 天地 西曆	丙戌13	丁亥14	戊子15	己丑16	庚寅17	辛卯18	壬辰19	癸巳20	甲午21	乙未22	丙申23	丁酉24	戊戌25	己亥26	庚子27	辛丑28	壬寅29	癸卯30	甲辰31	乙巳(8)	丙午2	丁未3	戊申4	己酉5	庚戌6	辛亥7	壬子8	癸丑9	甲寅10		
七月大	丙申	干支 天地 西曆	乙卯11	丙辰12	丁巳13	戊午14	己未15	庚申16	辛酉17	壬戌18	癸亥19	甲子20	乙丑21	丙寅22	丁卯23	戊辰24	己巳25	庚午26	辛未27	壬申28	癸酉29	甲戌30	乙亥31	丙子(9)	丁丑2	戊寅3	己卯4	庚辰5	辛巳6	壬午7	癸未8	甲申9	乙丑立秋
八月小	丁酉	干支 天地 西曆	乙酉10	丙戌11	丁亥12	戊子13	己丑14	庚寅15	辛卯16	壬辰17	癸巳18	甲午19	乙未20	丙申21	丁酉22	戊戌23	己亥24	庚子25	辛丑26	壬寅27	癸卯28	甲辰29	乙巳30	丙午(10)	丁未2	戊申3	己酉4	庚戌5	辛亥6	壬子7	癸丑8		庚戌秋分
九月大	戊戌	干支 天地 西曆	甲寅9	乙卯10	丙辰11	丁巳12	戊午13	己未14	庚申15	辛酉16	壬戌17	癸亥18	甲子19	乙丑20	丙寅21	丁卯22	戊辰23	己巳24	庚午25	辛未26	壬申27	癸酉28	甲戌29	乙亥30	丙子31	丁丑(11)	戊寅2	己卯3	庚辰4	辛巳5	壬午6	癸未7	
十月小	己亥	干支 天地 西曆	甲申8	乙酉9	丙戌10	丁亥11	戊子12	己丑13	庚寅14	辛卯15	壬辰16	癸巳17	甲午18	乙未19	丙申20	丁酉21	戊戌22	己亥23	庚子24	辛丑25	壬寅26	癸卯27	甲辰28	乙巳29	丙午30	丁未(12)	戊申2	己酉3	庚戌4	辛亥5	壬子6		乙未立冬
十一月大	庚子	干支 天地 西曆	癸丑7	甲寅8	乙卯9	丙辰10	丁巳11	戊午12	己未13	庚申14	辛酉15	壬戌16	癸亥17	甲子18	乙丑19	丙寅20	丁卯21	戊辰22	己巳23	庚午24	辛未25	壬申26	癸酉27	甲戌28	乙亥29	丙子30	丁丑31	戊寅(1)	己卯2	庚辰3	辛巳4	壬午5	己卯冬至 癸丑日食
十二月小	辛丑	干支 天地 西曆	癸未6	甲申7	乙酉8	丙戌9	丁亥10	戊子11	己丑12	庚寅13	辛卯14	壬辰15	癸巳16	甲午17	乙未18	丙申19	丁酉20	戊戌21	己亥22	庚子23	辛丑24	壬寅25	癸卯26	甲辰27	乙巳28	丙午29	丁未30	戊申31	己酉(2)	庚戌2	辛亥3		

年代異同	竹書紀年	皇極經世	文獻通考	歷代紀年備考	歷代帝王年表	歷代統紀表	中國年曆總譜	斷代工程
		殷盤庚七年	殷盤庚七年	殷盤庚七年	殷盤庚七年	殷盤庚七年		

商沃甲十九年（丁未 羊年） 公元前 **1394** ~ 前 1393 年

夏曆月序		中西曆日對照	初一	初二	初三	初四	初五	初六	初七	初八	初九	初十	十一	十二	十三	十四	十五	十六	十七	十八	十九	二十	二一	二二	二三	二四	二五	二六	二七	二八	二九	三十	節氣與天象
正月小	壬寅	天干/地支/西曆	壬子 4	癸丑 5	甲寅 6	乙卯 7	丙辰 8	丁巳 9	戊午 10	己未 11	庚申 12	辛酉 13	壬戌 14	癸亥 15	甲子 16	乙丑 17	丙寅 18	丁卯 19	戊辰 20	己巳 21	庚午 22	辛未 23	壬申 24	癸酉 25	甲戌 26	乙亥 27	丙子 28	丁丑 (3)	戊寅 2	己卯 3	庚辰 4		甲子立春
二月大	癸卯	天干/地支/西曆	辛巳 5	壬午 6	癸未 7	甲申 8	乙酉 9	丙戌 10	丁亥 11	戊子 12	己丑 13	庚寅 14	辛卯 15	壬辰 16	癸巳 17	甲午 18	乙未 19	丙申 20	丁酉 21	戊戌 22	己亥 23	庚子 24	辛丑 25	壬寅 26	癸卯 27	甲辰 28	乙巳 29	丙午 30	丁未 31	戊申 (4)	己酉 2	庚戌 3	庚戌春分
三月小	甲辰	天干/地支/西曆	辛亥 4	壬子 5	癸丑 6	甲寅 7	乙卯 8	丙辰 9	丁巳 10	戊午 11	己未 12	庚申 13	辛酉 14	壬戌 15	癸亥 16	甲子 17	乙丑 18	丙寅 19	丁卯 20	戊辰 21	己巳 22	庚午 23	辛未 24	壬申 25	癸酉 26	甲戌 27	乙亥 28	丙子 29	丁丑 30	戊寅 (5)	己卯 2		
四月大	乙巳	天干/地支/西曆	庚辰 3	辛巳 4	壬午 5	癸未 6	甲申 7	乙酉 8	丙戌 9	丁亥 10	戊子 11	己丑 12	庚寅 13	辛卯 14	壬辰 15	癸巳 16	甲午 17	乙未 18	丙申 19	丁酉 20	戊戌 21	己亥 22	庚子 23	辛丑 24	壬寅 25	癸卯 26	甲辰 27	乙巳 28	丙午 29	丁未 30	戊申 31	己酉 (6)	丁酉立夏
五月大	丙午	天干/地支/西曆	庚戌 2	辛亥 3	壬子 4	癸丑 5	甲寅 6	乙卯 7	丙辰 8	丁巳 9	戊午 10	己未 11	庚申 12	辛酉 13	壬戌 14	癸亥 15	甲子 16	乙丑 17	丙寅 18	丁卯 19	戊辰 20	己巳 21	庚午 22	辛未 23	壬申 24	癸酉 25	甲戌 26	乙亥 27	丙子 28	丁丑 29	戊寅 30	己卯 (7)	
六月小	丁未	天干/地支/西曆	庚辰 2	辛巳 3	壬午 4	癸未 5	甲申 6	乙酉 7	丙戌 8	丁亥 9	戊子 10	己丑 11	庚寅 12	辛卯 13	壬辰 14	癸巳 15	甲午 16	乙未 17	丙申 18	丁酉 19	戊戌 20	己亥 21	庚子 22	辛丑 23	壬寅 24	癸卯 25	甲辰 26	乙巳 27	丙午 28	丁未 29	戊申 30		甲申夏至
閏六月大	丁未	天干/地支/西曆	己酉 31	庚戌 (8)	辛亥 2	壬子 3	癸丑 4	甲寅 5	乙卯 6	丙辰 7	丁巳 8	戊午 9	己未 10	庚申 11	辛酉 12	壬戌 13	癸亥 14	甲子 15	乙丑 16	丙寅 17	丁卯 18	戊辰 19	己巳 20	庚午 21	辛未 22	壬申 23	癸酉 24	甲戌 25	乙亥 26	丙子 27	丁丑 28	戊寅 29	辛未立秋
七月大	戊申	天干/地支/西曆	己卯 30	庚辰 31	辛巳 (9)	壬午 2	癸未 3	甲申 4	乙酉 5	丙戌 6	丁亥 7	戊子 8	己丑 9	庚寅 10	辛卯 11	壬辰 12	癸巳 13	甲午 14	乙未 15	丙申 16	丁酉 17	戊戌 18	己亥 19	庚子 20	辛丑 21	壬寅 22	癸卯 23	甲辰 24	乙巳 25	丙午 26	丁未 27	戊申 28	
八月小	己酉	天干/地支/西曆	己酉 29	庚戌 30	辛亥 (10)	壬子 2	癸丑 3	甲寅 4	乙卯 5	丙辰 6	丁巳 7	戊午 8	己未 9	庚申 10	辛酉 11	壬戌 12	癸亥 13	甲子 14	乙丑 15	丙寅 16	丁卯 17	戊辰 18	己巳 19	庚午 20	辛未 21	壬申 22	癸酉 23	甲戌 24	乙亥 25	丙子 26	丁丑 27		丙辰秋分
九月大	庚戌	天干/地支/西曆	戊寅 28	己卯 29	庚辰 30	辛巳 31	壬午 (11)	癸未 2	甲申 3	乙酉 4	丙戌 5	丁亥 6	戊子 7	己丑 8	庚寅 9	辛卯 10	壬辰 11	癸巳 12	甲午 13	乙未 14	丙申 15	丁酉 16	戊戌 17	己亥 18	庚子 19	辛丑 20	壬寅 21	癸卯 22	甲辰 23	乙巳 24	丙午 25	丁未 26	庚子立冬
十月小	辛亥	天干/地支/西曆	戊申 27	己酉 28	庚戌 29	辛亥 30	壬子 (12)	癸丑 2	甲寅 3	乙卯 4	丙辰 5	丁巳 6	戊午 7	己未 8	庚申 9	辛酉 10	壬戌 11	癸亥 12	甲子 13	乙丑 14	丙寅 15	丁卯 16	戊辰 17	己巳 18	庚午 19	辛未 20	壬申 21	癸酉 22	甲戌 23	乙亥 24	丙子 25		
十一月大	壬子	天干/地支/西曆	丁丑 26	戊寅 27	己卯 28	庚辰 29	辛巳 30	壬午 31	癸未 (1)	甲申 2	乙酉 3	丙戌 4	丁亥 5	戊子 6	己丑 7	庚寅 8	辛卯 9	壬辰 10	癸巳 11	甲午 12	乙未 13	丙申 14	丁酉 15	戊戌 16	己亥 17	庚子 18	辛丑 19	壬寅 20	癸卯 21	甲辰 22	乙巳 23	丙午 24	甲申冬至
十二月小	癸丑	天干/地支/西曆	丁未 25	戊申 26	己酉 27	庚戌 28	辛亥 29	壬子 30	癸丑 31	甲寅 (2)	乙卯 2	丙辰 3	丁巳 4	戊午 5	己未 6	庚申 7	辛酉 8	壬戌 9	癸亥 10	甲子 11	乙丑 12	丙寅 13	丁卯 14	戊辰 15	己巳 16	庚午 17	辛未 18	壬申 19	癸酉 20	甲戌 21	乙亥 22		己巳立春

年代異同	竹書紀年	皇極經世	文獻通考	歷代紀年備考	歷代帝王年表	歷代統紀表	中國年曆總譜	斷代工程
		殷盤庚八年	殷盤庚八年	殷盤庚八年	殷盤庚八年	殷盤庚八年		

商沃甲二十年（戊申 猴年） 公元前 **1393** ~ 前 1392 年

夏曆月序		中西曆日對照	初一	初二	初三	初四	初五	初六	初七	初八	初九	初十	十一	十二	十三	十四	十五	十六	十七	十八	十九	二十	二一	二二	二三	二四	二五	二六	二七	二八	二九	三十	節氣與天象
正月小	甲寅	天干地支西曆	丙子23	丁丑24	戊寅25	己卯26	庚辰27	辛巳28	壬午29	癸未(3)	甲申2	乙酉3	丙戌4	丁亥5	戊子6	己丑7	庚寅8	辛卯9	壬辰10	癸巳11	甲午12	乙未13	丙申14	丁酉15	戊戌16	己亥17	庚子18	辛丑19	壬寅20	癸卯21	甲辰22		
二月大	乙卯	天干地支西曆	乙巳23	丙午24	丁未25	戊申26	己酉27	庚戌28	辛亥29	壬子30	癸丑31	甲寅(4)	乙卯2	丙辰3	丁巳4	戊午5	己未6	庚申7	辛酉8	壬戌9	癸亥10	甲子11	乙丑12	丙寅13	丁卯14	戊辰15	己巳16	庚午17	辛未18	壬申19	癸酉20	甲戌21	乙卯春分
三月小	丙辰	天干地支西曆	乙亥22	丙子23	丁丑24	戊寅25	己卯26	庚辰27	辛巳28	壬午29	癸未30	甲申(5)	乙酉2	丙戌3	丁亥4	戊子5	己丑6	庚寅7	辛卯8	壬辰9	癸巳10	甲午11	乙未12	丙申13	丁酉14	戊戌15	己亥16	庚子17	辛丑18	壬寅19	癸卯20		壬寅立夏
四月大	丁巳	天干地支西曆	甲辰21	乙巳22	丙午23	丁未24	戊申25	己酉26	庚戌27	辛亥28	壬子29	癸丑30	甲寅31	乙卯(6)	丙辰2	丁巳3	戊午4	己未5	庚申6	辛酉7	壬戌8	癸亥9	甲子10	乙丑11	丙寅12	丁卯13	戊辰14	己巳15	庚午16	辛未17	壬申18	癸酉19	
五月小	戊午	天干地支西曆	甲戌20	乙亥21	丙子22	丁丑23	戊寅24	己卯25	庚辰26	辛巳27	壬午28	癸未29	甲申30	乙酉(7)	丙戌2	丁亥3	戊子4	己丑5	庚寅6	辛卯7	壬辰8	癸巳9	甲午10	乙未11	丙申12	丁酉13	戊戌14	己亥15	庚子16	辛丑17	壬寅18		庚寅夏至
六月大	己未	天干地支西曆	癸卯19	甲辰20	乙巳21	丙午22	丁未23	戊申24	己酉25	庚戌26	辛亥27	壬子28	癸丑29	甲寅30	乙卯31	丙辰(8)	丁巳2	戊午3	己未4	庚申5	辛酉6	壬戌7	癸亥8	甲子9	乙丑10	丙寅11	丁卯12	戊辰13	己巳14	庚午15	辛未16	壬申17	
七月大	庚申	天干地支西曆	癸酉18	甲戌19	乙亥20	丙子21	丁丑22	戊寅23	己卯24	庚辰25	辛巳26	壬午27	癸未28	甲申29	乙酉30	丙戌31	丁亥(9)	戊子2	己丑3	庚寅4	辛卯5	壬辰6	癸巳7	甲午8	乙未9	丙申10	丁酉11	戊戌12	己亥13	庚子14	辛丑15	壬寅16	丙子立秋
八月小	辛酉	天干地支西曆	癸卯17	甲辰18	乙巳19	丙午20	丁未21	戊申22	己酉23	庚戌24	辛亥25	壬子26	癸丑27	甲寅28	乙卯29	丙辰30	丁巳(10)	戊午2	己未3	庚申4	辛酉5	壬戌6	癸亥7	甲子8	乙丑9	丙寅10	丁卯11	戊辰12	己巳13	庚午14	辛未15		辛酉秋分
九月大	壬戌	天干地支西曆	壬申16	癸酉17	甲戌18	乙亥19	丙子20	丁丑21	戊寅22	己卯23	庚辰24	辛巳25	壬午26	癸未27	甲申28	乙酉29	丙戌30	丁亥31	戊子(11)	己丑2	庚寅3	辛卯4	壬辰5	癸巳6	甲午7	乙未8	丙申9	丁酉10	戊戌11	己亥12	庚子13	辛丑14	
十月大	癸亥	天干地支西曆	壬寅15	癸卯16	甲辰17	乙巳18	丙午19	丁未20	戊申21	己酉22	庚戌23	辛亥24	壬子25	癸丑26	甲寅27	乙卯28	丙辰29	丁巳30	戊午(12)	己未2	庚申3	辛酉4	壬戌5	癸亥6	甲子7	乙丑8	丙寅9	丁卯10	戊辰11	己巳12	庚午13	辛未14	乙巳立冬
十一月小	甲子	天干地支西曆	壬申15	癸酉16	甲戌17	乙亥18	丙子19	丁丑20	戊寅21	己卯22	庚辰23	辛巳24	壬午25	癸未26	甲申27	乙酉28	丙戌29	丁亥30	戊子31	己丑(1)	庚寅2	辛卯3	壬辰4	癸巳5	甲午6	乙未7	丙申8	丁酉9	戊戌10	己亥11	庚子12		己丑冬至
十二月大	乙丑	天干地支西曆	辛丑13	壬寅14	癸卯15	甲辰16	乙巳17	丙午18	丁未19	戊申20	己酉21	庚戌22	辛亥23	壬子24	癸丑25	甲寅26	乙卯27	丙辰28	丁巳29	戊午30	己未31	庚申(2)	辛酉2	壬戌3	癸亥4	甲子5	乙丑6	丙寅7	丁卯8	戊辰9	己巳10	庚午11	

年代異同	竹書紀年	皇極經世	文獻通考	歷代紀年備考	歷代帝王年表	歷代統紀表	中國年曆總譜	斷代工程
		殷盤庚九年	殷盤庚九年	殷盤庚九年	殷盤庚九年	殷盤庚九年		

商沃甲二十一年（己酉 鷄年） 公元前 **1392** ~ 前 1391 年

夏曆月序		中西曆日對照	初一	初二	初三	初四	初五	初六	初七	初八	初九	初十	十一	十二	十三	十四	十五	十六	十七	十八	十九	二十	二一	二二	二三	二四	二五	二六	二七	二八	二九	三十	節氣與天象
正月小	丙寅	干支 天地 西曆	辛未 12	壬申 13	癸酉 14	甲戌 15	乙亥 16	丙子 17	丁丑 18	戊寅 19	己卯 20	庚辰 21	辛巳 22	壬午 23	癸未 24	甲申 25	乙酉 26	丙戌 27	丁亥 28	戊子 (3)	己丑 2	庚寅 3	辛卯 4	壬辰 5	癸巳 6	甲午 7	乙未 8	丙申 9	丁酉 10	戊戌 11	己亥 12		甲戌立春
二月小	丁卯	干支 天地 西曆	庚子 13	辛丑 14	壬寅 15	癸卯 16	甲辰 17	乙巳 18	丙午 19	丁未 20	戊申 21	己酉 22	庚戌 23	辛亥 24	壬子 25	癸丑 26	甲寅 27	乙卯 28	丙辰 29	丁巳 30	戊午 31	己未 (4)	庚申 2	辛酉 3	壬戌 4	癸亥 5	甲子 6	乙丑 7	丙寅 8	丁卯 9	戊辰 10		辛酉春分
三月大	戊辰	干支 天地 西曆	己巳 11	庚午 12	辛未 13	壬申 14	癸酉 15	甲戌 16	乙亥 17	丙子 18	丁丑 19	戊寅 20	己卯 21	庚辰 22	辛巳 23	壬午 24	癸未 25	甲申 26	乙酉 27	丙戌 28	丁亥 29	戊子 30	己丑 (5)	庚寅 2	辛卯 3	壬辰 4	癸巳 5	甲午 6	乙未 7	丙申 8	丁酉 9	戊戌 10	
四月小	己巳	干支 天地 西曆	己亥 11	庚子 12	辛丑 13	壬寅 14	癸卯 15	甲辰 16	乙巳 17	丙午 18	丁未 19	戊申 20	己酉 21	庚戌 22	辛亥 23	壬子 24	癸丑 25	甲寅 26	乙卯 27	丙辰 28	丁巳 29	戊午 30	己未 31	庚申 (6)	辛酉 2	壬戌 3	癸亥 4	甲子 5	乙丑 6	丙寅 7	丁卯 8		戊申立夏
五月小	庚午	干支 天地 西曆	戊辰 9	己巳 10	庚午 11	辛未 12	壬申 13	癸酉 14	甲戌 15	乙亥 16	丙子 17	丁丑 18	戊寅 19	己卯 20	庚辰 21	辛巳 22	壬午 23	癸未 24	甲申 25	乙酉 26	丙戌 27	丁亥 28	戊子 29	己丑 30	庚寅 (7)	辛卯 2	壬辰 3	癸巳 4	甲午 5	乙未 6	丙申 7		乙未夏至
六月大	辛未	干支 天地 西曆	丁酉 8	戊戌 9	己亥 10	庚子 11	辛丑 12	壬寅 13	癸卯 14	甲辰 15	乙巳 16	丙午 17	丁未 18	戊申 19	己酉 20	庚戌 21	辛亥 22	壬子 23	癸丑 24	甲寅 25	乙卯 26	丙辰 27	丁巳 28	戊午 29	己未 30	庚申 31	辛酉 (8)	壬戌 2	癸亥 3	甲子 4	乙丑 5	丙寅 6	
七月大	壬申	干支 天地 西曆	丁卯 7	戊辰 8	己巳 9	庚午 10	辛未 11	壬申 12	癸酉 13	甲戌 14	乙亥 15	丙子 16	丁丑 17	戊寅 18	己卯 19	庚辰 20	辛巳 21	壬午 22	癸未 23	甲申 24	乙酉 25	丙戌 26	丁亥 27	戊子 28	己丑 29	庚寅 30	辛卯 31	壬辰 (9)	癸巳 2	甲午 3	乙未 4	丙申 5	辛巳立秋
八月小	癸酉	干支 天地 西曆	丁酉 6	戊戌 7	己亥 8	庚子 9	辛丑 10	壬寅 11	癸卯 12	甲辰 13	乙巳 14	丙午 15	丁未 16	戊申 17	己酉 18	庚戌 19	辛亥 20	壬子 21	癸丑 22	甲寅 23	乙卯 24	丙辰 25	丁巳 26	戊午 27	己未 28	庚申 29	辛酉 30	壬戌 (10)	癸亥 2	甲子 3	乙丑 4		
九月大	甲戌	干支 天地 西曆	丙寅 5	丁卯 6	戊辰 7	己巳 8	庚午 9	辛未 10	壬申 11	癸酉 12	甲戌 13	乙亥 14	丙子 15	丁丑 16	戊寅 17	己卯 18	庚辰 19	辛巳 20	壬午 21	癸未 22	甲申 23	乙酉 24	丙戌 25	丁亥 26	戊子 27	己丑 28	庚寅 29	辛卯 30	壬辰 31	癸巳 (11)	甲午 2	乙未 3	丙寅秋分
十月大	乙亥	干支 天地 西曆	丙申 4	丁酉 5	戊戌 6	己亥 7	庚子 8	辛丑 9	壬寅 10	癸卯 11	甲辰 12	乙巳 13	丙午 14	丁未 15	戊申 16	己酉 17	庚戌 18	辛亥 19	壬子 20	癸丑 21	甲寅 22	乙卯 23	丙辰 24	丁巳 25	戊午 26	己未 27	庚申 28	辛酉 29	壬戌 30	癸亥 (12)	甲子 2	乙丑 3	庚戌立冬
十一月大	丙子	干支 天地 西曆	丙寅 4	丁卯 5	戊辰 6	己巳 7	庚午 8	辛未 9	壬申 10	癸酉 11	甲戌 12	乙亥 13	丙子 14	丁丑 15	戊寅 16	己卯 17	庚辰 18	辛巳 19	壬午 20	癸未 21	甲申 22	乙酉 23	丙戌 24	丁亥 25	戊子 26	己丑 27	庚寅 28	辛卯 29	壬辰 30	癸巳 31	甲午 (1)	乙未 2	乙未冬至
十二月小	丁丑	干支 天地 西曆	丙申 3	丁酉 4	戊戌 5	己亥 6	庚子 7	辛丑 8	壬寅 9	癸卯 10	甲辰 11	乙巳 12	丙午 13	丁未 14	戊申 15	己酉 16	庚戌 17	辛亥 18	壬子 19	癸丑 20	甲寅 21	乙卯 22	丙辰 23	丁巳 24	戊午 25	己未 26	庚申 27	辛酉 28	壬戌 29	癸亥 30	甲子 31		

年代異同	竹書紀年	皇極經世	文獻通考	歷代紀年備考	歷代帝王年表	歷代統紀表	中國年曆總譜	斷代工程
		殷盤庚十年	殷盤庚十年	殷盤庚十年	殷盤庚十年	殷盤庚十年		

商沃甲二十二年（庚戌 狗年） 公元前 1391 ~ 前 1390 年

夏曆月序		中西曆日對照	初一	初二	初三	初四	初五	初六	初七	初八	初九	初十	十一	十二	十三	十四	十五	十六	十七	十八	十九	二十	二一	二二	二三	二四	二五	二六	二七	二八	二九	三十	節氣與天象
正月大	戊寅	天干地支 西曆	乙丑(2)	丙寅2	丁卯3	戊辰4	己巳5	庚午6	辛未7	壬申8	癸酉9	甲戌10	乙亥11	丙子12	丁丑13	戊寅14	己卯15	庚辰16	辛巳17	壬午18	癸未19	甲申20	乙酉21	丙戌22	丁亥23	戊子24	己丑25	庚寅26	辛卯27	壬辰28	癸巳(3)	甲午2	庚辰立春
二月小	己卯	天干地支 西曆	乙未3	丙申4	丁酉5	戊戌6	己亥7	庚子8	辛丑9	壬寅10	癸卯11	甲辰12	乙巳13	丙午14	丁未15	戊申16	己酉17	庚戌18	辛亥19	壬子20	癸丑21	甲寅22	乙卯23	丙辰24	丁巳25	戊午26	己未27	庚申28	辛酉29	壬戌30	癸亥31		
三月小	庚辰	天干地支 西曆	甲子(4)	乙丑2	丙寅3	丁卯4	戊辰5	己巳6	庚午7	辛未8	壬申9	癸酉10	甲戌11	乙亥12	丙子13	丁丑14	戊寅15	己卯16	庚辰17	辛巳18	壬午19	癸未20	甲申21	乙酉22	丙戌23	丁亥24	戊子25	己丑26	庚寅27	辛卯28	壬辰29		丙寅春分
閏三月大	庚辰	天干地支 西曆	癸巳30	甲午(5)	乙未2	丙申3	丁酉4	戊戌5	己亥6	庚子7	辛丑8	壬寅9	癸卯10	甲辰11	乙巳12	丙午13	丁未14	戊申15	己酉16	庚戌17	辛亥18	壬子19	癸丑20	甲寅21	乙卯22	丙辰23	丁巳24	戊午25	己未26	庚申27	辛酉28	壬戌29	癸丑立夏
四月小	辛巳	天干地支 西曆	癸亥30	甲子31	乙丑(6)	丙寅2	丁卯3	戊辰4	己巳5	庚午6	辛未7	壬申8	癸酉9	甲戌10	乙亥11	丙子12	丁丑13	戊寅14	己卯15	庚辰16	辛巳17	壬午18	癸未19	甲申20	乙酉21	丙戌22	丁亥23	戊子24	己丑25	庚寅26	辛卯27		
五月小	壬午	天干地支 西曆	壬辰28	癸巳29	甲午30	乙未(7)	丙申2	丁酉3	戊戌4	己亥5	庚子6	辛丑7	壬寅8	癸卯9	甲辰10	乙巳11	丙午12	丁未13	戊申14	己酉15	庚戌16	辛亥17	壬子18	癸丑19	甲寅20	乙卯21	丙辰22	丁巳23	戊午24	己未25	庚申26		庚子夏至
六月大	癸未	天干地支 西曆	辛酉27	壬戌28	癸亥29	甲子30	乙丑31	丙寅(8)	丁卯2	戊辰3	己巳4	庚午5	辛未6	壬申7	癸酉8	甲戌9	乙亥10	丙子11	丁丑12	戊寅13	己卯14	庚辰15	辛巳16	壬午17	癸未18	甲申19	乙酉20	丙戌21	丁亥22	戊子23	己丑24	庚寅25	丙戌立秋
七月小	甲申	天干地支 西曆	辛卯26	壬辰27	癸巳28	甲午29	乙未30	丙申31	丁酉(9)	戊戌2	己亥3	庚子4	辛丑5	壬寅6	癸卯7	甲辰8	乙巳9	丙午10	丁未11	戊申12	己酉13	庚戌14	辛亥15	壬子16	癸丑17	甲寅18	乙卯19	丙辰20	丁巳21	戊午22	己未23		
八月大	乙酉	天干地支 西曆	庚申24	辛酉25	壬戌26	癸亥27	甲子28	乙丑29	丙寅30	丁卯(10)	戊辰2	己巳3	庚午4	辛未5	壬申6	癸酉7	甲戌8	乙亥9	丙子10	丁丑11	戊寅12	己卯13	庚辰14	辛巳15	壬午16	癸未17	甲申18	乙酉19	丙戌20	丁亥21	戊子22	己丑23	辛未秋分
九月大	丙戌	天干地支 西曆	庚寅24	辛卯25	壬辰26	癸巳27	甲午28	乙未29	丙申30	丁酉31	戊戌(11)	己亥2	庚子3	辛丑4	壬寅5	癸卯6	甲辰7	乙巳8	丙午9	丁未10	戊申11	己酉12	庚戌13	辛亥14	壬子15	癸丑16	甲寅17	乙卯18	丙辰19	丁巳20	戊午21	己未22	丙辰立冬
十月大	丁亥	天干地支 西曆	庚申23	辛酉24	壬戌25	癸亥26	甲子27	乙丑28	丙寅29	丁卯30	戊辰(12)	己巳2	庚午3	辛未4	壬申5	癸酉6	甲戌7	乙亥8	丙子9	丁丑10	戊寅11	己卯12	庚辰13	辛巳14	壬午15	癸未16	甲申17	乙酉18	丙戌19	丁亥20	戊子21	己丑22	
十一月大	戊子	天干地支 西曆	庚寅23	辛卯24	壬辰25	癸巳26	甲午27	乙未28	丙申29	丁酉30	戊戌31	己亥(1)	庚子2	辛丑3	壬寅4	癸卯5	甲辰6	乙巳7	丙午8	丁未9	戊申10	己酉11	庚戌12	辛亥13	壬子14	癸丑15	甲寅16	乙卯17	丙辰18	丁巳19	戊午20	己未21	庚子冬至
十二月小	己丑	天干地支 西曆	庚申22	辛酉23	壬戌24	癸亥25	甲子26	乙丑27	丙寅28	丁卯29	戊辰30	己巳31	庚午(2)	辛未2	壬申3	癸酉4	甲戌5	乙亥6	丙子7	丁丑8	戊寅9	己卯10	庚辰11	辛巳12	壬午13	癸未14	甲申15	乙酉16	丙戌17	丁亥18	戊子19		乙酉立春

年代異同	竹書紀年	皇極經世	文獻通考	歷代紀年備考	歷代帝王年表	歷代統紀表	中國年曆總譜	斷代工程
		殷盤庚十一年	殷盤庚十一年	殷盤庚十一年	殷盤庚十一年	殷盤庚十一年		

商沃甲二十三年（辛亥 猪年）公元前 **1390** ~ 前 1389 年

夏曆月序		中西曆日對照	夏曆日序																													節氣與天象
			初一	初二	初三	初四	初五	初六	初七	初八	初九	初十	十一	十二	十三	十四	十五	十六	十七	十八	十九	二十	二一	二二	二三	二四	二五	二六	二七	二八	二九	三十	
正月大	庚寅	干支曆 天地西	己丑20	庚寅21	辛卯22	壬辰23	癸巳24	甲午25	乙未26	丙申27	丁酉28	戊戌(3)	己亥2	庚子3	辛丑4	壬寅5	癸卯6	甲辰7	乙巳8	丙午9	丁未10	戊申11	己酉12	庚戌13	辛亥14	壬子15	癸丑16	甲寅17	乙卯18	丙辰19	丁巳20	戊午21	
二月小	辛卯	干支曆 天地西	己未22	庚申23	辛酉24	壬戌25	癸亥26	甲子27	乙丑28	丙寅29	丁卯30	戊辰31	己巳(4)	庚午2	辛未3	壬申4	癸酉5	甲戌6	乙亥7	丙子8	丁丑9	戊寅10	己卯11	庚辰12	辛巳13	壬午14	癸未15	甲申16	乙酉17	丙戌18	丁亥19		辛未春分
三月小	壬辰	干支曆 天地西	戊子20	己丑21	庚寅22	辛卯23	壬辰24	癸巳25	甲午26	乙未27	丙申28	丁酉29	戊戌30	己亥(5)	庚子2	辛丑3	壬寅4	癸卯5	甲辰6	乙巳7	丙午8	丁未9	戊申10	己酉11	庚戌12	辛亥13	壬子14	癸丑15	甲寅16	乙卯17	丙辰18		
四月大	癸巳	干支曆 天地西	丁巳19	戊午20	己未21	庚申22	辛酉23	壬戌24	癸亥25	甲子26	乙丑27	丙寅28	丁卯29	戊辰30	己巳31	庚午(6)	辛未2	壬申3	癸酉4	甲戌5	乙亥6	丙子7	丁丑8	戊寅9	己卯10	庚辰11	辛巳12	壬午13	癸未14	甲申15	乙酉16	丙戌17	戊午立夏
五月小	甲午	干支曆 天地西	丁亥18	戊子19	己丑20	庚寅21	辛卯22	壬辰23	癸巳24	甲午25	乙未26	丙申27	丁酉28	戊戌29	己亥30	庚子(7)	辛丑2	壬寅3	癸卯4	甲辰5	乙巳6	丙午7	丁未8	戊申9	己酉10	庚戌11	辛亥12	壬子13	癸丑14	甲寅15	乙卯16		乙巳夏至
六月小	乙未	干支曆 天地西	丙辰17	丁巳18	戊午19	己未20	庚申21	辛酉22	壬戌23	癸亥24	甲子25	乙丑26	丙寅27	丁卯28	戊辰29	己巳30	庚午31	辛未(8)	壬申2	癸酉3	甲戌4	乙亥5	丙子6	丁丑7	戊寅8	己卯9	庚辰10	辛巳11	壬午12	癸未13	甲申14		
七月大	丙申	干支曆 天地西	乙酉15	丙戌16	丁亥17	戊子18	己丑19	庚寅20	辛卯21	壬辰22	癸巳23	甲午24	乙未25	丙申26	丁酉27	戊戌28	己亥29	庚子30	辛丑31	壬寅(9)	癸卯2	甲辰3	乙巳4	丙午5	丁未6	戊申7	己酉8	庚戌9	辛亥10	壬子11	癸丑12	甲寅13	壬辰立秋
八月小	丁酉	干支曆 天地西	乙卯14	丙辰15	丁巳16	戊午17	己未18	庚申19	辛酉20	壬戌21	癸亥22	甲子23	乙丑24	丙寅25	丁卯26	戊辰27	己巳28	庚午29	辛未30	壬申(10)	癸酉2	甲戌3	乙亥4	丙子5	丁丑6	戊寅7	己卯8	庚辰9	辛巳10	壬午11	癸未12		丁丑秋分
九月大	戊戌	干支曆 天地西	甲申13	乙酉14	丙戌15	丁亥16	戊子17	己丑18	庚寅19	辛卯20	壬辰21	癸巳22	甲午23	乙未24	丙申25	丁酉26	戊戌27	己亥28	庚子29	辛丑30	壬寅31	癸卯(11)	甲辰2	乙巳3	丙午4	丁未5	戊申6	己酉7	庚戌8	辛亥9	壬子10	癸丑11	
十月大	己亥	干支曆 天地西	甲寅12	乙卯13	丙辰14	丁巳15	戊午16	己未17	庚申18	辛酉19	壬戌20	癸亥21	甲子22	乙丑23	丙寅24	丁卯25	戊辰26	己巳27	庚午28	辛未29	壬申30	癸酉(12)	甲戌2	乙亥3	丙子4	丁丑5	戊寅6	己卯7	庚辰8	辛巳9	壬午10	癸未11	辛酉立冬
十一月大	庚子	干支曆 天地西	甲申12	乙酉13	丙戌14	丁亥15	戊子16	己丑17	庚寅18	辛卯19	壬辰20	癸巳21	甲午22	乙未23	丙申24	丁酉25	戊戌26	己亥27	庚子28	辛丑29	壬寅30	癸卯31	甲辰(1)	乙巳2	丙午3	丁未4	戊申5	己酉6	庚戌7	辛亥8	壬子9	癸丑10	乙巳冬至
十二月小	辛丑	干支曆 天地西	甲寅11	乙卯12	丙辰13	丁巳14	戊午15	己未16	庚申17	辛酉18	壬戌19	癸亥20	甲子21	乙丑22	丙寅23	丁卯24	戊辰25	己巳26	庚午27	辛未28	壬申29	癸酉30	甲戌31	乙亥(2)	丙子2	丁丑3	戊寅4	己卯5	庚辰6	辛巳7	壬午8		

年代異同	竹書紀年	皇極經世	文獻通考	歷代紀年備考	歷代帝王年表	歷代統紀表	中國年曆總譜
		殷盤庚十二年	殷盤庚十二年	殷盤庚十二年	殷盤庚十二年	殷盤庚十二年	

商沃甲二十四年（壬子 鼠年） 公元前 **1389** ~ 前 1388 年

夏曆月序		中西曆對照	初一	初二	初三	初四	初五	初六	初七	初八	初九	初十	十一	十二	十三	十四	十五	十六	十七	十八	十九	二十	二一	二二	二三	二四	二五	二六	二七	二八	二九	三十	節氣與天象
正月大	壬寅	天干地支西曆	癸未 9	甲申 10	乙酉 11	丙戌 12	丁亥 13	戊子 14	己丑 15	庚寅 16	辛卯 17	壬辰 18	癸巳 19	甲午 20	乙未 21	丙申 22	丁酉 23	戊戌 24	己亥 25	庚子 26	辛丑 27	壬寅 28	癸卯 29	甲辰 (3)	乙巳 2	丙午 3	丁未 4	戊申 5	己酉 6	庚戌 7	辛亥 8	壬子 9	庚寅立春
二月大	癸卯	天干地支西曆	癸丑 10	甲寅 11	乙卯 12	丙辰 13	丁巳 14	戊午 15	己未 16	庚申 17	辛酉 18	壬戌 19	癸亥 20	甲子 21	乙丑 22	丙寅 23	丁卯 24	戊辰 25	己巳 26	庚午 27	辛未 28	壬申 29	癸酉 30	甲戌 31	乙亥 (4)	丙子 2	丁丑 3	戊寅 4	己卯 5	庚辰 6	辛巳 7	壬午 8	丙子春分
三月小	甲辰	天干地支西曆	癸未 9	甲申 10	乙酉 11	丙戌 12	丁亥 13	戊子 14	己丑 15	庚寅 16	辛卯 17	壬辰 18	癸巳 19	甲午 20	乙未 21	丙申 22	丁酉 23	戊戌 24	己亥 25	庚子 26	辛丑 27	壬寅 28	癸卯 29	甲辰 30	乙巳 (5)	丙午 2	丁未 3	戊申 4	己酉 5	庚戌 6	辛亥 7		
四月小	乙巳	天干地支西曆	壬子 8	癸丑 9	甲寅 10	乙卯 11	丙辰 12	丁巳 13	戊午 14	己未 15	庚申 16	辛酉 17	壬戌 18	癸亥 19	甲子 20	乙丑 21	丙寅 22	丁卯 23	戊辰 24	己巳 25	庚午 26	辛未 27	壬申 28	癸酉 29	甲戌 30	乙亥 31	丙子 (6)	丁丑 2	戊寅 3	己卯 4	庚辰 5		癸亥立夏
五月大	丙午	天干地支西曆	辛巳 6	壬午 7	癸未 8	甲申 9	乙酉 10	丙戌 11	丁亥 12	戊子 13	己丑 14	庚寅 15	辛卯 16	壬辰 17	癸巳 18	甲午 19	乙未 20	丙申 21	丁酉 22	戊戌 23	己亥 24	庚子 25	辛丑 26	壬寅 27	癸卯 28	甲辰 29	乙巳 30	丙午 (7)	丁未 2	戊申 3	己酉 4	庚戌 5	
六月小	丁未	天干地支西曆	辛亥 6	壬子 7	癸丑 8	甲寅 9	乙卯 10	丙辰 11	丁巳 12	戊午 13	己未 14	庚申 15	辛酉 16	壬戌 17	癸亥 18	甲子 19	乙丑 20	丙寅 21	丁卯 22	戊辰 23	己巳 24	庚午 25	辛未 26	壬申 27	癸酉 28	甲戌 29	乙亥 30	丙子 31	丁丑 (8)	戊寅 2	己卯 3		辛亥夏至
七月小	戊申	天干地支西曆	庚辰 4	辛巳 5	壬午 6	癸未 7	甲申 8	乙酉 9	丙戌 10	丁亥 11	戊子 12	己丑 13	庚寅 14	辛卯 15	壬辰 16	癸巳 17	甲午 18	乙未 19	丙申 20	丁酉 21	戊戌 22	己亥 23	庚子 24	辛丑 25	壬寅 26	癸卯 27	甲辰 28	乙巳 29	丙午 30	丁未 31	戊申 (9)		丁酉立秋
八月大	己酉	天干地支西曆	己酉 2	庚戌 3	辛亥 4	壬子 5	癸丑 6	甲寅 7	乙卯 8	丙辰 9	丁巳 10	戊午 11	己未 12	庚申 13	辛酉 14	壬戌 15	癸亥 16	甲子 17	乙丑 18	丙寅 19	丁卯 20	戊辰 21	己巳 22	庚午 23	辛未 24	壬申 25	癸酉 26	甲戌 27	乙亥 28	丙子 29	丁丑 30	戊寅 (10)	
九月小	庚戌	天干地支西曆	己卯 2	庚辰 3	辛巳 4	壬午 5	癸未 6	甲申 7	乙酉 8	丙戌 9	丁亥 10	戊子 11	己丑 12	庚寅 13	辛卯 14	壬辰 15	癸巳 16	甲午 17	乙未 18	丙申 19	丁酉 20	戊戌 21	己亥 22	庚子 23	辛丑 24	壬寅 25	癸卯 26	甲辰 27	乙巳 28	丙午 29	丁未 30		壬午秋分
閏九月大	庚戌	天干地支西曆	戊申 31	己酉 (11)	庚戌 2	辛亥 3	壬子 4	癸丑 5	甲寅 6	乙卯 7	丙辰 8	丁巳 9	戊午 10	己未 11	庚申 12	辛酉 13	壬戌 14	癸亥 15	甲子 16	乙丑 17	丙寅 18	丁卯 19	戊辰 20	己巳 21	庚午 22	辛未 23	壬申 24	癸酉 25	甲戌 26	乙亥 27	丙子 28	丁丑 29	丙寅立冬
十月大	辛亥	天干地支西曆	戊寅 30	己卯 (12)	庚辰 2	辛巳 3	壬午 4	癸未 5	甲申 6	乙酉 7	丙戌 8	丁亥 9	戊子 10	己丑 11	庚寅 12	辛卯 13	壬辰 14	癸巳 15	甲午 16	乙未 17	丙申 18	丁酉 19	戊戌 20	己亥 21	庚子 22	辛丑 23	壬寅 24	癸卯 25	甲辰 26	乙巳 27	丙午 28	丁未 29	
十一月小	壬子	天干地支西曆	戊申 30	己酉 31	庚戌 (1)	辛亥 2	壬子 3	癸丑 4	甲寅 5	乙卯 6	丙辰 7	丁巳 8	戊午 9	己未 10	庚申 11	辛酉 12	壬戌 13	癸亥 14	甲子 15	乙丑 16	丙寅 17	丁卯 18	戊辰 19	己巳 20	庚午 21	辛未 22	壬申 23	癸酉 24	甲戌 25	乙亥 26	丙子 27		庚戌冬至
十二月大	癸丑	天干地支西曆	丁丑 28	戊寅 29	己卯 30	庚辰 31	辛巳 (2)	壬午 2	癸未 3	甲申 4	乙酉 5	丙戌 6	丁亥 7	戊子 8	己丑 9	庚寅 10	辛卯 11	壬辰 12	癸巳 13	甲午 14	乙未 15	丙申 16	丁酉 17	戊戌 18	己亥 19	庚子 20	辛丑 21	壬寅 22	癸卯 23	甲辰 24	乙巳 25	丙午 26	乙未立春

年代異同	竹書紀年	皇極經世	文獻通考	歷代紀年備考	歷代帝王年表	歷代統紀表	中國年曆總譜	斷代工程
		殷盤庚十三年	殷盤庚十三年	殷盤庚十三年	殷盤庚十三年	殷盤庚十三年		

商沃甲二十五年（癸丑 牛年） 公元前 1388 ~ 前 1387 年

夏曆月序		中西曆日對照	初一	初二	初三	初四	初五	初六	初七	初八	初九	初十	十一	十二	十三	十四	十五	十六	十七	十八	十九	二十	二一	二二	二三	二四	二五	二六	二七	二八	二九	三十	節氣與天象
正月大	甲寅	干支 天地 西曆	丁未27	戊申28	己酉(3)	庚戌2	辛亥3	壬子4	癸丑5	甲寅6	乙卯7	丙辰8	丁巳9	戊午10	己未11	庚申12	辛酉13	壬戌14	癸亥15	甲子16	乙丑17	丙寅18	丁卯19	戊辰20	己巳21	庚午22	辛未23	壬申24	癸酉25	甲戌26	乙亥27	丙子28	
二月小	乙卯	干支 天地 西曆	丁丑29	戊寅30	己卯31	庚辰(4)	辛巳2	壬午3	癸未4	甲申5	乙酉6	丙戌7	丁亥8	戊子9	己丑10	庚寅11	辛卯12	壬辰13	癸巳14	甲午15	乙未16	丙申17	丁酉18	戊戌19	己亥20	庚子21	辛丑22	壬寅23	癸卯24	甲辰25	乙巳26		壬午春分
三月大	丙辰	干支 天地 西曆	丙午27	丁未28	戊申29	己酉30	庚戌(5)	辛亥2	壬子3	癸丑4	甲寅5	乙卯6	丙辰7	丁巳8	戊午9	己未10	庚申11	辛酉12	壬戌13	癸亥14	甲子15	乙丑16	丙寅17	丁卯18	戊辰19	己巳20	庚午21	辛未22	壬申23	癸酉24	甲戌25	乙亥26	己巳立夏
四月小	丁巳	干支 天地 西曆	丙子27	丁丑28	戊寅29	己卯30	庚辰31	辛巳(6)	壬午2	癸未3	甲申4	乙酉5	丙戌6	丁亥7	戊子8	己丑9	庚寅10	辛卯11	壬辰12	癸巳13	甲午14	乙未15	丙申16	丁酉17	戊戌18	己亥19	庚子20	辛丑21	壬寅22	癸卯23	甲辰24		
五月大	戊午	干支 天地 西曆	乙巳25	丙午26	丁未27	戊申28	己酉29	庚戌30	辛亥(7)	壬子2	癸丑3	甲寅4	乙卯5	丙辰6	丁巳7	戊午8	己未9	庚申10	辛酉11	壬戌12	癸亥13	甲子14	乙丑15	丙寅16	丁卯17	戊辰18	己巳19	庚午20	辛未21	壬申22	癸酉23	甲戌24	丙辰夏至
六月小	己未	干支 天地 西曆	乙亥25	丙子26	丁丑27	戊寅28	己卯29	庚辰30	辛巳31	壬午(8)	癸未2	甲申3	乙酉4	丙戌5	丁亥6	戊子7	己丑8	庚寅9	辛卯10	壬辰11	癸巳12	甲午13	乙未14	丙申15	丁酉16	戊戌17	己亥18	庚子19	辛丑20	壬寅21	癸卯22		壬寅立秋
七月小	庚申	干支 天地 西曆	甲辰23	乙巳24	丙午25	丁未26	戊申27	己酉28	庚戌29	辛亥30	壬子31	癸丑(9)	甲寅2	乙卯3	丙辰4	丁巳5	戊午6	己未7	庚申8	辛酉9	壬戌10	癸亥11	甲子12	乙丑13	丙寅14	丁卯15	戊辰16	己巳17	庚午18	辛未19	壬申20		
八月大	辛酉	干支 天地 西曆	癸酉21	甲戌22	乙亥23	丙子24	丁丑25	戊寅26	己卯27	庚辰28	辛巳29	壬午30	癸未(10)	甲申2	乙酉3	丙戌4	丁亥5	戊子6	己丑7	庚寅8	辛卯9	壬辰10	癸巳11	甲午12	乙未13	丙申14	丁酉15	戊戌16	己亥17	庚子18	辛丑19	壬寅20	丁亥秋分
九月小	壬戌	干支 天地 西曆	癸卯21	甲辰22	乙巳23	丙午24	丁未25	戊申26	己酉27	庚戌28	辛亥29	壬子30	癸丑31	甲寅(11)	乙卯2	丙辰3	丁巳4	戊午5	己未6	庚申7	辛酉8	壬戌9	癸亥10	甲子11	乙丑12	丙寅13	丁卯14	戊辰15	己巳16	庚午17	辛未18		辛未立冬
十月大	癸亥	干支 天地 西曆	壬申19	癸酉20	甲戌21	乙亥22	丙子23	丁丑24	戊寅25	己卯26	庚辰27	辛巳28	壬午29	癸未30	甲申(12)	乙酉2	丙戌3	丁亥4	戊子5	己丑6	庚寅7	辛卯8	壬辰9	癸巳10	甲午11	乙未12	丙申13	丁酉14	戊戌15	己亥16	庚子17	辛丑18	
十一月小	甲子	干支 天地 西曆	壬寅19	癸卯20	甲辰21	乙巳22	丙午23	丁未24	戊申25	己酉26	庚戌27	辛亥28	壬子29	癸丑30	甲寅31	乙卯(1)	丙辰2	丁巳3	戊午4	己未5	庚申6	辛酉7	壬戌8	癸亥9	甲子10	乙丑11	丙寅12	丁卯13	戊辰14	己巳15	庚午16		乙卯冬至
十二月大	乙丑	干支 天地 西曆	辛未17	壬申18	癸酉19	甲戌20	乙亥21	丙子22	丁丑23	戊寅24	己卯25	庚辰26	辛巳27	壬午28	癸未29	甲申30	乙酉31	丙戌(2)	丁亥2	戊子3	己丑4	庚寅5	辛卯6	壬辰7	癸巳8	甲午9	乙未10	丙申11	丁酉12	戊戌13	己亥14	庚子15	庚子立春

年代異同	竹書紀年	皇極經世	文獻通考	歷代紀年備考	歷代帝王年表	歷代統紀表	中國年曆總譜	斷代工程
		殷盤庚十四年	殷盤庚十四年	殷盤庚十四年	殷盤庚十四年	殷盤庚十四年		

商祖丁元年（甲寅 虎年） 公元前 **1387** ~ 前 1386 年

夏曆月序		中西曆日對照	初一	初二	初三	初四	初五	初六	初七	初八	初九	初十	十一	十二	十三	十四	十五	十六	十七	十八	十九	二十	二一	二二	二三	二四	二五	二六	二七	二八	二九	三十	節氣與天象
正月大	丙寅	天干地支西曆	辛丑16	壬寅17	癸卯18	甲辰19	乙巳20	丙午21	丁未22	戊申23	己酉24	庚戌25	辛亥26	壬子27	癸丑28	甲寅(3)	乙卯2	丙辰3	丁巳4	戊午5	己未6	庚申7	辛酉8	壬戌9	癸亥10	甲子11	乙丑12	丙寅13	丁卯14	戊辰15	己巳16	庚午17	
二月小	丁卯	天干地支西曆	辛未18	壬申19	癸酉20	甲戌21	乙亥22	丙子23	丁丑24	戊寅25	己卯26	庚辰27	辛巳28	壬午29	癸未30	甲申31	乙酉(4)	丙戌2	丁亥3	戊子4	己丑5	庚寅6	辛卯7	壬辰8	癸巳9	甲午10	乙未11	丙申12	丁酉13	戊戌14	己亥15		丁亥春分
三月大	戊辰	天干地支西曆	庚子16	辛丑17	壬寅18	癸卯19	甲辰20	乙巳21	丙午22	丁未23	戊申24	己酉25	庚戌26	辛亥27	壬子28	癸丑29	甲寅30	乙卯(5)	丙辰2	丁巳3	戊午4	己未5	庚申6	辛酉7	壬戌8	癸亥9	甲子10	乙丑11	丙寅12	丁卯13	戊辰14	己巳15	
四月大	己巳	天干地支西曆	庚午16	辛未17	壬申18	癸酉19	甲戌20	乙亥21	丙子22	丁丑23	戊寅24	己卯25	庚辰26	辛巳27	壬午28	癸未29	甲申30	乙酉31	丙戌(6)	丁亥2	戊子3	己丑4	庚寅5	辛卯6	壬辰7	癸巳8	甲午9	乙未10	丙申11	丁酉12	戊戌13	己亥14	甲戌立夏
五月小	庚午	天干地支西曆	庚子15	辛丑16	壬寅17	癸卯18	甲辰19	乙巳20	丙午21	丁未22	戊申23	己酉24	庚戌25	辛亥26	壬子27	癸丑28	甲寅29	乙卯30	丙辰(7)	丁巳2	戊午3	己未4	庚申5	辛酉6	壬戌7	癸亥8	甲子9	乙丑10	丙寅11	丁卯12	戊辰13		辛酉夏至
六月大	辛未	天干地支西曆	己巳14	庚午15	辛未16	壬申17	癸酉18	甲戌19	乙亥20	丙子21	丁丑22	戊寅23	己卯24	庚辰25	辛巳26	壬午27	癸未28	甲申29	乙酉30	丙戌31	丁亥(8)	戊子2	己丑3	庚寅4	辛卯5	壬辰6	癸巳7	甲午8	乙未9	丙申10	丁酉11	戊戌12	
七月小	壬申	天干地支西曆	己亥13	庚子14	辛丑15	壬寅16	癸卯17	甲辰18	乙巳19	丙午20	丁未21	戊申22	己酉23	庚戌24	辛亥25	壬子26	癸丑27	甲寅28	乙卯29	丙辰30	丁巳31	戊午(9)	己未2	庚申3	辛酉4	壬戌5	癸亥6	甲子7	乙丑8	丙寅9	丁卯10		丁未立秋
八月小	癸酉	天干地支西曆	戊辰11	己巳12	庚午13	辛未14	壬申15	癸酉16	甲戌17	乙亥18	丙子19	丁丑20	戊寅21	己卯22	庚辰23	辛巳24	壬午25	癸未26	甲申27	乙酉28	丙戌29	丁亥30	戊子(10)	己丑2	庚寅3	辛卯4	壬辰5	癸巳6	甲午7	乙未8	丙申9		壬辰秋分
九月大	甲戌	天干地支西曆	丁酉10	戊戌11	己亥12	庚子13	辛丑14	壬寅15	癸卯16	甲辰17	乙巳18	丙午19	丁未20	戊申21	己酉22	庚戌23	辛亥24	壬子25	癸丑26	甲寅27	乙卯28	丙辰29	丁巳30	戊午31	己未(11)	庚申2	辛酉3	壬戌4	癸亥5	甲子6	乙丑7	丙寅8	
十月小	乙亥	天干地支西曆	丁卯9	戊辰10	己巳11	庚午12	辛未13	壬申14	癸酉15	甲戌16	乙亥17	丙子18	丁丑19	戊寅20	己卯21	庚辰22	辛巳23	壬午24	癸未25	甲申26	乙酉27	丙戌28	丁亥29	戊子30	己丑(12)	庚寅2	辛卯3	壬辰4	癸巳5	甲午6	乙未7		丁丑立冬
十一月大	丙子	天干地支西曆	丙申8	丁酉9	戊戌10	己亥11	庚子12	辛丑13	壬寅14	癸卯15	甲辰16	乙巳17	丙午18	丁未19	戊申20	己酉21	庚戌22	辛亥23	壬子24	癸丑25	甲寅26	乙卯27	丙辰28	丁巳29	戊午30	己未31	庚申(1)	辛酉2	壬戌3	癸亥4	甲子5	乙丑6	辛酉冬至
十二月小	丁丑	天干地支西曆	丙寅7	丁卯8	戊辰9	己巳10	庚午11	辛未12	壬申13	癸酉14	甲戌15	乙亥16	丙子17	丁丑18	戊寅19	己卯20	庚辰21	辛巳22	壬午23	癸未24	甲申25	乙酉26	丙戌27	丁亥28	戊子29	己丑30	庚寅31	辛卯(2)	壬辰2	癸巳3	甲午4		

年代異同	竹書紀年	皇極經世	文獻通考	歷代紀年備考	歷代帝王年表	歷代統紀表	中國年曆總譜	斷代工程
		殷盤庚十五年	殷盤庚十五年	殷盤庚十五年	殷盤庚十五年	殷盤庚十五年		

商祖丁二年（乙卯 兔年） 公元前 **1386** ~ 前 1385 年

夏曆月序		中西曆日對照	初一	初二	初三	初四	初五	初六	初七	初八	初九	初十	十一	十二	十三	十四	十五	十六	十七	十八	十九	二十	二一	二二	二三	二四	二五	二六	二七	二八	二九	三十	節氣與天象
正月大	戊寅	天干地支西曆	乙未5	丙申6	丁酉7	戊戌8	己亥9	庚子10	辛丑11	壬寅12	癸卯13	甲辰14	乙巳15	丙午16	丁未17	戊申18	己酉19	庚戌20	辛亥21	壬子22	癸丑23	甲寅24	乙卯25	丙辰26	丁巳27	戊午28	己未(3)	庚申2	辛酉3	壬戌4	癸亥5	甲子6	丙午立春
二月小	己卯	天干地支西曆	乙丑7	丙寅8	丁卯9	戊辰10	己巳11	庚午12	辛未13	壬申14	癸酉15	甲戌16	乙亥17	丙子18	丁丑19	戊寅20	己卯21	庚辰22	辛巳23	壬午24	癸未25	甲申26	乙酉27	丙戌28	丁亥29	戊子30	己丑31	庚寅(4)	辛卯2	壬辰3	癸巳4		壬辰春分
三月大	庚辰	天干地支西曆	甲午5	乙未6	丙申7	丁酉8	戊戌9	己亥10	庚子11	辛丑12	壬寅13	癸卯14	甲辰15	乙巳16	丙午17	丁未18	戊申19	己酉20	庚戌21	辛亥22	壬子23	癸丑24	甲寅25	乙卯26	丙辰27	丁巳28	戊午29	己未30	庚申(5)	辛酉2	壬戌3	癸亥4	
四月大	辛巳	天干地支西曆	甲子5	乙丑6	丙寅7	丁卯8	戊辰9	己巳10	庚午11	辛未12	壬申13	癸酉14	甲戌15	乙亥16	丙子17	丁丑18	戊寅19	己卯20	庚辰21	辛巳22	壬午23	癸未24	甲申25	乙酉26	丙戌27	丁亥28	戊子29	己丑30	庚寅31	辛卯(6)	壬辰2	癸巳3	己卯立夏
五月小	壬午	天干地支西曆	甲午4	乙未5	丙申6	丁酉7	戊戌8	己亥9	庚子10	辛丑11	壬寅12	癸卯13	甲辰14	乙巳15	丙午16	丁未17	戊申18	己酉19	庚戌20	辛亥21	壬子22	癸丑23	甲寅24	乙卯25	丙辰26	丁巳27	戊午28	己未29	庚申30	辛酉(7)	壬戌2		
六月大	癸未	天干地支西曆	癸亥3	甲子4	乙丑5	丙寅6	丁卯7	戊辰8	己巳9	庚午10	辛未11	壬申12	癸酉13	甲戌14	乙亥15	丙子16	丁丑17	戊寅18	己卯19	庚辰20	辛巳21	壬午22	癸未23	甲申24	乙酉25	丙戌26	丁亥27	戊子28	己丑29	庚寅30	辛卯31	壬辰(8)	丙寅夏至
七月大	甲申	天干地支西曆	癸巳2	甲午3	乙未4	丙申5	丁酉6	戊戌7	己亥8	庚子9	辛丑10	壬寅11	癸卯12	甲辰13	乙巳14	丙午15	丁未16	戊申17	己酉18	庚戌19	辛亥20	壬子21	癸丑22	甲寅23	乙卯24	丙辰25	丁巳26	戊午27	己未28	庚申29	辛酉30	壬戌31	癸丑立秋
八月小	乙酉	天干地支西曆	癸亥(9)	甲子2	乙丑3	丙寅4	丁卯5	戊辰6	己巳7	庚午8	辛未9	壬申10	癸酉11	甲戌12	乙亥13	丙子14	丁丑15	戊寅16	己卯17	庚辰18	辛巳19	壬午20	癸未21	甲申22	乙酉23	丙戌24	丁亥25	戊子26	己丑27	庚寅28	辛卯29		
閏八月大	乙酉	天干地支西曆	壬辰30	癸巳(10)	甲午2	乙未3	丙申4	丁酉5	戊戌6	己亥7	庚子8	辛丑9	壬寅10	癸卯11	甲辰12	乙巳13	丙午14	丁未15	戊申16	己酉17	庚戌18	辛亥19	壬子20	癸丑21	甲寅22	乙卯23	丙辰24	丁巳25	戊午26	己未27	庚申28	辛酉29	戊戌秋分
九月小	丙戌	天干地支西曆	壬戌30	癸亥31	甲子(11)	乙丑2	丙寅3	丁卯4	戊辰5	己巳6	庚午7	辛未8	壬申9	癸酉10	甲戌11	乙亥12	丙子13	丁丑14	戊寅15	己卯16	庚辰17	辛巳18	壬午19	癸未20	甲申21	乙酉22	丙戌23	丁亥24	戊子25	己丑26	庚寅27		壬午立冬
十月大	丁亥	天干地支西曆	辛卯28	壬辰29	癸巳30	甲午(12)	乙未2	丙申3	丁酉4	戊戌5	己亥6	庚子7	辛丑8	壬寅9	癸卯10	甲辰11	乙巳12	丙午13	丁未14	戊申15	己酉16	庚戌17	辛亥18	壬子19	癸丑20	甲寅21	乙卯22	丙辰23	丁巳24	戊午25	己未26	庚申27	辛卯日食
十一月小	戊子	天干地支西曆	辛酉28	壬戌29	癸亥30	甲子31	乙丑(1)	丙寅2	丁卯3	戊辰4	己巳5	庚午6	辛未7	壬申8	癸酉9	甲戌10	乙亥11	丙子12	丁丑13	戊寅14	己卯15	庚辰16	辛巳17	壬午18	癸未19	甲申20	乙酉21	丙戌22	丁亥23	戊子24	己丑25		丙寅冬至
十二月小	己丑	天干地支西曆	庚寅26	辛卯27	壬辰28	癸巳29	甲午30	乙未31	丙申(2)	丁酉2	戊戌3	己亥4	庚子5	辛丑6	壬寅7	癸卯8	甲辰9	乙巳10	丙午11	丁未12	戊申13	己酉14	庚戌15	辛亥16	壬子17	癸丑18	甲寅19	乙卯20	丙辰21	丁巳22	戊午23		辛亥立春

年代異同	竹書紀年	皇極經世	文獻通考	歷代紀年備考	歷代帝王年表	歷代統紀表	中國年曆總譜	斷代工程
		殷盤庚十六年	殷盤庚十六年	殷盤庚十六年	殷盤庚十六年	殷盤庚十六年		

商祖丁三年（丙辰 龍年） 公元前 1385 ~ 前 1384 年

夏曆月序		中西曆日對照	初一	初二	初三	初四	初五	初六	初七	初八	初九	初十	十一	十二	十三	十四	十五	十六	十七	十八	十九	二十	二一	二二	二三	二四	二五	二六	二七	二八	二九	三十	節氣與天象
正月大	庚寅	天干地支	己未	庚申	辛酉	壬戌	癸亥	甲子	乙丑	丙寅	丁卯	戊辰	己巳	庚午	辛未	壬申	癸酉	甲戌	乙亥	丙子	丁丑	戊寅	己卯	庚辰	辛巳	壬午	癸未	甲申	乙酉	丙戌	丁亥	戊子	
		西曆	24	25	26	27	28	29	(3)	2	3	4	5	6	7	8	9	10	11	12	13	14	15	16	17	18	19	20	21	22	23	24	
二月小	辛卯	天干地支	己丑	庚寅	辛卯	壬辰	癸巳	甲午	乙未	丙申	丁酉	戊戌	己亥	庚子	辛丑	壬寅	癸卯	甲辰	乙巳	丙午	丁未	戊申	己酉	庚戌	辛亥	壬子	癸丑	甲寅	乙卯	丙辰	丁巳		丁酉春分
		西曆	25	26	27	28	29	30	31	(4)	2	3	4	5	6	7	8	9	10	11	12	13	14	15	16	17	18	19	20	21	22		
三月大	壬辰	天干地支	戊午	己未	庚申	辛酉	壬戌	癸亥	甲子	乙丑	丙寅	丁卯	戊辰	己巳	庚午	辛未	壬申	癸酉	甲戌	乙亥	丙子	丁丑	戊寅	己卯	庚辰	辛巳	壬午	癸未	甲申	乙酉	丙戌	丁亥	甲申立夏
		西曆	23	24	25	26	27	28	29	30	(5)	2	3	4	5	6	7	8	9	10	11	12	13	14	15	16	17	18	19	20	21	22	
四月小	癸巳	天干地支	戊子	己丑	庚寅	辛卯	壬辰	癸巳	甲午	乙未	丙申	丁酉	戊戌	己亥	庚子	辛丑	壬寅	癸卯	甲辰	乙巳	丙午	丁未	戊申	己酉	庚戌	辛亥	壬子	癸丑	甲寅	乙卯	丙辰		
		西曆	23	24	25	26	27	28	29	30	31	(6)	2	3	4	5	6	7	8	9	10	11	12	13	14	15	16	17	18	19	20		
五月大	甲午	天干地支	丁巳	戊午	己未	庚申	辛酉	壬戌	癸亥	甲子	乙丑	丙寅	丁卯	戊辰	己巳	庚午	辛未	壬申	癸酉	甲戌	乙亥	丙子	丁丑	戊寅	己卯	庚辰	辛巳	壬午	癸未	甲申	乙酉	丙戌	壬申夏至
		西曆	21	22	23	24	25	26	27	28	29	30	(7)	2	3	4	5	6	7	8	9	10	11	12	13	14	15	16	17	18	19	20	
六月大	乙未	天干地支	丁亥	戊子	己丑	庚寅	辛卯	壬辰	癸巳	甲午	乙未	丙申	丁酉	戊戌	己亥	庚子	辛丑	壬寅	癸卯	甲辰	乙巳	丙午	丁未	戊申	己酉	庚戌	辛亥	壬子	癸丑	甲寅	乙卯	丙辰	
		西曆	21	22	23	24	25	26	27	28	29	30	31	(8)	2	3	4	5	6	7	8	9	10	11	12	13	14	15	16	17	18	19	
七月小	丙申	天干地支	丁巳	戊午	己未	庚申	辛酉	壬戌	癸亥	甲子	乙丑	丙寅	丁卯	戊辰	己巳	庚午	辛未	壬申	癸酉	甲戌	乙亥	丙子	丁丑	戊寅	己卯	庚辰	辛巳	壬午	癸未	甲申	乙酉		戊午立秋
		西曆	20	21	22	23	24	25	26	27	28	29	30	31	(9)	2	3	4	5	6	7	8	9	10	11	12	13	14	15	16	17		
八月大	丁酉	天干地支	丙戌	丁亥	戊子	己丑	庚寅	辛卯	壬辰	癸巳	甲午	乙未	丙申	丁酉	戊戌	己亥	庚子	辛丑	壬寅	癸卯	甲辰	乙巳	丙午	丁未	戊申	己酉	庚戌	辛亥	壬子	癸丑	甲寅	乙卯	癸卯秋分
		西曆	18	19	20	21	22	23	24	25	26	27	28	29	30	(10)	2	3	4	5	6	7	8	9	10	11	12	13	14	15	16	17	
九月大	戊戌	天干地支	丙辰	丁巳	戊午	己未	庚申	辛酉	壬戌	癸亥	甲子	乙丑	丙寅	丁卯	戊辰	己巳	庚午	辛未	壬申	癸酉	甲戌	乙亥	丙子	丁丑	戊寅	己卯	庚辰	辛巳	壬午	癸未	甲申	乙酉	
		西曆	18	19	20	21	22	23	24	25	26	27	28	29	30	31	(11)	2	3	4	5	6	7	8	9	10	11	12	13	14	15	16	
十月小	己亥	天干地支	丙戌	丁亥	戊子	己丑	庚寅	辛卯	壬辰	癸巳	甲午	乙未	丙申	丁酉	戊戌	己亥	庚子	辛丑	壬寅	癸卯	甲辰	乙巳	丙午	丁未	戊申	己酉	庚戌	辛亥	壬子	癸丑	甲寅		丁亥立冬
		西曆	17	18	19	20	21	22	23	24	25	26	27	28	29	30	(12)	2	3	4	5	6	7	8	9	10	11	12	13	14	15		
十一月大	庚子	天干地支	乙卯	丙辰	丁巳	戊午	己未	庚申	辛酉	壬戌	癸亥	甲子	乙丑	丙寅	丁卯	戊辰	己巳	庚午	辛未	壬申	癸酉	甲戌	乙亥	丙子	丁丑	戊寅	己卯	庚辰	辛巳	壬午	癸未	甲申	辛未冬至
		西曆	16	17	18	19	20	21	22	23	24	25	26	27	28	29	30	31	(1)	2	3	4	5	6	7	8	9	10	11	12	13	14	
十二月小	辛丑	天干地支	乙酉	丙戌	丁亥	戊子	己丑	庚寅	辛卯	壬辰	癸巳	甲午	乙未	丙申	丁酉	戊戌	己亥	庚子	辛丑	壬寅	癸卯	甲辰	乙巳	丙午	丁未	戊申	己酉	庚戌	辛亥	壬子	癸丑		
		西曆	15	16	17	18	19	20	21	22	23	24	25	26	27	28	29	30	31	(2)	2	3	4	5	6	7	8	9	10	11	12		

年代異同	竹書紀年	皇極經世	文獻通考	歷代紀年備考	歷代帝王年表	歷代統紀表	中國年曆總譜	斷代工程
		殷盤庚十七年	殷盤庚十七年	殷盤庚十七年	殷盤庚十七年	殷盤庚十七年		

商祖丁四年（丁巳 蛇年） 公元前 1384 ~ 前 1383 年

夏曆月序		中西曆日對照	初一	初二	初三	初四	初五	初六	初七	初八	初九	初十	十一	十二	十三	十四	十五
正月小	壬寅	干支曆 天地西	甲寅 13	乙卯 14	丙辰 15	丁巳 16	戊午 17	己未 18	庚申 19	辛酉 20	壬戌 21	癸亥 22	甲子 23	乙丑 24	丙寅 25	丁卯 26	戊辰 27
二月大	癸卯	干支曆 天地西	癸未 14	甲申 15	乙酉 16	丙戌 17	丁亥 18	戊子 19	己丑 20	庚寅 21	辛卯 22	壬辰 23	癸巳 24	甲午 25	乙未 26	丙申 27	丁酉 28
三月小	甲辰	干支曆 天地西	癸丑 13	甲寅 14	乙卯 15	丙辰 16	丁巳 17	戊午 18	己未 19	庚申 20	辛酉 21	壬戌 22	癸亥 23	甲子 24	乙丑 25	丙寅 26	丁卯 27
四月大	乙巳	干支曆 天地西	壬午 12	癸未 13	甲申 14	乙酉 15	丙戌 16	丁亥 17	戊子 18	己丑 19	庚寅 20	辛卯 21	壬辰 22	癸巳 23	甲午 24	乙未 25	丙申 26
五月小	丙午	干支曆 天地西	壬子 11	癸丑 12	甲寅 13	乙卯 14	丙辰 15	丁巳 16	戊午 17	己未 18	庚申 19	辛酉 20	壬戌 21	癸亥 22	甲子 23	乙丑 24	丙寅 25
六月大	丁未	干支曆 天地西	辛巳 10	壬午 11	癸未 12	甲申 13	乙酉 14	丙戌 15	丁亥 16	戊子 17	己丑 18	庚寅 19	辛卯 20	壬辰 21	癸巳 22	甲午 23	乙未 24
七月小	戊申	干支曆 天地西	辛亥 9	壬子 10	癸丑 11	甲寅 12	乙卯 13	丙辰 14	丁巳 15	戊午 16	己未 17	庚申 18	辛酉 19	壬戌 20	癸亥 21	甲子 22	乙丑 23
八月大	己酉	干支曆 天地西	庚辰 7	辛巳 8	壬午 9	癸未 10	甲申 11	乙酉 12	丙戌 13	丁亥 14	戊子 15	己丑 16	庚寅 17	辛卯 18	壬辰 19	癸巳 20	甲午 21
九月大	庚戌	干支曆 天地西	庚戌 7	辛亥 8	壬子 9	癸丑 10	甲寅 11	乙卯 12	丙辰 13	丁巳 14	戊午 15	己未 16	庚申 17	辛酉 18	壬戌 19	癸亥 20	甲子 21
十月大	辛亥	干支曆 天地西	庚辰 6	辛巳 7	壬午 8	癸未 9	甲申 10	乙酉 11	丙戌 12	丁亥 13	戊子 14	己丑 15	庚寅 16	辛卯 17	壬辰 18	癸巳 19	甲午 20
十一月小	壬子	干支曆 天地西	庚戌 6	辛亥 7	壬子 8	癸丑 9	甲寅 10	乙卯 11	丙辰 12	丁巳 13	戊午 14	己未 15	庚申 16	辛酉 17	壬戌 18	癸亥 19	甲子 20
十二月大	癸丑	干支曆 天地西	己卯 4	庚辰 5	辛巳 6	壬午 7	癸未 8	甲申 9	乙酉 10	丙戌 11	丁亥 12	戊子 13	己丑 14	庚寅 15	辛卯 16	壬辰 17	癸巳 18

夏曆月序	十六	十七	十八	十九	二十	二一	二二	二三	二四	二五	二六	二七	二八	二九	三十	節氣與天象
正月小	己巳 28	庚午 (3)	辛未 2	壬申 3	癸酉 4	甲戌 5	乙亥 6	丙子 7	丁丑 8	戊寅 9	己卯 10	庚辰 11	辛巳 12	壬午 13		丙辰立春
二月大	戊戌 29	己亥 30	庚子 31	辛丑 (4)	壬寅 2	癸卯 3	甲辰 4	乙巳 5	丙午 6	丁未 7	戊申 8	己酉 9	庚戌 10	辛亥 11	壬子 12	壬寅春分
三月小	戊辰 28	己巳 29	庚午 30	辛未 (5)	壬申 2	癸酉 3	甲戌 4	乙亥 5	丙子 6	丁丑 7	戊寅 8	己卯 9	庚辰 10	辛巳 11		
四月大	丁酉 27	戊戌 28	己亥 29	庚子 30	辛丑 31	壬寅 (6)	癸卯 2	甲辰 3	乙巳 4	丙午 5	丁未 6	戊申 7	己酉 8	庚戌 9	辛亥 10	庚寅立夏 壬午日食
五月小	丁卯 26	戊辰 27	己巳 28	庚午 29	辛未 30	壬申 (7)	癸酉 2	甲戌 3	乙亥 4	丙子 5	丁丑 6	戊寅 7	己卯 8	庚辰 9		丁丑夏至
六月大	丙申 25	丁酉 26	戊戌 27	己亥 28	庚子 29	辛丑 30	壬寅 31	癸卯 (8)	甲辰 2	乙巳 3	丙午 4	丁未 5	戊申 6	己酉 7	庚戌 8	
七月小	丙寅 24	丁卯 25	戊辰 26	己巳 27	庚午 28	辛未 29	壬申 30	癸酉 31	甲戌 (9)	乙亥 2	丙子 3	丁丑 4	戊寅 5	己卯 6		癸亥立秋
八月大	乙未 22	丙申 23	丁酉 24	戊戌 25	己亥 26	庚子 27	辛丑 28	壬寅 29	癸卯 30	甲辰 (10)	乙巳 2	丙午 3	丁未 4	戊申 5	己酉 6	戊申秋分
九月大	乙丑 22	丙寅 23	丁卯 24	戊辰 25	己巳 26	庚午 27	辛未 28	壬申 29	癸酉 30	甲戌 31	乙亥 (11)	丙子 2	丁丑 3	戊寅 4	己卯 5	
十月大	乙未 21	丙申 22	丁酉 23	戊戌 24	己亥 25	庚子 26	辛丑 27	壬寅 28	癸卯 29	甲辰 30	乙巳 (12)	丙午 2	丁未 3	戊申 4	己酉 5	壬辰立冬
十一月小	乙丑 21	丙寅 22	丁卯 23	戊辰 24	己巳 25	庚午 26	辛未 27	壬申 28	癸酉 29	甲戌 30	乙亥 31	丙子 (1)	丁丑 2	戊寅 3		丙子冬至
十二月大	甲午 19	乙未 20	丙申 21	丁酉 22	戊戌 23	己亥 24	庚子 25	辛丑 26	壬寅 27	癸卯 28	甲辰 29	乙巳 30	丙午 31	丁未 (2)	戊申 2	

年代異同	竹書紀年	皇極經世	文獻通考	歷代紀年備考	歷代帝王年表	歷代統紀表	中國年曆總譜	斷代工程
		殷盤庚十八年	殷盤庚十八年	殷盤庚十八年	殷盤庚十八年	殷盤庚十八年	殷盤庚十五年	

商祖丁五年（戊午 馬年） 公元前1383 ~ 前1382年

夏曆月序		中西曆日對照	初一	初二	初三	初四	初五	初六	初七	初八	初九	初十	十一	十二	十三	十四	十五	十六	十七	十八	十九	二十	二一	二二	二三	二四	二五	二六	二七	二八	二九	三十	節氣與天象
正月小	甲寅	天干地支西曆	己酉3	庚戌4	辛亥5	壬子6	癸丑7	甲寅8	乙卯9	丙辰10	丁巳11	戊午12	己未13	庚申14	辛酉15	壬戌16	癸亥17	甲子18	乙丑19	丙寅20	丁卯21	戊辰22	己巳23	庚午24	辛未25	壬申26	癸酉27	甲戌28	乙亥(3)	丙子2	丁丑3		辛酉立春
二月小	乙卯	天干地支西曆	戊寅4	己卯5	庚辰6	辛巳7	壬午8	癸未9	甲申10	乙酉11	丙戌12	丁亥13	戊子14	己丑15	庚寅16	辛卯17	壬辰18	癸巳19	甲午20	乙未21	丙申22	丁酉23	戊戌24	己亥25	庚子26	辛丑27	壬寅28	癸卯29	甲辰30	乙巳31	丙午(4)		
三月大	丙辰	天干地支西曆	丁未2	戊申3	己酉4	庚戌5	辛亥6	壬子7	癸丑8	甲寅9	乙卯10	丙辰11	丁巳12	戊午13	己未14	庚申15	辛酉16	壬戌17	癸亥18	甲子19	乙丑20	丙寅21	丁卯22	戊辰23	己巳24	庚午25	辛未26	壬申27	癸酉28	甲戌29	乙亥30	丙子(5)	戊申春分
四月小	丁巳	天干地支西曆	丁丑2	戊寅3	己卯4	庚辰5	辛巳6	壬午7	癸未8	甲申9	乙酉10	丙戌11	丁亥12	戊子13	己丑14	庚寅15	辛卯16	壬辰17	癸巳18	甲午19	乙未20	丙申21	丁酉22	戊戌23	己亥24	庚子25	辛丑26	壬寅27	癸卯28	甲辰29	乙巳30		乙未立夏
閏四月小	丁巳	天干地支西曆	丙午31	丁未(6)	戊申2	己酉3	庚戌4	辛亥5	壬子6	癸丑7	甲寅8	乙卯9	丙辰10	丁巳11	戊午12	己未13	庚申14	辛酉15	壬戌16	癸亥17	甲子18	乙丑19	丙寅20	丁卯21	戊辰22	己巳23	庚午24	辛未25	壬申26	癸酉27	甲戌28		
五月大	戊午	天干地支西曆	乙亥29	丙子30	丁丑(7)	戊寅2	己卯3	庚辰4	辛巳5	壬午6	癸未7	甲申8	乙酉9	丙戌10	丁亥11	戊子12	己丑13	庚寅14	辛卯15	壬辰16	癸巳17	甲午18	乙未19	丙申20	丁酉21	戊戌22	己亥23	庚子24	辛丑25	壬寅26	癸卯27	甲辰28	壬午夏至
六月小	己未	天干地支西曆	乙巳29	丙午30	丁未31	戊申(8)	己酉2	庚戌3	辛亥4	壬子5	癸丑6	甲寅7	乙卯8	丙辰9	丁巳10	戊午11	己未12	庚申13	辛酉14	壬戌15	癸亥16	甲子17	乙丑18	丙寅19	丁卯20	戊辰21	己巳22	庚午23	辛未24	壬申25	癸酉26		戊辰立秋
七月大	庚申	天干地支西曆	甲戌27	乙亥28	丙子29	丁丑30	戊寅31	己卯(9)	庚辰2	辛巳3	壬午4	癸未5	甲申6	乙酉7	丙戌8	丁亥9	戊子10	己丑11	庚寅12	辛卯13	壬辰14	癸巳15	甲午16	乙未17	丙申18	丁酉19	戊戌20	己亥21	庚子22	辛丑23	壬寅24	癸卯25	
八月大	辛酉	天干地支西曆	甲辰26	乙巳27	丙午28	丁未29	戊申30	己酉(10)	庚戌2	辛亥3	壬子4	癸丑5	甲寅6	乙卯7	丙辰8	丁巳9	戊午10	己未11	庚申12	辛酉13	壬戌14	癸亥15	甲子16	乙丑17	丙寅18	丁卯19	戊辰20	己巳21	庚午22	辛未23	壬申24	癸酉25	癸丑秋分 甲辰日食
九月大	壬戌	天干地支西曆	甲戌26	乙亥27	丙子28	丁丑29	戊寅30	己卯31	庚辰(11)	辛巳2	壬午3	癸未4	甲申5	乙酉6	丙戌7	丁亥8	戊子9	己丑10	庚寅11	辛卯12	壬辰13	癸巳14	甲午15	乙未16	丙申17	丁酉18	戊戌19	己亥20	庚子21	辛丑22	壬寅23	癸卯24	戊戌立冬
十月大	癸亥	天干地支西曆	甲辰25	乙巳26	丙午27	丁未28	戊申29	己酉30	庚戌(12)	辛亥2	壬子3	癸丑4	甲寅5	乙卯6	丙辰7	丁巳8	戊午9	己未10	庚申11	辛酉12	壬戌13	癸亥14	甲子15	乙丑16	丙寅17	丁卯18	戊辰19	己巳20	庚午21	辛未22	壬申23	癸酉24	
十一月小	甲子	天干地支西曆	甲戌25	乙亥26	丙子27	丁丑28	戊寅29	己卯30	庚辰31	辛巳(1)	壬午2	癸未3	甲申4	乙酉5	丙戌6	丁亥7	戊子8	己丑9	庚寅10	辛卯11	壬辰12	癸巳13	甲午14	乙未15	丙申16	丁酉17	戊戌18	己亥19	庚子20	辛丑21	壬寅22		壬午冬至
十二月大	乙丑	天干地支西曆	癸卯23	甲辰24	乙巳25	丙午26	丁未27	戊申28	己酉29	庚戌30	辛亥31	壬子(2)	癸丑2	甲寅3	乙卯4	丙辰5	丁巳6	戊午7	己未8	庚申9	辛酉10	壬戌11	癸亥12	甲子13	乙丑14	丙寅15	丁卯16	戊辰17	己巳18	庚午19	辛未20	壬申21	丁卯立春

年代異同	竹書紀年	皇極經世	文獻通考	歷代紀年備考	歷代帝王年表	歷代統紀表	中國年曆總譜	斷代工程
		殷盤庚十九年	殷盤庚十九年	殷盤庚十九年	殷盤庚十九年	殷盤庚十九年	殷盤庚十六年	

商祖丁六年（己未 羊年） 公元前1382 ~ 前1381年

夏曆月序		中西曆日對照	初一	初二	初三	初四	初五	初六	初七	初八	初九	初十	十一	十二	十三	十四	十五	十六	十七	十八	十九	二十	二一	二二	二三	二四	二五	二六	二七	二八	二九	三十	節氣與天象
正月小	丙寅	天干 地支 西曆	癸酉22	甲戌23	乙亥24	丙子25	丁丑26	戊寅27	己卯28	庚辰(3)	辛巳2	壬午3	癸未4	甲申5	乙酉6	丙戌7	丁亥8	戊子9	己丑10	庚寅11	辛卯12	壬辰13	癸巳14	甲午15	乙未16	丙申17	丁酉18	戊戌19	己亥20	庚子21	辛丑22		
二月小	丁卯	天干 地支 西曆	壬寅23	癸卯24	甲辰25	乙巳26	丙午27	丁未28	戊申29	己酉30	庚戌31	辛亥(4)	壬子2	癸丑3	甲寅4	乙卯5	丙辰6	丁巳7	戊午8	己未9	庚申10	辛酉11	壬戌12	癸亥13	甲子14	乙丑15	丙寅16	丁卯17	戊辰18	己巳19	庚午20		癸丑春分
三月大	戊辰	天干 地支 西曆	辛未21	壬申22	癸酉23	甲戌24	乙亥25	丙子26	丁丑27	戊寅28	己卯29	庚辰30	辛巳(5)	壬午2	癸未3	甲申4	乙酉5	丙戌6	丁亥7	戊子8	己丑9	庚寅10	辛卯11	壬辰12	癸巳13	甲午14	乙未15	丙申16	丁酉17	戊戌18	己亥19	庚子20	庚子立夏
四月小	己巳	天干 地支 西曆	辛丑21	壬寅22	癸卯23	甲辰24	乙巳25	丙午26	丁未27	戊申28	己酉29	庚戌30	辛亥31	壬子(6)	癸丑2	甲寅3	乙卯4	丙辰5	丁巳6	戊午7	己未8	庚申9	辛酉10	壬戌11	癸亥12	甲子13	乙丑14	丙寅15	丁卯16	戊辰17	己巳18		
五月小	庚午	天干 地支 西曆	庚午19	辛未20	壬申21	癸酉22	甲戌23	乙亥24	丙子25	丁丑26	戊寅27	己卯28	庚辰29	辛巳30	壬午(7)	癸未2	甲申3	乙酉4	丙戌5	丁亥6	戊子7	己丑8	庚寅9	辛卯10	壬辰11	癸巳12	甲午13	乙未14	丙申15	丁酉16	戊戌17		丁亥夏至
六月大	辛未	天干 地支 西曆	己亥18	庚子19	辛丑20	壬寅21	癸卯22	甲辰23	乙巳24	丙午25	丁未26	戊申27	己酉28	庚戌29	辛亥30	壬子31	癸丑(8)	甲寅2	乙卯3	丙辰4	丁巳5	戊午6	己未7	庚申8	辛酉9	壬戌10	癸亥11	甲子12	乙丑13	丙寅14	丁卯15	戊辰16	
七月小	壬申	天干 地支 西曆	己巳17	庚午18	辛未19	壬申20	癸酉21	甲戌22	乙亥23	丙子24	丁丑25	戊寅26	己卯27	庚辰28	辛巳29	壬午30	癸未31	甲申(9)	乙酉2	丙戌3	丁亥4	戊子5	己丑6	庚寅7	辛卯8	壬辰9	癸巳10	甲午11	乙未12	丙申13	丁酉14		甲戌立秋
八月大	癸酉	天干 地支 西曆	戊戌15	己亥16	庚子17	辛丑18	壬寅19	癸卯20	甲辰21	乙巳22	丙午23	丁未24	戊申25	己酉26	庚戌27	辛亥28	壬子29	癸丑30	甲寅(10)	乙卯2	丙辰3	丁巳4	戊午5	己未6	庚申7	辛酉8	壬戌9	癸亥10	甲子11	乙丑12	丙寅13	丁卯14	己未秋分 戊戌日食
九月大	甲戌	天干 地支 西曆	戊辰15	己巳16	庚午17	辛未18	壬申19	癸酉20	甲戌21	乙亥22	丙子23	丁丑24	戊寅25	己卯26	庚辰27	辛巳28	壬午29	癸未30	甲申31	乙酉(11)	丙戌2	丁亥3	戊子4	己丑5	庚寅6	辛卯7	壬辰8	癸巳9	甲午10	乙未11	丙申12	丁酉13	
十月大	乙亥	天干 地支 西曆	戊戌14	己亥15	庚子16	辛丑17	壬寅18	癸卯19	甲辰20	乙巳21	丙午22	丁未23	戊申24	己酉25	庚戌26	辛亥27	壬子28	癸丑29	甲寅30	乙卯(12)	丙辰2	丁巳3	戊午4	己未5	庚申6	辛酉7	壬戌8	癸亥9	甲子10	乙丑11	丙寅12	丁卯13	癸卯立冬
十一月小	丙子	天干 地支 西曆	戊辰14	己巳15	庚午16	辛未17	壬申18	癸酉19	甲戌20	乙亥21	丙子22	丁丑23	戊寅24	己卯25	庚辰26	辛巳27	壬午28	癸未29	甲申30	乙酉31	丙戌(1)	丁亥2	戊子3	己丑4	庚寅5	辛卯6	壬辰7	癸巳8	甲午9	乙未10	丙申11		丁亥冬至
十二月大	丁丑	天干 地支 西曆	丁酉12	戊戌13	己亥14	庚子15	辛丑16	壬寅17	癸卯18	甲辰19	乙巳20	丙午21	丁未22	戊申23	己酉24	庚戌25	辛亥26	壬子27	癸丑28	甲寅29	乙卯30	丙辰31	丁巳(2)	戊午2	己未3	庚申4	辛酉5	壬戌6	癸亥7	甲子8	乙丑9	丙寅10	

年代異同	竹書紀年	皇極經世	文獻通考	歷代紀年備考	歷代帝王年表	歷代統紀表	中國年曆總譜	斷代工程
		殷盤庚二十年	殷盤庚二十年	殷盤庚二十年	殷盤庚二十年	殷盤庚二十年	殷盤庚十七年	

商祖丁七年（庚申 猴年） 公元前 1381 ~ 前 1380 年

夏曆月序		中西曆日對照	夏曆日序																														節氣與天象
			初一	初二	初三	初四	初五	初六	初七	初八	初九	初十	十一	十二	十三	十四	十五	十六	十七	十八	十九	二十	二一	二二	二三	二四	二五	二六	二七	二八	二九	三十	
正月大	戊寅	天干地支西曆	丁卯 11	戊辰 12	己巳 13	庚午 14	辛未 15	壬申 16	癸酉 17	甲戌 18	乙亥 19	丙子 20	丁丑 21	戊寅 22	己卯 23	庚辰 24	辛巳 25	壬午 26	癸未 27	甲申 28	乙酉 29	丙戌 (3)	丁亥 2	戊子 3	己丑 4	庚寅 5	辛卯 6	壬辰 7	癸巳 8	甲午 9	乙未 10	丙申 11	壬申立春
二月小	己卯	天干地支西曆	丁酉 12	戊戌 13	己亥 14	庚子 15	辛丑 16	壬寅 17	癸卯 18	甲辰 19	乙巳 20	丙午 21	丁未 22	戊申 23	己酉 24	庚戌 25	辛亥 26	壬子 27	癸丑 28	甲寅 29	乙卯 30	丙辰 31	丁巳 (4)	戊午 2	己未 3	庚申 4	辛酉 5	壬戌 6	癸亥 7	甲子 8	乙丑 9		戊午春分
三月小	庚辰	天干地支西曆	丙寅 10	丁卯 11	戊辰 12	己巳 13	庚午 14	辛未 15	壬申 16	癸酉 17	甲戌 18	乙亥 19	丙子 20	丁丑 21	戊寅 22	己卯 23	庚辰 24	辛巳 25	壬午 26	癸未 27	甲申 28	乙酉 29	丙戌 30	丁亥 (5)	戊子 2	己丑 3	庚寅 4	辛卯 5	壬辰 6	癸巳 7	甲午 8		
四月大	辛巳	天干地支西曆	乙未 9	丙申 10	丁酉 11	戊戌 12	己亥 13	庚子 14	辛丑 15	壬寅 16	癸卯 17	甲辰 18	乙巳 19	丙午 20	丁未 21	戊申 22	己酉 23	庚戌 24	辛亥 25	壬子 26	癸丑 27	甲寅 28	乙卯 29	丙辰 30	丁巳 31	戊午 (6)	己未 2	庚申 3	辛酉 4	壬戌 5	癸亥 6	甲子 7	乙巳立夏
五月小	壬午	天干地支西曆	乙丑 8	丙寅 9	丁卯 10	戊辰 11	己巳 12	庚午 13	辛未 14	壬申 15	癸酉 16	甲戌 17	乙亥 18	丙子 19	丁丑 20	戊寅 21	己卯 22	庚辰 23	辛巳 24	壬午 25	癸未 26	甲申 27	乙酉 28	丙戌 29	丁亥 30	戊子 (7)	己丑 2	庚寅 3	辛卯 4	壬辰 5	癸巳 6		癸巳夏至
六月小	癸未	天干地支西曆	甲午 7	乙未 8	丙申 9	丁酉 10	戊戌 11	己亥 12	庚子 13	辛丑 14	壬寅 15	癸卯 16	甲辰 17	乙巳 18	丙午 19	丁未 20	戊申 21	己酉 22	庚戌 23	辛亥 24	壬子 25	癸丑 26	甲寅 27	乙卯 28	丙辰 29	丁巳 30	戊午 31	己未 (8)	庚申 2	辛酉 3	壬戌 4		
七月大	甲申	天干地支西曆	癸亥 5	甲子 6	乙丑 7	丙寅 8	丁卯 9	戊辰 10	己巳 11	庚午 12	辛未 13	壬申 14	癸酉 15	甲戌 16	乙亥 17	丙子 18	丁丑 19	戊寅 20	己卯 21	庚辰 22	辛巳 23	壬午 24	癸未 25	甲申 26	乙酉 27	丙戌 28	丁亥 29	戊子 30	己丑 31	庚寅 (9)	辛卯 2	壬辰 3	己卯立秋
八月小	乙酉	天干地支西曆	癸巳 4	甲午 5	乙未 6	丙申 7	丁酉 8	戊戌 9	己亥 10	庚子 11	辛丑 12	壬寅 13	癸卯 14	甲辰 15	乙巳 16	丙午 17	丁未 18	戊申 19	己酉 20	庚戌 21	辛亥 22	壬子 23	癸丑 24	甲寅 25	乙卯 26	丙辰 27	丁巳 28	戊午 29	己未 30	庚申 (10)	辛酉 2		
九月大	丙戌	天干地支西曆	壬戌 3	癸亥 4	甲子 5	乙丑 6	丙寅 7	丁卯 8	戊辰 9	己巳 10	庚午 11	辛未 12	壬申 13	癸酉 14	甲戌 15	乙亥 16	丙子 17	丁丑 18	戊寅 19	己卯 20	庚辰 21	辛巳 22	壬午 23	癸未 24	甲申 25	乙酉 26	丙戌 27	丁亥 28	戊子 29	己丑 30	庚寅 31	辛卯 (11)	甲子秋分
十月大	丁亥	天干地支西曆	壬辰 2	癸巳 3	甲午 4	乙未 5	丙申 6	丁酉 7	戊戌 8	己亥 9	庚子 10	辛丑 11	壬寅 12	癸卯 13	甲辰 14	乙巳 15	丙午 16	丁未 17	戊申 18	己酉 19	庚戌 20	辛亥 21	壬子 22	癸丑 23	甲寅 24	乙卯 25	丙辰 26	丁巳 27	戊午 28	己未 29	庚申 30	辛酉 (12)	戊申立冬
十一月小	戊子	天干地支西曆	壬戌 2	癸亥 3	甲子 4	乙丑 5	丙寅 6	丁卯 7	戊辰 8	己巳 9	庚午 10	辛未 11	壬申 12	癸酉 13	甲戌 14	乙亥 15	丙子 16	丁丑 17	戊寅 18	己卯 19	庚辰 20	辛巳 21	壬午 22	癸未 23	甲申 24	乙酉 25	丙戌 26	丁亥 27	戊子 28	己丑 29	庚寅 30		
閏十一大	戊子	天干地支西曆	辛卯 31	壬辰 (1)	癸巳 2	甲午 3	乙未 4	丙申 5	丁酉 6	戊戌 7	己亥 8	庚子 9	辛丑 10	壬寅 11	癸卯 12	甲辰 13	乙巳 14	丙午 15	丁未 16	戊申 17	己酉 18	庚戌 19	辛亥 20	壬子 21	癸丑 22	甲寅 23	乙卯 24	丙辰 25	丁巳 26	戊午 27	己未 28	庚申 29	壬辰冬至
十二月大	己丑	天干地支西曆	辛酉 30	壬戌 31	癸亥 (2)	甲子 2	乙丑 3	丙寅 4	丁卯 5	戊辰 6	己巳 7	庚午 8	辛未 9	壬申 10	癸酉 11	甲戌 12	乙亥 13	丙子 14	丁丑 15	戊寅 16	己卯 17	庚辰 18	辛巳 19	壬午 20	癸未 21	甲申 22	乙酉 23	丙戌 24	丁亥 25	戊子 26	己丑 27	庚寅 28	丁丑立春

年代異同	竹書紀年	皇極經世	文獻通考	歷代紀年備考	歷代帝王年表	歷代統紀表	中國年曆總譜	斷代工程
		殷盤庚二十一年	殷盤庚二十一年	殷盤庚二十一年	殷盤庚二十一年	殷盤庚二十一年	殷盤庚十八年	

商祖丁八年（辛酉 鷄年） 公元前 1380 ~ 前 1379 年

夏曆月序		中西曆日對照	初一	初二	初三	初四	初五	初六	初七	初八	初九	初十	十一	十二	十三	十四	十五	十六	十七	十八	十九	二十	二一	二二	二三	二四	二五	二六	二七	二八	二九	三十	節氣與天象
正月小	庚寅	天干 地支 西曆	辛卯 (3)	壬辰 2	癸巳 3	甲午 4	乙未 5	丙申 6	丁酉 7	戊戌 8	己亥 9	庚子 10	辛丑 11	壬寅 12	癸卯 13	甲辰 14	乙巳 15	丙午 16	丁未 17	戊申 18	己酉 19	庚戌 20	辛亥 21	壬子 22	癸丑 23	甲寅 24	乙卯 25	丙辰 26	丁巳 27	戊午 28	己未 29		辛卯日食
二月大	辛卯	天干 地支 西曆	庚申 30	辛酉 31	壬戌 (4)	癸亥 2	甲子 3	乙丑 4	丙寅 5	丁卯 6	戊辰 7	己巳 8	庚午 9	辛未 10	壬申 11	癸酉 12	甲戌 13	乙亥 14	丙子 15	丁丑 16	戊寅 17	己卯 18	庚辰 19	辛巳 20	壬午 21	癸未 22	甲申 23	乙酉 24	丙戌 25	丁亥 26	戊子 27	己丑 28	癸亥春分
三月小	壬辰	天干 地支 西曆	庚寅 29	辛卯 30	壬辰 (5)	癸巳 2	甲午 3	乙未 4	丙申 5	丁酉 6	戊戌 7	己亥 8	庚子 9	辛丑 10	壬寅 11	癸卯 12	甲辰 13	乙巳 14	丙午 15	丁未 16	戊申 17	己酉 18	庚戌 19	辛亥 20	壬子 21	癸丑 22	甲寅 23	乙卯 24	丙辰 25	丁巳 26	戊午 27		辛亥立夏
四月大	癸巳	天干 地支 西曆	己未 28	庚申 29	辛酉 30	壬戌 31	癸亥 (6)	甲子 2	乙丑 3	丙寅 4	丁卯 5	戊辰 6	己巳 7	庚午 8	辛未 9	壬申 10	癸酉 11	甲戌 12	乙亥 13	丙子 14	丁丑 15	戊寅 16	己卯 17	庚辰 18	辛巳 19	壬午 20	癸未 21	甲申 22	乙酉 23	丙戌 24	丁亥 25	戊子 26	
五月小	甲午	天干 地支 西曆	己丑 27	庚寅 28	辛卯 29	壬辰 30	癸巳 (7)	甲午 2	乙未 3	丙申 4	丁酉 5	戊戌 6	己亥 7	庚子 8	辛丑 9	壬寅 10	癸卯 11	甲辰 12	乙巳 13	丙午 14	丁未 15	戊申 16	己酉 17	庚戌 18	辛亥 19	壬子 20	癸丑 21	甲寅 22	乙卯 23	丙辰 24	丁巳 25		戊戌夏至
六月小	乙未	天干 地支 西曆	戊午 26	己未 27	庚申 28	辛酉 29	壬戌 30	癸亥 31	甲子 (8)	乙丑 2	丙寅 3	丁卯 4	戊辰 5	己巳 6	庚午 7	辛未 8	壬申 9	癸酉 10	甲戌 11	乙亥 12	丙子 13	丁丑 14	戊寅 15	己卯 16	庚辰 17	辛巳 18	壬午 19	癸未 20	甲申 21	乙酉 22	丙戌 23		甲申立秋
七月大	丙申	天干 地支 西曆	丁亥 24	戊子 25	己丑 26	庚寅 27	辛卯 28	壬辰 29	癸巳 30	甲午 31	乙未 (9)	丙申 2	丁酉 3	戊戌 4	己亥 5	庚子 6	辛丑 7	壬寅 8	癸卯 9	甲辰 10	乙巳 11	丙午 12	丁未 13	戊申 14	己酉 15	庚戌 16	辛亥 17	壬子 18	癸丑 19	甲寅 20	乙卯 21	丙辰 22	
八月小	丁酉	天干 地支 西曆	丁巳 23	戊午 24	己未 25	庚申 26	辛酉 27	壬戌 28	癸亥 29	甲子 30	乙丑 (10)	丙寅 2	丁卯 3	戊辰 4	己巳 5	庚午 6	辛未 7	壬申 8	癸酉 9	甲戌 10	乙亥 11	丙子 12	丁丑 13	戊寅 14	己卯 15	庚辰 16	辛巳 17	壬午 18	癸未 19	甲申 20	乙酉 21		己巳秋分
九月大	戊戌	天干 地支 西曆	丙戌 22	丁亥 23	戊子 24	己丑 25	庚寅 26	辛卯 27	壬辰 28	癸巳 29	甲午 30	乙未 31	丙申 (11)	丁酉 2	戊戌 3	己亥 4	庚子 5	辛丑 6	壬寅 7	癸卯 8	甲辰 9	乙巳 10	丙午 11	丁未 12	戊申 13	己酉 14	庚戌 15	辛亥 16	壬子 17	癸丑 18	甲寅 19	乙卯 20	癸丑立冬
十月小	己亥	天干 地支 西曆	丙辰 21	丁巳 22	戊午 23	己未 24	庚申 25	辛酉 26	壬戌 27	癸亥 28	甲子 29	乙丑 30	丙寅 (12)	丁卯 2	戊辰 3	己巳 4	庚午 5	辛未 6	壬申 7	癸酉 8	甲戌 9	乙亥 10	丙子 11	丁丑 12	戊寅 13	己卯 14	庚辰 15	辛巳 16	壬午 17	癸未 18	甲申 19		
十一月大	庚子	天干 地支 西曆	乙酉 20	丙戌 21	丁亥 22	戊子 23	己丑 24	庚寅 25	辛卯 26	壬辰 27	癸巳 28	甲午 29	乙未 30	丙申 31	丁酉 (1)	戊戌 2	己亥 3	庚子 4	辛丑 5	壬寅 6	癸卯 7	甲辰 8	乙巳 9	丙午 10	丁未 11	戊申 12	己酉 13	庚戌 14	辛亥 15	壬子 16	癸丑 17	甲寅 18	丁酉冬至
十二月大	辛丑	天干 地支 西曆	乙卯 19	丙辰 20	丁巳 21	戊午 22	己未 23	庚申 24	辛酉 25	壬戌 26	癸亥 27	甲子 28	乙丑 29	丙寅 30	丁卯 31	戊辰 (2)	己巳 2	庚午 3	辛未 4	壬申 5	癸酉 6	甲戌 7	乙亥 8	丙子 9	丁丑 10	戊寅 11	己卯 12	庚辰 13	辛巳 14	壬午 15	癸未 16	甲申 17	壬午立春

年代異同	竹書紀年	皇極經世	文獻通考	歷代紀年備考	歷代帝王年表	歷代統紀表	中國年曆總譜	斷代工程
		殷盤庚二十二年	殷盤庚二十二年	殷盤庚二十二年	殷盤庚二十二年	殷盤庚二十二年	殷盤庚十九年	

商祖丁九年（壬戌 狗年） 公元前 1379 ~ 前 1378 年

夏曆月序		中西曆日對照	初一	初二	初三	初四	初五	初六	初七	初八	初九	初十	十一	十二	十三	十四	十五	十六	十七	十八	十九	二十	二一	二二	二三	二四	二五	二六	二七	二八	二九	三十	節氣與天象
正月大	壬寅	干支	乙酉	丙戌	丁亥	戊子	己丑	庚寅	辛卯	壬辰	癸巳	甲午	乙未	丙申	丁酉	戊戌	己亥	庚子	辛丑	壬寅	癸卯	甲辰	乙巳	丙午	丁未	戊申	己酉	庚戌	辛亥	壬子	癸丑	甲寅	
		西曆	18	19	20	21	22	23	24	25	26	27	28	(3)	2	3	4	5	6	7	8	9	10	11	12	13	14	15	16	17	18	19	
二月小	癸卯	干支	乙卯	丙辰	丁巳	戊午	己未	庚申	辛酉	壬戌	癸亥	甲子	乙丑	丙寅	丁卯	戊辰	己巳	庚午	辛未	壬申	癸酉	甲戌	乙亥	丙子	丁丑	戊寅	己卯	庚辰	辛巳	壬午	癸未		己巳春分
		西曆	20	21	22	23	24	25	26	27	28	29	30	31	(4)	2	3	4	5	6	7	8	9	10	11	12	13	14	15	16	17		
三月大	甲辰	干支	甲申	乙酉	丙戌	丁亥	戊子	己丑	庚寅	辛卯	壬辰	癸巳	甲午	乙未	丙申	丁酉	戊戌	己亥	庚子	辛丑	壬寅	癸卯	甲辰	乙巳	丙午	丁未	戊申	己酉	庚戌	辛亥	壬子	癸丑	丙辰立夏
		西曆	18	19	20	21	22	23	24	25	26	27	28	29	30	(5)	2	3	4	5	6	7	8	9	10	11	12	13	14	15	16	17	
四月小	乙巳	干支	甲寅	乙卯	丙辰	丁巳	戊午	己未	庚申	辛酉	壬戌	癸亥	甲子	乙丑	丙寅	丁卯	戊辰	己巳	庚午	辛未	壬申	癸酉	甲戌	乙亥	丙子	丁丑	戊寅	己卯	庚辰	辛巳	壬午		
		西曆	18	19	20	21	22	23	24	25	26	27	28	29	30	31	(6)	2	3	4	5	6	7	8	9	10	11	12	13	14	15		
五月大	丙午	干支	癸未	甲申	乙酉	丙戌	丁亥	戊子	己丑	庚寅	辛卯	壬辰	癸巳	甲午	乙未	丙申	丁酉	戊戌	己亥	庚子	辛丑	壬寅	癸卯	甲辰	乙巳	丙午	丁未	戊申	己酉	庚戌	辛亥	壬子	癸卯夏至
		西曆	16	17	18	19	20	21	22	23	24	25	26	27	28	29	30	(7)	2	3	4	5	6	7	8	9	10	11	12	13	14	15	
六月小	丁未	干支	癸丑	甲寅	乙卯	丙辰	丁巳	戊午	己未	庚申	辛酉	壬戌	癸亥	甲子	乙丑	丙寅	丁卯	戊辰	己巳	庚午	辛未	壬申	癸酉	甲戌	乙亥	丙子	丁丑	戊寅	己卯	庚辰	辛巳		
		西曆	16	17	18	19	20	21	22	23	24	25	26	27	28	29	30	31	(8)	2	3	4	5	6	7	8	9	10	11	12	13		
七月小	戊申	干支	壬午	癸未	甲申	乙酉	丙戌	丁亥	戊子	己丑	庚寅	辛卯	壬辰	癸巳	甲午	乙未	丙申	丁酉	戊戌	己亥	庚子	辛丑	壬寅	癸卯	甲辰	乙巳	丙午	丁未	戊申	己酉	庚戌		己丑立秋
		西曆	14	15	16	17	18	19	20	21	22	23	24	25	26	27	28	29	30	31	(9)	2	3	4	5	6	7	8	9	10	11		
八月大	己酉	干支	辛亥	壬子	癸丑	甲寅	乙卯	丙辰	丁巳	戊午	己未	庚申	辛酉	壬戌	癸亥	甲子	乙丑	丙寅	丁卯	戊辰	己巳	庚午	辛未	壬申	癸酉	甲戌	乙亥	丙子	丁丑	戊寅	己卯	庚辰	甲戌秋分
		西曆	12	13	14	15	16	17	18	19	20	21	22	23	24	25	26	27	28	29	30	(10)	2	3	4	5	6	7	8	9	10	11	
九月小	庚戌	干支	辛巳	壬午	癸未	甲申	乙酉	丙戌	丁亥	戊子	己丑	庚寅	辛卯	壬辰	癸巳	甲午	乙未	丙申	丁酉	戊戌	己亥	庚子	辛丑	壬寅	癸卯	甲辰	乙巳	丙午	丁未	戊申	己酉		
		西曆	12	13	14	15	16	17	18	19	20	21	22	23	24	25	26	27	28	29	30	31	(11)	2	3	4	5	6	7	8	9		
十月大	辛亥	干支	庚戌	辛亥	壬子	癸丑	甲寅	乙卯	丙辰	丁巳	戊午	己未	庚申	辛酉	壬戌	癸亥	甲子	乙丑	丙寅	丁卯	戊辰	己巳	庚午	辛未	壬申	癸酉	甲戌	乙亥	丙子	丁丑	戊寅	己卯	戊午立冬
		西曆	10	11	12	13	14	15	16	17	18	19	20	21	22	23	24	25	26	27	28	29	30	(12)	2	3	4	5	6	7	8	9	
十一月小	壬子	干支	庚辰	辛巳	壬午	癸未	甲申	乙酉	丙戌	丁亥	戊子	己丑	庚寅	辛卯	壬辰	癸巳	甲午	乙未	丙申	丁酉	戊戌	己亥	庚子	辛丑	壬寅	癸卯	甲辰	乙巳	丙午	丁未	戊申		癸卯冬至
		西曆	10	11	12	13	14	15	16	17	18	19	20	21	22	23	24	25	26	27	28	29	30	31	(1)	2	3	4	5	6	7		
十二月大	癸丑	干支	己酉	庚戌	辛亥	壬子	癸丑	甲寅	乙卯	丙辰	丁巳	戊午	己未	庚申	辛酉	壬戌	癸亥	甲子	乙丑	丙寅	丁卯	戊辰	己巳	庚午	辛未	壬申	癸酉	甲戌	乙亥	丙子	丁丑	戊寅	
		西曆	8	9	10	11	12	13	14	15	16	17	18	19	20	21	22	23	24	25	26	27	28	29	30	31	(2)	2	3	4	5	6	

年代異同	竹書紀年	皇極經世	文獻通考	歷代紀年備考	歷代帝王年表	歷代統紀表	中國年曆總譜	斷代工程
		殷盤庚二十三年	殷盤庚二十三年	殷盤庚二十三年	殷盤庚二十三年	殷盤庚二十三年	殷盤庚二十年	

商祖丁十年（癸亥 猪年） 公元前 **1378** ~ 前 1377 年

夏曆月序		中西日曆對照	初一	初二	初三	初四	初五	初六	初七	初八	初九	初十	十一	十二	十三	十四	十五	十六	十七	十八	十九	二十	二一	二二	二三	二四	二五	二六	二七	二八	二九	三十	節氣與天象
正月大	甲寅	干支 天地 西曆	己卯7	庚辰8	辛巳9	壬午10	癸未11	甲申12	乙酉13	丙戌14	丁亥15	戊子16	己丑17	庚寅18	辛卯19	壬辰20	癸巳21	甲午22	乙未23	丙申24	丁酉25	戊戌26	己亥27	庚子28	辛丑(3)	壬寅2	癸卯3	甲辰4	乙巳5	丙午6	丁未7	戊申8	戊子立春
二月小	乙卯	干支 天地 西曆	己酉9	庚戌10	辛亥11	壬子12	癸丑13	甲寅14	乙卯15	丙辰16	丁巳17	戊午18	己未19	庚申20	辛酉21	壬戌22	癸亥23	甲子24	乙丑25	丙寅26	丁卯27	戊辰28	己巳29	庚午30	辛未31	壬申(4)	癸酉2	甲戌3	乙亥4	丙子5	丁丑6		甲戌春分
三月大	丙辰	干支 天地 西曆	戊寅7	己卯8	庚辰9	辛巳10	壬午11	癸未12	甲申13	乙酉14	丙戌15	丁亥16	戊子17	己丑18	庚寅19	辛卯20	壬辰21	癸巳22	甲午23	乙未24	丙申25	丁酉26	戊戌27	己亥28	庚子29	辛丑30	壬寅(5)	癸卯2	甲辰3	乙巳4	丙午5	丁未6	
四月小	丁巳	干支 天地 西曆	戊申7	己酉8	庚戌9	辛亥10	壬子11	癸丑12	甲寅13	乙卯14	丙辰15	丁巳16	戊午17	己未18	庚申19	辛酉20	壬戌21	癸亥22	甲子23	乙丑24	丙寅25	丁卯26	戊辰27	己巳28	庚午29	辛未30	壬申31	癸酉(6)	甲戌2	乙亥3	丙子4		辛酉立夏
五月大	戊午	干支 天地 西曆	丁丑5	戊寅6	己卯7	庚辰8	辛巳9	壬午10	癸未11	甲申12	乙酉13	丙戌14	丁亥15	戊子16	己丑17	庚寅18	辛卯19	壬辰20	癸巳21	甲午22	乙未23	丙申24	丁酉25	戊戌26	己亥27	庚子28	辛丑29	壬寅30	癸卯(7)	甲辰2	乙巳3	丙午4	
六月大	己未	干支 天地 西曆	丁未5	戊申6	己酉7	庚戌8	辛亥9	壬子10	癸丑11	甲寅12	乙卯13	丙辰14	丁巳15	戊午16	己未17	庚申18	辛酉19	壬戌20	癸亥21	甲子22	乙丑23	丙寅24	丁卯25	戊辰26	己巳27	庚午28	辛未29	壬申30	癸酉31	甲戌(8)	乙亥2	丙子3	戊申夏至 丁未日食
七月小	庚申	干支 天地 西曆	丁丑4	戊寅5	己卯6	庚辰7	辛巳8	壬午9	癸未10	甲申11	乙酉12	丙戌13	丁亥14	戊子15	己丑16	庚寅17	辛卯18	壬辰19	癸巳20	甲午21	乙未22	丙申23	丁酉24	戊戌25	己亥26	庚子27	辛丑28	壬寅29	癸卯30	甲辰31	乙巳(9)		乙未立秋
八月小	辛酉	干支 天地 西曆	丙午2	丁未3	戊申4	己酉5	庚戌6	辛亥7	壬子8	癸丑9	甲寅10	乙卯11	丙辰12	丁巳13	戊午14	己未15	庚申16	辛酉17	壬戌18	癸亥19	甲子20	乙丑21	丙寅22	丁卯23	戊辰24	己巳25	庚午26	辛未27	壬申28	癸酉29	甲戌30		
九月大	壬戌	干支 天地 西曆	乙亥(10)	丙子2	丁丑3	戊寅4	己卯5	庚辰6	辛巳7	壬午8	癸未9	甲申10	乙酉11	丙戌12	丁亥13	戊子14	己丑15	庚寅16	辛卯17	壬辰18	癸巳19	甲午20	乙未21	丙申22	丁酉23	戊戌24	己亥25	庚子26	辛丑27	壬寅28	癸卯29	甲辰30	庚辰秋分
閏九月小	壬戌	干支 天地 西曆	乙巳31	丙午(11)	丁未2	戊申3	己酉4	庚戌5	辛亥6	壬子7	癸丑8	甲寅9	乙卯10	丙辰11	丁巳12	戊午13	己未14	庚申15	辛酉16	壬戌17	癸亥18	甲子19	乙丑20	丙寅21	丁卯22	戊辰23	己巳24	庚午25	辛未26	壬申27	癸酉28		甲子立冬
十月大	癸亥	干支 天地 西曆	甲戌29	乙亥30	丙子(12)	丁丑2	戊寅3	己卯4	庚辰5	辛巳6	壬午7	癸未8	甲申9	乙酉10	丙戌11	丁亥12	戊子13	己丑14	庚寅15	辛卯16	壬辰17	癸巳18	甲午19	乙未20	丙申21	丁酉22	戊戌23	己亥24	庚子25	辛丑26	壬寅27	癸卯28	
十一月小	甲子	干支 天地 西曆	甲辰29	乙巳30	丙午31	丁未(1)	戊申2	己酉3	庚戌4	辛亥5	壬子6	癸丑7	甲寅8	乙卯9	丙辰10	丁巳11	戊午12	己未13	庚申14	辛酉15	壬戌16	癸亥17	甲子18	乙丑19	丙寅20	丁卯21	戊辰22	己巳23	庚午24	辛未25	壬申26		戊申冬至
十二月大	乙丑	干支 天地 西曆	癸酉27	甲戌28	乙亥29	丙子30	丁丑31	戊寅(2)	己卯2	庚辰3	辛巳4	壬午5	癸未6	甲申7	乙酉8	丙戌9	丁亥10	戊子11	己丑12	庚寅13	辛卯14	壬辰15	癸巳16	甲午17	乙未18	丙申19	丁酉20	戊戌21	己亥22	庚子23	辛丑24	壬寅25	癸巳立春

年代異同	竹書紀年	皇極經世	文獻通考	歷代紀年備考	歷代帝王年表	歷代統紀表	中國年曆總譜	斷代工程
		殷盤庚二十四年	殷盤庚二十四年	殷盤庚二十四年	殷盤庚二十四年	殷盤庚二十四年	殷盤庚二十一年	

商祖丁十一年（甲子 鼠年） 公元前 1377 ~ 前 1376 年

夏曆月序		中西曆對照	初一	初二	初三	初四	初五	初六	初七	初八	初九	初十	十一	十二	十三	十四	十五	十六	十七	十八	十九	二十	二一	二二	二三	二四	二五	二六	二七	二八	二九	三十	節氣與天象
正月小	丙寅	干支天地西曆	癸卯26	甲辰27	乙巳28	丙午29	丁未(3)	戊申2	己酉3	庚戌4	辛亥5	壬子6	癸丑7	甲寅8	乙卯9	丙辰10	丁巳11	戊午12	己未13	庚申14	辛酉15	壬戌16	癸亥17	甲子18	乙丑19	丙寅20	丁卯21	戊辰22	己巳23	庚午24	辛未25		
二月大	丁卯	干支天地西曆	壬申26	癸酉27	甲戌28	乙亥29	丙子30	丁丑31	戊寅(4)	己卯2	庚辰3	辛巳4	壬午5	癸未6	甲申7	乙酉8	丙戌9	丁亥10	戊子11	己丑12	庚寅13	辛卯14	壬辰15	癸巳16	甲午17	乙未18	丙申19	丁酉20	戊戌21	己亥22	庚子23	辛丑24	己卯春分
三月大	戊辰	干支天地西曆	壬寅25	癸卯26	甲辰27	乙巳28	丙午29	丁未30	戊申(5)	己酉2	庚戌3	辛亥4	壬子5	癸丑6	甲寅7	乙卯8	丙辰9	丁巳10	戊午11	己未12	庚申13	辛酉14	壬戌15	癸亥16	甲子17	乙丑18	丙寅19	丁卯20	戊辰21	己巳22	庚午23	辛未24	丙寅立夏
四月小	己巳	干支天地西曆	壬申25	癸酉26	甲戌27	乙亥28	丙子29	丁丑30	戊寅31	己卯(6)	庚辰2	辛巳3	壬午4	癸未5	甲申6	乙酉7	丙戌8	丁亥9	戊子10	己丑11	庚寅12	辛卯13	壬辰14	癸巳15	甲午16	乙未17	丙申18	丁酉19	戊戌20	己亥21	庚子22		
五月大	庚午	干支天地西曆	辛丑23	壬寅24	癸卯25	甲辰26	乙巳27	丙午28	丁未29	戊申30	己酉(7)	庚戌2	辛亥3	壬子4	癸丑5	甲寅6	乙卯7	丙辰8	丁巳9	戊午10	己未11	庚申12	辛酉13	壬戌14	癸亥15	甲子16	乙丑17	丙寅18	丁卯19	戊辰20	己巳21	庚午22	癸丑夏至
六月小	辛未	干支天地西曆	辛未23	壬申24	癸酉25	甲戌26	乙亥27	丙子28	丁丑29	戊寅30	己卯31	庚辰(8)	辛巳2	壬午3	癸未4	甲申5	乙酉6	丙戌7	丁亥8	戊子9	己丑10	庚寅11	辛卯12	壬辰13	癸巳14	甲午15	乙未16	丙申17	丁酉18	戊戌19	己亥20		
七月大	壬申	干支天地西曆	庚子21	辛丑22	壬寅23	癸卯24	甲辰25	乙巳26	丙午27	丁未28	戊申29	己酉30	庚戌31	辛亥(9)	壬子2	癸丑3	甲寅4	乙卯5	丙辰6	丁巳7	戊午8	己未9	庚申10	辛酉11	壬戌12	癸亥13	甲子14	乙丑15	丙寅16	丁卯17	戊辰18	己巳19	庚子立秋
八月小	癸酉	干支天地西曆	庚午20	辛未21	壬申22	癸酉23	甲戌24	乙亥25	丙子26	丁丑27	戊寅28	己卯29	庚辰30	辛巳(10)	壬午2	癸未3	甲申4	乙酉5	丙戌6	丁亥7	戊子8	己丑9	庚寅10	辛卯11	壬辰12	癸巳13	甲午14	乙未15	丙申16	丁酉17	戊戌18		乙酉秋分
九月大	甲戌	干支天地西曆	己亥19	庚子20	辛丑21	壬寅22	癸卯23	甲辰24	乙巳25	丙午26	丁未27	戊申28	己酉29	庚戌30	辛亥31	壬子(11)	癸丑2	甲寅3	乙卯4	丙辰5	丁巳6	戊午7	己未8	庚申9	辛酉10	壬戌11	癸亥12	甲子13	乙丑14	丙寅15	丁卯16	戊辰17	
十月小	乙亥	干支天地西曆	己巳18	庚午19	辛未20	壬申21	癸酉22	甲戌23	乙亥24	丙子25	丁丑26	戊寅27	己卯28	庚辰29	辛巳30	壬午(12)	癸未2	甲申3	乙酉4	丙戌5	丁亥6	戊子7	己丑8	庚寅9	辛卯10	壬辰11	癸巳12	甲午13	乙未14	丙申15	丁酉16		己巳立冬
十一月大	丙子	干支天地西曆	戊戌17	己亥18	庚子19	辛丑20	壬寅21	癸卯22	甲辰23	乙巳24	丙午25	丁未26	戊申27	己酉28	庚戌29	辛亥30	壬子31	癸丑(1)	甲寅2	乙卯3	丙辰4	丁巳5	戊午6	己未7	庚申8	辛酉9	壬戌10	癸亥11	甲子12	乙丑13	丙寅14	丁卯15	癸丑冬至
十二月小	丁丑	干支天地西曆	戊辰16	己巳17	庚午18	辛未19	壬申20	癸酉21	甲戌22	乙亥23	丙子24	丁丑25	戊寅26	己卯27	庚辰28	辛巳29	壬午30	癸未31	甲申(2)	乙酉2	丙戌3	丁亥4	戊子5	己丑6	庚寅7	辛卯8	壬辰9	癸巳10	甲午11	乙未12	丙申13		

年代異同	竹書紀年	皇極經世	文獻通考	歷代紀年備考	歷代帝王年表	歷代統紀表	中國年曆總譜	斷代工程
		殷盤庚二十五年	殷盤庚二十五年	殷盤庚二十五年	殷盤庚二十五年	殷盤庚二十五年	殷盤庚二十二年	

商祖丁十二年（乙丑 牛年） 公元前1376 ~ 前1375年

夏曆月序		中西曆日對照	夏曆日序																														節氣與天象
			初一	初二	初三	初四	初五	初六	初七	初八	初九	初十	十一	十二	十三	十四	十五	十六	十七	十八	十九	二十	二一	二二	二三	二四	二五	二六	二七	二八	二九	三十	
正月大	戊寅	天干地支 西曆	丁酉 14	戊戌 15	己亥 16	庚子 17	辛丑 18	壬寅 19	癸卯 20	甲辰 21	乙巳 22	丙午 23	丁未 24	戊申 25	己酉 26	庚戌 27	辛亥 28	壬子 (3)	癸丑 2	甲寅 3	乙卯 4	丙辰 5	丁巳 6	戊午 7	己未 8	庚申 9	辛酉 10	壬戌 11	癸亥 12	甲子 13	乙丑 14	丙寅 15	戊戌立春
二月小	己卯	天干地支 西曆	丁卯 16	戊辰 17	己巳 18	庚午 19	辛未 20	壬申 21	癸酉 22	甲戌 23	乙亥 24	丙子 25	丁丑 26	戊寅 27	己卯 28	庚辰 29	辛巳 30	壬午 31	癸未 (4)	甲申 2	乙酉 3	丙戌 4	丁亥 5	戊子 6	己丑 7	庚寅 8	辛卯 9	壬辰 10	癸巳 11	甲午 12	乙未 13		甲申春分
三月大	庚辰	天干地支 西曆	丙申 14	丁酉 15	戊戌 16	己亥 17	庚子 18	辛丑 19	壬寅 20	癸卯 21	甲辰 22	乙巳 23	丙午 24	丁未 25	戊申 26	己酉 27	庚戌 28	辛亥 29	壬子 30	癸丑 (5)	甲寅 2	乙卯 3	丙辰 4	丁巳 5	戊午 6	己未 7	庚申 8	辛酉 9	壬戌 10	癸亥 11	甲子 12	乙丑 13	
四月小	辛巳	天干地支 西曆	丙寅 14	丁卯 15	戊辰 16	己巳 17	庚午 18	辛未 19	壬申 20	癸酉 21	甲戌 22	乙亥 23	丙子 24	丁丑 25	戊寅 26	己卯 27	庚辰 28	辛巳 29	壬午 30	癸未 31	甲申 (6)	乙酉 2	丙戌 3	丁亥 4	戊子 5	己丑 6	庚寅 7	辛卯 8	壬辰 9	癸巳 10	甲午 11		壬申立夏
五月大	壬午	天干地支 西曆	乙未 12	丙申 13	丁酉 14	戊戌 15	己亥 16	庚子 17	辛丑 18	壬寅 19	癸卯 20	甲辰 21	乙巳 22	丙午 23	丁未 24	戊申 25	己酉 26	庚戌 27	辛亥 28	壬子 29	癸丑 30	甲寅 (7)	乙卯 2	丙辰 3	丁巳 4	戊午 5	己未 6	庚申 7	辛酉 8	壬戌 9	癸亥 10	甲子 11	己未夏至
六月大	癸未	天干地支 西曆	乙丑 12	丙寅 13	丁卯 14	戊辰 15	己巳 16	庚午 17	辛未 18	壬申 19	癸酉 20	甲戌 21	乙亥 22	丙子 23	丁丑 24	戊寅 25	己卯 26	庚辰 27	辛巳 28	壬午 29	癸未 30	甲申 31	乙酉 (8)	丙戌 2	丁亥 3	戊子 4	己丑 5	庚寅 6	辛卯 7	壬辰 8	癸巳 9	甲午 10	
七月小	甲申	天干地支 西曆	乙未 11	丙申 12	丁酉 13	戊戌 14	己亥 15	庚子 16	辛丑 17	壬寅 18	癸卯 19	甲辰 20	乙巳 21	丙午 22	丁未 23	戊申 24	己酉 25	庚戌 26	辛亥 27	壬子 28	癸丑 29	甲寅 30	乙卯 31	丙辰 (9)	丁巳 2	戊午 3	己未 4	庚申 5	辛酉 6	壬戌 7	癸亥 8		乙巳立秋
八月大	乙酉	天干地支 西曆	甲子 9	乙丑 10	丙寅 11	丁卯 12	戊辰 13	己巳 14	庚午 15	辛未 16	壬申 17	癸酉 18	甲戌 19	乙亥 20	丙子 21	丁丑 22	戊寅 23	己卯 24	庚辰 25	辛巳 26	壬午 27	癸未 28	甲申 29	乙酉 30	丙戌 (10)	丁亥 2	戊子 3	己丑 4	庚寅 5	辛卯 6	壬辰 7	癸巳 8	庚寅秋分
九月大	丙戌	天干地支 西曆	甲午 9	乙未 10	丙申 11	丁酉 12	戊戌 13	己亥 14	庚子 15	辛丑 16	壬寅 17	癸卯 18	甲辰 19	乙巳 20	丙午 21	丁未 22	戊申 23	己酉 24	庚戌 25	辛亥 26	壬子 27	癸丑 28	甲寅 29	乙卯 30	丙辰 31	丁巳 (11)	戊午 2	己未 3	庚申 4	辛酉 5	壬戌 6	癸亥 7	
十月小	丁亥	天干地支 西曆	甲子 8	乙丑 9	丙寅 10	丁卯 11	戊辰 12	己巳 13	庚午 14	辛未 15	壬申 16	癸酉 17	甲戌 18	乙亥 19	丙子 20	丁丑 21	戊寅 22	己卯 23	庚辰 24	辛巳 25	壬午 26	癸未 27	甲申 28	乙酉 29	丙戌 30	丁亥 (12)	戊子 2	己丑 3	庚寅 4	辛卯 5	壬辰 6		甲戌立冬
十一月大	戊子	天干地支 西曆	癸巳 7	甲午 8	乙未 9	丙申 10	丁酉 11	戊戌 12	己亥 13	庚子 14	辛丑 15	壬寅 16	癸卯 17	甲辰 18	乙巳 19	丙午 20	丁未 21	戊申 22	己酉 23	庚戌 24	辛亥 25	壬子 26	癸丑 27	甲寅 28	乙卯 29	丙辰 30	丁巳 31	戊午 (1)	己未 2	庚申 3	辛酉 4	壬戌 5	戊午冬至
十二月小	己丑	天干地支 西曆	癸亥 6	甲子 7	乙丑 8	丙寅 9	丁卯 10	戊辰 11	己巳 12	庚午 13	辛未 14	壬申 15	癸酉 16	甲戌 17	乙亥 18	丙子 19	丁丑 20	戊寅 21	己卯 22	庚辰 23	辛巳 24	壬午 25	癸未 26	甲申 27	乙酉 28	丙戌 29	丁亥 30	戊子 31	己丑 (2)	庚寅 2	辛卯 3		

年代異同	竹書紀年	皇極經世	文獻通考	歷代紀年備考	歷代帝王年表	歷代統紀表	中國年曆總譜	斷代工程
		殷盤庚二十六年	殷盤庚二十六年	殷盤庚二十六年	殷盤庚二十六年	殷盤庚二十六年	殷盤庚二十三年	

商祖丁十三年（丙寅 虎年） 公元前1375 ~ 前1374年

夏曆月序		中西曆日對照	初一	初二	初三	初四	初五	初六	初七	初八	初九	初十	十一	十二	十三	十四	十五	十六	十七	十八	十九	二十	二一	二二	二三	二四	二五	二六	二七	二八	二九	三十	節氣與天象
正月小	庚寅	干支 天地 西曆	壬辰4	癸巳5	甲午6	乙未7	丙申8	丁酉9	戊戌10	己亥11	庚子12	辛丑13	壬寅14	癸卯15	甲辰16	乙巳17	丙午18	丁未19	戊申20	己酉21	庚戌22	辛亥23	壬子24	癸丑25	甲寅26	乙卯27	丙辰28	丁巳(3)	戊午2	己未3	庚申4		癸卯立春
二月大	辛卯	干支 天地 西曆	辛酉5	壬戌6	癸亥7	甲子8	乙丑9	丙寅10	丁卯11	戊辰12	己巳13	庚午14	辛未15	壬申16	癸酉17	甲戌18	乙亥19	丙子20	丁丑21	戊寅22	己卯23	庚辰24	辛巳25	壬午26	癸未27	甲申28	乙酉29	丙戌30	丁亥31	戊子(4)	己丑2	庚寅3	庚寅春分
三月小	壬辰	干支 天地 西曆	辛卯4	壬辰5	癸巳6	甲午7	乙未8	丙申9	丁酉10	戊戌11	己亥12	庚子13	辛丑14	壬寅15	癸卯16	甲辰17	乙巳18	丙午19	丁未20	戊申21	己酉22	庚戌23	辛亥24	壬子25	癸丑26	甲寅27	乙卯28	丙辰29	丁巳30	戊午(5)	己未2		
四月小	癸巳	干支 天地 西曆	庚申3	辛酉4	壬戌5	癸亥6	甲子7	乙丑8	丙寅9	丁卯10	戊辰11	己巳12	庚午13	辛未14	壬申15	癸酉16	甲戌17	乙亥18	丙子19	丁丑20	戊寅21	己卯22	庚辰23	辛巳24	壬午25	癸未26	甲申27	乙酉28	丙戌29	丁亥30	戊子31		丁丑立夏 庚申日食
五月大	甲午	干支 天地 西曆	己丑(6)	庚寅2	辛卯3	壬辰4	癸巳5	甲午6	乙未7	丙申8	丁酉9	戊戌10	己亥11	庚子12	辛丑13	壬寅14	癸卯15	甲辰16	乙巳17	丙午18	丁未19	戊申20	己酉21	庚戌22	辛亥23	壬子24	癸丑25	甲寅26	乙卯27	丙辰28	丁巳29	戊午30	
六月大	乙未	干支 天地 西曆	己未(7)	庚申2	辛酉3	壬戌4	癸亥5	甲子6	乙丑7	丙寅8	丁卯9	戊辰10	己巳11	庚午12	辛未13	壬申14	癸酉15	甲戌16	乙亥17	丙子18	丁丑19	戊寅20	己卯21	庚辰22	辛巳23	壬午24	癸未25	甲申26	乙酉27	丙戌28	丁亥29	戊子30	甲子夏至
閏六月小	乙未	干支 天地 西曆	己丑31	庚寅(8)	辛卯2	壬辰3	癸巳4	甲午5	乙未6	丙申7	丁酉8	戊戌9	己亥10	庚子11	辛丑12	壬寅13	癸卯14	甲辰15	乙巳16	丙午17	丁未18	戊申19	己酉20	庚戌21	辛亥22	壬子23	癸丑24	甲寅25	乙卯26	丙辰27	丁巳28		庚戌立秋
七月大	丙申	干支 天地 西曆	戊午29	己未30	庚申31	辛酉(9)	壬戌2	癸亥3	甲子4	乙丑5	丙寅6	丁卯7	戊辰8	己巳9	庚午10	辛未11	壬申12	癸酉13	甲戌14	乙亥15	丙子16	丁丑17	戊寅18	己卯19	庚辰20	辛巳21	壬午22	癸未23	甲申24	乙酉25	丙戌26	丁亥27	
八月大	丁酉	干支 天地 西曆	戊子28	己丑29	庚寅30	辛卯(10)	壬辰2	癸巳3	甲午4	乙未5	丙申6	丁酉7	戊戌8	己亥9	庚子10	辛丑11	壬寅12	癸卯13	甲辰14	乙巳15	丙午16	丁未17	戊申18	己酉19	庚戌20	辛亥21	壬子22	癸丑23	甲寅24	乙卯25	丙辰26	丁巳27	乙未秋分
九月小	戊戌	干支 天地 西曆	戊午28	己未29	庚申30	辛酉31	壬戌(11)	癸亥2	甲子3	乙丑4	丙寅5	丁卯6	戊辰7	己巳8	庚午9	辛未10	壬申11	癸酉12	甲戌13	乙亥14	丙子15	丁丑16	戊寅17	己卯18	庚辰19	辛巳20	壬午21	癸未22	甲申23	乙酉24	丙戌25		己卯立冬
十月大	己亥	干支 天地 西曆	丁亥26	戊子27	己丑28	庚寅29	辛卯30	壬辰(12)	癸巳2	甲午3	乙未4	丙申5	丁酉6	戊戌7	己亥8	庚子9	辛丑10	壬寅11	癸卯12	甲辰13	乙巳14	丙午15	丁未16	戊申17	己酉18	庚戌19	辛亥20	壬子21	癸丑22	甲寅23	乙卯24	丙辰25	
十一月大	庚子	干支 天地 西曆	丁巳26	戊午27	己未28	庚申29	辛酉30	壬戌31	癸亥(1)	甲子2	乙丑3	丙寅4	丁卯5	戊辰6	己巳7	庚午8	辛未9	壬申10	癸酉11	甲戌12	乙亥13	丙子14	丁丑15	戊寅16	己卯17	庚辰18	辛巳19	壬午20	癸未21	甲申22	乙酉23	丙戌24	甲子冬至
十二月小	辛丑	干支 天地 西曆	丁亥25	戊子26	己丑27	庚寅28	辛卯29	壬辰30	癸巳31	甲午(2)	乙未2	丙申3	丁酉4	戊戌5	己亥6	庚子7	辛丑8	壬寅9	癸卯10	甲辰11	乙巳12	丙午13	丁未14	戊申15	己酉16	庚戌17	辛亥18	壬子19	癸丑20	甲寅21	乙卯22		己酉立春

年代異同	竹書紀年	皇極經世	文獻通考	歷代紀年備考	歷代帝王年表	歷代統紀表	中國年曆總譜	斷代工程
		殷盤庚二十七年	殷盤庚二十七年	殷盤庚二十七年	殷盤庚二十七年	殷盤庚二十七年	殷盤庚二十四年	

商祖丁十四年（丁卯 兔年） 公元前 **1374** ~ 前 1373 年

夏曆月序	中西曆日對照	初一	初二	初三	初四	初五	初六	初七	初八	初九	初十	十一	十二	十三	十四	十五	十六	十七	十八	十九	二十	二一	二二	二三	二四	二五	二六	二七	二八	二九	三十	節氣與天象
正月小 壬寅	天干地支西曆	丙辰23	丁巳24	戊午25	己未26	庚申27	辛酉28	壬戌(3)	癸亥2	甲子3	乙丑4	丙寅5	丁卯6	戊辰7	己巳8	庚午9	辛未10	壬申11	癸酉12	甲戌13	乙亥14	丙子15	丁丑16	戊寅17	己卯18	庚辰19	辛巳20	壬午21	癸未22	甲申23		
二月大 癸卯	天干地支西曆	乙酉24	丙戌25	丁亥26	戊子27	己丑28	庚寅29	辛卯30	壬辰31	癸巳(4)	甲午2	乙未3	丙申4	丁酉5	戊戌6	己亥7	庚子8	辛丑9	壬寅10	癸卯11	甲辰12	乙巳13	丙午14	丁未15	戊申16	己酉17	庚戌18	辛亥19	壬子20	癸丑21	甲寅22	乙未春分
三月小 甲辰	天干地支西曆	乙卯23	丙辰24	丁巳25	戊午26	己未27	庚申28	辛酉29	壬戌30	癸亥(5)	甲子2	乙丑3	丙寅4	丁卯5	戊辰6	己巳7	庚午8	辛未9	壬申10	癸酉11	甲戌12	乙亥13	丙子14	丁丑15	戊寅16	己卯17	庚辰18	辛巳19	壬午20	癸未21		壬午立夏
四月小 乙巳	天干地支西曆	甲申22	乙酉23	丙戌24	丁亥25	戊子26	己丑27	庚寅28	辛卯29	壬辰30	癸巳31	甲午(6)	乙未2	丙申3	丁酉4	戊戌5	己亥6	庚子7	辛丑8	壬寅9	癸卯10	甲辰11	乙巳12	丙午13	丁未14	戊申15	己酉16	庚戌17	辛亥18	壬子19		
五月大 丙午	天干地支西曆	癸丑20	甲寅21	乙卯22	丙辰23	丁巳24	戊午25	己未26	庚申27	辛酉28	壬戌29	癸亥30	甲子(7)	乙丑2	丙寅3	丁卯4	戊辰5	己巳6	庚午7	辛未8	壬申9	癸酉10	甲戌11	乙亥12	丙子13	丁丑14	戊寅15	己卯16	庚辰17	辛巳18	壬午19	己巳夏至
六月小 丁未	天干地支西曆	癸未20	甲申21	乙酉22	丙戌23	丁亥24	戊子25	己丑26	庚寅27	辛卯28	壬辰29	癸巳30	甲午31	乙未(8)	丙申2	丁酉3	戊戌4	己亥5	庚子6	辛丑7	壬寅8	癸卯9	甲辰10	乙巳11	丙午12	丁未13	戊申14	己酉15	庚戌16	辛亥17		
七月大 戊申	天干地支西曆	壬子18	癸丑19	甲寅20	乙卯21	丙辰22	丁巳23	戊午24	己未25	庚申26	辛酉27	壬戌28	癸亥29	甲子30	乙丑31	丙寅(9)	丁卯2	戊辰3	己巳4	庚午5	辛未6	壬申7	癸酉8	甲戌9	乙亥10	丙子11	丁丑12	戊寅13	己卯14	庚辰15	辛巳16	乙卯立秋
八月大 己酉	天干地支西曆	壬午17	癸未18	甲申19	乙酉20	丙戌21	丁亥22	戊子23	己丑24	庚寅25	辛卯26	壬辰27	癸巳28	甲午29	乙未30	丙申(10)	丁酉2	戊戌3	己亥4	庚子5	辛丑6	壬寅7	癸卯8	甲辰9	乙巳10	丙午11	丁未12	戊申13	己酉14	庚戌15	辛亥16	辛丑秋分
九月大 庚戌	天干地支西曆	壬子17	癸丑18	甲寅19	乙卯20	丙辰21	丁巳22	戊午23	己未24	庚申25	辛酉26	壬戌27	癸亥28	甲子29	乙丑30	丙寅31	丁卯(11)	戊辰2	己巳3	庚午4	辛未5	壬申6	癸酉7	甲戌8	乙亥9	丙子10	丁丑11	戊寅12	己卯13	庚辰14	辛巳15	
十月小 辛亥	天干地支西曆	壬午16	癸未17	甲申18	乙酉19	丙戌20	丁亥21	戊子22	己丑23	庚寅24	辛卯25	壬辰26	癸巳27	甲午28	乙未29	丙申30	丁酉(12)	戊戌2	己亥3	庚子4	辛丑5	壬寅6	癸卯7	甲辰8	乙巳9	丙午10	丁未11	戊申12	己酉13	庚戌14		乙酉立冬
十一月大 壬子	天干地支西曆	辛亥15	壬子16	癸丑17	甲寅18	乙卯19	丙辰20	丁巳21	戊午22	己未23	庚申24	辛酉25	壬戌26	癸亥27	甲子28	乙丑29	丙寅30	丁卯31	戊辰(1)	己巳2	庚午3	辛未4	壬申5	癸酉6	甲戌7	乙亥8	丙子9	丁丑10	戊寅11	己卯12	庚辰13	己巳冬至
十二月大 癸丑	天干地支西曆	辛巳14	壬午15	癸未16	甲申17	乙酉18	丙戌19	丁亥20	戊子21	己丑22	庚寅23	辛卯24	壬辰25	癸巳26	甲午27	乙未28	丙申29	丁酉30	戊戌31	己亥(2)	庚子2	辛丑3	壬寅4	癸卯5	甲辰6	乙巳7	丙午8	丁未9	戊申10	己酉11	庚戌12	

年代異同	竹書紀年	皇極經世	文獻通考	歷代紀年備考	歷代帝王年表	歷代統紀表	中國年曆總譜	斷代工程
		殷盤庚二十八年	殷盤庚二十八年	殷盤庚二十八年	殷盤庚二十八年	殷盤庚二十八年	殷盤庚二十五年	

商祖丁十五年（戊辰 龍年） 公元前 **1373** ~ 前 1372 年

夏曆月序		中西曆日對照	初一	初二	初三	初四	初五	初六	初七	初八	初九	初十	十一	十二	十三	十四	十五	十六	十七	十八	十九	二十	二一	二二	二三	二四	二五	二六	二七	二八	二九	三十	節氣與天象
正月小	甲寅	天干地支西曆	辛亥13	壬子14	癸丑15	甲寅16	乙卯17	丙辰18	丁巳19	戊午20	己未21	庚申22	辛酉23	壬戌24	癸亥25	甲子26	乙丑27	丙寅28	丁卯29	戊辰(3)	己巳2	庚午3	辛未4	壬申5	癸酉6	甲戌7	乙亥8	丙子9	丁丑10	戊寅11	己卯12		甲寅立春
二月小	乙卯	天干地支西曆	庚辰13	辛巳14	壬午15	癸未16	甲申17	乙酉18	丙戌19	丁亥20	戊子21	己丑22	庚寅23	辛卯24	壬辰25	癸巳26	甲午27	乙未28	丙申29	丁酉30	戊戌31	己亥(4)	庚子2	辛丑3	壬寅4	癸卯5	甲辰6	乙巳7	丙午8	丁未9	戊申10		庚子春分
三月大	丙辰	天干地支西曆	己酉11	庚戌12	辛亥13	壬子14	癸丑15	甲寅16	乙卯17	丙辰18	丁巳19	戊午20	己未21	庚申22	辛酉23	壬戌24	癸亥25	甲子26	乙丑27	丙寅28	丁卯29	戊辰30	己巳(5)	庚午2	辛未3	壬申4	癸酉5	甲戌6	乙亥7	丙子8	丁丑9	戊寅10	
四月小	丁巳	天干地支西曆	己卯11	庚辰12	辛巳13	壬午14	癸未15	甲申16	乙酉17	丙戌18	丁亥19	戊子20	己丑21	庚寅22	辛卯23	壬辰24	癸巳25	甲午26	乙未27	丙申28	丁酉29	戊戌30	己亥31	庚子(6)	辛丑2	壬寅3	癸卯4	甲辰5	乙巳6	丙午7	丁未8		丁亥立夏
五月小	戊午	天干地支西曆	戊申9	己酉10	庚戌11	辛亥12	壬子13	癸丑14	甲寅15	乙卯16	丙辰17	丁巳18	戊午19	己未20	庚申21	辛酉22	壬戌23	癸亥24	甲子25	乙丑26	丙寅27	丁卯28	戊辰29	己巳30	庚午(7)	辛未2	壬申3	癸酉4	甲戌5	乙亥6	丙子7		甲戌夏至
六月大	己未	天干地支西曆	丁丑8	戊寅9	己卯10	庚辰11	辛巳12	壬午13	癸未14	甲申15	乙酉16	丙戌17	丁亥18	戊子19	己丑20	庚寅21	辛卯22	壬辰23	癸巳24	甲午25	乙未26	丙申27	丁酉28	戊戌29	己亥30	庚子31	辛丑(8)	壬寅2	癸卯3	甲辰4	乙巳5	丙午6	
七月小	庚申	天干地支西曆	丁未7	戊申8	己酉9	庚戌10	辛亥11	壬子12	癸丑13	甲寅14	乙卯15	丙辰16	丁巳17	戊午18	己未19	庚申20	辛酉21	壬戌22	癸亥23	甲子24	乙丑25	丙寅26	丁卯27	戊辰28	己巳29	庚午30	辛未31	壬申(9)	癸酉2	甲戌3	乙亥4		辛酉立秋
八月大	辛酉	天干地支西曆	丙子5	丁丑6	戊寅7	己卯8	庚辰9	辛巳10	壬午11	癸未12	甲申13	乙酉14	丙戌15	丁亥16	戊子17	己丑18	庚寅19	辛卯20	壬辰21	癸巳22	甲午23	乙未24	丙申25	丁酉26	戊戌27	己亥28	庚子29	辛丑30	壬寅(10)	癸卯2	甲辰3	乙巳4	
九月大	壬戌	天干地支西曆	丙午5	丁未6	戊申7	己酉8	庚戌9	辛亥10	壬子11	癸丑12	甲寅13	乙卯14	丙辰15	丁巳16	戊午17	己未18	庚申19	辛酉20	壬戌21	癸亥22	甲子23	乙丑24	丙寅25	丁卯26	戊辰27	己巳28	庚午29	辛未30	壬申31	癸酉(11)	甲戌2	乙亥3	丙午秋分
十月小	癸亥	天干地支西曆	丙子4	丁丑5	戊寅6	己卯7	庚辰8	辛巳9	壬午10	癸未11	甲申12	乙酉13	丙戌14	丁亥15	戊子16	己丑17	庚寅18	辛卯19	壬辰20	癸巳21	甲午22	乙未23	丙申24	丁酉25	戊戌26	己亥27	庚子28	辛丑29	壬寅30	癸卯(12)	甲辰2		庚寅立冬
十一月大	甲子	天干地支西曆	乙巳3	丙午4	丁未5	戊申6	己酉7	庚戌8	辛亥9	壬子10	癸丑11	甲寅12	乙卯13	丙辰14	丁巳15	戊午16	己未17	庚申18	辛酉19	壬戌20	癸亥21	甲子22	乙丑23	丙寅24	丁卯25	戊辰26	己巳27	庚午28	辛未29	壬申30	癸酉31	甲戌(1)	甲戌冬至
十二月大	乙丑	天干地支西曆	乙亥2	丙子3	丁丑4	戊寅5	己卯6	庚辰7	辛巳8	壬午9	癸未10	甲申11	乙酉12	丙戌13	丁亥14	戊子15	己丑16	庚寅17	辛卯18	壬辰19	癸巳20	甲午21	乙未22	丙申23	丁酉24	戊戌25	己亥26	庚子27	辛丑28	壬寅29	癸卯30	甲辰31	

年代異同	竹書紀年	皇極經世	文獻通考	歷代紀年備考	歷代帝王年表	歷代統紀表	中國年曆總譜	斷代工程
		殷小辛元年	殷小辛元年	殷小辛元年	殷小辛元年	殷小辛元年	殷盤庚二十六年	

商祖丁十六年（己巳 蛇年） 公元前 1372 ~ 前 1371 年

夏曆月序		中西曆日對照	夏曆日序																													節氣與天象
			初一	初二	初三	初四	初五	初六	初七	初八	初九	初十	十一	十二	十三	十四	十五	十六	十七	十八	十九	二十	二一	二二	二三	二四	二五	二六	二七	二八	二九	三十	
正月小	丙寅	天干地支 西曆	乙巳 (2)	丙午 2	丁未 3	戊申 4	己酉 5	庚戌 6	辛亥 7	壬子 8	癸丑 9	甲寅 10	乙卯 11	丙辰 12	丁巳 13	戊午 14	己未 15	庚申 16	辛酉 17	壬戌 18	癸亥 19	甲子 20	乙丑 21	丙寅 22	丁卯 23	戊辰 24	己巳 25	庚午 26	辛未 27	壬申 28	癸酉 (3)		己未立春
二月大	丁卯	天干地支 西曆	甲戌 2	乙亥 3	丙子 4	丁丑 5	戊寅 6	己卯 7	庚辰 8	辛巳 9	壬午 10	癸未 11	甲申 12	乙酉 13	丙戌 14	丁亥 15	戊子 16	己丑 17	庚寅 18	辛卯 19	壬辰 20	癸巳 21	甲午 22	乙未 23	丙申 24	丁酉 25	戊戌 26	己亥 27	庚子 28	辛丑 29	壬寅 30	癸卯 31	
三月小	戊辰	天干地支 西曆	甲辰 (4)	乙巳 2	丙午 3	丁未 4	戊申 5	己酉 6	庚戌 7	辛亥 8	壬子 9	癸丑 10	甲寅 11	乙卯 12	丙辰 13	丁巳 14	戊午 15	己未 16	庚申 17	辛酉 18	壬戌 19	癸亥 20	甲子 21	乙丑 22	丙寅 23	丁卯 24	戊辰 25	己巳 26	庚午 27	辛未 28	壬申 29		乙巳春分
閏三月大	戊辰	天干地支 西曆	癸酉 30	甲戌 (5)	乙亥 2	丙子 3	丁丑 4	戊寅 5	己卯 6	庚辰 7	辛巳 8	壬午 9	癸未 10	甲申 11	乙酉 12	丙戌 13	丁亥 14	戊子 15	己丑 16	庚寅 17	辛卯 18	壬辰 19	癸巳 20	甲午 21	乙未 22	丙申 23	丁酉 24	戊戌 25	己亥 26	庚子 27	辛丑 28	壬寅 29	癸巳立夏
四月小	己巳	天干地支 西曆	癸卯 30	甲辰 31	乙巳 (6)	丙午 2	丁未 3	戊申 4	己酉 5	庚戌 6	辛亥 7	壬子 8	癸丑 9	甲寅 10	乙卯 11	丙辰 12	丁巳 13	戊午 14	己未 15	庚申 16	辛酉 17	壬戌 18	癸亥 19	甲子 20	乙丑 21	丙寅 22	丁卯 23	戊辰 24	己巳 25	庚午 26	辛未 27		
五月小	庚午	天干地支 西曆	壬申 28	癸酉 29	甲戌 30	乙亥 (7)	丙子 2	丁丑 3	戊寅 4	己卯 5	庚辰 6	辛巳 7	壬午 8	癸未 9	甲申 10	乙酉 11	丙戌 12	丁亥 13	戊子 14	己丑 15	庚寅 16	辛卯 17	壬辰 18	癸巳 19	甲午 20	乙未 21	丙申 22	丁酉 23	戊戌 24	己亥 25	庚子 26		庚辰夏至
六月大	辛未	天干地支 西曆	辛丑 27	壬寅 28	癸卯 29	甲辰 30	乙巳 31	丙午 (8)	丁未 2	戊申 3	己酉 4	庚戌 5	辛亥 6	壬子 7	癸丑 8	甲寅 9	乙卯 10	丙辰 11	丁巳 12	戊午 13	己未 14	庚申 15	辛酉 16	壬戌 17	癸亥 18	甲子 19	乙丑 20	丙寅 21	丁卯 22	戊辰 23	己巳 24	庚午 25	丙寅立秋
七月小	壬申	天干地支 西曆	辛未 26	壬申 27	癸酉 28	甲戌 29	乙亥 30	丙子 31	丁丑 (9)	戊寅 2	己卯 3	庚辰 4	辛巳 5	壬午 6	癸未 7	甲申 8	乙酉 9	丙戌 10	丁亥 11	戊子 12	己丑 13	庚寅 14	辛卯 15	壬辰 16	癸巳 17	甲午 18	乙未 19	丙申 20	丁酉 21	戊戌 22	己亥 23		
八月大	癸酉	天干地支 西曆	庚子 24	辛丑 25	壬寅 26	癸卯 27	甲辰 28	乙巳 29	丙午 30	丁未 (10)	戊申 2	己酉 3	庚戌 4	辛亥 5	壬子 6	癸丑 7	甲寅 8	乙卯 9	丙辰 10	丁巳 11	戊午 12	己未 13	庚申 14	辛酉 15	壬戌 16	癸亥 17	甲子 18	乙丑 19	丙寅 20	丁卯 21	戊辰 22	己巳 23	辛亥秋分
九月小	甲戌	天干地支 西曆	庚午 24	辛未 25	壬申 26	癸酉 27	甲戌 28	乙亥 29	丙子 30	丁丑 31	戊寅 (11)	己卯 2	庚辰 3	辛巳 4	壬午 5	癸未 6	甲申 7	乙酉 8	丙戌 9	丁亥 10	戊子 11	己丑 12	庚寅 13	辛卯 14	壬辰 15	癸巳 16	甲午 17	乙未 18	丙申 19	丁酉 20	戊戌 21		乙未立冬
十月大	乙亥	天干地支 西曆	己亥 22	庚子 23	辛丑 24	壬寅 25	癸卯 26	甲辰 27	乙巳 28	丙午 29	丁未 30	戊申 (12)	己酉 2	庚戌 3	辛亥 4	壬子 5	癸丑 6	甲寅 7	乙卯 8	丙辰 9	丁巳 10	戊午 11	己未 12	庚申 13	辛酉 14	壬戌 15	癸亥 16	甲子 17	乙丑 18	丙寅 19	丁卯 20	戊辰 21	
十一月大	丙子	天干地支 西曆	己巳 22	庚午 23	辛未 24	壬申 25	癸酉 26	甲戌 27	乙亥 28	丙子 29	丁丑 30	戊寅 31	己卯 (1)	庚辰 2	辛巳 3	壬午 4	癸未 5	甲申 6	乙酉 7	丙戌 8	丁亥 9	戊子 10	己丑 11	庚寅 12	辛卯 13	壬辰 14	癸巳 15	甲午 16	乙未 17	丙申 18	丁酉 19	戊戌 20	己卯冬至
十二月大	丁丑	天干地支 西曆	己亥 21	庚子 22	辛丑 23	壬寅 24	癸卯 25	甲辰 26	乙巳 27	丙午 28	丁未 29	戊申 30	己酉 31	庚戌 (2)	辛亥 2	壬子 3	癸丑 4	甲寅 5	乙卯 6	丙辰 7	丁巳 8	戊午 9	己未 10	庚申 11	辛酉 12	壬戌 13	癸亥 14	甲子 15	乙丑 16	丙寅 17	丁卯 18	戊辰 19	甲子立春

年代異同	竹書紀年	皇極經世	文獻通考	歷代紀年備考	歷代帝王年表	歷代統紀表	中國年曆總譜	斷代工程
		殷小辛二年	殷小辛二年	殷小辛二年	殷小辛二年	殷小辛二年	殷盤庚二十七年	

商祖丁十七年（庚午 馬年） 公元前 **1371** ~ 前 1370 年

夏曆月序		中西日曆對照	初一	初二	初三	初四	初五	初六	初七	初八	初九	初十	十一	十二	十三	十四	十五	十六	十七	十八	十九	二十	二一	二二	二三	二四	二五	二六	二七	二八	二九	三十	節氣與天象
正月小	戊寅	干支 天地 西曆	己巳20	庚午21	辛未22	壬申23	癸酉24	甲戌25	乙亥26	丙子27	丁丑28	戊寅(3)	己卯2	庚辰3	辛巳4	壬午5	癸未6	甲申7	乙酉8	丙戌9	丁亥10	戊子11	己丑12	庚寅13	辛卯14	壬辰15	癸巳16	甲午17	乙未18	丙申19	丁酉20		
二月大	己卯	干支 天地 西曆	戊戌21	己亥22	庚子23	辛丑24	壬寅25	癸卯26	甲辰27	乙巳28	丙午29	丁未30	戊申31	己酉(4)	庚戌2	辛亥3	壬子4	癸丑5	甲寅6	乙卯7	丙辰8	丁巳9	戊午10	己未11	庚申12	辛酉13	壬戌14	癸亥15	甲子16	乙丑17	丙寅18	丁卯19	辛亥春分
三月小	庚辰	干支 天地 西曆	戊辰20	己巳21	庚午22	辛未23	壬申24	癸酉25	甲戌26	乙亥27	丙子28	丁丑29	戊寅30	己卯(5)	庚辰2	辛巳3	壬午4	癸未5	甲申6	乙酉7	丙戌8	丁亥9	戊子10	己丑11	庚寅12	辛卯13	壬辰14	癸巳15	甲午16	乙未17	丙申18		
四月大	辛巳	干支 天地 西曆	丁酉19	戊戌20	己亥21	庚子22	辛丑23	壬寅24	癸卯25	甲辰26	乙巳27	丙午28	丁未29	戊申30	己酉31	庚戌(6)	辛亥2	壬子3	癸丑4	甲寅5	乙卯6	丙辰7	丁巳8	戊午9	己未10	庚申11	辛酉12	壬戌13	癸亥14	甲子15	乙丑16	丙寅17	戊戌立夏
五月小	壬午	干支 天地 西曆	丁卯18	戊辰19	己巳20	庚午21	辛未22	壬申23	癸酉24	甲戌25	乙亥26	丙子27	丁丑28	戊寅29	己卯30	庚辰(7)	辛巳2	壬午3	癸未4	甲申5	乙酉6	丙戌7	丁亥8	戊子9	己丑10	庚寅11	辛卯12	壬辰13	癸巳14	甲午15	乙未16		乙酉夏至
六月小	癸未	干支 天地 西曆	丙申17	丁酉18	戊戌19	己亥20	庚子21	辛丑22	壬寅23	癸卯24	甲辰25	乙巳26	丙午27	丁未28	戊申29	己酉30	庚戌31	辛亥(8)	壬子2	癸丑3	甲寅4	乙卯5	丙辰6	丁巳7	戊午8	己未9	庚申10	辛酉11	壬戌12	癸亥13	甲子14		
七月大	甲申	干支 天地 西曆	乙丑15	丙寅16	丁卯17	戊辰18	己巳19	庚午20	辛未21	壬申22	癸酉23	甲戌24	乙亥25	丙子26	丁丑27	戊寅28	己卯29	庚辰30	辛巳31	壬午(9)	癸未2	甲申3	乙酉4	丙戌5	丁亥6	戊子7	己丑8	庚寅9	辛卯10	壬辰11	癸巳12	甲午13	辛未立秋
八月小	乙酉	干支 天地 西曆	乙未14	丙申15	丁酉16	戊戌17	己亥18	庚子19	辛丑20	壬寅21	癸卯22	甲辰23	乙巳24	丙午25	丁未26	戊申27	己酉28	庚戌29	辛亥30	壬子(10)	癸丑2	甲寅3	乙卯4	丙辰5	丁巳6	戊午7	己未8	庚申9	辛酉10	壬戌11	癸亥12		丙辰秋分
九月大	丙戌	干支 天地 西曆	甲子13	乙丑14	丙寅15	丁卯16	戊辰17	己巳18	庚午19	辛未20	壬申21	癸酉22	甲戌23	乙亥24	丙子25	丁丑26	戊寅27	己卯28	庚辰29	辛巳30	壬午31	癸未(11)	甲申2	乙酉3	丙戌4	丁亥5	戊子6	己丑7	庚寅8	辛卯9	壬辰10	癸巳11	
十月小	丁亥	干支 天地 西曆	甲午12	乙未13	丙申14	丁酉15	戊戌16	己亥17	庚子18	辛丑19	壬寅20	癸卯21	甲辰22	乙巳23	丙午24	丁未25	戊申26	己酉27	庚戌28	辛亥29	壬子30	癸丑(12)	甲寅2	乙卯3	丙辰4	丁巳5	戊午6	己未7	庚申8	辛酉9	壬戌10		庚子立冬
十一月大	戊子	干支 天地 西曆	癸亥11	甲子12	乙丑13	丙寅14	丁卯15	戊辰16	己巳17	庚午18	辛未19	壬申20	癸酉21	甲戌22	乙亥23	丙子24	丁丑25	戊寅26	己卯27	庚辰28	辛巳29	壬午30	癸未31	甲申(1)	乙酉2	丙戌3	丁亥4	戊子5	己丑6	庚寅7	辛卯8	壬辰9	乙酉冬至
十二月大	己丑	干支 天地 西曆	癸巳10	甲午11	乙未12	丙申13	丁酉14	戊戌15	己亥16	庚子17	辛丑18	壬寅19	癸卯20	甲辰21	乙巳22	丙午23	丁未24	戊申25	己酉26	庚戌27	辛亥28	壬子29	癸丑30	甲寅31	乙卯(2)	丙辰2	丁巳3	戊午4	己未5	庚申6	辛酉7	壬戌8	

年代異同	竹書紀年	皇極經世	文獻通考	歷代紀年備考	歷代帝王年表	歷代統紀表	中國年曆總譜	斷代工程
		殷小辛三年	殷小辛三年	殷小辛三年	殷小辛三年	殷小辛三年	殷盤庚二十八年	

商祖丁十八年（辛未羊年） 公元前 1370 ~ 前 1369 年

夏曆月序	中西曆日對照	初一	初二	初三	初四	初五	初六	初七	初八	初九	初十	十一	十二	十三	十四	十五	十六	十七	十八	十九	二十	二一	二二	二三	二四	二五	二六	二七	二八	二九	三十	節氣與天象
正月小 庚寅	天干地支 西曆	癸亥 9	甲子 10	乙丑 11	丙寅 12	丁卯 13	戊辰 14	己巳 15	庚午 16	辛未 17	壬申 18	癸酉 19	甲戌 20	乙亥 21	丙子 22	丁丑 23	戊寅 24	己卯 25	庚辰 26	辛巳 27	壬午 28	癸未 (3)	甲申 2	乙酉 3	丙戌 4	丁亥 5	戊子 6	己丑 7	庚寅 8	辛卯 9		庚午立春
二月大 辛卯	天干地支 西曆	壬辰 10	癸巳 11	甲午 12	乙未 13	丙申 14	丁酉 15	戊戌 16	己亥 17	庚子 18	辛丑 19	壬寅 20	癸卯 21	甲辰 22	乙巳 23	丙午 24	丁未 25	戊申 26	己酉 27	庚戌 28	辛亥 29	壬子 30	癸丑 31	甲寅 (4)	乙卯 2	丙辰 3	丁巳 4	戊午 5	己未 6	庚申 7	辛酉 8	丙辰春分
三月大 壬辰	天干地支 西曆	壬戌 9	癸亥 10	甲子 11	乙丑 12	丙寅 13	丁卯 14	戊辰 15	己巳 16	庚午 17	辛未 18	壬申 19	癸酉 20	甲戌 21	乙亥 22	丙子 23	丁丑 24	戊寅 25	己卯 26	庚辰 27	辛巳 28	壬午 29	癸未 30	甲申 (5)	乙酉 2	丙戌 3	丁亥 4	戊子 5	己丑 6	庚寅 7	辛卯 8	
四月小 癸巳	天干地支 西曆	壬辰 9	癸巳 10	甲午 11	乙未 12	丙申 13	丁酉 14	戊戌 15	己亥 16	庚子 17	辛丑 18	壬寅 19	癸卯 20	甲辰 21	乙巳 22	丙午 23	丁未 24	戊申 25	己酉 26	庚戌 27	辛亥 28	壬子 29	癸丑 30	甲寅 31	乙卯 (6)	丙辰 2	丁巳 3	戊午 4	己未 5	庚申 6		癸卯立夏
五月大 甲午	天干地支 西曆	辛酉 7	壬戌 8	癸亥 9	甲子 10	乙丑 11	丙寅 12	丁卯 13	戊辰 14	己巳 15	庚午 16	辛未 17	壬申 18	癸酉 19	甲戌 20	乙亥 21	丙子 22	丁丑 23	戊寅 24	己卯 25	庚辰 26	辛巳 27	壬午 28	癸未 29	甲申 30	乙酉 (7)	丙戌 2	丁亥 3	戊子 4	己丑 5	庚寅 6	庚寅夏至
六月小 乙未	天干地支 西曆	辛卯 7	壬辰 8	癸巳 9	甲午 10	乙未 11	丙申 12	丁酉 13	戊戌 14	己亥 15	庚子 16	辛丑 17	壬寅 18	癸卯 19	甲辰 20	乙巳 21	丙午 22	丁未 23	戊申 24	己酉 25	庚戌 26	辛亥 27	壬子 28	癸丑 29	甲寅 30	乙卯 31	丙辰 (8)	丁巳 2	戊午 3	己未 4		
七月小 丙申	天干地支 西曆	庚申 5	辛酉 6	壬戌 7	癸亥 8	甲子 9	乙丑 10	丙寅 11	丁卯 12	戊辰 13	己巳 14	庚午 15	辛未 16	壬申 17	癸酉 18	甲戌 19	乙亥 20	丙子 21	丁丑 22	戊寅 23	己卯 24	庚辰 25	辛巳 26	壬午 27	癸未 28	甲申 29	乙酉 30	丙戌 31	丁亥 (9)	戊子 2		丙子立秋 庚申日食
八月大 丁酉	天干地支 西曆	己丑 3	庚寅 4	辛卯 5	壬辰 6	癸巳 7	甲午 8	乙未 9	丙申 10	丁酉 11	戊戌 12	己亥 13	庚子 14	辛丑 15	壬寅 16	癸卯 17	甲辰 18	乙巳 19	丙午 20	丁未 21	戊申 22	己酉 23	庚戌 24	辛亥 25	壬子 26	癸丑 27	甲寅 28	乙卯 29	丙辰 30	丁巳 (10)	戊午 2	
九月小 戊戌	天干地支 西曆	己未 3	庚申 4	辛酉 5	壬戌 6	癸亥 7	甲子 8	乙丑 9	丙寅 10	丁卯 11	戊辰 12	己巳 13	庚午 14	辛未 15	壬申 16	癸酉 17	甲戌 18	乙亥 19	丙子 20	丁丑 21	戊寅 22	己卯 23	庚辰 24	辛巳 25	壬午 26	癸未 27	甲申 28	乙酉 29	丙戌 30	丁亥 31		辛酉秋分
十月大 己亥	天干地支 西曆	戊子 (11)	己丑 2	庚寅 3	辛卯 4	壬辰 5	癸巳 6	甲午 7	乙未 8	丙申 9	丁酉 10	戊戌 11	己亥 12	庚子 13	辛丑 14	壬寅 15	癸卯 16	甲辰 17	乙巳 18	丙午 19	丁未 20	戊申 21	己酉 22	庚戌 23	辛亥 24	壬子 25	癸丑 26	甲寅 27	乙卯 28	丙辰 29	丁巳 30	丙午立冬
十一月小 庚子	天干地支 西曆	戊午 (12)	己未 2	庚申 3	辛酉 4	壬戌 5	癸亥 6	甲子 7	乙丑 8	丙寅 9	丁卯 10	戊辰 11	己巳 12	庚午 13	辛未 14	壬申 15	癸酉 16	甲戌 17	乙亥 18	丙子 19	丁丑 20	戊寅 21	己卯 22	庚辰 23	辛巳 24	壬午 25	癸未 26	甲申 27	乙酉 28	丙戌 29		
閏十一大 庚子	天干地支 西曆	丁亥 30	戊子 31	己丑 (1)	庚寅 2	辛卯 3	壬辰 4	癸巳 5	甲午 6	乙未 7	丙申 8	丁酉 9	戊戌 10	己亥 11	庚子 12	辛丑 13	壬寅 14	癸卯 15	甲辰 16	乙巳 17	丙午 18	丁未 19	戊申 20	己酉 21	庚戌 22	辛亥 23	壬子 24	癸丑 25	甲寅 26	乙卯 27	丙辰 28	庚寅冬至
十二月小 辛丑	天干地支 西曆	丁巳 29	戊午 30	己未 31	庚申 (2)	辛酉 2	壬戌 3	癸亥 4	甲子 5	乙丑 6	丙寅 7	丁卯 8	戊辰 9	己巳 10	庚午 11	辛未 12	壬申 13	癸酉 14	甲戌 15	乙亥 16	丙子 17	丁丑 18	戊寅 19	己卯 20	庚辰 21	辛巳 22	壬午 23	癸未 24	甲申 25	乙酉 26		乙亥立春

年代異同	竹書紀年	皇極經世	文獻通考	歷代紀年備考	歷代帝王年表	歷代統紀表	中國年曆總譜	斷代工程
		殷小辛四年	殷小辛四年	殷小辛四年	殷小辛四年	殷小辛四年	殷小辛元年	

商祖丁十九年（壬申 猴年） 公元前 1369 ~ 前 1368 年

夏曆月序		中西曆對照	初一	初二	初三	初四	初五	初六	初七	初八	初九	初十	十一	十二	十三	十四	十五	十六	十七	十八	十九	二十	二一	二二	二三	二四	二五	二六	二七	二八	二九	三十	節氣與天象
正月大	壬寅	天干地支西曆	丙戌27	丁亥28	戊子29	己丑(3)	庚寅2	辛卯3	壬辰4	癸巳5	甲午6	乙未7	丙申8	丁酉9	戊戌10	己亥11	庚子12	辛丑13	壬寅14	癸卯15	甲辰16	乙巳17	丙午18	丁未19	戊申20	己酉21	庚戌22	辛亥23	壬子24	癸丑25	甲寅26	乙卯27	
二月大	癸卯	天干地支西曆	丙辰28	丁巳29	戊午30	己未31	庚申(4)	辛酉2	壬戌3	癸亥4	甲子5	乙丑6	丙寅7	丁卯8	戊辰9	己巳10	庚午11	辛未12	壬申13	癸酉14	甲戌15	乙亥16	丙子17	丁丑18	戊寅19	己卯20	庚辰21	辛巳22	壬午23	癸未24	甲申25	乙酉26	辛酉春分
三月小	甲辰	天干地支西曆	丙戌27	丁亥28	戊子29	己丑30	庚寅(5)	辛卯2	壬辰3	癸巳4	甲午5	乙未6	丙申7	丁酉8	戊戌9	己亥10	庚子11	辛丑12	壬寅13	癸卯14	甲辰15	乙巳16	丙午17	丁未18	戊申19	己酉20	庚戌21	辛亥22	壬子23	癸丑24	甲寅25		戊申立夏
四月大	乙巳	天干地支西曆	乙卯26	丙辰27	丁巳28	戊午29	己未30	庚申31	辛酉(6)	壬戌2	癸亥3	甲子4	乙丑5	丙寅6	丁卯7	戊辰8	己巳9	庚午10	辛未11	壬申12	癸酉13	甲戌14	乙亥15	丙子16	丁丑17	戊寅18	己卯19	庚辰20	辛巳21	壬午22	癸未23	甲申24	
五月小	丙午	天干地支西曆	乙酉25	丙戌26	丁亥27	戊子28	己丑29	庚寅30	辛卯(7)	壬辰2	癸巳3	甲午4	乙未5	丙申6	丁酉7	戊戌8	己亥9	庚子10	辛丑11	壬寅12	癸卯13	甲辰14	乙巳15	丙午16	丁未17	戊申18	己酉19	庚戌20	辛亥21	壬子22	癸丑23		乙未夏至
六月大	丁未	天干地支西曆	甲寅24	乙卯25	丙辰26	丁巳27	戊午28	己未29	庚申30	辛酉31	壬戌(8)	癸亥2	甲子3	乙丑4	丙寅5	丁卯6	戊辰7	己巳8	庚午9	辛未10	壬申11	癸酉12	甲戌13	乙亥14	丙子15	丁丑16	戊寅17	己卯18	庚辰19	辛巳20	壬午21	癸未22	壬午立秋
七月小	戊申	天干地支西曆	甲申23	乙酉24	丙戌25	丁亥26	戊子27	己丑28	庚寅29	辛卯30	壬辰31	癸巳(9)	甲午2	乙未3	丙申4	丁酉5	戊戌6	己亥7	庚子8	辛丑9	壬寅10	癸卯11	甲辰12	乙巳13	丙午14	丁未15	戊申16	己酉17	庚戌18	辛亥19	壬子20		
八月大	己酉	天干地支西曆	癸丑21	甲寅22	乙卯23	丙辰24	丁巳25	戊午26	己未27	庚申28	辛酉29	壬戌30	癸亥(10)	甲子2	乙丑3	丙寅4	丁卯5	戊辰6	己巳7	庚午8	辛未9	壬申10	癸酉11	甲戌12	乙亥13	丙子14	丁丑15	戊寅16	己卯17	庚辰18	辛巳19	壬午20	丁卯秋分
九月小	庚戌	天干地支西曆	癸未21	甲申22	乙酉23	丙戌24	丁亥25	戊子26	己丑27	庚寅28	辛卯29	壬辰30	癸巳31	甲午(11)	乙未2	丙申3	丁酉4	戊戌5	己亥6	庚子7	辛丑8	壬寅9	癸卯10	甲辰11	乙巳12	丙午13	丁未14	戊申15	己酉16	庚戌17	辛亥18		辛亥立冬
十月大	辛亥	天干地支西曆	壬子19	癸丑20	甲寅21	乙卯22	丙辰23	丁巳24	戊午25	己未26	庚申27	辛酉28	壬戌29	癸亥30	甲子(12)	乙丑2	丙寅3	丁卯4	戊辰5	己巳6	庚午7	辛未8	壬申9	癸酉10	甲戌11	乙亥12	丙子13	丁丑14	戊寅15	己卯16	庚辰17	辛巳18	
十一月小	壬子	天干地支西曆	壬午19	癸未20	甲申21	乙酉22	丙戌23	丁亥24	戊子25	己丑26	庚寅27	辛卯28	壬辰29	癸巳30	甲午31	乙未(1)	丙申2	丁酉3	戊戌4	己亥5	庚子6	辛丑7	壬寅8	癸卯9	甲辰10	乙巳11	丙午12	丁未13	戊申14	己酉15	庚戌16		乙未冬至
十二月大	癸丑	天干地支西曆	辛亥17	壬子18	癸丑19	甲寅20	乙卯21	丙辰22	丁巳23	戊午24	己未25	庚申26	辛酉27	壬戌28	癸亥29	甲子30	乙丑31	丙寅(2)	丁卯2	戊辰3	己巳4	庚午5	辛未6	壬申7	癸酉8	甲戌9	乙亥10	丙子11	丁丑12	戊寅13	己卯14	庚辰15	庚辰立春

年代異同	竹書紀年	皇極經世	文獻通考	歷代紀年備考	歷代帝王年表	歷代統紀表	中國年曆總譜	斷代工程
		殷小辛五年	殷小辛五年	殷小辛五年	殷小辛五年	殷小辛五年	殷小辛二年	

商祖丁二十年（癸酉 鷄年） 公元前 **1368** ~ 前 1367 年

夏曆月序		中西曆日對照	初一	初二	初三	初四	初五	初六	初七	初八	初九	初十	十一	十二	十三	十四	十五	十六	十七	十八	十九	二十	二一	二二	二三	二四	二五	二六	二七	二八	二九	三十	節氣與天象
正月小	甲寅	天干 地支 西曆	辛巳16	壬午17	癸未18	甲申19	乙酉20	丙戌21	丁亥22	戊子23	己丑24	庚寅25	辛卯26	壬辰27	癸巳28	甲午(3)	乙未2	丙申3	丁酉4	戊戌5	己亥6	庚子7	辛丑8	壬寅9	癸卯10	甲辰11	乙巳12	丙午13	丁未14	戊申15	己酉16		
二月大	乙卯	天干 地支 西曆	庚戌17	辛亥18	壬子19	癸丑20	甲寅21	乙卯22	丙辰23	丁巳24	戊午25	己未26	庚申27	辛酉28	壬戌29	癸亥30	甲子31	乙丑(4)	丙寅2	丁卯3	戊辰4	己巳5	庚午6	辛未7	壬申8	癸酉9	甲戌10	乙亥11	丙子12	丁丑13	戊寅14	己卯15	丙寅春分
三月小	丙辰	天干 地支 西曆	庚辰16	辛巳17	壬午18	癸未19	甲申20	乙酉21	丙戌22	丁亥23	戊子24	己丑25	庚寅26	辛卯27	壬辰28	癸巳29	甲午30	乙未(5)	丙申2	丁酉3	戊戌4	己亥5	庚子6	辛丑7	壬寅8	癸卯9	甲辰10	乙巳11	丙午12	丁未13	戊申14		
四月大	丁巳	天干 地支 西曆	己酉15	庚戌16	辛亥17	壬子18	癸丑19	甲寅20	乙卯21	丙辰22	丁巳23	戊午24	己未25	庚申26	辛酉27	壬戌28	癸亥29	甲子30	乙丑31	丙寅(6)	丁卯2	戊辰3	己巳4	庚午5	辛未6	壬申7	癸酉8	甲戌9	乙亥10	丙子11	丁丑12	戊寅13	甲寅立夏
五月大	戊午	天干 地支 西曆	己卯14	庚辰15	辛巳16	壬午17	癸未18	甲申19	乙酉20	丙戌21	丁亥22	戊子23	己丑24	庚寅25	辛卯26	壬辰27	癸巳28	甲午29	乙未30	丙申(7)	丁酉2	戊戌3	己亥4	庚子5	辛丑6	壬寅7	癸卯8	甲辰9	乙巳10	丙午11	丁未12	戊申13	辛丑夏至
六月小	己未	天干 地支 西曆	己酉14	庚戌15	辛亥16	壬子17	癸丑18	甲寅19	乙卯20	丙辰21	丁巳22	戊午23	己未24	庚申25	辛酉26	壬戌27	癸亥28	甲子29	乙丑30	丙寅31	丁卯(8)	戊辰2	己巳3	庚午4	辛未5	壬申6	癸酉7	甲戌8	乙亥9	丙子10	丁丑11		
七月大	庚申	天干 地支 西曆	戊寅12	己卯13	庚辰14	辛巳15	壬午16	癸未17	甲申18	乙酉19	丙戌20	丁亥21	戊子22	己丑23	庚寅24	辛卯25	壬辰26	癸巳27	甲午28	乙未29	丙申30	丁酉31	戊戌(9)	己亥2	庚子3	辛丑4	壬寅5	癸卯6	甲辰7	乙巳8	丙午9	丁未10	丁亥立秋
八月小	辛酉	天干 地支 西曆	戊申11	己酉12	庚戌13	辛亥14	壬子15	癸丑16	甲寅17	乙卯18	丙辰19	丁巳20	戊午21	己未22	庚申23	辛酉24	壬戌25	癸亥26	甲子27	乙丑28	丙寅29	丁卯30	戊辰(10)	己巳2	庚午3	辛未4	壬申5	癸酉6	甲戌7	乙亥8	丙子9		壬申秋分
九月大	壬戌	天干 地支 西曆	丁丑10	戊寅11	己卯12	庚辰13	辛巳14	壬午15	癸未16	甲申17	乙酉18	丙戌19	丁亥20	戊子21	己丑22	庚寅23	辛卯24	壬辰25	癸巳26	甲午27	乙未28	丙申29	丁酉30	戊戌31	己亥(11)	庚子2	辛丑3	壬寅4	癸卯5	甲辰6	乙巳7	丙午8	
十月小	癸亥	天干 地支 西曆	丁未9	戊申10	己酉11	庚戌12	辛亥13	壬子14	癸丑15	甲寅16	乙卯17	丙辰18	丁巳19	戊午20	己未21	庚申22	辛酉23	壬戌24	癸亥25	甲子26	乙丑27	丙寅28	丁卯29	戊辰30	己巳(12)	庚午2	辛未3	壬申4	癸酉5	甲戌6	乙亥7		丙辰立冬
十一月大	甲子	天干 地支 西曆	丙子8	丁丑9	戊寅10	己卯11	庚辰12	辛巳13	壬午14	癸未15	甲申16	乙酉17	丙戌18	丁亥19	戊子20	己丑21	庚寅22	辛卯23	壬辰24	癸巳25	甲午26	乙未27	丙申28	丁酉29	戊戌30	己亥31	庚子(1)	辛丑2	壬寅3	癸卯4	甲辰5	乙巳6	庚子冬至
十二月小	乙丑	天干 地支 西曆	丙午7	丁未8	戊申9	己酉10	庚戌11	辛亥12	壬子13	癸丑14	甲寅15	乙卯16	丙辰17	丁巳18	戊午19	己未20	庚申21	辛酉22	壬戌23	癸亥24	甲子25	乙丑26	丙寅27	丁卯28	戊辰29	己巳30	庚午31	辛未(2)	壬申2	癸酉3	甲戌4		

年代異同	竹書紀年	皇極經世	文獻通考	歷代紀年備考	歷代帝王年表	歷代統紀表	中國年曆總譜	斷代工程
		殷小辛六年	殷小辛六年	殷小辛六年	殷小辛六年	殷小辛六年	殷小辛三年	

商祖丁二十一年（甲戌 狗年） 公元前1367 ~ 前1366年

夏曆月序		中西曆日對照	夏曆日序																														節氣與天象
			初一	初二	初三	初四	初五	初六	初七	初八	初九	初十	十一	十二	十三	十四	十五	十六	十七	十八	十九	二十	二一	二二	二三	二四	二五	二六	二七	二八	二九	三十	
正月大	丙寅	干支曆 天地西曆	乙亥 5	丙子 6	丁丑 7	戊寅 8	己卯 9	庚辰 10	辛巳 11	壬午 12	癸未 13	甲申 14	乙酉 15	丙戌 16	丁亥 17	戊子 18	己丑 19	庚寅 20	辛卯 21	壬辰 22	癸巳 23	甲午 24	乙未 25	丙申 26	丁酉 27	戊戌 28	己亥 (3)	庚子 2	辛丑 3	壬寅 4	癸卯 5	甲辰 6	乙酉立春
二月小	丁卯	干支曆 天地西曆	乙巳 7	丙午 8	丁未 9	戊申 10	己酉 11	庚戌 12	辛亥 13	壬子 14	癸丑 15	甲寅 16	乙卯 17	丙辰 18	丁巳 19	戊午 20	己未 21	庚申 22	辛酉 23	壬戌 24	癸亥 25	甲子 26	乙丑 27	丙寅 28	丁卯 29	戊辰 30	己巳 31	庚午 (4)	辛未 2	壬申 3	癸酉 4		壬申春分
三月大	戊辰	干支曆 天地西曆	甲戌 5	乙亥 6	丙子 7	丁丑 8	戊寅 9	己卯 10	庚辰 11	辛巳 12	壬午 13	癸未 14	甲申 15	乙酉 16	丙戌 17	丁亥 18	戊子 19	己丑 20	庚寅 21	辛卯 22	壬辰 23	癸巳 24	甲午 25	乙未 26	丙申 27	丁酉 28	戊戌 29	己亥 30	庚子 (5)	辛丑 2	壬寅 3	癸卯 4	
四月小	己巳	干支曆 天地西曆	甲辰 5	乙巳 6	丙午 7	丁未 8	戊申 9	己酉 10	庚戌 11	辛亥 12	壬子 13	癸丑 14	甲寅 15	乙卯 16	丙辰 17	丁巳 18	戊午 19	己未 20	庚申 21	辛酉 22	壬戌 23	癸亥 24	甲子 25	乙丑 26	丙寅 27	丁卯 28	戊辰 29	己巳 30	庚午 31	辛未 (6)	壬申 2		己未立夏
五月大	庚午	干支曆 天地西曆	癸酉 3	甲戌 4	乙亥 5	丙子 6	丁丑 7	戊寅 8	己卯 9	庚辰 10	辛巳 11	壬午 12	癸未 13	甲申 14	乙酉 15	丙戌 16	丁亥 17	戊子 18	己丑 19	庚寅 20	辛卯 21	壬辰 22	癸巳 23	甲午 24	乙未 25	丙申 26	丁酉 27	戊戌 28	己亥 29	庚子 30	辛丑 (7)	壬寅 2	癸酉日食
六月小	辛未	干支曆 天地西曆	癸卯 3	甲辰 4	乙巳 5	丙午 6	丁未 7	戊申 8	己酉 9	庚戌 10	辛亥 11	壬子 12	癸丑 13	甲寅 14	乙卯 15	丙辰 16	丁巳 17	戊午 18	己未 19	庚申 20	辛酉 21	壬戌 22	癸亥 23	甲子 24	乙丑 25	丙寅 26	丁卯 27	戊辰 28	己巳 29	庚午 30	辛未 31		丙午夏至
七月大	壬申	干支曆 天地西曆	壬申 (8)	癸酉 2	甲戌 3	乙亥 4	丙子 5	丁丑 6	戊寅 7	己卯 8	庚辰 9	辛巳 10	壬午 11	癸未 12	甲申 13	乙酉 14	丙戌 15	丁亥 16	戊子 17	己丑 18	庚寅 19	辛卯 20	壬辰 21	癸巳 22	甲午 23	乙未 24	丙申 25	丁酉 26	戊戌 27	己亥 28	庚子 29	辛丑 30	壬辰立秋
閏七月大	壬申	干支曆 天地西曆	壬寅 31	癸卯 (9)	甲辰 2	乙巳 3	丙午 4	丁未 5	戊申 6	己酉 7	庚戌 8	辛亥 9	壬子 10	癸丑 11	甲寅 12	乙卯 13	丙辰 14	丁巳 15	戊午 16	己未 17	庚申 18	辛酉 19	壬戌 20	癸亥 21	甲子 22	乙丑 23	丙寅 24	丁卯 25	戊辰 26	己巳 27	庚午 28	辛未 29	
八月小	癸酉	干支曆 天地西曆	壬申 30	癸酉 (10)	甲戌 2	乙亥 3	丙子 4	丁丑 5	戊寅 6	己卯 7	庚辰 8	辛巳 9	壬午 10	癸未 11	甲申 12	乙酉 13	丙戌 14	丁亥 15	戊子 16	己丑 17	庚寅 18	辛卯 19	壬辰 20	癸巳 21	甲午 22	乙未 23	丙申 24	丁酉 25	戊戌 26	己亥 27	庚子 28		丁丑秋分
九月大	甲戌	干支曆 天地西曆	辛丑 29	壬寅 30	癸卯 31	甲辰 (11)	乙巳 2	丙午 3	丁未 4	戊申 5	己酉 6	庚戌 7	辛亥 8	壬子 9	癸丑 10	甲寅 11	乙卯 12	丙辰 13	丁巳 14	戊午 15	己未 16	庚申 17	辛酉 18	壬戌 19	癸亥 20	甲子 21	乙丑 22	丙寅 23	丁卯 24	戊辰 25	己巳 26	庚午 27	辛酉立冬
十月大	乙亥	干支曆 天地西曆	辛未 28	壬申 29	癸酉 30	甲戌 (12)	乙亥 2	丙子 3	丁丑 4	戊寅 5	己卯 6	庚辰 7	辛巳 8	壬午 9	癸未 10	甲申 11	乙酉 12	丙戌 13	丁亥 14	戊子 15	己丑 16	庚寅 17	辛卯 18	壬辰 19	癸巳 20	甲午 21	乙未 22	丙申 23	丁酉 24	戊戌 25	己亥 26	庚子 27	
十一月小	丙子	干支曆 天地西曆	辛丑 28	壬寅 29	癸卯 30	甲辰 31	乙巳 (1)	丙午 2	丁未 3	戊申 4	己酉 5	庚戌 6	辛亥 7	壬子 8	癸丑 9	甲寅 10	乙卯 11	丙辰 12	丁巳 13	戊午 14	己未 15	庚申 16	辛酉 17	壬戌 18	癸亥 19	甲子 20	乙丑 21	丙寅 22	丁卯 23	戊辰 24	己巳 25		丙午冬至
十二月小	丁丑	干支曆 天地西曆	庚午 26	辛未 27	壬申 28	癸酉 29	甲戌 30	乙亥 31	丙子 (2)	丁丑 2	戊寅 3	己卯 4	庚辰 5	辛巳 6	壬午 7	癸未 8	甲申 9	乙酉 10	丙戌 11	丁亥 12	戊子 13	己丑 14	庚寅 15	辛卯 16	壬辰 17	癸巳 18	甲午 19	乙未 20	丙申 21	丁酉 22	戊戌 23		辛卯立春

年代異同	竹書紀年	皇極經世	文獻通考	歷代紀年備考	歷代帝王年表	歷代統紀表	中國年曆總譜	斷代工程
		殷小辛七年	殷小辛七年	殷小辛七年	殷小辛七年	殷小辛七年	殷小辛四年	

商祖丁二十二年（乙亥 猪年） 公元前 1366 ~ 前 1365 年

夏曆月序		中西曆日對照	初一	初二	初三	初四	初五	初六	初七	初八	初九	初十	十一	十二	十三	十四	十五	十六	十七	十八	十九	二十	二一	二二	二三	二四	二五	二六	二七	二八	二九	三十	節氣與天象
正月大	戊寅	天干 地支 西曆	己亥24	庚子25	辛丑26	壬寅27	癸卯28	甲辰(3)	乙巳2	丙午3	丁未4	戊申5	己酉6	庚戌7	辛亥8	壬子9	癸丑10	甲寅11	乙卯12	丙辰13	丁巳14	戊午15	己未16	庚申17	辛酉18	壬戌19	癸亥20	甲子21	乙丑22	丙寅23	丁卯24	戊辰25	
二月小	己卯	天干 地支 西曆	己巳26	庚午27	辛未28	壬申29	癸酉30	甲戌31	乙亥(4)	丙子2	丁丑3	戊寅4	己卯5	庚辰6	辛巳7	壬午8	癸未9	甲申10	乙酉11	丙戌12	丁亥13	戊子14	己丑15	庚寅16	辛卯17	壬辰18	癸巳19	甲午20	乙未21	丙申22	丁酉23		丁丑春分
三月小	庚辰	天干 地支 西曆	戊戌24	己亥25	庚子26	辛丑27	壬寅28	癸卯29	甲辰30	乙巳(5)	丙午2	丁未3	戊申4	己酉5	庚戌6	辛亥7	壬子8	癸丑9	甲寅10	乙卯11	丙辰12	丁巳13	戊午14	己未15	庚申16	辛酉17	壬戌18	癸亥19	甲子20	乙丑21	丙寅22		甲子立夏
四月大	辛巳	天干 地支 西曆	丁卯23	戊辰24	己巳25	庚午26	辛未27	壬申28	癸酉29	甲戌30	乙亥31	丙子(6)	丁丑2	戊寅3	己卯4	庚辰5	辛巳6	壬午7	癸未8	甲申9	乙酉10	丙戌11	丁亥12	戊子13	己丑14	庚寅15	辛卯16	壬辰17	癸巳18	甲午19	乙未20	丙申21	
五月小	壬午	天干 地支 西曆	丁酉22	戊戌23	己亥24	庚子25	辛丑26	壬寅27	癸卯28	甲辰29	乙巳30	丙午(7)	丁未2	戊申3	己酉4	庚戌5	辛亥6	壬子7	癸丑8	甲寅9	乙卯10	丙辰11	丁巳12	戊午13	己未14	庚申15	辛酉16	壬戌17	癸亥18	甲子19	乙丑20		辛亥夏至
六月大	癸未	天干 地支 西曆	丙寅21	丁卯22	戊辰23	己巳24	庚午25	辛未26	壬申27	癸酉28	甲戌29	乙亥30	丙子31	丁丑(8)	戊寅2	己卯3	庚辰4	辛巳5	壬午6	癸未7	甲申8	乙酉9	丙戌10	丁亥11	戊子12	己丑13	庚寅14	辛卯15	壬辰16	癸巳17	甲午18	乙未19	
七月大	甲申	天干 地支 西曆	丙申20	丁酉21	戊戌22	己亥23	庚子24	辛丑25	壬寅26	癸卯27	甲辰28	乙巳29	丙午30	丁未31	戊申(9)	己酉2	庚戌3	辛亥4	壬子5	癸丑6	甲寅7	乙卯8	丙辰9	丁巳10	戊午11	己未12	庚申13	辛酉14	壬戌15	癸亥16	甲子17	乙丑18	丁酉立秋
八月大	乙酉	天干 地支 西曆	丙寅19	丁卯20	戊辰21	己巳22	庚午23	辛未24	壬申25	癸酉26	甲戌27	乙亥28	丙子29	丁丑30	戊寅(10)	己卯2	庚辰3	辛巳4	壬午5	癸未6	甲申7	乙酉8	丙戌9	丁亥10	戊子11	己丑12	庚寅13	辛卯14	壬辰15	癸巳16	甲午17	乙未18	壬午秋分
九月小	丙戌	天干 地支 西曆	丙申19	丁酉20	戊戌21	己亥22	庚子23	辛丑24	壬寅25	癸卯26	甲辰27	乙巳28	丙午29	丁未30	戊申31	己酉(11)	庚戌2	辛亥3	壬子4	癸丑5	甲寅6	乙卯7	丙辰8	丁巳9	戊午10	己未11	庚申12	辛酉13	壬戌14	癸亥15	甲子16		
十月大	丁亥	天干 地支 西曆	乙丑17	丙寅18	丁卯19	戊辰20	己巳21	庚午22	辛未23	壬申24	癸酉25	甲戌26	乙亥27	丙子28	丁丑29	戊寅30	己卯(12)	庚辰2	辛巳3	壬午4	癸未5	甲申6	乙酉7	丙戌8	丁亥9	戊子10	己丑11	庚寅12	辛卯13	壬辰14	癸巳15	甲午16	丁卯立冬
十一月大	戊子	天干 地支 西曆	乙未17	丙申18	丁酉19	戊戌20	己亥21	庚子22	辛丑23	壬寅24	癸卯25	甲辰26	乙巳27	丙午28	丁未29	戊申30	己酉31	庚戌(1)	辛亥2	壬子3	癸丑4	甲寅5	乙卯6	丙辰7	丁巳8	戊午9	己未10	庚申11	辛酉12	壬戌13	癸亥14	甲子15	辛亥冬至
十二月小	己丑	天干 地支 西曆	乙丑16	丙寅17	丁卯18	戊辰19	己巳20	庚午21	辛未22	壬申23	癸酉24	甲戌25	乙亥26	丙子27	丁丑28	戊寅29	己卯30	庚辰31	辛巳(2)	壬午2	癸未3	甲申4	乙酉5	丙戌6	丁亥7	戊子8	己丑9	庚寅10	辛卯11	壬辰12	癸巳13		

年代異同	竹書紀年	皇極經世	文獻通考	歷代紀年備考	歷代帝王年表	歷代統紀表	中國年曆總譜	斷代工程
		殷小辛八年	殷小辛八年	殷小辛八年	殷小辛八年	殷小辛八年	殷小辛五年	

商祖丁二十三年（丙子 鼠年） 公元前 1365 ~ 前 1364 年

夏曆月序		中西曆日對照	初一	初二	初三	初四	初五	初六	初七	初八	初九	初十	十一	十二	十三	十四	十五	十六	十七	十八	十九	二十	二一	二二	二三	二四	二五	二六	二七	二八	二九	三十	節氣與天象
正月小	庚寅	天干地支	甲午	乙未	丙申	丁酉	戊戌	己亥	庚子	辛丑	壬寅	癸卯	甲辰	乙巳	丙午	丁未	戊申	己酉	庚戌	辛亥	壬子	癸丑	甲寅	乙卯	丙辰	丁巳	戊午	己未	庚申	辛酉	壬戌		丙申立春
		西曆	14	15	16	17	18	19	20	21	22	23	24	25	26	27	28	29	(3)	2	3	4	5	6	7	8	9	10	11	12	13		
二月大	辛卯	天干地支	癸亥	甲子	乙丑	丙寅	丁卯	戊辰	己巳	庚午	辛未	壬申	癸酉	甲戌	乙亥	丙子	丁丑	戊寅	己卯	庚辰	辛巳	壬午	癸未	甲申	乙酉	丙戌	丁亥	戊子	己丑	庚寅	辛卯	壬辰	壬午春分
		西曆	14	15	16	17	18	19	20	21	22	23	24	25	26	27	28	29	30	31	(4)	2	3	4	5	6	7	8	9	10	11	12	
三月小	壬辰	天干地支	癸巳	甲午	乙未	丙申	丁酉	戊戌	己亥	庚子	辛丑	壬寅	癸卯	甲辰	乙巳	丙午	丁未	戊申	己酉	庚戌	辛亥	壬子	癸丑	甲寅	乙卯	丙辰	丁巳	戊午	己未	庚申	辛酉		
		西曆	13	14	15	16	17	18	19	20	21	22	23	24	25	26	27	28	29	30	(5)	2	3	4	5	6	7	8	9	10	11		
四月小	癸巳	天干地支	壬戌	癸亥	甲子	乙丑	丙寅	丁卯	戊辰	己巳	庚午	辛未	壬申	癸酉	甲戌	乙亥	丙子	丁丑	戊寅	己卯	庚辰	辛巳	壬午	癸未	甲申	乙酉	丙戌	丁亥	戊子	己丑	庚寅		己巳立夏
		西曆	12	13	14	15	16	17	18	19	20	21	22	23	24	25	26	27	28	29	30	31	(6)	2	3	4	5	6	7	8	9		
五月大	甲午	天干地支	辛卯	壬辰	癸巳	甲午	乙未	丙申	丁酉	戊戌	己亥	庚子	辛丑	壬寅	癸卯	甲辰	乙巳	丙午	丁未	戊申	己酉	庚戌	辛亥	壬子	癸丑	甲寅	乙卯	丙辰	丁巳	戊午	己未	庚申	丙辰夏至
		西曆	10	11	12	13	14	15	16	17	18	19	20	21	22	23	24	25	26	27	28	29	30	(7)	2	3	4	5	6	7	8	9	
六月小	乙未	天干地支	辛酉	壬戌	癸亥	甲子	乙丑	丙寅	丁卯	戊辰	己巳	庚午	辛未	壬申	癸酉	甲戌	乙亥	丙子	丁丑	戊寅	己卯	庚辰	辛巳	壬午	癸未	甲申	乙酉	丙戌	丁亥	戊子	己丑		
		西曆	10	11	12	13	14	15	16	17	18	19	20	21	22	23	24	25	26	27	28	29	30	31	(8)	2	3	4	5	6	7		
七月大	丙申	天干地支	庚寅	辛卯	壬辰	癸巳	甲午	乙未	丙申	丁酉	戊戌	己亥	庚子	辛丑	壬寅	癸卯	甲辰	乙巳	丙午	丁未	戊申	己酉	庚戌	辛亥	壬子	癸丑	甲寅	乙卯	丙辰	丁巳	戊午	己未	癸卯立秋
		西曆	8	9	10	11	12	13	14	15	16	17	18	19	20	21	22	23	24	25	26	27	28	29	30	31	(9)	2	3	4	5	6	
八月大	丁酉	天干地支	庚申	辛酉	壬戌	癸亥	甲子	乙丑	丙寅	丁卯	戊辰	己巳	庚午	辛未	壬申	癸酉	甲戌	乙亥	丙子	丁丑	戊寅	己卯	庚辰	辛巳	壬午	癸未	甲申	乙酉	丙戌	丁亥	戊子	己丑	戊子秋分
		西曆	7	8	9	10	11	12	13	14	15	16	17	18	19	20	21	22	23	24	25	26	27	28	29	30	(10)	2	3	4	5	6	
九月小	戊戌	天干地支	庚寅	辛卯	壬辰	癸巳	甲午	乙未	丙申	丁酉	戊戌	己亥	庚子	辛丑	壬寅	癸卯	甲辰	乙巳	丙午	丁未	戊申	己酉	庚戌	辛亥	壬子	癸丑	甲寅	乙卯	丙辰	丁巳	戊午		
		西曆	7	8	9	10	11	12	13	14	15	16	17	18	19	20	21	22	23	24	25	26	27	28	29	30	31	(11)	2	3	4		
十月大	己亥	天干地支	己未	庚申	辛酉	壬戌	癸亥	甲子	乙丑	丙寅	丁卯	戊辰	己巳	庚午	辛未	壬申	癸酉	甲戌	乙亥	丙子	丁丑	戊寅	己卯	庚辰	辛巳	壬午	癸未	甲申	乙酉	丙戌	丁亥	戊子	壬申立冬
		西曆	5	6	7	8	9	10	11	12	13	14	15	16	17	18	19	20	21	22	23	24	25	26	27	28	29	30	(12)	2	3	4	
十一月大	庚子	天干地支	己丑	庚寅	辛卯	壬辰	癸巳	甲午	乙未	丙申	丁酉	戊戌	己亥	庚子	辛丑	壬寅	癸卯	甲辰	乙巳	丙午	丁未	戊申	己酉	庚戌	辛亥	壬子	癸丑	甲寅	乙卯	丙辰	丁巳	戊午	丙辰冬至
		西曆	5	6	7	8	9	10	11	12	13	14	15	16	17	18	19	20	21	22	23	24	25	26	27	28	29	30	31	(1)	2	3	
十二月小	辛丑	天干地支	己未	庚申	辛酉	壬戌	癸亥	甲子	乙丑	丙寅	丁卯	戊辰	己巳	庚午	辛未	壬申	癸酉	甲戌	乙亥	丙子	丁丑	戊寅	己卯	庚辰	辛巳	壬午	癸未	甲申	乙酉	丙戌	丁亥		
		西曆	4	5	6	7	8	9	10	11	12	13	14	15	16	17	18	19	20	21	22	23	24	25	26	27	28	29	30	31	(2)		

年代異同	竹書紀年	皇極經世	文獻通考	歷代紀年備考	歷代帝王年表	歷代統紀表	中國年曆總譜	斷代工程
		殷小辛九年	殷小辛九年	殷小辛九年	殷小辛九年	殷小辛九年	殷小辛六年	

商祖丁二十四年（丁丑 牛年） 公元前1364 ~ 前1363年

夏曆月序		中西曆日對照	初一	初二	初三	初四	初五	初六	初七	初八	初九	初十	十一	十二	十三	十四	十五	十六	十七	十八	十九	二十	二一	二二	二三	二四	二五	二六	二七	二八	二九	三十	節氣與天象
正月大	壬寅	天地干支 西曆	戊子 2	己丑 3	庚寅 4	辛卯 5	壬辰 6	癸巳 7	甲午 8	乙未 9	丙申 10	丁酉 11	戊戌 12	己亥 13	庚子 14	辛丑 15	壬寅 16	癸卯 17	甲辰 18	乙巳 19	丙午 20	丁未 21	戊申 22	己酉 23	庚戌 24	辛亥 25	壬子 26	癸丑 27	甲寅 28	乙卯 (3)	丙辰 2	丁巳 3	辛丑立春
二月小	癸卯	天地干支 西曆	戊午 4	己未 5	庚申 6	辛酉 7	壬戌 8	癸亥 9	甲子 10	乙丑 11	丙寅 12	丁卯 13	戊辰 14	己巳 15	庚午 16	辛未 17	壬申 18	癸酉 19	甲戌 20	乙亥 21	丙子 22	丁丑 23	戊寅 24	己卯 25	庚辰 26	辛巳 27	壬午 28	癸未 29	甲申 30	乙酉 31	丙戌 (4)		丁亥春分
三月大	甲辰	天地干支 西曆	丁亥 2	戊子 3	己丑 4	庚寅 5	辛卯 6	壬辰 7	癸巳 8	甲午 9	乙未 10	丙申 11	丁酉 12	戊戌 13	己亥 14	庚子 15	辛丑 16	壬寅 17	癸卯 18	甲辰 19	乙巳 20	丙午 21	丁未 22	戊申 23	己酉 24	庚戌 25	辛亥 26	壬子 27	癸丑 28	甲寅 29	乙卯 30	丙辰 (5)	
四月小	乙巳	天地干支 西曆	丁巳 2	戊午 3	己未 4	庚申 5	辛酉 6	壬戌 7	癸亥 8	甲子 9	乙丑 10	丙寅 11	丁卯 12	戊辰 13	己巳 14	庚午 15	辛未 16	壬申 17	癸酉 18	甲戌 19	乙亥 20	丙子 21	丁丑 22	戊寅 23	己卯 24	庚辰 25	辛巳 26	壬午 27	癸未 28	甲申 29	乙酉 30		甲戌立夏
閏四月小	乙巳	天地干支 西曆	丙戌 31	丁亥 (6)	戊子 2	己丑 3	庚寅 4	辛卯 5	壬辰 6	癸巳 7	甲午 8	乙未 9	丙申 10	丁酉 11	戊戌 12	己亥 13	庚子 14	辛丑 15	壬寅 16	癸卯 17	甲辰 18	乙巳 19	丙午 20	丁未 21	戊申 22	己酉 23	庚戌 24	辛亥 25	壬子 26	癸丑 27	甲寅 28		
五月大	丙午	天地干支 西曆	乙卯 29	丙辰 30	丁巳 (7)	戊午 2	己未 3	庚申 4	辛酉 5	壬戌 6	癸亥 7	甲子 8	乙丑 9	丙寅 10	丁卯 11	戊辰 12	己巳 13	庚午 14	辛未 15	壬申 16	癸酉 17	甲戌 18	乙亥 19	丙子 20	丁丑 21	戊寅 22	己卯 23	庚辰 24	辛巳 25	壬午 26	癸未 27	甲申 28	壬戌夏至
六月小	丁未	天地干支 西曆	乙酉 29	丙戌 30	丁亥 31	戊子 (8)	己丑 2	庚寅 3	辛卯 4	壬辰 5	癸巳 6	甲午 7	乙未 8	丙申 9	丁酉 10	戊戌 11	己亥 12	庚子 13	辛丑 14	壬寅 15	癸卯 16	甲辰 17	乙巳 18	丙午 19	丁未 20	戊申 21	己酉 22	庚戌 23	辛亥 24	壬子 25	癸丑 26		戊申立秋
七月大	戊申	天地干支 西曆	甲寅 27	乙卯 28	丙辰 29	丁巳 30	戊午 31	己未 (9)	庚申 2	辛酉 3	壬戌 4	癸亥 5	甲子 6	乙丑 7	丙寅 8	丁卯 9	戊辰 10	己巳 11	庚午 12	辛未 13	壬申 14	癸酉 15	甲戌 16	乙亥 17	丙子 18	丁丑 19	戊寅 20	己卯 21	庚辰 22	辛巳 23	壬午 24	癸未 25	
八月小	己酉	天地干支 西曆	甲申 26	乙酉 27	丙戌 28	丁亥 29	戊子 30	己丑 (10)	庚寅 2	辛卯 3	壬辰 4	癸巳 5	甲午 6	乙未 7	丙申 8	丁酉 9	戊戌 10	己亥 11	庚子 12	辛丑 13	壬寅 14	癸卯 15	甲辰 16	乙巳 17	丙午 18	丁未 19	戊申 20	己酉 21	庚戌 22	辛亥 23	壬子 24		癸巳秋分
九月大	庚戌	天地干支 西曆	癸丑 25	甲寅 26	乙卯 27	丙辰 28	丁巳 29	戊午 30	己未 31	庚申 (11)	辛酉 2	壬戌 3	癸亥 4	甲子 5	乙丑 6	丙寅 7	丁卯 8	戊辰 9	己巳 10	庚午 11	辛未 12	壬申 13	癸酉 14	甲戌 15	乙亥 16	丙子 17	丁丑 18	戊寅 19	己卯 20	庚辰 21	辛巳 22	壬午 23	丁丑立冬
十月大	辛亥	天地干支 西曆	癸未 24	甲申 25	乙酉 26	丙戌 27	丁亥 28	戊子 29	己丑 30	庚寅 (12)	辛卯 2	壬辰 3	癸巳 4	甲午 5	乙未 6	丙申 7	丁酉 8	戊戌 9	己亥 10	庚子 11	辛丑 12	壬寅 13	癸卯 14	甲辰 15	乙巳 16	丙午 17	丁未 18	戊申 19	己酉 20	庚戌 21	辛亥 22	壬子 23	
十一月大	壬子	天地干支 西曆	癸丑 24	甲寅 25	乙卯 26	丙辰 27	丁巳 28	戊午 29	己未 30	庚申 31	辛酉 (1)	壬戌 2	癸亥 3	甲子 4	乙丑 5	丙寅 6	丁卯 7	戊辰 8	己巳 9	庚午 10	辛未 11	壬申 12	癸酉 13	甲戌 14	乙亥 15	丙子 16	丁丑 17	戊寅 18	己卯 19	庚辰 20	辛巳 21	壬午 22	辛酉冬至
十二月小	癸丑	天地干支 西曆	癸未 23	甲申 24	乙酉 25	丙戌 26	丁亥 27	戊子 28	己丑 29	庚寅 30	辛卯 31	壬辰 (2)	癸巳 2	甲午 3	乙未 4	丙申 5	丁酉 6	戊戌 7	己亥 8	庚子 9	辛丑 10	壬寅 11	癸卯 12	甲辰 13	乙巳 14	丙午 15	丁未 16	戊申 17	己酉 18	庚戌 19	辛亥 20		丙午立春

年代異同	竹書紀年	皇極經世	文獻通考	歷代紀年備考	歷代帝王年表	歷代統紀表	中國年曆總譜	斷代工程
		殷小辛十年	殷小辛十年	殷小辛十年	殷小辛十年	殷小辛十年	殷小辛七年	

商祖丁二十五年（戊寅 虎年） 公元前 1363 ～ 前 1362 年

夏曆月序	月干支	中西曆日對照	初一	初二	初三	初四	初五	初六	初七	初八	初九	初十	十一	十二	十三	十四	十五	十六	十七	十八	十九	二十	二一	二二	二三	二四	二五	二六	二七	二八	二九	三十	節氣與天象
正月大	甲寅	天干地支 西曆	壬子 21	癸丑 22	甲寅 23	乙卯 24	丙辰 25	丁巳 26	戊午 27	己未 28	庚申 (3)	辛酉 2	壬戌 3	癸亥 4	甲子 5	乙丑 6	丙寅 7	丁卯 8	戊辰 9	己巳 10	庚午 11	辛未 12	壬申 13	癸酉 14	甲戌 15	乙亥 16	丙子 17	丁丑 18	戊寅 19	己卯 20	庚辰 21	辛巳 22	
二月小	乙卯	天干地支 西曆	壬午 23	癸未 24	甲申 25	乙酉 26	丙戌 27	丁亥 28	戊子 29	己丑 30	庚寅 31	辛卯 (4)	壬辰 2	癸巳 3	甲午 4	乙未 5	丙申 6	丁酉 7	戊戌 8	己亥 9	庚子 10	辛丑 11	壬寅 12	癸卯 13	甲辰 14	乙巳 15	丙午 16	丁未 17	戊申 18	己酉 19	庚戌 20		癸巳春分
三月大	丙辰	天干地支 西曆	辛亥 21	壬子 22	癸丑 23	甲寅 24	乙卯 25	丙辰 26	丁巳 27	戊午 28	己未 29	庚申 30	辛酉 (5)	壬戌 2	癸亥 3	甲子 4	乙丑 5	丙寅 6	丁卯 7	戊辰 8	己巳 9	庚午 10	辛未 11	壬申 12	癸酉 13	甲戌 14	乙亥 15	丙子 16	丁丑 17	戊寅 18	己卯 19	庚辰 20	庚辰立夏
四月小	丁巳	天干地支 西曆	辛巳 21	壬午 22	癸未 23	甲申 24	乙酉 25	丙戌 26	丁亥 27	戊子 28	己丑 29	庚寅 30	辛卯 31	壬辰 (6)	癸巳 2	甲午 3	乙未 4	丙申 5	丁酉 6	戊戌 7	己亥 8	庚子 9	辛丑 10	壬寅 11	癸卯 12	甲辰 13	乙巳 14	丙午 15	丁未 16	戊申 17	己酉 18		
五月小	戊午	天干地支 西曆	庚戌 19	辛亥 20	壬子 21	癸丑 22	甲寅 23	乙卯 24	丙辰 25	丁巳 26	戊午 27	己未 28	庚申 29	辛酉 30	壬戌 (7)	癸亥 2	甲子 3	乙丑 4	丙寅 5	丁卯 6	戊辰 7	己巳 8	庚午 9	辛未 10	壬申 11	癸酉 12	甲戌 13	乙亥 14	丙子 15	丁丑 16	戊寅 17		丁卯夏至
六月大	己未	天干地支 西曆	己卯 18	庚辰 19	辛巳 20	壬午 21	癸未 22	甲申 23	乙酉 24	丙戌 25	丁亥 26	戊子 27	己丑 28	庚寅 29	辛卯 30	壬辰 31	癸巳 (8)	甲午 2	乙未 3	丙申 4	丁酉 5	戊戌 6	己亥 7	庚子 8	辛丑 9	壬寅 10	癸卯 11	甲辰 12	乙巳 13	丙午 14	丁未 15	戊申 16	
七月小	庚申	天干地支 西曆	己酉 17	庚戌 18	辛亥 19	壬子 20	癸丑 21	甲寅 22	乙卯 23	丙辰 24	丁巳 25	戊午 26	己未 27	庚申 28	辛酉 29	壬戌 30	癸亥 31	甲子 (9)	乙丑 2	丙寅 3	丁卯 4	戊辰 5	己巳 6	庚午 7	辛未 8	壬申 9	癸酉 10	甲戌 11	乙亥 12	丙子 13	丁丑 14		癸丑立秋
八月大	辛酉	天干地支 西曆	戊寅 15	己卯 16	庚辰 17	辛巳 18	壬午 19	癸未 20	甲申 21	乙酉 22	丙戌 23	丁亥 24	戊子 25	己丑 26	庚寅 27	辛卯 28	壬辰 29	癸巳 30	甲午 (10)	乙未 2	丙申 3	丁酉 4	戊戌 5	己亥 6	庚子 7	辛丑 8	壬寅 9	癸卯 10	甲辰 11	乙巳 12	丙午 13	丁未 14	戊戌秋分 戊寅日食
九月小	壬戌	天干地支 西曆	戊申 15	己酉 16	庚戌 17	辛亥 18	壬子 19	癸丑 20	甲寅 21	乙卯 22	丙辰 23	丁巳 24	戊午 25	己未 26	庚申 27	辛酉 28	壬戌 29	癸亥 30	甲子 31	乙丑 (11)	丙寅 2	丁卯 3	戊辰 4	己巳 5	庚午 6	辛未 7	壬申 8	癸酉 9	甲戌 10	乙亥 11	丙子 12		
十月大	癸亥	天干地支 西曆	丁丑 13	戊寅 14	己卯 15	庚辰 16	辛巳 17	壬午 18	癸未 19	甲申 20	乙酉 21	丙戌 22	丁亥 23	戊子 24	己丑 25	庚寅 26	辛卯 27	壬辰 28	癸巳 29	甲午 30	乙未 (12)	丙申 2	丁酉 3	戊戌 4	己亥 5	庚子 6	辛丑 7	壬寅 8	癸卯 9	甲辰 10	乙巳 11	丙午 12	壬午立冬
十一月大	甲子	天干地支 西曆	丁未 13	戊申 14	己酉 15	庚戌 16	辛亥 17	壬子 18	癸丑 19	甲寅 20	乙卯 21	丙辰 22	丁巳 23	戊午 24	己未 25	庚申 26	辛酉 27	壬戌 28	癸亥 29	甲子 30	乙丑 31	丙寅 (1)	丁卯 2	戊辰 3	己巳 4	庚午 5	辛未 6	壬申 7	癸酉 8	甲戌 9	乙亥 10	丙子 11	丁卯冬至
十二月小	乙丑	天干地支 西曆	丁丑 12	戊寅 13	己卯 14	庚辰 15	辛巳 16	壬午 17	癸未 18	甲申 19	乙酉 20	丙戌 21	丁亥 22	戊子 23	己丑 24	庚寅 25	辛卯 26	壬辰 27	癸巳 28	甲午 29	乙未 30	丙申 31	丁酉 (2)	戊戌 2	己亥 3	庚子 4	辛丑 5	壬寅 6	癸卯 7	甲辰 8	乙巳 9		

年代異同	竹書紀年	皇極經世	文獻通考	歷代紀年備考	歷代帝王年表	歷代統紀表	中國年曆總譜	斷代工程
		殷小辛十一年	殷小辛十一年	殷小辛十一年	殷小辛十一年	殷小辛十一年	殷小辛八年	

商祖丁二十六年（己卯 兔年） 公元前 1362 ~ 前 1361 年

夏曆月序		中西曆日對照	初一	初二	初三	初四	初五	初六	初七	初八	初九	初十	十一	十二	十三	十四	十五
正月大	丙寅	干支 天地 西曆	丙午 10	丁未 11	戊申 12	己酉 13	庚戌 14	辛亥 15	壬子 16	癸丑 17	甲寅 18	乙卯 19	丙辰 20	丁巳 21	戊午 22	己未 23	庚申 24
二月大	丁卯	干支 天地 西曆	丙子 12	丁丑 13	戊寅 14	己卯 15	庚辰 16	辛巳 17	壬午 18	癸未 19	甲申 20	乙酉 21	丙戌 22	丁亥 23	戊子 24	己丑 25	庚寅 26
三月小	戊辰	干支 天地 西曆	丙午 11	丁未 12	戊申 13	己酉 14	庚戌 15	辛亥 16	壬子 17	癸丑 18	甲寅 19	乙卯 20	丙辰 21	丁巳 22	戊午 23	己未 24	庚申 25
四月大	己巳	干支 天地 西曆	乙亥 10	丙子 11	丁丑 12	戊寅 13	己卯 14	庚辰 15	辛巳 16	壬午 17	癸未 18	甲申 19	乙酉 20	丙戌 21	丁亥 22	戊子 23	己丑 24
五月小	庚午	干支 天地 西曆	乙巳 9	丙午 10	丁未 11	戊申 12	己酉 13	庚戌 14	辛亥 15	壬子 16	癸丑 17	甲寅 18	乙卯 19	丙辰 20	丁巳 21	戊午 22	己未 23
六月小	辛未	干支 天地 西曆	甲戌 8	乙亥 9	丙子 10	丁丑 11	戊寅 12	己卯 13	庚辰 14	辛巳 15	壬午 16	癸未 17	甲申 18	乙酉 19	丙戌 20	丁亥 21	戊子 22
七月大	壬申	干支 天地 西曆	癸卯 6	甲辰 7	乙巳 8	丙午 9	丁未 10	戊申 11	己酉 12	庚戌 13	辛亥 14	壬子 15	癸丑 16	甲寅 17	乙卯 18	丙辰 19	丁巳 20
八月小	癸酉	干支 天地 西曆	癸酉 5	甲戌 6	乙亥 7	丙子 8	丁丑 9	戊寅 10	己卯 11	庚辰 12	辛巳 13	壬午 14	癸未 15	甲申 16	乙酉 17	丙戌 18	丁亥 19
九月大	甲戌	干支 天地 西曆	壬寅 4	癸卯 5	甲辰 6	乙巳 7	丙午 8	丁未 9	戊申 10	己酉 11	庚戌 12	辛亥 13	壬子 14	癸丑 15	甲寅 16	乙卯 17	丙辰 18
十月小	乙亥	干支 天地 西曆	壬申 3	癸酉 4	甲戌 5	乙亥 6	丙子 7	丁丑 8	戊寅 9	己卯 10	庚辰 11	辛巳 12	壬午 13	癸未 14	甲申 15	乙酉 16	丙戌 17
十一月大	丙子	干支 天地 西曆	辛丑 2	壬寅 3	癸卯 4	甲辰 5	乙巳 6	丙午 7	丁未 8	戊申 9	己酉 10	庚戌 11	辛亥 12	壬子 13	癸丑 14	甲寅 15	乙卯 16
十二月小	丁丑	干支 天地 西曆	辛未 (1)	壬申 2	癸酉 3	甲戌 4	乙亥 5	丙子 6	丁丑 7	戊寅 8	己卯 9	庚辰 10	辛巳 11	壬午 12	癸未 13	甲申 14	乙酉 15

夏曆月序	十六	十七	十八	十九	二十	二一	二二	二三	二四	二五	二六	二七	二八	二九	三十	節氣與天象
正月大	辛酉 25	壬戌 26	癸亥 27	甲子 28	乙丑 (3)	丙寅 2	丁卯 3	戊辰 4	己巳 5	庚午 6	辛未 7	壬申 8	癸酉 9	甲戌 10	乙亥 11	壬子立春
二月大	辛卯 27	壬辰 28	癸巳 29	甲午 30	乙未 31	丙申 (4)	丁酉 2	戊戌 3	己亥 4	庚子 5	辛丑 6	壬寅 7	癸卯 8	甲辰 9	乙巳 10	戊戌春分
三月小	辛酉 26	壬戌 27	癸亥 28	甲子 29	乙丑 30	丙寅 (5)	丁卯 2	戊辰 3	己巳 4	庚午 5	辛未 6	壬申 7	癸酉 8	甲戌 9		
四月大	庚寅 25	辛卯 26	壬辰 27	癸巳 28	甲午 29	乙未 30	丙申 31	丁酉 (6)	戊戌 2	己亥 3	庚子 4	辛丑 5	壬寅 6	癸卯 7	甲辰 8	乙酉立夏
五月小	庚申 24	辛酉 25	壬戌 26	癸亥 27	甲子 28	乙丑 29	丙寅 30	丁卯 (7)	戊辰 2	己巳 3	庚午 4	辛未 5	壬申 6	癸酉 7		壬申夏至
六月小	己丑 23	庚寅 24	辛卯 25	壬辰 26	癸巳 27	甲午 28	乙未 29	丙申 30	丁酉 31	戊戌 (8)	己亥 2	庚子 3	辛丑 4	壬寅 5		
七月大	戊午 21	己未 22	庚申 23	辛酉 24	壬戌 25	癸亥 26	甲子 27	乙丑 28	丙寅 29	丁卯 30	戊辰 31	己巳 (9)	庚午 2	辛未 3	壬申 4	戊午立秋
八月小	戊子 20	己丑 21	庚寅 22	辛卯 23	壬辰 24	癸巳 25	甲午 26	乙未 27	丙申 28	丁酉 29	戊戌 30	己亥 (10)	庚子 2	辛丑 3		
九月大	丁巳 19	戊午 20	己未 21	庚申 22	辛酉 23	壬戌 24	癸亥 25	甲子 26	乙丑 27	丙寅 28	丁卯 29	戊辰 30	己巳 31	庚午 (11)	辛未 2	癸卯秋分
十月小	丁亥 18	戊子 19	己丑 20	庚寅 21	辛卯 22	壬辰 23	癸巳 24	甲午 25	乙未 26	丙申 27	丁酉 28	戊戌 29	己亥 30	庚子 (12)		戊子立冬
十一月大	丙辰 17	丁巳 18	戊午 19	己未 20	庚申 21	辛酉 22	壬戌 23	癸亥 24	甲子 25	乙丑 26	丙寅 27	丁卯 28	戊辰 29	己巳 30	庚午 31	
十二月小	丙戌 16	丁亥 17	戊子 18	己丑 19	庚寅 20	辛卯 21	壬辰 22	癸巳 23	甲午 24	乙未 25	丙申 26	丁酉 27	戊戌 28	己亥 29		壬申冬至

年代異同	竹書紀年	皇極經世	文獻通考	歷代紀年備考	歷代帝王年表	歷代統紀表	中國年曆總譜	斷代工程
		殷小辛十二年	殷小辛十二年	殷小辛十二年	殷小辛十二年	殷小辛十二年	殷小辛九年	

商祖丁二十七年（庚辰 龍年） 公元前 **1361** ~ 前 1360 年

夏曆月序		中西曆日對照	夏曆日序 初一	初二	初三	初四	初五	初六	初七	初八	初九	初十	十一	十二	十三	十四	十五	十六	十七	十八	十九	二十	二一	二二	二三	二四	二五	二六	二七	二八	二九	三十	節氣與天象
正月大	戊寅	天干地支西曆	庚子 30	辛丑 31	壬寅 (2)	癸卯 2	甲辰 3	乙巳 4	丙午 5	丁未 6	戊申 7	己酉 8	庚戌 9	辛亥 10	壬子 11	癸丑 12	甲寅 13	乙卯 14	丙辰 15	丁巳 16	戊午 17	己未 18	庚申 19	辛酉 20	壬戌 21	癸亥 22	甲子 23	乙丑 24	丙寅 25	丁卯 26	戊辰 27	己巳 28	丁巳立春
二月大	己卯	天干地支西曆	庚午 29	辛未 (3)	壬申 2	癸酉 3	甲戌 4	乙亥 5	丙子 6	丁丑 7	戊寅 8	己卯 9	庚辰 10	辛巳 11	壬午 12	癸未 13	甲申 14	乙酉 15	丙戌 16	丁亥 17	戊子 18	己丑 19	庚寅 20	辛卯 21	壬辰 22	癸巳 23	甲午 24	乙未 25	丙申 26	丁酉 27	戊戌 28	己亥 29	
閏二月小	己卯	天干地支西曆	庚子 30	辛丑 31	壬寅 (4)	癸卯 2	甲辰 3	乙巳 4	丙午 5	丁未 6	戊申 7	己酉 8	庚戌 9	辛亥 10	壬子 11	癸丑 12	甲寅 13	乙卯 14	丙辰 15	丁巳 16	戊午 17	己未 18	庚申 19	辛酉 20	壬戌 21	癸亥 22	甲子 23	乙丑 24	丙寅 25	丁卯 26	戊辰 27		癸卯春分
三月大	庚辰	天干地支西曆	己巳 28	庚午 29	辛未 30	壬申 (5)	癸酉 2	甲戌 3	乙亥 4	丙子 5	丁丑 6	戊寅 7	己卯 8	庚辰 9	辛巳 10	壬午 11	癸未 12	甲申 13	乙酉 14	丙戌 15	丁亥 16	戊子 17	己丑 18	庚寅 19	辛卯 20	壬辰 21	癸巳 22	甲午 23	乙未 24	丙申 25	丁酉 26	戊戌 27	庚寅立夏
四月小	辛巳	天干地支西曆	己亥 28	庚子 29	辛丑 30	壬寅 31	癸卯 (6)	甲辰 2	乙巳 3	丙午 4	丁未 5	戊申 6	己酉 7	庚戌 8	辛亥 9	壬子 10	癸丑 11	甲寅 12	乙卯 13	丙辰 14	丁巳 15	戊午 16	己未 17	庚申 18	辛酉 19	壬戌 20	癸亥 21	甲子 22	乙丑 23	丙寅 24	丁卯 25		
五月大	壬午	天干地支西曆	戊辰 26	己巳 27	庚午 28	辛未 29	壬申 30	癸酉 (7)	甲戌 2	乙亥 3	丙子 4	丁丑 5	戊寅 6	己卯 7	庚辰 8	辛巳 9	壬午 10	癸未 11	甲申 12	乙酉 13	丙戌 14	丁亥 15	戊子 16	己丑 17	庚寅 18	辛卯 19	壬辰 20	癸巳 21	甲午 22	乙未 23	丙申 24	丁酉 25	丁丑夏至
六月小	癸未	天干地支西曆	戊戌 26	己亥 27	庚子 28	辛丑 29	壬寅 30	癸卯 31	甲辰 (8)	乙巳 2	丙午 3	丁未 4	戊申 5	己酉 6	庚戌 7	辛亥 8	壬子 9	癸丑 10	甲寅 11	乙卯 12	丙辰 13	丁巳 14	戊午 15	己未 16	庚申 17	辛酉 18	壬戌 19	癸亥 20	甲子 21	乙丑 22	丙寅 23		甲子立秋
七月大	甲申	天干地支西曆	丁卯 24	戊辰 25	己巳 26	庚午 27	辛未 28	壬申 29	癸酉 30	甲戌 31	乙亥 (9)	丙子 2	丁丑 3	戊寅 4	己卯 5	庚辰 6	辛巳 7	壬午 8	癸未 9	甲申 10	乙酉 11	丙戌 12	丁亥 13	戊子 14	己丑 15	庚寅 16	辛卯 17	壬辰 18	癸巳 19	甲午 20	乙未 21	丙申 22	
八月小	乙酉	天干地支西曆	丁酉 23	戊戌 24	己亥 25	庚子 26	辛丑 27	壬寅 28	癸卯 29	甲辰 30	乙巳 (10)	丙午 2	丁未 3	戊申 4	己酉 5	庚戌 6	辛亥 7	壬子 8	癸丑 9	甲寅 10	乙卯 11	丙辰 12	丁巳 13	戊午 14	己未 15	庚申 16	辛酉 17	壬戌 18	癸亥 19	甲子 20	乙丑 21		己酉秋分
九月大	丙戌	天干地支西曆	丙寅 22	丁卯 23	戊辰 24	己巳 25	庚午 26	辛未 27	壬申 28	癸酉 29	甲戌 30	乙亥 31	丙子 (11)	丁丑 2	戊寅 3	己卯 4	庚辰 5	辛巳 6	壬午 7	癸未 8	甲申 9	乙酉 10	丙戌 11	丁亥 12	戊子 13	己丑 14	庚寅 15	辛卯 16	壬辰 17	癸巳 18	甲午 19	乙未 20	癸巳立冬
十月小	丁亥	天干地支西曆	丙申 21	丁酉 22	戊戌 23	己亥 24	庚子 25	辛丑 26	壬寅 27	癸卯 28	甲辰 29	乙巳 30	丙午 (12)	丁未 2	戊申 3	己酉 4	庚戌 5	辛亥 6	壬子 7	癸丑 8	甲寅 9	乙卯 10	丙辰 11	丁巳 12	戊午 13	己未 14	庚申 15	辛酉 16	壬戌 17	癸亥 18	甲子 19		
十一月大	戊子	天干地支西曆	乙丑 20	丙寅 21	丁卯 22	戊辰 23	己巳 24	庚午 25	辛未 26	壬申 27	癸酉 28	甲戌 29	乙亥 30	丙子 31	丁丑 (1)	戊寅 2	己卯 3	庚辰 4	辛巳 5	壬午 6	癸未 7	甲申 8	乙酉 9	丙戌 10	丁亥 11	戊子 12	己丑 13	庚寅 14	辛卯 15	壬辰 16	癸巳 17	甲午 18	丁丑冬至
十二月小	己丑	天干地支西曆	乙未 19	丙申 20	丁酉 21	戊戌 22	己亥 23	庚子 24	辛丑 25	壬寅 26	癸卯 27	甲辰 28	乙巳 29	丙午 30	丁未 31	戊申 (2)	己酉 2	庚戌 3	辛亥 4	壬子 5	癸丑 6	甲寅 7	乙卯 8	丙辰 9	丁巳 10	戊午 11	己未 12	庚申 13	辛酉 14	壬戌 15	癸亥 16		壬戌立春

年代異同	竹書紀年	皇極經世	文獻通考	歷代紀年備考	歷代帝王年表	歷代統紀表	中國年曆總譜	斷代工程
		殷小辛十三年	殷小辛十三年	殷小辛十三年	殷小辛十三年	殷小辛十三年	殷小辛十年	

商祖丁二十八年（辛巳 蛇年） 公元前1360 ~ 前1359年

夏曆月序		中西曆日對照	初一	初二	初三	初四	初五	初六	初七	初八	初九	初十	十一	十二	十三	十四	十五	十六	十七	十八	十九	二十	二一	二二	二三	二四	二五	二六	二七	二八	二九	三十	節氣與天象
正月大	庚寅	天干地支西曆	甲子17	乙丑18	丙寅19	丁卯20	戊辰21	己巳22	庚午23	辛未24	壬申25	癸酉26	甲戌27	乙亥28	丙子(3)	丁丑2	戊寅3	己卯4	庚辰5	辛巳6	壬午7	癸未8	甲申9	乙酉10	丙戌11	丁亥12	戊子13	己丑14	庚寅15	辛卯16	壬辰17	癸巳18	
二月大	辛卯	天干地支西曆	甲午19	乙未20	丙申21	丁酉22	戊戌23	己亥24	庚子25	辛丑26	壬寅27	癸卯28	甲辰29	乙巳30	丙午31	丁未(4)	戊申2	己酉3	庚戌4	辛亥5	壬子6	癸丑7	甲寅8	乙卯9	丙辰10	丁巳11	戊午12	己未13	庚申14	辛酉15	壬戌16	癸亥17	戊申春分
三月小	壬辰	天干地支西曆	甲子18	乙丑19	丙寅20	丁卯21	戊辰22	己巳23	庚午24	辛未25	壬申26	癸酉27	甲戌28	乙亥29	丙子30	丁丑(5)	戊寅2	己卯3	庚辰4	辛巳5	壬午6	癸未7	甲申8	乙酉9	丙戌10	丁亥11	戊子12	己丑13	庚寅14	辛卯15	壬辰16		
四月大	癸巳	天干地支西曆	癸巳17	甲午18	乙未19	丙申20	丁酉21	戊戌22	己亥23	庚子24	辛丑25	壬寅26	癸卯27	甲辰28	乙巳29	丙午30	丁未31	戊申(6)	己酉2	庚戌3	辛亥4	壬子5	癸丑6	甲寅7	乙卯8	丙辰9	丁巳10	戊午11	己未12	庚申13	辛酉14	壬戌15	乙未立夏
五月小	甲午	天干地支西曆	癸亥16	甲子17	乙丑18	丙寅19	丁卯20	戊辰21	己巳22	庚午23	辛未24	壬申25	癸酉26	甲戌27	乙亥28	丙子29	丁丑30	戊寅(7)	己卯2	庚辰3	辛巳4	壬午5	癸未6	甲申7	乙酉8	丙戌9	丁亥10	戊子11	己丑12	庚寅13	辛卯14		癸未夏至
六月大	乙未	天干地支西曆	壬辰15	癸巳16	甲午17	乙未18	丙申19	丁酉20	戊戌21	己亥22	庚子23	辛丑24	壬寅25	癸卯26	甲辰27	乙巳28	丙午29	丁未30	戊申31	己酉(8)	庚戌2	辛亥3	壬子4	癸丑5	甲寅6	乙卯7	丙辰8	丁巳9	戊午10	己未11	庚申12	辛酉13	
七月小	丙申	天干地支西曆	壬戌14	癸亥15	甲子16	乙丑17	丙寅18	丁卯19	戊辰20	己巳21	庚午22	辛未23	壬申24	癸酉25	甲戌26	乙亥27	丙子28	丁丑29	戊寅30	己卯31	庚辰(9)	辛巳2	壬午3	癸未4	甲申5	乙酉6	丙戌7	丁亥8	戊子9	己丑10	庚寅11		己巳立秋
八月大	丁酉	天干地支西曆	辛卯12	壬辰13	癸巳14	甲午15	乙未16	丙申17	丁酉18	戊戌19	己亥20	庚子21	辛丑22	壬寅23	癸卯24	甲辰25	乙巳26	丙午27	丁未28	戊申29	己酉30	庚戌(10)	辛亥2	壬子3	癸丑4	甲寅5	乙卯6	丙辰7	丁巳8	戊午9	己未10	庚申11	甲寅秋分
九月小	戊戌	天干地支西曆	辛酉12	壬戌13	癸亥14	甲子15	乙丑16	丙寅17	丁卯18	戊辰19	己巳20	庚午21	辛未22	壬申23	癸酉24	甲戌25	乙亥26	丙子27	丁丑28	戊寅29	己卯30	庚辰31	辛巳(11)	壬午2	癸未3	甲申4	乙酉5	丙戌6	丁亥7	戊子8	己丑9		
十月大	己亥	天干地支西曆	庚寅10	辛卯11	壬辰12	癸巳13	甲午14	乙未15	丙申16	丁酉17	戊戌18	己亥19	庚子20	辛丑21	壬寅22	癸卯23	甲辰24	乙巳25	丙午26	丁未27	戊申28	己酉29	庚戌30	辛亥(12)	壬子2	癸丑3	甲寅4	乙卯5	丙辰6	丁巳7	戊午8	己未9	戊戌立冬
十一月小	庚子	天干地支西曆	庚申10	辛酉11	壬戌12	癸亥13	甲子14	乙丑15	丙寅16	丁卯17	戊辰18	己巳19	庚午20	辛未21	壬申22	癸酉23	甲戌24	乙亥25	丙子26	丁丑27	戊寅28	己卯29	庚辰30	辛巳31	壬午(1)	癸未2	甲申3	乙酉4	丙戌5	丁亥6	戊子7		壬午冬至
十二月大	辛丑	天干地支西曆	己丑8	庚寅9	辛卯10	壬辰11	癸巳12	甲午13	乙未14	丙申15	丁酉16	戊戌17	己亥18	庚子19	辛丑20	壬寅21	癸卯22	甲辰23	乙巳24	丙午25	丁未26	戊申27	己酉28	庚戌29	辛亥30	壬子31	癸丑(2)	甲寅2	乙卯3	丙辰4	丁巳5	戊午6	己丑日食

年代異同	竹書紀年	皇極經世	文獻通考	歷代紀年備考	歷代帝王年表	歷代統紀表	中國年曆總譜	斷代工程
		殷小辛十四年	殷小辛十四年	殷小辛十四年	殷小辛十四年	殷小辛十四年	殷小辛十一年	

商祖丁二十九年（壬午 馬年） 公元前**1359** ~ 前1358年

夏曆月序		中西曆對照	夏曆日序																														節氣與天象
			初一	初二	初三	初四	初五	初六	初七	初八	初九	初十	十一	十二	十三	十四	十五	十六	十七	十八	十九	二十	二一	二二	二三	二四	二五	二六	二七	二八	二九	三十	
正月小	壬寅	天干地支西曆	己未7	庚申8	辛酉9	壬戌10	癸亥11	甲子12	乙丑13	丙寅14	丁卯15	戊辰16	己巳17	庚午18	辛未19	壬申20	癸酉21	甲戌22	乙亥23	丙子24	丁丑25	戊寅26	己卯27	庚辰28	辛巳(3)	壬午2	癸未3	甲申4	乙酉5	丙戌6	丁亥7		丁卯立春
二月大	癸卯	天干地支西曆	戊子8	己丑9	庚寅10	辛卯11	壬辰12	癸巳13	甲午14	乙未15	丙申16	丁酉17	戊戌18	己亥19	庚子20	辛丑21	壬寅22	癸卯23	甲辰24	乙巳25	丙午26	丁未27	戊申28	己酉29	庚戌30	辛亥31	壬子(4)	癸丑2	甲寅3	乙卯4	丙辰5	丁巳6	甲寅春分
三月小	甲辰	天干地支西曆	戊午7	己未8	庚申9	辛酉10	壬戌11	癸亥12	甲子13	乙丑14	丙寅15	丁卯16	戊辰17	己巳18	庚午19	辛未20	壬申21	癸酉22	甲戌23	乙亥24	丙子25	丁丑26	戊寅27	己卯28	庚辰29	辛巳30	壬午(5)	癸未2	甲申3	乙酉4	丙戌5		
四月大	乙巳	天干地支西曆	丁亥6	戊子7	己丑8	庚寅9	辛卯10	壬辰11	癸巳12	甲午13	乙未14	丙申15	丁酉16	戊戌17	己亥18	庚子19	辛丑20	壬寅21	癸卯22	甲辰23	乙巳24	丙午25	丁未26	戊申27	己酉28	庚戌29	辛亥30	壬子31	癸丑(6)	甲寅2	乙卯3	丙辰4	辛丑立夏
五月小	丙午	天干地支西曆	丁巳5	戊午6	己未7	庚申8	辛酉9	壬戌10	癸亥11	甲子12	乙丑13	丙寅14	丁卯15	戊辰16	己巳17	庚午18	辛未19	壬申20	癸酉21	甲戌22	乙亥23	丙子24	丁丑25	戊寅26	己卯27	庚辰28	辛巳29	壬午30	癸未(7)	甲申2	乙酉3		
六月大	丁未	天干地支西曆	丙戌4	丁亥5	戊子6	己丑7	庚寅8	辛卯9	壬辰10	癸巳11	甲午12	乙未13	丙申14	丁酉15	戊戌16	己亥17	庚子18	辛丑19	壬寅20	癸卯21	甲辰22	乙巳23	丙午24	丁未25	戊申26	己酉27	庚戌28	辛亥29	壬子30	癸丑31	甲寅(8)	乙卯2	戊子夏至
七月大	戊申	天干地支西曆	丙辰3	丁巳4	戊午5	己未6	庚申7	辛酉8	壬戌9	癸亥10	甲子11	乙丑12	丙寅13	丁卯14	戊辰15	己巳16	庚午17	辛未18	壬申19	癸酉20	甲戌21	乙亥22	丙子23	丁丑24	戊寅25	己卯26	庚辰27	辛巳28	壬午29	癸未30	甲申31	乙酉(9)	甲戌立秋
八月小	己酉	天干地支西曆	丙戌2	丁亥3	戊子4	己丑5	庚寅6	辛卯7	壬辰8	癸巳9	甲午10	乙未11	丙申12	丁酉13	戊戌14	己亥15	庚子16	辛丑17	壬寅18	癸卯19	甲辰20	乙巳21	丙午22	丁未23	戊申24	己酉25	庚戌26	辛亥27	壬子28	癸丑29	甲寅30		
九月大	庚戌	天干地支西曆	乙卯(10)	丙辰2	丁巳3	戊午4	己未5	庚申6	辛酉7	壬戌8	癸亥9	甲子10	乙丑11	丙寅12	丁卯13	戊辰14	己巳15	庚午16	辛未17	壬申18	癸酉19	甲戌20	乙亥21	丙子22	丁丑23	戊寅24	己卯25	庚辰26	辛巳27	壬午28	癸未29	甲申30	己未秋分
閏九月小	庚戌	天干地支西曆	乙酉31	丙戌(11)	丁亥2	戊子3	己丑4	庚寅5	辛卯6	壬辰7	癸巳8	甲午9	乙未10	丙申11	丁酉12	戊戌13	己亥14	庚子15	辛丑16	壬寅17	癸卯18	甲辰19	乙巳20	丙午21	丁未22	戊申23	己酉24	庚戌25	辛亥26	壬子27	癸丑28		癸卯立冬
十月大	辛亥	天干地支西曆	甲寅29	乙卯30	丙辰(12)	丁巳2	戊午3	己未4	庚申5	辛酉6	壬戌7	癸亥8	甲子9	乙丑10	丙寅11	丁卯12	戊辰13	己巳14	庚午15	辛未16	壬申17	癸酉18	甲戌19	乙亥20	丙子21	丁丑22	戊寅23	己卯24	庚辰25	辛巳26	壬午27	癸未28	
十一月小	壬子	天干地支西曆	甲申29	乙酉30	丙戌31	丁亥(1)	戊子2	己丑3	庚寅4	辛卯5	壬辰6	癸巳7	甲午8	乙未9	丙申10	丁酉11	戊戌12	己亥13	庚子14	辛丑15	壬寅16	癸卯17	甲辰18	乙巳19	丙午20	丁未21	戊申22	己酉23	庚戌24	辛亥25	壬子26		戊子冬至 甲申日食
十二月大	癸丑	天干地支西曆	癸丑27	甲寅28	乙卯29	丙辰30	丁巳31	戊午(2)	己未2	庚申3	辛酉4	壬戌5	癸亥6	甲子7	乙丑8	丙寅9	丁卯10	戊辰11	己巳12	庚午13	辛未14	壬申15	癸酉16	甲戌17	乙亥18	丙子19	丁丑20	戊寅21	己卯22	庚辰23	辛巳24	壬午25	癸酉立春

年代異同	竹書紀年	皇極經世	文獻通考	歷代紀年備考	歷代帝王年表	歷代統紀表	中國年曆總譜	斷代工程
		殷小辛十五年	殷小辛十五年	殷小辛十五年	殷小辛十五年	殷小辛十五年	殷小辛十二年	

商祖丁三十年（癸未 羊年） 公元前1358 ~ 前1357年

夏曆月序		中西曆日對照	初一	初二	初三	初四	初五	初六	初七	初八	初九	初十	十一	十二	十三	十四	十五	十六	十七	十八	十九	二十	二一	二二	二三	二四	二五	二六	二七	二八	二九	三十	節氣與天象
正月小	甲寅	干支曆 天地西	癸未26	甲申27	乙酉28	丙戌(3)	丁亥2	戊子3	己丑4	庚寅5	辛卯6	壬辰7	癸巳8	甲午9	乙未10	丙申11	丁酉12	戊戌13	己亥14	庚子15	辛丑16	壬寅17	癸卯18	甲辰19	乙巳20	丙午21	丁未22	戊申23	己酉24	庚戌25	辛亥26		
二月小	乙卯	干支曆 天地西	壬子27	癸丑28	甲寅29	乙卯30	丙辰31	丁巳(4)	戊午2	己未3	庚申4	辛酉5	壬戌6	癸亥7	甲子8	乙丑9	丙寅10	丁卯11	戊辰12	己巳13	庚午14	辛未15	壬申16	癸酉17	甲戌18	乙亥19	丙子20	丁丑21	戊寅22	己卯23	庚辰24		己未春分
三月大	丙辰	干支曆 天地西	辛巳25	壬午26	癸未27	甲申28	乙酉29	丙戌30	丁亥(5)	戊子2	己丑3	庚寅4	辛卯5	壬辰6	癸巳7	甲午8	乙未9	丙申10	丁酉11	戊戌12	己亥13	庚子14	辛丑15	壬寅16	癸卯17	甲辰18	乙巳19	丙午20	丁未21	戊申22	己酉23	庚戌24	丙午立夏
四月小	丁巳	干支曆 天地西	辛亥25	壬子26	癸丑27	甲寅28	乙卯29	丙辰30	丁巳31	戊午(6)	己未2	庚申3	辛酉4	壬戌5	癸亥6	甲子7	乙丑8	丙寅9	丁卯10	戊辰11	己巳12	庚午13	辛未14	壬申15	癸酉16	甲戌17	乙亥18	丙子19	丁丑20	戊寅21	己卯22		
五月大	戊午	干支曆 天地西	庚辰23	辛巳24	壬午25	癸未26	甲申27	乙酉28	丙戌29	丁亥30	戊子(7)	己丑2	庚寅3	辛卯4	壬辰5	癸巳6	甲午7	乙未8	丙申9	丁酉10	戊戌11	己亥12	庚子13	辛丑14	壬寅15	癸卯16	甲辰17	乙巳18	丙午19	丁未20	戊申21	己酉22	癸巳夏至
六月大	己未	干支曆 天地西	庚戌23	辛亥24	壬子25	癸丑26	甲寅27	乙卯28	丙辰29	丁巳30	戊午31	己未(8)	庚申2	辛酉3	壬戌4	癸亥5	甲子6	乙丑7	丙寅8	丁卯9	戊辰10	己巳11	庚午12	辛未13	壬申14	癸酉15	甲戌16	乙亥17	丙子18	丁丑19	戊寅20	己卯21	己卯立秋
七月大	庚申	干支曆 天地西	庚辰22	辛巳23	壬午24	癸未25	甲申26	乙酉27	丙戌28	丁亥29	戊子30	己丑31	庚寅(9)	辛卯2	壬辰3	癸巳4	甲午5	乙未6	丙申7	丁酉8	戊戌9	己亥10	庚子11	辛丑12	壬寅13	癸卯14	甲辰15	乙巳16	丙午17	丁未18	戊申19	己酉20	
八月小	辛酉	干支曆 天地西	庚戌21	辛亥22	壬子23	癸丑24	甲寅25	乙卯26	丙辰27	丁巳28	戊午29	己未30	庚申(10)	辛酉2	壬戌3	癸亥4	甲子5	乙丑6	丙寅7	丁卯8	戊辰9	己巳10	庚午11	辛未12	壬申13	癸酉14	甲戌15	乙亥16	丙子17	丁丑18	戊寅19		甲子秋分
九月大	壬戌	干支曆 天地西	己卯20	庚辰21	辛巳22	壬午23	癸未24	甲申25	乙酉26	丙戌27	丁亥28	戊子29	己丑30	庚寅31	辛卯(11)	壬辰2	癸巳3	甲午4	乙未5	丙申6	丁酉7	戊戌8	己亥9	庚子10	辛丑11	壬寅12	癸卯13	甲辰14	乙巳15	丙午16	丁未17	戊申18	
十月小	癸亥	干支曆 天地西	己酉19	庚戌20	辛亥21	壬子22	癸丑23	甲寅24	乙卯25	丙辰26	丁巳27	戊午28	己未29	庚申30	辛酉(12)	壬戌2	癸亥3	甲子4	乙丑5	丙寅6	丁卯7	戊辰8	己巳9	庚午10	辛未11	壬申12	癸酉13	甲戌14	乙亥15	丙子16	丁丑17		己酉立冬
十一月大	甲子	干支曆 天地西	戊寅18	己卯19	庚辰20	辛巳21	壬午22	癸未23	甲申24	乙酉25	丙戌26	丁亥27	戊子28	己丑29	庚寅30	辛卯31	壬辰(1)	癸巳2	甲午3	乙未4	丙申5	丁酉6	戊戌7	己亥8	庚子9	辛丑10	壬寅11	癸卯12	甲辰13	乙巳14	丙午15	丁未16	癸巳冬至
十二月小	乙丑	干支曆 天地西	戊申17	己酉18	庚戌19	辛亥20	壬子21	癸丑22	甲寅23	乙卯24	丙辰25	丁巳26	戊午27	己未28	庚申29	辛酉30	壬戌31	癸亥(2)	甲子2	乙丑3	丙寅4	丁卯5	戊辰6	己巳7	庚午8	辛未9	壬申10	癸酉11	甲戌12	乙亥13	丙子14		

年代異同	竹書紀年	皇極經世	文獻通考	歷代紀年備考	歷代帝王年表	歷代統紀表	中國年曆總譜	斷代工程
		殷小辛十六年	殷小辛十六年	殷小辛十六年	殷小辛十六年	殷小辛十六年	殷小辛十三年	

商祖丁三十一年（甲申 猴年） 公元前1357～前1356年

夏曆月序		中西曆日對照	初一	初二	初三	初四	初五	初六	初七	初八	初九	初十	十一	十二	十三	十四	十五	十六	十七	十八	十九	二十	二一	二二	二三	二四	二五	二六	二七	二八	二九	三十	節氣與天象
正月大	丙寅	天干 地支 西曆	丁丑15	戊寅16	己卯17	庚辰18	辛巳19	壬午20	癸未21	甲申22	乙酉23	丙戌24	丁亥25	戊子26	己丑27	庚寅28	辛卯29	壬辰(3)	癸巳2	甲午3	乙未4	丙申5	丁酉6	戊戌7	己亥8	庚子9	辛丑10	壬寅11	癸卯12	甲辰13	乙巳14	丙午15	戊寅立春
二月小	丁卯	天干 地支 西曆	丁未16	戊申17	己酉18	庚戌19	辛亥20	壬子21	癸丑22	甲寅23	乙卯24	丙辰25	丁巳26	戊午27	己未28	庚申29	辛酉30	壬戌31	癸亥(4)	甲子2	乙丑3	丙寅4	丁卯5	戊辰6	己巳7	庚午8	辛未9	壬申10	癸酉11	甲戌12	乙亥13		甲子春分
三月小	戊辰	天干 地支 西曆	丙子14	丁丑15	戊寅16	己卯17	庚辰18	辛巳19	壬午20	癸未21	甲申22	乙酉23	丙戌24	丁亥25	戊子26	己丑27	庚寅28	辛卯29	壬辰30	癸巳(5)	甲午2	乙未3	丙申4	丁酉5	戊戌6	己亥7	庚子8	辛丑9	壬寅10	癸卯11	甲辰12		
四月大	己巳	天干 地支 西曆	乙巳13	丙午14	丁未15	戊申16	己酉17	庚戌18	辛亥19	壬子20	癸丑21	甲寅22	乙卯23	丙辰24	丁巳25	戊午26	己未27	庚申28	辛酉29	壬戌30	癸亥31	甲子(6)	乙丑2	丙寅3	丁卯4	戊辰5	己巳6	庚午7	辛未8	壬申9	癸酉10	甲戌11	辛亥立夏
五月小	庚午	天干 地支 西曆	乙亥12	丙子13	丁丑14	戊寅15	己卯16	庚辰17	辛巳18	壬午19	癸未20	甲申21	乙酉22	丙戌23	丁亥24	戊子25	己丑26	庚寅27	辛卯28	壬辰29	癸巳30	甲午(7)	乙未2	丙申3	丁酉4	戊戌5	己亥6	庚子7	辛丑8	壬寅9	癸卯10		戊戌夏至
六月大	辛未	天干 地支 西曆	甲辰11	乙巳12	丙午13	丁未14	戊申15	己酉16	庚戌17	辛亥18	壬子19	癸丑20	甲寅21	乙卯22	丙辰23	丁巳24	戊午25	己未26	庚申27	辛酉28	壬戌29	癸亥30	甲子31	乙丑(8)	丙寅2	丁卯3	戊辰4	己巳5	庚午6	辛未7	壬申8	癸酉9	
七月大	壬申	天干 地支 西曆	甲戌10	乙亥11	丙子12	丁丑13	戊寅14	己卯15	庚辰16	辛巳17	壬午18	癸未19	甲申20	乙酉21	丙戌22	丁亥23	戊子24	己丑25	庚寅26	辛卯27	壬辰28	癸巳29	甲午30	乙未31	丙申(9)	丁酉2	戊戌3	己亥4	庚子5	辛丑6	壬寅7	癸卯8	乙酉立秋
八月小	癸酉	天干 地支 西曆	甲辰9	乙巳10	丙午11	丁未12	戊申13	己酉14	庚戌15	辛亥16	壬子17	癸丑18	甲寅19	乙卯20	丙辰21	丁巳22	戊午23	己未24	庚申25	辛酉26	壬戌27	癸亥28	甲子29	乙丑30	丙寅(10)	丁卯2	戊辰3	己巳4	庚午5	辛未6	壬申7		庚午秋分
九月大	甲戌	天干 地支 西曆	癸酉8	甲戌9	乙亥10	丙子11	丁丑12	戊寅13	己卯14	庚辰15	辛巳16	壬午17	癸未18	甲申19	乙酉20	丙戌21	丁亥22	戊子23	己丑24	庚寅25	辛卯26	壬辰27	癸巳28	甲午29	乙未30	丙申31	丁酉(11)	戊戌2	己亥3	庚子4	辛丑5	壬寅6	
十月大	乙亥	天干 地支 西曆	癸卯7	甲辰8	乙巳9	丙午10	丁未11	戊申12	己酉13	庚戌14	辛亥15	壬子16	癸丑17	甲寅18	乙卯19	丙辰20	丁巳21	戊午22	己未23	庚申24	辛酉25	壬戌26	癸亥27	甲子28	乙丑29	丙寅30	丁卯(12)	戊辰2	己巳3	庚午4	辛未5	壬申6	甲寅立冬
十一月小	丙子	天干 地支 西曆	癸酉7	甲戌8	乙亥9	丙子10	丁丑11	戊寅12	己卯13	庚辰14	辛巳15	壬午16	癸未17	甲申18	乙酉19	丙戌20	丁亥21	戊子22	己丑23	庚寅24	辛卯25	壬辰26	癸巳27	甲午28	乙未29	丙申30	丁酉31	戊戌(1)	己亥2	庚子3	辛丑4		戊戌冬至
十二月大	丁丑	天干 地支 西曆	壬寅5	癸卯6	甲辰7	乙巳8	丙午9	丁未10	戊申11	己酉12	庚戌13	辛亥14	壬子15	癸丑16	甲寅17	乙卯18	丙辰19	丁巳20	戊午21	己未22	庚申23	辛酉24	壬戌25	癸亥26	甲子27	乙丑28	丙寅29	丁卯30	戊辰31	己巳(2)	庚午2	辛未3	

年代異同	竹書紀年	皇極經世	文獻通考	歷代紀年備考	歷代帝王年表	歷代統紀表	中國年曆總譜	斷代工程
		殷小辛十七年	殷小辛十七年	殷小辛十七年	殷小辛十七年	殷小辛十七年	殷小辛十四年	

商祖丁三十二年（乙酉 鷄年） 公元前 1356 ~ 前 1355 年

夏曆月序		中西曆日對照	初一	初二	初三	初四	初五	初六	初七	初八	初九	初十	十一	十二	十三	十四	十五	十六	十七	十八	十九	二十	二一	二二	二三	二四	二五	二六	二七	二八	二九	三十	節氣與天象
正月小	戊寅	天干地支 西曆	壬申 4	癸酉 5	甲戌 6	乙亥 7	丙子 8	丁丑 9	戊寅 10	己卯 11	庚辰 12	辛巳 13	壬午 14	癸未 15	甲申 16	乙酉 17	丙戌 18	丁亥 19	戊子 20	己丑 21	庚寅 22	辛卯 23	壬辰 24	癸巳 25	甲午 26	乙未 27	丙申 28	丁酉 (3)	戊戌 2	己亥 3	庚子 4		癸未立春
二月大	己卯	天干地支 西曆	辛丑 5	壬寅 6	癸卯 7	甲辰 8	乙巳 9	丙午 10	丁未 11	戊申 12	己酉 13	庚戌 14	辛亥 15	壬子 16	癸丑 17	甲寅 18	乙卯 19	丙辰 20	丁巳 21	戊午 22	己未 23	庚申 24	辛酉 25	壬戌 26	癸亥 27	甲子 28	乙丑 29	丙寅 30	丁卯 31	戊辰 (4)	己巳 2	庚午 3	己巳春分
三月小	庚辰	天干地支 西曆	辛未 4	壬申 5	癸酉 6	甲戌 7	乙亥 8	丙子 9	丁丑 10	戊寅 11	己卯 12	庚辰 13	辛巳 14	壬午 15	癸未 16	甲申 17	乙酉 18	丙戌 19	丁亥 20	戊子 21	己丑 22	庚寅 23	辛卯 24	壬辰 25	癸巳 26	甲午 27	乙未 28	丙申 29	丁酉 30	戊戌 (5)	己亥 2		
四月小	辛巳	天干地支 西曆	庚子 3	辛丑 4	壬寅 5	癸卯 6	甲辰 7	乙巳 8	丙午 9	丁未 10	戊申 11	己酉 12	庚戌 13	辛亥 14	壬子 15	癸丑 16	甲寅 17	乙卯 18	丙辰 19	丁巳 20	戊午 21	己未 22	庚申 23	辛酉 24	壬戌 25	癸亥 26	甲子 27	乙丑 28	丙寅 29	丁卯 30	戊辰 31		丙辰立夏 庚子日食
五月大	壬午	天干地支 西曆	己巳 (6)	庚午 2	辛未 3	壬申 4	癸酉 5	甲戌 6	乙亥 7	丙子 8	丁丑 9	戊寅 10	己卯 11	庚辰 12	辛巳 13	壬午 14	癸未 15	甲申 16	乙酉 17	丙戌 18	丁亥 19	戊子 20	己丑 21	庚寅 22	辛卯 23	壬辰 24	癸巳 25	甲午 26	乙未 27	丙申 28	丁酉 29	戊戌 30	
六月小	癸未	天干地支 西曆	己亥 (7)	庚子 2	辛丑 3	壬寅 4	癸卯 5	甲辰 6	乙巳 7	丙午 8	丁未 9	戊申 10	己酉 11	庚戌 12	辛亥 13	壬子 14	癸丑 15	甲寅 16	乙卯 17	丙辰 18	丁巳 19	戊午 20	己未 21	庚申 22	辛酉 23	壬戌 24	癸亥 25	甲子 26	乙丑 27	丙寅 28	丁卯 29		甲辰夏至
閏六月大	癸未	天干地支 西曆	戊辰 30	己巳 31	庚午 (8)	辛未 2	壬申 3	癸酉 4	甲戌 5	乙亥 6	丙子 7	丁丑 8	戊寅 9	己卯 10	庚辰 11	辛巳 12	壬午 13	癸未 14	甲申 15	乙酉 16	丙戌 17	丁亥 18	戊子 19	己丑 20	庚寅 21	辛卯 22	壬辰 23	癸巳 24	甲午 25	乙未 26	丙申 27	丁酉 28	庚寅立秋
七月小	甲申	天干地支 西曆	戊戌 29	己亥 30	庚子 31	辛丑 (9)	壬寅 2	癸卯 3	甲辰 4	乙巳 5	丙午 6	丁未 7	戊申 8	己酉 9	庚戌 10	辛亥 11	壬子 12	癸丑 13	甲寅 14	乙卯 15	丙辰 16	丁巳 17	戊午 18	己未 19	庚申 20	辛酉 21	壬戌 22	癸亥 23	甲子 24	乙丑 25	丙寅 26		
八月大	乙酉	天干地支 西曆	丁卯 27	戊辰 28	己巳 29	庚午 30	辛未 (10)	壬申 2	癸酉 3	甲戌 4	乙亥 5	丙子 6	丁丑 7	戊寅 8	己卯 9	庚辰 10	辛巳 11	壬午 12	癸未 13	甲申 14	乙酉 15	丙戌 16	丁亥 17	戊子 18	己丑 19	庚寅 20	辛卯 21	壬辰 22	癸巳 23	甲午 24	乙未 25	丙申 26	乙亥秋分
九月大	丙戌	天干地支 西曆	丁酉 27	戊戌 28	己亥 29	庚子 30	辛丑 31	壬寅 (11)	癸卯 2	甲辰 3	乙巳 4	丙午 5	丁未 6	戊申 7	己酉 8	庚戌 9	辛亥 10	壬子 11	癸丑 12	甲寅 13	乙卯 14	丙辰 15	丁巳 16	戊午 17	己未 18	庚申 19	辛酉 20	壬戌 21	癸亥 22	甲子 23	乙丑 24	丙寅 25	己未立冬
十月大	丁亥	天干地支 西曆	丁卯 26	戊辰 27	己巳 28	庚午 29	辛未 30	壬申 (12)	癸酉 2	甲戌 3	乙亥 4	丙子 5	丁丑 6	戊寅 7	己卯 8	庚辰 9	辛巳 10	壬午 11	癸未 12	甲申 13	乙酉 14	丙戌 15	丁亥 16	戊子 17	己丑 18	庚寅 19	辛卯 20	壬辰 21	癸巳 22	甲午 23	乙未 24	丙申 25	
十一月小	戊子	天干地支 西曆	丁酉 26	戊戌 27	己亥 28	庚子 29	辛丑 30	壬寅 31	癸卯 (1)	甲辰 2	乙巳 3	丙午 4	丁未 5	戊申 6	己酉 7	庚戌 8	辛亥 9	壬子 10	癸丑 11	甲寅 12	乙卯 13	丙辰 14	丁巳 15	戊午 16	己未 17	庚申 18	辛酉 19	壬戌 20	癸亥 21	甲子 22	乙丑 23		癸卯冬至
十二月大	己丑	天干地支 西曆	丙寅 24	丁卯 25	戊辰 26	己巳 27	庚午 28	辛未 29	壬申 30	癸酉 31	甲戌 (2)	乙亥 2	丙子 3	丁丑 4	戊寅 5	己卯 6	庚辰 7	辛巳 8	壬午 9	癸未 10	甲申 11	乙酉 12	丙戌 13	丁亥 14	戊子 15	己丑 16	庚寅 17	辛卯 18	壬辰 19	癸巳 20	甲午 21	乙未 22	戊子立春

年代異同	竹書紀年	皇極經世	文獻通考	歷代紀年備考	歷代帝王年表	歷代統紀表	中國年曆總譜	斷代工程
		殷小辛十八年	殷小辛十八年	殷小辛十八年	殷小辛十八年	殷小辛十八年	殷小辛十五年	

商南庚元年（丙戌 狗年） 公元前 1355 ~ 前 1354 年

夏曆月序		中西曆日對照	初一	初二	初三	初四	初五	初六	初七	初八	初九	初十	十一	十二	十三	十四	十五	十六	十七	十八	十九	二十	二一	二二	二三	二四	二五	二六	二七	二八	二九	三十	節氣與天象
正月小	庚寅	天干地支西曆	丙申23	丁酉24	戊戌25	己亥26	庚子27	辛丑28	壬寅(3)	癸卯2	甲辰3	乙巳4	丙午5	丁未6	戊申7	己酉8	庚戌9	辛亥10	壬子11	癸丑12	甲寅13	乙卯14	丙辰15	丁巳16	戊午17	己未18	庚申19	辛酉20	壬戌21	癸亥22	甲子23		
二月大	辛卯	天干地支西曆	乙丑24	丙寅25	丁卯26	戊辰27	己巳28	庚午29	辛未30	壬申31	癸酉(4)	甲戌2	乙亥3	丙子4	丁丑5	戊寅6	己卯7	庚辰8	辛巳9	壬午10	癸未11	甲申12	乙酉13	丙戌14	丁亥15	戊子16	己丑17	庚寅18	辛卯19	壬辰20	癸巳21	甲午22	乙亥春分
三月小	壬辰	天干地支西曆	乙未23	丙申24	丁酉25	戊戌26	己亥27	庚子28	辛丑29	壬寅30	癸卯(5)	甲辰2	乙巳3	丙午4	丁未5	戊申6	己酉7	庚戌8	辛亥9	壬子10	癸丑11	甲寅12	乙卯13	丙辰14	丁巳15	戊午16	己未17	庚申18	辛酉19	壬戌20	癸亥21		壬戌立夏
四月小	癸巳	天干地支西曆	甲子22	乙丑23	丙寅24	丁卯25	戊辰26	己巳27	庚午28	辛未29	壬申30	癸酉31	甲戌(6)	乙亥2	丙子3	丁丑4	戊寅5	己卯6	庚辰7	辛巳8	壬午9	癸未10	甲申11	乙酉12	丙戌13	丁亥14	戊子15	己丑16	庚寅17	辛卯18	壬辰19		
五月大	甲午	天干地支西曆	癸巳20	甲午21	乙未22	丙申23	丁酉24	戊戌25	己亥26	庚子27	辛丑28	壬寅29	癸卯30	甲辰(7)	乙巳2	丙午3	丁未4	戊申5	己酉6	庚戌7	辛亥8	壬子9	癸丑10	甲寅11	乙卯12	丙辰13	丁巳14	戊午15	己未16	庚申17	辛酉18	壬戌19	己酉夏至
六月小	乙未	天干地支西曆	癸亥20	甲子21	乙丑22	丙寅23	丁卯24	戊辰25	己巳26	庚午27	辛未28	壬申29	癸酉30	甲戌31	乙亥(8)	丙子2	丁丑3	戊寅4	己卯5	庚辰6	辛巳7	壬午8	癸未9	甲申10	乙酉11	丙戌12	丁亥13	戊子14	己丑15	庚寅16	辛卯17		
七月小	丙申	天干地支西曆	壬辰18	癸巳19	甲午20	乙未21	丙申22	丁酉23	戊戌24	己亥25	庚子26	辛丑27	壬寅28	癸卯29	甲辰30	乙巳31	丙午(9)	丁未2	戊申3	己酉4	庚戌5	辛亥6	壬子7	癸丑8	甲寅9	乙卯10	丙辰11	丁巳12	戊午13	己未14	庚申15		乙未立秋
八月大	丁酉	天干地支西曆	辛酉16	壬戌17	癸亥18	甲子19	乙丑20	丙寅21	丁卯22	戊辰23	己巳24	庚午25	辛未26	壬申27	癸酉28	甲戌29	乙亥30	丙子(10)	丁丑2	戊寅3	己卯4	庚辰5	辛巳6	壬午7	癸未8	甲申9	乙酉10	丙戌11	丁亥12	戊子13	己丑14	庚寅15	庚辰秋分
九月大	戊戌	天干地支西曆	辛卯16	壬辰17	癸巳18	甲午19	乙未20	丙申21	丁酉22	戊戌23	己亥24	庚子25	辛丑26	壬寅27	癸卯28	甲辰29	乙巳30	丙午31	丁未(11)	戊申2	己酉3	庚戌4	辛亥5	壬子6	癸丑7	甲寅8	乙卯9	丙辰10	丁巳11	戊午12	己未13	庚申14	辛卯日食
十月大	己亥	天干地支西曆	辛酉15	壬戌16	癸亥17	甲子18	乙丑19	丙寅20	丁卯21	戊辰22	己巳23	庚午24	辛未25	壬申26	癸酉27	甲戌28	乙亥29	丙子30	丁丑(12)	戊寅2	己卯3	庚辰4	辛巳5	壬午6	癸未7	甲申8	乙酉9	丙戌10	丁亥11	戊子12	己丑13	庚寅14	甲子立冬
十一月小	庚子	天干地支西曆	辛卯15	壬辰16	癸巳17	甲午18	乙未19	丙申20	丁酉21	戊戌22	己亥23	庚子24	辛丑25	壬寅26	癸卯27	甲辰28	乙巳29	丙午30	丁未31	戊申(1)	己酉2	庚戌3	辛亥4	壬子5	癸丑6	甲寅7	乙卯8	丙辰9	丁巳10	戊午11	己未12		戊申冬至
十二月大	辛丑	天干地支西曆	庚申13	辛酉14	壬戌15	癸亥16	甲子17	乙丑18	丙寅19	丁卯20	戊辰21	己巳22	庚午23	辛未24	壬申25	癸酉26	甲戌27	乙亥28	丙子29	丁丑30	戊寅31	己卯(2)	庚辰2	辛巳3	壬午4	癸未5	甲申6	乙酉7	丙戌8	丁亥9	戊子10	己丑11	

年代異同	竹書紀年	皇極經世	文獻通考	歷代紀年備考	歷代帝王年表	歷代統紀表	中國年曆總譜	斷代工程
		殷小辛十九年	殷小辛十九年	殷小辛十九年	殷小辛十九年	殷小辛十九年	殷小辛十六年	

商南庚二年（丁亥 猪年） 公元前1354 ~ 前1353年

夏曆月序		中西曆日對照	初一	初二	初三	初四	初五	初六	初七	初八	初九	初十	十一	十二	十三	十四	十五	十六	十七	十八	十九	二十	二一	二二	二三	二四	二五	二六	二七	二八	二九	三十	節氣與天象
正月大	壬寅	天干地支西曆	庚寅12	辛卯13	壬辰14	癸巳15	甲午16	乙未17	丙申18	丁酉19	戊戌20	己亥21	庚子22	辛丑23	壬寅24	癸卯25	甲辰26	乙巳27	丙午28	丁未(3)	戊申2	己酉3	庚戌4	辛亥5	壬子6	癸丑7	甲寅8	乙卯9	丙辰10	丁巳11	戊午12	己未13	甲午立春
二月小	癸卯	天干地支西曆	庚申14	辛酉15	壬戌16	癸亥17	甲子18	乙丑19	丙寅20	丁卯21	戊辰22	己巳23	庚午24	辛未25	壬申26	癸酉27	甲戌28	乙亥29	丙子30	丁丑31	戊寅(4)	己卯2	庚辰3	辛巳4	壬午5	癸未6	甲申7	乙酉8	丙戌9	丁亥10	戊子11		庚辰春分 庚申日食
三月大	甲辰	天干地支西曆	己丑12	庚寅13	辛卯14	壬辰15	癸巳16	甲午17	乙未18	丙申19	丁酉20	戊戌21	己亥22	庚子23	辛丑24	壬寅25	癸卯26	甲辰27	乙巳28	丙午29	丁未30	戊申(5)	己酉2	庚戌3	辛亥4	壬子5	癸丑6	甲寅7	乙卯8	丙辰9	丁巳10	戊午11	
四月小	乙巳	天干地支西曆	己未12	庚申13	辛酉14	壬戌15	癸亥16	甲子17	乙丑18	丙寅19	丁卯20	戊辰21	己巳22	庚午23	辛未24	壬申25	癸酉26	甲戌27	乙亥28	丙子29	丁丑30	戊寅31	己卯(6)	庚辰2	辛巳3	壬午4	癸未5	甲申6	乙酉7	丙戌8	丁亥9		丁卯立夏
五月小	丙午	天干地支西曆	戊子10	己丑11	庚寅12	辛卯13	壬辰14	癸巳15	甲午16	乙未17	丙申18	丁酉19	戊戌20	己亥21	庚子22	辛丑23	壬寅24	癸卯25	甲辰26	乙巳27	丙午28	丁未29	戊申30	己酉(7)	庚戌2	辛亥3	壬子4	癸丑5	甲寅6	乙卯7	丙辰8		甲寅夏至
六月大	丁未	天干地支西曆	丁巳9	戊午10	己未11	庚申12	辛酉13	壬戌14	癸亥15	甲子16	乙丑17	丙寅18	丁卯19	戊辰20	己巳21	庚午22	辛未23	壬申24	癸酉25	甲戌26	乙亥27	丙子28	丁丑29	戊寅30	己卯31	庚辰(8)	辛巳2	壬午3	癸未4	甲申5	乙酉6	丙戌7	
七月小	戊申	天干地支西曆	丁亥8	戊子9	己丑10	庚寅11	辛卯12	壬辰13	癸巳14	甲午15	乙未16	丙申17	丁酉18	戊戌19	己亥20	庚子21	辛丑22	壬寅23	癸卯24	甲辰25	乙巳26	丙午27	丁未28	戊申29	己酉30	庚戌31	辛亥(9)	壬子2	癸丑3	甲寅4	乙卯5		庚子立秋
八月小	己酉	天干地支西曆	丙辰6	丁巳7	戊午8	己未9	庚申10	辛酉11	壬戌12	癸亥13	甲子14	乙丑15	丙寅16	丁卯17	戊辰18	己巳19	庚午20	辛未21	壬申22	癸酉23	甲戌24	乙亥25	丙子26	丁丑27	戊寅28	己卯29	庚辰30	辛巳(10)	壬午2	癸未3	甲申4		
九月大	庚戌	天干地支西曆	乙酉5	丙戌6	丁亥7	戊子8	己丑9	庚寅10	辛卯11	壬辰12	癸巳13	甲午14	乙未15	丙申16	丁酉17	戊戌18	己亥19	庚子20	辛丑21	壬寅22	癸卯23	甲辰24	乙巳25	丙午26	丁未27	戊申28	己酉29	庚戌30	辛亥31	壬子(11)	癸丑2	甲寅3	乙酉秋分
十月大	辛亥	天干地支西曆	乙卯4	丙辰5	丁巳6	戊午7	己未8	庚申9	辛酉10	壬戌11	癸亥12	甲子13	乙丑14	丙寅15	丁卯16	戊辰17	己巳18	庚午19	辛未20	壬申21	癸酉22	甲戌23	乙亥24	丙子25	丁丑26	戊寅27	己卯28	庚辰29	辛巳30	壬午(12)	癸未2	甲申3	庚午立冬
十一月小	壬子	天干地支西曆	乙酉4	丙戌5	丁亥6	戊子7	己丑8	庚寅9	辛卯10	壬辰11	癸巳12	甲午13	乙未14	丙申15	丁酉16	戊戌17	己亥18	庚子19	辛丑20	壬寅21	癸卯22	甲辰23	乙巳24	丙午25	丁未26	戊申27	己酉28	庚戌29	辛亥30	壬子31	癸丑(1)		
十二月大	癸丑	天干地支西曆	甲寅2	乙卯3	丙辰4	丁巳5	戊午6	己未7	庚申8	辛酉9	壬戌10	癸亥11	甲子12	乙丑13	丙寅14	丁卯15	戊辰16	己巳17	庚午18	辛未19	壬申20	癸酉21	甲戌22	乙亥23	丙子24	丁丑25	戊寅26	己卯27	庚辰28	辛巳29	壬午30	癸未31	甲寅冬至

年代異同	竹書紀年	皇極經世	文獻通考	歷代紀年備考	歷代帝王年表	歷代統紀表	中國年曆總譜	斷代工程
		殷小辛二十年	殷小辛二十年	殷小辛二十年	殷小辛二十年	殷小辛二十年	殷小辛十七年	

商南庚三年（戊子 鼠年） 公元前1353 ~ 前1352年

夏曆月序		中西曆日對照	初一	初二	初三	初四	初五	初六	初七	初八	初九	初十	十一	十二	十三	十四	十五	十六	十七	十八	十九	二十	二一	二二	二三	二四	二五	二六	二七	二八	二九	三十	節氣與天象
正月大	甲寅	天干地支西曆	甲申(2)	乙酉2	丙戌3	丁亥4	戊子5	己丑6	庚寅7	辛卯8	壬辰9	癸巳10	甲午11	乙未12	丙申13	丁酉14	戊戌15	己亥16	庚子17	辛丑18	壬寅19	癸卯20	甲辰21	乙巳22	丙午23	丁未24	戊申25	己酉26	庚戌27	辛亥28	壬子29	癸丑(3)	己亥立春
二月大	乙卯	天干地支西曆	甲寅2	乙卯3	丙辰4	丁巳5	戊午6	己未7	庚申8	辛酉9	壬戌10	癸亥11	甲子12	乙丑13	丙寅14	丁卯15	戊辰16	己巳17	庚午18	辛未19	壬申20	癸酉21	甲戌22	乙亥23	丙子24	丁丑25	戊寅26	己卯27	庚辰28	辛巳29	壬午30	癸未31	乙酉春分 甲寅日食
三月小	丙辰	天干地支西曆	甲申(4)	乙酉2	丙戌3	丁亥4	戊子5	己丑6	庚寅7	辛卯8	壬辰9	癸巳10	甲午11	乙未12	丙申13	丁酉14	戊戌15	己亥16	庚子17	辛丑18	壬寅19	癸卯20	甲辰21	乙巳22	丙午23	丁未24	戊申25	己酉26	庚戌27	辛亥28	壬子29		
閏三月大	丙辰	天干地支西曆	癸丑30	甲寅(5)	乙卯2	丙辰3	丁巳4	戊午5	己未6	庚申7	辛酉8	壬戌9	癸亥10	甲子11	乙丑12	丙寅13	丁卯14	戊辰15	己巳16	庚午17	辛未18	壬申19	癸酉20	甲戌21	乙亥22	丙子23	丁丑24	戊寅25	己卯26	庚辰27	辛巳28	壬午29	壬申立夏
四月小	丁巳	天干地支西曆	癸未30	甲申31	乙酉(6)	丙戌2	丁亥3	戊子4	己丑5	庚寅6	辛卯7	壬辰8	癸巳9	甲午10	乙未11	丙申12	丁酉13	戊戌14	己亥15	庚子16	辛丑17	壬寅18	癸卯19	甲辰20	乙巳21	丙午22	丁未23	戊申24	己酉25	庚戌26	辛亥27		
五月小	戊午	天干地支西曆	壬子28	癸丑29	甲寅30	乙卯(7)	丙辰2	丁巳3	戊午4	己未5	庚申6	辛酉7	壬戌8	癸亥9	甲子10	乙丑11	丙寅12	丁卯13	戊辰14	己巳15	庚午16	辛未17	壬申18	癸酉19	甲戌20	乙亥21	丙子22	丁丑23	戊寅24	己卯25	庚辰26		己未夏至
六月大	己未	天干地支西曆	辛巳27	壬午28	癸未29	甲申30	乙酉31	丙戌(8)	丁亥2	戊子3	己丑4	庚寅5	辛卯6	壬辰7	癸巳8	甲午9	乙未10	丙申11	丁酉12	戊戌13	己亥14	庚子15	辛丑16	壬寅17	癸卯18	甲辰19	乙巳20	丙午21	丁未22	戊申23	己酉24	庚戌25	丙午立秋
七月小	庚申	天干地支西曆	辛亥26	壬子27	癸丑28	甲寅29	乙卯30	丙辰31	丁巳(9)	戊午2	己未3	庚申4	辛酉5	壬戌6	癸亥7	甲子8	乙丑9	丙寅10	丁卯11	戊辰12	己巳13	庚午14	辛未15	壬申16	癸酉17	甲戌18	乙亥19	丙子20	丁丑21	戊寅22	己卯23		
八月大	辛酉	天干地支西曆	庚辰24	辛巳25	壬午26	癸未27	甲申28	乙酉29	丙戌30	丁亥(10)	戊子2	己丑3	庚寅4	辛卯5	壬辰6	癸巳7	甲午8	乙未9	丙申10	丁酉11	戊戌12	己亥13	庚子14	辛丑15	壬寅16	癸卯17	甲辰18	乙巳19	丙午20	丁未21	戊申22	己酉23	辛卯秋分
九月小	壬戌	天干地支西曆	庚戌24	辛亥25	壬子26	癸丑27	甲寅28	乙卯29	丙辰30	丁巳31	戊午(11)	己未2	庚申3	辛酉4	壬戌5	癸亥6	甲子7	乙丑8	丙寅9	丁卯10	戊辰11	己巳12	庚午13	辛未14	壬申15	癸酉16	甲戌17	乙亥18	丙子19	丁丑20	戊寅21		乙亥立冬
十月大	癸亥	天干地支西曆	己卯22	庚辰23	辛巳24	壬午25	癸未26	甲申27	乙酉28	丙戌29	丁亥30	戊子(12)	己丑2	庚寅3	辛卯4	壬辰5	癸巳6	甲午7	乙未8	丙申9	丁酉10	戊戌11	己亥12	庚子13	辛丑14	壬寅15	癸卯16	甲辰17	乙巳18	丙午19	丁未20	戊申21	
十一月小	甲子	天干地支西曆	己酉22	庚戌23	辛亥24	壬子25	癸丑26	甲寅27	乙卯28	丙辰29	丁巳30	戊午31	己未(1)	庚申2	辛酉3	壬戌4	癸亥5	甲子6	乙丑7	丙寅8	丁卯9	戊辰10	己巳11	庚午12	辛未13	壬申14	癸酉15	甲戌16	乙亥17	丙子18	丁丑19		己未冬至
十二月大	乙丑	天干地支西曆	戊寅20	己卯21	庚辰22	辛巳23	壬午24	癸未25	甲申26	乙酉27	丙戌28	丁亥29	戊子30	己丑31	庚寅(2)	辛卯2	壬辰3	癸巳4	甲午5	乙未6	丙申7	丁酉8	戊戌9	己亥10	庚子11	辛丑12	壬寅13	癸卯14	甲辰15	乙巳16	丙午17	丁未18	甲辰立春

年代異同	竹書紀年	皇極經世	文獻通考	歷代紀年備考	歷代帝王年表	歷代統紀表	中國年曆總譜	斷代工程
		殷小辛二十一年	殷小辛二十一年	殷小辛二十一年	殷小辛二十一年	殷小辛二十一年	殷小辛十八年	

商南庚四年（己丑 牛年） 公元前 1352 ~ 前 1351 年

夏曆月序		中西曆日對照	夏曆日序																													節氣與天象
			初一	初二	初三	初四	初五	初六	初七	初八	初九	初十	十一	十二	十三	十四	十五	十六	十七	十八	十九	二十	二一	二二	二三	二四	二五	二六	二七	二八	二九	三十	
正月大	丙寅	天干地支 西曆	戊申 19	己酉 20	庚戌 21	辛亥 22	壬子 23	癸丑 24	甲寅 25	乙卯 26	丙辰 27	丁巳 28	戊午 (3)	己未 2	庚申 3	辛酉 4	壬戌 5	癸亥 6	甲子 7	乙丑 8	丙寅 9	丁卯 10	戊辰 11	己巳 12	庚午 13	辛未 14	壬申 15	癸酉 16	甲戌 17	乙亥 18	丙子 19	丁丑 20	
二月小	丁卯	天干地支 西曆	戊寅 21	己卯 22	庚辰 23	辛巳 24	壬午 25	癸未 26	甲申 27	乙酉 28	丙戌 29	丁亥 30	戊子 31	己丑 (4)	庚寅 2	辛卯 3	壬辰 4	癸巳 5	甲午 6	乙未 7	丙申 8	丁酉 9	戊戌 10	己亥 11	庚子 12	辛丑 13	壬寅 14	癸卯 15	甲辰 16	乙巳 17	丙午 18		庚寅春分
三月大	戊辰	天干地支 西曆	丁未 19	戊申 20	己酉 21	庚戌 22	辛亥 23	壬子 24	癸丑 25	甲寅 26	乙卯 27	丙辰 28	丁巳 29	戊午 30	己未 (5)	庚申 2	辛酉 3	壬戌 4	癸亥 5	甲子 6	乙丑 7	丙寅 8	丁卯 9	戊辰 10	己巳 11	庚午 12	辛未 13	壬申 14	癸酉 15	甲戌 16	乙亥 17	丙子 18	
四月小	己巳	天干地支 西曆	丁丑 19	戊寅 20	己卯 21	庚辰 22	辛巳 23	壬午 24	癸未 25	甲申 26	乙酉 27	丙戌 28	丁亥 29	戊子 30	己丑 31	庚寅 (6)	辛卯 2	壬辰 3	癸巳 4	甲午 5	乙未 6	丙申 7	丁酉 8	戊戌 9	己亥 10	庚子 11	辛丑 12	壬寅 13	癸卯 14	甲辰 15	乙巳 16		丁丑立夏
五月大	庚午	天干地支 西曆	丙午 17	丁未 18	戊申 19	己酉 20	庚戌 21	辛亥 22	壬子 23	癸丑 24	甲寅 25	乙卯 26	丙辰 27	丁巳 28	戊午 29	己未 30	庚申 (7)	辛酉 2	壬戌 3	癸亥 4	甲子 5	乙丑 6	丙寅 7	丁卯 8	戊辰 9	己巳 10	庚午 11	辛未 12	壬申 13	癸酉 14	甲戌 15	乙亥 16	乙丑夏至
六月小	辛未	天干地支 西曆	丙子 17	丁丑 18	戊寅 19	己卯 20	庚辰 21	辛巳 22	壬午 23	癸未 24	甲申 25	乙酉 26	丙戌 27	丁亥 28	戊子 29	己丑 30	庚寅 31	辛卯 (8)	壬辰 2	癸巳 3	甲午 4	乙未 5	丙申 6	丁酉 7	戊戌 8	己亥 9	庚子 10	辛丑 11	壬寅 12	癸卯 13	甲辰 14		
七月大	壬申	天干地支 西曆	乙巳 15	丙午 16	丁未 17	戊申 18	己酉 19	庚戌 20	辛亥 21	壬子 22	癸丑 23	甲寅 24	乙卯 25	丙辰 26	丁巳 27	戊午 28	己未 29	庚申 30	辛酉 31	壬戌 (9)	癸亥 2	甲子 3	乙丑 4	丙寅 5	丁卯 6	戊辰 7	己巳 8	庚午 9	辛未 10	壬申 11	癸酉 12	甲戌 13	辛亥立秋
八月小	癸酉	天干地支 西曆	乙亥 14	丙子 15	丁丑 16	戊寅 17	己卯 18	庚辰 19	辛巳 20	壬午 21	癸未 22	甲申 23	乙酉 24	丙戌 25	丁亥 26	戊子 27	己丑 28	庚寅 29	辛卯 30	壬辰 (10)	癸巳 2	甲午 3	乙未 4	丙申 5	丁酉 6	戊戌 7	己亥 8	庚子 9	辛丑 10	壬寅 11	癸卯 12		丙申秋分
九月大	甲戌	天干地支 西曆	甲辰 13	乙巳 14	丙午 15	丁未 16	戊申 17	己酉 18	庚戌 19	辛亥 20	壬子 21	癸丑 22	甲寅 23	乙卯 24	丙辰 25	丁巳 26	戊午 27	己未 28	庚申 29	辛酉 30	壬戌 31	癸亥 (11)	甲子 2	乙丑 3	丙寅 4	丁卯 5	戊辰 6	己巳 7	庚午 8	辛未 9	壬申 10	癸酉 11	
十月小	乙亥	天干地支 西曆	甲戌 12	乙亥 13	丙子 14	丁丑 15	戊寅 16	己卯 17	庚辰 18	辛巳 19	壬午 20	癸未 21	甲申 22	乙酉 23	丙戌 24	丁亥 25	戊子 26	己丑 27	庚寅 28	辛卯 29	壬辰 30	癸巳 (12)	甲午 2	乙未 3	丙申 4	丁酉 5	戊戌 6	己亥 7	庚子 8	辛丑 9	壬寅 10		庚辰立冬
十一月大	丙子	天干地支 西曆	癸卯 11	甲辰 12	乙巳 13	丙午 14	丁未 15	戊申 16	己酉 17	庚戌 18	辛亥 19	壬子 20	癸丑 21	甲寅 22	乙卯 23	丙辰 24	丁巳 25	戊午 26	己未 27	庚申 28	辛酉 29	壬戌 30	癸亥 31	甲子 (1)	乙丑 2	丙寅 3	丁卯 4	戊辰 5	己巳 6	庚午 7	辛未 8	壬申 9	甲子冬至
十二月小	丁丑	天干地支 西曆	癸酉 10	甲戌 11	乙亥 12	丙子 13	丁丑 14	戊寅 15	己卯 16	庚辰 17	辛巳 18	壬午 19	癸未 20	甲申 21	乙酉 22	丙戌 23	丁亥 24	戊子 25	己丑 26	庚寅 27	辛卯 28	壬辰 29	癸巳 30	甲午 31	乙未 (2)	丙申 2	丁酉 3	戊戌 4	己亥 5	庚子 6	辛丑 7		

年代異同	竹書紀年	皇極經世	文獻通考	歷代紀年備考	歷代帝王年表	歷代統紀表	中國年曆總譜	斷代工程
		殷小乙元年	殷小乙元年	殷小乙元年	殷小乙元年	殷小乙元年	殷小辛十九年	

商南庚五年（庚寅 虎年） 公元前1351 ~ 前1350年

夏曆月序		中西曆日對照	初一	初二	初三	初四	初五	初六	初七	初八	初九	初十	十一	十二	十三	十四	十五	十六	十七	十八	十九	二十	二一	二二	二三	二四	二五	二六	二七	二八	二九	三十	節氣與天象
正月大	戊寅	天干地支西曆	壬寅8	癸卯9	甲辰10	乙巳11	丙午12	丁未13	戊申14	己酉15	庚戌16	辛亥17	壬子18	癸丑19	甲寅20	乙卯21	丙辰22	丁巳23	戊午24	己未25	庚申26	辛酉27	壬戌28	癸亥(3)	甲子2	乙丑3	丙寅4	丁卯5	戊辰6	己巳7	庚午8	辛未9	己酉立春
二月小	己卯	天干地支西曆	壬申10	癸酉11	甲戌12	乙亥13	丙子14	丁丑15	戊寅16	己卯17	庚辰18	辛巳19	壬午20	癸未21	甲申22	乙酉23	丙戌24	丁亥25	戊子26	己丑27	庚寅28	辛卯29	壬辰30	癸巳31	甲午(4)	乙未2	丙申3	丁酉4	戊戌5	己亥6	庚子7		乙未春分
三月大	庚辰	天干地支西曆	辛丑8	壬寅9	癸卯10	甲辰11	乙巳12	丙午13	丁未14	戊申15	己酉16	庚戌17	辛亥18	壬子19	癸丑20	甲寅21	乙卯22	丙辰23	丁巳24	戊午25	己未26	庚申27	辛酉28	壬戌29	癸亥30	甲子(5)	乙丑2	丙寅3	丁卯4	戊辰5	己巳6	庚午7	
四月大	辛巳	天干地支西曆	辛未8	壬申9	癸酉10	甲戌11	乙亥12	丙子13	丁丑14	戊寅15	己卯16	庚辰17	辛巳18	壬午19	癸未20	甲申21	乙酉22	丙戌23	丁亥24	戊子25	己丑26	庚寅27	辛卯28	壬辰29	癸巳30	甲午31	乙未(6)	丙申2	丁酉3	戊戌4	己亥5	庚子6	癸未立夏
五月小	壬午	天干地支西曆	辛丑7	壬寅8	癸卯9	甲辰10	乙巳11	丙午12	丁未13	戊申14	己酉15	庚戌16	辛亥17	壬子18	癸丑19	甲寅20	乙卯21	丙辰22	丁巳23	戊午24	己未25	庚申26	辛酉27	壬戌28	癸亥29	甲子30	乙丑(7)	丙寅2	丁卯3	戊辰4	己巳5		
六月大	癸未	天干地支西曆	庚午6	辛未7	壬申8	癸酉9	甲戌10	乙亥11	丙子12	丁丑13	戊寅14	己卯15	庚辰16	辛巳17	壬午18	癸未19	甲申20	乙酉21	丙戌22	丁亥23	戊子24	己丑25	庚寅26	辛卯27	壬辰28	癸巳29	甲午30	乙未31	丙申(8)	丁酉2	戊戌3	己亥4	庚午夏至
七月小	甲申	天干地支西曆	庚子5	辛丑6	壬寅7	癸卯8	甲辰9	乙巳10	丙午11	丁未12	戊申13	己酉14	庚戌15	辛亥16	壬子17	癸丑18	甲寅19	乙卯20	丙辰21	丁巳22	戊午23	己未24	庚申25	辛酉26	壬戌27	癸亥28	甲子29	乙丑30	丙寅31	丁卯(9)	戊辰2		丙辰立秋 庚子日食
八月大	乙酉	天干地支西曆	己巳3	庚午4	辛未5	壬申6	癸酉7	甲戌8	乙亥9	丙子10	丁丑11	戊寅12	己卯13	庚辰14	辛巳15	壬午16	癸未17	甲申18	乙酉19	丙戌20	丁亥21	戊子22	己丑23	庚寅24	辛卯25	壬辰26	癸巳27	甲午28	乙未29	丙申30	丁酉(10)	戊戌2	
九月小	丙戌	天干地支西曆	己亥3	庚子4	辛丑5	壬寅6	癸卯7	甲辰8	乙巳9	丙午10	丁未11	戊申12	己酉13	庚戌14	辛亥15	壬子16	癸丑17	甲寅18	乙卯19	丙辰20	丁巳21	戊午22	己未23	庚申24	辛酉25	壬戌26	癸亥27	甲子28	乙丑29	丙寅30	丁卯31		辛丑秋分
十月大	丁亥	天干地支西曆	戊辰(11)	己巳2	庚午3	辛未4	壬申5	癸酉6	甲戌7	乙亥8	丙子9	丁丑10	戊寅11	己卯12	庚辰13	辛巳14	壬午15	癸未16	甲申17	乙酉18	丙戌19	丁亥20	戊子21	己丑22	庚寅23	辛卯24	壬辰25	癸巳26	甲午27	乙未28	丙申29	丁酉30	乙酉立冬
十一月小	戊子	天干地支西曆	戊戌(12)	己亥2	庚子3	辛丑4	壬寅5	癸卯6	甲辰7	乙巳8	丙午9	丁未10	戊申11	己酉12	庚戌13	辛亥14	壬子15	癸丑16	甲寅17	乙卯18	丙辰19	丁巳20	戊午21	己未22	庚申23	辛酉24	壬戌25	癸亥26	甲子27	乙丑28	丙寅29		
閏十一大	戊子	天干地支西曆	丁卯30	戊辰31	己巳(1)	庚午2	辛未3	壬申4	癸酉5	甲戌6	乙亥7	丙子8	丁丑9	戊寅10	己卯11	庚辰12	辛巳13	壬午14	癸未15	甲申16	乙酉17	丙戌18	丁亥19	戊子20	己丑21	庚寅22	辛卯23	壬辰24	癸巳25	甲午26	乙未27	丙申28	己巳冬至 丁卯日食
十二月小	己丑	天干地支西曆	丁酉29	戊戌30	己亥31	庚子(2)	辛丑2	壬寅3	癸卯4	甲辰5	乙巳6	丙午7	丁未8	戊申9	己酉10	庚戌11	辛亥12	壬子13	癸丑14	甲寅15	乙卯16	丙辰17	丁巳18	戊午19	己未20	庚申21	辛酉22	壬戌23	癸亥24	甲子25	乙丑26		甲寅立春

年代異同	竹書紀年	皇極經世	文獻通考	歷代紀年備考	歷代帝王年表	歷代統紀表	中國年曆總譜	斷代工程
		殷小乙二年	殷小乙二年	殷小乙二年	殷小乙二年	殷小乙二年	殷小辛二十年	

商南庚六年（辛卯 兔年） 公元前 1350 ~ 前 1349 年

夏曆月序		中西曆日對照	初一	初二	初三	初四	初五	初六	初七	初八	初九	初十	十一	十二	十三	十四	十五	十六	十七	十八	十九	二十	二一	二二	二三	二四	二五	二六	二七	二八	二九	三十	節氣與天象
正月大	庚寅	天干地支西曆	丙寅27	丁卯28	戊辰(3)	己巳2	庚午3	辛未4	壬申5	癸酉6	甲戌7	乙亥8	丙子9	丁丑10	戊寅11	己卯12	庚辰13	辛巳14	壬午15	癸未16	甲申17	乙酉18	丙戌19	丁亥20	戊子21	己丑22	庚寅23	辛卯24	壬辰25	癸巳26	甲午27	乙未28	
二月小	辛卯	天干地支西曆	丙申29	丁酉30	戊戌31	己亥(4)	庚子2	辛丑3	壬寅4	癸卯5	甲辰6	乙巳7	丙午8	丁未9	戊申10	己酉11	庚戌12	辛亥13	壬子14	癸丑15	甲寅16	乙卯17	丙辰18	丁巳19	戊午20	己未21	庚申22	辛酉23	壬戌24	癸亥25	甲子26		辛丑春分
三月大	壬辰	天干地支西曆	乙丑27	丙寅28	丁卯29	戊辰30	己巳(5)	庚午2	辛未3	壬申4	癸酉5	甲戌6	乙亥7	丙子8	丁丑9	戊寅10	己卯11	庚辰12	辛巳13	壬午14	癸未15	甲申16	乙酉17	丙戌18	丁亥19	戊子20	己丑21	庚寅22	辛卯23	壬辰24	癸巳25	甲午26	戊子立夏
四月小	癸巳	天干地支西曆	乙未27	丙申28	丁酉29	戊戌30	己亥31	庚子(6)	辛丑2	壬寅3	癸卯4	甲辰5	乙巳6	丙午7	丁未8	戊申9	己酉10	庚戌11	辛亥12	壬子13	癸丑14	甲寅15	乙卯16	丙辰17	丁巳18	戊午19	己未20	庚申21	辛酉22	壬戌23	癸亥24		
五月大	甲午	天干地支西曆	甲子25	乙丑26	丙寅27	丁卯28	戊辰29	己巳30	庚午(7)	辛未2	壬申3	癸酉4	甲戌5	乙亥6	丙子7	丁丑8	戊寅9	己卯10	庚辰11	辛巳12	壬午13	癸未14	甲申15	乙酉16	丙戌17	丁亥18	戊子19	己丑20	庚寅21	辛卯22	壬辰23	癸巳24	乙亥夏至
六月大	乙未	天干地支西曆	甲午25	乙未26	丙申27	丁酉28	戊戌29	己亥30	庚子31	辛丑(8)	壬寅2	癸卯3	甲辰4	乙巳5	丙午6	丁未7	戊申8	己酉9	庚戌10	辛亥11	壬子12	癸丑13	甲寅14	乙卯15	丙辰16	丁巳17	戊午18	己未19	庚申20	辛酉21	壬戌22	癸亥23	辛酉立秋
七月小	丙申	天干地支西曆	甲子24	乙丑25	丙寅26	丁卯27	戊辰28	己巳29	庚午30	辛未31	壬申(9)	癸酉2	甲戌3	乙亥4	丙子5	丁丑6	戊寅7	己卯8	庚辰9	辛巳10	壬午11	癸未12	甲申13	乙酉14	丙戌15	丁亥16	戊子17	己丑18	庚寅19	辛卯20	壬辰21		
八月大	丁酉	天干地支西曆	癸巳22	甲午23	乙未24	丙申25	丁酉26	戊戌27	己亥28	庚子29	辛丑30	壬寅(10)	癸卯2	甲辰3	乙巳4	丙午5	丁未6	戊申7	己酉8	庚戌9	辛亥10	壬子11	癸丑12	甲寅13	乙卯14	丙辰15	丁巳16	戊午17	己未18	庚申19	辛酉20	壬戌21	丙午秋分
九月小	戊戌	天干地支西曆	癸亥22	甲子23	乙丑24	丙寅25	丁卯26	戊辰27	己巳28	庚午29	辛未30	壬申31	癸酉(11)	甲戌2	乙亥3	丙子4	丁丑5	戊寅6	己卯7	庚辰8	辛巳9	壬午10	癸未11	甲申12	乙酉13	丙戌14	丁亥15	戊子16	己丑17	庚寅18	辛卯19		辛卯立冬
十月大	己亥	天干地支西曆	壬辰20	癸巳21	甲午22	乙未23	丙申24	丁酉25	戊戌26	己亥27	庚子28	辛丑29	壬寅30	癸卯(12)	甲辰2	乙巳3	丙午4	丁未5	戊申6	己酉7	庚戌8	辛亥9	壬子10	癸丑11	甲寅12	乙卯13	丙辰14	丁巳15	戊午16	己未17	庚申18	辛酉19	
十一月小	庚子	天干地支西曆	壬戌20	癸亥21	甲子22	乙丑23	丙寅24	丁卯25	戊辰26	己巳27	庚午28	辛未29	壬申30	癸酉31	甲戌(1)	乙亥2	丙子3	丁丑4	戊寅5	己卯6	庚辰7	辛巳8	壬午9	癸未10	甲申11	乙酉12	丙戌13	丁亥14	戊子15	己丑16	庚寅17		乙亥冬至
十二月大	辛丑	天干地支西曆	辛卯18	壬辰19	癸巳20	甲午21	乙未22	丙申23	丁酉24	戊戌25	己亥26	庚子27	辛丑28	壬寅29	癸卯30	甲辰31	乙巳(2)	丙午2	丁未3	戊申4	己酉5	庚戌6	辛亥7	壬子8	癸丑9	甲寅10	乙卯11	丙辰12	丁巳13	戊午14	己未15	庚申16	庚申立春

年代異同	竹書紀年	皇極經世	文獻通考	歷代紀年備考	歷代帝王年表	歷代統紀表	中國年曆總譜	斷代工程
		殷小乙三年	殷小乙三年	殷小乙三年	殷小乙三年	殷小乙三年	殷小辛二十一年	

商南庚七年（壬辰 龍年） 公元前 1349 ~ 前 1348 年

夏曆月序		中西曆日對照	初一	初二	初三	初四	初五	初六	初七	初八	初九	初十	十一	十二	十三	十四	十五	十六	十七	十八	十九	二十	二一	二二	二三	二四	二五	二六	二七	二八	二九	三十	節氣與天象
正月小	壬寅	天干地支西曆	辛酉 17	壬戌 18	癸亥 19	甲子 20	乙丑 21	丙寅 22	丁卯 23	戊辰 24	己巳 25	庚午 26	辛未 27	壬申 28	癸酉 29	甲戌 (3)	乙亥 2	丙子 3	丁丑 4	戊寅 5	己卯 6	庚辰 7	辛巳 8	壬午 9	癸未 10	甲申 11	乙酉 12	丙戌 13	丁亥 14	戊子 15	己丑 16		
二月小	癸卯	天干地支西曆	庚寅 17	辛卯 18	壬辰 19	癸巳 20	甲午 21	乙未 22	丙申 23	丁酉 24	戊戌 25	己亥 26	庚子 27	辛丑 28	壬寅 29	癸卯 30	甲辰 31	乙巳 (4)	丙午 2	丁未 3	戊申 4	己酉 5	庚戌 6	辛亥 7	壬子 8	癸丑 9	甲寅 10	乙卯 11	丙辰 12	丁巳 13	戊午 14		丙午春分
三月大	甲辰	天干地支西曆	己未 15	庚申 16	辛酉 17	壬戌 18	癸亥 19	甲子 20	乙丑 21	丙寅 22	丁卯 23	戊辰 24	己巳 25	庚午 26	辛未 27	壬申 28	癸酉 29	甲戌 30	乙亥 (5)	丙子 2	丁丑 3	戊寅 4	己卯 5	庚辰 6	辛巳 7	壬午 8	癸未 9	甲申 10	乙酉 11	丙戌 12	丁亥 13	戊子 14	
四月小	乙巳	天干地支西曆	己丑 15	庚寅 16	辛卯 17	壬辰 18	癸巳 19	甲午 20	乙未 21	丙申 22	丁酉 23	戊戌 24	己亥 25	庚子 26	辛丑 27	壬寅 28	癸卯 29	甲辰 30	乙巳 31	丙午 (6)	丁未 2	戊申 3	己酉 4	庚戌 5	辛亥 6	壬子 7	癸丑 8	甲寅 9	乙卯 10	丙辰 11	丁巳 12		癸巳立夏
五月大	丙午	天干地支西曆	戊午 13	己未 14	庚申 15	辛酉 16	壬戌 17	癸亥 18	甲子 19	乙丑 20	丙寅 21	丁卯 22	戊辰 23	己巳 24	庚午 25	辛未 26	壬申 27	癸酉 28	甲戌 29	乙亥 30	丙子 (7)	丁丑 2	戊寅 3	己卯 4	庚辰 5	辛巳 6	壬午 7	癸未 8	甲申 9	乙酉 10	丙戌 11	丁亥 12	庚辰夏至
六月大	丁未	天干地支西曆	戊子 13	己丑 14	庚寅 15	辛卯 16	壬辰 17	癸巳 18	甲午 19	乙未 20	丙申 21	丁酉 22	戊戌 23	己亥 24	庚子 25	辛丑 26	壬寅 27	癸卯 28	甲辰 29	乙巳 30	丙午 31	丁未 (8)	戊申 2	己酉 3	庚戌 4	辛亥 5	壬子 6	癸丑 7	甲寅 8	乙卯 9	丙辰 10	丁巳 11	
七月小	戊申	天干地支西曆	戊午 12	己未 13	庚申 14	辛酉 15	壬戌 16	癸亥 17	甲子 18	乙丑 19	丙寅 20	丁卯 21	戊辰 22	己巳 23	庚午 24	辛未 25	壬申 26	癸酉 27	甲戌 28	乙亥 29	丙子 30	丁丑 31	戊寅 (9)	己卯 2	庚辰 3	辛巳 4	壬午 5	癸未 6	甲申 7	乙酉 8	丙戌 9		丁卯立秋
八月大	己酉	天干地支西曆	丁亥 10	戊子 11	己丑 12	庚寅 13	辛卯 14	壬辰 15	癸巳 16	甲午 17	乙未 18	丙申 19	丁酉 20	戊戌 21	己亥 22	庚子 23	辛丑 24	壬寅 25	癸卯 26	甲辰 27	乙巳 28	丙午 29	丁未 30	戊申 (10)	己酉 2	庚戌 3	辛亥 4	壬子 5	癸丑 6	甲寅 7	乙卯 8	丙辰 9	壬子秋分
九月大	庚戌	天干地支西曆	丁巳 10	戊午 11	己未 12	庚申 13	辛酉 14	壬戌 15	癸亥 16	甲子 17	乙丑 18	丙寅 19	丁卯 20	戊辰 21	己巳 22	庚午 23	辛未 24	壬申 25	癸酉 26	甲戌 27	乙亥 28	丙子 29	丁丑 30	戊寅 31	己卯 (11)	庚辰 2	辛巳 3	壬午 4	癸未 5	甲申 6	乙酉 7	丙戌 8	
十月小	辛亥	天干地支西曆	丁亥 9	戊子 10	己丑 11	庚寅 12	辛卯 13	壬辰 14	癸巳 15	甲午 16	乙未 17	丙申 18	丁酉 19	戊戌 20	己亥 21	庚子 22	辛丑 23	壬寅 24	癸卯 25	甲辰 26	乙巳 27	丙午 28	丁未 29	戊申 30	己酉 (12)	庚戌 2	辛亥 3	壬子 4	癸丑 5	甲寅 6	乙卯 7		丙申立冬
十一月大	壬子	天干地支西曆	丙辰 8	丁巳 9	戊午 10	己未 11	庚申 12	辛酉 13	壬戌 14	癸亥 15	甲子 16	乙丑 17	丙寅 18	丁卯 19	戊辰 20	己巳 21	庚午 22	辛未 23	壬申 24	癸酉 25	甲戌 26	乙亥 27	丙子 28	丁丑 29	戊寅 30	己卯 31	庚辰 (1)	辛巳 2	壬午 3	癸未 4	甲申 5	乙酉 6	庚辰冬至
十二月小	癸丑	天干地支西曆	丙戌 7	丁亥 8	戊子 9	己丑 10	庚寅 11	辛卯 12	壬辰 13	癸巳 14	甲午 15	乙未 16	丙申 17	丁酉 18	戊戌 19	己亥 20	庚子 21	辛丑 22	壬寅 23	癸卯 24	甲辰 25	乙巳 26	丙午 27	丁未 28	戊申 29	己酉 30	庚戌 31	辛亥 (2)	壬子 2	癸丑 3	甲寅 4		

年代異同	竹書紀年	皇極經世	文獻通考	歷代紀年備考	歷代帝王年表	歷代統紀表	中國年曆總譜	斷代工程
		殷小乙四年	殷小乙四年	殷小乙四年	殷小乙四年	殷小乙四年	殷小乙元年	

商南庚八年（癸巳 蛇年） 公元前 1348 ~ 前 1347 年

夏曆月序		中西曆日對照	初一	初二	初三	初四	初五	初六	初七	初八	初九	初十	十一	十二	十三	十四	十五	十六	十七	十八	十九	二十	二一	二二	二三	二四	二五	二六	二七	二八	二九	三十	節氣與天象
正月大	甲寅	天干地支西曆	乙卯5	丙辰6	丁巳7	戊午8	己未9	庚申10	辛酉11	壬戌12	癸亥13	甲子14	乙丑15	丙寅16	丁卯17	戊辰18	己巳19	庚午20	辛未21	壬申22	癸酉23	甲戌24	乙亥25	丙子26	丁丑27	戊寅28	己卯(3)	庚辰2	辛巳3	壬午4	癸未5	甲申6	乙丑立春
二月小	乙卯	天干地支西曆	乙酉7	丙戌8	丁亥9	戊子10	己丑11	庚寅12	辛卯13	壬辰14	癸巳15	甲午16	乙未17	丙申18	丁酉19	戊戌20	己亥21	庚子22	辛丑23	壬寅24	癸卯25	甲辰26	乙巳27	丙午28	丁未29	戊申30	己酉31	庚戌(4)	辛亥2	壬子3	癸丑4		辛亥春分
三月小	丙辰	天干地支西曆	甲寅5	乙卯6	丙辰7	丁巳8	戊午9	己未10	庚申11	辛酉12	壬戌13	癸亥14	甲子15	乙丑16	丙寅17	丁卯18	戊辰19	己巳20	庚午21	辛未22	壬申23	癸酉24	甲戌25	乙亥26	丙子27	丁丑28	戊寅29	己卯30	庚辰(5)	辛巳2	壬午3		
四月大	丁巳	天干地支西曆	癸未4	甲申5	乙酉6	丙戌7	丁亥8	戊子9	己丑10	庚寅11	辛卯12	壬辰13	癸巳14	甲午15	乙未16	丙申17	丁酉18	戊戌19	己亥20	庚子21	辛丑22	壬寅23	癸卯24	甲辰25	乙巳26	丙午27	丁未28	戊申29	己酉30	庚戌31	辛亥(6)	壬子2	戊戌立夏
五月小	戊午	天干地支西曆	癸丑3	甲寅4	乙卯5	丙辰6	丁巳7	戊午8	己未9	庚申10	辛酉11	壬戌12	癸亥13	甲子14	乙丑15	丙寅16	丁卯17	戊辰18	己巳19	庚午20	辛未21	壬申22	癸酉23	甲戌24	乙亥25	丙子26	丁丑27	戊寅28	己卯29	庚辰30	辛巳(7)		
六月大	己未	天干地支西曆	壬午2	癸未3	甲申4	乙酉5	丙戌6	丁亥7	戊子8	己丑9	庚寅10	辛卯11	壬辰12	癸巳13	甲午14	乙未15	丙申16	丁酉17	戊戌18	己亥19	庚子20	辛丑21	壬寅22	癸卯23	甲辰24	乙巳25	丙午26	丁未27	戊申28	己酉29	庚戌30	辛亥31	丙戌夏至
七月小	庚申	天干地支西曆	壬子(8)	癸丑2	甲寅3	乙卯4	丙辰5	丁巳6	戊午7	己未8	庚申9	辛酉10	壬戌11	癸亥12	甲子13	乙丑14	丙寅15	丁卯16	戊辰17	己巳18	庚午19	辛未20	壬申21	癸酉22	甲戌23	乙亥24	丙子25	丁丑26	戊寅27	己卯28	庚辰29		壬申立秋
閏七月大	庚申	天干地支西曆	辛巳30	壬午31	癸未(9)	甲申2	乙酉3	丙戌4	丁亥5	戊子6	己丑7	庚寅8	辛卯9	壬辰10	癸巳11	甲午12	乙未13	丙申14	丁酉15	戊戌16	己亥17	庚子18	辛丑19	壬寅20	癸卯21	甲辰22	乙巳23	丙午24	丁未25	戊申26	己酉27	庚戌28	
八月大	辛酉	天干地支西曆	辛亥29	壬子30	癸丑(10)	甲寅2	乙卯3	丙辰4	丁巳5	戊午6	己未7	庚申8	辛酉9	壬戌10	癸亥11	甲子12	乙丑13	丙寅14	丁卯15	戊辰16	己巳17	庚午18	辛未19	壬申20	癸酉21	甲戌22	乙亥23	丙子24	丁丑25	戊寅26	己卯27	庚辰28	丁巳秋分
九月大	壬戌	天干地支西曆	辛巳29	壬午30	癸未31	甲申(11)	乙酉2	丙戌3	丁亥4	戊子5	己丑6	庚寅7	辛卯8	壬辰9	癸巳10	甲午11	乙未12	丙申13	丁酉14	戊戌15	己亥16	庚子17	辛丑18	壬寅19	癸卯20	甲辰21	乙巳22	丙午23	丁未24	戊申25	己酉26	庚戌27	辛丑立冬
十月小	癸亥	天干地支西曆	辛亥28	壬子29	癸丑30	甲寅(12)	乙卯2	丙辰3	丁巳4	戊午5	己未6	庚申7	辛酉8	壬戌9	癸亥10	甲子11	乙丑12	丙寅13	丁卯14	戊辰15	己巳16	庚午17	辛未18	壬申19	癸酉20	甲戌21	乙亥22	丙子23	丁丑24	戊寅25	己卯26		
十一月大	甲子	天干地支西曆	庚辰27	辛巳28	壬午29	癸未30	甲申31	乙酉(1)	丙戌2	丁亥3	戊子4	己丑5	庚寅6	辛卯7	壬辰8	癸巳9	甲午10	乙未11	丙申12	丁酉13	戊戌14	己亥15	庚子16	辛丑17	壬寅18	癸卯19	甲辰20	乙巳21	丙午22	丁未23	戊申24	己酉25	乙酉冬至
十二月小	乙丑	天干地支西曆	庚戌26	辛亥27	壬子28	癸丑29	甲寅30	乙卯31	丙辰(2)	丁巳2	戊午3	己未4	庚申5	辛酉6	壬戌7	癸亥8	甲子9	乙丑10	丙寅11	丁卯12	戊辰13	己巳14	庚午15	辛未16	壬申17	癸酉18	甲戌19	乙亥20	丙子21	丁丑22	戊寅23		庚午立春

年代異同	竹書紀年	皇極經世	文獻通考	歷代紀年備考	歷代帝王年表	歷代統紀表	中國年曆總譜	斷代工程
		殷小乙五年	殷小乙五年	殷小乙五年	殷小乙五年	殷小乙五年	殷小乙二年	

商南庚九年（甲午 馬年） 公元前 **1347** ~ 前 1346 年

夏曆月序		中西曆日對照	初一	初二	初三	初四	初五	初六	初七	初八	初九	初十	十一	十二	十三	十四	十五	十六	十七	十八	十九	二十	二一	二二	二三	二四	二五	二六	二七	二八	二九	三十	節氣與天象
正月大	丙寅	干支 天地 西曆	己卯 24	庚辰 25	辛巳 26	壬午 27	癸未 28	甲申 (3)	乙酉 2	丙戌 3	丁亥 4	戊子 5	己丑 6	庚寅 7	辛卯 8	壬辰 9	癸巳 10	甲午 11	乙未 12	丙申 13	丁酉 14	戊戌 15	己亥 16	庚子 17	辛丑 18	壬寅 19	癸卯 20	甲辰 21	乙巳 22	丙午 23	丁未 24	戊申 25	
二月小	丁卯	干支 天地 西曆	己酉 26	庚戌 27	辛亥 28	壬子 29	癸丑 30	甲寅 31	乙卯 (4)	丙辰 2	丁巳 3	戊午 4	己未 5	庚申 6	辛酉 7	壬戌 8	癸亥 9	甲子 10	乙丑 11	丙寅 12	丁卯 13	戊辰 14	己巳 15	庚午 16	辛未 17	壬申 18	癸酉 19	甲戌 20	乙亥 21	丙子 22	丁丑 23		丙辰春分
三月小	戊辰	干支 天地 西曆	戊寅 24	己卯 25	庚辰 26	辛巳 27	壬午 28	癸未 29	甲申 30	乙酉 (5)	丙戌 2	丁亥 3	戊子 4	己丑 5	庚寅 6	辛卯 7	壬辰 8	癸巳 9	甲午 10	乙未 11	丙申 12	丁酉 13	戊戌 14	己亥 15	庚子 16	辛丑 17	壬寅 18	癸卯 19	甲辰 20	乙巳 21	丙午 22		甲辰立夏
四月大	己巳	干支 天地 西曆	丁未 23	戊申 24	己酉 25	庚戌 26	辛亥 27	壬子 28	癸丑 29	甲寅 30	乙卯 31	丙辰 (6)	丁巳 2	戊午 3	己未 4	庚申 5	辛酉 6	壬戌 7	癸亥 8	甲子 9	乙丑 10	丙寅 11	丁卯 12	戊辰 13	己巳 14	庚午 15	辛未 16	壬申 17	癸酉 18	甲戌 19	乙亥 20	丙子 21	
五月小	庚午	干支 天地 西曆	丁丑 22	戊寅 23	己卯 24	庚辰 25	辛巳 26	壬午 27	癸未 28	甲申 29	乙酉 30	丙戌 (7)	丁亥 2	戊子 3	己丑 4	庚寅 5	辛卯 6	壬辰 7	癸巳 8	甲午 9	乙未 10	丙申 11	丁酉 12	戊戌 13	己亥 14	庚子 15	辛丑 16	壬寅 17	癸卯 18	甲辰 19	乙巳 20		辛卯夏至
六月小	辛未	干支 天地 西曆	丙午 21	丁未 22	戊申 23	己酉 24	庚戌 25	辛亥 26	壬子 27	癸丑 28	甲寅 29	乙卯 30	丙辰 31	丁巳 (8)	戊午 2	己未 3	庚申 4	辛酉 5	壬戌 6	癸亥 7	甲子 8	乙丑 9	丙寅 10	丁卯 11	戊辰 12	己巳 13	庚午 14	辛未 15	壬申 16	癸酉 17	甲戌 18		
七月大	壬申	干支 天地 西曆	乙亥 19	丙子 20	丁丑 21	戊寅 22	己卯 23	庚辰 24	辛巳 25	壬午 26	癸未 27	甲申 28	乙酉 29	丙戌 30	丁亥 31	戊子 (9)	己丑 2	庚寅 3	辛卯 4	壬辰 5	癸巳 6	甲午 7	乙未 8	丙申 9	丁酉 10	戊戌 11	己亥 12	庚子 13	辛丑 14	壬寅 15	癸卯 16	甲辰 17	丁丑立秋
八月大	癸酉	干支 天地 西曆	乙巳 18	丙午 19	丁未 20	戊申 21	己酉 22	庚戌 23	辛亥 24	壬子 25	癸丑 26	甲寅 27	乙卯 28	丙辰 29	丁巳 30	戊午 (10)	己未 2	庚申 3	辛酉 4	壬戌 5	癸亥 6	甲子 7	乙丑 8	丙寅 9	丁卯 10	戊辰 11	己巳 12	庚午 13	辛未 14	壬申 15	癸酉 16	甲戌 17	壬戌秋分
九月大	甲戌	干支 天地 西曆	乙亥 18	丙子 19	丁丑 20	戊寅 21	己卯 22	庚辰 23	辛巳 24	壬午 25	癸未 26	甲申 27	乙酉 28	丙戌 29	丁亥 30	戊子 31	己丑 (11)	庚寅 2	辛卯 3	壬辰 4	癸巳 5	甲午 6	乙未 7	丙申 8	丁酉 9	戊戌 10	己亥 11	庚子 12	辛丑 13	壬寅 14	癸卯 15	甲辰 16	
十月小	乙亥	干支 天地 西曆	乙巳 17	丙午 18	丁未 19	戊申 20	己酉 21	庚戌 22	辛亥 23	壬子 24	癸丑 25	甲寅 26	乙卯 27	丙辰 28	丁巳 29	戊午 30	己未 (12)	庚申 2	辛酉 3	壬戌 4	癸亥 5	甲子 6	乙丑 7	丙寅 8	丁卯 9	戊辰 10	己巳 11	庚午 12	辛未 13	壬申 14	癸酉 15		丙午立冬
十一月大	丙子	干支 天地 西曆	甲戌 16	乙亥 17	丙子 18	丁丑 19	戊寅 20	己卯 21	庚辰 22	辛巳 23	壬午 24	癸未 25	甲申 26	乙酉 27	丙戌 28	丁亥 29	戊子 30	己丑 31	庚寅 (1)	辛卯 2	壬辰 3	癸巳 4	甲午 5	乙未 6	丙申 7	丁酉 8	戊戌 9	己亥 10	庚子 11	辛丑 12	壬寅 13	癸卯 14	庚寅冬至
十二月大	丁丑	干支 天地 西曆	甲辰 15	乙巳 16	丙午 17	丁未 18	戊申 19	己酉 20	庚戌 21	辛亥 22	壬子 23	癸丑 24	甲寅 25	乙卯 26	丙辰 27	丁巳 28	戊午 29	己未 30	庚申 31	辛酉 (2)	壬戌 2	癸亥 3	甲子 4	乙丑 5	丙寅 6	丁卯 7	戊辰 8	己巳 9	庚午 10	辛未 11	壬申 12	癸酉 13	

年代異同	竹書紀年	皇極經世	文獻通考	歷代紀年備考	歷代帝王年表	歷代統紀表	中國年曆總譜	斷代工程
		殷小乙六年	殷小乙六年	殷小乙六年	殷小乙六年	殷小乙六年	殷小乙三年	

商南庚十年（乙未 羊年） 公元前1346 ~ 前1345年

夏曆月序		中西曆日對照	初一	初二	初三	初四	初五	初六	初七	初八	初九	初十	十一	十二	十三	十四	十五	十六	十七	十八	十九	二十	二一	二二	二三	二四	二五	二六	二七	二八	二九	三十	節氣與天象
正月小	戊寅	干支曆 天地西曆	甲戌14	乙亥15	丙子16	丁丑17	戊寅18	己卯19	庚辰20	辛巳21	壬午22	癸未23	甲申24	乙酉25	丙戌26	丁亥27	戊子28	己丑(3)	庚寅2	辛卯3	壬辰4	癸巳5	甲午6	乙未7	丙申8	丁酉9	戊戌10	己亥11	庚子12	辛丑13	壬寅14		乙亥立春
二月大	己卯	干支曆 天地西曆	癸卯15	甲辰16	乙巳17	丙午18	丁未19	戊申20	己酉21	庚戌22	辛亥23	壬子24	癸丑25	甲寅26	乙卯27	丙辰28	丁巳29	戊午30	己未31	庚申(4)	辛酉2	壬戌3	癸亥4	甲子5	乙丑6	丙寅7	丁卯8	戊辰9	己巳10	庚午11	辛未12	壬申13	壬戌春分
三月小	庚辰	干支曆 天地西曆	癸酉14	甲戌15	乙亥16	丙子17	丁丑18	戊寅19	己卯20	庚辰21	辛巳22	壬午23	癸未24	甲申25	乙酉26	丙戌27	丁亥28	戊子29	己丑30	庚寅(5)	辛卯2	壬辰3	癸巳4	甲午5	乙未6	丙申7	丁酉8	戊戌9	己亥10	庚子11	辛丑12		
四月小	辛巳	干支曆 天地西曆	壬寅13	癸卯14	甲辰15	乙巳16	丙午17	丁未18	戊申19	己酉20	庚戌21	辛亥22	壬子23	癸丑24	甲寅25	乙卯26	丙辰27	丁巳28	戊午29	己未30	庚申31	辛酉(6)	壬戌2	癸亥3	甲子4	乙丑5	丙寅6	丁卯7	戊辰8	己巳9	庚午10		己酉立夏
五月大	壬午	干支曆 天地西曆	辛未11	壬申12	癸酉13	甲戌14	乙亥15	丙子16	丁丑17	戊寅18	己卯19	庚辰20	辛巳21	壬午22	癸未23	甲申24	乙酉25	丙戌26	丁亥27	戊子28	己丑29	庚寅30	辛卯(7)	壬辰2	癸巳3	甲午4	乙未5	丙申6	丁酉7	戊戌8	己亥9	庚子10	丙申夏至
六月小	癸未	干支曆 天地西曆	辛丑11	壬寅12	癸卯13	甲辰14	乙巳15	丙午16	丁未17	戊申18	己酉19	庚戌20	辛亥21	壬子22	癸丑23	甲寅24	乙卯25	丙辰26	丁巳27	戊午28	己未29	庚申30	辛酉31	壬戌(8)	癸亥2	甲子3	乙丑4	丙寅5	丁卯6	戊辰7	己巳8		
七月小	甲申	干支曆 天地西曆	庚午9	辛未10	壬申11	癸酉12	甲戌13	乙亥14	丙子15	丁丑16	戊寅17	己卯18	庚辰19	辛巳20	壬午21	癸未22	甲申23	乙酉24	丙戌25	丁亥26	戊子27	己丑28	庚寅29	辛卯30	壬辰31	癸巳(9)	甲午2	乙未3	丙申4	丁酉5	戊戌6		壬午立秋
八月大	乙酉	干支曆 天地西曆	己亥7	庚子8	辛丑9	壬寅10	癸卯11	甲辰12	乙巳13	丙午14	丁未15	戊申16	己酉17	庚戌18	辛亥19	壬子20	癸丑21	甲寅22	乙卯23	丙辰24	丁巳25	戊午26	己未27	庚申28	辛酉29	壬戌30	癸亥(10)	甲子2	乙丑3	丙寅4	丁卯5	戊辰6	丁卯秋分
九月大	丙戌	干支曆 天地西曆	己巳7	庚午8	辛未9	壬申10	癸酉11	甲戌12	乙亥13	丙子14	丁丑15	戊寅16	己卯17	庚辰18	辛巳19	壬午20	癸未21	甲申22	乙酉23	丙戌24	丁亥25	戊子26	己丑27	庚寅28	辛卯29	壬辰30	癸巳31	甲午(11)	乙未2	丙申3	丁酉4	戊戌5	己巳日食
十月小	丁亥	干支曆 天地西曆	己亥6	庚子7	辛丑8	壬寅9	癸卯10	甲辰11	乙巳12	丙午13	丁未14	戊申15	己酉16	庚戌17	辛亥18	壬子19	癸丑20	甲寅21	乙卯22	丙辰23	丁巳24	戊午25	己未26	庚申27	辛酉28	壬戌29	癸亥30	甲子(12)	乙丑2	丙寅3	丁卯4		壬子立冬
十一月大	戊子	干支曆 天地西曆	戊辰5	己巳6	庚午7	辛未8	壬申9	癸酉10	甲戌11	乙亥12	丙子13	丁丑14	戊寅15	己卯16	庚辰17	辛巳18	壬午19	癸未20	甲申21	乙酉22	丙戌23	丁亥24	戊子25	己丑26	庚寅27	辛卯28	壬辰29	癸巳30	甲午31	乙未(1)	丙申2	丁酉3	丙申冬至
十二月大	己丑	干支曆 天地西曆	戊戌4	己亥5	庚子6	辛丑7	壬寅8	癸卯9	甲辰10	乙巳11	丙午12	丁未13	戊申14	己酉15	庚戌16	辛亥17	壬子18	癸丑19	甲寅20	乙卯21	丙辰22	丁巳23	戊午24	己未25	庚申26	辛酉27	壬戌28	癸亥29	甲子30	乙丑31	丙寅(2)	丁卯2	

年代異同	竹書紀年	皇極經世	文獻通考	歷代紀年備考	歷代帝王年表	歷代統紀表	中國年曆總譜	斷代工程
		殷小乙七年	殷小乙七年	殷小乙七年	殷小乙七年	殷小乙七年	殷小乙四年	

商南庚十一年（丙申 猴年） 公元前 **1345** ~ 前 1344 年

夏曆月序		中西曆日對照	初一	初二	初三	初四	初五	初六	初七	初八	初九	初十	十一	十二	十三	十四	十五	十六	十七	十八	十九	二十	二一	二二	二三	二四	二五	二六	二七	二八	二九	三十	節氣與天象
正月大	庚寅	干支 天地 西曆	戊辰3	己巳4	庚午5	辛未6	壬申7	癸酉8	甲戌9	乙亥10	丙子11	丁丑12	戊寅13	己卯14	庚辰15	辛巳16	壬午17	癸未18	甲申19	乙酉20	丙戌21	丁亥22	戊子23	己丑24	庚寅25	辛卯26	壬辰27	癸巳28	甲午29	乙未(3)	丙申2	丁酉3	辛巳立春
二月小	辛卯	干支 天地 西曆	戊戌4	己亥5	庚子6	辛丑7	壬寅8	癸卯9	甲辰10	乙巳11	丙午12	丁未13	戊申14	己酉15	庚戌16	辛亥17	壬子18	癸丑19	甲寅20	乙卯21	丙辰22	丁巳23	戊午24	己未25	庚申26	辛酉27	壬戌28	癸亥29	甲子30	乙丑31	丙寅(4)		
三月大	壬辰	干支 天地 西曆	丁卯2	戊辰3	己巳4	庚午5	辛未6	壬申7	癸酉8	甲戌9	乙亥10	丙子11	丁丑12	戊寅13	己卯14	庚辰15	辛巳16	壬午17	癸未18	甲申19	乙酉20	丙戌21	丁亥22	戊子23	己丑24	庚寅25	辛卯26	壬辰27	癸巳28	甲午29	乙未30	丙申(5)	丁卯春分 丁卯日食
四月小	癸巳	干支 天地 西曆	丁酉2	戊戌3	己亥4	庚子5	辛丑6	壬寅7	癸卯8	甲辰9	乙巳10	丙午11	丁未12	戊申13	己酉14	庚戌15	辛亥16	壬子17	癸丑18	甲寅19	乙卯20	丙辰21	丁巳22	戊午23	己未24	庚申25	辛酉26	壬戌27	癸亥28	甲子29	乙丑30		甲寅立夏
閏四月小	癸巳	干支 天地 西曆	丙寅31	丁卯(6)	戊辰2	己巳3	庚午4	辛未5	壬申6	癸酉7	甲戌8	乙亥9	丙子10	丁丑11	戊寅12	己卯13	庚辰14	辛巳15	壬午16	癸未17	甲申18	乙酉19	丙戌20	丁亥21	戊子22	己丑23	庚寅24	辛卯25	壬辰26	癸巳27	甲午28		
五月大	甲午	干支 天地 西曆	乙未29	丙申30	丁酉(7)	戊戌2	己亥3	庚子4	辛丑5	壬寅6	癸卯7	甲辰8	乙巳9	丙午10	丁未11	戊申12	己酉13	庚戌14	辛亥15	壬子16	癸丑17	甲寅18	乙卯19	丙辰20	丁巳21	戊午22	己未23	庚申24	辛酉25	壬戌26	癸亥27	甲子28	辛丑夏至
六月小	乙未	干支 天地 西曆	乙丑29	丙寅30	丁卯31	戊辰(8)	己巳2	庚午3	辛未4	壬申5	癸酉6	甲戌7	乙亥8	丙子9	丁丑10	戊寅11	己卯12	庚辰13	辛巳14	壬午15	癸未16	甲申17	乙酉18	丙戌19	丁亥20	戊子21	己丑22	庚寅23	辛卯24	壬辰25	癸巳26		戊子立秋
七月小	丙申	干支 天地 西曆	甲午27	乙未28	丙申29	丁酉30	戊戌31	己亥(9)	庚子2	辛丑3	壬寅4	癸卯5	甲辰6	乙巳7	丙午8	丁未9	戊申10	己酉11	庚戌12	辛亥13	壬子14	癸丑15	甲寅16	乙卯17	丙辰18	丁巳19	戊午20	己未21	庚申22	辛酉23	壬戌24		
八月大	丁酉	干支 天地 西曆	癸亥25	甲子26	乙丑27	丙寅28	丁卯29	戊辰30	己巳(10)	庚午2	辛未3	壬申4	癸酉5	甲戌6	乙亥7	丙子8	丁丑9	戊寅10	己卯11	庚辰12	辛巳13	壬午14	癸未15	甲申16	乙酉17	丙戌18	丁亥19	戊子20	己丑21	庚寅22	辛卯23	壬辰24	癸酉秋分
九月大	戊戌	干支 天地 西曆	癸巳25	甲午26	乙未27	丙申28	丁酉29	戊戌30	己亥31	庚子(11)	辛丑2	壬寅3	癸卯4	甲辰5	乙巳6	丙午7	丁未8	戊申9	己酉10	庚戌11	辛亥12	壬子13	癸丑14	甲寅15	乙卯16	丙辰17	丁巳18	戊午19	己未20	庚申21	辛酉22	壬戌23	丁巳立冬
十月小	己亥	干支 天地 西曆	癸亥24	甲子25	乙丑26	丙寅27	丁卯28	戊辰29	己巳30	庚午(12)	辛未2	壬申3	癸酉4	甲戌5	乙亥6	丙子7	丁丑8	戊寅9	己卯10	庚辰11	辛巳12	壬午13	癸未14	甲申15	乙酉16	丙戌17	丁亥18	戊子19	己丑20	庚寅21	辛卯22		
十一月大	庚子	干支 天地 西曆	壬辰23	癸巳24	甲午25	乙未26	丙申27	丁酉28	戊戌29	己亥30	庚子31	辛丑(1)	壬寅2	癸卯3	甲辰4	乙巳5	丙午6	丁未7	戊申8	己酉9	庚戌10	辛亥11	壬子12	癸丑13	甲寅14	乙卯15	丙辰16	丁巳17	戊午18	己未19	庚申20	辛酉21	辛丑冬至
十二月大	辛丑	干支 天地 西曆	壬戌22	癸亥23	甲子24	乙丑25	丙寅26	丁卯27	戊辰28	己巳29	庚午30	辛未31	壬申(2)	癸酉2	甲戌3	乙亥4	丙子5	丁丑6	戊寅7	己卯8	庚辰9	辛巳10	壬午11	癸未12	甲申13	乙酉14	丙戌15	丁亥16	戊子17	己丑18	庚寅19	辛卯20	丙戌立春

年代異同	竹書紀年	皇極經世	文獻通考	歷代紀年備考	歷代帝王年表	歷代統紀表	中國年曆總譜	斷代工程
		殷小乙八年	殷小乙八年	殷小乙八年	殷小乙八年	殷小乙八年	殷小乙五年	

商南庚十二年（丁酉 鷄年） 公元前**1344** ~ 前1343年

夏曆月序		中西曆日對照	初一	初二	初三	初四	初五	初六	初七	初八	初九	初十	十一	十二	十三	十四	十五	十六	十七	十八	十九	二十	二一	二二	二三	二四	二五	二六	二七	二八	二九	三十	節氣與天象
正月小	壬寅	干支曆 天地西	壬辰21	癸巳22	甲午23	乙未24	丙申25	丁酉26	戊戌27	己亥28	庚子(3)	辛丑2	壬寅3	癸卯4	甲辰5	乙巳6	丙午7	丁未8	戊申9	己酉10	庚戌11	辛亥12	壬子13	癸丑14	甲寅15	乙卯16	丙辰17	丁巳18	戊午19	己未20	庚申21		
二月大	癸卯	干支曆 天地西	辛酉22	壬戌23	癸亥24	甲子25	乙丑26	丙寅27	丁卯28	戊辰29	己巳30	庚午31	辛未(4)	壬申2	癸酉3	甲戌4	乙亥5	丙子6	丁丑7	戊寅8	己卯9	庚辰10	辛巳11	壬午12	癸未13	甲申14	乙酉15	丙戌16	丁亥17	戊子18	己丑19	庚寅20	壬申春分
三月大	甲辰	干支曆 天地西	辛卯21	壬辰22	癸巳23	甲午24	乙未25	丙申26	丁酉27	戊戌28	己亥29	庚子30	辛丑(5)	壬寅2	癸卯3	甲辰4	乙巳5	丙午6	丁未7	戊申8	己酉9	庚戌10	辛亥11	壬子12	癸丑13	甲寅14	乙卯15	丙辰16	丁巳17	戊午18	己未19	庚申20	己未立夏
四月小	乙巳	干支曆 天地西	辛酉21	壬戌22	癸亥23	甲子24	乙丑25	丙寅26	丁卯27	戊辰28	己巳29	庚午30	辛未31	壬申(6)	癸酉2	甲戌3	乙亥4	丙子5	丁丑6	戊寅7	己卯8	庚辰9	辛巳10	壬午11	癸未12	甲申13	乙酉14	丙戌15	丁亥16	戊子17	己丑18		
五月小	丙午	干支曆 天地西	庚寅19	辛卯20	壬辰21	癸巳22	甲午23	乙未24	丙申25	丁酉26	戊戌27	己亥28	庚子29	辛丑30	壬寅(7)	癸卯2	甲辰3	乙巳4	丙午5	丁未6	戊申7	己酉8	庚戌9	辛亥10	壬子11	癸丑12	甲寅13	乙卯14	丙辰15	丁巳16	戊午17		丙午夏至
六月大	丁未	干支曆 天地西	己未18	庚申19	辛酉20	壬戌21	癸亥22	甲子23	乙丑24	丙寅25	丁卯26	戊辰27	己巳28	庚午29	辛未30	壬申31	癸酉(8)	甲戌2	乙亥3	丙子4	丁丑5	戊寅6	己卯7	庚辰8	辛巳9	壬午10	癸未11	甲申12	乙酉13	丙戌14	丁亥15	戊子16	
七月小	戊申	干支曆 天地西	己丑17	庚寅18	辛卯19	壬辰20	癸巳21	甲午22	乙未23	丙申24	丁酉25	戊戌26	己亥27	庚子28	辛丑29	壬寅30	癸卯31	甲辰(9)	乙巳2	丙午3	丁未4	戊申5	己酉6	庚戌7	辛亥8	壬子9	癸丑10	甲寅11	乙卯12	丙辰13	丁巳14		癸巳立秋
八月小	己酉	干支曆 天地西	戊午15	己未16	庚申17	辛酉18	壬戌19	癸亥20	甲子21	乙丑22	丙寅23	丁卯24	戊辰25	己巳26	庚午27	辛未28	壬申29	癸酉30	甲戌(10)	乙亥2	丙子3	丁丑4	戊寅5	己卯6	庚辰7	辛巳8	壬午9	癸未10	甲申11	乙酉12	丙戌13		戊寅秋分
九月大	庚戌	干支曆 天地西	丁亥14	戊子15	己丑16	庚寅17	辛卯18	壬辰19	癸巳20	甲午21	乙未22	丙申23	丁酉24	戊戌25	己亥26	庚子27	辛丑28	壬寅29	癸卯30	甲辰31	乙巳(11)	丙午2	丁未3	戊申4	己酉5	庚戌6	辛亥7	壬子8	癸丑9	甲寅10	乙卯11	丙辰12	
十月小	辛亥	干支曆 天地西	丁巳13	戊午14	己未15	庚申16	辛酉17	壬戌18	癸亥19	甲子20	乙丑21	丙寅22	丁卯23	戊辰24	己巳25	庚午26	辛未27	壬申28	癸酉29	甲戌30	乙亥(12)	丙子2	丁丑3	戊寅4	己卯5	庚辰6	辛巳7	壬午8	癸未9	甲申10	乙酉11		壬戌立冬
十一月大	壬子	干支曆 天地西	丙戌12	丁亥13	戊子14	己丑15	庚寅16	辛卯17	壬辰18	癸巳19	甲午20	乙未21	丙申22	丁酉23	戊戌24	己亥25	庚子26	辛丑27	壬寅28	癸卯29	甲辰30	乙巳31	丙午(1)	丁未2	戊申3	己酉4	庚戌5	辛亥6	壬子7	癸丑8	甲寅9	乙卯10	丙午冬至
十二月大	癸丑	干支曆 天地西	丙辰11	丁巳12	戊午13	己未14	庚申15	辛酉16	壬戌17	癸亥18	甲子19	乙丑20	丙寅21	丁卯22	戊辰23	己巳24	庚午25	辛未26	壬申27	癸酉28	甲戌29	乙亥30	丙子31	丁丑(2)	戊寅2	己卯3	庚辰4	辛巳5	壬午6	癸未7	甲申8	乙酉9	

年代異同	竹書紀年	皇極經世	文獻通考	歷代紀年備考	歷代帝王年表	歷代統紀表	中國年曆總譜	斷代工程
		殷小乙九年	殷小乙九年	殷小乙九年	殷小乙九年	殷小乙九年	殷小乙六年	

商南庚十三年（戊戌 狗年） 公元前 1343 ~ 前 1342 年

夏曆月序		中西曆日對照	初一	初二	初三	初四	初五	初六	初七	初八	初九	初十	十一	十二	十三	十四	十五	十六	十七	十八	十九	二十	二一	二二	二三	二四	二五	二六	二七	二八	二九	三十	節氣與天象
正月小	甲寅	干支曆 天地西曆	丙戌 10	丁亥 11	戊子 12	己丑 13	庚寅 14	辛卯 15	壬辰 16	癸巳 17	甲午 18	乙未 19	丙申 20	丁酉 21	戊戌 22	己亥 23	庚子 24	辛丑 25	壬寅 26	癸卯 27	甲辰 28	乙巳 (3)	丙午 2	丁未 3	戊申 4	己酉 5	庚戌 6	辛亥 7	壬子 8	癸丑 9	甲寅 10		辛卯立春
二月大	乙卯	干支曆 天地西曆	乙卯 11	丙辰 12	丁巳 13	戊午 14	己未 15	庚申 16	辛酉 17	壬戌 18	癸亥 19	甲子 20	乙丑 21	丙寅 22	丁卯 23	戊辰 24	己巳 25	庚午 26	辛未 27	壬申 28	癸酉 29	甲戌 30	乙亥 31	丙子 (4)	丁丑 2	戊寅 3	己卯 4	庚辰 5	辛巳 6	壬午 7	癸未 8	甲申 9	丁丑春分
三月大	丙辰	干支曆 天地西曆	乙酉 10	丙戌 11	丁亥 12	戊子 13	己丑 14	庚寅 15	辛卯 16	壬辰 17	癸巳 18	甲午 19	乙未 20	丙申 21	丁酉 22	戊戌 23	己亥 24	庚子 25	辛丑 26	壬寅 27	癸卯 28	甲辰 29	乙巳 30	丙午 (5)	丁未 2	戊申 3	己酉 4	庚戌 5	辛亥 6	壬子 7	癸丑 8	甲寅 9	
四月小	丁巳	干支曆 天地西曆	乙卯 10	丙辰 11	丁巳 12	戊午 13	己未 14	庚申 15	辛酉 16	壬戌 17	癸亥 18	甲子 19	乙丑 20	丙寅 21	丁卯 22	戊辰 23	己巳 24	庚午 25	辛未 26	壬申 27	癸酉 28	甲戌 29	乙亥 30	丙子 31	丁丑 (6)	戊寅 2	己卯 3	庚辰 4	辛巳 5	壬午 6	癸未 7		乙丑立夏
五月大	戊午	干支曆 天地西曆	甲申 8	乙酉 9	丙戌 10	丁亥 11	戊子 12	己丑 13	庚寅 14	辛卯 15	壬辰 16	癸巳 17	甲午 18	乙未 19	丙申 20	丁酉 21	戊戌 22	己亥 23	庚子 24	辛丑 25	壬寅 26	癸卯 27	甲辰 28	乙巳 29	丙午 30	丁未 (7)	戊申 2	己酉 3	庚戌 4	辛亥 5	壬子 6	癸丑 7	壬子夏至
六月小	己未	干支曆 天地西曆	甲寅 8	乙卯 9	丙辰 10	丁巳 11	戊午 12	己未 13	庚申 14	辛酉 15	壬戌 16	癸亥 17	甲子 18	乙丑 19	丙寅 20	丁卯 21	戊辰 22	己巳 23	庚午 24	辛未 25	壬申 26	癸酉 27	甲戌 28	乙亥 29	丙子 30	丁丑 31	戊寅 (8)	己卯 2	庚辰 3	辛巳 4	壬午 5		
七月大	庚申	干支曆 天地西曆	癸未 6	甲申 7	乙酉 8	丙戌 9	丁亥 10	戊子 11	己丑 12	庚寅 13	辛卯 14	壬辰 15	癸巳 16	甲午 17	乙未 18	丙申 19	丁酉 20	戊戌 21	己亥 22	庚子 23	辛丑 24	壬寅 25	癸卯 26	甲辰 27	乙巳 28	丙午 29	丁未 30	戊申 31	己酉 (9)	庚戌 2	辛亥 3	壬子 4	戊戌立秋 癸未日食
八月小	辛酉	干支曆 天地西曆	癸丑 5	甲寅 6	乙卯 7	丙辰 8	丁巳 9	戊午 10	己未 11	庚申 12	辛酉 13	壬戌 14	癸亥 15	甲子 16	乙丑 17	丙寅 18	丁卯 19	戊辰 20	己巳 21	庚午 22	辛未 23	壬申 24	癸酉 25	甲戌 26	乙亥 27	丙子 28	丁丑 29	戊寅 30	己卯 (10)	庚辰 2	辛巳 3		
九月大	壬戌	干支曆 天地西曆	壬午 4	癸未 5	甲申 6	乙酉 7	丙戌 8	丁亥 9	戊子 10	己丑 11	庚寅 12	辛卯 13	壬辰 14	癸巳 15	甲午 16	乙未 17	丙申 18	丁酉 19	戊戌 20	己亥 21	庚子 22	辛丑 23	壬寅 24	癸卯 25	甲辰 26	乙巳 27	丙午 28	丁未 29	戊申 30	己酉 31	庚戌 (11)	辛亥 2	癸未秋分
十月小	癸亥	干支曆 天地西曆	壬子 3	癸丑 4	甲寅 5	乙卯 6	丙辰 7	丁巳 8	戊午 9	己未 10	庚申 11	辛酉 12	壬戌 13	癸亥 14	甲子 15	乙丑 16	丙寅 17	丁卯 18	戊辰 19	己巳 20	庚午 21	辛未 22	壬申 23	癸酉 24	甲戌 25	乙亥 26	丙子 27	丁丑 28	戊寅 29	己卯 30	庚辰 (12)		丁卯立冬
十一月小	甲子	干支曆 天地西曆	辛巳 2	壬午 3	癸未 4	甲申 5	乙酉 6	丙戌 7	丁亥 8	戊子 9	己丑 10	庚寅 11	辛卯 12	壬辰 13	癸巳 14	甲午 15	乙未 16	丙申 17	丁酉 18	戊戌 19	己亥 20	庚子 21	辛丑 22	壬寅 23	癸卯 24	甲辰 25	乙巳 26	丙午 27	丁未 28	戊申 29	己酉 30		
閏十一大	甲子	干支曆 天地西曆	庚戌 31	辛亥 (1)	壬子 2	癸丑 3	甲寅 4	乙卯 5	丙辰 6	丁巳 7	戊午 8	己未 9	庚申 10	辛酉 11	壬戌 12	癸亥 13	甲子 14	乙丑 15	丙寅 16	丁卯 17	戊辰 18	己巳 19	庚午 20	辛未 21	壬申 22	癸酉 23	甲戌 24	乙亥 25	丙子 26	丁丑 27	戊寅 28	己卯 29	辛亥冬至
十二月大	乙丑	干支曆 天地西曆	庚辰 30	辛巳 31	壬午 (2)	癸未 2	甲申 3	乙酉 4	丙戌 5	丁亥 6	戊子 7	己丑 8	庚寅 9	辛卯 10	壬辰 11	癸巳 12	甲午 13	乙未 14	丙申 15	丁酉 16	戊戌 17	己亥 18	庚子 19	辛丑 20	壬寅 21	癸卯 22	甲辰 23	乙巳 24	丙午 25	丁未 26	戊申 27	己酉 28	丙申立春

年代異同	竹書紀年	皇極經世	文獻通考	歷代紀年備考	歷代帝王年表	歷代統紀表	中國年曆總譜	斷代工程
	殷盤庚元年	殷小乙十年	殷小乙十年	殷小乙十年	殷小乙十年	殷小乙十年	殷小乙七年	

商南庚十四年（己亥 猪年） 公元前 1342 ~ 前 1341 年

夏曆月序		中西曆對照	夏曆日序																													節氣與天象
			初一	初二	初三	初四	初五	初六	初七	初八	初九	初十	十一	十二	十三	十四	十五	十六	十七	十八	十九	二十	二一	二二	二三	二四	二五	二六	二七	二八	二九	三十	
正月小	丙寅	干支曆 天地西	庚戌(3)	辛亥2	壬子3	癸丑4	甲寅5	乙卯6	丙辰7	丁巳8	戊午9	己未10	庚申11	辛酉12	壬戌13	癸亥14	甲子15	乙丑16	丙寅17	丁卯18	戊辰19	己巳20	庚午21	辛未22	壬申23	癸酉24	甲戌25	乙亥26	丙子27	丁丑28	戊寅29		
二月大	丁卯	干支曆 天地西	己卯30	庚辰31	辛巳(4)	壬午2	癸未3	甲申4	乙酉5	丙戌6	丁亥7	戊子8	己丑9	庚寅10	辛卯11	壬辰12	癸巳13	甲午14	乙未15	丙申16	丁酉17	戊戌18	己亥19	庚子20	辛丑21	壬寅22	癸卯23	甲辰24	乙巳25	丙午26	丁未27	戊申28	癸未春分
三月小	戊辰	干支曆 天地西	己酉29	庚戌30	辛亥(5)	壬子2	癸丑3	甲寅4	乙卯5	丙辰6	丁巳7	戊午8	己未9	庚申10	辛酉11	壬戌12	癸亥13	甲子14	乙丑15	丙寅16	丁卯17	戊辰18	己巳19	庚午20	辛未21	壬申22	癸酉23	甲戌24	乙亥25	丙子26	丁丑27		庚午立夏
四月大	己巳	干支曆 天地西	戊寅28	己卯29	庚辰30	辛巳31	壬午(6)	癸未2	甲申3	乙酉4	丙戌5	丁亥6	戊子7	己丑8	庚寅9	辛卯10	壬辰11	癸巳12	甲午13	乙未14	丙申15	丁酉16	戊戌17	己亥18	庚子19	辛丑20	壬寅21	癸卯22	甲辰23	乙巳24	丙午25	丁未26	
五月大	庚午	干支曆 天地西	戊申27	己酉28	庚戌29	辛亥30	壬子(7)	癸丑2	甲寅3	乙卯4	丙辰5	丁巳6	戊午7	己未8	庚申9	辛酉10	壬戌11	癸亥12	甲子13	乙丑14	丙寅15	丁卯16	戊辰17	己巳18	庚午19	辛未20	壬申21	癸酉22	甲戌23	乙亥24	丙子25	丁丑26	丁巳夏至
六月小	辛未	干支曆 天地西	戊寅27	己卯28	庚辰29	辛巳30	壬午31	癸未(8)	甲申2	乙酉3	丙戌4	丁亥5	戊子6	己丑7	庚寅8	辛卯9	壬辰10	癸巳11	甲午12	乙未13	丙申14	丁酉15	戊戌16	己亥17	庚子18	辛丑19	壬寅20	癸卯21	甲辰22	乙巳23	丙午24		癸卯立秋
七月大	壬申	干支曆 天地西	丁未25	戊申26	己酉27	庚戌28	辛亥29	壬子30	癸丑31	甲寅(9)	乙卯2	丙辰3	丁巳4	戊午5	己未6	庚申7	辛酉8	壬戌9	癸亥10	甲子11	乙丑12	丙寅13	丁卯14	戊辰15	己巳16	庚午17	辛未18	壬申19	癸酉20	甲戌21	乙亥22	丙子23	
八月小	癸酉	干支曆 天地西	丁丑24	戊寅25	己卯26	庚辰27	辛巳28	壬午29	癸未30	甲申(10)	乙酉2	丙戌3	丁亥4	戊子5	己丑6	庚寅7	辛卯8	壬辰9	癸巳10	甲午11	乙未12	丙申13	丁酉14	戊戌15	己亥16	庚子17	辛丑18	壬寅19	癸卯20	甲辰21	乙巳22		戊子秋分
九月大	甲戌	干支曆 天地西	丙午23	丁未24	戊申25	己酉26	庚戌27	辛亥28	壬子29	癸丑30	甲寅31	乙卯(11)	丙辰2	丁巳3	戊午4	己未5	庚申6	辛酉7	壬戌8	癸亥9	甲子10	乙丑11	丙寅12	丁卯13	戊辰14	己巳15	庚午16	辛未17	壬申18	癸酉19	甲戌20	乙亥21	壬申立冬
十月小	乙亥	干支曆 天地西	丙子22	丁丑23	戊寅24	己卯25	庚辰26	辛巳27	壬午28	癸未29	甲申30	乙酉(12)	丙戌2	丁亥3	戊子4	己丑5	庚寅6	辛卯7	壬辰8	癸巳9	甲午10	乙未11	丙申12	丁酉13	戊戌14	己亥15	庚子16	辛丑17	壬寅18	癸卯19	甲辰20		
十一月大	丙子	干支曆 天地西	乙巳21	丙午22	丁未23	戊申24	己酉25	庚戌26	辛亥27	壬子28	癸丑29	甲寅30	乙卯31	丙辰(1)	丁巳2	戊午3	己未4	庚申5	辛酉6	壬戌7	癸亥8	甲子9	乙丑10	丙寅11	丁卯12	戊辰13	己巳14	庚午15	辛未16	壬申17	癸酉18	甲戌19	丁巳冬至
十二月小	丁丑	干支曆 天地西	乙亥20	丙子21	丁丑22	戊寅23	己卯24	庚辰25	辛巳26	壬午27	癸未28	甲申29	乙酉30	丙戌31	丁亥(2)	戊子2	己丑3	庚寅4	辛卯5	壬辰6	癸巳7	甲午8	乙未9	丙申10	丁酉11	戊戌12	己亥13	庚子14	辛丑15	壬寅16	癸卯17		壬寅立春

年代異同	竹書紀年	皇極經世	文獻通考	歷代紀年備考	歷代帝王年表	歷代統紀表	中國年曆總譜	斷代工程
	殷盤庚二年	殷小乙十一年	殷小乙十一年	殷小乙十一年	殷小乙十一年	殷小乙十一年	殷小乙八年	

商南庚十五年（庚子 鼠年） 公元前1341 ~ 前1340年

夏曆月序		中西曆日對照	初一	初二	初三	初四	初五	初六	初七	初八	初九	初十	十一	十二	十三	十四	十五	十六	十七	十八	十九	二十	二一	二二	二三	二四	二五	二六	二七	二八	二九	三十	節氣與天象
正月小	戊寅	天干地支西曆	甲辰18	乙巳19	丙午20	丁未21	戊申22	己酉23	庚戌24	辛亥25	壬子26	癸丑27	甲寅28	乙卯29	丙辰(3)	丁巳2	戊午3	己未4	庚申5	辛酉6	壬戌7	癸亥8	甲子9	乙丑10	丙寅11	丁卯12	戊辰13	己巳14	庚午15	辛未16	壬申17		
二月大	己卯	天干地支西曆	癸酉18	甲戌19	乙亥20	丙子21	丁丑22	戊寅23	己卯24	庚辰25	辛巳26	壬午27	癸未28	甲申29	乙酉30	丙戌31	丁亥(4)	戊子2	己丑3	庚寅4	辛卯5	壬辰6	癸巳7	甲午8	乙未9	丙申10	丁酉11	戊戌12	己亥13	庚子14	辛丑15	壬寅16	戊子春分
三月小	庚辰	天干地支西曆	癸卯17	甲辰18	乙巳19	丙午20	丁未21	戊申22	己酉23	庚戌24	辛亥25	壬子26	癸丑27	甲寅28	乙卯29	丙辰30	丁巳(5)	戊午2	己未3	庚申4	辛酉5	壬戌6	癸亥7	甲子8	乙丑9	丙寅10	丁卯11	戊辰12	己巳13	庚午14	辛未15		
四月大	辛巳	天干地支西曆	壬申16	癸酉17	甲戌18	乙亥19	丙子20	丁丑21	戊寅22	己卯23	庚辰24	辛巳25	壬午26	癸未27	甲申28	乙酉29	丙戌30	丁亥31	戊子(6)	己丑2	庚寅3	辛卯4	壬辰5	癸巳6	甲午7	乙未8	丙申9	丁酉10	戊戌11	己亥12	庚子13	辛丑14	乙亥立夏
五月大	壬午	天干地支西曆	壬寅15	癸卯16	甲辰17	乙巳18	丙午19	丁未20	戊申21	己酉22	庚戌23	辛亥24	壬子25	癸丑26	甲寅27	乙卯28	丙辰29	丁巳30	戊午(7)	己未2	庚申3	辛酉4	壬戌5	癸亥6	甲子7	乙丑8	丙寅9	丁卯10	戊辰11	己巳12	庚午13	辛未14	壬戌夏至
六月小	癸未	天干地支西曆	壬申15	癸酉16	甲戌17	乙亥18	丙子19	丁丑20	戊寅21	己卯22	庚辰23	辛巳24	壬午25	癸未26	甲申27	乙酉28	丙戌29	丁亥30	戊子31	己丑(8)	庚寅2	辛卯3	壬辰4	癸巳5	甲午6	乙未7	丙申8	丁酉9	戊戌10	己亥11	庚子12		
七月大	甲申	天干地支西曆	辛丑13	壬寅14	癸卯15	甲辰16	乙巳17	丙午18	丁未19	戊申20	己酉21	庚戌22	辛亥23	壬子24	癸丑25	甲寅26	乙卯27	丙辰28	丁巳29	戊午30	己未31	庚申(9)	辛酉2	壬戌3	癸亥4	甲子5	乙丑6	丙寅7	丁卯8	戊辰9	己巳10	庚午11	戊申立秋
八月大	乙酉	天干地支西曆	辛未12	壬申13	癸酉14	甲戌15	乙亥16	丙子17	丁丑18	戊寅19	己卯20	庚辰21	辛巳22	壬午23	癸未24	甲申25	乙酉26	丙戌27	丁亥28	戊子29	己丑30	庚寅(10)	辛卯2	壬辰3	癸巳4	甲午5	乙未6	丙申7	丁酉8	戊戌9	己亥10	庚子11	甲午秋分
九月小	丙戌	天干地支西曆	辛丑12	壬寅13	癸卯14	甲辰15	乙巳16	丙午17	丁未18	戊申19	己酉20	庚戌21	辛亥22	壬子23	癸丑24	甲寅25	乙卯26	丙辰27	丁巳28	戊午29	己未30	庚申31	辛酉(11)	壬戌2	癸亥3	甲子4	乙丑5	丙寅6	丁卯7	戊辰8	己巳9		
十月大	丁亥	天干地支西曆	庚午10	辛未11	壬申12	癸酉13	甲戌14	乙亥15	丙子16	丁丑17	戊寅18	己卯19	庚辰20	辛巳21	壬午22	癸未23	甲申24	乙酉25	丙戌26	丁亥27	戊子28	己丑29	庚寅30	辛卯(12)	壬辰2	癸巳3	甲午4	乙未5	丙申6	丁酉7	戊戌8	己亥9	戊寅立冬
十一月小	戊子	天干地支西曆	庚子10	辛丑11	壬寅12	癸卯13	甲辰14	乙巳15	丙午16	丁未17	戊申18	己酉19	庚戌20	辛亥21	壬子22	癸丑23	甲寅24	乙卯25	丙辰26	丁巳27	戊午28	己未29	庚申30	辛酉31	壬戌(1)	癸亥2	甲子3	乙丑4	丙寅5	丁卯6	戊辰7		壬戌冬至
十二月大	己丑	天干地支西曆	己巳8	庚午9	辛未10	壬申11	癸酉12	甲戌13	乙亥14	丙子15	丁丑16	戊寅17	己卯18	庚辰19	辛巳20	壬午21	癸未22	甲申23	乙酉24	丙戌25	丁亥26	戊子27	己丑28	庚寅29	辛卯30	壬辰31	癸巳(2)	甲午2	乙未3	丙申4	丁酉5	戊戌6	

年代異同	竹書紀年	皇極經世	文獻通考	歷代紀年備考	歷代帝王年表	歷代統紀表	中國年曆總譜	斷代工程
	殷盤三年	殷小乙十二年	殷小乙十二年	殷小乙十二年	殷小乙十二年	殷小乙十二年	殷小乙九年	

商南庚十六年（辛丑 牛年） 公元前 1340 ~ 前 1339 年

夏曆月序		中西曆日對照	初一	初二	初三	初四	初五	初六	初七	初八	初九	初十	十一	十二	十三	十四	十五
正月小	庚寅	天干地支西曆	己亥7	庚子8	辛丑9	壬寅10	癸卯11	甲辰12	乙巳13	丙午14	丁未15	戊申16	己酉17	庚戌18	辛亥19	壬子20	癸丑21
二月小	辛卯	天干地支西曆	戊辰8	己巳9	庚午10	辛未11	壬申12	癸酉13	甲戌14	乙亥15	丙子16	丁丑17	戊寅18	己卯19	庚辰20	辛巳21	壬午22
三月大	壬辰	天干地支西曆	丁酉6	戊戌7	己亥8	庚子9	辛丑10	壬寅11	癸卯12	甲辰13	乙巳14	丙午15	丁未16	戊申17	己酉18	庚戌19	辛亥20
四月小	癸巳	天干地支西曆	丁卯6	戊辰7	己巳8	庚午9	辛未10	壬申11	癸酉12	甲戌13	乙亥14	丙子15	丁丑16	戊寅17	己卯18	庚辰19	辛巳20
五月大	甲午	天干地支西曆	丙申4	丁酉5	戊戌6	己亥7	庚子8	辛丑9	壬寅10	癸卯11	甲辰12	乙巳13	丙午14	丁未15	戊申16	己酉17	庚戌18
六月小	乙未	天干地支西曆	丙寅4	丁卯5	戊辰6	己巳7	庚午8	辛未9	壬申10	癸酉11	甲戌12	乙亥13	丙子14	丁丑15	戊寅16	己卯17	庚辰18
七月大	丙申	天干地支西曆	乙未2	丙申3	丁酉4	戊戌5	己亥6	庚子7	辛丑8	壬寅9	癸卯10	甲辰11	乙巳12	丙午13	丁未14	戊申15	己酉16
八月大	丁酉	天干地支西曆	乙丑(9)	丙寅2	丁卯3	戊辰4	己巳5	庚午6	辛未7	壬申8	癸酉9	甲戌10	乙亥11	丙子12	丁丑13	戊寅14	己卯15
九月大	戊戌	天干地支西曆	乙未(10)	丙申2	丁酉3	戊戌4	己亥5	庚子6	辛丑7	壬寅8	癸卯9	甲辰10	乙巳11	丙午12	丁未13	戊申14	己酉15
閏九月小	戊戌	天干地支西曆	乙丑31	丙寅(11)	丁卯2	戊辰3	己巳4	庚午5	辛未6	壬申7	癸酉8	甲戌9	乙亥10	丙子11	丁丑12	戊寅13	己卯14
十月大	己亥	天干地支西曆	甲午29	乙未30	丙申(12)	丁酉2	戊戌3	己亥4	庚子5	辛丑6	壬寅7	癸卯8	甲辰9	乙巳10	丙午11	丁未12	戊申13
十一月小	庚子	天干地支西曆	甲子29	乙丑30	丙寅31	丁卯(1)	戊辰2	己巳3	庚午4	辛未5	壬申6	癸酉7	甲戌8	乙亥9	丙子10	丁丑11	戊寅12
十二月大	辛丑	天干地支西曆	癸巳27	甲午28	乙未29	丙申30	丁酉31	戊戌(2)	己亥2	庚子3	辛丑4	壬寅5	癸卯6	甲辰7	乙巳8	丙午9	丁未10

夏曆月序		中西曆日對照	十六	十七	十八	十九	二十	二一	二二	二三	二四	二五	二六	二七	二八	二九	三十	節氣與天象
正月小	庚寅	天干地支西曆	甲寅22	乙卯23	丙辰24	丁巳25	戊午26	己未27	庚申28	辛酉(3)	壬戌2	癸亥3	甲子4	乙丑5	丙寅6	丁卯7		丁未立春
二月小	辛卯	天干地支西曆	癸未23	甲申24	乙酉25	丙戌26	丁亥27	戊子28	己丑29	庚寅30	辛卯31	壬辰(4)	癸巳2	甲午3	乙未4	丙申5		癸巳春分
三月大	壬辰	天干地支西曆	壬子21	癸丑22	甲寅23	乙卯24	丙辰25	丁巳26	戊午27	己未28	庚申29	辛酉30	壬戌(5)	癸亥2	甲子3	乙丑4	丙寅5	
四月小	癸巳	天干地支西曆	壬午21	癸未22	甲申23	乙酉24	丙戌25	丁亥26	戊子27	己丑28	庚寅29	辛卯30	壬辰31	癸巳(6)	甲午2	乙未3		庚辰立夏
五月大	甲午	天干地支西曆	辛亥19	壬子20	癸丑21	甲寅22	乙卯23	丙辰24	丁巳25	戊午26	己未27	庚申28	辛酉29	壬戌30	癸亥(7)	甲子2	乙丑3	
六月小	乙未	天干地支西曆	辛巳19	壬午20	癸未21	甲申22	乙酉23	丙戌24	丁亥25	戊子26	己丑27	庚寅28	辛卯29	壬辰30	癸巳31	甲午(8)		丁卯夏至
七月大	丙申	天干地支西曆	庚戌17	辛亥18	壬子19	癸丑20	甲寅21	乙卯22	丙辰23	丁巳24	戊午25	己未26	庚申27	辛酉28	壬戌29	癸亥30	甲子31	甲寅立秋
八月大	丁酉	天干地支西曆	庚辰16	辛巳17	壬午18	癸未19	甲申20	乙酉21	丙戌22	丁亥23	戊子24	己丑25	庚寅26	辛卯27	壬辰28	癸巳29	甲午30	
九月大	戊戌	天干地支西曆	庚戌16	辛亥17	壬子18	癸丑19	甲寅20	乙卯21	丙辰22	丁巳23	戊午24	己未25	庚申26	辛酉27	壬戌28	癸亥29	甲子30	己亥秋分
閏九月小	戊戌	天干地支西曆	庚辰15	辛巳16	壬午17	癸未18	甲申19	乙酉20	丙戌21	丁亥22	戊子23	己丑24	庚寅25	辛卯26	壬辰27	癸巳28		癸未立冬
十月大	己亥	天干地支西曆	己酉14	庚戌15	辛亥16	壬子17	癸丑18	甲寅19	乙卯20	丙辰21	丁巳22	戊午23	己未24	庚申25	辛酉26	壬戌27	癸亥28	
十一月小	庚子	天干地支西曆	己卯13	庚辰14	辛巳15	壬午16	癸未17	甲申18	乙酉19	丙戌20	丁亥21	戊子22	己丑23	庚寅24	辛卯25	壬辰26		丁卯冬至
十二月大	辛丑	天干地支西曆	戊申11	己酉12	庚戌13	辛亥14	壬子15	癸丑16	甲寅17	乙卯18	丙辰19	丁巳20	戊午21	己未22	庚申23	辛酉24	壬戌25	壬子立春

年代異同	竹書紀年	皇極經世	文獻通考	歷代紀年備考	歷代帝王年表	歷代統紀表	中國年曆總譜	斷代工程
	殷盤庚四年	殷小乙十三年	殷小乙十三年	殷小乙十三年	殷小乙十三年	殷小乙十三年	殷小乙十年	

商南庚十七年（壬寅 虎年） 公元前 1339 ~ 前 1338 年

夏曆月序	中西曆日對照	初一	初二	初三	初四	初五	初六	初七	初八	初九	初十	十一	十二	十三	十四	十五	十六	十七	十八	十九	二十	二一	二二	二三	二四	二五	二六	二七	二八	二九	三十	節氣與天象
正月小 壬寅	干支 天地 西曆	癸亥26	甲子27	乙丑28	丙寅(3)	丁卯2	戊辰3	己巳4	庚午5	辛未6	壬申7	癸酉8	甲戌9	乙亥10	丙子11	丁丑12	戊寅13	己卯14	庚辰15	辛巳16	壬午17	癸未18	甲申19	乙酉20	丙戌21	丁亥22	戊子23	己丑24	庚寅25	辛卯26		
二月小 癸卯	干支 天地 西曆	壬辰27	癸巳28	甲午29	乙未30	丙申31	丁酉(4)	戊戌2	己亥3	庚子4	辛丑5	壬寅6	癸卯7	甲辰8	乙巳9	丙午10	丁未11	戊申12	己酉13	庚戌14	辛亥15	壬子16	癸丑17	甲寅18	乙卯19	丙辰20	丁巳21	戊午22	己未23	庚申24		戊戌春分
三月大 甲辰	干支 天地 西曆	辛酉25	壬戌26	癸亥27	甲子28	乙丑29	丙寅30	丁卯(5)	戊辰2	己巳3	庚午4	辛未5	壬申6	癸酉7	甲戌8	乙亥9	丙子10	丁丑11	戊寅12	己卯13	庚辰14	辛巳15	壬午16	癸未17	甲申18	乙酉19	丙戌20	丁亥21	戊子22	己丑23	庚寅24	丙戌立夏
四月小 乙巳	干支 天地 西曆	辛卯25	壬辰26	癸巳27	甲午28	乙未29	丙申30	丁酉31	戊戌(6)	己亥2	庚子3	辛丑4	壬寅5	癸卯6	甲辰7	乙巳8	丙午9	丁未10	戊申11	己酉12	庚戌13	辛亥14	壬子15	癸丑16	甲寅17	乙卯18	丙辰19	丁巳20	戊午21	己未22		
五月大 丙午	干支 天地 西曆	庚申23	辛酉24	壬戌25	癸亥26	甲子27	乙丑28	丙寅29	丁卯30	戊辰(7)	己巳2	庚午3	辛未4	壬申5	癸酉6	甲戌7	乙亥8	丙子9	丁丑10	戊寅11	己卯12	庚辰13	辛巳14	壬午15	癸未16	甲申17	乙酉18	丙戌19	丁亥20	戊子21	己丑22	癸酉夏至
六月小 丁未	干支 天地 西曆	庚寅23	辛卯24	壬辰25	癸巳26	甲午27	乙未28	丙申29	丁酉30	戊戌31	己亥(8)	庚子2	辛丑3	壬寅4	癸卯5	甲辰6	乙巳7	丙午8	丁未9	戊申10	己酉11	庚戌12	辛亥13	壬子14	癸丑15	甲寅16	乙卯17	丙辰18	丁巳19	戊午20		
七月大 戊申	干支 天地 西曆	己未21	庚申22	辛酉23	壬戌24	癸亥25	甲子26	乙丑27	丙寅28	丁卯29	戊辰30	己巳31	庚午(9)	辛未2	壬申3	癸酉4	甲戌5	乙亥6	丙子7	丁丑8	戊寅9	己卯10	庚辰11	辛巳12	壬午13	癸未14	甲申15	乙酉16	丙戌17	丁亥18	戊子19	己未立秋
八月大 己酉	干支 天地 西曆	己丑20	庚寅21	辛卯22	壬辰23	癸巳24	甲午25	乙未26	丙申27	丁酉28	戊戌29	己亥30	庚子(10)	辛丑2	壬寅3	癸卯4	甲辰5	乙巳6	丙午7	丁未8	戊申9	己酉10	庚戌11	辛亥12	壬子13	癸丑14	甲寅15	乙卯16	丙辰17	丁巳18	戊午19	甲辰秋分
九月小 庚戌	干支 天地 西曆	己未20	庚申21	辛酉22	壬戌23	癸亥24	甲子25	乙丑26	丙寅27	丁卯28	戊辰29	己巳30	庚午31	辛未(11)	壬申2	癸酉3	甲戌4	乙亥5	丙子6	丁丑7	戊寅8	己卯9	庚辰10	辛巳11	壬午12	癸未13	甲申14	乙酉15	丙戌16	丁亥17		
十月大 辛亥	干支 天地 西曆	戊子18	己丑19	庚寅20	辛卯21	壬辰22	癸巳23	甲午24	乙未25	丙申26	丁酉27	戊戌28	己亥29	庚子30	辛丑(12)	壬寅2	癸卯3	甲辰4	乙巳5	丙午6	丁未7	戊申8	己酉9	庚戌10	辛亥11	壬子12	癸丑13	甲寅14	乙卯15	丙辰16	丁巳17	戊子立冬
十一月大 壬子	干支 天地 西曆	戊午18	己未19	庚申20	辛酉21	壬戌22	癸亥23	甲子24	乙丑25	丙寅26	丁卯27	戊辰28	己巳29	庚午30	辛未31	壬申(1)	癸酉2	甲戌3	乙亥4	丙子5	丁丑6	戊寅7	己卯8	庚辰9	辛巳10	壬午11	癸未12	甲申13	乙酉14	丙戌15	丁亥16	壬申冬至
十二月小 癸丑	干支 天地 西曆	戊子17	己丑18	庚寅19	辛卯20	壬辰21	癸巳22	甲午23	乙未24	丙申25	丁酉26	戊戌27	己亥28	庚子29	辛丑30	壬寅31	癸卯(2)	甲辰2	乙巳3	丙午4	丁未5	戊申6	己酉7	庚戌8	辛亥9	壬子10	癸丑11	甲寅12	乙卯13	丙辰14		

年代異同	竹書紀年	皇極經世	文獻通考	歷代紀年備考	歷代帝王年表	歷代統紀表	中國年曆總譜	斷代工程
	殷盤庚五年	殷小乙十四年	殷小乙十四年	殷小乙十四年	殷小乙十四年	殷小乙十四年	殷武丁元年	

商南庚十八年（癸卯 兔年） 公元前 1338 ~ 前 1337 年

夏曆月序		中西曆對照	初一	初二	初三	初四	初五	初六	初七	初八	初九	初十	十一	十二	十三	十四	十五	十六	十七	十八	十九	二十	二一	二二	二三	二四	二五	二六	二七	二八	二九	三十	節氣與天象
正月大	甲寅	干支曆 天地西	丁巳 15	戊午 16	己未 17	庚申 18	辛酉 19	壬戌 20	癸亥 21	甲子 22	乙丑 23	丙寅 24	丁卯 25	戊辰 26	己巳 27	庚午 28	辛未 (3)	壬申 2	癸酉 3	甲戌 4	乙亥 5	丙子 6	丁丑 7	戊寅 8	己卯 9	庚辰 10	辛巳 11	壬午 12	癸未 13	甲申 14	乙酉 15	丙戌 16	丁巳立春
二月小	乙卯	干支曆 天地西	丁亥 17	戊子 18	己丑 19	庚寅 20	辛卯 21	壬辰 22	癸巳 23	甲午 24	乙未 25	丙申 26	丁酉 27	戊戌 28	己亥 29	庚子 30	辛丑 31	壬寅 (4)	癸卯 2	甲辰 3	乙巳 4	丙午 5	丁未 6	戊申 7	己酉 8	庚戌 9	辛亥 10	壬子 11	癸丑 12	甲寅 13	乙卯 14		甲辰春分
三月小	丙辰	干支曆 天地西	丙辰 15	丁巳 16	戊午 17	己未 18	庚申 19	辛酉 20	壬戌 21	癸亥 22	甲子 23	乙丑 24	丙寅 25	丁卯 26	戊辰 27	己巳 28	庚午 29	辛未 30	壬申 (5)	癸酉 2	甲戌 3	乙亥 4	丙子 5	丁丑 6	戊寅 7	己卯 8	庚辰 9	辛巳 10	壬午 11	癸未 12	甲申 13		
四月大	丁巳	干支曆 天地西	乙酉 14	丙戌 15	丁亥 16	戊子 17	己丑 18	庚寅 19	辛卯 20	壬辰 21	癸巳 22	甲午 23	乙未 24	丙申 25	丁酉 26	戊戌 27	己亥 28	庚子 29	辛丑 30	壬寅 31	癸卯 (6)	甲辰 2	乙巳 3	丙午 4	丁未 5	戊申 6	己酉 7	庚戌 8	辛亥 9	壬子 10	癸丑 11	甲寅 12	辛卯立夏
五月小	戊午	干支曆 天地西	乙卯 13	丙辰 14	丁巳 15	戊午 16	己未 17	庚申 18	辛酉 19	壬戌 20	癸亥 21	甲子 22	乙丑 23	丙寅 24	丁卯 25	戊辰 26	己巳 27	庚午 28	辛未 29	壬申 30	癸酉 (7)	甲戌 2	乙亥 3	丙子 4	丁丑 5	戊寅 6	己卯 7	庚辰 8	辛巳 9	壬午 10	癸未 11		戊寅夏至
六月小	己未	干支曆 天地西	甲申 12	乙酉 13	丙戌 14	丁亥 15	戊子 16	己丑 17	庚寅 18	辛卯 19	壬辰 20	癸巳 21	甲午 22	乙未 23	丙申 24	丁酉 25	戊戌 26	己亥 27	庚子 28	辛丑 29	壬寅 30	癸卯 31	甲辰 (8)	乙巳 2	丙午 3	丁未 4	戊申 5	己酉 6	庚戌 7	辛亥 8	壬子 9		
七月大	庚申	干支曆 天地西	癸丑 10	甲寅 11	乙卯 12	丙辰 13	丁巳 14	戊午 15	己未 16	庚申 17	辛酉 18	壬戌 19	癸亥 20	甲子 21	乙丑 22	丙寅 23	丁卯 24	戊辰 25	己巳 26	庚午 27	辛未 28	壬申 29	癸酉 30	甲戌 31	乙亥 (9)	丙子 2	丁丑 3	戊寅 4	己卯 5	庚辰 6	辛巳 7	壬午 8	甲子立秋
八月大	辛酉	干支曆 天地西	癸未 9	甲申 10	乙酉 11	丙戌 12	丁亥 13	戊子 14	己丑 15	庚寅 16	辛卯 17	壬辰 18	癸巳 19	甲午 20	乙未 21	丙申 22	丁酉 23	戊戌 24	己亥 25	庚子 26	辛丑 27	壬寅 28	癸卯 29	甲辰 30	乙巳 (10)	丙午 2	丁未 3	戊申 4	己酉 5	庚戌 6	辛亥 7	壬子 8	己酉秋分
九月小	壬戌	干支曆 天地西	癸丑 9	甲寅 10	乙卯 11	丙辰 12	丁巳 13	戊午 14	己未 15	庚申 16	辛酉 17	壬戌 18	癸亥 19	甲子 20	乙丑 21	丙寅 22	丁卯 23	戊辰 24	己巳 25	庚午 26	辛未 27	壬申 28	癸酉 29	甲戌 30	乙亥 31	丙子 (11)	丁丑 2	戊寅 3	己卯 4	庚辰 5	辛巳 6		
十月大	癸亥	干支曆 天地西	壬午 7	癸未 8	甲申 9	乙酉 10	丙戌 11	丁亥 12	戊子 13	己丑 14	庚寅 15	辛卯 16	壬辰 17	癸巳 18	甲午 19	乙未 20	丙申 21	丁酉 22	戊戌 23	己亥 24	庚子 25	辛丑 26	壬寅 27	癸卯 28	甲辰 29	乙巳 30	丙午 (12)	丁未 2	戊申 3	己酉 4	庚戌 5	辛亥 6	癸巳立冬
十一月大	甲子	干支曆 天地西	壬子 7	癸丑 8	甲寅 9	乙卯 10	丙辰 11	丁巳 12	戊午 13	己未 14	庚申 15	辛酉 16	壬戌 17	癸亥 18	甲子 19	乙丑 20	丙寅 21	丁卯 22	戊辰 23	己巳 24	庚午 25	辛未 26	壬申 27	癸酉 28	甲戌 29	乙亥 30	丙子 31	丁丑 (1)	戊寅 2	己卯 3	庚辰 4	辛巳 5	戊寅冬至
十二月大	乙丑	干支曆 天地西	壬午 6	癸未 7	甲申 8	乙酉 9	丙戌 10	丁亥 11	戊子 12	己丑 13	庚寅 14	辛卯 15	壬辰 16	癸巳 17	甲午 18	乙未 19	丙申 20	丁酉 21	戊戌 22	己亥 23	庚子 24	辛丑 25	壬寅 26	癸卯 27	甲辰 28	乙巳 29	丙午 30	丁未 31	戊申 (2)	己酉 2	庚戌 3	辛亥 4	

年代異同	竹書紀年	皇極經世	文獻通考	歷代紀年備考	歷代帝王年表	歷代統紀表	中國年曆總譜	斷代工程
	殷盤六年	殷小乙十五年	殷小乙十五年	殷小乙十五年	殷小乙十五年	殷小乙十五年	殷武丁二年	

商南庚十九年（甲辰 龍年） 公元前 1337 ~ 前 1336 年

夏曆月序		中西曆日對照	夏曆日序																													節氣與天象
			初一	初二	初三	初四	初五	初六	初七	初八	初九	初十	十一	十二	十三	十四	十五	十六	十七	十八	十九	二十	二一	二二	二三	二四	二五	二六	二七	二八	二九	三十	
正月小	丙寅	天干地支西曆	壬子5	癸丑6	甲寅7	乙卯8	丙辰9	丁巳10	戊午11	己未12	庚申13	辛酉14	壬戌15	癸亥16	甲子17	乙丑18	丙寅19	丁卯20	戊辰21	己巳22	庚午23	辛未24	壬申25	癸酉26	甲戌27	乙亥28	丙子29	丁丑(3)	戊寅2	己卯3	庚辰4		癸亥立春
二月大	丁卯	天干地支西曆	辛巳5	壬午6	癸未7	甲申8	乙酉9	丙戌10	丁亥11	戊子12	己丑13	庚寅14	辛卯15	壬辰16	癸巳17	甲午18	乙未19	丙申20	丁酉21	戊戌22	己亥23	庚子24	辛丑25	壬寅26	癸卯27	甲辰28	乙巳29	丙午30	丁未31	戊申(4)	己酉2	庚戌3	己酉春分
三月小	戊辰	天干地支西曆	辛亥4	壬子5	癸丑6	甲寅7	乙卯8	丙辰9	丁巳10	戊午11	己未12	庚申13	辛酉14	壬戌15	癸亥16	甲子17	乙丑18	丙寅19	丁卯20	戊辰21	己巳22	庚午23	辛未24	壬申25	癸酉26	甲戌27	乙亥28	丙子29	丁丑30	戊寅(5)	己卯2		
四月小	己巳	天干地支西曆	庚辰3	辛巳4	壬午5	癸未6	甲申7	乙酉8	丙戌9	丁亥10	戊子11	己丑12	庚寅13	辛卯14	壬辰15	癸巳16	甲午17	乙未18	丙申19	丁酉20	戊戌21	己亥22	庚子23	辛丑24	壬寅25	癸卯26	甲辰27	乙巳28	丙午29	丁未30	戊申31		丙申立夏
五月大	庚午	天干地支西曆	己酉(6)	庚戌2	辛亥3	壬子4	癸丑5	甲寅6	乙卯7	丙辰8	丁巳9	戊午10	己未11	庚申12	辛酉13	壬戌14	癸亥15	甲子16	乙丑17	丙寅18	丁卯19	戊辰20	己巳21	庚午22	辛未23	壬申24	癸酉25	甲戌26	乙亥27	丙子28	丁丑29	戊寅30	
六月小	辛未	天干地支西曆	己卯(7)	庚辰2	辛巳3	壬午4	癸未5	甲申6	乙酉7	丙戌8	丁亥9	戊子10	己丑11	庚寅12	辛卯13	壬辰14	癸巳15	甲午16	乙未17	丙申18	丁酉19	戊戌20	己亥21	庚子22	辛丑23	壬寅24	癸卯25	甲辰26	乙巳27	丙午28	丁未29		癸未夏至
閏六月小	辛未	天干地支西曆	戊申30	己酉31	庚戌(8)	辛亥2	壬子3	癸丑4	甲寅5	乙卯6	丙辰7	丁巳8	戊午9	己未10	庚申11	辛酉12	壬戌13	癸亥14	甲子15	乙丑16	丙寅17	丁卯18	戊辰19	己巳20	庚午21	辛未22	壬申23	癸酉24	甲戌25	乙亥26	丙子27		己巳立秋
七月大	壬申	天干地支西曆	丁丑28	戊寅29	己卯30	庚辰31	辛巳(9)	壬午2	癸未3	甲申4	乙酉5	丙戌6	丁亥7	戊子8	己丑9	庚寅10	辛卯11	壬辰12	癸巳13	甲午14	乙未15	丙申16	丁酉17	戊戌18	己亥19	庚子20	辛丑21	壬寅22	癸卯23	甲辰24	乙巳25	丙午26	
八月小	癸酉	天干地支西曆	丁未27	戊申28	己酉29	庚戌30	辛亥(10)	壬子2	癸丑3	甲寅4	乙卯5	丙辰6	丁巳7	戊午8	己未9	庚申10	辛酉11	壬戌12	癸亥13	甲子14	乙丑15	丙寅16	丁卯17	戊辰18	己巳19	庚午20	辛未21	壬申22	癸酉23	甲戌24	乙亥25		乙卯秋分
九月大	甲戌	天干地支西曆	丙子26	丁丑27	戊寅28	己卯29	庚辰30	辛巳31	壬午(11)	癸未2	甲申3	乙酉4	丙戌5	丁亥6	戊子7	己丑8	庚寅9	辛卯10	壬辰11	癸巳12	甲午13	乙未14	丙申15	丁酉16	戊戌17	己亥18	庚子19	辛丑20	壬寅21	癸卯22	甲辰23	乙巳24	己亥立冬
十月大	乙亥	天干地支西曆	丙午25	丁未26	戊申27	己酉28	庚戌29	辛亥30	壬子(12)	癸丑2	甲寅3	乙卯4	丙辰5	丁巳6	戊午7	己未8	庚申9	辛酉10	壬戌11	癸亥12	甲子13	乙丑14	丙寅15	丁卯16	戊辰17	己巳18	庚午19	辛未20	壬申21	癸酉22	甲戌23	乙亥24	
十一月大	丙子	天干地支西曆	丙子25	丁丑26	戊寅27	己卯28	庚辰29	辛巳30	壬午31	癸未(1)	甲申2	乙酉3	丙戌4	丁亥5	戊子6	己丑7	庚寅8	辛卯9	壬辰10	癸巳11	甲午12	乙未13	丙申14	丁酉15	戊戌16	己亥17	庚子18	辛丑19	壬寅20	癸卯21	甲辰22	乙巳23	癸未冬至
十二月大	丁丑	天干地支西曆	丙午24	丁未25	戊申26	己酉27	庚戌28	辛亥29	壬子30	癸丑31	甲寅(2)	乙卯2	丙辰3	丁巳4	戊午5	己未6	庚申7	辛酉8	壬戌9	癸亥10	甲子11	乙丑12	丙寅13	丁卯14	戊辰15	己巳16	庚午17	辛未18	壬申19	癸酉20	甲戌21	乙亥22	戊辰立春

年代異同	竹書紀年	皇極經世	文獻通考	歷代紀年備考	歷代帝王年表	歷代統紀表	中國年曆總譜	斷代工程
	殷盤庚七年	殷小乙十六年	殷小乙十六年	殷小乙十六年	殷小乙十六年	殷小乙十六年	殷武丁三年	

商南庚二十年（乙巳 蛇年） 公元前 **1336** ~ 前 1335 年

夏曆月序		中西曆日對照	初一	初二	初三	初四	初五	初六	初七	初八	初九	初十	十一	十二	十三	十四	十五	十六	十七	十八	十九	二十	二一	二二	二三	二四	二五	二六	二七	二八	二九	三十	節氣與天象
正月小	戊寅	天干 地支 西曆	丙子23	丁丑24	戊寅25	己卯26	庚辰27	辛巳28	壬午(3)	癸未2	甲申3	乙酉4	丙戌5	丁亥6	戊子7	己丑8	庚寅9	辛卯10	壬辰11	癸巳12	甲午13	乙未14	丙申15	丁酉16	戊戌17	己亥18	庚子19	辛丑20	壬寅21	癸卯22	甲辰23		
二月大	己卯	天干 地支 西曆	乙巳24	丙午25	丁未26	戊申27	己酉28	庚戌29	辛亥30	壬子31	癸丑(4)	甲寅2	乙卯3	丙辰4	丁巳5	戊午6	己未7	庚申8	辛酉9	壬戌10	癸亥11	甲子12	乙丑13	丙寅14	丁卯15	戊辰16	己巳17	庚午18	辛未19	壬申20	癸酉21	甲戌22	甲寅春分
三月小	庚辰	天干 地支 西曆	乙亥23	丙子24	丁丑25	戊寅26	己卯27	庚辰28	辛巳29	壬午30	癸未(5)	甲申2	乙酉3	丙戌4	丁亥5	戊子6	己丑7	庚寅8	辛卯9	壬辰10	癸巳11	甲午12	乙未13	丙申14	丁酉15	戊戌16	己亥17	庚子18	辛丑19	壬寅20	癸卯21		辛丑立夏
四月小	辛巳	天干 地支 西曆	甲辰22	乙巳23	丙午24	丁未25	戊申26	己酉27	庚戌28	辛亥29	壬子30	癸丑31	甲寅(6)	乙卯2	丙辰3	丁巳4	戊午5	己未6	庚申7	辛酉8	壬戌9	癸亥10	甲子11	乙丑12	丙寅13	丁卯14	戊辰15	己巳16	庚午17	辛未18	壬申19		
五月大	壬午	天干 地支 西曆	癸酉20	甲戌21	乙亥22	丙子23	丁丑24	戊寅25	己卯26	庚辰27	辛巳28	壬午29	癸未30	甲申(7)	乙酉2	丙戌3	丁亥4	戊子5	己丑6	庚寅7	辛卯8	壬辰9	癸巳10	甲午11	乙未12	丙申13	丁酉14	戊戌15	己亥16	庚子17	辛丑18	壬寅19	戊子夏至
六月小	癸未	天干 地支 西曆	癸卯20	甲辰21	乙巳22	丙午23	丁未24	戊申25	己酉26	庚戌27	辛亥28	壬子29	癸丑30	甲寅31	乙卯(8)	丙辰2	丁巳3	戊午4	己未5	庚申6	辛酉7	壬戌8	癸亥9	甲子10	乙丑11	丙寅12	丁卯13	戊辰14	己巳15	庚午16	辛未17		
七月小	甲申	天干 地支 西曆	壬申18	癸酉19	甲戌20	乙亥21	丙子22	丁丑23	戊寅24	己卯25	庚辰26	辛巳27	壬午28	癸未29	甲申30	乙酉31	丙戌(9)	丁亥2	戊子3	己丑4	庚寅5	辛卯6	壬辰7	癸巳8	甲午9	乙未10	丙申11	丁酉12	戊戌13	己亥14	庚子15		乙亥立秋
八月大	乙酉	天干 地支 西曆	辛丑16	壬寅17	癸卯18	甲辰19	乙巳20	丙午21	丁未22	戊申23	己酉24	庚戌25	辛亥26	壬子27	癸丑28	甲寅29	乙卯30	丙辰(10)	丁巳2	戊午3	己未4	庚申5	辛酉6	壬戌7	癸亥8	甲子9	乙丑10	丙寅11	丁卯12	戊辰13	己巳14	庚午15	庚申秋分
九月小	丙戌	天干 地支 西曆	辛未16	壬申17	癸酉18	甲戌19	乙亥20	丙子21	丁丑22	戊寅23	己卯24	庚辰25	辛巳26	壬午27	癸未28	甲申29	乙酉30	丙戌31	丁亥(11)	戊子2	己丑3	庚寅4	辛卯5	壬辰6	癸巳7	甲午8	乙未9	丙申10	丁酉11	戊戌12	己亥13		
十月大	丁亥	天干 地支 西曆	庚子14	辛丑15	壬寅16	癸卯17	甲辰18	乙巳19	丙午20	丁未21	戊申22	己酉23	庚戌24	辛亥25	壬子26	癸丑27	甲寅28	乙卯29	丙辰30	丁巳(12)	戊午2	己未3	庚申4	辛酉5	壬戌6	癸亥7	甲子8	乙丑9	丙寅10	丁卯11	戊辰12	己巳13	甲辰立冬
十一月大	戊子	天干 地支 西曆	庚午14	辛未15	壬申16	癸酉17	甲戌18	乙亥19	丙子20	丁丑21	戊寅22	己卯23	庚辰24	辛巳25	壬午26	癸未27	甲申28	乙酉29	丙戌30	丁亥31	戊子(1)	己丑2	庚寅3	辛卯4	壬辰5	癸巳6	甲午7	乙未8	丙申9	丁酉10	戊戌11	己亥12	戊子冬至
十二月大	己丑	天干 地支 西曆	庚子13	辛丑14	壬寅15	癸卯16	甲辰17	乙巳18	丙午19	丁未20	戊申21	己酉22	庚戌23	辛亥24	壬子25	癸丑26	甲寅27	乙卯28	丙辰29	丁巳30	戊午31	己未(2)	庚申2	辛酉3	壬戌4	癸亥5	甲子6	乙丑7	丙寅8	丁卯9	戊辰10	己巳11	

年代異同	竹書紀年	皇極經世	文獻通考	歷代紀年備考	歷代帝王年表	歷代統紀表	中國年曆總譜	斷代工程
	殷盤庚八年	殷小乙十七年	殷小乙十七年	殷小乙十七年	殷小乙十七年	殷小乙十七年	殷武丁四年	

商南庚二十一年（丙午 馬年） 公元前 1335 ～ 前 1334 年

夏曆月序		中西曆日對照	初一	初二	初三	初四	初五	初六	初七	初八	初九	初十	十一	十二	十三	十四	十五	十六	十七	十八	十九	二十	二一	二二	二三	二四	二五	二六	二七	二八	二九	三十	節氣與天象
正月小	庚寅	天地干支 西曆	庚午12	辛未13	壬申14	癸酉15	甲戌16	乙亥17	丙子18	丁丑19	戊寅20	己卯21	庚辰22	辛巳23	壬午24	癸未25	甲申26	乙酉27	丙戌28	丁亥(3)	戊子2	己丑3	庚寅4	辛卯5	壬辰6	癸巳7	甲午8	乙未9	丙申10	丁酉11	戊戌12		癸酉立春
二月大	辛卯	天地干支 西曆	己亥13	庚子14	辛丑15	壬寅16	癸卯17	甲辰18	乙巳19	丙午20	丁未21	戊申22	己酉23	庚戌24	辛亥25	壬子26	癸丑27	甲寅28	乙卯29	丙辰30	丁巳31	戊午(4)	己未2	庚申3	辛酉4	壬戌5	癸亥6	甲子7	乙丑8	丙寅9	丁卯10	戊辰11	己未春分
三月小	壬辰	天地干支 西曆	己巳12	庚午13	辛未14	壬申15	癸酉16	甲戌17	乙亥18	丙子19	丁丑20	戊寅21	己卯22	庚辰23	辛巳24	壬午25	癸未26	甲申27	乙酉28	丙戌29	丁亥30	戊子(5)	己丑2	庚寅3	辛卯4	壬辰5	癸巳6	甲午7	乙未8	丙申9	丁酉10		
四月大	癸巳	天地干支 西曆	戊戌11	己亥12	庚子13	辛丑14	壬寅15	癸卯16	甲辰17	乙巳18	丙午19	丁未20	戊申21	己酉22	庚戌23	辛亥24	壬子25	癸丑26	甲寅27	乙卯28	丙辰29	丁巳30	戊午31	己未(6)	庚申2	辛酉3	壬戌4	癸亥5	甲子6	乙丑7	丙寅8	丁卯9	丙午立夏
五月小	甲午	天地干支 西曆	戊辰10	己巳11	庚午12	辛未13	壬申14	癸酉15	甲戌16	乙亥17	丙子18	丁丑19	戊寅20	己卯21	庚辰22	辛巳23	壬午24	癸未25	甲申26	乙酉27	丙戌28	丁亥29	戊子30	己丑(7)	庚寅2	辛卯3	壬辰4	癸巳5	甲午6	乙未7	丙申8		甲午夏至
六月大	乙未	天地干支 西曆	丁酉9	戊戌10	己亥11	庚子12	辛丑13	壬寅14	癸卯15	甲辰16	乙巳17	丙午18	丁未19	戊申20	己酉21	庚戌22	辛亥23	壬子24	癸丑25	甲寅26	乙卯27	丙辰28	丁巳29	戊午30	己未31	庚申(8)	辛酉2	壬戌3	癸亥4	甲子5	乙丑6	丙寅7	
七月小	丙申	天地干支 西曆	丁卯8	戊辰9	己巳10	庚午11	辛未12	壬申13	癸酉14	甲戌15	乙亥16	丙子17	丁丑18	戊寅19	己卯20	庚辰21	辛巳22	壬午23	癸未24	甲申25	乙酉26	丙戌27	丁亥28	戊子29	己丑30	庚寅31	辛卯(9)	壬辰2	癸巳3	甲午4	乙未5		庚辰立秋
八月小	丁酉	天地干支 西曆	丙申6	丁酉7	戊戌8	己亥9	庚子10	辛丑11	壬寅12	癸卯13	甲辰14	乙巳15	丙午16	丁未17	戊申18	己酉19	庚戌20	辛亥21	壬子22	癸丑23	甲寅24	乙卯25	丙辰26	丁巳27	戊午28	己未29	庚申30	辛酉(10)	壬戌2	癸亥3	甲子4		
九月大	戊戌	天地干支 西曆	乙丑5	丙寅6	丁卯7	戊辰8	己巳9	庚午10	辛未11	壬申12	癸酉13	甲戌14	乙亥15	丙子16	丁丑17	戊寅18	己卯19	庚辰20	辛巳21	壬午22	癸未23	甲申24	乙酉25	丙戌26	丁亥27	戊子28	己丑29	庚寅30	辛卯31	壬辰(11)	癸巳2	甲午3	乙丑秋分
十月小	己亥	天地干支 西曆	乙未4	丙申5	丁酉6	戊戌7	己亥8	庚子9	辛丑10	壬寅11	癸卯12	甲辰13	乙巳14	丙午15	丁未16	戊申17	己酉18	庚戌19	辛亥20	壬子21	癸丑22	甲寅23	乙卯24	丙辰25	丁巳26	戊午27	己未28	庚申29	辛酉30	壬戌(12)	癸亥2		己酉立冬
十一月大	庚子	天地干支 西曆	甲子3	乙丑4	丙寅5	丁卯6	戊辰7	己巳8	庚午9	辛未10	壬申11	癸酉12	甲戌13	乙亥14	丙子15	丁丑16	戊寅17	己卯18	庚辰19	辛巳20	壬午21	癸未22	甲申23	乙酉24	丙戌25	丁亥26	戊子27	己丑28	庚寅29	辛卯30	壬辰31	癸巳(1)	癸巳冬至
十二月大	辛丑	天地干支 西曆	甲午2	乙未3	丙申4	丁酉5	戊戌6	己亥7	庚子8	辛丑9	壬寅10	癸卯11	甲辰12	乙巳13	丙午14	丁未15	戊申16	己酉17	庚戌18	辛亥19	壬子20	癸丑21	甲寅22	乙卯23	丙辰24	丁巳25	戊午26	己未27	庚申28	辛酉29	壬戌30	癸亥31	

年代異同	竹書紀年	皇極經世	文獻通考	歷代紀年備考	歷代帝王年表	歷代統紀表	中國年曆總譜	斷代工程
	殷盤庚九年	殷小乙十八年	殷小乙十八年	殷小乙十八年	殷小乙十八年	殷小乙十八年	殷武丁五年	

商南庚二十二年（丁未 羊年） 公元前 1334 ~ 前 1333 年

夏曆月序	中西曆日對照		初一	初二	初三	初四	初五	初六	初七	初八	初九	初十	十一	十二	十三	十四	十五	十六	十七	十八	十九	二十	二一	二二	二三	二四	二五	二六	二七	二八	二九	三十	節氣與天象
正月小	壬寅	天干 地支 西曆	甲子(2)	乙丑2	丙寅3	丁卯4	戊辰5	己巳6	庚午7	辛未8	壬申9	癸酉10	甲戌11	乙亥12	丙子13	丁丑14	戊寅15	己卯16	庚辰17	辛巳18	壬午19	癸未20	甲申21	乙酉22	丙戌23	丁亥24	戊子25	己丑26	庚寅27	辛卯28	壬辰(3)		戊寅立春
二月大	癸卯	天干 地支 西曆	癸巳2	甲午3	乙未4	丙申5	丁酉6	戊戌7	己亥8	庚子9	辛丑10	壬寅11	癸卯12	甲辰13	乙巳14	丙午15	丁未16	戊申17	己酉18	庚戌19	辛亥20	壬子21	癸丑22	甲寅23	乙卯24	丙辰25	丁巳26	戊午27	己未28	庚申29	辛酉30	壬戌31	
三月小	甲辰	天干 地支 西曆	癸亥(4)	甲子2	乙丑3	丙寅4	丁卯5	戊辰6	己巳7	庚午8	辛未9	壬申10	癸酉11	甲戌12	乙亥13	丙子14	丁丑15	戊寅16	己卯17	庚辰18	辛巳19	壬午20	癸未21	甲申22	乙酉23	丙戌24	丁亥25	戊子26	己丑27	庚寅28	辛卯29		乙丑春分
四月小	乙巳	天干 地支 西曆	壬辰30	癸巳(5)	甲午2	乙未3	丙申4	丁酉5	戊戌6	己亥7	庚子8	辛丑9	壬寅10	癸卯11	甲辰12	乙巳13	丙午14	丁未15	戊申16	己酉17	庚戌18	辛亥19	壬子20	癸丑21	甲寅22	乙卯23	丙辰24	丁巳25	戊午26	己未27	庚申28		壬子立夏
閏四月大	乙巳	天干 地支 西曆	辛酉29	壬戌30	癸亥31	甲子(6)	乙丑2	丙寅3	丁卯4	戊辰5	己巳6	庚午7	辛未8	壬申9	癸酉10	甲戌11	乙亥12	丙子13	丁丑14	戊寅15	己卯16	庚辰17	辛巳18	壬午19	癸未20	甲申21	乙酉22	丙戌23	丁亥24	戊子25	己丑26	庚寅27	
五月小	丙午	天干 地支 西曆	辛卯28	壬辰29	癸巳30	甲午(7)	乙未2	丙申3	丁酉4	戊戌5	己亥6	庚子7	辛丑8	壬寅9	癸卯10	甲辰11	乙巳12	丙午13	丁未14	戊申15	己酉16	庚戌17	辛亥18	壬子19	癸丑20	甲寅21	乙卯22	丙辰23	丁巳24	戊午25	己未26		己亥夏至
六月大	丁未	天干 地支 西曆	庚申27	辛酉28	壬戌29	癸亥30	甲子31	乙丑(8)	丙寅2	丁卯3	戊辰4	己巳5	庚午6	辛未7	壬申8	癸酉9	甲戌10	乙亥11	丙子12	丁丑13	戊寅14	己卯15	庚辰16	辛巳17	壬午18	癸未19	甲申20	乙酉21	丙戌22	丁亥23	戊子24	己丑25	乙酉立秋
七月小	戊申	天干 地支 西曆	庚寅26	辛卯27	壬辰28	癸巳29	甲午30	乙未31	丙申(9)	丁酉2	戊戌3	己亥4	庚子5	辛丑6	壬寅7	癸卯8	甲辰9	乙巳10	丙午11	丁未12	戊申13	己酉14	庚戌15	辛亥16	壬子17	癸丑18	甲寅19	乙卯20	丙辰21	丁巳22	戊午23		
八月大	己酉	天干 地支 西曆	己未24	庚申25	辛酉26	壬戌27	癸亥28	甲子29	乙丑30	丙寅(10)	丁卯2	戊辰3	己巳4	庚午5	辛未6	壬申7	癸酉8	甲戌9	乙亥10	丙子11	丁丑12	戊寅13	己卯14	庚辰15	辛巳16	壬午17	癸未18	甲申19	乙酉20	丙戌21	丁亥22	戊子23	庚午秋分
九月大	庚戌	天干 地支 西曆	己丑24	庚寅25	辛卯26	壬辰27	癸巳28	甲午29	乙未30	丙申31	丁酉(11)	戊戌2	己亥3	庚子4	辛丑5	壬寅6	癸卯7	甲辰8	乙巳9	丙午10	丁未11	戊申12	己酉13	庚戌14	辛亥15	壬子16	癸丑17	甲寅18	乙卯19	丙辰20	丁巳21	戊午22	甲寅立冬
十月小	辛亥	天干 地支 西曆	己未23	庚申24	辛酉25	壬戌26	癸亥27	甲子28	乙丑29	丙寅30	丁卯(12)	戊辰2	己巳3	庚午4	辛未5	壬申6	癸酉7	甲戌8	乙亥9	丙子10	丁丑11	戊寅12	己卯13	庚辰14	辛巳15	壬午16	癸未17	甲申18	乙酉19	丙戌20	丁亥21		
十一月大	壬子	天干 地支 西曆	戊子22	己丑23	庚寅24	辛卯25	壬辰26	癸巳27	甲午28	乙未29	丙申30	丁酉31	戊戌(1)	己亥2	庚子3	辛丑4	壬寅5	癸卯6	甲辰7	乙巳8	丙午9	丁未10	戊申11	己酉12	庚戌13	辛亥14	壬子15	癸丑16	甲寅17	乙卯18	丙辰19	丁巳20	己亥冬至
十二月小	癸丑	天干 地支 西曆	戊午21	己未22	庚申23	辛酉24	壬戌25	癸亥26	甲子27	乙丑28	丙寅29	丁卯30	戊辰31	己巳(2)	庚午2	辛未3	壬申4	癸酉5	甲戌6	乙亥7	丙子8	丁丑9	戊寅10	己卯11	庚辰12	辛巳13	壬午14	癸未15	甲申16	乙酉17	丙戌18		甲申立春

年代異同	竹書紀年	皇極經世	文獻通考	歷代紀年備考	歷代帝王年表	歷代統紀表	中國年曆總譜	斷代工程
	殷盤庚十年	殷小乙十九年	殷小乙十九年	殷小乙十九年	殷小乙十九年	殷小乙十九年	殷武丁六年	

商南庚二十三年（戊申 猴年） 公元前1333 ~ 前1332年

夏曆月序		中西曆日對照	夏曆日序																														節氣與天象
			初一	初二	初三	初四	初五	初六	初七	初八	初九	初十	十一	十二	十三	十四	十五	十六	十七	十八	十九	二十	二一	二二	二三	二四	二五	二六	二七	二八	二九	三十	
正月大	甲寅	天干地支西曆	丁亥19	戊子20	己丑21	庚寅22	辛卯23	壬辰24	癸巳25	甲午26	乙未27	丙申28	丁酉29	戊戌(3)	己亥2	庚子3	辛丑4	壬寅5	癸卯6	甲辰7	乙巳8	丙午9	丁未10	戊申11	己酉12	庚戌13	辛亥14	壬子15	癸丑16	甲寅17	乙卯18	丙辰19	
二月大	乙卯	天干地支西曆	丁巳20	戊午21	己未22	庚申23	辛酉24	壬戌25	癸亥26	甲子27	乙丑28	丙寅29	丁卯30	戊辰31	己巳(4)	庚午2	辛未3	壬申4	癸酉5	甲戌6	乙亥7	丙子8	丁丑9	戊寅10	己卯11	庚辰12	辛巳13	壬午14	癸未15	甲申16	乙酉17	丙戌18	庚午春分
三月小	丙辰	天干地支西曆	丁亥19	戊子20	己丑21	庚寅22	辛卯23	壬辰24	癸巳25	甲午26	乙未27	丙申28	丁酉29	戊戌30	己亥(5)	庚子2	辛丑3	壬寅4	癸卯5	甲辰6	乙巳7	丙午8	丁未9	戊申10	己酉11	庚戌12	辛亥13	壬子14	癸丑15	甲寅16	乙卯17		
四月大	丁巳	天干地支西曆	丙辰18	丁巳19	戊午20	己未21	庚申22	辛酉23	壬戌24	癸亥25	甲子26	乙丑27	丙寅28	丁卯29	戊辰30	己巳31	庚午(6)	辛未2	壬申3	癸酉4	甲戌5	乙亥6	丙子7	丁丑8	戊寅9	己卯10	庚辰11	辛巳12	壬午13	癸未14	甲申15	乙酉16	丁巳立夏
五月小	戊午	天干地支西曆	丙戌17	丁亥18	戊子19	己丑20	庚寅21	辛卯22	壬辰23	癸巳24	甲午25	乙未26	丙申27	丁酉28	戊戌29	己亥30	庚子(7)	辛丑2	壬寅3	癸卯4	甲辰5	乙巳6	丙午7	丁未8	戊申9	己酉10	庚戌11	辛亥12	壬子13	癸丑14	甲寅15		甲辰夏至
六月大	己未	天干地支西曆	乙卯16	丙辰17	丁巳18	戊午19	己未20	庚申21	辛酉22	壬戌23	癸亥24	甲子25	乙丑26	丙寅27	丁卯28	戊辰29	己巳30	庚午31	辛未(8)	壬申2	癸酉3	甲戌4	乙亥5	丙子6	丁丑7	戊寅8	己卯9	庚辰10	辛巳11	壬午12	癸未13	甲申14	
七月大	庚申	天干地支西曆	乙酉15	丙戌16	丁亥17	戊子18	己丑19	庚寅20	辛卯21	壬辰22	癸巳23	甲午24	乙未25	丙申26	丁酉27	戊戌28	己亥29	庚子30	辛丑31	壬寅(9)	癸卯2	甲辰3	乙巳4	丙午5	丁未6	戊申7	己酉8	庚戌9	辛亥10	壬子11	癸丑12	甲寅13	庚寅立秋 乙酉日食
八月小	辛酉	天干地支西曆	乙卯14	丙辰15	丁巳16	戊午17	己未18	庚申19	辛酉20	壬戌21	癸亥22	甲子23	乙丑24	丙寅25	丁卯26	戊辰27	己巳28	庚午29	辛未30	壬申(10)	癸酉2	甲戌3	乙亥4	丙子5	丁丑6	戊寅7	己卯8	庚辰9	辛巳10	壬午11	癸未12		乙亥秋分
九月大	壬戌	天干地支西曆	甲申13	乙酉14	丙戌15	丁亥16	戊子17	己丑18	庚寅19	辛卯20	壬辰21	癸巳22	甲午23	乙未24	丙申25	丁酉26	戊戌27	己亥28	庚子29	辛丑30	壬寅31	癸卯(11)	甲辰2	乙巳3	丙午4	丁未5	戊申6	己酉7	庚戌8	辛亥9	壬子10	癸丑11	
十月小	癸亥	天干地支西曆	甲寅12	乙卯13	丙辰14	丁巳15	戊午16	己未17	庚申18	辛酉19	壬戌20	癸亥21	甲子22	乙丑23	丙寅24	丁卯25	戊辰26	己巳27	庚午28	辛未29	壬申30	癸酉(12)	甲戌2	乙亥3	丙子4	丁丑5	戊寅6	己卯7	庚辰8	辛巳9	壬午10		庚申立冬
十一月小	甲子	天干地支西曆	癸未11	甲申12	乙酉13	丙戌14	丁亥15	戊子16	己丑17	庚寅18	辛卯19	壬辰20	癸巳21	甲午22	乙未23	丙申24	丁酉25	戊戌26	己亥27	庚子28	辛丑29	壬寅30	癸卯31	甲辰(1)	乙巳2	丙午3	丁未4	戊申5	己酉6	庚戌7	辛亥8		甲辰冬至
十二月大	乙丑	天干地支西曆	壬子9	癸丑10	甲寅11	乙卯12	丙辰13	丁巳14	戊午15	己未16	庚申17	辛酉18	壬戌19	癸亥20	甲子21	乙丑22	丙寅23	丁卯24	戊辰25	己巳26	庚午27	辛未28	壬申29	癸酉30	甲戌31	乙亥(2)	丙子2	丁丑3	戊寅4	己卯5	庚辰6	辛巳7	

年代異同	竹書紀年	皇極經世	文獻通考	歷代紀年備考	歷代帝王年表	歷代統紀表	中國年曆總譜	斷代工程
	殷盤庚十一年	殷小乙二十年	殷小乙二十年	殷小乙二十年	殷小乙二十年	殷小乙二十年	殷武丁七年	

商南庚二十四年（己酉 鷄年）公元前 1332 ~ 前 1331 年

夏曆月序		中西曆日對照	夏曆日序																														節氣與天象
			初一	初二	初三	初四	初五	初六	初七	初八	初九	初十	十一	十二	十三	十四	十五	十六	十七	十八	十九	二十	二一	二二	二三	二四	二五	二六	二七	二八	二九	三十	
正月小	丙寅	天干地支 西曆	壬午 8	癸未 9	甲申 10	乙酉 11	丙戌 12	丁亥 13	戊子 14	己丑 15	庚寅 16	辛卯 17	壬辰 18	癸巳 19	甲午 20	乙未 21	丙申 22	丁酉 23	戊戌 24	己亥 25	庚子 26	辛丑 27	壬寅 28	癸卯 (3)	甲辰 2	乙巳 3	丙午 4	丁未 5	戊申 6	己酉 7	庚戌 8		己丑立春
二月大	丁卯	天干地支 西曆	辛亥 9	壬子 10	癸丑 11	甲寅 12	乙卯 13	丙辰 14	丁巳 15	戊午 16	己未 17	庚申 18	辛酉 19	壬戌 20	癸亥 21	甲子 22	乙丑 23	丙寅 24	丁卯 25	戊辰 26	己巳 27	庚午 28	辛未 29	壬申 30	癸酉 31	甲戌 (4)	乙亥 2	丙子 3	丁丑 4	戊寅 5	己卯 6	庚辰 7	乙亥春分
三月小	戊辰	天干地支 西曆	辛巳 8	壬午 9	癸未 10	甲申 11	乙酉 12	丙戌 13	丁亥 14	戊子 15	己丑 16	庚寅 17	辛卯 18	壬辰 19	癸巳 20	甲午 21	乙未 22	丙申 23	丁酉 24	戊戌 25	己亥 26	庚子 27	辛丑 28	壬寅 29	癸卯 30	甲辰 (5)	乙巳 2	丙午 3	丁未 4	戊申 5	己酉 6		
四月大	己巳	天干地支 西曆	庚戌 7	辛亥 8	壬子 9	癸丑 10	甲寅 11	乙卯 12	丙辰 13	丁巳 14	戊午 15	己未 16	庚申 17	辛酉 18	壬戌 19	癸亥 20	甲子 21	乙丑 22	丙寅 23	丁卯 24	戊辰 25	己巳 26	庚午 27	辛未 28	壬申 29	癸酉 30	甲戌 31	乙亥 (6)	丙子 2	丁丑 3	戊寅 4	己卯 5	壬戌立夏
五月大	庚午	天干地支 西曆	庚辰 6	辛巳 7	壬午 8	癸未 9	甲申 10	乙酉 11	丙戌 12	丁亥 13	戊子 14	己丑 15	庚寅 16	辛卯 17	壬辰 18	癸巳 19	甲午 20	乙未 21	丙申 22	丁酉 23	戊戌 24	己亥 25	庚子 26	辛丑 27	壬寅 28	癸卯 29	甲辰 30	乙巳 (7)	丙午 2	丁未 3	戊申 4	己酉 5	己酉夏至
六月小	辛未	天干地支 西曆	庚戌 6	辛亥 7	壬子 8	癸丑 9	甲寅 10	乙卯 11	丙辰 12	丁巳 13	戊午 14	己未 15	庚申 16	辛酉 17	壬戌 18	癸亥 19	甲子 20	乙丑 21	丙寅 22	丁卯 23	戊辰 24	己巳 25	庚午 26	辛未 27	壬申 28	癸酉 29	甲戌 30	乙亥 31	丙子 (8)	丁丑 2	戊寅 3		
七月大	壬申	天干地支 西曆	己卯 4	庚辰 5	辛巳 6	壬午 7	癸未 8	甲申 9	乙酉 10	丙戌 11	丁亥 12	戊子 13	己丑 14	庚寅 15	辛卯 16	壬辰 17	癸巳 18	甲午 19	乙未 20	丙申 21	丁酉 22	戊戌 23	己亥 24	庚子 25	辛丑 26	壬寅 27	癸卯 28	甲辰 29	乙巳 30	丙午 31	丁未 (9)	戊申 2	丙申立秋
八月大	癸酉	天干地支 西曆	己酉 3	庚戌 4	辛亥 5	壬子 6	癸丑 7	甲寅 8	乙卯 9	丙辰 10	丁巳 11	戊午 12	己未 13	庚申 14	辛酉 15	壬戌 16	癸亥 17	甲子 18	乙丑 19	丙寅 20	丁卯 21	戊辰 22	己巳 23	庚午 24	辛未 25	壬申 26	癸酉 27	甲戌 28	乙亥 29	丙子 30	丁丑 (10)	戊寅 2	
九月小	甲戌	天干地支 西曆	己卯 3	庚辰 4	辛巳 5	壬午 6	癸未 7	甲申 8	乙酉 9	丙戌 10	丁亥 11	戊子 12	己丑 13	庚寅 14	辛卯 15	壬辰 16	癸巳 17	甲午 18	乙未 19	丙申 20	丁酉 21	戊戌 22	己亥 23	庚子 24	辛丑 25	壬寅 26	癸卯 27	甲辰 28	乙巳 29	丙午 30	丁未 31		辛巳秋分
十月大	乙亥	天干地支 西曆	戊申 (11)	己酉 2	庚戌 3	辛亥 4	壬子 5	癸丑 6	甲寅 7	乙卯 8	丙辰 9	丁巳 10	戊午 11	己未 12	庚申 13	辛酉 14	壬戌 15	癸亥 16	甲子 17	乙丑 18	丙寅 19	丁卯 20	戊辰 21	己巳 22	庚午 23	辛未 24	壬申 25	癸酉 26	甲戌 27	乙亥 28	丙子 29	丁丑 30	乙丑立冬
十一月小	丙子	天干地支 西曆	戊寅 (12)	己卯 2	庚辰 3	辛巳 4	壬午 5	癸未 6	甲申 7	乙酉 8	丙戌 9	丁亥 10	戊子 11	己丑 12	庚寅 13	辛卯 14	壬辰 15	癸巳 16	甲午 17	乙未 18	丙申 19	丁酉 20	戊戌 21	己亥 22	庚子 23	辛丑 24	壬寅 25	癸卯 26	甲辰 27	乙巳 28	丙午 29		
閏十一大	丙子	天干地支 西曆	丁未 30	戊申 31	己酉 (1)	庚戌 2	辛亥 3	壬子 4	癸丑 5	甲寅 6	乙卯 7	丙辰 8	丁巳 9	戊午 10	己未 11	庚申 12	辛酉 13	壬戌 14	癸亥 15	甲子 16	乙丑 17	丙寅 18	丁卯 19	戊辰 20	己巳 21	庚午 22	辛未 23	壬申 24	癸酉 25	甲戌 26	乙亥 27	丙子 28	己酉冬至 丁未日食
十二月小	丁丑	天干地支 西曆	丁丑 29	戊寅 30	己卯 31	庚辰 (2)	辛巳 2	壬午 3	癸未 4	甲申 5	乙酉 6	丙戌 7	丁亥 8	戊子 9	己丑 10	庚寅 11	辛卯 12	壬辰 13	癸巳 14	甲午 15	乙未 16	丙申 17	丁酉 18	戊戌 19	己亥 20	庚子 21	辛丑 22	壬寅 23	癸卯 24	甲辰 25	乙巳 26		甲午立春

年代異同	竹書紀年	皇極經世	文獻通考	歷代紀年備考	歷代帝王年表	歷代統紀表	中國年曆總譜	斷代工程
	殷盤庚十二年	殷小乙二十一年	殷小乙二十一年	殷小乙二十一年	殷小乙二十一年	殷小乙二十一年	殷武丁八年	

商南庚二十五年（庚戌 狗年） 公元前 **1331** ~ 前 1330 年

夏曆月序		中西曆日對照	初一	初二	初三	初四	初五	初六	初七	初八	初九	初十	十一	十二	十三	十四	十五	十六	十七	十八	十九	二十	二一	二二	二三	二四	二五	二六	二七	二八	二九	三十	節氣與天象
正月小	戊寅	天干地支西曆	丙午27	丁未28	戊申(3)	己酉2	庚戌3	辛亥4	壬子5	癸丑6	甲寅7	乙卯8	丙辰9	丁巳10	戊午11	己未12	庚申13	辛酉14	壬戌15	癸亥16	甲子17	乙丑18	丙寅19	丁卯20	戊辰21	己巳22	庚午23	辛未24	壬申25	癸酉26	甲戌27		
二月大	己卯	天干地支西曆	乙亥28	丙子29	丁丑30	戊寅31	己卯(4)	庚辰2	辛巳3	壬午4	癸未5	甲申6	乙酉7	丙戌8	丁亥9	戊子10	己丑11	庚寅12	辛卯13	壬辰14	癸巳15	甲午16	乙未17	丙申18	丁酉19	戊戌20	己亥21	庚子22	辛丑23	壬寅24	癸卯25	甲辰26	庚辰春分
三月小	庚辰	天干地支西曆	乙巳27	丙午28	丁未29	戊申30	己酉(5)	庚戌2	辛亥3	壬子4	癸丑5	甲寅6	乙卯7	丙辰8	丁巳9	戊午10	己未11	庚申12	辛酉13	壬戌14	癸亥15	甲子16	乙丑17	丙寅18	丁卯19	戊辰20	己巳21	庚午22	辛未23	壬申24	癸酉25		丁卯立夏
四月大	辛巳	天干地支西曆	甲戌26	乙亥27	丙子28	丁丑29	戊寅30	己卯31	庚辰(6)	辛巳2	壬午3	癸未4	甲申5	乙酉6	丙戌7	丁亥8	戊子9	己丑10	庚寅11	辛卯12	壬辰13	癸巳14	甲午15	乙未16	丙申17	丁酉18	戊戌19	己亥20	庚子21	辛丑22	壬寅23	癸卯24	
五月小	壬午	天干地支西曆	甲辰25	乙巳26	丙午27	丁未28	戊申29	己酉30	庚戌(7)	辛亥2	壬子3	癸丑4	甲寅5	乙卯6	丙辰7	丁巳8	戊午9	己未10	庚申11	辛酉12	壬戌13	癸亥14	甲子15	乙丑16	丙寅17	丁卯18	戊辰19	己巳20	庚午21	辛未22	壬申23		乙卯夏至
六月大	癸未	天干地支西曆	癸酉24	甲戌25	乙亥26	丙子27	丁丑28	戊寅29	己卯30	庚辰31	辛巳(8)	壬午2	癸未3	甲申4	乙酉5	丙戌6	丁亥7	戊子8	己丑9	庚寅10	辛卯11	壬辰12	癸巳13	甲午14	乙未15	丙申16	丁酉17	戊戌18	己亥19	庚子20	辛丑21	壬寅22	辛丑立秋
七月大	甲申	天干地支西曆	癸卯23	甲辰24	乙巳25	丙午26	丁未27	戊申28	己酉29	庚戌30	辛亥31	壬子(9)	癸丑2	甲寅3	乙卯4	丙辰5	丁巳6	戊午7	己未8	庚申9	辛酉10	壬戌11	癸亥12	甲子13	乙丑14	丙寅15	丁卯16	戊辰17	己巳18	庚午19	辛未20	壬申21	
八月小	乙酉	天干地支西曆	癸酉22	甲戌23	乙亥24	丙子25	丁丑26	戊寅27	己卯28	庚辰29	辛巳30	壬午(10)	癸未2	甲申3	乙酉4	丙戌5	丁亥6	戊子7	己丑8	庚寅9	辛卯10	壬辰11	癸巳12	甲午13	乙未14	丙申15	丁酉16	戊戌17	己亥18	庚子19	辛丑20		丙戌秋分
九月大	丙戌	天干地支西曆	壬寅21	癸卯22	甲辰23	乙巳24	丙午25	丁未26	戊申27	己酉28	庚戌29	辛亥30	壬子31	癸丑(11)	甲寅2	乙卯3	丙辰4	丁巳5	戊午6	己未7	庚申8	辛酉9	壬戌10	癸亥11	甲子12	乙丑13	丙寅14	丁卯15	戊辰16	己巳17	庚午18	辛未19	庚午立冬
十月大	丁亥	天干地支西曆	壬申20	癸酉21	甲戌22	乙亥23	丙子24	丁丑25	戊寅26	己卯27	庚辰28	辛巳29	壬午30	癸未(12)	甲申2	乙酉3	丙戌4	丁亥5	戊子6	己丑7	庚寅8	辛卯9	壬辰10	癸巳11	甲午12	乙未13	丙申14	丁酉15	戊戌16	己亥17	庚子18	辛丑19	
十一月小	戊子	天干地支西曆	壬寅20	癸卯21	甲辰22	乙巳23	丙午24	丁未25	戊申26	己酉27	庚戌28	辛亥29	壬子30	癸丑31	甲寅(1)	乙卯2	丙辰3	丁巳4	戊午5	己未6	庚申7	辛酉8	壬戌9	癸亥10	甲子11	乙丑12	丙寅13	丁卯14	戊辰15	己巳16	庚午17		甲寅冬至
十二月大	己丑	天干地支西曆	辛未18	壬申19	癸酉20	甲戌21	乙亥22	丙子23	丁丑24	戊寅25	己卯26	庚辰27	辛巳28	壬午29	癸未30	甲申31	乙酉(2)	丙戌2	丁亥3	戊子4	己丑5	庚寅6	辛卯7	壬辰8	癸巳9	甲午10	乙未11	丙申12	丁酉13	戊戌14	己亥15	庚子16	己亥立春

年代異同	竹書紀年	皇極經世	文獻通考	歷代紀年備考	歷代帝王年表	歷代統紀表	中國年曆總譜	斷代工程
	殷盤庚十三年	殷小乙二十二年	殷小乙二十二年	殷小乙二十二年	殷小乙二十二年	殷小乙二十二年	殷武丁九年	

商陽甲元年（辛亥 猪年） 公元前1330 ~ 前1329年

夏曆月序		中西曆日對照	初一	初二	初三	初四	初五	初六	初七	初八	初九	初十	十一	十二	十三	十四	十五	十六	十七	十八	十九	二十	二一	二二	二三	二四	二五	二六	二七	二八	二九	三十	節氣與天象
正月小	庚寅	天干地支西曆	辛丑17	壬寅18	癸卯19	甲辰20	乙巳21	丙午22	丁未23	戊申24	己酉25	庚戌26	辛亥27	壬子28	癸丑(3)	甲寅2	乙卯3	丙辰4	丁巳5	戊午6	己未7	庚申8	辛酉9	壬戌10	癸亥11	甲子12	乙丑13	丙寅14	丁卯15	戊辰16	己巳17		
二月小	辛卯	天干地支西曆	庚午18	辛未19	壬申20	癸酉21	甲戌22	乙亥23	丙子24	丁丑25	戊寅26	己卯27	庚辰28	辛巳29	壬午30	癸未31	甲申(4)	乙酉2	丙戌3	丁亥4	戊子5	己丑6	庚寅7	辛卯8	壬辰9	癸巳10	甲午11	乙未12	丙申13	丁酉14	戊戌15		丙戌春分
三月大	壬辰	天干地支西曆	己亥16	庚子17	辛丑18	壬寅19	癸卯20	甲辰21	乙巳22	丙午23	丁未24	戊申25	己酉26	庚戌27	辛亥28	壬子29	癸丑30	甲寅(5)	乙卯2	丙辰3	丁巳4	戊午5	己未6	庚申7	辛酉8	壬戌9	癸亥10	甲子11	乙丑12	丙寅13	丁卯14	戊辰15	
四月小	癸巳	天干地支西曆	己巳16	庚午17	辛未18	壬申19	癸酉20	甲戌21	乙亥22	丙子23	丁丑24	戊寅25	己卯26	庚辰27	辛巳28	壬午29	癸未30	甲申31	乙酉(6)	丙戌2	丁亥3	戊子4	己丑5	庚寅6	辛卯7	壬辰8	癸巳9	甲午10	乙未11	丙申12	丁酉13		癸酉立夏
五月小	甲午	天干地支西曆	戊戌14	己亥15	庚子16	辛丑17	壬寅18	癸卯19	甲辰20	乙巳21	丙午22	丁未23	戊申24	己酉25	庚戌26	辛亥27	壬子28	癸丑29	甲寅30	乙卯(7)	丙辰2	丁巳3	戊午4	己未5	庚申6	辛酉7	壬戌8	癸亥9	甲子10	乙丑11	丙寅12		庚申夏至 戊戌日食
六月大	乙未	天干地支西曆	丁卯13	戊辰14	己巳15	庚午16	辛未17	壬申18	癸酉19	甲戌20	乙亥21	丙子22	丁丑23	戊寅24	己卯25	庚辰26	辛巳27	壬午28	癸未29	甲申30	乙酉31	丙戌(8)	丁亥2	戊子3	己丑4	庚寅5	辛卯6	壬辰7	癸巳8	甲午9	乙未10	丙申11	
七月大	丙申	天干地支西曆	丁酉12	戊戌13	己亥14	庚子15	辛丑16	壬寅17	癸卯18	甲辰19	乙巳20	丙午21	丁未22	戊申23	己酉24	庚戌25	辛亥26	壬子27	癸丑28	甲寅29	乙卯30	丙辰31	丁巳(9)	戊午2	己未3	庚申4	辛酉5	壬戌6	癸亥7	甲子8	乙丑9	丙寅10	丙午立秋
八月小	丁酉	天干地支西曆	丁卯11	戊辰12	己巳13	庚午14	辛未15	壬申16	癸酉17	甲戌18	乙亥19	丙子20	丁丑21	戊寅22	己卯23	庚辰24	辛巳25	壬午26	癸未27	甲申28	乙酉29	丙戌30	丁亥(10)	戊子2	己丑3	庚寅4	辛卯5	壬辰6	癸巳7	甲午8	乙未9		辛卯秋分
九月大	戊戌	天干地支西曆	丙申10	丁酉11	戊戌12	己亥13	庚子14	辛丑15	壬寅16	癸卯17	甲辰18	乙巳19	丙午20	丁未21	戊申22	己酉23	庚戌24	辛亥25	壬子26	癸丑27	甲寅28	乙卯29	丙辰30	丁巳31	戊午(11)	己未2	庚申3	辛酉4	壬戌5	癸亥6	甲子7	乙丑8	
十月大	己亥	天干地支西曆	丙寅9	丁卯10	戊辰11	己巳12	庚午13	辛未14	壬申15	癸酉16	甲戌17	乙亥18	丙子19	丁丑20	戊寅21	己卯22	庚辰23	辛巳24	壬午25	癸未26	甲申27	乙酉28	丙戌29	丁亥30	戊子(12)	己丑2	庚寅3	辛卯4	壬辰5	癸巳6	甲午7	乙未8	乙亥立冬
十一月大	庚子	天干地支西曆	丙申9	丁酉10	戊戌11	己亥12	庚子13	辛丑14	壬寅15	癸卯16	甲辰17	乙巳18	丙午19	丁未20	戊申21	己酉22	庚戌23	辛亥24	壬子25	癸丑26	甲寅27	乙卯28	丙辰29	丁巳30	戊午31	己未(1)	庚申2	辛酉3	壬戌4	癸亥5	甲子6	乙丑7	庚申冬至
十二月小	辛丑	天干地支西曆	丙寅8	丁卯9	戊辰10	己巳11	庚午12	辛未13	壬申14	癸酉15	甲戌16	乙亥17	丙子18	丁丑19	戊寅20	己卯21	庚辰22	辛巳23	壬午24	癸未25	甲申26	乙酉27	丙戌28	丁亥29	戊子30	己丑31	庚寅(2)	辛卯2	壬辰3	癸巳4	甲午5		

年代異同	竹書紀年	皇極經世	文獻通考	歷代紀年備考	歷代帝王年表	歷代統紀表	中國年曆總譜	斷代工程
	殷盤庚十四年	殷小乙二十三年	殷小乙二十三年	殷小乙二十三年	殷小乙二十三年	殷小乙二十三年	殷武丁十年	

商陽甲二年（壬子 鼠年） 公元前**1329** ~ 前1328年

夏曆月序		中西曆日對照	初一	初二	初三	初四	初五	初六	初七	初八	初九	初十	十一	十二	十三	十四	十五	十六	十七	十八	十九	二十	二一	二二	二三	二四	二五	二六	二七	二八	二九	三十	節氣與天象
正月大	壬寅	天干地支西曆	乙未6	丙申7	丁酉8	戊戌9	己亥10	庚子11	辛丑12	壬寅13	癸卯14	甲辰15	乙巳16	丙午17	丁未18	戊申19	己酉20	庚戌21	辛亥22	壬子23	癸丑24	甲寅25	乙卯26	丙辰27	丁巳28	戊午29	己未(3)	庚申2	辛酉3	壬戌4	癸亥5	甲子6	乙巳立春
二月小	癸卯	天干地支西曆	乙丑7	丙寅8	丁卯9	戊辰10	己巳11	庚午12	辛未13	壬申14	癸酉15	甲戌16	乙亥17	丙子18	丁丑19	戊寅20	己卯21	庚辰22	辛巳23	壬午24	癸未25	甲申26	乙酉27	丙戌28	丁亥29	戊子30	己丑31	庚寅(4)	辛卯2	壬辰3	癸巳4		辛卯春分
三月小	甲辰	天干地支西曆	甲午5	乙未6	丙申7	丁酉8	戊戌9	己亥10	庚子11	辛丑12	壬寅13	癸卯14	甲辰15	乙巳16	丙午17	丁未18	戊申19	己酉20	庚戌21	辛亥22	壬子23	癸丑24	甲寅25	乙卯26	丙辰27	丁巳28	戊午29	己未30	庚申(5)	辛酉2	壬戌3		
四月大	乙巳	天干地支西曆	癸亥4	甲子5	乙丑6	丙寅7	丁卯8	戊辰9	己巳10	庚午11	辛未12	壬申13	癸酉14	甲戌15	乙亥16	丙子17	丁丑18	戊寅19	己卯20	庚辰21	辛巳22	壬午23	癸未24	甲申25	乙酉26	丙戌27	丁亥28	戊子29	己丑30	庚寅31	辛卯(6)	壬辰2	戊寅立夏
五月小	丙午	天干地支西曆	癸巳3	甲午4	乙未5	丙申6	丁酉7	戊戌8	己亥9	庚子10	辛丑11	壬寅12	癸卯13	甲辰14	乙巳15	丙午16	丁未17	戊申18	己酉19	庚戌20	辛亥21	壬子22	癸丑23	甲寅24	乙卯25	丙辰26	丁巳27	戊午28	己未29	庚申30	辛酉(7)		
六月小	丁未	天干地支西曆	壬戌2	癸亥3	甲子4	乙丑5	丙寅6	丁卯7	戊辰8	己巳9	庚午10	辛未11	壬申12	癸酉13	甲戌14	乙亥15	丙子16	丁丑17	戊寅18	己卯19	庚辰20	辛巳21	壬午22	癸未23	甲申24	乙酉25	丙戌26	丁亥27	戊子28	己丑29	庚寅30		乙丑夏至
閏六月大	丁未	天干地支西曆	辛卯31	壬辰(8)	癸巳2	甲午3	乙未4	丙申5	丁酉6	戊戌7	己亥8	庚子9	辛丑10	壬寅11	癸卯12	甲辰13	乙巳14	丙午15	丁未16	戊申17	己酉18	庚戌19	辛亥20	壬子21	癸丑22	甲寅23	乙卯24	丙辰25	丁巳26	戊午27	己未28	庚申29	辛亥立秋
七月小	戊申	天干地支西曆	辛酉30	壬戌31	癸亥(9)	甲子2	乙丑3	丙寅4	丁卯5	戊辰6	己巳7	庚午8	辛未9	壬申10	癸酉11	甲戌12	乙亥13	丙子14	丁丑15	戊寅16	己卯17	庚辰18	辛巳19	壬午20	癸未21	甲申22	乙酉23	丙戌24	丁亥25	戊子26	己丑27		
八月大	己酉	天干地支西曆	庚寅28	辛卯29	壬辰30	癸巳(10)	甲午2	乙未3	丙申4	丁酉5	戊戌6	己亥7	庚子8	辛丑9	壬寅10	癸卯11	甲辰12	乙巳13	丙午14	丁未15	戊申16	己酉17	庚戌18	辛亥19	壬子20	癸丑21	甲寅22	乙卯23	丙辰24	丁巳25	戊午26	己未27	丙申秋分
九月大	庚戌	天干地支西曆	庚申28	辛酉29	壬戌30	癸亥31	甲子(11)	乙丑2	丙寅3	丁卯4	戊辰5	己巳6	庚午7	辛未8	壬申9	癸酉10	甲戌11	乙亥12	丙子13	丁丑14	戊寅15	己卯16	庚辰17	辛巳18	壬午19	癸未20	甲申21	乙酉22	丙戌23	丁亥24	戊子25	己丑26	辛巳立冬 庚申日食
十月大	辛亥	天干地支西曆	庚寅27	辛卯28	壬辰29	癸巳30	甲午(12)	乙未2	丙申3	丁酉4	戊戌5	己亥6	庚子7	辛丑8	壬寅9	癸卯10	甲辰11	乙巳12	丙午13	丁未14	戊申15	己酉16	庚戌17	辛亥18	壬子19	癸丑20	甲寅21	乙卯22	丙辰23	丁巳24	戊午25	己未26	
十一月大	壬子	天干地支西曆	庚申27	辛酉28	壬戌29	癸亥30	甲子31	乙丑(1)	丙寅2	丁卯3	戊辰4	己巳5	庚午6	辛未7	壬申8	癸酉9	甲戌10	乙亥11	丙子12	丁丑13	戊寅14	己卯15	庚辰16	辛巳17	壬午18	癸未19	甲申20	乙酉21	丙戌22	丁亥23	戊子24	己丑25	乙丑冬至
十二月小	癸丑	天干地支西曆	庚寅26	辛卯27	壬辰28	癸巳29	甲午30	乙未31	丙申(2)	丁酉2	戊戌3	己亥4	庚子5	辛丑6	壬寅7	癸卯8	甲辰9	乙巳10	丙午11	丁未12	戊申13	己酉14	庚戌15	辛亥16	壬子17	癸丑18	甲寅19	乙卯20	丙辰21	丁巳22	戊午23		庚戌立春

年代異同	竹書紀年	皇極經世	文獻通考	歷代紀年備考	歷代帝王年表	歷代統紀表	中國年曆總譜	斷代工程
	殷盤庚十五年	殷小乙二十四年	殷小乙二十四年	殷小乙二十四年	殷小乙二十四年	殷小乙二十四年	殷武丁十一年	

商陽甲三年（癸丑 牛年） 公元前 1328 ~ 前 1327 年

夏曆月序		中西曆日對照	夏曆日序																														節氣與天象
			初一	初二	初三	初四	初五	初六	初七	初八	初九	初十	十一	十二	十三	十四	十五	十六	十七	十八	十九	二十	二一	二二	二三	二四	二五	二六	二七	二八	二九	三十	
正月大	甲寅	天干地支西曆	己未24	庚申25	辛酉26	壬戌27	癸亥28	甲子(3)	乙丑2	丙寅3	丁卯4	戊辰5	己巳6	庚午7	辛未8	壬申9	癸酉10	甲戌11	乙亥12	丙子13	丁丑14	戊寅15	己卯16	庚辰17	辛巳18	壬午19	癸未20	甲申21	乙酉22	丙戌23	丁亥24	戊子25	
二月小	乙卯	天干地支西曆	己丑26	庚寅27	辛卯28	壬辰29	癸巳30	甲午31	乙未(4)	丙申2	丁酉3	戊戌4	己亥5	庚子6	辛丑7	壬寅8	癸卯9	甲辰10	乙巳11	丙午12	丁未13	戊申14	己酉15	庚戌16	辛亥17	壬子18	癸丑19	甲寅20	乙卯21	丙辰22	丁巳23		丙申春分
三月小	丙辰	天干地支西曆	戊午24	己未25	庚申26	辛酉27	壬戌28	癸亥29	甲子30	乙丑(5)	丙寅2	丁卯3	戊辰4	己巳5	庚午6	辛未7	壬申8	癸酉9	甲戌10	乙亥11	丙子12	丁丑13	戊寅14	己卯15	庚辰16	辛巳17	壬午18	癸未19	甲申20	乙酉21	丙戌22		癸未立夏
四月大	丁巳	天干地支西曆	丁亥23	戊子24	己丑25	庚寅26	辛卯27	壬辰28	癸巳29	甲午30	乙未31	丙申(6)	丁酉2	戊戌3	己亥4	庚子5	辛丑6	壬寅7	癸卯8	甲辰9	乙巳10	丙午11	丁未12	戊申13	己酉14	庚戌15	辛亥16	壬子17	癸丑18	甲寅19	乙卯20	丙辰21	
五月小	戊午	天干地支西曆	丁巳22	戊午23	己未24	庚申25	辛酉26	壬戌27	癸亥28	甲子29	乙丑30	丙寅(7)	丁卯2	戊辰3	己巳4	庚午5	辛未6	壬申7	癸酉8	甲戌9	乙亥10	丙子11	丁丑12	戊寅13	己卯14	庚辰15	辛巳16	壬午17	癸未18	甲申19	乙酉20		庚午夏至
六月小	己未	天干地支西曆	丙戌21	丁亥22	戊子23	己丑24	庚寅25	辛卯26	壬辰27	癸巳28	甲午29	乙未30	丙申31	丁酉(8)	戊戌2	己亥3	庚子4	辛丑5	壬寅6	癸卯7	甲辰8	乙巳9	丙午10	丁未11	戊申12	己酉13	庚戌14	辛亥15	壬子16	癸丑17	甲寅18		
七月大	庚申	天干地支西曆	乙卯19	丙辰20	丁巳21	戊午22	己未23	庚申24	辛酉25	壬戌26	癸亥27	甲子28	乙丑29	丙寅30	丁卯31	戊辰(9)	己巳2	庚午3	辛未4	壬申5	癸酉6	甲戌7	乙亥8	丙子9	丁丑10	戊寅11	己卯12	庚辰13	辛巳14	壬午15	癸未16	甲申17	丁巳立秋
八月小	辛酉	天干地支西曆	乙酉18	丙戌19	丁亥20	戊子21	己丑22	庚寅23	辛卯24	壬辰25	癸巳26	甲午27	乙未28	丙申29	丁酉30	戊戌(10)	己亥2	庚子3	辛丑4	壬寅5	癸卯6	甲辰7	乙巳8	丙午9	丁未10	戊申11	己酉12	庚戌13	辛亥14	壬子15	癸丑16		壬寅秋分
九月大	壬戌	天干地支西曆	甲寅17	乙卯18	丙辰19	丁巳20	戊午21	己未22	庚申23	辛酉24	壬戌25	癸亥26	甲子27	乙丑28	丙寅29	丁卯30	戊辰31	己巳(11)	庚午2	辛未3	壬申4	癸酉5	甲戌6	乙亥7	丙子8	丁丑9	戊寅10	己卯11	庚辰12	辛巳13	壬午14	癸未15	
十月大	癸亥	天干地支西曆	甲申16	乙酉17	丙戌18	丁亥19	戊子20	己丑21	庚寅22	辛卯23	壬辰24	癸巳25	甲午26	乙未27	丙申28	丁酉29	戊戌30	己亥(12)	庚子2	辛丑3	壬寅4	癸卯5	甲辰6	乙巳7	丙午8	丁未9	戊申10	己酉11	庚戌12	辛亥13	壬子14	癸丑15	丙戌立冬
十一月大	甲子	天干地支西曆	甲寅16	乙卯17	丙辰18	丁巳19	戊午20	己未21	庚申22	辛酉23	壬戌24	癸亥25	甲子26	乙丑27	丙寅28	丁卯29	戊辰30	己巳31	庚午(1)	辛未2	壬申3	癸酉4	甲戌5	乙亥6	丙子7	丁丑8	戊寅9	己卯10	庚辰11	辛巳12	壬午13	癸未14	庚午冬至
十二月小	乙丑	天干地支西曆	甲申15	乙酉16	丙戌17	丁亥18	戊子19	己丑20	庚寅21	辛卯22	壬辰23	癸巳24	甲午25	乙未26	丙申27	丁酉28	戊戌29	己亥30	庚子31	辛丑(2)	壬寅2	癸卯3	甲辰4	乙巳5	丙午6	丁未7	戊申8	己酉9	庚戌10	辛亥11	壬子12		

年代異同	竹書紀年	皇極經世	文獻通考	歷代紀年備考	歷代帝王年表	歷代統紀表	中國年曆總譜	斷代工程
	殷盤庚十六年	殷小乙二十五年	殷小乙二十五年	殷小乙二十五年	殷小乙二十五年	殷小乙二十五年	殷武丁十二年	

商陽甲四年（甲寅 虎年） 公元前**1327** ~ 前1326年

夏曆月序		中西日曆對照	初一	初二	初三	初四	初五	初六	初七	初八	初九	初十	十一	十二	十三	十四	十五	十六	十七	十八	十九	二十	二一	二二	二三	二四	二五	二六	二七	二八	二九	三十	節氣與天象
正月大	丙寅	干支 天地西曆	癸丑13	甲寅14	乙卯15	丙辰16	丁巳17	戊午18	己未19	庚申20	辛酉21	壬戌22	癸亥23	甲子24	乙丑25	丙寅26	丁卯27	戊辰28	己巳(3)	庚午2	辛未3	壬申4	癸酉5	甲戌6	乙亥7	丙子8	丁丑9	戊寅10	己卯11	庚辰12	辛巳13	壬午14	乙卯立春
二月大	丁卯	干支 天地西曆	癸未15	甲申16	乙酉17	丙戌18	丁亥19	戊子20	己丑21	庚寅22	辛卯23	壬辰24	癸巳25	甲午26	乙未27	丙申28	丁酉29	戊戌30	己亥31	庚子(4)	辛丑2	壬寅3	癸卯4	甲辰5	乙巳6	丙午7	丁未8	戊申9	己酉10	庚戌11	辛亥12	壬子13	辛丑春分
三月小	戊辰	干支 天地西曆	癸丑14	甲寅15	乙卯16	丙辰17	丁巳18	戊午19	己未20	庚申21	辛酉22	壬戌23	癸亥24	甲子25	乙丑26	丙寅27	丁卯28	戊辰29	己巳30	庚午(5)	辛未2	壬申3	癸酉4	甲戌5	乙亥6	丙子7	丁丑8	戊寅9	己卯10	庚辰11	辛巳12		
四月小	己巳	干支 天地西曆	壬午13	癸未14	甲申15	乙酉16	丙戌17	丁亥18	戊子19	己丑20	庚寅21	辛卯22	壬辰23	癸巳24	甲午25	乙未26	丙申27	丁酉28	戊戌29	己亥30	庚子31	辛丑(6)	壬寅2	癸卯3	甲辰4	乙巳5	丙午6	丁未7	戊申8	己酉9	庚戌10		戊子立夏
五月大	庚午	干支 天地西曆	辛亥11	壬子12	癸丑13	甲寅14	乙卯15	丙辰16	丁巳17	戊午18	己未19	庚申20	辛酉21	壬戌22	癸亥23	甲子24	乙丑25	丙寅26	丁卯27	戊辰28	己巳29	庚午30	辛未(7)	壬申2	癸酉3	甲戌4	乙亥5	丙子6	丁丑7	戊寅8	己卯9	庚辰10	丙子夏至
六月小	辛未	干支 天地西曆	辛巳11	壬午12	癸未13	甲申14	乙酉15	丙戌16	丁亥17	戊子18	己丑19	庚寅20	辛卯21	壬辰22	癸巳23	甲午24	乙未25	丙申26	丁酉27	戊戌28	己亥29	庚子30	辛丑31	壬寅(8)	癸卯2	甲辰3	乙巳4	丙午5	丁未6	戊申7	己酉8		
七月小	壬申	干支 天地西曆	庚戌9	辛亥10	壬子11	癸丑12	甲寅13	乙卯14	丙辰15	丁巳16	戊午17	己未18	庚申19	辛酉20	壬戌21	癸亥22	甲子23	乙丑24	丙寅25	丁卯26	戊辰27	己巳28	庚午29	辛未30	壬申31	癸酉(9)	甲戌2	乙亥3	丙子4	丁丑5	戊寅6		壬戌立秋
八月大	癸酉	干支 天地西曆	己卯7	庚辰8	辛巳9	壬午10	癸未11	甲申12	乙酉13	丙戌14	丁亥15	戊子16	己丑17	庚寅18	辛卯19	壬辰20	癸巳21	甲午22	乙未23	丙申24	丁酉25	戊戌26	己亥27	庚子28	辛丑29	壬寅30	癸卯(10)	甲辰2	乙巳3	丙午4	丁未5	戊申6	丁未秋分
九月小	甲戌	干支 天地西曆	己酉7	庚戌8	辛亥9	壬子10	癸丑11	甲寅12	乙卯13	丙辰14	丁巳15	戊午16	己未17	庚申18	辛酉19	壬戌20	癸亥21	甲子22	乙丑23	丙寅24	丁卯25	戊辰26	己巳27	庚午28	辛未29	壬申30	癸酉31	甲戌(11)	乙亥2	丙子3	丁丑4		
十月大	乙亥	干支 天地西曆	戊寅5	己卯6	庚辰7	辛巳8	壬午9	癸未10	甲申11	乙酉12	丙戌13	丁亥14	戊子15	己丑16	庚寅17	辛卯18	壬辰19	癸巳20	甲午21	乙未22	丙申23	丁酉24	戊戌25	己亥26	庚子27	辛丑28	壬寅29	癸卯30	甲辰(12)	乙巳2	丙午3	丁未4	辛卯立冬
十一月大	丙子	干支 天地西曆	戊申5	己酉6	庚戌7	辛亥8	壬子9	癸丑10	甲寅11	乙卯12	丙辰13	丁巳14	戊午15	己未16	庚申17	辛酉18	壬戌19	癸亥20	甲子21	乙丑22	丙寅23	丁卯24	戊辰25	己巳26	庚午27	辛未28	壬申29	癸酉30	甲戌31	乙亥(1)	丙子2	丁丑3	乙亥冬至
十二月小	丁丑	干支 天地西曆	戊寅4	己卯5	庚辰6	辛巳7	壬午8	癸未9	甲申10	乙酉11	丙戌12	丁亥13	戊子14	己丑15	庚寅16	辛卯17	壬辰18	癸巳19	甲午20	乙未21	丙申22	丁酉23	戊戌24	己亥25	庚子26	辛丑27	壬寅28	癸卯29	甲辰30	乙巳31	丙午(2)		

年代異同	竹書紀年	皇極經世	文獻通考	歷代紀年備考	歷代帝王年表	歷代統紀表	中國年曆總譜	斷代工程
	殷盤庚十七年	殷小乙二十六年	殷小乙二十六年	殷小乙二十六年	殷小乙二十六年	殷小乙二十六年	殷武丁十三年	

商陽甲五年（乙卯 兔年） 公元前1326 ~ 前1325年

夏曆月序		中西曆日對照	初一	初二	初三	初四	初五	初六	初七	初八	初九	初十	十一	十二	十三	十四	十五	十六	十七	十八	十九	二十	二一	二二	二三	二四	二五	二六	二七	二八	二九	三十	節氣與天象
正月大	戊寅	天干地支西曆	丁未2	戊申3	己酉4	庚戌5	辛亥6	壬子7	癸丑8	甲寅9	乙卯10	丙辰11	丁巳12	戊午13	己未14	庚申15	辛酉16	壬戌17	癸亥18	甲子19	乙丑20	丙寅21	丁卯22	戊辰23	己巳24	庚午25	辛未26	壬申27	癸酉28	甲戌(3)	乙亥2	丙子3	庚申立春
二月大	己卯	天干地支西曆	丁丑4	戊寅5	己卯6	庚辰7	辛巳8	壬午9	癸未10	甲申11	乙酉12	丙戌13	丁亥14	戊子15	己丑16	庚寅17	辛卯18	壬辰19	癸巳20	甲午21	乙未22	丙申23	丁酉24	戊戌25	己亥26	庚子27	辛丑28	壬寅29	癸卯30	甲辰31	乙巳(4)	丙午2	
三月小	庚辰	天干地支西曆	丁未3	戊申4	己酉5	庚戌6	辛亥7	壬子8	癸丑9	甲寅10	乙卯11	丙辰12	丁巳13	戊午14	己未15	庚申16	辛酉17	壬戌18	癸亥19	甲子20	乙丑21	丙寅22	丁卯23	戊辰24	己巳25	庚午26	辛未27	壬申28	癸酉29	甲戌30	乙亥(5)		丁未春分
四月大	辛巳	天干地支西曆	丙子2	丁丑3	戊寅4	己卯5	庚辰6	辛巳7	壬午8	癸未9	甲申10	乙酉11	丙戌12	丁亥13	戊子14	己丑15	庚寅16	辛卯17	壬辰18	癸巳19	甲午20	乙未21	丙申22	丁酉23	戊戌24	己亥25	庚子26	辛丑27	壬寅28	癸卯29	甲辰30	乙巳31	甲午立夏
五月小	壬午	天干地支西曆	丙午(6)	丁未2	戊申3	己酉4	庚戌5	辛亥6	壬子7	癸丑8	甲寅9	乙卯10	丙辰11	丁巳12	戊午13	己未14	庚申15	辛酉16	壬戌17	癸亥18	甲子19	乙丑20	丙寅21	丁卯22	戊辰23	己巳24	庚午25	辛未26	壬申27	癸酉28	甲戌29		
閏五月大	壬午	天干地支西曆	乙亥30	丙子(7)	丁丑2	戊寅3	己卯4	庚辰5	辛巳6	壬午7	癸未8	甲申9	乙酉10	丙戌11	丁亥12	戊子13	己丑14	庚寅15	辛卯16	壬辰17	癸巳18	甲午19	乙未20	丙申21	丁酉22	戊戌23	己亥24	庚子25	辛丑26	壬寅27	癸卯28	甲辰29	辛巳夏至
六月小	癸未	天干地支西曆	乙巳30	丙午31	丁未(8)	戊申2	己酉3	庚戌4	辛亥5	壬子6	癸丑7	甲寅8	乙卯9	丙辰10	丁巳11	戊午12	己未13	庚申14	辛酉15	壬戌16	癸亥17	甲子18	乙丑19	丙寅20	丁卯21	戊辰22	己巳23	庚午24	辛未25	壬申26	癸酉27		丁卯立秋
七月小	甲申	天干地支西曆	甲戌28	乙亥29	丙子30	丁丑31	戊寅(9)	己卯2	庚辰3	辛巳4	壬午5	癸未6	甲申7	乙酉8	丙戌9	丁亥10	戊子11	己丑12	庚寅13	辛卯14	壬辰15	癸巳16	甲午17	乙未18	丙申19	丁酉20	戊戌21	己亥22	庚子23	辛丑24	壬寅25		
八月大	乙酉	天干地支西曆	癸卯26	甲辰27	乙巳28	丙午29	丁未30	戊申(10)	己酉2	庚戌3	辛亥4	壬子5	癸丑6	甲寅7	乙卯8	丙辰9	丁巳10	戊午11	己未12	庚申13	辛酉14	壬戌15	癸亥16	甲子17	乙丑18	丙寅19	丁卯20	戊辰21	己巳22	庚午23	辛未24	壬申25	壬子秋分
九月小	丙戌	天干地支西曆	癸酉26	甲戌27	乙亥28	丙子29	丁丑30	戊寅31	己卯(11)	庚辰2	辛巳3	壬午4	癸未5	甲申6	乙酉7	丙戌8	丁亥9	戊子10	己丑11	庚寅12	辛卯13	壬辰14	癸巳15	甲午16	乙未17	丙申18	丁酉19	戊戌20	己亥21	庚子22	辛丑23		丙申立冬
十月大	丁亥	天干地支西曆	壬寅24	癸卯25	甲辰26	乙巳27	丙午28	丁未29	戊申30	己酉(12)	庚戌2	辛亥3	壬子4	癸丑5	甲寅6	乙卯7	丙辰8	丁巳9	戊午10	己未11	庚申12	辛酉13	壬戌14	癸亥15	甲子16	乙丑17	丙寅18	丁卯19	戊辰20	己巳21	庚午22	辛未23	
十一月小	戊子	天干地支西曆	壬申24	癸酉25	甲戌26	乙亥27	丙子28	丁丑29	戊寅30	己卯31	庚辰(1)	辛巳2	壬午3	癸未4	甲申5	乙酉6	丙戌7	丁亥8	戊子9	己丑10	庚寅11	辛卯12	壬辰13	癸巳14	甲午15	乙未16	丙申17	丁酉18	戊戌19	己亥20	庚子21		辛巳冬至
十二月大	己丑	天干地支西曆	辛丑22	壬寅23	癸卯24	甲辰25	乙巳26	丙午27	丁未28	戊申29	己酉30	庚戌31	辛亥(2)	壬子2	癸丑3	甲寅4	乙卯5	丙辰6	丁巳7	戊午8	己未9	庚申10	辛酉11	壬戌12	癸亥13	甲子14	乙丑15	丙寅16	丁卯17	戊辰18	己巳19	庚午20	丙寅立春

年代異同	竹書紀年	皇極經世	文獻通考	歷代紀年備考	歷代帝王年表	歷代統紀表	中國年曆總譜	斷代工程
	殷盤庚十八年	殷小乙二十七年	殷小乙二十七年	殷小乙二十七年	殷小乙二十七年	殷小乙二十七年	殷武丁十四年	

商陽甲六年（丙辰 龍年） 公元前 1325 ~ 前 1324 年

夏曆月序		中西日曆對照	初一	初二	初三	初四	初五	初六	初七	初八	初九	初十	十一	十二	十三	十四	十五	十六	十七	十八	十九	二十	二一	二二	二三	二四	二五	二六	二七	二八	二九	三十	節氣與天象
正月大	庚寅	天干	辛	壬	癸	甲	乙	丙	丁	戊	己	庚	辛	壬	癸	甲	乙	丙	丁	戊	己	庚	辛	壬	癸	甲	乙	丙	丁	戊	己	庚	
		地支	未	申	酉	戌	亥	子	丑	寅	卯	辰	巳	午	未	申	酉	戌	亥	子	丑	寅	卯	辰	巳	午	未	申	酉	戌	亥	子	
		西曆	21	22	23	24	25	26	27	28	29	(3)	2	3	4	5	6	7	8	9	10	11	12	13	14	15	16	17	18	19	20	21	
二月小	辛卯	天干	辛	壬	癸	甲	乙	丙	丁	戊	己	庚	辛	壬	癸	甲	乙	丙	丁	戊	己	庚	辛	壬	癸	甲	乙	丙	丁	戊	己		壬子春分
		地支	丑	寅	卯	辰	巳	午	未	申	酉	戌	亥	子	丑	寅	卯	辰	巳	午	未	申	酉	戌	亥	子	丑	寅	卯	辰	巳		
		西曆	22	23	24	25	26	27	28	29	30	31	(4)	2	3	4	5	6	7	8	9	10	11	12	13	14	15	16	17	18	19		
三月大	壬辰	天干	庚	辛	壬	癸	甲	乙	丙	丁	戊	己	庚	辛	壬	癸	甲	乙	丙	丁	戊	己	庚	辛	壬	癸	甲	乙	丙	丁	戊	己	己亥立夏
		地支	午	未	申	酉	戌	亥	子	丑	寅	卯	辰	巳	午	未	申	酉	戌	亥	子	丑	寅	卯	辰	巳	午	未	申	酉	戌	亥	
		西曆	20	21	22	23	24	25	26	27	28	29	30	(5)	2	3	4	5	6	7	8	9	10	11	12	13	14	15	16	17	18	19	
四月大	癸巳	天干	庚	辛	壬	癸	甲	乙	丙	丁	戊	己	庚	辛	壬	癸	甲	乙	丙	丁	戊	己	庚	辛	壬	癸	甲	乙	丙	丁	戊	己	
		地支	子	丑	寅	卯	辰	巳	午	未	申	酉	戌	亥	子	丑	寅	卯	辰	巳	午	未	申	酉	戌	亥	子	丑	寅	卯	辰	巳	
		西曆	20	21	22	23	24	25	26	27	28	29	30	31	(6)	2	3	4	5	6	7	8	9	10	11	12	13	14	15	16	17	18	
五月小	甲午	天干	庚	辛	壬	癸	甲	乙	丙	丁	戊	己	庚	辛	壬	癸	甲	乙	丙	丁	戊	己	庚	辛	壬	癸	甲	乙	丙	丁	戊		丙戌夏至
		地支	午	未	申	酉	戌	亥	子	丑	寅	卯	辰	巳	午	未	申	酉	戌	亥	子	丑	寅	卯	辰	巳	午	未	申	酉	戌		
		西曆	19	20	21	22	23	24	25	26	27	28	29	30	(7)	2	3	4	5	6	7	8	9	10	11	12	13	14	15	16	17		
六月大	乙未	天干	己	庚	辛	壬	癸	甲	乙	丙	丁	戊	己	庚	辛	壬	癸	甲	乙	丙	丁	戊	己	庚	辛	壬	癸	甲	乙	丙	丁	戊	
		地支	亥	子	丑	寅	卯	辰	巳	午	未	申	酉	戌	亥	子	丑	寅	卯	辰	巳	午	未	申	酉	戌	亥	子	丑	寅	卯	辰	
		西曆	18	19	20	21	22	23	24	25	26	27	28	29	30	31	(8)	2	3	4	5	6	7	8	9	10	11	12	13	14	15	16	
七月小	丙申	天干	己	庚	辛	壬	癸	甲	乙	丙	丁	戊	己	庚	辛	壬	癸	甲	乙	丙	丁	戊	己	庚	辛	壬	癸	甲	乙	丙	丁		壬申立秋
		地支	巳	午	未	申	酉	戌	亥	子	丑	寅	卯	辰	巳	午	未	申	酉	戌	亥	子	丑	寅	卯	辰	巳	午	未	申	酉		
		西曆	17	18	19	20	21	22	23	24	25	26	27	28	29	30	31	(9)	2	3	4	5	6	7	8	9	10	11	12	13	14		
八月小	丁酉	天干	戊	己	庚	辛	壬	癸	甲	乙	丙	丁	戊	己	庚	辛	壬	癸	甲	乙	丙	丁	戊	己	庚	辛	壬	癸	甲	乙	丙		丁巳秋分
		地支	戌	亥	子	丑	寅	卯	辰	巳	午	未	申	酉	戌	亥	子	丑	寅	卯	辰	巳	午	未	申	酉	戌	亥	子	丑	寅		
		西曆	15	16	17	18	19	20	21	22	23	24	25	26	27	28	29	30	(10)	2	3	4	5	6	7	8	9	10	11	12	13		
九月大	戊戌	天干	丁	戊	己	庚	辛	壬	癸	甲	乙	丙	丁	戊	己	庚	辛	壬	癸	甲	乙	丙	丁	戊	己	庚	辛	壬	癸	甲	乙	丙	
		地支	卯	辰	巳	午	未	申	酉	戌	亥	子	丑	寅	卯	辰	巳	午	未	申	酉	戌	亥	子	丑	寅	卯	辰	巳	午	未	申	
		西曆	14	15	16	17	18	19	20	21	22	23	24	25	26	27	28	29	30	31	(11)	2	3	4	5	6	7	8	9	10	11	12	
十月小	己亥	天干	丁	戊	己	庚	辛	壬	癸	甲	乙	丙	丁	戊	己	庚	辛	壬	癸	甲	乙	丙	丁	戊	己	庚	辛	壬	癸	甲	乙		壬寅立冬
		地支	酉	戌	亥	子	丑	寅	卯	辰	巳	午	未	申	酉	戌	亥	子	丑	寅	卯	辰	巳	午	未	申	酉	戌	亥	子	丑		
		西曆	13	14	15	16	17	18	19	20	21	22	23	24	25	26	27	28	29	30	(12)	2	3	4	5	6	7	8	9	10	11		
十一月大	庚子	天干	丙	丁	戊	己	庚	辛	壬	癸	甲	乙	丙	丁	戊	己	庚	辛	壬	癸	甲	乙	丙	丁	戊	己	庚	辛	壬	癸	甲	乙	丙戌冬至
		地支	寅	卯	辰	巳	午	未	申	酉	戌	亥	子	丑	寅	卯	辰	巳	午	未	申	酉	戌	亥	子	丑	寅	卯	辰	巳	午	未	
		西曆	12	13	14	15	16	17	18	19	20	21	22	23	24	25	26	27	28	29	30	31	(1)	2	3	4	5	6	7	8	9	10	
十二月小	辛丑	天干	丙	丁	戊	己	庚	辛	壬	癸	甲	乙	丙	丁	戊	己	庚	辛	壬	癸	甲	乙	丙	丁	戊	己	庚	辛	壬	癸	甲		
		地支	申	酉	戌	亥	子	丑	寅	卯	辰	巳	午	未	申	酉	戌	亥	子	丑	寅	卯	辰	巳	午	未	申	酉	戌	亥	子		
		西曆	11	12	13	14	15	16	17	18	19	20	21	22	23	24	25	26	27	28	29	30	31	(2)	2	3	4	5	6	7	8		

年代異同	竹書紀年	皇極經世	文獻通考	歷代紀年備考	歷代帝王年表	歷代統紀表	中國年曆總譜	斷代工程
	殷盤庚十九年	殷小乙二十八年	殷小乙二十八年	殷小乙二十八年	殷小乙二十八年	殷小乙二十八年	殷武丁十五年	

商陽甲七年（丁巳 蛇年） 公元前 1324 ~ 前 1323 年

夏曆月序		中西曆日對照	夏曆日序																													節氣與天象
			初一	初二	初三	初四	初五	初六	初七	初八	初九	初十	十一	十二	十三	十四	十五	十六	十七	十八	十九	二十	二一	二二	二三	二四	二五	二六	二七	二八	二九	三十	
正月大	壬寅	干支曆 天地西	乙丑 9	丙寅 10	丁卯 11	戊辰 12	己巳 13	庚午 14	辛未 15	壬申 16	癸酉 17	甲戌 18	乙亥 19	丙子 20	丁丑 21	戊寅 22	己卯 23	庚辰 24	辛巳 25	壬午 26	癸未 27	甲申 28	乙酉 (3)	丙戌 2	丁亥 3	戊子 4	己丑 5	庚寅 6	辛卯 7	壬辰 8	癸巳 9	甲午 10	辛未立春
二月小	癸卯	干支曆 天地西	乙未 11	丙申 12	丁酉 13	戊戌 14	己亥 15	庚子 16	辛丑 17	壬寅 18	癸卯 19	甲辰 20	乙巳 21	丙午 22	丁未 23	戊申 24	己酉 25	庚戌 26	辛亥 27	壬子 28	癸丑 29	甲寅 30	乙卯 31	丙辰 (4)	丁巳 2	戊午 3	己未 4	庚申 5	辛酉 6	壬戌 7	癸亥 8		丁巳春分
三月大	甲辰	干支曆 天地西	甲子 9	乙丑 10	丙寅 11	丁卯 12	戊辰 13	己巳 14	庚午 15	辛未 16	壬申 17	癸酉 18	甲戌 19	乙亥 20	丙子 21	丁丑 22	戊寅 23	己卯 24	庚辰 25	辛巳 26	壬午 27	癸未 28	甲申 29	乙酉 30	丙戌 (5)	丁亥 2	戊子 3	己丑 4	庚寅 5	辛卯 6	壬辰 7	癸巳 8	
四月大	乙巳	干支曆 天地西	甲午 9	乙未 10	丙申 11	丁酉 12	戊戌 13	己亥 14	庚子 15	辛丑 16	壬寅 17	癸卯 18	甲辰 19	乙巳 20	丙午 21	丁未 22	戊申 23	己酉 24	庚戌 25	辛亥 26	壬子 27	癸丑 28	甲寅 29	乙卯 30	丙辰 31	丁巳 (6)	戊午 2	己未 3	庚申 4	辛酉 5	壬戌 6	癸亥 7	甲辰立夏
五月小	丙午	干支曆 天地西	甲子 8	乙丑 9	丙寅 10	丁卯 11	戊辰 12	己巳 13	庚午 14	辛未 15	壬申 16	癸酉 17	甲戌 18	乙亥 19	丙子 20	丁丑 21	戊寅 22	己卯 23	庚辰 24	辛巳 25	壬午 26	癸未 27	甲申 28	乙酉 29	丙戌 30	丁亥 (7)	戊子 2	己丑 3	庚寅 4	辛卯 5	壬辰 6		辛卯夏至
六月大	丁未	干支曆 天地西	癸巳 7	甲午 8	乙未 9	丙申 10	丁酉 11	戊戌 12	己亥 13	庚子 14	辛丑 15	壬寅 16	癸卯 17	甲辰 18	乙巳 19	丙午 20	丁未 21	戊申 22	己酉 23	庚戌 24	辛亥 25	壬子 26	癸丑 27	甲寅 28	乙卯 29	丙辰 30	丁巳 31	戊午 (8)	己未 2	庚申 3	辛酉 4	壬戌 5	
七月大	戊申	干支曆 天地西	癸亥 6	甲子 7	乙丑 8	丙寅 9	丁卯 10	戊辰 11	己巳 12	庚午 13	辛未 14	壬申 15	癸酉 16	甲戌 17	乙亥 18	丙子 19	丁丑 20	戊寅 21	己卯 22	庚辰 23	辛巳 24	壬午 25	癸未 26	甲申 27	乙酉 28	丙戌 29	丁亥 30	戊子 31	己丑 (9)	庚寅 2	辛卯 3	壬辰 4	戊寅立秋 癸亥日食
八月小	己酉	干支曆 天地西	癸巳 5	甲午 6	乙未 7	丙申 8	丁酉 9	戊戌 10	己亥 11	庚子 12	辛丑 13	壬寅 14	癸卯 15	甲辰 16	乙巳 17	丙午 18	丁未 19	戊申 20	己酉 21	庚戌 22	辛亥 23	壬子 24	癸丑 25	甲寅 26	乙卯 27	丙辰 28	丁巳 29	戊午 30	己未 (10)	庚申 2	辛酉 3		
九月大	庚戌	干支曆 天地西	壬戌 4	癸亥 5	甲子 6	乙丑 7	丙寅 8	丁卯 9	戊辰 10	己巳 11	庚午 12	辛未 13	壬申 14	癸酉 15	甲戌 16	乙亥 17	丙子 18	丁丑 19	戊寅 20	己卯 21	庚辰 22	辛巳 23	壬午 24	癸未 25	甲申 26	乙酉 27	丙戌 28	丁亥 29	戊子 30	己丑 31	庚寅 (11)	辛卯 2	癸亥秋分
十月小	辛亥	干支曆 天地西	壬辰 3	癸巳 4	甲午 5	乙未 6	丙申 7	丁酉 8	戊戌 9	己亥 10	庚子 11	辛丑 12	壬寅 13	癸卯 14	甲辰 15	乙巳 16	丙午 17	丁未 18	戊申 19	己酉 20	庚戌 21	辛亥 22	壬子 23	癸丑 24	甲寅 25	乙卯 26	丙辰 27	丁巳 28	戊午 29	己未 30	庚申 (12)		丁未立冬
十一月小	壬子	干支曆 天地西	辛酉 2	壬戌 3	癸亥 4	甲子 5	乙丑 6	丙寅 7	丁卯 8	戊辰 9	己巳 10	庚午 11	辛未 12	壬申 13	癸酉 14	甲戌 15	乙亥 16	丙子 17	丁丑 18	戊寅 19	己卯 20	庚辰 21	辛巳 22	壬午 23	癸未 24	甲申 25	乙酉 26	丙戌 27	丁亥 28	戊子 29	己丑 30		
閏十一大	壬子	干支曆 天地西	庚寅 31	辛卯 (1)	壬辰 2	癸巳 3	甲午 4	乙未 5	丙申 6	丁酉 7	戊戌 8	己亥 9	庚子 10	辛丑 11	壬寅 12	癸卯 13	甲辰 14	乙巳 15	丙午 16	丁未 17	戊申 18	己酉 19	庚戌 20	辛亥 21	壬子 22	癸丑 23	甲寅 24	乙卯 25	丙辰 26	丁巳 27	戊午 28	己未 29	辛卯冬至
十二月小	癸丑	干支曆 天地西	庚申 30	辛酉 31	壬戌 (2)	癸亥 2	甲子 3	乙丑 4	丙寅 5	丁卯 6	戊辰 7	己巳 8	庚午 9	辛未 10	壬申 11	癸酉 12	甲戌 13	乙亥 14	丙子 15	丁丑 16	戊寅 17	己卯 18	庚辰 19	辛巳 20	壬午 21	癸未 22	甲申 23	乙酉 24	丙戌 25	丁亥 26	戊子 27		丙子立春

年代異同	竹書紀年	皇極經世	文獻通考	歷代紀年備考	歷代帝王年表	歷代統紀表	中國年曆總譜	斷代工程
	殷盤庚二十年	殷武丁元年	殷武丁元年	殷武丁元年	殷武丁元年	殷武丁元年	殷武丁十六年	

商盤庚元年（戊午 馬年） 公元前 1323 ~ 前 1322 年

夏曆月序		中西曆日對照	初一	初二	初三	初四	初五	初六	初七	初八	初九	初十	十一	十二	十三	十四	十五	十六	十七	十八	十九	二十	二一	二二	二三	二四	二五	二六	二七	二八	二九	三十	節氣與天象
正月大	甲寅	天干地支西曆	己丑28	庚寅(3)	辛卯2	壬辰3	癸巳4	甲午5	乙未6	丙申7	丁酉8	戊戌9	己亥10	庚子11	辛丑12	壬寅13	癸卯14	甲辰15	乙巳16	丙午17	丁未18	戊申19	己酉20	庚戌21	辛亥22	壬子23	癸丑24	甲寅25	乙卯26	丙辰27	丁巳28	戊午29	
二月小	乙卯	天干地支西曆	己未30	庚申31	辛酉(4)	壬戌2	癸亥3	甲子4	乙丑5	丙寅6	丁卯7	戊辰8	己巳9	庚午10	辛未11	壬申12	癸酉13	甲戌14	乙亥15	丙子16	丁丑17	戊寅18	己卯19	庚辰20	辛巳21	壬午22	癸未23	甲申24	乙酉25	丙戌26	丁亥27		壬戌春分
三月大	丙辰	天干地支西曆	戊子28	己丑29	庚寅30	辛卯(5)	壬辰2	癸巳3	甲午4	乙未5	丙申6	丁酉7	戊戌8	己亥9	庚子10	辛丑11	壬寅12	癸卯13	甲辰14	乙巳15	丙午16	丁未17	戊申18	己酉19	庚戌20	辛亥21	壬子22	癸丑23	甲寅24	乙卯25	丙辰26	丁巳27	己酉立夏
四月小	丁巳	天干地支西曆	戊午28	己未29	庚申30	辛酉31	壬戌(6)	癸亥2	甲子3	乙丑4	丙寅5	丁卯6	戊辰7	己巳8	庚午9	辛未10	壬申11	癸酉12	甲戌13	乙亥14	丙子15	丁丑16	戊寅17	己卯18	庚辰19	辛巳20	壬午21	癸未22	甲申23	乙酉24	丙戌25		
五月大	戊午	天干地支西曆	丁亥26	戊子27	己丑28	庚寅29	辛卯30	壬辰(7)	癸巳2	甲午3	乙未4	丙申5	丁酉6	戊戌7	己亥8	庚子9	辛丑10	壬寅11	癸卯12	甲辰13	乙巳14	丙午15	丁未16	戊申17	己酉18	庚戌19	辛亥20	壬子21	癸丑22	甲寅23	乙卯24	丙辰25	丁酉夏至
六月大	己未	天干地支西曆	丁巳26	戊午27	己未28	庚申29	辛酉30	壬戌31	癸亥(8)	甲子2	乙丑3	丙寅4	丁卯5	戊辰6	己巳7	庚午8	辛未9	壬申10	癸酉11	甲戌12	乙亥13	丙子14	丁丑15	戊寅16	己卯17	庚辰18	辛巳19	壬午20	癸未21	甲申22	乙酉23	丙戌24	癸未立秋 丁巳日食
七月小	庚申	天干地支西曆	丁亥25	戊子26	己丑27	庚寅28	辛卯29	壬辰30	癸巳31	甲午(9)	乙未2	丙申3	丁酉4	戊戌5	己亥6	庚子7	辛丑8	壬寅9	癸卯10	甲辰11	乙巳12	丙午13	丁未14	戊申15	己酉16	庚戌17	辛亥18	壬子19	癸丑20	甲寅21	乙卯22		
八月大	辛酉	天干地支西曆	丙辰23	丁巳24	戊午25	己未26	庚申27	辛酉28	壬戌29	癸亥30	甲子(10)	乙丑2	丙寅3	丁卯4	戊辰5	己巳6	庚午7	辛未8	壬申9	癸酉10	甲戌11	乙亥12	丙子13	丁丑14	戊寅15	己卯16	庚辰17	辛巳18	壬午19	癸未20	甲申21	乙酉22	戊辰秋分
九月大	壬戌	天干地支西曆	丙戌23	丁亥24	戊子25	己丑26	庚寅27	辛卯28	壬辰29	癸巳30	甲午31	乙未(11)	丙申2	丁酉3	戊戌4	己亥5	庚子6	辛丑7	壬寅8	癸卯9	甲辰10	乙巳11	丙午12	丁未13	戊申14	己酉15	庚戌16	辛亥17	壬子18	癸丑19	甲寅20	乙卯21	壬子立冬
十月小	癸亥	天干地支西曆	丙辰22	丁巳23	戊午24	己未25	庚申26	辛酉27	壬戌28	癸亥29	甲子30	乙丑(12)	丙寅2	丁卯3	戊辰4	己巳5	庚午6	辛未7	壬申8	癸酉9	甲戌10	乙亥11	丙子12	丁丑13	戊寅14	己卯15	庚辰16	辛巳17	壬午18	癸未19	甲申20		
十一月大	甲子	天干地支西曆	乙酉21	丙戌22	丁亥23	戊子24	己丑25	庚寅26	辛卯27	壬辰28	癸巳29	甲午30	乙未31	丙申(1)	丁酉2	戊戌3	己亥4	庚子5	辛丑6	壬寅7	癸卯8	甲辰9	乙巳10	丙午11	丁未12	戊申13	己酉14	庚戌15	辛亥16	壬子17	癸丑18	甲寅19	丙申冬至
十二月小	乙丑	天干地支西曆	乙卯20	丙辰21	丁巳22	戊午23	己未24	庚申25	辛酉26	壬戌27	癸亥28	甲子29	乙丑30	丙寅31	丁卯(2)	戊辰2	己巳3	庚午4	辛未5	壬申6	癸酉7	甲戌8	乙亥9	丙子10	丁丑11	戊寅12	己卯13	庚辰14	辛巳15	壬午16	癸未17		辛巳立春

年代異同	竹書紀年	皇極經世	文獻通考	歷代紀年備考	歷代帝王年表	歷代統紀表	中國年曆總譜	斷代工程
	殷盤庚二十一年	殷武丁二年	殷武丁二年	殷武丁二年	殷武丁二年	殷武丁二年	殷武丁十七年	

商盤庚二年（己未 羊年） 公元前 1322 ~ 前 1321 年

夏曆月序		中西曆日對照	夏曆日序																														節氣與天象
			初一	初二	初三	初四	初五	初六	初七	初八	初九	初十	十一	十二	十三	十四	十五	十六	十七	十八	十九	二十	二一	二二	二三	二四	二五	二六	二七	二八	二九	三十	
正月小	丙寅	天干 地支 西曆	甲申 18	乙酉 19	丙戌 20	丁亥 21	戊子 22	己丑 23	庚寅 24	辛卯 25	壬辰 26	癸巳 27	甲午 28	乙未 (3)	丙申 2	丁酉 3	戊戌 4	己亥 5	庚子 6	辛丑 7	壬寅 8	癸卯 9	甲辰 10	乙巳 11	丙午 12	丁未 13	戊申 14	己酉 15	庚戌 16	辛亥 17	壬子 18		
二月大	丁卯	天干 地支 西曆	癸丑 19	甲寅 20	乙卯 21	丙辰 22	丁巳 23	戊午 24	己未 25	庚申 26	辛酉 27	壬戌 28	癸亥 29	甲子 30	乙丑 31	丙寅 (4)	丁卯 2	戊辰 3	己巳 4	庚午 5	辛未 6	壬申 7	癸酉 8	甲戌 9	乙亥 10	丙子 11	丁丑 12	戊寅 13	己卯 14	庚辰 15	辛巳 16	壬午 17	丁卯春分
三月小	戊辰	天干 地支 西曆	癸未 18	甲申 19	乙酉 20	丙戌 21	丁亥 22	戊子 23	己丑 24	庚寅 25	辛卯 26	壬辰 27	癸巳 28	甲午 29	乙未 30	丙申 (5)	丁酉 2	戊戌 3	己亥 4	庚子 5	辛丑 6	壬寅 7	癸卯 8	甲辰 9	乙巳 10	丙午 11	丁未 12	戊申 13	己酉 14	庚戌 15	辛亥 16		
四月小	己巳	天干 地支 西曆	壬子 17	癸丑 18	甲寅 19	乙卯 20	丙辰 21	丁巳 22	戊午 23	己未 24	庚申 25	辛酉 26	壬戌 27	癸亥 28	甲子 29	乙丑 30	丙寅 31	丁卯 (6)	戊辰 2	己巳 3	庚午 4	辛未 5	壬申 6	癸酉 7	甲戌 8	乙亥 9	丙子 10	丁丑 11	戊寅 12	己卯 13	庚辰 14		乙卯立夏
五月大	庚午	天干 地支 西曆	辛巳 15	壬午 16	癸未 17	甲申 18	乙酉 19	丙戌 20	丁亥 21	戊子 22	己丑 23	庚寅 24	辛卯 25	壬辰 26	癸巳 27	甲午 28	乙未 29	丙申 30	丁酉 (7)	戊戌 2	己亥 3	庚子 4	辛丑 5	壬寅 6	癸卯 7	甲辰 8	乙巳 9	丙午 10	丁未 11	戊申 12	己酉 13	庚戌 14	壬寅夏至
六月大	辛未	天干 地支 西曆	辛亥 15	壬子 16	癸丑 17	甲寅 18	乙卯 19	丙辰 20	丁巳 21	戊午 22	己未 23	庚申 24	辛酉 25	壬戌 26	癸亥 27	甲子 28	乙丑 29	丙寅 30	丁卯 31	戊辰 (8)	己巳 2	庚午 3	辛未 4	壬申 5	癸酉 6	甲戌 7	乙亥 8	丙子 9	丁丑 10	戊寅 11	己卯 12	庚辰 13	
七月小	壬申	天干 地支 西曆	辛巳 14	壬午 15	癸未 16	甲申 17	乙酉 18	丙戌 19	丁亥 20	戊子 21	己丑 22	庚寅 23	辛卯 24	壬辰 25	癸巳 26	甲午 27	乙未 28	丙申 29	丁酉 30	戊戌 31	己亥 (9)	庚子 2	辛丑 3	壬寅 4	癸卯 5	甲辰 6	乙巳 7	丙午 8	丁未 9	戊申 10	己酉 11		戊子立秋
八月大	癸酉	天干 地支 西曆	庚戌 12	辛亥 13	壬子 14	癸丑 15	甲寅 16	乙卯 17	丙辰 18	丁巳 19	戊午 20	己未 21	庚申 22	辛酉 23	壬戌 24	癸亥 25	甲子 26	乙丑 27	丙寅 28	丁卯 29	戊辰 30	己巳 (10)	庚午 2	辛未 3	壬申 4	癸酉 5	甲戌 6	乙亥 7	丙子 8	丁丑 9	戊寅 10	己卯 11	癸酉秋分
九月大	甲戌	天干 地支 西曆	庚辰 12	辛巳 13	壬午 14	癸未 15	甲申 16	乙酉 17	丙戌 18	丁亥 19	戊子 20	己丑 21	庚寅 22	辛卯 23	壬辰 24	癸巳 25	甲午 26	乙未 27	丙申 28	丁酉 29	戊戌 30	己亥 31	庚子 (11)	辛丑 2	壬寅 3	癸卯 4	甲辰 5	乙巳 6	丙午 7	丁未 8	戊申 9	己酉 10	
十月大	乙亥	天干 地支 西曆	庚戌 11	辛亥 12	壬子 13	癸丑 14	甲寅 15	乙卯 16	丙辰 17	丁巳 18	戊午 19	己未 20	庚申 21	辛酉 22	壬戌 23	癸亥 24	甲子 25	乙丑 26	丙寅 27	丁卯 28	戊辰 29	己巳 30	庚午 (12)	辛未 2	壬申 3	癸酉 4	甲戌 5	乙亥 6	丙子 7	丁丑 8	戊寅 9	己卯 10	丁巳立冬
十一月小	丙子	天干 地支 西曆	庚辰 11	辛巳 12	壬午 13	癸未 14	甲申 15	乙酉 16	丙戌 17	丁亥 18	戊子 19	己丑 20	庚寅 21	辛卯 22	壬辰 23	癸巳 24	甲午 25	乙未 26	丙申 27	丁酉 28	戊戌 29	己亥 30	庚子 31	辛丑 (1)	壬寅 2	癸卯 3	甲辰 4	乙巳 5	丙午 6	丁未 7	戊申 8		壬寅冬至
十二月大	丁丑	天干 地支 西曆	己酉 9	庚戌 10	辛亥 11	壬子 12	癸丑 13	甲寅 14	乙卯 15	丙辰 16	丁巳 17	戊午 18	己未 19	庚申 20	辛酉 21	壬戌 22	癸亥 23	甲子 24	乙丑 25	丙寅 26	丁卯 27	戊辰 28	己巳 29	庚午 30	辛未 31	壬申 (2)	癸酉 2	甲戌 3	乙亥 4	丙子 5	丁丑 6	戊寅 7	

年代異同	竹書紀年	皇極經世	文獻通考	歷代紀年備考	歷代帝王年表	歷代統紀表	中國年曆總譜	斷代工程
	殷盤庚二十二年	殷武丁三年	殷武丁三年	殷武丁三年	殷武丁三年	殷武丁三年	殷武丁十八年	

商盤庚三年（庚申 猴年） 公元前 1321 ~ 前 1320 年

夏曆月序		中西曆日對照	初一	初二	初三	初四	初五	初六	初七	初八	初九	初十	十一	十二	十三	十四	十五	十六	十七	十八	十九	二十	二一	二二	二三	二四	二五	二六	二七	二八	二九	三十	節氣與天象
正月小	戊寅	天干地支西曆	己卯8	庚辰9	辛巳10	壬午11	癸未12	甲申13	乙酉14	丙戌15	丁亥16	戊子17	己丑18	庚寅19	辛卯20	壬辰21	癸巳22	甲午23	乙未24	丙申25	丁酉26	戊戌27	己亥28	庚子29	辛丑(3)	壬寅2	癸卯3	甲辰4	乙巳5	丙午6	丁未7		丁亥立春
二月小	己卯	天干地支西曆	戊申8	己酉9	庚戌10	辛亥11	壬子12	癸丑13	甲寅14	乙卯15	丙辰16	丁巳17	戊午18	己未19	庚申20	辛酉21	壬戌22	癸亥23	甲子24	乙丑25	丙寅26	丁卯27	戊辰28	己巳29	庚午30	辛未31	壬申(4)	癸酉2	甲戌3	乙亥4	丙子5		癸酉春分
三月大	庚辰	天干地支西曆	丁丑6	戊寅7	己卯8	庚辰9	辛巳10	壬午11	癸未12	甲申13	乙酉14	丙戌15	丁亥16	戊子17	己丑18	庚寅19	辛卯20	壬辰21	癸巳22	甲午23	乙未24	丙申25	丁酉26	戊戌27	己亥28	庚子29	辛丑30	壬寅(5)	癸卯2	甲辰3	乙巳4	丙午5	
四月小	辛巳	天干地支西曆	丁未6	戊申7	己酉8	庚戌9	辛亥10	壬子11	癸丑12	甲寅13	乙卯14	丙辰15	丁巳16	戊午17	己未18	庚申19	辛酉20	壬戌21	癸亥22	甲子23	乙丑24	丙寅25	丁卯26	戊辰27	己巳28	庚午29	辛未30	壬申31	癸酉(6)	甲戌2	乙亥3		庚申立夏
五月小	壬午	天干地支西曆	丙子4	丁丑5	戊寅6	己卯7	庚辰8	辛巳9	壬午10	癸未11	甲申12	乙酉13	丙戌14	丁亥15	戊子16	己丑17	庚寅18	辛卯19	壬辰20	癸巳21	甲午22	乙未23	丙申24	丁酉25	戊戌26	己亥27	庚子28	辛丑29	壬寅30	癸卯(7)	甲辰2		丙子日食
六月大	癸未	天干地支西曆	乙巳3	丙午4	丁未5	戊申6	己酉7	庚戌8	辛亥9	壬子10	癸丑11	甲寅12	乙卯13	丙辰14	丁巳15	戊午16	己未17	庚申18	辛酉19	壬戌20	癸亥21	甲子22	乙丑23	丙寅24	丁卯25	戊辰26	己巳27	庚午28	辛未29	壬申30	癸酉31	甲戌(8)	丁未夏至
七月小	甲申	天干地支西曆	乙亥2	丙子3	丁丑4	戊寅5	己卯6	庚辰7	辛巳8	壬午9	癸未10	甲申11	乙酉12	丙戌13	丁亥14	戊子15	己丑16	庚寅17	辛卯18	壬辰19	癸巳20	甲午21	乙未22	丙申23	丁酉24	戊戌25	己亥26	庚子27	辛丑28	壬寅29	癸卯30		癸巳立秋
閏七月大	甲申	天干地支西曆	甲辰31	乙巳(9)	丙午2	丁未3	戊申4	己酉5	庚戌6	辛亥7	壬子8	癸丑9	甲寅10	乙卯11	丙辰12	丁巳13	戊午14	己未15	庚申16	辛酉17	壬戌18	癸亥19	甲子20	乙丑21	丙寅22	丁卯23	戊辰24	己巳25	庚午26	辛未27	壬申28	癸酉29	
八月大	乙酉	天干地支西曆	甲戌30	乙亥(10)	丙子2	丁丑3	戊寅4	己卯5	庚辰6	辛巳7	壬午8	癸未9	甲申10	乙酉11	丙戌12	丁亥13	戊子14	己丑15	庚寅16	辛卯17	壬辰18	癸巳19	甲午20	乙未21	丙申22	丁酉23	戊戌24	己亥25	庚子26	辛丑27	壬寅28	癸卯29	戊寅秋分
九月大	丙戌	天干地支西曆	甲辰30	乙巳31	丙午(11)	丁未2	戊申3	己酉4	庚戌5	辛亥6	壬子7	癸丑8	甲寅9	乙卯10	丙辰11	丁巳12	戊午13	己未14	庚申15	辛酉16	壬戌17	癸亥18	甲子19	乙丑20	丙寅21	丁卯22	戊辰23	己巳24	庚午25	辛未26	壬申27	癸酉28	癸亥立冬
十月大	丁亥	天干地支西曆	甲戌29	乙亥30	丙子(12)	丁丑2	戊寅3	己卯4	庚辰5	辛巳6	壬午7	癸未8	甲申9	乙酉10	丙戌11	丁亥12	戊子13	己丑14	庚寅15	辛卯16	壬辰17	癸巳18	甲午19	乙未20	丙申21	丁酉22	戊戌23	己亥24	庚子25	辛丑26	壬寅27	癸卯28	
十一月小	戊子	天干地支西曆	甲辰29	乙巳30	丙午31	丁未(1)	戊申2	己酉3	庚戌4	辛亥5	壬子6	癸丑7	甲寅8	乙卯9	丙辰10	丁巳11	戊午12	己未13	庚申14	辛酉15	壬戌16	癸亥17	甲子18	乙丑19	丙寅20	丁卯21	戊辰22	己巳23	庚午24	辛未25	壬申26		丁未冬至
十二月大	己丑	天干地支西曆	癸酉27	甲戌28	乙亥29	丙子30	丁丑31	戊寅(2)	己卯2	庚辰3	辛巳4	壬午5	癸未6	甲申7	乙酉8	丙戌9	丁亥10	戊子11	己丑12	庚寅13	辛卯14	壬辰15	癸巳16	甲午17	乙未18	丙申19	丁酉20	戊戌21	己亥22	庚子23	辛丑24	壬寅25	壬辰立春

年代異同	竹書紀年	皇極經世	文獻通考	歷代紀年備考	歷代帝王年表	歷代統紀表	中國年曆總譜	斷代工程
	殷盤庚二十三年	殷武丁四年	殷武丁四年	殷武丁四年	殷武丁四年	殷武丁四年	殷武丁十九年	

商盤庚四年（辛酉 鷄年） 公元前1320 ~ 前1319年

夏曆月序		中西曆日對照	初一	初二	初三	初四	初五	初六	初七	初八	初九	初十	十一	十二	十三	十四	十五	十六	十七	十八	十九	二十	二一	二二	二三	二四	二五	二六	二七	二八	二九	三十	節氣與天象
正月小	庚寅	干支曆 天地西	癸卯26	甲辰27	乙巳28	丙午(3)	丁未2	戊申3	己酉4	庚戌5	辛亥6	壬子7	癸丑8	甲寅9	乙卯10	丙辰11	丁巳12	戊午13	己未14	庚申15	辛酉16	壬戌17	癸亥18	甲子19	乙丑20	丙寅21	丁卯22	戊辰23	己巳24	庚午25	辛未26		
二月小	辛卯	干支曆 天地西	壬申27	癸酉28	甲戌29	乙亥30	丙子31	丁丑(4)	戊寅2	己卯3	庚辰4	辛巳5	壬午6	癸未7	甲申8	乙酉9	丙戌10	丁亥11	戊子12	己丑13	庚寅14	辛卯15	壬辰16	癸巳17	甲午18	乙未19	丙申20	丁酉21	戊戌22	己亥23	庚子24		戊寅春分
三月大	壬辰	干支曆 天地西	辛丑25	壬寅26	癸卯27	甲辰28	乙巳29	丙午30	丁未(5)	戊申2	己酉3	庚戌4	辛亥5	壬子6	癸丑7	甲寅8	乙卯9	丙辰10	丁巳11	戊午12	己未13	庚申14	辛酉15	壬戌16	癸亥17	甲子18	乙丑19	丙寅20	丁卯21	戊辰22	己巳23	庚午24	乙丑立夏
四月小	癸巳	干支曆 天地西	辛未25	壬申26	癸酉27	甲戌28	乙亥29	丙子30	丁丑31	戊寅(6)	己卯2	庚辰3	辛巳4	壬午5	癸未6	甲申7	乙酉8	丙戌9	丁亥10	戊子11	己丑12	庚寅13	辛卯14	壬辰15	癸巳16	甲午17	乙未18	丙申19	丁酉20	戊戌21	己亥22		
五月小	甲午	干支曆 天地西	庚子23	辛丑24	壬寅25	癸卯26	甲辰27	乙巳28	丙午29	丁未30	戊申(7)	己酉2	庚戌3	辛亥4	壬子5	癸丑6	甲寅7	乙卯8	丙辰9	丁巳10	戊午11	己未12	庚申13	辛酉14	壬戌15	癸亥16	甲子17	乙丑18	丙寅19	丁卯20	戊辰21		壬子夏至
六月大	乙未	干支曆 天地西	己巳22	庚午23	辛未24	壬申25	癸酉26	甲戌27	乙亥28	丙子29	丁丑30	戊寅31	己卯(8)	庚辰2	辛巳3	壬午4	癸未5	甲申6	乙酉7	丙戌8	丁亥9	戊子10	己丑11	庚寅12	辛卯13	壬辰14	癸巳15	甲午16	乙未17	丙申18	丁酉19	戊戌20	
七月小	丙申	干支曆 天地西	己亥21	庚子22	辛丑23	壬寅24	癸卯25	甲辰26	乙巳27	丙午28	丁未29	戊申30	己酉31	庚戌(9)	辛亥2	壬子3	癸丑4	甲寅5	乙卯6	丙辰7	丁巳8	戊午9	己未10	庚申11	辛酉12	壬戌13	癸亥14	甲子15	乙丑16	丙寅17	丁卯18		己亥立秋
八月大	丁酉	干支曆 天地西	戊辰19	己巳20	庚午21	辛未22	壬申23	癸酉24	甲戌25	乙亥26	丙子27	丁丑28	戊寅29	己卯30	庚辰(10)	辛巳2	壬午3	癸未4	甲申5	乙酉6	丙戌7	丁亥8	戊子9	己丑10	庚寅11	辛卯12	壬辰13	癸巳14	甲午15	乙未16	丙申17	丁酉18	甲申秋分
九月大	戊戌	干支曆 天地西	戊戌19	己亥20	庚子21	辛丑22	壬寅23	癸卯24	甲辰25	乙巳26	丙午27	丁未28	戊申29	己酉30	庚戌31	辛亥(11)	壬子2	癸丑3	甲寅4	乙卯5	丙辰6	丁巳7	戊午8	己未9	庚申10	辛酉11	壬戌12	癸亥13	甲子14	乙丑15	丙寅16	丁卯17	
十月大	己亥	干支曆 天地西	戊辰18	己巳19	庚午20	辛未21	壬申22	癸酉23	甲戌24	乙亥25	丙子26	丁丑27	戊寅28	己卯29	庚辰30	辛巳(12)	壬午2	癸未3	甲申4	乙酉5	丙戌6	丁亥7	戊子8	己丑9	庚寅10	辛卯11	壬辰12	癸巳13	甲午14	乙未15	丙申16	丁酉17	戊辰立冬
十一月小	庚子	干支曆 天地西	戊戌18	己亥19	庚子20	辛丑21	壬寅22	癸卯23	甲辰24	乙巳25	丙午26	丁未27	戊申28	己酉29	庚戌30	辛亥31	壬子(1)	癸丑2	甲寅3	乙卯4	丙辰5	丁巳6	戊午7	己未8	庚申9	辛酉10	壬戌11	癸亥12	甲子13	乙丑14	丙寅15		壬子冬至
十二月大	辛丑	干支曆 天地西	丁卯16	戊辰17	己巳18	庚午19	辛未20	壬申21	癸酉22	甲戌23	乙亥24	丙子25	丁丑26	戊寅27	己卯28	庚辰29	辛巳30	壬午31	癸未(2)	甲申2	乙酉3	丙戌4	丁亥5	戊子6	己丑7	庚寅8	辛卯9	壬辰10	癸巳11	甲午12	乙未13	丙申14	

年代異同	竹書紀年	皇極經世	文獻通考	歷代紀年備考	歷代帝王年表	歷代統紀表	中國年曆總譜	斷代工程
	殷盤庚二十四年	殷武丁五年	殷武丁五年	殷武丁五年	殷武丁五年	殷武丁五年	殷武丁二十年	

商盤庚五年（壬戌 狗年） 公元前 1319 ~ 前 1318 年

夏曆月序	中西曆日對照	初一	初二	初三	初四	初五	初六	初七	初八	初九	初十	十一	十二	十三	十四	十五	十六	十七	十八	十九	二十	二一	二二	二三	二四	二五	二六	二七	二八	二九	三十	節氣與天象
正月大 壬寅	天干地支 西曆	丁酉 15	戊戌 16	己亥 17	庚子 18	辛丑 19	壬寅 20	癸卯 21	甲辰 22	乙巳 23	丙午 24	丁未 25	戊申 26	己酉 27	庚戌 28	辛亥 (3)	壬子 2	癸丑 3	甲寅 4	乙卯 5	丙辰 6	丁巳 7	戊午 8	己未 9	庚申 10	辛酉 11	壬戌 12	癸亥 13	甲子 14	乙丑 15	丙寅 16	丁酉立春
二月小 癸卯	天干地支 西曆	丁卯 17	戊辰 18	己巳 19	庚午 20	辛未 21	壬申 22	癸酉 23	甲戌 24	乙亥 25	丙子 26	丁丑 27	戊寅 28	己卯 29	庚辰 30	辛巳 31	壬午 (4)	癸未 2	甲申 3	乙酉 4	丙戌 5	丁亥 6	戊子 7	己丑 8	庚寅 9	辛卯 10	壬辰 11	癸巳 12	甲午 13	乙未 14		癸未春分
三月小 甲辰	天干地支 西曆	丙申 15	丁酉 16	戊戌 17	己亥 18	庚子 19	辛丑 20	壬寅 21	癸卯 22	甲辰 23	乙巳 24	丙午 25	丁未 26	戊申 27	己酉 28	庚戌 29	辛亥 30	壬子 (5)	癸丑 2	甲寅 3	乙卯 4	丙辰 5	丁巳 6	戊午 7	己未 8	庚申 9	辛酉 10	壬戌 11	癸亥 12	甲子 13		
四月大 乙巳	天干地支 西曆	乙丑 14	丙寅 15	丁卯 16	戊辰 17	己巳 18	庚午 19	辛未 20	壬申 21	癸酉 22	甲戌 23	乙亥 24	丙子 25	丁丑 26	戊寅 27	己卯 28	庚辰 29	辛巳 30	壬午 31	癸未 (6)	甲申 2	乙酉 3	丙戌 4	丁亥 5	戊子 6	己丑 7	庚寅 8	辛卯 9	壬辰 10	癸巳 11	甲午 12	庚午立夏
五月小 丙午	天干地支 西曆	乙未 13	丙申 14	丁酉 15	戊戌 16	己亥 17	庚子 18	辛丑 19	壬寅 20	癸卯 21	甲辰 22	乙巳 23	丙午 24	丁未 25	戊申 26	己酉 27	庚戌 28	辛亥 29	壬子 30	癸丑 (7)	甲寅 2	乙卯 3	丙辰 4	丁巳 5	戊午 6	己未 7	庚申 8	辛酉 9	壬戌 10	癸亥 11		戊午夏至
六月小 丁未	天干地支 西曆	甲子 12	乙丑 13	丙寅 14	丁卯 15	戊辰 16	己巳 17	庚午 18	辛未 19	壬申 20	癸酉 21	甲戌 22	乙亥 23	丙子 24	丁丑 25	戊寅 26	己卯 27	庚辰 28	辛巳 29	壬午 30	癸未 31	甲申 (8)	乙酉 2	丙戌 3	丁亥 4	戊子 5	己丑 6	庚寅 7	辛卯 8	壬辰 9		
七月大 戊申	天干地支 西曆	癸巳 10	甲午 11	乙未 12	丙申 13	丁酉 14	戊戌 15	己亥 16	庚子 17	辛丑 18	壬寅 19	癸卯 20	甲辰 21	乙巳 22	丙午 23	丁未 24	戊申 25	己酉 26	庚戌 27	辛亥 28	壬子 29	癸丑 30	甲寅 31	乙卯 (9)	丙辰 2	丁巳 3	戊午 4	己未 5	庚申 6	辛酉 7	壬戌 8	甲辰立秋
八月小 己酉	天干地支 西曆	癸亥 9	甲子 10	乙丑 11	丙寅 12	丁卯 13	戊辰 14	己巳 15	庚午 16	辛未 17	壬申 18	癸酉 19	甲戌 20	乙亥 21	丙子 22	丁丑 23	戊寅 24	己卯 25	庚辰 26	辛巳 27	壬午 28	癸未 29	甲申 30	乙酉 (10)	丙戌 2	丁亥 3	戊子 4	己丑 5	庚寅 6	辛卯 7		己丑秋分
九月大 庚戌	天干地支 西曆	壬辰 8	癸巳 9	甲午 10	乙未 11	丙申 12	丁酉 13	戊戌 14	己亥 15	庚子 16	辛丑 17	壬寅 18	癸卯 19	甲辰 20	乙巳 21	丙午 22	丁未 23	戊申 24	己酉 25	庚戌 26	辛亥 27	壬子 28	癸丑 29	甲寅 30	乙卯 31	丙辰 (11)	丁巳 2	戊午 3	己未 4	庚申 5	辛酉 6	
十月大 辛亥	天干地支 西曆	壬戌 7	癸亥 8	甲子 9	乙丑 10	丙寅 11	丁卯 12	戊辰 13	己巳 14	庚午 15	辛未 16	壬申 17	癸酉 18	甲戌 19	乙亥 20	丙子 21	丁丑 22	戊寅 23	己卯 24	庚辰 25	辛巳 26	壬午 27	癸未 28	甲申 29	乙酉 30	丙戌 (12)	丁亥 2	戊子 3	己丑 4	庚寅 5	辛卯 6	癸酉立冬
十一月小 壬子	天干地支 西曆	壬辰 7	癸巳 8	甲午 9	乙未 10	丙申 11	丁酉 12	戊戌 13	己亥 14	庚子 15	辛丑 16	壬寅 17	癸卯 18	甲辰 19	乙巳 20	丙午 21	丁未 22	戊申 23	己酉 24	庚戌 25	辛亥 26	壬子 27	癸丑 28	甲寅 29	乙卯 30	丙辰 31	丁巳 (1)	戊午 2	己未 3	庚申 4		丁巳冬至
十二月大 癸丑	天干地支 西曆	辛酉 5	壬戌 6	癸亥 7	甲子 8	乙丑 9	丙寅 10	丁卯 11	戊辰 12	己巳 13	庚午 14	辛未 15	壬申 16	癸酉 17	甲戌 18	乙亥 19	丙子 20	丁丑 21	戊寅 22	己卯 23	庚辰 24	辛巳 25	壬午 26	癸未 27	甲申 28	乙酉 29	丙戌 30	丁亥 31	戊子 (2)	己丑 2	庚寅 3	

年代異同	竹書紀年	皇極經世	文獻通考	歷代紀年備考	歷代帝王年表	歷代統紀表	中國年曆總譜	斷代工程
	殷盤庚二十五年	殷武丁六年	殷武丁六年	殷武丁六年	殷武丁六年	殷武丁六年	殷武丁二十一年	

商盤庚六年（癸亥 猪年） 公元前 1318 ~ 前 1317 年

夏曆月序		中西曆日對照	初一	初二	初三	初四	初五	初六	初七	初八	初九	初十	十一	十二	十三	十四	十五	十六	十七	十八	十九	二十	二一	二二	二三	二四	二五	二六	二七	二八	二九	三十	節氣與天象
正月大	甲寅	天干地支	辛卯	壬辰	癸巳	甲午	乙未	丙申	丁酉	戊戌	己亥	庚子	辛丑	壬寅	癸卯	甲辰	乙巳	丙午	丁未	戊申	己酉	庚戌	辛亥	壬子	癸丑	甲寅	乙卯	丙辰	丁巳	戊午	己未	庚申	壬寅立春
		西曆	4	5	6	7	8	9	10	11	12	13	14	15	16	17	18	19	20	21	22	23	24	25	26	27	28	(3)	2	3	4	5	
二月小	乙卯	天干地支	辛酉	壬戌	癸亥	甲子	乙丑	丙寅	丁卯	戊辰	己巳	庚午	辛未	壬申	癸酉	甲戌	乙亥	丙子	丁丑	戊寅	己卯	庚辰	辛巳	壬午	癸未	甲申	乙酉	丙戌	丁亥	戊子	己丑		戊子春分
		西曆	6	7	8	9	10	11	12	13	14	15	16	17	18	19	20	21	22	23	24	25	26	27	28	29	30	31	(4)	2	3		
三月大	丙辰	天干地支	庚寅	辛卯	壬辰	癸巳	甲午	乙未	丙申	丁酉	戊戌	己亥	庚子	辛丑	壬寅	癸卯	甲辰	乙巳	丙午	丁未	戊申	己酉	庚戌	辛亥	壬子	癸丑	甲寅	乙卯	丙辰	丁巳	戊午	己未	
		西曆	4	5	6	7	8	9	10	11	12	13	14	15	16	17	18	19	20	21	22	23	24	25	26	27	28	29	30	(5)	2	3	
四月小	丁巳	天干地支	庚申	辛酉	壬戌	癸亥	甲子	乙丑	丙寅	丁卯	戊辰	己巳	庚午	辛未	壬申	癸酉	甲戌	乙亥	丙子	丁丑	戊寅	己卯	庚辰	辛巳	壬午	癸未	甲申	乙酉	丙戌	丁亥	戊子		丙子立夏
		西曆	4	5	6	7	8	9	10	11	12	13	14	15	16	17	18	19	20	21	22	23	24	25	26	27	28	29	30	31	(6)		
五月大	戊午	天干地支	己丑	庚寅	辛卯	壬辰	癸巳	甲午	乙未	丙申	丁酉	戊戌	己亥	庚子	辛丑	壬寅	癸卯	甲辰	乙巳	丙午	丁未	戊申	己酉	庚戌	辛亥	壬子	癸丑	甲寅	乙卯	丙辰	丁巳	戊午	
		西曆	2	3	4	5	6	7	8	9	10	11	12	13	14	15	16	17	18	19	20	21	22	23	24	25	26	27	28	29	30	(7)	
六月小	己未	天干地支	己未	庚申	辛酉	壬戌	癸亥	甲子	乙丑	丙寅	丁卯	戊辰	己巳	庚午	辛未	壬申	癸酉	甲戌	乙亥	丙子	丁丑	戊寅	己卯	庚辰	辛巳	壬午	癸未	甲申	乙酉	丙戌	丁亥		癸亥夏至
		西曆	2	3	4	5	6	7	8	9	10	11	12	13	14	15	16	17	18	19	20	21	22	23	24	25	26	27	28	29	30		
閏六月小	己未	天干地支	戊子	己丑	庚寅	辛卯	壬辰	癸巳	甲午	乙未	丙申	丁酉	戊戌	己亥	庚子	辛丑	壬寅	癸卯	甲辰	乙巳	丙午	丁未	戊申	己酉	庚戌	辛亥	壬子	癸丑	甲寅	乙卯	丙辰		己酉立秋
		西曆	31	(8)	2	3	4	5	6	7	8	9	10	11	12	13	14	15	16	17	18	19	20	21	22	23	24	25	26	27	28		
七月大	庚申	天干地支	丁巳	戊午	己未	庚申	辛酉	壬戌	癸亥	甲子	乙丑	丙寅	丁卯	戊辰	己巳	庚午	辛未	壬申	癸酉	甲戌	乙亥	丙子	丁丑	戊寅	己卯	庚辰	辛巳	壬午	癸未	甲申	乙酉	丙戌	
		西曆	29	30	31	(9)	2	3	4	5	6	7	8	9	10	11	12	13	14	15	16	17	18	19	20	21	22	23	24	25	26	27	
八月小	辛酉	天干地支	丁亥	戊子	己丑	庚寅	辛卯	壬辰	癸巳	甲午	乙未	丙申	丁酉	戊戌	己亥	庚子	辛丑	壬寅	癸卯	甲辰	乙巳	丙午	丁未	戊申	己酉	庚戌	辛亥	壬子	癸丑	甲寅	乙卯		甲午秋分
		西曆	28	29	30	(10)	2	3	4	5	6	7	8	9	10	11	12	13	14	15	16	17	18	19	20	21	22	23	24	25	26		
九月大	壬戌	天干地支	丙辰	丁巳	戊午	己未	庚申	辛酉	壬戌	癸亥	甲子	乙丑	丙寅	丁卯	戊辰	己巳	庚午	辛未	壬申	癸酉	甲戌	乙亥	丙子	丁丑	戊寅	己卯	庚辰	辛巳	壬午	癸未	甲申	乙酉	戊寅立冬
		西曆	27	28	29	30	31	(11)	2	3	4	5	6	7	8	9	10	11	12	13	14	15	16	17	18	19	20	21	22	23	24	25	
十月小	癸亥	天干地支	丙戌	丁亥	戊子	己丑	庚寅	辛卯	壬辰	癸巳	甲午	乙未	丙申	丁酉	戊戌	己亥	庚子	辛丑	壬寅	癸卯	甲辰	乙巳	丙午	丁未	戊申	己酉	庚戌	辛亥	壬子	癸丑	甲寅		
		西曆	26	27	28	29	30	(12)	2	3	4	5	6	7	8	9	10	11	12	13	14	15	16	17	18	19	20	21	22	23	24		
十一月大	甲子	天干地支	乙卯	丙辰	丁巳	戊午	己未	庚申	辛酉	壬戌	癸亥	甲子	乙丑	丙寅	丁卯	戊辰	己巳	庚午	辛未	壬申	癸酉	甲戌	乙亥	丙子	丁丑	戊寅	己卯	庚辰	辛巳	壬午	癸未	甲申	壬戌冬至
		西曆	25	26	27	28	29	30	31	(1)	2	3	4	5	6	7	8	9	10	11	12	13	14	15	16	17	18	19	20	21	22	23	
十二月大	乙丑	天干地支	乙酉	丙戌	丁亥	戊子	己丑	庚寅	辛卯	壬辰	癸巳	甲午	乙未	丙申	丁酉	戊戌	己亥	庚子	辛丑	壬寅	癸卯	甲辰	乙巳	丙午	丁未	戊申	己酉	庚戌	辛亥	壬子	癸丑	甲寅	丁未立春
		西曆	24	25	26	27	28	29	30	31	(2)	2	3	4	5	6	7	8	9	10	11	12	13	14	15	16	17	18	19	20	21	22	

年代異同	竹書紀年	皇極經世	文獻通考	歷代紀年備考	歷代帝王年表	歷代統紀表	中國年曆總譜	斷代工程
	殷盤庚二十六年	殷武丁七年	殷武丁七年	殷武丁七年	殷武丁七年	殷武丁七年	殷武丁二十二年	

商盤庚七年（甲子 鼠年） 公元前 **1317** ~ 前 1316 年

夏曆月序		中西曆日對照	初一	初二	初三	初四	初五	初六	初七	初八	初九	初十	十一	十二	十三	十四	十五	十六	十七	十八	十九	二十	二一	二二	二三	二四	二五	二六	二七	二八	二九	三十	節氣與天象
正月大	丙寅	天干地支 西曆	乙卯 23	丙辰 24	丁巳 25	戊午 26	己未 27	庚申 28	辛酉 29	壬戌 (3)	癸亥 2	甲子 3	乙丑 4	丙寅 5	丁卯 6	戊辰 7	己巳 8	庚午 9	辛未 10	壬申 11	癸酉 12	甲戌 13	乙亥 14	丙子 15	丁丑 16	戊寅 17	己卯 18	庚辰 19	辛巳 20	壬午 21	癸未 22	甲申 23	
二月小	丁卯	天干地支 西曆	乙酉 24	丙戌 25	丁亥 26	戊子 27	己丑 28	庚寅 29	辛卯 30	壬辰 31	癸巳 (4)	甲午 2	乙未 3	丙申 4	丁酉 5	戊戌 6	己亥 7	庚子 8	辛丑 9	壬寅 10	癸卯 11	甲辰 12	乙巳 13	丙午 14	丁未 15	戊申 16	己酉 17	庚戌 18	辛亥 19	壬子 20	癸丑 21		甲午春分
三月大	戊辰	天干地支 西曆	甲寅 22	乙卯 23	丙辰 24	丁巳 25	戊午 26	己未 27	庚申 28	辛酉 29	壬戌 30	癸亥 (5)	甲子 2	乙丑 3	丙寅 4	丁卯 5	戊辰 6	己巳 7	庚午 8	辛未 9	壬申 10	癸酉 11	甲戌 12	乙亥 13	丙子 14	丁丑 15	戊寅 16	己卯 17	庚辰 18	辛巳 19	壬午 20	癸未 21	辛巳立夏
四月小	己巳	天干地支 西曆	甲申 22	乙酉 23	丙戌 24	丁亥 25	戊子 26	己丑 27	庚寅 28	辛卯 29	壬辰 30	癸巳 31	甲午 (6)	乙未 2	丙申 3	丁酉 4	戊戌 5	己亥 6	庚子 7	辛丑 8	壬寅 9	癸卯 10	甲辰 11	乙巳 12	丙午 13	丁未 14	戊申 15	己酉 16	庚戌 17	辛亥 18	壬子 19		
五月大	庚午	天干地支 西曆	癸丑 20	甲寅 21	乙卯 22	丙辰 23	丁巳 24	戊午 25	己未 26	庚申 27	辛酉 28	壬戌 29	癸亥 30	甲子 (7)	乙丑 2	丙寅 3	丁卯 4	戊辰 5	己巳 6	庚午 7	辛未 8	壬申 9	癸酉 10	甲戌 11	乙亥 12	丙子 13	丁丑 14	戊寅 15	己卯 16	庚辰 17	辛巳 18	壬午 19	戊辰夏至
六月小	辛未	天干地支 西曆	癸未 20	甲申 21	乙酉 22	丙戌 23	丁亥 24	戊子 25	己丑 26	庚寅 27	辛卯 28	壬辰 29	癸巳 30	甲午 31	乙未 (8)	丙申 2	丁酉 3	戊戌 4	己亥 5	庚子 6	辛丑 7	壬寅 8	癸卯 9	甲辰 10	乙巳 11	丙午 12	丁未 13	戊申 14	己酉 15	庚戌 16	辛亥 17		
七月小	壬申	天干地支 西曆	壬子 18	癸丑 19	甲寅 20	乙卯 21	丙辰 22	丁巳 23	戊午 24	己未 25	庚申 26	辛酉 27	壬戌 28	癸亥 29	甲子 30	乙丑 31	丙寅 (9)	丁卯 2	戊辰 3	己巳 4	庚午 5	辛未 6	壬申 7	癸酉 8	甲戌 9	乙亥 10	丙子 11	丁丑 12	戊寅 13	己卯 14	庚辰 15		甲寅立秋
八月大	癸酉	天干地支 西曆	辛巳 16	壬午 17	癸未 18	甲申 19	乙酉 20	丙戌 21	丁亥 22	戊子 23	己丑 24	庚寅 25	辛卯 26	壬辰 27	癸巳 28	甲午 29	乙未 30	丙申 (10)	丁酉 2	戊戌 3	己亥 4	庚子 5	辛丑 6	壬寅 7	癸卯 8	甲辰 9	乙巳 10	丙午 11	丁未 12	戊申 13	己酉 14	庚戌 15	己亥秋分
九月小	甲戌	天干地支 西曆	辛亥 16	壬子 17	癸丑 18	甲寅 19	乙卯 20	丙辰 21	丁巳 22	戊午 23	己未 24	庚申 25	辛酉 26	壬戌 27	癸亥 28	甲子 29	乙丑 30	丙寅 31	丁卯 (11)	戊辰 2	己巳 3	庚午 4	辛未 5	壬申 6	癸酉 7	甲戌 8	乙亥 9	丙子 10	丁丑 11	戊寅 12	己卯 13		
十月大	乙亥	天干地支 西曆	庚辰 14	辛巳 15	壬午 16	癸未 17	甲申 18	乙酉 19	丙戌 20	丁亥 21	戊子 22	己丑 23	庚寅 24	辛卯 25	壬辰 26	癸巳 27	甲午 28	乙未 29	丙申 30	丁酉 (12)	戊戌 2	己亥 3	庚子 4	辛丑 5	壬寅 6	癸卯 7	甲辰 8	乙巳 9	丙午 10	丁未 11	戊申 12	己酉 13	甲申立冬
十一月小	丙子	天干地支 西曆	庚戌 14	辛亥 15	壬子 16	癸丑 17	甲寅 18	乙卯 19	丙辰 20	丁巳 21	戊午 22	己未 23	庚申 24	辛酉 25	壬戌 26	癸亥 27	甲子 28	乙丑 29	丙寅 30	丁卯 31	戊辰 (1)	己巳 2	庚午 3	辛未 4	壬申 5	癸酉 6	甲戌 7	乙亥 8	丙子 9	丁丑 10	戊寅 11		戊辰冬至
十二月大	丁丑	天干地支 西曆	己卯 12	庚辰 13	辛巳 14	壬午 15	癸未 16	甲申 17	乙酉 18	丙戌 19	丁亥 20	戊子 21	己丑 22	庚寅 23	辛卯 24	壬辰 25	癸巳 26	甲午 27	乙未 28	丙申 29	丁酉 30	戊戌 31	己亥 (2)	庚子 2	辛丑 3	壬寅 4	癸卯 5	甲辰 6	乙巳 7	丙午 8	丁未 9	戊申 10	

年代異同	竹書紀年	皇極經世	文獻通考	歷代紀年備考	歷代帝王年表	歷代統紀表	中國年曆總譜	斷代工程
	殷盤庚二十七年	殷武丁八年	殷武丁八年	殷武丁八年	殷武丁八年	殷武丁八年	殷武丁二十三年	

商盤庚八年（乙丑 牛年） 公元前 **1316** ~ 前 1315 年

夏曆月序		中西曆日對照	初一	初二	初三	初四	初五	初六	初七	初八	初九	初十	十一	十二	十三	十四	十五	十六	十七	十八	十九	二十	二一	二二	二三	二四	二五	二六	二七	二八	二九	三十	節氣與天象
正月大	戊寅	干支 天地 西曆	己酉 11	庚戌 12	辛亥 13	壬子 14	癸丑 15	甲寅 16	乙卯 17	丙辰 18	丁巳 19	戊午 20	己未 21	庚申 22	辛酉 23	壬戌 24	癸亥 25	甲子 26	乙丑 27	丙寅 28	丁卯 (3)	戊辰 2	己巳 3	庚午 4	辛未 5	壬申 6	癸酉 7	甲戌 8	乙亥 9	丙子 10	丁丑 11	戊寅 12	癸丑立春
二月小	己卯	干支 天地 西曆	己卯 13	庚辰 14	辛巳 15	壬午 16	癸未 17	甲申 18	乙酉 19	丙戌 20	丁亥 21	戊子 22	己丑 23	庚寅 24	辛卯 25	壬辰 26	癸巳 27	甲午 28	乙未 29	丙申 30	丁酉 31	戊戌 (4)	己亥 2	庚子 3	辛丑 4	壬寅 5	癸卯 6	甲辰 7	乙巳 8	丙午 9	丁未 10		己亥春分
三月大	庚辰	干支 天地 西曆	戊申 11	己酉 12	庚戌 13	辛亥 14	壬子 15	癸丑 16	甲寅 17	乙卯 18	丙辰 19	丁巳 20	戊午 21	己未 22	庚申 23	辛酉 24	壬戌 25	癸亥 26	甲子 27	乙丑 28	丙寅 29	丁卯 30	戊辰 (5)	己巳 2	庚午 3	辛未 4	壬申 5	癸酉 6	甲戌 7	乙亥 8	丙子 9	丁丑 10	
四月小	辛巳	干支 天地 西曆	戊寅 11	己卯 12	庚辰 13	辛巳 14	壬午 15	癸未 16	甲申 17	乙酉 18	丙戌 19	丁亥 20	戊子 21	己丑 22	庚寅 23	辛卯 24	壬辰 25	癸巳 26	甲午 27	乙未 28	丙申 29	丁酉 30	戊戌 31	己亥 (6)	庚子 2	辛丑 3	壬寅 4	癸卯 5	甲辰 6	乙巳 7	丙午 8		丙戌立夏
五月大	壬午	干支 天地 西曆	丁未 9	戊申 10	己酉 11	庚戌 12	辛亥 13	壬子 14	癸丑 15	甲寅 16	乙卯 17	丙辰 18	丁巳 19	戊午 20	己未 21	庚申 22	辛酉 23	壬戌 24	癸亥 25	甲子 26	乙丑 27	丙寅 28	丁卯 29	戊辰 30	己巳 (7)	庚午 2	辛未 3	壬申 4	癸酉 5	甲戌 6	乙亥 7	丙子 8	癸酉夏至
六月小	癸未	干支 天地 西曆	丁丑 9	戊寅 10	己卯 11	庚辰 12	辛巳 13	壬午 14	癸未 15	甲申 16	乙酉 17	丙戌 18	丁亥 19	戊子 20	己丑 21	庚寅 22	辛卯 23	壬辰 24	癸巳 25	甲午 26	乙未 27	丙申 28	丁酉 29	戊戌 30	己亥 31	庚子 (8)	辛丑 2	壬寅 3	癸卯 4	甲辰 5	乙巳 6		
七月大	甲申	干支 天地 西曆	丙午 7	丁未 8	戊申 9	己酉 10	庚戌 11	辛亥 12	壬子 13	癸丑 14	甲寅 15	乙卯 16	丙辰 17	丁巳 18	戊午 19	己未 20	庚申 21	辛酉 22	壬戌 23	癸亥 24	甲子 25	乙丑 26	丙寅 27	丁卯 28	戊辰 29	己巳 30	庚午 31	辛未 (9)	壬申 2	癸酉 3	甲戌 4	乙亥 5	庚申立秋
八月小	乙酉	干支 天地 西曆	丙子 6	丁丑 7	戊寅 8	己卯 9	庚辰 10	辛巳 11	壬午 12	癸未 13	甲申 14	乙酉 15	丙戌 16	丁亥 17	戊子 18	己丑 19	庚寅 20	辛卯 21	壬辰 22	癸巳 23	甲午 24	乙未 25	丙申 26	丁酉 27	戊戌 28	己亥 29	庚子 30	辛丑 (10)	壬寅 2	癸卯 3	甲辰 4		丙子日食
九月大	丙戌	干支 天地 西曆	乙巳 5	丙午 6	丁未 7	戊申 8	己酉 9	庚戌 10	辛亥 11	壬子 12	癸丑 13	甲寅 14	乙卯 15	丙辰 16	丁巳 17	戊午 18	己未 19	庚申 20	辛酉 21	壬戌 22	癸亥 23	甲子 24	乙丑 25	丙寅 26	丁卯 27	戊辰 28	己巳 29	庚午 30	辛未 31	壬申 (11)	癸酉 2	甲戌 3	乙巳秋分
十月小	丁亥	干支 天地 西曆	乙亥 4	丙子 5	丁丑 6	戊寅 7	己卯 8	庚辰 9	辛巳 10	壬午 11	癸未 12	甲申 13	乙酉 14	丙戌 15	丁亥 16	戊子 17	己丑 18	庚寅 19	辛卯 20	壬辰 21	癸巳 22	甲午 23	乙未 24	丙申 25	丁酉 26	戊戌 27	己亥 28	庚子 29	辛丑 30	壬寅 (12)	癸卯 2		己丑立冬
十一月大	戊子	干支 天地 西曆	甲辰 3	乙巳 4	丙午 5	丁未 6	戊申 7	己酉 8	庚戌 9	辛亥 10	壬子 11	癸丑 12	甲寅 13	乙卯 14	丙辰 15	丁巳 16	戊午 17	己未 18	庚申 19	辛酉 20	壬戌 21	癸亥 22	甲子 23	乙丑 24	丙寅 25	丁卯 26	戊辰 27	己巳 28	庚午 29	辛未 30	壬申 31	癸酉 (1)	癸酉冬至
十二月小	己丑	干支 天地 西曆	甲戌 2	乙亥 3	丙子 4	丁丑 5	戊寅 6	己卯 7	庚辰 8	辛巳 9	壬午 10	癸未 11	甲申 12	乙酉 13	丙戌 14	丁亥 15	戊子 16	己丑 17	庚寅 18	辛卯 19	壬辰 20	癸巳 21	甲午 22	乙未 23	丙申 24	丁酉 25	戊戌 26	己亥 27	庚子 28	辛丑 29	壬寅 30		

年代異同	竹書紀年	皇極經世	文獻通考	歷代紀年備考	歷代帝王年表	歷代統紀表	中國年曆總譜	斷代工程
	殷盤庚二十八年	殷武丁九年	殷武丁九年	殷武丁九年	殷武丁九年	殷武丁九年	殷武丁二十四年	

商盤庚九年（丙寅 虎年） 公元前 1315 ~ 前 1314 年

夏曆月序		中西曆日對照	初一	初二	初三	初四	初五	初六	初七	初八	初九	初十	十一	十二	十三	十四	十五	十六	十七	十八	十九	二十	二一	二二	二三	二四	二五	二六	二七	二八	二九	三十	節氣與天象
正月大	庚寅	天干地支西曆	癸卯31	甲辰(2)	乙巳2	丙午3	丁未4	戊申5	己酉6	庚戌7	辛亥8	壬子9	癸丑10	甲寅11	乙卯12	丙辰13	丁巳14	戊午15	己未16	庚申17	辛酉18	壬戌19	癸亥20	甲子21	乙丑22	丙寅23	丁卯24	戊辰25	己巳26	庚午27	辛未28	壬申(3)	戊午立春
二月小	辛卯	天干地支西曆	癸酉2	甲戌3	乙亥4	丙子5	丁丑6	戊寅7	己卯8	庚辰9	辛巳10	壬午11	癸未12	甲申13	乙酉14	丙戌15	丁亥16	戊子17	己丑18	庚寅19	辛卯20	壬辰21	癸巳22	甲午23	乙未24	丙申25	丁酉26	戊戌27	己亥28	庚子29	辛丑30		甲辰春分
閏二月大	辛卯	天干地支西曆	壬寅31	癸卯(4)	甲辰2	乙巳3	丙午4	丁未5	戊申6	己酉7	庚戌8	辛亥9	壬子10	癸丑11	甲寅12	乙卯13	丙辰14	丁巳15	戊午16	己未17	庚申18	辛酉19	壬戌20	癸亥21	甲子22	乙丑23	丙寅24	丁卯25	戊辰26	己巳27	庚午28	辛未29	
三月小	壬辰	天干地支西曆	壬申30	癸酉(5)	甲戌2	乙亥3	丙子4	丁丑5	戊寅6	己卯7	庚辰8	辛巳9	壬午10	癸未11	甲申12	乙酉13	丙戌14	丁亥15	戊子16	己丑17	庚寅18	辛卯19	壬辰20	癸巳21	甲午22	乙未23	丙申24	丁酉25	戊戌26	己亥27	庚子28		辛卯立夏
四月大	癸巳	天干地支西曆	辛丑29	壬寅30	癸卯31	甲辰(6)	乙巳2	丙午3	丁未4	戊申5	己酉6	庚戌7	辛亥8	壬子9	癸丑10	甲寅11	乙卯12	丙辰13	丁巳14	戊午15	己未16	庚申17	辛酉18	壬戌19	癸亥20	甲子21	乙丑22	丙寅23	丁卯24	戊辰25	己巳26	庚午27	
五月大	甲午	天干地支西曆	辛未28	壬申29	癸酉30	甲戌(7)	乙亥2	丙子3	丁丑4	戊寅5	己卯6	庚辰7	辛巳8	壬午9	癸未10	甲申11	乙酉12	丙戌13	丁亥14	戊子15	己丑16	庚寅17	辛卯18	壬辰19	癸巳20	甲午21	乙未22	丙申23	丁酉24	戊戌25	己亥26	庚子27	己卯夏至
六月小	乙未	天干地支西曆	辛丑28	壬寅29	癸卯30	甲辰31	乙巳(8)	丙午2	丁未3	戊申4	己酉5	庚戌6	辛亥7	壬子8	癸丑9	甲寅10	乙卯11	丙辰12	丁巳13	戊午14	己未15	庚申16	辛酉17	壬戌18	癸亥19	甲子20	乙丑21	丙寅22	丁卯23	戊辰24	己巳25		乙丑立秋
七月大	丙申	天干地支西曆	庚午26	辛未27	壬申28	癸酉29	甲戌30	乙亥31	丙子(9)	丁丑2	戊寅3	己卯4	庚辰5	辛巳6	壬午7	癸未8	甲申9	乙酉10	丙戌11	丁亥12	戊子13	己丑14	庚寅15	辛卯16	壬辰17	癸巳18	甲午19	乙未20	丙申21	丁酉22	戊戌23	己亥24	
八月小	丁酉	天干地支西曆	庚子25	辛丑26	壬寅27	癸卯28	甲辰29	乙巳30	丙午(10)	丁未2	戊申3	己酉4	庚戌5	辛亥6	壬子7	癸丑8	甲寅9	乙卯10	丙辰11	丁巳12	戊午13	己未14	庚申15	辛酉16	壬戌17	癸亥18	甲子19	乙丑20	丙寅21	丁卯22	戊辰23		庚戌秋分
九月大	戊戌	天干地支西曆	己巳24	庚午25	辛未26	壬申27	癸酉28	甲戌29	乙亥30	丙子31	丁丑(11)	戊寅2	己卯3	庚辰4	辛巳5	壬午6	癸未7	甲申8	乙酉9	丙戌10	丁亥11	戊子12	己丑13	庚寅14	辛卯15	壬辰16	癸巳17	甲午18	乙未19	丙申20	丁酉21	戊戌22	甲午立冬
十月小	己亥	天干地支西曆	己亥23	庚子24	辛丑25	壬寅26	癸卯27	甲辰28	乙巳29	丙午30	丁未(12)	戊申2	己酉3	庚戌4	辛亥5	壬子6	癸丑7	甲寅8	乙卯9	丙辰10	丁巳11	戊午12	己未13	庚申14	辛酉15	壬戌16	癸亥17	甲子18	乙丑19	丙寅20	丁卯21		
十一月大	庚子	天干地支西曆	戊辰22	己巳23	庚午24	辛未25	壬申26	癸酉27	甲戌28	乙亥29	丙子30	丁丑31	戊寅(1)	己卯2	庚辰3	辛巳4	壬午5	癸未6	甲申7	乙酉8	丙戌9	丁亥10	戊子11	己丑12	庚寅13	辛卯14	壬辰15	癸巳16	甲午17	乙未18	丙申19	丁酉20	戊寅冬至
十二月小	辛丑	天干地支西曆	戊戌21	己亥22	庚子23	辛丑24	壬寅25	癸卯26	甲辰27	乙巳28	丙午29	丁未30	戊申31	己酉(2)	庚戌2	辛亥3	壬子4	癸丑5	甲寅6	乙卯7	丙辰8	丁巳9	戊午10	己未11	庚申12	辛酉13	壬戌14	癸亥15	甲子16	乙丑17	丙寅18		癸亥立春 戊戌日食

年代異同	竹書紀年	皇極經世	文獻通考	歷代紀年備考	歷代帝王年表	歷代統紀表	中國年曆總譜	斷代工程
	殷小辛元年	殷武丁十年	殷武丁十年	殷武丁十年	殷武丁十年	殷武丁十年	殷武丁二十五年	

商盤庚十年（丁卯 兔年） 公元前1314 ~ 前1313年

夏曆月序		中西曆日對照	初一	初二	初三	初四	初五	初六	初七	初八	初九	初十	十一	十二	十三	十四	十五	十六	十七	十八	十九	二十	二一	二二	二三	二四	二五	二六	二七	二八	二九	三十	節氣與天象
正月大	壬寅	干支曆 天地西曆	丁卯 19	戊辰 20	己巳 21	庚午 22	辛未 23	壬申 24	癸酉 25	甲戌 26	乙亥 27	丙子 28	丁丑 (3)	戊寅 2	己卯 3	庚辰 4	辛巳 5	壬午 6	癸未 7	甲申 8	乙酉 9	丙戌 10	丁亥 11	戊子 12	己丑 13	庚寅 14	辛卯 15	壬辰 16	癸巳 17	甲午 18	乙未 19	丙申 20	
二月小	癸卯	干支曆 天地西曆	丁酉 21	戊戌 22	己亥 23	庚子 24	辛丑 25	壬寅 26	癸卯 27	甲辰 28	乙巳 29	丙午 30	丁未 31	戊申 (4)	己酉 2	庚戌 3	辛亥 4	壬子 5	癸丑 6	甲寅 7	乙卯 8	丙辰 9	丁巳 10	戊午 11	己未 12	庚申 13	辛酉 14	壬戌 15	癸亥 16	甲子 17	乙丑 18		己酉春分
三月大	甲辰	干支曆 天地西曆	丙寅 19	丁卯 20	戊辰 21	己巳 22	庚午 23	辛未 24	壬申 25	癸酉 26	甲戌 27	乙亥 28	丙子 29	丁丑 30	戊寅 (5)	己卯 2	庚辰 3	辛巳 4	壬午 5	癸未 6	甲申 7	乙酉 8	丙戌 9	丁亥 10	戊子 11	己丑 12	庚寅 13	辛卯 14	壬辰 15	癸巳 16	甲午 17	乙未 18	
四月小	乙巳	干支曆 天地西曆	丙申 19	丁酉 20	戊戌 21	己亥 22	庚子 23	辛丑 24	壬寅 25	癸卯 26	甲辰 27	乙巳 28	丙午 29	丁未 30	戊申 31	己酉 (6)	庚戌 2	辛亥 3	壬子 4	癸丑 5	甲寅 6	乙卯 7	丙辰 8	丁巳 9	戊午 10	己未 11	庚申 12	辛酉 13	壬戌 14	癸亥 15	甲子 16		丁酉立夏
五月大	丙午	干支曆 天地西曆	乙丑 17	丙寅 18	丁卯 19	戊辰 20	己巳 21	庚午 22	辛未 23	壬申 24	癸酉 25	甲戌 26	乙亥 27	丙子 28	丁丑 29	戊寅 30	己卯 (7)	庚辰 2	辛巳 3	壬午 4	癸未 5	甲申 6	乙酉 7	丙戌 8	丁亥 9	戊子 10	己丑 11	庚寅 12	辛卯 13	壬辰 14	癸巳 15	甲午 16	甲申夏至
六月小	丁未	干支曆 天地西曆	乙未 17	丙申 18	丁酉 19	戊戌 20	己亥 21	庚子 22	辛丑 23	壬寅 24	癸卯 25	甲辰 26	乙巳 27	丙午 28	丁未 29	戊申 30	己酉 31	庚戌 (8)	辛亥 2	壬子 3	癸丑 4	甲寅 5	乙卯 6	丙辰 7	丁巳 8	戊午 9	己未 10	庚申 11	辛酉 12	壬戌 13	癸亥 14		
七月大	戊申	干支曆 天地西曆	甲子 15	乙丑 16	丙寅 17	丁卯 18	戊辰 19	己巳 20	庚午 21	辛未 22	壬申 23	癸酉 24	甲戌 25	乙亥 26	丙子 27	丁丑 28	戊寅 29	己卯 30	庚辰 31	辛巳 (9)	壬午 2	癸未 3	甲申 4	乙酉 5	丙戌 6	丁亥 7	戊子 8	己丑 9	庚寅 10	辛卯 11	壬辰 12	癸巳 13	庚午立秋
八月大	己酉	干支曆 天地西曆	甲午 14	乙未 15	丙申 16	丁酉 17	戊戌 18	己亥 19	庚子 20	辛丑 21	壬寅 22	癸卯 23	甲辰 24	乙巳 25	丙午 26	丁未 27	戊申 28	己酉 29	庚戌 30	辛亥 (10)	壬子 2	癸丑 3	甲寅 4	乙卯 5	丙辰 6	丁巳 7	戊午 8	己未 9	庚申 10	辛酉 11	壬戌 12	癸亥 13	乙卯秋分
九月小	庚戌	干支曆 天地西曆	甲子 14	乙丑 15	丙寅 16	丁卯 17	戊辰 18	己巳 19	庚午 20	辛未 21	壬申 22	癸酉 23	甲戌 24	乙亥 25	丙子 26	丁丑 27	戊寅 28	己卯 29	庚辰 30	辛巳 31	壬午 (11)	癸未 2	甲申 3	乙酉 4	丙戌 5	丁亥 6	戊子 7	己丑 8	庚寅 9	辛卯 10	壬辰 11		
十月大	辛亥	干支曆 天地西曆	癸巳 12	甲午 13	乙未 14	丙申 15	丁酉 16	戊戌 17	己亥 18	庚子 19	辛丑 20	壬寅 21	癸卯 22	甲辰 23	乙巳 24	丙午 25	丁未 26	戊申 27	己酉 28	庚戌 29	辛亥 30	壬子 (12)	癸丑 2	甲寅 3	乙卯 4	丙辰 5	丁巳 6	戊午 7	己未 8	庚申 9	辛酉 10	壬戌 11	己亥立冬
十一月大	壬子	干支曆 天地西曆	癸亥 12	甲子 13	乙丑 14	丙寅 15	丁卯 16	戊辰 17	己巳 18	庚午 19	辛未 20	壬申 21	癸酉 22	甲戌 23	乙亥 24	丙子 25	丁丑 26	戊寅 27	己卯 28	庚辰 29	辛巳 30	壬午 31	癸未 (1)	甲申 2	乙酉 3	丙戌 4	丁亥 5	戊子 6	己丑 7	庚寅 8	辛卯 9	壬辰 10	癸未冬至
十二月小	癸丑	干支曆 天地西曆	癸巳 11	甲午 12	乙未 13	丙申 14	丁酉 15	戊戌 16	己亥 17	庚子 18	辛丑 19	壬寅 20	癸卯 21	甲辰 22	乙巳 23	丙午 24	丁未 25	戊申 26	己酉 27	庚戌 28	辛亥 29	壬子 30	癸丑 31	甲寅 (2)	乙卯 2	丙辰 3	丁巳 4	戊午 5	己未 6	庚申 7	辛酉 8		

年代異同	竹書紀年	皇極經世	文獻通考	歷代紀年備考	歷代帝王年表	歷代統紀表	中國年曆總譜	斷代工程
	殷小辛二年	殷武丁十一年	殷武丁十一年	殷武丁十一年	殷武丁十一年	殷武丁十一年	殷武丁二十六年	

商盤庚十一年（戊辰 龍年） 公元前1313 ~ 前1312年

夏曆月序		中西曆日對照	初一	初二	初三	初四	初五	初六	初七	初八	初九	初十	十一	十二	十三	十四	十五	十六	十七	十八	十九	二十	二一	二二	二三	二四	二五	二六	二七	二八	二九	三十	節氣與天象
正月小	甲寅	干支 天地西曆	壬戌 9	癸亥 10	甲子 11	乙丑 12	丙寅 13	丁卯 14	戊辰 15	己巳 16	庚午 17	辛未 18	壬申 19	癸酉 20	甲戌 21	乙亥 22	丙子 23	丁丑 24	戊寅 25	己卯 26	庚辰 27	辛巳 28	壬午 29	癸未 (3)	甲申 2	乙酉 3	丙戌 4	丁亥 5	戊子 6	己丑 7	庚寅 8		戊辰立春
二月大	乙卯	干支 天地西曆	辛卯 9	壬辰 10	癸巳 11	甲午 12	乙未 13	丙申 14	丁酉 15	戊戌 16	己亥 17	庚子 18	辛丑 19	壬寅 20	癸卯 21	甲辰 22	乙巳 23	丙午 24	丁未 25	戊申 26	己酉 27	庚戌 28	辛亥 29	壬子 30	癸丑 31	甲寅 (4)	乙卯 2	丙辰 3	丁巳 4	戊午 5	己未 6	庚申 7	乙卯春分
三月小	丙辰	干支 天地西曆	辛酉 8	壬戌 9	癸亥 10	甲子 11	乙丑 12	丙寅 13	丁卯 14	戊辰 15	己巳 16	庚午 17	辛未 18	壬申 19	癸酉 20	甲戌 21	乙亥 22	丙子 23	丁丑 24	戊寅 25	己卯 26	庚辰 27	辛巳 28	壬午 29	癸未 30	甲申 (5)	乙酉 2	丙戌 3	丁亥 4	戊子 5	己丑 6		
四月小	丁巳	干支 天地西曆	庚寅 7	辛卯 8	壬辰 9	癸巳 10	甲午 11	乙未 12	丙申 13	丁酉 14	戊戌 15	己亥 16	庚子 17	辛丑 18	壬寅 19	癸卯 20	甲辰 21	乙巳 22	丙午 23	丁未 24	戊申 25	己酉 26	庚戌 27	辛亥 28	壬子 29	癸丑 30	甲寅 31	乙卯 (6)	丙辰 2	丁巳 3	戊午 4		壬寅立夏
五月大	戊午	干支 天地西曆	己未 5	庚申 6	辛酉 7	壬戌 8	癸亥 9	甲子 10	乙丑 11	丙寅 12	丁卯 13	戊辰 14	己巳 15	庚午 16	辛未 17	壬申 18	癸酉 19	甲戌 20	乙亥 21	丙子 22	丁丑 23	戊寅 24	己卯 25	庚辰 26	辛巳 27	壬午 28	癸未 29	甲申 30	乙酉 (7)	丙戌 2	丁亥 3	戊子 4	
六月小	己未	干支 天地西曆	己丑 5	庚寅 6	辛卯 7	壬辰 8	癸巳 9	甲午 10	乙未 11	丙申 12	丁酉 13	戊戌 14	己亥 15	庚子 16	辛丑 17	壬寅 18	癸卯 19	甲辰 20	乙巳 21	丙午 22	丁未 23	戊申 24	己酉 25	庚戌 26	辛亥 27	壬子 28	癸丑 29	甲寅 30	乙卯 31	丙辰 (8)	丁巳 2		己丑夏至
七月大	庚申	干支 天地西曆	戊午 3	己未 4	庚申 5	辛酉 6	壬戌 7	癸亥 8	甲子 9	乙丑 10	丙寅 11	丁卯 12	戊辰 13	己巳 14	庚午 15	辛未 16	壬申 17	癸酉 18	甲戌 19	乙亥 20	丙子 21	丁丑 22	戊寅 23	己卯 24	庚辰 25	辛巳 26	壬午 27	癸未 28	甲申 29	乙酉 30	丙戌 31	丁亥 (9)	乙亥立秋
八月大	辛酉	干支 天地西曆	戊子 2	己丑 3	庚寅 4	辛卯 5	壬辰 6	癸巳 7	甲午 8	乙未 9	丙申 10	丁酉 11	戊戌 12	己亥 13	庚子 14	辛丑 15	壬寅 16	癸卯 17	甲辰 18	乙巳 19	丙午 20	丁未 21	戊申 22	己酉 23	庚戌 24	辛亥 25	壬子 26	癸丑 27	甲寅 28	乙卯 29	丙辰 30	丁巳 (10)	
九月大	壬戌	干支 天地西曆	戊午 2	己未 3	庚申 4	辛酉 5	壬戌 6	癸亥 7	甲子 8	乙丑 9	丙寅 10	丁卯 11	戊辰 12	己巳 13	庚午 14	辛未 15	壬申 16	癸酉 17	甲戌 18	乙亥 19	丙子 20	丁丑 21	戊寅 22	己卯 23	庚辰 24	辛巳 25	壬午 26	癸未 27	甲申 28	乙酉 29	丙戌 30	丁亥 31	庚申秋分
十月小	癸亥	干支 天地西曆	戊子 (11)	己丑 2	庚寅 3	辛卯 4	壬辰 5	癸巳 6	甲午 7	乙未 8	丙申 9	丁酉 10	戊戌 11	己亥 12	庚子 13	辛丑 14	壬寅 15	癸卯 16	甲辰 17	乙巳 18	丙午 19	丁未 20	戊申 21	己酉 22	庚戌 23	辛亥 24	壬子 25	癸丑 26	甲寅 27	乙卯 28	丙辰 29		乙巳立冬
閏十月大	癸亥	干支 天地西曆	丁巳 30	戊午 (12)	己未 2	庚申 3	辛酉 4	壬戌 5	癸亥 6	甲子 7	乙丑 8	丙寅 9	丁卯 10	戊辰 11	己巳 12	庚午 13	辛未 14	壬申 15	癸酉 16	甲戌 17	乙亥 18	丙子 19	丁丑 20	戊寅 21	己卯 22	庚辰 23	辛巳 24	壬午 25	癸未 26	甲申 27	乙酉 28	丙戌 29	
十一月大	甲子	干支 天地西曆	丁亥 30	戊子 31	己丑 (1)	庚寅 2	辛卯 3	壬辰 4	癸巳 5	甲午 6	乙未 7	丙申 8	丁酉 9	戊戌 10	己亥 11	庚子 12	辛丑 13	壬寅 14	癸卯 15	甲辰 16	乙巳 17	丙午 18	丁未 19	戊申 20	己酉 21	庚戌 22	辛亥 23	壬子 24	癸丑 25	甲寅 26	乙卯 27	丙辰 28	己丑冬至
十二月小	乙丑	干支 天地西曆	丁巳 29	戊午 30	己未 31	庚申 (2)	辛酉 2	壬戌 3	癸亥 4	甲子 5	乙丑 6	丙寅 7	丁卯 8	戊辰 9	己巳 10	庚午 11	辛未 12	壬申 13	癸酉 14	甲戌 15	乙亥 16	丙子 17	丁丑 18	戊寅 19	己卯 20	庚辰 21	辛巳 22	壬午 23	癸未 24	甲申 25	乙酉 26		甲戌立春

年代異同	竹書紀年	皇極經世	文獻通考	歷代紀年備考	歷代帝王年表	歷代統紀表	中國年曆總譜	斷代工程
	殷小辛三年	殷武丁十二年	殷武丁十二年	殷武丁十二年	殷武丁十二年	殷武丁十二年	殷武丁二十七年	

商盤庚十二年（己巳 蛇年） 公元前 1312 ~ 前 1311 年

夏曆月序	中西曆日對照	初一	初二	初三	初四	初五	初六	初七	初八	初九	初十	十一	十二	十三	十四	十五	十六	十七	十八	十九	二十	二一	二二	二三	二四	二五	二六	二七	二八	二九	三十	節氣與天象
正月小 丙寅	天干 地支 西曆	丙戌 27	丁亥 28	戊子 (3)	己丑 2	庚寅 3	辛卯 4	壬辰 5	癸巳 6	甲午 7	乙未 8	丙申 9	丁酉 10	戊戌 11	己亥 12	庚子 13	辛丑 14	壬寅 15	癸卯 16	甲辰 17	乙巳 18	丙午 19	丁未 20	戊申 21	己酉 22	庚戌 23	辛亥 24	壬子 25	癸丑 26	甲寅 27		
二月大 丁卯	天干 地支 西曆	乙卯 28	丙辰 29	丁巳 30	戊午 31	己未 (4)	庚申 2	辛酉 3	壬戌 4	癸亥 5	甲子 6	乙丑 7	丙寅 8	丁卯 9	戊辰 10	己巳 11	庚午 12	辛未 13	壬申 14	癸酉 15	甲戌 16	乙亥 17	丙子 18	丁丑 19	戊寅 20	己卯 21	庚辰 22	辛巳 23	壬午 24	癸未 25	甲申 26	庚申春分
三月小 戊辰	天干 地支 西曆	乙酉 27	丙戌 28	丁亥 29	戊子 30	己丑 (5)	庚寅 2	辛卯 3	壬辰 4	癸巳 5	甲午 6	乙未 7	丙申 8	丁酉 9	戊戌 10	己亥 11	庚子 12	辛丑 13	壬寅 14	癸卯 15	甲辰 16	乙巳 17	丙午 18	丁未 19	戊申 20	己酉 21	庚戌 22	辛亥 23	壬子 24	癸丑 25		丁未立夏
四月小 己巳	天干 地支 西曆	甲寅 26	乙卯 27	丙辰 28	丁巳 29	戊午 30	己未 31	庚申 (6)	辛酉 2	壬戌 3	癸亥 4	甲子 5	乙丑 6	丙寅 7	丁卯 8	戊辰 9	己巳 10	庚午 11	辛未 12	壬申 13	癸酉 14	甲戌 15	乙亥 16	丙子 17	丁丑 18	戊寅 19	己卯 20	庚辰 21	辛巳 22	壬午 23		
五月大 庚午	天干 地支 西曆	癸未 24	甲申 25	乙酉 26	丙戌 27	丁亥 28	戊子 29	己丑 30	庚寅 (7)	辛卯 2	壬辰 3	癸巳 4	甲午 5	乙未 6	丙申 7	丁酉 8	戊戌 9	己亥 10	庚子 11	辛丑 12	壬寅 13	癸卯 14	甲辰 15	乙巳 16	丙午 17	丁未 18	戊申 19	己酉 20	庚戌 21	辛亥 22	壬子 23	甲午夏至 癸未日食
六月小 辛未	天干 地支 西曆	癸丑 24	甲寅 25	乙卯 26	丙辰 27	丁巳 28	戊午 29	己未 30	庚申 31	辛酉 (8)	壬戌 2	癸亥 3	甲子 4	乙丑 5	丙寅 6	丁卯 7	戊辰 8	己巳 9	庚午 10	辛未 11	壬申 12	癸酉 13	甲戌 14	乙亥 15	丙子 16	丁丑 17	戊寅 18	己卯 19	庚辰 20	辛巳 21		辛巳立秋
七月大 壬申	天干 地支 西曆	壬午 22	癸未 23	甲申 24	乙酉 25	丙戌 26	丁亥 27	戊子 28	己丑 29	庚寅 30	辛卯 31	壬辰 (9)	癸巳 2	甲午 3	乙未 4	丙申 5	丁酉 6	戊戌 7	己亥 8	庚子 9	辛丑 10	壬寅 11	癸卯 12	甲辰 13	乙巳 14	丙午 15	丁未 16	戊申 17	己酉 18	庚戌 19	辛亥 20	
八月大 癸酉	天干 地支 西曆	壬子 21	癸丑 22	甲寅 23	乙卯 24	丙辰 25	丁巳 26	戊午 27	己未 28	庚申 29	辛酉 30	壬戌 (10)	癸亥 2	甲子 3	乙丑 4	丙寅 5	丁卯 6	戊辰 7	己巳 8	庚午 9	辛未 10	壬申 11	癸酉 12	甲戌 13	乙亥 14	丙子 15	丁丑 16	戊寅 17	己卯 18	庚辰 19	辛巳 20	丙寅秋分
九月大 甲戌	天干 地支 西曆	壬午 21	癸未 22	甲申 23	乙酉 24	丙戌 25	丁亥 26	戊子 27	己丑 28	庚寅 29	辛卯 30	壬辰 31	癸巳 (11)	甲午 2	乙未 3	丙申 4	丁酉 5	戊戌 6	己亥 7	庚子 8	辛丑 9	壬寅 10	癸卯 11	甲辰 12	乙巳 13	丙午 14	丁未 15	戊申 16	己酉 17	庚戌 18	辛亥 19	庚戌立冬
十月小 乙亥	天干 地支 西曆	壬子 20	癸丑 21	甲寅 22	乙卯 23	丙辰 24	丁巳 25	戊午 26	己未 27	庚申 28	辛酉 29	壬戌 30	癸亥 (12)	甲子 2	乙丑 3	丙寅 4	丁卯 5	戊辰 6	己巳 7	庚午 8	辛未 9	壬申 10	癸酉 11	甲戌 12	乙亥 13	丙子 14	丁丑 15	戊寅 16	己卯 17	庚辰 18		
十一月大 丙子	天干 地支 西曆	辛巳 19	壬午 20	癸未 21	甲申 22	乙酉 23	丙戌 24	丁亥 25	戊子 26	己丑 27	庚寅 28	辛卯 29	壬辰 30	癸巳 31	甲午 (1)	乙未 2	丙申 3	丁酉 4	戊戌 5	己亥 6	庚子 7	辛丑 8	壬寅 9	癸卯 10	甲辰 11	乙巳 12	丙午 13	丁未 14	戊申 15	己酉 16	庚戌 17	甲午冬至
十二月大 丁丑	天干 地支 西曆	辛亥 18	壬子 19	癸丑 20	甲寅 21	乙卯 22	丙辰 23	丁巳 24	戊午 25	己未 26	庚申 27	辛酉 28	壬戌 29	癸亥 30	甲子 31	乙丑 (2)	丙寅 2	丁卯 3	戊辰 4	己巳 5	庚午 6	辛未 7	壬申 8	癸酉 9	甲戌 10	乙亥 11	丙子 12	丁丑 13	戊寅 14	己卯 15	庚辰 16	己卯立春

年代異同	竹書紀年	皇極經世	文獻通考	歷代紀年備考	歷代帝王年表	歷代統紀表	中國年曆總譜	斷代工程
	殷小乙元年	殷武丁十三年	殷武丁十三年	殷武丁十三年	殷武丁十三年	殷武丁十三年	殷武丁二十八年	

商盤庚十三年（庚午 馬年） 公元前 1311 ~ 前 1310 年

夏曆月序		中西曆日對照	初一	初二	初三	初四	初五	初六	初七	初八	初九	初十	十一	十二	十三	十四	十五	十六	十七	十八	十九	二十	二一	二二	二三	二四	二五	二六	二七	二八	二九	三十	節氣與天象
正月小	戊寅	干支 天地 西曆	辛巳 17	壬午 18	癸未 19	甲申 20	乙酉 21	丙戌 22	丁亥 23	戊子 24	己丑 25	庚寅 26	辛卯 27	壬辰 28	癸巳 (3)	甲午 2	乙未 3	丙申 4	丁酉 5	戊戌 6	己亥 7	庚子 8	辛丑 9	壬寅 10	癸卯 11	甲辰 12	乙巳 13	丙午 14	丁未 15	戊申 16	己酉 17		
二月小	己卯	干支 天地 西曆	庚戌 18	辛亥 19	壬子 20	癸丑 21	甲寅 22	乙卯 23	丙辰 24	丁巳 25	戊午 26	己未 27	庚申 28	辛酉 29	壬戌 30	癸亥 31	甲子 (4)	乙丑 2	丙寅 3	丁卯 4	戊辰 5	己巳 6	庚午 7	辛未 8	壬申 9	癸酉 10	甲戌 11	乙亥 12	丙子 13	丁丑 14	戊寅 15		乙丑春分
三月大	庚辰	干支 天地 西曆	己卯 16	庚辰 17	辛巳 18	壬午 19	癸未 20	甲申 21	乙酉 22	丙戌 23	丁亥 24	戊子 25	己丑 26	庚寅 27	辛卯 28	壬辰 29	癸巳 30	甲午 (5)	乙未 2	丙申 3	丁酉 4	戊戌 5	己亥 6	庚子 7	辛丑 8	壬寅 9	癸卯 10	甲辰 11	乙巳 12	丙午 13	丁未 14	戊申 15	
四月小	辛巳	干支 天地 西曆	己酉 16	庚戌 17	辛亥 18	壬子 19	癸丑 20	甲寅 21	乙卯 22	丙辰 23	丁巳 24	戊午 25	己未 26	庚申 27	辛酉 28	壬戌 29	癸亥 30	甲子 31	乙丑 (6)	丙寅 2	丁卯 3	戊辰 4	己巳 5	庚午 6	辛未 7	壬申 8	癸酉 9	甲戌 10	乙亥 11	丙子 12	丁丑 13		壬子立夏
五月小	壬午	干支 天地 西曆	戊寅 14	己卯 15	庚辰 16	辛巳 17	壬午 18	癸未 19	甲申 20	乙酉 21	丙戌 22	丁亥 23	戊子 24	己丑 25	庚寅 26	辛卯 27	壬辰 28	癸巳 29	甲午 30	乙未 (7)	丙申 2	丁酉 3	戊戌 4	己亥 5	庚子 6	辛丑 7	壬寅 8	癸卯 9	甲辰 10	乙巳 11	丙午 12		己亥夏至 戊寅日食
六月大	癸未	干支 天地 西曆	丁未 13	戊申 14	己酉 15	庚戌 16	辛亥 17	壬子 18	癸丑 19	甲寅 20	乙卯 21	丙辰 22	丁巳 23	戊午 24	己未 25	庚申 26	辛酉 27	壬戌 28	癸亥 29	甲子 30	乙丑 31	丙寅 (8)	丁卯 2	戊辰 3	己巳 4	庚午 5	辛未 6	壬申 7	癸酉 8	甲戌 9	乙亥 10	丙子 11	
七月小	甲申	干支 天地 西曆	丁丑 12	戊寅 13	己卯 14	庚辰 15	辛巳 16	壬午 17	癸未 18	甲申 19	乙酉 20	丙戌 21	丁亥 22	戊子 23	己丑 24	庚寅 25	辛卯 26	壬辰 27	癸巳 28	甲午 29	乙未 30	丙申 31	丁酉 (9)	戊戌 2	己亥 3	庚子 4	辛丑 5	壬寅 6	癸卯 7	甲辰 8	乙巳 9		丙戌立秋
八月大	乙酉	干支 天地 西曆	丙午 10	丁未 11	戊申 12	己酉 13	庚戌 14	辛亥 15	壬子 16	癸丑 17	甲寅 18	乙卯 19	丙辰 20	丁巳 21	戊午 22	己未 23	庚申 24	辛酉 25	壬戌 26	癸亥 27	甲子 28	乙丑 29	丙寅 30	丁卯 (10)	戊辰 2	己巳 3	庚午 4	辛未 5	壬申 6	癸酉 7	甲戌 8	乙亥 9	辛未秋分
九月大	丙戌	干支 天地 西曆	丙子 10	丁丑 11	戊寅 12	己卯 13	庚辰 14	辛巳 15	壬午 16	癸未 17	甲申 18	乙酉 19	丙戌 20	丁亥 21	戊子 22	己丑 23	庚寅 24	辛卯 25	壬辰 26	癸巳 27	甲午 28	乙未 29	丙申 30	丁酉 31	戊戌 (11)	己亥 2	庚子 3	辛丑 4	壬寅 5	癸卯 6	甲辰 7	乙巳 8	
十月小	丁亥	干支 天地 西曆	丙午 9	丁未 10	戊申 11	己酉 12	庚戌 13	辛亥 14	壬子 15	癸丑 16	甲寅 17	乙卯 18	丙辰 19	丁巳 20	戊午 21	己未 22	庚申 23	辛酉 24	壬戌 25	癸亥 26	甲子 27	乙丑 28	丙寅 29	丁卯 30	戊辰 (12)	己巳 2	庚午 3	辛未 4	壬申 5	癸酉 6	甲戌 7		乙卯立冬
十一月大	戊子	干支 天地 西曆	乙亥 8	丙子 9	丁丑 10	戊寅 11	己卯 12	庚辰 13	辛巳 14	壬午 15	癸未 16	甲申 17	乙酉 18	丙戌 19	丁亥 20	戊子 21	己丑 22	庚寅 23	辛卯 24	壬辰 25	癸巳 26	甲午 27	乙未 28	丙申 29	丁酉 30	戊戌 31	己亥 (1)	庚子 2	辛丑 3	壬寅 4	癸卯 5	甲辰 6	己亥冬至
十二月大	己丑	干支 天地 西曆	乙巳 7	丙午 8	丁未 9	戊申 10	己酉 11	庚戌 12	辛亥 13	壬子 14	癸丑 15	甲寅 16	乙卯 17	丙辰 18	丁巳 19	戊午 20	己未 21	庚申 22	辛酉 23	壬戌 24	癸亥 25	甲子 26	乙丑 27	丙寅 28	丁卯 29	戊辰 30	己巳 31	庚午 (2)	辛未 2	壬申 3	癸酉 4	甲戌 5	

年代異同	竹書紀年	皇極經世	文獻通考	歷代紀年備考	歷代帝王年表	歷代統紀表	中國年曆總譜	斷代工程
	殷小乙二年	殷武丁十四年	殷武丁十四年	殷武丁十四年	殷武丁十四年	殷武丁十四年	殷武丁二十九年	

商盤庚十四年（辛未 羊年） 公元前 1310 ~ 前 1309 年

夏曆月序		中西曆日對照	初一	初二	初三	初四	初五	初六	初七	初八	初九	初十	十一	十二	十三	十四	十五	十六	十七	十八	十九	二十	二一	二二	二三	二四	二五	二六	二七	二八	二九	三十	節氣與天象
正月小	庚寅	干支曆 天地西	乙亥 6	丙子 7	丁丑 8	戊寅 9	己卯 10	庚辰 11	辛巳 12	壬午 13	癸未 14	甲申 15	乙酉 16	丙戌 17	丁亥 18	戊子 19	己丑 20	庚寅 21	辛卯 22	壬辰 23	癸巳 24	甲午 25	乙未 26	丙申 27	丁酉 28	戊戌 (3)	己亥 2	庚子 3	辛丑 4	壬寅 5	癸卯 6		甲申立春
二月大	辛卯	干支曆 天地西	甲辰 7	乙巳 8	丙午 9	丁未 10	戊申 11	己酉 12	庚戌 13	辛亥 14	壬子 15	癸丑 16	甲寅 17	乙卯 18	丙辰 19	丁巳 20	戊午 21	己未 22	庚申 23	辛酉 24	壬戌 25	癸亥 26	甲子 27	乙丑 28	丙寅 29	丁卯 30	戊辰 31	己巳 (4)	庚午 2	辛未 3	壬申 4	癸酉 5	庚午春分
三月小	壬辰	干支曆 天地西	甲戌 6	乙亥 7	丙子 8	丁丑 9	戊寅 10	己卯 11	庚辰 12	辛巳 13	壬午 14	癸未 15	甲申 16	乙酉 17	丙戌 18	丁亥 19	戊子 20	己丑 21	庚寅 22	辛卯 23	壬辰 24	癸巳 25	甲午 26	乙未 27	丙申 28	丁酉 29	戊戌 30	己亥 (5)	庚子 2	辛丑 3	壬寅 4		
四月大	癸巳	干支曆 天地西	癸卯 5	甲辰 6	乙巳 7	丙午 8	丁未 9	戊申 10	己酉 11	庚戌 12	辛亥 13	壬子 14	癸丑 15	甲寅 16	乙卯 17	丙辰 18	丁巳 19	戊午 20	己未 21	庚申 22	辛酉 23	壬戌 24	癸亥 25	甲子 26	乙丑 27	丙寅 28	丁卯 29	戊辰 30	己巳 31	庚午 (6)	辛未 2	壬申 3	戊午立夏
五月小	甲午	干支曆 天地西	癸酉 4	甲戌 5	乙亥 6	丙子 7	丁丑 8	戊寅 9	己卯 10	庚辰 11	辛巳 12	壬午 13	癸未 14	甲申 15	乙酉 16	丙戌 17	丁亥 18	戊子 19	己丑 20	庚寅 21	辛卯 22	壬辰 23	癸巳 24	甲午 25	乙未 26	丙申 27	丁酉 28	戊戌 29	己亥 30	庚子 (7)	辛丑 2		
六月小	乙未	干支曆 天地西	壬寅 3	癸卯 4	甲辰 5	乙巳 6	丙午 7	丁未 8	戊申 9	己酉 10	庚戌 11	辛亥 12	壬子 13	癸丑 14	甲寅 15	乙卯 16	丙辰 17	丁巳 18	戊午 19	己未 20	庚申 21	辛酉 22	壬戌 23	癸亥 24	甲子 25	乙丑 26	丙寅 27	丁卯 28	戊辰 29	己巳 30	庚午 31		乙巳夏至
七月大	丙申	干支曆 天地西	辛未 (8)	壬申 2	癸酉 3	甲戌 4	乙亥 5	丙子 6	丁丑 7	戊寅 8	己卯 9	庚辰 10	辛巳 11	壬午 12	癸未 13	甲申 14	乙酉 15	丙戌 16	丁亥 17	戊子 18	己丑 19	庚寅 20	辛卯 21	壬辰 22	癸巳 23	甲午 24	乙未 25	丙申 26	丁酉 27	戊戌 28	己亥 29	庚子 30	辛卯立秋
閏七月小	丙申	干支曆 天地西	辛丑 31	壬寅 (9)	癸卯 2	甲辰 3	乙巳 4	丙午 5	丁未 6	戊申 7	己酉 8	庚戌 9	辛亥 10	壬子 11	癸丑 12	甲寅 13	乙卯 14	丙辰 15	丁巳 16	戊午 17	己未 18	庚申 19	辛酉 20	壬戌 21	癸亥 22	甲子 23	乙丑 24	丙寅 25	丁卯 26	戊辰 27	己巳 28		
八月大	丁酉	干支曆 天地西	庚午 29	辛未 30	壬申 (10)	癸酉 2	甲戌 3	乙亥 4	丙子 5	丁丑 6	戊寅 7	己卯 8	庚辰 9	辛巳 10	壬午 11	癸未 12	甲申 13	乙酉 14	丙戌 15	丁亥 16	戊子 17	己丑 18	庚寅 19	辛卯 20	壬辰 21	癸巳 22	甲午 23	乙未 24	丙申 25	丁酉 26	戊戌 27	己亥 28	丙子秋分
九月小	戊戌	干支曆 天地西	庚子 29	辛丑 30	壬寅 31	癸卯 (11)	甲辰 2	乙巳 3	丙午 4	丁未 5	戊申 6	己酉 7	庚戌 8	辛亥 9	壬子 10	癸丑 11	甲寅 12	乙卯 13	丙辰 14	丁巳 15	戊午 16	己未 17	庚申 18	辛酉 19	壬戌 20	癸亥 21	甲子 22	乙丑 23	丙寅 24	丁卯 25	戊辰 26		庚申立冬
十月大	己亥	干支曆 天地西	己巳 27	庚午 28	辛未 29	壬申 30	癸酉 (12)	甲戌 2	乙亥 3	丙子 4	丁丑 5	戊寅 6	己卯 7	庚辰 8	辛巳 9	壬午 10	癸未 11	甲申 12	乙酉 13	丙戌 14	丁亥 15	戊子 16	己丑 17	庚寅 18	辛卯 19	壬辰 20	癸巳 21	甲午 22	乙未 23	丙申 24	丁酉 25	戊戌 26	
十一月大	庚子	干支曆 天地西	己亥 27	庚子 28	辛丑 29	壬寅 30	癸卯 31	甲辰 (1)	乙巳 2	丙午 3	丁未 4	戊申 5	己酉 6	庚戌 7	辛亥 8	壬子 9	癸丑 10	甲寅 11	乙卯 12	丙辰 13	丁巳 14	戊午 15	己未 16	庚申 17	辛酉 18	壬戌 19	癸亥 20	甲子 21	乙丑 22	丙寅 23	丁卯 24	戊辰 25	甲辰冬至
十二月大	辛丑	干支曆 天地西	己巳 26	庚午 27	辛未 28	壬申 29	癸酉 30	甲戌 31	乙亥 (2)	丙子 2	丁丑 3	戊寅 4	己卯 5	庚辰 6	辛巳 7	壬午 8	癸未 9	甲申 10	乙酉 11	丙戌 12	丁亥 13	戊子 14	己丑 15	庚寅 16	辛卯 17	壬辰 18	癸巳 19	甲午 20	乙未 21	丙申 22	丁酉 23	戊戌 24	己丑立春

年代異同	竹書紀年	皇極經世	文獻通考	歷代紀年備考	歷代帝王年表	歷代統紀表	中國年曆總譜	斷代工程
	殷小乙三年	殷武丁十五年	殷武丁十五年	殷武丁十五年	殷武丁十五年	殷武丁十五年	殷武丁三十年	

殷盤庚十五年（壬申 猴年） 公元前 **1309** ~ 前 1308 年

夏曆月序		中西曆日對照	初一	初二	初三	初四	初五	初六	初七	初八	初九	初十	十一	十二	十三	十四	十五	十六	十七	十八	十九	二十	二一	二二	二三	二四	二五	二六	二七	二八	二九	三十	節氣與天象
正月小	壬寅	干支	己亥	庚子	辛丑	壬寅	癸卯	甲辰	乙巳	丙午	丁未	戊申	己酉	庚戌	辛亥	壬子	癸丑	甲寅	乙卯	丙辰	丁巳	戊午	己未	庚申	辛酉	壬戌	癸亥	甲子	乙丑	丙寅	丁卯		
		天地西曆	25	26	27	28	29	(3)	2	3	4	5	6	7	8	9	10	11	12	13	14	15	16	17	18	19	20	21	22	23	24		
二月大	癸卯	干支	戊辰	己巳	庚午	辛未	壬申	癸酉	甲戌	乙亥	丙子	丁丑	戊寅	己卯	庚辰	辛巳	壬午	癸未	甲申	乙酉	丙戌	丁亥	戊子	己丑	庚寅	辛卯	壬辰	癸巳	甲午	乙未	丙申	丁酉	丙子春分
		天地西曆	25	26	27	28	29	30	31	(4)	2	3	4	5	6	7	8	9	10	11	12	13	14	15	16	17	18	19	20	21	22	23	
三月小	甲辰	干支	戊戌	己亥	庚子	辛丑	壬寅	癸卯	甲辰	乙巳	丙午	丁未	戊申	己酉	庚戌	辛亥	壬子	癸丑	甲寅	乙卯	丙辰	丁巳	戊午	己未	庚申	辛酉	壬戌	癸亥	甲子	乙丑	丙寅		癸亥立夏
		天地西曆	24	25	26	27	28	29	30	(5)	2	3	4	5	6	7	8	9	10	11	12	13	14	15	16	17	18	19	20	21	22		
四月大	乙巳	干支	丁卯	戊辰	己巳	庚午	辛未	壬申	癸酉	甲戌	乙亥	丙子	丁丑	戊寅	己卯	庚辰	辛巳	壬午	癸未	甲申	乙酉	丙戌	丁亥	戊子	己丑	庚寅	辛卯	壬辰	癸巳	甲午	乙未	丙申	
		天地西曆	23	24	25	26	27	28	29	30	31	(6)	2	3	4	5	6	7	8	9	10	11	12	13	14	15	16	17	18	19	20	21	
五月小	丙午	干支	丁酉	戊戌	己亥	庚子	辛丑	壬寅	癸卯	甲辰	乙巳	丙午	丁未	戊申	己酉	庚戌	辛亥	壬子	癸丑	甲寅	乙卯	丙辰	丁巳	戊午	己未	庚申	辛酉	壬戌	癸亥	甲子	乙丑		庚戌夏至
		天地西曆	22	23	24	25	26	27	28	29	30	(7)	2	3	4	5	6	7	8	9	10	11	12	13	14	15	16	17	18	19	20		
六月小	丁未	干支	丙寅	丁卯	戊辰	己巳	庚午	辛未	壬申	癸酉	甲戌	乙亥	丙子	丁丑	戊寅	己卯	庚辰	辛巳	壬午	癸未	甲申	乙酉	丙戌	丁亥	戊子	己丑	庚寅	辛卯	壬辰	癸巳	甲午		
		天地西曆	21	22	23	24	25	26	27	28	29	30	31	(8)	2	3	4	5	6	7	8	9	10	11	12	13	14	15	16	17	18		
七月大	戊申	干支	乙未	丙申	丁酉	戊戌	己亥	庚子	辛丑	壬寅	癸卯	甲辰	乙巳	丙午	丁未	戊申	己酉	庚戌	辛亥	壬子	癸丑	甲寅	乙卯	丙辰	丁巳	戊午	己未	庚申	辛酉	壬戌	癸亥	甲子	丙申立秋
		天地西曆	19	20	21	22	23	24	25	26	27	28	29	30	31	(9)	2	3	4	5	6	7	8	9	10	11	12	13	14	15	16	17	
八月小	己酉	干支	乙丑	丙寅	丁卯	戊辰	己巳	庚午	辛未	壬申	癸酉	甲戌	乙亥	丙子	丁丑	戊寅	己卯	庚辰	辛巳	壬午	癸未	甲申	乙酉	丙戌	丁亥	戊子	己丑	庚寅	辛卯	壬辰	癸巳		辛巳秋分
		天地西曆	18	19	20	21	22	23	24	25	26	27	28	29	30	(10)	2	3	4	5	6	7	8	9	10	11	12	13	14	15	16		
九月大	庚戌	干支	甲午	乙未	丙申	丁酉	戊戌	己亥	庚子	辛丑	壬寅	癸卯	甲辰	乙巳	丙午	丁未	戊申	己酉	庚戌	辛亥	壬子	癸丑	甲寅	乙卯	丙辰	丁巳	戊午	己未	庚申	辛酉	壬戌	癸亥	
		天地西曆	17	18	19	20	21	22	23	24	25	26	27	28	29	30	31	(11)	2	3	4	5	6	7	8	9	10	11	12	13	14	15	
十月小	辛亥	干支	甲子	乙丑	丙寅	丁卯	戊辰	己巳	庚午	辛未	壬申	癸酉	甲戌	乙亥	丙子	丁丑	戊寅	己卯	庚辰	辛巳	壬午	癸未	甲申	乙酉	丙戌	丁亥	戊子	己丑	庚寅	辛卯	壬辰		丙寅立冬
		天地西曆	16	17	18	19	20	21	22	23	24	25	26	27	28	29	30	(12)	2	3	4	5	6	7	8	9	10	11	12	13	14		
十一月大	壬子	干支	癸巳	甲午	乙未	丙申	丁酉	戊戌	己亥	庚子	辛丑	壬寅	癸卯	甲辰	乙巳	丙午	丁未	戊申	己酉	庚戌	辛亥	壬子	癸丑	甲寅	乙卯	丙辰	丁巳	戊午	己未	庚申	辛酉	壬戌	庚戌冬至
		天地西曆	15	16	17	18	19	20	21	22	23	24	25	26	27	28	29	30	31	(1)	2	3	4	5	6	7	8	9	10	11	12	13	
十二月大	癸丑	干支	癸亥	甲子	乙丑	丙寅	丁卯	戊辰	己巳	庚午	辛未	壬申	癸酉	甲戌	乙亥	丙子	丁丑	戊寅	己卯	庚辰	辛巳	壬午	癸未	甲申	乙酉	丙戌	丁亥	戊子	己丑	庚寅	辛卯	壬辰	
		天地西曆	14	15	16	17	18	19	20	21	22	23	24	25	26	27	28	29	30	31	(2)	2	3	4	5	6	7	8	9	10	11	12	

年代異同	竹書紀年	皇極經世	文獻通考	歷代紀年備考	歷代帝王年表	歷代統紀表	中國年曆總譜	斷代工程
	殷小乙四年	殷武丁十六年	殷武丁十六年	殷武丁十六年	殷武丁十六年	殷武丁十六年	殷武丁三十一年	

殷盤庚十六年（癸酉鷄年） 公元前1308 ~ 前1307年

夏曆月序		中西曆日對照	夏曆日序																													節氣與天象
			初一	初二	初三	初四	初五	初六	初七	初八	初九	初十	十一	十二	十三	十四	十五	十六	十七	十八	十九	二十	二一	二二	二三	二四	二五	二六	二七	二八	二九	三十	
正月小	甲寅	天干地支西曆	癸巳13	甲午14	乙未15	丙申16	丁酉17	戊戌18	己亥19	庚子20	辛丑21	壬寅22	癸卯23	甲辰24	乙巳25	丙午26	丁未27	戊申28	己酉(3)	庚戌2	辛亥3	壬子4	癸丑5	甲寅6	乙卯7	丙辰8	丁巳9	戊午10	己未11	庚申12	辛酉13		乙未立春
二月大	乙卯	天干地支西曆	壬戌14	癸亥15	甲子16	乙丑17	丙寅18	丁卯19	戊辰20	己巳21	庚午22	辛未23	壬申24	癸酉25	甲戌26	乙亥27	丙子28	丁丑29	戊寅30	己卯31	庚辰(4)	辛巳2	壬午3	癸未4	甲申5	乙酉6	丙戌7	丁亥8	戊子9	己丑10	庚寅11	辛卯12	辛巳春分
三月大	丙辰	天干地支西曆	壬辰13	癸巳14	甲午15	乙未16	丙申17	丁酉18	戊戌19	己亥20	庚子21	辛丑22	壬寅23	癸卯24	甲辰25	乙巳26	丙午27	丁未28	戊申29	己酉30	庚戌(5)	辛亥2	壬子3	癸丑4	甲寅5	乙卯6	丙辰7	丁巳8	戊午9	己未10	庚申11	辛酉12	壬辰日食
四月小	丁巳	天干地支西曆	壬戌13	癸亥14	甲子15	乙丑16	丙寅17	丁卯18	戊辰19	己巳20	庚午21	辛未22	壬申23	癸酉24	甲戌25	乙亥26	丙子27	丁丑28	戊寅29	己卯30	庚辰31	辛巳(6)	壬午2	癸未3	甲申4	乙酉5	丙戌6	丁亥7	戊子8	己丑9	庚寅10		戊辰立夏
五月大	戊午	天干地支西曆	辛卯11	壬辰12	癸巳13	甲午14	乙未15	丙申16	丁酉17	戊戌18	己亥19	庚子20	辛丑21	壬寅22	癸卯23	甲辰24	乙巳25	丙午26	丁未27	戊申28	己酉29	庚戌30	辛亥(7)	壬子2	癸丑3	甲寅4	乙卯5	丙辰6	丁巳7	戊午8	己未9	庚申10	乙卯夏至
六月小	己未	天干地支西曆	辛酉11	壬戌12	癸亥13	甲子14	乙丑15	丙寅16	丁卯17	戊辰18	己巳19	庚午20	辛未21	壬申22	癸酉23	甲戌24	乙亥25	丙子26	丁丑27	戊寅28	己卯29	庚辰30	辛巳31	壬午(8)	癸未2	甲申3	乙酉4	丙戌5	丁亥6	戊子7	己丑8		
七月小	庚申	天干地支西曆	庚寅9	辛卯10	壬辰11	癸巳12	甲午13	乙未14	丙申15	丁酉16	戊戌17	己亥18	庚子19	辛丑20	壬寅21	癸卯22	甲辰23	乙巳24	丙午25	丁未26	戊申27	己酉28	庚戌29	辛亥30	壬子31	癸丑(9)	甲寅2	乙卯3	丙辰4	丁巳5	戊午6		辛丑立秋
八月大	辛酉	天干地支西曆	己未7	庚申8	辛酉9	壬戌10	癸亥11	甲子12	乙丑13	丙寅14	丁卯15	戊辰16	己巳17	庚午18	辛未19	壬申20	癸酉21	甲戌22	乙亥23	丙子24	丁丑25	戊寅26	己卯27	庚辰28	辛巳29	壬午30	癸未(10)	甲申2	乙酉3	丙戌4	丁亥5	戊子6	丁亥秋分
九月小	壬戌	天干地支西曆	己丑7	庚寅8	辛卯9	壬辰10	癸巳11	甲午12	乙未13	丙申14	丁酉15	戊戌16	己亥17	庚子18	辛丑19	壬寅20	癸卯21	甲辰22	乙巳23	丙午24	丁未25	戊申26	己酉27	庚戌28	辛亥29	壬子30	癸丑31	甲寅(11)	乙卯2	丙辰3	丁巳4		
十月大	癸亥	天干地支西曆	戊午5	己未6	庚申7	辛酉8	壬戌9	癸亥10	甲子11	乙丑12	丙寅13	丁卯14	戊辰15	己巳16	庚午17	辛未18	壬申19	癸酉20	甲戌21	乙亥22	丙子23	丁丑24	戊寅25	己卯26	庚辰27	辛巳28	壬午29	癸未30	甲申(12)	乙酉2	丙戌3	丁亥4	辛未立冬
十一月小	甲子	天干地支西曆	戊子5	己丑6	庚寅7	辛卯8	壬辰9	癸巳10	甲午11	乙未12	丙申13	丁酉14	戊戌15	己亥16	庚子17	辛丑18	壬寅19	癸卯20	甲辰21	乙巳22	丙午23	丁未24	戊申25	己酉26	庚戌27	辛亥28	壬子29	癸丑30	甲寅31	乙卯(1)	丙辰2		乙卯冬至
十二月大	乙丑	天干地支西曆	丁巳3	戊午4	己未5	庚申6	辛酉7	壬戌8	癸亥9	甲子10	乙丑11	丙寅12	丁卯13	戊辰14	己巳15	庚午16	辛未17	壬申18	癸酉19	甲戌20	乙亥21	丙子22	丁丑23	戊寅24	己卯25	庚辰26	辛巳27	壬午28	癸未29	甲申30	乙酉31	丙戌(2)	

年代異同	竹書紀年	皇極經世	文獻通考	歷代紀年備考	歷代帝王年表	歷代統紀表	中國年曆總譜	斷代工程
	殷小乙五年	殷武丁十七年	殷武丁十七年	殷武丁十七年	殷武丁十七年	殷武丁十七年	殷武丁三十二年	

殷盤庚十七年（甲戌 狗年） 公元前 1307 ~ 前 1306 年

夏曆月序		中西曆日對照	初一	初二	初三	初四	初五	初六	初七	初八	初九	初十	十一	十二	十三	十四	十五	十六	十七	十八	十九	二十	二一	二二	二三	二四	二五	二六	二七	二八	二九	三十	節氣與天象
正月小	丙寅	天干地支西曆	丁亥 2	戊子 3	己丑 4	庚寅 5	辛卯 6	壬辰 7	癸巳 8	甲午 9	乙未 10	丙申 11	丁酉 12	戊戌 13	己亥 14	庚子 15	辛丑 16	壬寅 17	癸卯 18	甲辰 19	乙巳 20	丙午 21	丁未 22	戊申 23	己酉 24	庚戌 25	辛亥 26	壬子 27	癸丑 28	甲寅 (3)	乙卯 2		庚子立春
二月大	丁卯	天干地支西曆	丙辰 3	丁巳 4	戊午 5	己未 6	庚申 7	辛酉 8	壬戌 9	癸亥 10	甲子 11	乙丑 12	丙寅 13	丁卯 14	戊辰 15	己巳 16	庚午 17	辛未 18	壬申 19	癸酉 20	甲戌 21	乙亥 22	丙子 23	丁丑 24	戊寅 25	己卯 26	庚辰 27	辛巳 28	壬午 29	癸未 30	甲申 31	乙酉 (4)	丙戌春分
三月大	戊辰	天干地支西曆	丙戌 2	丁亥 3	戊子 4	己丑 5	庚寅 6	辛卯 7	壬辰 8	癸巳 9	甲午 10	乙未 11	丙申 12	丁酉 13	戊戌 14	己亥 15	庚子 16	辛丑 17	壬寅 18	癸卯 19	甲辰 20	乙巳 21	丙午 22	丁未 23	戊申 24	己酉 25	庚戌 26	辛亥 27	壬子 28	癸丑 29	甲寅 30	乙卯 (5)	
四月小	己巳	天干地支西曆	丙辰 2	丁巳 3	戊午 4	己未 5	庚申 6	辛酉 7	壬戌 8	癸亥 9	甲子 10	乙丑 11	丙寅 12	丁卯 13	戊辰 14	己巳 15	庚午 16	辛未 17	壬申 18	癸酉 19	甲戌 20	乙亥 21	丙子 22	丁丑 23	戊寅 24	己卯 25	庚辰 26	辛巳 27	壬午 28	癸未 29	甲申 30		癸酉立夏
閏四月大	己巳	天干地支西曆	乙酉 31	丙戌 (6)	丁亥 2	戊子 3	己丑 4	庚寅 5	辛卯 6	壬辰 7	癸巳 8	甲午 9	乙未 10	丙申 11	丁酉 12	戊戌 13	己亥 14	庚子 15	辛丑 16	壬寅 17	癸卯 18	甲辰 19	乙巳 20	丙午 21	丁未 22	戊申 23	己酉 24	庚戌 25	辛亥 26	壬子 27	癸丑 28	甲寅 29	
五月小	庚午	天干地支西曆	乙卯 30	丙辰 (7)	丁巳 2	戊午 3	己未 4	庚申 5	辛酉 6	壬戌 7	癸亥 8	甲子 9	乙丑 10	丙寅 11	丁卯 12	戊辰 13	己巳 14	庚午 15	辛未 16	壬申 17	癸酉 18	甲戌 19	乙亥 20	丙子 21	丁丑 22	戊寅 23	己卯 24	庚辰 25	辛巳 26	壬午 27	癸未 28		庚申夏至
六月大	辛未	天干地支西曆	甲申 29	乙酉 30	丙戌 31	丁亥 (8)	戊子 2	己丑 3	庚寅 4	辛卯 5	壬辰 6	癸巳 7	甲午 8	乙未 9	丙申 10	丁酉 11	戊戌 12	己亥 13	庚子 14	辛丑 15	壬寅 16	癸卯 17	甲辰 18	乙巳 19	丙午 20	丁未 21	戊申 22	己酉 23	庚戌 24	辛亥 25	壬子 26	癸丑 27	丁未立秋
七月小	壬申	天干地支西曆	甲寅 28	乙卯 29	丙辰 30	丁巳 31	戊午 (9)	己未 2	庚申 3	辛酉 4	壬戌 5	癸亥 6	甲子 7	乙丑 8	丙寅 9	丁卯 10	戊辰 11	己巳 12	庚午 13	辛未 14	壬申 15	癸酉 16	甲戌 17	乙亥 18	丙子 19	丁丑 20	戊寅 21	己卯 22	庚辰 23	辛巳 24	壬午 25		
八月大	癸酉	天干地支西曆	癸未 26	甲申 27	乙酉 28	丙戌 29	丁亥 30	戊子 (10)	己丑 2	庚寅 3	辛卯 4	壬辰 5	癸巳 6	甲午 7	乙未 8	丙申 9	丁酉 10	戊戌 11	己亥 12	庚子 13	辛丑 14	壬寅 15	癸卯 16	甲辰 17	乙巳 18	丙午 19	丁未 20	戊申 21	己酉 22	庚戌 23	辛亥 24	壬子 25	壬辰秋分
九月小	甲戌	天干地支西曆	癸丑 26	甲寅 27	乙卯 28	丙辰 29	丁巳 30	戊午 31	己未 (11)	庚申 2	辛酉 3	壬戌 4	癸亥 5	甲子 6	乙丑 7	丙寅 8	丁卯 9	戊辰 10	己巳 11	庚午 12	辛未 13	壬申 14	癸酉 15	甲戌 16	乙亥 17	丙子 18	丁丑 19	戊寅 20	己卯 21	庚辰 22	辛巳 23		丙子立冬
十月大	乙亥	天干地支西曆	壬午 24	癸未 25	甲申 26	乙酉 27	丙戌 28	丁亥 29	戊子 30	己丑 (12)	庚寅 2	辛卯 3	壬辰 4	癸巳 5	甲午 6	乙未 7	丙申 8	丁酉 9	戊戌 10	己亥 11	庚子 12	辛丑 13	壬寅 14	癸卯 15	甲辰 16	乙巳 17	丙午 18	丁未 19	戊申 20	己酉 21	庚戌 22	辛亥 23	
十一月小	丙子	天干地支西曆	壬子 24	癸丑 25	甲寅 26	乙卯 27	丙辰 28	丁巳 29	戊午 30	己未 31	庚申 (1)	辛酉 2	壬戌 3	癸亥 4	甲子 5	乙丑 6	丙寅 7	丁卯 8	戊辰 9	己巳 10	庚午 11	辛未 12	壬申 13	癸酉 14	甲戌 15	乙亥 16	丙子 17	丁丑 18	戊寅 19	己卯 20	庚辰 21		庚申冬至
十二月大	丁丑	天干地支西曆	辛巳 22	壬午 23	癸未 24	甲申 25	乙酉 26	丙戌 27	丁亥 28	戊子 29	己丑 30	庚寅 31	辛卯 (2)	壬辰 2	癸巳 3	甲午 4	乙未 5	丙申 6	丁酉 7	戊戌 8	己亥 9	庚子 10	辛丑 11	壬寅 12	癸卯 13	甲辰 14	乙巳 15	丙午 16	丁未 17	戊申 18	己酉 19	庚戌 20	乙巳立春

年代異同	竹書紀年	皇極經世	文獻通考	歷代紀年備考	歷代帝王年表	歷代統紀表	中國年曆總譜	斷代工程
	殷小乙六年	殷武丁十八年	殷武丁十八年	殷武丁十八年	殷武丁十八年	殷武丁十八年	殷武丁三十三年	

殷盤庚十八年（乙亥 猪年） 公元前**1306** ~ 前1305年

夏曆月序		中西曆日對照	初一	初二	初三	初四	初五	初六	初七	初八	初九	初十	十一	十二	十三	十四	十五	十六	十七	十八	十九	二十	二一	二二	二三	二四	二五	二六	二七	二八	二九	三十	節氣與天象
正月小	戊寅	天干地支西曆	辛亥21	壬子22	癸丑23	甲寅24	乙卯25	丙辰26	丁巳27	戊午28	己未(3)	庚申2	辛酉3	壬戌4	癸亥5	甲子6	乙丑7	丙寅8	丁卯9	戊辰10	己巳11	庚午12	辛未13	壬申14	癸酉15	甲戌16	乙亥17	丙子18	丁丑19	戊寅20	己卯21		
二月大	己卯	天干地支西曆	庚辰22	辛巳23	壬午24	癸未25	甲申26	乙酉27	丙戌28	丁亥29	戊子30	己丑31	庚寅(4)	辛卯2	壬辰3	癸巳4	甲午5	乙未6	丙申7	丁酉8	戊戌9	己亥10	庚子11	辛丑12	壬寅13	癸卯14	甲辰15	乙巳16	丙午17	丁未18	戊申19	己酉20	辛卯春分
三月小	庚辰	天干地支西曆	庚戌21	辛亥22	壬子23	癸丑24	甲寅25	乙卯26	丙辰27	丁巳28	戊午29	己未30	庚申(5)	辛酉2	壬戌3	癸亥4	甲子5	乙丑6	丙寅7	丁卯8	戊辰9	己巳10	庚午11	辛未12	壬申13	癸酉14	甲戌15	乙亥16	丙子17	丁丑18	戊寅19		
四月大	辛巳	天干地支西曆	己卯20	庚辰21	辛巳22	壬午23	癸未24	甲申25	乙酉26	丙戌27	丁亥28	戊子29	己丑30	庚寅31	辛卯(6)	壬辰2	癸巳3	甲午4	乙未5	丙申6	丁酉7	戊戌8	己亥9	庚子10	辛丑11	壬寅12	癸卯13	甲辰14	乙巳15	丙午16	丁未17	戊申18	己卯立夏
五月大	壬午	天干地支西曆	己酉19	庚戌20	辛亥21	壬子22	癸丑23	甲寅24	乙卯25	丙辰26	丁巳27	戊午28	己未29	庚申30	辛酉(7)	壬戌2	癸亥3	甲子4	乙丑5	丙寅6	丁卯7	戊辰8	己巳9	庚午10	辛未11	壬申12	癸酉13	甲戌14	乙亥15	丙子16	丁丑17	戊寅18	丙寅夏至
六月小	癸未	天干地支西曆	己卯19	庚辰20	辛巳21	壬午22	癸未23	甲申24	乙酉25	丙戌26	丁亥27	戊子28	己丑29	庚寅30	辛卯31	壬辰(8)	癸巳2	甲午3	乙未4	丙申5	丁酉6	戊戌7	己亥8	庚子9	辛丑10	壬寅11	癸卯12	甲辰13	乙巳14	丙午15	丁未16		
七月大	甲申	天干地支西曆	戊申17	己酉18	庚戌19	辛亥20	壬子21	癸丑22	甲寅23	乙卯24	丙辰25	丁巳26	戊午27	己未28	庚申29	辛酉30	壬戌31	癸亥(9)	甲子2	乙丑3	丙寅4	丁卯5	戊辰6	己巳7	庚午8	辛未9	壬申10	癸酉11	甲戌12	乙亥13	丙子14	丁丑15	壬子立秋 戊申日食
八月小	乙酉	天干地支西曆	戊寅16	己卯17	庚辰18	辛巳19	壬午20	癸未21	甲申22	乙酉23	丙戌24	丁亥25	戊子26	己丑27	庚寅28	辛卯29	壬辰30	癸巳(10)	甲午2	乙未3	丙申4	丁酉5	戊戌6	己亥7	庚子8	辛丑9	壬寅10	癸卯11	甲辰12	乙巳13	丙午14		丁酉秋分
九月大	丙戌	天干地支西曆	丁未15	戊申16	己酉17	庚戌18	辛亥19	壬子20	癸丑21	甲寅22	乙卯23	丙辰24	丁巳25	戊午26	己未27	庚申28	辛酉29	壬戌30	癸亥31	甲子(11)	乙丑2	丙寅3	丁卯4	戊辰5	己巳6	庚午7	辛未8	壬申9	癸酉10	甲戌11	乙亥12	丙子13	
十月小	丁亥	天干地支西曆	丁丑14	戊寅15	己卯16	庚辰17	辛巳18	壬午19	癸未20	甲申21	乙酉22	丙戌23	丁亥24	戊子25	己丑26	庚寅27	辛卯28	壬辰29	癸巳30	甲午(12)	乙未2	丙申3	丁酉4	戊戌5	己亥6	庚子7	辛丑8	壬寅9	癸卯10	甲辰11	乙巳12		辛巳立冬
十一月大	戊子	天干地支西曆	丙午13	丁未14	戊申15	己酉16	庚戌17	辛亥18	壬子19	癸丑20	甲寅21	乙卯22	丙辰23	丁巳24	戊午25	己未26	庚申27	辛酉28	壬戌29	癸亥30	甲子31	乙丑(1)	丙寅2	丁卯3	戊辰4	己巳5	庚午6	辛未7	壬申8	癸酉9	甲戌10	乙亥11	乙丑冬至
十二月小	己丑	天干地支西曆	丙子12	丁丑13	戊寅14	己卯15	庚辰16	辛巳17	壬午18	癸未19	甲申20	乙酉21	丙戌22	丁亥23	戊子24	己丑25	庚寅26	辛卯27	壬辰28	癸巳29	甲午30	乙未31	丙申(2)	丁酉2	戊戌3	己亥4	庚子5	辛丑6	壬寅7	癸卯8	甲辰9		

年代異同	竹書紀年	皇極經世	文獻通考	歷代紀年備考	歷代帝王年表	歷代統紀表	中國年曆總譜	斷代工程
	殷小乙七年	殷武丁十九年	殷武丁十九年	殷武丁十九年	殷武丁十九年	殷武丁十九年	殷武丁三十四年	

殷盤庚十九年（丙子 鼠年） 公元前1305 ~ 前1304年

夏曆月序		中西曆日對照	初一	初二	初三	初四	初五	初六	初七	初八	初九	初十	十一	十二	十三	十四	十五	十六	十七	十八	十九	二十	二一	二二	二三	二四	二五	二六	二七	二八	二九	三十	節氣與天象
正月大	庚寅	天干地支西曆	乙巳10	丙午11	丁未12	戊申13	己酉14	庚戌15	辛亥16	壬子17	癸丑18	甲寅19	乙卯20	丙辰21	丁巳22	戊午23	己未24	庚申25	辛酉26	壬戌27	癸亥28	甲子29	乙丑(3)	丙寅2	丁卯3	戊辰4	己巳5	庚午6	辛未7	壬申8	癸酉9	甲戌10	庚戌立春
二月小	辛卯	天干地支西曆	乙亥11	丙子12	丁丑13	戊寅14	己卯15	庚辰16	辛巳17	壬午18	癸未19	甲申20	乙酉21	丙戌22	丁亥23	戊子24	己丑25	庚寅26	辛卯27	壬辰28	癸巳29	甲午30	乙未31	丙申(4)	丁酉2	戊戌3	己亥4	庚子5	辛丑6	壬寅7	癸卯8		丁酉春分
三月小	壬辰	天干地支西曆	甲辰9	乙巳10	丙午11	丁未12	戊申13	己酉14	庚戌15	辛亥16	壬子17	癸丑18	甲寅19	乙卯20	丙辰21	丁巳22	戊午23	己未24	庚申25	辛酉26	壬戌27	癸亥28	甲子29	乙丑30	丙寅(5)	丁卯2	戊辰3	己巳4	庚午5	辛未6	壬申7		
四月大	癸巳	天干地支西曆	癸酉8	甲戌9	乙亥10	丙子11	丁丑12	戊寅13	己卯14	庚辰15	辛巳16	壬午17	癸未18	甲申19	乙酉20	丙戌21	丁亥22	戊子23	己丑24	庚寅25	辛卯26	壬辰27	癸巳28	甲午29	乙未30	丙申31	丁酉(6)	戊戌2	己亥3	庚子4	辛丑5	壬寅6	甲申立夏
五月大	甲午	天干地支西曆	癸卯7	甲辰8	乙巳9	丙午10	丁未11	戊申12	己酉13	庚戌14	辛亥15	壬子16	癸丑17	甲寅18	乙卯19	丙辰20	丁巳21	戊午22	己未23	庚申24	辛酉25	壬戌26	癸亥27	甲子28	乙丑29	丙寅30	丁卯(7)	戊辰2	己巳3	庚午4	辛未5	壬申6	辛未夏至
六月小	乙未	天干地支西曆	癸酉7	甲戌8	乙亥9	丙子10	丁丑11	戊寅12	己卯13	庚辰14	辛巳15	壬午16	癸未17	甲申18	乙酉19	丙戌20	丁亥21	戊子22	己丑23	庚寅24	辛卯25	壬辰26	癸巳27	甲午28	乙未29	丙申30	丁酉31	戊戌(8)	己亥2	庚子3	辛丑4		
七月大	丙申	天干地支西曆	壬寅5	癸卯6	甲辰7	乙巳8	丙午9	丁未10	戊申11	己酉12	庚戌13	辛亥14	壬子15	癸丑16	甲寅17	乙卯18	丙辰19	丁巳20	戊午21	己未22	庚申23	辛酉24	壬戌25	癸亥26	甲子27	乙丑28	丙寅29	丁卯30	戊辰31	己巳(9)	庚午2	辛未3	丁巳立秋
八月大	丁酉	天干地支西曆	壬申4	癸酉5	甲戌6	乙亥7	丙子8	丁丑9	戊寅10	己卯11	庚辰12	辛巳13	壬午14	癸未15	甲申16	乙酉17	丙戌18	丁亥19	戊子20	己丑21	庚寅22	辛卯23	壬辰24	癸巳25	甲午26	乙未27	丙申28	丁酉29	戊戌30	己亥(10)	庚子2	辛丑3	
九月小	戊戌	天干地支西曆	壬寅4	癸卯5	甲辰6	乙巳7	丙午8	丁未9	戊申10	己酉11	庚戌12	辛亥13	壬子14	癸丑15	甲寅16	乙卯17	丙辰18	丁巳19	戊午20	己未21	庚申22	辛酉23	壬戌24	癸亥25	甲子26	乙丑27	丙寅28	丁卯29	戊辰30	己巳31	庚午(11)		壬寅秋分
十月大	己亥	天干地支西曆	辛未2	壬申3	癸酉4	甲戌5	乙亥6	丙子7	丁丑8	戊寅9	己卯10	庚辰11	辛巳12	壬午13	癸未14	甲申15	乙酉16	丙戌17	丁亥18	戊子19	己丑20	庚寅21	辛卯22	壬辰23	癸巳24	甲午25	乙未26	丙申27	丁酉28	戊戌29	己亥30	庚子(12)	丙戌立冬
十一月小	庚子	天干地支西曆	辛丑2	壬寅3	癸卯4	甲辰5	乙巳6	丙午7	丁未8	戊申9	己酉10	庚戌11	辛亥12	壬子13	癸丑14	甲寅15	乙卯16	丙辰17	丁巳18	戊午19	己未20	庚申21	辛酉22	壬戌23	癸亥24	甲子25	乙丑26	丙寅27	丁卯28	戊辰29	己巳30		
閏十一大	庚子	天干地支西曆	庚午31	辛未(1)	壬申2	癸酉3	甲戌4	乙亥5	丙子6	丁丑7	戊寅8	己卯9	庚辰10	辛巳11	壬午12	癸未13	甲申14	乙酉15	丙戌16	丁亥17	戊子18	己丑19	庚寅20	辛卯21	壬辰22	癸巳23	甲午24	乙未25	丙申26	丁酉27	戊戌28	己亥29	辛未冬至
十二月小	辛丑	天干地支西曆	庚子30	辛丑31	壬寅(2)	癸卯2	甲辰3	乙巳4	丙午5	丁未6	戊申7	己酉8	庚戌9	辛亥10	壬子11	癸丑12	甲寅13	乙卯14	丙辰15	丁巳16	戊午17	己未18	庚申19	辛酉20	壬戌21	癸亥22	甲子23	乙丑24	丙寅25	丁卯26	戊辰27		丙辰立春 庚子日食

年代異同	竹書紀年	皇極經世	文獻通考	歷代紀年備考	歷代帝王年表	歷代統紀表	中國年曆總譜	斷代工程
	殷小乙八年	殷武丁二十年	殷武丁二十年	殷武丁二十年	殷武丁二十年	殷武丁二十年	殷武丁三十五年	

殷盤庚二十年（丁丑 牛年） 公元前1304 ~ 前1303年

夏曆月序		中西日曆對照	初一	初二	初三	初四	初五	初六	初七	初八	初九	初十	十一	十二	十三	十四	十五	十六	十七	十八	十九	二十	二一	二二	二三	二四	二五	二六	二七	二八	二九	三十	節氣與天象
正月大	壬寅	天干地支西曆	己巳28	庚午(3)	辛未2	壬申3	癸酉4	甲戌5	乙亥6	丙子7	丁丑8	戊寅9	己卯10	庚辰11	辛巳12	壬午13	癸未14	甲申15	乙酉16	丙戌17	丁亥18	戊子19	己丑20	庚寅21	辛卯22	壬辰23	癸巳24	甲午25	乙未26	丙申27	丁酉28	戊戌29	
二月小	癸卯	天干地支西曆	己亥30	庚子31	辛丑(4)	壬寅2	癸卯3	甲辰4	乙巳5	丙午6	丁未7	戊申8	己酉9	庚戌10	辛亥11	壬子12	癸丑13	甲寅14	乙卯15	丙辰16	丁巳17	戊午18	己未19	庚申20	辛酉21	壬戌22	癸亥23	甲子24	乙丑25	丙寅26	丁卯27		壬寅春分
三月小	甲辰	天干地支西曆	戊辰28	己巳29	庚午30	辛未(5)	壬申2	癸酉3	甲戌4	乙亥5	丙子6	丁丑7	戊寅8	己卯9	庚辰10	辛巳11	壬午12	癸未13	甲申14	乙酉15	丙戌16	丁亥17	戊子18	己丑19	庚寅20	辛卯21	壬辰22	癸巳23	甲午24	乙未25	丙申26		己丑立夏
四月大	乙巳	天干地支西曆	丁酉27	戊戌28	己亥29	庚子30	辛丑31	壬寅(6)	癸卯2	甲辰3	乙巳4	丙午5	丁未6	戊申7	己酉8	庚戌9	辛亥10	壬子11	癸丑12	甲寅13	乙卯14	丙辰15	丁巳16	戊午17	己未18	庚申19	辛酉20	壬戌21	癸亥22	甲子23	乙丑24	丙寅25	
五月小	丙午	天干地支西曆	丁卯26	戊辰27	己巳28	庚午29	辛未30	壬申(7)	癸酉2	甲戌3	乙亥4	丙子5	丁丑6	戊寅7	己卯8	庚辰9	辛巳10	壬午11	癸未12	甲申13	乙酉14	丙戌15	丁亥16	戊子17	己丑18	庚寅19	辛卯20	壬辰21	癸巳22	甲午23	乙未24		丙子夏至
六月大	丁未	天干地支西曆	丙申25	丁酉26	戊戌27	己亥28	庚子29	辛丑30	壬寅31	癸卯(8)	甲辰2	乙巳3	丙午4	丁未5	戊申6	己酉7	庚戌8	辛亥9	壬子10	癸丑11	甲寅12	乙卯13	丙辰14	丁巳15	戊午16	己未17	庚申18	辛酉19	壬戌20	癸亥21	甲子22	乙丑23	壬戌立秋
七月大	戊申	天干地支西曆	丙寅24	丁卯25	戊辰26	己巳27	庚午28	辛未29	壬申30	癸酉31	甲戌(9)	乙亥2	丙子3	丁丑4	戊寅5	己卯6	庚辰7	辛巳8	壬午9	癸未10	甲申11	乙酉12	丙戌13	丁亥14	戊子15	己丑16	庚寅17	辛卯18	壬辰19	癸巳20	甲午21	乙未22	
八月大	己酉	天干地支西曆	丙申23	丁酉24	戊戌25	己亥26	庚子27	辛丑28	壬寅29	癸卯30	甲辰(10)	乙巳2	丙午3	丁未4	戊申5	己酉6	庚戌7	辛亥8	壬子9	癸丑10	甲寅11	乙卯12	丙辰13	丁巳14	戊午15	己未16	庚申17	辛酉18	壬戌19	癸亥20	甲子21	乙丑22	戊申秋分
九月小	庚戌	天干地支西曆	丙寅23	丁卯24	戊辰25	己巳26	庚午27	辛未28	壬申29	癸酉30	甲戌31	乙亥(11)	丙子2	丁丑3	戊寅4	己卯5	庚辰6	辛巳7	壬午8	癸未9	甲申10	乙酉11	丙戌12	丁亥13	戊子14	己丑15	庚寅16	辛卯17	壬辰18	癸巳19	甲午20		壬辰立冬
十月大	辛亥	天干地支西曆	乙未21	丙申22	丁酉23	戊戌24	己亥25	庚子26	辛丑27	壬寅28	癸卯29	甲辰30	乙巳(12)	丙午2	丁未3	戊申4	己酉5	庚戌6	辛亥7	壬子8	癸丑9	甲寅10	乙卯11	丙辰12	丁巳13	戊午14	己未15	庚申16	辛酉17	壬戌18	癸亥19	甲子20	
十一月大	壬子	天干地支西曆	乙丑21	丙寅22	丁卯23	戊辰24	己巳25	庚午26	辛未27	壬申28	癸酉29	甲戌30	乙亥31	丙子(1)	丁丑2	戊寅3	己卯4	庚辰5	辛巳6	壬午7	癸未8	甲申9	乙酉10	丙戌11	丁亥12	戊子13	己丑14	庚寅15	辛卯16	壬辰17	癸巳18	甲午19	丙子冬至
十二月小	癸丑	天干地支西曆	乙未20	丙申21	丁酉22	戊戌23	己亥24	庚子25	辛丑26	壬寅27	癸卯28	甲辰29	乙巳30	丙午31	丁未(2)	戊申2	己酉3	庚戌4	辛亥5	壬子6	癸丑7	甲寅8	乙卯9	丙辰10	丁巳11	戊午12	己未13	庚申14	辛酉15	壬戌16	癸亥17		辛酉立春

年代異同	竹書紀年	皇極經世	文獻通考	歷代紀年備考	歷代帝王年表	歷代統紀表	中國年曆總譜	斷代工程
	殷小乙九年	殷武丁二十一年	殷武丁二十一年	殷武丁二十一年	殷武丁二十一年	殷武丁二十一年	殷武丁三十六年	

殷盤庚二十一年（戊寅 虎年） 公元前 1303 ~ 前 1302 年

夏曆月序		中西曆日對照	初一	初二	初三	初四	初五	初六	初七	初八	初九	初十	十一	十二	十三	十四	十五	十六	十七	十八	十九	二十	二一	二二	二三	二四	二五	二六	二七	二八	二九	三十	節氣與天象
正月小	甲寅	天干地支西曆	甲子18	乙丑19	丙寅20	丁卯21	戊辰22	己巳23	庚午24	辛未25	壬申26	癸酉27	甲戌28	乙亥(3)	丙子2	丁丑3	戊寅4	己卯5	庚辰6	辛巳7	壬午8	癸未9	甲申10	乙酉11	丙戌12	丁亥13	戊子14	己丑15	庚寅16	辛卯17	壬辰18		
二月大	乙卯	天干地支西曆	癸巳19	甲午20	乙未21	丙申22	丁酉23	戊戌24	己亥25	庚子26	辛丑27	壬寅28	癸卯29	甲辰30	乙巳31	丙午(4)	丁未2	戊申3	己酉4	庚戌5	辛亥6	壬子7	癸丑8	甲寅9	乙卯10	丙辰11	丁巳12	戊午13	己未14	庚申15	辛酉16	壬戌17	丁未春分
三月小	丙辰	天干地支西曆	癸亥18	甲子19	乙丑20	丙寅21	丁卯22	戊辰23	己巳24	庚午25	辛未26	壬申27	癸酉28	甲戌29	乙亥30	丙子(5)	丁丑2	戊寅3	己卯4	庚辰5	辛巳6	壬午7	癸未8	甲申9	乙酉10	丙戌11	丁亥12	戊子13	己丑14	庚寅15	辛卯16		
四月小	丁巳	天干地支西曆	壬辰17	癸巳18	甲午19	乙未20	丙申21	丁酉22	戊戌23	己亥24	庚子25	辛丑26	壬寅27	癸卯28	甲辰29	乙巳30	丙午31	丁未(6)	戊申2	己酉3	庚戌4	辛亥5	壬子6	癸丑7	甲寅8	乙卯9	丙辰10	丁巳11	戊午12	己未13	庚申14		甲午立夏
五月大	戊午	天干地支西曆	辛酉15	壬戌16	癸亥17	甲子18	乙丑19	丙寅20	丁卯21	戊辰22	己巳23	庚午24	辛未25	壬申26	癸酉27	甲戌28	乙亥29	丙子30	丁丑(7)	戊寅2	己卯3	庚辰4	辛巳5	壬午6	癸未7	甲申8	乙酉9	丙戌10	丁亥11	戊子12	己丑13	庚寅14	辛巳夏至 辛酉日食
六月小	己未	天干地支西曆	辛卯15	壬辰16	癸巳17	甲午18	乙未19	丙申20	丁酉21	戊戌22	己亥23	庚子24	辛丑25	壬寅26	癸卯27	甲辰28	乙巳29	丙午30	丁未31	戊申(8)	己酉2	庚戌3	辛亥4	壬子5	癸丑6	甲寅7	乙卯8	丙辰9	丁巳10	戊午11	己未12		
七月大	庚申	天干地支西曆	庚申13	辛酉14	壬戌15	癸亥16	甲子17	乙丑18	丙寅19	丁卯20	戊辰21	己巳22	庚午23	辛未24	壬申25	癸酉26	甲戌27	乙亥28	丙子29	丁丑30	戊寅31	己卯(9)	庚辰2	辛巳3	壬午4	癸未5	甲申6	乙酉7	丙戌8	丁亥9	戊子10	己丑11	戊辰立秋
八月小	辛酉	天干地支西曆	庚寅12	辛卯13	壬辰14	癸巳15	甲午16	乙未17	丙申18	丁酉19	戊戌20	己亥21	庚子22	辛丑23	壬寅24	癸卯25	甲辰26	乙巳27	丙午28	丁未29	戊申30	己酉(10)	庚戌2	辛亥3	壬子4	癸丑5	甲寅6	乙卯7	丙辰8	丁巳9	戊午10		癸丑秋分
九月大	壬戌	天干地支西曆	己未11	庚申12	辛酉13	壬戌14	癸亥15	甲子16	乙丑17	丙寅18	丁卯19	戊辰20	己巳21	庚午22	辛未23	壬申24	癸酉25	甲戌26	乙亥27	丙子28	丁丑29	戊寅30	己卯31	庚辰(11)	辛巳2	壬午3	癸未4	甲申5	乙酉6	丙戌7	丁亥8	戊子9	
十月大	癸亥	天干地支西曆	己丑10	庚寅11	辛卯12	壬辰13	癸巳14	甲午15	乙未16	丙申17	丁酉18	戊戌19	己亥20	庚子21	辛丑22	壬寅23	癸卯24	甲辰25	乙巳26	丙午27	丁未28	戊申29	己酉30	庚戌(12)	辛亥2	壬子3	癸丑4	甲寅5	乙卯6	丙辰7	丁巳8	戊午9	丁酉立冬
十一月大	甲子	天干地支西曆	己未10	庚申11	辛酉12	壬戌13	癸亥14	甲子15	乙丑16	丙寅17	丁卯18	戊辰19	己巳20	庚午21	辛未22	壬申23	癸酉24	甲戌25	乙亥26	丙子27	丁丑28	戊寅29	己卯30	庚辰31	辛巳(1)	壬午2	癸未3	甲申4	乙酉5	丙戌6	丁亥7	戊子8	辛巳冬至
十二月小	乙丑	天干地支西曆	己丑9	庚寅10	辛卯11	壬辰12	癸巳13	甲午14	乙未15	丙申16	丁酉17	戊戌18	己亥19	庚子20	辛丑21	壬寅22	癸卯23	甲辰24	乙巳25	丙午26	丁未27	戊申28	己酉29	庚戌30	辛亥31	壬子(2)	癸丑2	甲寅3	乙卯4	丙辰5	丁巳6		

年代異同	竹書紀年	皇極經世	文獻通考	歷代紀年備考	歷代帝王年表	歷代統紀表	中國年曆總譜	斷代工程
	殷小乙十年	殷武丁二十二年	殷武丁二十二年	殷武丁二十二年	殷武丁二十二年	殷武丁二十二年	殷武丁三十七年	

殷盤庚二十二年（己卯 兔年） 公元前 **1302** ~ 前 1301 年

夏曆月序		中西曆日對照	初一	初二	初三	初四	初五	初六	初七	初八	初九	初十	十一	十二	十三	十四	十五	十六	十七	十八	十九	二十	二一	二二	二三	二四	二五	二六	二七	二八	二九	三十	節氣與天象
正月大	丙寅	天干地支西曆	戊午 7	己未 8	庚申 9	辛酉 10	壬戌 11	癸亥 12	甲子 13	乙丑 14	丙寅 15	丁卯 16	戊辰 17	己巳 18	庚午 19	辛未 20	壬申 21	癸酉 22	甲戌 23	乙亥 24	丙子 25	丁丑 26	戊寅 27	己卯 28	庚辰 (3)	辛巳 2	壬午 3	癸未 4	甲申 5	乙酉 6	丙戌 7	丁亥 8	丙寅立春
二月小	丁卯	天干地支西曆	戊子 9	己丑 10	庚寅 11	辛卯 12	壬辰 13	癸巳 14	甲午 15	乙未 16	丙申 17	丁酉 18	戊戌 19	己亥 20	庚子 21	辛丑 22	壬寅 23	癸卯 24	甲辰 25	乙巳 26	丙午 27	丁未 28	戊申 29	己酉 30	庚戌 31	辛亥 (4)	壬子 2	癸丑 3	甲寅 4	乙卯 5	丙辰 6		壬子春分
三月大	戊辰	天干地支西曆	丁巳 7	戊午 8	己未 9	庚申 10	辛酉 11	壬戌 12	癸亥 13	甲子 14	乙丑 15	丙寅 16	丁卯 17	戊辰 18	己巳 19	庚午 20	辛未 21	壬申 22	癸酉 23	甲戌 24	乙亥 25	丙子 26	丁丑 27	戊寅 28	己卯 29	庚辰 30	辛巳 (5)	壬午 2	癸未 3	甲申 4	乙酉 5	丙戌 6	
四月小	己巳	天干地支西曆	丁亥 7	戊子 8	己丑 9	庚寅 10	辛卯 11	壬辰 12	癸巳 13	甲午 14	乙未 15	丙申 16	丁酉 17	戊戌 18	己亥 19	庚子 20	辛丑 21	壬寅 22	癸卯 23	甲辰 24	乙巳 25	丙午 26	丁未 27	戊申 28	己酉 29	庚戌 30	辛亥 31	壬子 (6)	癸丑 2	甲寅 3	乙卯 4		己亥立夏
五月小	庚午	天干地支西曆	丙辰 5	丁巳 6	戊午 7	己未 8	庚申 9	辛酉 10	壬戌 11	癸亥 12	甲子 13	乙丑 14	丙寅 15	丁卯 16	戊辰 17	己巳 18	庚午 19	辛未 20	壬申 21	癸酉 22	甲戌 23	乙亥 24	丙子 25	丁丑 26	戊寅 27	己卯 28	庚辰 29	辛巳 30	壬午 (7)	癸未 2	甲申 3		丙辰日食
六月大	辛未	天干地支西曆	乙酉 4	丙戌 5	丁亥 6	戊子 7	己丑 8	庚寅 9	辛卯 10	壬辰 11	癸巳 12	甲午 13	乙未 14	丙申 15	丁酉 16	戊戌 17	己亥 18	庚子 19	辛丑 20	壬寅 21	癸卯 22	甲辰 23	乙巳 24	丙午 25	丁未 26	戊申 27	己酉 28	庚戌 29	辛亥 30	壬子 31	癸丑 (8)	甲寅 2	丁亥夏至
七月小	壬申	天干地支西曆	乙卯 3	丙辰 4	丁巳 5	戊午 6	己未 7	庚申 8	辛酉 9	壬戌 10	癸亥 11	甲子 12	乙丑 13	丙寅 14	丁卯 15	戊辰 16	己巳 17	庚午 18	辛未 19	壬申 20	癸酉 21	甲戌 22	乙亥 23	丙子 24	丁丑 25	戊寅 26	己卯 27	庚辰 28	辛巳 29	壬午 30	癸未 31		癸酉立秋
八月大	癸酉	天干地支西曆	甲申 (9)	乙酉 2	丙戌 3	丁亥 4	戊子 5	己丑 6	庚寅 7	辛卯 8	壬辰 9	癸巳 10	甲午 11	乙未 12	丙申 13	丁酉 14	戊戌 15	己亥 16	庚子 17	辛丑 18	壬寅 19	癸卯 20	甲辰 21	乙巳 22	丙午 23	丁未 24	戊申 25	己酉 26	庚戌 27	辛亥 28	壬子 29	癸丑 30	
九月小	甲戌	天干地支西曆	甲寅 (10)	乙卯 2	丙辰 3	丁巳 4	戊午 5	己未 6	庚申 7	辛酉 8	壬戌 9	癸亥 10	甲子 11	乙丑 12	丙寅 13	丁卯 14	戊辰 15	己巳 16	庚午 17	辛未 18	壬申 19	癸酉 20	甲戌 21	乙亥 22	丙子 23	丁丑 24	戊寅 25	己卯 26	庚辰 27	辛巳 28	壬午 29		戊午秋分
閏九月大	甲戌	天干地支西曆	癸未 30	甲申 31	乙酉 (11)	丙戌 2	丁亥 3	戊子 4	己丑 5	庚寅 6	辛卯 7	壬辰 8	癸巳 9	甲午 10	乙未 11	丙申 12	丁酉 13	戊戌 14	己亥 15	庚子 16	辛丑 17	壬寅 18	癸卯 19	甲辰 20	乙巳 21	丙午 22	丁未 23	戊申 24	己酉 25	庚戌 26	辛亥 27	壬子 28	壬寅立冬
十月大	乙亥	天干地支西曆	癸丑 29	甲寅 30	乙卯 (12)	丙辰 2	丁巳 3	戊午 4	己未 5	庚申 6	辛酉 7	壬戌 8	癸亥 9	甲子 10	乙丑 11	丙寅 12	丁卯 13	戊辰 14	己巳 15	庚午 16	辛未 17	壬申 18	癸酉 19	甲戌 20	乙亥 21	丙子 22	丁丑 23	戊寅 24	己卯 25	庚辰 26	辛巳 27	壬午 28	
十一月大	丙子	天干地支西曆	癸未 29	甲申 30	乙酉 31	丙戌 (1)	丁亥 2	戊子 3	己丑 4	庚寅 5	辛卯 6	壬辰 7	癸巳 8	甲午 9	乙未 10	丙申 11	丁酉 12	戊戌 13	己亥 14	庚子 15	辛丑 16	壬寅 17	癸卯 18	甲辰 19	乙巳 20	丙午 21	丁未 22	戊申 23	己酉 24	庚戌 25	辛亥 26	壬子 27	丙戌冬至
十二月小	丁丑	天干地支西曆	癸丑 28	甲寅 29	乙卯 30	丙辰 31	丁巳 (2)	戊午 2	己未 3	庚申 4	辛酉 5	壬戌 6	癸亥 7	甲子 8	乙丑 9	丙寅 10	丁卯 11	戊辰 12	己巳 13	庚午 14	辛未 15	壬申 16	癸酉 17	甲戌 18	乙亥 19	丙子 20	丁丑 21	戊寅 22	己卯 23	庚辰 24	辛巳 25		辛未立春

年代異同	竹書紀年	皇極經世	文獻通考	歷代紀年備考	歷代帝王年表	歷代統紀表	中國年曆總譜	斷代工程
	殷武丁元年	殷武丁二十三年	殷武丁二十三年	殷武丁二十三年	殷武丁二十三年	殷武丁二十三年	殷武丁三十八年	

殷盤庚二十三年（庚辰 龍年） 公元前 1301 ~ 前 1300 年

夏曆月序		中西曆日對照	初一	初二	初三	初四	初五	初六	初七	初八	初九	初十	十一	十二	十三	十四	十五	十六	十七	十八	十九	二十	二一	二二	二三	二四	二五	二六	二七	二八	二九	三十	節氣與天象
正月大	戊寅	天干地支西曆	壬午 26	癸未 27	甲申 28	乙酉 29	丙戌 (3)	丁亥 2	戊子 3	己丑 4	庚寅 5	辛卯 6	壬辰 7	癸巳 8	甲午 9	乙未 10	丙申 11	丁酉 12	戊戌 13	己亥 14	庚子 15	辛丑 16	壬寅 17	癸卯 18	甲辰 19	乙巳 20	丙午 21	丁未 22	戊申 23	己酉 24	庚戌 25	辛亥 26	
二月小	己卯	天干地支西曆	壬子 27	癸丑 28	甲寅 29	乙卯 30	丙辰 31	丁巳 (4)	戊午 2	己未 3	庚申 4	辛酉 5	壬戌 6	癸亥 7	甲子 8	乙丑 9	丙寅 10	丁卯 11	戊辰 12	己巳 13	庚午 14	辛未 15	壬申 16	癸酉 17	甲戌 18	乙亥 19	丙子 20	丁丑 21	戊寅 22	己卯 23	庚辰 24		戊午春分
三月大	庚辰	天干地支西曆	辛巳 25	壬午 26	癸未 27	甲申 28	乙酉 29	丙戌 30	丁亥 (5)	戊子 2	己丑 3	庚寅 4	辛卯 5	壬辰 6	癸巳 7	甲午 8	乙未 9	丙申 10	丁酉 11	戊戌 12	己亥 13	庚子 14	辛丑 15	壬寅 16	癸卯 17	甲辰 18	乙巳 19	丙午 20	丁未 21	戊申 22	己酉 23	庚戌 24	乙巳立夏
四月小	辛巳	天干地支西曆	辛亥 25	壬子 26	癸丑 27	甲寅 28	乙卯 29	丙辰 30	丁巳 31	戊午 (6)	己未 2	庚申 3	辛酉 4	壬戌 5	癸亥 6	甲子 7	乙丑 8	丙寅 9	丁卯 10	戊辰 11	己巳 12	庚午 13	辛未 14	壬申 15	癸酉 16	甲戌 17	乙亥 18	丙子 19	丁丑 20	戊寅 21	己卯 22		
五月小	壬午	天干地支西曆	庚辰 23	辛巳 24	壬午 25	癸未 26	甲申 27	乙酉 28	丙戌 29	丁亥 30	戊子 (7)	己丑 2	庚寅 3	辛卯 4	壬辰 5	癸巳 6	甲午 7	乙未 8	丙申 9	丁酉 10	戊戌 11	己亥 12	庚子 13	辛丑 14	壬寅 15	癸卯 16	甲辰 17	乙巳 18	丙午 19	丁未 20	戊申 21		壬辰夏至
六月大	癸未	天干地支西曆	己酉 22	庚戌 23	辛亥 24	壬子 25	癸丑 26	甲寅 27	乙卯 28	丙辰 29	丁巳 30	戊午 31	己未 (8)	庚申 2	辛酉 3	壬戌 4	癸亥 5	甲子 6	乙丑 7	丙寅 8	丁卯 9	戊辰 10	己巳 11	庚午 12	辛未 13	壬申 14	癸酉 15	甲戌 16	乙亥 17	丙子 18	丁丑 19	戊寅 20	戊寅立秋
七月小	甲申	天干地支西曆	己卯 21	庚辰 22	辛巳 23	壬午 24	癸未 25	甲申 26	乙酉 27	丙戌 28	丁亥 29	戊子 30	己丑 31	庚寅 (9)	辛卯 2	壬辰 3	癸巳 4	甲午 5	乙未 6	丙申 7	丁酉 8	戊戌 9	己亥 10	庚子 11	辛丑 12	壬寅 13	癸卯 14	甲辰 15	乙巳 16	丙午 17	丁未 18		
八月大	乙酉	天干地支西曆	戊申 19	己酉 20	庚戌 21	辛亥 22	壬子 23	癸丑 24	甲寅 25	乙卯 26	丙辰 27	丁巳 28	戊午 29	己未 30	庚申 (10)	辛酉 2	壬戌 3	癸亥 4	甲子 5	乙丑 6	丙寅 7	丁卯 8	戊辰 9	己巳 10	庚午 11	辛未 12	壬申 13	癸酉 14	甲戌 15	乙亥 16	丙子 17	丁丑 18	癸亥秋分
九月小	丙戌	天干地支西曆	戊寅 19	己卯 20	庚辰 21	辛巳 22	壬午 23	癸未 24	甲申 25	乙酉 26	丙戌 27	丁亥 28	戊子 29	己丑 30	庚寅 31	辛卯 (11)	壬辰 2	癸巳 3	甲午 4	乙未 5	丙申 6	丁酉 7	戊戌 8	己亥 9	庚子 10	辛丑 11	壬寅 12	癸卯 13	甲辰 14	乙巳 15	丙午 16		
十月大	丁亥	天干地支西曆	丁未 17	戊申 18	己酉 19	庚戌 20	辛亥 21	壬子 22	癸丑 23	甲寅 24	乙卯 25	丙辰 26	丁巳 27	戊午 28	己未 29	庚申 30	辛酉 (12)	壬戌 2	癸亥 3	甲子 4	乙丑 5	丙寅 6	丁卯 7	戊辰 8	己巳 9	庚午 10	辛未 11	壬申 12	癸酉 13	甲戌 14	乙亥 15	丙子 16	丁未立冬 丁未日食
十一月大	戊子	天干地支西曆	丁丑 17	戊寅 18	己卯 19	庚辰 20	辛巳 21	壬午 22	癸未 23	甲申 24	乙酉 25	丙戌 26	丁亥 27	戊子 28	己丑 29	庚寅 30	辛卯 31	壬辰 (1)	癸巳 2	甲午 3	乙未 4	丙申 5	丁酉 6	戊戌 7	己亥 8	庚子 9	辛丑 10	壬寅 11	癸卯 12	甲辰 13	乙巳 14	丙午 15	壬辰冬至
十二月小	己丑	天干地支西曆	丁未 16	戊申 17	己酉 18	庚戌 19	辛亥 20	壬子 21	癸丑 22	甲寅 23	乙卯 24	丙辰 25	丁巳 26	戊午 27	己未 28	庚申 29	辛酉 30	壬戌 31	癸亥 (2)	甲子 2	乙丑 3	丙寅 4	丁卯 5	戊辰 6	己巳 7	庚午 8	辛未 9	壬申 10	癸酉 11	甲戌 12	乙亥 13		

年代異同	竹書紀年	皇極經世	文獻通考	歷代紀年備考	歷代帝王年表	歷代統紀表	中國年曆總譜	斷代工程
	殷武丁二年	殷武丁二十四年	殷武丁二十四年	殷武丁二十四年	殷武丁二十四年	殷武丁二十四年	殷武丁三十九年	

殷盤庚二十四年（辛巳 蛇年） 公元前 1300 ~ 前 1299 年

夏曆月序		中西曆日對照	夏曆日序																													節氣與天象
			初一	初二	初三	初四	初五	初六	初七	初八	初九	初十	十一	十二	十三	十四	十五	十六	十七	十八	十九	二十	二一	二二	二三	二四	二五	二六	二七	二八	二九	三十	
正月大	庚寅	干支曆 天地西	丙子14	丁丑15	戊寅16	己卯17	庚辰18	辛巳19	壬午20	癸未21	甲申22	乙酉23	丙戌24	丁亥25	戊子26	己丑27	庚寅28	辛卯(3)	壬辰2	癸巳3	甲午4	乙未5	丙申6	丁酉7	戊戌8	己亥9	庚子10	辛丑11	壬寅12	癸卯13	甲辰14	乙巳15	丁丑立春
二月大	辛卯	干支曆 天地西	丙午16	丁未17	戊申18	己酉19	庚戌20	辛亥21	壬子22	癸丑23	甲寅24	乙卯25	丙辰26	丁巳27	戊午28	己未29	庚申30	辛酉31	壬戌(4)	癸亥2	甲子3	乙丑4	丙寅5	丁卯6	戊辰7	己巳8	庚午9	辛未10	壬申11	癸酉12	甲戌13	乙亥14	癸亥春分
三月小	壬辰	干支曆 天地西	丙子15	丁丑16	戊寅17	己卯18	庚辰19	辛巳20	壬午21	癸未22	甲申23	乙酉24	丙戌25	丁亥26	戊子27	己丑28	庚寅29	辛卯30	壬辰(5)	癸巳2	甲午3	乙未4	丙申5	丁酉6	戊戌7	己亥8	庚子9	辛丑10	壬寅11	癸卯12	甲辰13		
四月大	癸巳	干支曆 天地西	乙巳14	丙午15	丁未16	戊申17	己酉18	庚戌19	辛亥20	壬子21	癸丑22	甲寅23	乙卯24	丙辰25	丁巳26	戊午27	己未28	庚申29	辛酉30	壬戌31	癸亥(6)	甲子2	乙丑3	丙寅4	丁卯5	戊辰6	己巳7	庚午8	辛未9	壬申10	癸酉11	甲戌12	庚戌立夏
五月小	甲午	干支曆 天地西	乙亥13	丙子14	丁丑15	戊寅16	己卯17	庚辰18	辛巳19	壬午20	癸未21	甲申22	乙酉23	丙戌24	丁亥25	戊子26	己丑27	庚寅28	辛卯29	壬辰30	癸巳(7)	甲午2	乙未3	丙申4	丁酉5	戊戌6	己亥7	庚子8	辛丑9	壬寅10	癸卯11		丁酉夏至
六月小	乙未	干支曆 天地西	甲辰12	乙巳13	丙午14	丁未15	戊申16	己酉17	庚戌18	辛亥19	壬子20	癸丑21	甲寅22	乙卯23	丙辰24	丁巳25	戊午26	己未27	庚申28	辛酉29	壬戌30	癸亥31	甲子(8)	乙丑2	丙寅3	丁卯4	戊辰5	己巳6	庚午7	辛未8	壬申9		
七月大	丙申	干支曆 天地西	癸酉10	甲戌11	乙亥12	丙子13	丁丑14	戊寅15	己卯16	庚辰17	辛巳18	壬午19	癸未20	甲申21	乙酉22	丙戌23	丁亥24	戊子25	己丑26	庚寅27	辛卯28	壬辰29	癸巳30	甲午31	乙未(9)	丙申2	丁酉3	戊戌4	己亥5	庚子6	辛丑7	壬寅8	癸未立秋
八月小	丁酉	干支曆 天地西	癸卯9	甲辰10	乙巳11	丙午12	丁未13	戊申14	己酉15	庚戌16	辛亥17	壬子18	癸丑19	甲寅20	乙卯21	丙辰22	丁巳23	戊午24	己未25	庚申26	辛酉27	壬戌28	癸亥29	甲子30	乙丑(10)	丙寅2	丁卯3	戊辰4	己巳5	庚午6	辛未7		己巳秋分
九月大	戊戌	干支曆 天地西	壬申8	癸酉9	甲戌10	乙亥11	丙子12	丁丑13	戊寅14	己卯15	庚辰16	辛巳17	壬午18	癸未19	甲申20	乙酉21	丙戌22	丁亥23	戊子24	己丑25	庚寅26	辛卯27	壬辰28	癸巳29	甲午30	乙未31	丙申(11)	丁酉2	戊戌3	己亥4	庚子5	辛丑6	
十月小	己亥	干支曆 天地西	壬寅7	癸卯8	甲辰9	乙巳10	丙午11	丁未12	戊申13	己酉14	庚戌15	辛亥16	壬子17	癸丑18	甲寅19	乙卯20	丙辰21	丁巳22	戊午23	己未24	庚申25	辛酉26	壬戌27	癸亥28	甲子29	乙丑30	丙寅(12)	丁卯2	戊辰3	己巳4	庚午5		癸丑立冬
十一月大	庚子	干支曆 天地西	辛未6	壬申7	癸酉8	甲戌9	乙亥10	丙子11	丁丑12	戊寅13	己卯14	庚辰15	辛巳16	壬午17	癸未18	甲申19	乙酉20	丙戌21	丁亥22	戊子23	己丑24	庚寅25	辛卯26	壬辰27	癸巳28	甲午29	乙未30	丙申31	丁酉(1)	戊戌2	己亥3	庚子4	丁酉冬至
十二月小	辛丑	干支曆 天地西	辛丑5	壬寅6	癸卯7	甲辰8	乙巳9	丙午10	丁未11	戊申12	己酉13	庚戌14	辛亥15	壬子16	癸丑17	甲寅18	乙卯19	丙辰20	丁巳21	戊午22	己未23	庚申24	辛酉25	壬戌26	癸亥27	甲子28	乙丑29	丙寅30	丁卯31	戊辰(2)	己巳2		

年代異同	竹書紀年	皇極經世	文獻通考	歷代紀年備考	歷代帝王年表	歷代統紀表	中國年曆總譜	斷代工程
	殷武丁三年	殷武丁二十五年	殷武丁二十五年	殷武丁二十五年	殷武丁二十五年	殷武丁二十五年	殷武丁四十年	殷盤庚小辛小乙

殷盤庚二十五年（壬午 馬年） 公元前 1299 ~ 前 1298 年

夏曆月序		中西曆日對照	初一	初二	初三	初四	初五	初六	初七	初八	初九	初十	十一	十二	十三	十四	十五	十六	十七	十八	十九	二十	二一	二二	二三	二四	二五	二六	二七	二八	二九	三十	節氣與天象
正月大	壬寅	天干地支 西曆	庚午 3	辛未 4	壬申 5	癸酉 6	甲戌 7	乙亥 8	丙子 9	丁丑 10	戊寅 11	己卯 12	庚辰 13	辛巳 14	壬午 15	癸未 16	甲申 17	乙酉 18	丙戌 19	丁亥 20	戊子 21	己丑 22	庚寅 23	辛卯 24	壬辰 25	癸巳 26	甲午 27	乙未 28	丙申 (3)	丁酉 2	戊戌 3	己亥 4	壬午立春
二月大	癸卯	天干地支 西曆	庚子 5	辛丑 6	壬寅 7	癸卯 8	甲辰 9	乙巳 10	丙午 11	丁未 12	戊申 13	己酉 14	庚戌 15	辛亥 16	壬子 17	癸丑 18	甲寅 19	乙卯 20	丙辰 21	丁巳 22	戊午 23	己未 24	庚申 25	辛酉 26	壬戌 27	癸亥 28	甲子 29	乙丑 30	丙寅 31	丁卯 (4)	戊辰 2	己巳 3	戊辰春分
三月小	甲辰	天干地支 西曆	庚午 4	辛未 5	壬申 6	癸酉 7	甲戌 8	乙亥 9	丙子 10	丁丑 11	戊寅 12	己卯 13	庚辰 14	辛巳 15	壬午 16	癸未 17	甲申 18	乙酉 19	丙戌 20	丁亥 21	戊子 22	己丑 23	庚寅 24	辛卯 25	壬辰 26	癸巳 27	甲午 28	乙未 29	丙申 30	丁酉 (5)	戊戌 2		庚午日食
四月大	乙巳	天干地支 西曆	己亥 3	庚子 4	辛丑 5	壬寅 6	癸卯 7	甲辰 8	乙巳 9	丙午 10	丁未 11	戊申 12	己酉 13	庚戌 14	辛亥 15	壬子 16	癸丑 17	甲寅 18	乙卯 19	丙辰 20	丁巳 21	戊午 22	己未 23	庚申 24	辛酉 25	壬戌 26	癸亥 27	甲子 28	乙丑 29	丙寅 30	丁卯 31	戊辰 (6)	乙卯立夏
五月小	丙午	天干地支 西曆	己巳 2	庚午 3	辛未 4	壬申 5	癸酉 6	甲戌 7	乙亥 8	丙子 9	丁丑 10	戊寅 11	己卯 12	庚辰 13	辛巳 14	壬午 15	癸未 16	甲申 17	乙酉 18	丙戌 19	丁亥 20	戊子 21	己丑 22	庚寅 23	辛卯 24	壬辰 25	癸巳 26	甲午 27	乙未 28	丙申 29	丁酉 30		
六月大	丁未	天干地支 西曆	戊戌 (7)	己亥 2	庚子 3	辛丑 4	壬寅 5	癸卯 6	甲辰 7	乙巳 8	丙午 9	丁未 10	戊申 11	己酉 12	庚戌 13	辛亥 14	壬子 15	癸丑 16	甲寅 17	乙卯 18	丙辰 19	丁巳 20	戊午 21	己未 22	庚申 23	辛酉 24	壬戌 25	癸亥 26	甲子 27	乙丑 28	丙寅 29	丁卯 30	壬寅夏至
閏六月小	丁未	天干地支 西曆	戊辰 31	己巳 (8)	庚午 2	辛未 3	壬申 4	癸酉 5	甲戌 6	乙亥 7	丙子 8	丁丑 9	戊寅 10	己卯 11	庚辰 12	辛巳 13	壬午 14	癸未 15	甲申 16	乙酉 17	丙戌 18	丁亥 19	戊子 20	己丑 21	庚寅 22	辛卯 23	壬辰 24	癸巳 25	甲午 26	乙未 27	丙申 28		己丑立秋
七月大	戊申	天干地支 西曆	丁酉 29	戊戌 30	己亥 31	庚子 (9)	辛丑 2	壬寅 3	癸卯 4	甲辰 5	乙巳 6	丙午 7	丁未 8	戊申 9	己酉 10	庚戌 11	辛亥 12	壬子 13	癸丑 14	甲寅 15	乙卯 16	丙辰 17	丁巳 18	戊午 19	己未 20	庚申 21	辛酉 22	壬戌 23	癸亥 24	甲子 25	乙丑 26	丙寅 27	
八月小	己酉	天干地支 西曆	丁卯 28	戊辰 29	己巳 30	庚午 (10)	辛未 2	壬申 3	癸酉 4	甲戌 5	乙亥 6	丙子 7	丁丑 8	戊寅 9	己卯 10	庚辰 11	辛巳 12	壬午 13	癸未 14	甲申 15	乙酉 16	丙戌 17	丁亥 18	戊子 19	己丑 20	庚寅 21	辛卯 22	壬辰 23	癸巳 24	甲午 25	乙未 26		甲戌秋分
九月大	庚戌	天干地支 西曆	丙申 27	丁酉 28	戊戌 29	己亥 30	庚子 31	辛丑 (11)	壬寅 2	癸卯 3	甲辰 4	乙巳 5	丙午 6	丁未 7	戊申 8	己酉 9	庚戌 10	辛亥 11	壬子 12	癸丑 13	甲寅 14	乙卯 15	丙辰 16	丁巳 17	戊午 18	己未 19	庚申 20	辛酉 21	壬戌 22	癸亥 23	甲子 24	乙丑 25	戊午立冬
十月小	辛亥	天干地支 西曆	丙寅 26	丁卯 27	戊辰 28	己巳 29	庚午 30	辛未 (12)	壬申 2	癸酉 3	甲戌 4	乙亥 5	丙子 6	丁丑 7	戊寅 8	己卯 9	庚辰 10	辛巳 11	壬午 12	癸未 13	甲申 14	乙酉 15	丙戌 16	丁亥 17	戊子 18	己丑 19	庚寅 20	辛卯 21	壬辰 22	癸巳 23	甲午 24		
十一月大	壬子	天干地支 西曆	乙未 25	丙申 26	丁酉 27	戊戌 28	己亥 29	庚子 30	辛丑 31	壬寅 (1)	癸卯 2	甲辰 3	乙巳 4	丙午 5	丁未 6	戊申 7	己酉 8	庚戌 9	辛亥 10	壬子 11	癸丑 12	甲寅 13	乙卯 14	丙辰 15	丁巳 16	戊午 17	己未 18	庚申 19	辛酉 20	壬戌 21	癸亥 22	甲子 23	壬寅冬至
十二月小	癸丑	天干地支 西曆	乙丑 24	丙寅 25	丁卯 26	戊辰 27	己巳 28	庚午 29	辛未 30	壬申 31	癸酉 (2)	甲戌 2	乙亥 3	丙子 4	丁丑 5	戊寅 6	己卯 7	庚辰 8	辛巳 9	壬午 10	癸未 11	甲申 12	乙酉 13	丙戌 14	丁亥 15	戊子 16	己丑 17	庚寅 18	辛卯 19	壬辰 20	癸巳 21		丁亥立春

年代異同	竹書紀年	皇極經世	文獻通考	歷代紀年備考	歷代帝王年表	歷代統紀表	中國年曆總譜	斷代工程
	殷武丁四年	殷武丁二十六年	殷武丁二十六年	殷武丁二十六年	殷武丁二十六年	殷武丁二十六年	殷武丁四十一年	殷盤庚小辛小乙

殷盤庚二十六年（癸未 羊年）公元前 1298 ~ 前 1297 年

夏曆月序		中西曆對照	初一	初二	初三	初四	初五	初六	初七	初八	初九	初十	十一	十二	十三	十四	十五	十六	十七	十八	十九	二十	二一	二二	二三	二四	二五	二六	二七	二八	二九	三十	節氣與天象
正月大	甲寅	干支 天地 曆 西	甲午22	乙未23	丙申24	丁酉25	戊戌26	己亥27	庚子28	辛丑(3)	壬寅2	癸卯3	甲辰4	乙巳5	丙午6	丁未7	戊申8	己酉9	庚戌10	辛亥11	壬子12	癸丑13	甲寅14	乙卯15	丙辰16	丁巳17	戊午18	己未19	庚申20	辛酉21	壬戌22	癸亥23	
二月小	乙卯	干支 天地 曆 西	甲子24	乙丑25	丙寅26	丁卯27	戊辰28	己巳29	庚午30	辛未31	壬申(4)	癸酉2	甲戌3	乙亥4	丙子5	丁丑6	戊寅7	己卯8	庚辰9	辛巳10	壬午11	癸未12	甲申13	乙酉14	丙戌15	丁亥16	戊子17	己丑18	庚寅19	辛卯20	壬辰21		癸酉春分
三月大	丙辰	干支 天地 曆 西	癸巳22	甲午23	乙未24	丙申25	丁酉26	戊戌27	己亥28	庚子29	辛丑30	壬寅(5)	癸卯2	甲辰3	乙巳4	丙午5	丁未6	戊申7	己酉8	庚戌9	辛亥10	壬子11	癸丑12	甲寅13	乙卯14	丙辰15	丁巳16	戊午17	己未18	庚申19	辛酉20	壬戌21	庚申立夏
四月大	丁巳	干支 天地 曆 西	癸亥22	甲子23	乙丑24	丙寅25	丁卯26	戊辰27	己巳28	庚午29	辛未30	壬申31	癸酉(6)	甲戌2	乙亥3	丙子4	丁丑5	戊寅6	己卯7	庚辰8	辛巳9	壬午10	癸未11	甲申12	乙酉13	丙戌14	丁亥15	戊子16	己丑17	庚寅18	辛卯19	壬辰20	
五月小	戊午	干支 天地 曆 西	癸巳21	甲午22	乙未23	丙申24	丁酉25	戊戌26	己亥27	庚子28	辛丑29	壬寅30	癸卯(7)	甲辰2	乙巳3	丙午4	丁未5	戊申6	己酉7	庚戌8	辛亥9	壬子10	癸丑11	甲寅12	乙卯13	丙辰14	丁巳15	戊午16	己未17	庚申18	辛酉19		戊申夏至
六月大	己未	干支 天地 曆 西	壬戌20	癸亥21	甲子22	乙丑23	丙寅24	丁卯25	戊辰26	己巳27	庚午28	辛未29	壬申30	癸酉31	甲戌(8)	乙亥2	丙子3	丁丑4	戊寅5	己卯6	庚辰7	辛巳8	壬午9	癸未10	甲申11	乙酉12	丙戌13	丁亥14	戊子15	己丑16	庚寅17	辛卯18	
七月小	庚申	干支 天地 曆 西	壬辰19	癸巳20	甲午21	乙未22	丙申23	丁酉24	戊戌25	己亥26	庚子27	辛丑28	壬寅29	癸卯30	甲辰31	乙巳(9)	丙午2	丁未3	戊申4	己酉5	庚戌6	辛亥7	壬子8	癸丑9	甲寅10	乙卯11	丙辰12	丁巳13	戊午14	己未15	庚申16		甲午立秋
八月大	辛酉	干支 天地 曆 西	辛酉17	壬戌18	癸亥19	甲子20	乙丑21	丙寅22	丁卯23	戊辰24	己巳25	庚午26	辛未27	壬申28	癸酉29	甲戌30	乙亥(10)	丙子2	丁丑3	戊寅4	己卯5	庚辰6	辛巳7	壬午8	癸未9	甲申10	乙酉11	丙戌12	丁亥13	戊子14	己丑15	庚寅16	己卯秋分
九月小	壬戌	干支 天地 曆 西	辛卯17	壬辰18	癸巳19	甲午20	乙未21	丙申22	丁酉23	戊戌24	己亥25	庚子26	辛丑27	壬寅28	癸卯29	甲辰30	乙巳31	丙午(11)	丁未2	戊申3	己酉4	庚戌5	辛亥6	壬子7	癸丑8	甲寅9	乙卯10	丙辰11	丁巳12	戊午13	己未14		
十月大	癸亥	干支 天地 曆 西	庚申15	辛酉16	壬戌17	癸亥18	甲子19	乙丑20	丙寅21	丁卯22	戊辰23	己巳24	庚午25	辛未26	壬申27	癸酉28	甲戌29	乙亥30	丙子(12)	丁丑2	戊寅3	己卯4	庚辰5	辛巳6	壬午7	癸未8	甲申9	乙酉10	丙戌11	丁亥12	戊子13	己丑14	癸亥立冬
十一月小	甲子	干支 天地 曆 西	庚寅15	辛卯16	壬辰17	癸巳18	甲午19	乙未20	丙申21	丁酉22	戊戌23	己亥24	庚子25	辛丑26	壬寅27	癸卯28	甲辰29	乙巳30	丙午31	丁未(1)	戊申2	己酉3	庚戌4	辛亥5	壬子6	癸丑7	甲寅8	乙卯9	丙辰10	丁巳11	戊午12		丁未冬至
十二月大	乙丑	干支 天地 曆 西	己未13	庚申14	辛酉15	壬戌16	癸亥17	甲子18	乙丑19	丙寅20	丁卯21	戊辰22	己巳23	庚午24	辛未25	壬申26	癸酉27	甲戌28	乙亥29	丙子30	丁丑31	戊寅(2)	己卯2	庚辰3	辛巳4	壬午5	癸未6	甲申7	乙酉8	丙戌9	丁亥10	戊子11	

年代異同	竹書紀年	皇極經世	文獻通考	歷代紀年備考	歷代帝王年表	歷代統紀表	中國年曆總譜	斷代工程
	殷武丁五年	殷武丁二十七年	殷武丁二十七年	殷武丁二十七年	殷武丁二十七年	殷武丁二十七年	殷武丁四十二年	殷盤庚小辛小乙

殷盤庚二十七年（甲申 猴年） 公元前1297 ~ 前1296年

夏曆月序		中西曆日對照	初一	初二	初三	初四	初五	初六	初七	初八	初九	初十	十一	十二	十三	十四	十五	十六	十七	十八	十九	二十	二一	二二	二三	二四	二五	二六	二七	二八	二九	三十	節氣與天象
正月小	丙寅	干支 天地 西曆	己丑12	庚寅13	辛卯14	壬辰15	癸巳16	甲午17	乙未18	丙申19	丁酉20	戊戌21	己亥22	庚子23	辛丑24	壬寅25	癸卯26	甲辰27	乙巳28	丙午29	丁未(3)	戊申2	己酉3	庚戌4	辛亥5	壬子6	癸丑7	甲寅8	乙卯9	丙辰10	丁巳11		壬辰立春
二月大	丁卯	干支 天地 西曆	戊午12	己未13	庚申14	辛酉15	壬戌16	癸亥17	甲子18	乙丑19	丙寅20	丁卯21	戊辰22	己巳23	庚午24	辛未25	壬申26	癸酉27	甲戌28	乙亥29	丙子30	丁丑31	戊寅(4)	己卯2	庚辰3	辛巳4	壬午5	癸未6	甲申7	乙酉8	丙戌9	丁亥10	己卯春分
三月小	戊辰	干支 天地 西曆	戊子11	己丑12	庚寅13	辛卯14	壬辰15	癸巳16	甲午17	乙未18	丙申19	丁酉20	戊戌21	己亥22	庚子23	辛丑24	壬寅25	癸卯26	甲辰27	乙巳28	丙午29	丁未30	戊申(5)	己酉2	庚戌3	辛亥4	壬子5	癸丑6	甲寅7	乙卯8	丙辰9		
四月大	己巳	干支 天地 西曆	丁巳10	戊午11	己未12	庚申13	辛酉14	壬戌15	癸亥16	甲子17	乙丑18	丙寅19	丁卯20	戊辰21	己巳22	庚午23	辛未24	壬申25	癸酉26	甲戌27	乙亥28	丙子29	丁丑30	戊寅31	己卯(6)	庚辰2	辛巳3	壬午4	癸未5	甲申6	乙酉7	丙戌8	丙寅立夏
五月小	庚午	干支 天地 西曆	丁亥9	戊子10	己丑11	庚寅12	辛卯13	壬辰14	癸巳15	甲午16	乙未17	丙申18	丁酉19	戊戌20	己亥21	庚子22	辛丑23	壬寅24	癸卯25	甲辰26	乙巳27	丙午28	丁未29	戊申30	己酉(7)	庚戌2	辛亥3	壬子4	癸丑5	甲寅6	乙卯7		癸丑夏至
六月大	辛未	干支 天地 西曆	丙辰8	丁巳9	戊午10	己未11	庚申12	辛酉13	壬戌14	癸亥15	甲子16	乙丑17	丙寅18	丁卯19	戊辰20	己巳21	庚午22	辛未23	壬申24	癸酉25	甲戌26	乙亥27	丙子28	丁丑29	戊寅30	己卯31	庚辰(8)	辛巳2	壬午3	癸未4	甲申5	乙酉6	
七月大	壬申	干支 天地 西曆	丙戌7	丁亥8	戊子9	己丑10	庚寅11	辛卯12	壬辰13	癸巳14	甲午15	乙未16	丙申17	丁酉18	戊戌19	己亥20	庚子21	辛丑22	壬寅23	癸卯24	甲辰25	乙巳26	丙午27	丁未28	戊申29	己酉30	庚戌31	辛亥(9)	壬子2	癸丑3	甲寅4	乙卯5	己亥立秋
八月小	癸酉	干支 天地 西曆	丙辰6	丁巳7	戊午8	己未9	庚申10	辛酉11	壬戌12	癸亥13	甲子14	乙丑15	丙寅16	丁卯17	戊辰18	己巳19	庚午20	辛未21	壬申22	癸酉23	甲戌24	乙亥25	丙子26	丁丑27	戊寅28	己卯29	庚辰30	辛巳(10)	壬午2	癸未3	甲申4		甲申秋分
九月大	甲戌	干支 天地 西曆	乙酉5	丙戌6	丁亥7	戊子8	己丑9	庚寅10	辛卯11	壬辰12	癸巳13	甲午14	乙未15	丙申16	丁酉17	戊戌18	己亥19	庚子20	辛丑21	壬寅22	癸卯23	甲辰24	乙巳25	丙午26	丁未27	戊申28	己酉29	庚戌30	辛亥31	壬子(11)	癸丑2	甲寅3	
十月小	乙亥	干支 天地 西曆	乙卯4	丙辰5	丁巳6	戊午7	己未8	庚申9	辛酉10	壬戌11	癸亥12	甲子13	乙丑14	丙寅15	丁卯16	戊辰17	己巳18	庚午19	辛未20	壬申21	癸酉22	甲戌23	乙亥24	丙子25	丁丑26	戊寅27	己卯28	庚辰29	辛巳30	壬午(12)	癸未2		戊辰立冬
十一月大	丙子	干支 天地 西曆	甲申3	乙酉4	丙戌5	丁亥6	戊子7	己丑8	庚寅9	辛卯10	壬辰11	癸巳12	甲午13	乙未14	丙申15	丁酉16	戊戌17	己亥18	庚子19	辛丑20	壬寅21	癸卯22	甲辰23	乙巳24	丙午25	丁未26	戊申27	己酉28	庚戌29	辛亥30	壬子31	癸丑(1)	癸丑冬至
十二月小	丁丑	干支 天地 西曆	甲寅2	乙卯3	丙辰4	丁巳5	戊午6	己未7	庚申8	辛酉9	壬戌10	癸亥11	甲子12	乙丑13	丙寅14	丁卯15	戊辰16	己巳17	庚午18	辛未19	壬申20	癸酉21	甲戌22	乙亥23	丙子24	丁丑25	戊寅26	己卯27	庚辰28	辛巳29	壬午30		

年代異同	竹書紀年	皇極經世	文獻通考	歷代紀年備考	歷代帝王年表	歷代統紀表	中國年曆總譜	斷代工程
	殷武丁六年	殷武丁二十八年	殷武丁二十八年	殷武丁二十八年	殷武丁二十八年	殷武丁二十八年	殷武丁四十三年	殷盤庚小辛小乙

殷盤庚二十八年（乙酉 鷄年） 公元前**1296** ~ 前1295年

夏曆月序		中西曆對照	初一	初二	初三	初四	初五	初六	初七	初八	初九	初十	十一	十二	十三	十四	十五	十六	十七	十八	十九	二十	二一	二二	二三	二四	二五	二六	二七	二八	二九	三十	節氣與天象
正月大	戊寅	干支曆 天地西曆	癸未 31	甲申 (2)	乙酉 2	丙戌 3	丁亥 4	戊子 5	己丑 6	庚寅 7	辛卯 8	壬辰 9	癸巳 10	甲午 11	乙未 12	丙申 13	丁酉 14	戊戌 15	己亥 16	庚子 17	辛丑 18	壬寅 19	癸卯 20	甲辰 21	乙巳 22	丙午 23	丁未 24	戊申 25	己酉 26	庚戌 27	辛亥 28	壬子 (3)	戊戌立春
二月小	己卯	干支曆 天地西曆	癸丑 2	甲寅 3	乙卯 4	丙辰 5	丁巳 6	戊午 7	己未 8	庚申 9	辛酉 10	壬戌 11	癸亥 12	甲子 13	乙丑 14	丙寅 15	丁卯 16	戊辰 17	己巳 18	庚午 19	辛未 20	壬申 21	癸酉 22	甲戌 23	乙亥 24	丙子 25	丁丑 26	戊寅 27	己卯 28	庚辰 29	辛巳 30		
閏二月小	己卯	干支曆 天地西曆	壬午 31	癸未 (4)	甲申 2	乙酉 3	丙戌 4	丁亥 5	戊子 6	己丑 7	庚寅 8	辛卯 9	壬辰 10	癸巳 11	甲午 12	乙未 13	丙申 14	丁酉 15	戊戌 16	己亥 17	庚子 18	辛丑 19	壬寅 20	癸卯 21	甲辰 22	乙巳 23	丙午 24	丁未 25	戊申 26	己酉 27	庚戌 28		甲申春分
三月大	庚辰	干支曆 天地西曆	辛亥 29	壬子 30	癸丑 (5)	甲寅 2	乙卯 3	丙辰 4	丁巳 5	戊午 6	己未 7	庚申 8	辛酉 9	壬戌 10	癸亥 11	甲子 12	乙丑 13	丙寅 14	丁卯 15	戊辰 16	己巳 17	庚午 18	辛未 19	壬申 20	癸酉 21	甲戌 22	乙亥 23	丙子 24	丁丑 25	戊寅 26	己卯 27	庚辰 28	辛未立夏
四月小	辛巳	干支曆 天地西曆	辛巳 29	壬午 30	癸未 31	甲申 (6)	乙酉 2	丙戌 3	丁亥 4	戊子 5	己丑 6	庚寅 7	辛卯 8	壬辰 9	癸巳 10	甲午 11	乙未 12	丙申 13	丁酉 14	戊戌 15	己亥 16	庚子 17	辛丑 18	壬寅 19	癸卯 20	甲辰 21	乙巳 22	丙午 23	丁未 24	戊申 25	己酉 26		
五月大	壬午	干支曆 天地西曆	庚戌 27	辛亥 28	壬子 29	癸丑 30	甲寅 (7)	乙卯 2	丙辰 3	丁巳 4	戊午 5	己未 6	庚申 7	辛酉 8	壬戌 9	癸亥 10	甲子 11	乙丑 12	丙寅 13	丁卯 14	戊辰 15	己巳 16	庚午 17	辛未 18	壬申 19	癸酉 20	甲戌 21	乙亥 22	丙子 23	丁丑 24	戊寅 25	己卯 26	戊午夏至
六月大	癸未	干支曆 天地西曆	庚辰 27	辛巳 28	壬午 29	癸未 30	甲申 31	乙酉 (8)	丙戌 2	丁亥 3	戊子 4	己丑 5	庚寅 6	辛卯 7	壬辰 8	癸巳 9	甲午 10	乙未 11	丙申 12	丁酉 13	戊戌 14	己亥 15	庚子 16	辛丑 17	壬寅 18	癸卯 19	甲辰 20	乙巳 21	丙午 22	丁未 23	戊申 24	己酉 25	甲辰立秋
七月大	甲申	干支曆 天地西曆	庚戌 26	辛亥 27	壬子 28	癸丑 29	甲寅 30	乙卯 31	丙辰 (9)	丁巳 2	戊午 3	己未 4	庚申 5	辛酉 6	壬戌 7	癸亥 8	甲子 9	乙丑 10	丙寅 11	丁卯 12	戊辰 13	己巳 14	庚午 15	辛未 16	壬申 17	癸酉 18	甲戌 19	乙亥 20	丙子 21	丁丑 22	戊寅 23	己卯 24	
八月小	乙酉	干支曆 天地西曆	庚辰 25	辛巳 26	壬午 27	癸未 28	甲申 29	乙酉 30	丙戌 (10)	丁亥 2	戊子 3	己丑 4	庚寅 5	辛卯 6	壬辰 7	癸巳 8	甲午 9	乙未 10	丙申 11	丁酉 12	戊戌 13	己亥 14	庚子 15	辛丑 16	壬寅 17	癸卯 18	甲辰 19	乙巳 20	丙午 21	丁未 22	戊申 23		己丑秋分
九月大	丙戌	干支曆 天地西曆	己酉 24	庚戌 25	辛亥 26	壬子 27	癸丑 28	甲寅 29	乙卯 30	丙辰 31	丁巳 (11)	戊午 2	己未 3	庚申 4	辛酉 5	壬戌 6	癸亥 7	甲子 8	乙丑 9	丙寅 10	丁卯 11	戊辰 12	己巳 13	庚午 14	辛未 15	壬申 16	癸酉 17	甲戌 18	乙亥 19	丙子 20	丁丑 21	戊寅 22	甲戌立冬
十月小	丁亥	干支曆 天地西曆	己卯 23	庚辰 24	辛巳 25	壬午 26	癸未 27	甲申 28	乙酉 29	丙戌 30	丁亥 (12)	戊子 2	己丑 3	庚寅 4	辛卯 5	壬辰 6	癸巳 7	甲午 8	乙未 9	丙申 10	丁酉 11	戊戌 12	己亥 13	庚子 14	辛丑 15	壬寅 16	癸卯 17	甲辰 18	乙巳 19	丙午 20	丁未 21		
十一月大	戊子	干支曆 天地西曆	戊申 22	己酉 23	庚戌 24	辛亥 25	壬子 26	癸丑 27	甲寅 28	乙卯 29	丙辰 30	丁巳 31	戊午 (1)	己未 2	庚申 3	辛酉 4	壬戌 5	癸亥 6	甲子 7	乙丑 8	丙寅 9	丁卯 10	戊辰 11	己巳 12	庚午 13	辛未 14	壬申 15	癸酉 16	甲戌 17	乙亥 18	丙子 19	丁丑 20	戊午冬至
十二月小	己丑	干支曆 天地西曆	戊寅 21	己卯 22	庚辰 23	辛巳 24	壬午 25	癸未 26	甲申 27	乙酉 28	丙戌 29	丁亥 30	戊子 31	己丑 (2)	庚寅 2	辛卯 3	壬辰 4	癸巳 5	甲午 6	乙未 7	丙申 8	丁酉 9	戊戌 10	己亥 11	庚子 12	辛丑 13	壬寅 14	癸卯 15	甲辰 16	乙巳 17	丙午 18		癸卯立春 戊寅日食

年代異同	竹書紀年	皇極經世	文獻通考	歷代紀年備考	歷代帝王年表	歷代統紀表	中國年曆總譜	斷代工程
	殷武丁七年	殷武丁二十九年	殷武丁二十九年	殷武丁二十九年	殷武丁二十九年	殷武丁二十九年	殷武丁四十四年	殷盤庚小辛小乙

殷小辛元年（丙戌 狗年） 公元前 1295 ～ 前 1294 年

夏曆月序		中西曆日對照	初一	初二	初三	初四	初五	初六	初七	初八	初九	初十	十一	十二	十三	十四	十五	十六	十七	十八	十九	二十	二一	二二	二三	二四	二五	二六	二七	二八	二九	三十	節氣與天象
正月大	庚寅	天干地支	丁未	戊申	己酉	庚戌	辛亥	壬子	癸丑	甲寅	乙卯	丙辰	丁巳	戊午	己未	庚申	辛酉	壬戌	癸亥	甲子	乙丑	丙寅	丁卯	戊辰	己巳	庚午	辛未	壬申	癸酉	甲戌	乙亥	丙子	
		西曆	19	20	21	22	23	24	25	26	27	28	(3)	2	3	4	5	6	7	8	9	10	11	12	13	14	15	16	17	18	19	20	
二月小	辛卯	天干地支	丁丑	戊寅	己卯	庚辰	辛巳	壬午	癸未	甲申	乙酉	丙戌	丁亥	戊子	己丑	庚寅	辛卯	壬辰	癸巳	甲午	乙未	丙申	丁酉	戊戌	己亥	庚子	辛丑	壬寅	癸卯	甲辰	乙巳		己丑春分
		西曆	21	22	23	24	25	26	27	28	29	30	31	(4)	2	3	4	5	6	7	8	9	10	11	12	13	14	15	16	17	18		
三月小	壬辰	天干地支	丙午	丁未	戊申	己酉	庚戌	辛亥	壬子	癸丑	甲寅	乙卯	丙辰	丁巳	戊午	己未	庚申	辛酉	壬戌	癸亥	甲子	乙丑	丙寅	丁卯	戊辰	己巳	庚午	辛未	壬申	癸酉	甲戌		丙子立夏
		西曆	19	20	21	22	23	24	25	26	27	28	29	30	(5)	2	3	4	5	6	7	8	9	10	11	12	13	14	15	16	17		
四月大	癸巳	天干地支	乙亥	丙子	丁丑	戊寅	己卯	庚辰	辛巳	壬午	癸未	甲申	乙酉	丙戌	丁亥	戊子	己丑	庚寅	辛卯	壬辰	癸巳	甲午	乙未	丙申	丁酉	戊戌	己亥	庚子	辛丑	壬寅	癸卯	甲辰	
		西曆	18	19	20	21	22	23	24	25	26	27	28	29	30	31	(6)	2	3	4	5	6	7	8	9	10	11	12	13	14	15	16	
五月小	甲午	天干地支	乙巳	丙午	丁未	戊申	己酉	庚戌	辛亥	壬子	癸丑	甲寅	乙卯	丙辰	丁巳	戊午	己未	庚申	辛酉	壬戌	癸亥	甲子	乙丑	丙寅	丁卯	戊辰	己巳	庚午	辛未	壬申	癸酉		癸亥夏至
		西曆	17	18	19	20	21	22	23	24	25	26	27	28	29	30	(7)	2	3	4	5	6	7	8	9	10	11	12	13	14	15		
六月大	乙未	天干地支	甲戌	乙亥	丙子	丁丑	戊寅	己卯	庚辰	辛巳	壬午	癸未	甲申	乙酉	丙戌	丁亥	戊子	己丑	庚寅	辛卯	壬辰	癸巳	甲午	乙未	丙申	丁酉	戊戌	己亥	庚子	辛丑	壬寅	癸卯	
		西曆	16	17	18	19	20	21	22	23	24	25	26	27	28	29	30	31	(8)	2	3	4	5	6	7	8	9	10	11	12	13	14	
七月大	丙申	天干地支	甲辰	乙巳	丙午	丁未	戊申	己酉	庚戌	辛亥	壬子	癸丑	甲寅	乙卯	丙辰	丁巳	戊午	己未	庚申	辛酉	壬戌	癸亥	甲子	乙丑	丙寅	丁卯	戊辰	己巳	庚午	辛未	壬申	癸酉	庚戌立秋
		西曆	15	16	17	18	19	20	21	22	23	24	25	26	27	28	29	30	31	(9)	2	3	4	5	6	7	8	9	10	11	12	13	
八月小	丁酉	天干地支	甲戌	乙亥	丙子	丁丑	戊寅	己卯	庚辰	辛巳	壬午	癸未	甲申	乙酉	丙戌	丁亥	戊子	己丑	庚寅	辛卯	壬辰	癸巳	甲午	乙未	丙申	丁酉	戊戌	己亥	庚子	辛丑	壬寅		乙未秋分
		西曆	14	15	16	17	18	19	20	21	22	23	24	25	26	27	28	29	30	(10)	2	3	4	5	6	7	8	9	10	11	12		
九月大	戊戌	天干地支	癸卯	甲辰	乙巳	丙午	丁未	戊申	己酉	庚戌	辛亥	壬子	癸丑	甲寅	乙卯	丙辰	丁巳	戊午	己未	庚申	辛酉	壬戌	癸亥	甲子	乙丑	丙寅	丁卯	戊辰	己巳	庚午	辛未	壬申	
		西曆	13	14	15	16	17	18	19	20	21	22	23	24	25	26	27	28	29	30	31	(11)	2	3	4	5	6	7	8	9	10	11	
十月大	己亥	天干地支	癸酉	甲戌	乙亥	丙子	丁丑	戊寅	己卯	庚辰	辛巳	壬午	癸未	甲申	乙酉	丙戌	丁亥	戊子	己丑	庚寅	辛卯	壬辰	癸巳	甲午	乙未	丙申	丁酉	戊戌	己亥	庚子	辛丑	壬寅	己卯立冬
		西曆	12	13	14	15	16	17	18	19	20	21	22	23	24	25	26	27	28	29	30	(12)	2	3	4	5	6	7	8	9	10	11	
十一月小	庚子	天干地支	癸卯	甲辰	乙巳	丙午	丁未	戊申	己酉	庚戌	辛亥	壬子	癸丑	甲寅	乙卯	丙辰	丁巳	戊午	己未	庚申	辛酉	壬戌	癸亥	甲子	乙丑	丙寅	丁卯	戊辰	己巳	庚午	辛未		癸亥冬至
		西曆	12	13	14	15	16	17	18	19	20	21	22	23	24	25	26	27	28	29	30	31	(1)	2	3	4	5	6	7	8	9		
十二月大	辛丑	天干地支	壬申	癸酉	甲戌	乙亥	丙子	丁丑	戊寅	己卯	庚辰	辛巳	壬午	癸未	甲申	乙酉	丙戌	丁亥	戊子	己丑	庚寅	辛卯	壬辰	癸巳	甲午	乙未	丙申	丁酉	戊戌	己亥	庚子	辛丑	
		西曆	10	11	12	13	14	15	16	17	18	19	20	21	22	23	24	25	26	27	28	29	30	31	(2)	2	3	4	5	6	7	8	

年代異同	竹書紀年	皇極經世	文獻通考	歷代紀年備考	歷代帝王年表	歷代統紀表	中國年曆總譜	斷代工程
	殷武丁八年	殷武丁三十年	殷武丁三十年	殷武丁三十年	殷武丁三十年	殷武丁三十年	殷武丁四十五年	殷盤庚小辛小乙

殷小辛二年（丁亥 猪年） 公元前**1294** ~ 前1293年

夏曆月序		中西曆日對照	夏曆日序																														節氣與天象
			初一	初二	初三	初四	初五	初六	初七	初八	初九	初十	十一	十二	十三	十四	十五	十六	十七	十八	十九	二十	二一	二二	二三	二四	二五	二六	二七	二八	二九	三十	
正月小	壬寅	天干地支西曆	壬寅9	癸卯10	甲辰11	乙巳12	丙午13	丁未14	戊申15	己酉16	庚戌17	辛亥18	壬子19	癸丑20	甲寅21	乙卯22	丙辰23	丁巳24	戊午25	己未26	庚申27	辛酉28	壬戌(3)	癸亥2	甲子3	乙丑4	丙寅5	丁卯6	戊辰7	己巳8	庚午9		戊申立春
二月大	癸卯	天干地支西曆	辛未10	壬申11	癸酉12	甲戌13	乙亥14	丙子15	丁丑16	戊寅17	己卯18	庚辰19	辛巳20	壬午21	癸未22	甲申23	乙酉24	丙戌25	丁亥26	戊子27	己丑28	庚寅29	辛卯30	壬辰31	癸巳(4)	甲午2	乙未3	丙申4	丁酉5	戊戌6	己亥7	庚子8	甲午春分
三月小	甲辰	天干地支西曆	辛丑9	壬寅10	癸卯11	甲辰12	乙巳13	丙午14	丁未15	戊申16	己酉17	庚戌18	辛亥19	壬子20	癸丑21	甲寅22	乙卯23	丙辰24	丁巳25	戊午26	己未27	庚申28	辛酉29	壬戌30	癸亥(5)	甲子2	乙丑3	丙寅4	丁卯5	戊辰6	己巳7		
四月小	乙巳	天干地支西曆	庚午8	辛未9	壬申10	癸酉11	甲戌12	乙亥13	丙子14	丁丑15	戊寅16	己卯17	庚辰18	辛巳19	壬午20	癸未21	甲申22	乙酉23	丙戌24	丁亥25	戊子26	己丑27	庚寅28	辛卯29	壬辰30	癸巳31	甲午(6)	乙未2	丙申3	丁酉4	戊戌5		辛巳立夏
五月大	丙午	天干地支西曆	己亥6	庚子7	辛丑8	壬寅9	癸卯10	甲辰11	乙巳12	丙午13	丁未14	戊申15	己酉16	庚戌17	辛亥18	壬子19	癸丑20	甲寅21	乙卯22	丙辰23	丁巳24	戊午25	己未26	庚申27	辛酉28	壬戌29	癸亥30	甲子(7)	乙丑2	丙寅3	丁卯4	戊辰5	己巳夏至
六月小	丁未	天干地支西曆	己巳6	庚午7	辛未8	壬申9	癸酉10	甲戌11	乙亥12	丙子13	丁丑14	戊寅15	己卯16	庚辰17	辛巳18	壬午19	癸未20	甲申21	乙酉22	丙戌23	丁亥24	戊子25	己丑26	庚寅27	辛卯28	壬辰29	癸巳30	甲午31	乙未(8)	丙申2	丁酉3		
七月大	戊申	天干地支西曆	戊戌4	己亥5	庚子6	辛丑7	壬寅8	癸卯9	甲辰10	乙巳11	丙午12	丁未13	戊申14	己酉15	庚戌16	辛亥17	壬子18	癸丑19	甲寅20	乙卯21	丙辰22	丁巳23	戊午24	己未25	庚申26	辛酉27	壬戌28	癸亥29	甲子30	乙丑31	丙寅(9)	丁卯2	乙卯立秋
八月小	己酉	天干地支西曆	戊辰3	己巳4	庚午5	辛未6	壬申7	癸酉8	甲戌9	乙亥10	丙子11	丁丑12	戊寅13	己卯14	庚辰15	辛巳16	壬午17	癸未18	甲申19	乙酉20	丙戌21	丁亥22	戊子23	己丑24	庚寅25	辛卯26	壬辰27	癸巳28	甲午29	乙未30	丙申(10)		
九月大	庚戌	天干地支西曆	丁酉2	戊戌3	己亥4	庚子5	辛丑6	壬寅7	癸卯8	甲辰9	乙巳10	丙午11	丁未12	戊申13	己酉14	庚戌15	辛亥16	壬子17	癸丑18	甲寅19	乙卯20	丙辰21	丁巳22	戊午23	己未24	庚申25	辛酉26	壬戌27	癸亥28	甲子29	乙丑30	丙寅31	庚子秋分
十月大	辛亥	天干地支西曆	丁卯(11)	戊辰2	己巳3	庚午4	辛未5	壬申6	癸酉7	甲戌8	乙亥9	丙子10	丁丑11	戊寅12	己卯13	庚辰14	辛巳15	壬午16	癸未17	甲申18	乙酉19	丙戌20	丁亥21	戊子22	己丑23	庚寅24	辛卯25	壬辰26	癸巳27	甲午28	乙未29	丙申30	甲申立冬
十一月大	壬子	天干地支西曆	丁酉(12)	戊戌2	己亥3	庚子4	辛丑5	壬寅6	癸卯7	甲辰8	乙巳9	丙午10	丁未11	戊申12	己酉13	庚戌14	辛亥15	壬子16	癸丑17	甲寅18	乙卯19	丙辰20	丁巳21	戊午22	己未23	庚申24	辛酉25	壬戌26	癸亥27	甲子28	乙丑29	丙寅30	
閏十一小	壬子	天干地支西曆	丁卯31	戊辰(1)	己巳2	庚午3	辛未4	壬申5	癸酉6	甲戌7	乙亥8	丙子9	丁丑10	戊寅11	己卯12	庚辰13	辛巳14	壬午15	癸未16	甲申17	乙酉18	丙戌19	丁亥20	戊子21	己丑22	庚寅23	辛卯24	壬辰25	癸巳26	甲午27	乙未28		戊辰冬至
十二月大	癸丑	天干地支西曆	丙申29	丁酉30	戊戌31	己亥(2)	庚子2	辛丑3	壬寅4	癸卯5	甲辰6	乙巳7	丙午8	丁未9	戊申10	己酉11	庚戌12	辛亥13	壬子14	癸丑15	甲寅16	乙卯17	丙辰18	丁巳19	戊午20	己未21	庚申22	辛酉23	壬戌24	癸亥25	甲子26	乙丑27	癸丑立春

年代異同	竹書紀年	皇極經世	文獻通考	歷代紀年備考	歷代帝王年表	歷代統紀表	中國年曆總譜	斷代工程
	殷武丁九年	殷武丁三十一年	殷武丁三十一年	殷武丁三十一年	殷武丁三十一年	殷武丁三十一年	殷武丁四十六年	殷盤庚小辛小乙

殷小辛三年（戊子 鼠年） 公元前1293 ~ 前1292年

夏曆月序		中西曆日對照	初一	初二	初三	初四	初五	初六	初七	初八	初九	初十	十一	十二	十三	十四	十五	十六	十七	十八	十九	二十	二一	二二	二三	二四	二五	二六	二七	二八	二九	三十	節氣與天象
正月小	甲寅	天干地支西曆	丙寅28	丁卯29	戊辰(3)	己巳2	庚午3	辛未4	壬申5	癸酉6	甲戌7	乙亥8	丙子9	丁丑10	戊寅11	己卯12	庚辰13	辛巳14	壬午15	癸未16	甲申17	乙酉18	丙戌19	丁亥20	戊子21	己丑22	庚寅23	辛卯24	壬辰25	癸巳26	甲午27		
二月大	乙卯	天干地支西曆	乙未28	丙申29	丁酉30	戊戌31	己亥(4)	庚子2	辛丑3	壬寅4	癸卯5	甲辰6	乙巳7	丙午8	丁未9	戊申10	己酉11	庚戌12	辛亥13	壬子14	癸丑15	甲寅16	乙卯17	丙辰18	丁巳19	戊午20	己未21	庚申22	辛酉23	壬戌24	癸亥25	甲子26	庚子春分
三月小	丙辰	天干地支西曆	乙丑27	丙寅28	丁卯29	戊辰30	己巳(5)	庚午2	辛未3	壬申4	癸酉5	甲戌6	乙亥7	丙子8	丁丑9	戊寅10	己卯11	庚辰12	辛巳13	壬午14	癸未15	甲申16	乙酉17	丙戌18	丁亥19	戊子20	己丑21	庚寅22	辛卯23	壬辰24	癸巳25		丁亥立夏
四月小	丁巳	天干地支西曆	甲午26	乙未27	丙申28	丁酉29	戊戌30	己亥31	庚子(6)	辛丑2	壬寅3	癸卯4	甲辰5	乙巳6	丙午7	丁未8	戊申9	己酉10	庚戌11	辛亥12	壬子13	癸丑14	甲寅15	乙卯16	丙辰17	丁巳18	戊午19	己未20	庚申21	辛酉22	壬戌23		
五月大	戊午	天干地支西曆	癸亥24	甲子25	乙丑26	丙寅27	丁卯28	戊辰29	己巳30	庚午(7)	辛未2	壬申3	癸酉4	甲戌5	乙亥6	丙子7	丁丑8	戊寅9	己卯10	庚辰11	辛巳12	壬午13	癸未14	甲申15	乙酉16	丙戌17	丁亥18	戊子19	己丑20	庚寅21	辛卯22	壬辰23	甲戌夏至 癸亥日食
六月小	己未	天干地支西曆	癸巳24	甲午25	乙未26	丙申27	丁酉28	戊戌29	己亥30	庚子31	辛丑(8)	壬寅2	癸卯3	甲辰4	乙巳5	丙午6	丁未7	戊申8	己酉9	庚戌10	辛亥11	壬子12	癸丑13	甲寅14	乙卯15	丙辰16	丁巳17	戊午18	己未19	庚申20	辛酉21		庚申立秋
七月小	庚申	天干地支西曆	壬戌22	癸亥23	甲子24	乙丑25	丙寅26	丁卯27	戊辰28	己巳29	庚午30	辛未31	壬申(9)	癸酉2	甲戌3	乙亥4	丙子5	丁丑6	戊寅7	己卯8	庚辰9	辛巳10	壬午11	癸未12	甲申13	乙酉14	丙戌15	丁亥16	戊子17	己丑18	庚寅19		
八月大	辛酉	天干地支西曆	辛卯20	壬辰21	癸巳22	甲午23	乙未24	丙申25	丁酉26	戊戌27	己亥28	庚子29	辛丑30	壬寅(10)	癸卯2	甲辰3	乙巳4	丙午5	丁未6	戊申7	己酉8	庚戌9	辛亥10	壬子11	癸丑12	甲寅13	乙卯14	丙辰15	丁巳16	戊午17	己未18	庚申19	乙巳秋分
九月大	壬戌	天干地支西曆	辛酉20	壬戌21	癸亥22	甲子23	乙丑24	丙寅25	丁卯26	戊辰27	己巳28	庚午29	辛未30	壬申31	癸酉(11)	甲戌2	乙亥3	丙子4	丁丑5	戊寅6	己卯7	庚辰8	辛巳9	壬午10	癸未11	甲申12	乙酉13	丙戌14	丁亥15	戊子16	己丑17	庚寅18	己丑立冬
十月大	癸亥	天干地支西曆	辛卯19	壬辰20	癸巳21	甲午22	乙未23	丙申24	丁酉25	戊戌26	己亥27	庚子28	辛丑29	壬寅30	癸卯(12)	甲辰2	乙巳3	丙午4	丁未5	戊申6	己酉7	庚戌8	辛亥9	壬子10	癸丑11	甲寅12	乙卯13	丙辰14	丁巳15	戊午16	己未17	庚申18	
十一月小	甲子	天干地支西曆	辛酉19	壬戌20	癸亥21	甲子22	乙丑23	丙寅24	丁卯25	戊辰26	己巳27	庚午28	辛未29	壬申30	癸酉31	甲戌(1)	乙亥2	丙子3	丁丑4	戊寅5	己卯6	庚辰7	辛巳8	壬午9	癸未10	甲申11	乙酉12	丙戌13	丁亥14	戊子15	己丑16		甲戌冬至
十二月大	乙丑	天干地支西曆	庚寅17	辛卯18	壬辰19	癸巳20	甲午21	乙未22	丙申23	丁酉24	戊戌25	己亥26	庚子27	辛丑28	壬寅29	癸卯30	甲辰31	乙巳(2)	丙午2	丁未3	戊申4	己酉5	庚戌6	辛亥7	壬子8	癸丑9	甲寅10	乙卯11	丙辰12	丁巳13	戊午14	己未15	己未立春

年代異同	竹書紀年	皇極經世	文獻通考	歷代紀年備考	歷代帝王年表	歷代統紀表	中國年曆總譜	斷代工程
	殷武丁十年	殷武丁三十二年	殷武丁三十二年	殷武丁三十二年	殷武丁三十二年	殷武丁三十二年	殷武丁四十七年	殷盤庚小辛小乙

殷小辛四年（己丑 牛年） 公元前 **1292** ~ 前 1291 年

夏曆月序		中西曆日對照	初一	初二	初三	初四	初五	初六	初七	初八	初九	初十	十一	十二	十三	十四	十五	十六	十七	十八	十九	二十	二一	二二	二三	二四	二五	二六	二七	二八	二九	三十	節氣與天象
正月大	丙寅	干支曆 天地西	庚申16	辛酉17	壬戌18	癸亥19	甲子20	乙丑21	丙寅22	丁卯23	戊辰24	己巳25	庚午26	辛未27	壬申28	癸酉(3)	甲戌2	乙亥3	丙子4	丁丑5	戊寅6	己卯7	庚辰8	辛巳9	壬午10	癸未11	甲申12	乙酉13	丙戌14	丁亥15	戊子16	己丑17	
二月小	丁卯	干支曆 天地西	庚寅18	辛卯19	壬辰20	癸巳21	甲午22	乙未23	丙申24	丁酉25	戊戌26	己亥27	庚子28	辛丑29	壬寅30	癸卯31	甲辰(4)	乙巳2	丙午3	丁未4	戊申5	己酉6	庚戌7	辛亥8	壬子9	癸丑10	甲寅11	乙卯12	丙辰13	丁巳14	戊午15		乙巳春分
三月大	戊辰	干支曆 天地西	己未16	庚申17	辛酉18	壬戌19	癸亥20	甲子21	乙丑22	丙寅23	丁卯24	戊辰25	己巳26	庚午27	辛未28	壬申29	癸酉30	甲戌(5)	乙亥2	丙子3	丁丑4	戊寅5	己卯6	庚辰7	辛巳8	壬午9	癸未10	甲申11	乙酉12	丙戌13	丁亥14	戊子15	
四月小	己巳	干支曆 天地西	己丑16	庚寅17	辛卯18	壬辰19	癸巳20	甲午21	乙未22	丙申23	丁酉24	戊戌25	己亥26	庚子27	辛丑28	壬寅29	癸卯30	甲辰31	乙巳(6)	丙午2	丁未3	戊申4	己酉5	庚戌6	辛亥7	壬子8	癸丑9	甲寅10	乙卯11	丙辰12	丁巳13		壬辰立夏
五月小	庚午	干支曆 天地西	戊午14	己未15	庚申16	辛酉17	壬戌18	癸亥19	甲子20	乙丑21	丙寅22	丁卯23	戊辰24	己巳25	庚午26	辛未27	壬申28	癸酉29	甲戌30	乙亥(7)	丙子2	丁丑3	戊寅4	己卯5	庚辰6	辛巳7	壬午8	癸未9	甲申10	乙酉11	丙戌12		己卯夏至
六月大	辛未	干支曆 天地西	丁亥13	戊子14	己丑15	庚寅16	辛卯17	壬辰18	癸巳19	甲午20	乙未21	丙申22	丁酉23	戊戌24	己亥25	庚子26	辛丑27	壬寅28	癸卯29	甲辰30	乙巳31	丙午(8)	丁未2	戊申3	己酉4	庚戌5	辛亥6	壬子7	癸丑8	甲寅9	乙卯10	丙辰11	
七月小	壬申	干支曆 天地西	丁巳12	戊午13	己未14	庚申15	辛酉16	壬戌17	癸亥18	甲子19	乙丑20	丙寅21	丁卯22	戊辰23	己巳24	庚午25	辛未26	壬申27	癸酉28	甲戌29	乙亥30	丙子31	丁丑(9)	戊寅2	己卯3	庚辰4	辛巳5	壬午6	癸未7	甲申8	乙酉9		乙丑立秋
八月小	癸酉	干支曆 天地西	丙戌10	丁亥11	戊子12	己丑13	庚寅14	辛卯15	壬辰16	癸巳17	甲午18	乙未19	丙申20	丁酉21	戊戌22	己亥23	庚子24	辛丑25	壬寅26	癸卯27	甲辰28	乙巳29	丙午30	丁未(10)	戊申2	己酉3	庚戌4	辛亥5	壬子6	癸丑7	甲寅8		庚戌秋分
九月大	甲戌	干支曆 天地西	乙卯9	丙辰10	丁巳11	戊午12	己未13	庚申14	辛酉15	壬戌16	癸亥17	甲子18	乙丑19	丙寅20	丁卯21	戊辰22	己巳23	庚午24	辛未25	壬申26	癸酉27	甲戌28	乙亥29	丙子30	丁丑31	戊寅(11)	己卯2	庚辰3	辛巳4	壬午5	癸未6	甲申7	
十月大	乙亥	干支曆 天地西	乙酉8	丙戌9	丁亥10	戊子11	己丑12	庚寅13	辛卯14	壬辰15	癸巳16	甲午17	乙未18	丙申19	丁酉20	戊戌21	己亥22	庚子23	辛丑24	壬寅25	癸卯26	甲辰27	乙巳28	丙午29	丁未30	戊申(12)	己酉2	庚戌3	辛亥4	壬子5	癸丑6	甲寅7	乙未立冬 乙酉日食
十一月小	丙子	干支曆 天地西	乙卯8	丙辰9	丁巳10	戊午11	己未12	庚申13	辛酉14	壬戌15	癸亥16	甲子17	乙丑18	丙寅19	丁卯20	戊辰21	己巳22	庚午23	辛未24	壬申25	癸酉26	甲戌27	乙亥28	丙子29	丁丑30	戊寅31	己卯(1)	庚辰2	辛巳3	壬午4	癸未5		己卯冬至
十二月大	丁丑	干支曆 天地西	甲申6	乙酉7	丙戌8	丁亥9	戊子10	己丑11	庚寅12	辛卯13	壬辰14	癸巳15	甲午16	乙未17	丙申18	丁酉19	戊戌20	己亥21	庚子22	辛丑23	壬寅24	癸卯25	甲辰26	乙巳27	丙午28	丁未29	戊申30	己酉31	庚戌(2)	辛亥2	壬子3	癸丑4	

年代異同	竹書紀年	皇極經世	文獻通考	歷代紀年備考	歷代帝王年表	歷代統紀表	中國年曆總譜	斷代工程
	殷武丁十一年	殷武丁三十三年	殷武丁三十三年	殷武丁三十三年	殷武丁三十三年	殷武丁三十三年	殷武丁四十八年	殷盤庚小辛小乙

殷小辛五年（庚寅 虎年） 公元前1291 ~ 前1290年

夏曆月序		中西曆日對照	初一	初二	初三	初四	初五	初六	初七	初八	初九	初十	十一	十二	十三	十四	十五	十六	十七	十八	十九	二十	二一	二二	二三	二四	二五	二六	二七	二八	二九	三十	節氣與天象
正月大	戊寅	干支 天地西曆	甲寅 5	乙卯 6	丙辰 7	丁巳 8	戊午 9	己未 10	庚申 11	辛酉 12	壬戌 13	癸亥 14	甲子 15	乙丑 16	丙寅 17	丁卯 18	戊辰 19	己巳 20	庚午 21	辛未 22	壬申 23	癸酉 24	甲戌 25	乙亥 26	丙子 27	丁丑 28	戊寅 (3)	己卯 2	庚辰 3	辛巳 4	壬午 5	癸未 6	甲子立春
二月大	己卯	干支 天地西曆	甲申 7	乙酉 8	丙戌 9	丁亥 10	戊子 11	己丑 12	庚寅 13	辛卯 14	壬辰 15	癸巳 16	甲午 17	乙未 18	丙申 19	丁酉 20	戊戌 21	己亥 22	庚子 23	辛丑 24	壬寅 25	癸卯 26	甲辰 27	乙巳 28	丙午 29	丁未 30	戊申 31	己酉 (4)	庚戌 2	辛亥 3	壬子 4	癸丑 5	庚戌春分
三月小	庚辰	干支 天地西曆	甲寅 6	乙卯 7	丙辰 8	丁巳 9	戊午 10	己未 11	庚申 12	辛酉 13	壬戌 14	癸亥 15	甲子 16	乙丑 17	丙寅 18	丁卯 19	戊辰 20	己巳 21	庚午 22	辛未 23	壬申 24	癸酉 25	甲戌 26	乙亥 27	丙子 28	丁丑 29	戊寅 30	己卯 (5)	庚辰 2	辛巳 3	壬午 4		
四月大	辛巳	干支 天地西曆	癸未 5	甲申 6	乙酉 7	丙戌 8	丁亥 9	戊子 10	己丑 11	庚寅 12	辛卯 13	壬辰 14	癸巳 15	甲午 16	乙未 17	丙申 18	丁酉 19	戊戌 20	己亥 21	庚子 22	辛丑 23	壬寅 24	癸卯 25	甲辰 26	乙巳 27	丙午 28	丁未 29	戊申 30	己酉 31	庚戌 (6)	辛亥 2	壬子 3	丁酉立夏 癸未日食
五月小	壬午	干支 天地西曆	癸丑 4	甲寅 5	乙卯 6	丙辰 7	丁巳 8	戊午 9	己未 10	庚申 11	辛酉 12	壬戌 13	癸亥 14	甲子 15	乙丑 16	丙寅 17	丁卯 18	戊辰 19	己巳 20	庚午 21	辛未 22	壬申 23	癸酉 24	甲戌 25	乙亥 26	丙子 27	丁丑 28	戊寅 29	己卯 30	庚辰 (7)	辛巳 2		
六月小	癸未	干支 天地西曆	壬午 3	癸未 4	甲申 5	乙酉 6	丙戌 7	丁亥 8	戊子 9	己丑 10	庚寅 11	辛卯 12	壬辰 13	癸巳 14	甲午 15	乙未 16	丙申 17	丁酉 18	戊戌 19	己亥 20	庚子 21	辛丑 22	壬寅 23	癸卯 24	甲辰 25	乙巳 26	丙午 27	丁未 28	戊申 29	己酉 30	庚戌 31		甲申夏至
七月大	甲申	干支 天地西曆	辛亥 (8)	壬子 2	癸丑 3	甲寅 4	乙卯 5	丙辰 6	丁巳 7	戊午 8	己未 9	庚申 10	辛酉 11	壬戌 12	癸亥 13	甲子 14	乙丑 15	丙寅 16	丁卯 17	戊辰 18	己巳 19	庚午 20	辛未 21	壬申 22	癸酉 23	甲戌 24	乙亥 25	丙子 26	丁丑 27	戊寅 28	己卯 29	庚辰 30	辛未立秋
閏七月小	甲申	干支 天地西曆	辛巳 31	壬午 (9)	癸未 2	甲申 3	乙酉 4	丙戌 5	丁亥 6	戊子 7	己丑 8	庚寅 9	辛卯 10	壬辰 11	癸巳 12	甲午 13	乙未 14	丙申 15	丁酉 16	戊戌 17	己亥 18	庚子 19	辛丑 20	壬寅 21	癸卯 22	甲辰 23	乙巳 24	丙午 25	丁未 26	戊申 27	己酉 28		
八月小	乙酉	干支 天地西曆	庚戌 29	辛亥 30	壬子 (10)	癸丑 2	甲寅 3	乙卯 4	丙辰 5	丁巳 6	戊午 7	己未 8	庚申 9	辛酉 10	壬戌 11	癸亥 12	甲子 13	乙丑 14	丙寅 15	丁卯 16	戊辰 17	己巳 18	庚午 19	辛未 20	壬申 21	癸酉 22	甲戌 23	乙亥 24	丙子 25	丁丑 26	戊寅 27		丙辰秋分
九月大	丙戌	干支 天地西曆	己卯 28	庚辰 29	辛巳 30	壬午 31	癸未 (11)	甲申 2	乙酉 3	丙戌 4	丁亥 5	戊子 6	己丑 7	庚寅 8	辛卯 9	壬辰 10	癸巳 11	甲午 12	乙未 13	丙申 14	丁酉 15	戊戌 16	己亥 17	庚子 18	辛丑 19	壬寅 20	癸卯 21	甲辰 22	乙巳 23	丙午 24	丁未 25	戊申 26	庚子立冬
十月大	丁亥	干支 天地西曆	己酉 27	庚戌 28	辛亥 29	壬子 30	癸丑 (12)	甲寅 2	乙卯 3	丙辰 4	丁巳 5	戊午 6	己未 7	庚申 8	辛酉 9	壬戌 10	癸亥 11	甲子 12	乙丑 13	丙寅 14	丁卯 15	戊辰 16	己巳 17	庚午 18	辛未 19	壬申 20	癸酉 21	甲戌 22	乙亥 23	丙子 24	丁丑 25	戊寅 26	
十一月小	戊子	干支 天地西曆	己卯 27	庚辰 28	辛巳 29	壬午 30	癸未 31	甲申 (1)	乙酉 2	丙戌 3	丁亥 4	戊子 5	己丑 6	庚寅 7	辛卯 8	壬辰 9	癸巳 10	甲午 11	乙未 12	丙申 13	丁酉 14	戊戌 15	己亥 16	庚子 17	辛丑 18	壬寅 19	癸卯 20	甲辰 21	乙巳 22	丙午 23	丁未 24		甲申冬至
十二月大	己丑	干支 天地西曆	戊申 25	己酉 26	庚戌 27	辛亥 28	壬子 29	癸丑 30	甲寅 31	乙卯 (2)	丙辰 2	丁巳 3	戊午 4	己未 5	庚申 6	辛酉 7	壬戌 8	癸亥 9	甲子 10	乙丑 11	丙寅 12	丁卯 13	戊辰 14	己巳 15	庚午 16	辛未 17	壬申 18	癸酉 19	甲戌 20	乙亥 21	丙子 22	丁丑 23	己巳立春

年代異同	竹書紀年	皇極經世	文獻通考	歷代紀年備考	歷代帝王年表	歷代統紀表	中國年曆總譜	斷代工程
	殷武丁十二年	殷武丁三十四年	殷武丁三十四年	殷武丁三十四年	殷武丁三十四年	殷武丁三十四年	殷武丁四十九年	殷盤庚小辛小乙

殷小辛六年（辛卯 兔年） 公元前 **1290** ~ 前 1289 年

夏曆月序		中西曆日對照	初一	初二	初三	初四	初五	初六	初七	初八	初九	初十	十一	十二	十三	十四	十五	十六	十七	十八	十九	二十	二一	二二	二三	二四	二五	二六	二七	二八	二九	三十	節氣與天象
正月大	庚寅	天干地支西曆	戊寅24	己卯25	庚辰26	辛巳27	壬午28	癸未(3)	甲申2	乙酉3	丙戌4	丁亥5	戊子6	己丑7	庚寅8	辛卯9	壬辰10	癸巳11	甲午12	乙未13	丙申14	丁酉15	戊戌16	己亥17	庚子18	辛丑19	壬寅20	癸卯21	甲辰22	乙巳23	丙午24	丁未25	
二月小	辛卯	天干地支西曆	戊申26	己酉27	庚戌28	辛亥29	壬子30	癸丑31	甲寅(4)	乙卯2	丙辰3	丁巳4	戊午5	己未6	庚申7	辛酉8	壬戌9	癸亥10	甲子11	乙丑12	丙寅13	丁卯14	戊辰15	己巳16	庚午17	辛未18	壬申19	癸酉20	甲戌21	乙亥22	丙子23		乙卯春分
三月大	壬辰	天干地支西曆	丁丑24	戊寅25	己卯26	庚辰27	辛巳28	壬午29	癸未30	甲申(5)	乙酉2	丙戌3	丁亥4	戊子5	己丑6	庚寅7	辛卯8	壬辰9	癸巳10	甲午11	乙未12	丙申13	丁酉14	戊戌15	己亥16	庚子17	辛丑18	壬寅19	癸卯20	甲辰21	乙巳22	丙午23	壬寅立夏
四月小	癸巳	天干地支西曆	丁未24	戊申25	己酉26	庚戌27	辛亥28	壬子29	癸丑30	甲寅31	乙卯(6)	丙辰2	丁巳3	戊午4	己未5	庚申6	辛酉7	壬戌8	癸亥9	甲子10	乙丑11	丙寅12	丁卯13	戊辰14	己巳15	庚午16	辛未17	壬申18	癸酉19	甲戌20	乙亥21		
五月大	甲午	天干地支西曆	丙子22	丁丑23	戊寅24	己卯25	庚辰26	辛巳27	壬午28	癸未29	甲申30	乙酉(7)	丙戌2	丁亥3	戊子4	己丑5	庚寅6	辛卯7	壬辰8	癸巳9	甲午10	乙未11	丙申12	丁酉13	戊戌14	己亥15	庚子16	辛丑17	壬寅18	癸卯19	甲辰20	乙巳21	庚寅夏至
六月小	乙未	天干地支西曆	丙午22	丁未23	戊申24	己酉25	庚戌26	辛亥27	壬子28	癸丑29	甲寅30	乙卯31	丙辰(8)	丁巳2	戊午3	己未4	庚申5	辛酉6	壬戌7	癸亥8	甲子9	乙丑10	丙寅11	丁卯12	戊辰13	己巳14	庚午15	辛未16	壬申17	癸酉18	甲戌19		
七月大	丙申	天干地支西曆	乙亥20	丙子21	丁丑22	戊寅23	己卯24	庚辰25	辛巳26	壬午27	癸未28	甲申29	乙酉30	丙戌31	丁亥(9)	戊子2	己丑3	庚寅4	辛卯5	壬辰6	癸巳7	甲午8	乙未9	丙申10	丁酉11	戊戌12	己亥13	庚子14	辛丑15	壬寅16	癸卯17	甲辰18	丙子立秋
八月小	丁酉	天干地支西曆	乙巳19	丙午20	丁未21	戊申22	己酉23	庚戌24	辛亥25	壬子26	癸丑27	甲寅28	乙卯29	丙辰30	丁巳(10)	戊午2	己未3	庚申4	辛酉5	壬戌6	癸亥7	甲子8	乙丑9	丙寅10	丁卯11	戊辰12	己巳13	庚午14	辛未15	壬申16	癸酉17		辛酉秋分
九月大	戊戌	天干地支西曆	甲戌18	乙亥19	丙子20	丁丑21	戊寅22	己卯23	庚辰24	辛巳25	壬午26	癸未27	甲申28	乙酉29	丙戌30	丁亥31	戊子(11)	己丑2	庚寅3	辛卯4	壬辰5	癸巳6	甲午7	乙未8	丙申9	丁酉10	戊戌11	己亥12	庚子13	辛丑14	壬寅15	癸卯16	
十月小	己亥	天干地支西曆	甲辰17	乙巳18	丙午19	丁未20	戊申21	己酉22	庚戌23	辛亥24	壬子25	癸丑26	甲寅27	乙卯28	丙辰29	丁巳30	戊午(12)	己未2	庚申3	辛酉4	壬戌5	癸亥6	甲子7	乙丑8	丙寅9	丁卯10	戊辰11	己巳12	庚午13	辛未14	壬申15		乙巳立冬
十一月大	庚子	天干地支西曆	癸酉16	甲戌17	乙亥18	丙子19	丁丑20	戊寅21	己卯22	庚辰23	辛巳24	壬午25	癸未26	甲申27	乙酉28	丙戌29	丁亥30	戊子31	己丑(1)	庚寅2	辛卯3	壬辰4	癸巳5	甲午6	乙未7	丙申8	丁酉9	戊戌10	己亥11	庚子12	辛丑13	壬寅14	己丑冬至
十二月小	辛丑	天干地支西曆	癸卯15	甲辰16	乙巳17	丙午18	丁未19	戊申20	己酉21	庚戌22	辛亥23	壬子24	癸丑25	甲寅26	乙卯27	丙辰28	丁巳29	戊午30	己未31	庚申(2)	辛酉2	壬戌3	癸亥4	甲子5	乙丑6	丙寅7	丁卯8	戊辰9	己巳10	庚午11	辛未12		

年代異同	竹書紀年	皇極經世	文獻通考	歷代紀年備考	歷代帝王年表	歷代統紀表	中國年曆總譜	斷代工程
	殷武丁十三年	殷武丁三十五年	殷武丁三十五年	殷武丁三十五年	殷武丁三十五年	殷武丁三十五年	殷武丁五十年	殷盤庚小辛小乙

殷小辛七年（壬辰 龍年） 公元前1289 ~ 前1288年

夏曆月序	中西曆日對照	夏曆日序																														節氣與天象
		初一	初二	初三	初四	初五	初六	初七	初八	初九	初十	十一	十二	十三	十四	十五	十六	十七	十八	十九	二十	二一	二二	二三	二四	二五	二六	二七	二八	二九	三十	
正月大 壬寅	天干	壬	癸	甲	乙	丙	丁	戊	己	庚	辛	壬	癸	甲	乙	丙	丁	戊	己	庚	辛	壬	癸	甲	乙	丙	丁	戊	己	庚	辛	甲戌立春
	地支	申	酉	戌	亥	子	丑	寅	卯	辰	巳	午	未	申	酉	戌	亥	子	丑	寅	卯	辰	巳	午	未	申	酉	戌	亥	子	丑	
	西曆	13	14	15	16	17	18	19	20	21	22	23	24	25	26	27	28	29	(3)	2	3	4	5	6	7	8	9	10	11	12	13	
二月小 癸卯	天干	壬	癸	甲	乙	丙	丁	戊	己	庚	辛	壬	癸	甲	乙	丙	丁	戊	己	庚	辛	壬	癸	甲	乙	丙	丁	戊	己	庚		庚申春分
	地支	寅	卯	辰	巳	午	未	申	酉	戌	亥	子	丑	寅	卯	辰	巳	午	未	申	酉	戌	亥	子	丑	寅	卯	辰	巳	午		
	西曆	14	15	16	17	18	19	20	21	22	23	24	25	26	27	28	29	30	31	(4)	2	3	4	5	6	7	8	9	10	11		
三月大 甲辰	天干	辛	壬	癸	甲	乙	丙	丁	戊	己	庚	辛	壬	癸	甲	乙	丙	丁	戊	己	庚	辛	壬	癸	甲	乙	丙	丁	戊	己	庚	
	地支	未	申	酉	戌	亥	子	丑	寅	卯	辰	巳	午	未	申	酉	戌	亥	子	丑	寅	卯	辰	巳	午	未	申	酉	戌	亥	子	
	西曆	12	13	14	15	16	17	18	19	20	21	22	23	24	25	26	27	28	29	30	(5)	2	3	4	5	6	7	8	9	10	11	
四月大 乙巳	天干	辛	壬	癸	甲	乙	丙	丁	戊	己	庚	辛	壬	癸	甲	乙	丙	丁	戊	己	庚	辛	壬	癸	甲	乙	丙	丁	戊	己	庚	戊申立夏
	地支	丑	寅	卯	辰	巳	午	未	申	酉	戌	亥	子	丑	寅	卯	辰	巳	午	未	申	酉	戌	亥	子	丑	寅	卯	辰	巳	午	
	西曆	12	13	14	15	16	17	18	19	20	21	22	23	24	25	26	27	28	29	30	31	(6)	2	3	4	5	6	7	8	9	10	
五月小 丙午	天干	辛	壬	癸	甲	乙	丙	丁	戊	己	庚	辛	壬	癸	甲	乙	丙	丁	戊	己	庚	辛	壬	癸	甲	乙	丙	丁	戊	己		乙未夏至
	地支	未	申	酉	戌	亥	子	丑	寅	卯	辰	巳	午	未	申	酉	戌	亥	子	丑	寅	卯	辰	巳	午	未	申	酉	戌	亥		
	西曆	11	12	13	14	15	16	17	18	19	20	21	22	23	24	25	26	27	28	29	30	(7)	2	3	4	5	6	7	8	9		
六月大 丁未	天干	庚	辛	壬	癸	甲	乙	丙	丁	戊	己	庚	辛	壬	癸	甲	乙	丙	丁	戊	己	庚	辛	壬	癸	甲	乙	丙	丁	戊	己	
	地支	子	丑	寅	卯	辰	巳	午	未	申	酉	戌	亥	子	丑	寅	卯	辰	巳	午	未	申	酉	戌	亥	子	丑	寅	卯	辰	巳	
	西曆	10	11	12	13	14	15	16	17	18	19	20	21	22	23	24	25	26	27	28	29	30	31	(8)	2	3	4	5	6	7	8	
七月小 戊申	天干	庚	辛	壬	癸	甲	乙	丙	丁	戊	己	庚	辛	壬	癸	甲	乙	丙	丁	戊	己	庚	辛	壬	癸	甲	乙	丙	丁	戊		辛巳立秋
	地支	午	未	申	酉	戌	亥	子	丑	寅	卯	辰	巳	午	未	申	酉	戌	亥	子	丑	寅	卯	辰	巳	午	未	申	酉	戌		
	西曆	9	10	11	12	13	14	15	16	17	18	19	20	21	22	23	24	25	26	27	28	29	30	31	(9)	2	3	4	5	6		
八月大 己酉	天干	己	庚	辛	壬	癸	甲	乙	丙	丁	戊	己	庚	辛	壬	癸	甲	乙	丙	丁	戊	己	庚	辛	壬	癸	甲	乙	丙	丁	戊	丙寅秋分 己亥日食
	地支	亥	子	丑	寅	卯	辰	巳	午	未	申	酉	戌	亥	子	丑	寅	卯	辰	巳	午	未	申	酉	戌	亥	子	丑	寅	卯	辰	
	西曆	7	8	9	10	11	12	13	14	15	16	17	18	19	20	21	22	23	24	25	26	27	28	29	30	(10)	2	3	4	5	6	
九月小 庚戌	天干	己	庚	辛	壬	癸	甲	乙	丙	丁	戊	己	庚	辛	壬	癸	甲	乙	丙	丁	戊	己	庚	辛	壬	癸	甲	乙	丙	丁		
	地支	巳	午	未	申	酉	戌	亥	子	丑	寅	卯	辰	巳	午	未	申	酉	戌	亥	子	丑	寅	卯	辰	巳	午	未	申	酉		
	西曆	7	8	9	10	11	12	13	14	15	16	17	18	19	20	21	22	23	24	25	26	27	28	29	30	31	(11)	2	3	4		
十月大 辛亥	天干	戊	己	庚	辛	壬	癸	甲	乙	丙	丁	戊	己	庚	辛	壬	癸	甲	乙	丙	丁	戊	己	庚	辛	壬	癸	甲	乙	丙	丁	庚戌立冬
	地支	戌	亥	子	丑	寅	卯	辰	巳	午	未	申	酉	戌	亥	子	丑	寅	卯	辰	巳	午	未	申	酉	戌	亥	子	丑	寅	卯	
	西曆	5	6	7	8	9	10	11	12	13	14	15	16	17	18	19	20	21	22	23	24	25	26	27	28	29	30	(12)	2	3	4	
十一月小 壬子	天干	戊	己	庚	辛	壬	癸	甲	乙	丙	丁	戊	己	庚	辛	壬	癸	甲	乙	丙	丁	戊	己	庚	辛	壬	癸	甲	乙	丙		乙未冬至
	地支	辰	巳	午	未	申	酉	戌	亥	子	丑	寅	卯	辰	巳	午	未	申	酉	戌	亥	子	丑	寅	卯	辰	巳	午	未	申		
	西曆	5	6	7	8	9	10	11	12	13	14	15	16	17	18	19	20	21	22	23	24	25	26	27	28	29	30	31	(1)	2		
十二月大 癸丑	天干	丁	戊	己	庚	辛	壬	癸	甲	乙	丙	丁	戊	己	庚	辛	壬	癸	甲	乙	丙	丁	戊	己	庚	辛	壬	癸	甲	乙	丙	
	地支	酉	戌	亥	子	丑	寅	卯	辰	巳	午	未	申	酉	戌	亥	子	丑	寅	卯	辰	巳	午	未	申	酉	戌	亥	子	丑	寅	
	西曆	3	4	5	6	7	8	9	10	11	12	13	14	15	16	17	18	19	20	21	22	23	24	25	26	27	28	29	30	31	(2)	

年代異同	竹書紀年	皇極經世	文獻通考	歷代紀年備考	歷代帝王年表	歷代統紀表	中國年曆總譜	斷代工程
	殷武丁十四年	殷武丁三十六年	殷武丁三十六年	殷武丁三十六年	殷武丁三十六年	殷武丁三十六年	殷武丁五十一年	殷盤庚小辛小乙

殷小辛八年（癸巳 蛇年） 公元前 1288 ~ 前 1287 年

夏曆月序		中西曆日對照	夏曆日序																														節氣與天象
			初一	初二	初三	初四	初五	初六	初七	初八	初九	初十	十一	十二	十三	十四	十五	十六	十七	十八	十九	二十	二一	二二	二三	二四	二五	二六	二七	二八	二九	三十	
正月小	甲寅	干支曆 天地西曆	丁卯 2	戊辰 3	己巳 4	庚午 5	辛未 6	壬申 7	癸酉 8	甲戌 9	乙亥 10	丙子 11	丁丑 12	戊寅 13	己卯 14	庚辰 15	辛巳 16	壬午 17	癸未 18	甲申 19	乙酉 20	丙戌 21	丁亥 22	戊子 23	己丑 24	庚寅 25	辛卯 26	壬辰 27	癸巳 28	甲午 (3)	乙未 2		庚辰立春
二月小	乙卯	干支曆 天地西曆	丙申 3	丁酉 4	戊戌 5	己亥 6	庚子 7	辛丑 8	壬寅 9	癸卯 10	甲辰 11	乙巳 12	丙午 13	丁未 14	戊申 15	己酉 16	庚戌 17	辛亥 18	壬子 19	癸丑 20	甲寅 21	乙卯 22	丙辰 23	丁巳 24	戊午 25	己未 26	庚申 27	辛酉 28	壬戌 29	癸亥 30	甲子 31		
三月大	丙辰	干支曆 天地西曆	乙丑 (4)	丙寅 2	丁卯 3	戊辰 4	己巳 5	庚午 6	辛未 7	壬申 8	癸酉 9	甲戌 10	乙亥 11	丙子 12	丁丑 13	戊寅 14	己卯 15	庚辰 16	辛巳 17	壬午 18	癸未 19	甲申 20	乙酉 21	丙戌 22	丁亥 23	戊子 24	己丑 25	庚寅 26	辛卯 27	壬辰 28	癸巳 29	甲午 30	丙寅春分
四月大	丁巳	干支曆 天地西曆	乙未 (5)	丙申 2	丁酉 3	戊戌 4	己亥 5	庚子 6	辛丑 7	壬寅 8	癸卯 9	甲辰 10	乙巳 11	丙午 12	丁未 13	戊申 14	己酉 15	庚戌 16	辛亥 17	壬子 18	癸丑 19	甲寅 20	乙卯 21	丙辰 22	丁巳 23	戊午 24	己未 25	庚申 26	辛酉 27	壬戌 28	癸亥 29	甲子 30	癸丑立夏
閏四月小	丁巳	干支曆 天地西曆	乙丑 31	丙寅 (6)	丁卯 2	戊辰 3	己巳 4	庚午 5	辛未 6	壬申 7	癸酉 8	甲戌 9	乙亥 10	丙子 11	丁丑 12	戊寅 13	己卯 14	庚辰 15	辛巳 16	壬午 17	癸未 18	甲申 19	乙酉 20	丙戌 21	丁亥 22	戊子 23	己丑 24	庚寅 25	辛卯 26	壬辰 27	癸巳 28		
五月大	戊午	干支曆 天地西曆	甲午 29	乙未 30	丙申 (7)	丁酉 2	戊戌 3	己亥 4	庚子 5	辛丑 6	壬寅 7	癸卯 8	甲辰 9	乙巳 10	丙午 11	丁未 12	戊申 13	己酉 14	庚戌 15	辛亥 16	壬子 17	癸丑 18	甲寅 19	乙卯 20	丙辰 21	丁巳 22	戊午 23	己未 24	庚申 25	辛酉 26	壬戌 27	癸亥 28	庚子夏至
六月大	己未	干支曆 天地西曆	甲子 29	乙丑 30	丙寅 31	丁卯 (8)	戊辰 2	己巳 3	庚午 4	辛未 5	壬申 6	癸酉 7	甲戌 8	乙亥 9	丙子 10	丁丑 11	戊寅 12	己卯 13	庚辰 14	辛巳 15	壬午 16	癸未 17	甲申 18	乙酉 19	丙戌 20	丁亥 21	戊子 22	己丑 23	庚寅 24	辛卯 25	壬辰 26	癸巳 27	丙戌立秋
七月小	庚申	干支曆 天地西曆	甲午 28	乙未 29	丙申 30	丁酉 31	戊戌 (9)	己亥 2	庚子 3	辛丑 4	壬寅 5	癸卯 6	甲辰 7	乙巳 8	丙午 9	丁未 10	戊申 11	己酉 12	庚戌 13	辛亥 14	壬子 15	癸丑 16	甲寅 17	乙卯 18	丙辰 19	丁巳 20	戊午 21	己未 22	庚申 23	辛酉 24	壬戌 25		
八月大	辛酉	干支曆 天地西曆	癸亥 26	甲子 27	乙丑 28	丙寅 29	丁卯 30	戊辰 (10)	己巳 2	庚午 3	辛未 4	壬申 5	癸酉 6	甲戌 7	乙亥 8	丙子 9	丁丑 10	戊寅 11	己卯 12	庚辰 13	辛巳 14	壬午 15	癸未 16	甲申 17	乙酉 18	丙戌 19	丁亥 20	戊子 21	己丑 22	庚寅 23	辛卯 24	壬辰 25	辛未秋分
九月小	壬戌	干支曆 天地西曆	癸巳 26	甲午 27	乙未 28	丙申 29	丁酉 30	戊戌 31	己亥 (11)	庚子 2	辛丑 3	壬寅 4	癸卯 5	甲辰 6	乙巳 7	丙午 8	丁未 9	戊申 10	己酉 11	庚戌 12	辛亥 13	壬子 14	癸丑 15	甲寅 16	乙卯 17	丙辰 18	丁巳 19	戊午 20	己未 21	庚申 22	辛酉 23		丙辰立冬
十月大	癸亥	干支曆 天地西曆	壬戌 24	癸亥 25	甲子 26	乙丑 27	丙寅 28	丁卯 29	戊辰 30	己巳 (12)	庚午 2	辛未 3	壬申 4	癸酉 5	甲戌 6	乙亥 7	丙子 8	丁丑 9	戊寅 10	己卯 11	庚辰 12	辛巳 13	壬午 14	癸未 15	甲申 16	乙酉 17	丙戌 18	丁亥 19	戊子 20	己丑 21	庚寅 22	辛卯 23	
十一月小	甲子	干支曆 天地西曆	壬辰 24	癸巳 25	甲午 26	乙未 27	丙申 28	丁酉 29	戊戌 30	己亥 31	庚子 (1)	辛丑 2	壬寅 3	癸卯 4	甲辰 5	乙巳 6	丙午 7	丁未 8	戊申 9	己酉 10	庚戌 11	辛亥 12	壬子 13	癸丑 14	甲寅 15	乙卯 16	丙辰 17	丁巳 18	戊午 19	己未 20	庚申 21		庚子冬至
十二月大	乙丑	干支曆 天地西曆	辛酉 22	壬戌 23	癸亥 24	甲子 25	乙丑 26	丙寅 27	丁卯 28	戊辰 29	己巳 30	庚午 31	辛未 (2)	壬申 2	癸酉 3	甲戌 4	乙亥 5	丙子 6	丁丑 7	戊寅 8	己卯 9	庚辰 10	辛巳 11	壬午 12	癸未 13	甲申 14	乙酉 15	丙戌 16	丁亥 17	戊子 18	己丑 19	庚寅 20	乙酉立春

年代異同	竹書紀年	皇極經世	文獻通考	歷代紀年備考	歷代帝王年表	歷代統紀表	中國年曆總譜	斷代工程
	殷武丁十五年	殷武丁三十七年	殷武丁三十七年	殷武丁三十七年	殷武丁三十七年	殷武丁三十七年	殷武丁五十二年	殷盤庚小辛小乙

殷小辛九年（甲午 馬年） 公元前 1287 ~ 前 1286 年

夏曆月序		中西曆日對照	初一	初二	初三	初四	初五	初六	初七	初八	初九	初十	十一	十二	十三	十四	十五	十六	十七	十八	十九	二十	二一	二二	二三	二四	二五	二六	二七	二八	二九	三十	節氣與天象
正月小	丙寅	天干地支西曆	辛卯21	壬辰22	癸巳23	甲午24	乙未25	丙申26	丁酉27	戊戌28	己亥(3)	庚子2	辛丑3	壬寅4	癸卯5	甲辰6	乙巳7	丙午8	丁未9	戊申10	己酉11	庚戌12	辛亥13	壬子14	癸丑15	甲寅16	乙卯17	丙辰18	丁巳19	戊午20	己未21		
二月小	丁卯	天干地支西曆	庚申22	辛酉23	壬戌24	癸亥25	甲子26	乙丑27	丙寅28	丁卯29	戊辰30	己巳31	庚午(4)	辛未2	壬申3	癸酉4	甲戌5	乙亥6	丙子7	丁丑8	戊寅9	己卯10	庚辰11	辛巳12	壬午13	癸未14	甲申15	乙酉16	丙戌17	丁亥18	戊子19		辛未春分
三月大	戊辰	天干地支西曆	己丑20	庚寅21	辛卯22	壬辰23	癸巳24	甲午25	乙未26	丙申27	丁酉28	戊戌29	己亥30	庚子(5)	辛丑2	壬寅3	癸卯4	甲辰5	乙巳6	丙午7	丁未8	戊申9	己酉10	庚戌11	辛亥12	壬子13	癸丑14	甲寅15	乙卯16	丙辰17	丁巳18	戊午19	戊午立夏
四月小	己巳	天干地支西曆	己未20	庚申21	辛酉22	壬戌23	癸亥24	甲子25	乙丑26	丙寅27	丁卯28	戊辰29	己巳30	庚午31	辛未(6)	壬申2	癸酉3	甲戌4	乙亥5	丙子6	丁丑7	戊寅8	己卯9	庚辰10	辛巳11	壬午12	癸未13	甲申14	乙酉15	丙戌16	丁亥17		
五月大	庚午	天干地支西曆	戊子18	己丑19	庚寅20	辛卯21	壬辰22	癸巳23	甲午24	乙未25	丙申26	丁酉27	戊戌28	己亥29	庚子30	辛丑(7)	壬寅2	癸卯3	甲辰4	乙巳5	丙午6	丁未7	戊申8	己酉9	庚戌10	辛亥11	壬子12	癸丑13	甲寅14	乙卯15	丙辰16	丁巳17	乙巳夏至
六月大	辛未	天干地支西曆	戊午18	己未19	庚申20	辛酉21	壬戌22	癸亥23	甲子24	乙丑25	丙寅26	丁卯27	戊辰28	己巳29	庚午30	辛未31	壬申(8)	癸酉2	甲戌3	乙亥4	丙子5	丁丑6	戊寅7	己卯8	庚辰9	辛巳10	壬午11	癸未12	甲申13	乙酉14	丙戌15	丁亥16	
七月小	壬申	天干地支西曆	戊子17	己丑18	庚寅19	辛卯20	壬辰21	癸巳22	甲午23	乙未24	丙申25	丁酉26	戊戌27	己亥28	庚子29	辛丑30	壬寅31	癸卯(9)	甲辰2	乙巳3	丙午4	丁未5	戊申6	己酉7	庚戌8	辛亥9	壬子10	癸丑11	甲寅12	乙卯13	丙辰14		壬辰立秋
八月大	癸酉	天干地支西曆	丁巳15	戊午16	己未17	庚申18	辛酉19	壬戌20	癸亥21	甲子22	乙丑23	丙寅24	丁卯25	戊辰26	己巳27	庚午28	辛未29	壬申30	癸酉(10)	甲戌2	乙亥3	丙子4	丁丑5	戊寅6	己卯7	庚辰8	辛巳9	壬午10	癸未11	甲申12	乙酉13	丙戌14	丁丑秋分
九月大	甲戌	天干地支西曆	丁亥15	戊子16	己丑17	庚寅18	辛卯19	壬辰20	癸巳21	甲午22	乙未23	丙申24	丁酉25	戊戌26	己亥27	庚子28	辛丑29	壬寅30	癸卯31	甲辰(11)	乙巳2	丙午3	丁未4	戊申5	己酉6	庚戌7	辛亥8	壬子9	癸丑10	甲寅11	乙卯12	丙辰13	
十月小	乙亥	天干地支西曆	丁巳14	戊午15	己未16	庚申17	辛酉18	壬戌19	癸亥20	甲子21	乙丑22	丙寅23	丁卯24	戊辰25	己巳26	庚午27	辛未28	壬申29	癸酉30	甲戌(12)	乙亥2	丙子3	丁丑4	戊寅5	己卯6	庚辰7	辛巳8	壬午9	癸未10	甲申11	乙酉12		辛酉立冬
十一月大	丙子	天干地支西曆	丙戌13	丁亥14	戊子15	己丑16	庚寅17	辛卯18	壬辰19	癸巳20	甲午21	乙未22	丙申23	丁酉24	戊戌25	己亥26	庚子27	辛丑28	壬寅29	癸卯30	甲辰31	乙巳(1)	丙午2	丁未3	戊申4	己酉5	庚戌6	辛亥7	壬子8	癸丑9	甲寅10	乙卯11	乙巳冬至
十二月小	丁丑	天干地支西曆	丙辰12	丁巳13	戊午14	己未15	庚申16	辛酉17	壬戌18	癸亥19	甲子20	乙丑21	丙寅22	丁卯23	戊辰24	己巳25	庚午26	辛未27	壬申28	癸酉29	甲戌30	乙亥31	丙子(2)	丁丑2	戊寅3	己卯4	庚辰5	辛巳6	壬午7	癸未8	甲申9		

年代異同	竹書紀年	皇極經世	文獻通考	歷代紀年備考	歷代帝王年表	歷代統紀表	中國年曆總譜	斷代工程
	殷武丁十六年	殷武丁三十八年	殷武丁三十八年	殷武丁三十八年	殷武丁三十八年	殷武丁三十八年	殷武丁五十三年	殷盤庚小辛小乙

殷小辛十年（乙未 羊年） 公元前1286 ~ 前1285年

夏曆月序		中西曆日對照	初一	初二	初三	初四	初五	初六	初七	初八	初九	初十	十一	十二	十三	十四	十五	十六	十七	十八	十九	二十	二一	二二	二三	二四	二五	二六	二七	二八	二九	三十	節氣與天象
正月大	戊寅	天干地支西曆	乙酉10	丙戌11	丁亥12	戊子13	己丑14	庚寅15	辛卯16	壬辰17	癸巳18	甲午19	乙未20	丙申21	丁酉22	戊戌23	己亥24	庚子25	辛丑26	壬寅27	癸卯28	甲辰(3)	乙巳2	丙午3	丁未4	戊申5	己酉6	庚戌7	辛亥8	壬子9	癸丑10	甲寅11	庚寅立春
二月小	己卯	天干地支西曆	乙卯12	丙辰13	丁巳14	戊午15	己未16	庚申17	辛酉18	壬戌19	癸亥20	甲子21	乙丑22	丙寅23	丁卯24	戊辰25	己巳26	庚午27	辛未28	壬申29	癸酉30	甲戌31	乙亥(4)	丙子2	丁丑3	戊寅4	己卯5	庚辰6	辛巳7	壬午8	癸未9		丙子春分
三月小	庚辰	天干地支西曆	甲申10	乙酉11	丙戌12	丁亥13	戊子14	己丑15	庚寅16	辛卯17	壬辰18	癸巳19	甲午20	乙未21	丙申22	丁酉23	戊戌24	己亥25	庚子26	辛丑27	壬寅28	癸卯29	甲辰30	乙巳(5)	丙午2	丁未3	戊申4	己酉5	庚戌6	辛亥7	壬子8		
四月大	辛巳	天干地支西曆	癸丑9	甲寅10	乙卯11	丙辰12	丁巳13	戊午14	己未15	庚申16	辛酉17	壬戌18	癸亥19	甲子20	乙丑21	丙寅22	丁卯23	戊辰24	己巳25	庚午26	辛未27	壬申28	癸酉29	甲戌30	乙亥31	丙子(6)	丁丑2	戊寅3	己卯4	庚辰5	辛巳6	壬午7	癸亥立夏
五月小	壬午	天干地支西曆	癸未8	甲申9	乙酉10	丙戌11	丁亥12	戊子13	己丑14	庚寅15	辛卯16	壬辰17	癸巳18	甲午19	乙未20	丙申21	丁酉22	戊戌23	己亥24	庚子25	辛丑26	壬寅27	癸卯28	甲辰29	乙巳30	丙午(7)	丁未2	戊申3	己酉4	庚戌5	辛亥6		辛亥夏至
六月大	癸未	天干地支西曆	壬子7	癸丑8	甲寅9	乙卯10	丙辰11	丁巳12	戊午13	己未14	庚申15	辛酉16	壬戌17	癸亥18	甲子19	乙丑20	丙寅21	丁卯22	戊辰23	己巳24	庚午25	辛未26	壬申27	癸酉28	甲戌29	乙亥30	丙子31	丁丑(8)	戊寅2	己卯3	庚辰4	辛巳5	
七月小	甲申	天干地支西曆	壬午6	癸未7	甲申8	乙酉9	丙戌10	丁亥11	戊子12	己丑13	庚寅14	辛卯15	壬辰16	癸巳17	甲午18	乙未19	丙申20	丁酉21	戊戌22	己亥23	庚子24	辛丑25	壬寅26	癸卯27	甲辰28	乙巳29	丙午30	丁未31	戊申(9)	己酉2	庚戌3		丁酉立秋
八月大	乙酉	天干地支西曆	辛亥4	壬子5	癸丑6	甲寅7	乙卯8	丙辰9	丁巳10	戊午11	己未12	庚申13	辛酉14	壬戌15	癸亥16	甲子17	乙丑18	丙寅19	丁卯20	戊辰21	己巳22	庚午23	辛未24	壬申25	癸酉26	甲戌27	乙亥28	丙子29	丁丑30	戊寅(10)	己卯2	庚辰3	
九月大	丙戌	天干地支西曆	辛巳4	壬午5	癸未6	甲申7	乙酉8	丙戌9	丁亥10	戊子11	己丑12	庚寅13	辛卯14	壬辰15	癸巳16	甲午17	乙未18	丙申19	丁酉20	戊戌21	己亥22	庚子23	辛丑24	壬寅25	癸卯26	甲辰27	乙巳28	丙午29	丁未30	戊申31	己酉(11)	庚戌2	壬午秋分
十月大	丁亥	天干地支西曆	辛亥3	壬子4	癸丑5	甲寅6	乙卯7	丙辰8	丁巳9	戊午10	己未11	庚申12	辛酉13	壬戌14	癸亥15	甲子16	乙丑17	丙寅18	丁卯19	戊辰20	己巳21	庚午22	辛未23	壬申24	癸酉25	甲戌26	乙亥27	丙子28	丁丑29	戊寅30	己卯(12)	庚辰2	丙寅立冬
十一月小	戊子	天干地支西曆	辛巳3	壬午4	癸未5	甲申6	乙酉7	丙戌8	丁亥9	戊子10	己丑11	庚寅12	辛卯13	壬辰14	癸巳15	甲午16	乙未17	丙申18	丁酉19	戊戌20	己亥21	庚子22	辛丑23	壬寅24	癸卯25	甲辰26	乙巳27	丙午28	丁未29	戊申30	己酉31		
十二月大	己丑	天干地支西曆	庚戌(1)	辛亥2	壬子3	癸丑4	甲寅5	乙卯6	丙辰7	丁巳8	戊午9	己未10	庚申11	辛酉12	壬戌13	癸亥14	甲子15	乙丑16	丙寅17	丁卯18	戊辰19	己巳20	庚午21	辛未22	壬申23	癸酉24	甲戌25	乙亥26	丙子27	丁丑28	戊寅29	己卯30	庚戌冬至

年代異同	竹書紀年	皇極經世	文獻通考	歷代紀年備考	歷代帝王年表	歷代統紀表	中國年曆總譜	斷代工程
	殷武丁十七年	殷武丁三十九年	殷武丁三十九年	殷武丁三十九年	殷武丁三十九年	殷武丁三十九年	殷武丁五十四年	殷盤庚小辛小乙

殷小辛十一年（丙申 猴年） 公元前 1285 ~ 前 1284 年

夏曆月序		中西曆日對照	夏曆日序																														節氣與天象
			初一	初二	初三	初四	初五	初六	初七	初八	初九	初十	十一	十二	十三	十四	十五	十六	十七	十八	十九	二十	二一	二二	二三	二四	二五	二六	二七	二八	二九	三十	
正月小	庚寅	天干地支西曆	庚辰 31	辛巳 (2)	壬午 2	癸未 3	甲申 4	乙酉 5	丙戌 6	丁亥 7	戊子 8	己丑 9	庚寅 10	辛卯 11	壬辰 12	癸巳 13	甲午 14	乙未 15	丙申 16	丁酉 17	戊戌 18	己亥 19	庚子 20	辛丑 21	壬寅 22	癸卯 23	甲辰 24	乙巳 25	丙午 26	丁未 27	戊申 28		乙未立春
二月大	辛卯	天干地支西曆	己酉 29	庚戌 (3)	辛亥 2	壬子 3	癸丑 4	甲寅 5	乙卯 6	丙辰 7	丁巳 8	戊午 9	己未 10	庚申 11	辛酉 12	壬戌 13	癸亥 14	甲子 15	乙丑 16	丙寅 17	丁卯 18	戊辰 19	己巳 20	庚午 21	辛未 22	壬申 23	癸酉 24	甲戌 25	乙亥 26	丙子 27	丁丑 28	戊寅 29	辛巳春分
閏二月小	辛卯	天干地支西曆	己卯 30	庚辰 31	辛巳 (4)	壬午 2	癸未 3	甲申 4	乙酉 5	丙戌 6	丁亥 7	戊子 8	己丑 9	庚寅 10	辛卯 11	壬辰 12	癸巳 13	甲午 14	乙未 15	丙申 16	丁酉 17	戊戌 18	己亥 19	庚子 20	辛丑 21	壬寅 22	癸卯 23	甲辰 24	乙巳 25	丙午 26	丁未 27		
三月小	壬辰	天干地支西曆	戊申 28	己酉 29	庚戌 30	辛亥 (5)	壬子 2	癸丑 3	甲寅 4	乙卯 5	丙辰 6	丁巳 7	戊午 8	己未 9	庚申 10	辛酉 11	壬戌 12	癸亥 13	甲子 14	乙丑 15	丙寅 16	丁卯 17	戊辰 18	己巳 19	庚午 20	辛未 21	壬申 22	癸酉 23	甲戌 24	乙亥 25	丙子 26		己巳立夏
四月大	癸巳	天干地支西曆	丁丑 27	戊寅 28	己卯 29	庚辰 30	辛巳 31	壬午 (6)	癸未 2	甲申 3	乙酉 4	丙戌 5	丁亥 6	戊子 7	己丑 8	庚寅 9	辛卯 10	壬辰 11	癸巳 12	甲午 13	乙未 14	丙申 15	丁酉 16	戊戌 17	己亥 18	庚子 19	辛丑 20	壬寅 21	癸卯 22	甲辰 23	乙巳 24	丙午 25	
五月小	甲午	天干地支西曆	丁未 26	戊申 27	己酉 28	庚戌 29	辛亥 30	壬子 (7)	癸丑 2	甲寅 3	乙卯 4	丙辰 5	丁巳 6	戊午 7	己未 8	庚申 9	辛酉 10	壬戌 11	癸亥 12	甲子 13	乙丑 14	丙寅 15	丁卯 16	戊辰 17	己巳 18	庚午 19	辛未 20	壬申 21	癸酉 22	甲戌 23	乙亥 24		丙辰夏至
六月小	乙未	天干地支西曆	丙子 25	丁丑 26	戊寅 27	己卯 28	庚辰 29	辛巳 30	壬午 31	癸未 (8)	甲申 2	乙酉 3	丙戌 4	丁亥 5	戊子 6	己丑 7	庚寅 8	辛卯 9	壬辰 10	癸巳 11	甲午 12	乙未 13	丙申 14	丁酉 15	戊戌 16	己亥 17	庚子 18	辛丑 19	壬寅 20	癸卯 21	甲辰 22		壬寅立秋
七月大	丙申	天干地支西曆	乙巳 23	丙午 24	丁未 25	戊申 26	己酉 27	庚戌 28	辛亥 29	壬子 30	癸丑 31	甲寅 (9)	乙卯 2	丙辰 3	丁巳 4	戊午 5	己未 6	庚申 7	辛酉 8	壬戌 9	癸亥 10	甲子 11	乙丑 12	丙寅 13	丁卯 14	戊辰 15	己巳 16	庚午 17	辛未 18	壬申 19	癸酉 20	甲戌 21	
八月大	丁酉	天干地支西曆	乙亥 22	丙子 23	丁丑 24	戊寅 25	己卯 26	庚辰 27	辛巳 28	壬午 29	癸未 30	甲申 (10)	乙酉 2	丙戌 3	丁亥 4	戊子 5	己丑 6	庚寅 7	辛卯 8	壬辰 9	癸巳 10	甲午 11	乙未 12	丙申 13	丁酉 14	戊戌 15	己亥 16	庚子 17	辛丑 18	壬寅 19	癸卯 20	甲辰 21	丁亥秋分
九月大	戊戌	天干地支西曆	乙巳 22	丙午 23	丁未 24	戊申 25	己酉 26	庚戌 27	辛亥 28	壬子 29	癸丑 30	甲寅 31	乙卯 (11)	丙辰 2	丁巳 3	戊午 4	己未 5	庚申 6	辛酉 7	壬戌 8	癸亥 9	甲子 10	乙丑 11	丙寅 12	丁卯 13	戊辰 14	己巳 15	庚午 16	辛未 17	壬申 18	癸酉 19	甲戌 20	辛未立冬
十月小	己亥	天干地支西曆	乙亥 21	丙子 22	丁丑 23	戊寅 24	己卯 25	庚辰 26	辛巳 27	壬午 28	癸未 29	甲申 30	乙酉 (12)	丙戌 2	丁亥 3	戊子 4	己丑 5	庚寅 6	辛卯 7	壬辰 8	癸巳 9	甲午 10	乙未 11	丙申 12	丁酉 13	戊戌 14	己亥 15	庚子 16	辛丑 17	壬寅 18	癸卯 19		
十一月大	庚子	天干地支西曆	甲辰 20	乙巳 21	丙午 22	丁未 23	戊申 24	己酉 25	庚戌 26	辛亥 27	壬子 28	癸丑 29	甲寅 30	乙卯 31	丙辰 (1)	丁巳 2	戊午 3	己未 4	庚申 5	辛酉 6	壬戌 7	癸亥 8	甲子 9	乙丑 10	丙寅 11	丁卯 12	戊辰 13	己巳 14	庚午 15	辛未 16	壬申 17	癸酉 18	丙辰冬至
十二月大	辛丑	天干地支西曆	甲戌 19	乙亥 20	丙子 21	丁丑 22	戊寅 23	己卯 24	庚辰 25	辛巳 26	壬午 27	癸未 28	甲申 29	乙酉 30	丙戌 31	丁亥 (2)	戊子 2	己丑 3	庚寅 4	辛卯 5	壬辰 6	癸巳 7	甲午 8	乙未 9	丙申 10	丁酉 11	戊戌 12	己亥 13	庚子 14	辛丑 15	壬寅 16	癸卯 17	庚子立春

年代異同	竹書紀年	皇極經世	文獻通考	歷代紀年備考	歷代帝王年表	歷代統紀表	中國年曆總譜	斷代工程
	殷武丁十八年	殷武丁四十年	殷武丁四十年	殷武丁四十年	殷武丁四十年	殷武丁四十年	殷武丁五十五年	殷盤庚小辛小乙

殷小辛十二年（丁酉 鷄年） 公元前 1284 ~ 前 1283 年

夏曆月序		中西曆對照	初一	初二	初三	初四	初五	初六	初七	初八	初九	初十	十一	十二	十三	十四	十五	十六	十七	十八	十九	二十	二一	二二	二三	二四	二五	二六	二七	二八	二九	三十	節氣與天象
正月小	壬寅	天干地支西曆	甲辰18	乙巳19	丙午20	丁未21	戊申22	己酉23	庚戌24	辛亥25	壬子26	癸丑27	甲寅28	乙卯(3)	丙辰2	丁巳3	戊午4	己未5	庚申6	辛酉7	壬戌8	癸亥9	甲子10	乙丑11	丙寅12	丁卯13	戊辰14	己巳15	庚午16	辛未17	壬申18		
二月大	癸卯	天干地支西曆	癸酉19	甲戌20	乙亥21	丙子22	丁丑23	戊寅24	己卯25	庚辰26	辛巳27	壬午28	癸未29	甲申30	乙酉31	丙戌(4)	丁亥2	戊子3	己丑4	庚寅5	辛卯6	壬辰7	癸巳8	甲午9	乙未10	丙申11	丁酉12	戊戌13	己亥14	庚子15	辛丑16	壬寅17	丁亥春分
三月小	甲辰	天干地支西曆	癸卯18	甲辰19	乙巳20	丙午21	丁未22	戊申23	己酉24	庚戌25	辛亥26	壬子27	癸丑28	甲寅29	乙卯30	丙辰(5)	丁巳2	戊午3	己未4	庚申5	辛酉6	壬戌7	癸亥8	甲子9	乙丑10	丙寅11	丁卯12	戊辰13	己巳14	庚午15	辛未16		
四月小	乙巳	天干地支西曆	壬申17	癸酉18	甲戌19	乙亥20	丙子21	丁丑22	戊寅23	己卯24	庚辰25	辛巳26	壬午27	癸未28	甲申29	乙酉30	丙戌31	丁亥(6)	戊子2	己丑3	庚寅4	辛卯5	壬辰6	癸巳7	甲午8	乙未9	丙申10	丁酉11	戊戌12	己亥13	庚子14		甲戌立夏
五月大	丙午	天干地支西曆	辛丑15	壬寅16	癸卯17	甲辰18	乙巳19	丙午20	丁未21	戊申22	己酉23	庚戌24	辛亥25	壬子26	癸丑27	甲寅28	乙卯29	丙辰30	丁巳(7)	戊午2	己未3	庚申4	辛酉5	壬戌6	癸亥7	甲子8	乙丑9	丙寅10	丁卯11	戊辰12	己巳13	庚午14	辛酉夏至 辛丑日食
六月小	丁未	天干地支西曆	辛未15	壬申16	癸酉17	甲戌18	乙亥19	丙子20	丁丑21	戊寅22	己卯23	庚辰24	辛巳25	壬午26	癸未27	甲申28	乙酉29	丙戌30	丁亥31	戊子(8)	己丑2	庚寅3	辛卯4	壬辰5	癸巳6	甲午7	乙未8	丙申9	丁酉10	戊戌11	己亥12		
七月小	戊申	天干地支西曆	庚子13	辛丑14	壬寅15	癸卯16	甲辰17	乙巳18	丙午19	丁未20	戊申21	己酉22	庚戌23	辛亥24	壬子25	癸丑26	甲寅27	乙卯28	丙辰29	丁巳30	戊午31	己未(9)	庚申2	辛酉3	壬戌4	癸亥5	甲子6	乙丑7	丙寅8	丁卯9	戊辰10		丁未立秋
八月大	己酉	天干地支西曆	己巳11	庚午12	辛未13	壬申14	癸酉15	甲戌16	乙亥17	丙子18	丁丑19	戊寅20	己卯21	庚辰22	辛巳23	壬午24	癸未25	甲申26	乙酉27	丙戌28	丁亥29	戊子30	己丑(10)	庚寅2	辛卯3	壬辰4	癸巳5	甲午6	乙未7	丙申8	丁酉9	戊戌10	壬辰秋分
九月大	庚戌	天干地支西曆	己亥11	庚子12	辛丑13	壬寅14	癸卯15	甲辰16	乙巳17	丙午18	丁未19	戊申20	己酉21	庚戌22	辛亥23	壬子24	癸丑25	甲寅26	乙卯27	丙辰28	丁巳29	戊午30	己未31	庚申(11)	辛酉2	壬戌3	癸亥4	甲子5	乙丑6	丙寅7	丁卯8	戊辰9	
十月小	辛亥	天干地支西曆	己巳10	庚午11	辛未12	壬申13	癸酉14	甲戌15	乙亥16	丙子17	丁丑18	戊寅19	己卯20	庚辰21	辛巳22	壬午23	癸未24	甲申25	乙酉26	丙戌27	丁亥28	戊子29	己丑30	庚寅(12)	辛卯2	壬辰3	癸巳4	甲午5	乙未6	丙申7	丁酉8		丁丑立冬
十一月大	壬子	天干地支西曆	戊戌9	己亥10	庚子11	辛丑12	壬寅13	癸卯14	甲辰15	乙巳16	丙午17	丁未18	戊申19	己酉20	庚戌21	辛亥22	壬子23	癸丑24	甲寅25	乙卯26	丙辰27	丁巳28	戊午29	己未30	庚申31	辛酉(1)	壬戌2	癸亥3	甲子4	乙丑5	丙寅6	丁卯7	辛酉冬至
十二月大	癸丑	天干地支西曆	戊辰8	己巳9	庚午10	辛未11	壬申12	癸酉13	甲戌14	乙亥15	丙子16	丁丑17	戊寅18	己卯19	庚辰20	辛巳21	壬午22	癸未23	甲申24	乙酉25	丙戌26	丁亥27	戊子28	己丑29	庚寅30	辛卯31	壬辰(2)	癸巳2	甲午3	乙未4	丙申5	丁酉6	

年代異同	竹書紀年	皇極經世	文獻通考	歷代紀年備考	歷代帝王年表	歷代統紀表	中國年曆總譜	斷代工程
	殷武丁十九年	殷武丁四十一年	殷武丁四十一年	殷武丁四十一年	殷武丁四十一年	殷武丁四十一年	殷武丁五十六年	殷盤庚小辛小乙

殷小辛十三年（戊戌 狗年） 公元前 1283 ～ 前 1282 年

夏曆月序		中西曆日對照	初一	初二	初三	初四	初五	初六	初七	初八	初九	初十	十一	十二	十三	十四	十五	十六	十七	十八	十九	二十	二一	二二	二三	二四	二五	二六	二七	二八	二九	三十	節氣與天象
正月大	甲寅	天干地支 西曆	戊戌 7	己亥 8	庚子 9	辛丑 10	壬寅 11	癸卯 12	甲辰 13	乙巳 14	丙午 15	丁未 16	戊申 17	己酉 18	庚戌 19	辛亥 20	壬子 21	癸丑 22	甲寅 23	乙卯 24	丙辰 25	丁巳 26	戊午 27	己未 28	庚申 (3)	辛酉 2	壬戌 3	癸亥 4	甲子 5	乙丑 6	丙寅 7	丁卯 8	丙午立春
二月小	乙卯	天干地支 西曆	戊辰 9	己巳 10	庚午 11	辛未 12	壬申 13	癸酉 14	甲戌 15	乙亥 16	丙子 17	丁丑 18	戊寅 19	己卯 20	庚辰 21	辛巳 22	壬午 23	癸未 24	甲申 25	乙酉 26	丙戌 27	丁亥 28	戊子 29	己丑 30	庚寅 31	辛卯 (4)	壬辰 2	癸巳 3	甲午 4	乙未 5	丙申 6		壬辰春分
三月大	丙辰	天干地支 西曆	丁酉 7	戊戌 8	己亥 9	庚子 10	辛丑 11	壬寅 12	癸卯 13	甲辰 14	乙巳 15	丙午 16	丁未 17	戊申 18	己酉 19	庚戌 20	辛亥 21	壬子 22	癸丑 23	甲寅 24	乙卯 25	丙辰 26	丁巳 27	戊午 28	己未 29	庚申 30	辛酉 (5)	壬戌 2	癸亥 3	甲子 4	乙丑 5	丙寅 6	
四月小	丁巳	天干地支 西曆	丁卯 7	戊辰 8	己巳 9	庚午 10	辛未 11	壬申 12	癸酉 13	甲戌 14	乙亥 15	丙子 16	丁丑 17	戊寅 18	己卯 19	庚辰 20	辛巳 21	壬午 22	癸未 23	甲申 24	乙酉 25	丙戌 26	丁亥 27	戊子 28	己丑 29	庚寅 30	辛卯 31	壬辰 (6)	癸巳 2	甲午 3	乙未 4		己卯立夏
五月小	戊午	天干地支 西曆	丙申 5	丁酉 6	戊戌 7	己亥 8	庚子 9	辛丑 10	壬寅 11	癸卯 12	甲辰 13	乙巳 14	丙午 15	丁未 16	戊申 17	己酉 18	庚戌 19	辛亥 20	壬子 21	癸丑 22	甲寅 23	乙卯 24	丙辰 25	丁巳 26	戊午 27	己未 28	庚申 29	辛酉 30	壬戌 (7)	癸亥 2	甲子 3		
六月大	己未	天干地支 西曆	乙丑 4	丙寅 5	丁卯 6	戊辰 7	己巳 8	庚午 9	辛未 10	壬申 11	癸酉 12	甲戌 13	乙亥 14	丙子 15	丁丑 16	戊寅 17	己卯 18	庚辰 19	辛巳 20	壬午 21	癸未 22	甲申 23	乙酉 24	丙戌 25	丁亥 26	戊子 27	己丑 28	庚寅 29	辛卯 30	壬辰 31	癸巳 (8)	甲午 2	丙寅夏至
七月小	庚申	天干地支 西曆	乙未 3	丙申 4	丁酉 5	戊戌 6	己亥 7	庚子 8	辛丑 9	壬寅 10	癸卯 11	甲辰 12	乙巳 13	丙午 14	丁未 15	戊申 16	己酉 17	庚戌 18	辛亥 19	壬子 20	癸丑 21	甲寅 22	乙卯 23	丙辰 24	丁巳 25	戊午 26	己未 27	庚申 28	辛酉 29	壬戌 30	癸亥 31		癸丑立秋
八月小	辛酉	天干地支 西曆	甲子 (9)	乙丑 2	丙寅 3	丁卯 4	戊辰 5	己巳 6	庚午 7	辛未 8	壬申 9	癸酉 10	甲戌 11	乙亥 12	丙子 13	丁丑 14	戊寅 15	己卯 16	庚辰 17	辛巳 18	壬午 19	癸未 20	甲申 21	乙酉 22	丙戌 23	丁亥 24	戊子 25	己丑 26	庚寅 27	辛卯 28	壬辰 29		
閏八月大	辛酉	天干地支 西曆	癸巳 30	甲午 (10)	乙未 2	丙申 3	丁酉 4	戊戌 5	己亥 6	庚子 7	辛丑 8	壬寅 9	癸卯 10	甲辰 11	乙巳 12	丙午 13	丁未 14	戊申 15	己酉 16	庚戌 17	辛亥 18	壬子 19	癸丑 20	甲寅 21	乙卯 22	丙辰 23	丁巳 24	戊午 25	己未 26	庚申 27	辛酉 28	壬戌 29	戊戌秋分
九月大	壬戌	天干地支 西曆	癸亥 30	甲子 31	乙丑 (11)	丙寅 2	丁卯 3	戊辰 4	己巳 5	庚午 6	辛未 7	壬申 8	癸酉 9	甲戌 10	乙亥 11	丙子 12	丁丑 13	戊寅 14	己卯 15	庚辰 16	辛巳 17	壬午 18	癸未 19	甲申 20	乙酉 21	丙戌 22	丁亥 23	戊子 24	己丑 25	庚寅 26	辛卯 27	壬辰 28	壬午立冬
十月小	癸亥	天干地支 西曆	癸巳 29	甲午 30	乙未 (12)	丙申 2	丁酉 3	戊戌 4	己亥 5	庚子 6	辛丑 7	壬寅 8	癸卯 9	甲辰 10	乙巳 11	丙午 12	丁未 13	戊申 14	己酉 15	庚戌 16	辛亥 17	壬子 18	癸丑 19	甲寅 20	乙卯 21	丙辰 22	丁巳 23	戊午 24	己未 25	庚申 26	辛酉 27		
十一月大	甲子	天干地支 西曆	壬戌 28	癸亥 29	甲子 30	乙丑 31	丙寅 (1)	丁卯 2	戊辰 3	己巳 4	庚午 5	辛未 6	壬申 7	癸酉 8	甲戌 9	乙亥 10	丙子 11	丁丑 12	戊寅 13	己卯 14	庚辰 15	辛巳 16	壬午 17	癸未 18	甲申 19	乙酉 20	丙戌 21	丁亥 22	戊子 23	己丑 24	庚寅 25	辛卯 26	丙寅冬至
十二月大	乙丑	天干地支 西曆	壬辰 27	癸巳 28	甲午 29	乙未 30	丙申 31	丁酉 (2)	戊戌 2	己亥 3	庚子 4	辛丑 5	壬寅 6	癸卯 7	甲辰 8	乙巳 9	丙午 10	丁未 11	戊申 12	己酉 13	庚戌 14	辛亥 15	壬子 16	癸丑 17	甲寅 18	乙卯 19	丙辰 20	丁巳 21	戊午 22	己未 23	庚申 24	辛酉 25	辛亥立春

年代異同	竹書紀年	皇極經世	文獻通考	歷代紀年備考	歷代帝王年表	歷代統紀表	中國年曆總譜	斷代工程
	殷武丁二十年	殷武丁四十二年	殷武丁四十二年	殷武丁四十二年	殷武丁四十二年	殷武丁四十二年	殷武丁五十七年	殷盤庚小辛小乙

殷小辛十四年（己亥 猪年） 公元前1282～前1281年

夏曆月序		中西曆日對照	初一	初二	初三	初四	初五	初六	初七	初八	初九	初十	十一	十二	十三	十四	十五	十六	十七	十八	十九	二十	二一	二二	二三	二四	二五	二六	二七	二八	二九	三十	節氣與天象
正月小	丙寅	天干地支西曆	壬戌26	癸亥27	甲子28	乙丑(3)	丙寅2	丁卯3	戊辰4	己巳5	庚午6	辛未7	壬申8	癸酉9	甲戌10	乙亥11	丙子12	丁丑13	戊寅14	己卯15	庚辰16	辛巳17	壬午18	癸未19	甲申20	乙酉21	丙戌22	丁亥23	戊子24	己丑25	庚寅26		
二月大	丁卯	天干地支西曆	辛卯27	壬辰28	癸巳29	甲午30	乙未31	丙申(4)	丁酉2	戊戌3	己亥4	庚子5	辛丑6	壬寅7	癸卯8	甲辰9	乙巳10	丙午11	丁未12	戊申13	己酉14	庚戌15	辛亥16	壬子17	癸丑18	甲寅19	乙卯20	丙辰21	丁巳22	戊午23	己未24	庚申25	丁酉春分
三月小	戊辰	天干地支西曆	辛酉26	壬戌27	癸亥28	甲子29	乙丑30	丙寅(5)	丁卯2	戊辰3	己巳4	庚午5	辛未6	壬申7	癸酉8	甲戌9	乙亥10	丙子11	丁丑12	戊寅13	己卯14	庚辰15	辛巳16	壬午17	癸未18	甲申19	乙酉20	丙戌21	丁亥22	戊子23	己丑24		甲申立夏
四月大	己巳	天干地支西曆	庚寅25	辛卯26	壬辰27	癸巳28	甲午29	乙未30	丙申31	丁酉(6)	戊戌2	己亥3	庚子4	辛丑5	壬寅6	癸卯7	甲辰8	乙巳9	丙午10	丁未11	戊申12	己酉13	庚戌14	辛亥15	壬子16	癸丑17	甲寅18	乙卯19	丙辰20	丁巳21	戊午22	己未23	
五月小	庚午	天干地支西曆	庚申24	辛酉25	壬戌26	癸亥27	甲子28	乙丑29	丙寅30	丁卯(7)	戊辰2	己巳3	庚午4	辛未5	壬申6	癸酉7	甲戌8	乙亥9	丙子10	丁丑11	戊寅12	己卯13	庚辰14	辛巳15	壬午16	癸未17	甲申18	乙酉19	丙戌20	丁亥21	戊子22		辛未夏至
六月大	辛未	天干地支西曆	己丑23	庚寅24	辛卯25	壬辰26	癸巳27	甲午28	乙未29	丙申30	丁酉31	戊戌(8)	己亥2	庚子3	辛丑4	壬寅5	癸卯6	甲辰7	乙巳8	丙午9	丁未10	戊申11	己酉12	庚戌13	辛亥14	壬子15	癸丑16	甲寅17	乙卯18	丙辰19	丁巳20	戊午21	戊午立秋
七月小	壬申	天干地支西曆	己未22	庚申23	辛酉24	壬戌25	癸亥26	甲子27	乙丑28	丙寅29	丁卯30	戊辰31	己巳(9)	庚午2	辛未3	壬申4	癸酉5	甲戌6	乙亥7	丙子8	丁丑9	戊寅10	己卯11	庚辰12	辛巳13	壬午14	癸未15	甲申16	乙酉17	丙戌18	丁亥19		
八月小	癸酉	天干地支西曆	戊子20	己丑21	庚寅22	辛卯23	壬辰24	癸巳25	甲午26	乙未27	丙申28	丁酉29	戊戌30	己亥(10)	庚子2	辛丑3	壬寅4	癸卯5	甲辰6	乙巳7	丙午8	丁未9	戊申10	己酉11	庚戌12	辛亥13	壬子14	癸丑15	甲寅16	乙卯17	丙辰18		癸卯秋分
九月大	甲戌	天干地支西曆	丁巳19	戊午20	己未21	庚申22	辛酉23	壬戌24	癸亥25	甲子26	乙丑27	丙寅28	丁卯29	戊辰30	己巳31	庚午(11)	辛未2	壬申3	癸酉4	甲戌5	乙亥6	丙子7	丁丑8	戊寅9	己卯10	庚辰11	辛巳12	壬午13	癸未14	甲申15	乙酉16	丙戌17	
十月小	乙亥	天干地支西曆	丁亥18	戊子19	己丑20	庚寅21	辛卯22	壬辰23	癸巳24	甲午25	乙未26	丙申27	丁酉28	戊戌29	己亥30	庚子(12)	辛丑2	壬寅3	癸卯4	甲辰5	乙巳6	丙午7	丁未8	戊申9	己酉10	庚戌11	辛亥12	壬子13	癸丑14	甲寅15	乙卯16		丁亥立冬
十一月大	丙子	天干地支西曆	丙辰17	丁巳18	戊午19	己未20	庚申21	辛酉22	壬戌23	癸亥24	甲子25	乙丑26	丙寅27	丁卯28	戊辰29	己巳30	庚午31	辛未(1)	壬申2	癸酉3	甲戌4	乙亥5	丙子6	丁丑7	戊寅8	己卯9	庚辰10	辛巳11	壬午12	癸未13	甲申14	乙酉15	辛未冬至
十二月大	丁丑	天干地支西曆	丙戌16	丁亥17	戊子18	己丑19	庚寅20	辛卯21	壬辰22	癸巳23	甲午24	乙未25	丙申26	丁酉27	戊戌28	己亥29	庚子30	辛丑31	壬寅(2)	癸卯2	甲辰3	乙巳4	丙午5	丁未6	戊申7	己酉8	庚戌9	辛亥10	壬子11	癸丑12	甲寅13	乙卯14	

年代異同	竹書紀年	皇極經世	文獻通考	歷代紀年備考	歷代帝王年表	歷代統紀表	中國年曆總譜	斷代工程
	殷武丁二十一年	殷武丁四十三年	殷武丁四十三年	殷武丁四十三年	殷武丁四十三年	殷武丁四十三年	殷武丁五十八年	殷盤庚小辛小乙

殷小辛十五年（庚子 鼠年） 公元前1281 ~ 前1280年

夏曆月序		中西曆日對照	初一	初二	初三	初四	初五	初六	初七	初八	初九	初十	十一	十二	十三	十四	十五	十六	十七	十八	十九	二十	二一	二二	二三	二四	二五	二六	二七	二八	二九	三十	節氣與天象
正月小	戊寅	天干地支西曆	丙辰15	丁巳16	戊午17	己未18	庚申19	辛酉20	壬戌21	癸亥22	甲子23	乙丑24	丙寅25	丁卯26	戊辰27	己巳28	庚午29	辛未(3)	壬申2	癸酉3	甲戌4	乙亥5	丙子6	丁丑7	戊寅8	己卯9	庚辰10	辛巳11	壬午12	癸未13	甲申14		丙辰立春
二月大	己卯	天干地支西曆	乙酉15	丙戌16	丁亥17	戊子18	己丑19	庚寅20	辛卯21	壬辰22	癸巳23	甲午24	乙未25	丙申26	丁酉27	戊戌28	己亥29	庚子30	辛丑31	壬寅(4)	癸卯2	甲辰3	乙巳4	丙午5	丁未6	戊申7	己酉8	庚戌9	辛亥10	壬子11	癸丑12	甲寅13	壬寅春分
三月大	庚辰	天干地支西曆	乙卯14	丙辰15	丁巳16	戊午17	己未18	庚申19	辛酉20	壬戌21	癸亥22	甲子23	乙丑24	丙寅25	丁卯26	戊辰27	己巳28	庚午29	辛未30	壬申(5)	癸酉2	甲戌3	乙亥4	丙子5	丁丑6	戊寅7	己卯8	庚辰9	辛巳10	壬午11	癸未12	甲申13	乙卯日食
四月小	辛巳	天干地支西曆	乙酉14	丙戌15	丁亥16	戊子17	己丑18	庚寅19	辛卯20	壬辰21	癸巳22	甲午23	乙未24	丙申25	丁酉26	戊戌27	己亥28	庚子29	辛丑30	壬寅31	癸卯(6)	甲辰2	乙巳3	丙午4	丁未5	戊申6	己酉7	庚戌8	辛亥9	壬子10	癸丑11		庚寅立夏
五月大	壬午	天干地支西曆	甲寅12	乙卯13	丙辰14	丁巳15	戊午16	己未17	庚申18	辛酉19	壬戌20	癸亥21	甲子22	乙丑23	丙寅24	丁卯25	戊辰26	己巳27	庚午28	辛未29	壬申30	癸酉(7)	甲戌2	乙亥3	丙子4	丁丑5	戊寅6	己卯7	庚辰8	辛巳9	壬午10	癸未11	丁丑夏至
六月小	癸未	天干地支西曆	甲申12	乙酉13	丙戌14	丁亥15	戊子16	己丑17	庚寅18	辛卯19	壬辰20	癸巳21	甲午22	乙未23	丙申24	丁酉25	戊戌26	己亥27	庚子28	辛丑29	壬寅30	癸卯31	甲辰(8)	乙巳2	丙午3	丁未4	戊申5	己酉6	庚戌7	辛亥8	壬子9		
七月大	甲申	天干地支西曆	癸丑10	甲寅11	乙卯12	丙辰13	丁巳14	戊午15	己未16	庚申17	辛酉18	壬戌19	癸亥20	甲子21	乙丑22	丙寅23	丁卯24	戊辰25	己巳26	庚午27	辛未28	壬申29	癸酉30	甲戌31	乙亥(9)	丙子2	丁丑3	戊寅4	己卯5	庚辰6	辛巳7	壬午8	癸亥立秋
八月小	乙酉	天干地支西曆	癸未9	甲申10	乙酉11	丙戌12	丁亥13	戊子14	己丑15	庚寅16	辛卯17	壬辰18	癸巳19	甲午20	乙未21	丙申22	丁酉23	戊戌24	己亥25	庚子26	辛丑27	壬寅28	癸卯29	甲辰30	乙巳(10)	丙午2	丁未3	戊申4	己酉5	庚戌6	辛亥7		戊申秋分
九月大	丙戌	天干地支西曆	壬子8	癸丑9	甲寅10	乙卯11	丙辰12	丁巳13	戊午14	己未15	庚申16	辛酉17	壬戌18	癸亥19	甲子20	乙丑21	丙寅22	丁卯23	戊辰24	己巳25	庚午26	辛未27	壬申28	癸酉29	甲戌30	乙亥31	丙子(11)	丁丑2	戊寅3	己卯4	庚辰5	辛巳6	
十月小	丁亥	天干地支西曆	壬午7	癸未8	甲申9	乙酉10	丙戌11	丁亥12	戊子13	己丑14	庚寅15	辛卯16	壬辰17	癸巳18	甲午19	乙未20	丙申21	丁酉22	戊戌23	己亥24	庚子25	辛丑26	壬寅27	癸卯28	甲辰29	乙巳30	丙午(12)	丁未2	戊申3	己酉4	庚戌5		壬辰立冬
十一月小	戊子	天干地支西曆	辛亥6	壬子7	癸丑8	甲寅9	乙卯10	丙辰11	丁巳12	戊午13	己未14	庚申15	辛酉16	壬戌17	癸亥18	甲子19	乙丑20	丙寅21	丁卯22	戊辰23	己巳24	庚午25	辛未26	壬申27	癸酉28	甲戌29	乙亥30	丙子31	丁丑(1)	戊寅2	己卯3		丙子冬至
十二月大	己丑	天干地支西曆	庚辰4	辛巳5	壬午6	癸未7	甲申8	乙酉9	丙戌10	丁亥11	戊子12	己丑13	庚寅14	辛卯15	壬辰16	癸巳17	甲午18	乙未19	丙申20	丁酉21	戊戌22	己亥23	庚子24	辛丑25	壬寅26	癸卯27	甲辰28	乙巳29	丙午30	丁未31	戊申(2)	己酉2	

年代異同	竹書紀年	皇極經世	文獻通考	歷代紀年備考	歷代帝王年表	歷代統紀表	中國年曆總譜	斷代工程
	殷武丁二十二年	殷武丁四十四年	殷武丁四十四年	殷武丁四十四年	殷武丁四十四年	殷武丁四十四年	殷武丁五十九年	殷盤庚小辛小乙

殷小辛十六年（辛丑 牛年） 公元前 1280 ~ 前 1279 年

夏曆月序		中西曆對照	初一	初二	初三	初四	初五	初六	初七	初八	初九	初十	十一	十二	十三	十四	十五	十六	十七	十八	十九	二十	二一	二二	二三	二四	二五	二六	二七	二八	二九	三十	節氣與天象
正月大	庚寅	干支 天地西曆	庚戌 3	辛亥 4	壬子 5	癸丑 6	甲寅 7	乙卯 8	丙辰 9	丁巳 10	戊午 11	己未 12	庚申 13	辛酉 14	壬戌 15	癸亥 16	甲子 17	乙丑 18	丙寅 19	丁卯 20	戊辰 21	己巳 22	庚午 23	辛未 24	壬申 25	癸酉 26	甲戌 27	乙亥 28	丙子 (3)	丁丑 2	戊寅 3	己卯 4	辛酉立春
二月小	辛卯	干支 天地西曆	庚辰 5	辛巳 6	壬午 7	癸未 8	甲申 9	乙酉 10	丙戌 11	丁亥 12	戊子 13	己丑 14	庚寅 15	辛卯 16	壬辰 17	癸巳 18	甲午 19	乙未 20	丙申 21	丁酉 22	戊戌 23	己亥 24	庚子 25	辛丑 26	壬寅 27	癸卯 28	甲辰 29	乙巳 30	丙午 31	丁未 (4)	戊申 2		戊申春分
三月大	壬辰	干支 天地西曆	己酉 3	庚戌 4	辛亥 5	壬子 6	癸丑 7	甲寅 8	乙卯 9	丙辰 10	丁巳 11	戊午 12	己未 13	庚申 14	辛酉 15	壬戌 16	癸亥 17	甲子 18	乙丑 19	丙寅 20	丁卯 21	戊辰 22	己巳 23	庚午 24	辛未 25	壬申 26	癸酉 27	甲戌 28	乙亥 29	丙子 30	丁丑 (5)	戊寅 2	己酉日食
四月小	癸巳	干支 天地西曆	己卯 3	庚辰 4	辛巳 5	壬午 6	癸未 7	甲申 8	乙酉 9	丙戌 10	丁亥 11	戊子 12	己丑 13	庚寅 14	辛卯 15	壬辰 16	癸巳 17	甲午 18	乙未 19	丙申 20	丁酉 21	戊戌 22	己亥 23	庚子 24	辛丑 25	壬寅 26	癸卯 27	甲辰 28	乙巳 29	丙午 30	丁未 31		乙未立夏
五月大	甲午	干支 天地西曆	戊申 (6)	己酉 2	庚戌 3	辛亥 4	壬子 5	癸丑 6	甲寅 7	乙卯 8	丙辰 9	丁巳 10	戊午 11	己未 12	庚申 13	辛酉 14	壬戌 15	癸亥 16	甲子 17	乙丑 18	丙寅 19	丁卯 20	戊辰 21	己巳 22	庚午 23	辛未 24	壬申 25	癸酉 26	甲戌 27	乙亥 28	丙子 29	丁丑 30	
六月大	乙未	干支 天地西曆	戊寅 (7)	己卯 2	庚辰 3	辛巳 4	壬午 5	癸未 6	甲申 7	乙酉 8	丙戌 9	丁亥 10	戊子 11	己丑 12	庚寅 13	辛卯 14	壬辰 15	癸巳 16	甲午 17	乙未 18	丙申 19	丁酉 20	戊戌 21	己亥 22	庚子 23	辛丑 24	壬寅 25	癸卯 26	甲辰 27	乙巳 28	丙午 29	丁未 30	壬午夏至
閏六月小	乙未	干支 天地西曆	戊申 31	己酉 (8)	庚戌 2	辛亥 3	壬子 4	癸丑 5	甲寅 6	乙卯 7	丙辰 8	丁巳 9	戊午 10	己未 11	庚申 12	辛酉 13	壬戌 14	癸亥 15	甲子 16	乙丑 17	丙寅 18	丁卯 19	戊辰 20	己巳 21	庚午 22	辛未 23	壬申 24	癸酉 25	甲戌 26	乙亥 27	丙子 28		戊辰立秋
七月大	丙申	干支 天地西曆	丁丑 29	戊寅 30	己卯 31	庚辰 (9)	辛巳 2	壬午 3	癸未 4	甲申 5	乙酉 6	丙戌 7	丁亥 8	戊子 9	己丑 10	庚寅 11	辛卯 12	壬辰 13	癸巳 14	甲午 15	乙未 16	丙申 17	丁酉 18	戊戌 19	己亥 20	庚子 21	辛丑 22	壬寅 23	癸卯 24	甲辰 25	乙巳 26	丙午 27	
八月小	丁酉	干支 天地西曆	丁未 28	戊申 29	己酉 30	庚戌 (10)	辛亥 2	壬子 3	癸丑 4	甲寅 5	乙卯 6	丙辰 7	丁巳 8	戊午 9	己未 10	庚申 11	辛酉 12	壬戌 13	癸亥 14	甲子 15	乙丑 16	丙寅 17	丁卯 18	戊辰 19	己巳 20	庚午 21	辛未 22	壬申 23	癸酉 24	甲戌 25	乙亥 26		癸丑秋分
九月大	戊戌	干支 天地西曆	丙子 27	丁丑 28	戊寅 29	己卯 30	庚辰 31	辛巳 (11)	壬午 2	癸未 3	甲申 4	乙酉 5	丙戌 6	丁亥 7	戊子 8	己丑 9	庚寅 10	辛卯 11	壬辰 12	癸巳 13	甲午 14	乙未 15	丙申 16	丁酉 17	戊戌 18	己亥 19	庚子 20	辛丑 21	壬寅 22	癸卯 23	甲辰 24	乙巳 25	戊戌立冬
十月小	己亥	干支 天地西曆	丙午 26	丁未 27	戊申 28	己酉 29	庚戌 30	辛亥 (12)	壬子 2	癸丑 3	甲寅 4	乙卯 5	丙辰 6	丁巳 7	戊午 8	己未 9	庚申 10	辛酉 11	壬戌 12	癸亥 13	甲子 14	乙丑 15	丙寅 16	丁卯 17	戊辰 18	己巳 19	庚午 20	辛未 21	壬申 22	癸酉 23	甲戌 24		
十一月小	庚子	干支 天地西曆	乙亥 25	丙子 26	丁丑 27	戊寅 28	己卯 29	庚辰 30	辛巳 31	壬午 (1)	癸未 2	甲申 3	乙酉 4	丙戌 5	丁亥 6	戊子 7	己丑 8	庚寅 9	辛卯 10	壬辰 11	癸巳 12	甲午 13	乙未 14	丙申 15	丁酉 16	戊戌 17	己亥 18	庚子 19	辛丑 20	壬寅 21	癸卯 22		壬午冬至
十二月大	辛丑	干支 天地西曆	甲辰 23	乙巳 24	丙午 25	丁未 26	戊申 27	己酉 28	庚戌 29	辛亥 30	壬子 31	癸丑 (2)	甲寅 2	乙卯 3	丙辰 4	丁巳 5	戊午 6	己未 7	庚申 8	辛酉 9	壬戌 10	癸亥 11	甲子 12	乙丑 13	丙寅 14	丁卯 15	戊辰 16	己巳 17	庚午 18	辛未 19	壬申 20	癸酉 21	丁卯立春

年代異同	竹書紀年	皇極經世	文獻通考	歷代紀年備考	歷代帝王年表	歷代統紀表	中國年曆總譜	斷代工程
	殷武丁二十三年	殷武丁四十五年	殷武丁四十五年	殷武丁四十五年	殷武丁四十五年	殷武丁四十五年	殷祖庚元年	殷盤庚小辛小乙

殷小辛十七年（壬寅 虎年） 公元前**1279** ~ 前1278年

夏曆月序		中西曆日對照	夏曆日序																														節氣與天象
			初一	初二	初三	初四	初五	初六	初七	初八	初九	初十	十一	十二	十三	十四	十五	十六	十七	十八	十九	二十	二一	二二	二三	二四	二五	二六	二七	二八	二九	三十	
正月小	壬寅	天干 地支 西曆	甲戌22	乙亥23	丙子24	丁丑25	戊寅26	己卯27	庚辰28	辛巳(3)	壬午2	癸未3	甲申4	乙酉5	丙戌6	丁亥7	戊子8	己丑9	庚寅10	辛卯11	壬辰12	癸巳13	甲午14	乙未15	丙申16	丁酉17	戊戌18	己亥19	庚子20	辛丑21	壬寅22		
二月大	癸卯	天干 地支 西曆	癸卯23	甲辰24	乙巳25	丙午26	丁未27	戊申28	己酉29	庚戌30	辛亥31	壬子(4)	癸丑2	甲寅3	乙卯4	丙辰5	丁巳6	戊午7	己未8	庚申9	辛酉10	壬戌11	癸亥12	甲子13	乙丑14	丙寅15	丁卯16	戊辰17	己巳18	庚午19	辛未20	壬申21	癸丑春分
三月小	甲辰	天干 地支 西曆	癸酉22	甲戌23	乙亥24	丙子25	丁丑26	戊寅27	己卯28	庚辰29	辛巳30	壬午(5)	癸未2	甲申3	乙酉4	丙戌5	丁亥6	戊子7	己丑8	庚寅9	辛卯10	壬辰11	癸巳12	甲午13	乙未14	丙申15	丁酉16	戊戌17	己亥18	庚子19	辛丑20		庚子立夏
四月大	乙巳	天干 地支 西曆	壬寅21	癸卯22	甲辰23	乙巳24	丙午25	丁未26	戊申27	己酉28	庚戌29	辛亥30	壬子31	癸丑(6)	甲寅2	乙卯3	丙辰4	丁巳5	戊午6	己未7	庚申8	辛酉9	壬戌10	癸亥11	甲子12	乙丑13	丙寅14	丁卯15	戊辰16	己巳17	庚午18	辛未19	
五月大	丙午	天干 地支 西曆	壬申20	癸酉21	甲戌22	乙亥23	丙子24	丁丑25	戊寅26	己卯27	庚辰28	辛巳29	壬午30	癸未(7)	甲申2	乙酉3	丙戌4	丁亥5	戊子6	己丑7	庚寅8	辛卯9	壬辰10	癸巳11	甲午12	乙未13	丙申14	丁酉15	戊戌16	己亥17	庚子18	辛丑19	丁亥夏至
六月小	丁未	天干 地支 西曆	壬寅20	癸卯21	甲辰22	乙巳23	丙午24	丁未25	戊申26	己酉27	庚戌28	辛亥29	壬子30	癸丑31	甲寅(8)	乙卯2	丙辰3	丁巳4	戊午5	己未6	庚申7	辛酉8	壬戌9	癸亥10	甲子11	乙丑12	丙寅13	丁卯14	戊辰15	己巳16	庚午17		
七月大	戊申	天干 地支 西曆	辛未18	壬申19	癸酉20	甲戌21	乙亥22	丙子23	丁丑24	戊寅25	己卯26	庚辰27	辛巳28	壬午29	癸未30	甲申31	乙酉(9)	丙戌2	丁亥3	戊子4	己丑5	庚寅6	辛卯7	壬辰8	癸巳9	甲午10	乙未11	丙申12	丁酉13	戊戌14	己亥15	庚子16	甲戌立秋
八月大	己酉	天干 地支 西曆	辛丑17	壬寅18	癸卯19	甲辰20	乙巳21	丙午22	丁未23	戊申24	己酉25	庚戌26	辛亥27	壬子28	癸丑29	甲寅30	乙卯(10)	丙辰2	丁巳3	戊午4	己未5	庚申6	辛酉7	壬戌8	癸亥9	甲子10	乙丑11	丙寅12	丁卯13	戊辰14	己巳15	庚午16	己未秋分 辛丑日食
九月小	庚戌	天干 地支 西曆	辛未17	壬申18	癸酉19	甲戌20	乙亥21	丙子22	丁丑23	戊寅24	己卯25	庚辰26	辛巳27	壬午28	癸未29	甲申30	乙酉31	丙戌(11)	丁亥2	戊子3	己丑4	庚寅5	辛卯6	壬辰7	癸巳8	甲午9	乙未10	丙申11	丁酉12	戊戌13	己亥14		
十月大	辛亥	天干 地支 西曆	庚子15	辛丑16	壬寅17	癸卯18	甲辰19	乙巳20	丙午21	丁未22	戊申23	己酉24	庚戌25	辛亥26	壬子27	癸丑28	甲寅29	乙卯30	丙辰(12)	丁巳2	戊午3	己未4	庚申5	辛酉6	壬戌7	癸亥8	甲子9	乙丑10	丙寅11	丁卯12	戊辰13	己巳14	癸卯立冬
十一月小	壬子	天干 地支 西曆	庚午15	辛未16	壬申17	癸酉18	甲戌19	乙亥20	丙子21	丁丑22	戊寅23	己卯24	庚辰25	辛巳26	壬午27	癸未28	甲申29	乙酉30	丙戌31	丁亥(1)	戊子2	己丑3	庚寅4	辛卯5	壬辰6	癸巳7	甲午8	乙未9	丙申10	丁酉11	戊戌12		丁亥冬至
十二月大	癸丑	天干 地支 西曆	己亥13	庚子14	辛丑15	壬寅16	癸卯17	甲辰18	乙巳19	丙午20	丁未21	戊申22	己酉23	庚戌24	辛亥25	壬子26	癸丑27	甲寅28	乙卯29	丙辰30	丁巳31	戊午(2)	己未2	庚申3	辛酉4	壬戌5	癸亥6	甲子7	乙丑8	丙寅9	丁卯10	戊辰11	

年代異同	竹書紀年	皇極經世	文獻通考	歷代紀年備考	歷代帝王年表	歷代統紀表	中國年曆總譜	斷代工程
	殷武丁二十四年	殷武丁四十六年	殷武丁四十六年	殷武丁四十六年	殷武丁四十六年	殷武丁四十六年	殷祖庚二年	殷盤庚小辛小乙

殷小辛十八年（癸卯 兔年） 公元前**1278** ~ 前 1277 年

夏曆月序		中西曆日對照	初一	初二	初三	初四	初五	初六	初七	初八	初九	初十	十一	十二	十三	十四	十五	十六	十七	十八	十九	二十	二一	二二	二三	二四	二五	二六	二七	二八	二九	三十	節氣與天象
正月小	甲寅	天干地支西曆	己巳12	庚午13	辛未14	壬申15	癸酉16	甲戌17	乙亥18	丙子19	丁丑20	戊寅21	己卯22	庚辰23	辛巳24	壬午25	癸未26	甲申27	乙酉28	丙戌(3)	丁亥2	戊子3	己丑4	庚寅5	辛卯6	壬辰7	癸巳8	甲午9	乙未10	丙申11	丁酉12		壬申立春
二月小	乙卯	天干地支西曆	戊戌13	己亥14	庚子15	辛丑16	壬寅17	癸卯18	甲辰19	乙巳20	丙午21	丁未22	戊申23	己酉24	庚戌25	辛亥26	壬子27	癸丑28	甲寅29	乙卯30	丙辰31	丁巳(4)	戊午2	己未3	庚申4	辛酉5	壬戌6	癸亥7	甲子8	乙丑9	丙寅10		戊午春分
三月大	丙辰	天干地支西曆	丁卯11	戊辰12	己巳13	庚午14	辛未15	壬申16	癸酉17	甲戌18	乙亥19	丙子20	丁丑21	戊寅22	己卯23	庚辰24	辛巳25	壬午26	癸未27	甲申28	乙酉29	丙戌30	丁亥(5)	戊子2	己丑3	庚寅4	辛卯5	壬辰6	癸巳7	甲午8	乙未9	丙申10	
四月小	丁巳	天干地支西曆	丁酉11	戊戌12	己亥13	庚子14	辛丑15	壬寅16	癸卯17	甲辰18	乙巳19	丙午20	丁未21	戊申22	己酉23	庚戌24	辛亥25	壬子26	癸丑27	甲寅28	乙卯29	丙辰30	丁巳31	戊午(6)	己未2	庚申3	辛酉4	壬戌5	癸亥6	甲子7	乙丑8		乙巳立夏
五月大	戊午	天干地支西曆	丙寅9	丁卯10	戊辰11	己巳12	庚午13	辛未14	壬申15	癸酉16	甲戌17	乙亥18	丙子19	丁丑20	戊寅21	己卯22	庚辰23	辛巳24	壬午25	癸未26	甲申27	乙酉28	丙戌29	丁亥30	戊子(7)	己丑2	庚寅3	辛卯4	壬辰5	癸巳6	甲午7	乙未8	壬辰夏至
六月小	己未	天干地支西曆	丙申9	丁酉10	戊戌11	己亥12	庚子13	辛丑14	壬寅15	癸卯16	甲辰17	乙巳18	丙午19	丁未20	戊申21	己酉22	庚戌23	辛亥24	壬子25	癸丑26	甲寅27	乙卯28	丙辰29	丁巳30	戊午31	己未(8)	庚申2	辛酉3	壬戌4	癸亥5	甲子6		
七月大	庚申	天干地支西曆	乙丑7	丙寅8	丁卯9	戊辰10	己巳11	庚午12	辛未13	壬申14	癸酉15	甲戌16	乙亥17	丙子18	丁丑19	戊寅20	己卯21	庚辰22	辛巳23	壬午24	癸未25	甲申26	乙酉27	丙戌28	丁亥29	戊子30	己丑31	庚寅(9)	辛卯2	壬辰3	癸巳4	甲午5	己卯立秋
八月大	辛酉	天干地支西曆	乙未6	丙申7	丁酉8	戊戌9	己亥10	庚子11	辛丑12	壬寅13	癸卯14	甲辰15	乙巳16	丙午17	丁未18	戊申19	己酉20	庚戌21	辛亥22	壬子23	癸丑24	甲寅25	乙卯26	丙辰27	丁巳28	戊午29	己未30	庚申(10)	辛酉2	壬戌3	癸亥4	甲子5	甲子秋分
九月大	壬戌	天干地支西曆	乙丑6	丙寅7	丁卯8	戊辰9	己巳10	庚午11	辛未12	壬申13	癸酉14	甲戌15	乙亥16	丙子17	丁丑18	戊寅19	己卯20	庚辰21	辛巳22	壬午23	癸未24	甲申25	乙酉26	丙戌27	丁亥28	戊子29	己丑30	庚寅31	辛卯(11)	壬辰2	癸巳3	甲午4	
十月小	癸亥	天干地支西曆	乙未5	丙申6	丁酉7	戊戌8	己亥9	庚子10	辛丑11	壬寅12	癸卯13	甲辰14	乙巳15	丙午16	丁未17	戊申18	己酉19	庚戌20	辛亥21	壬子22	癸丑23	甲寅24	乙卯25	丙辰26	丁巳27	戊午28	己未29	庚申30	辛酉(12)	壬戌2	癸亥3		戊申立冬
十一月大	甲子	天干地支西曆	甲子4	乙丑5	丙寅6	丁卯7	戊辰8	己巳9	庚午10	辛未11	壬申12	癸酉13	甲戌14	乙亥15	丙子16	丁丑17	戊寅18	己卯19	庚辰20	辛巳21	壬午22	癸未23	甲申24	乙酉25	丙戌26	丁亥27	戊子28	己丑29	庚寅30	辛卯31	壬辰(1)	癸巳2	壬辰冬至
十二月小	乙丑	天干地支西曆	甲午3	乙未4	丙申5	丁酉6	戊戌7	己亥8	庚子9	辛丑10	壬寅11	癸卯12	甲辰13	乙巳14	丙午15	丁未16	戊申17	己酉18	庚戌19	辛亥20	壬子21	癸丑22	甲寅23	乙卯24	丙辰25	丁巳26	戊午27	己未28	庚申29	辛酉30	壬戌31		

年代異同	竹書紀年	皇極經世	文獻通考	歷代紀年備考	歷代帝王年表	歷代統紀表	中國年曆總譜	斷代工程
	殷武丁二十五年	殷武丁四十七年	殷武丁四十七年	殷武丁四十七年	殷武丁四十七年	殷武丁四十七年	殷祖庚三年	殷盤庚小辛小乙

殷小辛十九年（甲辰 龍年） 公元前 **1277** ~ 前 1276 年

夏曆月序		中西曆日對照	初一	初二	初三	初四	初五	初六	初七	初八	初九	初十	十一	十二	十三	十四	十五	十六	十七	十八	十九	二十	二一	二二	二三	二四	二五	二六	二七	二八	二九	三十	節氣與天象
正月大	丙寅	天干地支西曆	癸亥(2)	甲子2	乙丑3	丙寅4	丁卯5	戊辰6	己巳7	庚午8	辛未9	壬申10	癸酉11	甲戌12	乙亥13	丙子14	丁丑15	戊寅16	己卯17	庚辰18	辛巳19	壬午20	癸未21	甲申22	乙酉23	丙戌24	丁亥25	戊子26	己丑27	庚寅28	辛卯29	壬辰(3)	丁丑立春
二月小	丁卯	天干地支西曆	癸巳2	甲午3	乙未4	丙申5	丁酉6	戊戌7	己亥8	庚子9	辛丑10	壬寅11	癸卯12	甲辰13	乙巳14	丙午15	丁未16	戊申17	己酉18	庚戌19	辛亥20	壬子21	癸丑22	甲寅23	乙卯24	丙辰25	丁巳26	戊午27	己未28	庚申29	辛酉30		
閏二月小	丁卯	天干地支西曆	壬戌31	癸亥(4)	甲子2	乙丑3	丙寅4	丁卯5	戊辰6	己巳7	庚午8	辛未9	壬申10	癸酉11	甲戌12	乙亥13	丙子14	丁丑15	戊寅16	己卯17	庚辰18	辛巳19	壬午20	癸未21	甲申22	乙酉23	丙戌24	丁亥25	戊子26	己丑27	庚寅28		癸亥春分
三月大	戊辰	天干地支西曆	辛卯29	壬辰30	癸巳(5)	甲午2	乙未3	丙申4	丁酉5	戊戌6	己亥7	庚子8	辛丑9	壬寅10	癸卯11	甲辰12	乙巳13	丙午14	丁未15	戊申16	己酉17	庚戌18	辛亥19	壬子20	癸丑21	甲寅22	乙卯23	丙辰24	丁巳25	戊午26	己未27	庚申28	辛亥立夏
四月小	己巳	天干地支西曆	辛酉29	壬戌30	癸亥31	甲子(6)	乙丑2	丙寅3	丁卯4	戊辰5	己巳6	庚午7	辛未8	壬申9	癸酉10	甲戌11	乙亥12	丙子13	丁丑14	戊寅15	己卯16	庚辰17	辛巳18	壬午19	癸未20	甲申21	乙酉22	丙戌23	丁亥24	戊子25	己丑26		
五月小	庚午	天干地支西曆	庚寅27	辛卯28	壬辰29	癸巳30	甲午(7)	乙未2	丙申3	丁酉4	戊戌5	己亥6	庚子7	辛丑8	壬寅9	癸卯10	甲辰11	乙巳12	丙午13	丁未14	戊申15	己酉16	庚戌17	辛亥18	壬子19	癸丑20	甲寅21	乙卯22	丙辰23	丁巳24	戊午25		戊戌夏至
六月大	辛未	天干地支西曆	己未26	庚申27	辛酉28	壬戌29	癸亥30	甲子31	乙丑(8)	丙寅2	丁卯3	戊辰4	己巳5	庚午6	辛未7	壬申8	癸酉9	甲戌10	乙亥11	丙子12	丁丑13	戊寅14	己卯15	庚辰16	辛巳17	壬午18	癸未19	甲申20	乙酉21	丙戌22	丁亥23	戊子24	甲申立秋
七月大	壬申	天干地支西曆	己丑25	庚寅26	辛卯27	壬辰28	癸巳29	甲午30	乙未31	丙申(9)	丁酉2	戊戌3	己亥4	庚子5	辛丑6	壬寅7	癸卯8	甲辰9	乙巳10	丙午11	丁未12	戊申13	己酉14	庚戌15	辛亥16	壬子17	癸丑18	甲寅19	乙卯20	丙辰21	丁巳22	戊午23	
八月大	癸酉	天干地支西曆	己未24	庚申25	辛酉26	壬戌27	癸亥28	甲子29	乙丑30	丙寅(10)	丁卯2	戊辰3	己巳4	庚午5	辛未6	壬申7	癸酉8	甲戌9	乙亥10	丙子11	丁丑12	戊寅13	己卯14	庚辰15	辛巳16	壬午17	癸未18	甲申19	乙酉20	丙戌21	丁亥22	戊子23	己巳秋分
九月小	甲戌	天干地支西曆	己丑24	庚寅25	辛卯26	壬辰27	癸巳28	甲午29	乙未30	丙申31	丁酉(11)	戊戌2	己亥3	庚子4	辛丑5	壬寅6	癸卯7	甲辰8	乙巳9	丙午10	丁未11	戊申12	己酉13	庚戌14	辛亥15	壬子16	癸丑17	甲寅18	乙卯19	丙辰20	丁巳21		癸丑立冬
十月大	乙亥	天干地支西曆	戊午22	己未23	庚申24	辛酉25	壬戌26	癸亥27	甲子28	乙丑29	丙寅30	丁卯(12)	戊辰2	己巳3	庚午4	辛未5	壬申6	癸酉7	甲戌8	乙亥9	丙子10	丁丑11	戊寅12	己卯13	庚辰14	辛巳15	壬午16	癸未17	甲申18	乙酉19	丙戌20	丁亥21	
十一月大	丙子	天干地支西曆	戊子22	己丑23	庚寅24	辛卯25	壬辰26	癸巳27	甲午28	乙未29	丙申30	丁酉31	戊戌(1)	己亥2	庚子3	辛丑4	壬寅5	癸卯6	甲辰7	乙巳8	丙午9	丁未10	戊申11	己酉12	庚戌13	辛亥14	壬子15	癸丑16	甲寅17	乙卯18	丙辰19	丁巳20	丁酉冬至
十二月小	丁丑	天干地支西曆	戊午21	己未22	庚申23	辛酉24	壬戌25	癸亥26	甲子27	乙丑28	丙寅29	丁卯30	戊辰31	己巳(2)	庚午2	辛未3	壬申4	癸酉5	甲戌6	乙亥7	丙子8	丁丑9	戊寅10	己卯11	庚辰12	辛巳13	壬午14	癸未15	甲申16	乙酉17	丙戌18		壬午立春

年代異同	竹書紀年	皇極經世	文獻通考	歷代紀年備考	歷代帝王年表	歷代統紀表	中國年曆總譜	斷代工程
	殷武丁二十六年	殷武丁四十八年	殷武丁四十八年	殷武丁四十八年	殷武丁四十八年	殷武丁四十八年	殷祖庚四年	殷盤庚小辛小乙

殷小辛二十年（乙巳 蛇年） 公元前 1276 ~ 前 1275 年

夏曆月序		中西曆日對照	初一	初二	初三	初四	初五	初六	初七	初八	初九	初十	十一	十二	十三	十四	十五	十六	十七	十八	十九	二十	二一	二二	二三	二四	二五	二六	二七	二八	二九	三十	節氣與天象
正月大	戊寅	天干 地支 西曆	丁亥19	戊子20	己丑21	庚寅22	辛卯23	壬辰24	癸巳25	甲午26	乙未27	丙申28	丁酉(3)	戊戌2	己亥3	庚子4	辛丑5	壬寅6	癸卯7	甲辰8	乙巳9	丙午10	丁未11	戊申12	己酉13	庚戌14	辛亥15	壬子16	癸丑17	甲寅18	乙卯19	丙辰20	
二月小	己卯	天干 地支 西曆	丁巳21	戊午22	己未23	庚申24	辛酉25	壬戌26	癸亥27	甲子28	乙丑29	丙寅30	丁卯31	戊辰(4)	己巳2	庚午3	辛未4	壬申5	癸酉6	甲戌7	乙亥8	丙子9	丁丑10	戊寅11	己卯12	庚辰13	辛巳14	壬午15	癸未16	甲申17	乙酉18		己巳春分
三月小	庚辰	天干 地支 西曆	丙戌19	丁亥20	戊子21	己丑22	庚寅23	辛卯24	壬辰25	癸巳26	甲午27	乙未28	丙申29	丁酉30	戊戌(5)	己亥2	庚子3	辛丑4	壬寅5	癸卯6	甲辰7	乙巳8	丙午9	丁未10	戊申11	己酉12	庚戌13	辛亥14	壬子15	癸丑16	甲寅17		丙辰立夏
四月大	辛巳	天干 地支 西曆	乙卯18	丙辰19	丁巳20	戊午21	己未22	庚申23	辛酉24	壬戌25	癸亥26	甲子27	乙丑28	丙寅29	丁卯30	戊辰31	己巳(6)	庚午2	辛未3	壬申4	癸酉5	甲戌6	乙亥7	丙子8	丁丑9	戊寅10	己卯11	庚辰12	辛巳13	壬午14	癸未15	甲申16	
五月小	壬午	天干 地支 西曆	乙酉17	丙戌18	丁亥19	戊子20	己丑21	庚寅22	辛卯23	壬辰24	癸巳25	甲午26	乙未27	丙申28	丁酉29	戊戌30	己亥(7)	庚子2	辛丑3	壬寅4	癸卯5	甲辰6	乙巳7	丙午8	丁未9	戊申10	己酉11	庚戌12	辛亥13	壬子14	癸丑15		癸卯夏至
六月小	癸未	天干 地支 西曆	甲寅16	乙卯17	丙辰18	丁巳19	戊午20	己未21	庚申22	辛酉23	壬戌24	癸亥25	甲子26	乙丑27	丙寅28	丁卯29	戊辰30	己巳31	庚午(8)	辛未2	壬申3	癸酉4	甲戌5	乙亥6	丙子7	丁丑8	戊寅9	己卯10	庚辰11	辛巳12	壬午13		甲寅日食
七月大	甲申	天干 地支 西曆	癸未14	甲申15	乙酉16	丙戌17	丁亥18	戊子19	己丑20	庚寅21	辛卯22	壬辰23	癸巳24	甲午25	乙未26	丙申27	丁酉28	戊戌29	己亥30	庚子31	辛丑(9)	壬寅2	癸卯3	甲辰4	乙巳5	丙午6	丁未7	戊申8	己酉9	庚戌10	辛亥11	壬子12	己丑立秋
八月大	乙酉	天干 地支 西曆	癸丑13	甲寅14	乙卯15	丙辰16	丁巳17	戊午18	己未19	庚申20	辛酉21	壬戌22	癸亥23	甲子24	乙丑25	丙寅26	丁卯27	戊辰28	己巳29	庚午30	辛未(10)	壬申2	癸酉3	甲戌4	乙亥5	丙子6	丁丑7	戊寅8	己卯9	庚辰10	辛巳11	壬午12	甲戌秋分
九月小	丙戌	天干 地支 西曆	癸未13	甲申14	乙酉15	丙戌16	丁亥17	戊子18	己丑19	庚寅20	辛卯21	壬辰22	癸巳23	甲午24	乙未25	丙申26	丁酉27	戊戌28	己亥29	庚子30	辛丑31	壬寅(11)	癸卯2	甲辰3	乙巳4	丙午5	丁未6	戊申7	己酉8	庚戌9	辛亥10		
十月大	丁亥	天干 地支 西曆	壬子11	癸丑12	甲寅13	乙卯14	丙辰15	丁巳16	戊午17	己未18	庚申19	辛酉20	壬戌21	癸亥22	甲子23	乙丑24	丙寅25	丁卯26	戊辰27	己巳28	庚午29	辛未30	壬申(12)	癸酉2	甲戌3	乙亥4	丙子5	丁丑6	戊寅7	己卯8	庚辰9	辛巳10	己未立冬
十一月大	戊子	天干 地支 西曆	壬午11	癸未12	甲申13	乙酉14	丙戌15	丁亥16	戊子17	己丑18	庚寅19	辛卯20	壬辰21	癸巳22	甲午23	乙未24	丙申25	丁酉26	戊戌27	己亥28	庚子29	辛丑30	壬寅31	癸卯(1)	甲辰2	乙巳3	丙午4	丁未5	戊申6	己酉7	庚戌8	辛亥9	癸卯冬至
十二月大	己丑	天干 地支 西曆	壬子10	癸丑11	甲寅12	乙卯13	丙辰14	丁巳15	戊午16	己未17	庚申18	辛酉19	壬戌20	癸亥21	甲子22	乙丑23	丙寅24	丁卯25	戊辰26	己巳27	庚午28	辛未29	壬申30	癸酉31	甲戌(2)	乙亥2	丙子3	丁丑4	戊寅5	己卯6	庚辰7	辛巳8	

年代異同	竹書紀年	皇極經世	文獻通考	歷代紀年備考	歷代帝王年表	歷代統紀表	中國年曆總譜	斷代工程
	殷武丁二十七年	殷武丁四十九年	殷武丁四十九年	殷武丁四十九年	殷武丁四十九年	殷武丁四十九年	殷祖庚五年	殷盤庚小辛小乙

殷小辛二十一年（丙午 馬年） 公元前 1275 ~ 前 1274 年

夏曆月序		中西曆日對照	初一	初二	初三	初四	初五	初六	初七	初八	初九	初十	十一	十二	十三	十四	十五	十六	十七	十八	十九	二十	二一	二二	二三	二四	二五	二六	二七	二八	二九	三十	節氣與天象
正月小	庚寅	天干地支 西曆	壬午 9	癸未 10	甲申 11	乙酉 12	丙戌 13	丁亥 14	戊子 15	己丑 16	庚寅 17	辛卯 18	壬辰 19	癸巳 20	甲午 21	乙未 22	丙申 23	丁酉 24	戊戌 25	己亥 26	庚子 27	辛丑 28	壬寅 (3)	癸卯 2	甲辰 3	乙巳 4	丙午 5	丁未 6	戊申 7	己酉 8	庚戌 9		戊子立春
二月大	辛卯	天干地支 西曆	辛亥 10	壬子 11	癸丑 12	甲寅 13	乙卯 14	丙辰 15	丁巳 16	戊午 17	己未 18	庚申 19	辛酉 20	壬戌 21	癸亥 22	甲子 23	乙丑 24	丙寅 25	丁卯 26	戊辰 27	己巳 28	庚午 29	辛未 30	壬申 31	癸酉 (4)	甲戌 2	乙亥 3	丙子 4	丁丑 5	戊寅 6	己卯 7	庚辰 8	甲戌春分
三月小	壬辰	天干地支 西曆	辛巳 9	壬午 10	癸未 11	甲申 12	乙酉 13	丙戌 14	丁亥 15	戊子 16	己丑 17	庚寅 18	辛卯 19	壬辰 20	癸巳 21	甲午 22	乙未 23	丙申 24	丁酉 25	戊戌 26	己亥 27	庚子 28	辛丑 29	壬寅 30	癸卯 (5)	甲辰 2	乙巳 3	丙午 4	丁未 5	戊申 6	己酉 7		
四月小	癸巳	天干地支 西曆	庚戌 8	辛亥 9	壬子 10	癸丑 11	甲寅 12	乙卯 13	丙辰 14	丁巳 15	戊午 16	己未 17	庚申 18	辛酉 19	壬戌 20	癸亥 21	甲子 22	乙丑 23	丙寅 24	丁卯 25	戊辰 26	己巳 27	庚午 28	辛未 29	壬申 30	癸酉 31	甲戌 (6)	乙亥 2	丙子 3	丁丑 4	戊寅 5		辛酉立夏
五月大	甲午	天干地支 西曆	己卯 6	庚辰 7	辛巳 8	壬午 9	癸未 10	甲申 11	乙酉 12	丙戌 13	丁亥 14	戊子 15	己丑 16	庚寅 17	辛卯 18	壬辰 19	癸巳 20	甲午 21	乙未 22	丙申 23	丁酉 24	戊戌 25	己亥 26	庚子 27	辛丑 28	壬寅 29	癸卯 30	甲辰 (7)	乙巳 2	丙午 3	丁未 4	戊申 5	戊申夏至
六月小	乙未	天干地支 西曆	己酉 6	庚戌 7	辛亥 8	壬子 9	癸丑 10	甲寅 11	乙卯 12	丙辰 13	丁巳 14	戊午 15	己未 16	庚申 17	辛酉 18	壬戌 19	癸亥 20	甲子 21	乙丑 22	丙寅 23	丁卯 24	戊辰 25	己巳 26	庚午 27	辛未 28	壬申 29	癸酉 30	甲戌 31	乙亥 (8)	丙子 2	丁丑 3		
七月小	丙申	天干地支 西曆	戊寅 4	己卯 5	庚辰 6	辛巳 7	壬午 8	癸未 9	甲申 10	乙酉 11	丙戌 12	丁亥 13	戊子 14	己丑 15	庚寅 16	辛卯 17	壬辰 18	癸巳 19	甲午 20	乙未 21	丙申 22	丁酉 23	戊戌 24	己亥 25	庚子 26	辛丑 27	壬寅 28	癸卯 29	甲辰 30	乙巳 31	丙午 (9)		乙未立秋
八月大	丁酉	天干地支 西曆	丁未 2	戊申 3	己酉 4	庚戌 5	辛亥 6	壬子 7	癸丑 8	甲寅 9	乙卯 10	丙辰 11	丁巳 12	戊午 13	己未 14	庚申 15	辛酉 16	壬戌 17	癸亥 18	甲子 19	乙丑 20	丙寅 21	丁卯 22	戊辰 23	己巳 24	庚午 25	辛未 26	壬申 27	癸酉 28	甲戌 29	乙亥 30	丙子 (10)	
九月小	戊戌	天干地支 西曆	丁丑 2	戊寅 3	己卯 4	庚辰 5	辛巳 6	壬午 7	癸未 8	甲申 9	乙酉 10	丙戌 11	丁亥 12	戊子 13	己丑 14	庚寅 15	辛卯 16	壬辰 17	癸巳 18	甲午 19	乙未 20	丙申 21	丁酉 22	戊戌 23	己亥 24	庚子 25	辛丑 26	壬寅 27	癸卯 28	甲辰 29	乙巳 30		庚辰秋分
閏九月大	戊戌	天干地支 西曆	丙午 31	丁未 (11)	戊申 2	己酉 3	庚戌 4	辛亥 5	壬子 6	癸丑 7	甲寅 8	乙卯 9	丙辰 10	丁巳 11	戊午 12	己未 13	庚申 14	辛酉 15	壬戌 16	癸亥 17	甲子 18	乙丑 19	丙寅 20	丁卯 21	戊辰 22	己巳 23	庚午 24	辛未 25	壬申 26	癸酉 27	甲戌 28	乙亥 29	甲子立冬
十月大	己亥	天干地支 西曆	丙子 30	丁丑 (12)	戊寅 2	己卯 3	庚辰 4	辛巳 5	壬午 6	癸未 7	甲申 8	乙酉 9	丙戌 10	丁亥 11	戊子 12	己丑 13	庚寅 14	辛卯 15	壬辰 16	癸巳 17	甲午 18	乙未 19	丙申 20	丁酉 21	戊戌 22	己亥 23	庚子 24	辛丑 25	壬寅 26	癸卯 27	甲辰 28	乙巳 29	
十一月大	庚子	天干地支 西曆	丙午 30	丁未 31	戊申 (1)	己酉 2	庚戌 3	辛亥 4	壬子 5	癸丑 6	甲寅 7	乙卯 8	丙辰 9	丁巳 10	戊午 11	己未 12	庚申 13	辛酉 14	壬戌 15	癸亥 16	甲子 17	乙丑 18	丙寅 19	丁卯 20	戊辰 21	己巳 22	庚午 23	辛未 24	壬申 25	癸酉 26	甲戌 27	乙亥 28	戊申冬至
十二月小	辛丑	天干地支 西曆	丙子 29	丁丑 30	戊寅 31	己卯 (2)	庚辰 2	辛巳 3	壬午 4	癸未 5	甲申 6	乙酉 7	丙戌 8	丁亥 9	戊子 10	己丑 11	庚寅 12	辛卯 13	壬辰 14	癸巳 15	甲午 16	乙未 17	丙申 18	丁酉 19	戊戌 20	己亥 21	庚子 22	辛丑 23	壬寅 24	癸卯 25	甲辰 26		癸巳立春

年代異同	竹書紀年	皇極經世	文獻通考	歷代紀年備考	歷代帝王年表	歷代統紀表	中國年曆總譜	斷代工程
	殷武丁二十八年	殷武丁五十年	殷武丁五十年	殷武丁五十年	殷武丁五十年	殷武丁五十年	殷祖庚六年	殷盤庚小辛小乙

殷小乙元年（丁未 羊年） 公元前 **1274** ~ 前 1273 年

夏曆月序		中西曆日對照	初一	初二	初三	初四	初五	初六	初七	初八	初九	初十	十一	十二	十三	十四	十五	十六	十七	十八	十九	二十	二一	二二	二三	二四	二五	二六	二七	二八	二九	三十	節氣與天象
正月大	壬寅	干支 天地 西曆	乙巳27	丙午28	丁未(3)	戊申2	己酉3	庚戌4	辛亥5	壬子6	癸丑7	甲寅8	乙卯9	丙辰10	丁巳11	戊午12	己未13	庚申14	辛酉15	壬戌16	癸亥17	甲子18	乙丑19	丙寅20	丁卯21	戊辰22	己巳23	庚午24	辛未25	壬申26	癸酉27	甲戌28	
二月大	癸卯	干支 天地 西曆	乙亥29	丙子30	丁丑31	戊寅(4)	己卯2	庚辰3	辛巳4	壬午5	癸未6	甲申7	乙酉8	丙戌9	丁亥10	戊子11	己丑12	庚寅13	辛卯14	壬辰15	癸巳16	甲午17	乙未18	丙申19	丁酉20	戊戌21	己亥22	庚子23	辛丑24	壬寅25	癸卯26	甲辰27	己卯春分
三月小	甲辰	干支 天地 西曆	乙巳28	丙午29	丁未30	戊申(5)	己酉2	庚戌3	辛亥4	壬子5	癸丑6	甲寅7	乙卯8	丙辰9	丁巳10	戊午11	己未12	庚申13	辛酉14	壬戌15	癸亥16	甲子17	乙丑18	丙寅19	丁卯20	戊辰21	己巳22	庚午23	辛未24	壬申25	癸酉26		丙寅立夏
四月小	乙巳	干支 天地 西曆	甲戌27	乙亥28	丙子29	丁丑30	戊寅31	己卯(6)	庚辰2	辛巳3	壬午4	癸未5	甲申6	乙酉7	丙戌8	丁亥9	戊子10	己丑11	庚寅12	辛卯13	壬辰14	癸巳15	甲午16	乙未17	丙申18	丁酉19	戊戌20	己亥21	庚子22	辛丑23	壬寅24		
五月大	丙午	干支 天地 西曆	癸卯25	甲辰26	乙巳27	丙午28	丁未29	戊申30	己酉(7)	庚戌2	辛亥3	壬子4	癸丑5	甲寅6	乙卯7	丙辰8	丁巳9	戊午10	己未11	庚申12	辛酉13	壬戌14	癸亥15	甲子16	乙丑17	丙寅18	丁卯19	戊辰20	己巳21	庚午22	辛未23	壬申24	癸丑夏至
六月小	丁未	干支 天地 西曆	癸酉25	甲戌26	乙亥27	丙子28	丁丑29	戊寅30	己卯31	庚辰(8)	辛巳2	壬午3	癸未4	甲申5	乙酉6	丙戌7	丁亥8	戊子9	己丑10	庚寅11	辛卯12	壬辰13	癸巳14	甲午15	乙未16	丙申17	丁酉18	戊戌19	己亥20	庚子21	辛丑22		庚子立秋
七月小	戊申	干支 天地 西曆	壬寅23	癸卯24	甲辰25	乙巳26	丙午27	丁未28	戊申29	己酉30	庚戌31	辛亥(9)	壬子2	癸丑3	甲寅4	乙卯5	丙辰6	丁巳7	戊午8	己未9	庚申10	辛酉11	壬戌12	癸亥13	甲子14	乙丑15	丙寅16	丁卯17	戊辰18	己巳19	庚午20		
八月大	己酉	干支 天地 西曆	辛未21	壬申22	癸酉23	甲戌24	乙亥25	丙子26	丁丑27	戊寅28	己卯29	庚辰30	辛巳(10)	壬午2	癸未3	甲申4	乙酉5	丙戌6	丁亥7	戊子8	己丑9	庚寅10	辛卯11	壬辰12	癸巳13	甲午14	乙未15	丙申16	丁酉17	戊戌18	己亥19	庚子20	乙酉秋分
九月小	庚戌	干支 天地 西曆	辛丑21	壬寅22	癸卯23	甲辰24	乙巳25	丙午26	丁未27	戊申28	己酉29	庚戌30	辛亥31	壬子(11)	癸丑2	甲寅3	乙卯4	丙辰5	丁巳6	戊午7	己未8	庚申9	辛酉10	壬戌11	癸亥12	甲子13	乙丑14	丙寅15	丁卯16	戊辰17	己巳18		己巳立冬
十月大	辛亥	干支 天地 西曆	庚午19	辛未20	壬申21	癸酉22	甲戌23	乙亥24	丙子25	丁丑26	戊寅27	己卯28	庚辰29	辛巳30	壬午(12)	癸未2	甲申3	乙酉4	丙戌5	丁亥6	戊子7	己丑8	庚寅9	辛卯10	壬辰11	癸巳12	甲午13	乙未14	丙申15	丁酉16	戊戌17	己亥18	
十一月大	壬子	干支 天地 西曆	庚子19	辛丑20	壬寅21	癸卯22	甲辰23	乙巳24	丙午25	丁未26	戊申27	己酉28	庚戌29	辛亥30	壬子31	癸丑(1)	甲寅2	乙卯3	丙辰4	丁巳5	戊午6	己未7	庚申8	辛酉9	壬戌10	癸亥11	甲子12	乙丑13	丙寅14	丁卯15	戊辰16	己巳17	癸丑冬至
十二月大	癸丑	干支 天地 西曆	庚午18	辛未19	壬申20	癸酉21	甲戌22	乙亥23	丙子24	丁丑25	戊寅26	己卯27	庚辰28	辛巳29	壬午30	癸未31	甲申(2)	乙酉2	丙戌3	丁亥4	戊子5	己丑6	庚寅7	辛卯8	壬辰9	癸巳10	甲午11	乙未12	丙申13	丁酉14	戊戌15	己亥16	戊戌立春

年代異同	竹書紀年	皇極經世	文獻通考	歷代紀年備考	歷代帝王年表	歷代統紀表	中國年曆總譜	斷代工程
	殷武丁二十九年	殷武丁五十一年	殷武丁五十一年	殷武丁五十一年	殷武丁五十一年	殷武丁五十一年	殷祖庚七年	殷盤庚小辛小乙

殷小乙二年（戊申 猴年） 公元前 1273 ~ 前 1272 年

夏曆月序		中西曆日對照	夏曆日序																													節氣與天象
			初一	初二	初三	初四	初五	初六	初七	初八	初九	初十	十一	十二	十三	十四	十五	十六	十七	十八	十九	二十	二一	二二	二三	二四	二五	二六	二七	二八	二九	三十	
正月小	甲寅	干支天地西曆	庚子17	辛丑18	壬寅19	癸卯20	甲辰21	乙巳22	丙午23	丁未24	戊申25	己酉26	庚戌27	辛亥28	壬子29	癸丑(3)	甲寅2	乙卯3	丙辰4	丁巳5	戊午6	己未7	庚申8	辛酉9	壬戌10	癸亥11	甲子12	乙丑13	丙寅14	丁卯15	戊辰16		
二月大	乙卯	干支天地西曆	己巳17	庚午18	辛未19	壬申20	癸酉21	甲戌22	乙亥23	丙子24	丁丑25	戊寅26	己卯27	庚辰28	辛巳29	壬午30	癸未31	甲申(4)	乙酉2	丙戌3	丁亥4	戊子5	己丑6	庚寅7	辛卯8	壬辰9	癸巳10	甲午11	乙未12	丙申13	丁酉14	戊戌15	甲申春分
三月小	丙辰	干支天地西曆	己亥16	庚子17	辛丑18	壬寅19	癸卯20	甲辰21	乙巳22	丙午23	丁未24	戊申25	己酉26	庚戌27	辛亥28	壬子29	癸丑30	甲寅(5)	乙卯2	丙辰3	丁巳4	戊午5	己未6	庚申7	辛酉8	壬戌9	癸亥10	甲子11	乙丑12	丙寅13	丁卯14		
四月大	丁巳	干支天地西曆	戊辰15	己巳16	庚午17	辛未18	壬申19	癸酉20	甲戌21	乙亥22	丙子23	丁丑24	戊寅25	己卯26	庚辰27	辛巳28	壬午29	癸未30	甲申31	乙酉(6)	丙戌2	丁亥3	戊子4	己丑5	庚寅6	辛卯7	壬辰8	癸巳9	甲午10	乙未11	丙申12	丁酉13	壬申立夏
五月小	戊午	干支天地西曆	戊戌14	己亥15	庚子16	辛丑17	壬寅18	癸卯19	甲辰20	乙巳21	丙午22	丁未23	戊申24	己酉25	庚戌26	辛亥27	壬子28	癸丑29	甲寅30	乙卯(7)	丙辰2	丁巳3	戊午4	己未5	庚申6	辛酉7	壬戌8	癸亥9	甲子10	乙丑11	丙寅12		己未夏至
六月大	己未	干支天地西曆	丁卯13	戊辰14	己巳15	庚午16	辛未17	壬申18	癸酉19	甲戌20	乙亥21	丙子22	丁丑23	戊寅24	己卯25	庚辰26	辛巳27	壬午28	癸未29	甲申30	乙酉31	丙戌(8)	丁亥2	戊子3	己丑4	庚寅5	辛卯6	壬辰7	癸巳8	甲午9	乙未10	丙申11	
七月小	庚申	干支天地西曆	丁酉12	戊戌13	己亥14	庚子15	辛丑16	壬寅17	癸卯18	甲辰19	乙巳20	丙午21	丁未22	戊申23	己酉24	庚戌25	辛亥26	壬子27	癸丑28	甲寅29	乙卯30	丙辰31	丁巳(9)	戊午2	己未3	庚申4	辛酉5	壬戌6	癸亥7	甲子8	乙丑9		乙巳立秋
八月小	辛酉	干支天地西曆	丙寅10	丁卯11	戊辰12	己巳13	庚午14	辛未15	壬申16	癸酉17	甲戌18	乙亥19	丙子20	丁丑21	戊寅22	己卯23	庚辰24	辛巳25	壬午26	癸未27	甲申28	乙酉29	丙戌30	丁亥(10)	戊子2	己丑3	庚寅4	辛卯5	壬辰6	癸巳7	甲午8		庚寅秋分
九月大	壬戌	干支天地西曆	乙未9	丙申10	丁酉11	戊戌12	己亥13	庚子14	辛丑15	壬寅16	癸卯17	甲辰18	乙巳19	丙午20	丁未21	戊申22	己酉23	庚戌24	辛亥25	壬子26	癸丑27	甲寅28	乙卯29	丙辰30	丁巳31	戊午(11)	己未2	庚申3	辛酉4	壬戌5	癸亥6	甲子7	
十月小	癸亥	干支天地西曆	乙丑8	丙寅9	丁卯10	戊辰11	己巳12	庚午13	辛未14	壬申15	癸酉16	甲戌17	乙亥18	丙子19	丁丑20	戊寅21	己卯22	庚辰23	辛巳24	壬午25	癸未26	甲申27	乙酉28	丙戌29	丁亥30	戊子(12)	己丑2	庚寅3	辛卯4	壬辰5	癸巳6		甲戌立冬 乙丑日食
十一月大	甲子	干支天地西曆	甲午7	乙未8	丙申9	丁酉10	戊戌11	己亥12	庚子13	辛丑14	壬寅15	癸卯16	甲辰17	乙巳18	丙午19	丁未20	戊申21	己酉22	庚戌23	辛亥24	壬子25	癸丑26	甲寅27	乙卯28	丙辰29	丁巳30	戊午31	己未(1)	庚申2	辛酉3	壬戌4	癸亥5	戊午冬至
十二月大	乙丑	干支天地西曆	甲子6	乙丑7	丙寅8	丁卯9	戊辰10	己巳11	庚午12	辛未13	壬申14	癸酉15	甲戌16	乙亥17	丙子18	丁丑19	戊寅20	己卯21	庚辰22	辛巳23	壬午24	癸未25	甲申26	乙酉27	丙戌28	丁亥29	戊子30	己丑31	庚寅(2)	辛卯2	壬辰3	癸巳4	

年代異同	竹書紀年	皇極經世	文獻通考	歷代紀年備考	歷代帝王年表	歷代統紀表	中國年曆總譜	斷代工程
	殷武丁三十年	殷武丁五十二年	殷武丁五十二年	殷武丁五十二年	殷武丁五十二年	殷武丁五十二年	殷祖甲元年	殷盤庚小辛小乙

殷小乙三年（己酉 鷄年） 公元前 1272 ~ 前 1271 年

夏曆月序		中西曆日對照	初一	初二	初三	初四	初五	初六	初七	初八	初九	初十	十一	十二	十三	十四	十五	十六	十七	十八	十九	二十	二一	二二	二三	二四	二五	二六	二七	二八	二九	三十	節氣與天象
正月小	丙寅	天干地支西曆	甲午5	乙未6	丙申7	丁酉8	戊戌9	己亥10	庚子11	辛丑12	壬寅13	癸卯14	甲辰15	乙巳16	丙午17	丁未18	戊申19	己酉20	庚戌21	辛亥22	壬子23	癸丑24	甲寅25	乙卯26	丙辰27	丁巳28	戊午(3)	己未2	庚申3	辛酉4	壬戌5		癸卯立春
二月大	丁卯	天干地支西曆	癸亥6	甲子7	乙丑8	丙寅9	丁卯10	戊辰11	己巳12	庚午13	辛未14	壬申15	癸酉16	甲戌17	乙亥18	丙子19	丁丑20	戊寅21	己卯22	庚辰23	辛巳24	壬午25	癸未26	甲申27	乙酉28	丙戌29	丁亥30	戊子31	己丑(4)	庚寅2	辛卯3	壬辰4	庚寅春分
三月大	戊辰	天干地支西曆	癸巳5	甲午6	乙未7	丙申8	丁酉9	戊戌10	己亥11	庚子12	辛丑13	壬寅14	癸卯15	甲辰16	乙巳17	丙午18	丁未19	戊申20	己酉21	庚戌22	辛亥23	壬子24	癸丑25	甲寅26	乙卯27	丙辰28	丁巳29	戊午30	己未(5)	庚申2	辛酉3	壬戌4	
四月小	己巳	天干地支西曆	癸亥5	甲子6	乙丑7	丙寅8	丁卯9	戊辰10	己巳11	庚午12	辛未13	壬申14	癸酉15	甲戌16	乙亥17	丙子18	丁丑19	戊寅20	己卯21	庚辰22	辛巳23	壬午24	癸未25	甲申26	乙酉27	丙戌28	丁亥29	戊子30	己丑31	庚寅(6)	辛卯2		丁丑立夏
五月大	庚午	天干地支西曆	壬辰3	癸巳4	甲午5	乙未6	丙申7	丁酉8	戊戌9	己亥10	庚子11	辛丑12	壬寅13	癸卯14	甲辰15	乙巳16	丙午17	丁未18	戊申19	己酉20	庚戌21	辛亥22	壬子23	癸丑24	甲寅25	乙卯26	丙辰27	丁巳28	戊午29	己未30	庚申(7)	辛酉2	
六月小	辛未	天干地支西曆	壬戌3	癸亥4	甲子5	乙丑6	丙寅7	丁卯8	戊辰9	己巳10	庚午11	辛未12	壬申13	癸酉14	甲戌15	乙亥16	丙子17	丁丑18	戊寅19	己卯20	庚辰21	辛巳22	壬午23	癸未24	甲申25	乙酉26	丙戌27	丁亥28	戊子29	己丑30	庚寅31		甲子夏至
七月大	壬申	天干地支西曆	辛卯(8)	壬辰2	癸巳3	甲午4	乙未5	丙申6	丁酉7	戊戌8	己亥9	庚子10	辛丑11	壬寅12	癸卯13	甲辰14	乙巳15	丙午16	丁未17	戊申18	己酉19	庚戌20	辛亥21	壬子22	癸丑23	甲寅24	乙卯25	丙辰26	丁巳27	戊午28	己未29	庚申30	庚戌立秋
閏七月小	壬申	天干地支西曆	辛酉31	壬戌(9)	癸亥2	甲子3	乙丑4	丙寅5	丁卯6	戊辰7	己巳8	庚午9	辛未10	壬申11	癸酉12	甲戌13	乙亥14	丙子15	丁丑16	戊寅17	己卯18	庚辰19	辛巳20	壬午21	癸未22	甲申23	乙酉24	丙戌25	丁亥26	戊子27	己丑28		
八月小	癸酉	天干地支西曆	庚寅29	辛卯30	壬辰(10)	癸巳2	甲午3	乙未4	丙申5	丁酉6	戊戌7	己亥8	庚子9	辛丑10	壬寅11	癸卯12	甲辰13	乙巳14	丙午15	丁未16	戊申17	己酉18	庚戌19	辛亥20	壬子21	癸丑22	甲寅23	乙卯24	丙辰25	丁巳26	戊午27		乙未秋分
九月大	甲戌	天干地支西曆	己未28	庚申29	辛酉30	壬戌31	癸亥(11)	甲子2	乙丑3	丙寅4	丁卯5	戊辰6	己巳7	庚午8	辛未9	壬申10	癸酉11	甲戌12	乙亥13	丙子14	丁丑15	戊寅16	己卯17	庚辰18	辛巳19	壬午20	癸未21	甲申22	乙酉23	丙戌24	丁亥25	戊子26	庚辰立冬
十月小	乙亥	天干地支西曆	己丑27	庚寅28	辛卯29	壬辰30	癸巳(12)	甲午2	乙未3	丙申4	丁酉5	戊戌6	己亥7	庚子8	辛丑9	壬寅10	癸卯11	甲辰12	乙巳13	丙午14	丁未15	戊申16	己酉17	庚戌18	辛亥19	壬子20	癸丑21	甲寅22	乙卯23	丙辰24	丁巳25		
十一月大	丙子	天干地支西曆	戊午26	己未27	庚申28	辛酉29	壬戌30	癸亥31	甲子(1)	乙丑2	丙寅3	丁卯4	戊辰5	己巳6	庚午7	辛未8	壬申9	癸酉10	甲戌11	乙亥12	丙子13	丁丑14	戊寅15	己卯16	庚辰17	辛巳18	壬午19	癸未20	甲申21	乙酉22	丙戌23	丁亥24	甲子冬至
十二月小	丁丑	天干地支西曆	戊子25	己丑26	庚寅27	辛卯28	壬辰29	癸巳30	甲午31	乙未(2)	丙申2	丁酉3	戊戌4	己亥5	庚子6	辛丑7	壬寅8	癸卯9	甲辰10	乙巳11	丙午12	丁未13	戊申14	己酉15	庚戌16	辛亥17	壬子18	癸丑19	甲寅20	乙卯21	丙辰22		己酉立春

年代異同	竹書紀年	皇極經世	文獻通考	歷代紀年備考	歷代帝王年表	歷代統紀表	中國年曆總譜	斷代工程
	殷武丁三十一年	殷武丁五十三年	殷武丁五十三年	殷武丁五十三年	殷武丁五十三年	殷武丁五十三年	殷祖甲二年	殷盤庚小辛小乙

殷小乙四年（庚戌 狗年） 公元前**1271** ~ 前1270年

夏曆月序		中西日曆對照	初一	初二	初三	初四	初五	初六	初七	初八	初九	初十	十一	十二	十三	十四	十五	十六	十七	十八	十九	二十	二一	二二	二三	二四	二五	二六	二七	二八	二九	三十	節氣與天象
正月大	戊寅	天干地支 西曆	丁巳 23	戊午 24	己未 25	庚申 26	辛酉 27	壬戌 28	癸亥 (3)	甲子 2	乙丑 3	丙寅 4	丁卯 5	戊辰 6	己巳 7	庚午 8	辛未 9	壬申 10	癸酉 11	甲戌 12	乙亥 13	丙子 14	丁丑 15	戊寅 16	己卯 17	庚辰 18	辛巳 19	壬午 20	癸未 21	甲申 22	乙酉 23	丙戌 24	
二月大	己卯	天干地支 西曆	丁亥 25	戊子 26	己丑 27	庚寅 28	辛卯 29	壬辰 30	癸巳 31	甲午 (4)	乙未 2	丙申 3	丁酉 4	戊戌 5	己亥 6	庚子 7	辛丑 8	壬寅 9	癸卯 10	甲辰 11	乙巳 12	丙午 13	丁未 14	戊申 15	己酉 16	庚戌 17	辛亥 18	壬子 19	癸丑 20	甲寅 21	乙卯 22	丙辰 23	乙未春分
三月小	庚辰	天干地支 西曆	丁巳 24	戊午 25	己未 26	庚申 27	辛酉 28	壬戌 29	癸亥 30	甲子 (5)	乙丑 2	丙寅 3	丁卯 4	戊辰 5	己巳 6	庚午 7	辛未 8	壬申 9	癸酉 10	甲戌 11	乙亥 12	丙子 13	丁丑 14	戊寅 15	己卯 16	庚辰 17	辛巳 18	壬午 19	癸未 20	甲申 21	乙酉 22		壬午立夏
四月大	辛巳	天干地支 西曆	丙戌 23	丁亥 24	戊子 25	己丑 26	庚寅 27	辛卯 28	壬辰 29	癸巳 30	甲午 31	乙未 (6)	丙申 2	丁酉 3	戊戌 4	己亥 5	庚子 6	辛丑 7	壬寅 8	癸卯 9	甲辰 10	乙巳 11	丙午 12	丁未 13	戊申 14	己酉 15	庚戌 16	辛亥 17	壬子 18	癸丑 19	甲寅 20	乙卯 21	
五月小	壬午	天干地支 西曆	丙辰 22	丁巳 23	戊午 24	己未 25	庚申 26	辛酉 27	壬戌 28	癸亥 29	甲子 30	乙丑 (7)	丙寅 2	丁卯 3	戊辰 4	己巳 5	庚午 6	辛未 7	壬申 8	癸酉 9	甲戌 10	乙亥 11	丙子 12	丁丑 13	戊寅 14	己卯 15	庚辰 16	辛巳 17	壬午 18	癸未 19	甲申 20		己巳夏至
六月大	癸未	天干地支 西曆	乙酉 21	丙戌 22	丁亥 23	戊子 24	己丑 25	庚寅 26	辛卯 27	壬辰 28	癸巳 29	甲午 30	乙未 31	丙申 (8)	丁酉 2	戊戌 3	己亥 4	庚子 5	辛丑 6	壬寅 7	癸卯 8	甲辰 9	乙巳 10	丙午 11	丁未 12	戊申 13	己酉 14	庚戌 15	辛亥 16	壬子 17	癸丑 18	甲寅 19	
七月大	甲申	天干地支 西曆	乙卯 20	丙辰 21	丁巳 22	戊午 23	己未 24	庚申 25	辛酉 26	壬戌 27	癸亥 28	甲子 29	乙丑 30	丙寅 31	丁卯 (9)	戊辰 2	己巳 3	庚午 4	辛未 5	壬申 6	癸酉 7	甲戌 8	乙亥 9	丙子 10	丁丑 11	戊寅 12	己卯 13	庚辰 14	辛巳 15	壬午 16	癸未 17	甲申 18	乙卯立秋
八月小	乙酉	天干地支 西曆	乙酉 19	丙戌 20	丁亥 21	戊子 22	己丑 23	庚寅 24	辛卯 25	壬辰 26	癸巳 27	甲午 28	乙未 29	丙申 30	丁酉 (10)	戊戌 2	己亥 3	庚子 4	辛丑 5	壬寅 6	癸卯 7	甲辰 8	乙巳 9	丙午 10	丁未 11	戊申 12	己酉 13	庚戌 14	辛亥 15	壬子 16	癸丑 17		辛丑秋分
九月大	丙戌	天干地支 西曆	甲寅 18	乙卯 19	丙辰 20	丁巳 21	戊午 22	己未 23	庚申 24	辛酉 25	壬戌 26	癸亥 27	甲子 28	乙丑 29	丙寅 30	丁卯 31	戊辰 (11)	己巳 2	庚午 3	辛未 4	壬申 5	癸酉 6	甲戌 7	乙亥 8	丙子 9	丁丑 10	戊寅 11	己卯 12	庚辰 13	辛巳 14	壬午 15	癸未 16	
十月小	丁亥	天干地支 西曆	甲申 17	乙酉 18	丙戌 19	丁亥 20	戊子 21	己丑 22	庚寅 23	辛卯 24	壬辰 25	癸巳 26	甲午 27	乙未 28	丙申 29	丁酉 30	戊戌 (12)	己亥 2	庚子 3	辛丑 4	壬寅 5	癸卯 6	甲辰 7	乙巳 8	丙午 9	丁未 10	戊申 11	己酉 12	庚戌 13	辛亥 14	壬子 15		乙酉立冬
十一月小	戊子	天干地支 西曆	癸丑 16	甲寅 17	乙卯 18	丙辰 19	丁巳 20	戊午 21	己未 22	庚申 23	辛酉 24	壬戌 25	癸亥 26	甲子 27	乙丑 28	丙寅 29	丁卯 30	戊辰 31	己巳 (1)	庚午 2	辛未 3	壬申 4	癸酉 5	甲戌 6	乙亥 7	丙子 8	丁丑 9	戊寅 10	己卯 11	庚辰 12	辛巳 13		己巳冬至
十二月大	己丑	天干地支 西曆	壬午 14	癸未 15	甲申 16	乙酉 17	丙戌 18	丁亥 19	戊子 20	己丑 21	庚寅 22	辛卯 23	壬辰 24	癸巳 25	甲午 26	乙未 27	丙申 28	丁酉 29	戊戌 30	己亥 31	庚子 (2)	辛丑 2	壬寅 3	癸卯 4	甲辰 5	乙巳 6	丙午 7	丁未 8	戊申 9	己酉 10	庚戌 11	辛亥 12	

年代異同	竹書紀年	皇極經世	文獻通考	歷代紀年備考	歷代帝王年表	歷代統紀表	中國年曆總譜	斷代工程
	殷武丁三十二年	殷武丁五十四年	殷武丁五十四年	殷武丁五十四年	殷武丁五十四年	殷武丁五十四年	殷祖甲三年	殷盤庚小辛小乙

殷小乙五年（辛亥 猪年） 公元前1270 ~ 前1269年

夏曆月序		中西曆日對照	夏曆日序																														節氣與天象
			初一	初二	初三	初四	初五	初六	初七	初八	初九	初十	十一	十二	十三	十四	十五	十六	十七	十八	十九	二十	二一	二二	二三	二四	二五	二六	二七	二八	二九	三十	
正月小	庚寅	天干地支西曆	壬子13	癸丑14	甲寅15	乙卯16	丙辰17	丁巳18	戊午19	己未20	庚申21	辛酉22	壬戌23	癸亥24	甲子25	乙丑26	丙寅27	丁卯28	戊辰(3)	己巳2	庚午3	辛未4	壬申5	癸酉6	甲戌7	乙亥8	丙子9	丁丑10	戊寅11	己卯12	庚辰13		甲寅立春
二月大	辛卯	天干地支西曆	辛巳14	壬午15	癸未16	甲申17	乙酉18	丙戌19	丁亥20	戊子21	己丑22	庚寅23	辛卯24	壬辰25	癸巳26	甲午27	乙未28	丙申29	丁酉30	戊戌31	己亥(4)	庚子2	辛丑3	壬寅4	癸卯5	甲辰6	乙巳7	丙午8	丁未9	戊申10	己酉11	庚戌12	庚子春分
三月小	壬辰	天干地支西曆	辛亥13	壬子14	癸丑15	甲寅16	乙卯17	丙辰18	丁巳19	戊午20	己未21	庚申22	辛酉23	壬戌24	癸亥25	甲子26	乙丑27	丙寅28	丁卯29	戊辰30	己巳(5)	庚午2	辛未3	壬申4	癸酉5	甲戌6	乙亥7	丙子8	丁丑9	戊寅10	己卯11		
四月大	癸巳	天干地支西曆	庚辰12	辛巳13	壬午14	癸未15	甲申16	乙酉17	丙戌18	丁亥19	戊子20	己丑21	庚寅22	辛卯23	壬辰24	癸巳25	甲午26	乙未27	丙申28	丁酉29	戊戌30	己亥31	庚子(6)	辛丑2	壬寅3	癸卯4	甲辰5	乙巳6	丙午7	丁未8	戊申9	己酉10	丁亥立夏
五月小	甲午	天干地支西曆	庚戌11	辛亥12	壬子13	癸丑14	甲寅15	乙卯16	丙辰17	丁巳18	戊午19	己未20	庚申21	辛酉22	壬戌23	癸亥24	甲子25	乙丑26	丙寅27	丁卯28	戊辰29	己巳30	庚午(7)	辛未2	壬申3	癸酉4	甲戌5	乙亥6	丙子7	丁丑8	戊寅9		甲戌夏至
六月大	乙未	天干地支西曆	己卯10	庚辰11	辛巳12	壬午13	癸未14	甲申15	乙酉16	丙戌17	丁亥18	戊子19	己丑20	庚寅21	辛卯22	壬辰23	癸巳24	甲午25	乙未26	丙申27	丁酉28	戊戌29	己亥30	庚子31	辛丑(8)	壬寅2	癸卯3	甲辰4	乙巳5	丙午6	丁未7	戊申8	
七月大	丙申	天干地支西曆	己酉9	庚戌10	辛亥11	壬子12	癸丑13	甲寅14	乙卯15	丙辰16	丁巳17	戊午18	己未19	庚申20	辛酉21	壬戌22	癸亥23	甲子24	乙丑25	丙寅26	丁卯27	戊辰28	己巳29	庚午30	辛未31	壬申(9)	癸酉2	甲戌3	乙亥4	丙子5	丁丑6	戊寅7	辛酉立秋
八月大	丁酉	天干地支西曆	己卯8	庚辰9	辛巳10	壬午11	癸未12	甲申13	乙酉14	丙戌15	丁亥16	戊子17	己丑18	庚寅19	辛卯20	壬辰21	癸巳22	甲午23	乙未24	丙申25	丁酉26	戊戌27	己亥28	庚子29	辛丑30	壬寅(10)	癸卯2	甲辰3	乙巳4	丙午5	丁未6	戊申7	丙午秋分 己卯日食
九月小	戊戌	天干地支西曆	己酉8	庚戌9	辛亥10	壬子11	癸丑12	甲寅13	乙卯14	丙辰15	丁巳16	戊午17	己未18	庚申19	辛酉20	壬戌21	癸亥22	甲子23	乙丑24	丙寅25	丁卯26	戊辰27	己巳28	庚午29	辛未30	壬申31	癸酉(11)	甲戌2	乙亥3	丙子4	丁丑5		
十月大	己亥	天干地支西曆	戊寅6	己卯7	庚辰8	辛巳9	壬午10	癸未11	甲申12	乙酉13	丙戌14	丁亥15	戊子16	己丑17	庚寅18	辛卯19	壬辰20	癸巳21	甲午22	乙未23	丙申24	丁酉25	戊戌26	己亥27	庚子28	辛丑29	壬寅30	癸卯(12)	甲辰2	乙巳3	丙午4	丁未5	庚寅立冬
十一月小	庚子	天干地支西曆	戊申6	己酉7	庚戌8	辛亥9	壬子10	癸丑11	甲寅12	乙卯13	丙辰14	丁巳15	戊午16	己未17	庚申18	辛酉19	壬戌20	癸亥21	甲子22	乙丑23	丙寅24	丁卯25	戊辰26	己巳27	庚午28	辛未29	壬申30	癸酉31	甲戌(1)	乙亥2	丙子3		甲戌冬至
十二月大	辛丑	天干地支西曆	丁丑4	戊寅5	己卯6	庚辰7	辛巳8	壬午9	癸未10	甲申11	乙酉12	丙戌13	丁亥14	戊子15	己丑16	庚寅17	辛卯18	壬辰19	癸巳20	甲午21	乙未22	丙申23	丁酉24	戊戌25	己亥26	庚子27	辛丑28	壬寅29	癸卯30	甲辰31	乙巳(2)	丙午2	

年代異同	竹書紀年	皇極經世	文獻通考	歷代紀年備考	歷代帝王年表	歷代統紀表	中國年曆總譜	斷代工程
	殷武丁三十三年	殷武丁五十五年	殷武丁五十五年	殷武丁五十五年	殷武丁五十五年	殷武丁五十五年	殷祖甲四年	殷盤庚小辛小乙

殷小乙六年（壬子 鼠年） 公元前1269～前1268年

夏曆月序		中西曆日對照	初一	初二	初三	初四	初五	初六	初七	初八	初九	初十	十一	十二	十三	十四	十五	十六	十七	十八	十九	二十	二一	二二	二三	二四	二五	二六	二七	二八	二九	三十	節氣與天象
正月小	壬寅	天干地支西曆	丁未3	戊申4	己酉5	庚戌6	辛亥7	壬子8	癸丑9	甲寅10	乙卯11	丙辰12	丁巳13	戊午14	己未15	庚申16	辛酉17	壬戌18	癸亥19	甲子20	乙丑21	丙寅22	丁卯23	戊辰24	己巳25	庚午26	辛未27	壬申28	癸酉29	甲戌(3)	乙亥2		己未立春
二月小	癸卯	天干地支西曆	丙子3	丁丑4	戊寅5	己卯6	庚辰7	辛巳8	壬午9	癸未10	甲申11	乙酉12	丙戌13	丁亥14	戊子15	己丑16	庚寅17	辛卯18	壬辰19	癸巳20	甲午21	乙未22	丙申23	丁酉24	戊戌25	己亥26	庚子27	辛丑28	壬寅29	癸卯30	甲辰31		
三月大	甲辰	天干地支西曆	乙巳(4)	丙午2	丁未3	戊申4	己酉5	庚戌6	辛亥7	壬子8	癸丑9	甲寅10	乙卯11	丙辰12	丁巳13	戊午14	己未15	庚申16	辛酉17	壬戌18	癸亥19	甲子20	乙丑21	丙寅22	丁卯23	戊辰24	己巳25	庚午26	辛未27	壬申28	癸酉29	甲戌30	乙巳春分
四月小	乙巳	天干地支西曆	乙亥(5)	丙子2	丁丑3	戊寅4	己卯5	庚辰6	辛巳7	壬午8	癸未9	甲申10	乙酉11	丙戌12	丁亥13	戊子14	己丑15	庚寅16	辛卯17	壬辰18	癸巳19	甲午20	乙未21	丙申22	丁酉23	戊戌24	己亥25	庚子26	辛丑27	壬寅28	癸卯29		壬辰立夏
閏四月大	乙巳	天干地支西曆	甲辰30	乙巳31	丙午(6)	丁未2	戊申3	己酉4	庚戌5	辛亥6	壬子7	癸丑8	甲寅9	乙卯10	丙辰11	丁巳12	戊午13	己未14	庚申15	辛酉16	壬戌17	癸亥18	甲子19	乙丑20	丙寅21	丁卯22	戊辰23	己巳24	庚午25	辛未26	壬申27	癸酉28	
五月小	丙午	天干地支西曆	甲戌29	乙亥30	丙子(7)	丁丑2	戊寅3	己卯4	庚辰5	辛巳6	壬午7	癸未8	甲申9	乙酉10	丙戌11	丁亥12	戊子13	己丑14	庚寅15	辛卯16	壬辰17	癸巳18	甲午19	乙未20	丙申21	丁酉22	戊戌23	己亥24	庚子25	辛丑26	壬寅27		庚辰夏至
六月大	丁未	天干地支西曆	癸卯28	甲辰29	乙巳30	丙午31	丁未(8)	戊申2	己酉3	庚戌4	辛亥5	壬子6	癸丑7	甲寅8	乙卯9	丙辰10	丁巳11	戊午12	己未13	庚申14	辛酉15	壬戌16	癸亥17	甲子18	乙丑19	丙寅20	丁卯21	戊辰22	己巳23	庚午24	辛未25	壬申26	丙寅立秋
七月大	戊申	天干地支西曆	癸酉27	甲戌28	乙亥29	丙子30	丁丑31	戊寅(9)	己卯2	庚辰3	辛巳4	壬午5	癸未6	甲申7	乙酉8	丙戌9	丁亥10	戊子11	己丑12	庚寅13	辛卯14	壬辰15	癸巳16	甲午17	乙未18	丙申19	丁酉20	戊戌21	己亥22	庚子23	辛丑24	壬寅25	癸酉日食
八月小	己酉	天干地支西曆	癸卯26	甲辰27	乙巳28	丙午29	丁未30	戊申(10)	己酉2	庚戌3	辛亥4	壬子5	癸丑6	甲寅7	乙卯8	丙辰9	丁巳10	戊午11	己未12	庚申13	辛酉14	壬戌15	癸亥16	甲子17	乙丑18	丙寅19	丁卯20	戊辰21	己巳22	庚午23	辛未24		辛亥秋分
九月大	庚戌	天干地支西曆	壬申25	癸酉26	甲戌27	乙亥28	丙子29	丁丑30	戊寅31	己卯(11)	庚辰2	辛巳3	壬午4	癸未5	甲申6	乙酉7	丙戌8	丁亥9	戊子10	己丑11	庚寅12	辛卯13	壬辰14	癸巳15	甲午16	乙未17	丙申18	丁酉19	戊戌20	己亥21	庚子22	辛丑23	乙未立冬
十月大	辛亥	天干地支西曆	壬寅24	癸卯25	甲辰26	乙巳27	丙午28	丁未29	戊申30	己酉(12)	庚戌2	辛亥3	壬子4	癸丑5	甲寅6	乙卯7	丙辰8	丁巳9	戊午10	己未11	庚申12	辛酉13	壬戌14	癸亥15	甲子16	乙丑17	丙寅18	丁卯19	戊辰20	己巳21	庚午22	辛未23	
十一月小	壬子	天干地支西曆	壬申24	癸酉25	甲戌26	乙亥27	丙子28	丁丑29	戊寅30	己卯31	庚辰(1)	辛巳2	壬午3	癸未4	甲申5	乙酉6	丙戌7	丁亥8	戊子9	己丑10	庚寅11	辛卯12	壬辰13	癸巳14	甲午15	乙未16	丙申17	丁酉18	戊戌19	己亥20	庚子21		己卯冬至
十二月大	癸丑	天干地支西曆	辛丑22	壬寅23	癸卯24	甲辰25	乙巳26	丙午27	丁未28	戊申29	己酉30	庚戌31	辛亥(2)	壬子2	癸丑3	甲寅4	乙卯5	丙辰6	丁巳7	戊午8	己未9	庚申10	辛酉11	壬戌12	癸亥13	甲子14	乙丑15	丙寅16	丁卯17	戊辰18	己巳19	庚午20	甲子立春

年代異同	竹書紀年	皇極經世	文獻通考	歷代紀年備考	歷代帝王年表	歷代統紀表	中國年曆總譜	斷代工程
	殷武丁三十四年	殷武丁五十六年	殷武丁五十六年	殷武丁五十六年	殷武丁五十六年	殷武丁五十六年	殷祖甲五年	殷盤庚小辛小乙

殷小乙七年（癸丑 牛年） 公元前 1268 ~ 前 1267 年

夏曆月序		中西曆日對照	初一	初二	初三	初四	初五	初六	初七	初八	初九	初十	十一	十二	十三	十四	十五	十六	十七	十八	十九	二十	二一	二二	二三	二四	二五	二六	二七	二八	二九	三十	節氣與天象
正月小	甲寅	天干地支西曆	辛未21	壬申22	癸酉23	甲戌24	乙亥25	丙子26	丁丑27	戊寅28	己卯(3)	庚辰2	辛巳3	壬午4	癸未5	甲申6	乙酉7	丙戌8	丁亥9	戊子10	己丑11	庚寅12	辛卯13	壬辰14	癸巳15	甲午16	乙未17	丙申18	丁酉19	戊戌20	己亥21		
二月小	乙卯	天干地支西曆	庚子22	辛丑23	壬寅24	癸卯25	甲辰26	乙巳27	丙午28	丁未29	戊申30	己酉31	庚戌(4)	辛亥2	壬子3	癸丑4	甲寅5	乙卯6	丙辰7	丁巳8	戊午9	己未10	庚申11	辛酉12	壬戌13	癸亥14	甲子15	乙丑16	丙寅17	丁卯18	戊辰19		辛亥春分
三月大	丙辰	天干地支西曆	己巳20	庚午21	辛未22	壬申23	癸酉24	甲戌25	乙亥26	丙子27	丁丑28	戊寅29	己卯30	庚辰(5)	辛巳2	壬午3	癸未4	甲申5	乙酉6	丙戌7	丁亥8	戊子9	己丑10	庚寅11	辛卯12	壬辰13	癸巳14	甲午15	乙未16	丙申17	丁酉18	戊戌19	戊戌立夏
四月小	丁巳	天干地支西曆	己亥20	庚子21	辛丑22	壬寅23	癸卯24	甲辰25	乙巳26	丙午27	丁未28	戊申29	己酉30	庚戌31	辛亥(6)	壬子2	癸丑3	甲寅4	乙卯5	丙辰6	丁巳7	戊午8	己未9	庚申10	辛酉11	壬戌12	癸亥13	甲子14	乙丑15	丙寅16	丁卯17		
五月小	戊午	天干地支西曆	戊辰18	己巳19	庚午20	辛未21	壬申22	癸酉23	甲戌24	乙亥25	丙子26	丁丑27	戊寅28	己卯29	庚辰30	辛巳(7)	壬午2	癸未3	甲申4	乙酉5	丙戌6	丁亥7	戊子8	己丑9	庚寅10	辛卯11	壬辰12	癸巳13	甲午14	乙未15	丙申16		乙酉夏至
六月大	己未	天干地支西曆	丁酉17	戊戌18	己亥19	庚子20	辛丑21	壬寅22	癸卯23	甲辰24	乙巳25	丙午26	丁未27	戊申28	己酉29	庚戌30	辛亥31	壬子(8)	癸丑2	甲寅3	乙卯4	丙辰5	丁巳6	戊午7	己未8	庚申9	辛酉10	壬戌11	癸亥12	甲子13	乙丑14	丙寅15	
七月大	庚申	天干地支西曆	丁卯16	戊辰17	己巳18	庚午19	辛未20	壬申21	癸酉22	甲戌23	乙亥24	丙子25	丁丑26	戊寅27	己卯28	庚辰29	辛巳30	壬午31	癸未(9)	甲申2	乙酉3	丙戌4	丁亥5	戊子6	己丑7	庚寅8	辛卯9	壬辰10	癸巳11	甲午12	乙未13	丙申14	辛未立秋
八月小	辛酉	天干地支西曆	丁酉15	戊戌16	己亥17	庚子18	辛丑19	壬寅20	癸卯21	甲辰22	乙巳23	丙午24	丁未25	戊申26	己酉27	庚戌28	辛亥29	壬子30	癸丑(10)	甲寅2	乙卯3	丙辰4	丁巳5	戊午6	己未7	庚申8	辛酉9	壬戌10	癸亥11	甲子12	乙丑13		丙辰秋分
九月大	壬戌	天干地支西曆	丙寅14	丁卯15	戊辰16	己巳17	庚午18	辛未19	壬申20	癸酉21	甲戌22	乙亥23	丙子24	丁丑25	戊寅26	己卯27	庚辰28	辛巳29	壬午30	癸未31	甲申(11)	乙酉2	丙戌3	丁亥4	戊子5	己丑6	庚寅7	辛卯8	壬辰9	癸巳10	甲午11	乙未12	
十月大	癸亥	天干地支西曆	丙申13	丁酉14	戊戌15	己亥16	庚子17	辛丑18	壬寅19	癸卯20	甲辰21	乙巳22	丙午23	丁未24	戊申25	己酉26	庚戌27	辛亥28	壬子29	癸丑30	甲寅(12)	乙卯2	丙辰3	丁巳4	戊午5	己未6	庚申7	辛酉8	壬戌9	癸亥10	甲子11	乙丑12	庚子立冬
十一月大	甲子	天干地支西曆	丙寅13	丁卯14	戊辰15	己巳16	庚午17	辛未18	壬申19	癸酉20	甲戌21	乙亥22	丙子23	丁丑24	戊寅25	己卯26	庚辰27	辛巳28	壬午29	癸未30	甲申31	乙酉(1)	丙戌2	丁亥3	戊子4	己丑5	庚寅6	辛卯7	壬辰8	癸巳9	甲午10	乙未11	乙酉冬至
十二月小	乙丑	天干地支西曆	丙申12	丁酉13	戊戌14	己亥15	庚子16	辛丑17	壬寅18	癸卯19	甲辰20	乙巳21	丙午22	丁未23	戊申24	己酉25	庚戌26	辛亥27	壬子28	癸丑29	甲寅30	乙卯31	丙辰(2)	丁巳2	戊午3	己未4	庚申5	辛酉6	壬戌7	癸亥8	甲子9		

年代異同	竹書紀年	皇極經世	文獻通考	歷代紀年備考	歷代帝王年表	歷代統紀表	中國年曆總譜	斷代工程
	殷武丁三十五年	殷武丁五十七年	殷武丁五十七年	殷武丁五十七年	殷武丁五十七年	殷武丁五十七年	殷祖甲六年	殷盤庚小辛小乙

殷小乙八年（甲寅 虎年） 公元前1267 ~ 前1266年

夏曆月序		中西曆日對照	初一	初二	初三	初四	初五	初六	初七	初八	初九	初十	十一	十二	十三	十四	十五	十六	十七	十八	十九	二十	二一	二二	二三	二四	二五	二六	二七	二八	二九	三十	節氣與天象
正月大	丙寅	干支天地西曆	乙丑10	丙寅11	丁卯12	戊辰13	己巳14	庚午15	辛未16	壬申17	癸酉18	甲戌19	乙亥20	丙子21	丁丑22	戊寅23	己卯24	庚辰25	辛巳26	壬午27	癸未28	甲申(3)	乙酉2	丙戌3	丁亥4	戊子5	己丑6	庚寅7	辛卯8	壬辰9	癸巳10	甲午11	庚午立春
二月小	丁卯	干支天地西曆	乙未12	丙申13	丁酉14	戊戌15	己亥16	庚子17	辛丑18	壬寅19	癸卯20	甲辰21	乙巳22	丙午23	丁未24	戊申25	己酉26	庚戌27	辛亥28	壬子29	癸丑30	甲寅31	乙卯(4)	丙辰2	丁巳3	戊午4	己未5	庚申6	辛酉7	壬戌8	癸亥9		丙辰春分
三月小	戊辰	干支天地西曆	甲子10	乙丑11	丙寅12	丁卯13	戊辰14	己巳15	庚午16	辛未17	壬申18	癸酉19	甲戌20	乙亥21	丙子22	丁丑23	戊寅24	己卯25	庚辰26	辛巳27	壬午28	癸未29	甲申30	乙酉(5)	丙戌2	丁亥3	戊子4	己丑5	庚寅6	辛卯7	壬辰8		
四月大	己巳	干支天地西曆	癸巳9	甲午10	乙未11	丙申12	丁酉13	戊戌14	己亥15	庚子16	辛丑17	壬寅18	癸卯19	甲辰20	乙巳21	丙午22	丁未23	戊申24	己酉25	庚戌26	辛亥27	壬子28	癸丑29	甲寅30	乙卯31	丙辰(6)	丁巳2	戊午3	己未4	庚申5	辛酉6	壬戌7	癸卯立夏
五月小	庚午	干支天地西曆	癸亥8	甲子9	乙丑10	丙寅11	丁卯12	戊辰13	己巳14	庚午15	辛未16	壬申17	癸酉18	甲戌19	乙亥20	丙子21	丁丑22	戊寅23	己卯24	庚辰25	辛巳26	壬午27	癸未28	甲申29	乙酉30	丙戌(7)	丁亥2	戊子3	己丑4	庚寅5	辛卯6		庚寅夏至
六月小	辛未	干支天地西曆	壬辰7	癸巳8	甲午9	乙未10	丙申11	丁酉12	戊戌13	己亥14	庚子15	辛丑16	壬寅17	癸卯18	甲辰19	乙巳20	丙午21	丁未22	戊申23	己酉24	庚戌25	辛亥26	壬子27	癸丑28	甲寅29	乙卯30	丙辰31	丁巳(8)	戊午2	己未3	庚申4		
七月大	壬申	干支天地西曆	辛酉5	壬戌6	癸亥7	甲子8	乙丑9	丙寅10	丁卯11	戊辰12	己巳13	庚午14	辛未15	壬申16	癸酉17	甲戌18	乙亥19	丙子20	丁丑21	戊寅22	己卯23	庚辰24	辛巳25	壬午26	癸未27	甲申28	乙酉29	丙戌30	丁亥31	戊子(9)	己丑2	庚寅3	丙子立秋
八月小	癸酉	干支天地西曆	辛卯4	壬辰5	癸巳6	甲午7	乙未8	丙申9	丁酉10	戊戌11	己亥12	庚子13	辛丑14	壬寅15	癸卯16	甲辰17	乙巳18	丙午19	丁未20	戊申21	己酉22	庚戌23	辛亥24	壬子25	癸丑26	甲寅27	乙卯28	丙辰29	丁巳30	戊午(10)	己未2		
九月大	甲戌	干支天地西曆	庚申3	辛酉4	壬戌5	癸亥6	甲子7	乙丑8	丙寅9	丁卯10	戊辰11	己巳12	庚午13	辛未14	壬申15	癸酉16	甲戌17	乙亥18	丙子19	丁丑20	戊寅21	己卯22	庚辰23	辛巳24	壬午25	癸未26	甲申27	乙酉28	丙戌29	丁亥30	戊子31	己丑(11)	壬戌秋分
十月大	乙亥	干支天地西曆	庚寅2	辛卯3	壬辰4	癸巳5	甲午6	乙未7	丙申8	丁酉9	戊戌10	己亥11	庚子12	辛丑13	壬寅14	癸卯15	甲辰16	乙巳17	丙午18	丁未19	戊申20	己酉21	庚戌22	辛亥23	壬子24	癸丑25	甲寅26	乙卯27	丙辰28	丁巳29	戊午30	己未(12)	丙午立冬
十一月大	丙子	干支天地西曆	庚申2	辛酉3	壬戌4	癸亥5	甲子6	乙丑7	丙寅8	丁卯9	戊辰10	己巳11	庚午12	辛未13	壬申14	癸酉15	甲戌16	乙亥17	丙子18	丁丑19	戊寅20	己卯21	庚辰22	辛巳23	壬午24	癸未25	甲申26	乙酉27	丙戌28	丁亥29	戊子30	己丑31	
十二月大	丁丑	干支天地西曆	庚寅(1)	辛卯2	壬辰3	癸巳4	甲午5	乙未6	丙申7	丁酉8	戊戌9	己亥10	庚子11	辛丑12	壬寅13	癸卯14	甲辰15	乙巳16	丙午17	丁未18	戊申19	己酉20	庚戌21	辛亥22	壬子23	癸丑24	甲寅25	乙卯26	丙辰27	丁巳28	戊午29	己未30	庚寅冬至

年代異同	竹書紀年	皇極經世	文獻通考	歷代紀年備考	歷代帝王年表	歷代統紀表	中國年曆總譜	斷代工程
	殷武丁三十六年	殷武丁五十八年	殷武丁五十八年	殷武丁五十八年	殷武丁五十八年	殷武丁五十八年	殷祖甲七年	殷盤庚小辛小乙

殷小乙九年（乙卯 兔年） 公元前 **1266** ~ 前 1265 年

夏曆月序		中西曆日對照	初一	初二	初三	初四	初五	初六	初七	初八	初九	初十	十一	十二	十三	十四	十五	十六	十七	十八	十九	二十	二一	二二	二三	二四	二五	二六	二七	二八	二九	三十	節氣與天象
正月小	戊寅	天干地支西曆	庚申 31	辛酉 (2)	壬戌 2	癸亥 3	甲子 4	乙丑 5	丙寅 6	丁卯 7	戊辰 8	己巳 9	庚午 10	辛未 11	壬申 12	癸酉 13	甲戌 14	乙亥 15	丙子 16	丁丑 17	戊寅 18	己卯 19	庚辰 20	辛巳 21	壬午 22	癸未 23	甲申 24	乙酉 25	丙戌 26	丁亥 27	戊子 28		乙亥立春
二月大	己卯	天干地支西曆	己丑 (3)	庚寅 2	辛卯 3	壬辰 4	癸巳 5	甲午 6	乙未 7	丙申 8	丁酉 9	戊戌 10	己亥 11	庚子 12	辛丑 13	壬寅 14	癸卯 15	甲辰 16	乙巳 17	丙午 18	丁未 19	戊申 20	己酉 21	庚戌 22	辛亥 23	壬子 24	癸丑 25	甲寅 26	乙卯 27	丙辰 28	丁巳 29	戊午 30	
閏二月小	己卯	天干地支西曆	己未 31	庚申 (4)	辛酉 2	壬戌 3	癸亥 4	甲子 5	乙丑 6	丙寅 7	丁卯 8	戊辰 9	己巳 10	庚午 11	辛未 12	壬申 13	癸酉 14	甲戌 15	乙亥 16	丙子 17	丁丑 18	戊寅 19	己卯 20	庚辰 21	辛巳 22	壬午 23	癸未 24	甲申 25	乙酉 26	丙戌 27	丁亥 28		辛酉春分
三月小	庚辰	天干地支西曆	戊子 29	己丑 30	庚寅 (5)	辛卯 2	壬辰 3	癸巳 4	甲午 5	乙未 6	丙申 7	丁酉 8	戊戌 9	己亥 10	庚子 11	辛丑 12	壬寅 13	癸卯 14	甲辰 15	乙巳 16	丙午 17	丁未 18	戊申 19	己酉 20	庚戌 21	辛亥 22	壬子 23	癸丑 24	甲寅 25	乙卯 26	丙辰 27		戊申立夏
四月大	辛巳	天干地支西曆	丁巳 28	戊午 29	己未 30	庚申 31	辛酉 (6)	壬戌 2	癸亥 3	甲子 4	乙丑 5	丙寅 6	丁卯 7	戊辰 8	己巳 9	庚午 10	辛未 11	壬申 12	癸酉 13	甲戌 14	乙亥 15	丙子 16	丁丑 17	戊寅 18	己卯 19	庚辰 20	辛巳 21	壬午 22	癸未 23	甲申 24	乙酉 25	丙戌 26	
五月小	壬午	天干地支西曆	丁亥 27	戊子 28	己丑 29	庚寅 30	辛卯 (7)	壬辰 2	癸巳 3	甲午 4	乙未 5	丙申 6	丁酉 7	戊戌 8	己亥 9	庚子 10	辛丑 11	壬寅 12	癸卯 13	甲辰 14	乙巳 15	丙午 16	丁未 17	戊申 18	己酉 19	庚戌 20	辛亥 21	壬子 22	癸丑 23	甲寅 24	乙卯 25		乙未夏至
六月小	癸未	天干地支西曆	丙辰 26	丁巳 27	戊午 28	己未 29	庚申 30	辛酉 31	壬戌 (8)	癸亥 2	甲子 3	乙丑 4	丙寅 5	丁卯 6	戊辰 7	己巳 8	庚午 9	辛未 10	壬申 11	癸酉 12	甲戌 13	乙亥 14	丙子 15	丁丑 16	戊寅 17	己卯 18	庚辰 19	辛巳 20	壬午 21	癸未 22	甲申 23		壬午立秋
七月大	甲申	天干地支西曆	乙酉 24	丙戌 25	丁亥 26	戊子 27	己丑 28	庚寅 29	辛卯 30	壬辰 31	癸巳 (9)	甲午 2	乙未 3	丙申 4	丁酉 5	戊戌 6	己亥 7	庚子 8	辛丑 9	壬寅 10	癸卯 11	甲辰 12	乙巳 13	丙午 14	丁未 15	戊申 16	己酉 17	庚戌 18	辛亥 19	壬子 20	癸丑 21	甲寅 22	
八月小	乙酉	天干地支西曆	乙卯 23	丙辰 24	丁巳 25	戊午 26	己未 27	庚申 28	辛酉 29	壬戌 30	癸亥 (10)	甲子 2	乙丑 3	丙寅 4	丁卯 5	戊辰 6	己巳 7	庚午 8	辛未 9	壬申 10	癸酉 11	甲戌 12	乙亥 13	丙子 14	丁丑 15	戊寅 16	己卯 17	庚辰 18	辛巳 19	壬午 20	癸未 21		丁卯秋分
九月大	丙戌	天干地支西曆	甲申 22	乙酉 23	丙戌 24	丁亥 25	戊子 26	己丑 27	庚寅 28	辛卯 29	壬辰 30	癸巳 31	甲午 (11)	乙未 2	丙申 3	丁酉 4	戊戌 5	己亥 6	庚子 7	辛丑 8	壬寅 9	癸卯 10	甲辰 11	乙巳 12	丙午 13	丁未 14	戊申 15	己酉 16	庚戌 17	辛亥 18	壬子 19	癸丑 20	辛亥立冬
十月大	丁亥	天干地支西曆	甲寅 21	乙卯 22	丙辰 23	丁巳 24	戊午 25	己未 26	庚申 27	辛酉 28	壬戌 29	癸亥 30	甲子 (12)	乙丑 2	丙寅 3	丁卯 4	戊辰 5	己巳 6	庚午 7	辛未 8	壬申 9	癸酉 10	甲戌 11	乙亥 12	丙子 13	丁丑 14	戊寅 15	己卯 16	庚辰 17	辛巳 18	壬午 19	癸未 20	
十一月大	戊子	天干地支西曆	甲申 21	乙酉 22	丙戌 23	丁亥 24	戊子 25	己丑 26	庚寅 27	辛卯 28	壬辰 29	癸巳 30	甲午 31	乙未 (1)	丙申 2	丁酉 3	戊戌 4	己亥 5	庚子 6	辛丑 7	壬寅 8	癸卯 9	甲辰 10	乙巳 11	丙午 12	丁未 13	戊申 14	己酉 15	庚戌 16	辛亥 17	壬子 18	癸丑 19	乙未冬至
十二月小	己丑	天干地支西曆	甲寅 20	乙卯 21	丙辰 22	丁巳 23	戊午 24	己未 25	庚申 26	辛酉 27	壬戌 28	癸亥 29	甲子 30	乙丑 31	丙寅 (2)	丁卯 2	戊辰 3	己巳 4	庚午 5	辛未 6	壬申 7	癸酉 8	甲戌 9	乙亥 10	丙子 11	丁丑 12	戊寅 13	己卯 14	庚辰 15	辛巳 16	壬午 17		庚辰立春

年代異同	竹書紀年	皇極經世	文獻通考	歷代紀年備考	歷代帝王年表	歷代統紀表	中國年曆總譜	斷代工程
	殷武丁三十七年	殷武丁五十九年	殷武丁五十九年	殷武丁五十九年	殷武丁五十九年	殷武丁五十九年	殷祖甲八年	殷盤庚小辛小乙

殷小乙十年（丙辰 龍年） 公元前 **1265** ～ 前 1264 年

夏曆月序		中西曆日對照	初一	初二	初三	初四	初五	初六	初七	初八	初九	初十	十一	十二	十三	十四	十五	十六	十七	十八	十九	二十	二一	二二	二三	二四	二五	二六	二七	二八	二九	三十	節氣與天象
正月大	庚寅	天干地支西曆	癸未18	甲申19	乙酉20	丙戌21	丁亥22	戊子23	己丑24	庚寅25	辛卯26	壬辰27	癸巳28	甲午29	乙未(3)	丙申2	丁酉3	戊戌4	己亥5	庚子6	辛丑7	壬寅8	癸卯9	甲辰10	乙巳11	丙午12	丁未13	戊申14	己酉15	庚戌16	辛亥17	壬子18	
二月小	辛卯	天干地支西曆	癸丑19	甲寅20	乙卯21	丙辰22	丁巳23	戊午24	己未25	庚申26	辛酉27	壬戌28	癸亥29	甲子30	乙丑31	丙寅(4)	丁卯2	戊辰3	己巳4	庚午5	辛未6	壬申7	癸酉8	甲戌9	乙亥10	丙子11	丁丑12	戊寅13	己卯14	庚辰15	辛巳16		丙寅春分
三月大	壬辰	天干地支西曆	壬午17	癸未18	甲申19	乙酉20	丙戌21	丁亥22	戊子23	己丑24	庚寅25	辛卯26	壬辰27	癸巳28	甲午29	乙未30	丙申(5)	丁酉2	戊戌3	己亥4	庚子5	辛丑6	壬寅7	癸卯8	甲辰9	乙巳10	丙午11	丁未12	戊申13	己酉14	庚戌15	辛亥16	癸丑立夏
四月小	癸巳	天干地支西曆	壬子17	癸丑18	甲寅19	乙卯20	丙辰21	丁巳22	戊午23	己未24	庚申25	辛酉26	壬戌27	癸亥28	甲子29	乙丑30	丙寅31	丁卯(6)	戊辰2	己巳3	庚午4	辛未5	壬申6	癸酉7	甲戌8	乙亥9	丙子10	丁丑11	戊寅12	己卯13	庚辰14		
五月大	甲午	天干地支西曆	辛巳15	壬午16	癸未17	甲申18	乙酉19	丙戌20	丁亥21	戊子22	己丑23	庚寅24	辛卯25	壬辰26	癸巳27	甲午28	乙未29	丙申30	丁酉(7)	戊戌2	己亥3	庚子4	辛丑5	壬寅6	癸卯7	甲辰8	乙巳9	丙午10	丁未11	戊申12	己酉13	庚戌14	辛丑夏至
六月小	乙未	天干地支西曆	辛亥15	壬子16	癸丑17	甲寅18	乙卯19	丙辰20	丁巳21	戊午22	己未23	庚申24	辛酉25	壬戌26	癸亥27	甲子28	乙丑29	丙寅30	丁卯31	戊辰(8)	己巳2	庚午3	辛未4	壬申5	癸酉6	甲戌7	乙亥8	丙子9	丁丑10	戊寅11	己卯12		
七月小	丙申	天干地支西曆	庚辰13	辛巳14	壬午15	癸未16	甲申17	乙酉18	丙戌19	丁亥20	戊子21	己丑22	庚寅23	辛卯24	壬辰25	癸巳26	甲午27	乙未28	丙申29	丁酉30	戊戌31	己亥(9)	庚子2	辛丑3	壬寅4	癸卯5	甲辰6	乙巳7	丙午8	丁未9	戊申10		丁亥立秋
八月大	丁酉	天干地支西曆	己酉11	庚戌12	辛亥13	壬子14	癸丑15	甲寅16	乙卯17	丙辰18	丁巳19	戊午20	己未21	庚申22	辛酉23	壬戌24	癸亥25	甲子26	乙丑27	丙寅28	丁卯29	戊辰30	己巳(10)	庚午2	辛未3	壬申4	癸酉5	甲戌6	乙亥7	丙子8	丁丑9	戊寅10	壬申秋分
九月小	戊戌	天干地支西曆	己卯11	庚辰12	辛巳13	壬午14	癸未15	甲申16	乙酉17	丙戌18	丁亥19	戊子20	己丑21	庚寅22	辛卯23	壬辰24	癸巳25	甲午26	乙未27	丙申28	丁酉29	戊戌30	己亥31	庚子(11)	辛丑2	壬寅3	癸卯4	甲辰5	乙巳6	丙午7	丁未8		
十月大	己亥	天干地支西曆	戊申9	己酉10	庚戌11	辛亥12	壬子13	癸丑14	甲寅15	乙卯16	丙辰17	丁巳18	戊午19	己未20	庚申21	辛酉22	壬戌23	癸亥24	甲子25	乙丑26	丙寅27	丁卯28	戊辰29	己巳30	庚午(12)	辛未2	壬申3	癸酉4	甲戌5	乙亥6	丙子7	丁丑8	丙辰立冬
十一月大	庚子	天干地支西曆	戊寅9	己卯10	庚辰11	辛巳12	壬午13	癸未14	甲申15	乙酉16	丙戌17	丁亥18	戊子19	己丑20	庚寅21	辛卯22	壬辰23	癸巳24	甲午25	乙未26	丙申27	丁酉28	戊戌29	己亥30	庚子31	辛丑(1)	壬寅2	癸卯3	甲辰4	乙巳5	丙午6	丁未7	庚子冬至 戊寅日食
十二月小	辛丑	天干地支西曆	戊申8	己酉9	庚戌10	辛亥11	壬子12	癸丑13	甲寅14	乙卯15	丙辰16	丁巳17	戊午18	己未19	庚申20	辛酉21	壬戌22	癸亥23	甲子24	乙丑25	丙寅26	丁卯27	戊辰28	己巳29	庚午30	辛未31	壬申(2)	癸酉2	甲戌3	乙亥4	丙子5		

年代異同	竹書紀年	皇極經世	文獻通考	歷代紀年備考	歷代帝王年表	歷代統紀表	中國年曆總譜	斷代工程
	殷武丁三十八年	殷祖庚元年	殷祖庚元年	殷祖庚元年	殷祖庚元年	殷祖庚元年	殷祖甲九年	殷盤庚小辛小乙

殷小乙十一年（丁巳 蛇年） 公元前 **1264** ~ 前 1263 年

夏曆月序		中西曆日對照	初一	初二	初三	初四	初五	初六	初七	初八	初九	初十	十一	十二	十三	十四	十五	十六	十七	十八	十九	二十	二一	二二	二三	二四	二五	二六	二七	二八	二九	三十	節氣與天象
正月大	壬寅	天干地支 西曆	丁丑6	戊寅7	己卯8	庚辰9	辛巳10	壬午11	癸未12	甲申13	乙酉14	丙戌15	丁亥16	戊子17	己丑18	庚寅19	辛卯20	壬辰21	癸巳22	甲午23	乙未24	丙申25	丁酉26	戊戌27	己亥28	庚子(3)	辛丑2	壬寅3	癸卯4	甲辰5	乙巳6	丙午7	乙酉立春
二月大	癸卯	天干地支 西曆	丁未8	戊申9	己酉10	庚戌11	辛亥12	壬子13	癸丑14	甲寅15	乙卯16	丙辰17	丁巳18	戊午19	己未20	庚申21	辛酉22	壬戌23	癸亥24	甲子25	乙丑26	丙寅27	丁卯28	戊辰29	己巳30	庚午31	辛未(4)	壬申2	癸酉3	甲戌4	乙亥5	丙子6	壬申春分
三月小	甲辰	天干地支 西曆	丁丑7	戊寅8	己卯9	庚辰10	辛巳11	壬午12	癸未13	甲申14	乙酉15	丙戌16	丁亥17	戊子18	己丑19	庚寅20	辛卯21	壬辰22	癸巳23	甲午24	乙未25	丙申26	丁酉27	戊戌28	己亥29	庚子30	辛丑(5)	壬寅2	癸卯3	甲辰4	乙巳5		
四月大	乙巳	天干地支 西曆	丙午6	丁未7	戊申8	己酉9	庚戌10	辛亥11	壬子12	癸丑13	甲寅14	乙卯15	丙辰16	丁巳17	戊午18	己未19	庚申20	辛酉21	壬戌22	癸亥23	甲子24	乙丑25	丙寅26	丁卯27	戊辰28	己巳29	庚午30	辛未31	壬申(6)	癸酉2	甲戌3	乙亥4	己未立夏
五月小	丙午	天干地支 西曆	丙子5	丁丑6	戊寅7	己卯8	庚辰9	辛巳10	壬午11	癸未12	甲申13	乙酉14	丙戌15	丁亥16	戊子17	己丑18	庚寅19	辛卯20	壬辰21	癸巳22	甲午23	乙未24	丙申25	丁酉26	戊戌27	己亥28	庚子29	辛丑30	壬寅(7)	癸卯2	甲辰3		
六月大	丁未	天干地支 西曆	乙巳4	丙午5	丁未6	戊申7	己酉8	庚戌9	辛亥10	壬子11	癸丑12	甲寅13	乙卯14	丙辰15	丁巳16	戊午17	己未18	庚申19	辛酉20	壬戌21	癸亥22	甲子23	乙丑24	丙寅25	丁卯26	戊辰27	己巳28	庚午29	辛未30	壬申31	癸酉(8)	甲戌2	丙午夏至
七月小	戊申	天干地支 西曆	乙亥3	丙子4	丁丑5	戊寅6	己卯7	庚辰8	辛巳9	壬午10	癸未11	甲申12	乙酉13	丙戌14	丁亥15	戊子16	己丑17	庚寅18	辛卯19	壬辰20	癸巳21	甲午22	乙未23	丙申24	丁酉25	戊戌26	己亥27	庚子28	辛丑29	壬寅30	癸卯31		壬辰立秋
八月小	己酉	天干地支 西曆	甲辰(9)	乙巳2	丙午3	丁未4	戊申5	己酉6	庚戌7	辛亥8	壬子9	癸丑10	甲寅11	乙卯12	丙辰13	丁巳14	戊午15	己未16	庚申17	辛酉18	壬戌19	癸亥20	甲子21	乙丑22	丙寅23	丁卯24	戊辰25	己巳26	庚午27	辛未28	壬申29		
閏八月大	己酉	天干地支 西曆	癸酉30	甲戌(10)	乙亥2	丙子3	丁丑4	戊寅5	己卯6	庚辰7	辛巳8	壬午9	癸未10	甲申11	乙酉12	丙戌13	丁亥14	戊子15	己丑16	庚寅17	辛卯18	壬辰19	癸巳20	甲午21	乙未22	丙申23	丁酉24	戊戌25	己亥26	庚子27	辛丑28	壬寅29	丁丑秋分
九月小	庚戌	天干地支 西曆	癸卯30	甲辰31	乙巳(11)	丙午2	丁未3	戊申4	己酉5	庚戌6	辛亥7	壬子8	癸丑9	甲寅10	乙卯11	丙辰12	丁巳13	戊午14	己未15	庚申16	辛酉17	壬戌18	癸亥19	甲子20	乙丑21	丙寅22	丁卯23	戊辰24	己巳25	庚午26	辛未27		辛酉立冬
十月大	辛亥	天干地支 西曆	壬申28	癸酉29	甲戌30	乙亥(12)	丙子2	丁丑3	戊寅4	己卯5	庚辰6	辛巳7	壬午8	癸未9	甲申10	乙酉11	丙戌12	丁亥13	戊子14	己丑15	庚寅16	辛卯17	壬辰18	癸巳19	甲午20	乙未21	丙申22	丁酉23	戊戌24	己亥25	庚子26	辛丑27	
十一月小	壬子	天干地支 西曆	壬寅28	癸卯29	甲辰30	乙巳31	丙午(1)	丁未2	戊申3	己酉4	庚戌5	辛亥6	壬子7	癸丑8	甲寅9	乙卯10	丙辰11	丁巳12	戊午13	己未14	庚申15	辛酉16	壬戌17	癸亥18	甲子19	乙丑20	丙寅21	丁卯22	戊辰23	己巳24	庚午25		丙午冬至
十二月大	癸丑	天干地支 西曆	辛未26	壬申27	癸酉28	甲戌29	乙亥30	丙子31	丁丑(2)	戊寅2	己卯3	庚辰4	辛巳5	壬午6	癸未7	甲申8	乙酉9	丙戌10	丁亥11	戊子12	己丑13	庚寅14	辛卯15	壬辰16	癸巳17	甲午18	乙未19	丙申20	丁酉21	戊戌22	己亥23	庚子24	辛卯立春

年代異同	竹書紀年	皇極經世	文獻通考	歷代紀年備考	歷代帝王年表	歷代統紀表	中國年曆總譜	斷代工程
	殷武丁三十九年	殷祖庚二年	殷祖庚二年	殷祖庚二年	殷祖庚二年	殷祖庚二年	殷祖甲十年	殷盤庚小辛小乙

殷小乙十二年（戊午 馬年） 公元前 **1263** ~ 前 1262 年

夏曆月序		中西曆日對照	初一	初二	初三	初四	初五	初六	初七	初八	初九	初十	十一	十二	十三	十四	十五	十六	十七	十八	十九	二十	二一	二二	二三	二四	二五	二六	二七	二八	二九	三十	節氣與天象
正月大	甲寅	天干地支西曆	辛丑25	壬寅26	癸卯27	甲辰28	乙巳(3)	丙午2	丁未3	戊申4	己酉5	庚戌6	辛亥7	壬子8	癸丑9	甲寅10	乙卯11	丙辰12	丁巳13	戊午14	己未15	庚申16	辛酉17	壬戌18	癸亥19	甲子20	乙丑21	丙寅22	丁卯23	戊辰24	己巳25	庚午26	
二月小	乙卯	天干地支西曆	辛未27	壬申28	癸酉29	甲戌30	乙亥31	丙子(4)	丁丑2	戊寅3	己卯4	庚辰5	辛巳6	壬午7	癸未8	甲申9	乙酉10	丙戌11	丁亥12	戊子13	己丑14	庚寅15	辛卯16	壬辰17	癸巳18	甲午19	乙未20	丙申21	丁酉22	戊戌23	己亥24		丁丑春分
三月大	丙辰	天干地支西曆	庚子25	辛丑26	壬寅27	癸卯28	甲辰29	乙巳30	丙午(5)	丁未2	戊申3	己酉4	庚戌5	辛亥6	壬子7	癸丑8	甲寅9	乙卯10	丙辰11	丁巳12	戊午13	己未14	庚申15	辛酉16	壬戌17	癸亥18	甲子19	乙丑20	丙寅21	丁卯22	戊辰23	己巳24	甲子立夏
四月大	丁巳	天干地支西曆	庚午25	辛未26	壬申27	癸酉28	甲戌29	乙亥30	丙子31	丁丑(6)	戊寅2	己卯3	庚辰4	辛巳5	壬午6	癸未7	甲申8	乙酉9	丙戌10	丁亥11	戊子12	己丑13	庚寅14	辛卯15	壬辰16	癸巳17	甲午18	乙未19	丙申20	丁酉21	戊戌22	己亥23	
五月小	戊午	天干地支西曆	庚子24	辛丑25	壬寅26	癸卯27	甲辰28	乙巳29	丙午30	丁未(7)	戊申2	己酉3	庚戌4	辛亥5	壬子6	癸丑7	甲寅8	乙卯9	丙辰10	丁巳11	戊午12	己未13	庚申14	辛酉15	壬戌16	癸亥17	甲子18	乙丑19	丙寅20	丁卯21	戊辰22		辛亥夏至
六月大	己未	天干地支西曆	己巳23	庚午24	辛未25	壬申26	癸酉27	甲戌28	乙亥29	丙子30	丁丑31	戊寅(8)	己卯2	庚辰3	辛巳4	壬午5	癸未6	甲申7	乙酉8	丙戌9	丁亥10	戊子11	己丑12	庚寅13	辛卯14	壬辰15	癸巳16	甲午17	乙未18	丙申19	丁酉20	戊戌21	丁酉立秋
七月小	庚申	天干地支西曆	己亥22	庚子23	辛丑24	壬寅25	癸卯26	甲辰27	乙巳28	丙午29	丁未30	戊申31	己酉(9)	庚戌2	辛亥3	壬子4	癸丑5	甲寅6	乙卯7	丙辰8	丁巳9	戊午10	己未11	庚申12	辛酉13	壬戌14	癸亥15	甲子16	乙丑17	丙寅18	丁卯19		
八月小	辛酉	天干地支西曆	戊辰20	己巳21	庚午22	辛未23	壬申24	癸酉25	甲戌26	乙亥27	丙子28	丁丑29	戊寅30	己卯(10)	庚辰2	辛巳3	壬午4	癸未5	甲申6	乙酉7	丙戌8	丁亥9	戊子10	己丑11	庚寅12	辛卯13	壬辰14	癸巳15	甲午16	乙未17	丙申18		壬午秋分
九月大	壬戌	天干地支西曆	丁酉19	戊戌20	己亥21	庚子22	辛丑23	壬寅24	癸卯25	甲辰26	乙巳27	丙午28	丁未29	戊申30	己酉31	庚戌(11)	辛亥2	壬子3	癸丑4	甲寅5	乙卯6	丙辰7	丁巳8	戊午9	己未10	庚申11	辛酉12	壬戌13	癸亥14	甲子15	乙丑16	丙寅17	
十月小	癸亥	天干地支西曆	丁卯18	戊辰19	己巳20	庚午21	辛未22	壬申23	癸酉24	甲戌25	乙亥26	丙子27	丁丑28	戊寅29	己卯30	庚辰(12)	辛巳2	壬午3	癸未4	甲申5	乙酉6	丙戌7	丁亥8	戊子9	己丑10	庚寅11	辛卯12	壬辰13	癸巳14	甲午15	乙未16		丁卯立冬
十一月大	甲子	天干地支西曆	丙申17	丁酉18	戊戌19	己亥20	庚子21	辛丑22	壬寅23	癸卯24	甲辰25	乙巳26	丙午27	丁未28	戊申29	己酉30	庚戌31	辛亥(1)	壬子2	癸丑3	甲寅4	乙卯5	丙辰6	丁巳7	戊午8	己未9	庚申10	辛酉11	壬戌12	癸亥13	甲子14	乙丑15	辛亥冬至
十二月小	乙丑	天干地支西曆	丙寅16	丁卯17	戊辰18	己巳19	庚午20	辛未21	壬申22	癸酉23	甲戌24	乙亥25	丙子26	丁丑27	戊寅28	己卯29	庚辰30	辛巳31	壬午(2)	癸未2	甲申3	乙酉4	丙戌5	丁亥6	戊子7	己丑8	庚寅9	辛卯10	壬辰11	癸巳12	甲午13		

年代異同	竹書紀年	皇極經世	文獻通考	歷代紀年備考	歷代帝王年表	歷代統紀表	中國年曆總譜	斷代工程
	殷武丁四十年	殷祖庚三年	殷祖庚三年	殷祖庚三年	殷祖庚三年	殷祖庚三年	殷祖甲十一年	殷盤庚小辛小乙

殷小乙十三年（己未 羊年） 公元前 1262 ~ 前 1261 年

夏曆月序		中西曆日對照	初一	初二	初三	初四	初五	初六	初七	初八	初九	初十	十一	十二	十三	十四	十五	十六	十七	十八	十九	二十	二一	二二	二三	二四	二五	二六	二七	二八	二九	三十	節氣與天象
正月大	丙寅	干支 天地 西曆	乙未14	丙申15	丁酉16	戊戌17	己亥18	庚子19	辛丑20	壬寅21	癸卯22	甲辰23	乙巳24	丙午25	丁未26	戊申27	己酉28	庚戌(3)	辛亥2	壬子3	癸丑4	甲寅5	乙卯6	丙辰7	丁巳8	戊午9	己未10	庚申11	辛酉12	壬戌13	癸亥14	甲子15	丙申立春
二月小	丁卯	干支 天地 西曆	乙丑16	丙寅17	丁卯18	戊辰19	己巳20	庚午21	辛未22	壬申23	癸酉24	甲戌25	乙亥26	丙子27	丁丑28	戊寅29	己卯30	庚辰31	辛巳(4)	壬午2	癸未3	甲申4	乙酉5	丙戌6	丁亥7	戊子8	己丑9	庚寅10	辛卯11	壬辰12	癸巳13		壬午春分
三月大	戊辰	干支 天地 西曆	甲午14	乙未15	丙申16	丁酉17	戊戌18	己亥19	庚子20	辛丑21	壬寅22	癸卯23	甲辰24	乙巳25	丙午26	丁未27	戊申28	己酉29	庚戌30	辛亥(5)	壬子2	癸丑3	甲寅4	乙卯5	丙辰6	丁巳7	戊午8	己未9	庚申10	辛酉11	壬戌12	癸亥13	
四月大	己巳	干支 天地 西曆	甲子14	乙丑15	丙寅16	丁卯17	戊辰18	己巳19	庚午20	辛未21	壬申22	癸酉23	甲戌24	乙亥25	丙子26	丁丑27	戊寅28	己卯29	庚辰30	辛巳31	壬午(6)	癸未2	甲申3	乙酉4	丙戌5	丁亥6	戊子7	己丑8	庚寅9	辛卯10	壬辰11	癸巳12	己巳立夏
五月小	庚午	干支 天地 西曆	甲午13	乙未14	丙申15	丁酉16	戊戌17	己亥18	庚子19	辛丑20	壬寅21	癸卯22	甲辰23	乙巳24	丙午25	丁未26	戊申27	己酉28	庚戌29	辛亥30	壬子(7)	癸丑2	甲寅3	乙卯4	丙辰5	丁巳6	戊午7	己未8	庚申9	辛酉10	壬戌11		丙辰夏至
六月大	辛未	干支 天地 西曆	癸亥12	甲子13	乙丑14	丙寅15	丁卯16	戊辰17	己巳18	庚午19	辛未20	壬申21	癸酉22	甲戌23	乙亥24	丙子25	丁丑26	戊寅27	己卯28	庚辰29	辛巳30	壬午31	癸未(8)	甲申2	乙酉3	丙戌4	丁亥5	戊子6	己丑7	庚寅8	辛卯9	壬辰10	
七月小	壬申	干支 天地 西曆	癸巳11	甲午12	乙未13	丙申14	丁酉15	戊戌16	己亥17	庚子18	辛丑19	壬寅20	癸卯21	甲辰22	乙巳23	丙午24	丁未25	戊申26	己酉27	庚戌28	辛亥29	壬子30	癸丑31	甲寅(9)	乙卯2	丙辰3	丁巳4	戊午5	己未6	庚申7	辛酉8		癸卯立秋
八月大	癸酉	干支 天地 西曆	壬戌9	癸亥10	甲子11	乙丑12	丙寅13	丁卯14	戊辰15	己巳16	庚午17	辛未18	壬申19	癸酉20	甲戌21	乙亥22	丙子23	丁丑24	戊寅25	己卯26	庚辰27	辛巳28	壬午29	癸未30	甲申(10)	乙酉2	丙戌3	丁亥4	戊子5	己丑6	庚寅7	辛卯8	戊子秋分
九月大	甲戌	干支 天地 西曆	壬辰9	癸巳10	甲午11	乙未12	丙申13	丁酉14	戊戌15	己亥16	庚子17	辛丑18	壬寅19	癸卯20	甲辰21	乙巳22	丙午23	丁未24	戊申25	己酉26	庚戌27	辛亥28	壬子29	癸丑30	甲寅31	乙卯(11)	丙辰2	丁巳3	戊午4	己未5	庚申6	辛酉7	壬辰日食
十月小	乙亥	干支 天地 西曆	壬戌8	癸亥9	甲子10	乙丑11	丙寅12	丁卯13	戊辰14	己巳15	庚午16	辛未17	壬申18	癸酉19	甲戌20	乙亥21	丙子22	丁丑23	戊寅24	己卯25	庚辰26	辛巳27	壬午28	癸未29	甲申30	乙酉(12)	丙戌2	丁亥3	戊子4	己丑5	庚寅6		壬申立冬
十一月小	丙子	干支 天地 西曆	辛卯7	壬辰8	癸巳9	甲午10	乙未11	丙申12	丁酉13	戊戌14	己亥15	庚子16	辛丑17	壬寅18	癸卯19	甲辰20	乙巳21	丙午22	丁未23	戊申24	己酉25	庚戌26	辛亥27	壬子28	癸丑29	甲寅30	乙卯31	丙辰(1)	丁巳2	戊午3	己未4		丙辰冬至
十二月大	丁丑	干支 天地 西曆	庚申5	辛酉6	壬戌7	癸亥8	甲子9	乙丑10	丙寅11	丁卯12	戊辰13	己巳14	庚午15	辛未16	壬申17	癸酉18	甲戌19	乙亥20	丙子21	丁丑22	戊寅23	己卯24	庚辰25	辛巳26	壬午27	癸未28	甲申29	乙酉30	丙戌31	丁亥(2)	戊子2	己丑3	

年代異同	竹書紀年	皇極經世	文獻通考	歷代紀年備考	歷代帝王年表	歷代統紀表	中國年曆總譜	斷代工程
	殷武丁四十一年	殷祖庚四年	殷祖庚四年	殷祖庚四年	殷祖庚四年	殷祖庚四年	殷祖甲十二年	殷盤庚小辛小乙

殷小乙十四年（庚申 猴年） 公元前 **1261** ~ 前 1260 年

夏曆月序		中西曆日對照	初一	初二	初三	初四	初五	初六	初七	初八	初九	初十	十一	十二	十三	十四	十五	十六	十七	十八	十九	二十	二一	二二	二三	二四	二五	二六	二七	二八	二九	三十	節氣與天象
正月小	戊寅	天干地支 西曆	庚寅 4	辛卯 5	壬辰 6	癸巳 7	甲午 8	乙未 9	丙申 10	丁酉 11	戊戌 12	己亥 13	庚子 14	辛丑 15	壬寅 16	癸卯 17	甲辰 18	乙巳 19	丙午 20	丁未 21	戊申 22	己酉 23	庚戌 24	辛亥 25	壬子 26	癸丑 27	甲寅 28	乙卯 29	丙辰 (3)	丁巳 2	戊午 3		辛丑立春
二月大	己卯	天干地支 西曆	己未 4	庚申 5	辛酉 6	壬戌 7	癸亥 8	甲子 9	乙丑 10	丙寅 11	丁卯 12	戊辰 13	己巳 14	庚午 15	辛未 16	壬申 17	癸酉 18	甲戌 19	乙亥 20	丙子 21	丁丑 22	戊寅 23	己卯 24	庚辰 25	辛巳 26	壬午 27	癸未 28	甲申 29	乙酉 30	丙戌 31	丁亥 (4)	戊子 2	丁亥春分
三月小	庚辰	天干地支 西曆	己丑 3	庚寅 4	辛卯 5	壬辰 6	癸巳 7	甲午 8	乙未 9	丙申 10	丁酉 11	戊戌 12	己亥 13	庚子 14	辛丑 15	壬寅 16	癸卯 17	甲辰 18	乙巳 19	丙午 20	丁未 21	戊申 22	己酉 23	庚戌 24	辛亥 25	壬子 26	癸丑 27	甲寅 28	乙卯 29	丙辰 30	丁巳 (5)		
四月大	辛巳	天干地支 西曆	戊午 2	己未 3	庚申 4	辛酉 5	壬戌 6	癸亥 7	甲子 8	乙丑 9	丙寅 10	丁卯 11	戊辰 12	己巳 13	庚午 14	辛未 15	壬申 16	癸酉 17	甲戌 18	乙亥 19	丙子 20	丁丑 21	戊寅 22	己卯 23	庚辰 24	辛巳 25	壬午 26	癸未 27	甲申 28	乙酉 29	丙戌 30	丁亥 31	甲戌立夏
五月小	壬午	天干地支 西曆	戊子 (6)	己丑 2	庚寅 3	辛卯 4	壬辰 5	癸巳 6	甲午 7	乙未 8	丙申 9	丁酉 10	戊戌 11	己亥 12	庚子 13	辛丑 14	壬寅 15	癸卯 16	甲辰 17	乙巳 18	丙午 19	丁未 20	戊申 21	己酉 22	庚戌 23	辛亥 24	壬子 25	癸丑 26	甲寅 27	乙卯 28	丙辰 29		
閏五月大	壬午	天干地支 西曆	丁巳 30	戊午 (7)	己未 2	庚申 3	辛酉 4	壬戌 5	癸亥 6	甲子 7	乙丑 8	丙寅 9	丁卯 10	戊辰 11	己巳 12	庚午 13	辛未 14	壬申 15	癸酉 16	甲戌 17	乙亥 18	丙子 19	丁丑 20	戊寅 21	己卯 22	庚辰 23	辛巳 24	壬午 25	癸未 26	甲申 27	乙酉 28	丙戌 29	壬戌夏至
六月大	癸未	天干地支 西曆	丁亥 30	戊子 31	己丑 (8)	庚寅 2	辛卯 3	壬辰 4	癸巳 5	甲午 6	乙未 7	丙申 8	丁酉 9	戊戌 10	己亥 11	庚子 12	辛丑 13	壬寅 14	癸卯 15	甲辰 16	乙巳 17	丙午 18	丁未 19	戊申 20	己酉 21	庚戌 22	辛亥 23	壬子 24	癸丑 25	甲寅 26	乙卯 27	丙辰 28	戊申立秋
七月小	甲申	天干地支 西曆	丁巳 29	戊午 30	己未 31	庚申 (9)	辛酉 2	壬戌 3	癸亥 4	甲子 5	乙丑 6	丙寅 7	丁卯 8	戊辰 9	己巳 10	庚午 11	辛未 12	壬申 13	癸酉 14	甲戌 15	乙亥 16	丙子 17	丁丑 18	戊寅 19	己卯 20	庚辰 21	辛巳 22	壬午 23	癸未 24	甲申 25	乙酉 26		
八月大	乙酉	天干地支 西曆	丙戌 27	丁亥 28	戊子 29	己丑 30	庚寅 (10)	辛卯 2	壬辰 3	癸巳 4	甲午 5	乙未 6	丙申 7	丁酉 8	戊戌 9	己亥 10	庚子 11	辛丑 12	壬寅 13	癸卯 14	甲辰 15	乙巳 16	丙午 17	丁未 18	戊申 19	己酉 20	庚戌 21	辛亥 22	壬子 23	癸丑 24	甲寅 25	乙卯 26	癸巳秋分
九月大	丙戌	天干地支 西曆	丙辰 27	丁巳 28	戊午 29	己未 30	庚申 31	辛酉 (11)	壬戌 2	癸亥 3	甲子 4	乙丑 5	丙寅 6	丁卯 7	戊辰 8	己巳 9	庚午 10	辛未 11	壬申 12	癸酉 13	甲戌 14	乙亥 15	丙子 16	丁丑 17	戊寅 18	己卯 19	庚辰 20	辛巳 21	壬午 22	癸未 23	甲申 24	乙酉 25	丁丑立冬
十月小	丁亥	天干地支 西曆	丙戌 26	丁亥 27	戊子 28	己丑 29	庚寅 30	辛卯 (12)	壬辰 2	癸巳 3	甲午 4	乙未 5	丙申 6	丁酉 7	戊戌 8	己亥 9	庚子 10	辛丑 11	壬寅 12	癸卯 13	甲辰 14	乙巳 15	丙午 16	丁未 17	戊申 18	己酉 19	庚戌 20	辛亥 21	壬子 22	癸丑 23	甲寅 24		
十一月大	戊子	天干地支 西曆	乙卯 25	丙辰 26	丁巳 27	戊午 28	己未 29	庚申 30	辛酉 31	壬戌 (1)	癸亥 2	甲子 3	乙丑 4	丙寅 5	丁卯 6	戊辰 7	己巳 8	庚午 9	辛未 10	壬申 11	癸酉 12	甲戌 13	乙亥 14	丙子 15	丁丑 16	戊寅 17	己卯 18	庚辰 19	辛巳 20	壬午 21	癸未 22	甲申 23	辛酉冬至
十二月小	己丑	天干地支 西曆	乙酉 24	丙戌 25	丁亥 26	戊子 27	己丑 28	庚寅 29	辛卯 30	壬辰 31	癸巳 (2)	甲午 2	乙未 3	丙申 4	丁酉 5	戊戌 6	己亥 7	庚子 8	辛丑 9	壬寅 10	癸卯 11	甲辰 12	乙巳 13	丙午 14	丁未 15	戊申 16	己酉 17	庚戌 18	辛亥 19	壬子 20	癸丑 21		丙午立春

年代異同	竹書紀年	皇極經世	文獻通考	歷代紀年備考	歷代帝王年表	歷代統紀表	中國年曆總譜	斷代工程
	殷武丁 四十二年	殷祖庚五年	殷祖庚五年	殷祖庚五年	殷祖庚五年	殷祖庚五年	殷祖甲十三年	殷盤庚小辛小乙

殷小乙十五年（辛酉 鷄年） 公元前1260 ~ 前1259年

夏曆月序		中西曆日對照	夏曆日序																													節氣與天象
			初一	初二	初三	初四	初五	初六	初七	初八	初九	初十	十一	十二	十三	十四	十五	十六	十七	十八	十九	二十	二一	二二	二三	二四	二五	二六	二七	二八	二九	三十	
正月小	庚寅	干支曆	甲寅	乙卯	丙辰	丁巳	戊午	己未	庚申	辛酉	壬戌	癸亥	甲子	乙丑	丙寅	丁卯	戊辰	己巳	庚午	辛未	壬申	癸酉	甲戌	乙亥	丙子	丁丑	戊寅	己卯	庚辰	辛巳	壬午		甲寅日食
		天地西曆	22	23	24	25	26	27	28	(3)	2	3	4	5	6	7	8	9	10	11	12	13	14	15	16	17	18	19	20	21	22		
二月大	辛卯	干支曆	癸未	甲申	乙酉	丙戌	丁亥	戊子	己丑	庚寅	辛卯	壬辰	癸巳	甲午	乙未	丙申	丁酉	戊戌	己亥	庚子	辛丑	壬寅	癸卯	甲辰	乙巳	丙午	丁未	戊申	己酉	庚戌	辛亥	壬子	癸巳春分
		天地西曆	23	24	25	26	27	28	29	30	31	(4)	2	3	4	5	6	7	8	9	10	11	12	13	14	15	16	17	18	19	20	21	
三月小	壬辰	干支曆	癸丑	甲寅	乙卯	丙辰	丁巳	戊午	己未	庚申	辛酉	壬戌	癸亥	甲子	乙丑	丙寅	丁卯	戊辰	己巳	庚午	辛未	壬申	癸酉	甲戌	乙亥	丙子	丁丑	戊寅	己卯	庚辰	辛巳		庚辰立夏
		天地西曆	22	23	24	25	26	27	28	29	30	(5)	2	3	4	5	6	7	8	9	10	11	12	13	14	15	16	17	18	19	20		
四月小	癸巳	干支曆	壬午	癸未	甲申	乙酉	丙戌	丁亥	戊子	己丑	庚寅	辛卯	壬辰	癸巳	甲午	乙未	丙申	丁酉	戊戌	己亥	庚子	辛丑	壬寅	癸卯	甲辰	乙巳	丙午	丁未	戊申	己酉	庚戌		
		天地西曆	21	22	23	24	25	26	27	28	29	30	31	(6)	2	3	4	5	6	7	8	9	10	11	12	13	14	15	16	17	18		
五月大	甲午	干支曆	辛亥	壬子	癸丑	甲寅	乙卯	丙辰	丁巳	戊午	己未	庚申	辛酉	壬戌	癸亥	甲子	乙丑	丙寅	丁卯	戊辰	己巳	庚午	辛未	壬申	癸酉	甲戌	乙亥	丙子	丁丑	戊寅	己卯	庚辰	丁卯夏至
		天地西曆	19	20	21	22	23	24	25	26	27	28	29	30	(7)	2	3	4	5	6	7	8	9	10	11	12	13	14	15	16	17	18	
六月大	乙未	干支曆	辛巳	壬午	癸未	甲申	乙酉	丙戌	丁亥	戊子	己丑	庚寅	辛卯	壬辰	癸巳	甲午	乙未	丙申	丁酉	戊戌	己亥	庚子	辛丑	壬寅	癸卯	甲辰	乙巳	丙午	丁未	戊申	己酉	庚戌	
		天地西曆	19	20	21	22	23	24	25	26	27	28	29	30	31	(8)	2	3	4	5	6	7	8	9	10	11	12	13	14	15	16	17	
七月小	丙申	干支曆	辛亥	壬子	癸丑	甲寅	乙卯	丙辰	丁巳	戊午	己未	庚申	辛酉	壬戌	癸亥	甲子	乙丑	丙寅	丁卯	戊辰	己巳	庚午	辛未	壬申	癸酉	甲戌	乙亥	丙子	丁丑	戊寅	己卯		癸丑立秋
		天地西曆	18	19	20	21	22	23	24	25	26	27	28	29	30	31	(9)	2	3	4	5	6	7	8	9	10	11	12	13	14	15		
八月大	丁酉	干支曆	庚辰	辛巳	壬午	癸未	甲申	乙酉	丙戌	丁亥	戊子	己丑	庚寅	辛卯	壬辰	癸巳	甲午	乙未	丙申	丁酉	戊戌	己亥	庚子	辛丑	壬寅	癸卯	甲辰	乙巳	丙午	丁未	戊申	己酉	戊戌秋分
		天地西曆	16	17	18	19	20	21	22	23	24	25	26	27	28	29	30	(10)	2	3	4	5	6	7	8	9	10	11	12	13	14	15	
九月大	戊戌	干支曆	庚戌	辛亥	壬子	癸丑	甲寅	乙卯	丙辰	丁巳	戊午	己未	庚申	辛酉	壬戌	癸亥	甲子	乙丑	丙寅	丁卯	戊辰	己巳	庚午	辛未	壬申	癸酉	甲戌	乙亥	丙子	丁丑	戊寅	己卯	
		天地西曆	16	17	18	19	20	21	22	23	24	25	26	27	28	29	30	31	(11)	2	3	4	5	6	7	8	9	10	11	12	13	14	
十月大	己亥	干支曆	庚辰	辛巳	壬午	癸未	甲申	乙酉	丙戌	丁亥	戊子	己丑	庚寅	辛卯	壬辰	癸巳	甲午	乙未	丙申	丁酉	戊戌	己亥	庚子	辛丑	壬寅	癸卯	甲辰	乙巳	丙午	丁未	戊申	己酉	壬午立冬
		天地西曆	15	16	17	18	19	20	21	22	23	24	25	26	27	28	29	30	(12)	2	3	4	5	6	7	8	9	10	11	12	13	14	
十一月小	庚子	干支曆	庚戌	辛亥	壬子	癸丑	甲寅	乙卯	丙辰	丁巳	戊午	己未	庚申	辛酉	壬戌	癸亥	甲子	乙丑	丙寅	丁卯	戊辰	己巳	庚午	辛未	壬申	癸酉	甲戌	乙亥	丙子	丁丑	戊寅		丁卯冬至
		天地西曆	15	16	17	18	19	20	21	22	23	24	25	26	27	28	29	30	31	(1)	2	3	4	5	6	7	8	9	10	11	12		
十二月大	辛丑	干支曆	己卯	庚辰	辛巳	壬午	癸未	甲申	乙酉	丙戌	丁亥	戊子	己丑	庚寅	辛卯	壬辰	癸巳	甲午	乙未	丙申	丁酉	戊戌	己亥	庚子	辛丑	壬寅	癸卯	甲辰	乙巳	丙午	丁未	戊申	
		天地西曆	13	14	15	16	17	18	19	20	21	22	23	24	25	26	27	28	29	30	31	(2)	2	3	4	5	6	7	8	9	10	11	

年代異同	竹書紀年	皇極經世	文獻通考	歷代紀年備考	歷代帝王年表	歷代統紀表	中國年曆總譜	斷代工程
	殷武丁四十三年	殷祖庚六年	殷祖庚六年	殷祖庚六年	殷祖庚六年	殷祖庚六年	殷祖甲十四年	殷盤庚小辛小乙

殷小乙十六年（壬戌 狗年） 公元前1259 ~ 前1258年

夏曆月序		中西曆日對照	初一	初二	初三	初四	初五	初六	初七	初八	初九	初十	十一	十二	十三	十四	十五	十六	十七	十八	十九	二十	二一	二二	二三	二四	二五	二六	二七	二八	二九	三十	節氣與天象
正月小	壬寅	天干地支西曆	己酉12	庚戌13	辛亥14	壬子15	癸丑16	甲寅17	乙卯18	丙辰19	丁巳20	戊午21	己未22	庚申23	辛酉24	壬戌25	癸亥26	甲子27	乙丑28	丙寅(3)	丁卯2	戊辰3	己巳4	庚午5	辛未6	壬申7	癸酉8	甲戌9	乙亥10	丙子11	丁丑12		壬子立春
二月小	癸卯	天干地支西曆	戊寅13	己卯14	庚辰15	辛巳16	壬午17	癸未18	甲申19	乙酉20	丙戌21	丁亥22	戊子23	己丑24	庚寅25	辛卯26	壬辰27	癸巳28	甲午29	乙未30	丙申31	丁酉(4)	戊戌2	己亥3	庚子4	辛丑5	壬寅6	癸卯7	甲辰8	乙巳9	丙午10		戊戌春分
三月大	甲辰	天干地支西曆	丁未11	戊申12	己酉13	庚戌14	辛亥15	壬子16	癸丑17	甲寅18	乙卯19	丙辰20	丁巳21	戊午22	己未23	庚申24	辛酉25	壬戌26	癸亥27	甲子28	乙丑29	丙寅30	丁卯(5)	戊辰2	己巳3	庚午4	辛未5	壬申6	癸酉7	甲戌8	乙亥9	丙子10	
四月小	乙巳	天干地支西曆	丁丑11	戊寅12	己卯13	庚辰14	辛巳15	壬午16	癸未17	甲申18	乙酉19	丙戌20	丁亥21	戊子22	己丑23	庚寅24	辛卯25	壬辰26	癸巳27	甲午28	乙未29	丙申30	丁酉31	戊戌(6)	己亥2	庚子3	辛丑4	壬寅5	癸卯6	甲辰7	乙巳8		乙酉立夏
五月小	丙午	天干地支西曆	丙午9	丁未10	戊申11	己酉12	庚戌13	辛亥14	壬子15	癸丑16	甲寅17	乙卯18	丙辰19	丁巳20	戊午21	己未22	庚申23	辛酉24	壬戌25	癸亥26	甲子27	乙丑28	丙寅29	丁卯30	戊辰(7)	己巳2	庚午3	辛未4	壬申5	癸酉6	甲戌7		壬申夏至
六月大	丁未	天干地支西曆	乙亥8	丙子9	丁丑10	戊寅11	己卯12	庚辰13	辛巳14	壬午15	癸未16	甲申17	乙酉18	丙戌19	丁亥20	戊子21	己丑22	庚寅23	辛卯24	壬辰25	癸巳26	甲午27	乙未28	丙申29	丁酉30	戊戌31	己亥(8)	庚子2	辛丑3	壬寅4	癸卯5	甲辰6	
七月小	戊申	天干地支西曆	乙巳7	丙午8	丁未9	戊申10	己酉11	庚戌12	辛亥13	壬子14	癸丑15	甲寅16	乙卯17	丙辰18	丁巳19	戊午20	己未21	庚申22	辛酉23	壬戌24	癸亥25	甲子26	乙丑27	丙寅28	丁卯29	戊辰30	己巳31	庚午(9)	辛未2	壬申3	癸酉4		戊午立秋
八月大	己酉	天干地支西曆	甲戌5	乙亥6	丙子7	丁丑8	戊寅9	己卯10	庚辰11	辛巳12	壬午13	癸未14	甲申15	乙酉16	丙戌17	丁亥18	戊子19	己丑20	庚寅21	辛卯22	壬辰23	癸巳24	甲午25	乙未26	丙申27	丁酉28	戊戌29	己亥30	庚子(10)	辛丑2	壬寅3	癸卯4	癸卯秋分
九月大	庚戌	天干地支西曆	甲辰5	乙巳6	丙午7	丁未8	戊申9	己酉10	庚戌11	辛亥12	壬子13	癸丑14	甲寅15	乙卯16	丙辰17	丁巳18	戊午19	己未20	庚申21	辛酉22	壬戌23	癸亥24	甲子25	乙丑26	丙寅27	丁卯28	戊辰29	己巳30	庚午31	辛未(11)	壬申2	癸酉3	
十月大	辛亥	天干地支西曆	甲戌4	乙亥5	丙子6	丁丑7	戊寅8	己卯9	庚辰10	辛巳11	壬午12	癸未13	甲申14	乙酉15	丙戌16	丁亥17	戊子18	己丑19	庚寅20	辛卯21	壬辰22	癸巳23	甲午24	乙未25	丙申26	丁酉27	戊戌28	己亥29	庚子30	辛丑(12)	壬寅2	癸卯3	戊子立冬
十一月小	壬子	天干地支西曆	甲辰4	乙巳5	丙午6	丁未7	戊申8	己酉9	庚戌10	辛亥11	壬子12	癸丑13	甲寅14	乙卯15	丙辰16	丁巳17	戊午18	己未19	庚申20	辛酉21	壬戌22	癸亥23	甲子24	乙丑25	丙寅26	丁卯27	戊辰28	己巳29	庚午30	辛未31	壬申(1)		壬申冬至
十二月大	癸丑	天干地支西曆	癸酉2	甲戌3	乙亥4	丙子5	丁丑6	戊寅7	己卯8	庚辰9	辛巳10	壬午11	癸未12	甲申13	乙酉14	丙戌15	丁亥16	戊子17	己丑18	庚寅19	辛卯20	壬辰21	癸巳22	甲午23	乙未24	丙申25	丁酉26	戊戌27	己亥28	庚子29	辛丑30	壬寅31	

年代異同	竹書紀年	皇極經世	文獻通考	歷代紀年備考	歷代帝王年表	歷代統紀表	中國年曆總譜	斷代工程
	殷武丁四十四年	殷祖庚七年	殷祖庚七年	殷祖庚七年	殷祖庚七年	殷祖庚七年	殷祖甲十五年	殷盤庚小辛小乙

殷小乙十七年（癸亥 猪年） 公元前 1258 ~ 前 1257 年

夏曆月序		中西曆日對照	初一	初二	初三	初四	初五	初六	初七	初八	初九	初十	十一	十二	十三	十四	十五	十六	十七	十八	十九	二十	二一	二二	二三	二四	二五	二六	二七	二八	二九	三十	節氣與天象
正月大	甲寅	天干地支西曆	癸卯(2)	甲辰2	乙巳3	丙午4	丁未5	戊申6	己酉7	庚戌8	辛亥9	壬子10	癸丑11	甲寅12	乙卯13	丙辰14	丁巳15	戊午16	己未17	庚申18	辛酉19	壬戌20	癸亥21	甲子22	乙丑23	丙寅24	丁卯25	戊辰26	己巳27	庚午28	辛未(3)	壬申2	丁巳立春
二月小	乙卯	天干地支西曆	癸酉3	甲戌4	乙亥5	丙子6	丁丑7	戊寅8	己卯9	庚辰10	辛巳11	壬午12	癸未13	甲申14	乙酉15	丙戌16	丁亥17	戊子18	己丑19	庚寅20	辛卯21	壬辰22	癸巳23	甲午24	乙未25	丙申26	丁酉27	戊戌28	己亥29	庚子30	辛丑31		
三月小	丙辰	天干地支西曆	壬寅(4)	癸卯2	甲辰3	乙巳4	丙午5	丁未6	戊申7	己酉8	庚戌9	辛亥10	壬子11	癸丑12	甲寅13	乙卯14	丙辰15	丁巳16	戊午17	己未18	庚申19	辛酉20	壬戌21	癸亥22	甲子23	乙丑24	丙寅25	丁卯26	戊辰27	己巳28	庚午29		癸卯春分
閏三月大	丙辰	天干地支西曆	辛未30	壬申(5)	癸酉2	甲戌3	乙亥4	丙子5	丁丑6	戊寅7	己卯8	庚辰9	辛巳10	壬午11	癸未12	甲申13	乙酉14	丙戌15	丁亥16	戊子17	己丑18	庚寅19	辛卯20	壬辰21	癸巳22	甲午23	乙未24	丙申25	丁酉26	戊戌27	己亥28	庚子29	庚寅立夏
四月小	丁巳	天干地支西曆	辛丑30	壬寅31	癸卯(6)	甲辰2	乙巳3	丙午4	丁未5	戊申6	己酉7	庚戌8	辛亥9	壬子10	癸丑11	甲寅12	乙卯13	丙辰14	丁巳15	戊午16	己未17	庚申18	辛酉19	壬戌20	癸亥21	甲子22	乙丑23	丙寅24	丁卯25	戊辰26	己巳27		
五月小	戊午	天干地支西曆	庚午28	辛未29	壬申30	癸酉(7)	甲戌2	乙亥3	丙子4	丁丑5	戊寅6	己卯7	庚辰8	辛巳9	壬午10	癸未11	甲申12	乙酉13	丙戌14	丁亥15	戊子16	己丑17	庚寅18	辛卯19	壬辰20	癸巳21	甲午22	乙未23	丙申24	丁酉25	戊戌26		丁丑夏至
六月大	己未	天干地支西曆	己亥27	庚子28	辛丑29	壬寅30	癸卯31	甲辰(8)	乙巳2	丙午3	丁未4	戊申5	己酉6	庚戌7	辛亥8	壬子9	癸丑10	甲寅11	乙卯12	丙辰13	丁巳14	戊午15	己未16	庚申17	辛酉18	壬戌19	癸亥20	甲子21	乙丑22	丙寅23	丁卯24	戊辰25	甲子立秋 己亥日食
七月小	庚申	天干地支西曆	己巳26	庚午27	辛未28	壬申29	癸酉30	甲戌31	乙亥(9)	丙子2	丁丑3	戊寅4	己卯5	庚辰6	辛巳7	壬午8	癸未9	甲申10	乙酉11	丙戌12	丁亥13	戊子14	己丑15	庚寅16	辛卯17	壬辰18	癸巳19	甲午20	乙未21	丙申22	丁酉23		
八月大	辛酉	天干地支西曆	戊戌24	己亥25	庚子26	辛丑27	壬寅28	癸卯29	甲辰30	乙巳(10)	丙午2	丁未3	戊申4	己酉5	庚戌6	辛亥7	壬子8	癸丑9	甲寅10	乙卯11	丙辰12	丁巳13	戊午14	己未15	庚申16	辛酉17	壬戌18	癸亥19	甲子20	乙丑21	丙寅22	丁卯23	己酉秋分
九月大	壬戌	天干地支西曆	戊辰24	己巳25	庚午26	辛未27	壬申28	癸酉29	甲戌30	乙亥31	丙子(11)	丁丑2	戊寅3	己卯4	庚辰5	辛巳6	壬午7	癸未8	甲申9	乙酉10	丙戌11	丁亥12	戊子13	己丑14	庚寅15	辛卯16	壬辰17	癸巳18	甲午19	乙未20	丙申21	丁酉22	癸巳立冬
十月大	癸亥	天干地支西曆	戊戌23	己亥24	庚子25	辛丑26	壬寅27	癸卯28	甲辰29	乙巳30	丙午(12)	丁未2	戊申3	己酉4	庚戌5	辛亥6	壬子7	癸丑8	甲寅9	乙卯10	丙辰11	丁巳12	戊午13	己未14	庚申15	辛酉16	壬戌17	癸亥18	甲子19	乙丑20	丙寅21	丁卯22	
十一月小	甲子	天干地支西曆	戊辰23	己巳24	庚午25	辛未26	壬申27	癸酉28	甲戌29	乙亥30	丙子31	丁丑(1)	戊寅2	己卯3	庚辰4	辛巳5	壬午6	癸未7	甲申8	乙酉9	丙戌10	丁亥11	戊子12	己丑13	庚寅14	辛卯15	壬辰16	癸巳17	甲午18	乙未19	丙申20		丁丑冬至
十二月大	乙丑	天干地支西曆	丁酉21	戊戌22	己亥23	庚子24	辛丑25	壬寅26	癸卯27	甲辰28	乙巳29	丙午30	丁未31	戊申(2)	己酉2	庚戌3	辛亥4	壬子5	癸丑6	甲寅7	乙卯8	丙辰9	丁巳10	戊午11	己未12	庚申13	辛酉14	壬戌15	癸亥16	甲子17	乙丑18	丙寅19	壬戌立春

年代異同	竹書紀年	皇極經世	文獻通考	歷代紀年備考	歷代帝王年表	歷代統紀表	中國年曆總譜	斷代工程
	殷武丁四十五年	殷祖甲元年	殷祖甲元年	殷祖甲元年	殷祖甲元年	殷祖甲元年	殷祖甲十六年	殷盤庚小辛小乙

殷小乙十八年（甲子 鼠年） 公元前1257 ~ 前1256年

夏曆月序	月建	中西曆日對照	初一	初二	初三	初四	初五	初六	初七	初八	初九	初十	十一	十二	十三	十四	十五	十六	十七	十八	十九	二十	二一	二二	二三	二四	二五	二六	二七	二八	二九	三十	節氣與天象
正月大	丙寅	天干地支西曆	丁卯20	戊辰21	己巳22	庚午23	辛未24	壬申25	癸酉26	甲戌27	乙亥28	丙子29	丁丑(3)	戊寅2	己卯3	庚辰4	辛巳5	壬午6	癸未7	甲申8	乙酉9	丙戌10	丁亥11	戊子12	己丑13	庚寅14	辛卯15	壬辰16	癸巳17	甲午18	乙未19	丙申20	
二月小	丁卯	天干地支西曆	丁酉21	戊戌22	己亥23	庚子24	辛丑25	壬寅26	癸卯27	甲辰28	乙巳29	丙午30	丁未31	戊申(4)	己酉2	庚戌3	辛亥4	壬子5	癸丑6	甲寅7	乙卯8	丙辰9	丁巳10	戊午11	己未12	庚申13	辛酉14	壬戌15	癸亥16	甲子17	乙丑18		戊申春分
三月小	戊辰	天干地支西曆	丙寅19	丁卯20	戊辰21	己巳22	庚午23	辛未24	壬申25	癸酉26	甲戌27	乙亥28	丙子29	丁丑30	戊寅(5)	己卯2	庚辰3	辛巳4	壬午5	癸未6	甲申7	乙酉8	丙戌9	丁亥10	戊子11	己丑12	庚寅13	辛卯14	壬辰15	癸巳16	甲午17		
四月大	己巳	天干地支西曆	乙未18	丙申19	丁酉20	戊戌21	己亥22	庚子23	辛丑24	壬寅25	癸卯26	甲辰27	乙巳28	丙午29	丁未30	戊申31	己酉(6)	庚戌2	辛亥3	壬子4	癸丑5	甲寅6	乙卯7	丙辰8	丁巳9	戊午10	己未11	庚申12	辛酉13	壬戌14	癸亥15	甲子16	乙未立夏
五月小	庚午	天干地支西曆	乙丑17	丙寅18	丁卯19	戊辰20	己巳21	庚午22	辛未23	壬申24	癸酉25	甲戌26	乙亥27	丙子28	丁丑29	戊寅30	己卯(7)	庚辰2	辛巳3	壬午4	癸未5	甲申6	乙酉7	丙戌8	丁亥9	戊子10	己丑11	庚寅12	辛卯13	壬辰14	癸巳15		癸未夏至
六月小	辛未	天干地支西曆	甲午16	乙未17	丙申18	丁酉19	戊戌20	己亥21	庚子22	辛丑23	壬寅24	癸卯25	甲辰26	乙巳27	丙午28	丁未29	戊申30	己酉31	庚戌(8)	辛亥2	壬子3	癸丑4	甲寅5	乙卯6	丙辰7	丁巳8	戊午9	己未10	庚申11	辛酉12	壬戌13		甲午日食
七月大	壬申	天干地支西曆	癸亥14	甲子15	乙丑16	丙寅17	丁卯18	戊辰19	己巳20	庚午21	辛未22	壬申23	癸酉24	甲戌25	乙亥26	丙子27	丁丑28	戊寅29	己卯30	庚辰31	辛巳(9)	壬午2	癸未3	甲申4	乙酉5	丙戌6	丁亥7	戊子8	己丑9	庚寅10	辛卯11	壬辰12	己巳立秋
八月小	癸酉	天干地支西曆	癸巳13	甲午14	乙未15	丙申16	丁酉17	戊戌18	己亥19	庚子20	辛丑21	壬寅22	癸卯23	甲辰24	乙巳25	丙午26	丁未27	戊申28	己酉29	庚戌30	辛亥(10)	壬子2	癸丑3	甲寅4	乙卯5	丙辰6	丁巳7	戊午8	己未9	庚申10	辛酉11		甲寅秋分
九月大	甲戌	天干地支西曆	壬戌12	癸亥13	甲子14	乙丑15	丙寅16	丁卯17	戊辰18	己巳19	庚午20	辛未21	壬申22	癸酉23	甲戌24	乙亥25	丙子26	丁丑27	戊寅28	己卯29	庚辰30	辛巳31	壬午(11)	癸未2	甲申3	乙酉4	丙戌5	丁亥6	戊子7	己丑8	庚寅9	辛卯10	
十月大	乙亥	天干地支西曆	壬辰11	癸巳12	甲午13	乙未14	丙申15	丁酉16	戊戌17	己亥18	庚子19	辛丑20	壬寅21	癸卯22	甲辰23	乙巳24	丙午25	丁未26	戊申27	己酉28	庚戌29	辛亥30	壬子(12)	癸丑2	甲寅3	乙卯4	丙辰5	丁巳6	戊午7	己未8	庚申9	辛酉10	戊戌立冬
十一月小	丙子	天干地支西曆	壬戌11	癸亥12	甲子13	乙丑14	丙寅15	丁卯16	戊辰17	己巳18	庚午19	辛未20	壬申21	癸酉22	甲戌23	乙亥24	丙子25	丁丑26	戊寅27	己卯28	庚辰29	辛巳30	壬午31	癸未(1)	甲申2	乙酉3	丙戌4	丁亥5	戊子6	己丑7	庚寅8		壬午冬至
十二月大	丁丑	天干地支西曆	辛卯9	壬辰10	癸巳11	甲午12	乙未13	丙申14	丁酉15	戊戌16	己亥17	庚子18	辛丑19	壬寅20	癸卯21	甲辰22	乙巳23	丙午24	丁未25	戊申26	己酉27	庚戌28	辛亥29	壬子30	癸丑31	甲寅(2)	乙卯2	丙辰3	丁巳4	戊午5	己未6	庚申7	

年代異同	竹書紀年	皇極經世	文獻通考	歷代紀年備考	歷代帝王年表	歷代統紀表	中國年曆總譜	斷代工程
	殷武丁四十六年	殷祖甲二年	殷祖甲二年	殷祖甲二年	殷祖甲二年	殷祖甲二年	殷祖甲十七年	殷盤庚小辛小乙

殷小乙十九年（乙丑 牛年）公元前 1256 ~ 前 1255 年

夏曆月序		中西曆日對照	初一	初二	初三	初四	初五	初六	初七	初八	初九	初十	十一	十二	十三	十四	十五	十六	十七	十八	十九	二十	二一	二二	二三	二四	二五	二六	二七	二八	二九	三十	節氣與天象
正月大	戊寅	天干地支西曆	辛酉 8	壬戌 9	癸亥 10	甲子 11	乙丑 12	丙寅 13	丁卯 14	戊辰 15	己巳 16	庚午 17	辛未 18	壬申 19	癸酉 20	甲戌 21	乙亥 22	丙子 23	丁丑 24	戊寅 25	己卯 26	庚辰 27	辛巳 28	壬午 (3)	癸未 2	甲申 3	乙酉 4	丙戌 5	丁亥 6	戊子 7	己丑 8	庚寅 9	丁卯立春
二月小	己卯	天干地支西曆	辛卯 10	壬辰 11	癸巳 12	甲午 13	乙未 14	丙申 15	丁酉 16	戊戌 17	己亥 18	庚子 19	辛丑 20	壬寅 21	癸卯 22	甲辰 23	乙巳 24	丙午 25	丁未 26	戊申 27	己酉 28	庚戌 29	辛亥 30	壬子 31	癸丑 (4)	甲寅 2	乙卯 3	丙辰 4	丁巳 5	戊午 6	己未 7		癸丑春分
三月大	庚辰	天干地支西曆	庚申 8	辛酉 9	壬戌 10	癸亥 11	甲子 12	乙丑 13	丙寅 14	丁卯 15	戊辰 16	己巳 17	庚午 18	辛未 19	壬申 20	癸酉 21	甲戌 22	乙亥 23	丙子 24	丁丑 25	戊寅 26	己卯 27	庚辰 28	辛巳 29	壬午 30	癸未 (5)	甲申 2	乙酉 3	丙戌 4	丁亥 5	戊子 6	己丑 7	
四月小	辛巳	天干地支西曆	庚寅 8	辛卯 9	壬辰 10	癸巳 11	甲午 12	乙未 13	丙申 14	丁酉 15	戊戌 16	己亥 17	庚子 18	辛丑 19	壬寅 20	癸卯 21	甲辰 22	乙巳 23	丙午 24	丁未 25	戊申 26	己酉 27	庚戌 28	辛亥 29	壬子 30	癸丑 31	甲寅 (6)	乙卯 2	丙辰 3	丁巳 4	戊午 5		辛丑立夏
五月大	壬午	天干地支西曆	己未 6	庚申 7	辛酉 8	壬戌 9	癸亥 10	甲子 11	乙丑 12	丙寅 13	丁卯 14	戊辰 15	己巳 16	庚午 17	辛未 18	壬申 19	癸酉 20	甲戌 21	乙亥 22	丙子 23	丁丑 24	戊寅 25	己卯 26	庚辰 27	辛巳 28	壬午 29	癸未 30	甲申 (7)	乙酉 2	丙戌 3	丁亥 4	戊子 5	戊子夏至
六月小	癸未	天干地支西曆	己丑 6	庚寅 7	辛卯 8	壬辰 9	癸巳 10	甲午 11	乙未 12	丙申 13	丁酉 14	戊戌 15	己亥 16	庚子 17	辛丑 18	壬寅 19	癸卯 20	甲辰 21	乙巳 22	丙午 23	丁未 24	戊申 25	己酉 26	庚戌 27	辛亥 28	壬子 29	癸丑 30	甲寅 31	乙卯 (8)	丙辰 2	丁巳 3		
七月小	甲申	天干地支西曆	戊午 4	己未 5	庚申 6	辛酉 7	壬戌 8	癸亥 9	甲子 10	乙丑 11	丙寅 12	丁卯 13	戊辰 14	己巳 15	庚午 16	辛未 17	壬申 18	癸酉 19	甲戌 20	乙亥 21	丙子 22	丁丑 23	戊寅 24	己卯 25	庚辰 26	辛巳 27	壬午 28	癸未 29	甲申 30	乙酉 31	丙戌 (9)		甲戌立秋
八月大	乙酉	天干地支西曆	丁亥 2	戊子 3	己丑 4	庚寅 5	辛卯 6	壬辰 7	癸巳 8	甲午 9	乙未 10	丙申 11	丁酉 12	戊戌 13	己亥 14	庚子 15	辛丑 16	壬寅 17	癸卯 18	甲辰 19	乙巳 20	丙午 21	丁未 22	戊申 23	己酉 24	庚戌 25	辛亥 26	壬子 27	癸丑 28	甲寅 29	乙卯 30	丙辰 (10)	
九月小	丙戌	天干地支西曆	丁巳 2	戊午 3	己未 4	庚申 5	辛酉 6	壬戌 7	癸亥 8	甲子 9	乙丑 10	丙寅 11	丁卯 12	戊辰 13	己巳 14	庚午 15	辛未 16	壬申 17	癸酉 18	甲戌 19	乙亥 20	丙子 21	丁丑 22	戊寅 23	己卯 24	庚辰 25	辛巳 26	壬午 27	癸未 28	甲申 29	乙酉 30		己未秋分
閏九月大	丙戌	天干地支西曆	丙戌 31	丁亥 (11)	戊子 2	己丑 3	庚寅 4	辛卯 5	壬辰 6	癸巳 7	甲午 8	乙未 9	丙申 10	丁酉 11	戊戌 12	己亥 13	庚子 14	辛丑 15	壬寅 16	癸卯 17	甲辰 18	乙巳 19	丙午 20	丁未 21	戊申 22	己酉 23	庚戌 24	辛亥 25	壬子 26	癸丑 27	甲寅 28	乙卯 29	癸卯立冬
十月小	丁亥	天干地支西曆	丙辰 30	丁巳 (12)	戊午 2	己未 3	庚申 4	辛酉 5	壬戌 6	癸亥 7	甲子 8	乙丑 9	丙寅 10	丁卯 11	戊辰 12	己巳 13	庚午 14	辛未 15	壬申 16	癸酉 17	甲戌 18	乙亥 19	丙子 20	丁丑 21	戊寅 22	己卯 23	庚辰 24	辛巳 25	壬午 26	癸未 27	甲申 28		
十一月大	戊子	天干地支西曆	乙酉 29	丙戌 30	丁亥 31	戊子 (1)	己丑 2	庚寅 3	辛卯 4	壬辰 5	癸巳 6	甲午 7	乙未 8	丙申 9	丁酉 10	戊戌 11	己亥 12	庚子 13	辛丑 14	壬寅 15	癸卯 16	甲辰 17	乙巳 18	丙午 19	丁未 20	戊申 21	己酉 22	庚戌 23	辛亥 24	壬子 25	癸丑 26	甲寅 27	戊子冬至
十二月大	己丑	天干地支西曆	乙卯 28	丙辰 29	丁巳 30	戊午 31	己未 (2)	庚申 2	辛酉 3	壬戌 4	癸亥 5	甲子 6	乙丑 7	丙寅 8	丁卯 9	戊辰 10	己巳 11	庚午 12	辛未 13	壬申 14	癸酉 15	甲戌 16	乙亥 17	丙子 18	丁丑 19	戊寅 20	己卯 21	庚辰 22	辛巳 23	壬午 24	癸未 25	甲申 26	癸酉立春

年代異同	竹書紀年	皇極經世	文獻通考	歷代紀年備考	歷代帝王年表	歷代統紀表	中國年曆總譜	斷代工程
	殷武丁四十七年	殷祖甲三年	殷祖甲三年	殷祖甲三年	殷祖甲三年	殷祖甲三年	殷祖甲十八年	殷盤庚小辛小乙

殷小乙二十年（丙寅 虎年） 公元前 1255 ~ 前 1254 年

夏曆月序		中西曆日對照	初一	初二	初三	初四	初五	初六	初七	初八	初九	初十	十一	十二	十三	十四	十五	十六	十七	十八	十九	二十	二一	二二	二三	二四	二五	二六	二七	二八	二九	三十	節氣與天象
正月小	庚寅	天干地支 西曆	乙酉 27	丙戌 28	丁亥 (3)	戊子 2	己丑 3	庚寅 4	辛卯 5	壬辰 6	癸巳 7	甲午 8	乙未 9	丙申 10	丁酉 11	戊戌 12	己亥 13	庚子 14	辛丑 15	壬寅 16	癸卯 17	甲辰 18	乙巳 19	丙午 20	丁未 21	戊申 22	己酉 23	庚戌 24	辛亥 25	壬子 26	癸丑 27		
二月大	辛卯	天干地支 西曆	甲寅 28	乙卯 29	丙辰 30	丁巳 31	戊午 (4)	己未 2	庚申 3	辛酉 4	壬戌 5	癸亥 6	甲子 7	乙丑 8	丙寅 9	丁卯 10	戊辰 11	己巳 12	庚午 13	辛未 14	壬申 15	癸酉 16	甲戌 17	乙亥 18	丙子 19	丁丑 20	戊寅 21	己卯 22	庚辰 23	辛巳 24	壬午 25	癸未 26	己未春分
三月大	壬辰	天干地支 西曆	甲申 27	乙酉 28	丙戌 29	丁亥 30	戊子 (5)	己丑 2	庚寅 3	辛卯 4	壬辰 5	癸巳 6	甲午 7	乙未 8	丙申 9	丁酉 10	戊戌 11	己亥 12	庚子 13	辛丑 14	壬寅 15	癸卯 16	甲辰 17	乙巳 18	丙午 19	丁未 20	戊申 21	己酉 22	庚戌 23	辛亥 24	壬子 25	癸丑 26	丙午立夏
四月小	癸巳	天干地支 西曆	甲寅 27	乙卯 28	丙辰 29	丁巳 30	戊午 31	己未 (6)	庚申 2	辛酉 3	壬戌 4	癸亥 5	甲子 6	乙丑 7	丙寅 8	丁卯 9	戊辰 10	己巳 11	庚午 12	辛未 13	壬申 14	癸酉 15	甲戌 16	乙亥 17	丙子 18	丁丑 19	戊寅 20	己卯 21	庚辰 22	辛巳 23	壬午 24		
五月大	甲午	天干地支 西曆	癸未 25	甲申 26	乙酉 27	丙戌 28	丁亥 29	戊子 30	己丑 (7)	庚寅 2	辛卯 3	壬辰 4	癸巳 5	甲午 6	乙未 7	丙申 8	丁酉 9	戊戌 10	己亥 11	庚子 12	辛丑 13	壬寅 14	癸卯 15	甲辰 16	乙巳 17	丙午 18	丁未 19	戊申 20	己酉 21	庚戌 22	辛亥 23	壬子 24	癸巳夏至
六月小	乙未	天干地支 西曆	癸丑 25	甲寅 26	乙卯 27	丙辰 28	丁巳 29	戊午 30	己未 31	庚申 (8)	辛酉 2	壬戌 3	癸亥 4	甲子 5	乙丑 6	丙寅 7	丁卯 8	戊辰 9	己巳 10	庚午 11	辛未 12	壬申 13	癸酉 14	甲戌 15	乙亥 16	丙子 17	丁丑 18	戊寅 19	己卯 20	庚辰 21	辛巳 22		己卯立秋
七月小	丙申	天干地支 西曆	壬午 23	癸未 24	甲申 25	乙酉 26	丙戌 27	丁亥 28	戊子 29	己丑 30	庚寅 31	辛卯 (9)	壬辰 2	癸巳 3	甲午 4	乙未 5	丙申 6	丁酉 7	戊戌 8	己亥 9	庚子 10	辛丑 11	壬寅 12	癸卯 13	甲辰 14	乙巳 15	丙午 16	丁未 17	戊申 18	己酉 19	庚戌 20		
八月大	丁酉	天干地支 西曆	辛亥 21	壬子 22	癸丑 23	甲寅 24	乙卯 25	丙辰 26	丁巳 27	戊午 28	己未 29	庚申 30	辛酉 (10)	壬戌 2	癸亥 3	甲子 4	乙丑 5	丙寅 6	丁卯 7	戊辰 8	己巳 9	庚午 10	辛未 11	壬申 12	癸酉 13	甲戌 14	乙亥 15	丙子 16	丁丑 17	戊寅 18	己卯 19	庚辰 20	甲子秋分
九月小	戊戌	天干地支 西曆	辛巳 21	壬午 22	癸未 23	甲申 24	乙酉 25	丙戌 26	丁亥 27	戊子 28	己丑 29	庚寅 30	辛卯 31	壬辰 (11)	癸巳 2	甲午 3	乙未 4	丙申 5	丁酉 6	戊戌 7	己亥 8	庚子 9	辛丑 10	壬寅 11	癸卯 12	甲辰 13	乙巳 14	丙午 15	丁未 16	戊申 17	己酉 18		
十月大	己亥	天干地支 西曆	庚戌 19	辛亥 20	壬子 21	癸丑 22	甲寅 23	乙卯 24	丙辰 25	丁巳 26	戊午 27	己未 28	庚申 29	辛酉 30	壬戌 (12)	癸亥 2	甲子 3	乙丑 4	丙寅 5	丁卯 6	戊辰 7	己巳 8	庚午 9	辛未 10	壬申 11	癸酉 12	甲戌 13	乙亥 14	丙子 15	丁丑 16	戊寅 17	己卯 18	己酉立冬
十一月小	庚子	天干地支 西曆	庚辰 19	辛巳 20	壬午 21	癸未 22	甲申 23	乙酉 24	丙戌 25	丁亥 26	戊子 27	己丑 28	庚寅 29	辛卯 30	壬辰 31	癸巳 (1)	甲午 2	乙未 3	丙申 4	丁酉 5	戊戌 6	己亥 7	庚子 8	辛丑 9	壬寅 10	癸卯 11	甲辰 12	乙巳 13	丙午 14	丁未 15	戊申 16		癸巳冬至
十二月大	辛丑	天干地支 西曆	己酉 17	庚戌 18	辛亥 19	壬子 20	癸丑 21	甲寅 22	乙卯 23	丙辰 24	丁巳 25	戊午 26	己未 27	庚申 28	辛酉 29	壬戌 30	癸亥 31	甲子 (2)	乙丑 2	丙寅 3	丁卯 4	戊辰 5	己巳 6	庚午 7	辛未 8	壬申 9	癸酉 10	甲戌 11	乙亥 12	丙子 13	丁丑 14	戊寅 15	戊寅立春

年代異同	竹書紀年	皇極經世	文獻通考	歷代紀年備考	歷代帝王年表	歷代統紀表	中國年曆總譜	斷代工程
	殷武丁四十八年	殷祖甲四年	殷祖甲四年	殷祖甲四年	殷祖甲四年	殷祖甲四年	殷祖甲十九年	殷盤庚小辛小乙

殷小乙二十一年（丁卯 兔年） 公元前 1254 ~ 前 1253 年

夏曆月序		中西曆日對照	初一	初二	初三	初四	初五	初六	初七	初八	初九	初十	十一	十二	十三	十四	十五	十六	十七	十八	十九	二十	二一	二二	二三	二四	二五	二六	二七	二八	二九	三十	節氣與天象
正月大	壬寅	干支曆 天地西曆	己卯 16	庚辰 17	辛巳 18	壬午 19	癸未 20	甲申 21	乙酉 22	丙戌 23	丁亥 24	戊子 25	己丑 26	庚寅 27	辛卯 28	壬辰 (3)	癸巳 2	甲午 3	乙未 4	丙申 5	丁酉 6	戊戌 7	己亥 8	庚子 9	辛丑 10	壬寅 11	癸卯 12	甲辰 13	乙巳 14	丙午 15	丁未 16	戊申 17	
二月小	癸卯	干支曆 天地西曆	己酉 18	庚戌 19	辛亥 20	壬子 21	癸丑 22	甲寅 23	乙卯 24	丙辰 25	丁巳 26	戊午 27	己未 28	庚申 29	辛酉 30	壬戌 31	癸亥 (4)	甲子 2	乙丑 3	丙寅 4	丁卯 5	戊辰 6	己巳 7	庚午 8	辛未 9	壬申 10	癸酉 11	甲戌 12	乙亥 13	丙子 14	丁丑 15		甲子春分
三月大	甲辰	干支曆 天地西曆	戊寅 16	己卯 17	庚辰 18	辛巳 19	壬午 20	癸未 21	甲申 22	乙酉 23	丙戌 24	丁亥 25	戊子 26	己丑 27	庚寅 28	辛卯 29	壬辰 30	癸巳 (5)	甲午 2	乙未 3	丙申 4	丁酉 5	戊戌 6	己亥 7	庚子 8	辛丑 9	壬寅 10	癸卯 11	甲辰 12	乙巳 13	丙午 14	丁未 15	
四月小	乙巳	干支曆 天地西曆	戊申 16	己酉 17	庚戌 18	辛亥 19	壬子 20	癸丑 21	甲寅 22	乙卯 23	丙辰 24	丁巳 25	戊午 26	己未 27	庚申 28	辛酉 29	壬戌 30	癸亥 31	甲子 (6)	乙丑 2	丙寅 3	丁卯 4	戊辰 5	己巳 6	庚午 7	辛未 8	壬申 9	癸酉 10	甲戌 11	乙亥 12	丙子 13		辛亥立夏 戊申日食
五月大	丙午	干支曆 天地西曆	丁丑 14	戊寅 15	己卯 16	庚辰 17	辛巳 18	壬午 19	癸未 20	甲申 21	乙酉 22	丙戌 23	丁亥 24	戊子 25	己丑 26	庚寅 27	辛卯 28	壬辰 29	癸巳 30	甲午 (7)	乙未 2	丙申 3	丁酉 4	戊戌 5	己亥 6	庚子 7	辛丑 8	壬寅 9	癸卯 10	甲辰 11	乙巳 12	丙午 13	戊戌夏至
六月小	丁未	干支曆 天地西曆	丁未 14	戊申 15	己酉 16	庚戌 17	辛亥 18	壬子 19	癸丑 20	甲寅 21	乙卯 22	丙辰 23	丁巳 24	戊午 25	己未 26	庚申 27	辛酉 28	壬戌 29	癸亥 30	甲子 31	乙丑 (8)	丙寅 2	丁卯 3	戊辰 4	己巳 5	庚午 6	辛未 7	壬申 8	癸酉 9	甲戌 10	乙亥 11		
七月大	戊申	干支曆 天地西曆	丙子 12	丁丑 13	戊寅 14	己卯 15	庚辰 16	辛巳 17	壬午 18	癸未 19	甲申 20	乙酉 21	丙戌 22	丁亥 23	戊子 24	己丑 25	庚寅 26	辛卯 27	壬辰 28	癸巳 29	甲午 30	乙未 31	丙申 (9)	丁酉 2	戊戌 3	己亥 4	庚子 5	辛丑 6	壬寅 7	癸卯 8	甲辰 9	乙巳 10	乙酉立秋
八月小	己酉	干支曆 天地西曆	丙午 11	丁未 12	戊申 13	己酉 14	庚戌 15	辛亥 16	壬子 17	癸丑 18	甲寅 19	乙卯 20	丙辰 21	丁巳 22	戊午 23	己未 24	庚申 25	辛酉 26	壬戌 27	癸亥 28	甲子 29	乙丑 30	丙寅 (10)	丁卯 2	戊辰 3	己巳 4	庚午 5	辛未 6	壬申 7	癸酉 8	甲戌 9		庚午秋分
九月大	庚戌	干支曆 天地西曆	乙亥 10	丙子 11	丁丑 12	戊寅 13	己卯 14	庚辰 15	辛巳 16	壬午 17	癸未 18	甲申 19	乙酉 20	丙戌 21	丁亥 22	戊子 23	己丑 24	庚寅 25	辛卯 26	壬辰 27	癸巳 28	甲午 29	乙未 30	丙申 31	丁酉 (11)	戊戌 2	己亥 3	庚子 4	辛丑 5	壬寅 6	癸卯 7	甲辰 8	
十月小	辛亥	干支曆 天地西曆	乙巳 9	丙午 10	丁未 11	戊申 12	己酉 13	庚戌 14	辛亥 15	壬子 16	癸丑 17	甲寅 18	乙卯 19	丙辰 20	丁巳 21	戊午 22	己未 23	庚申 24	辛酉 25	壬戌 26	癸亥 27	甲子 28	乙丑 29	丙寅 30	丁卯 (12)	戊辰 2	己巳 3	庚午 4	辛未 5	壬申 6	癸酉 7		甲寅立冬
十一月大	壬子	干支曆 天地西曆	甲戌 8	乙亥 9	丙子 10	丁丑 11	戊寅 12	己卯 13	庚辰 14	辛巳 15	壬午 16	癸未 17	甲申 18	乙酉 19	丙戌 20	丁亥 21	戊子 22	己丑 23	庚寅 24	辛卯 25	壬辰 26	癸巳 27	甲午 28	乙未 29	丙申 30	丁酉 31	戊戌 (1)	己亥 2	庚子 3	辛丑 4	壬寅 5	癸卯 6	戊戌冬至
十二月小	癸丑	干支曆 天地西曆	甲辰 7	乙巳 8	丙午 9	丁未 10	戊申 11	己酉 12	庚戌 13	辛亥 14	壬子 15	癸丑 16	甲寅 17	乙卯 18	丙辰 19	丁巳 20	戊午 21	己未 22	庚申 23	辛酉 24	壬戌 25	癸亥 26	甲子 27	乙丑 28	丙寅 29	丁卯 30	戊辰 31	己巳 (2)	庚午 2	辛未 3	壬申 4		

年代異同	竹書紀年	皇極經世	文獻通考	歷代紀年備考	歷代帝王年表	歷代統紀表	中國年曆總譜	斷代工程
	殷武丁四十九年	殷祖甲五年	殷祖甲五年	殷祖甲五年	殷祖甲五年	殷祖甲五年	殷祖甲二十年	殷盤庚小辛小乙

殷小乙二十二年（戊辰 龍年） 公元前1253 ~ 前1252年

夏曆月序		中西曆日對照	初一	初二	初三	初四	初五	初六	初七	初八	初九	初十	十一	十二	十三	十四	十五	十六	十七	十八	十九	二十	二一	二二	二三	二四	二五	二六	二七	二八	二九	三十	節氣與天象
正月大	甲寅	天干 地支 西曆	癸酉 5	甲戌 6	乙亥 7	丙子 8	丁丑 9	戊寅 10	己卯 11	庚辰 12	辛巳 13	壬午 14	癸未 15	甲申 16	乙酉 17	丙戌 18	丁亥 19	戊子 20	己丑 21	庚寅 22	辛卯 23	壬辰 24	癸巳 25	甲午 26	乙未 27	丙申 28	丁酉 29	戊戌 (3)	己亥 2	庚子 3	辛丑 4	壬寅 5	癸未立春
二月小	乙卯	天干 地支 西曆	癸卯 6	甲辰 7	乙巳 8	丙午 9	丁未 10	戊申 11	己酉 12	庚戌 13	辛亥 14	壬子 15	癸丑 16	甲寅 17	乙卯 18	丙辰 19	丁巳 20	戊午 21	己未 22	庚申 23	辛酉 24	壬戌 25	癸亥 26	甲子 27	乙丑 28	丙寅 29	丁卯 30	戊辰 31	己巳 (4)	庚午 2	辛未 3		己巳春分
三月大	丙辰	天干 地支 西曆	壬申 4	癸酉 5	甲戌 6	乙亥 7	丙子 8	丁丑 9	戊寅 10	己卯 11	庚辰 12	辛巳 13	壬午 14	癸未 15	甲申 16	乙酉 17	丙戌 18	丁亥 19	戊子 20	己丑 21	庚寅 22	辛卯 23	壬辰 24	癸巳 25	甲午 26	乙未 27	丙申 28	丁酉 29	戊戌 30	己亥 (5)	庚子 2	辛丑 3	
四月小	丁巳	天干 地支 西曆	壬寅 4	癸卯 5	甲辰 6	乙巳 7	丙午 8	丁未 9	戊申 10	己酉 11	庚戌 12	辛亥 13	壬子 14	癸丑 15	甲寅 16	乙卯 17	丙辰 18	丁巳 19	戊午 20	己未 21	庚申 22	辛酉 23	壬戌 24	癸亥 25	甲子 26	乙丑 27	丙寅 28	丁卯 29	戊辰 30	己巳 31	庚午 (6)		丙辰立夏 壬寅日食
五月大	戊午	天干 地支 西曆	辛未 2	壬申 3	癸酉 4	甲戌 5	乙亥 6	丙子 7	丁丑 8	戊寅 9	己卯 10	庚辰 11	辛巳 12	壬午 13	癸未 14	甲申 15	乙酉 16	丙戌 17	丁亥 18	戊子 19	己丑 20	庚寅 21	辛卯 22	壬辰 23	癸巳 24	甲午 25	乙未 26	丙申 27	丁酉 28	戊戌 29	己亥 30	庚子 (7)	
六月大	己未	天干 地支 西曆	辛丑 2	壬寅 3	癸卯 4	甲辰 5	乙巳 6	丙午 7	丁未 8	戊申 9	己酉 10	庚戌 11	辛亥 12	壬子 13	癸丑 14	甲寅 15	乙卯 16	丙辰 17	丁巳 18	戊午 19	己未 20	庚申 21	辛酉 22	壬戌 23	癸亥 24	甲子 25	乙丑 26	丙寅 27	丁卯 28	戊辰 29	己巳 30	庚午 31	甲辰夏至
七月小	庚申	天干 地支 西曆	辛未 (8)	壬申 2	癸酉 3	甲戌 4	乙亥 5	丙子 6	丁丑 7	戊寅 8	己卯 9	庚辰 10	辛巳 11	壬午 12	癸未 13	甲申 14	乙酉 15	丙戌 16	丁亥 17	戊子 18	己丑 19	庚寅 20	辛卯 21	壬辰 22	癸巳 23	甲午 24	乙未 25	丙申 26	丁酉 27	戊戌 28	己亥 29		庚寅立秋
閏七月大	庚申	天干 地支 西曆	庚子 30	辛丑 31	壬寅 (9)	癸卯 2	甲辰 3	乙巳 4	丙午 5	丁未 6	戊申 7	己酉 8	庚戌 9	辛亥 10	壬子 11	癸丑 12	甲寅 13	乙卯 14	丙辰 15	丁巳 16	戊午 17	己未 18	庚申 19	辛酉 20	壬戌 21	癸亥 22	甲子 23	乙丑 24	丙寅 25	丁卯 26	戊辰 27	己巳 28	
八月小	辛酉	天干 地支 西曆	庚午 29	辛未 30	壬申 (10)	癸酉 2	甲戌 3	乙亥 4	丙子 5	丁丑 6	戊寅 7	己卯 8	庚辰 9	辛巳 10	壬午 11	癸未 12	甲申 13	乙酉 14	丙戌 15	丁亥 16	戊子 17	己丑 18	庚寅 19	辛卯 20	壬辰 21	癸巳 22	甲午 23	乙未 24	丙申 25	丁酉 26	戊戌 27		乙亥秋分
九月大	壬戌	天干 地支 西曆	己亥 28	庚子 29	辛丑 30	壬寅 31	癸卯 (11)	甲辰 2	乙巳 3	丙午 4	丁未 5	戊申 6	己酉 7	庚戌 8	辛亥 9	壬子 10	癸丑 11	甲寅 12	乙卯 13	丙辰 14	丁巳 15	戊午 16	己未 17	庚申 18	辛酉 19	壬戌 20	癸亥 21	甲子 22	乙丑 23	丙寅 24	丁卯 25	戊辰 26	己未立冬
十月小	癸亥	天干 地支 西曆	己巳 27	庚午 28	辛未 29	壬申 30	癸酉 (12)	甲戌 2	乙亥 3	丙子 4	丁丑 5	戊寅 6	己卯 7	庚辰 8	辛巳 9	壬午 10	癸未 11	甲申 12	乙酉 13	丙戌 14	丁亥 15	戊子 16	己丑 17	庚寅 18	辛卯 19	壬辰 20	癸巳 21	甲午 22	乙未 23	丙申 24	丁酉 25		
十一月大	甲子	天干 地支 西曆	戊戌 26	己亥 27	庚子 28	辛丑 29	壬寅 30	癸卯 31	甲辰 (1)	乙巳 2	丙午 3	丁未 4	戊申 5	己酉 6	庚戌 7	辛亥 8	壬子 9	癸丑 10	甲寅 11	乙卯 12	丙辰 13	丁巳 14	戊午 15	己未 16	庚申 17	辛酉 18	壬戌 19	癸亥 20	甲子 21	乙丑 22	丙寅 23	丁卯 24	癸卯冬至
十二月小	乙丑	天干 地支 西曆	戊辰 25	己巳 26	庚午 27	辛未 28	壬申 29	癸酉 30	甲戌 31	乙亥 (2)	丙子 2	丁丑 3	戊寅 4	己卯 5	庚辰 6	辛巳 7	壬午 8	癸未 9	甲申 10	乙酉 11	丙戌 12	丁亥 13	戊子 14	己丑 15	庚寅 16	辛卯 17	壬辰 18	癸巳 19	甲午 20	乙未 21	丙申 22		戊子立春

年代異同	竹書紀年	皇極經世	文獻通考	歷代紀年備考	歷代帝王年表	歷代統紀表	中國年曆總譜	斷代工程
	殷武丁五十年	殷祖甲六年	殷祖甲六年	殷祖甲六年	殷祖甲六年	殷祖甲六年	殷祖甲二十一年	殷盤庚小辛小乙

殷小乙二十三年（己巳 蛇年） 公元前 1252 ~ 前 1251 年

夏曆月序		中西曆日對照	夏曆日序																														節氣與天象
			初一	初二	初三	初四	初五	初六	初七	初八	初九	初十	十一	十二	十三	十四	十五	十六	十七	十八	十九	二十	二一	二二	二三	二四	二五	二六	二七	二八	二九	三十	
正月大	丙寅	干支曆 天地西	丁酉23	戊戌24	己亥25	庚子26	辛丑27	壬寅28	癸卯(3)	甲辰2	乙巳3	丙午4	丁未5	戊申6	己酉7	庚戌8	辛亥9	壬子10	癸丑11	甲寅12	乙卯13	丙辰14	丁巳15	戊午16	己未17	庚申18	辛酉19	壬戌20	癸亥21	甲子22	乙丑23	丙寅24	
二月小	丁卯	干支曆 天地西	丁卯25	戊辰26	己巳27	庚午28	辛未29	壬申30	癸酉31	甲戌(4)	乙亥2	丙子3	丁丑4	戊寅5	己卯6	庚辰7	辛巳8	壬午9	癸未10	甲申11	乙酉12	丙戌13	丁亥14	戊子15	己丑16	庚寅17	辛卯18	壬辰19	癸巳20	甲午21	乙未22		甲戌春分
三月大	戊辰	干支曆 天地西	丙申23	丁酉24	戊戌25	己亥26	庚子27	辛丑28	壬寅29	癸卯30	甲辰(5)	乙巳2	丙午3	丁未4	戊申5	己酉6	庚戌7	辛亥8	壬子9	癸丑10	甲寅11	乙卯12	丙辰13	丁巳14	戊午15	己未16	庚申17	辛酉18	壬戌19	癸亥20	甲子21	乙丑22	壬戌立夏
四月小	己巳	干支曆 天地西	丙寅23	丁卯24	戊辰25	己巳26	庚午27	辛未28	壬申29	癸酉30	甲戌31	乙亥(6)	丙子2	丁丑3	戊寅4	己卯5	庚辰6	辛巳7	壬午8	癸未9	甲申10	乙酉11	丙戌12	丁亥13	戊子14	己丑15	庚寅16	辛卯17	壬辰18	癸巳19	甲午20		
五月大	庚午	干支曆 天地西	乙未21	丙申22	丁酉23	戊戌24	己亥25	庚子26	辛丑27	壬寅28	癸卯29	甲辰30	乙巳(7)	丙午2	丁未3	戊申4	己酉5	庚戌6	辛亥7	壬子8	癸丑9	甲寅10	乙卯11	丙辰12	丁巳13	戊午14	己未15	庚申16	辛酉17	壬戌18	癸亥19	甲子20	己酉夏至
六月小	辛未	干支曆 天地西	乙丑21	丙寅22	丁卯23	戊辰24	己巳25	庚午26	辛未27	壬申28	癸酉29	甲戌30	乙亥31	丙子(8)	丁丑2	戊寅3	己卯4	庚辰5	辛巳6	壬午7	癸未8	甲申9	乙酉10	丙戌11	丁亥12	戊子13	己丑14	庚寅15	辛卯16	壬辰17	癸巳18		
七月大	壬申	干支曆 天地西	甲午19	乙未20	丙申21	丁酉22	戊戌23	己亥24	庚子25	辛丑26	壬寅27	癸卯28	甲辰29	乙巳30	丙午31	丁未(9)	戊申2	己酉3	庚戌4	辛亥5	壬子6	癸丑7	甲寅8	乙卯9	丙辰10	丁巳11	戊午12	己未13	庚申14	辛酉15	壬戌16	癸亥17	乙未立秋
八月大	癸酉	干支曆 天地西	甲子18	乙丑19	丙寅20	丁卯21	戊辰22	己巳23	庚午24	辛未25	壬申26	癸酉27	甲戌28	乙亥29	丙子30	丁丑(10)	戊寅2	己卯3	庚辰4	辛巳5	壬午6	癸未7	甲申8	乙酉9	丙戌10	丁亥11	戊子12	己丑13	庚寅14	辛卯15	壬辰16	癸巳17	庚辰秋分 甲子日食
九月小	甲戌	干支曆 天地西	甲午18	乙未19	丙申20	丁酉21	戊戌22	己亥23	庚子24	辛丑25	壬寅26	癸卯27	甲辰28	乙巳29	丙午30	丁未31	戊申(11)	己酉2	庚戌3	辛亥4	壬子5	癸丑6	甲寅7	乙卯8	丙辰9	丁巳10	戊午11	己未12	庚申13	辛酉14	壬戌15		
十月大	乙亥	干支曆 天地西	癸亥16	甲子17	乙丑18	丙寅19	丁卯20	戊辰21	己巳22	庚午23	辛未24	壬申25	癸酉26	甲戌27	乙亥28	丙子29	丁丑30	戊寅(12)	己卯2	庚辰3	辛巳4	壬午5	癸未6	甲申7	乙酉8	丙戌9	丁亥10	戊子11	己丑12	庚寅13	辛卯14	壬辰15	甲子立冬
十一月小	丙子	干支曆 天地西	癸巳16	甲午17	乙未18	丙申19	丁酉20	戊戌21	己亥22	庚子23	辛丑24	壬寅25	癸卯26	甲辰27	乙巳28	丙午29	丁未30	戊申31	己酉(1)	庚戌2	辛亥3	壬子4	癸丑5	甲寅6	乙卯7	丙辰8	丁巳9	戊午10	己未11	庚申12	辛酉13		己酉冬至
十二月大	丁丑	干支曆 天地西	壬戌14	癸亥15	甲子16	乙丑17	丙寅18	丁卯19	戊辰20	己巳21	庚午22	辛未23	壬申24	癸酉25	甲戌26	乙亥27	丙子28	丁丑29	戊寅30	己卯31	庚辰(2)	辛巳2	壬午3	癸未4	甲申5	乙酉6	丙戌7	丁亥8	戊子9	己丑10	庚寅11	辛卯12	

年代異同	竹書紀年	皇極經世	文獻通考	歷代紀年備考	歷代帝王年表	歷代統紀表	中國年曆總譜	斷代工程
	殷祖甲五十一年	殷祖甲七年	殷祖甲七年	殷祖甲七年	殷祖甲七年	殷祖甲七年	殷祖甲二十二年	殷盤庚小辛小乙

殷小乙二十四年（庚午 馬年） 公元前 **1251** ～ 前 1250 年

夏曆月序		中西曆日對照	初一	初二	初三	初四	初五	初六	初七	初八	初九	初十	十一	十二	十三	十四	十五	十六	十七	十八	十九	二十	二一	二二	二三	二四	二五	二六	二七	二八	二九	三十	節氣與天象
正月小	戊寅	干支天地西曆	壬辰13	癸巳14	甲午15	乙未16	丙申17	丁酉18	戊戌19	己亥20	庚子21	辛丑22	壬寅23	癸卯24	甲辰25	乙巳26	丙午27	丁未28	戊申(3)	己酉2	庚戌3	辛亥4	壬子5	癸丑6	甲寅7	乙卯8	丙辰9	丁巳10	戊午11	己未12	庚申13		甲午立春
二月大	己卯	干支天地西曆	辛酉14	壬戌15	癸亥16	甲子17	乙丑18	丙寅19	丁卯20	戊辰21	己巳22	庚午23	辛未24	壬申25	癸酉26	甲戌27	乙亥28	丙子29	丁丑30	戊寅31	己卯(4)	庚辰2	辛巳3	壬午4	癸未5	甲申6	乙酉7	丙戌8	丁亥9	戊子10	己丑11	庚寅12	庚辰春分
三月小	庚辰	干支天地西曆	辛卯13	壬辰14	癸巳15	甲午16	乙未17	丙申18	丁酉19	戊戌20	己亥21	庚子22	辛丑23	壬寅24	癸卯25	甲辰26	乙巳27	丙午28	丁未29	戊申30	己酉(5)	庚戌2	辛亥3	壬子4	癸丑5	甲寅6	乙卯7	丙辰8	丁巳9	戊午10	己未11		
四月小	辛巳	干支天地西曆	庚申12	辛酉13	壬戌14	癸亥15	甲子16	乙丑17	丙寅18	丁卯19	戊辰20	己巳21	庚午22	辛未23	壬申24	癸酉25	甲戌26	乙亥27	丙子28	丁丑29	戊寅30	己卯31	庚辰(6)	辛巳2	壬午3	癸未4	甲申5	乙酉6	丙戌7	丁亥8	戊子9		丁卯立夏
五月大	壬午	干支天地西曆	己丑10	庚寅11	辛卯12	壬辰13	癸巳14	甲午15	乙未16	丙申17	丁酉18	戊戌19	己亥20	庚子21	辛丑22	壬寅23	癸卯24	甲辰25	乙巳26	丙午27	丁未28	戊申29	己酉30	庚戌(7)	辛亥2	壬子3	癸丑4	甲寅5	乙卯6	丙辰7	丁巳8	戊午9	甲寅夏至
六月小	癸未	干支天地西曆	己未10	庚申11	辛酉12	壬戌13	癸亥14	甲子15	乙丑16	丙寅17	丁卯18	戊辰19	己巳20	庚午21	辛未22	壬申23	癸酉24	甲戌25	乙亥26	丙子27	丁丑28	戊寅29	己卯30	庚辰31	辛巳(8)	壬午2	癸未3	甲申4	乙酉5	丙戌6	丁亥7		
七月大	甲申	干支天地西曆	戊子8	己丑9	庚寅10	辛卯11	壬辰12	癸巳13	甲午14	乙未15	丙申16	丁酉17	戊戌18	己亥19	庚子20	辛丑21	壬寅22	癸卯23	甲辰24	乙巳25	丙午26	丁未27	戊申28	己酉29	庚戌30	辛亥31	壬子(9)	癸丑2	甲寅3	乙卯4	丙辰5	丁巳6	庚子立秋
八月大	乙酉	干支天地西曆	戊午7	己未8	庚申9	辛酉10	壬戌11	癸亥12	甲子13	乙丑14	丙寅15	丁卯16	戊辰17	己巳18	庚午19	辛未20	壬申21	癸酉22	甲戌23	乙亥24	丙子25	丁丑26	戊寅27	己卯28	庚辰29	辛巳30	壬午(10)	癸未2	甲申3	乙酉4	丙戌5	丁亥6	乙酉秋分
九月大	丙戌	干支天地西曆	戊子7	己丑8	庚寅9	辛卯10	壬辰11	癸巳12	甲午13	乙未14	丙申15	丁酉16	戊戌17	己亥18	庚子19	辛丑20	壬寅21	癸卯22	甲辰23	乙巳24	丙午25	丁未26	戊申27	己酉28	庚戌29	辛亥30	壬子31	癸丑(11)	甲寅2	乙卯3	丙辰4	丁巳5	
十月小	丁亥	干支天地西曆	戊午6	己未7	庚申8	辛酉9	壬戌10	癸亥11	甲子12	乙丑13	丙寅14	丁卯15	戊辰16	己巳17	庚午18	辛未19	壬申20	癸酉21	甲戌22	乙亥23	丙子24	丁丑25	戊寅26	己卯27	庚辰28	辛巳29	壬午30	癸未(12)	甲申2	乙酉3	丙戌4		庚午立冬
十一月大	戊子	干支天地西曆	丁亥5	戊子6	己丑7	庚寅8	辛卯9	壬辰10	癸巳11	甲午12	乙未13	丙申14	丁酉15	戊戌16	己亥17	庚子18	辛丑19	壬寅20	癸卯21	甲辰22	乙巳23	丙午24	丁未25	戊申26	己酉27	庚戌28	辛亥29	壬子30	癸丑31	甲寅(1)	乙卯2	丙辰3	甲寅冬至
十二月大	己丑	干支天地西曆	丁巳4	戊午5	己未6	庚申7	辛酉8	壬戌9	癸亥10	甲子11	乙丑12	丙寅13	丁卯14	戊辰15	己巳16	庚午17	辛未18	壬申19	癸酉20	甲戌21	乙亥22	丙子23	丁丑24	戊寅25	己卯26	庚辰27	辛巳28	壬午29	癸未30	甲申31	乙酉(2)	丙戌2	

年代異同	竹書紀年	皇極經世	文獻通考	歷代紀年備考	歷代帝王年表	歷代統紀表	中國年曆總譜	斷代工程
	殷武丁五十二年	殷祖甲八年	殷祖甲八年	殷祖甲八年	殷祖甲八年	殷祖甲八年	殷祖甲二十三年	殷盤庚小辛小乙

殷小乙二十五年（辛未 羊年） 公元前 1250 ~ 前 1249 年

夏曆月序		中西曆日對照	初一	初二	初三	初四	初五	初六	初七	初八	初九	初十	十一	十二	十三	十四	十五	十六	十七	十八	十九	二十	二一	二二	二三	二四	二五	二六	二七	二八	二九	三十	節氣與天象
正月小	庚寅	天干地支西曆	丁亥3	戊子4	己丑5	庚寅6	辛卯7	壬辰8	癸巳9	甲午10	乙未11	丙申12	丁酉13	戊戌14	己亥15	庚子16	辛丑17	壬寅18	癸卯19	甲辰20	乙巳21	丙午22	丁未23	戊申24	己酉25	庚戌26	辛亥27	壬子28	癸丑(3)	甲寅2	乙卯3		己亥立春
二月小	辛卯	天干地支西曆	丙辰4	丁巳5	戊午6	己未7	庚申8	辛酉9	壬戌10	癸亥11	甲子12	乙丑13	丙寅14	丁卯15	戊辰16	己巳17	庚午18	辛未19	壬申20	癸酉21	甲戌22	乙亥23	丙子24	丁丑25	戊寅26	己卯27	庚辰28	辛巳29	壬午30	癸未31	甲申(4)		丙辰日食
三月大	壬辰	天干地支西曆	乙酉2	丙戌3	丁亥4	戊子5	己丑6	庚寅7	辛卯8	壬辰9	癸巳10	甲午11	乙未12	丙申13	丁酉14	戊戌15	己亥16	庚子17	辛丑18	壬寅19	癸卯20	甲辰21	乙巳22	丙午23	丁未24	戊申25	己酉26	庚戌27	辛亥28	壬子29	癸丑30	甲寅(5)	乙酉春分
四月小	癸巳	天干地支西曆	乙卯2	丙辰3	丁巳4	戊午5	己未6	庚申7	辛酉8	壬戌9	癸亥10	甲子11	乙丑12	丙寅13	丁卯14	戊辰15	己巳16	庚午17	辛未18	壬申19	癸酉20	甲戌21	乙亥22	丙子23	丁丑24	戊寅25	己卯26	庚辰27	辛巳28	壬午29	癸未30		壬申立夏
閏四月小	癸巳	天干地支西曆	甲申31	乙酉(6)	丙戌2	丁亥3	戊子4	己丑5	庚寅6	辛卯7	壬辰8	癸巳9	甲午10	乙未11	丙申12	丁酉13	戊戌14	己亥15	庚子16	辛丑17	壬寅18	癸卯19	甲辰20	乙巳21	丙午22	丁未23	戊申24	己酉25	庚戌26	辛亥27	壬子28		
五月大	甲午	天干地支西曆	癸丑29	甲寅30	乙卯(7)	丙辰2	丁巳3	戊午4	己未5	庚申6	辛酉7	壬戌8	癸亥9	甲子10	乙丑11	丙寅12	丁卯13	戊辰14	己巳15	庚午16	辛未17	壬申18	癸酉19	甲戌20	乙亥21	丙子22	丁丑23	戊寅24	己卯25	庚辰26	辛巳27	壬午28	己未夏至
六月小	乙未	天干地支西曆	癸未29	甲申30	乙酉31	丙戌(8)	丁亥2	戊子3	己丑4	庚寅5	辛卯6	壬辰7	癸巳8	甲午9	乙未10	丙申11	丁酉12	戊戌13	己亥14	庚子15	辛丑16	壬寅17	癸卯18	甲辰19	乙巳20	丙午21	丁未22	戊申23	己酉24	庚戌25	辛亥26		丙午立秋
七月大	丙申	天干地支西曆	壬子27	癸丑28	甲寅29	乙卯30	丙辰31	丁巳(9)	戊午2	己未3	庚申4	辛酉5	壬戌6	癸亥7	甲子8	乙丑9	丙寅10	丁卯11	戊辰12	己巳13	庚午14	辛未15	壬申16	癸酉17	甲戌18	乙亥19	丙子20	丁丑21	戊寅22	己卯23	庚辰24	辛巳25	
八月大	丁酉	天干地支西曆	壬午26	癸未27	甲申28	乙酉29	丙戌30	丁亥(10)	戊子2	己丑3	庚寅4	辛卯5	壬辰6	癸巳7	甲午8	乙未9	丙申10	丁酉11	戊戌12	己亥13	庚子14	辛丑15	壬寅16	癸卯17	甲辰18	乙巳19	丙午20	丁未21	戊申22	己酉23	庚戌24	辛亥25	辛卯秋分
九月大	戊戌	天干地支西曆	壬子26	癸丑27	甲寅28	乙卯29	丙辰30	丁巳31	戊午(11)	己未2	庚申3	辛酉4	壬戌5	癸亥6	甲子7	乙丑8	丙寅9	丁卯10	戊辰11	己巳12	庚午13	辛未14	壬申15	癸酉16	甲戌17	乙亥18	丙子19	丁丑20	戊寅21	己卯22	庚辰23	辛巳24	乙亥立冬
十月小	己亥	天干地支西曆	壬午25	癸未26	甲申27	乙酉28	丙戌29	丁亥30	戊子(12)	己丑2	庚寅3	辛卯4	壬辰5	癸巳6	甲午7	乙未8	丙申9	丁酉10	戊戌11	己亥12	庚子13	辛丑14	壬寅15	癸卯16	甲辰17	乙巳18	丙午19	丁未20	戊申21	己酉22	庚戌23		
十一月大	庚子	天干地支西曆	辛亥24	壬子25	癸丑26	甲寅27	乙卯28	丙辰29	丁巳30	戊午31	己未(1)	庚申2	辛酉3	壬戌4	癸亥5	甲子6	乙丑7	丙寅8	丁卯9	戊辰10	己巳11	庚午12	辛未13	壬申14	癸酉15	甲戌16	乙亥17	丙子18	丁丑19	戊寅20	己卯21	庚辰22	己未冬至
十二月大	辛丑	天干地支西曆	辛巳23	壬午24	癸未25	甲申26	乙酉27	丙戌28	丁亥29	戊子30	己丑31	庚寅(2)	辛卯2	壬辰3	癸巳4	甲午5	乙未6	丙申7	丁酉8	戊戌9	己亥10	庚子11	辛丑12	壬寅13	癸卯14	甲辰15	乙巳16	丙午17	丁未18	戊申19	己酉20	庚戌21	甲辰立春

年代異同	竹書紀年	皇極經世	文獻通考	歷代紀年備考	歷代帝王年表	歷代統紀表	中國年曆總譜	斷代工程
	殷武丁五十三年	殷祖甲九年	殷祖甲九年	殷祖甲九年	殷祖甲九年	殷祖甲九年	殷祖甲二十四年	殷武丁元年

殷小乙二十六年（壬申 猴年） 公元前**1249** ~ 前1248年

夏曆月序		中西曆日對照	初一	初二	初三	初四	初五	初六	初七	初八	初九	初十	十一	十二	十三	十四	十五	十六	十七	十八	十九	二十	二一	二二	二三	二四	二五	二六	二七	二八	二九	三十	節氣與天象
正月小	壬寅	干支 天地西曆	辛亥22	壬子23	癸丑24	甲寅25	乙卯26	丙辰27	丁巳28	戊午29	己未(3)	庚申2	辛酉3	壬戌4	癸亥5	甲子6	乙丑7	丙寅8	丁卯9	戊辰10	己巳11	庚午12	辛未13	壬申14	癸酉15	甲戌16	乙亥17	丙子18	丁丑19	戊寅20	己卯21		
二月小	癸卯	干支 天地西曆	庚辰22	辛巳23	壬午24	癸未25	甲申26	乙酉27	丙戌28	丁亥29	戊子30	己丑31	庚寅(4)	辛卯2	壬辰3	癸巳4	甲午5	乙未6	丙申7	丁酉8	戊戌9	己亥10	庚子11	辛丑12	壬寅13	癸卯14	甲辰15	乙巳16	丙午17	丁未18	戊申19		庚寅春分
三月大	甲辰	干支 天地西曆	己酉20	庚戌21	辛亥22	壬子23	癸丑24	甲寅25	乙卯26	丙辰27	丁巳28	戊午29	己未30	庚申(5)	辛酉2	壬戌3	癸亥4	甲子5	乙丑6	丙寅7	丁卯8	戊辰9	己巳10	庚午11	辛未12	壬申13	癸酉14	甲戌15	乙亥16	丙子17	丁丑18	戊寅19	丁丑立夏
四月小	乙巳	干支 天地西曆	己卯20	庚辰21	辛巳22	壬午23	癸未24	甲申25	乙酉26	丙戌27	丁亥28	戊子29	己丑30	庚寅31	辛卯(6)	壬辰2	癸巳3	甲午4	乙未5	丙申6	丁酉7	戊戌8	己亥9	庚子10	辛丑11	壬寅12	癸卯13	甲辰14	乙巳15	丙午16	丁未17		
五月小	丙午	干支 天地西曆	戊申18	己酉19	庚戌20	辛亥21	壬子22	癸丑23	甲寅24	乙卯25	丙辰26	丁巳27	戊午28	己未29	庚申30	辛酉(7)	壬戌2	癸亥3	甲子4	乙丑5	丙寅6	丁卯7	戊辰8	己巳9	庚午10	辛未11	壬申12	癸酉13	甲戌14	乙亥15	丙子16		甲子夏至
六月大	丁未	干支 天地西曆	丁丑17	戊寅18	己卯19	庚辰20	辛巳21	壬午22	癸未23	甲申24	乙酉25	丙戌26	丁亥27	戊子28	己丑29	庚寅30	辛卯31	壬辰(8)	癸巳2	甲午3	乙未4	丙申5	丁酉6	戊戌7	己亥8	庚子9	辛丑10	壬寅11	癸卯12	甲辰13	乙巳14	丙午15	
七月小	戊申	干支 天地西曆	丁未16	戊申17	己酉18	庚戌19	辛亥20	壬子21	癸丑22	甲寅23	乙卯24	丙辰25	丁巳26	戊午27	己未28	庚申29	辛酉30	壬戌31	癸亥(9)	甲子2	乙丑3	丙寅4	丁卯5	戊辰6	己巳7	庚午8	辛未9	壬申10	癸酉11	甲戌12	乙亥13		辛亥立秋
八月大	己酉	干支 天地西曆	丙子14	丁丑15	戊寅16	己卯17	庚辰18	辛巳19	壬午20	癸未21	甲申22	乙酉23	丙戌24	丁亥25	戊子26	己丑27	庚寅28	辛卯29	壬辰30	癸巳(10)	甲午2	乙未3	丙申4	丁酉5	戊戌6	己亥7	庚子8	辛丑9	壬寅10	癸卯11	甲辰12	乙巳13	丙申秋分
九月大	庚戌	干支 天地西曆	丙午14	丁未15	戊申16	己酉17	庚戌18	辛亥19	壬子20	癸丑21	甲寅22	乙卯23	丙辰24	丁巳25	戊午26	己未27	庚申28	辛酉29	壬戌30	癸亥31	甲子(11)	乙丑2	丙寅3	丁卯4	戊辰5	己巳6	庚午7	辛未8	壬申9	癸酉10	甲戌11	乙亥12	
十月小	辛亥	干支 天地西曆	丙子13	丁丑14	戊寅15	己卯16	庚辰17	辛巳18	壬午19	癸未20	甲申21	乙酉22	丙戌23	丁亥24	戊子25	己丑26	庚寅27	辛卯28	壬辰29	癸巳30	甲午(12)	乙未2	丙申3	丁酉4	戊戌5	己亥6	庚子7	辛丑8	壬寅9	癸卯10	甲辰11		庚辰立冬
十一月大	壬子	干支 天地西曆	乙巳12	丙午13	丁未14	戊申15	己酉16	庚戌17	辛亥18	壬子19	癸丑20	甲寅21	乙卯22	丙辰23	丁巳24	戊午25	己未26	庚申27	辛酉28	壬戌29	癸亥30	甲子31	乙丑(1)	丙寅2	丁卯3	戊辰4	己巳5	庚午6	辛未7	壬申8	癸酉9	甲戌10	甲子冬至
十二月大	癸丑	干支 天地西曆	乙亥11	丙子12	丁丑13	戊寅14	己卯15	庚辰16	辛巳17	壬午18	癸未19	甲申20	乙酉21	丙戌22	丁亥23	戊子24	己丑25	庚寅26	辛卯27	壬辰28	癸巳29	甲午30	乙未31	丙申(2)	丁酉2	戊戌3	己亥4	庚子5	辛丑6	壬寅7	癸卯8	甲辰9	

年代異同	竹書紀年	皇極經世	文獻通考	歷代紀年備考	歷代帝王年表	歷代統紀表	中國年曆總譜	斷代工程
	殷武丁五十四年	殷祖甲十年	殷祖甲十年	殷祖甲十年	殷祖甲十年	殷祖甲十年	殷祖甲二十五年	殷武丁二年

殷小乙二十七年（癸酉 鷄年） 公元前 **1248** ~ 前 1247 年

夏曆月序		中西曆日對照	初一	初二	初三	初四	初五	初六	初七	初八	初九	初十	十一	十二	十三	十四	十五	十六	十七	十八	十九	二十	二一	二二	二三	二四	二五	二六	二七	二八	二九	三十	節氣與天象
正月小	甲寅	天干地支西曆	乙巳10	丙午11	丁未12	戊申13	己酉14	庚戌15	辛亥16	壬子17	癸丑18	甲寅19	乙卯20	丙辰21	丁巳22	戊午23	己未24	庚申25	辛酉26	壬戌27	癸亥28	甲子(3)	乙丑2	丙寅3	丁卯4	戊辰5	己巳6	庚午7	辛未8	壬申9	癸酉10		己酉立春
二月大	乙卯	天干地支西曆	甲戌11	乙亥12	丙子13	丁丑14	戊寅15	己卯16	庚辰17	辛巳18	壬午19	癸未20	甲申21	乙酉22	丙戌23	丁亥24	戊子25	己丑26	庚寅27	辛卯28	壬辰29	癸巳30	甲午31	乙未(4)	丙申2	丁酉3	戊戌4	己亥5	庚子6	辛丑7	壬寅8	癸卯9	乙未春分
三月小	丙辰	天干地支西曆	甲辰10	乙巳11	丙午12	丁未13	戊申14	己酉15	庚戌16	辛亥17	壬子18	癸丑19	甲寅20	乙卯21	丙辰22	丁巳23	戊午24	己未25	庚申26	辛酉27	壬戌28	癸亥29	甲子30	乙丑(5)	丙寅2	丁卯3	戊辰4	己巳5	庚午6	辛未7	壬申8		
四月大	丁巳	天干地支西曆	癸酉9	甲戌10	乙亥11	丙子12	丁丑13	戊寅14	己卯15	庚辰16	辛巳17	壬午18	癸未19	甲申20	乙酉21	丙戌22	丁亥23	戊子24	己丑25	庚寅26	辛卯27	壬辰28	癸巳29	甲午30	乙未31	丙申(6)	丁酉2	戊戌3	己亥4	庚子5	辛丑6	壬寅7	癸未立夏
五月小	戊午	天干地支西曆	癸卯8	甲辰9	乙巳10	丙午11	丁未12	戊申13	己酉14	庚戌15	辛亥16	壬子17	癸丑18	甲寅19	乙卯20	丙辰21	丁巳22	戊午23	己未24	庚申25	辛酉26	壬戌27	癸亥28	甲子29	乙丑30	丙寅(7)	丁卯2	戊辰3	己巳4	庚午5	辛未6		庚午夏至
六月小	己未	天干地支西曆	壬申7	癸酉8	甲戌9	乙亥10	丙子11	丁丑12	戊寅13	己卯14	庚辰15	辛巳16	壬午17	癸未18	甲申19	乙酉20	丙戌21	丁亥22	戊子23	己丑24	庚寅25	辛卯26	壬辰27	癸巳28	甲午29	乙未30	丙申31	丁酉(8)	戊戌2	己亥3	庚子4		壬申日食
七月大	庚申	天干地支西曆	辛丑5	壬寅6	癸卯7	甲辰8	乙巳9	丙午10	丁未11	戊申12	己酉13	庚戌14	辛亥15	壬子16	癸丑17	甲寅18	乙卯19	丙辰20	丁巳21	戊午22	己未23	庚申24	辛酉25	壬戌26	癸亥27	甲子28	乙丑29	丙寅30	丁卯31	戊辰(9)	己巳2	庚午3	丙辰立秋
八月小	辛酉	天干地支西曆	辛未4	壬申5	癸酉6	甲戌7	乙亥8	丙子9	丁丑10	戊寅11	己卯12	庚辰13	辛巳14	壬午15	癸未16	甲申17	乙酉18	丙戌19	丁亥20	戊子21	己丑22	庚寅23	辛卯24	壬辰25	癸巳26	甲午27	乙未28	丙申29	丁酉30	戊戌(10)	己亥2		
九月大	壬戌	天干地支西曆	庚子3	辛丑4	壬寅5	癸卯6	甲辰7	乙巳8	丙午9	丁未10	戊申11	己酉12	庚戌13	辛亥14	壬子15	癸丑16	甲寅17	乙卯18	丙辰19	丁巳20	戊午21	己未22	庚申23	辛酉24	壬戌25	癸亥26	甲子27	乙丑28	丙寅29	丁卯30	戊辰31	己巳(11)	辛丑秋分
十月小	癸亥	天干地支西曆	庚午2	辛未3	壬申4	癸酉5	甲戌6	乙亥7	丙子8	丁丑9	戊寅10	己卯11	庚辰12	辛巳13	壬午14	癸未15	甲申16	乙酉17	丙戌18	丁亥19	戊子20	己丑21	庚寅22	辛卯23	壬辰24	癸巳25	甲午26	乙未27	丙申28	丁酉29	戊戌30		乙酉立冬
十一月大	甲子	天干地支西曆	己亥(12)	庚子2	辛丑3	壬寅4	癸卯5	甲辰6	乙巳7	丙午8	丁未9	戊申10	己酉11	庚戌12	辛亥13	壬子14	癸丑15	甲寅16	乙卯17	丙辰18	丁巳19	戊午20	己未21	庚申22	辛酉23	壬戌24	癸亥25	甲子26	乙丑27	丙寅28	丁卯29	戊辰30	
閏十一大	甲子	天干地支西曆	己巳31	庚午(1)	辛未2	壬申3	癸酉4	甲戌5	乙亥6	丙子7	丁丑8	戊寅9	己卯10	庚辰11	辛巳12	壬午13	癸未14	甲申15	乙酉16	丙戌17	丁亥18	戊子19	己丑20	庚寅21	辛卯22	壬辰23	癸巳24	甲午25	乙未26	丙申27	丁酉28	戊戌29	庚午冬至 己巳日食
十二月大	乙丑	天干地支西曆	己亥30	庚子31	辛丑(2)	壬寅2	癸卯3	甲辰4	乙巳5	丙午6	丁未7	戊申8	己酉9	庚戌10	辛亥11	壬子12	癸丑13	甲寅14	乙卯15	丙辰16	丁巳17	戊午18	己未19	庚申20	辛酉21	壬戌22	癸亥23	甲子24	乙丑25	丙寅26	丁卯27	戊辰28	甲寅立春

年代異同	竹書紀年	皇極經世	文獻通考	歷代紀年備考	歷代帝王年表	歷代統紀表	中國年曆總譜	斷代工程
	殷武丁五十五年	殷祖甲十一年	殷祖甲十一年	殷祖甲十一年	殷祖甲十一年	殷祖甲十一年	殷祖甲二十六年	殷武丁三年

殷小乙二十八年（甲戌 狗年） 公元前1247 ~ 前1246年

夏曆月序		中西曆日對照	初一	初二	初三	初四	初五	初六	初七	初八	初九	初十	十一	十二	十三	十四	十五	十六	十七	十八	十九	二十	二一	二二	二三	二四	二五	二六	二七	二八	二九	三十	節氣與天象
正月小	丙寅	天干地支 西曆	己巳 (3)	庚午 2	辛未 3	壬申 4	癸酉 5	甲戌 6	乙亥 7	丙子 8	丁丑 9	戊寅 10	己卯 11	庚辰 12	辛巳 13	壬午 14	癸未 15	甲申 16	乙酉 17	丙戌 18	丁亥 19	戊子 20	己丑 21	庚寅 22	辛卯 23	壬辰 24	癸巳 25	甲午 26	乙未 27	丙申 28	丁酉 29		
二月大	丁卯	天干地支 西曆	戊戌 30	己亥 31	庚子 (4)	辛丑 2	壬寅 3	癸卯 4	甲辰 5	乙巳 6	丙午 7	丁未 8	戊申 9	己酉 10	庚戌 11	辛亥 12	壬子 13	癸丑 14	甲寅 15	乙卯 16	丙辰 17	丁巳 18	戊午 19	己未 20	庚申 21	辛酉 22	壬戌 23	癸亥 24	甲子 25	乙丑 26	丙寅 27	丁卯 28	辛丑春分
三月小	戊辰	天干地支 西曆	戊辰 29	己巳 30	庚午 (5)	辛未 2	壬申 3	癸酉 4	甲戌 5	乙亥 6	丙子 7	丁丑 8	戊寅 9	己卯 10	庚辰 11	辛巳 12	壬午 13	癸未 14	甲申 15	乙酉 16	丙戌 17	丁亥 18	戊子 19	己丑 20	庚寅 21	辛卯 22	壬辰 23	癸巳 24	甲午 25	乙未 26	丙申 27		戊子立夏
四月大	己巳	天干地支 西曆	丁酉 28	戊戌 29	己亥 30	庚子 31	辛丑 (6)	壬寅 2	癸卯 3	甲辰 4	乙巳 5	丙午 6	丁未 7	戊申 8	己酉 9	庚戌 10	辛亥 11	壬子 12	癸丑 13	甲寅 14	乙卯 15	丙辰 16	丁巳 17	戊午 18	己未 19	庚申 20	辛酉 21	壬戌 22	癸亥 23	甲子 24	乙丑 25	丙寅 26	
五月小	庚午	天干地支 西曆	丁卯 27	戊辰 28	己巳 29	庚午 30	辛未 (7)	壬申 2	癸酉 3	甲戌 4	乙亥 5	丙子 6	丁丑 7	戊寅 8	己卯 9	庚辰 10	辛巳 11	壬午 12	癸未 13	甲申 14	乙酉 15	丙戌 16	丁亥 17	戊子 18	己丑 19	庚寅 20	辛卯 21	壬辰 22	癸巳 23	甲午 24	乙未 25		乙亥夏至
六月小	辛未	天干地支 西曆	丙申 26	丁酉 27	戊戌 28	己亥 29	庚子 30	辛丑 31	壬寅 (8)	癸卯 2	甲辰 3	乙巳 4	丙午 5	丁未 6	戊申 7	己酉 8	庚戌 9	辛亥 10	壬子 11	癸丑 12	甲寅 13	乙卯 14	丙辰 15	丁巳 16	戊午 17	己未 18	庚申 19	辛酉 20	壬戌 21	癸亥 22	甲子 23		辛酉立秋
七月大	壬申	天干地支 西曆	乙丑 24	丙寅 25	丁卯 26	戊辰 27	己巳 28	庚午 29	辛未 30	壬申 31	癸酉 (9)	甲戌 2	乙亥 3	丙子 4	丁丑 5	戊寅 6	己卯 7	庚辰 8	辛巳 9	壬午 10	癸未 11	甲申 12	乙酉 13	丙戌 14	丁亥 15	戊子 16	己丑 17	庚寅 18	辛卯 19	壬辰 20	癸巳 21	甲午 22	
八月小	癸酉	天干地支 西曆	乙未 23	丙申 24	丁酉 25	戊戌 26	己亥 27	庚子 28	辛丑 29	壬寅 30	癸卯 (10)	甲辰 2	乙巳 3	丙午 4	丁未 5	戊申 6	己酉 7	庚戌 8	辛亥 9	壬子 10	癸丑 11	甲寅 12	乙卯 13	丙辰 14	丁巳 15	戊午 16	己未 17	庚申 18	辛酉 19	壬戌 20	癸亥 21		丙午秋分
九月大	甲戌	天干地支 西曆	甲子 22	乙丑 23	丙寅 24	丁卯 25	戊辰 26	己巳 27	庚午 28	辛未 29	壬申 30	癸酉 31	甲戌 (11)	乙亥 2	丙子 3	丁丑 4	戊寅 5	己卯 6	庚辰 7	辛巳 8	壬午 9	癸未 10	甲申 11	乙酉 12	丙戌 13	丁亥 14	戊子 15	己丑 16	庚寅 17	辛卯 18	壬辰 19	癸巳 20	辛卯立冬
十月小	乙亥	天干地支 西曆	甲午 21	乙未 22	丙申 23	丁酉 24	戊戌 25	己亥 26	庚子 27	辛丑 28	壬寅 29	癸卯 30	甲辰 (12)	乙巳 2	丙午 3	丁未 4	戊申 5	己酉 6	庚戌 7	辛亥 8	壬子 9	癸丑 10	甲寅 11	乙卯 12	丙辰 13	丁巳 14	戊午 15	己未 16	庚申 17	辛酉 18	壬戌 19		
十一月大	丙子	天干地支 西曆	癸亥 20	甲子 21	乙丑 22	丙寅 23	丁卯 24	戊辰 25	己巳 26	庚午 27	辛未 28	壬申 29	癸酉 30	甲戌 31	乙亥 (1)	丙子 2	丁丑 3	戊寅 4	己卯 5	庚辰 6	辛巳 7	壬午 8	癸未 9	甲申 10	乙酉 11	丙戌 12	丁亥 13	戊子 14	己丑 15	庚寅 16	辛卯 17	壬辰 18	乙亥冬至
十二月大	丁丑	天干地支 西曆	癸巳 19	甲午 20	乙未 21	丙申 22	丁酉 23	戊戌 24	己亥 25	庚子 26	辛丑 27	壬寅 28	癸卯 29	甲辰 30	乙巳 31	丙午 (2)	丁未 2	戊申 3	己酉 4	庚戌 5	辛亥 6	壬子 7	癸丑 8	甲寅 9	乙卯 10	丙辰 11	丁巳 12	戊午 13	己未 14	庚申 15	辛酉 16	壬戌 17	庚申立春

年代異同	竹書紀年	皇極經世	文獻通考	歷代紀年備考	歷代帝王年表	歷代統紀表	中國年曆總譜	斷代工程
	殷武丁五十六年	殷祖甲十二年	殷祖甲十二年	殷祖甲十二年	殷祖甲十二年	殷祖甲十二年	殷祖甲二十七年	殷武丁四年

殷武丁元年（乙亥 猪年） 公元前 1246 ~ 前 1245 年

夏曆月序		中西曆日對照	夏曆日序																													節氣與天象
			初一	初二	初三	初四	初五	初六	初七	初八	初九	初十	十一	十二	十三	十四	十五	十六	十七	十八	十九	二十	二一	二二	二三	二四	二五	二六	二七	二八	二九	三十	
正月小	戊寅	天干地支曆 西曆	癸亥18	甲子19	乙丑20	丙寅21	丁卯22	戊辰23	己巳24	庚午25	辛未26	壬申27	癸酉28	甲戌(3)	乙亥2	丙子3	丁丑4	戊寅5	己卯6	庚辰7	辛巳8	壬午9	癸未10	甲申11	乙酉12	丙戌13	丁亥14	戊子15	己丑16	庚寅17	辛卯18		
二月大	己卯	天干地支曆 西曆	壬辰19	癸巳20	甲午21	乙未22	丙申23	丁酉24	戊戌25	己亥26	庚子27	辛丑28	壬寅29	癸卯30	甲辰31	乙巳(4)	丙午2	丁未3	戊申4	己酉5	庚戌6	辛亥7	壬子8	癸丑9	甲寅10	乙卯11	丙辰12	丁巳13	戊午14	己未15	庚申16	辛酉17	丙午春分
三月大	庚辰	天干地支曆 西曆	壬戌18	癸亥19	甲子20	乙丑21	丙寅22	丁卯23	戊辰24	己巳25	庚午26	辛未27	壬申28	癸酉29	甲戌30	乙亥(5)	丙子2	丁丑3	戊寅4	己卯5	庚辰6	辛巳7	壬午8	癸未9	甲申10	乙酉11	丙戌12	丁亥13	戊子14	己丑15	庚寅16	辛卯17	
四月小	辛巳	天干地支曆 西曆	壬辰18	癸巳19	甲午20	乙未21	丙申22	丁酉23	戊戌24	己亥25	庚子26	辛丑27	壬寅28	癸卯29	甲辰30	乙巳31	丙午(6)	丁未2	戊申3	己酉4	庚戌5	辛亥6	壬子7	癸丑8	甲寅9	乙卯10	丙辰11	丁巳12	戊午13	己未14	庚申15		癸巳立夏
五月小	壬午	天干地支曆 西曆	辛酉16	壬戌17	癸亥18	甲子19	乙丑20	丙寅21	丁卯22	戊辰23	己巳24	庚午25	辛未26	壬申27	癸酉28	甲戌29	乙亥30	丙子(7)	丁丑2	戊寅3	己卯4	庚辰5	辛巳6	壬午7	癸未8	甲申9	乙酉10	丙戌11	丁亥12	戊子13	己丑14		庚辰夏至
六月大	癸未	天干地支曆 西曆	庚寅15	辛卯16	壬辰17	癸巳18	甲午19	乙未20	丙申21	丁酉22	戊戌23	己亥24	庚子25	辛丑26	壬寅27	癸卯28	甲辰29	乙巳30	丙午31	丁未(8)	戊申2	己酉3	庚戌4	辛亥5	壬子6	癸丑7	甲寅8	乙卯9	丙辰10	丁巳11	戊午12	己未13	
七月小	甲申	天干地支曆 西曆	庚申14	辛酉15	壬戌16	癸亥17	甲子18	乙丑19	丙寅20	丁卯21	戊辰22	己巳23	庚午24	辛未25	壬申26	癸酉27	甲戌28	乙亥29	丙子30	丁丑31	戊寅(9)	己卯2	庚辰3	辛巳4	壬午5	癸未6	甲申7	乙酉8	丙戌9	丁亥10	戊子11		丁卯立秋
八月大	乙酉	天干地支曆 西曆	己丑12	庚寅13	辛卯14	壬辰15	癸巳16	甲午17	乙未18	丙申19	丁酉20	戊戌21	己亥22	庚子23	辛丑24	壬寅25	癸卯26	甲辰27	乙巳28	丙午29	丁未30	戊申(10)	己酉2	庚戌3	辛亥4	壬子5	癸丑6	甲寅7	乙卯8	丙辰9	丁巳10	戊午11	壬子秋分
九月小	丙戌	天干地支曆 西曆	己未12	庚申13	辛酉14	壬戌15	癸亥16	甲子17	乙丑18	丙寅19	丁卯20	戊辰21	己巳22	庚午23	辛未24	壬申25	癸酉26	甲戌27	乙亥28	丙子29	丁丑30	戊寅31	己卯(11)	庚辰2	辛巳3	壬午4	癸未5	甲申6	乙酉7	丙戌8	丁亥9		
十月大	丁亥	天干地支曆 西曆	戊子10	己丑11	庚寅12	辛卯13	壬辰14	癸巳15	甲午16	乙未17	丙申18	丁酉19	戊戌20	己亥21	庚子22	辛丑23	壬寅24	癸卯25	甲辰26	乙巳27	丙午28	丁未29	戊申30	己酉(12)	庚戌2	辛亥3	壬子4	癸丑5	甲寅6	乙卯7	丙辰8	丁巳9	丙申立冬
十一月小	戊子	天干地支曆 西曆	戊午10	己未11	庚申12	辛酉13	壬戌14	癸亥15	甲子16	乙丑17	丙寅18	丁卯19	戊辰20	己巳21	庚午22	辛未23	壬申24	癸酉25	甲戌26	乙亥27	丙子28	丁丑29	戊寅30	己卯31	庚辰(1)	辛巳2	壬午3	癸未4	甲申5	乙酉6	丙戌7		庚辰冬至
十二月大	己丑	天干地支曆 西曆	丁亥8	戊子9	己丑10	庚寅11	辛卯12	壬辰13	癸巳14	甲午15	乙未16	丙申17	丁酉18	戊戌19	己亥20	庚子21	辛丑22	壬寅23	癸卯24	甲辰25	乙巳26	丙午27	丁未28	戊申29	己酉30	庚戌31	辛亥(2)	壬子2	癸丑3	甲寅4	乙卯5	丙辰6	

年代異同	竹書紀年	皇極經世	文獻通考	歷代紀年備考	歷代帝王年表	歷代統紀表	中國年曆總譜	斷代工程
	殷武丁五十七年	殷祖甲十三年	殷祖甲十三年	殷祖甲十三年	殷祖甲十三年	殷祖甲十三年	殷祖甲二十八年	殷武丁五年

殷武丁二年（丙子 鼠年） 公元前 **1245** ~ 前 1244 年

夏曆月序		中西曆日對照	初一	初二	初三	初四	初五	初六	初七	初八	初九	初十	十一	十二	十三	十四	十五	十六	十七	十八	十九	二十	二一	二二	二三	二四	二五	二六	二七	二八	二九	三十	節氣與天象
正月小	庚寅	天干地支西曆	丁巳 7	戊午 8	己未 9	庚申 10	辛酉 11	壬戌 12	癸亥 13	甲子 14	乙丑 15	丙寅 16	丁卯 17	戊辰 18	己巳 19	庚午 20	辛未 21	壬申 22	癸酉 23	甲戌 24	乙亥 25	丙子 26	丁丑 27	戊寅 28	己卯 29	庚辰 (3)	辛巳 2	壬午 3	癸未 4	甲申 5	乙酉 6		乙丑立春
二月大	辛卯	天干地支西曆	丙戌 7	丁亥 8	戊子 9	己丑 10	庚寅 11	辛卯 12	壬辰 13	癸巳 14	甲午 15	乙未 16	丙申 17	丁酉 18	戊戌 19	己亥 20	庚子 21	辛丑 22	壬寅 23	癸卯 24	甲辰 25	乙巳 26	丙午 27	丁未 28	戊申 29	己酉 30	庚戌 31	辛亥 (4)	壬子 2	癸丑 3	甲寅 4	乙卯 5	辛亥春分
三月大	壬辰	天干地支西曆	丙辰 6	丁巳 7	戊午 8	己未 9	庚申 10	辛酉 11	壬戌 12	癸亥 13	甲子 14	乙丑 15	丙寅 16	丁卯 17	戊辰 18	己巳 19	庚午 20	辛未 21	壬申 22	癸酉 23	甲戌 24	乙亥 25	丙子 26	丁丑 27	戊寅 28	己卯 29	庚辰 30	辛巳 (5)	壬午 2	癸未 3	甲申 4	乙酉 5	
四月小	癸巳	天干地支西曆	丙戌 6	丁亥 7	戊子 8	己丑 9	庚寅 10	辛卯 11	壬辰 12	癸巳 13	甲午 14	乙未 15	丙申 16	丁酉 17	戊戌 18	己亥 19	庚子 20	辛丑 21	壬寅 22	癸卯 23	甲辰 24	乙巳 25	丙午 26	丁未 27	戊申 28	己酉 29	庚戌 30	辛亥 31	壬子 (6)	癸丑 2	甲寅 3		戊戌立夏
五月大	甲午	天干地支西曆	乙卯 4	丙辰 5	丁巳 6	戊午 7	己未 8	庚申 9	辛酉 10	壬戌 11	癸亥 12	甲子 13	乙丑 14	丙寅 15	丁卯 16	戊辰 17	己巳 18	庚午 19	辛未 20	壬申 21	癸酉 22	甲戌 23	乙亥 24	丙子 25	丁丑 26	戊寅 27	己卯 28	庚辰 29	辛巳 30	壬午 (7)	癸未 2	甲申 3	
六月小	乙未	天干地支西曆	乙酉 4	丙戌 5	丁亥 6	戊子 7	己丑 8	庚寅 9	辛卯 10	壬辰 11	癸巳 12	甲午 13	乙未 14	丙申 15	丁酉 16	戊戌 17	己亥 18	庚子 19	辛丑 20	壬寅 21	癸卯 22	甲辰 23	乙巳 24	丙午 25	丁未 26	戊申 27	己酉 28	庚戌 29	辛亥 30	壬子 31	癸丑 (8)		乙酉夏至
七月大	丙申	天干地支西曆	甲寅 2	乙卯 3	丙辰 4	丁巳 5	戊午 6	己未 7	庚申 8	辛酉 9	壬戌 10	癸亥 11	甲子 12	乙丑 13	丙寅 14	丁卯 15	戊辰 16	己巳 17	庚午 18	辛未 19	壬申 20	癸酉 21	甲戌 22	乙亥 23	丙子 24	丁丑 25	戊寅 26	己卯 27	庚辰 28	辛巳 29	壬午 30	癸未 31	壬申立秋
八月小	丁酉	天干地支西曆	甲申 (9)	乙酉 2	丙戌 3	丁亥 4	戊子 5	己丑 6	庚寅 7	辛卯 8	壬辰 9	癸巳 10	甲午 11	乙未 12	丙申 13	丁酉 14	戊戌 15	己亥 16	庚子 17	辛丑 18	壬寅 19	癸卯 20	甲辰 21	乙巳 22	丙午 23	丁未 24	戊申 25	己酉 26	庚戌 27	辛亥 28	壬子 29		
閏八月大	丁酉	天干地支西曆	癸丑 30	甲寅 (10)	乙卯 2	丙辰 3	丁巳 4	戊午 5	己未 6	庚申 7	辛酉 8	壬戌 9	癸亥 10	甲子 11	乙丑 12	丙寅 13	丁卯 14	戊辰 15	己巳 16	庚午 17	辛未 18	壬申 19	癸酉 20	甲戌 21	乙亥 22	丙子 23	丁丑 24	戊寅 25	己卯 26	庚辰 27	辛巳 28	壬午 29	丁巳秋分
九月小	戊戌	天干地支西曆	癸未 30	甲申 31	乙酉 (11)	丙戌 2	丁亥 3	戊子 4	己丑 5	庚寅 6	辛卯 7	壬辰 8	癸巳 9	甲午 10	乙未 11	丙申 12	丁酉 13	戊戌 14	己亥 15	庚子 16	辛丑 17	壬寅 18	癸卯 19	甲辰 20	乙巳 21	丙午 22	丁未 23	戊申 24	己酉 25	庚戌 26	辛亥 27		辛丑立冬
十月大	己亥	天干地支西曆	壬子 28	癸丑 29	甲寅 30	乙卯 (12)	丙辰 2	丁巳 3	戊午 4	己未 5	庚申 6	辛酉 7	壬戌 8	癸亥 9	甲子 10	乙丑 11	丙寅 12	丁卯 13	戊辰 14	己巳 15	庚午 16	辛未 17	壬申 18	癸酉 19	甲戌 20	乙亥 21	丙子 22	丁丑 23	戊寅 24	己卯 25	庚辰 26	辛巳 27	
十一月小	庚子	天干地支西曆	壬午 28	癸未 29	甲申 30	乙酉 31	丙戌 (1)	丁亥 2	戊子 3	己丑 4	庚寅 5	辛卯 6	壬辰 7	癸巳 8	甲午 9	乙未 10	丙申 11	丁酉 12	戊戌 13	己亥 14	庚子 15	辛丑 16	壬寅 17	癸卯 18	甲辰 19	乙巳 20	丙午 21	丁未 22	戊申 23	己酉 24	庚戌 25		乙酉冬至
十二月大	辛丑	天干地支西曆	辛亥 26	壬子 27	癸丑 28	甲寅 29	乙卯 30	丙辰 31	丁巳 (2)	戊午 2	己未 3	庚申 4	辛酉 5	壬戌 6	癸亥 7	甲子 8	乙丑 9	丙寅 10	丁卯 11	戊辰 12	己巳 13	庚午 14	辛未 15	壬申 16	癸酉 17	甲戌 18	乙亥 19	丙子 20	丁丑 21	戊寅 22	己卯 23	庚辰 24	庚午立春

年代異同	竹書紀年	皇極經世	文獻通考	歷代紀年備考	歷代帝王年表	歷代統紀表	中國年曆總譜	斷代工程
	殷武丁五十八年	殷祖甲十四年	殷祖甲十四年	殷祖甲十四年	殷祖甲十四年	殷祖甲十四年	殷祖甲二十九年	殷武丁六年

殷武丁三年（丁丑 牛年） 公元前 1244 ~ 前 1243 年

夏曆月序	中西曆日對照	初一	初二	初三	初四	初五	初六	初七	初八	初九	初十	十一	十二	十三	十四	十五	十六	十七	十八	十九	二十	二十一	二十二	二十三	二十四	二十五	二十六	二十七	二十八	二十九	三十	節氣與天象
正月小 壬寅	天干地支 西曆	辛巳 25	壬午 26	癸未 27	甲申 28	乙酉 (3)	丙戌 2	丁亥 3	戊子 4	己丑 5	庚寅 6	辛卯 7	壬辰 8	癸巳 9	甲午 10	乙未 11	丙申 12	丁酉 13	戊戌 14	己亥 15	庚子 16	辛丑 17	壬寅 18	癸卯 19	甲辰 20	乙巳 21	丙午 22	丁未 23	戊申 24	己酉 25		
二月大 癸卯	天干地支 西曆	庚戌 26	辛亥 27	壬子 28	癸丑 29	甲寅 30	乙卯 31	丙辰 (4)	丁巳 2	戊午 3	己未 4	庚申 5	辛酉 6	壬戌 7	癸亥 8	甲子 9	乙丑 10	丙寅 11	丁卯 12	戊辰 13	己巳 14	庚午 15	辛未 16	壬申 17	癸酉 18	甲戌 19	乙亥 20	丙子 21	丁丑 22	戊寅 23	己卯 24	丙辰春分
三月小 甲辰	天干地支 西曆	庚辰 25	辛巳 26	壬午 27	癸未 28	甲申 29	乙酉 30	丙戌 (5)	丁亥 2	戊子 3	己丑 4	庚寅 5	辛卯 6	壬辰 7	癸巳 8	甲午 9	乙未 10	丙申 11	丁酉 12	戊戌 13	己亥 14	庚子 15	辛丑 16	壬寅 17	癸卯 18	甲辰 19	乙巳 20	丙午 21	丁未 22	戊申 23		甲辰立夏
四月大 乙巳	天干地支 西曆	己酉 24	庚戌 25	辛亥 26	壬子 27	癸丑 28	甲寅 29	乙卯 30	丙辰 31	丁巳 (6)	戊午 2	己未 3	庚申 4	辛酉 5	壬戌 6	癸亥 7	甲子 8	乙丑 9	丙寅 10	丁卯 11	戊辰 12	己巳 13	庚午 14	辛未 15	壬申 16	癸酉 17	甲戌 18	乙亥 19	丙子 20	丁丑 21	戊寅 22	
五月大 丙午	天干地支 西曆	己卯 23	庚辰 24	辛巳 25	壬午 26	癸未 27	甲申 28	乙酉 29	丙戌 30	丁亥 (7)	戊子 2	己丑 3	庚寅 4	辛卯 5	壬辰 6	癸巳 7	甲午 8	乙未 9	丙申 10	丁酉 11	戊戌 12	己亥 13	庚子 14	辛丑 15	壬寅 16	癸卯 17	甲辰 18	乙巳 19	丙午 20	丁未 21	戊申 22	辛卯夏至
六月小 丁未	天干地支 西曆	己酉 23	庚戌 24	辛亥 25	壬子 26	癸丑 27	甲寅 28	乙卯 29	丙辰 30	丁巳 31	戊午 (8)	己未 2	庚申 3	辛酉 4	壬戌 5	癸亥 6	甲子 7	乙丑 8	丙寅 9	丁卯 10	戊辰 11	己巳 12	庚午 13	辛未 14	壬申 15	癸酉 16	甲戌 17	乙亥 18	丙子 19	丁丑 20		丁丑立秋
七月大 戊申	天干地支 西曆	戊寅 21	己卯 22	庚辰 23	辛巳 24	壬午 25	癸未 26	甲申 27	乙酉 28	丙戌 29	丁亥 30	戊子 31	己丑 (9)	庚寅 2	辛卯 3	壬辰 4	癸巳 5	甲午 6	乙未 7	丙申 8	丁酉 9	戊戌 10	己亥 11	庚子 12	辛丑 13	壬寅 14	癸卯 15	甲辰 16	乙巳 17	丙午 18	丁未 19	
八月小 己酉	天干地支 西曆	戊申 20	己酉 21	庚戌 22	辛亥 23	壬子 24	癸丑 25	甲寅 26	乙卯 27	丙辰 28	丁巳 29	戊午 30	己未 (10)	庚申 2	辛酉 3	壬戌 4	癸亥 5	甲子 6	乙丑 7	丙寅 8	丁卯 9	戊辰 10	己巳 11	庚午 12	辛未 13	壬申 14	癸酉 15	甲戌 16	乙亥 17	丙子 18		壬戌秋分
九月大 庚戌	天干地支 西曆	丁丑 19	戊寅 20	己卯 21	庚辰 22	辛巳 23	壬午 24	癸未 25	甲申 26	乙酉 27	丙戌 28	丁亥 29	戊子 30	己丑 31	庚寅 (11)	辛卯 2	壬辰 3	癸巳 4	甲午 5	乙未 6	丙申 7	丁酉 8	戊戌 9	己亥 10	庚子 11	辛丑 12	壬寅 13	癸卯 14	甲辰 15	乙巳 16	丙午 17	丙午立冬
十月小 辛亥	天干地支 西曆	丁未 18	戊申 19	己酉 20	庚戌 21	辛亥 22	壬子 23	癸丑 24	甲寅 25	乙卯 26	丙辰 27	丁巳 28	戊午 29	己未 30	庚申 (12)	辛酉 2	壬戌 3	癸亥 4	甲子 5	乙丑 6	丙寅 7	丁卯 8	戊辰 9	己巳 10	庚午 11	辛未 12	壬申 13	癸酉 14	甲戌 15	乙亥 16		
十一月大 壬子	天干地支 西曆	丙子 17	丁丑 18	戊寅 19	己卯 20	庚辰 21	辛巳 22	壬午 23	癸未 24	甲申 25	乙酉 26	丙戌 27	丁亥 28	戊子 29	己丑 30	庚寅 31	辛卯 (1)	壬辰 2	癸巳 3	甲午 4	乙未 5	丙申 6	丁酉 7	戊戌 8	己亥 9	庚子 10	辛丑 11	壬寅 12	癸卯 13	甲辰 14	乙巳 15	庚寅冬至
十二月小 癸丑	天干地支 西曆	丙午 16	丁未 17	戊申 18	己酉 19	庚戌 20	辛亥 21	壬子 22	癸丑 23	甲寅 24	乙卯 25	丙辰 26	丁巳 27	戊午 28	己未 29	庚申 30	辛酉 31	壬戌 (2)	癸亥 2	甲子 3	乙丑 4	丙寅 5	丁卯 6	戊辰 7	己巳 8	庚午 9	辛未 10	壬申 11	癸酉 12	甲戌 13		

年代異同	竹書紀年	皇極經世	文獻通考	歷代紀年備考	歷代帝王年表	歷代統紀表	中國年曆總譜	斷代工程
	殷武丁五十九年	殷祖甲十五年	殷祖甲十五年	殷祖甲十五年	殷祖甲十五年	殷祖甲十五年	殷祖甲三十年	殷武丁七年

殷武丁四年（戊寅 虎年） 公元前1243 ~ 前1242年

夏曆月序	中西曆日對照		初一	初二	初三	初四	初五	初六	初七	初八	初九	初十	十一	十二	十三	十四	十五	十六	十七	十八	十九	二十	二一	二二	二三	二四	二五	二六	二七	二八	二九	三十	節氣與天象
正月大	甲寅	干支 天地 西曆	乙亥14	丙子15	丁丑16	戊寅17	己卯18	庚辰19	辛巳20	壬午21	癸未22	甲申23	乙酉24	丙戌25	丁亥26	戊子27	己丑28	庚寅(3)	辛卯2	壬辰3	癸巳4	甲午5	乙未6	丙申7	丁酉8	戊戌9	己亥10	庚子11	辛丑12	壬寅13	癸卯14	甲辰15	乙亥立春
二月小	乙卯	干支 天地 西曆	乙巳16	丙午17	丁未18	戊申19	己酉20	庚戌21	辛亥22	壬子23	癸丑24	甲寅25	乙卯26	丙辰27	丁巳28	戊午29	己未30	庚申31	辛酉(4)	壬戌2	癸亥3	甲子4	乙丑5	丙寅6	丁卯7	戊辰8	己巳9	庚午10	辛未11	壬申12	癸酉13		壬戌春分
三月小	丙辰	干支 天地 西曆	甲戌14	乙亥15	丙子16	丁丑17	戊寅18	己卯19	庚辰20	辛巳21	壬午22	癸未23	甲申24	乙酉25	丙戌26	丁亥27	戊子28	己丑29	庚寅30	辛卯(5)	壬辰2	癸巳3	甲午4	乙未5	丙申6	丁酉7	戊戌8	己亥9	庚子10	辛丑11	壬寅12		
四月大	丁巳	干支 天地 西曆	癸卯13	甲辰14	乙巳15	丙午16	丁未17	戊申18	己酉19	庚戌20	辛亥21	壬子22	癸丑23	甲寅24	乙卯25	丙辰26	丁巳27	戊午28	己未29	庚申30	辛酉31	壬戌(6)	癸亥2	甲子3	乙丑4	丙寅5	丁卯6	戊辰7	己巳8	庚午9	辛未10	壬申11	己酉立夏
五月大	戊午	干支 天地 西曆	癸酉12	甲戌13	乙亥14	丙子15	丁丑16	戊寅17	己卯18	庚辰19	辛巳20	壬午21	癸未22	甲申23	乙酉24	丙戌25	丁亥26	戊子27	己丑28	庚寅29	辛卯30	壬辰(7)	癸巳2	甲午3	乙未4	丙申5	丁酉6	戊戌7	己亥8	庚子9	辛丑10	壬寅11	丙申夏至
六月小	己未	干支 天地 西曆	癸卯12	甲辰13	乙巳14	丙午15	丁未16	戊申17	己酉18	庚戌19	辛亥20	壬子21	癸丑22	甲寅23	乙卯24	丙辰25	丁巳26	戊午27	己未28	庚申29	辛酉30	壬戌31	癸亥(8)	甲子2	乙丑3	丙寅4	丁卯5	戊辰6	己巳7	庚午8	辛未9		
七月大	庚申	干支 天地 西曆	壬申10	癸酉11	甲戌12	乙亥13	丙子14	丁丑15	戊寅16	己卯17	庚辰18	辛巳19	壬午20	癸未21	甲申22	乙酉23	丙戌24	丁亥25	戊子26	己丑27	庚寅28	辛卯29	壬辰30	癸巳31	甲午(9)	乙未2	丙申3	丁酉4	戊戌5	己亥6	庚子7	辛丑8	壬午立秋
八月大	辛酉	干支 天地 西曆	壬寅9	癸卯10	甲辰11	乙巳12	丙午13	丁未14	戊申15	己酉16	庚戌17	辛亥18	壬子19	癸丑20	甲寅21	乙卯22	丙辰23	丁巳24	戊午25	己未26	庚申27	辛酉28	壬戌29	癸亥30	甲子(10)	乙丑2	丙寅3	丁卯4	戊辰5	己巳6	庚午7	辛未8	丁卯秋分
九月小	壬戌	干支 天地 西曆	壬申9	癸酉10	甲戌11	乙亥12	丙子13	丁丑14	戊寅15	己卯16	庚辰17	辛巳18	壬午19	癸未20	甲申21	乙酉22	丙戌23	丁亥24	戊子25	己丑26	庚寅27	辛卯28	壬辰29	癸巳30	甲午31	乙未(11)	丙申2	丁酉3	戊戌4	己亥5	庚子6		
十月大	癸亥	干支 天地 西曆	辛丑7	壬寅8	癸卯9	甲辰10	乙巳11	丙午12	丁未13	戊申14	己酉15	庚戌16	辛亥17	壬子18	癸丑19	甲寅20	乙卯21	丙辰22	丁巳23	戊午24	己未25	庚申26	辛酉27	壬戌28	癸亥29	甲子30	乙丑(12)	丙寅2	丁卯3	戊辰4	己巳5	庚午6	壬子立冬
十一月小	甲子	干支 天地 西曆	辛未7	壬申8	癸酉9	甲戌10	乙亥11	丙子12	丁丑13	戊寅14	己卯15	庚辰16	辛巳17	壬午18	癸未19	甲申20	乙酉21	丙戌22	丁亥23	戊子24	己丑25	庚寅26	辛卯27	壬辰28	癸巳29	甲午30	乙未31	丙申(1)	丁酉2	戊戌3	己亥4		丙申冬至
十二月大	乙丑	干支 天地 西曆	庚子5	辛丑6	壬寅7	癸卯8	甲辰9	乙巳10	丙午11	丁未12	戊申13	己酉14	庚戌15	辛亥16	壬子17	癸丑18	甲寅19	乙卯20	丙辰21	丁巳22	戊午23	己未24	庚申25	辛酉26	壬戌27	癸亥28	甲子29	乙丑30	丙寅31	丁卯(2)	戊辰2	己巳3	

年代異同	竹書紀年	皇極經世	文獻通考	歷代紀年備考	歷代帝王年表	歷代統紀表	中國年曆總譜	斷代工程
	殷祖庚元年	殷祖甲十六年	殷祖甲十六年	殷祖甲十六年	殷祖甲十六年	殷祖甲十六年	殷祖甲三十一年	殷武丁八年

殷武丁五年（己卯 兔年） 公元前**1242** ~ 前1241年

夏曆月序		中西曆日對照	初一	初二	初三	初四	初五	初六	初七	初八	初九	初十	十一	十二	十三	十四	十五	十六	十七	十八	十九	二十	二一	二二	二三	二四	二五	二六	二七	二八	二九	三十	節氣與天象
正月小	丙寅	天干地支 西曆	庚午 4	辛未 5	壬申 6	癸酉 7	甲戌 8	乙亥 9	丙子 10	丁丑 11	戊寅 12	己卯 13	庚辰 14	辛巳 15	壬午 16	癸未 17	甲申 18	乙酉 19	丙戌 20	丁亥 21	戊子 22	己丑 23	庚寅 24	辛卯 25	壬辰 26	癸巳 27	甲午 28	乙未 (3)	丙申 2	丁酉 3	戊戌 4		辛巳立春
二月大	丁卯	天干地支 西曆	己亥 5	庚子 6	辛丑 7	壬寅 8	癸卯 9	甲辰 10	乙巳 11	丙午 12	丁未 13	戊申 14	己酉 15	庚戌 16	辛亥 17	壬子 18	癸丑 19	甲寅 20	乙卯 21	丙辰 22	丁巳 23	戊午 24	己未 25	庚申 26	辛酉 27	壬戌 28	癸亥 29	甲子 30	乙丑 31	丙寅 (4)	丁卯 2	戊辰 3	丁卯春分
三月小	戊辰	天干地支 西曆	己巳 4	庚午 5	辛未 6	壬申 7	癸酉 8	甲戌 9	乙亥 10	丙子 11	丁丑 12	戊寅 13	己卯 14	庚辰 15	辛巳 16	壬午 17	癸未 18	甲申 19	乙酉 20	丙戌 21	丁亥 22	戊子 23	己丑 24	庚寅 25	辛卯 26	壬辰 27	癸巳 28	甲午 29	乙未 30	丙申 (5)	丁酉 2		
四月小	己巳	天干地支 西曆	戊戌 3	己亥 4	庚子 5	辛丑 6	壬寅 7	癸卯 8	甲辰 9	乙巳 10	丙午 11	丁未 12	戊申 13	己酉 14	庚戌 15	辛亥 16	壬子 17	癸丑 18	甲寅 19	乙卯 20	丙辰 21	丁巳 22	戊午 23	己未 24	庚申 25	辛酉 26	壬戌 27	癸亥 28	甲子 29	乙丑 30	丙寅 31		甲寅立夏
五月大	庚午	天干地支 西曆	丁卯 (6)	戊辰 2	己巳 3	庚午 4	辛未 5	壬申 6	癸酉 7	甲戌 8	乙亥 9	丙子 10	丁丑 11	戊寅 12	己卯 13	庚辰 14	辛巳 15	壬午 16	癸未 17	甲申 18	乙酉 19	丙戌 20	丁亥 21	戊子 22	己丑 23	庚寅 24	辛卯 25	壬辰 26	癸巳 27	甲午 28	乙未 29	丙申 30	
六月小	辛未	天干地支 西曆	丁酉 (7)	戊戌 2	己亥 3	庚子 4	辛丑 5	壬寅 6	癸卯 7	甲辰 8	乙巳 9	丙午 10	丁未 11	戊申 12	己酉 13	庚戌 14	辛亥 15	壬子 16	癸丑 17	甲寅 18	乙卯 19	丙辰 20	丁巳 21	戊午 22	己未 23	庚申 24	辛酉 25	壬戌 26	癸亥 27	甲子 28	乙丑 29		辛丑夏至
閏六月大	辛未	天干地支 西曆	丙寅 30	丁卯 31	戊辰 (8)	己巳 2	庚午 3	辛未 4	壬申 5	癸酉 6	甲戌 7	乙亥 8	丙子 9	丁丑 10	戊寅 11	己卯 12	庚辰 13	辛巳 14	壬午 15	癸未 16	甲申 17	乙酉 18	丙戌 19	丁亥 20	戊子 21	己丑 22	庚寅 23	辛卯 24	壬辰 25	癸巳 26	甲午 27	乙未 28	戊子立秋
七月大	壬申	天干地支 西曆	丙申 29	丁酉 30	戊戌 31	己亥 (9)	庚子 2	辛丑 3	壬寅 4	癸卯 5	甲辰 6	乙巳 7	丙午 8	丁未 9	戊申 10	己酉 11	庚戌 12	辛亥 13	壬子 14	癸丑 15	甲寅 16	乙卯 17	丙辰 18	丁巳 19	戊午 20	己未 21	庚申 22	辛酉 23	壬戌 24	癸亥 25	甲子 26	乙丑 27	
八月大	癸酉	天干地支 西曆	丙寅 28	丁卯 29	戊辰 30	己巳 (10)	庚午 2	辛未 3	壬申 4	癸酉 5	甲戌 6	乙亥 7	丙子 8	丁丑 9	戊寅 10	己卯 11	庚辰 12	辛巳 13	壬午 14	癸未 15	甲申 16	乙酉 17	丙戌 18	丁亥 19	戊子 20	己丑 21	庚寅 22	辛卯 23	壬辰 24	癸巳 25	甲午 26	乙未 27	癸酉秋分
九月小	甲戌	天干地支 西曆	丙申 28	丁酉 29	戊戌 30	己亥 31	庚子 (11)	辛丑 2	壬寅 3	癸卯 4	甲辰 5	乙巳 6	丙午 7	丁未 8	戊申 9	己酉 10	庚戌 11	辛亥 12	壬子 13	癸丑 14	甲寅 15	乙卯 16	丙辰 17	丁巳 18	戊午 19	己未 20	庚申 21	辛酉 22	壬戌 23	癸亥 24	甲子 25		丁巳立冬
十月大	乙亥	天干地支 西曆	乙丑 26	丙寅 27	丁卯 28	戊辰 29	己巳 30	庚午 (12)	辛未 2	壬申 3	癸酉 4	甲戌 5	乙亥 6	丙子 7	丁丑 8	戊寅 9	己卯 10	庚辰 11	辛巳 12	壬午 13	癸未 14	甲申 15	乙酉 16	丙戌 17	丁亥 18	戊子 19	己丑 20	庚寅 21	辛卯 22	壬辰 23	癸巳 24	甲午 25	
十一月小	丙子	天干地支 西曆	乙未 26	丙申 27	丁酉 28	戊戌 29	己亥 30	庚子 31	辛丑 (1)	壬寅 2	癸卯 3	甲辰 4	乙巳 5	丙午 6	丁未 7	戊申 8	己酉 9	庚戌 10	辛亥 11	壬子 12	癸丑 13	甲寅 14	乙卯 15	丙辰 16	丁巳 17	戊午 18	己未 19	庚申 20	辛酉 21	壬戌 22	癸亥 23		辛丑冬至
十二月大	丁丑	天干地支 西曆	甲子 24	乙丑 25	丙寅 26	丁卯 27	戊辰 28	己巳 29	庚午 30	辛未 31	壬申 (2)	癸酉 2	甲戌 3	乙亥 4	丙子 5	丁丑 6	戊寅 7	己卯 8	庚辰 9	辛巳 10	壬午 11	癸未 12	甲申 13	乙酉 14	丙戌 15	丁亥 16	戊子 17	己丑 18	庚寅 19	辛卯 20	壬辰 21	癸巳 22	丙戌立春

年代異同	竹書紀年	皇極經世	文獻通考	歷代紀年備考	歷代帝王年表	歷代統紀表	中國年曆總譜	斷代工程
	殷祖庚二年	殷祖甲十七年	殷祖甲十七年	殷祖甲十七年	殷祖甲十七年	殷祖甲十七年	殷祖甲三十二年	殷武丁九年

殷武丁六年（庚辰 龍年） 公元前**1241** ~ 前1240年

夏曆月序		中西曆日對照	初一	初二	初三	初四	初五	初六	初七	初八	初九	初十	十一	十二	十三	十四	十五	十六	十七	十八	十九	二十	二一	二二	二三	二四	二五	二六	二七	二八	二九	三十	節氣與天象
正月小	戊寅	天干地支西曆	甲午23	乙未24	丙申25	丁酉26	戊戌27	己亥28	庚子29	辛丑(3)	壬寅2	癸卯3	甲辰4	乙巳5	丙午6	丁未7	戊申8	己酉9	庚戌10	辛亥11	壬子12	癸丑13	甲寅14	乙卯15	丙辰16	丁巳17	戊午18	己未19	庚申20	辛酉21	壬戌22		甲午日食
二月大	己卯	天干地支西曆	癸亥23	甲子24	乙丑25	丙寅26	丁卯27	戊辰28	己巳29	庚午30	辛未31	壬申(4)	癸酉2	甲戌3	乙亥4	丙子5	丁丑6	戊寅7	己卯8	庚辰9	辛巳10	壬午11	癸未12	甲申13	乙酉14	丙戌15	丁亥16	戊子17	己丑18	庚寅19	辛卯20	壬辰21	壬申春分
三月小	庚辰	天干地支西曆	癸巳22	甲午23	乙未24	丙申25	丁酉26	戊戌27	己亥28	庚子29	辛丑30	壬寅(5)	癸卯2	甲辰3	乙巳4	丙午5	丁未6	戊申7	己酉8	庚戌9	辛亥10	壬子11	癸丑12	甲寅13	乙卯14	丙辰15	丁巳16	戊午17	己未18	庚申19	辛酉20		己未立夏
四月小	辛巳	天干地支西曆	壬戌21	癸亥22	甲子23	乙丑24	丙寅25	丁卯26	戊辰27	己巳28	庚午29	辛未30	壬申31	癸酉(6)	甲戌2	乙亥3	丙子4	丁丑5	戊寅6	己卯7	庚辰8	辛巳9	壬午10	癸未11	甲申12	乙酉13	丙戌14	丁亥15	戊子16	己丑17	庚寅18		
五月大	壬午	天干地支西曆	辛卯19	壬辰20	癸巳21	甲午22	乙未23	丙申24	丁酉25	戊戌26	己亥27	庚子28	辛丑29	壬寅30	癸卯(7)	甲辰2	乙巳3	丙午4	丁未5	戊申6	己酉7	庚戌8	辛亥9	壬子10	癸丑11	甲寅12	乙卯13	丙辰14	丁巳15	戊午16	己未17	庚申18	丙午夏至
六月小	癸未	天干地支西曆	辛酉19	壬戌20	癸亥21	甲子22	乙丑23	丙寅24	丁卯25	戊辰26	己巳27	庚午28	辛未29	壬申30	癸酉31	甲戌(8)	乙亥2	丙子3	丁丑4	戊寅5	己卯6	庚辰7	辛巳8	壬午9	癸未10	甲申11	乙酉12	丙戌13	丁亥14	戊子15	己丑16		
七月大	甲申	天干地支西曆	庚寅17	辛卯18	壬辰19	癸巳20	甲午21	乙未22	丙申23	丁酉24	戊戌25	己亥26	庚子27	辛丑28	壬寅29	癸卯30	甲辰31	乙巳(9)	丙午2	丁未3	戊申4	己酉5	庚戌6	辛亥7	壬子8	癸丑9	甲寅10	乙卯11	丙辰12	丁巳13	戊午14	己未15	癸巳立秋
八月小	乙酉	天干地支西曆	庚申16	辛酉17	壬戌18	癸亥19	甲子20	乙丑21	丙寅22	丁卯23	戊辰24	己巳25	庚午26	辛未27	壬申28	癸酉29	甲戌30	乙亥(10)	丙子2	丁丑3	戊寅4	己卯5	庚辰6	辛巳7	壬午8	癸未9	甲申10	乙酉11	丙戌12	丁亥13	戊子14		戊寅秋分
九月大	丙戌	天干地支西曆	己丑15	庚寅16	辛卯17	壬辰18	癸巳19	甲午20	乙未21	丙申22	丁酉23	戊戌24	己亥25	庚子26	辛丑27	壬寅28	癸卯29	甲辰30	乙巳31	丙午(11)	丁未2	戊申3	己酉4	庚戌5	辛亥6	壬子7	癸丑8	甲寅9	乙卯10	丙辰11	丁巳12	戊午13	
十月大	丁亥	天干地支西曆	己未14	庚申15	辛酉16	壬戌17	癸亥18	甲子19	乙丑20	丙寅21	丁卯22	戊辰23	己巳24	庚午25	辛未26	壬申27	癸酉28	甲戌29	乙亥30	丙子(12)	丁丑2	戊寅3	己卯4	庚辰5	辛巳6	壬午7	癸未8	甲申9	乙酉10	丙戌11	丁亥12	戊子13	壬戌立冬
十一月大	戊子	天干地支西曆	己丑14	庚寅15	辛卯16	壬辰17	癸巳18	甲午19	乙未20	丙申21	丁酉22	戊戌23	己亥24	庚子25	辛丑26	壬寅27	癸卯28	甲辰29	乙巳30	丙午31	丁未(1)	戊申2	己酉3	庚戌4	辛亥5	壬子6	癸丑7	甲寅8	乙卯9	丙辰10	丁巳11	戊午12	丙午冬至
十二月小	己丑	天干地支西曆	己未13	庚申14	辛酉15	壬戌16	癸亥17	甲子18	乙丑19	丙寅20	丁卯21	戊辰22	己巳23	庚午24	辛未25	壬申26	癸酉27	甲戌28	乙亥29	丙子30	丁丑31	戊寅(2)	己卯2	庚辰3	辛巳4	壬午5	癸未6	甲申7	乙酉8	丙戌9	丁亥10		

年代異同	竹書紀年	皇極經世	文獻通考	歷代紀年備考	歷代帝王年表	歷代統紀表	中國年曆總譜	斷代工程
	殷祖庚三年	殷祖甲十八年	殷祖甲十八年	殷祖甲十八年	殷祖甲十八年	殷祖甲十八年	殷祖甲三十三年	殷武丁十年

殷武丁七年（辛巳 蛇年） 公元前 **1240** ~ 前 1239 年

夏曆月序		中西曆日對照	初一	初二	初三	初四	初五	初六	初七	初八	初九	初十	十一	十二	十三	十四	十五	十六	十七	十八	十九	二十	二一	二二	二三	二四	二五	二六	二七	二八	二九	三十	節氣與天象
正月大	庚寅	干支曆 天地西	戊子11	己丑12	庚寅13	辛卯14	壬辰15	癸巳16	甲午17	乙未18	丙申19	丁酉20	戊戌21	己亥22	庚子23	辛丑24	壬寅25	癸卯26	甲辰27	乙巳28	丙午(3)	丁未2	戊申3	己酉4	庚戌5	辛亥6	壬子7	癸丑8	甲寅9	乙卯10	丙辰11	丁巳12	辛卯立春
二月小	辛卯	干支曆 天地西	戊午13	己未14	庚申15	辛酉16	壬戌17	癸亥18	甲子19	乙丑20	丙寅21	丁卯22	戊辰23	己巳24	庚午25	辛未26	壬申27	癸酉28	甲戌29	乙亥30	丙子31	丁丑(4)	戊寅2	己卯3	庚辰4	辛巳5	壬午6	癸未7	甲申8	乙酉9	丙戌10		丁丑春分
三月大	壬辰	干支曆 天地西	丁亥11	戊子12	己丑13	庚寅14	辛卯15	壬辰16	癸巳17	甲午18	乙未19	丙申20	丁酉21	戊戌22	己亥23	庚子24	辛丑25	壬寅26	癸卯27	甲辰28	乙巳29	丙午30	丁未(5)	戊申2	己酉3	庚戌4	辛亥5	壬子6	癸丑7	甲寅8	乙卯9	丙辰10	
四月小	癸巳	干支曆 天地西	丁巳11	戊午12	己未13	庚申14	辛酉15	壬戌16	癸亥17	甲子18	乙丑19	丙寅20	丁卯21	戊辰22	己巳23	庚午24	辛未25	壬申26	癸酉27	甲戌28	乙亥29	丙子30	丁丑31	戊寅(6)	己卯2	庚辰3	辛巳4	壬午5	癸未6	甲申7	乙酉8		甲子立夏
五月小	甲午	干支曆 天地西	丙戌9	丁亥10	戊子11	己丑12	庚寅13	辛卯14	壬辰15	癸巳16	甲午17	乙未18	丙申19	丁酉20	戊戌21	己亥22	庚子23	辛丑24	壬寅25	癸卯26	甲辰27	乙巳28	丙午29	丁未30	戊申(7)	己酉2	庚戌3	辛亥4	壬子5	癸丑6	甲寅7		壬子夏至
六月大	乙未	干支曆 天地西	乙卯8	丙辰9	丁巳10	戊午11	己未12	庚申13	辛酉14	壬戌15	癸亥16	甲子17	乙丑18	丙寅19	丁卯20	戊辰21	己巳22	庚午23	辛未24	壬申25	癸酉26	甲戌27	乙亥28	丙子29	丁丑30	戊寅31	己卯(8)	庚辰2	辛巳3	壬午4	癸未5	甲申6	
七月小	丙申	干支曆 天地西	乙酉7	丙戌8	丁亥9	戊子10	己丑11	庚寅12	辛卯13	壬辰14	癸巳15	甲午16	乙未17	丙申18	丁酉19	戊戌20	己亥21	庚子22	辛丑23	壬寅24	癸卯25	甲辰26	乙巳27	丙午28	丁未29	戊申30	己酉31	庚戌(9)	辛亥2	壬子3	癸丑4		戊戌立秋
八月大	丁酉	干支曆 天地西	甲寅5	乙卯6	丙辰7	丁巳8	戊午9	己未10	庚申11	辛酉12	壬戌13	癸亥14	甲子15	乙丑16	丙寅17	丁卯18	戊辰19	己巳20	庚午21	辛未22	壬申23	癸酉24	甲戌25	乙亥26	丙子27	丁丑28	戊寅29	己卯30	庚辰(10)	辛巳2	壬午3	癸未4	癸未秋分
九月小	戊戌	干支曆 天地西	甲申5	乙酉6	丙戌7	丁亥8	戊子9	己丑10	庚寅11	辛卯12	壬辰13	癸巳14	甲午15	乙未16	丙申17	丁酉18	戊戌19	己亥20	庚子21	辛丑22	壬寅23	癸卯24	甲辰25	乙巳26	丙午27	丁未28	戊申29	己酉30	庚戌31	辛亥(11)	壬子2		
十月大	己亥	干支曆 天地西	癸丑3	甲寅4	乙卯5	丙辰6	丁巳7	戊午8	己未9	庚申10	辛酉11	壬戌12	癸亥13	甲子14	乙丑15	丙寅16	丁卯17	戊辰18	己巳19	庚午20	辛未21	壬申22	癸酉23	甲戌24	乙亥25	丙子26	丁丑27	戊寅28	己卯29	庚辰30	辛巳(12)	壬午2	丁卯立冬
十一月大	庚子	干支曆 天地西	癸未3	甲申4	乙酉5	丙戌6	丁亥7	戊子8	己丑9	庚寅10	辛卯11	壬辰12	癸巳13	甲午14	乙未15	丙申16	丁酉17	戊戌18	己亥19	庚子20	辛丑21	壬寅22	癸卯23	甲辰24	乙巳25	丙午26	丁未27	戊申28	己酉29	庚戌30	辛亥31	壬子(1)	辛亥冬至
十二月大	辛丑	干支曆 天地西	癸丑2	甲寅3	乙卯4	丙辰5	丁巳6	戊午7	己未8	庚申9	辛酉10	壬戌11	癸亥12	甲子13	乙丑14	丙寅15	丁卯16	戊辰17	己巳18	庚午19	辛未20	壬申21	癸酉22	甲戌23	乙亥24	丙子25	丁丑26	戊寅27	己卯28	庚辰29	辛巳30	壬午31	

年代異同	竹書紀年	皇極經世	文獻通考	歷代紀年備考	歷代帝王年表	歷代統紀表	中國年曆總譜	斷代工程
	殷祖庚四年	殷祖甲十九年	殷祖甲十九年	殷祖甲十九年	殷祖甲十九年	殷祖甲十九年	殷廩辛元年	殷武丁十一年

殷武丁八年（壬午 馬年） 公元前 1239 ~ 前 1238 年

夏曆月序		中西曆日對照	初一	初二	初三	初四	初五	初六	初七	初八	初九	初十	十一	十二	十三	十四	十五	十六	十七	十八	十九	二十	二一	二二	二三	二四	二五	二六	二七	二八	二九	三十	節氣與天象
正月小	壬寅	天干 地支 西曆	癸未(2)	甲申2	乙酉3	丙戌4	丁亥5	戊子6	己丑7	庚寅8	辛卯9	壬辰10	癸巳11	甲午12	乙未13	丙申14	丁酉15	戊戌16	己亥17	庚子18	辛丑19	壬寅20	癸卯21	甲辰22	乙巳23	丙午24	丁未25	戊申26	己酉27	庚戌28	辛亥(3)		丙申立春
二月大	癸卯	天干 地支 西曆	壬子2	癸丑3	甲寅4	乙卯5	丙辰6	丁巳7	戊午8	己未9	庚申10	辛酉11	壬戌12	癸亥13	甲子14	乙丑15	丙寅16	丁卯17	戊辰18	己巳19	庚午20	辛未21	壬申22	癸酉23	甲戌24	乙亥25	丙子26	丁丑27	戊寅28	己卯29	庚辰30	辛巳31	
三月小	甲辰	天干 地支 西曆	壬午(4)	癸未2	甲申3	乙酉4	丙戌5	丁亥6	戊子7	己丑8	庚寅9	辛卯10	壬辰11	癸巳12	甲午13	乙未14	丙申15	丁酉16	戊戌17	己亥18	庚子19	辛丑20	壬寅21	癸卯22	甲辰23	乙巳24	丙午25	丁未26	戊申27	己酉28	庚戌29		癸未春分
閏三月大	甲辰	天干 地支 西曆	辛亥30	壬子(5)	癸丑2	甲寅3	乙卯4	丙辰5	丁巳6	戊午7	己未8	庚申9	辛酉10	壬戌11	癸亥12	甲子13	乙丑14	丙寅15	丁卯16	戊辰17	己巳18	庚午19	辛未20	壬申21	癸酉22	甲戌23	乙亥24	丙子25	丁丑26	戊寅27	己卯28	庚辰29	庚午立夏
四月小	乙巳	天干 地支 西曆	辛巳30	壬午31	癸未(6)	甲申2	乙酉3	丙戌4	丁亥5	戊子6	己丑7	庚寅8	辛卯9	壬辰10	癸巳11	甲午12	乙未13	丙申14	丁酉15	戊戌16	己亥17	庚子18	辛丑19	壬寅20	癸卯21	甲辰22	乙巳23	丙午24	丁未25	戊申26	己酉27		
五月小	丙午	天干 地支 西曆	庚戌28	辛亥29	壬子30	癸丑(7)	甲寅2	乙卯3	丙辰4	丁巳5	戊午6	己未7	庚申8	辛酉9	壬戌10	癸亥11	甲子12	乙丑13	丙寅14	丁卯15	戊辰16	己巳17	庚午18	辛未19	壬申20	癸酉21	甲戌22	乙亥23	丙子24	丁丑25	戊寅26		丁巳夏至
六月大	丁未	天干 地支 西曆	己卯27	庚辰28	辛巳29	壬午30	癸未31	甲申(8)	乙酉2	丙戌3	丁亥4	戊子5	己丑6	庚寅7	辛卯8	壬辰9	癸巳10	甲午11	乙未12	丙申13	丁酉14	戊戌15	己亥16	庚子17	辛丑18	壬寅19	癸卯20	甲辰21	乙巳22	丙午23	丁未24	戊申25	癸卯立秋 己卯日食
七月小	戊申	天干 地支 西曆	己酉26	庚戌27	辛亥28	壬子29	癸丑30	甲寅31	乙卯(9)	丙辰2	丁巳3	戊午4	己未5	庚申6	辛酉7	壬戌8	癸亥9	甲子10	乙丑11	丙寅12	丁卯13	戊辰14	己巳15	庚午16	辛未17	壬申18	癸酉19	甲戌20	乙亥21	丙子22	丁丑23		
八月大	己酉	天干 地支 西曆	戊寅24	己卯25	庚辰26	辛巳27	壬午28	癸未29	甲申30	乙酉(10)	丙戌2	丁亥3	戊子4	己丑5	庚寅6	辛卯7	壬辰8	癸巳9	甲午10	乙未11	丙申12	丁酉13	戊戌14	己亥15	庚子16	辛丑17	壬寅18	癸卯19	甲辰20	乙巳21	丙午22	丁未23	戊子秋分
九月小	庚戌	天干 地支 西曆	戊申24	己酉25	庚戌26	辛亥27	壬子28	癸丑29	甲寅30	乙卯31	丙辰(11)	丁巳2	戊午3	己未4	庚申5	辛酉6	壬戌7	癸亥8	甲子9	乙丑10	丙寅11	丁卯12	戊辰13	己巳14	庚午15	辛未16	壬申17	癸酉18	甲戌19	乙亥20	丙子21		癸酉立冬
十月大	辛亥	天干 地支 西曆	丁丑22	戊寅23	己卯24	庚辰25	辛巳26	壬午27	癸未28	甲申29	乙酉30	丙戌(12)	丁亥2	戊子3	己丑4	庚寅5	辛卯6	壬辰7	癸巳8	甲午9	乙未10	丙申11	丁酉12	戊戌13	己亥14	庚子15	辛丑16	壬寅17	癸卯18	甲辰19	乙巳20	丙午21	
十一月大	壬子	天干 地支 西曆	丁未22	戊申23	己酉24	庚戌25	辛亥26	壬子27	癸丑28	甲寅29	乙卯30	丙辰31	丁巳(1)	戊午2	己未3	庚申4	辛酉5	壬戌6	癸亥7	甲子8	乙丑9	丙寅10	丁卯11	戊辰12	己巳13	庚午14	辛未15	壬申16	癸酉17	甲戌18	乙亥19	丙子20	丁巳冬至
十二月小	癸丑	天干 地支 西曆	丁丑21	戊寅22	己卯23	庚辰24	辛巳25	壬午26	癸未27	甲申28	乙酉29	丙戌30	丁亥31	戊子(2)	己丑2	庚寅3	辛卯4	壬辰5	癸巳6	甲午7	乙未8	丙申9	丁酉10	戊戌11	己亥12	庚子13	辛丑14	壬寅15	癸卯16	甲辰17	乙巳18		壬寅立春

年代異同	竹書紀年	皇極經世	文獻通考	歷代紀年備考	歷代帝王年表	歷代統紀表	中國年曆總譜	斷代工程
	殷祖庚五年	殷祖甲二十年	殷祖甲二十年	殷祖甲二十年	殷祖甲二十年	殷祖甲二十年	殷廩辛二年	殷武丁十二年

殷武丁九年（癸未 羊年） 公元前1238 ~ 前1237年

夏曆月序		中西曆日對照	初一	初二	初三	初四	初五	初六	初七	初八	初九	初十	十一	十二	十三	十四	十五	十六	十七	十八	十九	二十	二一	二二	二三	二四	二五	二六	二七	二八	二九	三十	節氣與天象
正月大	甲寅	干支 天地 西曆	丙午19	丁未20	戊申21	己酉22	庚戌23	辛亥24	壬子25	癸丑26	甲寅27	乙卯28	丙辰(3)	丁巳2	戊午3	己未4	庚申5	辛酉6	壬戌7	癸亥8	甲子9	乙丑10	丙寅11	丁卯12	戊辰13	己巳14	庚午15	辛未16	壬申17	癸酉18	甲戌19	乙亥20	
二月大	乙卯	干支 天地 西曆	丙子21	丁丑22	戊寅23	己卯24	庚辰25	辛巳26	壬午27	癸未28	甲申29	乙酉30	丙戌31	丁亥(4)	戊子2	己丑3	庚寅4	辛卯5	壬辰6	癸巳7	甲午8	乙未9	丙申10	丁酉11	戊戌12	己亥13	庚子14	辛丑15	壬寅16	癸卯17	甲辰18	乙巳19	戊子春分
三月小	丙辰	干支 天地 西曆	丙午20	丁未21	戊申22	己酉23	庚戌24	辛亥25	壬子26	癸丑27	甲寅28	乙卯29	丙辰30	丁巳(5)	戊午2	己未3	庚申4	辛酉5	壬戌6	癸亥7	甲子8	乙丑9	丙寅10	丁卯11	戊辰12	己巳13	庚午14	辛未15	壬申16	癸酉17	甲戌18		
四月大	丁巳	干支 天地 西曆	乙亥19	丙子20	丁丑21	戊寅22	己卯23	庚辰24	辛巳25	壬午26	癸未27	甲申28	乙酉29	丙戌30	丁亥31	戊子(6)	己丑2	庚寅3	辛卯4	壬辰5	癸巳6	甲午7	乙未8	丙申9	丁酉10	戊戌11	己亥12	庚子13	辛丑14	壬寅15	癸卯16	甲辰17	乙亥立夏
五月小	戊午	干支 天地 西曆	乙巳18	丙午19	丁未20	戊申21	己酉22	庚戌23	辛亥24	壬子25	癸丑26	甲寅27	乙卯28	丙辰29	丁巳30	戊午(7)	己未2	庚申3	辛酉4	壬戌5	癸亥6	甲子7	乙丑8	丙寅9	丁卯10	戊辰11	己巳12	庚午13	辛未14	壬申15	癸酉16		壬戌夏至
六月小	己未	干支 天地 西曆	甲戌17	乙亥18	丙子19	丁丑20	戊寅21	己卯22	庚辰23	辛巳24	壬午25	癸未26	甲申27	乙酉28	丙戌29	丁亥30	戊子31	己丑(8)	庚寅2	辛卯3	壬辰4	癸巳5	甲午6	乙未7	丙申8	丁酉9	戊戌10	己亥11	庚子12	辛丑13	壬寅14		
七月大	庚申	干支 天地 西曆	癸卯15	甲辰16	乙巳17	丙午18	丁未19	戊申20	己酉21	庚戌22	辛亥23	壬子24	癸丑25	甲寅26	乙卯27	丙辰28	丁巳29	戊午30	己未31	庚申(9)	辛酉2	壬戌3	癸亥4	甲子5	乙丑6	丙寅7	丁卯8	戊辰9	己巳10	庚午11	辛未12	壬申13	戊申立秋
八月小	辛酉	干支 天地 西曆	癸酉14	甲戌15	乙亥16	丙子17	丁丑18	戊寅19	己卯20	庚辰21	辛巳22	壬午23	癸未24	甲申25	乙酉26	丙戌27	丁亥28	戊子29	己丑30	庚寅(10)	辛卯2	壬辰3	癸巳4	甲午5	乙未6	丙申7	丁酉8	戊戌9	己亥10	庚子11	辛丑12		甲午秋分
九月大	壬戌	干支 天地 西曆	壬寅13	癸卯14	甲辰15	乙巳16	丙午17	丁未18	戊申19	己酉20	庚戌21	辛亥22	壬子23	癸丑24	甲寅25	乙卯26	丙辰27	丁巳28	戊午29	己未30	庚申31	辛酉(11)	壬戌2	癸亥3	甲子4	乙丑5	丙寅6	丁卯7	戊辰8	己巳9	庚午10	辛未11	
十月小	癸亥	干支 天地 西曆	壬申12	癸酉13	甲戌14	乙亥15	丙子16	丁丑17	戊寅18	己卯19	庚辰20	辛巳21	壬午22	癸未23	甲申24	乙酉25	丙戌26	丁亥27	戊子28	己丑29	庚寅30	辛卯(12)	壬辰2	癸巳3	甲午4	乙未5	丙申6	丁酉7	戊戌8	己亥9	庚子10		戊寅立冬
十一月大	甲子	干支 天地 西曆	辛丑11	壬寅12	癸卯13	甲辰14	乙巳15	丙午16	丁未17	戊申18	己酉19	庚戌20	辛亥21	壬子22	癸丑23	甲寅24	乙卯25	丙辰26	丁巳27	戊午28	己未29	庚申30	辛酉31	壬戌(1)	癸亥2	甲子3	乙丑4	丙寅5	丁卯6	戊辰7	己巳8	庚午9	壬戌冬至 辛丑日食
十二月小	乙丑	干支 天地 西曆	辛未10	壬申11	癸酉12	甲戌13	乙亥14	丙子15	丁丑16	戊寅17	己卯18	庚辰19	辛巳20	壬午21	癸未22	甲申23	乙酉24	丙戌25	丁亥26	戊子27	己丑28	庚寅29	辛卯30	壬辰31	癸巳(2)	甲午2	乙未3	丙申4	丁酉5	戊戌6	己亥7		

年代異同	竹書紀年	皇極經世	文獻通考	歷代紀年備考	歷代帝王年表	歷代統紀表	中國年曆總譜	斷代工程
	殷祖庚六年	殷祖甲二十一年	殷祖甲二十一年	殷祖甲二十一年	殷祖甲二十一年	殷祖甲二十一年	殷廩辛三年	殷武丁十三年

殷武丁十年（甲申 猴年） 公元前**1237** ~ 前1236年

夏曆月序		中西曆日對照	初一	初二	初三	初四	初五	初六	初七	初八	初九	初十	十一	十二	十三	十四	十五	十六	十七	十八	十九	二十	二一	二二	二三	二四	二五	二六	二七	二八	二九	三十	節氣與天象
正月大	丙寅	干支	庚子	辛丑	壬寅	癸卯	甲辰	乙巳	丙午	丁未	戊申	己酉	庚戌	辛亥	壬子	癸丑	甲寅	乙卯	丙辰	丁巳	戊午	己未	庚申	辛酉	壬戌	癸亥	甲子	乙丑	丙寅	丁卯	戊辰	己巳	丁未立春
		天地西曆	8	9	10	11	12	13	14	15	16	17	18	19	20	21	22	23	24	25	26	27	28	29	(3)	2	3	4	5	6	7	8	
二月大	丁卯	干支	庚午	辛未	壬申	癸酉	甲戌	乙亥	丙子	丁丑	戊寅	己卯	庚辰	辛巳	壬午	癸未	甲申	乙酉	丙戌	丁亥	戊子	己丑	庚寅	辛卯	壬辰	癸巳	甲午	乙未	丙申	丁酉	戊戌	己亥	癸巳春分
		天地西曆	9	10	11	12	13	14	15	16	17	18	19	20	21	22	23	24	25	26	27	28	29	30	31	(4)	2	3	4	5	6	7	
三月小	戊辰	干支	庚子	辛丑	壬寅	癸卯	甲辰	乙巳	丙午	丁未	戊申	己酉	庚戌	辛亥	壬子	癸丑	甲寅	乙卯	丙辰	丁巳	戊午	己未	庚申	辛酉	壬戌	癸亥	甲子	乙丑	丙寅	丁卯	戊辰		
		天地西曆	8	9	10	11	12	13	14	15	16	17	18	19	20	21	22	23	24	25	26	27	28	29	30	(5)	2	3	4	5	6		
四月大	己巳	干支	己巳	庚午	辛未	壬申	癸酉	甲戌	乙亥	丙子	丁丑	戊寅	己卯	庚辰	辛巳	壬午	癸未	甲申	乙酉	丙戌	丁亥	戊子	己丑	庚寅	辛卯	壬辰	癸巳	甲午	乙未	丙申	丁酉	戊戌	庚辰立夏
		天地西曆	7	8	9	10	11	12	13	14	15	16	17	18	19	20	21	22	23	24	25	26	27	28	29	30	31	(6)	2	3	4	5	
五月小	庚午	干支	己亥	庚子	辛丑	壬寅	癸卯	甲辰	乙巳	丙午	丁未	戊申	己酉	庚戌	辛亥	壬子	癸丑	甲寅	乙卯	丙辰	丁巳	戊午	己未	庚申	辛酉	壬戌	癸亥	甲子	乙丑	丙寅	丁卯		丁卯夏至
		天地西曆	6	7	8	9	10	11	12	13	14	15	16	17	18	19	20	21	22	23	24	25	26	27	28	29	30	(7)	2	3	4		
六月大	辛未	干支	戊辰	己巳	庚午	辛未	壬申	癸酉	甲戌	乙亥	丙子	丁丑	戊寅	己卯	庚辰	辛巳	壬午	癸未	甲申	乙酉	丙戌	丁亥	戊子	己丑	庚寅	辛卯	壬辰	癸巳	甲午	乙未	丙申	丁酉	
		天地西曆	5	6	7	8	9	10	11	12	13	14	15	16	17	18	19	20	21	22	23	24	25	26	27	28	29	30	31	(8)	2	3	
七月小	壬申	干支	戊戌	己亥	庚子	辛丑	壬寅	癸卯	甲辰	乙巳	丙午	丁未	戊申	己酉	庚戌	辛亥	壬子	癸丑	甲寅	乙卯	丙辰	丁巳	戊午	己未	庚申	辛酉	壬戌	癸亥	甲子	乙丑	丙寅		甲寅立秋
		天地西曆	4	5	6	7	8	9	10	11	12	13	14	15	16	17	18	19	20	21	22	23	24	25	26	27	28	29	30	31	(9)		
八月大	癸酉	干支	丁卯	戊辰	己巳	庚午	辛未	壬申	癸酉	甲戌	乙亥	丙子	丁丑	戊寅	己卯	庚辰	辛巳	壬午	癸未	甲申	乙酉	丙戌	丁亥	戊子	己丑	庚寅	辛卯	壬辰	癸巳	甲午	乙未	丙申	
		天地西曆	2	3	4	5	6	7	8	9	10	11	12	13	14	15	16	17	18	19	20	21	22	23	24	25	26	27	28	29	30	(10)	
九月小	甲戌	干支	丁酉	戊戌	己亥	庚子	辛丑	壬寅	癸卯	甲辰	乙巳	丙午	丁未	戊申	己酉	庚戌	辛亥	壬子	癸丑	甲寅	乙卯	丙辰	丁巳	戊午	己未	庚申	辛酉	壬戌	癸亥	甲子	乙丑		己亥秋分
		天地西曆	2	3	4	5	6	7	8	9	10	11	12	13	14	15	16	17	18	19	20	21	22	23	24	25	26	27	28	29	30		
閏九月大	甲戌	干支	丙寅	丁卯	戊辰	己巳	庚午	辛未	壬申	癸酉	甲戌	乙亥	丙子	丁丑	戊寅	己卯	庚辰	辛巳	壬午	癸未	甲申	乙酉	丙戌	丁亥	戊子	己丑	庚寅	辛卯	壬辰	癸巳	甲午	乙未	癸未立冬
		天地西曆	31	(11)	2	3	4	5	6	7	8	9	10	11	12	13	14	15	16	17	18	19	20	21	22	23	24	25	26	27	28	29	
十月小	乙亥	干支	丙申	丁酉	戊戌	己亥	庚子	辛丑	壬寅	癸卯	甲辰	乙巳	丙午	丁未	戊申	己酉	庚戌	辛亥	壬子	癸丑	甲寅	乙卯	丙辰	丁巳	戊午	己未	庚申	辛酉	壬戌	癸亥	甲子		
		天地西曆	30	(12)	2	3	4	5	6	7	8	9	10	11	12	13	14	15	16	17	18	19	20	21	22	23	24	25	26	27	28		
十一月大	丙子	干支	乙丑	丙寅	丁卯	戊辰	己巳	庚午	辛未	壬申	癸酉	甲戌	乙亥	丙子	丁丑	戊寅	己卯	庚辰	辛巳	壬午	癸未	甲申	乙酉	丙戌	丁亥	戊子	己丑	庚寅	辛卯	壬辰	癸巳	甲午	丁卯冬至
		天地西曆	29	30	31	(1)	2	3	4	5	6	7	8	9	10	11	12	13	14	15	16	17	18	19	20	21	22	23	24	25	26	27	
十二月小	丁丑	干支	乙未	丙申	丁酉	戊戌	己亥	庚子	辛丑	壬寅	癸卯	甲辰	乙巳	丙午	丁未	戊申	己酉	庚戌	辛亥	壬子	癸丑	甲寅	乙卯	丙辰	丁巳	戊午	己未	庚申	辛酉	壬戌	癸亥		壬子立春
		天地西曆	28	29	30	31	(2)	2	3	4	5	6	7	8	9	10	11	12	13	14	15	16	17	18	19	20	21	22	23	24	25		

年代異同	竹書紀年	皇極經世	文獻通考	歷代紀年備考	歷代帝王年表	歷代統紀表	中國年曆總譜	斷代工程
	殷祖庚元七年	殷祖甲二十二年	殷祖甲二十二年	殷祖甲二十二年	殷祖甲二十二年	殷祖甲二十二年	殷廩辛四年	殷武丁十四年

殷武丁十一年（乙酉 鷄年） 公元前 **1236** ~ 前 1235 年

夏曆月序		中西曆日對照	初一	初二	初三	初四	初五	初六	初七	初八	初九	初十	十一	十二	十三	十四	十五	十六	十七	十八	十九	二十	二一	二二	二三	二四	二五	二六	二七	二八	二九	三十	節氣與天象
正月大	戊寅	天干 地支 西曆	甲子26	乙丑27	丙寅28	丁卯(3)	戊辰2	己巳3	庚午4	辛未5	壬申6	癸酉7	甲戌8	乙亥9	丙子10	丁丑11	戊寅12	己卯13	庚辰14	辛巳15	壬午16	癸未17	甲申18	乙酉19	丙戌20	丁亥21	戊子22	己丑23	庚寅24	辛卯25	壬辰26	癸巳27	
二月小	己卯	天干 地支 西曆	甲午28	乙未29	丙申30	丁酉31	戊戌(4)	己亥2	庚子3	辛丑4	壬寅5	癸卯6	甲辰7	乙巳8	丙午9	丁未10	戊申11	己酉12	庚戌13	辛亥14	壬子15	癸丑16	甲寅17	乙卯18	丙辰19	丁巳20	戊午21	己未22	庚申23	辛酉24	壬戌25		戊戌春分
三月大	庚辰	天干 地支 西曆	癸亥26	甲子27	乙丑28	丙寅29	丁卯30	戊辰(5)	己巳2	庚午3	辛未4	壬申5	癸酉6	甲戌7	乙亥8	丙子9	丁丑10	戊寅11	己卯12	庚辰13	辛巳14	壬午15	癸未16	甲申17	乙酉18	丙戌19	丁亥20	戊子21	己丑22	庚寅23	辛卯24	壬辰25	乙酉立夏
四月大	辛巳	天干 地支 西曆	癸巳26	甲午27	乙未28	丙申29	丁酉30	戊戌31	己亥(6)	庚子2	辛丑3	壬寅4	癸卯5	甲辰6	乙巳7	丙午8	丁未9	戊申10	己酉11	庚戌12	辛亥13	壬子14	癸丑15	甲寅16	乙卯17	丙辰18	丁巳19	戊午20	己未21	庚申22	辛酉23	壬戌24	癸巳日食
五月小	壬午	天干 地支 西曆	癸亥25	甲子26	乙丑27	丙寅28	丁卯29	戊辰30	己巳(7)	庚午2	辛未3	壬申4	癸酉5	甲戌6	乙亥7	丙子8	丁丑9	戊寅10	己卯11	庚辰12	辛巳13	壬午14	癸未15	甲申16	乙酉17	丙戌18	丁亥19	戊子20	己丑21	庚寅22	辛卯23		癸酉夏至
六月大	癸未	天干 地支 西曆	壬辰24	癸巳25	甲午26	乙未27	丙申28	丁酉29	戊戌30	己亥31	庚子(8)	辛丑2	壬寅3	癸卯4	甲辰5	乙巳6	丙午7	丁未8	戊申9	己酉10	庚戌11	辛亥12	壬子13	癸丑14	甲寅15	乙卯16	丙辰17	丁巳18	戊午19	己未20	庚申21	辛酉22	己未立秋
七月小	甲申	天干 地支 西曆	壬戌23	癸亥24	甲子25	乙丑26	丙寅27	丁卯28	戊辰29	己巳30	庚午31	辛未(9)	壬申2	癸酉3	甲戌4	乙亥5	丙子6	丁丑7	戊寅8	己卯9	庚辰10	辛巳11	壬午12	癸未13	甲申14	乙酉15	丙戌16	丁亥17	戊子18	己丑19	庚寅20		
八月大	乙酉	天干 地支 西曆	辛卯21	壬辰22	癸巳23	甲午24	乙未25	丙申26	丁酉27	戊戌28	己亥29	庚子30	辛丑(10)	壬寅2	癸卯3	甲辰4	乙巳5	丙午6	丁未7	戊申8	己酉9	庚戌10	辛亥11	壬子12	癸丑13	甲寅14	乙卯15	丙辰16	丁巳17	戊午18	己未19	庚申20	甲辰秋分
九月小	丙戌	天干 地支 西曆	辛酉21	壬戌22	癸亥23	甲子24	乙丑25	丙寅26	丁卯27	戊辰28	己巳29	庚午30	辛未31	壬申(11)	癸酉2	甲戌3	乙亥4	丙子5	丁丑6	戊寅7	己卯8	庚辰9	辛巳10	壬午11	癸未12	甲申13	乙酉14	丙戌15	丁亥16	戊子17	己丑18		戊子立冬
十月大	丁亥	天干 地支 西曆	庚寅19	辛卯20	壬辰21	癸巳22	甲午23	乙未24	丙申25	丁酉26	戊戌27	己亥28	庚子29	辛丑30	壬寅(12)	癸卯2	甲辰3	乙巳4	丙午5	丁未6	戊申7	己酉8	庚戌9	辛亥10	壬子11	癸丑12	甲寅13	乙卯14	丙辰15	丁巳16	戊午17	己未18	
十一月小	戊子	天干 地支 西曆	庚申19	辛酉20	壬戌21	癸亥22	甲子23	乙丑24	丙寅25	丁卯26	戊辰27	己巳28	庚午29	辛未30	壬申31	癸酉(1)	甲戌2	乙亥3	丙子4	丁丑5	戊寅6	己卯7	庚辰8	辛巳9	壬午10	癸未11	甲申12	乙酉13	丙戌14	丁亥15	戊子16		壬申冬至
十二月大	己丑	天干 地支 西曆	己丑17	庚寅18	辛卯19	壬辰20	癸巳21	甲午22	乙未23	丙申24	丁酉25	戊戌26	己亥27	庚子28	辛丑29	壬寅30	癸卯31	甲辰(2)	乙巳2	丙午3	丁未4	戊申5	己酉6	庚戌7	辛亥8	壬子9	癸丑10	甲寅11	乙卯12	丙辰13	丁巳14	戊午15	丁巳立春

年代異同	竹書紀年	皇極經世	文獻通考	歷代紀年備考	歷代帝王年表	歷代統紀表	中國年曆總譜	斷代工程
	殷祖庚八年	殷祖甲二十三年	殷祖甲二十三年	殷祖甲二十三年	殷祖甲二十三年	殷祖甲二十三年	殷廩辛五年	殷武丁十五年

殷武丁十二年（丙戌 狗年） 公元前 **1235** ~ 前 1234 年

夏曆月序		中西曆日對照	初一	初二	初三	初四	初五	初六	初七	初八	初九	初十	十一	十二	十三	十四	十五	十六	十七	十八	十九	二十	二一	二二	二三	二四	二五	二六	二七	二八	二九	三十	節氣與天象
正月小	庚寅	天干地支西曆	己未16	庚申17	辛酉18	壬戌19	癸亥20	甲子21	乙丑22	丙寅23	丁卯24	戊辰25	己巳26	庚午27	辛未28	壬申(3)	癸酉2	甲戌3	乙亥4	丙子5	丁丑6	戊寅7	己卯8	庚辰9	辛巳10	壬午11	癸未12	甲申13	乙酉14	丙戌15	丁亥16		
二月大	辛卯	天干地支西曆	戊子17	己丑18	庚寅19	辛卯20	壬辰21	癸巳22	甲午23	乙未24	丙申25	丁酉26	戊戌27	己亥28	庚子29	辛丑30	壬寅31	癸卯(4)	甲辰2	乙巳3	丙午4	丁未5	戊申6	己酉7	庚戌8	辛亥9	壬子10	癸丑11	甲寅12	乙卯13	丙辰14	丁巳15	甲辰春分
三月小	壬辰	天干地支西曆	戊午16	己未17	庚申18	辛酉19	壬戌20	癸亥21	甲子22	乙丑23	丙寅24	丁卯25	戊辰26	己巳27	庚午28	辛未29	壬申30	癸酉(5)	甲戌2	乙亥3	丙子4	丁丑5	戊寅6	己卯7	庚辰8	辛巳9	壬午10	癸未11	甲申12	乙酉13	丙戌14		辛卯立夏
四月大	癸巳	天干地支西曆	丁亥15	戊子16	己丑17	庚寅18	辛卯19	壬辰20	癸巳21	甲午22	乙未23	丙申24	丁酉25	戊戌26	己亥27	庚子28	辛丑29	壬寅30	癸卯31	甲辰(6)	乙巳2	丙午3	丁未4	戊申5	己酉6	庚戌7	辛亥8	壬子9	癸丑10	甲寅11	乙卯12	丙辰13	
五月小	甲午	天干地支西曆	丁巳14	戊午15	己未16	庚申17	辛酉18	壬戌19	癸亥20	甲子21	乙丑22	丙寅23	丁卯24	戊辰25	己巳26	庚午27	辛未28	壬申29	癸酉30	甲戌(7)	乙亥2	丙子3	丁丑4	戊寅5	己卯6	庚辰7	辛巳8	壬午9	癸未10	甲申11	乙酉12		戊寅夏至
六月大	乙未	天干地支西曆	丙戌13	丁亥14	戊子15	己丑16	庚寅17	辛卯18	壬辰19	癸巳20	甲午21	乙未22	丙申23	丁酉24	戊戌25	己亥26	庚子27	辛丑28	壬寅29	癸卯30	甲辰31	乙巳(8)	丙午2	丁未3	戊申4	己酉5	庚戌6	辛亥7	壬子8	癸丑9	甲寅10	乙卯11	
七月大	丙申	天干地支西曆	丙辰12	丁巳13	戊午14	己未15	庚申16	辛酉17	壬戌18	癸亥19	甲子20	乙丑21	丙寅22	丁卯23	戊辰24	己巳25	庚午26	辛未27	壬申28	癸酉29	甲戌30	乙亥31	丙子(9)	丁丑2	戊寅3	己卯4	庚辰5	辛巳6	壬午7	癸未8	甲申9	乙酉10	甲子立秋
八月小	丁酉	天干地支西曆	丙戌11	丁亥12	戊子13	己丑14	庚寅15	辛卯16	壬辰17	癸巳18	甲午19	乙未20	丙申21	丁酉22	戊戌23	己亥24	庚子25	辛丑26	壬寅27	癸卯28	甲辰29	乙巳30	丙午(10)	丁未2	戊申3	己酉4	庚戌5	辛亥6	壬子7	癸丑8	甲寅9		己酉秋分
九月大	戊戌	天干地支西曆	乙卯10	丙辰11	丁巳12	戊午13	己未14	庚申15	辛酉16	壬戌17	癸亥18	甲子19	乙丑20	丙寅21	丁卯22	戊辰23	己巳24	庚午25	辛未26	壬申27	癸酉28	甲戌29	乙亥30	丙子31	丁丑(11)	戊寅2	己卯3	庚辰4	辛巳5	壬午6	癸未7	甲申8	
十月小	己亥	天干地支西曆	乙酉9	丙戌10	丁亥11	戊子12	己丑13	庚寅14	辛卯15	壬辰16	癸巳17	甲午18	乙未19	丙申20	丁酉21	戊戌22	己亥23	庚子24	辛丑25	壬寅26	癸卯27	甲辰28	乙巳29	丙午30	丁未(12)	戊申2	己酉3	庚戌4	辛亥5	壬子6	癸丑7		甲午立冬
十一月大	庚子	天干地支西曆	甲寅8	乙卯9	丙辰10	丁巳11	戊午12	己未13	庚申14	辛酉15	壬戌16	癸亥17	甲子18	乙丑19	丙寅20	丁卯21	戊辰22	己巳23	庚午24	辛未25	壬申26	癸酉27	甲戌28	乙亥29	丙子30	丁丑31	戊寅(1)	己卯2	庚辰3	辛巳4	壬午5	癸未6	戊寅冬至
十二月小	辛丑	天干地支西曆	甲申7	乙酉8	丙戌9	丁亥10	戊子11	己丑12	庚寅13	辛卯14	壬辰15	癸巳16	甲午17	乙未18	丙申19	丁酉20	戊戌21	己亥22	庚子23	辛丑24	壬寅25	癸卯26	甲辰27	乙巳28	丙午29	丁未30	戊申31	己酉(2)	庚戌3	辛亥4	壬子5		

年代異同	竹書紀年	皇極經世	文獻通考	歷代紀年備考	歷代帝王年表	歷代統紀表	中國年曆總譜	斷代工程
	殷祖庚九年	殷祖甲二十四年	殷祖甲二十四年	殷祖甲二十四年	殷祖甲二十四年	殷祖甲二十四年	殷廩辛六年	殷武丁十六年

殷武丁十三年（丁亥 猪年） 公元前1234 ~ 前1233年

夏曆月序		中西曆日對照	初一	初二	初三	初四	初五	初六	初七	初八	初九	初十	十一	十二	十三	十四	十五	十六	十七	十八	十九	二十	二一	二二	二三	二四	二五	二六	二七	二八	二九	三十	節氣與天象
正月大	壬寅	干支 天地西曆	癸丑 5	甲寅 6	乙卯 7	丙辰 8	丁巳 9	戊午 10	己未 11	庚申 12	辛酉 13	壬戌 14	癸亥 15	甲子 16	乙丑 17	丙寅 18	丁卯 19	戊辰 20	己巳 21	庚午 22	辛未 23	壬申 24	癸酉 25	甲戌 26	乙亥 27	丙子 28	丁丑 (3)	戊寅 2	己卯 3	庚辰 4	辛巳 5	壬午 6	癸亥立春
二月小	癸卯	干支 天地西曆	癸未 7	甲申 8	乙酉 9	丙戌 10	丁亥 11	戊子 12	己丑 13	庚寅 14	辛卯 15	壬辰 16	癸巳 17	甲午 18	乙未 19	丙申 20	丁酉 21	戊戌 22	己亥 23	庚子 24	辛丑 25	壬寅 26	癸卯 27	甲辰 28	乙巳 29	丙午 30	丁未 31	戊申 (4)	己酉 2	庚戌 3	辛亥 4		己酉春分
三月小	甲辰	干支 天地西曆	壬子 5	癸丑 6	甲寅 7	乙卯 8	丙辰 9	丁巳 10	戊午 11	己未 12	庚申 13	辛酉 14	壬戌 15	癸亥 16	甲子 17	乙丑 18	丙寅 19	丁卯 20	戊辰 21	己巳 22	庚午 23	辛未 24	壬申 25	癸酉 26	甲戌 27	乙亥 28	丙子 29	丁丑 30	戊寅 (5)	己卯 2	庚辰 3		
四月大	乙巳	干支 天地西曆	辛巳 4	壬午 5	癸未 6	甲申 7	乙酉 8	丙戌 9	丁亥 10	戊子 11	己丑 12	庚寅 13	辛卯 14	壬辰 15	癸巳 16	甲午 17	乙未 18	丙申 19	丁酉 20	戊戌 21	己亥 22	庚子 23	辛丑 24	壬寅 25	癸卯 26	甲辰 27	乙巳 28	丙午 29	丁未 30	戊申 31	己酉 (6)	庚戌 2	丙申立夏
五月小	丙午	干支 天地西曆	辛亥 3	壬子 4	癸丑 5	甲寅 6	乙卯 7	丙辰 8	丁巳 9	戊午 10	己未 11	庚申 12	辛酉 13	壬戌 14	癸亥 15	甲子 16	乙丑 17	丙寅 18	丁卯 19	戊辰 20	己巳 21	庚午 22	辛未 23	壬申 24	癸酉 25	甲戌 26	乙亥 27	丙子 28	丁丑 29	戊寅 30	己卯 (7)		
六月大	丁未	干支 天地西曆	庚辰 2	辛巳 3	壬午 4	癸未 5	甲申 6	乙酉 7	丙戌 8	丁亥 9	戊子 10	己丑 11	庚寅 12	辛卯 13	壬辰 14	癸巳 15	甲午 16	乙未 17	丙申 18	丁酉 19	戊戌 20	己亥 21	庚子 22	辛丑 23	壬寅 24	癸卯 25	甲辰 26	乙巳 27	丙午 28	丁未 29	戊申 30	己酉 31	癸未夏至
七月大	戊申	干支 天地西曆	庚戌 (8)	辛亥 2	壬子 3	癸丑 4	甲寅 5	乙卯 6	丙辰 7	丁巳 8	戊午 9	己未 10	庚申 11	辛酉 12	壬戌 13	癸亥 14	甲子 15	乙丑 16	丙寅 17	丁卯 18	戊辰 19	己巳 20	庚午 21	辛未 22	壬申 23	癸酉 24	甲戌 25	乙亥 26	丙子 27	丁丑 28	戊寅 29	己卯 30	己巳立秋
閏七月大	戊申	干支 天地西曆	庚辰 31	辛巳 (9)	壬午 2	癸未 3	甲申 4	乙酉 5	丙戌 6	丁亥 7	戊子 8	己丑 9	庚寅 10	辛卯 11	壬辰 12	癸巳 13	甲午 14	乙未 15	丙申 16	丁酉 17	戊戌 18	己亥 19	庚子 20	辛丑 21	壬寅 22	癸卯 23	甲辰 24	乙巳 25	丙午 26	丁未 27	戊申 28	己酉 29	
八月小	己酉	干支 天地西曆	庚戌 30	辛亥 (10)	壬子 2	癸丑 3	甲寅 4	乙卯 5	丙辰 6	丁巳 7	戊午 8	己未 9	庚申 10	辛酉 11	壬戌 12	癸亥 13	甲子 14	乙丑 15	丙寅 16	丁卯 17	戊辰 18	己巳 19	庚午 20	辛未 21	壬申 22	癸酉 23	甲戌 24	乙亥 25	丙子 26	丁丑 27	戊寅 28		乙卯秋分
九月大	庚戌	干支 天地西曆	己卯 29	庚辰 30	辛巳 31	壬午 (11)	癸未 2	甲申 3	乙酉 4	丙戌 5	丁亥 6	戊子 7	己丑 8	庚寅 9	辛卯 10	壬辰 11	癸巳 12	甲午 13	乙未 14	丙申 15	丁酉 16	戊戌 17	己亥 18	庚子 19	辛丑 20	壬寅 21	癸卯 22	甲辰 23	乙巳 24	丙午 25	丁未 26	戊申 27	己亥立冬
十月小	辛亥	干支 天地西曆	己酉 28	庚戌 29	辛亥 30	壬子 (12)	癸丑 2	甲寅 3	乙卯 4	丙辰 5	丁巳 6	戊午 7	己未 8	庚申 9	辛酉 10	壬戌 11	癸亥 12	甲子 13	乙丑 14	丙寅 15	丁卯 16	戊辰 17	己巳 18	庚午 19	辛未 20	壬申 21	癸酉 22	甲戌 23	乙亥 24	丙子 25	丁丑 26		
十一月大	壬子	干支 天地西曆	戊寅 27	己卯 28	庚辰 29	辛巳 30	壬午 31	癸未 (1)	甲申 2	乙酉 3	丙戌 4	丁亥 5	戊子 6	己丑 7	庚寅 8	辛卯 9	壬辰 10	癸巳 11	甲午 12	乙未 13	丙申 14	丁酉 15	戊戌 16	己亥 17	庚子 18	辛丑 19	壬寅 20	癸卯 21	甲辰 22	乙巳 23	丙午 24	丁未 25	癸未冬至
十二月小	癸丑	干支 天地西曆	戊申 26	己酉 27	庚戌 28	辛亥 29	壬子 30	癸丑 31	甲寅 (2)	乙卯 2	丙辰 3	丁巳 4	戊午 5	己未 6	庚申 7	辛酉 8	壬戌 9	癸亥 10	甲子 11	乙丑 12	丙寅 13	丁卯 14	戊辰 15	己巳 16	庚午 17	辛未 18	壬申 19	癸酉 20	甲戌 21	乙亥 22	丙子 23		戊辰立春

年代異同	竹書紀年	皇極經世	文獻通考	歷代紀年備考	歷代帝王年表	歷代統紀表	中國年曆總譜	斷代工程
	殷祖庚十年	殷祖甲二十五年	殷祖甲二十五年	殷祖甲二十五年	殷祖甲二十五年	殷祖甲二十五年	殷庚丁元年	殷武丁十七年

殷武丁十四年（戊子 鼠年） 公元前 **1233** ~ 前 1232 年

夏曆月序	中西曆日對照		初一	初二	初三	初四	初五	初六	初七	初八	初九	初十	十一	十二	十三	十四	十五	十六	十七	十八	十九	二十	二一	二二	二三	二四	二五	二六	二七	二八	二九	三十	節氣與天象
正月大	甲寅	天干地支西曆	丁丑24	戊寅25	己卯26	庚辰27	辛巳28	壬午29	癸未(3)	甲申2	乙酉3	丙戌4	丁亥5	戊子6	己丑7	庚寅8	辛卯9	壬辰10	癸巳11	甲午12	乙未13	丙申14	丁酉15	戊戌16	己亥17	庚子18	辛丑19	壬寅20	癸卯21	甲辰22	乙巳23	丙午24	
二月小	乙卯	天干地支西曆	丁未25	戊申26	己酉27	庚戌28	辛亥29	壬子30	癸丑31	甲寅(4)	乙卯2	丙辰3	丁巳4	戊午5	己未6	庚申7	辛酉8	壬戌9	癸亥10	甲子11	乙丑12	丙寅13	丁卯14	戊辰15	己巳16	庚午17	辛未18	壬申19	癸酉20	甲戌21	乙亥22		甲寅春分
三月小	丙辰	天干地支西曆	丙子23	丁丑24	戊寅25	己卯26	庚辰27	辛巳28	壬午29	癸未30	甲申(5)	乙酉2	丙戌3	丁亥4	戊子5	己丑6	庚寅7	辛卯8	壬辰9	癸巳10	甲午11	乙未12	丙申13	丁酉14	戊戌15	己亥16	庚子17	辛丑18	壬寅19	癸卯20	甲辰21		辛丑立夏
四月大	丁巳	天干地支西曆	乙巳22	丙午23	丁未24	戊申25	己酉26	庚戌27	辛亥28	壬子29	癸丑30	甲寅31	乙卯(6)	丙辰2	丁巳3	戊午4	己未5	庚申6	辛酉7	壬戌8	癸亥9	甲子10	乙丑11	丙寅12	丁卯13	戊辰14	己巳15	庚午16	辛未17	壬申18	癸酉19	甲戌20	
五月小	戊午	天干地支西曆	乙亥21	丙子22	丁丑23	戊寅24	己卯25	庚辰26	辛巳27	壬午28	癸未29	甲申30	乙酉(7)	丙戌2	丁亥3	戊子4	己丑5	庚寅6	辛卯7	壬辰8	癸巳9	甲午10	乙未11	丙申12	丁酉13	戊戌14	己亥15	庚子16	辛丑17	壬寅18	癸卯19		戊子夏至
六月大	己未	天干地支西曆	甲辰20	乙巳21	丙午22	丁未23	戊申24	己酉25	庚戌26	辛亥27	壬子28	癸丑29	甲寅30	乙卯31	丙辰(8)	丁巳2	戊午3	己未4	庚申5	辛酉6	壬戌7	癸亥8	甲子9	乙丑10	丙寅11	丁卯12	戊辰13	己巳14	庚午15	辛未16	壬申17	癸酉18	
七月小	庚申	天干地支西曆	甲戌19	乙亥20	丙子21	丁丑22	戊寅23	己卯24	庚辰25	辛巳26	壬午27	癸未28	甲申29	乙酉30	丙戌31	丁亥(9)	戊子2	己丑3	庚寅4	辛卯5	壬辰6	癸巳7	甲午8	乙未9	丙申10	丁酉11	戊戌12	己亥13	庚子14	辛丑15	壬寅16		乙亥立秋
八月大	辛酉	天干地支西曆	癸卯17	甲辰18	乙巳19	丙午20	丁未21	戊申22	己酉23	庚戌24	辛亥25	壬子26	癸丑27	甲寅28	乙卯29	丙辰30	丁巳(10)	戊午2	己未3	庚申4	辛酉5	壬戌6	癸亥7	甲子8	乙丑9	丙寅10	丁卯11	戊辰12	己巳13	庚午14	辛未15	壬申16	庚申秋分
九月大	壬戌	天干地支西曆	癸酉17	甲戌18	乙亥19	丙子20	丁丑21	戊寅22	己卯23	庚辰24	辛巳25	壬午26	癸未27	甲申28	乙酉29	丙戌30	丁亥31	戊子(11)	己丑2	庚寅3	辛卯4	壬辰5	癸巳6	甲午7	乙未8	丙申9	丁酉10	戊戌11	己亥12	庚子13	辛丑14	壬寅15	
十月大	癸亥	天干地支西曆	癸卯16	甲辰17	乙巳18	丙午19	丁未20	戊申21	己酉22	庚戌23	辛亥24	壬子25	癸丑26	甲寅27	乙卯28	丙辰29	丁巳30	戊午(12)	己未2	庚申3	辛酉4	壬戌5	癸亥6	甲子7	乙丑8	丙寅9	丁卯10	戊辰11	己巳12	庚午13	辛未14	壬申15	甲辰立冬
十一月小	甲子	天干地支西曆	癸酉16	甲戌17	乙亥18	丙子19	丁丑20	戊寅21	己卯22	庚辰23	辛巳24	壬午25	癸未26	甲申27	乙酉28	丙戌29	丁亥30	戊子31	己丑(1)	庚寅2	辛卯3	壬辰4	癸巳5	甲午6	乙未7	丙申8	丁酉9	戊戌10	己亥11	庚子12	辛丑13		戊子冬至
十二月大	乙丑	天干地支西曆	壬寅14	癸卯15	甲辰16	乙巳17	丙午18	丁未19	戊申20	己酉21	庚戌22	辛亥23	壬子24	癸丑25	甲寅26	乙卯27	丙辰28	丁巳29	戊午30	己未31	庚申(2)	辛酉2	壬戌3	癸亥4	甲子5	乙丑6	丙寅7	丁卯8	戊辰9	己巳10	庚午11	辛未12	

年代異同	竹書紀年	皇極經世	文獻通考	歷代紀年備考	歷代帝王年表	歷代統紀表	中國年曆總譜	斷代工程
	殷祖庚十一年	殷祖甲二十六年	殷祖甲二十六年	殷祖甲二十六年	殷祖甲二十六年	殷祖甲二十六年	殷庚丁二年	殷武丁十八年

殷武丁十五年（己丑牛年）公元前 1232 ~ 前 1231 年

夏曆月序		中西曆日對照	初一	初二	初三	初四	初五	初六	初七	初八	初九	初十	十一	十二	十三	十四	十五	十六	十七	十八	十九	二十	二一	二二	二三	二四	二五	二六	二七	二八	二九	三十	節氣與天象
正月小	丙寅	干支 天地 西曆	壬申 13	癸酉 14	甲戌 15	乙亥 16	丙子 17	丁丑 18	戊寅 19	己卯 20	庚辰 21	辛巳 22	壬午 23	癸未 24	甲申 25	乙酉 26	丙戌 27	丁亥 28	戊子 (3)	己丑 2	庚寅 3	辛卯 4	壬辰 5	癸巳 6	甲午 7	乙未 8	丙申 9	丁酉 10	戊戌 11	己亥 12	庚子 13		癸酉立春
二月大	丁卯	干支 天地 西曆	辛丑 14	壬寅 15	癸卯 16	甲辰 17	乙巳 18	丙午 19	丁未 20	戊申 21	己酉 22	庚戌 23	辛亥 24	壬子 25	癸丑 26	甲寅 27	乙卯 28	丙辰 29	丁巳 30	戊午 31	己未 (4)	庚申 2	辛酉 3	壬戌 4	癸亥 5	甲子 6	乙丑 7	丙寅 8	丁卯 9	戊辰 10	己巳 11	庚午 12	己未春分
三月小	戊辰	干支 天地 西曆	辛未 13	壬申 14	癸酉 15	甲戌 16	乙亥 17	丙子 18	丁丑 19	戊寅 20	己卯 21	庚辰 22	辛巳 23	壬午 24	癸未 25	甲申 26	乙酉 27	丙戌 28	丁亥 29	戊子 30	己丑 (5)	庚寅 2	辛卯 3	壬辰 4	癸巳 5	甲午 6	乙未 7	丙申 8	丁酉 9	戊戌 10	己亥 11		
四月小	己巳	干支 天地 西曆	庚子 12	辛丑 13	壬寅 14	癸卯 15	甲辰 16	乙巳 17	丙午 18	丁未 19	戊申 20	己酉 21	庚戌 22	辛亥 23	壬子 24	癸丑 25	甲寅 26	乙卯 27	丙辰 28	丁巳 29	戊午 30	己未 31	庚申 (6)	辛酉 2	壬戌 3	癸亥 4	甲子 5	乙丑 6	丙寅 7	丁卯 8	戊辰 9		丙午立夏
五月大	庚午	干支 天地 西曆	己巳 10	庚午 11	辛未 12	壬申 13	癸酉 14	甲戌 15	乙亥 16	丙子 17	丁丑 18	戊寅 19	己卯 20	庚辰 21	辛巳 22	壬午 23	癸未 24	甲申 25	乙酉 26	丙戌 27	丁亥 28	戊子 29	己丑 30	庚寅 (7)	辛卯 2	壬辰 3	癸巳 4	甲午 5	乙未 6	丙申 7	丁酉 8	戊戌 9	甲午夏至
六月小	辛未	干支 天地 西曆	己亥 10	庚子 11	辛丑 12	壬寅 13	癸卯 14	甲辰 15	乙巳 16	丙午 17	丁未 18	戊申 19	己酉 20	庚戌 21	辛亥 22	壬子 23	癸丑 24	甲寅 25	乙卯 26	丙辰 27	丁巳 28	戊午 29	己未 30	庚申 31	辛酉 (8)	壬戌 2	癸亥 3	甲子 4	乙丑 5	丙寅 6	丁卯 7		
七月大	壬申	干支 天地 西曆	戊辰 8	己巳 9	庚午 10	辛未 11	壬申 12	癸酉 13	甲戌 14	乙亥 15	丙子 16	丁丑 17	戊寅 18	己卯 19	庚辰 20	辛巳 21	壬午 22	癸未 23	甲申 24	乙酉 25	丙戌 26	丁亥 27	戊子 28	己丑 29	庚寅 30	辛卯 31	壬辰 (9)	癸巳 2	甲午 3	乙未 4	丙申 5	丁酉 6	庚辰立秋
八月小	癸酉	干支 天地 西曆	戊戌 7	己亥 8	庚子 9	辛丑 10	壬寅 11	癸卯 12	甲辰 13	乙巳 14	丙午 15	丁未 16	戊申 17	己酉 18	庚戌 19	辛亥 20	壬子 21	癸丑 22	甲寅 23	乙卯 24	丙辰 25	丁巳 26	戊午 27	己未 28	庚申 29	辛酉 30	壬戌 (10)	癸亥 2	甲子 3	乙丑 4	丙寅 5		乙丑秋分
九月大	甲戌	干支 天地 西曆	丁卯 6	戊辰 7	己巳 8	庚午 9	辛未 10	壬申 11	癸酉 12	甲戌 13	乙亥 14	丙子 15	丁丑 16	戊寅 17	己卯 18	庚辰 19	辛巳 20	壬午 21	癸未 22	甲申 23	乙酉 24	丙戌 25	丁亥 26	戊子 27	己丑 28	庚寅 29	辛卯 30	壬辰 31	癸巳 (11)	甲午 2	乙未 3	丙申 4	
十月大	乙亥	干支 天地 西曆	丁酉 5	戊戌 6	己亥 7	庚子 8	辛丑 9	壬寅 10	癸卯 11	甲辰 12	乙巳 13	丙午 14	丁未 15	戊申 16	己酉 17	庚戌 18	辛亥 19	壬子 20	癸丑 21	甲寅 22	乙卯 23	丙辰 24	丁巳 25	戊午 26	己未 27	庚申 28	辛酉 29	壬戌 30	癸亥 (12)	甲子 2	乙丑 3	丙寅 4	己酉立冬
十一月大	丙子	干支 天地 西曆	丁卯 5	戊辰 6	己巳 7	庚午 8	辛未 9	壬申 10	癸酉 11	甲戌 12	乙亥 13	丙子 14	丁丑 15	戊寅 16	己卯 17	庚辰 18	辛巳 19	壬午 20	癸未 21	甲申 22	乙酉 23	丙戌 24	丁亥 25	戊子 26	己丑 27	庚寅 28	辛卯 29	壬辰 30	癸巳 31	甲午 (1)	乙未 2	丙申 3	癸巳冬至
十二月小	丁丑	干支 天地 西曆	丁酉 4	戊戌 5	己亥 6	庚子 7	辛丑 8	壬寅 9	癸卯 10	甲辰 11	乙巳 12	丙午 13	丁未 14	戊申 15	己酉 16	庚戌 17	辛亥 18	壬子 19	癸丑 20	甲寅 21	乙卯 22	丙辰 23	丁巳 24	戊午 25	己未 26	庚申 27	辛酉 28	壬戌 29	癸亥 30	甲子 31	乙丑 (2)		

年代異同	竹書紀年	皇極經世	文獻通考	歷代紀年備考	歷代帝王年表	歷代統紀表	中國年曆總譜	斷代工程
	殷祖甲元年	殷祖甲二十七年	殷祖甲二十七年	殷祖甲二十七年	殷祖甲二十七年	殷祖甲二十七年	殷庚丁三年	殷武丁十九年

殷武丁十六年（庚寅 虎年） 公元前 **1231** ~ 前 1230 年

夏曆月序		中西曆日對照	初一	初二	初三	初四	初五	初六	初七	初八	初九	初十	十一	十二	十三	十四	十五	十六	十七	十八	十九	二十	二一	二二	二三	二四	二五	二六	二七	二八	二九	三十	節氣與天象
正月大	戊寅	天干地支西曆	丙寅2	丁卯3	戊辰4	己巳5	庚午6	辛未7	壬申8	癸酉9	甲戌10	乙亥11	丙子12	丁丑13	戊寅14	己卯15	庚辰16	辛巳17	壬午18	癸未19	甲申20	乙酉21	丙戌22	丁亥23	戊子24	己丑25	庚寅26	辛卯27	壬辰28	癸巳(3)	甲午2	乙未3	戊寅立春
二月小	己卯	天干地支西曆	丙申4	丁酉5	戊戌6	己亥7	庚子8	辛丑9	壬寅10	癸卯11	甲辰12	乙巳13	丙午14	丁未15	戊申16	己酉17	庚戌18	辛亥19	壬子20	癸丑21	甲寅22	乙卯23	丙辰24	丁巳25	戊午26	己未27	庚申28	辛酉29	壬戌30	癸亥31	甲子(4)		丙申日食
三月大	庚辰	天干地支西曆	乙丑2	丙寅3	丁卯4	戊辰5	己巳6	庚午7	辛未8	壬申9	癸酉10	甲戌11	乙亥12	丙子13	丁丑14	戊寅15	己卯16	庚辰17	辛巳18	壬午19	癸未20	甲申21	乙酉22	丙戌23	丁亥24	戊子25	己丑26	庚寅27	辛卯28	壬辰29	癸巳30	甲午(5)	乙丑春分
四月小	辛巳	天干地支西曆	乙未2	丙申3	丁酉4	戊戌5	己亥6	庚子7	辛丑8	壬寅9	癸卯10	甲辰11	乙巳12	丙午13	丁未14	戊申15	己酉16	庚戌17	辛亥18	壬子19	癸丑20	甲寅21	乙卯22	丙辰23	丁巳24	戊午25	己未26	庚申27	辛酉28	壬戌29	癸亥30		壬子立夏
閏四月小	辛巳	天干地支西曆	甲子31	乙丑(6)	丙寅2	丁卯3	戊辰4	己巳5	庚午6	辛未7	壬申8	癸酉9	甲戌10	乙亥11	丙子12	丁丑13	戊寅14	己卯15	庚辰16	辛巳17	壬午18	癸未19	甲申20	乙酉21	丙戌22	丁亥23	戊子24	己丑25	庚寅26	辛卯27	壬辰28		
五月小	壬午	天干地支西曆	癸巳29	甲午30	乙未(7)	丙申2	丁酉3	戊戌4	己亥5	庚子6	辛丑7	壬寅8	癸卯9	甲辰10	乙巳11	丙午12	丁未13	戊申14	己酉15	庚戌16	辛亥17	壬子18	癸丑19	甲寅20	乙卯21	丙辰22	丁巳23	戊午24	己未25	庚申26	辛酉27		己亥夏至
六月大	癸未	天干地支西曆	壬戌28	癸亥29	甲子30	乙丑31	丙寅(8)	丁卯2	戊辰3	己巳4	庚午5	辛未6	壬申7	癸酉8	甲戌9	乙亥10	丙子11	丁丑12	戊寅13	己卯14	庚辰15	辛巳16	壬午17	癸未18	甲申19	乙酉20	丙戌21	丁亥22	戊子23	己丑24	庚寅25	辛卯26	乙酉立秋
七月小	甲申	天干地支西曆	壬辰27	癸巳28	甲午29	乙未30	丙申31	丁酉(9)	戊戌2	己亥3	庚子4	辛丑5	壬寅6	癸卯7	甲辰8	乙巳9	丙午10	丁未11	戊申12	己酉13	庚戌14	辛亥15	壬子16	癸丑17	甲寅18	乙卯19	丙辰20	丁巳21	戊午22	己未23	庚申24		
八月大	乙酉	天干地支西曆	辛酉25	壬戌26	癸亥27	甲子28	乙丑29	丙寅30	丁卯(10)	戊辰2	己巳3	庚午4	辛未5	壬申6	癸酉7	甲戌8	乙亥9	丙子10	丁丑11	戊寅12	己卯13	庚辰14	辛巳15	壬午16	癸未17	甲申18	乙酉19	丙戌20	丁亥21	戊子22	己丑23	庚寅24	庚午秋分
九月大	丙戌	天干地支西曆	辛卯25	壬辰26	癸巳27	甲午28	乙未29	丙申30	丁酉31	戊戌(11)	己亥2	庚子3	辛丑4	壬寅5	癸卯6	甲辰7	乙巳8	丙午9	丁未10	戊申11	己酉12	庚戌13	辛亥14	壬子15	癸丑16	甲寅17	乙卯18	丙辰19	丁巳20	戊午21	己未22	庚申23	甲寅立冬
十月大	丁亥	天干地支西曆	辛酉24	壬戌25	癸亥26	甲子27	乙丑28	丙寅29	丁卯30	戊辰(12)	己巳2	庚午3	辛未4	壬申5	癸酉6	甲戌7	乙亥8	丙子9	丁丑10	戊寅11	己卯12	庚辰13	辛巳14	壬午15	癸未16	甲申17	乙酉18	丙戌19	丁亥20	戊子21	己丑22	庚寅23	
十一月小	戊子	天干地支西曆	辛卯24	壬辰25	癸巳26	甲午27	乙未28	丙申29	丁酉30	戊戌31	己亥(1)	庚子2	辛丑3	壬寅4	癸卯5	甲辰6	乙巳7	丙午8	丁未9	戊申10	己酉11	庚戌12	辛亥13	壬子14	癸丑15	甲寅16	乙卯17	丙辰18	丁巳19	戊午20	己未21		己亥冬至
十二月大	己丑	天干地支西曆	庚申22	辛酉23	壬戌24	癸亥25	甲子26	乙丑27	丙寅28	丁卯29	戊辰30	己巳31	庚午(2)	辛未2	壬申3	癸酉4	甲戌5	乙亥6	丙子7	丁丑8	戊寅9	己卯10	庚辰11	辛巳12	壬午13	癸未14	甲申15	乙酉16	丙戌17	丁亥18	戊子19	己丑20	甲申立春

年代異同	竹書紀年	皇極經世	文獻通考	歷代紀年備考	歷代帝王年表	歷代統紀表	中國年曆總譜	斷代工程
	殷祖甲二年	殷祖甲二十八年	殷祖甲二十八年	殷祖甲二十八年	殷祖甲二十八年	殷祖甲二十八年	殷庚丁四年	殷武丁二十年

殷武丁十七年（辛卯 兔年） 公元前1230 ~ 前1229年

夏曆月序		中西曆日對照	初一	初二	初三	初四	初五	初六	初七	初八	初九	初十	十一	十二	十三	十四	十五	十六	十七	十八	十九	二十	二一	二二	二三	二四	二五	二六	二七	二八	二九	三十	節氣與天象
正月大	庚寅	干支曆 天地西	庚寅 21	辛卯 22	壬辰 23	癸巳 24	甲午 25	乙未 26	丙申 27	丁酉 28	戊戌 (3)	己亥 2	庚子 3	辛丑 4	壬寅 5	癸卯 6	甲辰 7	乙巳 8	丙午 9	丁未 10	戊申 11	己酉 12	庚戌 13	辛亥 14	壬子 15	癸丑 16	甲寅 17	乙卯 18	丙辰 19	丁巳 20	戊午 21	己未 22	
二月小	辛卯	干支曆 天地西	庚申 23	辛酉 24	壬戌 25	癸亥 26	甲子 27	乙丑 28	丙寅 29	丁卯 30	戊辰 31	己巳 (4)	庚午 2	辛未 3	壬申 4	癸酉 5	甲戌 6	乙亥 7	丙子 8	丁丑 9	戊寅 10	己卯 11	庚辰 12	辛巳 13	壬午 14	癸未 15	甲申 16	乙酉 17	丙戌 18	丁亥 19	戊子 20		庚午春分
三月大	壬辰	干支曆 天地西	己丑 21	庚寅 22	辛卯 23	壬辰 24	癸巳 25	甲午 26	乙未 27	丙申 28	丁酉 29	戊戌 30	己亥 (5)	庚子 2	辛丑 3	壬寅 4	癸卯 5	甲辰 6	乙巳 7	丙午 8	丁未 9	戊申 10	己酉 11	庚戌 12	辛亥 13	壬子 14	癸丑 15	甲寅 16	乙卯 17	丙辰 18	丁巳 19	戊午 20	丁巳立夏
四月小	癸巳	干支曆 天地西	己未 21	庚申 22	辛酉 23	壬戌 24	癸亥 25	甲子 26	乙丑 27	丙寅 28	丁卯 29	戊辰 30	己巳 31	庚午 (6)	辛未 2	壬申 3	癸酉 4	甲戌 5	乙亥 6	丙子 7	丁丑 8	戊寅 9	己卯 10	庚辰 11	辛巳 12	壬午 13	癸未 14	甲申 15	乙酉 16	丙戌 17	丁亥 18		
五月小	甲午	干支曆 天地西	戊子 19	己丑 20	庚寅 21	辛卯 22	壬辰 23	癸巳 24	甲午 25	乙未 26	丙申 27	丁酉 28	戊戌 29	己亥 30	庚子 (7)	辛丑 2	壬寅 3	癸卯 4	甲辰 5	乙巳 6	丙午 7	丁未 8	戊申 9	己酉 10	庚戌 11	辛亥 12	壬子 13	癸丑 14	甲寅 15	乙卯 16	丙辰 17		甲辰夏至
六月大	乙未	干支曆 天地西	丁巳 18	戊午 19	己未 20	庚申 21	辛酉 22	壬戌 23	癸亥 24	甲子 25	乙丑 26	丙寅 27	丁卯 28	戊辰 29	己巳 30	庚午 31	辛未 (8)	壬申 2	癸酉 3	甲戌 4	乙亥 5	丙子 6	丁丑 7	戊寅 8	己卯 9	庚辰 10	辛巳 11	壬午 12	癸未 13	甲申 14	乙酉 15	丙戌 16	丁巳日食
七月小	丙申	干支曆 天地西	丁亥 17	戊子 18	己丑 19	庚寅 20	辛卯 21	壬辰 22	癸巳 23	甲午 24	乙未 25	丙申 26	丁酉 27	戊戌 28	己亥 29	庚子 30	辛丑 31	壬寅 (9)	癸卯 2	甲辰 3	乙巳 4	丙午 5	丁未 6	戊申 7	己酉 8	庚戌 9	辛亥 10	壬子 11	癸丑 12	甲寅 13	乙卯 14		庚寅立秋
八月小	丁酉	干支曆 天地西	丙辰 15	丁巳 16	戊午 17	己未 18	庚申 19	辛酉 20	壬戌 21	癸亥 22	甲子 23	乙丑 24	丙寅 25	丁卯 26	戊辰 27	己巳 28	庚午 29	辛未 30	壬申 (10)	癸酉 2	甲戌 3	乙亥 4	丙子 5	丁丑 6	戊寅 7	己卯 8	庚辰 9	辛巳 10	壬午 11	癸未 12	甲申 13		丙子秋分
九月大	戊戌	干支曆 天地西	乙酉 14	丙戌 15	丁亥 16	戊子 17	己丑 18	庚寅 19	辛卯 20	壬辰 21	癸巳 22	甲午 23	乙未 24	丙申 25	丁酉 26	戊戌 27	己亥 28	庚子 29	辛丑 30	壬寅 31	癸卯 (11)	甲辰 2	乙巳 3	丙午 4	丁未 5	戊申 6	己酉 7	庚戌 8	辛亥 9	壬子 10	癸丑 11	甲寅 12	
十月大	己亥	干支曆 天地西	乙卯 13	丙辰 14	丁巳 15	戊午 16	己未 17	庚申 18	辛酉 19	壬戌 20	癸亥 21	甲子 22	乙丑 23	丙寅 24	丁卯 25	戊辰 26	己巳 27	庚午 28	辛未 29	壬申 30	癸酉 (12)	甲戌 2	乙亥 3	丙子 4	丁丑 5	戊寅 6	己卯 7	庚辰 8	辛巳 9	壬午 10	癸未 11	甲申 12	庚申立冬
十一月小	庚子	干支曆 天地西	乙酉 13	丙戌 14	丁亥 15	戊子 16	己丑 17	庚寅 18	辛卯 19	壬辰 20	癸巳 21	甲午 22	乙未 23	丙申 24	丁酉 25	戊戌 26	己亥 27	庚子 28	辛丑 29	壬寅 30	癸卯 31	甲辰 (1)	乙巳 2	丙午 3	丁未 4	戊申 5	己酉 6	庚戌 7	辛亥 8	壬子 9	癸丑 10		甲辰冬至
十二月大	辛丑	干支曆 天地西	甲寅 11	乙卯 12	丙辰 13	丁巳 14	戊午 15	己未 16	庚申 17	辛酉 18	壬戌 19	癸亥 20	甲子 21	乙丑 22	丙寅 23	丁卯 24	戊辰 25	己巳 26	庚午 27	辛未 28	壬申 29	癸酉 30	甲戌 31	乙亥 (2)	丙子 2	丁丑 3	戊寅 4	己卯 5	庚辰 6	辛巳 7	壬午 8	癸未 9	

年代異同	竹書紀年	皇極經世	文獻通考	歷代紀年備考	歷代帝王年表	歷代統紀表	中國年曆總譜	斷代工程
	殷祖甲三年	殷祖甲二十九年	殷祖甲二十九年	殷祖甲二十九年	殷祖甲二十九年	殷祖甲二十九年	殷庚丁五年	殷武丁二十一年

殷武丁十八年（壬辰 龍年） 公元前**1229** ~ 前1228年

夏曆月序		中西曆日對照	初一	初二	初三	初四	初五	初六	初七	初八	初九	初十	十一	十二	十三	十四	十五	十六	十七	十八	十九	二十	二一	二二	二三	二四	二五	二六	二七	二八	二九	三十	節氣與天象
正月大	壬寅	干支 天地西曆	甲申 10	乙酉 11	丙戌 12	丁亥 13	戊子 14	己丑 15	庚寅 16	辛卯 17	壬辰 18	癸巳 19	甲午 20	乙未 21	丙申 22	丁酉 23	戊戌 24	己亥 25	庚子 26	辛丑 27	壬寅 28	癸卯 29	甲辰 (3)	乙巳 2	丙午 3	丁未 4	戊申 5	己酉 6	庚戌 7	辛亥 8	壬子 9	癸丑 10	己丑立春
二月大	癸卯	干支 天地西曆	甲寅 11	乙卯 12	丙辰 13	丁巳 14	戊午 15	己未 16	庚申 17	辛酉 18	壬戌 19	癸亥 20	甲子 21	乙丑 22	丙寅 23	丁卯 24	戊辰 25	己巳 26	庚午 27	辛未 28	壬申 29	癸酉 30	甲戌 31	乙亥 (4)	丙子 2	丁丑 3	戊寅 4	己卯 5	庚辰 6	辛巳 7	壬午 8	癸未 9	乙亥春分
三月小	甲辰	干支 天地西曆	甲申 10	乙酉 11	丙戌 12	丁亥 13	戊子 14	己丑 15	庚寅 16	辛卯 17	壬辰 18	癸巳 19	甲午 20	乙未 21	丙申 22	丁酉 23	戊戌 24	己亥 25	庚子 26	辛丑 27	壬寅 28	癸卯 29	甲辰 30	乙巳 (5)	丙午 2	丁未 3	戊申 4	己酉 5	庚戌 6	辛亥 7	壬子 8		
四月小	乙巳	干支 天地西曆	癸丑 9	甲寅 10	乙卯 11	丙辰 12	丁巳 13	戊午 14	己未 15	庚申 16	辛酉 17	壬戌 18	癸亥 19	甲子 20	乙丑 21	丙寅 22	丁卯 23	戊辰 24	己巳 25	庚午 26	辛未 27	壬申 28	癸酉 29	甲戌 30	乙亥 31	丙子 (6)	丁丑 2	戊寅 3	己卯 4	庚辰 5	辛巳 6		壬戌立夏
五月大	丙午	干支 天地西曆	壬午 7	癸未 8	甲申 9	乙酉 10	丙戌 11	丁亥 12	戊子 13	己丑 14	庚寅 15	辛卯 16	壬辰 17	癸巳 18	甲午 19	乙未 20	丙申 21	丁酉 22	戊戌 23	己亥 24	庚子 25	辛丑 26	壬寅 27	癸卯 28	甲辰 29	乙巳 30	丙午 (7)	丁未 2	戊申 3	己酉 4	庚戌 5	辛亥 6	己酉夏至
六月小	丁未	干支 天地西曆	壬子 7	癸丑 8	甲寅 9	乙卯 10	丙辰 11	丁巳 12	戊午 13	己未 14	庚申 15	辛酉 16	壬戌 17	癸亥 18	甲子 19	乙丑 20	丙寅 21	丁卯 22	戊辰 23	己巳 24	庚午 25	辛未 26	壬申 27	癸酉 28	甲戌 29	乙亥 30	丙子 31	丁丑 (8)	戊寅 2	己卯 3	庚辰 4		壬子日食
七月大	戊申	干支 天地西曆	辛巳 5	壬午 6	癸未 7	甲申 8	乙酉 9	丙戌 10	丁亥 11	戊子 12	己丑 13	庚寅 14	辛卯 15	壬辰 16	癸巳 17	甲午 18	乙未 19	丙申 20	丁酉 21	戊戌 22	己亥 23	庚子 24	辛丑 25	壬寅 26	癸卯 27	甲辰 28	乙巳 29	丙午 30	丁未 31	戊申 (9)	己酉 2	庚戌 3	丙申立秋
八月小	己酉	干支 天地西曆	辛亥 4	壬子 5	癸丑 6	甲寅 7	乙卯 8	丙辰 9	丁巳 10	戊午 11	己未 12	庚申 13	辛酉 14	壬戌 15	癸亥 16	甲子 17	乙丑 18	丙寅 19	丁卯 20	戊辰 21	己巳 22	庚午 23	辛未 24	壬申 25	癸酉 26	甲戌 27	乙亥 28	丙子 29	丁丑 30	戊寅 (10)	己卯 2		
九月小	庚戌	干支 天地西曆	庚辰 3	辛巳 4	壬午 5	癸未 6	甲申 7	乙酉 8	丙戌 9	丁亥 10	戊子 11	己丑 12	庚寅 13	辛卯 14	壬辰 15	癸巳 16	甲午 17	乙未 18	丙申 19	丁酉 20	戊戌 21	己亥 22	庚子 23	辛丑 24	壬寅 25	癸卯 26	甲辰 27	乙巳 28	丙午 29	丁未 30	戊申 31		辛巳秋分
十月大	辛亥	干支 天地西曆	己酉 (11)	庚戌 2	辛亥 3	壬子 4	癸丑 5	甲寅 6	乙卯 7	丙辰 8	丁巳 9	戊午 10	己未 11	庚申 12	辛酉 13	壬戌 14	癸亥 15	甲子 16	乙丑 17	丙寅 18	丁卯 19	戊辰 20	己巳 21	庚午 22	辛未 23	壬申 24	癸酉 25	甲戌 26	乙亥 27	丙子 28	丁丑 29	戊寅 30	乙丑立冬
十一月大	壬子	干支 天地西曆	己卯 (12)	庚辰 2	辛巳 3	壬午 4	癸未 5	甲申 6	乙酉 7	丙戌 8	丁亥 9	戊子 10	己丑 11	庚寅 12	辛卯 13	壬辰 14	癸巳 15	甲午 16	乙未 17	丙申 18	丁酉 19	戊戌 20	己亥 21	庚子 22	辛丑 23	壬寅 24	癸卯 25	甲辰 26	乙巳 27	丙午 28	丁未 29	戊申 30	
閏十一小	壬子	干支 天地西曆	己酉 31	庚戌 (1)	辛亥 2	壬子 3	癸丑 4	甲寅 5	乙卯 6	丙辰 7	丁巳 8	戊午 9	己未 10	庚申 11	辛酉 12	壬戌 13	癸亥 14	甲子 15	乙丑 16	丙寅 17	丁卯 18	戊辰 19	己巳 20	庚午 21	辛未 22	壬申 23	癸酉 24	甲戌 25	乙亥 26	丙子 27	丁丑 28		己酉冬至
十二月大	癸丑	干支 天地西曆	戊寅 29	己卯 30	庚辰 31	辛巳 (2)	壬午 2	癸未 3	甲申 4	乙酉 5	丙戌 6	丁亥 7	戊子 8	己丑 9	庚寅 10	辛卯 11	壬辰 12	癸巳 13	甲午 14	乙未 15	丙申 16	丁酉 17	戊戌 18	己亥 19	庚子 20	辛丑 21	壬寅 22	癸卯 23	甲辰 24	乙巳 25	丙午 26	丁未 27	甲午立春

年代異同	竹書紀年	皇極經世	文獻通考	歷代紀年備考	歷代帝王年表	歷代統紀表	中國年曆總譜	斷代工程
	殷祖甲四年	殷祖甲三十年	殷祖甲三十年	殷祖甲三十年	殷祖甲三十年	殷祖甲三十年	殷庚丁六年	殷武丁二十二年

殷武丁十九年（癸巳 蛇年） 公元前 **1228** ~ 前 1227 年

夏曆月序		中西曆日對照	初一	初二	初三	初四	初五	初六	初七	初八	初九	初十	十一	十二	十三	十四	十五	十六	十七	十八	十九	二十	二一	二二	二三	二四	二五	二六	二七	二八	二九	三十	節氣與天象
正月大	甲寅	干支 西曆	戊申 28	己酉 (3)	庚戌 2	辛亥 3	壬子 4	癸丑 5	甲寅 6	乙卯 7	丙辰 8	丁巳 9	戊午 10	己未 11	庚申 12	辛酉 13	壬戌 14	癸亥 15	甲子 16	乙丑 17	丙寅 18	丁卯 19	戊辰 20	己巳 21	庚午 22	辛未 23	壬申 24	癸酉 25	甲戌 26	乙亥 27	丙子 28	丁丑 29	
二月小	乙卯	干支 西曆	戊寅 30	己卯 31	庚辰 (4)	辛巳 2	壬午 3	癸未 4	甲申 5	乙酉 6	丙戌 7	丁亥 8	戊子 9	己丑 10	庚寅 11	辛卯 12	壬辰 13	癸巳 14	甲午 15	乙未 16	丙申 17	丁酉 18	戊戌 19	己亥 20	庚子 21	辛丑 22	壬寅 23	癸卯 24	甲辰 25	乙巳 26	丙午 27		庚辰春分
三月大	丙辰	干支 西曆	丁未 28	戊申 29	己酉 30	庚戌 (5)	辛亥 2	壬子 3	癸丑 4	甲寅 5	乙卯 6	丙辰 7	丁巳 8	戊午 9	己未 10	庚申 11	辛酉 12	壬戌 13	癸亥 14	甲子 15	乙丑 16	丙寅 17	丁卯 18	戊辰 19	己巳 20	庚午 21	辛未 22	壬申 23	癸酉 24	甲戌 25	乙亥 26	丙子 27	丁卯立夏
四月小	丁巳	干支 西曆	丁丑 28	戊寅 29	己卯 30	庚辰 31	辛巳 (6)	壬午 2	癸未 3	甲申 4	乙酉 5	丙戌 6	丁亥 7	戊子 8	己丑 9	庚寅 10	辛卯 11	壬辰 12	癸巳 13	甲午 14	乙未 15	丙申 16	丁酉 17	戊戌 18	己亥 19	庚子 20	辛丑 21	壬寅 22	癸卯 23	甲辰 24	乙巳 25		
五月大	戊午	干支 西曆	丙午 26	丁未 27	戊申 28	己酉 29	庚戌 30	辛亥 (7)	壬子 2	癸丑 3	甲寅 4	乙卯 5	丙辰 6	丁巳 7	戊午 8	己未 9	庚申 10	辛酉 11	壬戌 12	癸亥 13	甲子 14	乙丑 15	丙寅 16	丁卯 17	戊辰 18	己巳 19	庚午 20	辛未 21	壬申 22	癸酉 23	甲戌 24	乙亥 25	乙卯夏至
六月小	己未	干支 西曆	丙子 26	丁丑 27	戊寅 28	己卯 29	庚辰 30	辛巳 31	壬午 (8)	癸未 2	甲申 3	乙酉 4	丙戌 5	丁亥 6	戊子 7	己丑 8	庚寅 9	辛卯 10	壬辰 11	癸巳 12	甲午 13	乙未 14	丙申 15	丁酉 16	戊戌 17	己亥 18	庚子 19	辛丑 20	壬寅 21	癸卯 22	甲辰 23		辛丑立秋
七月大	庚申	干支 西曆	乙巳 24	丙午 25	丁未 26	戊申 27	己酉 28	庚戌 29	辛亥 30	壬子 31	癸丑 (9)	甲寅 2	乙卯 3	丙辰 4	丁巳 5	戊午 6	己未 7	庚申 8	辛酉 9	壬戌 10	癸亥 11	甲子 12	乙丑 13	丙寅 14	丁卯 15	戊辰 16	己巳 17	庚午 18	辛未 19	壬申 20	癸酉 21	甲戌 22	
八月小	辛酉	干支 西曆	乙亥 23	丙子 24	丁丑 25	戊寅 26	己卯 27	庚辰 28	辛巳 29	壬午 30	癸未 (10)	甲申 2	乙酉 3	丙戌 4	丁亥 5	戊子 6	己丑 7	庚寅 8	辛卯 9	壬辰 10	癸巳 11	甲午 12	乙未 13	丙申 14	丁酉 15	戊戌 16	己亥 17	庚子 18	辛丑 19	壬寅 20	癸卯 21		丙戌秋分
九月大	壬戌	干支 西曆	甲辰 22	乙巳 23	丙午 24	丁未 25	戊申 26	己酉 27	庚戌 28	辛亥 29	壬子 30	癸丑 31	甲寅 (11)	乙卯 2	丙辰 3	丁巳 4	戊午 5	己未 6	庚申 7	辛酉 8	壬戌 9	癸亥 10	甲子 11	乙丑 12	丙寅 13	丁卯 14	戊辰 15	己巳 16	庚午 17	辛未 18	壬申 19	癸酉 20	庚午立冬
十月小	癸亥	干支 西曆	甲戌 21	乙亥 22	丙子 23	丁丑 24	戊寅 25	己卯 26	庚辰 27	辛巳 28	壬午 29	癸未 30	甲申 (12)	乙酉 2	丙戌 3	丁亥 4	戊子 5	己丑 6	庚寅 7	辛卯 8	壬辰 9	癸巳 10	甲午 11	乙未 12	丙申 13	丁酉 14	戊戌 15	己亥 16	庚子 17	辛丑 18	壬寅 19		
十一月大	甲子	干支 西曆	癸卯 20	甲辰 21	乙巳 22	丙午 23	丁未 24	戊申 25	己酉 26	庚戌 27	辛亥 28	壬子 29	癸丑 30	甲寅 31	乙卯 (1)	丙辰 2	丁巳 3	戊午 4	己未 5	庚申 6	辛酉 7	壬戌 8	癸亥 9	甲子 10	乙丑 11	丙寅 12	丁卯 13	戊辰 14	己巳 15	庚午 16	辛未 17	壬申 18	甲寅冬至 癸卯日食
十二月小	乙丑	干支 西曆	癸酉 19	甲戌 20	乙亥 21	丙子 22	丁丑 23	戊寅 24	己卯 25	庚辰 26	辛巳 27	壬午 28	癸未 29	甲申 30	乙酉 31	丙戌 (2)	丁亥 2	戊子 3	己丑 4	庚寅 5	辛卯 6	壬辰 7	癸巳 8	甲午 9	乙未 10	丙申 11	丁酉 12	戊戌 13	己亥 14	庚子 15	辛丑 16		己亥立春

年代異同	竹書紀年	皇極經世	文獻通考	歷代紀年備考	歷代帝王年表	歷代統紀表	中國年曆總譜	斷代工程
	殷祖甲五年	殷祖甲三十一年	殷祖甲三十一年	殷祖甲三十一年	殷祖甲三十一年	殷祖甲三十一年	殷庚丁七年	殷武丁二十三年

殷武丁二十年（甲午 馬年） 公元前 1227 ~ 前 1226 年

夏曆月序	中西曆日對照		初一	初二	初三	初四	初五	初六	初七	初八	初九	初十	十一	十二	十三	十四	十五	十六	十七	十八	十九	二十	二一	二二	二三	二四	二五	二六	二七	二八	二九	三十	節氣與天象
正月大	丙寅	天干地支西曆	壬寅17	癸卯18	甲辰19	乙巳20	丙午21	丁未22	戊申23	己酉24	庚戌25	辛亥26	壬子27	癸丑28	甲寅(3)	乙卯2	丙辰3	丁巳4	戊午5	己未6	庚申7	辛酉8	壬戌9	癸亥10	甲子11	乙丑12	丙寅13	丁卯14	戊辰15	己巳16	庚午17	辛未18	
二月小	丁卯	天干地支西曆	壬申19	癸酉20	甲戌21	乙亥22	丙子23	丁丑24	戊寅25	己卯26	庚辰27	辛巳28	壬午29	癸未30	甲申31	乙酉(4)	丙戌2	丁亥3	戊子4	己丑5	庚寅6	辛卯7	壬辰8	癸巳9	甲午10	乙未11	丙申12	丁酉13	戊戌14	己亥15	庚子16		丙戌春分
三月大	戊辰	天干地支西曆	辛丑17	壬寅18	癸卯19	甲辰20	乙巳21	丙午22	丁未23	戊申24	己酉25	庚戌26	辛亥27	壬子28	癸丑29	甲寅30	乙卯(5)	丙辰2	丁巳3	戊午4	己未5	庚申6	辛酉7	壬戌8	癸亥9	甲子10	乙丑11	丙寅12	丁卯13	戊辰14	己巳15	庚午16	
四月大	己巳	天干地支西曆	辛未17	壬申18	癸酉19	甲戌20	乙亥21	丙子22	丁丑23	戊寅24	己卯25	庚辰26	辛巳27	壬午28	癸未29	甲申30	乙酉31	丙戌(6)	丁亥2	戊子3	己丑4	庚寅5	辛卯6	壬辰7	癸巳8	甲午9	乙未10	丙申11	丁酉12	戊戌13	己亥14	庚子15	癸酉立夏 辛未日食
五月小	庚午	天干地支西曆	辛丑16	壬寅17	癸卯18	甲辰19	乙巳20	丙午21	丁未22	戊申23	己酉24	庚戌25	辛亥26	壬子27	癸丑28	甲寅29	乙卯30	丙辰(7)	丁巳2	戊午3	己未4	庚申5	辛酉6	壬戌7	癸亥8	甲子9	乙丑10	丙寅11	丁卯12	戊辰13	己巳14		庚申夏至
六月大	辛未	天干地支西曆	庚午15	辛未16	壬申17	癸酉18	甲戌19	乙亥20	丙子21	丁丑22	戊寅23	己卯24	庚辰25	辛巳26	壬午27	癸未28	甲申29	乙酉30	丙戌31	丁亥(8)	戊子2	己丑3	庚寅4	辛卯5	壬辰6	癸巳7	甲午8	乙未9	丙申10	丁酉11	戊戌12	己亥13	
七月小	壬申	天干地支西曆	庚子14	辛丑15	壬寅16	癸卯17	甲辰18	乙巳19	丙午20	丁未21	戊申22	己酉23	庚戌24	辛亥25	壬子26	癸丑27	甲寅28	乙卯29	丙辰30	丁巳31	戊午(9)	己未2	庚申3	辛酉4	壬戌5	癸亥6	甲子7	乙丑8	丙寅9	丁卯10	戊辰11		丙午立秋
八月大	癸酉	天干地支西曆	己巳12	庚午13	辛未14	壬申15	癸酉16	甲戌17	乙亥18	丙子19	丁丑20	戊寅21	己卯22	庚辰23	辛巳24	壬午25	癸未26	甲申27	乙酉28	丙戌29	丁亥30	戊子(10)	己丑2	庚寅3	辛卯4	壬辰5	癸巳6	甲午7	乙未8	丙申9	丁酉10	戊戌11	辛卯秋分
九月小	甲戌	天干地支西曆	己亥12	庚子13	辛丑14	壬寅15	癸卯16	甲辰17	乙巳18	丙午19	丁未20	戊申21	己酉22	庚戌23	辛亥24	壬子25	癸丑26	甲寅27	乙卯28	丙辰29	丁巳30	戊午31	己未(11)	庚申2	辛酉3	壬戌4	癸亥5	甲子6	乙丑7	丙寅8	丁卯9		
十月大	乙亥	天干地支西曆	戊辰10	己巳11	庚午12	辛未13	壬申14	癸酉15	甲戌16	乙亥17	丙子18	丁丑19	戊寅20	己卯21	庚辰22	辛巳23	壬午24	癸未25	甲申26	乙酉27	丙戌28	丁亥29	戊子30	己丑(12)	庚寅2	辛卯3	壬辰4	癸巳5	甲午6	乙未7	丙申8	丁酉9	乙亥立冬
十一月小	丙子	天干地支西曆	戊戌10	己亥11	庚子12	辛丑13	壬寅14	癸卯15	甲辰16	乙巳17	丙午18	丁未19	戊申20	己酉21	庚戌22	辛亥23	壬子24	癸丑25	甲寅26	乙卯27	丙辰28	丁巳29	戊午30	己未31	庚申(1)	辛酉2	壬戌3	癸亥4	甲子5	乙丑6	丙寅7		庚申冬至
十二月大	丁丑	天干地支西曆	丁卯8	戊辰9	己巳10	庚午11	辛未12	壬申13	癸酉14	甲戌15	乙亥16	丙子17	丁丑18	戊寅19	己卯20	庚辰21	辛巳22	壬午23	癸未24	甲申25	乙酉26	丙戌27	丁亥28	戊子29	己丑30	庚寅31	辛卯(2)	壬辰2	癸巳3	甲午4	乙未5	丙申6	

年代異同	竹書紀年	皇極經世	文獻通考	歷代紀年備考	歷代帝王年表	歷代統紀表	中國年曆總譜	斷代工程
	殷祖甲六年	殷祖甲三十二年	殷祖甲三十二年	殷祖甲三十二年	殷祖甲三十二年	殷祖甲三十二年	殷庚丁八年	殷武丁二十四年

殷武丁二十一年（乙未 羊年） 公元前**1226** ~ 前1225年

夏曆月序		中西曆日對照	初一	初二	初三	初四	初五	初六	初七	初八	初九	初十	十一	十二	十三	十四	十五	十六	十七	十八	十九	二十	二一	二二	二三	二四	二五	二六	二七	二八	二九	三十	節氣與天象
一月小	戊寅	天干地支 西曆	丁酉 7	戊戌 8	己亥 9	庚子 10	辛丑 11	壬寅 12	癸卯 13	甲辰 14	乙巳 15	丙午 16	丁未 17	戊申 18	己酉 19	庚戌 20	辛亥 21	壬子 22	癸丑 23	甲寅 24	乙卯 25	丙辰 26	丁巳 27	戊午 28	己未 (3)	庚申 2	辛酉 3	壬戌 4	癸亥 5	甲子 6	乙丑 7		乙巳立春
二月小	己卯	天干地支 西曆	丙寅 8	丁卯 9	戊辰 10	己巳 11	庚午 12	辛未 13	壬申 14	癸酉 15	甲戌 16	乙亥 17	丙子 18	丁丑 19	戊寅 20	己卯 21	庚辰 22	辛巳 23	壬午 24	癸未 25	甲申 26	乙酉 27	丙戌 28	丁亥 29	戊子 30	己丑 31	庚寅 (4)	辛卯 2	壬辰 3	癸巳 4	甲午 5		辛卯春分
三月大	庚辰	天干地支 西曆	乙未 6	丙申 7	丁酉 8	戊戌 9	己亥 10	庚子 11	辛丑 12	壬寅 13	癸卯 14	甲辰 15	乙巳 16	丙午 17	丁未 18	戊申 19	己酉 20	庚戌 21	辛亥 22	壬子 23	癸丑 24	甲寅 25	乙卯 26	丙辰 27	丁巳 28	戊午 29	己未 30	庚申 (5)	辛酉 2	壬戌 3	癸亥 4	甲子 5	
四月大	辛巳	天干地支 西曆	乙丑 6	丙寅 7	丁卯 8	戊辰 9	己巳 10	庚午 11	辛未 12	壬申 13	癸酉 14	甲戌 15	乙亥 16	丙子 17	丁丑 18	戊寅 19	己卯 20	庚辰 21	辛巳 22	壬午 23	癸未 24	甲申 25	乙酉 26	丙戌 27	丁亥 28	戊子 29	己丑 30	庚寅 31	辛卯 (6)	壬辰 2	癸巳 3	甲午 4	戊寅立夏 乙丑日食
五月小	壬午	天干地支 西曆	乙未 5	丙申 6	丁酉 7	戊戌 8	己亥 9	庚子 10	辛丑 11	壬寅 12	癸卯 13	甲辰 14	乙巳 15	丙午 16	丁未 17	戊申 18	己酉 19	庚戌 20	辛亥 21	壬子 22	癸丑 23	甲寅 24	乙卯 25	丙辰 26	丁巳 27	戊午 28	己未 29	庚申 30	辛酉 (7)	壬戌 2	癸亥 3		乙丑夏至
六月大	癸未	天干地支 西曆	甲子 4	乙丑 5	丙寅 6	丁卯 7	戊辰 8	己巳 9	庚午 10	辛未 11	壬申 12	癸酉 13	甲戌 14	乙亥 15	丙子 16	丁丑 17	戊寅 18	己卯 19	庚辰 20	辛巳 21	壬午 22	癸未 23	甲申 24	乙酉 25	丙戌 26	丁亥 27	戊子 28	己丑 29	庚寅 30	辛卯 31	壬辰 (8)	癸巳 2	
七月大	甲申	天干地支 西曆	甲午 3	乙未 4	丙申 5	丁酉 6	戊戌 7	己亥 8	庚子 9	辛丑 10	壬寅 11	癸卯 12	甲辰 13	乙巳 14	丙午 15	丁未 16	戊申 17	己酉 18	庚戌 19	辛亥 20	壬子 21	癸丑 22	甲寅 23	乙卯 24	丙辰 25	丁巳 26	戊午 27	己未 28	庚申 29	辛酉 30	壬戌 31	癸亥 (9)	辛亥立秋
八月小	乙酉	天干地支 西曆	甲子 2	乙丑 3	丙寅 4	丁卯 5	戊辰 6	己巳 7	庚午 8	辛未 9	壬申 10	癸酉 11	甲戌 12	乙亥 13	丙子 14	丁丑 15	戊寅 16	己卯 17	庚辰 18	辛巳 19	壬午 20	癸未 21	甲申 22	乙酉 23	丙戌 24	丁亥 25	戊子 26	己丑 27	庚寅 28	辛卯 29	壬辰 30		
九月大	丙戌	天干地支 西曆	癸巳 (10)	甲午 2	乙未 3	丙申 4	丁酉 5	戊戌 6	己亥 7	庚子 8	辛丑 9	壬寅 10	癸卯 11	甲辰 12	乙巳 13	丙午 14	丁未 15	戊申 16	己酉 17	庚戌 18	辛亥 19	壬子 20	癸丑 21	甲寅 22	乙卯 23	丙辰 24	丁巳 25	戊午 26	己未 27	庚申 28	辛酉 29	壬戌 30	丙申秋分
閏九月小	丙戌	天干地支 西曆	癸亥 31	甲子 (11)	乙丑 2	丙寅 3	丁卯 4	戊辰 5	己巳 6	庚午 7	辛未 8	壬申 9	癸酉 10	甲戌 11	乙亥 12	丙子 13	丁丑 14	戊寅 15	己卯 16	庚辰 17	辛巳 18	壬午 19	癸未 20	甲申 21	乙酉 22	丙戌 23	丁亥 24	戊子 25	己丑 26	庚寅 27	辛卯 28		辛巳立冬
十月大	丁亥	天干地支 西曆	壬辰 29	癸巳 30	甲午 (12)	乙未 2	丙申 3	丁酉 4	戊戌 5	己亥 6	庚子 7	辛丑 8	壬寅 9	癸卯 10	甲辰 11	乙巳 12	丙午 13	丁未 14	戊申 15	己酉 16	庚戌 17	辛亥 18	壬子 19	癸丑 20	甲寅 21	乙卯 22	丙辰 23	丁巳 24	戊午 25	己未 26	庚申 27	辛酉 28	
十一月小	戊子	天干地支 西曆	壬戌 29	癸亥 30	甲子 31	乙丑 (1)	丙寅 2	丁卯 3	戊辰 4	己巳 5	庚午 6	辛未 7	壬申 8	癸酉 9	甲戌 10	乙亥 11	丙子 12	丁丑 13	戊寅 14	己卯 15	庚辰 16	辛巳 17	壬午 18	癸未 19	甲申 20	乙酉 21	丙戌 22	丁亥 23	戊子 24	己丑 25	庚寅 26		乙丑冬至
十二月大	己丑	天干地支 西曆	辛卯 27	壬辰 28	癸巳 29	甲午 30	乙未 31	丙申 (2)	丁酉 2	戊戌 3	己亥 4	庚子 5	辛丑 6	壬寅 7	癸卯 8	甲辰 9	乙巳 10	丙午 11	丁未 12	戊申 13	己酉 14	庚戌 15	辛亥 16	壬子 17	癸丑 18	甲寅 19	乙卯 20	丙辰 21	丁巳 22	戊午 23	己未 24	庚申 25	庚戌立春

年代異同	竹書紀年	皇極經世	文獻通考	歷代紀年備考	歷代帝王年表	歷代統紀表	中國年曆總譜	斷代工程
	殷祖甲七年	殷祖甲三十三年	殷祖甲三十三年	殷祖甲三十三年	殷祖甲三十三年	殷祖甲三十三年	殷武乙元年	殷武丁二十五年

殷武丁二十二年（丙申 猴年） 公元前**1225** ~ 前1224年

夏曆月序		中西曆日對照	初一	初二	初三	初四	初五	初六	初七	初八	初九	初十	十一	十二	十三	十四	十五	十六	十七	十八	十九	二十	二一	二二	二三	二四	二五	二六	二七	二八	二九	三十	節氣與天象
正月小	庚寅	干支曆 天地西曆	辛酉 26	壬戌 27	癸亥 28	甲子 29	乙丑 (3)	丙寅 2	丁卯 3	戊辰 4	己巳 5	庚午 6	辛未 7	壬申 8	癸酉 9	甲戌 10	乙亥 11	丙子 12	丁丑 13	戊寅 14	己卯 15	庚辰 16	辛巳 17	壬午 18	癸未 19	甲申 20	乙酉 21	丙戌 22	丁亥 23	戊子 24	己丑 25		
二月小	辛卯	干支曆 天地西曆	庚寅 26	辛卯 27	壬辰 28	癸巳 29	甲午 30	乙未 31	丙申 (4)	丁酉 2	戊戌 3	己亥 4	庚子 5	辛丑 6	壬寅 7	癸卯 8	甲辰 9	乙巳 10	丙午 11	丁未 12	戊申 13	己酉 14	庚戌 15	辛亥 16	壬子 17	癸丑 18	甲寅 19	乙卯 20	丙辰 21	丁巳 22	戊午 23		丙申春分
三月大	壬辰	干支曆 天地西曆	己未 24	庚申 25	辛酉 26	壬戌 27	癸亥 28	甲子 29	乙丑 30	丙寅 (5)	丁卯 2	戊辰 3	己巳 4	庚午 5	辛未 6	壬申 7	癸酉 8	甲戌 9	乙亥 10	丙子 11	丁丑 12	戊寅 13	己卯 14	庚辰 15	辛巳 16	壬午 17	癸未 18	甲申 19	乙酉 20	丙戌 21	丁亥 22	戊子 23	癸未立夏
四月小	癸巳	干支曆 天地西曆	己丑 24	庚寅 25	辛卯 26	壬辰 27	癸巳 28	甲午 29	乙未 30	丙申 31	丁酉 (6)	戊戌 2	己亥 3	庚子 4	辛丑 5	壬寅 6	癸卯 7	甲辰 8	乙巳 9	丙午 10	丁未 11	戊申 12	己酉 13	庚戌 14	辛亥 15	壬子 16	癸丑 17	甲寅 18	乙卯 19	丙辰 20	丁巳 21		
五月大	甲午	干支曆 天地西曆	戊午 22	己未 23	庚申 24	辛酉 25	壬戌 26	癸亥 27	甲子 28	乙丑 29	丙寅 30	丁卯 (7)	戊辰 2	己巳 3	庚午 4	辛未 5	壬申 6	癸酉 7	甲戌 8	乙亥 9	丙子 10	丁丑 11	戊寅 12	己卯 13	庚辰 14	辛巳 15	壬午 16	癸未 17	甲申 18	乙酉 19	丙戌 20	丁亥 21	庚午夏至
六月大	乙未	干支曆 天地西曆	戊子 22	己丑 23	庚寅 24	辛卯 25	壬辰 26	癸巳 27	甲午 28	乙未 29	丙申 30	丁酉 31	戊戌 (8)	己亥 2	庚子 3	辛丑 4	壬寅 5	癸卯 6	甲辰 7	乙巳 8	丙午 9	丁未 10	戊申 11	己酉 12	庚戌 13	辛亥 14	壬子 15	癸丑 16	甲寅 17	乙卯 18	丙辰 19	丁巳 20	丁巳立秋
七月小	丙申	干支曆 天地西曆	戊午 21	己未 22	庚申 23	辛酉 24	壬戌 25	癸亥 26	甲子 27	乙丑 28	丙寅 29	丁卯 30	戊辰 31	己巳 (9)	庚午 2	辛未 3	壬申 4	癸酉 5	甲戌 6	乙亥 7	丙子 8	丁丑 9	戊寅 10	己卯 11	庚辰 12	辛巳 13	壬午 14	癸未 15	甲申 16	乙酉 17	丙戌 18		
八月大	丁酉	干支曆 天地西曆	丁亥 19	戊子 20	己丑 21	庚寅 22	辛卯 23	壬辰 24	癸巳 25	甲午 26	乙未 27	丙申 28	丁酉 29	戊戌 30	己亥 (10)	庚子 2	辛丑 3	壬寅 4	癸卯 5	甲辰 6	乙巳 7	丙午 8	丁未 9	戊申 10	己酉 11	庚戌 12	辛亥 13	壬子 14	癸丑 15	甲寅 16	乙卯 17	丙辰 18	壬寅秋分
九月大	戊戌	干支曆 天地西曆	丁巳 19	戊午 20	己未 21	庚申 22	辛酉 23	壬戌 24	癸亥 25	甲子 26	乙丑 27	丙寅 28	丁卯 29	戊辰 30	己巳 31	庚午 (11)	辛未 2	壬申 3	癸酉 4	甲戌 5	乙亥 6	丙子 7	丁丑 8	戊寅 9	己卯 10	庚辰 11	辛巳 12	壬午 13	癸未 14	甲申 15	乙酉 16	丙戌 17	丙戌立冬 丁巳日食
十月小	己亥	干支曆 天地西曆	丁亥 18	戊子 19	己丑 20	庚寅 21	辛卯 22	壬辰 23	癸巳 24	甲午 25	乙未 26	丙申 27	丁酉 28	戊戌 29	己亥 30	庚子 (12)	辛丑 2	壬寅 3	癸卯 4	甲辰 5	乙巳 6	丙午 7	丁未 8	戊申 9	己酉 10	庚戌 11	辛亥 12	壬子 13	癸丑 14	甲寅 15	乙卯 16		
十一月大	庚子	干支曆 天地西曆	丙辰 17	丁巳 18	戊午 19	己未 20	庚申 21	辛酉 22	壬戌 23	癸亥 24	甲子 25	乙丑 26	丙寅 27	丁卯 28	戊辰 29	己巳 30	庚午 31	辛未 (1)	壬申 2	癸酉 3	甲戌 4	乙亥 5	丙子 6	丁丑 7	戊寅 8	己卯 9	庚辰 10	辛巳 11	壬午 12	癸未 13	甲申 14	乙酉 15	庚午冬至
十二月小	辛丑	干支曆 天地西曆	丙戌 16	丁亥 17	戊子 18	己丑 19	庚寅 20	辛卯 21	壬辰 22	癸巳 23	甲午 24	乙未 25	丙申 26	丁酉 27	戊戌 28	己亥 29	庚子 30	辛丑 31	壬寅 (2)	癸卯 2	甲辰 3	乙巳 4	丙午 5	丁未 6	戊申 7	己酉 8	庚戌 9	辛亥 10	壬子 11	癸丑 12	甲寅 13		

年代異同	竹書紀年	皇極經世	文獻通考	歷代紀年備考	歷代帝王年表	歷代統紀表	中國年曆總譜	斷代工程
	殷祖甲八年	殷廩辛元年	殷廩辛元年	殷廩辛元年	殷廩辛元年	殷廩辛元年	殷武乙二年	殷武丁二十六年

殷武丁二十三年（丁酉 鷄年）公元前1224 ~ 前1223年

夏曆月序		中西曆日對照	夏曆日序																														節氣與天象
			初一	初二	初三	初四	初五	初六	初七	初八	初九	初十	十一	十二	十三	十四	十五	十六	十七	十八	十九	二十	二一	二二	二三	二四	二五	二六	二七	二八	二九	三十	
正月大	壬寅	天干地支 西曆	乙卯 14	丙辰 15	丁巳 16	戊午 17	己未 18	庚申 19	辛酉 20	壬戌 21	癸亥 22	甲子 23	乙丑 24	丙寅 25	丁卯 26	戊辰 27	己巳 28	庚午 (3)	辛未 2	壬申 3	癸酉 4	甲戌 5	乙亥 6	丙子 7	丁丑 8	戊寅 9	己卯 10	庚辰 11	辛巳 12	壬午 13	癸未 14	甲申 15	乙卯立春
二月小	癸卯	天干地支 西曆	乙酉 16	丙戌 17	丁亥 18	戊子 19	己丑 20	庚寅 21	辛卯 22	壬辰 23	癸巳 24	甲午 25	乙未 26	丙申 27	丁酉 28	戊戌 29	己亥 30	庚子 31	辛丑 (4)	壬寅 2	癸卯 3	甲辰 4	乙巳 5	丙午 6	丁未 7	戊申 8	己酉 9	庚戌 10	辛亥 11	壬子 12	癸丑 13		辛丑春分
三月小	甲辰	天干地支 西曆	甲寅 14	乙卯 15	丙辰 16	丁巳 17	戊午 18	己未 19	庚申 20	辛酉 21	壬戌 22	癸亥 23	甲子 24	乙丑 25	丙寅 26	丁卯 27	戊辰 28	己巳 29	庚午 30	辛未 (5)	壬申 2	癸酉 3	甲戌 4	乙亥 5	丙子 6	丁丑 7	戊寅 8	己卯 9	庚辰 10	辛巳 11	壬午 12		
四月大	乙巳	天干地支 西曆	癸未 13	甲申 14	乙酉 15	丙戌 16	丁亥 17	戊子 18	己丑 19	庚寅 20	辛卯 21	壬辰 22	癸巳 23	甲午 24	乙未 25	丙申 26	丁酉 27	戊戌 28	己亥 29	庚子 30	辛丑 31	壬寅 (6)	癸卯 2	甲辰 3	乙巳 4	丙午 5	丁未 6	戊申 7	己酉 8	庚戌 9	辛亥 10	壬子 11	戊子立夏
五月小	丙午	天干地支 西曆	癸丑 12	甲寅 13	乙卯 14	丙辰 15	丁巳 16	戊午 17	己未 18	庚申 19	辛酉 20	壬戌 21	癸亥 22	甲子 23	乙丑 24	丙寅 25	丁卯 26	戊辰 27	己巳 28	庚午 29	辛未 30	壬申 (7)	癸酉 2	甲戌 3	乙亥 4	丙子 5	丁丑 6	戊寅 7	己卯 8	庚辰 9	辛巳 10		丙子夏至
六月大	丁未	天干地支 西曆	壬午 11	癸未 12	甲申 13	乙酉 14	丙戌 15	丁亥 16	戊子 17	己丑 18	庚寅 19	辛卯 20	壬辰 21	癸巳 22	甲午 23	乙未 24	丙申 25	丁酉 26	戊戌 27	己亥 28	庚子 29	辛丑 30	壬寅 31	癸卯 (8)	甲辰 2	乙巳 3	丙午 4	丁未 5	戊申 6	己酉 7	庚戌 8	辛亥 9	
七月小	戊申	天干地支 西曆	壬子 10	癸丑 11	甲寅 12	乙卯 13	丙辰 14	丁巳 15	戊午 16	己未 17	庚申 18	辛酉 19	壬戌 20	癸亥 21	甲子 22	乙丑 23	丙寅 24	丁卯 25	戊辰 26	己巳 27	庚午 28	辛未 29	壬申 30	癸酉 31	甲戌 (9)	乙亥 2	丙子 3	丁丑 4	戊寅 5	己卯 6	庚辰 7		壬戌立秋
八月大	己酉	天干地支 西曆	辛巳 8	壬午 9	癸未 10	甲申 11	乙酉 12	丙戌 13	丁亥 14	戊子 15	己丑 16	庚寅 17	辛卯 18	壬辰 19	癸巳 20	甲午 21	乙未 22	丙申 23	丁酉 24	戊戌 25	己亥 26	庚子 27	辛丑 28	壬寅 29	癸卯 30	甲辰 (10)	乙巳 2	丙午 3	丁未 4	戊申 5	己酉 6	庚戌 7	丁未秋分
九月大	庚戌	天干地支 西曆	辛亥 8	壬子 9	癸丑 10	甲寅 11	乙卯 12	丙辰 13	丁巳 14	戊午 15	己未 16	庚申 17	辛酉 18	壬戌 19	癸亥 20	甲子 21	乙丑 22	丙寅 23	丁卯 24	戊辰 25	己巳 26	庚午 27	辛未 28	壬申 29	癸酉 30	甲戌 31	乙亥 (11)	丙子 2	丁丑 3	戊寅 4	己卯 5	庚辰 6	
十月大	辛亥	天干地支 西曆	辛巳 7	壬午 8	癸未 9	甲申 10	乙酉 11	丙戌 12	丁亥 13	戊子 14	己丑 15	庚寅 16	辛卯 17	壬辰 18	癸巳 19	甲午 20	乙未 21	丙申 22	丁酉 23	戊戌 24	己亥 25	庚子 26	辛丑 27	壬寅 28	癸卯 29	甲辰 30	乙巳 (12)	丙午 2	丁未 3	戊申 4	己酉 5	庚戌 6	辛卯立冬
十一月小	壬子	天干地支 西曆	辛亥 7	壬子 8	癸丑 9	甲寅 10	乙卯 11	丙辰 12	丁巳 13	戊午 14	己未 15	庚申 16	辛酉 17	壬戌 18	癸亥 19	甲子 20	乙丑 21	丙寅 22	丁卯 23	戊辰 24	己巳 25	庚午 26	辛未 27	壬申 28	癸酉 29	甲戌 30	乙亥 31	丙子 (1)	丁丑 2	戊寅 3	己卯 4		乙亥冬至
十二月大	癸丑	天干地支 西曆	庚辰 5	辛巳 6	壬午 7	癸未 8	甲申 9	乙酉 10	丙戌 11	丁亥 12	戊子 13	己丑 14	庚寅 15	辛卯 16	壬辰 17	癸巳 18	甲午 19	乙未 20	丙申 21	丁酉 22	戊戌 23	己亥 24	庚子 25	辛丑 26	壬寅 27	癸卯 28	甲辰 29	乙巳 30	丙午 31	丁未 (2)	戊申 2	己酉 3	

年代異同	竹書紀年	皇極經世	文獻通考	歷代紀年備考	歷代帝王年表	歷代統紀表	中國年曆總譜	斷代工程
	殷祖甲九年	殷廩辛二年	殷廩辛二年	殷廩辛二年	殷廩辛二年	殷廩辛二年	殷武乙三年	殷武丁二十七年

殷武丁二十四年（戊戌 狗年） 公元前 1223 ~ 前 1222 年

夏曆月序		中西曆日對照	初一	初二	初三	初四	初五	初六	初七	初八	初九	初十	十一	十二	十三	十四	十五	十六	十七	十八	十九	二十	二一	二二	二三	二四	二五	二六	二七	二八	二九	三十	節氣與天象
正月小	甲寅	天干地支 西曆	庚戌 4	辛亥 5	壬子 6	癸丑 7	甲寅 8	乙卯 9	丙辰 10	丁巳 11	戊午 12	己未 13	庚申 14	辛酉 15	壬戌 16	癸亥 17	甲子 18	乙丑 19	丙寅 20	丁卯 21	戊辰 22	己巳 23	庚午 24	辛未 25	壬申 26	癸酉 27	甲戌 28	乙亥 (3)	丙子 2	丁丑 3	戊寅 4		庚申立春
二月大	乙卯	天干地支 西曆	己卯 5	庚辰 6	辛巳 7	壬午 8	癸未 9	甲申 10	乙酉 11	丙戌 12	丁亥 13	戊子 14	己丑 15	庚寅 16	辛卯 17	壬辰 18	癸巳 19	甲午 20	乙未 21	丙申 22	丁酉 23	戊戌 24	己亥 25	庚子 26	辛丑 27	壬寅 28	癸卯 29	甲辰 30	乙巳 31	丙午 (4)	丁未 2	戊申 3	丙午春分
三月小	丙辰	天干地支 西曆	己酉 4	庚戌 5	辛亥 6	壬子 7	癸丑 8	甲寅 9	乙卯 10	丙辰 11	丁巳 12	戊午 13	己未 14	庚申 15	辛酉 16	壬戌 17	癸亥 18	甲子 19	乙丑 20	丙寅 21	丁卯 22	戊辰 23	己巳 24	庚午 25	辛未 26	壬申 27	癸酉 28	甲戌 29	乙亥 30	丙子 (5)	丁丑 2		
四月小	丁巳	天干地支 西曆	戊寅 3	己卯 4	庚辰 5	辛巳 6	壬午 7	癸未 8	甲申 9	乙酉 10	丙戌 11	丁亥 12	戊子 13	己丑 14	庚寅 15	辛卯 16	壬辰 17	癸巳 18	甲午 19	乙未 20	丙申 21	丁酉 22	戊戌 23	己亥 24	庚子 25	辛丑 26	壬寅 27	癸卯 28	甲辰 29	乙巳 30	丙午 31		甲午立夏
五月小	戊午	天干地支 西曆	丁未 (6)	戊申 2	己酉 3	庚戌 4	辛亥 5	壬子 6	癸丑 7	甲寅 8	乙卯 9	丙辰 10	丁巳 11	戊午 12	己未 13	庚申 14	辛酉 15	壬戌 16	癸亥 17	甲子 18	乙丑 19	丙寅 20	丁卯 21	戊辰 22	己巳 23	庚午 24	辛未 25	壬申 26	癸酉 27	甲戌 28	乙亥 29		辛巳夏至
閏五月大	戊午	天干地支 西曆	丙子 30	丁丑 (7)	戊寅 2	己卯 3	庚辰 4	辛巳 5	壬午 6	癸未 7	甲申 8	乙酉 9	丙戌 10	丁亥 11	戊子 12	己丑 13	庚寅 14	辛卯 15	壬辰 16	癸巳 17	甲午 18	乙未 19	丙申 20	丁酉 21	戊戌 22	己亥 23	庚子 24	辛丑 25	壬寅 26	癸卯 27	甲辰 28	乙巳 29	
六月小	己未	天干地支 西曆	丙午 30	丁未 31	戊申 (8)	己酉 2	庚戌 3	辛亥 4	壬子 5	癸丑 6	甲寅 7	乙卯 8	丙辰 9	丁巳 10	戊午 11	己未 12	庚申 13	辛酉 14	壬戌 15	癸亥 16	甲子 17	乙丑 18	丙寅 19	丁卯 20	戊辰 21	己巳 22	庚午 23	辛未 24	壬申 25	癸酉 26	甲戌 27		丁卯立秋
七月大	庚申	天干地支 西曆	乙亥 28	丙子 29	丁丑 30	戊寅 31	己卯 (9)	庚辰 2	辛巳 3	壬午 4	癸未 5	甲申 6	乙酉 7	丙戌 8	丁亥 9	戊子 10	己丑 11	庚寅 12	辛卯 13	壬辰 14	癸巳 15	甲午 16	乙未 17	丙申 18	丁酉 19	戊戌 20	己亥 21	庚子 22	辛丑 23	壬寅 24	癸卯 25	甲辰 26	
八月大	辛酉	天干地支 西曆	乙巳 27	丙午 28	丁未 29	戊申 30	己酉 (10)	庚戌 2	辛亥 3	壬子 4	癸丑 5	甲寅 6	乙卯 7	丙辰 8	丁巳 9	戊午 10	己未 11	庚申 12	辛酉 13	壬戌 14	癸亥 15	甲子 16	乙丑 17	丙寅 18	丁卯 19	戊辰 20	己巳 21	庚午 22	辛未 23	壬申 24	癸酉 25	甲戌 26	壬子秋分
九月大	壬戌	天干地支 西曆	乙亥 27	丙子 28	丁丑 29	戊寅 30	己卯 31	庚辰 (11)	辛巳 2	壬午 3	癸未 4	甲申 5	乙酉 6	丙戌 7	丁亥 8	戊子 9	己丑 10	庚寅 11	辛卯 12	壬辰 13	癸巳 14	甲午 15	乙未 16	丙申 17	丁酉 18	戊戌 19	己亥 20	庚子 21	辛丑 22	壬寅 23	癸卯 24	甲辰 25	丙申立冬
十月小	癸亥	天干地支 西曆	乙巳 26	丙午 27	丁未 28	戊申 29	己酉 30	庚戌 (12)	辛亥 2	壬子 3	癸丑 4	甲寅 5	乙卯 6	丙辰 7	丁巳 8	戊午 9	己未 10	庚申 11	辛酉 12	壬戌 13	癸亥 14	甲子 15	乙丑 16	丙寅 17	丁卯 18	戊辰 19	己巳 20	庚午 21	辛未 22	壬申 23	癸酉 24		
十一月大	甲子	天干地支 西曆	甲戌 25	乙亥 26	丙子 27	丁丑 28	戊寅 29	己卯 30	庚辰 31	辛巳 (1)	壬午 2	癸未 3	甲申 4	乙酉 5	丙戌 6	丁亥 7	戊子 8	己丑 9	庚寅 10	辛卯 11	壬辰 12	癸巳 13	甲午 14	乙未 15	丙申 16	丁酉 17	戊戌 18	己亥 19	庚子 20	辛丑 21	壬寅 22	癸卯 23	辛巳冬至
十二月大	乙丑	天干地支 西曆	甲辰 24	乙巳 25	丙午 26	丁未 27	戊申 28	己酉 29	庚戌 30	辛亥 31	壬子 (2)	癸丑 2	甲寅 3	乙卯 4	丙辰 5	丁巳 6	戊午 7	己未 8	庚申 9	辛酉 10	壬戌 11	癸亥 12	甲子 13	乙丑 14	丙寅 15	丁卯 16	戊辰 17	己巳 18	庚午 19	辛未 20	壬申 21	癸酉 22	丙寅立春

年代異同	竹書紀年	皇極經世	文獻通考	歷代紀年備考	歷代帝王年表	歷代統紀表	中國年曆總譜	斷代工程
	殷祖甲十年	殷廩辛三年	殷廩辛三年	殷廩辛三年	殷廩辛三年	殷廩辛三年	殷武乙四年	殷武丁二十八年

殷武丁二十五年（己亥 猪年） 公元前1222 ~ 前1221年

夏曆月序		中西曆日對照	初一	初二	初三	初四	初五	初六	初七	初八	初九	初十	十一	十二	十三	十四	十五	十六	十七	十八	十九	二十	二一	二二	二三	二四	二五	二六	二七	二八	二九	三十	節氣與天象
正月小	丙寅	干支 天地 西曆	甲戌23	乙亥24	丙子25	丁丑26	戊寅27	己卯28	庚辰(3)	辛巳2	壬午3	癸未4	甲申5	乙酉6	丙戌7	丁亥8	戊子9	己丑10	庚寅11	辛卯12	壬辰13	癸巳14	甲午15	乙未16	丙申17	丁酉18	戊戌19	己亥20	庚子21	辛丑22	壬寅23		
二月大	丁卯	干支 天地 西曆	癸卯24	甲辰25	乙巳26	丙午27	丁未28	戊申29	己酉30	庚戌31	辛亥(4)	壬子2	癸丑3	甲寅4	乙卯5	丙辰6	丁巳7	戊午8	己未9	庚申10	辛酉11	壬戌12	癸亥13	甲子14	乙丑15	丙寅16	丁卯17	戊辰18	己巳19	庚午20	辛未21	壬申22	壬子春分
三月小	戊辰	干支 天地 西曆	癸酉23	甲戌24	乙亥25	丙子26	丁丑27	戊寅28	己卯29	庚辰30	辛巳(5)	壬午2	癸未3	甲申4	乙酉5	丙戌6	丁亥7	戊子8	己丑9	庚寅10	辛卯11	壬辰12	癸巳13	甲午14	乙未15	丙申16	丁酉17	戊戌18	己亥19	庚子20	辛丑21		己亥立夏
四月小	己巳	干支 天地 西曆	壬寅22	癸卯23	甲辰24	乙巳25	丙午26	丁未27	戊申28	己酉29	庚戌30	辛亥31	壬子(6)	癸丑2	甲寅3	乙卯4	丙辰5	丁巳6	戊午7	己未8	庚申9	辛酉10	壬戌11	癸亥12	甲子13	乙丑14	丙寅15	丁卯16	戊辰17	己巳18	庚午19		
五月小	庚午	干支 天地 西曆	辛未20	壬申21	癸酉22	甲戌23	乙亥24	丙子25	丁丑26	戊寅27	己卯28	庚辰29	辛巳30	壬午(7)	癸未2	甲申3	乙酉4	丙戌5	丁亥6	戊子7	己丑8	庚寅9	辛卯10	壬辰11	癸巳12	甲午13	乙未14	丙申15	丁酉16	戊戌17	己亥18		丙戌夏至
六月大	辛未	干支 天地 西曆	庚子19	辛丑20	壬寅21	癸卯22	甲辰23	乙巳24	丙午25	丁未26	戊申27	己酉28	庚戌29	辛亥30	壬子31	癸丑(8)	甲寅2	乙卯3	丙辰4	丁巳5	戊午6	己未7	庚申8	辛酉9	壬戌10	癸亥11	甲子12	乙丑13	丙寅14	丁卯15	戊辰16	己巳17	
七月小	壬申	干支 天地 西曆	庚午18	辛未19	壬申20	癸酉21	甲戌22	乙亥23	丙子24	丁丑25	戊寅26	己卯27	庚辰28	辛巳29	壬午30	癸未31	甲申(9)	乙酉2	丙戌3	丁亥4	戊子5	己丑6	庚寅7	辛卯8	壬辰9	癸巳10	甲午11	乙未12	丙申13	丁酉14	戊戌15		壬申立秋 庚午日食
八月大	癸酉	干支 天地 西曆	己亥16	庚子17	辛丑18	壬寅19	癸卯20	甲辰21	乙巳22	丙午23	丁未24	戊申25	己酉26	庚戌27	辛亥28	壬子29	癸丑30	甲寅(10)	乙卯2	丙辰3	丁巳4	戊午5	己未6	庚申7	辛酉8	壬戌9	癸亥10	甲子11	乙丑12	丙寅13	丁卯14	戊辰15	丁巳秋分
九月大	甲戌	干支 天地 西曆	己巳16	庚午17	辛未18	壬申19	癸酉20	甲戌21	乙亥22	丙子23	丁丑24	戊寅25	己卯26	庚辰27	辛巳28	壬午29	癸未30	甲申31	乙酉(11)	丙戌2	丁亥3	戊子4	己丑5	庚寅6	辛卯7	壬辰8	癸巳9	甲午10	乙未11	丙申12	丁酉13	戊戌14	
十月小	乙亥	干支 天地 西曆	己亥15	庚子16	辛丑17	壬寅18	癸卯19	甲辰20	乙巳21	丙午22	丁未23	戊申24	己酉25	庚戌26	辛亥27	壬子28	癸丑29	甲寅30	乙卯(12)	丙辰2	丁巳3	戊午4	己未5	庚申6	辛酉7	壬戌8	癸亥9	甲子10	乙丑11	丙寅12	丁卯13		壬寅立冬
十一月大	丙子	干支 天地 西曆	戊辰14	己巳15	庚午16	辛未17	壬申18	癸酉19	甲戌20	乙亥21	丙子22	丁丑23	戊寅24	己卯25	庚辰26	辛巳27	壬午28	癸未29	甲申30	乙酉31	丙戌(1)	丁亥2	戊子3	己丑4	庚寅5	辛卯6	壬辰7	癸巳8	甲午9	乙未10	丙申11	丁酉12	丙戌冬至
十二月大	丁丑	干支 天地 西曆	戊戌13	己亥14	庚子15	辛丑16	壬寅17	癸卯18	甲辰19	乙巳20	丙午21	丁未22	戊申23	己酉24	庚戌25	辛亥26	壬子27	癸丑28	甲寅29	乙卯30	丙辰31	丁巳(2)	戊午2	己未3	庚申4	辛酉5	壬戌6	癸亥7	甲子8	乙丑9	丙寅10	丁卯11	

年代異同	竹書紀年	皇極經世	文獻通考	歷代紀年備考	歷代帝王年表	歷代統紀表	中國年曆總譜	斷代工程
	殷祖甲十一年	殷廩辛四年	殷廩辛四年	殷廩辛四年	殷廩辛四年	殷廩辛四年	殷文武丁元年	殷武丁二十九年

殷武丁二十六年（庚子 鼠年） 公元前 1221 ~ 前 1220 年

夏曆月序		中西曆日對照	夏曆日序																														節氣與天象
			初一	初二	初三	初四	初五	初六	初七	初八	初九	初十	十一	十二	十三	十四	十五	十六	十七	十八	十九	二十	二一	二二	二三	二四	二五	二六	二七	二八	二九	三十	
正月大	戊寅	天干地支 西曆	戊辰 12	己巳 13	庚午 14	辛未 15	壬申 16	癸酉 17	甲戌 18	乙亥 19	丙子 20	丁丑 21	戊寅 22	己卯 23	庚辰 24	辛巳 25	壬午 26	癸未 27	甲申 28	乙酉 29	丙戌 (3)	丁亥 2	戊子 3	己丑 4	庚寅 5	辛卯 6	壬辰 7	癸巳 8	甲午 9	乙未 10	丙申 11	丁酉 12	辛未立春
二月小	己卯	天干地支 西曆	戊戌 13	己亥 14	庚子 15	辛丑 16	壬寅 17	癸卯 18	甲辰 19	乙巳 20	丙午 21	丁未 22	戊申 23	己酉 24	庚戌 25	辛亥 26	壬子 27	癸丑 28	甲寅 29	乙卯 30	丙辰 31	丁巳 (4)	戊午 2	己未 3	庚申 4	辛酉 5	壬戌 6	癸亥 7	甲子 8	乙丑 9	丙寅 10		丁巳春分
三月大	庚辰	天干地支 西曆	丁卯 11	戊辰 12	己巳 13	庚午 14	辛未 15	壬申 16	癸酉 17	甲戌 18	乙亥 19	丙子 20	丁丑 21	戊寅 22	己卯 23	庚辰 24	辛巳 25	壬午 26	癸未 27	甲申 28	乙酉 29	丙戌 30	丁亥 (5)	戊子 2	己丑 3	庚寅 4	辛卯 5	壬辰 6	癸巳 7	甲午 8	乙未 9	丙申 10	
四月小	辛巳	天干地支 西曆	丁酉 11	戊戌 12	己亥 13	庚子 14	辛丑 15	壬寅 16	癸卯 17	甲辰 18	乙巳 19	丙午 20	丁未 21	戊申 22	己酉 23	庚戌 24	辛亥 25	壬子 26	癸丑 27	甲寅 28	乙卯 29	丙辰 30	丁巳 31	戊午 (6)	己未 2	庚申 3	辛酉 4	壬戌 5	癸亥 6	甲子 7	乙丑 8		甲辰立夏
五月小	壬午	天干地支 西曆	丙寅 9	丁卯 10	戊辰 11	己巳 12	庚午 13	辛未 14	壬申 15	癸酉 16	甲戌 17	乙亥 18	丙子 19	丁丑 20	戊寅 21	己卯 22	庚辰 23	辛巳 24	壬午 25	癸未 26	甲申 27	乙酉 28	丙戌 29	丁亥 30	戊子 (7)	己丑 2	庚寅 3	辛卯 4	壬辰 5	癸巳 6	甲午 7		辛卯夏至
六月大	癸未	天干地支 西曆	乙未 8	丙申 9	丁酉 10	戊戌 11	己亥 12	庚子 13	辛丑 14	壬寅 15	癸卯 16	甲辰 17	乙巳 18	丙午 19	丁未 20	戊申 21	己酉 22	庚戌 23	辛亥 24	壬子 25	癸丑 26	甲寅 27	乙卯 28	丙辰 29	丁巳 30	戊午 31	己未 (8)	庚申 2	辛酉 3	壬戌 4	癸亥 5	甲子 6	
七月小	甲申	天干地支 西曆	乙丑 7	丙寅 8	丁卯 9	戊辰 10	己巳 11	庚午 12	辛未 13	壬申 14	癸酉 15	甲戌 16	乙亥 17	丙子 18	丁丑 19	戊寅 20	己卯 21	庚辰 22	辛巳 23	壬午 24	癸未 25	甲申 26	乙酉 27	丙戌 28	丁亥 29	戊子 30	己丑 31	庚寅 (9)	辛卯 2	壬辰 3	癸巳 4		戊寅立秋
八月小	乙酉	天干地支 西曆	甲午 5	乙未 6	丙申 7	丁酉 8	戊戌 9	己亥 10	庚子 11	辛丑 12	壬寅 13	癸卯 14	甲辰 15	乙巳 16	丙午 17	丁未 18	戊申 19	己酉 20	庚戌 21	辛亥 22	壬子 23	癸丑 24	甲寅 25	乙卯 26	丙辰 27	丁巳 28	戊午 29	己未 30	庚申 (10)	辛酉 2	壬戌 3		
九月大	丙戌	天干地支 西曆	癸亥 4	甲子 5	乙丑 6	丙寅 7	丁卯 8	戊辰 9	己巳 10	庚午 11	辛未 12	壬申 13	癸酉 14	甲戌 15	乙亥 16	丙子 17	丁丑 18	戊寅 19	己卯 20	庚辰 21	辛巳 22	壬午 23	癸未 24	甲申 25	乙酉 26	丙戌 27	丁亥 28	戊子 29	己丑 30	庚寅 31	辛卯 (11)	壬辰 2	癸亥秋分
十月小	丁亥	天干地支 西曆	癸巳 3	甲午 4	乙未 5	丙申 6	丁酉 7	戊戌 8	己亥 9	庚子 10	辛丑 11	壬寅 12	癸卯 13	甲辰 14	乙巳 15	丙午 16	丁未 17	戊申 18	己酉 19	庚戌 20	辛亥 21	壬子 22	癸丑 23	甲寅 24	乙卯 25	丙辰 26	丁巳 27	戊午 28	己未 29	庚申 30	辛酉 (12)		丁未立冬
十一月大	戊子	天干地支 西曆	壬戌 2	癸亥 3	甲子 4	乙丑 5	丙寅 6	丁卯 7	戊辰 8	己巳 9	庚午 10	辛未 11	壬申 12	癸酉 13	甲戌 14	乙亥 15	丙子 16	丁丑 17	戊寅 18	己卯 19	庚辰 20	辛巳 21	壬午 22	癸未 23	甲申 24	乙酉 25	丙戌 26	丁亥 27	戊子 28	己丑 29	庚寅 30	辛卯 31	辛卯冬至
十二月大	己丑	天干地支 西曆	壬辰 (1)	癸巳 2	甲午 3	乙未 4	丙申 5	丁酉 6	戊戌 7	己亥 8	庚子 9	辛丑 10	壬寅 11	癸卯 12	甲辰 13	乙巳 14	丙午 15	丁未 16	戊申 17	己酉 18	庚戌 19	辛亥 20	壬子 21	癸丑 22	甲寅 23	乙卯 24	丙辰 25	丁巳 26	戊午 27	己未 28	庚申 29	辛酉 30	

年代異同	竹書紀年	皇極經世	文獻通考	歷代紀年備考	歷代帝王年表	歷代統紀表	中國年曆總譜	斷代工程
	殷祖甲十二年	殷廩辛五年	殷廩辛五年	殷廩辛五年	殷廩辛五年	殷廩辛五年	殷文武丁二年	殷武丁三十年

殷武丁二十七年（辛丑 牛年）公元前1220 ~ 前1219年

夏曆月序		中西曆日對照	初一	初二	初三	初四	初五	初六	初七	初八	初九	初十	十一	十二	十三	十四	十五	十六	十七	十八	十九	二十	二一	二二	二三	二四	二五	二六	二七	二八	二九	三十	節氣與天象
正月大	庚寅	天干地支 西曆	壬戌31	癸亥(2)	甲子2	乙丑3	丙寅4	丁卯5	戊辰6	己巳7	庚午8	辛未9	壬申10	癸酉11	甲戌12	乙亥13	丙子14	丁丑15	戊寅16	己卯17	庚辰18	辛巳19	壬午20	癸未21	甲申22	乙酉23	丙戌24	丁亥25	戊子26	己丑27	庚寅28	辛卯(3)	丙子立春
二月小	辛卯	天干地支 西曆	壬辰2	癸巳3	甲午4	乙未5	丙申6	丁酉7	戊戌8	己亥9	庚子10	辛丑11	壬寅12	癸卯13	甲辰14	乙巳15	丙午16	丁未17	戊申18	己酉19	庚戌20	辛亥21	壬子22	癸丑23	甲寅24	乙卯25	丙辰26	丁巳27	戊午28	己未29	庚申30		
閏二月大	辛卯	天干地支 西曆	辛酉31	壬戌(4)	癸亥2	甲子3	乙丑4	丙寅5	丁卯6	戊辰7	己巳8	庚午9	辛未10	壬申11	癸酉12	甲戌13	乙亥14	丙子15	丁丑16	戊寅17	己卯18	庚辰19	辛巳20	壬午21	癸未22	甲申23	乙酉24	丙戌25	丁亥26	戊子27	己丑28	庚寅29	壬戌春分
三月小	壬辰	天干地支 西曆	辛卯30	壬辰(5)	癸巳2	甲午3	乙未4	丙申5	丁酉6	戊戌7	己亥8	庚子9	辛丑10	壬寅11	癸卯12	甲辰13	乙巳14	丙午15	丁未16	戊申17	己酉18	庚戌19	辛亥20	壬子21	癸丑22	甲寅23	乙卯24	丙辰25	丁巳26	戊午27	己未28		己酉立夏
四月大	癸巳	天干地支 西曆	庚申29	辛酉30	壬戌31	癸亥(6)	甲子2	乙丑3	丙寅4	丁卯5	戊辰6	己巳7	庚午8	辛未9	壬申10	癸酉11	甲戌12	乙亥13	丙子14	丁丑15	戊寅16	己卯17	庚辰18	辛巳19	壬午20	癸未21	甲申22	乙酉23	丙戌24	丁亥25	戊子26	己丑27	
五月小	甲午	天干地支 西曆	庚寅28	辛卯29	壬辰30	癸巳(7)	甲午2	乙未3	丙申4	丁酉5	戊戌6	己亥7	庚子8	辛丑9	壬寅10	癸卯11	甲辰12	乙巳13	丙午14	丁未15	戊申16	己酉17	庚戌18	辛亥19	壬子20	癸丑21	甲寅22	乙卯23	丙辰24	丁巳25	戊午26		丁酉夏至
六月大	乙未	天干地支 西曆	己未27	庚申28	辛酉29	壬戌30	癸亥31	甲子(8)	乙丑2	丙寅3	丁卯4	戊辰5	己巳6	庚午7	辛未8	壬申9	癸酉10	甲戌11	乙亥12	丙子13	丁丑14	戊寅15	己卯16	庚辰17	辛巳18	壬午19	癸未20	甲申21	乙酉22	丙戌23	丁亥24	戊子25	癸未立秋
七月小	丙申	天干地支 西曆	己丑26	庚寅27	辛卯28	壬辰29	癸巳30	甲午31	乙未(9)	丙申2	丁酉3	戊戌4	己亥5	庚子6	辛丑7	壬寅8	癸卯9	甲辰10	乙巳11	丙午12	丁未13	戊申14	己酉15	庚戌16	辛亥17	壬子18	癸丑19	甲寅20	乙卯21	丙辰22	丁巳23		
八月小	丁酉	天干地支 西曆	戊午24	己未25	庚申26	辛酉27	壬戌28	癸亥29	甲子30	乙丑(10)	丙寅2	丁卯3	戊辰4	己巳5	庚午6	辛未7	壬申8	癸酉9	甲戌10	乙亥11	丙子12	丁丑13	戊寅14	己卯15	庚辰16	辛巳17	壬午18	癸未19	甲申20	乙酉21	丙戌22		戊辰秋分
九月大	戊戌	天干地支 西曆	丁亥23	戊子24	己丑25	庚寅26	辛卯27	壬辰28	癸巳29	甲午30	乙未31	丙申(11)	丁酉2	戊戌3	己亥4	庚子5	辛丑6	壬寅7	癸卯8	甲辰9	乙巳10	丙午11	丁未12	戊申13	己酉14	庚戌15	辛亥16	壬子17	癸丑18	甲寅19	乙卯20	丙辰21	壬子立冬
十月小	己亥	天干地支 西曆	丁巳22	戊午23	己未24	庚申25	辛酉26	壬戌27	癸亥28	甲子29	乙丑30	丙寅(12)	丁卯2	戊辰3	己巳4	庚午5	辛未6	壬申7	癸酉8	甲戌9	乙亥10	丙子11	丁丑12	戊寅13	己卯14	庚辰15	辛巳16	壬午17	癸未18	甲申19	乙酉20		
十一月大	庚子	天干地支 西曆	丙戌21	丁亥22	戊子23	己丑24	庚寅25	辛卯26	壬辰27	癸巳28	甲午29	乙未30	丙申31	丁酉(1)	戊戌2	己亥3	庚子4	辛丑5	壬寅6	癸卯7	甲辰8	乙巳9	丙午10	丁未11	戊申12	己酉13	庚戌14	辛亥15	壬子16	癸丑17	甲寅18	乙卯19	丙申冬至
十二月大	辛丑	天干地支 西曆	丙辰20	丁巳21	戊午22	己未23	庚申24	辛酉25	壬戌26	癸亥27	甲子28	乙丑29	丙寅30	丁卯31	戊辰(2)	己巳2	庚午3	辛未4	壬申5	癸酉6	甲戌7	乙亥8	丙子9	丁丑10	戊寅11	己卯12	庚辰13	辛巳14	壬午15	癸未16	甲申17	乙酉18	辛巳立春

年代異同	竹書紀年	皇極經世	文獻通考	歷代紀年備考	歷代帝王年表	歷代統紀表	中國年曆總譜	斷代工程
	殷祖甲十三年	殷廩辛六年	殷廩辛六年	殷廩辛六年	殷廩辛六年	殷廩辛六年	殷文武丁三年	殷武丁三十一年

殷武丁二十八年（壬寅 虎年） 公元前1219 ~ 前1218年

夏曆月序		中西曆日對照	初一	初二	初三	初四	初五	初六	初七	初八	初九	初十	十一	十二	十三	十四	十五	十六	十七	十八	十九	二十	二一	二二	二三	二四	二五	二六	二七	二八	二九	三十	節氣與天象
正月小	壬寅	干支天地西曆	丙戌19	丁亥20	戊子21	己丑22	庚寅23	辛卯24	壬辰25	癸巳26	甲午27	乙未28	丙申(3)	丁酉2	戊戌3	己亥4	庚子5	辛丑6	壬寅7	癸卯8	甲辰9	乙巳10	丙午11	丁未12	戊申13	己酉14	庚戌15	辛亥16	壬子17	癸丑18	甲寅19		
二月大	癸卯	干支天地西曆	乙卯20	丙辰21	丁巳22	戊午23	己未24	庚申25	辛酉26	壬戌27	癸亥28	甲子29	乙丑30	丙寅31	丁卯(4)	戊辰2	己巳3	庚午4	辛未5	壬申6	癸酉7	甲戌8	乙亥9	丙子10	丁丑11	戊寅12	己卯13	庚辰14	辛巳15	壬午16	癸未17	甲申18	丁卯春分
三月大	甲辰	干支天地西曆	乙酉19	丙戌20	丁亥21	戊子22	己丑23	庚寅24	辛卯25	壬辰26	癸巳27	甲午28	乙未29	丙申30	丁酉(5)	戊戌2	己亥3	庚子4	辛丑5	壬寅6	癸卯7	甲辰8	乙巳9	丙午10	丁未11	戊申12	己酉13	庚戌14	辛亥15	壬子16	癸丑17	甲寅18	
四月小	乙巳	干支天地西曆	乙卯19	丙辰20	丁巳21	戊午22	己未23	庚申24	辛酉25	壬戌26	癸亥27	甲子28	乙丑29	丙寅30	丁卯31	戊辰(6)	己巳2	庚午3	辛未4	壬申5	癸酉6	甲戌7	乙亥8	丙子9	丁丑10	戊寅11	己卯12	庚辰13	辛巳14	壬午15	癸未16		乙卯立夏
五月大	丙午	干支天地西曆	甲申17	乙酉18	丙戌19	丁亥20	戊子21	己丑22	庚寅23	辛卯24	壬辰25	癸巳26	甲午27	乙未28	丙申29	丁酉30	戊戌(7)7	己亥2	庚子3	辛丑4	壬寅5	癸卯6	甲辰7	乙巳8	丙午9	丁未10	戊申11	己酉12	庚戌13	辛亥14	壬子15	癸丑16	壬寅夏至
六月小	丁未	干支天地西曆	甲寅17	乙卯18	丙辰19	丁巳20	戊午21	己未22	庚申23	辛酉24	壬戌25	癸亥26	甲子27	乙丑28	丙寅29	丁卯30	戊辰31	己巳(8)	庚午2	辛未3	壬申4	癸酉5	甲戌6	乙亥7	丙子8	丁丑9	戊寅10	己卯11	庚辰12	辛巳13	壬午14		
七月大	戊申	干支天地西曆	癸未15	甲申16	乙酉17	丙戌18	丁亥19	戊子20	己丑21	庚寅22	辛卯23	壬辰24	癸巳25	甲午26	乙未27	丙申28	丁酉29	戊戌30	己亥31	庚子(9)	辛丑2	壬寅3	癸卯4	甲辰5	乙巳6	丙午7	丁未8	戊申9	己酉10	庚戌11	辛亥12	壬子13	戊子立秋
八月小	己酉	干支天地西曆	癸丑14	甲寅15	乙卯16	丙辰17	丁巳18	戊午19	己未20	庚申21	辛酉22	壬戌23	癸亥24	甲子25	乙丑26	丙寅27	丁卯28	戊辰29	己巳30	庚午(10)	辛未2	壬申3	癸酉4	甲戌5	乙亥6	丙子7	丁丑8	戊寅9	己卯10	庚辰11	辛巳12		癸酉秋分
九月小	庚戌	干支天地西曆	壬午13	癸未14	甲申15	乙酉16	丙戌17	丁亥18	戊子19	己丑20	庚寅21	辛卯22	壬辰23	癸巳24	甲午25	乙未26	丙申27	丁酉28	戊戌29	己亥30	庚子31	辛丑(11)	壬寅2	癸卯3	甲辰4	乙巳5	丙午6	丁未7	戊申8	己酉9	庚戌10		
十月大	辛亥	干支天地西曆	辛亥11	壬子12	癸丑13	甲寅14	乙卯15	丙辰16	丁巳17	戊午18	己未19	庚申20	辛酉21	壬戌22	癸亥23	甲子24	乙丑25	丙寅26	丁卯27	戊辰28	己巳29	庚午30	辛未(12)	壬申2	癸酉3	甲戌4	乙亥5	丙子6	丁丑7	戊寅8	己卯9	庚辰10	丁巳立冬
十一月小	壬子	干支天地西曆	辛巳11	壬午12	癸未13	甲申14	乙酉15	丙戌16	丁亥17	戊子18	己丑19	庚寅20	辛卯21	壬辰22	癸巳23	甲午24	乙未25	丙申26	丁酉27	戊戌28	己亥29	庚子30	辛丑31	壬寅(1)	癸卯2	甲辰3	乙巳4	丙午5	丁未6	戊申7	己酉8		壬寅冬至
十二月大	癸丑	干支天地西曆	庚戌9	辛亥10	壬子11	癸丑12	甲寅13	乙卯14	丙辰15	丁巳16	戊午17	己未18	庚申19	辛酉20	壬戌21	癸亥22	甲子23	乙丑24	丙寅25	丁卯26	戊辰27	己巳28	庚午29	辛未30	壬申31	癸酉(2)	甲戌2	乙亥3	丙子4	丁丑5	戊寅6	己卯7	

年代異同	竹書紀年	皇極經世	文獻通考	歷代紀年備考	歷代帝王年表	歷代統紀表	中國年曆總譜	斷代工程
	殷祖甲十四年	殷庚丁元年	殷庚丁元年	殷庚丁元年	殷庚丁元年	殷庚丁元年	殷文武丁四年	殷武丁三十二年

殷武丁二十九年（癸卯 兔年） 公元前 1218 ~ 前 1217 年

夏曆月序		中西曆日對照	夏曆日序																														節氣與天象
			初一	初二	初三	初四	初五	初六	初七	初八	初九	初十	十一	十二	十三	十四	十五	十六	十七	十八	十九	二十	二一	二二	二三	二四	二五	二六	二七	二八	二九	三十	
正月大	甲寅	干支 天地西曆	庚辰 8	辛巳 9	壬午 10	癸未 11	甲申 12	乙酉 13	丙戌 14	丁亥 15	戊子 16	己丑 17	庚寅 18	辛卯 19	壬辰 20	癸巳 21	甲午 22	乙未 23	丙申 24	丁酉 25	戊戌 26	己亥 27	庚子 28	辛丑 (3)	壬寅 2	癸卯 3	甲辰 4	乙巳 5	丙午 6	丁未 7	戊申 8	己酉 9	丁亥立春
二月小	乙卯	干支 天地西曆	庚戌 10	辛亥 11	壬子 12	癸丑 13	甲寅 14	乙卯 15	丙辰 16	丁巳 17	戊午 18	己未 19	庚申 20	辛酉 21	壬戌 22	癸亥 23	甲子 24	乙丑 25	丙寅 26	丁卯 27	戊辰 28	己巳 29	庚午 30	辛未 31	壬申 (4)	癸酉 2	甲戌 3	乙亥 4	丙子 5	丁丑 6	戊寅 7		癸酉春分
三月大	丙辰	干支 天地西曆	己卯 8	庚辰 9	辛巳 10	壬午 11	癸未 12	甲申 13	乙酉 14	丙戌 15	丁亥 16	戊子 17	己丑 18	庚寅 19	辛卯 20	壬辰 21	癸巳 22	甲午 23	乙未 24	丙申 25	丁酉 26	戊戌 27	己亥 28	庚子 29	辛丑 30	壬寅 (5)	癸卯 2	甲辰 3	乙巳 4	丙午 5	丁未 6	戊申 7	
四月小	丁巳	干支 天地西曆	己酉 8	庚戌 9	辛亥 10	壬子 11	癸丑 12	甲寅 13	乙卯 14	丙辰 15	丁巳 16	戊午 17	己未 18	庚申 19	辛酉 20	壬戌 21	癸亥 22	甲子 23	乙丑 24	丙寅 25	丁卯 26	戊辰 27	己巳 28	庚午 29	辛未 30	壬申 31	癸酉 (6)	甲戌 2	乙亥 3	丙子 4	丁丑 5		庚申立夏
五月大	戊午	干支 天地西曆	戊寅 6	己卯 7	庚辰 8	辛巳 9	壬午 10	癸未 11	甲申 12	乙酉 13	丙戌 14	丁亥 15	戊子 16	己丑 17	庚寅 18	辛卯 19	壬辰 20	癸巳 21	甲午 22	乙未 23	丙申 24	丁酉 25	戊戌 26	己亥 27	庚子 28	辛丑 29	壬寅 30	癸卯 (7)	甲辰 2	乙巳 3	丙午 4	丁未 5	丁未夏至
六月大	己未	干支 天地西曆	戊申 6	己酉 7	庚戌 8	辛亥 9	壬子 10	癸丑 11	甲寅 12	乙卯 13	丙辰 14	丁巳 15	戊午 16	己未 17	庚申 18	辛酉 19	壬戌 20	癸亥 21	甲子 22	乙丑 23	丙寅 24	丁卯 25	戊辰 26	己巳 27	庚午 28	辛未 29	壬申 30	癸酉 31	甲戌 (8)	乙亥 2	丙子 3	丁丑 4	
七月小	庚申	干支 天地西曆	戊寅 5	己卯 6	庚辰 7	辛巳 8	壬午 9	癸未 10	甲申 11	乙酉 12	丙戌 13	丁亥 14	戊子 15	己丑 16	庚寅 17	辛卯 18	壬辰 19	癸巳 20	甲午 21	乙未 22	丙申 23	丁酉 24	戊戌 25	己亥 26	庚子 27	辛丑 28	壬寅 29	癸卯 30	甲辰 31	乙巳 (9)	丙午 2		癸巳立秋
八月大	辛酉	干支 天地西曆	丁未 3	戊申 4	己酉 5	庚戌 6	辛亥 7	壬子 8	癸丑 9	甲寅 10	乙卯 11	丙辰 12	丁巳 13	戊午 14	己未 15	庚申 16	辛酉 17	壬戌 18	癸亥 19	甲子 20	乙丑 21	丙寅 22	丁卯 23	戊辰 24	己巳 25	庚午 26	辛未 27	壬申 28	癸酉 29	甲戌 30	乙亥 (10)	丙子 2	
九月小	壬戌	干支 天地西曆	丁丑 3	戊寅 4	己卯 5	庚辰 6	辛巳 7	壬午 8	癸未 9	甲申 10	乙酉 11	丙戌 12	丁亥 13	戊子 14	己丑 15	庚寅 16	辛卯 17	壬辰 18	癸巳 19	甲午 20	乙未 21	丙申 22	丁酉 23	戊戌 24	己亥 25	庚子 26	辛丑 27	壬寅 28	癸卯 29	甲辰 30	乙巳 31		戊寅秋分
十月大	癸亥	干支 天地西曆	丙午 (11)	丁未 2	戊申 3	己酉 4	庚戌 5	辛亥 6	壬子 7	癸丑 8	甲寅 9	乙卯 10	丙辰 11	丁巳 12	戊午 13	己未 14	庚申 15	辛酉 16	壬戌 17	癸亥 18	甲子 19	乙丑 20	丙寅 21	丁卯 22	戊辰 23	己巳 24	庚午 25	辛未 26	壬申 27	癸酉 28	甲戌 29	乙亥 30	癸亥立冬
十一月小	甲子	干支 天地西曆	丙子 (2)	丁丑 2	戊寅 3	己卯 4	庚辰 5	辛巳 6	壬午 7	癸未 8	甲申 9	乙酉 10	丙戌 11	丁亥 12	戊子 13	己丑 14	庚寅 15	辛卯 16	壬辰 17	癸巳 18	甲午 19	乙未 20	丙申 21	丁酉 22	戊戌 23	己亥 24	庚子 25	辛丑 26	壬寅 27	癸卯 28	甲辰 29		
閏十一小	甲子	干支 天地西曆	乙巳 30	丙午 31	丁未 (1)	戊申 2	己酉 3	庚戌 4	辛亥 5	壬子 6	癸丑 7	甲寅 8	乙卯 9	丙辰 10	丁巳 11	戊午 12	己未 13	庚申 14	辛酉 15	壬戌 16	癸亥 17	甲子 18	乙丑 19	丙寅 20	丁卯 21	戊辰 22	己巳 23	庚午 24	辛未 25	壬申 26	癸酉 27		丁未冬至
十二月大	乙丑	干支 天地西曆	甲戌 28	乙亥 29	丙子 30	丁丑 31	戊寅 (2)	己卯 2	庚辰 3	辛巳 4	壬午 5	癸未 6	甲申 7	乙酉 8	丙戌 9	丁亥 10	戊子 11	己丑 12	庚寅 13	辛卯 14	壬辰 15	癸巳 16	甲午 17	乙未 18	丙申 19	丁酉 20	戊戌 21	己亥 22	庚子 23	辛丑 24	壬寅 25	癸卯 26	壬辰立春

年代異同	竹書紀年	皇極經世	文獻通考	歷代紀年備考	歷代帝王年表	歷代統紀表	中國年曆總譜	斷代工程
	殷祖甲十五年	殷庚丁二年	殷庚丁二年	殷庚丁二年	殷庚丁二年	殷庚丁二年	殷文武丁五年	殷武丁三十三年

殷武丁三十年（甲辰 龍年） 公元前 **1217** ~ 前 1216 年

夏曆月序		中西曆日對照	初一	初二	初三	初四	初五	初六	初七	初八	初九	初十	十一	十二	十三	十四	十五	十六	十七	十八	十九	二十	二一	二二	二三	二四	二五	二六	二七	二八	二九	三十	節氣與天象
正月小	丙寅	天干 地支 西曆	甲辰 27	乙巳 28	丙午 29	丁未 (3)	戊申 2	己酉 3	庚戌 4	辛亥 5	壬子 6	癸丑 7	甲寅 8	乙卯 9	丙辰 10	丁巳 11	戊午 12	己未 13	庚申 14	辛酉 15	壬戌 16	癸亥 17	甲子 18	乙丑 19	丙寅 20	丁卯 21	戊辰 22	己巳 23	庚午 24	辛未 25	壬申 26		
二月大	丁卯	天干 地支 西曆	癸酉 27	甲戌 28	乙亥 29	丙子 30	丁丑 31	戊寅 (4)	己卯 2	庚辰 3	辛巳 4	壬午 5	癸未 6	甲申 7	乙酉 8	丙戌 9	丁亥 10	戊子 11	己丑 12	庚寅 13	辛卯 14	壬辰 15	癸巳 16	甲午 17	乙未 18	丙申 19	丁酉 20	戊戌 21	己亥 22	庚子 23	辛丑 24	壬寅 25	戊寅春分
三月小	戊辰	天干 地支 西曆	癸卯 26	甲辰 27	乙巳 28	丙午 29	丁未 30	戊申 (5)	己酉 2	庚戌 3	辛亥 4	壬子 5	癸丑 6	甲寅 7	乙卯 8	丙辰 9	丁巳 10	戊午 11	己未 12	庚申 13	辛酉 14	壬戌 15	癸亥 16	甲子 17	乙丑 18	丙寅 19	丁卯 20	戊辰 21	己巳 22	庚午 23	辛未 24		乙丑立夏
四月大	己巳	天干 地支 西曆	壬申 25	癸酉 26	甲戌 27	乙亥 28	丙子 29	丁丑 30	戊寅 31	己卯 (6)	庚辰 2	辛巳 3	壬午 4	癸未 5	甲申 6	乙酉 7	丙戌 8	丁亥 9	戊子 10	己丑 11	庚寅 12	辛卯 13	壬辰 14	癸巳 15	甲午 16	乙未 17	丙申 18	丁酉 19	戊戌 20	己亥 21	庚子 22	辛丑 23	
五月大	庚午	天干 地支 西曆	壬寅 24	癸卯 25	甲辰 26	乙巳 27	丙午 28	丁未 29	戊申 30	己酉 (7)	庚戌 2	辛亥 3	壬子 4	癸丑 5	甲寅 6	乙卯 7	丙辰 8	丁巳 9	戊午 10	己未 11	庚申 12	辛酉 13	壬戌 14	癸亥 15	甲子 16	乙丑 17	丙寅 18	丁卯 19	戊辰 20	己巳 21	庚午 22	辛未 23	壬子夏至
六月小	辛未	天干 地支 西曆	壬申 24	癸酉 25	甲戌 26	乙亥 27	丙子 28	丁丑 29	戊寅 30	己卯 31	庚辰 (8)	辛巳 2	壬午 3	癸未 4	甲申 5	乙酉 6	丙戌 7	丁亥 8	戊子 9	己丑 10	庚寅 11	辛卯 12	壬辰 13	癸巳 14	甲午 15	乙未 16	丙申 17	丁酉 18	戊戌 19	己亥 20	庚子 21		己亥立秋
七月大	壬申	天干 地支 西曆	辛丑 22	壬寅 23	癸卯 24	甲辰 25	乙巳 26	丙午 27	丁未 28	戊申 29	己酉 30	庚戌 31	辛亥 (9)	壬子 2	癸丑 3	甲寅 4	乙卯 5	丙辰 6	丁巳 7	戊午 8	己未 9	庚申 10	辛酉 11	壬戌 12	癸亥 13	甲子 14	乙丑 15	丙寅 16	丁卯 17	戊辰 18	己巳 19	庚午 20	
八月大	癸酉	天干 地支 西曆	辛未 21	壬申 22	癸酉 23	甲戌 24	乙亥 25	丙子 26	丁丑 27	戊寅 28	己卯 29	庚辰 30	辛巳 (10)	壬午 2	癸未 3	甲申 4	乙酉 5	丙戌 6	丁亥 7	戊子 8	己丑 9	庚寅 10	辛卯 11	壬辰 12	癸巳 13	甲午 14	乙未 15	丙申 16	丁酉 17	戊戌 18	己亥 19	庚子 20	甲申秋分
九月小	甲戌	天干 地支 西曆	辛丑 21	壬寅 22	癸卯 23	甲辰 24	乙巳 25	丙午 26	丁未 27	戊申 28	己酉 29	庚戌 30	辛亥 31	壬子 (11)	癸丑 2	甲寅 3	乙卯 4	丙辰 5	丁巳 6	戊午 7	己未 8	庚申 9	辛酉 10	壬戌 11	癸亥 12	甲子 13	乙丑 14	丙寅 15	丁卯 16	戊辰 17	己巳 18		戊辰立冬
十月大	乙亥	天干 地支 西曆	庚午 19	辛未 20	壬申 21	癸酉 22	甲戌 23	乙亥 24	丙子 25	丁丑 26	戊寅 27	己卯 28	庚辰 29	辛巳 30	壬午 (12)	癸未 2	甲申 3	乙酉 4	丙戌 5	丁亥 6	戊子 7	己丑 8	庚寅 9	辛卯 10	壬辰 11	癸巳 12	甲午 13	乙未 14	丙申 15	丁酉 16	戊戌 17	己亥 18	
十一月小	丙子	天干 地支 西曆	庚子 19	辛丑 20	壬寅 21	癸卯 22	甲辰 23	乙巳 24	丙午 25	丁未 26	戊申 27	己酉 28	庚戌 29	辛亥 30	壬子 31	癸丑 (1)	甲寅 2	乙卯 3	丙辰 4	丁巳 5	戊午 6	己未 7	庚申 8	辛酉 9	壬戌 10	癸亥 11	甲子 12	乙丑 13	丙寅 14	丁卯 15	戊辰 16		壬子冬至
十二月大	丁丑	天干 地支 西曆	己巳 17	庚午 18	辛未 19	壬申 20	癸酉 21	甲戌 22	乙亥 23	丙子 24	丁丑 25	戊寅 26	己卯 27	庚辰 28	辛巳 29	壬午 30	癸未 31	甲申 (2)	乙酉 2	丙戌 3	丁亥 4	戊子 5	己丑 6	庚寅 7	辛卯 8	壬辰 9	癸巳 10	甲午 11	乙未 12	丙申 13	丁酉 14	戊戌 15	丁酉立春

年代異同	竹書紀年	皇極經世	文獻通考	歷代紀年備考	歷代帝王年表	歷代統紀表	中國年曆總譜	斷代工程
	殷祖甲十六年	殷庚丁三年	殷庚丁三年	殷庚丁三年	殷庚丁三年	殷庚丁三年	殷文武丁六年	殷武丁三十四年

殷武丁三十一年（乙巳 蛇年） 公元前1216 ~ 前1215年

夏曆月序		中西曆日對照	初一	初二	初三	初四	初五	初六	初七	初八	初九	初十	十一	十二	十三	十四	十五	十六	十七	十八	十九	二十	二一	二二	二三	二四	二五	二六	二七	二八	二九	三十	節氣與天象
正月小	戊寅	干支 天地 曆西	己亥16	庚子17	辛丑18	壬寅19	癸卯20	甲辰21	乙巳22	丙午23	丁未24	戊申25	己酉26	庚戌27	辛亥28	壬子(3)	癸丑2	甲寅3	乙卯4	丙辰5	丁巳6	戊午7	己未8	庚申9	辛酉10	壬戌11	癸亥12	甲子13	乙丑14	丙寅15	丁卯16		
二月小	己卯	干支 天地 曆西	戊辰17	己巳18	庚午19	辛未20	壬申21	癸酉22	甲戌23	乙亥24	丙子25	丁丑26	戊寅27	己卯28	庚辰29	辛巳30	壬午31	癸未(4)	甲申2	乙酉3	丙戌4	丁亥5	戊子6	己丑7	庚寅8	辛卯9	壬辰10	癸巳11	甲午12	乙未13	丙申14		癸未春分
三月大	庚辰	干支 天地 曆西	丁酉15	戊戌16	己亥17	庚子18	辛丑19	壬寅20	癸卯21	甲辰22	乙巳23	丙午24	丁未25	戊申26	己酉27	庚戌28	辛亥29	壬子30	癸丑(5)	甲寅2	乙卯3	丙辰4	丁巳5	戊午6	己未7	庚申8	辛酉9	壬戌10	癸亥11	甲子12	乙丑13	丙寅14	
四月小	辛巳	干支 天地 曆西	丁卯15	戊辰16	己巳17	庚午18	辛未19	壬申20	癸酉21	甲戌22	乙亥23	丙子24	丁丑25	戊寅26	己卯27	庚辰28	辛巳29	壬午30	癸未31	甲申(6)	乙酉2	丙戌3	丁亥4	戊子5	己丑6	庚寅7	辛卯8	壬辰9	癸巳10	甲午11	乙未12		庚午立夏
五月大	壬午	干支 天地 曆西	丙申13	丁酉14	戊戌15	己亥16	庚子17	辛丑18	壬寅19	癸卯20	甲辰21	乙巳22	丙午23	丁未24	戊申25	己酉26	庚戌27	辛亥28	壬子29	癸丑30	甲寅(7)	乙卯2	丙辰3	丁巳4	戊午5	己未6	庚申7	辛酉8	壬戌9	癸亥10	甲子11	乙丑12	丁巳夏至
六月小	癸未	干支 天地 曆西	丙寅13	丁卯14	戊辰15	己巳16	庚午17	辛未18	壬申19	癸酉20	甲戌21	乙亥22	丙子23	丁丑24	戊寅25	己卯26	庚辰27	辛巳28	壬午29	癸未30	甲申31	乙酉(8)	丙戌2	丁亥3	戊子4	己丑5	庚寅6	辛卯7	壬辰8	癸巳9	甲午10		
七月大	甲申	干支 天地 曆西	乙未11	丙申12	丁酉13	戊戌14	己亥15	庚子16	辛丑17	壬寅18	癸卯19	甲辰20	乙巳21	丙午22	丁未23	戊申24	己酉25	庚戌26	辛亥27	壬子28	癸丑29	甲寅30	乙卯31	丙辰(9)	丁巳2	戊午3	己未4	庚申5	辛酉6	壬戌7	癸亥8	甲子9	甲辰立秋
八月大	乙酉	干支 天地 曆西	乙丑10	丙寅11	丁卯12	戊辰13	己巳14	庚午15	辛未16	壬申17	癸酉18	甲戌19	乙亥20	丙子21	丁丑22	戊寅23	己卯24	庚辰25	辛巳26	壬午27	癸未28	甲申29	乙酉30	丙戌(10)	丁亥2	戊子3	己丑4	庚寅5	辛卯6	壬辰7	癸巳8	甲午9	己丑秋分
九月大	丙戌	干支 天地 曆西	乙未10	丙申11	丁酉12	戊戌13	己亥14	庚子15	辛丑16	壬寅17	癸卯18	甲辰19	乙巳20	丙午21	丁未22	戊申23	己酉24	庚戌25	辛亥26	壬子27	癸丑28	甲寅29	乙卯30	丙辰31	丁巳(11)	戊午2	己未3	庚申4	辛酉5	壬戌6	癸亥7	甲子8	
十月小	丁亥	干支 天地 曆西	乙丑9	丙寅10	丁卯11	戊辰12	己巳13	庚午14	辛未15	壬申16	癸酉17	甲戌18	乙亥19	丙子20	丁丑21	戊寅22	己卯23	庚辰24	辛巳25	壬午26	癸未27	甲申28	乙酉29	丙戌30	丁亥(12)	戊子2	己丑3	庚寅4	辛卯5	壬辰6	癸巳7		癸酉立冬
十一月大	戊子	干支 天地 曆西	甲午8	乙未9	丙申10	丁酉11	戊戌12	己亥13	庚子14	辛丑15	壬寅16	癸卯17	甲辰18	乙巳19	丙午20	丁未21	戊申22	己酉23	庚戌24	辛亥25	壬子26	癸丑27	甲寅28	乙卯29	丙辰30	丁巳31	戊午(1)	己未2	庚申3	辛酉4	壬戌5	癸亥6	丁巳冬至
十二月小	己丑	干支 天地 曆西	甲子7	乙丑8	丙寅9	丁卯10	戊辰11	己巳12	庚午13	辛未14	壬申15	癸酉16	甲戌17	乙亥18	丙子19	丁丑20	戊寅21	己卯22	庚辰23	辛巳24	壬午25	癸未26	甲申27	乙酉28	丙戌29	丁亥30	戊子31	己丑(2)	庚寅2	辛卯3	壬辰4		

年代異同	竹書紀年	皇極經世	文獻通考	歷代紀年備考	歷代帝王年表	歷代統紀表	中國年曆總譜	斷代工程
	殷祖甲十七年	殷庚丁四年	殷庚丁四年	殷庚丁四年	殷庚丁四年	殷庚丁四年	殷文武丁七年	殷武丁三十五年

殷武丁三十二年（丙午 馬年） 公元前 1215 ~ 前 1214 年

夏曆月序		中西曆日對照	初一	初二	初三	初四	初五	初六	初七	初八	初九	初十	十一	十二	十三	十四	十五	十六	十七	十八	十九	二十	二一	二二	二三	二四	二五	二六	二七	二八	二九	三十	節氣與天象
正月大	庚寅	天干地支西曆	癸巳5	甲午6	乙未7	丙申8	丁酉9	戊戌10	己亥11	庚子12	辛丑13	壬寅14	癸卯15	甲辰16	乙巳17	丙午18	丁未19	戊申20	己酉21	庚戌22	辛亥23	壬子24	癸丑25	甲寅26	乙卯27	丙辰28	丁巳(3)	戊午2	己未3	庚申4	辛酉5	壬戌6	壬寅立春
二月小	辛卯	天干地支西曆	癸亥7	甲子8	乙丑9	丙寅10	丁卯11	戊辰12	己巳13	庚午14	辛未15	壬申16	癸酉17	甲戌18	乙亥19	丙子20	丁丑21	戊寅22	己卯23	庚辰24	辛巳25	壬午26	癸未27	甲申28	乙酉29	丙戌30	丁亥31	戊子(4)	己丑2	庚寅3	辛卯4		戊子春分
三月小	壬辰	天干地支西曆	壬辰5	癸巳6	甲午7	乙未8	丙申9	丁酉10	戊戌11	己亥12	庚子13	辛丑14	壬寅15	癸卯16	甲辰17	乙巳18	丙午19	丁未20	戊申21	己酉22	庚戌23	辛亥24	壬子25	癸丑26	甲寅27	乙卯28	丙辰29	丁巳30	戊午(5)	己未2	庚申3		
四月大	癸巳	天干地支西曆	辛酉4	壬戌5	癸亥6	甲子7	乙丑8	丙寅9	丁卯10	戊辰11	己巳12	庚午13	辛未14	壬申15	癸酉16	甲戌17	乙亥18	丙子19	丁丑20	戊寅21	己卯22	庚辰23	辛巳24	壬午25	癸未26	甲申27	乙酉28	丙戌29	丁亥30	戊子31	己丑(6)	庚寅2	丙子立夏
五月小	甲午	天干地支西曆	辛卯3	壬辰4	癸巳5	甲午6	乙未7	丙申8	丁酉9	戊戌10	己亥11	庚子12	辛丑13	壬寅14	癸卯15	甲辰16	乙巳17	丙午18	丁未19	戊申20	己酉21	庚戌22	辛亥23	壬子24	癸丑25	甲寅26	乙卯27	丙辰28	丁巳29	戊午30	己未(7)		癸亥夏至
六月小	乙未	天干地支西曆	庚申2	辛酉3	壬戌4	癸亥5	甲子6	乙丑7	丙寅8	丁卯9	戊辰10	己巳11	庚午12	辛未13	壬申14	癸酉15	甲戌16	乙亥17	丙子18	丁丑19	戊寅20	己卯21	庚辰22	辛巳23	壬午24	癸未25	甲申26	乙酉27	丙戌28	丁亥29	戊子30		
閏六月大	乙未	天干地支西曆	己丑31	庚寅(8)	辛卯2	壬辰3	癸巳4	甲午5	乙未6	丙申7	丁酉8	戊戌9	己亥10	庚子11	辛丑12	壬寅13	癸卯14	甲辰15	乙巳16	丙午17	丁未18	戊申19	己酉20	庚戌21	辛亥22	壬子23	癸丑24	甲寅25	乙卯26	丙辰27	丁巳28	戊午29	己酉立秋
七月大	丙申	天干地支西曆	己未30	庚申31	辛酉(9)	壬戌2	癸亥3	甲子4	乙丑5	丙寅6	丁卯7	戊辰8	己巳9	庚午10	辛未11	壬申12	癸酉13	甲戌14	乙亥15	丙子16	丁丑17	戊寅18	己卯19	庚辰20	辛巳21	壬午22	癸未23	甲申24	乙酉25	丙戌26	丁亥27	戊子28	
八月大	丁酉	天干地支西曆	己丑29	庚寅30	辛卯(10)	壬辰2	癸巳3	甲午4	乙未5	丙申6	丁酉7	戊戌8	己亥9	庚子10	辛丑11	壬寅12	癸卯13	甲辰14	乙巳15	丙午16	丁未17	戊申18	己酉19	庚戌20	辛亥21	壬子22	癸丑23	甲寅24	乙卯25	丙辰26	丁巳27	戊午28	甲午秋分 己丑日食
九月小	戊戌	天干地支西曆	己未29	庚申30	辛酉31	壬戌(11)	癸亥2	甲子3	乙丑4	丙寅5	丁卯6	戊辰7	己巳8	庚午9	辛未10	壬申11	癸酉12	甲戌13	乙亥14	丙子15	丁丑16	戊寅17	己卯18	庚辰19	辛巳20	壬午21	癸未22	甲申23	乙酉24	丙戌25	丁亥26		戊寅立冬
十月大	己亥	天干地支西曆	戊子27	己丑28	庚寅29	辛卯30	壬辰(12)	癸巳2	甲午3	乙未4	丙申5	丁酉6	戊戌7	己亥8	庚子9	辛丑10	壬寅11	癸卯12	甲辰13	乙巳14	丙午15	丁未16	戊申17	己酉18	庚戌19	辛亥20	壬子21	癸丑22	甲寅23	乙卯24	丙辰25	丁巳26	
十一月大	庚子	天干地支西曆	戊午27	己未28	庚申29	辛酉30	壬戌31	癸亥(1)	甲子2	乙丑3	丙寅4	丁卯5	戊辰6	己巳7	庚午8	辛未9	壬申10	癸酉11	甲戌12	乙亥13	丙子14	丁丑15	戊寅16	己卯17	庚辰18	辛巳19	壬午20	癸未21	甲申22	乙酉23	丙戌24	丁亥25	癸亥冬至
十二月小	辛丑	天干地支西曆	戊子26	己丑27	庚寅28	辛卯29	壬辰30	癸巳31	甲午(2)	乙未2	丙申3	丁酉4	戊戌5	己亥6	庚子7	辛丑8	壬寅9	癸卯10	甲辰11	乙巳12	丙午13	丁未14	戊申15	己酉16	庚戌17	辛亥18	壬子19	癸丑20	甲寅21	乙卯22	丙辰23		丁未立春

年代異同	竹書紀年	皇極經世	文獻通考	歷代紀年備考	歷代帝王年表	歷代統紀表	中國年曆總譜	斷代工程
	殷祖甲十八年	殷庚丁五年	殷庚丁五年	殷庚丁五年	殷庚丁五年	殷庚丁五年	殷文武丁八年	殷武丁三十六年

殷武丁三十三年（丁未 羊年）公元前 1214 ~ 前 1213 年

夏曆月序		中西曆對照	初一	初二	初三	初四	初五	初六	初七	初八	初九	初十	十一	十二	十三	十四	十五	十六	十七	十八	十九	二十	二一	二二	二三	二四	二五	二六	二七	二八	二九	三十	節氣與天象
正月大	壬寅	干支曆 天地西	丁巳 24	戊午 25	己未 26	庚申 27	辛酉 28	壬戌 (3)	癸亥 2	甲子 3	乙丑 4	丙寅 5	丁卯 6	戊辰 7	己巳 8	庚午 9	辛未 10	壬申 11	癸酉 12	甲戌 13	乙亥 14	丙子 15	丁丑 16	戊寅 17	己卯 18	庚辰 19	辛巳 20	壬午 21	癸未 22	甲申 23	乙酉 24	丙戌 25	
二月小	癸卯	干支曆 天地西	丁亥 26	戊子 27	己丑 28	庚寅 29	辛卯 30	壬辰 31	癸巳 (4)	甲午 2	乙未 3	丙申 4	丁酉 5	戊戌 6	己亥 7	庚子 8	辛丑 9	壬寅 10	癸卯 11	甲辰 12	乙巳 13	丙午 14	丁未 15	戊申 16	己酉 17	庚戌 18	辛亥 19	壬子 20	癸丑 21	甲寅 22	乙卯 23		甲午春分
三月小	甲辰	干支曆 天地西	丙辰 24	丁巳 25	戊午 26	己未 27	庚申 28	辛酉 29	壬戌 30	癸亥 (5)	甲子 2	乙丑 3	丙寅 4	丁卯 5	戊辰 6	己巳 7	庚午 8	辛未 9	壬申 10	癸酉 11	甲戌 12	乙亥 13	丙子 14	丁丑 15	戊寅 16	己卯 17	庚辰 18	辛巳 19	壬午 20	癸未 21	甲申 22		辛巳立夏
四月小	乙巳	干支曆 天地西	乙酉 23	丙戌 24	丁亥 25	戊子 26	己丑 27	庚寅 28	辛卯 29	壬辰 30	癸巳 31	甲午 (6)	乙未 2	丙申 3	丁酉 4	戊戌 5	己亥 6	庚子 7	辛丑 8	壬寅 9	癸卯 10	甲辰 11	乙巳 12	丙午 13	丁未 14	戊申 15	己酉 16	庚戌 17	辛亥 18	壬子 19	癸丑 20		
五月大	丙午	干支曆 天地西	甲寅 21	乙卯 22	丙辰 23	丁巳 24	戊午 25	己未 26	庚申 27	辛酉 28	壬戌 29	癸亥 30	甲子 (7)	乙丑 2	丙寅 3	丁卯 4	戊辰 5	己巳 6	庚午 7	辛未 8	壬申 9	癸酉 10	甲戌 11	乙亥 12	丙子 13	丁丑 14	戊寅 15	己卯 16	庚辰 17	辛巳 18	壬午 19	癸未 20	戊辰夏至
六月小	丁未	干支曆 天地西	甲申 21	乙酉 22	丙戌 23	丁亥 24	戊子 25	己丑 26	庚寅 27	辛卯 28	壬辰 29	癸巳 30	甲午 31	乙未 (8)	丙申 2	丁酉 3	戊戌 4	己亥 5	庚子 6	辛丑 7	壬寅 8	癸卯 9	甲辰 10	乙巳 11	丙午 12	丁未 13	戊申 14	己酉 15	庚戌 16	辛亥 17	壬子 18		
七月大	戊申	干支曆 天地西	癸丑 19	甲寅 20	乙卯 21	丙辰 22	丁巳 23	戊午 24	己未 25	庚申 26	辛酉 27	壬戌 28	癸亥 29	甲子 30	乙丑 31	丙寅 (9)	丁卯 2	戊辰 3	己巳 4	庚午 5	辛未 6	壬申 7	癸酉 8	甲戌 9	乙亥 10	丙子 11	丁丑 12	戊寅 13	己卯 14	庚辰 15	辛巳 16	壬午 17	甲寅立秋
八月大	己酉	干支曆 天地西	癸未 18	甲申 19	乙酉 20	丙戌 21	丁亥 22	戊子 23	己丑 24	庚寅 25	辛卯 26	壬辰 27	癸巳 28	甲午 29	乙未 30	丙申 (10)	丁酉 2	戊戌 3	己亥 4	庚子 5	辛丑 6	壬寅 7	癸卯 8	甲辰 9	乙巳 10	丙午 11	丁未 12	戊申 13	己酉 14	庚戌 15	辛亥 16	壬子 17	己亥秋分
九月小	庚戌	干支曆 天地西	癸丑 18	甲寅 19	乙卯 20	丙辰 21	丁巳 22	戊午 23	己未 24	庚申 25	辛酉 26	壬戌 27	癸亥 28	甲子 29	乙丑 30	丙寅 31	丁卯 (11)	戊辰 2	己巳 3	庚午 4	辛未 5	壬申 6	癸酉 7	甲戌 8	乙亥 9	丙子 10	丁丑 11	戊寅 12	己卯 13	庚辰 14	辛巳 15		
十月大	辛亥	干支曆 天地西	壬午 16	癸未 17	甲申 18	乙酉 19	丙戌 20	丁亥 21	戊子 22	己丑 23	庚寅 24	辛卯 25	壬辰 26	癸巳 27	甲午 28	乙未 29	丙申 30	丁酉 (12)	戊戌 2	己亥 3	庚子 4	辛丑 5	壬寅 6	癸卯 7	甲辰 8	乙巳 9	丙午 10	丁未 11	戊申 12	己酉 13	庚戌 14	辛亥 15	甲申立冬
十一月大	壬子	干支曆 天地西	壬子 16	癸丑 17	甲寅 18	乙卯 19	丙辰 20	丁巳 21	戊午 22	己未 23	庚申 24	辛酉 25	壬戌 26	癸亥 27	甲子 28	乙丑 29	丙寅 30	丁卯 31	戊辰 (1)	己巳 2	庚午 3	辛未 4	壬申 5	癸酉 6	甲戌 7	乙亥 8	丙子 9	丁丑 10	戊寅 11	己卯 12	庚辰 13	辛巳 14	戊辰冬至
十二月大	癸丑	干支曆 天地西	壬午 15	癸未 16	甲申 17	乙酉 18	丙戌 19	丁亥 20	戊子 21	己丑 22	庚寅 23	辛卯 24	壬辰 25	癸巳 26	甲午 27	乙未 28	丙申 29	丁酉 30	戊戌 31	己亥 (2)	庚子 2	辛丑 3	壬寅 4	癸卯 5	甲辰 6	乙巳 7	丙午 8	丁未 9	戊申 10	己酉 11	庚戌 12	辛亥 13	

年代異同	竹書紀年	皇極經世	文獻通考	歷代紀年備考	歷代帝王年表	歷代統紀表	中國年曆總譜	斷代工程
	殷祖甲十九年	殷庚丁六年	殷庚丁六年	殷庚丁六年	殷庚丁六年	殷庚丁六年	殷文武丁九年	殷武丁三十七年

殷武丁三十四年（戊申 猴年） 公元前1213 ~ 前1212年

夏曆月序		中西曆日對照	初一	初二	初三	初四	初五	初六	初七	初八	初九	初十	十一	十二	十三	十四	十五	十六	十七	十八	十九	二十	二一	二二	二三	二四	二五	二六	二七	二八	二九	三十	節氣與天象
正月小	甲寅	天干地支西曆	壬子14	癸丑15	甲寅16	乙卯17	丙辰18	丁巳19	戊午20	己未21	庚申22	辛酉23	壬戌24	癸亥25	甲子26	乙丑27	丙寅28	丁卯29	戊辰(3)	己巳2	庚午3	辛未4	壬申5	癸酉6	甲戌7	乙亥8	丙子9	丁丑10	戊寅11	己卯12	庚辰13		癸丑立春
二月大	乙卯	天干地支西曆	辛巳14	壬午15	癸未16	甲申17	乙酉18	丙戌19	丁亥20	戊子21	己丑22	庚寅23	辛卯24	壬辰25	癸巳26	甲午27	乙未28	丙申29	丁酉30	戊戌31	己亥(4)	庚子2	辛丑3	壬寅4	癸卯5	甲辰6	乙巳7	丙午8	丁未9	戊申10	己酉11	庚戌12	己亥春分
三月小	丙辰	天干地支西曆	辛亥13	壬子14	癸丑15	甲寅16	乙卯17	丙辰18	丁巳19	戊午20	己未21	庚申22	辛酉23	壬戌24	癸亥25	甲子26	乙丑27	丙寅28	丁卯29	戊辰30	己巳(5)	庚午2	辛未3	壬申4	癸酉5	甲戌6	乙亥7	丙子8	丁丑9	戊寅10	己卯11		
四月小	丁巳	天干地支西曆	庚辰12	辛巳13	壬午14	癸未15	甲申16	乙酉17	丙戌18	丁亥19	戊子20	己丑21	庚寅22	辛卯23	壬辰24	癸巳25	甲午26	乙未27	丙申28	丁酉29	戊戌30	己亥31	庚子(6)	辛丑2	壬寅3	癸卯4	甲辰5	乙巳6	丙午7	丁未8	戊申9		丙戌立夏
五月小	戊午	天干地支西曆	己酉10	庚戌11	辛亥12	壬子13	癸丑14	甲寅15	乙卯16	丙辰17	丁巳18	戊午19	己未20	庚申21	辛酉22	壬戌23	癸亥24	甲子25	乙丑26	丙寅27	丁卯28	戊辰29	己巳30	庚午(7)	辛未2	壬申3	癸酉4	甲戌5	乙亥6	丙子7	丁丑8		癸酉夏至
六月大	己未	天干地支西曆	戊寅9	己卯10	庚辰11	辛巳12	壬午13	癸未14	甲申15	乙酉16	丙戌17	丁亥18	戊子19	己丑20	庚寅21	辛卯22	壬辰23	癸巳24	甲午25	乙未26	丙申27	丁酉28	戊戌29	己亥30	庚子31	辛丑(8)	壬寅2	癸卯3	甲辰4	乙巳5	丙午6	丁未7	
七月小	庚申	天干地支西曆	戊申8	己酉9	庚戌10	辛亥11	壬子12	癸丑13	甲寅14	乙卯15	丙辰16	丁巳17	戊午18	己未19	庚申20	辛酉21	壬戌22	癸亥23	甲子24	乙丑25	丙寅26	丁卯27	戊辰28	己巳29	庚午30	辛未31	壬申(9)	癸酉2	甲戌3	乙亥4	丙子5		庚申立秋
八月大	辛酉	天干地支西曆	丁丑6	戊寅7	己卯8	庚辰9	辛巳10	壬午11	癸未12	甲申13	乙酉14	丙戌15	丁亥16	戊子17	己丑18	庚寅19	辛卯20	壬辰21	癸巳22	甲午23	乙未24	丙申25	丁酉26	戊戌27	己亥28	庚子29	辛丑30	壬寅(10)	癸卯2	甲辰3	乙巳4	丙午5	乙巳秋分
九月小	壬戌	天干地支西曆	丁未6	戊申7	己酉8	庚戌9	辛亥10	壬子11	癸丑12	甲寅13	乙卯14	丙辰15	丁巳16	戊午17	己未18	庚申19	辛酉20	壬戌21	癸亥22	甲子23	乙丑24	丙寅25	丁卯26	戊辰27	己巳28	庚午29	辛未30	壬申31	癸酉(11)	甲戌2	乙亥3		
十月大	癸亥	天干地支西曆	丙子4	丁丑5	戊寅6	己卯7	庚辰8	辛巳9	壬午10	癸未11	甲申12	乙酉13	丙戌14	丁亥15	戊子16	己丑17	庚寅18	辛卯19	壬辰20	癸巳21	甲午22	乙未23	丙申24	丁酉25	戊戌26	己亥27	庚子28	辛丑29	壬寅30	癸卯(12)	甲辰2	乙巳3	己丑立冬
十一月大	甲子	天干地支西曆	丙午4	丁未5	戊申6	己酉7	庚戌8	辛亥9	壬子10	癸丑11	甲寅12	乙卯13	丙辰14	丁巳15	戊午16	己未17	庚申18	辛酉19	壬戌20	癸亥21	甲子22	乙丑23	丙寅24	丁卯25	戊辰26	己巳27	庚午28	辛未29	壬申30	癸酉31	甲戌(1)	乙亥2	癸酉冬至
十二月大	乙丑	天干地支西曆	丙子3	丁丑4	戊寅5	己卯6	庚辰7	辛巳8	壬午9	癸未10	甲申11	乙酉12	丙戌13	丁亥14	戊子15	己丑16	庚寅17	辛卯18	壬辰19	癸巳20	甲午21	乙未22	丙申23	丁酉24	戊戌25	己亥26	庚子27	辛丑28	壬寅29	癸卯30	甲辰31	乙巳(2)	

年代異同	竹書紀年	皇極經世	文獻通考	歷代紀年備考	歷代帝王年表	歷代統紀表	中國年曆總譜	斷代工程
	殷祖甲二十年	殷庚丁七年	殷庚丁七年	殷庚丁七年	殷庚丁七年	殷庚丁七年	殷文武丁十年	殷武丁三十八年

殷武丁三十五年（己酉 鷄年） 公元前1212 ~ 前1211年

夏曆月序	中西曆日對照	初一	初二	初三	初四	初五	初六	初七	初八	初九	初十	十一	十二	十三	十四	十五	十六	十七	十八	十九	二十	二一	二二	二三	二四	二五	二六	二七	二八	二九	三十	節氣與天象
正月小 丙寅	天干地支西曆	丙午2	丁未3	戊申4	己酉5	庚戌6	辛亥7	壬子8	癸丑9	甲寅10	乙卯11	丙辰12	丁巳13	戊午14	己未15	庚申16	辛酉17	壬戌18	癸亥19	甲子20	乙丑21	丙寅22	丁卯23	戊辰24	己巳25	庚午26	辛未27	壬申28	癸酉(3)	甲戌2		戊午立春
二月大 丁卯	天干地支西曆	乙亥3	丙子4	丁丑5	戊寅6	己卯7	庚辰8	辛巳9	壬午10	癸未11	甲申12	乙酉13	丙戌14	丁亥15	戊子16	己丑17	庚寅18	辛卯19	壬辰20	癸巳21	甲午22	乙未23	丙申24	丁酉25	戊戌26	己亥27	庚子28	辛丑29	壬寅30	癸卯31	甲辰(4)	甲辰春分
三月小 戊辰	天干地支西曆	乙巳2	丙午3	丁未4	戊申5	己酉6	庚戌7	辛亥8	壬子9	癸丑10	甲寅11	乙卯12	丙辰13	丁巳14	戊午15	己未16	庚申17	辛酉18	壬戌19	癸亥20	甲子21	乙丑22	丙寅23	丁卯24	戊辰25	己巳26	庚午27	辛未28	壬申29	癸酉30		
四月大 己巳	天干地支西曆	甲戌(5)	乙亥2	丙子3	丁丑4	戊寅5	己卯6	庚辰7	辛巳8	壬午9	癸未10	甲申11	乙酉12	丙戌13	丁亥14	戊子15	己丑16	庚寅17	辛卯18	壬辰19	癸巳20	甲午21	乙未22	丙申23	丁酉24	戊戌25	己亥26	庚子27	辛丑28	壬寅29	癸卯30	辛卯立夏
閏四月小 己巳	天干地支西曆	甲辰31	乙巳(6)	丙午2	丁未3	戊申4	己酉5	庚戌6	辛亥7	壬子8	癸丑9	甲寅10	乙卯11	丙辰12	丁巳13	戊午14	己未15	庚申16	辛酉17	壬戌18	癸亥19	甲子20	乙丑21	丙寅22	丁卯23	戊辰24	己巳25	庚午26	辛未27	壬申28		
五月大 庚午	天干地支西曆	癸酉29	甲戌30	乙亥(7)	丙子2	丁丑3	戊寅4	己卯5	庚辰6	辛巳7	壬午8	癸未9	甲申10	乙酉11	丙戌12	丁亥13	戊子14	己丑15	庚寅16	辛卯17	壬辰18	癸巳19	甲午20	乙未21	丙申22	丁酉23	戊戌24	己亥25	庚子26	辛丑27	壬寅28	戊寅夏至
六月小 辛未	天干地支西曆	癸卯29	甲辰30	乙巳31	丙午(8)	丁未2	戊申3	己酉4	庚戌5	辛亥6	壬子7	癸丑8	甲寅9	乙卯10	丙辰11	丁巳12	戊午13	己未14	庚申15	辛酉16	壬戌17	癸亥18	甲子19	乙丑20	丙寅21	丁卯22	戊辰23	己巳24	庚午25	辛未26		乙丑立秋
七月小 壬申	天干地支西曆	壬申27	癸酉28	甲戌29	乙亥30	丙子31	丁丑(9)	戊寅2	己卯3	庚辰4	辛巳5	壬午6	癸未7	甲申8	乙酉9	丙戌10	丁亥11	戊子12	己丑13	庚寅14	辛卯15	壬辰16	癸巳17	甲午18	乙未19	丙申20	丁酉21	戊戌22	己亥23	庚子24		
八月大 癸酉	天干地支西曆	辛丑25	壬寅26	癸卯27	甲辰28	乙巳29	丙午30	丁未(10)	戊申2	己酉3	庚戌4	辛亥5	壬子6	癸丑7	甲寅8	乙卯9	丙辰10	丁巳11	戊午12	己未13	庚申14	辛酉15	壬戌16	癸亥17	甲子18	乙丑19	丙寅20	丁卯21	戊辰22	己巳23	庚午24	庚戌秋分
九月小 甲戌	天干地支西曆	辛未25	壬申26	癸酉27	甲戌28	乙亥29	丙子30	丁丑31	戊寅(11)	己卯2	庚辰3	辛巳4	壬午5	癸未6	甲申7	乙酉8	丙戌9	丁亥10	戊子11	己丑12	庚寅13	辛卯14	壬辰15	癸巳16	甲午17	乙未18	丙申19	丁酉20	戊戌21	己亥22		甲午立冬
十月大 乙亥	天干地支西曆	庚子23	辛丑24	壬寅25	癸卯26	甲辰27	乙巳28	丙午29	丁未30	戊申(12)	己酉2	庚戌3	辛亥4	壬子5	癸丑6	甲寅7	乙卯8	丙辰9	丁巳10	戊午11	己未12	庚申13	辛酉14	壬戌15	癸亥16	甲子17	乙丑18	丙寅19	丁卯20	戊辰21	己巳22	
十一月大 丙子	天干地支西曆	庚午23	辛未24	壬申25	癸酉26	甲戌27	乙亥28	丙子29	丁丑30	戊寅31	己卯(1)	庚辰2	辛巳3	壬午4	癸未5	甲申6	乙酉7	丙戌8	丁亥9	戊子10	己丑11	庚寅12	辛卯13	壬辰14	癸巳15	甲午16	乙未17	丙申18	丁酉19	戊戌20	己亥21	戊寅冬至
十二月大 丁丑	天干地支西曆	庚子22	辛丑23	壬寅24	癸卯25	甲辰26	乙巳27	丙午28	丁未29	戊申30	己酉31	庚戌(2)	辛亥2	壬子3	癸丑4	甲寅5	乙卯6	丙辰7	丁巳8	戊午9	己未10	庚申11	辛酉12	壬戌13	癸亥14	甲子15	乙丑16	丙寅17	丁卯18	戊辰19	己巳20	癸亥立春

年代異同	竹書紀年	皇極經世	文獻通考	歷代紀年備考	歷代帝王年表	歷代統紀表	中國年曆總譜	斷代工程
	殷祖甲二十一年	殷庚丁八年	殷庚丁八年	殷庚丁八年	殷庚丁八年	殷庚丁八年	殷文武丁十一年	殷武丁三十九年

殷武丁三十六年（庚戌 狗年） 公元前 **1211** ~ 前 1210 年

夏曆月序		中西曆日對照	初一	初二	初三	初四	初五	初六	初七	初八	初九	初十	十一	十二	十三	十四	十五	十六	十七	十八	十九	二十	二一	二二	二三	二四	二五	二六	二七	二八	二九	三十	節氣與天象
正月小	戊寅	天干地支西曆	庚午21	辛未22	壬申23	癸酉24	甲戌25	乙亥26	丙子27	丁丑28	戊寅(3)	己卯2	庚辰3	辛巳4	壬午5	癸未6	甲申7	乙酉8	丙戌9	丁亥10	戊子11	己丑12	庚寅13	辛卯14	壬辰15	癸巳16	甲午17	乙未18	丙申19	丁酉20	戊戌21		
二月大	己卯	天干地支西曆	己亥22	庚子23	辛丑24	壬寅25	癸卯26	甲辰27	乙巳28	丙午29	丁未30	戊申31	己酉(4)	庚戌2	辛亥3	壬子4	癸丑5	甲寅6	乙卯7	丙辰8	丁巳9	戊午10	己未11	庚申12	辛酉13	壬戌14	癸亥15	甲子16	乙丑17	丙寅18	丁卯19	戊辰20	己酉春分
三月小	庚辰	天干地支西曆	己巳21	庚午22	辛未23	壬申24	癸酉25	甲戌26	乙亥27	丙子28	丁丑29	戊寅30	己卯(5)	庚辰2	辛巳3	壬午4	癸未5	甲申6	乙酉7	丙戌8	丁亥9	戊子10	己丑11	庚寅12	辛卯13	壬辰14	癸巳15	甲午16	乙未17	丙申18	丁酉19		丙申立夏
四月大	辛巳	天干地支西曆	戊戌20	己亥21	庚子22	辛丑23	壬寅24	癸卯25	甲辰26	乙巳27	丙午28	丁未29	戊申30	己酉31	庚戌(6)	辛亥2	壬子3	癸丑4	甲寅5	乙卯6	丙辰7	丁巳8	戊午9	己未10	庚申11	辛酉12	壬戌13	癸亥14	甲子15	乙丑16	丙寅17	丁卯18	
五月小	壬午	天干地支西曆	戊辰19	己巳20	庚午21	辛未22	壬申23	癸酉24	甲戌25	乙亥26	丙子27	丁丑28	戊寅29	己卯30	庚辰(7)	辛巳2	壬午3	癸未4	甲申5	乙酉6	丙戌7	丁亥8	戊子9	己丑10	庚寅11	辛卯12	壬辰13	癸巳14	甲午15	乙未16	丙申17		甲申夏至
六月大	癸未	天干地支西曆	丁酉18	戊戌19	己亥20	庚子21	辛丑22	壬寅23	癸卯24	甲辰25	乙巳26	丙午27	丁未28	戊申29	己酉30	庚戌31	辛亥(8)	壬子2	癸丑3	甲寅4	乙卯5	丙辰6	丁巳7	戊午8	己未9	庚申10	辛酉11	壬戌12	癸亥13	甲子14	乙丑15	丙寅16	
七月小	甲申	天干地支西曆	丁卯17	戊辰18	己巳19	庚午20	辛未21	壬申22	癸酉23	甲戌24	乙亥25	丙子26	丁丑27	戊寅28	己卯29	庚辰30	辛巳31	壬午(9)	癸未2	甲申3	乙酉4	丙戌5	丁亥6	戊子7	己丑8	庚寅9	辛卯10	壬辰11	癸巳12	甲午13	乙未14		庚午立秋
八月小	乙酉	天干地支西曆	丙申15	丁酉16	戊戌17	己亥18	庚子19	辛丑20	壬寅21	癸卯22	甲辰23	乙巳24	丙午25	丁未26	戊申27	己酉28	庚戌29	辛亥30	壬子(10)	癸丑2	甲寅3	乙卯4	丙辰5	丁巳6	戊午7	己未8	庚申9	辛酉10	壬戌11	癸亥12	甲子13		乙卯秋分
九月大	丙戌	天干地支西曆	乙丑14	丙寅15	丁卯16	戊辰17	己巳18	庚午19	辛未20	壬申21	癸酉22	甲戌23	乙亥24	丙子25	丁丑26	戊寅27	己卯28	庚辰29	辛巳30	壬午31	癸未(11)	甲申2	乙酉3	丙戌4	丁亥5	戊子6	己丑7	庚寅8	辛卯9	壬辰10	癸巳11	甲午12	
十月小	丁亥	天干地支西曆	乙未13	丙申14	丁酉15	戊戌16	己亥17	庚子18	辛丑19	壬寅20	癸卯21	甲辰22	乙巳23	丙午24	丁未25	戊申26	己酉27	庚戌28	辛亥29	壬子30	癸丑(12)	甲寅2	乙卯3	丙辰4	丁巳5	戊午6	己未7	庚申8	辛酉9	壬戌10	癸亥11		己亥立冬
十一月大	戊子	天干地支西曆	甲子12	乙丑13	丙寅14	丁卯15	戊辰16	己巳17	庚午18	辛未19	壬申20	癸酉21	甲戌22	乙亥23	丙子24	丁丑25	戊寅26	己卯27	庚辰28	辛巳29	壬午30	癸未31	甲申(1)	乙酉2	丙戌3	丁亥4	戊子5	己丑6	庚寅7	辛卯8	壬辰9	癸巳10	癸未冬至
十二月大	己丑	天干地支西曆	甲午11	乙未12	丙申13	丁酉14	戊戌15	己亥16	庚子17	辛丑18	壬寅19	癸卯20	甲辰21	乙巳22	丙午23	丁未24	戊申25	己酉26	庚戌27	辛亥28	壬子29	癸丑30	甲寅31	乙卯(2)	丙辰2	丁巳3	戊午4	己未5	庚申6	辛酉7	壬戌8	癸亥9	甲午日食

年代異同	竹書紀年	皇極經世	文獻通考	歷代紀年備考	歷代帝王年表	歷代統紀表	中國年曆總譜	斷代工程
	殷祖甲二十二年	殷庚丁九年	殷庚丁九年	殷庚丁九年	殷庚丁九年	殷庚丁九年	殷文武丁十二年	殷武丁四十年

殷武丁三十七年（辛亥 猪年） 公元前**1210** ~ 前1209年

夏曆月序		中西曆日對照	初一	初二	初三	初四	初五	初六	初七	初八	初九	初十	十一	十二	十三	十四	十五	十六	十七	十八	十九	二十	二一	二二	二三	二四	二五	二六	二七	二八	二九	三十	節氣與天象
正月小	庚寅	天干地支 西曆	甲子 10	乙丑 11	丙寅 12	丁卯 13	戊辰 14	己巳 15	庚午 16	辛未 17	壬申 18	癸酉 19	甲戌 20	乙亥 21	丙子 22	丁丑 23	戊寅 24	己卯 25	庚辰 26	辛巳 27	壬午 28	癸未 (3)	甲申 2	乙酉 3	丙戌 4	丁亥 5	戊子 6	己丑 7	庚寅 8	辛卯 9	壬辰 10		戊辰立春
二月大	辛卯	天干地支 西曆	癸巳 11	甲午 12	乙未 13	丙申 14	丁酉 15	戊戌 16	己亥 17	庚子 18	辛丑 19	壬寅 20	癸卯 21	甲辰 22	乙巳 23	丙午 24	丁未 25	戊申 26	己酉 27	庚戌 28	辛亥 29	壬子 30	癸丑 31	甲寅 (4)	乙卯 2	丙辰 3	丁巳 4	戊午 5	己未 6	庚申 7	辛酉 8	壬戌 9	乙卯春分
三月小	壬辰	天干地支 西曆	癸亥 10	甲子 11	乙丑 12	丙寅 13	丁卯 14	戊辰 15	己巳 16	庚午 17	辛未 18	壬申 19	癸酉 20	甲戌 21	乙亥 22	丙子 23	丁丑 24	戊寅 25	己卯 26	庚辰 27	辛巳 28	壬午 29	癸未 30	甲申 (5)	乙酉 2	丙戌 3	丁亥 4	戊子 5	己丑 6	庚寅 7	辛卯 8		
四月大	癸巳	天干地支 西曆	壬辰 9	癸巳 10	甲午 11	乙未 12	丙申 13	丁酉 14	戊戌 15	己亥 16	庚子 17	辛丑 18	壬寅 19	癸卯 20	甲辰 21	乙巳 22	丙午 23	丁未 24	戊申 25	己酉 26	庚戌 27	辛亥 28	壬子 29	癸丑 30	甲寅 31	乙卯 (6)	丙辰 2	丁巳 3	戊午 4	己未 5	庚申 6	辛酉 7	壬寅立夏
五月大	甲午	天干地支 西曆	壬戌 8	癸亥 9	甲子 10	乙丑 11	丙寅 12	丁卯 13	戊辰 14	己巳 15	庚午 16	辛未 17	壬申 18	癸酉 19	甲戌 20	乙亥 21	丙子 22	丁丑 23	戊寅 24	己卯 25	庚辰 26	辛巳 27	壬午 28	癸未 29	甲申 30	乙酉 (7)	丙戌 2	丁亥 3	戊子 4	己丑 5	庚寅 6	辛卯 7	己丑夏至
六月小	乙未	天干地支 西曆	壬辰 8	癸巳 9	甲午 10	乙未 11	丙申 12	丁酉 13	戊戌 14	己亥 15	庚子 16	辛丑 17	壬寅 18	癸卯 19	甲辰 20	乙巳 21	丙午 22	丁未 23	戊申 24	己酉 25	庚戌 26	辛亥 27	壬子 28	癸丑 29	甲寅 30	乙卯 31	丙辰 (8)	丁巳 2	戊午 3	己未 4	庚申 5		
七月大	丙申	天干地支 西曆	辛酉 6	壬戌 7	癸亥 8	甲子 9	乙丑 10	丙寅 11	丁卯 12	戊辰 13	己巳 14	庚午 15	辛未 16	壬申 17	癸酉 18	甲戌 19	乙亥 20	丙子 21	丁丑 22	戊寅 23	己卯 24	庚辰 25	辛巳 26	壬午 27	癸未 28	甲申 29	乙酉 30	丙戌 31	丁亥 (9)	戊子 2	己丑 3	庚寅 4	乙亥立秋
八月小	丁酉	天干地支 西曆	辛卯 5	壬辰 6	癸巳 7	甲午 8	乙未 9	丙申 10	丁酉 11	戊戌 12	己亥 13	庚子 14	辛丑 15	壬寅 16	癸卯 17	甲辰 18	乙巳 19	丙午 20	丁未 21	戊申 22	己酉 23	庚戌 24	辛亥 25	壬子 26	癸丑 27	甲寅 28	乙卯 29	丙辰 30	丁巳 (10)	戊午 2	己未 3		
九月小	戊戌	天干地支 西曆	庚申 4	辛酉 5	壬戌 6	癸亥 7	甲子 8	乙丑 9	丙寅 10	丁卯 11	戊辰 12	己巳 13	庚午 14	辛未 15	壬申 16	癸酉 17	甲戌 18	乙亥 19	丙子 20	丁丑 21	戊寅 22	己卯 23	庚辰 24	辛巳 25	壬午 26	癸未 27	甲申 28	乙酉 29	丙戌 30	丁亥 31	戊子 (11)		庚申秋分
十月大	己亥	天干地支 西曆	己丑 2	庚寅 3	辛卯 4	壬辰 5	癸巳 6	甲午 7	乙未 8	丙申 9	丁酉 10	戊戌 11	己亥 12	庚子 13	辛丑 14	壬寅 15	癸卯 16	甲辰 17	乙巳 18	丙午 19	丁未 20	戊申 21	己酉 22	庚戌 23	辛亥 24	壬子 25	癸丑 26	甲寅 27	乙卯 28	丙辰 29	丁巳 30	戊午 (12)	乙巳立冬
十一月小	庚子	天干地支 西曆	己未 2	庚申 3	辛酉 4	壬戌 5	癸亥 6	甲子 7	乙丑 8	丙寅 9	丁卯 10	戊辰 11	己巳 12	庚午 13	辛未 14	壬申 15	癸酉 16	甲戌 17	乙亥 18	丙子 19	丁丑 20	戊寅 21	己卯 22	庚辰 23	辛巳 24	壬午 25	癸未 26	甲申 27	乙酉 28	丙戌 29	丁亥 30		
閏十一大	庚子	天干地支 西曆	戊子 31	己丑 (1)	庚寅 2	辛卯 3	壬辰 4	癸巳 5	甲午 6	乙未 7	丙申 8	丁酉 9	戊戌 10	己亥 11	庚子 12	辛丑 13	壬寅 14	癸卯 15	甲辰 16	乙巳 17	丙午 18	丁未 19	戊申 20	己酉 21	庚戌 22	辛亥 23	壬子 24	癸丑 25	甲寅 26	乙卯 27	丙辰 28	丁巳 29	己丑冬至
十二月小	辛丑	天干地支 西曆	戊午 30	己未 31	庚申 (2)	辛酉 2	壬戌 3	癸亥 4	甲子 5	乙丑 6	丙寅 7	丁卯 8	戊辰 9	己巳 10	庚午 11	辛未 12	壬申 13	癸酉 14	甲戌 15	乙亥 16	丙子 17	丁丑 18	戊寅 19	己卯 20	庚辰 21	辛巳 22	壬午 23	癸未 24	甲申 25	乙酉 26	丙戌 27		甲戌立春

年代異同	竹書紀年	皇極經世	文獻通考	歷代紀年備考	歷代帝王年表	歷代統紀表	中國年曆總譜	斷代工程
	殷祖甲二十三年	殷庚丁十年	殷庚丁十年	殷庚丁十年	殷庚丁十年	殷庚丁十年	殷文武丁十三年	殷武丁四十一年

殷武丁三十八年（壬子 鼠年） 公元前 1209 ~ 前 1208 年

夏曆月序		中西曆日對照	初一	初二	初三	初四	初五	初六	初七	初八	初九	初十	十一	十二	十三	十四	十五	十六	十七	十八	十九	二十	二一	二二	二三	二四	二五	二六	二七	二八	二九	三十	節氣與天象
正月大	壬寅	天干地支 西曆	丁亥 28	戊子 29	己丑 (3)	庚寅 2	辛卯 3	壬辰 4	癸巳 5	甲午 6	乙未 7	丙申 8	丁酉 9	戊戌 10	己亥 11	庚子 12	辛丑 13	壬寅 14	癸卯 15	甲辰 16	乙巳 17	丙午 18	丁未 19	戊申 20	己酉 21	庚戌 22	辛亥 23	壬子 24	癸丑 25	甲寅 26	乙卯 27	丙辰 28	
二月大	癸卯	天干地支 西曆	丁巳 29	戊午 30	己未 31	庚申 (4)	辛酉 2	壬戌 3	癸亥 4	甲子 5	乙丑 6	丙寅 7	丁卯 8	戊辰 9	己巳 10	庚午 11	辛未 12	壬申 13	癸酉 14	甲戌 15	乙亥 16	丙子 17	丁丑 18	戊寅 19	己卯 20	庚辰 21	辛巳 22	壬午 23	癸未 24	甲申 25	乙酉 26	丙戌 27	庚申春分
三月小	甲辰	天干地支 西曆	丁亥 28	戊子 29	己丑 30	庚寅 (5)	辛卯 2	壬辰 3	癸巳 4	甲午 5	乙未 6	丙申 7	丁酉 8	戊戌 9	己亥 10	庚子 11	辛丑 12	壬寅 13	癸卯 14	甲辰 15	乙巳 16	丙午 17	丁未 18	戊申 19	己酉 20	庚戌 21	辛亥 22	壬子 23	癸丑 24	甲寅 25	乙卯 26		丁未立夏
四月大	乙巳	天干地支 西曆	丙辰 27	丁巳 28	戊午 29	己未 30	庚申 31	辛酉 (6)	壬戌 2	癸亥 3	甲子 4	乙丑 5	丙寅 6	丁卯 7	戊辰 8	己巳 9	庚午 10	辛未 11	壬申 12	癸酉 13	甲戌 14	乙亥 15	丙子 16	丁丑 17	戊寅 18	己卯 19	庚辰 20	辛巳 21	壬午 22	癸未 23	甲申 24	乙酉 25	
五月小	丙午	天干地支 西曆	丙戌 26	丁亥 27	戊子 28	己丑 29	庚寅 30	辛卯 (7)	壬辰 2	癸巳 3	甲午 4	乙未 5	丙申 6	丁酉 7	戊戌 8	己亥 9	庚子 10	辛丑 11	壬寅 12	癸卯 13	甲辰 14	乙巳 15	丙午 16	丁未 17	戊申 18	己酉 19	庚戌 20	辛亥 21	壬子 22	癸丑 23	甲寅 24		甲午夏至
六月大	丁未	天干地支 西曆	乙卯 25	丙辰 26	丁巳 27	戊午 28	己未 29	庚申 30	辛酉 31	壬戌 (8)	癸亥 2	甲子 3	乙丑 4	丙寅 5	丁卯 6	戊辰 7	己巳 8	庚午 9	辛未 10	壬申 11	癸酉 12	甲戌 13	乙亥 14	丙子 15	丁丑 16	戊寅 17	己卯 18	庚辰 19	辛巳 20	壬午 21	癸未 22	甲申 23	辛巳立秋
七月大	戊申	天干地支 西曆	乙酉 24	丙戌 25	丁亥 26	戊子 27	己丑 28	庚寅 29	辛卯 30	壬辰 31	癸巳 (9)	甲午 2	乙未 3	丙申 4	丁酉 5	戊戌 6	己亥 7	庚子 8	辛丑 9	壬寅 10	癸卯 11	甲辰 12	乙巳 13	丙午 14	丁未 15	戊申 16	己酉 17	庚戌 18	辛亥 19	壬子 20	癸丑 21	甲寅 22	
八月小	己酉	天干地支 西曆	乙卯 23	丙辰 24	丁巳 25	戊午 26	己未 27	庚申 28	辛酉 29	壬戌 30	癸亥 (10)	甲子 2	乙丑 3	丙寅 4	丁卯 5	戊辰 6	己巳 7	庚午 8	辛未 9	壬申 10	癸酉 11	甲戌 12	乙亥 13	丙子 14	丁丑 15	戊寅 16	己卯 17	庚辰 18	辛巳 19	壬午 20	癸未 21		丙寅秋分
九月大	庚戌	天干地支 西曆	甲申 22	乙酉 23	丙戌 24	丁亥 25	戊子 26	己丑 27	庚寅 28	辛卯 29	壬辰 30	癸巳 31	甲午 (11)	乙未 2	丙申 3	丁酉 4	戊戌 5	己亥 6	庚子 7	辛丑 8	壬寅 9	癸卯 10	甲辰 11	乙巳 12	丙午 13	丁未 14	戊申 15	己酉 16	庚戌 17	辛亥 18	壬子 19	癸丑 20	庚戌立冬
十月小	辛亥	天干地支 西曆	甲寅 21	乙卯 22	丙辰 23	丁巳 24	戊午 25	己未 26	庚申 27	辛酉 28	壬戌 29	癸亥 30	甲子 (12)	乙丑 2	丙寅 3	丁卯 4	戊辰 5	己巳 6	庚午 7	辛未 8	壬申 9	癸酉 10	甲戌 11	乙亥 12	丙子 13	丁丑 14	戊寅 15	己卯 16	庚辰 17	辛巳 18	壬午 19		
十一月小	壬子	天干地支 西曆	癸未 20	甲申 21	乙酉 22	丙戌 23	丁亥 24	戊子 25	己丑 26	庚寅 27	辛卯 28	壬辰 29	癸巳 30	甲午 31	乙未 (1)	丙申 2	丁酉 3	戊戌 4	己亥 5	庚子 6	辛丑 7	壬寅 8	癸卯 9	甲辰 10	乙巳 11	丙午 12	丁未 13	戊申 14	己酉 15	庚戌 16	辛亥 17		甲午冬至
十二月大	癸丑	天干地支 西曆	壬子 18	癸丑 19	甲寅 20	乙卯 21	丙辰 22	丁巳 23	戊午 24	己未 25	庚申 26	辛酉 27	壬戌 28	癸亥 29	甲子 30	乙丑 31	丙寅 (2)	丁卯 2	戊辰 3	己巳 4	庚午 5	辛未 6	壬申 7	癸酉 8	甲戌 9	乙亥 10	丙子 11	丁丑 12	戊寅 13	己卯 14	庚辰 15	辛巳 16	己卯立春

年代異同	竹書紀年	皇極經世	文獻通考	歷代紀年備考	歷代帝王年表	歷代統紀表	中國年曆總譜	斷代工程
	殷祖甲二十四年	殷庚丁十一年	殷庚丁十一年	殷庚丁十一年	殷庚丁十一年	殷庚丁十一年	殷帝乙元年	殷武丁四十二年

殷武丁三十九年（癸丑 牛年） 公元前 1208 ~ 前 1207 年

夏曆月序	中西曆對照	夏曆日序																														節氣與天象
		初一	初二	初三	初四	初五	初六	初七	初八	初九	初十	十一	十二	十三	十四	十五	十六	十七	十八	十九	二十	二一	二二	二三	二四	二五	二六	二七	二八	二九	三十	
正月小 甲寅	干支曆 天地西曆	壬午17	癸未18	甲申19	乙酉20	丙戌21	丁亥22	戊子23	己丑24	庚寅25	辛卯26	壬辰27	癸巳28	甲午(3)	乙未2	丙申3	丁酉4	戊戌5	己亥6	庚子7	辛丑8	壬寅9	癸卯10	甲辰11	乙巳12	丙午13	丁未14	戊申15	己酉16	庚戌17		
二月大 乙卯	干支曆 天地西曆	辛亥18	壬子19	癸丑20	甲寅21	乙卯22	丙辰23	丁巳24	戊午25	己未26	庚申27	辛酉28	壬戌29	癸亥30	甲子31	乙丑(4)	丙寅2	丁卯3	戊辰4	己巳5	庚午6	辛未7	壬申8	癸酉9	甲戌10	乙亥11	丙子12	丁丑13	戊寅14	己卯15	庚辰16	乙丑春分
三月小 丙辰	干支曆 天地西曆	辛巳17	壬午18	癸未19	甲申20	乙酉21	丙戌22	丁亥23	戊子24	己丑25	庚寅26	辛卯27	壬辰28	癸巳29	甲午30	乙未(5)	丙申2	丁酉3	戊戌4	己亥5	庚子6	辛丑7	壬寅8	癸卯9	甲辰10	乙巳11	丙午12	丁未13	戊申14	己酉15		
四月大 丁巳	干支曆 天地西曆	庚戌16	辛亥17	壬子18	癸丑19	甲寅20	乙卯21	丙辰22	丁巳23	戊午24	己未25	庚申26	辛酉27	壬戌28	癸亥29	甲子30	乙丑31	丙寅(6)	丁卯2	戊辰3	己巳4	庚午5	辛未6	壬申7	癸酉8	甲戌9	乙亥10	丙子11	丁丑12	戊寅13	己卯14	壬子立夏 庚戌日食
五月小 戊午	干支曆 天地西曆	庚辰15	辛巳16	壬午17	癸未18	甲申19	乙酉20	丙戌21	丁亥22	戊子23	己丑24	庚寅25	辛卯26	壬辰27	癸巳28	甲午29	乙未30	丙申(7)	丁酉2	戊戌3	己亥4	庚子5	辛丑6	壬寅7	癸卯8	甲辰9	乙巳10	丙午11	丁未12	戊申13		己丑夏至
六月大 己未	干支曆 天地西曆	己酉14	庚戌15	辛亥16	壬子17	癸丑18	甲寅19	乙卯20	丙辰21	丁巳22	戊午23	己未24	庚申25	辛酉26	壬戌27	癸亥28	甲子29	乙丑30	丙寅31	丁卯(8)	戊辰2	己巳3	庚午4	辛未5	壬申6	癸酉7	甲戌8	乙亥9	丙子10	丁丑11	戊寅12	
七月大 庚申	干支曆 天地西曆	己卯13	庚辰14	辛巳15	壬午16	癸未17	甲申18	乙酉19	丙戌20	丁亥21	戊子22	己丑23	庚寅24	辛卯25	壬辰26	癸巳27	甲午28	乙未29	丙申30	丁酉31	戊戌(9)	己亥2	庚子3	辛丑4	壬寅5	癸卯6	甲辰7	乙巳8	丙午9	丁未10	戊申11	丙戌立秋
八月小 辛酉	干支曆 天地西曆	己酉12	庚戌13	辛亥14	壬子15	癸丑16	甲寅17	乙卯18	丙辰19	丁巳20	戊午21	己未22	庚申23	辛酉24	壬戌25	癸亥26	甲子27	乙丑28	丙寅29	丁卯30	戊辰(10)	己巳2	庚午3	辛未4	壬申5	癸酉6	甲戌7	乙亥8	丙子9	丁丑10		辛未秋分
九月大 壬戌	干支曆 天地西曆	戊寅11	己卯12	庚辰13	辛巳14	壬午15	癸未16	甲申17	乙酉18	丙戌19	丁亥20	戊子21	己丑22	庚寅23	辛卯24	壬辰25	癸巳26	甲午27	乙未28	丙申29	丁酉30	戊戌31	己亥(11)	庚子2	辛丑3	壬寅4	癸卯5	甲辰6	乙巳7	丙午8	丁未9	
十月大 癸亥	干支曆 天地西曆	戊申10	己酉11	庚戌12	辛亥13	壬子14	癸丑15	甲寅16	乙卯17	丙辰18	丁巳19	戊午20	己未21	庚申22	辛酉23	壬戌24	癸亥25	甲子26	乙丑27	丙寅28	丁卯29	戊辰30	己巳(12)	庚午2	辛未3	壬申4	癸酉5	甲戌6	乙亥7	丙子8	丁丑9	乙卯立冬
十一月小 甲子	干支曆 天地西曆	戊寅10	己卯11	庚辰12	辛巳13	壬午14	癸未15	甲申16	乙酉17	丙戌18	丁亥19	戊子20	己丑21	庚寅22	辛卯23	壬辰24	癸巳25	甲午26	乙未27	丙申28	丁酉29	戊戌30	己亥31	庚子(1)	辛丑2	壬寅3	癸卯4	甲辰5	乙巳6	丙午7		己亥冬至
十二月大 乙丑	干支曆 天地西曆	丁未8	戊申9	己酉10	庚戌11	辛亥12	壬子13	癸丑14	甲寅15	乙卯16	丙辰17	丁巳18	戊午19	己未20	庚申21	辛酉22	壬戌23	癸亥24	甲子25	乙丑26	丙寅27	丁卯28	戊辰29	己巳30	庚午31	辛未(2)	壬申2	癸酉3	甲戌4	乙亥5	丙子6	

年代異同	竹書紀年	皇極經世	文獻通考	歷代紀年備考	歷代帝王年表	歷代統紀表	中國年曆總譜	斷代工程
	殷祖甲二十五年	殷庚丁十二年	殷庚丁十二年	殷庚丁十二年	殷庚丁十二年	殷庚丁十二年	殷帝乙二年	殷武丁四十三年

殷武丁四十年（甲寅 虎年） 公元前**1207** ~ 前1206年

夏曆月序	中西曆日對照		初一	初二	初三	初四	初五	初六	初七	初八	初九	初十	十一	十二	十三	十四	十五	十六	十七	十八	十九	二十	二一	二二	二三	二四	二五	二六	二七	二八	二九	三十	節氣與天象
正月小	丙寅	天干地支 西曆	丁丑 7	戊寅 8	己卯 9	庚辰 10	辛巳 11	壬午 12	癸未 13	甲申 14	乙酉 15	丙戌 16	丁亥 17	戊子 18	己丑 19	庚寅 20	辛卯 21	壬辰 22	癸巳 23	甲午 24	乙未 25	丙申 26	丁酉 27	戊戌 28	己亥 (3)	庚子 2	辛丑 3	壬寅 4	癸卯 5	甲辰 6	乙巳 7		甲申立春
二月小	丁卯	天干地支 西曆	丙午 8	丁未 9	戊申 10	己酉 11	庚戌 12	辛亥 13	壬子 14	癸丑 15	甲寅 16	乙卯 17	丙辰 18	丁巳 19	戊午 20	己未 21	庚申 22	辛酉 23	壬戌 24	癸亥 25	甲子 26	乙丑 27	丙寅 28	丁卯 29	戊辰 30	己巳 31	庚午 (4)	辛未 2	壬申 3	癸酉 4	甲戌 5		庚午春分
三月大	戊辰	天干地支 西曆	乙亥 6	丙子 7	丁丑 8	戊寅 9	己卯 10	庚辰 11	辛巳 12	壬午 13	癸未 14	甲申 15	乙酉 16	丙戌 17	丁亥 18	戊子 19	己丑 20	庚寅 21	辛卯 22	壬辰 23	癸巳 24	甲午 25	乙未 26	丙申 27	丁酉 28	戊戌 29	己亥 30	庚子 (5)	辛丑 2	壬寅 3	癸卯 4	甲辰 5	
四月小	己巳	天干地支 西曆	乙巳 6	丙午 7	丁未 8	戊申 9	己酉 10	庚戌 11	辛亥 12	壬子 13	癸丑 14	甲寅 15	乙卯 16	丙辰 17	丁巳 18	戊午 19	己未 20	庚申 21	辛酉 22	壬戌 23	癸亥 24	甲子 25	乙丑 26	丙寅 27	丁卯 28	戊辰 29	己巳 30	庚午 31	辛未 (6)	壬申 2	癸酉 3		丁巳立夏
五月大	庚午	天干地支 西曆	甲戌 4	乙亥 5	丙子 6	丁丑 7	戊寅 8	己卯 9	庚辰 10	辛巳 11	壬午 12	癸未 13	甲申 14	乙酉 15	丙戌 16	丁亥 17	戊子 18	己丑 19	庚寅 20	辛卯 21	壬辰 22	癸巳 23	甲午 24	乙未 25	丙申 26	丁酉 27	戊戌 28	己亥 29	庚子 30	辛丑 (7)	壬寅 2	癸卯 3	
六月小	辛未	天干地支 西曆	甲辰 4	乙巳 5	丙午 6	丁未 7	戊申 8	己酉 9	庚戌 10	辛亥 11	壬子 12	癸丑 13	甲寅 14	乙卯 15	丙辰 16	丁巳 17	戊午 18	己未 19	庚申 20	辛酉 21	壬戌 22	癸亥 23	甲子 24	乙丑 25	丙寅 26	丁卯 27	戊辰 28	己巳 29	庚午 30	辛未 31	壬申 (8)		乙巳夏至
七月大	壬申	天干地支 西曆	癸酉 2	甲戌 3	乙亥 4	丙子 5	丁丑 6	戊寅 7	己卯 8	庚辰 9	辛巳 10	壬午 11	癸未 12	甲申 13	乙酉 14	丙戌 15	丁亥 16	戊子 17	己丑 18	庚寅 19	辛卯 20	壬辰 21	癸巳 22	甲午 23	乙未 24	丙申 25	丁酉 26	戊戌 27	己亥 28	庚子 29	辛丑 30	壬寅 31	辛卯立秋
八月大	癸酉	天干地支 西曆	癸卯 (9)	甲辰 2	乙巳 3	丙午 4	丁未 5	戊申 6	己酉 7	庚戌 8	辛亥 9	壬子 10	癸丑 11	甲寅 12	乙卯 13	丙辰 14	丁巳 15	戊午 16	己未 17	庚申 18	辛酉 19	壬戌 20	癸亥 21	甲子 22	乙丑 23	丙寅 24	丁卯 25	戊辰 26	己巳 27	庚午 28	辛未 29	壬申 30	
九月小	甲戌	天干地支 西曆	癸酉 (10)	甲戌 2	乙亥 3	丙子 4	丁丑 5	戊寅 6	己卯 7	庚辰 8	辛巳 9	壬午 10	癸未 11	甲申 12	乙酉 13	丙戌 14	丁亥 15	戊子 16	己丑 17	庚寅 18	辛卯 19	壬辰 20	癸巳 21	甲午 22	乙未 23	丙申 24	丁酉 25	戊戌 26	己亥 27	庚子 28	辛丑 29		丙子秋分
閏九月大	甲戌	天干地支 西曆	壬寅 30	癸卯 31	甲辰 (11)	乙巳 2	丙午 3	丁未 4	戊申 5	己酉 6	庚戌 7	辛亥 8	壬子 9	癸丑 10	甲寅 11	乙卯 12	丙辰 13	丁巳 14	戊午 15	己未 16	庚申 17	辛酉 18	壬戌 19	癸亥 20	甲子 21	乙丑 22	丙寅 23	丁卯 24	戊辰 25	己巳 26	庚午 27	辛未 28	庚申立冬
十月大	乙亥	天干地支 西曆	壬申 29	癸酉 30	甲戌 (12)	乙亥 2	丙子 3	丁丑 4	戊寅 5	己卯 6	庚辰 7	辛巳 8	壬午 9	癸未 10	甲申 11	乙酉 12	丙戌 13	丁亥 14	戊子 15	己丑 16	庚寅 17	辛卯 18	壬辰 19	癸巳 20	甲午 21	乙未 22	丙申 23	丁酉 24	戊戌 25	己亥 26	庚子 27	辛丑 28	
十一月小	丙子	天干地支 西曆	壬寅 29	癸卯 30	甲辰 31	乙巳 (1)	丙午 2	丁未 3	戊申 4	己酉 5	庚戌 6	辛亥 7	壬子 8	癸丑 9	甲寅 10	乙卯 11	丙辰 12	丁巳 13	戊午 14	己未 15	庚申 16	辛酉 17	壬戌 18	癸亥 19	甲子 20	乙丑 21	丙寅 22	丁卯 23	戊辰 24	己巳 25	庚午 26		甲辰冬至
十二月大	丁丑	天干地支 西曆	辛未 27	壬申 28	癸酉 29	甲戌 30	乙亥 31	丙子 (2)	丁丑 2	戊寅 3	己卯 4	庚辰 5	辛巳 6	壬午 7	癸未 8	甲申 9	乙酉 10	丙戌 11	丁亥 12	戊子 13	己丑 14	庚寅 15	辛卯 16	壬辰 17	癸巳 18	甲午 19	乙未 20	丙申 21	丁酉 22	戊戌 23	己亥 24	庚子 25	己丑立春

年代異同	竹書紀年	皇極經世	文獻通考	歷代紀年備考	歷代帝王年表	歷代統紀表	中國年曆總譜	斷代工程
	殷祖甲二十六年	殷庚丁十三年	殷庚丁十三年	殷庚丁十三年	殷庚丁十三年	殷庚丁十三年	殷帝乙三年	殷武丁四十四年

殷武丁四十一年（乙卯 兔年） 公元前**1206** ~ 前1205年

夏曆月序		中西曆對照	初一	初二	初三	初四	初五	初六	初七	初八	初九	初十	十一	十二	十三	十四	十五	十六	十七	十八	十九	二十	二一	二二	二三	二四	二五	二六	二七	二八	二九	三十	節氣與天象
正月小	戊寅	天干地支西曆	辛丑26	壬寅27	癸卯28	甲辰(3)	乙巳2	丙午3	丁未4	戊申5	己酉6	庚戌7	辛亥8	壬子9	癸丑10	甲寅11	乙卯12	丙辰13	丁巳14	戊午15	己未16	庚申17	辛酉18	壬戌19	癸亥20	甲子21	乙丑22	丙寅23	丁卯24	戊辰25	己巳26		
二月小	己卯	天干地支西曆	庚午27	辛未28	壬申29	癸酉30	甲戌31	乙亥(4)	丙子2	丁丑3	戊寅4	己卯5	庚辰6	辛巳7	壬午8	癸未9	甲申10	乙酉11	丙戌12	丁亥13	戊子14	己丑15	庚寅16	辛卯17	壬辰18	癸巳19	甲午20	乙未21	丙申22	丁酉23	戊戌24		丙子春分
三月大	庚辰	天干地支西曆	己亥25	庚子26	辛丑27	壬寅28	癸卯29	甲辰30	乙巳(5)	丙午2	丁未3	戊申4	己酉5	庚戌6	辛亥7	壬子8	癸丑9	甲寅10	乙卯11	丙辰12	丁巳13	戊午14	己未15	庚申16	辛酉17	壬戌18	癸亥19	甲子20	乙丑21	丙寅22	丁卯23	戊辰24	癸亥立夏
四月小	辛巳	天干地支西曆	己巳25	庚午26	辛未27	壬申28	癸酉29	甲戌30	乙亥31	丙子(6)	丁丑2	戊寅3	己卯4	庚辰5	辛巳6	壬午7	癸未8	甲申9	乙酉10	丙戌11	丁亥12	戊子13	己丑14	庚寅15	辛卯16	壬辰17	癸巳18	甲午19	乙未20	丙申21	丁酉22		
五月小	壬午	天干地支西曆	戊戌23	己亥24	庚子25	辛丑26	壬寅27	癸卯28	甲辰29	乙巳30	丙午(7)	丁未2	戊申3	己酉4	庚戌5	辛亥6	壬子7	癸丑8	甲寅9	乙卯10	丙辰11	丁巳12	戊午13	己未14	庚申15	辛酉16	壬戌17	癸亥18	甲子19	乙丑20	丙寅21		庚戌夏至
六月大	癸未	天干地支西曆	丁卯22	戊辰23	己巳24	庚午25	辛未26	壬申27	癸酉28	甲戌29	乙亥30	丙子31	丁丑(8)	戊寅2	己卯3	庚辰4	辛巳5	壬午6	癸未7	甲申8	乙酉9	丙戌10	丁亥11	戊子12	己丑13	庚寅14	辛卯15	壬辰16	癸巳17	甲午18	乙未19	丙申20	丙申立秋
七月大	甲申	天干地支西曆	丁酉21	戊戌22	己亥23	庚子24	辛丑25	壬寅26	癸卯27	甲辰28	乙巳29	丙午30	丁未31	戊申(9)	己酉2	庚戌3	辛亥4	壬子5	癸丑6	甲寅7	乙卯8	丙辰9	丁巳10	戊午11	己未12	庚申13	辛酉14	壬戌15	癸亥16	甲子17	乙丑18	丙寅19	
八月小	乙酉	天干地支西曆	丁卯20	戊辰21	己巳22	庚午23	辛未24	壬申25	癸酉26	甲戌27	乙亥28	丙子29	丁丑30	戊寅(10)	己卯2	庚辰3	辛巳4	壬午5	癸未6	甲申7	乙酉8	丙戌9	丁亥10	戊子11	己丑12	庚寅13	辛卯14	壬辰15	癸巳16	甲午17	乙未18		辛巳秋分
九月大	丙戌	天干地支西曆	丙申19	丁酉20	戊戌21	己亥22	庚子23	辛丑24	壬寅25	癸卯26	甲辰27	乙巳28	丙午29	丁未30	戊申31	己酉(11)	庚戌2	辛亥3	壬子4	癸丑5	甲寅6	乙卯7	丙辰8	丁巳9	戊午10	己未11	庚申12	辛酉13	壬戌14	癸亥15	甲子16	乙丑17	
十月大	丁亥	天干地支西曆	丙寅18	丁卯19	戊辰20	己巳21	庚午22	辛未23	壬申24	癸酉25	甲戌26	乙亥27	丙子28	丁丑29	戊寅30	己卯(12)	庚辰2	辛巳3	壬午4	癸未5	甲申6	乙酉7	丙戌8	丁亥9	戊子10	己丑11	庚寅12	辛卯13	壬辰14	癸巳15	甲午16	乙未17	丙寅立冬
十一月大	戊子	天干地支西曆	丙申18	丁酉19	戊戌20	己亥21	庚子22	辛丑23	壬寅24	癸卯25	甲辰26	乙巳27	丙午28	丁未29	戊申30	己酉31	庚戌(1)	辛亥2	壬子3	癸丑4	甲寅5	乙卯6	丙辰7	丁巳8	戊午9	己未10	庚申11	辛酉12	壬戌13	癸亥14	甲子15	乙丑16	庚戌冬至
十二月小	己丑	天干地支西曆	丙寅17	丁卯18	戊辰19	己巳20	庚午21	辛未22	壬申23	癸酉24	甲戌25	乙亥26	丙子27	丁丑28	戊寅29	己卯30	庚辰31	辛巳(2)	壬午2	癸未3	甲申4	乙酉5	丙戌6	丁亥7	戊子8	己丑9	庚寅10	辛卯11	壬辰12	癸巳13	甲午14		

年代異同	竹書紀年	皇極經世	文獻通考	歷代紀年備考	歷代帝王年表	歷代統紀表	中國年曆總譜	斷代工程
	殷祖甲二十七年	殷庚丁十四年	殷庚丁十四年	殷庚丁十四年	殷庚丁十四年	殷庚丁十四年	殷帝乙四年	殷武丁四十五年

殷武丁四十二年（丙辰 龍年） 公元前1205 ~ 前1204年

夏曆月序		中西曆日對照	初一	初二	初三	初四	初五	初六	初七	初八	初九	初十	十一	十二	十三	十四	十五	十六	十七	十八	十九	二十	二一	二二	二三	二四	二五	二六	二七	二八	二九	三十	節氣與天象
正月小	庚寅	干支 天地西曆	乙未 15	丙申 16	丁酉 17	戊戌 18	己亥 19	庚子 20	辛丑 21	壬寅 22	癸卯 23	甲辰 24	乙巳 25	丙午 26	丁未 27	戊申 28	己酉 29	庚戌 (3)	辛亥 2	壬子 3	癸丑 4	甲寅 5	乙卯 6	丙辰 7	丁巳 8	戊午 9	己未 10	庚申 11	辛酉 12	壬戌 13	癸亥 14		乙未立春
二月小	辛卯	干支 天地西曆	甲子 15	乙丑 16	丙寅 17	丁卯 18	戊辰 19	己巳 20	庚午 21	辛未 22	壬申 23	癸酉 24	甲戌 25	乙亥 26	丙子 27	丁丑 28	戊寅 29	己卯 30	庚辰 31	辛巳 (4)	壬午 2	癸未 3	甲申 4	乙酉 5	丙戌 6	丁亥 7	戊子 8	己丑 9	庚寅 10	辛卯 11	壬辰 12		辛巳春分
三月小	壬辰	干支 天地西曆	癸巳 13	甲午 14	乙未 15	丙申 16	丁酉 17	戊戌 18	己亥 19	庚子 20	辛丑 21	壬寅 22	癸卯 23	甲辰 24	乙巳 25	丙午 26	丁未 27	戊申 28	己酉 29	庚戌 30	辛亥 (5)	壬子 2	癸丑 3	甲寅 4	乙卯 5	丙辰 6	丁巳 7	戊午 8	己未 9	庚申 10	辛酉 11		
四月小	癸巳	干支 天地西曆	壬戌 12	癸亥 13	甲子 14	乙丑 15	丙寅 16	丁卯 17	戊辰 18	己巳 19	庚午 20	辛未 21	壬申 22	癸酉 23	甲戌 24	乙亥 25	丙子 26	丁丑 27	戊寅 28	己卯 29	庚辰 30	辛巳 31	壬午 (6)	癸未 2	甲申 3	乙酉 4	丙戌 5	丁亥 6	戊子 7	己丑 8	庚寅 9		戊辰立夏
五月大	甲午	干支 天地西曆	辛卯 10	壬辰 11	癸巳 12	甲午 13	乙未 14	丙申 15	丁酉 16	戊戌 17	己亥 18	庚子 19	辛丑 20	壬寅 21	癸卯 22	甲辰 23	乙巳 24	丙午 25	丁未 26	戊申 27	己酉 28	庚戌 29	辛亥 30	壬子 (7)	癸丑 2	甲寅 3	乙卯 4	丙辰 5	丁巳 6	戊午 7	己未 8	庚申 9	乙卯夏至
六月小	乙未	干支 天地西曆	辛酉 10	壬戌 11	癸亥 12	甲子 13	乙丑 14	丙寅 15	丁卯 16	戊辰 17	己巳 18	庚午 19	辛未 20	壬申 21	癸酉 22	甲戌 23	乙亥 24	丙子 25	丁丑 26	戊寅 27	己卯 28	庚辰 29	辛巳 30	壬午 31	癸未 (8)	甲申 2	乙酉 3	丙戌 4	丁亥 5	戊子 6	己丑 7		
七月大	丙申	干支 天地西曆	庚寅 8	辛卯 9	壬辰 10	癸巳 11	甲午 12	乙未 13	丙申 14	丁酉 15	戊戌 16	己亥 17	庚子 18	辛丑 19	壬寅 20	癸卯 21	甲辰 22	乙巳 23	丙午 24	丁未 25	戊申 26	己酉 27	庚戌 28	辛亥 29	壬子 30	癸丑 31	甲寅 (9)	乙卯 2	丙辰 3	丁巳 4	戊午 5	己未 6	辛丑立秋
八月小	丁酉	干支 天地西曆	庚申 7	辛酉 8	壬戌 9	癸亥 10	甲子 11	乙丑 12	丙寅 13	丁卯 14	戊辰 15	己巳 16	庚午 17	辛未 18	壬申 19	癸酉 20	甲戌 21	乙亥 22	丙子 23	丁丑 24	戊寅 25	己卯 26	庚辰 27	辛巳 28	壬午 29	癸未 30	甲申 (10)	乙酉 2	丙戌 3	丁亥 4	戊子 5		丁亥秋分
九月大	戊戌	干支 天地西曆	己丑 6	庚寅 7	辛卯 8	壬辰 9	癸巳 10	甲午 11	乙未 12	丙申 13	丁酉 14	戊戌 15	己亥 16	庚子 17	辛丑 18	壬寅 19	癸卯 20	甲辰 21	乙巳 22	丙午 23	丁未 24	戊申 25	己酉 26	庚戌 27	辛亥 28	壬子 29	癸丑 30	甲寅 31	乙卯 (11)	丙辰 2	丁巳 3	戊午 4	
十月大	己亥	干支 天地西曆	己未 5	庚申 6	辛酉 7	壬戌 8	癸亥 9	甲子 10	乙丑 11	丙寅 12	丁卯 13	戊辰 14	己巳 15	庚午 16	辛未 17	壬申 18	癸酉 19	甲戌 20	乙亥 21	丙子 22	丁丑 23	戊寅 24	己卯 25	庚辰 26	辛巳 27	壬午 28	癸未 29	甲申 30	乙酉 (12)	丙戌 2	丁亥 3	戊子 4	辛未立冬
十一月大	庚子	干支 天地西曆	己丑 5	庚寅 6	辛卯 7	壬辰 8	癸巳 9	甲午 10	乙未 11	丙申 12	丁酉 13	戊戌 14	己亥 15	庚子 16	辛丑 17	壬寅 18	癸卯 19	甲辰 20	乙巳 21	丙午 22	丁未 23	戊申 24	己酉 25	庚戌 26	辛亥 27	壬子 28	癸丑 29	甲寅 30	乙卯 31	丙辰 (1)	丁巳 2	戊午 3	乙卯冬至
十二月大	辛丑	干支 天地西曆	己未 4	庚申 5	辛酉 6	壬戌 7	癸亥 8	甲子 9	乙丑 10	丙寅 11	丁卯 12	戊辰 13	己巳 14	庚午 15	辛未 16	壬申 17	癸酉 18	甲戌 19	乙亥 20	丙子 21	丁丑 22	戊寅 23	己卯 24	庚辰 25	辛巳 26	壬午 27	癸未 28	甲申 29	乙酉 30	丙戌 31	丁亥 (2)	戊子 2	

年代異同	竹書紀年	皇極經世	文獻通考	歷代紀年備考	歷代帝王年表	歷代統紀表	中國年曆總譜	斷代工程
	殷祖甲二十八年	殷庚丁十五年	殷庚丁十五年	殷庚丁十五年	殷庚丁十五年	殷庚丁十五年	殷帝乙五年	殷武丁四十六年

殷武丁四十三年（丁巳 蛇年）公元前1204～前1203年

夏曆月序		西曆中曆對照	初一	初二	初三	初四	初五	初六	初七	初八	初九	初十	十一	十二	十三	十四	十五	十六	十七	十八	十九	二十	二一	二二	二三	二四	二五	二六	二七	二八	二九	三十	節氣與天象
正月大	壬寅	干支天地西曆	己丑3	庚寅4	辛卯5	壬辰6	癸巳7	甲午8	乙未9	丙申10	丁酉11	戊戌12	己亥13	庚子14	辛丑15	壬寅16	癸卯17	甲辰18	乙巳19	丙午20	丁未21	戊申22	己酉23	庚戌24	辛亥25	壬子26	癸丑27	甲寅28	乙卯(3)	丙辰2	丁巳3	戊午4	庚子立春
二月大	癸卯	干支天地西曆	己未5	庚申6	辛酉7	壬戌8	癸亥9	甲子10	乙丑11	丙寅12	丁卯13	戊辰14	己巳15	庚午16	辛未17	壬申18	癸酉19	甲戌20	乙亥21	丙子22	丁丑23	戊寅24	己卯25	庚辰26	辛巳27	壬午28	癸未29	甲申30	乙酉31	丙戌(4)	丁亥2	戊子3	丙戌春分 己未日食
三月小	甲辰	干支天地西曆	己丑4	庚寅5	辛卯6	壬辰7	癸巳8	甲午9	乙未10	丙申11	丁酉12	戊戌13	己亥14	庚子15	辛丑16	壬寅17	癸卯18	甲辰19	乙巳20	丙午21	丁未22	戊申23	己酉24	庚戌25	辛亥26	壬子27	癸丑28	甲寅29	乙卯30	丙辰(5)	丁巳2		
四月小	乙巳	干支天地西曆	戊午3	己未4	庚申5	辛酉6	壬戌7	癸亥8	甲子9	乙丑10	丙寅11	丁卯12	戊辰13	己巳14	庚午15	辛未16	壬申17	癸酉18	甲戌19	乙亥20	丙子21	丁丑22	戊寅23	己卯24	庚辰25	辛巳26	壬午27	癸未28	甲申29	乙酉30	丙戌31		癸酉立夏
五月小	丙午	干支天地西曆	丁亥(6)	戊子2	己丑3	庚寅4	辛卯5	壬辰6	癸巳7	甲午8	乙未9	丙申10	丁酉11	戊戌12	己亥13	庚子14	辛丑15	壬寅16	癸卯17	甲辰18	乙巳19	丙午20	丁未21	戊申22	己酉23	庚戌24	辛亥25	壬子26	癸丑27	甲寅28	乙卯29		庚申夏至
閏五月大	丙午	干支天地西曆	丙辰30	丁巳(7)	戊午2	己未3	庚申4	辛酉5	壬戌6	癸亥7	甲子8	乙丑9	丙寅10	丁卯11	戊辰12	己巳13	庚午14	辛未15	壬申16	癸酉17	甲戌18	乙亥19	丙子20	丁丑21	戊寅22	己卯23	庚辰24	辛巳25	壬午26	癸未27	甲申28	乙酉29	
六月小	丁未	干支天地西曆	丙戌30	丁亥31	戊子(8)	己丑2	庚寅3	辛卯4	壬辰5	癸巳6	甲午7	乙未8	丙申9	丁酉10	戊戌11	己亥12	庚子13	辛丑14	壬寅15	癸卯16	甲辰17	乙巳18	丙午19	丁未20	戊申21	己酉22	庚戌23	辛亥24	壬子25	癸丑26	甲寅27		丁未立秋
七月大	戊申	干支天地西曆	乙卯28	丙辰29	丁巳30	戊午31	己未(9)	庚申2	辛酉3	壬戌4	癸亥5	甲子6	乙丑7	丙寅8	丁卯9	戊辰10	己巳11	庚午12	辛未13	壬申14	癸酉15	甲戌16	乙亥17	丙子18	丁丑19	戊寅20	己卯21	庚辰22	辛巳23	壬午24	癸未25	甲申26	
八月小	己酉	干支天地西曆	乙酉27	丙戌28	丁亥29	戊子30	己丑(10)	庚寅2	辛卯3	壬辰4	癸巳5	甲午6	乙未7	丙申8	丁酉9	戊戌10	己亥11	庚子12	辛丑13	壬寅14	癸卯15	甲辰16	乙巳17	丙午18	丁未19	戊申20	己酉21	庚戌22	辛亥23	壬子24	癸丑25		壬辰秋分
九月大	庚戌	干支天地西曆	甲寅26	乙卯27	丙辰28	丁巳29	戊午30	己未31	庚申(11)	辛酉2	壬戌3	癸亥4	甲子5	乙丑6	丙寅7	丁卯8	戊辰9	己巳10	庚午11	辛未12	壬申13	癸酉14	甲戌15	乙亥16	丙子17	丁丑18	戊寅19	己卯20	庚辰21	辛巳22	壬午23	癸未24	丙子立冬
十月大	辛亥	干支天地西曆	甲申25	乙酉26	丙戌27	丁亥28	戊子29	己丑30	庚寅(12)	辛卯2	壬辰3	癸巳4	甲午5	乙未6	丙申7	丁酉8	戊戌9	己亥10	庚子11	辛丑12	壬寅13	癸卯14	甲辰15	乙巳16	丙午17	丁未18	戊申19	己酉20	庚戌21	辛亥22	壬子23	癸丑24	
十一月大	壬子	干支天地西曆	甲寅25	乙卯26	丙辰27	丁巳28	戊午29	己未30	庚申31	辛酉(1)	壬戌2	癸亥3	甲子4	乙丑5	丙寅6	丁卯7	戊辰8	己巳9	庚午10	辛未11	壬申12	癸酉13	甲戌14	乙亥15	丙子16	丁丑17	戊寅18	己卯19	庚辰20	辛巳21	壬午22	癸未23	庚申冬至
十二月小	癸丑	干支天地西曆	甲申24	乙酉25	丙戌26	丁亥27	戊子28	己丑29	庚寅30	辛卯31	壬辰(2)	癸巳2	甲午3	乙未4	丙申5	丁酉6	戊戌7	己亥8	庚子9	辛丑10	壬寅11	癸卯12	甲辰13	乙巳14	丙午15	丁未16	戊申17	己酉18	庚戌19	辛亥20	壬子21		乙巳立春

年代異同	竹書紀年	皇極經世	文獻通考	歷代紀年備考	歷代帝王年表	歷代統紀表	中國年曆總譜	斷代工程
	殷祖甲二十九年	殷庚丁十六年	殷庚丁十六年	殷庚丁十六年	殷庚丁十六年	殷庚丁十六年	殷帝乙六年	殷武丁四十七年

殷武丁四十四年（戊午 馬年） 公元前1203 ~ 前1202年

夏曆月序		中西曆日對照	初一	初二	初三	初四	初五	初六	初七	初八	初九	初十	十一	十二	十三	十四	十五	十六	十七	十八	十九	二十	二一	二二	二三	二四	二五	二六	二七	二八	二九	三十	節氣與天象
正月大	甲寅	天干地支西曆	癸丑22	甲寅23	乙卯24	丙辰25	丁巳26	戊午27	己未28	庚申(3)	辛酉2	壬戌3	癸亥4	甲子5	乙丑6	丙寅7	丁卯8	戊辰9	己巳10	庚午11	辛未12	壬申13	癸酉14	甲戌15	乙亥16	丙子17	丁丑18	戊寅19	己卯20	庚辰21	辛巳22	壬午23	
二月小	乙卯	天干地支西曆	癸未24	甲申25	乙酉26	丙戌27	丁亥28	戊子29	己丑30	庚寅31	辛卯(4)	壬辰2	癸巳3	甲午4	乙未5	丙申6	丁酉7	戊戌8	己亥9	庚子10	辛丑11	壬寅12	癸卯13	甲辰14	乙巳15	丙午16	丁未17	戊申18	己酉19	庚戌20	辛亥21		辛卯春分
三月大	丙辰	天干地支西曆	壬子22	癸丑23	甲寅24	乙卯25	丙辰26	丁巳27	戊午28	己未29	庚申30	辛酉(5)	壬戌2	癸亥3	甲子4	乙丑5	丙寅6	丁卯7	戊辰8	己巳9	庚午10	辛未11	壬申12	癸酉13	甲戌14	乙亥15	丙子16	丁丑17	戊寅18	己卯19	庚辰20	辛巳21	戊寅立夏
四月小	丁巳	天干地支西曆	壬午22	癸未23	甲申24	乙酉25	丙戌26	丁亥27	戊子28	己丑29	庚寅30	辛卯31	壬辰(6)	癸巳2	甲午3	乙未4	丙申5	丁酉6	戊戌7	己亥8	庚子9	辛丑10	壬寅11	癸卯12	甲辰13	乙巳14	丙午15	丁未16	戊申17	己酉18	庚戌19		
五月大	戊午	天干地支西曆	辛亥20	壬子21	癸丑22	甲寅23	乙卯24	丙辰25	丁巳26	戊午27	己未28	庚申29	辛酉30	壬戌(7)	癸亥2	甲子3	乙丑4	丙寅5	丁卯6	戊辰7	己巳8	庚午9	辛未10	壬申11	癸酉12	甲戌13	乙亥14	丙子15	丁丑16	戊寅17	己卯18	庚辰19	丙寅夏至
六月小	己未	天干地支西曆	辛巳20	壬午21	癸未22	甲申23	乙酉24	丙戌25	丁亥26	戊子27	己丑28	庚寅29	辛卯30	壬辰31	癸巳(8)	甲午2	乙未3	丙申4	丁酉5	戊戌6	己亥7	庚子8	辛丑9	壬寅10	癸卯11	甲辰12	乙巳13	丙午14	丁未15	戊申16	己酉17		
七月小	庚申	天干地支西曆	庚戌18	辛亥19	壬子20	癸丑21	甲寅22	乙卯23	丙辰24	丁巳25	戊午26	己未27	庚申28	辛酉29	壬戌30	癸亥31	甲子(9)	乙丑2	丙寅3	丁卯4	戊辰5	己巳6	庚午7	辛未8	壬申9	癸酉10	甲戌11	乙亥12	丙子13	丁丑14	戊寅15		壬子立秋 庚戌日食
八月大	辛酉	天干地支西曆	己卯16	庚辰17	辛巳18	壬午19	癸未20	甲申21	乙酉22	丙戌23	丁亥24	戊子25	己丑26	庚寅27	辛卯28	壬辰29	癸巳30	甲午(10)	乙未2	丙申3	丁酉4	戊戌5	己亥6	庚子7	辛丑8	壬寅9	癸卯10	甲辰11	乙巳12	丙午13	丁未14	戊申15	丁酉秋分
九月小	壬戌	天干地支西曆	己酉16	庚戌17	辛亥18	壬子19	癸丑20	甲寅21	乙卯22	丙辰23	丁巳24	戊午25	己未26	庚申27	辛酉28	壬戌29	癸亥30	甲子31	乙丑(11)	丙寅2	丁卯3	戊辰4	己巳5	庚午6	辛未7	壬申8	癸酉9	甲戌10	乙亥11	丙子12	丁丑13		
十月大	癸亥	天干地支西曆	戊寅14	己卯15	庚辰16	辛巳17	壬午18	癸未19	甲申20	乙酉21	丙戌22	丁亥23	戊子24	己丑25	庚寅26	辛卯27	壬辰28	癸巳29	甲午30	乙未(12)	丙申2	丁酉3	戊戌4	己亥5	庚子6	辛丑7	壬寅8	癸卯9	甲辰10	乙巳11	丙午12	丁未13	辛巳立冬
十一月大	甲子	天干地支西曆	戊申14	己酉15	庚戌16	辛亥17	壬子18	癸丑19	甲寅20	乙卯21	丙辰22	丁巳23	戊午24	己未25	庚申26	辛酉27	壬戌28	癸亥29	甲子30	乙丑31	丙寅(1)	丁卯2	戊辰3	己巳4	庚午5	辛未6	壬申7	癸酉8	甲戌9	乙亥10	丙子11	丁丑12	乙丑冬至
十二月小	乙丑	天干地支西曆	戊寅13	己卯14	庚辰15	辛巳16	壬午17	癸未18	甲申19	乙酉20	丙戌21	丁亥22	戊子23	己丑24	庚寅25	辛卯26	壬辰27	癸巳28	甲午29	乙未30	丙申31	丁酉(2)	戊戌2	己亥3	庚子4	辛丑5	壬寅6	癸卯7	甲辰8	乙巳9	丙午10		

年代異同	竹書紀年	皇極經世	文獻通考	歷代紀年備考	歷代帝王年表	歷代統紀表	中國年曆總譜	斷代工程
	殷祖甲三十年	殷庚丁十七年	殷庚丁十七年	殷庚丁十七年	殷庚丁十七年	殷庚丁十七年	殷帝乙七年	殷武丁四十八年

殷武丁四十五年（己未 羊年） 公元前 **1202** ~ 前 1201 年

夏曆月序	中西曆日對照		夏曆日序																														節氣與天象
			初一	初二	初三	初四	初五	初六	初七	初八	初九	初十	十一	十二	十三	十四	十五	十六	十七	十八	十九	二十	二一	二二	二三	二四	二五	二六	二七	二八	二九	三十	
正月大	丙寅	天干地支西曆	丁未11	戊申12	己酉13	庚戌14	辛亥15	壬子16	癸丑17	甲寅18	乙卯19	丙辰20	丁巳21	戊午22	己未23	庚申24	辛酉25	壬戌26	癸亥27	甲子28	乙丑(3)	丙寅2	丁卯3	戊辰4	己巳5	庚午6	辛未7	壬申8	癸酉9	甲戌10	乙亥11	丙子12	庚戌立春
二月大	丁卯	天干地支西曆	丁丑13	戊寅14	己卯15	庚辰16	辛巳17	壬午18	癸未19	甲申20	乙酉21	丙戌22	丁亥23	戊子24	己丑25	庚寅26	辛卯27	壬辰28	癸巳29	甲午30	乙未31	丙申(4)	丁酉2	戊戌3	己亥4	庚子5	辛丑6	壬寅7	癸卯8	甲辰9	乙巳10	丙午11	丁酉春分
三月小	戊辰	天干地支西曆	丁未12	戊申13	己酉14	庚戌15	辛亥16	壬子17	癸丑18	甲寅19	乙卯20	丙辰21	丁巳22	戊午23	己未24	庚申25	辛酉26	壬戌27	癸亥28	甲子29	乙丑30	丙寅(5)	丁卯2	戊辰3	己巳4	庚午5	辛未6	壬申7	癸酉8	甲戌9	乙亥10		
四月大	己巳	天干地支西曆	丙子11	丁丑12	戊寅13	己卯14	庚辰15	辛巳16	壬午17	癸未18	甲申19	乙酉20	丙戌21	丁亥22	戊子23	己丑24	庚寅25	辛卯26	壬辰27	癸巳28	甲午29	乙未30	丙申31	丁酉(6)	戊戌2	己亥3	庚子4	辛丑5	壬寅6	癸卯7	甲辰8	乙巳9	甲申立夏
五月小	庚午	天干地支西曆	丙午10	丁未11	戊申12	己酉13	庚戌14	辛亥15	壬子16	癸丑17	甲寅18	乙卯19	丙辰20	丁巳21	戊午22	己未23	庚申24	辛酉25	壬戌26	癸亥27	甲子28	乙丑29	丙寅30	丁卯(7)	戊辰2	己巳3	庚午4	辛未5	壬申6	癸酉7	甲戌8		辛未夏至
六月大	辛未	天干地支西曆	乙亥9	丙子10	丁丑11	戊寅12	己卯13	庚辰14	辛巳15	壬午16	癸未17	甲申18	乙酉19	丙戌20	丁亥21	戊子22	己丑23	庚寅24	辛卯25	壬辰26	癸巳27	甲午28	乙未29	丙申30	丁酉31	戊戌(8)	己亥2	庚子3	辛丑4	壬寅5	癸卯6	甲辰7	
七月小	壬申	天干地支西曆	乙巳8	丙午9	丁未10	戊申11	己酉12	庚戌13	辛亥14	壬子15	癸丑16	甲寅17	乙卯18	丙辰19	丁巳20	戊午21	己未22	庚申23	辛酉24	壬戌25	癸亥26	甲子27	乙丑28	丙寅29	丁卯30	戊辰31	己巳(9)	庚午2	辛未3	壬申4	癸酉5		丁巳立秋
八月小	癸酉	天干地支西曆	甲戌6	乙亥7	丙子8	丁丑9	戊寅10	己卯11	庚辰12	辛巳13	壬午14	癸未15	甲申16	乙酉17	丙戌18	丁亥19	戊子20	己丑21	庚寅22	辛卯23	壬辰24	癸巳25	甲午26	乙未27	丙申28	丁酉29	戊戌30	己亥(10)	庚子2	辛丑3	壬寅4		壬寅秋分
九月大	甲戌	天干地支西曆	癸卯5	甲辰6	乙巳7	丙午8	丁未9	戊申10	己酉11	庚戌12	辛亥13	壬子14	癸丑15	甲寅16	乙卯17	丙辰18	丁巳19	戊午20	己未21	庚申22	辛酉23	壬戌24	癸亥25	甲子26	乙丑27	丙寅28	丁卯29	戊辰30	己巳31	庚午(11)	辛未2	壬申3	
十月小	乙亥	天干地支西曆	癸酉4	甲戌5	乙亥6	丙子7	丁丑8	戊寅9	己卯10	庚辰11	辛巳12	壬午13	癸未14	甲申15	乙酉16	丙戌17	丁亥18	戊子19	己丑20	庚寅21	辛卯22	壬辰23	癸巳24	甲午25	乙未26	丙申27	丁酉28	戊戌29	己亥30	庚子(12)	辛丑2		丁亥立冬
十一月大	丙子	天干地支西曆	壬寅3	癸卯4	甲辰5	乙巳6	丙午7	丁未8	戊申9	己酉10	庚戌11	辛亥12	壬子13	癸丑14	甲寅15	乙卯16	丙辰17	丁巳18	戊午19	己未20	庚申21	辛酉22	壬戌23	癸亥24	甲子25	乙丑26	丙寅27	丁卯28	戊辰29	己巳30	庚午31	辛未(1)	辛未冬至
十二月小	丁丑	天干地支西曆	壬申2	癸酉3	甲戌4	乙亥5	丙子6	丁丑7	戊寅8	己卯9	庚辰10	辛巳11	壬午12	癸未13	甲申14	乙酉15	丙戌16	丁亥17	戊子18	己丑19	庚寅20	辛卯21	壬辰22	癸巳23	甲午24	乙未25	丙申26	丁酉27	戊戌28	己亥29	庚子30		

年代異同	竹書紀年	皇極經世	文獻通考	歷代紀年備考	歷代帝王年表	歷代統紀表	中國年曆總譜	斷代工程
	殷祖甲三十一年	殷庚丁十八年	殷庚丁十八年	殷庚丁十八年	殷庚丁十八年	殷庚丁十八年	殷帝乙八年	殷武丁四十九年

殷武丁四十六年（庚申 猴年） 公元前 **1201** ~ 前 1200 年

夏曆月序	中西曆日對照		初一	初二	初三	初四	初五	初六	初七	初八	初九	初十	十一	十二	十三	十四	十五	十六	十七	十八	十九	二十	二一	二二	二三	二四	二五	二六	二七	二八	二九	三十	節氣與天象
正月大	戊寅	天干地支 西曆	辛丑 31	壬寅 (2)	癸卯 2	甲辰 3	乙巳 4	丙午 5	丁未 6	戊申 7	己酉 8	庚戌 9	辛亥 10	壬子 11	癸丑 12	甲寅 13	乙卯 14	丙辰 15	丁巳 16	戊午 17	己未 18	庚申 19	辛酉 20	壬戌 21	癸亥 22	甲子 23	乙丑 24	丙寅 25	丁卯 26	戊辰 27	己巳 28	庚午 29	丙辰立春
二月大	己卯	天干地支 西曆	辛未 (3)	壬申 2	癸酉 3	甲戌 4	乙亥 5	丙子 6	丁丑 7	戊寅 8	己卯 9	庚辰 10	辛巳 11	壬午 12	癸未 13	甲申 14	乙酉 15	丙戌 16	丁亥 17	戊子 18	己丑 19	庚寅 20	辛卯 21	壬辰 22	癸巳 23	甲午 24	乙未 25	丙申 26	丁酉 27	戊戌 28	己亥 29	庚子 30	
閏二月小	己卯	天干地支 西曆	辛丑 31	壬寅 (4)	癸卯 2	甲辰 3	乙巳 4	丙午 5	丁未 6	戊申 7	己酉 8	庚戌 9	辛亥 10	壬子 11	癸丑 12	甲寅 13	乙卯 14	丙辰 15	丁巳 16	戊午 17	己未 18	庚申 19	辛酉 20	壬戌 21	癸亥 22	甲子 23	乙丑 24	丙寅 25	丁卯 26	戊辰 27	己巳 28		壬寅春分
三月大	庚辰	天干地支 西曆	庚午 29	辛未 30	壬申 (5)	癸酉 2	甲戌 3	乙亥 4	丙子 5	丁丑 6	戊寅 7	己卯 8	庚辰 9	辛巳 10	壬午 11	癸未 12	甲申 13	乙酉 14	丙戌 15	丁亥 16	戊子 17	己丑 18	庚寅 19	辛卯 20	壬辰 21	癸巳 22	甲午 23	乙未 24	丙申 25	丁酉 26	戊戌 27	己亥 28	己丑立夏
四月大	辛巳	天干地支 西曆	庚子 29	辛丑 30	壬寅 31	癸卯 (6)	甲辰 2	乙巳 3	丙午 4	丁未 5	戊申 6	己酉 7	庚戌 8	辛亥 9	壬子 10	癸丑 11	甲寅 12	乙卯 13	丙辰 14	丁巳 15	戊午 16	己未 17	庚申 18	辛酉 19	壬戌 20	癸亥 21	甲子 22	乙丑 23	丙寅 24	丁卯 25	戊辰 26	己巳 27	
五月小	壬午	天干地支 西曆	庚午 28	辛未 29	壬申 30	癸酉 (7)	甲戌 2	乙亥 3	丙子 4	丁丑 5	戊寅 6	己卯 7	庚辰 8	辛巳 9	壬午 10	癸未 11	甲申 12	乙酉 13	丙戌 14	丁亥 15	戊子 16	己丑 17	庚寅 18	辛卯 19	壬辰 20	癸巳 21	甲午 22	乙未 23	丙申 24	丁酉 25	戊戌 26		丙子夏至
六月大	癸未	天干地支 西曆	己亥 27	庚子 28	辛丑 29	壬寅 30	癸卯 31	甲辰 (8)	乙巳 2	丙午 3	丁未 4	戊申 5	己酉 6	庚戌 7	辛亥 8	壬子 9	癸丑 10	甲寅 11	乙卯 12	丙辰 13	丁巳 14	戊午 15	己未 16	庚申 17	辛酉 18	壬戌 19	癸亥 20	甲子 21	乙丑 22	丙寅 23	丁卯 24	戊辰 25	壬戌立秋
七月小	甲申	天干地支 西曆	己巳 26	庚午 27	辛未 28	壬申 29	癸酉 30	甲戌 31	乙亥 (9)	丙子 2	丁丑 3	戊寅 4	己卯 5	庚辰 6	辛巳 7	壬午 8	癸未 9	甲申 10	乙酉 11	丙戌 12	丁亥 13	戊子 14	己丑 15	庚寅 16	辛卯 17	壬辰 18	癸巳 19	甲午 20	乙未 21	丙申 22	丁酉 23		
八月小	乙酉	天干地支 西曆	戊戌 24	己亥 25	庚子 26	辛丑 27	壬寅 28	癸卯 29	甲辰 30	乙巳 (10)	丙午 2	丁未 3	戊申 4	己酉 5	庚戌 6	辛亥 7	壬子 8	癸丑 9	甲寅 10	乙卯 11	丙辰 12	丁巳 13	戊午 14	己未 15	庚申 16	辛酉 17	壬戌 18	癸亥 19	甲子 20	乙丑 21	丙寅 22		戊申秋分
九月大	丙戌	天干地支 西曆	丁卯 23	戊辰 24	己巳 25	庚午 26	辛未 27	壬申 28	癸酉 29	甲戌 30	乙亥 31	丙子 (11)	丁丑 2	戊寅 3	己卯 4	庚辰 5	辛巳 6	壬午 7	癸未 8	甲申 9	乙酉 10	丙戌 11	丁亥 12	戊子 13	己丑 14	庚寅 15	辛卯 16	壬辰 17	癸巳 18	甲午 19	乙未 20	丙申 21	壬辰立冬
十月小	丁亥	天干地支 西曆	丁酉 22	戊戌 23	己亥 24	庚子 25	辛丑 26	壬寅 27	癸卯 28	甲辰 29	乙巳 30	丙午 (12)	丁未 2	戊申 3	己酉 4	庚戌 5	辛亥 6	壬子 7	癸丑 8	甲寅 9	乙卯 10	丙辰 11	丁巳 12	戊午 13	己未 14	庚申 15	辛酉 16	壬戌 17	癸亥 18	甲子 19	乙丑 20		
十一月大	戊子	天干地支 西曆	丙寅 21	丁卯 22	戊辰 23	己巳 24	庚午 25	辛未 26	壬申 27	癸酉 28	甲戌 29	乙亥 30	丙子 31	丁丑 (1)	戊寅 2	己卯 3	庚辰 4	辛巳 5	壬午 6	癸未 7	甲申 8	乙酉 9	丙戌 10	丁亥 11	戊子 12	己丑 13	庚寅 14	辛卯 15	壬辰 16	癸巳 17	甲午 18	乙未 19	丙子冬至
十二月小	己丑	天干地支 西曆	丙申 20	丁酉 21	戊戌 22	己亥 23	庚子 24	辛丑 25	壬寅 26	癸卯 27	甲辰 28	乙巳 29	丙午 30	丁未 31	戊申 (2)	己酉 2	庚戌 3	辛亥 4	壬子 5	癸丑 6	甲寅 7	乙卯 8	丙辰 9	丁巳 10	戊午 11	己未 12	庚申 13	辛酉 14	壬戌 15	癸亥 16	甲子 17		辛酉立春

年代異同	竹書紀年	皇極經世	文獻通考	歷代紀年備考	歷代帝王年表	歷代統紀表	中國年曆總譜	斷代工程
	殷祖甲三十二年	殷庚丁十九年	殷庚丁十九年	殷庚丁十九年	殷庚丁十九年	殷庚丁十九年	殷帝乙九年	殷武丁五十年

殷武丁四十七年（辛酉 鷄年）公元前1200 ~ 前1199年

夏曆月序		中西日曆對照	初一	初二	初三	初四	初五	初六	初七	初八	初九	初十	十一	十二	十三	十四	十五	十六	十七	十八	十九	二十	二一	二二	二三	二四	二五	二六	二七	二八	二九	三十	節氣與天象
正月大	庚寅	天干 地支 西曆	乙丑18	丙寅19	丁卯20	戊辰21	己巳22	庚午23	辛未24	壬申25	癸酉26	甲戌27	乙亥28	丙子(3)	丁丑2	戊寅3	己卯4	庚辰5	辛巳6	壬午7	癸未8	甲申9	乙酉10	丙戌11	丁亥12	戊子13	己丑14	庚寅15	辛卯16	壬辰17	癸巳18	甲午19	
二月小	辛卯	天干 地支 西曆	乙未20	丙申21	丁酉22	戊戌23	己亥24	庚子25	辛丑26	壬寅27	癸卯28	甲辰29	乙巳30	丙午31	丁未(4)	戊申2	己酉3	庚戌4	辛亥5	壬子6	癸丑7	甲寅8	乙卯9	丙辰10	丁巳11	戊午12	己未13	庚申14	辛酉15	壬戌16	癸亥17		丁未春分
三月大	壬辰	天干 地支 西曆	甲子18	乙丑19	丙寅20	丁卯21	戊辰22	己巳23	庚午24	辛未25	壬申26	癸酉27	甲戌28	乙亥29	丙子30	丁丑(5)	戊寅2	己卯3	庚辰4	辛巳5	壬午6	癸未7	甲申8	乙酉9	丙戌10	丁亥11	戊子12	己丑13	庚寅14	辛卯15	壬辰16	癸巳17	
四月大	癸巳	天干 地支 西曆	甲午18	乙未19	丙申20	丁酉21	戊戌22	己亥23	庚子24	辛丑25	壬寅26	癸卯27	甲辰28	乙巳29	丙午30	丁未31	戊申(6)	己酉2	庚戌3	辛亥4	壬子5	癸丑6	甲寅7	乙卯8	丙辰9	丁巳10	戊午11	己未12	庚申13	辛酉14	壬戌15	癸亥16	甲午立夏
五月小	甲午	天干 地支 西曆	甲子17	乙丑18	丙寅19	丁卯20	戊辰21	己巳22	庚午23	辛未24	壬申25	癸酉26	甲戌27	乙亥28	丙子29	丁丑30	戊寅(7)	己卯2	庚辰3	辛巳4	壬午5	癸未6	甲申7	乙酉8	丙戌9	丁亥10	戊子11	己丑12	庚寅13	辛卯14	壬辰15		辛巳夏至
六月大	乙未	天干 地支 西曆	癸巳16	甲午17	乙未18	丙申19	丁酉20	戊戌21	己亥22	庚子23	辛丑24	壬寅25	癸卯26	甲辰27	乙巳28	丙午29	丁未30	戊申31	己酉(8)	庚戌2	辛亥3	壬子4	癸丑5	甲寅6	乙卯7	丙辰8	丁巳9	戊午10	己未11	庚申12	辛酉13	壬戌14	
七月小	丙申	天干 地支 西曆	癸亥15	甲子16	乙丑17	丙寅18	丁卯19	戊辰20	己巳21	庚午22	辛未23	壬申24	癸酉25	甲戌26	乙亥27	丙子28	丁丑29	戊寅30	己卯31	庚辰(9)	辛巳2	壬午3	癸未4	甲申5	乙酉6	丙戌7	丁亥8	戊子9	己丑10	庚寅11	辛卯12		戊辰立秋
八月大	丁酉	天干 地支 西曆	壬辰13	癸巳14	甲午15	乙未16	丙申17	丁酉18	戊戌19	己亥20	庚子21	辛丑22	壬寅23	癸卯24	甲辰25	乙巳26	丙午27	丁未28	戊申29	己酉30	庚戌(10)	辛亥2	壬子3	癸丑4	甲寅5	乙卯6	丙辰7	丁巳8	戊午9	己未10	庚申11	辛酉12	癸丑秋分
九月小	戊戌	天干 地支 西曆	壬戌13	癸亥14	甲子15	乙丑16	丙寅17	丁卯18	戊辰19	己巳20	庚午21	辛未22	壬申23	癸酉24	甲戌25	乙亥26	丙子27	丁丑28	戊寅29	己卯30	庚辰31	辛巳(11)	壬午2	癸未3	甲申4	乙酉5	丙戌6	丁亥7	戊子8	己丑9	庚寅10		
十月大	己亥	天干 地支 西曆	辛卯11	壬辰12	癸巳13	甲午14	乙未15	丙申16	丁酉17	戊戌18	己亥19	庚子20	辛丑21	壬寅22	癸卯23	甲辰24	乙巳25	丙午26	丁未27	戊申28	己酉29	庚戌30	辛亥(12)	壬子2	癸丑3	甲寅4	乙卯5	丙辰6	丁巳7	戊午8	己未9	庚申10	丁酉立冬
十一月小	庚子	天干 地支 西曆	辛酉11	壬戌12	癸亥13	甲子14	乙丑15	丙寅16	丁卯17	戊辰18	己巳19	庚午20	辛未21	壬申22	癸酉23	甲戌24	乙亥25	丙子26	丁丑27	戊寅28	己卯29	庚辰30	辛巳31	壬午(1)	癸未2	甲申3	乙酉4	丙戌5	丁亥6	戊子7	己丑8		辛巳冬至
十二月大	辛丑	天干 地支 西曆	庚寅9	辛卯10	壬辰11	癸巳12	甲午13	乙未14	丙申15	丁酉16	戊戌17	己亥18	庚子19	辛丑20	壬寅21	癸卯22	甲辰23	乙巳24	丙午25	丁未26	戊申27	己酉28	庚戌29	辛亥30	壬子31	癸丑(2)	甲寅2	乙卯3	丙辰4	丁巳5	戊午6	己未7	

年代異同	竹書紀年	皇極經世	文獻通考	歷代紀年備考	歷代帝王年表	歷代統紀表	中國年曆總譜	斷代工程
	殷祖甲三十三年	殷庚丁二十年	殷庚丁二十年	殷庚丁二十年	殷庚丁二十年	殷庚丁二十年	殷帝乙十年	殷武丁五十一年

殷武丁四十八年（壬戌 狗年） 公元前 **1199** ~ 前 1198 年

夏曆月序		中西曆日對照	夏曆日序																														節氣與天象
			初一	初二	初三	初四	初五	初六	初七	初八	初九	初十	十一	十二	十三	十四	十五	十六	十七	十八	十九	二十	二一	二二	二三	二四	二五	二六	二七	二八	二九	三十	
正月小	壬寅	天干地支 西曆	庚申 8	辛酉 9	壬戌 10	癸亥 11	甲子 12	乙丑 13	丙寅 14	丁卯 15	戊辰 16	己巳 17	庚午 18	辛未 19	壬申 20	癸酉 21	甲戌 22	乙亥 23	丙子 24	丁丑 25	戊寅 26	己卯 27	庚辰 28	辛巳 (3)	壬午 2	癸未 3	甲申 4	乙酉 5	丙戌 6	丁亥 7	戊子 8		丙寅立春
二月大	癸卯	天干地支 西曆	己丑 9	庚寅 10	辛卯 11	壬辰 12	癸巳 13	甲午 14	乙未 15	丙申 16	丁酉 17	戊戌 18	己亥 19	庚子 20	辛丑 21	壬寅 22	癸卯 23	甲辰 24	乙巳 25	丙午 26	丁未 27	戊申 28	己酉 29	庚戌 30	辛亥 31	壬子 (4)	癸丑 2	甲寅 3	乙卯 4	丙辰 5	丁巳 6	戊午 7	壬子春分
三月小	甲辰	天干地支 西曆	己未 8	庚申 9	辛酉 10	壬戌 11	癸亥 12	甲子 13	乙丑 14	丙寅 15	丁卯 16	戊辰 17	己巳 18	庚午 19	辛未 20	壬申 21	癸酉 22	甲戌 23	乙亥 24	丙子 25	丁丑 26	戊寅 27	己卯 28	庚辰 29	辛巳 30	壬午 (5)	癸未 2	甲申 3	乙酉 4	丙戌 5	丁亥 6		
四月大	乙巳	天干地支 西曆	戊子 7	己丑 8	庚寅 9	辛卯 10	壬辰 11	癸巳 12	甲午 13	乙未 14	丙申 15	丁酉 16	戊戌 17	己亥 18	庚子 19	辛丑 20	壬寅 21	癸卯 22	甲辰 23	乙巳 24	丙午 25	丁未 26	戊申 27	己酉 28	庚戌 29	辛亥 30	壬子 31	癸丑 (6)	甲寅 2	乙卯 3	丙辰 4	丁巳 5	己亥立夏
五月小	丙午	天干地支 西曆	戊午 6	己未 7	庚申 8	辛酉 9	壬戌 10	癸亥 11	甲子 12	乙丑 13	丙寅 14	丁卯 15	戊辰 16	己巳 17	庚午 18	辛未 19	壬申 20	癸酉 21	甲戌 22	乙亥 23	丙子 24	丁丑 25	戊寅 26	己卯 27	庚辰 28	辛巳 29	壬午 30	癸未 (7)	甲申 2	乙酉 3	丙戌 4		
六月大	丁未	天干地支 西曆	丁亥 5	戊子 6	己丑 7	庚寅 8	辛卯 9	壬辰 10	癸巳 11	甲午 12	乙未 13	丙申 14	丁酉 15	戊戌 16	己亥 17	庚子 18	辛丑 19	壬寅 20	癸卯 21	甲辰 22	乙巳 23	丙午 24	丁未 25	戊申 26	己酉 27	庚戌 28	辛亥 29	壬子 30	癸丑 31	甲寅 (8)	乙卯 2	丙辰 3	丁亥夏至
七月大	戊申	天干地支 西曆	丁巳 4	戊午 5	己未 6	庚申 7	辛酉 8	壬戌 9	癸亥 10	甲子 11	乙丑 12	丙寅 13	丁卯 14	戊辰 15	己巳 16	庚午 17	辛未 18	壬申 19	癸酉 20	甲戌 21	乙亥 22	丙子 23	丁丑 24	戊寅 25	己卯 26	庚辰 27	辛巳 28	壬午 29	癸未 30	甲申 31	乙酉 (9)	丙戌 2	癸酉立秋
八月小	己酉	天干地支 西曆	丁亥 3	戊子 4	己丑 5	庚寅 6	辛卯 7	壬辰 8	癸巳 9	甲午 10	乙未 11	丙申 12	丁酉 13	戊戌 14	己亥 15	庚子 16	辛丑 17	壬寅 18	癸卯 19	甲辰 20	乙巳 21	丙午 22	丁未 23	戊申 24	己酉 25	庚戌 26	辛亥 27	壬子 28	癸丑 29	甲寅 30	乙卯 (10)		
九月大	庚戌	天干地支 西曆	丙辰 2	丁巳 3	戊午 4	己未 5	庚申 6	辛酉 7	壬戌 8	癸亥 9	甲子 10	乙丑 11	丙寅 12	丁卯 13	戊辰 14	己巳 15	庚午 16	辛未 17	壬申 18	癸酉 19	甲戌 20	乙亥 21	丙子 22	丁丑 23	戊寅 24	己卯 25	庚辰 26	辛巳 27	壬午 28	癸未 29	甲申 30	乙酉 31	戊午秋分
十月大	辛亥	天干地支 西曆	丙戌 (11)	丁亥 2	戊子 3	己丑 4	庚寅 5	辛卯 6	壬辰 7	癸巳 8	甲午 9	乙未 10	丙申 11	丁酉 12	戊戌 13	己亥 14	庚子 15	辛丑 16	壬寅 17	癸卯 18	甲辰 19	乙巳 20	丙午 21	丁未 22	戊申 23	己酉 24	庚戌 25	辛亥 26	壬子 27	癸丑 28	甲寅 29	乙卯 30	壬寅立冬
十一月小	壬子	天干地支 西曆	丙辰 (12)	丁巳 2	戊午 3	己未 4	庚申 5	辛酉 6	壬戌 7	癸亥 8	甲子 9	乙丑 10	丙寅 11	丁卯 12	戊辰 13	己巳 14	庚午 15	辛未 16	壬申 17	癸酉 18	甲戌 19	乙亥 20	丙子 21	丁丑 22	戊寅 23	己卯 24	庚辰 25	辛巳 26	壬午 27	癸未 28	甲申 29		
閏十一小	壬子	天干地支 西曆	乙酉 30	丙戌 31	丁亥 (1)	戊子 2	己丑 3	庚寅 4	辛卯 5	壬辰 6	癸巳 7	甲午 8	乙未 9	丙申 10	丁酉 11	戊戌 12	己亥 13	庚子 14	辛丑 15	壬寅 16	癸卯 17	甲辰 18	乙巳 19	丙午 20	丁未 21	戊申 22	己酉 23	庚戌 24	辛亥 25	壬子 26	癸丑 27		丙戌冬至
十二月大	癸丑	天干地支 西曆	甲寅 28	乙卯 29	丙辰 30	丁巳 31	戊午 (2)	己未 2	庚申 3	辛酉 4	壬戌 5	癸亥 6	甲子 7	乙丑 8	丙寅 9	丁卯 10	戊辰 11	己巳 12	庚午 13	辛未 14	壬申 15	癸酉 16	甲戌 17	乙亥 18	丙子 19	丁丑 20	戊寅 21	己卯 22	庚辰 23	辛巳 24	壬午 25	癸未 26	辛未立春

年代異同	竹書紀年	皇極經世	文獻通考	歷代紀年備考	歷代帝王年表	歷代統紀表	中國年曆總譜	斷代工程
	殷廩辛元年	殷庚丁二十一年	殷庚丁二十一年	殷庚丁二十一年	殷庚丁二十一年	殷庚丁二十一年	殷帝乙十一年	殷武丁五十二年

殷武丁四十九年（癸亥 豬年） 公元前 1198 ~ 前 1197 年

夏曆月序		中西曆日對照	初一	初二	初三	初四	初五	初六	初七	初八	初九	初十	十一	十二	十三	十四	十五	十六	十七	十八	十九	二十	二一	二二	二三	二四	二五	二六	二七	二八	二九	三十	節氣與天象
正月小	甲寅	天干支 地西曆	甲申 27	乙酉 28	丙戌 (3)	丁亥 2	戊子 3	己丑 4	庚寅 5	辛卯 6	壬辰 7	癸巳 8	甲午 9	乙未 10	丙申 11	丁酉 12	戊戌 13	己亥 14	庚子 15	辛丑 16	壬寅 17	癸卯 18	甲辰 19	乙巳 20	丙午 21	丁未 22	戊申 23	己酉 24	庚戌 25	辛亥 26	壬子 27		
二月大	乙卯	天干支 地西曆	癸丑 28	甲寅 29	乙卯 30	丙辰 31	丁巳 (4)	戊午 2	己未 3	庚申 4	辛酉 5	壬戌 6	癸亥 7	甲子 8	乙丑 9	丙寅 10	丁卯 11	戊辰 12	己巳 13	庚午 14	辛未 15	壬申 16	癸酉 17	甲戌 18	乙亥 19	丙子 20	丁丑 21	戊寅 22	己卯 23	庚辰 24	辛巳 25	壬午 26	戊午春分
三月小	丙辰	天干支 地西曆	癸未 27	甲申 28	乙酉 29	丙戌 30	丁亥 (5)	戊子 2	己丑 3	庚寅 4	辛卯 5	壬辰 6	癸巳 7	甲午 8	乙未 9	丙申 10	丁酉 11	戊戌 12	己亥 13	庚子 14	辛丑 15	壬寅 16	癸卯 17	甲辰 18	乙巳 19	丙午 20	丁未 21	戊申 22	己酉 23	庚戌 24	辛亥 25		乙巳立夏
四月小	丁巳	天干支 地西曆	壬子 26	癸丑 27	甲寅 28	乙卯 29	丙辰 30	丁巳 31	戊午 (6)	己未 2	庚申 3	辛酉 4	壬戌 5	癸亥 6	甲子 7	乙丑 8	丙寅 9	丁卯 10	戊辰 11	己巳 12	庚午 13	辛未 14	壬申 15	癸酉 16	甲戌 17	乙亥 18	丙子 19	丁丑 20	戊寅 21	己卯 22	庚辰 23		
五月大	戊午	天干支 地西曆	辛巳 24	壬午 25	癸未 26	甲申 27	乙酉 28	丙戌 29	丁亥 30	戊子 (7)	己丑 2	庚寅 3	辛卯 4	壬辰 5	癸巳 6	甲午 7	乙未 8	丙申 9	丁酉 10	戊戌 11	己亥 12	庚子 13	辛丑 14	壬寅 15	癸卯 16	甲辰 17	乙巳 18	丙午 19	丁未 20	戊申 21	己酉 22	庚戌 23	壬辰夏至
六月大	己未	天干支 地西曆	辛亥 24	壬子 25	癸丑 26	甲寅 27	乙卯 28	丙辰 29	丁巳 30	戊午 31	己未 (8)	庚申 2	辛酉 3	壬戌 4	癸亥 5	甲子 6	乙丑 7	丙寅 8	丁卯 9	戊辰 10	己巳 11	庚午 12	辛未 13	壬申 14	癸酉 15	甲戌 16	乙亥 17	丙子 18	丁丑 19	戊寅 20	己卯 21	庚辰 22	戊寅立秋
七月小	庚申	天干支 地西曆	辛巳 23	壬午 24	癸未 25	甲申 26	乙酉 27	丙戌 28	丁亥 29	戊子 30	己丑 31	庚寅 (9)	辛卯 2	壬辰 3	癸巳 4	甲午 5	乙未 6	丙申 7	丁酉 8	戊戌 9	己亥 10	庚子 11	辛丑 12	壬寅 13	癸卯 14	甲辰 15	乙巳 16	丙午 17	丁未 18	戊申 19	己酉 20		
八月大	辛酉	天干支 地西曆	庚戌 21	辛亥 22	壬子 23	癸丑 24	甲寅 25	乙卯 26	丙辰 27	丁巳 28	戊午 29	己未 30	庚申 (10)	辛酉 2	壬戌 3	癸亥 4	甲子 5	乙丑 6	丙寅 7	丁卯 8	戊辰 9	己巳 10	庚午 11	辛未 12	壬申 13	癸酉 14	甲戌 15	乙亥 16	丙子 17	丁丑 18	戊寅 19	己卯 20	癸亥秋分
九月大	壬戌	天干支 地西曆	庚辰 21	辛巳 22	壬午 23	癸未 24	甲申 25	乙酉 26	丙戌 27	丁亥 28	戊子 29	己丑 30	庚寅 31	辛卯 (11)	壬辰 2	癸巳 3	甲午 4	乙未 5	丙申 6	丁酉 7	戊戌 8	己亥 9	庚子 10	辛丑 11	壬寅 12	癸卯 13	甲辰 14	乙巳 15	丙午 16	丁未 17	戊申 18	己酉 19	戊申立冬 庚辰日食
十月大	癸亥	天干支 地西曆	庚戌 20	辛亥 21	壬子 22	癸丑 23	甲寅 24	乙卯 25	丙辰 26	丁巳 27	戊午 28	己未 29	庚申 30	辛酉 (12)	壬戌 2	癸亥 3	甲子 4	乙丑 5	丙寅 6	丁卯 7	戊辰 8	己巳 9	庚午 10	辛未 11	壬申 12	癸酉 13	甲戌 14	乙亥 15	丙子 16	丁丑 17	戊寅 18	己卯 19	
十一月小	甲子	天干支 地西曆	庚辰 20	辛巳 21	壬午 22	癸未 23	甲申 24	乙酉 25	丙戌 26	丁亥 27	戊子 28	己丑 29	庚寅 30	辛卯 31	壬辰 (1)	癸巳 2	甲午 3	乙未 4	丙申 5	丁酉 6	戊戌 7	己亥 8	庚子 9	辛丑 10	壬寅 11	癸卯 12	甲辰 13	乙巳 14	丙午 15	丁未 16	戊申 17		壬辰冬至
十二月大	乙丑	天干支 地西曆	己酉 18	庚戌 19	辛亥 20	壬子 21	癸丑 22	甲寅 23	乙卯 24	丙辰 25	丁巳 26	戊午 27	己未 28	庚申 29	辛酉 30	壬戌 31	癸亥 (2)	甲子 2	乙丑 3	丙寅 4	丁卯 5	戊辰 6	己巳 7	庚午 8	辛未 9	壬申 10	癸酉 11	甲戌 12	乙亥 13	丙子 14	丁丑 15	戊寅 16	丁丑立春

年代異同	竹書紀年	皇極經世	文獻通考	歷代紀年備考	歷代帝王年表	歷代統紀表	中國年曆總譜	斷代工程
	殷廩辛二年	殷武乙元年	殷武乙元年	殷武乙元年	殷武乙元年	殷武乙元年	殷帝乙十二年	殷武丁五十三年

殷武丁五十年（甲子 鼠年） 公元前 1197 ~ 前 1196 年

夏曆月序		中西曆日對照	初一	初二	初三	初四	初五	初六	初七	初八	初九	初十	十一	十二	十三	十四	十五	十六	十七	十八	十九	二十	二一	二二	二三	二四	二五	二六	二七	二八	二九	三十	節氣與天象
正月小	丙寅	干支 天地 西曆	己卯 17	庚辰 18	辛巳 19	壬午 20	癸未 21	甲申 22	乙酉 23	丙戌 24	丁亥 25	戊子 26	己丑 27	庚寅 28	辛卯 29	壬辰 (3)	癸巳 2	甲午 3	乙未 4	丙申 5	丁酉 6	戊戌 7	己亥 8	庚子 9	辛丑 10	壬寅 11	癸卯 12	甲辰 13	乙巳 14	丙午 15	丁未 16		
二月小	丁卯	干支 天地 西曆	戊申 17	己酉 18	庚戌 19	辛亥 20	壬子 21	癸丑 22	甲寅 23	乙卯 24	丙辰 25	丁巳 26	戊午 27	己未 28	庚申 29	辛酉 30	壬戌 31	癸亥 (4)	甲子 2	乙丑 3	丙寅 4	丁卯 5	戊辰 6	己巳 7	庚午 8	辛未 9	壬申 10	癸酉 11	甲戌 12	乙亥 13	丙子 14		癸亥春分
三月大	戊辰	干支 天地 西曆	丁丑 15	戊寅 16	己卯 17	庚辰 18	辛巳 19	壬午 20	癸未 21	甲申 22	乙酉 23	丙戌 24	丁亥 25	戊子 26	己丑 27	庚寅 28	辛卯 29	壬辰 30	癸巳 (5)	甲午 2	乙未 3	丙申 4	丁酉 5	戊戌 6	己亥 7	庚子 8	辛丑 9	壬寅 10	癸卯 11	甲辰 12	乙巳 13	丙午 14	丁丑日食
四月小	己巳	干支 天地 西曆	丁未 15	戊申 16	己酉 17	庚戌 18	辛亥 19	壬子 20	癸丑 21	甲寅 22	乙卯 23	丙辰 24	丁巳 25	戊午 26	己未 27	庚申 28	辛酉 29	壬戌 30	癸亥 31	甲子 (6)	乙丑 2	丙寅 3	丁卯 4	戊辰 5	己巳 6	庚午 7	辛未 8	壬申 9	癸酉 10	甲戌 11	乙亥 12		庚戌立夏
五月小	庚午	干支 天地 西曆	丙子 13	丁丑 14	戊寅 15	己卯 16	庚辰 17	辛巳 18	壬午 19	癸未 20	甲申 21	乙酉 22	丙戌 23	丁亥 24	戊子 25	己丑 26	庚寅 27	辛卯 28	壬辰 29	癸巳 30	甲午 (7)	乙未 2	丙申 3	丁酉 4	戊戌 5	己亥 6	庚子 7	辛丑 8	壬寅 9	癸卯 10	甲辰 11		丁酉夏至
六月大	辛未	干支 天地 西曆	乙巳 12	丙午 13	丁未 14	戊申 15	己酉 16	庚戌 17	辛亥 18	壬子 19	癸丑 20	甲寅 21	乙卯 22	丙辰 23	丁巳 24	戊午 25	己未 26	庚申 27	辛酉 28	壬戌 29	癸亥 30	甲子 31	乙丑 (8)	丙寅 2	丁卯 3	戊辰 4	己巳 5	庚午 6	辛未 7	壬申 8	癸酉 9	甲戌 10	
七月小	壬申	干支 天地 西曆	乙亥 11	丙子 12	丁丑 13	戊寅 14	己卯 15	庚辰 16	辛巳 17	壬午 18	癸未 19	甲申 20	乙酉 21	丙戌 22	丁亥 23	戊子 24	己丑 25	庚寅 26	辛卯 27	壬辰 28	癸巳 29	甲午 30	乙未 31	丙申 (9)	丁酉 2	戊戌 3	己亥 4	庚子 5	辛丑 6	壬寅 7	癸卯 8		癸未立秋
八月大	癸酉	干支 天地 西曆	甲辰 9	乙巳 10	丙午 11	丁未 12	戊申 13	己酉 14	庚戌 15	辛亥 16	壬子 17	癸丑 18	甲寅 19	乙卯 20	丙辰 21	丁巳 22	戊午 23	己未 24	庚申 25	辛酉 26	壬戌 27	癸亥 28	甲子 29	乙丑 30	丙寅 (10)	丁卯 2	戊辰 3	己巳 4	庚午 5	辛未 6	壬申 7	癸酉 8	己巳秋分
九月大	甲戌	干支 天地 西曆	甲戌 9	乙亥 10	丙子 11	丁丑 12	戊寅 13	己卯 14	庚辰 15	辛巳 16	壬午 17	癸未 18	甲申 19	乙酉 20	丙戌 21	丁亥 22	戊子 23	己丑 24	庚寅 25	辛卯 26	壬辰 27	癸巳 28	甲午 29	乙未 30	丙申 31	丁酉 (11)	戊戌 2	己亥 3	庚子 4	辛丑 5	壬寅 6	癸卯 7	
十月大	乙亥	干支 天地 西曆	甲辰 8	乙巳 9	丙午 10	丁未 11	戊申 12	己酉 13	庚戌 14	辛亥 15	壬子 16	癸丑 17	甲寅 18	乙卯 19	丙辰 20	丁巳 21	戊午 22	己未 23	庚申 24	辛酉 25	壬戌 26	癸亥 27	甲子 28	乙丑 29	丙寅 30	丁卯 (12)	戊辰 2	己巳 3	庚午 4	辛未 5	壬申 6	癸酉 7	癸丑立冬
十一月小	丙子	干支 天地 西曆	甲戌 8	乙亥 9	丙子 10	丁丑 11	戊寅 12	己卯 13	庚辰 14	辛巳 15	壬午 16	癸未 17	甲申 18	乙酉 19	丙戌 20	丁亥 21	戊子 22	己丑 23	庚寅 24	辛卯 25	壬辰 26	癸巳 27	甲午 28	乙未 29	丙申 30	丁酉 31	戊戌 (1)	己亥 2	庚子 3	辛丑 4	壬寅 5		丁酉冬至
十二月大	丁丑	干支 天地 西曆	癸卯 6	甲辰 7	乙巳 8	丙午 9	丁未 10	戊申 11	己酉 12	庚戌 13	辛亥 14	壬子 15	癸丑 16	甲寅 17	乙卯 18	丙辰 19	丁巳 20	戊午 21	己未 22	庚申 23	辛酉 24	壬戌 25	癸亥 26	甲子 27	乙丑 28	丙寅 29	丁卯 30	戊辰 31	己巳 (2)	庚午 2	辛未 3	壬申 4	

年代異同	竹書紀年	皇極經世	文獻通考	歷代紀年備考	歷代帝王年表	歷代統紀表	中國年曆總譜	斷代工程
	殷廩辛三年	殷武乙二年	殷武乙二年	殷武乙二年	殷武乙二年	殷武乙二年	殷帝乙十三年	殷武丁五十四年

殷武丁五十一年（乙丑 牛年） 公元前1196 ~ 前1195年

夏曆月序		中西曆日對照	初一	初二	初三	初四	初五	初六	初七	初八	初九	初十	十一	十二	十三	十四	十五	十六	十七	十八	十九	二十	二一	二二	二三	二四	二五	二六	二七	二八	二九	三十	節氣與天象
正月大	戊寅	干支	癸酉	甲戌	乙亥	丙子	丁丑	戊寅	己卯	庚辰	辛巳	壬午	癸未	甲申	乙酉	丙戌	丁亥	戊子	己丑	庚寅	辛卯	壬辰	癸巳	甲午	乙未	丙申	丁酉	戊戌	己亥	庚子	辛丑	壬寅	壬午立春
		西曆	5	6	7	8	9	10	11	12	13	14	15	16	17	18	19	20	21	22	23	24	25	26	27	28	(3)	2	3	4	5	6	
二月小	己卯	干支	癸卯	甲辰	乙巳	丙午	丁未	戊申	己酉	庚戌	辛亥	壬子	癸丑	甲寅	乙卯	丙辰	丁巳	戊午	己未	庚申	辛酉	壬戌	癸亥	甲子	乙丑	丙寅	丁卯	戊辰	己巳	庚午	辛未		戊辰春分
		西曆	7	8	9	10	11	12	13	14	15	16	17	18	19	20	21	22	23	24	25	26	27	28	29	30	31	(4)	2	3	4		
三月小	庚辰	干支	壬申	癸酉	甲戌	乙亥	丙子	丁丑	戊寅	己卯	庚辰	辛巳	壬午	癸未	甲申	乙酉	丙戌	丁亥	戊子	己丑	庚寅	辛卯	壬辰	癸巳	甲午	乙未	丙申	丁酉	戊戌	己亥	庚子		壬申日食
		西曆	5	6	7	8	9	10	11	12	13	14	15	16	17	18	19	20	21	22	23	24	25	26	27	28	29	30	(5)	2	3		
四月大	辛巳	干支	辛丑	壬寅	癸卯	甲辰	乙巳	丙午	丁未	戊申	己酉	庚戌	辛亥	壬子	癸丑	甲寅	乙卯	丙辰	丁巳	戊午	己未	庚申	辛酉	壬戌	癸亥	甲子	乙丑	丙寅	丁卯	戊辰	己巳	庚午	乙卯立夏
		西曆	4	5	6	7	8	9	10	11	12	13	14	15	16	17	18	19	20	21	22	23	24	25	26	27	28	29	30	31	(6)	2	
五月小	壬午	干支	辛未	壬申	癸酉	甲戌	乙亥	丙子	丁丑	戊寅	己卯	庚辰	辛巳	壬午	癸未	甲申	乙酉	丙戌	丁亥	戊子	己丑	庚寅	辛卯	壬辰	癸巳	甲午	乙未	丙申	丁酉	戊戌	己亥		
		西曆	3	4	5	6	7	8	9	10	11	12	13	14	15	16	17	18	19	20	21	22	23	24	25	26	27	28	29	30	(7)		
六月小	癸未	干支	庚子	辛丑	壬寅	癸卯	甲辰	乙巳	丙午	丁未	戊申	己酉	庚戌	辛亥	壬子	癸丑	甲寅	乙卯	丙辰	丁巳	戊午	己未	庚申	辛酉	壬戌	癸亥	甲子	乙丑	丙寅	丁卯	戊辰		壬寅夏至
		西曆	2	3	4	5	6	7	8	9	10	11	12	13	14	15	16	17	18	19	20	21	22	23	24	25	26	27	28	29	30		
閏六月大	癸未	干支	己巳	庚午	辛未	壬申	癸酉	甲戌	乙亥	丙子	丁丑	戊寅	己卯	庚辰	辛巳	壬午	癸未	甲申	乙酉	丙戌	丁亥	戊子	己丑	庚寅	辛卯	壬辰	癸巳	甲午	乙未	丙申	丁酉	戊戌	己丑立秋
		西曆	31	(8)	2	3	4	5	6	7	8	9	10	11	12	13	14	15	16	17	18	19	20	21	22	23	24	25	26	27	28	29	
七月小	甲申	干支	己亥	庚子	辛丑	壬寅	癸卯	甲辰	乙巳	丙午	丁未	戊申	己酉	庚戌	辛亥	壬子	癸丑	甲寅	乙卯	丙辰	丁巳	戊午	己未	庚申	辛酉	壬戌	癸亥	甲子	乙丑	丙寅	丁卯		
		西曆	30	31	(9)	2	3	4	5	6	7	8	9	10	11	12	13	14	15	16	17	18	19	20	21	22	23	24	25	26	27		
八月大	乙酉	干支	戊辰	己巳	庚午	辛未	壬申	癸酉	甲戌	乙亥	丙子	丁丑	戊寅	己卯	庚辰	辛巳	壬午	癸未	甲申	乙酉	丙戌	丁亥	戊子	己丑	庚寅	辛卯	壬辰	癸巳	甲午	乙未	丙申	丁酉	甲戌秋分
		西曆	28	29	30	(10)	2	3	4	5	6	7	8	9	10	11	12	13	14	15	16	17	18	19	20	21	22	23	24	25	26	27	
九月大	丙戌	干支	戊戌	己亥	庚子	辛丑	壬寅	癸卯	甲辰	乙巳	丙午	丁未	戊申	己酉	庚戌	辛亥	壬子	癸丑	甲寅	乙卯	丙辰	丁巳	戊午	己未	庚申	辛酉	壬戌	癸亥	甲子	乙丑	丙寅	丁卯	戊午立冬
		西曆	28	29	30	31	(11)	2	3	4	5	6	7	8	9	10	11	12	13	14	15	16	17	18	19	20	21	22	23	24	25	26	
十月大	丁亥	干支	戊辰	己巳	庚午	辛未	壬申	癸酉	甲戌	乙亥	丙子	丁丑	戊寅	己卯	庚辰	辛巳	壬午	癸未	甲申	乙酉	丙戌	丁亥	戊子	己丑	庚寅	辛卯	壬辰	癸巳	甲午	乙未	丙申	丁酉	
		西曆	27	28	29	30	(12)	2	3	4	5	6	7	8	9	10	11	12	13	14	15	16	17	18	19	20	21	22	23	24	25	26	
十一月小	戊子	干支	戊戌	己亥	庚子	辛丑	壬寅	癸卯	甲辰	乙巳	丙午	丁未	戊申	己酉	庚戌	辛亥	壬子	癸丑	甲寅	乙卯	丙辰	丁巳	戊午	己未	庚申	辛酉	壬戌	癸亥	甲子	乙丑	丙寅		壬寅冬至
		西曆	27	28	29	30	31	(1)	2	3	4	5	6	7	8	9	10	11	12	13	14	15	16	17	18	19	20	21	22	23	24		
十二月大	己丑	干支	丁卯	戊辰	己巳	庚午	辛未	壬申	癸酉	甲戌	乙亥	丙子	丁丑	戊寅	己卯	庚辰	辛巳	壬午	癸未	甲申	乙酉	丙戌	丁亥	戊子	己丑	庚寅	辛卯	壬辰	癸巳	甲午	乙未	丙申	丁亥立春
		西曆	25	26	27	28	29	30	31	(2)	2	3	4	5	6	7	8	9	10	11	12	13	14	15	16	17	18	19	20	21	22	23	

年代異同	竹書紀年	皇極經世	文獻通考	歷代紀年備考	歷代帝王年表	歷代統紀表	中國年曆總譜	斷代工程
	殷廩辛四年	殷武乙三年	殷武乙三年	殷武乙三年	殷武乙三年	殷武乙三年	殷帝乙十四年	殷武丁五十五年

殷武丁五十二年（丙寅 虎年） 公元前1195 ~ 前1194年

夏曆月序		中西曆日對照	初一	初二	初三	初四	初五	初六	初七	初八	初九	初十	十一	十二	十三	十四	十五	十六	十七	十八	十九	二十	二一	二二	二三	二四	二五	二六	二七	二八	二九	三十	節氣與天象
正月小	庚寅	天干地支 西曆	丁酉 24	戊戌 25	己亥 26	庚子 27	辛丑 28	壬寅 (3)	癸卯 2	甲辰 3	乙巳 4	丙午 5	丁未 6	戊申 7	己酉 8	庚戌 9	辛亥 10	壬子 11	癸丑 12	甲寅 13	乙卯 14	丙辰 15	丁巳 16	戊午 17	己未 18	庚申 19	辛酉 20	壬戌 21	癸亥 22	甲子 23	乙丑 24		
二月大	辛卯	天干地支 西曆	丙寅 25	丁卯 26	戊辰 27	己巳 28	庚午 29	辛未 30	壬申 31	癸酉 (4)	甲戌 2	乙亥 3	丙子 4	丁丑 5	戊寅 6	己卯 7	庚辰 8	辛巳 9	壬午 10	癸未 11	甲申 12	乙酉 13	丙戌 14	丁亥 15	戊子 16	己丑 17	庚寅 18	辛卯 19	壬辰 20	癸巳 21	甲午 22	乙未 23	癸酉春分
三月小	壬辰	天干地支 西曆	丙申 24	丁酉 25	戊戌 26	己亥 27	庚子 28	辛丑 29	壬寅 30	癸卯 (5)	甲辰 2	乙巳 3	丙午 4	丁未 5	戊申 6	己酉 7	庚戌 8	辛亥 9	壬子 10	癸丑 11	甲寅 12	乙卯 13	丙辰 14	丁巳 15	戊午 16	己未 17	庚申 18	辛酉 19	壬戌 20	癸亥 21	甲子 22		庚申立夏
四月大	癸巳	天干地支 西曆	乙丑 23	丙寅 24	丁卯 25	戊辰 26	己巳 27	庚午 28	辛未 29	壬申 30	癸酉 31	甲戌 (6)	乙亥 2	丙子 3	丁丑 4	戊寅 5	己卯 6	庚辰 7	辛巳 8	壬午 9	癸未 10	甲申 11	乙酉 12	丙戌 13	丁亥 14	戊子 15	己丑 16	庚寅 17	辛卯 18	壬辰 19	癸巳 20	甲午 21	
五月小	甲午	天干地支 西曆	乙未 22	丙申 23	丁酉 24	戊戌 25	己亥 26	庚子 27	辛丑 28	壬寅 29	癸卯 30	甲辰 (7)	乙巳 2	丙午 3	丁未 4	戊申 5	己酉 6	庚戌 7	辛亥 8	壬子 9	癸丑 10	甲寅 11	乙卯 12	丙辰 13	丁巳 14	戊午 15	己未 16	庚申 17	辛酉 18	壬戌 19	癸亥 20		戊申夏至
六月小	乙未	天干地支 西曆	甲子 21	乙丑 22	丙寅 23	丁卯 24	戊辰 25	己巳 26	庚午 27	辛未 28	壬申 29	癸酉 30	甲戌 31	乙亥 (8)	丙子 2	丁丑 3	戊寅 4	己卯 5	庚辰 6	辛巳 7	壬午 8	癸未 9	甲申 10	乙酉 11	丙戌 12	丁亥 13	戊子 14	己丑 15	庚寅 16	辛卯 17	壬辰 18		
七月大	丙申	天干地支 西曆	癸巳 19	甲午 20	乙未 21	丙申 22	丁酉 23	戊戌 24	己亥 25	庚子 26	辛丑 27	壬寅 28	癸卯 29	甲辰 30	乙巳 31	丙午 (9)	丁未 2	戊申 3	己酉 4	庚戌 5	辛亥 6	壬子 7	癸丑 8	甲寅 9	乙卯 10	丙辰 11	丁巳 12	戊午 13	己未 14	庚申 15	辛酉 16	壬戌 17	甲午立秋
八月小	丁酉	天干地支 西曆	癸亥 18	甲子 19	乙丑 20	丙寅 21	丁卯 22	戊辰 23	己巳 24	庚午 25	辛未 26	壬申 27	癸酉 28	甲戌 29	乙亥 30	丙子 (10)	丁丑 2	戊寅 3	己卯 4	庚辰 5	辛巳 6	壬午 7	癸未 8	甲申 9	乙酉 10	丙戌 11	丁亥 12	戊子 13	己丑 14	庚寅 15	辛卯 16		己卯秋分
九月大	戊戌	天干地支 西曆	壬辰 17	癸巳 18	甲午 19	乙未 20	丙申 21	丁酉 22	戊戌 23	己亥 24	庚子 25	辛丑 26	壬寅 27	癸卯 28	甲辰 29	乙巳 30	丙午 31	丁未 (11)	戊申 2	己酉 3	庚戌 4	辛亥 5	壬子 6	癸丑 7	甲寅 8	乙卯 9	丙辰 10	丁巳 11	戊午 12	己未 13	庚申 14	辛酉 15	
十月大	己亥	天干地支 西曆	壬戌 16	癸亥 17	甲子 18	乙丑 19	丙寅 20	丁卯 21	戊辰 22	己巳 23	庚午 24	辛未 25	壬申 26	癸酉 27	甲戌 28	乙亥 29	丙子 30	丁丑 (12)	戊寅 2	己卯 3	庚辰 4	辛巳 5	壬午 6	癸未 7	甲申 8	乙酉 9	丙戌 10	丁亥 11	戊子 12	己丑 13	庚寅 14	辛卯 15	癸亥立冬
十一月小	庚子	天干地支 西曆	壬辰 16	癸巳 17	甲午 18	乙未 19	丙申 20	丁酉 21	戊戌 22	己亥 23	庚子 24	辛丑 25	壬寅 26	癸卯 27	甲辰 28	乙巳 29	丙午 30	丁未 31	戊申 (1)	己酉 2	庚戌 3	辛亥 4	壬子 5	癸丑 6	甲寅 7	乙卯 8	丙辰 9	丁巳 10	戊午 11	己未 12	庚申 13		丁未冬至
十二月大	辛丑	天干地支 西曆	辛酉 14	壬戌 15	癸亥 16	甲子 17	乙丑 18	丙寅 19	丁卯 20	戊辰 21	己巳 22	庚午 23	辛未 24	壬申 25	癸酉 26	甲戌 27	乙亥 28	丙子 29	丁丑 30	戊寅 31	己卯 (2)	庚辰 2	辛巳 3	壬午 4	癸未 5	甲申 6	乙酉 7	丙戌 8	丁亥 9	戊子 10	己丑 11	庚寅 12	

年代異同	竹書紀年	皇極經世	文獻通考	歷代紀年備考	歷代帝王年表	歷代統紀表	中國年曆總譜	斷代工程
	殷廩辛五年	殷武乙四年	殷武乙四年	殷武乙四年	殷武乙四年	殷武乙四年	殷帝乙十五年	殷武丁五十六年

殷武丁五十三年（丁卯 兔年） 公元前**1194** ~ 前1193年

夏曆月序		中西曆日對照	初一	初二	初三	初四	初五	初六	初七	初八	初九	初十	十一	十二	十三	十四	十五	十六	十七	十八	十九	二十	二一	二二	二三	二四	二五	二六	二七	二八	二九	三十	節氣與天象
正月大	壬寅	天干地支西曆	辛卯13	壬辰14	癸巳15	甲午16	乙未17	丙申18	丁酉19	戊戌20	己亥21	庚子22	辛丑23	壬寅24	癸卯25	甲辰26	乙巳27	丙午28	丁未(3)	戊申2	己酉3	庚戌4	辛亥5	壬子6	癸丑7	甲寅8	乙卯9	丙辰10	丁巳11	戊午12	己未13	庚申14	壬辰立春
二月小	癸卯	天干地支西曆	辛酉15	壬戌16	癸亥17	甲子18	乙丑19	丙寅20	丁卯21	戊辰22	己巳23	庚午24	辛未25	壬申26	癸酉27	甲戌28	乙亥29	丙子30	丁丑31	戊寅(4)	己卯2	庚辰3	辛巳4	壬午5	癸未6	甲申7	乙酉8	丙戌9	丁亥10	戊子11	己丑12		戊寅春分
三月大	甲辰	天干地支西曆	庚寅13	辛卯14	壬辰15	癸巳16	甲午17	乙未18	丙申19	丁酉20	戊戌21	己亥22	庚子23	辛丑24	壬寅25	癸卯26	甲辰27	乙巳28	丙午29	丁未30	戊申(5)	己酉2	庚戌3	辛亥4	壬子5	癸丑6	甲寅7	乙卯8	丙辰9	丁巳10	戊午11	己未12	
四月小	乙巳	天干地支西曆	庚申13	辛酉14	壬戌15	癸亥16	甲子17	乙丑18	丙寅19	丁卯20	戊辰21	己巳22	庚午23	辛未24	壬申25	癸酉26	甲戌27	乙亥28	丙子29	丁丑30	戊寅31	己卯(6)	庚辰2	辛巳3	壬午4	癸未5	甲申6	乙酉7	丙戌8	丁亥9	戊子10		丙寅立夏
五月大	丙午	天干地支西曆	己丑11	庚寅12	辛卯13	壬辰14	癸巳15	甲午16	乙未17	丙申18	丁酉19	戊戌20	己亥21	庚子22	辛丑23	壬寅24	癸卯25	甲辰26	乙巳27	丙午28	丁未29	戊申30	己酉(7)	庚戌2	辛亥3	壬子4	癸丑5	甲寅6	乙卯7	丙辰8	丁巳9	戊午10	癸丑夏至
六月小	丁未	天干地支西曆	己未11	庚申12	辛酉13	壬戌14	癸亥15	甲子16	乙丑17	丙寅18	丁卯19	戊辰20	己巳21	庚午22	辛未23	壬申24	癸酉25	甲戌26	乙亥27	丙子28	丁丑29	戊寅30	己卯31	庚辰(8)	辛巳2	壬午3	癸未4	甲申5	乙酉6	丙戌7	丁亥8		
七月小	戊申	天干地支西曆	戊子9	己丑10	庚寅11	辛卯12	壬辰13	癸巳14	甲午15	乙未16	丙申17	丁酉18	戊戌19	己亥20	庚子21	辛丑22	壬寅23	癸卯24	甲辰25	乙巳26	丙午27	丁未28	戊申29	己酉30	庚戌31	辛亥(9)	壬子2	癸丑3	甲寅4	乙卯5	丙辰6		己亥立秋 戊子日食
八月大	己酉	天干地支西曆	丁巳7	戊午8	己未9	庚申10	辛酉11	壬戌12	癸亥13	甲子14	乙丑15	丙寅16	丁卯17	戊辰18	己巳19	庚午20	辛未21	壬申22	癸酉23	甲戌24	乙亥25	丙子26	丁丑27	戊寅28	己卯29	庚辰30	辛巳(10)	壬午2	癸未3	甲申4	乙酉5	丙戌6	甲申秋分
九月小	庚戌	天干地支西曆	丁亥7	戊子8	己丑9	庚寅10	辛卯11	壬辰12	癸巳13	甲午14	乙未15	丙申16	丁酉17	戊戌18	己亥19	庚子20	辛丑21	壬寅22	癸卯23	甲辰24	乙巳25	丙午26	丁未27	戊申28	己酉29	庚戌30	辛亥31	壬子(11)	癸丑2	甲寅3	乙卯4		
十月大	辛亥	天干地支西曆	丙辰5	丁巳6	戊午7	己未8	庚申9	辛酉10	壬戌11	癸亥12	甲子13	乙丑14	丙寅15	丁卯16	戊辰17	己巳18	庚午19	辛未20	壬申21	癸酉22	甲戌23	乙亥24	丙子25	丁丑26	戊寅27	己卯28	庚辰29	辛巳30	壬午(12)	癸未2	甲申3	乙酉4	戊辰立冬
十一月小	壬子	天干地支西曆	丙戌5	丁亥6	戊子7	己丑8	庚寅9	辛卯10	壬辰11	癸巳12	甲午13	乙未14	丙申15	丁酉16	戊戌17	己亥18	庚子19	辛丑20	壬寅21	癸卯22	甲辰23	乙巳24	丙午25	丁未26	戊申27	己酉28	庚戌29	辛亥30	壬子31	癸丑(1)	甲寅2		癸丑冬至
十二月大	癸丑	天干地支西曆	乙卯3	丙辰4	丁巳5	戊午6	己未7	庚申8	辛酉9	壬戌10	癸亥11	甲子12	乙丑13	丙寅14	丁卯15	戊辰16	己巳17	庚午18	辛未19	壬申20	癸酉21	甲戌22	乙亥23	丙子24	丁丑25	戊寅26	己卯27	庚辰28	辛巳29	壬午30	癸未31	甲申(2)	

年代異同	竹書紀年	皇極經世	文獻通考	歷代紀年備考	歷代帝王年表	歷代統紀表	中國年曆總譜	斷代工程
	殷廩辛六年	殷太丁元年	殷太丁元年	殷太丁元年	殷太丁元年	殷太丁元年	殷帝乙十六年	殷武丁五十七年

殷武丁五十四年（戊辰 龍年） 公元前1193 ~ 前1192年

夏曆月序	中西曆日對照		夏曆日序																														節氣與天象
			初一	初二	初三	初四	初五	初六	初七	初八	初九	初十	十一	十二	十三	十四	十五	十六	十七	十八	十九	二十	二一	二二	二三	二四	二五	二六	二七	二八	二九	三十	
正月大	甲寅	天干地支西曆	乙酉2	丙戌3	丁亥4	戊子5	己丑6	庚寅7	辛卯8	壬辰9	癸巳10	甲午11	乙未12	丙申13	丁酉14	戊戌15	己亥16	庚子17	辛丑18	壬寅19	癸卯20	甲辰21	乙巳22	丙午23	丁未24	戊申25	己酉26	庚戌27	辛亥28	壬子29	癸丑(3)	甲寅2	戊戌立春 乙酉日食
二月小	乙卯	天干地支西曆	乙卯3	丙辰4	丁巳5	戊午6	己未7	庚申8	辛酉9	壬戌10	癸亥11	甲子12	乙丑13	丙寅14	丁卯15	戊辰16	己巳17	庚午18	辛未19	壬申20	癸酉21	甲戌22	乙亥23	丙子24	丁丑25	戊寅26	己卯27	庚辰28	辛巳29	壬午30	癸未31		
三月大	丙辰	天干地支西曆	甲申(4)	乙酉2	丙戌3	丁亥4	戊子5	己丑6	庚寅7	辛卯8	壬辰9	癸巳10	甲午11	乙未12	丙申13	丁酉14	戊戌15	己亥16	庚子17	辛丑18	壬寅19	癸卯20	甲辰21	乙巳22	丙午23	丁未24	戊申25	己酉26	庚戌27	辛亥28	壬子29	癸丑30	甲申春分
四月大	丁巳	天干地支西曆	甲寅(5)	乙卯2	丙辰3	丁巳4	戊午5	己未6	庚申7	辛酉8	壬戌9	癸亥10	甲子11	乙丑12	丙寅13	丁卯14	戊辰15	己巳16	庚午17	辛未18	壬申19	癸酉20	甲戌21	乙亥22	丙子23	丁丑24	戊寅25	己卯26	庚辰27	辛巳28	壬午29	癸未30	辛未立夏
閏四月小	丁巳	天干地支西曆	甲申31	乙酉(6)	丙戌2	丁亥3	戊子4	己丑5	庚寅6	辛卯7	壬辰8	癸巳9	甲午10	乙未11	丙申12	丁酉13	戊戌14	己亥15	庚子16	辛丑17	壬寅18	癸卯19	甲辰20	乙巳21	丙午22	丁未23	戊申24	己酉25	庚戌26	辛亥27	壬子28		
五月小	戊午	天干地支西曆	癸丑29	甲寅30	乙卯(7)	丙辰2	丁巳3	戊午4	己未5	庚申6	辛酉7	壬戌8	癸亥9	甲子10	乙丑11	丙寅12	丁卯13	戊辰14	己巳15	庚午16	辛未17	壬申18	癸酉19	甲戌20	乙亥21	丙子22	丁丑23	戊寅24	己卯25	庚辰26	辛巳27		戊午夏至
六月大	己未	天干地支西曆	壬午28	癸未29	甲申30	乙酉31	丙戌(8)	丁亥2	戊子3	己丑4	庚寅5	辛卯6	壬辰7	癸巳8	甲午9	乙未10	丙申11	丁酉12	戊戌13	己亥14	庚子15	辛丑16	壬寅17	癸卯18	甲辰19	乙巳20	丙午21	丁未22	戊申23	己酉24	庚戌25	辛亥26	甲辰立秋
七月小	庚申	天干地支西曆	壬子27	癸丑28	甲寅29	乙卯30	丙辰31	丁巳(9)	戊午2	己未3	庚申4	辛酉5	壬戌6	癸亥7	甲子8	乙丑9	丙寅10	丁卯11	戊辰12	己巳13	庚午14	辛未15	壬申16	癸酉17	甲戌18	乙亥19	丙子20	丁丑21	戊寅22	己卯23	庚辰24		
八月大	辛酉	天干地支西曆	辛巳25	壬午26	癸未27	甲申28	乙酉29	丙戌30	丁亥(10)	戊子2	己丑3	庚寅4	辛卯5	壬辰6	癸巳7	甲午8	乙未9	丙申10	丁酉11	戊戌12	己亥13	庚子14	辛丑15	壬寅16	癸卯17	甲辰18	乙巳19	丙午20	丁未21	戊申22	己酉23	庚戌24	己丑秋分
九月小	壬戌	天干地支西曆	辛亥25	壬子26	癸丑27	甲寅28	乙卯29	丙辰30	丁巳31	戊午(11)	己未2	庚申3	辛酉4	壬戌5	癸亥6	甲子7	乙丑8	丙寅9	丁卯10	戊辰11	己巳12	庚午13	辛未14	壬申15	癸酉16	甲戌17	乙亥18	丙子19	丁丑20	戊寅21	己卯22		甲戌立冬
十月大	癸亥	天干地支西曆	庚辰23	辛巳24	壬午25	癸未26	甲申27	乙酉28	丙戌29	丁亥30	戊子(12)	己丑2	庚寅3	辛卯4	壬辰5	癸巳6	甲午7	乙未8	丙申9	丁酉10	戊戌11	己亥12	庚子13	辛丑14	壬寅15	癸卯16	甲辰17	乙巳18	丙午19	丁未20	戊申21	己酉22	
十一月小	甲子	天干地支西曆	庚戌23	辛亥24	壬子25	癸丑26	甲寅27	乙卯28	丙辰29	丁巳30	戊午31	己未(1)	庚申2	辛酉3	壬戌4	癸亥5	甲子6	乙丑7	丙寅8	丁卯9	戊辰10	己巳11	庚午12	辛未13	壬申14	癸酉15	甲戌16	乙亥17	丙子18	丁丑19	戊寅20		戊午冬至
十二月大	乙丑	天干地支西曆	己卯21	庚辰22	辛巳23	壬午24	癸未25	甲申26	乙酉27	丙戌28	丁亥29	戊子30	己丑31	庚寅(2)	辛卯2	壬辰3	癸巳4	甲午5	乙未6	丙申7	丁酉8	戊戌9	己亥10	庚子11	辛丑12	壬寅13	癸卯14	甲辰15	乙巳16	丙午17	丁未18	戊申19	癸卯立春

年代異同	竹書紀年	皇極經世	文獻通考	歷代紀年備考	歷代帝王年表	歷代統紀表	中國年曆總譜	斷代工程
	殷廩辛七年	殷太丁二年	殷太丁二年	殷太丁二年	殷太丁二年	殷太丁二年	殷帝乙十七年	殷武丁五十八年

殷武丁五十五年（己巳 蛇年）公元前 **1192** ~ 前 1191 年

夏曆月序		西曆中曆對照	初一	初二	初三	初四	初五	初六	初七	初八	初九	初十	十一	十二	十三	十四	十五	十六	十七	十八	十九	二十	二一	二二	二三	二四	二五	二六	二七	二八	二九	三十	節氣與天象
正月小	丙寅	天地干支西曆	己酉20	庚戌21	辛亥22	壬子23	癸丑24	甲寅25	乙卯26	丙辰27	丁巳28	戊午(3)	己未2	庚申3	辛酉4	壬戌5	癸亥6	甲子7	乙丑8	丙寅9	丁卯10	戊辰11	己巳12	庚午13	辛未14	壬申15	癸酉16	甲戌17	乙亥18	丙子19	丁丑20		
二月大	丁卯	天地干支西曆	戊寅21	己卯22	庚辰23	辛巳24	壬午25	癸未26	甲申27	乙酉28	丙戌29	丁亥30	戊子31	己丑(4)	庚寅2	辛卯3	壬辰4	癸巳5	甲午6	乙未7	丙申8	丁酉9	戊戌10	己亥11	庚子12	辛丑13	壬寅14	癸卯15	甲辰16	乙巳17	丙午18	丁未19	己丑春分
三月大	戊辰	天地干支西曆	戊申20	己酉21	庚戌22	辛亥23	壬子24	癸丑25	甲寅26	乙卯27	丙辰28	丁巳29	戊午30	己未(5)	庚申2	辛酉3	壬戌4	癸亥5	甲子6	乙丑7	丙寅8	丁卯9	戊辰10	己巳11	庚午12	辛未13	壬申14	癸酉15	甲戌16	乙亥17	丙子18	丁丑19	丙子立夏
四月小	己巳	天地干支西曆	戊寅20	己卯21	庚辰22	辛巳23	壬午24	癸未25	甲申26	乙酉27	丙戌28	丁亥29	戊子30	己丑31	庚寅(6)	辛卯2	壬辰3	癸巳4	甲午5	乙未6	丙申7	丁酉8	戊戌9	己亥10	庚子11	辛丑12	壬寅13	癸卯14	甲辰15	乙巳16	丙午17		
五月大	庚午	天地干支西曆	丁未18	戊申19	己酉20	庚戌21	辛亥22	壬子23	癸丑24	甲寅25	乙卯26	丙辰27	丁巳28	戊午29	己未30	庚申(7)	辛酉2	壬戌3	癸亥4	甲子5	乙丑6	丙寅7	丁卯8	戊辰9	己巳10	庚午11	辛未12	壬申13	癸酉14	甲戌15	乙亥16	丙子17	癸亥夏至
六月小	辛未	天地干支西曆	丁丑18	戊寅19	己卯20	庚辰21	辛巳22	壬午23	癸未24	甲申25	乙酉26	丙戌27	丁亥28	戊子29	己丑30	庚寅31	辛卯(8)	壬辰2	癸巳3	甲午4	乙未5	丙申6	丁酉7	戊戌8	己亥9	庚子10	辛丑11	壬寅12	癸卯13	甲辰14	乙巳15		
七月大	壬申	天地干支西曆	丙午16	丁未17	戊申18	己酉19	庚戌20	辛亥21	壬子22	癸丑23	甲寅24	乙卯25	丙辰26	丁巳27	戊午28	己未29	庚申30	辛酉31	壬戌(9)	癸亥2	甲子3	乙丑4	丙寅5	丁卯6	戊辰7	己巳8	庚午9	辛未10	壬申11	癸酉12	甲戌13	乙亥14	庚戌立秋
八月小	癸酉	天地干支西曆	丙子15	丁丑16	戊寅17	己卯18	庚辰19	辛巳20	壬午21	癸未22	甲申23	乙酉24	丙戌25	丁亥26	戊子27	己丑28	庚寅29	辛卯30	壬辰(10)	癸巳2	甲午3	乙未4	丙申5	丁酉6	戊戌7	己亥8	庚子9	辛丑10	壬寅11	癸卯12	甲辰13		乙未秋分
九月大	甲戌	天地干支西曆	乙巳14	丙午15	丁未16	戊申17	己酉18	庚戌19	辛亥20	壬子21	癸丑22	甲寅23	乙卯24	丙辰25	丁巳26	戊午27	己未28	庚申29	辛酉30	壬戌31	癸亥(11)	甲子2	乙丑3	丙寅4	丁卯5	戊辰6	己巳7	庚午8	辛未9	壬申10	癸酉11	甲戌12	
十月小	乙亥	天地干支西曆	乙亥13	丙子14	丁丑15	戊寅16	己卯17	庚辰18	辛巳19	壬午20	癸未21	甲申22	乙酉23	丙戌24	丁亥25	戊子26	己丑27	庚寅28	辛卯29	壬辰30	癸巳(12)	甲午2	乙未3	丙申4	丁酉5	戊戌6	己亥7	庚子8	辛丑9	壬寅10	癸卯11		己卯立冬
十一月大	丙子	天地干支西曆	甲辰12	乙巳13	丙午14	丁未15	戊申16	己酉17	庚戌18	辛亥19	壬子20	癸丑21	甲寅22	乙卯23	丙辰24	丁巳25	戊午26	己未27	庚申28	辛酉29	壬戌30	癸亥31	甲子(1)	乙丑2	丙寅3	丁卯4	戊辰5	己巳6	庚午7	辛未8	壬申9	癸酉10	癸亥冬至
十二月小	丁丑	天地干支西曆	甲戌11	乙亥12	丙子13	丁丑14	戊寅15	己卯16	庚辰17	辛巳18	壬午19	癸未20	甲申21	乙酉22	丙戌23	丁亥24	戊子25	己丑26	庚寅27	辛卯28	壬辰29	癸巳30	甲午31	乙未(2)	丙申2	丁酉3	戊戌4	己亥5	庚子6	辛丑7	壬寅8		

年代異同	竹書紀年	皇極經世	文獻通考	歷代紀年備考	歷代帝王年表	歷代統紀表	中國年曆總譜	斷代工程
	殷廩辛八年	殷太丁三年	殷太丁三年	殷太丁三年	殷太丁三年	殷太丁三年	殷帝乙十八年	殷武丁五十九年

殷武丁五十六年（庚午 馬年） 公元前 1191 ~ 前 1190 年

夏曆月序		中西曆對照	初一	初二	初三	初四	初五	初六	初七	初八	初九	初十	十一	十二	十三	十四	十五	十六	十七	十八	十九	二十	二一	二二	二三	二四	二五	二六	二七	二八	二九	三十	節氣與天象
正月大	戊寅	天干 地支 西曆	癸卯9	甲辰10	乙巳11	丙午12	丁未13	戊申14	己酉15	庚戌16	辛亥17	壬子18	癸丑19	甲寅20	乙卯21	丙辰22	丁巳23	戊午24	己未25	庚申26	辛酉27	壬戌28	癸亥(3)	甲子2	乙丑3	丙寅4	丁卯5	戊辰6	己巳7	庚午8	辛未9	壬申10	戊申立春
二月小	己卯	天干 地支 西曆	癸酉11	甲戌12	乙亥13	丙子14	丁丑15	戊寅16	己卯17	庚辰18	辛巳19	壬午20	癸未21	甲申22	乙酉23	丙戌24	丁亥25	戊子26	己丑27	庚寅28	辛卯29	壬辰30	癸巳31	甲午(4)	乙未2	丙申3	丁酉4	戊戌5	己亥6	庚子7	辛丑8		甲午春分
三月大	庚辰	天干 地支 西曆	壬寅9	癸卯10	甲辰11	乙巳12	丙午13	丁未14	戊申15	己酉16	庚戌17	辛亥18	壬子19	癸丑20	甲寅21	乙卯22	丙辰23	丁巳24	戊午25	己未26	庚申27	辛酉28	壬戌29	癸亥30	甲子(5)	乙丑2	丙寅3	丁卯4	戊辰5	己巳6	庚午7	辛未8	
四月小	辛巳	天干 地支 西曆	壬申9	癸酉10	甲戌11	乙亥12	丙子13	丁丑14	戊寅15	己卯16	庚辰17	辛巳18	壬午19	癸未20	甲申21	乙酉22	丙戌23	丁亥24	戊子25	己丑26	庚寅27	辛卯28	壬辰29	癸巳30	甲午31	乙未(6)	丙申2	丁酉3	戊戌4	己亥5	庚子6		辛巳立夏
五月大	壬午	天干 地支 西曆	辛丑7	壬寅8	癸卯9	甲辰10	乙巳11	丙午12	丁未13	戊申14	己酉15	庚戌16	辛亥17	壬子18	癸丑19	甲寅20	乙卯21	丙辰22	丁巳23	戊午24	己未25	庚申26	辛酉27	壬戌28	癸亥29	甲子30	乙丑(7)	丙寅2	丁卯3	戊辰4	己巳5	庚午6	己巳夏至
六月大	癸未	天干 地支 西曆	辛未7	壬申8	癸酉9	甲戌10	乙亥11	丙子12	丁丑13	戊寅14	己卯15	庚辰16	辛巳17	壬午18	癸未19	甲申20	乙酉21	丙戌22	丁亥23	戊子24	己丑25	庚寅26	辛卯27	壬辰28	癸巳29	甲午30	乙未31	丙申(8)	丁酉2	戊戌3	己亥4	庚子5	
七月小	甲申	天干 地支 西曆	辛丑6	壬寅7	癸卯8	甲辰9	乙巳10	丙午11	丁未12	戊申13	己酉14	庚戌15	辛亥16	壬子17	癸丑18	甲寅19	乙卯20	丙辰21	丁巳22	戊午23	己未24	庚申25	辛酉26	壬戌27	癸亥28	甲子29	乙丑30	丙寅31	丁卯(9)	戊辰2	己巳3		乙卯立秋
八月大	乙酉	天干 地支 西曆	庚午4	辛未5	壬申6	癸酉7	甲戌8	乙亥9	丙子10	丁丑11	戊寅12	己卯13	庚辰14	辛巳15	壬午16	癸未17	甲申18	乙酉19	丙戌20	丁亥21	戊子22	己丑23	庚寅24	辛卯25	壬辰26	癸巳27	甲午28	乙未29	丙申30	丁酉(10)	戊戌2	己亥3	
九月小	丙戌	天干 地支 西曆	庚子4	辛丑5	壬寅6	癸卯7	甲辰8	乙巳9	丙午10	丁未11	戊申12	己酉13	庚戌14	辛亥15	壬子16	癸丑17	甲寅18	乙卯19	丙辰20	丁巳21	戊午22	己未23	庚申24	辛酉25	壬戌26	癸亥27	甲子28	乙丑29	丙寅30	丁卯31	戊辰(11)		庚子秋分
十月大	丁亥	天干 地支 西曆	己巳2	庚午3	辛未4	壬申5	癸酉6	甲戌7	乙亥8	丙子9	丁丑10	戊寅11	己卯12	庚辰13	辛巳14	壬午15	癸未16	甲申17	乙酉18	丙戌19	丁亥20	戊子21	己丑22	庚寅23	辛卯24	壬辰25	癸巳26	甲午27	乙未28	丙申29	丁酉30	戊戌(12)	甲申立冬
十一月小	戊子	天干 地支 西曆	己亥2	庚子3	辛丑4	壬寅5	癸卯6	甲辰7	乙巳8	丙午9	丁未10	戊申11	己酉12	庚戌13	辛亥14	壬子15	癸丑16	甲寅17	乙卯18	丙辰19	丁巳20	戊午21	己未22	庚申23	辛酉24	壬戌25	癸亥26	甲子27	乙丑28	丙寅29	丁卯30		
閏十一大	戊子	天干 地支 西曆	戊辰31	己巳(1)	庚午2	辛未3	壬申4	癸酉5	甲戌6	乙亥7	丙子8	丁丑9	戊寅10	己卯11	庚辰12	辛巳13	壬午14	癸未15	甲申16	乙酉17	丙戌18	丁亥19	戊子20	己丑21	庚寅22	辛卯23	壬辰24	癸巳25	甲午26	乙未27	丙申28	丁酉29	戊辰冬至
十二月小	己丑	天干 地支 西曆	戊戌30	己亥31	庚子(2)	辛丑2	壬寅3	癸卯4	甲辰5	乙巳6	丙午7	丁未8	戊申9	己酉10	庚戌11	辛亥12	壬子13	癸丑14	甲寅15	乙卯16	丙辰17	丁巳18	戊午19	己未20	庚申21	辛酉22	壬戌23	癸亥24	甲子25	乙丑26	丙寅27		癸丑立春

年代異同	竹書紀年	皇極經世	文獻通考	歷代紀年備考	歷代帝王年表	歷代統紀表	中國年曆總譜	斷代工程
	殷廩辛九年	殷帝乙元年	殷帝乙元年	殷帝乙元年	殷帝乙元年	殷帝乙元年	殷帝乙十九年	祖庚祖甲廩辛康丁

殷武丁五十七年（辛未 羊年）公元前 1190 ~ 前 1189 年

夏曆月序		中西曆日對照	初一	初二	初三	初四	初五	初六	初七	初八	初九	初十	十一	十二	十三	十四	十五	十六	十七	十八	十九	二十	二一	二二	二三	二四	二五	二六	二七	二八	二九	三十	節氣與天象
正月大	庚寅	天干 地支 西曆	丁卯28	戊辰(3)	己巳2	庚午3	辛未4	壬申5	癸酉6	甲戌7	乙亥8	丙子9	丁丑10	戊寅11	己卯12	庚辰13	辛巳14	壬午15	癸未16	甲申17	乙酉18	丙戌19	丁亥20	戊子21	己丑22	庚寅23	辛卯24	壬辰25	癸巳26	甲午27	乙未28	丙申29	
二月小	辛卯	天干 地支 西曆	丁酉30	戊戌31	己亥(4)	庚子2	辛丑3	壬寅4	癸卯5	甲辰6	乙巳7	丙午8	丁未9	戊申10	己酉11	庚戌12	辛亥13	壬子14	癸丑15	甲寅16	乙卯17	丙辰18	丁巳19	戊午20	己未21	庚申22	辛酉23	壬戌24	癸亥25	甲子26	乙丑27		己亥春分
三月大	壬辰	天干 地支 西曆	丙寅28	丁卯29	戊辰30	己巳(5)	庚午2	辛未3	壬申4	癸酉5	甲戌6	乙亥7	丙子8	丁丑9	戊寅10	己卯11	庚辰12	辛巳13	壬午14	癸未15	甲申16	乙酉17	丙戌18	丁亥19	戊子20	己丑21	庚寅22	辛卯23	壬辰24	癸巳25	甲午26	乙未27	丁亥立夏
四月小	癸巳	天干 地支 西曆	丙申28	丁酉29	戊戌30	己亥31	庚子(6)	辛丑2	壬寅3	癸卯4	甲辰5	乙巳6	丙午7	丁未8	戊申9	己酉10	庚戌11	辛亥12	壬子13	癸丑14	甲寅15	乙卯16	丙辰17	丁巳18	戊午19	己未20	庚申21	辛酉22	壬戌23	癸亥24	甲子25		
五月大	甲午	天干 地支 西曆	乙丑26	丙寅27	丁卯28	戊辰29	己巳30	庚午(7)	辛未2	壬申3	癸酉4	甲戌5	乙亥6	丙子7	丁丑8	戊寅9	己卯10	庚辰11	辛巳12	壬午13	癸未14	甲申15	乙酉16	丙戌17	丁亥18	戊子19	己丑20	庚寅21	辛卯22	壬辰23	癸巳24	甲午25	甲戌夏至
六月小	乙未	天干 地支 西曆	乙未26	丙申27	丁酉28	戊戌29	己亥30	庚子31	辛丑(8)	壬寅2	癸卯3	甲辰4	乙巳5	丙午6	丁未7	戊申8	己酉9	庚戌10	辛亥11	壬子12	癸丑13	甲寅14	乙卯15	丙辰16	丁巳17	戊午18	己未19	庚申20	辛酉21	壬戌22	癸亥23		庚申立秋
七月大	丙申	天干 地支 西曆	甲子24	乙丑25	丙寅26	丁卯27	戊辰28	己巳29	庚午30	辛未31	壬申(9)	癸酉2	甲戌3	乙亥4	丙子5	丁丑6	戊寅7	己卯8	庚辰9	辛巳10	壬午11	癸未12	甲申13	乙酉14	丙戌15	丁亥16	戊子17	己丑18	庚寅19	辛卯20	壬辰21	癸巳22	
八月大	丁酉	天干 地支 西曆	甲午23	乙未24	丙申25	丁酉26	戊戌27	己亥28	庚子29	辛丑30	壬寅(10)	癸卯2	甲辰3	乙巳4	丙午5	丁未6	戊申7	己酉8	庚戌9	辛亥10	壬子11	癸丑12	甲寅13	乙卯14	丙辰15	丁巳16	戊午17	己未18	庚申19	辛酉20	壬戌21	癸亥22	乙巳秋分
九月小	戊戌	天干 地支 西曆	甲子23	乙丑24	丙寅25	丁卯26	戊辰27	己巳28	庚午29	辛未30	壬申31	癸酉(11)	甲戌2	乙亥3	丙子4	丁丑5	戊寅6	己卯7	庚辰8	辛巳9	壬午10	癸未11	甲申12	乙酉13	丙戌14	丁亥15	戊子16	己丑17	庚寅18	辛卯19	壬辰20		己丑立冬
十月大	己亥	天干 地支 西曆	癸巳21	甲午22	乙未23	丙申24	丁酉25	戊戌26	己亥27	庚子28	辛丑29	壬寅30	癸卯(12)	甲辰2	乙巳3	丙午4	丁未5	戊申6	己酉7	庚戌8	辛亥9	壬子10	癸丑11	甲寅12	乙卯13	丙辰14	丁巳15	戊午16	己未17	庚申18	辛酉19	壬戌20	
十一月小	庚子	天干 地支 西曆	癸亥21	甲子22	乙丑23	丙寅24	丁卯25	戊辰26	己巳27	庚午28	辛未29	壬申30	癸酉31	甲戌(1)	乙亥2	丙子3	丁丑4	戊寅5	己卯6	庚辰7	辛巳8	壬午9	癸未10	甲申11	乙酉12	丙戌13	丁亥14	戊子15	己丑16	庚寅17	辛卯18		甲戌冬至
十二月大	辛丑	天干 地支 西曆	壬辰19	癸巳20	甲午21	乙未22	丙申23	丁酉24	戊戌25	己亥26	庚子27	辛丑28	壬寅29	癸卯30	甲辰31	乙巳(2)	丙午2	丁未3	戊申4	己酉5	庚戌6	辛亥7	壬子8	癸丑9	甲寅10	乙卯11	丙辰12	丁巳13	戊午14	己未15	庚申16	辛酉17	己未立春

年代異同	竹書紀年	皇極經世	文獻通考	歷代紀年備考	歷代帝王年表	歷代統紀表	中國年曆總譜	斷代工程
	殷廩辛十年	殷帝乙二年	殷帝乙二年	殷帝乙二年	殷帝乙二年	殷帝乙二年	殷帝乙二十年	祖庚祖甲廩辛康丁

殷武丁五十八年（壬申 猴年） 公元前 1189 ~ 前 1188 年

夏曆月序		中西曆日對照	初一	初二	初三	初四	初五	初六	初七	初八	初九	初十	十一	十二	十三	十四	十五	十六	十七	十八	十九	二十	二一	二二	二三	二四	二五	二六	二七	二八	二九	三十	節氣與天象
正月小	壬寅	天干地支西曆	壬戌18	癸亥19	甲子20	乙丑21	丙寅22	丁卯23	戊辰24	己巳25	庚午26	辛未27	壬申28	癸酉29	甲戌(3)	乙亥2	丙子3	丁丑4	戊寅5	己卯6	庚辰7	辛巳8	壬午9	癸未10	甲申11	乙酉12	丙戌13	丁亥14	戊子15	己丑16	庚寅17		
二月大	癸卯	天干地支西曆	辛卯18	壬辰19	癸巳20	甲午21	乙未22	丙申23	丁酉24	戊戌25	己亥26	庚子27	辛丑28	壬寅29	癸卯30	甲辰31	乙巳(4)	丙午2	丁未3	戊申4	己酉5	庚戌6	辛亥7	壬子8	癸丑9	甲寅10	乙卯11	丙辰12	丁巳13	戊午14	己未15	庚申16	乙巳春分
三月小	甲辰	天干地支西曆	辛酉17	壬戌18	癸亥19	甲子20	乙丑21	丙寅22	丁卯23	戊辰24	己巳25	庚午26	辛未27	壬申28	癸酉29	甲戌30	乙亥(5)	丙子2	丁丑3	戊寅4	己卯5	庚辰6	辛巳7	壬午8	癸未9	甲申10	乙酉11	丙戌12	丁亥13	戊子14	己丑15		
四月小	乙巳	天干地支西曆	庚寅16	辛卯17	壬辰18	癸巳19	甲午20	乙未21	丙申22	丁酉23	戊戌24	己亥25	庚子26	辛丑27	壬寅28	癸卯29	甲辰30	乙巳31	丙午(6)	丁未2	戊申3	己酉4	庚戌5	辛亥6	壬子7	癸丑8	甲寅9	乙卯10	丙辰11	丁巳12	戊午13		壬辰立夏
五月大	丙午	天干地支西曆	己未14	庚申15	辛酉16	壬戌17	癸亥18	甲子19	乙丑20	丙寅21	丁卯22	戊辰23	己巳24	庚午25	辛未26	壬申27	癸酉28	甲戌29	乙亥30	丙子(7)	丁丑2	戊寅3	己卯4	庚辰5	辛巳6	壬午7	癸未8	甲申9	乙酉10	丙戌11	丁亥12	戊子13	己卯夏至
六月小	丁未	天干地支西曆	己丑14	庚寅15	辛卯16	壬辰17	癸巳18	甲午19	乙未20	丙申21	丁酉22	戊戌23	己亥24	庚子25	辛丑26	壬寅27	癸卯28	甲辰29	乙巳30	丙午31	丁未(8)	戊申2	己酉3	庚戌4	辛亥5	壬子6	癸丑7	甲寅8	乙卯9	丙辰10	丁巳11		
七月大	戊申	天干地支西曆	戊午12	己未13	庚申14	辛酉15	壬戌16	癸亥17	甲子18	乙丑19	丙寅20	丁卯21	戊辰22	己巳23	庚午24	辛未25	壬申26	癸酉27	甲戌28	乙亥29	丙子30	丁丑31	戊寅(9)	己卯2	庚辰3	辛巳4	壬午5	癸未6	甲申7	乙酉8	丙戌9	丁亥10	乙丑立秋
八月大	己酉	天干地支西曆	戊子11	己丑12	庚寅13	辛卯14	壬辰15	癸巳16	甲午17	乙未18	丙申19	丁酉20	戊戌21	己亥22	庚子23	辛丑24	壬寅25	癸卯26	甲辰27	乙巳28	丙午29	丁未30	戊申(10)	己酉2	庚戌3	辛亥4	壬子5	癸丑6	甲寅7	乙卯8	丙辰9	丁巳10	庚戌秋分
九月大	庚戌	天干地支西曆	戊午11	己未12	庚申13	辛酉14	壬戌15	癸亥16	甲子17	乙丑18	丙寅19	丁卯20	戊辰21	己巳22	庚午23	辛未24	壬申25	癸酉26	甲戌27	乙亥28	丙子29	丁丑30	戊寅31	己卯(11)	庚辰2	辛巳3	壬午4	癸未5	甲申6	乙酉7	丙戌8	丁亥9	
十月小	辛亥	天干地支西曆	戊子10	己丑11	庚寅12	辛卯13	壬辰14	癸巳15	甲午16	乙未17	丙申18	丁酉19	戊戌20	己亥21	庚子22	辛丑23	壬寅24	癸卯25	甲辰26	乙巳27	丙午28	丁未29	戊申30	己酉(12)	庚戌2	辛亥3	壬子4	癸丑5	甲寅6	乙卯7	丙辰8		乙未立冬
十一月大	壬子	天干地支西曆	丁巳9	戊午10	己未11	庚申12	辛酉13	壬戌14	癸亥15	甲子16	乙丑17	丙寅18	丁卯19	戊辰20	己巳21	庚午22	辛未23	壬申24	癸酉25	甲戌26	乙亥27	丙子28	丁丑29	戊寅30	己卯31	庚辰(1)	辛巳2	壬午3	癸未4	甲申5	乙酉6	丙戌7	己卯冬至
十二月大	癸丑	天干地支西曆	丁亥8	戊子9	己丑10	庚寅11	辛卯12	壬辰13	癸巳14	甲午15	乙未16	丙申17	丁酉18	戊戌19	己亥20	庚子21	辛丑22	壬寅23	癸卯24	甲辰25	乙巳26	丙午27	丁未28	戊申29	己酉30	庚戌31	辛亥(2)	壬子2	癸丑3	甲寅4	乙卯5	丙辰6	

年代異同	竹書紀年	皇極經世	文獻通考	歷代紀年備考	歷代帝王年表	歷代統紀表	中國年曆總譜	斷代工程
	殷廩辛十一年	殷帝乙三年	殷帝乙三年	殷帝乙三年	殷帝乙三年	殷帝乙三年	殷帝乙二十一年	祖庚祖甲 廩辛康丁

殷武丁五十九年（癸酉 鷄年）公元前 **1188** ~ 前 1187 年

夏曆月序		西曆日照中曆對	初一	初二	初三	初四	初五	初六	初七	初八	初九	初十	十一	十二	十三	十四	十五	十六	十七	十八	十九	二十	二一	二二	二三	二四	二五	二六	二七	二八	二九	三十	節氣與天象
正月小	甲寅	干支曆 天地西	丁巳7	戊午8	己未9	庚申10	辛酉11	壬戌12	癸亥13	甲子14	乙丑15	丙寅16	丁卯17	戊辰18	己巳19	庚午20	辛未21	壬申22	癸酉23	甲戌24	乙亥25	丙子26	丁丑27	戊寅28	己卯(3)	庚辰2	辛巳3	壬午4	癸未5	甲申6	乙酉7		甲子立春
二月小	乙卯	干支曆 天地西	丙戌8	丁亥9	戊子10	己丑11	庚寅12	辛卯13	壬辰14	癸巳15	甲午16	乙未17	丙申18	丁酉19	戊戌20	己亥21	庚子22	辛丑23	壬寅24	癸卯25	甲辰26	乙巳27	丙午28	丁未29	戊申30	己酉31	庚戌(4)	辛亥2	壬子3	癸丑4	甲寅5		庚戌春分
三月大	丙辰	干支曆 天地西	乙卯6	丙辰7	丁巳8	戊午9	己未10	庚申11	辛酉12	壬戌13	癸亥14	甲子15	乙丑16	丙寅17	丁卯18	戊辰19	己巳20	庚午21	辛未22	壬申23	癸酉24	甲戌25	乙亥26	丙子27	丁丑28	戊寅29	己卯30	庚辰(5)	辛巳2	壬午3	癸未4	甲申5	
四月小	丁巳	干支曆 天地西	乙酉6	丙戌7	丁亥8	戊子9	己丑10	庚寅11	辛卯12	壬辰13	癸巳14	甲午15	乙未16	丙申17	丁酉18	戊戌19	己亥20	庚子21	辛丑22	壬寅23	癸卯24	甲辰25	乙巳26	丙午27	丁未28	戊申29	己酉30	庚戌31	辛亥(6)	壬子2	癸丑3		丁酉立夏
五月小	戊午	干支曆 天地西	甲寅4	乙卯5	丙辰6	丁巳7	戊午8	己未9	庚申10	辛酉11	壬戌12	癸亥13	甲子14	乙丑15	丙寅16	丁卯17	戊辰18	己巳19	庚午20	辛未21	壬申22	癸酉23	甲戌24	乙亥25	丙子26	丁丑27	戊寅28	己卯29	庚辰30	辛巳(7)	壬午2		
六月大	己未	干支曆 天地西	癸未3	甲申4	乙酉5	丙戌6	丁亥7	戊子8	己丑9	庚寅10	辛卯11	壬辰12	癸巳13	甲午14	乙未15	丙申16	丁酉17	戊戌18	己亥19	庚子20	辛丑21	壬寅22	癸卯23	甲辰24	乙巳25	丙午26	丁未27	戊申28	己酉29	庚戌30	辛亥31	壬子(8)	甲申夏至
七月小	庚申	干支曆 天地西	癸丑2	甲寅3	乙卯4	丙辰5	丁巳6	戊午7	己未8	庚申9	辛酉10	壬戌11	癸亥12	甲子13	乙丑14	丙寅15	丁卯16	戊辰17	己巳18	庚午19	辛未20	壬申21	癸酉22	甲戌23	乙亥24	丙子25	丁丑26	戊寅27	己卯28	庚辰29	辛巳30		辛未立秋
閏七月大	庚申	干支曆 天地西	壬午31	癸未(9)	甲申2	乙酉3	丙戌4	丁亥5	戊子6	己丑7	庚寅8	辛卯9	壬辰10	癸巳11	甲午12	乙未13	丙申14	丁酉15	戊戌16	己亥17	庚子18	辛丑19	壬寅20	癸卯21	甲辰22	乙巳23	丙午24	丁未25	戊申26	己酉27	庚戌28	辛亥29	
八月大	辛酉	干支曆 天地西	壬子30	癸丑(10)	甲寅2	乙卯3	丙辰4	丁巳5	戊午6	己未7	庚申8	辛酉9	壬戌10	癸亥11	甲子12	乙丑13	丙寅14	丁卯15	戊辰16	己巳17	庚午18	辛未19	壬申20	癸酉21	甲戌22	乙亥23	丙子24	丁丑25	戊寅26	己卯27	庚辰28	辛巳29	丙辰秋分
九月大	壬戌	干支曆 天地西	壬午30	癸未31	甲申(11)	乙酉2	丙戌3	丁亥4	戊子5	己丑6	庚寅7	辛卯8	壬辰9	癸巳10	甲午11	乙未12	丙申13	丁酉14	戊戌15	己亥16	庚子17	辛丑18	壬寅19	癸卯20	甲辰21	乙巳22	丙午23	丁未24	戊申25	己酉26	庚戌27	辛亥28	庚子立冬
十月小	癸亥	干支曆 天地西	壬子29	癸丑30	甲寅(12)	乙卯2	丙辰3	丁巳4	戊午5	己未6	庚申7	辛酉8	壬戌9	癸亥10	甲子11	乙丑12	丙寅13	丁卯14	戊辰15	己巳16	庚午17	辛未18	壬申19	癸酉20	甲戌21	乙亥22	丙子23	丁丑24	戊寅25	己卯26	庚辰27		
十一月大	甲子	干支曆 天地西	辛巳28	壬午29	癸未30	甲申31	乙酉(1)	丙戌2	丁亥3	戊子4	己丑5	庚寅6	辛卯7	壬辰8	癸巳9	甲午10	乙未11	丙申12	丁酉13	戊戌14	己亥15	庚子16	辛丑17	壬寅18	癸卯19	甲辰20	乙巳21	丙午22	丁未23	戊申24	己酉25	庚戌26	甲申冬至
十二月小	乙丑	干支曆 天地西	辛亥27	壬子28	癸丑29	甲寅30	乙卯31	丙辰(2)	丁巳2	戊午3	己未4	庚申5	辛酉6	壬戌7	癸亥8	甲子9	乙丑10	丙寅11	丁卯12	戊辰13	己巳14	庚午15	辛未16	壬申17	癸酉18	甲戌19	乙亥20	丙子21	丁丑22	戊寅23	己卯24		己巳立春

年代異同	竹書紀年	皇極經世	文獻通考	歷代紀年備考	歷代帝王年表	歷代統紀表	中國年曆總譜	斷代工程
	殷廩辛十二年	殷帝乙四年	殷帝乙四年	殷帝乙四年	殷帝乙四年	殷帝乙四年	殷帝乙二十二年	祖庚祖甲廩辛康丁

殷祖庚元年（甲戌 狗年） 公元前 1187 ~ 前 1186 年

夏曆月序	中西曆日對照	初一	初二	初三	初四	初五	初六	初七	初八	初九	初十	十一	十二	十三	十四	十五	十六	十七	十八	十九	二十	二一	二二	二三	二四	二五	二六	二七	二八	二九	三十	節氣與天象
正月大 丙寅	干支 天地 西曆	庚辰25	辛巳26	壬午27	癸未28	甲申(3)	乙酉2	丙戌3	丁亥4	戊子5	己丑6	庚寅7	辛卯8	壬辰9	癸巳10	甲午11	乙未12	丙申13	丁酉14	戊戌15	己亥16	庚子17	辛丑18	壬寅19	癸卯20	甲辰21	乙巳22	丙午23	丁未24	戊申25	己酉26	
二月小 丁卯	干支 天地 西曆	庚戌27	辛亥28	壬子29	癸丑30	甲寅31	乙卯(4)	丙辰2	丁巳3	戊午4	己未5	庚申6	辛酉7	壬戌8	癸亥9	甲子10	乙丑11	丙寅12	丁卯13	戊辰14	己巳15	庚午16	辛未17	壬申18	癸酉19	甲戌20	乙亥21	丙子22	丁丑23	戊寅24		乙卯春分 庚戌日食
三月大 戊辰	干支 天地 西曆	己卯25	庚辰26	辛巳27	壬午28	癸未29	甲申30	乙酉(5)	丙戌2	丁亥3	戊子4	己丑5	庚寅6	辛卯7	壬辰8	癸巳9	甲午10	乙未11	丙申12	丁酉13	戊戌14	己亥15	庚子16	辛丑17	壬寅18	癸卯19	甲辰20	乙巳21	丙午22	丁未23	戊申24	壬寅立夏
四月小 己巳	干支 天地 西曆	己酉25	庚戌26	辛亥27	壬子28	癸丑29	甲寅30	乙卯31	丙辰(6)	丁巳2	戊午3	己未4	庚申5	辛酉6	壬戌7	癸亥8	甲子9	乙丑10	丙寅11	丁卯12	戊辰13	己巳14	庚午15	辛未16	壬申17	癸酉18	甲戌19	乙亥20	丙子21	丁丑22		
五月小 庚午	干支 天地 西曆	戊寅23	己卯24	庚辰25	辛巳26	壬午27	癸未28	甲申29	乙酉30	丙戌(7)	丁亥2	戊子3	己丑4	庚寅5	辛卯6	壬辰7	癸巳8	甲午9	乙未10	丙申11	丁酉12	戊戌13	己亥14	庚子15	辛丑16	壬寅17	癸卯18	甲辰19	乙巳20	丙午21		己丑夏至
六月大 辛未	干支 天地 西曆	丁未22	戊申23	己酉24	庚戌25	辛亥26	壬子27	癸丑28	甲寅29	乙卯30	丙辰31	丁巳(8)	戊午2	己未3	庚申4	辛酉5	壬戌6	癸亥7	甲子8	乙丑9	丙寅10	丁卯11	戊辰12	己巳13	庚午14	辛未15	壬申16	癸酉17	甲戌18	乙亥19	丙子20	丙子立秋
七月小 壬申	干支 天地 西曆	丁丑21	戊寅22	己卯23	庚辰24	辛巳25	壬午26	癸未27	甲申28	乙酉29	丙戌30	丁亥31	戊子(9)	己丑2	庚寅3	辛卯4	壬辰5	癸巳6	甲午7	乙未8	丙申9	丁酉10	戊戌11	己亥12	庚子13	辛丑14	壬寅15	癸卯16	甲辰17	乙巳18		
八月大 癸酉	干支 天地 西曆	丙午19	丁未20	戊申21	己酉22	庚戌23	辛亥24	壬子25	癸丑26	甲寅27	乙卯28	丙辰29	丁巳30	戊午(10)	己未2	庚申3	辛酉4	壬戌5	癸亥6	甲子7	乙丑8	丙寅9	丁卯10	戊辰11	己巳12	庚午13	辛未14	壬申15	癸酉16	甲戌17	乙亥18	辛酉秋分
九月大 甲戌	干支 天地 西曆	丙子19	丁丑20	戊寅21	己卯22	庚辰23	辛巳24	壬午25	癸未26	甲申27	乙酉28	丙戌29	丁亥30	戊子31	己丑(11)	庚寅2	辛卯3	壬辰4	癸巳5	甲午6	乙未7	丙申8	丁酉9	戊戌10	己亥11	庚子12	辛丑13	壬寅14	癸卯15	甲辰16	乙巳17	乙巳立冬
十月小 乙亥	干支 天地 西曆	丙午18	丁未19	戊申20	己酉21	庚戌22	辛亥23	壬子24	癸丑25	甲寅26	乙卯27	丙辰28	丁巳29	戊午30	己未(12)	庚申2	辛酉3	壬戌4	癸亥5	甲子6	乙丑7	丙寅8	丁卯9	戊辰10	己巳11	庚午12	辛未13	壬申14	癸酉15	甲戌16		
十一月大 丙子	干支 天地 西曆	乙亥17	丙子18	丁丑19	戊寅20	己卯21	庚辰22	辛巳23	壬午24	癸未25	甲申26	乙酉27	丙戌28	丁亥29	戊子30	己丑31	庚寅(1)	辛卯2	壬辰3	癸巳4	甲午5	乙未6	丙申7	丁酉8	戊戌9	己亥10	庚子11	辛丑12	壬寅13	癸卯14	甲辰15	己丑冬至
十二月大 丁丑	干支 天地 西曆	乙巳16	丙午17	丁未18	戊申19	己酉20	庚戌21	辛亥22	壬子23	癸丑24	甲寅25	乙卯26	丙辰27	丁巳28	戊午29	己未30	庚申31	辛酉(2)	壬戌2	癸亥3	甲子4	乙丑5	丙寅6	丁卯7	戊辰8	己巳9	庚午10	辛未11	壬申12	癸酉13	甲戌14	甲戌立春

年代異同	竹書紀年	皇極經世	文獻通考	歷代紀年備考	歷代帝王年表	歷代統紀表	中國年曆總譜	斷代工程
	殷廩辛十三年	殷帝乙五年	殷帝乙五年	殷帝乙五年	殷帝乙五年	殷帝乙五年	殷帝乙二十三年	祖庚祖甲廩辛康丁

殷祖庚二年（乙亥 猪年） 公元前 **1186** ~ 前 1185 年

夏曆月序		中西曆日對照	夏曆日序																														節氣與天象
			初一	初二	初三	初四	初五	初六	初七	初八	初九	初十	十一	十二	十三	十四	十五	十六	十七	十八	十九	二十	二一	二二	二三	二四	二五	二六	二七	二八	二九	三十	
正月小	戊寅	天干 地支 西曆	乙亥15	丙子16	丁丑17	戊寅18	己卯19	庚辰20	辛巳21	壬午22	癸未23	甲申24	乙酉25	丙戌26	丁亥27	戊子28	己丑(3)	庚寅2	辛卯3	壬辰4	癸巳5	甲午6	乙未7	丙申8	丁酉9	戊戌10	己亥11	庚子12	辛丑13	壬寅14	癸卯15		
二月大	己卯	天干 地支 西曆	甲辰16	乙巳17	丙午18	丁未19	戊申20	己酉21	庚戌22	辛亥23	壬子24	癸丑25	甲寅26	乙卯27	丙辰28	丁巳29	戊午30	己未31	庚申(4)	辛酉2	壬戌3	癸亥4	甲子5	乙丑6	丙寅7	丁卯8	戊辰9	己巳10	庚午11	辛未12	壬申13	癸酉14	庚申春分
三月小	庚辰	天干 地支 西曆	甲戌15	乙亥16	丙子17	丁丑18	戊寅19	己卯20	庚辰21	辛巳22	壬午23	癸未24	甲申25	乙酉26	丙戌27	丁亥28	戊子29	己丑30	庚寅(5)	辛卯2	壬辰3	癸巳4	甲午5	乙未6	丙申7	丁酉8	戊戌9	己亥10	庚子11	辛丑12	壬寅13		
四月大	辛巳	天干 地支 西曆	癸卯14	甲辰15	乙巳16	丙午17	丁未18	戊申19	己酉20	庚戌21	辛亥22	壬子23	癸丑24	甲寅25	乙卯26	丙辰27	丁巳28	戊午29	己未30	庚申31	辛酉(6)	壬戌2	癸亥3	甲子4	乙丑5	丙寅6	丁卯7	戊辰8	己巳9	庚午10	辛未11	壬申12	戊申立夏
五月小	壬午	天干 地支 西曆	癸酉13	甲戌14	乙亥15	丙子16	丁丑17	戊寅18	己卯19	庚辰20	辛巳21	壬午22	癸未23	甲申24	乙酉25	丙戌26	丁亥27	戊子28	己丑29	庚寅30	辛卯(7)	壬辰2	癸巳3	甲午4	乙未5	丙申6	丁酉7	戊戌8	己亥9	庚子10	辛丑11		乙未夏至
六月小	癸未	天干 地支 西曆	壬寅12	癸卯13	甲辰14	乙巳15	丙午16	丁未17	戊申18	己酉19	庚戌20	辛亥21	壬子22	癸丑23	甲寅24	乙卯25	丙辰26	丁巳27	戊午28	己未29	庚申30	辛酉31	壬戌(8)	癸亥2	甲子3	乙丑4	丙寅5	丁卯6	戊辰7	己巳8	庚午9		
七月大	甲申	天干 地支 西曆	辛未10	壬申11	癸酉12	甲戌13	乙亥14	丙子15	丁丑16	戊寅17	己卯18	庚辰19	辛巳20	壬午21	癸未22	甲申23	乙酉24	丙戌25	丁亥26	戊子27	己丑28	庚寅29	辛卯30	壬辰31	癸巳(9)	甲午2	乙未3	丙申4	丁酉5	戊戌6	己亥7	庚子8	辛巳立秋
八月小	乙酉	天干 地支 西曆	辛丑9	壬寅10	癸卯11	甲辰12	乙巳13	丙午14	丁未15	戊申16	己酉17	庚戌18	辛亥19	壬子20	癸丑21	甲寅22	乙卯23	丙辰24	丁巳25	戊午26	己未27	庚申28	辛酉29	壬戌30	癸亥(10)	甲子2	乙丑3	丙寅4	丁卯5	戊辰6	己巳7		丙寅秋分
九月大	丙戌	天干 地支 西曆	庚午8	辛未9	壬申10	癸酉11	甲戌12	乙亥13	丙子14	丁丑15	戊寅16	己卯17	庚辰18	辛巳19	壬午20	癸未21	甲申22	乙酉23	丙戌24	丁亥25	戊子26	己丑27	庚寅28	辛卯29	壬辰30	癸巳31	甲午(11)	乙未2	丙申3	丁酉4	戊戌5	己亥6	
十月小	丁亥	天干 地支 西曆	庚子7	辛丑8	壬寅9	癸卯10	甲辰11	乙巳12	丙午13	丁未14	戊申15	己酉16	庚戌17	辛亥18	壬子19	癸丑20	甲寅21	乙卯22	丙辰23	丁巳24	戊午25	己未26	庚申27	辛酉28	壬戌29	癸亥30	甲子(12)	乙丑2	丙寅3	丁卯4	戊辰5		庚戌立冬
十一月大	戊子	天干 地支 西曆	己巳6	庚午7	辛未8	壬申9	癸酉10	甲戌11	乙亥12	丙子13	丁丑14	戊寅15	己卯16	庚辰17	辛巳18	壬午19	癸未20	甲申21	乙酉22	丙戌23	丁亥24	戊子25	己丑26	庚寅27	辛卯28	壬辰29	癸巳30	甲午31	乙未(1)	丙申2	丁酉3	戊戌4	乙未冬至
十二月大	己丑	天干 地支 西曆	己亥5	庚子6	辛丑7	壬寅8	癸卯9	甲辰10	乙巳11	丙午12	丁未13	戊申14	己酉15	庚戌16	辛亥17	壬子18	癸丑19	甲寅20	乙卯21	丙辰22	丁巳23	戊午24	己未25	庚申26	辛酉27	壬戌28	癸亥29	甲子30	乙丑31	丙寅(2)	丁卯2	戊辰3	

年代異同	竹書紀年	皇極經世	文獻通考	歷代紀年備考	歷代帝王年表	歷代統紀表	中國年曆總譜	斷代工程
	殷廩辛十四年	殷帝乙六年	殷帝乙六年	殷帝乙六年	殷帝乙六年	殷帝乙六年	殷帝乙二十四年	祖庚祖甲廩辛康丁

殷祖庚三年（丙子 鼠年） 公元前 1185 ~ 前 1184 年

夏曆月序		中西曆日對照	初一	初二	初三	初四	初五	初六	初七	初八	初九	初十	十一	十二	十三	十四	十五	十六	十七	十八	十九	二十	二一	二二	二三	二四	二五	二六	二七	二八	二九	三十	節氣與天象
正月大	庚寅	天地干支西曆	己巳 4	庚午 5	辛未 6	壬申 7	癸酉 8	甲戌 9	乙亥 10	丙子 11	丁丑 12	戊寅 13	己卯 14	庚辰 15	辛巳 16	壬午 17	癸未 18	甲申 19	乙酉 20	丙戌 21	丁亥 22	戊子 23	己丑 24	庚寅 25	辛卯 26	壬辰 27	癸巳 28	甲午 29	乙未 (3)	丙申 2	丁酉 3	戊戌 4	庚辰立春
二月小	辛卯	天地干支西曆	己亥 5	庚子 6	辛丑 7	壬寅 8	癸卯 9	甲辰 10	乙巳 11	丙午 12	丁未 13	戊申 14	己酉 15	庚戌 16	辛亥 17	壬子 18	癸丑 19	甲寅 20	乙卯 21	丙辰 22	丁巳 23	戊午 24	己未 25	庚申 26	辛酉 27	壬戌 28	癸亥 29	甲子 30	乙丑 31	丙寅 (4)	丁卯 2		丙寅春分
三月大	壬辰	天地干支西曆	戊辰 3	己巳 4	庚午 5	辛未 6	壬申 7	癸酉 8	甲戌 9	乙亥 10	丙子 11	丁丑 12	戊寅 13	己卯 14	庚辰 15	辛巳 16	壬午 17	癸未 18	甲申 19	乙酉 20	丙戌 21	丁亥 22	戊子 23	己丑 24	庚寅 25	辛卯 26	壬辰 27	癸巳 28	甲午 29	乙未 30	丙申 (5)	丁酉 2	
四月小	癸巳	天地干支西曆	戊戌 3	己亥 4	庚子 5	辛丑 6	壬寅 7	癸卯 8	甲辰 9	乙巳 10	丙午 11	丁未 12	戊申 13	己酉 14	庚戌 15	辛亥 16	壬子 17	癸丑 18	甲寅 19	乙卯 20	丙辰 21	丁巳 22	戊午 23	己未 24	庚申 25	辛酉 26	壬戌 27	癸亥 28	甲子 29	乙丑 30	丙寅 31		癸丑立夏
五月小	甲午	天地干支西曆	丁卯 (6)	戊辰 2	己巳 3	庚午 4	辛未 5	壬申 6	癸酉 7	甲戌 8	乙亥 9	丙子 10	丁丑 11	戊寅 12	己卯 13	庚辰 14	辛巳 15	壬午 16	癸未 17	甲申 18	乙酉 19	丙戌 20	丁亥 21	戊子 22	己丑 23	庚寅 24	辛卯 25	壬辰 26	癸巳 27	甲午 28	乙未 29		
閏五月大	甲午	天地干支西曆	丙申 30	丁酉 (7)	戊戌 2	己亥 3	庚子 4	辛丑 5	壬寅 6	癸卯 7	甲辰 8	乙巳 9	丙午 10	丁未 11	戊申 12	己酉 13	庚戌 14	辛亥 15	壬子 16	癸丑 17	甲寅 18	乙卯 19	丙辰 20	丁巳 21	戊午 22	己未 23	庚申 24	辛酉 25	壬戌 26	癸亥 27	甲子 28	乙丑 29	庚子夏至
六月小	乙未	天地干支西曆	丙寅 30	丁卯 31	戊辰 (8)	己巳 2	庚午 3	辛未 4	壬申 5	癸酉 6	甲戌 7	乙亥 8	丙子 9	丁丑 10	戊寅 11	己卯 12	庚辰 13	辛巳 14	壬午 15	癸未 16	甲申 17	乙酉 18	丙戌 19	丁亥 20	戊子 21	己丑 22	庚寅 23	辛卯 24	壬辰 25	癸巳 26	甲午 27		丙戌立秋
七月大	丙申	天地干支西曆	乙未 28	丙申 29	丁酉 30	戊戌 31	己亥 (9)	庚子 2	辛丑 3	壬寅 4	癸卯 5	甲辰 6	乙巳 7	丙午 8	丁未 9	戊申 10	己酉 11	庚戌 12	辛亥 13	壬子 14	癸丑 15	甲寅 16	乙卯 17	丙辰 18	丁巳 19	戊午 20	己未 21	庚申 22	辛酉 23	壬戌 24	癸亥 25	甲子 26	乙未日食
八月小	丁酉	天地干支西曆	乙丑 27	丙寅 28	丁卯 29	戊辰 30	己巳 (10)	庚午 2	辛未 3	壬申 4	癸酉 5	甲戌 6	乙亥 7	丙子 8	丁丑 9	戊寅 10	己卯 11	庚辰 12	辛巳 13	壬午 14	癸未 15	甲申 16	乙酉 17	丙戌 18	丁亥 19	戊子 20	己丑 21	庚寅 22	辛卯 23	壬辰 24	癸巳 25		辛未秋分
九月大	戊戌	天地干支西曆	甲午 26	乙未 27	丙申 28	丁酉 29	戊戌 30	己亥 31	庚子 (11)	辛丑 2	壬寅 3	癸卯 4	甲辰 5	乙巳 6	丙午 7	丁未 8	戊申 9	己酉 10	庚戌 11	辛亥 12	壬子 13	癸丑 14	甲寅 15	乙卯 16	丙辰 17	丁巳 18	戊午 19	己未 20	庚申 21	辛酉 22	壬戌 23	癸亥 24	丙辰立冬
十月小	己亥	天地干支西曆	甲子 25	乙丑 26	丙寅 27	丁卯 28	戊辰 29	己巳 30	庚午 (12)	辛未 2	壬申 3	癸酉 4	甲戌 5	乙亥 6	丙子 7	丁丑 8	戊寅 9	己卯 10	庚辰 11	辛巳 12	壬午 13	癸未 14	甲申 15	乙酉 16	丙戌 17	丁亥 18	戊子 19	己丑 20	庚寅 21	辛卯 22	壬辰 23		
十一月大	庚子	天地干支西曆	癸巳 24	甲午 25	乙未 26	丙申 27	丁酉 28	戊戌 29	己亥 30	庚子 31	辛丑 (1)	壬寅 2	癸卯 3	甲辰 4	乙巳 5	丙午 6	丁未 7	戊申 8	己酉 9	庚戌 10	辛亥 11	壬子 12	癸丑 13	甲寅 14	乙卯 15	丙辰 16	丁巳 17	戊午 18	己未 19	庚申 20	辛酉 21	壬戌 22	庚子冬至
十二月大	辛丑	天地干支西曆	癸亥 23	甲子 24	乙丑 25	丙寅 26	丁卯 27	戊辰 28	己巳 29	庚午 30	辛未 31	壬申 (2)	癸酉 2	甲戌 3	乙亥 4	丙子 5	丁丑 6	戊寅 7	己卯 8	庚辰 9	辛巳 10	壬午 11	癸未 12	甲申 13	乙酉 14	丙戌 15	丁亥 16	戊子 17	己丑 18	庚寅 19	辛卯 20	壬辰 21	乙酉立春

年代異同	竹書紀年	皇極經世	文獻通考	歷代紀年備考	歷代帝王年表	歷代統紀表	中國年曆總譜	斷代工程
	殷廩辛十五年	殷帝乙七年	殷帝乙七年	殷帝乙七年	殷帝乙七年	殷帝乙七年	殷帝乙二十五年	祖庚祖甲廩辛康丁

殷祖庚四年（丁丑 牛年） 公元前 **1184** ~ 前 1183 年

夏曆月序		中西曆日對照	初一	初二	初三	初四	初五	初六	初七	初八	初九	初十	十一	十二	十三	十四	十五	十六	十七	十八	十九	二十	二一	二二	二三	二四	二五	二六	二七	二八	二九	三十	節氣與天象
正月小	壬寅	干支曆 天地西	癸巳22	甲午23	乙未24	丙申25	丁酉26	戊戌27	己亥28	庚子(3)	辛丑2	壬寅3	癸卯4	甲辰5	乙巳6	丙午7	丁未8	戊申9	己酉10	庚戌11	辛亥12	壬子13	癸丑14	甲寅15	乙卯16	丙辰17	丁巳18	戊午19	己未20	庚申21	辛酉22		
二月大	癸卯	干支曆 天地西	壬戌23	癸亥24	甲子25	乙丑26	丙寅27	丁卯28	戊辰29	己巳30	庚午31	辛未(4)	壬申2	癸酉3	甲戌4	乙亥5	丙子6	丁丑7	戊寅8	己卯9	庚辰10	辛巳11	壬午12	癸未13	甲申14	乙酉15	丙戌16	丁亥17	戊子18	己丑19	庚寅20	辛卯21	辛未春分
三月小	甲辰	干支曆 天地西	壬辰22	癸巳23	甲午24	乙未25	丙申26	丁酉27	戊戌28	己亥29	庚子30	辛丑(5)	壬寅2	癸卯3	甲辰4	乙巳5	丙午6	丁未7	戊申8	己酉9	庚戌10	辛亥11	壬子12	癸丑13	甲寅14	乙卯15	丙辰16	丁巳17	戊午18	己未19	庚申20		戊午立夏
四月大	乙巳	干支曆 天地西	辛酉21	壬戌22	癸亥23	甲子24	乙丑25	丙寅26	丁卯27	戊辰28	己巳29	庚午30	辛未31	壬申(6)	癸酉2	甲戌3	乙亥4	丙子5	丁丑6	戊寅7	己卯8	庚辰9	辛巳10	壬午11	癸未12	甲申13	乙酉14	丙戌15	丁亥16	戊子17	己丑18	庚寅19	
五月小	丙午	干支曆 天地西	辛卯20	壬辰21	癸巳22	甲午23	乙未24	丙申25	丁酉26	戊戌27	己亥28	庚子29	辛丑30	壬寅(7)	癸卯2	甲辰3	乙巳4	丙午5	丁未6	戊申7	己酉8	庚戌9	辛亥10	壬子11	癸丑12	甲寅13	乙卯14	丙辰15	丁巳16	戊午17	己未18		乙巳夏至
六月大	丁未	干支曆 天地西	庚申19	辛酉20	壬戌21	癸亥22	甲子23	乙丑24	丙寅25	丁卯26	戊辰27	己巳28	庚午29	辛未30	壬申31	癸酉(8)	甲戌2	乙亥3	丙子4	丁丑5	戊寅6	己卯7	庚辰8	辛巳9	壬午10	癸未11	甲申12	乙酉13	丙戌14	丁亥15	戊子16	己丑17	
七月小	戊申	干支曆 天地西	庚寅18	辛卯19	壬辰20	癸巳21	甲午22	乙未23	丙申24	丁酉25	戊戌26	己亥27	庚子28	辛丑29	壬寅30	癸卯31	甲辰(9)	乙巳2	丙午3	丁未4	戊申5	己酉6	庚戌7	辛亥8	壬子9	癸丑10	甲寅11	乙卯12	丙辰13	丁巳14	戊午15		壬辰立秋
八月大	己酉	干支曆 天地西	己未16	庚申17	辛酉18	壬戌19	癸亥20	甲子21	乙丑22	丙寅23	丁卯24	戊辰25	己巳26	庚午27	辛未28	壬申29	癸酉30	甲戌(10)	乙亥2	丙子3	丁丑4	戊寅5	己卯6	庚辰7	辛巳8	壬午9	癸未10	甲申11	乙酉12	丙戌13	丁亥14	戊子15	丁丑秋分
九月小	庚戌	干支曆 天地西	己丑16	庚寅17	辛卯18	壬辰19	癸巳20	甲午21	乙未22	丙申23	丁酉24	戊戌25	己亥26	庚子27	辛丑28	壬寅29	癸卯30	甲辰31	乙巳(11)	丙午2	丁未3	戊申4	己酉5	庚戌6	辛亥7	壬子8	癸丑9	甲寅10	乙卯11	丙辰12	丁巳13		
十月大	辛亥	干支曆 天地西	戊午14	己未15	庚申16	辛酉17	壬戌18	癸亥19	甲子20	乙丑21	丙寅22	丁卯23	戊辰24	己巳25	庚午26	辛未27	壬申28	癸酉29	甲戌30	乙亥(12)	丙子2	丁丑3	戊寅4	己卯5	庚辰6	辛巳7	壬午8	癸未9	甲申10	乙酉11	丙戌12	丁亥13	辛酉立冬
十一月小	壬子	干支曆 天地西	戊子14	己丑15	庚寅16	辛卯17	壬辰18	癸巳19	甲午20	乙未21	丙申22	丁酉23	戊戌24	己亥25	庚子26	辛丑27	壬寅28	癸卯29	甲辰30	乙巳31	丙午(1)	丁未2	戊申3	己酉4	庚戌5	辛亥6	壬子7	癸丑8	甲寅9	乙卯10	丙辰11		乙巳冬至
十二月大	癸丑	干支曆 天地西	丁巳12	戊午13	己未14	庚申15	辛酉16	壬戌17	癸亥18	甲子19	乙丑20	丙寅21	丁卯22	戊辰23	己巳24	庚午25	辛未26	壬申27	癸酉28	甲戌29	乙亥30	丙子31	丁丑(2)	戊寅2	己卯3	庚辰4	辛巳5	壬午6	癸未7	甲申8	乙酉9	丙戌10	丁巳日食

年代異同	竹書紀年	皇極經世	文獻通考	歷代紀年備考	歷代帝王年表	歷代統紀表	中國年曆總譜	斷代工程
	殷廩辛十六年	殷帝乙八年	殷帝乙八年	殷帝乙八年	殷帝乙八年	殷帝乙八年	殷帝乙二十六年	祖庚祖甲廩辛康丁

殷祖庚五年（戊寅 虎年） 公元前1183 ~ 前1182年

夏曆月序		中西曆日對照	夏曆日序																														節氣與天象
			初一	初二	初三	初四	初五	初六	初七	初八	初九	初十	十一	十二	十三	十四	十五	十六	十七	十八	十九	二十	二一	二二	二三	二四	二五	二六	二七	二八	二九	三十	
正月小	甲寅	干支 天地 西曆	丁亥 11	戊子 12	己丑 13	庚寅 14	辛卯 15	壬辰 16	癸巳 17	甲午 18	乙未 19	丙申 20	丁酉 21	戊戌 22	己亥 23	庚子 24	辛丑 25	壬寅 26	癸卯 27	甲辰 28	乙巳 (3)	丙午 2	丁未 3	戊申 4	己酉 5	庚戌 6	辛亥 7	壬子 8	癸丑 9	甲寅 10	乙卯 11		庚寅立春
二月大	乙卯	干支 天地 西曆	丙辰 12	丁巳 13	戊午 14	己未 15	庚申 16	辛酉 17	壬戌 18	癸亥 19	甲子 20	乙丑 21	丙寅 22	丁卯 23	戊辰 24	己巳 25	庚午 26	辛未 27	壬申 28	癸酉 29	甲戌 30	乙亥 31	丙子 (4)	丁丑 2	戊寅 3	己卯 4	庚辰 5	辛巳 6	壬午 7	癸未 8	甲申 9	乙酉 10	丙子春分
三月大	丙辰	干支 天地 西曆	丙戌 11	丁亥 12	戊子 13	己丑 14	庚寅 15	辛卯 16	壬辰 17	癸巳 18	甲午 19	乙未 20	丙申 21	丁酉 22	戊戌 23	己亥 24	庚子 25	辛丑 26	壬寅 27	癸卯 28	甲辰 29	乙巳 30	丙午 (5)	丁未 2	戊申 3	己酉 4	庚戌 5	辛亥 6	壬子 7	癸丑 8	甲寅 9	乙卯 10	
四月小	丁巳	干支 天地 西曆	丙辰 11	丁巳 12	戊午 13	己未 14	庚申 15	辛酉 16	壬戌 17	癸亥 18	甲子 19	乙丑 20	丙寅 21	丁卯 22	戊辰 23	己巳 24	庚午 25	辛未 26	壬申 27	癸酉 28	甲戌 29	乙亥 30	丙子 31	丁丑 (6)	戊寅 2	己卯 3	庚辰 4	辛巳 5	壬午 6	癸未 7	甲申 8		癸亥立夏
五月大	戊午	干支 天地 西曆	乙酉 9	丙戌 10	丁亥 11	戊子 12	己丑 13	庚寅 14	辛卯 15	壬辰 16	癸巳 17	甲午 18	乙未 19	丙申 20	丁酉 21	戊戌 22	己亥 23	庚子 24	辛丑 25	壬寅 26	癸卯 27	甲辰 28	乙巳 29	丙午 30	丁未 (7)	戊申 2	己酉 3	庚戌 4	辛亥 5	壬子 6	癸丑 7	甲寅 8	庚戌夏至
六月小	己未	干支 天地 西曆	乙卯 9	丙辰 10	丁巳 11	戊午 12	己未 13	庚申 14	辛酉 15	壬戌 16	癸亥 17	甲子 18	乙丑 19	丙寅 20	丁卯 21	戊辰 22	己巳 23	庚午 24	辛未 25	壬申 26	癸酉 27	甲戌 28	乙亥 29	丙子 30	丁丑 31	戊寅 (8)	己卯 2	庚辰 3	辛巳 4	壬午 5	癸未 6		
七月大	庚申	干支 天地 西曆	甲申 7	乙酉 8	丙戌 9	丁亥 10	戊子 11	己丑 12	庚寅 13	辛卯 14	壬辰 15	癸巳 16	甲午 17	乙未 18	丙申 19	丁酉 20	戊戌 21	己亥 22	庚子 23	辛丑 24	壬寅 25	癸卯 26	甲辰 27	乙巳 28	丙午 29	丁未 30	戊申 31	己酉 (9)	庚戌 2	辛亥 3	壬子 4	癸丑 5	丁酉立秋
八月小	辛酉	干支 天地 西曆	甲寅 6	乙卯 7	丙辰 8	丁巳 9	戊午 10	己未 11	庚申 12	辛酉 13	壬戌 14	癸亥 15	甲子 16	乙丑 17	丙寅 18	丁卯 19	戊辰 20	己巳 21	庚午 22	辛未 23	壬申 24	癸酉 25	甲戌 26	乙亥 27	丙子 28	丁丑 29	戊寅 30	己卯 (10)	庚辰 2	辛巳 3	壬午 4		壬午秋分
九月大	壬戌	干支 天地 西曆	癸未 5	甲申 6	乙酉 7	丙戌 8	丁亥 9	戊子 10	己丑 11	庚寅 12	辛卯 13	壬辰 14	癸巳 15	甲午 16	乙未 17	丙申 18	丁酉 19	戊戌 20	己亥 21	庚子 22	辛丑 23	壬寅 24	癸卯 25	甲辰 26	乙巳 27	丙午 28	丁未 29	戊申 30	己酉 31	庚戌 (11)	辛亥 2	壬子 3	
十月小	癸亥	干支 天地 西曆	癸丑 4	甲寅 5	乙卯 6	丙辰 7	丁巳 8	戊午 9	己未 10	庚申 11	辛酉 12	壬戌 13	癸亥 14	甲子 15	乙丑 16	丙寅 17	丁卯 18	戊辰 19	己巳 20	庚午 21	辛未 22	壬申 23	癸酉 24	甲戌 25	乙亥 26	丙子 27	丁丑 28	戊寅 29	己卯 30	庚辰 (12)	辛巳 2		丙寅立冬
十一月大	甲子	干支 天地 西曆	壬午 3	癸未 4	甲申 5	乙酉 6	丙戌 7	丁亥 8	戊子 9	己丑 10	庚寅 11	辛卯 12	壬辰 13	癸巳 14	甲午 15	乙未 16	丙申 17	丁酉 18	戊戌 19	己亥 20	庚子 21	辛丑 22	壬寅 23	癸卯 24	甲辰 25	乙巳 26	丙午 27	丁未 28	戊申 29	己酉 30	庚戌 31	辛亥 (1)	庚戌冬至
十二月小	乙丑	干支 天地 西曆	壬子 2	癸丑 3	甲寅 4	乙卯 5	丙辰 6	丁巳 7	戊午 8	己未 9	庚申 10	辛酉 11	壬戌 12	癸亥 13	甲子 14	乙丑 15	丙寅 16	丁卯 17	戊辰 18	己巳 19	庚午 20	辛未 21	壬申 22	癸酉 23	甲戌 24	乙亥 25	丙子 26	丁丑 27	戊寅 28	己卯 29	庚辰 30		

年代異同	竹書紀年	皇極經世	文獻通考	歷代紀年備考	歷代帝王年表	歷代統紀表	中國年曆總譜	斷代工程
	殷廩辛十七年	殷帝乙九年	殷帝乙九年	殷帝乙九年	殷帝乙九年	殷帝乙九年	殷帝乙二十七年	祖庚祖甲廩辛康丁

殷祖庚六年（己卯 兔年） 公元前 1182 ~ 前 1181 年

夏曆月序		中西曆日對照	初一	初二	初三	初四	初五	初六	初七	初八	初九	初十	十一	十二	十三	十四	十五	十六	十七	十八	十九	二十	二一	二二	二三	二四	二五	二六	二七	二八	二九	三十	節氣與天象
正月大	丙寅	干支曆	辛巳	壬午	癸未	甲申	乙酉	丙戌	丁亥	戊子	己丑	庚寅	辛卯	壬辰	癸巳	甲午	乙未	丙申	丁酉	戊戌	己亥	庚子	辛丑	壬寅	癸卯	甲辰	乙巳	丙午	丁未	戊申	己酉	庚戌	乙未立春
		天地西	31	(2)	2	3	4	5	6	7	8	9	10	11	12	13	14	15	16	17	18	19	20	21	22	23	24	25	26	27	28	(3)	
二月小	丁卯	干支曆	辛亥	壬子	癸丑	甲寅	乙卯	丙辰	丁巳	戊午	己未	庚申	辛酉	壬戌	癸亥	甲子	乙丑	丙寅	丁卯	戊辰	己巳	庚午	辛未	壬申	癸酉	甲戌	乙亥	丙子	丁丑	戊寅	己卯		
		天地西	2	3	4	5	6	7	8	9	10	11	12	13	14	15	16	17	18	19	20	21	22	23	24	25	26	27	28	29	30		
閏二月大	丁卯	干支曆	庚辰	辛巳	壬午	癸未	甲申	乙酉	丙戌	丁亥	戊子	己丑	庚寅	辛卯	壬辰	癸巳	甲午	乙未	丙申	丁酉	戊戌	己亥	庚子	辛丑	壬寅	癸卯	甲辰	乙巳	丙午	丁未	戊申	己酉	辛巳春分
		天地西	31	(4)	2	3	4	5	6	7	8	9	10	11	12	13	14	15	16	17	18	19	20	21	22	23	24	25	26	27	28	29	
三月小	戊辰	干支曆	庚戌	辛亥	壬子	癸丑	甲寅	乙卯	丙辰	丁巳	戊午	己未	庚申	辛酉	壬戌	癸亥	甲子	乙丑	丙寅	丁卯	戊辰	己巳	庚午	辛未	壬申	癸酉	甲戌	乙亥	丙子	丁丑	戊寅		己巳立夏
		天地西	30	(5)	2	3	4	5	6	7	8	9	10	11	12	13	14	15	16	17	18	19	20	21	22	23	24	25	26	27	28		
四月大	己巳	干支曆	己卯	庚辰	辛巳	壬午	癸未	甲申	乙酉	丙戌	丁亥	戊子	己丑	庚寅	辛卯	壬辰	癸巳	甲午	乙未	丙申	丁酉	戊戌	己亥	庚子	辛丑	壬寅	癸卯	甲辰	乙巳	丙午	丁未	戊申	
		天地西	29	30	31	(6)	2	3	4	5	6	7	8	9	10	11	12	13	14	15	16	17	18	19	20	21	22	23	24	25	26	27	
五月大	庚午	干支曆	己酉	庚戌	辛亥	壬子	癸丑	甲寅	乙卯	丙辰	丁巳	戊午	己未	庚申	辛酉	壬戌	癸亥	甲子	乙丑	丙寅	丁卯	戊辰	己巳	庚午	辛未	壬申	癸酉	甲戌	乙亥	丙子	丁丑	戊寅	丙辰夏至 己酉日食
		天地西	28	29	30	(7)	2	3	4	5	6	7	8	9	10	11	12	13	14	15	16	17	18	19	20	21	22	23	24	25	26	27	
六月小	辛未	干支曆	己卯	庚辰	辛巳	壬午	癸未	甲申	乙酉	丙戌	丁亥	戊子	己丑	庚寅	辛卯	壬辰	癸巳	甲午	乙未	丙申	丁酉	戊戌	己亥	庚子	辛丑	壬寅	癸卯	甲辰	乙巳	丙午	丁未		壬寅立秋
		天地西	28	29	30	31	(8)	2	3	4	5	6	7	8	9	10	11	12	13	14	15	16	17	18	19	20	21	22	23	24	25		
七月大	壬申	干支曆	戊申	己酉	庚戌	辛亥	壬子	癸丑	甲寅	乙卯	丙辰	丁巳	戊午	己未	庚申	辛酉	壬戌	癸亥	甲子	乙丑	丙寅	丁卯	戊辰	己巳	庚午	辛未	壬申	癸酉	甲戌	乙亥	丙子	丁丑	
		天地西	26	27	28	29	30	31	(9)	2	3	4	5	6	7	8	9	10	11	12	13	14	15	16	17	18	19	20	21	22	23	24	
八月小	癸酉	干支曆	戊寅	己卯	庚辰	辛巳	壬午	癸未	甲申	乙酉	丙戌	丁亥	戊子	己丑	庚寅	辛卯	壬辰	癸巳	甲午	乙未	丙申	丁酉	戊戌	己亥	庚子	辛丑	壬寅	癸卯	甲辰	乙巳	丙午		丁亥秋分
		天地西	25	26	27	28	29	30	(10)	2	3	4	5	6	7	8	9	10	11	12	13	14	15	16	17	18	19	20	21	22	23		
九月大	甲戌	干支曆	丁未	戊申	己酉	庚戌	辛亥	壬子	癸丑	甲寅	乙卯	丙辰	丁巳	戊午	己未	庚申	辛酉	壬戌	癸亥	甲子	乙丑	丙寅	丁卯	戊辰	己巳	庚午	辛未	壬申	癸酉	甲戌	乙亥	丙子	辛未立冬
		天地西	24	25	26	27	28	29	30	31	(11)	2	3	4	5	6	7	8	9	10	11	12	13	14	15	16	17	18	19	20	21	22	
十月小	乙亥	干支曆	丁丑	戊寅	己卯	庚辰	辛巳	壬午	癸未	甲申	乙酉	丙戌	丁亥	戊子	己丑	庚寅	辛卯	壬辰	癸巳	甲午	乙未	丙申	丁酉	戊戌	己亥	庚子	辛丑	壬寅	癸卯	甲辰	乙巳		
		天地西	23	24	25	26	27	28	29	30	(12)	2	3	4	5	6	7	8	9	10	11	12	13	14	15	16	17	18	19	20	21		
十一月大	丙子	干支曆	丙午	丁未	戊申	己酉	庚戌	辛亥	壬子	癸丑	甲寅	乙卯	丙辰	丁巳	戊午	己未	庚申	辛酉	壬戌	癸亥	甲子	乙丑	丙寅	丁卯	戊辰	己巳	庚午	辛未	壬申	癸酉	甲戌	乙亥	丙辰冬至
		天地西	22	23	24	25	26	27	28	29	30	31	(1)	2	3	4	5	6	7	8	9	10	11	12	13	14	15	16	17	18	19	20	
十二月小	丁丑	干支曆	丙子	丁丑	戊寅	己卯	庚辰	辛巳	壬午	癸未	甲申	乙酉	丙戌	丁亥	戊子	己丑	庚寅	辛卯	壬辰	癸巳	甲午	乙未	丙申	丁酉	戊戌	己亥	庚子	辛丑	壬寅	癸卯	甲辰		庚子立春
		天地西	21	22	23	24	25	26	27	28	29	30	31	(2)	2	3	4	5	6	7	8	9	10	11	12	13	14	15	16	17	18		

年代異同	竹書紀年	皇極經世	文獻通考	歷代紀年備考	歷代帝王年表	歷代統紀表	中國年曆總譜	斷代工程
	殷廩辛十八年	殷帝乙十年	殷帝乙十年	殷帝乙十年	殷帝乙十年	殷帝乙十年	殷帝乙二十八年	祖庚祖甲廩辛康丁

殷祖庚七年（庚辰 龍年） 公元前 1181 ~ 前 1180 年

夏曆月序		中西曆日對照	初一	初二	初三	初四	初五	初六	初七	初八	初九	初十	十一	十二	十三	十四	十五	十六	十七	十八	十九	二十	二一	二二	二三	二四	二五	二六	二七	二八	二九	三十	節氣與天象
正月大	戊寅	干支曆 天地西曆	乙巳 19	丙午 20	丁未 21	戊申 22	己酉 23	庚戌 24	辛亥 25	壬子 26	癸丑 27	甲寅 28	乙卯 29	丙辰 (3)	丁巳 2	戊午 3	己未 4	庚申 5	辛酉 6	壬戌 7	癸亥 8	甲子 9	乙丑 10	丙寅 11	丁卯 12	戊辰 13	己巳 14	庚午 15	辛未 16	壬申 17	癸酉 18	甲戌 19	
二月小	己卯	干支曆 天地西曆	乙亥 20	丙子 21	丁丑 22	戊寅 23	己卯 24	庚辰 25	辛巳 26	壬午 27	癸未 28	甲申 29	乙酉 30	丙戌 31	丁亥 (4)	戊子 2	己丑 3	庚寅 4	辛卯 5	壬辰 6	癸巳 7	甲午 8	乙未 9	丙申 10	丁酉 11	戊戌 12	己亥 13	庚子 14	辛丑 15	壬寅 16	癸卯 17		丁亥春分
三月小	庚辰	干支曆 天地西曆	甲辰 18	乙巳 19	丙午 20	丁未 21	戊申 22	己酉 23	庚戌 24	辛亥 25	壬子 26	癸丑 27	甲寅 28	乙卯 29	丙辰 30	丁巳 (5)	戊午 2	己未 3	庚申 4	辛酉 5	壬戌 6	癸亥 7	甲子 8	乙丑 9	丙寅 10	丁卯 11	戊辰 12	己巳 13	庚午 14	辛未 15	壬申 16		甲戌立夏
四月大	辛巳	干支曆 天地西曆	癸酉 17	甲戌 18	乙亥 19	丙子 20	丁丑 21	戊寅 22	己卯 23	庚辰 24	辛巳 25	壬午 26	癸未 27	甲申 28	乙酉 29	丙戌 30	丁亥 31	戊子 (6)	己丑 2	庚寅 3	辛卯 4	壬辰 5	癸巳 6	甲午 7	乙未 8	丙申 9	丁酉 10	戊戌 11	己亥 12	庚子 13	辛丑 14	壬寅 15	
五月大	壬午	干支曆 天地西曆	癸卯 16	甲辰 17	乙巳 18	丙午 19	丁未 20	戊申 21	己酉 22	庚戌 23	辛亥 24	壬子 25	癸丑 26	甲寅 27	乙卯 28	丙辰 29	丁巳 30	戊午 (7)	己未 2	庚申 3	辛酉 4	壬戌 5	癸亥 6	甲子 7	乙丑 8	丙寅 9	丁卯 10	戊辰 11	己巳 12	庚午 13	辛未 14	壬申 15	辛酉夏至 癸卯日食
六月小	癸未	干支曆 天地西曆	癸酉 16	甲戌 17	乙亥 18	丙子 19	丁丑 20	戊寅 21	己卯 22	庚辰 23	辛巳 24	壬午 25	癸未 26	甲申 27	乙酉 28	丙戌 29	丁亥 30	戊子 31	己丑 (8)	庚寅 2	辛卯 3	壬辰 4	癸巳 5	甲午 6	乙未 7	丙申 8	丁酉 9	戊戌 10	己亥 11	庚子 12	辛丑 13		
七月大	甲申	干支曆 天地西曆	壬寅 14	癸卯 15	甲辰 16	乙巳 17	丙午 18	丁未 19	戊申 20	己酉 21	庚戌 22	辛亥 23	壬子 24	癸丑 25	甲寅 26	乙卯 27	丙辰 28	丁巳 29	戊午 30	己未 31	庚申 (9)	辛酉 2	壬戌 3	癸亥 4	甲子 5	乙丑 6	丙寅 7	丁卯 8	戊辰 9	己巳 10	庚午 11	辛未 12	丁未立秋
八月大	乙酉	干支曆 天地西曆	壬申 13	癸酉 14	甲戌 15	乙亥 16	丙子 17	丁丑 18	戊寅 19	己卯 20	庚辰 21	辛巳 22	壬午 23	癸未 24	甲申 25	乙酉 26	丙戌 27	丁亥 28	戊子 29	己丑 30	庚寅 (10)	辛卯 2	壬辰 3	癸巳 4	甲午 5	乙未 6	丙申 7	丁酉 8	戊戌 9	己亥 10	庚子 11	辛丑 12	壬辰秋分
九月小	丙戌	干支曆 天地西曆	壬寅 13	癸卯 14	甲辰 15	乙巳 16	丙午 17	丁未 18	戊申 19	己酉 20	庚戌 21	辛亥 22	壬子 23	癸丑 24	甲寅 25	乙卯 26	丙辰 27	丁巳 28	戊午 29	己未 30	庚申 31	辛酉 (11)	壬戌 2	癸亥 3	甲子 4	乙丑 5	丙寅 6	丁卯 7	戊辰 8	己巳 9	庚午 10		
十月大	丁亥	干支曆 天地西曆	辛未 11	壬申 12	癸酉 13	甲戌 14	乙亥 15	丙子 16	丁丑 17	戊寅 18	己卯 19	庚辰 20	辛巳 21	壬午 22	癸未 23	甲申 24	乙酉 25	丙戌 26	丁亥 27	戊子 28	己丑 29	庚寅 30	辛卯 (12)	壬辰 2	癸巳 3	甲午 4	乙未 5	丙申 6	丁酉 7	戊戌 8	己亥 9	庚子 10	丁丑立冬
十一月小	戊子	干支曆 天地西曆	辛丑 11	壬寅 12	癸卯 13	甲辰 14	乙巳 15	丙午 16	丁未 17	戊申 18	己酉 19	庚戌 20	辛亥 21	壬子 22	癸丑 23	甲寅 24	乙卯 25	丙辰 26	丁巳 27	戊午 28	己未 29	庚申 30	辛酉 31	壬戌 (1)	癸亥 2	甲子 3	乙丑 4	丙寅 5	丁卯 6	戊辰 7	己巳 8		辛酉冬至
十二月大	己丑	干支曆 天地西曆	庚午 9	辛未 10	壬申 11	癸酉 12	甲戌 13	乙亥 14	丙子 15	丁丑 16	戊寅 17	己卯 18	庚辰 19	辛巳 20	壬午 21	癸未 22	甲申 23	乙酉 24	丙戌 25	丁亥 26	戊子 27	己丑 28	庚寅 29	辛卯 30	壬辰 31	癸巳 (2)	甲午 2	乙未 3	丙申 4	丁酉 5	戊戌 6	己亥 7	

年代異同	竹書紀年	皇極經世	文獻通考	歷代紀年備考	歷代帝王年表	歷代統紀表	中國年曆總譜	斷代工程
	殷廩辛十九年	殷帝乙十一年	殷帝乙十一年	殷帝乙十一年	殷帝乙十一年	殷帝乙十一年	殷帝乙二十九年	祖庚祖甲廩辛康丁

殷祖甲元年（辛巳 蛇年） 公元前 1180 ~ 前 1179 年

夏曆月序		中西曆日對照	初一	初二	初三	初四	初五	初六	初七	初八	初九	初十	十一	十二	十三	十四	十五	十六	十七	十八	十九	二十	二一	二二	二三	二四	二五	二六	二七	二八	二九	三十	節氣與天象
正月小	庚寅	天干地支西曆	庚子8	辛丑9	壬寅10	癸卯11	甲辰12	乙巳13	丙午14	丁未15	戊申16	己酉17	庚戌18	辛亥19	壬子20	癸丑21	甲寅22	乙卯23	丙辰24	丁巳25	戊午26	己未27	庚申28	辛酉(3)	壬戌2	癸亥3	甲子4	乙丑5	丙寅6	丁卯7	戊辰8		丙午立春
二月大	辛卯	天干地支西曆	己巳9	庚午10	辛未11	壬申12	癸酉13	甲戌14	乙亥15	丙子16	丁丑17	戊寅18	己卯19	庚辰20	辛巳21	壬午22	癸未23	甲申24	乙酉25	丙戌26	丁亥27	戊子28	己丑29	庚寅30	辛卯31	壬辰(4)	癸巳2	甲午3	乙未4	丙申5	丁酉6	戊戌7	壬辰春分
三月小	壬辰	天干地支西曆	己亥8	庚子9	辛丑10	壬寅11	癸卯12	甲辰13	乙巳14	丙午15	丁未16	戊申17	己酉18	庚戌19	辛亥20	壬子21	癸丑22	甲寅23	乙卯24	丙辰25	丁巳26	戊午27	己未28	庚申29	辛酉30	壬戌(5)	癸亥2	甲子3	乙丑4	丙寅5	丁卯6		
四月小	癸巳	天干地支西曆	戊辰7	己巳8	庚午9	辛未10	壬申11	癸酉12	甲戌13	乙亥14	丙子15	丁丑16	戊寅17	己卯18	庚辰19	辛巳20	壬午21	癸未22	甲申23	乙酉24	丙戌25	丁亥26	戊子27	己丑28	庚寅29	辛卯30	壬辰31	癸巳(6)	甲午2	乙未3	丙申4		己卯立夏
五月大	甲午	天干地支西曆	丁酉5	戊戌6	己亥7	庚子8	辛丑9	壬寅10	癸卯11	甲辰12	乙巳13	丙午14	丁未15	戊申16	己酉17	庚戌18	辛亥19	壬子20	癸丑21	甲寅22	乙卯23	丙辰24	丁巳25	戊午26	己未27	庚申28	辛酉29	壬戌30	癸亥(7)	甲子2	乙丑3	丙寅4	丙寅夏至
六月小	乙未	天干地支西曆	丁卯5	戊辰6	己巳7	庚午8	辛未9	壬申10	癸酉11	甲戌12	乙亥13	丙子14	丁丑15	戊寅16	己卯17	庚辰18	辛巳19	壬午20	癸未21	甲申22	乙酉23	丙戌24	丁亥25	戊子26	己丑27	庚寅28	辛卯29	壬辰30	癸巳31	甲午(8)	乙未2		
七月大	丙申	天干地支西曆	丙申3	丁酉4	戊戌5	己亥6	庚子7	辛丑8	壬寅9	癸卯10	甲辰11	乙巳12	丙午13	丁未14	戊申15	己酉16	庚戌17	辛亥18	壬子19	癸丑20	甲寅21	乙卯22	丙辰23	丁巳24	戊午25	己未26	庚申27	辛酉28	壬戌29	癸亥30	甲子31	乙丑(9)	癸丑立秋
八月大	丁酉	天干地支西曆	丙寅2	丁卯3	戊辰4	己巳5	庚午6	辛未7	壬申8	癸酉9	甲戌10	乙亥11	丙子12	丁丑13	戊寅14	己卯15	庚辰16	辛巳17	壬午18	癸未19	甲申20	乙酉21	丙戌22	丁亥23	戊子24	己丑25	庚寅26	辛卯27	壬辰28	癸巳29	甲午30	乙未(10)	
九月大	戊戌	天干地支西曆	丙申2	丁酉3	戊戌4	己亥5	庚子6	辛丑7	壬寅8	癸卯9	甲辰10	乙巳11	丙午12	丁未13	戊申14	己酉15	庚戌16	辛亥17	壬子18	癸丑19	甲寅20	乙卯21	丙辰22	丁巳23	戊午24	己未25	庚申26	辛酉27	壬戌28	癸亥29	甲子30	乙丑31	戊戌秋分
十月小	己亥	天干地支西曆	丙寅(11)	丁卯2	戊辰3	己巳4	庚午5	辛未6	壬申7	癸酉8	甲戌9	乙亥10	丙子11	丁丑12	戊寅13	己卯14	庚辰15	辛巳16	壬午17	癸未18	甲申19	乙酉20	丙戌21	丁亥22	戊子23	己丑24	庚寅25	辛卯26	壬辰27	癸巳28	甲午29		壬午立冬
閏十月大	己亥	天干地支西曆	乙未30	丙申(12)	丁酉2	戊戌3	己亥4	庚子5	辛丑6	壬寅7	癸卯8	甲辰9	乙巳10	丙午11	丁未12	戊申13	己酉14	庚戌15	辛亥16	壬子17	癸丑18	甲寅19	乙卯20	丙辰21	丁巳22	戊午23	己未24	庚申25	辛酉26	壬戌27	癸亥28	甲子29	
十一月小	庚子	天干地支西曆	乙丑30	丙寅31	丁卯(1)	戊辰2	己巳3	庚午4	辛未5	壬申6	癸酉7	甲戌8	乙亥9	丙子10	丁丑11	戊寅12	己卯13	庚辰14	辛巳15	壬午16	癸未17	甲申18	乙酉19	丙戌20	丁亥21	戊子22	己丑23	庚寅24	辛卯25	壬辰26	癸巳27		丙寅冬至
十二月大	辛丑	天干地支西曆	甲午28	乙未29	丙申30	丁酉31	戊戌(2)	己亥2	庚子3	辛丑4	壬寅5	癸卯6	甲辰7	乙巳8	丙午9	丁未10	戊申11	己酉12	庚戌13	辛亥14	壬子15	癸丑16	甲寅17	乙卯18	丙辰19	丁巳20	戊午21	己未22	庚申23	辛酉24	壬戌25	癸亥26	辛亥立春

年代異同	竹書紀年	皇極經世	文獻通考	歷代紀年備考	歷代帝王年表	歷代統紀表	中國年曆總譜	斷代工程
	殷廩辛二十年	殷帝乙十二年	殷帝乙十二年	殷帝乙十二年	殷帝乙十二年	殷帝乙十二年	殷帝乙三十年	祖庚祖甲廩辛康丁

殷祖甲二年（壬午 馬年） 公元前 1179 ~ 前 1178 年

夏曆月序		中西曆日對照	初一	初二	初三	初四	初五	初六	初七	初八	初九	初十	十一	十二	十三	十四	十五	十六	十七	十八	十九	二十	二十一	二十二	二十三	二十四	二十五	二十六	二十七	二十八	二十九	三十	節氣與天象
正月小	壬寅	干支 天地 曆西	甲子27	乙丑28	丙寅(3)	丁卯2	戊辰3	己巳4	庚午5	辛未6	壬申7	癸酉8	甲戌9	乙亥10	丙子11	丁丑12	戊寅13	己卯14	庚辰15	辛巳16	壬午17	癸未18	甲申19	乙酉20	丙戌21	丁亥22	戊子23	己丑24	庚寅25	辛卯26	壬辰27		
二月大	癸卯	干支 天地 曆西	癸巳28	甲午29	乙未30	丙申31	丁酉(4)	戊戌2	己亥3	庚子4	辛丑5	壬寅6	癸卯7	甲辰8	乙巳9	丙午10	丁未11	戊申12	己酉13	庚戌14	辛亥15	壬子16	癸丑17	甲寅18	乙卯19	丙辰20	丁巳21	戊午22	己未23	庚申24	辛酉25	壬戌26	丁酉春分
三月小	甲辰	干支 天地 曆西	癸亥27	甲子28	乙丑29	丙寅30	丁卯(5)	戊辰2	己巳3	庚午4	辛未5	壬申6	癸酉7	甲戌8	乙亥9	丙子10	丁丑11	戊寅12	己卯13	庚辰14	辛巳15	壬午16	癸未17	甲申18	乙酉19	丙戌20	丁亥21	戊子22	己丑23	庚寅24	辛卯25		甲申立夏
四月小	乙巳	干支 天地 曆西	壬辰26	癸巳27	甲午28	乙未29	丙申30	丁酉31	戊戌(6)	己亥2	庚子3	辛丑4	壬寅5	癸卯6	甲辰7	乙巳8	丙午9	丁未10	戊申11	己酉12	庚戌13	辛亥14	壬子15	癸丑16	甲寅17	乙卯18	丙辰19	丁巳20	戊午21	己未22	庚申23		
五月大	丙午	干支 天地 曆西	辛酉24	壬戌25	癸亥26	甲子27	乙丑28	丙寅29	丁卯30	戊辰(7)	己巳2	庚午3	辛未4	壬申5	癸酉6	甲戌7	乙亥8	丙子9	丁丑10	戊寅11	己卯12	庚辰13	辛巳14	壬午15	癸未16	甲申17	乙酉18	丙戌19	丁亥20	戊子21	己丑22	庚寅23	辛未夏至
六月小	丁未	干支 天地 曆西	辛卯24	壬辰25	癸巳26	甲午27	乙未28	丙申29	丁酉30	戊戌31	己亥(8)	庚子2	辛丑3	壬寅4	癸卯5	甲辰6	乙巳7	丙午8	丁未9	戊申10	己酉11	庚戌12	辛亥13	壬子14	癸丑15	甲寅16	乙卯17	丙辰18	丁巳19	戊午20	己未21		戊午立秋
七月大	戊申	干支 天地 曆西	庚申22	辛酉23	壬戌24	癸亥25	甲子26	乙丑27	丙寅28	丁卯29	戊辰30	己巳31	庚午(9)	辛未2	壬申3	癸酉4	甲戌5	乙亥6	丙子7	丁丑8	戊寅9	己卯10	庚辰11	辛巳12	壬午13	癸未14	甲申15	乙酉16	丙戌17	丁亥18	戊子19	己丑20	
八月小	己酉	干支 天地 曆西	庚寅21	辛卯22	壬辰23	癸巳24	甲午25	乙未26	丙申27	丁酉28	戊戌29	己亥30	庚子(10)	辛丑2	壬寅3	癸卯4	甲辰5	乙巳6	丙午7	丁未8	戊申9	己酉10	庚戌11	辛亥12	壬子13	癸丑14	甲寅15	乙卯16	丙辰17	丁巳18	戊午19		癸卯秋分
九月大	庚戌	干支 天地 曆西	己未20	庚申21	辛酉22	壬戌23	癸亥24	甲子25	乙丑26	丙寅27	丁卯28	戊辰29	己巳30	庚午31	辛未(11)	壬申2	癸酉3	甲戌4	乙亥5	丙子6	丁丑7	戊寅8	己卯9	庚辰10	辛巳11	壬午12	癸未13	甲申14	乙酉15	丙戌16	丁亥17	戊子18	丁亥立冬
十月大	辛亥	干支 天地 曆西	己丑19	庚寅20	辛卯21	壬辰22	癸巳23	甲午24	乙未25	丙申26	丁酉27	戊戌28	己亥29	庚子30	辛丑(12)	壬寅2	癸卯3	甲辰4	乙巳5	丙午6	丁未7	戊申8	己酉9	庚戌10	辛亥11	壬子12	癸丑13	甲寅14	乙卯15	丙辰16	丁巳17	戊午18	
十一月大	壬子	干支 天地 曆西	己未19	庚申20	辛酉21	壬戌22	癸亥23	甲子24	乙丑25	丙寅26	丁卯27	戊辰28	己巳29	庚午30	辛未31	壬申(1)	癸酉2	甲戌3	乙亥4	丙子5	丁丑6	戊寅7	己卯8	庚辰9	辛巳10	壬午11	癸未12	甲申13	乙酉14	丙戌15	丁亥16	戊子17	辛未冬至
十二月小	癸丑	干支 天地 曆西	己丑18	庚寅19	辛卯20	壬辰21	癸巳22	甲午23	乙未24	丙申25	丁酉26	戊戌27	己亥28	庚子29	辛丑30	壬寅31	癸卯(2)	甲辰2	乙巳3	丙午4	丁未5	戊申6	己酉7	庚戌8	辛亥9	壬子10	癸丑11	甲寅12	乙卯13	丙辰14	丁巳15		丙辰立春

年代異同	竹書紀年	皇極經世	文獻通考	歷代紀年備考	歷代帝王年表	歷代統紀表	中國年曆總譜	斷代工程
	殷廩辛二十一年	殷帝乙十三年	殷帝乙十三年	殷帝乙十三年	殷帝乙十三年	殷帝乙十三年	殷帝乙三十一年	祖庚祖甲 廩辛康丁

殷祖甲三年（癸未 羊年） 公元前 **1178** ~ 前 1177 年

夏曆月序		中西曆對照	初一	初二	初三	初四	初五	初六	初七	初八	初九	初十	十一	十二	十三	十四	十五	十六	十七	十八	十九	二十	二一	二二	二三	二四	二五	二六	二七	二八	二九	三十	節氣與天象
正月大	甲寅	干支曆 天地西曆	戊午16	己未17	庚申18	辛酉19	壬戌20	癸亥21	甲子22	乙丑23	丙寅24	丁卯25	戊辰26	己巳27	庚午28	辛未(3)	壬申2	癸酉3	甲戌4	乙亥5	丙子6	丁丑7	戊寅8	己卯9	庚辰10	辛巳11	壬午12	癸未13	甲申14	乙酉15	丙戌16	丁亥17	
二月小	乙卯	干支曆 天地西曆	戊子18	己丑19	庚寅20	辛卯21	壬辰22	癸巳23	甲午24	乙未25	丙申26	丁酉27	戊戌28	己亥29	庚子30	辛丑31	壬寅(4)	癸卯2	甲辰3	乙巳4	丙午5	丁未6	戊申7	己酉8	庚戌9	辛亥10	壬子11	癸丑12	甲寅13	乙卯14	丙辰15		壬寅春分
三月大	丙辰	干支曆 天地西曆	丁巳16	戊午17	己未18	庚申19	辛酉20	壬戌21	癸亥22	甲子23	乙丑24	丙寅25	丁卯26	戊辰27	己巳28	庚午29	辛未30	壬申(5)	癸酉2	甲戌3	乙亥4	丙子5	丁丑6	戊寅7	己卯8	庚辰9	辛巳10	壬午11	癸未12	甲申13	乙酉14	丙戌15	丁巳日食
四月小	丁巳	干支曆 天地西曆	丁亥16	戊子17	己丑18	庚寅19	辛卯20	壬辰21	癸巳22	甲午23	乙未24	丙申25	丁酉26	戊戌27	己亥28	庚子29	辛丑30	壬寅31	癸卯(6)	甲辰2	乙巳3	丙午4	丁未5	戊申6	己酉7	庚戌8	辛亥9	壬子10	癸丑11	甲寅12	乙卯13		己丑立夏
五月小	戊午	干支曆 天地西曆	丙辰14	丁巳15	戊午16	己未17	庚申18	辛酉19	壬戌20	癸亥21	甲子22	乙丑23	丙寅24	丁卯25	戊辰26	己巳27	庚午28	辛未29	壬申30	癸酉(7)	甲戌2	乙亥3	丙子4	丁丑5	戊寅6	己卯7	庚辰8	辛巳9	壬午10	癸未11	甲申12		丁丑夏至
六月小	己未	干支曆 天地西曆	乙酉13	丙戌14	丁亥15	戊子16	己丑17	庚寅18	辛卯19	壬辰20	癸巳21	甲午22	乙未23	丙申24	丁酉25	戊戌26	己亥27	庚子28	辛丑29	壬寅30	癸卯31	甲辰(8)	乙巳2	丙午3	丁未4	戊申5	己酉6	庚戌7	辛亥8	壬子9	癸丑10		
七月大	庚申	干支曆 天地西曆	甲寅11	乙卯12	丙辰13	丁巳14	戊午15	己未16	庚申17	辛酉18	壬戌19	癸亥20	甲子21	乙丑22	丙寅23	丁卯24	戊辰25	己巳26	庚午27	辛未28	壬申29	癸酉30	甲戌31	乙亥(9)	丙子2	丁丑3	戊寅4	己卯5	庚辰6	辛巳7	壬午8	癸未9	癸亥立秋
八月大	辛酉	干支曆 天地西曆	甲申10	乙酉11	丙戌12	丁亥13	戊子14	己丑15	庚寅16	辛卯17	壬辰18	癸巳19	甲午20	乙未21	丙申22	丁酉23	戊戌24	己亥25	庚子26	辛丑27	壬寅28	癸卯29	甲辰30	乙巳(10)	丙午2	丁未3	戊申4	己酉5	庚戌6	辛亥7	壬子8	癸丑9	戊申秋分
九月小	壬戌	干支曆 天地西曆	甲寅10	乙卯11	丙辰12	丁巳13	戊午14	己未15	庚申16	辛酉17	壬戌18	癸亥19	甲子20	乙丑21	丙寅22	丁卯23	戊辰24	己巳25	庚午26	辛未27	壬申28	癸酉29	甲戌30	乙亥31	丙子(11)	丁丑2	戊寅3	己卯4	庚辰5	辛巳6	壬午7		
十月大	癸亥	干支曆 天地西曆	癸未8	甲申9	乙酉10	丙戌11	丁亥12	戊子13	己丑14	庚寅15	辛卯16	壬辰17	癸巳18	甲午19	乙未20	丙申21	丁酉22	戊戌23	己亥24	庚子25	辛丑26	壬寅27	癸卯28	甲辰29	乙巳30	丙午(12)	丁未2	戊申3	己酉4	庚戌5	辛亥6	壬子7	壬辰立冬
十一月大	甲子	干支曆 天地西曆	癸丑8	甲寅9	乙卯10	丙辰11	丁巳12	戊午13	己未14	庚申15	辛酉16	壬戌17	癸亥18	甲子19	乙丑20	丙寅21	丁卯22	戊辰23	己巳24	庚午25	辛未26	壬申27	癸酉28	甲戌29	乙亥30	丙子31	丁丑(1)	戊寅2	己卯3	庚辰4	辛巳5	壬午6	丁丑冬至
十二月大	乙丑	干支曆 天地西曆	癸未7	甲申8	乙酉9	丙戌10	丁亥11	戊子12	己丑13	庚寅14	辛卯15	壬辰16	癸巳17	甲午18	乙未19	丙申20	丁酉21	戊戌22	己亥23	庚子24	辛丑25	壬寅26	癸卯27	甲辰28	乙巳29	丙午30	丁未31	戊申(2)	己酉2	庚戌3	辛亥4	壬子5	

年代異同	竹書紀年	皇極經世	文獻通考	歷代紀年備考	歷代帝王年表	歷代統紀表	中國年曆總譜	斷代工程
	殷康丁元年	殷帝乙十四年	殷帝乙十四年	殷帝乙十四年	殷帝乙十四年	殷帝乙十四年	殷帝乙三十二年	祖庚祖甲廪辛康丁

殷祖甲四年（甲申 猴年） 公元前 1177 ~ 前 1176 年

夏曆月序	中西曆對照		初一	初二	初三	初四	初五	初六	初七	初八	初九	初十	十一	十二	十三	十四	十五	十六	十七	十八	十九	二十	二一	二二	二三	二四	二五	二六	二七	二八	二九	三十	節氣與天象
正月小	丙寅	天干地支/西曆	癸丑 6	甲寅 7	乙卯 8	丙辰 9	丁巳 10	戊午 11	己未 12	庚申 13	辛酉 14	壬戌 15	癸亥 16	甲子 17	乙丑 18	丙寅 19	丁卯 20	戊辰 21	己巳 22	庚午 23	辛未 24	壬申 25	癸酉 26	甲戌 27	乙亥 28	丙子 29	丁丑 (3)	戊寅 2	己卯 3	庚辰 4	辛巳 5		辛酉立春
二月大	丁卯	天干地支/西曆	壬午 6	癸未 7	甲申 8	乙酉 9	丙戌 10	丁亥 11	戊子 12	己丑 13	庚寅 14	辛卯 15	壬辰 16	癸巳 17	甲午 18	乙未 19	丙申 20	丁酉 21	戊戌 22	己亥 23	庚子 24	辛丑 25	壬寅 26	癸卯 27	甲辰 28	乙巳 29	丙午 30	丁未 31	戊申 (4)	己酉 2	庚戌 3	辛亥 4	戊申春分
三月小	戊辰	天干地支/西曆	壬子 5	癸丑 6	甲寅 7	乙卯 8	丙辰 9	丁巳 10	戊午 11	己未 12	庚申 13	辛酉 14	壬戌 15	癸亥 16	甲子 17	乙丑 18	丙寅 19	丁卯 20	戊辰 21	己巳 22	庚午 23	辛未 24	壬申 25	癸酉 26	甲戌 27	乙亥 28	丙子 29	丁丑 30	戊寅 (5)	己卯 2	庚辰 3		壬子日食
四月大	己巳	天干地支/西曆	辛巳 4	壬午 5	癸未 6	甲申 7	乙酉 8	丙戌 9	丁亥 10	戊子 11	己丑 12	庚寅 13	辛卯 14	壬辰 15	癸巳 16	甲午 17	乙未 18	丙申 19	丁酉 20	戊戌 21	己亥 22	庚子 23	辛丑 24	壬寅 25	癸卯 26	甲辰 27	乙巳 28	丙午 29	丁未 30	戊申 31	己酉 (6)	庚戌 2	乙未立夏
五月小	庚午	天干地支/西曆	辛亥 3	壬子 4	癸丑 5	甲寅 6	乙卯 7	丙辰 8	丁巳 9	戊午 10	己未 11	庚申 12	辛酉 13	壬戌 14	癸亥 15	甲子 16	乙丑 17	丙寅 18	丁卯 19	戊辰 20	己巳 21	庚午 22	辛未 23	壬申 24	癸酉 25	甲戌 26	乙亥 27	丙子 28	丁丑 29	戊寅 30	己卯 (7)		
六月小	辛未	天干地支/西曆	庚辰 2	辛巳 3	壬午 4	癸未 5	甲申 6	乙酉 7	丙戌 8	丁亥 9	戊子 10	己丑 11	庚寅 12	辛卯 13	壬辰 14	癸巳 15	甲午 16	乙未 17	丙申 18	丁酉 19	戊戌 20	己亥 21	庚子 22	辛丑 23	壬寅 24	癸卯 25	甲辰 26	乙巳 27	丙午 28	丁未 29	戊申 30		壬午夏至
閏六月小	辛未	天干地支/西曆	己酉 31	庚戌 (8)	辛亥 2	壬子 3	癸丑 4	甲寅 5	乙卯 6	丙辰 7	丁巳 8	戊午 9	己未 10	庚申 11	辛酉 12	壬戌 13	癸亥 14	甲子 15	乙丑 16	丙寅 17	丁卯 18	戊辰 19	己巳 20	庚午 21	辛未 22	壬申 23	癸酉 24	甲戌 25	乙亥 26	丙子 27	丁丑 28		戊辰立秋
七月大	壬申	天干地支/西曆	戊寅 29	己卯 30	庚辰 31	辛巳 (9)	壬午 2	癸未 3	甲申 4	乙酉 5	丙戌 6	丁亥 7	戊子 8	己丑 9	庚寅 10	辛卯 11	壬辰 12	癸巳 13	甲午 14	乙未 15	丙申 16	丁酉 17	戊戌 18	己亥 19	庚子 20	辛丑 21	壬寅 22	癸卯 23	甲辰 24	乙巳 25	丙午 26	丁未 27	
八月小	癸酉	天干地支/西曆	戊申 28	己酉 29	庚戌 30	辛亥 (10)	壬子 2	癸丑 3	甲寅 4	乙卯 5	丙辰 6	丁巳 7	戊午 8	己未 9	庚申 10	辛酉 11	壬戌 12	癸亥 13	甲子 14	乙丑 15	丙寅 16	丁卯 17	戊辰 18	己巳 19	庚午 20	辛未 21	壬申 22	癸酉 23	甲戌 24	乙亥 25	丙子 26		癸丑秋分
九月大	甲戌	天干地支/西曆	丁丑 27	戊寅 28	己卯 29	庚辰 30	辛巳 31	壬午 (11)	癸未 2	甲申 3	乙酉 4	丙戌 5	丁亥 6	戊子 7	己丑 8	庚寅 9	辛卯 10	壬辰 11	癸巳 12	甲午 13	乙未 14	丙申 15	丁酉 16	戊戌 17	己亥 18	庚子 19	辛丑 20	壬寅 21	癸卯 22	甲辰 23	乙巳 24	丙午 25	戊戌立冬
十月大	乙亥	天干地支/西曆	丁未 26	戊申 27	己酉 28	庚戌 29	辛亥 30	壬子 (12)	癸丑 2	甲寅 3	乙卯 4	丙辰 5	丁巳 6	戊午 7	己未 8	庚申 9	辛酉 10	壬戌 11	癸亥 12	甲子 13	乙丑 14	丙寅 15	丁卯 16	戊辰 17	己巳 18	庚午 19	辛未 20	壬申 21	癸酉 22	甲戌 23	乙亥 24	丙子 25	
十一月大	丙子	天干地支/西曆	丁丑 26	戊寅 27	己卯 28	庚辰 29	辛巳 30	壬午 31	癸未 (1)	甲申 2	乙酉 3	丙戌 4	丁亥 5	戊子 6	己丑 7	庚寅 8	辛卯 9	壬辰 10	癸巳 11	甲午 12	乙未 13	丙申 14	丁酉 15	戊戌 16	己亥 17	庚子 18	辛丑 19	壬寅 20	癸卯 21	甲辰 22	乙巳 23	丙午 24	壬午冬至
十二月小	丁丑	天干地支/西曆	丁未 25	戊申 26	己酉 27	庚戌 28	辛亥 29	壬子 30	癸丑 31	甲寅 (2)	乙卯 2	丙辰 3	丁巳 4	戊午 5	己未 6	庚申 7	辛酉 8	壬戌 9	癸亥 10	甲子 11	乙丑 12	丙寅 13	丁卯 14	戊辰 15	己巳 16	庚午 17	辛未 18	壬申 19	癸酉 20	甲戌 21	乙亥 22		丁卯立春

年代異同	竹書紀年	皇極經世	文獻通考	歷代紀年備考	歷代帝王年表	歷代統紀表	中國年曆總譜	斷代工程
	殷康丁二年	殷帝乙十五年	殷帝乙十五年	殷帝乙十五年	殷帝乙十五年	殷帝乙十五年	殷帝乙三十三年	祖庚祖甲廩辛康丁

殷祖甲五年（乙酉 鷄年） 公元前 **1176** ~ 前 1175 年

夏曆月序		中西曆日對照	初一	初二	初三	初四	初五	初六	初七	初八	初九	初十	十一	十二	十三	十四	十五	十六	十七	十八	十九	二十	二一	二二	二三	二四	二五	二六	二七	二八	二九	三十	節氣與天象
正月大	戊寅	天干地支西曆	丙子 23	丁丑 24	戊寅 25	己卯 26	庚辰 27	辛巳 28	壬午 (3)	癸未 2	甲申 3	乙酉 4	丙戌 5	丁亥 6	戊子 7	己丑 8	庚寅 9	辛卯 10	壬辰 11	癸巳 12	甲午 13	乙未 14	丙申 15	丁酉 16	戊戌 17	己亥 18	庚子 19	辛丑 20	壬寅 21	癸卯 22	甲辰 23	乙巳 24	
二月大	己卯	天干地支西曆	丙午 25	丁未 26	戊申 27	己酉 28	庚戌 29	辛亥 30	壬子 31	癸丑 (4)	甲寅 2	乙卯 3	丙辰 4	丁巳 5	戊午 6	己未 7	庚申 8	辛酉 9	壬戌 10	癸亥 11	甲子 12	乙丑 13	丙寅 14	丁卯 15	戊辰 16	己巳 17	庚午 18	辛未 19	壬申 20	癸酉 21	甲戌 22	乙亥 23	癸丑春分
三月小	庚辰	天干地支西曆	丙子 24	丁丑 25	戊寅 26	己卯 27	庚辰 28	辛巳 29	壬午 30	癸未 (5)	甲申 2	乙酉 3	丙戌 4	丁亥 5	戊子 6	己丑 7	庚寅 8	辛卯 9	壬辰 10	癸巳 11	甲午 12	乙未 13	丙申 14	丁酉 15	戊戌 16	己亥 17	庚子 18	辛丑 19	壬寅 20	癸卯 21	甲辰 22		庚子立夏
四月小	辛巳	天干地支西曆	乙巳 23	丙午 24	丁未 25	戊申 26	己酉 27	庚戌 28	辛亥 29	壬子 30	癸丑 31	甲寅 (6)	乙卯 2	丙辰 3	丁巳 4	戊午 5	己未 6	庚申 7	辛酉 8	壬戌 9	癸亥 10	甲子 11	乙丑 12	丙寅 13	丁卯 14	戊辰 15	己巳 16	庚午 17	辛未 18	壬申 19	癸酉 20		
五月大	壬午	天干地支西曆	甲戌 21	乙亥 22	丙子 23	丁丑 24	戊寅 25	己卯 26	庚辰 27	辛巳 28	壬午 29	癸未 30	甲申 (7)	乙酉 2	丙戌 3	丁亥 4	戊子 5	己丑 6	庚寅 7	辛卯 8	壬辰 9	癸巳 10	甲午 11	乙未 12	丙申 13	丁酉 14	戊戌 15	己亥 16	庚子 17	辛丑 18	壬寅 19	癸卯 20	丁亥夏至
六月小	癸未	天干地支西曆	甲辰 21	乙巳 22	丙午 23	丁未 24	戊申 25	己酉 26	庚戌 27	辛亥 28	壬子 29	癸丑 30	甲寅 31	乙卯 (8)	丙辰 2	丁巳 3	戊午 4	己未 5	庚申 6	辛酉 7	壬戌 8	癸亥 9	甲子 10	乙丑 11	丙寅 12	丁卯 13	戊辰 14	己巳 15	庚午 16	辛未 17	壬申 18		
七月大	甲申	天干地支西曆	癸酉 19	甲戌 20	乙亥 21	丙子 22	丁丑 23	戊寅 24	己卯 25	庚辰 26	辛巳 27	壬午 28	癸未 29	甲申 30	乙酉 31	丙戌 (9)	丁亥 2	戊子 3	己丑 4	庚寅 5	辛卯 6	壬辰 7	癸巳 8	甲午 9	乙未 10	丙申 11	丁酉 12	戊戌 13	己亥 14	庚子 15	辛丑 16	壬寅 17	甲戌立秋 癸酉日食
八月小	乙酉	天干地支西曆	癸卯 18	甲辰 19	乙巳 20	丙午 21	丁未 22	戊申 23	己酉 24	庚戌 25	辛亥 26	壬子 27	癸丑 28	甲寅 29	乙卯 30	丙辰 (10)	丁巳 2	戊午 3	己未 4	庚申 5	辛酉 6	壬戌 7	癸亥 8	甲子 9	乙丑 10	丙寅 11	丁卯 12	戊辰 13	己巳 14	庚午 15	辛未 16		己未秋分
九月小	丙戌	天干地支西曆	壬申 17	癸酉 18	甲戌 19	乙亥 20	丙子 21	丁丑 22	戊寅 23	己卯 24	庚辰 25	辛巳 26	壬午 27	癸未 28	甲申 29	乙酉 30	丙戌 31	丁亥 (11)	戊子 2	己丑 3	庚寅 4	辛卯 5	壬辰 6	癸巳 7	甲午 8	乙未 9	丙申 10	丁酉 11	戊戌 12	己亥 13	庚子 14		
十月大	丁亥	天干地支西曆	辛丑 15	壬寅 16	癸卯 17	甲辰 18	乙巳 19	丙午 20	丁未 21	戊申 22	己酉 23	庚戌 24	辛亥 25	壬子 26	癸丑 27	甲寅 28	乙卯 29	丙辰 30	丁巳 (12)	戊午 2	己未 3	庚申 4	辛酉 5	壬戌 6	癸亥 7	甲子 8	乙丑 9	丙寅 10	丁卯 11	戊辰 12	己巳 13	庚午 14	癸卯立冬
十一月大	戊子	天干地支西曆	辛未 15	壬申 16	癸酉 17	甲戌 18	乙亥 19	丙子 20	丁丑 21	戊寅 22	己卯 23	庚辰 24	辛巳 25	壬午 26	癸未 27	甲申 28	乙酉 29	丙戌 30	丁亥 31	戊子 (1)	己丑 2	庚寅 3	辛卯 4	壬辰 5	癸巳 6	甲午 7	乙未 8	丙申 9	丁酉 10	戊戌 11	己亥 12	庚子 13	丁亥冬至
十二月小	己丑	天干地支西曆	辛丑 14	壬寅 15	癸卯 16	甲辰 17	乙巳 18	丙午 19	丁未 20	戊申 21	己酉 22	庚戌 23	辛亥 24	壬子 25	癸丑 26	甲寅 27	乙卯 28	丙辰 29	丁巳 30	戊午 31	己未 (2)	庚申 2	辛酉 3	壬戌 4	癸亥 5	甲子 6	乙丑 7	丙寅 8	丁卯 9	戊辰 10	己巳 11		

年代異同	竹書紀年	皇極經世	文獻通考	歷代紀年備考	歷代帝王年表	歷代統紀表	中國年曆總譜	斷代工程
	殷康丁三年	殷帝乙十六年	殷帝乙十六年	殷帝乙十六年	殷帝乙十六年	殷帝乙十六年	殷帝乙三十四年	祖庚祖甲廩辛康丁

殷祖甲六年（丙戌 狗年） 公元前 1175 ~ 前 1174 年

夏曆月序		中西曆日對照	初一	初二	初三	初四	初五	初六	初七	初八	初九	初十	十一	十二	十三	十四	十五	十六	十七	十八	十九	二十	二一	二二	二三	二四	二五	二六	二七	二八	二九	三十	節氣與天象
正月大	庚寅	天干地支西曆	庚午12	辛未13	壬申14	癸酉15	甲戌16	乙亥17	丙子18	丁丑19	戊寅20	己卯21	庚辰22	辛巳23	壬午24	癸未25	甲申26	乙酉27	丙戌28	丁亥(3)	戊子2	己丑3	庚寅4	辛卯5	壬辰6	癸巳7	甲午8	乙未9	丙申10	丁酉11	戊戌12	己亥13	壬申立春
二月大	辛卯	天干地支西曆	庚子14	辛丑15	壬寅16	癸卯17	甲辰18	乙巳19	丙午20	丁未21	戊申22	己酉23	庚戌24	辛亥25	壬子26	癸丑27	甲寅28	乙卯29	丙辰30	丁巳31	戊午(4)	己未2	庚申3	辛酉4	壬戌5	癸亥6	甲子7	乙丑8	丙寅9	丁卯10	戊辰11	己巳12	戊午春分
三月小	壬辰	天干地支西曆	庚午13	辛未14	壬申15	癸酉16	甲戌17	乙亥18	丙子19	丁丑20	戊寅21	己卯22	庚辰23	辛巳24	壬午25	癸未26	甲申27	乙酉28	丙戌29	丁亥30	戊子(5)	己丑2	庚寅3	辛卯4	壬辰5	癸巳6	甲午7	乙未8	丙申9	丁酉10	戊戌11		
四月大	癸巳	天干地支西曆	己亥12	庚子13	辛丑14	壬寅15	癸卯16	甲辰17	乙巳18	丙午19	丁未20	戊申21	己酉22	庚戌23	辛亥24	壬子25	癸丑26	甲寅27	乙卯28	丙辰29	丁巳30	戊午31	己未(6)	庚申2	辛酉3	壬戌4	癸亥5	甲子6	乙丑7	丙寅8	丁卯9	戊辰10	乙巳立夏
五月小	甲午	天干地支西曆	己巳11	庚午12	辛未13	壬申14	癸酉15	甲戌16	乙亥17	丙子18	丁丑19	戊寅20	己卯21	庚辰22	辛巳23	壬午24	癸未25	甲申26	乙酉27	丙戌28	丁亥29	戊子30	己丑(7)	庚寅2	辛卯3	壬辰4	癸巳5	甲午6	乙未7	丙申8	丁酉9		壬辰夏至
六月大	乙未	天干地支西曆	戊戌10	己亥11	庚子12	辛丑13	壬寅14	癸卯15	甲辰16	乙巳17	丙午18	丁未19	戊申20	己酉21	庚戌22	辛亥23	壬子24	癸丑25	甲寅26	乙卯27	丙辰28	丁巳29	戊午30	己未31	庚申(8)	辛酉2	壬戌3	癸亥4	甲子5	乙丑6	丙寅7	丁卯8	
七月小	丙申	天干地支西曆	戊辰9	己巳10	庚午11	辛未12	壬申13	癸酉14	甲戌15	乙亥16	丙子17	丁丑18	戊寅19	己卯20	庚辰21	辛巳22	壬午23	癸未24	甲申25	乙酉26	丙戌27	丁亥28	戊子29	己丑30	庚寅31	辛卯(9)	壬辰2	癸巳3	甲午4	乙未5	丙申6		己卯立秋 戊辰日食
八月大	丁酉	天干地支西曆	丁酉7	戊戌8	己亥9	庚子10	辛丑11	壬寅12	癸卯13	甲辰14	乙巳15	丙午16	丁未17	戊申18	己酉19	庚戌20	辛亥21	壬子22	癸丑23	甲寅24	乙卯25	丙辰26	丁巳27	戊午28	己未29	庚申30	辛酉(10)	壬戌2	癸亥3	甲子4	乙丑5	丙寅6	甲子秋分
九月小	戊戌	天干地支西曆	丁卯7	戊辰8	己巳9	庚午10	辛未11	壬申12	癸酉13	甲戌14	乙亥15	丙子16	丁丑17	戊寅18	己卯19	庚辰20	辛巳21	壬午22	癸未23	甲申24	乙酉25	丙戌26	丁亥27	戊子28	己丑29	庚寅30	辛卯31	壬辰(11)	癸巳2	甲午3	乙未4		
十月大	己亥	天干地支西曆	丙申5	丁酉6	戊戌7	己亥8	庚子9	辛丑10	壬寅11	癸卯12	甲辰13	乙巳14	丙午15	丁未16	戊申17	己酉18	庚戌19	辛亥20	壬子21	癸丑22	甲寅23	乙卯24	丙辰25	丁巳26	戊午27	己未28	庚申29	辛酉30	壬戌(12)	癸亥2	甲子3	乙丑4	戊申立冬
十一月小	庚子	天干地支西曆	丙寅5	丁卯6	戊辰7	己巳8	庚午9	辛未10	壬申11	癸酉12	甲戌13	乙亥14	丙子15	丁丑16	戊寅17	己卯18	庚辰19	辛巳20	壬午21	癸未22	甲申23	乙酉24	丙戌25	丁亥26	戊子27	己丑28	庚寅29	辛卯30	壬辰31	癸巳(1)	甲午2		壬辰冬至
十二月大	辛丑	天干地支西曆	乙未3	丙申4	丁酉5	戊戌6	己亥7	庚子8	辛丑9	壬寅10	癸卯11	甲辰12	乙巳13	丙午14	丁未15	戊申16	己酉17	庚戌18	辛亥19	壬子20	癸丑21	甲寅22	乙卯23	丙辰24	丁巳25	戊午26	己未27	庚申28	辛酉29	壬戌30	癸亥31	甲子(2)	

年代異同	竹書紀年	皇極經世	文獻通考	歷代紀年備考	歷代帝王年表	歷代統紀表	中國年曆總譜	斷代工程
	殷康丁四年	殷帝乙十七年	殷帝乙十七年	殷帝乙十七年	殷帝乙十七年	殷帝乙十七年	殷帝乙三十五年	祖庚祖甲 廩辛康丁

殷祖甲七年（丁亥 猪年） 公元前 1174 ~ 前 1173 年

夏曆月序		中西曆日對照	初一	初二	初三	初四	初五	初六	初七	初八	初九	初十	十一	十二	十三	十四	十五	十六	十七	十八	十九	二十	二一	二二	二三	二四	二五	二六	二七	二八	二九	三十	節氣與天象
正月小	壬寅	干支 天地 西曆	乙丑 2	丙寅 3	丁卯 4	戊辰 5	己巳 6	庚午 7	辛未 8	壬申 9	癸酉 10	甲戌 11	乙亥 12	丙子 13	丁丑 14	戊寅 15	己卯 16	庚辰 17	辛巳 18	壬午 19	癸未 20	甲申 21	乙酉 22	丙戌 23	丁亥 24	戊子 25	己丑 26	庚寅 27	辛卯 28	壬辰 (3)	癸巳 2		丁丑立春
二月大	癸卯	干支 天地 西曆	甲午 3	乙未 4	丙申 5	丁酉 6	戊戌 7	己亥 8	庚子 9	辛丑 10	壬寅 11	癸卯 12	甲辰 13	乙巳 14	丙午 15	丁未 16	戊申 17	己酉 18	庚戌 19	辛亥 20	壬子 21	癸丑 22	甲寅 23	乙卯 24	丙辰 25	丁巳 26	戊午 27	己未 28	庚申 29	辛酉 30	壬戌 31	癸亥 (4)	癸亥春分
三月小	甲辰	干支 天地 西曆	甲子 2	乙丑 3	丙寅 4	丁卯 5	戊辰 6	己巳 7	庚午 8	辛未 9	壬申 10	癸酉 11	甲戌 12	乙亥 13	丙子 14	丁丑 15	戊寅 16	己卯 17	庚辰 18	辛巳 19	壬午 20	癸未 21	甲申 22	乙酉 23	丙戌 24	丁亥 25	戊子 26	己丑 27	庚寅 28	辛卯 29	壬辰 30		
四月大	乙巳	干支 天地 西曆	癸巳 (5)	甲午 2	乙未 3	丙申 4	丁酉 5	戊戌 6	己亥 7	庚子 8	辛丑 9	壬寅 10	癸卯 11	甲辰 12	乙巳 13	丙午 14	丁未 15	戊申 16	己酉 17	庚戌 18	辛亥 19	壬子 20	癸丑 21	甲寅 22	乙卯 23	丙辰 24	丁巳 25	戊午 26	己未 27	庚申 28	辛酉 29	壬戌 30	庚戌立夏
閏四月大	乙巳	干支 天地 西曆	癸亥 31	甲子 (6)	乙丑 2	丙寅 3	丁卯 4	戊辰 5	己巳 6	庚午 7	辛未 8	壬申 9	癸酉 10	甲戌 11	乙亥 12	丙子 13	丁丑 14	戊寅 15	己卯 16	庚辰 17	辛巳 18	壬午 19	癸未 20	甲申 21	乙酉 22	丙戌 23	丁亥 24	戊子 25	己丑 26	庚寅 27	辛卯 28	壬辰 29	
五月小	丙午	干支 天地 西曆	癸巳 30	甲午 (7)	乙未 2	丙申 3	丁酉 4	戊戌 5	己亥 6	庚子 7	辛丑 8	壬寅 9	癸卯 10	甲辰 11	乙巳 12	丙午 13	丁未 14	戊申 15	己酉 16	庚戌 17	辛亥 18	壬子 19	癸丑 20	甲寅 21	乙卯 22	丙辰 23	丁巳 24	戊午 25	己未 26	庚申 27	辛酉 28		戊戌夏至
六月大	丁未	干支 天地 西曆	壬戌 29	癸亥 30	甲子 31	乙丑 (8)	丙寅 2	丁卯 3	戊辰 4	己巳 5	庚午 6	辛未 7	壬申 8	癸酉 9	甲戌 10	乙亥 11	丙子 12	丁丑 13	戊寅 14	己卯 15	庚辰 16	辛巳 17	壬午 18	癸未 19	甲申 20	乙酉 21	丙戌 22	丁亥 23	戊子 24	己丑 25	庚寅 26	辛卯 27	甲申立秋
七月小	戊申	干支 天地 西曆	壬辰 28	癸巳 29	甲午 30	乙未 31	丙申 (9)	丁酉 2	戊戌 3	己亥 4	庚子 5	辛丑 6	壬寅 7	癸卯 8	甲辰 9	乙巳 10	丙午 11	丁未 12	戊申 13	己酉 14	庚戌 15	辛亥 16	壬子 17	癸丑 18	甲寅 19	乙卯 20	丙辰 21	丁巳 22	戊午 23	己未 24	庚申 25		
八月大	己酉	干支 天地 西曆	辛酉 26	壬戌 27	癸亥 28	甲子 29	乙丑 30	丙寅 (10)	丁卯 2	戊辰 3	己巳 4	庚午 5	辛未 6	壬申 7	癸酉 8	甲戌 9	乙亥 10	丙子 11	丁丑 12	戊寅 13	己卯 14	庚辰 15	辛巳 16	壬午 17	癸未 18	甲申 19	乙酉 20	丙戌 21	丁亥 22	戊子 23	己丑 24	庚寅 25	己巳秋分
九月小	庚戌	干支 天地 西曆	辛卯 26	壬辰 27	癸巳 28	甲午 29	乙未 30	丙申 31	丁酉 (11)	戊戌 2	己亥 3	庚子 4	辛丑 5	壬寅 6	癸卯 7	甲辰 8	乙巳 9	丙午 10	丁未 11	戊申 12	己酉 13	庚戌 14	辛亥 15	壬子 16	癸丑 17	甲寅 18	乙卯 19	丙辰 20	丁巳 21	戊午 22	己未 23		癸丑立冬
十月大	辛亥	干支 天地 西曆	庚申 24	辛酉 25	壬戌 26	癸亥 27	甲子 28	乙丑 29	丙寅 30	丁卯 (12)	戊辰 2	己巳 3	庚午 4	辛未 5	壬申 6	癸酉 7	甲戌 8	乙亥 9	丙子 10	丁丑 11	戊寅 12	己卯 13	庚辰 14	辛巳 15	壬午 16	癸未 17	甲申 18	乙酉 19	丙戌 20	丁亥 21	戊子 22	己丑 23	
十一月小	壬子	干支 天地 西曆	庚寅 24	辛卯 25	壬辰 26	癸巳 27	甲午 28	乙未 29	丙申 30	丁酉 31	戊戌 (1)	己亥 2	庚子 3	辛丑 4	壬寅 5	癸卯 6	甲辰 7	乙巳 8	丙午 9	丁未 10	戊申 11	己酉 12	庚戌 13	辛亥 14	壬子 15	癸丑 16	甲寅 17	乙卯 18	丙辰 19	丁巳 20	戊午 21		丁酉冬至
十二月大	癸丑	干支 天地 西曆	己未 22	庚申 23	辛酉 24	壬戌 25	癸亥 26	甲子 27	乙丑 28	丙寅 29	丁卯 30	戊辰 31	己巳 (2)	庚午 2	辛未 3	壬申 4	癸酉 5	甲戌 6	乙亥 7	丙子 8	丁丑 9	戊寅 10	己卯 11	庚辰 12	辛巳 13	壬午 14	癸未 15	甲申 16	乙酉 17	丙戌 18	丁亥 19	戊子 20	壬午立春

年代異同	竹書紀年	皇極經世	文獻通考	歷代紀年備考	歷代帝王年表	歷代統紀表	中國年曆總譜	斷代工程
	殷康丁五年	殷帝乙十八年	殷帝乙十八年	殷帝乙十八年	殷帝乙十八年	殷帝乙十八年	殷帝辛元年	祖庚祖甲廩辛康丁

殷祖甲八年（戊子 鼠年） 公元前 **1173** ~ 前 1172 年

夏曆月序	中西曆日對照		初一	初二	初三	初四	初五	初六	初七	初八	初九	初十	十一	十二	十三	十四	十五	十六	十七	十八	十九	二十	二一	二二	二三	二四	二五	二六	二七	二八	二九	三十	節氣與天象
正月小	甲寅	干支 天地西曆	己丑21	庚寅22	辛卯23	壬辰24	癸巳25	甲午26	乙未27	丙申28	丁酉29	戊戌(3)	己亥2	庚子3	辛丑4	壬寅5	癸卯6	甲辰7	乙巳8	丙午9	丁未10	戊申11	己酉12	庚戌13	辛亥14	壬子15	癸丑16	甲寅17	乙卯18	丙辰19	丁巳20		
二月大	乙卯	干支 天地西曆	戊午21	己未22	庚申23	辛酉24	壬戌25	癸亥26	甲子27	乙丑28	丙寅29	丁卯30	戊辰31	己巳(4)	庚午2	辛未3	壬申4	癸酉5	甲戌6	乙亥7	丙子8	丁丑9	戊寅10	己卯11	庚辰12	辛巳13	壬午14	癸未15	甲申16	乙酉17	丙戌18	丁亥19	己巳春分
三月小	丙辰	干支 天地西曆	戊子20	己丑21	庚寅22	辛卯23	壬辰24	癸巳25	甲午26	乙未27	丙申28	丁酉29	戊戌30	己亥(5)	庚子2	辛丑3	壬寅4	癸卯5	甲辰6	乙巳7	丙午8	丁未9	戊申10	己酉11	庚戌12	辛亥13	壬子14	癸丑15	甲寅16	乙卯17	丙辰18		丙辰立夏
四月大	丁巳	干支 天地西曆	丁巳19	戊午20	己未21	庚申22	辛酉23	壬戌24	癸亥25	甲子26	乙丑27	丙寅28	丁卯29	戊辰30	己巳31	庚午(6)	辛未2	壬申3	癸酉4	甲戌5	乙亥6	丙子7	丁丑8	戊寅9	己卯10	庚辰11	辛巳12	壬午13	癸未14	甲申15	乙酉16	丙戌17	
五月小	戊午	干支 天地西曆	丁亥18	戊子19	己丑20	庚寅21	辛卯22	壬辰23	癸巳24	甲午25	乙未26	丙申27	丁酉28	戊戌29	己亥30	庚子(7)	辛丑2	壬寅3	癸卯4	甲辰5	乙巳6	丙午7	丁未8	戊申9	己酉10	庚戌11	辛亥12	壬子13	癸丑14	甲寅15	乙卯16		癸卯夏至
六月大	己未	干支 天地西曆	丙辰17	丁巳18	戊午19	己未20	庚申21	辛酉22	壬戌23	癸亥24	甲子25	乙丑26	丙寅27	丁卯28	戊辰29	己巳30	庚午31	辛未(8)	壬申2	癸酉3	甲戌4	乙亥5	丙子6	丁丑7	戊寅8	己卯9	庚辰10	辛巳11	壬午12	癸未13	甲申14	乙酉15	
七月大	庚申	干支 天地西曆	丙戌16	丁亥17	戊子18	己丑19	庚寅20	辛卯21	壬辰22	癸巳23	甲午24	乙未25	丙申26	丁酉27	戊戌28	己亥29	庚子30	辛丑31	壬寅(9)	癸卯2	甲辰3	乙巳4	丙午5	丁未6	戊申7	己酉8	庚戌9	辛亥10	壬子11	癸丑12	甲寅13	乙卯14	己丑立秋
八月小	辛酉	干支 天地西曆	丙辰15	丁巳16	戊午17	己未18	庚申19	辛酉20	壬戌21	癸亥22	甲子23	乙丑24	丙寅25	丁卯26	戊辰27	己巳28	庚午29	辛未30	壬申(10)	癸酉2	甲戌3	乙亥4	丙子5	丁丑6	戊寅7	己卯8	庚辰9	辛巳10	壬午11	癸未12	甲申13		甲戌秋分
九月大	壬戌	干支 天地西曆	乙酉14	丙戌15	丁亥16	戊子17	己丑18	庚寅19	辛卯20	壬辰21	癸巳22	甲午23	乙未24	丙申25	丁酉26	戊戌27	己亥28	庚子29	辛丑30	壬寅31	癸卯(11)	甲辰2	乙巳3	丙午4	丁未5	戊申6	己酉7	庚戌8	辛亥9	壬子10	癸丑11	甲寅12	
十月小	癸亥	干支 天地西曆	乙卯13	丙辰14	丁巳15	戊午16	己未17	庚申18	辛酉19	壬戌20	癸亥21	甲子22	乙丑23	丙寅24	丁卯25	戊辰26	己巳27	庚午28	辛未29	壬申30	癸酉(12)	甲戌2	乙亥3	丙子4	丁丑5	戊寅6	己卯7	庚辰8	辛巳9	壬午10	癸未11		己未立冬
十一月大	甲子	干支 天地西曆	甲申12	乙酉13	丙戌14	丁亥15	戊子16	己丑17	庚寅18	辛卯19	壬辰20	癸巳21	甲午22	乙未23	丙申24	丁酉25	戊戌26	己亥27	庚子28	辛丑29	壬寅30	癸卯31	甲辰(1)	乙巳2	丙午3	丁未4	戊申5	己酉6	庚戌7	辛亥8	壬子9	癸丑10	癸卯冬至
十二月小	乙丑	干支 天地西曆	甲寅11	乙卯12	丙辰13	丁巳14	戊午15	己未16	庚申17	辛酉18	壬戌19	癸亥20	甲子21	乙丑22	丙寅23	丁卯24	戊辰25	己巳26	庚午27	辛未28	壬申29	癸酉30	甲戌31	乙亥(2)	丙子2	丁丑3	戊寅4	己卯5	庚辰6	辛巳7	壬午8		

年代異同	竹書紀年	皇極經世	文獻通考	歷代紀年備考	歷代帝王年表	歷代統紀表	中國年曆總譜	斷代工程
	殷康丁六年	殷帝乙十九年	殷帝乙十九年	殷帝乙十九年	殷帝乙十九年	殷帝乙十九年	殷帝辛二年	祖庚祖甲 廩辛康丁

殷祖甲九年（己丑 牛年） 公元前 1172 ~ 前 1171 年

夏曆月序		中西曆日對照	夏曆日序																														節氣與天象
			初一	初二	初三	初四	初五	初六	初七	初八	初九	初十	十一	十二	十三	十四	十五	十六	十七	十八	十九	二十	二一	二二	二三	二四	二五	二六	二七	二八	二九	三十	
正月大	丙寅	天干地支西曆	癸未9	甲申10	乙酉11	丙戌12	丁亥13	戊子14	己丑15	庚寅16	辛卯17	壬辰18	癸巳19	甲午20	乙未21	丙申22	丁酉23	戊戌24	己亥25	庚子26	辛丑27	壬寅28	癸卯(3)	甲辰2	乙巳3	丙午4	丁未5	戊申6	己酉7	庚戌8	辛亥9	壬子10	戊子立春
二月小	丁卯	天干地支西曆	癸丑11	甲寅12	乙卯13	丙辰14	丁巳15	戊午16	己未17	庚申18	辛酉19	壬戌20	癸亥21	甲子22	乙丑23	丙寅24	丁卯25	戊辰26	己巳27	庚午28	辛未29	壬申30	癸酉31	甲戌(4)	乙亥2	丙子3	丁丑4	戊寅5	己卯6	庚辰7	辛巳8		甲戌春分
三月小	戊辰	天干地支西曆	壬午9	癸未10	甲申11	乙酉12	丙戌13	丁亥14	戊子15	己丑16	庚寅17	辛卯18	壬辰19	癸巳20	甲午21	乙未22	丙申23	丁酉24	戊戌25	己亥26	庚子27	辛丑28	壬寅29	癸卯30	甲辰(5)	乙巳2	丙午3	丁未4	戊申5	己酉6	庚戌7		
四月大	己巳	天干地支西曆	辛亥8	壬子9	癸丑10	甲寅11	乙卯12	丙辰13	丁巳14	戊午15	己未16	庚申17	辛酉18	壬戌19	癸亥20	甲子21	乙丑22	丙寅23	丁卯24	戊辰25	己巳26	庚午27	辛未28	壬申29	癸酉30	甲戌31	乙亥(6)	丙子2	丁丑3	戊寅4	己卯5	庚辰6	辛酉立夏
五月小	庚午	天干地支西曆	辛巳7	壬午8	癸未9	甲申10	乙酉11	丙戌12	丁亥13	戊子14	己丑15	庚寅16	辛卯17	壬辰18	癸巳19	甲午20	乙未21	丙申22	丁酉23	戊戌24	己亥25	庚子26	辛丑27	壬寅28	癸卯29	甲辰30	乙巳(7)	丙午2	丁未3	戊申4	己酉5		戊申夏至 辛巳日食
六月大	辛未	天干地支西曆	庚戌6	辛亥7	壬子8	癸丑9	甲寅10	乙卯11	丙辰12	丁巳13	戊午14	己未15	庚申16	辛酉17	壬戌18	癸亥19	甲子20	乙丑21	丙寅22	丁卯23	戊辰24	己巳25	庚午26	辛未27	壬申28	癸酉29	甲戌30	乙亥31	丙子(8)	丁丑2	戊寅3	己卯4	
七月大	壬申	天干地支西曆	庚辰5	辛巳6	壬午7	癸未8	甲申9	乙酉10	丙戌11	丁亥12	戊子13	己丑14	庚寅15	辛卯16	壬辰17	癸巳18	甲午19	乙未20	丙申21	丁酉22	戊戌23	己亥24	庚子25	辛丑26	壬寅27	癸卯28	甲辰29	乙巳30	丙午31	丁未(9)	戊申2	己酉3	甲午立秋
八月小	癸酉	天干地支西曆	庚戌4	辛亥5	壬子6	癸丑7	甲寅8	乙卯9	丙辰10	丁巳11	戊午12	己未13	庚申14	辛酉15	壬戌16	癸亥17	甲子18	乙丑19	丙寅20	丁卯21	戊辰22	己巳23	庚午24	辛未25	壬申26	癸酉27	甲戌28	乙亥29	丙子30	丁丑(10)	戊寅2		庚辰秋分
九月大	甲戌	天干地支西曆	己卯3	庚辰4	辛巳5	壬午6	癸未7	甲申8	乙酉9	丙戌10	丁亥11	戊子12	己丑13	庚寅14	辛卯15	壬辰16	癸巳17	甲午18	乙未19	丙申20	丁酉21	戊戌22	己亥23	庚子24	辛丑25	壬寅26	癸卯27	甲辰28	乙巳29	丙午30	丁未31	戊申(11)	
十月大	乙亥	天干地支西曆	己酉2	庚戌3	辛亥4	壬子5	癸丑6	甲寅7	乙卯8	丙辰9	丁巳10	戊午11	己未12	庚申13	辛酉14	壬戌15	癸亥16	甲子17	乙丑18	丙寅19	丁卯20	戊辰21	己巳22	庚午23	辛未24	壬申25	癸酉26	甲戌27	乙亥28	丙子29	丁丑30	戊寅(12)	甲子立冬
十一月小	丙子	天干地支西曆	己卯2	庚辰3	辛巳4	壬午5	癸未6	甲申7	乙酉8	丙戌9	丁亥10	戊子11	己丑12	庚寅13	辛卯14	壬辰15	癸巳16	甲午17	乙未18	丙申19	丁酉20	戊戌21	己亥22	庚子23	辛丑24	壬寅25	癸卯26	甲辰27	乙巳28	丙午29	丁未30		己卯日食
閏十一大	丙子	天干地支西曆	戊申31	己酉(1)	庚戌2	辛亥3	壬子4	癸丑5	甲寅6	乙卯7	丙辰8	丁巳9	戊午10	己未11	庚申12	辛酉13	壬戌14	癸亥15	甲子16	乙丑17	丙寅18	丁卯19	戊辰20	己巳21	庚午22	辛未23	壬申24	癸酉25	甲戌26	乙亥27	丙子28	丁丑29	戊申冬至
十二月小	丁丑	天干地支西曆	戊寅30	己卯31	庚辰(2)	辛巳2	壬午3	癸未4	甲申5	乙酉6	丙戌7	丁亥8	戊子9	己丑10	庚寅11	辛卯12	壬辰13	癸巳14	甲午15	乙未16	丙申17	丁酉18	戊戌19	己亥20	庚子21	辛丑22	壬寅23	癸卯24	甲辰25	乙巳26	丙午27		癸巳立春

年代異同	竹書紀年	皇極經世	文獻通考	歷代紀年備考	歷代帝王年表	歷代統紀表	中國年曆總譜	斷代工程
	殷康丁七年	殷帝乙二十年	殷帝乙二十年	殷帝乙二十年	殷帝乙二十年	殷帝乙二十年	殷帝辛三年	祖庚祖甲廩辛康丁

殷祖甲十年（庚寅 虎年） 公元前**1171** ~ 前1170年

夏曆月序		中西曆日對照	初一	初二	初三	初四	初五	初六	初七	初八	初九	初十	十一	十二	十三	十四	十五	十六	十七	十八	十九	二十	二一	二二	二三	二四	二五	二六	二七	二八	二九	三十	節氣與天象
正月大	戊寅	天干地支西曆	丁未28	戊申(3)	己酉2	庚戌3	辛亥4	壬子5	癸丑6	甲寅7	乙卯8	丙辰9	丁巳10	戊午11	己未12	庚申13	辛酉14	壬戌15	癸亥16	甲子17	乙丑18	丙寅19	丁卯20	戊辰21	己巳22	庚午23	辛未24	壬申25	癸酉26	甲戌27	乙亥28	丙子29	
二月小	己卯	天干地支西曆	丁丑30	戊寅31	己卯(4)	庚辰2	辛巳3	壬午4	癸未5	甲申6	乙酉7	丙戌8	丁亥9	戊子10	己丑11	庚寅12	辛卯13	壬辰14	癸巳15	甲午16	乙未17	丙申18	丁酉19	戊戌20	己亥21	庚子22	辛丑23	壬寅24	癸卯25	甲辰26	乙巳27		己卯春分
三月小	庚辰	天干地支西曆	丙午28	丁未29	戊申30	己酉(5)	庚戌2	辛亥3	壬子4	癸丑5	甲寅6	乙卯7	丙辰8	丁巳9	戊午10	己未11	庚申12	辛酉13	壬戌14	癸亥15	甲子16	乙丑17	丙寅18	丁卯19	戊辰20	己巳21	庚午22	辛未23	壬申24	癸酉25	甲戌26		丙寅立夏
四月大	辛巳	天干地支西曆	乙亥27	丙子28	丁丑29	戊寅30	己卯31	庚辰(6)	辛巳2	壬午3	癸未4	甲申5	乙酉6	丙戌7	丁亥8	戊子9	己丑10	庚寅11	辛卯12	壬辰13	癸巳14	甲午15	乙未16	丙申17	丁酉18	戊戌19	己亥20	庚子21	辛丑22	壬寅23	癸卯24	甲辰25	
五月小	壬午	天干地支西曆	乙巳26	丙午27	丁未28	戊申29	己酉30	庚戌(7)	辛亥2	壬子3	癸丑4	甲寅5	乙卯6	丙辰7	丁巳8	戊午9	己未10	庚申11	辛酉12	壬戌13	癸亥14	甲子15	乙丑16	丙寅17	丁卯18	戊辰19	己巳20	庚午21	辛未22	壬申23	癸酉24		癸丑夏至
六月大	癸未	天干地支西曆	甲戌25	乙亥26	丙子27	丁丑28	戊寅29	己卯30	庚辰31	辛巳(8)	壬午2	癸未3	甲申4	乙酉5	丙戌6	丁亥7	戊子8	己丑9	庚寅10	辛卯11	壬辰12	癸巳13	甲午14	乙未15	丙申16	丁酉17	戊戌18	己亥19	庚子20	辛丑21	壬寅22	癸卯23	庚子立秋
七月小	甲申	天干地支西曆	甲辰24	乙巳25	丙午26	丁未27	戊申28	己酉29	庚戌30	辛亥31	壬子(9)	癸丑2	甲寅3	乙卯4	丙辰5	丁巳6	戊午7	己未8	庚申9	辛酉10	壬戌11	癸亥12	甲子13	乙丑14	丙寅15	丁卯16	戊辰17	己巳18	庚午19	辛未20	壬申21		
八月大	乙酉	天干地支西曆	癸酉22	甲戌23	乙亥24	丙子25	丁丑26	戊寅27	己卯28	庚辰29	辛巳30	壬午(10)	癸未2	甲申3	乙酉4	丙戌5	丁亥6	戊子7	己丑8	庚寅9	辛卯10	壬辰11	癸巳12	甲午13	乙未14	丙申15	丁酉16	戊戌17	己亥18	庚子19	辛丑20	壬寅21	乙酉秋分
九月大	丙戌	天干地支西曆	癸卯22	甲辰23	乙巳24	丙午25	丁未26	戊申27	己酉28	庚戌29	辛亥30	壬子31	癸丑(11)	甲寅2	乙卯3	丙辰4	丁巳5	戊午6	己未7	庚申8	辛酉9	壬戌10	癸亥11	甲子12	乙丑13	丙寅14	丁卯15	戊辰16	己巳17	庚午18	辛未19	壬申20	己巳立冬
十月大	丁亥	天干地支西曆	癸酉21	甲戌22	乙亥23	丙子24	丁丑25	戊寅26	己卯27	庚辰28	辛巳29	壬午30	癸未(12)	甲申2	乙酉3	丙戌4	丁亥5	戊子6	己丑7	庚寅8	辛卯9	壬辰10	癸巳11	甲午12	乙未13	丙申14	丁酉15	戊戌16	己亥17	庚子18	辛丑19	壬寅20	癸酉日食
十一月小	戊子	天干地支西曆	癸卯21	甲辰22	乙巳23	丙午24	丁未25	戊申26	己酉27	庚戌28	辛亥29	壬子30	癸丑31	甲寅(1)	乙卯2	丙辰3	丁巳4	戊午5	己未6	庚申7	辛酉8	壬戌9	癸亥10	甲子11	乙丑12	丙寅13	丁卯14	戊辰15	己巳16	庚午17	辛未18		癸丑冬至
十二月大	己丑	天干地支西曆	壬申19	癸酉20	甲戌21	乙亥22	丙子23	丁丑24	戊寅25	己卯26	庚辰27	辛巳28	壬午29	癸未30	甲申31	乙酉(2)	丙戌2	丁亥3	戊子4	己丑5	庚寅6	辛卯7	壬辰8	癸巳9	甲午10	乙未11	丙申12	丁酉13	戊戌14	己亥15	庚子16	辛丑17	戊戌立春

年代異同	竹書紀年	皇極經世	文獻通考	歷代紀年備考	歷代帝王年表	歷代統紀表	中國年曆總譜	斷代工程
	殷康丁八年	殷帝乙二十一年	殷帝乙二十一年	殷帝乙二十一年	殷帝乙二十一年	殷帝乙二十一年	殷帝辛四年	祖庚祖甲廩辛康丁

殷祖甲十一年（辛卯 兔年） 公元前 **1170** ~ 前 1169 年

夏曆月序		中西曆日對照	初一	初二	初三	初四	初五	初六	初七	初八	初九	初十	十一	十二	十三	十四	十五	十六	十七	十八	十九	二十	二一	二二	二三	二四	二五	二六	二七	二八	二九	三十	節氣與天象
正月小	庚寅	干支 天地西曆	壬寅 18	癸卯 19	甲辰 20	乙巳 21	丙午 22	丁未 23	戊申 24	己酉 25	庚戌 26	辛亥 27	壬子 28	癸丑 (3)	甲寅 2	乙卯 3	丙辰 4	丁巳 5	戊午 6	己未 7	庚申 8	辛酉 9	壬戌 10	癸亥 11	甲子 12	乙丑 13	丙寅 14	丁卯 15	戊辰 16	己巳 17	庚午 18		
二月大	辛卯	干支 天地西曆	辛未 19	壬申 20	癸酉 21	甲戌 22	乙亥 23	丙子 24	丁丑 25	戊寅 26	己卯 27	庚辰 28	辛巳 29	壬午 30	癸未 31	甲申 (4)	乙酉 2	丙戌 3	丁亥 4	戊子 5	己丑 6	庚寅 7	辛卯 8	壬辰 9	癸巳 10	甲午 11	乙未 12	丙申 13	丁酉 14	戊戌 15	己亥 16	庚子 17	甲申春分
三月小	壬辰	干支 天地西曆	辛丑 18	壬寅 19	癸卯 20	甲辰 21	乙巳 22	丙午 23	丁未 24	戊申 25	己酉 26	庚戌 27	辛亥 28	壬子 29	癸丑 30	甲寅 (5)	乙卯 2	丙辰 3	丁巳 4	戊午 5	己未 6	庚申 7	辛酉 8	壬戌 9	癸亥 10	甲子 11	乙丑 12	丙寅 13	丁卯 14	戊辰 15	己巳 16		
四月小	癸巳	干支 天地西曆	庚午 17	辛未 18	壬申 19	癸酉 20	甲戌 21	乙亥 22	丙子 23	丁丑 24	戊寅 25	己卯 26	庚辰 27	辛巳 28	壬午 29	癸未 30	甲申 31	乙酉 (6)	丙戌 2	丁亥 3	戊子 4	己丑 5	庚寅 6	辛卯 7	壬辰 8	癸巳 9	甲午 10	乙未 11	丙申 12	丁酉 13	戊戌 14		辛未立夏
五月小	甲午	干支 天地西曆	己亥 15	庚子 16	辛丑 17	壬寅 18	癸卯 19	甲辰 20	乙巳 21	丙午 22	丁未 23	戊申 24	己酉 25	庚戌 26	辛亥 27	壬子 28	癸丑 29	甲寅 30	乙卯 (7)	丙辰 2	丁巳 3	戊午 4	己未 5	庚申 6	辛酉 7	壬戌 8	癸亥 9	甲子 10	乙丑 11	丙寅 12	丁卯 13		己未夏至
六月大	乙未	干支 天地西曆	戊辰 14	己巳 15	庚午 16	辛未 17	壬申 18	癸酉 19	甲戌 20	乙亥 21	丙子 22	丁丑 23	戊寅 24	己卯 25	庚辰 26	辛巳 27	壬午 28	癸未 29	甲申 30	乙酉 31	丙戌 (8)	丁亥 2	戊子 3	己丑 4	庚寅 5	辛卯 6	壬辰 7	癸巳 8	甲午 9	乙未 10	丙申 11	丁酉 12	
七月大	丙申	干支 天地西曆	戊戌 13	己亥 14	庚子 15	辛丑 16	壬寅 17	癸卯 18	甲辰 19	乙巳 20	丙午 21	丁未 22	戊申 23	己酉 24	庚戌 25	辛亥 26	壬子 27	癸丑 28	甲寅 29	乙卯 30	丙辰 31	丁巳 (9)	戊午 2	己未 3	庚申 4	辛酉 5	壬戌 6	癸亥 7	甲子 8	乙丑 9	丙寅 10	丁卯 11	乙巳立秋
八月小	丁酉	干支 天地西曆	戊辰 12	己巳 13	庚午 14	辛未 15	壬申 16	癸酉 17	甲戌 18	乙亥 19	丙子 20	丁丑 21	戊寅 22	己卯 23	庚辰 24	辛巳 25	壬午 26	癸未 27	甲申 28	乙酉 29	丙戌 30	丁亥 (10)	戊子 2	己丑 3	庚寅 4	辛卯 5	壬辰 6	癸巳 7	甲午 8	乙未 9	丙申 10		庚寅秋分
九月大	戊戌	干支 天地西曆	丁酉 11	戊戌 12	己亥 13	庚子 14	辛丑 15	壬寅 16	癸卯 17	甲辰 18	乙巳 19	丙午 20	丁未 21	戊申 22	己酉 23	庚戌 24	辛亥 25	壬子 26	癸丑 27	甲寅 28	乙卯 29	丙辰 30	丁巳 31	戊午 (11)	己未 2	庚申 3	辛酉 4	壬戌 5	癸亥 6	甲子 7	乙丑 8	丙寅 9	
十月大	己亥	干支 天地西曆	丁卯 10	戊辰 11	己巳 12	庚午 13	辛未 14	壬申 15	癸酉 16	甲戌 17	乙亥 18	丙子 19	丁丑 20	戊寅 21	己卯 22	庚辰 23	辛巳 24	壬午 25	癸未 26	甲申 27	乙酉 28	丙戌 29	丁亥 30	戊子 (12)	己丑 2	庚寅 3	辛卯 4	壬辰 5	癸巳 6	甲午 7	乙未 8	丙申 9	甲戌立冬
十一月大	庚子	干支 天地西曆	丁酉 10	戊戌 11	己亥 12	庚子 13	辛丑 14	壬寅 15	癸卯 16	甲辰 17	乙巳 18	丙午 19	丁未 20	戊申 21	己酉 22	庚戌 23	辛亥 24	壬子 25	癸丑 26	甲寅 27	乙卯 28	丙辰 29	丁巳 30	戊午 31	己未 (1)	庚申 2	辛酉 3	壬戌 4	癸亥 5	甲子 6	乙丑 7	丙寅 8	戊午冬至
十二月小	辛丑	干支 天地西曆	丁卯 9	戊辰 10	己巳 11	庚午 12	辛未 13	壬申 14	癸酉 15	甲戌 16	乙亥 17	丙子 18	丁丑 19	戊寅 20	己卯 21	庚辰 22	辛巳 23	壬午 24	癸未 25	甲申 26	乙酉 27	丙戌 28	丁亥 29	戊子 30	己丑 31	庚寅 (2)	辛卯 2	壬辰 3	癸巳 4	甲午 5	乙未 6		

年代異同	竹書紀年	皇極經世	文獻通考	歷代紀年備考	歷代帝王年表	歷代統紀表	中國年曆總譜	斷代工程
	殷武乙元年	殷帝乙二十二年	殷帝乙二十二年	殷帝乙二十二年	殷帝乙二十二年	殷帝乙二十二年	殷帝辛五年	祖庚祖甲 廩辛康丁

殷祖甲十二年（壬辰 龍年） 公元前 **1169** ~ 前 1168 年

夏曆月序		中西曆日對照	初一	初二	初三	初四	初五	初六	初七	初八	初九	初十	十一	十二	十三	十四	十五	十六	十七	十八	十九	二十	二一	二二	二三	二四	二五	二六	二七	二八	二九	三十	節氣與天象
正月大	壬寅	干支 天地 西曆	丙申 7	丁酉 8	戊戌 9	己亥 10	庚子 11	辛丑 12	壬寅 13	癸卯 14	甲辰 15	乙巳 16	丙午 17	丁未 18	戊申 19	己酉 20	庚戌 21	辛亥 22	壬子 23	癸丑 24	甲寅 25	乙卯 26	丙辰 27	丁巳 28	戊午 29	己未 (3)	庚申 2	辛酉 3	壬戌 4	癸亥 5	甲子 6	乙丑 7	癸卯立春
二月小	癸卯	干支 天地 西曆	丙寅 8	丁卯 9	戊辰 10	己巳 11	庚午 12	辛未 13	壬申 14	癸酉 15	甲戌 16	乙亥 17	丙子 18	丁丑 19	戊寅 20	己卯 21	庚辰 22	辛巳 23	壬午 24	癸未 25	甲申 26	乙酉 27	丙戌 28	丁亥 29	戊子 30	己丑 31	庚寅 (4)	辛卯 2	壬辰 3	癸巳 4	甲午 5		庚寅春分
三月大	甲辰	干支 天地 西曆	乙未 6	丙申 7	丁酉 8	戊戌 9	己亥 10	庚子 11	辛丑 12	壬寅 13	癸卯 14	甲辰 15	乙巳 16	丙午 17	丁未 18	戊申 19	己酉 20	庚戌 21	辛亥 22	壬子 23	癸丑 24	甲寅 25	乙卯 26	丙辰 27	丁巳 28	戊午 29	己未 30	庚申 (5)	辛酉 2	壬戌 3	癸亥 4	甲子 5	乙未日食
四月小	乙巳	干支 天地 西曆	乙丑 6	丙寅 7	丁卯 8	戊辰 9	己巳 10	庚午 11	辛未 12	壬申 13	癸酉 14	甲戌 15	乙亥 16	丙子 17	丁丑 18	戊寅 19	己卯 20	庚辰 21	辛巳 22	壬午 23	癸未 24	甲申 25	乙酉 26	丙戌 27	丁亥 28	戊子 29	己丑 30	庚寅 31	辛卯 (6)	壬辰 2	癸巳 3		丁丑立夏
五月小	丙午	干支 天地 西曆	甲午 4	乙未 5	丙申 6	丁酉 7	戊戌 8	己亥 9	庚子 10	辛丑 11	壬寅 12	癸卯 13	甲辰 14	乙巳 15	丙午 16	丁未 17	戊申 18	己酉 19	庚戌 20	辛亥 21	壬子 22	癸丑 23	甲寅 24	乙卯 25	丙辰 26	丁巳 27	戊午 28	己未 29	庚申 30	辛酉 (7)	壬戌 2		甲子夏至
六月小	丁未	干支 天地 西曆	癸亥 3	甲子 4	乙丑 5	丙寅 6	丁卯 7	戊辰 8	己巳 9	庚午 10	辛未 11	壬申 12	癸酉 13	甲戌 14	乙亥 15	丙子 16	丁丑 17	戊寅 18	己卯 19	庚辰 20	辛巳 21	壬午 22	癸未 23	甲申 24	乙酉 25	丙戌 26	丁亥 27	戊子 28	己丑 29	庚寅 30	辛卯 31		
七月大	戊申	干支 天地 西曆	壬辰 (8)	癸巳 2	甲午 3	乙未 4	丙申 5	丁酉 6	戊戌 7	己亥 8	庚子 9	辛丑 10	壬寅 11	癸卯 12	甲辰 13	乙巳 14	丙午 15	丁未 16	戊申 17	己酉 18	庚戌 19	辛亥 20	壬子 21	癸丑 22	甲寅 23	乙卯 24	丙辰 25	丁巳 26	戊午 27	己未 28	庚申 29	辛酉 30	庚戌立秋
閏七月小	戊申	干支 天地 西曆	壬戌 31	癸亥 (9)	甲子 2	乙丑 3	丙寅 4	丁卯 5	戊辰 6	己巳 7	庚午 8	辛未 9	壬申 10	癸酉 11	甲戌 12	乙亥 13	丙子 14	丁丑 15	戊寅 16	己卯 17	庚辰 18	辛巳 19	壬午 20	癸未 21	甲申 22	乙酉 23	丙戌 24	丁亥 25	戊子 26	己丑 27	庚寅 28		乙未秋分
八月大	己酉	干支 天地 西曆	辛卯 29	壬辰 30	癸巳 (10)	甲午 2	乙未 3	丙申 4	丁酉 5	戊戌 6	己亥 7	庚子 8	辛丑 9	壬寅 10	癸卯 11	甲辰 12	乙巳 13	丙午 14	丁未 15	戊申 16	己酉 17	庚戌 18	辛亥 19	壬子 20	癸丑 21	甲寅 22	乙卯 23	丙辰 24	丁巳 25	戊午 26	己未 27	庚申 28	
九月大	庚戌	干支 天地 西曆	辛酉 29	壬戌 30	癸亥 31	甲子 (11)	乙丑 2	丙寅 3	丁卯 4	戊辰 5	己巳 6	庚午 7	辛未 8	壬申 9	癸酉 10	甲戌 11	乙亥 12	丙子 13	丁丑 14	戊寅 15	己卯 16	庚辰 17	辛巳 18	壬午 19	癸未 20	甲申 21	乙酉 22	丙戌 23	丁亥 24	戊子 25	己丑 26	庚寅 27	庚辰立冬
十月大	辛亥	干支 天地 西曆	辛卯 28	壬辰 29	癸巳 30	甲午 (12)	乙未 2	丙申 3	丁酉 4	戊戌 5	己亥 6	庚子 7	辛丑 8	壬寅 9	癸卯 10	甲辰 11	乙巳 12	丙午 13	丁未 14	戊申 15	己酉 16	庚戌 17	辛亥 18	壬子 19	癸丑 20	甲寅 21	乙卯 22	丙辰 23	丁巳 24	戊午 25	己未 26	庚申 27	
十一月小	壬子	干支 天地 西曆	辛酉 28	壬戌 29	癸亥 30	甲子 31	乙丑 (1)	丙寅 2	丁卯 3	戊辰 4	己巳 5	庚午 6	辛未 7	壬申 8	癸酉 9	甲戌 10	乙亥 11	丙子 12	丁丑 13	戊寅 14	己卯 15	庚辰 16	辛巳 17	壬午 18	癸未 19	甲申 20	乙酉 21	丙戌 22	丁亥 23	戊子 24	己丑 25		甲子冬至
十二月大	癸丑	干支 天地 西曆	庚寅 26	辛卯 27	壬辰 28	癸巳 29	甲午 30	乙未 31	丙申 (2)	丁酉 2	戊戌 3	己亥 4	庚子 5	辛丑 6	壬寅 7	癸卯 8	甲辰 9	乙巳 10	丙午 11	丁未 12	戊申 13	己酉 14	庚戌 15	辛亥 16	壬子 17	癸丑 18	甲寅 19	乙卯 20	丙辰 21	丁巳 22	戊午 23	己未 24	己酉立春

年代異同	竹書紀年	皇極經世	文獻通考	歷代紀年備考	歷代帝王年表	歷代統紀表	中國年曆總譜	斷代工程
	殷武乙二年	殷帝乙二十三年	殷帝乙二十三年	殷帝乙二十三年	殷帝乙二十三年	殷帝乙二十三年	殷帝辛六年	祖庚祖甲 廩辛康丁

殷祖甲十三年（癸巳 蛇年） 公元前 **1168** ~ 前 1167 年

夏曆月序		中西日曆對照	初一	初二	初三	初四	初五	初六	初七	初八	初九	初十	十一	十二	十三	十四	十五	十六	十七	十八	十九	二十	二一	二二	二三	二四	二五	二六	二七	二八	二九	三十	節氣與天象
正月大	甲寅	干支曆 天地西	庚申 25	辛酉 26	壬戌 27	癸亥 28	甲子 (3)	乙丑 2	丙寅 3	丁卯 4	戊辰 5	己巳 6	庚午 7	辛未 8	壬申 9	癸酉 10	甲戌 11	乙亥 12	丙子 13	丁丑 14	戊寅 15	己卯 16	庚辰 17	辛巳 18	壬午 19	癸未 20	甲申 21	乙酉 22	丙戌 23	丁亥 24	戊子 25	己丑 26	
二月小	乙卯	干支曆 天地西	庚寅 27	辛卯 28	壬辰 29	癸巳 30	甲午 31	乙未 (4)	丙申 2	丁酉 3	戊戌 4	己亥 5	庚子 6	辛丑 7	壬寅 8	癸卯 9	甲辰 10	乙巳 11	丙午 12	丁未 13	戊申 14	己酉 15	庚戌 16	辛亥 17	壬子 18	癸丑 19	甲寅 20	乙卯 21	丙辰 22	丁巳 23	戊午 24		乙未春分
三月大	丙辰	干支曆 天地西	己未 25	庚申 26	辛酉 27	壬戌 28	癸亥 29	甲子 30	乙丑 (5)	丙寅 2	丁卯 3	戊辰 4	己巳 5	庚午 6	辛未 7	壬申 8	癸酉 9	甲戌 10	乙亥 11	丙子 12	丁丑 13	戊寅 14	己卯 15	庚辰 16	辛巳 17	壬午 18	癸未 19	甲申 20	乙酉 21	丙戌 22	丁亥 23	戊子 24	壬午立夏
四月小	丁巳	干支曆 天地西	己丑 25	庚寅 26	辛卯 27	壬辰 28	癸巳 29	甲午 30	乙未 31	丙申 (6)	丁酉 2	戊戌 3	己亥 4	庚子 5	辛丑 6	壬寅 7	癸卯 8	甲辰 9	乙巳 10	丙午 11	丁未 12	戊申 13	己酉 14	庚戌 15	辛亥 16	壬子 17	癸丑 18	甲寅 19	乙卯 20	丙辰 21	丁巳 22		
五月小	戊午	干支曆 天地西	戊午 23	己未 24	庚申 25	辛酉 26	壬戌 27	癸亥 28	甲子 29	乙丑 30	丙寅 (7)	丁卯 2	戊辰 3	己巳 4	庚午 5	辛未 6	壬申 7	癸酉 8	甲戌 9	乙亥 10	丙子 11	丁丑 12	戊寅 13	己卯 14	庚辰 15	辛巳 16	壬午 17	癸未 18	甲申 19	乙酉 20	丙戌 21		己巳夏至
六月小	己未	干支曆 天地西	丁亥 22	戊子 23	己丑 24	庚寅 25	辛卯 26	壬辰 27	癸巳 28	甲午 29	乙未 30	丙申 31	丁酉 (8)	戊戌 2	己亥 3	庚子 4	辛丑 5	壬寅 6	癸卯 7	甲辰 8	乙巳 9	丙午 10	丁未 11	戊申 12	己酉 13	庚戌 14	辛亥 15	壬子 16	癸丑 17	甲寅 18	乙卯 19		乙卯立秋
七月大	庚申	干支曆 天地西	丙辰 20	丁巳 21	戊午 22	己未 23	庚申 24	辛酉 25	壬戌 26	癸亥 27	甲子 28	乙丑 29	丙寅 30	丁卯 31	戊辰 (9)	己巳 2	庚午 3	辛未 4	壬申 5	癸酉 6	甲戌 7	乙亥 8	丙子 9	丁丑 10	戊寅 11	己卯 12	庚辰 13	辛巳 14	壬午 15	癸未 16	甲申 17	乙酉 18	
八月小	辛酉	干支曆 天地西	丙戌 19	丁亥 20	戊子 21	己丑 22	庚寅 23	辛卯 24	壬辰 25	癸巳 26	甲午 27	乙未 28	丙申 29	丁酉 30	戊戌 (10)	己亥 2	庚子 3	辛丑 4	壬寅 5	癸卯 6	甲辰 7	乙巳 8	丙午 9	丁未 10	戊申 11	己酉 12	庚戌 13	辛亥 14	壬子 15	癸丑 16	甲寅 17		辛丑秋分 丙戌日食
九月大	壬戌	干支曆 天地西	乙卯 18	丙辰 19	丁巳 20	戊午 21	己未 22	庚申 23	辛酉 24	壬戌 25	癸亥 26	甲子 27	乙丑 28	丙寅 29	丁卯 30	戊辰 31	己巳 (11)	庚午 2	辛未 3	壬申 4	癸酉 5	甲戌 6	乙亥 7	丙子 8	丁丑 9	戊寅 10	己卯 11	庚辰 12	辛巳 13	壬午 14	癸未 15	甲申 16	
十月大	癸亥	干支曆 天地西	乙酉 17	丙戌 18	丁亥 19	戊子 20	己丑 21	庚寅 22	辛卯 23	壬辰 24	癸巳 25	甲午 26	乙未 27	丙申 28	丁酉 29	戊戌 30	己亥 (12)	庚子 2	辛丑 3	壬寅 4	癸卯 5	甲辰 6	乙巳 7	丙午 8	丁未 9	戊申 10	己酉 11	庚戌 12	辛亥 13	壬子 14	癸丑 15	甲寅 16	乙酉立冬
十一月小	甲子	干支曆 天地西	乙卯 17	丙辰 18	丁巳 19	戊午 20	己未 21	庚申 22	辛酉 23	壬戌 24	癸亥 25	甲子 26	乙丑 27	丙寅 28	丁卯 29	戊辰 30	己巳 31	庚午 (1)	辛未 2	壬申 3	癸酉 4	甲戌 5	乙亥 6	丙子 7	丁丑 8	戊寅 9	己卯 10	庚辰 11	辛巳 12	壬午 13	癸未 14		己巳冬至
十二月大	乙丑	干支曆 天地西	甲申 15	乙酉 16	丙戌 17	丁亥 18	戊子 19	己丑 20	庚寅 21	辛卯 22	壬辰 23	癸巳 24	甲午 25	乙未 26	丙申 27	丁酉 28	戊戌 29	己亥 30	庚子 31	辛丑 (2)	壬寅 2	癸卯 3	甲辰 4	乙巳 5	丙午 6	丁未 7	戊申 8	己酉 9	庚戌 10	辛亥 11	壬子 12	癸丑 13	

年代異同	竹書紀年	皇極經世	文獻通考	歷代紀年備考	歷代帝王年表	歷代統紀表	中國年曆總譜	斷代工程
	殷武乙三年	殷帝乙二十四年	殷帝乙二十四年	殷帝乙二十四年	殷帝乙二十四年	殷帝乙二十四年	殷帝辛七年	祖庚祖甲 廪辛康丁

殷祖甲十四年（甲午 馬年） 公元前 1167 ~ 前 1166 年

夏曆月序		中西曆日對照	初一	初二	初三	初四	初五	初六	初七	初八	初九	初十	十一	十二	十三	十四	十五	十六	十七	十八	十九	二十	二一	二二	二三	二四	二五	二六	二七	二八	二九	三十	節氣與天象
正月大	丙寅	干支曆	甲寅	乙卯	丙辰	丁巳	戊午	己未	庚申	辛酉	壬戌	癸亥	甲子	乙丑	丙寅	丁卯	戊辰	己巳	庚午	辛未	壬申	癸酉	甲戌	乙亥	丙子	丁丑	戊寅	己卯	庚辰	辛巳	壬午	癸未	甲寅立春
		天地西曆	14	15	16	17	18	19	20	21	22	23	24	25	26	27	28	(3)	2	3	4	5	6	7	8	9	10	11	12	13	14	15	
二月大	丁卯	干支曆	甲申	乙酉	丙戌	丁亥	戊子	己丑	庚寅	辛卯	壬辰	癸巳	甲午	乙未	丙申	丁酉	戊戌	己亥	庚子	辛丑	壬寅	癸卯	甲辰	乙巳	丙午	丁未	戊申	己酉	庚戌	辛亥	壬子	癸丑	庚子春分
		天地西曆	16	17	18	19	20	21	22	23	24	25	26	27	28	29	30	31	(4)	2	3	4	5	6	7	8	9	10	11	12	13	14	
三月小	戊辰	干支曆	甲寅	乙卯	丙辰	丁巳	戊午	己未	庚申	辛酉	壬戌	癸亥	甲子	乙丑	丙寅	丁卯	戊辰	己巳	庚午	辛未	壬申	癸酉	甲戌	乙亥	丙子	丁丑	戊寅	己卯	庚辰	辛巳	壬午		
		天地西曆	15	16	17	18	19	20	21	22	23	24	25	26	27	28	29	30	(5)	2	3	4	5	6	7	8	9	10	11	12	13		
四月小	己巳	干支曆	癸未	甲申	乙酉	丙戌	丁亥	戊子	己丑	庚寅	辛卯	壬辰	癸巳	甲午	乙未	丙申	丁酉	戊戌	己亥	庚子	辛丑	壬寅	癸卯	甲辰	乙巳	丙午	丁未	戊申	己酉	庚戌	辛亥		丁亥立夏
		天地西曆	14	15	16	17	18	19	20	21	22	23	24	25	26	27	28	29	30	31	(6)	2	3	4	5	6	7	8	9	10	11		
五月大	庚午	干支曆	壬子	癸丑	甲寅	乙卯	丙辰	丁巳	戊午	己未	庚申	辛酉	壬戌	癸亥	甲子	乙丑	丙寅	丁卯	戊辰	己巳	庚午	辛未	壬申	癸酉	甲戌	乙亥	丙子	丁丑	戊寅	己卯	庚辰	辛巳	甲戌夏至
		天地西曆	12	13	14	15	16	17	18	19	20	21	22	23	24	25	26	27	28	29	30	(7)	2	3	4	5	6	7	8	9	10	11	
六月小	辛未	干支曆	壬午	癸未	甲申	乙酉	丙戌	丁亥	戊子	己丑	庚寅	辛卯	壬辰	癸巳	甲午	乙未	丙申	丁酉	戊戌	己亥	庚子	辛丑	壬寅	癸卯	甲辰	乙巳	丙午	丁未	戊申	己酉	庚戌		
		天地西曆	12	13	14	15	16	17	18	19	20	21	22	23	24	25	26	27	28	29	30	31	(8)	2	3	4	5	6	7	8	9		
七月大	壬申	干支曆	辛亥	壬子	癸丑	甲寅	乙卯	丙辰	丁巳	戊午	己未	庚申	辛酉	壬戌	癸亥	甲子	乙丑	丙寅	丁卯	戊辰	己巳	庚午	辛未	壬申	癸酉	甲戌	乙亥	丙子	丁丑	戊寅	己卯	庚辰	辛酉立秋
		天地西曆	10	11	12	13	14	15	16	17	18	19	20	21	22	23	24	25	26	27	28	29	30	31	(9)	2	3	4	5	6	7	8	
八月小	癸酉	干支曆	辛巳	壬午	癸未	甲申	乙酉	丙戌	丁亥	戊子	己丑	庚寅	辛卯	壬辰	癸巳	甲午	乙未	丙申	丁酉	戊戌	己亥	庚子	辛丑	壬寅	癸卯	甲辰	乙巳	丙午	丁未	戊申	己酉		丙午秋分
		天地西曆	9	10	11	12	13	14	15	16	17	18	19	20	21	22	23	24	25	26	27	28	29	30	(10)	2	3	4	5	6	7		
九月小	甲戌	干支曆	庚戌	辛亥	壬子	癸丑	甲寅	乙卯	丙辰	丁巳	戊午	己未	庚申	辛酉	壬戌	癸亥	甲子	乙丑	丙寅	丁卯	戊辰	己巳	庚午	辛未	壬申	癸酉	甲戌	乙亥	丙子	丁丑	戊寅		
		天地西曆	8	9	10	11	12	13	14	15	16	17	18	19	20	21	22	23	24	25	26	27	28	29	30	31	(11)	2	3	4	5		
十月大	乙亥	干支曆	己卯	庚辰	辛巳	壬午	癸未	甲申	乙酉	丙戌	丁亥	戊子	己丑	庚寅	辛卯	壬辰	癸巳	甲午	乙未	丙申	丁酉	戊戌	己亥	庚子	辛丑	壬寅	癸卯	甲辰	乙巳	丙午	丁未	戊申	庚寅立冬
		天地西曆	6	7	8	9	10	11	12	13	14	15	16	17	18	19	20	21	22	23	24	25	26	27	28	29	30	(12)	2	3	4	5	
十一月大	丙子	干支曆	己酉	庚戌	辛亥	壬子	癸丑	甲寅	乙卯	丙辰	丁巳	戊午	己未	庚申	辛酉	壬戌	癸亥	甲子	乙丑	丙寅	丁卯	戊辰	己巳	庚午	辛未	壬申	癸酉	甲戌	乙亥	丙子	丁丑	戊寅	甲戌冬至
		天地西曆	6	7	8	9	10	11	12	13	14	15	16	17	18	19	20	21	22	23	24	25	26	27	28	29	30	31	(1)	2	3	4	
十二月小	丁丑	干支曆	己卯	庚辰	辛巳	壬午	癸未	甲申	乙酉	丙戌	丁亥	戊子	己丑	庚寅	辛卯	壬辰	癸巳	甲午	乙未	丙申	丁酉	戊戌	己亥	庚子	辛丑	壬寅	癸卯	甲辰	乙巳	丙午	丁未		
		天地西曆	5	6	7	8	9	10	11	12	13	14	15	16	17	18	19	20	21	22	23	24	25	26	27	28	29	30	31	(2)	2		

年代異同	竹書紀年	皇極經世	文獻通考	歷代紀年備考	歷代帝王年表	歷代統紀表	中國年曆總譜	斷代工程
	殷武乙四年	殷帝乙二十五年	殷帝乙二十五年	殷帝乙二十五年	殷帝乙二十五年	殷帝乙二十五年	殷帝辛八年	祖庚祖甲 廩辛康丁

殷祖甲十五年（乙未羊年）公元前 1166 ~ 前 1165 年

夏曆月序		中西曆日對照	初一	初二	初三	初四	初五	初六	初七	初八	初九	初十	十一	十二	十三	十四	十五	十六	十七	十八	十九	二十	二一	二二	二三	二四	二五	二六	二七	二八	二九	三十	節氣與天象
正月大	戊寅	干支曆 天地西	戊申 3	己酉 4	庚戌 5	辛亥 6	壬子 7	癸丑 8	甲寅 9	乙卯 10	丙辰 11	丁巳 12	戊午 13	己未 14	庚申 15	辛酉 16	壬戌 17	癸亥 18	甲子 19	乙丑 20	丙寅 21	丁卯 22	戊辰 23	己巳 24	庚午 25	辛未 26	壬申 27	癸酉 28	甲戌 (3)	乙亥 2	丙子 3	丁丑 4	己未立春
二月大	己卯	干支曆 天地西	戊寅 5	己卯 6	庚辰 7	辛巳 8	壬午 9	癸未 10	甲申 11	乙酉 12	丙戌 13	丁亥 14	戊子 15	己丑 16	庚寅 17	辛卯 18	壬辰 19	癸巳 20	甲午 21	乙未 22	丙申 23	丁酉 24	戊戌 25	己亥 26	庚子 27	辛丑 28	壬寅 29	癸卯 30	甲辰 31	乙巳 (4)	丙午 2	丁未 3	乙巳春分
三月小	庚辰	干支曆 天地西	戊申 4	己酉 5	庚戌 6	辛亥 7	壬子 8	癸丑 9	甲寅 10	乙卯 11	丙辰 12	丁巳 13	戊午 14	己未 15	庚申 16	辛酉 17	壬戌 18	癸亥 19	甲子 20	乙丑 21	丙寅 22	丁卯 23	戊辰 24	己巳 25	庚午 26	辛未 27	壬申 28	癸酉 29	甲戌 30	乙亥 (5)	丙子 2		
四月大	辛巳	干支曆 天地西	丁丑 3	戊寅 4	己卯 5	庚辰 6	辛巳 7	壬午 8	癸未 9	甲申 10	乙酉 11	丙戌 12	丁亥 13	戊子 14	己丑 15	庚寅 16	辛卯 17	壬辰 18	癸巳 19	甲午 20	乙未 21	丙申 22	丁酉 23	戊戌 24	己亥 25	庚子 26	辛丑 27	壬寅 28	癸卯 29	甲辰 30	乙巳 31	丙午 (6)	壬辰立夏
五月小	壬午	干支曆 天地西	丁未 2	戊申 3	己酉 4	庚戌 5	辛亥 6	壬子 7	癸丑 8	甲寅 9	乙卯 10	丙辰 11	丁巳 12	戊午 13	己未 14	庚申 15	辛酉 16	壬戌 17	癸亥 18	甲子 19	乙丑 20	丙寅 21	丁卯 22	戊辰 23	己巳 24	庚午 25	辛未 26	壬申 27	癸酉 28	甲戌 29	乙亥 30		
六月大	癸未	干支曆 天地西	丙子 (7)	丁丑 2	戊寅 3	己卯 4	庚辰 5	辛巳 6	壬午 7	癸未 8	甲申 9	乙酉 10	丙戌 11	丁亥 12	戊子 13	己丑 14	庚寅 15	辛卯 16	壬辰 17	癸巳 18	甲午 19	乙未 20	丙申 21	丁酉 22	戊戌 23	己亥 24	庚子 25	辛丑 26	壬寅 27	癸卯 28	甲辰 29	乙巳 30	庚辰夏至
閏六月小	癸未	干支曆 天地西	丙午 31	丁未 (8)	戊申 2	己酉 3	庚戌 4	辛亥 5	壬子 6	癸丑 7	甲寅 8	乙卯 9	丙辰 10	丁巳 11	戊午 12	己未 13	庚申 14	辛酉 15	壬戌 16	癸亥 17	甲子 18	乙丑 19	丙寅 20	丁卯 21	戊辰 22	己巳 23	庚午 24	辛未 25	壬申 26	癸酉 27	甲戌 28		丙寅立秋
七月大	甲申	干支曆 天地西	乙亥 29	丙子 30	丁丑 31	戊寅 (9)	己卯 2	庚辰 3	辛巳 4	壬午 5	癸未 6	甲申 7	乙酉 8	丙戌 9	丁亥 10	戊子 11	己丑 12	庚寅 13	辛卯 14	壬辰 15	癸巳 16	甲午 17	乙未 18	丙申 19	丁酉 20	戊戌 21	己亥 22	庚子 23	辛丑 24	壬寅 25	癸卯 26	甲辰 27	乙亥日食
八月小	乙酉	干支曆 天地西	乙巳 28	丙午 29	丁未 30	戊申 (10)	己酉 2	庚戌 3	辛亥 4	壬子 5	癸丑 6	甲寅 7	乙卯 8	丙辰 9	丁巳 10	戊午 11	己未 12	庚申 13	辛酉 14	壬戌 15	癸亥 16	甲子 17	乙丑 18	丙寅 19	丁卯 20	戊辰 21	己巳 22	庚午 23	辛未 24	壬申 25	癸酉 26		辛亥秋分
九月小	丙戌	干支曆 天地西	甲戌 27	乙亥 28	丙子 29	丁丑 30	戊寅 31	己卯 (11)	庚辰 2	辛巳 3	壬午 4	癸未 5	甲申 6	乙酉 7	丙戌 8	丁亥 9	戊子 10	己丑 11	庚寅 12	辛卯 13	壬辰 14	癸巳 15	甲午 16	乙未 17	丙申 18	丁酉 19	戊戌 20	己亥 21	庚子 22	辛丑 23	壬寅 24		乙未立冬
十月大	丁亥	干支曆 天地西	癸卯 25	甲辰 26	乙巳 27	丙午 28	丁未 29	戊申 30	己酉 (12)	庚戌 2	辛亥 3	壬子 4	癸丑 5	甲寅 6	乙卯 7	丙辰 8	丁巳 9	戊午 10	己未 11	庚申 12	辛酉 13	壬戌 14	癸亥 15	甲子 16	乙丑 17	丙寅 18	丁卯 19	戊辰 20	己巳 21	庚午 22	辛未 23	壬申 24	
十一月小	戊子	干支曆 天地西	癸酉 25	甲戌 26	乙亥 27	丙子 28	丁丑 29	戊寅 30	己卯 31	庚辰 (1)	辛巳 2	壬午 3	癸未 4	甲申 5	乙酉 6	丙戌 7	丁亥 8	戊子 9	己丑 10	庚寅 11	辛卯 12	壬辰 13	癸巳 14	甲午 15	乙未 16	丙申 17	丁酉 18	戊戌 19	己亥 20	庚子 21	辛丑 22		己卯冬至
十二月大	己丑	干支曆 天地西	壬寅 23	癸卯 24	甲辰 25	乙巳 26	丙午 27	丁未 28	戊申 29	己酉 30	庚戌 31	辛亥 (2)	壬子 2	癸丑 3	甲寅 4	乙卯 5	丙辰 6	丁巳 7	戊午 8	己未 9	庚申 10	辛酉 11	壬戌 12	癸亥 13	甲子 14	乙丑 15	丙寅 16	丁卯 17	戊辰 18	己巳 19	庚午 20	辛未 21	甲子立春

年代異同	竹書紀年	皇極經世	文獻通考	歷代紀年備考	歷代帝王年表	歷代統紀表	中國年曆總譜	斷代工程
	殷武乙五年	殷帝乙二十六年	殷帝乙二十六年	殷帝乙二十六年	殷帝乙二十六年	殷帝乙二十六年	殷帝辛九年	祖庚祖甲 廩辛康丁

殷祖甲十六年（丙申 猴年） 公元前 1165 ~ 前 1164 年

夏曆月序	月建	中西曆日對照	初一	初二	初三	初四	初五	初六	初七	初八	初九	初十	十一	十二	十三	十四	十五	十六	十七	十八	十九	二十	二一	二二	二三	二四	二五	二六	二七	二八	二九	三十	節氣與天象
正月大	庚寅	天干地支西曆	壬申22	癸酉23	甲戌24	乙亥25	丙子26	丁丑27	戊寅28	己卯29	庚辰(3)	辛巳2	壬午3	癸未4	甲申5	乙酉6	丙戌7	丁亥8	戊子9	己丑10	庚寅11	辛卯12	壬辰13	癸巳14	甲午15	乙未16	丙申17	丁酉18	戊戌19	己亥20	庚子21	辛丑22	
二月小	辛卯	天干地支西曆	壬寅23	癸卯24	甲辰25	乙巳26	丙午27	丁未28	戊申29	己酉30	庚戌31	辛亥(4)	壬子2	癸丑3	甲寅4	乙卯5	丙辰6	丁巳7	戊午8	己未9	庚申10	辛酉11	壬戌12	癸亥13	甲子14	乙丑15	丙寅16	丁卯17	戊辰18	己巳19	庚午20		辛亥春分
三月大	壬辰	天干地支西曆	辛未21	壬申22	癸酉23	甲戌24	乙亥25	丙子26	丁丑27	戊寅28	己卯29	庚辰30	辛巳(5)	壬午2	癸未3	甲申4	乙酉5	丙戌6	丁亥7	戊子8	己丑9	庚寅10	辛卯11	壬辰12	癸巳13	甲午14	乙未15	丙申16	丁酉17	戊戌18	己亥19	庚子20	戊戌立夏
四月小	癸巳	天干地支西曆	辛丑21	壬寅22	癸卯23	甲辰24	乙巳25	丙午26	丁未27	戊申28	己酉29	庚戌30	辛亥31	壬子(6)	癸丑2	甲寅3	乙卯4	丙辰5	丁巳6	戊午7	己未8	庚申9	辛酉10	壬戌11	癸亥12	甲子13	乙丑14	丙寅15	丁卯16	戊辰17	己巳18		
五月大	甲午	天干地支西曆	庚午19	辛未20	壬申21	癸酉22	甲戌23	乙亥24	丙子25	丁丑26	戊寅27	己卯28	庚辰29	辛巳30	壬午(7)	癸未2	甲申3	乙酉4	丙戌5	丁亥6	戊子7	己丑8	庚寅9	辛卯10	壬辰11	癸巳12	甲午13	乙未14	丙申15	丁酉16	戊戌17	己亥18	乙酉夏至
六月大	乙未	天干地支西曆	庚子19	辛丑20	壬寅21	癸卯22	甲辰23	乙巳24	丙午25	丁未26	戊申27	己酉28	庚戌29	辛亥30	壬子31	癸丑(8)	甲寅2	乙卯3	丙辰4	丁巳5	戊午6	己未7	庚申8	辛酉9	壬戌10	癸亥11	甲子12	乙丑13	丙寅14	丁卯15	戊辰16	己巳17	
七月小	丙申	天干地支西曆	庚午18	辛未19	壬申20	癸酉21	甲戌22	乙亥23	丙子24	丁丑25	戊寅26	己卯27	庚辰28	辛巳29	壬午30	癸未31	甲申(9)	乙酉2	丙戌3	丁亥4	戊子5	己丑6	庚寅7	辛卯8	壬辰9	癸巳10	甲午11	乙未12	丙申13	丁酉14	戊戌15		辛未立秋
八月大	丁酉	天干地支西曆	己亥16	庚子17	辛丑18	壬寅19	癸卯20	甲辰21	乙巳22	丙午23	丁未24	戊申25	己酉26	庚戌27	辛亥28	壬子29	癸丑30	甲寅(10)	乙卯2	丙辰3	丁巳4	戊午5	己未6	庚申7	辛酉8	壬戌9	癸亥10	甲子11	乙丑12	丙寅13	丁卯14	戊辰15	丙辰秋分
九月小	戊戌	天干地支西曆	己巳16	庚午17	辛未18	壬申19	癸酉20	甲戌21	乙亥22	丙子23	丁丑24	戊寅25	己卯26	庚辰27	辛巳28	壬午29	癸未30	甲申31	乙酉(11)	丙戌2	丁亥3	戊子4	己丑5	庚寅6	辛卯7	壬辰8	癸巳9	甲午10	乙未11	丙申12	丁酉13		
十月大	己亥	天干地支西曆	戊戌14	己亥15	庚子16	辛丑17	壬寅18	癸卯19	甲辰20	乙巳21	丙午22	丁未23	戊申24	己酉25	庚戌26	辛亥27	壬子28	癸丑29	甲寅30	乙卯(12)	丙辰2	丁巳3	戊午4	己未5	庚申6	辛酉7	壬戌8	癸亥9	甲子10	乙丑11	丙寅12	丁卯13	辛丑立冬
十一月小	庚子	天干地支西曆	戊辰14	己巳15	庚午16	辛未17	壬申18	癸酉19	甲戌20	乙亥21	丙子22	丁丑23	戊寅24	己卯25	庚辰26	辛巳27	壬午28	癸未29	甲申30	乙酉31	丙戌(1)	丁亥2	戊子3	己丑4	庚寅5	辛卯6	壬辰7	癸巳8	甲午9	乙未10	丙申11		乙酉冬至
十二月小	辛丑	天干地支西曆	丁酉12	戊戌13	己亥14	庚子15	辛丑16	壬寅17	癸卯18	甲辰19	乙巳20	丙午21	丁未22	戊申23	己酉24	庚戌25	辛亥26	壬子27	癸丑28	甲寅29	乙卯30	丙辰31	丁巳(2)	戊午2	己未3	庚申4	辛酉5	壬戌6	癸亥7	甲子8	乙丑9		

年代異同	竹書紀年	皇極經世	文獻通考	歷代紀年備考	歷代帝王年表	歷代統紀表	中國年曆總譜	斷代工程
	殷武乙六年	殷帝乙二十七年	殷帝乙二十七年	殷帝乙二十七年	殷帝乙二十七年	殷帝乙二十七年	殷帝辛十年	祖庚祖甲廩辛康丁

殷祖甲十七年（丁酉 鷄年） 公元前 **1164** ~ 前 1163 年

夏曆月序		中西曆日對照	初一	初二	初三	初四	初五	初六	初七	初八	初九	初十	十一	十二	十三	十四	十五	十六	十七	十八	十九	二十	二一	二二	二三	二四	二五	二六	二七	二八	二九	三十	節氣與天象
正月大	壬寅	天干地支西曆	丙寅10	丁卯11	戊辰12	己巳13	庚午14	辛未15	壬申16	癸酉17	甲戌18	乙亥19	丙子20	丁丑21	戊寅22	己卯23	庚辰24	辛巳25	壬午26	癸未27	甲申28	乙酉(3)	丙戌2	丁亥3	戊子4	己丑5	庚寅6	辛卯7	壬辰8	癸巳9	甲午10	乙未11	庚午立春
二月小	癸卯	天干地支西曆	丙申12	丁酉13	戊戌14	己亥15	庚子16	辛丑17	壬寅18	癸卯19	甲辰20	乙巳21	丙午22	丁未23	戊申24	己酉25	庚戌26	辛亥27	壬子28	癸丑29	甲寅30	乙卯31	丙辰(4)	丁巳2	戊午3	己未4	庚申5	辛酉6	壬戌7	癸亥8	甲子9		丙辰春分
三月大	甲辰	天干地支西曆	乙丑10	丙寅11	丁卯12	戊辰13	己巳14	庚午15	辛未16	壬申17	癸酉18	甲戌19	乙亥20	丙子21	丁丑22	戊寅23	己卯24	庚辰25	辛巳26	壬午27	癸未28	甲申29	乙酉30	丙戌(5)	丁亥2	戊子3	己丑4	庚寅5	辛卯6	壬辰7	癸巳8	甲午9	
四月小	乙巳	天干地支西曆	乙未10	丙申11	丁酉12	戊戌13	己亥14	庚子15	辛丑16	壬寅17	癸卯18	甲辰19	乙巳20	丙午21	丁未22	戊申23	己酉24	庚戌25	辛亥26	壬子27	癸丑28	甲寅29	乙卯30	丙辰31	丁巳(6)	戊午2	己未3	庚申4	辛酉5	壬戌6	癸亥7		癸卯立夏
五月大	丙午	天干地支西曆	甲子8	乙丑9	丙寅10	丁卯11	戊辰12	己巳13	庚午14	辛未15	壬申16	癸酉17	甲戌18	乙亥19	丙子20	丁丑21	戊寅22	己卯23	庚辰24	辛巳25	壬午26	癸未27	甲申28	乙酉29	丙戌30	丁亥(7)	戊子2	己丑3	庚寅4	辛卯5	壬辰6	癸巳7	庚寅夏至
六月大	丁未	天干地支西曆	甲午8	乙未9	丙申10	丁酉11	戊戌12	己亥13	庚子14	辛丑15	壬寅16	癸卯17	甲辰18	乙巳19	丙午20	丁未21	戊申22	己酉23	庚戌24	辛亥25	壬子26	癸丑27	甲寅28	乙卯29	丙辰30	丁巳31	戊午(8)	己未2	庚申3	辛酉4	壬戌5	癸亥6	甲午日食
七月小	戊申	天干地支西曆	甲子7	乙丑8	丙寅9	丁卯10	戊辰11	己巳12	庚午13	辛未14	壬申15	癸酉16	甲戌17	乙亥18	丙子19	丁丑20	戊寅21	己卯22	庚辰23	辛巳24	壬午25	癸未26	甲申27	乙酉28	丙戌29	丁亥30	戊子31	己丑(9)	庚寅2	辛卯3	壬辰4		丙子立秋
八月大	己酉	天干地支西曆	癸巳5	甲午6	乙未7	丙申8	丁酉9	戊戌10	己亥11	庚子12	辛丑13	壬寅14	癸卯15	甲辰16	乙巳17	丙午18	丁未19	戊申20	己酉21	庚戌22	辛亥23	壬子24	癸丑25	甲寅26	乙卯27	丙辰28	丁巳29	戊午30	己未(10)	庚申2	辛酉3	壬戌4	壬戌秋分
九月大	庚戌	天干地支西曆	癸亥5	甲子6	乙丑7	丙寅8	丁卯9	戊辰10	己巳11	庚午12	辛未13	壬申14	癸酉15	甲戌16	乙亥17	丙子18	丁丑19	戊寅20	己卯21	庚辰22	辛巳23	壬午24	癸未25	甲申26	乙酉27	丙戌28	丁亥29	戊子30	己丑31	庚寅(11)	辛卯2	壬辰3	
十月小	辛亥	天干地支西曆	癸巳4	甲午5	乙未6	丙申7	丁酉8	戊戌9	己亥10	庚子11	辛丑12	壬寅13	癸卯14	甲辰15	乙巳16	丙午17	丁未18	戊申19	己酉20	庚戌21	辛亥22	壬子23	癸丑24	甲寅25	乙卯26	丙辰27	丁巳28	戊午29	己未30	庚申(12)	辛酉2		丙午立冬
十一月大	壬子	天干地支西曆	壬戌3	癸亥4	甲子5	乙丑6	丙寅7	丁卯8	戊辰9	己巳10	庚午11	辛未12	壬申13	癸酉14	甲戌15	乙亥16	丙子17	丁丑18	戊寅19	己卯20	庚辰21	辛巳22	壬午23	癸未24	甲申25	乙酉26	丙戌27	丁亥28	戊子29	己丑30	庚寅31	辛卯(1)	庚寅冬至
十二月小	癸丑	天干地支西曆	壬辰2	癸巳3	甲午4	乙未5	丙申6	丁酉7	戊戌8	己亥9	庚子10	辛丑11	壬寅12	癸卯13	甲辰14	乙巳15	丙午16	丁未17	戊申18	己酉19	庚戌20	辛亥21	壬子22	癸丑23	甲寅24	乙卯25	丙辰26	丁巳27	戊午28	己未29	庚申30		

年代異同	竹書紀年	皇極經世	文獻通考	歷代紀年備考	歷代帝王年表	歷代統紀表	中國年曆總譜	斷代工程
	殷武乙七年	殷帝乙二十八年	殷帝乙二十八年	殷帝乙二十八年	殷帝乙二十八年	殷帝乙二十八年	殷帝辛十一年	祖庚祖甲廩辛康丁

殷祖甲十八年（戊戌 狗年） 公元前 1163 ~ 前 1162 年

夏曆月序	中西曆日對照	夏曆日序																														節氣與天象
		初一	初二	初三	初四	初五	初六	初七	初八	初九	初十	十一	十二	十三	十四	十五	十六	十七	十八	十九	二十	二一	二二	二三	二四	二五	二六	二七	二八	二九	三十	
正月大	甲寅 天干地支西曆	辛酉31	壬戌(2)	癸亥2	甲子3	乙丑4	丙寅5	丁卯6	戊辰7	己巳8	庚午9	辛未10	壬申11	癸酉12	甲戌13	乙亥14	丙子15	丁丑16	戊寅17	己卯18	庚辰19	辛巳20	壬午21	癸未22	甲申23	乙酉24	丙戌25	丁亥26	戊子27	己丑28	庚寅(3)	乙亥立春
二月小	乙卯 天干地支西曆	辛卯2	壬辰3	癸巳4	甲午5	乙未6	丙申7	丁酉8	戊戌9	己亥10	庚子11	辛丑12	壬寅13	癸卯14	甲辰15	乙巳16	丙午17	丁未18	戊申19	己酉20	庚戌21	辛亥22	壬子23	癸丑24	甲寅25	乙卯26	丙辰27	丁巳28	戊午29	己未30		辛酉春分
閏二月小	乙卯 天干地支西曆	庚申31	辛酉(4)	壬戌2	癸亥3	甲子4	乙丑5	丙寅6	丁卯7	戊辰8	己巳9	庚午10	辛未11	壬申12	癸酉13	甲戌14	乙亥15	丙子16	丁丑17	戊寅18	己卯19	庚辰20	辛巳21	壬午22	癸未23	甲申24	乙酉25	丙戌26	丁亥27	戊子28		
三月大	丙辰 天干地支西曆	己丑29	庚寅30	辛卯(5)	壬辰2	癸巳3	甲午4	乙未5	丙申6	丁酉7	戊戌8	己亥9	庚子10	辛丑11	壬寅12	癸卯13	甲辰14	乙巳15	丙午16	丁未17	戊申18	己酉19	庚戌20	辛亥21	壬子22	癸丑23	甲寅24	乙卯25	丙辰26	丁巳27	戊午28	戊申立夏
四月小	丁巳 天干地支西曆	己未29	庚申30	辛酉31	壬戌(6)	癸亥2	甲子3	乙丑4	丙寅5	丁卯6	戊辰7	己巳8	庚午9	辛未10	壬申11	癸酉12	甲戌13	乙亥14	丙子15	丁丑16	戊寅17	己卯18	庚辰19	辛巳20	壬午21	癸未22	甲申23	乙酉24	丙戌25	丁亥26		
五月大	戊午 天干地支西曆	戊子27	己丑28	庚寅29	辛卯30	壬辰(7)	癸巳2	甲午3	乙未4	丙申5	丁酉6	戊戌7	己亥8	庚子9	辛丑10	壬寅11	癸卯12	甲辰13	乙巳14	丙午15	丁未16	戊申17	己酉18	庚戌19	辛亥20	壬子21	癸丑22	甲寅23	乙卯24	丙辰25	丁巳26	乙未夏至 戊子日食
六月大	己未 天干地支西曆	戊午27	己未28	庚申29	辛酉30	壬戌31	癸亥(8)	甲子2	乙丑3	丙寅4	丁卯5	戊辰6	己巳7	庚午8	辛未9	壬申10	癸酉11	甲戌12	乙亥13	丙子14	丁丑15	戊寅16	己卯17	庚辰18	辛巳19	壬午20	癸未21	甲申22	乙酉23	丙戌24	丁亥25	壬午立秋
七月小	庚申 天干地支西曆	戊子26	己丑27	庚寅28	辛卯29	壬辰30	癸巳31	甲午(9)	乙未2	丙申3	丁酉4	戊戌5	己亥6	庚子7	辛丑8	壬寅9	癸卯10	甲辰11	乙巳12	丙午13	丁未14	戊申15	己酉16	庚戌17	辛亥18	壬子19	癸丑20	甲寅21	乙卯22	丙辰23		
八月大	辛酉 天干地支西曆	丁巳24	戊午25	己未26	庚申27	辛酉28	壬戌29	癸亥30	甲子(10)	乙丑2	丙寅3	丁卯4	戊辰5	己巳6	庚午7	辛未8	壬申9	癸酉10	甲戌11	乙亥12	丙子13	丁丑14	戊寅15	己卯16	庚辰17	辛巳18	壬午19	癸未20	甲申21	乙酉22	丙戌23	丁卯秋分
九月大	壬戌 天干地支西曆	丁亥24	戊子25	己丑26	庚寅27	辛卯28	壬辰29	癸巳30	甲午31	乙未(11)	丙申2	丁酉3	戊戌4	己亥5	庚子6	辛丑7	壬寅8	癸卯9	甲辰10	乙巳11	丙午12	丁未13	戊申14	己酉15	庚戌16	辛亥17	壬子18	癸丑19	甲寅20	乙卯21	丙辰22	辛亥立冬
十月小	癸亥 天干地支西曆	丁巳23	戊午24	己未25	庚申26	辛酉27	壬戌28	癸亥29	甲子30	乙丑(12)	丙寅2	丁卯3	戊辰4	己巳5	庚午6	辛未7	壬申8	癸酉9	甲戌10	乙亥11	丙子12	丁丑13	戊寅14	己卯15	庚辰16	辛巳17	壬午18	癸未19	甲申20	乙酉21		
十一月小	甲子 天干地支西曆	丙戌22	丁亥23	戊子24	己丑25	庚寅26	辛卯27	壬辰28	癸巳29	甲午30	乙未31	丙申(1)	丁酉2	戊戌3	己亥4	庚子5	辛丑6	壬寅7	癸卯8	甲辰9	乙巳10	丙午11	丁未12	戊申13	己酉14	庚戌15	辛亥16	壬子17	癸丑18	甲寅19	乙卯20	乙未冬至
十二月小	乙丑 天干地支西曆	丙辰21	丁巳22	戊午23	己未24	庚申25	辛酉26	壬戌27	癸亥28	甲子29	乙丑30	丙寅31	丁卯(2)	戊辰2	己巳3	庚午4	辛未5	壬申6	癸酉7	甲戌8	乙亥9	丙子10	丁丑11	戊寅12	己卯13	庚辰14	辛巳15	壬午16	癸未17	甲申18		庚辰立春

年代異同	竹書紀年	皇極經世	文獻通考	歷代紀年備考	歷代帝王年表	歷代統紀表	中國年曆總譜	斷代工程
	殷武乙八年	殷帝乙二十九年	殷帝乙二十九年	殷帝乙二十九年	殷帝乙二十九年	殷帝乙二十九年	殷帝辛十二年	祖庚祖甲 廩辛康丁

殷祖甲十九年（己亥 猪年） 公元前 1162 ~ 前 1161 年

夏曆月序		中西曆日對照	初一	初二	初三	初四	初五	初六	初七	初八	初九	初十	十一	十二	十三	十四	十五	十六	十七	十八	十九	二十	二一	二二	二三	二四	二五	二六	二七	二八	二九	三十	節氣與天象
正月大	丙寅	天干地支西曆	乙酉19	丙戌20	丁亥21	戊子22	己丑23	庚寅24	辛卯25	壬辰26	癸巳27	甲午28	乙未(3)	丙申2	丁酉3	戊戌4	己亥5	庚子6	辛丑7	壬寅8	癸卯9	甲辰10	乙巳11	丙午12	丁未13	戊申14	己酉15	庚戌16	辛亥17	壬子18	癸丑19	甲寅20	
二月小	丁卯	天干地支西曆	乙卯21	丙辰22	丁巳23	戊午24	己未25	庚申26	辛酉27	壬戌28	癸亥29	甲子30	乙丑31	丙寅(4)	丁卯2	戊辰3	己巳4	庚午5	辛未6	壬申7	癸酉8	甲戌9	乙亥10	丙子11	丁丑12	戊寅13	己卯14	庚辰15	辛巳16	壬午17	癸未18		丙寅春分
三月小	戊辰	天干地支西曆	甲申19	乙酉20	丙戌21	丁亥22	戊子23	己丑24	庚寅25	辛卯26	壬辰27	癸巳28	甲午29	乙未30	丙申(5)	丁酉2	戊戌3	己亥4	庚子5	辛丑6	壬寅7	癸卯8	甲辰9	乙巳10	丙午11	丁未12	戊申13	己酉14	庚戌15	辛亥16	壬子17		
四月大	己巳	天干地支西曆	癸丑18	甲寅19	乙卯20	丙辰21	丁巳22	戊午23	己未24	庚申25	辛酉26	壬戌27	癸亥28	甲子29	乙丑30	丙寅31	丁卯(6)	戊辰2	己巳3	庚午4	辛未5	壬申6	癸酉7	甲戌8	乙亥9	丙子10	丁丑11	戊寅12	己卯13	庚辰14	辛巳15	壬午16	癸丑立夏
五月小	庚午	天干地支西曆	癸未17	甲申18	乙酉19	丙戌20	丁亥21	戊子22	己丑23	庚寅24	辛卯25	壬辰26	癸巳27	甲午28	乙未29	丙申30	丁酉(7)	戊戌2	己亥3	庚子4	辛丑5	壬寅6	癸卯7	甲辰8	乙巳9	丙午10	丁未11	戊申12	己酉13	庚戌14	辛亥15		辛丑夏至
六月大	辛未	天干地支西曆	壬子16	癸丑17	甲寅18	乙卯19	丙辰20	丁巳21	戊午22	己未23	庚申24	辛酉25	壬戌26	癸亥27	甲子28	乙丑29	丙寅30	丁卯31	戊辰(8)	己巳2	庚午3	辛未4	壬申5	癸酉6	甲戌7	乙亥8	丙子9	丁丑10	戊寅11	己卯12	庚辰13	辛巳14	
七月小	壬申	天干地支西曆	壬午15	癸未16	甲申17	乙酉18	丙戌19	丁亥20	戊子21	己丑22	庚寅23	辛卯24	壬辰25	癸巳26	甲午27	乙未28	丙申29	丁酉30	戊戌31	己亥(9)	庚子2	辛丑3	壬寅4	癸卯5	甲辰6	乙巳7	丙午8	丁未9	戊申10	己酉11	庚戌12		丁亥立秋
八月大	癸酉	天干地支西曆	辛亥13	壬子14	癸丑15	甲寅16	乙卯17	丙辰18	丁巳19	戊午20	己未21	庚申22	辛酉23	壬戌24	癸亥25	甲子26	乙丑27	丙寅28	丁卯29	戊辰30	己巳(10)	庚午2	辛未3	壬申4	癸酉5	甲戌6	乙亥7	丙子8	丁丑9	戊寅10	己卯11	庚辰12	壬申秋分
九月大	甲戌	天干地支西曆	辛巳13	壬午14	癸未15	甲申16	乙酉17	丙戌18	丁亥19	戊子20	己丑21	庚寅22	辛卯23	壬辰24	癸巳25	甲午26	乙未27	丙申28	丁酉29	戊戌30	己亥31	庚子(11)	辛丑2	壬寅3	癸卯4	甲辰5	乙巳6	丙午7	丁未8	戊申9	己酉10	庚戌11	
十月大	乙亥	天干地支西曆	辛亥12	壬子13	癸丑14	甲寅15	乙卯16	丙辰17	丁巳18	戊午19	己未20	庚申21	辛酉22	壬戌23	癸亥24	甲子25	乙丑26	丙寅27	丁卯28	戊辰29	己巳30	庚午(12)	辛未2	壬申3	癸酉4	甲戌5	乙亥6	丙子7	丁丑8	戊寅9	己卯10	庚辰11	丙辰立冬 辛亥日食
十一月小	丙子	天干地支西曆	辛巳12	壬午13	癸未14	甲申15	乙酉16	丙戌17	丁亥18	戊子19	己丑20	庚寅21	辛卯22	壬辰23	癸巳24	甲午25	乙未26	丙申27	丁酉28	戊戌29	己亥30	庚子31	辛丑(1)	壬寅2	癸卯3	甲辰4	乙巳5	丙午6	丁未7	戊申8	己酉9		庚子冬至
十二月大	丁丑	天干地支西曆	庚戌10	辛亥11	壬子12	癸丑13	甲寅14	乙卯15	丙辰16	丁巳17	戊午18	己未19	庚申20	辛酉21	壬戌22	癸亥23	甲子24	乙丑25	丙寅26	丁卯27	戊辰28	己巳29	庚午30	辛未31	壬申(2)	癸酉2	甲戌3	乙亥4	丙子5	丁丑6	戊寅7	己卯8	

年代異同	竹書紀年	皇極經世	文獻通考	歷代紀年備考	歷代帝王年表	歷代統紀表	中國年曆總譜	斷代工程
	殷武乙九年	殷帝乙三十年	殷帝乙三十年	殷帝乙三十年	殷帝乙三十年	殷帝乙三十年	殷帝辛十三年	祖庚祖甲廩辛康丁

殷祖甲二十年（庚子 鼠年） 公元前 **1161** ~ 前 1160 年

夏曆月序	中西曆日對照	初一	初二	初三	初四	初五	初六	初七	初八	初九	初十	十一	十二	十三	十四	十五	十六	十七	十八	十九	二十	二一	二二	二三	二四	二五	二六	二七	二八	二九	三十	節氣與天象
正月小 戊寅	天干地支 西曆	庚辰 9	辛巳 10	壬午 11	癸未 12	甲申 13	乙酉 14	丙戌 15	丁亥 16	戊子 17	己丑 18	庚寅 19	辛卯 20	壬辰 21	癸巳 22	甲午 23	乙未 24	丙申 25	丁酉 26	戊戌 27	己亥 28	庚子 29	辛丑 (3)	壬寅 2	癸卯 3	甲辰 4	乙巳 5	丙午 6	丁未 7	戊申 8		乙酉立春
二月大 己卯	天干地支 西曆	己酉 9	庚戌 10	辛亥 11	壬子 12	癸丑 13	甲寅 14	乙卯 15	丙辰 16	丁巳 17	戊午 18	己未 19	庚申 20	辛酉 21	壬戌 22	癸亥 23	甲子 24	乙丑 25	丙寅 26	丁卯 27	戊辰 28	己巳 29	庚午 30	辛未 31	壬申 (4)	癸酉 2	甲戌 3	乙亥 4	丙子 5	丁丑 6	戊寅 7	辛未春分
三月小 庚辰	天干地支 西曆	己卯 8	庚辰 9	辛巳 10	壬午 11	癸未 12	甲申 13	乙酉 14	丙戌 15	丁亥 16	戊子 17	己丑 18	庚寅 19	辛卯 20	壬辰 21	癸巳 22	甲午 23	乙未 24	丙申 25	丁酉 26	戊戌 27	己亥 28	庚子 29	辛丑 30	壬寅 (5)	癸卯 2	甲辰 3	乙巳 4	丙午 5	丁未 6		
四月小 辛巳	天干地支 西曆	戊申 7	己酉 8	庚戌 9	辛亥 10	壬子 11	癸丑 12	甲寅 13	乙卯 14	丙辰 15	丁巳 16	戊午 17	己未 18	庚申 19	辛酉 20	壬戌 21	癸亥 22	甲子 23	乙丑 24	丙寅 25	丁卯 26	戊辰 27	己巳 28	庚午 29	辛未 30	壬申 31	癸酉 (6)	甲戌 2	乙亥 3	丙子 4		己未立夏
五月小 壬午	天干地支 西曆	丁丑 5	戊寅 6	己卯 7	庚辰 8	辛巳 9	壬午 10	癸未 11	甲申 12	乙酉 13	丙戌 14	丁亥 15	戊子 16	己丑 17	庚寅 18	辛卯 19	壬辰 20	癸巳 21	甲午 22	乙未 23	丙申 24	丁酉 25	戊戌 26	己亥 27	庚子 28	辛丑 29	壬寅 30	癸卯 (7)	甲辰 2	乙巳 3		
六月大 癸未	天干地支 西曆	丙午 4	丁未 5	戊申 6	己酉 7	庚戌 8	辛亥 9	壬子 10	癸丑 11	甲寅 12	乙卯 13	丙辰 14	丁巳 15	戊午 16	己未 17	庚申 18	辛酉 19	壬戌 20	癸亥 21	甲子 22	乙丑 23	丙寅 24	丁卯 25	戊辰 26	己巳 27	庚午 28	辛未 29	壬申 30	癸酉 31	甲戌 (8)	乙亥 2	丙午夏至
七月小 甲申	天干地支 西曆	丙子 3	丁丑 4	戊寅 5	己卯 6	庚辰 7	辛巳 8	壬午 9	癸未 10	甲申 11	乙酉 12	丙戌 13	丁亥 14	戊子 15	己丑 16	庚寅 17	辛卯 18	壬辰 19	癸巳 20	甲午 21	乙未 22	丙申 23	丁酉 24	戊戌 25	己亥 26	庚子 27	辛丑 28	壬寅 29	癸卯 30	甲辰 31		壬辰立秋
八月大 乙酉	天干地支 西曆	乙巳 (9)	丙午 2	丁未 3	戊申 4	己酉 5	庚戌 6	辛亥 7	壬子 8	癸丑 9	甲寅 10	乙卯 11	丙辰 12	丁巳 13	戊午 14	己未 15	庚申 16	辛酉 17	壬戌 18	癸亥 19	甲子 20	乙丑 21	丙寅 22	丁卯 23	戊辰 24	己巳 25	庚午 26	辛未 27	壬申 28	癸酉 29	甲戌 30	
九月大 丙戌	天干地支 西曆	乙亥 (10)	丙子 2	丁丑 3	戊寅 4	己卯 5	庚辰 6	辛巳 7	壬午 8	癸未 9	甲申 10	乙酉 11	丙戌 12	丁亥 13	戊子 14	己丑 15	庚寅 16	辛卯 17	壬辰 18	癸巳 19	甲午 20	乙未 21	丙申 22	丁酉 23	戊戌 24	己亥 25	庚子 26	辛丑 27	壬寅 28	癸卯 29	甲辰 30	丁丑秋分
閏九月大 丙戌	天干地支 西曆	乙巳 31	丙午 (11)	丁未 2	戊申 3	己酉 4	庚戌 5	辛亥 6	壬子 7	癸丑 8	甲寅 9	乙卯 10	丙辰 11	丁巳 12	戊午 13	己未 14	庚申 15	辛酉 16	壬戌 17	癸亥 18	甲子 19	乙丑 20	丙寅 21	丁卯 22	戊辰 23	己巳 24	庚午 25	辛未 26	壬申 27	癸酉 28	甲戌 29	壬戌立冬 乙巳日食
十月小 丁亥	天干地支 西曆	乙亥 30	丙子 (12)	丁丑 2	戊寅 3	己卯 4	庚辰 5	辛巳 6	壬午 7	癸未 8	甲申 9	乙酉 10	丙戌 11	丁亥 12	戊子 13	己丑 14	庚寅 15	辛卯 16	壬辰 17	癸巳 18	甲午 19	乙未 20	丙申 21	丁酉 22	戊戌 23	己亥 24	庚子 25	辛丑 26	壬寅 27	癸卯 28		
十一月大 戊子	天干地支 西曆	甲辰 29	乙巳 30	丙午 31	丁未 (1)	戊申 2	己酉 3	庚戌 4	辛亥 5	壬子 6	癸丑 7	甲寅 8	乙卯 9	丙辰 10	丁巳 11	戊午 12	己未 13	庚申 14	辛酉 15	壬戌 16	癸亥 17	甲子 18	乙丑 19	丙寅 20	丁卯 21	戊辰 22	己巳 23	庚午 24	辛未 25	壬申 26	癸酉 27	丙午冬至
十二月大 己丑	天干地支 西曆	甲戌 28	乙亥 29	丙子 30	丁丑 31	戊寅 (2)	己卯 2	庚辰 3	辛巳 4	壬午 5	癸未 6	甲申 7	乙酉 8	丙戌 9	丁亥 10	戊子 11	己丑 12	庚寅 13	辛卯 14	壬辰 15	癸巳 16	甲午 17	乙未 18	丙申 19	丁酉 20	戊戌 21	己亥 22	庚子 23	辛丑 24	壬寅 25	癸卯 26	辛卯立春

年代異同	竹書紀年	皇極經世	文獻通考	歷代紀年備考	歷代帝王年表	歷代統紀表	中國年曆總譜	斷代工程
	殷武乙十年	殷帝乙三十一年	殷帝乙三十一年	殷帝乙三十一年	殷帝乙三十一年	殷帝乙三十一年	殷帝辛十四年	祖庚祖甲 廩辛康丁

殷祖甲二十一年（辛丑 牛年） 公元前1160 ~ 前1159年

夏曆月序		中西曆對照	初一	初二	初三	初四	初五	初六	初七	初八	初九	初十	十一	十二	十三	十四	十五	十六	十七	十八	十九	二十	二一	二二	二三	二四	二五	二六	二七	二八	二九	三十	節氣與天象
正月小	庚寅	干支曆 天地西	甲辰 27	乙巳 28	丙午 (3)	丁未 2	戊申 3	己酉 4	庚戌 5	辛亥 6	壬子 7	癸丑 8	甲寅 9	乙卯 10	丙辰 11	丁巳 12	戊午 13	己未 14	庚申 15	辛酉 16	壬戌 17	癸亥 18	甲子 19	乙丑 20	丙寅 21	丁卯 22	戊辰 23	己巳 24	庚午 25	辛未 26	壬申 27		
二月大	辛卯	干支曆 天地西	癸酉 28	甲戌 29	乙亥 30	丙子 31	丁丑 (4)	戊寅 2	己卯 3	庚辰 4	辛巳 5	壬午 6	癸未 7	甲申 8	乙酉 9	丙戌 10	丁亥 11	戊子 12	己丑 13	庚寅 14	辛卯 15	壬辰 16	癸巳 17	甲午 18	乙未 19	丙申 20	丁酉 21	戊戌 22	己亥 23	庚子 24	辛丑 25	壬寅 26	丁丑春分
三月小	壬辰	干支曆 天地西	癸卯 27	甲辰 28	乙巳 29	丙午 30	丁未 (5)	戊申 2	己酉 3	庚戌 4	辛亥 5	壬子 6	癸丑 7	甲寅 8	乙卯 9	丙辰 10	丁巳 11	戊午 12	己未 13	庚申 14	辛酉 15	壬戌 16	癸亥 17	甲子 18	乙丑 19	丙寅 20	丁卯 21	戊辰 22	己巳 23	庚午 24	辛未 25		甲子立夏
四月小	癸巳	干支曆 天地西	壬申 26	癸酉 27	甲戌 28	乙亥 29	丙子 30	丁丑 31	戊寅 (6)	己卯 2	庚辰 3	辛巳 4	壬午 5	癸未 6	甲申 7	乙酉 8	丙戌 9	丁亥 10	戊子 11	己丑 12	庚寅 13	辛卯 14	壬辰 15	癸巳 16	甲午 17	乙未 18	丙申 19	丁酉 20	戊戌 21	己亥 22	庚子 23		
五月小	甲午	干支曆 天地西	辛丑 24	壬寅 25	癸卯 26	甲辰 27	乙巳 28	丙午 29	丁未 30	戊申 (7)	己酉 2	庚戌 3	辛亥 4	壬子 5	癸丑 6	甲寅 7	乙卯 8	丙辰 9	丁巳 10	戊午 11	己未 12	庚申 13	辛酉 14	壬戌 15	癸亥 16	甲子 17	乙丑 18	丙寅 19	丁卯 20	戊辰 21	己巳 22		辛亥夏至
六月大	乙未	干支曆 天地西	庚午 23	辛未 24	壬申 25	癸酉 26	甲戌 27	乙亥 28	丙子 29	丁丑 30	戊寅 31	己卯 (8)	庚辰 2	辛巳 3	壬午 4	癸未 5	甲申 6	乙酉 7	丙戌 8	丁亥 9	戊子 10	己丑 11	庚寅 12	辛卯 13	壬辰 14	癸巳 15	甲午 16	乙未 17	丙申 18	丁酉 19	戊戌 20	己亥 21	丁酉立秋
七月小	丙申	干支曆 天地西	庚子 22	辛丑 23	壬寅 24	癸卯 25	甲辰 26	乙巳 27	丙午 28	丁未 29	戊申 30	己酉 31	庚戌 (9)	辛亥 2	壬子 3	癸丑 4	甲寅 5	乙卯 6	丙辰 7	丁巳 8	戊午 9	己未 10	庚申 11	辛酉 12	壬戌 13	癸亥 14	甲子 15	乙丑 16	丙寅 17	丁卯 18	戊辰 19		
八月大	丁酉	干支曆 天地西	己巳 20	庚午 21	辛未 22	壬申 23	癸酉 24	甲戌 25	乙亥 26	丙子 27	丁丑 28	戊寅 29	己卯 30	庚辰 (10)	辛巳 2	壬午 3	癸未 4	甲申 5	乙酉 6	丙戌 7	丁亥 8	戊子 9	己丑 10	庚寅 11	辛卯 12	壬辰 13	癸巳 14	甲午 15	乙未 16	丙申 17	丁酉 18	戊戌 19	癸未秋分
九月大	戊戌	干支曆 天地西	己亥 20	庚子 21	辛丑 22	壬寅 23	癸卯 24	甲辰 25	乙巳 26	丙午 27	丁未 28	戊申 29	己酉 30	庚戌 31	辛亥 (11)	壬子 2	癸丑 3	甲寅 4	乙卯 5	丙辰 6	丁巳 7	戊午 8	己未 9	庚申 10	辛酉 11	壬戌 12	癸亥 13	甲子 14	乙丑 15	丙寅 16	丁卯 17	戊辰 18	丁卯立冬
十月小	己亥	干支曆 天地西	己巳 19	庚午 20	辛未 21	壬申 22	癸酉 23	甲戌 24	乙亥 25	丙子 26	丁丑 27	戊寅 28	己卯 29	庚辰 30	辛巳 (12)	壬午 2	癸未 3	甲申 4	乙酉 5	丙戌 6	丁亥 7	戊子 8	己丑 9	庚寅 10	辛卯 11	壬辰 12	癸巳 13	甲午 14	乙未 15	丙申 16	丁酉 17		
十一月大	庚子	干支曆 天地西	戊戌 18	己亥 19	庚子 20	辛丑 21	壬寅 22	癸卯 23	甲辰 24	乙巳 25	丙午 26	丁未 27	戊申 28	己酉 29	庚戌 30	辛亥 31	壬子 (1)	癸丑 2	甲寅 3	乙卯 4	丙辰 5	丁巳 6	戊午 7	己未 8	庚申 9	辛酉 10	壬戌 11	癸亥 12	甲子 13	乙丑 14	丙寅 15	丁卯 16	辛亥冬至
十二月大	辛丑	干支曆 天地西	戊辰 17	己巳 18	庚午 19	辛未 20	壬申 21	癸酉 22	甲戌 23	乙亥 24	丙子 25	丁丑 26	戊寅 27	己卯 28	庚辰 29	辛巳 30	壬午 31	癸未 (2)	甲申 2	乙酉 3	丙戌 4	丁亥 5	戊子 6	己丑 7	庚寅 8	辛卯 9	壬辰 10	癸巳 11	甲午 12	乙未 13	丙申 14	丁酉 15	丙申立春

年代異同	竹書紀年	皇極經世	文獻通考	歷代紀年備考	歷代帝王年表	歷代統紀表	中國年曆總譜	斷代工程
	殷武乙十一年	殷帝乙三十二年	殷帝乙三十二年	殷帝乙三十二年	殷帝乙三十二年	殷帝乙三十二年	殷帝辛十五年	祖庚祖甲廩辛康丁

殷祖甲二十二年（壬寅 虎年） 公元前 1159 ~ 前 1158 年

夏曆月序		中西曆日對照	初一	初二	初三	初四	初五	初六	初七	初八	初九	初十	十一	十二	十三	十四	十五	十六	十七	十八	十九	二十	二一	二二	二三	二四	二五	二六	二七	二八	二九	三十	節氣與天象
正月大	壬寅	天干支 地西曆	戊戌16	己亥17	庚子18	辛丑19	壬寅20	癸卯21	甲辰22	乙巳23	丙午24	丁未25	戊申26	己酉27	庚戌28	辛亥(3)	壬子2	癸丑3	甲寅4	乙卯5	丙辰6	丁巳7	戊午8	己未9	庚申10	辛酉11	壬戌12	癸亥13	甲子14	乙丑15	丙寅16	丁卯17	
二月小	癸卯	天干支 地西曆	戊辰18	己巳19	庚午20	辛未21	壬申22	癸酉23	甲戌24	乙亥25	丙子26	丁丑27	戊寅28	己卯29	庚辰30	辛巳31	壬午(4)	癸未2	甲申3	乙酉4	丙戌5	丁亥6	戊子7	己丑8	庚寅9	辛卯10	壬辰11	癸巳12	甲午13	乙未14	丙申15		壬午春分
三月大	甲辰	天干支 地西曆	丁酉16	戊戌17	己亥18	庚子19	辛丑20	壬寅21	癸卯22	甲辰23	乙巳24	丙午25	丁未26	戊申27	己酉28	庚戌29	辛亥30	壬子(5)	癸丑2	甲寅3	乙卯4	丙辰5	丁巳6	戊午7	己未8	庚申9	辛酉10	壬戌11	癸亥12	甲子13	乙丑14	丙寅15	
四月小	乙巳	天干支 地西曆	丁卯16	戊辰17	己巳18	庚午19	辛未20	壬申21	癸酉22	甲戌23	乙亥24	丙子25	丁丑26	戊寅27	己卯28	庚辰29	辛巳30	壬午31	癸未(6)	甲申2	乙酉3	丙戌4	丁亥5	戊子6	己丑7	庚寅8	辛卯9	壬辰10	癸巳11	甲午12	乙未13		己巳立夏
五月小	丙午	天干支 地西曆	丙申14	丁酉15	戊戌16	己亥17	庚子18	辛丑19	壬寅20	癸卯21	甲辰22	乙巳23	丙午24	丁未25	戊申26	己酉27	庚戌28	辛亥29	壬子30	癸丑(7)	甲寅2	乙卯3	丙辰4	丁巳5	戊午6	己未7	庚申8	辛酉9	壬戌10	癸亥11	甲子12		丙辰夏至
六月小	丁未	天干支 地西曆	乙丑13	丙寅14	丁卯15	戊辰16	己巳17	庚午18	辛未19	壬申20	癸酉21	甲戌22	乙亥23	丙子24	丁丑25	戊寅26	己卯27	庚辰28	辛巳29	壬午30	癸未31	甲申(8)	乙酉2	丙戌3	丁亥4	戊子5	己丑6	庚寅7	辛卯8	壬辰9	癸巳10		
七月大	戊申	天干支 地西曆	甲午11	乙未12	丙申13	丁酉14	戊戌15	己亥16	庚子17	辛丑18	壬寅19	癸卯20	甲辰21	乙巳22	丙午23	丁未24	戊申25	己酉26	庚戌27	辛亥28	壬子29	癸丑30	甲寅31	乙卯(9)	丙辰2	丁巳3	戊午4	己未5	庚申6	辛酉7	壬戌8	癸亥9	癸卯立秋
八月小	己酉	天干支 地西曆	甲子10	乙丑11	丙寅12	丁卯13	戊辰14	己巳15	庚午16	辛未17	壬申18	癸酉19	甲戌20	乙亥21	丙子22	丁丑23	戊寅24	己卯25	庚辰26	辛巳27	壬午28	癸未29	甲申30	乙酉(10)	丙戌2	丁亥3	戊子4	己丑5	庚寅6	辛卯7	壬辰8		戊子秋分
九月大	庚戌	天干支 地西曆	癸巳9	甲午10	乙未11	丙申12	丁酉13	戊戌14	己亥15	庚子16	辛丑17	壬寅18	癸卯19	甲辰20	乙巳21	丙午22	丁未23	戊申24	己酉25	庚戌26	辛亥27	壬子28	癸丑29	甲寅30	乙卯31	丙辰(11)	丁巳2	戊午3	己未4	庚申5	辛酉6	壬戌7	
十月小	辛亥	天干支 地西曆	癸亥8	甲子9	乙丑10	丙寅11	丁卯12	戊辰13	己巳14	庚午15	辛未16	壬申17	癸酉18	甲戌19	乙亥20	丙子21	丁丑22	戊寅23	己卯24	庚辰25	辛巳26	壬午27	癸未28	甲申29	乙酉30	丙戌(12)	丁亥2	戊子3	己丑4	庚寅5	辛卯6		壬申立冬
十一月大	壬子	天干支 地西曆	壬辰7	癸巳8	甲午9	乙未10	丙申11	丁酉12	戊戌13	己亥14	庚子15	辛丑16	壬寅17	癸卯18	甲辰19	乙巳20	丙午21	丁未22	戊申23	己酉24	庚戌25	辛亥26	壬子27	癸丑28	甲寅29	乙卯30	丙辰31	丁巳(1)	戊午2	己未3	庚申4	辛酉5	丙辰冬至
十二月大	癸丑	天干支 地西曆	壬戌6	癸亥7	甲子8	乙丑9	丙寅10	丁卯11	戊辰12	己巳13	庚午14	辛未15	壬申16	癸酉17	甲戌18	乙亥19	丙子20	丁丑21	戊寅22	己卯23	庚辰24	辛巳25	壬午26	癸未27	甲申28	乙酉29	丙戌30	丁亥31	戊子(2)	己丑2	庚寅3	辛卯4	

年代異同	竹書紀年	皇極經世	文獻通考	歷代紀年備考	歷代帝王年表	歷代統紀表	中國年曆總譜	斷代工程
	殷武乙十二年	殷帝乙三十三年	殷帝乙三十三年	殷帝乙三十三年	殷帝乙三十三年	殷帝乙三十三年	殷帝辛十六年	祖庚祖甲廩辛康丁

殷祖甲二十三年（癸卯 兔年） 公元前 **1158** ~ 前 1157 年

夏曆月序		中西曆日對照	夏曆日序																														節氣與天象
			初一	初二	初三	初四	初五	初六	初七	初八	初九	初十	十一	十二	十三	十四	十五	十六	十七	十八	十九	二十	二一	二二	二三	二四	二五	二六	二七	二八	二九	三十	
正月大	甲寅	天干地支 西曆	壬辰 5	癸巳 6	甲午 7	乙未 8	丙申 9	丁酉 10	戊戌 11	己亥 12	庚子 13	辛丑 14	壬寅 15	癸卯 16	甲辰 17	乙巳 18	丙午 19	丁未 20	戊申 21	己酉 22	庚戌 23	辛亥 24	壬子 25	癸丑 26	甲寅 27	乙卯 28	丙辰 (3)	丁巳 2	戊午 3	己未 4	庚申 5	辛酉 6	辛丑立春
二月小	乙卯	天干地支 西曆	壬戌 7	癸亥 8	甲子 9	乙丑 10	丙寅 11	丁卯 12	戊辰 13	己巳 14	庚午 15	辛未 16	壬申 17	癸酉 18	甲戌 19	乙亥 20	丙子 21	丁丑 22	戊寅 23	己卯 24	庚辰 25	辛巳 26	壬午 27	癸未 28	甲申 29	乙酉 30	丙戌 31	丁亥 (4)	戊子 2	己丑 3	庚寅 4		丁亥春分
三月大	丙辰	天干地支 西曆	辛卯 5	壬辰 6	癸巳 7	甲午 8	乙未 9	丙申 10	丁酉 11	戊戌 12	己亥 13	庚子 14	辛丑 15	壬寅 16	癸卯 17	甲辰 18	乙巳 19	丙午 20	丁未 21	戊申 22	己酉 23	庚戌 24	辛亥 25	壬子 26	癸丑 27	甲寅 28	乙卯 29	丙辰 30	丁巳 (5)	戊午 2	己未 3	庚申 4	
四月小	丁巳	天干地支 西曆	辛酉 5	壬戌 6	癸亥 7	甲子 8	乙丑 9	丙寅 10	丁卯 11	戊辰 12	己巳 13	庚午 14	辛未 15	壬申 16	癸酉 17	甲戌 18	乙亥 19	丙子 20	丁丑 21	戊寅 22	己卯 23	庚辰 24	辛巳 25	壬午 26	癸未 27	甲申 28	乙酉 29	丙戌 30	丁亥 31	戊子 (6)	己丑 2		甲戌立夏
五月大	戊午	天干地支 西曆	庚寅 3	辛卯 4	壬辰 5	癸巳 6	甲午 7	乙未 8	丙申 9	丁酉 10	戊戌 11	己亥 12	庚子 13	辛丑 14	壬寅 15	癸卯 16	甲辰 17	乙巳 18	丙午 19	丁未 20	戊申 21	己酉 22	庚戌 23	辛亥 24	壬子 25	癸丑 26	甲寅 27	乙卯 28	丙辰 29	丁巳 30	戊午 (7)	己未 2	
六月小	己未	天干地支 西曆	庚申 3	辛酉 4	壬戌 5	癸亥 6	甲子 7	乙丑 8	丙寅 9	丁卯 10	戊辰 11	己巳 12	庚午 13	辛未 14	壬申 15	癸酉 16	甲戌 17	乙亥 18	丙子 19	丁丑 20	戊寅 21	己卯 22	庚辰 23	辛巳 24	壬午 25	癸未 26	甲申 27	乙酉 28	丙戌 29	丁亥 30	戊子 31		壬戌夏至
七月大	庚申	天干地支 西曆	己丑 (8)	庚寅 2	辛卯 3	壬辰 4	癸巳 5	甲午 6	乙未 7	丙申 8	丁酉 9	戊戌 10	己亥 11	庚子 12	辛丑 13	壬寅 14	癸卯 15	甲辰 16	乙巳 17	丙午 18	丁未 19	戊申 20	己酉 21	庚戌 22	辛亥 23	壬子 24	癸丑 25	甲寅 26	乙卯 27	丙辰 28	丁巳 29	戊午 30	戊申立秋
閏七月小	庚申	天干地支 西曆	己未 31	庚申 (9)	辛酉 2	壬戌 3	癸亥 4	甲子 5	乙丑 6	丙寅 7	丁卯 8	戊辰 9	己巳 10	庚午 11	辛未 12	壬申 13	癸酉 14	甲戌 15	乙亥 16	丙子 17	丁丑 18	戊寅 19	己卯 20	庚辰 21	辛巳 22	壬午 23	癸未 24	甲申 25	乙酉 26	丙戌 27	丁亥 28		
八月小	辛酉	天干地支 西曆	戊子 29	己丑 30	庚寅 (10)	辛卯 2	壬辰 3	癸巳 4	甲午 5	乙未 6	丙申 7	丁酉 8	戊戌 9	己亥 10	庚子 11	辛丑 12	壬寅 13	癸卯 14	甲辰 15	乙巳 16	丙午 17	丁未 18	戊申 19	己酉 20	庚戌 21	辛亥 22	壬子 23	癸丑 24	甲寅 25	乙卯 26	丙辰 27		癸巳秋分
九月大	壬戌	天干地支 西曆	丁巳 28	戊午 29	己未 30	庚申 31	辛酉 (11)	壬戌 2	癸亥 3	甲子 4	乙丑 5	丙寅 6	丁卯 7	戊辰 8	己巳 9	庚午 10	辛未 11	壬申 12	癸酉 13	甲戌 14	乙亥 15	丙子 16	丁丑 17	戊寅 18	己卯 19	庚辰 20	辛巳 21	壬午 22	癸未 23	甲申 24	乙酉 25	丙戌 26	丁丑立冬
十月小	癸亥	天干地支 西曆	丁亥 27	戊子 28	己丑 29	庚寅 30	辛卯 (12)	壬辰 2	癸巳 3	甲午 4	乙未 5	丙申 6	丁酉 7	戊戌 8	己亥 9	庚子 10	辛丑 11	壬寅 12	癸卯 13	甲辰 14	乙巳 15	丙午 16	丁未 17	戊申 18	己酉 19	庚戌 20	辛亥 21	壬子 22	癸丑 23	甲寅 24	乙卯 25		
十一月大	甲子	天干地支 西曆	丙辰 26	丁巳 27	戊午 28	己未 29	庚申 30	辛酉 31	壬戌 (1)	癸亥 2	甲子 3	乙丑 4	丙寅 5	丁卯 6	戊辰 7	己巳 8	庚午 9	辛未 10	壬申 11	癸酉 12	甲戌 13	乙亥 14	丙子 15	丁丑 16	戊寅 17	己卯 18	庚辰 19	辛巳 20	壬午 21	癸未 22	甲申 23	乙酉 24	辛酉冬至
十二月大	乙丑	天干地支 西曆	丙戌 25	丁亥 26	戊子 27	己丑 28	庚寅 29	辛卯 30	壬辰 31	癸巳 (2)	甲午 2	乙未 3	丙申 4	丁酉 5	戊戌 6	己亥 7	庚子 8	辛丑 9	壬寅 10	癸卯 11	甲辰 12	乙巳 13	丙午 14	丁未 15	戊申 16	己酉 17	庚戌 18	辛亥 19	壬子 20	癸丑 21	甲寅 22	乙卯 23	丙午立春

年代異同	竹書紀年	皇極經世	文獻通考	歷代紀年備考	歷代帝王年表	歷代統紀表	中國年曆總譜	斷代工程
	殷武乙十三年	殷帝乙三十四年	殷帝乙三十四年	殷帝乙三十四年	殷帝乙三十四年	殷帝乙三十四年	殷帝辛十七年	祖庚祖甲 廩辛康丁

殷祖甲二十四年（甲辰 龍年） 公元前 1157 ~ 前 1156 年

夏曆月序		中西曆日對照	初一	初二	初三	初四	初五	初六	初七	初八	初九	初十	十一	十二	十三	十四	十五	十六	十七	十八	十九	二十	二一	二二	二三	二四	二五	二六	二七	二八	二九	三十	節氣與天象
正月小	丙寅	天干地支西曆	丙辰24	丁巳25	戊午26	己未27	庚申28	辛酉29	壬戌(3)	癸亥2	甲子3	乙丑4	丙寅5	丁卯6	戊辰7	己巳8	庚午9	辛未10	壬申11	癸酉12	甲戌13	乙亥14	丙子15	丁丑16	戊寅17	己卯18	庚辰19	辛巳20	壬午21	癸未22	甲申23		
二月大	丁卯	天干地支西曆	乙酉24	丙戌25	丁亥26	戊子27	己丑28	庚寅29	辛卯30	壬辰31	癸巳(4)	甲午2	乙未3	丙申4	丁酉5	戊戌6	己亥7	庚子8	辛丑9	壬寅10	癸卯11	甲辰12	乙巳13	丙午14	丁未15	戊申16	己酉17	庚戌18	辛亥19	壬子20	癸丑21	甲寅22	壬辰春分
三月大	戊辰	天干地支西曆	乙卯23	丙辰24	丁巳25	戊午26	己未27	庚申28	辛酉29	壬戌30	癸亥(5)	甲子2	乙丑3	丙寅4	丁卯5	戊辰6	己巳7	庚午8	辛未9	壬申10	癸酉11	甲戌12	乙亥13	丙子14	丁丑15	戊寅16	己卯17	庚辰18	辛巳19	壬午20	癸未21	甲申22	庚辰立夏
四月小	己巳	天干地支西曆	乙酉23	丙戌24	丁亥25	戊子26	己丑27	庚寅28	辛卯29	壬辰30	癸巳31	甲午(6)	乙未2	丙申3	丁酉4	戊戌5	己亥6	庚子7	辛丑8	壬寅9	癸卯10	甲辰11	乙巳12	丙午13	丁未14	戊申15	己酉16	庚戌17	辛亥18	壬子19	癸丑20		
五月大	庚午	天干地支西曆	甲寅21	乙卯22	丙辰23	丁巳24	戊午25	己未26	庚申27	辛酉28	壬戌29	癸亥30	甲子(7)	乙丑2	丙寅3	丁卯4	戊辰5	己巳6	庚午7	辛未8	壬申9	癸酉10	甲戌11	乙亥12	丙子13	丁丑14	戊寅15	己卯16	庚辰17	辛巳18	壬午19	癸未20	丁卯夏至
六月小	辛未	天干地支西曆	甲申21	乙酉22	丙戌23	丁亥24	戊子25	己丑26	庚寅27	辛卯28	壬辰29	癸巳30	甲午31	乙未(8)	丙申2	丁酉3	戊戌4	己亥5	庚子6	辛丑7	壬寅8	癸卯9	甲辰10	乙巳11	丙午12	丁未13	戊申14	己酉15	庚戌16	辛亥17	壬子18		
七月大	壬申	天干地支西曆	癸丑19	甲寅20	乙卯21	丙辰22	丁巳23	戊午24	己未25	庚申26	辛酉27	壬戌28	癸亥29	甲子30	乙丑31	丙寅(9)	丁卯2	戊辰3	己巳4	庚午5	辛未6	壬申7	癸酉8	甲戌9	乙亥10	丙子11	丁丑12	戊寅13	己卯14	庚辰15	辛巳16	壬午17	癸丑立秋 癸丑日食
八月小	癸酉	天干地支西曆	癸未18	甲申19	乙酉20	丙戌21	丁亥22	戊子23	己丑24	庚寅25	辛卯26	壬辰27	癸巳28	甲午29	乙未30	丙申(10)	丁酉2	戊戌3	己亥4	庚子5	辛丑6	壬寅7	癸卯8	甲辰9	乙巳10	丙午11	丁未12	戊申13	己酉14	庚戌15	辛亥16		戊戌秋分
九月小	甲戌	天干地支西曆	壬子17	癸丑18	甲寅19	乙卯20	丙辰21	丁巳22	戊午23	己未24	庚申25	辛酉26	壬戌27	癸亥28	甲子29	乙丑30	丙寅31	丁卯(11)	戊辰2	己巳3	庚午4	辛未5	壬申6	癸酉7	甲戌8	乙亥9	丙子10	丁丑11	戊寅12	己卯13	庚辰14		
十月大	乙亥	天干地支西曆	辛巳15	壬午16	癸未17	甲申18	乙酉19	丙戌20	丁亥21	戊子22	己丑23	庚寅24	辛卯25	壬辰26	癸巳27	甲午28	乙未29	丙申30	丁酉(12)	戊戌2	己亥3	庚子4	辛丑5	壬寅6	癸卯7	甲辰8	乙巳9	丙午10	丁未11	戊申12	己酉13	庚戌14	壬午立冬
十一月小	丙子	天干地支西曆	辛亥15	壬子16	癸丑17	甲寅18	乙卯19	丙辰20	丁巳21	戊午22	己未23	庚申24	辛酉25	壬戌26	癸亥27	甲子28	乙丑29	丙寅30	丁卯31	戊辰(1)	己巳2	庚午3	辛未4	壬申5	癸酉6	甲戌7	乙亥8	丙子9	丁丑10	戊寅11	己卯12		丁卯冬至
十二月大	丁丑	天干地支西曆	庚辰13	辛巳14	壬午15	癸未16	甲申17	乙酉18	丙戌19	丁亥20	戊子21	己丑22	庚寅23	辛卯24	壬辰25	癸巳26	甲午27	乙未28	丙申29	丁酉30	戊戌31	己亥(2)	庚子2	辛丑3	壬寅4	癸卯5	甲辰6	乙巳7	丙午8	丁未9	戊申10	己酉11	

年代異同	竹書紀年	皇極經世	文獻通考	歷代紀年備考	歷代帝王年表	歷代統紀表	中國年曆總譜	斷代工程
	殷武乙十四年	殷帝乙三十五年	殷帝乙三十五年	殷帝乙三十五年	殷帝乙三十五年	殷帝乙三十五年	殷帝辛十八年	祖庚祖甲廩辛康丁

殷祖甲二十五年（乙巳 蛇年）公元前 **1156** ~ 前 1155 年

夏曆月序		中西曆日對照	夏曆日序																														節氣與天象
			初一	初二	初三	初四	初五	初六	初七	初八	初九	初十	十一	十二	十三	十四	十五	十六	十七	十八	十九	二十	二一	二二	二三	二四	二五	二六	二七	二八	二九	三十	
正月小	戊寅	天干地支 西曆	庚戌 12	辛亥 13	壬子 14	癸丑 15	甲寅 16	乙卯 17	丙辰 18	丁巳 19	戊午 20	己未 21	庚申 22	辛酉 23	壬戌 24	癸亥 25	甲子 26	乙丑 27	丙寅 28	丁卯 (3)	戊辰 2	己巳 3	庚午 4	辛未 5	壬申 6	癸酉 7	甲戌 8	乙亥 9	丙子 10	丁丑 11	戊寅 12		壬子立春 庚戌日食
二月大	己卯	天干地支 西曆	己卯 13	庚辰 14	辛巳 15	壬午 16	癸未 17	甲申 18	乙酉 19	丙戌 20	丁亥 21	戊子 22	己丑 23	庚寅 24	辛卯 25	壬辰 26	癸巳 27	甲午 28	乙未 29	丙申 30	丁酉 31	戊戌 (4)	己亥 2	庚子 3	辛丑 4	壬寅 5	癸卯 6	甲辰 7	乙巳 8	丙午 9	丁未 10	戊申 11	戊戌春分
三月大	庚辰	天干地支 西曆	己酉 12	庚戌 13	辛亥 14	壬子 15	癸丑 16	甲寅 17	乙卯 18	丙辰 19	丁巳 20	戊午 21	己未 22	庚申 23	辛酉 24	壬戌 25	癸亥 26	甲子 27	乙丑 28	丙寅 29	丁卯 30	戊辰 (5)	己巳 2	庚午 3	辛未 4	壬申 5	癸酉 6	甲戌 7	乙亥 8	丙子 9	丁丑 10	戊寅 11	
四月小	辛巳	天干地支 西曆	己卯 12	庚辰 13	辛巳 14	壬午 15	癸未 16	甲申 17	乙酉 18	丙戌 19	丁亥 20	戊子 21	己丑 22	庚寅 23	辛卯 24	壬辰 25	癸巳 26	甲午 27	乙未 28	丙申 29	丁酉 30	戊戌 31	己亥 (6)	庚子 2	辛丑 3	壬寅 4	癸卯 5	甲辰 6	乙巳 7	丙午 8	丁未 9		乙酉立夏
五月大	壬午	天干地支 西曆	戊申 10	己酉 11	庚戌 12	辛亥 13	壬子 14	癸丑 15	甲寅 16	乙卯 17	丙辰 18	丁巳 19	戊午 20	己未 21	庚申 22	辛酉 23	壬戌 24	癸亥 25	甲子 26	乙丑 27	丙寅 28	丁卯 29	戊辰 30	己巳 (7)	庚午 2	辛未 3	壬申 4	癸酉 5	甲戌 6	乙亥 7	丙子 8	丁丑 9	壬申夏至
六月大	癸未	天干地支 西曆	戊寅 10	己卯 11	庚辰 12	辛巳 13	壬午 14	癸未 15	甲申 16	乙酉 17	丙戌 18	丁亥 19	戊子 20	己丑 21	庚寅 22	辛卯 23	壬辰 24	癸巳 25	甲午 26	乙未 27	丙申 28	丁酉 29	戊戌 30	己亥 31	庚子 (8)	辛丑 2	壬寅 3	癸卯 4	甲辰 5	乙巳 6	丙午 7	丁未 8	
七月小	甲申	天干地支 西曆	戊申 9	己酉 10	庚戌 11	辛亥 12	壬子 13	癸丑 14	甲寅 15	乙卯 16	丙辰 17	丁巳 18	戊午 19	己未 20	庚申 21	辛酉 22	壬戌 23	癸亥 24	甲子 25	乙丑 26	丙寅 27	丁卯 28	戊辰 29	己巳 30	庚午 31	辛未 (9)	壬申 2	癸酉 3	甲戌 4	乙亥 5	丙子 6		戊午立秋
八月大	乙酉	天干地支 西曆	丁丑 7	戊寅 8	己卯 9	庚辰 10	辛巳 11	壬午 12	癸未 13	甲申 14	乙酉 15	丙戌 16	丁亥 17	戊子 18	己丑 19	庚寅 20	辛卯 21	壬辰 22	癸巳 23	甲午 24	乙未 25	丙申 26	丁酉 27	戊戌 28	己亥 29	庚子 30	辛丑 (10)	壬寅 2	癸卯 3	甲辰 4	乙巳 5	丙午 6	癸卯秋分
九月小	丙戌	天干地支 西曆	丁未 7	戊申 8	己酉 9	庚戌 10	辛亥 11	壬子 12	癸丑 13	甲寅 14	乙卯 15	丙辰 16	丁巳 17	戊午 18	己未 19	庚申 20	辛酉 21	壬戌 22	癸亥 23	甲子 24	乙丑 25	丙寅 26	丁卯 27	戊辰 28	己巳 29	庚午 30	辛未 31	壬申 (11)	癸酉 2	甲戌 3	乙亥 4		
十月大	丁亥	天干地支 西曆	丙子 5	丁丑 6	戊寅 7	己卯 8	庚辰 9	辛巳 10	壬午 11	癸未 12	甲申 13	乙酉 14	丙戌 15	丁亥 16	戊子 17	己丑 18	庚寅 19	辛卯 20	壬辰 21	癸巳 22	甲午 23	乙未 24	丙申 25	丁酉 26	戊戌 27	己亥 28	庚子 29	辛丑 30	壬寅 (12)	癸卯 2	甲辰 3	乙巳 4	戊子立冬
十一月小	戊子	天干地支 西曆	丙午 5	丁未 6	戊申 7	己酉 8	庚戌 9	辛亥 10	壬子 11	癸丑 12	甲寅 13	乙卯 14	丙辰 15	丁巳 16	戊午 17	己未 18	庚申 19	辛酉 20	壬戌 21	癸亥 22	甲子 23	乙丑 24	丙寅 25	丁卯 26	戊辰 27	己巳 28	庚午 29	辛未 30	壬申 31	癸酉 (1)	甲戌 2		壬申冬至
十二月小	己丑	天干地支 西曆	乙亥 3	丙子 4	丁丑 5	戊寅 6	己卯 7	庚辰 8	辛巳 9	壬午 10	癸未 11	甲申 12	乙酉 13	丙戌 14	丁亥 15	戊子 16	己丑 17	庚寅 18	辛卯 19	壬辰 20	癸巳 21	甲午 22	乙未 23	丙申 24	丁酉 25	戊戌 26	己亥 27	庚子 28	辛丑 29	壬寅 30	癸卯 31		

年代異同	竹書紀年	皇極經世	文獻通考	歷代紀年備考	歷代帝王年表	歷代統紀表	中國年曆總譜	斷代工程
	殷武乙十五年	殷帝乙三十六年	殷帝乙三十六年	殷帝乙三十六年	殷帝乙三十六年	殷帝乙三十六年	殷帝辛十九年	祖庚祖甲 廩辛康丁

殷祖甲二十六年（丙午 馬年） 公元前1155 ~ 前1154年

夏曆月序	中西曆日對照	初一	初二	初三	初四	初五	初六	初七	初八	初九	初十	十一	十二	十三	十四	十五	十六	十七	十八	十九	二十	二一	二二	二三	二四	二五	二六	二七	二八	二九	三十	節氣與天象
正月大 庚寅	天干地支西曆	甲辰(2)	乙巳2	丙午3	丁未4	戊申5	己酉6	庚戌7	辛亥8	壬子9	癸丑10	甲寅11	乙卯12	丙辰13	丁巳14	戊午15	己未16	庚申17	辛酉18	壬戌19	癸亥20	甲子21	乙丑22	丙寅23	丁卯24	戊辰25	己巳26	庚午27	辛未28	壬申(3)	癸酉2	丁巳立春
二月小 辛卯	天干地支西曆	甲戌3	乙亥4	丙子5	丁丑6	戊寅7	己卯8	庚辰9	辛巳10	壬午11	癸未12	甲申13	乙酉14	丙戌15	丁亥16	戊子17	己丑18	庚寅19	辛卯20	壬辰21	癸巳22	甲午23	乙未24	丙申25	丁酉26	戊戌27	己亥28	庚子29	辛丑30	壬寅31		癸卯春分
三月大 壬辰	天干地支西曆	癸卯(4)	甲辰2	乙巳3	丙午4	丁未5	戊申6	己酉7	庚戌8	辛亥9	壬子10	癸丑11	甲寅12	乙卯13	丙辰14	丁巳15	戊午16	己未17	庚申18	辛酉19	壬戌20	癸亥21	甲子22	乙丑23	丙寅24	丁卯25	戊辰26	己巳27	庚午28	辛未29	壬申30	
四月小 癸巳	天干地支西曆	癸酉(5)	甲戌2	乙亥3	丙子4	丁丑5	戊寅6	己卯7	庚辰8	辛巳9	壬午10	癸未11	甲申12	乙酉13	丙戌14	丁亥15	戊子16	己丑17	庚寅18	辛卯19	壬辰20	癸巳21	甲午22	乙未23	丙申24	丁酉25	戊戌26	己亥27	庚子28	辛丑29		庚寅立夏
閏四月大 癸巳	天干地支西曆	壬寅30	癸卯31	甲辰(6)	乙巳2	丙午3	丁未4	戊申5	己酉6	庚戌7	辛亥8	壬子9	癸丑10	甲寅11	乙卯12	丙辰13	丁巳14	戊午15	己未16	庚申17	辛酉18	壬戌19	癸亥20	甲子21	乙丑22	丙寅23	丁卯24	戊辰25	己巳26	庚午27	辛未28	丁丑夏至
五月大 甲午	天干地支西曆	壬申29	癸酉30	甲戌(7)	乙亥2	丙子3	丁丑4	戊寅5	己卯6	庚辰7	辛巳8	壬午9	癸未10	甲申11	乙酉12	丙戌13	丁亥14	戊子15	己丑16	庚寅17	辛卯18	壬辰19	癸巳20	甲午21	乙未22	丙申23	丁酉24	戊戌25	己亥26	庚子27	辛丑28	
六月小 乙未	天干地支西曆	壬寅29	癸卯30	甲辰31	乙巳(8)	丙午2	丁未3	戊申4	己酉5	庚戌6	辛亥7	壬子8	癸丑9	甲寅10	乙卯11	丙辰12	丁巳13	戊午14	己未15	庚申16	辛酉17	壬戌18	癸亥19	甲子20	乙丑21	丙寅22	丁卯23	戊辰24	己巳25	庚午26		甲子立秋
七月大 丙申	天干地支西曆	辛未27	壬申28	癸酉29	甲戌30	乙亥31	丙子(9)	丁丑2	戊寅3	己卯4	庚辰5	辛巳6	壬午7	癸未8	甲申9	乙酉10	丙戌11	丁亥12	戊子13	己丑14	庚寅15	辛卯16	壬辰17	癸巳18	甲午19	乙未20	丙申21	丁酉22	戊戌23	己亥24	庚子25	
八月大 丁酉	天干地支西曆	辛丑26	壬寅27	癸卯28	甲辰29	乙巳30	丙午(10)	丁未2	戊申3	己酉4	庚戌5	辛亥6	壬子7	癸丑8	甲寅9	乙卯10	丙辰11	丁巳12	戊午13	己未14	庚申15	辛酉16	壬戌17	癸亥18	甲子19	乙丑20	丙寅21	丁卯22	戊辰23	己巳24	庚午25	己酉秋分
九月小 戊戌	天干地支西曆	辛未26	壬申27	癸酉28	甲戌29	乙亥30	丙子31	丁丑(11)	戊寅2	己卯3	庚辰4	辛巳5	壬午6	癸未7	甲申8	乙酉9	丙戌10	丁亥11	戊子12	己丑13	庚寅14	辛卯15	壬辰16	癸巳17	甲午18	乙未19	丙申20	丁酉21	戊戌22	己亥23		癸巳立冬
十月大 己亥	天干地支西曆	庚子24	辛丑25	壬寅26	癸卯27	甲辰28	乙巳29	丙午30	丁未(12)	戊申2	己酉3	庚戌4	辛亥5	壬子6	癸丑7	甲寅8	乙卯9	丙辰10	丁巳11	戊午12	己未13	庚申14	辛酉15	壬戌16	癸亥17	甲子18	乙丑19	丙寅20	丁卯21	戊辰22	己巳23	
十一月小 庚子	天干地支西曆	庚午24	辛未25	壬申26	癸酉27	甲戌28	乙亥29	丙子30	丁丑31	戊寅(1)	己卯2	庚辰3	辛巳4	壬午5	癸未6	甲申7	乙酉8	丙戌9	丁亥10	戊子11	己丑12	庚寅13	辛卯14	壬辰15	癸巳16	甲午17	乙未18	丙申19	丁酉20	戊戌21		丁丑冬至
十二月大 辛丑	天干地支西曆	己亥22	庚子23	辛丑24	壬寅25	癸卯26	甲辰27	乙巳28	丙午29	丁未30	戊申31	己酉(2)	庚戌2	辛亥3	壬子4	癸丑5	甲寅6	乙卯7	丙辰8	丁巳9	戊午10	己未11	庚申12	辛酉13	壬戌14	癸亥15	甲子16	乙丑17	丙寅18	丁卯19	戊辰20	壬戌立春

年代異同	竹書紀年	皇極經世	文獻通考	歷代紀年備考	歷代帝王年表	歷代統紀表	中國年曆總譜	斷代工程
	殷武乙十六年	殷帝乙三十七年	殷帝乙三十七年	殷帝乙三十七年	殷帝乙三十七年	殷帝乙三十七年	殷帝辛二十年	祖庚祖甲 廩辛康丁

殷祖甲二十七年（丁未 羊年） 公元前**1154** ~ 前1153年

夏曆月序	中西曆日對照	初一	初二	初三	初四	初五	初六	初七	初八	初九	初十	十一	十二	十三	十四	十五	十六	十七	十八	十九	二十	二一	二二	二三	二四	二五	二六	二七	二八	二九	三十	節氣與天象
正月小 壬寅	干支 西曆	己巳 21	庚午 22	辛未 23	壬申 24	癸酉 25	甲戌 26	乙亥 27	丙子 28	丁丑 (3)	戊寅 2	己卯 3	庚辰 4	辛巳 5	壬午 6	癸未 7	甲申 8	乙酉 9	丙戌 10	丁亥 11	戊子 12	己丑 13	庚寅 14	辛卯 15	壬辰 16	癸巳 17	甲午 18	乙未 19	丙申 20	丁酉 21		
二月小 癸卯	干支 西曆	戊戌 22	己亥 23	庚子 24	辛丑 25	壬寅 26	癸卯 27	甲辰 28	乙巳 29	丙午 30	丁未 31	戊申 (4)	己酉 2	庚戌 3	辛亥 4	壬子 5	癸丑 6	甲寅 7	乙卯 8	丙辰 9	丁巳 10	戊午 11	己未 12	庚申 13	辛酉 14	壬戌 15	癸亥 16	甲子 17	乙丑 18	丙寅 19		戊申春分
三月大 甲辰	干支 西曆	丁卯 20	戊辰 21	己巳 22	庚午 23	辛未 24	壬申 25	癸酉 26	甲戌 27	乙亥 28	丙子 29	丁丑 30	戊寅 (5)	己卯 2	庚辰 3	辛巳 4	壬午 5	癸未 6	甲申 7	乙酉 8	丙戌 9	丁亥 10	戊子 11	己丑 12	庚寅 13	辛卯 14	壬辰 15	癸巳 16	甲午 17	乙未 18	丙申 19	乙未立夏
四月小 乙巳	干支 西曆	丁酉 20	戊戌 21	己亥 22	庚子 23	辛丑 24	壬寅 25	癸卯 26	甲辰 27	乙巳 28	丙午 29	丁未 30	戊申 31	己酉 (6)	庚戌 2	辛亥 3	壬子 4	癸丑 5	甲寅 6	乙卯 7	丙辰 8	丁巳 9	戊午 10	己未 11	庚申 12	辛酉 13	壬戌 14	癸亥 15	甲子 16	乙丑 17		
五月大 丙午	干支 西曆	丙寅 18	丁卯 19	戊辰 20	己巳 21	庚午 22	辛未 23	壬申 24	癸酉 25	甲戌 26	乙亥 27	丙子 28	丁丑 29	戊寅 30	己卯 (7)	庚辰 2	辛巳 3	壬午 4	癸未 5	甲申 6	乙酉 7	丙戌 8	丁亥 9	戊子 10	己丑 11	庚寅 12	辛卯 13	壬辰 14	癸巳 15	甲午 16	乙未 17	壬午夏至 丙寅日食
六月小 丁未	干支 西曆	丙申 18	丁酉 19	戊戌 20	己亥 21	庚子 22	辛丑 23	壬寅 24	癸卯 25	甲辰 26	乙巳 27	丙午 28	丁未 29	戊申 30	己酉 31	庚戌 (8)	辛亥 2	壬子 3	癸丑 4	甲寅 5	乙卯 6	丙辰 7	丁巳 8	戊午 9	己未 10	庚申 11	辛酉 12	壬戌 13	癸亥 14	甲子 15		
七月大 戊申	干支 西曆	乙丑 16	丙寅 17	丁卯 18	戊辰 19	己巳 20	庚午 21	辛未 22	壬申 23	癸酉 24	甲戌 25	乙亥 26	丙子 27	丁丑 28	戊寅 29	己卯 30	庚辰 31	辛巳 (9)	壬午 2	癸未 3	甲申 4	乙酉 5	丙戌 6	丁亥 7	戊子 8	己丑 9	庚寅 10	辛卯 11	壬辰 12	癸巳 13	甲午 14	己巳立秋
八月大 己酉	干支 西曆	乙未 15	丙申 16	丁酉 17	戊戌 18	己亥 19	庚子 20	辛丑 21	壬寅 22	癸卯 23	甲辰 24	乙巳 25	丙午 26	丁未 27	戊申 28	己酉 29	庚戌 30	辛亥 (10)	壬子 2	癸丑 3	甲寅 4	乙卯 5	丙辰 6	丁巳 7	戊午 8	己未 9	庚申 10	辛酉 11	壬戌 12	癸亥 13	甲子 14	甲寅秋分
九月大 庚戌	干支 西曆	乙丑 15	丙寅 16	丁卯 17	戊辰 18	己巳 19	庚午 20	辛未 21	壬申 22	癸酉 23	甲戌 24	乙亥 25	丙子 26	丁丑 27	戊寅 28	己卯 29	庚辰 30	辛巳 31	壬午 (11)	癸未 2	甲申 3	乙酉 4	丙戌 5	丁亥 6	戊子 7	己丑 8	庚寅 9	辛卯 10	壬辰 11	癸巳 12	甲午 13	
十月小 辛亥	干支 西曆	乙未 14	丙申 15	丁酉 16	戊戌 17	己亥 18	庚子 19	辛丑 20	壬寅 21	癸卯 22	甲辰 23	乙巳 24	丙午 25	丁未 26	戊申 27	己酉 28	庚戌 29	辛亥 30	壬子 (12)	癸丑 2	甲寅 3	乙卯 4	丙辰 5	丁巳 6	戊午 7	己未 8	庚申 9	辛酉 10	壬戌 11	癸亥 12		戊戌立冬
十一月大 壬子	干支 西曆	甲子 13	乙丑 14	丙寅 15	丁卯 16	戊辰 17	己巳 18	庚午 19	辛未 20	壬申 21	癸酉 22	甲戌 23	乙亥 24	丙子 25	丁丑 26	戊寅 27	己卯 28	庚辰 29	辛巳 30	壬午 31	癸未 (1)	甲申 2	乙酉 3	丙戌 4	丁亥 5	戊子 6	己丑 7	庚寅 8	辛卯 9	壬辰 10	癸巳 11	壬午冬至
十二月小 癸丑	干支 西曆	甲午 12	乙未 13	丙申 14	丁酉 15	戊戌 16	己亥 17	庚子 18	辛丑 19	壬寅 20	癸卯 21	甲辰 22	乙巳 23	丙午 24	丁未 25	戊申 26	己酉 27	庚戌 28	辛亥 29	壬子 30	癸丑 31	甲寅 (2)	乙卯 2	丙辰 3	丁巳 4	戊午 5	己未 6	庚申 7	辛酉 8	壬戌 9		

年代異同	竹書紀年	皇極經世	文獻通考	歷代紀年備考	歷代帝王年表	歷代統紀表	中國年曆總譜	斷代工程
	殷武乙十七年	殷受辛元年	殷受辛元年	殷帝辛元年	殷受辛元年	殷受辛元年	殷帝辛二十一年	祖庚祖甲廩辛康丁

殷祖甲二十八年（戊申 猴年） 公元前1153 ~ 前1152年

夏曆月序		中西曆日對照	夏曆日序																														節氣與天象
			初一	初二	初三	初四	初五	初六	初七	初八	初九	初十	十一	十二	十三	十四	十五	十六	十七	十八	十九	二十	二一	二二	二三	二四	二五	二六	二七	二八	二九	三十	
正月大	甲寅	干支 天地西曆	癸亥10	甲子11	乙丑12	丙寅13	丁卯14	戊辰15	己巳16	庚午17	辛未18	壬申19	癸酉20	甲戌21	乙亥22	丙子23	丁丑24	戊寅25	己卯26	庚辰27	辛巳28	壬午29	癸未(3)	甲申2	乙酉3	丙戌4	丁亥5	戊子6	己丑7	庚寅8	辛卯9	壬辰10	丁卯立春
二月小	乙卯	干支 天地西曆	癸巳11	甲午12	乙未13	丙申14	丁酉15	戊戌16	己亥17	庚子18	辛丑19	壬寅20	癸卯21	甲辰22	乙巳23	丙午24	丁未25	戊申26	己酉27	庚戌28	辛亥29	壬子30	癸丑31	甲寅(4)	乙卯2	丙辰3	丁巳4	戊午5	己未6	庚申7	辛酉8		癸丑春分
三月小	丙辰	干支 天地西曆	壬戌9	癸亥10	甲子11	乙丑12	丙寅13	丁卯14	戊辰15	己巳16	庚午17	辛未18	壬申19	癸酉20	甲戌21	乙亥22	丙子23	丁丑24	戊寅25	己卯26	庚辰27	辛巳28	壬午29	癸未30	甲申(5)	乙酉2	丙戌3	丁亥4	戊子5	己丑6	庚寅7		
四月小	丁巳	干支 天地西曆	辛卯8	壬辰9	癸巳10	甲午11	乙未12	丙申13	丁酉14	戊戌15	己亥16	庚子17	辛丑18	壬寅19	癸卯20	甲辰21	乙巳22	丙午23	丁未24	戊申25	己酉26	庚戌27	辛亥28	壬子29	癸丑30	甲寅31	乙卯(6)	丙辰2	丁巳3	戊午4	己未5		辛丑立夏
五月大	戊午	干支 天地西曆	庚申6	辛酉7	壬戌8	癸亥9	甲子10	乙丑11	丙寅12	丁卯13	戊辰14	己巳15	庚午16	辛未17	壬申18	癸酉19	甲戌20	乙亥21	丙子22	丁丑23	戊寅24	己卯25	庚辰26	辛巳27	壬午28	癸未29	甲申30	乙酉(7)	丙戌2	丁亥3	戊子4	己丑5	戊子夏至
六月小	己未	干支 天地西曆	庚寅6	辛卯7	壬辰8	癸巳9	甲午10	乙未11	丙申12	丁酉13	戊戌14	己亥15	庚子16	辛丑17	壬寅18	癸卯19	甲辰20	乙巳21	丙午22	丁未23	戊申24	己酉25	庚戌26	辛亥27	壬子28	癸丑29	甲寅30	乙卯31	丙辰(8)	丁巳2	戊午3		
七月大	庚申	干支 天地西曆	己未4	庚申5	辛酉6	壬戌7	癸亥8	甲子9	乙丑10	丙寅11	丁卯12	戊辰13	己巳14	庚午15	辛未16	壬申17	癸酉18	甲戌19	乙亥20	丙子21	丁丑22	戊寅23	己卯24	庚辰25	辛巳26	壬午27	癸未28	甲申29	乙酉30	丙戌31	丁亥(9)	戊子2	甲戌立秋
八月大	辛酉	干支 天地西曆	己丑3	庚寅4	辛卯5	壬辰6	癸巳7	甲午8	乙未9	丙申10	丁酉11	戊戌12	己亥13	庚子14	辛丑15	壬寅16	癸卯17	甲辰18	乙巳19	丙午20	丁未21	戊申22	己酉23	庚戌24	辛亥25	壬子26	癸丑27	甲寅28	乙卯29	丙辰30	丁巳(10)	戊午2	
九月大	壬戌	干支 天地西曆	己未3	庚申4	辛酉5	壬戌6	癸亥7	甲子8	乙丑9	丙寅10	丁卯11	戊辰12	己巳13	庚午14	辛未15	壬申16	癸酉17	甲戌18	乙亥19	丙子20	丁丑21	戊寅22	己卯23	庚辰24	辛巳25	壬午26	癸未27	甲申28	乙酉29	丙戌30	丁亥31	戊子(11)	己未秋分
十月小	癸亥	干支 天地西曆	己丑2	庚寅3	辛卯4	壬辰5	癸巳6	甲午7	乙未8	丙申9	丁酉10	戊戌11	己亥12	庚子13	辛丑14	壬寅15	癸卯16	甲辰17	乙巳18	丙午19	丁未20	戊申21	己酉22	庚戌23	辛亥24	壬子25	癸丑26	甲寅27	乙卯28	丙辰29	丁巳30		癸卯立冬
十一月大	甲子	干支 天地西曆	戊午(12)	己未2	庚申3	辛酉4	壬戌5	癸亥6	甲子7	乙丑8	丙寅9	丁卯10	戊辰11	己巳12	庚午13	辛未14	壬申15	癸酉16	甲戌17	乙亥18	丙子19	丁丑20	戊寅21	己卯22	庚辰23	辛巳24	壬午25	癸未26	甲申27	乙酉28	丙戌29	丁亥30	
閏十一大	甲子	干支 天地西曆	戊子31	己丑(1)	庚寅2	辛卯3	壬辰4	癸巳5	甲午6	乙未7	丙申8	丁酉9	戊戌10	己亥11	庚子12	辛丑13	壬寅14	癸卯15	甲辰16	乙巳17	丙午18	丁未19	戊申20	己酉21	庚戌22	辛亥23	壬子24	癸丑25	甲寅26	乙卯27	丙辰28	丁巳29	戊子冬至
十二月小	乙丑	干支 天地西曆	戊午30	己未31	庚申(2)	辛酉2	壬戌3	癸亥4	甲子5	乙丑6	丙寅7	丁卯8	戊辰9	己巳10	庚午11	辛未12	壬申13	癸酉14	甲戌15	乙亥16	丙子17	丁丑18	戊寅19	己卯20	庚辰21	辛巳22	壬午23	癸未24	甲申25	乙酉26	丙戌27		癸酉立春

年代異同	竹書紀年	皇極經世	文獻通考	歷代紀年備考	歷代帝王年表	歷代統紀表	中國年曆總譜	斷代工程
	殷武乙十八年	殷受辛二年	殷受辛二年	殷帝辛二年	殷受辛二年	殷受辛二年	殷帝辛二十二年	祖庚祖甲廩辛康丁

殷祖甲二十九年（己酉 鷄年） 公元前 1152 ~ 前 1151 年

夏曆月序		中西曆日對照	初一	初二	初三	初四	初五	初六	初七	初八	初九	初十	十一	十二	十三	十四	十五	十六	十七	十八	十九	二十	二一	二二	二三	二四	二五	二六	二七	二八	二九	三十	節氣與天象
正月大	丙寅	天干地支西曆	丁亥28	戊子(3)	己丑2	庚寅3	辛卯4	壬辰5	癸巳6	甲午7	乙未8	丙申9	丁酉10	戊戌11	己亥12	庚子13	辛丑14	壬寅15	癸卯16	甲辰17	乙巳18	丙午19	丁未20	戊申21	己酉22	庚戌23	辛亥24	壬子25	癸丑26	甲寅27	乙卯28	丙辰29	
二月小	丁卯	天干地支西曆	丁巳30	戊午31	己未(4)	庚申2	辛酉3	壬戌4	癸亥5	甲子6	乙丑7	丙寅8	丁卯9	戊辰10	己巳11	庚午12	辛未13	壬申14	癸酉15	甲戌16	乙亥17	丙子18	丁丑19	戊寅20	己卯21	庚辰22	辛巳23	壬午24	癸未25	甲申26	乙酉27		己未春分
三月小	戊辰	天干地支西曆	丙戌28	丁亥29	戊子30	己丑(5)	庚寅2	辛卯3	壬辰4	癸巳5	甲午6	乙未7	丙申8	丁酉9	戊戌10	己亥11	庚子12	辛丑13	壬寅14	癸卯15	甲辰16	乙巳17	丙午18	丁未19	戊申20	己酉21	庚戌22	辛亥23	壬子24	癸丑25	甲寅26		丙午立夏
四月小	己巳	天干地支西曆	乙卯27	丙辰28	丁巳29	戊午30	己未31	庚申(6)	辛酉2	壬戌3	癸亥4	甲子5	乙丑6	丙寅7	丁卯8	戊辰9	己巳10	庚午11	辛未12	壬申13	癸酉14	甲戌15	乙亥16	丙子17	丁丑18	戊寅19	己卯20	庚辰21	辛巳22	壬午23	癸未24		
五月大	庚午	天干地支西曆	甲申25	乙酉26	丙戌27	丁亥28	戊子29	己丑30	庚寅(7)	辛卯2	壬辰3	癸巳4	甲午5	乙未6	丙申7	丁酉8	戊戌9	己亥10	庚子11	辛丑12	壬寅13	癸卯14	甲辰15	乙巳16	丙午17	丁未18	戊申19	己酉20	庚戌21	辛亥22	壬子23	癸丑24	癸巳夏至
六月小	辛未	天干地支西曆	甲寅25	乙卯26	丙辰27	丁巳28	戊午29	己未30	庚申31	辛酉(8)	壬戌2	癸亥3	甲子4	乙丑5	丙寅6	丁卯7	戊辰8	己巳9	庚午10	辛未11	壬申12	癸酉13	甲戌14	乙亥15	丙子16	丁丑17	戊寅18	己卯19	庚辰20	辛巳21	壬午22		己卯立秋
七月大	壬申	天干地支西曆	癸未23	甲申24	乙酉25	丙戌26	丁亥27	戊子28	己丑29	庚寅30	辛卯31	壬辰(9)	癸巳2	甲午3	乙未4	丙申5	丁酉6	戊戌7	己亥8	庚子9	辛丑10	壬寅11	癸卯12	甲辰13	乙巳14	丙午15	丁未16	戊申17	己酉18	庚戌19	辛亥20	壬子21	
八月大	癸酉	天干地支西曆	癸丑22	甲寅23	乙卯24	丙辰25	丁巳26	戊午27	己未28	庚申29	辛酉30	壬戌(10)	癸亥2	甲子3	乙丑4	丙寅5	丁卯6	戊辰7	己巳8	庚午9	辛未10	壬申11	癸酉12	甲戌13	乙亥14	丙子15	丁丑16	戊寅17	己卯18	庚辰19	辛巳20	壬午21	甲子秋分
九月小	甲戌	天干地支西曆	癸未22	甲申23	乙酉24	丙戌25	丁亥26	戊子27	己丑28	庚寅29	辛卯30	壬辰31	癸巳(11)	甲午2	乙未3	丙申4	丁酉5	戊戌6	己亥7	庚子8	辛丑9	壬寅10	癸卯11	甲辰12	乙巳13	丙午14	丁未15	戊申16	己酉17	庚戌18	辛亥19		己酉立冬
十月大	乙亥	天干地支西曆	壬子20	癸丑21	甲寅22	乙卯23	丙辰24	丁巳25	戊午26	己未27	庚申28	辛酉29	壬戌30	癸亥(12)	甲子2	乙丑3	丙寅4	丁卯5	戊辰6	己巳7	庚午8	辛未9	壬申10	癸酉11	甲戌12	乙亥13	丙子14	丁丑15	戊寅16	己卯17	庚辰18	辛巳19	
十一月大	丙子	天干地支西曆	壬午20	癸未21	甲申22	乙酉23	丙戌24	丁亥25	戊子26	己丑27	庚寅28	辛卯29	壬辰30	癸巳31	甲午(1)	乙未2	丙申3	丁酉4	戊戌5	己亥6	庚子7	辛丑8	壬寅9	癸卯10	甲辰11	乙巳12	丙午13	丁未14	戊申15	己酉16	庚戌17	辛亥18	癸巳冬至
十二月大	丁丑	天干地支西曆	壬子19	癸丑20	甲寅21	乙卯22	丙辰23	丁巳24	戊午25	己未26	庚申27	辛酉28	壬戌29	癸亥30	甲子31	乙丑(2)	丙寅2	丁卯3	戊辰4	己巳5	庚午6	辛未7	壬申8	癸酉9	甲戌10	乙亥11	丙子12	丁丑13	戊寅14	己卯15	庚辰16	辛巳17	戊寅立春

年代異同	竹書紀年	皇極經世	文獻通考	歷代紀年備考	歷代帝王年表	歷代統紀表	中國年曆總譜	斷代工程
	殷武乙十九年	殷受辛三年	殷受辛三年	殷帝辛三年	殷受辛三年	殷受辛三年	殷帝辛二十三年	祖庚祖甲廩辛康丁

殷祖甲三十年（庚戌 狗年） 公元前 1151 ~ 前 1150 年

夏曆月序		中西曆對照	初一	初二	初三	初四	初五	初六	初七	初八	初九	初十	十一	十二	十三	十四	十五	十六	十七	十八	十九	二十	二一	二二	二三	二四	二五	二六	二七	二八	二九	三十	節氣與天象
正月小	戊寅	天干地支西曆	壬午18	癸未19	甲申20	乙酉21	丙戌22	丁亥23	戊子24	己丑25	庚寅26	辛卯27	壬辰28	癸巳(3)	甲午2	乙未3	丙申4	丁酉5	戊戌6	己亥7	庚子8	辛丑9	壬寅10	癸卯11	甲辰12	乙巳13	丙午14	丁未15	戊申16	己酉17	庚戌18		
二月大	己卯	天干地支西曆	辛亥19	壬子20	癸丑21	甲寅22	乙卯23	丙辰24	丁巳25	戊午26	己未27	庚申28	辛酉29	壬戌30	癸亥31	甲子(4)	乙丑2	丙寅3	丁卯4	戊辰5	己巳6	庚午7	辛未8	壬申9	癸酉10	甲戌11	乙亥12	丙子13	丁丑14	戊寅15	己卯16	庚辰17	甲子春分
三月小	庚辰	天干地支西曆	辛巳18	壬午19	癸未20	甲申21	乙酉22	丙戌23	丁亥24	戊子25	己丑26	庚寅27	辛卯28	壬辰29	癸巳30	甲午(5)	乙未2	丙申3	丁酉4	戊戌5	己亥6	庚子7	辛丑8	壬寅9	癸卯10	甲辰11	乙巳12	丙午13	丁未14	戊申15	己酉16		
四月小	辛巳	天干地支西曆	庚戌17	辛亥18	壬子19	癸丑20	甲寅21	乙卯22	丙辰23	丁巳24	戊午25	己未26	庚申27	辛酉28	壬戌29	癸亥30	甲子31	乙丑(6)	丙寅2	丁卯3	戊辰4	己巳5	庚午6	辛未7	壬申8	癸酉9	甲戌10	乙亥11	丙子12	丁丑13	戊寅14		辛亥立夏
五月小	壬午	天干地支西曆	己卯15	庚辰16	辛巳17	壬午18	癸未19	甲申20	乙酉21	丙戌22	丁亥23	戊子24	己丑25	庚寅26	辛卯27	壬辰28	癸巳29	甲午30	乙未(7)	丙申2	丁酉3	戊戌4	己亥5	庚子6	辛丑7	壬寅8	癸卯9	甲辰10	乙巳11	丙午12	丁未13		戊戌夏至
六月大	癸未	天干地支西曆	戊申14	己酉15	庚戌16	辛亥17	壬子18	癸丑19	甲寅20	乙卯21	丙辰22	丁巳23	戊午24	己未25	庚申26	辛酉27	壬戌28	癸亥29	甲子30	乙丑31	丙寅(8)	丁卯2	戊辰3	己巳4	庚午5	辛未6	壬申7	癸酉8	甲戌9	乙亥10	丙子11	丁丑12	
七月小	甲申	天干地支西曆	戊寅13	己卯14	庚辰15	辛巳16	壬午17	癸未18	甲申19	乙酉20	丙戌21	丁亥22	戊子23	己丑24	庚寅25	辛卯26	壬辰27	癸巳28	甲午29	乙未30	丙申31	丁酉(9)	戊戌2	己亥3	庚子4	辛丑5	壬寅6	癸卯7	甲辰8	乙巳9	丙午10		乙酉立秋
八月大	乙酉	天干地支西曆	丁未11	戊申12	己酉13	庚戌14	辛亥15	壬子16	癸丑17	甲寅18	乙卯19	丙辰20	丁巳21	戊午22	己未23	庚申24	辛酉25	壬戌26	癸亥27	甲子28	乙丑29	丙寅30	丁卯(10)	戊辰2	己巳3	庚午4	辛未5	壬申6	癸酉7	甲戌8	乙亥9	丙子10	庚午秋分
九月小	丙戌	天干地支西曆	丁丑11	戊寅12	己卯13	庚辰14	辛巳15	壬午16	癸未17	甲申18	乙酉19	丙戌20	丁亥21	戊子22	己丑23	庚寅24	辛卯25	壬辰26	癸巳27	甲午28	乙未29	丙申30	丁酉31	戊戌(11)	己亥2	庚子3	辛丑4	壬寅5	癸卯6	甲辰7	乙巳8		
十月大	丁亥	天干地支西曆	丙午9	丁未10	戊申11	己酉12	庚戌13	辛亥14	壬子15	癸丑16	甲寅17	乙卯18	丙辰19	丁巳20	戊午21	己未22	庚申23	辛酉24	壬戌25	癸亥26	甲子27	乙丑28	丙寅29	丁卯30	戊辰(12)	己巳2	庚午3	辛未4	壬申5	癸酉6	甲戌7	乙亥8	甲寅立冬
十一月大	戊子	天干地支西曆	丙子9	丁丑10	戊寅11	己卯12	庚辰13	辛巳14	壬午15	癸未16	甲申17	乙酉18	丙戌19	丁亥20	戊子21	己丑22	庚寅23	辛卯24	壬辰25	癸巳26	甲午27	乙未28	丙申29	丁酉30	戊戌31	己亥(1)	庚子2	辛丑3	壬寅4	癸卯5	甲辰6	乙巳7	戊戌冬至
十二月大	己丑	天干地支西曆	丙午8	丁未9	戊申10	己酉11	庚戌12	辛亥13	壬子14	癸丑15	甲寅16	乙卯17	丙辰18	丁巳19	戊午20	己未21	庚申22	辛酉23	壬戌24	癸亥25	甲子26	乙丑27	丙寅28	丁卯29	戊辰30	己巳31	庚午(2)	辛未2	壬申3	癸酉4	甲戌5	乙亥6	

年代異同	竹書紀年	皇極經世	文獻通考	歷代紀年備考	歷代帝王年表	歷代統紀表	中國年曆總譜	斷代工程
	殷武乙二十年	殷受辛四年	殷受辛四年	殷帝辛四年	殷受辛四年	殷受辛四年	殷帝辛二十四年	祖庚祖甲 廩辛康丁

殷祖甲三十一年（辛亥 猪年） 公元前**1150** ~ 前1149年

夏曆月序		中西曆日對照	夏曆日序																													節氣與天象
			初一	初二	初三	初四	初五	初六	初七	初八	初九	初十	十一	十二	十三	十四	十五	十六	十七	十八	十九	二十	二一	二二	二三	二四	二五	二六	二七	二八	二九	三十	
正月小	庚寅	干支曆 天地西曆	丙子7	丁丑8	戊寅9	己卯10	庚辰11	辛巳12	壬午13	癸未14	甲申15	乙酉16	丙戌17	丁亥18	戊子19	己丑20	庚寅21	辛卯22	壬辰23	癸巳24	甲午25	乙未26	丙申27	丁酉28	戊戌(3)	己亥2	庚子3	辛丑4	壬寅5	癸卯6	甲辰7		癸未立春
二月大	辛卯	干支曆 天地西曆	乙巳8	丙午9	丁未10	戊申11	己酉12	庚戌13	辛亥14	壬子15	癸丑16	甲寅17	乙卯18	丙辰19	丁巳20	戊午21	己未22	庚申23	辛酉24	壬戌25	癸亥26	甲子27	乙丑28	丙寅29	丁卯30	戊辰31	己巳(4)	庚午2	辛未3	壬申4	癸酉5	甲戌6	己巳春分
三月小	壬辰	干支曆 天地西曆	乙亥7	丙子8	丁丑9	戊寅10	己卯11	庚辰12	辛巳13	壬午14	癸未15	甲申16	乙酉17	丙戌18	丁亥19	戊子20	己丑21	庚寅22	辛卯23	壬辰24	癸巳25	甲午26	乙未27	丙申28	丁酉29	戊戌30	己亥(5)	庚子2	辛丑3	壬寅4	癸卯5		乙亥日食
四月大	癸巳	干支曆 天地西曆	甲辰6	乙巳7	丙午8	丁未9	戊申10	己酉11	庚戌12	辛亥13	壬子14	癸丑15	甲寅16	乙卯17	丙辰18	丁巳19	戊午20	己未21	庚申22	辛酉23	壬戌24	癸亥25	甲子26	乙丑27	丙寅28	丁卯29	戊辰30	己巳31	庚午(6)	辛未2	壬申3	癸酉4	丙辰立夏
五月小	甲午	干支曆 天地西曆	甲戌5	乙亥6	丙子7	丁丑8	戊寅9	己卯10	庚辰11	辛巳12	壬午13	癸未14	甲申15	乙酉16	丙戌17	丁亥18	戊子19	己丑20	庚寅21	辛卯22	壬辰23	癸巳24	甲午25	乙未26	丙申27	丁酉28	戊戌29	己亥30	庚子(7)	辛丑2	壬寅3		
六月小	乙未	干支曆 天地西曆	癸卯4	甲辰5	乙巳6	丙午7	丁未8	戊申9	己酉10	庚戌11	辛亥12	壬子13	癸丑14	甲寅15	乙卯16	丙辰17	丁巳18	戊午19	己未20	庚申21	辛酉22	壬戌23	癸亥24	甲子25	乙丑26	丙寅27	丁卯28	戊辰29	己巳30	庚午31	辛未(8)		癸卯夏至
七月大	丙申	干支曆 天地西曆	壬申2	癸酉3	甲戌4	乙亥5	丙子6	丁丑7	戊寅8	己卯9	庚辰10	辛巳11	壬午12	癸未13	甲申14	乙酉15	丙戌16	丁亥17	戊子18	己丑19	庚寅20	辛卯21	壬辰22	癸巳23	甲午24	乙未25	丙申26	丁酉27	戊戌28	己亥29	庚子30	辛丑31	庚寅立秋
八月小	丁酉	干支曆 天地西曆	壬寅(9)	癸卯2	甲辰3	乙巳4	丙午5	丁未6	戊申7	己酉8	庚戌9	辛亥10	壬子11	癸丑12	甲寅13	乙卯14	丙辰15	丁巳16	戊午17	己未18	庚申19	辛酉20	壬戌21	癸亥22	甲子23	乙丑24	丙寅25	丁卯26	戊辰27	己巳28	庚午29		
閏八月大	丁酉	干支曆 天地西曆	辛未30	壬申(10)	癸酉2	甲戌3	乙亥4	丙子5	丁丑6	戊寅7	己卯8	庚辰9	辛巳10	壬午11	癸未12	甲申13	乙酉14	丙戌15	丁亥16	戊子17	己丑18	庚寅19	辛卯20	壬辰21	癸巳22	甲午23	乙未24	丙申25	丁酉26	戊戌27	己亥28	庚子29	乙亥秋分
九月小	戊戌	干支曆 天地西曆	辛丑30	壬寅31	癸卯(11)	甲辰2	乙巳3	丙午4	丁未5	戊申6	己酉7	庚戌8	辛亥9	壬子10	癸丑11	甲寅12	乙卯13	丙辰14	丁巳15	戊午16	己未17	庚申18	辛酉19	壬戌20	癸亥21	甲子22	乙丑23	丙寅24	丁卯25	戊辰26	己巳27		己未立冬
十月大	己亥	干支曆 天地西曆	庚午28	辛未29	壬申30	癸酉(12)	甲戌2	乙亥3	丙子4	丁丑5	戊寅6	己卯7	庚辰8	辛巳9	壬午10	癸未11	甲申12	乙酉13	丙戌14	丁亥15	戊子16	己丑17	庚寅18	辛卯19	壬辰20	癸巳21	甲午22	乙未23	丙申24	丁酉25	戊戌26	己亥27	
十一月大	庚子	干支曆 天地西曆	庚子28	辛丑29	壬寅30	癸卯31	甲辰(1)	乙巳2	丙午3	丁未4	戊申5	己酉6	庚戌7	辛亥8	壬子9	癸丑10	甲寅11	乙卯12	丙辰13	丁巳14	戊午15	己未16	庚申17	辛酉18	壬戌19	癸亥20	甲子21	乙丑22	丙寅23	丁卯24	戊辰25	己巳26	癸卯冬至
十二月小	辛丑	干支曆 天地西曆	庚午27	辛未28	壬申29	癸酉30	甲戌31	乙亥(2)	丙子2	丁丑3	戊寅4	己卯5	庚辰6	辛巳7	壬午8	癸未9	甲申10	乙酉11	丙戌12	丁亥13	戊子14	己丑15	庚寅16	辛卯17	壬辰18	癸巳19	甲午20	乙未21	丙申22	丁酉23	戊戌24		戊子立春

年代異同	竹書紀年	皇極經世	文獻通考	歷代紀年備考	歷代帝王年表	歷代統紀表	中國年曆總譜	斷代工程
	殷武乙二十一年	殷受辛五年	殷受辛五年	殷帝辛五年	殷受辛五年	殷受辛五年	殷帝辛二十五年	祖庚祖甲廩辛康丁

殷祖甲三十二年（壬子 鼠年） 公元前 **1149** ~ 前 1148 年

夏曆月序		中西曆日對照	初一	初二	初三	初四	初五	初六	初七	初八	初九	初十	十一	十二	十三	十四	十五	十六	十七	十八	十九	二十	二一	二二	二三	二四	二五	二六	二七	二八	二九	三十	節氣與天象
正月大	壬寅	干支 天地 西曆	己亥25	庚子26	辛丑27	壬寅28	癸卯29	甲辰(3)	乙巳2	丙午3	丁未4	戊申5	己酉6	庚戌7	辛亥8	壬子9	癸丑10	甲寅11	乙卯12	丙辰13	丁巳14	戊午15	己未16	庚申17	辛酉18	壬戌19	癸亥20	甲子21	乙丑22	丙寅23	丁卯24	戊辰25	
二月大	癸卯	干支 天地 西曆	己巳26	庚午27	辛未28	壬申29	癸酉30	甲戌31	乙亥(4)	丙子2	丁丑3	戊寅4	己卯5	庚辰6	辛巳7	壬午8	癸未9	甲申10	乙酉11	丙戌12	丁亥13	戊子14	己丑15	庚寅16	辛卯17	壬辰18	癸巳19	甲午20	乙未21	丙申22	丁酉23	戊戌24	甲戌春分
三月小	甲辰	干支 天地 西曆	己亥25	庚子26	辛丑27	壬寅28	癸卯29	甲辰30	乙巳(5)	丙午2	丁未3	戊申4	己酉5	庚戌6	辛亥7	壬子8	癸丑9	甲寅10	乙卯11	丙辰12	丁巳13	戊午14	己未15	庚申16	辛酉17	壬戌18	癸亥19	甲子20	乙丑21	丙寅22	丁卯23		壬戌立夏
四月大	乙巳	干支 天地 西曆	戊辰24	己巳25	庚午26	辛未27	壬申28	癸酉29	甲戌30	乙亥31	丙子(6)	丁丑2	戊寅3	己卯4	庚辰5	辛巳6	壬午7	癸未8	甲申9	乙酉10	丙戌11	丁亥12	戊子13	己丑14	庚寅15	辛卯16	壬辰17	癸巳18	甲午19	乙未20	丙申21	丁酉22	
五月小	丙午	干支 天地 西曆	戊戌23	己亥24	庚子25	辛丑26	壬寅27	癸卯28	甲辰29	乙巳30	丙午(7)	丁未2	戊申3	己酉4	庚戌5	辛亥6	壬子7	癸丑8	甲寅9	乙卯10	丙辰11	丁巳12	戊午13	己未14	庚申15	辛酉16	壬戌17	癸亥18	甲子19	乙丑20	丙寅21		己酉夏至
六月小	丁未	干支 天地 西曆	丁卯22	戊辰23	己巳24	庚午25	辛未26	壬申27	癸酉28	甲戌29	乙亥30	丙子31	丁丑(8)	戊寅2	己卯3	庚辰4	辛巳5	壬午6	癸未7	甲申8	乙酉9	丙戌10	丁亥11	戊子12	己丑13	庚寅14	辛卯15	壬辰16	癸巳17	甲午18	乙未19		乙未立秋
七月大	戊申	干支 天地 西曆	丙申20	丁酉21	戊戌22	己亥23	庚子24	辛丑25	壬寅26	癸卯27	甲辰28	乙巳29	丙午30	丁未31	戊申(9)	己酉2	庚戌3	辛亥4	壬子5	癸丑6	甲寅7	乙卯8	丙辰9	丁巳10	戊午11	己未12	庚申13	辛酉14	壬戌15	癸亥16	甲子17	乙丑18	
八月小	己酉	干支 天地 西曆	丙寅19	丁卯20	戊辰21	己巳22	庚午23	辛未24	壬申25	癸酉26	甲戌27	乙亥28	丙子29	丁丑30	戊寅(10)	己卯2	庚辰3	辛巳4	壬午5	癸未6	甲申7	乙酉8	丙戌9	丁亥10	戊子11	己丑12	庚寅13	辛卯14	壬辰15	癸巳16	甲午17		庚辰秋分 丙寅日食
九月大	庚戌	干支 天地 西曆	乙未18	丙申19	丁酉20	戊戌21	己亥22	庚子23	辛丑24	壬寅25	癸卯26	甲辰27	乙巳28	丙午29	丁未30	戊申31	己酉(11)	庚戌2	辛亥3	壬子4	癸丑5	甲寅6	乙卯7	丙辰8	丁巳9	戊午10	己未11	庚申12	辛酉13	壬戌14	癸亥15	甲子16	甲子立冬
十月小	辛亥	干支 天地 西曆	乙丑17	丙寅18	丁卯19	戊辰20	己巳21	庚午22	辛未23	壬申24	癸酉25	甲戌26	乙亥27	丙子28	丁丑29	戊寅30	己卯(12)	庚辰2	辛巳3	壬午4	癸未5	甲申6	乙酉7	丙戌8	丁亥9	戊子10	己丑11	庚寅12	辛卯13	壬辰14	癸巳15		
十一月大	壬子	干支 天地 西曆	甲午16	乙未17	丙申18	丁酉19	戊戌20	己亥21	庚子22	辛丑23	壬寅24	癸卯25	甲辰26	乙巳27	丙午28	丁未29	戊申30	己酉31	庚戌(1)	辛亥2	壬子3	癸丑4	甲寅5	乙卯6	丙辰7	丁巳8	戊午9	己未10	庚申11	辛酉12	壬戌13	癸亥14	己酉冬至
十二月大	癸丑	干支 天地 西曆	甲子15	乙丑16	丙寅17	丁卯18	戊辰19	己巳20	庚午21	辛未22	壬申23	癸酉24	甲戌25	乙亥26	丙子27	丁丑28	戊寅29	己卯30	庚辰31	辛巳(2)	壬午2	癸未3	甲申4	乙酉5	丙戌6	丁亥7	戊子8	己丑9	庚寅10	辛卯11	壬辰12	癸巳13	癸巳立春

年代異同	竹書紀年	皇極經世	文獻通考	歷代紀年備考	歷代帝王年表	歷代統紀表	中國年曆總譜	斷代工程
	殷武乙二十二年	殷受辛六年	殷受辛六年	殷帝辛六年	殷受辛六年	殷受辛六年	殷帝辛二十六年	祖庚祖甲廩辛康丁

殷祖甲三十三年（癸丑 牛年） 公元前 1148 ~ 前 1147 年

夏曆月序		中西曆日對照	初一	初二	初三	初四	初五	初六	初七	初八	初九	初十	十一	十二	十三	十四	十五	十六	十七	十八	十九	二十	二一	二二	二三	二四	二五	二六	二七	二八	二九	三十	節氣與天象
正月小	甲寅	天干 地支 西曆	甲午14	乙未15	丙申16	丁酉17	戊戌18	己亥19	庚子20	辛丑21	壬寅22	癸卯23	甲辰24	乙巳25	丙午26	丁未27	戊申28	己酉(3)	庚戌2	辛亥3	壬子4	癸丑5	甲寅6	乙卯7	丙辰8	丁巳9	戊午10	己未11	庚申12	辛酉13	壬戌14		
二月大	乙卯	天干 地支 西曆	癸亥15	甲子16	乙丑17	丙寅18	丁卯19	戊辰20	己巳21	庚午22	辛未23	壬申24	癸酉25	甲戌26	乙亥27	丙子28	丁丑29	戊寅30	己卯31	庚辰(4)	辛巳2	壬午3	癸未4	甲申5	乙酉6	丙戌7	丁亥8	戊子9	己丑10	庚寅11	辛卯12	壬辰13	庚辰春分
三月小	丙辰	天干 地支 西曆	癸巳14	甲午15	乙未16	丙申17	丁酉18	戊戌19	己亥20	庚子21	辛丑22	壬寅23	癸卯24	甲辰25	乙巳26	丙午27	丁未28	戊申29	己酉30	庚戌(5)	辛亥2	壬子3	癸丑4	甲寅5	乙卯6	丙辰7	丁巳8	戊午9	己未10	庚申11	辛酉12		
四月大	丁巳	天干 地支 西曆	壬戌13	癸亥14	甲子15	乙丑16	丙寅17	丁卯18	戊辰19	己巳20	庚午21	辛未22	壬申23	癸酉24	甲戌25	乙亥26	丙子27	丁丑28	戊寅29	己卯30	庚辰31	辛巳(6)	壬午2	癸未3	甲申4	乙酉5	丙戌6	丁亥7	戊子8	己丑9	庚寅10	辛卯11	丁卯立夏
五月大	戊午	天干 地支 西曆	壬辰12	癸巳13	甲午14	乙未15	丙申16	丁酉17	戊戌18	己亥19	庚子20	辛丑21	壬寅22	癸卯23	甲辰24	乙巳25	丙午26	丁未27	戊申28	己酉29	庚戌30	辛亥(7)	壬子2	癸丑3	甲寅4	乙卯5	丙辰6	丁巳7	戊午8	己未9	庚申10	辛酉11	甲寅夏至
六月小	己未	天干 地支 西曆	壬戌12	癸亥13	甲子14	乙丑15	丙寅16	丁卯17	戊辰18	己巳19	庚午20	辛未21	壬申22	癸酉23	甲戌24	乙亥25	丙子26	丁丑27	戊寅28	己卯29	庚辰30	辛巳31	壬午(8)	癸未2	甲申3	乙酉4	丙戌5	丁亥6	戊子7	己丑8	庚寅9		
七月大	庚申	天干 地支 西曆	辛卯10	壬辰11	癸巳12	甲午13	乙未14	丙申15	丁酉16	戊戌17	己亥18	庚子19	辛丑20	壬寅21	癸卯22	甲辰23	乙巳24	丙午25	丁未26	戊申27	己酉28	庚戌29	辛亥30	壬子31	癸丑(9)	甲寅2	乙卯3	丙辰4	丁巳5	戊午6	己未7	庚申8	庚子立秋
八月小	辛酉	天干 地支 西曆	辛酉9	壬戌10	癸亥11	甲子12	乙丑13	丙寅14	丁卯15	戊辰16	己巳17	庚午18	辛未19	壬申20	癸酉21	甲戌22	乙亥23	丙子24	丁丑25	戊寅26	己卯27	庚辰28	辛巳29	壬午30	癸未(10)	甲申2	乙酉3	丙戌4	丁亥5	戊子6	己丑7		乙酉秋分
九月小	壬戌	天干 地支 西曆	庚寅8	辛卯9	壬辰10	癸巳11	甲午12	乙未13	丙申14	丁酉15	戊戌16	己亥17	庚子18	辛丑19	壬寅20	癸卯21	甲辰22	乙巳23	丙午24	丁未25	戊申26	己酉27	庚戌28	辛亥29	壬子30	癸丑31	甲寅(11)	乙卯2	丙辰3	丁巳4	戊午5		
十月大	癸亥	天干 地支 西曆	己未6	庚申7	辛酉8	壬戌9	癸亥10	甲子11	乙丑12	丙寅13	丁卯14	戊辰15	己巳16	庚午17	辛未18	壬申19	癸酉20	甲戌21	乙亥22	丙子23	丁丑24	戊寅25	己卯26	庚辰27	辛巳28	壬午29	癸未30	甲申(12)	乙酉2	丙戌3	丁亥4	戊子5	庚午立冬
十一月小	甲子	天干 地支 西曆	己丑6	庚寅7	辛卯8	壬辰9	癸巳10	甲午11	乙未12	丙申13	丁酉14	戊戌15	己亥16	庚子17	辛丑18	壬寅19	癸卯20	甲辰21	乙巳22	丙午23	丁未24	戊申25	己酉26	庚戌27	辛亥28	壬子29	癸丑30	甲寅31	乙卯(1)	丙辰2	丁巳3		甲寅冬至
十二月大	乙丑	天干 地支 西曆	戊午4	己未5	庚申6	辛酉7	壬戌8	癸亥9	甲子10	乙丑11	丙寅12	丁卯13	戊辰14	己巳15	庚午16	辛未17	壬申18	癸酉19	甲戌20	乙亥21	丙子22	丁丑23	戊寅24	己卯25	庚辰26	辛巳27	壬午28	癸未29	甲申30	乙酉31	丙戌(2)	丁亥2	

年代異同	竹書紀年	皇極經世	文獻通考	歷代紀年備考	歷代帝王年表	歷代統紀表	中國年曆總譜	斷代工程
	殷武乙二十三年	殷受辛七年	殷受辛七年	殷帝辛七年	殷受辛七年	殷受辛七年	殷帝辛二十七年	祖庚祖甲廩辛康丁

殷廩辛元年（甲寅 虎年） 公元前 **1147** ~ 前 1146 年

夏曆月序		中西曆日對照	初一	初二	初三	初四	初五	初六	初七	初八	初九	初十	十一	十二	十三	十四	十五	十六	十七	十八	十九	二十	二一	二二	二三	二四	二五	二六	二七	二八	二九	三十	節氣與天象
正月小	丙寅	天干地支西曆	戊子 3	己丑 4	庚寅 5	辛卯 6	壬辰 7	癸巳 8	甲午 9	乙未 10	丙申 11	丁酉 12	戊戌 13	己亥 14	庚子 15	辛丑 16	壬寅 17	癸卯 18	甲辰 19	乙巳 20	丙午 21	丁未 22	戊申 23	己酉 24	庚戌 25	辛亥 26	壬子 27	癸丑 28	甲寅 (3)	乙卯 2	丙辰 3		己亥立春 戊子日食
二月大	丁卯	天干地支西曆	丁巳 4	戊午 5	己未 6	庚申 7	辛酉 8	壬戌 9	癸亥 10	甲子 11	乙丑 12	丙寅 13	丁卯 14	戊辰 15	己巳 16	庚午 17	辛未 18	壬申 19	癸酉 20	甲戌 21	乙亥 22	丙子 23	丁丑 24	戊寅 25	己卯 26	庚辰 27	辛巳 28	壬午 29	癸未 30	甲申 31	乙酉 (4)	丙戌 2	乙酉春分
三月小	戊辰	天干地支西曆	丁亥 3	戊子 4	己丑 5	庚寅 6	辛卯 7	壬辰 8	癸巳 9	甲午 10	乙未 11	丙申 12	丁酉 13	戊戌 14	己亥 15	庚子 16	辛丑 17	壬寅 18	癸卯 19	甲辰 20	乙巳 21	丙午 22	丁未 23	戊申 24	己酉 25	庚戌 26	辛亥 27	壬子 28	癸丑 29	甲寅 30	乙卯 (5)		
四月大	己巳	天干地支西曆	丙辰 2	丁巳 3	戊午 4	己未 5	庚申 6	辛酉 7	壬戌 8	癸亥 9	甲子 10	乙丑 11	丙寅 12	丁卯 13	戊辰 14	己巳 15	庚午 16	辛未 17	壬申 18	癸酉 19	甲戌 20	乙亥 21	丙子 22	丁丑 23	戊寅 24	己卯 25	庚辰 26	辛巳 27	壬午 28	癸未 29	甲申 30	乙酉 31	壬申立夏
五月大	庚午	天干地支西曆	丙戌 (6)	丁亥 2	戊子 3	己丑 4	庚寅 5	辛卯 6	壬辰 7	癸巳 8	甲午 9	乙未 10	丙申 11	丁酉 12	戊戌 13	己亥 14	庚子 15	辛丑 16	壬寅 17	癸卯 18	甲辰 19	乙巳 20	丙午 21	丁未 22	戊申 23	己酉 24	庚戌 25	辛亥 26	壬子 27	癸丑 28	甲寅 29	乙卯 30	
六月小	辛未	天干地支西曆	丙辰 (7)	丁巳 2	戊午 3	己未 4	庚申 5	辛酉 6	壬戌 7	癸亥 8	甲子 9	乙丑 10	丙寅 11	丁卯 12	戊辰 13	己巳 14	庚午 15	辛未 16	壬申 17	癸酉 18	甲戌 19	乙亥 20	丙子 21	丁丑 22	戊寅 23	己卯 24	庚辰 25	辛巳 26	壬午 27	癸未 28	甲申 29		己未夏至
閏六月大	辛未	天干地支西曆	乙酉 30	丙戌 31	丁亥 (8)	戊子 2	己丑 3	庚寅 4	辛卯 5	壬辰 6	癸巳 7	甲午 8	乙未 9	丙申 10	丁酉 11	戊戌 12	己亥 13	庚子 14	辛丑 15	壬寅 16	癸卯 17	甲辰 18	乙巳 19	丙午 20	丁未 21	戊申 22	己酉 23	庚戌 24	辛亥 25	壬子 26	癸丑 27	甲寅 28	丙午立秋
七月大	壬申	天干地支西曆	乙卯 29	丙辰 30	丁巳 31	戊午 (9)	己未 2	庚申 3	辛酉 4	壬戌 5	癸亥 6	甲子 7	乙丑 8	丙寅 9	丁卯 10	戊辰 11	己巳 12	庚午 13	辛未 14	壬申 15	癸酉 16	甲戌 17	乙亥 18	丙子 19	丁丑 20	戊寅 21	己卯 22	庚辰 23	辛巳 24	壬午 25	癸未 26	甲申 27	
八月小	癸酉	天干地支西曆	乙酉 28	丙戌 29	丁亥 30	戊子 (10)	己丑 2	庚寅 3	辛卯 4	壬辰 5	癸巳 6	甲午 7	乙未 8	丙申 9	丁酉 10	戊戌 11	己亥 12	庚子 13	辛丑 14	壬寅 15	癸卯 16	甲辰 17	乙巳 18	丙午 19	丁未 20	戊申 21	己酉 22	庚戌 23	辛亥 24	壬子 25	癸丑 26		辛卯秋分
九月大	甲戌	天干地支西曆	甲寅 27	乙卯 28	丙辰 29	丁巳 30	戊午 31	己未 (11)	庚申 2	辛酉 3	壬戌 4	癸亥 5	甲子 6	乙丑 7	丙寅 8	丁卯 9	戊辰 10	己巳 11	庚午 12	辛未 13	壬申 14	癸酉 15	甲戌 16	乙亥 17	丙子 18	丁丑 19	戊寅 20	己卯 21	庚辰 22	辛巳 23	壬午 24	癸未 25	乙亥立冬
十月小	乙亥	天干地支西曆	甲申 26	乙酉 27	丙戌 28	丁亥 29	戊子 30	己丑 (12)	庚寅 2	辛卯 3	壬辰 4	癸巳 5	甲午 6	乙未 7	丙申 8	丁酉 9	戊戌 10	己亥 11	庚子 12	辛丑 13	壬寅 14	癸卯 15	甲辰 16	乙巳 17	丙午 18	丁未 19	戊申 20	己酉 21	庚戌 22	辛亥 23	壬子 24		
十一月小	丙子	天干地支西曆	癸丑 25	甲寅 26	乙卯 27	丙辰 28	丁巳 29	戊午 30	己未 31	庚申 (1)	辛酉 2	壬戌 3	癸亥 4	甲子 5	乙丑 6	丙寅 7	丁卯 8	戊辰 9	己巳 10	庚午 11	辛未 12	壬申 13	癸酉 14	甲戌 15	乙亥 16	丙子 17	丁丑 18	戊寅 19	己卯 20	庚辰 21	辛巳 22		己未冬至
十二月大	丁丑	天干地支西曆	壬午 23	癸未 24	甲申 25	乙酉 26	丙戌 27	丁亥 28	戊子 29	己丑 30	庚寅 31	辛卯 (2)	壬辰 2	癸巳 3	甲午 4	乙未 5	丙申 6	丁酉 7	戊戌 8	己亥 9	庚子 10	辛丑 11	壬寅 12	癸卯 13	甲辰 14	乙巳 15	丙午 16	丁未 17	戊申 18	己酉 19	庚戌 20	辛亥 21	甲辰立春

年代異同	竹書紀年	皇極經世	文獻通考	歷代紀年備考	歷代帝王年表	歷代統紀表	中國年曆總譜	斷代工程
	殷武乙二十四年	殷受辛八年	殷受辛八年	殷帝辛八年	殷受辛八年	殷受辛八年	殷帝辛二十八年	殷武乙元年

殷廩辛二年（乙卯 兔年） 公元前**1146** ~ 前1145年

夏曆月序		中西日曆對照	夏曆日序 初一	初二	初三	初四	初五	初六	初七	初八	初九	初十	十一	十二	十三	十四	十五	十六	十七	十八	十九	二十	二一	二二	二三	二四	二五	二六	二七	二八	二九	三十	節氣與天象
正月小	戊寅	天干地支西曆	壬子22	癸丑23	甲寅24	乙卯25	丙辰26	丁巳27	戊午28	己未(3)	庚申2	辛酉3	壬戌4	癸亥5	甲子6	乙丑7	丙寅8	丁卯9	戊辰10	己巳11	庚午12	辛未13	壬申14	癸酉15	甲戌16	乙亥17	丙子18	丁丑19	戊寅20	己卯21	庚辰22		
二月大	己卯	天干地支西曆	辛巳23	壬午24	癸未25	甲申26	乙酉27	丙戌28	丁亥29	戊子30	己丑31	庚寅(4)	辛卯2	壬辰3	癸巳4	甲午5	乙未6	丙申7	丁酉8	戊戌9	己亥10	庚子11	辛丑12	壬寅13	癸卯14	甲辰15	乙巳16	丙午17	丁未18	戊申19	己酉20	庚戌21	庚寅春分
三月小	庚辰	天干地支西曆	辛亥22	壬子23	癸丑24	甲寅25	乙卯26	丙辰27	丁巳28	戊午29	己未30	庚申(5)	辛酉2	壬戌3	癸亥4	甲子5	乙丑6	丙寅7	丁卯8	戊辰9	己巳10	庚午11	辛未12	壬申13	癸酉14	甲戌15	乙亥16	丙子17	丁丑18	戊寅19	己卯20		丁丑立夏
四月大	辛巳	天干地支西曆	庚辰21	辛巳22	壬午23	癸未24	甲申25	乙酉26	丙戌27	丁亥28	戊子29	己丑30	庚寅31	辛卯(6)	壬辰2	癸巳3	甲午4	乙未5	丙申6	丁酉7	戊戌8	己亥9	庚子10	辛丑11	壬寅12	癸卯13	甲辰14	乙巳15	丙午16	丁未17	戊申18	己酉19	
五月小	壬午	天干地支西曆	庚戌20	辛亥21	壬子22	癸丑23	甲寅24	乙卯25	丙辰26	丁巳27	戊午28	己未29	庚申30	辛酉(7)	壬戌2	癸亥3	甲子4	乙丑5	丙寅6	丁卯7	戊辰8	己巳9	庚午10	辛未11	壬申12	癸酉13	甲戌14	乙亥15	丙子16	丁丑17	戊寅18		甲子夏至
六月大	癸未	天干地支西曆	己卯19	庚辰20	辛巳21	壬午22	癸未23	甲申24	乙酉25	丙戌26	丁亥27	戊子28	己丑29	庚寅30	辛卯31	壬辰(8)	癸巳2	甲午3	乙未4	丙申5	丁酉6	戊戌7	己亥8	庚子9	辛丑10	壬寅11	癸卯12	甲辰13	乙巳14	丙午15	丁未16	戊申17	
七月大	甲申	天干地支西曆	己酉18	庚戌19	辛亥20	壬子21	癸丑22	甲寅23	乙卯24	丙辰25	丁巳26	戊午27	己未28	庚申29	辛酉30	壬戌31	癸亥(9)	甲子2	乙丑3	丙寅4	丁卯5	戊辰6	己巳7	庚午8	辛未9	壬申10	癸酉11	甲戌12	乙亥13	丙子14	丁丑15	戊寅16	辛亥立秋
八月小	乙酉	天干地支西曆	己卯17	庚辰18	辛巳19	壬午20	癸未21	甲申22	乙酉23	丙戌24	丁亥25	戊子26	己丑27	庚寅28	辛卯29	壬辰30	癸巳(10)	甲午2	乙未3	丙申4	丁酉5	戊戌6	己亥7	庚子8	辛丑9	壬寅10	癸卯11	甲辰12	乙巳13	丙午14	丁未15		丙申秋分
九月大	丙戌	天干地支西曆	戊申16	己酉17	庚戌18	辛亥19	壬子20	癸丑21	甲寅22	乙卯23	丙辰24	丁巳25	戊午26	己未27	庚申28	辛酉29	壬戌30	癸亥31	甲子(11)	乙丑2	丙寅3	丁卯4	戊辰5	己巳6	庚午7	辛未8	壬申9	癸酉10	甲戌11	乙亥12	丙子13	丁丑14	
十月大	丁亥	天干地支西曆	戊寅15	己卯16	庚辰17	辛巳18	壬午19	癸未20	甲申21	乙酉22	丙戌23	丁亥24	戊子25	己丑26	庚寅27	辛卯28	壬辰29	癸巳30	甲午(12)	乙未2	丙申3	丁酉4	戊戌5	己亥6	庚子7	辛丑8	壬寅9	癸卯10	甲辰11	乙巳12	丙午13	丁未14	庚辰立冬
十一月小	戊子	天干地支西曆	戊申15	己酉16	庚戌17	辛亥18	壬子19	癸丑20	甲寅21	乙卯22	丙辰23	丁巳24	戊午25	己未26	庚申27	辛酉28	壬戌29	癸亥30	甲子31	乙丑(1)	丙寅2	丁卯3	戊辰4	己巳5	庚午6	辛未7	壬申8	癸酉9	甲戌10	乙亥11	丙子12		甲子冬至
十二月小	己丑	天干地支西曆	丁丑13	戊寅14	己卯15	庚辰16	辛巳17	壬午18	癸未19	甲申20	乙酉21	丙戌22	丁亥23	戊子24	己丑25	庚寅26	辛卯27	壬辰28	癸巳29	甲午30	乙未31	丙申(2)	丁酉2	戊戌3	己亥4	庚子5	辛丑6	壬寅7	癸卯8	甲辰9	乙巳10		

年代異同	竹書紀年	皇極經世	文獻通考	歷代紀年備考	歷代帝王年表	歷代統紀表	中國年曆總譜	斷代工程
	殷武乙二十五年	殷受辛九年	殷受辛九年	殷帝辛九年	殷受辛九年	殷受辛九年	殷帝辛二十九年	殷武乙二年

殷稟辛三年（丙辰 龍年） 公元前 1145 ~ 前 1144 年

夏曆月序		中西曆日對照	初一	初二	初三	初四	初五	初六	初七	初八	初九	初十	十一	十二	十三	十四	十五	十六	十七	十八	十九	二十	二一	二二	二三	二四	二五	二六	二七	二八	二九	三十	節氣與天象
正月大	庚寅	天干地支西曆	丙午11	丁未12	戊申13	己酉14	庚戌15	辛亥16	壬子17	癸丑18	甲寅19	乙卯20	丙辰21	丁巳22	戊午23	己未24	庚申25	辛酉26	壬戌27	癸亥28	甲子29	乙丑(3)	丙寅2	丁卯3	戊辰4	己巳5	庚午6	辛未7	壬申8	癸酉9	甲戌10	乙亥11	己酉立春
二月小	辛卯	天干地支西曆	丙子12	丁丑13	戊寅14	己卯15	庚辰16	辛巳17	壬午18	癸未19	甲申20	乙酉21	丙戌22	丁亥23	戊子24	己丑25	庚寅26	辛卯27	壬辰28	癸巳29	甲午30	乙未31	丙申(4)	丁酉2	戊戌3	己亥4	庚子5	辛丑6	壬寅7	癸卯8	甲辰9		乙未春分
三月大	壬辰	天干地支西曆	乙巳10	丙午11	丁未12	戊申13	己酉14	庚戌15	辛亥16	壬子17	癸丑18	甲寅19	乙卯20	丙辰21	丁巳22	戊午23	己未24	庚申25	辛酉26	壬戌27	癸亥28	甲子29	乙丑30	丙寅(5)	丁卯2	戊辰3	己巳4	庚午5	辛未6	壬申7	癸酉8	甲戌9	
四月小	癸巳	天干地支西曆	乙亥10	丙子11	丁丑12	戊寅13	己卯14	庚辰15	辛巳16	壬午17	癸未18	甲申19	乙酉20	丙戌21	丁亥22	戊子23	己丑24	庚寅25	辛卯26	壬辰27	癸巳28	甲午29	乙未30	丙申31	丁酉(6)	戊戌2	己亥3	庚子4	辛丑5	壬寅6	癸卯7		壬午立夏
五月小	甲午	天干地支西曆	甲辰8	乙巳9	丙午10	丁未11	戊申12	己酉13	庚戌14	辛亥15	壬子16	癸丑17	甲寅18	乙卯19	丙辰20	丁巳21	戊午22	己未23	庚申24	辛酉25	壬戌26	癸亥27	甲子28	乙丑29	丙寅30	丁卯(7)	戊辰2	己巳3	庚午4	辛未5	壬申6		庚午夏至
六月大	乙未	天干地支西曆	癸酉7	甲戌8	乙亥9	丙子10	丁丑11	戊寅12	己卯13	庚辰14	辛巳15	壬午16	癸未17	甲申18	乙酉19	丙戌20	丁亥21	戊子22	己丑23	庚寅24	辛卯25	壬辰26	癸巳27	甲午28	乙未29	丙申30	丁酉31	戊戌(8)	己亥2	庚子3	辛丑4	壬寅5	
七月大	丙申	天干地支西曆	癸卯6	甲辰7	乙巳8	丙午9	丁未10	戊申11	己酉12	庚戌13	辛亥14	壬子15	癸丑16	甲寅17	乙卯18	丙辰19	丁巳20	戊午21	己未22	庚申23	辛酉24	壬戌25	癸亥26	甲子27	乙丑28	丙寅29	丁卯30	戊辰31	己巳(9)	庚午2	辛未3	壬申4	丙辰立秋
八月大	丁酉	天干地支西曆	癸酉5	甲戌6	乙亥7	丙子8	丁丑9	戊寅10	己卯11	庚辰12	辛巳13	壬午14	癸未15	甲申16	乙酉17	丙戌18	丁亥19	戊子20	己丑21	庚寅22	辛卯23	壬辰24	癸巳25	甲午26	乙未27	丙申28	丁酉29	戊戌30	己亥(10)	庚子2	辛丑3	壬寅4	辛丑秋分
九月小	戊戌	天干地支西曆	癸卯5	甲辰6	乙巳7	丙午8	丁未9	戊申10	己酉11	庚戌12	辛亥13	壬子14	癸丑15	甲寅16	乙卯17	丙辰18	丁巳19	戊午20	己未21	庚申22	辛酉23	壬戌24	癸亥25	甲子26	乙丑27	丙寅28	丁卯29	戊辰30	己巳31	庚午(11)	辛未2		
十月大	己亥	天干地支西曆	壬申3	癸酉4	甲戌5	乙亥6	丙子7	丁丑8	戊寅9	己卯10	庚辰11	辛巳12	壬午13	癸未14	甲申15	乙酉16	丙戌17	丁亥18	戊子19	己丑20	庚寅21	辛卯22	壬辰23	癸巳24	甲午25	乙未26	丙申27	丁酉28	戊戌29	己亥30	庚子(12)	辛丑2	乙酉立冬
十一月大	庚子	天干地支西曆	壬寅3	癸卯4	甲辰5	乙巳6	丙午7	丁未8	戊申9	己酉10	庚戌11	辛亥12	壬子13	癸丑14	甲寅15	乙卯16	丙辰17	丁巳18	戊午19	己未20	庚申21	辛酉22	壬戌23	癸亥24	甲子25	乙丑26	丙寅27	丁卯28	戊辰29	己巳30	庚午31	辛未(1)	庚午冬至 壬寅日食
十二月小	辛丑	天干地支西曆	壬申2	癸酉3	甲戌4	乙亥5	丙子6	丁丑7	戊寅8	己卯9	庚辰10	辛巳11	壬午12	癸未13	甲申14	乙酉15	丙戌16	丁亥17	戊子18	己丑19	庚寅20	辛卯21	壬辰22	癸巳23	甲午24	乙未25	丙申26	丁酉27	戊戌28	己亥29	庚子30		

年代異同	竹書紀年	皇極經世	文獻通考	歷代紀年備考	歷代帝王年表	歷代統紀表	中國年曆總譜	斷代工程
	殷武乙二十六年	殷受辛十年	殷受辛十年	殷帝辛十年	殷受辛十年	殷受辛十年	殷帝辛三十年	殷武乙三年

殷廩辛四年（丁巳 蛇年） 公元前 **1144** ~ 前 1143 年

夏曆月序		中西曆日對照	初一	初二	初三	初四	初五	初六	初七	初八	初九	初十	十一	十二	十三	十四	十五	十六	十七	十八	十九	二十	二一	二二	二三	二四	二五	二六	二七	二八	二九	三十	節氣與天象
正月大	壬寅	天干 地支 西曆	辛丑 31	壬寅 (2)	癸卯 2	甲辰 3	乙巳 4	丙午 5	丁未 6	戊申 7	己酉 8	庚戌 9	辛亥 10	壬子 11	癸丑 12	甲寅 13	乙卯 14	丙辰 15	丁巳 16	戊午 17	己未 18	庚申 19	辛酉 20	壬戌 21	癸亥 22	甲子 23	乙丑 24	丙寅 25	丁卯 26	戊辰 27	己巳 28	庚午 (3)	甲寅立春
二月小	癸卯	天干 地支 西曆	辛未 2	壬申 3	癸酉 4	甲戌 5	乙亥 6	丙子 7	丁丑 8	戊寅 9	己卯 10	庚辰 11	辛巳 12	壬午 13	癸未 14	甲申 15	乙酉 16	丙戌 17	丁亥 18	戊子 19	己丑 20	庚寅 21	辛卯 22	壬辰 23	癸巳 24	甲午 25	乙未 26	丙申 27	丁酉 28	戊戌 29	己亥 30		
閏二月小	癸卯	天干 地支 西曆	庚子 31	辛丑 (4)	壬寅 2	癸卯 3	甲辰 4	乙巳 5	丙午 6	丁未 7	戊申 8	己酉 9	庚戌 10	辛亥 11	壬子 12	癸丑 13	甲寅 14	乙卯 15	丙辰 16	丁巳 17	戊午 18	己未 19	庚申 20	辛酉 21	壬戌 22	癸亥 23	甲子 24	乙丑 25	丙寅 26	丁卯 27	戊辰 28		辛丑春分
三月小	甲辰	天干 地支 西曆	己巳 29	庚午 30	辛未 (5)	壬申 2	癸酉 3	甲戌 4	乙亥 5	丙子 6	丁丑 7	戊寅 8	己卯 9	庚辰 10	辛巳 11	壬午 12	癸未 13	甲申 14	乙酉 15	丙戌 16	丁亥 17	戊子 18	己丑 19	庚寅 20	辛卯 21	壬辰 22	癸巳 23	甲午 24	乙未 25	丙申 26	丁酉 27		戊子立夏
四月大	乙巳	天干 地支 西曆	戊戌 28	己亥 29	庚子 30	辛丑 31	壬寅 (6)	癸卯 2	甲辰 3	乙巳 4	丙午 5	丁未 6	戊申 7	己酉 8	庚戌 9	辛亥 10	壬子 11	癸丑 12	甲寅 13	乙卯 14	丙辰 15	丁巳 16	戊午 17	己未 18	庚申 19	辛酉 20	壬戌 21	癸亥 22	甲子 23	乙丑 24	丙寅 25	丁卯 26	
五月小	丙午	天干 地支 西曆	戊辰 27	己巳 28	庚午 29	辛未 30	壬申 (7)	癸酉 2	甲戌 3	乙亥 4	丙子 5	丁丑 6	戊寅 7	己卯 8	庚辰 9	辛巳 10	壬午 11	癸未 12	甲申 13	乙酉 14	丙戌 15	丁亥 16	戊子 17	己丑 18	庚寅 19	辛卯 20	壬辰 21	癸巳 22	甲午 23	乙未 24	丙申 25		乙亥夏至
六月大	丁未	天干 地支 西曆	丁酉 26	戊戌 27	己亥 28	庚子 29	辛丑 30	壬寅 31	癸卯 (8)	甲辰 2	乙巳 3	丙午 4	丁未 5	戊申 6	己酉 7	庚戌 8	辛亥 9	壬子 10	癸丑 11	甲寅 12	乙卯 13	丙辰 14	丁巳 15	戊午 16	己未 17	庚申 18	辛酉 19	壬戌 20	癸亥 21	甲子 22	乙丑 23	丙寅 24	辛酉立秋
七月大	戊申	天干 地支 西曆	丁卯 25	戊辰 26	己巳 27	庚午 28	辛未 29	壬申 30	癸酉 31	甲戌 (9)	乙亥 2	丙子 3	丁丑 4	戊寅 5	己卯 6	庚辰 7	辛巳 8	壬午 9	癸未 10	甲申 11	乙酉 12	丙戌 13	丁亥 14	戊子 15	己丑 16	庚寅 17	辛卯 18	壬辰 19	癸巳 20	甲午 21	乙未 22	丙申 23	
八月小	己酉	天干 地支 西曆	丁酉 24	戊戌 25	己亥 26	庚子 27	辛丑 28	壬寅 29	癸卯 30	甲辰 (10)	乙巳 2	丙午 3	丁未 4	戊申 5	己酉 6	庚戌 7	辛亥 8	壬子 9	癸丑 10	甲寅 11	乙卯 12	丙辰 13	丁巳 14	戊午 15	己未 16	庚申 17	辛酉 18	壬戌 19	癸亥 20	甲子 21	乙丑 22		丙午秋分
九月大	庚戌	天干 地支 西曆	丙寅 23	丁卯 24	戊辰 25	己巳 26	庚午 27	辛未 28	壬申 29	癸酉 30	甲戌 31	乙亥 (11)	丙子 2	丁丑 3	戊寅 4	己卯 5	庚辰 6	辛巳 7	壬午 8	癸未 9	甲申 10	乙酉 11	丙戌 12	丁亥 13	戊子 14	己丑 15	庚寅 16	辛卯 17	壬辰 18	癸巳 19	甲午 20	乙未 21	辛卯立冬
十月大	辛亥	天干 地支 西曆	丙申 22	丁酉 23	戊戌 24	己亥 25	庚子 26	辛丑 27	壬寅 28	癸卯 29	甲辰 30	乙巳 (12)	丙午 2	丁未 3	戊申 4	己酉 5	庚戌 6	辛亥 7	壬子 8	癸丑 9	甲寅 10	乙卯 11	丙辰 12	丁巳 13	戊午 14	己未 15	庚申 16	辛酉 17	壬戌 18	癸亥 19	甲子 20	乙丑 21	丙申日食
十一月大	壬子	天干 地支 西曆	丙寅 22	丁卯 23	戊辰 24	己巳 25	庚午 26	辛未 27	壬申 28	癸酉 29	甲戌 30	乙亥 31	丙子 (1)	丁丑 2	戊寅 3	己卯 4	庚辰 5	辛巳 6	壬午 7	癸未 8	甲申 9	乙酉 10	丙戌 11	丁亥 12	戊子 13	己丑 14	庚寅 15	辛卯 16	壬辰 17	癸巳 18	甲午 19	乙未 20	乙亥冬至
十二月小	癸丑	天干 地支 西曆	丙申 21	丁酉 22	戊戌 23	己亥 24	庚子 25	辛丑 26	壬寅 27	癸卯 28	甲辰 29	乙巳 30	丙午 31	丁未 (2)	戊申 2	己酉 3	庚戌 4	辛亥 5	壬子 6	癸丑 7	甲寅 8	乙卯 9	丙辰 10	丁巳 11	戊午 12	己未 13	庚申 14	辛酉 15	壬戌 16	癸亥 17	甲子 18		庚申立春

年代異同	竹書紀年	皇極經世	文獻通考	歷代紀年備考	歷代帝王年表	歷代統紀表	中國年曆總譜	斷代工程
	殷武乙二十七年	殷受辛十一年	殷受辛十一年	殷帝辛十一年	殷受辛十一年	殷受辛十一年	殷帝辛三十一年	殷武乙四年

殷廩辛五年（戊午 馬年） 公元前 **1143** ~ 前 1142 年

夏曆月序		中西曆日對照	初一	初二	初三	初四	初五	初六	初七	初八	初九	初十	十一	十二	十三	十四	十五	十六	十七	十八	十九	二十	二一	二二	二三	二四	二五	二六	二七	二八	二九	三十	節氣與天象
正月大	甲寅	天干地支西曆	乙丑19	丙寅20	丁卯21	戊辰22	己巳23	庚午24	辛未25	壬申26	癸酉27	甲戌28	乙亥(3)	丙子2	丁丑3	戊寅4	己卯5	庚辰6	辛巳7	壬午8	癸未9	甲申10	乙酉11	丙戌12	丁亥13	戊子14	己丑15	庚寅16	辛卯17	壬辰18	癸巳19	甲午20	
二月小	乙卯	天干地支西曆	乙未21	丙申22	丁酉23	戊戌24	己亥25	庚子26	辛丑27	壬寅28	癸卯29	甲辰30	乙巳31	丙午(4)	丁未2	戊申3	己酉4	庚戌5	辛亥6	壬子7	癸丑8	甲寅9	乙卯10	丙辰11	丁巳12	戊午13	己未14	庚申15	辛酉16	壬戌17	癸亥18		丙午春分
三月小	丙辰	天干地支西曆	甲子19	乙丑20	丙寅21	丁卯22	戊辰23	己巳24	庚午25	辛未26	壬申27	癸酉28	甲戌29	乙亥30	丙子(5)	丁丑2	戊寅3	己卯4	庚辰5	辛巳6	壬午7	癸未8	甲申9	乙酉10	丙戌11	丁亥12	戊子13	己丑14	庚寅15	辛卯16	壬辰17		
四月小	丁巳	天干地支西曆	癸巳18	甲午19	乙未20	丙申21	丁酉22	戊戌23	己亥24	庚子25	辛丑26	壬寅27	癸卯28	甲辰29	乙巳30	丙午31	丁未(6)	戊申2	己酉3	庚戌4	辛亥5	壬子6	癸丑7	甲寅8	乙卯9	丙辰10	丁巳11	戊午12	己未13	庚申14	辛酉15		癸巳立夏 癸巳日食
五月大	戊午	天干地支西曆	壬戌16	癸亥17	甲子18	乙丑19	丙寅20	丁卯21	戊辰22	己巳23	庚午24	辛未25	壬申26	癸酉27	甲戌28	乙亥29	丙子30	丁丑(7)	戊寅2	己卯3	庚辰4	辛巳5	壬午6	癸未7	甲申8	乙酉9	丙戌10	丁亥11	戊子12	己丑13	庚寅14	辛卯15	庚辰夏至
六月小	己未	天干地支西曆	壬辰16	癸巳17	甲午18	乙未19	丙申20	丁酉21	戊戌22	己亥23	庚子24	辛丑25	壬寅26	癸卯27	甲辰28	乙巳29	丙午30	丁未31	戊申(8)	己酉2	庚戌3	辛亥4	壬子5	癸丑6	甲寅7	乙卯8	丙辰9	丁巳10	戊午11	己未12	庚申13		
七月大	庚申	天干地支西曆	辛酉14	壬戌15	癸亥16	甲子17	乙丑18	丙寅19	丁卯20	戊辰21	己巳22	庚午23	辛未24	壬申25	癸酉26	甲戌27	乙亥28	丙子29	丁丑30	戊寅31	己卯(9)	庚辰2	辛巳3	壬午4	癸未5	甲申6	乙酉7	丙戌8	丁亥9	戊子10	己丑11	庚寅12	丁卯立秋
八月小	辛酉	天干地支西曆	辛卯13	壬辰14	癸巳15	甲午16	乙未17	丙申18	丁酉19	戊戌20	己亥21	庚子22	辛丑23	壬寅24	癸卯25	甲辰26	乙巳27	丙午28	丁未29	戊申30	己酉(10)	庚戌2	辛亥3	壬子4	癸丑5	甲寅6	乙卯7	丙辰8	丁巳9	戊午10	己未11		壬子秋分
九月大	壬戌	天干地支西曆	庚申12	辛酉13	壬戌14	癸亥15	甲子16	乙丑17	丙寅18	丁卯19	戊辰20	己巳21	庚午22	辛未23	壬申24	癸酉25	甲戌26	乙亥27	丙子28	丁丑29	戊寅30	己卯31	庚辰(11)	辛巳2	壬午3	癸未4	甲申5	乙酉6	丙戌7	丁亥8	戊子9	己丑10	
十月大	癸亥	天干地支西曆	庚寅11	辛卯12	壬辰13	癸巳14	甲午15	乙未16	丙申17	丁酉18	戊戌19	己亥20	庚子21	辛丑22	壬寅23	癸卯24	甲辰25	乙巳26	丙午27	丁未28	戊申29	己酉30	庚戌(12)	辛亥2	壬子3	癸丑4	甲寅5	乙卯6	丙辰7	丁巳8	戊午9	己未10	丙申立冬
十一月大	甲子	天干地支西曆	庚申11	辛酉12	壬戌13	癸亥14	甲子15	乙丑16	丙寅17	丁卯18	戊辰19	己巳20	庚午21	辛未22	壬申23	癸酉24	甲戌25	乙亥26	丙子27	丁丑28	戊寅29	己卯30	庚辰31	辛巳(1)	壬午2	癸未3	甲申4	乙酉5	丙戌6	丁亥7	戊子8	己丑9	庚辰冬至
十二月小	乙丑	天干地支西曆	庚寅10	辛卯11	壬辰12	癸巳13	甲午14	乙未15	丙申16	丁酉17	戊戌18	己亥19	庚子20	辛丑21	壬寅22	癸卯23	甲辰24	乙巳25	丙午26	丁未27	戊申28	己酉29	庚戌30	辛亥31	壬子(2)	癸丑2	甲寅3	乙卯4	丙辰5	丁巳6	戊午7		

年代異同	竹書紀年	皇極經世	文獻通考	歷代紀年備考	歷代帝王年表	歷代統紀表	中國年曆總譜	斷代工程
	殷武乙二十八年	殷受辛十二年	殷受辛十二年	殷帝辛十二年	殷受辛十二年	殷受辛十二年	殷帝辛三十二年	殷武乙五年

殷廩辛六年（己未 羊年） 公元前**1142** ~ 前1141年

夏曆月序		中西曆日對照	初一	初二	初三	初四	初五	初六	初七	初八	初九	初十	十一	十二	十三	十四	十五	十六	十七	十八	十九	二十	二一	二二	二三	二四	二五	二六	二七	二八	二九	三十	節氣與天象
正月大	丙寅	天干地支西曆	己未8	庚申9	辛酉10	壬戌11	癸亥12	甲子13	乙丑14	丙寅15	丁卯16	戊辰17	己巳18	庚午19	辛未20	壬申21	癸酉22	甲戌23	乙亥24	丙子25	丁丑26	戊寅27	己卯28	庚辰(3)	辛巳2	壬午3	癸未4	甲申5	乙酉6	丙戌7	丁亥8	戊子9	乙丑立春
二月小	丁卯	天干地支西曆	己丑10	庚寅11	辛卯12	壬辰13	癸巳14	甲午15	乙未16	丙申17	丁酉18	戊戌19	己亥20	庚子21	辛丑22	壬寅23	癸卯24	甲辰25	乙巳26	丙午27	丁未28	戊申29	己酉30	庚戌31	辛亥(4)	壬子2	癸丑3	甲寅4	乙卯5	丙辰6	丁巳7		辛亥春分
三月大	戊辰	天干地支西曆	戊午8	己未9	庚申10	辛酉11	壬戌12	癸亥13	甲子14	乙丑15	丙寅16	丁卯17	戊辰18	己巳19	庚午20	辛未21	壬申22	癸酉23	甲戌24	乙亥25	丙子26	丁丑27	戊寅28	己卯29	庚辰30	辛巳(5)	壬午2	癸未3	甲申4	乙酉5	丙戌6	丁亥7	
四月小	己巳	天干地支西曆	戊子8	己丑9	庚寅10	辛卯11	壬辰12	癸巳13	甲午14	乙未15	丙申16	丁酉17	戊戌18	己亥19	庚子20	辛丑21	壬寅22	癸卯23	甲辰24	乙巳25	丙午26	丁未27	戊申28	己酉29	庚戌30	辛亥31	壬子(6)	癸丑2	甲寅3	乙卯4	丙辰5		戊戌立夏 戊子日食
五月小	庚午	天干地支西曆	丁巳6	戊午7	己未8	庚申9	辛酉10	壬戌11	癸亥12	甲子13	乙丑14	丙寅15	丁卯16	戊辰17	己巳18	庚午19	辛未20	壬申21	癸酉22	甲戌23	乙亥24	丙子25	丁丑26	戊寅27	己卯28	庚辰29	辛巳30	壬午(7)	癸未2	甲申3	乙酉4		乙酉夏至
六月大	辛未	天干地支西曆	丙戌5	丁亥6	戊子7	己丑8	庚寅9	辛卯10	壬辰11	癸巳12	甲午13	乙未14	丙申15	丁酉16	戊戌17	己亥18	庚子19	辛丑20	壬寅21	癸卯22	甲辰23	乙巳24	丙午25	丁未26	戊申27	己酉28	庚戌29	辛亥30	壬子31	癸丑(8)	甲寅2	乙卯3	
七月小	壬申	天干地支西曆	丙辰4	丁巳5	戊午6	己未7	庚申8	辛酉9	壬戌10	癸亥11	甲子12	乙丑13	丙寅14	丁卯15	戊辰16	己巳17	庚午18	辛未19	壬申20	癸酉21	甲戌22	乙亥23	丙子24	丁丑25	戊寅26	己卯27	庚辰28	辛巳29	壬午30	癸未31	甲申(9)		壬申立秋
八月大	癸酉	天干地支西曆	乙酉2	丙戌3	丁亥4	戊子5	己丑6	庚寅7	辛卯8	壬辰9	癸巳10	甲午11	乙未12	丙申13	丁酉14	戊戌15	己亥16	庚子17	辛丑18	壬寅19	癸卯20	甲辰21	乙巳22	丙午23	丁未24	戊申25	己酉26	庚戌27	辛亥28	壬子29	癸丑30	甲寅(10)	
九月小	甲戌	天干地支西曆	乙卯2	丙辰3	丁巳4	戊午5	己未6	庚申7	辛酉8	壬戌9	癸亥10	甲子11	乙丑12	丙寅13	丁卯14	戊辰15	己巳16	庚午17	辛未18	壬申19	癸酉20	甲戌21	乙亥22	丙子23	丁丑24	戊寅25	己卯26	庚辰27	辛巳28	壬午29	癸未30		丁巳秋分
閏九月大	甲戌	天干地支西曆	甲申31	乙酉(11)	丙戌2	丁亥3	戊子4	己丑5	庚寅6	辛卯7	壬辰8	癸巳9	甲午10	乙未11	丙申12	丁酉13	戊戌14	己亥15	庚子16	辛丑17	壬寅18	癸卯19	甲辰20	乙巳21	丙午22	丁未23	戊申24	己酉25	庚戌26	辛亥27	壬子28	癸丑29	辛丑立冬
十月大	乙亥	天干地支西曆	甲寅30	乙卯(12)	丙辰2	丁巳3	戊午4	己未5	庚申6	辛酉7	壬戌8	癸亥9	甲子10	乙丑11	丙寅12	丁卯13	戊辰14	己巳15	庚午16	辛未17	壬申18	癸酉19	甲戌20	乙亥21	丙子22	丁丑23	戊寅24	己卯25	庚辰26	辛巳27	壬午28	癸未29	
十一月大	丙子	天干地支西曆	甲申30	乙酉31	丙戌(1)	丁亥2	戊子3	己丑4	庚寅5	辛卯6	壬辰7	癸巳8	甲午9	乙未10	丙申11	丁酉12	戊戌13	己亥14	庚子15	辛丑16	壬寅17	癸卯18	甲辰19	乙巳20	丙午21	丁未22	戊申23	己酉24	庚戌25	辛亥26	壬子27	癸丑28	乙酉冬至
十二月小	丁丑	天干地支西曆	甲寅29	乙卯30	丙辰31	丁巳(2)	戊午2	己未3	庚申4	辛酉5	壬戌6	癸亥7	甲子8	乙丑9	丙寅10	丁卯11	戊辰12	己巳13	庚午14	辛未15	壬申16	癸酉17	甲戌18	乙亥19	丙子20	丁丑21	戊寅22	己卯23	庚辰24	辛巳25	壬午26		庚午立春

年代異同	竹書紀年	皇極經世	文獻通考	歷代紀年備考	歷代帝王年表	歷代統紀表	中國年曆總譜	斷代工程
	殷武乙二十九年	殷受辛十三年	殷受辛十三年	殷帝辛十三年	殷受辛十三年	殷受辛十三年	殷帝辛三十三年	殷武乙六年

殷康丁元年（庚申 猴年） 公元前 **1141** ~ 前 1140 年

夏曆月序		中西曆日對照	初一	初二	初三	初四	初五	初六	初七	初八	初九	初十	十一	十二	十三	十四	十五	十六	十七	十八	十九	二十	二一	二二	二三	二四	二五	二六	二七	二八	二九	三十	節氣與天象
正月大	戊寅	天干地支西曆	癸未27	甲申28	乙酉29	丙戌(3)	丁亥2	戊子3	己丑4	庚寅5	辛卯6	壬辰7	癸巳8	甲午9	乙未10	丙申11	丁酉12	戊戌13	己亥14	庚子15	辛丑16	壬寅17	癸卯18	甲辰19	乙巳20	丙午21	丁未22	戊申23	己酉24	庚戌25	辛亥26	壬子27	
二月小	己卯	天干地支西曆	癸丑28	甲寅29	乙卯30	丙辰31	丁巳(4)	戊午2	己未3	庚申4	辛酉5	壬戌6	癸亥7	甲子8	乙丑9	丙寅10	丁卯11	戊辰12	己巳13	庚午14	辛未15	壬申16	癸酉17	甲戌18	乙亥19	丙子20	丁丑21	戊寅22	己卯23	庚辰24	辛巳25		丙辰春分
三月大	庚辰	天干地支西曆	壬午26	癸未27	甲申28	乙酉29	丙戌30	丁亥(5)	戊子2	己丑3	庚寅4	辛卯5	壬辰6	癸巳7	甲午8	乙未9	丙申10	丁酉11	戊戌12	己亥13	庚子14	辛丑15	壬寅16	癸卯17	甲辰18	乙巳19	丙午20	丁未21	戊申22	己酉23	庚戌24	辛亥25	癸卯立夏
四月小	辛巳	天干地支西曆	壬子26	癸丑27	甲寅28	乙卯29	丙辰30	丁巳31	戊午(6)	己未2	庚申3	辛酉4	壬戌5	癸亥6	甲子7	乙丑8	丙寅9	丁卯10	戊辰11	己巳12	庚午13	辛未14	壬申15	癸酉16	甲戌17	乙亥18	丙子19	丁丑20	戊寅21	己卯22	庚辰23		
五月小	壬午	天干地支西曆	辛巳24	壬午25	癸未26	甲申27	乙酉28	丙戌29	丁亥30	戊子(7)	己丑2	庚寅3	辛卯4	壬辰5	癸巳6	甲午7	乙未8	丙申9	丁酉10	戊戌11	己亥12	庚子13	辛丑14	壬寅15	癸卯16	甲辰17	乙巳18	丙午19	丁未20	戊申21	己酉22		辛卯夏至
六月大	癸未	天干地支西曆	庚戌23	辛亥24	壬子25	癸丑26	甲寅27	乙卯28	丙辰29	丁巳30	戊午31	己未(8)	庚申2	辛酉3	壬戌4	癸亥5	甲子6	乙丑7	丙寅8	丁卯9	戊辰10	己巳11	庚午12	辛未13	壬申14	癸酉15	甲戌16	乙亥17	丙子18	丁丑19	戊寅20	己卯21	丁丑立秋
七月小	甲申	天干地支西曆	庚辰22	辛巳23	壬午24	癸未25	甲申26	乙酉27	丙戌28	丁亥29	戊子30	己丑31	庚寅(9)	辛卯2	壬辰3	癸巳4	甲午5	乙未6	丙申7	丁酉8	戊戌9	己亥10	庚子11	辛丑12	壬寅13	癸卯14	甲辰15	乙巳16	丙午17	丁未18	戊申19		
八月大	乙酉	天干地支西曆	己酉20	庚戌21	辛亥22	壬子23	癸丑24	甲寅25	乙卯26	丙辰27	丁巳28	戊午29	己未30	庚申(10)	辛酉2	壬戌3	癸亥4	甲子5	乙丑6	丙寅7	丁卯8	戊辰9	己巳10	庚午11	辛未12	壬申13	癸酉14	甲戌15	乙亥16	丙子17	丁丑18	戊寅19	壬戌秋分
九月小	丙戌	天干地支西曆	己卯20	庚辰21	辛巳22	壬午23	癸未24	甲申25	乙酉26	丙戌27	丁亥28	戊子29	己丑30	庚寅31	辛卯(11)	壬辰2	癸巳3	甲午4	乙未5	丙申6	丁酉7	戊戌8	己亥9	庚子10	辛丑11	壬寅12	癸卯13	甲辰14	乙巳15	丙午16	丁未17		丙午立冬
十月大	丁亥	天干地支西曆	戊申18	己酉19	庚戌20	辛亥21	壬子22	癸丑23	甲寅24	乙卯25	丙辰26	丁巳27	戊午28	己未29	庚申30	辛酉(12)	壬戌2	癸亥3	甲子4	乙丑5	丙寅6	丁卯7	戊辰8	己巳9	庚午10	辛未11	壬申12	癸酉13	甲戌14	乙亥15	丙子16	丁丑17	
十一月大	戊子	天干地支西曆	戊寅18	己卯19	庚辰20	辛巳21	壬午22	癸未23	甲申24	乙酉25	丙戌26	丁亥27	戊子28	己丑29	庚寅30	辛卯31	壬辰(1)	癸巳2	甲午3	乙未4	丙申5	丁酉6	戊戌7	己亥8	庚子9	辛丑10	壬寅11	癸卯12	甲辰13	乙巳14	丙午15	丁未16	辛卯冬至
十二月小	己丑	天干地支西曆	戊申17	己酉18	庚戌19	辛亥20	壬子21	癸丑22	甲寅23	乙卯24	丙辰25	丁巳26	戊午27	己未28	庚申29	辛酉30	壬戌31	癸亥(2)	甲子2	乙丑3	丙寅4	丁卯5	戊辰6	己巳7	庚午8	辛未9	壬申10	癸酉11	甲戌12	乙亥13	丙子14		乙亥立春

年代異同	竹書紀年	皇極經世	文獻通考	歷代紀年備考	歷代帝王年表	歷代統紀表	中國年曆總譜	斷代工程
	殷武乙三十年	殷受辛十四年	殷受辛十四年	殷帝辛十四年	殷受辛十四年	殷受辛十四年	殷帝辛三十四年	殷武乙七年

殷康丁二年（辛酉 鷄年） 公元前**1140** ~ 前1139年

夏曆月序		中西曆日對照	夏曆日序																													節氣與天象
			初一	初二	初三	初四	初五	初六	初七	初八	初九	初十	十一	十二	十三	十四	十五	十六	十七	十八	十九	二十	二一	二二	二三	二四	二五	二六	二七	二八	二九	三十	
正月大	庚寅	天干 地支 西曆	丁丑15	戊寅16	己卯17	庚辰18	辛巳19	壬午20	癸未21	甲申22	乙酉23	丙戌24	丁亥25	戊子26	己丑27	庚寅28	辛卯(3)	壬辰2	癸巳3	甲午4	乙未5	丙申6	丁酉7	戊戌8	己亥9	庚子10	辛丑11	壬寅12	癸卯13	甲辰14	乙巳15	丙午16	
二月大	辛卯	天干 地支 西曆	丁未17	戊申18	己酉19	庚戌20	辛亥21	壬子22	癸丑23	甲寅24	乙卯25	丙辰26	丁巳27	戊午28	己未29	庚申30	辛酉31	壬戌(4)	癸亥2	甲子3	乙丑4	丙寅5	丁卯6	戊辰7	己巳8	庚午9	辛未10	壬申11	癸酉12	甲戌13	乙亥14	丙子15	壬戌春分
三月小	壬辰	天干 地支 西曆	丁丑16	戊寅17	己卯18	庚辰19	辛巳20	壬午21	癸未22	甲申23	乙酉24	丙戌25	丁亥26	戊子27	己丑28	庚寅29	辛卯30	壬辰(5)	癸巳2	甲午3	乙未4	丙申5	丁酉6	戊戌7	己亥8	庚子9	辛丑10	壬寅11	癸卯12	甲辰13	乙巳14		
四月大	癸巳	天干 地支 西曆	丙午15	丁未16	戊申17	己酉18	庚戌19	辛亥20	壬子21	癸丑22	甲寅23	乙卯24	丙辰25	丁巳26	戊午27	己未28	庚申29	辛酉30	壬戌31	癸亥(6)	甲子2	乙丑3	丙寅4	丁卯5	戊辰6	己巳7	庚午8	辛未9	壬申10	癸酉11	甲戌12	乙亥13	己酉立夏
五月小	甲午	天干 地支 西曆	丙子14	丁丑15	戊寅16	己卯17	庚辰18	辛巳19	壬午20	癸未21	甲申22	乙酉23	丙戌24	丁亥25	戊子26	己丑27	庚寅28	辛卯29	壬辰30	癸巳(7)	甲午2	乙未3	丙申4	丁酉5	戊戌6	己亥7	庚子8	辛丑9	壬寅10	癸卯11	甲辰12		丙申夏至
六月小	乙未	天干 地支 西曆	乙巳13	丙午14	丁未15	戊申16	己酉17	庚戌18	辛亥19	壬子20	癸丑21	甲寅22	乙卯23	丙辰24	丁巳25	戊午26	己未27	庚申28	辛酉29	壬戌30	癸亥31	甲子(8)	乙丑2	丙寅3	丁卯4	戊辰5	己巳6	庚午7	辛未8	壬申9	癸酉10		
七月大	丙申	天干 地支 西曆	甲戌11	乙亥12	丙子13	丁丑14	戊寅15	己卯16	庚辰17	辛巳18	壬午19	癸未20	甲申21	乙酉22	丙戌23	丁亥24	戊子25	己丑26	庚寅27	辛卯28	壬辰29	癸巳30	甲午31	乙未(9)	丙申2	丁酉3	戊戌4	己亥5	庚子6	辛丑7	壬寅8	癸卯9	壬午立秋
八月小	丁酉	天干 地支 西曆	甲辰10	乙巳11	丙午12	丁未13	戊申14	己酉15	庚戌16	辛亥17	壬子18	癸丑19	甲寅20	乙卯21	丙辰22	丁巳23	戊午24	己未25	庚申26	辛酉27	壬戌28	癸亥29	甲子30	乙丑(10)	丙寅2	丁卯3	戊辰4	己巳5	庚午6	辛未7	壬申8		丁卯秋分
九月大	戊戌	天干 地支 西曆	癸酉9	甲戌10	乙亥11	丙子12	丁丑13	戊寅14	己卯15	庚辰16	辛巳17	壬午18	癸未19	甲申20	乙酉21	丙戌22	丁亥23	戊子24	己丑25	庚寅26	辛卯27	壬辰28	癸巳29	甲午30	乙未31	丙申(11)	丁酉2	戊戌3	己亥4	庚子5	辛丑6	壬寅7	
十月小	己亥	天干 地支 西曆	癸卯8	甲辰9	乙巳10	丙午11	丁未12	戊申13	己酉14	庚戌15	辛亥16	壬子17	癸丑18	甲寅19	乙卯20	丙辰21	丁巳22	戊午23	己未24	庚申25	辛酉26	壬戌27	癸亥28	甲子29	乙丑30	丙寅(12)	丁卯2	戊辰3	己巳4	庚午5	辛未6		壬子立冬
十一月大	庚子	天干 地支 西曆	壬申7	癸酉8	甲戌9	乙亥10	丙子11	丁丑12	戊寅13	己卯14	庚辰15	辛巳16	壬午17	癸未18	甲申19	乙酉20	丙戌21	丁亥22	戊子23	己丑24	庚寅25	辛卯26	壬辰27	癸巳28	甲午29	乙未30	丙申31	丁酉(1)	戊戌2	己亥3	庚子4	辛丑5	丙申冬至
十二月小	辛丑	天干 地支 西曆	壬寅6	癸卯7	甲辰8	乙巳9	丙午10	丁未11	戊申12	己酉13	庚戌14	辛亥15	壬子16	癸丑17	甲寅18	乙卯19	丙辰20	丁巳21	戊午22	己未23	庚申24	辛酉25	壬戌26	癸亥27	甲子28	乙丑29	丙寅30	丁卯31	戊辰(2)	己巳2	庚午3		

年代異同	竹書紀年	皇極經世	文獻通考	歷代紀年備考	歷代帝王年表	歷代統紀表	中國年曆總譜	斷代工程
	殷武乙三十一年	殷受辛十五年	殷受辛十五年	殷受辛十五年	殷受辛十五年	殷受辛十五年	殷帝辛三十五年	殷武乙八年

殷康丁三年（壬戌 狗年） 公元前 **1139** ~ 前 1138 年

夏曆月序	月建	中西曆日對照	初一	初二	初三	初四	初五	初六	初七	初八	初九	初十	十一	十二	十三	十四	十五	十六	十七	十八	十九	二十	二一	二二	二三	二四	二五	二六	二七	二八	二九	三十	節氣與天象
正月大	壬寅	天干地支西曆	辛未4	壬申5	癸酉6	甲戌7	乙亥8	丙子9	丁丑10	戊寅11	己卯12	庚辰13	辛巳14	壬午15	癸未16	甲申17	乙酉18	丙戌19	丁亥20	戊子21	己丑22	庚寅23	辛卯24	壬辰25	癸巳26	甲午27	乙未28	丙申(3)	丁酉2	戊戌3	己亥4	庚子5	辛巳立春
二月大	癸卯	天干地支西曆	辛丑6	壬寅7	癸卯8	甲辰9	乙巳10	丙午11	丁未12	戊申13	己酉14	庚戌15	辛亥16	壬子17	癸丑18	甲寅19	乙卯20	丙辰21	丁巳22	戊午23	己未24	庚申25	辛酉26	壬戌27	癸亥28	甲子29	乙丑30	丙寅31	丁卯(4)	戊辰2	己巳3	庚午4	丁卯春分
三月小	甲辰	天干地支西曆	辛未5	壬申6	癸酉7	甲戌8	乙亥9	丙子10	丁丑11	戊寅12	己卯13	庚辰14	辛巳15	壬午16	癸未17	甲申18	乙酉19	丙戌20	丁亥21	戊子22	己丑23	庚寅24	辛卯25	壬辰26	癸巳27	甲午28	乙未29	丙申30	丁酉(5)	戊戌2	己亥3		
四月大	乙巳	天干地支西曆	庚子4	辛丑5	壬寅6	癸卯7	甲辰8	乙巳9	丙午10	丁未11	戊申12	己酉13	庚戌14	辛亥15	壬子16	癸丑17	甲寅18	乙卯19	丙辰20	丁巳21	戊午22	己未23	庚申24	辛酉25	壬戌26	癸亥27	甲子28	乙丑29	丙寅30	丁卯31	戊辰(6)	己巳2	甲寅立夏
五月小	丙午	天干地支西曆	庚午3	辛未4	壬申5	癸酉6	甲戌7	乙亥8	丙子9	丁丑10	戊寅11	己卯12	庚辰13	辛巳14	壬午15	癸未16	甲申17	乙酉18	丙戌19	丁亥20	戊子21	己丑22	庚寅23	辛卯24	壬辰25	癸巳26	甲午27	乙未28	丙申29	丁酉30	戊戌(7)		
六月大	丁未	天干地支西曆	己亥2	庚子3	辛丑4	壬寅5	癸卯6	甲辰7	乙巳8	丙午9	丁未10	戊申11	己酉12	庚戌13	辛亥14	壬子15	癸丑16	甲寅17	乙卯18	丙辰19	丁巳20	戊午21	己未22	庚申23	辛酉24	壬戌25	癸亥26	甲子27	乙丑28	丙寅29	丁卯30	戊辰31	辛丑夏至
七月小	戊申	天干地支西曆	己巳(8)	庚午2	辛未3	壬申4	癸酉5	甲戌6	乙亥7	丙子8	丁丑9	戊寅10	己卯11	庚辰12	辛巳13	壬午14	癸未15	甲申16	乙酉17	丙戌18	丁亥19	戊子20	己丑21	庚寅22	辛卯23	壬辰24	癸巳25	甲午26	乙未27	丙申28	丁酉29		丁亥立秋
閏七月大	戊申	天干地支西曆	戊戌30	己亥31	庚子(9)	辛丑2	壬寅3	癸卯4	甲辰5	乙巳6	丙午7	丁未8	戊申9	己酉10	庚戌11	辛亥12	壬子13	癸丑14	甲寅15	乙卯16	丙辰17	丁巳18	戊午19	己未20	庚申21	辛酉22	壬戌23	癸亥24	甲子25	乙丑26	丙寅27	丁卯28	
八月小	己酉	天干地支西曆	戊辰29	己巳30	庚午(10)	辛未2	壬申3	癸酉4	甲戌5	乙亥6	丙子7	丁丑8	戊寅9	己卯10	庚辰11	辛巳12	壬午13	癸未14	甲申15	乙酉16	丙戌17	丁亥18	戊子19	己丑20	庚寅21	辛卯22	壬辰23	癸巳24	甲午25	乙未26	丙申27		癸酉秋分
九月大	庚戌	天干地支西曆	丁酉28	戊戌29	己亥30	庚子31	辛丑(11)	壬寅2	癸卯3	甲辰4	乙巳5	丙午6	丁未7	戊申8	己酉9	庚戌10	辛亥11	壬子12	癸丑13	甲寅14	乙卯15	丙辰16	丁巳17	戊午18	己未19	庚申20	辛酉21	壬戌22	癸亥23	甲子24	乙丑25	丙寅26	丁巳立冬
十月小	辛亥	天干地支西曆	丁卯27	戊辰28	己巳29	庚午30	辛未(12)	壬申2	癸酉3	甲戌4	乙亥5	丙子6	丁丑7	戊寅8	己卯9	庚辰10	辛巳11	壬午12	癸未13	甲申14	乙酉15	丙戌16	丁亥17	戊子18	己丑19	庚寅20	辛卯21	壬辰22	癸巳23	甲午24	乙未25		
十一月大	壬子	天干地支西曆	丙申26	丁酉27	戊戌28	己亥29	庚子30	辛丑31	壬寅(1)	癸卯2	甲辰3	乙巳4	丙午5	丁未6	戊申7	己酉8	庚戌9	辛亥10	壬子11	癸丑12	甲寅13	乙卯14	丙辰15	丁巳16	戊午17	己未18	庚申19	辛酉20	壬戌21	癸亥22	甲子23	乙丑24	辛丑冬至
十二月小	癸丑	天干地支西曆	丙寅25	丁卯26	戊辰27	己巳28	庚午29	辛未30	壬申31	癸酉(2)	甲戌2	乙亥3	丙子4	丁丑5	戊寅6	己卯7	庚辰8	辛巳9	壬午10	癸未11	甲申12	乙酉13	丙戌14	丁亥15	戊子16	己丑17	庚寅18	辛卯19	壬辰20	癸巳21	甲午22		丙戌立春

年代異同	竹書紀年	皇極經世	文獻通考	歷代紀年備考	歷代帝王年表	歷代統紀表	中國年曆總譜	斷代工程
	殷武乙三十二年	殷受辛十六年	殷受辛十六年	殷受辛十六年	殷受辛十六年	殷受辛十六年	殷帝辛三十六年	殷武乙九年

殷康丁四年（癸亥 猪年） 公元前 1138 ~ 前 1137 年

夏曆月序		中西曆日對照	夏曆日序																														節氣與天象
			初一	初二	初三	初四	初五	初六	初七	初八	初九	初十	十一	十二	十三	十四	十五	十六	十七	十八	十九	二十	二一	二二	二三	二四	二五	二六	二七	二八	二九	三十	
正月大	甲寅	干支 天地 西曆	乙未 23	丙申 24	丁酉 25	戊戌 26	己亥 27	庚子 28	辛丑 (3)	壬寅 2	癸卯 3	甲辰 4	乙巳 5	丙午 6	丁未 7	戊申 8	己酉 9	庚戌 10	辛亥 11	壬子 12	癸丑 13	甲寅 14	乙卯 15	丙辰 16	丁巳 17	戊午 18	己未 19	庚申 20	辛酉 21	壬戌 22	癸亥 23	甲子 24	
二月小	乙卯	干支 天地 西曆	乙丑 25	丙寅 26	丁卯 27	戊辰 28	己巳 29	庚午 30	辛未 31	壬申 (4)	癸酉 2	甲戌 3	乙亥 4	丙子 5	丁丑 6	戊寅 7	己卯 8	庚辰 9	辛巳 10	壬午 11	癸未 12	甲申 13	乙酉 14	丙戌 15	丁亥 16	戊子 17	己丑 18	庚寅 19	辛卯 20	壬辰 21	癸巳 22		壬申春分
三月大	丙辰	干支 天地 西曆	甲午 23	乙未 24	丙申 25	丁酉 26	戊戌 27	己亥 28	庚子 29	辛丑 30	壬寅 (5)	癸卯 2	甲辰 3	乙巳 4	丙午 5	丁未 6	戊申 7	己酉 8	庚戌 9	辛亥 10	壬子 11	癸丑 12	甲寅 13	乙卯 14	丙辰 15	丁巳 16	戊午 17	己未 18	庚申 19	辛酉 20	壬戌 21	癸亥 22	己未立夏
四月大	丁巳	干支 天地 西曆	甲子 23	乙丑 24	丙寅 25	丁卯 26	戊辰 27	己巳 28	庚午 29	辛未 30	壬申 31	癸酉 (6)	甲戌 2	乙亥 3	丙子 4	丁丑 5	戊寅 6	己卯 7	庚辰 8	辛巳 9	壬午 10	癸未 11	甲申 12	乙酉 13	丙戌 14	丁亥 15	戊子 16	己丑 17	庚寅 18	辛卯 19	壬辰 20	癸巳 21	
五月小	戊午	干支 天地 西曆	甲午 22	乙未 23	丙申 24	丁酉 25	戊戌 26	己亥 27	庚子 28	辛丑 29	壬寅 30	癸卯 (7)	甲辰 2	乙巳 3	丙午 4	丁未 5	戊申 6	己酉 7	庚戌 8	辛亥 9	壬子 10	癸丑 11	甲寅 12	乙卯 13	丙辰 14	丁巳 15	戊午 16	己未 17	庚申 18	辛酉 19	壬戌 20		丙午夏至
六月大	己未	干支 天地 西曆	癸亥 21	甲子 22	乙丑 23	丙寅 24	丁卯 25	戊辰 26	己巳 27	庚午 28	辛未 29	壬申 30	癸酉 31	甲戌 (8)	乙亥 2	丙子 3	丁丑 4	戊寅 5	己卯 6	庚辰 7	辛巳 8	壬午 9	癸未 10	甲申 11	乙酉 12	丙戌 13	丁亥 14	戊子 15	己丑 16	庚寅 17	辛卯 18	壬辰 19	
七月小	庚申	干支 天地 西曆	癸巳 20	甲午 21	乙未 22	丙申 23	丁酉 24	戊戌 25	己亥 26	庚子 27	辛丑 28	壬寅 29	癸卯 30	甲辰 31	乙巳 (9)	丙午 2	丁未 3	戊申 4	己酉 5	庚戌 6	辛亥 7	壬子 8	癸丑 9	甲寅 10	乙卯 11	丙辰 12	丁巳 13	戊午 14	己未 15	庚申 16	辛酉 17		癸巳立秋
八月大	辛酉	干支 天地 西曆	壬戌 18	癸亥 19	甲子 20	乙丑 21	丙寅 22	丁卯 23	戊辰 24	己巳 25	庚午 26	辛未 27	壬申 28	癸酉 29	甲戌 30	乙亥 (10)	丙子 2	丁丑 3	戊寅 4	己卯 5	庚辰 6	辛巳 7	壬午 8	癸未 9	甲申 10	乙酉 11	丙戌 12	丁亥 13	戊子 14	己丑 15	庚寅 16	辛卯 17	戊寅秋分
九月小	壬戌	干支 天地 西曆	壬辰 18	癸巳 19	甲午 20	乙未 21	丙申 22	丁酉 23	戊戌 24	己亥 25	庚子 26	辛丑 27	壬寅 28	癸卯 29	甲辰 30	乙巳 31	丙午 (11)	丁未 2	戊申 3	己酉 4	庚戌 5	辛亥 6	壬子 7	癸丑 8	甲寅 9	乙卯 10	丙辰 11	丁巳 12	戊午 13	己未 14	庚申 15		
十月大	癸亥	干支 天地 西曆	辛酉 16	壬戌 17	癸亥 18	甲子 19	乙丑 20	丙寅 21	丁卯 22	戊辰 23	己巳 24	庚午 25	辛未 26	壬申 27	癸酉 28	甲戌 29	乙亥 30	丙子 (12)	丁丑 2	戊寅 3	己卯 4	庚辰 5	辛巳 6	壬午 7	癸未 8	甲申 9	乙酉 10	丙戌 11	丁亥 12	戊子 13	己丑 14	庚寅 15	壬戌立冬
十一月小	甲子	干支 天地 西曆	辛卯 16	壬辰 17	癸巳 18	甲午 19	乙未 20	丙申 21	丁酉 22	戊戌 23	己亥 24	庚子 25	辛丑 26	壬寅 27	癸卯 28	甲辰 29	乙巳 30	丙午 31	丁未 (1)	戊申 2	己酉 3	庚戌 4	辛亥 5	壬子 6	癸丑 7	甲寅 8	乙卯 9	丙辰 10	丁巳 11	戊午 12	己未 13		丙午冬至
十二月大	乙丑	干支 天地 西曆	庚申 14	辛酉 15	壬戌 16	癸亥 17	甲子 18	乙丑 19	丙寅 20	丁卯 21	戊辰 22	己巳 23	庚午 24	辛未 25	壬申 26	癸酉 27	甲戌 28	乙亥 29	丙子 30	丁丑 31	戊寅 (2)	己卯 2	庚辰 3	辛巳 4	壬午 5	癸未 6	甲申 7	乙酉 8	丙戌 9	丁亥 10	戊子 11	己丑 12	

年代異同	竹書紀年	皇極經世	文獻通考	歷代紀年備考	歷代帝王年表	歷代統紀表	中國年曆總譜	斷代工程
	殷武乙三十三年	殷受辛十七年	殷受辛十七年	殷受辛十七年	殷受辛十七年	殷受辛十七年	殷帝辛三十七年	殷武乙十年

殷康丁五年（甲子 鼠年） 公元前 1137 ~ 前 1136 年

夏曆月序		中西曆日對照	初一	初二	初三	初四	初五	初六	初七	初八	初九	初十	十一	十二	十三	十四	十五	十六	十七	十八	十九	二十	二一	二二	二三	二四	二五	二六	二七	二八	二九	三十	節氣與天象
正月小	丙寅	天干地支西曆	庚寅 13	辛卯 14	壬辰 15	癸巳 16	甲午 17	乙未 18	丙申 19	丁酉 20	戊戌 21	己亥 22	庚子 23	辛丑 24	壬寅 25	癸卯 26	甲辰 27	乙巳 28	丙午 29	丁未 (3)	戊申 2	己酉 3	庚戌 4	辛亥 5	壬子 6	癸丑 7	甲寅 8	乙卯 9	丙辰 10	丁巳 11	戊午 12		辛卯立春
二月大	丁卯	天干地支西曆	己未 13	庚申 14	辛酉 15	壬戌 16	癸亥 17	甲子 18	乙丑 19	丙寅 20	丁卯 21	戊辰 22	己巳 23	庚午 24	辛未 25	壬申 26	癸酉 27	甲戌 28	乙亥 29	丙子 30	丁丑 31	戊寅 (4)	己卯 2	庚辰 3	辛巳 4	壬午 5	癸未 6	甲申 7	乙酉 8	丙戌 9	丁亥 10	戊子 11	丁丑春分
三月小	戊辰	天干地支西曆	己丑 12	庚寅 13	辛卯 14	壬辰 15	癸巳 16	甲午 17	乙未 18	丙申 19	丁酉 20	戊戌 21	己亥 22	庚子 23	辛丑 24	壬寅 25	癸卯 26	甲辰 27	乙巳 28	丙午 29	丁未 30	戊申 (5)	己酉 2	庚戌 3	辛亥 4	壬子 5	癸丑 6	甲寅 7	乙卯 8	丙辰 9	丁巳 10		
四月大	己巳	天干地支西曆	戊午 11	己未 12	庚申 13	辛酉 14	壬戌 15	癸亥 16	甲子 17	乙丑 18	丙寅 19	丁卯 20	戊辰 21	己巳 22	庚午 23	辛未 24	壬申 25	癸酉 26	甲戌 27	乙亥 28	丙子 29	丁丑 30	戊寅 31	己卯 (6)	庚辰 2	辛巳 3	壬午 4	癸未 5	甲申 6	乙酉 7	丙戌 8	丁亥 9	甲子立夏
五月小	庚午	天干地支西曆	戊子 10	己丑 11	庚寅 12	辛卯 13	壬辰 14	癸巳 15	甲午 16	乙未 17	丙申 18	丁酉 19	戊戌 20	己亥 21	庚子 22	辛丑 23	壬寅 24	癸卯 25	甲辰 26	乙巳 27	丙午 28	丁未 29	戊申 30	己酉 (7)	庚戌 2	辛亥 3	壬子 4	癸丑 5	甲寅 6	乙卯 7	丙辰 8		壬子夏至
六月大	辛未	天干地支西曆	丁巳 9	戊午 10	己未 11	庚申 12	辛酉 13	壬戌 14	癸亥 15	甲子 16	乙丑 17	丙寅 18	丁卯 19	戊辰 20	己巳 21	庚午 22	辛未 23	壬申 24	癸酉 25	甲戌 26	乙亥 27	丙子 28	丁丑 29	戊寅 30	己卯 31	庚辰 (8)	辛巳 2	壬午 3	癸未 4	甲申 5	乙酉 6	丙戌 7	
七月大	壬申	天干地支西曆	丁亥 8	戊子 9	己丑 10	庚寅 11	辛卯 12	壬辰 13	癸巳 14	甲午 15	乙未 16	丙申 17	丁酉 18	戊戌 19	己亥 20	庚子 21	辛丑 22	壬寅 23	癸卯 24	甲辰 25	乙巳 26	丙午 27	丁未 28	戊申 29	己酉 30	庚戌 31	辛亥 (9)	壬子 2	癸丑 3	甲寅 4	乙卯 5	丙辰 6	戊戌立秋
八月小	癸酉	天干地支西曆	丁巳 7	戊午 8	己未 9	庚申 10	辛酉 11	壬戌 12	癸亥 13	甲子 14	乙丑 15	丙寅 16	丁卯 17	戊辰 18	己巳 19	庚午 20	辛未 21	壬申 22	癸酉 23	甲戌 24	乙亥 25	丙子 26	丁丑 27	戊寅 28	己卯 29	庚辰 30	辛巳 (10)	壬午 2	癸未 3	甲申 4	乙酉 5		癸未秋分
九月大	甲戌	天干地支西曆	丙戌 6	丁亥 7	戊子 8	己丑 9	庚寅 10	辛卯 11	壬辰 12	癸巳 13	甲午 14	乙未 15	丙申 16	丁酉 17	戊戌 18	己亥 19	庚子 20	辛丑 21	壬寅 22	癸卯 23	甲辰 24	乙巳 25	丙午 26	丁未 27	戊申 28	己酉 29	庚戌 30	辛亥 31	壬子 (11)	癸丑 2	甲寅 3	乙卯 4	
十月大	乙亥	天干地支西曆	丙辰 5	丁巳 6	戊午 7	己未 8	庚申 9	辛酉 10	壬戌 11	癸亥 12	甲子 13	乙丑 14	丙寅 15	丁卯 16	戊辰 17	己巳 18	庚午 19	辛未 20	壬申 21	癸酉 22	甲戌 23	乙亥 24	丙子 25	丁丑 26	戊寅 27	己卯 28	庚辰 29	辛巳 30	壬午 (12)	癸未 2	甲申 3	乙酉 4	丁卯立冬
十一月小	丙子	天干地支西曆	丙戌 5	丁亥 6	戊子 7	己丑 8	庚寅 9	辛卯 10	壬辰 11	癸巳 12	甲午 13	乙未 14	丙申 15	丁酉 16	戊戌 17	己亥 18	庚子 19	辛丑 20	壬寅 21	癸卯 22	甲辰 23	乙巳 24	丙午 25	丁未 26	戊申 27	己酉 28	庚戌 29	辛亥 30	壬子 31	癸丑 (1)	甲寅 2		辛亥冬至
十二月小	丁丑	天干地支西曆	乙卯 3	丙辰 4	丁巳 5	戊午 6	己未 7	庚申 8	辛酉 9	壬戌 10	癸亥 11	甲子 12	乙丑 13	丙寅 14	丁卯 15	戊辰 16	己巳 17	庚午 18	辛未 19	壬申 20	癸酉 21	甲戌 22	乙亥 23	丙子 24	丁丑 25	戊寅 26	己卯 27	庚辰 28	辛巳 29	壬午 30	癸未 31		

年代異同	竹書紀年	皇極經世	文獻通考	歷代紀年備考	歷代帝王年表	歷代統紀表	中國年曆總譜	斷代工程
	殷武乙三十四年	殷受辛十八年	殷受辛十八年	殷受辛十八年	殷受辛十八年	殷受辛十八年	殷帝辛三十八年	殷武乙十一年

殷康丁六年（乙丑 牛年） 公元前 1136 ~ 前 1135 年

夏曆月序		中西曆日對照	夏曆日序																													節氣與天象
			初一	初二	初三	初四	初五	初六	初七	初八	初九	初十	十一	十二	十三	十四	十五	十六	十七	十八	十九	二十	二一	二二	二三	二四	二五	二六	二七	二八	二九	三十	
正月大	戊寅	天干地支 西曆	甲申 (2)	乙酉 2	丙戌 3	丁亥 4	戊子 5	己丑 6	庚寅 7	辛卯 8	壬辰 9	癸巳 10	甲午 11	乙未 12	丙申 13	丁酉 14	戊戌 15	己亥 16	庚子 17	辛丑 18	壬寅 19	癸卯 20	甲辰 21	乙巳 22	丙午 23	丁未 24	戊申 25	己酉 26	庚戌 27	辛亥 28	壬子 (3)	癸丑 2	丙申立春
二月小	己卯	天干地支 西曆	甲寅 3	乙卯 4	丙辰 5	丁巳 6	戊午 7	己未 8	庚申 9	辛酉 10	壬戌 11	癸亥 12	甲子 13	乙丑 14	丙寅 15	丁卯 16	戊辰 17	己巳 18	庚午 19	辛未 20	壬申 21	癸酉 22	甲戌 23	乙亥 24	丙子 25	丁丑 26	戊寅 27	己卯 28	庚辰 29	辛巳 30	壬午 31		
三月小	庚辰	天干地支 西曆	癸未 (4)	甲申 2	乙酉 3	丙戌 4	丁亥 5	戊子 6	己丑 7	庚寅 8	辛卯 9	壬辰 10	癸巳 11	甲午 12	乙未 13	丙申 14	丁酉 15	戊戌 16	己亥 17	庚子 18	辛丑 19	壬寅 20	癸卯 21	甲辰 22	乙巳 23	丙午 24	丁未 25	戊申 26	己酉 27	庚戌 28	辛亥 29		癸未春分
閏三月大	庚辰	天干地支 西曆	壬子 30	癸丑 (5)	甲寅 2	乙卯 3	丙辰 4	丁巳 5	戊午 6	己未 7	庚申 8	辛酉 9	壬戌 10	癸亥 11	甲子 12	乙丑 13	丙寅 14	丁卯 15	戊辰 16	己巳 17	庚午 18	辛未 19	壬申 20	癸酉 21	甲戌 22	乙亥 23	丙子 24	丁丑 25	戊寅 26	己卯 27	庚辰 28	辛巳 29	庚午立夏
四月小	辛巳	天干地支 西曆	壬午 30	癸未 31	甲申 (6)	乙酉 2	丙戌 3	丁亥 4	戊子 5	己丑 6	庚寅 7	辛卯 8	壬辰 9	癸巳 10	甲午 11	乙未 12	丙申 13	丁酉 14	戊戌 15	己亥 16	庚子 17	辛丑 18	壬寅 19	癸卯 20	甲辰 21	乙巳 22	丙午 23	丁未 24	戊申 25	己酉 26	庚戌 27		
五月大	壬午	天干地支 西曆	辛亥 28	壬子 29	癸丑 30	甲寅 (7)	乙卯 2	丙辰 3	丁巳 4	戊午 5	己未 6	庚申 7	辛酉 8	壬戌 9	癸亥 10	甲子 11	乙丑 12	丙寅 13	丁卯 14	戊辰 15	己巳 16	庚午 17	辛未 18	壬申 19	癸酉 20	甲戌 21	乙亥 22	丙子 23	丁丑 24	戊寅 25	己卯 26	庚辰 27	丁巳夏至
六月大	癸未	天干地支 西曆	辛巳 28	壬午 29	癸未 30	甲申 31	乙酉 (8)	丙戌 2	丁亥 3	戊子 4	己丑 5	庚寅 6	辛卯 7	壬辰 8	癸巳 9	甲午 10	乙未 11	丙申 12	丁酉 13	戊戌 14	己亥 15	庚子 16	辛丑 17	壬寅 18	癸卯 19	甲辰 20	乙巳 21	丙午 22	丁未 23	戊申 24	己酉 25	庚戌 26	癸卯立秋
七月小	甲申	天干地支 西曆	辛亥 27	壬子 28	癸丑 29	甲寅 30	乙卯 31	丙辰 (9)	丁巳 2	戊午 3	己未 4	庚申 5	辛酉 6	壬戌 7	癸亥 8	甲子 9	乙丑 10	丙寅 11	丁卯 12	戊辰 13	己巳 14	庚午 15	辛未 16	壬申 17	癸酉 18	甲戌 19	乙亥 20	丙子 21	丁丑 22	戊寅 23	己卯 24		
八月大	乙酉	天干地支 西曆	庚辰 25	辛巳 26	壬午 27	癸未 28	甲申 29	乙酉 30	丙戌 (10)	丁亥 2	戊子 3	己丑 4	庚寅 5	辛卯 6	壬辰 7	癸巳 8	甲午 9	乙未 10	丙申 11	丁酉 12	戊戌 13	己亥 14	庚子 15	辛丑 16	壬寅 17	癸卯 18	甲辰 19	乙巳 20	丙午 21	丁未 22	戊申 23	己酉 24	戊子秋分
九月大	丙戌	天干地支 西曆	庚戌 25	辛亥 26	壬子 27	癸丑 28	甲寅 29	乙卯 30	丙辰 31	丁巳 (11)	戊午 2	己未 3	庚申 4	辛酉 5	壬戌 6	癸亥 7	甲子 8	乙丑 9	丙寅 10	丁卯 11	戊辰 12	己巳 13	庚午 14	辛未 15	壬申 16	癸酉 17	甲戌 18	乙亥 19	丙子 20	丁丑 21	戊寅 22	己卯 23	癸酉立冬
十月大	丁亥	天干地支 西曆	庚辰 24	辛巳 25	壬午 26	癸未 27	甲申 28	乙酉 29	丙戌 30	丁亥 (12)	戊子 2	己丑 3	庚寅 4	辛卯 5	壬辰 6	癸巳 7	甲午 8	乙未 9	丙申 10	丁酉 11	戊戌 12	己亥 13	庚子 14	辛丑 15	壬寅 16	癸卯 17	甲辰 18	乙巳 19	丙午 20	丁未 21	戊申 22	己酉 23	
十一月小	戊子	天干地支 西曆	庚戌 24	辛亥 25	壬子 26	癸丑 27	甲寅 28	乙卯 29	丙辰 30	丁巳 31	戊午 (1)	己未 2	庚申 3	辛酉 4	壬戌 5	癸亥 6	甲子 7	乙丑 8	丙寅 9	丁卯 10	戊辰 11	己巳 12	庚午 13	辛未 14	壬申 15	癸酉 16	甲戌 17	乙亥 18	丙子 19	丁丑 20	戊寅 21		丁巳冬至
十二月大	己丑	天干地支 西曆	己卯 22	庚辰 23	辛巳 24	壬午 25	癸未 26	甲申 27	乙酉 28	丙戌 29	丁亥 30	戊子 31	己丑 (2)	庚寅 2	辛卯 3	壬辰 4	癸巳 5	甲午 6	乙未 7	丙申 8	丁酉 9	戊戌 10	己亥 11	庚子 12	辛丑 13	壬寅 14	癸卯 15	甲辰 16	乙巳 17	丙午 18	丁未 19	戊申 20	壬寅立春

年代異同	竹書紀年	皇極經世	文獻通考	歷代紀年備考	歷代帝王年表	歷代統紀表	中國年曆總譜	斷代工程
	殷武乙三十五年	殷受辛十九年	殷受辛十九年	殷受辛十九年	殷受辛十九年	殷受辛十九年	殷帝辛三十九年	殷武乙十二年

殷康丁七年（丙寅 虎年） 公元前 1135 ~ 前 1134 年

夏曆月序		中西曆對照	初一	初二	初三	初四	初五	初六	初七	初八	初九	初十	十一	十二	十三	十四	十五	十六	十七	十八	十九	二十	二一	二二	二三	二四	二五	二六	二七	二八	二九	三十	節氣與天象
正月小	庚寅	干支天地西曆	己酉21	庚戌22	辛亥23	壬子24	癸丑25	甲寅26	乙卯27	丙辰28	丁巳(3)	戊午2	己未3	庚申4	辛酉5	壬戌6	癸亥7	甲子8	乙丑9	丙寅10	丁卯11	戊辰12	己巳13	庚午14	辛未15	壬申16	癸酉17	甲戌18	乙亥19	丙子20	丁丑21		
二月小	辛卯	干支天地西曆	戊寅22	己卯23	庚辰24	辛巳25	壬午26	癸未27	甲申28	乙酉29	丙戌30	丁亥31	戊子(4)	己丑2	庚寅3	辛卯4	壬辰5	癸巳6	甲午7	乙未8	丙申9	丁酉10	戊戌11	己亥12	庚子13	辛丑14	壬寅15	癸卯16	甲辰17	乙巳18	丙午19		戊子春分
三月小	壬辰	干支天地西曆	丁未20	戊申21	己酉22	庚戌23	辛亥24	壬子25	癸丑26	甲寅27	乙卯28	丙辰29	丁巳30	戊午(5)	己未2	庚申3	辛酉4	壬戌5	癸亥6	甲子7	乙丑8	丙寅9	丁卯10	戊辰11	己巳12	庚午13	辛未14	壬申15	癸酉16	甲戌17	乙亥18		乙亥立夏
四月大	癸巳	干支天地西曆	丙子19	丁丑20	戊寅21	己卯22	庚辰23	辛巳24	壬午25	癸未26	甲申27	乙酉28	丙戌29	丁亥30	戊子31	己丑(6)	庚寅2	辛卯3	壬辰4	癸巳5	甲午6	乙未7	丙申8	丁酉9	戊戌10	己亥11	庚子12	辛丑13	壬寅14	癸卯15	甲辰16	乙巳17	
五月小	甲午	干支天地西曆	丙午18	丁未19	戊申20	己酉21	庚戌22	辛亥23	壬子24	癸丑25	甲寅26	乙卯27	丙辰28	丁巳29	戊午30	己未(7)	庚申2	辛酉3	壬戌4	癸亥5	甲子6	乙丑7	丙寅8	丁卯9	戊辰10	己巳11	庚午12	辛未13	壬申14	癸酉15	甲戌16		壬戌夏至
六月大	乙未	干支天地西曆	乙亥17	丙子18	丁丑19	戊寅20	己卯21	庚辰22	辛巳23	壬午24	癸未25	甲申26	乙酉27	丙戌28	丁亥29	戊子30	己丑31	庚寅(8)	辛卯2	壬辰3	癸巳4	甲午5	乙未6	丙申7	丁酉8	戊戌9	己亥10	庚子11	辛丑12	壬寅13	癸卯14	甲辰15	
七月小	丙申	干支天地西曆	乙巳16	丙午17	丁未18	戊申19	己酉20	庚戌21	辛亥22	壬子23	癸丑24	甲寅25	乙卯26	丙辰27	丁巳28	戊午29	己未30	庚申31	辛酉(9)	壬戌2	癸亥3	甲子4	乙丑5	丙寅6	丁卯7	戊辰8	己巳9	庚午10	辛未11	壬申12	癸酉13		戊申立秋
八月大	丁酉	干支天地西曆	甲戌14	乙亥15	丙子16	丁丑17	戊寅18	己卯19	庚辰20	辛巳21	壬午22	癸未23	甲申24	乙酉25	丙戌26	丁亥27	戊子28	己丑29	庚寅30	辛卯(10)	壬辰2	癸巳3	甲午4	乙未5	丙申6	丁酉7	戊戌8	己亥9	庚子10	辛丑11	壬寅12	癸卯13	甲午秋分
九月大	戊戌	干支天地西曆	甲辰14	乙巳15	丙午16	丁未17	戊申18	己酉19	庚戌20	辛亥21	壬子22	癸丑23	甲寅24	乙卯25	丙辰26	丁巳27	戊午28	己未29	庚申30	辛酉31	壬戌(11)	癸亥2	甲子3	乙丑4	丙寅5	丁卯6	戊辰7	己巳8	庚午9	辛未10	壬申11	癸酉12	
十月大	己亥	干支天地西曆	甲戌13	乙亥14	丙子15	丁丑16	戊寅17	己卯18	庚辰19	辛巳20	壬午21	癸未22	甲申23	乙酉24	丙戌25	丁亥26	戊子27	己丑28	庚寅29	辛卯30	壬辰(12)	癸巳2	甲午3	乙未4	丙申5	丁酉6	戊戌7	己亥8	庚子9	辛丑10	壬寅11	癸卯12	戊寅立冬
十一月小	庚子	干支天地西曆	甲辰13	乙巳14	丙午15	丁未16	戊申17	己酉18	庚戌19	辛亥20	壬子21	癸丑22	甲寅23	乙卯24	丙辰25	丁巳26	戊午27	己未28	庚申29	辛酉30	壬戌31	癸亥(1)	甲子2	乙丑3	丙寅4	丁卯5	戊辰6	己巳7	庚午8	辛未9	壬申10		壬戌冬至
十二月大	辛丑	干支天地西曆	癸酉11	甲戌12	乙亥13	丙子14	丁丑15	戊寅16	己卯17	庚辰18	辛巳19	壬午20	癸未21	甲申22	乙酉23	丙戌24	丁亥25	戊子26	己丑27	庚寅28	辛卯29	壬辰30	癸巳31	甲午(2)	乙未2	丙申3	丁酉4	戊戌5	己亥6	庚子7	辛丑8	壬寅9	

年代異同	竹書紀年	皇極經世	文獻通考	歷代紀年備考	歷代帝王年表	歷代統紀表	中國年曆總譜	斷代工程
	殷文丁元年	殷受辛二十年	殷受辛二十年	殷受辛二十年	殷受辛二十年	殷受辛二十年	殷帝辛四十年	殷武乙十三年

殷康丁八年（丁卯 兔年） 公元前 **1134** ~ 前 1133 年

夏曆月序	中西曆日對照	初一	初二	初三	初四	初五	初六	初七	初八	初九	初十	十一	十二	十三	十四	十五	十六	十七	十八	十九	二十	二一	二二	二三	二四	二五	二六	二七	二八	二九	三十	節氣與天象
正月大 壬寅	天地西 干支曆	癸卯10	甲辰11	乙巳12	丙午13	丁未14	戊申15	己酉16	庚戌17	辛亥18	壬子19	癸丑20	甲寅21	乙卯22	丙辰23	丁巳24	戊午25	己未26	庚申27	辛酉28	壬戌(3)	癸亥2	甲子3	乙丑4	丙寅5	丁卯6	戊辰7	己巳8	庚午9	辛未10	壬申11	丁未立春
二月小 癸卯	天地西 干支曆	癸酉12	甲戌13	乙亥14	丙子15	丁丑16	戊寅17	己卯18	庚辰19	辛巳20	壬午21	癸未22	甲申23	乙酉24	丙戌25	丁亥26	戊子27	己丑28	庚寅29	辛卯30	壬辰31	癸巳(4)	甲午2	乙未3	丙申4	丁酉5	戊戌6	己亥7	庚子8	辛丑9		癸巳春分
三月小 甲辰	天地西 干支曆	壬寅10	癸卯11	甲辰12	乙巳13	丙午14	丁未15	戊申16	己酉17	庚戌18	辛亥19	壬子20	癸丑21	甲寅22	乙卯23	丙辰24	丁巳25	戊午26	己未27	庚申28	辛酉29	壬戌30	癸亥(5)	甲子2	乙丑3	丙寅4	丁卯5	戊辰6	己巳7	庚午8		
四月小 乙巳	天地西 干支曆	辛未9	壬申10	癸酉11	甲戌12	乙亥13	丙子14	丁丑15	戊寅16	己卯17	庚辰18	辛巳19	壬午20	癸未21	甲申22	乙酉23	丙戌24	丁亥25	戊子26	己丑27	庚寅28	辛卯29	壬辰30	癸巳31	甲午(6)	乙未2	丙申3	丁酉4	戊戌5	己亥6		庚辰立夏
五月大 丙午	天地西 干支曆	庚子7	辛丑8	壬寅9	癸卯10	甲辰11	乙巳12	丙午13	丁未14	戊申15	己酉16	庚戌17	辛亥18	壬子19	癸丑20	甲寅21	乙卯22	丙辰23	丁巳24	戊午25	己未26	庚申27	辛酉28	壬戌29	癸亥30	甲子(7)	乙丑2	丙寅3	丁卯4	戊辰5	己巳6	丁卯夏至
六月小 丁未	天地西 干支曆	庚午7	辛未8	壬申9	癸酉10	甲戌11	乙亥12	丙子13	丁丑14	戊寅15	己卯16	庚辰17	辛巳18	壬午19	癸未20	甲申21	乙酉22	丙戌23	丁亥24	戊子25	己丑26	庚寅27	辛卯28	壬辰29	癸巳30	甲午31	乙未(8)	丙申2	丁酉3	戊戌4		
七月大 戊申	天地西 干支曆	己亥5	庚子6	辛丑7	壬寅8	癸卯9	甲辰10	乙巳11	丙午12	丁未13	戊申14	己酉15	庚戌16	辛亥17	壬子18	癸丑19	甲寅20	乙卯21	丙辰22	丁巳23	戊午24	己未25	庚申26	辛酉27	壬戌28	癸亥29	甲子30	乙丑31	丙寅(9)	丁卯2	戊辰3	甲寅立秋
八月小 己酉	天地西 干支曆	己巳4	庚午5	辛未6	壬申7	癸酉8	甲戌9	乙亥10	丙子11	丁丑12	戊寅13	己卯14	庚辰15	辛巳16	壬午17	癸未18	甲申19	乙酉20	丙戌21	丁亥22	戊子23	己丑24	庚寅25	辛卯26	壬辰27	癸巳28	甲午29	乙未30	丙申(10)	丁酉2		
九月大 庚戌	天地西 干支曆	戊戌3	己亥4	庚子5	辛丑6	壬寅7	癸卯8	甲辰9	乙巳10	丙午11	丁未12	戊申13	己酉14	庚戌15	辛亥16	壬子17	癸丑18	甲寅19	乙卯20	丙辰21	丁巳22	戊午23	己未24	庚申25	辛酉26	壬戌27	癸亥28	甲子29	乙丑30	丙寅31	丁卯(11)	己亥秋分
十月大 辛亥	天地西 干支曆	戊辰2	己巳3	庚午4	辛未5	壬申6	癸酉7	甲戌8	乙亥9	丙子10	丁丑11	戊寅12	己卯13	庚辰14	辛巳15	壬午16	癸未17	甲申18	乙酉19	丙戌20	丁亥21	戊子22	己丑23	庚寅24	辛卯25	壬辰26	癸巳27	甲午28	乙未29	丙申30	丁酉(12)	癸未立冬
十一月大 壬子	天地西 干支曆	戊戌2	己亥3	庚子4	辛丑5	壬寅6	癸卯7	甲辰8	乙巳9	丙午10	丁未11	戊申12	己酉13	庚戌14	辛亥15	壬子16	癸丑17	甲寅18	乙卯19	丙辰20	丁巳21	戊午22	己未23	庚申24	辛酉25	壬戌26	癸亥27	甲子28	乙丑29	丙寅30	丁卯31	丁卯冬至
十二月小 癸丑	天地西 干支曆	戊辰(1)	己巳2	庚午3	辛未4	壬申5	癸酉6	甲戌7	乙亥8	丙子9	丁丑10	戊寅11	己卯12	庚辰13	辛巳14	壬午15	癸未16	甲申17	乙酉18	丙戌19	丁亥20	戊子21	己丑22	庚寅23	辛卯24	壬辰25	癸巳26	甲午27	乙未28	丙申29		

年代異同	竹書紀年	皇極經世	文獻通考	歷代紀年備考	歷代帝王年表	歷代統紀表	中國年曆總譜	斷代工程
	殷文丁二年	殷受辛二十一年	殷受辛二十一年	殷受辛二十一年	殷受辛二十一年	殷受辛二十一年	殷帝辛四十一年	殷武乙十四年

殷康丁九年（戊辰 龍年） 公元前 1133 ~ 前 1132 年

夏曆月序		中西曆日對照	初一	初二	初三	初四	初五	初六	初七	初八	初九	初十	十一	十二	十三	十四	十五	十六	十七	十八	十九	二十	二一	二二	二三	二四	二五	二六	二七	二八	二九	三十	節氣與天象
正月大	甲寅	天干地支 西曆	丁酉 30	戊戌 31	己亥 (2)	庚子 2	辛丑 3	壬寅 4	癸卯 5	甲辰 6	乙巳 7	丙午 8	丁未 9	戊申 10	己酉 11	庚戌 12	辛亥 13	壬子 14	癸丑 15	甲寅 16	乙卯 17	丙辰 18	丁巳 19	戊午 20	己未 21	庚申 22	辛酉 23	壬戌 24	癸亥 25	甲子 26	乙丑 27	丙寅 28	壬子立春
二月小	乙卯	天干地支 西曆	丁卯 29	戊辰 (3)	己巳 2	庚午 3	辛未 4	壬申 5	癸酉 6	甲戌 7	乙亥 8	丙子 9	丁丑 10	戊寅 11	己卯 12	庚辰 13	辛巳 14	壬午 15	癸未 16	甲申 17	乙酉 18	丙戌 19	丁亥 20	戊子 21	己丑 22	庚寅 23	辛卯 24	壬辰 25	癸巳 26	甲午 27	乙未 28		
閏二月大	乙卯	天干地支 西曆	丙申 29	丁酉 30	戊戌 31	己亥 (4)	庚子 2	辛丑 3	壬寅 4	癸卯 5	甲辰 6	乙巳 7	丙午 8	丁未 9	戊申 10	己酉 11	庚戌 12	辛亥 13	壬子 14	癸丑 15	甲寅 16	乙卯 17	丙辰 18	丁巳 19	戊午 20	己未 21	庚申 22	辛酉 23	壬戌 24	癸亥 25	甲子 26	乙丑 27	戊戌春分
三月小	丙辰	天干地支 西曆	丙寅 28	丁卯 29	戊辰 30	己巳 (5)	庚午 2	辛未 3	壬申 4	癸酉 5	甲戌 6	乙亥 7	丙子 8	丁丑 9	戊寅 10	己卯 11	庚辰 12	辛巳 13	壬午 14	癸未 15	甲申 16	乙酉 17	丙戌 18	丁亥 19	戊子 20	己丑 21	庚寅 22	辛卯 23	壬辰 24	癸巳 25	甲午 26		乙酉立夏 丙寅日食
四月小	丁巳	天干地支 西曆	乙未 27	丙申 28	丁酉 29	戊戌 30	己亥 31	庚子 (6)	辛丑 2	壬寅 3	癸卯 4	甲辰 5	乙巳 6	丙午 7	丁未 8	戊申 9	己酉 10	庚戌 11	辛亥 12	壬子 13	癸丑 14	甲寅 15	乙卯 16	丙辰 17	丁巳 18	戊午 19	己未 20	庚申 21	辛酉 22	壬戌 23	癸亥 24		
五月大	戊午	天干地支 西曆	甲子 25	乙丑 26	丙寅 27	丁卯 28	戊辰 29	己巳 30	庚午 (7)	辛未 2	壬申 3	癸酉 4	甲戌 5	乙亥 6	丙子 7	丁丑 8	戊寅 9	己卯 10	庚辰 11	辛巳 12	壬午 13	癸未 14	甲申 15	乙酉 16	丙戌 17	丁亥 18	戊子 19	己丑 20	庚寅 21	辛卯 22	壬辰 23	癸巳 24	癸酉夏至
六月小	己未	天干地支 西曆	甲午 25	乙未 26	丙申 27	丁酉 28	戊戌 29	己亥 30	庚子 31	辛丑 (8)	壬寅 2	癸卯 3	甲辰 4	乙巳 5	丙午 6	丁未 7	戊申 8	己酉 9	庚戌 10	辛亥 11	壬子 12	癸丑 13	甲寅 14	乙卯 15	丙辰 16	丁巳 17	戊午 18	己未 19	庚申 20	辛酉 21	壬戌 22		己未立秋
七月大	庚申	天干地支 西曆	癸亥 23	甲子 24	乙丑 25	丙寅 26	丁卯 27	戊辰 28	己巳 29	庚午 30	辛未 31	壬申 (9)	癸酉 2	甲戌 3	乙亥 4	丙子 5	丁丑 6	戊寅 7	己卯 8	庚辰 9	辛巳 10	壬午 11	癸未 12	甲申 13	乙酉 14	丙戌 15	丁亥 16	戊子 17	己丑 18	庚寅 19	辛卯 20	壬辰 21	
八月小	辛酉	天干地支 西曆	癸巳 22	甲午 23	乙未 24	丙申 25	丁酉 26	戊戌 27	己亥 28	庚子 29	辛丑 30	壬寅 (10)	癸卯 2	甲辰 3	乙巳 4	丙午 5	丁未 6	戊申 7	己酉 8	庚戌 9	辛亥 10	壬子 11	癸丑 12	甲寅 13	乙卯 14	丙辰 15	丁巳 16	戊午 17	己未 18	庚申 19	辛酉 20		甲辰秋分
九月大	壬戌	天干地支 西曆	壬戌 21	癸亥 22	甲子 23	乙丑 24	丙寅 25	丁卯 26	戊辰 27	己巳 28	庚午 29	辛未 30	壬申 31	癸酉 (11)	甲戌 2	乙亥 3	丙子 4	丁丑 5	戊寅 6	己卯 7	庚辰 8	辛巳 9	壬午 10	癸未 11	甲申 12	乙酉 13	丙戌 14	丁亥 15	戊子 16	己丑 17	庚寅 18	辛卯 19	戊子立冬
十月大	癸亥	天干地支 西曆	壬辰 20	癸巳 21	甲午 22	乙未 23	丙申 24	丁酉 25	戊戌 26	己亥 27	庚子 28	辛丑 29	壬寅 30	癸卯 (12)	甲辰 2	乙巳 3	丙午 4	丁未 5	戊申 6	己酉 7	庚戌 8	辛亥 9	壬子 10	癸丑 11	甲寅 12	乙卯 13	丙辰 14	丁巳 15	戊午 16	己未 17	庚申 18	辛酉 19	
十一月小	甲子	天干地支 西曆	壬戌 20	癸亥 21	甲子 22	乙丑 23	丙寅 24	丁卯 25	戊辰 26	己巳 27	庚午 28	辛未 29	壬申 30	癸酉 31	甲戌 (1)	乙亥 2	丙子 3	丁丑 4	戊寅 5	己卯 6	庚辰 7	辛巳 8	壬午 9	癸未 10	甲申 11	乙酉 12	丙戌 13	丁亥 14	戊子 15	己丑 16	庚寅 17		壬申冬至
十二月大	乙丑	天干地支 西曆	辛卯 18	壬辰 19	癸巳 20	甲午 21	乙未 22	丙申 23	丁酉 24	戊戌 25	己亥 26	庚子 27	辛丑 28	壬寅 29	癸卯 30	甲辰 31	乙巳 (2)	丙午 2	丁未 3	戊申 4	己酉 5	庚戌 6	辛亥 7	壬子 8	癸丑 9	甲寅 10	乙卯 11	丙辰 12	丁巳 13	戊午 14	己未 15	庚申 16	丁巳立春

年代異同	竹書紀年	皇極經世	文獻通考	歷代紀年備考	歷代帝王年表	歷代統紀表	中國年曆總譜	斷代工程
	殷文丁三年	殷受辛二十二年	殷受辛二十二年	殷受辛二十二年	殷受辛二十二年	殷受辛二十二年	殷帝辛四十二年	殷武乙十五年

殷康丁十年（己巳 蛇年） 公元前 **1132** ~ 前 1131 年

夏曆月序		中西曆日對照	初一	初二	初三	初四	初五	初六	初七	初八	初九	初十	十一	十二	十三	十四	十五	十六	十七	十八	十九	二十	二一	二二	二三	二四	二五	二六	二七	二八	二九	三十	節氣與天象
正月大	丙寅	天干支地西曆	辛酉17	壬戌18	癸亥19	甲子20	乙丑21	丙寅22	丁卯23	戊辰24	己巳25	庚午26	辛未27	壬申28	癸酉(3)	甲戌2	乙亥3	丙子4	丁丑5	戊寅6	己卯7	庚辰8	辛巳9	壬午10	癸未11	甲申12	乙酉13	丙戌14	丁亥15	戊子16	己丑17	庚寅18	
二月小	丁卯	天干支地西曆	辛卯19	壬辰20	癸巳21	甲午22	乙未23	丙申24	丁酉25	戊戌26	己亥27	庚子28	辛丑29	壬寅30	癸卯31	甲辰(4)	乙巳2	丙午3	丁未4	戊申5	己酉6	庚戌7	辛亥8	壬子9	癸丑10	甲寅11	乙卯12	丙辰13	丁巳14	戊午15	己未16		甲辰春分
三月大	戊辰	天干支地西曆	庚申17	辛酉18	壬戌19	癸亥20	甲子21	乙丑22	丙寅23	丁卯24	戊辰25	己巳26	庚午27	辛未28	壬申29	癸酉30	甲戌(5)	乙亥2	丙子3	丁丑4	戊寅5	己卯6	庚辰7	辛巳8	壬午9	癸未10	甲申11	乙酉12	丙戌13	丁亥14	戊子15	己丑16	
四月小	己巳	天干支地西曆	庚寅17	辛卯18	壬辰19	癸巳20	甲午21	乙未22	丙申23	丁酉24	戊戌25	己亥26	庚子27	辛丑28	壬寅29	癸卯30	甲辰31	乙巳(6)	丙午2	丁未3	戊申4	己酉5	庚戌6	辛亥7	壬子8	癸丑9	甲寅10	乙卯11	丙辰12	丁巳13	戊午14		辛卯立夏
五月小	庚午	天干支地西曆	己未15	庚申16	辛酉17	壬戌18	癸亥19	甲子20	乙丑21	丙寅22	丁卯23	戊辰24	己巳25	庚午26	辛未27	壬申28	癸酉29	甲戌30	乙亥(7)	丙子2	丁丑3	戊寅4	己卯5	庚辰6	辛巳7	壬午8	癸未9	甲申10	乙酉11	丙戌12	丁亥13		戊寅夏至
六月大	辛未	天干支地西曆	戊子14	己丑15	庚寅16	辛卯17	壬辰18	癸巳19	甲午20	乙未21	丙申22	丁酉23	戊戌24	己亥25	庚子26	辛丑27	壬寅28	癸卯29	甲辰30	乙巳31	丙午(8)	丁未2	戊申3	己酉4	庚戌5	辛亥6	壬子7	癸丑8	甲寅9	乙卯10	丙辰11	丁巳12	
七月小	壬申	天干支地西曆	戊午13	己未14	庚申15	辛酉16	壬戌17	癸亥18	甲子19	乙丑20	丙寅21	丁卯22	戊辰23	己巳24	庚午25	辛未26	壬申27	癸酉28	甲戌29	乙亥30	丙子31	丁丑(9)	戊寅2	己卯3	庚辰4	辛巳5	壬午6	癸未7	甲申8	乙酉9	丙戌10		甲子立秋
八月大	癸酉	天干支地西曆	丁亥11	戊子12	己丑13	庚寅14	辛卯15	壬辰16	癸巳17	甲午18	乙未19	丙申20	丁酉21	戊戌22	己亥23	庚子24	辛丑25	壬寅26	癸卯27	甲辰28	乙巳29	丙午30	丁未(10)	戊申2	己酉3	庚戌4	辛亥5	壬子6	癸丑7	甲寅8	乙卯9	丙辰10	己酉秋分
九月小	甲戌	天干支地西曆	丁巳11	戊午12	己未13	庚申14	辛酉15	壬戌16	癸亥17	甲子18	乙丑19	丙寅20	丁卯21	戊辰22	己巳23	庚午24	辛未25	壬申26	癸酉27	甲戌28	乙亥29	丙子30	丁丑31	戊寅(11)	己卯2	庚辰3	辛巳4	壬午5	癸未6	甲申7	乙酉8		
十月大	乙亥	天干支地西曆	丙戌9	丁亥10	戊子11	己丑12	庚寅13	辛卯14	壬辰15	癸巳16	甲午17	乙未18	丙申19	丁酉20	戊戌21	己亥22	庚子23	辛丑24	壬寅25	癸卯26	甲辰27	乙巳28	丙午29	丁未30	戊申(12)	己酉2	庚戌3	辛亥4	壬子5	癸丑6	甲寅7	乙卯8	甲午立冬
十一月小	丙子	天干支地西曆	丙辰9	丁巳10	戊午11	己未12	庚申13	辛酉14	壬戌15	癸亥16	甲子17	乙丑18	丙寅19	丁卯20	戊辰21	己巳22	庚午23	辛未24	壬申25	癸酉26	甲戌27	乙亥28	丙子29	丁丑30	戊寅31	己卯(1)	庚辰2	辛巳3	壬午4	癸未5	甲申6		戊寅冬至
十二月大	丁丑	天干支地西曆	乙酉7	丙戌8	丁亥9	戊子10	己丑11	庚寅12	辛卯13	壬辰14	癸巳15	甲午16	乙未17	丙申18	丁酉19	戊戌20	己亥21	庚子22	辛丑23	壬寅24	癸卯25	甲辰26	乙巳27	丙午28	丁未29	戊申30	己酉31	庚戌(2)	辛亥2	壬子3	癸丑4	甲寅5	

年代異同	竹書紀年	皇極經世	文獻通考	歷代紀年備考	歷代帝王年表	歷代統紀表	中國年曆總譜	斷代工程
	殷文丁四年	殷受辛二十三年	殷受辛二十三年	殷受辛二十三年	殷受辛二十三年	殷受辛二十三年	殷帝辛四十三年	殷武乙十六年

殷康丁十一年（庚午 馬年） 公元前 **1131** ~ 前 1130 年

夏曆月序		中西日曆對照	初一	初二	初三	初四	初五	初六	初七	初八	初九	初十	十一	十二	十三	十四	十五	十六	十七	十八	十九	二十	二一	二二	二三	二四	二五	二六	二七	二八	二九	三十	節氣與天象
正月大	戊寅	天干地支西曆	乙卯6	丙辰7	丁巳8	戊午9	己未10	庚申11	辛酉12	壬戌13	癸亥14	甲子15	乙丑16	丙寅17	丁卯18	戊辰19	己巳20	庚午21	辛未22	壬申23	癸酉24	甲戌25	乙亥26	丙子27	丁丑28	戊寅(3)	己卯2	庚辰3	辛巳4	壬午5	癸未6	甲申7	癸亥立春
二月小	己卯	天干地支西曆	乙酉8	丙戌9	丁亥10	戊子11	己丑12	庚寅13	辛卯14	壬辰15	癸巳16	甲午17	乙未18	丙申19	丁酉20	戊戌21	己亥22	庚子23	辛丑24	壬寅25	癸卯26	甲辰27	乙巳28	丙午29	丁未30	戊申31	己酉(4)	庚戌2	辛亥3	壬子4	癸丑5		己酉春分
三月大	庚辰	天干地支西曆	甲寅6	乙卯7	丙辰8	丁巳9	戊午10	己未11	庚申12	辛酉13	壬戌14	癸亥15	甲子16	乙丑17	丙寅18	丁卯19	戊辰20	己巳21	庚午22	辛未23	壬申24	癸酉25	甲戌26	乙亥27	丙子28	丁丑29	戊寅30	己卯(5)	庚辰2	辛巳3	壬午4	癸未5	
四月大	辛巳	天干地支西曆	甲申6	乙酉7	丙戌8	丁亥9	戊子10	己丑11	庚寅12	辛卯13	壬辰14	癸巳15	甲午16	乙未17	丙申18	丁酉19	戊戌20	己亥21	庚子22	辛丑23	壬寅24	癸卯25	甲辰26	乙巳27	丙午28	丁未29	戊申30	己酉31	庚戌(6)	辛亥2	壬子3	癸丑4	丙申立夏
五月小	壬午	天干地支西曆	甲寅5	乙卯6	丙辰7	丁巳8	戊午9	己未10	庚申11	辛酉12	壬戌13	癸亥14	甲子15	乙丑16	丙寅17	丁卯18	戊辰19	己巳20	庚午21	辛未22	壬申23	癸酉24	甲戌25	乙亥26	丙子27	丁丑28	戊寅29	己卯30	庚辰(7)	辛巳2	壬午3		
六月小	癸未	天干地支西曆	癸未4	甲申5	乙酉6	丙戌7	丁亥8	戊子9	己丑10	庚寅11	辛卯12	壬辰13	癸巳14	甲午15	乙未16	丙申17	丁酉18	戊戌19	己亥20	庚子21	辛丑22	壬寅23	癸卯24	甲辰25	乙巳26	丙午27	丁未28	戊申29	己酉30	庚戌31	辛亥(8)		癸未夏至
七月大	甲申	天干地支西曆	壬子2	癸丑3	甲寅4	乙卯5	丙辰6	丁巳7	戊午8	己未9	庚申10	辛酉11	壬戌12	癸亥13	甲子14	乙丑15	丙寅16	丁卯17	戊辰18	己巳19	庚午20	辛未21	壬申22	癸酉23	甲戌24	乙亥25	丙子26	丁丑27	戊寅28	己卯29	庚辰30	辛巳31	己巳立秋
八月小	乙酉	天干地支西曆	壬午(9)	癸未2	甲申3	乙酉4	丙戌5	丁亥6	戊子7	己丑8	庚寅9	辛卯10	壬辰11	癸巳12	甲午13	乙未14	丙申15	丁酉16	戊戌17	己亥18	庚子19	辛丑20	壬寅21	癸卯22	甲辰23	乙巳24	丙午25	丁未26	戊申27	己酉28	庚戌29		
閏八月大	乙酉	天干地支西曆	辛亥30	壬子(10)	癸丑2	甲寅3	乙卯4	丙辰5	丁巳6	戊午7	己未8	庚申9	辛酉10	壬戌11	癸亥12	甲子13	乙丑14	丙寅15	丁卯16	戊辰17	己巳18	庚午19	辛未20	壬申21	癸酉22	甲戌23	乙亥24	丙子25	丁丑26	戊寅27	己卯28	庚辰29	乙卯秋分 辛亥日食
九月小	丙戌	天干地支西曆	辛巳30	壬午31	癸未(11)	甲申2	乙酉3	丙戌4	丁亥5	戊子6	己丑7	庚寅8	辛卯9	壬辰10	癸巳11	甲午12	乙未13	丙申14	丁酉15	戊戌16	己亥17	庚子18	辛丑19	壬寅20	癸卯21	甲辰22	乙巳23	丙午24	丁未25	戊申26	己酉27		己亥立冬
十月大	丁亥	天干地支西曆	庚戌28	辛亥29	壬子30	癸丑(12)	甲寅2	乙卯3	丙辰4	丁巳5	戊午6	己未7	庚申8	辛酉9	壬戌10	癸亥11	甲子12	乙丑13	丙寅14	丁卯15	戊辰16	己巳17	庚午18	辛未19	壬申20	癸酉21	甲戌22	乙亥23	丙子24	丁丑25	戊寅26	己卯27	
十一月小	戊子	天干地支西曆	庚辰28	辛巳29	壬午30	癸未31	甲申(1)	乙酉2	丙戌3	丁亥4	戊子5	己丑6	庚寅7	辛卯8	壬辰9	癸巳10	甲午11	乙未12	丙申13	丁酉14	戊戌15	己亥16	庚子17	辛丑18	壬寅19	癸卯20	甲辰21	乙巳22	丙午23	丁未24	戊申25		癸未冬至
十二月大	己丑	天干地支西曆	己酉26	庚戌27	辛亥28	壬子29	癸丑30	甲寅31	乙卯(2)	丙辰2	丁巳3	戊午4	己未5	庚申6	辛酉7	壬戌8	癸亥9	甲子10	乙丑11	丙寅12	丁卯13	戊辰14	己巳15	庚午16	辛未17	壬申18	癸酉19	甲戌20	乙亥21	丙子22	丁丑23	戊寅24	戊辰立春

年代異同	竹書紀年	皇極經世	文獻通考	歷代紀年備考	歷代帝王年表	歷代統紀表	中國年曆總譜	斷代工程
	殷文丁五年	殷受辛二十四年	殷受辛二十四年	殷受辛二十四年	殷受辛二十四年	殷受辛二十四年	殷帝辛四十四年	殷武乙十七年

殷康丁十二年（辛未 羊年） 公元前 **1130** ~ 前 1129 年

夏曆月序		中西曆日對照	初一	初二	初三	初四	初五	初六	初七	初八	初九	初十	十一	十二	十三	十四	十五	十六	十七	十八	十九	二十	二一	二二	二三	二四	二五	二六	二七	二八	二九	三十	節氣與天象
正月小	庚寅	天干地支西曆	己卯25	庚辰26	辛巳27	壬午28	癸未(3)	甲申2	乙酉3	丙戌4	丁亥5	戊子6	己丑7	庚寅8	辛卯9	壬辰10	癸巳11	甲午12	乙未13	丙申14	丁酉15	戊戌16	己亥17	庚子18	辛丑19	壬寅20	癸卯21	甲辰22	乙巳23	丙午24	丁未25		
二月大	辛卯	天干地支西曆	戊申26	己酉27	庚戌28	辛亥29	壬子30	癸丑31	甲寅(4)	乙卯2	丙辰3	丁巳4	戊午5	己未6	庚申7	辛酉8	壬戌9	癸亥10	甲子11	乙丑12	丙寅13	丁卯14	戊辰15	己巳16	庚午17	辛未18	壬申19	癸酉20	甲戌21	乙亥22	丙子23	丁丑24	甲寅春分
三月大	壬辰	天干地支西曆	戊寅25	己卯26	庚辰27	辛巳28	壬午29	癸未30	甲申(5)	乙酉2	丙戌3	丁亥4	戊子5	己丑6	庚寅7	辛卯8	壬辰9	癸巳10	甲午11	乙未12	丙申13	丁酉14	戊戌15	己亥16	庚子17	辛丑18	壬寅19	癸卯20	甲辰21	乙巳22	丙午23	丁未24	辛丑立夏
四月小	癸巳	天干地支西曆	戊申25	己酉26	庚戌27	辛亥28	壬子29	癸丑30	甲寅31	乙卯(6)	丙辰2	丁巳3	戊午4	己未5	庚申6	辛酉7	壬戌8	癸亥9	甲子10	乙丑11	丙寅12	丁卯13	戊辰14	己巳15	庚午16	辛未17	壬申18	癸酉19	甲戌20	乙亥21	丙子22		
五月大	甲午	天干地支西曆	丁丑23	戊寅24	己卯25	庚辰26	辛巳27	壬午28	癸未29	甲申30	乙酉(7)	丙戌2	丁亥3	戊子4	己丑5	庚寅6	辛卯7	壬辰8	癸巳9	甲午10	乙未11	丙申12	丁酉13	戊戌14	己亥15	庚子16	辛丑17	壬寅18	癸卯19	甲辰20	乙巳21	丙午22	戊子夏至
六月小	乙未	天干地支西曆	丁未23	戊申24	己酉25	庚戌26	辛亥27	壬子28	癸丑29	甲寅30	乙卯31	丙辰(8)	丁巳2	戊午3	己未4	庚申5	辛酉6	壬戌7	癸亥8	甲子9	乙丑10	丙寅11	丁卯12	戊辰13	己巳14	庚午15	辛未16	壬申17	癸酉18	甲戌19	乙亥20		乙亥立秋
七月大	丙申	天干地支西曆	丙子21	丁丑22	戊寅23	己卯24	庚辰25	辛巳26	壬午27	癸未28	甲申29	乙酉30	丙戌31	丁亥(9)	戊子2	己丑3	庚寅4	辛卯5	壬辰6	癸巳7	甲午8	乙未9	丙申10	丁酉11	戊戌12	己亥13	庚子14	辛丑15	壬寅16	癸卯17	甲辰18	乙巳19	
八月小	丁酉	天干地支西曆	丙午20	丁未21	戊申22	己酉23	庚戌24	辛亥25	壬子26	癸丑27	甲寅28	乙卯29	丙辰30	丁巳(10)	戊午2	己未3	庚申4	辛酉5	壬戌6	癸亥7	甲子8	乙丑9	丙寅10	丁卯11	戊辰12	己巳13	庚午14	辛未15	壬申16	癸酉17	甲戌18		庚申秋分
九月大	戊戌	天干地支西曆	乙亥19	丙子20	丁丑21	戊寅22	己卯23	庚辰24	辛巳25	壬午26	癸未27	甲申28	乙酉29	丙戌30	丁亥31	戊子(11)	己丑2	庚寅3	辛卯4	壬辰5	癸巳6	甲午7	乙未8	丙申9	丁酉10	戊戌11	己亥12	庚子13	辛丑14	壬寅15	癸卯16	甲辰17	甲辰立冬
十月大	己亥	天干地支西曆	乙巳18	丙午19	丁未20	戊申21	己酉22	庚戌23	辛亥24	壬子25	癸丑26	甲寅27	乙卯28	丙辰29	丁巳30	戊午(12)	己未2	庚申3	辛酉4	壬戌5	癸亥6	甲子7	乙丑8	丙寅9	丁卯10	戊辰11	己巳12	庚午13	辛未14	壬申15	癸酉16	甲戌17	
十一月小	庚子	天干地支西曆	乙亥18	丙子19	丁丑20	戊寅21	己卯22	庚辰23	辛巳24	壬午25	癸未26	甲申27	乙酉28	丙戌29	丁亥30	戊子31	己丑(1)	庚寅2	辛卯3	壬辰4	癸巳5	甲午6	乙未7	丙申8	丁酉9	戊戌10	己亥11	庚子12	辛丑13	壬寅14	癸卯15		戊子冬至
十二月小	辛丑	天干地支西曆	甲辰16	乙巳17	丙午18	丁未19	戊申20	己酉21	庚戌22	辛亥23	壬子24	癸丑25	甲寅26	乙卯27	丙辰28	丁巳29	戊午30	己未31	庚申(2)	辛酉2	壬戌3	癸亥4	甲子5	乙丑6	丙寅7	丁卯8	戊辰9	己巳10	庚午11	辛未12	壬申13		

年代異同	竹書紀年	皇極經世	文獻通考	歷代紀年備考	歷代帝王年表	歷代統紀表	中國年曆總譜	斷代工程
	殷文丁六年	殷受辛二十五年	殷受辛二十五年	殷受辛二十五年	殷受辛二十五年	殷受辛二十五年	殷帝辛四十五年	殷武乙十八年

殷康丁十三年（壬申 猴年） 公元前 1129 ~ 前 1128 年

夏曆月序		中西曆日對照	初一	初二	初三	初四	初五	初六	初七	初八	初九	初十	十一	十二	十三	十四	十五	十六	十七	十八	十九	二十	二一	二二	二三	二四	二五	二六	二七	二八	二九	三十	節氣與天象
正月大	壬寅	天干地支 西曆	癸酉 14	甲戌 15	乙亥 16	丙子 17	丁丑 18	戊寅 19	己卯 20	庚辰 21	辛巳 22	壬午 23	癸未 24	甲申 25	乙酉 26	丙戌 27	丁亥 28	戊子 29	己丑 (3)	庚寅 2	辛卯 3	壬辰 4	癸巳 5	甲午 6	乙未 7	丙申 8	丁酉 9	戊戌 10	己亥 11	庚子 12	辛丑 13	壬寅 14	癸酉立春 癸酉日食
二月小	癸卯	天干地支 西曆	癸卯 15	甲辰 16	乙巳 17	丙午 18	丁未 19	戊申 20	己酉 21	庚戌 22	辛亥 23	壬子 24	癸丑 25	甲寅 26	乙卯 27	丙辰 28	丁巳 29	戊午 30	己未 31	庚申 (4)	辛酉 2	壬戌 3	癸亥 4	甲子 5	乙丑 6	丙寅 7	丁卯 8	戊辰 9	己巳 10	庚午 11	辛未 12		己未春分
三月大	甲辰	天干地支 西曆	壬申 13	癸酉 14	甲戌 15	乙亥 16	丙子 17	丁丑 18	戊寅 19	己卯 20	庚辰 21	辛巳 22	壬午 23	癸未 24	甲申 25	乙酉 26	丙戌 27	丁亥 28	戊子 29	己丑 30	庚寅 (5)	辛卯 2	壬辰 3	癸巳 4	甲午 5	乙未 6	丙申 7	丁酉 8	戊戌 9	己亥 10	庚子 11	辛丑 12	
四月小	乙巳	天干地支 西曆	壬寅 13	癸卯 14	甲辰 15	乙巳 16	丙午 17	丁未 18	戊申 19	己酉 20	庚戌 21	辛亥 22	壬子 23	癸丑 24	甲寅 25	乙卯 26	丙辰 27	丁巳 28	戊午 29	己未 30	庚申 31	辛酉 (6)	壬戌 2	癸亥 3	甲子 4	乙丑 5	丙寅 6	丁卯 7	戊辰 8	己巳 9	庚午 10		丙午立夏
五月大	丙午	天干地支 西曆	辛未 11	壬申 12	癸酉 13	甲戌 14	乙亥 15	丙子 16	丁丑 17	戊寅 18	己卯 19	庚辰 20	辛巳 21	壬午 22	癸未 23	甲申 24	乙酉 25	丙戌 26	丁亥 27	戊子 28	己丑 29	庚寅 30	辛卯 (7)	壬辰 2	癸巳 3	甲午 4	乙未 5	丙申 6	丁酉 7	戊戌 8	己亥 9	庚子 10	甲午夏至
六月大	丁未	天干地支 西曆	辛丑 11	壬寅 12	癸卯 13	甲辰 14	乙巳 15	丙午 16	丁未 17	戊申 18	己酉 19	庚戌 20	辛亥 21	壬子 22	癸丑 23	甲寅 24	乙卯 25	丙辰 26	丁巳 27	戊午 28	己未 29	庚申 30	辛酉 31	壬戌 (8)	癸亥 2	甲子 3	乙丑 4	丙寅 5	丁卯 6	戊辰 7	己巳 8	庚午 9	
七月小	戊申	天干地支 西曆	辛未 10	壬申 11	癸酉 12	甲戌 13	乙亥 14	丙子 15	丁丑 16	戊寅 17	己卯 18	庚辰 19	辛巳 20	壬午 21	癸未 22	甲申 23	乙酉 24	丙戌 25	丁亥 26	戊子 27	己丑 28	庚寅 29	辛卯 30	壬辰 31	癸巳 (9)	甲午 2	乙未 3	丙申 4	丁酉 5	戊戌 6	己亥 7		庚辰立秋
八月大	己酉	天干地支 西曆	庚子 8	辛丑 9	壬寅 10	癸卯 11	甲辰 12	乙巳 13	丙午 14	丁未 15	戊申 16	己酉 17	庚戌 18	辛亥 19	壬子 20	癸丑 21	甲寅 22	乙卯 23	丙辰 24	丁巳 25	戊午 26	己未 27	庚申 28	辛酉 29	壬戌 30	癸亥 (10)	甲子 2	乙丑 3	丙寅 4	丁卯 5	戊辰 6	己巳 7	乙丑秋分
九月小	庚戌	天干地支 西曆	庚午 8	辛未 9	壬申 10	癸酉 11	甲戌 12	乙亥 13	丙子 14	丁丑 15	戊寅 16	己卯 17	庚辰 18	辛巳 19	壬午 20	癸未 21	甲申 22	乙酉 23	丙戌 24	丁亥 25	戊子 26	己丑 27	庚寅 28	辛卯 29	壬辰 30	癸巳 31	甲午 (11)	乙未 2	丙申 3	丁酉 4	戊戌 5		
十月大	辛亥	天干地支 西曆	己亥 6	庚子 7	辛丑 8	壬寅 9	癸卯 10	甲辰 11	乙巳 12	丙午 13	丁未 14	戊申 15	己酉 16	庚戌 17	辛亥 18	壬子 19	癸丑 20	甲寅 21	乙卯 22	丙辰 23	丁巳 24	戊午 25	己未 26	庚申 27	辛酉 28	壬戌 29	癸亥 30	甲子 (12)	乙丑 2	丙寅 3	丁卯 4	戊辰 5	己酉立冬
十一月小	壬子	天干地支 西曆	己巳 6	庚午 7	辛未 8	壬申 9	癸酉 10	甲戌 11	乙亥 12	丙子 13	丁丑 14	戊寅 15	己卯 16	庚辰 17	辛巳 18	壬午 19	癸未 20	甲申 21	乙酉 22	丙戌 23	丁亥 24	戊子 25	己丑 26	庚寅 27	辛卯 28	壬辰 29	癸巳 30	甲午 31	乙未 (1)	丙申 2	丁酉 3		癸巳冬至
十二月大	癸丑	天干地支 西曆	戊戌 4	己亥 5	庚子 6	辛丑 7	壬寅 8	癸卯 9	甲辰 10	乙巳 11	丙午 12	丁未 13	戊申 14	己酉 15	庚戌 16	辛亥 17	壬子 18	癸丑 19	甲寅 20	乙卯 21	丙辰 22	丁巳 23	戊午 24	己未 25	庚申 26	辛酉 27	壬戌 28	癸亥 29	甲子 30	乙丑 31	丙寅 (2)	丁卯 2	

年代異同	竹書紀年	皇極經世	文獻通考	歷代紀年備考	歷代帝王年表	歷代統紀表	中國年曆總譜	斷代工程
	殷文丁七年	殷受辛二十六年	殷受辛二十六年	殷受辛二十六年	殷受辛二十六年	殷受辛二十六年	殷帝辛四十六年	殷武乙十九年

殷康丁十四年（癸酉 鷄年） 公元前 **1128** ~ 前 1127 年

夏曆月序		中西曆對照	初一	初二	初三	初四	初五	初六	初七	初八	初九	初十	十一	十二	十三	十四	十五	十六	十七	十八	十九	二十	二一	二二	二三	二四	二五	二六	二七	二八	二九	三十	節氣與天象
正月小	甲寅	天干地支西曆	戊辰 3	己巳 4	庚午 5	辛未 6	壬申 7	癸酉 8	甲戌 9	乙亥 10	丙子 11	丁丑 12	戊寅 13	己卯 14	庚辰 15	辛巳 16	壬午 17	癸未 18	甲申 19	乙酉 20	丙戌 21	丁亥 22	戊子 23	己丑 24	庚寅 25	辛卯 26	壬辰 27	癸巳 28	甲午 (3)	乙未 2	丙申 3		戊寅立春
二月大	乙卯	天干地支西曆	丁酉 4	戊戌 5	己亥 6	庚子 7	辛丑 8	壬寅 9	癸卯 10	甲辰 11	乙巳 12	丙午 13	丁未 14	戊申 15	己酉 16	庚戌 17	辛亥 18	壬子 19	癸丑 20	甲寅 21	乙卯 22	丙辰 23	丁巳 24	戊午 25	己未 26	庚申 27	辛酉 28	壬戌 29	癸亥 30	甲子 31	乙丑 (4)	丙寅 2	甲子春分
三月小	丙辰	天干地支西曆	丁卯 3	戊辰 4	己巳 5	庚午 6	辛未 7	壬申 8	癸酉 9	甲戌 10	乙亥 11	丙子 12	丁丑 13	戊寅 14	己卯 15	庚辰 16	辛巳 17	壬午 18	癸未 19	甲申 20	乙酉 21	丙戌 22	丁亥 23	戊子 24	己丑 25	庚寅 26	辛卯 27	壬辰 28	癸巳 29	甲午 30	乙未 (5)		
四月小	丁巳	天干地支西曆	丙申 2	丁酉 3	戊戌 4	己亥 5	庚子 6	辛丑 7	壬寅 8	癸卯 9	甲辰 10	乙巳 11	丙午 12	丁未 13	戊申 14	己酉 15	庚戌 16	辛亥 17	壬子 18	癸丑 19	甲寅 20	乙卯 21	丙辰 22	丁巳 23	戊午 24	己未 25	庚申 26	辛酉 27	壬戌 28	癸亥 29	甲子 30		壬子立夏
閏四月大	丁巳	天干地支西曆	乙丑 31	丙寅 (6)	丁卯 2	戊辰 3	己巳 4	庚午 5	辛未 6	壬申 7	癸酉 8	甲戌 9	乙亥 10	丙子 11	丁丑 12	戊寅 13	己卯 14	庚辰 15	辛巳 16	壬午 17	癸未 18	甲申 19	乙酉 20	丙戌 21	丁亥 22	戊子 23	己丑 24	庚寅 25	辛卯 26	壬辰 27	癸巳 28	甲午 29	
五月大	戊午	天干地支西曆	乙未 30	丙申 (7)	丁酉 2	戊戌 3	己亥 4	庚子 5	辛丑 6	壬寅 7	癸卯 8	甲辰 9	乙巳 10	丙午 11	丁未 12	戊申 13	己酉 14	庚戌 15	辛亥 16	壬子 17	癸丑 18	甲寅 19	乙卯 20	丙辰 21	丁巳 22	戊午 23	己未 24	庚申 25	辛酉 26	壬戌 27	癸亥 28	甲子 29	己亥夏至
六月小	己未	天干地支西曆	乙丑 30	丙寅 31	丁卯 (8)	戊辰 2	己巳 3	庚午 4	辛未 5	壬申 6	癸酉 7	甲戌 8	乙亥 9	丙子 10	丁丑 11	戊寅 12	己卯 13	庚辰 14	辛巳 15	壬午 16	癸未 17	甲申 18	乙酉 19	丙戌 20	丁亥 21	戊子 22	己丑 23	庚寅 24	辛卯 25	壬辰 26	癸巳 27		乙酉立秋
七月大	庚申	天干地支西曆	甲午 28	乙未 29	丙申 30	丁酉 31	戊戌 (9)	己亥 2	庚子 3	辛丑 4	壬寅 5	癸卯 6	甲辰 7	乙巳 8	丙午 9	丁未 10	戊申 11	己酉 12	庚戌 13	辛亥 14	壬子 15	癸丑 16	甲寅 17	乙卯 18	丙辰 19	丁巳 20	戊午 21	己未 22	庚申 23	辛酉 24	壬戌 25	癸亥 26	
八月大	辛酉	天干地支西曆	甲子 27	乙丑 28	丙寅 29	丁卯 30	戊辰 (10)	己巳 2	庚午 3	辛未 4	壬申 5	癸酉 6	甲戌 7	乙亥 8	丙子 9	丁丑 10	戊寅 11	己卯 12	庚辰 13	辛巳 14	壬午 15	癸未 16	甲申 17	乙酉 18	丙戌 19	丁亥 20	戊子 21	己丑 22	庚寅 23	辛卯 24	壬辰 25	癸巳 26	庚午秋分
九月小	壬戌	天干地支西曆	甲午 27	乙未 28	丙申 29	丁酉 30	戊戌 31	己亥 (11)	庚子 2	辛丑 3	壬寅 4	癸卯 5	甲辰 6	乙巳 7	丙午 8	丁未 9	戊申 10	己酉 11	庚戌 12	辛亥 13	壬子 14	癸丑 15	甲寅 16	乙卯 17	丙辰 18	丁巳 19	戊午 20	己未 21	庚申 22	辛酉 23	壬戌 24		乙卯立冬
十月大	癸亥	天干地支西曆	癸亥 25	甲子 26	乙丑 27	丙寅 28	丁卯 29	戊辰 30	己巳 (12)	庚午 2	辛未 3	壬申 4	癸酉 5	甲戌 6	乙亥 7	丙子 8	丁丑 9	戊寅 10	己卯 11	庚辰 12	辛巳 13	壬午 14	癸未 15	甲申 16	乙酉 17	丙戌 18	丁亥 19	戊子 20	己丑 21	庚寅 22	辛卯 23	壬辰 24	
十一月小	甲子	天干地支西曆	癸巳 25	甲午 26	乙未 27	丙申 28	丁酉 29	戊戌 30	己亥 31	庚子 (1)	辛丑 2	壬寅 3	癸卯 4	甲辰 5	乙巳 6	丙午 7	丁未 8	戊申 9	己酉 10	庚戌 11	辛亥 12	壬子 13	癸丑 14	甲寅 15	乙卯 16	丙辰 17	丁巳 18	戊午 19	己未 20	庚申 21	辛酉 22		己亥冬至
十二月大	乙丑	天干地支西曆	壬戌 23	癸亥 24	甲子 25	乙丑 26	丙寅 27	丁卯 28	戊辰 29	己巳 30	庚午 31	辛未 (2)	壬申 2	癸酉 3	甲戌 4	乙亥 5	丙子 6	丁丑 7	戊寅 8	己卯 9	庚辰 10	辛巳 11	壬午 12	癸未 13	甲申 14	乙酉 15	丙戌 16	丁亥 17	戊子 18	己丑 19	庚寅 20	辛卯 21	甲申立春

年代異同	竹書紀年	皇極經世	文獻通考	歷代紀年備考	歷代帝王年表	歷代統紀表	中國年曆總譜	斷代工程
	殷文丁八年	殷受辛二十七年	殷受辛二十七年	殷受辛二十七年	殷受辛二十七年	殷受辛二十七年	殷帝辛四十七年	殷武乙二十年

殷康丁十五年（甲戌 狗年） 公元前 1127 ~ 前 1126 年

夏曆月序		中西曆日對照	夏曆日序 初一	初二	初三	初四	初五	初六	初七	初八	初九	初十	十一	十二	十三	十四	十五	十六	十七	十八	十九	二十	二一	二二	二三	二四	二五	二六	二七	二八	二九	三十	節氣與天象
正月小	丙寅	干支天地西曆	壬辰22	癸巳23	甲午24	乙未25	丙申26	丁酉27	戊戌28	己亥(3)	庚子2	辛丑3	壬寅4	癸卯5	甲辰6	乙巳7	丙午8	丁未9	戊申10	己酉11	庚戌12	辛亥13	壬子14	癸丑15	甲寅16	乙卯17	丙辰18	丁巳19	戊午20	己未21	庚申22		
二月小	丁卯	干支天地西曆	辛酉23	壬戌24	癸亥25	甲子26	乙丑27	丙寅28	丁卯29	戊辰30	己巳31	庚午(4)	辛未2	壬申3	癸酉4	甲戌5	乙亥6	丙子7	丁丑8	戊寅9	己卯10	庚辰11	辛巳12	壬午13	癸未14	甲申15	乙酉16	丙戌17	丁亥18	戊子19	己丑20		庚午春分
三月大	戊辰	干支天地西曆	庚寅21	辛卯22	壬辰23	癸巳24	甲午25	乙未26	丙申27	丁酉28	戊戌29	己亥30	庚子(5)	辛丑2	壬寅3	癸卯4	甲辰5	乙巳6	丙午7	丁未8	戊申9	己酉10	庚戌11	辛亥12	壬子13	癸丑14	甲寅15	乙卯16	丙辰17	丁巳18	戊午19	己未20	丁巳立夏
四月小	己巳	干支天地西曆	庚申21	辛酉22	壬戌23	癸亥24	甲子25	乙丑26	丙寅27	丁卯28	戊辰29	己巳30	庚午31	辛未(6)	壬申2	癸酉3	甲戌4	乙亥5	丙子6	丁丑7	戊寅8	己卯9	庚辰10	辛巳11	壬午12	癸未13	甲申14	乙酉15	丙戌16	丁亥17	戊子18		
五月大	庚午	干支天地西曆	己丑19	庚寅20	辛卯21	壬辰22	癸巳23	甲午24	乙未25	丙申26	丁酉27	戊戌28	己亥29	庚子30	辛丑(7)	壬寅2	癸卯3	甲辰4	乙巳5	丙午6	丁未7	戊申8	己酉9	庚戌10	辛亥11	壬子12	癸丑13	甲寅14	乙卯15	丙辰16	丁巳17	戊午18	甲辰夏至
六月小	辛未	干支天地西曆	己未19	庚申20	辛酉21	壬戌22	癸亥23	甲子24	乙丑25	丙寅26	丁卯27	戊辰28	己巳29	庚午30	辛未31	壬申(8)	癸酉2	甲戌3	乙亥4	丙子5	丁丑6	戊寅7	己卯8	庚辰9	辛巳10	壬午11	癸未12	甲申13	乙酉14	丙戌15	丁亥16		己未日食
七月大	壬申	干支天地西曆	戊子17	己丑18	庚寅19	辛卯20	壬辰21	癸巳22	甲午23	乙未24	丙申25	丁酉26	戊戌27	己亥28	庚子29	辛丑30	壬寅31	癸卯(9)	甲辰2	乙巳3	丙午4	丁未5	戊申6	己酉7	庚戌8	辛亥9	壬子10	癸丑11	甲寅12	乙卯13	丙辰14	丁巳15	庚寅立秋
八月大	癸酉	干支天地西曆	戊午16	己未17	庚申18	辛酉19	壬戌20	癸亥21	甲子22	乙丑23	丙寅24	丁卯25	戊辰26	己巳27	庚午28	辛未29	壬申30	癸酉(10)	甲戌2	乙亥3	丙子4	丁丑5	戊寅6	己卯7	庚辰8	辛巳9	壬午10	癸未11	甲申12	乙酉13	丙戌14	丁亥15	丙子秋分
九月大	甲戌	干支天地西曆	戊子16	己丑17	庚寅18	辛卯19	壬辰20	癸巳21	甲午22	乙未23	丙申24	丁酉25	戊戌26	己亥27	庚子28	辛丑29	壬寅30	癸卯31	甲辰(11)	乙巳2	丙午3	丁未4	戊申5	己酉6	庚戌7	辛亥8	壬子9	癸丑10	甲寅11	乙卯12	丙辰13	丁巳14	
十月小	乙亥	干支天地西曆	戊午15	己未16	庚申17	辛酉18	壬戌19	癸亥20	甲子21	乙丑22	丙寅23	丁卯24	戊辰25	己巳26	庚午27	辛未28	壬申29	癸酉30	甲戌(12)	乙亥2	丙子3	丁丑4	戊寅5	己卯6	庚辰7	辛巳8	壬午9	癸未10	甲申11	乙酉12	丙戌13		庚申立冬
十一月大	丙子	干支天地西曆	丁亥14	戊子15	己丑16	庚寅17	辛卯18	壬辰19	癸巳20	甲午21	乙未22	丙申23	丁酉24	戊戌25	己亥26	庚子27	辛丑28	壬寅29	癸卯30	甲辰31	乙巳(1)	丙午2	丁未3	戊申4	己酉5	庚戌6	辛亥7	壬子8	癸丑9	甲寅10	乙卯11	丙辰12	甲辰冬至
十二月小	丁丑	干支天地西曆	丁巳13	戊午14	己未15	庚申16	辛酉17	壬戌18	癸亥19	甲子20	乙丑21	丙寅22	丁卯23	戊辰24	己巳25	庚午26	辛未27	壬申28	癸酉29	甲戌30	乙亥31	丙子(2)	丁丑2	戊寅3	己卯4	庚辰5	辛巳6	壬午7	癸未8	甲申9	乙酉10		

年代異同	竹書紀年	皇極經世	文獻通考	歷代紀年備考	歷代帝王年表	歷代統紀表	中國年曆總譜	斷代工程
	殷文丁九年	殷受辛二十八年	殷受辛二十八年	殷受辛二十八年	殷受辛二十八年	殷受辛二十八年	殷帝辛四十八年	殷武乙二十一年

殷康丁十六年（乙亥 猪年） 公元前1126 ~ 前1125年

夏曆月序		中西曆日對照	初一	初二	初三	初四	初五	初六	初七	初八	初九	初十	十一	十二	十三	十四	十五	十六	十七	十八	十九	二十	二一	二二	二三	二四	二五	二六	二七	二八	二九	三十	節氣與天象
正月大	戊寅	天干地支西曆	丙戌11	丁亥12	戊子13	己丑14	庚寅15	辛卯16	壬辰17	癸巳18	甲午19	乙未20	丙申21	丁酉22	戊戌23	己亥24	庚子25	辛丑26	壬寅27	癸卯28	甲辰(3)	乙巳2	丙午3	丁未4	戊申5	己酉6	庚戌7	辛亥8	壬子9	癸丑10	甲寅11	乙卯12	己丑立春
二月小	己卯	天干地支西曆	丙辰13	丁巳14	戊午15	己未16	庚申17	辛酉18	壬戌19	癸亥20	甲子21	乙丑22	丙寅23	丁卯24	戊辰25	己巳26	庚午27	辛未28	壬申29	癸酉30	甲戌31	乙亥(4)	丙子2	丁丑3	戊寅4	己卯5	庚辰6	辛巳7	壬午8	癸未9	甲申10		乙亥春分
三月小	庚辰	天干地支西曆	乙酉11	丙戌12	丁亥13	戊子14	己丑15	庚寅16	辛卯17	壬辰18	癸巳19	甲午20	乙未21	丙申22	丁酉23	戊戌24	己亥25	庚子26	辛丑27	壬寅28	癸卯29	甲辰30	乙巳(5)	丙午2	丁未3	戊申4	己酉5	庚戌6	辛亥7	壬子8	癸丑9		
四月大	辛巳	天干地支西曆	甲寅10	乙卯11	丙辰12	丁巳13	戊午14	己未15	庚申16	辛酉17	壬戌18	癸亥19	甲子20	乙丑21	丙寅22	丁卯23	戊辰24	己巳25	庚午26	辛未27	壬申28	癸酉29	甲戌30	乙亥31	丙子(6)	丁丑2	戊寅3	己卯4	庚辰5	辛巳6	壬午7	癸未8	壬戌立夏
五月小	壬午	天干地支西曆	甲申9	乙酉10	丙戌11	丁亥12	戊子13	己丑14	庚寅15	辛卯16	壬辰17	癸巳18	甲午19	乙未20	丙申21	丁酉22	戊戌23	己亥24	庚子25	辛丑26	壬寅27	癸卯28	甲辰29	乙巳30	丙午(7)	丁未2	戊申3	己酉4	庚戌5	辛亥6	壬子7		己酉夏至
六月大	癸未	天干地支西曆	癸丑8	甲寅9	乙卯10	丙辰11	丁巳12	戊午13	己未14	庚申15	辛酉16	壬戌17	癸亥18	甲子19	乙丑20	丙寅21	丁卯22	戊辰23	己巳24	庚午25	辛未26	壬申27	癸酉28	甲戌29	乙亥30	丙子31	丁丑(8)	戊寅2	己卯3	庚辰4	辛巳5	壬午6	
七月小	甲申	天干地支西曆	癸未7	甲申8	乙酉9	丙戌10	丁亥11	戊子12	己丑13	庚寅14	辛卯15	壬辰16	癸巳17	甲午18	乙未19	丙申20	丁酉21	戊戌22	己亥23	庚子24	辛丑25	壬寅26	癸卯27	甲辰28	乙巳29	丙午30	丁未31	戊申(9)	己酉2	庚戌3	辛亥4		丙申立秋
八月大	乙酉	天干地支西曆	壬子5	癸丑6	甲寅7	乙卯8	丙辰9	丁巳10	戊午11	己未12	庚申13	辛酉14	壬戌15	癸亥16	甲子17	乙丑18	丙寅19	丁卯20	戊辰21	己巳22	庚午23	辛未24	壬申25	癸酉26	甲戌27	乙亥28	丙子29	丁丑30	戊寅(10)	己卯2	庚辰3	辛巳4	辛巳秋分
九月大	丙戌	天干地支西曆	壬午5	癸未6	甲申7	乙酉8	丙戌9	丁亥10	戊子11	己丑12	庚寅13	辛卯14	壬辰15	癸巳16	甲午17	乙未18	丙申19	丁酉20	戊戌21	己亥22	庚子23	辛丑24	壬寅25	癸卯26	甲辰27	乙巳28	丙午29	丁未30	戊申31	己酉(11)	庚戌2	辛亥3	
十月大	丁亥	天干地支西曆	壬子4	癸丑5	甲寅6	乙卯7	丙辰8	丁巳9	戊午10	己未11	庚申12	辛酉13	壬戌14	癸亥15	甲子16	乙丑17	丙寅18	丁卯19	戊辰20	己巳21	庚午22	辛未23	壬申24	癸酉25	甲戌26	乙亥27	丙子28	丁丑29	戊寅30	己卯(12)	庚辰2	辛巳3	乙丑立冬
十一月小	戊子	天干地支西曆	壬午4	癸未5	甲申6	乙酉7	丙戌8	丁亥9	戊子10	己丑11	庚寅12	辛卯13	壬辰14	癸巳15	甲午16	乙未17	丙申18	丁酉19	戊戌20	己亥21	庚子22	辛丑23	壬寅24	癸卯25	甲辰26	乙巳27	丙午28	丁未29	戊申30	己酉31	庚戌(1)		己酉冬至
十二月大	己丑	天干地支西曆	辛亥2	壬子3	癸丑4	甲寅5	乙卯6	丙辰7	丁巳8	戊午9	己未10	庚申11	辛酉12	壬戌13	癸亥14	甲子15	乙丑16	丙寅17	丁卯18	戊辰19	己巳20	庚午21	辛未22	壬申23	癸酉24	甲戌25	乙亥26	丙子27	丁丑28	戊寅29	己卯30	庚辰31	

年代異同	竹書紀年	皇極經世	文獻通考	歷代紀年備考	歷代帝王年表	歷代統紀表	中國年曆總譜	斷代工程
	殷文丁十年	殷受辛二十九年	殷受辛二十九年	殷受辛二十九年	殷受辛二十九年	殷受辛二十九年	殷帝辛四十九年	殷武乙二十二年

殷康丁十七年（丙子 鼠年） 公元前 1125 ~ 前 1124 年

夏曆月序		中西曆日對照	初一	初二	初三	初四	初五	初六	初七	初八	初九	初十	十一	十二	十三	十四	十五	十六	十七	十八	十九	二十	二一	二二	二三	二四	二五	二六	二七	二八	二九	三十	節氣與天象
正月小	庚寅	干支曆 天地西曆	辛巳(2)	壬午2	癸未3	甲申4	乙酉5	丙戌6	丁亥7	戊子8	己丑9	庚寅10	辛卯11	壬辰12	癸巳13	甲午14	乙未15	丙申16	丁酉17	戊戌18	己亥19	庚子20	辛丑21	壬寅22	癸卯23	甲辰24	乙巳25	丙午26	丁未27	戊申28	己酉29		甲午立春
二月大	辛卯	干支曆 天地西曆	庚戌(3)	辛亥2	壬子3	癸丑4	甲寅5	乙卯6	丙辰7	丁巳8	戊午9	己未10	庚申11	辛酉12	壬戌13	癸亥14	甲子15	乙丑16	丙寅17	丁卯18	戊辰19	己巳20	庚午21	辛未22	壬申23	癸酉24	甲戌25	乙亥26	丙子27	丁丑28	戊寅29	己卯30	
閏二月小	辛卯	干支曆 天地西曆	庚辰31	辛巳(4)	壬午2	癸未3	甲申4	乙酉5	丙戌6	丁亥7	戊子8	己丑9	庚寅10	辛卯11	壬辰12	癸巳13	甲午14	乙未15	丙申16	丁酉17	戊戌18	己亥19	庚子20	辛丑21	壬寅22	癸卯23	甲辰24	乙巳25	丙午26	丁未27	戊申28		庚辰春分
三月小	壬辰	干支曆 天地西曆	己酉29	庚戌30	辛亥(5)	壬子2	癸丑3	甲寅4	乙卯5	丙辰6	丁巳7	戊午8	己未9	庚申10	辛酉11	壬戌12	癸亥13	甲子14	乙丑15	丙寅16	丁卯17	戊辰18	己巳19	庚午20	辛未21	壬申22	癸酉23	甲戌24	乙亥25	丙子26	丁丑27		丁卯立夏
四月大	癸巳	干支曆 天地西曆	戊寅28	己卯29	庚辰30	辛巳31	壬午(6)	癸未2	甲申3	乙酉4	丙戌5	丁亥6	戊子7	己丑8	庚寅9	辛卯10	壬辰11	癸巳12	甲午13	乙未14	丙申15	丁酉16	戊戌17	己亥18	庚子19	辛丑20	壬寅21	癸卯22	甲辰23	乙巳24	丙午25	丁未26	
五月小	甲午	干支曆 天地西曆	戊申27	己酉28	庚戌29	辛亥30	壬子(7)	癸丑2	甲寅3	乙卯4	丙辰5	丁巳6	戊午7	己未8	庚申9	辛酉10	壬戌11	癸亥12	甲子13	乙丑14	丙寅15	丁卯16	戊辰17	己巳18	庚午19	辛未20	壬申21	癸酉22	甲戌23	乙亥24	丙子25		乙卯夏至
六月大	乙未	干支曆 天地西曆	丁丑26	戊寅27	己卯28	庚辰29	辛巳30	壬午31	癸未(8)	甲申2	乙酉3	丙戌4	丁亥5	戊子6	己丑7	庚寅8	辛卯9	壬辰10	癸巳11	甲午12	乙未13	丙申14	丁酉15	戊戌16	己亥17	庚子18	辛丑19	壬寅20	癸卯21	甲辰22	乙巳23	丙午24	辛丑立秋
七月小	丙申	干支曆 天地西曆	丁未25	戊申26	己酉27	庚戌28	辛亥29	壬子30	癸丑31	甲寅(9)	乙卯2	丙辰3	丁巳4	戊午5	己未6	庚申7	辛酉8	壬戌9	癸亥10	甲子11	乙丑12	丙寅13	丁卯14	戊辰15	己巳16	庚午17	辛未18	壬申19	癸酉20	甲戌21	乙亥22		
八月大	丁酉	干支曆 天地西曆	丙子23	丁丑24	戊寅25	己卯26	庚辰27	辛巳28	壬午29	癸未30	甲申(10)	乙酉2	丙戌3	丁亥4	戊子5	己丑6	庚寅7	辛卯8	壬辰9	癸巳10	甲午11	乙未12	丙申13	丁酉14	戊戌15	己亥16	庚子17	辛丑18	壬寅19	癸卯20	甲辰21	乙巳22	丙戌秋分
九月小	戊戌	干支曆 天地西曆	丙午23	丁未24	戊申25	己酉26	庚戌27	辛亥28	壬子29	癸丑30	甲寅31	乙卯(11)	丙辰2	丁巳3	戊午4	己未5	庚申6	辛酉7	壬戌8	癸亥9	甲子10	乙丑11	丙寅12	丁卯13	戊辰14	己巳15	庚午16	辛未17	壬申18	癸酉19	甲戌20		庚午立冬
十月大	己亥	干支曆 天地西曆	乙亥21	丙子22	丁丑23	戊寅24	己卯25	庚辰26	辛巳27	壬午28	癸未29	甲申30	乙酉(12)	丙戌2	丁亥3	戊子4	己丑5	庚寅6	辛卯7	壬辰8	癸巳9	甲午10	乙未11	丙申12	丁酉13	戊戌14	己亥15	庚子16	辛丑17	壬寅18	癸卯19	甲辰20	
十一月大	庚子	干支曆 天地西曆	乙巳21	丙午22	丁未23	戊申24	己酉25	庚戌26	辛亥27	壬子28	癸丑29	甲寅30	乙卯31	丙辰(1)	丁巳2	戊午3	己未4	庚申5	辛酉6	壬戌7	癸亥8	甲子9	乙丑10	丙寅11	丁卯12	戊辰13	己巳14	庚午15	辛未16	壬申17	癸酉18	甲戌19	甲寅冬至
十二月大	辛丑	干支曆 天地西曆	乙亥20	丙子21	丁丑22	戊寅23	己卯24	庚辰25	辛巳26	壬午27	癸未28	甲申29	乙酉30	丙戌31	丁亥(2)	戊子2	己丑3	庚寅4	辛卯5	壬辰6	癸巳7	甲午8	乙未9	丙申10	丁酉11	戊戌12	己亥13	庚子14	辛丑15	壬寅16	癸卯17	甲辰18	己亥立春

年代異同	竹書紀年	皇極經世	文獻通考	歷代紀年備考	歷代帝王年表	歷代統紀表	中國年曆總譜	斷代工程
	殷文丁十一年	殷受辛三十年	殷受辛三十年	殷受辛三十年	殷受辛三十年	殷受辛三十年	殷帝辛五十年	殷武乙二十三年

殷康丁十八年（丁丑 牛年） 公元前 **1124** ~ 前 1123 年

夏曆月序		中西曆日對照	初一	初二	初三	初四	初五	初六	初七	初八	初九	初十	十一	十二	十三	十四	十五	十六	十七	十八	十九	二十	二一	二二	二三	二四	二五	二六	二七	二八	二九	三十	節氣與天象
正月小	壬寅	干支曆 天地西	乙巳19	丙午20	丁未21	戊申22	己酉23	庚戌24	辛亥25	壬子26	癸丑27	甲寅28	乙卯(3)	丙辰2	丁巳3	戊午4	己未5	庚申6	辛酉7	壬戌8	癸亥9	甲子10	乙丑11	丙寅12	丁卯13	戊辰14	己巳15	庚午16	辛未17	壬申18	癸酉19		
二月大	癸卯	干支曆 天地西	甲戌20	乙亥21	丙子22	丁丑23	戊寅24	己卯25	庚辰26	辛巳27	壬午28	癸未29	甲申30	乙酉31	丙戌(4)	丁亥2	戊子3	己丑4	庚寅5	辛卯6	壬辰7	癸巳8	甲午9	乙未10	丙申11	丁酉12	戊戌13	己亥14	庚子15	辛丑16	壬寅17	癸卯18	乙酉春分
三月小	甲辰	干支曆 天地西	甲辰19	乙巳20	丙午21	丁未22	戊申23	己酉24	庚戌25	辛亥26	壬子27	癸丑28	甲寅29	乙卯30	丙辰(5)	丁巳2	戊午3	己未4	庚申5	辛酉6	壬戌7	癸亥8	甲子9	乙丑10	丙寅11	丁卯12	戊辰13	己巳14	庚午15	辛未16	壬申17		
四月小	乙巳	干支曆 天地西	癸酉18	甲戌19	乙亥20	丙子21	丁丑22	戊寅23	己卯24	庚辰25	辛巳26	壬午27	癸未28	甲申29	乙酉30	丙戌31	丁亥(6)	戊子2	己丑3	庚寅4	辛卯5	壬辰6	癸巳7	甲午8	乙未9	丙申10	丁酉11	戊戌12	己亥13	庚子14	辛丑15		癸酉立夏 癸酉日食
五月大	丙午	干支曆 天地西	壬寅16	癸卯17	甲辰18	乙巳19	丙午20	丁未21	戊申22	己酉23	庚戌24	辛亥25	壬子26	癸丑27	甲寅28	乙卯29	丙辰30	丁巳(7)	戊午2	己未3	庚申4	辛酉5	壬戌6	癸亥7	甲子8	乙丑9	丙寅10	丁卯11	戊辰12	己巳13	庚午14	辛未15	庚申夏至
六月小	丁未	干支曆 天地西	壬申16	癸酉17	甲戌18	乙亥19	丙子20	丁丑21	戊寅22	己卯23	庚辰24	辛巳25	壬午26	癸未27	甲申28	乙酉29	丙戌30	丁亥31	戊子(8)	己丑2	庚寅3	辛卯4	壬辰5	癸巳6	甲午7	乙未8	丙申9	丁酉10	戊戌11	己亥12	庚子13		
七月小	戊申	干支曆 天地西	辛丑14	壬寅15	癸卯16	甲辰17	乙巳18	丙午19	丁未20	戊申21	己酉22	庚戌23	辛亥24	壬子25	癸丑26	甲寅27	乙卯28	丙辰29	丁巳30	戊午31	己未(9)	庚申2	辛酉3	壬戌4	癸亥5	甲子6	乙丑7	丙寅8	丁卯9	戊辰10	己巳11		丙午立秋
八月大	己酉	干支曆 天地西	庚午12	辛未13	壬申14	癸酉15	甲戌16	乙亥17	丙子18	丁丑19	戊寅20	己卯21	庚辰22	辛巳23	壬午24	癸未25	甲申26	乙酉27	丙戌28	丁亥29	戊子30	己丑(10)	庚寅2	辛卯3	壬辰4	癸巳5	甲午6	乙未7	丙申8	丁酉9	戊戌10	己亥11	辛卯秋分
九月大	庚戌	干支曆 天地西	庚子12	辛丑13	壬寅14	癸卯15	甲辰16	乙巳17	丙午18	丁未19	戊申20	己酉21	庚戌22	辛亥23	壬子24	癸丑25	甲寅26	乙卯27	丙辰28	丁巳29	戊午30	己未31	庚申(11)	辛酉2	壬戌3	癸亥4	甲子5	乙丑6	丙寅7	丁卯8	戊辰9	己巳10	
十月小	辛亥	干支曆 天地西	庚午11	辛未12	壬申13	癸酉14	甲戌15	乙亥16	丙子17	丁丑18	戊寅19	己卯20	庚辰21	辛巳22	壬午23	癸未24	甲申25	乙酉26	丙戌27	丁亥28	戊子29	己丑30	庚寅(12)	辛卯2	壬辰3	癸巳4	甲午5	乙未6	丙申7	丁酉8	戊戌9		丙子立冬
十一月大	壬子	干支曆 天地西	己亥10	庚子11	辛丑12	壬寅13	癸卯14	甲辰15	乙巳16	丙午17	丁未18	戊申19	己酉20	庚戌21	辛亥22	壬子23	癸丑24	甲寅25	乙卯26	丙辰27	丁巳28	戊午29	己未30	庚申31	辛酉(1)	壬戌2	癸亥3	甲子4	乙丑5	丙寅6	丁卯7	戊辰8	庚申冬至
十二月大	癸丑	干支曆 天地西	己巳9	庚午10	辛未11	壬申12	癸酉13	甲戌14	乙亥15	丙子16	丁丑17	戊寅18	己卯19	庚辰20	辛巳21	壬午22	癸未23	甲申24	乙酉25	丙戌26	丁亥27	戊子28	己丑29	庚寅30	辛卯31	壬辰(2)	癸巳2	甲午3	乙未4	丙申5	丁酉6	戊戌7	

年代異同	史記魯世家	漢書律曆志	帝王世紀	竹書紀年	皇極經世	文獻通考	歷代帝王年表	歷代統紀表	中國年曆總譜	斷代工程
		周武王二年		殷文丁十二年	殷受辛三十一年	殷受辛三十一年	殷受辛三十一年	殷受辛三十一年	殷帝辛五十一年	殷武乙二十四年

殷康丁十九年（戊寅 虎年） 公元前1123 ~ 前1122年

夏曆月序		中西曆日對照	初一	初二	初三	初四	初五	初六	初七	初八	初九	初十	十一	十二	十三	十四	十五	十六	十七	十八	十九	二十	二一	二二	二三	二四	二五	二六	二七	二八	二九	三十	節氣與天象
正月大	甲寅	天干地支西曆	己亥8	庚子9	辛丑10	壬寅11	癸卯12	甲辰13	乙巳14	丙午15	丁未16	戊申17	己酉18	庚戌19	辛亥20	壬子21	癸丑22	甲寅23	乙卯24	丙辰25	丁巳26	戊午27	己未28	庚申(3)	辛酉2	壬戌3	癸亥4	甲子5	乙丑6	丙寅7	丁卯8	戊辰9	乙巳立春
二月小	乙卯	天干地支西曆	己巳10	庚午11	辛未12	壬申13	癸酉14	甲戌15	乙亥16	丙子17	丁丑18	戊寅19	己卯20	庚辰21	辛巳22	壬午23	癸未24	甲申25	乙酉26	丙戌27	丁亥28	戊子29	己丑30	庚寅31	辛卯(4)	壬辰2	癸巳3	甲午4	乙未5	丙申6	丁酉7		辛卯春分
三月大	丙辰	天干地支西曆	戊戌8	己亥9	庚子10	辛丑11	壬寅12	癸卯13	甲辰14	乙巳15	丙午16	丁未17	戊申18	己酉19	庚戌20	辛亥21	壬子22	癸丑23	甲寅24	乙卯25	丙辰26	丁巳27	戊午28	己未29	庚申30	辛酉(5)	壬戌2	癸亥3	甲子4	乙丑5	丙寅6	丁卯7	
四月小	丁巳	天干地支西曆	戊辰8	己巳9	庚午10	辛未11	壬申12	癸酉13	甲戌14	乙亥15	丙子16	丁丑17	戊寅18	己卯19	庚辰20	辛巳21	壬午22	癸未23	甲申24	乙酉25	丙戌26	丁亥27	戊子28	己丑29	庚寅30	辛卯31	壬辰(6)	癸巳2	甲午3	乙未4	丙申5		戊寅立夏
五月小	戊午	天干地支西曆	丁酉6	戊戌7	己亥8	庚子9	辛丑10	壬寅11	癸卯12	甲辰13	乙巳14	丙午15	丁未16	戊申17	己酉18	庚戌19	辛亥20	壬子21	癸丑22	甲寅23	乙卯24	丙辰25	丁巳26	戊午27	己未28	庚申29	辛酉30	壬戌(7)	癸亥2	甲子3	乙丑4		乙丑夏至
六月大	己未	天干地支西曆	丙寅5	丁卯6	戊辰7	己巳8	庚午9	辛未10	壬申11	癸酉12	甲戌13	乙亥14	丙子15	丁丑16	戊寅17	己卯18	庚辰19	辛巳20	壬午21	癸未22	甲申23	乙酉24	丙戌25	丁亥26	戊子27	己丑28	庚寅29	辛卯30	壬辰31	癸巳(8)	甲午2	乙未3	
七月小	庚申	天干地支西曆	丙申4	丁酉5	戊戌6	己亥7	庚子8	辛丑9	壬寅10	癸卯11	甲辰12	乙巳13	丙午14	丁未15	戊申16	己酉17	庚戌18	辛亥19	壬子20	癸丑21	甲寅22	乙卯23	丙辰24	丁巳25	戊午26	己未27	庚申28	辛酉29	壬戌30	癸亥31	甲子(9)		辛亥立秋
八月大	辛酉	天干地支西曆	乙丑2	丙寅3	丁卯4	戊辰5	己巳6	庚午7	辛未8	壬申9	癸酉10	甲戌11	乙亥12	丙子13	丁丑14	戊寅15	己卯16	庚辰17	辛巳18	壬午19	癸未20	甲申21	乙酉22	丙戌23	丁亥24	戊子25	己丑26	庚寅27	辛卯28	壬辰29	癸巳30	甲午(10)	
九月小	壬戌	天干地支西曆	乙未2	丙申3	丁酉4	戊戌5	己亥6	庚子7	辛丑8	壬寅9	癸卯10	甲辰11	乙巳12	丙午13	丁未14	戊申15	己酉16	庚戌17	辛亥18	壬子19	癸丑20	甲寅21	乙卯22	丙辰23	丁巳24	戊午25	己未26	庚申27	辛酉28	壬戌29	癸亥30		丁酉秋分
閏九月大	壬戌	天干地支西曆	甲子31	乙丑(11)	丙寅2	丁卯3	戊辰4	己巳5	庚午6	辛未7	壬申8	癸酉9	甲戌10	乙亥11	丙子12	丁丑13	戊寅14	己卯15	庚辰16	辛巳17	壬午18	癸未19	甲申20	乙酉21	丙戌22	丁亥23	戊子24	己丑25	庚寅26	辛卯27	壬辰28	癸巳29	辛巳立冬
十月小	癸亥	天干地支西曆	甲午30	乙未(12)	丙申2	丁酉3	戊戌4	己亥5	庚子6	辛丑7	壬寅8	癸卯9	甲辰10	乙巳11	丙午12	丁未13	戊申14	己酉15	庚戌16	辛亥17	壬子18	癸丑19	甲寅20	乙卯21	丙辰22	丁巳23	戊午24	己未25	庚申26	辛酉27	壬戌28		
十一月大	甲子	天干地支西曆	癸亥29	甲子30	乙丑31	丙寅(1)	丁卯2	戊辰3	己巳4	庚午5	辛未6	壬申7	癸酉8	甲戌9	乙亥10	丙子11	丁丑12	戊寅13	己卯14	庚辰15	辛巳16	壬午17	癸未18	甲申19	乙酉20	丙戌21	丁亥22	戊子23	己丑24	庚寅25	辛卯26	壬辰27	乙丑冬至
十二月大	乙丑	天干地支西曆	癸巳28	甲午29	乙未30	丙申31	丁酉(2)	戊戌2	己亥3	庚子4	辛丑5	壬寅6	癸卯7	甲辰8	乙巳9	丙午10	丁未11	戊申12	己酉13	庚戌14	辛亥15	壬子16	癸丑17	甲寅18	乙卯19	丙辰20	丁巳21	戊午22	己未23	庚申24	辛酉25	壬戌26	庚戌立春

年代異同	史記魯世家	漢書律曆志	帝王世紀	竹書紀年	皇極經世	文獻通考	歷代帝王年表	歷代統紀表	中國年曆總譜	斷代工程
		周武王三年		殷文丁十三年	殷受辛三十二年	殷受辛三十二年	殷受辛三十二年	殷受辛三十二年	殷帝辛五十二年	殷武乙二十五年

殷康丁二十年（己卯 兔年） 公元前 **1122** ~ 前 1121 年

夏曆月序		中西曆對照	夏曆日序 初一	初二	初三	初四	初五	初六	初七	初八	初九	初十	十一	十二	十三	十四	十五	十六	十七	十八	十九	二十	二一	二二	二三	二四	二五	二六	二七	二八	二九	三十	節氣與天象
正月小	丙寅	干支 天地西曆	癸亥 27	甲子 28	乙丑 (3)	丙寅 2	丁卯 3	戊辰 4	己巳 5	庚午 6	辛未 7	壬申 8	癸酉 9	甲戌 10	乙亥 11	丙子 12	丁丑 13	戊寅 14	己卯 15	庚辰 16	辛巳 17	壬午 18	癸未 19	甲申 20	乙酉 21	丙戌 22	丁亥 23	戊子 24	己丑 25	庚寅 26	辛卯 27		
二月大	丁卯	干支 天地西曆	壬辰 28	癸巳 29	甲午 30	乙未 31	丙申 (4)	丁酉 2	戊戌 3	己亥 4	庚子 5	辛丑 6	壬寅 7	癸卯 8	甲辰 9	乙巳 10	丙午 11	丁未 12	戊申 13	己酉 14	庚戌 15	辛亥 16	壬子 17	癸丑 18	甲寅 19	乙卯 20	丙辰 21	丁巳 22	戊午 23	己未 24	庚申 25	辛酉 26	丙申春分
三月小	戊辰	干支 天地西曆	壬戌 27	癸亥 28	甲子 29	乙丑 30	丙寅 (5)	丁卯 2	戊辰 3	己巳 4	庚午 5	辛未 6	壬申 7	癸酉 8	甲戌 9	乙亥 10	丙子 11	丁丑 12	戊寅 13	己卯 14	庚辰 15	辛巳 16	壬午 17	癸未 18	甲申 19	乙酉 20	丙戌 21	丁亥 22	戊子 23	己丑 24	庚寅 25		癸未立夏
四月大	己巳	干支 天地西曆	辛卯 26	壬辰 27	癸巳 28	甲午 29	乙未 30	丙申 31	丁酉 (6)	戊戌 2	己亥 3	庚子 4	辛丑 5	壬寅 6	癸卯 7	甲辰 8	乙巳 9	丙午 10	丁未 11	戊申 12	己酉 13	庚戌 14	辛亥 15	壬子 16	癸丑 17	甲寅 18	乙卯 19	丙辰 20	丁巳 21	戊午 22	己未 23	庚申 24	
五月小	庚午	干支 天地西曆	辛酉 25	壬戌 26	癸亥 27	甲子 28	乙丑 29	丙寅 30	丁卯 (7)	戊辰 2	己巳 3	庚午 4	辛未 5	壬申 6	癸酉 7	甲戌 8	乙亥 9	丙子 10	丁丑 11	戊寅 12	己卯 13	庚辰 14	辛巳 15	壬午 16	癸未 17	甲申 18	乙酉 19	丙戌 20	丁亥 21	戊子 22	己丑 23		庚午夏至
六月大	辛未	干支 天地西曆	庚寅 24	辛卯 25	壬辰 26	癸巳 27	甲午 28	乙未 29	丙申 30	丁酉 31	戊戌 (8)	己亥 2	庚子 3	辛丑 4	壬寅 5	癸卯 6	甲辰 7	乙巳 8	丙午 9	丁未 10	戊申 11	己酉 12	庚戌 13	辛亥 14	壬子 15	癸丑 16	甲寅 17	乙卯 18	丙辰 19	丁巳 20	戊午 21	己未 22	丁巳立秋
七月小	壬申	干支 天地西曆	庚申 23	辛酉 24	壬戌 25	癸亥 26	甲子 27	乙丑 28	丙寅 29	丁卯 30	戊辰 31	己巳 (9)	庚午 2	辛未 3	壬申 4	癸酉 5	甲戌 6	乙亥 7	丙子 8	丁丑 9	戊寅 10	己卯 11	庚辰 12	辛巳 13	壬午 14	癸未 15	甲申 16	乙酉 17	丙戌 18	丁亥 19	戊子 20		
八月大	癸酉	干支 天地西曆	己丑 21	庚寅 22	辛卯 23	壬辰 24	癸巳 25	甲午 26	乙未 27	丙申 28	丁酉 29	戊戌 30	己亥 (10)	庚子 2	辛丑 3	壬寅 4	癸卯 5	甲辰 6	乙巳 7	丙午 8	丁未 9	戊申 10	己酉 11	庚戌 12	辛亥 13	壬子 14	癸丑 15	甲寅 16	乙卯 17	丙辰 18	丁巳 19	戊午 20	壬寅秋分 己丑日食
九月小	甲戌	干支 天地西曆	己未 21	庚申 22	辛酉 23	壬戌 24	癸亥 25	甲子 26	乙丑 27	丙寅 28	丁卯 29	戊辰 30	己巳 31	庚午 (11)	辛未 2	壬申 3	癸酉 4	甲戌 5	乙亥 6	丙子 7	丁丑 8	戊寅 9	己卯 10	庚辰 11	辛巳 12	壬午 13	癸未 14	甲申 15	乙酉 16	丙戌 17	丁亥 18		丙戌立冬
十月大	乙亥	干支 天地西曆	戊子 19	己丑 20	庚寅 21	辛卯 22	壬辰 23	癸巳 24	甲午 25	乙未 26	丙申 27	丁酉 28	戊戌 29	己亥 30	庚子 (12)	辛丑 2	壬寅 3	癸卯 4	甲辰 5	乙巳 6	丙午 7	丁未 8	戊申 9	己酉 10	庚戌 11	辛亥 12	壬子 13	癸丑 14	甲寅 15	乙卯 16	丙辰 17	丁巳 18	
十一月小	丙子	干支 天地西曆	戊午 19	己未 20	庚申 21	辛酉 22	壬戌 23	癸亥 24	甲子 25	乙丑 26	丙寅 27	丁卯 28	戊辰 29	己巳 30	庚午 31	辛未 (1)	壬申 2	癸酉 3	甲戌 4	乙亥 5	丙子 6	丁丑 7	戊寅 8	己卯 9	庚辰 10	辛巳 11	壬午 12	癸未 13	甲申 14	乙酉 15	丙戌 16		庚午冬至
十二月大	丁丑	干支 天地西曆	丁亥 17	戊子 18	己丑 19	庚寅 20	辛卯 21	壬辰 22	癸巳 23	甲午 24	乙未 25	丙申 26	丁酉 27	戊戌 28	己亥 29	庚子 30	辛丑 31	壬寅 (2)	癸卯 2	甲辰 3	乙巳 4	丙午 5	丁未 6	戊申 7	己酉 8	庚戌 9	辛亥 10	壬子 11	癸丑 12	甲寅 13	乙卯 14	丙辰 15	乙卯立春

年代異同	史記魯世家	漢書律曆志	帝王世紀	竹書紀年	皇極經世	文獻通考	歷代帝王年表	歷代統紀表	中國年曆總譜	斷代工程
		周武王四年		殷帝乙元年	周武王元年	周武王元年	周武王元年	周武王元年	殷帝辛五十三年	殷武乙二十六年

殷康丁二十一年（庚辰 龍年） 公元前 **1121** ~ 前 1120 年

夏曆月序		中西曆日對照	初一	初二	初三	初四	初五	初六	初七	初八	初九	初十	十一	十二	十三	十四	十五	十六	十七	十八	十九	二十	二一	二二	二三	二四	二五	二六	二七	二八	二九	三十	節氣與天象
正月小	戊寅	干支天地西曆	丁巳16	戊午17	己未18	庚申19	辛酉20	壬戌21	癸亥22	甲子23	乙丑24	丙寅25	丁卯26	戊辰27	己巳28	庚午29	辛未(3)	壬申2	癸酉3	甲戌4	乙亥5	丙子6	丁丑7	戊寅8	己卯9	庚辰10	辛巳11	壬午12	癸未13	甲申14	乙酉15		
二月大	己卯	干支天地西曆	丙戌16	丁亥17	戊子18	己丑19	庚寅20	辛卯21	壬辰22	癸巳23	甲午24	乙未25	丙申26	丁酉27	戊戌28	己亥29	庚子30	辛丑31	壬寅(4)	癸卯2	甲辰3	乙巳4	丙午5	丁未6	戊申7	己酉8	庚戌9	辛亥10	壬子11	癸丑12	甲寅13	乙卯14	辛丑春分
三月大	庚辰	干支天地西曆	丙辰15	丁巳16	戊午17	己未18	庚申19	辛酉20	壬戌21	癸亥22	甲子23	乙丑24	丙寅25	丁卯26	戊辰27	己巳28	庚午29	辛未30	壬申(5)	癸酉2	甲戌3	乙亥4	丙子5	丁丑6	戊寅7	己卯8	庚辰9	辛巳10	壬午11	癸未12	甲申13	乙酉14	
四月小	辛巳	干支天地西曆	丙戌15	丁亥16	戊子17	己丑18	庚寅19	辛卯20	壬辰21	癸巳22	甲午23	乙未24	丙申25	丁酉26	戊戌27	己亥28	庚子29	辛丑30	壬寅31	癸卯(6)	甲辰2	乙巳3	丙午4	丁未5	戊申6	己酉7	庚戌8	辛亥9	壬子10	癸丑11	甲寅12		戊子立夏
五月大	壬午	干支天地西曆	乙卯13	丙辰14	丁巳15	戊午16	己未17	庚申18	辛酉19	壬戌20	癸亥21	甲子22	乙丑23	丙寅24	丁卯25	戊辰26	己巳27	庚午28	辛未29	壬申30	癸酉(7)	甲戌2	乙亥3	丙子4	丁丑5	戊寅6	己卯7	庚辰8	辛巳9	壬午10	癸未11	甲申12	乙亥夏至
六月小	癸未	干支天地西曆	乙酉13	丙戌14	丁亥15	戊子16	己丑17	庚寅18	辛卯19	壬辰20	癸巳21	甲午22	乙未23	丙申24	丁酉25	戊戌26	己亥27	庚子28	辛丑29	壬寅30	癸卯31	甲辰(8)	乙巳2	丙午3	丁未4	戊申5	己酉6	庚戌7	辛亥8	壬子9	癸丑10		
七月大	甲申	干支天地西曆	甲寅11	乙卯12	丙辰13	丁巳14	戊午15	己未16	庚申17	辛酉18	壬戌19	癸亥20	甲子21	乙丑22	丙寅23	丁卯24	戊辰25	己巳26	庚午27	辛未28	壬申29	癸酉30	甲戌31	乙亥(9)	丙子2	丁丑3	戊寅4	己卯5	庚辰6	辛巳7	壬午8	癸未9	壬戌立秋
八月小	乙酉	干支天地西曆	甲申10	乙酉11	丙戌12	丁亥13	戊子14	己丑15	庚寅16	辛卯17	壬辰18	癸巳19	甲午20	乙未21	丙申22	丁酉23	戊戌24	己亥25	庚子26	辛丑27	壬寅28	癸卯29	甲辰30	乙巳(10)	丙午2	丁未3	戊申4	己酉5	庚戌6	辛亥7	壬子8		丁未秋分 甲申日食
九月大	丙戌	干支天地西曆	癸丑9	甲寅10	乙卯11	丙辰12	丁巳13	戊午14	己未15	庚申16	辛酉17	壬戌18	癸亥19	甲子20	乙丑21	丙寅22	丁卯23	戊辰24	己巳25	庚午26	辛未27	壬申28	癸酉29	甲戌30	乙亥31	丙子(11)	丁丑2	戊寅3	己卯4	庚辰5	辛巳6	壬午7	
十月小	丁亥	干支天地西曆	癸未8	甲申9	乙酉10	丙戌11	丁亥12	戊子13	己丑14	庚寅15	辛卯16	壬辰17	癸巳18	甲午19	乙未20	丙申21	丁酉22	戊戌23	己亥24	庚子25	辛丑26	壬寅27	癸卯28	甲辰29	乙巳30	丙午(12)	丁未2	戊申3	己酉4	庚戌5	辛亥6		辛卯立冬
十一月大	戊子	干支天地西曆	壬子7	癸丑8	甲寅9	乙卯10	丙辰11	丁巳12	戊午13	己未14	庚申15	辛酉16	壬戌17	癸亥18	甲子19	乙丑20	丙寅21	丁卯22	戊辰23	己巳24	庚午25	辛未26	壬申27	癸酉28	甲戌29	乙亥30	丙子31	丁丑(1)	戊寅2	己卯3	庚辰4	辛巳5	乙亥冬至
十二月小	己丑	干支天地西曆	壬午6	癸未7	甲申8	乙酉9	丙戌10	丁亥11	戊子12	己丑13	庚寅14	辛卯15	壬辰16	癸巳17	甲午18	乙未19	丙申20	丁酉21	戊戌22	己亥23	庚子24	辛丑25	壬寅26	癸卯27	甲辰28	乙巳29	丙午30	丁未31	戊申(2)	己酉2	庚戌3		

年代異同	史記魯世家	漢書律曆志	帝王世紀	竹書紀年	皇極經世	文獻通考	歷代帝王年表	歷代統紀表	中國年曆總譜	斷代工程
		周武王五年		殷帝乙二年	周武王二年	周武王二年	周武王二年	周武王二年	殷帝辛五十四年	殷武乙二十七年

殷武乙元年（辛巳 蛇年） 公元前1120 ~ 前1119年

夏曆月序		中西曆日對照	初一	初二	初三	初四	初五	初六	初七	初八	初九	初十	十一	十二	十三	十四	十五	十六	十七	十八	十九	二十	二一	二二	二三	二四	二五	二六	二七	二八	二九	三十	節氣與天象
正月大	庚寅	天干地支西曆	辛亥4	壬子5	癸丑6	甲寅7	乙卯8	丙辰9	丁巳10	戊午11	己未12	庚申13	辛酉14	壬戌15	癸亥16	甲子17	乙丑18	丙寅19	丁卯20	戊辰21	己巳22	庚午23	辛未24	壬申25	癸酉26	甲戌27	乙亥28	丙子(3)	丁丑2	戊寅3	己卯4	庚辰5	庚申立春
二月小	辛卯	天干地支西曆	辛巳6	壬午7	癸未8	甲申9	乙酉10	丙戌11	丁亥12	戊子13	己丑14	庚寅15	辛卯16	壬辰17	癸巳18	甲午19	乙未20	丙申21	丁酉22	戊戌23	己亥24	庚子25	辛丑26	壬寅27	癸卯28	甲辰29	乙巳30	丙午31	丁未(4)	戊申2	己酉3		丙午春分
三月大	壬辰	天干地支西曆	庚戌4	辛亥5	壬子6	癸丑7	甲寅8	乙卯9	丙辰10	丁巳11	戊午12	己未13	庚申14	辛酉15	壬戌16	癸亥17	甲子18	乙丑19	丙寅20	丁卯21	戊辰22	己巳23	庚午24	辛未25	壬申26	癸酉27	甲戌28	乙亥29	丙子30	丁丑(5)	戊寅2	己卯3	
四月小	癸巳	天干地支西曆	庚辰4	辛巳5	壬午6	癸未7	甲申8	乙酉9	丙戌10	丁亥11	戊子12	己丑13	庚寅14	辛卯15	壬辰16	癸巳17	甲午18	乙未19	丙申20	丁酉21	戊戌22	己亥23	庚子24	辛丑25	壬寅26	癸卯27	甲辰28	乙巳29	丙午30	丁未31	戊申(6)		甲午立夏
五月大	甲午	天干地支西曆	己酉2	庚戌3	辛亥4	壬子5	癸丑6	甲寅7	乙卯8	丙辰9	丁巳10	戊午11	己未12	庚申13	辛酉14	壬戌15	癸亥16	甲子17	乙丑18	丙寅19	丁卯20	戊辰21	己巳22	庚午23	辛未24	壬申25	癸酉26	甲戌27	乙亥28	丙子29	丁丑30	戊寅(7)	
六月小	乙未	天干地支西曆	己卯2	庚辰3	辛巳4	壬午5	癸未6	甲申7	乙酉8	丙戌9	丁亥10	戊子11	己丑12	庚寅13	辛卯14	壬辰15	癸巳16	甲午17	乙未18	丙申19	丁酉20	戊戌21	己亥22	庚子23	辛丑24	壬寅25	癸卯26	甲辰27	乙巳28	丙午29	丁未30		辛巳夏至
閏六月大	乙未	天干地支西曆	戊申31	己酉(8)	庚戌2	辛亥3	壬子4	癸丑5	甲寅6	乙卯7	丙辰8	丁巳9	戊午10	己未11	庚申12	辛酉13	壬戌14	癸亥15	甲子16	乙丑17	丙寅18	丁卯19	戊辰20	己巳21	庚午22	辛未23	壬申24	癸酉25	甲戌26	乙亥27	丙子28	丁丑29	丁卯立秋
七月大	丙申	天干地支西曆	戊寅30	己卯31	庚辰(9)	辛巳2	壬午3	癸未4	甲申5	乙酉6	丙戌7	丁亥8	戊子9	己丑10	庚寅11	辛卯12	壬辰13	癸巳14	甲午15	乙未16	丙申17	丁酉18	戊戌19	己亥20	庚子21	辛丑22	壬寅23	癸卯24	甲辰25	乙巳26	丙午27	丁未28	
八月小	丁酉	天干地支西曆	戊申29	己酉30	庚戌(10)	辛亥2	壬子3	癸丑4	甲寅5	乙卯6	丙辰7	丁巳8	戊午9	己未10	庚申11	辛酉12	壬戌13	癸亥14	甲子15	乙丑16	丙寅17	丁卯18	戊辰19	己巳20	庚午21	辛未22	壬申23	癸酉24	甲戌25	乙亥26	丙子27		壬子秋分
九月大	戊戌	天干地支西曆	丁丑28	戊寅29	己卯30	庚辰31	辛巳(11)	壬午2	癸未3	甲申4	乙酉5	丙戌6	丁亥7	戊子8	己丑9	庚寅10	辛卯11	壬辰12	癸巳13	甲午14	乙未15	丙申16	丁酉17	戊戌18	己亥19	庚子20	辛丑21	壬寅22	癸卯23	甲辰24	乙巳25	丙午26	丙申立冬
十月小	己亥	天干地支西曆	丁未27	戊申28	己酉29	庚戌30	辛亥(12)	壬子2	癸丑3	甲寅4	乙卯5	丙辰6	丁巳7	戊午8	己未9	庚申10	辛酉11	壬戌12	癸亥13	甲子14	乙丑15	丙寅16	丁卯17	戊辰18	己巳19	庚午20	辛未21	壬申22	癸酉23	甲戌24	乙亥25		
十一月大	庚子	天干地支西曆	丙子26	丁丑27	戊寅28	己卯29	庚辰30	辛巳31	壬午(1)	癸未2	甲申3	乙酉4	丙戌5	丁亥6	戊子7	己丑8	庚寅9	辛卯10	壬辰11	癸巳12	甲午13	乙未14	丙申15	丁酉16	戊戌17	己亥18	庚子19	辛丑20	壬寅21	癸卯22	甲辰23	乙巳24	辛巳冬至
十二月小	辛丑	天干地支西曆	丙午25	丁未26	戊申27	己酉28	庚戌29	辛亥30	壬子31	癸丑(2)	甲寅2	乙卯3	丙辰4	丁巳5	戊午6	己未7	庚申8	辛酉9	壬戌10	癸亥11	甲子12	乙丑13	丙寅14	丁卯15	戊辰16	己巳17	庚午18	辛未19	壬申20	癸酉21	甲戌22		丙寅立春

年代異同	史記魯世家	漢書律曆志	帝王世紀	竹書紀年	皇極經世	文獻通考	歷代帝王年表	歷代統紀表	中國年曆總譜	斷代工程
		周武王六年		殷帝乙三年	周武王三年	周武王三年	周武王三年	周武王三年	殷帝辛五十五年	殷武乙二十八年

殷武乙二年（壬午 馬年） 公元前 **1119** ~ 前 1118 年

夏曆月序		中西曆日對照	初一	初二	初三	初四	初五	初六	初七	初八	初九	初十	十一	十二	十三	十四	十五	十六	十七	十八	十九	二十	二一	二二	二三	二四	二五	二六	二七	二八	二九	三十	節氣與天象
正月大	壬寅	天干地支 西曆	乙亥23	丙子24	丁丑25	戊寅26	己卯27	庚辰28	辛巳(3)	壬午2	癸未3	甲申4	乙酉5	丙戌6	丁亥7	戊子8	己丑9	庚寅10	辛卯11	壬辰12	癸巳13	甲午14	乙未15	丙申16	丁酉17	戊戌18	己亥19	庚子20	辛丑21	壬寅22	癸卯23	甲辰24	
二月小	癸卯	天干地支 西曆	乙巳25	丙午26	丁未27	戊申28	己酉29	庚戌30	辛亥31	壬子(4)	癸丑2	甲寅3	乙卯4	丙辰5	丁巳6	戊午7	己未8	庚申9	辛酉10	壬戌11	癸亥12	甲子13	乙丑14	丙寅15	丁卯16	戊辰17	己巳18	庚午19	辛未20	壬申21	癸酉22		壬子春分
三月小	甲辰	天干地支 西曆	甲戌23	乙亥24	丙子25	丁丑26	戊寅27	己卯28	庚辰29	辛巳30	壬午(5)	癸未2	甲申3	乙酉4	丙戌5	丁亥6	戊子7	己丑8	庚寅9	辛卯10	壬辰11	癸巳12	甲午13	乙未14	丙申15	丁酉16	戊戌17	己亥18	庚子19	辛丑20	壬寅21		己亥立夏
四月大	乙巳	天干地支 西曆	癸卯22	甲辰23	乙巳24	丙午25	丁未26	戊申27	己酉28	庚戌29	辛亥30	壬子31	癸丑(6)	甲寅2	乙卯3	丙辰4	丁巳5	戊午6	己未7	庚申8	辛酉9	壬戌10	癸亥11	甲子12	乙丑13	丙寅14	丁卯15	戊辰16	己巳17	庚午18	辛未19	壬申20	
五月大	丙午	天干地支 西曆	癸酉21	甲戌22	乙亥23	丙子24	丁丑25	戊寅26	己卯27	庚辰28	辛巳29	壬午30	癸未(7)	甲申2	乙酉3	丙戌4	丁亥5	戊子6	己丑7	庚寅8	辛卯9	壬辰10	癸巳11	甲午12	乙未13	丙申14	丁酉15	戊戌16	己亥17	庚子18	辛丑19	壬寅20	丙戌夏至
六月小	丁未	天干地支 西曆	癸卯21	甲辰22	乙巳23	丙午24	丁未25	戊申26	己酉27	庚戌28	辛亥29	壬子30	癸丑31	甲寅(8)	乙卯2	丙辰3	丁巳4	戊午5	己未6	庚申7	辛酉8	壬戌9	癸亥10	甲子11	乙丑12	丙寅13	丁卯14	戊辰15	己巳16	庚午17	辛未18		
七月大	戊申	天干地支 西曆	壬申19	癸酉20	甲戌21	乙亥22	丙子23	丁丑24	戊寅25	己卯26	庚辰27	辛巳28	壬午29	癸未30	甲申31	乙酉(9)	丙戌2	丁亥3	戊子4	己丑5	庚寅6	辛卯7	壬辰8	癸巳9	甲午10	乙未11	丙申12	丁酉13	戊戌14	己亥15	庚子16	辛丑17	壬申立秋
八月大	己酉	天干地支 西曆	壬寅18	癸卯19	甲辰20	乙巳21	丙午22	丁未23	戊申24	己酉25	庚戌26	辛亥27	壬子28	癸丑29	甲寅30	乙卯(10)	丙辰2	丁巳3	戊午4	己未5	庚申6	辛酉7	壬戌8	癸亥9	甲子10	乙丑11	丙寅12	丁卯13	戊辰14	己巳15	庚午16	辛未17	丁巳秋分
九月小	庚戌	天干地支 西曆	壬申18	癸酉19	甲戌20	乙亥21	丙子22	丁丑23	戊寅24	己卯25	庚辰26	辛巳27	壬午28	癸未29	甲申30	乙酉31	丙戌(11)	丁亥2	戊子3	己丑4	庚寅5	辛卯6	壬辰7	癸巳8	甲午9	乙未10	丙申11	丁酉12	戊戌13	己亥14	庚子15		
十月大	辛亥	天干地支 西曆	辛丑16	壬寅17	癸卯18	甲辰19	乙巳20	丙午21	丁未22	戊申23	己酉24	庚戌25	辛亥26	壬子27	癸丑28	甲寅29	乙卯30	丙辰(12)	丁巳2	戊午3	己未4	庚申5	辛酉6	壬戌7	癸亥8	甲子9	乙丑10	丙寅11	丁卯12	戊辰13	己巳14	庚午15	壬寅立冬
十一月小	壬子	天干地支 西曆	辛未16	壬申17	癸酉18	甲戌19	乙亥20	丙子21	丁丑22	戊寅23	己卯24	庚辰25	辛巳26	壬午27	癸未28	甲申29	乙酉30	丙戌31	丁亥(1)	戊子2	己丑3	庚寅4	辛卯5	壬辰6	癸巳7	甲午8	乙未9	丙申10	丁酉11	戊戌12	己亥13		丙戌冬至
十二月大	癸丑	天干地支 西曆	庚子14	辛丑15	壬寅16	癸卯17	甲辰18	乙巳19	丙午20	丁未21	戊申22	己酉23	庚戌24	辛亥25	壬子26	癸丑27	甲寅28	乙卯29	丙辰30	丁巳31	戊午(2)	己未2	庚申3	辛酉4	壬戌5	癸亥6	甲子7	乙丑8	丙寅9	丁卯10	戊辰11	己巳12	

年代異同	史記魯世家	漢書律曆志	帝王世紀	竹書紀年	皇極經世	文獻通考	歷代帝王年表	歷代統紀表	中國年曆總譜	斷代工程
		周武王七年		殷帝乙四年	周武王四年	周武王四年	周武王四年	周武王四年	殷帝辛五十六年	殷武乙二十九年

殷武乙三年（癸未 羊年） 公元前 **1118** ~ 前 1117 年

夏曆月序		中西曆日對照	夏曆日序																														節氣與天象
			初一	初二	初三	初四	初五	初六	初七	初八	初九	初十	十一	十二	十三	十四	十五	十六	十七	十八	十九	二十	二一	二二	二三	二四	二五	二六	二七	二八	二九	三十	
正月小	甲寅	天干地支西曆	庚午13	辛未14	壬申15	癸酉16	甲戌17	乙亥18	丙子19	丁丑20	戊寅21	己卯22	庚辰23	辛巳24	壬午25	癸未26	甲申27	乙酉28	丙戌(3)	丁亥2	戊子3	己丑4	庚寅5	辛卯6	壬辰7	癸巳8	甲午9	乙未10	丙申11	丁酉12	戊戌13		辛未立春
二月小	乙卯	天干地支西曆	己亥14	庚子15	辛丑16	壬寅17	癸卯18	甲辰19	乙巳20	丙午21	丁未22	戊申23	己酉24	庚戌25	辛亥26	壬子27	癸丑28	甲寅29	乙卯30	丙辰31	丁巳(4)	戊午2	己未3	庚申4	辛酉5	壬戌6	癸亥7	甲子8	乙丑9	丙寅10	丁卯11		丁巳春分
三月大	丙辰	天干地支西曆	戊辰12	己巳13	庚午14	辛未15	壬申16	癸酉17	甲戌18	乙亥19	丙子20	丁丑21	戊寅22	己卯23	庚辰24	辛巳25	壬午26	癸未27	甲申28	乙酉29	丙戌30	丁亥(5)	戊子2	己丑3	庚寅4	辛卯5	壬辰6	癸巳7	甲午8	乙未9	丙申10	丁酉11	
四月小	丁巳	天干地支西曆	戊戌12	己亥13	庚子14	辛丑15	壬寅16	癸卯17	甲辰18	乙巳19	丙午20	丁未21	戊申22	己酉23	庚戌24	辛亥25	壬子26	癸丑27	甲寅28	乙卯29	丙辰30	丁巳31	戊午(6)	己未2	庚申3	辛酉4	壬戌5	癸亥6	甲子7	乙丑8	丙寅9		甲辰立夏
五月大	戊午	天干地支西曆	丁卯10	戊辰11	己巳12	庚午13	辛未14	壬申15	癸酉16	甲戌17	乙亥18	丙子19	丁丑20	戊寅21	己卯22	庚辰23	辛巳24	壬午25	癸未26	甲申27	乙酉28	丙戌29	丁亥30	戊子(7)	己丑2	庚寅3	辛卯4	壬辰5	癸巳6	甲午7	乙未8	丙申9	辛卯夏至
六月小	己未	天干地支西曆	丁酉10	戊戌11	己亥12	庚子13	辛丑14	壬寅15	癸卯16	甲辰17	乙巳18	丙午19	丁未20	戊申21	己酉22	庚戌23	辛亥24	壬子25	癸丑26	甲寅27	乙卯28	丙辰29	丁巳30	戊午31	己未(8)	庚申2	辛酉3	壬戌4	癸亥5	甲子6	乙丑7		
七月大	庚申	天干地支西曆	丙寅8	丁卯9	戊辰10	己巳11	庚午12	辛未13	壬申14	癸酉15	甲戌16	乙亥17	丙子18	丁丑19	戊寅20	己卯21	庚辰22	辛巳23	壬午24	癸未25	甲申26	乙酉27	丙戌28	丁亥29	戊子30	己丑31	庚寅(9)	辛卯2	壬辰3	癸巳4	甲午5	乙未6	戊寅立秋
八月大	辛酉	天干地支西曆	丙申7	丁酉8	戊戌9	己亥10	庚子11	辛丑12	壬寅13	癸卯14	甲辰15	乙巳16	丙午17	丁未18	戊申19	己酉20	庚戌21	辛亥22	壬子23	癸丑24	甲寅25	乙卯26	丙辰27	丁巳28	戊午29	己未30	庚申(10)	辛酉2	壬戌3	癸亥4	甲子5	乙丑6	癸亥秋分
九月小	壬戌	天干地支西曆	丙寅7	丁卯8	戊辰9	己巳10	庚午11	辛未12	壬申13	癸酉14	甲戌15	乙亥16	丙子17	丁丑18	戊寅19	己卯20	庚辰21	辛巳22	壬午23	癸未24	甲申25	乙酉26	丙戌27	丁亥28	戊子29	己丑30	庚寅31	辛卯(11)	壬辰2	癸巳3	甲午4		
十月大	癸亥	天干地支西曆	乙未5	丙申6	丁酉7	戊戌8	己亥9	庚子10	辛丑11	壬寅12	癸卯13	甲辰14	乙巳15	丙午16	丁未17	戊申18	己酉19	庚戌20	辛亥21	壬子22	癸丑23	甲寅24	乙卯25	丙辰26	丁巳27	戊午28	己未29	庚申30	辛酉(12)	壬戌2	癸亥3	甲子4	丁未立冬
十一月大	甲子	天干地支西曆	乙丑5	丙寅6	丁卯7	戊辰8	己巳9	庚午10	辛未11	壬申12	癸酉13	甲戌14	乙亥15	丙子16	丁丑17	戊寅18	己卯19	庚辰20	辛巳21	壬午22	癸未23	甲申24	乙酉25	丙戌26	丁亥27	戊子28	己丑29	庚寅30	辛卯31	壬辰(1)	癸巳2	甲午3	辛卯冬至
十二月小	乙丑	天干地支西曆	乙未4	丙申5	丁酉6	戊戌7	己亥8	庚子9	辛丑10	壬寅11	癸卯12	甲辰13	乙巳14	丙午15	丁未16	戊申17	己酉18	庚戌19	辛亥20	壬子21	癸丑22	甲寅23	乙卯24	丙辰25	丁巳26	戊午27	己未28	庚申29	辛酉30	壬戌31	癸亥(2)		

年代異同	史記魯世家	漢書律曆志	帝王世紀	竹書紀年	皇極經世	文獻通考	歷代帝王年表	歷代統紀表	中國年曆總譜	斷代工程
		周武王八年		殷帝乙五年	周武王五年	周武王五年	周武王五年	周武王五年	殷帝辛五十七年	殷武乙三十年

殷武乙四年（甲申 猴年） 公元前 1117 ~ 前 1116 年

夏曆月序		中西曆日對照	初一	初二	初三	初四	初五	初六	初七	初八	初九	初十	十一	十二	十三	十四	十五	十六	十七	十八	十九	二十	二一	二二	二三	二四	二五	二六	二七	二八	二九	三十	節氣與天象
正月大	丙寅	天干地支西曆	甲子2	乙丑3	丙寅4	丁卯5	戊辰6	己巳7	庚午8	辛未9	壬申10	癸酉11	甲戌12	乙亥13	丙子14	丁丑15	戊寅16	己卯17	庚辰18	辛巳19	壬午20	癸未21	甲申22	乙酉23	丙戌24	丁亥25	戊子26	己丑27	庚寅28	辛卯29	壬辰(3)	癸巳2	丙子立春
二月小	丁卯	天干地支西曆	甲午3	乙未4	丙申5	丁酉6	戊戌7	己亥8	庚子9	辛丑10	壬寅11	癸卯12	甲辰13	乙巳14	丙午15	丁未16	戊申17	己酉18	庚戌19	辛亥20	壬子21	癸丑22	甲寅23	乙卯24	丙辰25	丁巳26	戊午27	己未28	庚申29	辛酉30	壬戌31		壬戌春分
三月小	戊辰	天干地支西曆	癸亥(4)	甲子2	乙丑3	丙寅4	丁卯5	戊辰6	己巳7	庚午8	辛未9	壬申10	癸酉11	甲戌12	乙亥13	丙子14	丁丑15	戊寅16	己卯17	庚辰18	辛巳19	壬午20	癸未21	甲申22	乙酉23	丙戌24	丁亥25	戊子26	己丑27	庚寅28	辛卯29		
閏三月大	戊辰	天干地支西曆	壬辰30	癸巳(5)	甲午2	乙未3	丙申4	丁酉5	戊戌6	己亥7	庚子8	辛丑9	壬寅10	癸卯11	甲辰12	乙巳13	丙午14	丁未15	戊申16	己酉17	庚戌18	辛亥19	壬子20	癸丑21	甲寅22	乙卯23	丙辰24	丁巳25	戊午26	己未27	庚申28	辛酉29	己酉立夏
四月小	己巳	天干地支西曆	壬戌30	癸亥31	甲子(6)	乙丑2	丙寅3	丁卯4	戊辰5	己巳6	庚午7	辛未8	壬申9	癸酉10	甲戌11	乙亥12	丙子13	丁丑14	戊寅15	己卯16	庚辰17	辛巳18	壬午19	癸未20	甲申21	乙酉22	丙戌23	丁亥24	戊子25	己丑26	庚寅27		
五月大	庚午	天干地支西曆	辛卯28	壬辰29	癸巳30	甲午(7)	乙未2	丙申3	丁酉4	戊戌5	己亥6	庚子7	辛丑8	壬寅9	癸卯10	甲辰11	乙巳12	丙午13	丁未14	戊申15	己酉16	庚戌17	辛亥18	壬子19	癸丑20	甲寅21	乙卯22	丙辰23	丁巳24	戊午25	己未26	庚申27	丙申夏至 辛卯日食
六月小	辛未	天干地支西曆	辛酉28	壬戌29	癸亥30	甲子31	乙丑(8)	丙寅2	丁卯3	戊辰4	己巳5	庚午6	辛未7	壬申8	癸酉9	甲戌10	乙亥11	丙子12	丁丑13	戊寅14	己卯15	庚辰16	辛巳17	壬午18	癸未19	甲申20	乙酉21	丙戌22	丁亥23	戊子24	己丑25		癸未立秋
七月大	壬申	天干地支西曆	庚寅26	辛卯27	壬辰28	癸巳29	甲午30	乙未31	丙申(9)	丁酉2	戊戌3	己亥4	庚子5	辛丑6	壬寅7	癸卯8	甲辰9	乙巳10	丙午11	丁未12	戊申13	己酉14	庚戌15	辛亥16	壬子17	癸丑18	甲寅19	乙卯20	丙辰21	丁巳22	戊午23	己未24	
八月小	癸酉	天干地支西曆	庚申25	辛酉26	壬戌27	癸亥28	甲子29	乙丑30	丙寅(10)	丁卯2	戊辰3	己巳4	庚午5	辛未6	壬申7	癸酉8	甲戌9	乙亥10	丙子11	丁丑12	戊寅13	己卯14	庚辰15	辛巳16	壬午17	癸未18	甲申19	乙酉20	丙戌21	丁亥22	戊子23		戊辰秋分
九月大	甲戌	天干地支西曆	己丑24	庚寅25	辛卯26	壬辰27	癸巳28	甲午29	乙未30	丙申31	丁酉(11)	戊戌2	己亥3	庚子4	辛丑5	壬寅6	癸卯7	甲辰8	乙巳9	丙午10	丁未11	戊申12	己酉13	庚戌14	辛亥15	壬子16	癸丑17	甲寅18	乙卯19	丙辰20	丁巳21	戊午22	壬子立冬
十月大	乙亥	天干地支西曆	己未23	庚申24	辛酉25	壬戌26	癸亥27	甲子28	乙丑29	丙寅30	丁卯(12)	戊辰2	己巳3	庚午4	辛未5	壬申6	癸酉7	甲戌8	乙亥9	丙子10	丁丑11	戊寅12	己卯13	庚辰14	辛巳15	壬午16	癸未17	甲申18	乙酉19	丙戌20	丁亥21	戊子22	
十一月大	丙子	天干地支西曆	己丑23	庚寅24	辛卯25	壬辰26	癸巳27	甲午28	乙未29	丙申30	丁酉31	戊戌(1)	己亥2	庚子3	辛丑4	壬寅5	癸卯6	甲辰7	乙巳8	丙午9	丁未10	戊申11	己酉12	庚戌13	辛亥14	壬子15	癸丑16	甲寅17	乙卯18	丙辰19	丁巳20	戊午21	丙申冬至 己丑日食
十二月小	丁丑	天干地支西曆	己未22	庚申23	辛酉24	壬戌25	癸亥26	甲子27	乙丑28	丙寅29	丁卯30	戊辰31	己巳(2)	庚午2	辛未3	壬申4	癸酉5	甲戌6	乙亥7	丙子8	丁丑9	戊寅10	己卯11	庚辰12	辛巳13	壬午14	癸未15	甲申16	乙酉17	丙戌18	丁亥19		辛巳立春

年代異同	史記魯世家	漢書律曆志	帝王世紀	竹書紀年	皇極經世	文獻通考	歷代帝王年表	歷代統紀表	中國年曆總譜	斷代工程
		周武王九年		殷帝乙六年	周武王六年	周武王六年	周武王六年	周武王六年	殷帝辛五十八年	殷武乙三十一年

殷文丁元年（乙酉 鷄年） 公元前 **1116** ~ 前 1115 年

夏曆月序		西曆中曆對照	初一	初二	初三	初四	初五	初六	初七	初八	初九	初十	十一	十二	十三	十四	十五	十六	十七	十八	十九	二十	二一	二二	二三	二四	二五	二六	二七	二八	二九	三十	節氣與天象
正月大	戊寅	干支曆 天地西	戊子 20	己丑 21	庚寅 22	辛卯 23	壬辰 24	癸巳 25	甲午 26	乙未 27	丙申 28	丁酉 (3)	戊戌 2	己亥 3	庚子 4	辛丑 5	壬寅 6	癸卯 7	甲辰 8	乙巳 9	丙午 10	丁未 11	戊申 12	己酉 13	庚戌 14	辛亥 15	壬子 16	癸丑 17	甲寅 18	乙卯 19	丙辰 20	丁巳 21	
二月小	己卯	干支曆 天地西	戊午 22	己未 23	庚申 24	辛酉 25	壬戌 26	癸亥 27	甲子 28	乙丑 29	丙寅 30	丁卯 31	戊辰 (4)	己巳 2	庚午 3	辛未 4	壬申 5	癸酉 6	甲戌 7	乙亥 8	丙子 9	丁丑 10	戊寅 11	己卯 12	庚辰 13	辛巳 14	壬午 15	癸未 16	甲申 17	乙酉 18	丙戌 19		丁卯春分
三月小	庚辰	干支曆 天地西	丁亥 20	戊子 21	己丑 22	庚寅 23	辛卯 24	壬辰 25	癸巳 26	甲午 27	乙未 28	丙申 29	丁酉 30	戊戌 (5)	己亥 2	庚子 3	辛丑 4	壬寅 5	癸卯 6	甲辰 7	乙巳 8	丙午 9	丁未 10	戊申 11	己酉 12	庚戌 13	辛亥 14	壬子 15	癸丑 16	甲寅 17	乙卯 18		甲寅立夏
四月大	辛巳	干支曆 天地西	丙辰 19	丁巳 20	戊午 21	己未 22	庚申 23	辛酉 24	壬戌 25	癸亥 26	甲子 27	乙丑 28	丙寅 29	丁卯 30	戊辰 31	己巳 (6)	庚午 2	辛未 3	壬申 4	癸酉 5	甲戌 6	乙亥 7	丙子 8	丁丑 9	戊寅 10	己卯 11	庚辰 12	辛巳 13	壬午 14	癸未 15	甲申 16	乙酉 17	
五月小	壬午	干支曆 天地西	丙戌 18	丁亥 19	戊子 20	己丑 21	庚寅 22	辛卯 23	壬辰 24	癸巳 25	甲午 26	乙未 27	丙申 28	丁酉 29	戊戌 30	己亥 (7)	庚子 2	辛丑 3	壬寅 4	癸卯 5	甲辰 6	乙巳 7	丙午 8	丁未 9	戊申 10	己酉 11	庚戌 12	辛亥 13	壬子 14	癸丑 15	甲寅 16		壬寅夏至
六月小	癸未	干支曆 天地西	乙卯 17	丙辰 18	丁巳 19	戊午 20	己未 21	庚申 22	辛酉 23	壬戌 24	癸亥 25	甲子 26	乙丑 27	丙寅 28	丁卯 29	戊辰 30	己巳 31	庚午 (8)	辛未 2	壬申 3	癸酉 4	甲戌 5	乙亥 6	丙子 7	丁丑 8	戊寅 9	己卯 10	庚辰 11	辛巳 12	壬午 13	癸未 14		
七月大	甲申	干支曆 天地西	甲申 15	乙酉 16	丙戌 17	丁亥 18	戊子 19	己丑 20	庚寅 21	辛卯 22	壬辰 23	癸巳 24	甲午 25	乙未 26	丙申 27	丁酉 28	戊戌 29	己亥 30	庚子 31	辛丑 (9)	壬寅 2	癸卯 3	甲辰 4	乙巳 5	丙午 6	丁未 7	戊申 8	己酉 9	庚戌 10	辛亥 11	壬子 12	癸丑 13	戊子立秋
八月大	乙酉	干支曆 天地西	甲寅 14	乙卯 15	丙辰 16	丁巳 17	戊午 18	己未 19	庚申 20	辛酉 21	壬戌 22	癸亥 23	甲子 24	乙丑 25	丙寅 26	丁卯 27	戊辰 28	己巳 29	庚午 30	辛未 (10)	壬申 2	癸酉 3	甲戌 4	乙亥 5	丙子 6	丁丑 7	戊寅 8	己卯 9	庚辰 10	辛巳 11	壬午 12	癸未 13	癸酉秋分
九月小	丙戌	干支曆 天地西	甲申 14	乙酉 15	丙戌 16	丁亥 17	戊子 18	己丑 19	庚寅 20	辛卯 21	壬辰 22	癸巳 23	甲午 24	乙未 25	丙申 26	丁酉 27	戊戌 28	己亥 29	庚子 30	辛丑 31	壬寅 (11)	癸卯 2	甲辰 3	乙巳 4	丙午 5	丁未 6	戊申 7	己酉 8	庚戌 9	辛亥 10	壬子 11		
十月大	丁亥	干支曆 天地西	癸丑 12	甲寅 13	乙卯 14	丙辰 15	丁巳 16	戊午 17	己未 18	庚申 19	辛酉 20	壬戌 21	癸亥 22	甲子 23	乙丑 24	丙寅 25	丁卯 26	戊辰 27	己巳 28	庚午 29	辛未 30	壬申 (12)	癸酉 2	甲戌 3	乙亥 4	丙子 5	丁丑 6	戊寅 7	己卯 8	庚辰 9	辛巳 10	壬午 11	丁巳立冬
十一月大	戊子	干支曆 天地西	癸未 12	甲申 13	乙酉 14	丙戌 15	丁亥 16	戊子 17	己丑 18	庚寅 19	辛卯 20	壬辰 21	癸巳 22	甲午 23	乙未 24	丙申 25	丁酉 26	戊戌 27	己亥 28	庚子 29	辛丑 30	壬寅 31	癸卯 (1)	甲辰 2	乙巳 3	丙午 4	丁未 5	戊申 6	己酉 7	庚戌 8	辛亥 9	壬子 10	壬寅冬至 癸未日食
十二月大	己丑	干支曆 天地西	癸丑 11	甲寅 12	乙卯 13	丙辰 14	丁巳 15	戊午 16	己未 17	庚申 18	辛酉 19	壬戌 20	癸亥 21	甲子 22	乙丑 23	丙寅 24	丁卯 25	戊辰 26	己巳 27	庚午 28	辛未 29	壬申 30	癸酉 31	甲戌 (2)	乙亥 2	丙子 3	丁丑 4	戊寅 5	己卯 6	庚辰 7	辛巳 8	壬午 9	

年代異同	史記魯世家	漢書律曆志	帝王世紀	竹書紀年	皇極經世	文獻通考	歷代帝王年表	歷代統紀表	中國年曆總譜	斷代工程
		周武王十年	周武王元年	殷帝乙七年	周武王七年	周武王七年	周武王七年	周武王七年	殷帝辛五十九年	殷武乙三十二年

殷文丁二年（丙戌 狗年） 公元前 1115 ~ 前 1114 年

夏曆月序		中西曆日對照	初一	初二	初三	初四	初五	初六	初七	初八	初九	初十	十一	十二	十三	十四	十五	十六	十七	十八	十九	二十	二一	二二	二三	二四	二五	二六	二七	二八	二九	三十	節氣與天象
正月小	庚寅	天干地支西曆	癸未10	甲申11	乙酉12	丙戌13	丁亥14	戊子15	己丑16	庚寅17	辛卯18	壬辰19	癸巳20	甲午21	乙未22	丙申23	丁酉24	戊戌25	己亥26	庚子27	辛丑28	壬寅(3)	癸卯2	甲辰3	乙巳4	丙午5	丁未6	戊申7	己酉8	庚戌9	辛亥10		丁亥立春
二月大	辛卯	天干地支西曆	壬子11	癸丑12	甲寅13	乙卯14	丙辰15	丁巳16	戊午17	己未18	庚申19	辛酉20	壬戌21	癸亥22	甲子23	乙丑24	丙寅25	丁卯26	戊辰27	己巳28	庚午29	辛未30	壬申31	癸酉(4)	甲戌2	乙亥3	丙子4	丁丑5	戊寅6	己卯7	庚辰8	辛巳9	癸酉春分
三月小	壬辰	天干地支西曆	壬午10	癸未11	甲申12	乙酉13	丙戌14	丁亥15	戊子16	己丑17	庚寅18	辛卯19	壬辰20	癸巳21	甲午22	乙未23	丙申24	丁酉25	戊戌26	己亥27	庚子28	辛丑29	壬寅30	癸卯(5)	甲辰2	乙巳3	丙午4	丁未5	戊申6	己酉7	庚戌8		
四月小	癸巳	天干地支西曆	辛亥9	壬子10	癸丑11	甲寅12	乙卯13	丙辰14	丁巳15	戊午16	己未17	庚申18	辛酉19	壬戌20	癸亥21	甲子22	乙丑23	丙寅24	丁卯25	戊辰26	己巳27	庚午28	辛未29	壬申30	癸酉31	甲戌(6)	乙亥2	丙子3	丁丑4	戊寅5	己卯6		庚申立夏
五月大	甲午	天干地支西曆	庚辰7	辛巳8	壬午9	癸未10	甲申11	乙酉12	丙戌13	丁亥14	戊子15	己丑16	庚寅17	辛卯18	壬辰19	癸巳20	甲午21	乙未22	丙申23	丁酉24	戊戌25	己亥26	庚子27	辛丑28	壬寅29	癸卯30	甲辰(7)	乙巳2	丙午3	丁未4	戊申5	己酉6	丁未夏至
六月小	乙未	天干地支西曆	庚戌7	辛亥8	壬子9	癸丑10	甲寅11	乙卯12	丙辰13	丁巳14	戊午15	己未16	庚申17	辛酉18	壬戌19	癸亥20	甲子21	乙丑22	丙寅23	丁卯24	戊辰25	己巳26	庚午27	辛未28	壬申29	癸酉30	甲戌31	乙亥(8)	丙子2	丁丑3	戊寅4		
七月小	丙申	天干地支西曆	己卯5	庚辰6	辛巳7	壬午8	癸未9	甲申10	乙酉11	丙戌12	丁亥13	戊子14	己丑15	庚寅16	辛卯17	壬辰18	癸巳19	甲午20	乙未21	丙申22	丁酉23	戊戌24	己亥25	庚子26	辛丑27	壬寅28	癸卯29	甲辰30	乙巳31	丙午(9)	丁未2		癸巳立秋
八月大	丁酉	天干地支西曆	戊申3	己酉4	庚戌5	辛亥6	壬子7	癸丑8	甲寅9	乙卯10	丙辰11	丁巳12	戊午13	己未14	庚申15	辛酉16	壬戌17	癸亥18	甲子19	乙丑20	丙寅21	丁卯22	戊辰23	己巳24	庚午25	辛未26	壬申27	癸酉28	甲戌29	乙亥30	丙子(10)	丁丑2	
九月小	戊戌	天干地支西曆	戊寅3	己卯4	庚辰5	辛巳6	壬午7	癸未8	甲申9	乙酉10	丙戌11	丁亥12	戊子13	己丑14	庚寅15	辛卯16	壬辰17	癸巳18	甲午19	乙未20	丙申21	丁酉22	戊戌23	己亥24	庚子25	辛丑26	壬寅27	癸卯28	甲辰29	乙巳30	丙午31		戊寅秋分
十月大	己亥	天干地支西曆	丁未(11)	戊申2	己酉3	庚戌4	辛亥5	壬子6	癸丑7	甲寅8	乙卯9	丙辰10	丁巳11	戊午12	己未13	庚申14	辛酉15	壬戌16	癸亥17	甲子18	乙丑19	丙寅20	丁卯21	戊辰22	己巳23	庚午24	辛未25	壬申26	癸酉27	甲戌28	乙亥29	丙子30	癸亥立冬
十一月大	庚子	天干地支西曆	丁丑(12)	戊寅2	己卯3	庚辰4	辛巳5	壬午6	癸未7	甲申8	乙酉9	丙戌10	丁亥11	戊子12	己丑13	庚寅14	辛卯15	壬辰16	癸巳17	甲午18	乙未19	丙申20	丁酉21	戊戌22	己亥23	庚子24	辛丑25	壬寅26	癸卯27	甲辰28	乙巳29	丙午30	
閏十一大	庚子	天干地支西曆	丁未31	戊申(1)	己酉2	庚戌3	辛亥4	壬子5	癸丑6	甲寅7	乙卯8	丙辰9	丁巳10	戊午11	己未12	庚申13	辛酉14	壬戌15	癸亥16	甲子17	乙丑18	丙寅19	丁卯20	戊辰21	己巳22	庚午23	辛未24	壬申25	癸酉26	甲戌27	乙亥28	丙子29	丁未冬至
十二月小	辛丑	天干地支西曆	丁丑30	戊寅31	己卯(2)	庚辰2	辛巳3	壬午4	癸未5	甲申6	乙酉7	丙戌8	丁亥9	戊子10	己丑11	庚寅12	辛卯13	壬辰14	癸巳15	甲午16	乙未17	丙申18	丁酉19	戊戌20	己亥21	庚子22	辛丑23	壬寅24	癸卯25	甲辰26	乙巳27		壬辰立春

年代異同	史記魯世家	漢書律曆志	帝王世紀	竹書紀年	皇極經世	文獻通考	歷代帝王年表	歷代統紀表	中國年曆總譜	斷代工程
		周武王十一年	周武王二年	殷帝乙八年	周成王元年	周成王元年	周成王元年	周成王元年	殷帝辛六十年	殷武乙三十三年

殷文丁三年（丁亥 猪年） 公元前1114 ~ 前1113年

夏曆月序		中西曆日對照	夏曆日序																														節氣與天象
			初一	初二	初三	初四	初五	初六	初七	初八	初九	初十	十一	十二	十三	十四	十五	十六	十七	十八	十九	二十	二一	二二	二三	二四	二五	二六	二七	二八	二九	三十	
正月大	壬寅	天干地支西曆	丙午28	丁未(3)	戊申2	己酉3	庚戌4	辛亥5	壬子6	癸丑7	甲寅8	乙卯9	丙辰10	丁巳11	戊午12	己未13	庚申14	辛酉15	壬戌16	癸亥17	甲子18	乙丑19	丙寅20	丁卯21	戊辰22	己巳23	庚午24	辛未25	壬申26	癸酉27	甲戌28	乙亥29	
二月大	癸卯	天干地支西曆	丙子30	丁丑31	戊寅(4)	己卯2	庚辰3	辛巳4	壬午5	癸未6	甲申7	乙酉8	丙戌9	丁亥10	戊子11	己丑12	庚寅13	辛卯14	壬辰15	癸巳16	甲午17	乙未18	丙申19	丁酉20	戊戌21	己亥22	庚子23	辛丑24	壬寅25	癸卯26	甲辰27	乙巳28	戊寅春分
三月小	甲辰	天干地支西曆	丙午29	丁未30	戊申(5)	己酉2	庚戌3	辛亥4	壬子5	癸丑6	甲寅7	乙卯8	丙辰9	丁巳10	戊午11	己未12	庚申13	辛酉14	壬戌15	癸亥16	甲子17	乙丑18	丙寅19	丁卯20	戊辰21	己巳22	庚午23	辛未24	壬申25	癸酉26	甲戌27		乙丑立夏
四月小	乙巳	天干地支西曆	乙亥28	丙子29	丁丑30	戊寅31	己卯(6)	庚辰2	辛巳3	壬午4	癸未5	甲申6	乙酉7	丙戌8	丁亥9	戊子10	己丑11	庚寅12	辛卯13	壬辰14	癸巳15	甲午16	乙未17	丙申18	丁酉19	戊戌20	己亥21	庚子22	辛丑23	壬寅24	癸卯25		
五月大	丙午	天干地支西曆	甲辰26	乙巳27	丙午28	丁未29	戊申30	己酉(7)	庚戌2	辛亥3	壬子4	癸丑5	甲寅6	乙卯7	丙辰8	丁巳9	戊午10	己未11	庚申12	辛酉13	壬戌14	癸亥15	甲子16	乙丑17	丙寅18	丁卯19	戊辰20	己巳21	庚午22	辛未23	壬申24	癸酉25	壬子夏至
六月小	丁未	天干地支西曆	甲戌26	乙亥27	丙子28	丁丑29	戊寅30	己卯31	庚辰(8)	辛巳2	壬午3	癸未4	甲申5	乙酉6	丙戌7	丁亥8	戊子9	己丑10	庚寅11	辛卯12	壬辰13	癸巳14	甲午15	乙未16	丙申17	丁酉18	戊戌19	己亥20	庚子21	辛丑22	壬寅23		己亥立秋
七月大	戊申	天干地支西曆	癸卯24	甲辰25	乙巳26	丙午27	丁未28	戊申29	己酉30	庚戌31	辛亥(9)	壬子2	癸丑3	甲寅4	乙卯5	丙辰6	丁巳7	戊午8	己未9	庚申10	辛酉11	壬戌12	癸亥13	甲子14	乙丑15	丙寅16	丁卯17	戊辰18	己巳19	庚午20	辛未21	壬申22	
八月小	己酉	天干地支西曆	癸酉23	甲戌24	乙亥25	丙子26	丁丑27	戊寅28	己卯29	庚辰30	辛巳(10)	壬午2	癸未3	甲申4	乙酉5	丙戌6	丁亥7	戊子8	己丑9	庚寅10	辛卯11	壬辰12	癸巳13	甲午14	乙未15	丙申16	丁酉17	戊戌18	己亥19	庚子20	辛丑21		甲申秋分
九月小	庚戌	天干地支西曆	壬寅22	癸卯23	甲辰24	乙巳25	丙午26	丁未27	戊申28	己酉29	庚戌30	辛亥31	壬子(11)	癸丑2	甲寅3	乙卯4	丙辰5	丁巳6	戊午7	己未8	庚申9	辛酉10	壬戌11	癸亥12	甲子13	乙丑14	丙寅15	丁卯16	戊辰17	己巳18	庚午19		戊辰立冬
十月大	辛亥	天干地支西曆	辛未20	壬申21	癸酉22	甲戌23	乙亥24	丙子25	丁丑26	戊寅27	己卯28	庚辰29	辛巳30	壬午(12)	癸未2	甲申3	乙酉4	丙戌5	丁亥6	戊子7	己丑8	庚寅9	辛卯10	壬辰11	癸巳12	甲午13	乙未14	丙申15	丁酉16	戊戌17	己亥18	庚子19	
十一月大	壬子	天干地支西曆	辛丑20	壬寅21	癸卯22	甲辰23	乙巳24	丙午25	丁未26	戊申27	己酉28	庚戌29	辛亥30	壬子31	癸丑(1)	甲寅2	乙卯3	丙辰4	丁巳5	戊午6	己未7	庚申8	辛酉9	壬戌10	癸亥11	甲子12	乙丑13	丙寅14	丁卯15	戊辰16	己巳17	庚午18	壬子冬至
十二月小	癸丑	天干地支西曆	辛未19	壬申20	癸酉21	甲戌22	乙亥23	丙子24	丁丑25	戊寅26	己卯27	庚辰28	辛巳29	壬午30	癸未31	甲申(2)	乙酉2	丙戌3	丁亥4	戊子5	己丑6	庚寅7	辛卯8	壬辰9	癸巳10	甲午11	乙未12	丙申13	丁酉14	戊戌15	己亥16		丁酉立春

年代異同	史記魯世家	漢書律曆志	帝王世紀	竹書紀年	皇極經世	文獻通考	歷代帝王年表	歷代統紀表	中國年曆總譜	斷代工程
		周公攝政元年	周武王三年	殷帝乙九年	周成王二年	周成王二年	周成王二年	周成王二年	殷帝辛六十一年	殷武乙三十四年

殷帝乙元年（戊子 鼠年） 公元前 1113 ~ 前 1112 年

夏曆月序		中西曆日對照	初一	初二	初三	初四	初五	初六	初七	初八	初九	初十	十一	十二	十三	十四	十五	十六	十七	十八	十九	二十	二一	二二	二三	二四	二五	二六	二七	二八	二九	三十	節氣與天象
正月大	甲寅	干支 天地 西曆	庚子17	辛丑18	壬寅19	癸卯20	甲辰21	乙巳22	丙午23	丁未24	戊申25	己酉26	庚戌27	辛亥28	壬子29	癸丑(3)	甲寅2	乙卯3	丙辰4	丁巳5	戊午6	己未7	庚申8	辛酉9	壬戌10	癸亥11	甲子12	乙丑13	丙寅14	丁卯15	戊辰16	己巳17	
二月大	乙卯	干支 天地 西曆	庚午18	辛未19	壬申20	癸酉21	甲戌22	乙亥23	丙子24	丁丑25	戊寅26	己卯27	庚辰28	辛巳29	壬午30	癸未31	甲申(4)	乙酉2	丙戌3	丁亥4	戊子5	己丑6	庚寅7	辛卯8	壬辰9	癸巳10	甲午11	乙未12	丙申13	丁酉14	戊戌15	己亥16	癸未春分
三月小	丙辰	干支 天地 西曆	庚子17	辛丑18	壬寅19	癸卯20	甲辰21	乙巳22	丙午23	丁未24	戊申25	己酉26	庚戌27	辛亥28	壬子29	癸丑30	甲寅(5)	乙卯2	丙辰3	丁巳4	戊午5	己未6	庚申7	辛酉8	壬戌9	癸亥10	甲子11	乙丑12	丙寅13	丁卯14	戊辰15		
四月大	丁巳	干支 天地 西曆	己巳16	庚午17	辛未18	壬申19	癸酉20	甲戌21	乙亥22	丙子23	丁丑24	戊寅25	己卯26	庚辰27	辛巳28	壬午29	癸未30	甲申31	乙酉(6)	丙戌2	丁亥3	戊子4	己丑5	庚寅6	辛卯7	壬辰8	癸巳9	甲午10	乙未11	丙申12	丁酉13	戊戌14	庚午立夏
五月小	戊午	干支 天地 西曆	己亥15	庚子16	辛丑17	壬寅18	癸卯19	甲辰20	乙巳21	丙午22	丁未23	戊申24	己酉25	庚戌26	辛亥27	壬子28	癸丑29	甲寅30	乙卯(7)	丙辰2	丁巳3	戊午4	己未5	庚申6	辛酉7	壬戌8	癸亥9	甲子10	乙丑11	丙寅12	丁卯13		丁巳夏至
六月大	己未	干支 天地 西曆	戊辰14	己巳15	庚午16	辛未17	壬申18	癸酉19	甲戌20	乙亥21	丙子22	丁丑23	戊寅24	己卯25	庚辰26	辛巳27	壬午28	癸未29	甲申30	乙酉31	丙戌(8)	丁亥2	戊子3	己丑4	庚寅5	辛卯6	壬辰7	癸巳8	甲午9	乙未10	丙申11	丁酉12	
七月小	庚申	干支 天地 西曆	戊戌13	己亥14	庚子15	辛丑16	壬寅17	癸卯18	甲辰19	乙巳20	丙午21	丁未22	戊申23	己酉24	庚戌25	辛亥26	壬子27	癸丑28	甲寅29	乙卯30	丙辰31	丁巳(9)	戊午2	己未3	庚申4	辛酉5	壬戌6	癸亥7	甲子8	乙丑9	丙寅10		甲辰立秋
八月大	辛酉	干支 天地 西曆	丁卯11	戊辰12	己巳13	庚午14	辛未15	壬申16	癸酉17	甲戌18	乙亥19	丙子20	丁丑21	戊寅22	己卯23	庚辰24	辛巳25	壬午26	癸未27	甲申28	乙酉29	丙戌30	丁亥(10)	戊子2	己丑3	庚寅4	辛卯5	壬辰6	癸巳7	甲午8	乙未9	丙申10	己丑秋分
九月小	壬戌	干支 天地 西曆	丁酉11	戊戌12	己亥13	庚子14	辛丑15	壬寅16	癸卯17	甲辰18	乙巳19	丙午20	丁未21	戊申22	己酉23	庚戌24	辛亥25	壬子26	癸丑27	甲寅28	乙卯29	丙辰30	丁巳31	戊午(11)	己未2	庚申3	辛酉4	壬戌5	癸亥6	甲子7	乙丑8		
十月大	癸亥	干支 天地 西曆	丙寅9	丁卯10	戊辰11	己巳12	庚午13	辛未14	壬申15	癸酉16	甲戌17	乙亥18	丙子19	丁丑20	戊寅21	己卯22	庚辰23	辛巳24	壬午25	癸未26	甲申27	乙酉28	丙戌29	丁亥30	戊子(12)	己丑2	庚寅3	辛卯4	壬辰5	癸巳6	甲午7	乙未8	癸酉立冬
十一月小	甲子	干支 天地 西曆	丙申9	丁酉10	戊戌11	己亥12	庚子13	辛丑14	壬寅15	癸卯16	甲辰17	乙巳18	丙午19	丁未20	戊申21	己酉22	庚戌23	辛亥24	壬子25	癸丑26	甲寅27	乙卯28	丙辰29	丁巳30	戊午31	己未(1)	庚申2	辛酉3	壬戌4	癸亥5	甲子6		丁巳冬至
十二月大	乙丑	干支 天地 西曆	乙丑7	丙寅8	丁卯9	戊辰10	己巳11	庚午12	辛未13	壬申14	癸酉15	甲戌16	乙亥17	丙子18	丁丑19	戊寅20	己卯21	庚辰22	辛巳23	壬午24	癸未25	甲申26	乙酉27	丙戌28	丁亥29	戊子30	己丑31	庚寅(2)	辛卯2	壬辰3	癸巳4	甲午5	

年代異同	史記魯世家	漢書律曆志	帝王世紀	竹書紀年	皇極經世	文獻通考	歷代帝王年表	歷代統紀表	中國年曆總譜	斷代工程
		周公攝政二年	周武王四年	殷帝辛元年	周成王三年	周成王三年	周成王三年	周成王三年	殷帝辛六十二年	殷武乙三十五年

殷帝乙二年（己丑 牛年） 公元前 1112 ~ 前 1111 年

夏曆月序		中西曆日對照	夏曆日序																														節氣與天象
			初一	初二	初三	初四	初五	初六	初七	初八	初九	初十	十一	十二	十三	十四	十五	十六	十七	十八	十九	二十	二一	二二	二三	二四	二五	二六	二七	二八	二九	三十	
正月小	丙寅	干支曆 天地西曆	乙未 6	丙申 7	丁酉 8	戊戌 9	己亥 10	庚子 11	辛丑 12	壬寅 13	癸卯 14	甲辰 15	乙巳 16	丙午 17	丁未 18	戊申 19	己酉 20	庚戌 21	辛亥 22	壬子 23	癸丑 24	甲寅 25	乙卯 26	丙辰 27	丁巳 28	戊午 (3)	己未 2	庚申 3	辛酉 4	壬戌 5	癸亥 6		壬寅立春
二月大	丁卯	干支曆 天地西曆	甲子 7	乙丑 8	丙寅 9	丁卯 10	戊辰 11	己巳 12	庚午 13	辛未 14	壬申 15	癸酉 16	甲戌 17	乙亥 18	丙子 19	丁丑 20	戊寅 21	己卯 22	庚辰 23	辛巳 24	壬午 25	癸未 26	甲申 27	乙酉 28	丙戌 29	丁亥 30	戊子 31	己丑 (4)	庚寅 2	辛卯 3	壬辰 4	癸巳 5	戊子春分
三月小	戊辰	干支曆 天地西曆	甲午 6	乙未 7	丙申 8	丁酉 9	戊戌 10	己亥 11	庚子 12	辛丑 13	壬寅 14	癸卯 15	甲辰 16	乙巳 17	丙午 18	丁未 19	戊申 20	己酉 21	庚戌 22	辛亥 23	壬子 24	癸丑 25	甲寅 26	乙卯 27	丙辰 28	丁巳 29	戊午 30	己未 (5)	庚申 2	辛酉 3	壬戌 4		
四月大	己巳	干支曆 天地西曆	癸亥 5	甲子 6	乙丑 7	丙寅 8	丁卯 9	戊辰 10	己巳 11	庚午 12	辛未 13	壬申 14	癸酉 15	甲戌 16	乙亥 17	丙子 18	丁丑 19	戊寅 20	己卯 21	庚辰 22	辛巳 23	壬午 24	癸未 25	甲申 26	乙酉 27	丙戌 28	丁亥 29	戊子 30	己丑 31	庚寅 (6)	辛卯 2	壬辰 3	乙亥立夏
五月大	庚午	干支曆 天地西曆	癸巳 4	甲午 5	乙未 6	丙申 7	丁酉 8	戊戌 9	己亥 10	庚子 11	辛丑 12	壬寅 13	癸卯 14	甲辰 15	乙巳 16	丙午 17	丁未 18	戊申 19	己酉 20	庚戌 21	辛亥 22	壬子 23	癸丑 24	甲寅 25	乙卯 26	丙辰 27	丁巳 28	戊午 29	己未 30	庚申 (7)	辛酉 2	壬戌 3	
六月小	辛未	干支曆 天地西曆	癸亥 4	甲子 5	乙丑 6	丙寅 7	丁卯 8	戊辰 9	己巳 10	庚午 11	辛未 12	壬申 13	癸酉 14	甲戌 15	乙亥 16	丙子 17	丁丑 18	戊寅 19	己卯 20	庚辰 21	辛巳 22	壬午 23	癸未 24	甲申 25	乙酉 26	丙戌 27	丁亥 28	戊子 29	己丑 30	庚寅 31	辛卯 (8)		癸亥夏至
七月大	壬申	干支曆 天地西曆	壬辰 2	癸巳 3	甲午 4	乙未 5	丙申 6	丁酉 7	戊戌 8	己亥 9	庚子 10	辛丑 11	壬寅 12	癸卯 13	甲辰 14	乙巳 15	丙午 16	丁未 17	戊申 18	己酉 19	庚戌 20	辛亥 21	壬子 22	癸丑 23	甲寅 24	乙卯 25	丙辰 26	丁巳 27	戊午 28	己未 29	庚申 30	辛酉 31	己酉立秋
八月小	癸酉	干支曆 天地西曆	壬戌 (9)	癸亥 2	甲子 3	乙丑 4	丙寅 5	丁卯 6	戊辰 7	己巳 8	庚午 9	辛未 10	壬申 11	癸酉 12	甲戌 13	乙亥 14	丙子 15	丁丑 16	戊寅 17	己卯 18	庚辰 19	辛巳 20	壬午 21	癸未 22	甲申 23	乙酉 24	丙戌 25	丁亥 26	戊子 27	己丑 28	庚寅 29		
閏八月大	癸酉	干支曆 天地西曆	辛卯 30	壬辰 (10)	癸巳 2	甲午 3	乙未 4	丙申 5	丁酉 6	戊戌 7	己亥 8	庚子 9	辛丑 10	壬寅 11	癸卯 12	甲辰 13	乙巳 14	丙午 15	丁未 16	戊申 17	己酉 18	庚戌 19	辛亥 20	壬子 21	癸丑 22	甲寅 23	乙卯 24	丙辰 25	丁巳 26	戊午 27	己未 28	庚申 29	甲午秋分 辛卯日食
九月小	甲戌	干支曆 天地西曆	辛酉 30	壬戌 31	癸亥 (11)	甲子 2	乙丑 3	丙寅 4	丁卯 5	戊辰 6	己巳 7	庚午 8	辛未 9	壬申 10	癸酉 11	甲戌 12	乙亥 13	丙子 14	丁丑 15	戊寅 16	己卯 17	庚辰 18	辛巳 19	壬午 20	癸未 21	甲申 22	乙酉 23	丙戌 24	丁亥 25	戊子 26	己丑 27		戊寅立冬
十月大	乙亥	干支曆 天地西曆	庚寅 28	辛卯 29	壬辰 30	癸巳 (12)	甲午 2	乙未 3	丙申 4	丁酉 5	戊戌 6	己亥 7	庚子 8	辛丑 9	壬寅 10	癸卯 11	甲辰 12	乙巳 13	丙午 14	丁未 15	戊申 16	己酉 17	庚戌 18	辛亥 19	壬子 20	癸丑 21	甲寅 22	乙卯 23	丙辰 24	丁巳 25	戊午 26	己未 27	
十一月小	丙子	干支曆 天地西曆	庚申 28	辛酉 29	壬戌 30	癸亥 31	甲子 (1)	乙丑 2	丙寅 3	丁卯 4	戊辰 5	己巳 6	庚午 7	辛未 8	壬申 9	癸酉 10	甲戌 11	乙亥 12	丙子 13	丁丑 14	戊寅 15	己卯 16	庚辰 17	辛巳 18	壬午 19	癸未 20	甲申 21	乙酉 22	丙戌 23	丁亥 24	戊子 25		癸亥冬至
十二月小	丁丑	干支曆 天地西曆	己丑 26	庚寅 27	辛卯 28	壬辰 29	癸巳 30	甲午 31	乙未 (2)	丙申 2	丁酉 3	戊戌 4	己亥 5	庚子 6	辛丑 7	壬寅 8	癸卯 9	甲辰 10	乙巳 11	丙午 12	丁未 13	戊申 14	己酉 15	庚戌 16	辛亥 17	壬子 18	癸丑 19	甲寅 20	乙卯 21	丙辰 22	丁巳 23		丁未立春

年代異同	史記魯世家	漢書律曆志	帝王世紀	竹書紀年	皇極經世	文獻通考	歷代帝王年表	歷代統紀表	中國年曆總譜	斷代工程
		周公攝政三年	周武王五年	殷帝辛二年	周成王四年	周成王四年	周成王四年	周成王四年	殷帝辛六十三年	殷文丁元年

殷帝乙三年（庚寅 虎年） 公元前 1111 ~ 前 1110 年

夏曆月序		中西曆日對照	初一	初二	初三	初四	初五	初六	初七	初八	初九	初十	十一	十二	十三	十四	十五	十六	十七	十八	十九	二十	二一	二二	二三	二四	二五	二六	二七	二八	二九	三十	節氣與天象
正月大	戊寅	天干地支西曆	戊午24	己未25	庚申26	辛酉27	壬戌28	癸亥(3)	甲子2	乙丑3	丙寅4	丁卯5	戊辰6	己巳7	庚午8	辛未9	壬申10	癸酉11	甲戌12	乙亥13	丙子14	丁丑15	戊寅16	己卯17	庚辰18	辛巳19	壬午20	癸未21	甲申22	乙酉23	丙戌24	丁亥25	
二月小	己卯	天干地支西曆	戊子26	己丑27	庚寅28	辛卯29	壬辰30	癸巳31	甲午(4)	乙未2	丙申3	丁酉4	戊戌5	己亥6	庚子7	辛丑8	壬寅9	癸卯10	甲辰11	乙巳12	丙午13	丁未14	戊申15	己酉16	庚戌17	辛亥18	壬子19	癸丑20	甲寅21	乙卯22	丙辰23		甲午春分
三月大	庚辰	天干地支西曆	丁巳24	戊午25	己未26	庚申27	辛酉28	壬戌29	癸亥30	甲子(5)	乙丑2	丙寅3	丁卯4	戊辰5	己巳6	庚午7	辛未8	壬申9	癸酉10	甲戌11	乙亥12	丙子13	丁丑14	戊寅15	己卯16	庚辰17	辛巳18	壬午19	癸未20	甲申21	乙酉22	丙戌23	辛巳立夏
四月大	辛巳	天干地支西曆	丁亥24	戊子25	己丑26	庚寅27	辛卯28	壬辰29	癸巳30	甲午31	乙未(6)	丙申2	丁酉3	戊戌4	己亥5	庚子6	辛丑7	壬寅8	癸卯9	甲辰10	乙巳11	丙午12	丁未13	戊申14	己酉15	庚戌16	辛亥17	壬子18	癸丑19	甲寅20	乙卯21	丙辰22	
五月小	壬午	天干地支西曆	丁巳23	戊午24	己未25	庚申26	辛酉27	壬戌28	癸亥29	甲子30	乙丑(7)	丙寅2	丁卯3	戊辰4	己巳5	庚午6	辛未7	壬申8	癸酉9	甲戌10	乙亥11	丙子12	丁丑13	戊寅14	己卯15	庚辰16	辛巳17	壬午18	癸未19	甲申20	乙酉21		戊辰夏至
六月大	癸未	天干地支西曆	丙戌22	丁亥23	戊子24	己丑25	庚寅26	辛卯27	壬辰28	癸巳29	甲午30	乙未31	丙申(8)	丁酉2	戊戌3	己亥4	庚子5	辛丑6	壬寅7	癸卯8	甲辰9	乙巳10	丙午11	丁未12	戊申13	己酉14	庚戌15	辛亥16	壬子17	癸丑18	甲寅19	乙卯20	甲寅立秋
七月大	甲申	天干地支西曆	丙辰21	丁巳22	戊午23	己未24	庚申25	辛酉26	壬戌27	癸亥28	甲子29	乙丑30	丙寅31	丁卯(9)	戊辰2	己巳3	庚午4	辛未5	壬申6	癸酉7	甲戌8	乙亥9	丙子10	丁丑11	戊寅12	己卯13	庚辰14	辛巳15	壬午16	癸未17	甲申18	乙酉19	
八月小	乙酉	天干地支西曆	丙戌20	丁亥21	戊子22	己丑23	庚寅24	辛卯25	壬辰26	癸巳27	甲午28	乙未29	丙申30	丁酉(10)	戊戌2	己亥3	庚子4	辛丑5	壬寅6	癸卯7	甲辰8	乙巳9	丙午10	丁未11	戊申12	己酉13	庚戌14	辛亥15	壬子16	癸丑17	甲寅18		己亥秋分
九月大	丙戌	天干地支西曆	乙卯19	丙辰20	丁巳21	戊午22	己未23	庚申24	辛酉25	壬戌26	癸亥27	甲子28	乙丑29	丙寅30	丁卯31	戊辰(11)	己巳2	庚午3	辛未4	壬申5	癸酉6	甲戌7	乙亥8	丙子9	丁丑10	戊寅11	己卯12	庚辰13	辛巳14	壬午15	癸未16	甲申17	甲申立冬
十月小	丁亥	天干地支西曆	乙酉18	丙戌19	丁亥20	戊子21	己丑22	庚寅23	辛卯24	壬辰25	癸巳26	甲午27	乙未28	丙申29	丁酉30	戊戌(12)	己亥2	庚子3	辛丑4	壬寅5	癸卯6	甲辰7	乙巳8	丙午9	丁未10	戊申11	己酉12	庚戌13	辛亥14	壬子15	癸丑16		
十一月大	戊子	天干地支西曆	甲寅17	乙卯18	丙辰19	丁巳20	戊午21	己未22	庚申23	辛酉24	壬戌25	癸亥26	甲子27	乙丑28	丙寅29	丁卯30	戊辰31	己巳(1)	庚午2	辛未3	壬申4	癸酉5	甲戌6	乙亥7	丙子8	丁丑9	戊寅10	己卯11	庚辰12	辛巳13	壬午14	癸未15	戊辰冬至
十二月小	己丑	天干地支西曆	甲申16	乙酉17	丙戌18	丁亥19	戊子20	己丑21	庚寅22	辛卯23	壬辰24	癸巳25	甲午26	乙未27	丙申28	丁酉29	戊戌30	己亥31	庚子(2)	辛丑2	壬寅3	癸卯4	甲辰5	乙巳6	丙午7	丁未8	戊申9	己酉10	庚戌11	辛亥12	壬子13		

年代異同	史記魯世家	漢書律曆志	帝王世紀	竹書紀年	皇極經世	文獻通考	歷代帝王年表	歷代統紀表	中國年曆總譜	斷代工程
		周公攝政四年	周武王六年	殷帝辛三年	周成王五年	周成王五年	周成王五年	周成王五年	周武王元年	殷文丁二年

殷帝乙四年（辛卯 兔年） 公元前 **1110** ~ 前 1109 年

夏曆月序		中西曆日對照	夏曆日序																														節氣與天象
			初一	初二	初三	初四	初五	初六	初七	初八	初九	初十	十一	十二	十三	十四	十五	十六	十七	十八	十九	二十	二一	二二	二三	二四	二五	二六	二七	二八	二九	三十	
正月小	庚寅	天干地支	癸丑	甲寅	乙卯	丙辰	丁巳	戊午	己未	庚申	辛酉	壬戌	癸亥	甲子	乙丑	丙寅	丁卯	戊辰	己巳	庚午	辛未	壬申	癸酉	甲戌	乙亥	丙子	丁丑	戊寅	己卯	庚辰	辛巳		癸丑立春 癸丑日食
		西曆	14	15	16	17	18	19	20	21	22	23	24	25	26	27	28	(3)	2	3	4	5	6	7	8	9	10	11	12	13	14		
二月大	辛卯	天干地支	壬午	癸未	甲申	乙酉	丙戌	丁亥	戊子	己丑	庚寅	辛卯	壬辰	癸巳	甲午	乙未	丙申	丁酉	戊戌	己亥	庚子	辛丑	壬寅	癸卯	甲辰	乙巳	丙午	丁未	戊申	己酉	庚戌	辛亥	己亥春分
		西曆	15	16	17	18	19	20	21	22	23	24	25	26	27	28	29	30	31	(4)	2	3	4	5	6	7	8	9	10	11	12	13	
三月小	壬辰	天干地支	壬子	癸丑	甲寅	乙卯	丙辰	丁巳	戊午	己未	庚申	辛酉	壬戌	癸亥	甲子	乙丑	丙寅	丁卯	戊辰	己巳	庚午	辛未	壬申	癸酉	甲戌	乙亥	丙子	丁丑	戊寅	己卯	庚辰		
		西曆	14	15	16	17	18	19	20	21	22	23	24	25	26	27	28	29	30	(5)	2	3	4	5	6	7	8	9	10	11	12		
四月大	癸巳	天干地支	辛巳	壬午	癸未	甲申	乙酉	丙戌	丁亥	戊子	己丑	庚寅	辛卯	壬辰	癸巳	甲午	乙未	丙申	丁酉	戊戌	己亥	庚子	辛丑	壬寅	癸卯	甲辰	乙巳	丙午	丁未	戊申	己酉	庚戌	丙戌立夏
		西曆	13	14	15	16	17	18	19	20	21	22	23	24	25	26	27	28	29	30	31	(6)	2	3	4	5	6	7	8	9	10	11	
五月小	甲午	天干地支	辛亥	壬子	癸丑	甲寅	乙卯	丙辰	丁巳	戊午	己未	庚申	辛酉	壬戌	癸亥	甲子	乙丑	丙寅	丁卯	戊辰	己巳	庚午	辛未	壬申	癸酉	甲戌	乙亥	丙子	丁丑	戊寅	己卯		癸酉夏至
		西曆	12	13	14	15	16	17	18	19	20	21	22	23	24	25	26	27	28	29	30	(7)	2	3	4	5	6	7	8	9	10		
六月大	乙未	天干地支	庚辰	辛巳	壬午	癸未	甲申	乙酉	丙戌	丁亥	戊子	己丑	庚寅	辛卯	壬辰	癸巳	甲午	乙未	丙申	丁酉	戊戌	己亥	庚子	辛丑	壬寅	癸卯	甲辰	乙巳	丙午	丁未	戊申	己酉	
		西曆	11	12	13	14	15	16	17	18	19	20	21	22	23	24	25	26	27	28	29	30	31	(8)	2	3	4	5	6	7	8	9	
七月大	丙申	天干地支	庚戌	辛亥	壬子	癸丑	甲寅	乙卯	丙辰	丁巳	戊午	己未	庚申	辛酉	壬戌	癸亥	甲子	乙丑	丙寅	丁卯	戊辰	己巳	庚午	辛未	壬申	癸酉	甲戌	乙亥	丙子	丁丑	戊寅	己卯	庚申立秋 庚戌日食
		西曆	10	11	12	13	14	15	16	17	18	19	20	21	22	23	24	25	26	27	28	29	30	31	(9)	2	3	4	5	6	7	8	
八月小	丁酉	天干地支	庚辰	辛巳	壬午	癸未	甲申	乙酉	丙戌	丁亥	戊子	己丑	庚寅	辛卯	壬辰	癸巳	甲午	乙未	丙申	丁酉	戊戌	己亥	庚子	辛丑	壬寅	癸卯	甲辰	乙巳	丙午	丁未	戊申		乙巳秋分
		西曆	9	10	11	12	13	14	15	16	17	18	19	20	21	22	23	24	25	26	27	28	29	30	(10)	2	3	4	5	6	7		
九月大	戊戌	天干地支	己酉	庚戌	辛亥	壬子	癸丑	甲寅	乙卯	丙辰	丁巳	戊午	己未	庚申	辛酉	壬戌	癸亥	甲子	乙丑	丙寅	丁卯	戊辰	己巳	庚午	辛未	壬申	癸酉	甲戌	乙亥	丙子	丁丑	戊寅	
		西曆	8	9	10	11	12	13	14	15	16	17	18	19	20	21	22	23	24	25	26	27	28	29	30	31	(11)	2	3	4	5	6	
十月大	己亥	天干地支	己卯	庚辰	辛巳	壬午	癸未	甲申	乙酉	丙戌	丁亥	戊子	己丑	庚寅	辛卯	壬辰	癸巳	甲午	乙未	丙申	丁酉	戊戌	己亥	庚子	辛丑	壬寅	癸卯	甲辰	乙巳	丙午	丁未	戊申	己丑立冬
		西曆	7	8	9	10	11	12	13	14	15	16	17	18	19	20	21	22	23	24	25	26	27	28	29	30	(12)	2	3	4	5	6	
十一月小	庚子	天干地支	己酉	庚戌	辛亥	壬子	癸丑	甲寅	乙卯	丙辰	丁巳	戊午	己未	庚申	辛酉	壬戌	癸亥	甲子	乙丑	丙寅	丁卯	戊辰	己巳	庚午	辛未	壬申	癸酉	甲戌	乙亥	丙子	丁丑		癸酉冬至
		西曆	7	8	9	10	11	12	13	14	15	16	17	18	19	20	21	22	23	24	25	26	27	28	29	30	31	(1)	2	3	4		
十二月大	辛丑	天干地支	戊寅	己卯	庚辰	辛巳	壬午	癸未	甲申	乙酉	丙戌	丁亥	戊子	己丑	庚寅	辛卯	壬辰	癸巳	甲午	乙未	丙申	丁酉	戊戌	己亥	庚子	辛丑	壬寅	癸卯	甲辰	乙巳	丙午	丁未	
		西曆	5	6	7	8	9	10	11	12	13	14	15	16	17	18	19	20	21	22	23	24	25	26	27	28	29	30	31	(2)	2	3	

年代異同	史記魯世家	漢書律曆志	帝王世紀	竹書紀年	皇極經世	文獻通考	歷代帝王年表	歷代統紀表	中國年曆總譜	斷代工程
		周公攝政五年	周武王七年	殷帝辛四年	周成王六年	周成王六年	周成王六年	周成王六年	周武王二年	殷文丁三年

殷帝乙五年（壬辰 龍年） 公元前 1109 ~ 前 1108 年

夏曆月序		中西曆日對照	初一	初二	初三	初四	初五	初六	初七	初八	初九	初十	十一	十二	十三	十四	十五	十六	十七	十八	十九	二十	二一	二二	二三	二四	二五	二六	二七	二八	二九	三十	節氣與天象
正月小	壬寅	天干 地支 西曆	戊申 4	己酉 5	庚戌 6	辛亥 7	壬子 8	癸丑 9	甲寅 10	乙卯 11	丙辰 12	丁巳 13	戊午 14	己未 15	庚申 16	辛酉 17	壬戌 18	癸亥 19	甲子 20	乙丑 21	丙寅 22	丁卯 23	戊辰 24	己巳 25	庚午 26	辛未 27	壬申 28	癸酉 29	甲戌 (3)	乙亥 2	丙子 3		戊午立春
二月小	癸卯	天干 地支 西曆	丁丑 4	戊寅 5	己卯 6	庚辰 7	辛巳 8	壬午 9	癸未 10	甲申 11	乙酉 12	丙戌 13	丁亥 14	戊子 15	己丑 16	庚寅 17	辛卯 18	壬辰 19	癸巳 20	甲午 21	乙未 22	丙申 23	丁酉 24	戊戌 25	己亥 26	庚子 27	辛丑 28	壬寅 29	癸卯 30	甲辰 31	乙巳 (4)		甲辰春分
三月大	甲辰	天干 地支 西曆	丙午 2	丁未 3	戊申 4	己酉 5	庚戌 6	辛亥 7	壬子 8	癸丑 9	甲寅 10	乙卯 11	丙辰 12	丁巳 13	戊午 14	己未 15	庚申 16	辛酉 17	壬戌 18	癸亥 19	甲子 20	乙丑 21	丙寅 22	丁卯 23	戊辰 24	己巳 25	庚午 26	辛未 27	壬申 28	癸酉 29	甲戌 30	乙亥 (5)	
四月小	乙巳	天干 地支 西曆	丙子 2	丁丑 3	戊寅 4	己卯 5	庚辰 6	辛巳 7	壬午 8	癸未 9	甲申 10	乙酉 11	丙戌 12	丁亥 13	戊子 14	己丑 15	庚寅 16	辛卯 17	壬辰 18	癸巳 19	甲午 20	乙未 21	丙申 22	丁酉 23	戊戌 24	己亥 25	庚子 26	辛丑 27	壬寅 28	癸卯 29	甲辰 30		辛卯立夏
閏四月大	乙巳	天干 地支 西曆	乙巳 31	丙午 (6)	丁未 2	戊申 3	己酉 4	庚戌 5	辛亥 6	壬子 7	癸丑 8	甲寅 9	乙卯 10	丙辰 11	丁巳 12	戊午 13	己未 14	庚申 15	辛酉 16	壬戌 17	癸亥 18	甲子 19	乙丑 20	丙寅 21	丁卯 22	戊辰 23	己巳 24	庚午 25	辛未 26	壬申 27	癸酉 28	甲戌 29	
五月小	丙午	天干 地支 西曆	乙亥 30	丙子 (7)	丁丑 2	戊寅 3	己卯 4	庚辰 5	辛巳 6	壬午 7	癸未 8	甲申 9	乙酉 10	丙戌 11	丁亥 12	戊子 13	己丑 14	庚寅 15	辛卯 16	壬辰 17	癸巳 18	甲午 19	乙未 20	丙申 21	丁酉 22	戊戌 23	己亥 24	庚子 25	辛丑 26	壬寅 27	癸卯 28		戊寅夏至
六月大	丁未	天干 地支 西曆	甲辰 29	乙巳 30	丙午 31	丁未 (8)	戊申 2	己酉 3	庚戌 4	辛亥 5	壬子 6	癸丑 7	甲寅 8	乙卯 9	丙辰 10	丁巳 11	戊午 12	己未 13	庚申 14	辛酉 15	壬戌 16	癸亥 17	甲子 18	乙丑 19	丙寅 20	丁卯 21	戊辰 22	己巳 23	庚午 24	辛未 25	壬申 26	癸酉 27	乙丑立秋 甲辰日食
七月小	戊申	天干 地支 西曆	甲戌 28	乙亥 29	丙子 30	丁丑 31	戊寅 (9)	己卯 2	庚辰 3	辛巳 4	壬午 5	癸未 6	甲申 7	乙酉 8	丙戌 9	丁亥 10	戊子 11	己丑 12	庚寅 13	辛卯 14	壬辰 15	癸巳 16	甲午 17	乙未 18	丙申 19	丁酉 20	戊戌 21	己亥 22	庚子 23	辛丑 24	壬寅 25		
八月大	己酉	天干 地支 西曆	癸卯 26	甲辰 27	乙巳 28	丙午 29	丁未 30	戊申 (10)	己酉 2	庚戌 3	辛亥 4	壬子 5	癸丑 6	甲寅 7	乙卯 8	丙辰 9	丁巳 10	戊午 11	己未 12	庚申 13	辛酉 14	壬戌 15	癸亥 16	甲子 17	乙丑 18	丙寅 19	丁卯 20	戊辰 21	己巳 22	庚午 23	辛未 24	壬申 25	庚戌秋分
九月大	庚戌	天干 地支 西曆	癸酉 26	甲戌 27	乙亥 28	丙子 29	丁丑 30	戊寅 31	己卯 (11)	庚辰 2	辛巳 3	壬午 4	癸未 5	甲申 6	乙酉 7	丙戌 8	丁亥 9	戊子 10	己丑 11	庚寅 12	辛卯 13	壬辰 14	癸巳 15	甲午 16	乙未 17	丙申 18	丁酉 19	戊戌 20	己亥 21	庚子 22	辛丑 23	壬寅 24	甲午立冬
十月大	辛亥	天干 地支 西曆	癸卯 25	甲辰 26	乙巳 27	丙午 28	丁未 29	戊申 30	己酉 (12)	庚戌 2	辛亥 3	壬子 4	癸丑 5	甲寅 6	乙卯 7	丙辰 8	丁巳 9	戊午 10	己未 11	庚申 12	辛酉 13	壬戌 14	癸亥 15	甲子 16	乙丑 17	丙寅 18	丁卯 19	戊辰 20	己巳 21	庚午 22	辛未 23	壬申 24	
十一月小	壬子	天干 地支 西曆	癸酉 25	甲戌 26	乙亥 27	丙子 28	丁丑 29	戊寅 30	己卯 31	庚辰 (1)	辛巳 2	壬午 3	癸未 4	甲申 5	乙酉 6	丙戌 7	丁亥 8	戊子 9	己丑 10	庚寅 11	辛卯 12	壬辰 13	癸巳 14	甲午 15	乙未 16	丙申 17	丁酉 18	戊戌 19	己亥 20	庚子 21	辛丑 22		戊寅冬至
十二月大	癸丑	天干 地支 西曆	壬寅 23	癸卯 24	甲辰 25	乙巳 26	丙午 27	丁未 28	戊申 29	己酉 30	庚戌 31	辛亥 (2)	壬子 2	癸丑 3	甲寅 4	乙卯 5	丙辰 6	丁巳 7	戊午 8	己未 9	庚申 10	辛酉 11	壬戌 12	癸亥 13	甲子 14	乙丑 15	丙寅 16	丁卯 17	戊辰 18	己巳 19	庚午 20	辛未 21	癸亥立春

年代異同	史記魯世家	漢書律曆志	帝王世紀	竹書紀年	皇極經世	文獻通考	歷代帝王年表	歷代統紀表	中國年曆總譜	斷代工程
		周公攝政六年	周成王元年	殷帝辛五年	周成王七年	周成王七年	周成王七年	周成王七年	周武王三年	殷文丁四年

殷帝乙六年（癸巳 蛇年） 公元前 **1108** ~ 前 1107 年

夏曆月序		中西曆日對照	初一	初二	初三	初四	初五	初六	初七	初八	初九	初十	十一	十二	十三	十四	十五	十六	十七	十八	十九	二十	二一	二二	二三	二四	二五	二六	二七	二八	二九	三十	節氣與天象
正月小	甲寅	天干地支西曆	壬申22	癸酉23	甲戌24	乙亥25	丙子26	丁丑27	戊寅28	己卯(3)	庚辰2	辛巳3	壬午4	癸未5	甲申6	乙酉7	丙戌8	丁亥9	戊子10	己丑11	庚寅12	辛卯13	壬辰14	癸巳15	甲午16	乙未17	丙申18	丁酉19	戊戌20	己亥21	庚子22		
二月小	乙卯	天干地支西曆	辛丑23	壬寅24	癸卯25	甲辰26	乙巳27	丙午28	丁未29	戊申30	己酉31	庚戌(4)	辛亥2	壬子3	癸丑4	甲寅5	乙卯6	丙辰7	丁巳8	戊午9	己未10	庚申11	辛酉12	壬戌13	癸亥14	甲子15	乙丑16	丙寅17	丁卯18	戊辰19	己巳20		己酉春分
三月大	丙辰	天干地支西曆	庚午21	辛未22	壬申23	癸酉24	甲戌25	乙亥26	丙子27	丁丑28	戊寅29	己卯30	庚辰(5)	辛巳2	壬午3	癸未4	甲申5	乙酉6	丙戌7	丁亥8	戊子9	己丑10	庚寅11	辛卯12	壬辰13	癸巳14	甲午15	乙未16	丙申17	丁酉18	戊戌19	己亥20	丙申立夏
四月小	丁巳	天干地支西曆	庚子21	辛丑22	壬寅23	癸卯24	甲辰25	乙巳26	丙午27	丁未28	戊申29	己酉30	庚戌31	辛亥(6)	壬子2	癸丑3	甲寅4	乙卯5	丙辰6	丁巳7	戊午8	己未9	庚申10	辛酉11	壬戌12	癸亥13	甲子14	乙丑15	丙寅16	丁卯17	戊辰18		
五月小	戊午	天干地支西曆	己巳19	庚午20	辛未21	壬申22	癸酉23	甲戌24	乙亥25	丙子26	丁丑27	戊寅28	己卯29	庚辰30	辛巳(7)	壬午2	癸未3	甲申4	乙酉5	丙戌6	丁亥7	戊子8	己丑9	庚寅10	辛卯11	壬辰12	癸巳13	甲午14	乙未15	丙申16	丁酉17		甲申夏至
六月大	己未	天干地支西曆	戊戌18	己亥19	庚子20	辛丑21	壬寅22	癸卯23	甲辰24	乙巳25	丙午26	丁未27	戊申28	己酉29	庚戌30	辛亥31	壬子(8)	癸丑2	甲寅3	乙卯4	丙辰5	丁巳6	戊午7	己未8	庚申9	辛酉10	壬戌11	癸亥12	甲子13	乙丑14	丙寅15	丁卯16	
七月大	庚申	天干地支西曆	戊辰17	己巳18	庚午19	辛未20	壬申21	癸酉22	甲戌23	乙亥24	丙子25	丁丑26	戊寅27	己卯28	庚辰29	辛巳30	壬午31	癸未(9)	甲申2	乙酉3	丙戌4	丁亥5	戊子6	己丑7	庚寅8	辛卯9	壬辰10	癸巳11	甲午12	乙未13	丙申14	丁酉15	庚午立秋
八月小	辛酉	天干地支西曆	戊戌16	己亥17	庚子18	辛丑19	壬寅20	癸卯21	甲辰22	乙巳23	丙午24	丁未25	戊申26	己酉27	庚戌28	辛亥29	壬子30	癸丑(10)	甲寅2	乙卯3	丙辰4	丁巳5	戊午6	己未7	庚申8	辛酉9	壬戌10	癸亥11	甲子12	乙丑13	丙寅14		乙卯秋分
九月大	壬戌	天干地支西曆	丁卯15	戊辰16	己巳17	庚午18	辛未19	壬申20	癸酉21	甲戌22	乙亥23	丙子24	丁丑25	戊寅26	己卯27	庚辰28	辛巳29	壬午30	癸未31	甲申(11)	乙酉2	丙戌3	丁亥4	戊子5	己丑6	庚寅7	辛卯8	壬辰9	癸巳10	甲午11	乙未12	丙申13	
十月大	癸亥	天干地支西曆	丁酉14	戊戌15	己亥16	庚子17	辛丑18	壬寅19	癸卯20	甲辰21	乙巳22	丙午23	丁未24	戊申25	己酉26	庚戌27	辛亥28	壬子29	癸丑30	甲寅(12)	乙卯2	丙辰3	丁巳4	戊午5	己未6	庚申7	辛酉8	壬戌9	癸亥10	甲子11	乙丑12	丙寅13	己亥立冬
十一月大	甲子	天干地支西曆	丁卯14	戊辰15	己巳16	庚午17	辛未18	壬申19	癸酉20	甲戌21	乙亥22	丙子23	丁丑24	戊寅25	己卯26	庚辰27	辛巳28	壬午29	癸未30	甲申31	乙酉(1)	丙戌2	丁亥3	戊子4	己丑5	庚寅6	辛卯7	壬辰8	癸巳9	甲午10	乙未11	丙申12	甲申冬至 丁卯日食
十二月小	乙丑	天干地支西曆	丁酉13	戊戌14	己亥15	庚子16	辛丑17	壬寅18	癸卯19	甲辰20	乙巳21	丙午22	丁未23	戊申24	己酉25	庚戌26	辛亥27	壬子28	癸丑29	甲寅30	乙卯31	丙辰(2)	丁巳2	戊午3	己未4	庚申5	辛酉6	壬戌7	癸亥8	甲子9	乙丑10		

年代異同	史記魯世家	漢書律曆志	帝王世紀	竹書紀年	皇極經世	文獻通考	歷代帝王年表	歷代統紀表	中國年曆總譜	斷代工程
		周公攝正七年 / 成王元年	周成王二年	殷帝辛六年	周成王八年	周成王八年	周成王八年	周成王八年	周武王四年	殷文丁五年

殷帝乙七年（甲午 馬年） 公元前 1107 ~ 前 1106 年

夏曆月序		中西曆日對照	初一	初二	初三	初四	初五	初六	初七	初八	初九	初十	十一	十二	十三	十四	十五	十六	十七	十八	十九	二十	二一	二二	二三	二四	二五	二六	二七	二八	二九	三十	節氣與天象
正月大	丙寅	天干 地支 西曆	丙寅11	丁卯12	戊辰13	己巳14	庚午15	辛未16	壬申17	癸酉18	甲戌19	乙亥20	丙子21	丁丑22	戊寅23	己卯24	庚辰25	辛巳26	壬午27	癸未28	甲申(3)	乙酉2	丙戌3	丁亥4	戊子5	己丑6	庚寅7	辛卯8	壬辰9	癸巳10	甲午11	乙未12	戊辰立春
二月小	丁卯	天干 地支 西曆	丙申13	丁酉14	戊戌15	己亥16	庚子17	辛丑18	壬寅19	癸卯20	甲辰21	乙巳22	丙午23	丁未24	戊申25	己酉26	庚戌27	辛亥28	壬子29	癸丑30	甲寅31	乙卯(4)	丙辰2	丁巳3	戊午4	己未5	庚申6	辛酉7	壬戌8	癸亥9	甲子10		乙卯春分
三月小	戊辰	天干 地支 西曆	乙丑11	丙寅12	丁卯13	戊辰14	己巳15	庚午16	辛未17	壬申18	癸酉19	甲戌20	乙亥21	丙子22	丁丑23	戊寅24	己卯25	庚辰26	辛巳27	壬午28	癸未29	甲申30	乙酉(5)	丙戌2	丁亥3	戊子4	己丑5	庚寅6	辛卯7	壬辰8	癸巳9		
四月大	己巳	天干 地支 西曆	甲午10	乙未11	丙申12	丁酉13	戊戌14	己亥15	庚子16	辛丑17	壬寅18	癸卯19	甲辰20	乙巳21	丙午22	丁未23	戊申24	己酉25	庚戌26	辛亥27	壬子28	癸丑29	甲寅30	乙卯31	丙辰(6)	丁巳2	戊午3	己未4	庚申5	辛酉6	壬戌7	癸亥8	壬寅立夏
五月小	庚午	天干 地支 西曆	甲子9	乙丑10	丙寅11	丁卯12	戊辰13	己巳14	庚午15	辛未16	壬申17	癸酉18	甲戌19	乙亥20	丙子21	丁丑22	戊寅23	己卯24	庚辰25	辛巳26	壬午27	癸未28	甲申29	乙酉30	丙戌(7)	丁亥2	戊子3	己丑4	庚寅5	辛卯6	壬辰7		己丑夏至
六月小	辛未	天干 地支 西曆	癸巳8	甲午9	乙未10	丙申11	丁酉12	戊戌13	己亥14	庚子15	辛丑16	壬寅17	癸卯18	甲辰19	乙巳20	丙午21	丁未22	戊申23	己酉24	庚戌25	辛亥26	壬子27	癸丑28	甲寅29	乙卯30	丙辰31	丁巳(8)	戊午2	己未3	庚申4	辛酉5		
七月大	壬申	天干 地支 西曆	壬戌6	癸亥7	甲子8	乙丑9	丙寅10	丁卯11	戊辰12	己巳13	庚午14	辛未15	壬申16	癸酉17	甲戌18	乙亥19	丙子20	丁丑21	戊寅22	己卯23	庚辰24	辛巳25	壬午26	癸未27	甲申28	乙酉29	丙戌30	丁亥31	戊子(9)	己丑2	庚寅3	辛卯4	乙亥立秋
八月小	癸酉	天干 地支 西曆	壬辰5	癸巳6	甲午7	乙未8	丙申9	丁酉10	戊戌11	己亥12	庚子13	辛丑14	壬寅15	癸卯16	甲辰17	乙巳18	丙午19	丁未20	戊申21	己酉22	庚戌23	辛亥24	壬子25	癸丑26	甲寅27	乙卯28	丙辰29	丁巳30	戊午(10)	己未2	庚申3		庚申秋分
九月大	甲戌	天干 地支 西曆	辛酉4	壬戌5	癸亥6	甲子7	乙丑8	丙寅9	丁卯10	戊辰11	己巳12	庚午13	辛未14	壬申15	癸酉16	甲戌17	乙亥18	丙子19	丁丑20	戊寅21	己卯22	庚辰23	辛巳24	壬午25	癸未26	甲申27	乙酉28	丙戌29	丁亥30	戊子31	己丑(11)	庚寅2	
十月大	乙亥	天干 地支 西曆	辛卯3	壬辰4	癸巳5	甲午6	乙未7	丙申8	丁酉9	戊戌10	己亥11	庚子12	辛丑13	壬寅14	癸卯15	甲辰16	乙巳17	丙午18	丁未19	戊申20	己酉21	庚戌22	辛亥23	壬子24	癸丑25	甲寅26	乙卯27	丙辰28	丁巳29	戊午30	己未(12)	庚申2	乙巳立冬
十一月大	丙子	天干 地支 西曆	辛酉3	壬戌4	癸亥5	甲子6	乙丑7	丙寅8	丁卯9	戊辰10	己巳11	庚午12	辛未13	壬申14	癸酉15	甲戌16	乙亥17	丙子18	丁丑19	戊寅20	己卯21	庚辰22	辛巳23	壬午24	癸未25	甲申26	乙酉27	丙戌28	丁亥29	戊子30	己丑31	庚寅(1)	己丑冬至 辛酉日食
十二月小	丁丑	天干 地支 西曆	辛卯2	壬辰3	癸巳4	甲午5	乙未6	丙申7	丁酉8	戊戌9	己亥10	庚子11	辛丑12	壬寅13	癸卯14	甲辰15	乙巳16	丙午17	丁未18	戊申19	己酉20	庚戌21	辛亥22	壬子23	癸丑24	甲寅25	乙卯26	丙辰27	丁巳28	戊午29	己未30		

年代異同	史記魯世家	漢書律曆志	帝王世紀	竹書紀年	皇極經世	文獻通考	歷代帝王年表	歷代統紀表	中國年曆總譜	斷代工程
		周成王二年	周成王三年	殷帝辛七年	周成王九年	周成王九年	周成王九年	周成王九年	周武王五年	殷文丁六年

殷帝乙八年（乙未 羊年） 公元前 1106 ~ 前 1105 年

夏曆月序		中西曆日對照	初一	初二	初三	初四	初五	初六	初七	初八	初九	初十	十一	十二	十三	十四	十五	十六	十七	十八	十九	二十	二一	二二	二三	二四	二五	二六	二七	二八	二九	三十	節氣與天象
正月大	戊寅	天干地支	庚申	辛酉	壬戌	癸亥	甲子	乙丑	丙寅	丁卯	戊辰	己巳	庚午	辛未	壬申	癸酉	甲戌	乙亥	丙子	丁丑	戊寅	己卯	庚辰	辛巳	壬午	癸未	甲申	乙酉	丙戌	丁亥	戊子	己丑	甲戌立春
		西曆	31	(2)	2	3	4	5	6	7	8	9	10	11	12	13	14	15	16	17	18	19	20	21	22	23	24	25	26	27	28	(3)	
二月大	己卯	天干地支	庚寅	辛卯	壬辰	癸巳	甲午	乙未	丙申	丁酉	戊戌	己亥	庚子	辛丑	壬寅	癸卯	甲辰	乙巳	丙午	丁未	戊申	己酉	庚戌	辛亥	壬子	癸丑	甲寅	乙卯	丙辰	丁巳	戊午	己未	
		西曆	2	3	4	5	6	7	8	9	10	11	12	13	14	15	16	17	18	19	20	21	22	23	24	25	26	27	28	29	30	31	
三月小	庚辰	天干地支	庚申	辛酉	壬戌	癸亥	甲子	乙丑	丙寅	丁卯	戊辰	己巳	庚午	辛未	壬申	癸酉	甲戌	乙亥	丙子	丁丑	戊寅	己卯	庚辰	辛巳	壬午	癸未	甲申	乙酉	丙戌	丁亥	戊子		庚申春分
		西曆	(4)	2	3	4	5	6	7	8	9	10	11	12	13	14	15	16	17	18	19	20	21	22	23	24	25	26	27	28	29		
閏三月小	庚辰	天干地支	己丑	庚寅	辛卯	壬辰	癸巳	甲午	乙未	丙申	丁酉	戊戌	己亥	庚子	辛丑	壬寅	癸卯	甲辰	乙巳	丙午	丁未	戊申	己酉	庚戌	辛亥	壬子	癸丑	甲寅	乙卯	丙辰	丁巳		丁未立夏
		西曆	30	(5)	2	3	4	5	6	7	8	9	10	11	12	13	14	15	16	17	18	19	20	21	22	23	24	25	26	27	28		
四月大	辛巳	天干地支	戊午	己未	庚申	辛酉	壬戌	癸亥	甲子	乙丑	丙寅	丁卯	戊辰	己巳	庚午	辛未	壬申	癸酉	甲戌	乙亥	丙子	丁丑	戊寅	己卯	庚辰	辛巳	壬午	癸未	甲申	乙酉	丙戌	丁亥	
		西曆	29	30	31	(6)	2	3	4	5	6	7	8	9	10	11	12	13	14	15	16	17	18	19	20	21	22	23	24	25	26	27	
五月小	壬午	天干地支	戊子	己丑	庚寅	辛卯	壬辰	癸巳	甲午	乙未	丙申	丁酉	戊戌	己亥	庚子	辛丑	壬寅	癸卯	甲辰	乙巳	丙午	丁未	戊申	己酉	庚戌	辛亥	壬子	癸丑	甲寅	乙卯	丙辰		甲午夏至
		西曆	28	29	30	(7)	2	3	4	5	6	7	8	9	10	11	12	13	14	15	16	17	18	19	20	21	22	23	24	25	26		
六月小	癸未	天干地支	丁巳	戊午	己未	庚申	辛酉	壬戌	癸亥	甲子	乙丑	丙寅	丁卯	戊辰	己巳	庚午	辛未	壬申	癸酉	甲戌	乙亥	丙子	丁丑	戊寅	己卯	庚辰	辛巳	壬午	癸未	甲申	乙酉		庚辰立秋
		西曆	27	28	29	30	31	(8)	2	3	4	5	6	7	8	9	10	11	12	13	14	15	16	17	18	19	20	21	22	23	24		
七月大	甲申	天干地支	丙戌	丁亥	戊子	己丑	庚寅	辛卯	壬辰	癸巳	甲午	乙未	丙申	丁酉	戊戌	己亥	庚子	辛丑	壬寅	癸卯	甲辰	乙巳	丙午	丁未	戊申	己酉	庚戌	辛亥	壬子	癸丑	甲寅	乙卯	
		西曆	25	26	27	28	29	30	31	(9)	2	3	4	5	6	7	8	9	10	11	12	13	14	15	16	17	18	19	20	21	22	23	
八月小	乙酉	天干地支	丙辰	丁巳	戊午	己未	庚申	辛酉	壬戌	癸亥	甲子	乙丑	丙寅	丁卯	戊辰	己巳	庚午	辛未	壬申	癸酉	甲戌	乙亥	丙子	丁丑	戊寅	己卯	庚辰	辛巳	壬午	癸未	甲申		丙寅秋分
		西曆	24	25	26	27	28	29	30	(10)	2	3	4	5	6	7	8	9	10	11	12	13	14	15	16	17	18	19	20	21	22		
九月大	丙戌	天干地支	乙酉	丙戌	丁亥	戊子	己丑	庚寅	辛卯	壬辰	癸巳	甲午	乙未	丙申	丁酉	戊戌	己亥	庚子	辛丑	壬寅	癸卯	甲辰	乙巳	丙午	丁未	戊申	己酉	庚戌	辛亥	壬子	癸丑	甲寅	庚戌立冬
		西曆	23	24	25	26	27	28	29	30	31	(11)	2	3	4	5	6	7	8	9	10	11	12	13	14	15	16	17	18	19	20	21	
十月大	丁亥	天干地支	乙卯	丙辰	丁巳	戊午	己未	庚申	辛酉	壬戌	癸亥	甲子	乙丑	丙寅	丁卯	戊辰	己巳	庚午	辛未	壬申	癸酉	甲戌	乙亥	丙子	丁丑	戊寅	己卯	庚辰	辛巳	壬午	癸未	甲申	
		西曆	22	23	24	25	26	27	28	29	30	(12)	2	3	4	5	6	7	8	9	10	11	12	13	14	15	16	17	18	19	20	21	
十一月小	戊子	天干地支	乙酉	丙戌	丁亥	戊子	己丑	庚寅	辛卯	壬辰	癸巳	甲午	乙未	丙申	丁酉	戊戌	己亥	庚子	辛丑	壬寅	癸卯	甲辰	乙巳	丙午	丁未	戊申	己酉	庚戌	辛亥	壬子	癸丑		甲午冬至
		西曆	22	23	24	25	26	27	28	29	30	31	(1)	2	3	4	5	6	7	8	9	10	11	12	13	14	15	16	17	18	19		
十二月大	己丑	天干地支	甲寅	乙卯	丙辰	丁巳	戊午	己未	庚申	辛酉	壬戌	癸亥	甲子	乙丑	丙寅	丁卯	戊辰	己巳	庚午	辛未	壬申	癸酉	甲戌	乙亥	丙子	丁丑	戊寅	己卯	庚辰	辛巳	壬午	癸未	己卯立春
		西曆	20	21	22	23	24	25	26	27	28	29	30	31	(2)	2	3	4	5	6	7	8	9	10	11	12	13	14	15	16	17	18	

年代異同	史記魯世家	漢書律曆志	帝王世紀	竹書紀年	皇極經世	文獻通考	歷代帝王年表	歷代統紀表	中國年曆總譜	斷代工程
		周成王三年	周成王四年	殷帝辛八年	周成王十年	周成王十年	周成王十年	周成王十年	周武王六年	殷文丁七年

殷帝乙九年（丙申 猴年） 公元前 **1105** ~ 前 1104 年

夏曆月序		中西曆日對照	初一	初二	初三	初四	初五	初六	初七	初八	初九	初十	十一	十二	十三	十四	十五	十六	十七	十八	十九	二十	二一	二二	二三	二四	二五	二六	二七	二八	二九	三十	節氣與天象
正月大	庚寅	天干地支西曆	甲申19	乙酉20	丙戌21	丁亥22	戊子23	己丑24	庚寅25	辛卯26	壬辰27	癸巳28	甲午29	乙未(3)	丙申2	丁酉3	戊戌4	己亥5	庚子6	辛丑7	壬寅8	癸卯9	甲辰10	乙巳11	丙午12	丁未13	戊申14	己酉15	庚戌16	辛亥17	壬子18	癸丑19	
二月小	辛卯	天干地支西曆	甲寅20	乙卯21	丙辰22	丁巳23	戊午24	己未25	庚申26	辛酉27	壬戌28	癸亥29	甲子30	乙丑31	丙寅(4)	丁卯2	戊辰3	己巳4	庚午5	辛未6	壬申7	癸酉8	甲戌9	乙亥10	丙子11	丁丑12	戊寅13	己卯14	庚辰15	辛巳16	壬午17		乙丑春分
三月大	壬辰	天干地支西曆	癸未18	甲申19	乙酉20	丙戌21	丁亥22	戊子23	己丑24	庚寅25	辛卯26	壬辰27	癸巳28	甲午29	乙未30	丙申(5)	丁酉2	戊戌3	己亥4	庚子5	辛丑6	壬寅7	癸卯8	甲辰9	乙巳10	丙午11	丁未12	戊申13	己酉14	庚戌15	辛亥16	壬子17	壬子立夏
四月小	癸巳	天干地支西曆	癸丑18	甲寅19	乙卯20	丙辰21	丁巳22	戊午23	己未24	庚申25	辛酉26	壬戌27	癸亥28	甲子29	乙丑30	丙寅31	丁卯(6)	戊辰2	己巳3	庚午4	辛未5	壬申6	癸酉7	甲戌8	乙亥9	丙子10	丁丑11	戊寅12	己卯13	庚辰14	辛巳15		癸丑日食
五月大	甲午	天干地支西曆	壬午16	癸未17	甲申18	乙酉19	丙戌20	丁亥21	戊子22	己丑23	庚寅24	辛卯25	壬辰26	癸巳27	甲午28	乙未29	丙申30	丁酉(7)	戊戌2	己亥3	庚子4	辛丑5	壬寅6	癸卯7	甲辰8	乙巳9	丙午10	丁未11	戊申12	己酉13	庚戌14	辛亥15	己亥夏至
六月小	乙未	天干地支西曆	壬子16	癸丑17	甲寅18	乙卯19	丙辰20	丁巳21	戊午22	己未23	庚申24	辛酉25	壬戌26	癸亥27	甲子28	乙丑29	丙寅30	丁卯31	戊辰(8)	己巳2	庚午3	辛未4	壬申5	癸酉6	甲戌7	乙亥8	丙子9	丁丑10	戊寅11	己卯12	庚辰13		
七月小	丙申	天干地支西曆	辛巳14	壬午15	癸未16	甲申17	乙酉18	丙戌19	丁亥20	戊子21	己丑22	庚寅23	辛卯24	壬辰25	癸巳26	甲午27	乙未28	丙申29	丁酉30	戊戌31	己亥(9)	庚子2	辛丑3	壬寅4	癸卯5	甲辰6	乙巳7	丙午8	丁未9	戊申10	己酉11		丙戌立秋
八月大	丁酉	天干地支西曆	庚戌12	辛亥13	壬子14	癸丑15	甲寅16	乙卯17	丙辰18	丁巳19	戊午20	己未21	庚申22	辛酉23	壬戌24	癸亥25	甲子26	乙丑27	丙寅28	丁卯29	戊辰30	己巳(10)	庚午2	辛未3	壬申4	癸酉5	甲戌6	乙亥7	丙子8	丁丑9	戊寅10	己卯11	辛未秋分
九月小	戊戌	天干地支西曆	庚辰12	辛巳13	壬午14	癸未15	甲申16	乙酉17	丙戌18	丁亥19	戊子20	己丑21	庚寅22	辛卯23	壬辰24	癸巳25	甲午26	乙未27	丙申28	丁酉29	戊戌30	己亥31	庚子(11)	辛丑2	壬寅3	癸卯4	甲辰5	乙巳6	丙午7	丁未8	戊申9		
十月大	己亥	天干地支西曆	己酉10	庚戌11	辛亥12	壬子13	癸丑14	甲寅15	乙卯16	丙辰17	丁巳18	戊午19	己未20	庚申21	辛酉22	壬戌23	癸亥24	甲子25	乙丑26	丙寅27	丁卯28	戊辰29	己巳30	庚午(12)	辛未2	壬申3	癸酉4	甲戌5	乙亥6	丙子7	丁丑8	戊寅9	乙卯立冬
十一月大	庚子	天干地支西曆	己卯10	庚辰11	辛巳12	壬午13	癸未14	甲申15	乙酉16	丙戌17	丁亥18	戊子19	己丑20	庚寅21	辛卯22	壬辰23	癸巳24	甲午25	乙未26	丙申27	丁酉28	戊戌29	己亥30	庚子31	辛丑(1)	壬寅2	癸卯3	甲辰4	乙巳5	丙午6	丁未7	戊申8	己亥冬至
十二月小	辛丑	天干地支西曆	己酉9	庚戌10	辛亥11	壬子12	癸丑13	甲寅14	乙卯15	丙辰16	丁巳17	戊午18	己未19	庚申20	辛酉21	壬戌22	癸亥23	甲子24	乙丑25	丙寅26	丁卯27	戊辰28	己巳29	庚午30	辛未31	壬申(2)	癸酉2	甲戌3	乙亥4	丙子5	丁丑6		

年代異同	史記魯世家	漢書律曆志	帝王世紀	竹書紀年	皇極經世	文獻通考	歷代帝王年表	歷代統紀表	中國年曆總譜	斷代工程
		周成王四年	周成王五年	殷帝辛九年	周成王十一年	周成王十一年	周成王十一年	周成王十一年	周武王七年	殷文丁八年

殷帝乙十年（丁酉 鷄年） 公元前 1104 ~ 前 1103 年

夏曆月序		中西曆日對照	夏曆日序																													節氣與天象
			初一	初二	初三	初四	初五	初六	初七	初八	初九	初十	十一	十二	十三	十四	十五	十六	十七	十八	十九	二十	二一	二二	二三	二四	二五	二六	二七	二八	二九	三十	
正月大	壬寅	天干 地支 西曆	戊寅 7	己卯 8	庚辰 9	辛巳 10	壬午 11	癸未 12	甲申 13	乙酉 14	丙戌 15	丁亥 16	戊子 17	己丑 18	庚寅 19	辛卯 20	壬辰 21	癸巳 22	甲午 23	乙未 24	丙申 25	丁酉 26	戊戌 27	己亥 28	庚子 (3)	辛丑 2	壬寅 3	癸卯 4	甲辰 5	乙巳 6	丙午 7	丁未 8	甲申立春
二月大	癸卯	天干 地支 西曆	戊申 9	己酉 10	庚戌 11	辛亥 12	壬子 13	癸丑 14	甲寅 15	乙卯 16	丙辰 17	丁巳 18	戊午 19	己未 20	庚申 21	辛酉 22	壬戌 23	癸亥 24	甲子 25	乙丑 26	丙寅 27	丁卯 28	戊辰 29	己巳 30	庚午 31	辛未 (4)	壬申 2	癸酉 3	甲戌 4	乙亥 5	丙子 6	丁丑 7	庚午春分
三月小	甲辰	天干 地支 西曆	戊寅 8	己卯 9	庚辰 10	辛巳 11	壬午 12	癸未 13	甲申 14	乙酉 15	丙戌 16	丁亥 17	戊子 18	己丑 19	庚寅 20	辛卯 21	壬辰 22	癸巳 23	甲午 24	乙未 25	丙申 26	丁酉 27	戊戌 28	己亥 29	庚子 30	辛丑 (5)	壬寅 2	癸卯 3	甲辰 4	乙巳 5	丙午 6		
四月大	乙巳	天干 地支 西曆	丁未 7	戊申 8	己酉 9	庚戌 10	辛亥 11	壬子 12	癸丑 13	甲寅 14	乙卯 15	丙辰 16	丁巳 17	戊午 18	己未 19	庚申 20	辛酉 21	壬戌 22	癸亥 23	甲子 24	乙丑 25	丙寅 26	丁卯 27	戊辰 28	己巳 29	庚午 30	辛未 31	壬申 (6)	癸酉 2	甲戌 3	乙亥 4	丙子 5	丁巳立夏
五月小	丙午	天干 地支 西曆	丁丑 6	戊寅 7	己卯 8	庚辰 9	辛巳 10	壬午 11	癸未 12	甲申 13	乙酉 14	丙戌 15	丁亥 16	戊子 17	己丑 18	庚寅 19	辛卯 20	壬辰 21	癸巳 22	甲午 23	乙未 24	丙申 25	丁酉 26	戊戌 27	己亥 28	庚子 29	辛丑 30	壬寅 (7)	癸卯 2	甲辰 3	乙巳 4		乙巳夏至
六月大	丁未	天干 地支 西曆	丙午 5	丁未 6	戊申 7	己酉 8	庚戌 9	辛亥 10	壬子 11	癸丑 12	甲寅 13	乙卯 14	丙辰 15	丁巳 16	戊午 17	己未 18	庚申 19	辛酉 20	壬戌 21	癸亥 22	甲子 23	乙丑 24	丙寅 25	丁卯 26	戊辰 27	己巳 28	庚午 29	辛未 30	壬申 31	癸酉 (8)	甲戌 2	乙亥 3	
七月小	戊申	天干 地支 西曆	丙子 4	丁丑 5	戊寅 6	己卯 7	庚辰 8	辛巳 9	壬午 10	癸未 11	甲申 12	乙酉 13	丙戌 14	丁亥 15	戊子 16	己丑 17	庚寅 18	辛卯 19	壬辰 20	癸巳 21	甲午 22	乙未 23	丙申 24	丁酉 25	戊戌 26	己亥 27	庚子 28	辛丑 29	壬寅 30	癸卯 31	甲辰 (9)		辛卯立秋
八月大	己酉	天干 地支 西曆	乙巳 2	丙午 3	丁未 4	戊申 5	己酉 6	庚戌 7	辛亥 8	壬子 9	癸丑 10	甲寅 11	乙卯 12	丙辰 13	丁巳 14	戊午 15	己未 16	庚申 17	辛酉 18	壬戌 19	癸亥 20	甲子 21	乙丑 22	丙寅 23	丁卯 24	戊辰 25	己巳 26	庚午 27	辛未 28	壬申 29	癸酉 30	甲戌 (10)	
九月小	庚戌	天干 地支 西曆	乙亥 2	丙子 3	丁丑 4	戊寅 5	己卯 6	庚辰 7	辛巳 8	壬午 9	癸未 10	甲申 11	乙酉 12	丙戌 13	丁亥 14	戊子 15	己丑 16	庚寅 17	辛卯 18	壬辰 19	癸巳 20	甲午 21	乙未 22	丙申 23	丁酉 24	戊戌 25	己亥 26	庚子 27	辛丑 28	壬寅 29	癸卯 30		丙子秋分
閏九月小	庚戌	天干 地支 西曆	甲辰 31	乙巳 (11)	丙午 2	丁未 3	戊申 4	己酉 5	庚戌 6	辛亥 7	壬子 8	癸丑 9	甲寅 10	乙卯 11	丙辰 12	丁巳 13	戊午 14	己未 15	庚申 16	辛酉 17	壬戌 18	癸亥 19	甲子 20	乙丑 21	丙寅 22	丁卯 23	戊辰 24	己巳 25	庚午 26	辛未 27	壬申 28		庚申立冬
十月大	辛亥	天干 地支 西曆	癸酉 29	甲戌 30	乙亥 (12)	丙子 2	丁丑 3	戊寅 4	己卯 5	庚辰 6	辛巳 7	壬午 8	癸未 9	甲申 10	乙酉 11	丙戌 12	丁亥 13	戊子 14	己丑 15	庚寅 16	辛卯 17	壬辰 18	癸巳 19	甲午 20	乙未 21	丙申 22	丁酉 23	戊戌 24	己亥 25	庚子 26	辛丑 27	壬寅 28	
十一月小	壬子	天干 地支 西曆	癸卯 29	甲辰 30	乙巳 31	丙午 (1)	丁未 2	戊申 3	己酉 4	庚戌 5	辛亥 6	壬子 7	癸丑 8	甲寅 9	乙卯 10	丙辰 11	丁巳 12	戊午 13	己未 14	庚申 15	辛酉 16	壬戌 17	癸亥 18	甲子 19	乙丑 20	丙寅 21	丁卯 22	戊辰 23	己巳 24	庚午 25	辛未 26		乙巳冬至
十二月大	癸丑	天干 地支 西曆	壬申 27	癸酉 28	甲戌 29	乙亥 30	丙子 31	丁丑 (2)	戊寅 2	己卯 3	庚辰 4	辛巳 5	壬午 6	癸未 7	甲申 8	乙酉 9	丙戌 10	丁亥 11	戊子 12	己丑 13	庚寅 14	辛卯 15	壬辰 16	癸巳 17	甲午 18	乙未 19	丙申 20	丁酉 21	戊戌 22	己亥 23	庚子 24	辛丑 25	己丑立春

年代異同	史記魯世家	漢書律曆志	帝王世紀	竹書紀年	皇極經世	文獻通考	歷代帝王年表	歷代統紀表	中國年曆總譜	斷代工程
		周成王五年	周成王六年	殷帝辛十年	周成王十二年	周成王十二年	周成王十二年	周成王十二年	周成王元年	殷文丁九年

殷帝乙十一年（戊戌 狗年） 公元前 1103 ~ 前 1102 年

夏曆月序	中西曆日對照		初一	初二	初三	初四	初五	初六	初七	初八	初九	初十	十一	十二	十三	十四	十五	十六	十七	十八	十九	二十	二一	二二	二三	二四	二五	二六	二七	二八	二九	三十	節氣與天象
正月大	甲寅	天干 地支 西曆	壬寅26	癸卯27	甲辰28	乙巳(3)	丙午2	丁未3	戊申4	己酉5	庚戌6	辛亥7	壬子8	癸丑9	甲寅10	乙卯11	丙辰12	丁巳13	戊午14	己未15	庚申16	辛酉17	壬戌18	癸亥19	甲子20	乙丑21	丙寅22	丁卯23	戊辰24	己巳25	庚午26	辛未27	
二月小	乙卯	天干 地支 西曆	壬申28	癸酉29	甲戌30	乙亥31	丙子(4)	丁丑2	戊寅3	己卯4	庚辰5	辛巳6	壬午7	癸未8	甲申9	乙酉10	丙戌11	丁亥12	戊子13	己丑14	庚寅15	辛卯16	壬辰17	癸巳18	甲午19	乙未20	丙申21	丁酉22	戊戌23	己亥24	庚子25		丙子春分
三月大	丙辰	天干 地支 西曆	辛丑26	壬寅27	癸卯28	甲辰29	乙巳30	丙午(5)	丁未2	戊申3	己酉4	庚戌5	辛亥6	壬子7	癸丑8	甲寅9	乙卯10	丙辰11	丁巳12	戊午13	己未14	庚申15	辛酉16	壬戌17	癸亥18	甲子19	乙丑20	丙寅21	丁卯22	戊辰23	己巳24	庚午25	癸亥立夏
四月小	丁巳	天干 地支 西曆	辛未26	壬申27	癸酉28	甲戌29	乙亥30	丙子31	丁丑(6)	戊寅2	己卯3	庚辰4	辛巳5	壬午6	癸未7	甲申8	乙酉9	丙戌10	丁亥11	戊子12	己丑13	庚寅14	辛卯15	壬辰16	癸巳17	甲午18	乙未19	丙申20	丁酉21	戊戌22	己亥23		
五月大	戊午	天干 地支 西曆	庚子24	辛丑25	壬寅26	癸卯27	甲辰28	乙巳29	丙午30	丁未(7)	戊申2	己酉3	庚戌4	辛亥5	壬子6	癸丑7	甲寅8	乙卯9	丙辰10	丁巳11	戊午12	己未13	庚申14	辛酉15	壬戌16	癸亥17	甲子18	乙丑19	丙寅20	丁卯21	戊辰22	己巳23	庚戌夏至
六月大	己未	天干 地支 西曆	庚午24	辛未25	壬申26	癸酉27	甲戌28	乙亥29	丙子30	丁丑31	戊寅(8)	己卯2	庚辰3	辛巳4	壬午5	癸未6	甲申7	乙酉8	丙戌9	丁亥10	戊子11	己丑12	庚寅13	辛卯14	壬辰15	癸巳16	甲午17	乙未18	丙申19	丁酉20	戊戌21	己亥22	丙申立秋
七月小	庚申	天干 地支 西曆	庚子23	辛丑24	壬寅25	癸卯26	甲辰27	乙巳28	丙午29	丁未30	戊申31	己酉(9)	庚戌2	辛亥3	壬子4	癸丑5	甲寅6	乙卯7	丙辰8	丁巳9	戊午10	己未11	庚申12	辛酉13	壬戌14	癸亥15	甲子16	乙丑17	丙寅18	丁卯19	戊辰20		
八月大	辛酉	天干 地支 西曆	己巳21	庚午22	辛未23	壬申24	癸酉25	甲戌26	乙亥27	丙子28	丁丑29	戊寅30	己卯(10)	庚辰2	辛巳3	壬午4	癸未5	甲申6	乙酉7	丙戌8	丁亥9	戊子10	己丑11	庚寅12	辛卯13	壬辰14	癸巳15	甲午16	乙未17	丙申18	丁酉19	戊戌20	辛巳秋分
九月小	壬戌	天干 地支 西曆	己亥21	庚子22	辛丑23	壬寅24	癸卯25	甲辰26	乙巳27	丙午28	丁未29	戊申30	己酉31	庚戌(11)	辛亥2	壬子3	癸丑4	甲寅5	乙卯6	丙辰7	丁巳8	戊午9	己未10	庚申11	辛酉12	壬戌13	癸亥14	甲子15	乙丑16	丙寅17	丁卯18		丙寅立冬
十月大	癸亥	天干 地支 西曆	戊辰19	己巳20	庚午21	辛未22	壬申23	癸酉24	甲戌25	乙亥26	丙子27	丁丑28	戊寅29	己卯30	庚辰(12)	辛巳2	壬午3	癸未4	甲申5	乙酉6	丙戌7	丁亥8	戊子9	己丑10	庚寅11	辛卯12	壬辰13	癸巳14	甲午15	乙未16	丙申17	丁酉18	
十一月小	甲子	天干 地支 西曆	戊戌19	己亥20	庚子21	辛丑22	壬寅23	癸卯24	甲辰25	乙巳26	丙午27	丁未28	戊申29	己酉30	庚戌31	辛亥(1)	壬子2	癸丑3	甲寅4	乙卯5	丙辰6	丁巳7	戊午8	己未9	庚申10	辛酉11	壬戌12	癸亥13	甲子14	乙丑15	丙寅16		庚戌冬至
十二月小	乙丑	天干 地支 西曆	丁卯17	戊辰18	己巳19	庚午20	辛未21	壬申22	癸酉23	甲戌24	乙亥25	丙子26	丁丑27	戊寅28	己卯29	庚辰30	辛巳31	壬午(2)	癸未2	甲申3	乙酉4	丙戌5	丁亥6	戊子7	己丑8	庚寅9	辛卯10	壬辰11	癸巳12	甲午13	乙未14		乙未立春

年代異同	史記魯世家	漢書律曆志	帝王世紀	竹書紀年	皇極經世	文獻通考	歷代帝王年表	歷代統紀表	中國年曆總譜	斷代工程
		周成王六年	周成王七年	殷帝辛十一年	周成王十三年	周成王十三年	周成王十三年	周成王十三年	周成王二年	殷文丁十年

殷帝乙十二年（己亥 猪年） 公元前 1102 ~ 前 1101 年

夏曆月序		中西曆日對照	初一	初二	初三	初四	初五	初六	初七	初八	初九	初十	十一	十二	十三	十四	十五	十六	十七	十八	十九	二十	二一	二二	二三	二四	二五	二六	二七	二八	二九	三十	節氣與天象
正月大	丙寅	天干地支西曆	丙申15	丁酉16	戊戌17	己亥18	庚子19	辛丑20	壬寅21	癸卯22	甲辰23	乙巳24	丙午25	丁未26	戊申27	己酉28	庚戌(3)	辛亥2	壬子3	癸丑4	甲寅5	乙卯6	丙辰7	丁巳8	戊午9	己未10	庚申11	辛酉12	壬戌13	癸亥14	甲子15	乙丑16	
二月小	丁卯	天干地支西曆	丙寅17	丁卯18	戊辰19	己巳20	庚午21	辛未22	壬申23	癸酉24	甲戌25	乙亥26	丙子27	丁丑28	戊寅29	己卯30	庚辰31	辛巳(4)	壬午2	癸未3	甲申4	乙酉5	丙戌6	丁亥7	戊子8	己丑9	庚寅10	辛卯11	壬辰12	癸巳13	甲午14		辛巳春分 丙寅日食
三月大	戊辰	天干地支西曆	乙未15	丙申16	丁酉17	戊戌18	己亥19	庚子20	辛丑21	壬寅22	癸卯23	甲辰24	乙巳25	丙午26	丁未27	戊申28	己酉29	庚戌30	辛亥(5)	壬子2	癸丑3	甲寅4	乙卯5	丙辰6	丁巳7	戊午8	己未9	庚申10	辛酉11	壬戌12	癸亥13	甲子14	
四月小	己巳	天干地支西曆	乙丑15	丙寅16	丁卯17	戊辰18	己巳19	庚午20	辛未21	壬申22	癸酉23	甲戌24	乙亥25	丙子26	丁丑27	戊寅28	己卯29	庚辰30	辛巳31	壬午(6)	癸未2	甲申3	乙酉4	丙戌5	丁亥6	戊子7	己丑8	庚寅9	辛卯10	壬辰11	癸巳12		戊辰立夏
五月大	庚午	天干地支西曆	甲午13	乙未14	丙申15	丁酉16	戊戌17	己亥18	庚子19	辛丑20	壬寅21	癸卯22	甲辰23	乙巳24	丙午25	丁未26	戊申27	己酉28	庚戌29	辛亥30	壬子(7)	癸丑2	甲寅3	乙卯4	丙辰5	丁巳6	戊午7	己未8	庚申9	辛酉10	壬戌11	癸亥12	乙卯夏至
六月大	辛未	天干地支西曆	甲子13	乙丑14	丙寅15	丁卯16	戊辰17	己巳18	庚午19	辛未20	壬申21	癸酉22	甲戌23	乙亥24	丙子25	丁丑26	戊寅27	己卯28	庚辰29	辛巳30	壬午31	癸未(8)	甲申2	乙酉3	丙戌4	丁亥5	戊子6	己丑7	庚寅8	辛卯9	壬辰10	癸巳11	
七月小	壬申	天干地支西曆	甲午12	乙未13	丙申14	丁酉15	戊戌16	己亥17	庚子18	辛丑19	壬寅20	癸卯21	甲辰22	乙巳23	丙午24	丁未25	戊申26	己酉27	庚戌28	辛亥29	壬子30	癸丑31	甲寅(9)	乙卯2	丙辰3	丁巳4	戊午5	己未6	庚申7	辛酉8	壬戌9		辛丑立秋
八月大	癸酉	天干地支西曆	癸亥10	甲子11	乙丑12	丙寅13	丁卯14	戊辰15	己巳16	庚午17	辛未18	壬申19	癸酉20	甲戌21	乙亥22	丙子23	丁丑24	戊寅25	己卯26	庚辰27	辛巳28	壬午29	癸未30	甲申(10)	乙酉2	丙戌3	丁亥4	戊子5	己丑6	庚寅7	辛卯8	壬辰9	丁亥秋分
九月大	甲戌	天干地支西曆	癸巳10	甲午11	乙未12	丙申13	丁酉14	戊戌15	己亥16	庚子17	辛丑18	壬寅19	癸卯20	甲辰21	乙巳22	丙午23	丁未24	戊申25	己酉26	庚戌27	辛亥28	壬子29	癸丑30	甲寅31	乙卯(11)	丙辰2	丁巳3	戊午4	己未5	庚申6	辛酉7	壬戌8	
十月小	乙亥	天干地支西曆	癸亥9	甲子10	乙丑11	丙寅12	丁卯13	戊辰14	己巳15	庚午16	辛未17	壬申18	癸酉19	甲戌20	乙亥21	丙子22	丁丑23	戊寅24	己卯25	庚辰26	辛巳27	壬午28	癸未29	甲申30	乙酉(12)	丙戌2	丁亥3	戊子4	己丑5	庚寅6	辛卯7		辛未立冬
十一月大	丙子	天干地支西曆	壬辰8	癸巳9	甲午10	乙未11	丙申12	丁酉13	戊戌14	己亥15	庚子16	辛丑17	壬寅18	癸卯19	甲辰20	乙巳21	丙午22	丁未23	戊申24	己酉25	庚戌26	辛亥27	壬子28	癸丑29	甲寅30	乙卯31	丙辰(1)	丁巳2	戊午3	己未4	庚申5	辛酉6	乙卯冬至
十二月小	丁丑	天干地支西曆	壬戌7	癸亥8	甲子9	乙丑10	丙寅11	丁卯12	戊辰13	己巳14	庚午15	辛未16	壬申17	癸酉18	甲戌19	乙亥20	丙子21	丁丑22	戊寅23	己卯24	庚辰25	辛巳26	壬午27	癸未28	甲申29	乙酉30	丙戌31	丁亥(2)	戊子2	己丑3	庚寅4		

年代異同	史記魯世家	漢書律曆志	帝王世紀	竹書紀年	皇極經世	文獻通考	歷代帝王年表	歷代統紀表	中國年曆總譜	斷代工程
		周成王七年	周成王八年	殷帝辛十二年	周成王十四年	周成王十四年	周成王十四年	周成王十四年	周成王三年	殷文丁十一年

殷帝乙十三年（庚子 鼠年） 公元前 1101 ~ 前 1100 年

夏曆月序	月建	中西曆日對照	初一	初二	初三	初四	初五	初六	初七	初八	初九	初十	十一	十二	十三	十四	十五	十六	十七	十八	十九	二十	二一	二二	二三	二四	二五	二六	二七	二八	二九	三十	節氣與天象
正月小	戊寅	干支 天地西曆	辛卯 5	壬辰 6	癸巳 7	甲午 8	乙未 9	丙申 10	丁酉 11	戊戌 12	己亥 13	庚子 14	辛丑 15	壬寅 16	癸卯 17	甲辰 18	乙巳 19	丙午 20	丁未 21	戊申 22	己酉 23	庚戌 24	辛亥 25	壬子 26	癸丑 27	甲寅 28	乙卯 29	丙辰 (3)	丁巳 2	戊午 3	己未 4		庚子立春
二月大	己卯	干支 天地西曆	庚申 5	辛酉 6	壬戌 7	癸亥 8	甲子 9	乙丑 10	丙寅 11	丁卯 12	戊辰 13	己巳 14	庚午 15	辛未 16	壬申 17	癸酉 18	甲戌 19	乙亥 20	丙子 21	丁丑 22	戊寅 23	己卯 24	庚辰 25	辛巳 26	壬午 27	癸未 28	甲申 29	乙酉 30	丙戌 31	丁亥 (4)	戊子 2	己丑 3	丙戌春分
三月小	庚辰	干支 天地西曆	庚寅 4	辛卯 5	壬辰 6	癸巳 7	甲午 8	乙未 9	丙申 10	丁酉 11	戊戌 12	己亥 13	庚子 14	辛丑 15	壬寅 16	癸卯 17	甲辰 18	乙巳 19	丙午 20	丁未 21	戊申 22	己酉 23	庚戌 24	辛亥 25	壬子 26	癸丑 27	甲寅 28	乙卯 29	丙辰 30	丁巳 (5)	戊午 2		
四月大	辛巳	干支 天地西曆	己未 3	庚申 4	辛酉 5	壬戌 6	癸亥 7	甲子 8	乙丑 9	丙寅 10	丁卯 11	戊辰 12	己巳 13	庚午 14	辛未 15	壬申 16	癸酉 17	甲戌 18	乙亥 19	丙子 20	丁丑 21	戊寅 22	己卯 23	庚辰 24	辛巳 25	壬午 26	癸未 27	甲申 28	乙酉 29	丙戌 30	丁亥 31	戊子 (6)	癸酉立夏
五月小	壬午	干支 天地西曆	己丑 2	庚寅 3	辛卯 4	壬辰 5	癸巳 6	甲午 7	乙未 8	丙申 9	丁酉 10	戊戌 11	己亥 12	庚子 13	辛丑 14	壬寅 15	癸卯 16	甲辰 17	乙巳 18	丙午 19	丁未 20	戊申 21	己酉 22	庚戌 23	辛亥 24	壬子 25	癸丑 26	甲寅 27	乙卯 28	丙辰 29	丁巳 30		
六月大	癸未	干支 天地西曆	戊午 (7)	己未 2	庚申 3	辛酉 4	壬戌 5	癸亥 6	甲子 7	乙丑 8	丙寅 9	丁卯 10	戊辰 11	己巳 12	庚午 13	辛未 14	壬申 15	癸酉 16	甲戌 17	乙亥 18	丙子 19	丁丑 20	戊寅 21	己卯 22	庚辰 23	辛巳 24	壬午 25	癸未 26	甲申 27	乙酉 28	丙戌 29	丁亥 30	庚申夏至
閏六月大	癸未	干支 天地西曆	戊子 31	己丑 (8)	庚寅 2	辛卯 3	壬辰 4	癸巳 5	甲午 6	乙未 7	丙申 8	丁酉 9	戊戌 10	己亥 11	庚子 12	辛丑 13	壬寅 14	癸卯 15	甲辰 16	乙巳 17	丙午 18	丁未 19	戊申 20	己酉 21	庚戌 22	辛亥 23	壬子 24	癸丑 25	甲寅 26	乙卯 27	丙辰 28	丁巳 29	丁未立秋
七月小	甲申	干支 天地西曆	戊午 30	己未 31	庚申 (9)	辛酉 2	壬戌 3	癸亥 4	甲子 5	乙丑 6	丙寅 7	丁卯 8	戊辰 9	己巳 10	庚午 11	辛未 12	壬申 13	癸酉 14	甲戌 15	乙亥 16	丙子 17	丁丑 18	戊寅 19	己卯 20	庚辰 21	辛巳 22	壬午 23	癸未 24	甲申 25	乙酉 26	丙戌 27		
八月大	乙酉	干支 天地西曆	丁亥 28	戊子 29	己丑 30	庚寅 (10)	辛卯 2	壬辰 3	癸巳 4	甲午 5	乙未 6	丙申 7	丁酉 8	戊戌 9	己亥 10	庚子 11	辛丑 12	壬寅 13	癸卯 14	甲辰 15	乙巳 16	丙午 17	丁未 18	戊申 19	己酉 20	庚戌 21	辛亥 22	壬子 23	癸丑 24	甲寅 25	乙卯 26	丙辰 27	壬辰秋分
九月大	丙戌	干支 天地西曆	丁巳 28	戊午 29	己未 30	庚申 31	辛酉 (11)	壬戌 2	癸亥 3	甲子 4	乙丑 5	丙寅 6	丁卯 7	戊辰 8	己巳 9	庚午 10	辛未 11	壬申 12	癸酉 13	甲戌 14	乙亥 15	丙子 16	丁丑 17	戊寅 18	己卯 19	庚辰 20	辛巳 21	壬午 22	癸未 23	甲申 24	乙酉 25	丙戌 26	丙子立冬
十月小	丁亥	干支 天地西曆	丁亥 27	戊子 28	己丑 29	庚寅 30	辛卯 (12)	壬辰 2	癸巳 3	甲午 4	乙未 5	丙申 6	丁酉 7	戊戌 8	己亥 9	庚子 10	辛丑 11	壬寅 12	癸卯 13	甲辰 14	乙巳 15	丙午 16	丁未 17	戊申 18	己酉 19	庚戌 20	辛亥 21	壬子 22	癸丑 23	甲寅 24	乙卯 25		
十一月大	戊子	干支 天地西曆	丙辰 26	丁巳 27	戊午 28	己未 29	庚申 30	辛酉 31	壬戌 (1)	癸亥 2	甲子 3	乙丑 4	丙寅 5	丁卯 6	戊辰 7	己巳 8	庚午 9	辛未 10	壬申 11	癸酉 12	甲戌 13	乙亥 14	丙子 15	丁丑 16	戊寅 17	己卯 18	庚辰 19	辛巳 20	壬午 21	癸未 22	甲申 23	乙酉 24	庚申冬至
十二月小	己丑	干支 天地西曆	丙戌 25	丁亥 26	戊子 27	己丑 28	庚寅 29	辛卯 30	壬辰 31	癸巳 (2)	甲午 2	乙未 3	丙申 4	丁酉 5	戊戌 6	己亥 7	庚子 8	辛丑 9	壬寅 10	癸卯 11	甲辰 12	乙巳 13	丙午 14	丁未 15	戊申 16	己酉 17	庚戌 18	辛亥 19	壬子 20	癸丑 21	甲寅 22		乙巳立春

年代異同	史記魯世家	漢書律曆志	帝王世紀	竹書紀年	皇極經世	文獻通考	歷代帝王年表	歷代統紀表	中國年曆總譜	斷代工程
		周成王八年	周成王九年	殷帝辛十三年	周成王十五年	周成王十五年	周成王十五年	周成王十五年	周成王四年	殷帝乙元年

殷帝乙十四年（辛丑 牛年） 公元前 1100 ~ 前 1099 年

夏曆月序	中西曆日對照	初一	初二	初三	初四	初五	初六	初七	初八	初九	初十	十一	十二	十三	十四	十五	十六	十七	十八	十九	二十	二一	二二	二三	二四	二五	二六	二七	二八	二九	三十	節氣與天象
正月大 庚寅	天干 地支 西曆	乙卯23	丙辰24	丁巳25	戊午26	己未27	庚申28	辛酉(3)	壬戌2	癸亥3	甲子4	乙丑5	丙寅6	丁卯7	戊辰8	己巳9	庚午10	辛未11	壬申12	癸酉13	甲戌14	乙亥15	丙子16	丁丑17	戊寅18	己卯19	庚辰20	辛巳21	壬午22	癸未23	甲申24	
二月小 辛卯	天干 地支 西曆	乙酉25	丙戌26	丁亥27	戊子28	己丑29	庚寅30	辛卯31	壬辰(4)	癸巳2	甲午3	乙未4	丙申5	丁酉6	戊戌7	己亥8	庚子9	辛丑10	壬寅11	癸卯12	甲辰13	乙巳14	丙午15	丁未16	戊申17	己酉18	庚戌19	辛亥20	壬子21	癸丑22		辛卯春分
三月小 壬辰	天干 地支 西曆	甲寅23	乙卯24	丙辰25	丁巳26	戊午27	己未28	庚申29	辛酉30	壬戌(5)	癸亥2	甲子3	乙丑4	丙寅5	丁卯6	戊辰7	己巳8	庚午9	辛未10	壬申11	癸酉12	甲戌13	乙亥14	丙子15	丁丑16	戊寅17	己卯18	庚辰19	辛巳20	壬午21		戊寅立夏
四月小 癸巳	天干 地支 西曆	癸未22	甲申23	乙酉24	丙戌25	丁亥26	戊子27	己丑28	庚寅29	辛卯30	壬辰31	癸巳(6)	甲午2	乙未3	丙申4	丁酉5	戊戌6	己亥7	庚子8	辛丑9	壬寅10	癸卯11	甲辰12	乙巳13	丙午14	丁未15	戊申16	己酉17	庚戌18	辛亥19		
五月大 甲午	天干 地支 西曆	壬子20	癸丑21	甲寅22	乙卯23	丙辰24	丁巳25	戊午26	己未27	庚申28	辛酉29	壬戌30	癸亥(7)	甲子2	乙丑3	丙寅4	丁卯5	戊辰6	己巳7	庚午8	辛未9	壬申10	癸酉11	甲戌12	乙亥13	丙子14	丁丑15	戊寅16	己卯17	庚辰18	辛巳19	丙寅夏至
六月大 乙未	天干 地支 西曆	壬午20	癸未21	甲申22	乙酉23	丙戌24	丁亥25	戊子26	己丑27	庚寅28	辛卯29	壬辰30	癸巳31	甲午(8)	乙未2	丙申3	丁酉4	戊戌5	己亥6	庚子7	辛丑8	壬寅9	癸卯10	甲辰11	乙巳12	丙午13	丁未14	戊申15	己酉16	庚戌17	辛亥18	
七月小 丙申	天干 地支 西曆	壬子19	癸丑20	甲寅21	乙卯22	丙辰23	丁巳24	戊午25	己未26	庚申27	辛酉28	壬戌29	癸亥30	甲子31	乙丑(9)	丙寅2	丁卯3	戊辰4	己巳5	庚午6	辛未7	壬申8	癸酉9	甲戌10	乙亥11	丙子12	丁丑13	戊寅14	己卯15	庚辰16		壬子立秋
八月大 丁酉	天干 地支 西曆	辛巳17	壬午18	癸未19	甲申20	乙酉21	丙戌22	丁亥23	戊子24	己丑25	庚寅26	辛卯27	壬辰28	癸巳29	甲午30	乙未(10)	丙申2	丁酉3	戊戌4	己亥5	庚子6	辛丑7	壬寅8	癸卯9	甲辰10	乙巳11	丙午12	丁未13	戊申14	己酉15	庚戌16	丁酉秋分
九月大 戊戌	天干 地支 西曆	辛亥17	壬子18	癸丑19	甲寅20	乙卯21	丙辰22	丁巳23	戊午24	己未25	庚申26	辛酉27	壬戌28	癸亥29	甲子30	乙丑31	丙寅(11)	丁卯2	戊辰3	己巳4	庚午5	辛未6	壬申7	癸酉8	甲戌9	乙亥10	丙子11	丁丑12	戊寅13	己卯14	庚辰15	
十月大 己亥	天干 地支 西曆	辛巳16	壬午17	癸未18	甲申19	乙酉20	丙戌21	丁亥22	戊子23	己丑24	庚寅25	辛卯26	壬辰27	癸巳28	甲午29	乙未30	丙申(12)	丁酉2	戊戌3	己亥4	庚子5	辛丑6	壬寅7	癸卯8	甲辰9	乙巳10	丙午11	丁未12	戊申13	己酉14	庚戌15	辛巳立冬
十一月小 庚子	天干 地支 西曆	辛亥16	壬子17	癸丑18	甲寅19	乙卯20	丙辰21	丁巳22	戊午23	己未24	庚申25	辛酉26	壬戌27	癸亥28	甲子29	乙丑30	丙寅31	丁卯(1)	戊辰2	己巳3	庚午4	辛未5	壬申6	癸酉7	甲戌8	乙亥9	丙子10	丁丑11	戊寅12	己卯13		乙丑冬至
十二月大 辛丑	天干 地支 西曆	庚辰14	辛巳15	壬午16	癸未17	甲申18	乙酉19	丙戌20	丁亥21	戊子22	己丑23	庚寅24	辛卯25	壬辰26	癸巳27	甲午28	乙未29	丙申30	丁酉31	戊戌(2)	己亥2	庚子3	辛丑4	壬寅5	癸卯6	甲辰7	乙巳8	丙午9	丁未10	戊申11	己酉12	

年代異同	史記魯世家	漢書律曆志	帝王世紀	竹書紀年	皇極經世	文獻通考	歷代帝王年表	歷代統紀表	中國年曆總譜	斷代工程
		周成王九年	周成王十年	殷帝辛十四年	周成王十六年	周成王十六年	周成王十六年	周成王十六年	周成王五年	殷帝乙二年

殷帝乙十五年（壬寅 虎年） 公元前 1099 ~ 前 1098 年

夏曆月序		中西曆日對照	初一	初二	初三	初四	初五	初六	初七	初八	初九	初十	十一	十二	十三	十四	十五	十六	十七	十八	十九	二十	二一	二二	二三	二四	二五	二六	二七	二八	二九	三十	節氣與天象
正月小	壬寅	干支天地西曆	庚戌13	辛亥14	壬子15	癸丑16	甲寅17	乙卯18	丙辰19	丁巳20	戊午21	己未22	庚申23	辛酉24	壬戌25	癸亥26	甲子27	乙丑28	丙寅(3)	丁卯2	戊辰3	己巳4	庚午5	辛未6	壬申7	癸酉8	甲戌9	乙亥10	丙子11	丁丑12	戊寅13		庚戌立春
二月大	癸卯	干支天地西曆	己卯14	庚辰15	辛巳16	壬午17	癸未18	甲申19	乙酉20	丙戌21	丁亥22	戊子23	己丑24	庚寅25	辛卯26	壬辰27	癸巳28	甲午29	乙未30	丙申31	丁酉(4)	戊戌2	己亥3	庚子4	辛丑5	壬寅6	癸卯7	甲辰8	乙巳9	丙午10	丁未11	戊申12	丁酉春分
三月小	甲辰	干支天地西曆	己酉13	庚戌14	辛亥15	壬子16	癸丑17	甲寅18	乙卯19	丙辰20	丁巳21	戊午22	己未23	庚申24	辛酉25	壬戌26	癸亥27	甲子28	乙丑29	丙寅30	丁卯(5)	戊辰2	己巳3	庚午4	辛未5	壬申6	癸酉7	甲戌8	乙亥9	丙子10	丁丑11		
四月小	乙巳	干支天地西曆	戊寅12	己卯13	庚辰14	辛巳15	壬午16	癸未17	甲申18	乙酉19	丙戌20	丁亥21	戊子22	己丑23	庚寅24	辛卯25	壬辰26	癸巳27	甲午28	乙未29	丙申30	丁酉31	戊戌(6)	己亥2	庚子3	辛丑4	壬寅5	癸卯6	甲辰7	乙巳8	丙午9		甲申立夏
五月小	丙午	干支天地西曆	丁未10	戊申11	己酉12	庚戌13	辛亥14	壬子15	癸丑16	甲寅17	乙卯18	丙辰19	丁巳20	戊午21	己未22	庚申23	辛酉24	壬戌25	癸亥26	甲子27	乙丑28	丙寅29	丁卯30	戊辰(7)	己巳2	庚午3	辛未4	壬申5	癸酉6	甲戌7	乙亥8		辛未夏至
六月大	丁未	干支天地西曆	丙子9	丁丑10	戊寅11	己卯12	庚辰13	辛巳14	壬午15	癸未16	甲申17	乙酉18	丙戌19	丁亥20	戊子21	己丑22	庚寅23	辛卯24	壬辰25	癸巳26	甲午27	乙未28	丙申29	丁酉30	戊戌31	己亥(8)	庚子2	辛丑3	壬寅4	癸卯5	甲辰6	乙巳7	
七月小	戊申	干支天地西曆	丙午8	丁未9	戊申10	己酉11	庚戌12	辛亥13	壬子14	癸丑15	甲寅16	乙卯17	丙辰18	丁巳19	戊午20	己未21	庚申22	辛酉23	壬戌24	癸亥25	甲子26	乙丑27	丙寅28	丁卯29	戊辰30	己巳31	庚午(9)	辛未2	壬申3	癸酉4	甲戌5		丁巳立秋
八月大	己酉	干支天地西曆	乙亥6	丙子7	丁丑8	戊寅9	己卯10	庚辰11	辛巳12	壬午13	癸未14	甲申15	乙酉16	丙戌17	丁亥18	戊子19	己丑20	庚寅21	辛卯22	壬辰23	癸巳24	甲午25	乙未26	丙申27	丁酉28	戊戌29	己亥30	庚子(10)	辛丑2	壬寅3	癸卯4	甲辰5	壬寅秋分
九月大	庚戌	干支天地西曆	乙巳6	丙午7	丁未8	戊申9	己酉10	庚戌11	辛亥12	壬子13	癸丑14	甲寅15	乙卯16	丙辰17	丁巳18	戊午19	己未20	庚申21	辛酉22	壬戌23	癸亥24	甲子25	乙丑26	丙寅27	丁卯28	戊辰29	己巳30	庚午31	辛未(11)	壬申2	癸酉3	甲戌4	
十月大	辛亥	干支天地西曆	乙亥5	丙子6	丁丑7	戊寅8	己卯9	庚辰10	辛巳11	壬午12	癸未13	甲申14	乙酉15	丙戌16	丁亥17	戊子18	己丑19	庚寅20	辛卯21	壬辰22	癸巳23	甲午24	乙未25	丙申26	丁酉27	戊戌28	己亥29	庚子30	辛丑(12)	壬寅2	癸卯3	甲辰4	丁亥立冬
十一月小	壬子	干支天地西曆	乙巳5	丙午6	丁未7	戊申8	己酉9	庚戌10	辛亥11	壬子12	癸丑13	甲寅14	乙卯15	丙辰16	丁巳17	戊午18	己未19	庚申20	辛酉21	壬戌22	癸亥23	甲子24	乙丑25	丙寅26	丁卯27	戊辰28	己巳29	庚午30	辛未31	壬申(1)	癸酉2		辛未冬至
十二月大	癸丑	干支天地西曆	甲戌3	乙亥4	丙子5	丁丑6	戊寅7	己卯8	庚辰9	辛巳10	壬午11	癸未12	甲申13	乙酉14	丙戌15	丁亥16	戊子17	己丑18	庚寅19	辛卯20	壬辰21	癸巳22	甲午23	乙未24	丙申25	丁酉26	戊戌27	己亥28	庚子29	辛丑30	壬寅31	癸卯(2)	

年代異同	史記魯世家	漢書律曆志	帝王世紀	竹書紀年	皇極經世	文獻通考	歷代帝王年表	歷代統紀表	中國年曆總譜	斷代工程
		周成王十年	周成王十一年	殷帝辛十五年	周成王十七年	周成王十七年	周成王十七年	周成王十七年	周成王六年	殷帝乙三年

殷帝乙十六年（癸卯 兔年） 公元前**1098** ~ 前1097年

夏曆月序		中西曆日對照	夏曆日序																														節氣與天象
			初一	初二	初三	初四	初五	初六	初七	初八	初九	初十	十一	十二	十三	十四	十五	十六	十七	十八	十九	二十	二一	二二	二三	二四	二五	二六	二七	二八	二九	三十	
正月大	甲寅	天干 地支 西曆	甲辰2	乙巳3	丙午4	丁未5	戊申6	己酉7	庚戌8	辛亥9	壬子10	癸丑11	甲寅12	乙卯13	丙辰14	丁巳15	戊午16	己未17	庚申18	辛酉19	壬戌20	癸亥21	甲子22	乙丑23	丙寅24	丁卯25	戊辰26	己巳27	庚午28	辛未(3)	壬申2	癸酉3	丙辰立春
二月小	乙卯	天干 地支 西曆	甲戌4	乙亥5	丙子6	丁丑7	戊寅8	己卯9	庚辰10	辛巳11	壬午12	癸未13	甲申14	乙酉15	丙戌16	丁亥17	戊子18	己丑19	庚寅20	辛卯21	壬辰22	癸巳23	甲午24	乙未25	丙申26	丁酉27	戊戌28	己亥29	庚子30	辛丑31	壬寅(4)		壬寅春分
三月小	丙辰	天干 地支 西曆	癸卯2	甲辰3	乙巳4	丙午5	丁未6	戊申7	己酉8	庚戌9	辛亥10	壬子11	癸丑12	甲寅13	乙卯14	丙辰15	丁巳16	戊午17	己未18	庚申19	辛酉20	壬戌21	癸亥22	甲子23	乙丑24	丙寅25	丁卯26	戊辰27	己巳28	庚午29	辛未30		
四月大	丁巳	天干 地支 西曆	壬申(5)	癸酉2	甲戌3	乙亥4	丙子5	丁丑6	戊寅7	己卯8	庚辰9	辛巳10	壬午11	癸未12	甲申13	乙酉14	丙戌15	丁亥16	戊子17	己丑18	庚寅19	辛卯20	壬辰21	癸巳22	甲午23	乙未24	丙申25	丁酉26	戊戌27	己亥28	庚子29	辛丑30	己丑立夏
閏四月小	丁巳	天干 地支 西曆	壬寅31	癸卯(6)	甲辰2	乙巳3	丙午4	丁未5	戊申6	己酉7	庚戌8	辛亥9	壬子10	癸丑11	甲寅12	乙卯13	丙辰14	丁巳15	戊午16	己未17	庚申18	辛酉19	壬戌20	癸亥21	甲子22	乙丑23	丙寅24	丁卯25	戊辰26	己巳27	庚午28		
五月小	戊午	天干 地支 西曆	辛未29	壬申30	癸酉(7)	甲戌2	乙亥3	丙子4	丁丑5	戊寅6	己卯7	庚辰8	辛巳9	壬午10	癸未11	甲申12	乙酉13	丙戌14	丁亥15	戊子16	己丑17	庚寅18	辛卯19	壬辰20	癸巳21	甲午22	乙未23	丙申24	丁酉25	戊戌26	己亥27		丙子夏至
六月大	己未	天干 地支 西曆	庚子28	辛丑29	壬寅30	癸卯31	甲辰(8)	乙巳2	丙午3	丁未4	戊申5	己酉6	庚戌7	辛亥8	壬子9	癸丑10	甲寅11	乙卯12	丙辰13	丁巳14	戊午15	己未16	庚申17	辛酉18	壬戌19	癸亥20	甲子21	乙丑22	丙寅23	丁卯24	戊辰25	己巳26	壬戌立秋
七月小	庚申	天干 地支 西曆	庚午27	辛未28	壬申29	癸酉30	甲戌31	乙亥(9)	丙子2	丁丑3	戊寅4	己卯5	庚辰6	辛巳7	壬午8	癸未9	甲申10	乙酉11	丙戌12	丁亥13	戊子14	己丑15	庚寅16	辛卯17	壬辰18	癸巳19	甲午20	乙未21	丙申22	丁酉23	戊戌24		
八月大	辛酉	天干 地支 西曆	己亥25	庚子26	辛丑27	壬寅28	癸卯29	甲辰30	乙巳(10)	丙午2	丁未3	戊申4	己酉5	庚戌6	辛亥7	壬子8	癸丑9	甲寅10	乙卯11	丙辰12	丁巳13	戊午14	己未15	庚申16	辛酉17	壬戌18	癸亥19	甲子20	乙丑21	丙寅22	丁卯23	戊辰24	戊申秋分
九月大	壬戌	天干 地支 西曆	己巳25	庚午26	辛未27	壬申28	癸酉29	甲戌30	乙亥31	丙子(11)	丁丑2	戊寅3	己卯4	庚辰5	辛巳6	壬午7	癸未8	甲申9	乙酉10	丙戌11	丁亥12	戊子13	己丑14	庚寅15	辛卯16	壬辰17	癸巳18	甲午19	乙未20	丙申21	丁酉22	戊戌23	壬辰立冬
十月小	癸亥	天干 地支 西曆	己亥24	庚子25	辛丑26	壬寅27	癸卯28	甲辰29	乙巳30	丙午(12)	丁未2	戊申3	己酉4	庚戌5	辛亥6	壬子7	癸丑8	甲寅9	乙卯10	丙辰11	丁巳12	戊午13	己未14	庚申15	辛酉16	壬戌17	癸亥18	甲子19	乙丑20	丙寅21	丁卯22		
十一月大	甲子	天干 地支 西曆	戊辰23	己巳24	庚午25	辛未26	壬申27	癸酉28	甲戌29	乙亥30	丙子31	丁丑(1)	戊寅2	己卯3	庚辰4	辛巳5	壬午6	癸未7	甲申8	乙酉9	丙戌10	丁亥11	戊子12	己丑13	庚寅14	辛卯15	壬辰16	癸巳17	甲午18	乙未19	丙申20	丁酉21	丙子冬至
十二月大	乙丑	天干 地支 西曆	戊戌22	己亥23	庚子24	辛丑25	壬寅26	癸卯27	甲辰28	乙巳29	丙午30	丁未31	戊申(2)	己酉2	庚戌3	辛亥4	壬子5	癸丑6	甲寅7	乙卯8	丙辰9	丁巳10	戊午11	己未12	庚申13	辛酉14	壬戌15	癸亥16	甲子17	乙丑18	丙寅19	丁卯20	辛酉立春

年代異同	史記魯世家	漢書律曆志	帝王世紀	竹書紀年	皇極經世	文獻通考	歷代帝王年表	歷代統紀表	中國年曆總譜	斷代工程
		周成王十一年	周成王十二年	殷帝辛十六年	周成王十八年	周成王十八年	周成王十八年	周成王十八年	周成王七年	殷帝乙四年

殷帝乙十七年（甲辰 龍年） 公元前 1097 ~ 前 1096 年

夏曆月序		中西曆日對照	初一	初二	初三	初四	初五	初六	初七	初八	初九	初十	十一	十二	十三	十四	十五	十六	十七	十八	十九	二十	二一	二二	二三	二四	二五	二六	二七	二八	二九	三十	節氣與天象
正月大	丙寅	干支 天地 西曆	戊辰21	己巳22	庚午23	辛未24	壬申25	癸酉26	甲戌27	乙亥28	丙子29	丁丑(3)	戊寅2	己卯3	庚辰4	辛巳5	壬午6	癸未7	甲申8	乙酉9	丙戌10	丁亥11	戊子12	己丑13	庚寅14	辛卯15	壬辰16	癸巳17	甲午18	乙未19	丙申20	丁酉21	
二月小	丁卯	干支 天地 西曆	戊戌22	己亥23	庚子24	辛丑25	壬寅26	癸卯27	甲辰28	乙巳29	丙午30	丁未31	戊申(4)	己酉2	庚戌3	辛亥4	壬子5	癸丑6	甲寅7	乙卯8	丙辰9	丁巳10	戊午11	己未12	庚申13	辛酉14	壬戌15	癸亥16	甲子17	乙丑18	丙寅19		丁未春分
三月小	戊辰	干支 天地 西曆	丁卯20	戊辰21	己巳22	庚午23	辛未24	壬申25	癸酉26	甲戌27	乙亥28	丙子29	丁丑30	戊寅(5)	己卯2	庚辰3	辛巳4	壬午5	癸未6	甲申7	乙酉8	丙戌9	丁亥10	戊子11	己丑12	庚寅13	辛卯14	壬辰15	癸巳16	甲午17	乙未18		甲午立夏
四月大	己巳	干支 天地 西曆	丙申19	丁酉20	戊戌21	己亥22	庚子23	辛丑24	壬寅25	癸卯26	甲辰27	乙巳28	丙午29	丁未30	戊申31	己酉(6)	庚戌2	辛亥3	壬子4	癸丑5	甲寅6	乙卯7	丙辰8	丁巳9	戊午10	己未11	庚申12	辛酉13	壬戌14	癸亥15	甲子16	乙丑17	
五月小	庚午	干支 天地 西曆	丙寅18	丁卯19	戊辰20	己巳21	庚午22	辛未23	壬申24	癸酉25	甲戌26	乙亥27	丙子28	丁丑29	戊寅30	己卯(7)	庚辰2	辛巳3	壬午4	癸未5	甲申6	乙酉7	丙戌8	丁亥9	戊子10	己丑11	庚寅12	辛卯13	壬辰14	癸巳15	甲午16		辛巳夏至
六月小	辛未	干支 天地 西曆	乙未17	丙申18	丁酉19	戊戌20	己亥21	庚子22	辛丑23	壬寅24	癸卯25	甲辰26	乙巳27	丙午28	丁未29	戊申30	己酉31	庚戌(8)	辛亥2	壬子3	癸丑4	甲寅5	乙卯6	丙辰7	丁巳8	戊午9	己未10	庚申11	辛酉12	壬戌13	癸亥14		
七月大	壬申	干支 天地 西曆	甲子15	乙丑16	丙寅17	丁卯18	戊辰19	己巳20	庚午21	辛未22	壬申23	癸酉24	甲戌25	乙亥26	丙子27	丁丑28	戊寅29	己卯30	庚辰31	辛巳(9)	壬午2	癸未3	甲申4	乙酉5	丙戌6	丁亥7	戊子8	己丑9	庚寅10	辛卯11	壬辰12	癸巳13	戊辰立秋
八月小	癸酉	干支 天地 西曆	甲午14	乙未15	丙申16	丁酉17	戊戌18	己亥19	庚子20	辛丑21	壬寅22	癸卯23	甲辰24	乙巳25	丙午26	丁未27	戊申28	己酉29	庚戌30	辛亥(10)	壬子2	癸丑3	甲寅4	乙卯5	丙辰6	丁巳7	戊午8	己未9	庚申10	辛酉11	壬戌12		癸丑秋分
九月大	甲戌	干支 天地 西曆	癸亥13	甲子14	乙丑15	丙寅16	丁卯17	戊辰18	己巳19	庚午20	辛未21	壬申22	癸酉23	甲戌24	乙亥25	丙子26	丁丑27	戊寅28	己卯29	庚辰30	辛巳31	壬午(11)	癸未2	甲申3	乙酉4	丙戌5	丁亥6	戊子7	己丑8	庚寅9	辛卯10	壬辰11	
十月小	乙亥	干支 天地 西曆	癸巳12	甲午13	乙未14	丙申15	丁酉16	戊戌17	己亥18	庚子19	辛丑20	壬寅21	癸卯22	甲辰23	乙巳24	丙午25	丁未26	戊申27	己酉28	庚戌29	辛亥30	壬子(12)	癸丑2	甲寅3	乙卯4	丙辰5	丁巳6	戊午7	己未8	庚申9	辛酉10		丁酉立冬
十一月大	丙子	干支 天地 西曆	壬戌11	癸亥12	甲子13	乙丑14	丙寅15	丁卯16	戊辰17	己巳18	庚午19	辛未20	壬申21	癸酉22	甲戌23	乙亥24	丙子25	丁丑26	戊寅27	己卯28	庚辰29	辛巳30	壬午31	癸未(1)	甲申2	乙酉3	丙戌4	丁亥5	戊子6	己丑7	庚寅8	辛卯9	辛巳冬至
十二月大	丁丑	干支 天地 西曆	壬辰10	癸巳11	甲午12	乙未13	丙申14	丁酉15	戊戌16	己亥17	庚子18	辛丑19	壬寅20	癸卯21	甲辰22	乙巳23	丙午24	丁未25	戊申26	己酉27	庚戌28	辛亥29	壬子30	癸丑31	甲寅(2)	乙卯2	丙辰3	丁巳4	戊午5	己未6	庚申7	辛酉8	

年代異同	史記魯世家	漢書律曆志	帝王世紀	竹書紀年	皇極經世	文獻通考	歷代帝王年表	歷代統紀表	中國年曆總譜	斷代工程
		周成王十二年	周成王十三年	殷帝辛十七年	周成王十九年	周成王十九年	周成王十九年	周成王十九年	周成王八年	殷帝乙五年

殷帝乙十八年（乙巳 蛇年） 公元前 1096 ~ 前 1095 年

夏曆月序		中西曆對照	初一	初二	初三	初四	初五	初六	初七	初八	初九	初十	十一	十二	十三	十四	十五	十六	十七	十八	十九	二十	二一	二二	二三	二四	二五	二六	二七	二八	二九	三十	節氣與天象
正月大	戊寅	天干地支西曆	壬戌9	癸亥10	甲子11	乙丑12	丙寅13	丁卯14	戊辰15	己巳16	庚午17	辛未18	壬申19	癸酉20	甲戌21	乙亥22	丙子23	丁丑24	戊寅25	己卯26	庚辰27	辛巳28	壬午(3)	癸未2	甲申3	乙酉4	丙戌5	丁亥6	戊子7	己丑8	庚寅9	辛卯10	丙寅立春
二月小	己卯	天干地支西曆	壬辰11	癸巳12	甲午13	乙未14	丙申15	丁酉16	戊戌17	己亥18	庚子19	辛丑20	壬寅21	癸卯22	甲辰23	乙巳24	丙午25	丁未26	戊申27	己酉28	庚戌29	辛亥30	壬子31	癸丑(4)	甲寅2	乙卯3	丙辰4	丁巳5	戊午6	己未7	庚申8		壬子春分
三月大	庚辰	天干地支西曆	辛酉9	壬戌10	癸亥11	甲子12	乙丑13	丙寅14	丁卯15	戊辰16	己巳17	庚午18	辛未19	壬申20	癸酉21	甲戌22	乙亥23	丙子24	丁丑25	戊寅26	己卯27	庚辰28	辛巳29	壬午30	癸未(5)	甲申2	乙酉3	丙戌4	丁亥5	戊子6	己丑7	庚寅8	
四月小	辛巳	天干地支西曆	辛卯9	壬辰10	癸巳11	甲午12	乙未13	丙申14	丁酉15	戊戌16	己亥17	庚子18	辛丑19	壬寅20	癸卯21	甲辰22	乙巳23	丙午24	丁未25	戊申26	己酉27	庚戌28	辛亥29	壬子30	癸丑31	甲寅(6)	乙卯2	丙辰3	丁巳4	戊午5	己未6		己亥立夏 辛卯日食
五月大	壬午	天干地支西曆	庚申7	辛酉8	壬戌9	癸亥10	甲子11	乙丑12	丙寅13	丁卯14	戊辰15	己巳16	庚午17	辛未18	壬申19	癸酉20	甲戌21	乙亥22	丙子23	丁丑24	戊寅25	己卯26	庚辰27	辛巳28	壬午29	癸未30	甲申(7)	乙酉2	丙戌3	丁亥4	戊子5	己丑6	丁亥夏至
六月小	癸未	天干地支西曆	庚寅7	辛卯8	壬辰9	癸巳10	甲午11	乙未12	丙申13	丁酉14	戊戌15	己亥16	庚子17	辛丑18	壬寅19	癸卯20	甲辰21	乙巳22	丙午23	丁未24	戊申25	己酉26	庚戌27	辛亥28	壬子29	癸丑30	甲寅31	乙卯(8)	丙辰2	丁巳3	戊午4		
七月小	甲申	天干地支西曆	己未5	庚申6	辛酉7	壬戌8	癸亥9	甲子10	乙丑11	丙寅12	丁卯13	戊辰14	己巳15	庚午16	辛未17	壬申18	癸酉19	甲戌20	乙亥21	丙子22	丁丑23	戊寅24	己卯25	庚辰26	辛巳27	壬午28	癸未29	甲申30	乙酉31	丙戌(9)	丁亥2		癸酉立秋
八月大	乙酉	天干地支西曆	戊子3	己丑4	庚寅5	辛卯6	壬辰7	癸巳8	甲午9	乙未10	丙申11	丁酉12	戊戌13	己亥14	庚子15	辛丑16	壬寅17	癸卯18	甲辰19	乙巳20	丙午21	丁未22	戊申23	己酉24	庚戌25	辛亥26	壬子27	癸丑28	甲寅29	乙卯30	丙辰(10)	丁巳2	
九月小	丙戌	天干地支西曆	戊午3	己未4	庚申5	辛酉6	壬戌7	癸亥8	甲子9	乙丑10	丙寅11	丁卯12	戊辰13	己巳14	庚午15	辛未16	壬申17	癸酉18	甲戌19	乙亥20	丙子21	丁丑22	戊寅23	己卯24	庚辰25	辛巳26	壬午27	癸未28	甲申29	乙酉30	丙戌31		戊午秋分
十月大	丁亥	天干地支西曆	丁亥(11)	戊子2	己丑3	庚寅4	辛卯5	壬辰6	癸巳7	甲午8	乙未9	丙申10	丁酉11	戊戌12	己亥13	庚子14	辛丑15	壬寅16	癸卯17	甲辰18	乙巳19	丙午20	丁未21	戊申22	己酉23	庚戌24	辛亥25	壬子26	癸丑27	甲寅28	乙卯29	丙辰30	壬寅立冬
十一月小	戊子	天干地支西曆	丁巳(12)	戊午2	己未3	庚申4	辛酉5	壬戌6	癸亥7	甲子8	乙丑9	丙寅10	丁卯11	戊辰12	己巳13	庚午14	辛未15	壬申16	癸酉17	甲戌18	乙亥19	丙子20	丁丑21	戊寅22	己卯23	庚辰24	辛巳25	壬午26	癸未27	甲申28	乙酉29		
閏十一大	戊子	天干地支西曆	丙戌30	丁亥31	戊子(1)	己丑2	庚寅3	辛卯4	壬辰5	癸巳6	甲午7	乙未8	丙申9	丁酉10	戊戌11	己亥12	庚子13	辛丑14	壬寅15	癸卯16	甲辰17	乙巳18	丙午19	丁未20	戊申21	己酉22	庚戌23	辛亥24	壬子25	癸丑26	甲寅27	乙卯28	丙戌冬至
十二月大	己丑	天干地支西曆	丙辰29	丁巳30	戊午31	己未(2)	庚申2	辛酉3	壬戌4	癸亥5	甲子6	乙丑7	丙寅8	丁卯9	戊辰10	己巳11	庚午12	辛未13	壬申14	癸酉15	甲戌16	乙亥17	丙子18	丁丑19	戊寅20	己卯21	庚辰22	辛巳23	壬午24	癸未25	甲申26	乙酉27	辛未立春

年代異同	史記魯世家	漢書律曆志	帝王世紀	竹書紀年	皇極經世	文獻通考	歷代帝王年表	歷代統紀表	中國年曆總譜	斷代工程
		周成王十三年	周成王十四年	殷帝辛十八年	周成王二十年	周成王二十年	周成王二十年	周成王二十年	周成王九年	殷帝乙六年

殷帝乙十九年（丙午 馬年） 公元前 **1095** ~ 前 1094 年

夏曆月序		中西曆對照	初一	初二	初三	初四	初五	初六	初七	初八	初九	初十	十一	十二	十三	十四	十五	十六	十七	十八	十九	二十	二一	二二	二三	二四	二五	二六	二七	二八	二九	三十	節氣與天象
正月小	庚寅	干支天地西曆	丙戌28	丁亥(3)	戊子2	己丑3	庚寅4	辛卯5	壬辰6	癸巳7	甲午8	乙未9	丙申10	丁酉11	戊戌12	己亥13	庚子14	辛丑15	壬寅16	癸卯17	甲辰18	乙巳19	丙午20	丁未21	戊申22	己酉23	庚戌24	辛亥25	壬子26	癸丑27	甲寅28		
二月大	辛卯	干支天地西曆	乙卯29	丙辰30	丁巳31	戊午(4)	己未2	庚申3	辛酉4	壬戌5	癸亥6	甲子7	乙丑8	丙寅9	丁卯10	戊辰11	己巳12	庚午13	辛未14	壬申15	癸酉16	甲戌17	乙亥18	丙子19	丁丑20	戊寅21	己卯22	庚辰23	辛巳24	壬午25	癸未26	甲申27	丁巳春分
三月大	壬辰	干支天地西曆	乙酉28	丙戌29	丁亥30	戊子(5)	己丑2	庚寅3	辛卯4	壬辰5	癸巳6	甲午7	乙未8	丙申9	丁酉10	戊戌11	己亥12	庚子13	辛丑14	壬寅15	癸卯16	甲辰17	乙巳18	丙午19	丁未20	戊申21	己酉22	庚戌23	辛亥24	壬子25	癸丑26	甲寅27	乙巳立夏
四月小	癸巳	干支天地西曆	乙卯28	丙辰29	丁巳30	戊午31	己未(6)	庚申2	辛酉3	壬戌4	癸亥5	甲子6	乙丑7	丙寅8	丁卯9	戊辰10	己巳11	庚午12	辛未13	壬申14	癸酉15	甲戌16	乙亥17	丙子18	丁丑19	戊寅20	己卯21	庚辰22	辛巳23	壬午24	癸未25		
五月大	甲午	干支天地西曆	甲申26	乙酉27	丙戌28	丁亥29	戊子30	己丑(7)	庚寅2	辛卯3	壬辰4	癸巳5	甲午6	乙未7	丙申8	丁酉9	戊戌10	己亥11	庚子12	辛丑13	壬寅14	癸卯15	甲辰16	乙巳17	丙午18	丁未19	戊申20	己酉21	庚戌22	辛亥23	壬子24	癸丑25	壬辰夏至
六月小	乙未	干支天地西曆	甲寅26	乙卯27	丙辰28	丁巳29	戊午30	己未31	庚申(8)	辛酉2	壬戌3	癸亥4	甲子5	乙丑6	丙寅7	丁卯8	戊辰9	己巳10	庚午11	辛未12	壬申13	癸酉14	甲戌15	乙亥16	丙子17	丁丑18	戊寅19	己卯20	庚辰21	辛巳22	壬午23		戊寅立秋
七月大	丙申	干支天地西曆	癸未24	甲申25	乙酉26	丙戌27	丁亥28	戊子29	己丑30	庚寅31	辛卯(9)	壬辰2	癸巳3	甲午4	乙未5	丙申6	丁酉7	戊戌8	己亥9	庚子10	辛丑11	壬寅12	癸卯13	甲辰14	乙巳15	丙午16	丁未17	戊申18	己酉19	庚戌20	辛亥21	壬子22	
八月小	丁酉	干支天地西曆	癸丑23	甲寅24	乙卯25	丙辰26	丁巳27	戊午28	己未29	庚申30	辛酉(10)	壬戌2	癸亥3	甲子4	乙丑5	丙寅6	丁卯7	戊辰8	己巳9	庚午10	辛未11	壬申12	癸酉13	甲戌14	乙亥15	丙子16	丁丑17	戊寅18	己卯19	庚辰20	辛巳21		癸亥秋分
九月小	戊戌	干支天地西曆	壬午22	癸未23	甲申24	乙酉25	丙戌26	丁亥27	戊子28	己丑29	庚寅30	辛卯31	壬辰(11)	癸巳2	甲午3	乙未4	丙申5	丁酉6	戊戌7	己亥8	庚子9	辛丑10	壬寅11	癸卯12	甲辰13	乙巳14	丙午15	丁未16	戊申17	己酉18	庚戌19		戊申立冬 壬午日食
十月大	己亥	干支天地西曆	辛亥20	壬子21	癸丑22	甲寅23	乙卯24	丙辰25	丁巳26	戊午27	己未28	庚申29	辛酉30	壬戌(12)	癸亥2	甲子3	乙丑4	丙寅5	丁卯6	戊辰7	己巳8	庚午9	辛未10	壬申11	癸酉12	甲戌13	乙亥14	丙子15	丁丑16	戊寅17	己卯18	庚辰19	
十一月小	庚子	干支天地西曆	辛巳20	壬午21	癸未22	甲申23	乙酉24	丙戌25	丁亥26	戊子27	己丑28	庚寅29	辛卯30	壬辰31	癸巳(1)	甲午2	乙未3	丙申4	丁酉5	戊戌6	己亥7	庚子8	辛丑9	壬寅10	癸卯11	甲辰12	乙巳13	丙午14	丁未15	戊申16	己酉17		壬辰冬至
十二月大	辛丑	干支天地西曆	庚戌18	辛亥19	壬子20	癸丑21	甲寅22	乙卯23	丙辰24	丁巳25	戊午26	己未27	庚申28	辛酉29	壬戌30	癸亥31	甲子(2)	乙丑2	丙寅3	丁卯4	戊辰5	己巳6	庚午7	辛未8	壬申9	癸酉10	甲戌11	乙亥12	丙子13	丁丑14	戊寅15	己卯16	丁丑立春

年代異同	史記魯世家	漢書律曆志	帝王世紀	竹書紀年	皇極經世	文獻通考	歷代帝王年表	歷代統紀表	中國年曆總譜	斷代工程
		周成王十四年	周成王十五年	殷帝辛十九年	周成王二十一年	周成王二十一年	周成王二十一年	周成王二十一年	周成王十年	殷帝乙七年

殷帝乙二十年（丁未 羊年） 公元前 **1094** ~ 前 1093 年

夏曆月序		中西曆日對照	初一	初二	初三	初四	初五	初六	初七	初八	初九	初十	十一	十二	十三	十四	十五	十六	十七	十八	十九	二十	二一	二二	二三	二四	二五	二六	二七	二八	二九	三十	節氣與天象
正月小	壬寅	干支曆 天地西	庚辰17	辛巳18	壬午19	癸未20	甲申21	乙酉22	丙戌23	丁亥24	戊子25	己丑26	庚寅27	辛卯28	壬辰(3)	癸巳2	甲午3	乙未4	丙申5	丁酉6	戊戌7	己亥8	庚子9	辛丑10	壬寅11	癸卯12	甲辰13	乙巳14	丙午15	丁未16	戊申17		
二月大	癸卯	干支曆 天地西	己酉18	庚戌19	辛亥20	壬子21	癸丑22	甲寅23	乙卯24	丙辰25	丁巳26	戊午27	己未28	庚申29	辛酉30	壬戌31	癸亥(4)	甲子2	乙丑3	丙寅4	丁卯5	戊辰6	己巳7	庚午8	辛未9	壬申10	癸酉11	甲戌12	乙亥13	丙子14	丁丑15	戊寅16	癸亥春分
三月大	甲辰	干支曆 天地西	己卯17	庚辰18	辛巳19	壬午20	癸未21	甲申22	乙酉23	丙戌24	丁亥25	戊子26	己丑27	庚寅28	辛卯29	壬辰30	癸巳(5)	甲午2	乙未3	丙申4	丁酉5	戊戌6	己亥7	庚子8	辛丑9	壬寅10	癸卯11	甲辰12	乙巳13	丙午14	丁未15	戊申16	
四月小	乙巳	干支曆 天地西	己酉17	庚戌18	辛亥19	壬子20	癸丑21	甲寅22	乙卯23	丙辰24	丁巳25	戊午26	己未27	庚申28	辛酉29	壬戌30	癸亥31	甲子(6)	乙丑2	丙寅3	丁卯4	戊辰5	己巳6	庚午7	辛未8	壬申9	癸酉10	甲戌11	乙亥12	丙子13	丁丑14		庚戌立夏
五月大	丙午	干支曆 天地西	戊寅15	己卯16	庚辰17	辛巳18	壬午19	癸未20	甲申21	乙酉22	丙戌23	丁亥24	戊子25	己丑26	庚寅27	辛卯28	壬辰29	癸巳30	甲午(7)	乙未2	丙申3	丁酉4	戊戌5	己亥6	庚子7	辛丑8	壬寅9	癸卯10	甲辰11	乙巳12	丙午13	丁未14	丁酉夏至
六月小	丁未	干支曆 天地西	戊申15	己酉16	庚戌17	辛亥18	壬子19	癸丑20	甲寅21	乙卯22	丙辰23	丁巳24	戊午25	己未26	庚申27	辛酉28	壬戌29	癸亥30	甲子31	乙丑(8)	丙寅2	丁卯3	戊辰4	己巳5	庚午6	辛未7	壬申8	癸酉9	甲戌10	乙亥11	丙子12		
七月大	戊申	干支曆 天地西	丁丑13	戊寅14	己卯15	庚辰16	辛巳17	壬午18	癸未19	甲申20	乙酉21	丙戌22	丁亥23	戊子24	己丑25	庚寅26	辛卯27	壬辰28	癸巳29	甲午30	乙未31	丙申(9)	丁酉2	戊戌3	己亥4	庚子5	辛丑6	壬寅7	癸卯8	甲辰9	乙巳10	丙午11	癸未立秋
八月大	己酉	干支曆 天地西	丁未12	戊申13	己酉14	庚戌15	辛亥16	壬子17	癸丑18	甲寅19	乙卯20	丙辰21	丁巳22	戊午23	己未24	庚申25	辛酉26	壬戌27	癸亥28	甲子29	乙丑30	丙寅(10)	丁卯2	戊辰3	己巳4	庚午5	辛未6	壬申7	癸酉8	甲戌9	乙亥10	丙子11	己巳秋分
九月小	庚戌	干支曆 天地西	丁丑12	戊寅13	己卯14	庚辰15	辛巳16	壬午17	癸未18	甲申19	乙酉20	丙戌21	丁亥22	戊子23	己丑24	庚寅25	辛卯26	壬辰27	癸巳28	甲午29	乙未30	丙申31	丁酉(11)	戊戌2	己亥3	庚子4	辛丑5	壬寅6	癸卯7	甲辰8	乙巳9		
十月大	辛亥	干支曆 天地西	丙午10	丁未11	戊申12	己酉13	庚戌14	辛亥15	壬子16	癸丑17	甲寅18	乙卯19	丙辰20	丁巳21	戊午22	己未23	庚申24	辛酉25	壬戌26	癸亥27	甲子28	乙丑29	丙寅30	丁卯(12)	戊辰2	己巳3	庚午4	辛未5	壬申6	癸酉7	甲戌8	乙亥9	癸丑立冬
十一月小	壬子	干支曆 天地西	丙子10	丁丑11	戊寅12	己卯13	庚辰14	辛巳15	壬午16	癸未17	甲申18	乙酉19	丙戌20	丁亥21	戊子22	己丑23	庚寅24	辛卯25	壬辰26	癸巳27	甲午28	乙未29	丙申30	丁酉31	戊戌(1)	己亥2	庚子3	辛丑4	壬寅5	癸卯6	甲辰7		丁酉冬至
十二月小	癸丑	干支曆 天地西	乙巳8	丙午9	丁未10	戊申11	己酉12	庚戌13	辛亥14	壬子15	癸丑16	甲寅17	乙卯18	丙辰19	丁巳20	戊午21	己未22	庚申23	辛酉24	壬戌25	癸亥26	甲子27	乙丑28	丙寅29	丁卯30	戊辰31	己巳(2)	庚午2	辛未3	壬申4	癸酉5		

年代異同	史記魯世家	漢書律曆志	帝王世紀	竹書紀年	皇極經世	文獻通考	歷代帝王年表	歷代統紀表	中國年曆總譜	斷代工程
		周成王十五年	周成王十六年	殷帝辛二十年	周成王二十二年	周成王二十二年	周成王二十二年	周成王二十二年	周成王十一年	殷帝乙八年

殷帝乙二十一年（戊申 猴年） 公元前 **1093** ~ 前 1092 年

夏曆月序		中西曆日對照	夏曆日序																														節氣與天象
			初一	初二	初三	初四	初五	初六	初七	初八	初九	初十	十一	十二	十三	十四	十五	十六	十七	十八	十九	二十	二一	二二	二三	二四	二五	二六	二七	二八	二九	三十	
正月大	甲寅	干支 天地 西曆	甲戌6	乙亥7	丙子8	丁丑9	戊寅10	己卯11	庚辰12	辛巳13	壬午14	癸未15	甲申16	乙酉17	丙戌18	丁亥19	戊子20	己丑21	庚寅22	辛卯23	壬辰24	癸巳25	甲午26	乙未27	丙申28	丁酉29	戊戌(3)	己亥2	庚子3	辛丑4	壬寅5	癸卯6	壬午立春
二月小	乙卯	干支 天地 西曆	甲辰7	乙巳8	丙午9	丁未10	戊申11	己酉12	庚戌13	辛亥14	壬子15	癸丑16	甲寅17	乙卯18	丙辰19	丁巳20	戊午21	己未22	庚申23	辛酉24	壬戌25	癸亥26	甲子27	乙丑28	丙寅29	丁卯30	戊辰31	己巳(4)	庚午2	辛未3	壬申4		戊辰春分 甲辰日食
三月大	丙辰	干支 天地 西曆	癸酉5	甲戌6	乙亥7	丙子8	丁丑9	戊寅10	己卯11	庚辰12	辛巳13	壬午14	癸未15	甲申16	乙酉17	丙戌18	丁亥19	戊子20	己丑21	庚寅22	辛卯23	壬辰24	癸巳25	甲午26	乙未27	丙申28	丁酉29	戊戌30	己亥(5)	庚子2	辛丑3	壬寅4	
四月小	丁巳	干支 天地 西曆	癸卯5	甲辰6	乙巳7	丙午8	丁未9	戊申10	己酉11	庚戌12	辛亥13	壬子14	癸丑15	甲寅16	乙卯17	丙辰18	丁巳19	戊午20	己未21	庚申22	辛酉23	壬戌24	癸亥25	甲子26	乙丑27	丙寅28	丁卯29	戊辰30	己巳31	庚午(6)	辛未2		乙卯立夏
五月大	戊午	干支 天地 西曆	壬申3	癸酉4	甲戌5	乙亥6	丙子7	丁丑8	戊寅9	己卯10	庚辰11	辛巳12	壬午13	癸未14	甲申15	乙酉16	丙戌17	丁亥18	戊子19	己丑20	庚寅21	辛卯22	壬辰23	癸巳24	甲午25	乙未26	丙申27	丁酉28	戊戌29	己亥30	庚子(7)	辛丑2	
六月大	己未	干支 天地 西曆	壬寅3	癸卯4	甲辰5	乙巳6	丙午7	丁未8	戊申9	己酉10	庚戌11	辛亥12	壬子13	癸丑14	甲寅15	乙卯16	丙辰17	丁巳18	戊午19	己未20	庚申21	辛酉22	壬戌23	癸亥24	甲子25	乙丑26	丙寅27	丁卯28	戊辰29	己巳30	庚午31	辛未(8)	壬寅夏至
七月小	庚申	干支 天地 西曆	壬申2	癸酉3	甲戌4	乙亥5	丙子6	丁丑7	戊寅8	己卯9	庚辰10	辛巳11	壬午12	癸未13	甲申14	乙酉15	丙戌16	丁亥17	戊子18	己丑19	庚寅20	辛卯21	壬辰22	癸巳23	甲午24	乙未25	丙申26	丁酉27	戊戌28	己亥29	庚子30		己丑立秋
閏七月大	庚申	干支 天地 西曆	辛丑31	壬寅(9)	癸卯2	甲辰3	乙巳4	丙午5	丁未6	戊申7	己酉8	庚戌9	辛亥10	壬子11	癸丑12	甲寅13	乙卯14	丙辰15	丁巳16	戊午17	己未18	庚申19	辛酉20	壬戌21	癸亥22	甲子23	乙丑24	丙寅25	丁卯26	戊辰27	己巳28	庚午29	
八月大	辛酉	干支 天地 西曆	辛未30	壬申(10)	癸酉2	甲戌3	乙亥4	丙子5	丁丑6	戊寅7	己卯8	庚辰9	辛巳10	壬午11	癸未12	甲申13	乙酉14	丙戌15	丁亥16	戊子17	己丑18	庚寅19	辛卯20	壬辰21	癸巳22	甲午23	乙未24	丙申25	丁酉26	戊戌27	己亥28	庚子29	甲戌秋分
九月小	壬戌	干支 天地 西曆	辛丑30	壬寅31	癸卯(11)	甲辰2	乙巳3	丙午4	丁未5	戊申6	己酉7	庚戌8	辛亥9	壬子10	癸丑11	甲寅12	乙卯13	丙辰14	丁巳15	戊午16	己未17	庚申18	辛酉19	壬戌20	癸亥21	甲子22	乙丑23	丙寅24	丁卯25	戊辰26	己巳27		戊午立冬
十月大	癸亥	干支 天地 西曆	庚午28	辛未29	壬申30	癸酉(12)	甲戌2	乙亥3	丙子4	丁丑5	戊寅6	己卯7	庚辰8	辛巳9	壬午10	癸未11	甲申12	乙酉13	丙戌14	丁亥15	戊子16	己丑17	庚寅18	辛卯19	壬辰20	癸巳21	甲午22	乙未23	丙申24	丁酉25	戊戌26	己亥27	
十一月小	甲子	干支 天地 西曆	庚子28	辛丑29	壬寅30	癸卯31	甲辰(1)	乙巳2	丙午3	丁未4	戊申5	己酉6	庚戌7	辛亥8	壬子9	癸丑10	甲寅11	乙卯12	丙辰13	丁巳14	戊午15	己未16	庚申17	辛酉18	壬戌19	癸亥20	甲子21	乙丑22	丙寅23	丁卯24	戊辰25		壬寅冬至
十二月小	乙丑	干支 天地 西曆	己巳26	庚午27	辛未28	壬申29	癸酉30	甲戌31	乙亥(2)	丙子2	丁丑3	戊寅4	己卯5	庚辰6	辛巳7	壬午8	癸未9	甲申10	乙酉11	丙戌12	丁亥13	戊子14	己丑15	庚寅16	辛卯17	壬辰18	癸巳19	甲午20	乙未21	丙申22	丁酉23		丁亥立春

年代異同	史記魯世家	漢書律曆志	帝王世紀	竹書紀年	皇極經世	文獻通考	歷代帝王年表	歷代統紀表	中國年曆總譜	斷代工程
		周成王十六年	周成王十七年	殷帝辛二十一年	周成王二十三年	周成王二十三年	周成王二十三年	周成王二十三年	周成王十二年	殷帝乙九年

殷帝乙二十二年（己酉 鷄年） 公元前 **1092** ~ 前 1091 年

夏曆月序		中西曆日對照	初一	初二	初三	初四	初五	初六	初七	初八	初九	初十	十一	十二	十三	十四	十五	十六	十七	十八	十九	二十	二一	二二	二三	二四	二五	二六	二七	二八	二九	三十	節氣與天象
正月大	丙寅	天干地支西曆	戊戌24	己亥25	庚子26	辛丑27	壬寅28	癸卯(3)	甲辰2	乙巳3	丙午4	丁未5	戊申6	己酉7	庚戌8	辛亥9	壬子10	癸丑11	甲寅12	乙卯13	丙辰14	丁巳15	戊午16	己未17	庚申18	辛酉19	壬戌20	癸亥21	甲子22	乙丑23	丙寅24	丁卯25	
二月小	丁卯	天干地支西曆	戊辰26	己巳27	庚午28	辛未29	壬申30	癸酉31	甲戌(4)	乙亥2	丙子3	丁丑4	戊寅5	己卯6	庚辰7	辛巳8	壬午9	癸未10	甲申11	乙酉12	丙戌13	丁亥14	戊子15	己丑16	庚寅17	辛卯18	壬辰19	癸巳20	甲午21	乙未22	丙申23		癸酉春分
三月大	戊辰	天干地支西曆	丁酉24	戊戌25	己亥26	庚子27	辛丑28	壬寅29	癸卯30	甲辰(5)	乙巳2	丙午3	丁未4	戊申5	己酉6	庚戌7	辛亥8	壬子9	癸丑10	甲寅11	乙卯12	丙辰13	丁巳14	戊午15	己未16	庚申17	辛酉18	壬戌19	癸亥20	甲子21	乙丑22	丙寅23	庚申立夏
四月小	己巳	天干地支西曆	丁卯24	戊辰25	己巳26	庚午27	辛未28	壬申29	癸酉30	甲戌31	乙亥(6)	丙子2	丁丑3	戊寅4	己卯5	庚辰6	辛巳7	壬午8	癸未9	甲申10	乙酉11	丙戌12	丁亥13	戊子14	己丑15	庚寅16	辛卯17	壬辰18	癸巳19	甲午20	乙未21		
五月大	庚午	天干地支西曆	丙申22	丁酉23	戊戌24	己亥25	庚子26	辛丑27	壬寅28	癸卯29	甲辰30	乙巳(7)	丙午2	丁未3	戊申4	己酉5	庚戌6	辛亥7	壬子8	癸丑9	甲寅10	乙卯11	丙辰12	丁巳13	戊午14	己未15	庚申16	辛酉17	壬戌18	癸亥19	甲子20	乙丑21	丁未夏至
六月小	辛未	天干地支西曆	丙寅22	丁卯23	戊辰24	己巳25	庚午26	辛未27	壬申28	癸酉29	甲戌30	乙亥31	丙子(8)	丁丑2	戊寅3	己卯4	庚辰5	辛巳6	壬午7	癸未8	甲申9	乙酉10	丙戌11	丁亥12	戊子13	己丑14	庚寅15	辛卯16	壬辰17	癸巳18	甲午19		甲午立秋
七月大	壬申	天干地支西曆	乙未20	丙申21	丁酉22	戊戌23	己亥24	庚子25	辛丑26	壬寅27	癸卯28	甲辰29	乙巳30	丙午31	丁未(9)	戊申2	己酉3	庚戌4	辛亥5	壬子6	癸丑7	甲寅8	乙卯9	丙辰10	丁巳11	戊午12	己未13	庚申14	辛酉15	壬戌16	癸亥17	甲子18	
八月大	癸酉	天干地支西曆	乙丑19	丙寅20	丁卯21	戊辰22	己巳23	庚午24	辛未25	壬申26	癸酉27	甲戌28	乙亥29	丙子30	丁丑(10)	戊寅2	己卯3	庚辰4	辛巳5	壬午6	癸未7	甲申8	乙酉9	丙戌10	丁亥11	戊子12	己丑13	庚寅14	辛卯15	壬辰16	癸巳17	甲午18	己卯秋分
九月大	甲戌	天干地支西曆	乙未19	丙申20	丁酉21	戊戌22	己亥23	庚子24	辛丑25	壬寅26	癸卯27	甲辰28	乙巳29	丙午30	丁未31	戊申(11)	己酉2	庚戌3	辛亥4	壬子5	癸丑6	甲寅7	乙卯8	丙辰9	丁巳10	戊午11	己未12	庚申13	辛酉14	壬戌15	癸亥16	甲子17	癸亥立冬
十月小	乙亥	天干地支西曆	乙丑18	丙寅19	丁卯20	戊辰21	己巳22	庚午23	辛未24	壬申25	癸酉26	甲戌27	乙亥28	丙子29	丁丑30	戊寅(12)	己卯2	庚辰3	辛巳4	壬午5	癸未6	甲申7	乙酉8	丙戌9	丁亥10	戊子11	己丑12	庚寅13	辛卯14	壬辰15	癸巳16		
十一月大	丙子	天干地支西曆	甲午17	乙未18	丙申19	丁酉20	戊戌21	己亥22	庚子23	辛丑24	壬寅25	癸卯26	甲辰27	乙巳28	丙午29	丁未30	戊申31	己酉(1)	庚戌2	辛亥3	壬子4	癸丑5	甲寅6	乙卯7	丙辰8	丁巳9	戊午10	己未11	庚申12	辛酉13	壬戌14	癸亥15	丁未冬至
十二月小	丁丑	天干地支西曆	甲子16	乙丑17	丙寅18	丁卯19	戊辰20	己巳21	庚午22	辛未23	壬申24	癸酉25	甲戌26	乙亥27	丙子28	丁丑29	戊寅30	己卯31	庚辰(2)	辛巳2	壬午3	癸未4	甲申5	乙酉6	丙戌7	丁亥8	戊子9	己丑10	庚寅11	辛卯12	壬辰13		壬辰立春

年代異同	史記魯世家	漢書律曆志	帝王世紀	竹書紀年	皇極經世	文獻通考	歷代帝王年表	歷代統紀表	中國年曆總譜	斷代工程
		周成王十七年	周成王十八年	殷帝辛二十二年	周成王二十四年	周成王二十四年	周成王二十四年	周成王二十四年	周成王十三年	殷帝乙十年

殷帝乙二十三年（庚戌 狗年） 公元前 1091 ~ 前 1090 年

夏曆月序		中西曆日對照	初一	初二	初三	初四	初五	初六	初七	初八	初九	初十	十一	十二	十三	十四	十五	十六	十七	十八	十九	二十	二一	二二	二三	二四	二五	二六	二七	二八	二九	三十	節氣與天象
正月大	戊寅	天干地支西曆	癸巳14	甲午15	乙未16	丙申17	丁酉18	戊戌19	己亥20	庚子21	辛丑22	壬寅23	癸卯24	甲辰25	乙巳26	丙午27	丁未28	戊申(3)	己酉2	庚戌3	辛亥4	壬子5	癸丑6	甲寅7	乙卯8	丙辰9	丁巳10	戊午11	己未12	庚申13	辛酉14	壬戌15	
二月小	己卯	天干地支西曆	癸亥16	甲子17	乙丑18	丙寅19	丁卯20	戊辰21	己巳22	庚午23	辛未24	壬申25	癸酉26	甲戌27	乙亥28	丙子29	丁丑30	戊寅31	己卯(4)	庚辰2	辛巳3	壬午4	癸未5	甲申6	乙酉7	丙戌8	丁亥9	戊子10	己丑11	庚寅12	辛卯13		戊寅春分
三月小	庚辰	天干地支西曆	壬辰14	癸巳15	甲午16	乙未17	丙申18	丁酉19	戊戌20	己亥21	庚子22	辛丑23	壬寅24	癸卯25	甲辰26	乙巳27	丙午28	丁未29	戊申30	己酉(5)	庚戌2	辛亥3	壬子4	癸丑5	甲寅6	乙卯7	丙辰8	丁巳9	戊午10	己未11	庚申12		
四月小	辛巳	天干地支西曆	辛酉13	壬戌14	癸亥15	甲子16	乙丑17	丙寅18	丁卯19	戊辰20	己巳21	庚午22	辛未23	壬申24	癸酉25	甲戌26	乙亥27	丙子28	丁丑29	戊寅30	己卯31	庚辰(6)	辛巳2	壬午3	癸未4	甲申5	乙酉6	丙戌7	丁亥8	戊子9	己丑10		丙寅立夏
五月大	壬午	天干地支西曆	庚寅11	辛卯12	壬辰13	癸巳14	甲午15	乙未16	丙申17	丁酉18	戊戌19	己亥20	庚子21	辛丑22	壬寅23	癸卯24	甲辰25	乙巳26	丙午27	丁未28	戊申29	己酉30	庚戌(7)	辛亥2	壬子3	癸丑4	甲寅5	乙卯6	丙辰7	丁巳8	戊午9	己未10	癸丑夏至
六月小	癸未	天干地支西曆	庚申11	辛酉12	壬戌13	癸亥14	甲子15	乙丑16	丙寅17	丁卯18	戊辰19	己巳20	庚午21	辛未22	壬申23	癸酉24	甲戌25	乙亥26	丙子27	丁丑28	戊寅29	己卯30	庚辰31	辛巳(8)	壬午2	癸未3	甲申4	乙酉5	丙戌6	丁亥7	戊子8		
七月大	甲申	天干地支西曆	己丑9	庚寅10	辛卯11	壬辰12	癸巳13	甲午14	乙未15	丙申16	丁酉17	戊戌18	己亥19	庚子20	辛丑21	壬寅22	癸卯23	甲辰24	乙巳25	丙午26	丁未27	戊申28	己酉29	庚戌30	辛亥31	壬子(9)	癸丑2	甲寅3	乙卯4	丙辰5	丁巳6	戊午7	己亥立秋
八月大	乙酉	天干地支西曆	己未8	庚申9	辛酉10	壬戌11	癸亥12	甲子13	乙丑14	丙寅15	丁卯16	戊辰17	己巳18	庚午19	辛未20	壬申21	癸酉22	甲戌23	乙亥24	丙子25	丁丑26	戊寅27	己卯28	庚辰29	辛巳30	壬午(10)	癸未2	甲申3	乙酉4	丙戌5	丁亥6	戊子7	甲申秋分
九月大	丙戌	天干地支西曆	己丑8	庚寅9	辛卯10	壬辰11	癸巳12	甲午13	乙未14	丙申15	丁酉16	戊戌17	己亥18	庚子19	辛丑20	壬寅21	癸卯22	甲辰23	乙巳24	丙午25	丁未26	戊申27	己酉28	庚戌29	辛亥30	壬子31	癸丑(11)	甲寅2	乙卯3	丙辰4	丁巳5	戊午6	
十月小	丁亥	天干地支西曆	己未7	庚申8	辛酉9	壬戌10	癸亥11	甲子12	乙丑13	丙寅14	丁卯15	戊辰16	己巳17	庚午18	辛未19	壬申20	癸酉21	甲戌22	乙亥23	丙子24	丁丑25	戊寅26	己卯27	庚辰28	辛巳29	壬午30	癸未(12)	甲申2	乙酉3	丙戌4	丁亥5		己巳立冬
十一月大	戊子	天干地支西曆	戊子6	己丑7	庚寅8	辛卯9	壬辰10	癸巳11	甲午12	乙未13	丙申14	丁酉15	戊戌16	己亥17	庚子18	辛丑19	壬寅20	癸卯21	甲辰22	乙巳23	丙午24	丁未25	戊申26	己酉27	庚戌28	辛亥29	壬子30	癸丑31	甲寅(1)	乙卯2	丙辰3	丁巳4	癸丑冬至
十二月大	己丑	天干地支西曆	戊午5	己未6	庚申7	辛酉8	壬戌9	癸亥10	甲子11	乙丑12	丙寅13	丁卯14	戊辰15	己巳16	庚午17	辛未18	壬申19	癸酉20	甲戌21	乙亥22	丙子23	丁丑24	戊寅25	己卯26	庚辰27	辛巳28	壬午29	癸未30	甲申31	乙酉(2)	丙戌2	丁亥3	

年代異同	史記魯世家	漢書律曆志	帝王世紀	竹書紀年	皇極經世	文獻通考	歷代帝王年表	歷代統紀表	中國年曆總譜	斷代工程
		周成王十八年	周成王十九年	殷帝辛二十三年	周成王二十五年	周成王二十五年	周成王二十五年	周成王二十五年	周成王十四年	殷帝乙十一年

殷帝乙二十四年（辛亥 猪年） 公元前**1090** ~ 前 1089 年

夏曆月序		中西曆日對照	夏曆日序																													節氣與天象
			初一	初二	初三	初四	初五	初六	初七	初八	初九	初十	十一	十二	十三	十四	十五	十六	十七	十八	十九	二十	二一	二二	二三	二四	二五	二六	二七	二八	二九	三十	
正月小	庚寅	天干地支西曆	戊子4	己丑5	庚寅6	辛卯7	壬辰8	癸巳9	甲午10	乙未11	丙申12	丁酉13	戊戌14	己亥15	庚子16	辛丑17	壬寅18	癸卯19	甲辰20	乙巳21	丙午22	丁未23	戊申24	己酉25	庚戌26	辛亥27	壬子28	癸丑(3)	甲寅2	乙卯3	丙辰4		戊戌立春
二月大	辛卯	天干地支西曆	丁巳5	戊午6	己未7	庚申8	辛酉9	壬戌10	癸亥11	甲子12	乙丑13	丙寅14	丁卯15	戊辰16	己巳17	庚午18	辛未19	壬申20	癸酉21	甲戌22	乙亥23	丙子24	丁丑25	戊寅26	己卯27	庚辰28	辛巳29	壬午30	癸未31	甲申(4)	乙酉2	丙戌3	甲申春分
三月小	壬辰	天干地支西曆	丁亥4	戊子5	己丑6	庚寅7	辛卯8	壬辰9	癸巳10	甲午11	乙未12	丙申13	丁酉14	戊戌15	己亥16	庚子17	辛丑18	壬寅19	癸卯20	甲辰21	乙巳22	丙午23	丁未24	戊申25	己酉26	庚戌27	辛亥28	壬子29	癸丑30	甲寅(5)	乙卯2		
四月小	癸巳	天干地支西曆	丙辰3	丁巳4	戊午5	己未6	庚申7	辛酉8	壬戌9	癸亥10	甲子11	乙丑12	丙寅13	丁卯14	戊辰15	己巳16	庚午17	辛未18	壬申19	癸酉20	甲戌21	乙亥22	丙子23	丁丑24	戊寅25	己卯26	庚辰27	辛巳28	壬午29	癸未30	甲申31		辛未立夏
五月小	甲午	天干地支西曆	乙酉(6)	丙戌2	丁亥3	戊子4	己丑5	庚寅6	辛卯7	壬辰8	癸巳9	甲午10	乙未11	丙申12	丁酉13	戊戌14	己亥15	庚子16	辛丑17	壬寅18	癸卯19	甲辰20	乙巳21	丙午22	丁未23	戊申24	己酉25	庚戌26	辛亥27	壬子28	癸丑29		
閏五月大	甲午	天干地支西曆	甲寅30	乙卯(7)	丙辰2	丁巳3	戊午4	己未5	庚申6	辛酉7	壬戌8	癸亥9	甲子10	乙丑11	丙寅12	丁卯13	戊辰14	己巳15	庚午16	辛未17	壬申18	癸酉19	甲戌20	乙亥21	丙子22	丁丑23	戊寅24	己卯25	庚辰26	辛巳27	壬午28	癸未29	戊午夏至
六月小	乙未	天干地支西曆	甲申30	乙酉31	丙戌(8)	丁亥2	戊子3	己丑4	庚寅5	辛卯6	壬辰7	癸巳8	甲午9	乙未10	丙申11	丁酉12	戊戌13	己亥14	庚子15	辛丑16	壬寅17	癸卯18	甲辰19	乙巳20	丙午21	丁未22	戊申23	己酉24	庚戌25	辛亥26	壬子27		甲辰立秋
七月大	丙申	天干地支西曆	癸丑28	甲寅29	乙卯30	丙辰31	丁巳(9)	戊午2	己未3	庚申4	辛酉5	壬戌6	癸亥7	甲子8	乙丑9	丙寅10	丁卯11	戊辰12	己巳13	庚午14	辛未15	壬申16	癸酉17	甲戌18	乙亥19	丙子20	丁丑21	戊寅22	己卯23	庚辰24	辛巳25	壬午26	
八月大	丁酉	天干地支西曆	癸未27	甲申28	乙酉29	丙戌30	丁亥(10)	戊子2	己丑3	庚寅4	辛卯5	壬辰6	癸巳7	甲午8	乙未9	丙申10	丁酉11	戊戌12	己亥13	庚子14	辛丑15	壬寅16	癸卯17	甲辰18	乙巳19	丙午20	丁未21	戊申22	己酉23	庚戌24	辛亥25	壬子26	庚寅秋分
九月小	戊戌	天干地支西曆	癸丑27	甲寅28	乙卯29	丙辰30	丁巳31	戊午(11)	己未2	庚申3	辛酉4	壬戌5	癸亥6	甲子7	乙丑8	丙寅9	丁卯10	戊辰11	己巳12	庚午13	辛未14	壬申15	癸酉16	甲戌17	乙亥18	丙子19	丁丑20	戊寅21	己卯22	庚辰23	辛巳24		甲戌立冬
十月大	己亥	天干地支西曆	壬午25	癸未26	甲申27	乙酉28	丙戌29	丁亥30	戊子(12)	己丑2	庚寅3	辛卯4	壬辰5	癸巳6	甲午7	乙未8	丙申9	丁酉10	戊戌11	己亥12	庚子13	辛丑14	壬寅15	癸卯16	甲辰17	乙巳18	丙午19	丁未20	戊申21	己酉22	庚戌23	辛亥24	
十一月大	庚子	天干地支西曆	壬子25	癸丑26	甲寅27	乙卯28	丙辰29	丁巳30	戊午31	己未(1)	庚申2	辛酉3	壬戌4	癸亥5	甲子6	乙丑7	丙寅8	丁卯9	戊辰10	己巳11	庚午12	辛未13	壬申14	癸酉15	甲戌16	乙亥17	丙子18	丁丑19	戊寅20	己卯21	庚辰22	辛巳23	戊午冬至 壬子日食
十二月大	辛丑	天干地支西曆	壬午24	癸未25	甲申26	乙酉27	丙戌28	丁亥29	戊子30	己丑31	庚寅(2)	辛卯2	壬辰3	癸巳4	甲午5	乙未6	丙申7	丁酉8	戊戌9	己亥10	庚子11	辛丑12	壬寅13	癸卯14	甲辰15	乙巳16	丙午17	丁未18	戊申19	己酉20	庚戌21	辛亥22	癸卯立春

年代異同	史記魯世家	漢書律曆志	帝王世紀	竹書紀年	皇極經世	文獻通考	歷代帝王年表	歷代統紀表	中國年曆總譜	斷代工程
		周成王十九年	周成王二十年	殷帝辛二十四年	周成王二十六年	周成王二十六年	周成王二十六年	周成王二十六年	周成王十五年	殷帝乙十二年

殷帝乙二十五年（壬子 鼠年） 公元前 1089 ~ 前 1088 年

夏曆月序		中西曆日對照	初一	初二	初三	初四	初五	初六	初七	初八	初九	初十	十一	十二	十三	十四	十五	十六	十七	十八	十九	二十	二一	二二	二三	二四	二五	二六	二七	二八	二九	三十	節氣與天象
正月小	壬寅	天干地支 西曆	壬子23	癸丑24	甲寅25	乙卯26	丙辰27	丁巳28	戊午29	己未(3)	庚申2	辛酉3	壬戌4	癸亥5	甲子6	乙丑7	丙寅8	丁卯9	戊辰10	己巳11	庚午12	辛未13	壬申14	癸酉15	甲戌16	乙亥17	丙子18	丁丑19	戊寅20	己卯21	庚辰22		
二月小	癸卯	天干地支 西曆	辛巳23	壬午24	癸未25	甲申26	乙酉27	丙戌28	丁亥29	戊子30	己丑31	庚寅(4)	辛卯2	壬辰3	癸巳4	甲午5	乙未6	丙申7	丁酉8	戊戌9	己亥10	庚子11	辛丑12	壬寅13	癸卯14	甲辰15	乙巳16	丙午17	丁未18	戊申19	己酉20		己丑春分
三月大	甲辰	天干地支 西曆	庚戌21	辛亥22	壬子23	癸丑24	甲寅25	乙卯26	丙辰27	丁巳28	戊午29	己未30	庚申(5)	辛酉2	壬戌3	癸亥4	甲子5	乙丑6	丙寅7	丁卯8	戊辰9	己巳10	庚午11	辛未12	壬申13	癸酉14	甲戌15	乙亥16	丙子17	丁丑18	戊寅19	己卯20	丙子立夏
四月小	乙巳	天干地支 西曆	庚辰21	辛巳22	壬午23	癸未24	甲申25	乙酉26	丙戌27	丁亥28	戊子29	己丑30	庚寅31	辛卯(6)	壬辰2	癸巳3	甲午4	乙未5	丙申6	丁酉7	戊戌8	己亥9	庚子10	辛丑11	壬寅12	癸卯13	甲辰14	乙巳15	丙午16	丁未17	戊申18		
五月小	丙午	天干地支 西曆	己酉19	庚戌20	辛亥21	壬子22	癸丑23	甲寅24	乙卯25	丙辰26	丁巳27	戊午28	己未29	庚申30	辛酉(7)	壬戌2	癸亥3	甲子4	乙丑5	丙寅6	丁卯7	戊辰8	己巳9	庚午10	辛未11	壬申12	癸酉13	甲戌14	乙亥15	丙子16	丁丑17		癸亥夏至
六月大	丁未	天干地支 西曆	戊寅18	己卯19	庚辰20	辛巳21	壬午22	癸未23	甲申24	乙酉25	丙戌26	丁亥27	戊子28	己丑29	庚寅30	辛卯31	壬辰(8)	癸巳2	甲午3	乙未4	丙申5	丁酉6	戊戌7	己亥8	庚子9	辛丑10	壬寅11	癸卯12	甲辰13	乙巳14	丙午15	丁未16	
七月小	戊申	天干地支 西曆	戊申17	己酉18	庚戌19	辛亥20	壬子21	癸丑22	甲寅23	乙卯24	丙辰25	丁巳26	戊午27	己未28	庚申29	辛酉30	壬戌31	癸亥(9)	甲子2	乙丑3	丙寅4	丁卯5	戊辰6	己巳7	庚午8	辛未9	壬申10	癸酉11	甲戌12	乙亥13	丙子14		庚戌立秋
八月大	己酉	天干地支 西曆	丁丑15	戊寅16	己卯17	庚辰18	辛巳19	壬午20	癸未21	甲申22	乙酉23	丙戌24	丁亥25	戊子26	己丑27	庚寅28	辛卯29	壬辰30	癸巳(10)	甲午2	乙未3	丙申4	丁酉5	戊戌6	己亥7	庚子8	辛丑9	壬寅10	癸卯11	甲辰12	乙巳13	丙午14	乙未秋分
九月小	庚戌	天干地支 西曆	丁未15	戊申16	己酉17	庚戌18	辛亥19	壬子20	癸丑21	甲寅22	乙卯23	丙辰24	丁巳25	戊午26	己未27	庚申28	辛酉29	壬戌30	癸亥31	甲子(11)	乙丑2	丙寅3	丁卯4	戊辰5	己巳6	庚午7	辛未8	壬申9	癸酉10	甲戌11	乙亥12		
十月大	辛亥	天干地支 西曆	丙子13	丁丑14	戊寅15	己卯16	庚辰17	辛巳18	壬午19	癸未20	甲申21	乙酉22	丙戌23	丁亥24	戊子25	己丑26	庚寅27	辛卯28	壬辰29	癸巳30	甲午(12)	乙未2	丙申3	丁酉4	戊戌5	己亥6	庚子7	辛丑8	壬寅9	癸卯10	甲辰11	乙巳12	己卯立冬
十一月大	壬子	天干地支 西曆	丙午13	丁未14	戊申15	己酉16	庚戌17	辛亥18	壬子19	癸丑20	甲寅21	乙卯22	丙辰23	丁巳24	戊午25	己未26	庚申27	辛酉28	壬戌29	癸亥30	甲子31	乙丑(1)	丙寅2	丁卯3	戊辰4	己巳5	庚午6	辛未7	壬申8	癸酉9	甲戌10	乙亥11	癸亥冬至
十二月大	癸丑	天干地支 西曆	丙子12	丁丑13	戊寅14	己卯15	庚辰16	辛巳17	壬午18	癸未19	甲申20	乙酉21	丙戌22	丁亥23	戊子24	己丑25	庚寅26	辛卯27	壬辰28	癸巳29	甲午30	乙未31	丙申(2)	丁酉2	戊戌3	己亥4	庚子5	辛丑6	壬寅7	癸卯8	甲辰9	乙巳10	

年代異同	史記魯世家	漢書律曆志	帝王世紀	竹書紀年	皇極經世	文獻通考	歷代帝王年表	歷代統紀表	中國年曆總譜	斷代工程
		周成王二十年	周成王二十一年	殷帝辛二十五年	周成王二十七年	周成王二十七年	周成王二十七年	周成王二十七年	周成王十六年	殷帝乙十三年

殷帝乙二十六年（癸丑 牛年） 公元前 **1088** ~ 前 1087 年

夏曆月序		中西曆日對照	初一	初二	初三	初四	初五	初六	初七	初八	初九	初十	十一	十二	十三	十四	十五	十六	十七	十八	十九	二十	二一	二二	二三	二四	二五	二六	二七	二八	二九	三十	節氣與天象
正月小	甲寅	天干地支 西曆	丙午 11	丁未 12	戊申 13	己酉 14	庚戌 15	辛亥 16	壬子 17	癸丑 18	甲寅 19	乙卯 20	丙辰 21	丁巳 22	戊午 23	己未 24	庚申 25	辛酉 26	壬戌 27	癸亥 28	甲子 (3)	乙丑 2	丙寅 3	丁卯 4	戊辰 5	己巳 6	庚午 7	辛未 8	壬申 9	癸酉 10	甲戌 11		戊申立春
二月大	乙卯	天干地支 西曆	乙亥 12	丙子 13	丁丑 14	戊寅 15	己卯 16	庚辰 17	辛巳 18	壬午 19	癸未 20	甲申 21	乙酉 22	丙戌 23	丁亥 24	戊子 25	己丑 26	庚寅 27	辛卯 28	壬辰 29	癸巳 30	甲午 31	乙未 (4)	丙申 2	丁酉 3	戊戌 4	己亥 5	庚子 6	辛丑 7	壬寅 8	癸卯 9	甲辰 10	甲午春分
三月小	丙辰	天干地支 西曆	乙巳 11	丙午 12	丁未 13	戊申 14	己酉 15	庚戌 16	辛亥 17	壬子 18	癸丑 19	甲寅 20	乙卯 21	丙辰 22	丁巳 23	戊午 24	己未 25	庚申 26	辛酉 27	壬戌 28	癸亥 29	甲子 30	乙丑 (5)	丙寅 2	丁卯 3	戊辰 4	己巳 5	庚午 6	辛未 7	壬申 8	癸酉 9		
四月大	丁巳	天干地支 西曆	甲戌 10	乙亥 11	丙子 12	丁丑 13	戊寅 14	己卯 15	庚辰 16	辛巳 17	壬午 18	癸未 19	甲申 20	乙酉 21	丙戌 22	丁亥 23	戊子 24	己丑 25	庚寅 26	辛卯 27	壬辰 28	癸巳 29	甲午 30	乙未 31	丙申 (6)	丁酉 2	戊戌 3	己亥 4	庚子 5	辛丑 6	壬寅 7	癸卯 8	辛巳立夏
五月小	戊午	天干地支 西曆	甲辰 9	乙巳 10	丙午 11	丁未 12	戊申 13	己酉 14	庚戌 15	辛亥 16	壬子 17	癸丑 18	甲寅 19	乙卯 20	丙辰 21	丁巳 22	戊午 23	己未 24	庚申 25	辛酉 26	壬戌 27	癸亥 28	甲子 29	乙丑 30	丙寅 (7)	丁卯 2	戊辰 3	己巳 4	庚午 5	辛未 6	壬申 7		戊辰夏至
六月小	己未	天干地支 西曆	癸酉 8	甲戌 9	乙亥 10	丙子 11	丁丑 12	戊寅 13	己卯 14	庚辰 15	辛巳 16	壬午 17	癸未 18	甲申 19	乙酉 20	丙戌 21	丁亥 22	戊子 23	己丑 24	庚寅 25	辛卯 26	壬辰 27	癸巳 28	甲午 29	乙未 30	丙申 31	丁酉 (8)	戊戌 2	己亥 3	庚子 4	辛丑 5		
七月大	庚申	天干地支 西曆	壬寅 6	癸卯 7	甲辰 8	乙巳 9	丙午 10	丁未 11	戊申 12	己酉 13	庚戌 14	辛亥 15	壬子 16	癸丑 17	甲寅 18	乙卯 19	丙辰 20	丁巳 21	戊午 22	己未 23	庚申 24	辛酉 25	壬戌 26	癸亥 27	甲子 28	乙丑 29	丙寅 30	丁卯 31	戊辰 (9)	己巳 2	庚午 3	辛未 4	乙卯立秋
八月小	辛酉	天干地支 西曆	壬申 5	癸酉 6	甲戌 7	乙亥 8	丙子 9	丁丑 10	戊寅 11	己卯 12	庚辰 13	辛巳 14	壬午 15	癸未 16	甲申 17	乙酉 18	丙戌 19	丁亥 20	戊子 21	己丑 22	庚寅 23	辛卯 24	壬辰 25	癸巳 26	甲午 27	乙未 28	丙申 29	丁酉 30	戊戌 (10)	己亥 2	庚子 3		庚子秋分
九月大	壬戌	天干地支 西曆	辛丑 4	壬寅 5	癸卯 6	甲辰 7	乙巳 8	丙午 9	丁未 10	戊申 11	己酉 12	庚戌 13	辛亥 14	壬子 15	癸丑 16	甲寅 17	乙卯 18	丙辰 19	丁巳 20	戊午 21	己未 22	庚申 23	辛酉 24	壬戌 25	癸亥 26	甲子 27	乙丑 28	丙寅 29	丁卯 30	戊辰 31	己巳 (11)	庚午 2	
十月小	癸亥	天干地支 西曆	辛未 3	壬申 4	癸酉 5	甲戌 6	乙亥 7	丙子 8	丁丑 9	戊寅 10	己卯 11	庚辰 12	辛巳 13	壬午 14	癸未 15	甲申 16	乙酉 17	丙戌 18	丁亥 19	戊子 20	己丑 21	庚寅 22	辛卯 23	壬辰 24	癸巳 25	甲午 26	乙未 27	丙申 28	丁酉 29	戊戌 30	己亥 (12)		甲申立冬
十一月大	甲子	天干地支 西曆	庚子 2	辛丑 3	壬寅 4	癸卯 5	甲辰 6	乙巳 7	丙午 8	丁未 9	戊申 10	己酉 11	庚戌 12	辛亥 13	壬子 14	癸丑 15	甲寅 16	乙卯 17	丙辰 18	丁巳 19	戊午 20	己未 21	庚申 22	辛酉 23	壬戌 24	癸亥 25	甲子 26	乙丑 27	丙寅 28	丁卯 29	戊辰 30	己巳 31	戊辰冬至
十二月大	乙丑	天干地支 西曆	庚午 (1)	辛未 2	壬申 3	癸酉 4	甲戌 5	乙亥 6	丙子 7	丁丑 8	戊寅 9	己卯 10	庚辰 11	辛巳 12	壬午 13	癸未 14	甲申 15	乙酉 16	丙戌 17	丁亥 18	戊子 19	己丑 20	庚寅 21	辛卯 22	壬辰 23	癸巳 24	甲午 25	乙未 26	丙申 27	丁酉 28	戊戌 29	己亥 30	

年代異同	史記魯世家	漢書律曆志	帝王世紀	竹書紀年	皇極經世	文獻通考	歷代帝王年表	歷代統紀表	中國年曆總譜	斷代工程
		周成王二十一年	周成王二十二年	殷帝辛二十六年	周成王二十八年	周成王二十八年	周成王二十八年	周成王二十八年	周成王十七年	殷帝乙十四年

殷帝乙二十七年（甲寅 虎年） 公元前 1087 ~ 前 1086 年

夏曆月序		中西曆日對照	初一	初二	初三	初四	初五	初六	初七	初八	初九	初十	十一	十二	十三	十四	十五	十六	十七	十八	十九	二十	二一	二二	二三	二四	二五	二六	二七	二八	二九	三十	節氣與天象
正月小	丙寅	天干地支西曆	庚子 31	辛丑 (2)	壬寅 2	癸卯 3	甲辰 4	乙巳 5	丙午 6	丁未 7	戊申 8	己酉 9	庚戌 10	辛亥 11	壬子 12	癸丑 13	甲寅 14	乙卯 15	丙辰 16	丁巳 17	戊午 18	己未 19	庚申 20	辛酉 21	壬戌 22	癸亥 23	甲子 24	乙丑 25	丙寅 26	丁卯 27	戊辰 28		癸丑立春
二月大	丁卯	天干地支西曆	己巳 (3)	庚午 2	辛未 3	壬申 4	癸酉 5	甲戌 6	乙亥 7	丙子 8	丁丑 9	戊寅 10	己卯 11	庚辰 12	辛巳 13	壬午 14	癸未 15	甲申 16	乙酉 17	丙戌 18	丁亥 19	戊子 20	己丑 21	庚寅 22	辛卯 23	壬辰 24	癸巳 25	甲午 26	乙未 27	丙申 28	丁酉 29	戊戌 30	
閏二月大	丁卯	天干地支西曆	己亥 31	庚子 (4)	辛丑 2	壬寅 3	癸卯 4	甲辰 5	乙巳 6	丙午 7	丁未 8	戊申 9	己酉 10	庚戌 11	辛亥 12	壬子 13	癸丑 14	甲寅 15	乙卯 16	丙辰 17	丁巳 18	戊午 19	己未 20	庚申 21	辛酉 22	壬戌 23	癸亥 24	甲子 25	乙丑 26	丙寅 27	丁卯 28	戊辰 29	己亥春分
三月小	戊辰	天干地支西曆	己巳 30	庚午 (5)	辛未 2	壬申 3	癸酉 4	甲戌 5	乙亥 6	丙子 7	丁丑 8	戊寅 9	己卯 10	庚辰 11	辛巳 12	壬午 13	癸未 14	甲申 15	乙酉 16	丙戌 17	丁亥 18	戊子 19	己丑 20	庚寅 21	辛卯 22	壬辰 23	癸巳 24	甲午 25	乙未 26	丙申 27	丁酉 28		丁亥立夏
四月大	己巳	天干地支西曆	戊戌 29	己亥 30	庚子 31	辛丑 (6)	壬寅 2	癸卯 3	甲辰 4	乙巳 5	丙午 6	丁未 7	戊申 8	己酉 9	庚戌 10	辛亥 11	壬子 12	癸丑 13	甲寅 14	乙卯 15	丙辰 16	丁巳 17	戊午 18	己未 19	庚申 20	辛酉 21	壬戌 22	癸亥 23	甲子 24	乙丑 25	丙寅 26	丁卯 27	
五月小	庚午	天干地支西曆	戊辰 28	己巳 29	庚午 30	辛未 (7)	壬申 2	癸酉 3	甲戌 4	乙亥 5	丙子 6	丁丑 7	戊寅 8	己卯 9	庚辰 10	辛巳 11	壬午 12	癸未 13	甲申 14	乙酉 15	丙戌 16	丁亥 17	戊子 18	己丑 19	庚寅 20	辛卯 21	壬辰 22	癸巳 23	甲午 24	乙未 25	丙申 26		甲戌夏至
六月小	辛未	天干地支西曆	丁酉 27	戊戌 28	己亥 29	庚子 30	辛丑 31	壬寅 (8)	癸卯 2	甲辰 3	乙巳 4	丙午 5	丁未 6	戊申 7	己酉 8	庚戌 9	辛亥 10	壬子 11	癸丑 12	甲寅 13	乙卯 14	丙辰 15	丁巳 16	戊午 17	己未 18	庚申 19	辛酉 20	壬戌 21	癸亥 22	甲子 23	乙丑 24		庚申立秋
七月大	壬申	天干地支西曆	丙寅 25	丁卯 26	戊辰 27	己巳 28	庚午 29	辛未 30	壬申 31	癸酉 (9)	甲戌 2	乙亥 3	丙子 4	丁丑 5	戊寅 6	己卯 7	庚辰 8	辛巳 9	壬午 10	癸未 11	甲申 12	乙酉 13	丙戌 14	丁亥 15	戊子 16	己丑 17	庚寅 18	辛卯 19	壬辰 20	癸巳 21	甲午 22	乙未 23	
八月小	癸酉	天干地支西曆	丙申 24	丁酉 25	戊戌 26	己亥 27	庚子 28	辛丑 29	壬寅 30	癸卯 (10)	甲辰 2	乙巳 3	丙午 4	丁未 5	戊申 6	己酉 7	庚戌 8	辛亥 9	壬子 10	癸丑 11	甲寅 12	乙卯 13	丙辰 14	丁巳 15	戊午 16	己未 17	庚申 18	辛酉 19	壬戌 20	癸亥 21	甲子 22		乙巳秋分
九月大	甲戌	天干地支西曆	乙丑 23	丙寅 24	丁卯 25	戊辰 26	己巳 27	庚午 28	辛未 29	壬申 30	癸酉 31	甲戌 (11)	乙亥 2	丙子 3	丁丑 4	戊寅 5	己卯 6	庚辰 7	辛巳 8	壬午 9	癸未 10	甲申 11	乙酉 12	丙戌 13	丁亥 14	戊子 15	己丑 16	庚寅 17	辛卯 18	壬辰 19	癸巳 20	甲午 21	庚寅立冬
十月小	乙亥	天干地支西曆	乙未 22	丙申 23	丁酉 24	戊戌 25	己亥 26	庚子 27	辛丑 28	壬寅 29	癸卯 30	甲辰 (12)	乙巳 2	丙午 3	丁未 4	戊申 5	己酉 6	庚戌 7	辛亥 8	壬子 9	癸丑 10	甲寅 11	乙卯 12	丙辰 13	丁巳 14	戊午 15	己未 16	庚申 17	辛酉 18	壬戌 19	癸亥 20		
十一月大	丙子	天干地支西曆	甲子 21	乙丑 22	丙寅 23	丁卯 24	戊辰 25	己巳 26	庚午 27	辛未 28	壬申 29	癸酉 30	甲戌 31	乙亥 (1)	丙子 2	丁丑 3	戊寅 4	己卯 5	庚辰 6	辛巳 7	壬午 8	癸未 9	甲申 10	乙酉 11	丙戌 12	丁亥 13	戊子 14	己丑 15	庚寅 16	辛卯 17	壬辰 18	癸巳 19	甲戌冬至
十二月小	丁丑	天干地支西曆	甲午 20	乙未 21	丙申 22	丁酉 23	戊戌 24	己亥 25	庚子 26	辛丑 27	壬寅 28	癸卯 29	甲辰 30	乙巳 31	丙午 (2)	丁未 2	戊申 3	己酉 4	庚戌 5	辛亥 6	壬子 7	癸丑 8	甲寅 9	乙卯 10	丙辰 11	丁巳 12	戊午 13	己未 14	庚申 15	辛酉 16	壬戌 17		己未立春

年代異同	史記魯世家	漢書律曆志	帝王世紀	竹書紀年	皇極經世	文獻通考	歷代帝王年表	歷代統紀表	中國年曆總譜	斷代工程
		周成王二十二年	周成王二十三年	殷帝辛二十七年	周成王二十九年	周成王二十九年	周成王二十九年	周成王二十九年	周成王十八年	殷帝乙十五年

殷帝乙二十八年（乙卯 兔年） 公元前1086 ~ 前1085年

夏曆月序		中西曆日對照	初一	初二	初三	初四	初五	初六	初七	初八	初九	初十	十一	十二	十三	十四	十五
正月大	戊寅	干支 天地 西曆	癸亥 18	甲子 19	乙丑 20	丙寅 21	丁卯 22	戊辰 23	己巳 24	庚午 25	辛未 26	壬申 27	癸酉 28	甲戌 (3)	乙亥 2	丙子 3	丁丑 4
二月大	己卯	干支 天地 西曆	癸巳 20	甲午 21	乙未 22	丙申 23	丁酉 24	戊戌 25	己亥 26	庚子 27	辛丑 28	壬寅 29	癸卯 30	甲辰 31	乙巳 (4)	丙午 2	丁未 3
三月小	庚辰	干支 天地 西曆	癸亥 19	甲子 20	乙丑 21	丙寅 22	丁卯 23	戊辰 24	己巳 25	庚午 26	辛未 27	壬申 28	癸酉 29	甲戌 30	乙亥 (5)	丙子 2	丁丑 3
四月大	辛巳	干支 天地 西曆	壬辰 18	癸巳 19	甲午 20	乙未 21	丙申 22	丁酉 23	戊戌 24	己亥 25	庚子 26	辛丑 27	壬寅 28	癸卯 29	甲辰 30	乙巳 31	丙午 (6)
五月大	壬午	干支 天地 西曆	壬戌 17	癸亥 18	甲子 19	乙丑 20	丙寅 21	丁卯 22	戊辰 23	己巳 24	庚午 25	辛未 26	壬申 27	癸酉 28	甲戌 29	乙亥 30	丙子 (7)
六月小	癸未	干支 天地 西曆	壬辰 17	癸巳 18	甲午 19	乙未 20	丙申 21	丁酉 22	戊戌 23	己亥 24	庚子 25	辛丑 26	壬寅 27	癸卯 28	甲辰 29	乙巳 30	丙午 31
七月小	甲申	干支 天地 西曆	辛酉 15	壬戌 16	癸亥 17	甲子 18	乙丑 19	丙寅 20	丁卯 21	戊辰 22	己巳 23	庚午 24	辛未 25	壬申 26	癸酉 27	甲戌 28	乙亥 29
八月大	乙酉	干支 天地 西曆	庚寅 13	辛卯 14	壬辰 15	癸巳 16	甲午 17	乙未 18	丙申 19	丁酉 20	戊戌 21	己亥 22	庚子 23	辛丑 24	壬寅 25	癸卯 26	甲辰 27
九月小	丙戌	干支 天地 西曆	庚申 13	辛酉 14	壬戌 15	癸亥 16	甲子 17	乙丑 18	丙寅 19	丁卯 20	戊辰 21	己巳 22	庚午 23	辛未 24	壬申 25	癸酉 26	甲戌 27
十月大	丁亥	干支 天地 西曆	己丑 11	庚寅 12	辛卯 13	壬辰 14	癸巳 15	甲午 16	乙未 17	丙申 18	丁酉 19	戊戌 20	己亥 21	庚子 22	辛丑 23	壬寅 24	癸卯 25
十一月小	戊子	干支 天地 西曆	己未 11	庚申 12	辛酉 13	壬戌 14	癸亥 15	甲子 16	乙丑 17	丙寅 18	丁卯 19	戊辰 20	己巳 21	庚午 22	辛未 23	壬申 24	癸酉 25
十二月大	己丑	干支 天地 西曆	戊子 9	己丑 10	庚寅 11	辛卯 12	壬辰 13	癸巳 14	甲午 15	乙未 16	丙申 17	丁酉 18	戊戌 19	己亥 20	庚子 21	辛丑 22	壬寅 23

夏曆月序		十六	十七	十八	十九	二十	二一	二二	二三	二四	二五	二六	二七	二八	二九	三十	節氣與天象
正月大	戊寅	戊寅 5	己卯 6	庚辰 7	辛巳 8	壬午 9	癸未 10	甲申 11	乙酉 12	丙戌 13	丁亥 14	戊子 15	己丑 16	庚寅 17	辛卯 18	壬辰 19	
二月大	己卯	戊申 4	己酉 5	庚戌 6	辛亥 7	壬子 8	癸丑 9	甲寅 10	乙卯 11	丙辰 12	丁巳 13	戊午 14	己未 15	庚申 16	辛酉 17	壬戌 18	乙巳春分
三月小	庚辰	戊寅 4	己卯 5	庚辰 6	辛巳 7	壬午 8	癸未 9	甲申 10	乙酉 11	丙戌 12	丁亥 13	戊子 14	己丑 15	庚寅 16	辛卯 17		
四月大	辛巳	丁未 2	戊申 3	己酉 4	庚戌 5	辛亥 6	壬子 7	癸丑 8	甲寅 9	乙卯 10	丙辰 11	丁巳 12	戊午 13	己未 14	庚申 15	辛酉 16	壬辰立夏
五月大	壬午	丁丑 2	戊寅 3	己卯 4	庚辰 5	辛巳 6	壬午 7	癸未 8	甲申 9	乙酉 10	丙戌 11	丁亥 12	戊子 13	己丑 14	庚寅 15	辛卯 16	己卯夏至
六月小	癸未	丁未 (8)	戊申 2	己酉 3	庚戌 4	辛亥 5	壬子 6	癸丑 7	甲寅 8	乙卯 9	丙辰 10	丁巳 11	戊午 12	己未 13	庚申 14		
七月小	甲申	丙子 30	丁丑 31	戊寅 (9)	己卯 2	庚辰 3	辛巳 4	壬午 5	癸未 6	甲申 7	乙酉 8	丙戌 9	丁亥 10	戊子 11	己丑 12		乙丑立秋
八月大	乙酉	乙巳 28	丙午 29	丁未 30	戊申 (10)	己酉 2	庚戌 3	辛亥 4	壬子 5	癸丑 6	甲寅 7	乙卯 8	丙辰 9	丁巳 10	戊午 11	己未 12	庚戌秋分
九月小	丙戌	乙亥 28	丙子 29	丁丑 30	戊寅 31	己卯 (11)	庚辰 2	辛巳 3	壬午 4	癸未 5	甲申 6	乙酉 7	丙戌 8	丁亥 9	戊子 10		庚申日食
十月大	丁亥	甲辰 26	乙巳 27	丙午 28	丁未 29	戊申 30	己酉 (12)	庚戌 2	辛亥 3	壬子 4	癸丑 5	甲寅 6	乙卯 7	丙辰 8	丁巳 9	戊午 10	乙未立冬
十一月小	戊子	甲戌 26	乙亥 27	丙子 28	丁丑 29	戊寅 30	己卯 31	庚辰 (1)	辛巳 2	壬午 3	癸未 4	甲申 5	乙酉 6	丙戌 7	丁亥 8		己卯冬至
十二月大	己丑	癸卯 24	甲辰 25	乙巳 26	丙午 27	丁未 28	戊申 29	己酉 30	庚戌 31	辛亥 (2)	壬子 2	癸丑 3	甲寅 4	乙卯 5	丙辰 6	丁巳 7	

年代異同	史記魯世家	漢書律曆志	帝王世紀	竹書紀年	皇極經世	文獻通考	歷代帝王年表	歷代統紀表	中國年曆總譜	斷代工程
		周成王二十三年	周成王二十四年	殷帝辛二十八年	周成王三十年	周成王三十年	周成王三十年	周成王三十年	周成王十九年	殷帝乙十六年

殷帝乙二十九年（丙辰 龍年） 公元前 1085 ~ 前 1084 年

夏曆月序		中西曆日對照	初一	初二	初三	初四	初五	初六	初七	初八	初九	初十	十一	十二	十三	十四	十五	十六	十七	十八	十九	二十	二一	二二	二三	二四	二五	二六	二七	二八	二九	三十	節氣與天象
正月小	庚寅	天干地支西曆	戊午 8	己未 9	庚申 10	辛酉 11	壬戌 12	癸亥 13	甲子 14	乙丑 15	丙寅 16	丁卯 17	戊辰 18	己巳 19	庚午 20	辛未 21	壬申 22	癸酉 23	甲戌 24	乙亥 25	丙子 26	丁丑 27	戊寅 28	己卯 29	庚辰 (3)	辛巳 2	壬午 3	癸未 4	甲申 5	乙酉 6	丙戌 7		甲子立春
二月大	辛卯	天干地支西曆	丁亥 8	戊子 9	己丑 10	庚寅 11	辛卯 12	壬辰 13	癸巳 14	甲午 15	乙未 16	丙申 17	丁酉 18	戊戌 19	己亥 20	庚子 21	辛丑 22	壬寅 23	癸卯 24	甲辰 25	乙巳 26	丙午 27	丁未 28	戊申 29	己酉 30	庚戌 31	辛亥 (4)	壬子 2	癸丑 3	甲寅 4	乙卯 5	丙辰 6	庚戌春分
三月小	壬辰	天干地支西曆	丁巳 7	戊午 8	己未 9	庚申 10	辛酉 11	壬戌 12	癸亥 13	甲子 14	乙丑 15	丙寅 16	丁卯 17	戊辰 18	己巳 19	庚午 20	辛未 21	壬申 22	癸酉 23	甲戌 24	乙亥 25	丙子 26	丁丑 27	戊寅 28	己卯 29	庚辰 30	辛巳 (5)	壬午 2	癸未 3	甲申 4	乙酉 5		
四月大	癸巳	天干地支西曆	丙戌 6	丁亥 7	戊子 8	己丑 9	庚寅 10	辛卯 11	壬辰 12	癸巳 13	甲午 14	乙未 15	丙申 16	丁酉 17	戊戌 18	己亥 19	庚子 20	辛丑 21	壬寅 22	癸卯 23	甲辰 24	乙巳 25	丙午 26	丁未 27	戊申 28	己酉 29	庚戌 30	辛亥 31	壬子 (6)	癸丑 2	甲寅 3	乙卯 4	丁酉立夏
五月大	甲午	天干地支西曆	丙辰 5	丁巳 6	戊午 7	己未 8	庚申 9	辛酉 10	壬戌 11	癸亥 12	甲子 13	乙丑 14	丙寅 15	丁卯 16	戊辰 17	己巳 18	庚午 19	辛未 20	壬申 21	癸酉 22	甲戌 23	乙亥 24	丙子 25	丁丑 26	戊寅 27	己卯 28	庚辰 29	辛巳 30	壬午 (7)	癸未 2	甲申 3	乙酉 4	甲申夏至
六月小	乙未	天干地支西曆	丙戌 5	丁亥 6	戊子 7	己丑 8	庚寅 9	辛卯 10	壬辰 11	癸巳 12	甲午 13	乙未 14	丙申 15	丁酉 16	戊戌 17	己亥 18	庚子 19	辛丑 20	壬寅 21	癸卯 22	甲辰 23	乙巳 24	丙午 25	丁未 26	戊申 27	己酉 28	庚戌 29	辛亥 30	壬子 31	癸丑 (8)	甲寅 2		
七月大	丙申	天干地支西曆	乙卯 3	丙辰 4	丁巳 5	戊午 6	己未 7	庚申 8	辛酉 9	壬戌 10	癸亥 11	甲子 12	乙丑 13	丙寅 14	丁卯 15	戊辰 16	己巳 17	庚午 18	辛未 19	壬申 20	癸酉 21	甲戌 22	乙亥 23	丙子 24	丁丑 25	戊寅 26	己卯 27	庚辰 28	辛巳 29	壬午 30	癸未 31	甲申 (9)	辛未立秋
八月大	丁酉	天干地支西曆	乙酉 2	丙戌 3	丁亥 4	戊子 5	己丑 6	庚寅 7	辛卯 8	壬辰 9	癸巳 10	甲午 11	乙未 12	丙申 13	丁酉 14	戊戌 15	己亥 16	庚子 17	辛丑 18	壬寅 19	癸卯 20	甲辰 21	乙巳 22	丙午 23	丁未 24	戊申 25	己酉 26	庚戌 27	辛亥 28	壬子 29	癸丑 30	甲寅 (10)	
九月小	戊戌	天干地支西曆	乙卯 2	丙辰 3	丁巳 4	戊午 5	己未 6	庚申 7	辛酉 8	壬戌 9	癸亥 10	甲子 11	乙丑 12	丙寅 13	丁卯 14	戊辰 15	己巳 16	庚午 17	辛未 18	壬申 19	癸酉 20	甲戌 21	乙亥 22	丙子 23	丁丑 24	戊寅 25	己卯 26	庚辰 27	辛巳 28	壬午 29	癸未 30		丙辰秋分
閏九月大	戊戌	天干地支西曆	甲申 31	乙酉 (11)	丙戌 2	丁亥 3	戊子 4	己丑 5	庚寅 6	辛卯 7	壬辰 8	癸巳 9	甲午 10	乙未 11	丙申 12	丁酉 13	戊戌 14	己亥 15	庚子 16	辛丑 17	壬寅 18	癸卯 19	甲辰 20	乙巳 21	丙午 22	丁未 23	戊申 24	己酉 25	庚戌 26	辛亥 27	壬子 28	癸丑 29	庚子立冬
十月小	己亥	天干地支西曆	甲寅 30	乙卯 (12)	丙辰 2	丁巳 3	戊午 4	己未 5	庚申 6	辛酉 7	壬戌 8	癸亥 9	甲子 10	乙丑 11	丙寅 12	丁卯 13	戊辰 14	己巳 15	庚午 16	辛未 17	壬申 18	癸酉 19	甲戌 20	乙亥 21	丙子 22	丁丑 23	戊寅 24	己卯 25	庚辰 26	辛巳 27	壬午 28		
十一月小	庚子	天干地支西曆	癸未 29	甲申 30	乙酉 31	丙戌 (1)	丁亥 2	戊子 3	己丑 4	庚寅 5	辛卯 6	壬辰 7	癸巳 8	甲午 9	乙未 10	丙申 11	丁酉 12	戊戌 13	己亥 14	庚子 15	辛丑 16	壬寅 17	癸卯 18	甲辰 19	乙巳 20	丙午 21	丁未 22	戊申 23	己酉 24	庚戌 25	辛亥 26		甲申冬至
十二月大	辛丑	天干地支西曆	壬子 27	癸丑 28	甲寅 29	乙卯 30	丙辰 31	丁巳 (2)	戊午 2	己未 3	庚申 4	辛酉 5	壬戌 6	癸亥 7	甲子 8	乙丑 9	丙寅 10	丁卯 11	戊辰 12	己巳 13	庚午 14	辛未 15	壬申 16	癸酉 17	甲戌 18	乙亥 19	丙子 20	丁丑 21	戊寅 22	己卯 23	庚辰 24	辛巳 25	己巳立春

年代異同	史記魯世家	漢書律曆志	帝王世紀	竹書紀年	皇極經世	文獻通考	歷代帝王年表	歷代統紀表	中國年曆總譜	西周年代	斷代工程
		周成王二十四年	周成王二十五年	殷帝辛二十九年	周成王三十一年	周成王三十一年	周成王三十一年	周成王三十一年	周成王二十年		殷帝乙十七年

殷帝乙三十年（丁巳 蛇年） 公元前 **1084** ~ 前 1083 年

夏曆月序		中西曆日對照	初一	初二	初三	初四	初五	初六	初七	初八	初九	初十	十一	十二	十三	十四	十五	十六	十七	十八	十九	二十	二一	二二	二三	二四	二五	二六	二七	二八	二九	三十	節氣與天象
正月小	壬寅	干支曆 天地西	壬午26	癸未27	甲申28	乙酉(3)	丙戌2	丁亥3	戊子4	己丑5	庚寅6	辛卯7	壬辰8	癸巳9	甲午10	乙未11	丙申12	丁酉13	戊戌14	己亥15	庚子16	辛丑17	壬寅18	癸卯19	甲辰20	乙巳21	丙午22	丁未23	戊申24	己酉25	庚戌26		
二月大	癸卯	干支曆 天地西	辛亥27	壬子28	癸丑29	甲寅30	乙卯31	丙辰(4)	丁巳2	戊午3	己未4	庚申5	辛酉6	壬戌7	癸亥8	甲子9	乙丑10	丙寅11	丁卯12	戊辰13	己巳14	庚午15	辛未16	壬申17	癸酉18	甲戌19	乙亥20	丙子21	丁丑22	戊寅23	己卯24	庚辰25	乙卯春分 辛亥日食
三月小	甲辰	干支曆 天地西	辛巳26	壬午27	癸未28	甲申29	乙酉30	丙戌(5)	丁亥2	戊子3	己丑4	庚寅5	辛卯6	壬辰7	癸巳8	甲午9	乙未10	丙申11	丁酉12	戊戌13	己亥14	庚子15	辛丑16	壬寅17	癸卯18	甲辰19	乙巳20	丙午21	丁未22	戊申23	己酉24		壬寅立夏
四月大	乙巳	干支曆 天地西	庚戌25	辛亥26	壬子27	癸丑28	甲寅29	乙卯30	丙辰31	丁巳(6)	戊午2	己未3	庚申4	辛酉5	壬戌6	癸亥7	甲子8	乙丑9	丙寅10	丁卯11	戊辰12	己巳13	庚午14	辛未15	壬申16	癸酉17	甲戌18	乙亥19	丙子20	丁丑21	戊寅22	己卯23	
五月小	丙午	干支曆 天地西	庚辰24	辛巳25	壬午26	癸未27	甲申28	乙酉29	丙戌30	丁亥(7)	戊子2	己丑3	庚寅4	辛卯5	壬辰6	癸巳7	甲午8	乙未9	丙申10	丁酉11	戊戌12	己亥13	庚子14	辛丑15	壬寅16	癸卯17	甲辰18	乙巳19	丙午20	丁未21	戊申22		己丑夏至
六月大	丁未	干支曆 天地西	己酉23	庚戌24	辛亥25	壬子26	癸丑27	甲寅28	乙卯29	丙辰30	丁巳31	戊午(8)	己未2	庚申3	辛酉4	壬戌5	癸亥6	甲子7	乙丑8	丙寅9	丁卯10	戊辰11	己巳12	庚午13	辛未14	壬申15	癸酉16	甲戌17	乙亥18	丙子19	丁丑20	戊寅21	丙子立秋
七月大	戊申	干支曆 天地西	己卯22	庚辰23	辛巳24	壬午25	癸未26	甲申27	乙酉28	丙戌29	丁亥30	戊子31	己丑(9)	庚寅2	辛卯3	壬辰4	癸巳5	甲午6	乙未7	丙申8	丁酉9	戊戌10	己亥11	庚子12	辛丑13	壬寅14	癸卯15	甲辰16	乙巳17	丙午18	丁未19	戊申20	
八月小	己酉	干支曆 天地西	己酉21	庚戌22	辛亥23	壬子24	癸丑25	甲寅26	乙卯27	丙辰28	丁巳29	戊午30	己未(10)	庚申2	辛酉3	壬戌4	癸亥5	甲子6	乙丑7	丙寅8	丁卯9	戊辰10	己巳11	庚午12	辛未13	壬申14	癸酉15	甲戌16	乙亥17	丙子18	丁丑19		辛酉秋分
九月大	庚戌	干支曆 天地西	戊寅20	己卯21	庚辰22	辛巳23	壬午24	癸未25	甲申26	乙酉27	丙戌28	丁亥29	戊子30	己丑31	庚寅(11)	辛卯2	壬辰3	癸巳4	甲午5	乙未6	丙申7	丁酉8	戊戌9	己亥10	庚子11	辛丑12	壬寅13	癸卯14	甲辰15	乙巳16	丙午17	丁未18	乙巳立冬
十月大	辛亥	干支曆 天地西	戊申19	己酉20	庚戌21	辛亥22	壬子23	癸丑24	甲寅25	乙卯26	丙辰27	丁巳28	戊午29	己未30	庚申(12)	辛酉2	壬戌3	癸亥4	甲子5	乙丑6	丙寅7	丁卯8	戊辰9	己巳10	庚午11	辛未12	壬申13	癸酉14	甲戌15	乙亥16	丙子17	丁丑18	
十一月小	壬子	干支曆 天地西	戊寅19	己卯20	庚辰21	辛巳22	壬午23	癸未24	甲申25	乙酉26	丙戌27	丁亥28	戊子29	己丑30	庚寅31	辛卯(1)	壬辰2	癸巳3	甲午4	乙未5	丙申6	丁酉7	戊戌8	己亥9	庚子10	辛丑11	壬寅12	癸卯13	甲辰14	乙巳15	丙午16		己丑冬至
十二月小	癸丑	干支曆 天地西	丁未17	戊申18	己酉19	庚戌20	辛亥21	壬子22	癸丑23	甲寅24	乙卯25	丙辰26	丁巳27	戊午28	己未29	庚申30	辛酉31	壬戌(2)	癸亥2	甲子3	乙丑4	丙寅5	丁卯6	戊辰7	己巳8	庚午9	辛未10	壬申11	癸酉12	甲戌13	乙亥14		甲戌立春

年代異同	史記魯世家	漢書律曆志	帝王世紀	竹書紀年	皇極經世	文獻通考	歷代帝王年表	歷代統紀表	中國年曆總譜	西周年代	斷代工程
		周成王二十五年	周成王二十六年	殷帝辛三十年	周成王三十二年	周成王三十二年	周成王三十二年	周成王三十二年	周成王二十一年		殷帝乙十八年

殷帝乙三十一年（戊午 馬年） 公元前 **1083** ~ 前 1082 年

夏曆月序		中西曆日對照	初一	初二	初三	初四	初五	初六	初七	初八	初九	初十	十一	十二	十三	十四	十五	十六	十七	十八	十九	二十	二一	二二	二三	二四	二五	二六	二七	二八	二九	三十	節氣與天象
正月大	甲寅	天干地支西曆	丙子 15	丁丑 16	戊寅 17	己卯 18	庚辰 19	辛巳 20	壬午 21	癸未 22	甲申 23	乙酉 24	丙戌 25	丁亥 26	戊子 27	己丑 28	庚寅 (3)	辛卯 2	壬辰 3	癸巳 4	甲午 5	乙未 6	丙申 7	丁酉 8	戊戌 9	己亥 10	庚子 11	辛丑 12	壬寅 13	癸卯 14	甲辰 15	乙巳 16	
二月小	乙卯	天干地支西曆	丙午 17	丁未 18	戊申 19	己酉 20	庚戌 21	辛亥 22	壬子 23	癸丑 24	甲寅 25	乙卯 26	丙辰 27	丁巳 28	戊午 29	己未 30	庚申 31	辛酉 (4)	壬戌 2	癸亥 3	甲子 4	乙丑 5	丙寅 6	丁卯 7	戊辰 8	己巳 9	庚午 10	辛未 11	壬申 12	癸酉 13	甲戌 14		庚申春分 丙午日食
三月大	丙辰	天干地支西曆	乙亥 15	丙子 16	丁丑 17	戊寅 18	己卯 19	庚辰 20	辛巳 21	壬午 22	癸未 23	甲申 24	乙酉 25	丙戌 26	丁亥 27	戊子 28	己丑 29	庚寅 30	辛卯 (5)	壬辰 2	癸巳 3	甲午 4	乙未 5	丙申 6	丁酉 7	戊戌 8	己亥 9	庚子 10	辛丑 11	壬寅 12	癸卯 13	甲辰 14	
四月小	丁巳	天干地支西曆	乙巳 15	丙午 16	丁未 17	戊申 18	己酉 19	庚戌 20	辛亥 21	壬子 22	癸丑 23	甲寅 24	乙卯 25	丙辰 26	丁巳 27	戊午 28	己未 29	庚申 30	辛酉 31	壬戌 (6)	癸亥 2	甲子 3	乙丑 4	丙寅 5	丁卯 6	戊辰 7	己巳 8	庚午 9	辛未 10	壬申 11	癸酉 12		丁未立夏
五月小	戊午	天干地支西曆	甲戌 13	乙亥 14	丙子 15	丁丑 16	戊寅 17	己卯 18	庚辰 19	辛巳 20	壬午 21	癸未 22	甲申 23	乙酉 24	丙戌 25	丁亥 26	戊子 27	己丑 28	庚寅 29	辛卯 30	壬辰 (7)	癸巳 2	甲午 3	乙未 4	丙申 5	丁酉 6	戊戌 7	己亥 8	庚子 9	辛丑 10	壬寅 11		乙未夏至
六月大	己未	天干地支西曆	癸卯 12	甲辰 13	乙巳 14	丙午 15	丁未 16	戊申 17	己酉 18	庚戌 19	辛亥 20	壬子 21	癸丑 22	甲寅 23	乙卯 24	丙辰 25	丁巳 26	戊午 27	己未 28	庚申 29	辛酉 30	壬戌 31	癸亥 (8)	甲子 2	乙丑 3	丙寅 4	丁卯 5	戊辰 6	己巳 7	庚午 8	辛未 9	壬申 10	
七月大	庚申	天干地支西曆	癸酉 11	甲戌 12	乙亥 13	丙子 14	丁丑 15	戊寅 16	己卯 17	庚辰 18	辛巳 19	壬午 20	癸未 21	甲申 22	乙酉 23	丙戌 24	丁亥 25	戊子 26	己丑 27	庚寅 28	辛卯 29	壬辰 30	癸巳 31	甲午 (9)	乙未 2	丙申 3	丁酉 4	戊戌 5	己亥 6	庚子 7	辛丑 8	壬寅 9	辛巳立秋
八月大	辛酉	天干地支西曆	癸卯 10	甲辰 11	乙巳 12	丙午 13	丁未 14	戊申 15	己酉 16	庚戌 17	辛亥 18	壬子 19	癸丑 20	甲寅 21	乙卯 22	丙辰 23	丁巳 24	戊午 25	己未 26	庚申 27	辛酉 28	壬戌 29	癸亥 30	甲子 (10)	乙丑 2	丙寅 3	丁卯 4	戊辰 5	己巳 6	庚午 7	辛未 8	壬申 9	丙寅秋分
九月小	壬戌	天干地支西曆	癸酉 10	甲戌 11	乙亥 12	丙子 13	丁丑 14	戊寅 15	己卯 16	庚辰 17	辛巳 18	壬午 19	癸未 20	甲申 21	乙酉 22	丙戌 23	丁亥 24	戊子 25	己丑 26	庚寅 27	辛卯 28	壬辰 29	癸巳 30	甲午 31	乙未 (11)	丙申 2	丁酉 3	戊戌 4	己亥 5	庚子 6	辛丑 7		
十月大	癸亥	天干地支西曆	壬寅 8	癸卯 9	甲辰 10	乙巳 11	丙午 12	丁未 13	戊申 14	己酉 15	庚戌 16	辛亥 17	壬子 18	癸丑 19	甲寅 20	乙卯 21	丙辰 22	丁巳 23	戊午 24	己未 25	庚申 26	辛酉 27	壬戌 28	癸亥 29	甲子 30	乙丑 (12)	丙寅 2	丁卯 3	戊辰 4	己巳 5	庚午 6	辛未 7	庚戌立冬
十一月大	甲子	天干地支西曆	壬申 8	癸酉 9	甲戌 10	乙亥 11	丙子 12	丁丑 13	戊寅 14	己卯 15	庚辰 16	辛巳 17	壬午 18	癸未 19	甲申 20	乙酉 21	丙戌 22	丁亥 23	戊子 24	己丑 25	庚寅 26	辛卯 27	壬辰 28	癸巳 29	甲午 30	乙未 31	丙申 (1)	丁酉 2	戊戌 3	己亥 4	庚子 5	辛丑 6	乙未冬至
十二月小	乙丑	天干地支西曆	壬寅 7	癸卯 8	甲辰 9	乙巳 10	丙午 11	丁未 12	戊申 13	己酉 14	庚戌 15	辛亥 16	壬子 17	癸丑 18	甲寅 19	乙卯 20	丙辰 21	丁巳 22	戊午 23	己未 24	庚申 25	辛酉 26	壬戌 27	癸亥 28	甲子 29	乙丑 30	丙寅 31	丁卯 (2)	戊辰 2	己巳 3	庚午 4		

年代異同	史記魯世家	漢書律曆志	帝王世紀	竹書紀年	皇極經世	文獻通考	歷代帝王年表	歷代統紀表	中國年曆總譜	西周年代	斷代工程
		周成王二十六年	周成王二十七年	殷帝辛三十一年	周成王三十三年	周成王三十三年	周成王三十三年	周成王三十三年	周成王二十二年		殷帝乙十九年

殷帝乙三十二年（己未 羊年） 公元前 1082 ~ 前 1081 年

夏曆月序		中西曆日對照	初一	初二	初三	初四	初五	初六	初七	初八	初九	初十	十一	十二	十三	十四	十五	十六	十七	十八	十九	二十	二一	二二	二三	二四	二五	二六	二七	二八	二九	三十	節氣與天象
正月小	丙寅	天干 地支 西曆	辛未5	壬申6	癸酉7	甲戌8	乙亥9	丙子10	丁丑11	戊寅12	己卯13	庚辰14	辛巳15	壬午16	癸未17	甲申18	乙酉19	丙戌20	丁亥21	戊子22	己丑23	庚寅24	辛卯25	壬辰26	癸巳27	甲午28	乙未(3)	丙申2	丁酉3	戊戌4	己亥5		庚辰立春
二月大	丁卯	天干 地支 西曆	庚子6	辛丑7	壬寅8	癸卯9	甲辰10	乙巳11	丙午12	丁未13	戊申14	己酉15	庚戌16	辛亥17	壬子18	癸丑19	甲寅20	乙卯21	丙辰22	丁巳23	戊午24	己未25	庚申26	辛酉27	壬戌28	癸亥29	甲子30	乙丑31	丙寅(4)	丁卯2	戊辰3	己巳4	丙寅春分
三月小	戊辰	天干 地支 西曆	庚午5	辛未6	壬申7	癸酉8	甲戌9	乙亥10	丙子11	丁丑12	戊寅13	己卯14	庚辰15	辛巳16	壬午17	癸未18	甲申19	乙酉20	丙戌21	丁亥22	戊子23	己丑24	庚寅25	辛卯26	壬辰27	癸巳28	甲午29	乙未30	丙申(5)	丁酉2	戊戌3		
四月小	己巳	天干 地支 西曆	己亥4	庚子5	辛丑6	壬寅7	癸卯8	甲辰9	乙巳10	丙午11	丁未12	戊申13	己酉14	庚戌15	辛亥16	壬子17	癸丑18	甲寅19	乙卯20	丙辰21	丁巳22	戊午23	己未24	庚申25	辛酉26	壬戌27	癸亥28	甲子29	乙丑30	丙寅31	丁卯(6)		癸丑立夏
五月大	庚午	天干 地支 西曆	戊辰2	己巳3	庚午4	辛未5	壬申6	癸酉7	甲戌8	乙亥9	丙子10	丁丑11	戊寅12	己卯13	庚辰14	辛巳15	壬午16	癸未17	甲申18	乙酉19	丙戌20	丁亥21	戊子22	己丑23	庚寅24	辛卯25	壬辰26	癸巳27	甲午28	乙未29	丙申30	丁酉(7)	
六月小	辛未	天干 地支 西曆	戊戌2	己亥3	庚子4	辛丑5	壬寅6	癸卯7	甲辰8	乙巳9	丙午10	丁未11	戊申12	己酉13	庚戌14	辛亥15	壬子16	癸丑17	甲寅18	乙卯19	丙辰20	丁巳21	戊午22	己未23	庚申24	辛酉25	壬戌26	癸亥27	甲子28	乙丑29	丙寅30		庚子夏至
閏六月大	辛未	天干 地支 西曆	丁卯31	戊辰(8)	己巳2	庚午3	辛未4	壬申5	癸酉6	甲戌7	乙亥8	丙子9	丁丑10	戊寅11	己卯12	庚辰13	辛巳14	壬午15	癸未16	甲申17	乙酉18	丙戌19	丁亥20	戊子21	己丑22	庚寅23	辛卯24	壬辰25	癸巳26	甲午27	乙未28	丙申29	丙戌立秋 丁卯日食
七月大	壬申	天干 地支 西曆	丁酉30	戊戌31	己亥(9)	庚子2	辛丑3	壬寅4	癸卯5	甲辰6	乙巳7	丙午8	丁未9	戊申10	己酉11	庚戌12	辛亥13	壬子14	癸丑15	甲寅16	乙卯17	丙辰18	丁巳19	戊午20	己未21	庚申22	辛酉23	壬戌24	癸亥25	甲子26	乙丑27	丙寅28	
八月小	癸酉	天干 地支 西曆	丁卯29	戊辰30	己巳(10)	庚午2	辛未3	壬申4	癸酉5	甲戌6	乙亥7	丙子8	丁丑9	戊寅10	己卯11	庚辰12	辛巳13	壬午14	癸未15	甲申16	乙酉17	丙戌18	丁亥19	戊子20	己丑21	庚寅22	辛卯23	壬辰24	癸巳25	甲午26	乙未27		辛未秋分
九月大	甲戌	天干 地支 西曆	丙申28	丁酉29	戊戌30	己亥31	庚子(11)	辛丑2	壬寅3	癸卯4	甲辰5	乙巳6	丙午7	丁未8	戊申9	己酉10	庚戌11	辛亥12	壬子13	癸丑14	甲寅15	乙卯16	丙辰17	丁巳18	戊午19	己未20	庚申21	辛酉22	壬戌23	癸亥24	甲子25	乙丑26	丙辰立冬
十月大	乙亥	天干 地支 西曆	丙寅27	丁卯28	戊辰29	己巳30	庚午(12)	辛未2	壬申3	癸酉4	甲戌5	乙亥6	丙子7	丁丑8	戊寅9	己卯10	庚辰11	辛巳12	壬午13	癸未14	甲申15	乙酉16	丙戌17	丁亥18	戊子19	己丑20	庚寅21	辛卯22	壬辰23	癸巳24	甲午25	乙未26	
十一月大	丙子	天干 地支 西曆	丙申27	丁酉28	戊戌29	己亥30	庚子31	辛丑(1)	壬寅2	癸卯3	甲辰4	乙巳5	丙午6	丁未7	戊申8	己酉9	庚戌10	辛亥11	壬子12	癸丑13	甲寅14	乙卯15	丙辰16	丁巳17	戊午18	己未19	庚申20	辛酉21	壬戌22	癸亥23	甲子24	乙丑25	庚子冬至
十二月小	丁丑	天干 地支 西曆	丙寅26	丁卯27	戊辰28	己巳29	庚午30	辛未31	壬申(2)	癸酉2	甲戌3	乙亥4	丙子5	丁丑6	戊寅7	己卯8	庚辰9	辛巳10	壬午11	癸未12	甲申13	乙酉14	丙戌15	丁亥16	戊子17	己丑18	庚寅19	辛卯20	壬辰21	癸巳22	甲午23		乙酉立春

年代異同	史記魯世家	漢書律曆志	帝王世紀	竹書紀年	皇極經世	文獻通考	歷代帝王年表	歷代統紀表	中國年曆總譜	西周年代	斷代工程
		周成王二十七年	周成王二十八年	殷帝辛三十二年	周成王三十四年	周成王三十四年	周成王三十四年	周成王三十四年	周成王二十三年		殷帝乙二十年

殷帝乙三十三年（庚申 猴年） 公元前**1081** ~ 前1080年

夏曆月序		中西曆日對照	初一	初二	初三	初四	初五	初六	初七	初八	初九	初十	十一	十二	十三	十四	十五	十六	十七	十八	十九	二十	二一	二二	二三	二四	二五	二六	二七	二八	二九	三十	節氣與天象
正月大	戊寅	天干 地支 西曆	乙未24	丙申25	丁酉26	戊戌27	己亥28	庚子29	辛丑(3)	壬寅2	癸卯3	甲辰4	乙巳5	丙午6	丁未7	戊申8	己酉9	庚戌10	辛亥11	壬子12	癸丑13	甲寅14	乙卯15	丙辰16	丁巳17	戊午18	己未19	庚申20	辛酉21	壬戌22	癸亥23	甲子24	
二月小	己卯	天干 地支 西曆	乙丑25	丙寅26	丁卯27	戊辰28	己巳29	庚午30	辛未31	壬申(4)	癸酉2	甲戌3	乙亥4	丙子5	丁丑6	戊寅7	己卯8	庚辰9	辛巳10	壬午11	癸未12	甲申13	乙酉14	丙戌15	丁亥16	戊子17	己丑18	庚寅19	辛卯20	壬辰21	癸巳22		辛未春分
三月小	庚辰	天干 地支 西曆	甲午23	乙未24	丙申25	丁酉26	戊戌27	己亥28	庚子29	辛丑30	壬寅(5)	癸卯2	甲辰3	乙巳4	丙午5	丁未6	戊申7	己酉8	庚戌9	辛亥10	壬子11	癸丑12	甲寅13	乙卯14	丙辰15	丁巳16	戊午17	己未18	庚申19	辛酉20	壬戌21		戊午立夏
四月小	辛巳	天干 地支 西曆	癸亥22	甲子23	乙丑24	丙寅25	丁卯26	戊辰27	己巳28	庚午29	辛未30	壬申31	癸酉(6)	甲戌2	乙亥3	丙子4	丁丑5	戊寅6	己卯7	庚辰8	辛巳9	壬午10	癸未11	甲申12	乙酉13	丙戌14	丁亥15	戊子16	己丑17	庚寅18	辛卯19		
五月大	壬午	天干 地支 西曆	壬辰20	癸巳21	甲午22	乙未23	丙申24	丁酉25	戊戌26	己亥27	庚子28	辛丑29	壬寅30	癸卯(7)	甲辰2	乙巳3	丙午4	丁未5	戊申6	己酉7	庚戌8	辛亥9	壬子10	癸丑11	甲寅12	乙卯13	丙辰14	丁巳15	戊午16	己未17	庚申18	辛酉19	乙巳夏至
六月小	癸未	天干 地支 西曆	壬戌20	癸亥21	甲子22	乙丑23	丙寅24	丁卯25	戊辰26	己巳27	庚午28	辛未29	壬申30	癸酉31	甲戌(8)	乙亥2	丙子3	丁丑4	戊寅5	己卯6	庚辰7	辛巳8	壬午9	癸未10	甲申11	乙酉12	丙戌13	丁亥14	戊子15	己丑16	庚寅17		
七月大	甲申	天干 地支 西曆	辛卯18	壬辰19	癸巳20	甲午21	乙未22	丙申23	丁酉24	戊戌25	己亥26	庚子27	辛丑28	壬寅29	癸卯30	甲辰31	乙巳(9)	丙午2	丁未3	戊申4	己酉5	庚戌6	辛亥7	壬子8	癸丑9	甲寅10	乙卯11	丙辰12	丁巳13	戊午14	己未15	庚申16	壬辰立秋
八月小	乙酉	天干 地支 西曆	辛酉17	壬戌18	癸亥19	甲子20	乙丑21	丙寅22	丁卯23	戊辰24	己巳25	庚午26	辛未27	壬申28	癸酉29	甲戌30	乙亥(10)	丙子2	丁丑3	戊寅4	己卯5	庚辰6	辛巳7	壬午8	癸未9	甲申10	乙酉11	丙戌12	丁亥13	戊子14	己丑15		丁丑秋分
九月大	丙戌	天干 地支 西曆	庚寅16	辛卯17	壬辰18	癸巳19	甲午20	乙未21	丙申22	丁酉23	戊戌24	己亥25	庚子26	辛丑27	壬寅28	癸卯29	甲辰30	乙巳31	丙午(11)	丁未2	戊申3	己酉4	庚戌5	辛亥6	壬子7	癸丑8	甲寅9	乙卯10	丙辰11	丁巳12	戊午13	己未14	
十月大	丁亥	天干 地支 西曆	庚申15	辛酉16	壬戌17	癸亥18	甲子19	乙丑20	丙寅21	丁卯22	戊辰23	己巳24	庚午25	辛未26	壬申27	癸酉28	甲戌29	乙亥30	丙子(12)	丁丑2	戊寅3	己卯4	庚辰5	辛巳6	壬午7	癸未8	甲申9	乙酉10	丙戌11	丁亥12	戊子13	己丑14	辛酉立冬
十一月大	戊子	天干 地支 西曆	庚寅15	辛卯16	壬辰17	癸巳18	甲午19	乙未20	丙申21	丁酉22	戊戌23	己亥24	庚子25	辛丑26	壬寅27	癸卯28	甲辰29	乙巳30	丙午31	丁未(1)	戊申2	己酉3	庚戌4	辛亥5	壬子6	癸丑7	甲寅8	乙卯9	丙辰10	丁巳11	戊午12	己未13	乙巳冬至
十二月小	己丑	天干 地支 西曆	庚申14	辛酉15	壬戌16	癸亥17	甲子18	乙丑19	丙寅20	丁卯21	戊辰22	己巳23	庚午24	辛未25	壬申26	癸酉27	甲戌28	乙亥29	丙子30	丁丑31	戊寅(2)	己卯2	庚辰3	辛巳4	壬午5	癸未6	甲申7	乙酉8	丙戌9	丁亥10	戊子11		

年代異同	史記魯世家	漢書律曆志	帝王世紀	竹書紀年	皇極經世	文獻通考	歷代帝王年表	歷代統紀表	中國年曆總譜	西周年代	斷代工程
		周成王二十八年	周成王二十九年	殷帝辛三十三年	周成王三十五年	周成王三十五年	周成王三十五年	周成王三十五年	周成王二十四年		殷帝乙二十一年

殷帝乙三十四年（辛酉 鷄年） 公元前**1080** ~ 前 1079 年

夏曆月序		中西曆日對照	初一	初二	初三	初四	初五	初六	初七	初八	初九	初十	十一	十二	十三	十四	十五	十六	十七	十八	十九	二十	二一	二二	二三	二四	二五	二六	二七	二八	二九	三十	節氣與天象
正月大	庚寅	天干地支 西曆	己丑 12	庚寅 13	辛卯 14	壬辰 15	癸巳 16	甲午 17	乙未 18	丙申 19	丁酉 20	戊戌 21	己亥 22	庚子 23	辛丑 24	壬寅 25	癸卯 26	甲辰 27	乙巳 28	丙午 (3)	丁未 2	戊申 3	己酉 4	庚戌 5	辛亥 6	壬子 7	癸丑 8	甲寅 9	乙卯 10	丙辰 11	丁巳 12	戊午 13	庚寅立春
二月小	辛卯	天干地支 西曆	己未 14	庚申 15	辛酉 16	壬戌 17	癸亥 18	甲子 19	乙丑 20	丙寅 21	丁卯 22	戊辰 23	己巳 24	庚午 25	辛未 26	壬申 27	癸酉 28	甲戌 29	乙亥 30	丙子 31	丁丑 (4)	戊寅 2	己卯 3	庚辰 4	辛巳 5	壬午 6	癸未 7	甲申 8	乙酉 9	丙戌 10	丁亥 11		丙子春分
三月大	壬辰	天干地支 西曆	戊子 12	己丑 13	庚寅 14	辛卯 15	壬辰 16	癸巳 17	甲午 18	乙未 19	丙申 20	丁酉 21	戊戌 22	己亥 23	庚子 24	辛丑 25	壬寅 26	癸卯 27	甲辰 28	乙巳 29	丙午 30	丁未 (5)	戊申 2	己酉 3	庚戌 4	辛亥 5	壬子 6	癸丑 7	甲寅 8	乙卯 9	丙辰 10	丁巳 11	
四月小	癸巳	天干地支 西曆	戊午 12	己未 13	庚申 14	辛酉 15	壬戌 16	癸亥 17	甲子 18	乙丑 19	丙寅 20	丁卯 21	戊辰 22	己巳 23	庚午 24	辛未 25	壬申 26	癸酉 27	甲戌 28	乙亥 29	丙子 30	丁丑 31	戊寅 (6)	己卯 2	庚辰 3	辛巳 4	壬午 5	癸未 6	甲申 7	乙酉 8	丙戌 9		癸亥立夏
五月小	甲午	天干地支 西曆	丁亥 10	戊子 11	己丑 12	庚寅 13	辛卯 14	壬辰 15	癸巳 16	甲午 17	乙未 18	丙申 19	丁酉 20	戊戌 21	己亥 22	庚子 23	辛丑 24	壬寅 25	癸卯 26	甲辰 27	乙巳 28	丙午 29	丁未 30	戊申 (7)	己酉 2	庚戌 3	辛亥 4	壬子 5	癸丑 6	甲寅 7	乙卯 8		庚戌夏至
六月大	乙未	天干地支 西曆	丙辰 9	丁巳 10	戊午 11	己未 12	庚申 13	辛酉 14	壬戌 15	癸亥 16	甲子 17	乙丑 18	丙寅 19	丁卯 20	戊辰 21	己巳 22	庚午 23	辛未 24	壬申 25	癸酉 26	甲戌 27	乙亥 28	丙子 29	丁丑 30	戊寅 31	己卯 (8)	庚辰 2	辛巳 3	壬午 4	癸未 5	甲申 6	乙酉 7	
七月小	丙申	天干地支 西曆	丙戌 8	丁亥 9	戊子 10	己丑 11	庚寅 12	辛卯 13	壬辰 14	癸巳 15	甲午 16	乙未 17	丙申 18	丁酉 19	戊戌 20	己亥 21	庚子 22	辛丑 23	壬寅 24	癸卯 25	甲辰 26	乙巳 27	丙午 28	丁未 29	戊申 30	己酉 31	庚戌 (9)	辛亥 2	壬子 3	癸丑 4	甲寅 5		丁酉立秋
八月大	丁酉	天干地支 西曆	乙卯 6	丙辰 7	丁巳 8	戊午 9	己未 10	庚申 11	辛酉 12	壬戌 13	癸亥 14	甲子 15	乙丑 16	丙寅 17	丁卯 18	戊辰 19	己巳 20	庚午 21	辛未 22	壬申 23	癸酉 24	甲戌 25	乙亥 26	丙子 27	丁丑 28	戊寅 29	己卯 30	庚辰 (10)	辛巳 2	壬午 3	癸未 4	甲申 5	壬午秋分
九月小	戊戌	天干地支 西曆	乙酉 6	丙戌 7	丁亥 8	戊子 9	己丑 10	庚寅 11	辛卯 12	壬辰 13	癸巳 14	甲午 15	乙未 16	丙申 17	丁酉 18	戊戌 19	己亥 20	庚子 21	辛丑 22	壬寅 23	癸卯 24	甲辰 25	乙巳 26	丙午 27	丁未 28	戊申 29	己酉 30	庚戌 31	辛亥 (11)	壬子 2	癸丑 3		
十月大	己亥	天干地支 西曆	甲寅 4	乙卯 5	丙辰 6	丁巳 7	戊午 8	己未 9	庚申 10	辛酉 11	壬戌 12	癸亥 13	甲子 14	乙丑 15	丙寅 16	丁卯 17	戊辰 18	己巳 19	庚午 20	辛未 21	壬申 22	癸酉 23	甲戌 24	乙亥 25	丙子 26	丁丑 27	戊寅 28	己卯 29	庚辰 30	辛巳 (12)	壬午 2	癸未 3	丙寅立冬
十一月大	庚子	天干地支 西曆	甲申 4	乙酉 5	丙戌 6	丁亥 7	戊子 8	己丑 9	庚寅 10	辛卯 11	壬辰 12	癸巳 13	甲午 14	乙未 15	丙申 16	丁酉 17	戊戌 18	己亥 19	庚子 20	辛丑 21	壬寅 22	癸卯 23	甲辰 24	乙巳 25	丙午 26	丁未 27	戊申 28	己酉 29	庚戌 30	辛亥 31	壬子 (1)	癸丑 2	庚戌冬至
十二月大	辛丑	天干地支 西曆	甲寅 3	乙卯 4	丙辰 5	丁巳 6	戊午 7	己未 8	庚申 9	辛酉 10	壬戌 11	癸亥 12	甲子 13	乙丑 14	丙寅 15	丁卯 16	戊辰 17	己巳 18	庚午 19	辛未 20	壬申 21	癸酉 22	甲戌 23	乙亥 24	丙子 25	丁丑 26	戊寅 27	己卯 28	庚辰 29	辛巳 30	壬午 31	癸未 (2)	

年代異同	史記魯世家	漢書律曆志	帝王世紀	竹書紀年	皇極經世	文獻通考	歷代帝王年表	歷代統紀表	中國年曆總譜	西周年代	斷代工程
		周成王二十九年	周成王三十年	殷帝辛三十四年	周成王三十六年	周成王三十六年	周成王三十六年	周成王三十六年	周成王二十五年		殷帝乙二十二年

殷帝乙三十五年（壬戌 狗年） 公元前 **1079** ~ 前 1078 年

夏曆月序		中西曆日對照	初一	初二	初三	初四	初五	初六	初七	初八	初九	初十	十一	十二	十三	十四	十五	十六	十七	十八	十九	二十	二一	二二	二三	二四	二五	二六	二七	二八	二九	三十	節氣與天象
正月小	壬寅	天干地支西曆	甲申2	乙酉3	丙戌4	丁亥5	戊子6	己丑7	庚寅8	辛卯9	壬辰10	癸巳11	甲午12	乙未13	丙申14	丁酉15	戊戌16	己亥17	庚子18	辛丑19	壬寅20	癸卯21	甲辰22	乙巳23	丙午24	丁未25	戊申26	己酉27	庚戌28	辛亥(3)	壬子2		乙未立春
二月大	癸卯	天干地支西曆	癸丑3	甲寅4	乙卯5	丙辰6	丁巳7	戊午8	己未9	庚申10	辛酉11	壬戌12	癸亥13	甲子14	乙丑15	丙寅16	丁卯17	戊辰18	己巳19	庚午20	辛未21	壬申22	癸酉23	甲戌24	乙亥25	丙子26	丁丑27	戊寅28	己卯29	庚辰30	辛巳31	壬午(4)	辛巳春分
三月小	甲辰	天干地支西曆	癸未2	甲申3	乙酉4	丙戌5	丁亥6	戊子7	己丑8	庚寅9	辛卯10	壬辰11	癸巳12	甲午13	乙未14	丙申15	丁酉16	戊戌17	己亥18	庚子19	辛丑20	壬寅21	癸卯22	甲辰23	乙巳24	丙午25	丁未26	戊申27	己酉28	庚戌29	辛亥30		
四月大	乙巳	天干地支西曆	壬子(5)	癸丑2	甲寅3	乙卯4	丙辰5	丁巳6	戊午7	己未8	庚申9	辛酉10	壬戌11	癸亥12	甲子13	乙丑14	丙寅15	丁卯16	戊辰17	己巳18	庚午19	辛未20	壬申21	癸酉22	甲戌23	乙亥24	丙子25	丁丑26	戊寅27	己卯28	庚辰29	辛巳30	戊辰立夏
閏四月小	乙巳	天干地支西曆	壬午31	癸未(6)	甲申2	乙酉3	丙戌4	丁亥5	戊子6	己丑7	庚寅8	辛卯9	壬辰10	癸巳11	甲午12	乙未13	丙申14	丁酉15	戊戌16	己亥17	庚子18	辛丑19	壬寅20	癸卯21	甲辰22	乙巳23	丙午24	丁未25	戊申26	己酉27	庚戌28		壬午日食
五月小	丙午	天干地支西曆	辛亥29	壬子30	癸丑(7)	甲寅2	乙卯3	丙辰4	丁巳5	戊午6	己未7	庚申8	辛酉9	壬戌10	癸亥11	甲子12	乙丑13	丙寅14	丁卯15	戊辰16	己巳17	庚午18	辛未19	壬申20	癸酉21	甲戌22	乙亥23	丙子24	丁丑25	戊寅26	己卯27		丙辰夏至
六月大	丁未	天干地支西曆	庚辰28	辛巳29	壬午30	癸未31	甲申(8)	乙酉2	丙戌3	丁亥4	戊子5	己丑6	庚寅7	辛卯8	壬辰9	癸巳10	甲午11	乙未12	丙申13	丁酉14	戊戌15	己亥16	庚子17	辛丑18	壬寅19	癸卯20	甲辰21	乙巳22	丙午23	丁未24	戊申25	己酉26	壬寅立秋
七月小	戊申	天干地支西曆	庚戌27	辛亥28	壬子29	癸丑30	甲寅31	乙卯(9)	丙辰2	丁巳3	戊午4	己未5	庚申6	辛酉7	壬戌8	癸亥9	甲子10	乙丑11	丙寅12	丁卯13	戊辰14	己巳15	庚午16	辛未17	壬申18	癸酉19	甲戌20	乙亥21	丙子22	丁丑23	戊寅24		
八月大	己酉	天干地支西曆	己卯25	庚辰26	辛巳27	壬午28	癸未29	甲申30	乙酉(10)	丙戌2	丁亥3	戊子4	己丑5	庚寅6	辛卯7	壬辰8	癸巳9	甲午10	乙未11	丙申12	丁酉13	戊戌14	己亥15	庚子16	辛丑17	壬寅18	癸卯19	甲辰20	乙巳21	丙午22	丁未23	戊申24	丁亥秋分
九月小	庚戌	天干地支西曆	己酉25	庚戌26	辛亥27	壬子28	癸丑29	甲寅30	乙卯31	丙辰(11)	丁巳2	戊午3	己未4	庚申5	辛酉6	壬戌7	癸亥8	甲子9	乙丑10	丙寅11	丁卯12	戊辰13	己巳14	庚午15	辛未16	壬申17	癸酉18	甲戌19	乙亥20	丙子21	丁丑22		辛未立冬
十月大	辛亥	天干地支西曆	戊寅23	己卯24	庚辰25	辛巳26	壬午27	癸未28	甲申29	乙酉30	丙戌(12)	丁亥2	戊子3	己丑4	庚寅5	辛卯6	壬辰7	癸巳8	甲午9	乙未10	丙申11	丁酉12	戊戌13	己亥14	庚子15	辛丑16	壬寅17	癸卯18	甲辰19	乙巳20	丙午21	丁未22	
十一月大	壬子	天干地支西曆	戊申23	己酉24	庚戌25	辛亥26	壬子27	癸丑28	甲寅29	乙卯30	丙辰31	丁巳(1)	戊午2	己未3	庚申4	辛酉5	壬戌6	癸亥7	甲子8	乙丑9	丙寅10	丁卯11	戊辰12	己巳13	庚午14	辛未15	壬申16	癸酉17	甲戌18	乙亥19	丙子20	丁丑21	丙辰冬至
十二月小	癸丑	天干地支西曆	戊寅22	己卯23	庚辰24	辛巳25	壬午26	癸未27	甲申28	乙酉29	丙戌30	丁亥31	戊子(2)	己丑2	庚寅3	辛卯4	壬辰5	癸巳6	甲午7	乙未8	丙申9	丁酉10	戊戌11	己亥12	庚子13	辛丑14	壬寅15	癸卯16	甲辰17	乙巳18	丙午19		庚子立春

年代異同	史記魯世家	漢書律曆志	帝王世紀	竹書紀年	皇極經世	文獻通考	歷代帝王年表	歷代統紀表	中國年曆總譜	西周年代	斷代工程
		周成王三十年	周成王三十一年	殷帝辛三十五年	周成王三十七年	周成王三十七年	周成王三十七年	周成王三十七年	周成王二十六年		殷帝乙二十三年

殷帝乙三十六年（癸亥 猪年） 公元前 1078 ~ 前 1077 年

夏曆月序		中西曆日對照	初一	初二	初三	初四	初五	初六	初七	初八	初九	初十	十一	十二	十三	十四	十五	十六	十七	十八	十九	二十	二一	二二	二三	二四	二五	二六	二七	二八	二九	三十	節氣與天象
正月大	甲寅	天干 地支 西曆	丁未 20	戊申 21	己酉 22	庚戌 23	辛亥 24	壬子 25	癸丑 26	甲寅 27	乙卯 28	丙辰 (3)	丁巳 2	戊午 3	己未 4	庚申 5	辛酉 6	壬戌 7	癸亥 8	甲子 9	乙丑 10	丙寅 11	丁卯 12	戊辰 13	己巳 14	庚午 15	辛未 16	壬申 17	癸酉 18	甲戌 19	乙亥 20	丙子 21	
二月大	乙卯	天干 地支 西曆	丁丑 22	戊寅 23	己卯 24	庚辰 25	辛巳 26	壬午 27	癸未 28	甲申 29	乙酉 30	丙戌 31	丁亥 (4)	戊子 2	己丑 3	庚寅 4	辛卯 5	壬辰 6	癸巳 7	甲午 8	乙未 9	丙申 10	丁酉 11	戊戌 12	己亥 13	庚子 14	辛丑 15	壬寅 16	癸卯 17	甲辰 18	乙巳 19	丙午 20	丁亥春分
三月小	丙辰	天干 地支 西曆	丁未 21	戊申 22	己酉 23	庚戌 24	辛亥 25	壬子 26	癸丑 27	甲寅 28	乙卯 29	丙辰 30	丁巳 (5)	戊午 2	己未 3	庚申 4	辛酉 5	壬戌 6	癸亥 7	甲子 8	乙丑 9	丙寅 10	丁卯 11	戊辰 12	己巳 13	庚午 14	辛未 15	壬申 16	癸酉 17	甲戌 18	乙亥 19		甲戌立夏
四月大	丁巳	天干 地支 西曆	丙子 20	丁丑 21	戊寅 22	己卯 23	庚辰 24	辛巳 25	壬午 26	癸未 27	甲申 28	乙酉 29	丙戌 30	丁亥 31	戊子 (6)	己丑 2	庚寅 3	辛卯 4	壬辰 5	癸巳 6	甲午 7	乙未 8	丙申 9	丁酉 10	戊戌 11	己亥 12	庚子 13	辛丑 14	壬寅 15	癸卯 16	甲辰 17	乙巳 18	丙子日食
五月小	戊午	天干 地支 西曆	丙午 19	丁未 20	戊申 21	己酉 22	庚戌 23	辛亥 24	壬子 25	癸丑 26	甲寅 27	乙卯 28	丙辰 29	丁巳 30	戊午 (7)	己未 2	庚申 3	辛酉 4	壬戌 5	癸亥 6	甲子 7	乙丑 8	丙寅 9	丁卯 10	戊辰 11	己巳 12	庚午 13	辛未 14	壬申 15	癸酉 16	甲戌 17		辛酉夏至
六月小	己未	天干 地支 西曆	乙亥 18	丙子 19	丁丑 20	戊寅 21	己卯 22	庚辰 23	辛巳 24	壬午 25	癸未 26	甲申 27	乙酉 28	丙戌 29	丁亥 30	戊子 31	己丑 (8)	庚寅 2	辛卯 3	壬辰 4	癸巳 5	甲午 6	乙未 7	丙申 8	丁酉 9	戊戌 10	己亥 11	庚子 12	辛丑 13	壬寅 14	癸卯 15		
七月大	庚申	天干 地支 西曆	甲辰 16	乙巳 17	丙午 18	丁未 19	戊申 20	己酉 21	庚戌 22	辛亥 23	壬子 24	癸丑 25	甲寅 26	乙卯 27	丙辰 28	丁巳 29	戊午 30	己未 31	庚申 (9)	辛酉 2	壬戌 3	癸亥 4	甲子 5	乙丑 6	丙寅 7	丁卯 8	戊辰 9	己巳 10	庚午 11	辛未 12	壬申 13	癸酉 14	丁未立秋
八月小	辛酉	天干 地支 西曆	甲戌 15	乙亥 16	丙子 17	丁丑 18	戊寅 19	己卯 20	庚辰 21	辛巳 22	壬午 23	癸未 24	甲申 25	乙酉 26	丙戌 27	丁亥 28	戊子 29	己丑 30	庚寅 (10)	辛卯 2	壬辰 3	癸巳 4	甲午 5	乙未 6	丙申 7	丁酉 8	戊戌 9	己亥 10	庚子 11	辛丑 12	壬寅 13		壬辰秋分
九月大	壬戌	天干 地支 西曆	癸卯 14	甲辰 15	乙巳 16	丙午 17	丁未 18	戊申 19	己酉 20	庚戌 21	辛亥 22	壬子 23	癸丑 24	甲寅 25	乙卯 26	丙辰 27	丁巳 28	戊午 29	己未 30	庚申 31	辛酉 (11)	壬戌 2	癸亥 3	甲子 4	乙丑 5	丙寅 6	丁卯 7	戊辰 8	己巳 9	庚午 10	辛未 11	壬申 12	
十月小	癸亥	天干 地支 西曆	癸酉 13	甲戌 14	乙亥 15	丙子 16	丁丑 17	戊寅 18	己卯 19	庚辰 20	辛巳 21	壬午 22	癸未 23	甲申 24	乙酉 25	丙戌 26	丁亥 27	戊子 28	己丑 29	庚寅 30	辛卯 (12)	壬辰 2	癸巳 3	甲午 4	乙未 5	丙申 6	丁酉 7	戊戌 8	己亥 9	庚子 10	辛丑 11		丁丑立冬
十一月大	甲子	天干 地支 西曆	壬寅 12	癸卯 13	甲辰 14	乙巳 15	丙午 16	丁未 17	戊申 18	己酉 19	庚戌 20	辛亥 21	壬子 22	癸丑 23	甲寅 24	乙卯 25	丙辰 26	丁巳 27	戊午 28	己未 29	庚申 30	辛酉 31	壬戌 (1)	癸亥 2	甲子 3	乙丑 4	丙寅 5	丁卯 6	戊辰 7	己巳 8	庚午 9	辛未 10	辛酉冬至
十二月小	乙丑	天干 地支 西曆	壬申 11	癸酉 12	甲戌 13	乙亥 14	丙子 15	丁丑 16	戊寅 17	己卯 18	庚辰 19	辛巳 20	壬午 21	癸未 22	甲申 23	乙酉 24	丙戌 25	丁亥 26	戊子 27	己丑 28	庚寅 29	辛卯 30	壬辰 31	癸巳 (2)	甲午 2	乙未 3	丙申 4	丁酉 5	戊戌 6	己亥 7	庚子 8		

年代異同	史記魯世家	漢書律曆志	帝王世紀	竹書紀年	皇極經世	文獻通考	歷代帝王年表	歷代統紀表	中國年曆總譜	西周年代	斷代工程
		周康王元年	周成王三十二年	殷帝辛三十六年	周康王元年	周康王元年	周康王元年	周康王元年	周成王二十七年		殷帝乙二十四年

殷帝乙三十七年（甲子 鼠年） 公元前 1077 ~ 前 1076 年

夏曆月序		中西曆日對照	初一	初二	初三	初四	初五	初六	初七	初八	初九	初十	十一	十二	十三	十四	十五	十六	十七	十八	十九	二十	二一	二二	二三	二四	二五	二六	二七	二八	二九	三十	節氣與天象
正月大	丙寅	天干地支 西曆	辛丑 9	壬寅 10	癸卯 11	甲辰 12	乙巳 13	丙午 14	丁未 15	戊申 16	己酉 17	庚戌 18	辛亥 19	壬子 20	癸丑 21	甲寅 22	乙卯 23	丙辰 24	丁巳 25	戊午 26	己未 27	庚申 28	辛酉 29	壬戌 (3)	癸亥 2	甲子 3	乙丑 4	丙寅 5	丁卯 6	戊辰 7	己巳 8	庚午 9	丙午立春
二月大	丁卯	天干地支 西曆	辛未 10	壬申 11	癸酉 12	甲戌 13	乙亥 14	丙子 15	丁丑 16	戊寅 17	己卯 18	庚辰 19	辛巳 20	壬午 21	癸未 22	甲申 23	乙酉 24	丙戌 25	丁亥 26	戊子 27	己丑 28	庚寅 29	辛卯 30	壬辰 31	癸巳 (4)	甲午 2	乙未 3	丙申 4	丁酉 5	戊戌 6	己亥 7	庚子 8	壬辰春分
三月小	戊辰	天干地支 西曆	辛丑 9	壬寅 10	癸卯 11	甲辰 12	乙巳 13	丙午 14	丁未 15	戊申 16	己酉 17	庚戌 18	辛亥 19	壬子 20	癸丑 21	甲寅 22	乙卯 23	丙辰 24	丁巳 25	戊午 26	己未 27	庚申 28	辛酉 29	壬戌 30	癸亥 (5)	甲子 2	乙丑 3	丙寅 4	丁卯 5	戊辰 6	己巳 7		
四月大	己巳	天干地支 西曆	庚午 8	辛未 9	壬申 10	癸酉 11	甲戌 12	乙亥 13	丙子 14	丁丑 15	戊寅 16	己卯 17	庚辰 18	辛巳 19	壬午 20	癸未 21	甲申 22	乙酉 23	丙戌 24	丁亥 25	戊子 26	己丑 27	庚寅 28	辛卯 29	壬辰 30	癸巳 31	甲午 (6)	乙未 2	丙申 3	丁酉 4	戊戌 5	己亥 6	己卯立夏
五月小	庚午	天干地支 西曆	庚子 7	辛丑 8	壬寅 9	癸卯 10	甲辰 11	乙巳 12	丙午 13	丁未 14	戊申 15	己酉 16	庚戌 17	辛亥 18	壬子 19	癸丑 20	甲寅 21	乙卯 22	丙辰 23	丁巳 24	戊午 25	己未 26	庚申 27	辛酉 28	壬戌 29	癸亥 30	甲子 (7)	乙丑 2	丙寅 3	丁卯 4	戊辰 5		丙寅夏至
六月大	辛未	天干地支 西曆	己巳 6	庚午 7	辛未 8	壬申 9	癸酉 10	甲戌 11	乙亥 12	丙子 13	丁丑 14	戊寅 15	己卯 16	庚辰 17	辛巳 18	壬午 19	癸未 20	甲申 21	乙酉 22	丙戌 23	丁亥 24	戊子 25	己丑 26	庚寅 27	辛卯 28	壬辰 29	癸巳 30	甲午 31	乙未 (8)	丙申 2	丁酉 3	戊戌 4	
七月小	壬申	天干地支 西曆	己亥 5	庚子 6	辛丑 7	壬寅 8	癸卯 9	甲辰 10	乙巳 11	丙午 12	丁未 13	戊申 14	己酉 15	庚戌 16	辛亥 17	壬子 18	癸丑 19	甲寅 20	乙卯 21	丙辰 22	丁巳 23	戊午 24	己未 25	庚申 26	辛酉 27	壬戌 28	癸亥 29	甲子 30	乙丑 31	丙寅 (9)	丁卯 2		癸丑立秋
八月大	癸酉	天干地支 西曆	戊辰 3	己巳 4	庚午 5	辛未 6	壬申 7	癸酉 8	甲戌 9	乙亥 10	丙子 11	丁丑 12	戊寅 13	己卯 14	庚辰 15	辛巳 16	壬午 17	癸未 18	甲申 19	乙酉 20	丙戌 21	丁亥 22	戊子 23	己丑 24	庚寅 25	辛卯 26	壬辰 27	癸巳 28	甲午 29	乙未 30	丙申 (10)	丁酉 2	
九月小	甲戌	天干地支 西曆	戊戌 3	己亥 4	庚子 5	辛丑 6	壬寅 7	癸卯 8	甲辰 9	乙巳 10	丙午 11	丁未 12	戊申 13	己酉 14	庚戌 15	辛亥 16	壬子 17	癸丑 18	甲寅 19	乙卯 20	丙辰 21	丁巳 22	戊午 23	己未 24	庚申 25	辛酉 26	壬戌 27	癸亥 28	甲子 29	乙丑 30	丙寅 31		戊戌秋分
十月大	乙亥	天干地支 西曆	丁卯 (11)	戊辰 2	己巳 3	庚午 4	辛未 5	壬申 6	癸酉 7	甲戌 8	乙亥 9	丙子 10	丁丑 11	戊寅 12	己卯 13	庚辰 14	辛巳 15	壬午 16	癸未 17	甲申 18	乙酉 19	丙戌 20	丁亥 21	戊子 22	己丑 23	庚寅 24	辛卯 25	壬辰 26	癸巳 27	甲午 28	乙未 29	丙申 30	壬午立冬
十一月小	丙子	天干地支 西曆	丁酉 (12)	戊戌 2	己亥 3	庚子 4	辛丑 5	壬寅 6	癸卯 7	甲辰 8	乙巳 9	丙午 10	丁未 11	戊申 12	己酉 13	庚戌 14	辛亥 15	壬子 16	癸丑 17	甲寅 18	乙卯 19	丙辰 20	丁巳 21	戊午 22	己未 23	庚申 24	辛酉 25	壬戌 26	癸亥 27	甲子 28	乙丑 29		
閏十一大	丙子	天干地支 西曆	丙寅 30	丁卯 31	戊辰 (1)	己巳 2	庚午 3	辛未 4	壬申 5	癸酉 6	甲戌 7	乙亥 8	丙子 9	丁丑 10	戊寅 11	己卯 12	庚辰 13	辛巳 14	壬午 15	癸未 16	甲申 17	乙酉 18	丙戌 19	丁亥 20	戊子 21	己丑 22	庚寅 23	辛卯 24	壬辰 25	癸巳 26	甲午 27	乙未 28	丙寅冬至
十二月小	丁丑	天干地支 西曆	丙申 29	丁酉 30	戊戌 31	己亥 (2)	庚子 2	辛丑 3	壬寅 4	癸卯 5	甲辰 6	乙巳 7	丙午 8	丁未 9	戊申 10	己酉 11	庚戌 12	辛亥 13	壬子 14	癸丑 15	甲寅 16	乙卯 17	丙辰 18	丁巳 19	戊午 20	己未 21	庚申 22	辛酉 23	壬戌 24	癸亥 25	甲子 26		辛亥立春

年代異同	史記魯世家	漢書律曆志	帝王世紀	竹書紀年	皇極經世	文獻通考	歷代帝王年表	歷代統紀表	中國年曆總譜	西周年代	斷代工程
		周康王二年	周成王三十三年	殷帝辛三十七年	周康王二年	周康王二年	周康王二年	周康王二年	周成王二十八年		殷帝乙二十五年

殷帝辛元年（乙丑 牛年） 公元前 1076 ~ 前 1075 年

夏曆月序		中西曆日對照	初一	初二	初三	初四	初五	初六	初七	初八	初九	初十	十一	十二	十三	十四	十五	十六	十七	十八	十九	二十	二一	二二	二三	二四	二五	二六	二七	二八	二九	三十	節氣與天象
正月大	戊寅	天干地支西曆	乙丑27	丙寅28	丁卯(3)	戊辰2	己巳3	庚午4	辛未5	壬申6	癸酉7	甲戌8	乙亥9	丙子10	丁丑11	戊寅12	己卯13	庚辰14	辛巳15	壬午16	癸未17	甲申18	乙酉19	丙戌20	丁亥21	戊子22	己丑23	庚寅24	辛卯25	壬辰26	癸巳27	甲午28	
二月小	己卯	天干地支西曆	乙未29	丙申30	丁酉31	戊戌(4)	己亥2	庚子3	辛丑4	壬寅5	癸卯6	甲辰7	乙巳8	丙午9	丁未10	戊申11	己酉12	庚戌13	辛亥14	壬子15	癸丑16	甲寅17	乙卯18	丙辰19	丁巳20	戊午21	己未22	庚申23	辛酉24	壬戌25	癸亥26		丁酉春分
三月大	庚辰	天干地支西曆	甲子27	乙丑28	丙寅29	丁卯30	戊辰(5)	己巳2	庚午3	辛未4	壬申5	癸酉6	甲戌7	乙亥8	丙子9	丁丑10	戊寅11	己卯12	庚辰13	辛巳14	壬午15	癸未16	甲申17	乙酉18	丙戌19	丁亥20	戊子21	己丑22	庚寅23	辛卯24	壬辰25	癸巳26	甲申立夏
四月大	辛巳	天干地支西曆	甲午27	乙未28	丙申29	丁酉30	戊戌31	己亥(6)	庚子2	辛丑3	壬寅4	癸卯5	甲辰6	乙巳7	丙午8	丁未9	戊申10	己酉11	庚戌12	辛亥13	壬子14	癸丑15	甲寅16	乙卯17	丙辰18	丁巳19	戊午20	己未21	庚申22	辛酉23	壬戌24	癸亥25	
五月小	壬午	天干地支西曆	甲子26	乙丑27	丙寅28	丁卯29	戊辰30	己巳(7)	庚午2	辛未3	壬申4	癸酉5	甲戌6	乙亥7	丙子8	丁丑9	戊寅10	己卯11	庚辰12	辛巳13	壬午14	癸未15	甲申16	乙酉17	丙戌18	丁亥19	戊子20	己丑21	庚寅22	辛卯23	壬辰24		辛未夏至
六月大	癸未	天干地支西曆	癸巳25	甲午26	乙未27	丙申28	丁酉29	戊戌30	己亥31	庚子(8)	辛丑2	壬寅3	癸卯4	甲辰5	乙巳6	丙午7	丁未8	戊申9	己酉10	庚戌11	辛亥12	壬子13	癸丑14	甲寅15	乙卯16	丙辰17	丁巳18	戊午19	己未20	庚申21	辛酉22	壬戌23	戊午立秋
七月小	甲申	天干地支西曆	癸亥24	甲子25	乙丑26	丙寅27	丁卯28	戊辰29	己巳30	庚午31	辛未(9)	壬申2	癸酉3	甲戌4	乙亥5	丙子6	丁丑7	戊寅8	己卯9	庚辰10	辛巳11	壬午12	癸未13	甲申14	乙酉15	丙戌16	丁亥17	戊子18	己丑19	庚寅20	辛卯21		
八月大	乙酉	天干地支西曆	壬辰22	癸巳23	甲午24	乙未25	丙申26	丁酉27	戊戌28	己亥29	庚子30	辛丑(10)	壬寅2	癸卯3	甲辰4	乙巳5	丙午6	丁未7	戊申8	己酉9	庚戌10	辛亥11	壬子12	癸丑13	甲寅14	乙卯15	丙辰16	丁巳17	戊午18	己未19	庚申20	辛酉21	癸卯秋分
九月小	丙戌	天干地支西曆	壬戌22	癸亥23	甲子24	乙丑25	丙寅26	丁卯27	戊辰28	己巳29	庚午30	辛未31	壬申(11)	癸酉2	甲戌3	乙亥4	丙子5	丁丑6	戊寅7	己卯8	庚辰9	辛巳10	壬午11	癸未12	甲申13	乙酉14	丙戌15	丁亥16	戊子17	己丑18	庚寅19		丁亥立冬
十月大	丁亥	天干地支西曆	辛卯20	壬辰21	癸巳22	甲午23	乙未24	丙申25	丁酉26	戊戌27	己亥28	庚子29	辛丑30	壬寅(12)	癸卯2	甲辰3	乙巳4	丙午5	丁未6	戊申7	己酉8	庚戌9	辛亥10	壬子11	癸丑12	甲寅13	乙卯14	丙辰15	丁巳16	戊午17	己未18	庚申19	
十一月小	戊子	天干地支西曆	辛酉20	壬戌21	癸亥22	甲子23	乙丑24	丙寅25	丁卯26	戊辰27	己巳28	庚午29	辛未30	壬申31	癸酉(1)	甲戌2	乙亥3	丙子4	丁丑5	戊寅6	己卯7	庚辰8	辛巳9	壬午10	癸未11	甲申12	乙酉13	丙戌14	丁亥15	戊子16	己丑17		辛未冬至
十二月大	己丑	天干地支西曆	庚寅18	辛卯19	壬辰20	癸巳21	甲午22	乙未23	丙申24	丁酉25	戊戌26	己亥27	庚子28	辛丑29	壬寅30	癸卯31	甲辰(2)	乙巳2	丙午3	丁未4	戊申5	己酉6	庚戌7	辛亥8	壬子9	癸丑10	甲寅11	乙卯12	丙辰13	丁巳14	戊午15	己未16	丙辰立春

年代異同	史記魯世家	漢書律曆志	帝王世紀	竹書紀年	皇極經世	文獻通考	歷代帝王年表	歷代統紀表	中國年曆總譜	西周年代	斷代工程
		周康王三年	周成王三十四年	殷帝辛三十八年	周康王三年	周康王三年	周康王三年	周康王三年	周成王二十九年		殷帝乙二十六年

殷帝辛二年（丙寅 虎年） 公元前 1075 ~ 前 1074 年

夏曆月序		中西曆日對照	夏曆日序																														節氣與天象
			初一	初二	初三	初四	初五	初六	初七	初八	初九	初十	十一	十二	十三	十四	十五	十六	十七	十八	十九	二十	二一	二二	二三	二四	二五	二六	二七	二八	二九	三十	
正月小	庚寅	天干地支 西曆	庚申 17	辛酉 18	壬戌 19	癸亥 20	甲子 21	乙丑 22	丙寅 23	丁卯 24	戊辰 25	己巳 26	庚午 27	辛未 28	壬申 (3)	癸酉 2	甲戌 3	乙亥 4	丙子 5	丁丑 6	戊寅 7	己卯 8	庚辰 9	辛巳 10	壬午 11	癸未 12	甲申 13	乙酉 14	丙戌 15	丁亥 16	戊子 17		
二月大	辛卯	天干地支 西曆	己丑 18	庚寅 19	辛卯 20	壬辰 21	癸巳 22	甲午 23	乙未 24	丙申 25	丁酉 26	戊戌 27	己亥 28	庚子 29	辛丑 30	壬寅 31	癸卯 (4)	甲辰 2	乙巳 3	丙午 4	丁未 5	戊申 6	己酉 7	庚戌 8	辛亥 9	壬子 10	癸丑 11	甲寅 12	乙卯 13	丙辰 14	丁巳 15	戊午 16	壬寅春分 己丑日食
三月小	壬辰	天干地支 西曆	己未 17	庚申 18	辛酉 19	壬戌 20	癸亥 21	甲子 22	乙丑 23	丙寅 24	丁卯 25	戊辰 26	己巳 27	庚午 28	辛未 29	壬申 30	癸酉 (5)	甲戌 2	乙亥 3	丙子 4	丁丑 5	戊寅 6	己卯 7	庚辰 8	辛巳 9	壬午 10	癸未 11	甲申 12	乙酉 13	丙戌 14	丁亥 15		
四月大	癸巳	天干地支 西曆	戊子 16	己丑 17	庚寅 18	辛卯 19	壬辰 20	癸巳 21	甲午 22	乙未 23	丙申 24	丁酉 25	戊戌 26	己亥 27	庚子 28	辛丑 29	壬寅 30	癸卯 31	甲辰 (6)	乙巳 2	丙午 3	丁未 4	戊申 5	己酉 6	庚戌 7	辛亥 8	壬子 9	癸丑 10	甲寅 11	乙卯 12	丙辰 13	丁巳 14	己丑立夏
五月小	甲午	天干地支 西曆	戊午 15	己未 16	庚申 17	辛酉 18	壬戌 19	癸亥 20	甲子 21	乙丑 22	丙寅 23	丁卯 24	戊辰 25	己巳 26	庚午 27	辛未 28	壬申 29	癸酉 30	甲戌 (7)	乙亥 2	丙子 3	丁丑 4	戊寅 5	己卯 6	庚辰 7	辛巳 8	壬午 9	癸未 10	甲申 11	乙酉 12	丙戌 13		丁丑夏至
六月大	乙未	天干地支 西曆	丁亥 14	戊子 15	己丑 16	庚寅 17	辛卯 18	壬辰 19	癸巳 20	甲午 21	乙未 22	丙申 23	丁酉 24	戊戌 25	己亥 26	庚子 27	辛丑 28	壬寅 29	癸卯 30	甲辰 31	乙巳 (8)	丙午 2	丁未 3	戊申 4	己酉 5	庚戌 6	辛亥 7	壬子 8	癸丑 9	甲寅 10	乙卯 11	丙辰 12	
七月大	丙申	天干地支 西曆	丁巳 13	戊午 14	己未 15	庚申 16	辛酉 17	壬戌 18	癸亥 19	甲子 20	乙丑 21	丙寅 22	丁卯 23	戊辰 24	己巳 25	庚午 26	辛未 27	壬申 28	癸酉 29	甲戌 30	乙亥 31	丙子 (9)	丁丑 2	戊寅 3	己卯 4	庚辰 5	辛巳 6	壬午 7	癸未 8	甲申 9	乙酉 10	丙戌 11	癸亥立秋
八月小	丁酉	天干地支 西曆	丁亥 12	戊子 13	己丑 14	庚寅 15	辛卯 16	壬辰 17	癸巳 18	甲午 19	乙未 20	丙申 21	丁酉 22	戊戌 23	己亥 24	庚子 25	辛丑 26	壬寅 27	癸卯 28	甲辰 29	乙巳 30	丙午 (10)	丁未 2	戊申 3	己酉 4	庚戌 5	辛亥 6	壬子 7	癸丑 8	甲寅 9	乙卯 10		戊申秋分
九月大	戊戌	天干地支 西曆	丙辰 11	丁巳 12	戊午 13	己未 14	庚申 15	辛酉 16	壬戌 17	癸亥 18	甲子 19	乙丑 20	丙寅 21	丁卯 22	戊辰 23	己巳 24	庚午 25	辛未 26	壬申 27	癸酉 28	甲戌 29	乙亥 30	丙子 31	丁丑 (11)	戊寅 2	己卯 3	庚辰 4	辛巳 5	壬午 6	癸未 7	甲申 8	乙酉 9	
十月大	己亥	天干地支 西曆	丙戌 10	丁亥 11	戊子 12	己丑 13	庚寅 14	辛卯 15	壬辰 16	癸巳 17	甲午 18	乙未 19	丙申 20	丁酉 21	戊戌 22	己亥 23	庚子 24	辛丑 25	壬寅 26	癸卯 27	甲辰 28	乙巳 29	丙午 30	丁未 (12)	戊申 2	己酉 3	庚戌 4	辛亥 5	壬子 6	癸丑 7	甲寅 8	乙卯 9	壬辰立冬
十一月小	庚子	天干地支 西曆	丙辰 10	丁巳 11	戊午 12	己未 13	庚申 14	辛酉 15	壬戌 16	癸亥 17	甲子 18	乙丑 19	丙寅 20	丁卯 21	戊辰 22	己巳 23	庚午 24	辛未 25	壬申 26	癸酉 27	甲戌 28	乙亥 29	丙子 30	丁丑 31	戊寅 (1)	己卯 2	庚辰 3	辛巳 4	壬午 5	癸未 6	甲申 7		丁丑冬至
十二月小	辛丑	天干地支 西曆	乙酉 8	丙戌 9	丁亥 10	戊子 11	己丑 12	庚寅 13	辛卯 14	壬辰 15	癸巳 16	甲午 17	乙未 18	丙申 19	丁酉 20	戊戌 21	己亥 22	庚子 23	辛丑 24	壬寅 25	癸卯 26	甲辰 27	乙巳 28	丙午 29	丁未 30	戊申 31	己酉 (2)	庚戌 2	辛亥 3	壬子 4	癸丑 5		

年代異同	史記魯世家	漢書律曆志	帝王世紀	竹書紀年	皇極經世	文獻通考	歷代帝王年表	歷代統紀表	中國年曆總譜	西周年代	斷代工程
		周康王四年	周成王三十五年	殷帝辛三十九年	周康王四年	周康王四年	周康王四年	周康王四年	周成王三十年		殷帝辛元年

殷帝辛三年（丁卯 兔年） 公元前 1074 ~ 前 1073 年

夏曆月序		中西曆日對照	夏曆日序																														節氣與天象
			初一	初二	初三	初四	初五	初六	初七	初八	初九	初十	十一	十二	十三	十四	十五	十六	十七	十八	十九	二十	二一	二二	二三	二四	二五	二六	二七	二八	二九	三十	
正月大	壬寅	天干地支 西曆	甲寅 6	乙卯 7	丙辰 8	丁巳 9	戊午 10	己未 11	庚申 12	辛酉 13	壬戌 14	癸亥 15	甲子 16	乙丑 17	丙寅 18	丁卯 19	戊辰 20	己巳 21	庚午 22	辛未 23	壬申 24	癸酉 25	甲戌 26	乙亥 27	丙子 28	丁丑 (3)	戊寅 2	己卯 3	庚辰 4	辛巳 5	壬午 6	癸未 7	辛酉立春
二月小	癸卯	天干地支 西曆	甲申 8	乙酉 9	丙戌 10	丁亥 11	戊子 12	己丑 13	庚寅 14	辛卯 15	壬辰 16	癸巳 17	甲午 18	乙未 19	丙申 20	丁酉 21	戊戌 22	己亥 23	庚子 24	辛丑 25	壬寅 26	癸卯 27	甲辰 28	乙巳 29	丙午 30	丁未 31	戊申 (4)	己酉 2	庚戌 3	辛亥 4	壬子 5		戊申春分
三月小	甲辰	天干地支 西曆	癸丑 6	甲寅 7	乙卯 8	丙辰 9	丁巳 10	戊午 11	己未 12	庚申 13	辛酉 14	壬戌 15	癸亥 16	甲子 17	乙丑 18	丙寅 19	丁卯 20	戊辰 21	己巳 22	庚午 23	辛未 24	壬申 25	癸酉 26	甲戌 27	乙亥 28	丙子 29	丁丑 30	戊寅 (5)	己卯 2	庚辰 3	辛巳 4		
四月大	乙巳	天干地支 西曆	壬午 5	癸未 6	甲申 7	乙酉 8	丙戌 9	丁亥 10	戊子 11	己丑 12	庚寅 13	辛卯 14	壬辰 15	癸巳 16	甲午 17	乙未 18	丙申 19	丁酉 20	戊戌 21	己亥 22	庚子 23	辛丑 24	壬寅 25	癸卯 26	甲辰 27	乙巳 28	丙午 29	丁未 30	戊申 31	己酉 (6)	庚戌 2	辛亥 3	乙未立夏
五月小	丙午	天干地支 西曆	壬子 4	癸丑 5	甲寅 6	乙卯 7	丙辰 8	丁巳 9	戊午 10	己未 11	庚申 12	辛酉 13	壬戌 14	癸亥 15	甲子 16	乙丑 17	丙寅 18	丁卯 19	戊辰 20	己巳 21	庚午 22	辛未 23	壬申 24	癸酉 25	甲戌 26	乙亥 27	丙子 28	丁丑 29	戊寅 30	己卯 (7)	庚辰 2		
六月大	丁未	天干地支 西曆	辛巳 3	壬午 4	癸未 5	甲申 6	乙酉 7	丙戌 8	丁亥 9	戊子 10	己丑 11	庚寅 12	辛卯 13	壬辰 14	癸巳 15	甲午 16	乙未 17	丙申 18	丁酉 19	戊戌 20	己亥 21	庚子 22	辛丑 23	壬寅 24	癸卯 25	甲辰 26	乙巳 27	丙午 28	丁未 29	戊申 30	己酉 31	庚戌 (8)	壬午夏至
七月大	戊申	天干地支 西曆	辛亥 2	壬子 3	癸丑 4	甲寅 5	乙卯 6	丙辰 7	丁巳 8	戊午 9	己未 10	庚申 11	辛酉 12	壬戌 13	癸亥 14	甲子 15	乙丑 16	丙寅 17	丁卯 18	戊辰 19	己巳 20	庚午 21	辛未 22	壬申 23	癸酉 24	甲戌 25	乙亥 26	丙子 27	丁丑 28	戊寅 29	己卯 30	庚辰 31	戊辰立秋
八月小	己酉	天干地支 西曆	辛巳 (9)	壬午 2	癸未 3	甲申 4	乙酉 5	丙戌 6	丁亥 7	戊子 8	己丑 9	庚寅 10	辛卯 11	壬辰 12	癸巳 13	甲午 14	乙未 15	丙申 16	丁酉 17	戊戌 18	己亥 19	庚子 20	辛丑 21	壬寅 22	癸卯 23	甲辰 24	乙巳 25	丙午 26	丁未 27	戊申 28	己酉 29		
閏八月大	己酉	天干地支 西曆	庚戌 30	辛亥 (10)	壬子 2	癸丑 3	甲寅 4	乙卯 5	丙辰 6	丁巳 7	戊午 8	己未 9	庚申 10	辛酉 11	壬戌 12	癸亥 13	甲子 14	乙丑 15	丙寅 16	丁卯 17	戊辰 18	己巳 19	庚午 20	辛未 21	壬申 22	癸酉 23	甲戌 24	乙亥 25	丙子 26	丁丑 27	戊寅 28	己卯 29	癸丑秋分
九月大	庚戌	天干地支 西曆	庚辰 30	辛巳 31	壬午 (11)	癸未 2	甲申 3	乙酉 4	丙戌 5	丁亥 6	戊子 7	己丑 8	庚寅 9	辛卯 10	壬辰 11	癸巳 12	甲午 13	乙未 14	丙申 15	丁酉 16	戊戌 17	己亥 18	庚子 19	辛丑 20	壬寅 21	癸卯 22	甲辰 23	乙巳 24	丙午 25	丁未 26	戊申 27	己酉 28	戊戌立冬
十月大	辛亥	天干地支 西曆	庚戌 29	辛亥 30	壬子 (12)	癸丑 2	甲寅 3	乙卯 4	丙辰 5	丁巳 6	戊午 7	己未 8	庚申 9	辛酉 10	壬戌 11	癸亥 12	甲子 13	乙丑 14	丙寅 15	丁卯 16	戊辰 17	己巳 18	庚午 19	辛未 20	壬申 21	癸酉 22	甲戌 23	乙亥 24	丙子 25	丁丑 26	戊寅 27	己卯 28	
十一月小	壬子	天干地支 西曆	庚辰 29	辛巳 30	壬午 31	癸未 (1)	甲申 2	乙酉 3	丙戌 4	丁亥 5	戊子 6	己丑 7	庚寅 8	辛卯 9	壬辰 10	癸巳 11	甲午 12	乙未 13	丙申 14	丁酉 15	戊戌 16	己亥 17	庚子 18	辛丑 19	壬寅 20	癸卯 21	甲辰 22	乙巳 23	丙午 24	丁未 25	戊申 26		壬午冬至
十二月小	癸丑	天干地支 西曆	己酉 27	庚戌 28	辛亥 29	壬子 30	癸丑 31	甲寅 (2)	乙卯 2	丙辰 3	丁巳 4	戊午 5	己未 6	庚申 7	辛酉 8	壬戌 9	癸亥 10	甲子 11	乙丑 12	丙寅 13	丁卯 14	戊辰 15	己巳 16	庚午 17	辛未 18	壬申 19	癸酉 20	甲戌 21	乙亥 22	丙子 23	丁丑 24		丁卯立春

年代異同	史記魯世家	漢書律曆志	帝王世紀	竹書紀年	皇極經世	文獻通考	歷代帝王年表	歷代統紀表	中國年曆總譜	西周年代	斷代工程
		周康王五年	周成王三十六年	殷帝辛四十年	周康王五年	周康王五年	周康王五年	周康王五年	周成王三十一年		殷帝辛二年

殷帝辛四年（戊辰 龍年） 公元前 1073 ~ 前 1072 年

夏曆月序		中西曆日對照	初一	初二	初三	初四	初五	初六	初七	初八	初九	初十	十一	十二	十三	十四	十五	十六	十七	十八	十九	二十	二一	二二	二三	二四	二五	二六	二七	二八	二九	三十	節氣與天象
正月大	甲寅	天干地支 西曆	戊寅25	己卯26	庚辰27	辛巳28	壬午29	癸未(3)	甲申2	乙酉3	丙戌4	丁亥5	戊子6	己丑7	庚寅8	辛卯9	壬辰10	癸巳11	甲午12	乙未13	丙申14	丁酉15	戊戌16	己亥17	庚子18	辛丑19	壬寅20	癸卯21	甲辰22	乙巳23	丙午24	丁未25	
二月小	乙卯	天干地支 西曆	戊申26	己酉27	庚戌28	辛亥29	壬子30	癸丑31	甲寅(4)	乙卯2	丙辰3	丁巳4	戊午5	己未6	庚申7	辛酉8	壬戌9	癸亥10	甲子11	乙丑12	丙寅13	丁卯14	戊辰15	己巳16	庚午17	辛未18	壬申19	癸酉20	甲戌21	乙亥22	丙子23		癸丑春分
三月小	丙辰	天干地支 西曆	丁丑24	戊寅25	己卯26	庚辰27	辛巳28	壬午29	癸未30	甲申(5)	乙酉2	丙戌3	丁亥4	戊子5	己丑6	庚寅7	辛卯8	壬辰9	癸巳10	甲午11	乙未12	丙申13	丁酉14	戊戌15	己亥16	庚子17	辛丑18	壬寅19	癸卯20	甲辰21	乙巳22		庚子立夏
四月大	丁巳	天干地支 西曆	丙午23	丁未24	戊申25	己酉26	庚戌27	辛亥28	壬子29	癸丑30	甲寅31	乙卯(6)	丙辰2	丁巳3	戊午4	己未5	庚申6	辛酉7	壬戌8	癸亥9	甲子10	乙丑11	丙寅12	丁卯13	戊辰14	己巳15	庚午16	辛未17	壬申18	癸酉19	甲戌20	乙亥21	
五月小	戊午	天干地支 西曆	丙子22	丁丑23	戊寅24	己卯25	庚辰26	辛巳27	壬午28	癸未29	甲申30	乙酉(7)	丙戌2	丁亥3	戊子4	己丑5	庚寅6	辛卯7	壬辰8	癸巳9	甲午10	乙未11	丙申12	丁酉13	戊戌14	己亥15	庚子16	辛丑17	壬寅18	癸卯19	甲辰20		丁亥夏至
六月大	己未	天干地支 西曆	乙巳21	丙午22	丁未23	戊申24	己酉25	庚戌26	辛亥27	壬子28	癸丑29	甲寅30	乙卯31	丙辰(8)	丁巳2	戊午3	己未4	庚申5	辛酉6	壬戌7	癸亥8	甲子9	乙丑10	丙寅11	丁卯12	戊辰13	己巳14	庚午15	辛未16	壬申17	癸酉18	甲戌19	癸酉立秋
七月小	庚申	天干地支 西曆	乙亥20	丙子21	丁丑22	戊寅23	己卯24	庚辰25	辛巳26	壬午27	癸未28	甲申29	乙酉30	丙戌31	丁亥(9)	戊子2	己丑3	庚寅4	辛卯5	壬辰6	癸巳7	甲午8	乙未9	丙申10	丁酉11	戊戌12	己亥13	庚子14	辛丑15	壬寅16	癸卯17		
八月大	辛酉	天干地支 西曆	甲辰18	乙巳19	丙午20	丁未21	戊申22	己酉23	庚戌24	辛亥25	壬子26	癸丑27	甲寅28	乙卯29	丙辰30	丁巳(10)	戊午2	己未3	庚申4	辛酉5	壬戌6	癸亥7	甲子8	乙丑9	丙寅10	丁卯11	戊辰12	己巳13	庚午14	辛未15	壬申16	癸酉17	己未秋分
九月大	壬戌	天干地支 西曆	甲戌18	乙亥19	丙子20	丁丑21	戊寅22	己卯23	庚辰24	辛巳25	壬午26	癸未27	甲申28	乙酉29	丙戌30	丁亥31	戊子(11)	己丑2	庚寅3	辛卯4	壬辰5	癸巳6	甲午7	乙未8	丙申9	丁酉10	戊戌11	己亥12	庚子13	辛丑14	壬寅15	癸卯16	癸卯立冬
十月大	癸亥	天干地支 西曆	甲辰17	乙巳18	丙午19	丁未20	戊申21	己酉22	庚戌23	辛亥24	壬子25	癸丑26	甲寅27	乙卯28	丙辰29	丁巳30	戊午(12)	己未2	庚申3	辛酉4	壬戌5	癸亥6	甲子7	乙丑8	丙寅9	丁卯10	戊辰11	己巳12	庚午13	辛未14	壬申15	癸酉16	
十一月小	甲子	天干地支 西曆	甲戌17	乙亥18	丙子19	丁丑20	戊寅21	己卯22	庚辰23	辛巳24	壬午25	癸未26	甲申27	乙酉28	丙戌29	丁亥30	戊子31	己丑(1)	庚寅2	辛卯3	壬辰4	癸巳5	甲午6	乙未7	丙申8	丁酉9	戊戌10	己亥11	庚子12	辛丑13	壬寅14		丁亥冬至
十二月大	乙丑	天干地支 西曆	癸卯15	甲辰16	乙巳17	丙午18	丁未19	戊申20	己酉21	庚戌22	辛亥23	壬子24	癸丑25	甲寅26	乙卯27	丙辰28	丁巳29	戊午30	己未31	庚申(2)	辛酉2	壬戌3	癸亥4	甲子5	乙丑6	丙寅7	丁卯8	戊辰9	己巳10	庚午11	辛未12	壬申13	壬申立春

年代異同	史記魯世家	漢書律曆志	帝王世紀	竹書紀年	皇極經世	文獻通考	歷代帝王年表	歷代統紀表	中國年曆總譜	西周年代	斷代工程
		周康王六年	周成王三十七年	殷帝辛四十一年	周康王六年	周康王六年	周康王六年	周康王六年	周成王三十二年	周武王元年	殷帝辛三年

殷帝辛五年（己巳 蛇年） 公元前 1072 ~ 前 1071 年

夏曆月序		中西曆日對照	初一	初二	初三	初四	初五	初六	初七	初八	初九	初十	十一	十二	十三	十四	十五	十六	十七	十八	十九	二十	二一	二二	二三	二四	二五	二六	二七	二八	二九	三十	節氣與天象
正月小	丙寅	天干地支西曆	癸酉14	甲戌15	乙亥16	丙子17	丁丑18	戊寅19	己卯20	庚辰21	辛巳22	壬午23	癸未24	甲申25	乙酉26	丙戌27	丁亥28	戊子(3)	己丑2	庚寅3	辛卯4	壬辰5	癸巳6	甲午7	乙未8	丙申9	丁酉10	戊戌11	己亥12	庚子13	辛丑14		
二月大	丁卯	天干地支西曆	壬寅15	癸卯16	甲辰17	乙巳18	丙午19	丁未20	戊申21	己酉22	庚戌23	辛亥24	壬子25	癸丑26	甲寅27	乙卯28	丙辰29	丁巳30	戊午31	己未(4)	庚申2	辛酉3	壬戌4	癸亥5	甲子6	乙丑7	丙寅8	丁卯9	戊辰10	己巳11	庚午12	辛未13	戊午春分
三月小	戊辰	天干地支西曆	壬申14	癸酉15	甲戌16	乙亥17	丙子18	丁丑19	戊寅20	己卯21	庚辰22	辛巳23	壬午24	癸未25	甲申26	乙酉27	丙戌28	丁亥29	戊子30	己丑(5)	庚寅2	辛卯3	壬辰4	癸巳5	甲午6	乙未7	丙申8	丁酉9	戊戌10	己亥11	庚子12		
四月小	己巳	天干地支西曆	辛丑13	壬寅14	癸卯15	甲辰16	乙巳17	丙午18	丁未19	戊申20	己酉21	庚戌22	辛亥23	壬子24	癸丑25	甲寅26	乙卯27	丙辰28	丁巳29	戊午30	己未31	庚申(6)	辛酉2	壬戌3	癸亥4	甲子5	乙丑6	丙寅7	丁卯8	戊辰9	己巳10		乙巳立夏
五月大	庚午	天干地支西曆	庚午11	辛未12	壬申13	癸酉14	甲戌15	乙亥16	丙子17	丁丑18	戊寅19	己卯20	庚辰21	辛巳22	壬午23	癸未24	甲申25	乙酉26	丙戌27	丁亥28	戊子29	己丑30	庚寅(7)	辛卯2	壬辰3	癸巳4	甲午5	乙未6	丙申7	丁酉8	戊戌9	己亥10	壬辰夏至
六月小	辛未	天干地支西曆	庚子11	辛丑12	壬寅13	癸卯14	甲辰15	乙巳16	丙午17	丁未18	戊申19	己酉20	庚戌21	辛亥22	壬子23	癸丑24	甲寅25	乙卯26	丙辰27	丁巳28	戊午29	己未30	庚申31	辛酉(8)	壬戌2	癸亥3	甲子4	乙丑5	丙寅6	丁卯7	戊辰8		
七月大	壬申	天干地支西曆	己巳9	庚午10	辛未11	壬申12	癸酉13	甲戌14	乙亥15	丙子16	丁丑17	戊寅18	己卯19	庚辰20	辛巳21	壬午22	癸未23	甲申24	乙酉25	丙戌26	丁亥27	戊子28	己丑29	庚寅30	辛卯31	壬辰(9)	癸巳2	甲午3	乙未4	丙申5	丁酉6	戊戌7	己卯立秋
八月小	癸酉	天干地支西曆	己亥8	庚子9	辛丑10	壬寅11	癸卯12	甲辰13	乙巳14	丙午15	丁未16	戊申17	己酉18	庚戌19	辛亥20	壬子21	癸丑22	甲寅23	乙卯24	丙辰25	丁巳26	戊午27	己未28	庚申29	辛酉30	壬戌(10)	癸亥2	甲子3	乙丑4	丙寅5	丁卯6		甲子秋分
九月大	甲戌	天干地支西曆	戊辰7	己巳8	庚午9	辛未10	壬申11	癸酉12	甲戌13	乙亥14	丙子15	丁丑16	戊寅17	己卯18	庚辰19	辛巳20	壬午21	癸未22	甲申23	乙酉24	丙戌25	丁亥26	戊子27	己丑28	庚寅29	辛卯30	壬辰31	癸巳(11)	甲午2	乙未3	丙申4	丁酉5	
十月大	乙亥	天干地支西曆	戊戌6	己亥7	庚子8	辛丑9	壬寅10	癸卯11	甲辰12	乙巳13	丙午14	丁未15	戊申16	己酉17	庚戌18	辛亥19	壬子20	癸丑21	甲寅22	乙卯23	丙辰24	丁巳25	戊午26	己未27	庚申28	辛酉29	壬戌30	癸亥(12)	甲子2	乙丑3	丙寅4	丁卯5	戊申立冬
十一月大	丙子	天干地支西曆	戊辰6	己巳7	庚午8	辛未9	壬申10	癸酉11	甲戌12	乙亥13	丙子14	丁丑15	戊寅16	己卯17	庚辰18	辛巳19	壬午20	癸未21	甲申22	乙酉23	丙戌24	丁亥25	戊子26	己丑27	庚寅28	辛卯29	壬辰30	癸巳31	甲午(1)	乙未2	丙申3	丁酉4	壬辰冬至
十二月小	丁丑	天干地支西曆	戊戌5	己亥6	庚子7	辛丑8	壬寅9	癸卯10	甲辰11	乙巳12	丙午13	丁未14	戊申15	己酉16	庚戌17	辛亥18	壬子19	癸丑20	甲寅21	乙卯22	丙辰23	丁巳24	戊午25	己未26	庚申27	辛酉28	壬戌29	癸亥30	甲子31	乙丑(2)	丙寅2		

年代異同	史記魯世家	漢書律曆志	帝王世紀	竹書紀年	皇極經世	文獻通考	歷代帝王年表	歷代統紀表	中國年曆總譜	西周年代	斷代工程
		周康王七年	周康王元年	殷帝辛四十二年	周康王七年	周康王七年	周康王七年	周康王七年	周成王三十三年	周武王二年	殷帝辛四年

殷帝辛六年（庚午 馬年） 公元前 1071 ~ 前 1070 年

夏曆月序		中西曆日對照	初一	初二	初三	初四	初五	初六	初七	初八	初九	初十	十一	十二	十三	十四	十五	十六	十七	十八	十九	二十	二一	二二	二三	二四	二五	二六	二七	二八	二九	三十	節氣與天象
正月大	戊寅	干支天地西曆	丁卯3	戊辰4	己巳5	庚午6	辛未7	壬申8	癸酉9	甲戌10	乙亥11	丙子12	丁丑13	戊寅14	己卯15	庚辰16	辛巳17	壬午18	癸未19	甲申20	乙酉21	丙戌22	丁亥23	戊子24	己丑25	庚寅26	辛卯27	壬辰28	癸巳(3)	甲午2	乙未3	丙申4	丁丑立春
二月小	己卯	干支天地西曆	丁酉5	戊戌6	己亥7	庚子8	辛丑9	壬寅10	癸卯11	甲辰12	乙巳13	丙午14	丁未15	戊申16	己酉17	庚戌18	辛亥19	壬子20	癸丑21	甲寅22	乙卯23	丙辰24	丁巳25	戊午26	己未27	庚申28	辛酉29	壬戌30	癸亥31	甲子(4)	乙丑2		癸亥春分
三月大	庚辰	干支天地西曆	丙寅3	丁卯4	戊辰5	己巳6	庚午7	辛未8	壬申9	癸酉10	甲戌11	乙亥12	丙子13	丁丑14	戊寅15	己卯16	庚辰17	辛巳18	壬午19	癸未20	甲申21	乙酉22	丙戌23	丁亥24	戊子25	己丑26	庚寅27	辛卯28	壬辰29	癸巳30	甲午(5)	乙未2	
四月小	辛巳	干支天地西曆	丙申3	丁酉4	戊戌5	己亥6	庚子7	辛丑8	壬寅9	癸卯10	甲辰11	乙巳12	丙午13	丁未14	戊申15	己酉16	庚戌17	辛亥18	壬子19	癸丑20	甲寅21	乙卯22	丙辰23	丁巳24	戊午25	己未26	庚申27	辛酉28	壬戌29	癸亥30	甲子31		庚戌立夏
五月小	壬午	干支天地西曆	乙丑(6)	丙寅2	丁卯3	戊辰4	己巳5	庚午6	辛未7	壬申8	癸酉9	甲戌10	乙亥11	丙子12	丁丑13	戊寅14	己卯15	庚辰16	辛巳17	壬午18	癸未19	甲申20	乙酉21	丙戌22	丁亥23	戊子24	己丑25	庚寅26	辛卯27	壬辰28	癸巳29		
閏五月大	壬午	干支天地西曆	甲午30	乙未(7)	丙申2	丁酉3	戊戌4	己亥5	庚子6	辛丑7	壬寅8	癸卯9	甲辰10	乙巳11	丙午12	丁未13	戊申14	己酉15	庚戌16	辛亥17	壬子18	癸丑19	甲寅20	乙卯21	丙辰22	丁巳23	戊午24	己未25	庚申26	辛酉27	壬戌28	癸亥29	戊戌夏至
六月小	癸未	干支天地西曆	甲子30	乙丑31	丙寅(8)	丁卯2	戊辰3	己巳4	庚午5	辛未6	壬申7	癸酉8	甲戌9	乙亥10	丙子11	丁丑12	戊寅13	己卯14	庚辰15	辛巳16	壬午17	癸未18	甲申19	乙酉20	丙戌21	丁亥22	戊子23	己丑24	庚寅25	辛卯26	壬辰27		甲申立秋
七月大	甲申	干支天地西曆	癸巳28	甲午29	乙未30	丙申31	丁酉(9)	戊戌2	己亥3	庚子4	辛丑5	壬寅6	癸卯7	甲辰8	乙巳9	丙午10	丁未11	戊申12	己酉13	庚戌14	辛亥15	壬子16	癸丑17	甲寅18	乙卯19	丙辰20	丁巳21	戊午22	己未23	庚申24	辛酉25	壬戌26	
八月小	乙酉	干支天地西曆	癸亥27	甲子28	乙丑29	丙寅30	丁卯(10)	戊辰2	己巳3	庚午4	辛未5	壬申6	癸酉7	甲戌8	乙亥9	丙子10	丁丑11	戊寅12	己卯13	庚辰14	辛巳15	壬午16	癸未17	甲申18	乙酉19	丙戌20	丁亥21	戊子22	己丑23	庚寅24	辛卯25		己巳秋分
九月大	丙戌	干支天地西曆	壬辰26	癸巳27	甲午28	乙未29	丙申30	丁酉31	戊戌(11)	己亥2	庚子3	辛丑4	壬寅5	癸卯6	甲辰7	乙巳8	丙午9	丁未10	戊申11	己酉12	庚戌13	辛亥14	壬子15	癸丑16	甲寅17	乙卯18	丙辰19	丁巳20	戊午21	己未22	庚申23	辛酉24	癸丑立冬
十月大	丁亥	干支天地西曆	壬戌25	癸亥26	甲子27	乙丑28	丙寅29	丁卯30	戊辰(12)	己巳2	庚午3	辛未4	壬申5	癸酉6	甲戌7	乙亥8	丙子9	丁丑10	戊寅11	己卯12	庚辰13	辛巳14	壬午15	癸未16	甲申17	乙酉18	丙戌19	丁亥20	戊子21	己丑22	庚寅23	辛卯24	
十一月小	戊子	干支天地西曆	壬辰25	癸巳26	甲午27	乙未28	丙申29	丁酉30	戊戌31	己亥(1)	庚子2	辛丑3	壬寅4	癸卯5	甲辰6	乙巳7	丙午8	丁未9	戊申10	己酉11	庚戌12	辛亥13	壬子14	癸丑15	甲寅16	乙卯17	丙辰18	丁巳19	戊午20	己未21	庚申22		戊戌冬至
十二月大	己丑	干支天地西曆	辛酉23	壬戌24	癸亥25	甲子26	乙丑27	丙寅28	丁卯29	戊辰30	己巳31	庚午(2)	辛未2	壬申3	癸酉4	甲戌5	乙亥6	丙子7	丁丑8	戊寅9	己卯10	庚辰11	辛巳12	壬午13	癸未14	甲申15	乙酉16	丙戌17	丁亥18	戊子19	己丑20	庚寅21	壬午立春

年代異同	史記魯世家	漢書律曆志	帝王世紀	竹書紀年	皇極經世	文獻通考	歷代帝王年表	歷代統紀表	中國年曆總譜	西周年代	斷代工程
		周康王八年	周康王二年	殷帝辛四十三年	周康王八年	周康王八年	周康王八年	周康王八年	周成王三十四年	周武王三年	殷帝辛五年

殷帝辛七年（辛未 羊年） 公元前 1070 ~ 前 1069 年

夏曆月序		中西曆對照	初一	初二	初三	初四	初五	初六	初七	初八	初九	初十	十一	十二	十三	十四	十五	十六	十七	十八	十九	二十	二一	二二	二三	二四	二五	二六	二七	二八	二九	三十	節氣與天象
正月大	庚寅	天干地支西曆	辛卯22	壬辰23	癸巳24	甲午25	乙未26	丙申27	丁酉28	戊戌(3)	己亥2	庚子3	辛丑4	壬寅5	癸卯6	甲辰7	乙巳8	丙午9	丁未10	戊申11	己酉12	庚戌13	辛亥14	壬子15	癸丑16	甲寅17	乙卯18	丙辰19	丁巳20	戊午21	己未22	庚申23	
二月小	辛卯	天干地支西曆	辛酉24	壬戌25	癸亥26	甲子27	乙丑28	丙寅29	丁卯30	戊辰31	己巳(4)	庚午2	辛未3	壬申4	癸酉5	甲戌6	乙亥7	丙子8	丁丑9	戊寅10	己卯11	庚辰12	辛巳13	壬午14	癸未15	甲申16	乙酉17	丙戌18	丁亥19	戊子20	己丑21		己巳春分
三月大	壬辰	天干地支西曆	庚寅22	辛卯23	壬辰24	癸巳25	甲午26	乙未27	丙申28	丁酉29	戊戌30	己亥(5)	庚子2	辛丑3	壬寅4	癸卯5	甲辰6	乙巳7	丙午8	丁未9	戊申10	己酉11	庚戌12	辛亥13	壬子14	癸丑15	甲寅16	乙卯17	丙辰18	丁巳19	戊午20	己未21	丙辰立夏
四月小	癸巳	天干地支西曆	庚申22	辛酉23	壬戌24	癸亥25	甲子26	乙丑27	丙寅28	丁卯29	戊辰30	己巳31	庚午(6)	辛未2	壬申3	癸酉4	甲戌5	乙亥6	丙子7	丁丑8	戊寅9	己卯10	庚辰11	辛巳12	壬午13	癸未14	甲申15	乙酉16	丙戌17	丁亥18	戊子19		
五月小	甲午	天干地支西曆	己丑20	庚寅21	辛卯22	壬辰23	癸巳24	甲午25	乙未26	丙申27	丁酉28	戊戌29	己亥30	庚子(7)	辛丑2	壬寅3	癸卯4	甲辰5	乙巳6	丙午7	丁未8	戊申9	己酉10	庚戌11	辛亥12	壬子13	癸丑14	甲寅15	乙卯16	丙辰17	丁巳18		癸卯夏至 己丑日食
六月大	乙未	天干地支西曆	戊午19	己未20	庚申21	辛酉22	壬戌23	癸亥24	甲子25	乙丑26	丙寅27	丁卯28	戊辰29	己巳30	庚午31	辛未(8)	壬申2	癸酉3	甲戌4	乙亥5	丙子6	丁丑7	戊寅8	己卯9	庚辰10	辛巳11	壬午12	癸未13	甲申14	乙酉15	丙戌16	丁亥17	
七月小	丙申	天干地支西曆	戊子18	己丑19	庚寅20	辛卯21	壬辰22	癸巳23	甲午24	乙未25	丙申26	丁酉27	戊戌28	己亥29	庚子30	辛丑31	壬寅(9)	癸卯2	甲辰3	乙巳4	丙午5	丁未6	戊申7	己酉8	庚戌9	辛亥10	壬子11	癸丑12	甲寅13	乙卯14	丙辰15		己丑立秋
八月大	丁酉	天干地支西曆	丁巳16	戊午17	己未18	庚申19	辛酉20	壬戌21	癸亥22	甲子23	乙丑24	丙寅25	丁卯26	戊辰27	己巳28	庚午29	辛未30	壬申(10)	癸酉2	甲戌3	乙亥4	丙子5	丁丑6	戊寅7	己卯8	庚辰9	辛巳10	壬午11	癸未12	甲申13	乙酉14	丙戌15	甲戌秋分
九月小	戊戌	天干地支西曆	丁亥16	戊子17	己丑18	庚寅19	辛卯20	壬辰21	癸巳22	甲午23	乙未24	丙申25	丁酉26	戊戌27	己亥28	庚子29	辛丑30	壬寅31	癸卯(11)	甲辰2	乙巳3	丙午4	丁未5	戊申6	己酉7	庚戌8	辛亥9	壬子10	癸丑11	甲寅12	乙卯13		
十月大	己亥	天干地支西曆	丙辰14	丁巳15	戊午16	己未17	庚申18	辛酉19	壬戌20	癸亥21	甲子22	乙丑23	丙寅24	丁卯25	戊辰26	己巳27	庚午28	辛未29	壬申30	癸酉(12)	甲戌2	乙亥3	丙子4	丁丑5	戊寅6	己卯7	庚辰8	辛巳9	壬午10	癸未11	甲申12	乙酉13	己未立冬
十一月小	庚子	天干地支西曆	丙戌14	丁亥15	戊子16	己丑17	庚寅18	辛卯19	壬辰20	癸巳21	甲午22	乙未23	丙申24	丁酉25	戊戌26	己亥27	庚子28	辛丑29	壬寅30	癸卯31	甲辰(1)	乙巳2	丙午3	丁未4	戊申5	己酉6	庚戌7	辛亥8	壬子9	癸丑10	甲寅11		癸卯冬至
十二月大	辛丑	天干地支西曆	乙卯12	丙辰13	丁巳14	戊午15	己未16	庚申17	辛酉18	壬戌19	癸亥20	甲子21	乙丑22	丙寅23	丁卯24	戊辰25	己巳26	庚午27	辛未28	壬申29	癸酉30	甲戌31	乙亥(2)	丙子2	丁丑3	戊寅4	己卯5	庚辰6	辛巳7	壬午8	癸未9	甲申10	

年代異同	史記魯世家	漢書律曆志	帝王世紀	竹書紀年	皇極經世	文獻通考	歷代帝王年表	歷代統紀表	中國年曆總譜	西周年代	斷代工程
		周康王九年	周康王三年	殷帝辛四十四年	周康王九年	周康王九年	周康王九年	周康王九年	周成王三十五年	周武王四年	殷帝辛六年

殷帝辛八年（壬申 猴年） 公元前 **1069** ~ 前 1068 年

夏曆月序	中西曆日對照	初一	初二	初三	初四	初五	初六	初七	初八	初九	初十	十一	十二	十三	十四	十五	十六	十七	十八	十九	二十	二一	二二	二三	二四	二五	二六	二七	二八	二九	三十	節氣與天象
正月大 壬寅	天干地支西曆	乙酉11	丙戌12	丁亥13	戊子14	己丑15	庚寅16	辛卯17	壬辰18	癸巳19	甲午20	乙未21	丙申22	丁酉23	戊戌24	己亥25	庚子26	辛丑27	壬寅28	癸卯29	甲辰(3)	乙巳2	丙午3	丁未4	戊申5	己酉6	庚戌7	辛亥8	壬子9	癸丑10	甲寅11	戊子立春
二月小 癸卯	天干地支西曆	乙卯12	丙辰13	丁巳14	戊午15	己未16	庚申17	辛酉18	壬戌19	癸亥20	甲子21	乙丑22	丙寅23	丁卯24	戊辰25	己巳26	庚午27	辛未28	壬申29	癸酉30	甲戌31	乙亥(4)	丙子2	丁丑3	戊寅4	己卯5	庚辰6	辛巳7	壬午8	癸未9		甲戌春分
三月大 甲辰	天干地支西曆	甲申10	乙酉11	丙戌12	丁亥13	戊子14	己丑15	庚寅16	辛卯17	壬辰18	癸巳19	甲午20	乙未21	丙申22	丁酉23	戊戌24	己亥25	庚子26	辛丑27	壬寅28	癸卯29	甲辰30	乙巳(5)	丙午2	丁未3	戊申4	己酉5	庚戌6	辛亥7	壬子8	癸丑9	
四月大 乙巳	天干地支西曆	甲寅10	乙卯11	丙辰12	丁巳13	戊午14	己未15	庚申16	辛酉17	壬戌18	癸亥19	甲子20	乙丑21	丙寅22	丁卯23	戊辰24	己巳25	庚午26	辛未27	壬申28	癸酉29	甲戌30	乙亥31	丙子(6)	丁丑2	戊寅3	己卯4	庚辰5	辛巳6	壬午7	癸未8	辛酉立夏
五月小 丙午	天干地支西曆	甲申9	乙酉10	丙戌11	丁亥12	戊子13	己丑14	庚寅15	辛卯16	壬辰17	癸巳18	甲午19	乙未20	丙申21	丁酉22	戊戌23	己亥24	庚子25	辛丑26	壬寅27	癸卯28	甲辰29	乙巳30	丙午(7)	丁未2	戊申3	己酉4	庚戌5	辛亥6	壬子7		戊申夏至
六月小 丁未	天干地支西曆	癸丑8	甲寅9	乙卯10	丙辰11	丁巳12	戊午13	己未14	庚申15	辛酉16	壬戌17	癸亥18	甲子19	乙丑20	丙寅21	丁卯22	戊辰23	己巳24	庚午25	辛未26	壬申27	癸酉28	甲戌29	乙亥30	丙子31	丁丑(8)	戊寅2	己卯3	庚辰4	辛巳5		
七月大 戊申	天干地支西曆	壬午6	癸未7	甲申8	乙酉9	丙戌10	丁亥11	戊子12	己丑13	庚寅14	辛卯15	壬辰16	癸巳17	甲午18	乙未19	丙申20	丁酉21	戊戌22	己亥23	庚子24	辛丑25	壬寅26	癸卯27	甲辰28	乙巳29	丙午30	丁未31	戊申(9)	己酉2	庚戌3	辛亥4	甲午立秋
八月小 己酉	天干地支西曆	壬子5	癸丑6	甲寅7	乙卯8	丙辰9	丁巳10	戊午11	己未12	庚申13	辛酉14	壬戌15	癸亥16	甲子17	乙丑18	丙寅19	丁卯20	戊辰21	己巳22	庚午23	辛未24	壬申25	癸酉26	甲戌27	乙亥28	丙子29	丁丑30	戊寅(10)	己卯2	庚辰3		庚辰秋分
九月大 庚戌	天干地支西曆	辛巳4	壬午5	癸未6	甲申7	乙酉8	丙戌9	丁亥10	戊子11	己丑12	庚寅13	辛卯14	壬辰15	癸巳16	甲午17	乙未18	丙申19	丁酉20	戊戌21	己亥22	庚子23	辛丑24	壬寅25	癸卯26	甲辰27	乙巳28	丙午29	丁未30	戊申31	己酉(11)	庚戌2	
十月小 辛亥	天干地支西曆	辛亥3	壬子4	癸丑5	甲寅6	乙卯7	丙辰8	丁巳9	戊午10	己未11	庚申12	辛酉13	壬戌14	癸亥15	甲子16	乙丑17	丙寅18	丁卯19	戊辰20	己巳21	庚午22	辛未23	壬申24	癸酉25	甲戌26	乙亥27	丙子28	丁丑29	戊寅30	己卯(12)		甲子立冬
十一月大 壬子	天干地支西曆	庚辰2	辛巳3	壬午4	癸未5	甲申6	乙酉7	丙戌8	丁亥9	戊子10	己丑11	庚寅12	辛卯13	壬辰14	癸巳15	甲午16	乙未17	丙申18	丁酉19	戊戌20	己亥21	庚子22	辛丑23	壬寅24	癸卯25	甲辰26	乙巳27	丙午28	丁未29	戊申30	己酉31	戊申冬至
十二月小 癸丑	天干地支西曆	庚戌(1)	辛亥2	壬子3	癸丑4	甲寅5	乙卯6	丙辰7	丁巳8	戊午9	己未10	庚申11	辛酉12	壬戌13	癸亥14	甲子15	乙丑16	丙寅17	丁卯18	戊辰19	己巳20	庚午21	辛未22	壬申23	癸酉24	甲戌25	乙亥26	丙子27	丁丑28	戊寅29		

年代異同	史記魯世家	漢書律曆志	帝王世紀	竹書紀年	皇極經世	文獻通考	歷代帝王年表	歷代統紀表	中國年曆總譜	西周年代	斷代工程
		周康王十年	周康王四年	殷帝辛四十五年	周康王十年	周康王十年	周康王十年	周康王十年	周成王三十六年	周武王五年	殷帝辛七年

殷帝辛九年（癸酉 鷄年） 公元前 **1068** ~ 前 1067 年

夏曆月序		中西曆日對照	初一	初二	初三	初四	初五	初六	初七	初八	初九	初十	十一	十二	十三	十四	十五	十六	十七	十八	十九	二十	二一	二二	二三	二四	二五	二六	二七	二八	二九	三十	節氣與天象
正月大	甲寅	天干 地支 西曆	己卯30	庚辰31	辛巳(2)	壬午2	癸未3	甲申4	乙酉5	丙戌6	丁亥7	戊子8	己丑9	庚寅10	辛卯11	壬辰12	癸巳13	甲午14	乙未15	丙申16	丁酉17	戊戌18	己亥19	庚子20	辛丑21	壬寅22	癸卯23	甲辰24	乙巳25	丙午26	丁未27	戊申28	癸巳立春
二月小	乙卯	天干 地支 西曆	己酉(3)	庚戌2	辛亥3	壬子4	癸丑5	甲寅6	乙卯7	丙辰8	丁巳9	戊午10	己未11	庚申12	辛酉13	壬戌14	癸亥15	甲子16	乙丑17	丙寅18	丁卯19	戊辰20	己巳21	庚午22	辛未23	壬申24	癸酉25	甲戌26	乙亥27	丙子28	丁丑29		
閏二月大	乙卯	天干 地支 西曆	戊寅30	己卯31	庚辰(4)	辛巳2	壬午3	癸未4	甲申5	乙酉6	丙戌7	丁亥8	戊子9	己丑10	庚寅11	辛卯12	壬辰13	癸巳14	甲午15	乙未16	丙申17	丁酉18	戊戌19	己亥20	庚子21	辛丑22	壬寅23	癸卯24	甲辰25	乙巳26	丙午27	丁未28	己卯春分
三月大	丙辰	天干 地支 西曆	戊申29	己酉30	庚戌(5)	辛亥2	壬子3	癸丑4	甲寅5	乙卯6	丙辰7	丁巳8	戊午9	己未10	庚申11	辛酉12	壬戌13	癸亥14	甲子15	乙丑16	丙寅17	丁卯18	戊辰19	己巳20	庚午21	辛未22	壬申23	癸酉24	甲戌25	乙亥26	丙子27	丁丑28	丙寅立夏
四月小	丁巳	天干 地支 西曆	戊寅29	己卯30	庚辰31	辛巳(6)	壬午2	癸未3	甲申4	乙酉5	丙戌6	丁亥7	戊子8	己丑9	庚寅10	辛卯11	壬辰12	癸巳13	甲午14	乙未15	丙申16	丁酉17	戊戌18	己亥19	庚子20	辛丑21	壬寅22	癸卯23	甲辰24	乙巳25	丙午26		
五月大	戊午	天干 地支 西曆	丁未27	戊申28	己酉29	庚戌30	辛亥(7)	壬子2	癸丑3	甲寅4	乙卯5	丙辰6	丁巳7	戊午8	己未9	庚申10	辛酉11	壬戌12	癸亥13	甲子14	乙丑15	丙寅16	丁卯17	戊辰18	己巳19	庚午20	辛未21	壬申22	癸酉23	甲戌24	乙亥25	丙子26	癸丑夏至
六月小	己未	天干 地支 西曆	丁丑27	戊寅28	己卯29	庚辰30	辛巳31	壬午(8)	癸未2	甲申3	乙酉4	丙戌5	丁亥6	戊子7	己丑8	庚寅9	辛卯10	壬辰11	癸巳12	甲午13	乙未14	丙申15	丁酉16	戊戌17	己亥18	庚子19	辛丑20	壬寅21	癸卯22	甲辰23	乙巳24		庚子立秋
七月大	庚申	天干 地支 西曆	丙午25	丁未26	戊申27	己酉28	庚戌29	辛亥30	壬子31	癸丑(9)	甲寅2	乙卯3	丙辰4	丁巳5	戊午6	己未7	庚申8	辛酉9	壬戌10	癸亥11	甲子12	乙丑13	丙寅14	丁卯15	戊辰16	己巳17	庚午18	辛未19	壬申20	癸酉21	甲戌22	乙亥23	
八月小	辛酉	天干 地支 西曆	丙子24	丁丑25	戊寅26	己卯27	庚辰28	辛巳29	壬午30	癸未(10)	甲申2	乙酉3	丙戌4	丁亥5	戊子6	己丑7	庚寅8	辛卯9	壬辰10	癸巳11	甲午12	乙未13	丙申14	丁酉15	戊戌16	己亥17	庚子18	辛丑19	壬寅20	癸卯21	甲辰22		乙酉秋分
九月大	壬戌	天干 地支 西曆	乙巳23	丙午24	丁未25	戊申26	己酉27	庚戌28	辛亥29	壬子30	癸丑31	甲寅(11)	乙卯2	丙辰3	丁巳4	戊午5	己未6	庚申7	辛酉8	壬戌9	癸亥10	甲子11	乙丑12	丙寅13	丁卯14	戊辰15	己巳16	庚午17	辛未18	壬申19	癸酉20	甲戌21	己巳立冬
十月小	癸亥	天干 地支 西曆	乙亥22	丙子23	丁丑24	戊寅25	己卯26	庚辰27	辛巳28	壬午29	癸未30	甲申(12)	乙酉2	丙戌3	丁亥4	戊子5	己丑6	庚寅7	辛卯8	壬辰9	癸巳10	甲午11	乙未12	丙申13	丁酉14	戊戌15	己亥16	庚子17	辛丑18	壬寅19	癸卯20		
十一月大	甲子	天干 地支 西曆	甲辰21	乙巳22	丙午23	丁未24	戊申25	己酉26	庚戌27	辛亥28	壬子29	癸丑30	甲寅31	乙卯(1)	丙辰2	丁巳3	戊午4	己未5	庚申6	辛酉7	壬戌8	癸亥9	甲子10	乙丑11	丙寅12	丁卯13	戊辰14	己巳15	庚午16	辛未17	壬申18	癸酉19	癸丑冬至
十二月小	乙丑	天干 地支 西曆	甲戌20	乙亥21	丙子22	丁丑23	戊寅24	己卯25	庚辰26	辛巳27	壬午28	癸未29	甲申30	乙酉31	丙戌(2)	丁亥2	戊子3	己丑4	庚寅5	辛卯6	壬辰7	癸巳8	甲午9	乙未10	丙申11	丁酉12	戊戌13	己亥14	庚子15	辛丑16	壬寅17		戊戌立春

年代異同	史記魯世家	漢書律曆志	帝王世紀	竹書紀年	皇極經世	文獻通考	歷代帝王年表	歷代統紀表	中國年曆總譜	西周年代	斷代工程
		周康王十一年	周康王五年	殷帝辛四十六年	周康王十一年	周康王十一年	周康王十一年	周康王十一年	周成王三十七年	周武王六年	殷帝辛八年

殷帝辛十年（甲戌 狗年） 公元前 1067 ~ 前 1066 年

夏曆月序	中西曆日對照		初一	初二	初三	初四	初五	初六	初七	初八	初九	初十	十一	十二	十三	十四	十五	十六	十七	十八	十九	二十	二一	二二	二三	二四	二五	二六	二七	二八	二九	三十	節氣與天象
正月大	丙寅	天干地支 西曆	癸卯 18	甲辰 19	乙巳 20	丙午 21	丁未 22	戊申 23	己酉 24	庚戌 25	辛亥 26	壬子 27	癸丑 28	甲寅 (3)	乙卯 2	丙辰 3	丁巳 4	戊午 5	己未 6	庚申 7	辛酉 8	壬戌 9	癸亥 10	甲子 11	乙丑 12	丙寅 13	丁卯 14	戊辰 15	己巳 16	庚午 17	辛未 18	壬申 19	
二月小	丁卯	天干地支 西曆	癸酉 20	甲戌 21	乙亥 22	丙子 23	丁丑 24	戊寅 25	己卯 26	庚辰 27	辛巳 28	壬午 29	癸未 30	甲申 31	乙酉 (4)	丙戌 2	丁亥 3	戊子 4	己丑 5	庚寅 6	辛卯 7	壬辰 8	癸巳 9	甲午 10	乙未 11	丙申 12	丁酉 13	戊戌 14	己亥 15	庚子 16	辛丑 17		甲申春分
三月大	戊辰	天干地支 西曆	壬寅 18	癸卯 19	甲辰 20	乙巳 21	丙午 22	丁未 23	戊申 24	己酉 25	庚戌 26	辛亥 27	壬子 28	癸丑 29	甲寅 30	乙卯 (5)	丙辰 2	丁巳 3	戊午 4	己未 5	庚申 6	辛酉 7	壬戌 8	癸亥 9	甲子 10	乙丑 11	丙寅 12	丁卯 13	戊辰 14	己巳 15	庚午 16	辛未 17	辛未立夏 壬寅日食
四月小	己巳	天干地支 西曆	壬申 18	癸酉 19	甲戌 20	乙亥 21	丙子 22	丁丑 23	戊寅 24	己卯 25	庚辰 26	辛巳 27	壬午 28	癸未 29	甲申 30	乙酉 31	丙戌 (6)	丁亥 2	戊子 3	己丑 4	庚寅 5	辛卯 6	壬辰 7	癸巳 8	甲午 9	乙未 10	丙申 11	丁酉 12	戊戌 13	己亥 14	庚子 15		
五月大	庚午	天干地支 西曆	辛丑 16	壬寅 17	癸卯 18	甲辰 19	乙巳 20	丙午 21	丁未 22	戊申 23	己酉 24	庚戌 25	辛亥 26	壬子 27	癸丑 28	甲寅 29	乙卯 30	丙辰 (7)	丁巳 2	戊午 3	己未 4	庚申 5	辛酉 6	壬戌 7	癸亥 8	甲子 9	乙丑 10	丙寅 11	丁卯 12	戊辰 13	己巳 14	庚午 15	己未夏至
六月大	辛未	天干地支 西曆	辛未 16	壬申 17	癸酉 18	甲戌 19	乙亥 20	丙子 21	丁丑 22	戊寅 23	己卯 24	庚辰 25	辛巳 26	壬午 27	癸未 28	甲申 29	乙酉 30	丙戌 31	丁亥 (8)	戊子 2	己丑 3	庚寅 4	辛卯 5	壬辰 6	癸巳 7	甲午 8	乙未 9	丙申 10	丁酉 11	戊戌 12	己亥 13	庚子 14	
七月小	壬申	天干地支 西曆	辛丑 15	壬寅 16	癸卯 17	甲辰 18	乙巳 19	丙午 20	丁未 21	戊申 22	己酉 23	庚戌 24	辛亥 25	壬子 26	癸丑 27	甲寅 28	乙卯 29	丙辰 30	丁巳 31	戊午 (9)	己未 2	庚申 3	辛酉 4	壬戌 5	癸亥 6	甲子 7	乙丑 8	丙寅 9	丁卯 10	戊辰 11	己巳 12		乙巳立秋
八月大	癸酉	天干地支 西曆	庚午 13	辛未 14	壬申 15	癸酉 16	甲戌 17	乙亥 18	丙子 19	丁丑 20	戊寅 21	己卯 22	庚辰 23	辛巳 24	壬午 25	癸未 26	甲申 27	乙酉 28	丙戌 29	丁亥 30	戊子 (10)	己丑 2	庚寅 3	辛卯 4	壬辰 5	癸巳 6	甲午 7	乙未 8	丙申 9	丁酉 10	戊戌 11	己亥 12	庚寅秋分
九月小	甲戌	天干地支 西曆	庚子 13	辛丑 14	壬寅 15	癸卯 16	甲辰 17	乙巳 18	丙午 19	丁未 20	戊申 21	己酉 22	庚戌 23	辛亥 24	壬子 25	癸丑 26	甲寅 27	乙卯 28	丙辰 29	丁巳 30	戊午 31	己未 (11)	庚申 2	辛酉 3	壬戌 4	癸亥 5	甲子 6	乙丑 7	丙寅 8	丁卯 9	戊辰 10		庚子日食
十月大	乙亥	天干地支 西曆	己巳 11	庚午 12	辛未 13	壬申 14	癸酉 15	甲戌 16	乙亥 17	丙子 18	丁丑 19	戊寅 20	己卯 21	庚辰 22	辛巳 23	壬午 24	癸未 25	甲申 26	乙酉 27	丙戌 28	丁亥 29	戊子 30	己丑 (12)	庚寅 2	辛卯 3	壬辰 4	癸巳 5	甲午 6	乙未 7	丙申 8	丁酉 9	戊戌 10	甲戌立冬
十一月小	丙子	天干地支 西曆	己亥 11	庚子 12	辛丑 13	壬寅 14	癸卯 15	甲辰 16	乙巳 17	丙午 18	丁未 19	戊申 20	己酉 21	庚戌 22	辛亥 23	壬子 24	癸丑 25	甲寅 26	乙卯 27	丙辰 28	丁巳 29	戊午 30	己未 31	庚申 (1)	辛酉 2	壬戌 3	癸亥 4	甲子 5	乙丑 6	丙寅 7	丁卯 8		己未冬至
十二月大	丁丑	天干地支 西曆	戊辰 9	己巳 10	庚午 11	辛未 12	壬申 13	癸酉 14	甲戌 15	乙亥 16	丙子 17	丁丑 18	戊寅 19	己卯 20	庚辰 21	辛巳 22	壬午 23	癸未 24	甲申 25	乙酉 26	丙戌 27	丁亥 28	戊子 29	己丑 30	庚寅 31	辛卯 (2)	壬辰 2	癸巳 3	甲午 4	乙未 5	丙申 6	丁酉 7	

年代異同	史記魯世家	漢書律曆志	帝王世紀	竹書紀年	皇極經世	文獻通考	歷代帝王年表	歷代統紀表	中國年曆總譜	西周年代	斷代工程
		周康王十二年	周康王六年	殷帝辛四十七年	周康王十二年	周康王十二年	周康王十二年	周康王十二年	周康王元年	周成王元年	殷帝辛九年

殷帝辛十一年（乙亥 猪年） 公元前1066 ~ 前1065年

夏曆月序	中西曆日對照	初一	初二	初三	初四	初五	初六	初七	初八	初九	初十	十一	十二	十三	十四	十五	十六	十七	十八	十九	二十	二一	二二	二三	二四	二五	二六	二七	二八	二九	三十	節氣與天象
正月小 戊寅	天干 地支 西曆	戊戌8	己亥9	庚子10	辛丑11	壬寅12	癸卯13	甲辰14	乙巳15	丙午16	丁未17	戊申18	己酉19	庚戌20	辛亥21	壬子22	癸丑23	甲寅24	乙卯25	丙辰26	丁巳27	戊午28	己未(3)	庚申2	辛酉3	壬戌4	癸亥5	甲子6	乙丑7	丙寅8		癸卯立春
二月大 己卯	天干 地支 西曆	丁卯9	戊辰10	己巳11	庚午12	辛未13	壬申14	癸酉15	甲戌16	乙亥17	丙子18	丁丑19	戊寅20	己卯21	庚辰22	辛巳23	壬午24	癸未25	甲申26	乙酉27	丙戌28	丁亥29	戊子30	己丑31	庚寅(4)	辛卯2	壬辰3	癸巳4	甲午5	乙未6	丙申7	庚寅春分
三月小 庚辰	天干 地支 西曆	丁酉8	戊戌9	己亥10	庚子11	辛丑12	壬寅13	癸卯14	甲辰15	乙巳16	丙午17	丁未18	戊申19	己酉20	庚戌21	辛亥22	壬子23	癸丑24	甲寅25	乙卯26	丙辰27	丁巳28	戊午29	己未30	庚申(5)	辛酉2	壬戌3	癸亥4	甲子5	乙丑6		
四月小 辛巳	天干 地支 西曆	丙寅7	丁卯8	戊辰9	己巳10	庚午11	辛未12	壬申13	癸酉14	甲戌15	乙亥16	丙子17	丁丑18	戊寅19	己卯20	庚辰21	辛巳22	壬午23	癸未24	甲申25	乙酉26	丙戌27	丁亥28	戊子29	己丑30	庚寅31	辛卯(6)	壬辰2	癸巳3	甲午4		丁丑立夏
五月大 壬午	天干 地支 西曆	乙未5	丙申6	丁酉7	戊戌8	己亥9	庚子10	辛丑11	壬寅12	癸卯13	甲辰14	乙巳15	丙午16	丁未17	戊申18	己酉19	庚戌20	辛亥21	壬子22	癸丑23	甲寅24	乙卯25	丙辰26	丁巳27	戊午28	己未29	庚申30	辛酉(7)	壬戌2	癸亥3	甲子4	甲子夏至
六月大 癸未	天干 地支 西曆	乙丑5	丙寅6	丁卯7	戊辰8	己巳9	庚午10	辛未11	壬申12	癸酉13	甲戌14	乙亥15	丙子16	丁丑17	戊寅18	己卯19	庚辰20	辛巳21	壬午22	癸未23	甲申24	乙酉25	丙戌26	丁亥27	戊子28	己丑29	庚寅30	辛卯31	壬辰(8)	癸巳2	甲午3	
七月小 甲申	天干 地支 西曆	乙未4	丙申5	丁酉6	戊戌7	己亥8	庚子9	辛丑10	壬寅11	癸卯12	甲辰13	乙巳14	丙午15	丁未16	戊申17	己酉18	庚戌19	辛亥20	壬子21	癸丑22	甲寅23	乙卯24	丙辰25	丁巳26	戊午27	己未28	庚申29	辛酉30	壬戌31	癸亥(9)		庚戌立秋
八月大 乙酉	天干 地支 西曆	甲子2	乙丑3	丙寅4	丁卯5	戊辰6	己巳7	庚午8	辛未9	壬申10	癸酉11	甲戌12	乙亥13	丙子14	丁丑15	戊寅16	己卯17	庚辰18	辛巳19	壬午20	癸未21	甲申22	乙酉23	丙戌24	丁亥25	戊子26	己丑27	庚寅28	辛卯29	壬辰30	癸巳(10)	
九月大 丙戌	天干 地支 西曆	甲午2	乙未3	丙申4	丁酉5	戊戌6	己亥7	庚子8	辛丑9	壬寅10	癸卯11	甲辰12	乙巳13	丙午14	丁未15	戊申16	己酉17	庚戌18	辛亥19	壬子20	癸丑21	甲寅22	乙卯23	丙辰24	丁巳25	戊午26	己未27	庚申28	辛酉29	壬戌30	癸亥31	乙未秋分
十月小 丁亥	天干 地支 西曆	甲子(11)	乙丑2	丙寅3	丁卯4	戊辰5	己巳6	庚午7	辛未8	壬申9	癸酉10	甲戌11	乙亥12	丙子13	丁丑14	戊寅15	己卯16	庚辰17	辛巳18	壬午19	癸未20	甲申21	乙酉22	丙戌23	丁亥24	戊子25	己丑26	庚寅27	辛卯28	壬辰29		庚辰立冬
閏十月大 丁亥	天干 地支 西曆	癸巳30	甲午(12)	乙未2	丙申3	丁酉4	戊戌5	己亥6	庚子7	辛丑8	壬寅9	癸卯10	甲辰11	乙巳12	丙午13	丁未14	戊申15	己酉16	庚戌17	辛亥18	壬子19	癸丑20	甲寅21	乙卯22	丙辰23	丁巳24	戊午25	己未26	庚申27	辛酉28	壬戌29	
十一月小 戊子	天干 地支 西曆	癸亥30	甲子31	乙丑(1)	丙寅2	丁卯3	戊辰4	己巳5	庚午6	辛未7	壬申8	癸酉9	甲戌10	乙亥11	丙子12	丁丑13	戊寅14	己卯15	庚辰16	辛巳17	壬午18	癸未19	甲申20	乙酉21	丙戌22	丁亥23	戊子24	己丑25	庚寅26	辛卯27		甲子冬至
十二月大 己丑	天干 地支 西曆	壬辰28	癸巳29	甲午30	乙未31	丙申(2)	丁酉2	戊戌3	己亥4	庚子5	辛丑6	壬寅7	癸卯8	甲辰9	乙巳10	丙午11	丁未12	戊申13	己酉14	庚戌15	辛亥16	壬子17	癸丑18	甲寅19	乙卯20	丙辰21	丁巳22	戊午23	己未24	庚申25	辛酉26	己酉立春

年代異同	史記魯世家	漢書律曆志	帝王世紀	竹書紀年	皇極經世	文獻通考	歷代帝王年表	歷代統紀表	中國年曆總譜	西周年代	斷代工程
		周康王十三年	周康王七年	殷帝辛四十八年	周康王十三年	周康王十三年	周康王十三年	周康王十三年	周康王二年	周成王二年	殷帝辛十年

殷帝辛十二年（丙子 鼠年） 公元前 **1065** ~ 前 1064 年

夏曆月序		中西曆對照	初一	初二	初三	初四	初五	初六	初七	初八	初九	初十	十一	十二	十三	十四	十五	十六	十七	十八	十九	二十	二一	二二	二三	二四	二五	二六	二七	二八	二九	三十	節氣與天象
正月小	庚寅	干支曆 天地西曆	壬戌 27	癸亥 28	甲子 29	乙丑 (3)	丙寅 2	丁卯 3	戊辰 4	己巳 5	庚午 6	辛未 7	壬申 8	癸酉 9	甲戌 10	乙亥 11	丙子 12	丁丑 13	戊寅 14	己卯 15	庚辰 16	辛巳 17	壬午 18	癸未 19	甲申 20	乙酉 21	丙戌 22	丁亥 23	戊子 24	己丑 25	庚寅 26		
二月小	辛卯	干支曆 天地西曆	辛卯 27	壬辰 28	癸巳 29	甲午 30	乙未 31	丙申 (4)	丁酉 2	戊戌 3	己亥 4	庚子 5	辛丑 6	壬寅 7	癸卯 8	甲辰 9	乙巳 10	丙午 11	丁未 12	戊申 13	己酉 14	庚戌 15	辛亥 16	壬子 17	癸丑 18	甲寅 19	乙卯 20	丙辰 21	丁巳 22	戊午 23	己未 24		乙未春分
三月大	壬辰	干支曆 天地西曆	庚申 25	辛酉 26	壬戌 27	癸亥 28	甲子 29	乙丑 30	丙寅 (5)	丁卯 2	戊辰 3	己巳 4	庚午 5	辛未 6	壬申 7	癸酉 8	甲戌 9	乙亥 10	丙子 11	丁丑 12	戊寅 13	己卯 14	庚辰 15	辛巳 16	壬午 17	癸未 18	甲申 19	乙酉 20	丙戌 21	丁亥 22	戊子 23	己丑 24	壬午立夏
四月小	癸巳	干支曆 天地西曆	庚寅 25	辛卯 26	壬辰 27	癸巳 28	甲午 29	乙未 30	丙申 31	丁酉 (6)	戊戌 2	己亥 3	庚子 4	辛丑 5	壬寅 6	癸卯 7	甲辰 8	乙巳 9	丙午 10	丁未 11	戊申 12	己酉 13	庚戌 14	辛亥 15	壬子 16	癸丑 17	甲寅 18	乙卯 19	丙辰 20	丁巳 21	戊午 22		
五月大	甲午	干支曆 天地西曆	己未 23	庚申 24	辛酉 25	壬戌 26	癸亥 27	甲子 28	乙丑 29	丙寅 30	丁卯 (7)	戊辰 2	己巳 3	庚午 4	辛未 5	壬申 6	癸酉 7	甲戌 8	乙亥 9	丙子 10	丁丑 11	戊寅 12	己卯 13	庚辰 14	辛巳 15	壬午 16	癸未 17	甲申 18	乙酉 19	丙戌 20	丁亥 21	戊子 22	己巳夏至
六月小	乙未	干支曆 天地西曆	己丑 23	庚寅 24	辛卯 25	壬辰 26	癸巳 27	甲午 28	乙未 29	丙申 30	丁酉 31	戊戌 (8)	己亥 2	庚子 3	辛丑 4	壬寅 5	癸卯 6	甲辰 7	乙巳 8	丙午 9	丁未 10	戊申 11	己酉 12	庚戌 13	辛亥 14	壬子 15	癸丑 16	甲寅 17	乙卯 18	丙辰 19	丁巳 20		乙卯立秋
七月大	丙申	干支曆 天地西曆	戊午 21	己未 22	庚申 23	辛酉 24	壬戌 25	癸亥 26	甲子 27	乙丑 28	丙寅 29	丁卯 30	戊辰 31	己巳 (9)	庚午 2	辛未 3	壬申 4	癸酉 5	甲戌 6	乙亥 7	丙子 8	丁丑 9	戊寅 10	己卯 11	庚辰 12	辛巳 13	壬午 14	癸未 15	甲申 16	乙酉 17	丙戌 18	丁亥 19	
八月大	丁酉	干支曆 天地西曆	戊子 20	己丑 21	庚寅 22	辛卯 23	壬辰 24	癸巳 25	甲午 26	乙未 27	丙申 28	丁酉 29	戊戌 30	己亥 (10)	庚子 2	辛丑 3	壬寅 4	癸卯 5	甲辰 6	乙巳 7	丙午 8	丁未 9	戊申 10	己酉 11	庚戌 12	辛亥 13	壬子 14	癸丑 15	甲寅 16	乙卯 17	丙辰 18	丁巳 19	辛丑秋分
九月大	戊戌	干支曆 天地西曆	戊午 20	己未 21	庚申 22	辛酉 23	壬戌 24	癸亥 25	甲子 26	乙丑 27	丙寅 28	丁卯 29	戊辰 30	己巳 31	庚午 (11)	辛未 2	壬申 3	癸酉 4	甲戌 5	乙亥 6	丙子 7	丁丑 8	戊寅 9	己卯 10	庚辰 11	辛巳 12	壬午 13	癸未 14	甲申 15	乙酉 16	丙戌 17	丁亥 18	乙酉立冬
十月小	己亥	干支曆 天地西曆	戊子 19	己丑 20	庚寅 21	辛卯 22	壬辰 23	癸巳 24	甲午 25	乙未 26	丙申 27	丁酉 28	戊戌 29	己亥 30	庚子 (12)	辛丑 2	壬寅 3	癸卯 4	甲辰 5	乙巳 6	丙午 7	丁未 8	戊申 9	己酉 10	庚戌 11	辛亥 12	壬子 13	癸丑 14	甲寅 15	乙卯 16	丙辰 17		
十一月大	庚子	干支曆 天地西曆	丁巳 18	戊午 19	己未 20	庚申 21	辛酉 22	壬戌 23	癸亥 24	甲子 25	乙丑 26	丙寅 27	丁卯 28	戊辰 29	己巳 30	庚午 31	辛未 (1)	壬申 2	癸酉 3	甲戌 4	乙亥 5	丙子 6	丁丑 7	戊寅 8	己卯 9	庚辰 10	辛巳 11	壬午 12	癸未 13	甲申 14	乙酉 15	丙戌 16	己巳冬至
十二月小	辛丑	干支曆 天地西曆	丁亥 17	戊子 18	己丑 19	庚寅 20	辛卯 21	壬辰 22	癸巳 23	甲午 24	乙未 25	丙申 26	丁酉 27	戊戌 28	己亥 29	庚子 30	辛丑 31	壬寅 (2)	癸卯 2	甲辰 3	乙巳 4	丙午 5	丁未 6	戊申 7	己酉 8	庚戌 9	辛亥 10	壬子 11	癸丑 12	甲寅 13	乙卯 14		甲寅立春

年代異同	史記魯世家	漢書律曆志	帝王世紀	竹書紀年	皇極經世	文獻通考	歷代帝王年表	歷代統紀表	中國年曆總譜	西周年代	斷代工程
		周康王十四年	周康王八年	殷帝辛四十九年	周康王十四年	周康王十四年	周康王十四年	周康王十四年	周康王三年	周成王三年	殷帝辛十一年

殷帝辛十三年（丁丑 牛年） 公元前 1064 ~ 前 1063 年

夏曆月序		中西曆日對照	夏曆日序																													節氣與天象
			初一	初二	初三	初四	初五	初六	初七	初八	初九	初十	十一	十二	十三	十四	十五	十六	十七	十八	十九	二十	二一	二二	二三	二四	二五	二六	二七	二八	二九	三十	
正月大	壬寅	天干地支西曆	丙辰15	丁巳16	戊午17	己未18	庚申19	辛酉20	壬戌21	癸亥22	甲子23	乙丑24	丙寅25	丁卯26	戊辰27	己巳28	庚午(3)	辛未2	壬申3	癸酉4	甲戌5	乙亥6	丙子7	丁丑8	戊寅9	己卯10	庚辰11	辛巳12	壬午13	癸未14	甲申15	乙酉16	
二月小	癸卯	天干地支西曆	丙戌17	丁亥18	戊子19	己丑20	庚寅21	辛卯22	壬辰23	癸巳24	甲午25	乙未26	丙申27	丁酉28	戊戌29	己亥30	庚子31	辛丑(4)	壬寅2	癸卯3	甲辰4	乙巳5	丙午6	丁未7	戊申8	己酉9	庚戌10	辛亥11	壬子12	癸丑13	甲寅14		庚子春分
三月小	甲辰	天干地支西曆	乙卯15	丙辰16	丁巳17	戊午18	己未19	庚申20	辛酉21	壬戌22	癸亥23	甲子24	乙丑25	丙寅26	丁卯27	戊辰28	己巳29	庚午30	辛未(5)	壬申2	癸酉3	甲戌4	乙亥5	丙子6	丁丑7	戊寅8	己卯9	庚辰10	辛巳11	壬午12	癸未13		
四月大	乙巳	天干地支西曆	甲申14	乙酉15	丙戌16	丁亥17	戊子18	己丑19	庚寅20	辛卯21	壬辰22	癸巳23	甲午24	乙未25	丙申26	丁酉27	戊戌28	己亥29	庚子30	辛丑31	壬寅(6)	癸卯2	甲辰3	乙巳4	丙午5	丁未6	戊申7	己酉8	庚戌9	辛亥10	壬子11	癸丑12	丁亥立夏
五月小	丙午	天干地支西曆	甲寅13	乙卯14	丙辰15	丁巳16	戊午17	己未18	庚申19	辛酉20	壬戌21	癸亥22	甲子23	乙丑24	丙寅25	丁卯26	戊辰27	己巳28	庚午29	辛未30	壬申(7)	癸酉2	甲戌3	乙亥4	丙子5	丁丑6	戊寅7	己卯8	庚辰9	辛巳10	壬午11		甲戌夏至
六月大	丁未	天干地支西曆	癸未12	甲申13	乙酉14	丙戌15	丁亥16	戊子17	己丑18	庚寅19	辛卯20	壬辰21	癸巳22	甲午23	乙未24	丙申25	丁酉26	戊戌27	己亥28	庚子29	辛丑30	壬寅31	癸卯(8)	甲辰2	乙巳3	丙午4	丁未5	戊申6	己酉7	庚戌8	辛亥9	壬子10	
七月小	戊申	天干地支西曆	癸丑11	甲寅12	乙卯13	丙辰14	丁巳15	戊午16	己未17	庚申18	辛酉19	壬戌20	癸亥21	甲子22	乙丑23	丙寅24	丁卯25	戊辰26	己巳27	庚午28	辛未29	壬申30	癸酉31	甲戌(9)	乙亥2	丙子3	丁丑4	戊寅5	己卯6	庚辰7	辛巳8		辛酉立秋
八月大	己酉	天干地支西曆	壬午9	癸未10	甲申11	乙酉12	丙戌13	丁亥14	戊子15	己丑16	庚寅17	辛卯18	壬辰19	癸巳20	甲午21	乙未22	丙申23	丁酉24	戊戌25	己亥26	庚子27	辛丑28	壬寅29	癸卯30	甲辰(10)	乙巳2	丙午3	丁未4	戊申5	己酉6	庚戌7	辛亥8	丙午秋分
九月大	庚戌	天干地支西曆	壬子9	癸丑10	甲寅11	乙卯12	丙辰13	丁巳14	戊午15	己未16	庚申17	辛酉18	壬戌19	癸亥20	甲子21	乙丑22	丙寅23	丁卯24	戊辰25	己巳26	庚午27	辛未28	壬申29	癸酉30	甲戌31	乙亥(11)	丙子2	丁丑3	戊寅4	己卯5	庚辰6	辛巳7	
十月大	辛亥	天干地支西曆	壬午8	癸未9	甲申10	乙酉11	丙戌12	丁亥13	戊子14	己丑15	庚寅16	辛卯17	壬辰18	癸巳19	甲午20	乙未21	丙申22	丁酉23	戊戌24	己亥25	庚子26	辛丑27	壬寅28	癸卯29	甲辰30	乙巳(12)	丙午2	丁未3	戊申4	己酉5	庚戌6	辛亥7	庚寅立冬
十一月小	壬子	天干地支西曆	壬子8	癸丑9	甲寅10	乙卯11	丙辰12	丁巳13	戊午14	己未15	庚申16	辛酉17	壬戌18	癸亥19	甲子20	乙丑21	丙寅22	丁卯23	戊辰24	己巳25	庚午26	辛未27	壬申28	癸酉29	甲戌30	乙亥31	丙子(1)	丁丑2	戊寅3	己卯4	庚辰5		甲戌冬至
十二月大	癸丑	天干地支西曆	辛巳6	壬午7	癸未8	甲申9	乙酉10	丙戌11	丁亥12	戊子13	己丑14	庚寅15	辛卯16	壬辰17	癸巳18	甲午19	乙未20	丙申21	丁酉22	戊戌23	己亥24	庚子25	辛丑26	壬寅27	癸卯28	甲辰29	乙巳30	丙午31	丁未(2)	戊申2	己酉3	庚戌4	

年代異同	史記魯世家	漢書律曆志	帝王世紀	竹書紀年	皇極經世	文獻通考	歷代帝王年表	歷代統紀表	中國年曆總譜	西周年代	斷代工程
		周康王十五年	周康王九年	殷帝辛五十年	周康王十五年	周康王十五年	周康王十五年	周康王十五年	周康王四年	周成王四年	殷帝辛十二年

殷帝辛十四年（戊寅 虎年） 公元前 1063 ~ 前 1062 年

夏曆月序		中西曆日對照	初一	初二	初三	初四	初五	初六	初七	初八	初九	初十	十一	十二	十三	十四	十五	十六	十七	十八	十九	二十	二一	二二	二三	二四	二五	二六	二七	二八	二九	三十	節氣與天象
正月小	甲寅	天干地支 西曆	辛亥 5	壬子 6	癸丑 7	甲寅 8	乙卯 9	丙辰 10	丁巳 11	戊午 12	己未 13	庚申 14	辛酉 15	壬戌 16	癸亥 17	甲子 18	乙丑 19	丙寅 20	丁卯 21	戊辰 22	己巳 23	庚午 24	辛未 25	壬申 26	癸酉 27	甲戌 28	乙亥 (3)	丙子 2	丁丑 3	戊寅 4	己卯 5		己未立春
二月大	乙卯	天干地支 西曆	庚辰 6	辛巳 7	壬午 8	癸未 9	甲申 10	乙酉 11	丙戌 12	丁亥 13	戊子 14	己丑 15	庚寅 16	辛卯 17	壬辰 18	癸巳 19	甲午 20	乙未 21	丙申 22	丁酉 23	戊戌 24	己亥 25	庚子 26	辛丑 27	壬寅 28	癸卯 29	甲辰 30	乙巳 31	丙午 (4)	丁未 2	戊申 3	己酉 4	乙巳春分
三月小	丙辰	天干地支 西曆	庚戌 5	辛亥 6	壬子 7	癸丑 8	甲寅 9	乙卯 10	丙辰 11	丁巳 12	戊午 13	己未 14	庚申 15	辛酉 16	壬戌 17	癸亥 18	甲子 19	乙丑 20	丙寅 21	丁卯 22	戊辰 23	己巳 24	庚午 25	辛未 26	壬申 27	癸酉 28	甲戌 29	乙亥 30	丙子 (5)	丁丑 2	戊寅 3		
四月小	丁巳	天干地支 西曆	己卯 4	庚辰 5	辛巳 6	壬午 7	癸未 8	甲申 9	乙酉 10	丙戌 11	丁亥 12	戊子 13	己丑 14	庚寅 15	辛卯 16	壬辰 17	癸巳 18	甲午 19	乙未 20	丙申 21	丁酉 22	戊戌 23	己亥 24	庚子 25	辛丑 26	壬寅 27	癸卯 28	甲辰 29	乙巳 30	丙午 31	丁未 (6)		壬辰立夏
五月大	戊午	天干地支 西曆	戊申 2	己酉 3	庚戌 4	辛亥 5	壬子 6	癸丑 7	甲寅 8	乙卯 9	丙辰 10	丁巳 11	戊午 12	己未 13	庚申 14	辛酉 15	壬戌 16	癸亥 17	甲子 18	乙丑 19	丙寅 20	丁卯 21	戊辰 22	己巳 23	庚午 24	辛未 25	壬申 26	癸酉 27	甲戌 28	乙亥 29	丙子 30	丁丑 (7)	
六月小	己未	天干地支 西曆	戊寅 2	己卯 3	庚辰 4	辛巳 5	壬午 6	癸未 7	甲申 8	乙酉 9	丙戌 10	丁亥 11	戊子 12	己丑 13	庚寅 14	辛卯 15	壬辰 16	癸巳 17	甲午 18	乙未 19	丙申 20	丁酉 21	戊戌 22	己亥 23	庚子 24	辛丑 25	壬寅 26	癸卯 27	甲辰 28	乙巳 29	丙午 30		庚辰夏至
閏六月小	己未	天干地支 西曆	丁未 31	戊申 (8)	己酉 2	庚戌 3	辛亥 4	壬子 5	癸丑 6	甲寅 7	乙卯 8	丙辰 9	丁巳 10	戊午 11	己未 12	庚申 13	辛酉 14	壬戌 15	癸亥 16	甲子 17	乙丑 18	丙寅 19	丁卯 20	戊辰 21	己巳 22	庚午 23	辛未 24	壬申 25	癸酉 26	甲戌 27	乙亥 28		丙寅立秋 丁未日食
七月大	庚申	天干地支 西曆	丙子 29	丁丑 30	戊寅 31	己卯 (9)	庚辰 2	辛巳 3	壬午 4	癸未 5	甲申 6	乙酉 7	丙戌 8	丁亥 9	戊子 10	己丑 11	庚寅 12	辛卯 13	壬辰 14	癸巳 15	甲午 16	乙未 17	丙申 18	丁酉 19	戊戌 20	己亥 21	庚子 22	辛丑 23	壬寅 24	癸卯 25	甲辰 26	乙巳 27	
八月大	辛酉	天干地支 西曆	丙午 28	丁未 29	戊申 30	己酉 (10)	庚戌 2	辛亥 3	壬子 4	癸丑 5	甲寅 6	乙卯 7	丙辰 8	丁巳 9	戊午 10	己未 11	庚申 12	辛酉 13	壬戌 14	癸亥 15	甲子 16	乙丑 17	丙寅 18	丁卯 19	戊辰 20	己巳 21	庚午 22	辛未 23	壬申 24	癸酉 25	甲戌 26	乙亥 27	辛亥秋分
九月小	壬戌	天干地支 西曆	丙子 28	丁丑 29	戊寅 30	己卯 31	庚辰 (11)	辛巳 2	壬午 3	癸未 4	甲申 5	乙酉 6	丙戌 7	丁亥 8	戊子 9	己丑 10	庚寅 11	辛卯 12	壬辰 13	癸巳 14	甲午 15	乙未 16	丙申 17	丁酉 18	戊戌 19	己亥 20	庚子 21	辛丑 22	壬寅 23	癸卯 24	甲辰 25		乙未立冬
十月大	癸亥	天干地支 西曆	乙巳 26	丙午 27	丁未 28	戊申 29	己酉 30	庚戌 (12)	辛亥 2	壬子 3	癸丑 4	甲寅 5	乙卯 6	丙辰 7	丁巳 8	戊午 9	己未 10	庚申 11	辛酉 12	壬戌 13	癸亥 14	甲子 15	乙丑 16	丙寅 17	丁卯 18	戊辰 19	己巳 20	庚午 21	辛未 22	壬申 23	癸酉 24	甲戌 25	
十一月大	甲子	天干地支 西曆	乙亥 26	丙子 27	丁丑 28	戊寅 29	己卯 30	庚辰 31	辛巳 (1)	壬午 2	癸未 3	甲申 4	乙酉 5	丙戌 6	丁亥 7	戊子 8	己丑 9	庚寅 10	辛卯 11	壬辰 12	癸巳 13	甲午 14	乙未 15	丙申 16	丁酉 17	戊戌 18	己亥 19	庚子 20	辛丑 21	壬寅 22	癸卯 23	甲辰 24	己卯冬至
十二月大	乙丑	天干地支 西曆	乙巳 25	丙午 26	丁未 27	戊申 28	己酉 29	庚戌 30	辛亥 31	壬子 (2)	癸丑 2	甲寅 3	乙卯 4	丙辰 5	丁巳 6	戊午 7	己未 8	庚申 9	辛酉 10	壬戌 11	癸亥 12	甲子 13	乙丑 14	丙寅 15	丁卯 16	戊辰 17	己巳 18	庚午 19	辛未 20	壬申 21	癸酉 22	甲戌 23	甲子立春 乙巳日食

年代異同	史記魯世家	漢書律曆志	帝王世紀	竹書紀年	皇極經世	文獻通考	歷代帝王年表	歷代統紀表	中國年曆總譜	西周年代	斷代工程
		周康王十六年	周康王十年	殷帝辛五十一年	周康王十六年	周康王十六年	周康王十六年	周康王十六年	周康王五年	周成王五年	殷帝辛十三年

殷帝辛十五年（己卯 兔年） 公元前**1062** ~ 前1061年

夏曆月序		中西曆日對照	初一	初二	初三	初四	初五	初六	初七	初八	初九	初十	十一	十二	十三	十四	十五	十六	十七	十八	十九	二十	二一	二二	二三	二四	二五	二六	二七	二八	二九	三十	節氣與天象
正月小	丙寅	干支 天地西曆	乙亥24	丙子25	丁丑26	戊寅27	己卯28	庚辰(3)	辛巳2	壬午3	癸未4	甲申5	乙酉6	丙戌7	丁亥8	戊子9	己丑10	庚寅11	辛卯12	壬辰13	癸巳14	甲午15	乙未16	丙申17	丁酉18	戊戌19	己亥20	庚子21	辛丑22	壬寅23	癸卯24		
二月大	丁卯	干支 天地西曆	甲辰25	乙巳26	丙午27	丁未28	戊申29	己酉30	庚戌31	辛亥(4)	壬子2	癸丑3	甲寅4	乙卯5	丙辰6	丁巳7	戊午8	己未9	庚申10	辛酉11	壬戌12	癸亥13	甲子14	乙丑15	丙寅16	丁卯17	戊辰18	己巳19	庚午20	辛未21	壬申22	癸酉23	庚戌春分
三月小	戊辰	干支 天地西曆	甲戌24	乙亥25	丙子26	丁丑27	戊寅28	己卯29	庚辰30	辛巳(5)	壬午2	癸未3	甲申4	乙酉5	丙戌6	丁亥7	戊子8	己丑9	庚寅10	辛卯11	壬辰12	癸巳13	甲午14	乙未15	丙申16	丁酉17	戊戌18	己亥19	庚子20	辛丑21	壬寅22		戊戌立夏
四月小	己巳	干支 天地西曆	癸卯23	甲辰24	乙巳25	丙午26	丁未27	戊申28	己酉29	庚戌30	辛亥31	壬子(6)	癸丑2	甲寅3	乙卯4	丙辰5	丁巳6	戊午7	己未8	庚申9	辛酉10	壬戌11	癸亥12	甲子13	乙丑14	丙寅15	丁卯16	戊辰17	己巳18	庚午19	辛未20		
五月大	庚午	干支 天地西曆	壬申21	癸酉22	甲戌23	乙亥24	丙子25	丁丑26	戊寅27	己卯28	庚辰29	辛巳30	壬午(7)	癸未2	甲申3	乙酉4	丙戌5	丁亥6	戊子7	己丑8	庚寅9	辛卯10	壬辰11	癸巳12	甲午13	乙未14	丙申15	丁酉16	戊戌17	己亥18	庚子19	辛丑20	乙酉夏至
六月小	辛未	干支 天地西曆	壬寅21	癸卯22	甲辰23	乙巳24	丙午25	丁未26	戊申27	己酉28	庚戌29	辛亥30	壬子31	癸丑(8)	甲寅2	乙卯3	丙辰4	丁巳5	戊午6	己未7	庚申8	辛酉9	壬戌10	癸亥11	甲子12	乙丑13	丙寅14	丁卯15	戊辰16	己巳17	庚午18		
七月小	壬申	干支 天地西曆	辛未19	壬申20	癸酉21	甲戌22	乙亥23	丙子24	丁丑25	戊寅26	己卯27	庚辰28	辛巳29	壬午30	癸未31	甲申(9)	乙酉2	丙戌3	丁亥4	戊子5	己丑6	庚寅7	辛卯8	壬辰9	癸巳10	甲午11	乙未12	丙申13	丁酉14	戊戌15	己亥16		辛未立秋
八月大	癸酉	干支 天地西曆	庚子17	辛丑18	壬寅19	癸卯20	甲辰21	乙巳22	丙午23	丁未24	戊申25	己酉26	庚戌27	辛亥28	壬子29	癸丑30	甲寅(10)	乙卯2	丙辰3	丁巳4	戊午5	己未6	庚申7	辛酉8	壬戌9	癸亥10	甲子11	乙丑12	丙寅13	丁卯14	戊辰15	己巳16	丙辰秋分
九月大	甲戌	干支 天地西曆	庚午17	辛未18	壬申19	癸酉20	甲戌21	乙亥22	丙子23	丁丑24	戊寅25	己卯26	庚辰27	辛巳28	壬午29	癸未30	甲申31	乙酉(11)	丙戌2	丁亥3	戊子4	己丑5	庚寅6	辛卯7	壬辰8	癸巳9	甲午10	乙未11	丙申12	丁酉13	戊戌14	己亥15	
十月小	乙亥	干支 天地西曆	庚子16	辛丑17	壬寅18	癸卯19	甲辰20	乙巳21	丙午22	丁未23	戊申24	己酉25	庚戌26	辛亥27	壬子28	癸丑29	甲寅30	乙卯(12)	丙辰2	丁巳3	戊午4	己未5	庚申6	辛酉7	壬戌8	癸亥9	甲子10	乙丑11	丙寅12	丁卯13	戊辰14		辛丑立冬
十一月大	丙子	干支 天地西曆	己巳15	庚午16	辛未17	壬申18	癸酉19	甲戌20	乙亥21	丙子22	丁丑23	戊寅24	己卯25	庚辰26	辛巳27	壬午28	癸未29	甲申30	乙酉31	丙戌(1)	丁亥2	戊子3	己丑4	庚寅5	辛卯6	壬辰7	癸巳8	甲午9	乙未10	丙申11	丁酉12	戊戌13	乙酉冬至
十二月大	丁丑	干支 天地西曆	己亥14	庚子15	辛丑16	壬寅17	癸卯18	甲辰19	乙巳20	丙午21	丁未22	戊申23	己酉24	庚戌25	辛亥26	壬子27	癸丑28	甲寅29	乙卯30	丙辰31	丁巳(2)	戊午2	己未3	庚申4	辛酉5	壬戌6	癸亥7	甲子8	乙丑9	丙寅10	丁卯11	戊辰12	

年代異同	史記魯世家	漢書律曆志	帝王世紀	竹書紀年	皇極經世	文獻通考	歷代帝王年表	歷代統紀表	中國年曆總譜	西周年代	斷代工程
		周康王十七年	周康王十一年	殷帝辛五十二年	周康王十七年	周康王十七年	周康王十七年	周康王十七年	周康王六年	周成王六年	殷帝辛十四年

殷帝辛十六年（庚辰 龍年） 公元前 **1061** ~ 前 1060 年

夏曆月序		中西曆日對照	初一	初二	初三	初四	初五	初六	初七	初八	初九	初十	十一	十二	十三	十四	十五	十六	十七	十八	十九	二十	二一	二二	二三	二四	二五	二六	二七	二八	二九	三十	節氣與天象
正月大	戊寅	干支曆 天地西	己巳13	庚午14	辛未15	壬申16	癸酉17	甲戌18	乙亥19	丙子20	丁丑21	戊寅22	己卯23	庚辰24	辛巳25	壬午26	癸未27	甲申28	乙酉29	丙戌(3)	丁亥2	戊子3	己丑4	庚寅5	辛卯6	壬辰7	癸巳8	甲午9	乙未10	丙申11	丁酉12	戊戌13	庚午立春
二月小	己卯	干支曆 天地西	己亥14	庚子15	辛丑16	壬寅17	癸卯18	甲辰19	乙巳20	丙午21	丁未22	戊申23	己酉24	庚戌25	辛亥26	壬子27	癸丑28	甲寅29	乙卯30	丙辰31	丁巳(4)	戊午2	己未3	庚申4	辛酉5	壬戌6	癸亥7	甲子8	乙丑9	丙寅10	丁卯11		丙辰春分
三月大	庚辰	干支曆 天地西	戊辰12	己巳13	庚午14	辛未15	壬申16	癸酉17	甲戌18	乙亥19	丙子20	丁丑21	戊寅22	己卯23	庚辰24	辛巳25	壬午26	癸未27	甲申28	乙酉29	丙戌30	丁亥(5)	戊子2	己丑3	庚寅4	辛卯5	壬辰6	癸巳7	甲午8	乙未9	丙申10	丁酉11	
四月小	辛巳	干支曆 天地西	戊戌12	己亥13	庚子14	辛丑15	壬寅16	癸卯17	甲辰18	乙巳19	丙午20	丁未21	戊申22	己酉23	庚戌24	辛亥25	壬子26	癸丑27	甲寅28	乙卯29	丙辰30	丁巳31	戊午(6)	己未2	庚申3	辛酉4	壬戌5	癸亥6	甲子7	乙丑8	丙寅9		癸卯立夏
五月小	壬午	干支曆 天地西	丁卯10	戊辰11	己巳12	庚午13	辛未14	壬申15	癸酉16	甲戌17	乙亥18	丙子19	丁丑20	戊寅21	己卯22	庚辰23	辛巳24	壬午25	癸未26	甲申27	乙酉28	丙戌29	丁亥30	戊子(7)	己丑2	庚寅3	辛卯4	壬辰5	癸巳6	甲午7	乙未8		庚寅夏至
六月大	癸未	干支曆 天地西	丙申9	丁酉10	戊戌11	己亥12	庚子13	辛丑14	壬寅15	癸卯16	甲辰17	乙巳18	丙午19	丁未20	戊申21	己酉22	庚戌23	辛亥24	壬子25	癸丑26	甲寅27	乙卯28	丙辰29	丁巳30	戊午31	己未(8)	庚申2	辛酉3	壬戌4	癸亥5	甲子6	乙丑7	
七月小	甲申	干支曆 天地西	丙寅8	丁卯9	戊辰10	己巳11	庚午12	辛未13	壬申14	癸酉15	甲戌16	乙亥17	丙子18	丁丑19	戊寅20	己卯21	庚辰22	辛巳23	壬午24	癸未25	甲申26	乙酉27	丙戌28	丁亥29	戊子30	己丑31	庚寅(9)	辛卯2	壬辰3	癸巳4	甲午5		丙子立秋
八月大	乙酉	干支曆 天地西	乙未6	丙申7	丁酉8	戊戌9	己亥10	庚子11	辛丑12	壬寅13	癸卯14	甲辰15	乙巳16	丙午17	丁未18	戊申19	己酉20	庚戌21	辛亥22	壬子23	癸丑24	甲寅25	乙卯26	丙辰27	丁巳28	戊午29	己未30	庚申(10)	辛酉2	壬戌3	癸亥4	甲子5	壬戌秋分
九月小	丙戌	干支曆 天地西	乙丑6	丙寅7	丁卯8	戊辰9	己巳10	庚午11	辛未12	壬申13	癸酉14	甲戌15	乙亥16	丙子17	丁丑18	戊寅19	己卯20	庚辰21	辛巳22	壬午23	癸未24	甲申25	乙酉26	丙戌27	丁亥28	戊子29	己丑30	庚寅31	辛卯(11)	壬辰2	癸巳3		
十月大	丁亥	干支曆 天地西	甲午4	乙未5	丙申6	丁酉7	戊戌8	己亥9	庚子10	辛丑11	壬寅12	癸卯13	甲辰14	乙巳15	丙午16	丁未17	戊申18	己酉19	庚戌20	辛亥21	壬子22	癸丑23	甲寅24	乙卯25	丙辰26	丁巳27	戊午28	己未29	庚申30	辛酉(12)	壬戌2	癸亥3	丙午立冬
十一月小	戊子	干支曆 天地西	甲子4	乙丑5	丙寅6	丁卯7	戊辰8	己巳9	庚午10	辛未11	壬申12	癸酉13	甲戌14	乙亥15	丙子16	丁丑17	戊寅18	己卯19	庚辰20	辛巳21	壬午22	癸未23	甲申24	乙酉25	丙戌26	丁亥27	戊子28	己丑29	庚寅30	辛卯31	壬辰(1)		庚寅冬至
十二月大	己丑	干支曆 天地西	癸巳2	甲午3	乙未4	丙申5	丁酉6	戊戌7	己亥8	庚子9	辛丑10	壬寅11	癸卯12	甲辰13	乙巳14	丙午15	丁未16	戊申17	己酉18	庚戌19	辛亥20	壬子21	癸丑22	甲寅23	乙卯24	丙辰25	丁巳26	戊午27	己未28	庚申29	辛酉30	壬戌31	

年代異同	史記魯世家	漢書律曆志	帝王世紀	竹書紀年	皇極經世	文獻通考	歷代帝王年表	歷代統紀表	中國年曆總譜	西周年代	斷代工程
		周康王十八年	周康王十二年	周武王元年	周康王十八年	周康王十八年	周康王十八年	周康王十八年	周康王七年	周成王七年	殷帝辛十五年

殷帝辛十七年（辛巳 蛇年） 公元前 **1060** ~ 前 1059 年

夏曆月序		中西曆日對照	夏曆日序																														節氣與天象
			初一	初二	初三	初四	初五	初六	初七	初八	初九	初十	十一	十二	十三	十四	十五	十六	十七	十八	十九	二十	二一	二二	二三	二四	二五	二六	二七	二八	二九	三十	
正月大	庚寅	天干 地支 西曆	癸亥 (2)	甲子 2	乙丑 3	丙寅 4	丁卯 5	戊辰 6	己巳 7	庚午 8	辛未 9	壬申 10	癸酉 11	甲戌 12	乙亥 13	丙子 14	丁丑 15	戊寅 16	己卯 17	庚辰 18	辛巳 19	壬午 20	癸未 21	甲申 22	乙酉 23	丙戌 24	丁亥 25	戊子 26	己丑 27	庚寅 28	辛卯 (3)	壬辰 2	乙亥立春
二月小	辛卯	天干 地支 西曆	癸巳 3	甲午 4	乙未 5	丙申 6	丁酉 7	戊戌 8	己亥 9	庚子 10	辛丑 11	壬寅 12	癸卯 13	甲辰 14	乙巳 15	丙午 16	丁未 17	戊申 18	己酉 19	庚戌 20	辛亥 21	壬子 22	癸丑 23	甲寅 24	乙卯 25	丙辰 26	丁巳 27	戊午 28	己未 29	庚申 30	辛酉 31		辛酉春分
三月大	壬辰	天干 地支 西曆	壬戌 (4)	癸亥 2	甲子 3	乙丑 4	丙寅 5	丁卯 6	戊辰 7	己巳 8	庚午 9	辛未 10	壬申 11	癸酉 12	甲戌 13	乙亥 14	丙子 15	丁丑 16	戊寅 17	己卯 18	庚辰 19	辛巳 20	壬午 21	癸未 22	甲申 23	乙酉 24	丙戌 25	丁亥 26	戊子 27	己丑 28	庚寅 29	辛卯 30	
四月小	癸巳	天干 地支 西曆	壬辰 (5)	癸巳 2	甲午 3	乙未 4	丙申 5	丁酉 6	戊戌 7	己亥 8	庚子 9	辛丑 10	壬寅 11	癸卯 12	甲辰 13	乙巳 14	丙午 15	丁未 16	戊申 17	己酉 18	庚戌 19	辛亥 20	壬子 21	癸丑 22	甲寅 23	乙卯 24	丙辰 25	丁巳 26	戊午 27	己未 28	庚申 29		戊申立夏
閏四月大	癸巳	天干 地支 西曆	辛酉 30	壬戌 31	癸亥 (6)	甲子 2	乙丑 3	丙寅 4	丁卯 5	戊辰 6	己巳 7	庚午 8	辛未 9	壬申 10	癸酉 11	甲戌 12	乙亥 13	丙子 14	丁丑 15	戊寅 16	己卯 17	庚辰 18	辛巳 19	壬午 20	癸未 21	甲申 22	乙酉 23	丙戌 24	丁亥 25	戊子 26	己丑 27	庚寅 28	
五月小	甲午	天干 地支 西曆	辛卯 29	壬辰 30	癸巳 (7)	甲午 2	乙未 3	丙申 4	丁酉 5	戊戌 6	己亥 7	庚子 8	辛丑 9	壬寅 10	癸卯 11	甲辰 12	乙巳 13	丙午 14	丁未 15	戊申 16	己酉 17	庚戌 18	辛亥 19	壬子 20	癸丑 21	甲寅 22	乙卯 23	丙辰 24	丁巳 25	戊午 26	己未 27		乙未夏至
六月大	乙未	天干 地支 西曆	庚申 28	辛酉 29	壬戌 30	癸亥 31	甲子 (8)	乙丑 2	丙寅 3	丁卯 4	戊辰 5	己巳 6	庚午 7	辛未 8	壬申 9	癸酉 10	甲戌 11	乙亥 12	丙子 13	丁丑 14	戊寅 15	己卯 16	庚辰 17	辛巳 18	壬午 19	癸未 20	甲申 21	乙酉 22	丙戌 23	丁亥 24	戊子 25	己丑 26	壬午立秋
七月小	丙申	天干 地支 西曆	庚寅 27	辛卯 28	壬辰 29	癸巳 30	甲午 31	乙未 (9)	丙申 2	丁酉 3	戊戌 4	己亥 5	庚子 6	辛丑 7	壬寅 8	癸卯 9	甲辰 10	乙巳 11	丙午 12	丁未 13	戊申 14	己酉 15	庚戌 16	辛亥 17	壬子 18	癸丑 19	甲寅 20	乙卯 21	丙辰 22	丁巳 23	戊午 24		
八月大	丁酉	天干 地支 西曆	己未 25	庚申 26	辛酉 27	壬戌 28	癸亥 29	甲子 30	乙丑 (10)	丙寅 2	丁卯 3	戊辰 4	己巳 5	庚午 6	辛未 7	壬申 8	癸酉 9	甲戌 10	乙亥 11	丙子 12	丁丑 13	戊寅 14	己卯 15	庚辰 16	辛巳 17	壬午 18	癸未 19	甲申 20	乙酉 21	丙戌 22	丁亥 23	戊子 24	丁卯秋分
九月小	戊戌	天干 地支 西曆	己丑 25	庚寅 26	辛卯 27	壬辰 28	癸巳 29	甲午 30	乙未 31	丙申 (11)	丁酉 2	戊戌 3	己亥 4	庚子 5	辛丑 6	壬寅 7	癸卯 8	甲辰 9	乙巳 10	丙午 11	丁未 12	戊申 13	己酉 14	庚戌 15	辛亥 16	壬子 17	癸丑 18	甲寅 19	乙卯 20	丙辰 21	丁巳 22		辛亥立冬
十月大	己亥	天干 地支 西曆	戊午 23	己未 24	庚申 25	辛酉 26	壬戌 27	癸亥 28	甲子 29	乙丑 30	丙寅 (12)	丁卯 2	戊辰 3	己巳 4	庚午 5	辛未 6	壬申 7	癸酉 8	甲戌 9	乙亥 10	丙子 11	丁丑 12	戊寅 13	己卯 14	庚辰 15	辛巳 16	壬午 17	癸未 18	甲申 19	乙酉 20	丙戌 21	丁亥 22	
十一月小	庚子	天干 地支 西曆	戊子 23	己丑 24	庚寅 25	辛卯 26	壬辰 27	癸巳 28	甲午 29	乙未 30	丙申 31	丁酉 (1)	戊戌 2	己亥 3	庚子 4	辛丑 5	壬寅 6	癸卯 7	甲辰 8	乙巳 9	丙午 10	丁未 11	戊申 12	己酉 13	庚戌 14	辛亥 15	壬子 16	癸丑 17	甲寅 18	乙卯 19	丙辰 20		乙未冬至
十二月大	辛丑	天干 地支 西曆	丁巳 21	戊午 22	己未 23	庚申 24	辛酉 25	壬戌 26	癸亥 27	甲子 28	乙丑 29	丙寅 30	丁卯 31	戊辰 (2)	己巳 2	庚午 3	辛未 4	壬申 5	癸酉 6	甲戌 7	乙亥 8	丙子 9	丁丑 10	戊寅 11	己卯 12	庚辰 13	辛巳 14	壬午 15	癸未 16	甲申 17	乙酉 18	丙戌 19	庚辰立春

年代異同	史記魯世家	漢書律曆志	帝王世紀	竹書紀年	皇極經世	文獻通考	歷代帝王年表	歷代統紀表	中國年曆總譜	西周年代	斷代工程
		周康王十九年	周康王十三年	周武王二年	周康王十九年	周康王十九年	周康王十九年	周康王十九年	周康王八年	周成王八年	殷帝辛十六年

殷帝辛十八年（壬午 馬年） 公元前 **1059** ~ 前 1058 年

夏曆月序		中西曆日對照	初一	初二	初三	初四	初五	初六	初七	初八	初九	初十	十一	十二	十三	十四	十五	十六	十七	十八	十九	二十	二一	二二	二三	二四	二五	二六	二七	二八	二九	三十	節氣與天象
正月小	壬寅	天干地支西曆	丁亥20	戊子21	己丑22	庚寅23	辛卯24	壬辰25	癸巳26	甲午27	乙未28	丙申(3)	丁酉2	戊戌3	己亥4	庚子5	辛丑6	壬寅7	癸卯8	甲辰9	乙巳10	丙午11	丁未12	戊申13	己酉14	庚戌15	辛亥16	壬子17	癸丑18	甲寅19	乙卯20		
二月大	癸卯	天干地支西曆	丙辰21	丁巳22	戊午23	己未24	庚申25	辛酉26	壬戌27	癸亥28	甲子29	乙丑30	丙寅31	丁卯(4)	戊辰2	己巳3	庚午4	辛未5	壬申6	癸酉7	甲戌8	乙亥9	丙子10	丁丑11	戊寅12	己卯13	庚辰14	辛巳15	壬午16	癸未17	甲申18	乙酉19	丙寅春分
三月大	甲辰	天干地支西曆	丙戌20	丁亥21	戊子22	己丑23	庚寅24	辛卯25	壬辰26	癸巳27	甲午28	乙未29	丙申30	丁酉(5)	戊戌2	己亥3	庚子4	辛丑5	壬寅6	癸卯7	甲辰8	乙巳9	丙午10	丁未11	戊申12	己酉13	庚戌14	辛亥15	壬子16	癸丑17	甲寅18	乙卯19	癸丑立夏
四月小	乙巳	天干地支西曆	丙辰20	丁巳21	戊午22	己未23	庚申24	辛酉25	壬戌26	癸亥27	甲子28	乙丑29	丙寅30	丁卯31	戊辰(6)	己巳2	庚午3	辛未4	壬申5	癸酉6	甲戌7	乙亥8	丙子9	丁丑10	戊寅11	己卯12	庚辰13	辛巳14	壬午15	癸未16	甲申17		
五月大	丙午	天干地支西曆	乙酉18	丙戌19	丁亥20	戊子21	己丑22	庚寅23	辛卯24	壬辰25	癸巳26	甲午27	乙未28	丙申29	丁酉30	戊戌(7)	己亥2	庚子3	辛丑4	壬寅5	癸卯6	甲辰7	乙巳8	丙午9	丁未10	戊申11	己酉12	庚戌13	辛亥14	壬子15	癸丑16	甲寅17	庚子夏至
六月小	丁未	天干地支西曆	乙卯18	丙辰19	丁巳20	戊午21	己未22	庚申23	辛酉24	壬戌25	癸亥26	甲子27	乙丑28	丙寅29	丁卯30	戊辰31	己巳(8)	庚午2	辛未3	壬申4	癸酉5	甲戌6	乙亥7	丙子8	丁丑9	戊寅10	己卯11	庚辰12	辛巳13	壬午14	癸未15		
七月大	戊申	天干地支西曆	甲申16	乙酉17	丙戌18	丁亥19	戊子20	己丑21	庚寅22	辛卯23	壬辰24	癸巳25	甲午26	乙未27	丙申28	丁酉29	戊戌30	己亥31	庚子(9)	辛丑2	壬寅3	癸卯4	甲辰5	乙巳6	丙午7	丁未8	戊申9	己酉10	庚戌11	辛亥12	壬子13	癸丑14	丁亥立秋
八月小	己酉	天干地支西曆	甲寅15	乙卯16	丙辰17	丁巳18	戊午19	己未20	庚申21	辛酉22	壬戌23	癸亥24	甲子25	乙丑26	丙寅27	丁卯28	戊辰29	己巳30	庚午(10)	辛未2	壬申3	癸酉4	甲戌5	乙亥6	丙子7	丁丑8	戊寅9	己卯10	庚辰11	辛巳12	壬午13		壬申秋分
九月大	庚戌	天干地支西曆	癸未14	甲申15	乙酉16	丙戌17	丁亥18	戊子19	己丑20	庚寅21	辛卯22	壬辰23	癸巳24	甲午25	乙未26	丙申27	丁酉28	戊戌29	己亥30	庚子31	辛丑(11)	壬寅2	癸卯3	甲辰4	乙巳5	丙午6	丁未7	戊申8	己酉9	庚戌10	辛亥11	壬子12	
十月小	辛亥	天干地支西曆	癸丑13	甲寅14	乙卯15	丙辰16	丁巳17	戊午18	己未19	庚申20	辛酉21	壬戌22	癸亥23	甲子24	乙丑25	丙寅26	丁卯27	戊辰28	己巳29	庚午30	辛未(12)	壬申2	癸酉3	甲戌4	乙亥5	丙子6	丁丑7	戊寅8	己卯9	庚辰10	辛巳11		丙辰立冬
十一月大	壬子	天干地支西曆	壬午12	癸未13	甲申14	乙酉15	丙戌16	丁亥17	戊子18	己丑19	庚寅20	辛卯21	壬辰22	癸巳23	甲午24	乙未25	丙申26	丁酉27	戊戌28	己亥29	庚子30	辛丑31	壬寅(1)	癸卯2	甲辰3	乙巳4	丙午5	丁未6	戊申7	己酉8	庚戌9	辛亥10	庚子冬至
十二月小	癸丑	天干地支西曆	壬子11	癸丑12	甲寅13	乙卯14	丙辰15	丁巳16	戊午17	己未18	庚申19	辛酉20	壬戌21	癸亥22	甲子23	乙丑24	丙寅25	丁卯26	戊辰27	己巳28	庚午29	辛未30	壬申31	癸酉(2)	甲戌2	乙亥3	丙子4	丁丑5	戊寅6	己卯7	庚辰8		

年代異同	史記魯世家	漢書律曆志	帝王世紀	竹書紀年	皇極經世	文獻通考	歷代帝王年表	歷代統紀表	中國年曆總譜	西周年代	斷代工程
		周康王二十年	周康王十四年	周武王三年	周康王二十年	周康王二十年	周康王二十年	周康王二十年	周康王九年	周成王九年	殷帝辛十七年

殷帝辛十九年（癸未 羊年） 公元前 1058 ~ 前 1057 年

夏曆月序		中西曆日對照	初一	初二	初三	初四	初五	初六	初七	初八	初九	初十	十一	十二	十三	十四	十五	十六	十七	十八	十九	二十	二一	二二	二三	二四	二五	二六	二七	二八	二九	三十	節氣與天象
正月大	甲寅	天干 地支 西曆	辛巳 9	壬午 10	癸未 11	甲申 12	乙酉 13	丙戌 14	丁亥 15	戊子 16	己丑 17	庚寅 18	辛卯 19	壬辰 20	癸巳 21	甲午 22	乙未 23	丙申 24	丁酉 25	戊戌 26	己亥 27	庚子 28	辛丑 (3)	壬寅 2	癸卯 3	甲辰 4	乙巳 5	丙午 6	丁未 7	戊申 8	己酉 9	庚戌 10	乙酉立春
二月小	乙卯	天干 地支 西曆	辛亥 11	壬子 12	癸丑 13	甲寅 14	乙卯 15	丙辰 16	丁巳 17	戊午 18	己未 19	庚申 20	辛酉 21	壬戌 22	癸亥 23	甲子 24	乙丑 25	丙寅 26	丁卯 27	戊辰 28	己巳 29	庚午 30	辛未 31	壬申 (4)	癸酉 2	甲戌 3	乙亥 4	丙子 5	丁丑 6	戊寅 7	己卯 8		辛未春分
三月大	丙辰	天干 地支 西曆	庚辰 9	辛巳 10	壬午 11	癸未 12	甲申 13	乙酉 14	丙戌 15	丁亥 16	戊子 17	己丑 18	庚寅 19	辛卯 20	壬辰 21	癸巳 22	甲午 23	乙未 24	丙申 25	丁酉 26	戊戌 27	己亥 28	庚子 29	辛丑 30	壬寅 (5)	癸卯 2	甲辰 3	乙巳 4	丙午 5	丁未 6	戊申 7	己酉 8	
四月小	丁巳	天干 地支 西曆	庚戌 9	辛亥 10	壬子 11	癸丑 12	甲寅 13	乙卯 14	丙辰 15	丁巳 16	戊午 17	己未 18	庚申 19	辛酉 20	壬戌 21	癸亥 22	甲子 23	乙丑 24	丙寅 25	丁卯 26	戊辰 27	己巳 28	庚午 29	辛未 30	壬申 31	癸酉 (6)	甲戌 2	乙亥 3	丙子 4	丁丑 5	戊寅 6		己未立夏
五月大	戊午	天干 地支 西曆	己卯 7	庚辰 8	辛巳 9	壬午 10	癸未 11	甲申 12	乙酉 13	丙戌 14	丁亥 15	戊子 16	己丑 17	庚寅 18	辛卯 19	壬辰 20	癸巳 21	甲午 22	乙未 23	丙申 24	丁酉 25	戊戌 26	己亥 27	庚子 28	辛丑 29	壬寅 30	癸卯 (7)	甲辰 2	乙巳 3	丙午 4	丁未 5	戊申 6	丙午夏至
六月小	己未	天干 地支 西曆	己酉 7	庚戌 8	辛亥 9	壬子 10	癸丑 11	甲寅 12	乙卯 13	丙辰 14	丁巳 15	戊午 16	己未 17	庚申 18	辛酉 19	壬戌 20	癸亥 21	甲子 22	乙丑 23	丙寅 24	丁卯 25	戊辰 26	己巳 27	庚午 28	辛未 29	壬申 30	癸酉 31	甲戌 (8)	乙亥 2	丙子 3	丁丑 4		
七月大	庚申	天干 地支 西曆	戊寅 5	己卯 6	庚辰 7	辛巳 8	壬午 9	癸未 10	甲申 11	乙酉 12	丙戌 13	丁亥 14	戊子 15	己丑 16	庚寅 17	辛卯 18	壬辰 19	癸巳 20	甲午 21	乙未 22	丙申 23	丁酉 24	戊戌 25	己亥 26	庚子 27	辛丑 28	壬寅 29	癸卯 30	甲辰 31	乙巳 (9)	丙午 2	丁未 3	壬辰立秋
八月大	辛酉	天干 地支 西曆	戊申 4	己酉 5	庚戌 6	辛亥 7	壬子 8	癸丑 9	甲寅 10	乙卯 11	丙辰 12	丁巳 13	戊午 14	己未 15	庚申 16	辛酉 17	壬戌 18	癸亥 19	甲子 20	乙丑 21	丙寅 22	丁卯 23	戊辰 24	己巳 25	庚午 26	辛未 27	壬申 28	癸酉 29	甲戌 30	乙亥 (10)	丙子 2	丁丑 3	丁丑秋分
九月小	壬戌	天干 地支 西曆	戊寅 4	己卯 5	庚辰 6	辛巳 7	壬午 8	癸未 9	甲申 10	乙酉 11	丙戌 12	丁亥 13	戊子 14	己丑 15	庚寅 16	辛卯 17	壬辰 18	癸巳 19	甲午 20	乙未 21	丙申 22	丁酉 23	戊戌 24	己亥 25	庚子 26	辛丑 27	壬寅 28	癸卯 29	甲辰 30	乙巳 31	丙午 (11)		
十月大	癸亥	天干 地支 西曆	丁未 2	戊申 3	己酉 4	庚戌 5	辛亥 6	壬子 7	癸丑 8	甲寅 9	乙卯 10	丙辰 11	丁巳 12	戊午 13	己未 14	庚申 15	辛酉 16	壬戌 17	癸亥 18	甲子 19	乙丑 20	丙寅 21	丁卯 22	戊辰 23	己巳 24	庚午 25	辛未 26	壬申 27	癸酉 28	甲戌 29	乙亥 30	丙子 (12)	壬戌立冬
十一月小	甲子	天干 地支 西曆	丁丑 2	戊寅 3	己卯 4	庚辰 5	辛巳 6	壬午 7	癸未 8	甲申 9	乙酉 10	丙戌 11	丁亥 12	戊子 13	己丑 14	庚寅 15	辛卯 16	壬辰 17	癸巳 18	甲午 19	乙未 20	丙申 21	丁酉 22	戊戌 23	己亥 24	庚子 25	辛丑 26	壬寅 27	癸卯 28	甲辰 29	乙巳 30		
閏十一大	甲子	天干 地支 西曆	丙午 31	丁未 (1)	戊申 2	己酉 3	庚戌 4	辛亥 5	壬子 6	癸丑 7	甲寅 8	乙卯 9	丙辰 10	丁巳 11	戊午 12	己未 13	庚申 14	辛酉 15	壬戌 16	癸亥 17	甲子 18	乙丑 19	丙寅 20	丁卯 21	戊辰 22	己巳 23	庚午 24	辛未 25	壬申 26	癸酉 27	甲戌 28	乙亥 29	丙午冬至
十二月小	乙丑	天干 地支 西曆	丙子 30	丁丑 31	戊寅 (2)	己卯 2	庚辰 3	辛巳 4	壬午 5	癸未 6	甲申 7	乙酉 8	丙戌 9	丁亥 10	戊子 11	己丑 12	庚寅 13	辛卯 14	壬辰 15	癸巳 16	甲午 17	乙未 18	丙申 19	丁酉 20	戊戌 21	己亥 22	庚子 23	辛丑 24	壬寅 25	癸卯 26	甲辰 27		辛卯立春

年代異同	史記魯世家	漢書律曆志	帝王世紀	竹書紀年	皇極經世	文獻通考	歷代帝王年表	歷代統紀表	中國年曆總譜	西周年代	斷代工程
		周康王二十一年	周康王十五年	周武王四年	周康王二十一年	周康王二十一年	周康王二十一年	周康王二十一年	周康王十年	周成王十年	殷帝辛十八年

殷帝辛二十年（甲申 猴年） 公元前 1057 ~ 前 1056 年

夏曆月序	中西曆日對照		初一	初二	初三	初四	初五	初六	初七	初八	初九	初十	十一	十二	十三	十四	十五	十六	十七	十八	十九	二十	二一	二二	二三	二四	二五	二六	二七	二八	二九	三十	節氣與天象
正月小	丙寅	天干地支西曆	乙巳28	丙午29	丁未(3)	戊申2	己酉3	庚戌4	辛亥5	壬子6	癸丑7	甲寅8	乙卯9	丙辰10	丁巳11	戊午12	己未13	庚申14	辛酉15	壬戌16	癸亥17	甲子18	乙丑19	丙寅20	丁卯21	戊辰22	己巳23	庚午24	辛未25	壬申26	癸酉27		
二月大	丁卯	天干地支西曆	甲戌28	乙亥29	丙子30	丁丑31	戊寅(4)	己卯2	庚辰3	辛巳4	壬午5	癸未6	甲申7	乙酉8	丙戌9	丁亥10	戊子11	己丑12	庚寅13	辛卯14	壬辰15	癸巳16	甲午17	乙未18	丙申19	丁酉20	戊戌21	己亥22	庚子23	辛丑24	壬寅25	癸卯26	丁丑春分
三月小	戊辰	天干地支西曆	甲辰27	乙巳28	丙午29	丁未30	戊申(5)	己酉2	庚戌3	辛亥4	壬子5	癸丑6	甲寅7	乙卯8	丙辰9	丁巳10	戊午11	己未12	庚申13	辛酉14	壬戌15	癸亥16	甲子17	乙丑18	丙寅19	丁卯20	戊辰21	己巳22	庚午23	辛未24	壬申25		甲子立夏
四月大	己巳	天干地支西曆	癸酉26	甲戌27	乙亥28	丙子29	丁丑30	戊寅31	己卯(6)	庚辰2	辛巳3	壬午4	癸未5	甲申6	乙酉7	丙戌8	丁亥9	戊子10	己丑11	庚寅12	辛卯13	壬辰14	癸巳15	甲午16	乙未17	丙申18	丁酉19	戊戌20	己亥21	庚子22	辛丑23	壬寅24	
五月小	庚午	天干地支西曆	癸卯25	甲辰26	乙巳27	丙午28	丁未29	戊申30	己酉(7)	庚戌2	辛亥3	壬子4	癸丑5	甲寅6	乙卯7	丙辰8	丁巳9	戊午10	己未11	庚申12	辛酉13	壬戌14	癸亥15	甲子16	乙丑17	丙寅18	丁卯19	戊辰20	己巳21	庚午22	辛未23		辛亥夏至
六月大	辛未	天干地支西曆	壬申24	癸酉25	甲戌26	乙亥27	丙子28	丁丑29	戊寅30	己卯31	庚辰(8)	辛巳2	壬午3	癸未4	甲申5	乙酉6	丙戌7	丁亥8	戊子9	己丑10	庚寅11	辛卯12	壬辰13	癸巳14	甲午15	乙未16	丙申17	丁酉18	戊戌19	己亥20	庚子21	辛丑22	丁酉立秋
七月大	壬申	天干地支西曆	壬寅23	癸卯24	甲辰25	乙巳26	丙午27	丁未28	戊申29	己酉30	庚戌31	辛亥(9)	壬子2	癸丑3	甲寅4	乙卯5	丙辰6	丁巳7	戊午8	己未9	庚申10	辛酉11	壬戌12	癸亥13	甲子14	乙丑15	丙寅16	丁卯17	戊辰18	己巳19	庚午20	辛未21	
八月大	癸酉	天干地支西曆	壬申22	癸酉23	甲戌24	乙亥25	丙子26	丁丑27	戊寅28	己卯29	庚辰30	辛巳(10)	壬午2	癸未3	甲申4	乙酉5	丙戌6	丁亥7	戊子8	己丑9	庚寅10	辛卯11	壬辰12	癸巳13	甲午14	乙未15	丙申16	丁酉17	戊戌18	己亥19	庚子20	辛丑21	癸未秋分
九月小	甲戌	天干地支西曆	壬寅22	癸卯23	甲辰24	乙巳25	丙午26	丁未27	戊申28	己酉29	庚戌30	辛亥31	壬子(11)	癸丑2	甲寅3	乙卯4	丙辰5	丁巳6	戊午7	己未8	庚申9	辛酉10	壬戌11	癸亥12	甲子13	乙丑14	丙寅15	丁卯16	戊辰17	己巳18	庚午19		丁卯立冬
十月大	乙亥	天干地支西曆	辛未20	壬申21	癸酉22	甲戌23	乙亥24	丙子25	丁丑26	戊寅27	己卯28	庚辰29	辛巳30	壬午(12)	癸未2	甲申3	乙酉4	丙戌5	丁亥6	戊子7	己丑8	庚寅9	辛卯10	壬辰11	癸巳12	甲午13	乙未14	丙申15	丁酉16	戊戌17	己亥18	庚子19	
十一月小	丙子	天干地支西曆	辛丑20	壬寅21	癸卯22	甲辰23	乙巳24	丙午25	丁未26	戊申27	己酉28	庚戌29	辛亥30	壬子31	癸丑(1)	甲寅2	乙卯3	丙辰4	丁巳5	戊午6	己未7	庚申8	辛酉9	壬戌10	癸亥11	甲子12	乙丑13	丙寅14	丁卯15	戊辰16	己巳17		辛亥冬至
十二月大	丁丑	天干地支西曆	庚午18	辛未19	壬申20	癸酉21	甲戌22	乙亥23	丙子24	丁丑25	戊寅26	己卯27	庚辰28	辛巳29	壬午30	癸未31	甲申(2)	乙酉2	丙戌3	丁亥4	戊子5	己丑6	庚寅7	辛卯8	壬辰9	癸巳10	甲午11	乙未12	丙申13	丁酉14	戊戌15	己亥16	丙申立春

年代異同	史記魯世家	漢書律曆志	帝王世紀	竹書紀年	皇極經世	文獻通考	歷代帝王年表	歷代統紀表	中國年曆總譜	西周年代	斷代工程
	周武王元年	周康王二十二年	周康王十六年	周武王五年	周康王二十二年	周康王二十二年	周康王二十二年	周康王二十二年	周康王十一年	周成王十一年	殷帝辛十九年

殷帝辛二十一年（乙酉 鷄年） 公元前1056 ~ 前1055年

夏曆月序		中西曆日對照	初一	初二	初三	初四	初五	初六	初七	初八	初九	初十	十一	十二	十三	十四	十五	十六	十七	十八	十九	二十	二一	二二	二三	二四	二五	二六	二七	二八	二九	三十	節氣與天象
正月小	戊寅	干支	庚子	辛丑	壬寅	癸卯	甲辰	乙巳	丙午	丁未	戊申	己酉	庚戌	辛亥	壬子	癸丑	甲寅	乙卯	丙辰	丁巳	戊午	己未	庚申	辛酉	壬戌	癸亥	甲子	乙丑	丙寅	丁卯	戊辰		
		天地西曆	17	18	19	20	21	22	23	24	25	26	27	28	(3)	2	3	4	5	6	7	8	9	10	11	12	13	14	15	16	17		
二月小	己卯	干支	己巳	庚午	辛未	壬申	癸酉	甲戌	乙亥	丙子	丁丑	戊寅	己卯	庚辰	辛巳	壬午	癸未	甲申	乙酉	丙戌	丁亥	戊子	己丑	庚寅	辛卯	壬辰	癸巳	甲午	乙未	丙申	丁酉		壬午春分 己巳日食
		天地西曆	18	19	20	21	22	23	24	25	26	27	28	29	30	31	(4)	2	3	4	5	6	7	8	9	10	11	12	13	14	15		
三月大	庚辰	干支	戊戌	己亥	庚子	辛丑	壬寅	癸卯	甲辰	乙巳	丙午	丁未	戊申	己酉	庚戌	辛亥	壬子	癸丑	甲寅	乙卯	丙辰	丁巳	戊午	己未	庚申	辛酉	壬戌	癸亥	甲子	乙丑	丙寅	丁卯	
		天地西曆	16	17	18	19	20	21	22	23	24	25	26	27	28	29	30	(5)	2	3	4	5	6	7	8	9	10	11	12	13	14	15	
四月小	辛巳	干支	戊辰	己巳	庚午	辛未	壬申	癸酉	甲戌	乙亥	丙子	丁丑	戊寅	己卯	庚辰	辛巳	壬午	癸未	甲申	乙酉	丙戌	丁亥	戊子	己丑	庚寅	辛卯	壬辰	癸巳	甲午	乙未	丙申		己巳立夏
		天地西曆	16	17	18	19	20	21	22	23	24	25	26	27	28	29	30	31	(6)	2	3	4	5	6	7	8	9	10	11	12	13		
五月大	壬午	干支	丁酉	戊戌	己亥	庚子	辛丑	壬寅	癸卯	甲辰	乙巳	丙午	丁未	戊申	己酉	庚戌	辛亥	壬子	癸丑	甲寅	乙卯	丙辰	丁巳	戊午	己未	庚申	辛酉	壬戌	癸亥	甲子	乙丑	丙寅	丙辰夏至
		天地西曆	14	15	16	17	18	19	20	21	22	23	24	25	26	27	28	29	30	(7)	2	3	4	5	6	7	8	9	10	11	12	13	
六月小	癸未	干支	丁卯	戊辰	己巳	庚午	辛未	壬申	癸酉	甲戌	乙亥	丙子	丁丑	戊寅	己卯	庚辰	辛巳	壬午	癸未	甲申	乙酉	丙戌	丁亥	戊子	己丑	庚寅	辛卯	壬辰	癸巳	甲午	乙未		
		天地西曆	14	15	16	17	18	19	20	21	22	23	24	25	26	27	28	29	30	31	(8)	2	3	4	5	6	7	8	9	10	11		
七月大	甲申	干支	丙申	丁酉	戊戌	己亥	庚子	辛丑	壬寅	癸卯	甲辰	乙巳	丙午	丁未	戊申	己酉	庚戌	辛亥	壬子	癸丑	甲寅	乙卯	丙辰	丁巳	戊午	己未	庚申	辛酉	壬戌	癸亥	甲子	乙丑	癸卯立秋
		天地西曆	12	13	14	15	16	17	18	19	20	21	22	23	24	25	26	27	28	29	30	31	(9)	2	3	4	5	6	7	8	9	10	
八月大	乙酉	干支	丙寅	丁卯	戊辰	己巳	庚午	辛未	壬申	癸酉	甲戌	乙亥	丙子	丁丑	戊寅	己卯	庚辰	辛巳	壬午	癸未	甲申	乙酉	丙戌	丁亥	戊子	己丑	庚寅	辛卯	壬辰	癸巳	甲午	乙未	戊子秋分 丙寅日食
		天地西曆	11	12	13	14	15	16	17	18	19	20	21	22	23	24	25	26	27	28	29	30	(10)	2	3	4	5	6	7	8	9	10	
九月小	丙戌	干支	丙申	丁酉	戊戌	己亥	庚子	辛丑	壬寅	癸卯	甲辰	乙巳	丙午	丁未	戊申	己酉	庚戌	辛亥	壬子	癸丑	甲寅	乙卯	丙辰	丁巳	戊午	己未	庚申	辛酉	壬戌	癸亥	甲子		
		天地西曆	11	12	13	14	15	16	17	18	19	20	21	22	23	24	25	26	27	28	29	30	31	(11)	2	3	4	5	6	7	8		
十月大	丁亥	干支	乙丑	丙寅	丁卯	戊辰	己巳	庚午	辛未	壬申	癸酉	甲戌	乙亥	丙子	丁丑	戊寅	己卯	庚辰	辛巳	壬午	癸未	甲申	乙酉	丙戌	丁亥	戊子	己丑	庚寅	辛卯	壬辰	癸巳	甲午	壬申立冬
		天地西曆	9	10	11	12	13	14	15	16	17	18	19	20	21	22	23	24	25	26	27	28	29	30	(12)	2	3	4	5	6	7	8	
十一月大	戊子	干支	乙未	丙申	丁酉	戊戌	己亥	庚子	辛丑	壬寅	癸卯	甲辰	乙巳	丙午	丁未	戊申	己酉	庚戌	辛亥	壬子	癸丑	甲寅	乙卯	丙辰	丁巳	戊午	己未	庚申	辛酉	壬戌	癸亥	甲子	丙辰冬至
		天地西曆	9	10	11	12	13	14	15	16	17	18	19	20	21	22	23	24	25	26	27	28	29	30	31	(1)	2	3	4	5	6	7	
十二月小	己丑	干支	乙丑	丙寅	丁卯	戊辰	己巳	庚午	辛未	壬申	癸酉	甲戌	乙亥	丙子	丁丑	戊寅	己卯	庚辰	辛巳	壬午	癸未	甲申	乙酉	丙戌	丁亥	戊子	己丑	庚寅	辛卯	壬辰	癸巳		
		天地西曆	8	9	10	11	12	13	14	15	16	17	18	19	20	21	22	23	24	25	26	27	28	29	30	31	(2)	2	3	4	5		

年代異同	史記魯世家	漢書律曆志	帝王世紀	竹書紀年	皇極經世	文獻通考	歷代帝王年表	歷代統紀表	中國年曆總譜	西周年代	斷代工程
	周武王二年	周康王二十三年	周康王十七年	周武王六年	周康王二十三年	周康王二十三年	周康王二十三年	周康王二十三年	周康王十二年	周成王十二年	殷帝辛二十年

殷帝辛二十二年（丙戌 狗年） 公元前 1055 ~ 前 1054 年

夏曆月序		中西曆日對照	初一	初二	初三	初四	初五	初六	初七	初八	初九	初十	十一	十二	十三	十四	十五	十六	十七	十八	十九	二十	二一	二二	二三	二四	二五	二六	二七	二八	二九	三十	節氣與天象
正月大	庚寅	天干地支 西曆	甲午 6	乙未 7	丙申 8	丁酉 9	戊戌 10	己亥 11	庚子 12	辛丑 13	壬寅 14	癸卯 15	甲辰 16	乙巳 17	丙午 18	丁未 19	戊申 20	己酉 21	庚戌 22	辛亥 23	壬子 24	癸丑 25	甲寅 26	乙卯 27	丙辰 28	丁巳 (3)	戊午 2	己未 3	庚申 4	辛酉 5	壬戌 6	癸亥 7	辛丑立春
二月小	辛卯	天干地支 西曆	甲子 8	乙丑 9	丙寅 10	丁卯 11	戊辰 12	己巳 13	庚午 14	辛未 15	壬申 16	癸酉 17	甲戌 18	乙亥 19	丙子 20	丁丑 21	戊寅 22	己卯 23	庚辰 24	辛巳 25	壬午 26	癸未 27	甲申 28	乙酉 29	丙戌 30	丁亥 31	戊子 (4)	己丑 2	庚寅 3	辛卯 4	壬辰 5		丁亥春分
三月小	壬辰	天干地支 西曆	癸巳 6	甲午 7	乙未 8	丙申 9	丁酉 10	戊戌 11	己亥 12	庚子 13	辛丑 14	壬寅 15	癸卯 16	甲辰 17	乙巳 18	丙午 19	丁未 20	戊申 21	己酉 22	庚戌 23	辛亥 24	壬子 25	癸丑 26	甲寅 27	乙卯 28	丙辰 29	丁巳 30	戊午 (5)	己未 2	庚申 3	辛酉 4		
四月大	癸巳	天干地支 西曆	壬戌 5	癸亥 6	甲子 7	乙丑 8	丙寅 9	丁卯 10	戊辰 11	己巳 12	庚午 13	辛未 14	壬申 15	癸酉 16	甲戌 17	乙亥 18	丙子 19	丁丑 20	戊寅 21	己卯 22	庚辰 23	辛巳 24	壬午 25	癸未 26	甲申 27	乙酉 28	丙戌 29	丁亥 30	戊子 31	己丑 (6)	庚寅 2	辛卯 3	甲戌立夏
五月小	甲午	天干地支 西曆	壬辰 4	癸巳 5	甲午 6	乙未 7	丙申 8	丁酉 9	戊戌 10	己亥 11	庚子 12	辛丑 13	壬寅 14	癸卯 15	甲辰 16	乙巳 17	丙午 18	丁未 19	戊申 20	己酉 21	庚戌 22	辛亥 23	壬子 24	癸丑 25	甲寅 26	乙卯 27	丙辰 28	丁巳 29	戊午 30	己未 (7)	庚申 2		
六月小	乙未	天干地支 西曆	辛酉 3	壬戌 4	癸亥 5	甲子 6	乙丑 7	丙寅 8	丁卯 9	戊辰 10	己巳 11	庚午 12	辛未 13	壬申 14	癸酉 15	甲戌 16	乙亥 17	丙子 18	丁丑 19	戊寅 20	己卯 21	庚辰 22	辛巳 23	壬午 24	癸未 25	甲申 26	乙酉 27	丙戌 28	丁亥 29	戊子 30	己丑 31		辛酉夏至
七月大	丙申	天干地支 西曆	庚寅 (8)	辛卯 2	壬辰 3	癸巳 4	甲午 5	乙未 6	丙申 7	丁酉 8	戊戌 9	己亥 10	庚子 11	辛丑 12	壬寅 13	癸卯 14	甲辰 15	乙巳 16	丙午 17	丁未 18	戊申 19	己酉 20	庚戌 21	辛亥 22	壬子 23	癸丑 24	甲寅 25	乙卯 26	丙辰 27	丁巳 28	戊午 29	己未 30	戊申立秋
閏七月大	丙申	天干地支 西曆	庚申 31	辛酉 (9)	壬戌 2	癸亥 3	甲子 4	乙丑 5	丙寅 6	丁卯 7	戊辰 8	己巳 9	庚午 10	辛未 11	壬申 12	癸酉 13	甲戌 14	乙亥 15	丙子 16	丁丑 17	戊寅 18	己卯 19	庚辰 20	辛巳 21	壬午 22	癸未 23	甲申 24	乙酉 25	丙戌 26	丁亥 27	戊子 28	己丑 29	庚申日食
八月小	丁酉	天干地支 西曆	庚寅 30	辛卯 (10)	壬辰 2	癸巳 3	甲午 4	乙未 5	丙申 6	丁酉 7	戊戌 8	己亥 9	庚子 10	辛丑 11	壬寅 12	癸卯 13	甲辰 14	乙巳 15	丙午 16	丁未 17	戊申 18	己酉 19	庚戌 20	辛亥 21	壬子 22	癸丑 23	甲寅 24	乙卯 25	丙辰 26	丁巳 27	戊午 28		癸巳秋分
九月大	戊戌	天干地支 西曆	己未 29	庚申 30	辛酉 31	壬戌 (11)	癸亥 2	甲子 3	乙丑 4	丙寅 5	丁卯 6	戊辰 7	己巳 8	庚午 9	辛未 10	壬申 11	癸酉 12	甲戌 13	乙亥 14	丙子 15	丁丑 16	戊寅 17	己卯 18	庚辰 19	辛巳 20	壬午 21	癸未 22	甲申 23	乙酉 24	丙戌 25	丁亥 26	戊子 27	丁丑立冬
十月大	己亥	天干地支 西曆	己丑 28	庚寅 29	辛卯 30	壬辰 (12)	癸巳 2	甲午 3	乙未 4	丙申 5	丁酉 6	戊戌 7	己亥 8	庚子 9	辛丑 10	壬寅 11	癸卯 12	甲辰 13	乙巳 14	丙午 15	丁未 16	戊申 17	己酉 18	庚戌 19	辛亥 20	壬子 21	癸丑 22	甲寅 23	乙卯 24	丙辰 25	丁巳 26	戊午 27	
十一月大	庚子	天干地支 西曆	己未 28	庚申 29	辛酉 30	壬戌 31	癸亥 (1)	甲子 2	乙丑 3	丙寅 4	丁卯 5	戊辰 6	己巳 7	庚午 8	辛未 9	壬申 10	癸酉 11	甲戌 12	乙亥 13	丙子 14	丁丑 15	戊寅 16	己卯 17	庚辰 18	辛巳 19	壬午 20	癸未 21	甲申 22	乙酉 23	丙戌 24	丁亥 25	戊子 26	辛酉冬至
十二月小	辛丑	天干地支 西曆	己丑 27	庚寅 28	辛卯 29	壬辰 30	癸巳 31	甲午 (2)	乙未 2	丙申 3	丁酉 4	戊戌 5	己亥 6	庚子 7	辛丑 8	壬寅 9	癸卯 10	甲辰 11	乙巳 12	丙午 13	丁未 14	戊申 15	己酉 16	庚戌 17	辛亥 18	壬子 19	癸丑 20	甲寅 21	乙卯 22	丙辰 23	丁巳 24		丙午立春

年代異同	史記魯世家	漢書律曆志	帝王世紀	竹書紀年	皇極經世	文獻通考	歷代帝王年表	歷代統紀表	中國年曆總譜	西周年代	斷代工程
	周武王三年	周康王二十四年	周康王十八年	周武王七年	周康王二十四年	周康王二十四年	周康王二十四年	周康王二十四年	周康王十三年	周成王十三年	殷帝辛二十一年

殷帝辛二十三年（丁亥 猪年） 公元前1054 ~ 前1053年

夏曆月序		中西日曆對照	夏曆日序																													節氣與天象
			初一	初二	初三	初四	初五	初六	初七	初八	初九	初十	十一	十二	十三	十四	十五	十六	十七	十八	十九	二十	二一	二二	二三	二四	二五	二六	二七	二八	二九	三十	
正月大	壬寅	天干地支西曆	戊午 25	己未 26	庚申 27	辛酉 28	壬戌 (3)	癸亥 2	甲子 3	乙丑 4	丙寅 5	丁卯 6	戊辰 7	己巳 8	庚午 9	辛未 10	壬申 11	癸酉 12	甲戌 13	乙亥 14	丙子 15	丁丑 16	戊寅 17	己卯 18	庚辰 19	辛巳 20	壬午 21	癸未 22	甲申 23	乙酉 24	丙戌 25	丁亥 26	
二月小	癸卯	天干地支西曆	戊子 27	己丑 28	庚寅 29	辛卯 30	壬辰 31	癸巳 (4)	甲午 2	乙未 3	丙申 4	丁酉 5	戊戌 6	己亥 7	庚子 8	辛丑 9	壬寅 10	癸卯 11	甲辰 12	乙巳 13	丙午 14	丁未 15	戊申 16	己酉 17	庚戌 18	辛亥 19	壬子 20	癸丑 21	甲寅 22	乙卯 23	丙辰 24		壬辰春分
三月小	甲辰	天干地支西曆	丁巳 25	戊午 26	己未 27	庚申 28	辛酉 29	壬戌 30	癸亥 (5)	甲子 2	乙丑 3	丙寅 4	丁卯 5	戊辰 6	己巳 7	庚午 8	辛未 9	壬申 10	癸酉 11	甲戌 12	乙亥 13	丙子 14	丁丑 15	戊寅 16	己卯 17	庚辰 18	辛巳 19	壬午 20	癸未 21	甲申 22	乙酉 23		己卯立夏
四月大	乙巳	天干地支西曆	丙戌 24	丁亥 25	戊子 26	己丑 27	庚寅 28	辛卯 29	壬辰 30	癸巳 31	甲午 (6)	乙未 2	丙申 3	丁酉 4	戊戌 5	己亥 6	庚子 7	辛丑 8	壬寅 9	癸卯 10	甲辰 11	乙巳 12	丙午 13	丁未 14	戊申 15	己酉 16	庚戌 17	辛亥 18	壬子 19	癸丑 20	甲寅 21	乙卯 22	
五月小	丙午	天干地支西曆	丙辰 23	丁巳 24	戊午 25	己未 26	庚申 27	辛酉 28	壬戌 29	癸亥 30	甲子 (7)	乙丑 2	丙寅 3	丁卯 4	戊辰 5	己巳 6	庚午 7	辛未 8	壬申 9	癸酉 10	甲戌 11	乙亥 12	丙子 13	丁丑 14	戊寅 15	己卯 16	庚辰 17	辛巳 18	壬午 19	癸未 20	甲申 21		丁卯夏至
六月小	丁未	天干地支西曆	乙酉 22	丙戌 23	丁亥 24	戊子 25	己丑 26	庚寅 27	辛卯 28	壬辰 29	癸巳 30	甲午 31	乙未 (8)	丙申 2	丁酉 3	戊戌 4	己亥 5	庚子 6	辛丑 7	壬寅 8	癸卯 9	甲辰 10	乙巳 11	丙午 12	丁未 13	戊申 14	己酉 15	庚戌 16	辛亥 17	壬子 18	癸丑 19		癸丑立秋
七月大	戊申	天干地支西曆	甲寅 20	乙卯 21	丙辰 22	丁巳 23	戊午 24	己未 25	庚申 26	辛酉 27	壬戌 28	癸亥 29	甲子 30	乙丑 31	丙寅 (9)	丁卯 2	戊辰 3	己巳 4	庚午 5	辛未 6	壬申 7	癸酉 8	甲戌 9	乙亥 10	丙子 11	丁丑 12	戊寅 13	己卯 14	庚辰 15	辛巳 16	壬午 17	癸未 18	
八月大	己酉	天干地支西曆	甲申 19	乙酉 20	丙戌 21	丁亥 22	戊子 23	己丑 24	庚寅 25	辛卯 26	壬辰 27	癸巳 28	甲午 29	乙未 30	丙申 (10)	丁酉 2	戊戌 3	己亥 4	庚子 5	辛丑 6	壬寅 7	癸卯 8	甲辰 9	乙巳 10	丙午 11	丁未 12	戊申 13	己酉 14	庚戌 15	辛亥 16	壬子 17	癸丑 18	戊戌秋分
九月小	庚戌	天干地支西曆	甲寅 19	乙卯 20	丙辰 21	丁巳 22	戊午 23	己未 24	庚申 25	辛酉 26	壬戌 27	癸亥 28	甲子 29	乙丑 30	丙寅 31	丁卯 (11)	戊辰 2	己巳 3	庚午 4	辛未 5	壬申 6	癸酉 7	甲戌 8	乙亥 9	丙子 10	丁丑 11	戊寅 12	己卯 13	庚辰 14	辛巳 15	壬午 16		
十月大	辛亥	天干地支西曆	癸未 17	甲申 18	乙酉 19	丙戌 20	丁亥 21	戊子 22	己丑 23	庚寅 24	辛卯 25	壬辰 26	癸巳 27	甲午 28	乙未 29	丙申 30	丁酉 (12)	戊戌 2	己亥 3	庚子 4	辛丑 5	壬寅 6	癸卯 7	甲辰 8	乙巳 9	丙午 10	丁未 11	戊申 12	己酉 13	庚戌 14	辛亥 15	壬子 16	癸未立冬
十一月大	壬子	天干地支西曆	癸丑 17	甲寅 18	乙卯 19	丙辰 20	丁巳 21	戊午 22	己未 23	庚申 24	辛酉 25	壬戌 26	癸亥 27	甲子 28	乙丑 29	丙寅 30	丁卯 31	戊辰 (1)	己巳 2	庚午 3	辛未 4	壬申 5	癸酉 6	甲戌 7	乙亥 8	丙子 9	丁丑 10	戊寅 11	己卯 12	庚辰 13	辛巳 14	壬午 15	丁卯冬至
十二月大	癸丑	天干地支西曆	癸未 16	甲申 17	乙酉 18	丙戌 19	丁亥 20	戊子 21	己丑 22	庚寅 23	辛卯 24	壬辰 25	癸巳 26	甲午 27	乙未 28	丙申 29	丁酉 30	戊戌 31	己亥 (2)	庚子 2	辛丑 3	壬寅 4	癸卯 5	甲辰 6	乙巳 7	丙午 8	丁未 9	戊申 10	己酉 11	庚戌 12	辛亥 13	壬子 14	壬子立春 癸未日食

年代異同	史記魯世家	漢書律曆志	帝王世紀	竹書紀年	皇極經世	文獻通考	歷代帝王年表	歷代統紀表	中國年曆總譜	西周年代	斷代工程
	周武王四年	周康王二十五年	周康王十九年	周武王八年	周康王二十五年	周康王二十五年	周康王二十五年	周康王二十五年	周康王十四年	周成王十四年	殷帝辛二十二年

殷帝辛二十四年（戊子 鼠年） 公元前 1053 ~ 前 1052 年

夏曆月序		中西曆日對照	初一	初二	初三	初四	初五	初六	初七	初八	初九	初十	十一	十二	十三	十四	十五	十六	十七	十八	十九	二十	二一	二二	二三	二四	二五	二六	二七	二八	二九	三十	節氣與天象
正月小	甲寅	天干地支西曆	癸丑15	甲寅16	乙卯17	丙辰18	丁巳19	戊午20	己未21	庚申22	辛酉23	壬戌24	癸亥25	甲子26	乙丑27	丙寅28	丁卯29	戊辰(3)	己巳2	庚午3	辛未4	壬申5	癸酉6	甲戌7	乙亥8	丙子9	丁丑10	戊寅11	己卯12	庚辰13	辛巳14		
二月大	乙卯	天干地支西曆	壬午15	癸未16	甲申17	乙酉18	丙戌19	丁亥20	戊子21	己丑22	庚寅23	辛卯24	壬辰25	癸巳26	甲午27	乙未28	丙申29	丁酉30	戊戌31	己亥(4)	庚子2	辛丑3	壬寅4	癸卯5	甲辰6	乙巳7	丙午8	丁未9	戊申10	己酉11	庚戌12	辛亥13	戊戌春分
三月小	丙辰	天干地支西曆	壬子14	癸丑15	甲寅16	乙卯17	丙辰18	丁巳19	戊午20	己未21	庚申22	辛酉23	壬戌24	癸亥25	甲子26	乙丑27	丙寅28	丁卯29	戊辰30	己巳(5)	庚午2	辛未3	壬申4	癸酉5	甲戌6	乙亥7	丙子8	丁丑9	戊寅10	己卯11	庚辰12		
四月小	丁巳	天干地支西曆	辛巳13	壬午14	癸未15	甲申16	乙酉17	丙戌18	丁亥19	戊子20	己丑21	庚寅22	辛卯23	壬辰24	癸巳25	甲午26	乙未27	丙申28	丁酉29	戊戌30	己亥31	庚子(6)	辛丑2	壬寅3	癸卯4	甲辰5	乙巳6	丙午7	丁未8	戊申9	己酉10		乙酉立夏
五月大	戊午	天干地支西曆	庚戌11	辛亥12	壬子13	癸丑14	甲寅15	乙卯16	丙辰17	丁巳18	戊午19	己未20	庚申21	辛酉22	壬戌23	癸亥24	甲子25	乙丑26	丙寅27	丁卯28	戊辰29	己巳30	庚午(7)	辛未2	壬申3	癸酉4	甲戌5	乙亥6	丙子7	丁丑8	戊寅9	己卯10	壬申夏至
六月小	己未	天干地支西曆	庚辰11	辛巳12	壬午13	癸未14	甲申15	乙酉16	丙戌17	丁亥18	戊子19	己丑20	庚寅21	辛卯22	壬辰23	癸巳24	甲午25	乙未26	丙申27	丁酉28	戊戌29	己亥30	庚子31	辛丑(8)	壬寅2	癸卯3	甲辰4	乙巳5	丙午6	丁未7	戊申8		
七月小	庚申	天干地支西曆	己酉9	庚戌10	辛亥11	壬子12	癸丑13	甲寅14	乙卯15	丙辰16	丁巳17	戊午18	己未19	庚申20	辛酉21	壬戌22	癸亥23	甲子24	乙丑25	丙寅26	丁卯27	戊辰28	己巳29	庚午30	辛未31	壬申(9)	癸酉2	甲戌3	乙亥4	丙子5	丁丑6		戊午立秋
八月大	辛酉	天干地支西曆	戊寅7	己卯8	庚辰9	辛巳10	壬午11	癸未12	甲申13	乙酉14	丙戌15	丁亥16	戊子17	己丑18	庚寅19	辛卯20	壬辰21	癸巳22	甲午23	乙未24	丙申25	丁酉26	戊戌27	己亥28	庚子29	辛丑30	壬寅(10)	癸卯2	甲辰3	乙巳4	丙午5	丁未6	甲辰秋分
九月小	壬戌	天干地支西曆	戊申7	己酉8	庚戌9	辛亥10	壬子11	癸丑12	甲寅13	乙卯14	丙辰15	丁巳16	戊午17	己未18	庚申19	辛酉20	壬戌21	癸亥22	甲子23	乙丑24	丙寅25	丁卯26	戊辰27	己巳28	庚午29	辛未30	壬申31	癸酉(11)	甲戌2	乙亥3	丙子4		
十月大	癸亥	天干地支西曆	丁丑5	戊寅6	己卯7	庚辰8	辛巳9	壬午10	癸未11	甲申12	乙酉13	丙戌14	丁亥15	戊子16	己丑17	庚寅18	辛卯19	壬辰20	癸巳21	甲午22	乙未23	丙申24	丁酉25	戊戌26	己亥27	庚子28	辛丑29	壬寅30	癸卯(12)	甲辰2	乙巳3	丙午4	戊子立冬
十一月大	甲子	天干地支西曆	丁未5	戊申6	己酉7	庚戌8	辛亥9	壬子10	癸丑11	甲寅12	乙卯13	丙辰14	丁巳15	戊午16	己未17	庚申18	辛酉19	壬戌20	癸亥21	甲子22	乙丑23	丙寅24	丁卯25	戊辰26	己巳27	庚午28	辛未29	壬申30	癸酉31	甲戌(1)	乙亥2	丙子3	壬申冬至
十二月大	乙丑	天干地支西曆	丁丑4	戊寅5	己卯6	庚辰7	辛巳8	壬午9	癸未10	甲申11	乙酉12	丙戌13	丁亥14	戊子15	己丑16	庚寅17	辛卯18	壬辰19	癸巳20	甲午21	乙未22	丙申23	丁酉24	戊戌25	己亥26	庚子27	辛丑28	壬寅29	癸卯30	甲辰31	乙巳(2)	丙午2	丁丑日食

年代異同	史記魯世家	漢書律曆志	帝王世紀	竹書紀年	皇極經世	文獻通考	歷代帝王年表	歷代統紀表	中國年曆總譜	西周年代	斷代工程
	周武王五年	周康王二十六年	周康王二十年	周武王九年	周康王二十六年	周康王二十六年	周康王二十六年	周康王二十六年	周康王十五年	周成王十五年	殷帝辛二十三年

殷帝辛二十五年（己丑 牛年） 公元前 1052 ~ 前 1051 年

夏曆月序		中西曆日對照	初一	初二	初三	初四	初五	初六	初七	初八	初九	初十	十一	十二	十三	十四	十五	十六	十七	十八	十九	二十	二一	二二	二三	二四	二五	二六	二七	二八	二九	三十	節氣與天象
正月小	丙寅	天干地支 西曆	丁未 3	戊申 4	己酉 5	庚戌 6	辛亥 7	壬子 8	癸丑 9	甲寅 10	乙卯 11	丙辰 12	丁巳 13	戊午 14	己未 15	庚申 16	辛酉 17	壬戌 18	癸亥 19	甲子 20	乙丑 21	丙寅 22	丁卯 23	戊辰 24	己巳 25	庚午 26	辛未 27	壬申 28	癸酉 (3)	甲戌 2	乙亥 3		丁巳立春
二月大	丁卯	天干地支 西曆	丙子 4	丁丑 5	戊寅 6	己卯 7	庚辰 8	辛巳 9	壬午 10	癸未 11	甲申 12	乙酉 13	丙戌 14	丁亥 15	戊子 16	己丑 17	庚寅 18	辛卯 19	壬辰 20	癸巳 21	甲午 22	乙未 23	丙申 24	丁酉 25	戊戌 26	己亥 27	庚子 28	辛丑 29	壬寅 30	癸卯 31	甲辰 (4)	乙巳 2	癸卯春分
三月大	戊辰	天干地支 西曆	丙午 3	丁未 4	戊申 5	己酉 6	庚戌 7	辛亥 8	壬子 9	癸丑 10	甲寅 11	乙卯 12	丙辰 13	丁巳 14	戊午 15	己未 16	庚申 17	辛酉 18	壬戌 19	癸亥 20	甲子 21	乙丑 22	丙寅 23	丁卯 24	戊辰 25	己巳 26	庚午 27	辛未 28	壬申 29	癸酉 30	甲戌 (5)	乙亥 2	
四月小	己巳	天干地支 西曆	丙子 3	丁丑 4	戊寅 5	己卯 6	庚辰 7	辛巳 8	壬午 9	癸未 10	甲申 11	乙酉 12	丙戌 13	丁亥 14	戊子 15	己丑 16	庚寅 17	辛卯 18	壬辰 19	癸巳 20	甲午 21	乙未 22	丙申 23	丁酉 24	戊戌 25	己亥 26	庚子 27	辛丑 28	壬寅 29	癸卯 30	甲辰 31		庚寅立夏
五月小	庚午	天干地支 西曆	乙巳 (6)	丙午 2	丁未 3	戊申 4	己酉 5	庚戌 6	辛亥 7	壬子 8	癸丑 9	甲寅 10	乙卯 11	丙辰 12	丁巳 13	戊午 14	己未 15	庚申 16	辛酉 17	壬戌 18	癸亥 19	甲子 20	乙丑 21	丙寅 22	丁卯 23	戊辰 24	己巳 25	庚午 26	辛未 27	壬申 28	癸酉 29		
閏五月大	庚午	天干地支 西曆	甲戌 30	乙亥 (7)	丙子 2	丁丑 3	戊寅 4	己卯 5	庚辰 6	辛巳 7	壬午 8	癸未 9	甲申 10	乙酉 11	丙戌 12	丁亥 13	戊子 14	己丑 15	庚寅 16	辛卯 17	壬辰 18	癸巳 19	甲午 20	乙未 21	丙申 22	丁酉 23	戊戌 24	己亥 25	庚子 26	辛丑 27	壬寅 28	癸卯 29	丁丑夏至
六月小	辛未	天干地支 西曆	甲辰 30	乙巳 31	丙午 (8)	丁未 2	戊申 3	己酉 4	庚戌 5	辛亥 6	壬子 7	癸丑 8	甲寅 9	乙卯 10	丙辰 11	丁巳 12	戊午 13	己未 14	庚申 15	辛酉 16	壬戌 17	癸亥 18	甲子 19	乙丑 20	丙寅 21	丁卯 22	戊辰 23	己巳 24	庚午 25	辛未 26	壬申 27		甲子立秋
七月小	壬申	天干地支 西曆	癸酉 28	甲戌 29	乙亥 30	丙子 31	丁丑 (9)	戊寅 2	己卯 3	庚辰 4	辛巳 5	壬午 6	癸未 7	甲申 8	乙酉 9	丙戌 10	丁亥 11	戊子 12	己丑 13	庚寅 14	辛卯 15	壬辰 16	癸巳 17	甲午 18	乙未 19	丙申 20	丁酉 21	戊戌 22	己亥 23	庚子 24	辛丑 25		
八月大	癸酉	天干地支 西曆	壬寅 26	癸卯 27	甲辰 28	乙巳 29	丙午 30	丁未 (10)	戊申 2	己酉 3	庚戌 4	辛亥 5	壬子 6	癸丑 7	甲寅 8	乙卯 9	丙辰 10	丁巳 11	戊午 12	己未 13	庚申 14	辛酉 15	壬戌 16	癸亥 17	甲子 18	乙丑 19	丙寅 20	丁卯 21	戊辰 22	己巳 23	庚午 24	辛未 25	己酉秋分
九月小	甲戌	天干地支 西曆	壬申 26	癸酉 27	甲戌 28	乙亥 29	丙子 30	丁丑 31	戊寅 (11)	己卯 2	庚辰 3	辛巳 4	壬午 5	癸未 6	甲申 7	乙酉 8	丙戌 9	丁亥 10	戊子 11	己丑 12	庚寅 13	辛卯 14	壬辰 15	癸巳 16	甲午 17	乙未 18	丙申 19	丁酉 20	戊戌 21	己亥 22	庚子 23		癸巳立冬
十月大	乙亥	天干地支 西曆	辛丑 24	壬寅 25	癸卯 26	甲辰 27	乙巳 28	丙午 29	丁未 30	戊申 (12)	己酉 2	庚戌 3	辛亥 4	壬子 5	癸丑 6	甲寅 7	乙卯 8	丙辰 9	丁巳 10	戊午 11	己未 12	庚申 13	辛酉 14	壬戌 15	癸亥 16	甲子 17	乙丑 18	丙寅 19	丁卯 20	戊辰 21	己巳 22	庚午 23	
十一月大	丙子	天干地支 西曆	辛未 24	壬申 25	癸酉 26	甲戌 27	乙亥 28	丙子 29	丁丑 30	戊寅 31	己卯 (1)	庚辰 2	辛巳 3	壬午 4	癸未 5	甲申 6	乙酉 7	丙戌 8	丁亥 9	戊子 10	己丑 11	庚寅 12	辛卯 13	壬辰 14	癸巳 15	甲午 16	乙未 17	丙申 18	丁酉 19	戊戌 20	己亥 21	庚子 22	丁丑冬至
十二月小	丁丑	天干地支 西曆	辛丑 23	壬寅 24	癸卯 25	甲辰 26	乙巳 27	丙午 28	丁未 29	戊申 30	己酉 31	庚戌 (2)	辛亥 2	壬子 3	癸丑 4	甲寅 5	乙卯 6	丙辰 7	丁巳 8	戊午 9	己未 10	庚申 11	辛酉 12	壬戌 13	癸亥 14	甲子 15	乙丑 16	丙寅 17	丁卯 18	戊辰 19	己巳 20		壬戌立春

年代異同	史記魯世家	漢書律曆志	帝王世紀	竹書紀年	皇極經世	文獻通考	歷代帝王年表	歷代統紀表	中國年曆總譜	西周年代	斷代工程
	周武王六年		周康王二十一年	周武王十年	周昭王元年	周昭王元年	周昭王元年	周昭王元年	周康王十六年	周成王十六年	殷帝辛二十四年

殷帝辛二十六年（庚寅 虎年） 公元前1051 ~ 前1050年

夏曆月序		中西曆日對照	初一	初二	初三	初四	初五	初六	初七	初八	初九	初十	十一	十二	十三	十四	十五	十六	十七	十八	十九	二十	二一	二二	二三	二四	二五	二六	二七	二八	二九	三十	節氣與天象
正月大	戊寅	天干地支 西曆	庚午 21	辛未 22	壬申 23	癸酉 24	甲戌 25	乙亥 26	丙子 27	丁丑 28	戊寅 (3)	己卯 2	庚辰 3	辛巳 4	壬午 5	癸未 6	甲申 7	乙酉 8	丙戌 9	丁亥 10	戊子 11	己丑 12	庚寅 13	辛卯 14	壬辰 15	癸巳 16	甲午 17	乙未 18	丙申 19	丁酉 20	戊戌 21	己亥 22	
二月大	己卯	天干地支 西曆	庚子 23	辛丑 24	壬寅 25	癸卯 26	甲辰 27	乙巳 28	丙午 29	丁未 30	戊申 31	己酉 (4)	庚戌 2	辛亥 3	壬子 4	癸丑 5	甲寅 6	乙卯 7	丙辰 8	丁巳 9	戊午 10	己未 11	庚申 12	辛酉 13	壬戌 14	癸亥 15	甲子 16	乙丑 17	丙寅 18	丁卯 19	戊辰 20	己巳 21	戊申春分
三月小	庚辰	天干地支 西曆	庚午 22	辛未 23	壬申 24	癸酉 25	甲戌 26	乙亥 27	丙子 28	丁丑 29	戊寅 30	己卯 (5)	庚辰 2	辛巳 3	壬午 4	癸未 5	甲申 6	乙酉 7	丙戌 8	丁亥 9	戊子 10	己丑 11	庚寅 12	辛卯 13	壬辰 14	癸巳 15	甲午 16	乙未 17	丙申 18	丁酉 19	戊戌 20		乙未立夏
四月大	辛巳	天干地支 西曆	己亥 21	庚子 22	辛丑 23	壬寅 24	癸卯 25	甲辰 26	乙巳 27	丙午 28	丁未 29	戊申 30	己酉 31	庚戌 (6)	辛亥 2	壬子 3	癸丑 4	甲寅 5	乙卯 6	丙辰 7	丁巳 8	戊午 9	己未 10	庚申 11	辛酉 12	壬戌 13	癸亥 14	甲子 15	乙丑 16	丙寅 17	丁卯 18	戊辰 19	
五月小	壬午	天干地支 西曆	己巳 20	庚午 21	辛未 22	壬申 23	癸酉 24	甲戌 25	乙亥 26	丙子 27	丁丑 28	戊寅 29	己卯 30	庚辰 (7)	辛巳 2	壬午 3	癸未 4	甲申 5	乙酉 6	丙戌 7	丁亥 8	戊子 9	己丑 10	庚寅 11	辛卯 12	壬辰 13	癸巳 14	甲午 15	乙未 16	丙申 17	丁酉 18		壬午夏至 己巳日食
六月大	癸未	天干地支 西曆	戊戌 19	己亥 20	庚子 21	辛丑 22	壬寅 23	癸卯 24	甲辰 25	乙巳 26	丙午 27	丁未 28	戊申 29	己酉 30	庚戌 31	辛亥 (8)	壬子 2	癸丑 3	甲寅 4	乙卯 5	丙辰 6	丁巳 7	戊午 8	己未 9	庚申 10	辛酉 11	壬戌 12	癸亥 13	甲子 14	乙丑 15	丙寅 16	丁卯 17	
七月小	甲申	天干地支 西曆	戊辰 18	己巳 19	庚午 20	辛未 21	壬申 22	癸酉 23	甲戌 24	乙亥 25	丙子 26	丁丑 27	戊寅 28	己卯 29	庚辰 30	辛巳 31	壬午 (9)	癸未 2	甲申 3	乙酉 4	丙戌 5	丁亥 6	戊子 7	己丑 8	庚寅 9	辛卯 10	壬辰 11	癸巳 12	甲午 13	乙未 14	丙申 15		己巳立秋
八月大	乙酉	天干地支 西曆	丁酉 16	戊戌 17	己亥 18	庚子 19	辛丑 20	壬寅 21	癸卯 22	甲辰 23	乙巳 24	丙午 25	丁未 26	戊申 27	己酉 28	庚戌 29	辛亥 30	壬子 (10)	癸丑 2	甲寅 3	乙卯 4	丙辰 5	丁巳 6	戊午 7	己未 8	庚申 9	辛酉 10	壬戌 11	癸亥 12	甲子 13	乙丑 14	丙寅 15	甲寅秋分
九月小	丙戌	天干地支 西曆	丁卯 16	戊辰 17	己巳 18	庚午 19	辛未 20	壬申 21	癸酉 22	甲戌 23	乙亥 24	丙子 25	丁丑 26	戊寅 27	己卯 28	庚辰 29	辛巳 30	壬午 31	癸未 (11)	甲申 2	乙酉 3	丙戌 4	丁亥 5	戊子 6	己丑 7	庚寅 8	辛卯 9	壬辰 10	癸巳 11	甲午 12	乙未 13		
十月大	丁亥	天干地支 西曆	丙申 14	丁酉 15	戊戌 16	己亥 17	庚子 18	辛丑 19	壬寅 20	癸卯 21	甲辰 22	乙巳 23	丙午 24	丁未 25	戊申 26	己酉 27	庚戌 28	辛亥 29	壬子 30	癸丑 (12)	甲寅 2	乙卯 3	丙辰 4	丁巳 5	戊午 6	己未 7	庚申 8	辛酉 9	壬戌 10	癸亥 11	甲子 12	乙丑 13	戊戌立冬
十一月小	戊子	天干地支 西曆	丙寅 14	丁卯 15	戊辰 16	己巳 17	庚午 18	辛未 19	壬申 20	癸酉 21	甲戌 22	乙亥 23	丙子 24	丁丑 25	戊寅 26	己卯 27	庚辰 28	辛巳 29	壬午 30	癸未 31	甲申 (1)	乙酉 2	丙戌 3	丁亥 4	戊子 5	己丑 6	庚寅 7	辛卯 8	壬辰 9	癸巳 10	甲午 11		壬午冬至
十二月大	己丑	天干地支 西曆	乙未 12	丙申 13	丁酉 14	戊戌 15	己亥 16	庚子 17	辛丑 18	壬寅 19	癸卯 20	甲辰 21	乙巳 22	丙午 23	丁未 24	戊申 25	己酉 26	庚戌 27	辛亥 28	壬子 29	癸丑 30	甲寅 31	乙卯 (2)	丙辰 2	丁巳 3	戊午 4	己未 5	庚申 6	辛酉 7	壬戌 8	癸亥 9	甲子 10	

年代異同	史記魯世家	漢書律曆志	帝王世紀	竹書紀年	皇極經世	文獻通考	歷代帝王年表	歷代統紀表	中國年曆總譜	西周年代	斷代工程
	周成王元年		周康王二十二年	周武王十一年	周昭王二年	周昭王二年	周昭王二年	周昭王二年	周康王十七年	周成王十七年	殷帝辛二十五年

殷帝辛二十七年（辛卯 兔年） 公元前1050 ~ 前1049年

夏曆月序		西日中曆對照	初一	初二	初三	初四	初五	初六	初七	初八	初九	初十	十一	十二	十三	十四	十五	十六	十七	十八	十九	二十	二一	二二	二三	二四	二五	二六	二七	二八	二九	三十	節氣與天象
正月小	庚寅	干支曆 天地西	乙丑11	丙寅12	丁卯13	戊辰14	己巳15	庚午16	辛未17	壬申18	癸酉19	甲戌20	乙亥21	丙子22	丁丑23	戊寅24	己卯25	庚辰26	辛巳27	壬午28	癸未(3)	甲申2	乙酉3	丙戌4	丁亥5	戊子6	己丑7	庚寅8	辛卯9	壬辰10	癸巳11		丁卯立春
二月大	辛卯	干支曆 天地西	甲午12	乙未13	丙申14	丁酉15	戊戌16	己亥17	庚子18	辛丑19	壬寅20	癸卯21	甲辰22	乙巳23	丙午24	丁未25	戊申26	己酉27	庚戌28	辛亥29	壬子30	癸丑31	甲寅(4)	乙卯2	丙辰3	丁巳4	戊午5	己未6	庚申7	辛酉8	壬戌9	癸亥10	癸丑春分
三月小	壬辰	干支曆 天地西	甲子11	乙丑12	丙寅13	丁卯14	戊辰15	己巳16	庚午17	辛未18	壬申19	癸酉20	甲戌21	乙亥22	丙子23	丁丑24	戊寅25	己卯26	庚辰27	辛巳28	壬午29	癸未30	甲申(5)	乙酉2	丙戌3	丁亥4	戊子5	己丑6	庚寅7	辛卯8	壬辰9		
四月大	癸巳	干支曆 天地西	癸巳10	甲午11	乙未12	丙申13	丁酉14	戊戌15	己亥16	庚子17	辛丑18	壬寅19	癸卯20	甲辰21	乙巳22	丙午23	丁未24	戊申25	己酉26	庚戌27	辛亥28	壬子29	癸丑30	甲寅31	乙卯(6)	丙辰2	丁巳3	戊午4	己未5	庚申6	辛酉7	壬戌8	庚子立夏
五月大	甲午	干支曆 天地西	癸亥9	甲子10	乙丑11	丙寅12	丁卯13	戊辰14	己巳15	庚午16	辛未17	壬申18	癸酉19	甲戌20	乙亥21	丙子22	丁丑23	戊寅24	己卯25	庚辰26	辛巳27	壬午28	癸未29	甲申30	乙酉(7)	丙戌2	丁亥3	戊子4	己丑5	庚寅6	辛卯7	壬辰8	戊子夏至
六月小	乙未	干支曆 天地西	癸巳9	甲午10	乙未11	丙申12	丁酉13	戊戌14	己亥15	庚子16	辛丑17	壬寅18	癸卯19	甲辰20	乙巳21	丙午22	丁未23	戊申24	己酉25	庚戌26	辛亥27	壬子28	癸丑29	甲寅30	乙卯31	丙辰(8)	丁巳2	戊午3	己未4	庚申5	辛酉6		
七月大	丙申	干支曆 天地西	壬戌7	癸亥8	甲子9	乙丑10	丙寅11	丁卯12	戊辰13	己巳14	庚午15	辛未16	壬申17	癸酉18	甲戌19	乙亥20	丙子21	丁丑22	戊寅23	己卯24	庚辰25	辛巳26	壬午27	癸未28	甲申29	乙酉30	丙戌31	丁亥(9)	戊子2	己丑3	庚寅4	辛卯5	甲戌立秋
八月小	丁酉	干支曆 天地西	壬辰6	癸巳7	甲午8	乙未9	丙申10	丁酉11	戊戌12	己亥13	庚子14	辛丑15	壬寅16	癸卯17	甲辰18	乙巳19	丙午20	丁未21	戊申22	己酉23	庚戌24	辛亥25	壬子26	癸丑27	甲寅28	乙卯29	丙辰30	丁巳(10)	戊午2	己未3	庚申4		己未秋分
九月大	戊戌	干支曆 天地西	辛酉5	壬戌6	癸亥7	甲子8	乙丑9	丙寅10	丁卯11	戊辰12	己巳13	庚午14	辛未15	壬申16	癸酉17	甲戌18	乙亥19	丙子20	丁丑21	戊寅22	己卯23	庚辰24	辛巳25	壬午26	癸未27	甲申28	乙酉29	丙戌30	丁亥31	戊子(11)	己丑2	庚寅3	
十月小	己亥	干支曆 天地西	辛卯4	壬辰5	癸巳6	甲午7	乙未8	丙申9	丁酉10	戊戌11	己亥12	庚子13	辛丑14	壬寅15	癸卯16	甲辰17	乙巳18	丙午19	丁未20	戊申21	己酉22	庚戌23	辛亥24	壬子25	癸丑26	甲寅27	乙卯28	丙辰29	丁巳30	戊午(12)	己未2		甲辰立冬
十一月大	庚子	干支曆 天地西	庚申3	辛酉4	壬戌5	癸亥6	甲子7	乙丑8	丙寅9	丁卯10	戊辰11	己巳12	庚午13	辛未14	壬申15	癸酉16	甲戌17	乙亥18	丙子19	丁丑20	戊寅21	己卯22	庚辰23	辛巳24	壬午25	癸未26	甲申27	乙酉28	丙戌29	丁亥30	戊子31	己丑(1)	戊子冬至
十二月小	辛丑	干支曆 天地西	庚寅2	辛卯3	壬辰4	癸巳5	甲午6	乙未7	丙申8	丁酉9	戊戌10	己亥11	庚子12	辛丑13	壬寅14	癸卯15	甲辰16	乙巳17	丙午18	丁未19	戊申20	己酉21	庚戌22	辛亥23	壬子24	癸丑25	甲寅26	乙卯27	丙辰28	丁巳29	戊午30		

年代異同	史記魯世家	漢書律曆志	帝王世紀	竹書紀年	皇極經世	文獻通考	歷代帝王年表	歷代統紀表	中國年曆總譜	西周年代	斷代工程
	周成王二年		周康王二十三年	周武王十二年	周昭王三年	周昭王三年	周昭王三年	周昭王三年	周康王十八年	周成王十八年	殷帝辛二十六年

殷帝辛二十八年（壬辰 龍年） 公元前 **1049** ~ 前 1048 年

夏曆月序		中西曆日對照	夏曆日序 初一	初二	初三	初四	初五	初六	初七	初八	初九	初十	十一	十二	十三	十四	十五	十六	十七	十八	十九	二十	二一	二二	二三	二四	二五	二六	二七	二八	二九	三十	節氣與天象
正月小	壬寅	天干地支西曆	己未31	庚申(2)	辛酉2	壬戌3	癸亥4	甲子5	乙丑6	丙寅7	丁卯8	戊辰9	己巳10	庚午11	辛未12	壬申13	癸酉14	甲戌15	乙亥16	丙子17	丁丑18	戊寅19	己卯20	庚辰21	辛巳22	壬午23	癸未24	甲申25	乙酉26	丙戌27	丁亥28		癸酉立春
二月大	癸卯	天干地支西曆	戊子29	己丑(3)	庚寅2	辛卯3	壬辰4	癸巳5	甲午6	乙未7	丙申8	丁酉9	戊戌10	己亥11	庚子12	辛丑13	壬寅14	癸卯15	甲辰16	乙巳17	丙午18	丁未19	戊申20	己酉21	庚戌22	辛亥23	壬子24	癸丑25	甲寅26	乙卯27	丙辰28	丁巳29	
三月大	甲辰	天干地支西曆	戊午30	己未31	庚申(4)	辛酉2	壬戌3	癸亥4	甲子5	乙丑6	丙寅7	丁卯8	戊辰9	己巳10	庚午11	辛未12	壬申13	癸酉14	甲戌15	乙亥16	丙子17	丁丑18	戊寅19	己卯20	庚辰21	辛巳22	壬午23	癸未24	甲申25	乙酉26	丙戌27	丁亥28	己未春分
閏三月小	甲辰	天干地支西曆	戊子29	己丑30	庚寅(5)	辛卯2	壬辰3	癸巳4	甲午5	乙未6	丙申7	丁酉8	戊戌9	己亥10	庚子11	辛丑12	壬寅13	癸卯14	甲辰15	乙巳16	丙午17	丁未18	戊申19	己酉20	庚戌21	辛亥22	壬子23	癸丑24	甲寅25	乙卯26	丙辰27		丙午立夏
四月大	乙巳	天干地支西曆	丁巳28	戊午29	己未30	庚申31	辛酉(6)	壬戌2	癸亥3	甲子4	乙丑5	丙寅6	丁卯7	戊辰8	己巳9	庚午10	辛未11	壬申12	癸酉13	甲戌14	乙亥15	丙子16	丁丑17	戊寅18	己卯19	庚辰20	辛巳21	壬午22	癸未23	甲申24	乙酉25	丙戌26	
五月小	丙午	天干地支西曆	丁亥27	戊子28	己丑29	庚寅30	辛卯(7)	壬辰2	癸巳3	甲午4	乙未5	丙申6	丁酉7	戊戌8	己亥9	庚子10	辛丑11	壬寅12	癸卯13	甲辰14	乙巳15	丙午16	丁未17	戊申18	己酉19	庚戌20	辛亥21	壬子22	癸丑23	甲寅24	乙卯25		癸巳夏至
六月大	丁未	天干地支西曆	丙辰26	丁巳27	戊午28	己未29	庚申30	辛酉31	壬戌(8)	癸亥2	甲子3	乙丑4	丙寅5	丁卯6	戊辰7	己巳8	庚午9	辛未10	壬申11	癸酉12	甲戌13	乙亥14	丙子15	丁丑16	戊寅17	己卯18	庚辰19	辛巳20	壬午21	癸未22	甲申23	乙酉24	己卯立秋
七月大	戊申	天干地支西曆	丙戌25	丁亥26	戊子27	己丑28	庚寅29	辛卯30	壬辰31	癸巳(9)	甲午2	乙未3	丙申4	丁酉5	戊戌6	己亥7	庚子8	辛丑9	壬寅10	癸卯11	甲辰12	乙巳13	丙午14	丁未15	戊申16	己酉17	庚戌18	辛亥19	壬子20	癸丑21	甲寅22	乙卯23	
八月小	己酉	天干地支西曆	丙辰24	丁巳25	戊午26	己未27	庚申28	辛酉29	壬戌30	癸亥(10)	甲子2	乙丑3	丙寅4	丁卯5	戊辰6	己巳7	庚午8	辛未9	壬申10	癸酉11	甲戌12	乙亥13	丙子14	丁丑15	戊寅16	己卯17	庚辰18	辛巳19	壬午20	癸未21	甲申22		甲子秋分
九月大	庚戌	天干地支西曆	乙酉23	丙戌24	丁亥25	戊子26	己丑27	庚寅28	辛卯29	壬辰30	癸巳31	甲午(11)	乙未2	丙申3	丁酉4	戊戌5	己亥6	庚子7	辛丑8	壬寅9	癸卯10	甲辰11	乙巳12	丙午13	丁未14	戊申15	己酉16	庚戌17	辛亥18	壬子19	癸丑20	甲寅21	己酉立冬
十月小	辛亥	天干地支西曆	乙卯22	丙辰23	丁巳24	戊午25	己未26	庚申27	辛酉28	壬戌29	癸亥30	甲子(12)	乙丑2	丙寅3	丁卯4	戊辰5	己巳6	庚午7	辛未8	壬申9	癸酉10	甲戌11	乙亥12	丙子13	丁丑14	戊寅15	己卯16	庚辰17	辛巳18	壬午19	癸未20		
十一月大	壬子	天干地支西曆	甲申21	乙酉22	丙戌23	丁亥24	戊子25	己丑26	庚寅27	辛卯28	壬辰29	癸巳30	甲午31	乙未(1)	丙申2	丁酉3	戊戌4	己亥5	庚子6	辛丑7	壬寅8	癸卯9	甲辰10	乙巳11	丙午12	丁未13	戊申14	己酉15	庚戌16	辛亥17	壬子18	癸丑19	癸巳冬至
十二月小	癸丑	天干地支西曆	甲寅20	乙卯21	丙辰22	丁巳23	戊午24	己未25	庚申26	辛酉27	壬戌28	癸亥29	甲子30	乙丑31	丙寅(2)	丁卯2	戊辰3	己巳4	庚午5	辛未6	壬申7	癸酉8	甲戌9	乙亥10	丙子11	丁丑12	戊寅13	己卯14	庚辰15	辛巳16	壬午17		戊寅立春

年代異同	史記魯世家	漢書律曆志	帝王世紀	竹書紀年	皇極經世	文獻通考	歷代帝王年表	歷代統紀表	中國年曆總譜	西周年代	斷代工程
	周成王三年		周康王二十四年	周武王十三年	周昭王四年	周昭王四年	周昭王四年	周昭王四年	周康王十九年	周成王十九年	殷帝辛二十七年

殷帝辛二十九年（癸巳 蛇年） 公元前 1048 ~ 前 1047 年

夏曆月序		中西曆日對照	初一	初二	初三	初四	初五	初六	初七	初八	初九	初十	十一	十二	十三	十四	十五	十六	十七	十八	十九	二十	二一	二二	二三	二四	二五	二六	二七	二八	二九	三十	節氣與天象
正月小	甲寅	天地干支西曆	癸未18	甲申19	乙酉20	丙戌21	丁亥22	戊子23	己丑24	庚寅25	辛卯26	壬辰27	癸巳28	甲午(3)	乙未2	丙申3	丁酉4	戊戌5	己亥6	庚子7	辛丑8	壬寅9	癸卯10	甲辰11	乙巳12	丙午13	丁未14	戊申15	己酉16	庚戌17	辛亥18		
二月大	乙卯	天地干支西曆	壬子19	癸丑20	甲寅21	乙卯22	丙辰23	丁巳24	戊午25	己未26	庚申27	辛酉28	壬戌29	癸亥30	甲子31	乙丑(4)	丙寅2	丁卯3	戊辰4	己巳5	庚午6	辛未7	壬申8	癸酉9	甲戌10	乙亥11	丙子12	丁丑13	戊寅14	己卯15	庚辰16	辛巳17	甲子春分
三月小	丙辰	天地干支西曆	壬午18	癸未19	甲申20	乙酉21	丙戌22	丁亥23	戊子24	己丑25	庚寅26	辛卯27	壬辰28	癸巳29	甲午30	乙未(5)	丙申2	丁酉3	戊戌4	己亥5	庚子6	辛丑7	壬寅8	癸卯9	甲辰10	乙巳11	丙午12	丁未13	戊申14	己酉15	庚戌16		壬午日食
四月大	丁巳	天地干支西曆	辛亥17	壬子18	癸丑19	甲寅20	乙卯21	丙辰22	丁巳23	戊午24	己未25	庚申26	辛酉27	壬戌28	癸亥29	甲子30	乙丑31	丙寅(6)	丁卯2	戊辰3	己巳4	庚午5	辛未6	壬申7	癸酉8	甲戌9	乙亥10	丙子11	丁丑12	戊寅13	己卯14	庚辰15	辛亥立夏
五月小	戊午	天地干支西曆	辛巳16	壬午17	癸未18	甲申19	乙酉20	丙戌21	丁亥22	戊子23	己丑24	庚寅25	辛卯26	壬辰27	癸巳28	甲午29	乙未30	丙申(7)	丁酉2	戊戌3	己亥4	庚子5	辛丑6	壬寅7	癸卯8	甲辰9	乙巳10	丙午11	丁未12	戊申13	己酉14		戊戌夏至
六月大	己未	天地干支西曆	庚戌15	辛亥16	壬子17	癸丑18	甲寅19	乙卯20	丙辰21	丁巳22	戊午23	己未24	庚申25	辛酉26	壬戌27	癸亥28	甲子29	乙丑30	丙寅31	丁卯(8)	戊辰2	己巳3	庚午4	辛未5	壬申6	癸酉7	甲戌8	乙亥9	丙子10	丁丑11	戊寅12	己卯13	
七月大	庚申	天地干支西曆	庚辰14	辛巳15	壬午16	癸未17	甲申18	乙酉19	丙戌20	丁亥21	戊子22	己丑23	庚寅24	辛卯25	壬辰26	癸巳27	甲午28	乙未29	丙申30	丁酉31	戊戌(9)	己亥2	庚子3	辛丑4	壬寅5	癸卯6	甲辰7	乙巳8	丙午9	丁未10	戊申11	己酉12	乙酉立秋
八月小	辛酉	天地干支西曆	庚戌13	辛亥14	壬子15	癸丑16	甲寅17	乙卯18	丙辰19	丁巳20	戊午21	己未22	庚申23	辛酉24	壬戌25	癸亥26	甲子27	乙丑28	丙寅29	丁卯30	戊辰(10)	己巳2	庚午3	辛未4	壬申5	癸酉6	甲戌7	乙亥8	丙子9	丁丑10	戊寅11		庚午秋分
九月大	壬戌	天地干支西曆	己卯12	庚辰13	辛巳14	壬午15	癸未16	甲申17	乙酉18	丙戌19	丁亥20	戊子21	己丑22	庚寅23	辛卯24	壬辰25	癸巳26	甲午27	乙未28	丙申29	丁酉30	戊戌31	己亥(11)	庚子2	辛丑3	壬寅4	癸卯5	甲辰6	乙巳7	丙午8	丁未9	戊申10	
十月大	癸亥	天地干支西曆	己酉11	庚戌12	辛亥13	壬子14	癸丑15	甲寅16	乙卯17	丙辰18	丁巳19	戊午20	己未21	庚申22	辛酉23	壬戌24	癸亥25	甲子26	乙丑27	丙寅28	丁卯29	戊辰30	己巳(12)	庚午2	辛未3	壬申4	癸酉5	甲戌6	乙亥7	丙子8	丁丑9	戊寅10	甲寅立冬
十一月小	甲子	天地干支西曆	己卯11	庚辰12	辛巳13	壬午14	癸未15	甲申16	乙酉17	丙戌18	丁亥19	戊子20	己丑21	庚寅22	辛卯23	壬辰24	癸巳25	甲午26	乙未27	丙申28	丁酉29	戊戌30	己亥31	庚子(1)	辛丑2	壬寅3	癸卯4	甲辰5	乙巳6	丙午7	丁未8		戊戌冬至
十二月大	乙丑	天地干支西曆	戊申9	己酉10	庚戌11	辛亥12	壬子13	癸丑14	甲寅15	乙卯16	丙辰17	丁巳18	戊午19	己未20	庚申21	辛酉22	壬戌23	癸亥24	甲子25	乙丑26	丙寅27	丁卯28	戊辰29	己巳30	庚午31	辛未(2)	壬申2	癸酉3	甲戌4	乙亥5	丙子6	丁丑7	

年代異同	史記魯世家	漢書律曆志	帝王世紀	竹書紀年	皇極經世	文獻通考	歷代帝王年表	歷代統紀表	中國年曆總譜	西周年代	斷代工程
	周成王四年		周康王二十五年	周武王十四年	周昭王五年	周昭王五年	周昭王五年	周昭王五年	周康王二十年	周成王二十年	殷帝辛二十八年

殷帝辛三十年（甲午 馬年） 公元前 **1047** ~ 前 1046 年

夏曆月序		西日中曆對照	初一	初二	初三	初四	初五	初六	初七	初八	初九	初十	十一	十二	十三	十四	十五	十六	十七	十八	十九	二十	二一	二二	二三	二四	二五	二六	二七	二八	二九	三十	節氣與天象
正月小	丙寅	天干地支西曆	戊寅8	己卯9	庚辰10	辛巳11	壬午12	癸未13	甲申14	乙酉15	丙戌16	丁亥17	戊子18	己丑19	庚寅20	辛卯21	壬辰22	癸巳23	甲午24	乙未25	丙申26	丁酉27	戊戌28	己亥(3)	庚子2	辛丑3	壬寅4	癸卯5	甲辰6	乙巳7	丙午8		癸未立春
二月小	丁卯	天干地支西曆	丁未9	戊申10	己酉11	庚戌12	辛亥13	壬子14	癸丑15	甲寅16	乙卯17	丙辰18	丁巳19	戊午20	己未21	庚申22	辛酉23	壬戌24	癸亥25	甲子26	乙丑27	丙寅28	丁卯29	戊辰30	己巳31	庚午(4)	辛未2	壬申3	癸酉4	甲戌5	乙亥6		己巳春分
三月大	戊辰	天干地支西曆	丙子7	丁丑8	戊寅9	己卯10	庚辰11	辛巳12	壬午13	癸未14	甲申15	乙酉16	丙戌17	丁亥18	戊子19	己丑20	庚寅21	辛卯22	壬辰23	癸巳24	甲午25	乙未26	丙申27	丁酉28	戊戌29	己亥30	庚子(5)	辛丑2	壬寅3	癸卯4	甲辰5	乙巳6	
四月小	己巳	天干地支西曆	丙午7	丁未8	戊申9	己酉10	庚戌11	辛亥12	壬子13	癸丑14	甲寅15	乙卯16	丙辰17	丁巳18	戊午19	己未20	庚申21	辛酉22	壬戌23	癸亥24	甲子25	乙丑26	丙寅27	丁卯28	戊辰29	己巳30	庚午31	辛未(6)	壬申2	癸酉3	甲戌4		丙辰立夏
五月大	庚午	天干地支西曆	乙亥5	丙子6	丁丑7	戊寅8	己卯9	庚辰10	辛巳11	壬午12	癸未13	甲申14	乙酉15	丙戌16	丁亥17	戊子18	己丑19	庚寅20	辛卯21	壬辰22	癸巳23	甲午24	乙未25	丙申26	丁酉27	戊戌28	己亥29	庚子30	辛丑(7)	壬寅2	癸卯3	甲辰4	癸卯夏至
六月小	辛未	天干地支西曆	乙巳5	丙午6	丁未7	戊申8	己酉9	庚戌10	辛亥11	壬子12	癸丑13	甲寅14	乙卯15	丙辰16	丁巳17	戊午18	己未19	庚申20	辛酉21	壬戌22	癸亥23	甲子24	乙丑25	丙寅26	丁卯27	戊辰28	己巳29	庚午30	辛未31	壬申(8)	癸酉2		
七月大	壬申	天干地支西曆	甲戌3	乙亥4	丙子5	丁丑6	戊寅7	己卯8	庚辰9	辛巳10	壬午11	癸未12	甲申13	乙酉14	丙戌15	丁亥16	戊子17	己丑18	庚寅19	辛卯20	壬辰21	癸巳22	甲午23	乙未24	丙申25	丁酉26	戊戌27	己亥28	庚子29	辛丑30	壬寅31	癸卯(9)	庚寅立秋
八月小	癸酉	天干地支西曆	甲辰2	乙巳3	丙午4	丁未5	戊申6	己酉7	庚戌8	辛亥9	壬子10	癸丑11	甲寅12	乙卯13	丙辰14	丁巳15	戊午16	己未17	庚申18	辛酉19	壬戌20	癸亥21	甲子22	乙丑23	丙寅24	丁卯25	戊辰26	己巳27	庚午28	辛未29	壬申30		
九月大	甲戌	天干地支西曆	癸酉(10)	甲戌2	乙亥3	丙子4	丁丑5	戊寅6	己卯7	庚辰8	辛巳9	壬午10	癸未11	甲申12	乙酉13	丙戌14	丁亥15	戊子16	己丑17	庚寅18	辛卯19	壬辰20	癸巳21	甲午22	乙未23	丙申24	丁酉25	戊戌26	己亥27	庚子28	辛丑29	壬寅30	乙亥秋分
十月大	乙亥	天干地支西曆	癸卯31	甲辰(11)	乙巳2	丙午3	丁未4	戊申5	己酉6	庚戌7	辛亥8	壬子9	癸丑10	甲寅11	乙卯12	丙辰13	丁巳14	戊午15	己未16	庚申17	辛酉18	壬戌19	癸亥20	甲子21	乙丑22	丙寅23	丁卯24	戊辰25	己巳26	庚午27	辛未28	壬申29	己未立冬
閏十月大	乙亥	天干地支西曆	癸酉30	甲戌(12)	乙亥2	丙子3	丁丑4	戊寅5	己卯6	庚辰7	辛巳8	壬午9	癸未10	甲申11	乙酉12	丙戌13	丁亥14	戊子15	己丑16	庚寅17	辛卯18	壬辰19	癸巳20	甲午21	乙未22	丙申23	丁酉24	戊戌25	己亥26	庚子27	辛丑28	壬寅29	
十一月小	丙子	天干地支西曆	癸卯30	甲辰31	乙巳(1)	丙午2	丁未3	戊申4	己酉5	庚戌6	辛亥7	壬子8	癸丑9	甲寅10	乙卯11	丙辰12	丁巳13	戊午14	己未15	庚申16	辛酉17	壬戌18	癸亥19	甲子20	乙丑21	丙寅22	丁卯23	戊辰24	己巳25	庚午26	辛未27		癸卯冬至
十二月大	丁丑	天干地支西曆	壬申28	癸酉29	甲戌30	乙亥31	丙子(2)	丁丑2	戊寅3	己卯4	庚辰5	辛巳6	壬午7	癸未8	甲申9	乙酉10	丙戌11	丁亥12	戊子13	己丑14	庚寅15	辛卯16	壬辰17	癸巳18	甲午19	乙未20	丙申21	丁酉22	戊戌23	己亥24	庚子25	辛丑26	戊子立春

年代異同	史記魯世家	漢書律曆志	帝王世紀	竹書紀年	皇極經世	文獻通考	歷代帝王年表	歷代統紀表	中國年曆總譜	西周年代	斷代工程
	周成王五年		周康王二十六年	周武王十五年	周昭王六年	周昭王六年	周昭王六年	周昭王六年	周康王二十一年	周成王二十一年	殷帝辛二十九年

殷帝辛三十一年（乙未 羊年） 公元前 1046 ~ 前 1045 年

夏曆月序		中西曆日對照	初一	初二	初三	初四	初五	初六	初七	初八	初九	初十	十一	十二	十三	十四	十五	十六	十七	十八	十九	二十	二一	二二	二三	二四	二五	二六	二七	二八	二九	三十	節氣與天象
正月小	戊寅	天干 地支 西曆	壬寅27	癸卯28	甲辰(3)	乙巳2	丙午3	丁未4	戊申5	己酉6	庚戌7	辛亥8	壬子9	癸丑10	甲寅11	乙卯12	丙辰13	丁巳14	戊午15	己未16	庚申17	辛酉18	壬戌19	癸亥20	甲子21	乙丑22	丙寅23	丁卯24	戊辰25	己巳26	庚午27		
二月小	己卯	天干 地支 西曆	辛未28	壬申29	癸酉30	甲戌31	乙亥(4)	丙子2	丁丑3	戊寅4	己卯5	庚辰6	辛巳7	壬午8	癸未9	甲申10	乙酉11	丙戌12	丁亥13	戊子14	己丑15	庚寅16	辛卯17	壬辰18	癸巳19	甲午20	乙未21	丙申22	丁酉23	戊戌24	己亥25		甲戌春分
三月大	庚辰	天干 地支 西曆	庚子26	辛丑27	壬寅28	癸卯29	甲辰30	乙巳(5)	丙午2	丁未3	戊申4	己酉5	庚戌6	辛亥7	壬子8	癸丑9	甲寅10	乙卯11	丙辰12	丁巳13	戊午14	己未15	庚申16	辛酉17	壬戌18	癸亥19	甲子20	乙丑21	丙寅22	丁卯23	戊辰24	己巳25	辛酉立夏
四月小	辛巳	天干 地支 西曆	庚午26	辛未27	壬申28	癸酉29	甲戌30	乙亥31	丙子(6)	丁丑2	戊寅3	己卯4	庚辰5	辛巳6	壬午7	癸未8	甲申9	乙酉10	丙戌11	丁亥12	戊子13	己丑14	庚寅15	辛卯16	壬辰17	癸巳18	甲午19	乙未20	丙申21	丁酉22	戊戌23		
五月小	壬午	天干 地支 西曆	己亥24	庚子25	辛丑26	壬寅27	癸卯28	甲辰29	乙巳30	丙午(7)	丁未2	戊申3	己酉4	庚戌5	辛亥6	壬子7	癸丑8	甲寅9	乙卯10	丙辰11	丁巳12	戊午13	己未14	庚申15	辛酉16	壬戌17	癸亥18	甲子19	乙丑20	丙寅21	丁卯22		己酉夏至
六月大	癸未	天干 地支 西曆	戊辰23	己巳24	庚午25	辛未26	壬申27	癸酉28	甲戌29	乙亥30	丙子31	丁丑(8)	戊寅2	己卯3	庚辰4	辛巳5	壬午6	癸未7	甲申8	乙酉9	丙戌10	丁亥11	戊子12	己丑13	庚寅14	辛卯15	壬辰16	癸巳17	甲午18	乙未19	丙申20	丁酉21	乙未立秋
七月小	甲申	天干 地支 西曆	戊戌22	己亥23	庚子24	辛丑25	壬寅26	癸卯27	甲辰28	乙巳29	丙午30	丁未31	戊申(9)	己酉2	庚戌3	辛亥4	壬子5	癸丑6	甲寅7	乙卯8	丙辰9	丁巳10	戊午11	己未12	庚申13	辛酉14	壬戌15	癸亥16	甲子17	乙丑18	丙寅19		
八月大	乙酉	天干 地支 西曆	丁卯20	戊辰21	己巳22	庚午23	辛未24	壬申25	癸酉26	甲戌27	乙亥28	丙子29	丁丑30	戊寅(10)	己卯2	庚辰3	辛巳4	壬午5	癸未6	甲申7	乙酉8	丙戌9	丁亥10	戊子11	己丑12	庚寅13	辛卯14	壬辰15	癸巳16	甲午17	乙未18	丙申19	庚辰秋分
九月大	丙戌	天干 地支 西曆	丁酉20	戊戌21	己亥22	庚子23	辛丑24	壬寅25	癸卯26	甲辰27	乙巳28	丙午29	丁未30	戊申31	己酉(11)	庚戌2	辛亥3	壬子4	癸丑5	甲寅6	乙卯7	丙辰8	丁巳9	戊午10	己未11	庚申12	辛酉13	壬戌14	癸亥15	甲子16	乙丑17	丙寅18	甲子立冬
十月大	丁亥	天干 地支 西曆	丁卯19	戊辰20	己巳21	庚午22	辛未23	壬申24	癸酉25	甲戌26	乙亥27	丙子28	丁丑29	戊寅30	己卯(12)	庚辰2	辛巳3	壬午4	癸未5	甲申6	乙酉7	丙戌8	丁亥9	戊子10	己丑11	庚寅12	辛卯13	壬辰14	癸巳15	甲午16	乙未17	丙申18	
十一月大	戊子	天干 地支 西曆	丁酉19	戊戌20	己亥21	庚子22	辛丑23	壬寅24	癸卯25	甲辰26	乙巳27	丙午28	丁未29	戊申30	己酉31	庚戌(1)	辛亥2	壬子3	癸丑4	甲寅5	乙卯6	丙辰7	丁巳8	戊午9	己未10	庚申11	辛酉12	壬戌13	癸亥14	甲子15	乙丑16	丙寅17	己酉冬至
十二月小	己丑	天干 地支 西曆	丁卯18	戊辰19	己巳20	庚午21	辛未22	壬申23	癸酉24	甲戌25	乙亥26	丙子27	丁丑28	戊寅29	己卯30	庚辰31	辛巳(2)	壬午2	癸未3	甲申4	乙酉5	丙戌6	丁亥7	戊子8	己丑9	庚寅10	辛卯11	壬辰12	癸巳13	甲午14	乙未15		癸巳立春

年代異同	史記魯世家	漢書律曆志	帝王世紀	竹書紀年	皇極經世	文獻通考	歷代帝王年表	歷代統紀表	中國年曆總譜	西周年代	斷代工程
	周成王六年		周昭王元年	周武王十六	周昭王七年	周昭王七年	周昭王七年	周昭王七年	周康王二十二年	周成王二十二年	殷帝辛三十年 / 周武王元年

殷帝辛三十二年（丙申 猴年） 公元前 **1045** ~ 前 1044 年

夏曆月序		中西曆日對照	初一	初二	初三	初四	初五	初六	初七	初八	初九	初十	十一	十二	十三	十四	十五	十六	十七	十八	十九	二十	二一	二二	二三	二四	二五	二六	二七	二八	二九	三十	節氣與天象
正月大	庚寅	干支 西曆	丙申 16	丁酉 17	戊戌 18	己亥 19	庚子 20	辛丑 21	壬寅 22	癸卯 23	甲辰 24	乙巳 25	丙午 26	丁未 27	戊申 28	己酉 29	庚戌 (3)	辛亥 2	壬子 3	癸丑 4	甲寅 5	乙卯 6	丙辰 7	丁巳 8	戊午 9	己未 10	庚申 11	辛酉 12	壬戌 13	癸亥 14	甲子 15	乙丑 16	
二月小	辛卯	干支 西曆	丙寅 17	丁卯 18	戊辰 19	己巳 20	庚午 21	辛未 22	壬申 23	癸酉 24	甲戌 25	乙亥 26	丙子 27	丁丑 28	戊寅 29	己卯 30	庚辰 31	辛巳 (4)	壬午 2	癸未 3	甲申 4	乙酉 5	丙戌 6	丁亥 7	戊子 8	己丑 9	庚寅 10	辛卯 11	壬辰 12	癸巳 13	甲午 14		庚辰春分
三月小	壬辰	干支 西曆	乙未 15	丙申 16	丁酉 17	戊戌 18	己亥 19	庚子 20	辛丑 21	壬寅 22	癸卯 23	甲辰 24	乙巳 25	丙午 26	丁未 27	戊申 28	己酉 29	庚戌 30	辛亥 (5)	壬子 2	癸丑 3	甲寅 4	乙卯 5	丙辰 6	丁巳 7	戊午 8	己未 9	庚申 10	辛酉 11	壬戌 12	癸亥 13		
四月大	癸巳	干支 西曆	甲子 14	乙丑 15	丙寅 16	丁卯 17	戊辰 18	己巳 19	庚午 20	辛未 21	壬申 22	癸酉 23	甲戌 24	乙亥 25	丙子 26	丁丑 27	戊寅 28	己卯 29	庚辰 30	辛巳 31	壬午 (6)	癸未 2	甲申 3	乙酉 4	丙戌 5	丁亥 6	戊子 7	己丑 8	庚寅 9	辛卯 10	壬辰 11	癸巳 12	丁卯立夏
五月小	甲午	干支 西曆	甲午 13	乙未 14	丙申 15	丁酉 16	戊戌 17	己亥 18	庚子 19	辛丑 20	壬寅 21	癸卯 22	甲辰 23	乙巳 24	丙午 25	丁未 26	戊申 27	己酉 28	庚戌 29	辛亥 30	壬子 (7)	癸丑 2	甲寅 3	乙卯 4	丙辰 5	丁巳 6	戊午 7	己未 8	庚申 9	辛酉 10	壬戌 11		甲寅夏至
六月小	乙未	干支 西曆	癸亥 12	甲子 13	乙丑 14	丙寅 15	丁卯 16	戊辰 17	己巳 18	庚午 19	辛未 20	壬申 21	癸酉 22	甲戌 23	乙亥 24	丙子 25	丁丑 26	戊寅 27	己卯 28	庚辰 29	辛巳 30	壬午 31	癸未 (8)	甲申 2	乙酉 3	丙戌 4	丁亥 5	戊子 6	己丑 7	庚寅 8	辛卯 9		
七月大	丙申	干支 西曆	壬辰 10	癸巳 11	甲午 12	乙未 13	丙申 14	丁酉 15	戊戌 16	己亥 17	庚子 18	辛丑 19	壬寅 20	癸卯 21	甲辰 22	乙巳 23	丙午 24	丁未 25	戊申 26	己酉 27	庚戌 28	辛亥 29	壬子 30	癸丑 31	甲寅 (9)	乙卯 2	丙辰 3	丁巳 4	戊午 5	己未 6	庚申 7	辛酉 8	庚子立秋
八月小	丁酉	干支 西曆	壬戌 9	癸亥 10	甲子 11	乙丑 12	丙寅 13	丁卯 14	戊辰 15	己巳 16	庚午 17	辛未 18	壬申 19	癸酉 20	甲戌 21	乙亥 22	丙子 23	丁丑 24	戊寅 25	己卯 26	庚辰 27	辛巳 28	壬午 29	癸未 30	甲申 (10)	乙酉 2	丙戌 3	丁亥 4	戊子 5	己丑 6	庚寅 7		乙酉秋分
九月大	戊戌	干支 西曆	辛卯 8	壬辰 9	癸巳 10	甲午 11	乙未 12	丙申 13	丁酉 14	戊戌 15	己亥 16	庚子 17	辛丑 18	壬寅 19	癸卯 20	甲辰 21	乙巳 22	丙午 23	丁未 24	戊申 25	己酉 26	庚戌 27	辛亥 28	壬子 29	癸丑 30	甲寅 31	乙卯 (11)	丙辰 2	丁巳 3	戊午 4	己未 5	庚申 6	
十月大	己亥	干支 西曆	辛酉 7	壬戌 8	癸亥 9	甲子 10	乙丑 11	丙寅 12	丁卯 13	戊辰 14	己巳 15	庚午 16	辛未 17	壬申 18	癸酉 19	甲戌 20	乙亥 21	丙子 22	丁丑 23	戊寅 24	己卯 25	庚辰 26	辛巳 27	壬午 28	癸未 29	甲申 30	乙酉 (12)	丙戌 2	丁亥 3	戊子 4	己丑 5	庚寅 6	庚午立冬
十一月大	庚子	干支 西曆	辛卯 7	壬辰 8	癸巳 9	甲午 10	乙未 11	丙申 12	丁酉 13	戊戌 14	己亥 15	庚子 16	辛丑 17	壬寅 18	癸卯 19	甲辰 20	乙巳 21	丙午 22	丁未 23	戊申 24	己酉 25	庚戌 26	辛亥 27	壬子 28	癸丑 29	甲寅 30	乙卯 31	丙辰 (1)	丁巳 2	戊午 3	己未 4	庚申 5	甲寅冬至
十二月小	辛丑	干支 西曆	辛酉 6	壬戌 7	癸亥 8	甲子 9	乙丑 10	丙寅 11	丁卯 12	戊辰 13	己巳 14	庚午 15	辛未 16	壬申 17	癸酉 18	甲戌 19	乙亥 20	丙子 21	丁丑 22	戊寅 23	己卯 24	庚辰 25	辛巳 26	壬午 27	癸未 28	甲申 29	乙酉 30	丙戌 31	丁亥 (2)	戊子 2	己丑 3		

年代異同	史記魯世家	漢書律曆志	帝王世紀	竹書紀年	皇極經世	文獻通考	歷代帝王年表	歷代統紀表	中國年曆總譜	西周年代	斷代工程
	周成王七年		周昭王二年	周武王十七年	周昭王八年	周昭王八年	周昭王八年	周昭王八年	周康王二十三年	周成王二十三年	周武王二年

西周日曆

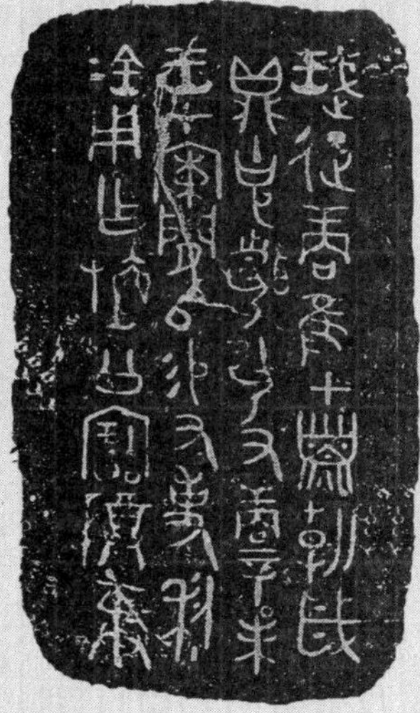

西周日曆

周武王元年（丁酉 鷄年） 公元前 **1044** ~ 前 1043 年

夏曆月序		中西曆對照	初一	初二	初三	初四	初五	初六	初七	初八	初九	初十	十一	十二	十三	十四	十五	十六	十七	十八	十九	二十	二一	二二	二三	二四	二五	二六	二七	二八	二九	三十	節氣與天象
正月大	壬寅	天干 地支 西曆	庚寅 4	辛卯 5	壬辰 6	癸巳 7	甲午 8	乙未 9	丙申 10	丁酉 11	戊戌 12	己亥 13	庚子 14	辛丑 15	壬寅 16	癸卯 17	甲辰 18	乙巳 19	丙午 20	丁未 21	戊申 22	己酉 23	庚戌 24	辛亥 25	壬子 26	癸丑 27	甲寅 28	乙卯 (3)	丙辰 2	丁巳 3	戊午 4	己未 5	己亥立春
二月大	癸卯	天干 地支 西曆	庚申 6	辛酉 7	壬戌 8	癸亥 9	甲子 10	乙丑 11	丙寅 12	丁卯 13	戊辰 14	己巳 15	庚午 16	辛未 17	壬申 18	癸酉 19	甲戌 20	乙亥 21	丙子 22	丁丑 23	戊寅 24	己卯 25	庚辰 26	辛巳 27	壬午 28	癸未 29	甲申 30	乙酉 31	丙戌 (4)	丁亥 2	戊子 3	己丑 4	乙酉春分
三月小	甲辰	天干 地支 西曆	庚寅 5	辛卯 6	壬辰 7	癸巳 8	甲午 9	乙未 10	丙申 11	丁酉 12	戊戌 13	己亥 14	庚子 15	辛丑 16	壬寅 17	癸卯 18	甲辰 19	乙巳 20	丙午 21	丁未 22	戊申 23	己酉 24	庚戌 25	辛亥 26	壬子 27	癸丑 28	甲寅 29	乙卯 30	丙辰 (5)	丁巳 2	戊午 3		
四月小	乙巳	天干 地支 西曆	己未 4	庚申 5	辛酉 6	壬戌 7	癸亥 8	甲子 9	乙丑 10	丙寅 11	丁卯 12	戊辰 13	己巳 14	庚午 15	辛未 16	壬申 17	癸酉 18	甲戌 19	乙亥 20	丙子 21	丁丑 22	戊寅 23	己卯 24	庚辰 25	辛巳 26	壬午 27	癸未 28	甲申 29	乙酉 30	丙戌 31	丁亥 (6)		壬申立夏
五月大	丙午	天干 地支 西曆	戊子 2	己丑 3	庚寅 4	辛卯 5	壬辰 6	癸巳 7	甲午 8	乙未 9	丙申 10	丁酉 11	戊戌 12	己亥 13	庚子 14	辛丑 15	壬寅 16	癸卯 17	甲辰 18	乙巳 19	丙午 20	丁未 21	戊申 22	己酉 23	庚戌 24	辛亥 25	壬子 26	癸丑 27	甲寅 28	乙卯 29	丙辰 30	丁巳 (7)	
六月小	丁未	天干 地支 西曆	戊午 2	己未 3	庚申 4	辛酉 5	壬戌 6	癸亥 7	甲子 8	乙丑 9	丙寅 10	丁卯 11	戊辰 12	己巳 13	庚午 14	辛未 15	壬申 16	癸酉 17	甲戌 18	乙亥 19	丙子 20	丁丑 21	戊寅 22	己卯 23	庚辰 24	辛巳 25	壬午 26	癸未 27	甲申 28	乙酉 29	丙戌 30		己未夏至
閏六月小	丁未	天干 地支 西曆	丁亥 31	戊子 (8)	己丑 2	庚寅 3	辛卯 4	壬辰 5	癸巳 6	甲午 7	乙未 8	丙申 9	丁酉 10	戊戌 11	己亥 12	庚子 13	辛丑 14	壬寅 15	癸卯 16	甲辰 17	乙巳 18	丙午 19	丁未 20	戊申 21	己酉 22	庚戌 23	辛亥 24	壬子 25	癸丑 26	甲寅 27	乙卯 28		丙午立秋
七月大	戊申	天干 地支 西曆	丙辰 29	丁巳 30	戊午 31	己未 (9)	庚申 2	辛酉 3	壬戌 4	癸亥 5	甲子 6	乙丑 7	丙寅 8	丁卯 9	戊辰 10	己巳 11	庚午 12	辛未 13	壬申 14	癸酉 15	甲戌 16	乙亥 17	丙子 18	丁丑 19	戊寅 20	己卯 21	庚辰 22	辛巳 23	壬午 24	癸未 25	甲申 26	乙酉 27	
八月小	己酉	天干 地支 西曆	丙戌 28	丁亥 29	戊子 30	己丑 (10)	庚寅 2	辛卯 3	壬辰 4	癸巳 5	甲午 6	乙未 7	丙申 8	丁酉 9	戊戌 10	己亥 11	庚子 12	辛丑 13	壬寅 14	癸卯 15	甲辰 16	乙巳 17	丙午 18	丁未 19	戊申 20	己酉 21	庚戌 22	辛亥 23	壬子 24	癸丑 25	甲寅 26		辛卯秋分
九月大	庚戌	天干 地支 西曆	乙卯 27	丙辰 28	丁巳 29	戊午 30	己未 31	庚申 (11)	辛酉 2	壬戌 3	癸亥 4	甲子 5	乙丑 6	丙寅 7	丁卯 8	戊辰 9	己巳 10	庚午 11	辛未 12	壬申 13	癸酉 14	甲戌 15	乙亥 16	丙子 17	丁丑 18	戊寅 19	己卯 20	庚辰 21	辛巳 22	壬午 23	癸未 24	甲申 25	乙亥立冬
十月小	辛亥	天干 地支 西曆	乙酉 26	丙戌 27	丁亥 28	戊子 29	己丑 30	庚寅 (12)	辛卯 2	壬辰 3	癸巳 4	甲午 5	乙未 6	丙申 7	丁酉 8	戊戌 9	己亥 10	庚子 11	辛丑 12	壬寅 13	癸卯 14	甲辰 15	乙巳 16	丙午 17	丁未 18	戊申 19	己酉 20	庚戌 21	辛亥 22	壬子 23	癸丑 24		
十一月大	壬子	天干 地支 西曆	甲寅 25	乙卯 26	丙辰 27	丁巳 28	戊午 29	己未 30	庚申 31	辛酉 (1)	壬戌 2	癸亥 3	甲子 4	乙丑 5	丙寅 6	丁卯 7	戊辰 8	己巳 9	庚午 10	辛未 11	壬申 12	癸酉 13	甲戌 14	乙亥 15	丙子 16	丁丑 17	戊寅 18	己卯 19	庚辰 20	辛巳 21	壬午 22	癸未 23	己未冬至
十二月大	癸丑	天干 地支 西曆	甲申 24	乙酉 25	丙戌 26	丁亥 27	戊子 28	己丑 29	庚寅 30	辛卯 31	壬辰 (2)	癸巳 2	甲午 3	乙未 4	丙申 5	丁酉 6	戊戌 7	己亥 8	庚子 9	辛丑 10	壬寅 11	癸卯 12	甲辰 13	乙巳 14	丙午 15	丁未 16	戊申 17	己酉 18	庚戌 19	辛亥 20	壬子 21	癸丑 22	甲辰立春

年代異同	史記魯世家	漢書律曆志	帝王世紀	竹書紀年	皇極經世	文獻通考	歷代帝王年表	歷代統紀表	中國年曆總譜	西周年代	斷代工程
	周成王八年		周昭王三年	周成王元年	周昭王九年	周昭王九年	周昭王九年	周昭王九年	周康王二十四年	周成王二十四年	周武王三年

周武王二年（戊戌 狗年） 公元前 1043 ～ 前 1042 年

夏曆月序		中西曆日對照	初一	初二	初三	初四	初五	初六	初七	初八	初九	初十	十一	十二	十三	十四	十五	十六	十七	十八	十九	二十	二一	二二	二三	二四	二五	二六	二七	二八	二九	三十	節氣與天象
正月大	甲寅	天干地支西曆	甲寅23	乙卯24	丙辰25	丁巳26	戊午27	己未28	庚申(3)	辛酉2	壬戌3	癸亥4	甲子5	乙丑6	丙寅7	丁卯8	戊辰9	己巳10	庚午11	辛未12	壬申13	癸酉14	甲戌15	乙亥16	丙子17	丁丑18	戊寅19	己卯20	庚辰21	辛巳22	壬午23	癸未24	
二月小	乙卯	天干地支西曆	甲申25	乙酉26	丙戌27	丁亥28	戊子29	己丑30	庚寅31	辛卯(4)	壬辰2	癸巳3	甲午4	乙未5	丙申6	丁酉7	戊戌8	己亥9	庚子10	辛丑11	壬寅12	癸卯13	甲辰14	乙巳15	丙午16	丁未17	戊申18	己酉19	庚戌20	辛亥21	壬子22		庚寅春分
三月大	丙辰	天干地支西曆	癸丑23	甲寅24	乙卯25	丙辰26	丁巳27	戊午28	己未29	庚申30	辛酉(5)	壬戌2	癸亥3	甲子4	乙丑5	丙寅6	丁卯7	戊辰8	己巳9	庚午10	辛未11	壬申12	癸酉13	甲戌14	乙亥15	丙子16	丁丑17	戊寅18	己卯19	庚辰20	辛巳21	壬午22	丁丑立夏
四月小	丁巳	天干地支西曆	癸未23	甲申24	乙酉25	丙戌26	丁亥27	戊子28	己丑29	庚寅30	辛卯31	壬辰(6)	癸巳2	甲午3	乙未4	丙申5	丁酉6	戊戌7	己亥8	庚子9	辛丑10	壬寅11	癸卯12	甲辰13	乙巳14	丙午15	丁未16	戊申17	己酉18	庚戌19	辛亥20		
五月大	戊午	天干地支西曆	壬子21	癸丑22	甲寅23	乙卯24	丙辰25	丁巳26	戊午27	己未28	庚申29	辛酉30	壬戌(7)	癸亥2	甲子3	乙丑4	丙寅5	丁卯6	戊辰7	己巳8	庚午9	辛未10	壬申11	癸酉12	甲戌13	乙亥14	丙子15	丁丑16	戊寅17	己卯18	庚辰19	辛巳20	甲子夏至
六月小	己未	天干地支西曆	壬午21	癸未22	甲申23	乙酉24	丙戌25	丁亥26	戊子27	己丑28	庚寅29	辛卯30	壬辰31	癸巳(8)	甲午2	乙未3	丙申4	丁酉5	戊戌6	己亥7	庚子8	辛丑9	壬寅10	癸卯11	甲辰12	乙巳13	丙午14	丁未15	戊申16	己酉17	庚戌18		
七月小	庚申	天干地支西曆	辛亥19	壬子20	癸丑21	甲寅22	乙卯23	丙辰24	丁巳25	戊午26	己未27	庚申28	辛酉29	壬戌30	癸亥31	甲子(9)	乙丑2	丙寅3	丁卯4	戊辰5	己巳6	庚午7	辛未8	壬申9	癸酉10	甲戌11	乙亥12	丙子13	丁丑14	戊寅15	己卯16		辛亥立秋
八月大	辛酉	天干地支西曆	庚辰17	辛巳18	壬午19	癸未20	甲申21	乙酉22	丙戌23	丁亥24	戊子25	己丑26	庚寅27	辛卯28	壬辰29	癸巳30	甲午(10)	乙未2	丙申3	丁酉4	戊戌5	己亥6	庚子7	辛丑8	壬寅9	癸卯10	甲辰11	乙巳12	丙午13	丁未14	戊申15	己酉16	丙申秋分
九月小	壬戌	天干地支西曆	庚戌17	辛亥18	壬子19	癸丑20	甲寅21	乙卯22	丙辰23	丁巳24	戊午25	己未26	庚申27	辛酉28	壬戌29	癸亥30	甲子31	乙丑(11)	丙寅2	丁卯3	戊辰4	己巳5	庚午6	辛未7	壬申8	癸酉9	甲戌10	乙亥11	丙子12	丁丑13	戊寅14		
十月大	癸亥	天干地支西曆	己卯15	庚辰16	辛巳17	壬午18	癸未19	甲申20	乙酉21	丙戌22	丁亥23	戊子24	己丑25	庚寅26	辛卯27	壬辰28	癸巳29	甲午30	乙未(12)	丙申2	丁酉3	戊戌4	己亥5	庚子6	辛丑7	壬寅8	癸卯9	甲辰10	乙巳11	丙午12	丁未13	戊申14	庚辰立冬
十一月大	甲子	天干地支西曆	己酉15	庚戌16	辛亥17	壬子18	癸丑19	甲寅20	乙卯21	丙辰22	丁巳23	戊午24	己未25	庚申26	辛酉27	壬戌28	癸亥29	甲子30	乙丑31	丙寅(1)	丁卯2	戊辰3	己巳4	庚午5	辛未6	壬申7	癸酉8	甲戌9	乙亥10	丙子11	丁丑12	戊寅13	甲子冬至
十二月小	乙丑	天干地支西曆	己卯14	庚辰15	辛巳16	壬午17	癸未18	甲申19	乙酉20	丙戌21	丁亥22	戊子23	己丑24	庚寅25	辛卯26	壬辰27	癸巳28	甲午29	乙未30	丙申31	丁酉(2)	戊戌2	己亥3	庚子4	辛丑5	壬寅6	癸卯7	甲辰8	乙巳9	丙午10	丁未11		

年代異同	史記魯世家	漢書律曆志	帝王世紀	竹書紀年	皇極經世	文獻通考	歷代帝王年表	歷代統紀表	中國年曆總譜	西周年代	斷代工程
	周成王九年		周昭王四年	周成王二年	周昭王十年	周昭王十年	周昭王十年	周昭王十年	周康王二十五年	周成王二十五年	周武王四年

周成王元年（己亥 猪年） 公元前 1042 ~ 前 1041 年

夏曆月序		中西曆日對照	夏曆日序																														節氣與天象
			初一	初二	初三	初四	初五	初六	初七	初八	初九	初十	十一	十二	十三	十四	十五	十六	十七	十八	十九	二十	二一	二二	二三	二四	二五	二六	二七	二八	二九	三十	
正月大	丙寅	天干地支西曆	戊申 12	己酉 13	庚戌 14	辛亥 15	壬子 16	癸丑 17	甲寅 18	乙卯 19	丙辰 20	丁巳 21	戊午 22	己未 23	庚申 24	辛酉 25	壬戌 26	癸亥 27	甲子 28	乙丑 (3)	丙寅 2	丁卯 3	戊辰 4	己巳 5	庚午 6	辛未 7	壬申 8	癸酉 9	甲戌 10	乙亥 11	丙子 12	丁丑 13	己酉立春
二月小	丁卯	天干地支西曆	戊寅 14	己卯 15	庚辰 16	辛巳 17	壬午 18	癸未 19	甲申 20	乙酉 21	丙戌 22	丁亥 23	戊子 24	己丑 25	庚寅 26	辛卯 27	壬辰 28	癸巳 29	甲午 30	乙未 31	丙申 (4)	丁酉 2	戊戌 3	己亥 4	庚子 5	辛丑 6	壬寅 7	癸卯 8	甲辰 9	乙巳 10	丙午 11		乙未春分
三月大	戊辰	天干地支西曆	丁未 12	戊申 13	己酉 14	庚戌 15	辛亥 16	壬子 17	癸丑 18	甲寅 19	乙卯 20	丙辰 21	丁巳 22	戊午 23	己未 24	庚申 25	辛酉 26	壬戌 27	癸亥 28	甲子 29	乙丑 30	丙寅 (5)	丁卯 2	戊辰 3	己巳 4	庚午 5	辛未 6	壬申 7	癸酉 8	甲戌 9	乙亥 10	丙子 11	
四月大	己巳	天干地支西曆	丁丑 12	戊寅 13	己卯 14	庚辰 15	辛巳 16	壬午 17	癸未 18	甲申 19	乙酉 20	丙戌 21	丁亥 22	戊子 23	己丑 24	庚寅 25	辛卯 26	壬辰 27	癸巳 28	甲午 29	乙未 30	丙申 31	丁酉 (6)	戊戌 2	己亥 3	庚子 4	辛丑 5	壬寅 6	癸卯 7	甲辰 8	乙巳 9	丙午 10	壬午立夏
五月小	庚午	天干地支西曆	丁未 11	戊申 12	己酉 13	庚戌 14	辛亥 15	壬子 16	癸丑 17	甲寅 18	乙卯 19	丙辰 20	丁巳 21	戊午 22	己未 23	庚申 24	辛酉 25	壬戌 26	癸亥 27	甲子 28	乙丑 29	丙寅 30	丁卯 (7)	戊辰 2	己巳 3	庚午 4	辛未 5	壬申 6	癸酉 7	甲戌 8	乙亥 9		庚午夏至
六月大	辛未	天干地支西曆	丙子 10	丁丑 11	戊寅 12	己卯 13	庚辰 14	辛巳 15	壬午 16	癸未 17	甲申 18	乙酉 19	丙戌 20	丁亥 21	戊子 22	己丑 23	庚寅 24	辛卯 25	壬辰 26	癸巳 27	甲午 28	乙未 29	丙申 30	丁酉 31	戊戌 (8)	己亥 2	庚子 3	辛丑 4	壬寅 5	癸卯 6	甲辰 7	乙巳 8	
七月小	壬申	天干地支西曆	丙午 9	丁未 10	戊申 11	己酉 12	庚戌 13	辛亥 14	壬子 15	癸丑 16	甲寅 17	乙卯 18	丙辰 19	丁巳 20	戊午 21	己未 22	庚申 23	辛酉 24	壬戌 25	癸亥 26	甲子 27	乙丑 28	丙寅 29	丁卯 30	戊辰 31	己巳 (9)	庚午 2	辛未 3	壬申 4	癸酉 5	甲戌 6		丙辰立秋
八月大	癸酉	天干地支西曆	乙亥 7	丙子 8	丁丑 9	戊寅 10	己卯 11	庚辰 12	辛巳 13	壬午 14	癸未 15	甲申 16	乙酉 17	丙戌 18	丁亥 19	戊子 20	己丑 21	庚寅 22	辛卯 23	壬辰 24	癸巳 25	甲午 26	乙未 27	丙申 28	丁酉 29	戊戌 30	己亥 (10)	庚子 2	辛丑 3	壬寅 4	癸卯 5	甲辰 6	辛丑秋分
九月小	甲戌	天干地支西曆	乙巳 7	丙午 8	丁未 9	戊申 10	己酉 11	庚戌 12	辛亥 13	壬子 14	癸丑 15	甲寅 16	乙卯 17	丙辰 18	丁巳 19	戊午 20	己未 21	庚申 22	辛酉 23	壬戌 24	癸亥 25	甲子 26	乙丑 27	丙寅 28	丁卯 29	戊辰 30	己巳 31	庚午 (11)	辛未 2	壬申 3	癸酉 4		
十月小	乙亥	天干地支西曆	甲戌 5	乙亥 6	丙子 7	丁丑 8	戊寅 9	己卯 10	庚辰 11	辛巳 12	壬午 13	癸未 14	甲申 15	乙酉 16	丙戌 17	丁亥 18	戊子 19	己丑 20	庚寅 21	辛卯 22	壬辰 23	癸巳 24	甲午 25	乙未 26	丙申 27	丁酉 28	戊戌 29	己亥 30	庚子 (12)	辛丑 2	壬寅 3		乙酉立冬
十一月大	丙子	天干地支西曆	癸卯 4	甲辰 5	乙巳 6	丙午 7	丁未 8	戊申 9	己酉 10	庚戌 11	辛亥 12	壬子 13	癸丑 14	甲寅 15	乙卯 16	丙辰 17	丁巳 18	戊午 19	己未 20	庚申 21	辛酉 22	壬戌 23	癸亥 24	甲子 25	乙丑 26	丙寅 27	丁卯 28	戊辰 29	己巳 30	庚午 31	辛未 (1)	壬申 2	庚午冬至
十二月小	丁丑	天干地支西曆	癸酉 3	甲戌 4	乙亥 5	丙子 6	丁丑 7	戊寅 8	己卯 9	庚辰 10	辛巳 11	壬午 12	癸未 13	甲申 14	乙酉 15	丙戌 16	丁亥 17	戊子 18	己丑 19	庚寅 20	辛卯 21	壬辰 22	癸巳 23	甲午 24	乙未 25	丙申 26	丁酉 27	戊戌 28	己亥 29	庚子 30	辛丑 31		

年代異同	史記魯世家	漢書律曆志	帝王世紀	竹書紀年	皇極經世	文獻通考	歷代帝王年表	歷代統紀表	中國年曆總譜	西周年代	斷代工程
	周成王十年		周昭王五年	周成王三年	周昭王十一年	周昭王十一年	周昭王十一年	周昭王十一年	周康王二十六年	周成王二十六年	周成王元年

周成王二年（庚子 鼠年） 公元前 1041 ~ 前 1040 年

夏曆月序		中西曆日對照	初一	初二	初三	初四	初五	初六	初七	初八	初九	初十	十一	十二	十三	十四	十五	十六	十七	十八	十九	二十	二一	二二	二三	二四	二五	二六	二七	二八	二九	三十	節氣與天象
正月大	戊寅	天干 地支 西曆	壬寅 (2)	癸卯 2	甲辰 3	乙巳 4	丙午 5	丁未 6	戊申 7	己酉 8	庚戌 9	辛亥 10	壬子 11	癸丑 12	甲寅 13	乙卯 14	丙辰 15	丁巳 16	戊午 17	己未 18	庚申 19	辛酉 20	壬戌 21	癸亥 22	甲子 23	乙丑 24	丙寅 25	丁卯 26	戊辰 27	己巳 28	庚午 29	辛未 (3)	甲寅立春
二月大	己卯	天干 地支 西曆	壬申 2	癸酉 3	甲戌 4	乙亥 5	丙子 6	丁丑 7	戊寅 8	己卯 9	庚辰 10	辛巳 11	壬午 12	癸未 13	甲申 14	乙酉 15	丙戌 16	丁亥 17	戊子 18	己丑 19	庚寅 20	辛卯 21	壬辰 22	癸巳 23	甲午 24	乙未 25	丙申 26	丁酉 27	戊戌 28	己亥 29	庚子 30	辛丑 31	辛丑春分
三月小	庚辰	天干 地支 西曆	壬寅 (4)	癸卯 2	甲辰 3	乙巳 4	丙午 5	丁未 6	戊申 7	己酉 8	庚戌 9	辛亥 10	壬子 11	癸丑 12	甲寅 13	乙卯 14	丙辰 15	丁巳 16	戊午 17	己未 18	庚申 19	辛酉 20	壬戌 21	癸亥 22	甲子 23	乙丑 24	丙寅 25	丁卯 26	戊辰 27	己巳 28	庚午 29		
閏三月大	庚辰	天干 地支 西曆	辛未 30	壬申 (5)	癸酉 2	甲戌 3	乙亥 4	丙子 5	丁丑 6	戊寅 7	己卯 8	庚辰 9	辛巳 10	壬午 11	癸未 12	甲申 13	乙酉 14	丙戌 15	丁亥 16	戊子 17	己丑 18	庚寅 19	辛卯 20	壬辰 21	癸巳 22	甲午 23	乙未 24	丙申 25	丁酉 26	戊戌 27	己亥 28	庚子 29	戊子立夏
四月小	辛巳	天干 地支 西曆	辛丑 30	壬寅 31	癸卯 (6)	甲辰 2	乙巳 3	丙午 4	丁未 5	戊申 6	己酉 7	庚戌 8	辛亥 9	壬子 10	癸丑 11	甲寅 12	乙卯 13	丙辰 14	丁巳 15	戊午 16	己未 17	庚申 18	辛酉 19	壬戌 20	癸亥 21	甲子 22	乙丑 23	丙寅 24	丁卯 25	戊辰 26	己巳 27		
五月大	壬午	天干 地支 西曆	庚午 28	辛未 29	壬申 30	癸酉 (7)	甲戌 2	乙亥 3	丙子 4	丁丑 5	戊寅 6	己卯 7	庚辰 8	辛巳 9	壬午 10	癸未 11	甲申 12	乙酉 13	丙戌 14	丁亥 15	戊子 16	己丑 17	庚寅 18	辛卯 19	壬辰 20	癸巳 21	甲午 22	乙未 23	丙申 24	丁酉 25	戊戌 26	己亥 27	乙亥夏至
六月大	癸未	天干 地支 西曆	庚子 28	辛丑 29	壬寅 30	癸卯 31	甲辰 (8)	乙巳 2	丙午 3	丁未 4	戊申 5	己酉 6	庚戌 7	辛亥 8	壬子 9	癸丑 10	甲寅 11	乙卯 12	丙辰 13	丁巳 14	戊午 15	己未 16	庚申 17	辛酉 18	壬戌 19	癸亥 20	甲子 21	乙丑 22	丙寅 23	丁卯 24	戊辰 25	己巳 26	辛酉立秋
七月小	甲申	天干 地支 西曆	庚午 27	辛未 28	壬申 29	癸酉 30	甲戌 31	乙亥 (9)	丙子 2	丁丑 3	戊寅 4	己卯 5	庚辰 6	辛巳 7	壬午 8	癸未 9	甲申 10	乙酉 11	丙戌 12	丁亥 13	戊子 14	己丑 15	庚寅 16	辛卯 17	壬辰 18	癸巳 19	甲午 20	乙未 21	丙申 22	丁酉 23	戊戌 24		
八月大	乙酉	天干 地支 西曆	己亥 25	庚子 26	辛丑 27	壬寅 28	癸卯 29	甲辰 30	乙巳 (10)	丙午 2	丁未 3	戊申 4	己酉 5	庚戌 6	辛亥 7	壬子 8	癸丑 9	甲寅 10	乙卯 11	丙辰 12	丁巳 13	戊午 14	己未 15	庚申 16	辛酉 17	壬戌 18	癸亥 19	甲子 20	乙丑 21	丙寅 22	丁卯 23	戊辰 24	丙午秋分
九月小	丙戌	天干 地支 西曆	己巳 25	庚午 26	辛未 27	壬申 28	癸酉 29	甲戌 30	乙亥 31	丙子 (11)	丁丑 2	戊寅 3	己卯 4	庚辰 5	辛巳 6	壬午 7	癸未 8	甲申 9	乙酉 10	丙戌 11	丁亥 12	戊子 13	己丑 14	庚寅 15	辛卯 16	壬辰 17	癸巳 18	甲午 19	乙未 20	丙申 21	丁酉 22		辛卯立冬
十月大	丁亥	天干 地支 西曆	戊戌 23	己亥 24	庚子 25	辛丑 26	壬寅 27	癸卯 28	甲辰 29	乙巳 30	丙午 (12)	丁未 2	戊申 3	己酉 4	庚戌 5	辛亥 6	壬子 7	癸丑 8	甲寅 9	乙卯 10	丙辰 11	丁巳 12	戊午 13	己未 14	庚申 15	辛酉 16	壬戌 17	癸亥 18	甲子 19	乙丑 20	丙寅 21	丁卯 22	戊戌日食
十一月小	戊子	天干 地支 西曆	戊辰 23	己巳 24	庚午 25	辛未 26	壬申 27	癸酉 28	甲戌 29	乙亥 30	丙子 31	丁丑 (1)	戊寅 2	己卯 3	庚辰 4	辛巳 5	壬午 6	癸未 7	甲申 8	乙酉 9	丙戌 10	丁亥 11	戊子 12	己丑 13	庚寅 14	辛卯 15	壬辰 16	癸巳 17	甲午 18	乙未 19	丙申 20		乙亥冬至
十二月小	己丑	天干 地支 西曆	丁酉 21	戊戌 22	己亥 23	庚子 24	辛丑 25	壬寅 26	癸卯 27	甲辰 28	乙巳 29	丙午 30	丁未 31	戊申 (2)	己酉 2	庚戌 3	辛亥 4	壬子 5	癸丑 6	甲寅 7	乙卯 8	丙辰 9	丁巳 10	戊午 11	己未 12	庚申 13	辛酉 14	壬戌 15	癸亥 16	甲子 17	乙丑 18		庚申立春

年代異同	史記魯世家	漢書律曆志	帝王世紀	竹書紀年	皇極經世	文獻通考	歷代帝王年表	歷代統紀表	中國年曆總譜	西周年代	斷代工程
	周成王十一年		周昭王六年	周成王四年	周昭王十二年	周昭王十二年	周昭王十二年	周昭王十二年	周昭王元年	周成王二十七年	周成王二年

周成王三年（辛丑 牛年） 公元前1040 ~ 前1039年

夏曆月序	中西曆日對照	初一	初二	初三	初四	初五	初六	初七	初八	初九	初十	十一	十二	十三	十四	十五	十六	十七	十八	十九	二十	二一	二二	二三	二四	二五	二六	二七	二八	二九	三十	節氣與天象
正月大 庚寅	天地干支西曆	丙寅19	丁卯20	戊辰21	己巳22	庚午23	辛未24	壬申25	癸酉26	甲戌27	乙亥28	丙子(3)	丁丑2	戊寅3	己卯4	庚辰5	辛巳6	壬午7	癸未8	甲申9	乙酉10	丙戌11	丁亥12	戊子13	己丑14	庚寅15	辛卯16	壬辰17	癸巳18	甲午19	乙未20	
二月小 辛卯	天地干支西曆	丙申21	丁酉22	戊戌23	己亥24	庚子25	辛丑26	壬寅27	癸卯28	甲辰29	乙巳30	丙午31	丁未(4)	戊申2	己酉3	庚戌4	辛亥5	壬子6	癸丑7	甲寅8	乙卯9	丙辰10	丁巳11	戊午12	己未13	庚申14	辛酉15	壬戌16	癸亥17	甲子18		丙午春分
三月大 壬辰	天地干支西曆	乙丑19	丙寅20	丁卯21	戊辰22	己巳23	庚午24	辛未25	壬申26	癸酉27	甲戌28	乙亥29	丙子30	丁丑(5)	戊寅2	己卯3	庚辰4	辛巳5	壬午6	癸未7	甲申8	乙酉9	丙戌10	丁亥11	戊子12	己丑13	庚寅14	辛卯15	壬辰16	癸巳17	甲午18	癸巳立夏
四月小 癸巳	天地干支西曆	乙未19	丙申20	丁酉21	戊戌22	己亥23	庚子24	辛丑25	壬寅26	癸卯27	甲辰28	乙巳29	丙午30	丁未31	戊申(6)	己酉2	庚戌3	辛亥4	壬子5	癸丑6	甲寅7	乙卯8	丙辰9	丁巳10	戊午11	己未12	庚申13	辛酉14	壬戌15	癸亥16		
五月大 甲午	天地干支西曆	甲子17	乙丑18	丙寅19	丁卯20	戊辰21	己巳22	庚午23	辛未24	壬申25	癸酉26	甲戌27	乙亥28	丙子29	丁丑30	戊寅(7)	己卯2	庚辰3	辛巳4	壬午5	癸未6	甲申7	乙酉8	丙戌9	丁亥10	戊子11	己丑12	庚寅13	辛卯14	壬辰15	癸巳16	庚辰夏至
六月大 乙未	天地干支西曆	甲午17	乙未18	丙申19	丁酉20	戊戌21	己亥22	庚子23	辛丑24	壬寅25	癸卯26	甲辰27	乙巳28	丙午29	丁未30	戊申31	己酉(8)	庚戌2	辛亥3	壬子4	癸丑5	甲寅6	乙卯7	丙辰8	丁巳9	戊午10	己未11	庚申12	辛酉13	壬戌14	癸亥15	
七月小 丙申	天地干支西曆	甲子16	乙丑17	丙寅18	丁卯19	戊辰20	己巳21	庚午22	辛未23	壬申24	癸酉25	甲戌26	乙亥27	丙子28	丁丑29	戊寅30	己卯31	庚辰(9)	辛巳2	壬午3	癸未4	甲申5	乙酉6	丙戌7	丁亥8	戊子9	己丑10	庚寅11	辛卯12	壬辰13		丙寅立秋
八月大 丁酉	天地干支西曆	癸巳14	甲午15	乙未16	丙申17	丁酉18	戊戌19	己亥20	庚子21	辛丑22	壬寅23	癸卯24	甲辰25	乙巳26	丙午27	丁未28	戊申29	己酉30	庚戌(10)	辛亥2	壬子3	癸丑4	甲寅5	乙卯6	丙辰7	丁巳8	戊午9	己未10	庚申11	辛酉12	壬戌13	壬子秋分
九月大 戊戌	天地干支西曆	癸亥14	甲子15	乙丑16	丙寅17	丁卯18	戊辰19	己巳20	庚午21	辛未22	壬申23	癸酉24	甲戌25	乙亥26	丙子27	丁丑28	戊寅29	己卯30	庚辰31	辛巳(11)	壬午2	癸未3	甲申4	乙酉5	丙戌6	丁亥7	戊子8	己丑9	庚寅10	辛卯11	壬辰12	
十月小 己亥	天地干支西曆	癸巳13	甲午14	乙未15	丙申16	丁酉17	戊戌18	己亥19	庚子20	辛丑21	壬寅22	癸卯23	甲辰24	乙巳25	丙午26	丁未27	戊申28	己酉29	庚戌30	辛亥(12)	壬子2	癸丑3	甲寅4	乙卯5	丙辰6	丁巳7	戊午8	己未9	庚申10	辛酉11		丙申立冬
十一月大 庚子	天地干支西曆	壬戌12	癸亥13	甲子14	乙丑15	丙寅16	丁卯17	戊辰18	己巳19	庚午20	辛未21	壬申22	癸酉23	甲戌24	乙亥25	丙子26	丁丑27	戊寅28	己卯29	庚辰30	辛巳31	壬午(1)	癸未2	甲申3	乙酉4	丙戌5	丁亥6	戊子7	己丑8	庚寅9	辛卯10	庚辰冬至
十二月小 辛丑	天地干支西曆	壬辰11	癸巳12	甲午13	乙未14	丙申15	丁酉16	戊戌17	己亥18	庚子19	辛丑20	壬寅21	癸卯22	甲辰23	乙巳24	丙午25	丁未26	戊申27	己酉28	庚戌29	辛亥30	壬子31	癸丑(2)	甲寅2	乙卯3	丙辰4	丁巳5	戊午6	己未7	庚申8		

年代異同	史記魯世家	漢書律曆志	帝王世紀	竹書紀年	皇極經世	文獻通考	歷代帝王年表	歷代統紀表	中國年曆總譜	西周年代	斷代工程
	周成王十二年		周昭王七年	周成王五年	周昭王十三年	周昭王十三年	周昭王十三年	周昭王十三年	周昭王二年	周成王二十八年	周成王三年

周成王四年（壬寅 虎年） 公元前 **1039** ~ 前 1038 年

夏曆月序	中西曆日對照	初一	初二	初三	初四	初五	初六	初七	初八	初九	初十	十一	十二	十三	十四	十五	十六	十七	十八	十九	二十	二一	二二	二三	二四	二五	二六	二七	二八	二九	三十	節氣與天象
正月小 壬寅	天干地支 西曆	辛酉 9	壬戌 10	癸亥 11	甲子 12	乙丑 13	丙寅 14	丁卯 15	戊辰 16	己巳 17	庚午 18	辛未 19	壬申 20	癸酉 21	甲戌 22	乙亥 23	丙子 24	丁丑 25	戊寅 26	己卯 27	庚辰 28	辛巳 (3)	壬午 2	癸未 3	甲申 4	乙酉 5	丙戌 6	丁亥 7	戊子 8	己丑 9		乙丑立春
二月大 中西	天干地支 西曆	庚寅 10	辛卯 11	壬辰 12	癸巳 13	甲午 14	乙未 15	丙申 16	丁酉 17	戊戌 18	己亥 19	庚子 20	辛丑 21	壬寅 22	癸卯 23	甲辰 24	乙巳 25	丙午 26	丁未 27	戊申 28	己酉 29	庚戌 30	辛亥 31	壬子 (4)	癸丑 2	甲寅 3	乙卯 4	丙辰 5	丁巳 6	戊午 7	己未 8	辛亥春分
三月小 甲辰	天干地支 西曆	庚申 9	辛酉 10	壬戌 11	癸亥 12	甲子 13	乙丑 14	丙寅 15	丁卯 16	戊辰 17	己巳 18	庚午 19	辛未 20	壬申 21	癸酉 22	甲戌 23	乙亥 24	丙子 25	丁丑 26	戊寅 27	己卯 28	庚辰 29	辛巳 30	壬午 (5)	癸未 2	甲申 3	乙酉 4	丙戌 5	丁亥 6	戊子 7		庚申日食
四月大 乙巳	天干地支 西曆	己丑 8	庚寅 9	辛卯 10	壬辰 11	癸巳 12	甲午 13	乙未 14	丙申 15	丁酉 16	戊戌 17	己亥 18	庚子 19	辛丑 20	壬寅 21	癸卯 22	甲辰 23	乙巳 24	丙午 25	丁未 26	戊申 27	己酉 28	庚戌 29	辛亥 30	壬子 31	癸丑 (6)	甲寅 2	乙卯 3	丙辰 4	丁巳 5	戊午 6	戊戌立夏
五月小 丙午	天干地支 西曆	己未 7	庚申 8	辛酉 9	壬戌 10	癸亥 11	甲子 12	乙丑 13	丙寅 14	丁卯 15	戊辰 16	己巳 17	庚午 18	辛未 19	壬申 20	癸酉 21	甲戌 22	乙亥 23	丙子 24	丁丑 25	戊寅 26	己卯 27	庚辰 28	辛巳 29	壬午 30	癸未 (7)	甲申 2	乙酉 3	丙戌 4	丁亥 5		乙酉夏至
六月大 丁未	天干地支 西曆	戊子 6	己丑 7	庚寅 8	辛卯 9	壬辰 10	癸巳 11	甲午 12	乙未 13	丙申 14	丁酉 15	戊戌 16	己亥 17	庚子 18	辛丑 19	壬寅 20	癸卯 21	甲辰 22	乙巳 23	丙午 24	丁未 25	戊申 26	己酉 27	庚戌 28	辛亥 29	壬子 30	癸丑 31	甲寅 (8)	乙卯 2	丙辰 3	丁巳 4	
七月小 戊申	天干地支 西曆	戊午 5	己未 6	庚申 7	辛酉 8	壬戌 9	癸亥 10	甲子 11	乙丑 12	丙寅 13	丁卯 14	戊辰 15	己巳 16	庚午 17	辛未 18	壬申 19	癸酉 20	甲戌 21	乙亥 22	丙子 23	丁丑 24	戊寅 25	己卯 26	庚辰 27	辛巳 28	壬午 29	癸未 30	甲申 31	乙酉 (9)	丙戌 2		壬申立秋
八月大 己酉	天干地支 西曆	丁亥 3	戊子 4	己丑 5	庚寅 6	辛卯 7	壬辰 8	癸巳 9	甲午 10	乙未 11	丙申 12	丁酉 13	戊戌 14	己亥 15	庚子 16	辛丑 17	壬寅 18	癸卯 19	甲辰 20	乙巳 21	丙午 22	丁未 23	戊申 24	己酉 25	庚戌 26	辛亥 27	壬子 28	癸丑 29	甲寅 30	乙卯 (10)	丙辰 2	
九月大 庚戌	天干地支 西曆	丁巳 3	戊午 4	己未 5	庚申 6	辛酉 7	壬戌 8	癸亥 9	甲子 10	乙丑 11	丙寅 12	丁卯 13	戊辰 14	己巳 15	庚午 16	辛未 17	壬申 18	癸酉 19	甲戌 20	乙亥 21	丙子 22	丁丑 23	戊寅 24	己卯 25	庚辰 26	辛巳 27	壬午 28	癸未 29	甲申 30	乙酉 31	丙戌 (11)	丁巳秋分
十月大 辛亥	天干地支 西曆	丁亥 2	戊子 3	己丑 4	庚寅 5	辛卯 6	壬辰 7	癸巳 8	甲午 9	乙未 10	丙申 11	丁酉 12	戊戌 13	己亥 14	庚子 15	辛丑 16	壬寅 17	癸卯 18	甲辰 19	乙巳 20	丙午 21	丁未 22	戊申 23	己酉 24	庚戌 25	辛亥 26	壬子 27	癸丑 28	甲寅 29	乙卯 30	丙辰 (12)	辛丑立冬
十一月小 壬子	天干地支 西曆	丁巳 2	戊午 3	己未 4	庚申 5	辛酉 6	壬戌 7	癸亥 8	甲子 9	乙丑 10	丙寅 11	丁卯 12	戊辰 13	己巳 14	庚午 15	辛未 16	壬申 17	癸酉 18	甲戌 19	乙亥 20	丙子 21	丁丑 22	戊寅 23	己卯 24	庚辰 25	辛巳 26	壬午 27	癸未 28	甲申 29	乙酉 30		乙酉冬至
閏十一大 壬子	天干地支 西曆	丙戌 31	丁亥 (1)	戊子 2	己丑 3	庚寅 4	辛卯 5	壬辰 6	癸巳 7	甲午 8	乙未 9	丙申 10	丁酉 11	戊戌 12	己亥 13	庚子 14	辛丑 15	壬寅 16	癸卯 17	甲辰 18	乙巳 19	丙午 20	丁未 21	戊申 22	己酉 23	庚戌 24	辛亥 25	壬子 26	癸丑 27	甲寅 28	乙卯 29	
十二月小 癸丑	天干地支 西曆	丙辰 30	丁巳 31	戊午 (2)	己未 2	庚申 3	辛酉 4	壬戌 5	癸亥 6	甲子 7	乙丑 8	丙寅 9	丁卯 10	戊辰 11	己巳 12	庚午 13	辛未 14	壬申 15	癸酉 16	甲戌 17	乙亥 18	丙子 19	丁丑 20	戊寅 21	己卯 22	庚辰 23	辛巳 24	壬午 25	癸未 26	甲申 27		庚午立春

年代異同	史記魯世家	漢書律曆志	帝王世紀	竹書紀年	皇極經世	文獻通考	歷代帝王年表	歷代統紀表	中國年曆總譜	西周年代	斷代工程
	周成王十三年		周昭王八年	周成王六年	周昭王十四年	周昭王十四年	周昭王十四年	周昭王十四年	周昭王三年	周成王二十九年	周成王四年

周成王五年（癸卯 兔年） 公元前 **1038** ~ 前 1037 年

夏曆月序		中西曆日對照	夏曆日序																														節氣與天象
			初一	初二	初三	初四	初五	初六	初七	初八	初九	初十	十一	十二	十三	十四	十五	十六	十七	十八	十九	二十	二一	二二	二三	二四	二五	二六	二七	二八	二九	三十	
正月小	甲寅	干支曆 天地西	乙酉28	丙戌(3)	丁亥2	戊子3	己丑4	庚寅5	辛卯6	壬辰7	癸巳8	甲午9	乙未10	丙申11	丁酉12	戊戌13	己亥14	庚子15	辛丑16	壬寅17	癸卯18	甲辰19	乙巳20	丙午21	丁未22	戊申23	己酉24	庚戌25	辛亥26	壬子27	癸丑28		
二月大	乙卯	干支曆 天地西	甲寅29	乙卯30	丙辰31	丁巳(4)	戊午2	己未3	庚申4	辛酉5	壬戌6	癸亥7	甲子8	乙丑9	丙寅10	丁卯11	戊辰12	己巳13	庚午14	辛未15	壬申16	癸酉17	甲戌18	乙亥19	丙子20	丁丑21	戊寅22	己卯23	庚辰24	辛巳25	壬午26	癸未27	丙辰春分
三月小	丙辰	干支曆 天地西	甲申28	乙酉29	丙戌30	丁亥(5)	戊子2	己丑3	庚寅4	辛卯5	壬辰6	癸巳7	甲午8	乙未9	丙申10	丁酉11	戊戌12	己亥13	庚子14	辛丑15	壬寅16	癸卯17	甲辰18	乙巳19	丙午20	丁未21	戊申22	己酉23	庚戌24	辛亥25	壬子26		癸卯立夏
四月小	丁巳	干支曆 天地西	癸丑27	甲寅28	乙卯29	丙辰30	丁巳31	戊午(6)	己未2	庚申3	辛酉4	壬戌5	癸亥6	甲子7	乙丑8	丙寅9	丁卯10	戊辰11	己巳12	庚午13	辛未14	壬申15	癸酉16	甲戌17	乙亥18	丙子19	丁丑20	戊寅21	己卯22	庚辰23	辛巳24		
五月大	戊午	干支曆 天地西	壬午25	癸未26	甲申27	乙酉28	丙戌29	丁亥30	戊子(7)	己丑2	庚寅3	辛卯4	壬辰5	癸巳6	甲午7	乙未8	丙申9	丁酉10	戊戌11	己亥12	庚子13	辛丑14	壬寅15	癸卯16	甲辰17	乙巳18	丙午19	丁未20	戊申21	己酉22	庚戌23	辛亥24	辛卯夏至
六月小	己未	干支曆 天地西	壬子25	癸丑26	甲寅27	乙卯28	丙辰29	丁巳30	戊午31	己未(8)	庚申2	辛酉3	壬戌4	癸亥5	甲子6	乙丑7	丙寅8	丁卯9	戊辰10	己巳11	庚午12	辛未13	壬申14	癸酉15	甲戌16	乙亥17	丙子18	丁丑19	戊寅20	己卯21	庚辰22		丁丑立秋
七月大	庚申	干支曆 天地西	辛巳23	壬午24	癸未25	甲申26	乙酉27	丙戌28	丁亥29	戊子30	己丑31	庚寅(9)	辛卯2	壬辰3	癸巳4	甲午5	乙未6	丙申7	丁酉8	戊戌9	己亥10	庚子11	辛丑12	壬寅13	癸卯14	甲辰15	乙巳16	丙午17	丁未18	戊申19	己酉20	庚戌21	
八月大	辛酉	干支曆 天地西	辛亥22	壬子23	癸丑24	甲寅25	乙卯26	丙辰27	丁巳28	戊午29	己未30	庚申(10)	辛酉2	壬戌3	癸亥4	甲子5	乙丑6	丙寅7	丁卯8	戊辰9	己巳10	庚午11	辛未12	壬申13	癸酉14	甲戌15	乙亥16	丙子17	丁丑18	戊寅19	己卯20	庚辰21	壬戌秋分
九月大	壬戌	干支曆 天地西	辛巳22	壬午23	癸未24	甲申25	乙酉26	丙戌27	丁亥28	戊子29	己丑30	庚寅31	辛卯(11)	壬辰2	癸巳3	甲午4	乙未5	丙申6	丁酉7	戊戌8	己亥9	庚子10	辛丑11	壬寅12	癸卯13	甲辰14	乙巳15	丙午16	丁未17	戊申18	己酉19	庚戌20	丙午立冬
十月大	癸亥	干支曆 天地西	辛亥21	壬子22	癸丑23	甲寅24	乙卯25	丙辰26	丁巳27	戊午28	己未29	庚申30	辛酉(12)	壬戌2	癸亥3	甲子4	乙丑5	丙寅6	丁卯7	戊辰8	己巳9	庚午10	辛未11	壬申12	癸酉13	甲戌14	乙亥15	丙子16	丁丑17	戊寅18	己卯19	庚辰20	
十一月小	甲子	干支曆 天地西	辛巳21	壬午22	癸未23	甲申24	乙酉25	丙戌26	丁亥27	戊子28	己丑29	庚寅30	辛卯31	壬辰(1)	癸巳2	甲午3	乙未4	丙申5	丁酉6	戊戌7	己亥8	庚子9	辛丑10	壬寅11	癸卯12	甲辰13	乙巳14	丙午15	丁未16	戊申17	己酉18		辛卯冬至
十二月大	乙丑	干支曆 天地西	庚戌19	辛亥20	壬子21	癸丑22	甲寅23	乙卯24	丙辰25	丁巳26	戊午27	己未28	庚申29	辛酉30	壬戌31	癸亥(2)	甲子2	乙丑3	丙寅4	丁卯5	戊辰6	己巳7	庚午8	辛未9	壬申10	癸酉11	甲戌12	乙亥13	丙子14	丁丑15	戊寅16	己卯17	乙亥立春

年代異同	史記魯世家	漢書律曆志	帝王世紀	竹書紀年	皇極經世	文獻通考	歷代帝王年表	歷代統紀表	中國年曆總譜	西周年代	斷代工程
	周成王十四年		周昭王九年	周成王七年	周昭王十五年	周昭王十五年	周昭王十五年	周昭王十五年	周昭王四年	周成王三十年	周成王五年

周成王六年（甲辰 龍年） 公元前 **1037** ~ 前 1036 年

夏曆月序		中西曆日對照	初一	初二	初三	初四	初五	初六	初七	初八	初九	初十	十一	十二	十三	十四	十五	十六	十七	十八	十九	二十	二一	二二	二三	二四	二五	二六	二七	二八	二九	三十	節氣與天象
正月小	丙寅	干支 天地 西曆	庚辰 18	辛巳 19	壬午 20	癸未 21	甲申 22	乙酉 23	丙戌 24	丁亥 25	戊子 26	己丑 27	庚寅 28	辛卯 29	壬辰 (3)	癸巳 2	甲午 3	乙未 4	丙申 5	丁酉 6	戊戌 7	己亥 8	庚子 9	辛丑 10	壬寅 11	癸卯 12	甲辰 13	乙巳 14	丙午 15	丁未 16	戊申 17		
二月小	丁卯	干支 天地 西曆	己酉 18	庚戌 19	辛亥 20	壬子 21	癸丑 22	甲寅 23	乙卯 24	丙辰 25	丁巳 26	戊午 27	己未 28	庚申 29	辛酉 30	壬戌 31	癸亥 (4)	甲子 2	乙丑 3	丙寅 4	丁卯 5	戊辰 6	己巳 7	庚午 8	辛未 9	壬申 10	癸酉 11	甲戌 12	乙亥 13	丙子 14	丁丑 15		壬戌春分
三月大	戊辰	干支 天地 西曆	戊寅 16	己卯 17	庚辰 18	辛巳 19	壬午 20	癸未 21	甲申 22	乙酉 23	丙戌 24	丁亥 25	戊子 26	己丑 27	庚寅 28	辛卯 29	壬辰 30	癸巳 (5)	甲午 2	乙未 3	丙申 4	丁酉 5	戊戌 6	己亥 7	庚子 8	辛丑 9	壬寅 10	癸卯 11	甲辰 12	乙巳 13	丙午 14	丁未 15	
四月小	己巳	干支 天地 西曆	戊申 16	己酉 17	庚戌 18	辛亥 19	壬子 20	癸丑 21	甲寅 22	乙卯 23	丙辰 24	丁巳 25	戊午 26	己未 27	庚申 28	辛酉 29	壬戌 30	癸亥 31	甲子 (6)	乙丑 2	丙寅 3	丁卯 4	戊辰 5	己巳 6	庚午 7	辛未 8	壬申 9	癸酉 10	甲戌 11	乙亥 12	丙子 13		己酉立夏
五月小	庚午	干支 天地 西曆	丁丑 14	戊寅 15	己卯 16	庚辰 17	辛巳 18	壬午 19	癸未 20	甲申 21	乙酉 22	丙戌 23	丁亥 24	戊子 25	己丑 26	庚寅 27	辛卯 28	壬辰 29	癸巳 30	甲午 (7)	乙未 2	丙申 3	丁酉 4	戊戌 5	己亥 6	庚子 7	辛丑 8	壬寅 9	癸卯 10	甲辰 11	乙巳 12		丙申夏至
六月大	辛未	干支 天地 西曆	丙午 13	丁未 14	戊申 15	己酉 16	庚戌 17	辛亥 18	壬子 19	癸丑 20	甲寅 21	乙卯 22	丙辰 23	丁巳 24	戊午 25	己未 26	庚申 27	辛酉 28	壬戌 29	癸亥 30	甲子 31	乙丑 (8)	丙寅 2	丁卯 3	戊辰 4	己巳 5	庚午 6	辛未 7	壬申 8	癸酉 9	甲戌 10	乙亥 11	
七月小	壬申	干支 天地 西曆	丙子 12	丁丑 13	戊寅 14	己卯 15	庚辰 16	辛巳 17	壬午 18	癸未 19	甲申 20	乙酉 21	丙戌 22	丁亥 23	戊子 24	己丑 25	庚寅 26	辛卯 27	壬辰 28	癸巳 29	甲午 30	乙未 31	丙申 (9)	丁酉 2	戊戌 3	己亥 4	庚子 5	辛丑 6	壬寅 7	癸卯 8	甲辰 9		壬午立秋
八月大	癸酉	干支 天地 西曆	乙巳 10	丙午 11	丁未 12	戊申 13	己酉 14	庚戌 15	辛亥 16	壬子 17	癸丑 18	甲寅 19	乙卯 20	丙辰 21	丁巳 22	戊午 23	己未 24	庚申 25	辛酉 26	壬戌 27	癸亥 28	甲子 29	乙丑 30	丙寅 (10)	丁卯 2	戊辰 3	己巳 4	庚午 5	辛未 6	壬申 7	癸酉 8	甲戌 9	丁卯秋分
九月大	甲戌	干支 天地 西曆	乙亥 10	丙子 11	丁丑 12	戊寅 13	己卯 14	庚辰 15	辛巳 16	壬午 17	癸未 18	甲申 19	乙酉 20	丙戌 21	丁亥 22	戊子 23	己丑 24	庚寅 25	辛卯 26	壬辰 27	癸巳 28	甲午 29	乙未 30	丙申 31	丁酉 (11)	戊戌 2	己亥 3	庚子 4	辛丑 5	壬寅 6	癸卯 7	甲辰 8	
十月大	乙亥	干支 天地 西曆	乙巳 9	丙午 10	丁未 11	戊申 12	己酉 13	庚戌 14	辛亥 15	壬子 16	癸丑 17	甲寅 18	乙卯 19	丙辰 20	丁巳 21	戊午 22	己未 23	庚申 24	辛酉 25	壬戌 26	癸亥 27	甲子 28	乙丑 29	丙寅 30	丁卯 (12)	戊辰 2	己巳 3	庚午 4	辛未 5	壬申 6	癸酉 7	甲戌 8	壬子立冬
十一月小	丙子	干支 天地 西曆	乙亥 9	丙子 10	丁丑 11	戊寅 12	己卯 13	庚辰 14	辛巳 15	壬午 16	癸未 17	甲申 18	乙酉 19	丙戌 20	丁亥 21	戊子 22	己丑 23	庚寅 24	辛卯 25	壬辰 26	癸巳 27	甲午 28	乙未 29	丙申 30	丁酉 31	戊戌 (1)	己亥 2	庚子 3	辛丑 4	壬寅 5	癸卯 6		丙申冬至
十二月大	丁丑	干支 天地 西曆	甲辰 7	乙巳 8	丙午 9	丁未 10	戊申 11	己酉 12	庚戌 13	辛亥 14	壬子 15	癸丑 16	甲寅 17	乙卯 18	丙辰 19	丁巳 20	戊午 21	己未 22	庚申 23	辛酉 24	壬戌 25	癸亥 26	甲子 27	乙丑 28	丙寅 29	丁卯 30	戊辰 31	己巳 (2)	庚午 2	辛未 3	壬申 4	癸酉 5	

年代異同	史記魯世家	漢書律曆志	帝王世紀	竹書紀年	皇極經世	文獻通考	歷代帝王年表	歷代統紀表	中國年曆總譜	西周年代	斷代工程
	周成王十五年		周昭王十年	周成王八年	周昭王十六年	周昭王十六年	周昭王十六年	周昭王十六年	周昭王五年	周成王三十一年	周成王六年

周成王七年（乙巳 蛇年） 公元前1036 ~ 前1035年

夏曆月序		中西曆日對照	初一	初二	初三	初四	初五	初六	初七	初八	初九	初十	十一	十二	十三	十四	十五	十六	十七	十八	十九	二十	二一	二二	二三	二四	二五	二六	二七	二八	二九	三十	節氣與天象
正月大	戊寅	天干地支西曆	甲戌6	乙亥7	丙子8	丁丑9	戊寅10	己卯11	庚辰12	辛巳13	壬午14	癸未15	甲申16	乙酉17	丙戌18	丁亥19	戊子20	己丑21	庚寅22	辛卯23	壬辰24	癸巳25	甲午26	乙未27	丙申28	丁酉(3)	戊戌2	己亥3	庚子4	辛丑5	壬寅6	癸卯7	辛巳立春
二月小	己卯	天干地支西曆	甲辰8	乙巳9	丙午10	丁未11	戊申12	己酉13	庚戌14	辛亥15	壬子16	癸丑17	甲寅18	乙卯19	丙辰20	丁巳21	戊午22	己未23	庚申24	辛酉25	壬戌26	癸亥27	甲子28	乙丑29	丙寅30	丁卯31	戊辰(4)	己巳2	庚午3	辛未4	壬申5		丁卯春分
三月小	庚辰	天干地支西曆	癸酉6	甲戌7	乙亥8	丙子9	丁丑10	戊寅11	己卯12	庚辰13	辛巳14	壬午15	癸未16	甲申17	乙酉18	丙戌19	丁亥20	戊子21	己丑22	庚寅23	辛卯24	壬辰25	癸巳26	甲午27	乙未28	丙申29	丁酉30	戊戌(5)	己亥2	庚子3	辛丑4		
四月大	辛巳	天干地支西曆	壬寅5	癸卯6	甲辰7	乙巳8	丙午9	丁未10	戊申11	己酉12	庚戌13	辛亥14	壬子15	癸丑16	甲寅17	乙卯18	丙辰19	丁巳20	戊午21	己未22	庚申23	辛酉24	壬戌25	癸亥26	甲子27	乙丑28	丙寅29	丁卯30	戊辰31	己巳(6)	庚午2	辛未3	甲寅立夏
五月小	壬午	天干地支西曆	壬申4	癸酉5	甲戌6	乙亥7	丙子8	丁丑9	戊寅10	己卯11	庚辰12	辛巳13	壬午14	癸未15	甲申16	乙酉17	丙戌18	丁亥19	戊子20	己丑21	庚寅22	辛卯23	壬辰24	癸巳25	甲午26	乙未27	丙申28	丁酉29	戊戌30	己亥(7)	庚子2		
六月小	癸未	天干地支西曆	辛丑3	壬寅4	癸卯5	甲辰6	乙巳7	丙午8	丁未9	戊申10	己酉11	庚戌12	辛亥13	壬子14	癸丑15	甲寅16	乙卯17	丙辰18	丁巳19	戊午20	己未21	庚申22	辛酉23	壬戌24	癸亥25	甲子26	乙丑27	丙寅28	丁卯29	戊辰30	己巳31		辛丑夏至
七月大	甲申	天干地支西曆	庚午(8)	辛未2	壬申3	癸酉4	甲戌5	乙亥6	丙子7	丁丑8	戊寅9	己卯10	庚辰11	辛巳12	壬午13	癸未14	甲申15	乙酉16	丙戌17	丁亥18	戊子19	己丑20	庚寅21	辛卯22	壬辰23	癸巳24	甲午25	乙未26	丙申27	丁酉28	戊戌29	己亥30	丁亥立秋
閏七月小	甲申	天干地支西曆	庚子31	辛丑(9)	壬寅2	癸卯3	甲辰4	乙巳5	丙午6	丁未7	戊申8	己酉9	庚戌10	辛亥11	壬子12	癸丑13	甲寅14	乙卯15	丙辰16	丁巳17	戊午18	己未19	庚申20	辛酉21	壬戌22	癸亥23	甲子24	乙丑25	丙寅26	丁卯27	戊辰28		
八月大	乙酉	天干地支西曆	己巳29	庚午30	辛未(10)	壬申2	癸酉3	甲戌4	乙亥5	丙子6	丁丑7	戊寅8	己卯9	庚辰10	辛巳11	壬午12	癸未13	甲申14	乙酉15	丙戌16	丁亥17	戊子18	己丑19	庚寅20	辛卯21	壬辰22	癸巳23	甲午24	乙未25	丙申26	丁酉27	戊戌28	癸酉秋分
九月大	丙戌	天干地支西曆	己亥29	庚子30	辛丑31	壬寅(11)	癸卯2	甲辰3	乙巳4	丙午5	丁未6	戊申7	己酉8	庚戌9	辛亥10	壬子11	癸丑12	甲寅13	乙卯14	丙辰15	丁巳16	戊午17	己未18	庚申19	辛酉20	壬戌21	癸亥22	甲子23	乙丑24	丙寅25	丁卯26	戊辰27	丁巳立冬
十月小	丁亥	天干地支西曆	己巳28	庚午29	辛未30	壬申(12)	癸酉2	甲戌3	乙亥4	丙子5	丁丑6	戊寅7	己卯8	庚辰9	辛巳10	壬午11	癸未12	甲申13	乙酉14	丙戌15	丁亥16	戊子17	己丑18	庚寅19	辛卯20	壬辰21	癸巳22	甲午23	乙未24	丙申25	丁酉26		
十一月大	戊子	天干地支西曆	戊戌27	己亥28	庚子29	辛丑30	壬寅31	癸卯(1)	甲辰2	乙巳3	丙午4	丁未5	戊申6	己酉7	庚戌8	辛亥9	壬子10	癸丑11	甲寅12	乙卯13	丙辰14	丁巳15	戊午16	己未17	庚申18	辛酉19	壬戌20	癸亥21	甲子22	乙丑23	丙寅24	丁卯25	辛丑冬至
十二月大	己丑	天干地支西曆	戊辰26	己巳27	庚午28	辛未29	壬申30	癸酉31	甲戌(2)	乙亥2	丙子3	丁丑4	戊寅5	己卯6	庚辰7	辛巳8	壬午9	癸未10	甲申11	乙酉12	丙戌13	丁亥14	戊子15	己丑16	庚寅17	辛卯18	壬辰19	癸巳20	甲午21	乙未22	丙申23	丁酉24	丙戌立春 戊辰日食

年代異同	史記魯世家	漢書律曆志	帝王世紀	竹書紀年	皇極經世	文獻通考	歷代帝王年表	歷代統紀表	中國年曆總譜	西周年代	斷代工程
	周成王十六年		周昭王十一年	周成王九年	周昭王十七年	周昭王十七年	周昭王十七年	周昭王十七年	周昭王六年	周成王三十二年	周成王七年

周成王八年（丙午 馬年） 公元前 **1035** ~ 前 1034 年

夏曆月序		中西曆日對照	初一	初二	初三	初四	初五	初六	初七	初八	初九	初十	十一	十二	十三	十四	十五	十六	十七	十八	十九	二十	二一	二二	二三	二四	二五	二六	二七	二八	二九	三十	節氣與天象
正月大	庚寅	天干 地支 西曆	戊戌 25	己亥 26	庚子 27	辛丑 28	壬寅 (3)	癸卯 2	甲辰 3	乙巳 4	丙午 5	丁未 6	戊申 7	己酉 8	庚戌 9	辛亥 10	壬子 11	癸丑 12	甲寅 13	乙卯 14	丙辰 15	丁巳 16	戊午 17	己未 18	庚申 19	辛酉 20	壬戌 21	癸亥 22	甲子 23	乙丑 24	丙寅 25	丁卯 26	
二月小	辛卯	天干 地支 西曆	戊辰 27	己巳 28	庚午 29	辛未 30	壬申 31	癸酉 (4)	甲戌 2	乙亥 3	丙子 4	丁丑 5	戊寅 6	己卯 7	庚辰 8	辛巳 9	壬午 10	癸未 11	甲申 12	乙酉 13	丙戌 14	丁亥 15	戊子 16	己丑 17	庚寅 18	辛卯 19	壬辰 20	癸巳 21	甲午 22	乙未 23	丙申 24		壬申春分
三月小	壬辰	天干 地支 西曆	丁酉 25	戊戌 26	己亥 27	庚子 28	辛丑 29	壬寅 30	癸卯 (5)	甲辰 2	乙巳 3	丙午 4	丁未 5	戊申 6	己酉 7	庚戌 8	辛亥 9	壬子 10	癸丑 11	甲寅 12	乙卯 13	丙辰 14	丁巳 15	戊午 16	己未 17	庚申 18	辛酉 19	壬戌 20	癸亥 21	甲子 22	乙丑 23		己未立夏
四月大	癸巳	天干 地支 西曆	丙寅 24	丁卯 25	戊辰 26	己巳 27	庚午 28	辛未 29	壬申 30	癸酉 31	甲戌 (6)	乙亥 2	丙子 3	丁丑 4	戊寅 5	己卯 6	庚辰 7	辛巳 8	壬午 9	癸未 10	甲申 11	乙酉 12	丙戌 13	丁亥 14	戊子 15	己丑 16	庚寅 17	辛卯 18	壬辰 19	癸巳 20	甲午 21	乙未 22	
五月小	甲午	天干 地支 西曆	丙申 23	丁酉 24	戊戌 25	己亥 26	庚子 27	辛丑 28	壬寅 29	癸卯 30	甲辰 (7)	乙巳 2	丙午 3	丁未 4	戊申 5	己酉 6	庚戌 7	辛亥 8	壬子 9	癸丑 10	甲寅 11	乙卯 12	丙辰 13	丁巳 14	戊午 15	己未 16	庚申 17	辛酉 18	壬戌 19	癸亥 20	甲子 21		丙午夏至
六月小	乙未	天干 地支 西曆	乙丑 22	丙寅 23	丁卯 24	戊辰 25	己巳 26	庚午 27	辛未 28	壬申 29	癸酉 30	甲戌 31	乙亥 (8)	丙子 2	丁丑 3	戊寅 4	己卯 5	庚辰 6	辛巳 7	壬午 8	癸未 9	甲申 10	乙酉 11	丙戌 12	丁亥 13	戊子 14	己丑 15	庚寅 16	辛卯 17	壬辰 18	癸巳 19		癸巳立秋
七月大	丙申	天干 地支 西曆	甲午 20	乙未 21	丙申 22	丁酉 23	戊戌 24	己亥 25	庚子 26	辛丑 27	壬寅 28	癸卯 29	甲辰 30	乙巳 31	丙午 (9)	丁未 2	戊申 3	己酉 4	庚戌 5	辛亥 6	壬子 7	癸丑 8	甲寅 9	乙卯 10	丙辰 11	丁巳 12	戊午 13	己未 14	庚申 15	辛酉 16	壬戌 17	癸亥 18	
八月小	丁酉	天干 地支 西曆	甲子 19	乙丑 20	丙寅 21	丁卯 22	戊辰 23	己巳 24	庚午 25	辛未 26	壬申 27	癸酉 28	甲戌 29	乙亥 30	丙子 (10)	丁丑 2	戊寅 3	己卯 4	庚辰 5	辛巳 6	壬午 7	癸未 8	甲申 9	乙酉 10	丙戌 11	丁亥 12	戊子 13	己丑 14	庚寅 15	辛卯 16	壬辰 17		戊寅秋分
九月大	戊戌	天干 地支 西曆	癸巳 18	甲午 19	乙未 20	丙申 21	丁酉 22	戊戌 23	己亥 24	庚子 25	辛丑 26	壬寅 27	癸卯 28	甲辰 29	乙巳 30	丙午 31	丁未 (11)	戊申 2	己酉 3	庚戌 4	辛亥 5	壬子 6	癸丑 7	甲寅 8	乙卯 9	丙辰 10	丁巳 11	戊午 12	己未 13	庚申 14	辛酉 15	壬戌 16	壬戌立冬
十月小	己亥	天干 地支 西曆	癸亥 17	甲子 18	乙丑 19	丙寅 20	丁卯 21	戊辰 22	己巳 23	庚午 24	辛未 25	壬申 26	癸酉 27	甲戌 28	乙亥 29	丙子 30	丁丑 (12)	戊寅 2	己卯 3	庚辰 4	辛巳 5	壬午 6	癸未 7	甲申 8	乙酉 9	丙戌 10	丁亥 11	戊子 12	己丑 13	庚寅 14	辛卯 15		
十一月大	庚子	天干 地支 西曆	壬辰 16	癸巳 17	甲午 18	乙未 19	丙申 20	丁酉 21	戊戌 22	己亥 23	庚子 24	辛丑 25	壬寅 26	癸卯 27	甲辰 28	乙巳 29	丙午 30	丁未 31	戊申 (1)	己酉 2	庚戌 3	辛亥 4	壬子 5	癸丑 6	甲寅 7	乙卯 8	丙辰 9	丁巳 10	戊午 11	己未 12	庚申 13	辛酉 14	丙午冬至
十二月大	辛丑	天干 地支 西曆	壬戌 15	癸亥 16	甲子 17	乙丑 18	丙寅 19	丁卯 20	戊辰 21	己巳 22	庚午 23	辛未 24	壬申 25	癸酉 26	甲戌 27	乙亥 28	丙子 29	丁丑 30	戊寅 31	己卯 (2)	庚辰 2	辛巳 3	壬午 4	癸未 5	甲申 6	乙酉 7	丙戌 8	丁亥 9	戊子 10	己丑 11	庚寅 12	辛卯 13	辛卯立春 壬戌日食

	史記魯世家	漢書律曆志	帝王世紀	竹書紀年	皇極經世	文獻通考	歷代帝王年表	歷代統紀表	中國年曆總譜	西周年代	斷代工程
年代異同	周成王十七年		周昭王十二年	周成王十年	周昭王十八年	周昭王十八年	周昭王十八年	周昭王十八年	周昭王七年	周成王三十三年	周成王八年

周成王九年（丁未 羊年） 公元前 **1034** ~ 前 1033 年

夏曆月序		中西曆日對照	初一	初二	初三	初四	初五	初六	初七	初八	初九	初十	十一	十二	十三	十四	十五	十六	十七	十八	十九	二十	二一	二二	二三	二四	二五	二六	二七	二八	二九	三十	節氣與天象
正月大	壬寅	天干地支西曆	壬辰14	癸巳15	甲午16	乙未17	丙申18	丁酉19	戊戌20	己亥21	庚子22	辛丑23	壬寅24	癸卯25	甲辰26	乙巳27	丙午28	丁未(3)	戊申2	己酉3	庚戌4	辛亥5	壬子6	癸丑7	甲寅8	乙卯9	丙辰10	丁巳11	戊午12	己未13	庚申14	辛酉15	
二月小	癸卯	天干地支西曆	壬戌16	癸亥17	甲子18	乙丑19	丙寅20	丁卯21	戊辰22	己巳23	庚午24	辛未25	壬申26	癸酉27	甲戌28	乙亥29	丙子30	丁丑31	戊寅(4)	己卯2	庚辰3	辛巳4	壬午5	癸未6	甲申7	乙酉8	丙戌9	丁亥10	戊子11	己丑12	庚寅13		丁丑春分
三月大	甲辰	天干地支西曆	辛卯14	壬辰15	癸巳16	甲午17	乙未18	丙申19	丁酉20	戊戌21	己亥22	庚子23	辛丑24	壬寅25	癸卯26	甲辰27	乙巳28	丙午29	丁未30	戊申(5)	己酉2	庚戌3	辛亥4	壬子5	癸丑6	甲寅7	乙卯8	丙辰9	丁巳10	戊午11	己未12	庚申13	
四月小	乙巳	天干地支西曆	辛酉14	壬戌15	癸亥16	甲子17	乙丑18	丙寅19	丁卯20	戊辰21	己巳22	庚午23	辛未24	壬申25	癸酉26	甲戌27	乙亥28	丙子29	丁丑30	戊寅31	己卯(6)	庚辰2	辛巳3	壬午4	癸未5	甲申6	乙酉7	丙戌8	丁亥9	戊子10	己丑11		甲子立夏
五月大	丙午	天干地支西曆	庚寅12	辛卯13	壬辰14	癸巳15	甲午16	乙未17	丙申18	丁酉19	戊戌20	己亥21	庚子22	辛丑23	壬寅24	癸卯25	甲辰26	乙巳27	丙午28	丁未29	戊申30	己酉(7)	庚戌2	辛亥3	壬子4	癸丑5	甲寅6	乙卯7	丙辰8	丁巳9	戊午10	己未11	壬子夏至
六月小	丁未	天干地支西曆	庚申12	辛酉13	壬戌14	癸亥15	甲子16	乙丑17	丙寅18	丁卯19	戊辰20	己巳21	庚午22	辛未23	壬申24	癸酉25	甲戌26	乙亥27	丙子28	丁丑29	戊寅30	己卯31	庚辰(8)	辛巳2	壬午3	癸未4	甲申5	乙酉6	丙戌7	丁亥8	戊子9		
七月小	戊申	天干地支西曆	己丑10	庚寅11	辛卯12	壬辰13	癸巳14	甲午15	乙未16	丙申17	丁酉18	戊戌19	己亥20	庚子21	辛丑22	壬寅23	癸卯24	甲辰25	乙巳26	丙午27	丁未28	戊申29	己酉30	庚戌31	辛亥(9)	壬子2	癸丑3	甲寅4	乙卯5	丙辰6	丁巳7		戊戌立秋
八月大	己酉	天干地支西曆	戊午8	己未9	庚申10	辛酉11	壬戌12	癸亥13	甲子14	乙丑15	丙寅16	丁卯17	戊辰18	己巳19	庚午20	辛未21	壬申22	癸酉23	甲戌24	乙亥25	丙子26	丁丑27	戊寅28	己卯29	庚辰30	辛巳(10)	壬午2	癸未3	甲申4	乙酉5	丙戌6	丁亥7	癸未秋分
九月小	庚戌	天干地支西曆	戊子8	己丑9	庚寅10	辛卯11	壬辰12	癸巳13	甲午14	乙未15	丙申16	丁酉17	戊戌18	己亥19	庚子20	辛丑21	壬寅22	癸卯23	甲辰24	乙巳25	丙午26	丁未27	戊申28	己酉29	庚戌30	辛亥31	壬子(11)	癸丑2	甲寅3	乙卯4	丙辰5		
十月大	辛亥	天干地支西曆	丁巳6	戊午7	己未8	庚申9	辛酉10	壬戌11	癸亥12	甲子13	乙丑14	丙寅15	丁卯16	戊辰17	己巳18	庚午19	辛未20	壬申21	癸酉22	甲戌23	乙亥24	丙子25	丁丑26	戊寅27	己卯28	庚辰29	辛巳30	壬午(12)	癸未2	甲申3	乙酉4	丙戌5	丁卯立冬
十一月小	壬子	天干地支西曆	丁亥6	戊子7	己丑8	庚寅9	辛卯10	壬辰11	癸巳12	甲午13	乙未14	丙申15	丁酉16	戊戌17	己亥18	庚子19	辛丑20	壬寅21	癸卯22	甲辰23	乙巳24	丙午25	丁未26	戊申27	己酉28	庚戌29	辛亥30	壬子31	癸丑(1)	甲寅2	乙卯3		壬子冬至
十二月大	癸丑	天干地支西曆	丙辰4	丁巳5	戊午6	己未7	庚申8	辛酉9	壬戌10	癸亥11	甲子12	乙丑13	丙寅14	丁卯15	戊辰16	己巳17	庚午18	辛未19	壬申20	癸酉21	甲戌22	乙亥23	丙子24	丁丑25	戊寅26	己卯27	庚辰28	辛巳29	壬午30	癸未31	甲申(2)	乙酉2	

年代異同	史記魯世家	漢書律曆志	帝王世紀	竹書紀年	皇極經世	文獻通考	歷代帝王年表	歷代統紀表	中國年曆總譜	西周年代	斷代工程
	周成王十八年		周昭王十三年	周成王十一年	周昭王十九年	周昭王十九年	周昭王十九年	周昭王十九年	周昭王八年	周成王三十四年	周成王九年

周成王十年（戊申 猴年） 公元前 **1033** ~ 前 1032 年

夏曆月序		中西曆日對照	初一	初二	初三	初四	初五	初六	初七	初八	初九	初十	十一	十二	十三	十四	十五	十六	十七	十八	十九	二十	二一	二二	二三	二四	二五	二六	二七	二八	二九	三十	節氣與天象
正月大	甲寅	干支 天地西曆	丙戌 3	丁亥 4	戊子 5	己丑 6	庚寅 7	辛卯 8	壬辰 9	癸巳 10	甲午 11	乙未 12	丙申 13	丁酉 14	戊戌 15	己亥 16	庚子 17	辛丑 18	壬寅 19	癸卯 20	甲辰 21	乙巳 22	丙午 23	丁未 24	戊申 25	己酉 26	庚戌 27	辛亥 28	壬子 29	癸丑 (3)	甲寅 2	乙卯 3	丙申立春
二月小	乙卯	干支 天地西曆	丙辰 4	丁巳 5	戊午 6	己未 7	庚申 8	辛酉 9	壬戌 10	癸亥 11	甲子 12	乙丑 13	丙寅 14	丁卯 15	戊辰 16	己巳 17	庚午 18	辛未 19	壬申 20	癸酉 21	甲戌 22	乙亥 23	丙子 24	丁丑 25	戊寅 26	己卯 27	庚辰 28	辛巳 29	壬午 30	癸未 31	甲申 (4)		癸未春分
三月大	丙辰	干支 天地西曆	乙酉 2	丙戌 3	丁亥 4	戊子 5	己丑 6	庚寅 7	辛卯 8	壬辰 9	癸巳 10	甲午 11	乙未 12	丙申 13	丁酉 14	戊戌 15	己亥 16	庚子 17	辛丑 18	壬寅 19	癸卯 20	甲辰 21	乙巳 22	丙午 23	丁未 24	戊申 25	己酉 26	庚戌 27	辛亥 28	壬子 29	癸丑 30	甲寅 (5)	
四月大	丁巳	干支 天地西曆	乙卯 2	丙辰 3	丁巳 4	戊午 5	己未 6	庚申 7	辛酉 8	壬戌 9	癸亥 10	甲子 11	乙丑 12	丙寅 13	丁卯 14	戊辰 15	己巳 16	庚午 17	辛未 18	壬申 19	癸酉 20	甲戌 21	乙亥 22	丙子 23	丁丑 24	戊寅 25	己卯 26	庚辰 27	辛巳 28	壬午 29	癸未 30	甲申 31	庚午立夏
五月小	戊午	干支 天地西曆	乙酉 (6)	丙戌 2	丁亥 3	戊子 4	己丑 5	庚寅 6	辛卯 7	壬辰 8	癸巳 9	甲午 10	乙未 11	丙申 12	丁酉 13	戊戌 14	己亥 15	庚子 16	辛丑 17	壬寅 18	癸卯 19	甲辰 20	乙巳 21	丙午 22	丁未 23	戊申 24	己酉 25	庚戌 26	辛亥 27	壬子 28	癸丑 29		
閏五月大	戊午	干支 天地西曆	甲寅 30	乙卯 (7)	丙辰 2	丁巳 3	戊午 4	己未 5	庚申 6	辛酉 7	壬戌 8	癸亥 9	甲子 10	乙丑 11	丙寅 12	丁卯 13	戊辰 14	己巳 15	庚午 16	辛未 17	壬申 18	癸酉 19	甲戌 20	乙亥 21	丙子 22	丁丑 23	戊寅 24	己卯 25	庚辰 26	辛巳 27	壬午 28	癸未 29	丁巳夏至 甲寅日食
六月小	己未	干支 天地西曆	甲申 30	乙酉 31	丙戌 (8)	丁亥 2	戊子 3	己丑 4	庚寅 5	辛卯 6	壬辰 7	癸巳 8	甲午 9	乙未 10	丙申 11	丁酉 12	戊戌 13	己亥 14	庚子 15	辛丑 16	壬寅 17	癸卯 18	甲辰 19	乙巳 20	丙午 21	丁未 22	戊申 23	己酉 24	庚戌 25	辛亥 26	壬子 27		癸卯立秋
七月大	庚申	干支 天地西曆	癸丑 28	甲寅 29	乙卯 30	丙辰 31	丁巳 (9)	戊午 2	己未 3	庚申 4	辛酉 5	壬戌 6	癸亥 7	甲子 8	乙丑 9	丙寅 10	丁卯 11	戊辰 12	己巳 13	庚午 14	辛未 15	壬申 16	癸酉 17	甲戌 18	乙亥 19	丙子 20	丁丑 21	戊寅 22	己卯 23	庚辰 24	辛巳 25	壬午 26	
八月小	辛酉	干支 天地西曆	癸未 27	甲申 28	乙酉 29	丙戌 30	丁亥 (10)	戊子 2	己丑 3	庚寅 4	辛卯 5	壬辰 6	癸巳 7	甲午 8	乙未 9	丙申 10	丁酉 11	戊戌 12	己亥 13	庚子 14	辛丑 15	壬寅 16	癸卯 17	甲辰 18	乙巳 19	丙午 20	丁未 21	戊申 22	己酉 23	庚戌 24	辛亥 25		戊子秋分
九月小	壬戌	干支 天地西曆	壬子 26	癸丑 27	甲寅 28	乙卯 29	丙辰 30	丁巳 31	戊午 (11)	己未 2	庚申 3	辛酉 4	壬戌 5	癸亥 6	甲子 7	乙丑 8	丙寅 9	丁卯 10	戊辰 11	己巳 12	庚午 13	辛未 14	壬申 15	癸酉 16	甲戌 17	乙亥 18	丙子 19	丁丑 20	戊寅 21	己卯 22	庚辰 23		癸酉立冬
十月大	癸亥	干支 天地西曆	辛巳 24	壬午 25	癸未 26	甲申 27	乙酉 28	丙戌 29	丁亥 30	戊子 (12)	己丑 2	庚寅 3	辛卯 4	壬辰 5	癸巳 6	甲午 7	乙未 8	丙申 9	丁酉 10	戊戌 11	己亥 12	庚子 13	辛丑 14	壬寅 15	癸卯 16	甲辰 17	乙巳 18	丙午 19	丁未 20	戊申 21	己酉 22	庚戌 23	
十一月小	甲子	干支 天地西曆	辛亥 24	壬子 25	癸丑 26	甲寅 27	乙卯 28	丙辰 29	丁巳 30	戊午 31	己未 (1)	庚申 2	辛酉 3	壬戌 4	癸亥 5	甲子 6	乙丑 7	丙寅 8	丁卯 9	戊辰 10	己巳 11	庚午 12	辛未 13	壬申 14	癸酉 15	甲戌 16	乙亥 17	丙子 18	丁丑 19	戊寅 20	己卯 21		丁巳冬至
十二月大	乙丑	干支 天地西曆	庚辰 22	辛巳 23	壬午 24	癸未 25	甲申 26	乙酉 27	丙戌 28	丁亥 29	戊子 30	己丑 31	庚寅 (2)	辛卯 2	壬辰 3	癸巳 4	甲午 5	乙未 6	丙申 7	丁酉 8	戊戌 9	己亥 10	庚子 11	辛丑 12	壬寅 13	癸卯 14	甲辰 15	乙巳 16	丙午 17	丁未 18	戊申 19	己酉 20	壬寅立春

年代異同	史記魯世家	漢書律曆志	帝王世紀	竹書紀年	皇極經世	文獻通考	歷代帝王年表	歷代統紀表	中國年曆總譜	西周年代	斷代工程
	周成王十九年		周昭王十四年	周成王十二年	周昭王二十年	周昭王二十年	周昭王二十年	周昭王二十年	周昭王九年	周成王三十五年	周成王十年

周成王十一年（己酉 鷄年） 公元前 1032 ~ 前 1031 年

夏曆月序	中西曆日對照	初一	初二	初三	初四	初五	初六	初七	初八	初九	初十	十一	十二	十三	十四	十五	十六	十七	十八	十九	二十	二一	二二	二三	二四	二五	二六	二七	二八	二九	三十	節氣與天象
正月小 丙寅	干支 天地西曆	庚戌 21	辛亥 22	壬子 23	癸丑 24	甲寅 25	乙卯 26	丙辰 27	丁巳 28	戊午 (3)	己未 2	庚申 3	辛酉 4	壬戌 5	癸亥 6	甲子 7	乙丑 8	丙寅 9	丁卯 10	戊辰 11	己巳 12	庚午 13	辛未 14	壬申 15	癸酉 16	甲戌 17	乙亥 18	丙子 19	丁丑 20	戊寅 21		
二月大 丁卯	干支 天地西曆	己卯 22	庚辰 23	辛巳 24	壬午 25	癸未 26	甲申 27	乙酉 28	丙戌 29	丁亥 30	戊子 31	己丑 (4)	庚寅 2	辛卯 3	壬辰 4	癸巳 5	甲午 6	乙未 7	丙申 8	丁酉 9	戊戌 10	己亥 11	庚子 12	辛丑 13	壬寅 14	癸卯 15	甲辰 16	乙巳 17	丙午 18	丁未 19	戊申 20	戊子春分
三月大 戊辰	干支 天地西曆	己酉 21	庚戌 22	辛亥 23	壬子 24	癸丑 25	甲寅 26	乙卯 27	丙辰 28	丁巳 29	戊午 30	己未 (5)	庚申 2	辛酉 3	壬戌 4	癸亥 5	甲子 6	乙丑 7	丙寅 8	丁卯 9	戊辰 10	己巳 11	庚午 12	辛未 13	壬申 14	癸酉 15	甲戌 16	乙亥 17	丙子 18	丁丑 19	戊寅 20	乙亥立夏
四月小 己巳	干支 天地西曆	己卯 21	庚辰 22	辛巳 23	壬午 24	癸未 25	甲申 26	乙酉 27	丙戌 28	丁亥 29	戊子 30	己丑 31	庚寅 (6)	辛卯 2	壬辰 3	癸巳 4	甲午 5	乙未 6	丙申 7	丁酉 8	戊戌 9	己亥 10	庚子 11	辛丑 12	壬寅 13	癸卯 14	甲辰 15	乙巳 16	丙午 17	丁未 18		
五月大 庚午	干支 天地西曆	戊申 19	己酉 20	庚戌 21	辛亥 22	壬子 23	癸丑 24	甲寅 25	乙卯 26	丙辰 27	丁巳 28	戊午 29	己未 30	庚申 (7)	辛酉 2	壬戌 3	癸亥 4	甲子 5	乙丑 6	丙寅 7	丁卯 8	戊辰 9	己巳 10	庚午 11	辛未 12	壬申 13	癸酉 14	甲戌 15	乙亥 16	丙子 17	丁丑 18	壬戌夏至
六月小 辛未	干支 天地西曆	戊寅 19	己卯 20	庚辰 21	辛巳 22	壬午 23	癸未 24	甲申 25	乙酉 26	丙戌 27	丁亥 28	戊子 29	己丑 30	庚寅 31	辛卯 (8)	壬辰 2	癸巳 3	甲午 4	乙未 5	丙申 6	丁酉 7	戊戌 8	己亥 9	庚子 10	辛丑 11	壬寅 12	癸卯 13	甲辰 14	乙巳 15	丙午 16		
七月大 壬申	干支 天地西曆	丁未 17	戊申 18	己酉 19	庚戌 20	辛亥 21	壬子 22	癸丑 23	甲寅 24	乙卯 25	丙辰 26	丁巳 27	戊午 28	己未 29	庚申 30	辛酉 31	壬戌 (9)	癸亥 2	甲子 3	乙丑 4	丙寅 5	丁卯 6	戊辰 7	己巳 8	庚午 9	辛未 10	壬申 11	癸酉 12	甲戌 13	乙亥 14	丙子 15	戊申立秋
八月大 癸酉	干支 天地西曆	丁丑 16	戊寅 17	己卯 18	庚辰 19	辛巳 20	壬午 21	癸未 22	甲申 23	乙酉 24	丙戌 25	丁亥 26	戊子 27	己丑 28	庚寅 29	辛卯 30	壬辰 (10)	癸巳 2	甲午 3	乙未 4	丙申 5	丁酉 6	戊戌 7	己亥 8	庚子 9	辛丑 10	壬寅 11	癸卯 12	甲辰 13	乙巳 14	丙午 15	甲午秋分
九月小 甲戌	干支 天地西曆	丁未 16	戊申 17	己酉 18	庚戌 19	辛亥 20	壬子 21	癸丑 22	甲寅 23	乙卯 24	丙辰 25	丁巳 26	戊午 27	己未 28	庚申 29	辛酉 30	壬戌 31	癸亥 (11)	甲子 2	乙丑 3	丙寅 4	丁卯 5	戊辰 6	己巳 7	庚午 8	辛未 9	壬申 10	癸酉 11	甲戌 12	乙亥 13		
十月大 乙亥	干支 天地西曆	丙子 14	丁丑 15	戊寅 16	己卯 17	庚辰 18	辛巳 19	壬午 20	癸未 21	甲申 22	乙酉 23	丙戌 24	丁亥 25	戊子 26	己丑 27	庚寅 28	辛卯 29	壬辰 30	癸巳 (12)	甲午 2	乙未 3	丙申 4	丁酉 5	戊戌 6	己亥 7	庚子 8	辛丑 9	壬寅 10	癸卯 11	甲辰 12	乙巳 13	戊寅立冬 丙子日食
十一月小 丙子	干支 天地西曆	丙午 14	丁未 15	戊申 16	己酉 17	庚戌 18	辛亥 19	壬子 20	癸丑 21	甲寅 22	乙卯 23	丙辰 24	丁巳 25	戊午 26	己未 27	庚申 28	辛酉 29	壬戌 30	癸亥 31	甲子 (1)	乙丑 2	丙寅 3	丁卯 4	戊辰 5	己巳 6	庚午 7	辛未 8	壬申 9	癸酉 10	甲戌 11		壬戌冬至
十二月小 丁丑	干支 天地西曆	乙亥 12	丙子 13	丁丑 14	戊寅 15	己卯 16	庚辰 17	辛巳 18	壬午 19	癸未 20	甲申 21	乙酉 22	丙戌 23	丁亥 24	戊子 25	己丑 26	庚寅 27	辛卯 28	壬辰 29	癸巳 30	甲午 31	乙未 (2)	丙申 2	丁酉 3	戊戌 4	己亥 5	庚子 6	辛丑 7	壬寅 8	癸卯 9		

年代異同	史記魯世家	漢書律曆志	帝王世紀	竹書紀年	皇極經世	文獻通考	歷代帝王年表	歷代統紀表	中國年曆總譜	西周年代	斷代工程
	周成王二十年		周昭王十五年	周成王十三年	周昭王二十一年	周昭王二十一年	周昭王二十一年	周昭王二十一年	周昭王十年	周成王三十六年	周成王十一年

周成王十二年（庚戌 狗年） 公元前1031 ~ 前1030年

夏曆月序		中西曆日對照	初一	初二	初三	初四	初五	初六	初七	初八	初九	初十	十一	十二	十三	十四	十五	十六	十七	十八	十九	二十	二一	二二	二三	二四	二五	二六	二七	二八	二九	三十	節氣與天象
正月大	戊寅	天干地支西曆	甲辰10	乙巳11	丙午12	丁未13	戊申14	己酉15	庚戌16	辛亥17	壬子18	癸丑19	甲寅20	乙卯21	丙辰22	丁巳23	戊午24	己未25	庚申26	辛酉27	壬戌28	癸亥(3)	甲子2	乙丑3	丙寅4	丁卯5	戊辰6	己巳7	庚午8	辛未9	壬申10	癸酉11	丁未立春
二月小	己卯	天干地支西曆	甲戌12	乙亥13	丙子14	丁丑15	戊寅16	己卯17	庚辰18	辛巳19	壬午20	癸未21	甲申22	乙酉23	丙戌24	丁亥25	戊子26	己丑27	庚寅28	辛卯29	壬辰30	癸巳31	甲午(4)	乙未2	丙申3	丁酉4	戊戌5	己亥6	庚子7	辛丑8	壬寅9		癸巳春分
三月大	庚辰	天干地支西曆	癸卯10	甲辰11	乙巳12	丙午13	丁未14	戊申15	己酉16	庚戌17	辛亥18	壬子19	癸丑20	甲寅21	乙卯22	丙辰23	丁巳24	戊午25	己未26	庚申27	辛酉28	壬戌29	癸亥30	甲子(5)	乙丑2	丙寅3	丁卯4	戊辰5	己巳6	庚午7	辛未8	壬申9	
四月小	辛巳	天干地支西曆	癸酉10	甲戌11	乙亥12	丙子13	丁丑14	戊寅15	己卯16	庚辰17	辛巳18	壬午19	癸未20	甲申21	乙酉22	丙戌23	丁亥24	戊子25	己丑26	庚寅27	辛卯28	壬辰29	癸巳30	甲午31	乙未(6)	丙申2	丁酉3	戊戌4	己亥5	庚子6	辛丑7		庚辰立夏
五月大	壬午	天干地支西曆	壬寅8	癸卯9	甲辰10	乙巳11	丙午12	丁未13	戊申14	己酉15	庚戌16	辛亥17	壬子18	癸丑19	甲寅20	乙卯21	丙辰22	丁巳23	戊午24	己未25	庚申26	辛酉27	壬戌28	癸亥29	甲子30	乙丑(7)	丙寅2	丁卯3	戊辰4	己巳5	庚午6	辛未7	丁卯夏至
六月大	癸未	天干地支西曆	壬申8	癸酉9	甲戌10	乙亥11	丙子12	丁丑13	戊寅14	己卯15	庚辰16	辛巳17	壬午18	癸未19	甲申20	乙酉21	丙戌22	丁亥23	戊子24	己丑25	庚寅26	辛卯27	壬辰28	癸巳29	甲午30	乙未31	丙申(8)	丁酉2	戊戌3	己亥4	庚子5	辛丑6	
七月小	甲申	天干地支西曆	壬寅7	癸卯8	甲辰9	乙巳10	丙午11	丁未12	戊申13	己酉14	庚戌15	辛亥16	壬子17	癸丑18	甲寅19	乙卯20	丙辰21	丁巳22	戊午23	己未24	庚申25	辛酉26	壬戌27	癸亥28	甲子29	乙丑30	丙寅31	丁卯(9)	戊辰2	己巳3	庚午4		甲寅立秋
八月大	乙酉	天干地支西曆	辛未5	壬申6	癸酉7	甲戌8	乙亥9	丙子10	丁丑11	戊寅12	己卯13	庚辰14	辛巳15	壬午16	癸未17	甲申18	乙酉19	丙戌20	丁亥21	戊子22	己丑23	庚寅24	辛卯25	壬辰26	癸巳27	甲午28	乙未29	丙申30	丁酉(10)	戊戌2	己亥3	庚子4	己亥秋分
九月大	丙戌	天干地支西曆	辛丑5	壬寅6	癸卯7	甲辰8	乙巳9	丙午10	丁未11	戊申12	己酉13	庚戌14	辛亥15	壬子16	癸丑17	甲寅18	乙卯19	丙辰20	丁巳21	戊午22	己未23	庚申24	辛酉25	壬戌26	癸亥27	甲子28	乙丑29	丙寅30	丁卯31	戊辰(11)	己巳2	庚午3	
十月小	丁亥	天干地支西曆	辛未4	壬申5	癸酉6	甲戌7	乙亥8	丙子9	丁丑10	戊寅11	己卯12	庚辰13	辛巳14	壬午15	癸未16	甲申17	乙酉18	丙戌19	丁亥20	戊子21	己丑22	庚寅23	辛卯24	壬辰25	癸巳26	甲午27	乙未28	丙申29	丁酉30	戊戌(12)	己亥2		癸未立冬
十一月大	戊子	天干地支西曆	庚子3	辛丑4	壬寅5	癸卯6	甲辰7	乙巳8	丙午9	丁未10	戊申11	己酉12	庚戌13	辛亥14	壬子15	癸丑16	甲寅17	乙卯18	丙辰19	丁巳20	戊午21	己未22	庚申23	辛酉24	壬戌25	癸亥26	甲子27	乙丑28	丙寅29	丁卯30	戊辰31	己巳(1)	丁卯冬至
十二月小	己丑	天干地支西曆	庚午2	辛未3	壬申4	癸酉5	甲戌6	乙亥7	丙子8	丁丑9	戊寅10	己卯11	庚辰12	辛巳13	壬午14	癸未15	甲申16	乙酉17	丙戌18	丁亥19	戊子20	己丑21	庚寅22	辛卯23	壬辰24	癸巳25	甲午26	乙未27	丙申28	丁酉29	戊戌30		

年代異同	史記魯世家	漢書律曆志	帝王世紀	竹書紀年	皇極經世	文獻通考	歷代帝王年表	歷代統紀表	中國年曆總譜	西周年代	斷代工程
	周成王二十一年		周昭王十六年	周成王十四年	周昭王二十二年	周昭王二十二年	周昭王二十二年	周昭王二十二年	周昭王十一年	周成王三十七年	周成王十二年

周成王十三年（辛亥 猪年） 公元前 1030 ~ 前 1029 年

夏曆月序		中西曆日對照	夏曆日序																														節氣與天象
			初一	初二	初三	初四	初五	初六	初七	初八	初九	初十	十一	十二	十三	十四	十五	十六	十七	十八	十九	二十	二一	二二	二三	二四	二五	二六	二七	二八	二九	三十	
正月小	庚寅	天干地支	己亥	庚子	辛丑	壬寅	癸卯	甲辰	乙巳	丙午	丁未	戊申	己酉	庚戌	辛亥	壬子	癸丑	甲寅	乙卯	丙辰	丁巳	戊午	己未	庚申	辛酉	壬戌	癸亥	甲子	乙丑	丙寅	丁卯		壬子立春
		西曆	31	(2)	2	3	4	5	6	7	8	9	10	11	12	13	14	15	16	17	18	19	20	21	22	23	24	25	26	27	28		
二月大	辛卯	天干地支	戊辰	己巳	庚午	辛未	壬申	癸酉	甲戌	乙亥	丙子	丁丑	戊寅	己卯	庚辰	辛巳	壬午	癸未	甲申	乙酉	丙戌	丁亥	戊子	己丑	庚寅	辛卯	壬辰	癸巳	甲午	乙未	丙申	丁酉	
		西曆	(3)	2	3	4	5	6	7	8	9	10	11	12	13	14	15	16	17	18	19	20	21	22	23	24	25	26	27	28	29	30	
閏二月小	辛卯	天干地支	戊戌	己亥	庚子	辛丑	壬寅	癸卯	甲辰	乙巳	丙午	丁未	戊申	己酉	庚戌	辛亥	壬子	癸丑	甲寅	乙卯	丙辰	丁巳	戊午	己未	庚申	辛酉	壬戌	癸亥	甲子	乙丑	丙寅		戊戌春分
		西曆	31	(4)	2	3	4	5	6	7	8	9	10	11	12	13	14	15	16	17	18	19	20	21	22	23	24	25	26	27	28		
三月大	壬辰	天干地支	丁卯	戊辰	己巳	庚午	辛未	壬申	癸酉	甲戌	乙亥	丙子	丁丑	戊寅	己卯	庚辰	辛巳	壬午	癸未	甲申	乙酉	丙戌	丁亥	戊子	己丑	庚寅	辛卯	壬辰	癸巳	甲午	乙未	丙申	乙酉立夏 丁卯日食
		西曆	29	30	(5)	2	3	4	5	6	7	8	9	10	11	12	13	14	15	16	17	18	19	20	21	22	23	24	25	26	27	28	
四月小	癸巳	天干地支	丁酉	戊戌	己亥	庚子	辛丑	壬寅	癸卯	甲辰	乙巳	丙午	丁未	戊申	己酉	庚戌	辛亥	壬子	癸丑	甲寅	乙卯	丙辰	丁巳	戊午	己未	庚申	辛酉	壬戌	癸亥	甲子	乙丑		
		西曆	29	30	31	(6)	2	3	4	5	6	7	8	9	10	11	12	13	14	15	16	17	18	19	20	21	22	23	24	25	26		
五月大	甲午	天干地支	丙寅	丁卯	戊辰	己巳	庚午	辛未	壬申	癸酉	甲戌	乙亥	丙子	丁丑	戊寅	己卯	庚辰	辛巳	壬午	癸未	甲申	乙酉	丙戌	丁亥	戊子	己丑	庚寅	辛卯	壬辰	癸巳	甲午	乙未	壬申夏至
		西曆	27	28	29	30	(7)	2	3	4	5	6	7	8	9	10	11	12	13	14	15	16	17	18	19	20	21	22	23	24	25	26	
六月小	乙未	天干地支	丙申	丁酉	戊戌	己亥	庚子	辛丑	壬寅	癸卯	甲辰	乙巳	丙午	丁未	戊申	己酉	庚戌	辛亥	壬子	癸丑	甲寅	乙卯	丙辰	丁巳	戊午	己未	庚申	辛酉	壬戌	癸亥	甲子		己未立秋
		西曆	27	28	29	30	31	(8)	2	3	4	5	6	7	8	9	10	11	12	13	14	15	16	17	18	19	20	21	22	23	24		
七月大	丙申	天干地支	乙丑	丙寅	丁卯	戊辰	己巳	庚午	辛未	壬申	癸酉	甲戌	乙亥	丙子	丁丑	戊寅	己卯	庚辰	辛巳	壬午	癸未	甲申	乙酉	丙戌	丁亥	戊子	己丑	庚寅	辛卯	壬辰	癸巳	甲午	
		西曆	25	26	27	28	29	30	31	(9)	2	3	4	5	6	7	8	9	10	11	12	13	14	15	16	17	18	19	20	21	22	23	
八月大	丁酉	天干地支	乙未	丙申	丁酉	戊戌	己亥	庚子	辛丑	壬寅	癸卯	甲辰	乙巳	丙午	丁未	戊申	己酉	庚戌	辛亥	壬子	癸丑	甲寅	乙卯	丙辰	丁巳	戊午	己未	庚申	辛酉	壬戌	癸亥	甲子	甲辰秋分
		西曆	24	25	26	27	28	29	30	(10)	2	3	4	5	6	7	8	9	10	11	12	13	14	15	16	17	18	19	20	21	22	23	
九月大	戊戌	天干地支	乙丑	丙寅	丁卯	戊辰	己巳	庚午	辛未	壬申	癸酉	甲戌	乙亥	丙子	丁丑	戊寅	己卯	庚辰	辛巳	壬午	癸未	甲申	乙酉	丙戌	丁亥	戊子	己丑	庚寅	辛卯	壬辰	癸巳	甲午	戊子立冬
		西曆	24	25	26	27	28	29	30	31	(11)	2	3	4	5	6	7	8	9	10	11	12	13	14	15	16	17	18	19	20	21	22	
十月小	己亥	天干地支	乙未	丙申	丁酉	戊戌	己亥	庚子	辛丑	壬寅	癸卯	甲辰	乙巳	丙午	丁未	戊申	己酉	庚戌	辛亥	壬子	癸丑	甲寅	乙卯	丙辰	丁巳	戊午	己未	庚申	辛酉	壬戌	癸亥		
		西曆	23	24	25	26	27	28	29	30	(12)	2	3	4	5	6	7	8	9	10	11	12	13	14	15	16	17	18	19	20	21		
十一月大	庚子	天干地支	甲子	乙丑	丙寅	丁卯	戊辰	己巳	庚午	辛未	壬申	癸酉	甲戌	乙亥	丙子	丁丑	戊寅	己卯	庚辰	辛巳	壬午	癸未	甲申	乙酉	丙戌	丁亥	戊子	己丑	庚寅	辛卯	壬辰	癸巳	壬申冬至
		西曆	22	23	24	25	26	27	28	29	30	31	(1)	2	3	4	5	6	7	8	9	10	11	12	13	14	15	16	17	18	19	20	
十二月小	辛丑	天干地支	甲午	乙未	丙申	丁酉	戊戌	己亥	庚子	辛丑	壬寅	癸卯	甲辰	乙巳	丙午	丁未	戊申	己酉	庚戌	辛亥	壬子	癸丑	甲寅	乙卯	丙辰	丁巳	戊午	己未	庚申	辛酉	壬戌		丁巳立春
		西曆	21	22	23	24	25	26	27	28	29	30	31	(2)	2	3	4	5	6	7	8	9	10	11	12	13	14	15	16	17	18		

	史記魯世家	漢書律曆志	帝王世紀	竹書紀年	皇極經世	文獻通考	歷代帝王年表	歷代統紀表	中國年曆總譜	西周年代	斷代工程
年代異同	周成王二十二年		周昭王十七年	周成王十五年	周昭王二十三年	周昭王二十三年	周昭王二十三年	周昭王二十三年	周昭王十二年	周康王元年	周成王十三年

周成王十四年（壬子 鼠年） 公元前 **1029** ~ 前 1028 年

夏曆月序		中西曆日對照	初一	初二	初三	初四	初五	初六	初七	初八	初九	初十	十一	十二	十三	十四	十五	十六	十七	十八	十九	二十	二一	二二	二三	二四	二五	二六	二七	二八	二九	三十	節氣與天象
正月小	壬寅	天干地支 西曆	癸亥 19	甲子 20	乙丑 21	丙寅 22	丁卯 23	戊辰 24	己巳 25	庚午 26	辛未 27	壬申 28	癸酉 29	甲戌 (3)	乙亥 2	丙子 3	丁丑 4	戊寅 5	己卯 6	庚辰 7	辛巳 8	壬午 9	癸未 10	甲申 11	乙酉 12	丙戌 13	丁亥 14	戊子 15	己丑 16	庚寅 17	辛卯 18		
二月大	癸卯	天干地支 西曆	壬辰 19	癸巳 20	甲午 21	乙未 22	丙申 23	丁酉 24	戊戌 25	己亥 26	庚子 27	辛丑 28	壬寅 29	癸卯 30	甲辰 31	乙巳 (4)	丙午 2	丁未 3	戊申 4	己酉 5	庚戌 6	辛亥 7	壬子 8	癸丑 9	甲寅 10	乙卯 11	丙辰 12	丁巳 13	戊午 14	己未 15	庚申 16	辛酉 17	癸卯春分
三月小	甲辰	天干地支 西曆	壬戌 18	癸亥 19	甲子 20	乙丑 21	丙寅 22	丁卯 23	戊辰 24	己巳 25	庚午 26	辛未 27	壬申 28	癸酉 29	甲戌 30	乙亥 (5)	丙子 2	丁丑 3	戊寅 4	己卯 5	庚辰 6	辛巳 7	壬午 8	癸未 9	甲申 10	乙酉 11	丙戌 12	丁亥 13	戊子 14	己丑 15	庚寅 16		壬戌日食
四月小	乙巳	天干地支 西曆	辛卯 17	壬辰 18	癸巳 19	甲午 20	乙未 21	丙申 22	丁酉 23	戊戌 24	己亥 25	庚子 26	辛丑 27	壬寅 28	癸卯 29	甲辰 30	乙巳 31	丙午 (6)	丁未 2	戊申 3	己酉 4	庚戌 5	辛亥 6	壬子 7	癸丑 8	甲寅 9	乙卯 10	丙辰 11	丁巳 12	戊午 13	己未 14		辛卯立夏
五月大	丙午	天干地支 西曆	庚申 15	辛酉 16	壬戌 17	癸亥 18	甲子 19	乙丑 20	丙寅 21	丁卯 22	戊辰 23	己巳 24	庚午 25	辛未 26	壬申 27	癸酉 28	甲戌 29	乙亥 30	丙子 (7)	丁丑 2	戊寅 3	己卯 4	庚辰 5	辛巳 6	壬午 7	癸未 8	甲申 9	乙酉 10	丙戌 11	丁亥 12	戊子 13	己丑 14	戊寅夏至
六月小	丁未	天干地支 西曆	庚寅 15	辛卯 16	壬辰 17	癸巳 18	甲午 19	乙未 20	丙申 21	丁酉 22	戊戌 23	己亥 24	庚子 25	辛丑 26	壬寅 27	癸卯 28	甲辰 29	乙巳 30	丙午 31	丁未 (8)	戊申 2	己酉 3	庚戌 4	辛亥 5	壬子 6	癸丑 7	甲寅 8	乙卯 9	丙辰 10	丁巳 11	戊午 12		
七月大	戊申	天干地支 西曆	己未 13	庚申 14	辛酉 15	壬戌 16	癸亥 17	甲子 18	乙丑 19	丙寅 20	丁卯 21	戊辰 22	己巳 23	庚午 24	辛未 25	壬申 26	癸酉 27	甲戌 28	乙亥 29	丙子 30	丁丑 31	戊寅 (9)	己卯 2	庚辰 3	辛巳 4	壬午 5	癸未 6	甲申 7	乙酉 8	丙戌 9	丁亥 10	戊子 11	甲子立秋
八月大	己酉	天干地支 西曆	己丑 12	庚寅 13	辛卯 14	壬辰 15	癸巳 16	甲午 17	乙未 18	丙申 19	丁酉 20	戊戌 21	己亥 22	庚子 23	辛丑 24	壬寅 25	癸卯 26	甲辰 27	乙巳 28	丙午 29	丁未 30	戊申 (10)	己酉 2	庚戌 3	辛亥 4	壬子 5	癸丑 6	甲寅 7	乙卯 8	丙辰 9	丁巳 10	戊午 11	己酉秋分
九月大	庚戌	天干地支 西曆	己未 12	庚申 13	辛酉 14	壬戌 15	癸亥 16	甲子 17	乙丑 18	丙寅 19	丁卯 20	戊辰 21	己巳 22	庚午 23	辛未 24	壬申 25	癸酉 26	甲戌 27	乙亥 28	丙子 29	丁丑 30	戊寅 31	己卯 (11)	庚辰 2	辛巳 3	壬午 4	癸未 5	甲申 6	乙酉 7	丙戌 8	丁亥 9	戊子 10	
十月小	辛亥	天干地支 西曆	己丑 11	庚寅 12	辛卯 13	壬辰 14	癸巳 15	甲午 16	乙未 17	丙申 18	丁酉 19	戊戌 20	己亥 21	庚子 22	辛丑 23	壬寅 24	癸卯 25	甲辰 26	乙巳 27	丙午 28	丁未 29	戊申 30	己酉 (12)	庚戌 2	辛亥 3	壬子 4	癸丑 5	甲寅 6	乙卯 7	丙辰 8	丁巳 9		甲午立冬
十一月大	壬子	天干地支 西曆	戊午 10	己未 11	庚申 12	辛酉 13	壬戌 14	癸亥 15	甲子 16	乙丑 17	丙寅 18	丁卯 19	戊辰 20	己巳 21	庚午 22	辛未 23	壬申 24	癸酉 25	甲戌 26	乙亥 27	丙子 28	丁丑 29	戊寅 30	己卯 31	庚辰 (1)	辛巳 2	壬午 3	癸未 4	甲申 5	乙酉 6	丙戌 7	丁亥 8	戊寅冬至
十二月大	癸丑	天干地支 西曆	戊子 9	己丑 10	庚寅 11	辛卯 12	壬辰 13	癸巳 14	甲午 15	乙未 16	丙申 17	丁酉 18	戊戌 19	己亥 20	庚子 21	辛丑 22	壬寅 23	癸卯 24	甲辰 25	乙巳 26	丙午 27	丁未 28	戊申 29	己酉 30	庚戌 31	辛亥 (2)	壬子 2	癸丑 3	甲寅 4	乙卯 5	丙辰 6	丁巳 7	

年代異同	史記魯世家	漢書律曆志	帝王世紀	竹書紀年	皇極經世	文獻通考	歷代帝王年表	歷代統紀表	中國年曆總譜	西周年代	斷代工程
	周成王二十三年		周昭王十八年	周成王十六年	周昭王二十四年	周昭王二十四年	周昭王二十四年	周昭王二十四年	周昭王十三年	周康王二年	周成王十四年

周成王十五年（癸丑 牛年） 公元前**1028** ~ 前1027年

夏曆月序		中西曆日對照	夏曆日序 初一	初二	初三	初四	初五	初六	初七	初八	初九	初十	十一	十二	十三	十四	十五	十六	十七	十八	十九	二十	二一	二二	二三	二四	二五	二六	二七	二八	二九	三十	節氣與天象
正月小	甲寅	天干地支 西曆	戊午 8	己未 9	庚申 10	辛酉 11	壬戌 12	癸亥 13	甲子 14	乙丑 15	丙寅 16	丁卯 17	戊辰 18	己巳 19	庚午 20	辛未 21	壬申 22	癸酉 23	甲戌 24	乙亥 25	丙子 26	丁丑 27	戊寅 28	己卯 (3)	庚辰 2	辛巳 3	壬午 4	癸未 5	甲申 6	乙酉 7	丙戌 8		癸亥立春
二月小	乙卯	天干地支 西曆	丁亥 9	戊子 10	己丑 11	庚寅 12	辛卯 13	壬辰 14	癸巳 15	甲午 16	乙未 17	丙申 18	丁酉 19	戊戌 20	己亥 21	庚子 22	辛丑 23	壬寅 24	癸卯 25	甲辰 26	乙巳 27	丙午 28	丁未 29	戊申 30	己酉 31	庚戌 (4)	辛亥 2	壬子 3	癸丑 4	甲寅 5	乙卯 6		己酉春分
三月大	丙辰	天干地支 西曆	丙辰 7	丁巳 8	戊午 9	己未 10	庚申 11	辛酉 12	壬戌 13	癸亥 14	甲子 15	乙丑 16	丙寅 17	丁卯 18	戊辰 19	己巳 20	庚午 21	辛未 22	壬申 23	癸酉 24	甲戌 25	乙亥 26	丙子 27	丁丑 28	戊寅 29	己卯 30	庚辰 (5)	辛巳 2	壬午 3	癸未 4	甲申 5	乙酉 6	
四月小	丁巳	天干地支 西曆	丙戌 7	丁亥 8	戊子 9	己丑 10	庚寅 11	辛卯 12	壬辰 13	癸巳 14	甲午 15	乙未 16	丙申 17	丁酉 18	戊戌 19	己亥 20	庚子 21	辛丑 22	壬寅 23	癸卯 24	甲辰 25	乙巳 26	丙午 27	丁未 28	戊申 29	己酉 30	庚戌 31	辛亥 (6)	壬子 2	癸丑 3	甲寅 4		丙申立夏
五月小	戊午	天干地支 西曆	乙卯 5	丙辰 6	丁巳 7	戊午 8	己未 9	庚申 10	辛酉 11	壬戌 12	癸亥 13	甲子 14	乙丑 15	丙寅 16	丁卯 17	戊辰 18	己巳 19	庚午 20	辛未 21	壬申 22	癸酉 23	甲戌 24	乙亥 25	丙子 26	丁丑 27	戊寅 28	己卯 29	庚辰 30	辛巳 (7)	壬午 2	癸未 3		癸未夏至
六月大	己未	天干地支 西曆	甲申 4	乙酉 5	丙戌 6	丁亥 7	戊子 8	己丑 9	庚寅 10	辛卯 11	壬辰 12	癸巳 13	甲午 14	乙未 15	丙申 16	丁酉 17	戊戌 18	己亥 19	庚子 20	辛丑 21	壬寅 22	癸卯 23	甲辰 24	乙巳 25	丙午 26	丁未 27	戊申 28	己酉 29	庚戌 30	辛亥 31	壬子 (8)	癸丑 2	
七月小	庚申	天干地支 西曆	甲寅 3	乙卯 4	丙辰 5	丁巳 6	戊午 7	己未 8	庚申 9	辛酉 10	壬戌 11	癸亥 12	甲子 13	乙丑 14	丙寅 15	丁卯 16	戊辰 17	己巳 18	庚午 19	辛未 20	壬申 21	癸酉 22	甲戌 23	乙亥 24	丙子 25	丁丑 26	戊寅 27	己卯 28	庚辰 29	辛巳 30	壬午 31		己巳立秋
八月大	辛酉	天干地支 西曆	癸未 (9)	甲申 2	乙酉 3	丙戌 4	丁亥 5	戊子 6	己丑 7	庚寅 8	辛卯 9	壬辰 10	癸巳 11	甲午 12	乙未 13	丙申 14	丁酉 15	戊戌 16	己亥 17	庚子 18	辛丑 19	壬寅 20	癸卯 21	甲辰 22	乙巳 23	丙午 24	丁未 25	戊申 26	己酉 27	庚戌 28	辛亥 29	壬子 30	癸未日食
九月大	壬戌	天干地支 西曆	癸丑 (10)	甲寅 2	乙卯 3	丙辰 4	丁巳 5	戊午 6	己未 7	庚申 8	辛酉 9	壬戌 10	癸亥 11	甲子 12	乙丑 13	丙寅 14	丁卯 15	戊辰 16	己巳 17	庚午 18	辛未 19	壬申 20	癸酉 21	甲戌 22	乙亥 23	丙子 24	丁丑 25	戊寅 26	己卯 27	庚辰 28	辛巳 29	壬午 30	乙卯秋分
閏九月小	壬戌	天干地支 西曆	癸未 31	甲申 (11)	乙酉 2	丙戌 3	丁亥 4	戊子 5	己丑 6	庚寅 7	辛卯 8	壬辰 9	癸巳 10	甲午 11	乙未 12	丙申 13	丁酉 14	戊戌 15	己亥 16	庚子 17	辛丑 18	壬寅 19	癸卯 20	甲辰 21	乙巳 22	丙午 23	丁未 24	戊申 25	己酉 26	庚戌 27	辛亥 28		己亥立冬
十月大	癸亥	天干地支 西曆	壬子 29	癸丑 30	甲寅 (12)	乙卯 2	丙辰 3	丁巳 4	戊午 5	己未 6	庚申 7	辛酉 8	壬戌 9	癸亥 10	甲子 11	乙丑 12	丙寅 13	丁卯 14	戊辰 15	己巳 16	庚午 17	辛未 18	壬申 19	癸酉 20	甲戌 21	乙亥 22	丙子 23	丁丑 24	戊寅 25	己卯 26	庚辰 27	辛巳 28	
十一月大	甲子	天干地支 西曆	壬午 29	癸未 30	甲申 31	乙酉 (1)	丙戌 2	丁亥 3	戊子 4	己丑 5	庚寅 6	辛卯 7	壬辰 8	癸巳 9	甲午 10	乙未 11	丙申 12	丁酉 13	戊戌 14	己亥 15	庚子 16	辛丑 17	壬寅 18	癸卯 19	甲辰 20	乙巳 21	丙午 22	丁未 23	戊申 24	己酉 25	庚戌 26	辛亥 27	癸未冬至
十二月大	乙丑	天干地支 西曆	壬子 28	癸丑 29	甲寅 30	乙卯 31	丙辰 (2)	丁巳 2	戊午 3	己未 4	庚申 5	辛酉 6	壬戌 7	癸亥 8	甲子 9	乙丑 10	丙寅 11	丁卯 12	戊辰 13	己巳 14	庚午 15	辛未 16	壬申 17	癸酉 18	甲戌 19	乙亥 20	丙子 21	丁丑 22	戊寅 23	己卯 24	庚辰 25	辛巳 26	戊辰立春

年代異同	史記魯世家	漢書律曆志	帝王世紀	竹書紀年	皇極經世	文獻通考	歷代帝王年表	歷代統紀表	中國年曆總譜	西周年代	斷代工程
	周成王二十四年		周昭王十九年	周成王十七年	周昭王二十五年	周昭王二十五年	周昭王二十五年	周昭王二十五年	周昭王十四年	周康王三年	周成王十五年

周成王十六年（甲寅 虎年） 公元前 1027 ~ 前 1026

夏曆月序		中西曆日對照	初一	初二	初三	初四	初五	初六	初七	初八	初九	初十	十一	十二	十三	十四	十五	十六	十七	十八	十九	二十	二一	二二	二三	二四	二五	二六	二七	二八	二九	三十	節氣與天象
正月小	丙寅	天干地支 西曆	壬午 27	癸未 28	甲申 (3)	乙酉 2	丙戌 3	丁亥 4	戊子 5	己丑 6	庚寅 7	辛卯 8	壬辰 9	癸巳 10	甲午 11	乙未 12	丙申 13	丁酉 14	戊戌 15	己亥 16	庚子 17	辛丑 18	壬寅 19	癸卯 20	甲辰 21	乙巳 22	丙午 23	丁未 24	戊申 25	己酉 26	庚戌 27		
二月小	丁卯	天干地支 西曆	辛亥 28	壬子 29	癸丑 30	甲寅 31	乙卯 (4)	丙辰 2	丁巳 3	戊午 4	己未 5	庚申 6	辛酉 7	壬戌 8	癸亥 9	甲子 10	乙丑 11	丙寅 12	丁卯 13	戊辰 14	己巳 15	庚午 16	辛未 17	壬申 18	癸酉 19	甲戌 20	乙亥 21	丙子 22	丁丑 23	戊寅 24	己卯 25		甲寅春分
三月大	戊辰	天干地支 西曆	庚辰 26	辛巳 27	壬午 28	癸未 29	甲申 30	乙酉 (5)	丙戌 2	丁亥 3	戊子 4	己丑 5	庚寅 6	辛卯 7	壬辰 8	癸巳 9	甲午 10	乙未 11	丙申 12	丁酉 13	戊戌 14	己亥 15	庚子 16	辛丑 17	壬寅 18	癸卯 19	甲辰 20	乙巳 21	丙午 22	丁未 23	戊申 24	己酉 25	辛丑立夏
四月小	己巳	天干地支 西曆	庚戌 26	辛亥 27	壬子 28	癸丑 29	甲寅 30	乙卯 31	丙辰 (6)	丁巳 2	戊午 3	己未 4	庚申 5	辛酉 6	壬戌 7	癸亥 8	甲子 9	乙丑 10	丙寅 11	丁卯 12	戊辰 13	己巳 14	庚午 15	辛未 16	壬申 17	癸酉 18	甲戌 19	乙亥 20	丙子 21	丁丑 22	戊寅 23		
五月小	庚午	天干地支 西曆	己卯 24	庚辰 25	辛巳 26	壬午 27	癸未 28	甲申 29	乙酉 30	丙戌 (7)	丁亥 2	戊子 3	己丑 4	庚寅 5	辛卯 6	壬辰 7	癸巳 8	甲午 9	乙未 10	丙申 11	丁酉 12	戊戌 13	己亥 14	庚子 15	辛丑 16	壬寅 17	癸卯 18	甲辰 19	乙巳 20	丙午 21	丁未 22		戊子夏至
六月大	辛未	天干地支 西曆	戊申 23	己酉 24	庚戌 25	辛亥 26	壬子 27	癸丑 28	甲寅 29	乙卯 30	丙辰 31	丁巳 (8)	戊午 2	己未 3	庚申 4	辛酉 5	壬戌 6	癸亥 7	甲子 8	乙丑 9	丙寅 10	丁卯 11	戊辰 12	己巳 13	庚午 14	辛未 15	壬申 16	癸酉 17	甲戌 18	乙亥 19	丙子 20	丁丑 21	乙亥立秋
七月小	壬申	天干地支 西曆	戊寅 22	己卯 23	庚辰 24	辛巳 25	壬午 26	癸未 27	甲申 28	乙酉 29	丙戌 30	丁亥 31	戊子 (9)	己丑 2	庚寅 3	辛卯 4	壬辰 5	癸巳 6	甲午 7	乙未 8	丙申 9	丁酉 10	戊戌 11	己亥 12	庚子 13	辛丑 14	壬寅 15	癸卯 16	甲辰 17	乙巳 18	丙午 19		
八月大	癸酉	天干地支 西曆	丁未 20	戊申 21	己酉 22	庚戌 23	辛亥 24	壬子 25	癸丑 26	甲寅 27	乙卯 28	丙辰 29	丁巳 30	戊午 (10)	己未 2	庚申 3	辛酉 4	壬戌 5	癸亥 6	甲子 7	乙丑 8	丙寅 9	丁卯 10	戊辰 11	己巳 12	庚午 13	辛未 14	壬申 15	癸酉 16	甲戌 17	乙亥 18	丙子 19	庚申秋分
九月小	甲戌	天干地支 西曆	丁丑 20	戊寅 21	己卯 22	庚辰 23	辛巳 24	壬午 25	癸未 26	甲申 27	乙酉 28	丙戌 29	丁亥 30	戊子 31	己丑 (11)	庚寅 2	辛卯 3	壬辰 4	癸巳 5	甲午 6	乙未 7	丙申 8	丁酉 9	戊戌 10	己亥 11	庚子 12	辛丑 13	壬寅 14	癸卯 15	甲辰 16	乙巳 17		甲辰立冬
十月大	乙亥	天干地支 西曆	丙午 18	丁未 19	戊申 20	己酉 21	庚戌 22	辛亥 23	壬子 24	癸丑 25	甲寅 26	乙卯 27	丙辰 28	丁巳 29	戊午 30	己未 (12)	庚申 2	辛酉 3	壬戌 4	癸亥 5	甲子 6	乙丑 7	丙寅 8	丁卯 9	戊辰 10	己巳 11	庚午 12	辛未 13	壬申 14	癸酉 15	甲戌 16	乙亥 17	
十一月大	丙子	天干地支 西曆	丙子 18	丁丑 19	戊寅 20	己卯 21	庚辰 22	辛巳 23	壬午 24	癸未 25	甲申 26	乙酉 27	丙戌 28	丁亥 29	戊子 30	己丑 31	庚寅 (1)	辛卯 2	壬辰 3	癸巳 4	甲午 5	乙未 6	丙申 7	丁酉 8	戊戌 9	己亥 10	庚子 11	辛丑 12	壬寅 13	癸卯 14	甲辰 15	乙巳 16	戊子冬至
十二月大	丁丑	天干地支 西曆	丙午 17	丁未 18	戊申 19	己酉 20	庚戌 21	辛亥 22	壬子 23	癸丑 24	甲寅 25	乙卯 26	丙辰 27	丁巳 28	戊午 29	己未 30	庚申 31	辛酉 (2)	壬戌 2	癸亥 3	甲子 4	乙丑 5	丙寅 6	丁卯 7	戊辰 8	己巳 9	庚午 10	辛未 11	壬申 12	癸酉 13	甲戌 14	乙亥 15	癸酉立春

年代異同	史記魯世家	漢書律曆志	帝王世紀	竹書紀年	皇極經世	文獻通考	歷代帝王年表	歷代統紀表	中國年曆總譜	西周年代	斷代工程
	周成王二十五年		周昭王二十年	周成王十八年	周昭王二十六年	周昭王二十六年	周昭王二十六年	周昭王二十六年	周昭王十五年	周康王四年	周成王十六年

周成王十七年（乙卯 兔年） 公元前**1026** ~ 前1025年

夏曆月序		中西曆日對照	夏曆日序																														節氣與天象
			初一	初二	初三	初四	初五	初六	初七	初八	初九	初十	十一	十二	十三	十四	十五	十六	十七	十八	十九	二十	二一	二二	二三	二四	二五	二六	二七	二八	二九	三十	
正月小	戊寅	干支	丙子	丁丑	戊寅	己卯	庚辰	辛巳	壬午	癸未	甲申	乙酉	丙戌	丁亥	戊子	己丑	庚寅	辛卯	壬辰	癸巳	甲午	乙未	丙申	丁酉	戊戌	己亥	庚子	辛丑	壬寅	癸卯	甲辰		
		天地西曆	16	17	18	19	20	21	22	23	24	25	26	27	28	(3)	2	3	4	5	6	7	8	9	10	11	12	13	14	15	16		
二月大	己卯	干支	乙巳	丙午	丁未	戊申	己酉	庚戌	辛亥	壬子	癸丑	甲寅	乙卯	丙辰	丁巳	戊午	己未	庚申	辛酉	壬戌	癸亥	甲子	乙丑	丙寅	丁卯	戊辰	己巳	庚午	辛未	壬申	癸酉	甲戌	己未春分
		天地西曆	17	18	19	20	21	22	23	24	25	26	27	28	29	30	31	(4)	2	3	4	5	6	7	8	9	10	11	12	13	14	15	
三月小	庚辰	干支	乙亥	丙子	丁丑	戊寅	己卯	庚辰	辛巳	壬午	癸未	甲申	乙酉	丙戌	丁亥	戊子	己丑	庚寅	辛卯	壬辰	癸巳	甲午	乙未	丙申	丁酉	戊戌	己亥	庚子	辛丑	壬寅	癸卯		
		天地西曆	16	17	18	19	20	21	22	23	24	25	26	27	28	29	30	(5)	2	3	4	5	6	7	8	9	10	11	12	13	14		
四月大	辛巳	干支	甲辰	乙巳	丙午	丁未	戊申	己酉	庚戌	辛亥	壬子	癸丑	甲寅	乙卯	丙辰	丁巳	戊午	己未	庚申	辛酉	壬戌	癸亥	甲子	乙丑	丙寅	丁卯	戊辰	己巳	庚午	辛未	壬申	癸酉	丙午立夏
		天地西曆	15	16	17	18	19	20	21	22	23	24	25	26	27	28	29	30	31	(6)	2	3	4	5	6	7	8	9	10	11	12	13	
五月小	壬午	干支	甲戌	乙亥	丙子	丁丑	戊寅	己卯	庚辰	辛巳	壬午	癸未	甲申	乙酉	丙戌	丁亥	戊子	己丑	庚寅	辛卯	壬辰	癸巳	甲午	乙未	丙申	丁酉	戊戌	己亥	庚子	辛丑	壬寅		癸巳夏至
		天地西曆	14	15	16	17	18	19	20	21	22	23	24	25	26	27	28	29	30	(7)	2	3	4	5	6	7	8	9	10	11	12		
六月小	癸未	干支	癸卯	甲辰	乙巳	丙午	丁未	戊申	己酉	庚戌	辛亥	壬子	癸丑	甲寅	乙卯	丙辰	丁巳	戊午	己未	庚申	辛酉	壬戌	癸亥	甲子	乙丑	丙寅	丁卯	戊辰	己巳	庚午	辛未		
		天地西曆	13	14	15	16	17	18	19	20	21	22	23	24	25	26	27	28	29	30	31	(8)	2	3	4	5	6	7	8	9	10		
七月大	甲申	干支	壬申	癸酉	甲戌	乙亥	丙子	丁丑	戊寅	己卯	庚辰	辛巳	壬午	癸未	甲申	乙酉	丙戌	丁亥	戊子	己丑	庚寅	辛卯	壬辰	癸巳	甲午	乙未	丙申	丁酉	戊戌	己亥	庚子	辛丑	庚辰立秋
		天地西曆	11	12	13	14	15	16	17	18	19	20	21	22	23	24	25	26	27	28	29	30	31	(9)	2	3	4	5	6	7	8	9	
八月小	乙酉	干支	壬寅	癸卯	甲辰	乙巳	丙午	丁未	戊申	己酉	庚戌	辛亥	壬子	癸丑	甲寅	乙卯	丙辰	丁巳	戊午	己未	庚申	辛酉	壬戌	癸亥	甲子	乙丑	丙寅	丁卯	戊辰	己巳	庚午		乙丑秋分
		天地西曆	10	11	12	13	14	15	16	17	18	19	20	21	22	23	24	25	26	27	28	29	30	(10)	2	3	4	5	6	7	8		
九月大	丙戌	干支	辛未	壬申	癸酉	甲戌	乙亥	丙子	丁丑	戊寅	己卯	庚辰	辛巳	壬午	癸未	甲申	乙酉	丙戌	丁亥	戊子	己丑	庚寅	辛卯	壬辰	癸巳	甲午	乙未	丙申	丁酉	戊戌	己亥	庚子	
		天地西曆	9	10	11	12	13	14	15	16	17	18	19	20	21	22	23	24	25	26	27	28	29	30	31	(11)	2	3	4	5	6	7	
十月小	丁亥	干支	辛丑	壬寅	癸卯	甲辰	乙巳	丙午	丁未	戊申	己酉	庚戌	辛亥	壬子	癸丑	甲寅	乙卯	丙辰	丁巳	戊午	己未	庚申	辛酉	壬戌	癸亥	甲子	乙丑	丙寅	丁卯	戊辰	己巳		己酉立冬
		天地西曆	8	9	10	11	12	13	14	15	16	17	18	19	20	21	22	23	24	25	26	27	28	29	30	(12)	2	3	4	5	6		
十一月大	戊子	干支	庚午	辛未	壬申	癸酉	甲戌	乙亥	丙子	丁丑	戊寅	己卯	庚辰	辛巳	壬午	癸未	甲申	乙酉	丙戌	丁亥	戊子	己丑	庚寅	辛卯	壬辰	癸巳	甲午	乙未	丙申	丁酉	戊戌	己亥	癸巳冬至
		天地西曆	7	8	9	10	11	12	13	14	15	16	17	18	19	20	21	22	23	24	25	26	27	28	29	30	31	(1)	2	3	4	5	
十二月大	己丑	干支	庚子	辛丑	壬寅	癸卯	甲辰	乙巳	丙午	丁未	戊申	己酉	庚戌	辛亥	壬子	癸丑	甲寅	乙卯	丙辰	丁巳	戊午	己未	庚申	辛酉	壬戌	癸亥	甲子	乙丑	丙寅	丁卯	戊辰	己巳	
		天地西曆	6	7	8	9	10	11	12	13	14	15	16	17	18	19	20	21	22	23	24	25	26	27	28	29	30	31	(2)	2	3	4	

年代異同	史記魯世家	漢書律曆志	帝王世紀	竹書紀年	皇極經世	文獻通考	歷代帝王年表	歷代統紀表	中國年曆總譜	西周年代	斷代工程
	周成王二十六年		周昭王二十一年	周成王十九年	周昭王二十七年	周昭王二十七年	周昭王二十七年	周昭王二十七年	周昭王十六年	周康王五年	周成王十七年

周成王十八年（丙辰 龍年） 公元前 **1025** ~ 前 1024 年

夏曆月序		中西曆日對照	初一	初二	初三	初四	初五	初六	初七	初八	初九	初十	十一	十二	十三	十四	十五	十六	十七	十八	十九	二十	二一	二二	二三	二四	二五	二六	二七	二八	二九	三十	節氣與天象
正月小	庚寅	天干 地支 西曆	庚午 5	辛未 6	壬申 7	癸酉 8	甲戌 9	乙亥 10	丙子 11	丁丑 12	戊寅 13	己卯 14	庚辰 15	辛巳 16	壬午 17	癸未 18	甲申 19	乙酉 20	丙戌 21	丁亥 22	戊子 23	己丑 24	庚寅 25	辛卯 26	壬辰 27	癸巳 28	甲午 29	乙未 (3)	丙申 2	丁酉 3	戊戌 4		戊寅立春
二月大	辛卯	天干 地支 西曆	己亥 5	庚子 6	辛丑 7	壬寅 8	癸卯 9	甲辰 10	乙巳 11	丙午 12	丁未 13	戊申 14	己酉 15	庚戌 16	辛亥 17	壬子 18	癸丑 19	甲寅 20	乙卯 21	丙辰 22	丁巳 23	戊午 24	己未 25	庚申 26	辛酉 27	壬戌 28	癸亥 29	甲子 30	乙丑 31	丙寅 (4)	丁卯 2	戊辰 3	甲子春分
三月大	壬辰	天干 地支 西曆	己巳 4	庚午 5	辛未 6	壬申 7	癸酉 8	甲戌 9	乙亥 10	丙子 11	丁丑 12	戊寅 13	己卯 14	庚辰 15	辛巳 16	壬午 17	癸未 18	甲申 19	乙酉 20	丙戌 21	丁亥 22	戊子 23	己丑 24	庚寅 25	辛卯 26	壬辰 27	癸巳 28	甲午 29	乙未 30	丙申 (5)	丁酉 2	戊戌 3	
四月小	癸巳	天干 地支 西曆	己亥 4	庚子 5	辛丑 6	壬寅 7	癸卯 8	甲辰 9	乙巳 10	丙午 11	丁未 12	戊申 13	己酉 14	庚戌 15	辛亥 16	壬子 17	癸丑 18	甲寅 19	乙卯 20	丙辰 21	丁巳 22	戊午 23	己未 24	庚申 25	辛酉 26	壬戌 27	癸亥 28	甲子 29	乙丑 30	丙寅 31	丁卯 (6)		辛亥立夏
五月大	甲午	天干 地支 西曆	戊辰 2	己巳 3	庚午 4	辛未 5	壬申 6	癸酉 7	甲戌 8	乙亥 9	丙子 10	丁丑 11	戊寅 12	己卯 13	庚辰 14	辛巳 15	壬午 16	癸未 17	甲申 18	乙酉 19	丙戌 20	丁亥 21	戊子 22	己丑 23	庚寅 24	辛卯 25	壬辰 26	癸巳 27	甲午 28	乙未 29	丙申 30	丁酉 (7)	
六月小	乙未	天干 地支 西曆	戊戌 2	己亥 3	庚子 4	辛丑 5	壬寅 6	癸卯 7	甲辰 8	乙巳 9	丙午 10	丁未 11	戊申 12	己酉 13	庚戌 14	辛亥 15	壬子 16	癸丑 17	甲寅 18	乙卯 19	丙辰 20	丁巳 21	戊午 22	己未 23	庚申 24	辛酉 25	壬戌 26	癸亥 27	甲子 28	乙丑 29	丙寅 30		己亥夏至
閏六月小	乙未	天干 地支 西曆	丁卯 31	戊辰 (8)	己巳 2	庚午 3	辛未 4	壬申 5	癸酉 6	甲戌 7	乙亥 8	丙子 9	丁丑 10	戊寅 11	己卯 12	庚辰 13	辛巳 14	壬午 15	癸未 16	甲申 17	乙酉 18	丙戌 19	丁亥 20	戊子 21	己丑 22	庚寅 23	辛卯 24	壬辰 25	癸巳 26	甲午 27	乙未 28		乙酉立秋
七月大	丙申	天干 地支 西曆	丙申 29	丁酉 30	戊戌 31	己亥 (9)	庚子 2	辛丑 3	壬寅 4	癸卯 5	甲辰 6	乙巳 7	丙午 8	丁未 9	戊申 10	己酉 11	庚戌 12	辛亥 13	壬子 14	癸丑 15	甲寅 16	乙卯 17	丙辰 18	丁巳 19	戊午 20	己未 21	庚申 22	辛酉 23	壬戌 24	癸亥 25	甲子 26	乙丑 27	
八月小	丁酉	天干 地支 西曆	丙寅 28	丁卯 29	戊辰 30	己巳 (10)	庚午 2	辛未 3	壬申 4	癸酉 5	甲戌 6	乙亥 7	丙子 8	丁丑 9	戊寅 10	己卯 11	庚辰 12	辛巳 13	壬午 14	癸未 15	甲申 16	乙酉 17	丙戌 18	丁亥 19	戊子 20	己丑 21	庚寅 22	辛卯 23	壬辰 24	癸巳 25	甲午 26		庚午秋分
九月大	戊戌	天干 地支 西曆	乙未 27	丙申 28	丁酉 29	戊戌 30	己亥 31	庚子 (11)	辛丑 2	壬寅 3	癸卯 4	甲辰 5	乙巳 6	丙午 7	丁未 8	戊申 9	己酉 10	庚戌 11	辛亥 12	壬子 13	癸丑 14	甲寅 15	乙卯 16	丙辰 17	丁巳 18	戊午 19	己未 20	庚申 21	辛酉 22	壬戌 23	癸亥 24	甲子 25	乙卯立冬
十月小	己亥	天干 地支 西曆	乙丑 26	丙寅 27	丁卯 28	戊辰 29	己巳 30	庚午 (12)	辛未 2	壬申 3	癸酉 4	甲戌 5	乙亥 6	丙子 7	丁丑 8	戊寅 9	己卯 10	庚辰 11	辛巳 12	壬午 13	癸未 14	甲申 15	乙酉 16	丙戌 17	丁亥 18	戊子 19	己丑 20	庚寅 21	辛卯 22	壬辰 23	癸巳 24		
十一月大	庚子	天干 地支 西曆	甲午 25	乙未 26	丙申 27	丁酉 28	戊戌 29	己亥 30	庚子 31	辛丑 (1)	壬寅 2	癸卯 3	甲辰 4	乙巳 5	丙午 6	丁未 7	戊申 8	己酉 9	庚戌 10	辛亥 11	壬子 12	癸丑 13	甲寅 14	乙卯 15	丙辰 16	丁巳 17	戊午 18	己未 19	庚申 20	辛酉 21	壬戌 22	癸亥 23	己亥冬至
十二月小	辛丑	天干 地支 西曆	甲子 24	乙丑 25	丙寅 26	丁卯 27	戊辰 28	己巳 29	庚午 30	辛未 31	壬申 (2)	癸酉 2	甲戌 3	乙亥 4	丙子 5	丁丑 6	戊寅 7	己卯 8	庚辰 9	辛巳 10	壬午 11	癸未 12	甲申 13	乙酉 14	丙戌 15	丁亥 16	戊子 17	己丑 18	庚寅 19	辛卯 20	壬辰 21		甲申立春

年代異同	史記魯世家	漢書律曆志	帝王世紀	竹書紀年	皇極經世	文獻通考	歷代帝王年表	歷代統紀表	中國年曆總譜	西周年代	斷代工程
	周成王二十七年		周昭王二十二年	周成王二十年	周昭王二十八年	周昭王二十八年	周昭王二十八年	周昭王二十八年	周昭王十七年	周康王六年	周成王十八年

周成王十九年（丁巳 蛇年） 公元前 1024 ~ 前 1023 年

夏曆月序		中西曆日對照	初一	初二	初三	初四	初五	初六	初七	初八	初九	初十	十一	十二	十三	十四	十五	十六	十七	十八	十九	二十	二一	二二	二三	二四	二五	二六	二七	二八	二九	三十	節氣與天象
正月大	壬寅	干支 天地 西曆	癸巳22	甲午23	乙未24	丙申25	丁酉26	戊戌27	己亥28	庚子(3)	辛丑2	壬寅3	癸卯4	甲辰5	乙巳6	丙午7	丁未8	戊申9	己酉10	庚戌11	辛亥12	壬子13	癸丑14	甲寅15	乙卯16	丙辰17	丁巳18	戊午19	己未20	庚申21	辛酉22	壬戌23	
二月大	癸卯	干支 天地 西曆	癸亥24	甲子25	乙丑26	丙寅27	丁卯28	戊辰29	己巳30	庚午31	辛未(4)	壬申2	癸酉3	甲戌4	乙亥5	丙子6	丁丑7	戊寅8	己卯9	庚辰10	辛巳11	壬午12	癸未13	甲申14	乙酉15	丙戌16	丁亥17	戊子18	己丑19	庚寅20	辛卯21	壬辰22	庚午春分
三月小	甲辰	干支 天地 西曆	癸巳23	甲午24	乙未25	丙申26	丁酉27	戊戌28	己亥29	庚子30	辛丑(5)	壬寅2	癸卯3	甲辰4	乙巳5	丙午6	丁未7	戊申8	己酉9	庚戌10	辛亥11	壬子12	癸丑13	甲寅14	乙卯15	丙辰16	丁巳17	戊午18	己未19	庚申20	辛酉21		丁巳立夏
四月大	乙巳	干支 天地 西曆	壬戌22	癸亥23	甲子24	乙丑25	丙寅26	丁卯27	戊辰28	己巳29	庚午30	辛未31	壬申(6)	癸酉2	甲戌3	乙亥4	丙子5	丁丑6	戊寅7	己卯8	庚辰9	辛巳10	壬午11	癸未12	甲申13	乙酉14	丙戌15	丁亥16	戊子17	己丑18	庚寅19	辛卯20	
五月大	丙午	干支 天地 西曆	壬辰21	癸巳22	甲午23	乙未24	丙申25	丁酉26	戊戌27	己亥28	庚子29	辛丑30	壬寅(7)	癸卯2	甲辰3	乙巳4	丙午5	丁未6	戊申7	己酉8	庚戌9	辛亥10	壬子11	癸丑12	甲寅13	乙卯14	丙辰15	丁巳16	戊午17	己未18	庚申19	辛酉20	甲辰夏至 壬辰日食
六月小	丁未	干支 天地 西曆	壬戌21	癸亥22	甲子23	乙丑24	丙寅25	丁卯26	戊辰27	己巳28	庚午29	辛未30	壬申31	癸酉(8)	甲戌2	乙亥3	丙子4	丁丑5	戊寅6	己卯7	庚辰8	辛巳9	壬午10	癸未11	甲申12	乙酉13	丙戌14	丁亥15	戊子16	己丑17	庚寅18		庚寅立秋
七月小	戊申	干支 天地 西曆	辛卯19	壬辰20	癸巳21	甲午22	乙未23	丙申24	丁酉25	戊戌26	己亥27	庚子28	辛丑29	壬寅30	癸卯31	甲辰(9)	乙巳2	丙午3	丁未4	戊申5	己酉6	庚戌7	辛亥8	壬子9	癸丑10	甲寅11	乙卯12	丙辰13	丁巳14	戊午15	己未16		
八月大	己酉	干支 天地 西曆	庚申17	辛酉18	壬戌19	癸亥20	甲子21	乙丑22	丙寅23	丁卯24	戊辰25	己巳26	庚午27	辛未28	壬申29	癸酉30	甲戌(10)	乙亥2	丙子3	丁丑4	戊寅5	己卯6	庚辰7	辛巳8	壬午9	癸未10	甲申11	乙酉12	丙戌13	丁亥14	戊子15	己丑16	丙子秋分
九月小	庚戌	干支 天地 西曆	庚寅17	辛卯18	壬辰19	癸巳20	甲午21	乙未22	丙申23	丁酉24	戊戌25	己亥26	庚子27	辛丑28	壬寅29	癸卯30	甲辰31	乙巳(11)	丙午2	丁未3	戊申4	己酉5	庚戌6	辛亥7	壬子8	癸丑9	甲寅10	乙卯11	丙辰12	丁巳13	戊午14		
十月大	辛亥	干支 天地 西曆	己未15	庚申16	辛酉17	壬戌18	癸亥19	甲子20	乙丑21	丙寅22	丁卯23	戊辰24	己巳25	庚午26	辛未27	壬申28	癸酉29	甲戌30	乙亥(12)	丙子2	丁丑3	戊寅4	己卯5	庚辰6	辛巳7	壬午8	癸未9	甲申10	乙酉11	丙戌12	丁亥13	戊子14	庚申立冬
十一月小	壬子	干支 天地 西曆	己丑15	庚寅16	辛卯17	壬辰18	癸巳19	甲午20	乙未21	丙申22	丁酉23	戊戌24	己亥25	庚子26	辛丑27	壬寅28	癸卯29	甲辰30	乙巳31	丙午(1)	丁未2	戊申3	己酉4	庚戌5	辛亥6	壬子7	癸丑8	甲寅9	乙卯10	丙辰11	丁巳12		甲辰冬至
十二月大	癸丑	干支 天地 西曆	戊午13	己未14	庚申15	辛酉16	壬戌17	癸亥18	甲子19	乙丑20	丙寅21	丁卯22	戊辰23	己巳24	庚午25	辛未26	壬申27	癸酉28	甲戌29	乙亥30	丙子31	丁丑(2)	戊寅2	己卯3	庚辰4	辛巳5	壬午6	癸未7	甲申8	乙酉9	丙戌10	丁亥11	

年代異同	史記魯世家	漢書律曆志	帝王世紀	竹書紀年	皇極經世	文獻通考	歷代帝王年表	歷代統紀表	中國年曆總譜	西周年代	斷代工程
	周成王二十八年		周昭王二十三年	周成王二十一年	周昭王二十九年	周昭王二十九年	周昭王二十九年	周昭王二十九年	周昭王十八年	周康王七年	周成王十九年

周成王二十年（戊午 馬年） 公元前 1023 ~ 前 1022 年

夏曆月序		中西曆日對照	初一	初二	初三	初四	初五	初六	初七	初八	初九	初十	十一	十二	十三	十四	十五	十六	十七	十八	十九	二十	二一	二二	二三	二四	二五	二六	二七	二八	二九	三十	節氣與天象
正月小	甲寅	天干地支西曆	戊子12	己丑13	庚寅14	辛卯15	壬辰16	癸巳17	甲午18	乙未19	丙申20	丁酉21	戊戌22	己亥23	庚子24	辛丑25	壬寅26	癸卯27	甲辰28	乙巳(3)	丙午2	丁未3	戊申4	己酉5	庚戌6	辛亥7	壬子8	癸丑9	甲寅10	乙卯11	丙辰12		己丑立春
二月大	乙卯	天干地支西曆	丁巳13	戊午14	己未15	庚申16	辛酉17	壬戌18	癸亥19	甲子20	乙丑21	丙寅22	丁卯23	戊辰24	己巳25	庚午26	辛未27	壬申28	癸酉29	甲戌30	乙亥31	丙子(4)	丁丑2	戊寅3	己卯4	庚辰5	辛巳6	壬午7	癸未8	甲申9	乙酉10	丙戌11	乙亥春分
三月小	丙辰	天干地支西曆	丁亥12	戊子13	己丑14	庚寅15	辛卯16	壬辰17	癸巳18	甲午19	乙未20	丙申21	丁酉22	戊戌23	己亥24	庚子25	辛丑26	壬寅27	癸卯28	甲辰29	乙巳30	丙午(5)	丁未2	戊申3	己酉4	庚戌5	辛亥6	壬子7	癸丑8	甲寅9	乙卯10		
四月大	丁巳	天干地支西曆	丙辰11	丁巳12	戊午13	己未14	庚申15	辛酉16	壬戌17	癸亥18	甲子19	乙丑20	丙寅21	丁卯22	戊辰23	己巳24	庚午25	辛未26	壬申27	癸酉28	甲戌29	乙亥30	丙子31	丁丑(6)	戊寅2	己卯3	庚辰4	辛巳5	壬午6	癸未7	甲申8	乙酉9	壬戌立夏
五月大	戊午	天干地支西曆	丙戌10	丁亥11	戊子12	己丑13	庚寅14	辛卯15	壬辰16	癸巳17	甲午18	乙未19	丙申20	丁酉21	戊戌22	己亥23	庚子24	辛丑25	壬寅26	癸卯27	甲辰28	乙巳29	丙午30	丁未(7)	戊申2	己酉3	庚戌4	辛亥5	壬子6	癸丑7	甲寅8	乙卯9	己酉夏至 丙戌日食
六月小	己未	天干地支西曆	丙辰10	丁巳11	戊午12	己未13	庚申14	辛酉15	壬戌16	癸亥17	甲子18	乙丑19	丙寅20	丁卯21	戊辰22	己巳23	庚午24	辛未25	壬申26	癸酉27	甲戌28	乙亥29	丙子30	丁丑31	戊寅(8)	己卯2	庚辰3	辛巳4	壬午5	癸未6	甲申7		
七月大	庚申	天干地支西曆	乙酉8	丙戌9	丁亥10	戊子11	己丑12	庚寅13	辛卯14	壬辰15	癸巳16	甲午17	乙未18	丙申19	丁酉20	戊戌21	己亥22	庚子23	辛丑24	壬寅25	癸卯26	甲辰27	乙巳28	丙午29	丁未30	戊申31	己酉(9)	庚戌2	辛亥3	壬子4	癸丑5	甲寅6	丙申立秋
八月小	辛酉	天干地支西曆	乙卯7	丙辰8	丁巳9	戊午10	己未11	庚申12	辛酉13	壬戌14	癸亥15	甲子16	乙丑17	丙寅18	丁卯19	戊辰20	己巳21	庚午22	辛未23	壬申24	癸酉25	甲戌26	乙亥27	丙子28	丁丑29	戊寅30	己卯(10)	庚辰2	辛巳3	壬午4	癸未5		辛巳秋分
九月大	壬戌	天干地支西曆	甲申6	乙酉7	丙戌8	丁亥9	戊子10	己丑11	庚寅12	辛卯13	壬辰14	癸巳15	甲午16	乙未17	丙申18	丁酉19	戊戌20	己亥21	庚子22	辛丑23	壬寅24	癸卯25	甲辰26	乙巳27	丙午28	丁未29	戊申30	己酉31	庚戌(11)	辛亥2	壬子3	癸丑4	
十月小	癸亥	天干地支西曆	甲寅5	乙卯6	丙辰7	丁巳8	戊午9	己未10	庚申11	辛酉12	壬戌13	癸亥14	甲子15	乙丑16	丙寅17	丁卯18	戊辰19	己巳20	庚午21	辛未22	壬申23	癸酉24	甲戌25	乙亥26	丙子27	丁丑28	戊寅29	己卯30	庚辰(12)	辛巳2	壬午3		乙丑立冬
十一月大	甲子	天干地支西曆	癸未4	甲申5	乙酉6	丙戌7	丁亥8	戊子9	己丑10	庚寅11	辛卯12	壬辰13	癸巳14	甲午15	乙未16	丙申17	丁酉18	戊戌19	己亥20	庚子21	辛丑22	壬寅23	癸卯24	甲辰25	乙巳26	丙午27	丁未28	戊申29	己酉30	庚戌31	辛亥(1)	壬子2	己酉冬至
十二月小	乙丑	天干地支西曆	癸丑3	甲寅4	乙卯5	丙辰6	丁巳7	戊午8	己未9	庚申10	辛酉11	壬戌12	癸亥13	甲子14	乙丑15	丙寅16	丁卯17	戊辰18	己巳19	庚午20	辛未21	壬申22	癸酉23	甲戌24	乙亥25	丙子26	丁丑27	戊寅28	己卯29	庚辰30	辛巳31		

年代異同	史記魯世家	漢書律曆志	帝王世紀	竹書紀年	皇極經世	文獻通考	歷代帝王年表	歷代統紀表	中國年曆總譜	西周年代	斷代工程
	周成王二十九年		周昭王二十四年	周成王二十二年	周昭王三十年	周昭王三十年	周昭王三十年	周昭王三十年	周穆王元年	周康王八年	周成王二十年

周成王二十一年（己未 羊年） 公元前1022 ~ 前1021年

夏曆月序		中西曆日對照	初一	初二	初三	初四	初五	初六	初七	初八	初九	初十	十一	十二	十三	十四	十五	十六	十七	十八	十九	二十	二一	二二	二三	二四	二五	二六	二七	二八	二九	三十	節氣與天象
正月大	丙寅	天干地支西曆	壬午(2)	癸未2	甲申3	乙酉4	丙戌5	丁亥6	戊子7	己丑8	庚寅9	辛卯10	壬辰11	癸巳12	甲午13	乙未14	丙申15	丁酉16	戊戌17	己亥18	庚子19	辛丑20	壬寅21	癸卯22	甲辰23	乙巳24	丙午25	丁未26	戊申27	己酉28	庚戌(3)	辛亥2	甲午立春
二月小	丁卯	天干地支西曆	壬子3	癸丑4	甲寅5	乙卯6	丙辰7	丁巳8	戊午9	己未10	庚申11	辛酉12	壬戌13	癸亥14	甲子15	乙丑16	丙寅17	丁卯18	戊辰19	己巳20	庚午21	辛未22	壬申23	癸酉24	甲戌25	乙亥26	丙子27	丁丑28	戊寅29	己卯30	庚辰31		庚辰春分
三月大	戊辰	天干地支西曆	辛巳(4)	壬午2	癸未3	甲申4	乙酉5	丙戌6	丁亥7	戊子8	己丑9	庚寅10	辛卯11	壬辰12	癸巳13	甲午14	乙未15	丙申16	丁酉17	戊戌18	己亥19	庚子20	辛丑21	壬寅22	癸卯23	甲辰24	乙巳25	丙午26	丁未27	戊申28	己酉29	庚戌30	
四月小	己巳	天干地支西曆	辛亥(5)	壬子2	癸丑3	甲寅4	乙卯5	丙辰6	丁巳7	戊午8	己未9	庚申10	辛酉11	壬戌12	癸亥13	甲子14	乙丑15	丙寅16	丁卯17	戊辰18	己巳19	庚午20	辛未21	壬申22	癸酉23	甲戌24	乙亥25	丙子26	丁丑27	戊寅28	己卯29		丁卯立夏
閏四月大	己巳	天干地支西曆	庚辰30	辛巳31	壬午(6)	癸未2	甲申3	乙酉4	丙戌5	丁亥6	戊子7	己丑8	庚寅9	辛卯10	壬辰11	癸巳12	甲午13	乙未14	丙申15	丁酉16	戊戌17	己亥18	庚子19	辛丑20	壬寅21	癸卯22	甲辰23	乙巳24	丙午25	丁未26	戊申27	己酉28	
五月小	庚午	天干地支西曆	庚戌29	辛亥30	壬子(7)	癸丑2	甲寅3	乙卯4	丙辰5	丁巳6	戊午7	己未8	庚申9	辛酉10	壬戌11	癸亥12	甲子13	乙丑14	丙寅15	丁卯16	戊辰17	己巳18	庚午19	辛未20	壬申21	癸酉22	甲戌23	乙亥24	丙子25	丁丑26	戊寅27		甲寅夏至
六月大	辛未	天干地支西曆	己卯28	庚辰29	辛巳30	壬午31	癸未(8)	甲申2	乙酉3	丙戌4	丁亥5	戊子6	己丑7	庚寅8	辛卯9	壬辰10	癸巳11	甲午12	乙未13	丙申14	丁酉15	戊戌16	己亥17	庚子18	辛丑19	壬寅20	癸卯21	甲辰22	乙巳23	丙午24	丁未25	戊申26	辛丑立秋
七月大	壬申	天干地支西曆	己酉27	庚戌28	辛亥29	壬子30	癸丑31	甲寅(9)	乙卯2	丙辰3	丁巳4	戊午5	己未6	庚申7	辛酉8	壬戌9	癸亥10	甲子11	乙丑12	丙寅13	丁卯14	戊辰15	己巳16	庚午17	辛未18	壬申19	癸酉20	甲戌21	乙亥22	丙子23	丁丑24	戊寅25	
八月小	癸酉	天干地支西曆	己卯26	庚辰27	辛巳28	壬午29	癸未30	甲申(10)	乙酉2	丙戌3	丁亥4	戊子5	己丑6	庚寅7	辛卯8	壬辰9	癸巳10	甲午11	乙未12	丙申13	丁酉14	戊戌15	己亥16	庚子17	辛丑18	壬寅19	癸卯20	甲辰21	乙巳22	丙午23	丁未24		丙戌秋分
九月大	甲戌	天干地支西曆	戊申25	己酉26	庚戌27	辛亥28	壬子29	癸丑30	甲寅31	乙卯(11)	丙辰2	丁巳3	戊午4	己未5	庚申6	辛酉7	壬戌8	癸亥9	甲子10	乙丑11	丙寅12	丁卯13	戊辰14	己巳15	庚午16	辛未17	壬申18	癸酉19	甲戌20	乙亥21	丙子22	丁丑23	庚午立冬
十月大	乙亥	天干地支西曆	戊寅24	己卯25	庚辰26	辛巳27	壬午28	癸未29	甲申30	乙酉(12)	丙戌2	丁亥3	戊子4	己丑5	庚寅6	辛卯7	壬辰8	癸巳9	甲午10	乙未11	丙申12	丁酉13	戊戌14	己亥15	庚子16	辛丑17	壬寅18	癸卯19	甲辰20	乙巳21	丙午22	丁未23	戊寅日食
十一月小	丙子	天干地支西曆	戊申24	己酉25	庚戌26	辛亥27	壬子28	癸丑29	甲寅30	乙卯31	丙辰(1)	丁巳2	戊午3	己未4	庚申5	辛酉6	壬戌7	癸亥8	甲子9	乙丑10	丙寅11	丁卯12	戊辰13	己巳14	庚午15	辛未16	壬申17	癸酉18	甲戌19	乙亥20	丙子21		甲寅冬至
十二月小	丁丑	天干地支西曆	丁丑22	戊寅23	己卯24	庚辰25	辛巳26	壬午27	癸未28	甲申29	乙酉30	丙戌31	丁亥(2)	戊子2	己丑3	庚寅4	辛卯5	壬辰6	癸巳7	甲午8	乙未9	丙申10	丁酉11	戊戌12	己亥13	庚子14	辛丑15	壬寅16	癸卯17	甲辰18	乙巳19		己亥立春

	史記魯世家	漢書律曆志	帝王世紀	竹書紀年	皇極經世	文獻通考	歷代帝王年表	歷代統紀表	中國年曆總譜	西周年代	斷代工程
年代異同	周成王三十年		周昭王二十五年	周成王二十三年	周昭王三十一年	周昭王三十一年	周昭王三十一年	周昭王三十一年	周穆王二年	周康王九年	周成王二十一年

周成王二十二年（庚申 猴年） 公元前1021～前1020年

夏曆月序		中西曆日對照	初一	初二	初三	初四	初五	初六	初七	初八	初九	初十	十一	十二	十三	十四	十五	十六	十七	十八	十九	二十	二一	二二	二三	二四	二五	二六	二七	二八	二九	三十	節氣與天象
正月大	戊寅	干支	丙午	丁未	戊申	己酉	庚戌	辛亥	壬子	癸丑	甲寅	乙卯	丙辰	丁巳	戊午	己未	庚申	辛酉	壬戌	癸亥	甲子	乙丑	丙寅	丁卯	戊辰	己巳	庚午	辛未	壬申	癸酉	甲戌	乙亥	
		天地西曆	20	21	22	23	24	25	26	27	28	29	(3)	2	3	4	5	6	7	8	9	10	11	12	13	14	15	16	17	18	19	20	
二月小	己卯	干支	丙子	丁丑	戊寅	己卯	庚辰	辛巳	壬午	癸未	甲申	乙酉	丙戌	丁亥	戊子	己丑	庚寅	辛卯	壬辰	癸巳	甲午	乙未	丙申	丁酉	戊戌	己亥	庚子	辛丑	壬寅	癸卯	甲辰		乙酉春分
		天地西曆	21	22	23	24	25	26	27	28	29	30	31	(4)	2	3	4	5	6	7	8	9	10	11	12	13	14	15	16	17	18		
三月小	庚辰	干支	乙巳	丙午	丁未	戊申	己酉	庚戌	辛亥	壬子	癸丑	甲寅	乙卯	丙辰	丁巳	戊午	己未	庚申	辛酉	壬戌	癸亥	甲子	乙丑	丙寅	丁卯	戊辰	己巳	庚午	辛未	壬申	癸酉		壬申立夏
		天地西曆	19	20	21	22	23	24	25	26	27	28	29	30	(5)	2	3	4	5	6	7	8	9	10	11	12	13	14	15	16	17		
四月大	辛巳	干支	甲戌	乙亥	丙子	丁丑	戊寅	己卯	庚辰	辛巳	壬午	癸未	甲申	乙酉	丙戌	丁亥	戊子	己丑	庚寅	辛卯	壬辰	癸巳	甲午	乙未	丙申	丁酉	戊戌	己亥	庚子	辛丑	壬寅	癸卯	
		天地西曆	18	19	20	21	22	23	24	25	26	27	28	29	30	31	(6)	2	3	4	5	6	7	8	9	10	11	12	13	14	15	16	
五月小	壬午	干支	甲辰	乙巳	丙午	丁未	戊申	己酉	庚戌	辛亥	壬子	癸丑	甲寅	乙卯	丙辰	丁巳	戊午	己未	庚申	辛酉	壬戌	癸亥	甲子	乙丑	丙寅	丁卯	戊辰	己巳	庚午	辛未	壬申		庚申夏至
		天地西曆	17	18	19	20	21	22	23	24	25	26	27	28	29	30	(7)	2	3	4	5	6	7	8	9	10	11	12	13	14	15		
六月大	癸未	干支	癸酉	甲戌	乙亥	丙子	丁丑	戊寅	己卯	庚辰	辛巳	壬午	癸未	甲申	乙酉	丙戌	丁亥	戊子	己丑	庚寅	辛卯	壬辰	癸巳	甲午	乙未	丙申	丁酉	戊戌	己亥	庚子	辛丑	壬寅	
		天地西曆	16	17	18	19	20	21	22	23	24	25	26	27	28	29	30	31	(8)	2	3	4	5	6	7	8	9	10	11	12	13	14	
七月大	甲申	干支	癸卯	甲辰	乙巳	丙午	丁未	戊申	己酉	庚戌	辛亥	壬子	癸丑	甲寅	乙卯	丙辰	丁巳	戊午	己未	庚申	辛酉	壬戌	癸亥	甲子	乙丑	丙寅	丁卯	戊辰	己巳	庚午	辛未	壬申	丙午立秋
		天地西曆	15	16	17	18	19	20	21	22	23	24	25	26	27	28	29	30	31	(9)	2	3	4	5	6	7	8	9	10	11	12	13	
八月大	乙酉	干支	癸酉	甲戌	乙亥	丙子	丁丑	戊寅	己卯	庚辰	辛巳	壬午	癸未	甲申	乙酉	丙戌	丁亥	戊子	己丑	庚寅	辛卯	壬辰	癸巳	甲午	乙未	丙申	丁酉	戊戌	己亥	庚子	辛丑	壬寅	辛卯秋分
		天地西曆	14	15	16	17	18	19	20	21	22	23	24	25	26	27	28	29	30	(10)	2	3	4	5	6	7	8	9	10	11	12	13	
九月小	丙戌	干支	癸卯	甲辰	乙巳	丙午	丁未	戊申	己酉	庚戌	辛亥	壬子	癸丑	甲寅	乙卯	丙辰	丁巳	戊午	己未	庚申	辛酉	壬戌	癸亥	甲子	乙丑	丙寅	丁卯	戊辰	己巳	庚午	辛未		
		天地西曆	14	15	16	17	18	19	20	21	22	23	24	25	26	27	28	29	30	31	(11)	2	3	4	5	6	7	8	9	10	11		
十月大	丁亥	干支	壬申	癸酉	甲戌	乙亥	丙子	丁丑	戊寅	己卯	庚辰	辛巳	壬午	癸未	甲申	乙酉	丙戌	丁亥	戊子	己丑	庚寅	辛卯	壬辰	癸巳	甲午	乙未	丙申	丁酉	戊戌	己亥	庚子	辛丑	丙子立冬
		天地西曆	12	13	14	15	16	17	18	19	20	21	22	23	24	25	26	27	28	29	30	(12)	2	3	4	5	6	7	8	9	10	11	
十一月大	戊子	干支	壬寅	癸卯	甲辰	乙巳	丙午	丁未	戊申	己酉	庚戌	辛亥	壬子	癸丑	甲寅	乙卯	丙辰	丁巳	戊午	己未	庚申	辛酉	壬戌	癸亥	甲子	乙丑	丙寅	丁卯	戊辰	己巳	庚午	辛未	庚申冬至
		天地西曆	12	13	14	15	16	17	18	19	20	21	22	23	24	25	26	27	28	29	30	31	(1)	2	3	4	5	6	7	8	9	10	
十二月小	己丑	干支	壬申	癸酉	甲戌	乙亥	丙子	丁丑	戊寅	己卯	庚辰	辛巳	壬午	癸未	甲申	乙酉	丙戌	丁亥	戊子	己丑	庚寅	辛卯	壬辰	癸巳	甲午	乙未	丙申	丁酉	戊戌	己亥	庚子		
		天地西曆	11	12	13	14	15	16	17	18	19	20	21	22	23	24	25	26	27	28	29	30	31	(2)	2	3	4	5	6	7	8		

	史記魯世家	漢書律曆志	帝王世紀	竹書紀年	皇極經世	文獻通考	歷代帝王年表	歷代統紀表	中國年曆總譜	西周年代	斷代工程
年代異同	周成王三十一年		周昭王二十六年	周成王二十四年	周昭王三十二年	周昭王三十二年	周昭王三十二年	周昭王三十二年	周穆王三年	周康王十年	周成王二十二年

周成王二十三年（辛酉 鷄年） 公元前 1020 ~ 前 1019 年

夏曆月序		中西曆日對照	夏曆日序																														節氣與天象
			初一	初二	初三	初四	初五	初六	初七	初八	初九	初十	十一	十二	十三	十四	十五	十六	十七	十八	十九	二十	二一	二二	二三	二四	二五	二六	二七	二八	二九	三十	
正月小	庚寅	天干 地支 西曆	辛丑9	壬寅10	癸卯11	甲辰12	乙巳13	丙午14	丁未15	戊申16	己酉17	庚戌18	辛亥19	壬子20	癸丑21	甲寅22	乙卯23	丙辰24	丁巳25	戊午26	己未27	庚申28	辛酉(3)	壬戌2	癸亥3	甲子4	乙丑5	丙寅6	丁卯7	戊辰8	己巳9		乙巳立春
二月大	辛卯	天干 地支 西曆	庚午10	辛未11	壬申12	癸酉13	甲戌14	乙亥15	丙子16	丁丑17	戊寅18	己卯19	庚辰20	辛巳21	壬午22	癸未23	甲申24	乙酉25	丙戌26	丁亥27	戊子28	己丑29	庚寅30	辛卯31	壬辰(4)	癸巳2	甲午3	乙未4	丙申5	丁酉6	戊戌7	己亥8	辛卯春分
三月小	壬辰	天干 地支 西曆	庚子9	辛丑10	壬寅11	癸卯12	甲辰13	乙巳14	丙午15	丁未16	戊申17	己酉18	庚戌19	辛亥20	壬子21	癸丑22	甲寅23	乙卯24	丙辰25	丁巳26	戊午27	己未28	庚申29	辛酉30	壬戌(5)	癸亥2	甲子3	乙丑4	丙寅5	丁卯6	戊辰7		
四月小	癸巳	天干 地支 西曆	己巳8	庚午9	辛未10	壬申11	癸酉12	甲戌13	乙亥14	丙子15	丁丑16	戊寅17	己卯18	庚辰19	辛巳20	壬午21	癸未22	甲申23	乙酉24	丙戌25	丁亥26	戊子27	己丑28	庚寅29	辛卯30	壬辰31	癸巳(6)	甲午2	乙未3	丙申4	丁酉5		戊寅立夏
五月大	甲午	天干 地支 西曆	戊戌6	己亥7	庚子8	辛丑9	壬寅10	癸卯11	甲辰12	乙巳13	丙午14	丁未15	戊申16	己酉17	庚戌18	辛亥19	壬子20	癸丑21	甲寅22	乙卯23	丙辰24	丁巳25	戊午26	己未27	庚申28	辛酉29	壬戌30	癸亥(7)	甲子2	乙丑3	丙寅4	丁卯5	乙丑夏至
六月小	乙未	天干 地支 西曆	戊辰6	己巳7	庚午8	辛未9	壬申10	癸酉11	甲戌12	乙亥13	丙子14	丁丑15	戊寅16	己卯17	庚辰18	辛巳19	壬午20	癸未21	甲申22	乙酉23	丙戌24	丁亥25	戊子26	己丑27	庚寅28	辛卯29	壬辰30	癸巳31	甲午(8)	乙未2	丙申3		
七月大	丙申	天干 地支 西曆	丁酉4	戊戌5	己亥6	庚子7	辛丑8	壬寅9	癸卯10	甲辰11	乙巳12	丙午13	丁未14	戊申15	己酉16	庚戌17	辛亥18	壬子19	癸丑20	甲寅21	乙卯22	丙辰23	丁巳24	戊午25	己未26	庚申27	辛酉28	壬戌29	癸亥30	甲子31	乙丑(9)	丙寅2	辛亥立秋
八月大	丁酉	天干 地支 西曆	丁卯3	戊辰4	己巳5	庚午6	辛未7	壬申8	癸酉9	甲戌10	乙亥11	丙子12	丁丑13	戊寅14	己卯15	庚辰16	辛巳17	壬午18	癸未19	甲申20	乙酉21	丙戌22	丁亥23	戊子24	己丑25	庚寅26	辛卯27	壬辰28	癸巳29	甲午30	乙未(10)	丙申2	
九月小	戊戌	天干 地支 西曆	丁酉3	戊戌4	己亥5	庚子6	辛丑7	壬寅8	癸卯9	甲辰10	乙巳11	丙午12	丁未13	戊申14	己酉15	庚戌16	辛亥17	壬子18	癸丑19	甲寅20	乙卯21	丙辰22	丁巳23	戊午24	己未25	庚申26	辛酉27	壬戌28	癸亥29	甲子30	乙丑31		丁酉秋分
十月大	己亥	天干 地支 西曆	丙寅(11)	丁卯2	戊辰3	己巳4	庚午5	辛未6	壬申7	癸酉8	甲戌9	乙亥10	丙子11	丁丑12	戊寅13	己卯14	庚辰15	辛巳16	壬午17	癸未18	甲申19	乙酉20	丙戌21	丁亥22	戊子23	己丑24	庚寅25	辛卯26	壬辰27	癸巳28	甲午29	乙未30	辛巳立冬
十一月大	庚子	天干 地支 西曆	丙申(12)	丁酉2	戊戌3	己亥4	庚子5	辛丑6	壬寅7	癸卯8	甲辰9	乙巳10	丙午11	丁未12	戊申13	己酉14	庚戌15	辛亥16	壬子17	癸丑18	甲寅19	乙卯20	丙辰21	丁巳22	戊午23	己未24	庚申25	辛酉26	壬戌27	癸亥28	甲子29	乙丑30	乙丑冬至
閏十一大	庚子	天干 地支 西曆	丙寅31	丁卯(1)	戊辰2	己巳3	庚午4	辛未5	壬申6	癸酉7	甲戌8	乙亥9	丙子10	丁丑11	戊寅12	己卯13	庚辰14	辛巳15	壬午16	癸未17	甲申18	乙酉19	丙戌20	丁亥21	戊子22	己丑23	庚寅24	辛卯25	壬辰26	癸巳27	甲午28	乙未29	
十二月小	辛丑	天干 地支 西曆	丙申30	丁酉31	戊戌(2)	己亥2	庚子3	辛丑4	壬寅5	癸卯6	甲辰7	乙巳8	丙午9	丁未10	戊申11	己酉12	庚戌13	辛亥14	壬子15	癸丑16	甲寅17	乙卯18	丙辰19	丁巳20	戊午21	己未22	庚申23	辛酉24	壬戌25	癸亥26	甲子27		庚戌立春

年代異同	史記魯世家	漢書律曆志	帝王世紀	竹書紀年	皇極經世	文獻通考	歷代帝王年表	歷代統紀表	中國年曆總譜	西周年代	斷代工程
	周成王三十二年		周昭王二十七年	周成王二十五年	周昭王三十三年	周昭王三十三年	周昭王三十三年	周昭王三十三年	周穆王四年	周康王十一年	周康王元年

周成王二十四年（壬戌 狗年） 公元前 1019 ~ 前 1018 年

夏曆月序		中西曆日對照	初一	初二	初三	初四	初五	初六	初七	初八	初九	初十	十一	十二	十三	十四	十五	十六	十七	十八	十九	二十	二一	二二	二三	二四	二五	二六	二七	二八	二九	三十	節氣與天象
正月小	壬寅	天干 地支 西曆	乙丑28	丙寅(3)	丁卯2	戊辰3	己巳4	庚午5	辛未6	壬申7	癸酉8	甲戌9	乙亥10	丙子11	丁丑12	戊寅13	己卯14	庚辰15	辛巳16	壬午17	癸未18	甲申19	乙酉20	丙戌21	丁亥22	戊子23	己丑24	庚寅25	辛卯26	壬辰27	癸巳28		
二月大	癸卯	天干 地支 西曆	甲午29	乙未30	丙申31	丁酉(4)	戊戌2	己亥3	庚子4	辛丑5	壬寅6	癸卯7	甲辰8	乙巳9	丙午10	丁未11	戊申12	己酉13	庚戌14	辛亥15	壬子16	癸丑17	甲寅18	乙卯19	丙辰20	丁巳21	戊午22	己未23	庚申24	辛酉25	壬戌26	癸亥27	丙申春分
三月小	甲辰	天干 地支 西曆	甲子28	乙丑29	丙寅30	丁卯(5)	戊辰2	己巳3	庚午4	辛未5	壬申6	癸酉7	甲戌8	乙亥9	丙子10	丁丑11	戊寅12	己卯13	庚辰14	辛巳15	壬午16	癸未17	甲申18	乙酉19	丙戌20	丁亥21	戊子22	己丑23	庚寅24	辛卯25	壬辰26		癸未立夏
四月小	乙巳	天干 地支 西曆	癸巳27	甲午28	乙未29	丙申30	丁酉31	戊戌(6)	己亥2	庚子3	辛丑4	壬寅5	癸卯6	甲辰7	乙巳8	丙午9	丁未10	戊申11	己酉12	庚戌13	辛亥14	壬子15	癸丑16	甲寅17	乙卯18	丙辰19	丁巳20	戊午21	己未22	庚申23	辛酉24		
五月大	丙午	天干 地支 西曆	壬戌25	癸亥26	甲子27	乙丑28	丙寅29	丁卯30	戊辰(7)	己巳2	庚午3	辛未4	壬申5	癸酉6	甲戌7	乙亥8	丙子9	丁丑10	戊寅11	己卯12	庚辰13	辛巳14	壬午15	癸未16	甲申17	乙酉18	丙戌19	丁亥20	戊子21	己丑22	庚寅23	辛卯24	庚午夏至
六月小	丁未	天干 地支 西曆	壬辰25	癸巳26	甲午27	乙未28	丙申29	丁酉30	戊戌31	己亥(8)	庚子2	辛丑3	壬寅4	癸卯5	甲辰6	乙巳7	丙午8	丁未9	戊申10	己酉11	庚戌12	辛亥13	壬子14	癸丑15	甲寅16	乙卯17	丙辰18	丁巳19	戊午20	己未21	庚申22		丁巳立秋
七月大	戊申	天干 地支 西曆	辛酉23	壬戌24	癸亥25	甲子26	乙丑27	丙寅28	丁卯29	戊辰30	己巳31	庚午(9)	辛未2	壬申3	癸酉4	甲戌5	乙亥6	丙子7	丁丑8	戊寅9	己卯10	庚辰11	辛巳12	壬午13	癸未14	甲申15	乙酉16	丙戌17	丁亥18	戊子19	己丑20	庚寅21	
八月小	己酉	天干 地支 西曆	辛卯22	壬辰23	癸巳24	甲午25	乙未26	丙申27	丁酉28	戊戌29	己亥30	庚子(10)	辛丑2	壬寅3	癸卯4	甲辰5	乙巳6	丙午7	丁未8	戊申9	己酉10	庚戌11	辛亥12	壬子13	癸丑14	甲寅15	乙卯16	丙辰17	丁巳18	戊午19	己未20		壬寅秋分
九月大	庚戌	天干 地支 西曆	庚申21	辛酉22	壬戌23	癸亥24	甲子25	乙丑26	丙寅27	丁卯28	戊辰29	己巳30	庚午31	辛未(11)	壬申2	癸酉3	甲戌4	乙亥5	丙子6	丁丑7	戊寅8	己卯9	庚辰10	辛巳11	壬午12	癸未13	甲申14	乙酉15	丙戌16	丁亥17	戊子18	己丑19	丙戌立冬
十月大	辛亥	天干 地支 西曆	庚寅20	辛卯21	壬辰22	癸巳23	甲午24	乙未25	丙申26	丁酉27	戊戌28	己亥29	庚子30	辛丑(12)	壬寅2	癸卯3	甲辰4	乙巳5	丙午6	丁未7	戊申8	己酉9	庚戌10	辛亥11	壬子12	癸丑13	甲寅14	乙卯15	丙辰16	丁巳17	戊午18	己未19	
十一月大	壬子	天干 地支 西曆	庚申20	辛酉21	壬戌22	癸亥23	甲子24	乙丑25	丙寅26	丁卯27	戊辰28	己巳29	庚午30	辛未31	壬申(1)	癸酉2	甲戌3	乙亥4	丙子5	丁丑6	戊寅7	己卯8	庚辰9	辛巳10	壬午11	癸未12	甲申13	乙酉14	丙戌15	丁亥16	戊子17	己丑18	庚午冬至
十二月小	癸丑	天干 地支 西曆	庚寅19	辛卯20	壬辰21	癸巳22	甲午23	乙未24	丙申25	丁酉26	戊戌27	己亥28	庚子29	辛丑30	壬寅31	癸卯(2)	甲辰2	乙巳3	丙午4	丁未5	戊申6	己酉7	庚戌8	辛亥9	壬子10	癸丑11	甲寅12	乙卯13	丙辰14	丁巳15	戊午16		乙卯立春

年代異同	史記魯世家	漢書律曆志	帝王世紀	竹書紀年	皇極經世	文獻通考	歷代帝王年表	歷代統紀表	中國年曆總譜	西周年代	斷代工程
	周成王三十三年		周昭王二十八年	周成王二十六年	周昭王三十四年	周昭王三十四年	周昭王三十四年	周昭王三十四年	周穆王五年	周康王十二年	周康王二年

周成王二十五年（癸亥 猪年） 公元前 1018 ~ 前 1017 年

夏曆月序		中西曆日對照	初一	初二	初三	初四	初五	初六	初七	初八	初九	初十	十一	十二	十三	十四	十五	十六	十七	十八	十九	二十	二一	二二	二三	二四	二五	二六	二七	二八	二九	三十	節氣與天象
正月大	甲寅	干支曆 天地西曆	己未 17	庚申 18	辛酉 19	壬戌 20	癸亥 21	甲子 22	乙丑 23	丙寅 24	丁卯 25	戊辰 26	己巳 27	庚午 28	辛未 (3)	壬申 2	癸酉 3	甲戌 4	乙亥 5	丙子 6	丁丑 7	戊寅 8	己卯 9	庚辰 10	辛巳 11	壬午 12	癸未 13	甲申 14	乙酉 15	丙戌 16	丁亥 17	戊子 18	
二月小	乙卯	干支曆 天地西曆	己丑 19	庚寅 20	辛卯 21	壬辰 22	癸巳 23	甲午 24	乙未 25	丙申 26	丁酉 27	戊戌 28	己亥 29	庚子 30	辛丑 31	壬寅 (4)	癸卯 2	甲辰 3	乙巳 4	丙午 5	丁未 6	戊申 7	己酉 8	庚戌 9	辛亥 10	壬子 11	癸丑 12	甲寅 13	乙卯 14	丙辰 15	丁巳 16		辛丑春分
三月大	丙辰	干支曆 天地西曆	戊午 17	己未 18	庚申 19	辛酉 20	壬戌 21	癸亥 22	甲子 23	乙丑 24	丙寅 25	丁卯 26	戊辰 27	己巳 28	庚午 29	辛未 30	壬申 (5)	癸酉 2	甲戌 3	乙亥 4	丙子 5	丁丑 6	戊寅 7	己卯 8	庚辰 9	辛巳 10	壬午 11	癸未 12	甲申 13	乙酉 14	丙戌 15	丁亥 16	
四月小	丁巳	干支曆 天地西曆	戊子 17	己丑 18	庚寅 19	辛卯 20	壬辰 21	癸巳 22	甲午 23	乙未 24	丙申 25	丁酉 26	戊戌 27	己亥 28	庚子 29	辛丑 30	壬寅 31	癸卯 (6)	甲辰 2	乙巳 3	丙午 4	丁未 5	戊申 6	己酉 7	庚戌 8	辛亥 9	壬子 10	癸丑 11	甲寅 12	乙卯 13	丙辰 14		戊子立夏
五月小	戊午	干支曆 天地西曆	丁巳 15	戊午 16	己未 17	庚申 18	辛酉 19	壬戌 20	癸亥 21	甲子 22	乙丑 23	丙寅 24	丁卯 25	戊辰 26	己巳 27	庚午 28	辛未 29	壬申 30	癸酉 (7)	甲戌 2	乙亥 3	丙子 4	丁丑 5	戊寅 6	己卯 7	庚辰 8	辛巳 9	壬午 10	癸未 11	甲申 12	乙酉 13		乙亥夏至
六月大	己未	干支曆 天地西曆	丙戌 14	丁亥 15	戊子 16	己丑 17	庚寅 18	辛卯 19	壬辰 20	癸巳 21	甲午 22	乙未 23	丙申 24	丁酉 25	戊戌 26	己亥 27	庚子 28	辛丑 29	壬寅 30	癸卯 31	甲辰 (8)	乙巳 2	丙午 3	丁未 4	戊申 5	己酉 6	庚戌 7	辛亥 8	壬子 9	癸丑 10	甲寅 11	乙卯 12	
七月小	庚申	干支曆 天地西曆	丙辰 13	丁巳 14	戊午 15	己未 16	庚申 17	辛酉 18	壬戌 19	癸亥 20	甲子 21	乙丑 22	丙寅 23	丁卯 24	戊辰 25	己巳 26	庚午 27	辛未 28	壬申 29	癸酉 30	甲戌 31	乙亥 (9)	丙子 2	丁丑 3	戊寅 4	己卯 5	庚辰 6	辛巳 7	壬午 8	癸未 9	甲申 10		壬戌立秋
八月大	辛酉	干支曆 天地西曆	乙酉 11	丙戌 12	丁亥 13	戊子 14	己丑 15	庚寅 16	辛卯 17	壬辰 18	癸巳 19	甲午 20	乙未 21	丙申 22	丁酉 23	戊戌 24	己亥 25	庚子 26	辛丑 27	壬寅 28	癸卯 29	甲辰 30	乙巳 (10)	丙午 2	丁未 3	戊申 4	己酉 5	庚戌 6	辛亥 7	壬子 8	癸丑 9	甲寅 10	丁未秋分 乙酉日食
九月小	壬戌	干支曆 天地西曆	乙卯 11	丙辰 12	丁巳 13	戊午 14	己未 15	庚申 16	辛酉 17	壬戌 18	癸亥 19	甲子 20	乙丑 21	丙寅 22	丁卯 23	戊辰 24	己巳 25	庚午 26	辛未 27	壬申 28	癸酉 29	甲戌 30	乙亥 31	丙子 (11)	丁丑 2	戊寅 3	己卯 4	庚辰 5	辛巳 6	壬午 7	癸未 8		
十月大	癸亥	干支曆 天地西曆	甲申 9	乙酉 10	丙戌 11	丁亥 12	戊子 13	己丑 14	庚寅 15	辛卯 16	壬辰 17	癸巳 18	甲午 19	乙未 20	丙申 21	丁酉 22	戊戌 23	己亥 24	庚子 25	辛丑 26	壬寅 27	癸卯 28	甲辰 29	乙巳 30	丙午 (12)	丁未 2	戊申 3	己酉 4	庚戌 5	辛亥 6	壬子 7	癸丑 8	辛卯立冬
十一月大	甲子	干支曆 天地西曆	甲寅 9	乙卯 10	丙辰 11	丁巳 12	戊午 13	己未 14	庚申 15	辛酉 16	壬戌 17	癸亥 18	甲子 19	乙丑 20	丙寅 21	丁卯 22	戊辰 23	己巳 24	庚午 25	辛未 26	壬申 27	癸酉 28	甲戌 29	乙亥 30	丙子 31	丁丑 (1)	戊寅 2	己卯 3	庚辰 4	辛巳 5	壬午 6	癸未 7	乙亥冬至
十二月小	乙丑	干支曆 天地西曆	甲申 8	乙酉 9	丙戌 10	丁亥 11	戊子 12	己丑 13	庚寅 14	辛卯 15	壬辰 16	癸巳 17	甲午 18	乙未 19	丙申 20	丁酉 21	戊戌 22	己亥 23	庚子 24	辛丑 25	壬寅 26	癸卯 27	甲辰 28	乙巳 29	丙午 30	丁未 31	戊申 (2)	己酉 2	庚戌 3	辛亥 4	壬子 5		

	史記魯世家	漢書律曆志	帝王世紀	竹書紀年	皇極經世	文獻通考	歷代帝王年表	歷代統紀表	中國年曆總譜	西周年代	斷代工程
年代異同	周成王三十四年		周昭王二十九年	周成王二十七年	周昭王三十五年	周昭王三十五年	周昭王三十五年	周昭王三十五年	周穆王六年	周康王十三年	周康王三年

周成王二十六年（甲子 鼠年） 公元前 **1017** ~ 前 1016 年

夏曆月序	中西曆日對照	初一	初二	初三	初四	初五	初六	初七	初八	初九	初十	十一	十二	十三	十四	十五	十六	十七	十八	十九	二十	二一	二二	二三	二四	二五	二六	二七	二八	二九	三十	節氣與天象
正月大 丙寅	天干 地支 西曆	癸丑 6	甲寅 7	乙卯 8	丙辰 9	丁巳 10	戊午 11	己未 12	庚申 13	辛酉 14	壬戌 15	癸亥 16	甲子 17	乙丑 18	丙寅 19	丁卯 20	戊辰 21	己巳 22	庚午 23	辛未 24	壬申 25	癸酉 26	甲戌 27	乙亥 28	丙子 29	丁丑 (3)	戊寅 2	己卯 3	庚辰 4	辛巳 5	壬午 6	庚申立春
二月大 丁卯	天干 地支 西曆	癸未 7	甲申 8	乙酉 9	丙戌 10	丁亥 11	戊子 12	己丑 13	庚寅 14	辛卯 15	壬辰 16	癸巳 17	甲午 18	乙未 19	丙申 20	丁酉 21	戊戌 22	己亥 23	庚子 24	辛丑 25	壬寅 26	癸卯 27	甲辰 28	乙巳 29	丙午 30	丁未 31	戊申 (4)	己酉 2	庚戌 3	辛亥 4	壬子 5	丙午春分
三月小 戊辰	天干 地支 西曆	癸丑 6	甲寅 7	乙卯 8	丙辰 9	丁巳 10	戊午 11	己未 12	庚申 13	辛酉 14	壬戌 15	癸亥 16	甲子 17	乙丑 18	丙寅 19	丁卯 20	戊辰 21	己巳 22	庚午 23	辛未 24	壬申 25	癸酉 26	甲戌 27	乙亥 28	丙子 29	丁丑 30	戊寅 (5)	己卯 2	庚辰 3	辛巳 4		
四月大 己巳	天干 地支 西曆	壬午 5	癸未 6	甲申 7	乙酉 8	丙戌 9	丁亥 10	戊子 11	己丑 12	庚寅 13	辛卯 14	壬辰 15	癸巳 16	甲午 17	乙未 18	丙申 19	丁酉 20	戊戌 21	己亥 22	庚子 23	辛丑 24	壬寅 25	癸卯 26	甲辰 27	乙巳 28	丙午 29	丁未 30	戊申 31	己酉 (6)	庚戌 2	辛亥 3	癸巳立夏
五月小 庚午	天干 地支 西曆	壬子 4	癸丑 5	甲寅 6	乙卯 7	丙辰 8	丁巳 9	戊午 10	己未 11	庚申 12	辛酉 13	壬戌 14	癸亥 15	甲子 16	乙丑 17	丙寅 18	丁卯 19	戊辰 20	己巳 21	庚午 22	辛未 23	壬申 24	癸酉 25	甲戌 26	乙亥 27	丙子 28	丁丑 29	戊寅 30	己卯 (7)	庚辰 2		
六月小 辛未	天干 地支 西曆	辛巳 3	壬午 4	癸未 5	甲申 6	乙酉 7	丙戌 8	丁亥 9	戊子 10	己丑 11	庚寅 12	辛卯 13	壬辰 14	癸巳 15	甲午 16	乙未 17	丙申 18	丁酉 19	戊戌 20	己亥 21	庚子 22	辛丑 23	壬寅 24	癸卯 25	甲辰 26	乙巳 27	丙午 28	丁未 29	戊申 30	己酉 31		辛巳夏至
七月大 壬申	天干 地支 西曆	庚戌 (8)	辛亥 2	壬子 3	癸丑 4	甲寅 5	乙卯 6	丙辰 7	丁巳 8	戊午 9	己未 10	庚申 11	辛酉 12	壬戌 13	癸亥 14	甲子 15	乙丑 16	丙寅 17	丁卯 18	戊辰 19	己巳 20	庚午 21	辛未 22	壬申 23	癸酉 24	甲戌 25	乙亥 26	丙子 27	丁丑 28	戊寅 29	己卯 30	丁卯立秋
閏七月小 壬申	天干 地支 西曆	庚辰 31	辛巳 (9)	壬午 2	癸未 3	甲申 4	乙酉 5	丙戌 6	丁亥 7	戊子 8	己丑 9	庚寅 10	辛卯 11	壬辰 12	癸巳 13	甲午 14	乙未 15	丙申 16	丁酉 17	戊戌 18	己亥 19	庚子 20	辛丑 21	壬寅 22	癸卯 23	甲辰 24	乙巳 25	丙午 26	丁未 27	戊申 28		
八月大 癸酉	天干 地支 西曆	己酉 29	庚戌 30	辛亥 (10)	壬子 2	癸丑 3	甲寅 4	乙卯 5	丙辰 6	丁巳 7	戊午 8	己未 9	庚申 10	辛酉 11	壬戌 12	癸亥 13	甲子 14	乙丑 15	丙寅 16	丁卯 17	戊辰 18	己巳 19	庚午 20	辛未 21	壬申 22	癸酉 23	甲戌 24	乙亥 25	丙子 26	丁丑 27	戊寅 28	壬子秋分
九月小 甲戌	天干 地支 西曆	己卯 29	庚辰 30	辛巳 31	壬午 (11)	癸未 2	甲申 3	乙酉 4	丙戌 5	丁亥 6	戊子 7	己丑 8	庚寅 9	辛卯 10	壬辰 11	癸巳 12	甲午 13	乙未 14	丙申 15	丁酉 16	戊戌 17	己亥 18	庚子 19	辛丑 20	壬寅 21	癸卯 22	甲辰 23	乙巳 24	丙午 25	丁未 26		丁酉立冬
十月大 乙亥	天干 地支 西曆	戊申 27	己酉 28	庚戌 29	辛亥 30	壬子 (12)	癸丑 2	甲寅 3	乙卯 4	丙辰 5	丁巳 6	戊午 7	己未 8	庚申 9	辛酉 10	壬戌 11	癸亥 12	甲子 13	乙丑 14	丙寅 15	丁卯 16	戊辰 17	己巳 18	庚午 19	辛未 20	壬申 21	癸酉 22	甲戌 23	乙亥 24	丙子 25	丁丑 26	
十一月小 丙子	天干 地支 西曆	戊寅 27	己卯 28	庚辰 29	辛巳 30	壬午 31	癸未 (1)	甲申 2	乙酉 3	丙戌 4	丁亥 5	戊子 6	己丑 7	庚寅 8	辛卯 9	壬辰 10	癸巳 11	甲午 12	乙未 13	丙申 14	丁酉 15	戊戌 16	己亥 17	庚子 18	辛丑 19	壬寅 20	癸卯 21	甲辰 22	乙巳 23	丙午 24		辛巳冬至
十二月大 丁丑	天干 地支 西曆	丁未 25	戊申 26	己酉 27	庚戌 28	辛亥 29	壬子 30	癸丑 31	甲寅 (2)	乙卯 2	丙辰 3	丁巳 4	戊午 5	己未 6	庚申 7	辛酉 8	壬戌 9	癸亥 10	甲子 11	乙丑 12	丙寅 13	丁卯 14	戊辰 15	己巳 16	庚午 17	辛未 18	壬申 19	癸酉 20	甲戌 21	乙亥 22	丙子 23	丙寅立春

	史記魯世家	漢書律曆志	帝王世紀	竹書紀年	皇極經世	文獻通考	歷代帝王年表	歷代統紀表	中國年曆總譜	西周年代	斷代工程
年代異同	周成王三十五年		周昭王三十年	周成王二十八年	周昭王三十六年	周昭王三十六年	周昭王三十六年	周昭王三十六年	周穆王七年	周康王十四年	周康王四年

周成王二十七年（乙丑 牛年） 公元前 1016 ~ 前 1015 年

夏曆月序		中西曆日對照	初一	初二	初三	初四	初五	初六	初七	初八	初九	初十	十一	十二	十三	十四	十五	十六	十七	十八	十九	二十	二一	二二	二三	二四	二五	二六	二七	二八	二九	三十	節氣與天象
正月大	戊寅	干支 天地 西曆	丁丑24	戊寅25	己卯26	庚辰27	辛巳28	壬午(3)	癸未2	甲申3	乙酉4	丙戌5	丁亥6	戊子7	己丑8	庚寅9	辛卯10	壬辰11	癸巳12	甲午13	乙未14	丙申15	丁酉16	戊戌17	己亥18	庚子19	辛丑20	壬寅21	癸卯22	甲辰23	乙巳24	丙午25	
二月大	己卯	干支 天地 西曆	丁未26	戊申27	己酉28	庚戌29	辛亥30	壬子31	癸丑(4)	甲寅2	乙卯3	丙辰4	丁巳5	戊午6	己未7	庚申8	辛酉9	壬戌10	癸亥11	甲子12	乙丑13	丙寅14	丁卯15	戊辰16	己巳17	庚午18	辛未19	壬申20	癸酉21	甲戌22	乙亥23	丙子24	壬子春分
三月小	庚辰	干支 天地 西曆	丁丑25	戊寅26	己卯27	庚辰28	辛巳29	壬午30	癸未(5)	甲申2	乙酉3	丙戌4	丁亥5	戊子6	己丑7	庚寅8	辛卯9	壬辰10	癸巳11	甲午12	乙未13	丙申14	丁酉15	戊戌16	己亥17	庚子18	辛丑19	壬寅20	癸卯21	甲辰22	乙巳23		己亥立夏
四月大	辛巳	干支 天地 西曆	丙午24	丁未25	戊申26	己酉27	庚戌28	辛亥29	壬子30	癸丑31	甲寅(6)	乙卯2	丙辰3	丁巳4	戊午5	己未6	庚申7	辛酉8	壬戌9	癸亥10	甲子11	乙丑12	丙寅13	丁卯14	戊辰15	己巳16	庚午17	辛未18	壬申19	癸酉20	甲戌21	乙亥22	
五月小	壬午	干支 天地 西曆	丙子23	丁丑24	戊寅25	己卯26	庚辰27	辛巳28	壬午29	癸未30	甲申(7)	乙酉2	丙戌3	丁亥4	戊子5	己丑6	庚寅7	辛卯8	壬辰9	癸巳10	甲午11	乙未12	丙申13	丁酉14	戊戌15	己亥16	庚子17	辛丑18	壬寅19	癸卯20	甲辰21		丙戌夏至
六月小	癸未	干支 天地 西曆	乙巳22	丙午23	丁未24	戊申25	己酉26	庚戌27	辛亥28	壬子29	癸丑30	甲寅31	乙卯(8)	丙辰2	丁巳3	戊午4	己未5	庚申6	辛酉7	壬戌8	癸亥9	甲子10	乙丑11	丙寅12	丁卯13	戊辰14	己巳15	庚午16	辛未17	壬申18	癸酉19		壬申立秋 乙巳日食
七月大	甲申	干支 天地 西曆	甲戌20	乙亥21	丙子22	丁丑23	戊寅24	己卯25	庚辰26	辛巳27	壬午28	癸未29	甲申30	乙酉31	丙戌(9)	丁亥2	戊子3	己丑4	庚寅5	辛卯6	壬辰7	癸巳8	甲午9	乙未10	丙申11	丁酉12	戊戌13	己亥14	庚子15	辛丑16	壬寅17	癸卯18	
八月小	乙酉	干支 天地 西曆	甲辰19	乙巳20	丙午21	丁未22	戊申23	己酉24	庚戌25	辛亥26	壬子27	癸丑28	甲寅29	乙卯30	丙辰(10)	丁巳2	戊午3	己未4	庚申5	辛酉6	壬戌7	癸亥8	甲子9	乙丑10	丙寅11	丁卯12	戊辰13	己巳14	庚午15	辛未16	壬申17		戊午秋分
九月大	丙戌	干支 天地 西曆	癸酉18	甲戌19	乙亥20	丙子21	丁丑22	戊寅23	己卯24	庚辰25	辛巳26	壬午27	癸未28	甲申29	乙酉30	丙戌31	丁亥(11)	戊子2	己丑3	庚寅4	辛卯5	壬辰6	癸巳7	甲午8	乙未9	丙申10	丁酉11	戊戌12	己亥13	庚子14	辛丑15	壬寅16	壬寅立冬
十月小	丁亥	干支 天地 西曆	癸卯17	甲辰18	乙巳19	丙午20	丁未21	戊申22	己酉23	庚戌24	辛亥25	壬子26	癸丑27	甲寅28	乙卯29	丙辰30	丁巳(12)	戊午2	己未3	庚申4	辛酉5	壬戌6	癸亥7	甲子8	乙丑9	丙寅10	丁卯11	戊辰12	己巳13	庚午14	辛未15		
十一月大	戊子	干支 天地 西曆	壬申16	癸酉17	甲戌18	乙亥19	丙子20	丁丑21	戊寅22	己卯23	庚辰24	辛巳25	壬午26	癸未27	甲申28	乙酉29	丙戌30	丁亥31	戊子(1)	己丑2	庚寅3	辛卯4	壬辰5	癸巳6	甲午7	乙未8	丙申9	丁酉10	戊戌11	己亥12	庚子13	辛丑14	丙戌冬至
十二月小	己丑	干支 天地 西曆	壬寅15	癸卯16	甲辰17	乙巳18	丙午19	丁未20	戊申21	己酉22	庚戌23	辛亥24	壬子25	癸丑26	甲寅27	乙卯28	丙辰29	丁巳30	戊午31	己未(2)	庚申2	辛酉3	壬戌4	癸亥5	甲子6	乙丑7	丙寅8	丁卯9	戊辰10	己巳11	庚午12		

	史記魯世家	漢書律曆志	帝王世紀	竹書紀年	皇極經世	文獻通考	歷代帝王年表	歷代統紀表	中國年曆總譜	西周年代	斷代工程
年代異同	周成王三十六年		周昭王三十一年	周成王二十九年	周昭王三十七年	周昭王三十七年	周昭王三十七年	周昭王三十七年	周穆王八年	周康王十五年	周康王五年

周成王二十八年（丙寅 虎年） 公元前 1015 ~ 前 1014 年

夏曆月序		中西曆日對照	夏曆日序																														節氣與天象
			初一	初二	初三	初四	初五	初六	初七	初八	初九	初十	十一	十二	十三	十四	十五	十六	十七	十八	十九	二十	二一	二二	二三	二四	二五	二六	二七	二八	二九	三十	
正月大	庚寅	天干地支 西曆	辛未13	壬申14	癸酉15	甲戌16	乙亥17	丙子18	丁丑19	戊寅20	己卯21	庚辰22	辛巳23	壬午24	癸未25	甲申26	乙酉27	丙戌28	丁亥(3)	戊子2	己丑3	庚寅4	辛卯5	壬辰6	癸巳7	甲午8	乙未9	丙申10	丁酉11	戊戌12	己亥13	庚子14	辛未立春
二月大	辛卯	天干地支 西曆	辛丑15	壬寅16	癸卯17	甲辰18	乙巳19	丙午20	丁未21	戊申22	己酉23	庚戌24	辛亥25	壬子26	癸丑27	甲寅28	乙卯29	丙辰30	丁巳31	戊午(4)	己未2	庚申3	辛酉4	壬戌5	癸亥6	甲子7	乙丑8	丙寅9	丁卯10	戊辰11	己巳12	庚午13	丁巳春分
三月小	壬辰	天干地支 西曆	辛未14	壬申15	癸酉16	甲戌17	乙亥18	丙子19	丁丑20	戊寅21	己卯22	庚辰23	辛巳24	壬午25	癸未26	甲申27	乙酉28	丙戌29	丁亥30	戊子(5)	己丑2	庚寅3	辛卯4	壬辰5	癸巳6	甲午7	乙未8	丙申9	丁酉10	戊戌11	己亥12		
四月大	癸巳	天干地支 西曆	庚子13	辛丑14	壬寅15	癸卯16	甲辰17	乙巳18	丙午19	丁未20	戊申21	己酉22	庚戌23	辛亥24	壬子25	癸丑26	甲寅27	乙卯28	丙辰29	丁巳30	戊午31	己未(6)	庚申2	辛酉3	壬戌4	癸亥5	甲子6	乙丑7	丙寅8	丁卯9	戊辰10	己巳11	甲辰立夏
五月小	甲午	天干地支 西曆	庚午12	辛未13	壬申14	癸酉15	甲戌16	乙亥17	丙子18	丁丑19	戊寅20	己卯21	庚辰22	辛巳23	壬午24	癸未25	甲申26	乙酉27	丙戌28	丁亥29	戊子30	己丑(7)	庚寅2	辛卯3	壬辰4	癸巳5	甲午6	乙未7	丙申8	丁酉9	戊戌10		辛卯夏至
六月大	乙未	天干地支 西曆	己亥11	庚子12	辛丑13	壬寅14	癸卯15	甲辰16	乙巳17	丙午18	丁未19	戊申20	己酉21	庚戌22	辛亥23	壬子24	癸丑25	甲寅26	乙卯27	丙辰28	丁巳29	戊午30	己未31	庚申(8)	辛酉2	壬戌3	癸亥4	甲子5	乙丑6	丙寅7	丁卯8	戊辰9	
七月小	丙申	天干地支 西曆	己巳10	庚午11	辛未12	壬申13	癸酉14	甲戌15	乙亥16	丙子17	丁丑18	戊寅19	己卯20	庚辰21	辛巳22	壬午23	癸未24	甲申25	乙酉26	丙戌27	丁亥28	戊子29	己丑30	庚寅31	辛卯(9)	壬辰2	癸巳3	甲午4	乙未5	丙申6	丁酉7		戊寅立秋
八月大	丁酉	天干地支 西曆	戊戌8	己亥9	庚子10	辛丑11	壬寅12	癸卯13	甲辰14	乙巳15	丙午16	丁未17	戊申18	己酉19	庚戌20	辛亥21	壬子22	癸丑23	甲寅24	乙卯25	丙辰26	丁巳27	戊午28	己未29	庚申30	辛酉(10)	壬戌2	癸亥3	甲子4	乙丑5	丙寅6	丁卯7	癸亥秋分
九月小	戊戌	天干地支 西曆	戊辰8	己巳9	庚午10	辛未11	壬申12	癸酉13	甲戌14	乙亥15	丙子16	丁丑17	戊寅18	己卯19	庚辰20	辛巳21	壬午22	癸未23	甲申24	乙酉25	丙戌26	丁亥27	戊子28	己丑29	庚寅30	辛卯31	壬辰(11)	癸巳2	甲午3	乙未4	丙申5		
十月大	己亥	天干地支 西曆	丁酉6	戊戌7	己亥8	庚子9	辛丑10	壬寅11	癸卯12	甲辰13	乙巳14	丙午15	丁未16	戊申17	己酉18	庚戌19	辛亥20	壬子21	癸丑22	甲寅23	乙卯24	丙辰25	丁巳26	戊午27	己未28	庚申29	辛酉30	壬戌(12)	癸亥2	甲子3	乙丑4	丙寅5	丁未立冬
十一月小	庚子	天干地支 西曆	丁卯6	戊辰7	己巳8	庚午9	辛未10	壬申11	癸酉12	甲戌13	乙亥14	丙子15	丁丑16	戊寅17	己卯18	庚辰19	辛巳20	壬午21	癸未22	甲申23	乙酉24	丙戌25	丁亥26	戊子27	己丑28	庚寅29	辛卯30	壬辰31	癸巳(1)	甲午2	乙未3		辛卯冬至
十二月大	辛丑	天干地支 西曆	丙申4	丁酉5	戊戌6	己亥7	庚子8	辛丑9	壬寅10	癸卯11	甲辰12	乙巳13	丙午14	丁未15	戊申16	己酉17	庚戌18	辛亥19	壬子20	癸丑21	甲寅22	乙卯23	丙辰24	丁巳25	戊午26	己未27	庚申28	辛酉29	壬戌30	癸亥31	甲子(2)	乙丑2	

年代異同	史記魯世家	漢書律曆志	帝王世紀	竹書紀年	皇極經世	文獻通考	歷代帝王年表	歷代統紀表	中國年曆總譜	西周年代	斷代工程
	周成王三十七年		周昭王三十二年	周成王三十年	周昭王三十八年	周昭王三十八年	周昭王三十八年	周昭王三十八年	周穆王九年	周康王十六年	周康王六年

周成王二十九年（丁卯 兔年） 公元前 **1014** ~ 前 1013 年

夏曆月序		中西曆日對照	夏曆日序																														節氣與天象
			初一	初二	初三	初四	初五	初六	初七	初八	初九	初十	十一	十二	十三	十四	十五	十六	十七	十八	十九	二十	二一	二二	二三	二四	二五	二六	二七	二八	二九	三十	
正月小	壬寅	干支曆 西曆	丙寅 3	丁卯 4	戊辰 5	己巳 6	庚午 7	辛未 8	壬申 9	癸酉 10	甲戌 11	乙亥 12	丙子 13	丁丑 14	戊寅 15	己卯 16	庚辰 17	辛巳 18	壬午 19	癸未 20	甲申 21	乙酉 22	丙戌 23	丁亥 24	戊子 25	己丑 26	庚寅 27	辛卯 28	壬辰 (3)	癸巳 2	甲午 3		丙子立春
二月大	癸卯	干支曆 西曆	乙未 4	丙申 5	丁酉 6	戊戌 7	己亥 8	庚子 9	辛丑 10	壬寅 11	癸卯 12	甲辰 13	乙巳 14	丙午 15	丁未 16	戊申 17	己酉 18	庚戌 19	辛亥 20	壬子 21	癸丑 22	甲寅 23	乙卯 24	丙辰 25	丁巳 26	戊午 27	己未 28	庚申 29	辛酉 30	壬戌 31	癸亥 (4)	甲子 2	壬戌春分
三月小	甲辰	干支曆 西曆	乙丑 3	丙寅 4	丁卯 5	戊辰 6	己巳 7	庚午 8	辛未 9	壬申 10	癸酉 11	甲戌 12	乙亥 13	丙子 14	丁丑 15	戊寅 16	己卯 17	庚辰 18	辛巳 19	壬午 20	癸未 21	甲申 22	乙酉 23	丙戌 24	丁亥 25	戊子 26	己丑 27	庚寅 28	辛卯 29	壬辰 30	癸巳 (5)		
四月大	乙巳	干支曆 西曆	甲午 2	乙未 3	丙申 4	丁酉 5	戊戌 6	己亥 7	庚子 8	辛丑 9	壬寅 10	癸卯 11	甲辰 12	乙巳 13	丙午 14	丁未 15	戊申 16	己酉 17	庚戌 18	辛亥 19	壬子 20	癸丑 21	甲寅 22	乙卯 23	丙辰 24	丁巳 25	戊午 26	己未 27	庚申 28	辛酉 29	壬戌 30	癸亥 31	己酉立夏
五月大	丙午	干支曆 西曆	甲子 (6)	乙丑 2	丙寅 3	丁卯 4	戊辰 5	己巳 6	庚午 7	辛未 8	壬申 9	癸酉 10	甲戌 11	乙亥 12	丙子 13	丁丑 14	戊寅 15	己卯 16	庚辰 17	辛巳 18	壬午 19	癸未 20	甲申 21	乙酉 22	丙戌 23	丁亥 24	戊子 25	己丑 26	庚寅 27	辛卯 28	壬辰 29	癸巳 30	
六月小	丁未	干支曆 西曆	甲午 (7)	乙未 2	丙申 3	丁酉 4	戊戌 5	己亥 6	庚子 7	辛丑 8	壬寅 9	癸卯 10	甲辰 11	乙巳 12	丙午 13	丁未 14	戊申 15	己酉 16	庚戌 17	辛亥 18	壬子 19	癸丑 20	甲寅 21	乙卯 22	丙辰 23	丁巳 24	戊午 25	己未 26	庚申 27	辛酉 28	壬戌 29		丙申夏至
閏六月大	丁未	干支曆 西曆	癸亥 30	甲子 31	乙丑 (8)	丙寅 2	丁卯 3	戊辰 4	己巳 5	庚午 6	辛未 7	壬申 8	癸酉 9	甲戌 10	乙亥 11	丙子 12	丁丑 13	戊寅 14	己卯 15	庚辰 16	辛巳 17	壬午 18	癸未 19	甲申 20	乙酉 21	丙戌 22	丁亥 23	戊子 24	己丑 25	庚寅 26	辛卯 27	壬辰 28	癸未立秋
七月小	戊申	干支曆 西曆	癸巳 29	甲午 30	乙未 31	丙申 (9)	丁酉 2	戊戌 3	己亥 4	庚子 5	辛丑 6	壬寅 7	癸卯 8	甲辰 9	乙巳 10	丙午 11	丁未 12	戊申 13	己酉 14	庚戌 15	辛亥 16	壬子 17	癸丑 18	甲寅 19	乙卯 20	丙辰 21	丁巳 22	戊午 23	己未 24	庚申 25	辛酉 26		
八月大	己酉	干支曆 西曆	壬戌 27	癸亥 28	甲子 29	乙丑 30	丙寅 (10)	丁卯 2	戊辰 3	己巳 4	庚午 5	辛未 6	壬申 7	癸酉 8	甲戌 9	乙亥 10	丙子 11	丁丑 12	戊寅 13	己卯 14	庚辰 15	辛巳 16	壬午 17	癸未 18	甲申 19	乙酉 20	丙戌 21	丁亥 22	戊子 23	己丑 24	庚寅 25	辛卯 26	戊辰秋分
九月小	庚戌	干支曆 西曆	壬辰 27	癸巳 28	甲午 29	乙未 30	丙申 31	丁酉 (11)	戊戌 2	己亥 3	庚子 4	辛丑 5	壬寅 6	癸卯 7	甲辰 8	乙巳 9	丙午 10	丁未 11	戊申 12	己酉 13	庚戌 14	辛亥 15	壬子 16	癸丑 17	甲寅 18	乙卯 19	丙辰 20	丁巳 21	戊午 22	己未 23	庚申 24		壬子立冬
十月大	辛亥	干支曆 西曆	辛酉 25	壬戌 26	癸亥 27	甲子 28	乙丑 29	丙寅 30	丁卯 (12)	戊辰 2	己巳 3	庚午 4	辛未 5	壬申 6	癸酉 7	甲戌 8	乙亥 9	丙子 10	丁丑 11	戊寅 12	己卯 13	庚辰 14	辛巳 15	壬午 16	癸未 17	甲申 18	乙酉 19	丙戌 20	丁亥 21	戊子 22	己丑 23	庚寅 24	
十一月小	壬子	干支曆 西曆	辛卯 25	壬辰 26	癸巳 27	甲午 28	乙未 29	丙申 30	丁酉 31	戊戌 (1)	己亥 2	庚子 3	辛丑 4	壬寅 5	癸卯 6	甲辰 7	乙巳 8	丙午 9	丁未 10	戊申 11	己酉 12	庚戌 13	辛亥 14	壬子 15	癸丑 16	甲寅 17	乙卯 18	丙辰 19	丁巳 20	戊午 21	己未 22		丙申冬至
十二月大	癸丑	干支曆 西曆	庚申 23	辛酉 24	壬戌 25	癸亥 26	甲子 27	乙丑 28	丙寅 29	丁卯 30	戊辰 31	己巳 (2)	庚午 2	辛未 3	壬申 4	癸酉 5	甲戌 6	乙亥 7	丙子 8	丁丑 9	戊寅 10	己卯 11	庚辰 12	辛巳 13	壬午 14	癸未 15	甲申 16	乙酉 17	丙戌 18	丁亥 19	戊子 20	己丑 21	辛巳立春

年代異同	史記魯世家	漢書律曆志	帝王世紀	竹書紀年	皇極經世	文獻通考	歷代帝王年表	歷代統紀表	中國年曆總譜	西周年代	斷代工程
	周康王元年		周昭王三十三年	周成王三十一年	周昭王三十九年	周昭王三十九年	周昭王三十九年	周昭王三十九年	周穆王十年	周康王十七年	周康王七年

周成王三十年（戊辰 龍年） 公元前 1013 ~ 前 1012 年

夏曆月序		中西曆日對照	初一	初二	初三	初四	初五	初六	初七	初八	初九	初十	十一	十二	十三	十四	十五	十六	十七	十八	十九	二十	二一	二二	二三	二四	二五	二六	二七	二八	二九	三十	節氣與天象
正月小	甲寅	天干地支 西曆	庚寅22	辛卯23	壬辰24	癸巳25	甲午26	乙未27	丙申28	丁酉29	戊戌(3)	己亥2	庚子3	辛丑4	壬寅5	癸卯6	甲辰7	乙巳8	丙午9	丁未10	戊申11	己酉12	庚戌13	辛亥14	壬子15	癸丑16	甲寅17	乙卯18	丙辰19	丁巳20	戊午21		
二月大	乙卯	天干地支 西曆	己未22	庚申23	辛酉24	壬戌25	癸亥26	甲子27	乙丑28	丙寅29	丁卯30	戊辰31	己巳(4)	庚午2	辛未3	壬申4	癸酉5	甲戌6	乙亥7	丙子8	丁丑9	戊寅10	己卯11	庚辰12	辛巳13	壬午14	癸未15	甲申16	乙酉17	丙戌18	丁亥19	戊子20	丁卯春分
三月小	丙辰	天干地支 西曆	己丑21	庚寅22	辛卯23	壬辰24	癸巳25	甲午26	乙未27	丙申28	丁酉29	戊戌30	己亥(5)	庚子2	辛丑3	壬寅4	癸卯5	甲辰6	乙巳7	丙午8	丁未9	戊申10	己酉11	庚戌12	辛亥13	壬子14	癸丑15	甲寅16	乙卯17	丙辰18	丁巳19		甲寅立夏
四月大	丁巳	天干地支 西曆	戊午20	己未21	庚申22	辛酉23	壬戌24	癸亥25	甲子26	乙丑27	丙寅28	丁卯29	戊辰30	己巳31	庚午(6)	辛未2	壬申3	癸酉4	甲戌5	乙亥6	丙子7	丁丑8	戊寅9	己卯10	庚辰11	辛巳12	壬午13	癸未14	甲申15	乙酉16	丙戌17	丁亥18	
五月小	戊午	天干地支 西曆	戊子19	己丑20	庚寅21	辛卯22	壬辰23	癸巳24	甲午25	乙未26	丙申27	丁酉28	戊戌29	己亥30	庚子(7)	辛丑2	壬寅3	癸卯4	甲辰5	乙巳6	丙午7	丁未8	戊申9	己酉10	庚戌11	辛亥12	壬子13	癸丑14	甲寅15	乙卯16	丙辰17		壬寅夏至
六月大	己未	天干地支 西曆	丁巳18	戊午19	己未20	庚申21	辛酉22	壬戌23	癸亥24	甲子25	乙丑26	丙寅27	丁卯28	戊辰29	己巳30	庚午31	辛未(8)	壬申2	癸酉3	甲戌4	乙亥5	丙子6	丁丑7	戊寅8	己卯9	庚辰10	辛巳11	壬午12	癸未13	甲申14	乙酉15	丙戌16	
七月大	庚申	天干地支 西曆	丁亥17	戊子18	己丑19	庚寅20	辛卯21	壬辰22	癸巳23	甲午24	乙未25	丙申26	丁酉27	戊戌28	己亥29	庚子30	辛丑31	壬寅(9)	癸卯2	甲辰3	乙巳4	丙午5	丁未6	戊申7	己酉8	庚戌9	辛亥10	壬子11	癸丑12	甲寅13	乙卯14	丙辰15	戊子立秋
八月小	辛酉	天干地支 西曆	丁巳16	戊午17	己未18	庚申19	辛酉20	壬戌21	癸亥22	甲子23	乙丑24	丙寅25	丁卯26	戊辰27	己巳28	庚午29	辛未30	壬申(10)	癸酉2	甲戌3	乙亥4	丙子5	丁丑6	戊寅7	己卯8	庚辰9	辛巳10	壬午11	癸未12	甲申13	乙酉14		癸酉秋分
九月大	壬戌	天干地支 西曆	丙戌15	丁亥16	戊子17	己丑18	庚寅19	辛卯20	壬辰21	癸巳22	甲午23	乙未24	丙申25	丁酉26	戊戌27	己亥28	庚子29	辛丑30	壬寅31	癸卯(11)	甲辰2	乙巳3	丙午4	丁未5	戊申6	己酉7	庚戌8	辛亥9	壬子10	癸丑11	甲寅12	乙卯13	
十月大	癸亥	天干地支 西曆	丙辰14	丁巳15	戊午16	己未17	庚申18	辛酉19	壬戌20	癸亥21	甲子22	乙丑23	丙寅24	丁卯25	戊辰26	己巳27	庚午28	辛未29	壬申30	癸酉(12)	甲戌2	乙亥3	丙子4	丁丑5	戊寅6	己卯7	庚辰8	辛巳9	壬午10	癸未11	甲申12	乙酉13	丁巳立冬 丙辰日食
十一月小	甲子	天干地支 西曆	丙戌14	丁亥15	戊子16	己丑17	庚寅18	辛卯19	壬辰20	癸巳21	甲午22	乙未23	丙申24	丁酉25	戊戌26	己亥27	庚子28	辛丑29	壬寅30	癸卯31	甲辰(1)	乙巳2	丙午3	丁未4	戊申5	己酉6	庚戌7	辛亥8	壬子9	癸丑10	甲寅11		壬寅冬至
十二月小	乙丑	天干地支 西曆	乙卯12	丙辰13	丁巳14	戊午15	己未16	庚申17	辛酉18	壬戌19	癸亥20	甲子21	乙丑22	丙寅23	丁卯24	戊辰25	己巳26	庚午27	辛未28	壬申29	癸酉30	甲戌31	乙亥(2)	丙子2	丁丑3	戊寅4	己卯5	庚辰6	辛巳7	壬午8	癸未9		

年代異同	史記魯世家	漢書律曆志	帝王世紀	竹書紀年	皇極經世	文獻通考	歷代帝王年表	歷代統紀表	中國年曆總譜	西周年代	斷代工程
	周康王二年		周昭王三十四年	周成王三十二年	周昭王四十年	周昭王四十年	周昭王四十年	周昭王四十年	周穆王十一年	周康王十八年	周康王八年

周康王元年（己巳 蛇年） 公元前1012 ~ 前1011年

夏曆月序		中西日曆對照	初一	初二	初三	初四	初五	初六	初七	初八	初九	初十	十一	十二	十三	十四	十五	十六	十七	十八	十九	二十	二一	二二	二三	二四	二五	二六	二七	二八	二九	三十	節氣與天象
正月大	丙寅	天干地支西曆	甲申10	乙酉11	丙戌12	丁亥13	戊子14	己丑15	庚寅16	辛卯17	壬辰18	癸巳19	甲午20	乙未21	丙申22	丁酉23	戊戌24	己亥25	庚子26	辛丑27	壬寅28	癸卯(3)	甲辰2	乙巳3	丙午4	丁未5	戊申6	己酉7	庚戌8	辛亥9	壬子10	癸丑11	丁亥立春
二月小	丁卯	天干地支西曆	甲寅12	乙卯13	丙辰14	丁巳15	戊午16	己未17	庚申18	辛酉19	壬戌20	癸亥21	甲子22	乙丑23	丙寅24	丁卯25	戊辰26	己巳27	庚午28	辛未29	壬申30	癸酉31	甲戌(4)	乙亥2	丙子3	丁丑4	戊寅5	己卯6	庚辰7	辛巳8	壬午9		癸酉春分
三月小	戊辰	天干地支西曆	癸未10	甲申11	乙酉12	丙戌13	丁亥14	戊子15	己丑16	庚寅17	辛卯18	壬辰19	癸巳20	甲午21	乙未22	丙申23	丁酉24	戊戌25	己亥26	庚子27	辛丑28	壬寅29	癸卯30	甲辰(5)	乙巳2	丙午3	丁未4	戊申5	己酉6	庚戌7	辛亥8		
四月大	己巳	天干地支西曆	壬子9	癸丑10	甲寅11	乙卯12	丙辰13	丁巳14	戊午15	己未16	庚申17	辛酉18	壬戌19	癸亥20	甲子21	乙丑22	丙寅23	丁卯24	戊辰25	己巳26	庚午27	辛未28	壬申29	癸酉30	甲戌31	乙亥(6)	丙子2	丁丑3	戊寅4	己卯5	庚辰6	辛巳7	庚申立夏
五月小	庚午	天干地支西曆	壬午8	癸未9	甲申10	乙酉11	丙戌12	丁亥13	戊子14	己丑15	庚寅16	辛卯17	壬辰18	癸巳19	甲午20	乙未21	丙申22	丁酉23	戊戌24	己亥25	庚子26	辛丑27	壬寅28	癸卯29	甲辰30	乙巳(7)	丙午2	丁未3	戊申4	己酉5	庚戌6		丁未夏至
六月大	辛未	天干地支西曆	辛亥7	壬子8	癸丑9	甲寅10	乙卯11	丙辰12	丁巳13	戊午14	己未15	庚申16	辛酉17	壬戌18	癸亥19	甲子20	乙丑21	丙寅22	丁卯23	戊辰24	己巳25	庚午26	辛未27	壬申28	癸酉29	甲戌30	乙亥31	丙子(8)	丁丑2	戊寅3	己卯4	庚辰5	
七月大	壬申	天干地支西曆	辛巳6	壬午7	癸未8	甲申9	乙酉10	丙戌11	丁亥12	戊子13	己丑14	庚寅15	辛卯16	壬辰17	癸巳18	甲午19	乙未20	丙申21	丁酉22	戊戌23	己亥24	庚子25	辛丑26	壬寅27	癸卯28	甲辰29	乙巳30	丙午31	丁未(9)	戊申2	己酉3	庚戌4	癸巳立秋
八月小	癸酉	天干地支西曆	辛亥5	壬子6	癸丑7	甲寅8	乙卯9	丙辰10	丁巳11	戊午12	己未13	庚申14	辛酉15	壬戌16	癸亥17	甲子18	乙丑19	丙寅20	丁卯21	戊辰22	己巳23	庚午24	辛未25	壬申26	癸酉27	甲戌28	乙亥29	丙子30	丁丑(10)	戊寅2	己卯3		戊寅秋分
九月大	甲戌	天干地支西曆	庚辰4	辛巳5	壬午6	癸未7	甲申8	乙酉9	丙戌10	丁亥11	戊子12	己丑13	庚寅14	辛卯15	壬辰16	癸巳17	甲午18	乙未19	丙申20	丁酉21	戊戌22	己亥23	庚子24	辛丑25	壬寅26	癸卯27	甲辰28	乙巳29	丙午30	丁未31	戊申(11)	己酉2	
十月大	乙亥	天干地支西曆	庚戌3	辛亥4	壬子5	癸丑6	甲寅7	乙卯8	丙辰9	丁巳10	戊午11	己未12	庚申13	辛酉14	壬戌15	癸亥16	甲子17	乙丑18	丙寅19	丁卯20	戊辰21	己巳22	庚午23	辛未24	壬申25	癸酉26	甲戌27	乙亥28	丙子29	丁丑30	戊寅(12)	己卯2	癸亥立冬
十一月大	丙子	天干地支西曆	庚辰3	辛巳4	壬午5	癸未6	甲申7	乙酉8	丙戌9	丁亥10	戊子11	己丑12	庚寅13	辛卯14	壬辰15	癸巳16	甲午17	乙未18	丙申19	丁酉20	戊戌21	己亥22	庚子23	辛丑24	壬寅25	癸卯26	甲辰27	乙巳28	丙午29	丁未30	戊申31	己酉(1)	丁未冬至
十二月小	丁丑	天干地支西曆	庚戌2	辛亥3	壬子4	癸丑5	甲寅6	乙卯7	丙辰8	丁巳9	戊午10	己未11	庚申12	辛酉13	壬戌14	癸亥15	甲子16	乙丑17	丙寅18	丁卯19	戊辰20	己巳21	庚午22	辛未23	壬申24	癸酉25	甲戌26	乙亥27	丙子28	丁丑29	戊寅30		

年代異同	史記魯世家	漢書律曆志	帝王世紀	竹書紀年	皇極經世	文獻通考	歷代帝王年表	歷代統紀表	中國年曆總譜	西周年代	斷代工程
	周康王三年		周昭王三十五年	周成王三十三年	周昭王四十一年	周昭王四十一年	周昭王四十一年	周昭王四十一年	周穆王十二年	周康王十九年	周康王九年

周康王二年（庚午 馬年） 公元前 **1011** ~ 前 1010 年

夏曆月序		中西曆對照	夏曆日序																														節氣與天象
			初一	初二	初三	初四	初五	初六	初七	初八	初九	初十	十一	十二	十三	十四	十五	十六	十七	十八	十九	二十	二一	二二	二三	二四	二五	二六	二七	二八	二九	三十	
正月小	戊寅	天干地支西曆	己卯31	庚辰(2)	辛巳2	壬午3	癸未4	甲申5	乙酉6	丙戌7	丁亥8	戊子9	己丑10	庚寅11	辛卯12	壬辰13	癸巳14	甲午15	乙未16	丙申17	丁酉18	戊戌19	己亥20	庚子21	辛丑22	壬寅23	癸卯24	甲辰25	乙巳26	丙午27	丁未28		壬辰立春
二月大	己卯	天干地支西曆	戊申(3)	己酉2	庚戌3	辛亥4	壬子5	癸丑6	甲寅7	乙卯8	丙辰9	丁巳10	戊午11	己未12	庚申13	辛酉14	壬戌15	癸亥16	甲子17	乙丑18	丙寅19	丁卯20	戊辰21	己巳22	庚午23	辛未24	壬申25	癸酉26	甲戌27	乙亥28	丙子29	丁丑30	
閏二月小	己卯	天干地支西曆	戊寅31	己卯(4)	庚辰2	辛巳3	壬午4	癸未5	甲申6	乙酉7	丙戌8	丁亥9	戊子10	己丑11	庚寅12	辛卯13	壬辰14	癸巳15	甲午16	乙未17	丙申18	丁酉19	戊戌20	己亥21	庚子22	辛丑23	壬寅24	癸卯25	甲辰26	乙巳27	丙午28		戊寅春分
三月小	庚辰	天干地支西曆	丁未29	戊申30	己酉(5)	庚戌2	辛亥3	壬子4	癸丑5	甲寅6	乙卯7	丙辰8	丁巳9	戊午10	己未11	庚申12	辛酉13	壬戌14	癸亥15	甲子16	乙丑17	丙寅18	丁卯19	戊辰20	己巳21	庚午22	辛未23	壬申24	癸酉25	甲戌26	乙亥27		乙丑立夏
四月大	辛巳	天干地支西曆	丙子28	丁丑29	戊寅30	己卯31	庚辰(6)	辛巳2	壬午3	癸未4	甲申5	乙酉6	丙戌7	丁亥8	戊子9	己丑10	庚寅11	辛卯12	壬辰13	癸巳14	甲午15	乙未16	丙申17	丁酉18	戊戌19	己亥20	庚子21	辛丑22	壬寅23	癸卯24	甲辰25	乙巳26	
五月小	壬午	天干地支西曆	丙午27	丁未28	戊申29	己酉30	庚戌(7)	辛亥2	壬子3	癸丑4	甲寅5	乙卯6	丙辰7	丁巳8	戊午9	己未10	庚申11	辛酉12	壬戌13	癸亥14	甲子15	乙丑16	丙寅17	丁卯18	戊辰19	己巳20	庚午21	辛未22	壬申23	癸酉24	甲戌25		壬子夏至
六月大	癸未	天干地支西曆	乙亥26	丙子27	丁丑28	戊寅29	己卯30	庚辰31	辛巳(8)	壬午2	癸未3	甲申4	乙酉5	丙戌6	丁亥7	戊子8	己丑9	庚寅10	辛卯11	壬辰12	癸巳13	甲午14	乙未15	丙申16	丁酉17	戊戌18	己亥19	庚子20	辛丑21	壬寅22	癸卯23	甲辰24	己亥立秋
七月小	甲申	天干地支西曆	乙巳25	丙午26	丁未27	戊申28	己酉29	庚戌30	辛亥31	壬子(9)	癸丑2	甲寅3	乙卯4	丙辰5	丁巳6	戊午7	己未8	庚申9	辛酉10	壬戌11	癸亥12	甲子13	乙丑14	丙寅15	丁卯16	戊辰17	己巳18	庚午19	辛未20	壬申21	癸酉22		
八月大	乙酉	天干地支西曆	甲戌23	乙亥24	丙子25	丁丑26	戊寅27	己卯28	庚辰29	辛巳30	壬午(10)	癸未2	甲申3	乙酉4	丙戌5	丁亥6	戊子7	己丑8	庚寅9	辛卯10	壬辰11	癸巳12	甲午13	乙未14	丙申15	丁酉16	戊戌17	己亥18	庚子19	辛丑20	壬寅21	癸卯22	甲申秋分
九月大	丙戌	天干地支西曆	甲辰23	乙巳24	丙午25	丁未26	戊申27	己酉28	庚戌29	辛亥30	壬子31	癸丑(11)	甲寅2	乙卯3	丙辰4	丁巳5	戊午6	己未7	庚申8	辛酉9	壬戌10	癸亥11	甲子12	乙丑13	丙寅14	丁卯15	戊辰16	己巳17	庚午18	辛未19	壬申20	癸酉21	戊辰立冬
十月大	丁亥	天干地支西曆	甲戌22	乙亥23	丙子24	丁丑25	戊寅26	己卯27	庚辰28	辛巳29	壬午30	癸未(12)	甲申2	乙酉3	丙戌4	丁亥5	戊子6	己丑7	庚寅8	辛卯9	壬辰10	癸巳11	甲午12	乙未13	丙申14	丁酉15	戊戌16	己亥17	庚子18	辛丑19	壬寅20	癸卯21	
十一月小	戊子	天干地支西曆	甲辰22	乙巳23	丙午24	丁未25	戊申26	己酉27	庚戌28	辛亥29	壬子30	癸丑31	甲寅(1)	乙卯2	丙辰3	丁巳4	戊午5	己未6	庚申7	辛酉8	壬戌9	癸亥10	甲子11	乙丑12	丙寅13	丁卯14	戊辰15	己巳16	庚午17	辛未18	壬申19		壬子冬至
十二月大	己丑	天干地支西曆	癸酉20	甲戌21	乙亥22	丙子23	丁丑24	戊寅25	己卯26	庚辰27	辛巳28	壬午29	癸未30	甲申31	乙酉(2)	丙戌2	丁亥3	戊子4	己丑5	庚寅6	辛卯7	壬辰8	癸巳9	甲午10	乙未11	丙申12	丁酉13	戊戌14	己亥15	庚子16	辛丑17	壬寅18	丁酉立春

年代異同	史記魯世家	漢書律曆志	帝王世紀	竹書紀年	皇極經世	文獻通考	歷代帝王年表	歷代統紀表	中國年曆總譜	西周年代	斷代工程
	周康王四年		周昭王三十六年	周成王三十四年	周昭王四十二年	周昭王四十二年	周昭王四十二年	周昭王四十二年	周穆王十三年	周康王二十年	周康王十年

周康王三年（辛未 羊年） 公元前1010 ~ 前1009年

夏曆月序		中西曆日對照	初一	初二	初三	初四	初五	初六	初七	初八	初九	初十	十一	十二	十三	十四	十五	十六	十七	十八	十九	二十	二一	二二	二三	二四	二五	二六	二七	二八	二九	三十	節氣與天象
正月小	庚寅	天干地支西曆	癸卯19	甲辰20	乙巳21	丙午22	丁未23	戊申24	己酉25	庚戌26	辛亥27	壬子28	癸丑(3)	甲寅2	乙卯3	丙辰4	丁巳5	戊午6	己未7	庚申8	辛酉9	壬戌10	癸亥11	甲子12	乙丑13	丙寅14	丁卯15	戊辰16	己巳17	庚午18	辛未19		
二月大	辛卯	天干地支西曆	壬申20	癸酉21	甲戌22	乙亥23	丙子24	丁丑25	戊寅26	己卯27	庚辰28	辛巳29	壬午30	癸未31	甲申(4)	乙酉2	丙戌3	丁亥4	戊子5	己丑6	庚寅7	辛卯8	壬辰9	癸巳10	甲午11	乙未12	丙申13	丁酉14	戊戌15	己亥16	庚子17	辛丑18	癸未春分
三月小	壬辰	天干地支西曆	壬寅19	癸卯20	甲辰21	乙巳22	丙午23	丁未24	戊申25	己酉26	庚戌27	辛亥28	壬子29	癸丑30	甲寅(5)	乙卯2	丙辰3	丁巳4	戊午5	己未6	庚申7	辛酉8	壬戌9	癸亥10	甲子11	乙丑12	丙寅13	丁卯14	戊辰15	己巳16	庚午17		庚午立夏
四月小	癸巳	天干地支西曆	辛未18	壬申19	癸酉20	甲戌21	乙亥22	丙子23	丁丑24	戊寅25	己卯26	庚辰27	辛巳28	壬午29	癸未30	甲申31	乙酉(6)	丙戌2	丁亥3	戊子4	己丑5	庚寅6	辛卯7	壬辰8	癸巳9	甲午10	乙未11	丙申12	丁酉13	戊戌14	己亥15		
五月大	甲午	天干地支西曆	庚子16	辛丑17	壬寅18	癸卯19	甲辰20	乙巳21	丙午22	丁未23	戊申24	己酉25	庚戌26	辛亥27	壬子28	癸丑29	甲寅30	乙卯(7)	丙辰2	丁巳3	戊午4	己未5	庚申6	辛酉7	壬戌8	癸亥9	甲子10	乙丑11	丙寅12	丁卯13	戊辰14	己巳15	丁巳夏至
六月小	乙未	天干地支西曆	庚午16	辛未17	壬申18	癸酉19	甲戌20	乙亥21	丙子22	丁丑23	戊寅24	己卯25	庚辰26	辛巳27	壬午28	癸未29	甲申30	乙酉31	丙戌(8)	丁亥2	戊子3	己丑4	庚寅5	辛卯6	壬辰7	癸巳8	甲午9	乙未10	丙申11	丁酉12	戊戌13		
七月大	丙申	天干地支西曆	己亥14	庚子15	辛丑16	壬寅17	癸卯18	甲辰19	乙巳20	丙午21	丁未22	戊申23	己酉24	庚戌25	辛亥26	壬子27	癸丑28	甲寅29	乙卯30	丙辰31	丁巳(9)	戊午2	己未3	庚申4	辛酉5	壬戌6	癸亥7	甲子8	乙丑9	丙寅10	丁卯11	戊辰12	甲辰立秋
八月小	丁酉	天干地支西曆	己巳13	庚午14	辛未15	壬申16	癸酉17	甲戌18	乙亥19	丙子20	丁丑21	戊寅22	己卯23	庚辰24	辛巳25	壬午26	癸未27	甲申28	乙酉29	丙戌30	丁亥(10)	戊子2	己丑3	庚寅4	辛卯5	壬辰6	癸巳7	甲午8	乙未9	丙申10	丁酉11		己丑秋分
九月大	戊戌	天干地支西曆	戊戌12	己亥13	庚子14	辛丑15	壬寅16	癸卯17	甲辰18	乙巳19	丙午20	丁未21	戊申22	己酉23	庚戌24	辛亥25	壬子26	癸丑27	甲寅28	乙卯29	丙辰30	丁巳31	戊午(11)	己未2	庚申3	辛酉4	壬戌5	癸亥6	甲子7	乙丑8	丙寅9	丁卯10	
十月大	己亥	天干地支西曆	戊辰11	己巳12	庚午13	辛未14	壬申15	癸酉16	甲戌17	乙亥18	丙子19	丁丑20	戊寅21	己卯22	庚辰23	辛巳24	壬午25	癸未26	甲申27	乙酉28	丙戌29	丁亥30	戊子(12)	己丑2	庚寅3	辛卯4	壬辰5	癸巳6	甲午7	乙未8	丙申9	丁酉10	癸酉立冬
十一月大	庚子	天干地支西曆	戊戌11	己亥12	庚子13	辛丑14	壬寅15	癸卯16	甲辰17	乙巳18	丙午19	丁未20	戊申21	己酉22	庚戌23	辛亥24	壬子25	癸丑26	甲寅27	乙卯28	丙辰29	丁巳30	戊午31	己未(1)	庚申2	辛酉3	壬戌4	癸亥5	甲子6	乙丑7	丙寅8	丁卯9	丁巳冬至
十二月小	辛丑	天干地支西曆	戊辰10	己巳11	庚午12	辛未13	壬申14	癸酉15	甲戌16	乙亥17	丙子18	丁丑19	戊寅20	己卯21	庚辰22	辛巳23	壬午24	癸未25	甲申26	乙酉27	丙戌28	丁亥29	戊子30	己丑31	庚寅(2)	辛卯2	壬辰3	癸巳4	甲午5	乙未6	丙申7		

年代異同	史記魯世家	漢書律曆志	帝王世紀	竹書紀年	皇極經世	文獻通考	歷代帝王年表	歷代統紀表	中國年曆總譜	西周年代	斷代工程
	周康王五年		周昭王三十七年	周成王三十五年	周昭王四十三年	周昭王四十三年	周昭王四十三年	周昭王四十三年	周穆王十四年	周康王二十一年	周康王十一年

周康王四年（壬申 猴年） 公元前 1009 ~ 前 1008 年

夏曆月序		中西曆日對照	初一	初二	初三	初四	初五	初六	初七	初八	初九	初十	十一	十二	十三	十四	十五	十六	十七	十八	十九	二十	二一	二二	二三	二四	二五	二六	二七	二八	二九	三十	節氣與天象
正月大	壬寅	干支 天地 西曆	丁酉 8	戊戌 9	己亥 10	庚子 11	辛丑 12	壬寅 13	癸卯 14	甲辰 15	乙巳 16	丙午 17	丁未 18	戊申 19	己酉 20	庚戌 21	辛亥 22	壬子 23	癸丑 24	甲寅 25	乙卯 26	丙辰 27	丁巳 28	戊午 29	己未 (3)	庚申 2	辛酉 3	壬戌 4	癸亥 5	甲子 6	乙丑 7	丙寅 8	壬寅立春
二月小	癸卯	干支 天地 西曆	丁卯 9	戊辰 10	己巳 11	庚午 12	辛未 13	壬申 14	癸酉 15	甲戌 16	乙亥 17	丙子 18	丁丑 19	戊寅 20	己卯 21	庚辰 22	辛巳 23	壬午 24	癸未 25	甲申 26	乙酉 27	丙戌 28	丁亥 29	戊子 30	己丑 31	庚寅 (4)	辛卯 2	壬辰 3	癸巳 4	甲午 5	乙未 6		戊子春分
三月大	甲辰	干支 天地 西曆	丙申 7	丁酉 8	戊戌 9	己亥 10	庚子 11	辛丑 12	壬寅 13	癸卯 14	甲辰 15	乙巳 16	丙午 17	丁未 18	戊申 19	己酉 20	庚戌 21	辛亥 22	壬子 23	癸丑 24	甲寅 25	乙卯 26	丙辰 27	丁巳 28	戊午 29	己未 30	庚申 (5)	辛酉 2	壬戌 3	癸亥 4	甲子 5	乙丑 6	
四月小	乙巳	干支 天地 西曆	丙寅 7	丁卯 8	戊辰 9	己巳 10	庚午 11	辛未 12	壬申 13	癸酉 14	甲戌 15	乙亥 16	丙子 17	丁丑 18	戊寅 19	己卯 20	庚辰 21	辛巳 22	壬午 23	癸未 24	甲申 25	乙酉 26	丙戌 27	丁亥 28	戊子 29	己丑 30	庚寅 31	辛卯 (6)	壬辰 2	癸巳 3	甲午 4		乙亥立夏
五月小	丙午	干支 天地 西曆	乙未 5	丙申 6	丁酉 7	戊戌 8	己亥 9	庚子 10	辛丑 11	壬寅 12	癸卯 13	甲辰 14	乙巳 15	丙午 16	丁未 17	戊申 18	己酉 19	庚戌 20	辛亥 21	壬子 22	癸丑 23	甲寅 24	乙卯 25	丙辰 26	丁巳 27	戊午 28	己未 29	庚申 30	辛酉 (7)	壬戌 2	癸亥 3		癸亥夏至
六月大	丁未	干支 天地 西曆	甲子 4	乙丑 5	丙寅 6	丁卯 7	戊辰 8	己巳 9	庚午 10	辛未 11	壬申 12	癸酉 13	甲戌 14	乙亥 15	丙子 16	丁丑 17	戊寅 18	己卯 19	庚辰 20	辛巳 21	壬午 22	癸未 23	甲申 24	乙酉 25	丙戌 26	丁亥 27	戊子 28	己丑 29	庚寅 30	辛卯 31	壬辰 (8)	癸巳 2	
七月小	戊申	干支 天地 西曆	甲午 3	乙未 4	丙申 5	丁酉 6	戊戌 7	己亥 8	庚子 9	辛丑 10	壬寅 11	癸卯 12	甲辰 13	乙巳 14	丙午 15	丁未 16	戊申 17	己酉 18	庚戌 19	辛亥 20	壬子 21	癸丑 22	甲寅 23	乙卯 24	丙辰 25	丁巳 26	戊午 27	己未 28	庚申 29	辛酉 30	壬戌 31		己酉立秋
八月大	己酉	干支 天地 西曆	癸亥 (9)	甲子 2	乙丑 3	丙寅 4	丁卯 5	戊辰 6	己巳 7	庚午 8	辛未 9	壬申 10	癸酉 11	甲戌 12	乙亥 13	丙子 14	丁丑 15	戊寅 16	己卯 17	庚辰 18	辛巳 19	壬午 20	癸未 21	甲申 22	乙酉 23	丙戌 24	丁亥 25	戊子 26	己丑 27	庚寅 28	辛卯 29	壬辰 30	癸亥日食
九月小	庚戌	干支 天地 西曆	癸巳 (10)	甲午 2	乙未 3	丙申 4	丁酉 5	戊戌 6	己亥 7	庚子 8	辛丑 9	壬寅 10	癸卯 11	甲辰 12	乙巳 13	丙午 14	丁未 15	戊申 16	己酉 17	庚戌 18	辛亥 19	壬子 20	癸丑 21	甲寅 22	乙卯 23	丙辰 24	丁巳 25	戊午 26	己未 27	庚申 28	辛酉 29		甲午秋分
閏九月大	庚戌	干支 天地 西曆	壬戌 30	癸亥 31	甲子 (11)	乙丑 2	丙寅 3	丁卯 4	戊辰 5	己巳 6	庚午 7	辛未 8	壬申 9	癸酉 10	甲戌 11	乙亥 12	丙子 13	丁丑 14	戊寅 15	己卯 16	庚辰 17	辛巳 18	壬午 19	癸未 20	甲申 21	乙酉 22	丙戌 23	丁亥 24	戊子 25	己丑 26	庚寅 27	辛卯 28	戊寅立冬
十月小	辛亥	干支 天地 西曆	壬辰 29	癸巳 30	甲午 (12)	乙未 2	丙申 3	丁酉 4	戊戌 5	己亥 6	庚子 7	辛丑 8	壬寅 9	癸卯 10	甲辰 11	乙巳 12	丙午 13	丁未 14	戊申 15	己酉 16	庚戌 17	辛亥 18	壬子 19	癸丑 20	甲寅 21	乙卯 22	丙辰 23	丁巳 24	戊午 25	己未 26	庚申 27		
十一月大	壬子	干支 天地 西曆	辛酉 28	壬戌 29	癸亥 30	甲子 31	乙丑 (1)	丙寅 2	丁卯 3	戊辰 4	己巳 5	庚午 6	辛未 7	壬申 8	癸酉 9	甲戌 10	乙亥 11	丙子 12	丁丑 13	戊寅 14	己卯 15	庚辰 16	辛巳 17	壬午 18	癸未 19	甲申 20	乙酉 21	丙戌 22	丁亥 23	戊子 24	己丑 25	庚寅 26	癸亥冬至
十二月大	癸丑	干支 天地 西曆	辛卯 27	壬辰 28	癸巳 29	甲午 30	乙未 31	丙申 (2)	丁酉 2	戊戌 3	己亥 4	庚子 5	辛丑 6	壬寅 7	癸卯 8	甲辰 9	乙巳 10	丙午 11	丁未 12	戊申 13	己酉 14	庚戌 15	辛亥 16	壬子 17	癸丑 18	甲寅 19	乙卯 20	丙辰 21	丁巳 22	戊午 23	己未 24	庚申 25	丁未立春

	史記魯世家	漢書律曆志	帝王世紀	竹書紀年	皇極經世	文獻通考	歷代帝王年表	歷代統紀表	中國年曆總譜	西周年代	斷代工程
年代異同	周康王六年		周昭王三十八年	周成王三十六年	周昭王四十四年	周昭王四十四年	周昭王四十四年	周昭王四十四年	周穆王十五年	周康王二十二年	周康王十二年

周康王五年（癸酉 鷄年） 公元前 **1008** ~ 前 1007 年

夏曆月序		中西曆日對照	初一	初二	初三	初四	初五	初六	初七	初八	初九	初十	十一	十二	十三	十四	十五	十六	十七	十八	十九	二十	二一	二二	二三	二四	二五	二六	二七	二八	二九	三十	節氣與天象
正月大	甲寅	天干地支西曆	辛酉26	壬戌27	癸亥28	甲子(3)	乙丑2	丙寅3	丁卯4	戊辰5	己巳6	庚午7	辛未8	壬申9	癸酉10	甲戌11	乙亥12	丙子13	丁丑14	戊寅15	己卯16	庚辰17	辛巳18	壬午19	癸未20	甲申21	乙酉22	丙戌23	丁亥24	戊子25	己丑26	庚寅27	辛酉日食
二月小	乙卯	天干地支西曆	辛卯28	壬辰29	癸巳30	甲午31	乙未(4)	丙申2	丁酉3	戊戌4	己亥5	庚子6	辛丑7	壬寅8	癸卯9	甲辰10	乙巳11	丙午12	丁未13	戊申14	己酉15	庚戌16	辛亥17	壬子18	癸丑19	甲寅20	乙卯21	丙辰22	丁巳23	戊午24	己未25		甲午春分
三月大	丙辰	天干地支西曆	庚申26	辛酉27	壬戌28	癸亥29	甲子30	乙丑(5)	丙寅2	丁卯3	戊辰4	己巳5	庚午6	辛未7	壬申8	癸酉9	甲戌10	乙亥11	丙子12	丁丑13	戊寅14	己卯15	庚辰16	辛巳17	壬午18	癸未19	甲申20	乙酉21	丙戌22	丁亥23	戊子24	己丑25	辛巳立夏
四月小	丁巳	天干地支西曆	庚寅26	辛卯27	壬辰28	癸巳29	甲午30	乙未31	丙申(6)	丁酉2	戊戌3	己亥4	庚子5	辛丑6	壬寅7	癸卯8	甲辰9	乙巳10	丙午11	丁未12	戊申13	己酉14	庚戌15	辛亥16	壬子17	癸丑18	甲寅19	乙卯20	丙辰21	丁巳22	戊午23		
五月小	戊午	天干地支西曆	己未24	庚申25	辛酉26	壬戌27	癸亥28	甲子29	乙丑30	丙寅(7)	丁卯2	戊辰3	己巳4	庚午5	辛未6	壬申7	癸酉8	甲戌9	乙亥10	丙子11	丁丑12	戊寅13	己卯14	庚辰15	辛巳16	壬午17	癸未18	甲申19	乙酉20	丙戌21	丁亥22		戊辰夏至
六月大	己未	天干地支西曆	戊子23	己丑24	庚寅25	辛卯26	壬辰27	癸巳28	甲午29	乙未30	丙申31	丁酉(8)	戊戌2	己亥3	庚子4	辛丑5	壬寅6	癸卯7	甲辰8	乙巳9	丙午10	丁未11	戊申12	己酉13	庚戌14	辛亥15	壬子16	癸丑17	甲寅18	乙卯19	丙辰20	丁巳21	甲寅立秋
七月小	庚申	天干地支西曆	戊午22	己未23	庚申24	辛酉25	壬戌26	癸亥27	甲子28	乙丑29	丙寅30	丁卯31	戊辰(9)	己巳2	庚午3	辛未4	壬申5	癸酉6	甲戌7	乙亥8	丙子9	丁丑10	戊寅11	己卯12	庚辰13	辛巳14	壬午15	癸未16	甲申17	乙酉18	丙戌19		
八月大	辛酉	天干地支西曆	丁亥20	戊子21	己丑22	庚寅23	辛卯24	壬辰25	癸巳26	甲午27	乙未28	丙申29	丁酉30	戊戌(10)	己亥2	庚子3	辛丑4	壬寅5	癸卯6	甲辰7	乙巳8	丙午9	丁未10	戊申11	己酉12	庚戌13	辛亥14	壬子15	癸丑16	甲寅17	乙卯18	丙辰19	己亥秋分
九月小	壬戌	天干地支西曆	丁巳20	戊午21	己未22	庚申23	辛酉24	壬戌25	癸亥26	甲子27	乙丑28	丙寅29	丁卯30	戊辰31	己巳(11)	庚午2	辛未3	壬申4	癸酉5	甲戌6	乙亥7	丙子8	丁丑9	戊寅10	己卯11	庚辰12	辛巳13	壬午14	癸未15	甲申16	乙酉17		甲申立冬
十月大	癸亥	天干地支西曆	丙戌18	丁亥19	戊子20	己丑21	庚寅22	辛卯23	壬辰24	癸巳25	甲午26	乙未27	丙申28	丁酉29	戊戌30	己亥(12)	庚子2	辛丑3	壬寅4	癸卯5	甲辰6	乙巳7	丙午8	丁未9	戊申10	己酉11	庚戌12	辛亥13	壬子14	癸丑15	甲寅16	乙卯17	
十一月小	甲子	天干地支西曆	丙辰18	丁巳19	戊午20	己未21	庚申22	辛酉23	壬戌24	癸亥25	甲子26	乙丑27	丙寅28	丁卯29	戊辰30	己巳31	庚午(1)	辛未2	壬申3	癸酉4	甲戌5	乙亥6	丙子7	丁丑8	戊寅9	己卯10	庚辰11	辛巳12	壬午13	癸未14	甲申15		戊辰冬至
十二月大	乙丑	天干地支西曆	乙酉16	丙戌17	丁亥18	戊子19	己丑20	庚寅21	辛卯22	壬辰23	癸巳24	甲午25	乙未26	丙申27	丁酉28	戊戌29	己亥30	庚子31	辛丑(2)	壬寅2	癸卯3	甲辰4	乙巳5	丙午6	丁未7	戊申8	己酉9	庚戌10	辛亥11	壬子12	癸丑13	甲寅14	癸丑立春

年代異同	史記魯世家	漢書律曆志	帝王世紀	竹書紀年	皇極經世	文獻通考	歷代帝王年表	歷代統紀表	中國年曆總譜	西周年代	斷代工程
	周康王七年		周昭王三十九年	周成王三十七年	周昭王四十五年	周昭王四十五年	周昭王四十五年	周昭王四十五年	周穆王十六年	周康王二十三年	周康王十三年

周康王六年（甲戌 狗年） 公元前 1007 ~ 前 1006 年

夏曆月序		中西曆日對照	初一	初二	初三	初四	初五	初六	初七	初八	初九	初十	十一	十二	十三	十四	十五	十六	十七	十八	十九	二十	二一	二二	二三	二四	二五	二六	二七	二八	二九	三十	節氣與天象
正月大	丙寅	天干地支西曆	乙卯15	丙辰16	丁巳17	戊午18	己未19	庚申20	辛酉21	壬戌22	癸亥23	甲子24	乙丑25	丙寅26	丁卯27	戊辰28	己巳(3)	庚午2	辛未3	壬申4	癸酉5	甲戌6	乙亥7	丙子8	丁丑9	戊寅10	己卯11	庚辰12	辛巳13	壬午14	癸未15	甲申16	乙卯日食
二月小	丁卯	天干地支西曆	乙酉17	丙戌18	丁亥19	戊子20	己丑21	庚寅22	辛卯23	壬辰24	癸巳25	甲午26	乙未27	丙申28	丁酉29	戊戌30	己亥31	庚子(4)	辛丑2	壬寅3	癸卯4	甲辰5	乙巳6	丙午7	丁未8	戊申9	己酉10	庚戌11	辛亥12	壬子13	癸丑14		己亥春分
三月大	戊辰	天干地支西曆	甲寅15	乙卯16	丙辰17	丁巳18	戊午19	己未20	庚申21	辛酉22	壬戌23	癸亥24	甲子25	乙丑26	丙寅27	丁卯28	戊辰29	己巳30	庚午(5)	辛未2	壬申3	癸酉4	甲戌5	乙亥6	丙子7	丁丑8	戊寅9	己卯10	庚辰11	辛巳12	壬午13	癸未14	
四月小	己巳	天干地支西曆	甲申15	乙酉16	丙戌17	丁亥18	戊子19	己丑20	庚寅21	辛卯22	壬辰23	癸巳24	甲午25	乙未26	丙申27	丁酉28	戊戌29	己亥30	庚子31	辛丑(6)	壬寅2	癸卯3	甲辰4	乙巳5	丙午6	丁未7	戊申8	己酉9	庚戌10	辛亥11	壬子12		丙戌立夏
五月大	庚午	天干地支西曆	癸丑13	甲寅14	乙卯15	丙辰16	丁巳17	戊午18	己未19	庚申20	辛酉21	壬戌22	癸亥23	甲子24	乙丑25	丙寅26	丁卯27	戊辰28	己巳29	庚午30	辛未(7)	壬申2	癸酉3	甲戌4	乙亥5	丙子6	丁丑7	戊寅8	己卯9	庚辰10	辛巳11	壬午12	癸酉夏至
六月小	辛未	天干地支西曆	癸未13	甲申14	乙酉15	丙戌16	丁亥17	戊子18	己丑19	庚寅20	辛卯21	壬辰22	癸巳23	甲午24	乙未25	丙申26	丁酉27	戊戌28	己亥29	庚子30	辛丑31	壬寅(8)	癸卯2	甲辰3	乙巳4	丙午5	丁未6	戊申7	己酉8	庚戌9	辛亥10		
七月大	壬申	天干地支西曆	壬子11	癸丑12	甲寅13	乙卯14	丙辰15	丁巳16	戊午17	己未18	庚申19	辛酉20	壬戌21	癸亥22	甲子23	乙丑24	丙寅25	丁卯26	戊辰27	己巳28	庚午29	辛未30	壬申31	癸酉(9)	甲戌2	乙亥3	丙子4	丁丑5	戊寅6	己卯7	庚辰8	辛巳9	己未立秋
八月小	癸酉	天干地支西曆	壬午10	癸未11	甲申12	乙酉13	丙戌14	丁亥15	戊子16	己丑17	庚寅18	辛卯19	壬辰20	癸巳21	甲午22	乙未23	丙申24	丁酉25	戊戌26	己亥27	庚子28	辛丑29	壬寅30	癸卯(10)	甲辰2	乙巳3	丙午4	丁未5	戊申6	己酉7	庚戌8		乙巳秋分
九月大	甲戌	天干地支西曆	辛亥9	壬子10	癸丑11	甲寅12	乙卯13	丙辰14	丁巳15	戊午16	己未17	庚申18	辛酉19	壬戌20	癸亥21	甲子22	乙丑23	丙寅24	丁卯25	戊辰26	己巳27	庚午28	辛未29	壬申30	癸酉31	甲戌(11)	乙亥2	丙子3	丁丑4	戊寅5	己卯6	庚辰7	
十月小	乙亥	天干地支西曆	辛巳8	壬午9	癸未10	甲申11	乙酉12	丙戌13	丁亥14	戊子15	己丑16	庚寅17	辛卯18	壬辰19	癸巳20	甲午21	乙未22	丙申23	丁酉24	戊戌25	己亥26	庚子27	辛丑28	壬寅29	癸卯30	甲辰(12)	乙巳2	丙午3	丁未4	戊申5	己酉6		己丑立冬
十一月大	丙子	天干地支西曆	庚戌7	辛亥8	壬子9	癸丑10	甲寅11	乙卯12	丙辰13	丁巳14	戊午15	己未16	庚申17	辛酉18	壬戌19	癸亥20	甲子21	乙丑22	丙寅23	丁卯24	戊辰25	己巳26	庚午27	辛未28	壬申29	癸酉30	甲戌31	乙亥(1)	丙子2	丁丑3	戊寅4	己卯5	癸酉冬至
十二月小	丁丑	天干地支西曆	庚辰6	辛巳7	壬午8	癸未9	甲申10	乙酉11	丙戌12	丁亥13	戊子14	己丑15	庚寅16	辛卯17	壬辰18	癸巳19	甲午20	乙未21	丙申22	丁酉23	戊戌24	己亥25	庚子26	辛丑27	壬寅28	癸卯29	甲辰30	乙巳31	丙午(2)	丁未2	戊申3		

年代異同	史記魯世家	漢書律曆志	帝王世紀	竹書紀年	皇極經世	文獻通考	歷代帝王年表	歷代統紀表	中國年曆總譜	西周年代	斷代工程
	周康王八年		周昭王四十年	周康王元年	周昭王四十六年	周昭王四十六年	周昭王四十六年	周昭王四十六年	周穆王十七年	周康王二十四年	周康王十四年

周康王七年（乙亥 猪年） 公元前 **1006** ~ 前 1005 年

夏曆月序		中西曆日對照	夏曆日序																													節氣與天象
			初一	初二	初三	初四	初五	初六	初七	初八	初九	初十	十一	十二	十三	十四	十五	十六	十七	十八	十九	二十	二一	二二	二三	二四	二五	二六	二七	二八	二九	三十	
正月大	戊寅	天干地支西曆	己酉4	庚戌5	辛亥6	壬子7	癸丑8	甲寅9	乙卯10	丙辰11	丁巳12	戊午13	己未14	庚申15	辛酉16	壬戌17	癸亥18	甲子19	乙丑20	丙寅21	丁卯22	戊辰23	己巳24	庚午25	辛未26	壬申27	癸酉28	甲戌(3)	乙亥2	丙子3	丁丑4	戊寅5	戊午立春
二月小	己卯	天干地支西曆	己卯6	庚辰7	辛巳8	壬午9	癸未10	甲申11	乙酉12	丙戌13	丁亥14	戊子15	己丑16	庚寅17	辛卯18	壬辰19	癸巳20	甲午21	乙未22	丙申23	丁酉24	戊戌25	己亥26	庚子27	辛丑28	壬寅29	癸卯30	甲辰31	乙巳(4)	丙午2	丁未3		甲辰春分
三月大	庚辰	天干地支西曆	戊申4	己酉5	庚戌6	辛亥7	壬子8	癸丑9	甲寅10	乙卯11	丙辰12	丁巳13	戊午14	己未15	庚申16	辛酉17	壬戌18	癸亥19	甲子20	乙丑21	丙寅22	丁卯23	戊辰24	己巳25	庚午26	辛未27	壬申28	癸酉29	甲戌30	乙亥(5)	丙子2	丁丑3	
四月大	辛巳	天干地支西曆	戊寅4	己卯5	庚辰6	辛巳7	壬午8	癸未9	甲申10	乙酉11	丙戌12	丁亥13	戊子14	己丑15	庚寅16	辛卯17	壬辰18	癸巳19	甲午20	乙未21	丙申22	丁酉23	戊戌24	己亥25	庚子26	辛丑27	壬寅28	癸卯29	甲辰30	乙巳31	丙午(6)	丁未2	辛卯立夏
五月小	壬午	天干地支西曆	戊申3	己酉4	庚戌5	辛亥6	壬子7	癸丑8	甲寅9	乙卯10	丙辰11	丁巳12	戊午13	己未14	庚申15	辛酉16	壬戌17	癸亥18	甲子19	乙丑20	丙寅21	丁卯22	戊辰23	己巳24	庚午25	辛未26	壬申27	癸酉28	甲戌29	乙亥30	丙子(7)		
六月大	癸未	天干地支西曆	丁丑2	戊寅3	己卯4	庚辰5	辛巳6	壬午7	癸未8	甲申9	乙酉10	丙戌11	丁亥12	戊子13	己丑14	庚寅15	辛卯16	壬辰17	癸巳18	甲午19	乙未20	丙申21	丁酉22	戊戌23	己亥24	庚子25	辛丑26	壬寅27	癸卯28	甲辰29	乙巳30	丙午31	戊寅夏至 丁丑日食
七月小	甲申	天干地支西曆	丁未(8)	戊申2	己酉3	庚戌4	辛亥5	壬子6	癸丑7	甲寅8	乙卯9	丙辰10	丁巳11	戊午12	己未13	庚申14	辛酉15	壬戌16	癸亥17	甲子18	乙丑19	丙寅20	丁卯21	戊辰22	己巳23	庚午24	辛未25	壬申26	癸酉27	甲戌28	乙亥29		乙丑立秋
閏七月大	甲申	天干地支西曆	丙子30	丁丑31	戊寅(9)	己卯2	庚辰3	辛巳4	壬午5	癸未6	甲申7	乙酉8	丙戌9	丁亥10	戊子11	己丑12	庚寅13	辛卯14	壬辰15	癸巳16	甲午17	乙未18	丙申19	丁酉20	戊戌21	己亥22	庚子23	辛丑24	壬寅25	癸卯26	甲辰27	乙巳28	
八月小	乙酉	天干地支西曆	丙午29	丁未30	戊申(10)	己酉2	庚戌3	辛亥4	壬子5	癸丑6	甲寅7	乙卯8	丙辰9	丁巳10	戊午11	己未12	庚申13	辛酉14	壬戌15	癸亥16	甲子17	乙丑18	丙寅19	丁卯20	戊辰21	己巳22	庚午23	辛未24	壬申25	癸酉26	甲戌27		庚戌秋分
九月大	丙戌	天干地支西曆	乙亥28	丙子29	丁丑30	戊寅31	己卯(11)	庚辰2	辛巳3	壬午4	癸未5	甲申6	乙酉7	丙戌8	丁亥9	戊子10	己丑11	庚寅12	辛卯13	壬辰14	癸巳15	甲午16	乙未17	丙申18	丁酉19	戊戌20	己亥21	庚子22	辛丑23	壬寅24	癸卯25	甲辰26	甲午立冬
十月小	丁亥	天干地支西曆	乙巳27	丙午28	丁未29	戊申30	己酉(12)	庚戌2	辛亥3	壬子4	癸丑5	甲寅6	乙卯7	丙辰8	丁巳9	戊午10	己未11	庚申12	辛酉13	壬戌14	癸亥15	甲子16	乙丑17	丙寅18	丁卯19	戊辰20	己巳21	庚午22	辛未23	壬申24	癸酉25		
十一月大	戊子	天干地支西曆	甲戌26	乙亥27	丙子28	丁丑29	戊寅30	己卯31	庚辰(1)	辛巳2	壬午3	癸未4	甲申5	乙酉6	丙戌7	丁亥8	戊子9	己丑10	庚寅11	辛卯12	壬辰13	癸巳14	甲午15	乙未16	丙申17	丁酉18	戊戌19	己亥20	庚子21	辛丑22	壬寅23	癸卯24	戊寅冬至
十二月小	己丑	天干地支西曆	甲辰25	乙巳26	丙午27	丁未28	戊申29	己酉30	庚戌31	辛亥(2)	壬子2	癸丑3	甲寅4	乙卯5	丙辰6	丁巳7	戊午8	己未9	庚申10	辛酉11	壬戌12	癸亥13	甲子14	乙丑15	丙寅16	丁卯17	戊辰18	己巳19	庚午20	辛未21	壬申22		癸亥立春

年代異同	史記魯世家	漢書律曆志	帝王世紀	竹書紀年	皇極經世	文獻通考	歷代帝王年表	歷代統紀表	中國年曆總譜	西周年代	斷代工程
	周康王九年		周昭王四十一年	周康王二年	周昭王四十七年	周昭王四十七年	周昭王四十七年	周昭王四十七年	周穆王十八年	周康王二十五年	周康王十五年

周康王八年（丙子 鼠年） 公元前1005～前1004年

夏曆月序		中西曆日對照	夏曆日序																														節氣與天象
			初一	初二	初三	初四	初五	初六	初七	初八	初九	初十	十一	十二	十三	十四	十五	十六	十七	十八	十九	二十	二一	二二	二三	二四	二五	二六	二七	二八	二九	三十	
正月大	庚寅	天干地支 西曆	癸酉 23	甲戌 24	乙亥 25	丙子 26	丁丑 27	戊寅 28	己卯 29	庚辰 (3)	辛巳 2	壬午 3	癸未 4	甲申 5	乙酉 6	丙戌 7	丁亥 8	戊子 9	己丑 10	庚寅 11	辛卯 12	壬辰 13	癸巳 14	甲午 15	乙未 16	丙申 17	丁酉 18	戊戌 19	己亥 20	庚子 21	辛丑 22	壬寅 23	
二月小	辛卯	天干地支 西曆	癸卯 24	甲辰 25	乙巳 26	丙午 27	丁未 28	戊申 29	己酉 30	庚戌 31	辛亥 (4)	壬子 2	癸丑 3	甲寅 4	乙卯 5	丙辰 6	丁巳 7	戊午 8	己未 9	庚申 10	辛酉 11	壬戌 12	癸亥 13	甲子 14	乙丑 15	丙寅 16	丁卯 17	戊辰 18	己巳 19	庚午 20	辛未 21		己酉春分
三月大	壬辰	天干地支 西曆	壬申 22	癸酉 23	甲戌 24	乙亥 25	丙子 26	丁丑 27	戊寅 28	己卯 29	庚辰 30	辛巳 (5)	壬午 2	癸未 3	甲申 4	乙酉 5	丙戌 6	丁亥 7	戊子 8	己丑 9	庚寅 10	辛卯 11	壬辰 12	癸巳 13	甲午 14	乙未 15	丙申 16	丁酉 17	戊戌 18	己亥 19	庚子 20	辛丑 21	丙申立夏
四月小	癸巳	天干地支 西曆	壬寅 22	癸卯 23	甲辰 24	乙巳 25	丙午 26	丁未 27	戊申 28	己酉 29	庚戌 30	辛亥 31	壬子 (6)	癸丑 2	甲寅 3	乙卯 4	丙辰 5	丁巳 6	戊午 7	己未 8	庚申 9	辛酉 10	壬戌 11	癸亥 12	甲子 13	乙丑 14	丙寅 15	丁卯 16	戊辰 17	己巳 18	庚午 19		
五月大	甲午	天干地支 西曆	辛未 20	壬申 21	癸酉 22	甲戌 23	乙亥 24	丙子 25	丁丑 26	戊寅 27	己卯 28	庚辰 29	辛巳 30	壬午 (7)	癸未 2	甲申 3	乙酉 4	丙戌 5	丁亥 6	戊子 7	己丑 8	庚寅 9	辛卯 10	壬辰 11	癸巳 12	甲午 13	乙未 14	丙申 15	丁酉 16	戊戌 17	己亥 18	庚子 19	甲申夏至
六月大	乙未	天干地支 西曆	辛丑 20	壬寅 21	癸卯 22	甲辰 23	乙巳 24	丙午 25	丁未 26	戊申 27	己酉 28	庚戌 29	辛亥 30	壬子 31	癸丑 (8)	甲寅 2	乙卯 3	丙辰 4	丁巳 5	戊午 6	己未 7	庚申 8	辛酉 9	壬戌 10	癸亥 11	甲子 12	乙丑 13	丙寅 14	丁卯 15	戊辰 16	己巳 17	庚午 18	庚午立秋
七月小	丙申	天干地支 西曆	辛未 19	壬申 20	癸酉 21	甲戌 22	乙亥 23	丙子 24	丁丑 25	戊寅 26	己卯 27	庚辰 28	辛巳 29	壬午 30	癸未 31	甲申 (9)	乙酉 2	丙戌 3	丁亥 4	戊子 5	己丑 6	庚寅 7	辛卯 8	壬辰 9	癸巳 10	甲午 11	乙未 12	丙申 13	丁酉 14	戊戌 15	己亥 16		
八月大	丁酉	天干地支 西曆	庚子 17	辛丑 18	壬寅 19	癸卯 20	甲辰 21	乙巳 22	丙午 23	丁未 24	戊申 25	己酉 26	庚戌 27	辛亥 28	壬子 29	癸丑 30	甲寅 (10)	乙卯 2	丙辰 3	丁巳 4	戊午 5	己未 6	庚申 7	辛酉 8	壬戌 9	癸亥 10	甲子 11	乙丑 12	丙寅 13	丁卯 14	戊辰 15	己巳 16	乙卯秋分
九月小	戊戌	天干地支 西曆	庚午 17	辛未 18	壬申 19	癸酉 20	甲戌 21	乙亥 22	丙子 23	丁丑 24	戊寅 25	己卯 26	庚辰 27	辛巳 28	壬午 29	癸未 30	甲申 31	乙酉 (11)	丙戌 2	丁亥 3	戊子 4	己丑 5	庚寅 6	辛卯 7	壬辰 8	癸巳 9	甲午 10	乙未 11	丙申 12	丁酉 13	戊戌 14		
十月大	己亥	天干地支 西曆	己亥 15	庚子 16	辛丑 17	壬寅 18	癸卯 19	甲辰 20	乙巳 21	丙午 22	丁未 23	戊申 24	己酉 25	庚戌 26	辛亥 27	壬子 28	癸丑 29	甲寅 30	乙卯 (12)	丙辰 2	丁巳 3	戊午 4	己未 5	庚申 6	辛酉 7	壬戌 8	癸亥 9	甲子 10	乙丑 11	丙寅 12	丁卯 13	戊辰 14	己亥立冬
十一月小	庚子	天干地支 西曆	己巳 15	庚午 16	辛未 17	壬申 18	癸酉 19	甲戌 20	乙亥 21	丙子 22	丁丑 23	戊寅 24	己卯 25	庚辰 26	辛巳 27	壬午 28	癸未 29	甲申 30	乙酉 31	丙戌 (1)	丁亥 2	戊子 3	己丑 4	庚寅 5	辛卯 6	壬辰 7	癸巳 8	甲午 9	乙未 10	丙申 11	丁酉 12		甲申冬至 己巳日食
十二月大	辛丑	天干地支 西曆	戊戌 13	己亥 14	庚子 15	辛丑 16	壬寅 17	癸卯 18	甲辰 19	乙巳 20	丙午 21	丁未 22	戊申 23	己酉 24	庚戌 25	辛亥 26	壬子 27	癸丑 28	甲寅 29	乙卯 30	丙辰 31	丁巳 (2)	戊午 2	己未 3	庚申 4	辛酉 5	壬戌 6	癸亥 7	甲子 8	乙丑 9	丙寅 10	丁卯 11	

年代異同	史記魯世家	漢書律曆志	帝王世紀	竹書紀年	皇極經世	文獻通考	歷代帝王年表	歷代統紀表	中國年曆總譜	西周年代	斷代工程
	周康王十年		周昭王四十二年	周康王三年	周昭王四十八年	周昭王四十八年	周昭王四十八年	周昭王四十八年	周穆王十九年	周康王二十六年	周康王十六年

周康王九年（丁丑 牛年） 公元前1004～前1003年

夏曆月序		中西曆日對照	初一	初二	初三	初四	初五	初六	初七	初八	初九	初十	十一	十二	十三	十四	十五	十六	十七	十八	十九	二十	二一	二二	二三	二四	二五	二六	二七	二八	二九	三十	節氣與天象
正月小	壬寅	干支 天地 西曆	戊辰 12	己巳 13	庚午 14	辛未 15	壬申 16	癸酉 17	甲戌 18	乙亥 19	丙子 20	丁丑 21	戊寅 22	己卯 23	庚辰 24	辛巳 25	壬午 26	癸未 27	甲申 28	乙酉 (3)	丙戌 2	丁亥 3	戊子 4	己丑 5	庚寅 6	辛卯 7	壬辰 8	癸巳 9	甲午 10	乙未 11	丙申 12		戊辰立春
二月小	癸卯	干支 天地 西曆	丁酉 13	戊戌 14	己亥 15	庚子 16	辛丑 17	壬寅 18	癸卯 19	甲辰 20	乙巳 21	丙午 22	丁未 23	戊申 24	己酉 25	庚戌 26	辛亥 27	壬子 28	癸丑 29	甲寅 30	乙卯 31	丙辰 (4)	丁巳 2	戊午 3	己未 4	庚申 5	辛酉 6	壬戌 7	癸亥 8	甲子 9	乙丑 10		乙卯春分
三月大	甲辰	干支 天地 西曆	丙寅 11	丁卯 12	戊辰 13	己巳 14	庚午 15	辛未 16	壬申 17	癸酉 18	甲戌 19	乙亥 20	丙子 21	丁丑 22	戊寅 23	己卯 24	庚辰 25	辛巳 26	壬午 27	癸未 28	甲申 29	乙酉 30	丙戌 (5)	丁亥 2	戊子 3	己丑 4	庚寅 5	辛卯 6	壬辰 7	癸巳 8	甲午 9	乙未 10	
四月小	乙巳	干支 天地 西曆	丙申 11	丁酉 12	戊戌 13	己亥 14	庚子 15	辛丑 16	壬寅 17	癸卯 18	甲辰 19	乙巳 20	丙午 21	丁未 22	戊申 23	己酉 24	庚戌 25	辛亥 26	壬子 27	癸丑 28	甲寅 29	乙卯 30	丙辰 31	丁巳 (6)	戊午 2	己未 3	庚申 4	辛酉 5	壬戌 6	癸亥 7	甲子 8		壬寅立夏
五月大	丙午	干支 天地 西曆	乙丑 9	丙寅 10	丁卯 11	戊辰 12	己巳 13	庚午 14	辛未 15	壬申 16	癸酉 17	甲戌 18	乙亥 19	丙子 20	丁丑 21	戊寅 22	己卯 23	庚辰 24	辛巳 25	壬午 26	癸未 27	甲申 28	乙酉 29	丙戌 30	丁亥 (7)	戊子 2	己丑 3	庚寅 4	辛卯 5	壬辰 6	癸巳 7	甲午 8	己丑夏至
六月大	丁未	干支 天地 西曆	乙未 9	丙申 10	丁酉 11	戊戌 12	己亥 13	庚子 14	辛丑 15	壬寅 16	癸卯 17	甲辰 18	乙巳 19	丙午 20	丁未 21	戊申 22	己酉 23	庚戌 24	辛亥 25	壬子 26	癸丑 27	甲寅 28	乙卯 29	丙辰 30	丁巳 31	戊午 (8)	己未 2	庚申 3	辛酉 4	壬戌 5	癸亥 6	甲子 7	
七月小	戊申	干支 天地 西曆	乙丑 8	丙寅 9	丁卯 10	戊辰 11	己巳 12	庚午 13	辛未 14	壬申 15	癸酉 16	甲戌 17	乙亥 18	丙子 19	丁丑 20	戊寅 21	己卯 22	庚辰 23	辛巳 24	壬午 25	癸未 26	甲申 27	乙酉 28	丙戌 29	丁亥 30	戊子 31	己丑 (9)	庚寅 2	辛卯 3	壬辰 4	癸巳 5		乙亥立秋
八月大	己酉	干支 天地 西曆	甲午 6	乙未 7	丙申 8	丁酉 9	戊戌 10	己亥 11	庚子 12	辛丑 13	壬寅 14	癸卯 15	甲辰 16	乙巳 17	丙午 18	丁未 19	戊申 20	己酉 21	庚戌 22	辛亥 23	壬子 24	癸丑 25	甲寅 26	乙卯 27	丙辰 28	丁巳 29	戊午 30	己未 (10)	庚申 2	辛酉 3	壬戌 4	癸亥 5	庚申秋分
九月大	庚戌	干支 天地 西曆	甲子 6	乙丑 7	丙寅 8	丁卯 9	戊辰 10	己巳 11	庚午 12	辛未 13	壬申 14	癸酉 15	甲戌 16	乙亥 17	丙子 18	丁丑 19	戊寅 20	己卯 21	庚辰 22	辛巳 23	壬午 24	癸未 25	甲申 26	乙酉 27	丙戌 28	丁亥 29	戊子 30	己丑 31	庚寅 (11)	辛卯 2	壬辰 3	癸巳 4	
十月小	辛亥	干支 天地 西曆	甲午 5	乙未 6	丙申 7	丁酉 8	戊戌 9	己亥 10	庚子 11	辛丑 12	壬寅 13	癸卯 14	甲辰 15	乙巳 16	丙午 17	丁未 18	戊申 19	己酉 20	庚戌 21	辛亥 22	壬子 23	癸丑 24	甲寅 25	乙卯 26	丙辰 27	丁巳 28	戊午 29	己未 30	庚申 (12)	辛酉 2	壬戌 3		乙巳立冬
十一月大	壬子	干支 天地 西曆	癸亥 4	甲子 5	乙丑 6	丙寅 7	丁卯 8	戊辰 9	己巳 10	庚午 11	辛未 12	壬申 13	癸酉 14	甲戌 15	乙亥 16	丙子 17	丁丑 18	戊寅 19	己卯 20	庚辰 21	辛巳 22	壬午 23	癸未 24	甲申 25	乙酉 26	丙戌 27	丁亥 28	戊子 29	己丑 30	庚寅 31	辛卯 (1)	壬辰 2	己丑冬至
十二月小	癸丑	干支 天地 西曆	癸巳 3	甲午 4	乙未 5	丙申 6	丁酉 7	戊戌 8	己亥 9	庚子 10	辛丑 11	壬寅 12	癸卯 13	甲辰 14	乙巳 15	丙午 16	丁未 17	戊申 18	己酉 19	庚戌 20	辛亥 21	壬子 22	癸丑 23	甲寅 24	乙卯 25	丙辰 26	丁巳 27	戊午 28	己未 29	庚申 30	辛酉 31		

年代異同	史記魯世家	漢書律曆志	帝王世紀	竹書紀年	皇極經世	文獻通考	歷代帝王年表	歷代統紀表	中國年曆總譜	西周年代	斷代工程
	周康王十一年		周昭王四十三年	周康王四年	周昭王四十九年	周昭王四十九年	周昭王四十九年	周昭王四十九年	周穆王二十年	周昭王元年	周康王十七年

周康王十年（戊寅 虎年） 公元前 **1003** ~ 前 1002 年

夏曆月序		中西曆日對照	夏曆日序																														節氣與天象
			初一	初二	初三	初四	初五	初六	初七	初八	初九	初十	十一	十二	十三	十四	十五	十六	十七	十八	十九	二十	二一	二二	二三	二四	二五	二六	二七	二八	二九	三十	
正月大	甲寅	天干地支西曆	壬戌(2)	癸亥2	甲子3	乙丑4	丙寅5	丁卯6	戊辰7	己巳8	庚午9	辛未10	壬申11	癸酉12	甲戌13	乙亥14	丙子15	丁丑16	戊寅17	己卯18	庚辰19	辛巳20	壬午21	癸未22	甲申23	乙酉24	丙戌25	丁亥26	戊子27	己丑28	庚寅(3)	辛卯2	甲戌立春
二月小	乙卯	天干地支西曆	壬辰3	癸巳4	甲午5	乙未6	丙申7	丁酉8	戊戌9	己亥10	庚子11	辛丑12	壬寅13	癸卯14	甲辰15	乙巳16	丙午17	丁未18	戊申19	己酉20	庚戌21	辛亥22	壬子23	癸丑24	甲寅25	乙卯26	丙辰27	丁巳28	戊午29	己未30	庚申31		庚申春分
三月小	丙辰	天干地支西曆	辛酉(4)	壬戌2	癸亥3	甲子4	乙丑5	丙寅6	丁卯7	戊辰8	己巳9	庚午10	辛未11	壬申12	癸酉13	甲戌14	乙亥15	丙子16	丁丑17	戊寅18	己卯19	庚辰20	辛巳21	壬午22	癸未23	甲申24	乙酉25	丙戌26	丁亥27	戊子28	己丑29		
閏三月大	丙辰	天干地支西曆	庚寅30	辛卯(5)	壬辰2	癸巳3	甲午4	乙未5	丙申6	丁酉7	戊戌8	己亥9	庚子10	辛丑11	壬寅12	癸卯13	甲辰14	乙巳15	丙午16	丁未17	戊申18	己酉19	庚戌20	辛亥21	壬子22	癸丑23	甲寅24	乙卯25	丙辰26	丁巳27	戊午28	己未29	丁未立夏
四月小	丁巳	天干地支西曆	庚申30	辛酉31	壬戌(6)	癸亥2	甲子3	乙丑4	丙寅5	丁卯6	戊辰7	己巳8	庚午9	辛未10	壬申11	癸酉12	甲戌13	乙亥14	丙子15	丁丑16	戊寅17	己卯18	庚辰19	辛巳20	壬午21	癸未22	甲申23	乙酉24	丙戌25	丁亥26	戊子27		
五月大	戊午	天干地支西曆	己丑28	庚寅29	辛卯30	壬辰(7)	癸巳2	甲午3	乙未4	丙申5	丁酉6	戊戌7	己亥8	庚子9	辛丑10	壬寅11	癸卯12	甲辰13	乙巳14	丙午15	丁未16	戊申17	己酉18	庚戌19	辛亥20	壬子21	癸丑22	甲寅23	乙卯24	丙辰25	丁巳26	戊午27	甲午夏至
六月小	己未	天干地支西曆	己未28	庚申29	辛酉30	壬戌31	癸亥(8)	甲子2	乙丑3	丙寅4	丁卯5	戊辰6	己巳7	庚午8	辛未9	壬申10	癸酉11	甲戌12	乙亥13	丙子14	丁丑15	戊寅16	己卯17	庚辰18	辛巳19	壬午20	癸未21	甲申22	乙酉23	丙戌24	丁亥25		庚辰立秋
七月大	庚申	天干地支西曆	戊子26	己丑27	庚寅28	辛卯29	壬辰30	癸巳31	甲午(9)	乙未2	丙申3	丁酉4	戊戌5	己亥6	庚子7	辛丑8	壬寅9	癸卯10	甲辰11	乙巳12	丙午13	丁未14	戊申15	己酉16	庚戌17	辛亥18	壬子19	癸丑20	甲寅21	乙卯22	丙辰23	丁巳24	
八月大	辛酉	天干地支西曆	戊午25	己未26	庚申27	辛酉28	壬戌29	癸亥30	甲子(10)	乙丑2	丙寅3	丁卯4	戊辰5	己巳6	庚午7	辛未8	壬申9	癸酉10	甲戌11	乙亥12	丙子13	丁丑14	戊寅15	己卯16	庚辰17	辛巳18	壬午19	癸未20	甲申21	乙酉22	丙戌23	丁亥24	丙寅秋分
九月大	壬戌	天干地支西曆	戊子25	己丑26	庚寅27	辛卯28	壬辰29	癸巳30	甲午31	乙未(11)	丙申2	丁酉3	戊戌4	己亥5	庚子6	辛丑7	壬寅8	癸卯9	甲辰10	乙巳11	丙午12	丁未13	戊申14	己酉15	庚戌16	辛亥17	壬子18	癸丑19	甲寅20	乙卯21	丙辰22	丁巳23	庚戌立冬
十月小	癸亥	天干地支西曆	戊午24	己未25	庚申26	辛酉27	壬戌28	癸亥29	甲子30	乙丑(12)	丙寅2	丁卯3	戊辰4	己巳5	庚午6	辛未7	壬申8	癸酉9	甲戌10	乙亥11	丙子12	丁丑13	戊寅14	己卯15	庚辰16	辛巳17	壬午18	癸未19	甲申20	乙酉21	丙戌22		
十一月大	甲子	天干地支西曆	丁亥23	戊子24	己丑25	庚寅26	辛卯27	壬辰28	癸巳29	甲午30	乙未31	丙申(1)	丁酉2	戊戌3	己亥4	庚子5	辛丑6	壬寅7	癸卯8	甲辰9	乙巳10	丙午11	丁未12	戊申13	己酉14	庚戌15	辛亥16	壬子17	癸丑18	甲寅19	乙卯20	丙辰21	甲午冬至
十二月小	乙丑	天干地支西曆	丁巳22	戊午23	己未24	庚申25	辛酉26	壬戌27	癸亥28	甲子29	乙丑30	丙寅31	丁卯(2)	戊辰2	己巳3	庚午4	辛未5	壬申6	癸酉7	甲戌8	乙亥9	丙子10	丁丑11	戊寅12	己卯13	庚辰14	辛巳15	壬午16	癸未17	甲申18	乙酉19		己卯立春

年代異同	史記魯世家	漢書律曆志	帝王世紀	竹書紀年	皇極經世	文獻通考	歷代帝王年表	歷代統紀表	中國年曆總譜	西周年代	斷代工程
	周康王十二年		周昭王四十四年	周康王五年	周昭王五十年	周昭王五十年	周昭王五十年	周昭王五十年	周穆王二十一年	周昭王二年	周康王十八年

周康王十一年（己卯 兔年） 公元前**1002** ~ 前1001年

夏曆月序		中西曆日對照	初一	初二	初三	初四	初五	初六	初七	初八	初九	初十	十一	十二	十三	十四	十五	十六	十七	十八	十九	二十	二一	二二	二三	二四	二五	二六	二七	二八	二九	三十	節氣與天象
正月大	丙寅	天干地支西曆	丙戌20	丁亥21	戊子22	己丑23	庚寅24	辛卯25	壬辰26	癸巳27	甲午28	乙未(3)	丙申2	丁酉3	戊戌4	己亥5	庚子6	辛丑7	壬寅8	癸卯9	甲辰10	乙巳11	丙午12	丁未13	戊申14	己酉15	庚戌16	辛亥17	壬子18	癸丑19	甲寅20	乙卯21	
二月小	丁卯	天干地支西曆	丙辰22	丁巳23	戊午24	己未25	庚申26	辛酉27	壬戌28	癸亥29	甲子30	乙丑31	丙寅(4)	丁卯2	戊辰3	己巳4	庚午5	辛未6	壬申7	癸酉8	甲戌9	乙亥10	丙子11	丁丑12	戊寅13	己卯14	庚辰15	辛巳16	壬午17	癸未18	甲申19		乙丑春分
三月小	戊辰	天干地支西曆	乙酉20	丙戌21	丁亥22	戊子23	己丑24	庚寅25	辛卯26	壬辰27	癸巳28	甲午29	乙未30	丙申(5)	丁酉2	戊戌3	己亥4	庚子5	辛丑6	壬寅7	癸卯8	甲辰9	乙巳10	丙午11	丁未12	戊申13	己酉14	庚戌15	辛亥16	壬子17	癸丑18		壬子立夏 乙酉日食
四月大	己巳	天干地支西曆	甲寅19	乙卯20	丙辰21	丁巳22	戊午23	己未24	庚申25	辛酉26	壬戌27	癸亥28	甲子29	乙丑30	丙寅31	丁卯(6)	戊辰2	己巳3	庚午4	辛未5	壬申6	癸酉7	甲戌8	乙亥9	丙子10	丁丑11	戊寅12	己卯13	庚辰14	辛巳15	壬午16	癸未17	
五月小	庚午	天干地支西曆	甲申18	乙酉19	丙戌20	丁亥21	戊子22	己丑23	庚寅24	辛卯25	壬辰26	癸巳27	甲午28	乙未29	丙申30	丁酉(7)	戊戌2	己亥3	庚子4	辛丑5	壬寅6	癸卯7	甲辰8	乙巳9	丙午10	丁未11	戊申12	己酉13	庚戌14	辛亥15	壬子16		己亥夏至
六月大	辛未	天干地支西曆	癸丑17	甲寅18	乙卯19	丙辰20	丁巳21	戊午22	己未23	庚申24	辛酉25	壬戌26	癸亥27	甲子28	乙丑29	丙寅30	丁卯31	戊辰(8)	己巳2	庚午3	辛未4	壬申5	癸酉6	甲戌7	乙亥8	丙子9	丁丑10	戊寅11	己卯12	庚辰13	辛巳14	壬午15	
七月小	壬申	天干地支西曆	癸未16	甲申17	乙酉18	丙戌19	丁亥20	戊子21	己丑22	庚寅23	辛卯24	壬辰25	癸巳26	甲午27	乙未28	丙申29	丁酉30	戊戌31	己亥(9)	庚子2	辛丑3	壬寅4	癸卯5	甲辰6	乙巳7	丙午8	丁未9	戊申10	己酉11	庚戌12	辛亥13		丙戌立秋
八月大	癸酉	天干地支西曆	壬子14	癸丑15	甲寅16	乙卯17	丙辰18	丁巳19	戊午20	己未21	庚申22	辛酉23	壬戌24	癸亥25	甲子26	乙丑27	丙寅28	丁卯29	戊辰30	己巳(10)	庚午2	辛未3	壬申4	癸酉5	甲戌6	乙亥7	丙子8	丁丑9	戊寅10	己卯11	庚辰12	辛巳13	辛未秋分
九月大	甲戌	天干地支西曆	壬午14	癸未15	甲申16	乙酉17	丙戌18	丁亥19	戊子20	己丑21	庚寅22	辛卯23	壬辰24	癸巳25	甲午26	乙未27	丙申28	丁酉29	戊戌30	己亥31	庚子(11)	辛丑2	壬寅3	癸卯4	甲辰5	乙巳6	丙午7	丁未8	戊申9	己酉10	庚戌11	辛亥12	
十月大	乙亥	天干地支西曆	壬子13	癸丑14	甲寅15	乙卯16	丙辰17	丁巳18	戊午19	己未20	庚申21	辛酉22	壬戌23	癸亥24	甲子25	乙丑26	丙寅27	丁卯28	戊辰29	己巳30	庚午(12)	辛未2	壬申3	癸酉4	甲戌5	乙亥6	丙子7	丁丑8	戊寅9	己卯10	庚辰11	辛巳12	乙卯立冬
十一月小	丙子	天干地支西曆	壬午13	癸未14	甲申15	乙酉16	丙戌17	丁亥18	戊子19	己丑20	庚寅21	辛卯22	壬辰23	癸巳24	甲午25	乙未26	丙申27	丁酉28	戊戌29	己亥30	庚子31	辛丑(1)	壬寅2	癸卯3	甲辰4	乙巳5	丙午6	丁未7	戊申8	己酉9	庚戌10		己亥冬至
十二月大	丁丑	天干地支西曆	辛亥11	壬子12	癸丑13	甲寅14	乙卯15	丙辰16	丁巳17	戊午18	己未19	庚申20	辛酉21	壬戌22	癸亥23	甲子24	乙丑25	丙寅26	丁卯27	戊辰28	己巳29	庚午30	辛未31	壬申(2)	癸酉2	甲戌3	乙亥4	丙子5	丁丑6	戊寅7	己卯8	庚辰9	

年代異同	史記魯世家	漢書律曆志	帝王世紀	竹書紀年	皇極經世	文獻通考	歷代帝王年表	歷代統紀表	中國年曆總譜	西周年代	斷代工程
	周康王十三年		周昭王四十五年	周康王六年	周昭王五十一年	周昭王五十一年	周昭王五十一年	周昭王五十一年	周穆王二十二年	周昭王三年	周康王十九年

周康王十二年（庚辰 龍年） 公元前**1001** ~ 前1000年

夏曆月序		中西曆日對照	初一	初二	初三	初四	初五	初六	初七	初八	初九	初十	十一	十二	十三	十四	十五	十六	十七	十八	十九	二十	二一	二二	二三	二四	二五	二六	二七	二八	二九	三十	節氣與天象
正月小	戊寅	天干地支	辛巳	壬午	癸未	甲申	乙酉	丙戌	丁亥	戊子	己丑	庚寅	辛卯	壬辰	癸巳	甲午	乙未	丙申	丁酉	戊戌	己亥	庚子	辛丑	壬寅	癸卯	甲辰	乙巳	丙午	丁未	戊申	己酉		甲申立春
		西曆	10	11	12	13	14	15	16	17	18	19	20	21	22	23	24	25	26	27	28	29	(3)	2	3	4	5	6	7	8	9		
二月大	己卯	天干地支	庚戌	辛亥	壬子	癸丑	甲寅	乙卯	丙辰	丁巳	戊午	己未	庚申	辛酉	壬戌	癸亥	甲子	乙丑	丙寅	丁卯	戊辰	己巳	庚午	辛未	壬申	癸酉	甲戌	乙亥	丙子	丁丑	戊寅	己卯	庚午春分
		西曆	10	11	12	13	14	15	16	17	18	19	20	21	22	23	24	25	26	27	28	29	30	31	(4)	2	3	4	5	6	7	8	
三月小	庚辰	天干地支	庚辰	辛巳	壬午	癸未	甲申	乙酉	丙戌	丁亥	戊子	己丑	庚寅	辛卯	壬辰	癸巳	甲午	乙未	丙申	丁酉	戊戌	己亥	庚子	辛丑	壬寅	癸卯	甲辰	乙巳	丙午	丁未	戊申		
		西曆	9	10	11	12	13	14	15	16	17	18	19	20	21	22	23	24	25	26	27	28	29	30	(5)	2	3	4	5	6	7		
四月小	辛巳	天干地支	己酉	庚戌	辛亥	壬子	癸丑	甲寅	乙卯	丙辰	丁巳	戊午	己未	庚申	辛酉	壬戌	癸亥	甲子	乙丑	丙寅	丁卯	戊辰	己巳	庚午	辛未	壬申	癸酉	甲戌	乙亥	丙子	丁丑		丁巳立夏
		西曆	8	9	10	11	12	13	14	15	16	17	18	19	20	21	22	23	24	25	26	27	28	29	30	31	(6)	2	3	4	5		
五月大	壬午	天干地支	戊寅	己卯	庚辰	辛巳	壬午	癸未	甲申	乙酉	丙戌	丁亥	戊子	己丑	庚寅	辛卯	壬辰	癸巳	甲午	乙未	丙申	丁酉	戊戌	己亥	庚子	辛丑	壬寅	癸卯	甲辰	乙巳	丙午	丁未	乙巳夏至
		西曆	6	7	8	9	10	11	12	13	14	15	16	17	18	19	20	21	22	23	24	25	26	27	28	29	30	(7)	2	3	4	5	
六月小	癸未	天干地支	戊申	己酉	庚戌	辛亥	壬子	癸丑	甲寅	乙卯	丙辰	丁巳	戊午	己未	庚申	辛酉	壬戌	癸亥	甲子	乙丑	丙寅	丁卯	戊辰	己巳	庚午	辛未	壬申	癸酉	甲戌	乙亥	丙子		
		西曆	6	7	8	9	10	11	12	13	14	15	16	17	18	19	20	21	22	23	24	25	26	27	28	29	30	31	(8)	2	3		
七月小	甲申	天干地支	丁丑	戊寅	己卯	庚辰	辛巳	壬午	癸未	甲申	乙酉	丙戌	丁亥	戊子	己丑	庚寅	辛卯	壬辰	癸巳	甲午	乙未	丙申	丁酉	戊戌	己亥	庚子	辛丑	壬寅	癸卯	甲辰	乙巳		辛卯立秋
		西曆	4	5	6	7	8	9	10	11	12	13	14	15	16	17	18	19	20	21	22	23	24	25	26	27	28	29	30	31	(9)		
八月大	乙酉	天干地支	丙午	丁未	戊申	己酉	庚戌	辛亥	壬子	癸丑	甲寅	乙卯	丙辰	丁巳	戊午	己未	庚申	辛酉	壬戌	癸亥	甲子	乙丑	丙寅	丁卯	戊辰	己巳	庚午	辛未	壬申	癸酉	甲戌	乙亥	
		西曆	2	3	4	5	6	7	8	9	10	11	12	13	14	15	16	17	18	19	20	21	22	23	24	25	26	27	28	29	30	(10)	
九月大	丙戌	天干地支	丙子	丁丑	戊寅	己卯	庚辰	辛巳	壬午	癸未	甲申	乙酉	丙戌	丁亥	戊子	己丑	庚寅	辛卯	壬辰	癸巳	甲午	乙未	丙申	丁酉	戊戌	己亥	庚子	辛丑	壬寅	癸卯	甲辰	乙巳	丙子秋分 丙子日食
		西曆	2	3	4	5	6	7	8	9	10	11	12	13	14	15	16	17	18	19	20	21	22	23	24	25	26	27	28	29	30	31	
十月小	丁亥	天干地支	丙午	丁未	戊申	己酉	庚戌	辛亥	壬子	癸丑	甲寅	乙卯	丙辰	丁巳	戊午	己未	庚申	辛酉	壬戌	癸亥	甲子	乙丑	丙寅	丁卯	戊辰	己巳	庚午	辛未	壬申	癸酉	甲戌		庚申立冬
		西曆	(11)	2	3	4	5	6	7	8	9	10	11	12	13	14	15	16	17	18	19	20	21	22	23	24	25	26	27	28	29		
閏十月大	丁亥	天干地支	乙亥	丙子	丁丑	戊寅	己卯	庚辰	辛巳	壬午	癸未	甲申	乙酉	丙戌	丁亥	戊子	己丑	庚寅	辛卯	壬辰	癸巳	甲午	乙未	丙申	丁酉	戊戌	己亥	庚子	辛丑	壬寅	癸卯	甲辰	
		西曆	30	(12)	2	3	4	5	6	7	8	9	10	11	12	13	14	15	16	17	18	19	20	21	22	23	24	25	26	27	28	29	
十一月大	戊子	天干地支	乙巳	丙午	丁未	戊申	己酉	庚戌	辛亥	壬子	癸丑	甲寅	乙卯	丙辰	丁巳	戊午	己未	庚申	辛酉	壬戌	癸亥	甲子	乙丑	丙寅	丁卯	戊辰	己巳	庚午	辛未	壬申	癸酉	甲戌	乙巳冬至
		西曆	30	31	(1)	2	3	4	5	6	7	8	9	10	11	12	13	14	15	16	17	18	19	20	21	22	23	24	25	26	27	28	
十二月大	己丑	天干地支	乙亥	丙子	丁丑	戊寅	己卯	庚辰	辛巳	壬午	癸未	甲申	乙酉	丙戌	丁亥	戊子	己丑	庚寅	辛卯	壬辰	癸巳	甲午	乙未	丙申	丁酉	戊戌	己亥	庚子	辛丑	壬寅	癸卯	甲辰	己丑立春
		西曆	29	30	31	(2)	2	3	4	5	6	7	8	9	10	11	12	13	14	15	16	17	18	19	20	21	22	23	24	25	26	27	

年代異同	史記魯世家	漢書律曆志	帝王世紀	竹書紀年	皇極經世	文獻通考	歷代帝王年表	歷代統紀表	中國年曆總譜	西周年代	斷代工程
	周康王十四年		周昭王四十六年	周康王七年	周穆王元年	周穆王元年	周穆王元年	周穆王元年	周穆王二十三年	周昭王四年	周康王二十年

周康王十三年（辛巳 蛇年） 公元前 1000 ~ 前 999 年

夏曆月序		中西曆日對照	初一	初二	初三	初四	初五	初六	初七	初八	初九	初十	十一	十二	十三	十四	十五	十六	十七	十八	十九	二十	二一	二二	二三	二四	二五	二六	二七	二八	二九	三十	節氣與天象
正月小	庚寅	天干地支西曆	乙巳 28	丙午 (3)	丁未 2	戊申 3	己酉 4	庚戌 5	辛亥 6	壬子 7	癸丑 8	甲寅 9	乙卯 10	丙辰 11	丁巳 12	戊午 13	己未 14	庚申 15	辛酉 16	壬戌 17	癸亥 18	甲子 19	乙丑 20	丙寅 21	丁卯 22	戊辰 23	己巳 24	庚午 25	辛未 26	壬申 27	癸酉 28		
二月大	辛卯	天干地支西曆	甲戌 29	乙亥 30	丙子 31	丁丑 (4)	戊寅 2	己卯 3	庚辰 4	辛巳 5	壬午 6	癸未 7	甲申 8	乙酉 9	丙戌 10	丁亥 11	戊子 12	己丑 13	庚寅 14	辛卯 15	壬辰 16	癸巳 17	甲午 18	乙未 19	丙申 20	丁酉 21	戊戌 22	己亥 23	庚子 24	辛丑 25	壬寅 26	癸卯 27	乙亥春分
三月小	壬辰	天干地支西曆	甲辰 28	乙巳 29	丙午 30	丁未 (5)	戊申 2	己酉 3	庚戌 4	辛亥 5	壬子 6	癸丑 7	甲寅 8	乙卯 9	丙辰 10	丁巳 11	戊午 12	己未 13	庚申 14	辛酉 15	壬戌 16	癸亥 17	甲子 18	乙丑 19	丙寅 20	丁卯 21	戊辰 22	己巳 23	庚午 24	辛未 25	壬申 26		癸亥立夏
四月小	癸巳	天干地支西曆	癸酉 27	甲戌 28	乙亥 29	丙子 30	丁丑 31	戊寅 (6)	己卯 2	庚辰 3	辛巳 4	壬午 5	癸未 6	甲申 7	乙酉 8	丙戌 9	丁亥 10	戊子 11	己丑 12	庚寅 13	辛卯 14	壬辰 15	癸巳 16	甲午 17	乙未 18	丙申 19	丁酉 20	戊戌 21	己亥 22	庚子 23	辛丑 24		
五月大	甲午	天干地支西曆	壬寅 25	癸卯 26	甲辰 27	乙巳 28	丙午 29	丁未 30	戊申 (7)	己酉 2	庚戌 3	辛亥 4	壬子 5	癸丑 6	甲寅 7	乙卯 8	丙辰 9	丁巳 10	戊午 11	己未 12	庚申 13	辛酉 14	壬戌 15	癸亥 16	甲子 17	乙丑 18	丙寅 19	丁卯 20	戊辰 21	己巳 22	庚午 23	辛未 24	庚戌夏至
六月小	乙未	天干地支西曆	壬申 25	癸酉 26	甲戌 27	乙亥 28	丙子 29	丁丑 30	戊寅 31	己卯 (8)	庚辰 2	辛巳 3	壬午 4	癸未 5	甲申 6	乙酉 7	丙戌 8	丁亥 9	戊子 10	己丑 11	庚寅 12	辛卯 13	壬辰 14	癸巳 15	甲午 16	乙未 17	丙申 18	丁酉 19	戊戌 20	己亥 21	庚子 22		丙申立秋
七月小	丙申	天干地支西曆	辛丑 23	壬寅 24	癸卯 25	甲辰 26	乙巳 27	丙午 28	丁未 29	戊申 30	己酉 31	庚戌 (9)	辛亥 2	壬子 3	癸丑 4	甲寅 5	乙卯 6	丙辰 7	丁巳 8	戊午 9	己未 10	庚申 11	辛酉 12	壬戌 13	癸亥 14	甲子 15	乙丑 16	丙寅 17	丁卯 18	戊辰 19	己巳 20		
八月大	丁酉	天干地支西曆	庚午 21	辛未 22	壬申 23	癸酉 24	甲戌 25	乙亥 26	丙子 27	丁丑 28	戊寅 29	己卯 30	庚辰 (10)	辛巳 2	壬午 3	癸未 4	甲申 5	乙酉 6	丙戌 7	丁亥 8	戊子 9	己丑 10	庚寅 11	辛卯 12	壬辰 13	癸巳 14	甲午 15	乙未 16	丙申 17	丁酉 18	戊戌 19	己亥 20	辛巳秋分
九月大	戊戌	天干地支西曆	庚子 21	辛丑 22	壬寅 23	癸卯 24	甲辰 25	乙巳 26	丙午 27	丁未 28	戊申 29	己酉 30	庚戌 31	辛亥 (11)	壬子 2	癸丑 3	甲寅 4	乙卯 5	丙辰 6	丁巳 7	戊午 8	己未 9	庚申 10	辛酉 11	壬戌 12	癸亥 13	甲子 14	乙丑 15	丙寅 16	丁卯 17	戊辰 18	己巳 19	丙寅立冬
十月小	己亥	天干地支西曆	庚午 20	辛未 21	壬申 22	癸酉 23	甲戌 24	乙亥 25	丙子 26	丁丑 27	戊寅 28	己卯 29	庚辰 30	辛巳 (12)	壬午 2	癸未 3	甲申 4	乙酉 5	丙戌 6	丁亥 7	戊子 8	己丑 9	庚寅 10	辛卯 11	壬辰 12	癸巳 13	甲午 14	乙未 15	丙申 16	丁酉 17	戊戌 18		
十一月大	庚子	天干地支西曆	己亥 19	庚子 20	辛丑 21	壬寅 22	癸卯 23	甲辰 24	乙巳 25	丙午 26	丁未 27	戊申 28	己酉 29	庚戌 30	辛亥 31	壬子 (1)	癸丑 2	甲寅 3	乙卯 4	丙辰 5	丁巳 6	戊午 7	己未 8	庚申 9	辛酉 10	壬戌 11	癸亥 12	甲子 13	乙丑 14	丙寅 15	丁卯 16	戊辰 17	庚戌冬至
十二月大	辛丑	天干地支西曆	己巳 18	庚午 19	辛未 20	壬申 21	癸酉 22	甲戌 23	乙亥 24	丙子 25	丁丑 26	戊寅 27	己卯 28	庚辰 29	辛巳 30	壬午 31	癸未 (2)	甲申 2	乙酉 3	丙戌 4	丁亥 5	戊子 6	己丑 7	庚寅 8	辛卯 9	壬辰 10	癸巳 11	甲午 12	乙未 13	丙申 14	丁酉 15	戊戌 16	乙未立春

年代異同	史記魯世家	漢書律曆志	帝王世紀	竹書紀年	皇極經世	文獻通考	歷代帝王年表	歷代統紀表	中國年曆總譜	西周年代	斷代工程
	周康王十五年		周昭王四十七年	周康王八年	周穆王二年	周穆王二年	周穆王二年	周穆王二年	周穆王二十四年	周昭王五年	周康王二十一年

周康王十四年（壬午 馬年） 公元前**999** ~ 前998年

夏曆月序		中西曆日對照	初一	初二	初三	初四	初五	初六	初七	初八	初九	初十	十一	十二	十三	十四	十五	十六	十七	十八	十九	二十	二一	二二	二三	二四	二五	二六	二七	二八	二九	三十	節氣與天象
正月大	壬寅	天干 地支 西曆	己亥17	庚子18	辛丑19	壬寅20	癸卯21	甲辰22	乙巳23	丙午24	丁未25	戊申26	己酉27	庚戌28	辛亥(3)	壬子2	癸丑3	甲寅4	乙卯5	丙辰6	丁巳7	戊午8	己未9	庚申10	辛酉11	壬戌12	癸亥13	甲子14	乙丑15	丙寅16	丁卯17	戊辰18	己亥日食
二月小	癸卯	天干 地支 西曆	己巳19	庚午20	辛未21	壬申22	癸酉23	甲戌24	乙亥25	丙子26	丁丑27	戊寅28	己卯29	庚辰30	辛巳31	壬午(4)	癸未2	甲申3	乙酉4	丙戌5	丁亥6	戊子7	己丑8	庚寅9	辛卯10	壬辰11	癸巳12	甲午13	乙未14	丙申15	丁酉16		辛巳春分
三月大	甲辰	天干 地支 西曆	戊戌17	己亥18	庚子19	辛丑20	壬寅21	癸卯22	甲辰23	乙巳24	丙午25	丁未26	戊申27	己酉28	庚戌29	辛亥30	壬子(5)	癸丑2	甲寅3	乙卯4	丙辰5	丁巳6	戊午7	己未8	庚申9	辛酉10	壬戌11	癸亥12	甲子13	乙丑14	丙寅15	丁卯16	
四月小	乙巳	天干 地支 西曆	戊辰17	己巳18	庚午19	辛未20	壬申21	癸酉22	甲戌23	乙亥24	丙子25	丁丑26	戊寅27	己卯28	庚辰29	辛巳30	壬午31	癸未(6)	甲申2	乙酉3	丙戌4	丁亥5	戊子6	己丑7	庚寅8	辛卯9	壬辰10	癸巳11	甲午12	乙未13	丙申14		戊辰立夏
五月小	丙午	天干 地支 西曆	丁酉15	戊戌16	己亥17	庚子18	辛丑19	壬寅20	癸卯21	甲辰22	乙巳23	丙午24	丁未25	戊申26	己酉27	庚戌28	辛亥29	壬子30	癸丑(7)	甲寅2	乙卯3	丙辰4	丁巳5	戊午6	己未7	庚申8	辛酉9	壬戌10	癸亥11	甲子12	乙丑13		乙卯夏至
六月大	丁未	天干 地支 西曆	丙寅14	丁卯15	戊辰16	己巳17	庚午18	辛未19	壬申20	癸酉21	甲戌22	乙亥23	丙子24	丁丑25	戊寅26	己卯27	庚辰28	辛巳29	壬午30	癸未31	甲申(8)	乙酉2	丙戌3	丁亥4	戊子5	己丑6	庚寅7	辛卯8	壬辰9	癸巳10	甲午11	乙未12	
七月小	戊申	天干 地支 西曆	丙申13	丁酉14	戊戌15	己亥16	庚子17	辛丑18	壬寅19	癸卯20	甲辰21	乙巳22	丙午23	丁未24	戊申25	己酉26	庚戌27	辛亥28	壬子29	癸丑30	甲寅31	乙卯(9)	丙辰2	丁巳3	戊午4	己未5	庚申6	辛酉7	壬戌8	癸亥9	甲子10		辛丑立秋
八月大	己酉	天干 地支 西曆	乙丑11	丙寅12	丁卯13	戊辰14	己巳15	庚午16	辛未17	壬申18	癸酉19	甲戌20	乙亥21	丙子22	丁丑23	戊寅24	己卯25	庚辰26	辛巳27	壬午28	癸未29	甲申30	乙酉(10)	丙戌2	丁亥3	戊子4	己丑5	庚寅6	辛卯7	壬辰8	癸巳9	甲午10	丁亥秋分
九月小	庚戌	天干 地支 西曆	乙未11	丙申12	丁酉13	戊戌14	己亥15	庚子16	辛丑17	壬寅18	癸卯19	甲辰20	乙巳21	丙午22	丁未23	戊申24	己酉25	庚戌26	辛亥27	壬子28	癸丑29	甲寅30	乙卯31	丙辰(11)	丁巳2	戊午3	己未4	庚申5	辛酉6	壬戌7	癸亥8		
十月大	辛亥	天干 地支 西曆	甲子9	乙丑10	丙寅11	丁卯12	戊辰13	己巳14	庚午15	辛未16	壬申17	癸酉18	甲戌19	乙亥20	丙子21	丁丑22	戊寅23	己卯24	庚辰25	辛巳26	壬午27	癸未28	甲申29	乙酉30	丙戌(12)	丁亥2	戊子3	己丑4	庚寅5	辛卯6	壬辰7	癸巳8	辛未立冬
十一月小	壬子	天干 地支 西曆	甲午9	乙未10	丙申11	丁酉12	戊戌13	己亥14	庚子15	辛丑16	壬寅17	癸卯18	甲辰19	乙巳20	丙午21	丁未22	戊申23	己酉24	庚戌25	辛亥26	壬子27	癸丑28	甲寅29	乙卯30	丙辰31	丁巳(1)	戊午2	己未3	庚申4	辛酉5	壬戌6		乙卯冬至
十二月大	癸丑	天干 地支 西曆	癸亥7	甲子8	乙丑9	丙寅10	丁卯11	戊辰12	己巳13	庚午14	辛未15	壬申16	癸酉17	甲戌18	乙亥19	丙子20	丁丑21	戊寅22	己卯23	庚辰24	辛巳25	壬午26	癸未27	甲申28	乙酉29	丙戌30	丁亥31	戊子(2)	己丑2	庚寅3	辛卯4	壬辰5	

年代異同	史記魯世家	漢書律曆志	帝王世紀	竹書紀年	皇極經世	文獻通考	歷代帝王年表	歷代統紀表	中國年曆總譜	西周年代	斷代工程
	周康王十六年		周昭王四十八年	周康王九年	周穆王三年	周穆王三年	周穆王三年	周穆王三年	周穆王二十五年	周昭王六年	周康王二十二年

周康王十五年（癸未 羊年） 公元前998～前997年

夏曆月序		中西曆日對照	初一	初二	初三	初四	初五	初六	初七	初八	初九	初十	十一	十二	十三	十四	十五	十六	十七	十八	十九	二十	二一	二二	二三	二四	二五	二六	二七	二八	二九	三十	節氣與天象
正月大	甲寅	干支 天地 西曆	癸巳 6	甲午 7	乙未 8	丙申 9	丁酉 10	戊戌 11	己亥 12	庚子 13	辛丑 14	壬寅 15	癸卯 16	甲辰 17	乙巳 18	丙午 19	丁未 20	戊申 21	己酉 22	庚戌 23	辛亥 24	壬子 25	癸丑 26	甲寅 27	乙卯 28	丙辰 (3)	丁巳 2	戊午 3	己未 4	庚申 5	辛酉 6	壬戌 7	庚子立春
二月小	乙卯	干支 天地 西曆	癸亥 8	甲子 9	乙丑 10	丙寅 11	丁卯 12	戊辰 13	己巳 14	庚午 15	辛未 16	壬申 17	癸酉 18	甲戌 19	乙亥 20	丙子 21	丁丑 22	戊寅 23	己卯 24	庚辰 25	辛巳 26	壬午 27	癸未 28	甲申 29	乙酉 30	丙戌 31	丁亥 (4)	戊子 2	己丑 3	庚寅 4	辛卯 5		丙戌春分
三月大	丙辰	干支 天地 西曆	壬辰 6	癸巳 7	甲午 8	乙未 9	丙申 10	丁酉 11	戊戌 12	己亥 13	庚子 14	辛丑 15	壬寅 16	癸卯 17	甲辰 18	乙巳 19	丙午 20	丁未 21	戊申 22	己酉 23	庚戌 24	辛亥 25	壬子 26	癸丑 27	甲寅 28	乙卯 29	丙辰 30	丁巳 (5)	戊午 2	己未 3	庚申 4	辛酉 5	
四月小	丁巳	干支 天地 西曆	壬戌 6	癸亥 7	甲子 8	乙丑 9	丙寅 10	丁卯 11	戊辰 12	己巳 13	庚午 14	辛未 15	壬申 16	癸酉 17	甲戌 18	乙亥 19	丙子 20	丁丑 21	戊寅 22	己卯 23	庚辰 24	辛巳 25	壬午 26	癸未 27	甲申 28	乙酉 29	丙戌 30	丁亥 31	戊子 (6)	己丑 2	庚寅 3		癸酉立夏
五月大	戊午	干支 天地 西曆	辛卯 4	壬辰 5	癸巳 6	甲午 7	乙未 8	丙申 9	丁酉 10	戊戌 11	己亥 12	庚子 13	辛丑 14	壬寅 15	癸卯 16	甲辰 17	乙巳 18	丙午 19	丁未 20	戊申 21	己酉 22	庚戌 23	辛亥 24	壬子 25	癸丑 26	甲寅 27	乙卯 28	丙辰 29	丁巳 30	戊午 (7)	己未 2	庚申 3	庚申夏至
六月小	己未	干支 天地 西曆	辛酉 4	壬戌 5	癸亥 6	甲子 7	乙丑 8	丙寅 9	丁卯 10	戊辰 11	己巳 12	庚午 13	辛未 14	壬申 15	癸酉 16	甲戌 17	乙亥 18	丙子 19	丁丑 20	戊寅 21	己卯 22	庚辰 23	辛巳 24	壬午 25	癸未 26	甲申 27	乙酉 28	丙戌 29	丁亥 30	戊子 31	己丑 (8)		
七月大	庚申	干支 天地 西曆	庚寅 2	辛卯 3	壬辰 4	癸巳 5	甲午 6	乙未 7	丙申 8	丁酉 9	戊戌 10	己亥 11	庚子 12	辛丑 13	壬寅 14	癸卯 15	甲辰 16	乙巳 17	丙午 18	丁未 19	戊申 20	己酉 21	庚戌 22	辛亥 23	壬子 24	癸丑 25	甲寅 26	乙卯 27	丙辰 28	丁巳 29	戊午 30	己未 31	丁未立秋
八月小	辛酉	干支 天地 西曆	庚申 (9)	辛酉 2	壬戌 3	癸亥 4	甲子 5	乙丑 6	丙寅 7	丁卯 8	戊辰 9	己巳 10	庚午 11	辛未 12	壬申 13	癸酉 14	甲戌 15	乙亥 16	丙子 17	丁丑 18	戊寅 19	己卯 20	庚辰 21	辛巳 22	壬午 23	癸未 24	甲申 25	乙酉 26	丙戌 27	丁亥 28	戊子 29		
閏八月大	辛酉	干支 天地 西曆	己丑 30	庚寅 (10)	辛卯 2	壬辰 3	癸巳 4	甲午 5	乙未 6	丙申 7	丁酉 8	戊戌 9	己亥 10	庚子 11	辛丑 12	壬寅 13	癸卯 14	甲辰 15	乙巳 16	丙午 17	丁未 18	戊申 19	己酉 20	庚戌 21	辛亥 22	壬子 23	癸丑 24	甲寅 25	乙卯 26	丙辰 27	丁巳 28	戊午 29	壬辰秋分
九月小	壬戌	干支 天地 西曆	己未 30	庚申 31	辛酉 (11)	壬戌 2	癸亥 3	甲子 4	乙丑 5	丙寅 6	丁卯 7	戊辰 8	己巳 9	庚午 10	辛未 11	壬申 12	癸酉 13	甲戌 14	乙亥 15	丙子 16	丁丑 17	戊寅 18	己卯 19	庚辰 20	辛巳 21	壬午 22	癸未 23	甲申 24	乙酉 25	丙戌 26	丁亥 27		丙子立冬
十月大	癸亥	干支 天地 西曆	戊子 28	己丑 29	庚寅 30	辛卯 (12)	壬辰 2	癸巳 3	甲午 4	乙未 5	丙申 6	丁酉 7	戊戌 8	己亥 9	庚子 10	辛丑 11	壬寅 12	癸卯 13	甲辰 14	乙巳 15	丙午 16	丁未 17	戊申 18	己酉 19	庚戌 20	辛亥 21	壬子 22	癸丑 23	甲寅 24	乙卯 25	丙辰 26	丁巳 27	
十一月小	甲子	干支 天地 西曆	戊午 28	己未 29	庚申 30	辛酉 31	壬戌 (1)	癸亥 2	甲子 3	乙丑 4	丙寅 5	丁卯 6	戊辰 7	己巳 8	庚午 9	辛未 10	壬申 11	癸酉 12	甲戌 13	乙亥 14	丙子 15	丁丑 16	戊寅 17	己卯 18	庚辰 19	辛巳 20	壬午 21	癸未 22	甲申 23	乙酉 24	丙戌 25		庚申冬至
十二月大	乙丑	干支 天地 西曆	丁亥 26	戊子 27	己丑 28	庚寅 29	辛卯 30	壬辰 31	癸巳 (2)	甲午 2	乙未 3	丙申 4	丁酉 5	戊戌 6	己亥 7	庚子 8	辛丑 9	壬寅 10	癸卯 11	甲辰 12	乙巳 13	丙午 14	丁未 15	戊申 16	己酉 17	庚戌 18	辛亥 19	壬子 20	癸丑 21	甲寅 22	乙卯 23	丙辰 24	乙巳立春

年代異同	史記魯世家	漢書律曆志	帝王世紀	竹書紀年	皇極經世	文獻通考	歷代帝王年表	歷代統紀表	中國年曆總譜	西周年代	斷代工程
	周康王十七年		周昭王四十九年	周康王十年	周穆王四年	周穆王四年	周穆王四年	周穆王四年	周穆王二十六年	周昭王七年	周康王二十三年

周康王十六年（甲申 猴年） 公元前997 ~ 前996年

夏曆月序		中西曆日對照	初一	初二	初三	初四	初五	初六	初七	初八	初九	初十	十一	十二	十三	十四	十五	十六	十七	十八	十九	二十	二一	二二	二三	二四	二五	二六	二七	二八	二九	三十	節氣與天象
正月小	丙寅	天干地支	丁巳	戊午	己未	庚申	辛酉	壬戌	癸亥	甲子	乙丑	丙寅	丁卯	戊辰	己巳	庚午	辛未	壬申	癸酉	甲戌	乙亥	丙子	丁丑	戊寅	己卯	庚辰	辛巳	壬午	癸未	甲申	乙酉		
		西曆	25	26	27	28	29	(3)	2	3	4	5	6	7	8	9	10	11	12	13	14	15	16	17	18	19	20	21	22	23	24		
二月大	丁卯	天干地支	丙戌	丁亥	戊子	己丑	庚寅	辛卯	壬辰	癸巳	甲午	乙未	丙申	丁酉	戊戌	己亥	庚子	辛丑	壬寅	癸卯	甲辰	乙巳	丙午	丁未	戊申	己酉	庚戌	辛亥	壬子	癸丑	甲寅	乙卯	辛卯春分
		西曆	25	26	27	28	29	30	31	(4)	2	3	4	5	6	7	8	9	10	11	12	13	14	15	16	17	18	19	20	21	22	23	
三月小	戊辰	天干地支	丙辰	丁巳	戊午	己未	庚申	辛酉	壬戌	癸亥	甲子	乙丑	丙寅	丁卯	戊辰	己巳	庚午	辛未	壬申	癸酉	甲戌	乙亥	丙子	丁丑	戊寅	己卯	庚辰	辛巳	壬午	癸未	甲申		戊寅立夏
		西曆	24	25	26	27	28	29	30	(5)	2	3	4	5	6	7	8	9	10	11	12	13	14	15	16	17	18	19	20	21	22		
四月大	己巳	天干地支	乙酉	丙戌	丁亥	戊子	己丑	庚寅	辛卯	壬辰	癸巳	甲午	乙未	丙申	丁酉	戊戌	己亥	庚子	辛丑	壬寅	癸卯	甲辰	乙巳	丙午	丁未	戊申	己酉	庚戌	辛亥	壬子	癸丑	甲寅	
		西曆	23	24	25	26	27	28	29	30	31	(6)	2	3	4	5	6	7	8	9	10	11	12	13	14	15	16	17	18	19	20	21	
五月大	庚午	天干地支	乙卯	丙辰	丁巳	戊午	己未	庚申	辛酉	壬戌	癸亥	甲子	乙丑	丙寅	丁卯	戊辰	己巳	庚午	辛未	壬申	癸酉	甲戌	乙亥	丙子	丁丑	戊寅	己卯	庚辰	辛巳	壬午	癸未	甲申	乙丑夏至
		西曆	22	23	24	25	26	27	28	29	30	(7)	2	3	4	5	6	7	8	9	10	11	12	13	14	15	16	17	18	19	20	21	
六月小	辛未	天干地支	乙酉	丙戌	丁亥	戊子	己丑	庚寅	辛卯	壬辰	癸巳	甲午	乙未	丙申	丁酉	戊戌	己亥	庚子	辛丑	壬寅	癸卯	甲辰	乙巳	丙午	丁未	戊申	己酉	庚戌	辛亥	壬子	癸丑		壬子立秋
		西曆	22	23	24	25	26	27	28	29	30	31	(8)	2	3	4	5	6	7	8	9	10	11	12	13	14	15	16	17	18	19		
七月大	壬申	天干地支	甲寅	乙卯	丙辰	丁巳	戊午	己未	庚申	辛酉	壬戌	癸亥	甲子	乙丑	丙寅	丁卯	戊辰	己巳	庚午	辛未	壬申	癸酉	甲戌	乙亥	丙子	丁丑	戊寅	己卯	庚辰	辛巳	壬午	癸未	
		西曆	20	21	22	23	24	25	26	27	28	29	30	31	(9)	2	3	4	5	6	7	8	9	10	11	12	13	14	15	16	17	18	
八月小	癸酉	天干地支	甲申	乙酉	丙戌	丁亥	戊子	己丑	庚寅	辛卯	壬辰	癸巳	甲午	乙未	丙申	丁酉	戊戌	己亥	庚子	辛丑	壬寅	癸卯	甲辰	乙巳	丙午	丁未	戊申	己酉	庚戌	辛亥	壬子		丁酉秋分
		西曆	19	20	21	22	23	24	25	26	27	28	29	30	(10)	2	3	4	5	6	7	8	9	10	11	12	13	14	15	16	17		
九月大	甲戌	天干地支	癸丑	甲寅	乙卯	丙辰	丁巳	戊午	己未	庚申	辛酉	壬戌	癸亥	甲子	乙丑	丙寅	丁卯	戊辰	己巳	庚午	辛未	壬申	癸酉	甲戌	乙亥	丙子	丁丑	戊寅	己卯	庚辰	辛巳	壬午	辛巳立冬
		西曆	18	19	20	21	22	23	24	25	26	27	28	29	30	31	(11)	2	3	4	5	6	7	8	9	10	11	12	13	14	15	16	
十月小	乙亥	天干地支	癸未	甲申	乙酉	丙戌	丁亥	戊子	己丑	庚寅	辛卯	壬辰	癸巳	甲午	乙未	丙申	丁酉	戊戌	己亥	庚子	辛丑	壬寅	癸卯	甲辰	乙巳	丙午	丁未	戊申	己酉	庚戌	辛亥		
		西曆	17	18	19	20	21	22	23	24	25	26	27	28	29	30	(12)	2	3	4	5	6	7	8	9	10	11	12	13	14	15		
十一月大	丙子	天干地支	壬子	癸丑	甲寅	乙卯	丙辰	丁巳	戊午	己未	庚申	辛酉	壬戌	癸亥	甲子	乙丑	丙寅	丁卯	戊辰	己巳	庚午	辛未	壬申	癸酉	甲戌	乙亥	丙子	丁丑	戊寅	己卯	庚辰	辛巳	丙寅冬至
		西曆	16	17	18	19	20	21	22	23	24	25	26	27	28	29	30	31	(1)	2	3	4	5	6	7	8	9	10	11	12	13	14	
十二月小	丁丑	天干地支	壬午	癸未	甲申	乙酉	丙戌	丁亥	戊子	己丑	庚寅	辛卯	壬辰	癸巳	甲午	乙未	丙申	丁酉	戊戌	己亥	庚子	辛丑	壬寅	癸卯	甲辰	乙巳	丙午	丁未	戊申	己酉	庚戌		庚戌立春
		西曆	15	16	17	18	19	20	21	22	23	24	25	26	27	28	29	30	31	(2)	2	3	4	5	6	7	8	9	10	11	12		

年代異同	史記魯世家	漢書律曆志	帝王世紀	竹書紀年	皇極經世	文獻通考	歷代帝王年表	歷代統紀表	中國年曆總譜	西周年代	斷代工程
	周康王十八年		周昭王五十年	周康王十一年	周穆王五年	周穆王五年	周穆王五年	周穆王五年	周穆王二十七年	周昭王八年	周康王二十四年

周康王十七年（乙酉 鷄年） 公元前996 ~ 前995年

夏曆月序		中西曆日對照	初一	初二	初三	初四	初五	初六	初七	初八	初九	初十	十一	十二	十三	十四	十五	十六	十七	十八	十九	二十	二一	二二	二三	二四	二五	二六	二七	二八	二九	三十	節氣與天象
正月大	戊寅	天干地支西曆	辛亥13	壬子14	癸丑15	甲寅16	乙卯17	丙辰18	丁巳19	戊午20	己未21	庚申22	辛酉23	壬戌24	癸亥25	甲子26	乙丑27	丙寅28	丁卯(3)	戊辰2	己巳3	庚午4	辛未5	壬申6	癸酉7	甲戌8	乙亥9	丙子10	丁丑11	戊寅12	己卯13	庚辰14	
二月小	己卯	天干地支西曆	辛巳15	壬午16	癸未17	甲申18	乙酉19	丙戌20	丁亥21	戊子22	己丑23	庚寅24	辛卯25	壬辰26	癸巳27	甲午28	乙未29	丙申30	丁酉31	戊戌(4)	己亥2	庚子3	辛丑4	壬寅5	癸卯6	甲辰7	乙巳8	丙午9	丁未10	戊申11	己酉12		丙申春分
三月大	庚辰	天干地支西曆	庚戌13	辛亥14	壬子15	癸丑16	甲寅17	乙卯18	丙辰19	丁巳20	戊午21	己未22	庚申23	辛酉24	壬戌25	癸亥26	甲子27	乙丑28	丙寅29	丁卯30	戊辰(5)	己巳2	庚午3	辛未4	壬申5	癸酉6	甲戌7	乙亥8	丙子9	丁丑10	戊寅11	己卯12	
四月小	辛巳	天干地支西曆	庚辰13	辛巳14	壬午15	癸未16	甲申17	乙酉18	丙戌19	丁亥20	戊子21	己丑22	庚寅23	辛卯24	壬辰25	癸巳26	甲午27	乙未28	丙申29	丁酉30	戊戌31	己亥(6)	庚子2	辛丑3	壬寅4	癸卯5	甲辰6	乙巳7	丙午8	丁未9	戊申10		甲申立夏
五月大	壬午	天干地支西曆	己酉11	庚戌12	辛亥13	壬子14	癸丑15	甲寅16	乙卯17	丙辰18	丁巳19	戊午20	己未21	庚申22	辛酉23	壬戌24	癸亥25	甲子26	乙丑27	丙寅28	丁卯29	戊辰30	己巳(7)	庚午2	辛未3	壬申4	癸酉5	甲戌6	乙亥7	丙子8	丁丑9	戊寅10	辛未夏至
六月小	癸未	天干地支西曆	己卯11	庚辰12	辛巳13	壬午14	癸未15	甲申16	乙酉17	丙戌18	丁亥19	戊子20	己丑21	庚寅22	辛卯23	壬辰24	癸巳25	甲午26	乙未27	丙申28	丁酉29	戊戌30	己亥31	庚子(8)	辛丑2	壬寅3	癸卯4	甲辰5	乙巳6	丙午7	丁未8		
七月大	甲申	天干地支西曆	戊申9	己酉10	庚戌11	辛亥12	壬子13	癸丑14	甲寅15	乙卯16	丙辰17	丁巳18	戊午19	己未20	庚申21	辛酉22	壬戌23	癸亥24	甲子25	乙丑26	丙寅27	丁卯28	戊辰29	己巳30	庚午31	辛未(9)	壬申2	癸酉3	甲戌4	乙亥5	丙子6	丁丑7	丁巳立秋
八月大	乙酉	天干地支西曆	戊寅8	己卯9	庚辰10	辛巳11	壬午12	癸未13	甲申14	乙酉15	丙戌16	丁亥17	戊子18	己丑19	庚寅20	辛卯21	壬辰22	癸巳23	甲午24	乙未25	丙申26	丁酉27	戊戌28	己亥29	庚子30	辛丑(10)	壬寅2	癸卯3	甲辰4	乙巳5	丙午6	丁未7	壬寅秋分
九月小	丙戌	天干地支西曆	戊申8	己酉9	庚戌10	辛亥11	壬子12	癸丑13	甲寅14	乙卯15	丙辰16	丁巳17	戊午18	己未19	庚申20	辛酉21	壬戌22	癸亥23	甲子24	乙丑25	丙寅26	丁卯27	戊辰28	己巳29	庚午30	辛未31	壬申(11)	癸酉2	甲戌3	乙亥4	丙子5		
十月大	丁亥	天干地支西曆	丁丑6	戊寅7	己卯8	庚辰9	辛巳10	壬午11	癸未12	甲申13	乙酉14	丙戌15	丁亥16	戊子17	己丑18	庚寅19	辛卯20	壬辰21	癸巳22	甲午23	乙未24	丙申25	丁酉26	戊戌27	己亥28	庚子29	辛丑30	壬寅(12)	癸卯2	甲辰3	乙巳4	丙午5	丁亥立冬
十一月小	戊子	天干地支西曆	丁未6	戊申7	己酉8	庚戌9	辛亥10	壬子11	癸丑12	甲寅13	乙卯14	丙辰15	丁巳16	戊午17	己未18	庚申19	辛酉20	壬戌21	癸亥22	甲子23	乙丑24	丙寅25	丁卯26	戊辰27	己巳28	庚午29	辛未30	壬申31	癸酉(1)	甲戌2	乙亥3		辛未冬至
十二月大	己丑	天干地支西曆	丙子4	丁丑5	戊寅6	己卯7	庚辰8	辛巳9	壬午10	癸未11	甲申12	乙酉13	丙戌14	丁亥15	戊子16	己丑17	庚寅18	辛卯19	壬辰20	癸巳21	甲午22	乙未23	丙申24	丁酉25	戊戌26	己亥27	庚子28	辛丑29	壬寅30	癸卯31	甲辰(2)	乙巳2	

年代異同	史記魯世家	漢書律曆志	帝王世紀	竹書紀年	皇極經世	文獻通考	歷代帝王年表	歷代統紀表	中國年曆總譜	西周年代	斷代工程
	周康王十九年		周昭王五十一年	周康王十二年	周穆王六年	周穆王六年	周穆王六年	周穆王六年	周穆王二十八年	周昭王九年	周康王二十五年

周康王十八年（丙戌 狗年） 公元前995 ~ 前994年

夏曆月序		中西曆日對照	初一	初二	初三	初四	初五	初六	初七	初八	初九	初十	十一	十二	十三	十四	十五	十六	十七	十八	十九	二十	二一	二二	二三	二四	二五	二六	二七	二八	二九	三十	節氣與天象
正月小	庚寅	天干地支西曆	丙午3	丁未4	戊申5	己酉6	庚戌7	辛亥8	壬子9	癸丑10	甲寅11	乙卯12	丙辰13	丁巳14	戊午15	己未16	庚申17	辛酉18	壬戌19	癸亥20	甲子21	乙丑22	丙寅23	丁卯24	戊辰25	己巳26	庚午27	辛未28	壬申(3)	癸酉2	甲戌3		丙辰立春
二月小	辛卯	天干地支西曆	乙亥4	丙子5	丁丑6	戊寅7	己卯8	庚辰9	辛巳10	壬午11	癸未12	甲申13	乙酉14	丙戌15	丁亥16	戊子17	己丑18	庚寅19	辛卯20	壬辰21	癸巳22	甲午23	乙未24	丙申25	丁酉26	戊戌27	己亥28	庚子29	辛丑30	壬寅31	癸卯(4)		壬寅春分
三月大	壬辰	天干地支西曆	甲辰2	乙巳3	丙午4	丁未5	戊申6	己酉7	庚戌8	辛亥9	壬子10	癸丑11	甲寅12	乙卯13	丙辰14	丁巳15	戊午16	己未17	庚申18	辛酉19	壬戌20	癸亥21	甲子22	乙丑23	丙寅24	丁卯25	戊辰26	己巳27	庚午28	辛未29	壬申30	癸酉(5)	
四月小	癸巳	天干地支西曆	甲戌2	乙亥3	丙子4	丁丑5	戊寅6	己卯7	庚辰8	辛巳9	壬午10	癸未11	甲申12	乙酉13	丙戌14	丁亥15	戊子16	己丑17	庚寅18	辛卯19	壬辰20	癸巳21	甲午22	乙未23	丙申24	丁酉25	戊戌26	己亥27	庚子28	辛丑29	壬寅30		己丑立夏
閏四月大	癸巳	天干地支西曆	癸卯31	甲辰(6)	乙巳2	丙午3	丁未4	戊申5	己酉6	庚戌7	辛亥8	壬子9	癸丑10	甲寅11	乙卯12	丙辰13	丁巳14	戊午15	己未16	庚申17	辛酉18	壬戌19	癸亥20	甲子21	乙丑22	丙寅23	丁卯24	戊辰25	己巳26	庚午27	辛未28	壬申29	
五月小	甲午	天干地支西曆	癸酉30	甲戌(7)	乙亥2	丙子3	丁丑4	戊寅5	己卯6	庚辰7	辛巳8	壬午9	癸未10	甲申11	乙酉12	丙戌13	丁亥14	戊子15	己丑16	庚寅17	辛卯18	壬辰19	癸巳20	甲午21	乙未22	丙申23	丁酉24	戊戌25	己亥26	庚子27	辛丑28		丙子夏至
六月大	乙未	天干地支西曆	壬寅29	癸卯30	甲辰31	乙巳(8)	丙午2	丁未3	戊申4	己酉5	庚戌6	辛亥7	壬子8	癸丑9	甲寅10	乙卯11	丙辰12	丁巳13	戊午14	己未15	庚申16	辛酉17	壬戌18	癸亥19	甲子20	乙丑21	丙寅22	丁卯23	戊辰24	己巳25	庚午26	辛未27	壬戌立秋
七月大	丙申	天干地支西曆	壬申28	癸酉29	甲戌30	乙亥31	丙子(9)	丁丑2	戊寅3	己卯4	庚辰5	辛巳6	壬午7	癸未8	甲申9	乙酉10	丙戌11	丁亥12	戊子13	己丑14	庚寅15	辛卯16	壬辰17	癸巳18	甲午19	乙未20	丙申21	丁酉22	戊戌23	己亥24	庚子25	辛丑26	
八月大	丁酉	天干地支西曆	壬寅27	癸卯28	甲辰29	乙巳30	丙午(10)	丁未2	戊申3	己酉4	庚戌5	辛亥6	壬子7	癸丑8	甲寅9	乙卯10	丙辰11	丁巳12	戊午13	己未14	庚申15	辛酉16	壬戌17	癸亥18	甲子19	乙丑20	丙寅21	丁卯22	戊辰23	己巳24	庚午25	辛未26	戊申秋分
九月小	戊戌	天干地支西曆	壬申27	癸酉28	甲戌29	乙亥30	丙子31	丁丑(11)	戊寅2	己卯3	庚辰4	辛巳5	壬午6	癸未7	甲申8	乙酉9	丙戌10	丁亥11	戊子12	己丑13	庚寅14	辛卯15	壬辰16	癸巳17	甲午18	乙未19	丙申20	丁酉21	戊戌22	己亥23	庚子24		壬辰立冬
十月大	己亥	天干地支西曆	辛丑25	壬寅26	癸卯27	甲辰28	乙巳29	丙午30	丁未(12)	戊申2	己酉3	庚戌4	辛亥5	壬子6	癸丑7	甲寅8	乙卯9	丙辰10	丁巳11	戊午12	己未13	庚申14	辛酉15	壬戌16	癸亥17	甲子18	乙丑19	丙寅20	丁卯21	戊辰22	己巳23	庚午24	
十一月小	庚子	天干地支西曆	辛未25	壬申26	癸酉27	甲戌28	乙亥29	丙子30	丁丑31	戊寅(1)	己卯2	庚辰3	辛巳4	壬午5	癸未6	甲申7	乙酉8	丙戌9	丁亥10	戊子11	己丑12	庚寅13	辛卯14	壬辰15	癸巳16	甲午17	乙未18	丙申19	丁酉20	戊戌21	己亥22		丙子冬至
十二月大	辛丑	天干地支西曆	庚子23	辛丑24	壬寅25	癸卯26	甲辰27	乙巳28	丙午29	丁未30	戊申31	己酉(2)	庚戌2	辛亥3	壬子4	癸丑5	甲寅6	乙卯7	丙辰8	丁巳9	戊午10	己未11	庚申12	辛酉13	壬戌14	癸亥15	甲子16	乙丑17	丙寅18	丁卯19	戊辰20	己巳21	辛酉立春

年代異同	史記魯世家	漢書律曆志	帝王世紀	竹書紀年	皇極經世	文獻通考	歷代帝王年表	歷代統紀表	中國年曆總譜	西周年代	斷代工程
	周康王二十年		周穆王元年	周康王十三年	周穆王七年	周穆王七年	周穆王七年	周穆王七年	周穆王二十九年	周昭王十年	周昭王元年

周康王十九年（丁亥 猪年） 公元前 994 ~ 前 993 年

夏曆月序		中西曆日對照	初一	初二	初三	初四	初五	初六	初七	初八	初九	初十	十一	十二	十三	十四	十五	十六	十七	十八	十九	二十	二一	二二	二三	二四	二五	二六	二七	二八	二九	三十	節氣與天象
正月小	壬寅	干支 西曆	庚午 22	辛未 23	壬申 24	癸酉 25	甲戌 26	乙亥 27	丙子 28	丁丑 (3)	戊寅 2	己卯 3	庚辰 4	辛巳 5	壬午 6	癸未 7	甲申 8	乙酉 9	丙戌 10	丁亥 11	戊子 12	己丑 13	庚寅 14	辛卯 15	壬辰 16	癸巳 17	甲午 18	乙未 19	丙申 20	丁酉 21	戊戌 22		
二月小	癸卯	干支 西曆	己亥 23	庚子 24	辛丑 25	壬寅 26	癸卯 27	甲辰 28	乙巳 29	丙午 30	丁未 31	戊申 (4)	己酉 2	庚戌 3	辛亥 4	壬子 5	癸丑 6	甲寅 7	乙卯 8	丙辰 9	丁巳 10	戊午 11	己未 12	庚申 13	辛酉 14	壬戌 15	癸亥 16	甲子 17	乙丑 18	丙寅 19	丁卯 20		丁未春分
三月大	甲辰	干支 西曆	戊辰 21	己巳 22	庚午 23	辛未 24	壬申 25	癸酉 26	甲戌 27	乙亥 28	丙子 29	丁丑 30	戊寅 (5)	己卯 2	庚辰 3	辛巳 4	壬午 5	癸未 6	甲申 7	乙酉 8	丙戌 9	丁亥 10	戊子 11	己丑 12	庚寅 13	辛卯 14	壬辰 15	癸巳 16	甲午 17	乙未 18	丙申 19	丁酉 20	甲午立夏
四月小	乙巳	干支 西曆	戊戌 21	己亥 22	庚子 23	辛丑 24	壬寅 25	癸卯 26	甲辰 27	乙巳 28	丙午 29	丁未 30	戊申 31	己酉 (6)	庚戌 2	辛亥 3	壬子 4	癸丑 5	甲寅 6	乙卯 7	丙辰 8	丁巳 9	戊午 10	己未 11	庚申 12	辛酉 13	壬戌 14	癸亥 15	甲子 16	乙丑 17	丙寅 18		
五月大	丙午	干支 西曆	丁卯 19	戊辰 20	己巳 21	庚午 22	辛未 23	壬申 24	癸酉 25	甲戌 26	乙亥 27	丙子 28	丁丑 29	戊寅 30	己卯 (7)	庚辰 2	辛巳 3	壬午 4	癸未 5	甲申 6	乙酉 7	丙戌 8	丁亥 9	戊子 10	己丑 11	庚寅 12	辛卯 13	壬辰 14	癸巳 15	甲午 16	乙未 17	丙申 18	辛巳夏至
六月小	丁未	干支 西曆	丁酉 19	戊戌 20	己亥 21	庚子 22	辛丑 23	壬寅 24	癸卯 25	甲辰 26	乙巳 27	丙午 28	丁未 29	戊申 30	己酉 31	庚戌 (8)	辛亥 2	壬子 3	癸丑 4	甲寅 5	乙卯 6	丙辰 7	丁巳 8	戊午 9	己未 10	庚申 11	辛酉 12	壬戌 13	癸亥 14	甲子 15	乙丑 16		
七月大	戊申	干支 西曆	丙寅 17	丁卯 18	戊辰 19	己巳 20	庚午 21	辛未 22	壬申 23	癸酉 24	甲戌 25	乙亥 26	丙子 27	丁丑 28	戊寅 29	己卯 30	庚辰 31	辛巳 (9)	壬午 2	癸未 3	甲申 4	乙酉 5	丙戌 6	丁亥 7	戊子 8	己丑 9	庚寅 10	辛卯 11	壬辰 12	癸巳 13	甲午 14	乙未 15	戊辰立秋
八月大	己酉	干支 西曆	丙申 16	丁酉 17	戊戌 18	己亥 19	庚子 20	辛丑 21	壬寅 22	癸卯 23	甲辰 24	乙巳 25	丙午 26	丁未 27	戊申 28	己酉 29	庚戌 30	辛亥 (10)	壬子 2	癸丑 3	甲寅 4	乙卯 5	丙辰 6	丁巳 7	戊午 8	己未 9	庚申 10	辛酉 11	壬戌 12	癸亥 13	甲子 14	乙丑 15	癸丑秋分
九月小	庚戌	干支 西曆	丙寅 16	丁卯 17	戊辰 18	己巳 19	庚午 20	辛未 21	壬申 22	癸酉 23	甲戌 24	乙亥 25	丙子 26	丁丑 27	戊寅 28	己卯 29	庚辰 30	辛巳 31	壬午 (11)	癸未 2	甲申 3	乙酉 4	丙戌 5	丁亥 6	戊子 7	己丑 8	庚寅 9	辛卯 10	壬辰 11	癸巳 12	甲午 13		
十月大	辛亥	干支 西曆	乙未 14	丙申 15	丁酉 16	戊戌 17	己亥 18	庚子 19	辛丑 20	壬寅 21	癸卯 22	甲辰 23	乙巳 24	丙午 25	丁未 26	戊申 27	己酉 28	庚戌 29	辛亥 30	壬子 (12)	癸丑 2	甲寅 3	乙卯 4	丙辰 5	丁巳 6	戊午 7	己未 8	庚申 9	辛酉 10	壬戌 11	癸亥 12	甲子 13	丁酉立冬
十一月大	壬子	干支 西曆	乙丑 14	丙寅 15	丁卯 16	戊辰 17	己巳 18	庚午 19	辛未 20	壬申 21	癸酉 22	甲戌 23	乙亥 24	丙子 25	丁丑 26	戊寅 27	己卯 28	庚辰 29	辛巳 30	壬午 31	癸未 (1)	甲申 2	乙酉 3	丙戌 4	丁亥 5	戊子 6	己丑 7	庚寅 8	辛卯 9	壬辰 10	癸巳 11	甲午 12	辛巳冬至
十二月小	癸丑	干支 西曆	乙未 13	丙申 14	丁酉 15	戊戌 16	己亥 17	庚子 18	辛丑 19	壬寅 20	癸卯 21	甲辰 22	乙巳 23	丙午 24	丁未 25	戊申 26	己酉 27	庚戌 28	辛亥 29	壬子 30	癸丑 31	甲寅 (2)	乙卯 2	丙辰 3	丁巳 4	戊午 5	己未 6	庚申 7	辛酉 8	壬戌 9	癸亥 10		

年代異同	史記魯世家	漢書律曆志	帝王世紀	竹書紀年	皇極經世	文獻通考	歷代帝王年表	歷代統紀表	中國年曆總譜	西周年代	斷代工程
	周康王二十一年		周穆王二年	周康王十四年	周穆王八年	周穆王八年	周穆王八年	周穆王八年	周穆王三十年	周昭王十一年	周昭王二年

周康王二十年（戊子 鼠年） 公元前 **993** ~ 前 992 年

夏曆月序		中西曆日對照	初一	初二	初三	初四	初五	初六	初七	初八	初九	初十	十一	十二	十三	十四	十五	十六	十七	十八	十九	二十	二一	二二	二三	二四	二五	二六	二七	二八	二九	三十	節氣與天象
正月大	甲寅	天干地支西曆	甲子11	乙丑12	丙寅13	丁卯14	戊辰15	己巳16	庚午17	辛未18	壬申19	癸酉20	甲戌21	乙亥22	丙子23	丁丑24	戊寅25	己卯26	庚辰27	辛巳28	壬午29	癸未(3)	甲申2	乙酉3	丙戌4	丁亥5	戊子6	己丑7	庚寅8	辛卯9	壬辰10	癸巳11	丙寅立春
二月小	乙卯	天干地支西曆	甲午12	乙未13	丙申14	丁酉15	戊戌16	己亥17	庚子18	辛丑19	壬寅20	癸卯21	甲辰22	乙巳23	丙午24	丁未25	戊申26	己酉27	庚戌28	辛亥29	壬子30	癸丑31	甲寅(4)	乙卯2	丙辰3	丁巳4	戊午5	己未6	庚申7	辛酉8	壬戌9		壬子春分
三月小	丙辰	天干地支西曆	癸亥10	甲子11	乙丑12	丙寅13	丁卯14	戊辰15	己巳16	庚午17	辛未18	壬申19	癸酉20	甲戌21	乙亥22	丙子23	丁丑24	戊寅25	己卯26	庚辰27	辛巳28	壬午29	癸未30	甲申(5)	乙酉2	丙戌3	丁亥4	戊子5	己丑6	庚寅7	辛卯8		
四月大	丁巳	天干地支西曆	壬辰9	癸巳10	甲午11	乙未12	丙申13	丁酉14	戊戌15	己亥16	庚子17	辛丑18	壬寅19	癸卯20	甲辰21	乙巳22	丙午23	丁未24	戊申25	己酉26	庚戌27	辛亥28	壬子29	癸丑30	甲寅31	乙卯(6)	丙辰2	丁巳3	戊午4	己未5	庚申6	辛酉7	己亥立夏
五月小	戊午	天干地支西曆	壬戌8	癸亥9	甲子10	乙丑11	丙寅12	丁卯13	戊辰14	己巳15	庚午16	辛未17	壬申18	癸酉19	甲戌20	乙亥21	丙子22	丁丑23	戊寅24	己卯25	庚辰26	辛巳27	壬午28	癸未29	甲申30	乙酉(7)	丙戌2	丁亥3	戊子4	己丑5	庚寅6		丙戌夏至
六月小	己未	天干地支西曆	辛卯7	壬辰8	癸巳9	甲午10	乙未11	丙申12	丁酉13	戊戌14	己亥15	庚子16	辛丑17	壬寅18	癸卯19	甲辰20	乙巳21	丙午22	丁未23	戊申24	己酉25	庚戌26	辛亥27	壬子28	癸丑29	甲寅30	乙卯31	丙辰(8)	丁巳2	戊午3	己未4		
七月大	庚申	天干地支西曆	庚申5	辛酉6	壬戌7	癸亥8	甲子9	乙丑10	丙寅11	丁卯12	戊辰13	己巳14	庚午15	辛未16	壬申17	癸酉18	甲戌19	乙亥20	丙子21	丁丑22	戊寅23	己卯24	庚辰25	辛巳26	壬午27	癸未28	甲申29	乙酉30	丙戌31	丁亥(9)	戊子2	己丑3	癸酉立秋
八月大	辛酉	天干地支西曆	庚寅4	辛卯5	壬辰6	癸巳7	甲午8	乙未9	丙申10	丁酉11	戊戌12	己亥13	庚子14	辛丑15	壬寅16	癸卯17	甲辰18	乙巳19	丙午20	丁未21	戊申22	己酉23	庚戌24	辛亥25	壬子26	癸丑27	甲寅28	乙卯29	丙辰30	丁巳(10)	戊午2	己未3	戊午秋分
九月小	壬戌	天干地支西曆	庚申4	辛酉5	壬戌6	癸亥7	甲子8	乙丑9	丙寅10	丁卯11	戊辰12	己巳13	庚午14	辛未15	壬申16	癸酉17	甲戌18	乙亥19	丙子20	丁丑21	戊寅22	己卯23	庚辰24	辛巳25	壬午26	癸未27	甲申28	乙酉29	丙戌30	丁亥31	戊子(11)		
十月大	癸亥	天干地支西曆	己丑2	庚寅3	辛卯4	壬辰5	癸巳6	甲午7	乙未8	丙申9	丁酉10	戊戌11	己亥12	庚子13	辛丑14	壬寅15	癸卯16	甲辰17	乙巳18	丙午19	丁未20	戊申21	己酉22	庚戌23	辛亥24	壬子25	癸丑26	甲寅27	乙卯28	丙辰29	丁巳30	戊午(12)	壬寅立冬
十一月大	甲子	天干地支西曆	己未2	庚申3	辛酉4	壬戌5	癸亥6	甲子7	乙丑8	丙寅9	丁卯10	戊辰11	己巳12	庚午13	辛未14	壬申15	癸酉16	甲戌17	乙亥18	丙子19	丁丑20	戊寅21	己卯22	庚辰23	辛巳24	壬午25	癸未26	甲申27	乙酉28	丙戌29	丁亥30	戊子31	丙戌冬至
十二月大	乙丑	天干地支西曆	己丑(1)	庚寅2	辛卯3	壬辰4	癸巳5	甲午6	乙未7	丙申8	丁酉9	戊戌10	己亥11	庚子12	辛丑13	壬寅14	癸卯15	甲辰16	乙巳17	丙午18	丁未19	戊申20	己酉21	庚戌22	辛亥23	壬子24	癸丑25	甲寅26	乙卯27	丙辰28	丁巳29	戊午30	

年代異同	史記魯世家	漢書律曆志	帝王世紀	竹書紀年	皇極經世	文獻通考	歷代帝王年表	歷代統紀表	中國年曆總譜	西周年代	斷代工程
	周康王二十二年		周穆王三年	周康王十五年	周穆王九年	周穆王九年	周穆王九年	周穆王九年	周穆王三十一年	周昭王十二年	周昭王三年

周康王二十一年（己丑 牛年） 公元前 992 ~ 前 991 年

夏曆月序		中西曆日對照	初一	初二	初三	初四	初五	初六	初七	初八	初九	初十	十一	十二	十三	十四	十五	十六	十七	十八	十九	二十	二一	二二	二三	二四	二五	二六	二七	二八	二九	三十	節氣與天象
正月小	丙寅	干支曆 天地西	己未31	庚申(2)	辛酉2	壬戌3	癸亥4	甲子5	乙丑6	丙寅7	丁卯8	戊辰9	己巳10	庚午11	辛未12	壬申13	癸酉14	甲戌15	乙亥16	丙子17	丁丑18	戊寅19	己卯20	庚辰21	辛巳22	壬午23	癸未24	甲申25	乙酉26	丙戌27	丁亥28		辛未立春
二月大	丁卯	干支曆 天地西	戊子(3)	己丑2	庚寅3	辛卯4	壬辰5	癸巳6	甲午7	乙未8	丙申9	丁酉10	戊戌11	己亥12	庚子13	辛丑14	壬寅15	癸卯16	甲辰17	乙巳18	丙午19	丁未20	戊申21	己酉22	庚戌23	辛亥24	壬子25	癸丑26	甲寅27	乙卯28	丙辰29	丁巳30	丁巳春分
閏二月小	丁卯	干支曆 天地西	戊午31	己未(4)	庚申2	辛酉3	壬戌4	癸亥5	甲子6	乙丑7	丙寅8	丁卯9	戊辰10	己巳11	庚午12	辛未13	壬申14	癸酉15	甲戌16	乙亥17	丙子18	丁丑19	戊寅20	己卯21	庚辰22	辛巳23	壬午24	癸未25	甲申26	乙酉27	丙戌28		
三月小	戊辰	干支曆 天地西	丁亥29	戊子30	己丑(5)	庚寅2	辛卯3	壬辰4	癸巳5	甲午6	乙未7	丙申8	丁酉9	戊戌10	己亥11	庚子12	辛丑13	壬寅14	癸卯15	甲辰16	乙巳17	丙午18	丁未19	戊申20	己酉21	庚戌22	辛亥23	壬子24	癸丑25	甲寅26	乙卯27		甲辰立夏
四月大	己巳	干支曆 天地西	丙辰28	丁巳29	戊午30	己未31	庚申(6)	辛酉2	壬戌3	癸亥4	甲子5	乙丑6	丙寅7	丁卯8	戊辰9	己巳10	庚午11	辛未12	壬申13	癸酉14	甲戌15	乙亥16	丙子17	丁丑18	戊寅19	己卯20	庚辰21	辛巳22	壬午23	癸未24	甲申25	乙酉26	
五月小	庚午	干支曆 天地西	丙戌27	丁亥28	戊子29	己丑30	庚寅(7)	辛卯2	壬辰3	癸巳4	甲午5	乙未6	丙申7	丁酉8	戊戌9	己亥10	庚子11	辛丑12	壬寅13	癸卯14	甲辰15	乙巳16	丙午17	丁未18	戊申19	己酉20	庚戌21	辛亥22	壬子23	癸丑24	甲寅25		壬辰夏至
六月小	辛未	干支曆 天地西	乙卯26	丙辰27	丁巳28	戊午29	己未30	庚申31	辛酉(8)	壬戌2	癸亥3	甲子4	乙丑5	丙寅6	丁卯7	戊辰8	己巳9	庚午10	辛未11	壬申12	癸酉13	甲戌14	乙亥15	丙子16	丁丑17	戊寅18	己卯19	庚辰20	辛巳21	壬午22	癸未23		戊寅立秋
七月大	壬申	干支曆 天地西	甲申24	乙酉25	丙戌26	丁亥27	戊子28	己丑29	庚寅30	辛卯31	壬辰(9)	癸巳2	甲午3	乙未4	丙申5	丁酉6	戊戌7	己亥8	庚子9	辛丑10	壬寅11	癸卯12	甲辰13	乙巳14	丙午15	丁未16	戊申17	己酉18	庚戌19	辛亥20	壬子21	癸丑22	
八月大	癸酉	干支曆 天地西	甲寅23	乙卯24	丙辰25	丁巳26	戊午27	己未28	庚申29	辛酉30	壬戌(10)	癸亥2	甲子3	乙丑4	丙寅5	丁卯6	戊辰7	己巳8	庚午9	辛未10	壬申11	癸酉12	甲戌13	乙亥14	丙子15	丁丑16	戊寅17	己卯18	庚辰19	辛巳20	壬午21	癸未22	癸亥秋分
九月小	甲戌	干支曆 天地西	甲申23	乙酉24	丙戌25	丁亥26	戊子27	己丑28	庚寅29	辛卯30	壬辰31	癸巳(11)	甲午2	乙未3	丙申4	丁酉5	戊戌6	己亥7	庚子8	辛丑9	壬寅10	癸卯11	甲辰12	乙巳13	丙午14	丁未15	戊申16	己酉17	庚戌18	辛亥19	壬子20		戊申立冬
十月大	乙亥	干支曆 天地西	癸丑21	甲寅22	乙卯23	丙辰24	丁巳25	戊午26	己未27	庚申28	辛酉29	壬戌30	癸亥(12)	甲子2	乙丑3	丙寅4	丁卯5	戊辰6	己巳7	庚午8	辛未9	壬申10	癸酉11	甲戌12	乙亥13	丙子14	丁丑15	戊寅16	己卯17	庚辰18	辛巳19	壬午20	
十一月大	丙子	干支曆 天地西	癸未21	甲申22	乙酉23	丙戌24	丁亥25	戊子26	己丑27	庚寅28	辛卯29	壬辰30	癸巳31	甲午(1)	乙未2	丙申3	丁酉4	戊戌5	己亥6	庚子7	辛丑8	壬寅9	癸卯10	甲辰11	乙巳12	丙午13	丁未14	戊申15	己酉16	庚戌17	辛亥18	壬子19	壬辰冬至
十二月大	丁丑	干支曆 天地西	癸丑20	甲寅21	乙卯22	丙辰23	丁巳24	戊午25	己未26	庚申27	辛酉28	壬戌29	癸亥30	甲子31	乙丑(2)	丙寅2	丁卯3	戊辰4	己巳5	庚午6	辛未7	壬申8	癸酉9	甲戌10	乙亥11	丙子12	丁丑13	戊寅14	己卯15	庚辰16	辛巳17	壬午18	丁丑立春

年代異同	史記魯世家	漢書律曆志	帝王世紀	竹書紀年	皇極經世	文獻通考	歷代帝王年表	歷代統紀表	中國年曆總譜	西周年代	斷代工程
	周康王二十三年		周穆王四年	周康王十六年	周穆王十年	周穆王十年	周穆王十年	周穆王十年	周穆王三十二年	周昭王十三年	周昭王四年

周康王二十二年（庚寅 虎年） 公元前991 ~ 前990年

夏曆月序	中西曆日對照	初一	初二	初三	初四	初五	初六	初七	初八	初九	初十	十一	十二	十三	十四	十五	十六	十七	十八	十九	二十	二一	二二	二三	二四	二五	二六	二七	二八	二九	三十	節氣與天象
正月小 戊寅	天干地支西曆	癸未19	甲申20	乙酉21	丙戌22	丁亥23	戊子24	己丑25	庚寅26	辛卯27	壬辰28	癸巳(3)	甲午2	乙未3	丙申4	丁酉5	戊戌6	己亥7	庚子8	辛丑9	壬寅10	癸卯11	甲辰12	乙巳13	丙午14	丁未15	戊申16	己酉17	庚戌18	辛亥19		
二月大 己卯	天干地支西曆	壬子20	癸丑21	甲寅22	乙卯23	丙辰24	丁巳25	戊午26	己未27	庚申28	辛酉29	壬戌30	癸亥31	甲子(4)	乙丑2	丙寅3	丁卯4	戊辰5	己巳6	庚午7	辛未8	壬申9	癸酉10	甲戌11	乙亥12	丙子13	丁丑14	戊寅15	己卯16	庚辰17	辛巳18	癸亥春分 壬子日食
三月小 庚辰	天干地支西曆	壬午19	癸未20	甲申21	乙酉22	丙戌23	丁亥24	戊子25	己丑26	庚寅27	辛卯28	壬辰29	癸巳30	甲午(5)	乙未2	丙申3	丁酉4	戊戌5	己亥6	庚子7	辛丑8	壬寅9	癸卯10	甲辰11	乙巳12	丙午13	丁未14	戊申15	己酉16	庚戌17		庚戌立夏
四月小 辛巳	天干地支西曆	辛亥18	壬子19	癸丑20	甲寅21	乙卯22	丙辰23	丁巳24	戊午25	己未26	庚申27	辛酉28	壬戌29	癸亥30	甲子31	乙丑(6)	丙寅2	丁卯3	戊辰4	己巳5	庚午6	辛未7	壬申8	癸酉9	甲戌10	乙亥11	丙子12	丁丑13	戊寅14	己卯15		
五月大 壬午	天干地支西曆	庚辰16	辛巳17	壬午18	癸未19	甲申20	乙酉21	丙戌22	丁亥23	戊子24	己丑25	庚寅26	辛卯27	壬辰28	癸巳29	甲午30	乙未(7)	丙申2	丁酉3	戊戌4	己亥5	庚子6	辛丑7	壬寅8	癸卯9	甲辰10	乙巳11	丙午12	丁未13	戊申14	己酉15	丁酉夏至
六月小 癸未	天干地支西曆	庚戌16	辛亥17	壬子18	癸丑19	甲寅20	乙卯21	丙辰22	丁巳23	戊午24	己未25	庚申26	辛酉27	壬戌28	癸亥29	甲子30	乙丑31	丙寅(8)	丁卯2	戊辰3	己巳4	庚午5	辛未6	壬申7	癸酉8	甲戌9	乙亥10	丙子11	丁丑12	戊寅13		
七月小 甲申	天干地支西曆	己卯14	庚辰15	辛巳16	壬午17	癸未18	甲申19	乙酉20	丙戌21	丁亥22	戊子23	己丑24	庚寅25	辛卯26	壬辰27	癸巳28	甲午29	乙未30	丙申31	丁酉(9)	戊戌2	己亥3	庚子4	辛丑5	壬寅6	癸卯7	甲辰8	乙巳9	丙午10	丁未11		癸未立秋
八月大 乙酉	天干地支西曆	戊申12	己酉13	庚戌14	辛亥15	壬子16	癸丑17	甲寅18	乙卯19	丙辰20	丁巳21	戊午22	己未23	庚申24	辛酉25	壬戌26	癸亥27	甲子28	乙丑29	丙寅30	丁卯(10)	戊辰2	己巳3	庚午4	辛未5	壬申6	癸酉7	甲戌8	乙亥9	丙子10	丁丑11	己巳秋分
九月小 丙戌	天干地支西曆	戊寅12	己卯13	庚辰14	辛巳15	壬午16	癸未17	甲申18	乙酉19	丙戌20	丁亥21	戊子22	己丑23	庚寅24	辛卯25	壬辰26	癸巳27	甲午28	乙未29	丙申30	丁酉31	戊戌(11)	己亥2	庚子3	辛丑4	壬寅5	癸卯6	甲辰7	乙巳8	丙午9		
十月大 丁亥	天干地支西曆	丁未10	戊申11	己酉12	庚戌13	辛亥14	壬子15	癸丑16	甲寅17	乙卯18	丙辰19	丁巳20	戊午21	己未22	庚申23	辛酉24	壬戌25	癸亥26	甲子27	乙丑28	丙寅29	丁卯30	戊辰(12)	己巳2	庚午3	辛未4	壬申5	癸酉6	甲戌7	乙亥8	丙子9	癸丑立冬
十一月大 戊子	天干地支西曆	丁丑10	戊寅11	己卯12	庚辰13	辛巳14	壬午15	癸未16	甲申17	乙酉18	丙戌19	丁亥20	戊子21	己丑22	庚寅23	辛卯24	壬辰25	癸巳26	甲午27	乙未28	丙申29	丁酉30	戊戌31	己亥(1)	庚子2	辛丑3	壬寅4	癸卯5	甲辰6	乙巳7	丙午8	丁酉冬至
十二月大 己丑	天干地支西曆	丁未9	戊申10	己酉11	庚戌12	辛亥13	壬子14	癸丑15	甲寅16	乙卯17	丙辰18	丁巳19	戊午20	己未21	庚申22	辛酉23	壬戌24	癸亥25	甲子26	乙丑27	丙寅28	丁卯29	戊辰30	己巳31	庚午(2)	辛未2	壬申3	癸酉4	甲戌5	乙亥6	丙子7	

年代異同	史記魯世家	漢書律曆志	帝王世紀	竹書紀年	皇極經世	文獻通考	歷代帝王年表	歷代統紀表	中國年曆總譜	西周年代	斷代工程
	周康王二十四年		周穆王五年	周康王十七年	周穆王十一年	周穆王十一年	周穆王十一年	周穆王十一年	周穆王三十三年	周昭王十四年	周昭王五年

周康王二十三年（辛卯 兔年） 公元前 **990** ~ 前 989 年

夏曆月序		中西曆日對照	初一	初二	初三	初四	初五	初六	初七	初八	初九	初十	十一	十二	十三	十四	十五	十六	十七	十八	十九	二十	二一	二二	二三	二四	二五	二六	二七	二八	二九	三十	節氣與天象
正月小	庚寅	干支曆 天地西曆	丁丑 8	戊寅 9	己卯 10	庚辰 11	辛巳 12	壬午 13	癸未 14	甲申 15	乙酉 16	丙戌 17	丁亥 18	戊子 19	己丑 20	庚寅 21	辛卯 22	壬辰 23	癸巳 24	甲午 25	乙未 26	丙申 27	丁酉 28	戊戌 (3)	己亥 2	庚子 3	辛丑 4	壬寅 5	癸卯 6	甲辰 7	乙巳 8		壬午立春
二月大	辛卯	干支曆 天地西曆	丙午 9	丁未 10	戊申 11	己酉 12	庚戌 13	辛亥 14	壬子 15	癸丑 16	甲寅 17	乙卯 18	丙辰 19	丁巳 20	戊午 21	己未 22	庚申 23	辛酉 24	壬戌 25	癸亥 26	甲子 27	乙丑 28	丙寅 29	丁卯 30	戊辰 31	己巳 (4)	庚午 2	辛未 3	壬申 4	癸酉 5	甲戌 6	乙亥 7	戊辰春分
三月大	壬辰	干支曆 天地西曆	丙子 8	丁丑 9	戊寅 10	己卯 11	庚辰 12	辛巳 13	壬午 14	癸未 15	甲申 16	乙酉 17	丙戌 18	丁亥 19	戊子 20	己丑 21	庚寅 22	辛卯 23	壬辰 24	癸巳 25	甲午 26	乙未 27	丙申 28	丁酉 29	戊戌 30	己亥 (5)	庚子 2	辛丑 3	壬寅 4	癸卯 5	甲辰 6	乙巳 7	
四月小	癸巳	干支曆 天地西曆	丙午 8	丁未 9	戊申 10	己酉 11	庚戌 12	辛亥 13	壬子 14	癸丑 15	甲寅 16	乙卯 17	丙辰 18	丁巳 19	戊午 20	己未 21	庚申 22	辛酉 23	壬戌 24	癸亥 25	甲子 26	乙丑 27	丙寅 28	丁卯 29	戊辰 30	己巳 31	庚午 (6)	辛未 2	壬申 3	癸酉 4	甲戌 5		乙卯立夏
五月小	甲午	干支曆 天地西曆	乙亥 6	丙子 7	丁丑 8	戊寅 9	己卯 10	庚辰 11	辛巳 12	壬午 13	癸未 14	甲申 15	乙酉 16	丙戌 17	丁亥 18	戊子 19	己丑 20	庚寅 21	辛卯 22	壬辰 23	癸巳 24	甲午 25	乙未 26	丙申 27	丁酉 28	戊戌 29	己亥 30	庚子 (7)	辛丑 2	壬寅 3	癸卯 4		壬寅夏至
六月大	乙未	干支曆 天地西曆	甲辰 5	乙巳 6	丙午 7	丁未 8	戊申 9	己酉 10	庚戌 11	辛亥 12	壬子 13	癸丑 14	甲寅 15	乙卯 16	丙辰 17	丁巳 18	戊午 19	己未 20	庚申 21	辛酉 22	壬戌 23	癸亥 24	甲子 25	乙丑 26	丙寅 27	丁卯 28	戊辰 29	己巳 30	庚午 31	辛未 (8)	壬申 2	癸酉 3	
七月小	丙申	干支曆 天地西曆	甲戌 4	乙亥 5	丙子 6	丁丑 7	戊寅 8	己卯 9	庚辰 10	辛巳 11	壬午 12	癸未 13	甲申 14	乙酉 15	丙戌 16	丁亥 17	戊子 18	己丑 19	庚寅 20	辛卯 21	壬辰 22	癸巳 23	甲午 24	乙未 25	丙申 26	丁酉 27	戊戌 28	己亥 29	庚子 30	辛丑 31	壬寅 (9)		己丑立秋
八月小	丁酉	干支曆 天地西曆	癸卯 2	甲辰 3	乙巳 4	丙午 5	丁未 6	戊申 7	己酉 8	庚戌 9	辛亥 10	壬子 11	癸丑 12	甲寅 13	乙卯 14	丙辰 15	丁巳 16	戊午 17	己未 18	庚申 19	辛酉 20	壬戌 21	癸亥 22	甲子 23	乙丑 24	丙寅 25	丁卯 26	戊辰 27	己巳 28	庚午 29	辛未 30		
九月大	戊戌	干支曆 天地西曆	壬申 (10)	癸酉 2	甲戌 3	乙亥 4	丙子 5	丁丑 6	戊寅 7	己卯 8	庚辰 9	辛巳 10	壬午 11	癸未 12	甲申 13	乙酉 14	丙戌 15	丁亥 16	戊子 17	己丑 18	庚寅 19	辛卯 20	壬辰 21	癸巳 22	甲午 23	乙未 24	丙申 25	丁酉 26	戊戌 27	己亥 28	庚子 29	辛丑 30	甲戌秋分
閏九月小	戊戌	干支曆 天地西曆	壬寅 31	癸卯 (11)	甲辰 2	乙巳 3	丙午 4	丁未 5	戊申 6	己酉 7	庚戌 8	辛亥 9	壬子 10	癸丑 11	甲寅 12	乙卯 13	丙辰 14	丁巳 15	戊午 16	己未 17	庚申 18	辛酉 19	壬戌 20	癸亥 21	甲子 22	乙丑 23	丙寅 24	丁卯 25	戊辰 26	己巳 27	庚午 28		戊午立冬
十月大	己亥	干支曆 天地西曆	辛未 29	壬申 30	癸酉 (12)	甲戌 2	乙亥 3	丙子 4	丁丑 5	戊寅 6	己卯 7	庚辰 8	辛巳 9	壬午 10	癸未 11	甲申 12	乙酉 13	丙戌 14	丁亥 15	戊子 16	己丑 17	庚寅 18	辛卯 19	壬辰 20	癸巳 21	甲午 22	乙未 23	丙申 24	丁酉 25	戊戌 26	己亥 27	庚子 28	
十一月大	庚子	干支曆 天地西曆	辛丑 29	壬寅 30	癸卯 31	甲辰 (1)	乙巳 2	丙午 3	丁未 4	戊申 5	己酉 6	庚戌 7	辛亥 8	壬子 9	癸丑 10	甲寅 11	乙卯 12	丙辰 13	丁巳 14	戊午 15	己未 16	庚申 17	辛酉 18	壬戌 19	癸亥 20	甲子 21	乙丑 22	丙寅 23	丁卯 24	戊辰 25	己巳 26	庚午 27	壬寅冬至
十二月小	辛丑	干支曆 天地西曆	辛未 28	壬申 29	癸酉 30	甲戌 31	乙亥 (2)	丙子 2	丁丑 3	戊寅 4	己卯 5	庚辰 6	辛巳 7	壬午 8	癸未 9	甲申 10	乙酉 11	丙戌 12	丁亥 13	戊子 14	己丑 15	庚寅 16	辛卯 17	壬辰 18	癸巳 19	甲午 20	乙未 21	丙申 22	丁酉 23	戊戌 24	己亥 25		丁亥立春

年代異同	史記魯世家	漢書律曆志	帝王世紀	竹書紀年	皇極經世	文獻通考	歷代帝王年表	歷代統紀表	中國年曆總譜	西周年代	斷代工程
	周康王二十五年		周穆王六年	周康王十八年	周穆王十二年	周穆王十二年	周穆王十二年	周穆王十二年	周穆王三十四年	周昭王十五年	周昭王六年

周康王二十四年（壬辰 龍年） 公元前989 ~ 前988

夏曆月序		中西曆日對照	初一	初二	初三	初四	初五	初六	初七	初八	初九	初十	十一	十二	十三	十四	十五	十六	十七	十八	十九	二十	二一	二二	二三	二四	二五	二六	二七	二八	二九	三十	節氣與天象
正月大	壬寅	干支 天地西曆	庚子 26	辛丑 27	壬寅 28	癸卯 29	甲辰 (3)	乙巳 2	丙午 3	丁未 4	戊申 5	己酉 6	庚戌 7	辛亥 8	壬子 9	癸丑 10	甲寅 11	乙卯 12	丙辰 13	丁巳 14	戊午 15	己未 16	庚申 17	辛酉 18	壬戌 19	癸亥 20	甲子 21	乙丑 22	丙寅 23	丁卯 24	戊辰 25	己巳 26	
二月大	癸卯	干支 天地西曆	庚午 27	辛未 28	壬申 29	癸酉 30	甲戌 31	乙亥 (4)	丙子 2	丁丑 3	戊寅 4	己卯 5	庚辰 6	辛巳 7	壬午 8	癸未 9	甲申 10	乙酉 11	丙戌 12	丁亥 13	戊子 14	己丑 15	庚寅 16	辛卯 17	壬辰 18	癸巳 19	甲午 20	乙未 21	丙申 22	丁酉 23	戊戌 24	己亥 25	癸酉春分
三月小	甲辰	干支 天地西曆	庚子 26	辛丑 27	壬寅 28	癸卯 29	甲辰 30	乙巳 (5)	丙午 2	丁未 3	戊申 4	己酉 5	庚戌 6	辛亥 7	壬子 8	癸丑 9	甲寅 10	乙卯 11	丙辰 12	丁巳 13	戊午 14	己未 15	庚申 16	辛酉 17	壬戌 18	癸亥 19	甲子 20	乙丑 21	丙寅 22	丁卯 23	戊辰 24		庚申立夏
四月大	乙巳	干支 天地西曆	己巳 25	庚午 26	辛未 27	壬申 28	癸酉 29	甲戌 30	乙亥 31	丙子 (6)	丁丑 2	戊寅 3	己卯 4	庚辰 5	辛巳 6	壬午 7	癸未 8	甲申 9	乙酉 10	丙戌 11	丁亥 12	戊子 13	己丑 14	庚寅 15	辛卯 16	壬辰 17	癸巳 18	甲午 19	乙未 20	丙申 21	丁酉 22	戊戌 23	
五月小	丙午	干支 天地西曆	己亥 24	庚子 25	辛丑 26	壬寅 27	癸卯 28	甲辰 29	乙巳 30	丙午 (7)	丁未 2	戊申 3	己酉 4	庚戌 5	辛亥 6	壬子 7	癸丑 8	甲寅 9	乙卯 10	丙辰 11	丁巳 12	戊午 13	己未 14	庚申 15	辛酉 16	壬戌 17	癸亥 18	甲子 19	乙丑 20	丙寅 21	丁卯 22		丁未夏至
六月大	丁未	干支 天地西曆	戊辰 23	己巳 24	庚午 25	辛未 26	壬申 27	癸酉 28	甲戌 29	乙亥 30	丙子 31	丁丑 (8)	戊寅 2	己卯 3	庚辰 4	辛巳 5	壬午 6	癸未 7	甲申 8	乙酉 9	丙戌 10	丁亥 11	戊子 12	己丑 13	庚寅 14	辛卯 15	壬辰 16	癸巳 17	甲午 18	乙未 19	丙申 20	丁酉 21	甲午立秋
七月小	戊申	干支 天地西曆	戊戌 22	己亥 23	庚子 24	辛丑 25	壬寅 26	癸卯 27	甲辰 28	乙巳 29	丙午 30	丁未 31	戊申 (9)	己酉 2	庚戌 3	辛亥 4	壬子 5	癸丑 6	甲寅 7	乙卯 8	丙辰 9	丁巳 10	戊午 11	己未 12	庚申 13	辛酉 14	壬戌 15	癸亥 16	甲子 17	乙丑 18	丙寅 19		
八月大	己酉	干支 天地西曆	丁卯 20	戊辰 21	己巳 22	庚午 23	辛未 24	壬申 25	癸酉 26	甲戌 27	乙亥 28	丙子 29	丁丑 30	戊寅 (10)	己卯 2	庚辰 3	辛巳 4	壬午 5	癸未 6	甲申 7	乙酉 8	丙戌 9	丁亥 10	戊子 11	己丑 12	庚寅 13	辛卯 14	壬辰 15	癸巳 16	甲午 17	乙未 18	丙申 19	己卯秋分
九月小	庚戌	干支 天地西曆	丁酉 20	戊戌 21	己亥 22	庚子 23	辛丑 24	壬寅 25	癸卯 26	甲辰 27	乙巳 28	丙午 29	丁未 30	戊申 31	己酉 (11)	庚戌 2	辛亥 3	壬子 4	癸丑 5	甲寅 6	乙卯 7	丙辰 8	丁巳 9	戊午 10	己未 11	庚申 12	辛酉 13	壬戌 14	癸亥 15	甲子 16	乙丑 17		癸亥立冬
十月小	辛亥	干支 天地西曆	丙寅 18	丁卯 19	戊辰 20	己巳 21	庚午 22	辛未 23	壬申 24	癸酉 25	甲戌 26	乙亥 27	丙子 28	丁丑 29	戊寅 30	己卯 (12)	庚辰 2	辛巳 3	壬午 4	癸未 5	甲申 6	乙酉 7	丙戌 8	丁亥 9	戊子 10	己丑 11	庚寅 12	辛卯 13	壬辰 14	癸巳 15	甲午 16		
十一月大	壬子	干支 天地西曆	乙未 17	丙申 18	丁酉 19	戊戌 20	己亥 21	庚子 22	辛丑 23	壬寅 24	癸卯 25	甲辰 26	乙巳 27	丙午 28	丁未 29	戊申 30	己酉 31	庚戌 (1)	辛亥 2	壬子 3	癸丑 4	甲寅 5	乙卯 6	丙辰 7	丁巳 8	戊午 9	己未 10	庚申 11	辛酉 12	壬戌 13	癸亥 14	甲子 15	丁未冬至
十二月大	癸丑	干支 天地西曆	乙丑 16	丙寅 17	丁卯 18	戊辰 19	己巳 20	庚午 21	辛未 22	壬申 23	癸酉 24	甲戌 25	乙亥 26	丙子 27	丁丑 28	戊寅 29	己卯 30	庚辰 31	辛巳 (2)	壬午 2	癸未 3	甲申 4	乙酉 5	丙戌 6	丁亥 7	戊子 8	己丑 9	庚寅 10	辛卯 11	壬辰 12	癸巳 13	甲午 14	壬辰立春

年代異同	史記魯世家	漢書律曆志	帝王世紀	竹書紀年	皇極經世	文獻通考	歷代帝王年表	歷代統紀表	中國年曆總譜	西周年代	斷代工程
	周康王二十六年		周穆王七年	周康王十九年	周穆王十三年	周穆王十三年	周穆王十三年	周穆王十三年	周穆王三十五年	周昭王十六年	周昭王七年

周康王二十五年（癸巳 蛇年） 公元前**988** ~ 前987年

夏曆月序		中西曆日對照	初一	初二	初三	初四	初五	初六	初七	初八	初九	初十	十一	十二	十三	十四	十五	十六	十七	十八	十九	二十	二一	二二	二三	二四	二五	二六	二七	二八	二九	三十	節氣與天象
正月小	甲寅	天干地支西曆	乙未 15	丙申 16	丁酉 17	戊戌 18	己亥 19	庚子 20	辛丑 21	壬寅 22	癸卯 23	甲辰 24	乙巳 25	丙午 26	丁未 27	戊申 28	己酉 (3)	庚戌 2	辛亥 3	壬子 4	癸丑 5	甲寅 6	乙卯 7	丙辰 8	丁巳 9	戊午 10	己未 11	庚申 12	辛酉 13	壬戌 14	癸亥 15		
二月大	乙卯	天干地支西曆	甲子 16	乙丑 17	丙寅 18	丁卯 19	戊辰 20	己巳 21	庚午 22	辛未 23	壬申 24	癸酉 25	甲戌 26	乙亥 27	丙子 28	丁丑 29	戊寅 30	己卯 31	庚辰 (4)	辛巳 2	壬午 3	癸未 4	甲申 5	乙酉 6	丙戌 7	丁亥 8	戊子 9	己丑 10	庚寅 11	辛卯 12	壬辰 13	癸巳 14	戊寅春分
三月小	丙辰	天干地支西曆	甲午 15	乙未 16	丙申 17	丁酉 18	戊戌 19	己亥 20	庚子 21	辛丑 22	壬寅 23	癸卯 24	甲辰 25	乙巳 26	丙午 27	丁未 28	戊申 29	己酉 30	庚戌 (5)	辛亥 2	壬子 3	癸丑 4	甲寅 5	乙卯 6	丙辰 7	丁巳 8	戊午 9	己未 10	庚申 11	辛酉 12	壬戌 13		
四月大	丁巳	天干地支西曆	癸亥 14	甲子 15	乙丑 16	丙寅 17	丁卯 18	戊辰 19	己巳 20	庚午 21	辛未 22	壬申 23	癸酉 24	甲戌 25	乙亥 26	丙子 27	丁丑 28	戊寅 29	己卯 30	庚辰 31	辛巳 (6)	壬午 2	癸未 3	甲申 4	乙酉 5	丙戌 6	丁亥 7	戊子 8	己丑 9	庚寅 10	辛卯 11	壬辰 12	乙丑立夏
五月大	戊午	天干地支西曆	癸巳 13	甲午 14	乙未 15	丙申 16	丁酉 17	戊戌 18	己亥 19	庚子 20	辛丑 21	壬寅 22	癸卯 23	甲辰 24	乙巳 25	丙午 26	丁未 27	戊申 28	己酉 29	庚戌 30	辛亥 (7)	壬子 2	癸丑 3	甲寅 4	乙卯 5	丙辰 6	丁巳 7	戊午 8	己未 9	庚申 10	辛酉 11	壬戌 12	癸丑夏至
六月小	己未	天干地支西曆	癸亥 13	甲子 14	乙丑 15	丙寅 16	丁卯 17	戊辰 18	己巳 19	庚午 20	辛未 21	壬申 22	癸酉 23	甲戌 24	乙亥 25	丙子 26	丁丑 27	戊寅 28	己卯 29	庚辰 30	辛巳 31	壬午 (8)	癸未 2	甲申 3	乙酉 4	丙戌 5	丁亥 6	戊子 7	己丑 8	庚寅 9	辛卯 10		
七月大	庚申	天干地支西曆	壬辰 11	癸巳 12	甲午 13	乙未 14	丙申 15	丁酉 16	戊戌 17	己亥 18	庚子 19	辛丑 20	壬寅 21	癸卯 22	甲辰 23	乙巳 24	丙午 25	丁未 26	戊申 27	己酉 28	庚戌 29	辛亥 30	壬子 31	癸丑 (9)	甲寅 2	乙卯 3	丙辰 4	丁巳 5	戊午 6	己未 7	庚申 8	辛酉 9	己亥立秋
八月小	辛酉	天干地支西曆	壬戌 10	癸亥 11	甲子 12	乙丑 13	丙寅 14	丁卯 15	戊辰 16	己巳 17	庚午 18	辛未 19	壬申 20	癸酉 21	甲戌 22	乙亥 23	丙子 24	丁丑 25	戊寅 26	己卯 27	庚辰 28	辛巳 29	壬午 30	癸未 (10)	甲申 2	乙酉 3	丙戌 4	丁亥 5	戊子 6	己丑 7	庚寅 8		甲申秋分
九月大	壬戌	天干地支西曆	辛卯 9	壬辰 10	癸巳 11	甲午 12	乙未 13	丙申 14	丁酉 15	戊戌 16	己亥 17	庚子 18	辛丑 19	壬寅 20	癸卯 21	甲辰 22	乙巳 23	丙午 24	丁未 25	戊申 26	己酉 27	庚戌 28	辛亥 29	壬子 30	癸丑 31	甲寅 (11)	乙卯 2	丙辰 3	丁巳 4	戊午 5	己未 6	庚申 7	
十月小	癸亥	天干地支西曆	辛酉 8	壬戌 9	癸亥 10	甲子 11	乙丑 12	丙寅 13	丁卯 14	戊辰 15	己巳 16	庚午 17	辛未 18	壬申 19	癸酉 20	甲戌 21	乙亥 22	丙子 23	丁丑 24	戊寅 25	己卯 26	庚辰 27	辛巳 28	壬午 29	癸未 30	甲申 (12)	乙酉 2	丙戌 3	丁亥 4	戊子 5	己丑 6		己巳立冬
十一月大	甲子	天干地支西曆	庚寅 7	辛卯 8	壬辰 9	癸巳 10	甲午 11	乙未 12	丙申 13	丁酉 14	戊戌 15	己亥 16	庚子 17	辛丑 18	壬寅 19	癸卯 20	甲辰 21	乙巳 22	丙午 23	丁未 24	戊申 25	己酉 26	庚戌 27	辛亥 28	壬子 29	癸丑 30	甲寅 31	乙卯 (1)	丙辰 2	丁巳 3	戊午 4	己未 5	癸丑冬至
十二月小	乙丑	天干地支西曆	庚申 6	辛酉 7	壬戌 8	癸亥 9	甲子 10	乙丑 11	丙寅 12	丁卯 13	戊辰 14	己巳 15	庚午 16	辛未 17	壬申 18	癸酉 19	甲戌 20	乙亥 21	丙子 22	丁丑 23	戊寅 24	己卯 25	庚辰 26	辛巳 27	壬午 28	癸未 29	甲申 30	乙酉 31	丙戌 (2)	丁亥 2	戊子 3		

年代異同	史記魯世家	漢書律曆志	帝王世紀	竹書紀年	皇極經世	文獻通考	歷代帝王年表	歷代統紀表	中國年曆總譜	西周年代	斷代工程
	周昭王元年		周穆王八年	周康王二十年	周穆王十四年	周穆王十四年	周穆王十四年	周穆王十四年	周穆王三十六年	周昭王十七年	周昭王八年

周康王二十六年（甲午 馬年） 公元前987 ~ 前986年

夏曆月序		中西曆日對照	初一	初二	初三	初四	初五	初六	初七	初八	初九	初十	十一	十二	十三	十四	十五	十六	十七	十八	十九	二十	二一	二二	二三	二四	二五	二六	二七	二八	二九	三十	節氣與天象
正月小	丙寅	天干地支西曆	己丑4	庚寅5	辛卯6	壬辰7	癸巳8	甲午9	乙未10	丙申11	丁酉12	戊戌13	己亥14	庚子15	辛丑16	壬寅17	癸卯18	甲辰19	乙巳20	丙午21	丁未22	戊申23	己酉24	庚戌25	辛亥26	壬子27	癸丑28	甲寅(3)	乙卯2	丙辰3	丁巳4		戊戌立春
二月大	丁卯	天干地支西曆	戊午5	己未6	庚申7	辛酉8	壬戌9	癸亥10	甲子11	乙丑12	丙寅13	丁卯14	戊辰15	己巳16	庚午17	辛未18	壬申19	癸酉20	甲戌21	乙亥22	丙子23	丁丑24	戊寅25	己卯26	庚辰27	辛巳28	壬午29	癸未30	甲申31	乙酉(4)	丙戌2	丁亥3	甲申春分
三月小	戊辰	天干地支西曆	戊子4	己丑5	庚寅6	辛卯7	壬辰8	癸巳9	甲午10	乙未11	丙申12	丁酉13	戊戌14	己亥15	庚子16	辛丑17	壬寅18	癸卯19	甲辰20	乙巳21	丙午22	丁未23	戊申24	己酉25	庚戌26	辛亥27	壬子28	癸丑29	甲寅30	乙卯(5)	丙辰2		
四月大	己巳	天干地支西曆	丁巳3	戊午4	己未5	庚申6	辛酉7	壬戌8	癸亥9	甲子10	乙丑11	丙寅12	丁卯13	戊辰14	己巳15	庚午16	辛未17	壬申18	癸酉19	甲戌20	乙亥21	丙子22	丁丑23	戊寅24	己卯25	庚辰26	辛巳27	壬午28	癸未29	甲申30	乙酉31	丙戌(6)	辛未立夏
五月大	庚午	天干地支西曆	丁亥2	戊子3	己丑4	庚寅5	辛卯6	壬辰7	癸巳8	甲午9	乙未10	丙申11	丁酉12	戊戌13	己亥14	庚子15	辛丑16	壬寅17	癸卯18	甲辰19	乙巳20	丙午21	丁未22	戊申23	己酉24	庚戌25	辛亥26	壬子27	癸丑28	甲寅29	乙卯30	丙辰(7)	
六月小	辛未	天干地支西曆	丁巳2	戊午3	己未4	庚申5	辛酉6	壬戌7	癸亥8	甲子9	乙丑10	丙寅11	丁卯12	戊辰13	己巳14	庚午15	辛未16	壬申17	癸酉18	甲戌19	乙亥20	丙子21	丁丑22	戊寅23	己卯24	庚辰25	辛巳26	壬午27	癸未28	甲申29	乙酉30		戊午夏至
閏六月大	辛未	天干地支西曆	丙戌31	丁亥(8)	戊子2	己丑3	庚寅4	辛卯5	壬辰6	癸巳7	甲午8	乙未9	丙申10	丁酉11	戊戌12	己亥13	庚子14	辛丑15	壬寅16	癸卯17	甲辰18	乙巳19	丙午20	丁未21	戊申22	己酉23	庚戌24	辛亥25	壬子26	癸丑27	甲寅28	乙卯29	甲辰立秋
七月大	壬申	天干地支西曆	丙辰30	丁巳31	戊午(9)	己未2	庚申3	辛酉4	壬戌5	癸亥6	甲子7	乙丑8	丙寅9	丁卯10	戊辰11	己巳12	庚午13	辛未14	壬申15	癸酉16	甲戌17	乙亥18	丙子19	丁丑20	戊寅21	己卯22	庚辰23	辛巳24	壬午25	癸未26	甲申27	乙酉28	
八月小	癸酉	天干地支西曆	丙戌29	丁亥30	戊子(10)	己丑2	庚寅3	辛卯4	壬辰5	癸巳6	甲午7	乙未8	丙申9	丁酉10	戊戌11	己亥12	庚子13	辛丑14	壬寅15	癸卯16	甲辰17	乙巳18	丙午19	丁未20	戊申21	己酉22	庚戌23	辛亥24	壬子25	癸丑26	甲寅27		庚寅秋分
九月大	甲戌	天干地支西曆	乙卯28	丙辰29	丁巳30	戊午31	己未(11)	庚申2	辛酉3	壬戌4	癸亥5	甲子6	乙丑7	丙寅8	丁卯9	戊辰10	己巳11	庚午12	辛未13	壬申14	癸酉15	甲戌16	乙亥17	丙子18	丁丑19	戊寅20	己卯21	庚辰22	辛巳23	壬午24	癸未25	甲申26	甲戌立冬
十月小	乙亥	天干地支西曆	乙酉27	丙戌28	丁亥29	戊子30	己丑(12)	庚寅2	辛卯3	壬辰4	癸巳5	甲午6	乙未7	丙申8	丁酉9	戊戌10	己亥11	庚子12	辛丑13	壬寅14	癸卯15	甲辰16	乙巳17	丙午18	丁未19	戊申20	己酉21	庚戌22	辛亥23	壬子24	癸丑25		
十一月大	丙子	天干地支西曆	甲寅26	乙卯27	丙辰28	丁巳29	戊午30	己未31	庚申(1)	辛酉2	壬戌3	癸亥4	甲子5	乙丑6	丙寅7	丁卯8	戊辰9	己巳10	庚午11	辛未12	壬申13	癸酉14	甲戌15	乙亥16	丙子17	丁丑18	戊寅19	己卯20	庚辰21	辛巳22	壬午23	癸未24	戊午冬至
十二月小	丁丑	天干地支西曆	甲申25	乙酉26	丙戌27	丁亥28	戊子29	己丑30	庚寅31	辛卯(2)	壬辰2	癸巳3	甲午4	乙未5	丙申6	丁酉7	戊戌8	己亥9	庚子10	辛丑11	壬寅12	癸卯13	甲辰14	乙巳15	丙午16	丁未17	戊申18	己酉19	庚戌20	辛亥21	壬子22		癸卯立春

年代異同	史記魯世家	漢書律曆志	帝王世紀	竹書紀年	皇極經世	文獻通考	歷代帝王年表	歷代統紀表	中國年曆總譜	西周年代	斷代工程
	周昭王二年		周穆王九年	周康王二十一年	周穆王十五年	周穆王十五年	周穆王十五年	周穆王十五年	周穆王三十七年	周昭王十八年	周昭王九年

周昭王元年（乙未 羊年） 公元前 986 ~ 前 985 年

夏曆月序		中西曆日對照	初一	初二	初三	初四	初五	初六	初七	初八	初九	初十	十一	十二	十三	十四	十五	十六	十七	十八	十九	二十	二一	二二	二三	二四	二五	二六	二七	二八	二九	三十	節氣與天象
正月小	戊寅	天干地支西曆	癸丑23	甲寅24	乙卯25	丙辰26	丁巳27	戊午28	己未(3)	庚申2	辛酉3	壬戌4	癸亥5	甲子6	乙丑7	丙寅8	丁卯9	戊辰10	己巳11	庚午12	辛未13	壬申14	癸酉15	甲戌16	乙亥17	丙子18	丁丑19	戊寅20	己卯21	庚辰22	辛巳23		
二月大	己卯	天干地支西曆	壬午24	癸未25	甲申26	乙酉27	丙戌28	丁亥29	戊子30	己丑31	庚寅(4)	辛卯2	壬辰3	癸巳4	甲午5	乙未6	丙申7	丁酉8	戊戌9	己亥10	庚子11	辛丑12	壬寅13	癸卯14	甲辰15	乙巳16	丙午17	丁未18	戊申19	己酉20	庚戌21	辛亥22	己丑春分
三月小	庚辰	天干地支西曆	壬子23	癸丑24	甲寅25	乙卯26	丙辰27	丁巳28	戊午29	己未30	庚申(5)	辛酉2	壬戌3	癸亥4	甲子5	乙丑6	丙寅7	丁卯8	戊辰9	己巳10	庚午11	辛未12	壬申13	癸酉14	甲戌15	乙亥16	丙子17	丁丑18	戊寅19	己卯20	庚辰21		丙子立夏
四月大	辛巳	天干地支西曆	辛巳22	壬午23	癸未24	甲申25	乙酉26	丙戌27	丁亥28	戊子29	己丑30	庚寅31	辛卯(6)	壬辰2	癸巳3	甲午4	乙未5	丙申6	丁酉7	戊戌8	己亥9	庚子10	辛丑11	壬寅12	癸卯13	甲辰14	乙巳15	丙午16	丁未17	戊申18	己酉19	庚戌20	
五月小	壬午	天干地支西曆	辛亥21	壬子22	癸丑23	甲寅24	乙卯25	丙辰26	丁巳27	戊午28	己未29	庚申30	辛酉(7)	壬戌2	癸亥3	甲子4	乙丑5	丙寅6	丁卯7	戊辰8	己巳9	庚午10	辛未11	壬申12	癸酉13	甲戌14	乙亥15	丙子16	丁丑17	戊寅18	己卯19		癸亥夏至
六月大	癸未	天干地支西曆	庚辰20	辛巳21	壬午22	癸未23	甲申24	乙酉25	丙戌26	丁亥27	戊子28	己丑29	庚寅30	辛卯31	壬辰(8)	癸巳2	甲午3	乙未4	丙申5	丁酉6	戊戌7	己亥8	庚子9	辛丑10	壬寅11	癸卯12	甲辰13	乙巳14	丙午15	丁未16	戊申17	己酉18	
七月大	甲申	天干地支西曆	庚戌19	辛亥20	壬子21	癸丑22	甲寅23	乙卯24	丙辰25	丁巳26	戊午27	己未28	庚申29	辛酉30	壬戌31	癸亥(9)	甲子2	乙丑3	丙寅4	丁卯5	戊辰6	己巳7	庚午8	辛未9	壬申10	癸酉11	甲戌12	乙亥13	丙子14	丁丑15	戊寅16	己卯17	庚戌立秋
八月小	乙酉	天干地支西曆	庚辰18	辛巳19	壬午20	癸未21	甲申22	乙酉23	丙戌24	丁亥25	戊子26	己丑27	庚寅28	辛卯29	壬辰30	癸巳(10)	甲午2	乙未3	丙申4	丁酉5	戊戌6	己亥7	庚子8	辛丑9	壬寅10	癸卯11	甲辰12	乙巳13	丙午14	丁未15	戊申16		乙未秋分
九月大	丙戌	天干地支西曆	己酉17	庚戌18	辛亥19	壬子20	癸丑21	甲寅22	乙卯23	丙辰24	丁巳25	戊午26	己未27	庚申28	辛酉29	壬戌30	癸亥31	甲子(11)	乙丑2	丙寅3	丁卯4	戊辰5	己巳6	庚午7	辛未8	壬申9	癸酉10	甲戌11	乙亥12	丙子13	丁丑14	戊寅15	
十月大	丁亥	天干地支西曆	己卯16	庚辰17	辛巳18	壬午19	癸未20	甲申21	乙酉22	丙戌23	丁亥24	戊子25	己丑26	庚寅27	辛卯28	壬辰29	癸巳30	甲午(12)	乙未2	丙申3	丁酉4	戊戌5	己亥6	庚子7	辛丑8	壬寅9	癸卯10	甲辰11	乙巳12	丙午13	丁未14	戊申15	己卯立冬
十一月小	戊子	天干地支西曆	己酉16	庚戌17	辛亥18	壬子19	癸丑20	甲寅21	乙卯22	丙辰23	丁巳24	戊午25	己未26	庚申27	辛酉28	壬戌29	癸亥30	甲子31	乙丑(1)	丙寅2	丁卯3	戊辰4	己巳5	庚午6	辛未7	壬申8	癸酉9	甲戌10	乙亥11	丙子12	丁丑13		癸亥冬至
十二月大	己丑	天干地支西曆	戊寅14	己卯15	庚辰16	辛巳17	壬午18	癸未19	甲申20	乙酉21	丙戌22	丁亥23	戊子24	己丑25	庚寅26	辛卯27	壬辰28	癸巳29	甲午30	乙未31	丙申(2)	丁酉2	戊戌3	己亥4	庚子5	辛丑6	壬寅7	癸卯8	甲辰9	乙巳10	丙午11	丁未12	

年代異同	史記魯世家	漢書律曆志	帝王世紀	竹書紀年	皇極經世	文獻通考	歷代帝王年表	歷代統紀表	中國年曆總譜	西周年代	斷代工程
	周昭王三年		周穆王十年	周康王二十二年	周穆王十六年	周穆王十六年	周穆王十六年	周穆王十六年	周穆王三十八年	周昭王十九年	周昭王十年

周昭王二年（丙申 猴年） 公元前985 ~ 前984年

夏曆月序		中西曆日對照	初一	初二	初三	初四	初五	初六	初七	初八	初九	初十	十一	十二	十三	十四	十五	十六	十七	十八	十九	二十	二一	二二	二三	二四	二五	二六	二七	二八	二九	三十	節氣與天象
正月小	庚寅	天干地支	戊申	己酉	庚戌	辛亥	壬子	癸丑	甲寅	乙卯	丙辰	丁巳	戊午	己未	庚申	辛酉	壬戌	癸亥	甲子	乙丑	丙寅	丁卯	戊辰	己巳	庚午	辛未	壬申	癸酉	甲戌	乙亥	丙子		戊申立春
		西曆	13	14	15	16	17	18	19	20	21	22	23	24	25	26	27	28	29	(3)	2	3	4	5	6	7	8	9	10	11	12		
二月小	辛卯	天干地支	丁丑	戊寅	己卯	庚辰	辛巳	壬午	癸未	甲申	乙酉	丙戌	丁亥	戊子	己丑	庚寅	辛卯	壬辰	癸巳	甲午	乙未	丙申	丁酉	戊戌	己亥	庚子	辛丑	壬寅	癸卯	甲辰	乙巳		甲午春分
		西曆	13	14	15	16	17	18	19	20	21	22	23	24	25	26	27	28	29	30	31	(4)	2	3	4	5	6	7	8	9	10		
三月大	壬辰	天干地支	丙午	丁未	戊申	己酉	庚戌	辛亥	壬子	癸丑	甲寅	乙卯	丙辰	丁巳	戊午	己未	庚申	辛酉	壬戌	癸亥	甲子	乙丑	丙寅	丁卯	戊辰	己巳	庚午	辛未	壬申	癸酉	甲戌	乙亥	
		西曆	11	12	13	14	15	16	17	18	19	20	21	22	23	24	25	26	27	28	29	30	(5)	2	3	4	5	6	7	8	9	10	
四月小	癸巳	天干地支	丙子	丁丑	戊寅	己卯	庚辰	辛巳	壬午	癸未	甲申	乙酉	丙戌	丁亥	戊子	己丑	庚寅	辛卯	壬辰	癸巳	甲午	乙未	丙申	丁酉	戊戌	己亥	庚子	辛丑	壬寅	癸卯	甲辰		辛巳立夏
		西曆	11	12	13	14	15	16	17	18	19	20	21	22	23	24	25	26	27	28	29	30	31	(6)	2	3	4	5	6	7	8		
五月小	甲午	天干地支	乙巳	丙午	丁未	戊申	己酉	庚戌	辛亥	壬子	癸丑	甲寅	乙卯	丙辰	丁巳	戊午	己未	庚申	辛酉	壬戌	癸亥	甲子	乙丑	丙寅	丁卯	戊辰	己巳	庚午	辛未	壬申	癸酉		戊辰夏至
		西曆	9	10	11	12	13	14	15	16	17	18	19	20	21	22	23	24	25	26	27	28	29	30	(7)	2	3	4	5	6	7		
六月大	乙未	天干地支	甲戌	乙亥	丙子	丁丑	戊寅	己卯	庚辰	辛巳	壬午	癸未	甲申	乙酉	丙戌	丁亥	戊子	己丑	庚寅	辛卯	壬辰	癸巳	甲午	乙未	丙申	丁酉	戊戌	己亥	庚子	辛丑	壬寅	癸卯	
		西曆	8	9	10	11	12	13	14	15	16	17	18	19	20	21	22	23	24	25	26	27	28	29	30	31	(8)	2	3	4	5	6	
七月大	丙申	天干地支	甲辰	乙巳	丙午	丁未	戊申	己酉	庚戌	辛亥	壬子	癸丑	甲寅	乙卯	丙辰	丁巳	戊午	己未	庚申	辛酉	壬戌	癸亥	甲子	乙丑	丙寅	丁卯	戊辰	己巳	庚午	辛未	壬申	癸酉	乙卯立秋
		西曆	7	8	9	10	11	12	13	14	15	16	17	18	19	20	21	22	23	24	25	26	27	28	29	30	31	(9)	2	3	4	5	
八月小	丁酉	天干地支	甲戌	乙亥	丙子	丁丑	戊寅	己卯	庚辰	辛巳	壬午	癸未	甲申	乙酉	丙戌	丁亥	戊子	己丑	庚寅	辛卯	壬辰	癸巳	甲午	乙未	丙申	丁酉	戊戌	己亥	庚子	辛丑	壬寅		庚子秋分
		西曆	6	7	8	9	10	11	12	13	14	15	16	17	18	19	20	21	22	23	24	25	26	27	28	29	30	(10)	2	3	4		
九月大	戊戌	天干地支	癸卯	甲辰	乙巳	丙午	丁未	戊申	己酉	庚戌	辛亥	壬子	癸丑	甲寅	乙卯	丙辰	丁巳	戊午	己未	庚申	辛酉	壬戌	癸亥	甲子	乙丑	丙寅	丁卯	戊辰	己巳	庚午	辛未	壬申	
		西曆	5	6	7	8	9	10	11	12	13	14	15	16	17	18	19	20	21	22	23	24	25	26	27	28	29	30	31	(11)	2	3	
十月大	己亥	天干地支	癸酉	甲戌	乙亥	丙子	丁丑	戊寅	己卯	庚辰	辛巳	壬午	癸未	甲申	乙酉	丙戌	丁亥	戊子	己丑	庚寅	辛卯	壬辰	癸巳	甲午	乙未	丙申	丁酉	戊戌	己亥	庚子	辛丑	壬寅	甲申立冬
		西曆	4	5	6	7	8	9	10	11	12	13	14	15	16	17	18	19	20	21	22	23	24	25	26	27	28	29	30	(12)	2	3	
十一月大	庚子	天干地支	癸卯	甲辰	乙巳	丙午	丁未	戊申	己酉	庚戌	辛亥	壬子	癸丑	甲寅	乙卯	丙辰	丁巳	戊午	己未	庚申	辛酉	壬戌	癸亥	甲子	乙丑	丙寅	丁卯	戊辰	己巳	庚午	辛未	壬申	戊辰冬至
		西曆	4	5	6	7	8	9	10	11	12	13	14	15	16	17	18	19	20	21	22	23	24	25	26	27	28	29	30	31	(1)	2	
十二月小	辛丑	天干地支	癸酉	甲戌	乙亥	丙子	丁丑	戊寅	己卯	庚辰	辛巳	壬午	癸未	甲申	乙酉	丙戌	丁亥	戊子	己丑	庚寅	辛卯	壬辰	癸巳	甲午	乙未	丙申	丁酉	戊戌	己亥	庚子	辛丑		
		西曆	3	4	5	6	7	8	9	10	11	12	13	14	15	16	17	18	19	20	21	22	23	24	25	26	27	28	29	30	31		

年代異同	史記魯世家	漢書律曆志	帝王世紀	竹書紀年	皇極經世	文獻通考	歷代帝王年表	歷代統紀表	中國年曆總譜	西周年代	斷代工程
	周昭王四年		周穆王十一年	周康王二十三年	周穆王十七年	周穆王十七年	周穆王十七年	周穆王十七年	周穆王三十九年	周穆王元年	周昭王十一年

周昭王三年（丁酉 鷄年） 公元前984 ~ 前983年

夏曆月序		中西曆日對照	初一	初二	初三	初四	初五	初六	初七	初八	初九	初十	十一	十二	十三	十四	十五	十六	十七	十八	十九	二十	二一	二二	二三	二四	二五	二六	二七	二八	二九	三十	節氣與天象
正月大	壬寅	干支曆 天地西	壬寅(2)	癸卯2	甲辰3	乙巳4	丙午5	丁未6	戊申7	己酉8	庚戌9	辛亥10	壬子11	癸丑12	甲寅13	乙卯14	丙辰15	丁巳16	戊午17	己未18	庚申19	辛酉20	壬戌21	癸亥22	甲子23	乙丑24	丙寅25	丁卯26	戊辰27	己巳28	庚午(3)	辛未2	癸丑立春
二月小	癸卯	干支曆 天地西	壬申3	癸酉4	甲戌5	乙亥6	丙子7	丁丑8	戊寅9	己卯10	庚辰11	辛巳12	壬午13	癸未14	甲申15	乙酉16	丙戌17	丁亥18	戊子19	己丑20	庚寅21	辛卯22	壬辰23	癸巳24	甲午25	乙未26	丙申27	丁酉28	戊戌29	己亥30	庚子31		己亥春分
三月小	甲辰	干支曆 天地西	辛丑(4)	壬寅2	癸卯3	甲辰4	乙巳5	丙午6	丁未7	戊申8	己酉9	庚戌10	辛亥11	壬子12	癸丑13	甲寅14	乙卯15	丙辰16	丁巳17	戊午18	己未19	庚申20	辛酉21	壬戌22	癸亥23	甲子24	乙丑25	丙寅26	丁卯27	戊辰28	己巳29		
閏三月大	甲辰	干支曆 天地西	庚午30	辛未(5)	壬申2	癸酉3	甲戌4	乙亥5	丙子6	丁丑7	戊寅8	己卯9	庚辰10	辛巳11	壬午12	癸未13	甲申14	乙酉15	丙戌16	丁亥17	戊子18	己丑19	庚寅20	辛卯21	壬辰22	癸巳23	甲午24	乙未25	丙申26	丁酉27	戊戌28	己亥29	丙戌立夏
四月小	乙巳	干支曆 天地西	庚子30	辛丑31	壬寅(6)	癸卯2	甲辰3	乙巳4	丙午5	丁未6	戊申7	己酉8	庚戌9	辛亥10	壬子11	癸丑12	甲寅13	乙卯14	丙辰15	丁巳16	戊午17	己未18	庚申19	辛酉20	壬戌21	癸亥22	甲子23	乙丑24	丙寅25	丁卯26	戊辰27		
五月小	丙午	干支曆 天地西	己巳28	庚午29	辛未30	壬申(7)	癸酉2	甲戌3	乙亥4	丙子5	丁丑6	戊寅7	己卯8	庚辰9	辛巳10	壬午11	癸未12	甲申13	乙酉14	丙戌15	丁亥16	戊子17	己丑18	庚寅19	辛卯20	壬辰21	癸巳22	甲午23	乙未24	丙申25	丁酉26		甲戌夏至
六月大	丁未	干支曆 天地西	戊戌27	己亥28	庚子29	辛丑30	壬寅31	癸卯(8)	甲辰2	乙巳3	丙午4	丁未5	戊申6	己酉7	庚戌8	辛亥9	壬子10	癸丑11	甲寅12	乙卯13	丙辰14	丁巳15	戊午16	己未17	庚申18	辛酉19	壬戌20	癸亥21	甲子22	乙丑23	丙寅24	丁卯25	庚申立秋
七月小	戊申	干支曆 天地西	戊辰26	己巳27	庚午28	辛未29	壬申30	癸酉31	甲戌(9)	乙亥2	丙子3	丁丑4	戊寅5	己卯6	庚辰7	辛巳8	壬午9	癸未10	甲申11	乙酉12	丙戌13	丁亥14	戊子15	己丑16	庚寅17	辛卯18	壬辰19	癸巳20	甲午21	乙未22	丙申23		
八月大	己酉	干支曆 天地西	丁酉24	戊戌25	己亥26	庚子27	辛丑28	壬寅29	癸卯30	甲辰(10)	乙巳2	丙午3	丁未4	戊申5	己酉6	庚戌7	辛亥8	壬子9	癸丑10	甲寅11	乙卯12	丙辰13	丁巳14	戊午15	己未16	庚申17	辛酉18	壬戌19	癸亥20	甲子21	乙丑22	丙寅23	乙巳秋分
九月大	庚戌	干支曆 天地西	丁卯24	戊辰25	己巳26	庚午27	辛未28	壬申29	癸酉30	甲戌31	乙亥(11)	丙子2	丁丑3	戊寅4	己卯5	庚辰6	辛巳7	壬午8	癸未9	甲申10	乙酉11	丙戌12	丁亥13	戊子14	己丑15	庚寅16	辛卯17	壬辰18	癸巳19	甲午20	乙未21	丙申22	庚寅立冬
十月大	辛亥	干支曆 天地西	丁酉23	戊戌24	己亥25	庚子26	辛丑27	壬寅28	癸卯29	甲辰30	乙巳(12)	丙午2	丁未3	戊申4	己酉5	庚戌6	辛亥7	壬子8	癸丑9	甲寅10	乙卯11	丙辰12	丁巳13	戊午14	己未15	庚申16	辛酉17	壬戌18	癸亥19	甲子20	乙丑21	丙寅22	
十一月大	壬子	干支曆 天地西	丁卯23	戊辰24	己巳25	庚午26	辛未27	壬申28	癸酉29	甲戌30	乙亥31	丙子(1)	丁丑2	戊寅3	己卯4	庚辰5	辛巳6	壬午7	癸未8	甲申9	乙酉10	丙戌11	丁亥12	戊子13	己丑14	庚寅15	辛卯16	壬辰17	癸巳18	甲午19	乙未20	丙申21	甲戌冬至
十二月小	癸丑	干支曆 天地西	丁酉22	戊戌23	己亥24	庚子25	辛丑26	壬寅27	癸卯28	甲辰29	乙巳30	丙午31	丁未(2)	戊申2	己酉3	庚戌4	辛亥5	壬子6	癸丑7	甲寅8	乙卯9	丙辰10	丁巳11	戊午12	己未13	庚申14	辛酉15	壬戌16	癸亥17	甲子18	乙丑19		己未立春

	史記魯世家	漢書律曆志	帝王世紀	竹書紀年	皇極經世	文獻通考	歷代帝王年表	歷代統紀表	中國年曆總譜	西周年代	斷代工程
年代異同	周昭王五年		周穆王十二年	周康王二十四年	周穆王十八年	周穆王十八年	周穆王十八年	周穆王十八年	周穆王四十年	周穆王二年	周昭王十二年

周昭王四年（戊戌 狗年） 公元前 983 ~ 前 982 年

夏曆月序	中西曆日對照	初一	初二	初三	初四	初五	初六	初七	初八	初九	初十	十一	十二	十三	十四	十五	十六	十七	十八	十九	二十	二一	二二	二三	二四	二五	二六	二七	二八	二九	三十	節氣與天象
正月大 甲寅	天干地支西曆	丙寅20	丁卯21	戊辰22	己巳23	庚午24	辛未25	壬申26	癸酉27	甲戌28	乙亥(3)	丙子2	丁丑3	戊寅4	己卯5	庚辰6	辛巳7	壬午8	癸未9	甲申10	乙酉11	丙戌12	丁亥13	戊子14	己丑15	庚寅16	辛卯17	壬辰18	癸巳19	甲午20	乙未21	
二月小 乙卯	天干地支西曆	丙申22	丁酉23	戊戌24	己亥25	庚子26	辛丑27	壬寅28	癸卯29	甲辰30	乙巳31	丙午(4)	丁未2	戊申3	己酉4	庚戌5	辛亥6	壬子7	癸丑8	甲寅9	乙卯10	丙辰11	丁巳12	戊午13	己未14	庚申15	辛酉16	壬戌17	癸亥18	甲子19		乙巳春分
三月小 丙辰	天干地支西曆	乙丑20	丙寅21	丁卯22	戊辰23	己巳24	庚午25	辛未26	壬申27	癸酉28	甲戌29	乙亥30	丙子(5)	丁丑2	戊寅3	己卯4	庚辰5	辛巳6	壬午7	癸未8	甲申9	乙酉10	丙戌11	丁亥12	戊子13	己丑14	庚寅15	辛卯16	壬辰17	癸巳18		壬辰立夏 乙丑日食
四月大 丁巳	天干地支西曆	甲午19	乙未20	丙申21	丁酉22	戊戌23	己亥24	庚子25	辛丑26	壬寅27	癸卯28	甲辰29	乙巳30	丙午31	丁未(6)	戊申2	己酉3	庚戌4	辛亥5	壬子6	癸丑7	甲寅8	乙卯9	丙辰10	丁巳11	戊午12	己未13	庚申14	辛酉15	壬戌16	癸亥17	
五月小 戊午	天干地支西曆	甲子18	乙丑19	丙寅20	丁卯21	戊辰22	己巳23	庚午24	辛未25	壬申26	癸酉27	甲戌28	乙亥29	丙子30	丁丑(7)	戊寅2	己卯3	庚辰4	辛巳5	壬午6	癸未7	甲申8	乙酉9	丙戌10	丁亥11	戊子12	己丑13	庚寅14	辛卯15	壬辰16		己卯夏至
六月小 己未	天干地支西曆	癸巳17	甲午18	乙未19	丙申20	丁酉21	戊戌22	己亥23	庚子24	辛丑25	壬寅26	癸卯27	甲辰28	乙巳29	丙午30	丁未31	戊申(8)	己酉2	庚戌3	辛亥4	壬子5	癸丑6	甲寅7	乙卯8	丙辰9	丁巳10	戊午11	己未12	庚申13	辛酉14		
七月大 庚申	天干地支西曆	壬戌15	癸亥16	甲子17	乙丑18	丙寅19	丁卯20	戊辰21	己巳22	庚午23	辛未24	壬申25	癸酉26	甲戌27	乙亥28	丙子29	丁丑30	戊寅31	己卯(9)	庚辰2	辛巳3	壬午4	癸未5	甲申6	乙酉7	丙戌8	丁亥9	戊子10	己丑11	庚寅12	辛卯13	乙丑立秋
八月小 辛酉	天干地支西曆	壬辰14	癸巳15	甲午16	乙未17	丙申18	丁酉19	戊戌20	己亥21	庚子22	辛丑23	壬寅24	癸卯25	甲辰26	乙巳27	丙午28	丁未29	戊申30	己酉(10)	庚戌2	辛亥3	壬子4	癸丑5	甲寅6	乙卯7	丙辰8	丁巳9	戊午10	己未11	庚申12		辛亥秋分
九月大 壬戌	天干地支西曆	辛酉13	壬戌14	癸亥15	甲子16	乙丑17	丙寅18	丁卯19	戊辰20	己巳21	庚午22	辛未23	壬申24	癸酉25	甲戌26	乙亥27	丙子28	丁丑29	戊寅30	己卯31	庚辰(11)	辛巳2	壬午3	癸未4	甲申5	乙酉6	丙戌7	丁亥8	戊子9	己丑10	庚寅11	
十月大 癸亥	天干地支西曆	辛卯12	壬辰13	癸巳14	甲午15	乙未16	丙申17	丁酉18	戊戌19	己亥20	庚子21	辛丑22	壬寅23	癸卯24	甲辰25	乙巳26	丙午27	丁未28	戊申29	己酉30	庚戌(12)	辛亥2	壬子3	癸丑4	甲寅5	乙卯6	丙辰7	丁巳8	戊午9	己未10	庚申11	乙未立冬
十一月大 甲子	天干地支西曆	辛酉12	壬戌13	癸亥14	甲子15	乙丑16	丙寅17	丁卯18	戊辰19	己巳20	庚午21	辛未22	壬申23	癸酉24	甲戌25	乙亥26	丙子27	丁丑28	戊寅29	己卯30	庚辰31	辛巳(1)	壬午2	癸未3	甲申4	乙酉5	丙戌6	丁亥7	戊子8	己丑9	庚寅10	己卯冬至
十二月小 乙丑	天干地支西曆	辛卯11	壬辰12	癸巳13	甲午14	乙未15	丙申16	丁酉17	戊戌18	己亥19	庚子20	辛丑21	壬寅22	癸卯23	甲辰24	乙巳25	丙午26	丁未27	戊申28	己酉29	庚戌30	辛亥31	壬子(2)	癸丑2	甲寅3	乙卯4	丙辰5	丁巳6	戊午7	己未8		

年代異同	史記魯世家	漢書律曆志	帝王世紀	竹書紀年	皇極經世	文獻通考	歷代帝王年表	歷代統紀表	中國年曆總譜	西周年代	斷代工程
	周昭王六年		周穆王十三年	周康王二十五年	周穆王十九年	周穆王十九年	周穆王十九年	周穆王十九年	周穆王四十一年	周穆王三年	周昭王十三年

周昭王五年（己亥 猪年） 公元前982 ~ 前981年

夏曆月序		中西曆日對照	夏曆日序																														節氣與天象
			初一	初二	初三	初四	初五	初六	初七	初八	初九	初十	十一	十二	十三	十四	十五	十六	十七	十八	十九	二十	二一	二二	二三	二四	二五	二六	二七	二八	二九	三十	
正月大	丙寅	天干地支	庚申	辛酉	壬戌	癸亥	甲子	乙丑	丙寅	丁卯	戊辰	己巳	庚午	辛未	壬申	癸酉	甲戌	乙亥	丙子	丁丑	戊寅	己卯	庚辰	辛巳	壬午	癸未	甲申	乙酉	丙戌	丁亥	戊子	己丑	甲子立春
		西曆	9	10	11	12	13	14	15	16	17	18	19	20	21	22	23	24	25	26	27	28	(3)	2	3	4	5	6	7	8	9	10	
二月大	丁卯	天干地支	庚寅	辛卯	壬辰	癸巳	甲午	乙未	丙申	丁酉	戊戌	己亥	庚子	辛丑	壬寅	癸卯	甲辰	乙巳	丙午	丁未	戊申	己酉	庚戌	辛亥	壬子	癸丑	甲寅	乙卯	丙辰	丁巳	戊午	己未	庚戌春分
		西曆	11	12	13	14	15	16	17	18	19	20	21	22	23	24	25	26	27	28	29	30	31	(4)	2	3	4	5	6	7	8	9	
三月小	戊辰	天干地支	庚申	辛酉	壬戌	癸亥	甲子	乙丑	丙寅	丁卯	戊辰	己巳	庚午	辛未	壬申	癸酉	甲戌	乙亥	丙子	丁丑	戊寅	己卯	庚辰	辛巳	壬午	癸未	甲申	乙酉	丙戌	丁亥	戊子		
		西曆	10	11	12	13	14	15	16	17	18	19	20	21	22	23	24	25	26	27	28	29	30	(5)	2	3	4	5	6	7	8		
四月小	己巳	天干地支	己丑	庚寅	辛卯	壬辰	癸巳	甲午	乙未	丙申	丁酉	戊戌	己亥	庚子	辛丑	壬寅	癸卯	甲辰	乙巳	丙午	丁未	戊申	己酉	庚戌	辛亥	壬子	癸丑	甲寅	乙卯	丙辰	丁巳		丁酉立夏
		西曆	9	10	11	12	13	14	15	16	17	18	19	20	21	22	23	24	25	26	27	28	29	30	31	(6)	2	3	4	5	6		
五月大	庚午	天干地支	戊午	己未	庚申	辛酉	壬戌	癸亥	甲子	乙丑	丙寅	丁卯	戊辰	己巳	庚午	辛未	壬申	癸酉	甲戌	乙亥	丙子	丁丑	戊寅	己卯	庚辰	辛巳	壬午	癸未	甲申	乙酉	丙戌	丁亥	甲申夏至
		西曆	7	8	9	10	11	12	13	14	15	16	17	18	19	20	21	22	23	24	25	26	27	28	29	30	(7)	2	3	4	5	6	
六月小	辛未	天干地支	戊子	己丑	庚寅	辛卯	壬辰	癸巳	甲午	乙未	丙申	丁酉	戊戌	己亥	庚子	辛丑	壬寅	癸卯	甲辰	乙巳	丙午	丁未	戊申	己酉	庚戌	辛亥	壬子	癸丑	甲寅	乙卯	丙辰		
		西曆	7	8	9	10	11	12	13	14	15	16	17	18	19	20	21	22	23	24	25	26	27	28	29	30	31	(8)	2	3	4		
七月小	壬申	天干地支	丁巳	戊午	己未	庚申	辛酉	壬戌	癸亥	甲子	乙丑	丙寅	丁卯	戊辰	己巳	庚午	辛未	壬申	癸酉	甲戌	乙亥	丙子	丁丑	戊寅	己卯	庚辰	辛巳	壬午	癸未	甲申	乙酉		辛未立秋
		西曆	5	6	7	8	9	10	11	12	13	14	15	16	17	18	19	20	21	22	23	24	25	26	27	28	29	30	31	(9)	2		
八月大	癸酉	天干地支	丙戌	丁亥	戊子	己丑	庚寅	辛卯	壬辰	癸巳	甲午	乙未	丙申	丁酉	戊戌	己亥	庚子	辛丑	壬寅	癸卯	甲辰	乙巳	丙午	丁未	戊申	己酉	庚戌	辛亥	壬子	癸丑	甲寅	乙卯	
		西曆	3	4	5	6	7	8	9	10	11	12	13	14	15	16	17	18	19	20	21	22	23	24	25	26	27	28	29	30	(10)	2	
九月小	甲戌	天干地支	丙辰	丁巳	戊午	己未	庚申	辛酉	壬戌	癸亥	甲子	乙丑	丙寅	丁卯	戊辰	己巳	庚午	辛未	壬申	癸酉	甲戌	乙亥	丙子	丁丑	戊寅	己卯	庚辰	辛巳	壬午	癸未	甲申		丙辰秋分
		西曆	3	4	5	6	7	8	9	10	11	12	13	14	15	16	17	18	19	20	21	22	23	24	25	26	27	28	29	30	31		
十月大	乙亥	天干地支	乙酉	丙戌	丁亥	戊子	己丑	庚寅	辛卯	壬辰	癸巳	甲午	乙未	丙申	丁酉	戊戌	己亥	庚子	辛丑	壬寅	癸卯	甲辰	乙巳	丙午	丁未	戊申	己酉	庚戌	辛亥	壬子	癸丑	甲寅	庚子立冬
		西曆	(11)	2	3	4	5	6	7	8	9	10	11	12	13	14	15	16	17	18	19	20	21	22	23	24	25	26	27	28	29	30	
十一月大	丙子	天干地支	乙卯	丙辰	丁巳	戊午	己未	庚申	辛酉	壬戌	癸亥	甲子	乙丑	丙寅	丁卯	戊辰	己巳	庚午	辛未	壬申	癸酉	甲戌	乙亥	丙子	丁丑	戊寅	己卯	庚辰	辛巳	壬午	癸未	甲申	甲申冬至
		西曆	(12)	2	3	4	5	6	7	8	9	10	11	12	13	14	15	16	17	18	19	20	21	22	23	24	25	26	27	28	29	30	
閏十一小	丙子	天干地支	乙酉	丙戌	丁亥	戊子	己丑	庚寅	辛卯	壬辰	癸巳	甲午	乙未	丙申	丁酉	戊戌	己亥	庚子	辛丑	壬寅	癸卯	甲辰	乙巳	丙午	丁未	戊申	己酉	庚戌	辛亥	壬子	癸丑		
		西曆	31	(1)	2	3	4	5	6	7	8	9	10	11	12	13	14	15	16	17	18	19	20	21	22	23	24	25	26	27	28		
十二月大	丁丑	天干地支	甲寅	乙卯	丙辰	丁巳	戊午	己未	庚申	辛酉	壬戌	癸亥	甲子	乙丑	丙寅	丁卯	戊辰	己巳	庚午	辛未	壬申	癸酉	甲戌	乙亥	丙子	丁丑	戊寅	己卯	庚辰	辛巳	壬午	癸未	己巳立春
		西曆	29	30	31	(2)	2	3	4	5	6	7	8	9	10	11	12	13	14	15	16	17	18	19	20	21	22	23	24	25	26	27	

年代異同	史記魯世家	漢書律曆志	帝王世紀	竹書紀年	皇極經世	文獻通考	歷代帝王年表	歷代統紀表	中國年曆總譜	西周年代	斷代工程
	周昭王七年		周穆王十四年	周康王二十六年	周穆王二十年	周穆王二十年	周穆王二十年	周穆王二十年	周恭王元年	周穆王四年	周昭王十四年

周昭王六年（庚子 鼠年） 公元前981 ~ 前980年

夏曆月序	中西曆日對照	中西曆日對照	初一	初二	初三	初四	初五	初六	初七	初八	初九	初十	十一	十二	十三	十四	十五	十六	十七	十八	十九	二十	二一	二二	二三	二四	二五	二六	二七	二八	二九	三十	節氣與天象
正月大	戊寅	天干地支西曆	甲申28	乙酉29	丙戌(3)	丁亥2	戊子3	己丑4	庚寅5	辛卯6	壬辰7	癸巳8	甲午9	乙未10	丙申11	丁酉12	戊戌13	己亥14	庚子15	辛丑16	壬寅17	癸卯18	甲辰19	乙巳20	丙午21	丁未22	戊申23	己酉24	庚戌25	辛亥26	壬子27	癸丑28	甲申日食
二月小	己卯	天干地支西曆	甲寅29	乙卯30	丙辰31	丁巳(4)	戊午2	己未3	庚申4	辛酉5	壬戌6	癸亥7	甲子8	乙丑9	丙寅10	丁卯11	戊辰12	己巳13	庚午14	辛未15	壬申16	癸酉17	甲戌18	乙亥19	丙子20	丁丑21	戊寅22	己卯23	庚辰24	辛巳25	壬午26		乙卯春分
三月大	庚辰	天干地支西曆	癸未27	甲申28	乙酉29	丙戌30	丁亥(5)	戊子2	己丑3	庚寅4	辛卯5	壬辰6	癸巳7	甲午8	乙未9	丙申10	丁酉11	戊戌12	己亥13	庚子14	辛丑15	壬寅16	癸卯17	甲辰18	乙巳19	丙午20	丁未21	戊申22	己酉23	庚戌24	辛亥25	壬子26	壬寅立夏
四月小	辛巳	天干地支西曆	癸丑27	甲寅28	乙卯29	丙辰30	丁巳31	戊午(6)	己未2	庚申3	辛酉4	壬戌5	癸亥6	甲子7	乙丑8	丙寅9	丁卯10	戊辰11	己巳12	庚午13	辛未14	壬申15	癸酉16	甲戌17	乙亥18	丙子19	丁丑20	戊寅21	己卯22	庚辰23	辛巳24		
五月大	壬午	天干地支西曆	壬午25	癸未26	甲申27	乙酉28	丙戌29	丁亥30	戊子(7)	己丑2	庚寅3	辛卯4	壬辰5	癸巳6	甲午7	乙未8	丙申9	丁酉10	戊戌11	己亥12	庚子13	辛丑14	壬寅15	癸卯16	甲辰17	乙巳18	丙午19	丁未20	戊申21	己酉22	庚戌23	辛亥24	己丑夏至
六月小	癸未	天干地支西曆	壬子25	癸丑26	甲寅27	乙卯28	丙辰29	丁巳30	戊午31	己未(8)	庚申2	辛酉3	壬戌4	癸亥5	甲子6	乙丑7	丙寅8	丁卯9	戊辰10	己巳11	庚午12	辛未13	壬申14	癸酉15	甲戌16	乙亥17	丙子18	丁丑19	戊寅20	己卯21	庚辰22		丙子立秋
七月小	甲申	天干地支西曆	辛巳23	壬午24	癸未25	甲申26	乙酉27	丙戌28	丁亥29	戊子30	己丑31	庚寅(9)	辛卯2	壬辰3	癸巳4	甲午5	乙未6	丙申7	丁酉8	戊戌9	己亥10	庚子11	辛丑12	壬寅13	癸卯14	甲辰15	乙巳16	丙午17	丁未18	戊申19	己酉20		
八月大	乙酉	天干地支西曆	庚戌21	辛亥22	壬子23	癸丑24	甲寅25	乙卯26	丙辰27	丁巳28	戊午29	己未30	庚申(10)	辛酉2	壬戌3	癸亥4	甲子5	乙丑6	丙寅7	丁卯8	戊辰9	己巳10	庚午11	辛未12	壬申13	癸酉14	甲戌15	乙亥16	丙子17	丁丑18	戊寅19	己卯20	辛酉秋分
九月小	丙戌	天干地支西曆	庚辰21	辛巳22	壬午23	癸未24	甲申25	乙酉26	丙戌27	丁亥28	戊子29	己丑30	庚寅31	辛卯(11)	壬辰2	癸巳3	甲午4	乙未5	丙申6	丁酉7	戊戌8	己亥9	庚子10	辛丑11	壬寅12	癸卯13	甲辰14	乙巳15	丙午16	丁未17	戊申18		乙巳立冬
十月大	丁亥	天干地支西曆	己酉19	庚戌20	辛亥21	壬子22	癸丑23	甲寅24	乙卯25	丙辰26	丁巳27	戊午28	己未29	庚申30	辛酉(12)	壬戌2	癸亥3	甲子4	乙丑5	丙寅6	丁卯7	戊辰8	己巳9	庚午10	辛未11	壬申12	癸酉13	甲戌14	乙亥15	丙子16	丁丑17	戊寅18	
十一月小	戊子	天干地支西曆	己卯19	庚辰20	辛巳21	壬午22	癸未23	甲申24	乙酉25	丙戌26	丁亥27	戊子28	己丑29	庚寅30	辛卯31	壬辰(1)	癸巳2	甲午3	乙未4	丙申5	丁酉6	戊戌7	己亥8	庚子9	辛丑10	壬寅11	癸卯12	甲辰13	乙巳14	丙午15	丁未16		己丑冬至
十二月大	己丑	天干地支西曆	戊申17	己酉18	庚戌19	辛亥20	壬子21	癸丑22	甲寅23	乙卯24	丙辰25	丁巳26	戊午27	己未28	庚申29	辛酉30	壬戌31	癸亥(2)	甲子2	乙丑3	丙寅4	丁卯5	戊辰6	己巳7	庚午8	辛未9	壬申10	癸酉11	甲戌12	乙亥13	丙子14	丁丑15	甲戌立春

年代異同	史記魯世家	漢書律曆志	帝王世紀	竹書紀年	皇極經世	文獻通考	歷代帝王年表	歷代統紀表	中國年曆總譜	西周年代	斷代工程
	周昭王八年		周穆王十五年	周昭王元年	周穆王二十一年	周穆王二十一年	周穆王二十一年	周穆王二十一年	周恭王二年	周穆王五年	周昭王十五年

周昭王七年（辛丑 牛年） 公元前 980 ~ 前 979 年

夏曆月序		中西曆日對照	初一	初二	初三	初四	初五	初六	初七	初八	初九	初十	十一	十二	十三	十四	十五	十六	十七	十八	十九	二十	二一	二二	二三	二四	二五	二六	二七	二八	二九	三十	節氣與天象
正月大	庚寅	天干地支 西曆	戊寅 16	己卯 17	庚辰 18	辛巳 19	壬午 20	癸未 21	甲申 22	乙酉 23	丙戌 24	丁亥 25	戊子 26	己丑 27	庚寅 28	辛卯 (3)	壬辰 2	癸巳 3	甲午 4	乙未 5	丙申 6	丁酉 7	戊戌 8	己亥 9	庚子 10	辛丑 11	壬寅 12	癸卯 13	甲辰 14	乙巳 15	丙午 16	丁未 17	戊寅日食
二月小	辛卯	天干地支 西曆	戊申 18	己酉 19	庚戌 20	辛亥 21	壬子 22	癸丑 23	甲寅 24	乙卯 25	丙辰 26	丁巳 27	戊午 28	己未 29	庚申 30	辛酉 31	壬戌 (4)	癸亥 2	甲子 3	乙丑 4	丙寅 5	丁卯 6	戊辰 7	己巳 8	庚午 9	辛未 10	壬申 11	癸酉 12	甲戌 13	乙亥 14	丙子 15		庚申春分
三月大	壬辰	天干地支 西曆	丁丑 16	戊寅 17	己卯 18	庚辰 19	辛巳 20	壬午 21	癸未 22	甲申 23	乙酉 24	丙戌 25	丁亥 26	戊子 27	己丑 28	庚寅 29	辛卯 30	壬辰 (5)	癸巳 2	甲午 3	乙未 4	丙申 5	丁酉 6	戊戌 7	己亥 8	庚子 9	辛丑 10	壬寅 11	癸卯 12	甲辰 13	乙巳 14	丙午 15	
四月大	癸巳	天干地支 西曆	丁未 16	戊申 17	己酉 18	庚戌 19	辛亥 20	壬子 21	癸丑 22	甲寅 23	乙卯 24	丙辰 25	丁巳 26	戊午 27	己未 28	庚申 29	辛酉 30	壬戌 31	癸亥 (6)	甲子 2	乙丑 3	丙寅 4	丁卯 5	戊辰 6	己巳 7	庚午 8	辛未 9	壬申 10	癸酉 11	甲戌 12	乙亥 13	丙子 14	丁未立夏
五月小	甲午	天干地支 西曆	丁丑 15	戊寅 16	己卯 17	庚辰 18	辛巳 19	壬午 20	癸未 21	甲申 22	乙酉 23	丙戌 24	丁亥 25	戊子 26	己丑 27	庚寅 28	辛卯 29	壬辰 30	癸巳 (7)	甲午 2	乙未 3	丙申 4	丁酉 5	戊戌 6	己亥 7	庚子 8	辛丑 9	壬寅 10	癸卯 11	甲辰 12	乙巳 13		乙未夏至
六月大	乙未	天干地支 西曆	丙午 14	丁未 15	戊申 16	己酉 17	庚戌 18	辛亥 19	壬子 20	癸丑 21	甲寅 22	乙卯 23	丙辰 24	丁巳 25	戊午 26	己未 27	庚申 28	辛酉 29	壬戌 30	癸亥 31	甲子 (8)	乙丑 2	丙寅 3	丁卯 4	戊辰 5	己巳 6	庚午 7	辛未 8	壬申 9	癸酉 10	甲戌 11	乙亥 12	
七月小	丙申	天干地支 西曆	丙子 13	丁丑 14	戊寅 15	己卯 16	庚辰 17	辛巳 18	壬午 19	癸未 20	甲申 21	乙酉 22	丙戌 23	丁亥 24	戊子 25	己丑 26	庚寅 27	辛卯 28	壬辰 29	癸巳 30	甲午 31	乙未 (9)	丙申 2	丁酉 3	戊戌 4	己亥 5	庚子 6	辛丑 7	壬寅 8	癸卯 9	甲辰 10		辛巳立秋
八月大	丁酉	天干地支 西曆	乙巳 11	丙午 12	丁未 13	戊申 14	己酉 15	庚戌 16	辛亥 17	壬子 18	癸丑 19	甲寅 20	乙卯 21	丙辰 22	丁巳 23	戊午 24	己未 25	庚申 26	辛酉 27	壬戌 28	癸亥 29	甲子 30	乙丑 (10)	丙寅 2	丁卯 3	戊辰 4	己巳 5	庚午 6	辛未 7	壬申 8	癸酉 9	甲戌 10	丙寅秋分
九月小	戊戌	天干地支 西曆	乙亥 11	丙子 12	丁丑 13	戊寅 14	己卯 15	庚辰 16	辛巳 17	壬午 18	癸未 19	甲申 20	乙酉 21	丙戌 22	丁亥 23	戊子 24	己丑 25	庚寅 26	辛卯 27	壬辰 28	癸巳 29	甲午 30	乙未 31	丙申 (11)	丁酉 2	戊戌 3	己亥 4	庚子 5	辛丑 6	壬寅 7	癸卯 8		
十月小	己亥	天干地支 西曆	甲辰 9	乙巳 10	丙午 11	丁未 12	戊申 13	己酉 14	庚戌 15	辛亥 16	壬子 17	癸丑 18	甲寅 19	乙卯 20	丙辰 21	丁巳 22	戊午 23	己未 24	庚申 25	辛酉 26	壬戌 27	癸亥 28	甲子 29	乙丑 30	丙寅 (12)	丁卯 2	戊辰 3	己巳 4	庚午 5	辛未 6	壬申 7		辛亥立冬
十一月大	庚子	天干地支 西曆	癸酉 8	甲戌 9	乙亥 10	丙子 11	丁丑 12	戊寅 13	己卯 14	庚辰 15	辛巳 16	壬午 17	癸未 18	甲申 19	乙酉 20	丙戌 21	丁亥 22	戊子 23	己丑 24	庚寅 25	辛卯 26	壬辰 27	癸巳 28	甲午 29	乙未 30	丙申 31	丁酉 (1)	戊戌 2	己亥 3	庚子 4	辛丑 5	壬寅 6	乙未冬至
十二月小	辛丑	天干地支 西曆	癸卯 7	甲辰 8	乙巳 9	丙午 10	丁未 11	戊申 12	己酉 13	庚戌 14	辛亥 15	壬子 16	癸丑 17	甲寅 18	乙卯 19	丙辰 20	丁巳 21	戊午 22	己未 23	庚申 24	辛酉 25	壬戌 26	癸亥 27	甲子 28	乙丑 29	丙寅 30	丁卯 31	戊辰 (2)	己巳 2	庚午 3	辛未 4		

年代異同	史記魯世家	漢書律曆志	帝王世紀	竹書紀年	皇極經世	文獻通考	歷代帝王年表	歷代統紀表	中國年曆總譜	西周年代	斷代工程
	周昭王九年		周穆王十六年	周昭王二年	周穆王二十二年	周穆王二十二年	周穆王二十二年	周穆王二十二年	周恭王三年	周穆王六年	周昭王十六年

周昭王八年（壬寅 虎年） 公元前979 ~ 前978年

夏曆月序		中西曆日對照	初一	初二	初三	初四	初五	初六	初七	初八	初九	初十	十一	十二	十三	十四	十五	十六	十七	十八	十九	二十	二一	二二	二三	二四	二五	二六	二七	二八	二九	三十	節氣與天象
正月大	壬寅	天干地支西曆	壬申5	癸酉6	甲戌7	乙亥8	丙子9	丁丑10	戊寅11	己卯12	庚辰13	辛巳14	壬午15	癸未16	甲申17	乙酉18	丙戌19	丁亥20	戊子21	己丑22	庚寅23	辛卯24	壬辰25	癸巳26	甲午27	乙未28	丙申(3)	丁酉2	戊戌3	己亥4	庚子5	辛丑6	庚辰立春
二月大	癸卯	天干地支西曆	壬寅7	癸卯8	甲辰9	乙巳10	丙午11	丁未12	戊申13	己酉14	庚戌15	辛亥16	壬子17	癸丑18	甲寅19	乙卯20	丙辰21	丁巳22	戊午23	己未24	庚申25	辛酉26	壬戌27	癸亥28	甲子29	乙丑30	丙寅31	丁卯(4)	戊辰2	己巳3	庚午4	辛未5	丙寅春分
三月小	甲辰	天干地支西曆	壬申6	癸酉7	甲戌8	乙亥9	丙子10	丁丑11	戊寅12	己卯13	庚辰14	辛巳15	壬午16	癸未17	甲申18	乙酉19	丙戌20	丁亥21	戊子22	己丑23	庚寅24	辛卯25	壬辰26	癸巳27	甲午28	乙未29	丙申30	丁酉(5)	戊戌2	己亥3	庚子4		
四月大	乙巳	天干地支西曆	辛丑5	壬寅6	癸卯7	甲辰8	乙巳9	丙午10	丁未11	戊申12	己酉13	庚戌14	辛亥15	壬子16	癸丑17	甲寅18	乙卯19	丙辰20	丁巳21	戊午22	己未23	庚申24	辛酉25	壬戌26	癸亥27	甲子28	乙丑29	丙寅30	丁卯31	戊辰(6)	己巳2	庚午3	癸丑立夏
五月小	丙午	天干地支西曆	辛未4	壬申5	癸酉6	甲戌7	乙亥8	丙子9	丁丑10	戊寅11	己卯12	庚辰13	辛巳14	壬午15	癸未16	甲申17	乙酉18	丙戌19	丁亥20	戊子21	己丑22	庚寅23	辛卯24	壬辰25	癸巳26	甲午27	乙未28	丙申29	丁酉30	戊戌(7)	己亥2		
六月大	丁未	天干地支西曆	庚子3	辛丑4	壬寅5	癸卯6	甲辰7	乙巳8	丙午9	丁未10	戊申11	己酉12	庚戌13	辛亥14	壬子15	癸丑16	甲寅17	乙卯18	丙辰19	丁巳20	戊午21	己未22	庚申23	辛酉24	壬戌25	癸亥26	甲子27	乙丑28	丙寅29	丁卯30	戊辰31	己巳(8)	庚子夏至
七月大	戊申	天干地支西曆	庚午2	辛未3	壬申4	癸酉5	甲戌6	乙亥7	丙子8	丁丑9	戊寅10	己卯11	庚辰12	辛巳13	壬午14	癸未15	甲申16	乙酉17	丙戌18	丁亥19	戊子20	己丑21	庚寅22	辛卯23	壬辰24	癸巳25	甲午26	乙未27	丙申28	丁酉29	戊戌30	己亥31	丙戌立秋 庚午日食
八月小	己酉	天干地支西曆	庚子(9)	辛丑2	壬寅3	癸卯4	甲辰5	乙巳6	丙午7	丁未8	戊申9	己酉10	庚戌11	辛亥12	壬子13	癸丑14	甲寅15	乙卯16	丙辰17	丁巳18	戊午19	己未20	庚申21	辛酉22	壬戌23	癸亥24	甲子25	乙丑26	丙寅27	丁卯28	戊辰29		
閏八月大	己酉	天干地支西曆	己巳30	庚午(10)	辛未2	壬申3	癸酉4	甲戌5	乙亥6	丙子7	丁丑8	戊寅9	己卯10	庚辰11	辛巳12	壬午13	癸未14	甲申15	乙酉16	丙戌17	丁亥18	戊子19	己丑20	庚寅21	辛卯22	壬辰23	癸巳24	甲午25	乙未26	丙申27	丁酉28	戊戌29	辛未秋分
九月小	庚戌	天干地支西曆	己亥30	庚子31	辛丑(11)	壬寅2	癸卯3	甲辰4	乙巳5	丙午6	丁未7	戊申8	己酉9	庚戌10	辛亥11	壬子12	癸丑13	甲寅14	乙卯15	丙辰16	丁巳17	戊午18	己未19	庚申20	辛酉21	壬戌22	癸亥23	甲子24	乙丑25	丙寅26	丁卯27		丙辰立冬
十月大	辛亥	天干地支西曆	戊辰28	己巳29	庚午30	辛未(12)	壬申2	癸酉3	甲戌4	乙亥5	丙子6	丁丑7	戊寅8	己卯9	庚辰10	辛巳11	壬午12	癸未13	甲申14	乙酉15	丙戌16	丁亥17	戊子18	己丑19	庚寅20	辛卯21	壬辰22	癸巳23	甲午24	乙未25	丙申26	丁酉27	
十一月小	壬子	天干地支西曆	戊戌28	己亥29	庚子30	辛丑31	壬寅(1)	癸卯2	甲辰3	乙巳4	丙午5	丁未6	戊申7	己酉8	庚戌9	辛亥10	壬子11	癸丑12	甲寅13	乙卯14	丙辰15	丁巳16	戊午17	己未18	庚申19	辛酉20	壬戌21	癸亥22	甲子23	乙丑24	丙寅25		庚子冬至
十二月小	癸丑	天干地支西曆	丁卯26	戊辰27	己巳28	庚午29	辛未30	壬申31	癸酉(2)	甲戌2	乙亥3	丙子4	丁丑5	戊寅6	己卯7	庚辰8	辛巳9	壬午10	癸未11	甲申12	乙酉13	丙戌14	丁亥15	戊子16	己丑17	庚寅18	辛卯19	壬辰20	癸巳21	甲午22	乙未23		乙酉立春

年代異同	史記魯世家	漢書律曆志	帝王世紀	竹書紀年	皇極經世	文獻通考	歷代帝王年表	歷代統紀表	中國年曆總譜	西周年代	斷代工程
	周昭王十年		周穆王十七年	周昭王三年	周穆王二十三年	周穆王二十三年	周穆王二十三年	周穆王二十三年	周恭王四年	周穆王七年	周昭王十七年

周昭王九年（癸卯 兔年） 公元前**978** ~ 前977年

夏曆月序		中西曆日對照	夏曆日序																														節氣與天象
			初一	初二	初三	初四	初五	初六	初七	初八	初九	初十	十一	十二	十三	十四	十五	十六	十七	十八	十九	二十	二一	二二	二三	二四	二五	二六	二七	二八	二九	三十	
正月大	甲寅	天干地支西曆	丙申24	丁酉25	戊戌26	己亥27	庚子28	辛丑(3)	壬寅2	癸卯3	甲辰4	乙巳5	丙午6	丁未7	戊申8	己酉9	庚戌10	辛亥11	壬子12	癸丑13	甲寅14	乙卯15	丙辰16	丁巳17	戊午18	己未19	庚申20	辛酉21	壬戌22	癸亥23	甲子24	乙丑25	
二月小	乙卯	天干地支西曆	丙寅26	丁卯27	戊辰28	己巳29	庚午30	辛未31	壬申(4)	癸酉2	甲戌3	乙亥4	丙子5	丁丑6	戊寅7	己卯8	庚辰9	辛巳10	壬午11	癸未12	甲申13	乙酉14	丙戌15	丁亥16	戊子17	己丑18	庚寅19	辛卯20	壬辰21	癸巳22	甲午23		辛未春分
三月大	丙辰	天干地支西曆	乙未24	丙申25	丁酉26	戊戌27	己亥28	庚子29	辛丑30	壬寅(5)	癸卯2	甲辰3	乙巳4	丙午5	丁未6	戊申7	己酉8	庚戌9	辛亥10	壬子11	癸丑12	甲寅13	乙卯14	丙辰15	丁巳16	戊午17	己未18	庚申19	辛酉20	壬戌21	癸亥22	甲子23	戊午立夏
四月小	丁巳	天干地支西曆	乙丑24	丙寅25	丁卯26	戊辰27	己巳28	庚午29	辛未30	壬申31	癸酉(6)	甲戌2	乙亥3	丙子4	丁丑5	戊寅6	己卯7	庚辰8	辛巳9	壬午10	癸未11	甲申12	乙酉13	丙戌14	丁亥15	戊子16	己丑17	庚寅18	辛卯19	壬辰20	癸巳21		
五月大	戊午	天干地支西曆	甲午22	乙未23	丙申24	丁酉25	戊戌26	己亥27	庚子28	辛丑29	壬寅30	癸卯(7)	甲辰2	乙巳3	丙午4	丁未5	戊申6	己酉7	庚戌8	辛亥9	壬子10	癸丑11	甲寅12	乙卯13	丙辰14	丁巳15	戊午16	己未17	庚申18	辛酉19	壬戌20	癸亥21	乙巳夏至
六月大	己未	天干地支西曆	甲子22	乙丑23	丙寅24	丁卯25	戊辰26	己巳27	庚午28	辛未29	壬申30	癸酉31	甲戌(8)	乙亥2	丙子3	丁丑4	戊寅5	己卯6	庚辰7	辛巳8	壬午9	癸未10	甲申11	乙酉12	丙戌13	丁亥14	戊子15	己丑16	庚寅17	辛卯18	壬辰19	癸巳20	壬辰立秋
七月小	庚申	天干地支西曆	甲午21	乙未22	丙申23	丁酉24	戊戌25	己亥26	庚子27	辛丑28	壬寅29	癸卯30	甲辰31	乙巳(9)	丙午2	丁未3	戊申4	己酉5	庚戌6	辛亥7	壬子8	癸丑9	甲寅10	乙卯11	丙辰12	丁巳13	戊午14	己未15	庚申16	辛酉17	壬戌18		
八月大	辛酉	天干地支西曆	癸亥19	甲子20	乙丑21	丙寅22	丁卯23	戊辰24	己巳25	庚午26	辛未27	壬申28	癸酉29	甲戌30	乙亥(10)	丙子2	丁丑3	戊寅4	己卯5	庚辰6	辛巳7	壬午8	癸未9	甲申10	乙酉11	丙戌12	丁亥13	戊子14	己丑15	庚寅16	辛卯17	壬辰18	丁丑秋分
九月大	壬戌	天干地支西曆	癸巳19	甲午20	乙未21	丙申22	丁酉23	戊戌24	己亥25	庚子26	辛丑27	壬寅28	癸卯29	甲辰30	乙巳31	丙午(11)	丁未2	戊申3	己酉4	庚戌5	辛亥6	壬子7	癸丑8	甲寅9	乙卯10	丙辰11	丁巳12	戊午13	己未14	庚申15	辛酉16	壬戌17	辛酉立冬
十月小	癸亥	天干地支西曆	癸亥18	甲子19	乙丑20	丙寅21	丁卯22	戊辰23	己巳24	庚午25	辛未26	壬申27	癸酉28	甲戌29	乙亥30	丙子(12)	丁丑2	戊寅3	己卯4	庚辰5	辛巳6	壬午7	癸未8	甲申9	乙酉10	丙戌11	丁亥12	戊子13	己丑14	庚寅15	辛卯16		
十一月大	甲子	天干地支西曆	壬辰17	癸巳18	甲午19	乙未20	丙申21	丁酉22	戊戌23	己亥24	庚子25	辛丑26	壬寅27	癸卯28	甲辰29	乙巳30	丙午31	丁未(1)	戊申2	己酉3	庚戌4	辛亥5	壬子6	癸丑7	甲寅8	乙卯9	丙辰10	丁巳11	戊午12	己未13	庚申14	辛酉15	乙巳冬至 壬辰日食
十二月小	乙丑	天干地支西曆	壬戌16	癸亥17	甲子18	乙丑19	丙寅20	丁卯21	戊辰22	己巳23	庚午24	辛未25	壬申26	癸酉27	甲戌28	乙亥29	丙子30	丁丑31	戊寅(2)	己卯2	庚辰3	辛巳4	壬午5	癸未6	甲申7	乙酉8	丙戌9	丁亥10	戊子11	己丑12	庚寅13		庚寅立春

年代異同	史記魯世家	漢書律曆志	帝王世紀	竹書紀年	皇極經世	文獻通考	歷代帝王年表	歷代統紀表	中國年曆總譜	西周年代	斷代工程
	周昭王十一年		周穆王十八年	周昭王四年	周穆王二十四年	周穆王二十四年	周穆王二十四年	周穆王二十四年	周恭王五年	周穆王八年	周昭王十八年

周昭王十年（甲辰 龍年） 公元前 977 ~ 前 976 年

夏曆月序	西中曆日對照	初一	初二	初三	初四	初五	初六	初七	初八	初九	初十	十一	十二	十三	十四	十五	十六	十七	十八	十九	二十	二一	二二	二三	二四	二五	二六	二七	二八	二九	三十	節氣與天象
正月小 丙寅	天干地支	辛卯	壬辰	癸巳	甲午	乙未	丙申	丁酉	戊戌	己亥	庚子	辛丑	壬寅	癸卯	甲辰	乙巳	丙午	丁未	戊申	己酉	庚戌	辛亥	壬子	癸丑	甲寅	乙卯	丙辰	丁巳	戊午	己未		
	西曆	14	15	16	17	18	19	20	21	22	23	24	25	26	27	28	29	(3)	2	3	4	5	6	7	8	9	10	11	12	13		
二月大 丁卯	天干地支	庚申	辛酉	壬戌	癸亥	甲子	乙丑	丙寅	丁卯	戊辰	己巳	庚午	辛未	壬申	癸酉	甲戌	乙亥	丙子	丁丑	戊寅	己卯	庚辰	辛巳	壬午	癸未	甲申	乙酉	丙戌	丁亥	戊子	己丑	丙子春分
	西曆	14	15	16	17	18	19	20	21	22	23	24	25	26	27	28	29	30	31	(4)	2	3	4	5	6	7	8	9	10	11	12	
三月小 戊辰	天干地支	庚寅	辛卯	壬辰	癸巳	甲午	乙未	丙申	丁酉	戊戌	己亥	庚子	辛丑	壬寅	癸卯	甲辰	乙巳	丙午	丁未	戊申	己酉	庚戌	辛亥	壬子	癸丑	甲寅	乙卯	丙辰	丁巳	戊午		
	西曆	13	14	15	16	17	18	19	20	21	22	23	24	25	26	27	28	29	30	(5)	2	3	4	5	6	7	8	9	10	11		
四月大 己巳	天干地支	己未	庚申	辛酉	壬戌	癸亥	甲子	乙丑	丙寅	丁卯	戊辰	己巳	庚午	辛未	壬申	癸酉	甲戌	乙亥	丙子	丁丑	戊寅	己卯	庚辰	辛巳	壬午	癸未	甲申	乙酉	丙戌	丁亥	戊子	癸亥立夏
	西曆	12	13	14	15	16	17	18	19	20	21	22	23	24	25	26	27	28	29	30	31	(6)	2	3	4	5	6	7	8	9	10	
五月小 庚午	天干地支	己丑	庚寅	辛卯	壬辰	癸巳	甲午	乙未	丙申	丁酉	戊戌	己亥	庚子	辛丑	壬寅	癸卯	甲辰	乙巳	丙午	丁未	戊申	己酉	庚戌	辛亥	壬子	癸丑	甲寅	乙卯	丙辰	丁巳		庚戌夏至
	西曆	11	12	13	14	15	16	17	18	19	20	21	22	23	24	25	26	27	28	29	30	(7)	2	3	4	5	6	7	8	9		
六月大 辛未	天干地支	戊午	己未	庚申	辛酉	壬戌	癸亥	甲子	乙丑	丙寅	丁卯	戊辰	己巳	庚午	辛未	壬申	癸酉	甲戌	乙亥	丙子	丁丑	戊寅	己卯	庚辰	辛巳	壬午	癸未	甲申	乙酉	丙戌	丁亥	
	西曆	10	11	12	13	14	15	16	17	18	19	20	21	22	23	24	25	26	27	28	29	30	31	(8)	2	3	4	5	6	7	8	
七月小 壬申	天干地支	戊子	己丑	庚寅	辛卯	壬辰	癸巳	甲午	乙未	丙申	丁酉	戊戌	己亥	庚子	辛丑	壬寅	癸卯	甲辰	乙巳	丙午	丁未	戊申	己酉	庚戌	辛亥	壬子	癸丑	甲寅	乙卯	丙辰		丁酉立秋
	西曆	9	10	11	12	13	14	15	16	17	18	19	20	21	22	23	24	25	26	27	28	29	30	31	(9)	2	3	4	5	6		
八月大 癸酉	天干地支	丁巳	戊午	己未	庚申	辛酉	壬戌	癸亥	甲子	乙丑	丙寅	丁卯	戊辰	己巳	庚午	辛未	壬申	癸酉	甲戌	乙亥	丙子	丁丑	戊寅	己卯	庚辰	辛巳	壬午	癸未	甲申	乙酉	丙戌	壬午秋分
	西曆	7	8	9	10	11	12	13	14	15	16	17	18	19	20	21	22	23	24	25	26	27	28	29	30	(10)	2	3	4	5	6	
九月大 甲戌	天干地支	丁亥	戊子	己丑	庚寅	辛卯	壬辰	癸巳	甲午	乙未	丙申	丁酉	戊戌	己亥	庚子	辛丑	壬寅	癸卯	甲辰	乙巳	丙午	丁未	戊申	己酉	庚戌	辛亥	壬子	癸丑	甲寅	乙卯	丙辰	
	西曆	7	8	9	10	11	12	13	14	15	16	17	18	19	20	21	22	23	24	25	26	27	28	29	30	31	(11)	2	3	4	5	
十月大 乙亥	天干地支	丁巳	戊午	己未	庚申	辛酉	壬戌	癸亥	甲子	乙丑	丙寅	丁卯	戊辰	己巳	庚午	辛未	壬申	癸酉	甲戌	乙亥	丙子	丁丑	戊寅	己卯	庚辰	辛巳	壬午	癸未	甲申	乙酉	丙戌	丙寅立冬
	西曆	6	7	8	9	10	11	12	13	14	15	16	17	18	19	20	21	22	23	24	25	26	27	28	29	30	(12)	2	3	4	5	
十一月小 丙子	天干地支	丁亥	戊子	己丑	庚寅	辛卯	壬辰	癸巳	甲午	乙未	丙申	丁酉	戊戌	己亥	庚子	辛丑	壬寅	癸卯	甲辰	乙巳	丙午	丁未	戊申	己酉	庚戌	辛亥	壬子	癸丑	甲寅	乙卯		庚戌冬至
	西曆	6	7	8	9	10	11	12	13	14	15	16	17	18	19	20	21	22	23	24	25	26	27	28	29	30	31	(1)	2	3		
十二月大 丁丑	天干地支	丙辰	丁巳	戊午	己未	庚申	辛酉	壬戌	癸亥	甲子	乙丑	丙寅	丁卯	戊辰	己巳	庚午	辛未	壬申	癸酉	甲戌	乙亥	丙子	丁丑	戊寅	己卯	庚辰	辛巳	壬午	癸未	甲申	乙酉	
	西曆	4	5	6	7	8	9	10	11	12	13	14	15	16	17	18	19	20	21	22	23	24	25	26	27	28	29	30	31	(2)	2	

年代異同	史記魯世家	漢書律曆志	帝王世紀	竹書紀年	皇極經世	文獻通考	歷代帝王年表	歷代統紀表	中國年曆總譜	西周年代	斷代工程
	周昭王十二年		周穆王十九年	周昭王五年	周穆王二十五年	周穆王二十五年	周穆王二十五年	周穆王二十五年	周恭王六年	周穆王九年	周昭王十九年

周昭王十一年（乙巳 蛇年） 公元前976 ~ 前975年

夏曆月序		中西曆日對照	初一	初二	初三	初四	初五	初六	初七	初八	初九	初十	十一	十二	十三	十四	十五	十六	十七	十八	十九	二十	二一	二二	二三	二四	二五	二六	二七	二八	二九	三十	節氣與天象
正月小	戊寅	干支 天地 西曆	丙戌3	丁亥4	戊子5	己丑6	庚寅7	辛卯8	壬辰9	癸巳10	甲午11	乙未12	丙申13	丁酉14	戊戌15	己亥16	庚子17	辛丑18	壬寅19	癸卯20	甲辰21	乙巳22	丙午23	丁未24	戊申25	己酉26	庚戌27	辛亥28	壬子(3)	癸丑2	甲寅3		乙未立春
二月小	己卯	干支 天地 西曆	乙卯4	丙辰5	丁巳6	戊午7	己未8	庚申9	辛酉10	壬戌11	癸亥12	甲子13	乙丑14	丙寅15	丁卯16	戊辰17	己巳18	庚午19	辛未20	壬申21	癸酉22	甲戌23	乙亥24	丙子25	丁丑26	戊寅27	己卯28	庚辰29	辛巳30	壬午31	癸未(4)		辛巳春分
三月大	庚辰	干支 天地 西曆	甲申2	乙酉3	丙戌4	丁亥5	戊子6	己丑7	庚寅8	辛卯9	壬辰10	癸巳11	甲午12	乙未13	丙申14	丁酉15	戊戌16	己亥17	庚子18	辛丑19	壬寅20	癸卯21	甲辰22	乙巳23	丙午24	丁未25	戊申26	己酉27	庚戌28	辛亥29	壬子30	癸丑(5)	
四月小	辛巳	干支 天地 西曆	甲寅2	乙卯3	丙辰4	丁巳5	戊午6	己未7	庚申8	辛酉9	壬戌10	癸亥11	甲子12	乙丑13	丙寅14	丁卯15	戊辰16	己巳17	庚午18	辛未19	壬申20	癸酉21	甲戌22	乙亥23	丙子24	丁丑25	戊寅26	己卯27	庚辰28	辛巳29	壬午30		戊辰立夏
閏四月小	辛巳	干支 天地 西曆	癸未31	甲申(6)	乙酉2	丙戌3	丁亥4	戊子5	己丑6	庚寅7	辛卯8	壬辰9	癸巳10	甲午11	乙未12	丙申13	丁酉14	戊戌15	己亥16	庚子17	辛丑18	壬寅19	癸卯20	甲辰21	乙巳22	丙午23	丁未24	戊申25	己酉26	庚戌27	辛亥28		癸未日食
五月大	壬午	干支 天地 西曆	壬子29	癸丑30	甲寅(7)	乙卯2	丙辰3	丁巳4	戊午5	己未6	庚申7	辛酉8	壬戌9	癸亥10	甲子11	乙丑12	丙寅13	丁卯14	戊辰15	己巳16	庚午17	辛未18	壬申19	癸酉20	甲戌21	乙亥22	丙子23	丁丑24	戊寅25	己卯26	庚辰27	辛巳28	丙辰夏至
六月小	癸未	干支 天地 西曆	壬午29	癸未30	甲申31	乙酉(8)	丙戌2	丁亥3	戊子4	己丑5	庚寅6	辛卯7	壬辰8	癸巳9	甲午10	乙未11	丙申12	丁酉13	戊戌14	己亥15	庚子16	辛丑17	壬寅18	癸卯19	甲辰20	乙巳21	丙午22	丁未23	戊申24	己酉25	庚戌26		壬寅立秋
七月大	甲申	干支 天地 西曆	辛亥27	壬子28	癸丑29	甲寅30	乙卯31	丙辰(9)	丁巳2	戊午3	己未4	庚申5	辛酉6	壬戌7	癸亥8	甲子9	乙丑10	丙寅11	丁卯12	戊辰13	己巳14	庚午15	辛未16	壬申17	癸酉18	甲戌19	乙亥20	丙子21	丁丑22	戊寅23	己卯24	庚辰25	
八月大	乙酉	干支 天地 西曆	辛巳26	壬午27	癸未28	甲申29	乙酉30	丙戌(10)	丁亥2	戊子3	己丑4	庚寅5	辛卯6	壬辰7	癸巳8	甲午9	乙未10	丙申11	丁酉12	戊戌13	己亥14	庚子15	辛丑16	壬寅17	癸卯18	甲辰19	乙巳20	丙午21	丁未22	戊申23	己酉24	庚戌25	丁亥秋分
九月大	丙戌	干支 天地 西曆	辛亥26	壬子27	癸丑28	甲寅29	乙卯30	丙辰31	丁巳(11)	戊午2	己未3	庚申4	辛酉5	壬戌6	癸亥7	甲子8	乙丑9	丙寅10	丁卯11	戊辰12	己巳13	庚午14	辛未15	壬申16	癸酉17	甲戌18	乙亥19	丙子20	丁丑21	戊寅22	己卯23	庚辰24	辛未立冬
十月大	丁亥	干支 天地 西曆	辛巳25	壬午26	癸未27	甲申28	乙酉29	丙戌30	丁亥(12)	戊子2	己丑3	庚寅4	辛卯5	壬辰6	癸巳7	甲午8	乙未9	丙申10	丁酉11	戊戌12	己亥13	庚子14	辛丑15	壬寅16	癸卯17	甲辰18	乙巳19	丙午20	丁未21	戊申22	己酉23	庚戌24	
十一月小	戊子	干支 天地 西曆	辛亥25	壬子26	癸丑27	甲寅28	乙卯29	丙辰30	丁巳31	戊午(1)	己未2	庚申3	辛酉4	壬戌5	癸亥6	甲子7	乙丑8	丙寅9	丁卯10	戊辰11	己巳12	庚午13	辛未14	壬申15	癸酉16	甲戌17	乙亥18	丙子19	丁丑20	戊寅21	己卯22		丙辰冬至
十二月大	己丑	干支 天地 西曆	庚辰23	辛巳24	壬午25	癸未26	甲申27	乙酉28	丙戌29	丁亥30	戊子31	己丑(2)	庚寅2	辛卯3	壬辰4	癸巳5	甲午6	乙未7	丙申8	丁酉9	戊戌10	己亥11	庚子12	辛丑13	壬寅14	癸卯15	甲辰16	乙巳17	丙午18	丁未19	戊申20	己酉21	庚子立春

年代異同	史記魯世家	漢書律曆志	帝王世紀	竹書紀年	皇極經世	文獻通考	歷代帝王年表	歷代統紀表	中國年曆總譜	西周年代	斷代工程
	周昭王十三年		周穆王二十年	周昭王六年	周穆王二十六年	周穆王二十六年	周穆王二十六年	周穆王二十六年	周恭王七年	周穆王十年	周穆王元年

周昭王十二年（丙午 馬年） 公元前 975 ~ 前 974 年

夏曆月序	中西曆日對照	初一	初二	初三	初四	初五	初六	初七	初八	初九	初十	十一	十二	十三	十四	十五	十六	十七	十八	十九	二十	二一	二二	二三	二四	二五	二六	二七	二八	二九	三十	節氣與天象
正月小 庚寅	天干 地支 西曆	庚戌22	辛亥23	壬子24	癸丑25	甲寅26	乙卯27	丙辰28	丁巳(3)	戊午2	己未3	庚申4	辛酉5	壬戌6	癸亥7	甲子8	乙丑9	丙寅10	丁卯11	戊辰12	己巳13	庚午14	辛未15	壬申16	癸酉17	甲戌18	乙亥19	丙子20	丁丑21	戊寅22		
二月小 辛卯	天干 地支 西曆	己卯23	庚辰24	辛巳25	壬午26	癸未27	甲申28	乙酉29	丙戌30	丁亥31	戊子(4)	己丑2	庚寅3	辛卯4	壬辰5	癸巳6	甲午7	乙未8	丙申9	丁酉10	戊戌11	己亥12	庚子13	辛丑14	壬寅15	癸卯16	甲辰17	乙巳18	丙午19	丁未20		丁亥春分
三月大 壬辰	天干 地支 西曆	戊申21	己酉22	庚戌23	辛亥24	壬子25	癸丑26	甲寅27	乙卯28	丙辰29	丁巳30	戊午(5)	己未2	庚申3	辛酉4	壬戌5	癸亥6	甲子7	乙丑8	丙寅9	丁卯10	戊辰11	己巳12	庚午13	辛未14	壬申15	癸酉16	甲戌17	乙亥18	丙子19	丁丑20	甲戌立夏
四月小 癸巳	天干 地支 西曆	戊寅21	己卯22	庚辰23	辛巳24	壬午25	癸未26	甲申27	乙酉28	丙戌29	丁亥30	戊子31	己丑(6)	庚寅2	辛卯3	壬辰4	癸巳5	甲午6	乙未7	丙申8	丁酉9	戊戌10	己亥11	庚子12	辛丑13	壬寅14	癸卯15	甲辰16	乙巳17	丙午18		
五月小 甲午	天干 地支 西曆	丁未19	戊申20	己酉21	庚戌22	辛亥23	壬子24	癸丑25	甲寅26	乙卯27	丙辰28	丁巳29	戊午30	己未(7)	庚申2	辛酉3	壬戌4	癸亥5	甲子6	乙丑7	丙寅8	丁卯9	戊辰10	己巳11	庚午12	辛未13	壬申14	癸酉15	甲戌16	乙亥17		辛酉夏至
六月大 乙未	天干 地支 西曆	丙子18	丁丑19	戊寅20	己卯21	庚辰22	辛巳23	壬午24	癸未25	甲申26	乙酉27	丙戌28	丁亥29	戊子30	己丑31	庚寅(8)	辛卯2	壬辰3	癸巳4	甲午5	乙未6	丙申7	丁酉8	戊戌9	己亥10	庚子11	辛丑12	壬寅13	癸卯14	甲辰15	乙巳16	
七月小 丙申	天干 地支 西曆	丙午17	丁未18	戊申19	己酉20	庚戌21	辛亥22	壬子23	癸丑24	甲寅25	乙卯26	丙辰27	丁巳28	戊午29	己未30	庚申31	辛酉(9)	壬戌2	癸亥3	甲子4	乙丑5	丙寅6	丁卯7	戊辰8	己巳9	庚午10	辛未11	壬申12	癸酉13	甲戌14		丁未立秋
八月大 丁酉	天干 地支 西曆	乙亥15	丙子16	丁丑17	戊寅18	己卯19	庚辰20	辛巳21	壬午22	癸未23	甲申24	乙酉25	丙戌26	丁亥27	戊子28	己丑29	庚寅30	辛卯(10)	壬辰2	癸巳3	甲午4	乙未5	丙申6	丁酉7	戊戌8	己亥9	庚子10	辛丑11	壬寅12	癸卯13	甲辰14	壬辰秋分
九月大 戊戌	天干 地支 西曆	乙巳15	丙午16	丁未17	戊申18	己酉19	庚戌20	辛亥21	壬子22	癸丑23	甲寅24	乙卯25	丙辰26	丁巳27	戊午28	己未29	庚申30	辛酉31	壬戌(11)	癸亥2	甲子3	乙丑4	丙寅5	丁卯6	戊辰7	己巳8	庚午9	辛未10	壬申11	癸酉12	甲戌13	
十月大 己亥	天干 地支 西曆	乙亥14	丙子15	丁丑16	戊寅17	己卯18	庚辰19	辛巳20	壬午21	癸未22	甲申23	乙酉24	丙戌25	丁亥26	戊子27	己丑28	庚寅29	辛卯30	壬辰(12)	癸巳2	甲午3	乙未4	丙申5	丁酉6	戊戌7	己亥8	庚子9	辛丑10	壬寅11	癸卯12	甲辰13	丁丑立冬
十一月小 庚子	天干 地支 西曆	乙巳14	丙午15	丁未16	戊申17	己酉18	庚戌19	辛亥20	壬子21	癸丑22	甲寅23	乙卯24	丙辰25	丁巳26	戊午27	己未28	庚申29	辛酉30	壬戌31	癸亥(1)	甲子2	乙丑3	丙寅4	丁卯5	戊辰6	己巳7	庚午8	辛未9	壬申10	癸酉11		辛酉冬至
十二月小 辛丑	天干 地支 西曆	甲戌12	乙亥13	丙子14	丁丑15	戊寅16	己卯17	庚辰18	辛巳19	壬午20	癸未21	甲申22	乙酉23	丙戌24	丁亥25	戊子26	己丑27	庚寅28	辛卯29	壬辰30	癸巳31	甲午(2)	乙未2	丙申3	丁酉4	戊戌5	己亥6	庚子7	辛丑8	壬寅9	癸卯10	

年代異同	史記魯世家	漢書律曆志	帝王世紀	竹書紀年	皇極經世	文獻通考	歷代帝王年表	歷代統紀表	中國年曆總譜	西周年代	斷代工程
	周昭王十四年		周穆王二十一年	周昭王七年	周穆王二十七年	周穆王二十七年	周穆王二十七年	周穆王二十七年	周恭王八年	周穆王十一年	周穆王二年

周昭王十三年（丁未 羊年） 公元前 974 ~ 前 973 年

夏曆月序		中西曆日對照	初一	初二	初三	初四	初五	初六	初七	初八	初九	初十	十一	十二	十三	十四	十五	十六	十七	十八	十九	二十	二一	二二	二三	二四	二五	二六	二七	二八	二九	三十	節氣與天象
正月大	壬寅	干支 天地 西曆	甲辰 11	乙巳 12	丙午 13	丁未 14	戊申 15	己酉 16	庚戌 17	辛亥 18	壬子 19	癸丑 20	甲寅 21	乙卯 22	丙辰 23	丁巳 24	戊午 25	己未 26	庚申 27	辛酉 28	壬戌 (3)	癸亥 2	甲子 3	乙丑 4	丙寅 5	丁卯 6	戊辰 7	己巳 8	庚午 9	辛未 10	壬申 11	癸酉 12	丙午立春
二月小	癸卯	干支 天地 西曆	甲戌 13	乙亥 14	丙子 15	丁丑 16	戊寅 17	己卯 18	庚辰 19	辛巳 20	壬午 21	癸未 22	甲申 23	乙酉 24	丙戌 25	丁亥 26	戊子 27	己丑 28	庚寅 29	辛卯 30	壬辰 31	癸巳 (4)	甲午 2	乙未 3	丙申 4	丁酉 5	戊戌 6	己亥 7	庚子 8	辛丑 9	壬寅 10		壬辰春分
三月小	甲辰	干支 天地 西曆	癸卯 11	甲辰 12	乙巳 13	丙午 14	丁未 15	戊申 16	己酉 17	庚戌 18	辛亥 19	壬子 20	癸丑 21	甲寅 22	乙卯 23	丙辰 24	丁巳 25	戊午 26	己未 27	庚申 28	辛酉 29	壬戌 30	癸亥 (5)	甲子 2	乙丑 3	丙寅 4	丁卯 5	戊辰 6	己巳 7	庚午 8	辛未 9		
四月大	乙巳	干支 天地 西曆	壬申 10	癸酉 11	甲戌 12	乙亥 13	丙子 14	丁丑 15	戊寅 16	己卯 17	庚辰 18	辛巳 19	壬午 20	癸未 21	甲申 22	乙酉 23	丙戌 24	丁亥 25	戊子 26	己丑 27	庚寅 28	辛卯 29	壬辰 30	癸巳 31	甲午 (6)	乙未 2	丙申 3	丁酉 4	戊戌 5	己亥 6	庚子 7	辛丑 8	己卯立夏
五月小	丙午	干支 天地 西曆	壬寅 9	癸卯 10	甲辰 11	乙巳 12	丙午 13	丁未 14	戊申 15	己酉 16	庚戌 17	辛亥 18	壬子 19	癸丑 20	甲寅 21	乙卯 22	丙辰 23	丁巳 24	戊午 25	己未 26	庚申 27	辛酉 28	壬戌 29	癸亥 30	甲子 (7)	乙丑 2	丙寅 3	丁卯 4	戊辰 5	己巳 6	庚午 7		丙寅夏至
六月小	丁未	干支 天地 西曆	辛未 8	壬申 9	癸酉 10	甲戌 11	乙亥 12	丙子 13	丁丑 14	戊寅 15	己卯 16	庚辰 17	辛巳 18	壬午 19	癸未 20	甲申 21	乙酉 22	丙戌 23	丁亥 24	戊子 25	己丑 26	庚寅 27	辛卯 28	壬辰 29	癸巳 30	甲午 31	乙未 (8)	丙申 2	丁酉 3	戊戌 4	己亥 5		
七月大	戊申	干支 天地 西曆	庚子 6	辛丑 7	壬寅 8	癸卯 9	甲辰 10	乙巳 11	丙午 12	丁未 13	戊申 14	己酉 15	庚戌 16	辛亥 17	壬子 18	癸丑 19	甲寅 20	乙卯 21	丙辰 22	丁巳 23	戊午 24	己未 25	庚申 26	辛酉 27	壬戌 28	癸亥 29	甲子 30	乙丑 31	丙寅 (9)	丁卯 2	戊辰 3	己巳 4	壬子立秋
八月小	己酉	干支 天地 西曆	庚午 5	辛未 6	壬申 7	癸酉 8	甲戌 9	乙亥 10	丙子 11	丁丑 12	戊寅 13	己卯 14	庚辰 15	辛巳 16	壬午 17	癸未 18	甲申 19	乙酉 20	丙戌 21	丁亥 22	戊子 23	己丑 24	庚寅 25	辛卯 26	壬辰 27	癸巳 28	甲午 29	乙未 30	丙申 (10)	丁酉 2	戊戌 3		戊戌秋分
九月大	庚戌	干支 天地 西曆	己亥 4	庚子 5	辛丑 6	壬寅 7	癸卯 8	甲辰 9	乙巳 10	丙午 11	丁未 12	戊申 13	己酉 14	庚戌 15	辛亥 16	壬子 17	癸丑 18	甲寅 19	乙卯 20	丙辰 21	丁巳 22	戊午 23	己未 24	庚申 25	辛酉 26	壬戌 27	癸亥 28	甲子 29	乙丑 30	丙寅 31	丁卯 (11)	戊辰 2	己亥日食
十月大	辛亥	干支 天地 西曆	己巳 3	庚午 4	辛未 5	壬申 6	癸酉 7	甲戌 8	乙亥 9	丙子 10	丁丑 11	戊寅 12	己卯 13	庚辰 14	辛巳 15	壬午 16	癸未 17	甲申 18	乙酉 19	丙戌 20	丁亥 21	戊子 22	己丑 23	庚寅 24	辛卯 25	壬辰 26	癸巳 27	甲午 28	乙未 29	丙申 30	丁酉 (12)	戊戌 2	壬午立冬
十一月小	壬子	干支 天地 西曆	己亥 3	庚子 4	辛丑 5	壬寅 6	癸卯 7	甲辰 8	乙巳 9	丙午 10	丁未 11	戊申 12	己酉 13	庚戌 14	辛亥 15	壬子 16	癸丑 17	甲寅 18	乙卯 19	丙辰 20	丁巳 21	戊午 22	己未 23	庚申 24	辛酉 25	壬戌 26	癸亥 27	甲子 28	乙丑 29	丙寅 30	丁卯 31		丙寅冬至
十二月大	癸丑	干支 天地 西曆	戊辰 (1)	己巳 2	庚午 3	辛未 4	壬申 5	癸酉 6	甲戌 7	乙亥 8	丙子 9	丁丑 10	戊寅 11	己卯 12	庚辰 13	辛巳 14	壬午 15	癸未 16	甲申 17	乙酉 18	丙戌 19	丁亥 20	戊子 21	己丑 22	庚寅 23	辛卯 24	壬辰 25	癸巳 26	甲午 27	乙未 28	丙申 29	丁酉 30	

年代異同	史記魯世家	漢書律曆志	帝王世紀	竹書紀年	皇極經世	文獻通考	歷代帝王年表	歷代統紀表	中國年曆總譜	西周年代	斷代工程
	周昭王十五年		周穆王二十二年	周昭王八年	周穆王二十八年	周穆王二十八年	周穆王二十八年	周穆王二十八年	周恭王九年	周穆王十二年	周穆王三年

周昭王十四年（戊申 猴年） 公元前 973 ~ 前 972 年

夏曆月序	中西曆日對照	初一	初二	初三	初四	初五	初六	初七	初八	初九	初十	十一	十二	十三	十四	十五	十六	十七	十八	十九	二十	二一	二二	二三	二四	二五	二六	二七	二八	二九	三十	節氣與天象
正月大 甲寅	天干地支 西曆	戊戌 31	己亥 (2)	庚子 2	辛丑 3	壬寅 4	癸卯 5	甲辰 6	乙巳 7	丙午 8	丁未 9	戊申 10	己酉 11	庚戌 12	辛亥 13	壬子 14	癸丑 15	甲寅 16	乙卯 17	丙辰 18	丁巳 19	戊午 20	己未 21	庚申 22	辛酉 23	壬戌 24	癸亥 25	甲子 26	乙丑 27	丙寅 28	丁卯 29	辛亥立春
二月小 乙卯	天干地支 西曆	戊辰 (3)	己巳 2	庚午 3	辛未 4	壬申 5	癸酉 6	甲戌 7	乙亥 8	丙子 9	丁丑 10	戊寅 11	己卯 12	庚辰 13	辛巳 14	壬午 15	癸未 16	甲申 17	乙酉 18	丙戌 19	丁亥 20	戊子 21	己丑 22	庚寅 23	辛卯 24	壬辰 25	癸巳 26	甲午 27	乙未 28	丙申 29		
閏二月大 乙卯	天干地支 西曆	丁酉 30	戊戌 31	己亥 (4)	庚子 2	辛丑 3	壬寅 4	癸卯 5	甲辰 6	乙巳 7	丙午 8	丁未 9	戊申 10	己酉 11	庚戌 12	辛亥 13	壬子 14	癸丑 15	甲寅 16	乙卯 17	丙辰 18	丁巳 19	戊午 20	己未 21	庚申 22	辛酉 23	壬戌 24	癸亥 25	甲子 26	乙丑 27	丙寅 28	丁酉春分
三月小 丙辰	天干地支 西曆	丁卯 29	戊辰 30	己巳 (5)	庚午 2	辛未 3	壬申 4	癸酉 5	甲戌 6	乙亥 7	丙子 8	丁丑 9	戊寅 10	己卯 11	庚辰 12	辛巳 13	壬午 14	癸未 15	甲申 16	乙酉 17	丙戌 18	丁亥 19	戊子 20	己丑 21	庚寅 22	辛卯 23	壬辰 24	癸巳 25	甲午 26	乙未 27		甲申立夏
四月大 丁巳	天干地支 西曆	丙申 28	丁酉 29	戊戌 30	己亥 31	庚子 (6)	辛丑 2	壬寅 3	癸卯 4	甲辰 5	乙巳 6	丙午 7	丁未 8	戊申 9	己酉 10	庚戌 11	辛亥 12	壬子 13	癸丑 14	甲寅 15	乙卯 16	丙辰 17	丁巳 18	戊午 19	己未 20	庚申 21	辛酉 22	壬戌 23	癸亥 24	甲子 25	乙丑 26	
五月小 戊午	天干地支 西曆	丙寅 27	丁卯 28	戊辰 29	己巳 30	庚午 (7)	辛未 2	壬申 3	癸酉 4	甲戌 5	乙亥 6	丙子 7	丁丑 8	戊寅 9	己卯 10	庚辰 11	辛巳 12	壬午 13	癸未 14	甲申 15	乙酉 16	丙戌 17	丁亥 18	戊子 19	己丑 20	庚寅 21	辛卯 22	壬辰 23	癸巳 24	甲午 25		辛未夏至
六月小 己未	天干地支 西曆	乙未 26	丙申 27	丁酉 28	戊戌 29	己亥 30	庚子 31	辛丑 (8)	壬寅 2	癸卯 3	甲辰 4	乙巳 5	丙午 6	丁未 7	戊申 8	己酉 9	庚戌 10	辛亥 11	壬子 12	癸丑 13	甲寅 14	乙卯 15	丙辰 16	丁巳 17	戊午 18	己未 19	庚申 20	辛酉 21	壬戌 22	癸亥 23		戊午立秋
七月大 庚申	天干地支 西曆	甲子 24	乙丑 25	丙寅 26	丁卯 27	戊辰 28	己巳 29	庚午 30	辛未 31	壬申 (9)	癸酉 2	甲戌 3	乙亥 4	丙子 5	丁丑 6	戊寅 7	己卯 8	庚辰 9	辛巳 10	壬午 11	癸未 12	甲申 13	乙酉 14	丙戌 15	丁亥 16	戊子 17	己丑 18	庚寅 19	辛卯 20	壬辰 21	癸巳 22	
八月小 辛酉	天干地支 西曆	甲午 23	乙未 24	丙申 25	丁酉 26	戊戌 27	己亥 28	庚子 29	辛丑 30	壬寅 (10)	癸卯 2	甲辰 3	乙巳 4	丙午 5	丁未 6	戊申 7	己酉 8	庚戌 9	辛亥 10	壬子 11	癸丑 12	甲寅 13	乙卯 14	丙辰 15	丁巳 16	戊午 17	己未 18	庚申 19	辛酉 20	壬戌 21		癸卯秋分
九月大 壬戌	天干地支 西曆	癸亥 22	甲子 23	乙丑 24	丙寅 25	丁卯 26	戊辰 27	己巳 28	庚午 29	辛未 30	壬申 31	癸酉 (11)	甲戌 2	乙亥 3	丙子 4	丁丑 5	戊寅 6	己卯 7	庚辰 8	辛巳 9	壬午 10	癸未 11	甲申 12	乙酉 13	丙戌 14	丁亥 15	戊子 16	己丑 17	庚寅 18	辛卯 19	壬辰 20	丁亥立冬
十月小 癸亥	天干地支 西曆	癸巳 21	甲午 22	乙未 23	丙申 24	丁酉 25	戊戌 26	己亥 27	庚子 28	辛丑 29	壬寅 30	癸卯 (12)	甲辰 2	乙巳 3	丙午 4	丁未 5	戊申 6	己酉 7	庚戌 8	辛亥 9	壬子 10	癸丑 11	甲寅 12	乙卯 13	丙辰 14	丁巳 15	戊午 16	己未 17	庚申 18	辛酉 19		
十一月大 甲子	天干地支 西曆	壬戌 20	癸亥 21	甲子 22	乙丑 23	丙寅 24	丁卯 25	戊辰 26	己巳 27	庚午 28	辛未 29	壬申 30	癸酉 31	甲戌 (1)	乙亥 2	丙子 3	丁丑 4	戊寅 5	己卯 6	庚辰 7	辛巳 8	壬午 9	癸未 10	甲申 11	乙酉 12	丙戌 13	丁亥 14	戊子 15	己丑 16	庚寅 17	辛卯 18	辛未冬至
十二月大 乙丑	天干地支 西曆	壬辰 19	癸巳 20	甲午 21	乙未 22	丙申 23	丁酉 24	戊戌 25	己亥 26	庚子 27	辛丑 28	壬寅 29	癸卯 30	甲辰 31	乙巳 (2)	丙午 2	丁未 3	戊申 4	己酉 5	庚戌 6	辛亥 7	壬子 8	癸丑 9	甲寅 10	乙卯 11	丙辰 12	丁巳 13	戊午 14	己未 15	庚申 16	辛酉 17	丙辰立春

年代異同	史記魯世家	漢書律曆志	帝王世紀	竹書紀年	皇極經世	文獻通考	歷代帝王年表	歷代統紀表	中國年曆總譜	西周年代	斷代工程
	周昭王十六年		周穆王二十三年	周昭王九年	周穆王二十九年	周穆王二十九年	周穆王二十九年	周穆王二十九年	周恭王十年	周穆王十三年	周穆王四年

周昭王十四年（戊申 猴年） 公元前 972 ~ 前 971 年

夏曆月序		中西曆日對照	初一	初二	初三	初四	初五	初六	初七	初八	初九	初十	十一	十二	十三	十四	十五	十六	十七	十八	十九	二十	二一	二二	二三	二四	二五	二六	二七	二八	二九	三十	節氣與天象
正月大	丙寅	干支 天地西曆	壬戌18	癸亥19	甲子20	乙丑21	丙寅22	丁卯23	戊辰24	己巳25	庚午26	辛未27	壬申28	癸酉(3)	甲戌2	乙亥3	丙子4	丁丑5	戊寅6	己卯7	庚辰8	辛巳9	壬午10	癸未11	甲申12	乙酉13	丙戌14	丁亥15	戊子16	己丑17	庚寅18	辛卯19	
二月小	丁卯	干支 天地西曆	壬辰20	癸巳21	甲午22	乙未23	丙申24	丁酉25	戊戌26	己亥27	庚子28	辛丑29	壬寅30	癸卯31	甲辰(4)	乙巳2	丙午3	丁未4	戊申5	己酉6	庚戌7	辛亥8	壬子9	癸丑10	甲寅11	乙卯12	丙辰13	丁巳14	戊午15	己未16	庚申17		壬寅春分
三月大	戊辰	干支 天地西曆	辛酉18	壬戌19	癸亥20	甲子21	乙丑22	丙寅23	丁卯24	戊辰25	己巳26	庚午27	辛未28	壬申29	癸酉30	甲戌(5)	乙亥2	丙子3	丁丑4	戊寅5	己卯6	庚辰7	辛巳8	壬午9	癸未10	甲申11	乙酉12	丙戌13	丁亥14	戊子15	己丑16	庚寅17	己丑立夏
四月小	己巳	干支 天地西曆	辛卯18	壬辰19	癸巳20	甲午21	乙未22	丙申23	丁酉24	戊戌25	己亥26	庚子27	辛丑28	壬寅29	癸卯30	甲辰31	乙巳(6)	丙午2	丁未3	戊申4	己酉5	庚戌6	辛亥7	壬子8	癸丑9	甲寅10	乙卯11	丙辰12	丁巳13	戊午14	己未15		
五月大	庚午	干支 天地西曆	庚申16	辛酉17	壬戌18	癸亥19	甲子20	乙丑21	丙寅22	丁卯23	戊辰24	己巳25	庚午26	辛未27	壬申28	癸酉29	甲戌30	乙亥(7)	丙子2	丁丑3	戊寅4	己卯5	庚辰6	辛巳7	壬午8	癸未9	甲申10	乙酉11	丙戌12	丁亥13	戊子14	己丑15	丁丑夏至
六月小	辛未	干支 天地西曆	庚寅16	辛卯17	壬辰18	癸巳19	甲午20	乙未21	丙申22	丁酉23	戊戌24	己亥25	庚子26	辛丑27	壬寅28	癸卯29	甲辰30	乙巳31	丙午(8)	丁未2	戊申3	己酉4	庚戌5	辛亥6	壬子7	癸丑8	甲寅9	乙卯10	丙辰11	丁巳12	戊午13		
七月小	壬申	干支 天地西曆	己未14	庚申15	辛酉16	壬戌17	癸亥18	甲子19	乙丑20	丙寅21	丁卯22	戊辰23	己巳24	庚午25	辛未26	壬申27	癸酉28	甲戌29	乙亥30	丙子31	丁丑(9)	戊寅2	己卯3	庚辰4	辛巳5	壬午6	癸未7	甲申8	乙酉9	丙戌10	丁亥11		癸亥立秋
八月大	癸酉	干支 天地西曆	戊子12	己丑13	庚寅14	辛卯15	壬辰16	癸巳17	甲午18	乙未19	丙申20	丁酉21	戊戌22	己亥23	庚子24	辛丑25	壬寅26	癸卯27	甲辰28	乙巳29	丙午30	丁未(10)	戊申2	己酉3	庚戌4	辛亥5	壬子6	癸丑7	甲寅8	乙卯9	丙辰10	丁巳11	戊申秋分
九月小	甲戌	干支 天地西曆	戊午12	己未13	庚申14	辛酉15	壬戌16	癸亥17	甲子18	乙丑19	丙寅20	丁卯21	戊辰22	己巳23	庚午24	辛未25	壬申26	癸酉27	甲戌28	乙亥29	丙子30	丁丑31	戊寅(11)	己卯2	庚辰3	辛巳4	壬午5	癸未6	甲申7	乙酉8	丙戌9		
十月大	乙亥	干支 天地西曆	丁亥10	戊子11	己丑12	庚寅13	辛卯14	壬辰15	癸巳16	甲午17	乙未18	丙申19	丁酉20	戊戌21	己亥22	庚子23	辛丑24	壬寅25	癸卯26	甲辰27	乙巳28	丙午29	丁未30	戊申(12)	己酉2	庚戌3	辛亥4	壬子5	癸丑6	甲寅7	乙卯8	丙辰9	壬辰立冬
十一月小	丙子	干支 天地西曆	丁巳10	戊午11	己未12	庚申13	辛酉14	壬戌15	癸亥16	甲子17	乙丑18	丙寅19	丁卯20	戊辰21	己巳22	庚午23	辛未24	壬申25	癸酉26	甲戌27	乙亥28	丙子29	丁丑30	戊寅31	己卯(1)	庚辰2	辛巳3	壬午4	癸未5	甲申6	乙酉7		丁丑冬至
十二月大	丁丑	干支 天地西曆	丙戌8	丁亥9	戊子10	己丑11	庚寅12	辛卯13	壬辰14	癸巳15	甲午16	乙未17	丙申18	丁酉19	戊戌20	己亥21	庚子22	辛丑23	壬寅24	癸卯25	甲辰26	乙巳27	丙午28	丁未29	戊申30	己酉31	庚戌(2)	辛亥2	壬子3	癸丑4	甲寅5	乙卯6	

年代異同	史記魯世家	漢書律曆志	帝王世紀	竹書紀年	皇極經世	文獻通考	歷代帝王年表	歷代統紀表	中國年曆總譜	西周年代	斷代工程
	周昭王十七年		周穆王二十四年	周昭王十年	周穆王三十年	周穆王三十年	周穆王三十年	周穆王三十年	周恭王十一年	周穆王十四年	周穆王五年

周昭王十六年（庚戌 狗年） 公元前 971 ~ 前 970 年

夏曆月序		中西曆日對照	初一	初二	初三	初四	初五	初六	初七	初八	初九	初十	十一	十二	十三	十四	十五	十六	十七	十八	十九	二十	二一	二二	二三	二四	二五	二六	二七	二八	二九	三十	節氣與天象
正月大	戊寅	天干地支西曆	丙辰7	丁巳8	戊午9	己未10	庚申11	辛酉12	壬戌13	癸亥14	甲子15	乙丑16	丙寅17	丁卯18	戊辰19	己巳20	庚午21	辛未22	壬申23	癸酉24	甲戌25	乙亥26	丙子27	丁丑28	戊寅(3)	己卯2	庚辰3	辛巳4	壬午5	癸未6	甲申7	乙酉8	辛酉立春
二月小	己卯	天干地支西曆	丙戌9	丁亥10	戊子11	己丑12	庚寅13	辛卯14	壬辰15	癸巳16	甲午17	乙未18	丙申19	丁酉20	戊戌21	己亥22	庚子23	辛丑24	壬寅25	癸卯26	甲辰27	乙巳28	丙午29	丁未30	戊申31	己酉(4)	庚戌2	辛亥3	壬子4	癸丑5	甲寅6		戊申春分
三月大	庚辰	天干地支西曆	乙卯7	丙辰8	丁巳9	戊午10	己未11	庚申12	辛酉13	壬戌14	癸亥15	甲子16	乙丑17	丙寅18	丁卯19	戊辰20	己巳21	庚午22	辛未23	壬申24	癸酉25	甲戌26	乙亥27	丙子28	丁丑29	戊寅30	己卯(5)	庚辰2	辛巳3	壬午4	癸未5	甲申6	
四月大	辛巳	天干地支西曆	乙酉7	丙戌8	丁亥9	戊子10	己丑11	庚寅12	辛卯13	壬辰14	癸巳15	甲午16	乙未17	丙申18	丁酉19	戊戌20	己亥21	庚子22	辛丑23	壬寅24	癸卯25	甲辰26	乙巳27	丙午28	丁未29	戊申30	己酉31	庚戌(6)	辛亥2	壬子3	癸丑4	甲寅5	乙未立夏
五月小	壬午	天干地支西曆	乙卯6	丙辰7	丁巳8	戊午9	己未10	庚申11	辛酉12	壬戌13	癸亥14	甲子15	乙丑16	丙寅17	丁卯18	戊辰19	己巳20	庚午21	辛未22	壬申23	癸酉24	甲戌25	乙亥26	丙子27	丁丑28	戊寅29	己卯30	庚辰(7)	辛巳2	壬午3	癸未4		壬午夏至
六月大	癸未	天干地支西曆	甲申5	乙酉6	丙戌7	丁亥8	戊子9	己丑10	庚寅11	辛卯12	壬辰13	癸巳14	甲午15	乙未16	丙申17	丁酉18	戊戌19	己亥20	庚子21	辛丑22	壬寅23	癸卯24	甲辰25	乙巳26	丙午27	丁未28	戊申29	己酉30	庚戌31	辛亥(8)	壬子2	癸丑3	
七月小	甲申	天干地支西曆	甲寅4	乙卯5	丙辰6	丁巳7	戊午8	己未9	庚申10	辛酉11	壬戌12	癸亥13	甲子14	乙丑15	丙寅16	丁卯17	戊辰18	己巳19	庚午20	辛未21	壬申22	癸酉23	甲戌24	乙亥25	丙子26	丁丑27	戊寅28	己卯29	庚辰30	辛巳31	壬午(9)		戊辰立秋
八月小	乙酉	天干地支西曆	癸未2	甲申3	乙酉4	丙戌5	丁亥6	戊子7	己丑8	庚寅9	辛卯10	壬辰11	癸巳12	甲午13	乙未14	丙申15	丁酉16	戊戌17	己亥18	庚子19	辛丑20	壬寅21	癸卯22	甲辰23	乙巳24	丙午25	丁未26	戊申27	己酉28	庚戌29	辛亥30		
九月大	丙戌	天干地支西曆	壬子(10)	癸丑2	甲寅3	乙卯4	丙辰5	丁巳6	戊午7	己未8	庚申9	辛酉10	壬戌11	癸亥12	甲子13	乙丑14	丙寅15	丁卯16	戊辰17	己巳18	庚午19	辛未20	壬申21	癸酉22	甲戌23	乙亥24	丙子25	丁丑26	戊寅27	己卯28	庚辰29	辛巳30	癸丑秋分
閏九月小	丙戌	天干地支西曆	壬午31	癸未(11)	甲申2	乙酉3	丙戌4	丁亥5	戊子6	己丑7	庚寅8	辛卯9	壬辰10	癸巳11	甲午12	乙未13	丙申14	丁酉15	戊戌16	己亥17	庚子18	辛丑19	壬寅20	癸卯21	甲辰22	乙巳23	丙午24	丁未25	戊申26	己酉27	庚戌28		戊戌立冬
十月大	丁亥	天干地支西曆	辛亥29	壬子30	癸丑(12)	甲寅2	乙卯3	丙辰4	丁巳5	戊午6	己未7	庚申8	辛酉9	壬戌10	癸亥11	甲子12	乙丑13	丙寅14	丁卯15	戊辰16	己巳17	庚午18	辛未19	壬申20	癸酉21	甲戌22	乙亥23	丙子24	丁丑25	戊寅26	己卯27	庚辰28	
十一月小	戊子	天干地支西曆	辛巳29	壬午30	癸未31	甲申(1)	乙酉2	丙戌3	丁亥4	戊子5	己丑6	庚寅7	辛卯8	壬辰9	癸巳10	甲午11	乙未12	丙申13	丁酉14	戊戌15	己亥16	庚子17	辛丑18	壬寅19	癸卯20	甲辰21	乙巳22	丙午23	丁未24	戊申25	己酉26		壬午冬至
十二月大	己丑	天干地支西曆	庚戌27	辛亥28	壬子29	癸丑30	甲寅31	乙卯(2)	丙辰2	丁巳3	戊午4	己未5	庚申6	辛酉7	壬戌8	癸亥9	甲子10	乙丑11	丙寅12	丁卯13	戊辰14	己巳15	庚午16	辛未17	壬申18	癸酉19	甲戌20	乙亥21	丙子22	丁丑23	戊寅24	己卯25	丁卯立春

	史記魯世家	漢書律曆志	帝王世紀	竹書紀年	皇極經世	文獻通考	歷代帝王年表	歷代統紀表	中國年曆總譜	西周年代	斷代工程
年代異同	周昭王十八年		周穆王二十五年	周昭王十一年	周穆王三十一年	周穆王三十一年	周穆王三十一年	周穆王三十一年	周恭王十二年	周穆王十五年	周穆王六年

周穆王元年（辛亥 猪年） 公元前970 ~ 前969年

夏曆月序		中西曆日對照	初一	初二	初三	初四	初五	初六	初七	初八	初九	初十	十一	十二	十三	十四	十五	十六	十七	十八	十九	二十	二一	二二	二三	二四	二五	二六	二七	二八	二九	三十	節氣與天象
正月小	庚寅	干支 天地西曆	庚辰26	辛巳27	壬午28	癸未(3)	甲申2	乙酉3	丙戌4	丁亥5	戊子6	己丑7	庚寅8	辛卯9	壬辰10	癸巳11	甲午12	乙未13	丙申14	丁酉15	戊戌16	己亥17	庚子18	辛丑19	壬寅20	癸卯21	甲辰22	乙巳23	丙午24	丁未25	戊申26		
二月大	辛卯	干支 天地西曆	己酉27	庚戌28	辛亥29	壬子30	癸丑31	甲寅(4)	乙卯2	丙辰3	丁巳4	戊午5	己未6	庚申7	辛酉8	壬戌9	癸亥10	甲子11	乙丑12	丙寅13	丁卯14	戊辰15	己巳16	庚午17	辛未18	壬申19	癸酉20	甲戌21	乙亥22	丙子23	丁丑24	戊寅25	癸丑春分
三月大	壬辰	干支 天地西曆	己卯26	庚辰27	辛巳28	壬午29	癸未30	甲申(5)	乙酉2	丙戌3	丁亥4	戊子5	己丑6	庚寅7	辛卯8	壬辰9	癸巳10	甲午11	乙未12	丙申13	丁酉14	戊戌15	己亥16	庚子17	辛丑18	壬寅19	癸卯20	甲辰21	乙巳22	丙午23	丁未24	戊申25	庚子立夏
四月小	癸巳	干支 天地西曆	己酉26	庚戌27	辛亥28	壬子29	癸丑30	甲寅31	乙卯(6)	丙辰2	丁巳3	戊午4	己未5	庚申6	辛酉7	壬戌8	癸亥9	甲子10	乙丑11	丙寅12	丁卯13	戊辰14	己巳15	庚午16	辛未17	壬申18	癸酉19	甲戌20	乙亥21	丙子22	丁丑23		
五月大	甲午	干支 天地西曆	戊寅24	己卯25	庚辰26	辛巳27	壬午28	癸未29	甲申30	乙酉(7)	丙戌2	丁亥3	戊子4	己丑5	庚寅6	辛卯7	壬辰8	癸巳9	甲午10	乙未11	丙申12	丁酉13	戊戌14	己亥15	庚子16	辛丑17	壬寅18	癸卯19	甲辰20	乙巳21	丙午22	丁未23	丁亥夏至
六月小	乙未	干支 天地西曆	戊申24	己酉25	庚戌26	辛亥27	壬子28	癸丑29	甲寅30	乙卯31	丙辰(8)	丁巳2	戊午3	己未4	庚申5	辛酉6	壬戌7	癸亥8	甲子9	乙丑10	丙寅11	丁卯12	戊辰13	己巳14	庚午15	辛未16	壬申17	癸酉18	甲戌19	乙亥20	丙子21		癸酉立秋 戊申日食
七月大	丙申	干支 天地西曆	丁丑22	戊寅23	己卯24	庚辰25	辛巳26	壬午27	癸未28	甲申29	乙酉30	丙戌31	丁亥(9)	戊子2	己丑3	庚寅4	辛卯5	壬辰6	癸巳7	甲午8	乙未9	丙申10	丁酉11	戊戌12	己亥13	庚子14	辛丑15	壬寅16	癸卯17	甲辰18	乙巳19	丙午20	
八月大	丁酉	干支 天地西曆	丁未21	戊申22	己酉23	庚戌24	辛亥25	壬子26	癸丑27	甲寅28	乙卯29	丙辰30	丁巳(10)	戊午2	己未3	庚申4	辛酉5	壬戌6	癸亥7	甲子8	乙丑9	丙寅10	丁卯11	戊辰12	己巳13	庚午14	辛未15	壬申16	癸酉17	甲戌18	乙亥19	丙子20	己未秋分
九月小	戊戌	干支 天地西曆	丁丑21	戊寅22	己卯23	庚辰24	辛巳25	壬午26	癸未27	甲申28	乙酉29	丙戌30	丁亥31	戊子(11)	己丑2	庚寅3	辛卯4	壬辰5	癸巳6	甲午7	乙未8	丙申9	丁酉10	戊戌11	己亥12	庚子13	辛丑14	壬寅15	癸卯16	甲辰17	乙巳18		癸卯立冬
十月小	己亥	干支 天地西曆	丙午19	丁未20	戊申21	己酉22	庚戌23	辛亥24	壬子25	癸丑26	甲寅27	乙卯28	丙辰29	丁巳30	戊午(12)	己未2	庚申3	辛酉4	壬戌5	癸亥6	甲子7	乙丑8	丙寅9	丁卯10	戊辰11	己巳12	庚午13	辛未14	壬申15	癸酉16	甲戌17		
十一月大	庚子	干支 天地西曆	乙亥18	丙子19	丁丑20	戊寅21	己卯22	庚辰23	辛巳24	壬午25	癸未26	甲申27	乙酉28	丙戌29	丁亥30	戊子31	己丑(1)	庚寅2	辛卯3	壬辰4	癸巳5	甲午6	乙未7	丙申8	丁酉9	戊戌10	己亥11	庚子12	辛丑13	壬寅14	癸卯15	甲辰16	丁亥冬至
十二月小	辛丑	干支 天地西曆	乙巳17	丙午18	丁未19	戊申20	己酉21	庚戌22	辛亥23	壬子24	癸丑25	甲寅26	乙卯27	丙辰28	丁巳29	戊午30	己未31	庚申(2)	辛酉2	壬戌3	癸亥4	甲子5	乙丑6	丙寅7	丁卯8	戊辰9	己巳10	庚午11	辛未12	壬申13	癸酉14		壬申立春

年代異同	史記魯世家	漢書律曆志	帝王世紀	竹書紀年	皇極經世	文獻通考	歷代帝王年表	歷代統紀表	中國年曆總譜	西周年代	斷代工程
	周昭王十九年		周穆王二十六年	周昭王十二年	周穆王三十二年	周穆王三十二年	周穆王三十二年	周穆王三十二年	周恭王十三年	周穆王十六年	周穆王七年

周穆王二年（壬子 鼠年） 公元前 **969** ~ 前 968 年

夏曆月序		中西曆日對照	初一	初二	初三	初四	初五	初六	初七	初八	初九	初十	十一	十二	十三	十四	十五	十六	十七	十八	十九	二十	二一	二二	二三	二四	二五	二六	二七	二八	二九	三十	節氣與天象
正月大	壬寅	干支 天地 西曆	甲戌15	乙亥16	丙子17	丁丑18	戊寅19	己卯20	庚辰21	辛巳22	壬午23	癸未24	甲申25	乙酉26	丙戌27	丁亥28	戊子29	己丑(3)	庚寅2	辛卯3	壬辰4	癸巳5	甲午6	乙未7	丙申8	丁酉9	戊戌10	己亥11	庚子12	辛丑13	壬寅14	癸卯15	
二月小	癸卯	干支 天地 西曆	甲辰16	乙巳17	丙午18	丁未19	戊申20	己酉21	庚戌22	辛亥23	壬子24	癸丑25	甲寅26	乙卯27	丙辰28	丁巳29	戊午30	己未31	庚申(4)	辛酉2	壬戌3	癸亥4	甲子5	乙丑6	丙寅7	丁卯8	戊辰9	己巳10	庚午11	辛未12	壬申13		戊午春分
三月大	甲辰	干支 天地 西曆	癸酉14	甲戌15	乙亥16	丙子17	丁丑18	戊寅19	己卯20	庚辰21	辛巳22	壬午23	癸未24	甲申25	乙酉26	丙戌27	丁亥28	戊子29	己丑30	庚寅(5)	辛卯2	壬辰3	癸巳4	甲午5	乙未6	丙申7	丁酉8	戊戌9	己亥10	庚子11	辛丑12	壬寅13	
四月小	乙巳	干支 天地 西曆	癸卯14	甲辰15	乙巳16	丙午17	丁未18	戊申19	己酉20	庚戌21	辛亥22	壬子23	癸丑24	甲寅25	乙卯26	丙辰27	丁巳28	戊午29	己未30	庚申31	辛酉(6)	壬戌2	癸亥3	甲子4	乙丑5	丙寅6	丁卯7	戊辰8	己巳9	庚午10	辛未11		乙巳立夏
五月大	丙午	干支 天地 西曆	壬申12	癸酉13	甲戌14	乙亥15	丙子16	丁丑17	戊寅18	己卯19	庚辰20	辛巳21	壬午22	癸未23	甲申24	乙酉25	丙戌26	丁亥27	戊子28	己丑29	庚寅30	辛卯(7)	壬辰2	癸巳3	甲午4	乙未5	丙申6	丁酉7	戊戌8	己亥9	庚子10	辛丑11	壬辰夏至
六月大	丁未	干支 天地 西曆	壬寅12	癸卯13	甲辰14	乙巳15	丙午16	丁未17	戊申18	己酉19	庚戌20	辛亥21	壬子22	癸丑23	甲寅24	乙卯25	丙辰26	丁巳27	戊午28	己未29	庚申30	辛酉31	壬戌(8)	癸亥2	甲子3	乙丑4	丙寅5	丁卯6	戊辰7	己巳8	庚午9	辛未10	壬寅日食
七月小	戊申	干支 天地 西曆	壬申11	癸酉12	甲戌13	乙亥14	丙子15	丁丑16	戊寅17	己卯18	庚辰19	辛巳20	壬午21	癸未22	甲申23	乙酉24	丙戌25	丁亥26	戊子27	己丑28	庚寅29	辛卯30	壬辰31	癸巳(9)	甲午2	乙未3	丙申4	丁酉5	戊戌6	己亥7	庚子8		己卯立秋
八月大	己酉	干支 天地 西曆	辛丑9	壬寅10	癸卯11	甲辰12	乙巳13	丙午14	丁未15	戊申16	己酉17	庚戌18	辛亥19	壬子20	癸丑21	甲寅22	乙卯23	丙辰24	丁巳25	戊午26	己未27	庚申28	辛酉29	壬戌30	癸亥(10)	甲子2	乙丑3	丙寅4	丁卯5	戊辰6	己巳7	庚午8	甲子秋分
九月大	庚戌	干支 天地 西曆	辛未9	壬申10	癸酉11	甲戌12	乙亥13	丙子14	丁丑15	戊寅16	己卯17	庚辰18	辛巳19	壬午20	癸未21	甲申22	乙酉23	丙戌24	丁亥25	戊子26	己丑27	庚寅28	辛卯29	壬辰30	癸巳31	甲午(11)	乙未2	丙申3	丁酉4	戊戌5	己亥6	庚子7	
十月小	辛亥	干支 天地 西曆	辛丑8	壬寅9	癸卯10	甲辰11	乙巳12	丙午13	丁未14	戊申15	己酉16	庚戌17	辛亥18	壬子19	癸丑20	甲寅21	乙卯22	丙辰23	丁巳24	戊午25	己未26	庚申27	辛酉28	壬戌29	癸亥30	甲子(12)	乙丑2	丙寅3	丁卯4	戊辰5	己巳6		戊申立冬
十一月大	壬子	干支 天地 西曆	庚午7	辛未8	壬申9	癸酉10	甲戌11	乙亥12	丙子13	丁丑14	戊寅15	己卯16	庚辰17	辛巳18	壬午19	癸未20	甲申21	乙酉22	丙戌23	丁亥24	戊子25	己丑26	庚寅27	辛卯28	壬辰29	癸巳30	甲午31	乙未(1)	丙申2	丁酉3	戊戌4	己亥5	壬辰冬至
十二月小	癸丑	干支 天地 西曆	庚子6	辛丑7	壬寅8	癸卯9	甲辰10	乙巳11	丙午12	丁未13	戊申14	己酉15	庚戌16	辛亥17	壬子18	癸丑19	甲寅20	乙卯21	丙辰22	丁巳23	戊午24	己未25	庚申26	辛酉27	壬戌28	癸亥29	甲子30	乙丑31	丙寅(2)	丁卯2	戊辰3		

年代異同	史記魯世家	漢書律曆志	帝王世紀	竹書紀年	皇極經世	文獻通考	歷代帝王年表	歷代統紀表	中國年曆總譜	西周年代	斷代工程
	周穆王元年		周穆王二十七年	周昭王十三年	周穆王三十三年	周穆王三十三年	周穆王三十三年	周穆王三十三年	周恭王十四年	周穆王十七年	周穆王八年

周穆王三年（癸丑 牛年） 公元前 968 ~ 前 967 年

夏曆月序		中西曆日對照	初一	初二	初三	初四	初五	初六	初七	初八	初九	初十	十一	十二	十三	十四	十五	十六	十七	十八	十九	二十	二一	二二	二三	二四	二五	二六	二七	二八	二九	三十	節氣與天象
正月小	甲寅	干支 天地西曆	己巳 4	庚午 5	辛未 6	壬申 7	癸酉 8	甲戌 9	乙亥 10	丙子 11	丁丑 12	戊寅 13	己卯 14	庚辰 15	辛巳 16	壬午 17	癸未 18	甲申 19	乙酉 20	丙戌 21	丁亥 22	戊子 23	己丑 24	庚寅 25	辛卯 26	壬辰 27	癸巳 28	甲午 (3)	乙未 2	丙申 3	丁酉 4		丁丑立春
二月大	乙卯	干支 天地西曆	戊戌 5	己亥 6	庚子 7	辛丑 8	壬寅 9	癸卯 10	甲辰 11	乙巳 12	丙午 13	丁未 14	戊申 15	己酉 16	庚戌 17	辛亥 18	壬子 19	癸丑 20	甲寅 21	乙卯 22	丙辰 23	丁巳 24	戊午 25	己未 26	庚申 27	辛酉 28	壬戌 29	癸亥 30	甲子 31	乙丑 (4)	丙寅 2	丁卯 3	癸亥春分
三月小	丙辰	干支 天地西曆	戊辰 4	己巳 5	庚午 6	辛未 7	壬申 8	癸酉 9	甲戌 10	乙亥 11	丙子 12	丁丑 13	戊寅 14	己卯 15	庚辰 16	辛巳 17	壬午 18	癸未 19	甲申 20	乙酉 21	丙戌 22	丁亥 23	戊子 24	己丑 25	庚寅 26	辛卯 27	壬辰 28	癸巳 29	甲午 30	乙未 (5)	丙申 2		
四月小	丁巳	干支 天地西曆	丁酉 3	戊戌 4	己亥 5	庚子 6	辛丑 7	壬寅 8	癸卯 9	甲辰 10	乙巳 11	丙午 12	丁未 13	戊申 14	己酉 15	庚戌 16	辛亥 17	壬子 18	癸丑 19	甲寅 20	乙卯 21	丙辰 22	丁巳 23	戊午 24	己未 25	庚申 26	辛酉 27	壬戌 28	癸亥 29	甲子 30	乙丑 31		庚戌立夏
五月大	戊午	干支 天地西曆	丙寅 (6)	丁卯 2	戊辰 3	己巳 4	庚午 5	辛未 6	壬申 7	癸酉 8	甲戌 9	乙亥 10	丙子 11	丁丑 12	戊寅 13	己卯 14	庚辰 15	辛巳 16	壬午 17	癸未 18	甲申 19	乙酉 20	丙戌 21	丁亥 22	戊子 23	己丑 24	庚寅 25	辛卯 26	壬辰 27	癸巳 28	甲午 29	乙未 30	
六月大	己未	干支 天地西曆	丙申 (7)	丁酉 2	戊戌 3	己亥 4	庚子 5	辛丑 6	壬寅 7	癸卯 8	甲辰 9	乙巳 10	丙午 11	丁未 12	戊申 13	己酉 14	庚戌 15	辛亥 16	壬子 17	癸丑 18	甲寅 19	乙卯 20	丙辰 21	丁巳 22	戊午 23	己未 24	庚申 25	辛酉 26	壬戌 27	癸亥 28	甲子 29	乙丑 30	戊戌夏至
閏六月小	己未	干支 天地西曆	丙寅 31	丁卯 (8)	戊辰 2	己巳 3	庚午 4	辛未 5	壬申 6	癸酉 7	甲戌 8	乙亥 9	丙子 10	丁丑 11	戊寅 12	己卯 13	庚辰 14	辛巳 15	壬午 16	癸未 17	甲申 18	乙酉 19	丙戌 20	丁亥 21	戊子 22	己丑 23	庚寅 24	辛卯 25	壬辰 26	癸巳 27	甲午 28		甲申立秋
七月大	庚申	干支 天地西曆	乙未 29	丙申 30	丁酉 31	戊戌 (9)	己亥 2	庚子 3	辛丑 4	壬寅 5	癸卯 6	甲辰 7	乙巳 8	丙午 9	丁未 10	戊申 11	己酉 12	庚戌 13	辛亥 14	壬子 15	癸丑 16	甲寅 17	乙卯 18	丙辰 19	丁巳 20	戊午 21	己未 22	庚申 23	辛酉 24	壬戌 25	癸亥 26	甲子 27	
八月大	辛酉	干支 天地西曆	乙丑 28	丙寅 29	丁卯 30	戊辰 (10)	己巳 2	庚午 3	辛未 4	壬申 5	癸酉 6	甲戌 7	乙亥 8	丙子 9	丁丑 10	戊寅 11	己卯 12	庚辰 13	辛巳 14	壬午 15	癸未 16	甲申 17	乙酉 18	丙戌 19	丁亥 20	戊子 21	己丑 22	庚寅 23	辛卯 24	壬辰 25	癸巳 26	甲午 27	己巳秋分
九月小	壬戌	干支 天地西曆	乙未 28	丙申 29	丁酉 30	戊戌 31	己亥 (11)	庚子 2	辛丑 3	壬寅 4	癸卯 5	甲辰 6	乙巳 7	丙午 8	丁未 9	戊申 10	己酉 11	庚戌 12	辛亥 13	壬子 14	癸丑 15	甲寅 16	乙卯 17	丙辰 18	丁巳 19	戊午 20	己未 21	庚申 22	辛酉 23	壬戌 24	癸亥 25		癸丑立冬
十月大	癸亥	干支 天地西曆	甲子 26	乙丑 27	丙寅 28	丁卯 29	戊辰 30	己巳 (12)	庚午 2	辛未 3	壬申 4	癸酉 5	甲戌 6	乙亥 7	丙子 8	丁丑 9	戊寅 10	己卯 11	庚辰 12	辛巳 13	壬午 14	癸未 15	甲申 16	乙酉 17	丙戌 18	丁亥 19	戊子 20	己丑 21	庚寅 22	辛卯 23	壬辰 24	癸巳 25	
十一月大	甲子	干支 天地西曆	甲午 26	乙未 27	丙申 28	丁酉 29	戊戌 30	己亥 31	庚子 (1)	辛丑 2	壬寅 3	癸卯 4	甲辰 5	乙巳 6	丙午 7	丁未 8	戊申 9	己酉 10	庚戌 11	辛亥 12	壬子 13	癸丑 14	甲寅 15	乙卯 16	丙辰 17	丁巳 18	戊午 19	己未 20	庚申 21	辛酉 22	壬戌 23	癸亥 24	戊戌冬至 甲午日食
十二月小	乙丑	干支 天地西曆	甲子 25	乙丑 26	丙寅 27	丁卯 28	戊辰 29	己巳 30	庚午 31	辛未 (2)	壬申 2	癸酉 3	甲戌 4	乙亥 5	丙子 6	丁丑 7	戊寅 8	己卯 9	庚辰 10	辛巳 11	壬午 12	癸未 13	甲申 14	乙酉 15	丙戌 16	丁亥 17	戊子 18	己丑 19	庚寅 20	辛卯 21	壬辰 22		壬午立春

年代異同	史記魯世家	漢書律曆志	帝王世紀	竹書紀年	皇極經世	文獻通考	歷代帝王年表	歷代統紀表	中國年曆總譜	西周年代	斷代工程
	周穆王二年		周穆王二十八年	周昭王十四年	周穆王三十四年	周穆王三十四年	周穆王三十四年	周穆王三十四年	周恭王十五年	周穆王十八年	周穆王九年

周穆王四年（甲寅 虎年） 公元前 967 ~ 前 966 年

夏曆月序		中西曆日對照	初一	初二	初三	初四	初五	初六	初七	初八	初九	初十	十一	十二	十三	十四	十五	十六	十七	十八	十九	二十	二一	二二	二三	二四	二五	二六	二七	二八	二九	三十	節氣與天象
正月小	丙寅	干支 西曆	癸巳 23	甲午 24	乙未 25	丙申 26	丁酉 27	戊戌 28	己亥 (3)	庚子 2	辛丑 3	壬寅 4	癸卯 5	甲辰 6	乙巳 7	丙午 8	丁未 9	戊申 10	己酉 11	庚戌 12	辛亥 13	壬子 14	癸丑 15	甲寅 16	乙卯 17	丙辰 18	丁巳 19	戊午 20	己未 21	庚申 22	辛酉 23		
二月大	丁卯	干支 西曆	壬戌 24	癸亥 25	甲子 26	乙丑 27	丙寅 28	丁卯 29	戊辰 30	己巳 31	庚午 (4)	辛未 2	壬申 3	癸酉 4	甲戌 5	乙亥 6	丙子 7	丁丑 8	戊寅 9	己卯 10	庚辰 11	辛巳 12	壬午 13	癸未 14	甲申 15	乙酉 16	丙戌 17	丁亥 18	戊子 19	己丑 20	庚寅 21	辛卯 22	戊辰春分
三月小	戊辰	干支 西曆	壬辰 23	癸巳 24	甲午 25	乙未 26	丙申 27	丁酉 28	戊戌 29	己亥 30	庚子 (5)	辛丑 2	壬寅 3	癸卯 4	甲辰 5	乙巳 6	丙午 7	丁未 8	戊申 9	己酉 10	庚戌 11	辛亥 12	壬子 13	癸丑 14	甲寅 15	乙卯 16	丙辰 17	丁巳 18	戊午 19	己未 20	庚申 21		丙辰立夏
四月小	己巳	干支 西曆	辛酉 22	壬戌 23	癸亥 24	甲子 25	乙丑 26	丙寅 27	丁卯 28	戊辰 29	己巳 30	庚午 31	辛未 (6)	壬申 2	癸酉 3	甲戌 4	乙亥 5	丙子 6	丁丑 7	戊寅 8	己卯 9	庚辰 10	辛巳 11	壬午 12	癸未 13	甲申 14	乙酉 15	丙戌 16	丁亥 17	戊子 18	己丑 19		
五月大	庚午	干支 西曆	庚寅 20	辛卯 21	壬辰 22	癸巳 23	甲午 24	乙未 25	丙申 26	丁酉 27	戊戌 28	己亥 29	庚子 30	辛丑 (7)	壬寅 2	癸卯 3	甲辰 4	乙巳 5	丙午 6	丁未 7	戊申 8	己酉 9	庚戌 10	辛亥 11	壬子 12	癸丑 13	甲寅 14	乙卯 15	丙辰 16	丁巳 17	戊午 18	己未 19	癸卯夏至
六月小	辛未	干支 西曆	庚申 20	辛酉 21	壬戌 22	癸亥 23	甲子 24	乙丑 25	丙寅 26	丁卯 27	戊辰 28	己巳 29	庚午 30	辛未 31	壬申 (8)	癸酉 2	甲戌 3	乙亥 4	丙子 5	丁丑 6	戊寅 7	己卯 8	庚辰 9	辛巳 10	壬午 11	癸未 12	甲申 13	乙酉 14	丙戌 15	丁亥 16	戊子 17		
七月大	壬申	干支 西曆	己丑 18	庚寅 19	辛卯 20	壬辰 21	癸巳 22	甲午 23	乙未 24	丙申 25	丁酉 26	戊戌 27	己亥 28	庚子 29	辛丑 30	壬寅 31	癸卯 (9)	甲辰 2	乙巳 3	丙午 4	丁未 5	戊申 6	己酉 7	庚戌 8	辛亥 9	壬子 10	癸丑 11	甲寅 12	乙卯 13	丙辰 14	丁巳 15	戊午 16	己丑立秋
八月大	癸酉	干支 西曆	己未 17	庚申 18	辛酉 19	壬戌 20	癸亥 21	甲子 22	乙丑 23	丙寅 24	丁卯 25	戊辰 26	己巳 27	庚午 28	辛未 29	壬申 30	癸酉 (10)	甲戌 2	乙亥 3	丙子 4	丁丑 5	戊寅 6	己卯 7	庚辰 8	辛巳 9	壬午 10	癸未 11	甲申 12	乙酉 13	丙戌 14	丁亥 15	戊子 16	甲戌秋分
九月大	甲戌	干支 西曆	己丑 17	庚寅 18	辛卯 19	壬辰 20	癸巳 21	甲午 22	乙未 23	丙申 24	丁酉 25	戊戌 26	己亥 27	庚子 28	辛丑 29	壬寅 30	癸卯 31	甲辰 (11)	乙巳 2	丙午 3	丁未 4	戊申 5	己酉 6	庚戌 7	辛亥 8	壬子 9	癸丑 10	甲寅 11	乙卯 12	丙辰 13	丁巳 14	戊午 15	
十月小	乙亥	干支 西曆	己未 16	庚申 17	辛酉 18	壬戌 19	癸亥 20	甲子 21	乙丑 22	丙寅 23	丁卯 24	戊辰 25	己巳 26	庚午 27	辛未 28	壬申 29	癸酉 30	甲戌 (12)	乙亥 2	丙子 3	丁丑 4	戊寅 5	己卯 6	庚辰 7	辛巳 8	壬午 9	癸未 10	甲申 11	乙酉 12	丙戌 13	丁亥 14		己未立冬
十一月大	丙子	干支 西曆	戊子 15	己丑 16	庚寅 17	辛卯 18	壬辰 19	癸巳 20	甲午 21	乙未 22	丙申 23	丁酉 24	戊戌 25	己亥 26	庚子 27	辛丑 28	壬寅 29	癸卯 30	甲辰 31	乙巳 (1)	丙午 2	丁未 3	戊申 4	己酉 5	庚戌 6	辛亥 7	壬子 8	癸丑 9	甲寅 10	乙卯 11	丙辰 12	丁巳 13	癸卯冬至
十二月大	丁丑	干支 西曆	戊午 14	己未 15	庚申 16	辛酉 17	壬戌 18	癸亥 19	甲子 20	乙丑 21	丙寅 22	丁卯 23	戊辰 24	己巳 25	庚午 26	辛未 27	壬申 28	癸酉 29	甲戌 30	乙亥 31	丙子 (2)	丁丑 2	戊寅 3	己卯 4	庚辰 5	辛巳 6	壬午 7	癸未 8	甲申 9	乙酉 10	丙戌 11	丁亥 12	

年代異同	史記魯世家	漢書律曆志	帝王世紀	竹書紀年	皇極經世	文獻通考	歷代帝王年表	歷代統紀表	中國年曆總譜	西周年代	斷代工程
	周穆王三年		周穆王二十九年	周昭王十五年	周穆王三十五年	周穆王三十五年	周穆王三十五年	周穆王三十五年	周恭王十六年	周穆王十九年	周穆王十年

周穆王五年（乙卯 兔年） 公元前 966 ~ 前 965 年

夏曆月序		中西曆日對照	初一	初二	初三	初四	初五	初六	初七	初八	初九	初十	十一	十二	十三	十四	十五	十六	十七	十八	十九	二十	二一	二二	二三	二四	二五	二六	二七	二八	二九	三十	節氣與天象
正月小	戊寅	天干地支 西曆	戊子 13	己丑 14	庚寅 15	辛卯 16	壬辰 17	癸巳 18	甲午 19	乙未 20	丙申 21	丁酉 22	戊戌 23	己亥 24	庚子 25	辛丑 26	壬寅 27	癸卯 28	甲辰 (3)	乙巳 2	丙午 3	丁未 4	戊申 5	己酉 6	庚戌 7	辛亥 8	壬子 9	癸丑 10	甲寅 11	乙卯 12	丙辰 13		戊子立春
二月小	己卯	天干地支 西曆	丁巳 14	戊午 15	己未 16	庚申 17	辛酉 18	壬戌 19	癸亥 20	甲子 21	乙丑 22	丙寅 23	丁卯 24	戊辰 25	己巳 26	庚午 27	辛未 28	壬申 29	癸酉 30	甲戌 31	乙亥 (4)	丙子 2	丁丑 3	戊寅 4	己卯 5	庚辰 6	辛巳 7	壬午 8	癸未 9	甲申 10	乙酉 11		甲戌春分
三月大	庚辰	天干地支 西曆	丙戌 12	丁亥 13	戊子 14	己丑 15	庚寅 16	辛卯 17	壬辰 18	癸巳 19	甲午 20	乙未 21	丙申 22	丁酉 23	戊戌 24	己亥 25	庚子 26	辛丑 27	壬寅 28	癸卯 29	甲辰 30	乙巳 (5)	丙午 2	丁未 3	戊申 4	己酉 5	庚戌 6	辛亥 7	壬子 8	癸丑 9	甲寅 10	乙卯 11	
四月小	辛巳	天干地支 西曆	丙辰 12	丁巳 13	戊午 14	己未 15	庚申 16	辛酉 17	壬戌 18	癸亥 19	甲子 20	乙丑 21	丙寅 22	丁卯 23	戊辰 24	己巳 25	庚午 26	辛未 27	壬申 28	癸酉 29	甲戌 30	乙亥 31	丙子 (6)	丁丑 2	戊寅 3	己卯 4	庚辰 5	辛巳 6	壬午 7	癸未 8	甲申 9		辛酉立夏
五月小	壬午	天干地支 西曆	乙酉 10	丙戌 11	丁亥 12	戊子 13	己丑 14	庚寅 15	辛卯 16	壬辰 17	癸巳 18	甲午 19	乙未 20	丙申 21	丁酉 22	戊戌 23	己亥 24	庚子 25	辛丑 26	壬寅 27	癸卯 28	甲辰 29	乙巳 30	丙午 (7)	丁未 2	戊申 3	己酉 4	庚戌 5	辛亥 6	壬子 7	癸丑 8		戊申夏至
六月大	癸未	天干地支 西曆	甲寅 9	乙卯 10	丙辰 11	丁巳 12	戊午 13	己未 14	庚申 15	辛酉 16	壬戌 17	癸亥 18	甲子 19	乙丑 20	丙寅 21	丁卯 22	戊辰 23	己巳 24	庚午 25	辛未 26	壬申 27	癸酉 28	甲戌 29	乙亥 30	丙子 31	丁丑 (8)	戊寅 2	己卯 3	庚辰 4	辛巳 5	壬午 6	癸未 7	
七月小	甲申	天干地支 西曆	甲申 8	乙酉 9	丙戌 10	丁亥 11	戊子 12	己丑 13	庚寅 14	辛卯 15	壬辰 16	癸巳 17	甲午 18	乙未 19	丙申 20	丁酉 21	戊戌 22	己亥 23	庚子 24	辛丑 25	壬寅 26	癸卯 27	甲辰 28	乙巳 29	丙午 30	丁未 31	戊申 (9)	己酉 2	庚戌 3	辛亥 4	壬子 5		甲午立秋
八月大	乙酉	天干地支 西曆	癸丑 6	甲寅 7	乙卯 8	丙辰 9	丁巳 10	戊午 11	己未 12	庚申 13	辛酉 14	壬戌 15	癸亥 16	甲子 17	乙丑 18	丙寅 19	丁卯 20	戊辰 21	己巳 22	庚午 23	辛未 24	壬申 25	癸酉 26	甲戌 27	乙亥 28	丙子 29	丁丑 30	戊寅 (10)	己卯 2	庚辰 3	辛巳 4	壬午 5	庚辰秋分
九月大	丙戌	天干地支 西曆	癸未 6	甲申 7	乙酉 8	丙戌 9	丁亥 10	戊子 11	己丑 12	庚寅 13	辛卯 14	壬辰 15	癸巳 16	甲午 17	乙未 18	丙申 19	丁酉 20	戊戌 21	己亥 22	庚子 23	辛丑 24	壬寅 25	癸卯 26	甲辰 27	乙巳 28	丙午 29	丁未 30	戊申 31	己酉 (11)	庚戌 2	辛亥 3	壬子 4	
十月小	丁亥	天干地支 西曆	癸丑 5	甲寅 6	乙卯 7	丙辰 8	丁巳 9	戊午 10	己未 11	庚申 12	辛酉 13	壬戌 14	癸亥 15	甲子 16	乙丑 17	丙寅 18	丁卯 19	戊辰 20	己巳 21	庚午 22	辛未 23	壬申 24	癸酉 25	甲戌 26	乙亥 27	丙子 28	丁丑 29	戊寅 30	己卯 (12)	庚辰 2	辛巳 3		甲子立冬
十一月大	戊子	天干地支 西曆	壬午 4	癸未 5	甲申 6	乙酉 7	丙戌 8	丁亥 9	戊子 10	己丑 11	庚寅 12	辛卯 13	壬辰 14	癸巳 15	甲午 16	乙未 17	丙申 18	丁酉 19	戊戌 20	己亥 21	庚子 22	辛丑 23	壬寅 24	癸卯 25	甲辰 26	乙巳 27	丙午 28	丁未 29	戊申 30	己酉 31	庚戌 (1)	辛亥 2	戊申冬至
十二月大	己丑	天干地支 西曆	壬子 3	癸丑 4	甲寅 5	乙卯 6	丙辰 7	丁巳 8	戊午 9	己未 10	庚申 11	辛酉 12	壬戌 13	癸亥 14	甲子 15	乙丑 16	丙寅 17	丁卯 18	戊辰 19	己巳 20	庚午 21	辛未 22	壬申 23	癸酉 24	甲戌 25	乙亥 26	丙子 27	丁丑 28	戊寅 29	己卯 30	庚辰 31	辛巳 (2)	

年代異同	史記魯世家	漢書律曆志	帝王世紀	竹書紀年	皇極經世	文獻通考	歷代帝王年表	歷代統紀表	中國年曆總譜	西周年代	斷代工程
	周穆王四年		周穆王三十年	周昭王十六年	周穆王三十六年	周穆王三十六年	周穆王三十六年	周穆王三十六年	周懿王元年	周穆王二十年	周穆王十一年

周穆王六年（丙辰 龍年） 公元前965～前964年

夏曆月序	中西曆日對照	夏曆日序																														節氣與天象
		初一	初二	初三	初四	初五	初六	初七	初八	初九	初十	十一	十二	十三	十四	十五	十六	十七	十八	十九	二十	二一	二二	二三	二四	二五	二六	二七	二八	二九	三十	
正月大 庚寅	天干地支	壬午	癸未	甲申	乙酉	丙戌	丁亥	戊子	己丑	庚寅	辛卯	壬辰	癸巳	甲午	乙未	丙申	丁酉	戊戌	己亥	庚子	辛丑	壬寅	癸卯	甲辰	乙巳	丙午	丁未	戊申	己酉	庚戌	辛亥	癸巳立春
	西曆	2	3	4	5	6	7	8	9	10	11	12	13	14	15	16	17	18	19	20	21	22	23	24	25	26	27	28	29	(3)	2	
二月小 辛卯	天干地支	壬子	癸丑	甲寅	乙卯	丙辰	丁巳	戊午	己未	庚申	辛酉	壬戌	癸亥	甲子	乙丑	丙寅	丁卯	戊辰	己巳	庚午	辛未	壬申	癸酉	甲戌	乙亥	丙子	丁丑	戊寅	己卯	庚辰		己卯春分
	西曆	3	4	5	6	7	8	9	10	11	12	13	14	15	16	17	18	19	20	21	22	23	24	25	26	27	28	29	30	31		
三月小 壬辰	天干地支	辛巳	壬午	癸未	甲申	乙酉	丙戌	丁亥	戊子	己丑	庚寅	辛卯	壬辰	癸巳	甲午	乙未	丙申	丁酉	戊戌	己亥	庚子	辛丑	壬寅	癸卯	甲辰	乙巳	丙午	丁未	戊申	己酉		
	西曆	(4)	2	3	4	5	6	7	8	9	10	11	12	13	14	15	16	17	18	19	20	21	22	23	24	25	26	27	28	29		
閏三月大 壬辰	天干地支	庚戌	辛亥	壬子	癸丑	甲寅	乙卯	丙辰	丁巳	戊午	己未	庚申	辛酉	壬戌	癸亥	甲子	乙丑	丙寅	丁卯	戊辰	己巳	庚午	辛未	壬申	癸酉	甲戌	乙亥	丙子	丁丑	戊寅	己卯	丙寅立夏
	西曆	30	(5)	2	3	4	5	6	7	8	9	10	11	12	13	14	15	16	17	18	19	20	21	22	23	24	25	26	27	28	29	
四月小 癸巳	天干地支	庚辰	辛巳	壬午	癸未	甲申	乙酉	丙戌	丁亥	戊子	己丑	庚寅	辛卯	壬辰	癸巳	甲午	乙未	丙申	丁酉	戊戌	己亥	庚子	辛丑	壬寅	癸卯	甲辰	乙巳	丙午	丁未	戊申		
	西曆	30	31	(6)	2	3	4	5	6	7	8	9	10	11	12	13	14	15	16	17	18	19	20	21	22	23	24	25	26	27		
五月小 甲午	天干地支	己酉	庚戌	辛亥	壬子	癸丑	甲寅	乙卯	丙辰	丁巳	戊午	己未	庚申	辛酉	壬戌	癸亥	甲子	乙丑	丙寅	丁卯	戊辰	己巳	庚午	辛未	壬申	癸酉	甲戌	乙亥	丙子	丁丑		癸丑夏至
	西曆	28	29	30	(7)	2	3	4	5	6	7	8	9	10	11	12	13	14	15	16	17	18	19	20	21	22	23	24	25	26		
六月大 乙未	天干地支	戊寅	己卯	庚辰	辛巳	壬午	癸未	甲申	乙酉	丙戌	丁亥	戊子	己丑	庚寅	辛卯	壬辰	癸巳	甲午	乙未	丙申	丁酉	戊戌	己亥	庚子	辛丑	壬寅	癸卯	甲辰	乙巳	丙午	丁未	庚子立秋
	西曆	27	28	29	30	31	(8)	2	3	4	5	6	7	8	9	10	11	12	13	14	15	16	17	18	19	20	21	22	23	24	25	
七月小 丙申	天干地支	戊申	己酉	庚戌	辛亥	壬子	癸丑	甲寅	乙卯	丙辰	丁巳	戊午	己未	庚申	辛酉	壬戌	癸亥	甲子	乙丑	丙寅	丁卯	戊辰	己巳	庚午	辛未	壬申	癸酉	甲戌	乙亥	丙子		
	西曆	26	27	28	29	30	31	(9)	2	3	4	5	6	7	8	9	10	11	12	13	14	15	16	17	18	19	20	21	22	23		
八月大 丁酉	天干地支	丁丑	戊寅	己卯	庚辰	辛巳	壬午	癸未	甲申	乙酉	丙戌	丁亥	戊子	己丑	庚寅	辛卯	壬辰	癸巳	甲午	乙未	丙申	丁酉	戊戌	己亥	庚子	辛丑	壬寅	癸卯	甲辰	乙巳	丙午	乙酉秋分
	西曆	24	25	26	27	28	29	30	(10)	2	3	4	5	6	7	8	9	10	11	12	13	14	15	16	17	18	19	20	21	22	23	
九月小 戊戌	天干地支	丁未	戊申	己酉	庚戌	辛亥	壬子	癸丑	甲寅	乙卯	丙辰	丁巳	戊午	己未	庚申	辛酉	壬戌	癸亥	甲子	乙丑	丙寅	丁卯	戊辰	己巳	庚午	辛未	壬申	癸酉	甲戌	乙亥		己巳立冬
	西曆	24	25	26	27	28	29	30	31	(11)	2	3	4	5	6	7	8	9	10	11	12	13	14	15	16	17	18	19	20	21		
十月大 己亥	天干地支	丙子	丁丑	戊寅	己卯	庚辰	辛巳	壬午	癸未	甲申	乙酉	丙戌	丁亥	戊子	己丑	庚寅	辛卯	壬辰	癸巳	甲午	乙未	丙申	丁酉	戊戌	己亥	庚子	辛丑	壬寅	癸卯	甲辰	乙巳	
	西曆	22	23	24	25	26	27	28	29	30	(12)	2	3	4	5	6	7	8	9	10	11	12	13	14	15	16	17	18	19	20	21	
十一月大 庚子	天干地支	丙午	丁未	戊申	己酉	庚戌	辛亥	壬子	癸丑	甲寅	乙卯	丙辰	丁巳	戊午	己未	庚申	辛酉	壬戌	癸亥	甲子	乙丑	丙寅	丁卯	戊辰	己巳	庚午	辛未	壬申	癸酉	甲戌	乙亥	癸丑冬至
	西曆	22	23	24	25	26	27	28	29	30	31	(1)	2	3	4	5	6	7	8	9	10	11	12	13	14	15	16	17	18	19	20	
十二月大 辛丑	天干地支	丙子	丁丑	戊寅	己卯	庚辰	辛巳	壬午	癸未	甲申	乙酉	丙戌	丁亥	戊子	己丑	庚寅	辛卯	壬辰	癸巳	甲午	乙未	丙申	丁酉	戊戌	己亥	庚子	辛丑	壬寅	癸卯	甲辰	乙巳	戊戌立春
	西曆	21	22	23	24	25	26	27	28	29	30	31	(2)	2	3	4	5	6	7	8	9	10	11	12	13	14	15	16	17	18	19	

年代異同	史記魯世家	漢書律曆志	帝王世紀	竹書紀年	皇極經世	文獻通考	歷代帝王年表	歷代統紀表	中國年曆總譜	西周年代	斷代工程
	周穆王五年		周穆王三十一年	周昭王十七年	周穆王三十七年	周穆王三十七年	周穆王三十七年	周穆王三十七年	周懿王二年	周穆王二十一年	周穆王十二年

周穆王七年（丁巳 蛇年） 公元前964 ~ 前963年

夏曆月序		中西曆日對照	夏曆日序 初一	初二	初三	初四	初五	初六	初七	初八	初九	初十	十一	十二	十三	十四	十五	十六	十七	十八	十九	二十	二一	二二	二三	二四	二五	二六	二七	二八	二九	三十	節氣與天象
正月小	壬寅	天干 地支 西曆	丙午20	丁未21	戊申22	己酉23	庚戌24	辛亥25	壬子26	癸丑27	甲寅28	乙卯(3)	丙辰2	丁巳3	戊午4	己未5	庚申6	辛酉7	壬戌8	癸亥9	甲子10	乙丑11	丙寅12	丁卯13	戊辰14	己巳15	庚午16	辛未17	壬申18	癸酉19	甲戌20		
二月大	癸卯	天干 地支 西曆	乙亥21	丙子22	丁丑23	戊寅24	己卯25	庚辰26	辛巳27	壬午28	癸未29	甲申30	乙酉31	丙戌(4)	丁亥2	戊子3	己丑4	庚寅5	辛卯6	壬辰7	癸巳8	甲午9	乙未10	丙申11	丁酉12	戊戌13	己亥14	庚子15	辛丑16	壬寅17	癸卯18	甲辰19	甲申春分
三月小	甲辰	天干 地支 西曆	乙巳20	丙午21	丁未22	戊申23	己酉24	庚戌25	辛亥26	壬子27	癸丑28	甲寅29	乙卯30	丙辰(5)	丁巳2	戊午3	己未4	庚申5	辛酉6	壬戌7	癸亥8	甲子9	乙丑10	丙寅11	丁卯12	戊辰13	己巳14	庚午15	辛未16	壬申17	癸酉18		辛未立夏
四月大	乙巳	天干 地支 西曆	甲戌19	乙亥20	丙子21	丁丑22	戊寅23	己卯24	庚辰25	辛巳26	壬午27	癸未28	甲申29	乙酉30	丙戌31	丁亥(6)	戊子2	己丑3	庚寅4	辛卯5	壬辰6	癸巳7	甲午8	乙未9	丙申10	丁酉11	戊戌12	己亥13	庚子14	辛丑15	壬寅16	癸卯17	
五月小	丙午	天干 地支 西曆	甲辰18	乙巳19	丙午20	丁未21	戊申22	己酉23	庚戌24	辛亥25	壬子26	癸丑27	甲寅28	乙卯29	丙辰30	丁巳(7)	戊午2	己未3	庚申4	辛酉5	壬戌6	癸亥7	甲子8	乙丑9	丙寅10	丁卯11	戊辰12	己巳13	庚午14	辛未15	壬申16		戊午夏至
六月小	丁未	天干 地支 西曆	癸酉17	甲戌18	乙亥19	丙子20	丁丑21	戊寅22	己卯23	庚辰24	辛巳25	壬午26	癸未27	甲申28	乙酉29	丙戌30	丁亥31	戊子(8)	己丑2	庚寅3	辛卯4	壬辰5	癸巳6	甲午7	乙未8	丙申9	丁酉10	戊戌11	己亥12	庚子13	辛丑14		
七月大	戊申	天干 地支 西曆	壬寅15	癸卯16	甲辰17	乙巳18	丙午19	丁未20	戊申21	己酉22	庚戌23	辛亥24	壬子25	癸丑26	甲寅27	乙卯28	丙辰29	丁巳30	戊午31	己未(9)	庚申2	辛酉3	壬戌4	癸亥5	甲子6	乙丑7	丙寅8	丁卯9	戊辰10	己巳11	庚午12	辛未13	乙巳立秋
八月小	己酉	天干 地支 西曆	壬申14	癸酉15	甲戌16	乙亥17	丙子18	丁丑19	戊寅20	己卯21	庚辰22	辛巳23	壬午24	癸未25	甲申26	乙酉27	丙戌28	丁亥29	戊子30	己丑(10)	庚寅2	辛卯3	壬辰4	癸巳5	甲午6	乙未7	丙申8	丁酉9	戊戌10	己亥11	庚子12		庚寅秋分
九月大	庚戌	天干 地支 西曆	辛丑13	壬寅14	癸卯15	甲辰16	乙巳17	丙午18	丁未19	戊申20	己酉21	庚戌22	辛亥23	壬子24	癸丑25	甲寅26	乙卯27	丙辰28	丁巳29	戊午30	己未31	庚申(11)	辛酉2	壬戌3	癸亥4	甲子5	乙丑6	丙寅7	丁卯8	戊辰9	己巳10	庚午11	辛丑日食
十月小	辛亥	天干 地支 西曆	辛未12	壬申13	癸酉14	甲戌15	乙亥16	丙子17	丁丑18	戊寅19	己卯20	庚辰21	辛巳22	壬午23	癸未24	甲申25	乙酉26	丙戌27	丁亥28	戊子29	己丑30	庚寅(12)	辛卯2	壬辰3	癸巳4	甲午5	乙未6	丙申7	丁酉8	戊戌9	己亥10		甲戌立冬
十一月大	壬子	天干 地支 西曆	庚子11	辛丑12	壬寅13	癸卯14	甲辰15	乙巳16	丙午17	丁未18	戊申19	己酉20	庚戌21	辛亥22	壬子23	癸丑24	甲寅25	乙卯26	丙辰27	丁巳28	戊午29	己未30	庚申31	辛酉(1)	壬戌2	癸亥3	甲子4	乙丑5	丙寅6	丁卯7	戊辰8	己巳9	己未冬至
十二月大	癸丑	天干 地支 西曆	庚午10	辛未11	壬申12	癸酉13	甲戌14	乙亥15	丙子16	丁丑17	戊寅18	己卯19	庚辰20	辛巳21	壬午22	癸未23	甲申24	乙酉25	丙戌26	丁亥27	戊子28	己丑29	庚寅30	辛卯31	壬辰(2)	癸巳2	甲午3	乙未4	丙申5	丁酉6	戊戌7	己亥8	

年代異同	史記魯世家	漢書律曆志	帝王世紀	竹書紀年	皇極經世	文獻通考	歷代帝王年表	歷代統紀表	中國年曆總譜	西周年代	斷代工程
	周穆王六年		周穆王三十二年	周昭王十八年	周穆王三十八年	周穆王三十八年	周穆王三十八年	周穆王三十八年	周懿王三年	周穆王二十二年	周穆王十三年

周穆王八年（戊午 馬年） 公元前 963 ~ 前 962 年

夏曆月序		中西曆日對照	初一	初二	初三	初四	初五	初六	初七	初八	初九	初十	十一	十二	十三	十四	十五	十六	十七	十八	十九	二十	二一	二二	二三	二四	二五	二六	二七	二八	二九	三十	節氣與天象
正月小	甲寅	天地干支西曆	庚子9	辛丑10	壬寅11	癸卯12	甲辰13	乙巳14	丙午15	丁未16	戊申17	己酉18	庚戌19	辛亥20	壬子21	癸丑22	甲寅23	乙卯24	丙辰25	丁巳26	戊午27	己未28	庚申(3)	辛酉2	壬戌3	癸亥4	甲子5	乙丑6	丙寅7	丁卯8	戊辰9		癸卯立春
二月大	乙卯	天地干支西曆	己巳10	庚午11	辛未12	壬申13	癸酉14	甲戌15	乙亥16	丙子17	丁丑18	戊寅19	己卯20	庚辰21	辛巳22	壬午23	癸未24	甲申25	乙酉26	丙戌27	丁亥28	戊子29	己丑30	庚寅31	辛卯(4)	壬辰2	癸巳3	甲午4	乙未5	丙申6	丁酉7	戊戌8	己丑春分
三月大	丙辰	天地干支西曆	己亥9	庚子10	辛丑11	壬寅12	癸卯13	甲辰14	乙巳15	丙午16	丁未17	戊申18	己酉19	庚戌20	辛亥21	壬子22	癸丑23	甲寅24	乙卯25	丙辰26	丁巳27	戊午28	己未29	庚申30	辛酉(5)	壬戌2	癸亥3	甲子4	乙丑5	丙寅6	丁卯7	戊辰8	
四月小	丁巳	天地干支西曆	己巳9	庚午10	辛未11	壬申12	癸酉13	甲戌14	乙亥15	丙子16	丁丑17	戊寅18	己卯19	庚辰20	辛巳21	壬午22	癸未23	甲申24	乙酉25	丙戌26	丁亥27	戊子28	己丑29	庚寅30	辛卯31	壬辰(6)	癸巳2	甲午3	乙未4	丙申5	丁酉6		丁丑立夏
五月大	戊午	天地干支西曆	戊戌7	己亥8	庚子9	辛丑10	壬寅11	癸卯12	甲辰13	乙巳14	丙午15	丁未16	戊申17	己酉18	庚戌19	辛亥20	壬子21	癸丑22	甲寅23	乙卯24	丙辰25	丁巳26	戊午27	己未28	庚申29	辛酉30	壬戌(7)	癸亥2	甲子3	乙丑4	丙寅5	丁卯6	甲子夏至
六月小	己未	天地干支西曆	戊辰7	己巳8	庚午9	辛未10	壬申11	癸酉12	甲戌13	乙亥14	丙子15	丁丑16	戊寅17	己卯18	庚辰19	辛巳20	壬午21	癸未22	甲申23	乙酉24	丙戌25	丁亥26	戊子27	己丑28	庚寅29	辛卯30	壬辰31	癸巳(8)	甲午2	乙未3	丙申4		
七月小	庚申	天地干支西曆	丁酉5	戊戌6	己亥7	庚子8	辛丑9	壬寅10	癸卯11	甲辰12	乙巳13	丙午14	丁未15	戊申16	己酉17	庚戌18	辛亥19	壬子20	癸丑21	甲寅22	乙卯23	丙辰24	丁巳25	戊午26	己未27	庚申28	辛酉29	壬戌30	癸亥31	甲子(9)	乙丑2		庚戌立秋
八月大	辛酉	天地干支西曆	丙寅3	丁卯4	戊辰5	己巳6	庚午7	辛未8	壬申9	癸酉10	甲戌11	乙亥12	丙子13	丁丑14	戊寅15	己卯16	庚辰17	辛巳18	壬午19	癸未20	甲申21	乙酉22	丙戌23	丁亥24	戊子25	己丑26	庚寅27	辛卯28	壬辰29	癸巳30	甲午(10)	乙未2	乙未秋分
九月小	壬戌	天地干支西曆	丙申3	丁酉4	戊戌5	己亥6	庚子7	辛丑8	壬寅9	癸卯10	甲辰11	乙巳12	丙午13	丁未14	戊申15	己酉16	庚戌17	辛亥18	壬子19	癸丑20	甲寅21	乙卯22	丙辰23	丁巳24	戊午25	己未26	庚申27	辛酉28	壬戌29	癸亥30	甲子31		
十月大	癸亥	天地干支西曆	乙丑(11)	丙寅2	丁卯3	戊辰4	己巳5	庚午6	辛未7	壬申8	癸酉9	甲戌10	乙亥11	丙子12	丁丑13	戊寅14	己卯15	庚辰16	辛巳17	壬午18	癸未19	甲申20	乙酉21	丙戌22	丁亥23	戊子24	己丑25	庚寅26	辛卯27	壬辰28	癸巳29	甲午30	庚辰立冬
十一月小	甲子	天地干支西曆	乙未(12)	丙申2	丁酉3	戊戌4	己亥5	庚子6	辛丑7	壬寅8	癸卯9	甲辰10	乙巳11	丙午12	丁未13	戊申14	己酉15	庚戌16	辛亥17	壬子18	癸丑19	甲寅20	乙卯21	丙辰22	丁巳23	戊午24	己未25	庚申26	辛酉27	壬戌28	癸亥29		
閏十一大	甲子	天地干支西曆	甲子30	乙丑31	丙寅(1)	丁卯2	戊辰3	己巳4	庚午5	辛未6	壬申7	癸酉8	甲戌9	乙亥10	丙子11	丁丑12	戊寅13	己卯14	庚辰15	辛巳16	壬午17	癸未18	甲申19	乙酉20	丙戌21	丁亥22	戊子23	己丑24	庚寅25	辛卯26	壬辰27	癸巳28	甲子冬至
十二月小	乙丑	天地干支西曆	甲午29	乙未30	丙申31	丁酉(2)	戊戌2	己亥3	庚子4	辛丑5	壬寅6	癸卯7	甲辰8	乙巳9	丙午10	丁未11	戊申12	己酉13	庚戌14	辛亥15	壬子16	癸丑17	甲寅18	乙卯19	丙辰20	丁巳21	戊午22	己未23	庚申24	辛酉25	壬戌26		己酉立春

年代異同	史記魯世家	漢書律曆志	帝王世紀	竹書紀年	皇極經世	文獻通考	歷代帝王年表	歷代統紀表	中國年曆總譜	西周年代	斷代工程
	周穆王七年		周穆王三十三年	周昭王十九年	周穆王三十九年	周穆王三十九年	周穆王三十九年	周穆王三十九年	周懿王四年	周穆王二十三年	周穆王十四年

周穆王九年（己未 羊年） 公元前962 ~ 前961年

夏曆月序		中西曆日對照	夏曆日序 初一	初二	初三	初四	初五	初六	初七	初八	初九	初十	十一	十二	十三	十四	十五	十六	十七	十八	十九	二十	二一	二二	二三	二四	二五	二六	二七	二八	二九	三十	節氣與天象
正月大	丙寅	干支天地西曆	癸亥27	甲子28	乙丑(3)	丙寅2	丁卯3	戊辰4	己巳5	庚午6	辛未7	壬申8	癸酉9	甲戌10	乙亥11	丙子12	丁丑13	戊寅14	己卯15	庚辰16	辛巳17	壬午18	癸未19	甲申20	乙酉21	丙戌22	丁亥23	戊子24	己丑25	庚寅26	辛卯27	壬辰28	
二月大	丁卯	干支天地西曆	癸巳29	甲午30	乙未31	丙申(4)	丁酉2	戊戌3	己亥4	庚子5	辛丑6	壬寅7	癸卯8	甲辰9	乙巳10	丙午11	丁未12	戊申13	己酉14	庚戌15	辛亥16	壬子17	癸丑18	甲寅19	乙卯20	丙辰21	丁巳22	戊午23	己未24	庚申25	辛酉26	壬戌27	乙未春分
三月小	戊辰	干支天地西曆	癸亥28	甲子29	乙丑30	丙寅(5)	丁卯2	戊辰3	己巳4	庚午5	辛未6	壬申7	癸酉8	甲戌9	乙亥10	丙子11	丁丑12	戊寅13	己卯14	庚辰15	辛巳16	壬午17	癸未18	甲申19	乙酉20	丙戌21	丁亥22	戊子23	己丑24	庚寅25	辛卯26		壬午立夏
四月大	己巳	干支天地西曆	壬辰27	癸巳28	甲午29	乙未30	丙申31	丁酉(6)	戊戌2	己亥3	庚子4	辛丑5	壬寅6	癸卯7	甲辰8	乙巳9	丙午10	丁未11	戊申12	己酉13	庚戌14	辛亥15	壬子16	癸丑17	甲寅18	乙卯19	丙辰20	丁巳21	戊午22	己未23	庚申24	辛酉25	
五月小	庚午	干支天地西曆	壬戌26	癸亥27	甲子28	乙丑29	丙寅30	丁卯(7)	戊辰2	己巳3	庚午4	辛未5	壬申6	癸酉7	甲戌8	乙亥9	丙子10	丁丑11	戊寅12	己卯13	庚辰14	辛巳15	壬午16	癸未17	甲申18	乙酉19	丙戌20	丁亥21	戊子22	己丑23	庚寅24		己巳夏至
六月大	辛未	干支天地西曆	辛卯25	壬辰26	癸巳27	甲午28	乙未29	丙申30	丁酉31	戊戌(8)	己亥2	庚子3	辛丑4	壬寅5	癸卯6	甲辰7	乙巳8	丙午9	丁未10	戊申11	己酉12	庚戌13	辛亥14	壬子15	癸丑16	甲寅17	乙卯18	丙辰19	丁巳20	戊午21	己未22	庚申23	乙卯立秋
七月小	壬申	干支天地西曆	辛酉24	壬戌25	癸亥26	甲子27	乙丑28	丙寅29	丁卯30	戊辰31	己巳(9)	庚午2	辛未3	壬申4	癸酉5	甲戌6	乙亥7	丙子8	丁丑9	戊寅10	己卯11	庚辰12	辛巳13	壬午14	癸未15	甲申16	乙酉17	丙戌18	丁亥19	戊子20	己丑21		辛酉日食
八月大	癸酉	干支天地西曆	庚寅22	辛卯23	壬辰24	癸巳25	甲午26	乙未27	丙申28	丁酉29	戊戌30	己亥(10)	庚子2	辛丑3	壬寅4	癸卯5	甲辰6	乙巳7	丙午8	丁未9	戊申10	己酉11	庚戌12	辛亥13	壬子14	癸丑15	甲寅16	乙卯17	丙辰18	丁巳19	戊午20	己未21	辛丑秋分
九月小	甲戌	干支天地西曆	庚申22	辛酉23	壬戌24	癸亥25	甲子26	乙丑27	丙寅28	丁卯29	戊辰30	己巳31	庚午(11)	辛未2	壬申3	癸酉4	甲戌5	乙亥6	丙子7	丁丑8	戊寅9	己卯10	庚辰11	辛巳12	壬午13	癸未14	甲申15	乙酉16	丙戌17	丁亥18	戊子19		乙酉立冬
十月大	乙亥	干支天地西曆	己丑20	庚寅21	辛卯22	壬辰23	癸巳24	甲午25	乙未26	丙申27	丁酉28	戊戌29	己亥30	庚子(12)	辛丑2	壬寅3	癸卯4	甲辰5	乙巳6	丙午7	丁未8	戊申9	己酉10	庚戌11	辛亥12	壬子13	癸丑14	甲寅15	乙卯16	丙辰17	丁巳18	戊午19	
十一月小	丙子	干支天地西曆	己未20	庚申21	辛酉22	壬戌23	癸亥24	甲子25	乙丑26	丙寅27	丁卯28	戊辰29	己巳30	庚午31	辛未(1)	壬申2	癸酉3	甲戌4	乙亥5	丙子6	丁丑7	戊寅8	己卯9	庚辰10	辛巳11	壬午12	癸未13	甲申14	乙酉15	丙戌16	丁亥17		己巳冬至
十二月大	丁丑	干支天地西曆	戊子18	己丑19	庚寅20	辛卯21	壬辰22	癸巳23	甲午24	乙未25	丙申26	丁酉27	戊戌28	己亥29	庚子30	辛丑31	壬寅(2)	癸卯2	甲辰3	乙巳4	丙午5	丁未6	戊申7	己酉8	庚戌9	辛亥10	壬子11	癸丑12	甲寅13	乙卯14	丙辰15	丁巳16	甲寅立春

年代異同	史記魯世家	漢書律曆志	帝王世紀	竹書紀年	皇極經世	文獻通考	歷代帝王年表	歷代統紀表	中國年曆總譜	西周年代	斷代工程
	周穆王八年		周穆王三十四年	周穆王元年	周穆王四十年	周穆王四十年	周穆王四十年	周穆王四十年	周懿王五年	周穆王二十四年	周穆王十五年

周穆王十年（庚申 猴年） 公元前 961 ~ 前 960 年

夏曆月序	中西曆對照		初一	初二	初三	初四	初五	初六	初七	初八	初九	初十	十一	十二	十三	十四	十五	十六	十七	十八	十九	二十	二一	二二	二三	二四	二五	二六	二七	二八	二九	三十	節氣與天象
正月小	戊寅	天干地支西曆	戊午17	己未18	庚申19	辛酉20	壬戌21	癸亥22	甲子23	乙丑24	丙寅25	丁卯26	戊辰27	己巳28	庚午29	辛未(3)	壬申2	癸酉3	甲戌4	乙亥5	丙子6	丁丑7	戊寅8	己卯9	庚辰10	辛巳11	壬午12	癸未13	甲申14	乙酉15	丙戌16		
二月大	己卯	天干地支西曆	丁亥17	戊子18	己丑19	庚寅20	辛卯21	壬辰22	癸巳23	甲午24	乙未25	丙申26	丁酉27	戊戌28	己亥29	庚子30	辛丑31	壬寅(4)	癸卯2	甲辰3	乙巳4	丙午5	丁未6	戊申7	己酉8	庚戌9	辛亥10	壬子11	癸丑12	甲寅13	乙卯14	丙辰15	庚子春分
三月小	庚辰	天干地支西曆	丁巳16	戊午17	己未18	庚申19	辛酉20	壬戌21	癸亥22	甲子23	乙丑24	丙寅25	丁卯26	戊辰27	己巳28	庚午29	辛未30	壬申(5)	癸酉2	甲戌3	乙亥4	丙子5	丁丑6	戊寅7	己卯8	庚辰9	辛巳10	壬午11	癸未12	甲申13	乙酉14		
四月大	辛巳	天干地支西曆	丙戌15	丁亥16	戊子17	己丑18	庚寅19	辛卯20	壬辰21	癸巳22	甲午23	乙未24	丙申25	丁酉26	戊戌27	己亥28	庚子29	辛丑30	壬寅31	癸卯(6)	甲辰2	乙巳3	丙午4	丁未5	戊申6	己酉7	庚戌8	辛亥9	壬子10	癸丑11	甲寅12	乙卯13	丁亥立夏
五月大	壬午	天干地支西曆	丙辰14	丁巳15	戊午16	己未17	庚申18	辛酉19	壬戌20	癸亥21	甲子22	乙丑23	丙寅24	丁卯25	戊辰26	己巳27	庚午28	辛未29	壬申30	癸酉(7)	甲戌2	乙亥3	丙子4	丁丑5	戊寅6	己卯7	庚辰8	辛巳9	壬午10	癸未11	甲申12	乙酉13	甲戌夏至
六月小	癸未	天干地支西曆	丙戌14	丁亥15	戊子16	己丑17	庚寅18	辛卯19	壬辰20	癸巳21	甲午22	乙未23	丙申24	丁酉25	戊戌26	己亥27	庚子28	辛丑29	壬寅30	癸卯31	甲辰(8)	乙巳2	丙午3	丁未4	戊申5	己酉6	庚戌7	辛亥8	壬子9	癸丑10	甲寅11		
七月大	甲申	天干地支西曆	乙卯12	丙辰13	丁巳14	戊午15	己未16	庚申17	辛酉18	壬戌19	癸亥20	甲子21	乙丑22	丙寅23	丁卯24	戊辰25	己巳26	庚午27	辛未28	壬申29	癸酉30	甲戌31	乙亥(9)	丙子2	丁丑3	戊寅4	己卯5	庚辰6	辛巳7	壬午8	癸未9	甲申10	辛酉立秋 乙卯日食
八月小	乙酉	天干地支西曆	乙酉11	丙戌12	丁亥13	戊子14	己丑15	庚寅16	辛卯17	壬辰18	癸巳19	甲午20	乙未21	丙申22	丁酉23	戊戌24	己亥25	庚子26	辛丑27	壬寅28	癸卯29	甲辰30	乙巳(10)	丙午2	丁未3	戊申4	己酉5	庚戌6	辛亥7	壬子8	癸丑9		丙午秋分
九月大	丙戌	天干地支西曆	甲寅10	乙卯11	丙辰12	丁巳13	戊午14	己未15	庚申16	辛酉17	壬戌18	癸亥19	甲子20	乙丑21	丙寅22	丁卯23	戊辰24	己巳25	庚午26	辛未27	壬申28	癸酉29	甲戌30	乙亥31	丙子(11)	丁丑2	戊寅3	己卯4	庚辰5	辛巳6	壬午7	癸未8	
十月小	丁亥	天干地支西曆	甲申9	乙酉10	丙戌11	丁亥12	戊子13	己丑14	庚寅15	辛卯16	壬辰17	癸巳18	甲午19	乙未20	丙申21	丁酉22	戊戌23	己亥24	庚子25	辛丑26	壬寅27	癸卯28	甲辰29	乙巳30	丙午(12)	丁未2	戊申3	己酉4	庚戌5	辛亥6	壬子7		庚寅立冬
十一月大	戊子	天干地支西曆	癸丑8	甲寅9	乙卯10	丙辰11	丁巳12	戊午13	己未14	庚申15	辛酉16	壬戌17	癸亥18	甲子19	乙丑20	丙寅21	丁卯22	戊辰23	己巳24	庚午25	辛未26	壬申27	癸酉28	甲戌29	乙亥30	丙子31	丁丑(1)	戊寅2	己卯3	庚辰4	辛巳5	壬午6	甲戌冬至
十二月小	己丑	天干地支西曆	癸未7	甲申8	乙酉9	丙戌10	丁亥11	戊子12	己丑13	庚寅14	辛卯15	壬辰16	癸巳17	甲午18	乙未19	丙申20	丁酉21	戊戌22	己亥23	庚子24	辛丑25	壬寅26	癸卯27	甲辰28	乙巳29	丙午30	丁未31	戊申(2)	己酉2	庚戌3	辛亥4		

年代異同	史記魯世家	漢書律曆志	帝王世紀	竹書紀年	皇極經世	文獻通考	歷代帝王年表	歷代統紀表	中國年曆總譜	西周年代	斷代工程
	周穆王九年		周穆王三十五年	周穆王二年	周穆王四十一年	周穆王四十一年	周穆王四十一年	周穆王四十一年	周懿王六年	周穆王二十五年	周穆王十六年

周穆王十一年（辛酉 鷄年） 公元前960 ~ 前959年

夏曆月序		中西曆日對照	初一	初二	初三	初四	初五	初六	初七	初八	初九	初十	十一	十二	十三	十四	十五	十六	十七	十八	十九	二十	二一	二二	二三	二四	二五	二六	二七	二八	二九	三十	節氣與天象
正月大	庚寅	天干地支西曆	壬子5	癸丑6	甲寅7	乙卯8	丙辰9	丁巳10	戊午11	己未12	庚申13	辛酉14	壬戌15	癸亥16	甲子17	乙丑18	丙寅19	丁卯20	戊辰21	己巳22	庚午23	辛未24	壬申25	癸酉26	甲戌27	乙亥28	丙子(3)	丁丑2	戊寅3	己卯4	庚辰5	辛巳6	己未立春
二月小	辛卯	天干地支西曆	壬午7	癸未8	甲申9	乙酉10	丙戌11	丁亥12	戊子13	己丑14	庚寅15	辛卯16	壬辰17	癸巳18	甲午19	乙未20	丙申21	丁酉22	戊戌23	己亥24	庚子25	辛丑26	壬寅27	癸卯28	甲辰29	乙巳30	丙午31	丁未(4)	戊申2	己酉3	庚戌4		乙巳春分
三月大	壬辰	天干地支西曆	辛亥5	壬子6	癸丑7	甲寅8	乙卯9	丙辰10	丁巳11	戊午12	己未13	庚申14	辛酉15	壬戌16	癸亥17	甲子18	乙丑19	丙寅20	丁卯21	戊辰22	己巳23	庚午24	辛未25	壬申26	癸酉27	甲戌28	乙亥29	丙子30	丁丑(5)	戊寅2	己卯3	庚辰4	
四月小	癸巳	天干地支西曆	辛巳5	壬午6	癸未7	甲申8	乙酉9	丙戌10	丁亥11	戊子12	己丑13	庚寅14	辛卯15	壬辰16	癸巳17	甲午18	乙未19	丙申20	丁酉21	戊戌22	己亥23	庚子24	辛丑25	壬寅26	癸卯27	甲辰28	乙巳29	丙午30	丁未31	戊申(6)	己酉2		壬辰立夏
五月大	甲午	天干地支西曆	庚戌3	辛亥4	壬子5	癸丑6	甲寅7	乙卯8	丙辰9	丁巳10	戊午11	己未12	庚申13	辛酉14	壬戌15	癸亥16	甲子17	乙丑18	丙寅19	丁卯20	戊辰21	己巳22	庚午23	辛未24	壬申25	癸酉26	甲戌27	乙亥28	丙子29	丁丑30	戊寅(7)	己卯2	己卯夏至
六月小	乙未	天干地支西曆	庚辰3	辛巳4	壬午5	癸未6	甲申7	乙酉8	丙戌9	丁亥10	戊子11	己丑12	庚寅13	辛卯14	壬辰15	癸巳16	甲午17	乙未18	丙申19	丁酉20	戊戌21	己亥22	庚子23	辛丑24	壬寅25	癸卯26	甲辰27	乙巳28	丙午29	丁未30	戊申31		
七月大	丙申	天干地支西曆	己酉(8)	庚戌2	辛亥3	壬子4	癸丑5	甲寅6	乙卯7	丙辰8	丁巳9	戊午10	己未11	庚申12	辛酉13	壬戌14	癸亥15	甲子16	乙丑17	丙寅18	丁卯19	戊辰20	己巳21	庚午22	辛未23	壬申24	癸酉25	甲戌26	乙亥27	丙子28	丁丑29	戊寅30	丙寅立秋
閏七月大	丙申	天干地支西曆	己卯31	庚辰(9)	辛巳2	壬午3	癸未4	甲申5	乙酉6	丙戌7	丁亥8	戊子9	己丑10	庚寅11	辛卯12	壬辰13	癸巳14	甲午15	乙未16	丙申17	丁酉18	戊戌19	己亥20	庚子21	辛丑22	壬寅23	癸卯24	甲辰25	乙巳26	丙午27	丁未28	戊申29	
八月小	丁酉	天干地支西曆	己酉30	庚戌(10)	辛亥2	壬子3	癸丑4	甲寅5	乙卯6	丙辰7	丁巳8	戊午9	己未10	庚申11	辛酉12	壬戌13	癸亥14	甲子15	乙丑16	丙寅17	丁卯18	戊辰19	己巳20	庚午21	辛未22	壬申23	癸酉24	甲戌25	乙亥26	丙子27	丁丑28		辛亥秋分
九月大	戊戌	天干地支西曆	戊寅29	己卯30	庚辰31	辛巳(11)	壬午2	癸未3	甲申4	乙酉5	丙戌6	丁亥7	戊子8	己丑9	庚寅10	辛卯11	壬辰12	癸巳13	甲午14	乙未15	丙申16	丁酉17	戊戌18	己亥19	庚子20	辛丑21	壬寅22	癸卯23	甲辰24	乙巳25	丙午26	丁未27	乙未立冬
十月大	己亥	天干地支西曆	戊申28	己酉29	庚戌30	辛亥(12)	壬子2	癸丑3	甲寅4	乙卯5	丙辰6	丁巳7	戊午8	己未9	庚申10	辛酉11	壬戌12	癸亥13	甲子14	乙丑15	丙寅16	丁卯17	戊辰18	己巳19	庚午20	辛未21	壬申22	癸酉23	甲戌24	乙亥25	丙子26	丁丑27	
十一月小	庚子	天干地支西曆	戊寅28	己卯29	庚辰30	辛巳31	壬午(1)	癸未2	甲申3	乙酉4	丙戌5	丁亥6	戊子7	己丑8	庚寅9	辛卯10	壬辰11	癸巳12	甲午13	乙未14	丙申15	丁酉16	戊戌17	己亥18	庚子19	辛丑20	壬寅21	癸卯22	甲辰23	乙巳24	丙午25		庚辰冬至
十二月小	辛丑	天干地支西曆	丁未26	戊申27	己酉28	庚戌29	辛亥30	壬子31	癸丑(2)	甲寅2	乙卯3	丙辰4	丁巳5	戊午6	己未7	庚申8	辛酉9	壬戌10	癸亥11	甲子12	乙丑13	丙寅14	丁卯15	戊辰16	己巳17	庚午18	辛未19	壬申20	癸酉21	甲戌22	乙亥23		甲子立春

年代異同	史記魯世家	漢書律曆志	帝王世紀	竹書紀年	皇極經世	文獻通考	歷代帝王年表	歷代統紀表	中國年曆總譜	西周年代	斷代工程
	周穆王十年		周穆王三十六年	周穆王三年	周穆王四十二年	周穆王四十二年	周穆王四十二年	周穆王四十二年	周懿王七年	周穆王二十六年	周穆王十七年

周穆王十二年（壬戌 狗年） 公元前 959 ~ 前 958 年

夏曆月序	中西曆日對照	初一	初二	初三	初四	初五	初六	初七	初八	初九	初十	十一	十二	十三	十四	十五	十六	十七	十八	十九	二十	二一	二二	二三	二四	二五	二六	二七	二八	二九	三十	節氣與天象
正月大 壬寅	干支 天地 西曆	丙子24	丁丑25	戊寅26	己卯27	庚辰28	辛巳(3)	壬午2	癸未3	甲申4	乙酉5	丙戌6	丁亥7	戊子8	己丑9	庚寅10	辛卯11	壬辰12	癸巳13	甲午14	乙未15	丙申16	丁酉17	戊戌18	己亥19	庚子20	辛丑21	壬寅22	癸卯23	甲辰24	乙巳25	
二月小 癸卯	干支 天地 西曆	丙午26	丁未27	戊申28	己酉29	庚戌30	辛亥31	壬子(4)	癸丑2	甲寅3	乙卯4	丙辰5	丁巳6	戊午7	己未8	庚申9	辛酉10	壬戌11	癸亥12	甲子13	乙丑14	丙寅15	丁卯16	戊辰17	己巳18	庚午19	辛未20	壬申21	癸酉22	甲戌23		庚戌春分
三月小 甲辰	干支 天地 西曆	乙亥24	丙子25	丁丑26	戊寅27	己卯28	庚辰29	辛巳30	壬午(5)	癸未2	甲申3	乙酉4	丙戌5	丁亥6	戊子7	己丑8	庚寅9	辛卯10	壬辰11	癸巳12	甲午13	乙未14	丙申15	丁酉16	戊戌17	己亥18	庚子19	辛丑20	壬寅21	癸卯22		丁酉立夏
四月大 乙巳	干支 天地 西曆	甲辰23	乙巳24	丙午25	丁未26	戊申27	己酉28	庚戌29	辛亥30	壬子31	癸丑(6)	甲寅2	乙卯3	丙辰4	丁巳5	戊午6	己未7	庚申8	辛酉9	壬戌10	癸亥11	甲子12	乙丑13	丙寅14	丁卯15	戊辰16	己巳17	庚午18	辛未19	壬申20	癸酉21	
五月小 丙午	干支 天地 西曆	甲戌22	乙亥23	丙子24	丁丑25	戊寅26	己卯27	庚辰28	辛巳29	壬午30	癸未(7)	甲申2	乙酉3	丙戌4	丁亥5	戊子6	己丑7	庚寅8	辛卯9	壬辰10	癸巳11	甲午12	乙未13	丙申14	丁酉15	戊戌16	己亥17	庚子18	辛丑19	壬寅20		乙酉夏至
六月大 丁未	干支 天地 西曆	癸卯21	甲辰22	乙巳23	丙午24	丁未25	戊申26	己酉27	庚戌28	辛亥29	壬子30	癸丑31	甲寅(8)	乙卯2	丙辰3	丁巳4	戊午5	己未6	庚申7	辛酉8	壬戌9	癸亥10	甲子11	乙丑12	丙寅13	丁卯14	戊辰15	己巳16	庚午17	辛未18	壬申19	辛未立秋
七月大 戊申	干支 天地 西曆	癸酉20	甲戌21	乙亥22	丙子23	丁丑24	戊寅25	己卯26	庚辰27	辛巳28	壬午29	癸未30	甲申31	乙酉(9)	丙戌2	丁亥3	戊子4	己丑5	庚寅6	辛卯7	壬辰8	癸巳9	甲午10	乙未11	丙申12	丁酉13	戊戌14	己亥15	庚子16	辛丑17	壬寅18	
八月大 己酉	干支 天地 西曆	癸卯19	甲辰20	乙巳21	丙午22	丁未23	戊申24	己酉25	庚戌26	辛亥27	壬子28	癸丑29	甲寅30	乙卯(10)	丙辰2	丁巳3	戊午4	己未5	庚申6	辛酉7	壬戌8	癸亥9	甲子10	乙丑11	丙寅12	丁卯13	戊辰14	己巳15	庚午16	辛未17	壬申18	丙辰秋分
九月小 庚戌	干支 天地 西曆	癸酉19	甲戌20	乙亥21	丙子22	丁丑23	戊寅24	己卯25	庚辰26	辛巳27	壬午28	癸未29	甲申30	乙酉31	丙戌(11)	丁亥2	戊子3	己丑4	庚寅5	辛卯6	壬辰7	癸巳8	甲午9	乙未10	丙申11	丁酉12	戊戌13	己亥14	庚子15	辛丑16		辛丑立冬
十月大 辛亥	干支 天地 西曆	壬寅17	癸卯18	甲辰19	乙巳20	丙午21	丁未22	戊申23	己酉24	庚戌25	辛亥26	壬子27	癸丑28	甲寅29	乙卯30	丙辰(12)	丁巳2	戊午3	己未4	庚申5	辛酉6	壬戌7	癸亥8	甲子9	乙丑10	丙寅11	丁卯12	戊辰13	己巳14	庚午15	辛未16	
十一月大 壬子	干支 天地 西曆	壬申17	癸酉18	甲戌19	乙亥20	丙子21	丁丑22	戊寅23	己卯24	庚辰25	辛巳26	壬午27	癸未28	甲申29	乙酉30	丙戌31	丁亥(1)	戊子2	己丑3	庚寅4	辛卯5	壬辰6	癸巳7	甲午8	乙未9	丙申10	丁酉11	戊戌12	己亥13	庚子14	辛丑15	乙酉冬至 壬申日食
十二月小 癸丑	干支 天地 西曆	壬寅16	癸卯17	甲辰18	乙巳19	丙午20	丁未21	戊申22	己酉23	庚戌24	辛亥25	壬子26	癸丑27	甲寅28	乙卯29	丙辰30	丁巳31	戊午(2)	己未2	庚申3	辛酉4	壬戌5	癸亥6	甲子7	乙丑8	丙寅9	丁卯10	戊辰11	己巳12	庚午13		庚午立春

年代異同	史記魯世家	漢書律曆志	帝王世紀	竹書紀年	皇極經世	文獻通考	歷代帝王年表	歷代統紀表	中國年曆總譜	西周年代	斷代工程
	周穆王十一年		周穆王三十七年	周穆王四年	周穆王四十三年	周穆王四十三年	周穆王四十三年	周穆王四十三年	周懿王八年	周穆王二十七年	周穆王十八年

周穆王十三年（癸亥 猪年） 公元前958 ~ 前957年

夏曆月序		中西日曆對照	夏曆日序																													節氣與天象
			初一	初二	初三	初四	初五	初六	初七	初八	初九	初十	十一	十二	十三	十四	十五	十六	十七	十八	十九	二十	二一	二二	二三	二四	二五	二六	二七	二八	二九	三十	
正月小	甲寅	天干支 地西曆	辛未 14	壬申 15	癸酉 16	甲戌 17	乙亥 18	丙子 19	丁丑 20	戊寅 21	己卯 22	庚辰 23	辛巳 24	壬午 25	癸未 26	甲申 27	乙酉 28	丙戌 (3)	丁亥 2	戊子 3	己丑 4	庚寅 5	辛卯 6	壬辰 7	癸巳 8	甲午 9	乙未 10	丙申 11	丁酉 12	戊戌 13	己亥 14		
二月大	乙卯	天干支 地西曆	庚子 15	辛丑 16	壬寅 17	癸卯 18	甲辰 19	乙巳 20	丙午 21	丁未 22	戊申 23	己酉 24	庚戌 25	辛亥 26	壬子 27	癸丑 28	甲寅 29	乙卯 30	丙辰 31	丁巳 (4)	戊午 2	己未 3	庚申 4	辛酉 5	壬戌 6	癸亥 7	甲子 8	乙丑 9	丙寅 10	丁卯 11	戊辰 12	己巳 13	丙辰春分
三月小	丙辰	天干支 地西曆	庚午 14	辛未 15	壬申 16	癸酉 17	甲戌 18	乙亥 19	丙子 20	丁丑 21	戊寅 22	己卯 23	庚辰 24	辛巳 25	壬午 26	癸未 27	甲申 28	乙酉 29	丙戌 30	丁亥 (5)	戊子 2	己丑 3	庚寅 4	辛卯 5	壬辰 6	癸巳 7	甲午 8	乙未 9	丙申 10	丁酉 11	戊戌 12		
四月小	丁巳	天干支 地西曆	己亥 13	庚子 14	辛丑 15	壬寅 16	癸卯 17	甲辰 18	乙巳 19	丙午 20	丁未 21	戊申 22	己酉 23	庚戌 24	辛亥 25	壬子 26	癸丑 27	甲寅 28	乙卯 29	丙辰 30	丁巳 31	戊午 (6)	己未 2	庚申 3	辛酉 4	壬戌 5	癸亥 6	甲子 7	乙丑 8	丙寅 9	丁卯 10		癸卯立夏
五月大	戊午	天干支 地西曆	戊辰 11	己巳 12	庚午 13	辛未 14	壬申 15	癸酉 16	甲戌 17	乙亥 18	丙子 19	丁丑 20	戊寅 21	己卯 22	庚辰 23	辛巳 24	壬午 25	癸未 26	甲申 27	乙酉 28	丙戌 29	丁亥 30	戊子 (7)	己丑 2	庚寅 3	辛卯 4	壬辰 5	癸巳 6	甲午 7	乙未 8	丙申 9	丁酉 10	庚寅夏至
六月小	己未	天干支 地西曆	戊戌 11	己亥 12	庚子 13	辛丑 14	壬寅 15	癸卯 16	甲辰 17	乙巳 18	丙午 19	丁未 20	戊申 21	己酉 22	庚戌 23	辛亥 24	壬子 25	癸丑 26	甲寅 27	乙卯 28	丙辰 29	丁巳 30	戊午 31	己未 (8)	庚申 2	辛酉 3	壬戌 4	癸亥 5	甲子 6	乙丑 7	丙寅 8		
七月大	庚申	天干支 地西曆	丁卯 9	戊辰 10	己巳 11	庚午 12	辛未 13	壬申 14	癸酉 15	甲戌 16	乙亥 17	丙子 18	丁丑 19	戊寅 20	己卯 21	庚辰 22	辛巳 23	壬午 24	癸未 25	甲申 26	乙酉 27	丙戌 28	丁亥 29	戊子 30	己丑 31	庚寅 (9)	辛卯 2	壬辰 3	癸巳 4	甲午 5	乙未 6	丙申 7	丙子立秋
八月大	辛酉	天干支 地西曆	丁酉 8	戊戌 9	己亥 10	庚子 11	辛丑 12	壬寅 13	癸卯 14	甲辰 15	乙巳 16	丙午 17	丁未 18	戊申 19	己酉 20	庚戌 21	辛亥 22	壬子 23	癸丑 24	甲寅 25	乙卯 26	丙辰 27	丁巳 28	戊午 29	己未 30	庚申 (10)	辛酉 2	壬戌 3	癸亥 4	甲子 5	乙丑 6	丙寅 7	壬戌秋分
九月小	壬戌	天干支 地西曆	丁卯 8	戊辰 9	己巳 10	庚午 11	辛未 12	壬申 13	癸酉 14	甲戌 15	乙亥 16	丙子 17	丁丑 18	戊寅 19	己卯 20	庚辰 21	辛巳 22	壬午 23	癸未 24	甲申 25	乙酉 26	丙戌 27	丁亥 28	戊子 29	己丑 30	庚寅 31	辛卯 (11)	壬辰 2	癸巳 3	甲午 4	乙未 5		
十月大	癸亥	天干支 地西曆	丙申 6	丁酉 7	戊戌 8	己亥 9	庚子 10	辛丑 11	壬寅 12	癸卯 13	甲辰 14	乙巳 15	丙午 16	丁未 17	戊申 18	己酉 19	庚戌 20	辛亥 21	壬子 22	癸丑 23	甲寅 24	乙卯 25	丙辰 26	丁巳 27	戊午 28	己未 29	庚申 30	辛酉 (12)	壬戌 2	癸亥 3	甲子 4	乙丑 5	丙午立冬
十一月大	甲子	天干支 地西曆	丙寅 6	丁卯 7	戊辰 8	己巳 9	庚午 10	辛未 11	壬申 12	癸酉 13	甲戌 14	乙亥 15	丙子 16	丁丑 17	戊寅 18	己卯 19	庚辰 20	辛巳 21	壬午 22	癸未 23	甲申 24	乙酉 25	丙戌 26	丁亥 27	戊子 28	己丑 29	庚寅 30	辛卯 31	壬辰 (1)	癸巳 2	甲午 3	乙未 4	庚寅冬至
十二月大	乙丑	天干支 地西曆	丙申 5	丁酉 6	戊戌 7	己亥 8	庚子 9	辛丑 10	壬寅 11	癸卯 12	甲辰 13	乙巳 14	丙午 15	丁未 16	戊申 17	己酉 18	庚戌 19	辛亥 20	壬子 21	癸丑 22	甲寅 23	乙卯 24	丙辰 25	丁巳 26	戊午 27	己未 28	庚申 29	辛酉 30	壬戌 31	癸亥 (2)	甲子 2	乙丑 3	

年代異同	史記魯世家	漢書律曆志	帝王世紀	竹書紀年	皇極經世	文獻通考	歷代帝王年表	歷代統紀表	中國年曆總譜	西周年代	斷代工程
	周穆王十二年		周穆王三十八年	周穆王五年	周穆王四十四年	周穆王四十四年	周穆王四十四年	周穆王四十四年	周懿王九年	周穆王二十八年	周穆王十九年

周穆王十四年（甲子 鼠年） 公元前 957 ~ 前 956 年

夏曆月序		中西曆日對照	初一	初二	初三	初四	初五	初六	初七	初八	初九	初十	十一	十二	十三	十四	十五	十六	十七	十八	十九	二十	二一	二二	二三	二四	二五	二六	二七	二八	二九	三十	節氣與天象
正月小	丙寅	天干地支西曆	丙寅4	丁卯5	戊辰6	己巳7	庚午8	辛未9	壬申10	癸酉11	甲戌12	乙亥13	丙子14	丁丑15	戊寅16	己卯17	庚辰18	辛巳19	壬午20	癸未21	甲申22	乙酉23	丙戌24	丁亥25	戊子26	己丑27	庚寅28	辛卯29	壬辰(3)	癸巳2	甲午3		乙亥立春
二月小	丁卯	天干地支西曆	乙未4	丙申5	丁酉6	戊戌7	己亥8	庚子9	辛丑10	壬寅11	癸卯12	甲辰13	乙巳14	丙午15	丁未16	戊申17	己酉18	庚戌19	辛亥20	壬子21	癸丑22	甲寅23	乙卯24	丙辰25	丁巳26	戊午27	己未28	庚申29	辛酉30	壬戌31	癸亥(4)		辛酉春分
三月大	戊辰	天干地支西曆	甲子2	乙丑3	丙寅4	丁卯5	戊辰6	己巳7	庚午8	辛未9	壬申10	癸酉11	甲戌12	乙亥13	丙子14	丁丑15	戊寅16	己卯17	庚辰18	辛巳19	壬午20	癸未21	甲申22	乙酉23	丙戌24	丁亥25	戊子26	己丑27	庚寅28	辛卯29	壬辰30	癸巳(5)	
四月小	己巳	天干地支西曆	甲午2	乙未3	丙申4	丁酉5	戊戌6	己亥7	庚子8	辛丑9	壬寅10	癸卯11	甲辰12	乙巳13	丙午14	丁未15	戊申16	己酉17	庚戌18	辛亥19	壬子20	癸丑21	甲寅22	乙卯23	丙辰24	丁巳25	戊午26	己未27	庚申28	辛酉29	壬戌30		戊申立夏
閏四月小	己巳	天干地支西曆	癸亥31	甲子(6)	乙丑2	丙寅3	丁卯4	戊辰5	己巳6	庚午7	辛未8	壬申9	癸酉10	甲戌11	乙亥12	丙子13	丁丑14	戊寅15	己卯16	庚辰17	辛巳18	壬午19	癸未20	甲申21	乙酉22	丙戌23	丁亥24	戊子25	己丑26	庚寅27	辛卯28		癸亥日食
五月大	庚午	天干地支西曆	壬辰29	癸巳30	甲午(7)	乙未2	丙申3	丁酉4	戊戌5	己亥6	庚子7	辛丑8	壬寅9	癸卯10	甲辰11	乙巳12	丙午13	丁未14	戊申15	己酉16	庚戌17	辛亥18	壬子19	癸丑20	甲寅21	乙卯22	丙辰23	丁巳24	戊午25	己未26	庚申27	辛酉28	乙未夏至
六月小	辛未	天干地支西曆	壬戌29	癸亥30	甲子31	乙丑(8)	丙寅2	丁卯3	戊辰4	己巳5	庚午6	辛未7	壬申8	癸酉9	甲戌10	乙亥11	丙子12	丁丑13	戊寅14	己卯15	庚辰16	辛巳17	壬午18	癸未19	甲申20	乙酉21	丙戌22	丁亥23	戊子24	己丑25	庚寅26		壬午立秋
七月大	壬申	天干地支西曆	辛卯27	壬辰28	癸巳29	甲午30	乙未31	丙申(9)	丁酉2	戊戌3	己亥4	庚子5	辛丑6	壬寅7	癸卯8	甲辰9	乙巳10	丙午11	丁未12	戊申13	己酉14	庚戌15	辛亥16	壬子17	癸丑18	甲寅19	乙卯20	丙辰21	丁巳22	戊午23	己未24	庚申25	
八月小	癸酉	天干地支西曆	辛酉26	壬戌27	癸亥28	甲子29	乙丑30	丙寅(10)	丁卯2	戊辰3	己巳4	庚午5	辛未6	壬申7	癸酉8	甲戌9	乙亥10	丙子11	丁丑12	戊寅13	己卯14	庚辰15	辛巳16	壬午17	癸未18	甲申19	乙酉20	丙戌21	丁亥22	戊子23	己丑24		丁卯秋分
九月大	甲戌	天干地支西曆	庚寅25	辛卯26	壬辰27	癸巳28	甲午29	乙未30	丙申31	丁酉(11)	戊戌2	己亥3	庚子4	辛丑5	壬寅6	癸卯7	甲辰8	乙巳9	丙午10	丁未11	戊申12	己酉13	庚戌14	辛亥15	壬子16	癸丑17	甲寅18	乙卯19	丙辰20	丁巳21	戊午22	己未23	辛亥立冬
十月大	乙亥	天干地支西曆	庚申24	辛酉25	壬戌26	癸亥27	甲子28	乙丑29	丙寅30	丁卯(12)	戊辰2	己巳3	庚午4	辛未5	壬申6	癸酉7	甲戌8	乙亥9	丙子10	丁丑11	戊寅12	己卯13	庚辰14	辛巳15	壬午16	癸未17	甲申18	乙酉19	丙戌20	丁亥21	戊子22	己丑23	
十一月大	丙子	天干地支西曆	庚寅24	辛卯25	壬辰26	癸巳27	甲午28	乙未29	丙申30	丁酉31	戊戌(1)	己亥2	庚子3	辛丑4	壬寅5	癸卯6	甲辰7	乙巳8	丙午9	丁未10	戊申11	己酉12	庚戌13	辛亥14	壬子15	癸丑16	甲寅17	乙卯18	丙辰19	丁巳20	戊午21	己未22	乙未冬至
十二月小	丁丑	天干地支西曆	庚申23	辛酉24	壬戌25	癸亥26	甲子27	乙丑28	丙寅29	丁卯30	戊辰31	己巳(2)	庚午2	辛未3	壬申4	癸酉5	甲戌6	乙亥7	丙子8	丁丑9	戊寅10	己卯11	庚辰12	辛巳13	壬午14	癸未15	甲申16	乙酉17	丙戌18	丁亥19	戊子20		庚辰立春

年代異同	史記魯世家	漢書律曆志	帝王世紀	竹書紀年	皇極經世	文獻通考	歷代帝王年表	歷代統紀表	中國年曆總譜	西周年代	斷代工程
	周穆王十三年		周穆王三十九年	周穆王六年	周穆王四十五年	周穆王四十五年	周穆王四十五年	周穆王四十五年	周懿王十年	周穆王二十九年	周穆王二十年

周穆王十五年（乙丑 牛年） 公元前956 ~ 前955年

夏曆月序		中西曆日對照	初一	初二	初三	初四	初五	初六	初七	初八	初九	初十	十一	十二	十三	十四	十五	十六	十七	十八	十九	二十	二一	二二	二三	二四	二五	二六	二七	二八	二九	三十	節氣與天象
正月大	戊寅	干支曆 天地西曆	己丑21	庚寅22	辛卯23	壬辰24	癸巳25	甲午26	乙未27	丙申28	丁酉(3)	戊戌2	己亥3	庚子4	辛丑5	壬寅6	癸卯7	甲辰8	乙巳9	丙午10	丁未11	戊申12	己酉13	庚戌14	辛亥15	壬子16	癸丑17	甲寅18	乙卯19	丙辰20	丁巳21	戊午22	
二月小	己卯	干支曆 天地西曆	己未23	庚申24	辛酉25	壬戌26	癸亥27	甲子28	乙丑29	丙寅30	丁卯31	戊辰(4)	己巳2	庚午3	辛未4	壬申5	癸酉6	甲戌7	乙亥8	丙子9	丁丑10	戊寅11	己卯12	庚辰13	辛巳14	壬午15	癸未16	甲申17	乙酉18	丙戌19	丁亥20		丙寅春分
三月大	庚辰	干支曆 天地西曆	戊子21	己丑22	庚寅23	辛卯24	壬辰25	癸巳26	甲午27	乙未28	丙申29	丁酉30	戊戌(5)	己亥2	庚子3	辛丑4	壬寅5	癸卯6	甲辰7	乙巳8	丙午9	丁未10	戊申11	己酉12	庚戌13	辛亥14	壬子15	癸丑16	甲寅17	乙卯18	丙辰19	丁巳20	癸丑立夏
四月小	辛巳	干支曆 天地西曆	戊午21	己未22	庚申23	辛酉24	壬戌25	癸亥26	甲子27	乙丑28	丙寅29	丁卯30	戊辰31	己巳(6)	庚午2	辛未3	壬申4	癸酉5	甲戌6	乙亥7	丙子8	丁丑9	戊寅10	己卯11	庚辰12	辛巳13	壬午14	癸未15	甲申16	乙酉17	丙戌18		
五月小	壬午	干支曆 天地西曆	丁亥19	戊子20	己丑21	庚寅22	辛卯23	壬辰24	癸巳25	甲午26	乙未27	丙申28	丁酉29	戊戌30	己亥(7)	庚子2	辛丑3	壬寅4	癸卯5	甲辰6	乙巳7	丙午8	丁未9	戊申10	己酉11	庚戌12	辛亥13	壬子14	癸丑15	甲寅16	乙卯17		庚子夏至
六月大	癸未	干支曆 天地西曆	丙辰18	丁巳19	戊午20	己未21	庚申22	辛酉23	壬戌24	癸亥25	甲子26	乙丑27	丙寅28	丁卯29	戊辰30	己巳31	庚午(8)	辛未2	壬申3	癸酉4	甲戌5	乙亥6	丙子7	丁丑8	戊寅9	己卯10	庚辰11	辛巳12	壬午13	癸未14	甲申15	乙酉16	
七月小	甲申	干支曆 天地西曆	丙戌17	丁亥18	戊子19	己丑20	庚寅21	辛卯22	壬辰23	癸巳24	甲午25	乙未26	丙申27	丁酉28	戊戌29	己亥30	庚子31	辛丑(9)	壬寅2	癸卯3	甲辰4	乙巳5	丙午6	丁未7	戊申8	己酉9	庚戌10	辛亥11	壬子12	癸丑13	甲寅14		丁亥立秋
八月大	乙酉	干支曆 天地西曆	乙卯15	丙辰16	丁巳17	戊午18	己未19	庚申20	辛酉21	壬戌22	癸亥23	甲子24	乙丑25	丙寅26	丁卯27	戊辰28	己巳29	庚午30	辛未(10)	壬申2	癸酉3	甲戌4	乙亥5	丙子6	丁丑7	戊寅8	己卯9	庚辰10	辛巳11	壬午12	癸未13	甲申14	壬申秋分
九月小	丙戌	干支曆 天地西曆	乙酉15	丙戌16	丁亥17	戊子18	己丑19	庚寅20	辛卯21	壬辰22	癸巳23	甲午24	乙未25	丙申26	丁酉27	戊戌28	己亥29	庚子30	辛丑31	壬寅(11)	癸卯2	甲辰3	乙巳4	丙午5	丁未6	戊申7	己酉8	庚戌9	辛亥10	壬子11	癸丑12		
十月大	丁亥	干支曆 天地西曆	甲寅13	乙卯14	丙辰15	丁巳16	戊午17	己未18	庚申19	辛酉20	壬戌21	癸亥22	甲子23	乙丑24	丙寅25	丁卯26	戊辰27	己巳28	庚午29	辛未30	壬申(12)	癸酉2	甲戌3	乙亥4	丙子5	丁丑6	戊寅7	己卯8	庚辰9	辛巳10	壬午11	癸未12	丙辰立冬
十一月大	戊子	干支曆 天地西曆	甲申13	乙酉14	丙戌15	丁亥16	戊子17	己丑18	庚寅19	辛卯20	壬辰21	癸巳22	甲午23	乙未24	丙申25	丁酉26	戊戌27	己亥28	庚子29	辛丑30	壬寅31	癸卯(1)	甲辰2	乙巳3	丙午4	丁未5	戊申6	己酉7	庚戌8	辛亥9	壬子10	癸丑11	庚子冬至
十二月小	己丑	干支曆 天地西曆	甲寅12	乙卯13	丙辰14	丁巳15	戊午16	己未17	庚申18	辛酉19	壬戌20	癸亥21	甲子22	乙丑23	丙寅24	丁卯25	戊辰26	己巳27	庚午28	辛未29	壬申30	癸酉31	甲戌(2)	乙亥2	丙子3	丁丑4	戊寅5	己卯6	庚辰7	辛巳8	壬午9		

年代異同	史記魯世家	漢書律曆志	帝王世紀	竹書紀年	皇極經世	文獻通考	歷代帝王年表	歷代統紀表	中國年曆總譜	西周年代	斷代工程
	周穆王十四年		周穆王四十年	周穆王七年	周穆王四十六年	周穆王四十六年	周穆王四十六年	周穆王四十六年	周懿王十一年	周穆王三十年	周穆王二十一年

周穆王十六年（丙寅 虎年） 公元前955 ~ 前954年

夏曆月序		中西曆日對照	初一	初二	初三	初四	初五	初六	初七	初八	初九	初十	十一	十二	十三	十四	十五	十六	十七	十八	十九	二十	二一	二二	二三	二四	二五	二六	二七	二八	二九	三十	節氣與天象
正月大	庚寅	天干 地支 西曆	癸未 10	甲申 11	乙酉 12	丙戌 13	丁亥 14	戊子 15	己丑 16	庚寅 17	辛卯 18	壬辰 19	癸巳 20	甲午 21	乙未 22	丙申 23	丁酉 24	戊戌 25	己亥 26	庚子 27	辛丑 28	壬寅 (3)	癸卯 2	甲辰 3	乙巳 4	丙午 5	丁未 6	戊申 7	己酉 8	庚戌 9	辛亥 10	壬子 11	乙酉立春
二月大	辛卯	天干 地支 西曆	癸丑 12	甲寅 13	乙卯 14	丙辰 15	丁巳 16	戊午 17	己未 18	庚申 19	辛酉 20	壬戌 21	癸亥 22	甲子 23	乙丑 24	丙寅 25	丁卯 26	戊辰 27	己巳 28	庚午 29	辛未 30	壬申 31	癸酉 (4)	甲戌 2	乙亥 3	丙子 4	丁丑 5	戊寅 6	己卯 7	庚辰 8	辛巳 9	壬午 10	辛未春分
三月小	壬辰	天干 地支 西曆	癸未 11	甲申 12	乙酉 13	丙戌 14	丁亥 15	戊子 16	己丑 17	庚寅 18	辛卯 19	壬辰 20	癸巳 21	甲午 22	乙未 23	丙申 24	丁酉 25	戊戌 26	己亥 27	庚子 28	辛丑 29	壬寅 30	癸卯 (5)	甲辰 2	乙巳 3	丙午 4	丁未 5	戊申 6	己酉 7	庚戌 8	辛亥 9		
四月大	癸巳	天干 地支 西曆	壬子 10	癸丑 11	甲寅 12	乙卯 13	丙辰 14	丁巳 15	戊午 16	己未 17	庚申 18	辛酉 19	壬戌 20	癸亥 21	甲子 22	乙丑 23	丙寅 24	丁卯 25	戊辰 26	己巳 27	庚午 28	辛未 29	壬申 30	癸酉 31	甲戌 (6)	乙亥 2	丙子 3	丁丑 4	戊寅 5	己卯 6	庚辰 7	辛巳 8	戊午立夏
五月小	甲午	天干 地支 西曆	壬午 9	癸未 10	甲申 11	乙酉 12	丙戌 13	丁亥 14	戊子 15	己丑 16	庚寅 17	辛卯 18	壬辰 19	癸巳 20	甲午 21	乙未 22	丙申 23	丁酉 24	戊戌 25	己亥 26	庚子 27	辛丑 28	壬寅 29	癸卯 30	甲辰 (7)	乙巳 2	丙午 3	丁未 4	戊申 5	己酉 6	庚戌 7		丙午夏至
六月小	乙未	天干 地支 西曆	辛亥 8	壬子 9	癸丑 10	甲寅 11	乙卯 12	丙辰 13	丁巳 14	戊午 15	己未 16	庚申 17	辛酉 18	壬戌 19	癸亥 20	甲子 21	乙丑 22	丙寅 23	丁卯 24	戊辰 25	己巳 26	庚午 27	辛未 28	壬申 29	癸酉 30	甲戌 31	乙亥 (8)	丙子 2	丁丑 3	戊寅 4	己卯 5		
七月大	丙申	天干 地支 西曆	庚辰 6	辛巳 7	壬午 8	癸未 9	甲申 10	乙酉 11	丙戌 12	丁亥 13	戊子 14	己丑 15	庚寅 16	辛卯 17	壬辰 18	癸巳 19	甲午 20	乙未 21	丙申 22	丁酉 23	戊戌 24	己亥 25	庚子 26	辛丑 27	壬寅 28	癸卯 29	甲辰 30	乙巳 31	丙午 (9)	丁未 2	戊申 3	己酉 4	壬辰立秋
八月小	丁酉	天干 地支 西曆	庚戌 5	辛亥 6	壬子 7	癸丑 8	甲寅 9	乙卯 10	丙辰 11	丁巳 12	戊午 13	己未 14	庚申 15	辛酉 16	壬戌 17	癸亥 18	甲子 19	乙丑 20	丙寅 21	丁卯 22	戊辰 23	己巳 24	庚午 25	辛未 26	壬申 27	癸酉 28	甲戌 29	乙亥 30	丙子 (10)	丁丑 2	戊寅 3		丁丑秋分
九月大	戊戌	天干 地支 西曆	己卯 4	庚辰 5	辛巳 6	壬午 7	癸未 8	甲申 9	乙酉 10	丙戌 11	丁亥 12	戊子 13	己丑 14	庚寅 15	辛卯 16	壬辰 17	癸巳 18	甲午 19	乙未 20	丙申 21	丁酉 22	戊戌 23	己亥 24	庚子 25	辛丑 26	壬寅 27	癸卯 28	甲辰 29	乙巳 30	丙午 31	丁未 (11)	戊申 2	己卯日食
十月小	己亥	天干 地支 西曆	己酉 3	庚戌 4	辛亥 5	壬子 6	癸丑 7	甲寅 8	乙卯 9	丙辰 10	丁巳 11	戊午 12	己未 13	庚申 14	辛酉 15	壬戌 16	癸亥 17	甲子 18	乙丑 19	丙寅 20	丁卯 21	戊辰 22	己巳 23	庚午 24	辛未 25	壬申 26	癸酉 27	甲戌 28	乙亥 29	丙子 30	丁丑 (12)		壬戌立冬
十一月大	庚子	天干 地支 西曆	戊寅 2	己卯 3	庚辰 4	辛巳 5	壬午 6	癸未 7	甲申 8	乙酉 9	丙戌 10	丁亥 11	戊子 12	己丑 13	庚寅 14	辛卯 15	壬辰 16	癸巳 17	甲午 18	乙未 19	丙申 20	丁酉 21	戊戌 22	己亥 23	庚子 24	辛丑 25	壬寅 26	癸卯 27	甲辰 28	乙巳 29	丙午 30	丁未 31	丙午冬至
十二月小	辛丑	天干 地支 西曆	戊申 (1)	己酉 2	庚戌 3	辛亥 4	壬子 5	癸丑 6	甲寅 7	乙卯 8	丙辰 9	丁巳 10	戊午 11	己未 12	庚申 13	辛酉 14	壬戌 15	癸亥 16	甲子 17	乙丑 18	丙寅 19	丁卯 20	戊辰 21	己巳 22	庚午 23	辛未 24	壬申 25	癸酉 26	甲戌 27	乙亥 28	丙子 29		

年代異同	史記魯世家	漢書律曆志	帝王世紀	竹書紀年	皇極經世	文獻通考	歷代帝王年表	歷代統紀表	中國年曆總譜	西周年代	斷代工程
	周穆王十五年		周穆王四十一年	周穆王八年	周穆王四十七年	周穆王四十七年	周穆王四十七年	周穆王四十七年	周懿王十二年	周穆王三十一年	周穆王二十二年

周穆王十七年（丁卯 兔年） 公元前954 ~ 前953年

夏曆月序		中西曆日對照	初一	初二	初三	初四	初五	初六	初七	初八	初九	初十	十一	十二	十三	十四	十五	十六	十七	十八	十九	二十	二一	二二	二三	二四	二五	二六	二七	二八	二九	三十	節氣與天象
正月大	壬寅	干支 天地 西曆	丁丑30	戊寅31	己卯(2)	庚辰2	辛巳3	壬午4	癸未5	甲申6	乙酉7	丙戌8	丁亥9	戊子10	己丑11	庚寅12	辛卯13	壬辰14	癸巳15	甲午16	乙未17	丙申18	丁酉19	戊戌20	己亥21	庚子22	辛丑23	壬寅24	癸卯25	甲辰26	乙巳27	丙午28	辛卯立春
二月大	癸卯	干支 天地 西曆	丁未(3)	戊申2	己酉3	庚戌4	辛亥5	壬子6	癸丑7	甲寅8	乙卯9	丙辰10	丁巳11	戊午12	己未13	庚申14	辛酉15	壬戌16	癸亥17	甲子18	乙丑19	丙寅20	丁卯21	戊辰22	己巳23	庚午24	辛未25	壬申26	癸酉27	甲戌28	乙亥29	丙子30	
閏二月大	癸卯	干支 天地 西曆	丁丑31	戊寅(4)	己卯2	庚辰3	辛巳4	壬午5	癸未6	甲申7	乙酉8	丙戌9	丁亥10	戊子11	己丑12	庚寅13	辛卯14	壬辰15	癸巳16	甲午17	乙未18	丙申19	丁酉20	戊戌21	己亥22	庚子23	辛丑24	壬寅25	癸卯26	甲辰27	乙巳28	丙午29	丁丑春分 丁丑日食
三月小	甲辰	干支 天地 西曆	丁未30	戊申(5)	己酉2	庚戌3	辛亥4	壬子5	癸丑6	甲寅7	乙卯8	丙辰9	丁巳10	戊午11	己未12	庚申13	辛酉14	壬戌15	癸亥16	甲子17	乙丑18	丙寅19	丁卯20	戊辰21	己巳22	庚午23	辛未24	壬申25	癸酉26	甲戌27	乙亥28		甲子立夏
四月大	乙巳	干支 天地 西曆	丙子29	丁丑30	戊寅31	己卯(6)	庚辰2	辛巳3	壬午4	癸未5	甲申6	乙酉7	丙戌8	丁亥9	戊子10	己丑11	庚寅12	辛卯13	壬辰14	癸巳15	甲午16	乙未17	丙申18	丁酉19	戊戌20	己亥21	庚子22	辛丑23	壬寅24	癸卯25	甲辰26	乙巳27	
五月小	丙午	干支 天地 西曆	丙午28	丁未29	戊申30	己酉(7)	庚戌2	辛亥3	壬子4	癸丑5	甲寅6	乙卯7	丙辰8	丁巳9	戊午10	己未11	庚申12	辛酉13	壬戌14	癸亥15	甲子16	乙丑17	丙寅18	丁卯19	戊辰20	己巳21	庚午22	辛未23	壬申24	癸酉25	甲戌26		辛亥夏至
六月小	丁未	干支 天地 西曆	乙亥27	丙子28	丁丑29	戊寅30	己卯31	庚辰(8)	辛巳2	壬午3	癸未4	甲申5	乙酉6	丙戌7	丁亥8	戊子9	己丑10	庚寅11	辛卯12	壬辰13	癸巳14	甲午15	乙未16	丙申17	丁酉18	戊戌19	己亥20	庚子21	辛丑22	壬寅23	癸卯24		丁酉立秋
七月大	戊申	干支 天地 西曆	甲辰25	乙巳26	丙午27	丁未28	戊申29	己酉30	庚戌31	辛亥(9)	壬子2	癸丑3	甲寅4	乙卯5	丙辰6	丁巳7	戊午8	己未9	庚申10	辛酉11	壬戌12	癸亥13	甲子14	乙丑15	丙寅16	丁卯17	戊辰18	己巳19	庚午20	辛未21	壬申22	癸酉23	
八月小	己酉	干支 天地 西曆	甲戌24	乙亥25	丙子26	丁丑27	戊寅28	己卯29	庚辰30	辛巳(10)	壬午2	癸未3	甲申4	乙酉5	丙戌6	丁亥7	戊子8	己丑9	庚寅10	辛卯11	壬辰12	癸巳13	甲午14	乙未15	丙申16	丁酉17	戊戌18	己亥19	庚子20	辛丑21	壬寅22		癸未秋分
九月大	庚戌	干支 天地 西曆	癸卯23	甲辰24	乙巳25	丙午26	丁未27	戊申28	己酉29	庚戌30	辛亥31	壬子(11)	癸丑2	甲寅3	乙卯4	丙辰5	丁巳6	戊午7	己未8	庚申9	辛酉10	壬戌11	癸亥12	甲子13	乙丑14	丙寅15	丁卯16	戊辰17	己巳18	庚午19	辛未20	壬申21	丁卯立冬
十月小	辛亥	干支 天地 西曆	癸酉22	甲戌23	乙亥24	丙子25	丁丑26	戊寅27	己卯28	庚辰29	辛巳30	壬午(12)	癸未2	甲申3	乙酉4	丙戌5	丁亥6	戊子7	己丑8	庚寅9	辛卯10	壬辰11	癸巳12	甲午13	乙未14	丙申15	丁酉16	戊戌17	己亥18	庚子19	辛丑20		
十一月大	壬子	干支 天地 西曆	壬寅21	癸卯22	甲辰23	乙巳24	丙午25	丁未26	戊申27	己酉28	庚戌29	辛亥30	壬子31	癸丑(1)	甲寅2	乙卯3	丙辰4	丁巳5	戊午6	己未7	庚申8	辛酉9	壬戌10	癸亥11	甲子12	乙丑13	丙寅14	丁卯15	戊辰16	己巳17	庚午18	辛未19	辛亥冬至
十二月小	癸丑	干支 天地 西曆	壬申20	癸酉21	甲戌22	乙亥23	丙子24	丁丑25	戊寅26	己卯27	庚辰28	辛巳29	壬午30	癸未31	甲申(2)	乙酉2	丙戌3	丁亥4	戊子5	己丑6	庚寅7	辛卯8	壬辰9	癸巳10	甲午11	乙未12	丙申13	丁酉14	戊戌15	己亥16	庚子17		丙申立春

	史記魯世家	漢書律曆志	帝王世紀	竹書紀年	皇極經世	文獻通考	歷代帝王年表	歷代統紀表	中國年曆總譜	西周年代	斷代工程
年代異同	周穆王十六年		周穆王四十二年	周穆王九年	周穆王四十八年	周穆王四十八年	周穆王四十八年	周穆王四十八年	周孝王元年	周穆王三十二年	周穆王二十三年

周穆王十八年（戊辰 龍年） 公元前 953 ~ 前 952 年

夏曆月序		中西曆日對照	初一	初二	初三	初四	初五	初六	初七	初八	初九	初十	十一	十二	十三	十四	十五	十六	十七	十八	十九	二十	二一	二二	二三	二四	二五	二六	二七	二八	二九	三十	節氣與天象
正月大	甲寅	天干地支西曆	辛丑18	壬寅19	癸卯20	甲辰21	乙巳22	丙午23	丁未24	戊申25	己酉26	庚戌27	辛亥28	壬子29	癸丑(3)	甲寅2	乙卯3	丙辰4	丁巳5	戊午6	己未7	庚申8	辛酉9	壬戌10	癸亥11	甲子12	乙丑13	丙寅14	丁卯15	戊辰16	己巳17	庚午18	
二月大	乙卯	天干地支西曆	辛未19	壬申20	癸酉21	甲戌22	乙亥23	丙子24	丁丑25	戊寅26	己卯27	庚辰28	辛巳29	壬午30	癸未31	甲申(4)	乙酉2	丙戌3	丁亥4	戊子5	己丑6	庚寅7	辛卯8	壬辰9	癸巳10	甲午11	乙未12	丙申13	丁酉14	戊戌15	己亥16	庚子17	壬午春分 辛未日食
三月小	丙辰	天干地支西曆	辛丑18	壬寅19	癸卯20	甲辰21	乙巳22	丙午23	丁未24	戊申25	己酉26	庚戌27	辛亥28	壬子29	癸丑30	甲寅(5)	乙卯2	丙辰3	丁巳4	戊午5	己未6	庚申7	辛酉8	壬戌9	癸亥10	甲子11	乙丑12	丙寅13	丁卯14	戊辰15	己巳16		己巳立夏
四月大	丁巳	天干地支西曆	庚午17	辛未18	壬申19	癸酉20	甲戌21	乙亥22	丙子23	丁丑24	戊寅25	己卯26	庚辰27	辛巳28	壬午29	癸未30	甲申31	乙酉(6)	丙戌2	丁亥3	戊子4	己丑5	庚寅6	辛卯7	壬辰8	癸巳9	甲午10	乙未11	丙申12	丁酉13	戊戌14	己亥15	
五月小	戊午	天干地支西曆	庚子16	辛丑17	壬寅18	癸卯19	甲辰20	乙巳21	丙午22	丁未23	戊申24	己酉25	庚戌26	辛亥27	壬子28	癸丑29	甲寅30	乙卯(7)	丙辰2	丁巳3	戊午4	己未5	庚申6	辛酉7	壬戌8	癸亥9	甲子10	乙丑11	丙寅12	丁卯13	戊辰14		丙辰夏至
六月大	己未	天干地支西曆	己巳15	庚午16	辛未17	壬申18	癸酉19	甲戌20	乙亥21	丙子22	丁丑23	戊寅24	己卯25	庚辰26	辛巳27	壬午28	癸未29	甲申30	乙酉31	丙戌(8)	丁亥2	戊子3	己丑4	庚寅5	辛卯6	壬辰7	癸巳8	甲午9	乙未10	丙申11	丁酉12	戊戌13	
七月小	庚申	天干地支西曆	己亥14	庚子15	辛丑16	壬寅17	癸卯18	甲辰19	乙巳20	丙午21	丁未22	戊申23	己酉24	庚戌25	辛亥26	壬子27	癸丑28	甲寅29	乙卯30	丙辰31	丁巳(9)	戊午2	己未3	庚申4	辛酉5	壬戌6	癸亥7	甲子8	乙丑9	丙寅10	丁卯11		癸卯立秋
八月大	辛酉	天干地支西曆	戊辰12	己巳13	庚午14	辛未15	壬申16	癸酉17	甲戌18	乙亥19	丙子20	丁丑21	戊寅22	己卯23	庚辰24	辛巳25	壬午26	癸未27	甲申28	乙酉29	丙戌30	丁亥(10)	戊子2	己丑3	庚寅4	辛卯5	壬辰6	癸巳7	甲午8	乙未9	丙申10	丁酉11	戊子秋分
九月小	壬戌	天干地支西曆	戊戌12	己亥13	庚子14	辛丑15	壬寅16	癸卯17	甲辰18	乙巳19	丙午20	丁未21	戊申22	己酉23	庚戌24	辛亥25	壬子26	癸丑27	甲寅28	乙卯29	丙辰30	丁巳31	戊午(11)	己未2	庚申3	辛酉4	壬戌5	癸亥6	甲子7	乙丑8	丙寅9		
十月大	癸亥	天干地支西曆	丁卯10	戊辰11	己巳12	庚午13	辛未14	壬申15	癸酉16	甲戌17	乙亥18	丙子19	丁丑20	戊寅21	己卯22	庚辰23	辛巳24	壬午25	癸未26	甲申27	乙酉28	丙戌29	丁亥30	戊子(12)	己丑2	庚寅3	辛卯4	壬辰5	癸巳6	甲午7	乙未8	丙申9	壬申立冬
十一月小	甲子	天干地支西曆	丁酉10	戊戌11	己亥12	庚子13	辛丑14	壬寅15	癸卯16	甲辰17	乙巳18	丙午19	丁未20	戊申21	己酉22	庚戌23	辛亥24	壬子25	癸丑26	甲寅27	乙卯28	丙辰29	丁巳30	戊午31	己未(1)	庚申2	辛酉3	壬戌4	癸亥5	甲子6	乙丑7		丙辰冬至
十二月大	乙丑	天干地支西曆	丙寅8	丁卯9	戊辰10	己巳11	庚午12	辛未13	壬申14	癸酉15	甲戌16	乙亥17	丙子18	丁丑19	戊寅20	己卯21	庚辰22	辛巳23	壬午24	癸未25	甲申26	乙酉27	丙戌28	丁亥29	戊子30	己丑31	庚寅(2)	辛卯2	壬辰3	癸巳4	甲午5	乙未6	

年代異同	史記魯世家	漢書律曆志	帝王世紀	竹書紀年	皇極經世	文獻通考	歷代帝王年表	歷代統紀表	中國年曆總譜	西周年代	斷代工程
	周穆王十七年		周穆王四十三年	周穆王十年	周穆王四十九年	周穆王四十九年	周穆王四十九年	周穆王四十九年	周孝王二年	周穆王三十三年	周穆王二十四年

周穆王十九年（己巳 蛇年） 公元前 952 ~ 前 951 年

夏曆月序		中西曆日對照	初一	初二	初三	初四	初五	初六	初七	初八	初九	初十	十一	十二	十三	十四	十五	十六	十七	十八	十九	二十	二一	二二	二三	二四	二五	二六	二七	二八	二九	三十	節氣與天象
正月小	丙寅	干支 天地西曆	丙申 7	丁酉 8	戊戌 9	己亥 10	庚子 11	辛丑 12	壬寅 13	癸卯 14	甲辰 15	乙巳 16	丙午 17	丁未 18	戊申 19	己酉 20	庚戌 21	辛亥 22	壬子 23	癸丑 24	甲寅 25	乙卯 26	丙辰 27	丁巳 28	戊午 (3)	己未 2	庚申 3	辛酉 4	壬戌 5	癸亥 6	甲子 7		辛丑立春
二月大	丁卯	干支 天地西曆	乙丑 8	丙寅 9	丁卯 10	戊辰 11	己巳 12	庚午 13	辛未 14	壬申 15	癸酉 16	甲戌 17	乙亥 18	丙子 19	丁丑 20	戊寅 21	己卯 22	庚辰 23	辛巳 24	壬午 25	癸未 26	甲申 27	乙酉 28	丙戌 29	丁亥 30	戊子 31	己丑 (4)	庚寅 2	辛卯 3	壬辰 4	癸巳 5	甲午 6	丁亥春分
三月小	戊辰	干支 天地西曆	乙未 7	丙申 8	丁酉 9	戊戌 10	己亥 11	庚子 12	辛丑 13	壬寅 14	癸卯 15	甲辰 16	乙巳 17	丙午 18	丁未 19	戊申 20	己酉 21	庚戌 22	辛亥 23	壬子 24	癸丑 25	甲寅 26	乙卯 27	丙辰 28	丁巳 29	戊午 30	己未 (5)	庚申 2	辛酉 3	壬戌 4	癸亥 5		
四月大	己巳	干支 天地西曆	甲子 6	乙丑 7	丙寅 8	丁卯 9	戊辰 10	己巳 11	庚午 12	辛未 13	壬申 14	癸酉 15	甲戌 16	乙亥 17	丙子 18	丁丑 19	戊寅 20	己卯 21	庚辰 22	辛巳 23	壬午 24	癸未 25	甲申 26	乙酉 27	丙戌 28	丁亥 29	戊子 30	己丑 31	庚寅 (6)	辛卯 2	壬辰 3	癸巳 4	甲戌立夏
五月小	庚午	干支 天地西曆	甲午 5	乙未 6	丙申 7	丁酉 8	戊戌 9	己亥 10	庚子 11	辛丑 12	壬寅 13	癸卯 14	甲辰 15	乙巳 16	丙午 17	丁未 18	戊申 19	己酉 20	庚戌 21	辛亥 22	壬子 23	癸丑 24	甲寅 25	乙卯 26	丙辰 27	丁巳 28	戊午 29	己未 30	庚申 (7)	辛酉 2	壬戌 3		辛酉夏至
六月大	辛未	干支 天地西曆	癸亥 4	甲子 5	乙丑 6	丙寅 7	丁卯 8	戊辰 9	己巳 10	庚午 11	辛未 12	壬申 13	癸酉 14	甲戌 15	乙亥 16	丙子 17	丁丑 18	戊寅 19	己卯 20	庚辰 21	辛巳 22	壬午 23	癸未 24	甲申 25	乙酉 26	丙戌 27	丁亥 28	戊子 29	己丑 30	庚寅 31	辛卯 (8)	壬辰 2	
七月大	壬申	干支 天地西曆	癸巳 3	甲午 4	乙未 5	丙申 6	丁酉 7	戊戌 8	己亥 9	庚子 10	辛丑 11	壬寅 12	癸卯 13	甲辰 14	乙巳 15	丙午 16	丁未 17	戊申 18	己酉 19	庚戌 20	辛亥 21	壬子 22	癸丑 23	甲寅 24	乙卯 25	丙辰 26	丁巳 27	戊午 28	己未 29	庚申 30	辛酉 31	壬戌 (9)	戊申立秋 癸巳日食
八月小	癸酉	干支 天地西曆	癸亥 2	甲子 3	乙丑 4	丙寅 5	丁卯 6	戊辰 7	己巳 8	庚午 9	辛未 10	壬申 11	癸酉 12	甲戌 13	乙亥 14	丙子 15	丁丑 16	戊寅 17	己卯 18	庚辰 19	辛巳 20	壬午 21	癸未 22	甲申 23	乙酉 24	丙戌 25	丁亥 26	戊子 27	己丑 28	庚寅 29	辛卯 30		
九月大	甲戌	干支 天地西曆	壬辰 (10)	癸巳 2	甲午 3	乙未 4	丙申 5	丁酉 6	戊戌 7	己亥 8	庚子 9	辛丑 10	壬寅 11	癸卯 12	甲辰 13	乙巳 14	丙午 15	丁未 16	戊申 17	己酉 18	庚戌 19	辛亥 20	壬子 21	癸丑 22	甲寅 23	乙卯 24	丙辰 25	丁巳 26	戊午 27	己未 28	庚申 29	辛酉 30	癸巳秋分
閏九月小	甲戌	干支 天地西曆	壬戌 31	癸亥 (11)	甲子 2	乙丑 3	丙寅 4	丁卯 5	戊辰 6	己巳 7	庚午 8	辛未 9	壬申 10	癸酉 11	甲戌 12	乙亥 13	丙子 14	丁丑 15	戊寅 16	己卯 17	庚辰 18	辛巳 19	壬午 20	癸未 21	甲申 22	乙酉 23	丙戌 24	丁亥 25	戊子 26	己丑 27	庚寅 28		丁丑立冬
十月大	乙亥	干支 天地西曆	辛卯 29	壬辰 30	癸巳 (12)	甲午 2	乙未 3	丙申 4	丁酉 5	戊戌 6	己亥 7	庚子 8	辛丑 9	壬寅 10	癸卯 11	甲辰 12	乙巳 13	丙午 14	丁未 15	戊申 16	己酉 17	庚戌 18	辛亥 19	壬子 20	癸丑 21	甲寅 22	乙卯 23	丙辰 24	丁巳 25	戊午 26	己未 27	庚申 28	
十一月小	丙子	干支 天地西曆	辛酉 29	壬戌 30	癸亥 31	甲子 (1)	乙丑 2	丙寅 3	丁卯 4	戊辰 5	己巳 6	庚午 7	辛未 8	壬申 9	癸酉 10	甲戌 11	乙亥 12	丙子 13	丁丑 14	戊寅 15	己卯 16	庚辰 17	辛巳 18	壬午 19	癸未 20	甲申 21	乙酉 22	丙戌 23	丁亥 24	戊子 25	己丑 26		辛酉冬至
十二月大	丁丑	干支 天地西曆	庚寅 27	辛卯 28	壬辰 29	癸巳 30	甲午 31	乙未 (2)	丙申 2	丁酉 3	戊戌 4	己亥 5	庚子 6	辛丑 7	壬寅 8	癸卯 9	甲辰 10	乙巳 11	丙午 12	丁未 13	戊申 14	己酉 15	庚戌 16	辛亥 17	壬子 18	癸丑 19	甲寅 20	乙卯 21	丙辰 22	丁巳 23	戊午 24	己未 25	丙午立春

年代異同	史記魯世家	漢書律曆志	帝王世紀	竹書紀年	皇極經世	文獻通考	歷代帝王年表	歷代統紀表	中國年曆總譜	西周年代	斷代工程
	周穆王十八年		周穆王四十四年	周穆王十一年	周穆王五十年	周穆王五十年	周穆王五十年	周穆王五十年	周孝王三年	周穆王三十四年	周穆王二十五年

周穆王二十年（庚午 馬年） 公元前 951 ~ 前 950 年

夏曆月序		中西曆日對照	夏曆日序																														節氣與天象
			初一	初二	初三	初四	初五	初六	初七	初八	初九	初十	十一	十二	十三	十四	十五	十六	十七	十八	十九	二十	二一	二二	二三	二四	二五	二六	二七	二八	二九	三十	
正月小	戊寅	天干地支 西曆	庚申 26	辛酉 27	壬戌 28	癸亥 (3)	甲子 2	乙丑 3	丙寅 4	丁卯 5	戊辰 6	己巳 7	庚午 8	辛未 9	壬申 10	癸酉 11	甲戌 12	乙亥 13	丙子 14	丁丑 15	戊寅 16	己卯 17	庚辰 18	辛巳 19	壬午 20	癸未 21	甲申 22	乙酉 23	丙戌 24	丁亥 25	戊子 26		
二月小	己卯	天干地支 西曆	己丑 27	庚寅 28	辛卯 29	壬辰 30	癸巳 31	甲午 (4)	乙未 2	丙申 3	丁酉 4	戊戌 5	己亥 6	庚子 7	辛丑 8	壬寅 9	癸卯 10	甲辰 11	乙巳 12	丙午 13	丁未 14	戊申 15	己酉 16	庚戌 17	辛亥 18	壬子 19	癸丑 20	甲寅 21	乙卯 22	丙辰 23	丁巳 24		壬辰春分
三月大	庚辰	天干地支 西曆	戊午 25	己未 26	庚申 27	辛酉 28	壬戌 29	癸亥 30	甲子 (5)	乙丑 2	丙寅 3	丁卯 4	戊辰 5	己巳 6	庚午 7	辛未 8	壬申 9	癸酉 10	甲戌 11	乙亥 12	丙子 13	丁丑 14	戊寅 15	己卯 16	庚辰 17	辛巳 18	壬午 19	癸未 20	甲申 21	乙酉 22	丙戌 23	丁亥 24	己卯立夏
四月大	辛巳	天干地支 西曆	戊子 25	己丑 26	庚寅 27	辛卯 28	壬辰 29	癸巳 30	甲午 31	乙未 (6)	丙申 2	丁酉 3	戊戌 4	己亥 5	庚子 6	辛丑 7	壬寅 8	癸卯 9	甲辰 10	乙巳 11	丙午 12	丁未 13	戊申 14	己酉 15	庚戌 16	辛亥 17	壬子 18	癸丑 19	甲寅 20	乙卯 21	丙辰 22	丁巳 23	
五月小	壬午	天干地支 西曆	戊午 24	己未 25	庚申 26	辛酉 27	壬戌 28	癸亥 29	甲子 30	乙丑 (7)	丙寅 2	丁卯 3	戊辰 4	己巳 5	庚午 6	辛未 7	壬申 8	癸酉 9	甲戌 10	乙亥 11	丙子 12	丁丑 13	戊寅 14	己卯 15	庚辰 16	辛巳 17	壬午 18	癸未 19	甲申 20	乙酉 21	丙戌 22		丁卯夏至
六月大	癸未	天干地支 西曆	丁亥 23	戊子 24	己丑 25	庚寅 26	辛卯 27	壬辰 28	癸巳 29	甲午 30	乙未 31	丙申 (8)	丁酉 2	戊戌 3	己亥 4	庚子 5	辛丑 6	壬寅 7	癸卯 8	甲辰 9	乙巳 10	丙午 11	丁未 12	戊申 13	己酉 14	庚戌 15	辛亥 16	壬子 17	癸丑 18	甲寅 19	乙卯 20	丙辰 21	癸丑立秋 丁亥日食
七月大	甲申	天干地支 西曆	丁巳 22	戊午 23	己未 24	庚申 25	辛酉 26	壬戌 27	癸亥 28	甲子 29	乙丑 30	丙寅 31	丁卯 (9)	戊辰 2	己巳 3	庚午 4	辛未 5	壬申 6	癸酉 7	甲戌 8	乙亥 9	丙子 10	丁丑 11	戊寅 12	己卯 13	庚辰 14	辛巳 15	壬午 16	癸未 17	甲申 18	乙酉 19	丙戌 20	
八月小	乙酉	天干地支 西曆	丁亥 21	戊子 22	己丑 23	庚寅 24	辛卯 25	壬辰 26	癸巳 27	甲午 28	乙未 29	丙申 30	丁酉 (10)	戊戌 2	己亥 3	庚子 4	辛丑 5	壬寅 6	癸卯 7	甲辰 8	乙巳 9	丙午 10	丁未 11	戊申 12	己酉 13	庚戌 14	辛亥 15	壬子 16	癸丑 17	甲寅 18	乙卯 19		戊戌秋分
九月大	丙戌	天干地支 西曆	丙辰 20	丁巳 21	戊午 22	己未 23	庚申 24	辛酉 25	壬戌 26	癸亥 27	甲子 28	乙丑 29	丙寅 30	丁卯 31	戊辰 (11)	己巳 2	庚午 3	辛未 4	壬申 5	癸酉 6	甲戌 7	乙亥 8	丙子 9	丁丑 10	戊寅 11	己卯 12	庚辰 13	辛巳 14	壬午 15	癸未 16	甲申 17	乙酉 18	癸未立冬
十月小	丁亥	天干地支 西曆	丙戌 19	丁亥 20	戊子 21	己丑 22	庚寅 23	辛卯 24	壬辰 25	癸巳 26	甲午 27	乙未 28	丙申 29	丁酉 30	戊戌 (12)	己亥 2	庚子 3	辛丑 4	壬寅 5	癸卯 6	甲辰 7	乙巳 8	丙午 9	丁未 10	戊申 11	己酉 12	庚戌 13	辛亥 14	壬子 15	癸丑 16	甲寅 17		
十一月大	戊子	天干地支 西曆	乙卯 18	丙辰 19	丁巳 20	戊午 21	己未 22	庚申 23	辛酉 24	壬戌 25	癸亥 26	甲子 27	乙丑 28	丙寅 29	丁卯 30	戊辰 31	己巳 (1)	庚午 2	辛未 3	壬申 4	癸酉 5	甲戌 6	乙亥 7	丙子 8	丁丑 9	戊寅 10	己卯 11	庚辰 12	辛巳 13	壬午 14	癸未 15	甲申 16	丁卯冬至
十二月小	己丑	天干地支 西曆	乙酉 17	丙戌 18	丁亥 19	戊子 20	己丑 21	庚寅 22	辛卯 23	壬辰 24	癸巳 25	甲午 26	乙未 27	丙申 28	丁酉 29	戊戌 30	己亥 31	庚子 (2)	辛丑 2	壬寅 3	癸卯 4	甲辰 5	乙巳 6	丙午 7	丁未 8	戊申 9	己酉 10	庚戌 11	辛亥 12	壬子 13	癸丑 14		壬子立春 乙酉日食

年代異同	史記魯世家	漢書律曆志	帝王世紀	竹書紀年	皇極經世	文獻通考	歷代帝王年表	歷代統紀表	中國年曆總譜	西周年代	斷代工程
	周穆王十九年		周穆王四十五年	周穆王十二年	周穆王五十一年	周穆王五十一年	周穆王五十一年	周穆王五十一年	周孝王四年	周穆王三十五年	周穆王二十六年

周穆王二十一年（辛未 羊年） 公元前950 ~ 前949年

夏曆月序		中西曆日對照	夏曆日序																													節氣與天象
			初一	初二	初三	初四	初五	初六	初七	初八	初九	初十	十一	十二	十三	十四	十五	十六	十七	十八	十九	二十	二一	二二	二三	二四	二五	二六	二七	二八	二九	三十	
正月大	庚寅	天干地支西曆	甲寅15	乙卯16	丙辰17	丁巳18	戊午19	己未20	庚申21	辛酉22	壬戌23	癸亥24	甲子25	乙丑26	丙寅27	丁卯28	戊辰(3)	己巳2	庚午3	辛未4	壬申5	癸酉6	甲戌7	乙亥8	丙子9	丁丑10	戊寅11	己卯12	庚辰13	辛巳14	壬午15	癸未16	
二月小	辛卯	天干地支西曆	甲申17	乙酉18	丙戌19	丁亥20	戊子21	己丑22	庚寅23	辛卯24	壬辰25	癸巳26	甲午27	乙未28	丙申29	丁酉30	戊戌31	己亥(4)	庚子2	辛丑3	壬寅4	癸卯5	甲辰6	乙巳7	丙午8	丁未9	戊申10	己酉11	庚戌12	辛亥13	壬子14		戊戌春分
三月小	壬辰	天干地支西曆	癸丑15	甲寅16	乙卯17	丙辰18	丁巳19	戊午20	己未21	庚申22	辛酉23	壬戌24	癸亥25	甲子26	乙丑27	丙寅28	丁卯29	戊辰30	己巳(5)	庚午2	辛未3	壬申4	癸酉5	甲戌6	乙亥7	丙子8	丁丑9	戊寅10	己卯11	庚辰12	辛巳13		
四月大	癸巳	天干地支西曆	壬午14	癸未15	甲申16	乙酉17	丙戌18	丁亥19	戊子20	己丑21	庚寅22	辛卯23	壬辰24	癸巳25	甲午26	乙未27	丙申28	丁酉29	戊戌30	己亥31	庚子(6)	辛丑2	壬寅3	癸卯4	甲辰5	乙巳6	丙午7	丁未8	戊申9	己酉10	庚戌11	辛亥12	乙酉立夏
五月小	甲午	天干地支西曆	壬子13	癸丑14	甲寅15	乙卯16	丙辰17	丁巳18	戊午19	己未20	庚申21	辛酉22	壬戌23	癸亥24	甲子25	乙丑26	丙寅27	丁卯28	戊辰29	己巳30	庚午(7)	辛未2	壬申3	癸酉4	甲戌5	乙亥6	丙子7	丁丑8	戊寅9	己卯10	庚辰11		壬申夏至
六月大	乙未	天干地支西曆	辛巳12	壬午13	癸未14	甲申15	乙酉16	丙戌17	丁亥18	戊子19	己丑20	庚寅21	辛卯22	壬辰23	癸巳24	甲午25	乙未26	丙申27	丁酉28	戊戌29	己亥30	庚子31	辛丑(8)	壬寅2	癸卯3	甲辰4	乙巳5	丙午6	丁未7	戊申8	己酉9	庚戌10	
七月大	丙申	天干地支西曆	辛亥11	壬子12	癸丑13	甲寅14	乙卯15	丙辰16	丁巳17	戊午18	己未19	庚申20	辛酉21	壬戌22	癸亥23	甲子24	乙丑25	丙寅26	丁卯27	戊辰28	己巳29	庚午30	辛未31	壬申(9)	癸酉2	甲戌3	乙亥4	丙子5	丁丑6	戊寅7	己卯8	庚辰9	戊午立秋
八月小	丁酉	天干地支西曆	辛巳10	壬午11	癸未12	甲申13	乙酉14	丙戌15	丁亥16	戊子17	己丑18	庚寅19	辛卯20	壬辰21	癸巳22	甲午23	乙未24	丙申25	丁酉26	戊戌27	己亥28	庚子29	辛丑30	壬寅(10)	癸卯2	甲辰3	乙巳4	丙午5	丁未6	戊申7	己酉8		甲辰秋分
九月大	戊戌	天干地支西曆	庚戌9	辛亥10	壬子11	癸丑12	甲寅13	乙卯14	丙辰15	丁巳16	戊午17	己未18	庚申19	辛酉20	壬戌21	癸亥22	甲子23	乙丑24	丙寅25	丁卯26	戊辰27	己巳28	庚午29	辛未30	壬申31	癸酉(11)	甲戌2	乙亥3	丙子4	丁丑5	戊寅6	己卯7	
十月大	己亥	天干地支西曆	庚辰8	辛巳9	壬午10	癸未11	甲申12	乙酉13	丙戌14	丁亥15	戊子16	己丑17	庚寅18	辛卯19	壬辰20	癸巳21	甲午22	乙未23	丙申24	丁酉25	戊戌26	己亥27	庚子28	辛丑29	壬寅30	癸卯(12)	甲辰2	乙巳3	丙午4	丁未5	戊申6	己酉7	戊子立冬
十一月小	庚子	天干地支西曆	庚戌8	辛亥9	壬子10	癸丑11	甲寅12	乙卯13	丙辰14	丁巳15	戊午16	己未17	庚申18	辛酉19	壬戌20	癸亥21	甲子22	乙丑23	丙寅24	丁卯25	戊辰26	己巳27	庚午28	辛未29	壬申30	癸酉31	甲戌(1)	乙亥2	丙子3	丁丑4	戊寅5		壬申冬至
十二月大	辛丑	天干地支西曆	己卯6	庚辰7	辛巳8	壬午9	癸未10	甲申11	乙酉12	丙戌13	丁亥14	戊子15	己丑16	庚寅17	辛卯18	壬辰19	癸巳20	甲午21	乙未22	丙申23	丁酉24	戊戌25	己亥26	庚子27	辛丑28	壬寅29	癸卯30	甲辰31	乙巳(2)	丙午2	丁未3	戊申4	

年代異同	史記魯世家	漢書律曆志	帝王世紀	竹書紀年	皇極經世	文獻通考	歷代帝王年表	歷代統紀表	中國年曆總譜	西周年代	斷代工程
	周穆王二十年		周穆王四十六年	周穆王十三年	周穆王五十二年	周穆王五十二年	周穆王五十二年	周穆王五十二年	周孝王五年	周穆王三十六年	周穆王二十七年

周穆王二十二年（壬申 猴年） 公元前949 ~ 前948年

夏曆月序	中西曆日對照	夏曆日序 初一	初二	初三	初四	初五	初六	初七	初八	初九	初十	十一	十二	十三	十四	十五	十六	十七	十八	十九	二十	二一	二二	二三	二四	二五	二六	二七	二八	二九	三十	節氣與天象
正月小 壬寅	天干地支 西曆	己酉 5	庚戌 6	辛亥 7	壬子 8	癸丑 9	甲寅 10	乙卯 11	丙辰 12	丁巳 13	戊午 14	己未 15	庚申 16	辛酉 17	壬戌 18	癸亥 19	甲子 20	乙丑 21	丙寅 22	丁卯 23	戊辰 24	己巳 25	庚午 26	辛未 27	壬申 28	癸酉 29	甲戌 (3)	乙亥 2	丙子 3	丁丑 4		丁巳立春
二月大 癸卯	天干地支 西曆	戊寅 5	己卯 6	庚辰 7	辛巳 8	壬午 9	癸未 10	甲申 11	乙酉 12	丙戌 13	丁亥 14	戊子 15	己丑 16	庚寅 17	辛卯 18	壬辰 19	癸巳 20	甲午 21	乙未 22	丙申 23	丁酉 24	戊戌 25	己亥 26	庚子 27	辛丑 28	壬寅 29	癸卯 30	甲辰 31	乙巳 (4)	丙午 2	丁未 3	癸卯春分
三月小 甲辰	天干地支 西曆	戊申 4	己酉 5	庚戌 6	辛亥 7	壬子 8	癸丑 9	甲寅 10	乙卯 11	丙辰 12	丁巳 13	戊午 14	己未 15	庚申 16	辛酉 17	壬戌 18	癸亥 19	甲子 20	乙丑 21	丙寅 22	丁卯 23	戊辰 24	己巳 25	庚午 26	辛未 27	壬申 28	癸酉 29	甲戌 30	乙亥 (5)	丙子 2		
四月小 乙巳	天干地支 西曆	丁丑 3	戊寅 4	己卯 5	庚辰 6	辛巳 7	壬午 8	癸未 9	甲申 10	乙酉 11	丙戌 12	丁亥 13	戊子 14	己丑 15	庚寅 16	辛卯 17	壬辰 18	癸巳 19	甲午 20	乙未 21	丙申 22	丁酉 23	戊戌 24	己亥 25	庚子 26	辛丑 27	壬寅 28	癸卯 29	甲辰 30	乙巳 31		庚寅立夏
五月大 丙午	天干地支 西曆	丙午 (6)	丁未 2	戊申 3	己酉 4	庚戌 5	辛亥 6	壬子 7	癸丑 8	甲寅 9	乙卯 10	丙辰 11	丁巳 12	戊午 13	己未 14	庚申 15	辛酉 16	壬戌 17	癸亥 18	甲子 19	乙丑 20	丙寅 21	丁卯 22	戊辰 23	己巳 24	庚午 25	辛未 26	壬申 27	癸酉 28	甲戌 29	乙亥 30	
六月小 丁未	天干地支 西曆	丙子 (7)	丁丑 2	戊寅 3	己卯 4	庚辰 5	辛巳 6	壬午 7	癸未 8	甲申 9	乙酉 10	丙戌 11	丁亥 12	戊子 13	己丑 14	庚寅 15	辛卯 16	壬辰 17	癸巳 18	甲午 19	乙未 20	丙申 21	丁酉 22	戊戌 23	己亥 24	庚子 25	辛丑 26	壬寅 27	癸卯 28	甲辰 29		丁丑夏至
閏六月大 丁未	天干地支 西曆	乙巳 30	丙午 31	丁未 (8)	戊申 2	己酉 3	庚戌 4	辛亥 5	壬子 6	癸丑 7	甲寅 8	乙卯 9	丙辰 10	丁巳 11	戊午 12	己未 13	庚申 14	辛酉 15	壬戌 16	癸亥 17	甲子 18	乙丑 19	丙寅 20	丁卯 21	戊辰 22	己巳 23	庚午 24	辛未 25	壬申 26	癸酉 27	甲戌 28	甲子立秋
七月小 戊申	天干地支 西曆	乙亥 29	丙子 30	丁丑 31	戊寅 (9)	己卯 2	庚辰 3	辛巳 4	壬午 5	癸未 6	甲申 7	乙酉 8	丙戌 9	丁亥 10	戊子 11	己丑 12	庚寅 13	辛卯 14	壬辰 15	癸巳 16	甲午 17	乙未 18	丙申 19	丁酉 20	戊戌 21	己亥 22	庚子 23	辛丑 24	壬寅 25	癸卯 26		
八月大 己酉	天干地支 西曆	甲辰 27	乙巳 28	丙午 29	丁未 30	戊申 (10)	己酉 2	庚戌 3	辛亥 4	壬子 5	癸丑 6	甲寅 7	乙卯 8	丙辰 9	丁巳 10	戊午 11	己未 12	庚申 13	辛酉 14	壬戌 15	癸亥 16	甲子 17	乙丑 18	丙寅 19	丁卯 20	戊辰 21	己巳 22	庚午 23	辛未 24	壬申 25	癸酉 26	己酉秋分
九月大 庚戌	天干地支 西曆	甲戌 27	乙亥 28	丙子 29	丁丑 30	戊寅 31	己卯 (11)	庚辰 2	辛巳 3	壬午 4	癸未 5	甲申 6	乙酉 7	丙戌 8	丁亥 9	戊子 10	己丑 11	庚寅 12	辛卯 13	壬辰 14	癸巳 15	甲午 16	乙未 17	丙申 18	丁酉 19	戊戌 20	己亥 21	庚子 22	辛丑 23	壬寅 24	癸卯 25	癸巳立冬
十月大 辛亥	天干地支 西曆	甲辰 26	乙巳 27	丙午 28	丁未 29	戊申 30	己酉 (12)	庚戌 2	辛亥 3	壬子 4	癸丑 5	甲寅 6	乙卯 7	丙辰 8	丁巳 9	戊午 10	己未 11	庚申 12	辛酉 13	壬戌 14	癸亥 15	甲子 16	乙丑 17	丙寅 18	丁卯 19	戊辰 20	己巳 21	庚午 22	辛未 23	壬申 24	癸酉 25	
十一月小 壬子	天干地支 西曆	甲戌 26	乙亥 27	丙子 28	丁丑 29	戊寅 30	己卯 31	庚辰 (1)	辛巳 2	壬午 3	癸未 4	甲申 5	乙酉 6	丙戌 7	丁亥 8	戊子 9	己丑 10	庚寅 11	辛卯 12	壬辰 13	癸巳 14	甲午 15	乙未 16	丙申 17	丁酉 18	戊戌 19	己亥 20	庚子 21	辛丑 22	壬寅 23		丁丑冬至
十二月大 癸丑	天干地支 西曆	癸卯 24	甲辰 25	乙巳 26	丙午 27	丁未 28	戊申 29	己酉 30	庚戌 31	辛亥 (2)	壬子 2	癸丑 3	甲寅 4	乙卯 5	丙辰 6	丁巳 7	戊午 8	己未 9	庚申 10	辛酉 11	壬戌 12	癸亥 13	甲子 14	乙丑 15	丙寅 16	丁卯 17	戊辰 18	己巳 19	庚午 20	辛未 21	壬申 22	壬戌立春

年代異同	史記魯世家	漢書律曆志	帝王世紀	竹書紀年	皇極經世	文獻通考	歷代帝王年表	歷代統紀表	中國年曆總譜	西周年代	斷代工程
	周穆王二十一年		周穆王四十七年	周穆王十四年	周穆王五十三年	周穆王五十三年	周穆王五十三年	周穆王五十三年	周孝王六年	周穆王三十七年	周穆王二十八年

周穆王二十三年（癸酉 鷄年） 公元前948 ~ 前947年

夏曆月序	中西曆日對照	初一	初二	初三	初四	初五	初六	初七	初八	初九	初十	十一	十二	十三	十四	十五	十六	十七	十八	十九	二十	二一	二二	二三	二四	二五	二六	二七	二八	二九	三十	節氣與天象
正月小 甲寅	干支曆 天地西	癸酉23	甲戌24	乙亥25	丙子26	丁丑27	戊寅28	己卯(3)	庚辰2	辛巳3	壬午4	癸未5	甲申6	乙酉7	丙戌8	丁亥9	戊子10	己丑11	庚寅12	辛卯13	壬辰14	癸巳15	甲午16	乙未17	丙申18	丁酉19	戊戌20	己亥21	庚子22	辛丑23		
二月大 乙卯	干支曆 天地西	壬寅24	癸卯25	甲辰26	乙巳27	丙午28	丁未29	戊申30	己酉31	庚戌(4)	辛亥2	壬子3	癸丑4	甲寅5	乙卯6	丙辰7	丁巳8	戊午9	己未10	庚申11	辛酉12	壬戌13	癸亥14	甲子15	乙丑16	丙寅17	丁卯18	戊辰19	己巳20	庚午21	辛未22	戊申春分
三月小 丙辰	干支曆 天地西	壬申23	癸酉24	甲戌25	乙亥26	丙子27	丁丑28	戊寅29	己卯30	庚辰(5)	辛巳2	壬午3	癸未4	甲申5	乙酉6	丙戌7	丁亥8	戊子9	己丑10	庚寅11	辛卯12	壬辰13	癸巳14	甲午15	乙未16	丙申17	丁酉18	戊戌19	己亥20	庚子21		乙未立夏
四月小 丁巳	干支曆 天地西	辛丑22	壬寅23	癸卯24	甲辰25	乙巳26	丙午27	丁未28	戊申29	己酉30	庚戌31	辛亥(6)	壬子2	癸丑3	甲寅4	乙卯5	丙辰6	丁巳7	戊午8	己未9	庚申10	辛酉11	壬戌12	癸亥13	甲子14	乙丑15	丙寅16	丁卯17	戊辰18	己巳19		辛丑日食
五月大 戊午	干支曆 天地西	庚午20	辛未21	壬申22	癸酉23	甲戌24	乙亥25	丙子26	丁丑27	戊寅28	己卯29	庚辰30	辛巳(7)	壬午2	癸未3	甲申4	乙酉5	丙戌6	丁亥7	戊子8	己丑9	庚寅10	辛卯11	壬辰12	癸巳13	甲午14	乙未15	丙申16	丁酉17	戊戌18	己亥19	壬午夏至
六月小 己未	干支曆 天地西	庚子20	辛丑21	壬寅22	癸卯23	甲辰24	乙巳25	丙午26	丁未27	戊申28	己酉29	庚戌30	辛亥31	壬子(8)	癸丑2	甲寅3	乙卯4	丙辰5	丁巳6	戊午7	己未8	庚申9	辛酉10	壬戌11	癸亥12	甲子13	乙丑14	丙寅15	丁卯16	戊辰17		
七月大 庚申	干支曆 天地西	己巳18	庚午19	辛未20	壬申21	癸酉22	甲戌23	乙亥24	丙子25	丁丑26	戊寅27	己卯28	庚辰29	辛巳30	壬午31	癸未(9)	甲申2	乙酉3	丙戌4	丁亥5	戊子6	己丑7	庚寅8	辛卯9	壬辰10	癸巳11	甲午12	乙未13	丙申14	丁酉15	戊戌16	己巳立秋
八月小 辛酉	干支曆 天地西	己亥17	庚子18	辛丑19	壬寅20	癸卯21	甲辰22	乙巳23	丙午24	丁未25	戊申26	己酉27	庚戌28	辛亥29	壬子30	癸丑(10)	甲寅2	乙卯3	丙辰4	丁巳5	戊午6	己未7	庚申8	辛酉9	壬戌10	癸亥11	甲子12	乙丑13	丙寅14	丁卯15		甲寅秋分
九月大 壬戌	干支曆 天地西	戊辰16	己巳17	庚午18	辛未19	壬申20	癸酉21	甲戌22	乙亥23	丙子24	丁丑25	戊寅26	己卯27	庚辰28	辛巳29	壬午30	癸未31	甲申(11)	乙酉2	丙戌3	丁亥4	戊子5	己丑6	庚寅7	辛卯8	壬辰9	癸巳10	甲午11	乙未12	丙申13	丁酉14	
十月大 癸亥	干支曆 天地西	戊戌15	己亥16	庚子17	辛丑18	壬寅19	癸卯20	甲辰21	乙巳22	丙午23	丁未24	戊申25	己酉26	庚戌27	辛亥28	壬子29	癸丑30	甲寅(12)	乙卯2	丙辰3	丁巳4	戊午5	己未6	庚申7	辛酉8	壬戌9	癸亥10	甲子11	乙丑12	丙寅13	丁卯14	戊戌立冬
十一月大 甲子	干支曆 天地西	戊辰15	己巳16	庚午17	辛未18	壬申19	癸酉20	甲戌21	乙亥22	丙子23	丁丑24	戊寅25	己卯26	庚辰27	辛巳28	壬午29	癸未30	甲申31	乙酉(1)	丙戌2	丁亥3	戊子4	己丑5	庚寅6	辛卯7	壬辰8	癸巳9	甲午10	乙未11	丙申12	丁酉13	壬午冬至
十二月小 乙丑	干支曆 天地西	戊戌14	己亥15	庚子16	辛丑17	壬寅18	癸卯19	甲辰20	乙巳21	丙午22	丁未23	戊申24	己酉25	庚戌26	辛亥27	壬子28	癸丑29	甲寅30	乙卯31	丙辰(2)	丁巳2	戊午3	己未4	庚申5	辛酉6	壬戌7	癸亥8	甲子9	乙丑10	丙寅11		

年代異同	史記魯世家	漢書律曆志	帝王世紀	竹書紀年	皇極經世	文獻通考	歷代帝王年表	歷代統紀表	中國年曆總譜	西周年代	斷代工程
	周穆王二十二年		周穆王四十八年	周穆王十五年	周穆王五十四年	周穆王五十四年	周穆王五十四年	周穆王五十四年	周孝王七年	周穆王三十八年	周穆王二十九年

周穆王二十四年（甲戌 狗年） 公元前947 ~ 前946年

夏曆月序		中西曆對照	初一	初二	初三	初四	初五	初六	初七	初八	初九	初十	十一	十二	十三	十四	十五	十六	十七	十八	十九	二十	二一	二二	二三	二四	二五	二六	二七	二八	二九	三十	節氣與天象
正月大	丙寅	干支 天地 西曆	丁卯12	戊辰13	己巳14	庚午15	辛未16	壬申17	癸酉18	甲戌19	乙亥20	丙子21	丁丑22	戊寅23	己卯24	庚辰25	辛巳26	壬午27	癸未28	甲申(3)	乙酉2	丙戌3	丁亥4	戊子5	己丑6	庚寅7	辛卯8	壬辰9	癸巳10	甲午11	乙未12	丙申13	丁卯立春
二月小	丁卯	干支 天地 西曆	丁酉14	戊戌15	己亥16	庚子17	辛丑18	壬寅19	癸卯20	甲辰21	乙巳22	丙午23	丁未24	戊申25	己酉26	庚戌27	辛亥28	壬子29	癸丑30	甲寅31	乙卯(4)	丙辰2	丁巳3	戊午4	己未5	庚申6	辛酉7	壬戌8	癸亥9	甲子10	乙丑11		癸丑春分
三月大	戊辰	干支 天地 西曆	丙寅12	丁卯13	戊辰14	己巳15	庚午16	辛未17	壬申18	癸酉19	甲戌20	乙亥21	丙子22	丁丑23	戊寅24	己卯25	庚辰26	辛巳27	壬午28	癸未29	甲申30	乙酉(5)	丙戌2	丁亥3	戊子4	己丑5	庚寅6	辛卯7	壬辰8	癸巳9	甲午10	乙未11	
四月小	己巳	干支 天地 西曆	丙申12	丁酉13	戊戌14	己亥15	庚子16	辛丑17	壬寅18	癸卯19	甲辰20	乙巳21	丙午22	丁未23	戊申24	己酉25	庚戌26	辛亥27	壬子28	癸丑29	甲寅30	乙卯31	丙辰(6)	丁巳2	戊午3	己未4	庚申5	辛酉6	壬戌7	癸亥8	甲子9		庚子立夏
五月小	庚午	干支 天地 西曆	乙丑10	丙寅11	丁卯12	戊辰13	己巳14	庚午15	辛未16	壬申17	癸酉18	甲戌19	乙亥20	丙子21	丁丑22	戊寅23	己卯24	庚辰25	辛巳26	壬午27	癸未28	甲申29	乙酉30	丙戌(7)	丁亥2	戊子3	己丑4	庚寅5	辛卯6	壬辰7	癸巳8		戊子夏至
六月大	辛未	干支 天地 西曆	甲午9	乙未10	丙申11	丁酉12	戊戌13	己亥14	庚子15	辛丑16	壬寅17	癸卯18	甲辰19	乙巳20	丙午21	丁未22	戊申23	己酉24	庚戌25	辛亥26	壬子27	癸丑28	甲寅29	乙卯30	丙辰31	丁巳(8)	戊午2	己未3	庚申4	辛酉5	壬戌6	癸亥7	
七月小	壬申	干支 天地 西曆	甲子8	乙丑9	丙寅10	丁卯11	戊辰12	己巳13	庚午14	辛未15	壬申16	癸酉17	甲戌18	乙亥19	丙子20	丁丑21	戊寅22	己卯23	庚辰24	辛巳25	壬午26	癸未27	甲申28	乙酉29	丙戌30	丁亥31	戊子(9)	己丑2	庚寅3	辛卯4	壬辰5		甲戌立秋
八月小	癸酉	干支 天地 西曆	癸巳6	甲午7	乙未8	丙申9	丁酉10	戊戌11	己亥12	庚子13	辛丑14	壬寅15	癸卯16	甲辰17	乙巳18	丙午19	丁未20	戊申21	己酉22	庚戌23	辛亥24	壬子25	癸丑26	甲寅27	乙卯28	丙辰29	丁巳30	戊午(10)	己未2	庚申3	辛酉4		己未秋分
九月大	甲戌	干支 天地 西曆	壬戌5	癸亥6	甲子7	乙丑8	丙寅9	丁卯10	戊辰11	己巳12	庚午13	辛未14	壬申15	癸酉16	甲戌17	乙亥18	丙子19	丁丑20	戊寅21	己卯22	庚辰23	辛巳24	壬午25	癸未26	甲申27	乙酉28	丙戌29	丁亥30	戊子31	己丑(11)	庚寅2	辛卯3	
十月大	乙亥	干支 天地 西曆	壬辰4	癸巳5	甲午6	乙未7	丙申8	丁酉9	戊戌10	己亥11	庚子12	辛丑13	壬寅14	癸卯15	甲辰16	乙巳17	丙午18	丁未19	戊申20	己酉21	庚戌22	辛亥23	壬子24	癸丑25	甲寅26	乙卯27	丙辰28	丁巳29	戊午30	己未(12)	庚申2	辛酉3	甲辰立冬 壬辰日食
十一月小	丙子	干支 天地 西曆	壬戌4	癸亥5	甲子6	乙丑7	丙寅8	丁卯9	戊辰10	己巳11	庚午12	辛未13	壬申14	癸酉15	甲戌16	乙亥17	丙子18	丁丑19	戊寅20	己卯21	庚辰22	辛巳23	壬午24	癸未25	甲申26	乙酉27	丙戌28	丁亥29	戊子30	己丑31	庚寅(1)		戊子冬至
十二月大	丁丑	干支 天地 西曆	辛卯2	壬辰3	癸巳4	甲午5	乙未6	丙申7	丁酉8	戊戌9	己亥10	庚子11	辛丑12	壬寅13	癸卯14	甲辰15	乙巳16	丙午17	丁未18	戊申19	己酉20	庚戌21	辛亥22	壬子23	癸丑24	甲寅25	乙卯26	丙辰27	丁巳28	戊午29	己未30	庚申31	

年代異同	史記魯世家	漢書律曆志	帝王世紀	竹書紀年	皇極經世	文獻通考	歷代帝王年表	歷代統紀表	中國年曆總譜	西周年代	斷代工程
	周穆王二十三年		周穆王四十九年	周穆王十六年	周穆王五十五年	周穆王五十五年	周穆王五十五年	周穆王五十五年	周孝王八年	周穆王三十九年	周穆王三十年

周穆王二十五年（乙亥 猪年） 公元前946 ~ 前945年

夏曆月序		中西曆日對照	初一	初二	初三	初四	初五	初六	初七	初八	初九	初十	十一	十二	十三	十四	十五	十六	十七	十八	十九	二十	二一	二二	二三	二四	二五	二六	二七	二八	二九	三十	節氣與天象
正月大	戊寅	天干地支西曆	辛酉(2)	壬戌2	癸亥3	甲子4	乙丑5	丙寅6	丁卯7	戊辰8	己巳9	庚午10	辛未11	壬申12	癸酉13	甲戌14	乙亥15	丙子16	丁丑17	戊寅18	己卯19	庚辰20	辛巳21	壬午22	癸未23	甲申24	乙酉25	丙戌26	丁亥27	戊子28	己丑(3)	庚寅2	癸酉立春
二月大	己卯	天干地支西曆	辛卯3	壬辰4	癸巳5	甲午6	乙未7	丙申8	丁酉9	戊戌10	己亥11	庚子12	辛丑13	壬寅14	癸卯15	甲辰16	乙巳17	丙午18	丁未19	戊申20	己酉21	庚戌22	辛亥23	壬子24	癸丑25	甲寅26	乙卯27	丙辰28	丁巳29	戊午30	己未31	庚申(4)	己未春分
三月小	庚辰	天干地支西曆	辛酉2	壬戌3	癸亥4	甲子5	乙丑6	丙寅7	丁卯8	戊辰9	己巳10	庚午11	辛未12	壬申13	癸酉14	甲戌15	乙亥16	丙子17	丁丑18	戊寅19	己卯20	庚辰21	辛巳22	壬午23	癸未24	甲申25	乙酉26	丙戌27	丁亥28	戊子29	己丑30		
四月大	辛巳	天干地支西曆	庚寅(5)	辛卯2	壬辰3	癸巳4	甲午5	乙未6	丙申7	丁酉8	戊戌9	己亥10	庚子11	辛丑12	壬寅13	癸卯14	甲辰15	乙巳16	丙午17	丁未18	戊申19	己酉20	庚戌21	辛亥22	壬子23	癸丑24	甲寅25	乙卯26	丙辰27	丁巳28	戊午29	己未30	丙午立夏
閏四月小	辛巳	天干地支西曆	庚申31	辛酉(6)	壬戌2	癸亥3	甲子4	乙丑5	丙寅6	丁卯7	戊辰8	己巳9	庚午10	辛未11	壬申12	癸酉13	甲戌14	乙亥15	丙子16	丁丑17	戊寅18	己卯19	庚辰20	辛巳21	壬午22	癸未23	甲申24	乙酉25	丙戌26	丁亥27	戊子28		
五月小	壬午	天干地支西曆	己丑29	庚寅30	辛卯(7)	壬辰2	癸巳3	甲午4	乙未5	丙申6	丁酉7	戊戌8	己亥9	庚子10	辛丑11	壬寅12	癸卯13	甲辰14	乙巳15	丙午16	丁未17	戊申18	己酉19	庚戌20	辛亥21	壬子22	癸丑23	甲寅24	乙卯25	丙辰26	丁巳27		癸巳夏至
六月大	癸未	天干地支西曆	戊午28	己未29	庚申30	辛酉31	壬戌(8)	癸亥2	甲子3	乙丑4	丙寅5	丁卯6	戊辰7	己巳8	庚午9	辛未10	壬申11	癸酉12	甲戌13	乙亥14	丙子15	丁丑16	戊寅17	己卯18	庚辰19	辛巳20	壬午21	癸未22	甲申23	乙酉24	丙戌25	丁亥26	己卯立秋
七月小	甲申	天干地支西曆	戊子27	己丑28	庚寅29	辛卯30	壬辰31	癸巳(9)	甲午2	乙未3	丙申4	丁酉5	戊戌6	己亥7	庚子8	辛丑9	壬寅10	癸卯11	甲辰12	乙巳13	丙午14	丁未15	戊申16	己酉17	庚戌18	辛亥19	壬子20	癸丑21	甲寅22	乙卯23	丙辰24		
八月大	乙酉	天干地支西曆	丁巳25	戊午26	己未27	庚申28	辛酉29	壬戌30	癸亥(10)	甲子2	乙丑3	丙寅4	丁卯5	戊辰6	己巳7	庚午8	辛未9	壬申10	癸酉11	甲戌12	乙亥13	丙子14	丁丑15	戊寅16	己卯17	庚辰18	辛巳19	壬午20	癸未21	甲申22	乙酉23	丙戌24	乙丑秋分
九月小	丙戌	天干地支西曆	丁亥25	戊子26	己丑27	庚寅28	辛卯29	壬辰30	癸巳31	甲午(11)	乙未2	丙申3	丁酉4	戊戌5	己亥6	庚子7	辛丑8	壬寅9	癸卯10	甲辰11	乙巳12	丙午13	丁未14	戊申15	己酉16	庚戌17	辛亥18	壬子19	癸丑20	甲寅21	乙卯22		己酉立冬
十月大	丁亥	天干地支西曆	丙辰23	丁巳24	戊午25	己未26	庚申27	辛酉28	壬戌29	癸亥30	甲子(12)	乙丑2	丙寅3	丁卯4	戊辰5	己巳6	庚午7	辛未8	壬申9	癸酉10	甲戌11	乙亥12	丙子13	丁丑14	戊寅15	己卯16	庚辰17	辛巳18	壬午19	癸未20	甲申21	乙酉22	
十一月小	戊子	天干地支西曆	丙戌23	丁亥24	戊子25	己丑26	庚寅27	辛卯28	壬辰29	癸巳30	甲午31	乙未(1)	丙申2	丁酉3	戊戌4	己亥5	庚子6	辛丑7	壬寅8	癸卯9	甲辰10	乙巳11	丙午12	丁未13	戊申14	己酉15	庚戌16	辛亥17	壬子18	癸丑19	甲寅20		癸巳冬至
十二月大	己丑	天干地支西曆	乙卯21	丙辰22	丁巳23	戊午24	己未25	庚申26	辛酉27	壬戌28	癸亥29	甲子30	乙丑31	丙寅(2)	丁卯2	戊辰3	己巳4	庚午5	辛未6	壬申7	癸酉8	甲戌9	乙亥10	丙子11	丁丑12	戊寅13	己卯14	庚辰15	辛巳16	壬午17	癸未18	甲申19	戊寅立春

年代異同	史記魯世家	漢書律曆志	帝王世紀	竹書紀年	皇極經世	文獻通考	歷代帝王年表	歷代統紀表	中國年曆總譜	西周年代	斷代工程
	周穆王二十四年		周穆王五十年	周穆王十七年	周共王元年	周共王元年	周共王元年	周共王元年	周孝王九年	周穆王四十年	周穆王三十一年

周穆王二十六年（丙子 鼠年） 公元前945 ~ 前944年

夏曆月序		中西曆日對照	初一	初二	初三	初四	初五	初六	初七	初八	初九	初十	十一	十二	十三	十四	十五	十六	十七	十八	十九	二十	二一	二二	二三	二四	二五	二六	二七	二八	二九	三十	節氣與天象
正月大	庚寅	天干地支西曆	乙酉20	丙戌21	丁亥22	戊子23	己丑24	庚寅25	辛卯26	壬辰27	癸巳28	甲午29	乙未(3)	丙申2	丁酉3	戊戌4	己亥5	庚子6	辛丑7	壬寅8	癸卯9	甲辰10	乙巳11	丙午12	丁未13	戊申14	己酉15	庚戌16	辛亥17	壬子18	癸丑19	甲寅20	
二月小	辛卯	天干地支西曆	乙卯21	丙辰22	丁巳23	戊午24	己未25	庚申26	辛酉27	壬戌28	癸亥29	甲子30	乙丑31	丙寅(4)	丁卯2	戊辰3	己巳4	庚午5	辛未6	壬申7	癸酉8	甲戌9	乙亥10	丙子11	丁丑12	戊寅13	己卯14	庚辰15	辛巳16	壬午17	癸未18		甲子春分
三月大	壬辰	天干地支西曆	甲申19	乙酉20	丙戌21	丁亥22	戊子23	己丑24	庚寅25	辛卯26	壬辰27	癸巳28	甲午29	乙未30	丙申(5)	丁酉2	戊戌3	己亥4	庚子5	辛丑6	壬寅7	癸卯8	甲辰9	乙巳10	丙午11	丁未12	戊申13	己酉14	庚戌15	辛亥16	壬子17	癸丑18	辛亥立夏
四月小	癸巳	天干地支西曆	甲寅19	乙卯20	丙辰21	丁巳22	戊午23	己未24	庚申25	辛酉26	壬戌27	癸亥28	甲子29	乙丑30	丙寅31	丁卯(6)	戊辰2	己巳3	庚午4	辛未5	壬申6	癸酉7	甲戌8	乙亥9	丙子10	丁丑11	戊寅12	己卯13	庚辰14	辛巳15	壬午16		
五月大	甲午	天干地支西曆	癸未17	甲申18	乙酉19	丙戌20	丁亥21	戊子22	己丑23	庚寅24	辛卯25	壬辰26	癸巳27	甲午28	乙未29	丙申30	丁酉(7)	戊戌2	己亥3	庚子4	辛丑5	壬寅6	癸卯7	甲辰8	乙巳9	丙午10	丁未11	戊申12	己酉13	庚戌14	辛亥15	壬子16	戊戌夏至
六月小	乙未	天干地支西曆	癸丑17	甲寅18	乙卯19	丙辰20	丁巳21	戊午22	己未23	庚申24	辛酉25	壬戌26	癸亥27	甲子28	乙丑29	丙寅30	丁卯31	戊辰(8)	己巳2	庚午3	辛未4	壬申5	癸酉6	甲戌7	乙亥8	丙子9	丁丑10	戊寅11	己卯12	庚辰13	辛巳14		
七月大	丙申	天干地支西曆	壬午15	癸未16	甲申17	乙酉18	丙戌19	丁亥20	戊子21	己丑22	庚寅23	辛卯24	壬辰25	癸巳26	甲午27	乙未28	丙申29	丁酉30	戊戌31	己亥(9)	庚子2	辛丑3	壬寅4	癸卯5	甲辰6	乙巳7	丙午8	丁未9	戊申10	己酉11	庚戌12	辛亥13	乙酉立秋
八月小	丁酉	天干地支西曆	壬子14	癸丑15	甲寅16	乙卯17	丙辰18	丁巳19	戊午20	己未21	庚申22	辛酉23	壬戌24	癸亥25	甲子26	乙丑27	丙寅28	丁卯29	戊辰30	己巳(10)	庚午2	辛未3	壬申4	癸酉5	甲戌6	乙亥7	丙子8	丁丑9	戊寅10	己卯11	庚辰12		庚午秋分
九月大	戊戌	天干地支西曆	辛巳13	壬午14	癸未15	甲申16	乙酉17	丙戌18	丁亥19	戊子20	己丑21	庚寅22	辛卯23	壬辰24	癸巳25	甲午26	乙未27	丙申28	丁酉29	戊戌30	己亥31	庚子(11)	辛丑2	壬寅3	癸卯4	甲辰5	乙巳6	丙午7	丁未8	戊申9	己酉10	庚戌11	
十月小	己亥	天干地支西曆	辛亥12	壬子13	癸丑14	甲寅15	乙卯16	丙辰17	丁巳18	戊午19	己未20	庚申21	辛酉22	壬戌23	癸亥24	甲子25	乙丑26	丙寅27	丁卯28	戊辰29	己巳30	庚午(12)	辛未2	壬申3	癸酉4	甲戌5	乙亥6	丙子7	丁丑8	戊寅9	己卯10		甲寅立冬
十一月大	庚子	天干地支西曆	庚辰11	辛巳12	壬午13	癸未14	甲申15	乙酉16	丙戌17	丁亥18	戊子19	己丑20	庚寅21	辛卯22	壬辰23	癸巳24	甲午25	乙未26	丙申27	丁酉28	戊戌29	己亥30	庚子31	辛丑(1)	壬寅2	癸卯3	甲辰4	乙巳5	丙午6	丁未7	戊申8	己酉9	戊戌冬至
十二月小	辛丑	天干地支西曆	庚戌10	辛亥11	壬子12	癸丑13	甲寅14	乙卯15	丙辰16	丁巳17	戊午18	己未19	庚申20	辛酉21	壬戌22	癸亥23	甲子24	乙丑25	丙寅26	丁卯27	戊辰28	己巳29	庚午30	辛未31	壬申(2)	癸酉2	甲戌3	乙亥4	丙子5	丁丑6	戊寅7		

年代異同	史記魯世家	漢書律曆志	帝王世紀	竹書紀年	皇極經世	文獻通考	歷代帝王年表	歷代統紀表	中國年曆總譜	西周年代	斷代工程
	周穆王二十五年		周穆王五十一年	周穆王十八年	周共王二年	周共王二年	周共王二年	周共王二年	周孝王十年	周穆王四十一年	周穆王三十二年

周穆王二十七年（丁丑 牛年） 公元前 **944** ~ 前 943 年

夏曆月序		中西曆日對照	夏曆日序																													節氣與天象
			初一	初二	初三	初四	初五	初六	初七	初八	初九	初十	十一	十二	十三	十四	十五	十六	十七	十八	十九	二十	二一	二二	二三	二四	二五	二六	二七	二八	二九	三十	
正月大	壬寅	天干地支 西曆	己卯 8	庚辰 9	辛巳 10	壬午 11	癸未 12	甲申 13	乙酉 14	丙戌 15	丁亥 16	戊子 17	己丑 18	庚寅 19	辛卯 20	壬辰 21	癸巳 22	甲午 23	乙未 24	丙申 25	丁酉 26	戊戌 27	己亥 28	庚子 (3)	辛丑 2	壬寅 3	癸卯 4	甲辰 5	乙巳 6	丙午 7	丁未 8	戊申 9	癸未立春
二月小	癸卯	天干地支 西曆	己酉 10	庚戌 11	辛亥 12	壬子 13	癸丑 14	甲寅 15	乙卯 16	丙辰 17	丁巳 18	戊午 19	己未 20	庚申 21	辛酉 22	壬戌 23	癸亥 24	甲子 25	乙丑 26	丙寅 27	丁卯 28	戊辰 29	己巳 30	庚午 31	辛未 (4)	壬申 2	癸酉 3	甲戌 4	乙亥 5	丙子 6	丁丑 7		己巳春分
三月大	甲辰	天干地支 西曆	戊寅 8	己卯 9	庚辰 10	辛巳 11	壬午 12	癸未 13	甲申 14	乙酉 15	丙戌 16	丁亥 17	戊子 18	己丑 19	庚寅 20	辛卯 21	壬辰 22	癸巳 23	甲午 24	乙未 25	丙申 26	丁酉 27	戊戌 28	己亥 29	庚子 30	辛丑 (5)	壬寅 2	癸卯 3	甲辰 4	乙巳 5	丙午 6	丁未 7	
四月大	乙巳	天干地支 西曆	戊申 8	己酉 9	庚戌 10	辛亥 11	壬子 12	癸丑 13	甲寅 14	乙卯 15	丙辰 16	丁巳 17	戊午 18	己未 19	庚申 20	辛酉 21	壬戌 22	癸亥 23	甲子 24	乙丑 25	丙寅 26	丁卯 27	戊辰 28	己巳 29	庚午 30	辛未 31	壬申 (6)	癸酉 2	甲戌 3	乙亥 4	丙子 5	丁丑 6	丙辰立夏
五月小	丙午	天干地支 西曆	戊寅 7	己卯 8	庚辰 9	辛巳 10	壬午 11	癸未 12	甲申 13	乙酉 14	丙戌 15	丁亥 16	戊子 17	己丑 18	庚寅 19	辛卯 20	壬辰 21	癸巳 22	甲午 23	乙未 24	丙申 25	丁酉 26	戊戌 27	己亥 28	庚子 29	辛丑 30	壬寅 (7)	癸卯 2	甲辰 3	乙巳 4	丙午 5		癸卯夏至
六月大	丁未	天干地支 西曆	丁未 6	戊申 7	己酉 8	庚戌 9	辛亥 10	壬子 11	癸丑 12	甲寅 13	乙卯 14	丙辰 15	丁巳 16	戊午 17	己未 18	庚申 19	辛酉 20	壬戌 21	癸亥 22	甲子 23	乙丑 24	丙寅 25	丁卯 26	戊辰 27	己巳 28	庚午 29	辛未 30	壬申 31	癸酉 (8)	甲戌 2	乙亥 3	丙子 4	
七月小	戊申	天干地支 西曆	丁丑 5	戊寅 6	己卯 7	庚辰 8	辛巳 9	壬午 10	癸未 11	甲申 12	乙酉 13	丙戌 14	丁亥 15	戊子 16	己丑 17	庚寅 18	辛卯 19	壬辰 20	癸巳 21	甲午 22	乙未 23	丙申 24	丁酉 25	戊戌 26	己亥 27	庚子 28	辛丑 29	壬寅 30	癸卯 31	甲辰 (9)	乙巳 2		庚寅立秋
八月大	己酉	天干地支 西曆	丙午 3	丁未 4	戊申 5	己酉 6	庚戌 7	辛亥 8	壬子 9	癸丑 10	甲寅 11	乙卯 12	丙辰 13	丁巳 14	戊午 15	己未 16	庚申 17	辛酉 18	壬戌 19	癸亥 20	甲子 21	乙丑 22	丙寅 23	丁卯 24	戊辰 25	己巳 26	庚午 27	辛未 28	壬申 29	癸酉 30	甲戌 (10)	乙亥 2	乙亥秋分
九月小	庚戌	天干地支 西曆	丙子 3	丁丑 4	戊寅 5	己卯 6	庚辰 7	辛巳 8	壬午 9	癸未 10	甲申 11	乙酉 12	丙戌 13	丁亥 14	戊子 15	己丑 16	庚寅 17	辛卯 18	壬辰 19	癸巳 20	甲午 21	乙未 22	丙申 23	丁酉 24	戊戌 25	己亥 26	庚子 27	辛丑 28	壬寅 29	癸卯 30	甲辰 31		
十月大	辛亥	天干地支 西曆	乙巳 (11)	丙午 2	丁未 3	戊申 4	己酉 5	庚戌 6	辛亥 7	壬子 8	癸丑 9	甲寅 10	乙卯 11	丙辰 12	丁巳 13	戊午 14	己未 15	庚申 16	辛酉 17	壬戌 18	癸亥 19	甲子 20	乙丑 21	丙寅 22	丁卯 23	戊辰 24	己巳 25	庚午 26	辛未 27	壬申 28	癸酉 29	甲戌 30	己未立冬
十一月小	壬子	天干地支 西曆	乙亥 (12)	丙子 2	丁丑 3	戊寅 4	己卯 5	庚辰 6	辛巳 7	壬午 8	癸未 9	甲申 10	乙酉 11	丙戌 12	丁亥 13	戊子 14	己丑 15	庚寅 16	辛卯 17	壬辰 18	癸巳 19	甲午 20	乙未 21	丙申 22	丁酉 23	戊戌 24	己亥 25	庚子 26	辛丑 27	壬寅 28	癸卯 29		癸卯冬至
閏十一大	壬子	天干地支 西曆	甲辰 30	乙巳 31	丙午 (1)	丁未 2	戊申 3	己酉 4	庚戌 5	辛亥 6	壬子 7	癸丑 8	甲寅 9	乙卯 10	丙辰 11	丁巳 12	戊午 13	己未 14	庚申 15	辛酉 16	壬戌 17	癸亥 18	甲子 19	乙丑 20	丙寅 21	丁卯 22	戊辰 23	己巳 24	庚午 25	辛未 26	壬申 27	癸酉 28	
十二月小	癸丑	天干地支 西曆	甲戌 29	乙亥 30	丙子 31	丁丑 (2)	戊寅 2	己卯 3	庚辰 4	辛巳 5	壬午 6	癸未 7	甲申 8	乙酉 9	丙戌 10	丁亥 11	戊子 12	己丑 13	庚寅 14	辛卯 15	壬辰 16	癸巳 17	甲午 18	乙未 19	丙申 20	丁酉 21	戊戌 22	己亥 23	庚子 24	辛丑 25	壬寅 26		戊子立春

年代異同	史記魯世家	漢書律曆志	帝王世紀	竹書紀年	皇極經世	文獻通考	歷代帝王年表	歷代統紀表	中國年曆總譜	西周年代	斷代工程
	周穆王二十六年		周穆王五十二年	周穆王十九年	周共王三年	周共王三年	周共王三年	周共王三年	周孝王十一年	周穆王四十二年	周穆王三十三年

周穆王二十八年（戊寅 虎年） 公元前 943 ~ 前 942 年

夏曆月序		中西曆日對照	初一	初二	初三	初四	初五	初六	初七	初八	初九	初十	十一	十二	十三	十四	十五	十六	十七	十八	十九	二十	二一	二二	二三	二四	二五	二六	二七	二八	二九	三十	節氣與天象
正月大	甲寅	天干地支西曆	癸卯27	甲辰28	乙巳(3)	丙午2	丁未3	戊申4	己酉5	庚戌6	辛亥7	壬子8	癸丑9	甲寅10	乙卯11	丙辰12	丁巳13	戊午14	己未15	庚申16	辛酉17	壬戌18	癸亥19	甲子20	乙丑21	丙寅22	丁卯23	戊辰24	己巳25	庚午26	辛未27	壬申28	
二月小	乙卯	天干地支西曆	癸酉29	甲戌30	乙亥31	丙子(4)	丁丑2	戊寅3	己卯4	庚辰5	辛巳6	壬午7	癸未8	甲申9	乙酉10	丙戌11	丁亥12	戊子13	己丑14	庚寅15	辛卯16	壬辰17	癸巳18	甲午19	乙未20	丙申21	丁酉22	戊戌23	己亥24	庚子25	辛丑26		甲戌春分
三月大	丙辰	天干地支西曆	壬寅27	癸卯28	甲辰29	乙巳30	丙午(5)	丁未2	戊申3	己酉4	庚戌5	辛亥6	壬子7	癸丑8	甲寅9	乙卯10	丙辰11	丁巳12	戊午13	己未14	庚申15	辛酉16	壬戌17	癸亥18	甲子19	乙丑20	丙寅21	丁卯22	戊辰23	己巳24	庚午25	辛未26	辛酉立夏
四月小	丁巳	天干地支西曆	壬申27	癸酉28	甲戌29	乙亥30	丙子31	丁丑(6)	戊寅2	己卯3	庚辰4	辛巳5	壬午6	癸未7	甲申8	乙酉9	丙戌10	丁亥11	戊子12	己丑13	庚寅14	辛卯15	壬辰16	癸巳17	甲午18	乙未19	丙申20	丁酉21	戊戌22	己亥23	庚子24		
五月大	戊午	天干地支西曆	辛丑25	壬寅26	癸卯27	甲辰28	乙巳29	丙午30	丁未(7)	戊申2	己酉3	庚戌4	辛亥5	壬子6	癸丑7	甲寅8	乙卯9	丙辰10	丁巳11	戊午12	己未13	庚申14	辛酉15	壬戌16	癸亥17	甲子18	乙丑19	丙寅20	丁卯21	戊辰22	己巳23	庚午24	己酉夏至
六月大	己未	天干地支西曆	辛未25	壬申26	癸酉27	甲戌28	乙亥29	丙子30	丁丑31	戊寅(8)	己卯2	庚辰3	辛巳4	壬午5	癸未6	甲申7	乙酉8	丙戌9	丁亥10	戊子11	己丑12	庚寅13	辛卯14	壬辰15	癸巳16	甲午17	乙未18	丙申19	丁酉20	戊戌21	己亥22	庚子23	乙未立秋
七月小	庚申	天干地支西曆	辛丑24	壬寅25	癸卯26	甲辰27	乙巳28	丙午29	丁未30	戊申31	己酉(9)	庚戌2	辛亥3	壬子4	癸丑5	甲寅6	乙卯7	丙辰8	丁巳9	戊午10	己未11	庚申12	辛酉13	壬戌14	癸亥15	甲子16	乙丑17	丙寅18	丁卯19	戊辰20	己巳21		
八月大	辛酉	天干地支西曆	庚午22	辛未23	壬申24	癸酉25	甲戌26	乙亥27	丙子28	丁丑29	戊寅30	己卯(10)	庚辰2	辛巳3	壬午4	癸未5	甲申6	乙酉7	丙戌8	丁亥9	戊子10	己丑11	庚寅12	辛卯13	壬辰14	癸巳15	甲午16	乙未17	丙申18	丁酉19	戊戌20	己亥21	庚辰秋分
九月小	壬戌	天干地支西曆	庚子22	辛丑23	壬寅24	癸卯25	甲辰26	乙巳27	丙午28	丁未29	戊申30	己酉31	庚戌(11)	辛亥2	壬子3	癸丑4	甲寅5	乙卯6	丙辰7	丁巳8	戊午9	己未10	庚申11	辛酉12	壬戌13	癸亥14	甲子15	乙丑16	丙寅17	丁卯18	戊辰19		乙丑立冬
十月大	癸亥	天干地支西曆	己巳20	庚午21	辛未22	壬申23	癸酉24	甲戌25	乙亥26	丙子27	丁丑28	戊寅29	己卯30	庚辰(12)	辛巳2	壬午3	癸未4	甲申5	乙酉6	丙戌7	丁亥8	戊子9	己丑10	庚寅11	辛卯12	壬辰13	癸巳14	甲午15	乙未16	丙申17	丁酉18	戊戌19	
十一月小	甲子	天干地支西曆	己亥20	庚子21	辛丑22	壬寅23	癸卯24	甲辰25	乙巳26	丙午27	丁未28	戊申29	己酉30	庚戌31	辛亥(1)	壬子2	癸丑3	甲寅4	乙卯5	丙辰6	丁巳7	戊午8	己未9	庚申10	辛酉11	壬戌12	癸亥13	甲子14	乙丑15	丙寅16	丁卯17		己酉冬至
十二月大	乙丑	天干地支西曆	戊辰18	己巳19	庚午20	辛未21	壬申22	癸酉23	甲戌24	乙亥25	丙子26	丁丑27	戊寅28	己卯29	庚辰30	辛巳31	壬午(2)	癸未2	甲申3	乙酉4	丙戌5	丁亥6	戊子7	己丑8	庚寅9	辛卯10	壬辰11	癸巳12	甲午13	乙未14	丙申15	丁酉16	甲午立春

年代異同	史記魯世家	漢書律曆志	帝王世紀	竹書紀年	皇極經世	文獻通考	歷代帝王年表	歷代統紀表	中國年曆總譜	西周年代	斷代工程
	周穆王二十七年		周穆王五十三年	周穆王二十年	周共王四年	周共王四年	周共王四年	周共王四年	周孝王十二年	周穆王四十三年	周穆王三十四年

周穆王二十九年（己卯 兔年） 公元前942 ~ 前941年

夏曆月序		中西曆日對照	初一	初二	初三	初四	初五	初六	初七	初八	初九	初十	十一	十二	十三	十四	十五	十六	十七	十八	十九	二十	二一	二二	二三	二四	二五	二六	二七	二八	二九	三十	節氣與天象
正月小	丙寅	天干地支西曆	戊戌17	己亥18	庚子19	辛丑20	壬寅21	癸卯22	甲辰23	乙巳24	丙午25	丁未26	戊申27	己酉28	庚戌(3)	辛亥2	壬子3	癸丑4	甲寅5	乙卯6	丙辰7	丁巳8	戊午9	己未10	庚申11	辛酉12	壬戌13	癸亥14	甲子15	乙丑16	丙寅17		
二月小	丁卯	天干地支西曆	丁卯18	戊辰19	己巳20	庚午21	辛未22	壬申23	癸酉24	甲戌25	乙亥26	丙子27	丁丑28	戊寅29	己卯30	庚辰31	辛巳(4)	壬午2	癸未3	甲申4	乙酉5	丙戌6	丁亥7	戊子8	己丑9	庚寅10	辛卯11	壬辰12	癸巳13	甲午14	乙未15		庚辰春分
三月大	戊辰	天干地支西曆	丙申16	丁酉17	戊戌18	己亥19	庚子20	辛丑21	壬寅22	癸卯23	甲辰24	乙巳25	丙午26	丁未27	戊申28	己酉29	庚戌30	辛亥(5)	壬子2	癸丑3	甲寅4	乙卯5	丙辰6	丁巳7	戊午8	己未9	庚申10	辛酉11	壬戌12	癸亥13	甲子14	乙丑15	
四月小	己巳	天干地支西曆	丙寅16	丁卯17	戊辰18	己巳19	庚午20	辛未21	壬申22	癸酉23	甲戌24	乙亥25	丙子26	丁丑27	戊寅28	己卯29	庚辰30	辛巳31	壬午(6)	癸未2	甲申3	乙酉4	丙戌5	丁亥6	戊子7	己丑8	庚寅9	辛卯10	壬辰11	癸巳12	甲午13		丁卯立夏
五月大	庚午	天干地支西曆	乙未14	丙申15	丁酉16	戊戌17	己亥18	庚子19	辛丑20	壬寅21	癸卯22	甲辰23	乙巳24	丙午25	丁未26	戊申27	己酉28	庚戌29	辛亥30	壬子(7)	癸丑2	甲寅3	乙卯4	丙辰5	丁巳6	戊午7	己未8	庚申9	辛酉10	壬戌11	癸亥12	甲子13	甲寅夏至
六月大	辛未	天干地支西曆	乙丑14	丙寅15	丁卯16	戊辰17	己巳18	庚午19	辛未20	壬申21	癸酉22	甲戌23	乙亥24	丙子25	丁丑26	戊寅27	己卯28	庚辰29	辛巳30	壬午31	癸未(8)	甲申2	乙酉3	丙戌4	丁亥5	戊子6	己丑7	庚寅8	辛卯9	壬辰10	癸巳11	甲午12	
七月小	壬申	天干地支西曆	乙未13	丙申14	丁酉15	戊戌16	己亥17	庚子18	辛丑19	壬寅20	癸卯21	甲辰22	乙巳23	丙午24	丁未25	戊申26	己酉27	庚戌28	辛亥29	壬子30	癸丑31	甲寅(9)	乙卯2	丙辰3	丁巳4	戊午5	己未6	庚申7	辛酉8	壬戌9	癸亥10		庚子立秋
八月大	癸酉	天干地支西曆	甲子11	乙丑12	丙寅13	丁卯14	戊辰15	己巳16	庚午17	辛未18	壬申19	癸酉20	甲戌21	乙亥22	丙子23	丁丑24	戊寅25	己卯26	庚辰27	辛巳28	壬午29	癸未30	甲申(10)	乙酉2	丙戌3	丁亥4	戊子5	己丑6	庚寅7	辛卯8	壬辰9	癸巳10	乙酉秋分
九月大	甲戌	天干地支西曆	甲午11	乙未12	丙申13	丁酉14	戊戌15	己亥16	庚子17	辛丑18	壬寅19	癸卯20	甲辰21	乙巳22	丙午23	丁未24	戊申25	己酉26	庚戌27	辛亥28	壬子29	癸丑30	甲寅31	乙卯(11)	丙辰2	丁巳3	戊午4	己未5	庚申6	辛酉7	壬戌8	癸亥9	
十月小	乙亥	天干地支西曆	甲子10	乙丑11	丙寅12	丁卯13	戊辰14	己巳15	庚午16	辛未17	壬申18	癸酉19	甲戌20	乙亥21	丙子22	丁丑23	戊寅24	己卯25	庚辰26	辛巳27	壬午28	癸未29	甲申30	乙酉(12)	丙戌2	丁亥3	戊子4	己丑5	庚寅6	辛卯7	壬辰8		庚午立冬
十一月大	丙子	天干地支西曆	癸巳9	甲午10	乙未11	丙申12	丁酉13	戊戌14	己亥15	庚子16	辛丑17	壬寅18	癸卯19	甲辰20	乙巳21	丙午22	丁未23	戊申24	己酉25	庚戌26	辛亥27	壬子28	癸丑29	甲寅30	乙卯31	丙辰(1)	丁巳2	戊午3	己未4	庚申5	辛酉6	壬戌7	甲寅冬至
十二月小	丁丑	天干地支西曆	癸亥8	甲子9	乙丑10	丙寅11	丁卯12	戊辰13	己巳14	庚午15	辛未16	壬申17	癸酉18	甲戌19	乙亥20	丙子21	丁丑22	戊寅23	己卯24	庚辰25	辛巳26	壬午27	癸未28	甲申29	乙酉30	丙戌31	丁亥(2)	戊子2	己丑3	庚寅4	辛卯5		癸亥日食

	史記魯世家	漢書律曆志	帝王世紀	竹書紀年	皇極經世	文獻通考	歷代帝王年表	歷代統紀表	中國年曆總譜	西周年代	斷代工程
年代異同	周穆王二十八年		周穆王五十四年	周穆王二十一年	周共王五年	周共王五年	周共王五年	周共王五年	周孝王十三年	周穆王四十四年	周穆王三十五年

周穆王三十年（庚辰 龍年） 公元前941 ~ 前940年

夏曆月序		中西曆日對照	初一	初二	初三	初四	初五	初六	初七	初八	初九	初十	十一	十二	十三	十四	十五	十六	十七	十八	十九	二十	二一	二二	二三	二四	二五	二六	二七	二八	二九	三十	節氣與天象
正月大	戊寅	干支 天地 西曆	壬辰 6	癸巳 7	甲午 8	乙未 9	丙申 10	丁酉 11	戊戌 12	己亥 13	庚子 14	辛丑 15	壬寅 16	癸卯 17	甲辰 18	乙巳 19	丙午 20	丁未 21	戊申 22	己酉 23	庚戌 24	辛亥 25	壬子 26	癸丑 27	甲寅 28	乙卯 29	丙辰 (3)	丁巳 2	戊午 3	己未 4	庚申 5	辛酉 6	己亥立春
二月小	己卯	干支 天地 西曆	壬戌 7	癸亥 8	甲子 9	乙丑 10	丙寅 11	丁卯 12	戊辰 13	己巳 14	庚午 15	辛未 16	壬申 17	癸酉 18	甲戌 19	乙亥 20	丙子 21	丁丑 22	戊寅 23	己卯 24	庚辰 25	辛巳 26	壬午 27	癸未 28	甲申 29	乙酉 30	丙戌 31	丁亥 (4)	戊子 2	己丑 3	庚寅 4		乙酉春分
三月小	庚辰	干支 天地 西曆	辛卯 5	壬辰 6	癸巳 7	甲午 8	乙未 9	丙申 10	丁酉 11	戊戌 12	己亥 13	庚子 14	辛丑 15	壬寅 16	癸卯 17	甲辰 18	乙巳 19	丙午 20	丁未 21	戊申 22	己酉 23	庚戌 24	辛亥 25	壬子 26	癸丑 27	甲寅 28	乙卯 29	丙辰 30	丁巳 (5)	戊午 2	己未 3		
四月大	辛巳	干支 天地 西曆	庚申 4	辛酉 5	壬戌 6	癸亥 7	甲子 8	乙丑 9	丙寅 10	丁卯 11	戊辰 12	己巳 13	庚午 14	辛未 15	壬申 16	癸酉 17	甲戌 18	乙亥 19	丙子 20	丁丑 21	戊寅 22	己卯 23	庚辰 24	辛巳 25	壬午 26	癸未 27	甲申 28	乙酉 29	丙戌 30	丁亥 31	戊子 (6)	己丑 2	壬申立夏
五月小	壬午	干支 天地 西曆	庚寅 3	辛卯 4	壬辰 5	癸巳 6	甲午 7	乙未 8	丙申 9	丁酉 10	戊戌 11	己亥 12	庚子 13	辛丑 14	壬寅 15	癸卯 16	甲辰 17	乙巳 18	丙午 19	丁未 20	戊申 21	己酉 22	庚戌 23	辛亥 24	壬子 25	癸丑 26	甲寅 27	乙卯 28	丙辰 29	丁巳 30	戊午 (7)		
六月大	癸未	干支 天地 西曆	己未 2	庚申 3	辛酉 4	壬戌 5	癸亥 6	甲子 7	乙丑 8	丙寅 9	丁卯 10	戊辰 11	己巳 12	庚午 13	辛未 14	壬申 15	癸酉 16	甲戌 17	乙亥 18	丙子 19	丁丑 20	戊寅 21	己卯 22	庚辰 23	辛巳 24	壬午 25	癸未 26	甲申 27	乙酉 28	丙戌 29	丁亥 30	戊子 31	己未夏至
七月小	甲申	干支 天地 西曆	己丑 (8)	庚寅 2	辛卯 3	壬辰 4	癸巳 5	甲午 6	乙未 7	丙申 8	丁酉 9	戊戌 10	己亥 11	庚子 12	辛丑 13	壬寅 14	癸卯 15	甲辰 16	乙巳 17	丙午 18	丁未 19	戊申 20	己酉 21	庚戌 22	辛亥 23	壬子 24	癸丑 25	甲寅 26	乙卯 27	丙辰 28	丁巳 29		乙巳立秋
閏七月大	甲申	干支 天地 西曆	戊午 30	己未 31	庚申 (9)	辛酉 2	壬戌 3	癸亥 4	甲子 5	乙丑 6	丙寅 7	丁卯 8	戊辰 9	己巳 10	庚午 11	辛未 12	壬申 13	癸酉 14	甲戌 15	乙亥 16	丙子 17	丁丑 18	戊寅 19	己卯 20	庚辰 21	辛巳 22	壬午 23	癸未 24	甲申 25	乙酉 26	丙戌 27	丁亥 28	
八月大	乙酉	干支 天地 西曆	戊子 29	己丑 30	庚寅 (10)	辛卯 2	壬辰 3	癸巳 4	甲午 5	乙未 6	丙申 7	丁酉 8	戊戌 9	己亥 10	庚子 11	辛丑 12	壬寅 13	癸卯 14	甲辰 15	乙巳 16	丙午 17	丁未 18	戊申 19	己酉 20	庚戌 21	辛亥 22	壬子 23	癸丑 24	甲寅 25	乙卯 26	丙辰 27	丁巳 28	辛卯秋分
九月大	丙戌	干支 天地 西曆	戊午 29	己未 30	庚申 31	辛酉 (11)	壬戌 2	癸亥 3	甲子 4	乙丑 5	丙寅 6	丁卯 7	戊辰 8	己巳 9	庚午 10	辛未 11	壬申 12	癸酉 13	甲戌 14	乙亥 15	丙子 16	丁丑 17	戊寅 18	己卯 19	庚辰 20	辛巳 21	壬午 22	癸未 23	甲申 24	乙酉 25	丙戌 26	丁亥 27	乙亥立冬
十月小	丁亥	干支 天地 西曆	戊子 28	己丑 29	庚寅 30	辛卯 (12)	壬辰 2	癸巳 3	甲午 4	乙未 5	丙申 6	丁酉 7	戊戌 8	己亥 9	庚子 10	辛丑 11	壬寅 12	癸卯 13	甲辰 14	乙巳 15	丙午 16	丁未 17	戊申 18	己酉 19	庚戌 20	辛亥 21	壬子 22	癸丑 23	甲寅 24	乙卯 25	丙辰 26		
十一月大	戊子	干支 天地 西曆	丁巳 27	戊午 28	己未 29	庚申 30	辛酉 31	壬戌 (1)	癸亥 2	甲子 3	乙丑 4	丙寅 5	丁卯 6	戊辰 7	己巳 8	庚午 9	辛未 10	壬申 11	癸酉 12	甲戌 13	乙亥 14	丙子 15	丁丑 16	戊寅 17	己卯 18	庚辰 19	辛巳 20	壬午 21	癸未 22	甲申 23	乙酉 24	丙戌 25	己未冬至
十二月小	己丑	干支 天地 西曆	丁亥 26	戊子 27	己丑 28	庚寅 29	辛卯 30	壬辰 31	癸巳 (2)	甲午 2	乙未 3	丙申 4	丁酉 5	戊戌 6	己亥 7	庚子 8	辛丑 9	壬寅 10	癸卯 11	甲辰 12	乙巳 13	丙午 14	丁未 15	戊申 16	己酉 17	庚戌 18	辛亥 19	壬子 20	癸丑 21	甲寅 22	乙卯 23		甲辰立春

年代異同	史記魯世家	漢書律曆志	帝王世紀	竹書紀年	皇極經世	文獻通考	歷代帝王年表	歷代統紀表	中國年曆總譜	西周年代	斷代工程
	周穆王二十九年		周穆王五十五年	周穆王二十二年	周共王六年	周共王六年	周共王六年	周共王六年	周孝王十四年	周穆王四十五年	周穆王三十六年

周穆王三十一年（辛巳 蛇年） 公元前940～前939年

夏曆月序		中西曆日對照	夏曆日序																														節氣與天象
			初一	初二	初三	初四	初五	初六	初七	初八	初九	初十	十一	十二	十三	十四	十五	十六	十七	十八	十九	二十	二一	二二	二三	二四	二五	二六	二七	二八	二九	三十	
正月大	庚寅	天干地支西曆	丙辰24	丁巳25	戊午26	己未27	庚申28	辛酉(3)	壬戌2	癸亥3	甲子4	乙丑5	丙寅6	丁卯7	戊辰8	己巳9	庚午10	辛未11	壬申12	癸酉13	甲戌14	乙亥15	丙子16	丁丑17	戊寅18	己卯19	庚辰20	辛巳21	壬午22	癸未23	甲申24	乙酉25	
二月小	辛卯	天干地支西曆	丙戌26	丁亥27	戊子28	己丑29	庚寅30	辛卯31	壬辰(4)	癸巳2	甲午3	乙未4	丙申5	丁酉6	戊戌7	己亥8	庚子9	辛丑10	壬寅11	癸卯12	甲辰13	乙巳14	丙午15	丁未16	戊申17	己酉18	庚戌19	辛亥20	壬子21	癸丑22	甲寅23		庚寅春分
三月小	壬辰	天干地支西曆	乙卯24	丙辰25	丁巳26	戊午27	己未28	庚申29	辛酉30	壬戌(5)	癸亥2	甲子3	乙丑4	丙寅5	丁卯6	戊辰7	己巳8	庚午9	辛未10	壬申11	癸酉12	甲戌13	乙亥14	丙子15	丁丑16	戊寅17	己卯18	庚辰19	辛巳20	壬午21	癸未22		丁丑立夏
四月大	癸巳	天干地支西曆	甲申23	乙酉24	丙戌25	丁亥26	戊子27	己丑28	庚寅29	辛卯30	壬辰31	癸巳(6)	甲午2	乙未3	丙申4	丁酉5	戊戌6	己亥7	庚子8	辛丑9	壬寅10	癸卯11	甲辰12	乙巳13	丙午14	丁未15	戊申16	己酉17	庚戌18	辛亥19	壬子20	癸丑21	
五月小	甲午	天干地支西曆	甲寅22	乙卯23	丙辰24	丁巳25	戊午26	己未27	庚申28	辛酉29	壬戌30	癸亥(7)	甲子2	乙丑3	丙寅4	丁卯5	戊辰6	己巳7	庚午8	辛未9	壬申10	癸酉11	甲戌12	乙亥13	丙子14	丁丑15	戊寅16	己卯17	庚辰18	辛巳19	壬午20		甲子夏至
六月大	乙未	天干地支西曆	癸未21	甲申22	乙酉23	丙戌24	丁亥25	戊子26	己丑27	庚寅28	辛卯29	壬辰30	癸巳31	甲午(8)	乙未2	丙申3	丁酉4	戊戌5	己亥6	庚子7	辛丑8	壬寅9	癸卯10	甲辰11	乙巳12	丙午13	丁未14	戊申15	己酉16	庚戌17	辛亥18	壬子19	辛亥立秋
七月小	丙申	天干地支西曆	癸丑20	甲寅21	乙卯22	丙辰23	丁巳24	戊午25	己未26	庚申27	辛酉28	壬戌29	癸亥30	甲子31	乙丑(9)	丙寅2	丁卯3	戊辰4	己巳5	庚午6	辛未7	壬申8	癸酉9	甲戌10	乙亥11	丙子12	丁丑13	戊寅14	己卯15	庚辰16	辛巳17		
八月大	丁酉	天干地支西曆	壬午18	癸未19	甲申20	乙酉21	丙戌22	丁亥23	戊子24	己丑25	庚寅26	辛卯27	壬辰28	癸巳29	甲午30	乙未(10)	丙申2	丁酉3	戊戌4	己亥5	庚子6	辛丑7	壬寅8	癸卯9	甲辰10	乙巳11	丙午12	丁未13	戊申14	己酉15	庚戌16	辛亥17	丙申秋分
九月大	戊戌	天干地支西曆	壬子18	癸丑19	甲寅20	乙卯21	丙辰22	丁巳23	戊午24	己未25	庚申26	辛酉27	壬戌28	癸亥29	甲子30	乙丑31	丙寅(11)	丁卯2	戊辰3	己巳4	庚午5	辛未6	壬申7	癸酉8	甲戌9	乙亥10	丙子11	丁丑12	戊寅13	己卯14	庚辰15	辛巳16	庚辰立冬
十月大	己亥	天干地支西曆	壬午17	癸未18	甲申19	乙酉20	丙戌21	丁亥22	戊子23	己丑24	庚寅25	辛卯26	壬辰27	癸巳28	甲午29	乙未30	丙申(12)	丁酉2	戊戌3	己亥4	庚子5	辛丑6	壬寅7	癸卯8	甲辰9	乙巳10	丙午11	丁未12	戊申13	己酉14	庚戌15	辛亥16	
十一月小	庚子	天干地支西曆	壬子17	癸丑18	甲寅19	乙卯20	丙辰21	丁巳22	戊午23	己未24	庚申25	辛酉26	壬戌27	癸亥28	甲子29	乙丑30	丙寅31	丁卯(1)	戊辰2	己巳3	庚午4	辛未5	壬申6	癸酉7	甲戌8	乙亥9	丙子10	丁丑11	戊寅12	己卯13	庚辰14		甲子冬至
十二月大	辛丑	天干地支西曆	辛巳15	壬午16	癸未17	甲申18	乙酉19	丙戌20	丁亥21	戊子22	己丑23	庚寅24	辛卯25	壬辰26	癸巳27	甲午28	乙未29	丙申30	丁酉31	戊戌(2)	己亥2	庚子3	辛丑4	壬寅5	癸卯6	甲辰7	乙巳8	丙午9	丁未10	戊申11	己酉12	庚戌13	己酉立春

年代異同	史記魯世家	漢書律曆志	帝王世紀	竹書紀年	皇極經世	文獻通考	歷代帝王年表	歷代統紀表	中國年曆總譜	西周年代	斷代工程
	周穆王三十年		周恭王元年	周穆王二十三年	周共王七年	周共王七年	周共王七年	周共王七年	周孝王十五年	周穆王四十六年	周穆王三十七年

周穆王三十二年（壬午 馬年） 公元前**939** ~ 前938年

夏曆月序		中西曆日對照	初一	初二	初三	初四	初五	初六	初七	初八	初九	初十	十一	十二	十三	十四	十五	十六	十七	十八	十九	二十	二一	二二	二三	二四	二五	二六	二七	二八	二九	三十	節氣與天象
正月小	壬寅	天干 地支 西曆	辛亥14	壬子15	癸丑16	甲寅17	乙卯18	丙辰19	丁巳20	戊午21	己未22	庚申23	辛酉24	壬戌25	癸亥26	甲子27	乙丑28	丙寅(3)	丁卯2	戊辰3	己巳4	庚午5	辛未6	壬申7	癸酉8	甲戌9	乙亥10	丙子11	丁丑12	戊寅13	己卯14		
二月大	癸卯	天干 地支 西曆	庚辰15	辛巳16	壬午17	癸未18	甲申19	乙酉20	丙戌21	丁亥22	戊子23	己丑24	庚寅25	辛卯26	壬辰27	癸巳28	甲午29	乙未30	丙申31	丁酉(4)	戊戌2	己亥3	庚子4	辛丑5	壬寅6	癸卯7	甲辰8	乙巳9	丙午10	丁未11	戊申12	己酉13	乙未春分
三月小	甲辰	天干 地支 西曆	庚戌14	辛亥15	壬子16	癸丑17	甲寅18	乙卯19	丙辰20	丁巳21	戊午22	己未23	庚申24	辛酉25	壬戌26	癸亥27	甲子28	乙丑29	丙寅30	丁卯(5)	戊辰2	己巳3	庚午4	辛未5	壬申6	癸酉7	甲戌8	乙亥9	丙子10	丁丑11	戊寅12		
四月小	乙巳	天干 地支 西曆	己卯13	庚辰14	辛巳15	壬午16	癸未17	甲申18	乙酉19	丙戌20	丁亥21	戊子22	己丑23	庚寅24	辛卯25	壬辰26	癸巳27	甲午28	乙未29	丙申30	丁酉31	戊戌(6)	己亥2	庚子3	辛丑4	壬寅5	癸卯6	甲辰7	乙巳8	丙午9	丁未10		壬午立夏
五月大	丙午	天干 地支 西曆	戊申11	己酉12	庚戌13	辛亥14	壬子15	癸丑16	甲寅17	乙卯18	丙辰19	丁巳20	戊午21	己未22	庚申23	辛酉24	壬戌25	癸亥26	甲子27	乙丑28	丙寅29	丁卯30	戊辰(7)	己巳2	庚午3	辛未4	壬申5	癸酉6	甲戌7	乙亥8	丙子9	丁丑10	庚午夏至
六月小	丁未	天干 地支 西曆	戊寅11	己卯12	庚辰13	辛巳14	壬午15	癸未16	甲申17	乙酉18	丙戌19	丁亥20	戊子21	己丑22	庚寅23	辛卯24	壬辰25	癸巳26	甲午27	乙未28	丙申29	丁酉30	戊戌31	己亥(8)	庚子2	辛丑3	壬寅4	癸卯5	甲辰6	乙巳7	丙午8		
七月小	戊申	天干 地支 西曆	丁未9	戊申10	己酉11	庚戌12	辛亥13	壬子14	癸丑15	甲寅16	乙卯17	丙辰18	丁巳19	戊午20	己未21	庚申22	辛酉23	壬戌24	癸亥25	甲子26	乙丑27	丙寅28	丁卯29	戊辰30	己巳31	庚午(9)	辛未2	壬申3	癸酉4	甲戌5	乙亥6		丙辰立秋
八月大	己酉	天干 地支 西曆	丙子7	丁丑8	戊寅9	己卯10	庚辰11	辛巳12	壬午13	癸未14	甲申15	乙酉16	丙戌17	丁亥18	戊子19	己丑20	庚寅21	辛卯22	壬辰23	癸巳24	甲午25	乙未26	丙申27	丁酉28	戊戌29	己亥30	庚子(10)	辛丑2	壬寅3	癸卯4	甲辰5	乙巳6	辛丑秋分
九月大	庚戌	天干 地支 西曆	丙午7	丁未8	戊申9	己酉10	庚戌11	辛亥12	壬子13	癸丑14	甲寅15	乙卯16	丙辰17	丁巳18	戊午19	己未20	庚申21	辛酉22	壬戌23	癸亥24	甲子25	乙丑26	丙寅27	丁卯28	戊辰29	己巳30	庚午31	辛未(11)	壬申2	癸酉3	甲戌4	乙亥5	
十月小	辛亥	天干 地支 西曆	丙子6	丁丑7	戊寅8	己卯9	庚辰10	辛巳11	壬午12	癸未13	甲申14	乙酉15	丙戌16	丁亥17	戊子18	己丑19	庚寅20	辛卯21	壬辰22	癸巳23	甲午24	乙未25	丙申26	丁酉27	戊戌28	己亥29	庚子30	辛丑(12)	壬寅2	癸卯3	甲辰4		乙酉立冬
十一月大	壬子	天干 地支 西曆	乙巳5	丙午6	丁未7	戊申8	己酉9	庚戌10	辛亥11	壬子12	癸丑13	甲寅14	乙卯15	丙辰16	丁巳17	戊午18	己未19	庚申20	辛酉21	壬戌22	癸亥23	甲子24	乙丑25	丙寅26	丁卯27	戊辰28	己巳29	庚午30	辛未31	壬申(1)	癸酉2	甲戌3	庚午冬至
十二月大	癸丑	天干 地支 西曆	乙亥4	丙子5	丁丑6	戊寅7	己卯8	庚辰9	辛巳10	壬午11	癸未12	甲申13	乙酉14	丙戌15	丁亥16	戊子17	己丑18	庚寅19	辛卯20	壬辰21	癸巳22	甲午23	乙未24	丙申25	丁酉26	戊戌27	己亥28	庚子29	辛丑30	壬寅31	癸卯(2)	甲辰2	

年代異同	史記魯世家	漢書律曆志	帝王世紀	竹書紀年	皇極經世	文獻通考	歷代帝王年表	歷代統紀表	中國年曆總譜	西周年代	斷代工程
	周穆王三十一年		周恭王二年	周穆王二十四年	周共王八年	周共王八年	周共王八年	周共王八年	周孝王十六年	周穆王四十七年	周穆王三十八年

周穆王三十三年（癸未 羊年） 公元前**938** ~ 前937年

夏曆月序	中西曆日對照	初一	初二	初三	初四	初五	初六	初七	初八	初九	初十	十一	十二	十三	十四	十五	十六	十七	十八	十九	二十	二一	二二	二三	二四	二五	二六	二七	二八	二九	三十	節氣與天象
正月大 甲寅	天干地支西曆	乙巳3	丙午4	丁未5	戊申6	己酉7	庚戌8	辛亥9	壬子10	癸丑11	甲寅12	乙卯13	丙辰14	丁巳15	戊午16	己未17	庚申18	辛酉19	壬戌20	癸亥21	甲子22	乙丑23	丙寅24	丁卯25	戊辰26	己巳27	庚午28	辛未(3)	壬申2	癸酉3	甲戌4	甲寅立春
二月小 乙卯	天干地支西曆	乙亥5	丙子6	丁丑7	戊寅8	己卯9	庚辰10	辛巳11	壬午12	癸未13	甲申14	乙酉15	丙戌16	丁亥17	戊子18	己丑19	庚寅20	辛卯21	壬辰22	癸巳23	甲午24	乙未25	丙申26	丁酉27	戊戌28	己亥29	庚子30	辛丑31	壬寅(4)	癸卯2		辛丑春分
三月大 丙辰	天干地支西曆	甲辰3	乙巳4	丙午5	丁未6	戊申7	己酉8	庚戌9	辛亥10	壬子11	癸丑12	甲寅13	乙卯14	丙辰15	丁巳16	戊午17	己未18	庚申19	辛酉20	壬戌21	癸亥22	甲子23	乙丑24	丙寅25	丁卯26	戊辰27	己巳28	庚午29	辛未30	壬申(5)	癸酉2	
四月小 丁巳	天干地支西曆	甲戌3	乙亥4	丙子5	丁丑6	戊寅7	己卯8	庚辰9	辛巳10	壬午11	癸未12	甲申13	乙酉14	丙戌15	丁亥16	戊子17	己丑18	庚寅19	辛卯20	壬辰21	癸巳22	甲午23	乙未24	丙申25	丁酉26	戊戌27	己亥28	庚子29	辛丑30	壬寅31		戊子立夏
五月小 戊午	天干地支西曆	癸卯(6)	甲辰2	乙巳3	丙午4	丁未5	戊申6	己酉7	庚戌8	辛亥9	壬子10	癸丑11	甲寅12	乙卯13	丙辰14	丁巳15	戊午16	己未17	庚申18	辛酉19	壬戌20	癸亥21	甲子22	乙丑23	丙寅24	丁卯25	戊辰26	己巳27	庚午28	辛未29		
閏五月大 戊午	天干地支西曆	壬申30	癸酉(7)	甲戌2	乙亥3	丙子4	丁丑5	戊寅6	己卯7	庚辰8	辛巳9	壬午10	癸未11	甲申12	乙酉13	丙戌14	丁亥15	戊子16	己丑17	庚寅18	辛卯19	壬辰20	癸巳21	甲午22	乙未23	丙申24	丁酉25	戊戌26	己亥27	庚子28	辛丑29	乙亥夏至
六月小 己未	天干地支西曆	壬寅30	癸卯31	甲辰(8)	乙巳2	丙午3	丁未4	戊申5	己酉6	庚戌7	辛亥8	壬子9	癸丑10	甲寅11	乙卯12	丙辰13	丁巳14	戊午15	己未16	庚申17	辛酉18	壬戌19	癸亥20	甲子21	乙丑22	丙寅23	丁卯24	戊辰25	己巳26	庚午27		辛酉立秋
七月小 庚申	天干地支西曆	辛未28	壬申29	癸酉30	甲戌31	乙亥(9)	丙子2	丁丑3	戊寅4	己卯5	庚辰6	辛巳7	壬午8	癸未9	甲申10	乙酉11	丙戌12	丁亥13	戊子14	己丑15	庚寅16	辛卯17	壬辰18	癸巳19	甲午20	乙未21	丙申22	丁酉23	戊戌24	己亥25		
八月大 辛酉	天干地支西曆	庚子26	辛丑27	壬寅28	癸卯29	甲辰30	乙巳(10)	丙午2	丁未3	戊申4	己酉5	庚戌6	辛亥7	壬子8	癸丑9	甲寅10	乙卯11	丙辰12	丁巳13	戊午14	己未15	庚申16	辛酉17	壬戌18	癸亥19	甲子20	乙丑21	丙寅22	丁卯23	戊辰24	己巳25	丙午秋分
九月大 壬戌	天干地支西曆	庚午26	辛未27	壬申28	癸酉29	甲戌30	乙亥31	丙子(11)	丁丑2	戊寅3	己卯4	庚辰5	辛巳6	壬午7	癸未8	甲申9	乙酉10	丙戌11	丁亥12	戊子13	己丑14	庚寅15	辛卯16	壬辰17	癸巳18	甲午19	乙未20	丙申21	丁酉22	戊戌23	己亥24	辛卯立冬
十月小 癸亥	天干地支西曆	庚子25	辛丑26	壬寅27	癸卯28	甲辰29	乙巳30	丙午(12)	丁未2	戊申3	己酉4	庚戌5	辛亥6	壬子7	癸丑8	甲寅9	乙卯10	丙辰11	丁巳12	戊午13	己未14	庚申15	辛酉16	壬戌17	癸亥18	甲子19	乙丑20	丙寅21	丁卯22	戊辰23		
十一月大 甲子	天干地支西曆	己巳24	庚午25	辛未26	壬申27	癸酉28	甲戌29	乙亥30	丙子31	丁丑(1)	戊寅2	己卯3	庚辰4	辛巳5	壬午6	癸未7	甲申8	乙酉9	丙戌10	丁亥11	戊子12	己丑13	庚寅14	辛卯15	壬辰16	癸巳17	甲午18	乙未19	丙申20	丁酉21	戊戌22	乙亥冬至
十二月大 乙丑	天干地支西曆	己亥23	庚子24	辛丑25	壬寅26	癸卯27	甲辰28	乙巳29	丙午30	丁未31	戊申(2)	己酉2	庚戌3	辛亥4	壬子5	癸丑6	甲寅7	乙卯8	丙辰9	丁巳10	戊午11	己未12	庚申13	辛酉14	壬戌15	癸亥16	甲子17	乙丑18	丙寅19	丁卯20	戊辰21	庚申立春

年代異同	史記魯世家	漢書律曆志	帝王世紀	竹書紀年	皇極經世	文獻通考	歷代帝王年表	歷代統紀表	中國年曆總譜	西周年代	斷代工程
	周穆王三十二年		周恭王三年	周穆王二十五年	周共王九年	周共王九年	周共王九年	周共王九年	周孝王十七年	周穆王四十八年	周穆王三十九年

周穆王三十四年（甲申 猴年） 公元前937 ~ 前936年

夏曆月序		中西曆日對照	初一	初二	初三	初四	初五	初六	初七	初八	初九	初十	十一	十二	十三	十四	十五	十六	十七	十八	十九	二十	二一	二二	二三	二四	二五	二六	二七	二八	二九	三十	節氣與天象
正月小	丙寅	干支 天地 西曆	己巳22	庚午23	辛未24	壬申25	癸酉26	甲戌27	乙亥28	丙子29	丁丑(3)	戊寅2	己卯3	庚辰4	辛巳5	壬午6	癸未7	甲申8	乙酉9	丙戌10	丁亥11	戊子12	己丑13	庚寅14	辛卯15	壬辰16	癸巳17	甲午18	乙未19	丙申20	丁酉21		
二月大	丁卯	干支 天地 西曆	戊戌22	己亥23	庚子24	辛丑25	壬寅26	癸卯27	甲辰28	乙巳29	丙午30	丁未31	戊申(4)	己酉2	庚戌3	辛亥4	壬子5	癸丑6	甲寅7	乙卯8	丙辰9	丁巳10	戊午11	己未12	庚申13	辛酉14	壬戌15	癸亥16	甲子17	乙丑18	丙寅19	丁卯20	丙午春分
三月大	戊辰	干支 天地 西曆	戊辰21	己巳22	庚午23	辛未24	壬申25	癸酉26	甲戌27	乙亥28	丙子29	丁丑30	戊寅(5)	己卯2	庚辰3	辛巳4	壬午5	癸未6	甲申7	乙酉8	丙戌9	丁亥10	戊子11	己丑12	庚寅13	辛卯14	壬辰15	癸巳16	甲午17	乙未18	丙申19	丁酉20	癸巳立夏 戊辰日食
四月小	己巳	干支 天地 西曆	戊戌21	己亥22	庚子23	辛丑24	壬寅25	癸卯26	甲辰27	乙巳28	丙午29	丁未30	戊申31	己酉(6)	庚戌2	辛亥3	壬子4	癸丑5	甲寅6	乙卯7	丙辰8	丁巳9	戊午10	己未11	庚申12	辛酉13	壬戌14	癸亥15	甲子16	乙丑17	丙寅18		
五月小	庚午	干支 天地 西曆	丁卯19	戊辰20	己巳21	庚午22	辛未23	壬申24	癸酉25	甲戌26	乙亥27	丙子28	丁丑29	戊寅30	己卯(7)	庚辰2	辛巳3	壬午4	癸未5	甲申6	乙酉7	丙戌8	丁亥9	戊子10	己丑11	庚寅12	辛卯13	壬辰14	癸巳15	甲午16	乙未17		庚辰夏至
六月大	辛未	干支 天地 西曆	丙申18	丁酉19	戊戌20	己亥21	庚子22	辛丑23	壬寅24	癸卯25	甲辰26	乙巳27	丙午28	丁未29	戊申30	己酉31	庚戌(8)	辛亥2	壬子3	癸丑4	甲寅5	乙卯6	丙辰7	丁巳8	戊午9	己未10	庚申11	辛酉12	壬戌13	癸亥14	甲子15	乙丑16	
七月小	壬申	干支 天地 西曆	丙寅17	丁卯18	戊辰19	己巳20	庚午21	辛未22	壬申23	癸酉24	甲戌25	乙亥26	丙子27	丁丑28	戊寅29	己卯30	庚辰31	辛巳(9)	壬午2	癸未3	甲申4	乙酉5	丙戌6	丁亥7	戊子8	己丑9	庚寅10	辛卯11	壬辰12	癸巳13	甲午14		丙寅立秋
八月小	癸酉	干支 天地 西曆	乙未15	丙申16	丁酉17	戊戌18	己亥19	庚子20	辛丑21	壬寅22	癸卯23	甲辰24	乙巳25	丙午26	丁未27	戊申28	己酉29	庚戌30	辛亥(10)	壬子2	癸丑3	甲寅4	乙卯5	丙辰6	丁巳7	戊午8	己未9	庚申10	辛酉11	壬戌12	癸亥13		壬子秋分
九月大	甲戌	干支 天地 西曆	甲子14	乙丑15	丙寅16	丁卯17	戊辰18	己巳19	庚午20	辛未21	壬申22	癸酉23	甲戌24	乙亥25	丙子26	丁丑27	戊寅28	己卯29	庚辰30	辛巳31	壬午(11)	癸未2	甲申3	乙酉4	丙戌5	丁亥6	戊子7	己丑8	庚寅9	辛卯10	壬辰11	癸巳12	
十月大	乙亥	干支 天地 西曆	甲午13	乙未14	丙申15	丁酉16	戊戌17	己亥18	庚子19	辛丑20	壬寅21	癸卯22	甲辰23	乙巳24	丙午25	丁未26	戊申27	己酉28	庚戌29	辛亥30	壬子(12)	癸丑2	甲寅3	乙卯4	丙辰5	丁巳6	戊午7	己未8	庚申9	辛酉10	壬戌11	癸亥12	丙申立冬
十一月小	丙子	干支 天地 西曆	甲子13	乙丑14	丙寅15	丁卯16	戊辰17	己巳18	庚午19	辛未20	壬申21	癸酉22	甲戌23	乙亥24	丙子25	丁丑26	戊寅27	己卯28	庚辰29	辛巳30	壬午31	癸未(1)	甲申2	乙酉3	丙戌4	丁亥5	戊子6	己丑7	庚寅8	辛卯9	壬辰10		庚辰冬至
十二月大	丁丑	干支 天地 西曆	癸巳11	甲午12	乙未13	丙申14	丁酉15	戊戌16	己亥17	庚子18	辛丑19	壬寅20	癸卯21	甲辰22	乙巳23	丙午24	丁未25	戊申26	己酉27	庚戌28	辛亥29	壬子30	癸丑31	甲寅(2)	乙卯2	丙辰3	丁巳4	戊午5	己未6	庚申7	辛酉8	壬戌9	

年代異同	史記魯世家	漢書律曆志	帝王世紀	竹書紀年	皇極經世	文獻通考	歷代帝王年表	歷代統紀表	中國年曆總譜	西周年代	斷代工程
	周穆王三十三年		周恭王四年	周穆王二十六年	周共王十年	周共王十年	周共王十年	周共王十年	周孝王十八年	周穆王四十九年	周穆王四十年

周穆王三十五年（乙酉 鷄年） 公元前 936 ~ 前 935 年

夏曆月序		中西曆日對照	初一	初二	初三	初四	初五	初六	初七	初八	初九	初十	十一	十二	十三	十四	十五	十六	十七	十八	十九	二十	二一	二二	二三	二四	二五	二六	二七	二八	二九	三十	節氣與天象
正月小	戊寅	干支曆 天地西	癸亥10	甲子11	乙丑12	丙寅13	丁卯14	戊辰15	己巳16	庚午17	辛未18	壬申19	癸酉20	甲戌21	乙亥22	丙子23	丁丑24	戊寅25	己卯26	庚辰27	辛巳28	壬午(3)	癸未2	甲申3	乙酉4	丙戌5	丁亥6	戊子7	己丑8	庚寅9	辛卯10		乙丑立春
二月大	己卯	干支曆 天地西	壬辰11	癸巳12	甲午13	乙未14	丙申15	丁酉16	戊戌17	己亥18	庚子19	辛丑20	壬寅21	癸卯22	甲辰23	乙巳24	丙午25	丁未26	戊申27	己酉28	庚戌29	辛亥30	壬子31	癸丑(4)	甲寅2	乙卯3	丙辰4	丁巳5	戊午6	己未7	庚申8	辛酉9	辛亥春分
三月大	庚辰	干支曆 天地西	壬戌10	癸亥11	甲子12	乙丑13	丙寅14	丁卯15	戊辰16	己巳17	庚午18	辛未19	壬申20	癸酉21	甲戌22	乙亥23	丙子24	丁丑25	戊寅26	己卯27	庚辰28	辛巳29	壬午30	癸未(5)	甲申2	乙酉3	丙戌4	丁亥5	戊子6	己丑7	庚寅8	辛卯9	壬戌日食
四月小	辛巳	干支曆 天地西	壬辰10	癸巳11	甲午12	乙未13	丙申14	丁酉15	戊戌16	己亥17	庚子18	辛丑19	壬寅20	癸卯21	甲辰22	乙巳23	丙午24	丁未25	戊申26	己酉27	庚戌28	辛亥29	壬子30	癸丑31	甲寅(6)	乙卯2	丙辰3	丁巳4	戊午5	己未6	庚申7		戊戌立夏
五月大	壬午	干支曆 天地西	辛酉8	壬戌9	癸亥10	甲子11	乙丑12	丙寅13	丁卯14	戊辰15	己巳16	庚午17	辛未18	壬申19	癸酉20	甲戌21	乙亥22	丙子23	丁丑24	戊寅25	己卯26	庚辰27	辛巳28	壬午29	癸未30	甲申(7)	乙酉2	丙戌3	丁亥4	戊子5	己丑6	庚寅7	乙酉夏至
六月小	癸未	干支曆 天地西	辛卯8	壬辰9	癸巳10	甲午11	乙未12	丙申13	丁酉14	戊戌15	己亥16	庚子17	辛丑18	壬寅19	癸卯20	甲辰21	乙巳22	丙午23	丁未24	戊申25	己酉26	庚戌27	辛亥28	壬子29	癸丑30	甲寅31	乙卯(8)	丙辰2	丁巳3	戊午4	己未5		
七月大	甲申	干支曆 天地西	庚申6	辛酉7	壬戌8	癸亥9	甲子10	乙丑11	丙寅12	丁卯13	戊辰14	己巳15	庚午16	辛未17	壬申18	癸酉19	甲戌20	乙亥21	丙子22	丁丑23	戊寅24	己卯25	庚辰26	辛巳27	壬午28	癸未29	甲申30	乙酉31	丙戌(9)	丁亥2	戊子3	己丑4	壬申立秋
八月小	乙酉	干支曆 天地西	庚寅5	辛卯6	壬辰7	癸巳8	甲午9	乙未10	丙申11	丁酉12	戊戌13	己亥14	庚子15	辛丑16	壬寅17	癸卯18	甲辰19	乙巳20	丙午21	丁未22	戊申23	己酉24	庚戌25	辛亥26	壬子27	癸丑28	甲寅29	乙卯30	丙辰(10)	丁巳2	戊午3		丁巳秋分
九月大	丙戌	干支曆 天地西	己未4	庚申5	辛酉6	壬戌7	癸亥8	甲子9	乙丑10	丙寅11	丁卯12	戊辰13	己巳14	庚午15	辛未16	壬申17	癸酉18	甲戌19	乙亥20	丙子21	丁丑22	戊寅23	己卯24	庚辰25	辛巳26	壬午27	癸未28	甲申29	乙酉30	丙戌31	丁亥(11)	戊子2	
十月小	丁亥	干支曆 天地西	己丑3	庚寅4	辛卯5	壬辰6	癸巳7	甲午8	乙未9	丙申10	丁酉11	戊戌12	己亥13	庚子14	辛丑15	壬寅16	癸卯17	甲辰18	乙巳19	丙午20	丁未21	戊申22	己酉23	庚戌24	辛亥25	壬子26	癸丑27	甲寅28	乙卯29	丙辰30	丁巳(12)		辛丑立冬
十一月大	戊子	干支曆 天地西	戊午2	己未3	庚申4	辛酉5	壬戌6	癸亥7	甲子8	乙丑9	丙寅10	丁卯11	戊辰12	己巳13	庚午14	辛未15	壬申16	癸酉17	甲戌18	乙亥19	丙子20	丁丑21	戊寅22	己卯23	庚辰24	辛巳25	壬午26	癸未27	甲申28	乙酉29	丙戌30	丁亥31	乙酉冬至
十二月小	己丑	干支曆 天地西	戊子(1)	己丑2	庚寅3	辛卯4	壬辰5	癸巳6	甲午7	乙未8	丙申9	丁酉10	戊戌11	己亥12	庚子13	辛丑14	壬寅15	癸卯16	甲辰17	乙巳18	丙午19	丁未20	戊申21	己酉22	庚戌23	辛亥24	壬子25	癸丑26	甲寅27	乙卯28	丙辰29		

年代異同	史記魯世家	漢書律曆志	帝王世紀	竹書紀年	皇極經世	文獻通考	歷代帝王年表	歷代統紀表	中國年曆總譜	西周年代	斷代工程
	周穆王三十四年		周恭王五年	周穆王二十七年	周共王十一年	周共王十一年	周共王十一年	周共王十一年	周孝王十九年	周穆王五十年	周穆王四十一年

周穆王三十六年（丙戌 狗年） 公元前935 ~ 前934年

夏曆月序		中西曆日對照	初一	初二	初三	初四	初五	初六	初七	初八	初九	初十	十一	十二	十三	十四	十五	十六	十七	十八	十九	二十	二一	二二	二三	二四	二五	二六	二七	二八	二九	三十	節氣與天象
正月大	庚寅	天干地支 西曆	丁巳 30	戊午 31	己未 (2)	庚申 2	辛酉 3	壬戌 4	癸亥 5	甲子 6	乙丑 7	丙寅 8	丁卯 9	戊辰 10	己巳 11	庚午 12	辛未 13	壬申 14	癸酉 15	甲戌 16	乙亥 17	丙子 18	丁丑 19	戊寅 20	己卯 21	庚辰 22	辛巳 23	壬午 24	癸未 25	甲申 26	乙酉 27	丙戌 28	庚午立春
二月小	辛卯	天干地支 西曆	丁亥 (3)	戊子 2	己丑 3	庚寅 4	辛卯 5	壬辰 6	癸巳 7	甲午 8	乙未 9	丙申 10	丁酉 11	戊戌 12	己亥 13	庚子 14	辛丑 15	壬寅 16	癸卯 17	甲辰 18	乙巳 19	丙午 20	丁未 21	戊申 22	己酉 23	庚戌 24	辛亥 25	壬子 26	癸丑 27	甲寅 28	乙卯 29		
閏二月大	辛卯	天干地支 西曆	丙辰 30	丁巳 31	戊午 (4)	己未 2	庚申 3	辛酉 4	壬戌 5	癸亥 6	甲子 7	乙丑 8	丙寅 9	丁卯 10	戊辰 11	己巳 12	庚午 13	辛未 14	壬申 15	癸酉 16	甲戌 17	乙亥 18	丙子 19	丁丑 20	戊寅 21	己卯 22	庚辰 23	辛巳 24	壬午 25	癸未 26	甲申 27	乙酉 28	丙辰春分
三月小	壬辰	天干地支 西曆	丙戌 29	丁亥 30	戊子 (5)	己丑 2	庚寅 3	辛卯 4	壬辰 5	癸巳 6	甲午 7	乙未 8	丙申 9	丁酉 10	戊戌 11	己亥 12	庚子 13	辛丑 14	壬寅 15	癸卯 16	甲辰 17	乙巳 18	丙午 19	丁未 20	戊申 21	己酉 22	庚戌 23	辛亥 24	壬子 25	癸丑 26	甲寅 27		癸卯立夏
四月大	癸巳	天干地支 西曆	乙卯 28	丙辰 29	丁巳 30	戊午 31	己未 (6)	庚申 2	辛酉 3	壬戌 4	癸亥 5	甲子 6	乙丑 7	丙寅 8	丁卯 9	戊辰 10	己巳 11	庚午 12	辛未 13	壬申 14	癸酉 15	甲戌 16	乙亥 17	丙子 18	丁丑 19	戊寅 20	己卯 21	庚辰 22	辛巳 23	壬午 24	癸未 25	甲申 26	
五月大	甲午	天干地支 西曆	乙酉 27	丙戌 28	丁亥 29	戊子 30	己丑 (7)	庚寅 2	辛卯 3	壬辰 4	癸巳 5	甲午 6	乙未 7	丙申 8	丁酉 9	戊戌 10	己亥 11	庚子 12	辛丑 13	壬寅 14	癸卯 15	甲辰 16	乙巳 17	丙午 18	丁未 19	戊申 20	己酉 21	庚戌 22	辛亥 23	壬子 24	癸丑 25	甲寅 26	庚寅夏至
六月小	乙未	天干地支 西曆	乙卯 27	丙辰 28	丁巳 29	戊午 30	己未 31	庚申 (8)	辛酉 2	壬戌 3	癸亥 4	甲子 5	乙丑 6	丙寅 7	丁卯 8	戊辰 9	己巳 10	庚午 11	辛未 12	壬申 13	癸酉 14	甲戌 15	乙亥 16	丙子 17	丁丑 18	戊寅 19	己卯 20	庚辰 21	辛巳 22	壬午 23	癸未 24		丁丑立秋
七月大	丙申	天干地支 西曆	甲申 25	乙酉 26	丙戌 27	丁亥 28	戊子 29	己丑 30	庚寅 31	辛卯 (9)	壬辰 2	癸巳 3	甲午 4	乙未 5	丙申 6	丁酉 7	戊戌 8	己亥 9	庚子 10	辛丑 11	壬寅 12	癸卯 13	甲辰 14	乙巳 15	丙午 16	丁未 17	戊申 18	己酉 19	庚戌 20	辛亥 21	壬子 22	癸丑 23	
八月小	丁酉	天干地支 西曆	甲寅 24	乙卯 25	丙辰 26	丁巳 27	戊午 28	己未 29	庚申 30	辛酉 (10)	壬戌 2	癸亥 3	甲子 4	乙丑 5	丙寅 6	丁卯 7	戊辰 8	己巳 9	庚午 10	辛未 11	壬申 12	癸酉 13	甲戌 14	乙亥 15	丙子 16	丁丑 17	戊寅 18	己卯 19	庚辰 20	辛巳 21	壬午 22		壬戌秋分
九月大	戊戌	天干地支 西曆	癸未 23	甲申 24	乙酉 25	丙戌 26	丁亥 27	戊子 28	己丑 29	庚寅 30	辛卯 31	壬辰 (11)	癸巳 2	甲午 3	乙未 4	丙申 5	丁酉 6	戊戌 7	己亥 8	庚子 9	辛丑 10	壬寅 11	癸卯 12	甲辰 13	乙巳 14	丙午 15	丁未 16	戊申 17	己酉 18	庚戌 19	辛亥 20	壬子 21	丙午立冬
十月小	己亥	天干地支 西曆	癸丑 22	甲寅 23	乙卯 24	丙辰 25	丁巳 26	戊午 27	己未 28	庚申 29	辛酉 30	壬戌 (12)	癸亥 2	甲子 3	乙丑 4	丙寅 5	丁卯 6	戊辰 7	己巳 8	庚午 9	辛未 10	壬申 11	癸酉 12	甲戌 13	乙亥 14	丙子 15	丁丑 16	戊寅 17	己卯 18	庚辰 19	辛巳 20		
十一月大	庚子	天干地支 西曆	壬午 21	癸未 22	甲申 23	乙酉 24	丙戌 25	丁亥 26	戊子 27	己丑 28	庚寅 29	辛卯 30	壬辰 31	癸巳 (1)	甲午 2	乙未 3	丙申 4	丁酉 5	戊戌 6	己亥 7	庚子 8	辛丑 9	壬寅 10	癸卯 11	甲辰 12	乙巳 13	丙午 14	丁未 15	戊申 16	己酉 17	庚戌 18	辛亥 19	辛卯冬至
十二月小	辛丑	天干地支 西曆	壬子 20	癸丑 21	甲寅 22	乙卯 23	丙辰 24	丁巳 25	戊午 26	己未 27	庚申 28	辛酉 29	壬戌 30	癸亥 31	甲子 (2)	乙丑 2	丙寅 3	丁卯 4	戊辰 5	己巳 6	庚午 7	辛未 8	壬申 9	癸酉 10	甲戌 11	乙亥 12	丙子 13	丁丑 14	戊寅 15	己卯 16	庚辰 17		乙亥立春

年代異同	史記魯世家	漢書律曆志	帝王世紀	竹書紀年	皇極經世	文獻通考	歷代帝王年表	歷代統紀表	中國年曆總譜	西周年代	斷代工程
	周穆王三十五年		周恭王六年	周穆王二十八年	周共王十二年	周共王十二年	周共王十二年	周共王十二年	周孝王二十年	周穆王五十一年	周穆王四十二年

周穆王三十七年（丁亥 猪年） 公元前934 ~ 前933年

夏曆月序		西曆中日對照	初一	初二	初三	初四	初五	初六	初七	初八	初九	初十	十一	十二	十三	十四	十五	十六	十七	十八	十九	二十	二一	二二	二三	二四	二五	二六	二七	二八	二九	三十	節氣與天象
正月小	壬寅	天干 地支 西曆	辛巳18	壬午19	癸未20	甲申21	乙酉22	丙戌23	丁亥24	戊子25	己丑26	庚寅27	辛卯28	壬辰(3)	癸巳2	甲午3	乙未4	丙申5	丁酉6	戊戌7	己亥8	庚子9	辛丑10	壬寅11	癸卯12	甲辰13	乙巳14	丙午15	丁未16	戊申17	己酉18		
二月大	癸卯	天干 地支 西曆	庚戌19	辛亥20	壬子21	癸丑22	甲寅23	乙卯24	丙辰25	丁巳26	戊午27	己未28	庚申29	辛酉30	壬戌31	癸亥(4)	甲子2	乙丑3	丙寅4	丁卯5	戊辰6	己巳7	庚午8	辛未9	壬申10	癸酉11	甲戌12	乙亥13	丙子14	丁丑15	戊寅16	己卯17	辛酉春分
三月大	甲辰	天干 地支 西曆	庚辰18	辛巳19	壬午20	癸未21	甲申22	乙酉23	丙戌24	丁亥25	戊子26	己丑27	庚寅28	辛卯29	壬辰30	癸巳(5)	甲午2	乙未3	丙申4	丁酉5	戊戌6	己亥7	庚子8	辛丑9	壬寅10	癸卯11	甲辰12	乙巳13	丙午14	丁未15	戊申16	己酉17	己酉立夏
四月小	乙巳	天干 地支 西曆	庚戌18	辛亥19	壬子20	癸丑21	甲寅22	乙卯23	丙辰24	丁巳25	戊午26	己未27	庚申28	辛酉29	壬戌30	癸亥31	甲子(6)	乙丑2	丙寅3	丁卯4	戊辰5	己巳6	庚午7	辛未8	壬申9	癸酉10	甲戌11	乙亥12	丙子13	丁丑14	戊寅15		
五月大	丙午	天干 地支 西曆	己卯16	庚辰17	辛巳18	壬午19	癸未20	甲申21	乙酉22	丙戌23	丁亥24	戊子25	己丑26	庚寅27	辛卯28	壬辰29	癸巳30	甲午(7)	乙未2	丙申3	丁酉4	戊戌5	己亥6	庚子7	辛丑8	壬寅9	癸卯10	甲辰11	乙巳12	丙午13	丁未14	戊申15	丙申夏至
六月小	丁未	天干 地支 西曆	己酉16	庚戌17	辛亥18	壬子19	癸丑20	甲寅21	乙卯22	丙辰23	丁巳24	戊午25	己未26	庚申27	辛酉28	壬戌29	癸亥30	甲子31	乙丑(8)	丙寅2	丁卯3	戊辰4	己巳5	庚午6	辛未7	壬申8	癸酉9	甲戌10	乙亥11	丙子12	丁丑13		
七月大	戊申	天干 地支 西曆	戊寅14	己卯15	庚辰16	辛巳17	壬午18	癸未19	甲申20	乙酉21	丙戌22	丁亥23	戊子24	己丑25	庚寅26	辛卯27	壬辰28	癸巳29	甲午30	乙未31	丙申(9)	丁酉2	戊戌3	己亥4	庚子5	辛丑6	壬寅7	癸卯8	甲辰9	乙巳10	丙午11	丁未12	壬午立秋
八月大	己酉	天干 地支 西曆	戊申13	己酉14	庚戌15	辛亥16	壬子17	癸丑18	甲寅19	乙卯20	丙辰21	丁巳22	戊午23	己未24	庚申25	辛酉26	壬戌27	癸亥28	甲子29	乙丑30	丙寅(10)	丁卯2	戊辰3	己巳4	庚午5	辛未6	壬申7	癸酉8	甲戌9	乙亥10	丙子11	丁丑12	丁卯秋分
九月小	庚戌	天干 地支 西曆	戊寅13	己卯14	庚辰15	辛巳16	壬午17	癸未18	甲申19	乙酉20	丙戌21	丁亥22	戊子23	己丑24	庚寅25	辛卯26	壬辰27	癸巳28	甲午29	乙未30	丙申31	丁酉(11)	戊戌2	己亥3	庚子4	辛丑5	壬寅6	癸卯7	甲辰8	乙巳9	丙午10		
十月大	辛亥	天干 地支 西曆	丁未11	戊申12	己酉13	庚戌14	辛亥15	壬子16	癸丑17	甲寅18	乙卯19	丙辰20	丁巳21	戊午22	己未23	庚申24	辛酉25	壬戌26	癸亥27	甲子28	乙丑29	丙寅30	丁卯(12)	戊辰2	己巳3	庚午4	辛未5	壬申6	癸酉7	甲戌8	乙亥9	丙子10	壬子立冬
十一月小	壬子	天干 地支 西曆	丁丑11	戊寅12	己卯13	庚辰14	辛巳15	壬午16	癸未17	甲申18	乙酉19	丙戌20	丁亥21	戊子22	己丑23	庚寅24	辛卯25	壬辰26	癸巳27	甲午28	乙未29	丙申30	丁酉31	戊戌(1)	己亥2	庚子3	辛丑4	壬寅5	癸卯6	甲辰7	乙巳8		丙申冬至
十二月大	癸丑	天干 地支 西曆	丙午9	丁未10	戊申11	己酉12	庚戌13	辛亥14	壬子15	癸丑16	甲寅17	乙卯18	丙辰19	丁巳20	戊午21	己未22	庚申23	辛酉24	壬戌25	癸亥26	甲子27	乙丑28	丙寅29	丁卯30	戊辰31	己巳(2)	庚午2	辛未3	壬申4	癸酉5	甲戌6	乙亥7	

年代異同	史記魯世家	漢書律曆志	帝王世紀	竹書紀年	皇極經世	文獻通考	歷代帝王年表	歷代統紀表	中國年曆總譜	西周年代	斷代工程
	周穆王三十六年		周恭王七年	周穆王二十九年	周懿王元年	周懿王元年	周懿王元年	周懿王元年	周孝王二十一年	周穆王五十二年	周穆王四十三年

周穆王三十八年（戊子 鼠年） 公元前 933 ~ 前 932 年

夏曆月序		中西曆日對照	初一	初二	初三	初四	初五	初六	初七	初八	初九	初十	十一	十二	十三	十四	十五	十六	十七	十八	十九	二十	二一	二二	二三	二四	二五	二六	二七	二八	二九	三十	節氣與天象
正月小	甲寅	天干地支西曆	丙子8	丁丑9	戊寅10	己卯11	庚辰12	辛巳13	壬午14	癸未15	甲申16	乙酉17	丙戌18	丁亥19	戊子20	己丑21	庚寅22	辛卯23	壬辰24	癸巳25	甲午26	乙未27	丙申28	丁酉29	戊戌(3)	己亥2	庚子3	辛丑4	壬寅5	癸卯6	甲辰7		辛巳立春
二月小	乙卯	天干地支西曆	乙巳8	丙午9	丁未10	戊申11	己酉12	庚戌13	辛亥14	壬子15	癸丑16	甲寅17	乙卯18	丙辰19	丁巳20	戊午21	己未22	庚申23	辛酉24	壬戌25	癸亥26	甲子27	乙丑28	丙寅29	丁卯30	戊辰31	己巳(4)	庚午2	辛未3	壬申4	癸酉5		丁卯春分
三月大	丙辰	天干地支西曆	甲戌6	乙亥7	丙子8	丁丑9	戊寅10	己卯11	庚辰12	辛巳13	壬午14	癸未15	甲申16	乙酉17	丙戌18	丁亥19	戊子20	己丑21	庚寅22	辛卯23	壬辰24	癸巳25	甲午26	乙未27	丙申28	丁酉29	戊戌30	己亥(5)	庚子2	辛丑3	壬寅4	癸卯5	
四月小	丁巳	天干地支西曆	甲辰6	乙巳7	丙午8	丁未9	戊申10	己酉11	庚戌12	辛亥13	壬子14	癸丑15	甲寅16	乙卯17	丙辰18	丁巳19	戊午20	己未21	庚申22	辛酉23	壬戌24	癸亥25	甲子26	乙丑27	丙寅28	丁卯29	戊辰30	己巳31	庚午(6)	辛未2	壬申3		甲寅立夏
五月大	戊午	天干地支西曆	癸酉4	甲戌5	乙亥6	丙子7	丁丑8	戊寅9	己卯10	庚辰11	辛巳12	壬午13	癸未14	甲申15	乙酉16	丙戌17	丁亥18	戊子19	己丑20	庚寅21	辛卯22	壬辰23	癸巳24	甲午25	乙未26	丙申27	丁酉28	戊戌29	己亥30	庚子(7)	辛丑2	壬寅3	辛丑夏至
六月小	己未	天干地支西曆	癸卯4	甲辰5	乙巳6	丙午7	丁未8	戊申9	己酉10	庚戌11	辛亥12	壬子13	癸丑14	甲寅15	乙卯16	丙辰17	丁巳18	戊午19	己未20	庚申21	辛酉22	壬戌23	癸亥24	甲子25	乙丑26	丙寅27	丁卯28	戊辰29	己巳30	庚午31	辛未(8)		
七月大	庚申	天干地支西曆	壬申2	癸酉3	甲戌4	乙亥5	丙子6	丁丑7	戊寅8	己卯9	庚辰10	辛巳11	壬午12	癸未13	甲申14	乙酉15	丙戌16	丁亥17	戊子18	己丑19	庚寅20	辛卯21	壬辰22	癸巳23	甲午24	乙未25	丙申26	丁酉27	戊戌28	己亥29	庚子30	辛丑31	丁亥立秋
八月大	辛酉	天干地支西曆	壬寅(9)	癸卯2	甲辰3	乙巳4	丙午5	丁未6	戊申7	己酉8	庚戌9	辛亥10	壬子11	癸丑12	甲寅13	乙卯14	丙辰15	丁巳16	戊午17	己未18	庚申19	辛酉20	壬戌21	癸亥22	甲子23	乙丑24	丙寅25	丁卯26	戊辰27	己巳28	庚午29	辛未30	
九月大	壬戌	天干地支西曆	壬申(10)	癸酉2	甲戌3	乙亥4	丙子5	丁丑6	戊寅7	己卯8	庚辰9	辛巳10	壬午11	癸未12	甲申13	乙酉14	丙戌15	丁亥16	戊子17	己丑18	庚寅19	辛卯20	壬辰21	癸巳22	甲午23	乙未24	丙申25	丁酉26	戊戌27	己亥28	庚子29	辛丑30	癸酉秋分
閏九月小	壬戌	天干地支西曆	壬寅31	癸卯(11)	甲辰2	乙巳3	丙午4	丁未5	戊申6	己酉7	庚戌8	辛亥9	壬子10	癸丑11	甲寅12	乙卯13	丙辰14	丁巳15	戊午16	己未17	庚申18	辛酉19	壬戌20	癸亥21	甲子22	乙丑23	丙寅24	丁卯25	戊辰26	己巳27	庚午28		丁巳立冬
十月大	癸亥	天干地支西曆	辛未29	壬申30	癸酉(12)	甲戌2	乙亥3	丙子4	丁丑5	戊寅6	己卯7	庚辰8	辛巳9	壬午10	癸未11	甲申12	乙酉13	丙戌14	丁亥15	戊子16	己丑17	庚寅18	辛卯19	壬辰20	癸巳21	甲午22	乙未23	丙申24	丁酉25	戊戌26	己亥27	庚子28	
十一月小	甲子	天干地支西曆	辛丑29	壬寅30	癸卯31	甲辰(1)	乙巳2	丙午3	丁未4	戊申5	己酉6	庚戌7	辛亥8	壬子9	癸丑10	甲寅11	乙卯12	丙辰13	丁巳14	戊午15	己未16	庚申17	辛酉18	壬戌19	癸亥20	甲子21	乙丑22	丙寅23	丁卯24	戊辰25	己巳26		辛丑冬至
十二月大	乙丑	天干地支西曆	庚午27	辛未28	壬申29	癸酉30	甲戌31	乙亥(2)	丙子2	丁丑3	戊寅4	己卯5	庚辰6	辛巳7	壬午8	癸未9	甲申10	乙酉11	丙戌12	丁亥13	戊子14	己丑15	庚寅16	辛卯17	壬辰18	癸巳19	甲午20	乙未21	丙申22	丁酉23	戊戌24	己亥25	丙戌立春

年代異同	史記魯世家	漢書律曆志	帝王世紀	竹書紀年	皇極經世	文獻通考	歷代帝王年表	歷代統紀表	中國年曆總譜	西周年代	斷代工程
	周穆王三十七年		周恭王八年	周穆王三十年	周懿王二年	周懿王二年	周懿王二年	周懿王二年	周孝王二十二年	周穆王五十三年	周穆王四十四年

周穆王三十九年（己丑 牛年） 公元前932 ~ 前931年

夏曆月序		中西曆日對照	初一	初二	初三	初四	初五	初六	初七	初八	初九	初十	十一	十二	十三	十四	十五	十六	十七	十八	十九	二十	二一	二二	二三	二四	二五	二六	二七	二八	二九	三十	節氣與天象
正月小	丙寅	天干地支西曆	庚子26	辛丑27	壬寅28	癸卯(3)	甲辰2	乙巳3	丙午4	丁未5	戊申6	己酉7	庚戌8	辛亥9	壬子10	癸丑11	甲寅12	乙卯13	丙辰14	丁巳15	戊午16	己未17	庚申18	辛酉19	壬戌20	癸亥21	甲子22	乙丑23	丙寅24	丁卯25	戊辰26		
二月小	丁卯	天干地支西曆	己巳27	庚午28	辛未29	壬申30	癸酉31	甲戌(4)	乙亥2	丙子3	丁丑4	戊寅5	己卯6	庚辰7	辛巳8	壬午9	癸未10	甲申11	乙酉12	丙戌13	丁亥14	戊子15	己丑16	庚寅17	辛卯18	壬辰19	癸巳20	甲午21	乙未22	丙申23	丁酉24		壬申春分
三月大	戊辰	天干地支西曆	戊戌25	己亥26	庚子27	辛丑28	壬寅29	癸卯30	甲辰(5)	乙巳2	丙午3	丁未4	戊申5	己酉6	庚戌7	辛亥8	壬子9	癸丑10	甲寅11	乙卯12	丙辰13	丁巳14	戊午15	己未16	庚申17	辛酉18	壬戌19	癸亥20	甲子21	乙丑22	丙寅23	丁卯24	己未立夏
四月小	己巳	天干地支西曆	戊辰25	己巳26	庚午27	辛未28	壬申29	癸酉30	甲戌31	乙亥(6)	丙子2	丁丑3	戊寅4	己卯5	庚辰6	辛巳7	壬午8	癸未9	甲申10	乙酉11	丙戌12	丁亥13	戊子14	己丑15	庚寅16	辛卯17	壬辰18	癸巳19	甲午20	乙未21	丙申22		
五月大	庚午	天干地支西曆	丁酉23	戊戌24	己亥25	庚子26	辛丑27	壬寅28	癸卯29	甲辰30	乙巳(7)	丙午2	丁未3	戊申4	己酉5	庚戌6	辛亥7	壬子8	癸丑9	甲寅10	乙卯11	丙辰12	丁巳13	戊午14	己未15	庚申16	辛酉17	壬戌18	癸亥19	甲子20	乙丑21	丙寅22	丙午夏至
六月小	辛未	天干地支西曆	丁卯23	戊辰24	己巳25	庚午26	辛未27	壬申28	癸酉29	甲戌30	乙亥31	丙子(8)	丁丑2	戊寅3	己卯4	庚辰5	辛巳6	壬午7	癸未8	甲申9	乙酉10	丙戌11	丁亥12	戊子13	己丑14	庚寅15	辛卯16	壬辰17	癸巳18	甲午19	乙未20		癸巳立秋
七月大	壬申	天干地支西曆	丙申21	丁酉22	戊戌23	己亥24	庚子25	辛丑26	壬寅27	癸卯28	甲辰29	乙巳30	丙午31	丁未(9)	戊申2	己酉3	庚戌4	辛亥5	壬子6	癸丑7	甲寅8	乙卯9	丙辰10	丁巳11	戊午12	己未13	庚申14	辛酉15	壬戌16	癸亥17	甲子18	乙丑19	
八月大	癸酉	天干地支西曆	丙寅20	丁卯21	戊辰22	己巳23	庚午24	辛未25	壬申26	癸酉27	甲戌28	乙亥29	丙子30	丁丑(10)	戊寅2	己卯3	庚辰4	辛巳5	壬午6	癸未7	甲申8	乙酉9	丙戌10	丁亥11	戊子12	己丑13	庚寅14	辛卯15	壬辰16	癸巳17	甲午18	乙未19	戊寅秋分
九月小	甲戌	天干地支西曆	丙申20	丁酉21	戊戌22	己亥23	庚子24	辛丑25	壬寅26	癸卯27	甲辰28	乙巳29	丙午30	丁未31	戊申(11)	己酉2	庚戌3	辛亥4	壬子5	癸丑6	甲寅7	乙卯8	丙辰9	丁巳10	戊午11	己未12	庚申13	辛酉14	壬戌15	癸亥16	甲子17		壬戌立冬
十月大	乙亥	天干地支西曆	乙丑18	丙寅19	丁卯20	戊辰21	己巳22	庚午23	辛未24	壬申25	癸酉26	甲戌27	乙亥28	丙子29	丁丑30	戊寅(12)	己卯2	庚辰3	辛巳4	壬午5	癸未6	甲申7	乙酉8	丙戌9	丁亥10	戊子11	己丑12	庚寅13	辛卯14	壬辰15	癸巳16	甲午17	
十一月大	丙子	天干地支西曆	乙未18	丙申19	丁酉20	戊戌21	己亥22	庚子23	辛丑24	壬寅25	癸卯26	甲辰27	乙巳28	丙午29	丁未30	戊申31	己酉(1)	庚戌2	辛亥3	壬子4	癸丑5	甲寅6	乙卯7	丙辰8	丁巳9	戊午10	己未11	庚申12	辛酉13	壬戌14	癸亥15	甲子16	丙午冬至
十二月小	丁丑	天干地支西曆	乙丑17	丙寅18	丁卯19	戊辰20	己巳21	庚午22	辛未23	壬申24	癸酉25	甲戌26	乙亥27	丙子28	丁丑29	戊寅30	己卯31	庚辰(2)	辛巳2	壬午3	癸未4	甲申5	乙酉6	丙戌7	丁亥8	戊子9	己丑10	庚寅11	辛卯12	壬辰13	癸巳14		辛卯立春

年代異同	史記魯世家	漢書律曆志	帝王世紀	竹書紀年	皇極經世	文獻通考	歷代帝王年表	歷代統紀表	中國年曆總譜	西周年代	斷代工程
	周穆王三十八年		周恭王九年	周穆王三十一年	周懿王三年	周懿王三年	周懿王三年	周懿王三年	周孝王二十三年	周穆王五十四年	周穆王四十五年

周穆王四十年（庚寅 虎年） 公元前 931 ~ 前 930 年

夏曆月序		中西曆日對照	初一	初二	初三	初四	初五	初六	初七	初八	初九	初十	十一	十二	十三	十四	十五	十六	十七	十八	十九	二十	二一	二二	二三	二四	二五	二六	二七	二八	二九	三十	節氣與天象
正月大	戊寅	天干地支西曆	甲午15	乙未16	丙申17	丁酉18	戊戌19	己亥20	庚子21	辛丑22	壬寅23	癸卯24	甲辰25	乙巳26	丙午27	丁未28	戊申(3)	己酉2	庚戌3	辛亥4	壬子5	癸丑6	甲寅7	乙卯8	丙辰9	丁巳10	戊午11	己未12	庚申13	辛酉14	壬戌15	癸亥16	
二月小	己卯	天干地支西曆	甲子17	乙丑18	丙寅19	丁卯20	戊辰21	己巳22	庚午23	辛未24	壬申25	癸酉26	甲戌27	乙亥28	丙子29	丁丑30	戊寅31	己卯(4)	庚辰2	辛巳3	壬午4	癸未5	甲申6	乙酉7	丙戌8	丁亥9	戊子10	己丑11	庚寅12	辛卯13	壬辰14		丁丑春分
三月小	庚辰	天干地支西曆	癸巳15	甲午16	乙未17	丙申18	丁酉19	戊戌20	己亥21	庚子22	辛丑23	壬寅24	癸卯25	甲辰26	乙巳27	丙午28	丁未29	戊申30	己酉(5)	庚戌2	辛亥3	壬子4	癸丑5	甲寅6	乙卯7	丙辰8	丁巳9	戊午10	己未11	庚申12	辛酉13		
四月大	辛巳	天干地支西曆	壬戌14	癸亥15	甲子16	乙丑17	丙寅18	丁卯19	戊辰20	己巳21	庚午22	辛未23	壬申24	癸酉25	甲戌26	乙亥27	丙子28	丁丑29	戊寅30	己卯31	庚辰(6)	辛巳2	壬午3	癸未4	甲申5	乙酉6	丙戌7	丁亥8	戊子9	己丑10	庚寅11	辛卯12	甲子立夏
五月小	壬午	天干地支西曆	壬辰13	癸巳14	甲午15	乙未16	丙申17	丁酉18	戊戌19	己亥20	庚子21	辛丑22	壬寅23	癸卯24	甲辰25	乙巳26	丙午27	丁未28	戊申29	己酉30	庚戌(7)	辛亥2	壬子3	癸丑4	甲寅5	乙卯6	丙辰7	丁巳8	戊午9	己未10	庚申11		辛亥夏至
六月小	癸未	天干地支西曆	辛酉12	壬戌13	癸亥14	甲子15	乙丑16	丙寅17	丁卯18	戊辰19	己巳20	庚午21	辛未22	壬申23	癸酉24	甲戌25	乙亥26	丙子27	丁丑28	戊寅29	己卯30	庚辰31	辛巳(8)	壬午2	癸未3	甲申4	乙酉5	丙戌6	丁亥7	戊子8	己丑9		
七月大	甲申	天干地支西曆	庚寅10	辛卯11	壬辰12	癸巳13	甲午14	乙未15	丙申16	丁酉17	戊戌18	己亥19	庚子20	辛丑21	壬寅22	癸卯23	甲辰24	乙巳25	丙午26	丁未27	戊申28	己酉29	庚戌30	辛亥31	壬子(9)	癸丑2	甲寅3	乙卯4	丙辰5	丁巳6	戊午7	己未8	戊戌立秋
八月大	乙酉	天干地支西曆	庚申9	辛酉10	壬戌11	癸亥12	甲子13	乙丑14	丙寅15	丁卯16	戊辰17	己巳18	庚午19	辛未20	壬申21	癸酉22	甲戌23	乙亥24	丙子25	丁丑26	戊寅27	己卯28	庚辰29	辛巳30	壬午(10)	癸未2	甲申3	乙酉4	丙戌5	丁亥6	戊子7	己丑8	癸未秋分
九月小	丙戌	天干地支西曆	庚寅9	辛卯10	壬辰11	癸巳12	甲午13	乙未14	丙申15	丁酉16	戊戌17	己亥18	庚子19	辛丑20	壬寅21	癸卯22	甲辰23	乙巳24	丙午25	丁未26	戊申27	己酉28	庚戌29	辛亥30	壬子31	癸丑(11)	甲寅2	乙卯3	丙辰4	丁巳5	戊午6		
十月大	丁亥	天干地支西曆	己未7	庚申8	辛酉9	壬戌10	癸亥11	甲子12	乙丑13	丙寅14	丁卯15	戊辰16	己巳17	庚午18	辛未19	壬申20	癸酉21	甲戌22	乙亥23	丙子24	丁丑25	戊寅26	己卯27	庚辰28	辛巳29	壬午30	癸未(12)	甲申2	乙酉3	丙戌4	丁亥5	戊子6	丁卯立冬
十一月大	戊子	天干地支西曆	己丑7	庚寅8	辛卯9	壬辰10	癸巳11	甲午12	乙未13	丙申14	丁酉15	戊戌16	己亥17	庚子18	辛丑19	壬寅20	癸卯21	甲辰22	乙巳23	丙午24	丁未25	戊申26	己酉27	庚戌28	辛亥29	壬子30	癸丑31	甲寅(1)	乙卯2	丙辰3	丁巳4	戊午5	壬子冬至
十二月大	己丑	天干地支西曆	己未6	庚申7	辛酉8	壬戌9	癸亥10	甲子11	乙丑12	丙寅13	丁卯14	戊辰15	己巳16	庚午17	辛未18	壬申19	癸酉20	甲戌21	乙亥22	丙子23	丁丑24	戊寅25	己卯26	庚辰27	辛巳28	壬午29	癸未30	甲申31	乙酉(2)	丙戌2	丁亥3	戊子4	

年代異同	史記魯世家	漢書律曆志	帝王世紀	竹書紀年	皇極經世	文獻通考	歷代帝王年表	歷代統紀表	中國年曆總譜	西周年代	斷代工程
	周穆王三十九年		周恭王十年	周穆王三十二年	周懿王四年	周懿王四年	周懿王四年	周懿王四年	周孝王二十四年	周穆王五十五年	周穆王四十六年

周穆王四十一年（辛卯 兔年） 公元前930～前929年

夏曆月序		中西曆日對照	初一	初二	初三	初四	初五	初六	初七	初八	初九	初十	十一	十二	十三	十四	十五	十六	十七	十八	十九	二十	二一	二二	二三	二四	二五	二六	二七	二八	二九	三十	節氣與天象
正月小	庚寅	干支 天地 西曆	己丑 5	庚寅 6	辛卯 7	壬辰 8	癸巳 9	甲午 10	乙未 11	丙申 12	丁酉 13	戊戌 14	己亥 15	庚子 16	辛丑 17	壬寅 18	癸卯 19	甲辰 20	乙巳 21	丙午 22	丁未 23	戊申 24	己酉 25	庚戌 26	辛亥 27	壬子 28	癸丑 (3)	甲寅 2	乙卯 3	丙辰 4	丁巳 5		丙申立春
二月大	辛卯	干支 天地 西曆	戊午 6	己未 7	庚申 8	辛酉 9	壬戌 10	癸亥 11	甲子 12	乙丑 13	丙寅 14	丁卯 15	戊辰 16	己巳 17	庚午 18	辛未 19	壬申 20	癸酉 21	甲戌 22	乙亥 23	丙子 24	丁丑 25	戊寅 26	己卯 27	庚辰 28	辛巳 29	壬午 30	癸未 31	甲申 (4)	乙酉 2	丙戌 3	丁亥 4	壬午春分
三月小	壬辰	干支 天地 西曆	戊子 5	己丑 6	庚寅 7	辛卯 8	壬辰 9	癸巳 10	甲午 11	乙未 12	丙申 13	丁酉 14	戊戌 15	己亥 16	庚子 17	辛丑 18	壬寅 19	癸卯 20	甲辰 21	乙巳 22	丙午 23	丁未 24	戊申 25	己酉 26	庚戌 27	辛亥 28	壬子 29	癸丑 30	甲寅 (5)	乙卯 2	丙辰 3		
四月小	癸巳	干支 天地 西曆	丁巳 4	戊午 5	己未 6	庚申 7	辛酉 8	壬戌 9	癸亥 10	甲子 11	乙丑 12	丙寅 13	丁卯 14	戊辰 15	己巳 16	庚午 17	辛未 18	壬申 19	癸酉 20	甲戌 21	乙亥 22	丙子 23	丁丑 24	戊寅 25	己卯 26	庚辰 27	辛巳 28	壬午 29	癸未 30	甲申 31	乙酉 (6)		己巳立夏
五月大	甲午	干支 天地 西曆	丙戌 2	丁亥 3	戊子 4	己丑 5	庚寅 6	辛卯 7	壬辰 8	癸巳 9	甲午 10	乙未 11	丙申 12	丁酉 13	戊戌 14	己亥 15	庚子 16	辛丑 17	壬寅 18	癸卯 19	甲辰 20	乙巳 21	丙午 22	丁未 23	戊申 24	己酉 25	庚戌 26	辛亥 27	壬子 28	癸丑 29	甲寅 30	乙卯 (7)	
六月小	乙未	干支 天地 西曆	丙辰 2	丁巳 3	戊午 4	己未 5	庚申 6	辛酉 7	壬戌 8	癸亥 9	甲子 10	乙丑 11	丙寅 12	丁卯 13	戊辰 14	己巳 15	庚午 16	辛未 17	壬申 18	癸酉 19	甲戌 20	乙亥 21	丙子 22	丁丑 23	戊寅 24	己卯 25	庚辰 26	辛巳 27	壬午 28	癸未 29	甲申 30		丁巳夏至
閏六月小	乙未	干支 天地 西曆	乙酉 31	丙戌 (8)	丁亥 2	戊子 3	己丑 4	庚寅 5	辛卯 6	壬辰 7	癸巳 8	甲午 9	乙未 10	丙申 11	丁酉 12	戊戌 13	己亥 14	庚子 15	辛丑 16	壬寅 17	癸卯 18	甲辰 19	乙巳 20	丙午 21	丁未 22	戊申 23	己酉 24	庚戌 25	辛亥 26	壬子 27	癸丑 28		癸卯立秋
七月大	丙申	干支 天地 西曆	甲寅 29	乙卯 30	丙辰 31	丁巳 (9)	戊午 2	己未 3	庚申 4	辛酉 5	壬戌 6	癸亥 7	甲子 8	乙丑 9	丙寅 10	丁卯 11	戊辰 12	己巳 13	庚午 14	辛未 15	壬申 16	癸酉 17	甲戌 18	乙亥 19	丙子 20	丁丑 21	戊寅 22	己卯 23	庚辰 24	辛巳 25	壬午 26	癸未 27	
八月小	丁酉	干支 天地 西曆	甲申 28	乙酉 29	丙戌 30	丁亥 (10)	戊子 2	己丑 3	庚寅 4	辛卯 5	壬辰 6	癸巳 7	甲午 8	乙未 9	丙申 10	丁酉 11	戊戌 12	己亥 13	庚子 14	辛丑 15	壬寅 16	癸卯 17	甲辰 18	乙巳 19	丙午 20	丁未 21	戊申 22	己酉 23	庚戌 24	辛亥 25	壬子 26		戊子秋分
九月大	戊戌	干支 天地 西曆	癸丑 27	甲寅 28	乙卯 29	丙辰 30	丁巳 31	戊午 (11)	己未 2	庚申 3	辛酉 4	壬戌 5	癸亥 6	甲子 7	乙丑 8	丙寅 9	丁卯 10	戊辰 11	己巳 12	庚午 13	辛未 14	壬申 15	癸酉 16	甲戌 17	乙亥 18	丙子 19	丁丑 20	戊寅 21	己卯 22	庚辰 23	辛巳 24	壬午 25	癸酉立冬
十月大	己亥	干支 天地 西曆	癸未 26	甲申 27	乙酉 28	丙戌 29	丁亥 30	戊子 (12)	己丑 2	庚寅 3	辛卯 4	壬辰 5	癸巳 6	甲午 7	乙未 8	丙申 9	丁酉 10	戊戌 11	己亥 12	庚子 13	辛丑 14	壬寅 15	癸卯 16	甲辰 17	乙巳 18	丙午 19	丁未 20	戊申 21	己酉 22	庚戌 23	辛亥 24	壬子 25	
十一月大	庚子	干支 天地 西曆	癸丑 26	甲寅 27	乙卯 28	丙辰 29	丁巳 30	戊午 31	己未 (1)	庚申 2	辛酉 3	壬戌 4	癸亥 5	甲子 6	乙丑 7	丙寅 8	丁卯 9	戊辰 10	己巳 11	庚午 12	辛未 13	壬申 14	癸酉 15	甲戌 16	乙亥 17	丙子 18	丁丑 19	戊寅 20	己卯 21	庚辰 22	辛巳 23	壬午 24	丁巳冬至
十二月大	辛丑	干支 天地 西曆	癸未 25	甲申 26	乙酉 27	丙戌 28	丁亥 29	戊子 30	己丑 31	庚寅 (2)	辛卯 2	壬辰 3	癸巳 4	甲午 5	乙未 6	丙申 7	丁酉 8	戊戌 9	己亥 10	庚子 11	辛丑 12	壬寅 13	癸卯 14	甲辰 15	乙巳 16	丙午 17	丁未 18	戊申 19	己酉 20	庚戌 21	辛亥 22	壬子 23	壬寅立春

年代異同	史記魯世家	漢書律曆志	帝王世紀	竹書紀年	皇極經世	文獻通考	歷代帝王年表	歷代統紀表	中國年曆總譜	西周年代	斷代工程
	周穆王四十年		周恭王十一年	周穆王三十三年	周懿王五年	周懿王五年	周懿王五年	周懿王五年	周孝王二十五年	周恭王元年	周穆王四十七年

周穆王四十二年（壬辰 龍年） 公元前 929 ~ 前 928 年

夏曆月序		中西曆日對照	初一	初二	初三	初四	初五	初六	初七	初八	初九	初十	十一	十二	十三	十四	十五	十六	十七	十八	十九	二十	二一	二二	二三	二四	二五	二六	二七	二八	二九	三十	節氣與天象
正月小	壬寅	天干地支西曆	癸丑24	甲寅25	乙卯26	丙辰27	丁巳28	戊午29	己未(3)	庚申2	辛酉3	壬戌4	癸亥5	甲子6	乙丑7	丙寅8	丁卯9	戊辰10	己巳11	庚午12	辛未13	壬申14	癸酉15	甲戌16	乙亥17	丙子18	丁丑19	戊寅20	己卯21	庚辰22	辛巳23		
二月大	癸卯	天干地支西曆	壬午24	癸未25	甲申26	乙酉27	丙戌28	丁亥29	戊子30	己丑31	庚寅(4)	辛卯2	壬辰3	癸巳4	甲午5	乙未6	丙申7	丁酉8	戊戌9	己亥10	庚子11	辛丑12	壬寅13	癸卯14	甲辰15	乙巳16	丙午17	丁未18	戊申19	己酉20	庚戌21	辛亥22	戊子春分
三月小	甲辰	天干地支西曆	壬子23	癸丑24	甲寅25	乙卯26	丙辰27	丁巳28	戊午29	己未30	庚申(5)	辛酉2	壬戌3	癸亥4	甲子5	乙丑6	丙寅7	丁卯8	戊辰9	己巳10	庚午11	辛未12	壬申13	癸酉14	甲戌15	乙亥16	丙子17	丁丑18	戊寅19	己卯20	庚辰21		乙亥立夏
四月小	乙巳	天干地支西曆	辛巳22	壬午23	癸未24	甲申25	乙酉26	丙戌27	丁亥28	戊子29	己丑30	庚寅31	辛卯(6)	壬辰2	癸巳3	甲午4	乙未5	丙申6	丁酉7	戊戌8	己亥9	庚子10	辛丑11	壬寅12	癸卯13	甲辰14	乙巳15	丙午16	丁未17	戊申18	己酉19		辛巳日食
五月大	丙午	天干地支西曆	庚戌20	辛亥21	壬子22	癸丑23	甲寅24	乙卯25	丙辰26	丁巳27	戊午28	己未29	庚申30	辛酉(7)	壬戌2	癸亥3	甲子4	乙丑5	丙寅6	丁卯7	戊辰8	己巳9	庚午10	辛未11	壬申12	癸酉13	甲戌14	乙亥15	丙子16	丁丑17	戊寅18	己卯19	壬戌夏至
六月小	丁未	天干地支西曆	庚辰20	辛巳21	壬午22	癸未23	甲申24	乙酉25	丙戌26	丁亥27	戊子28	己丑29	庚寅30	辛卯31	壬辰(8)	癸巳2	甲午3	乙未4	丙申5	丁酉6	戊戌7	己亥8	庚子9	辛丑10	壬寅11	癸卯12	甲辰13	乙巳14	丙午15	丁未16	戊申17		戊申立秋
七月小	戊申	天干地支西曆	己酉18	庚戌19	辛亥20	壬子21	癸丑22	甲寅23	乙卯24	丙辰25	丁巳26	戊午27	己未28	庚申29	辛酉30	壬戌31	癸亥(9)	甲子2	乙丑3	丙寅4	丁卯5	戊辰6	己巳7	庚午8	辛未9	壬申10	癸酉11	甲戌12	乙亥13	丙子14	丁丑15		
八月大	己酉	天干地支西曆	戊寅16	己卯17	庚辰18	辛巳19	壬午20	癸未21	甲申22	乙酉23	丙戌24	丁亥25	戊子26	己丑27	庚寅28	辛卯29	壬辰30	癸巳(10)	甲午2	乙未3	丙申4	丁酉5	戊戌6	己亥7	庚子8	辛丑9	壬寅10	癸卯11	甲辰12	乙巳13	丙午14	丁未15	甲午秋分
九月小	庚戌	天干地支西曆	戊申16	己酉17	庚戌18	辛亥19	壬子20	癸丑21	甲寅22	乙卯23	丙辰24	丁巳25	戊午26	己未27	庚申28	辛酉29	壬戌30	癸亥31	甲子(11)	乙丑2	丙寅3	丁卯4	戊辰5	己巳6	庚午7	辛未8	壬申9	癸酉10	甲戌11	乙亥12	丙子13		
十月大	辛亥	天干地支西曆	丁丑14	戊寅15	己卯16	庚辰17	辛巳18	壬午19	癸未20	甲申21	乙酉22	丙戌23	丁亥24	戊子25	己丑26	庚寅27	辛卯28	壬辰29	癸巳30	甲午(12)	乙未2	丙申3	丁酉4	戊戌5	己亥6	庚子7	辛丑8	壬寅9	癸卯10	甲辰11	乙巳12	丙午13	戊寅立冬
十一月大	壬子	天干地支西曆	丁未14	戊申15	己酉16	庚戌17	辛亥18	壬子19	癸丑20	甲寅21	乙卯22	丙辰23	丁巳24	戊午25	己未26	庚申27	辛酉28	壬戌29	癸亥30	甲子31	乙丑(1)	丙寅2	丁卯3	戊辰4	己巳5	庚午6	辛未7	壬申8	癸酉9	甲戌10	乙亥11	丙子12	壬戌冬至
十二月大	癸丑	天干地支西曆	丁丑13	戊寅14	己卯15	庚辰16	辛巳17	壬午18	癸未19	甲申20	乙酉21	丙戌22	丁亥23	戊子24	己丑25	庚寅26	辛卯27	壬辰28	癸巳29	甲午30	乙未31	丙申(2)	丁酉2	戊戌3	己亥4	庚子5	辛丑6	壬寅7	癸卯8	甲辰9	乙巳10	丙午11	

年代異同	史記魯世家	漢書律曆志	帝王世紀	竹書紀年	皇極經世	文獻通考	歷代帝王年表	歷代統紀表	中國年曆總譜	西周年代	斷代工程
	周穆王四十一年		周恭王十二年	周穆王三十四年	周懿王六年	周懿王六年	周懿王六年	周懿王六年	周孝王二十六年	周恭王二年	周穆王四十八年

周穆王四十三年（癸巳 蛇年） 公元前 **928** ~ 前 927 年

夏曆月序	中西曆日對照	初一	初二	初三	初四	初五	初六	初七	初八	初九	初十	十一	十二	十三	十四	十五	十六	十七	十八	十九	二十	二一	二二	二三	二四	二五	二六	二七	二八	二九	三十	節氣與天象
正月小 甲寅	天干地支西曆	丁未12	戊申13	己酉14	庚戌15	辛亥16	壬子17	癸丑18	甲寅19	乙卯20	丙辰21	丁巳22	戊午23	己未24	庚申25	辛酉26	壬戌27	癸亥28	甲子(3)	乙丑2	丙寅3	丁卯4	戊辰5	己巳6	庚午7	辛未8	壬申9	癸酉10	甲戌11	乙亥12		丁未立春
二月大 乙卯	天干地支西曆	丙子13	丁丑14	戊寅15	己卯16	庚辰17	辛巳18	壬午19	癸未20	甲申21	乙酉22	丙戌23	丁亥24	戊子25	己丑26	庚寅27	辛卯28	壬辰29	癸巳30	甲午31	乙未(4)	丙申2	丁酉3	戊戌4	己亥5	庚子6	辛丑7	壬寅8	癸卯9	甲辰10	乙巳11	癸巳春分
三月小 丙辰	天干地支西曆	丙午12	丁未13	戊申14	己酉15	庚戌16	辛亥17	壬子18	癸丑19	甲寅20	乙卯21	丙辰22	丁巳23	戊午24	己未25	庚申26	辛酉27	壬戌28	癸亥29	甲子30	乙丑(5)	丙寅2	丁卯3	戊辰4	己巳5	庚午6	辛未7	壬申8	癸酉9	甲戌10		
四月大 丁巳	天干地支西曆	乙亥11	丙子12	丁丑13	戊寅14	己卯15	庚辰16	辛巳17	壬午18	癸未19	甲申20	乙酉21	丙戌22	丁亥23	戊子24	己丑25	庚寅26	辛卯27	壬辰28	癸巳29	甲午30	乙未31	丙申(6)	丁酉2	戊戌3	己亥4	庚子5	辛丑6	壬寅7	癸卯8	甲辰9	庚辰立夏
五月小 戊午	天干地支西曆	乙巳10	丙午11	丁未12	戊申13	己酉14	庚戌15	辛亥16	壬子17	癸丑18	甲寅19	乙卯20	丙辰21	丁巳22	戊午23	己未24	庚申25	辛酉26	壬戌27	癸亥28	甲子29	乙丑30	丙寅(7)	丁卯2	戊辰3	己巳4	庚午5	辛未6	壬申7	癸酉8		丁卯夏至
六月大 己未	天干地支西曆	甲戌9	乙亥10	丙子11	丁丑12	戊寅13	己卯14	庚辰15	辛巳16	壬午17	癸未18	甲申19	乙酉20	丙戌21	丁亥22	戊子23	己丑24	庚寅25	辛卯26	壬辰27	癸巳28	甲午29	乙未30	丙申31	丁酉(8)	戊戌2	己亥3	庚子4	辛丑5	壬寅6	癸卯7	
七月小 庚申	天干地支西曆	甲辰8	乙巳9	丙午10	丁未11	戊申12	己酉13	庚戌14	辛亥15	壬子16	癸丑17	甲寅18	乙卯19	丙辰20	丁巳21	戊午22	己未23	庚申24	辛酉25	壬戌26	癸亥27	甲子28	乙丑29	丙寅30	丁卯31	戊辰(9)	己巳2	庚午3	辛未4	壬申5		甲寅立秋
八月小 辛酉	天干地支西曆	癸酉6	甲戌7	乙亥8	丙子9	丁丑10	戊寅11	己卯12	庚辰13	辛巳14	壬午15	癸未16	甲申17	乙酉18	丙戌19	丁亥20	戊子21	己丑22	庚寅23	辛卯24	壬辰25	癸巳26	甲午27	乙未28	丙申29	丁酉30	戊戌(10)	己亥2	庚子3	辛丑4		己亥秋分
九月大 壬戌	天干地支西曆	壬寅5	癸卯6	甲辰7	乙巳8	丙午9	丁未10	戊申11	己酉12	庚戌13	辛亥14	壬子15	癸丑16	甲寅17	乙卯18	丙辰19	丁巳20	戊午21	己未22	庚申23	辛酉24	壬戌25	癸亥26	甲子27	乙丑28	丙寅29	丁卯30	戊辰31	己巳(11)	庚午2	辛未3	
十月小 癸亥	天干地支西曆	壬申4	癸酉5	甲戌6	乙亥7	丙子8	丁丑9	戊寅10	己卯11	庚辰12	辛巳13	壬午14	癸未15	甲申16	乙酉17	丙戌18	丁亥19	戊子20	己丑21	庚寅22	辛卯23	壬辰24	癸巳25	甲午26	乙未27	丙申28	丁酉29	戊戌30	己亥(12)	庚子2		癸未立冬 壬申日食
十一月大 甲子	天干地支西曆	辛丑3	壬寅4	癸卯5	甲辰6	乙巳7	丙午8	丁未9	戊申10	己酉11	庚戌12	辛亥13	壬子14	癸丑15	甲寅16	乙卯17	丙辰18	丁巳19	戊午20	己未21	庚申22	辛酉23	壬戌24	癸亥25	甲子26	乙丑27	丙寅28	丁卯29	戊辰30	己巳31	庚午(1)	丁卯冬至
十二月大 乙丑	天干地支西曆	辛未2	壬申3	癸酉4	甲戌5	乙亥6	丙子7	丁丑8	戊寅9	己卯10	庚辰11	辛巳12	壬午13	癸未14	甲申15	乙酉16	丙戌17	丁亥18	戊子19	己丑20	庚寅21	辛卯22	壬辰23	癸巳24	甲午25	乙未26	丙申27	丁酉28	戊戌29	己亥30	庚子31	

年代異同	史記魯世家	漢書律曆志	帝王世紀	竹書紀年	皇極經世	文獻通考	歷代帝王年表	歷代統紀表	中國年曆總譜	西周年代	斷代工程
	周穆王四十二年		周恭王十三年	周穆王三十五年	周懿王七年	周懿王七年	周懿王七年	周懿王七年	周孝王二十七年	周恭王三年	周穆王四十九年

周穆王四十四年（甲午 馬年） 公元前 927 ~ 前 926 年

夏曆月序		中西曆日對照	初一	初二	初三	初四	初五	初六	初七	初八	初九	初十	十一	十二	十三	十四	十五	十六	十七	十八	十九	二十	二一	二二	二三	二四	二五	二六	二七	二八	二九	三十	節氣與天象
正月小	丙寅	天干地支 西曆	辛丑 (2)	壬寅 2	癸卯 3	甲辰 4	乙巳 5	丙午 6	丁未 7	戊申 8	己酉 9	庚戌 10	辛亥 11	壬子 12	癸丑 13	甲寅 14	乙卯 15	丙辰 16	丁巳 17	戊午 18	己未 19	庚申 20	辛酉 21	壬戌 22	癸亥 23	甲子 24	乙丑 25	丙寅 26	丁卯 27	戊辰 28	己巳 (3)		壬子立春
二月大	丁卯	天干地支 西曆	庚午 2	辛未 3	壬申 4	癸酉 5	甲戌 6	乙亥 7	丙子 8	丁丑 9	戊寅 10	己卯 11	庚辰 12	辛巳 13	壬午 14	癸未 15	甲申 16	乙酉 17	丙戌 18	丁亥 19	戊子 20	己丑 21	庚寅 22	辛卯 23	壬辰 24	癸巳 25	甲午 26	乙未 27	丙申 28	丁酉 29	戊戌 30	己亥 31	戊戌春分
三月大	戊辰	天干地支 西曆	庚子 (4)	辛丑 2	壬寅 3	癸卯 4	甲辰 5	乙巳 6	丙午 7	丁未 8	戊申 9	己酉 10	庚戌 11	辛亥 12	壬子 13	癸丑 14	甲寅 15	乙卯 16	丙辰 17	丁巳 18	戊午 19	己未 20	庚申 21	辛酉 22	壬戌 23	癸亥 24	甲子 25	乙丑 26	丙寅 27	丁卯 28	戊辰 29	己巳 30	庚子日食
四月小	己巳	天干地支 西曆	庚午 (5)	辛未 2	壬申 3	癸酉 4	甲戌 5	乙亥 6	丙子 7	丁丑 8	戊寅 9	己卯 10	庚辰 11	辛巳 12	壬午 13	癸未 14	甲申 15	乙酉 16	丙戌 17	丁亥 18	戊子 19	己丑 20	庚寅 21	辛卯 22	壬辰 23	癸巳 24	甲午 25	乙未 26	丙申 27	丁酉 28	戊戌 29		乙酉立夏
閏四月大	己巳	天干地支 西曆	己亥 30	庚子 31	辛丑 (6)	壬寅 2	癸卯 3	甲辰 4	乙巳 5	丙午 6	丁未 7	戊申 8	己酉 9	庚戌 10	辛亥 11	壬子 12	癸丑 13	甲寅 14	乙卯 15	丙辰 16	丁巳 17	戊午 18	己未 19	庚申 20	辛酉 21	壬戌 22	癸亥 23	甲子 24	乙丑 25	丙寅 26	丁卯 27	戊辰 28	
五月小	庚午	天干地支 西曆	己巳 29	庚午 30	辛未 (7)	壬申 2	癸酉 3	甲戌 4	乙亥 5	丙子 6	丁丑 7	戊寅 8	己卯 9	庚辰 10	辛巳 11	壬午 12	癸未 13	甲申 14	乙酉 15	丙戌 16	丁亥 17	戊子 18	己丑 19	庚寅 20	辛卯 21	壬辰 22	癸巳 23	甲午 24	乙未 25	丙申 26	丁酉 27		壬申夏至
六月大	辛未	天干地支 西曆	戊戌 28	己亥 29	庚子 30	辛丑 31	壬寅 (8)	癸卯 2	甲辰 3	乙巳 4	丙午 5	丁未 6	戊申 7	己酉 8	庚戌 9	辛亥 10	壬子 11	癸丑 12	甲寅 13	乙卯 14	丙辰 15	丁巳 16	戊午 17	己未 18	庚申 19	辛酉 20	壬戌 21	癸亥 22	甲子 23	乙丑 24	丙寅 25	丁卯 26	己未立秋
七月小	壬申	天干地支 西曆	戊辰 27	己巳 28	庚午 29	辛未 30	壬申 31	癸酉 (9)	甲戌 2	乙亥 3	丙子 4	丁丑 5	戊寅 6	己卯 7	庚辰 8	辛巳 9	壬午 10	癸未 11	甲申 12	乙酉 13	丙戌 14	丁亥 15	戊子 16	己丑 17	庚寅 18	辛卯 19	壬辰 20	癸巳 21	甲午 22	乙未 23	丙申 24		
八月大	癸酉	天干地支 西曆	丁酉 25	戊戌 26	己亥 27	庚子 28	辛丑 29	壬寅 30	癸卯 (10)	甲辰 2	乙巳 3	丙午 4	丁未 5	戊申 6	己酉 7	庚戌 8	辛亥 9	壬子 10	癸丑 11	甲寅 12	乙卯 13	丙辰 14	丁巳 15	戊午 16	己未 17	庚申 18	辛酉 19	壬戌 20	癸亥 21	甲子 22	乙丑 23	丙寅 24	甲辰秋分
九月小	甲戌	天干地支 西曆	丁卯 25	戊辰 26	己巳 27	庚午 28	辛未 29	壬申 30	癸酉 31	甲戌 (11)	乙亥 2	丙子 3	丁丑 4	戊寅 5	己卯 6	庚辰 7	辛巳 8	壬午 9	癸未 10	甲申 11	乙酉 12	丙戌 13	丁亥 14	戊子 15	己丑 16	庚寅 17	辛卯 18	壬辰 19	癸巳 20	甲午 21	乙未 22		戊子立冬
十月小	乙亥	天干地支 西曆	丙申 23	丁酉 24	戊戌 25	己亥 26	庚子 27	辛丑 28	壬寅 29	癸卯 30	甲辰 (12)	乙巳 2	丙午 3	丁未 4	戊申 5	己酉 6	庚戌 7	辛亥 8	壬子 9	癸丑 10	甲寅 11	乙卯 12	丙辰 13	丁巳 14	戊午 15	己未 16	庚申 17	辛酉 18	壬戌 19	癸亥 20	甲子 21		
十一月大	丙子	天干地支 西曆	乙丑 22	丙寅 23	丁卯 24	戊辰 25	己巳 26	庚午 27	辛未 28	壬申 29	癸酉 30	甲戌 31	乙亥 (1)	丙子 2	丁丑 3	戊寅 4	己卯 5	庚辰 6	辛巳 7	壬午 8	癸未 9	甲申 10	乙酉 11	丙戌 12	丁亥 13	戊子 14	己丑 15	庚寅 16	辛卯 17	壬辰 18	癸巳 19	甲午 20	癸酉冬至
十二月小	丁丑	天干地支 西曆	乙未 21	丙申 22	丁酉 23	戊戌 24	己亥 25	庚子 26	辛丑 27	壬寅 28	癸卯 29	甲辰 30	乙巳 31	丙午 (2)	丁未 2	戊申 3	己酉 4	庚戌 5	辛亥 6	壬子 7	癸丑 8	甲寅 9	乙卯 10	丙辰 11	丁巳 12	戊午 13	己未 14	庚申 15	辛酉 16	壬戌 17	癸亥 18		丁巳立春

年代異同	史記魯世家	漢書律曆志	帝王世紀	竹書紀年	皇極經世	文獻通考	歷代帝王年表	歷代統紀表	中國年曆總譜	西周年代	斷代工程
	周穆王四十三年		周恭王十四年	周穆王三十六年	周懿王八年	周懿王八年	周懿王八年	周懿王八年	周孝王二十八年	周恭王四年	周穆王五十年

周穆王四十五年（乙未 羊年） 公元前926 ~ 前925年

夏曆月序		中西曆日對照	初一	初二	初三	初四	初五	初六	初七	初八	初九	初十	十一	十二	十三	十四	十五	十六	十七	十八	十九	二十	二一	二二	二三	二四	二五	二六	二七	二八	二九	三十	節氣與天象
正月大	戊寅	干支 西曆	甲子 19	乙丑 20	丙寅 21	丁卯 22	戊辰 23	己巳 24	庚午 25	辛未 26	壬申 27	癸酉 28	甲戌 (3)	乙亥 2	丙子 3	丁丑 4	戊寅 5	己卯 6	庚辰 7	辛巳 8	壬午 9	癸未 10	甲申 11	乙酉 12	丙戌 13	丁亥 14	戊子 15	己丑 16	庚寅 17	辛卯 18	壬辰 19	癸巳 20	
二月大	己卯	干支 西曆	甲午 21	乙未 22	丙申 23	丁酉 24	戊戌 25	己亥 26	庚子 27	辛丑 28	壬寅 29	癸卯 30	甲辰 31	乙巳 (4)	丙午 2	丁未 3	戊申 4	己酉 5	庚戌 6	辛亥 7	壬子 8	癸丑 9	甲寅 10	乙卯 11	丙辰 12	丁巳 13	戊午 14	己未 15	庚申 16	辛酉 17	壬戌 18	癸亥 19	癸卯春分 甲午日食
三月小	庚辰	干支 西曆	甲子 20	乙丑 21	丙寅 22	丁卯 23	戊辰 24	己巳 25	庚午 26	辛未 27	壬申 28	癸酉 29	甲戌 30	乙亥 (5)	丙子 2	丁丑 3	戊寅 4	己卯 5	庚辰 6	辛巳 7	壬午 8	癸未 9	甲申 10	乙酉 11	丙戌 12	丁亥 13	戊子 14	己丑 15	庚寅 16	辛卯 17	壬辰 18		庚寅立夏
四月大	辛巳	干支 西曆	癸巳 19	甲午 20	乙未 21	丙申 22	丁酉 23	戊戌 24	己亥 25	庚子 26	辛丑 27	壬寅 28	癸卯 29	甲辰 30	乙巳 31	丙午 (6)	丁未 2	戊申 3	己酉 4	庚戌 5	辛亥 6	壬子 7	癸丑 8	甲寅 9	乙卯 10	丙辰 11	丁巳 12	戊午 13	己未 14	庚申 15	辛酉 16	壬戌 17	
五月大	壬午	干支 西曆	癸亥 18	甲子 19	乙丑 20	丙寅 21	丁卯 22	戊辰 23	己巳 24	庚午 25	辛未 26	壬申 27	癸酉 28	甲戌 29	乙亥 30	丙子 (7)	丁丑 2	戊寅 3	己卯 4	庚辰 5	辛巳 6	壬午 7	癸未 8	甲申 9	乙酉 10	丙戌 11	丁亥 12	戊子 13	己丑 14	庚寅 15	辛卯 16	壬辰 17	戊寅夏至
六月小	癸未	干支 西曆	癸巳 18	甲午 19	乙未 20	丙申 21	丁酉 22	戊戌 23	己亥 24	庚子 25	辛丑 26	壬寅 27	癸卯 28	甲辰 29	乙巳 30	丙午 31	丁未 (8)	戊申 2	己酉 3	庚戌 4	辛亥 5	壬子 6	癸丑 7	甲寅 8	乙卯 9	丙辰 10	丁巳 11	戊午 12	己未 13	庚申 14	辛酉 15		
七月大	甲申	干支 西曆	壬戌 16	癸亥 17	甲子 18	乙丑 19	丙寅 20	丁卯 21	戊辰 22	己巳 23	庚午 24	辛未 25	壬申 26	癸酉 27	甲戌 28	乙亥 29	丙子 30	丁丑 31	戊寅 (9)	己卯 2	庚辰 3	辛巳 4	壬午 5	癸未 6	甲申 7	乙酉 8	丙戌 9	丁亥 10	戊子 11	己丑 12	庚寅 13	辛卯 14	甲子立秋
八月小	乙酉	干支 西曆	壬辰 15	癸巳 16	甲午 17	乙未 18	丙申 19	丁酉 20	戊戌 21	己亥 22	庚子 23	辛丑 24	壬寅 25	癸卯 26	甲辰 27	乙巳 28	丙午 29	丁未 30	戊申 (10)	己酉 2	庚戌 3	辛亥 4	壬子 5	癸丑 6	甲寅 7	乙卯 8	丙辰 9	丁巳 10	戊午 11	己未 12	庚申 13		己酉秋分
九月大	丙戌	干支 西曆	辛酉 14	壬戌 15	癸亥 16	甲子 17	乙丑 18	丙寅 19	丁卯 20	戊辰 21	己巳 22	庚午 23	辛未 24	壬申 25	癸酉 26	甲戌 27	乙亥 28	丙子 29	丁丑 30	戊寅 31	己卯 (11)	庚辰 2	辛巳 3	壬午 4	癸未 5	甲申 6	乙酉 7	丙戌 8	丁亥 9	戊子 10	己丑 11	庚寅 12	
十月小	丁亥	干支 西曆	辛卯 13	壬辰 14	癸巳 15	甲午 16	乙未 17	丙申 18	丁酉 19	戊戌 20	己亥 21	庚子 22	辛丑 23	壬寅 24	癸卯 25	甲辰 26	乙巳 27	丙午 28	丁未 29	戊申 30	己酉 (12)	庚戌 2	辛亥 3	壬子 4	癸丑 5	甲寅 6	乙卯 7	丙辰 8	丁巳 9	戊午 10	己未 11		甲午立冬
十一月大	戊子	干支 西曆	庚申 12	辛酉 13	壬戌 14	癸亥 15	甲子 16	乙丑 17	丙寅 18	丁卯 19	戊辰 20	己巳 21	庚午 22	辛未 23	壬申 24	癸酉 25	甲戌 26	乙亥 27	丙子 28	丁丑 29	戊寅 30	己卯 31	庚辰 (1)	辛巳 2	壬午 3	癸未 4	甲申 5	乙酉 6	丙戌 7	丁亥 8	戊子 9	己丑 10	戊寅冬至
十二月小	己丑	干支 西曆	庚寅 11	辛卯 12	壬辰 13	癸巳 14	甲午 15	乙未 16	丙申 17	丁酉 18	戊戌 19	己亥 20	庚子 21	辛丑 22	壬寅 23	癸卯 24	甲辰 25	乙巳 26	丙午 27	丁未 28	戊申 29	己酉 30	庚戌 31	辛亥 (2)	壬子 2	癸丑 3	甲寅 4	乙卯 5	丙辰 6	丁巳 7	戊午 8		

年代異同	史記魯世家	漢書律曆志	帝王世紀	竹書紀年	皇極經世	文獻通考	歷代帝王年表	歷代統紀表	中國年曆總譜	西周年代	斷代工程
	周穆王四十四年		周恭王十五年	周穆王三十七年	周懿王九年	周懿王九年	周懿王九年	周懿王九年	周孝王二十九年	周恭王五年	周穆王五十一年

周穆王四十六年（丙申 猴年） 公元前925 ~ 前924年

夏曆月序		中西曆日對照	初一	初二	初三	初四	初五	初六	初七	初八	初九	初十	十一	十二	十三	十四	十五	十六	十七	十八	十九	二十	二一	二二	二三	二四	二五	二六	二七	二八	二九	三十	節氣與天象
正月小	庚寅	天干地支西曆	己未 9	庚申 10	辛酉 11	壬戌 12	癸亥 13	甲子 14	乙丑 15	丙寅 16	丁卯 17	戊辰 18	己巳 19	庚午 20	辛未 21	壬申 22	癸酉 23	甲戌 24	乙亥 25	丙子 26	丁丑 27	戊寅 28	己卯 29	庚辰 (3)	辛巳 2	壬午 3	癸未 4	甲申 5	乙酉 6	丙戌 7	丁亥 8		癸亥立春
二月大	辛卯	天干地支西曆	戊子 9	己丑 10	庚寅 11	辛卯 12	壬辰 13	癸巳 14	甲午 15	乙未 16	丙申 17	丁酉 18	戊戌 19	己亥 20	庚子 21	辛丑 22	壬寅 23	癸卯 24	甲辰 25	乙巳 26	丙午 27	丁未 28	戊申 29	己酉 30	庚戌 31	辛亥 (4)	壬子 2	癸丑 3	甲寅 4	乙卯 5	丙辰 6	丁巳 7	己酉春分
三月小	壬辰	天干地支西曆	戊午 8	己未 9	庚申 10	辛酉 11	壬戌 12	癸亥 13	甲子 14	乙丑 15	丙寅 16	丁卯 17	戊辰 18	己巳 19	庚午 20	辛未 21	壬申 22	癸酉 23	甲戌 24	乙亥 25	丙子 26	丁丑 27	戊寅 28	己卯 29	庚辰 30	辛巳 (5)	壬午 2	癸未 3	甲申 4	乙酉 5	丙戌 6		
四月大	癸巳	天干地支西曆	丁亥 7	戊子 8	己丑 9	庚寅 10	辛卯 11	壬辰 12	癸巳 13	甲午 14	乙未 15	丙申 16	丁酉 17	戊戌 18	己亥 19	庚子 20	辛丑 21	壬寅 22	癸卯 23	甲辰 24	乙巳 25	丙午 26	丁未 27	戊申 28	己酉 29	庚戌 30	辛亥 31	壬子 (6)	癸丑 2	甲寅 3	乙卯 4	丙辰 5	丙申立夏
五月大	甲午	天干地支西曆	丁巳 6	戊午 7	己未 8	庚申 9	辛酉 10	壬戌 11	癸亥 12	甲子 13	乙丑 14	丙寅 15	丁卯 16	戊辰 17	己巳 18	庚午 19	辛未 20	壬申 21	癸酉 22	甲戌 23	乙亥 24	丙子 25	丁丑 26	戊寅 27	己卯 28	庚辰 29	辛巳 30	壬午 (7)	癸未 2	甲申 3	乙酉 4	丙戌 5	癸未夏至
六月小	乙未	天干地支西曆	丁亥 6	戊子 7	己丑 8	庚寅 9	辛卯 10	壬辰 11	癸巳 12	甲午 13	乙未 14	丙申 15	丁酉 16	戊戌 17	己亥 18	庚子 19	辛丑 20	壬寅 21	癸卯 22	甲辰 23	乙巳 24	丙午 25	丁未 26	戊申 27	己酉 28	庚戌 29	辛亥 30	壬子 31	癸丑 (8)	甲寅 2	乙卯 3		
七月大	丙申	天干地支西曆	丙辰 4	丁巳 5	戊午 6	己未 7	庚申 8	辛酉 9	壬戌 10	癸亥 11	甲子 12	乙丑 13	丙寅 14	丁卯 15	戊辰 16	己巳 17	庚午 18	辛未 19	壬申 20	癸酉 21	甲戌 22	乙亥 23	丙子 24	丁丑 25	戊寅 26	己卯 27	庚辰 28	辛巳 29	壬午 30	癸未 31	甲申 (9)	乙酉 2	己巳立秋
八月大	丁酉	天干地支西曆	丙戌 3	丁亥 4	戊子 5	己丑 6	庚寅 7	辛卯 8	壬辰 9	癸巳 10	甲午 11	乙未 12	丙申 13	丁酉 14	戊戌 15	己亥 16	庚子 17	辛丑 18	壬寅 19	癸卯 20	甲辰 21	乙巳 22	丙午 23	丁未 24	戊申 25	己酉 26	庚戌 27	辛亥 28	壬子 29	癸丑 30	甲寅 (10)	乙卯 2	乙卯秋分 丙戌日食
九月小	戊戌	天干地支西曆	丙辰 3	丁巳 4	戊午 5	己未 6	庚申 7	辛酉 8	壬戌 9	癸亥 10	甲子 11	乙丑 12	丙寅 13	丁卯 14	戊辰 15	己巳 16	庚午 17	辛未 18	壬申 19	癸酉 20	甲戌 21	乙亥 22	丙子 23	丁丑 24	戊寅 25	己卯 26	庚辰 27	辛巳 28	壬午 29	癸未 30	甲申 31		
十月大	己亥	天干地支西曆	乙酉 (11)	丙戌 2	丁亥 3	戊子 4	己丑 5	庚寅 6	辛卯 7	壬辰 8	癸巳 9	甲午 10	乙未 11	丙申 12	丁酉 13	戊戌 14	己亥 15	庚子 16	辛丑 17	壬寅 18	癸卯 19	甲辰 20	乙巳 21	丙午 22	丁未 23	戊申 24	己酉 25	庚戌 26	辛亥 27	壬子 28	癸丑 29	甲寅 30	己亥立冬
十一月小	庚子	天干地支西曆	乙卯 (12)	丙辰 2	丁巳 3	戊午 4	己未 5	庚申 6	辛酉 7	壬戌 8	癸亥 9	甲子 10	乙丑 11	丙寅 12	丁卯 13	戊辰 14	己巳 15	庚午 16	辛未 17	壬申 18	癸酉 19	甲戌 20	乙亥 21	丙子 22	丁丑 23	戊寅 24	己卯 25	庚辰 26	辛巳 27	壬午 28	癸未 29		癸未冬至
閏十一大	庚子	天干地支西曆	甲申 30	乙酉 31	丙戌 (1)	丁亥 2	戊子 3	己丑 4	庚寅 5	辛卯 6	壬辰 7	癸巳 8	甲午 9	乙未 10	丙申 11	丁酉 12	戊戌 13	己亥 14	庚子 15	辛丑 16	壬寅 17	癸卯 18	甲辰 19	乙巳 20	丙午 21	丁未 22	戊申 23	己酉 24	庚戌 25	辛亥 26	壬子 27	癸丑 28	
十二月小	辛丑	天干地支西曆	甲寅 29	乙卯 30	丙辰 31	丁巳 (2)	戊午 2	己未 3	庚申 4	辛酉 5	壬戌 6	癸亥 7	甲子 8	乙丑 9	丙寅 10	丁卯 11	戊辰 12	己巳 13	庚午 14	辛未 15	壬申 16	癸酉 17	甲戌 18	乙亥 19	丙子 20	丁丑 21	戊寅 22	己卯 23	庚辰 24	辛巳 25	壬午 26		戊辰立春

年代異同	史記魯世家	漢書律曆志	帝王世紀	竹書紀年	皇極經世	文獻通考	歷代帝王年表	歷代統紀表	中國年曆總譜	西周年代	斷代工程
	周穆王四十五年		周恭王十六年	周穆王三十八年	周懿王十年	周懿王十年	周懿王十年	周懿王十年	周孝王三十年	周恭王六年	周穆王五十二年

周穆王四十七年（丁酉 鷄年） 公元前 924 ~ 前 923 年

夏曆月序		中西曆日對照	夏曆日序																														節氣與天象
			初一	初二	初三	初四	初五	初六	初七	初八	初九	初十	十一	十二	十三	十四	十五	十六	十七	十八	十九	二十	二一	二二	二三	二四	二五	二六	二七	二八	二九	三十	
正月小	壬寅	干支 天地西曆	癸未 27	甲申 28	乙酉 (3)	丙戌 2	丁亥 3	戊子 4	己丑 5	庚寅 6	辛卯 7	壬辰 8	癸巳 9	甲午 10	乙未 11	丙申 12	丁酉 13	戊戌 14	己亥 15	庚子 16	辛丑 17	壬寅 18	癸卯 19	甲辰 20	乙巳 21	丙午 22	丁未 23	戊申 24	己酉 25	庚戌 26	辛亥 27		
二月大	癸卯	干支 天地西曆	壬子 28	癸丑 29	甲寅 30	乙卯 31	丙辰 (4)	丁巳 2	戊午 3	己未 4	庚申 5	辛酉 6	壬戌 7	癸亥 8	甲子 9	乙丑 10	丙寅 11	丁卯 12	戊辰 13	己巳 14	庚午 15	辛未 16	壬申 17	癸酉 18	甲戌 19	乙亥 20	丙子 21	丁丑 22	戊寅 23	己卯 24	庚辰 25	辛巳 26	甲寅春分
三月小	甲辰	干支 天地西曆	壬午 27	癸未 28	甲申 29	乙酉 30	丙戌 (5)	丁亥 2	戊子 3	己丑 4	庚寅 5	辛卯 6	壬辰 7	癸巳 8	甲午 9	乙未 10	丙申 11	丁酉 12	戊戌 13	己亥 14	庚子 15	辛丑 16	壬寅 17	癸卯 18	甲辰 19	乙巳 20	丙午 21	丁未 22	戊申 23	己酉 24	庚戌 25		辛丑立夏
四月大	乙巳	干支 天地西曆	辛亥 26	壬子 27	癸丑 28	甲寅 29	乙卯 30	丙辰 31	丁巳 (6)	戊午 2	己未 3	庚申 4	辛酉 5	壬戌 6	癸亥 7	甲子 8	乙丑 9	丙寅 10	丁卯 11	戊辰 12	己巳 13	庚午 14	辛未 15	壬申 16	癸酉 17	甲戌 18	乙亥 19	丙子 20	丁丑 21	戊寅 22	己卯 23	庚辰 24	
五月小	丙午	干支 天地西曆	辛巳 25	壬午 26	癸未 27	甲申 28	乙酉 29	丙戌 30	丁亥 (7)	戊子 2	己丑 3	庚寅 4	辛卯 5	壬辰 6	癸巳 7	甲午 8	乙未 9	丙申 10	丁酉 11	戊戌 12	己亥 13	庚子 14	辛丑 15	壬寅 16	癸卯 17	甲辰 18	乙巳 19	丙午 20	丁未 21	戊申 22	己酉 23		戊子夏至
六月大	丁未	干支 天地西曆	庚戌 24	辛亥 25	壬子 26	癸丑 27	甲寅 28	乙卯 29	丙辰 30	丁巳 31	戊午 (8)	己未 2	庚申 3	辛酉 4	壬戌 5	癸亥 6	甲子 7	乙丑 8	丙寅 9	丁卯 10	戊辰 11	己巳 12	庚午 13	辛未 14	壬申 15	癸酉 16	甲戌 17	乙亥 18	丙子 19	丁丑 20	戊寅 21	己卯 22	乙亥立秋
七月大	戊申	干支 天地西曆	庚辰 23	辛巳 24	壬午 25	癸未 26	甲申 27	乙酉 28	丙戌 29	丁亥 30	戊子 31	己丑 (9)	庚寅 2	辛卯 3	壬辰 4	癸巳 5	甲午 6	乙未 7	丙申 8	丁酉 9	戊戌 10	己亥 11	庚子 12	辛丑 13	壬寅 14	癸卯 15	甲辰 16	乙巳 17	丙午 18	丁未 19	戊申 20	己酉 21	
八月小	己酉	干支 天地西曆	庚戌 22	辛亥 23	壬子 24	癸丑 25	甲寅 26	乙卯 27	丙辰 28	丁巳 29	戊午 30	己未 (10)	庚申 2	辛酉 3	壬戌 4	癸亥 5	甲子 6	乙丑 7	丙寅 8	丁卯 9	戊辰 10	己巳 11	庚午 12	辛未 13	壬申 14	癸酉 15	甲戌 16	乙亥 17	丙子 18	丁丑 19	戊寅 20		庚申秋分
九月大	庚戌	干支 天地西曆	己卯 21	庚辰 22	辛巳 23	壬午 24	癸未 25	甲申 26	乙酉 27	丙戌 28	丁亥 29	戊子 30	己丑 31	庚寅 (11)	辛卯 2	壬辰 3	癸巳 4	甲午 5	乙未 6	丙申 7	丁酉 8	戊戌 9	己亥 10	庚子 11	辛丑 12	壬寅 13	癸卯 14	甲辰 15	乙巳 16	丙午 17	丁未 18	戊申 19	甲辰立冬
十月大	辛亥	干支 天地西曆	己酉 20	庚戌 21	辛亥 22	壬子 23	癸丑 24	甲寅 25	乙卯 26	丙辰 27	丁巳 28	戊午 29	己未 30	庚申 (12)	辛酉 2	壬戌 3	癸亥 4	甲子 5	乙丑 6	丙寅 7	丁卯 8	戊辰 9	己巳 10	庚午 11	辛未 12	壬申 13	癸酉 14	甲戌 15	乙亥 16	丙子 17	丁丑 18	戊寅 19	
十一月小	壬子	干支 天地西曆	己卯 20	庚辰 21	辛巳 22	壬午 23	癸未 24	甲申 25	乙酉 26	丙戌 27	丁亥 28	戊子 29	己丑 30	庚寅 31	辛卯 (1)	壬辰 2	癸巳 3	甲午 4	乙未 5	丙申 6	丁酉 7	戊戌 8	己亥 9	庚子 10	辛丑 11	壬寅 12	癸卯 13	甲辰 14	乙巳 15	丙午 16	丁未 17		戊子冬至
十二月大	癸丑	干支 天地西曆	戊申 18	己酉 19	庚戌 20	辛亥 21	壬子 22	癸丑 23	甲寅 24	乙卯 25	丙辰 26	丁巳 27	戊午 28	己未 29	庚申 30	辛酉 31	壬戌 (2)	癸亥 2	甲子 3	乙丑 4	丙寅 5	丁卯 6	戊辰 7	己巳 8	庚午 9	辛未 10	壬申 11	癸酉 12	甲戌 13	乙亥 14	丙子 15	丁丑 16	癸酉立春

年代異同	史記魯世家	漢書律曆志	帝王世紀	竹書紀年	皇極經世	文獻通考	歷代帝王年表	歷代統紀表	中國年曆總譜	西周年代	斷代工程
	周穆王四十六年		周恭王十七年	周穆王三十九年	周懿王十一年	周懿王十一年	周懿王十一年	周懿王十一年	周夷王元年	周恭王七年	周穆王五十三年

周穆王四十八年（戊戌 狗年） 公元前 923 ~ 前 922 年

夏曆月序		中西曆日對照	初一	初二	初三	初四	初五	初六	初七	初八	初九	初十	十一	十二	十三	十四	十五	十六	十七	十八	十九	二十	二一	二二	二三	二四	二五	二六	二七	二八	二九	三十	節氣與天象
正月小	甲寅	天干地支西曆	戊寅17	己卯18	庚辰19	辛巳20	壬午21	癸未22	甲申23	乙酉24	丙戌25	丁亥26	戊子27	己丑28	庚寅(3)	辛卯2	壬辰3	癸巳4	甲午5	乙未6	丙申7	丁酉8	戊戌9	己亥10	庚子11	辛丑12	壬寅13	癸卯14	甲辰15	乙巳16	丙午17		
二月小	乙卯	天干地支西曆	丁未18	戊申19	己酉20	庚戌21	辛亥22	壬子23	癸丑24	甲寅25	乙卯26	丙辰27	丁巳28	戊午29	己未30	庚申31	辛酉(4)	壬戌2	癸亥3	甲子4	乙丑5	丙寅6	丁卯7	戊辰8	己巳9	庚午10	辛未11	壬申12	癸酉13	甲戌14	乙亥15		己未春分
三月大	丙辰	天干地支西曆	丙子16	丁丑17	戊寅18	己卯19	庚辰20	辛巳21	壬午22	癸未23	甲申24	乙酉25	丙戌26	丁亥27	戊子28	己丑29	庚寅30	辛卯(5)	壬辰2	癸巳3	甲午4	乙未5	丙申6	丁酉7	戊戌8	己亥9	庚子10	辛丑11	壬寅12	癸卯13	甲辰14	乙巳15	
四月小	丁巳	天干地支西曆	丙午16	丁未17	戊申18	己酉19	庚戌20	辛亥21	壬子22	癸丑23	甲寅24	乙卯25	丙辰26	丁巳27	戊午28	己未29	庚申30	辛酉31	壬戌(6)	癸亥2	甲子3	乙丑4	丙寅5	丁卯6	戊辰7	己巳8	庚午9	辛未10	壬申11	癸酉12	甲戌13		丙午立夏
五月小	戊午	天干地支西曆	乙亥14	丙子15	丁丑16	戊寅17	己卯18	庚辰19	辛巳20	壬午21	癸未22	甲申23	乙酉24	丙戌25	丁亥26	戊子27	己丑28	庚寅29	辛卯30	壬辰(7)	癸巳2	甲午3	乙未4	丙申5	丁酉6	戊戌7	己亥8	庚子9	辛丑10	壬寅11	癸卯12		癸巳夏至
六月大	己未	天干地支西曆	甲辰13	乙巳14	丙午15	丁未16	戊申17	己酉18	庚戌19	辛亥20	壬子21	癸丑22	甲寅23	乙卯24	丙辰25	丁巳26	戊午27	己未28	庚申29	辛酉30	壬戌31	癸亥(8)	甲子2	乙丑3	丙寅4	丁卯5	戊辰6	己巳7	庚午8	辛未9	壬申10	癸酉11	
七月大	庚申	天干地支西曆	甲戌12	乙亥13	丙子14	丁丑15	戊寅16	己卯17	庚辰18	辛巳19	壬午20	癸未21	甲申22	乙酉23	丙戌24	丁亥25	戊子26	己丑27	庚寅28	辛卯29	壬辰30	癸巳31	甲午(9)	乙未2	丙申3	丁酉4	戊戌5	己亥6	庚子7	辛丑8	壬寅9	癸卯10	庚辰立秋
八月小	辛酉	天干地支西曆	甲辰11	乙巳12	丙午13	丁未14	戊申15	己酉16	庚戌17	辛亥18	壬子19	癸丑20	甲寅21	乙卯22	丙辰23	丁巳24	戊午25	己未26	庚申27	辛酉28	壬戌29	癸亥30	甲子(10)	乙丑2	丙寅3	丁卯4	戊辰5	己巳6	庚午7	辛未8	壬申9		乙丑秋分
九月大	壬戌	天干地支西曆	癸酉10	甲戌11	乙亥12	丙子13	丁丑14	戊寅15	己卯16	庚辰17	辛巳18	壬午19	癸未20	甲申21	乙酉22	丙戌23	丁亥24	戊子25	己丑26	庚寅27	辛卯28	壬辰29	癸巳30	甲午31	乙未(11)	丙申2	丁酉3	戊戌4	己亥5	庚子6	辛丑7	壬寅8	
十月大	癸亥	天干地支西曆	癸卯9	甲辰10	乙巳11	丙午12	丁未13	戊申14	己酉15	庚戌16	辛亥17	壬子18	癸丑19	甲寅20	乙卯21	丙辰22	丁巳23	戊午24	己未25	庚申26	辛酉27	壬戌28	癸亥29	甲子30	乙丑(12)	丙寅2	丁卯3	戊辰4	己巳5	庚午6	辛未7	壬申8	己酉立冬
十一月大	甲子	天干地支西曆	癸酉9	甲戌10	乙亥11	丙子12	丁丑13	戊寅14	己卯15	庚辰16	辛巳17	壬午18	癸未19	甲申20	乙酉21	丙戌22	丁亥23	戊子24	己丑25	庚寅26	辛卯27	壬辰28	癸巳29	甲午30	乙未31	丙申(1)	丁酉2	戊戌3	己亥4	庚子5	辛丑6	壬寅7	甲午冬至
十二月小	乙丑	天干地支西曆	癸卯8	甲辰9	乙巳10	丙午11	丁未12	戊申13	己酉14	庚戌15	辛亥16	壬子17	癸丑18	甲寅19	乙卯20	丙辰21	丁巳22	戊午23	己未24	庚申25	辛酉26	壬戌27	癸亥28	甲子29	乙丑30	丙寅31	丁卯(2)	戊辰2	己巳3	庚午4	辛未5		

年代異同	史記魯世家	漢書律曆志	帝王世紀	竹書紀年	皇極經世	文獻通考	歷代帝王年表	歷代統紀表	中國年曆總譜	西周年代	斷代工程
	周穆王四十七年		周恭王十八年	周穆王四十年	周懿王十二年	周懿王十二年	周懿王十二年	周懿王十二年	周夷王二年	周恭王八年	周穆王五十四年

周穆王四十九年（己亥 猪年） 公元前922 ~ 前921年

夏曆月序		中西曆日對照	初一	初二	初三	初四	初五	初六	初七	初八	初九	初十	十一	十二	十三	十四	十五	十六	十七	十八	十九	二十	二一	二二	二三	二四	二五	二六	二七	二八	二九	三十	節氣與天象
正月大	丙寅	天干地支 西曆	壬申 6	癸酉 7	甲戌 8	乙亥 9	丙子 10	丁丑 11	戊寅 12	己卯 13	庚辰 14	辛巳 15	壬午 16	癸未 17	甲申 18	乙酉 19	丙戌 20	丁亥 21	戊子 22	己丑 23	庚寅 24	辛卯 25	壬辰 26	癸巳 27	甲午 28	乙未 (3)	丙申 2	丁酉 3	戊戌 4	己亥 5	庚子 6	辛丑 7	戊寅立春
二月小	丁卯	天干地支 西曆	壬寅 8	癸卯 9	甲辰 10	乙巳 11	丙午 12	丁未 13	戊申 14	己酉 15	庚戌 16	辛亥 17	壬子 18	癸丑 19	甲寅 20	乙卯 21	丙辰 22	丁巳 23	戊午 24	己未 25	庚申 26	辛酉 27	壬戌 28	癸亥 29	甲子 30	乙丑 31	丙寅 (4)	丁卯 2	戊辰 3	己巳 4	庚午 5		甲子春分
三月小	戊辰	天干地支 西曆	辛未 6	壬申 7	癸酉 8	甲戌 9	乙亥 10	丙子 11	丁丑 12	戊寅 13	己卯 14	庚辰 15	辛巳 16	壬午 17	癸未 18	甲申 19	乙酉 20	丙戌 21	丁亥 22	戊子 23	己丑 24	庚寅 25	辛卯 26	壬辰 27	癸巳 28	甲午 29	乙未 30	丙申 (5)	丁酉 2	戊戌 3	己亥 4		
四月大	己巳	天干地支 西曆	庚子 5	辛丑 6	壬寅 7	癸卯 8	甲辰 9	乙巳 10	丙午 11	丁未 12	戊申 13	己酉 14	庚戌 15	辛亥 16	壬子 17	癸丑 18	甲寅 19	乙卯 20	丙辰 21	丁巳 22	戊午 23	己未 24	庚申 25	辛酉 26	壬戌 27	癸亥 28	甲子 29	乙丑 30	丙寅 31	丁卯 (6)	戊辰 2	己巳 3	辛亥立夏
五月小	庚午	天干地支 西曆	庚午 4	辛未 5	壬申 6	癸酉 7	甲戌 8	乙亥 9	丙子 10	丁丑 11	戊寅 12	己卯 13	庚辰 14	辛巳 15	壬午 16	癸未 17	甲申 18	乙酉 19	丙戌 20	丁亥 21	戊子 22	己丑 23	庚寅 24	辛卯 25	壬辰 26	癸巳 27	甲午 28	乙未 29	丙申 30	丁酉 (7)	戊戌 2		
六月小	辛未	天干地支 西曆	己亥 3	庚子 4	辛丑 5	壬寅 6	癸卯 7	甲辰 8	乙巳 9	丙午 10	丁未 11	戊申 12	己酉 13	庚戌 14	辛亥 15	壬子 16	癸丑 17	甲寅 18	乙卯 19	丙辰 20	丁巳 21	戊午 22	己未 23	庚申 24	辛酉 25	壬戌 26	癸亥 27	甲子 28	乙丑 29	丙寅 30	丁卯 31		己亥夏至 己亥日食
七月大	壬申	天干地支 西曆	戊辰 (8)	己巳 2	庚午 3	辛未 4	壬申 5	癸酉 6	甲戌 7	乙亥 8	丙子 9	丁丑 10	戊寅 11	己卯 12	庚辰 13	辛巳 14	壬午 15	癸未 16	甲申 17	乙酉 18	丙戌 19	丁亥 20	戊子 21	己丑 22	庚寅 23	辛卯 24	壬辰 25	癸巳 26	甲午 27	乙未 28	丙申 29	丁酉 30	乙酉立秋
閏七月小	壬申	天干地支 西曆	戊戌 31	己亥 (9)	庚子 2	辛丑 3	壬寅 4	癸卯 5	甲辰 6	乙巳 7	丙午 8	丁未 9	戊申 10	己酉 11	庚戌 12	辛亥 13	壬子 14	癸丑 15	甲寅 16	乙卯 17	丙辰 18	丁巳 19	戊午 20	己未 21	庚申 22	辛酉 23	壬戌 24	癸亥 25	甲子 26	乙丑 27	丙寅 28		
八月大	癸酉	天干地支 西曆	丁卯 29	戊辰 30	己巳 (10)	庚午 2	辛未 3	壬申 4	癸酉 5	甲戌 6	乙亥 7	丙子 8	丁丑 9	戊寅 10	己卯 11	庚辰 12	辛巳 13	壬午 14	癸未 15	甲申 16	乙酉 17	丙戌 18	丁亥 19	戊子 20	己丑 21	庚寅 22	辛卯 23	壬辰 24	癸巳 25	甲午 26	乙未 27	丙申 28	庚午秋分
九月大	甲戌	天干地支 西曆	丁酉 29	戊戌 30	己亥 31	庚子 (11)	辛丑 2	壬寅 3	癸卯 4	甲辰 5	乙巳 6	丙午 7	丁未 8	戊申 9	己酉 10	庚戌 11	辛亥 12	壬子 13	癸丑 14	甲寅 15	乙卯 16	丙辰 17	丁巳 18	戊午 19	己未 20	庚申 21	辛酉 22	壬戌 23	癸亥 24	甲子 25	乙丑 26	丙寅 27	乙卯立冬
十月大	乙亥	天干地支 西曆	丁卯 28	戊辰 29	己巳 30	庚午 (12)	辛未 2	壬申 3	癸酉 4	甲戌 5	乙亥 6	丙子 7	丁丑 8	戊寅 9	己卯 10	庚辰 11	辛巳 12	壬午 13	癸未 14	甲申 15	乙酉 16	丙戌 17	丁亥 18	戊子 19	己丑 20	庚寅 21	辛卯 22	壬辰 23	癸巳 24	甲午 25	乙未 26	丙申 27	
十一月大	丙子	天干地支 西曆	丁酉 28	戊戌 29	己亥 30	庚子 31	辛丑 (1)	壬寅 2	癸卯 3	甲辰 4	乙巳 5	丙午 6	丁未 7	戊申 8	己酉 9	庚戌 10	辛亥 11	壬子 12	癸丑 13	甲寅 14	乙卯 15	丙辰 16	丁巳 17	戊午 18	己未 19	庚申 20	辛酉 21	壬戌 22	癸亥 23	甲子 24	乙丑 25	丙寅 26	己亥冬至
十二月小	丁丑	天干地支 西曆	丁卯 27	戊辰 28	己巳 29	庚午 30	辛未 31	壬申 (2)	癸酉 2	甲戌 3	乙亥 4	丙子 5	丁丑 6	戊寅 7	己卯 8	庚辰 9	辛巳 10	壬午 11	癸未 12	甲申 13	乙酉 14	丙戌 15	丁亥 16	戊子 17	己丑 18	庚寅 19	辛卯 20	壬辰 21	癸巳 22	甲午 23	乙未 24		甲申立春

年代異同	史記魯世家	漢書律曆志	帝王世紀	竹書紀年	皇極經世	文獻通考	歷代帝王年表	歷代統紀表	中國年曆總譜	西周年代	斷代工程
	周穆王四十八年		周恭王十九年	周穆王四十一年	周懿王十三年	周懿王十三年	周懿王十三年	周懿王十三年	周夷王三年	周恭王九年	周穆王五十五年 / 共王元年

周穆王五十年（庚子 鼠年） 公元前 921 ~ 前 920 年

夏曆月序		中西曆日對照	初一	初二	初三	初四	初五	初六	初七	初八	初九	初十	十一	十二	十三	十四	十五	十六	十七	十八	十九	二十	二一	二二	二三	二四	二五	二六	二七	二八	二九	三十	節氣與天象
正月大	戊寅	天干地支西曆	丙申25	丁酉26	戊戌27	己亥28	庚子29	辛丑(3)	壬寅2	癸卯3	甲辰4	乙巳5	丙午6	丁未7	戊申8	己酉9	庚戌10	辛亥11	壬子12	癸丑13	甲寅14	乙卯15	丙辰16	丁巳17	戊午18	己未19	庚申20	辛酉21	壬戌22	癸亥23	甲子24	乙丑25	
二月小	己卯	天干地支西曆	丙寅26	丁卯27	戊辰28	己巳29	庚午30	辛未31	壬申(4)	癸酉2	甲戌3	乙亥4	丙子5	丁丑6	戊寅7	己卯8	庚辰9	辛巳10	壬午11	癸未12	甲申13	乙酉14	丙戌15	丁亥16	戊子17	己丑18	庚寅19	辛卯20	壬辰21	癸巳22	甲午23		庚午春分
三月小	庚辰	天干地支西曆	乙未24	丙申25	丁酉26	戊戌27	己亥28	庚子29	辛丑30	壬寅(5)	癸卯2	甲辰3	乙巳4	丙午5	丁未6	戊申7	己酉8	庚戌9	辛亥10	壬子11	癸丑12	甲寅13	乙卯14	丙辰15	丁巳16	戊午17	己未18	庚申19	辛酉20	壬戌21	癸亥22		丁巳立夏
四月大	辛巳	天干地支西曆	甲子23	乙丑24	丙寅25	丁卯26	戊辰27	己巳28	庚午29	辛未30	壬申31	癸酉(6)	甲戌2	乙亥3	丙子4	丁丑5	戊寅6	己卯7	庚辰8	辛巳9	壬午10	癸未11	甲申12	乙酉13	丙戌14	丁亥15	戊子16	己丑17	庚寅18	辛卯19	壬辰20	癸巳21	
五月小	壬午	天干地支西曆	甲午22	乙未23	丙申24	丁酉25	戊戌26	己亥27	庚子28	辛丑29	壬寅30	癸卯(7)	甲辰2	乙巳3	丙午4	丁未5	戊申6	己酉7	庚戌8	辛亥9	壬子10	癸丑11	甲寅12	乙卯13	丙辰14	丁巳15	戊午16	己未17	庚申18	辛酉19	壬戌20		甲辰夏至
六月小	癸未	天干地支西曆	癸亥21	甲子22	乙丑23	丙寅24	丁卯25	戊辰26	己巳27	庚午28	辛未29	壬申30	癸酉31	甲戌(8)	乙亥2	丙子3	丁丑4	戊寅5	己卯6	庚辰7	辛巳8	壬午9	癸未10	甲申11	乙酉12	丙戌13	丁亥14	戊子15	己丑16	庚寅17	辛卯18		庚寅立秋
七月大	甲申	天干地支西曆	壬辰19	癸巳20	甲午21	乙未22	丙申23	丁酉24	戊戌25	己亥26	庚子27	辛丑28	壬寅29	癸卯30	甲辰31	乙巳(9)	丙午2	丁未3	戊申4	己酉5	庚戌6	辛亥7	壬子8	癸丑9	甲寅10	乙卯11	丙辰12	丁巳13	戊午14	己未15	庚申16	辛酉17	
八月小	乙酉	天干地支西曆	壬戌18	癸亥19	甲子20	乙丑21	丙寅22	丁卯23	戊辰24	己巳25	庚午26	辛未27	壬申28	癸酉29	甲戌30	乙亥(10)	丙子2	丁丑3	戊寅4	己卯5	庚辰6	辛巳7	壬午8	癸未9	甲申10	乙酉11	丙戌12	丁亥13	戊子14	己丑15	庚寅16		丙子秋分
九月大	丙戌	天干地支西曆	辛卯17	壬辰18	癸巳19	甲午20	乙未21	丙申22	丁酉23	戊戌24	己亥25	庚子26	辛丑27	壬寅28	癸卯29	甲辰30	乙巳31	丙午(11)	丁未2	戊申3	己酉4	庚戌5	辛亥6	壬子7	癸丑8	甲寅9	乙卯10	丙辰11	丁巳12	戊午13	己未14	庚申15	庚申立冬
十月大	丁亥	天干地支西曆	辛酉16	壬戌17	癸亥18	甲子19	乙丑20	丙寅21	丁卯22	戊辰23	己巳24	庚午25	辛未26	壬申27	癸酉28	甲戌29	乙亥30	丙子(12)	丁丑2	戊寅3	己卯4	庚辰5	辛巳6	壬午7	癸未8	甲申9	乙酉10	丙戌11	丁亥12	戊子13	己丑14	庚寅15	
十一月大	戊子	天干地支西曆	辛卯16	壬辰17	癸巳18	甲午19	乙未20	丙申21	丁酉22	戊戌23	己亥24	庚子25	辛丑26	壬寅27	癸卯28	甲辰29	乙巳30	丙午31	丁未(1)	戊申2	己酉3	庚戌4	辛亥5	壬子6	癸丑7	甲寅8	乙卯9	丙辰10	丁巳11	戊午12	己未13	庚申14	甲辰冬至
十二月小	己丑	天干地支西曆	辛酉15	壬戌16	癸亥17	甲子18	乙丑19	丙寅20	丁卯21	戊辰22	己巳23	庚午24	辛未25	壬申26	癸酉27	甲戌28	乙亥29	丙子30	丁丑31	戊寅(2)	己卯2	庚辰3	辛巳4	壬午5	癸未6	甲申7	乙酉8	丙戌9	丁亥10	戊子11	己丑12		己丑立春

年代異同	史記魯世家	漢書律曆志	帝王世紀	竹書紀年	皇極經世	文獻通考	歷代帝王年表	歷代統紀表	中國年曆總譜	西周年代	斷代工程
	周穆王四十九年		周恭王二十年	周穆王四十二年	周懿王十四年	周懿王十四年	周懿王十四年	周懿王十四年	周夷王四年	周恭王十年	周共王二年

周穆王五十一年（辛丑 牛年） 公元前920 ~ 前919年

夏曆月序		中西曆日對照	初一	初二	初三	初四	初五	初六	初七	初八	初九	初十	十一	十二	十三	十四	十五	十六	十七	十八	十九	二十	二一	二二	二三	二四	二五	二六	二七	二八	二九	三十	節氣與天象
正月大	庚寅	干支 天地西曆	庚寅 13	辛卯 14	壬辰 15	癸巳 16	甲午 17	乙未 18	丙申 19	丁酉 20	戊戌 21	己亥 22	庚子 23	辛丑 24	壬寅 25	癸卯 26	甲辰 27	乙巳 28	丙午 (3)	丁未 2	戊申 3	己酉 4	庚戌 5	辛亥 6	壬子 7	癸丑 8	甲寅 9	乙卯 10	丙辰 11	丁巳 12	戊午 13	己未 14	
二月大	辛卯	干支 天地西曆	庚申 15	辛酉 16	壬戌 17	癸亥 18	甲子 19	乙丑 20	丙寅 21	丁卯 22	戊辰 23	己巳 24	庚午 25	辛未 26	壬申 27	癸酉 28	甲戌 29	乙亥 30	丙子 31	丁丑 (4)	戊寅 2	己卯 3	庚辰 4	辛巳 5	壬午 6	癸未 7	甲申 8	乙酉 9	丙戌 10	丁亥 11	戊子 12	己丑 13	乙亥春分
三月小	壬辰	干支 天地西曆	庚寅 14	辛卯 15	壬辰 16	癸巳 17	甲午 18	乙未 19	丙申 20	丁酉 21	戊戌 22	己亥 23	庚子 24	辛丑 25	壬寅 26	癸卯 27	甲辰 28	乙巳 29	丙午 30	丁未 (5)	戊申 2	己酉 3	庚戌 4	辛亥 5	壬子 6	癸丑 7	甲寅 8	乙卯 9	丙辰 10	丁巳 11	戊午 12		
四月小	癸巳	干支 天地西曆	己未 13	庚申 14	辛酉 15	壬戌 16	癸亥 17	甲子 18	乙丑 19	丙寅 20	丁卯 21	戊辰 22	己巳 23	庚午 24	辛未 25	壬申 26	癸酉 27	甲戌 28	乙亥 29	丙子 30	丁丑 31	戊寅 (6)	己卯 2	庚辰 3	辛巳 4	壬午 5	癸未 6	甲申 7	乙酉 8	丙戌 9	丁亥 10		壬戌立夏
五月大	甲午	干支 天地西曆	戊子 11	己丑 12	庚寅 13	辛卯 14	壬辰 15	癸巳 16	甲午 17	乙未 18	丙申 19	丁酉 20	戊戌 21	己亥 22	庚子 23	辛丑 24	壬寅 25	癸卯 26	甲辰 27	乙巳 28	丙午 29	丁未 30	戊申 (7)	己酉 2	庚戌 3	辛亥 4	壬子 5	癸丑 6	甲寅 7	乙卯 8	丙辰 9	丁巳 10	己酉夏至
六月小	乙未	干支 天地西曆	戊午 11	己未 12	庚申 13	辛酉 14	壬戌 15	癸亥 16	甲子 17	乙丑 18	丙寅 19	丁卯 20	戊辰 21	己巳 22	庚午 23	辛未 24	壬申 25	癸酉 26	甲戌 27	乙亥 28	丙子 29	丁丑 30	戊寅 31	己卯 (8)	庚辰 2	辛巳 3	壬午 4	癸未 5	甲申 6	乙酉 7	丙戌 8		
七月小	丙申	干支 天地西曆	丁亥 9	戊子 10	己丑 11	庚寅 12	辛卯 13	壬辰 14	癸巳 15	甲午 16	乙未 17	丙申 18	丁酉 19	戊戌 20	己亥 21	庚子 22	辛丑 23	壬寅 24	癸卯 25	甲辰 26	乙巳 27	丙午 28	丁未 29	戊申 30	己酉 31	庚戌 (9)	辛亥 2	壬子 3	癸丑 4	甲寅 5	乙卯 6		丙申立秋
八月大	丁酉	干支 天地西曆	丙辰 7	丁巳 8	戊午 9	己未 10	庚申 11	辛酉 12	壬戌 13	癸亥 14	甲子 15	乙丑 16	丙寅 17	丁卯 18	戊辰 19	己巳 20	庚午 21	辛未 22	壬申 23	癸酉 24	甲戌 25	乙亥 26	丙子 27	丁丑 28	戊寅 29	己卯 30	庚辰 (10)	辛巳 2	壬午 3	癸未 4	甲申 5	乙酉 6	辛巳秋分
九月小	戊戌	干支 天地西曆	丙戌 7	丁亥 8	戊子 9	己丑 10	庚寅 11	辛卯 12	壬辰 13	癸巳 14	甲午 15	乙未 16	丙申 17	丁酉 18	戊戌 19	己亥 20	庚子 21	辛丑 22	壬寅 23	癸卯 24	甲辰 25	乙巳 26	丙午 27	丁未 28	戊申 29	己酉 30	庚戌 31	辛亥 (11)	壬子 2	癸丑 3	甲寅 4		
十月大	己亥	干支 天地西曆	乙卯 5	丙辰 6	丁巳 7	戊午 8	己未 9	庚申 10	辛酉 11	壬戌 12	癸亥 13	甲子 14	乙丑 15	丙寅 16	丁卯 17	戊辰 18	己巳 19	庚午 20	辛未 21	壬申 22	癸酉 23	甲戌 24	乙亥 25	丙子 26	丁丑 27	戊寅 28	己卯 29	庚辰 30	辛巳 (12)	壬午 2	癸未 3	甲申 4	乙丑立冬
十一月大	庚子	干支 天地西曆	乙酉 5	丙戌 6	丁亥 7	戊子 8	己丑 9	庚寅 10	辛卯 11	壬辰 12	癸巳 13	甲午 14	乙未 15	丙申 16	丁酉 17	戊戌 18	己亥 19	庚子 20	辛丑 21	壬寅 22	癸卯 23	甲辰 24	乙巳 25	丙午 26	丁未 27	戊申 28	己酉 29	庚戌 30	辛亥 31	壬子 (1)	癸丑 2	甲寅 3	己酉冬至
十二月小	辛丑	干支 天地西曆	乙卯 4	丙辰 5	丁巳 6	戊午 7	己未 8	庚申 9	辛酉 10	壬戌 11	癸亥 12	甲子 13	乙丑 14	丙寅 15	丁卯 16	戊辰 17	己巳 18	庚午 19	辛未 20	壬申 21	癸酉 22	甲戌 23	乙亥 24	丙子 25	丁丑 26	戊寅 27	己卯 28	庚辰 29	辛巳 30	壬午 31	癸未 (2)		

年代異同	史記魯世家	漢書律曆志	帝王世紀	竹書紀年	皇極經世	文獻通考	歷代帝王年表	歷代統紀表	中國年曆總譜	西周年代	斷代工程
	周穆王五十年		周懿王元年	周穆王四十三年	周懿王十五年	周懿王十五年	周懿王十五年	周懿王十五年	周夷王五年	周恭王十一年	周共王三年

周穆王五十二年（壬寅 虎年） 公元前 919 ~ 前 918 年

夏曆月序		中西曆日對照	初一	初二	初三	初四	初五	初六	初七	初八	初九	初十	十一	十二	十三	十四	十五	十六	十七	十八	十九	二十	二一	二二	二三	二四	二五	二六	二七	二八	二九	三十	節氣與天象
正月大	壬寅	天干地支西曆	甲申 2	乙酉 3	丙戌 4	丁亥 5	戊子 6	己丑 7	庚寅 8	辛卯 9	壬辰 10	癸巳 11	甲午 12	乙未 13	丙申 14	丁酉 15	戊戌 16	己亥 17	庚子 18	辛丑 19	壬寅 20	癸卯 21	甲辰 22	乙巳 23	丙午 24	丁未 25	戊申 26	己酉 27	庚戌 28	辛亥 (3)	壬子 2	癸丑 3	甲午立春
二月大	癸卯	天干地支西曆	甲寅 4	乙卯 5	丙辰 6	丁巳 7	戊午 8	己未 9	庚申 10	辛酉 11	壬戌 12	癸亥 13	甲子 14	乙丑 15	丙寅 16	丁卯 17	戊辰 18	己巳 19	庚午 20	辛未 21	壬申 22	癸酉 23	甲戌 24	乙亥 25	丙子 26	丁丑 27	戊寅 28	己卯 29	庚辰 30	辛巳 31	壬午 (4)	癸未 2	庚辰春分
三月小	甲辰	天干地支西曆	甲申 3	乙酉 4	丙戌 5	丁亥 6	戊子 7	己丑 8	庚寅 9	辛卯 10	壬辰 11	癸巳 12	甲午 13	乙未 14	丙申 15	丁酉 16	戊戌 17	己亥 18	庚子 19	辛丑 20	壬寅 21	癸卯 22	甲辰 23	乙巳 24	丙午 25	丁未 26	戊申 27	己酉 28	庚戌 29	辛亥 30	壬子 (5)		
四月大	乙巳	天干地支西曆	癸丑 2	甲寅 3	乙卯 4	丙辰 5	丁巳 6	戊午 7	己未 8	庚申 9	辛酉 10	壬戌 11	癸亥 12	甲子 13	乙丑 14	丙寅 15	丁卯 16	戊辰 17	己巳 18	庚午 19	辛未 20	壬申 21	癸酉 22	甲戌 23	乙亥 24	丙子 25	丁丑 26	戊寅 27	己卯 28	庚辰 29	辛巳 30	壬午 31	丁卯立夏
五月小	丙午	天干地支西曆	癸未 (6)	甲申 2	乙酉 3	丙戌 4	丁亥 5	戊子 6	己丑 7	庚寅 8	辛卯 9	壬辰 10	癸巳 11	甲午 12	乙未 13	丙申 14	丁酉 15	戊戌 16	己亥 17	庚子 18	辛丑 19	壬寅 20	癸卯 21	甲辰 22	乙巳 23	丙午 24	丁未 25	戊申 26	己酉 27	庚戌 28	辛亥 29		
閏五月大	丙午	天干地支西曆	壬子 30	癸丑 (7)	甲寅 2	乙卯 3	丙辰 4	丁巳 5	戊午 6	己未 7	庚申 8	辛酉 9	壬戌 10	癸亥 11	甲子 12	乙丑 13	丙寅 14	丁卯 15	戊辰 16	己巳 17	庚午 18	辛未 19	壬申 20	癸酉 21	甲戌 22	乙亥 23	丙子 24	丁丑 25	戊寅 26	己卯 27	庚辰 28	辛巳 29	甲寅夏至
六月小	丁未	天干地支西曆	壬午 30	癸未 31	甲申 (8)	乙酉 2	丙戌 3	丁亥 4	戊子 5	己丑 6	庚寅 7	辛卯 8	壬辰 9	癸巳 10	甲午 11	乙未 12	丙申 13	丁酉 14	戊戌 15	己亥 16	庚子 17	辛丑 18	壬寅 19	癸卯 20	甲辰 21	乙巳 22	丙午 23	丁未 24	戊申 25	己酉 26	庚戌 27		辛丑立秋
七月小	戊申	天干地支西曆	辛亥 28	壬子 29	癸丑 30	甲寅 31	乙卯 (9)	丙辰 2	丁巳 3	戊午 4	己未 5	庚申 6	辛酉 7	壬戌 8	癸亥 9	甲子 10	乙丑 11	丙寅 12	丁卯 13	戊辰 14	己巳 15	庚午 16	辛未 17	壬申 18	癸酉 19	甲戌 20	乙亥 21	丙子 22	丁丑 23	戊寅 24	己卯 25		
八月大	己酉	天干地支西曆	庚辰 26	辛巳 27	壬午 28	癸未 29	甲申 30	乙酉 (10)	丙戌 2	丁亥 3	戊子 4	己丑 5	庚寅 6	辛卯 7	壬辰 8	癸巳 9	甲午 10	乙未 11	丙申 12	丁酉 13	戊戌 14	己亥 15	庚子 16	辛丑 17	壬寅 18	癸卯 19	甲辰 20	乙巳 21	丙午 22	丁未 23	戊申 24	己酉 25	丙戌秋分
九月小	庚戌	天干地支西曆	庚戌 26	辛亥 27	壬子 28	癸丑 29	甲寅 30	乙卯 31	丙辰 (11)	丁巳 2	戊午 3	己未 4	庚申 5	辛酉 6	壬戌 7	癸亥 8	甲子 9	乙丑 10	丙寅 11	丁卯 12	戊辰 13	己巳 14	庚午 15	辛未 16	壬申 17	癸酉 18	甲戌 19	乙亥 20	丙子 21	丁丑 22	戊寅 23		庚午立冬 庚戌日食
十月大	辛亥	天干地支西曆	己卯 24	庚辰 25	辛巳 26	壬午 27	癸未 28	甲申 29	乙酉 30	丙戌 (12)	丁亥 2	戊子 3	己丑 4	庚寅 5	辛卯 6	壬辰 7	癸巳 8	甲午 9	乙未 10	丙申 11	丁酉 12	戊戌 13	己亥 14	庚子 15	辛丑 16	壬寅 17	癸卯 18	甲辰 19	乙巳 20	丙午 21	丁未 22	戊申 23	
十一月小	壬子	天干地支西曆	己酉 24	庚戌 25	辛亥 26	壬子 27	癸丑 28	甲寅 29	乙卯 30	丙辰 31	丁巳 (1)	戊午 2	己未 3	庚申 4	辛酉 5	壬戌 6	癸亥 7	甲子 8	乙丑 9	丙寅 10	丁卯 11	戊辰 12	己巳 13	庚午 14	辛未 15	壬申 16	癸酉 17	甲戌 18	乙亥 19	丙子 20	丁丑 21		甲寅冬至
十二月大	癸丑	天干地支西曆	戊寅 22	己卯 23	庚辰 24	辛巳 25	壬午 26	癸未 27	甲申 28	乙酉 29	丙戌 30	丁亥 31	戊子 (2)	己丑 2	庚寅 3	辛卯 4	壬辰 5	癸巳 6	甲午 7	乙未 8	丙申 9	丁酉 10	戊戌 11	己亥 12	庚子 13	辛丑 14	壬寅 15	癸卯 16	甲辰 17	乙巳 18	丙午 19	丁未 20	己亥立春

年代異同	史記魯世家	漢書律曆志	帝王世紀	竹書紀年	皇極經世	文獻通考	歷代帝王年表	歷代統紀表	中國年曆總譜	西周年代	斷代工程
	周穆王五十一年		周懿王二年	周穆王四十四年	周懿王十六年	周懿王十六年	周懿王十六年	周懿王十六年	周夷王六年	周恭王十二年	周共王四年

周穆王五十三年（癸卯 兔年） 公元前 918 ~ 前 917 年

夏曆月序		中西曆日對照	夏曆日序 初一	初二	初三	初四	初五	初六	初七	初八	初九	初十	十一	十二	十三	十四	十五	十六	十七	十八	十九	二十	二一	二二	二三	二四	二五	二六	二七	二八	二九	三十	節氣與天象
正月大	甲寅	天干 地支 西曆	戊申 21	己酉 22	庚戌 23	辛亥 24	壬子 25	癸丑 26	甲寅 27	乙卯 28	丙辰 (3)	丁巳 2	戊午 3	己未 4	庚申 5	辛酉 6	壬戌 7	癸亥 8	甲子 9	乙丑 10	丙寅 11	丁卯 12	戊辰 13	己巳 14	庚午 15	辛未 16	壬申 17	癸酉 18	甲戌 19	乙亥 20	丙子 21	丁丑 22	
二月小	乙卯	天干 地支 西曆	戊寅 23	己卯 24	庚辰 25	辛巳 26	壬午 27	癸未 28	甲申 29	乙酉 30	丙戌 31	丁亥 (4)	戊子 2	己丑 3	庚寅 4	辛卯 5	壬辰 6	癸巳 7	甲午 8	乙未 9	丙申 10	丁酉 11	戊戌 12	己亥 13	庚子 14	辛丑 15	壬寅 16	癸卯 17	甲辰 18	乙巳 19	丙午 20		乙酉春分
三月大	丙辰	天干 地支 西曆	丁未 21	戊申 22	己酉 23	庚戌 24	辛亥 25	壬子 26	癸丑 27	甲寅 28	乙卯 29	丙辰 30	丁巳 (5)	戊午 2	己未 3	庚申 4	辛酉 5	壬戌 6	癸亥 7	甲子 8	乙丑 9	丙寅 10	丁卯 11	戊辰 12	己巳 13	庚午 14	辛未 15	壬申 16	癸酉 17	甲戌 18	乙亥 19	丙子 20	壬申立夏
四月大	丁巳	天干 地支 西曆	丁丑 21	戊寅 22	己卯 23	庚辰 24	辛巳 25	壬午 26	癸未 27	甲申 28	乙酉 29	丙戌 30	丁亥 31	戊子 (6)	己丑 2	庚寅 3	辛卯 4	壬辰 5	癸巳 6	甲午 7	乙未 8	丙申 9	丁酉 10	戊戌 11	己亥 12	庚子 13	辛丑 14	壬寅 15	癸卯 16	甲辰 17	乙巳 18	丙午 19	
五月小	戊午	天干 地支 西曆	丁未 20	戊申 21	己酉 22	庚戌 23	辛亥 24	壬子 25	癸丑 26	甲寅 27	乙卯 28	丙辰 29	丁巳 30	戊午 (7)	己未 2	庚申 3	辛酉 4	壬戌 5	癸亥 6	甲子 7	乙丑 8	丙寅 9	丁卯 10	戊辰 11	己巳 12	庚午 13	辛未 14	壬申 15	癸酉 16	甲戌 17	乙亥 18		庚申夏至
六月大	己未	天干 地支 西曆	丙子 19	丁丑 20	戊寅 21	己卯 22	庚辰 23	辛巳 24	壬午 25	癸未 26	甲申 27	乙酉 28	丙戌 29	丁亥 30	戊子 31	己丑 (8)	庚寅 2	辛卯 3	壬辰 4	癸巳 5	甲午 6	乙未 7	丙申 8	丁酉 9	戊戌 10	己亥 11	庚子 12	辛丑 13	壬寅 14	癸卯 15	甲辰 16	乙巳 17	
七月小	庚申	天干 地支 西曆	丙午 18	丁未 19	戊申 20	己酉 21	庚戌 22	辛亥 23	壬子 24	癸丑 25	甲寅 26	乙卯 27	丙辰 28	丁巳 29	戊午 30	己未 31	庚申 (9)	辛酉 2	壬戌 3	癸亥 4	甲子 5	乙丑 6	丙寅 7	丁卯 8	戊辰 9	己巳 10	庚午 11	辛未 12	壬申 13	癸酉 14	甲戌 15		丙午立秋
八月小	辛酉	天干 地支 西曆	乙亥 16	丙子 17	丁丑 18	戊寅 19	己卯 20	庚辰 21	辛巳 22	壬午 23	癸未 24	甲申 25	乙酉 26	丙戌 27	丁亥 28	戊子 29	己丑 30	庚寅 (10)	辛卯 2	壬辰 3	癸巳 4	甲午 5	乙未 6	丙申 7	丁酉 8	戊戌 9	己亥 10	庚子 11	辛丑 12	壬寅 13	癸卯 14		辛卯秋分
九月大	壬戌	天干 地支 西曆	甲辰 15	乙巳 16	丙午 17	丁未 18	戊申 19	己酉 20	庚戌 21	辛亥 22	壬子 23	癸丑 24	甲寅 25	乙卯 26	丙辰 27	丁巳 28	戊午 29	己未 30	庚申 31	辛酉 (11)	壬戌 2	癸亥 3	甲子 4	乙丑 5	丙寅 6	丁卯 7	戊辰 8	己巳 9	庚午 10	辛未 11	壬申 12	癸酉 13	
十月小	癸亥	天干 地支 西曆	甲戌 14	乙亥 15	丙子 16	丁丑 17	戊寅 18	己卯 19	庚辰 20	辛巳 21	壬午 22	癸未 23	甲申 24	乙酉 25	丙戌 26	丁亥 27	戊子 28	己丑 29	庚寅 30	辛卯 (12)	壬辰 2	癸巳 3	甲午 4	乙未 5	丙申 6	丁酉 7	戊戌 8	己亥 9	庚子 10	辛丑 11	壬寅 12		丙子立冬
十一月大	甲子	天干 地支 西曆	癸卯 13	甲辰 14	乙巳 15	丙午 16	丁未 17	戊申 18	己酉 19	庚戌 20	辛亥 21	壬子 22	癸丑 23	甲寅 24	乙卯 25	丙辰 26	丁巳 27	戊午 28	己未 29	庚申 30	辛酉 31	壬戌 (1)	癸亥 2	甲子 3	乙丑 4	丙寅 5	丁卯 6	戊辰 7	己巳 8	庚午 9	辛未 10	壬申 11	庚申冬至
十二月小	乙丑	天干 地支 西曆	癸酉 12	甲戌 13	乙亥 14	丙子 15	丁丑 16	戊寅 17	己卯 18	庚辰 19	辛巳 20	壬午 21	癸未 22	甲申 23	乙酉 24	丙戌 25	丁亥 26	戊子 27	己丑 28	庚寅 29	辛卯 30	壬辰 31	癸巳 (2)	甲午 2	乙未 3	丙申 4	丁酉 5	戊戌 6	己亥 7	庚子 8	辛丑 9		

年代異同	史記魯世家	漢書律曆志	帝王世紀	竹書紀年	皇極經世	文獻通考	歷代帝王年表	歷代統紀表	中國年曆總譜	西周年代	斷代工程
	周穆王五十二年		周懿王三年	周穆王四十五年	周懿王十七年	周懿王十七年	周懿王十七年	周懿王十七年	周夷王七年	周恭王十三年	周共王五年

周穆王五十四年（甲辰 龍年） 公元前 917 ~ 前 916 年

夏曆月序		中西曆日對照	初一	初二	初三	初四	初五	初六	初七	初八	初九	初十	十一	十二	十三	十四	十五	十六	十七	十八	十九	二十	二一	二二	二三	二四	二五	二六	二七	二八	二九	三十	節氣與天象
正月大	丙寅	天干地支西曆	壬寅10	癸卯11	甲辰12	乙巳13	丙午14	丁未15	戊申16	己酉17	庚戌18	辛亥19	壬子20	癸丑21	甲寅22	乙卯23	丙辰24	丁巳25	戊午26	己未27	庚申28	辛酉29	壬戌(3)	癸亥2	甲子3	乙丑4	丙寅5	丁卯6	戊辰7	己巳8	庚午9	辛未10	乙巳立春
二月小	丁卯	天干地支西曆	壬申11	癸酉12	甲戌13	乙亥14	丙子15	丁丑16	戊寅17	己卯18	庚辰19	辛巳20	壬午21	癸未22	甲申23	乙酉24	丙戌25	丁亥26	戊子27	己丑28	庚寅29	辛卯30	壬辰31	癸巳(4)	甲午2	乙未3	丙申4	丁酉5	戊戌6	己亥7	庚子8		辛卯春分
三月大	戊辰	天干地支西曆	辛丑9	壬寅10	癸卯11	甲辰12	乙巳13	丙午14	丁未15	戊申16	己酉17	庚戌18	辛亥19	壬子20	癸丑21	甲寅22	乙卯23	丙辰24	丁巳25	戊午26	己未27	庚申28	辛酉29	壬戌30	癸亥(5)	甲子2	乙丑3	丙寅4	丁卯5	戊辰6	己巳7	庚午8	
四月大	己巳	天干地支西曆	辛未9	壬申10	癸酉11	甲戌12	乙亥13	丙子14	丁丑15	戊寅16	己卯17	庚辰18	辛巳19	壬午20	癸未21	甲申22	乙酉23	丙戌24	丁亥25	戊子26	己丑27	庚寅28	辛卯29	壬辰30	癸巳31	甲午(6)	乙未2	丙申3	丁酉4	戊戌5	己亥6	庚子7	戊寅立夏
五月小	庚午	天干地支西曆	辛丑8	壬寅9	癸卯10	甲辰11	乙巳12	丙午13	丁未14	戊申15	己酉16	庚戌17	辛亥18	壬子19	癸丑20	甲寅21	乙卯22	丙辰23	丁巳24	戊午25	己未26	庚申27	辛酉28	壬戌29	癸亥30	甲子(7)	乙丑2	丙寅3	丁卯4	戊辰5	己巳6		乙丑夏至
六月大	辛未	天干地支西曆	庚午7	辛未8	壬申9	癸酉10	甲戌11	乙亥12	丙子13	丁丑14	戊寅15	己卯16	庚辰17	辛巳18	壬午19	癸未20	甲申21	乙酉22	丙戌23	丁亥24	戊子25	己丑26	庚寅27	辛卯28	壬辰29	癸巳30	甲午31	乙未(8)	丙申2	丁酉3	戊戌4	己亥5	
七月大	壬申	天干地支西曆	庚子6	辛丑7	壬寅8	癸卯9	甲辰10	乙巳11	丙午12	丁未13	戊申14	己酉15	庚戌16	辛亥17	壬子18	癸丑19	甲寅20	乙卯21	丙辰22	丁巳23	戊午24	己未25	庚申26	辛酉27	壬戌28	癸亥29	甲子30	乙丑31	丙寅(9)	丁卯2	戊辰3	己巳4	辛亥立秋
八月小	癸酉	天干地支西曆	庚午5	辛未6	壬申7	癸酉8	甲戌9	乙亥10	丙子11	丁丑12	戊寅13	己卯14	庚辰15	辛巳16	壬午17	癸未18	甲申19	乙酉20	丙戌21	丁亥22	戊子23	己丑24	庚寅25	辛卯26	壬辰27	癸巳28	甲午29	乙未30	丙申(10)	丁酉2	戊戌3		丁酉秋分
九月大	甲戌	天干地支西曆	己亥4	庚子5	辛丑6	壬寅7	癸卯8	甲辰9	乙巳10	丙午11	丁未12	戊申13	己酉14	庚戌15	辛亥16	壬子17	癸丑18	甲寅19	乙卯20	丙辰21	丁巳22	戊午23	己未24	庚申25	辛酉26	壬戌27	癸亥28	甲子29	乙丑30	丙寅31	丁卯(11)	戊辰2	
十月小	乙亥	天干地支西曆	己巳3	庚午4	辛未5	壬申6	癸酉7	甲戌8	乙亥9	丙子10	丁丑11	戊寅12	己卯13	庚辰14	辛巳15	壬午16	癸未17	甲申18	乙酉19	丙戌20	丁亥21	戊子22	己丑23	庚寅24	辛卯25	壬辰26	癸巳27	甲午28	乙未29	丙申30	丁酉(12)		辛巳立冬
十一月小	丙子	天干地支西曆	戊戌2	己亥3	庚子4	辛丑5	壬寅6	癸卯7	甲辰8	乙巳9	丙午10	丁未11	戊申12	己酉13	庚戌14	辛亥15	壬子16	癸丑17	甲寅18	乙卯19	丙辰20	丁巳21	戊午22	己未23	庚申24	辛酉25	壬戌26	癸亥27	甲子28	乙丑29	丙寅30		乙丑冬至
閏十一大	丙子	天干地支西曆	丁卯31	戊辰(1)	己巳2	庚午3	辛未4	壬申5	癸酉6	甲戌7	乙亥8	丙子9	丁丑10	戊寅11	己卯12	庚辰13	辛巳14	壬午15	癸未16	甲申17	乙酉18	丙戌19	丁亥20	戊子21	己丑22	庚寅23	辛卯24	壬辰25	癸巳26	甲午27	乙未28	丙申29	
十二月小	丁丑	天干地支西曆	丁酉30	戊戌31	己亥(2)	庚子2	辛丑3	壬寅4	癸卯5	甲辰6	乙巳7	丙午8	丁未9	戊申10	己酉11	庚戌12	辛亥13	壬子14	癸丑15	甲寅16	乙卯17	丙辰18	丁巳19	戊午20	己未21	庚申22	辛酉23	壬戌24	癸亥25	甲子26	乙丑27		庚戌立春

年代異同	史記魯世家	漢書律曆志	帝王世紀	竹書紀年	皇極經世	文獻通考	歷代帝王年表	歷代統紀表	中國年曆總譜	西周年代	斷代工程
	周穆王五十三年		周懿王四年	周穆王四十六年	周懿王十八年	周懿王十八年	周懿王十八年	周懿王十八年	周夷王八年	周恭王十四年	周共王六年

周穆王五十五年（乙巳 蛇年） 公元前**916** ~ 前915年

夏曆月序		中西曆日對照	初一	初二	初三	初四	初五	初六	初七	初八	初九	初十	十一	十二	十三	十四	十五	十六	十七	十八	十九	二十	二一	二二	二三	二四	二五	二六	二七	二八	二九	三十	節氣與天象
正月大	戊寅	天干地支西曆	丙寅28	丁卯(3)	戊辰2	己巳3	庚午4	辛未5	壬申6	癸酉7	甲戌8	乙亥9	丙子10	丁丑11	戊寅12	己卯13	庚辰14	辛巳15	壬午16	癸未17	甲申18	乙酉19	丙戌20	丁亥21	戊子22	己丑23	庚寅24	辛卯25	壬辰26	癸巳27	甲午28	乙未29	
二月小	己卯	天干地支西曆	丙申30	丁酉31	戊戌(4)	己亥2	庚子3	辛丑4	壬寅5	癸卯6	甲辰7	乙巳8	丙午9	丁未10	戊申11	己酉12	庚戌13	辛亥14	壬子15	癸丑16	甲寅17	乙卯18	丙辰19	丁巳20	戊午21	己未22	庚申23	辛酉24	壬戌25	癸亥26	甲子27		丙申春分
三月大	庚辰	天干地支西曆	乙丑28	丙寅29	丁卯30	戊辰(5)	己巳2	庚午3	辛未4	壬申5	癸酉6	甲戌7	乙亥8	丙子9	丁丑10	戊寅11	己卯12	庚辰13	辛巳14	壬午15	癸未16	甲申17	乙酉18	丙戌19	丁亥20	戊子21	己丑22	庚寅23	辛卯24	壬辰25	癸巳26	甲午27	癸未立夏
四月小	辛巳	天干地支西曆	乙未28	丙申29	丁酉30	戊戌31	己亥(6)	庚子2	辛丑3	壬寅4	癸卯5	甲辰6	乙巳7	丙午8	丁未9	戊申10	己酉11	庚戌12	辛亥13	壬子14	癸丑15	甲寅16	乙卯17	丙辰18	丁巳19	戊午20	己未21	庚申22	辛酉23	壬戌24	癸亥25		
五月大	壬午	天干地支西曆	甲子26	乙丑27	丙寅28	丁卯29	戊辰30	己巳(7)	庚午2	辛未3	壬申4	癸酉5	甲戌6	乙亥7	丙子8	丁丑9	戊寅10	己卯11	庚辰12	辛巳13	壬午14	癸未15	甲申16	乙酉17	丙戌18	丁亥19	戊子20	己丑21	庚寅22	辛卯23	壬辰24	癸巳25	庚午夏至
六月大	癸未	天干地支西曆	甲午26	乙未27	丙申28	丁酉29	戊戌30	己亥31	庚子(8)	辛丑2	壬寅3	癸卯4	甲辰5	乙巳6	丙午7	丁未8	戊申9	己酉10	庚戌11	辛亥12	壬子13	癸丑14	甲寅15	乙卯16	丙辰17	丁巳18	戊午19	己未20	庚申21	辛酉22	壬戌23	癸亥24	丁巳立秋
七月小	甲申	天干地支西曆	甲子25	乙丑26	丙寅27	丁卯28	戊辰29	己巳30	庚午31	辛未(9)	壬申2	癸酉3	甲戌4	乙亥5	丙子6	丁丑7	戊寅8	己卯9	庚辰10	辛巳11	壬午12	癸未13	甲申14	乙酉15	丙戌16	丁亥17	戊子18	己丑19	庚寅20	辛卯21	壬辰22		
八月大	乙酉	天干地支西曆	癸巳23	甲午24	乙未25	丙申26	丁酉27	戊戌28	己亥29	庚子30	辛丑(10)	壬寅2	癸卯3	甲辰4	乙巳5	丙午6	丁未7	戊申8	己酉9	庚戌10	辛亥11	壬子12	癸丑13	甲寅14	乙卯15	丙辰16	丁巳17	戊午18	己未19	庚申20	辛酉21	壬戌22	壬寅秋分
九月大	丙戌	天干地支西曆	癸亥23	甲子24	乙丑25	丙寅26	丁卯27	戊辰28	己巳29	庚午30	辛未31	壬申(11)	癸酉2	甲戌3	乙亥4	丙子5	丁丑6	戊寅7	己卯8	庚辰9	辛巳10	壬午11	癸未12	甲申13	乙酉14	丙戌15	丁亥16	戊子17	己丑18	庚寅19	辛卯20	壬辰21	丙戌立冬
十月小	丁亥	天干地支西曆	癸巳22	甲午23	乙未24	丙申25	丁酉26	戊戌27	己亥28	庚子29	辛丑30	壬寅(12)	癸卯2	甲辰3	乙巳4	丙午5	丁未6	戊申7	己酉8	庚戌9	辛亥10	壬子11	癸丑12	甲寅13	乙卯14	丙辰15	丁巳16	戊午17	己未18	庚申19	辛酉20		
十一月大	戊子	天干地支西曆	壬戌21	癸亥22	甲子23	乙丑24	丙寅25	丁卯26	戊辰27	己巳28	庚午29	辛未30	壬申31	癸酉(1)	甲戌2	乙亥3	丙子4	丁丑5	戊寅6	己卯7	庚辰8	辛巳9	壬午10	癸未11	甲申12	乙酉13	丙戌14	丁亥15	戊子16	己丑17	庚寅18	辛卯19	庚午冬至
十二月小	己丑	天干地支西曆	壬辰20	癸巳21	甲午22	乙未23	丙申24	丁酉25	戊戌26	己亥27	庚子28	辛丑29	壬寅30	癸卯31	甲辰(2)	乙巳2	丙午3	丁未4	戊申5	己酉6	庚戌7	辛亥8	壬子9	癸丑10	甲寅11	乙卯12	丙辰13	丁巳14	戊午15	己未16	庚申17		乙卯立春

年代異同	史記魯世家	漢書律曆志	帝王世紀	竹書紀年	皇極經世	文獻通考	歷代帝王年表	歷代統紀表	中國年曆總譜	西周年代	斷代工程
	周穆王五十四年		周懿王五年	周穆王四十七年	周懿王十九年	周懿王十九年	周懿王十九年	周懿王十九年	周夷王九年	周恭王十五年	周共王七年

周共王元年（丙午 馬年） 公元前 915 ~ 前 914 年

夏曆月序		中西曆日對照	初一	初二	初三	初四	初五	初六	初七	初八	初九	初十	十一	十二	十三	十四	十五	十六	十七	十八	十九	二十	二一	二二	二三	二四	二五	二六	二七	二八	二九	三十	節氣與天象
正月小	庚寅	天干地支西曆	辛酉18	壬戌19	癸亥20	甲子21	乙丑22	丙寅23	丁卯24	戊辰25	己巳26	庚午27	辛未28	壬申(3)	癸酉2	甲戌3	乙亥4	丙子5	丁丑6	戊寅7	己卯8	庚辰9	辛巳10	壬午11	癸未12	甲申13	乙酉14	丙戌15	丁亥16	戊子17	己丑18		
二月大	辛卯	天干地支西曆	庚寅19	辛卯20	壬辰21	癸巳22	甲午23	乙未24	丙申25	丁酉26	戊戌27	己亥28	庚子29	辛丑30	壬寅31	癸卯(4)	甲辰2	乙巳3	丙午4	丁未5	戊申6	己酉7	庚戌8	辛亥9	壬子10	癸丑11	甲寅12	乙卯13	丙辰14	丁巳15	戊午16	己未17	辛丑春分
三月小	壬辰	天干地支西曆	庚申18	辛酉19	壬戌20	癸亥21	甲子22	乙丑23	丙寅24	丁卯25	戊辰26	己巳27	庚午28	辛未29	壬申30	癸酉(5)	甲戌2	乙亥3	丙子4	丁丑5	戊寅6	己卯7	庚辰8	辛巳9	壬午10	癸未11	甲申12	乙酉13	丙戌14	丁亥15	戊子16		戊子立夏
四月大	癸巳	天干地支西曆	己丑17	庚寅18	辛卯19	壬辰20	癸巳21	甲午22	乙未23	丙申24	丁酉25	戊戌26	己亥27	庚子28	辛丑29	壬寅30	癸卯31	甲辰(6)	乙巳2	丙午3	丁未4	戊申5	己酉6	庚戌7	辛亥8	壬子9	癸丑10	甲寅11	乙卯12	丙辰13	丁巳14	戊午15	
五月小	甲午	天干地支西曆	己未16	庚申17	辛酉18	壬戌19	癸亥20	甲子21	乙丑22	丙寅23	丁卯24	戊辰25	己巳26	庚午27	辛未28	壬申29	癸酉30	甲戌(7)	乙亥2	丙子3	丁丑4	戊寅5	己卯6	庚辰7	辛巳8	壬午9	癸未10	甲申11	乙酉12	丙戌13	丁亥14		乙亥夏至
六月大	乙未	天干地支西曆	戊子15	己丑16	庚寅17	辛卯18	壬辰19	癸巳20	甲午21	乙未22	丙申23	丁酉24	戊戌25	己亥26	庚子27	辛丑28	壬寅29	癸卯30	甲辰31	乙巳(8)	丙午2	丁未3	戊申4	己酉5	庚戌6	辛亥7	壬子8	癸丑9	甲寅10	乙卯11	丙辰12	丁巳13	
七月小	丙申	天干地支西曆	戊午14	己未15	庚申16	辛酉17	壬戌18	癸亥19	甲子20	乙丑21	丙寅22	丁卯23	戊辰24	己巳25	庚午26	辛未27	壬申28	癸酉29	甲戌30	乙亥31	丙子(9)	丁丑2	戊寅3	己卯4	庚辰5	辛巳6	壬午7	癸未8	甲申9	乙酉10	丙戌11		壬戌立秋
八月大	丁酉	天干地支西曆	丁亥12	戊子13	己丑14	庚寅15	辛卯16	壬辰17	癸巳18	甲午19	乙未20	丙申21	丁酉22	戊戌23	己亥24	庚子25	辛丑26	壬寅27	癸卯28	甲辰29	乙巳30	丙午(10)	丁未2	戊申3	己酉4	庚戌5	辛亥6	壬子7	癸丑8	甲寅9	乙卯10	丙辰11	丁未秋分
九月大	戊戌	天干地支西曆	丁巳12	戊午13	己未14	庚申15	辛酉16	壬戌17	癸亥18	甲子19	乙丑20	丙寅21	丁卯22	戊辰23	己巳24	庚午25	辛未26	壬申27	癸酉28	甲戌29	乙亥30	丙子31	丁丑(11)	戊寅2	己卯3	庚辰4	辛巳5	壬午6	癸未7	甲申8	乙酉9	丙戌10	
十月大	己亥	天干地支西曆	丁亥11	戊子12	己丑13	庚寅14	辛卯15	壬辰16	癸巳17	甲午18	乙未19	丙申20	丁酉21	戊戌22	己亥23	庚子24	辛丑25	壬寅26	癸卯27	甲辰28	乙巳29	丙午30	丁未(12)	戊申2	己酉3	庚戌4	辛亥5	壬子6	癸丑7	甲寅8	乙卯9	丙辰10	辛卯立冬
十一月小	庚子	天干地支西曆	丁巳11	戊午12	己未13	庚申14	辛酉15	壬戌16	癸亥17	甲子18	乙丑19	丙寅20	丁卯21	戊辰22	己巳23	庚午24	辛未25	壬申26	癸酉27	甲戌28	乙亥29	丙子30	丁丑31	戊寅(1)	己卯2	庚辰3	辛巳4	壬午5	癸未6	甲申7	乙酉8		乙亥冬至
十二月大	辛丑	天干地支西曆	丙戌9	丁亥10	戊子11	己丑12	庚寅13	辛卯14	壬辰15	癸巳16	甲午17	乙未18	丙申19	丁酉20	戊戌21	己亥22	庚子23	辛丑24	壬寅25	癸卯26	甲辰27	乙巳28	丙午29	丁未30	戊申31	己酉(2)	庚戌2	辛亥3	壬子4	癸丑5	甲寅6	乙卯7	

年代異同	史記魯世家	漢書律曆志	帝王世紀	竹書紀年	皇極經世	文獻通考	歷代帝王年表	歷代統紀表	中國年曆總譜	西周年代	斷代工程
	周穆王五十五年		周懿王六年	周穆王四十八年	周懿王二十年	周懿王二十年	周懿王二十年	周懿王二十年	周夷王十年	周懿王元年	周共王八年

＊周共王，名繄扈，青銅銘文多作龔王，文獻或作恭王，本表采用《史記・周本紀》記載。

周共王二年（丁未 羊年） 公元前 914 ~ 前 913 年

夏曆月序		中西曆日對照	初一	初二	初三	初四	初五	初六	初七	初八	初九	初十	十一	十二	十三	十四	十五	十六	十七	十八	十九	二十	二一	二二	二三	二四	二五	二六	二七	二八	二九	三十	節氣與天象
正月小	壬寅	天干支 地西曆	丙辰 8	丁巳 9	戊午 10	己未 11	庚申 12	辛酉 13	壬戌 14	癸亥 15	甲子 16	乙丑 17	丙寅 18	丁卯 19	戊辰 20	己巳 21	庚午 22	辛未 23	壬申 24	癸酉 25	甲戌 26	乙亥 27	丙子 28	丁丑 (3)	戊寅 2	己卯 3	庚辰 4	辛巳 5	壬午 6	癸未 7	甲申 8		庚申立春
二月小	癸卯	天干支 地西曆	乙酉 9	丙戌 10	丁亥 11	戊子 12	己丑 13	庚寅 14	辛卯 15	壬辰 16	癸巳 17	甲午 18	乙未 19	丙申 20	丁酉 21	戊戌 22	己亥 23	庚子 24	辛丑 25	壬寅 26	癸卯 27	甲辰 28	乙巳 29	丙午 30	丁未 31	戊申 (4)	己酉 2	庚戌 3	辛亥 4	壬子 5	癸丑 6		丙午春分
三月大	甲辰	天干支 地西曆	甲寅 7	乙卯 8	丙辰 9	丁巳 10	戊午 11	己未 12	庚申 13	辛酉 14	壬戌 15	癸亥 16	甲子 17	乙丑 18	丙寅 19	丁卯 20	戊辰 21	己巳 22	庚午 23	辛未 24	壬申 25	癸酉 26	甲戌 27	乙亥 28	丙子 29	丁丑 30	戊寅 (5)	己卯 2	庚辰 3	辛巳 4	壬午 5	癸未 6	
四月小	乙巳	天干支 地西曆	甲申 7	乙酉 8	丙戌 9	丁亥 10	戊子 11	己丑 12	庚寅 13	辛卯 14	壬辰 15	癸巳 16	甲午 17	乙未 18	丙申 19	丁酉 20	戊戌 21	己亥 22	庚子 23	辛丑 24	壬寅 25	癸卯 26	甲辰 27	乙巳 28	丙午 29	丁未 30	戊申 31	己酉 (6)	庚戌 2	辛亥 3	壬子 4		癸巳立夏
五月小	丙午	天干支 地西曆	癸丑 5	甲寅 6	乙卯 7	丙辰 8	丁巳 9	戊午 10	己未 11	庚申 12	辛酉 13	壬戌 14	癸亥 15	甲子 16	乙丑 17	丙寅 18	丁卯 19	戊辰 20	己巳 21	庚午 22	辛未 23	壬申 24	癸酉 25	甲戌 26	乙亥 27	丙子 28	丁丑 29	戊寅 30	己卯 (7)	庚辰 2	辛巳 3		辛巳夏至
六月大	丁未	天干支 地西曆	壬午 4	癸未 5	甲申 6	乙酉 7	丙戌 8	丁亥 9	戊子 10	己丑 11	庚寅 12	辛卯 13	壬辰 14	癸巳 15	甲午 16	乙未 17	丙申 18	丁酉 19	戊戌 20	己亥 21	庚子 22	辛丑 23	壬寅 24	癸卯 25	甲辰 26	乙巳 27	丙午 28	丁未 29	戊申 30	己酉 31	庚戌 (8)	辛亥 2	
七月小	戊申	天干支 地西曆	壬子 3	癸丑 4	甲寅 5	乙卯 6	丙辰 7	丁巳 8	戊午 9	己未 10	庚申 11	辛酉 12	壬戌 13	癸亥 14	甲子 15	乙丑 16	丙寅 17	丁卯 18	戊辰 19	己巳 20	庚午 21	辛未 22	壬申 23	癸酉 24	甲戌 25	乙亥 26	丙子 27	丁丑 28	戊寅 29	己卯 30	庚辰 31		丁卯立秋 壬子日食
八月大	己酉	天干支 地西曆	辛巳 (9)	壬午 2	癸未 3	甲申 4	乙酉 5	丙戌 6	丁亥 7	戊子 8	己丑 9	庚寅 10	辛卯 11	壬辰 12	癸巳 13	甲午 14	乙未 15	丙申 16	丁酉 17	戊戌 18	己亥 19	庚子 20	辛丑 21	壬寅 22	癸卯 23	甲辰 24	乙巳 25	丙午 26	丁未 27	戊申 28	己酉 29	庚戌 30	
九月大	庚戌	天干支 地西曆	辛亥 (10)	壬子 2	癸丑 3	甲寅 4	乙卯 5	丙辰 6	丁巳 7	戊午 8	己未 9	庚申 10	辛酉 11	壬戌 12	癸亥 13	甲子 14	乙丑 15	丙寅 16	丁卯 17	戊辰 18	己巳 19	庚午 20	辛未 21	壬申 22	癸酉 23	甲戌 24	乙亥 25	丙子 26	丁丑 27	戊寅 28	己卯 29	庚辰 30	壬子秋分
閏九月大	庚戌	天干支 地西曆	辛巳 31	壬午 (11)	癸未 2	甲申 3	乙酉 4	丙戌 5	丁亥 6	戊子 7	己丑 8	庚寅 9	辛卯 10	壬辰 11	癸巳 12	甲午 13	乙未 14	丙申 15	丁酉 16	戊戌 17	己亥 18	庚子 19	辛丑 20	壬寅 21	癸卯 22	甲辰 23	乙巳 24	丙午 25	丁未 26	戊申 27	己酉 28	庚戌 29	丁酉立冬
十月大	辛亥	天干支 地西曆	辛亥 30	壬子 (12)	癸丑 2	甲寅 3	乙卯 4	丙辰 5	丁巳 6	戊午 7	己未 8	庚申 9	辛酉 10	壬戌 11	癸亥 12	甲子 13	乙丑 14	丙寅 15	丁卯 16	戊辰 17	己巳 18	庚午 19	辛未 20	壬申 21	癸酉 22	甲戌 23	乙亥 24	丙子 25	丁丑 26	戊寅 27	己卯 28	庚辰 29	
十一月小	壬子	天干支 地西曆	辛巳 30	壬午 31	癸未 (1)	甲申 2	乙酉 3	丙戌 4	丁亥 5	戊子 6	己丑 7	庚寅 8	辛卯 9	壬辰 10	癸巳 11	甲午 12	乙未 13	丙申 14	丁酉 15	戊戌 16	己亥 17	庚子 18	辛丑 19	壬寅 20	癸卯 21	甲辰 22	乙巳 23	丙午 24	丁未 25	戊申 26	己酉 27		辛巳冬至
十二月大	癸丑	天干支 地西曆	庚戌 28	辛亥 29	壬子 30	癸丑 31	甲寅 (2)	乙卯 2	丙辰 3	丁巳 4	戊午 5	己未 6	庚申 7	辛酉 8	壬戌 9	癸亥 10	甲子 11	乙丑 12	丙寅 13	丁卯 14	戊辰 15	己巳 16	庚午 17	辛未 18	壬申 19	癸酉 20	甲戌 21	乙亥 22	丙子 23	丁丑 24	戊寅 25	己卯 26	丙寅立春

年代異同	史記魯世家	漢書律曆志	帝王世紀	竹書紀年	皇極經世	文獻通考	歷代帝王年表	歷代統紀表	中國年曆總譜	西周年代	斷代工程
	周共王元年		周懿王七年	周穆王四十九年	周懿王二十一年	周懿王二十一年	周懿王二十一年	周懿王二十一年	周夷王十一年	周懿王二年	周共王九年

周共王三年（戊申 猴年） 公元前 913 ~ 前 912 年

夏曆月序		中西曆日對照	初一	初二	初三	初四	初五	初六	初七	初八	初九	初十	十一	十二	十三	十四	十五	十六	十七	十八	十九	二十	廿一	廿二	廿三	廿四	廿五	廿六	廿七	廿八	廿九	三十	節氣與天象
正月小	甲寅	天干地支西曆	庚辰27	辛巳28	壬午29	癸未(3)	甲申2	乙酉3	丙戌4	丁亥5	戊子6	己丑7	庚寅8	辛卯9	壬辰10	癸巳11	甲午12	乙未13	丙申14	丁酉15	戊戌16	己亥17	庚子18	辛丑19	壬寅20	癸卯21	甲辰22	乙巳23	丙午24	丁未25	戊申26		
二月小	乙卯	天干地支西曆	己酉27	庚戌28	辛亥29	壬子30	癸丑31	甲寅(4)	乙卯2	丙辰3	丁巳4	戊午5	己未6	庚申7	辛酉8	壬戌9	癸亥10	甲子11	乙丑12	丙寅13	丁卯14	戊辰15	己巳16	庚午17	辛未18	壬申19	癸酉20	甲戌21	乙亥22	丙子23	丁丑24		壬子春分
三月大	丙辰	天干地支西曆	戊寅25	己卯26	庚辰27	辛巳28	壬午29	癸未30	甲申(5)	乙酉2	丙戌3	丁亥4	戊子5	己丑6	庚寅7	辛卯8	壬辰9	癸巳10	甲午11	乙未12	丙申13	丁酉14	戊戌15	己亥16	庚子17	辛丑18	壬寅19	癸卯20	甲辰21	乙巳22	丙午23	丁未24	己亥立夏
四月小	丁巳	天干地支西曆	戊申25	己酉26	庚戌27	辛亥28	壬子29	癸丑30	甲寅31	乙卯(6)	丙辰2	丁巳3	戊午4	己未5	庚申6	辛酉7	壬戌8	癸亥9	甲子10	乙丑11	丙寅12	丁卯13	戊辰14	己巳15	庚午16	辛未17	壬申18	癸酉19	甲戌20	乙亥21	丙子22		
五月小	戊午	天干地支西曆	丁丑23	戊寅24	己卯25	庚辰26	辛巳27	壬午28	癸未29	甲申30	乙酉(7)	丙戌2	丁亥3	戊子4	己丑5	庚寅6	辛卯7	壬辰8	癸巳9	甲午10	乙未11	丙申12	丁酉13	戊戌14	己亥15	庚子16	辛丑17	壬寅18	癸卯19	甲辰20	乙巳21		丙戌夏至
六月大	己未	天干地支西曆	丙午22	丁未23	戊申24	己酉25	庚戌26	辛亥27	壬子28	癸丑29	甲寅30	乙卯31	丙辰(8)	丁巳2	戊午3	己未4	庚申5	辛酉6	壬戌7	癸亥8	甲子9	乙丑10	丙寅11	丁卯12	戊辰13	己巳14	庚午15	辛未16	壬申17	癸酉18	甲戌19	乙亥20	壬申立秋
七月小	庚申	天干地支西曆	丙子21	丁丑22	戊寅23	己卯24	庚辰25	辛巳26	壬午27	癸未28	甲申29	乙酉30	丙戌31	丁亥(9)	戊子2	己丑3	庚寅4	辛卯5	壬辰6	癸巳7	甲午8	乙未9	丙申10	丁酉11	戊戌12	己亥13	庚子14	辛丑15	壬寅16	癸卯17	甲辰18		
八月大	辛酉	天干地支西曆	乙巳19	丙午20	丁未21	戊申22	己酉23	庚戌24	辛亥25	壬子26	癸丑27	甲寅28	乙卯29	丙辰30	丁巳(10)	戊午2	己未3	庚申4	辛酉5	壬戌6	癸亥7	甲子8	乙丑9	丙寅10	丁卯11	戊辰12	己巳13	庚午14	辛未15	壬申16	癸酉17	甲戌18	戊午秋分
九月大	壬戌	天干地支西曆	乙亥19	丙子20	丁丑21	戊寅22	己卯23	庚辰24	辛巳25	壬午26	癸未27	甲申28	乙酉29	丙戌30	丁亥31	戊子(11)	己丑2	庚寅3	辛卯4	壬辰5	癸巳6	甲午7	乙未8	丙申9	丁酉10	戊戌11	己亥12	庚子13	辛丑14	壬寅15	癸卯16	甲辰17	壬寅立冬
十月大	癸亥	天干地支西曆	乙巳18	丙午19	丁未20	戊申21	己酉22	庚戌23	辛亥24	壬子25	癸丑26	甲寅27	乙卯28	丙辰29	丁巳30	戊午(12)	己未2	庚申3	辛酉4	壬戌5	癸亥6	甲子7	乙丑8	丙寅9	丁卯10	戊辰11	己巳12	庚午13	辛未14	壬申15	癸酉16	甲戌17	
十一月小	甲子	天干地支西曆	乙亥18	丙子19	丁丑20	戊寅21	己卯22	庚辰23	辛巳24	壬午25	癸未26	甲申27	乙酉28	丙戌29	丁亥30	戊子31	己丑(1)	庚寅2	辛卯3	壬辰4	癸巳5	甲午6	乙未7	丙申8	丁酉9	戊戌10	己亥11	庚子12	辛丑13	壬寅14	癸卯15		丙戌冬至
十二月大	乙丑	天干地支西曆	甲辰16	乙巳17	丙午18	丁未19	戊申20	己酉21	庚戌22	辛亥23	壬子24	癸丑25	甲寅26	乙卯27	丙辰28	丁巳29	戊午30	己未31	庚申(2)	辛酉2	壬戌3	癸亥4	甲子5	乙丑6	丙寅7	丁卯8	戊辰9	己巳10	庚午11	辛未12	壬申13	癸酉14	辛未立春

年代異同	史記魯世家	漢書律曆志	帝王世紀	竹書紀年	皇極經世	文獻通考	歷代帝王年表	歷代統紀表	中國年曆總譜	西周年代	斷代工程
	周共王二年		周懿王八年	周穆王五十年	周懿王二十二年	周懿王二十二年	周懿王二十二年	周懿王二十二年	周夷王十二年	周懿王三年	周共王十年

周共王四年（己酉 鷄年） 公元前912 ~ 前911年

夏曆月序		中西曆日對照	初一	初二	初三	初四	初五	初六	初七	初八	初九	初十	十一	十二	十三	十四	十五	十六	十七	十八	十九	二十	二一	二二	二三	二四	二五	二六	二七	二八	二九	三十	節氣與天象
正月大	丙寅	天干地支西曆	甲戌15	乙亥16	丙子17	丁丑18	戊寅19	己卯20	庚辰21	辛巳22	壬午23	癸未24	甲申25	乙酉26	丙戌27	丁亥28	戊子(3)	己丑2	庚寅3	辛卯4	壬辰5	癸巳6	甲午7	乙未8	丙申9	丁酉10	戊戌11	己亥12	庚子13	辛丑14	壬寅15	癸卯16	
二月小	丁卯	天干地支西曆	甲辰17	乙巳18	丙午19	丁未20	戊申21	己酉22	庚戌23	辛亥24	壬子25	癸丑26	甲寅27	乙卯28	丙辰29	丁巳30	戊午31	己未(4)	庚申2	辛酉3	壬戌4	癸亥5	甲子6	乙丑7	丙寅8	丁卯9	戊辰10	己巳11	庚午12	辛未13	壬申14		丁巳春分
三月小	戊辰	天干地支西曆	癸酉15	甲戌16	乙亥17	丙子18	丁丑19	戊寅20	己卯21	庚辰22	辛巳23	壬午24	癸未25	甲申26	乙酉27	丙戌28	丁亥29	戊子30	己丑(5)	庚寅2	辛卯3	壬辰4	癸巳5	甲午6	乙未7	丙申8	丁酉9	戊戌10	己亥11	庚子12	辛丑13		
四月大	己巳	天干地支西曆	壬寅14	癸卯15	甲辰16	乙巳17	丙午18	丁未19	戊申20	己酉21	庚戌22	辛亥23	壬子24	癸丑25	甲寅26	乙卯27	丙辰28	丁巳29	戊午30	己未31	庚申(6)	辛酉2	壬戌3	癸亥4	甲子5	乙丑6	丙寅7	丁卯8	戊辰9	己巳10	庚午11	辛未12	甲辰立夏
五月小	庚午	天干地支西曆	壬申13	癸酉14	甲戌15	乙亥16	丙子17	丁丑18	戊寅19	己卯20	庚辰21	辛巳22	壬午23	癸未24	甲申25	乙酉26	丙戌27	丁亥28	戊子29	己丑30	庚寅(7)	辛卯2	壬辰3	癸巳4	甲午5	乙未6	丙申7	丁酉8	戊戌9	己亥10	庚子11		辛卯夏至
六月小	辛未	天干地支西曆	辛丑12	壬寅13	癸卯14	甲辰15	乙巳16	丙午17	丁未18	戊申19	己酉20	庚戌21	辛亥22	壬子23	癸丑24	甲寅25	乙卯26	丙辰27	丁巳28	戊午29	己未30	庚申31	辛酉(8)	壬戌2	癸亥3	甲子4	乙丑5	丙寅6	丁卯7	戊辰8	己巳9		
七月大	壬申	天干地支西曆	庚午10	辛未11	壬申12	癸酉13	甲戌14	乙亥15	丙子16	丁丑17	戊寅18	己卯19	庚辰20	辛巳21	壬午22	癸未23	甲申24	乙酉25	丙戌26	丁亥27	戊子28	己丑29	庚寅30	辛卯31	壬辰(9)	癸巳2	甲午3	乙未4	丙申5	丁酉6	戊戌7	己亥8	戊寅立秋
八月小	癸酉	天干地支西曆	庚子9	辛丑10	壬寅11	癸卯12	甲辰13	乙巳14	丙午15	丁未16	戊申17	己酉18	庚戌19	辛亥20	壬子21	癸丑22	甲寅23	乙卯24	丙辰25	丁巳26	戊午27	己未28	庚申29	辛酉30	壬戌(10)	癸亥2	甲子3	乙丑4	丙寅5	丁卯6	戊辰7		癸亥秋分
九月大	甲戌	天干地支西曆	己巳8	庚午9	辛未10	壬申11	癸酉12	甲戌13	乙亥14	丙子15	丁丑16	戊寅17	己卯18	庚辰19	辛巳20	壬午21	癸未22	甲申23	乙酉24	丙戌25	丁亥26	戊子27	己丑28	庚寅29	辛卯30	壬辰31	癸巳(11)	甲午2	乙未3	丙申4	丁酉5	戊戌6	
十月大	乙亥	天干地支西曆	己亥7	庚子8	辛丑9	壬寅10	癸卯11	甲辰12	乙巳13	丙午14	丁未15	戊申16	己酉17	庚戌18	辛亥19	壬子20	癸丑21	甲寅22	乙卯23	丙辰24	丁巳25	戊午26	己未27	庚申28	辛酉29	壬戌30	癸亥(12)	甲子2	乙丑3	丙寅4	丁卯5	戊辰6	丁未立冬
十一月小	丙子	天干地支西曆	己巳7	庚午8	辛未9	壬申10	癸酉11	甲戌12	乙亥13	丙子14	丁丑15	戊寅16	己卯17	庚辰18	辛巳19	壬午20	癸未21	甲申22	乙酉23	丙戌24	丁亥25	戊子26	己丑27	庚寅28	辛卯29	壬辰30	癸巳31	甲午(1)	乙未2	丙申3	丁酉4		辛卯冬至
十二月大	丁丑	天干地支西曆	戊戌5	己亥6	庚子7	辛丑8	壬寅9	癸卯10	甲辰11	乙巳12	丙午13	丁未14	戊申15	己酉16	庚戌17	辛亥18	壬子19	癸丑20	甲寅21	乙卯22	丙辰23	丁巳24	戊午25	己未26	庚申27	辛酉28	壬戌29	癸亥30	甲子31	乙丑(2)	丙寅2	丁卯3	

年代異同	史記魯世家	漢書律曆志	帝王世紀	竹書紀年	皇極經世	文獻通考	歷代帝王年表	歷代統紀表	中國年曆總譜	西周年代	斷代工程
	周共王三年		周懿王九年	周穆王五十一年	周懿王二十三年	周懿王二十三年	周懿王二十三年	周懿王二十三年	周夷王十三年	周懿王四年	周共王十一年

周共王五年（庚戌 狗年） 公元前 911 ~ 前 910 年

夏曆月序	中西曆日對照	初一	初二	初三	初四	初五	初六	初七	初八	初九	初十	十一	十二	十三	十四	十五	十六	十七	十八	十九	二十	二一	二二	二三	二四	二五	二六	二七	二八	二九	三十	節氣與天象
正月大 戊寅	天干地支	戊辰	己巳	庚午	辛未	壬申	癸酉	甲戌	乙亥	丙子	丁丑	戊寅	己卯	庚辰	辛巳	壬午	癸未	甲申	乙酉	丙戌	丁亥	戊子	己丑	庚寅	辛卯	壬辰	癸巳	甲午	乙未	丙申	丁酉	丙子立春
	西曆	4	5	6	7	8	9	10	11	12	13	14	15	16	17	18	19	20	21	22	23	24	25	26	27	28	(3)	2	3	4	5	
二月小 己卯	天干地支	戊戌	己亥	庚子	辛丑	壬寅	癸卯	甲辰	乙巳	丙午	丁未	戊申	己酉	庚戌	辛亥	壬子	癸丑	甲寅	乙卯	丙辰	丁巳	戊午	己未	庚申	辛酉	壬戌	癸亥	甲子	乙丑	丙寅		壬戌春分
	西曆	6	7	8	9	10	11	12	13	14	15	16	17	18	19	20	21	22	23	24	25	26	27	28	29	30	31	(4)	2	3		
三月大 庚辰	天干地支	丁卯	戊辰	己巳	庚午	辛未	壬申	癸酉	甲戌	乙亥	丙子	丁丑	戊寅	己卯	庚辰	辛巳	壬午	癸未	甲申	乙酉	丙戌	丁亥	戊子	己丑	庚寅	辛卯	壬辰	癸巳	甲午	乙未	丙申	
	西曆	4	5	6	7	8	9	10	11	12	13	14	15	16	17	18	19	20	21	22	23	24	25	26	27	28	29	30	(5)	2	3	
四月小 辛巳	天干地支	丁酉	戊戌	己亥	庚子	辛丑	壬寅	癸卯	甲辰	乙巳	丙午	丁未	戊申	己酉	庚戌	辛亥	壬子	癸丑	甲寅	乙卯	丙辰	丁巳	戊午	己未	庚申	辛酉	壬戌	癸亥	甲子	乙丑		己酉立夏
	西曆	4	5	6	7	8	9	10	11	12	13	14	15	16	17	18	19	20	21	22	23	24	25	26	27	28	29	30	31	(6)		
五月大 壬午	天干地支	丙寅	丁卯	戊辰	己巳	庚午	辛未	壬申	癸酉	甲戌	乙亥	丙子	丁丑	戊寅	己卯	庚辰	辛巳	壬午	癸未	甲申	乙酉	丙戌	丁亥	戊子	己丑	庚寅	辛卯	壬辰	癸巳	甲午	乙未	
	西曆	2	3	4	5	6	7	8	9	10	11	12	13	14	15	16	17	18	19	20	21	22	23	24	25	26	27	28	29	30	(7)	
六月小 癸未	天干地支	丙申	丁酉	戊戌	己亥	庚子	辛丑	壬寅	癸卯	甲辰	乙巳	丙午	丁未	戊申	己酉	庚戌	辛亥	壬子	癸丑	甲寅	乙卯	丙辰	丁巳	戊午	己未	庚申	辛酉	壬戌	癸亥	甲子		丙申夏至
	西曆	2	3	4	5	6	7	8	9	10	11	12	13	14	15	16	17	18	19	20	21	22	23	24	25	26	27	28	29	30		
閏六月小 癸未	天干地支	乙丑	丙寅	丁卯	戊辰	己巳	庚午	辛未	壬申	癸酉	甲戌	乙亥	丙子	丁丑	戊寅	己卯	庚辰	辛巳	壬午	癸未	甲申	乙酉	丙戌	丁亥	戊子	己丑	庚寅	辛卯	壬辰	癸巳		癸未立秋
	西曆	31	(8)	2	3	4	5	6	7	8	9	10	11	12	13	14	15	16	17	18	19	20	21	22	23	24	25	26	27	28		
七月大 甲申	天干地支	甲午	乙未	丙申	丁酉	戊戌	己亥	庚子	辛丑	壬寅	癸卯	甲辰	乙巳	丙午	丁未	戊申	己酉	庚戌	辛亥	壬子	癸丑	甲寅	乙卯	丙辰	丁巳	戊午	己未	庚申	辛酉	壬戌	癸亥	
	西曆	29	30	31	(9)	2	3	4	5	6	7	8	9	10	11	12	13	14	15	16	17	18	19	20	21	22	23	24	25	26	27	
八月小 乙酉	天干地支	甲子	乙丑	丙寅	丁卯	戊辰	己巳	庚午	辛未	壬申	癸酉	甲戌	乙亥	丙子	丁丑	戊寅	己卯	庚辰	辛巳	壬午	癸未	甲申	乙酉	丙戌	丁亥	戊子	己丑	庚寅	辛卯	壬辰		戊辰秋分
	西曆	28	29	30	(10)	2	3	4	5	6	7	8	9	10	11	12	13	14	15	16	17	18	19	20	21	22	23	24	25	26		
九月大 丙戌	天干地支	癸巳	甲午	乙未	丙申	丁酉	戊戌	己亥	庚子	辛丑	壬寅	癸卯	甲辰	乙巳	丙午	丁未	戊申	己酉	庚戌	辛亥	壬子	癸丑	甲寅	乙卯	丙辰	丁巳	戊午	己未	庚申	辛酉	壬戌	壬子立冬
	西曆	27	28	29	30	31	(11)	2	3	4	5	6	7	8	9	10	11	12	13	14	15	16	17	18	19	20	21	22	23	24	25	
十月小 丁亥	天干地支	癸亥	甲子	乙丑	丙寅	丁卯	戊辰	己巳	庚午	辛未	壬申	癸酉	甲戌	乙亥	丙子	丁丑	戊寅	己卯	庚辰	辛巳	壬午	癸未	甲申	乙酉	丙戌	丁亥	戊子	己丑	庚寅	辛卯		
	西曆	26	27	28	29	30	(12)	2	3	4	5	6	7	8	9	10	11	12	13	14	15	16	17	18	19	20	21	22	23	24		
十一月大 戊子	天干地支	壬辰	癸巳	甲午	乙未	丙申	丁酉	戊戌	己亥	庚子	辛丑	壬寅	癸卯	甲辰	乙巳	丙午	丁未	戊申	己酉	庚戌	辛亥	壬子	癸丑	甲寅	乙卯	丙辰	丁巳	戊午	己未	庚申	辛酉	丙申冬至
	西曆	25	26	27	28	29	30	31	(1)	2	3	4	5	6	7	8	9	10	11	12	13	14	15	16	17	18	19	20	21	22	23	
十二月大 己丑	天干地支	壬戌	癸亥	甲子	乙丑	丙寅	丁卯	戊辰	己巳	庚午	辛未	壬申	癸酉	甲戌	乙亥	丙子	丁丑	戊寅	己卯	庚辰	辛巳	壬午	癸未	甲申	乙酉	丙戌	丁亥	戊子	己丑	庚寅	辛卯	辛巳立春
	西曆	24	25	26	27	28	29	30	31	(2)	2	3	4	5	6	7	8	9	10	11	12	13	14	15	16	17	18	19	20	21	22	

年代異同	史記魯世家	漢書律曆志	帝王世紀	竹書紀年	皇極經世	文獻通考	歷代帝王年表	歷代統紀表	中國年曆總譜	西周年代	斷代工程
	周共王四年		周懿王十年	周穆王五十二年	周懿王二十四年	周懿王二十四年	周懿王二十四年	周懿王二十四年	周夷王十四年	周懿王五年	周共王十二年

周共王六年（辛亥 猪年） 公元前 **910** ~ 前 909 年

夏曆月序		中西曆日對照	初一	初二	初三	初四	初五	初六	初七	初八	初九	初十	十一	十二	十三	十四	十五	十六	十七	十八	十九	二十	二一	二二	二三	二四	二五	二六	二七	二八	二九	三十	節氣與天象
正月大	庚寅	天地干支 西曆	壬辰23	癸巳24	甲午25	乙未26	丙申27	丁酉28	戊戌(3)	己亥2	庚子3	辛丑4	壬寅5	癸卯6	甲辰7	乙巳8	丙午9	丁未10	戊申11	己酉12	庚戌13	辛亥14	壬子15	癸丑16	甲寅17	乙卯18	丙辰19	丁巳20	戊午21	己未22	庚申23	辛酉24	
二月小	辛卯	天地干支 西曆	壬戌25	癸亥26	甲子27	乙丑28	丙寅29	丁卯30	戊辰31	己巳(4)	庚午2	辛未3	壬申4	癸酉5	甲戌6	乙亥7	丙子8	丁丑9	戊寅10	己卯11	庚辰12	辛巳13	壬午14	癸未15	甲申16	乙酉17	丙戌18	丁亥19	戊子20	己丑21	庚寅22		丁卯春分
三月大	壬辰	天地干支 西曆	辛卯23	壬辰24	癸巳25	甲午26	乙未27	丙申28	丁酉29	戊戌30	己亥(5)	庚子2	辛丑3	壬寅4	癸卯5	甲辰6	乙巳7	丙午8	丁未9	戊申10	己酉11	庚戌12	辛亥13	壬子14	癸丑15	甲寅16	乙卯17	丙辰18	丁巳19	戊午20	己未21	庚申22	甲寅立夏
四月小	癸巳	天地干支 西曆	辛酉23	壬戌24	癸亥25	甲子26	乙丑27	丙寅28	丁卯29	戊辰30	己巳31	庚午(6)	辛未2	壬申3	癸酉4	甲戌5	乙亥6	丙子7	丁丑8	戊寅9	己卯10	庚辰11	辛巳12	壬午13	癸未14	甲申15	乙酉16	丙戌17	丁亥18	戊子19	己丑20		
五月大	甲午	天地干支 西曆	庚寅21	辛卯22	壬辰23	癸巳24	甲午25	乙未26	丙申27	丁酉28	戊戌29	己亥30	庚子(7)	辛丑2	壬寅3	癸卯4	甲辰5	乙巳6	丙午7	丁未8	戊申9	己酉10	庚戌11	辛亥12	壬子13	癸丑14	甲寅15	乙卯16	丙辰17	丁巳18	戊午19	己未20	壬寅夏至
六月小	乙未	天地干支 西曆	庚申21	辛酉22	壬戌23	癸亥24	甲子25	乙丑26	丙寅27	丁卯28	戊辰29	己巳30	庚午31	辛未(8)	壬申2	癸酉3	甲戌4	乙亥5	丙子6	丁丑7	戊寅8	己卯9	庚辰10	辛巳11	壬午12	癸未13	甲申14	乙酉15	丙戌16	丁亥17	戊子18		戊子立秋
七月小	丙申	天地干支 西曆	己丑19	庚寅20	辛卯21	壬辰22	癸巳23	甲午24	乙未25	丙申26	丁酉27	戊戌28	己亥29	庚子30	辛丑31	壬寅(9)	癸卯2	甲辰3	乙巳4	丙午5	丁未6	戊申7	己酉8	庚戌9	辛亥10	壬子11	癸丑12	甲寅13	乙卯14	丙辰15	丁巳16		
八月大	丁酉	天地干支 西曆	戊午17	己未18	庚申19	辛酉20	壬戌21	癸亥22	甲子23	乙丑24	丙寅25	丁卯26	戊辰27	己巳28	庚午29	辛未30	壬申(10)	癸酉2	甲戌3	乙亥4	丙子5	丁丑6	戊寅7	己卯8	庚辰9	辛巳10	壬午11	癸未12	甲申13	乙酉14	丙戌15	丁亥16	癸酉秋分
九月小	戊戌	天地干支 西曆	戊子17	己丑18	庚寅19	辛卯20	壬辰21	癸巳22	甲午23	乙未24	丙申25	丁酉26	戊戌27	己亥28	庚子29	辛丑30	壬寅31	癸卯(11)	甲辰2	乙巳3	丙午4	丁未5	戊申6	己酉7	庚戌8	辛亥9	壬子10	癸丑11	甲寅12	乙卯13	丙辰14		
十月大	己亥	天地干支 西曆	丁巳15	戊午16	己未17	庚申18	辛酉19	壬戌20	癸亥21	甲子22	乙丑23	丙寅24	丁卯25	戊辰26	己巳27	庚午28	辛未29	壬申30	癸酉(12)	甲戌2	乙亥3	丙子4	丁丑5	戊寅6	己卯7	庚辰8	辛巳9	壬午10	癸未11	甲申12	乙酉13	丙戌14	戊午立冬
十一月小	庚子	天地干支 西曆	丁亥15	戊子16	己丑17	庚寅18	辛卯19	壬辰20	癸巳21	甲午22	乙未23	丙申24	丁酉25	戊戌26	己亥27	庚子28	辛丑29	壬寅30	癸卯31	甲辰(1)	乙巳2	丙午3	丁未4	戊申5	己酉6	庚戌7	辛亥8	壬子9	癸丑10	甲寅11	乙卯12		壬寅冬至
十二月大	辛丑	天地干支 西曆	丙辰13	丁巳14	戊午15	己未16	庚申17	辛酉18	壬戌19	癸亥20	甲子21	乙丑22	丙寅23	丁卯24	戊辰25	己巳26	庚午27	辛未28	壬申29	癸酉30	甲戌31	乙亥(2)	丙子2	丁丑3	戊寅4	己卯5	庚辰6	辛巳7	壬午8	癸未9	甲申10	乙酉11	

年代異同	史記魯世家	漢書律曆志	帝王世紀	竹書紀年	皇極經世	文獻通考	歷代帝王年表	歷代統紀表	中國年曆總譜	西周年代	斷代工程
	周共王五年		周懿王十一年	周穆王五十三年	周懿王二十五年	周懿王二十五年	周懿王二十五年	周懿王二十五年	周夷王十五年	周懿王六年	周共王十三年

周共王七年（壬子 鼠年） 公元前909 ~ 前908年

夏曆月序		中西曆日對照	初一	初二	初三	初四	初五	初六	初七	初八	初九	初十	十一	十二	十三	十四	十五	十六	十七	十八	十九	二十	二一	二二	二三	二四	二五	二六	二七	二八	二九	三十	節氣與天象
正月大	壬寅	天干地支 西曆	丙戌12	丁亥13	戊子14	己丑15	庚寅16	辛卯17	壬辰18	癸巳19	甲午20	乙未21	丙申22	丁酉23	戊戌24	己亥25	庚子26	辛丑27	壬寅28	癸卯29	甲辰(3)	乙巳2	丙午3	丁未4	戊申5	己酉6	庚戌7	辛亥8	壬子9	癸丑10	甲寅11	乙卯12	丙戌立春
二月小	癸卯	天干地支 西曆	丙辰13	丁巳14	戊午15	己未16	庚申17	辛酉18	壬戌19	癸亥20	甲子21	乙丑22	丙寅23	丁卯24	戊辰25	己巳26	庚午27	辛未28	壬申29	癸酉30	甲戌31	乙亥(4)	丙子2	丁丑3	戊寅4	己卯5	庚辰6	辛巳7	壬午8	癸未9	甲申10		癸酉春分
三月大	甲辰	天干地支 西曆	乙酉11	丙戌12	丁亥13	戊子14	己丑15	庚寅16	辛卯17	壬辰18	癸巳19	甲午20	乙未21	丙申22	丁酉23	戊戌24	己亥25	庚子26	辛丑27	壬寅28	癸卯29	甲辰30	乙巳(5)	丙午2	丁未3	戊申4	己酉5	庚戌6	辛亥7	壬子8	癸丑9	甲寅10	
四月小	乙巳	天干地支 西曆	乙卯11	丙辰12	丁巳13	戊午14	己未15	庚申16	辛酉17	壬戌18	癸亥19	甲子20	乙丑21	丙寅22	丁卯23	戊辰24	己巳25	庚午26	辛未27	壬申28	癸酉29	甲戌30	乙亥31	丙子(6)	丁丑2	戊寅3	己卯4	庚辰5	辛巳6	壬午7	癸未8		庚申立夏
五月大	丙午	天干地支 西曆	甲申9	乙酉10	丙戌11	丁亥12	戊子13	己丑14	庚寅15	辛卯16	壬辰17	癸巳18	甲午19	乙未20	丙申21	丁酉22	戊戌23	己亥24	庚子25	辛丑26	壬寅27	癸卯28	甲辰29	乙巳30	丙午(7)	丁未2	戊申3	己酉4	庚戌5	辛亥6	壬子7	癸丑8	丁未夏至
六月大	丁未	天干地支 西曆	甲寅9	乙卯10	丙辰11	丁巳12	戊午13	己未14	庚申15	辛酉16	壬戌17	癸亥18	甲子19	乙丑20	丙寅21	丁卯22	戊辰23	己巳24	庚午25	辛未26	壬申27	癸酉28	甲戌29	乙亥30	丙子31	丁丑(8)	戊寅2	己卯3	庚辰4	辛巳5	壬午6	癸未7	
七月小	戊申	天干地支 西曆	甲申8	乙酉9	丙戌10	丁亥11	戊子12	己丑13	庚寅14	辛卯15	壬辰16	癸巳17	甲午18	乙未19	丙申20	丁酉21	戊戌22	己亥23	庚子24	辛丑25	壬寅26	癸卯27	甲辰28	乙巳29	丙午30	丁未31	戊申(9)	己酉2	庚戌3	辛亥4	壬子5		癸巳立秋
八月小	己酉	天干地支 西曆	癸丑6	甲寅7	乙卯8	丙辰9	丁巳10	戊午11	己未12	庚申13	辛酉14	壬戌15	癸亥16	甲子17	乙丑18	丙寅19	丁卯20	戊辰21	己巳22	庚午23	辛未24	壬申25	癸酉26	甲戌27	乙亥28	丙子29	丁丑30	戊寅(10)	己卯2	庚辰3	辛巳4		戊寅秋分
九月大	庚戌	天干地支 西曆	壬午5	癸未6	甲申7	乙酉8	丙戌9	丁亥10	戊子11	己丑12	庚寅13	辛卯14	壬辰15	癸巳16	甲午17	乙未18	丙申19	丁酉20	戊戌21	己亥22	庚子23	辛丑24	壬寅25	癸卯26	甲辰27	乙巳28	丙午29	丁未30	戊申31	己酉(11)	庚戌2	辛亥3	
十月小	辛亥	天干地支 西曆	壬子4	癸丑5	甲寅6	乙卯7	丙辰8	丁巳9	戊午10	己未11	庚申12	辛酉13	壬戌14	癸亥15	甲子16	乙丑17	丙寅18	丁卯19	戊辰20	己巳21	庚午22	辛未23	壬申24	癸酉25	甲戌26	乙亥27	丙子28	丁丑29	戊寅30	己卯(12)	庚辰2		癸亥立冬
十一月大	壬子	天干地支 西曆	辛巳3	壬午4	癸未5	甲申6	乙酉7	丙戌8	丁亥9	戊子10	己丑11	庚寅12	辛卯13	壬辰14	癸巳15	甲午16	乙未17	丙申18	丁酉19	戊戌20	己亥21	庚子22	辛丑23	壬寅24	癸卯25	甲辰26	乙巳27	丙午28	丁未29	戊申30	己酉31	庚戌(1)	丁未冬至
十二月小	癸丑	天干地支 西曆	辛亥2	壬子3	癸丑4	甲寅5	乙卯6	丙辰7	丁巳8	戊午9	己未10	庚申11	辛酉12	壬戌13	癸亥14	甲子15	乙丑16	丙寅17	丁卯18	戊辰19	己巳20	庚午21	辛未22	壬申23	癸酉24	甲戌25	乙亥26	丙子27	丁丑28	戊寅29	己卯30		

年代異同	史記魯世家	漢書律曆志	帝王世紀	竹書紀年	皇極經世	文獻通考	歷代帝王年表	歷代統紀表	中國年曆總譜	西周年代	斷代工程
	周共王六年		周懿王十二年	周穆王五十四年	周孝王元年	周孝王元年	周孝王元年	周孝王元年	周夷王十六年	周懿王七年	周共王十四年

周共王八年（癸丑 牛年） 公元前 908 ～ 前 907 年

夏曆月序		中西曆日對照	初一	初二	初三	初四	初五	初六	初七	初八	初九	初十	十一	十二	十三	十四	十五	十六	十七	十八	十九	二十	二一	二二	二三	二四	二五	二六	二七	二八	二九	三十	節氣與天象
正月大	甲寅	天地干支西曆	庚辰31	辛巳(2)	壬午2	癸未3	甲申4	乙酉5	丙戌6	丁亥7	戊子8	己丑9	庚寅10	辛卯11	壬辰12	癸巳13	甲午14	乙未15	丙申16	丁酉17	戊戌18	己亥19	庚子20	辛丑21	壬寅22	癸卯23	甲辰24	乙巳25	丙午26	丁未27	戊申28	己酉(3)	壬辰立春
二月小	乙卯	天地干支西曆	庚戌2	辛亥3	壬子4	癸丑5	甲寅6	乙卯7	丙辰8	丁巳9	戊午10	己未11	庚申12	辛酉13	壬戌14	癸亥15	甲子16	乙丑17	丙寅18	丁卯19	戊辰20	己巳21	庚午22	辛未23	壬申24	癸酉25	甲戌26	乙亥27	丙子28	丁丑29	戊寅30		戊寅春分
閏二月大	乙卯	天地干支西曆	己卯31	庚辰(4)	辛巳2	壬午3	癸未4	甲申5	乙酉6	丙戌7	丁亥8	戊子9	己丑10	庚寅11	辛卯12	壬辰13	癸巳14	甲午15	乙未16	丙申17	丁酉18	戊戌19	己亥20	庚子21	辛丑22	壬寅23	癸卯24	甲辰25	乙巳26	丙午27	丁未28	戊申29	
三月大	丙辰	天地干支西曆	己酉30	庚戌(5)	辛亥2	壬子3	癸丑4	甲寅5	乙卯6	丙辰7	丁巳8	戊午9	己未10	庚申11	辛酉12	壬戌13	癸亥14	甲子15	乙丑16	丙寅17	丁卯18	戊辰19	己巳20	庚午21	辛未22	壬申23	癸酉24	甲戌25	乙亥26	丙子27	丁丑28	戊寅29	乙丑立夏
四月小	丁巳	天地干支西曆	己卯30	庚辰31	辛巳(6)	壬午2	癸未3	甲申4	乙酉5	丙戌6	丁亥7	戊子8	己丑9	庚寅10	辛卯11	壬辰12	癸巳13	甲午14	乙未15	丙申16	丁酉17	戊戌18	己亥19	庚子20	辛丑21	壬寅22	癸卯23	甲辰24	乙巳25	丙午26	丁未27		
五月大	戊午	天地干支西曆	戊申28	己酉29	庚戌30	辛亥(7)	壬子2	癸丑3	甲寅4	乙卯5	丙辰6	丁巳7	戊午8	己未9	庚申10	辛酉11	壬戌12	癸亥13	甲子14	乙丑15	丙寅16	丁卯17	戊辰18	己巳19	庚午20	辛未21	壬申22	癸酉23	甲戌24	乙亥25	丙子26	丁丑27	壬子夏至
六月小	己未	天地干支西曆	戊寅28	己卯29	庚辰30	辛巳31	壬午(8)	癸未2	甲申3	乙酉4	丙戌5	丁亥6	戊子7	己丑8	庚寅9	辛卯10	壬辰11	癸巳12	甲午13	乙未14	丙申15	丁酉16	戊戌17	己亥18	庚子19	辛丑20	壬寅21	癸卯22	甲辰23	乙巳24	丙午25		戊戌立秋
七月大	庚申	天地干支西曆	丁未26	戊申27	己酉28	庚戌29	辛亥30	壬子31	癸丑(9)	甲寅2	乙卯3	丙辰4	丁巳5	戊午6	己未7	庚申8	辛酉9	壬戌10	癸亥11	甲子12	乙丑13	丙寅14	丁卯15	戊辰16	己巳17	庚午18	辛未19	壬申20	癸酉21	甲戌22	乙亥23	丙子24	
八月大	辛酉	天地干支西曆	丁丑25	戊寅26	己卯27	庚辰28	辛巳29	壬午30	癸未(10)	甲申2	乙酉3	丙戌4	丁亥5	戊子6	己丑7	庚寅8	辛卯9	壬辰10	癸巳11	甲午12	乙未13	丙申14	丁酉15	戊戌16	己亥17	庚子18	辛丑19	壬寅20	癸卯21	甲辰22	乙巳23	丙午24	甲申秋分
九月小	壬戌	天地干支西曆	丁未25	戊申26	己酉27	庚戌28	辛亥29	壬子30	癸丑31	甲寅(11)	乙卯2	丙辰3	丁巳4	戊午5	己未6	庚申7	辛酉8	壬戌9	癸亥10	甲子11	乙丑12	丙寅13	丁卯14	戊辰15	己巳16	庚午17	辛未18	壬申19	癸酉20	甲戌21	乙亥22		戊辰立冬
十月小	癸亥	天地干支西曆	丙子23	丁丑24	戊寅25	己卯26	庚辰27	辛巳28	壬午29	癸未30	甲申(12)	乙酉2	丙戌3	丁亥4	戊子5	己丑6	庚寅7	辛卯8	壬辰9	癸巳10	甲午11	乙未12	丙申13	丁酉14	戊戌15	己亥16	庚子17	辛丑18	壬寅19	癸卯20	甲辰21		
十一月大	甲子	天地干支西曆	乙巳22	丙午23	丁未24	戊申25	己酉26	庚戌27	辛亥28	壬子29	癸丑30	甲寅31	乙卯(1)	丙辰2	丁巳3	戊午4	己未5	庚申6	辛酉7	壬戌8	癸亥9	甲子10	乙丑11	丙寅12	丁卯13	戊辰14	己巳15	庚午16	辛未17	壬申18	癸酉19	甲戌20	壬子冬至
十二月小	乙丑	天地干支西曆	乙亥21	丙子22	丁丑23	戊寅24	己卯25	庚辰26	辛巳27	壬午28	癸未29	甲申30	乙酉31	丙戌(2)	丁亥2	戊子3	己丑4	庚寅5	辛卯6	壬辰7	癸巳8	甲午9	乙未10	丙申11	丁酉12	戊戌13	己亥14	庚子15	辛丑16	壬寅17	癸卯18		丁酉立春

	史記魯世家	漢書律曆志	帝王世紀	竹書紀年	皇極經世	文獻通考	歷代帝王年表	歷代統紀表	中國年曆總譜	西周年代	斷代工程
年代異同	周共王七年		周懿王十三年	周穆王五十五年	周孝王二年	周孝王二年	周孝王二年	周孝王二年	周夷王十七年	周懿王八年	周共王十五年

周共王九年（甲寅 虎年） 公元前 907 ~ 前 906 年

夏曆月序		中西曆日對照	夏曆日序																														節氣與天象
			初一	初二	初三	初四	初五	初六	初七	初八	初九	初十	十一	十二	十三	十四	十五	十六	十七	十八	十九	二十	二一	二二	二三	二四	二五	二六	二七	二八	二九	三十	
正月大	丙寅	天干地支 西曆	甲辰 19	乙巳 20	丙午 21	丁未 22	戊申 23	己酉 24	庚戌 25	辛亥 26	壬子 27	癸丑 28	甲寅 (3)	乙卯 2	丙辰 3	丁巳 4	戊午 5	己未 6	庚申 7	辛酉 8	壬戌 9	癸亥 10	甲子 11	乙丑 12	丙寅 13	丁卯 14	戊辰 15	己巳 16	庚午 17	辛未 18	壬申 19	癸酉 20	
二月小	丁卯	天干地支 西曆	甲戌 21	乙亥 22	丙子 23	丁丑 24	戊寅 25	己卯 26	庚辰 27	辛巳 28	壬午 29	癸未 30	甲申 31	乙酉 (4)	丙戌 2	丁亥 3	戊子 4	己丑 5	庚寅 6	辛卯 7	壬辰 8	癸巳 9	甲午 10	乙未 11	丙申 12	丁酉 13	戊戌 14	己亥 15	庚子 16	辛丑 17	壬寅 18		癸未春分
三月大	戊辰	天干地支 西曆	癸卯 19	甲辰 20	乙巳 21	丙午 22	丁未 23	戊申 24	己酉 25	庚戌 26	辛亥 27	壬子 28	癸丑 29	甲寅 30	乙卯 (5)	丙辰 2	丁巳 3	戊午 4	己未 5	庚申 6	辛酉 7	壬戌 8	癸亥 9	甲子 10	乙丑 11	丙寅 12	丁卯 13	戊辰 14	己巳 15	庚午 16	辛未 17	壬申 18	庚午立夏
四月小	己巳	天干地支 西曆	癸酉 19	甲戌 20	乙亥 21	丙子 22	丁丑 23	戊寅 24	己卯 25	庚辰 26	辛巳 27	壬午 28	癸未 29	甲申 30	乙酉 31	丙戌 (6)	丁亥 2	戊子 3	己丑 4	庚寅 5	辛卯 6	壬辰 7	癸巳 8	甲午 9	乙未 10	丙申 11	丁酉 12	戊戌 13	己亥 14	庚子 15	辛丑 16		
五月大	庚午	天干地支 西曆	壬寅 17	癸卯 18	甲辰 19	乙巳 20	丙午 21	丁未 22	戊申 23	己酉 24	庚戌 25	辛亥 26	壬子 27	癸丑 28	甲寅 29	乙卯 30	丙辰 (7)	丁巳 2	戊午 3	己未 4	庚申 5	辛酉 6	壬戌 7	癸亥 8	甲子 9	乙丑 10	丙寅 11	丁卯 12	戊辰 13	己巳 14	庚午 15	辛未 16	丁巳夏至
六月大	辛未	天干地支 西曆	壬申 17	癸酉 18	甲戌 19	乙亥 20	丙子 21	丁丑 22	戊寅 23	己卯 24	庚辰 25	辛巳 26	壬午 27	癸未 28	甲申 29	乙酉 30	丙戌 31	丁亥 (8)	戊子 2	己丑 3	庚寅 4	辛卯 5	壬辰 6	癸巳 7	甲午 8	乙未 9	丙申 10	丁酉 11	戊戌 12	己亥 13	庚子 14	辛丑 15	
七月小	壬申	天干地支 西曆	壬寅 16	癸卯 17	甲辰 18	乙巳 19	丙午 20	丁未 21	戊申 22	己酉 23	庚戌 24	辛亥 25	壬子 26	癸丑 27	甲寅 28	乙卯 29	丙辰 30	丁巳 31	戊午 (9)	己未 2	庚申 3	辛酉 4	壬戌 5	癸亥 6	甲子 7	乙丑 8	丙寅 9	丁卯 10	戊辰 11	己巳 12	庚午 13		甲辰立秋
八月大	癸酉	天干地支 西曆	辛未 14	壬申 15	癸酉 16	甲戌 17	乙亥 18	丙子 19	丁丑 20	戊寅 21	己卯 22	庚辰 23	辛巳 24	壬午 25	癸未 26	甲申 27	乙酉 28	丙戌 29	丁亥 30	戊子 (10)	己丑 2	庚寅 3	辛卯 4	壬辰 5	癸巳 6	甲午 7	乙未 8	丙申 9	丁酉 10	戊戌 11	己亥 12	庚子 13	己丑秋分 辛未日食
九月大	甲戌	天干地支 西曆	辛丑 14	壬寅 15	癸卯 16	甲辰 17	乙巳 18	丙午 19	丁未 20	戊申 21	己酉 22	庚戌 23	辛亥 24	壬子 25	癸丑 26	甲寅 27	乙卯 28	丙辰 29	丁巳 30	戊午 31	己未 (11)	庚申 2	辛酉 3	壬戌 4	癸亥 5	甲子 6	乙丑 7	丙寅 8	丁卯 9	戊辰 10	己巳 11	庚午 12	
十月小	乙亥	天干地支 西曆	辛未 13	壬申 14	癸酉 15	甲戌 16	乙亥 17	丙子 18	丁丑 19	戊寅 20	己卯 21	庚辰 22	辛巳 23	壬午 24	癸未 25	甲申 26	乙酉 27	丙戌 28	丁亥 29	戊子 30	己丑 (12)	庚寅 2	辛卯 3	壬辰 4	癸巳 5	甲午 6	乙未 7	丙申 8	丁酉 9	戊戌 10	己亥 11		癸酉立冬
十一月大	丙子	天干地支 西曆	庚子 12	辛丑 13	壬寅 14	癸卯 15	甲辰 16	乙巳 17	丙午 18	丁未 19	戊申 20	己酉 21	庚戌 22	辛亥 23	壬子 24	癸丑 25	甲寅 26	乙卯 27	丙辰 28	丁巳 29	戊午 30	己未 31	庚申 (1)	辛酉 2	壬戌 3	癸亥 4	甲子 5	乙丑 6	丙寅 7	丁卯 8	戊辰 9	己巳 10	丁巳冬至
十二月小	丁丑	天干地支 西曆	庚午 11	辛未 12	壬申 13	癸酉 14	甲戌 15	乙亥 16	丙子 17	丁丑 18	戊寅 19	己卯 20	庚辰 21	辛巳 22	壬午 23	癸未 24	甲申 25	乙酉 26	丙戌 27	丁亥 28	戊子 29	己丑 30	庚寅 31	辛卯 (2)	壬辰 2	癸巳 3	甲午 4	乙未 5	丙申 6	丁酉 7	戊戌 8		

年代異同	史記魯世家	漢書律曆志	帝王世紀	竹書紀年	皇極經世	文獻通考	歷代帝王年表	歷代統紀表	中國年曆總譜	西周年代	斷代工程
	周共王八年		周懿王十四年	周恭王元年	周孝王三年	周孝王三年	周孝王三年	周孝王三年	周夷王十八年	周懿王九年	周共王十六年

周共王十年（乙卯 兔年） 公元前906 ~ 前905年

夏曆月序		中西曆日對照	初一	初二	初三	初四	初五	初六	初七	初八	初九	初十	十一	十二	十三	十四	十五	十六	十七	十八	十九	二十	二一	二二	二三	二四	二五	二六	二七	二八	二九	三十	節氣與天象
正月小	戊寅	天干地支西曆	己亥9	庚子10	辛丑11	壬寅12	癸卯13	甲辰14	乙巳15	丙午16	丁未17	戊申18	己酉19	庚戌20	辛亥21	壬子22	癸丑23	甲寅24	乙卯25	丙辰26	丁巳27	戊午28	己未(3)	庚申2	辛酉3	壬戌4	癸亥5	甲子6	乙丑7	丙寅8	丁卯9		壬寅立春
二月大	己卯	天干地支西曆	戊辰10	己巳11	庚午12	辛未13	壬申14	癸酉15	甲戌16	乙亥17	丙子18	丁丑19	戊寅20	己卯21	庚辰22	辛巳23	壬午24	癸未25	甲申26	乙酉27	丙戌28	丁亥29	戊子30	己丑31	庚寅(4)	辛卯2	壬辰3	癸巳4	甲午5	乙未6	丙申7	丁酉8	戊子春分
三月小	庚辰	天干地支西曆	戊戌9	己亥10	庚子11	辛丑12	壬寅13	癸卯14	甲辰15	乙巳16	丙午17	丁未18	戊申19	己酉20	庚戌21	辛亥22	壬子23	癸丑24	甲寅25	乙卯26	丙辰27	丁巳28	戊午29	己未30	庚申(5)	辛酉2	壬戌3	癸亥4	甲子5	乙丑6	丙寅7		
四月小	辛巳	天干地支西曆	丁卯8	戊辰9	己巳10	庚午11	辛未12	壬申13	癸酉14	甲戌15	乙亥16	丙子17	丁丑18	戊寅19	己卯20	庚辰21	辛巳22	壬午23	癸未24	甲申25	乙酉26	丙戌27	丁亥28	戊子29	己丑30	庚寅31	辛卯(6)	壬辰2	癸巳3	甲午4	乙未5		乙亥立夏
五月大	壬午	天干地支西曆	丙申6	丁酉7	戊戌8	己亥9	庚子10	辛丑11	壬寅12	癸卯13	甲辰14	乙巳15	丙午16	丁未17	戊申18	己酉19	庚戌20	辛亥21	壬子22	癸丑23	甲寅24	乙卯25	丙辰26	丁巳27	戊午28	己未29	庚申30	辛酉(7)	壬戌2	癸亥3	甲子4	乙丑5	癸亥夏至
六月大	癸未	天干地支西曆	丙寅6	丁卯7	戊辰8	己巳9	庚午10	辛未11	壬申12	癸酉13	甲戌14	乙亥15	丙子16	丁丑17	戊寅18	己卯19	庚辰20	辛巳21	壬午22	癸未23	甲申24	乙酉25	丙戌26	丁亥27	戊子28	己丑29	庚寅30	辛卯31	壬辰(8)	癸巳2	甲午3	乙未4	
七月小	甲申	天干地支西曆	丙申5	丁酉6	戊戌7	己亥8	庚子9	辛丑10	壬寅11	癸卯12	甲辰13	乙巳14	丙午15	丁未16	戊申17	己酉18	庚戌19	辛亥20	壬子21	癸丑22	甲寅23	乙卯24	丙辰25	丁巳26	戊午27	己未28	庚申29	辛酉30	壬戌31	癸亥(9)	甲子2		己酉立秋
八月大	乙酉	天干地支西曆	乙丑3	丙寅4	丁卯5	戊辰6	己巳7	庚午8	辛未9	壬申10	癸酉11	甲戌12	乙亥13	丙子14	丁丑15	戊寅16	己卯17	庚辰18	辛巳19	壬午20	癸未21	甲申22	乙酉23	丙戌24	丁亥25	戊子26	己丑27	庚寅28	辛卯29	壬辰30	癸巳(10)	甲午2	甲午秋分 乙丑日食
九月大	丙戌	天干地支西曆	乙未3	丙申4	丁酉5	戊戌6	己亥7	庚子8	辛丑9	壬寅10	癸卯11	甲辰12	乙巳13	丙午14	丁未15	戊申16	己酉17	庚戌18	辛亥19	壬子20	癸丑21	甲寅22	乙卯23	丙辰24	丁巳25	戊午26	己未27	庚申28	辛酉29	壬戌30	癸亥31	甲子(11)	
十月小	丁亥	天干地支西曆	乙丑2	丙寅3	丁卯4	戊辰5	己巳6	庚午7	辛未8	壬申9	癸酉10	甲戌11	乙亥12	丙子13	丁丑14	戊寅15	己卯16	庚辰17	辛巳18	壬午19	癸未20	甲申21	乙酉22	丙戌23	丁亥24	戊子25	己丑26	庚寅27	辛卯28	壬辰29	癸巳30		己卯立冬
十一月大	戊子	天干地支西曆	甲午(12)	乙未2	丙申3	丁酉4	戊戌5	己亥6	庚子7	辛丑8	壬寅9	癸卯10	甲辰11	乙巳12	丙午13	丁未14	戊申15	己酉16	庚戌17	辛亥18	壬子19	癸丑20	甲寅21	乙卯22	丙辰23	丁巳24	戊午25	己未26	庚申27	辛酉28	壬戌29	癸亥30	癸亥冬至
閏十一大	戊子	天干地支西曆	甲子31	乙丑(1)	丙寅2	丁卯3	戊辰4	己巳5	庚午6	辛未7	壬申8	癸酉9	甲戌10	乙亥11	丙子12	丁丑13	戊寅14	己卯15	庚辰16	辛巳17	壬午18	癸未19	甲申20	乙酉21	丙戌22	丁亥23	戊子24	己丑25	庚寅26	辛卯27	壬辰28	癸巳29	
十二月小	己丑	天干地支西曆	甲午30	乙未31	丙申(2)	丁酉2	戊戌3	己亥4	庚子5	辛丑6	壬寅7	癸卯8	甲辰9	乙巳10	丙午11	丁未12	戊申13	己酉14	庚戌15	辛亥16	壬子17	癸丑18	甲寅19	乙卯20	丙辰21	丁巳22	戊午23	己未24	庚申25	辛酉26	壬戌27		丁未立春

年代異同	史記魯世家	漢書律曆志	帝王世紀	竹書紀年	皇極經世	文獻通考	歷代帝王年表	歷代統紀表	中國年曆總譜	西周年代	斷代工程
	周共王九年		周懿王十五年	周恭王二年	周孝王四年	周孝王四年	周孝王四年	周孝王四年	周夷王十九年	周懿王十年	周共王十七年

周共王十一年（丙辰 龍年） 公元前905 ~ 前904年

夏曆月序		中西曆日對照	初一	初二	初三	初四	初五	初六	初七	初八	初九	初十	十一	十二	十三	十四	十五	十六	十七	十八	十九	二十	二一	二二	二三	二四	二五	二六	二七	二八	二九	三十	節氣與天象
正月小	庚寅	天干 地支 西曆	癸亥 28	甲子 29	乙丑 (3)	丙寅 2	丁卯 3	戊辰 4	己巳 5	庚午 6	辛未 7	壬申 8	癸酉 9	甲戌 10	乙亥 11	丙子 12	丁丑 13	戊寅 14	己卯 15	庚辰 16	辛巳 17	壬午 18	癸未 19	甲申 20	乙酉 21	丙戌 22	丁亥 23	戊子 24	己丑 25	庚寅 26	辛卯 27		
二月大	辛卯	天干 地支 西曆	壬辰 28	癸巳 29	甲午 30	乙未 31	丙申 (4)	丁酉 2	戊戌 3	己亥 4	庚子 5	辛丑 6	壬寅 7	癸卯 8	甲辰 9	乙巳 10	丙午 11	丁未 12	戊申 13	己酉 14	庚戌 15	辛亥 16	壬子 17	癸丑 18	甲寅 19	乙卯 20	丙辰 21	丁巳 22	戊午 23	己未 24	庚申 25	辛酉 26	甲午春分
三月小	壬辰	天干 地支 西曆	壬戌 27	癸亥 28	甲子 29	乙丑 30	丙寅 (5)	丁卯 2	戊辰 3	己巳 4	庚午 5	辛未 6	壬申 7	癸酉 8	甲戌 9	乙亥 10	丙子 11	丁丑 12	戊寅 13	己卯 14	庚辰 15	辛巳 16	壬午 17	癸未 18	甲申 19	乙酉 20	丙戌 21	丁亥 22	戊子 23	己丑 24	庚寅 25		辛巳立夏
四月小	癸巳	天干 地支 西曆	辛卯 26	壬辰 27	癸巳 28	甲午 29	乙未 30	丙申 31	丁酉 (6)	戊戌 2	己亥 3	庚子 4	辛丑 5	壬寅 6	癸卯 7	甲辰 8	乙巳 9	丙午 10	丁未 11	戊申 12	己酉 13	庚戌 14	辛亥 15	壬子 16	癸丑 17	甲寅 18	乙卯 19	丙辰 20	丁巳 21	戊午 22	己未 23		
五月大	甲午	天干 地支 西曆	庚申 24	辛酉 25	壬戌 26	癸亥 27	甲子 28	乙丑 29	丙寅 30	丁卯 (7)	戊辰 2	己巳 3	庚午 4	辛未 5	壬申 6	癸酉 7	甲戌 8	乙亥 9	丙子 10	丁丑 11	戊寅 12	己卯 13	庚辰 14	辛巳 15	壬午 16	癸未 17	甲申 18	乙酉 19	丙戌 20	丁亥 21	戊子 22	己丑 23	戊辰夏至
六月小	乙未	天干 地支 西曆	庚寅 24	辛卯 25	壬辰 26	癸巳 27	甲午 28	乙未 29	丙申 30	丁酉 31	戊戌 (8)	己亥 2	庚子 3	辛丑 4	壬寅 5	癸卯 6	甲辰 7	乙巳 8	丙午 9	丁未 10	戊申 11	己酉 12	庚戌 13	辛亥 14	壬子 15	癸丑 16	甲寅 17	乙卯 18	丙辰 19	丁巳 20	戊午 21		甲寅立秋
七月大	丙申	天干 地支 西曆	己未 22	庚申 23	辛酉 24	壬戌 25	癸亥 26	甲子 27	乙丑 28	丙寅 29	丁卯 30	戊辰 31	己巳 (9)	庚午 2	辛未 3	壬申 4	癸酉 5	甲戌 6	乙亥 7	丙子 8	丁丑 9	戊寅 10	己卯 11	庚辰 12	辛巳 13	壬午 14	癸未 15	甲申 16	乙酉 17	丙戌 18	丁亥 19	戊子 20	
八月大	丁酉	天干 地支 西曆	己丑 21	庚寅 22	辛卯 23	壬辰 24	癸巳 25	甲午 26	乙未 27	丙申 28	丁酉 29	戊戌 30	己亥 (10)	庚子 2	辛丑 3	壬寅 4	癸卯 5	甲辰 6	乙巳 7	丙午 8	丁未 9	戊申 10	己酉 11	庚戌 12	辛亥 13	壬子 14	癸丑 15	甲寅 16	乙卯 17	丙辰 18	丁巳 19	戊午 20	己亥秋分
九月大	戊戌	天干 地支 西曆	己未 21	庚申 22	辛酉 23	壬戌 24	癸亥 25	甲子 26	乙丑 27	丙寅 28	丁卯 29	戊辰 30	己巳 31	庚午 (11)	辛未 2	壬申 3	癸酉 4	甲戌 5	乙亥 6	丙子 7	丁丑 8	戊寅 9	己卯 10	庚辰 11	辛巳 12	壬午 13	癸未 14	甲申 15	乙酉 16	丙戌 17	丁亥 18	戊子 19	甲申立冬
十月小	己亥	天干 地支 西曆	己丑 20	庚寅 21	辛卯 22	壬辰 23	癸巳 24	甲午 25	乙未 26	丙申 27	丁酉 28	戊戌 29	己亥 30	庚子 (12)	辛丑 2	壬寅 3	癸卯 4	甲辰 5	乙巳 6	丙午 7	丁未 8	戊申 9	己酉 10	庚戌 11	辛亥 12	壬子 13	癸丑 14	甲寅 15	乙卯 16	丙辰 17	丁巳 18		
十一月大	庚子	天干 地支 西曆	戊午 19	己未 20	庚申 21	辛酉 22	壬戌 23	癸亥 24	甲子 25	乙丑 26	丙寅 27	丁卯 28	戊辰 29	己巳 30	庚午 31	辛未 (1)	壬申 2	癸酉 3	甲戌 4	乙亥 5	丙子 6	丁丑 7	戊寅 8	己卯 9	庚辰 10	辛巳 11	壬午 12	癸未 13	甲申 14	乙酉 15	丙戌 16	丁亥 17	戊辰冬至
十二月大	辛丑	天干 地支 西曆	戊子 18	己丑 19	庚寅 20	辛卯 21	壬辰 22	癸巳 23	甲午 24	乙未 25	丙申 26	丁酉 27	戊戌 28	己亥 29	庚子 30	辛丑 31	壬寅 (2)	癸卯 2	甲辰 3	乙巳 4	丙午 5	丁未 6	戊申 7	己酉 8	庚戌 9	辛亥 10	壬子 11	癸丑 12	甲寅 13	乙卯 14	丙辰 15	丁巳 16	癸丑立春 戊子日食

	史記魯世家	漢書律曆志	帝王世紀	竹書紀年	皇極經世	文獻通考	歷代帝王年表	歷代統紀表	中國年曆總譜	西周年代	斷代工程
年代異同	周共王十年		周懿王十六年	周恭王三年	周孝王五年	周孝王五年	周孝王五年	周孝王五年	周夷王二十年	周懿王十一年	周共王十八年

周共王十二年（丁巳 蛇年） 公元前 904 ~ 前 903 年

夏曆月序		中西曆日對照	初一	初二	初三	初四	初五	初六	初七	初八	初九	初十	十一	十二	十三	十四	十五	十六	十七	十八	十九	二十	二一	二二	二三	二四	二五	二六	二七	二八	二九	三十	節氣與天象
正月小	壬寅	干支曆 天地西	戊午17	己未18	庚申19	辛酉20	壬戌21	癸亥22	甲子23	乙丑24	丙寅25	丁卯26	戊辰27	己巳28	庚午(3)	辛未2	壬申3	癸酉4	甲戌5	乙亥6	丙子7	丁丑8	戊寅9	己卯10	庚辰11	辛巳12	壬午13	癸未14	甲申15	乙酉16	丙戌17		
二月小	癸卯	干支曆 天地西	丁亥18	戊子19	己丑20	庚寅21	辛卯22	壬辰23	癸巳24	甲午25	乙未26	丙申27	丁酉28	戊戌29	己亥30	庚子31	辛丑(4)	壬寅2	癸卯3	甲辰4	乙巳5	丙午6	丁未7	戊申8	己酉9	庚戌10	辛亥11	壬子12	癸丑13	甲寅14	乙卯15		己亥春分
三月大	甲辰	干支曆 天地西	丙辰16	丁巳17	戊午18	己未19	庚申20	辛酉21	壬戌22	癸亥23	甲子24	乙丑25	丙寅26	丁卯27	戊辰28	己巳29	庚午30	辛未(5)	壬申2	癸酉3	甲戌4	乙亥5	丙子6	丁丑7	戊寅8	己卯9	庚辰10	辛巳11	壬午12	癸未13	甲申14	乙酉15	
四月小	乙巳	干支曆 天地西	丙戌16	丁亥17	戊子18	己丑19	庚寅20	辛卯21	壬辰22	癸巳23	甲午24	乙未25	丙申26	丁酉27	戊戌28	己亥29	庚子30	辛丑31	壬寅(6)	癸卯2	甲辰3	乙巳4	丙午5	丁未6	戊申7	己酉8	庚戌9	辛亥10	壬子11	癸丑12	甲寅13		丙戌立夏
五月小	丙午	干支曆 天地西	乙卯14	丙辰15	丁巳16	戊午17	己未18	庚申19	辛酉20	壬戌21	癸亥22	甲子23	乙丑24	丙寅25	丁卯26	戊辰27	己巳28	庚午29	辛未30	壬申(7)	癸酉2	甲戌3	乙亥4	丙子5	丁丑6	戊寅7	己卯8	庚辰9	辛巳10	壬午11	癸未12		癸酉夏至
六月大	丁未	干支曆 天地西	甲申13	乙酉14	丙戌15	丁亥16	戊子17	己丑18	庚寅19	辛卯20	壬辰21	癸巳22	甲午23	乙未24	丙申25	丁酉26	戊戌27	己亥28	庚子29	辛丑30	壬寅31	癸卯(8)	甲辰2	乙巳3	丙午4	丁未5	戊申6	己酉7	庚戌8	辛亥9	壬子10	癸丑11	
七月小	戊申	干支曆 天地西	甲寅12	乙卯13	丙辰14	丁巳15	戊午16	己未17	庚申18	辛酉19	壬戌20	癸亥21	甲子22	乙丑23	丙寅24	丁卯25	戊辰26	己巳27	庚午28	辛未29	壬申30	癸酉31	甲戌(9)	乙亥2	丙子3	丁丑4	戊寅5	己卯6	庚辰7	辛巳8	壬午9		己未立秋
八月大	己酉	干支曆 天地西	癸未10	甲申11	乙酉12	丙戌13	丁亥14	戊子15	己丑16	庚寅17	辛卯18	壬辰19	癸巳20	甲午21	乙未22	丙申23	丁酉24	戊戌25	己亥26	庚子27	辛丑28	壬寅29	癸卯30	甲辰(10)	乙巳2	丙午3	丁未4	戊申5	己酉6	庚戌7	辛亥8	壬子9	乙巳秋分
九月大	庚戌	干支曆 天地西	癸丑10	甲寅11	乙卯12	丙辰13	丁巳14	戊午15	己未16	庚申17	辛酉18	壬戌19	癸亥20	甲子21	乙丑22	丙寅23	丁卯24	戊辰25	己巳26	庚午27	辛未28	壬申29	癸酉30	甲戌31	乙亥(11)	丙子2	丁丑3	戊寅4	己卯5	庚辰6	辛巳7	壬午8	
十月小	辛亥	干支曆 天地西	癸未9	甲申10	乙酉11	丙戌12	丁亥13	戊子14	己丑15	庚寅16	辛卯17	壬辰18	癸巳19	甲午20	乙未21	丙申22	丁酉23	戊戌24	己亥25	庚子26	辛丑27	壬寅28	癸卯29	甲辰30	乙巳(12)	丙午2	丁未3	戊申4	己酉5	庚戌6	辛亥7		己丑立冬
十一月大	壬子	干支曆 天地西	壬子8	癸丑9	甲寅10	乙卯11	丙辰12	丁巳13	戊午14	己未15	庚申16	辛酉17	壬戌18	癸亥19	甲子20	乙丑21	丙寅22	丁卯23	戊辰24	己巳25	庚午26	辛未27	壬申28	癸酉29	甲戌30	乙亥31	丙子(1)	丁丑2	戊寅3	己卯4	庚辰5	辛巳6	癸酉冬至
十二月大	癸丑	干支曆 天地西	壬午7	癸未8	甲申9	乙酉10	丙戌11	丁亥12	戊子13	己丑14	庚寅15	辛卯16	壬辰17	癸巳18	甲午19	乙未20	丙申21	丁酉22	戊戌23	己亥24	庚子25	辛丑26	壬寅27	癸卯28	甲辰29	乙巳30	丙午31	丁未(2)	戊申2	己酉3	庚戌4	辛亥5	

年代異同	史記魯世家	漢書律曆志	帝王世紀	竹書紀年	皇極經世	文獻通考	歷代帝王年表	歷代統紀表	中國年曆總譜	西周年代	斷代工程
	周懿王元年		周懿王十七年	周恭王四年	周孝王六年	周孝王六年	周孝王六年	周孝王六年	周夷王二十一年	周懿王十二年	周共王十九年

周共王十三年（戊午 馬年） 公元前 903 ~ 前 902 年

夏曆月序	中西曆日對照		夏曆日序																														節氣與天象
			初一	初二	初三	初四	初五	初六	初七	初八	初九	初十	十一	十二	十三	十四	十五	十六	十七	十八	十九	二十	二一	二二	二三	二四	二五	二六	二七	二八	二九	三十	
正月大	甲寅	天干地支西曆	壬子 6	癸丑 7	甲寅 8	乙卯 9	丙辰 10	丁巳 11	戊午 12	己未 13	庚申 14	辛酉 15	壬戌 16	癸亥 17	甲子 18	乙丑 19	丙寅 20	丁卯 21	戊辰 22	己巳 23	庚午 24	辛未 25	壬申 26	癸酉 27	甲戌 28	乙亥 (3)	丙子 2	丁丑 3	戊寅 4	己卯 5	庚辰 6	辛巳 7	戊午立春
二月小	乙卯	天干地支西曆	壬午 8	癸未 9	甲申 10	乙酉 11	丙戌 12	丁亥 13	戊子 14	己丑 15	庚寅 16	辛卯 17	壬辰 18	癸巳 19	甲午 20	乙未 21	丙申 22	丁酉 23	戊戌 24	己亥 25	庚子 26	辛丑 27	壬寅 28	癸卯 29	甲辰 30	乙巳 31	丙午 (4)	丁未 2	戊申 3	己酉 4	庚戌 5		甲辰春分
三月小	丙辰	天干地支西曆	辛亥 6	壬子 7	癸丑 8	甲寅 9	乙卯 10	丙辰 11	丁巳 12	戊午 13	己未 14	庚申 15	辛酉 16	壬戌 17	癸亥 18	甲子 19	乙丑 20	丙寅 21	丁卯 22	戊辰 23	己巳 24	庚午 25	辛未 26	壬申 27	癸酉 28	甲戌 29	乙亥 30	丙子 (5)	丁丑 2	戊寅 3	己卯 4		
四月大	丁巳	天干地支西曆	庚辰 5	辛巳 6	壬午 7	癸未 8	甲申 9	乙酉 10	丙戌 11	丁亥 12	戊子 13	己丑 14	庚寅 15	辛卯 16	壬辰 17	癸巳 18	甲午 19	乙未 20	丙申 21	丁酉 22	戊戌 23	己亥 24	庚子 25	辛丑 26	壬寅 27	癸卯 28	甲辰 29	乙巳 30	丙午 31	丁未 (6)	戊申 2	己酉 3	辛卯立夏
五月小	戊午	天干地支西曆	庚戌 4	辛亥 5	壬子 6	癸丑 7	甲寅 8	乙卯 9	丙辰 10	丁巳 11	戊午 12	己未 13	庚申 14	辛酉 15	壬戌 16	癸亥 17	甲子 18	乙丑 19	丙寅 20	丁卯 21	戊辰 22	己巳 23	庚午 24	辛未 25	壬申 26	癸酉 27	甲戌 28	乙亥 29	丙子 30	丁丑 (7)	戊寅 2		戊寅夏至
六月小	己未	天干地支西曆	己卯 3	庚辰 4	辛巳 5	壬午 6	癸未 7	甲申 8	乙酉 9	丙戌 10	丁亥 11	戊子 12	己丑 13	庚寅 14	辛卯 15	壬辰 16	癸巳 17	甲午 18	乙未 19	丙申 20	丁酉 21	戊戌 22	己亥 23	庚子 24	辛丑 25	壬寅 26	癸卯 27	甲辰 28	乙巳 29	丙午 30	丁未 31		己卯日食
七月大	庚申	天干地支西曆	戊申 (8)	己酉 2	庚戌 3	辛亥 4	壬子 5	癸丑 6	甲寅 7	乙卯 8	丙辰 9	丁巳 10	戊午 11	己未 12	庚申 13	辛酉 14	壬戌 15	癸亥 16	甲子 17	乙丑 18	丙寅 19	丁卯 20	戊辰 21	己巳 22	庚午 23	辛未 24	壬申 25	癸酉 26	甲戌 27	乙亥 28	丙子 29	丁丑 30	乙丑立秋
閏七月小	庚申	天干地支西曆	戊寅 31	己卯 (9)	庚辰 2	辛巳 3	壬午 4	癸未 5	甲申 6	乙酉 7	丙戌 8	丁亥 9	戊子 10	己丑 11	庚寅 12	辛卯 13	壬辰 14	癸巳 15	甲午 16	乙未 17	丙申 18	丁酉 19	戊戌 20	己亥 21	庚子 22	辛丑 23	壬寅 24	癸卯 25	甲辰 26	乙巳 27	丙午 28		
八月大	辛酉	天干地支西曆	丁未 29	戊申 30	己酉 (10)	庚戌 2	辛亥 3	壬子 4	癸丑 5	甲寅 6	乙卯 7	丙辰 8	丁巳 9	戊午 10	己未 11	庚申 12	辛酉 13	壬戌 14	癸亥 15	甲子 16	乙丑 17	丙寅 18	丁卯 19	戊辰 20	己巳 21	庚午 22	辛未 23	壬申 24	癸酉 25	甲戌 26	乙亥 27	丙子 28	庚戌秋分
九月小	壬戌	天干地支西曆	丁丑 29	戊寅 30	己卯 31	庚辰 (11)	辛巳 2	壬午 3	癸未 4	甲申 5	乙酉 6	丙戌 7	丁亥 8	戊子 9	己丑 10	庚寅 11	辛卯 12	壬辰 13	癸巳 14	甲午 15	乙未 16	丙申 17	丁酉 18	戊戌 19	己亥 20	庚子 21	辛丑 22	壬寅 23	癸卯 24	甲辰 25	乙巳 26		甲午立冬
十月大	癸亥	天干地支西曆	丙午 27	丁未 28	戊申 29	己酉 30	庚戌 (12)	辛亥 2	壬子 3	癸丑 4	甲寅 5	乙卯 6	丙辰 7	丁巳 8	戊午 9	己未 10	庚申 11	辛酉 12	壬戌 13	癸亥 14	甲子 15	乙丑 16	丙寅 17	丁卯 18	戊辰 19	己巳 20	庚午 21	辛未 22	壬申 23	癸酉 24	甲戌 25	乙亥 26	
十一月大	甲子	天干地支西曆	丙子 27	丁丑 28	戊寅 29	己卯 30	庚辰 31	辛巳 (1)	壬午 2	癸未 3	甲申 4	乙酉 5	丙戌 6	丁亥 7	戊子 8	己丑 9	庚寅 10	辛卯 11	壬辰 12	癸巳 13	甲午 14	乙未 15	丙申 16	丁酉 17	戊戌 18	己亥 19	庚子 20	辛丑 21	壬寅 22	癸卯 23	甲辰 24	乙巳 25	戊寅冬至
十二月大	乙丑	天干地支西曆	丙午 26	丁未 27	戊申 28	己酉 29	庚戌 30	辛亥 31	壬子 (2)	癸丑 2	甲寅 3	乙卯 4	丙辰 5	丁巳 6	戊午 7	己未 8	庚申 9	辛酉 10	壬戌 11	癸亥 12	甲子 13	乙丑 14	丙寅 15	丁卯 16	戊辰 17	己巳 18	庚午 19	辛未 20	壬申 21	癸酉 22	甲戌 23	乙亥 24	癸亥立春

年代異同	史記魯世家	漢書律曆志	帝王世紀	竹書紀年	皇極經世	文獻通考	歷代帝王年表	歷代統紀表	中國年曆總譜	西周年代	斷代工程
	周懿王二年		周懿王十八年	周恭王五年	周孝王七年	周孝王七年	周孝王七年	周孝王七年	周夷王二十二年	周懿王十三年	周共王二十年

周共王十四年（己未羊年） 公元前902 ~ 前901年

夏曆月序		中西曆日對照	夏曆日序																														節氣與天象
			初一	初二	初三	初四	初五	初六	初七	初八	初九	初十	十一	十二	十三	十四	十五	十六	十七	十八	十九	二十	二一	二二	二三	二四	二五	二六	二七	二八	二九	三十	
正月小	丙寅	天干地支 西曆	丙子 25	丁丑 26	戊寅 27	己卯 28	庚辰 (3)	辛巳 2	壬午 3	癸未 4	甲申 5	乙酉 6	丙戌 7	丁亥 8	戊子 9	己丑 10	庚寅 11	辛卯 12	壬辰 13	癸巳 14	甲午 15	乙未 16	丙申 17	丁酉 18	戊戌 19	己亥 20	庚子 21	辛丑 22	壬寅 23	癸卯 24	甲辰 25		
二月大	丁卯	天干地支 西曆	乙巳 26	丙午 27	丁未 28	戊申 29	己酉 30	庚戌 31	辛亥 (4)	壬子 2	癸丑 3	甲寅 4	乙卯 5	丙辰 6	丁巳 7	戊午 8	己未 9	庚申 10	辛酉 11	壬戌 12	癸亥 13	甲子 14	乙丑 15	丙寅 16	丁卯 17	戊辰 18	己巳 19	庚午 20	辛未 21	壬申 22	癸酉 23	甲戌 24	己酉春分
三月小	戊辰	天干地支 西曆	乙亥 25	丙子 26	丁丑 27	戊寅 28	己卯 29	庚辰 30	辛巳 (5)	壬午 2	癸未 3	甲申 4	乙酉 5	丙戌 6	丁亥 7	戊子 8	己丑 9	庚寅 10	辛卯 11	壬辰 12	癸巳 13	甲午 14	乙未 15	丙申 16	丁酉 17	戊戌 18	己亥 19	庚子 20	辛丑 21	壬寅 22	癸卯 23		丙申立夏
四月大	己巳	天干地支 西曆	甲辰 24	乙巳 25	丙午 26	丁未 27	戊申 28	己酉 29	庚戌 30	辛亥 31	壬子 (6)	癸丑 2	甲寅 3	乙卯 4	丙辰 5	丁巳 6	戊午 7	己未 8	庚申 9	辛酉 10	壬戌 11	癸亥 12	甲子 13	乙丑 14	丙寅 15	丁卯 16	戊辰 17	己巳 18	庚午 19	辛未 20	壬申 21	癸酉 22	
五月小	庚午	天干地支 西曆	甲戌 23	乙亥 24	丙子 25	丁丑 26	戊寅 27	己卯 28	庚辰 29	辛巳 30	壬午 (7)	癸未 2	甲申 3	乙酉 4	丙戌 5	丁亥 6	戊子 7	己丑 8	庚寅 9	辛卯 10	壬辰 11	癸巳 12	甲午 13	乙未 14	丙申 15	丁酉 16	戊戌 17	己亥 18	庚子 19	辛丑 20	壬寅 21		癸未夏至
六月小	辛未	天干地支 西曆	癸卯 22	甲辰 23	乙巳 24	丙午 25	丁未 26	戊申 27	己酉 28	庚戌 29	辛亥 30	壬子 31	癸丑 (8)	甲寅 2	乙卯 3	丙辰 4	丁巳 5	戊午 6	己未 7	庚申 8	辛酉 9	壬戌 10	癸亥 11	甲子 12	乙丑 13	丙寅 14	丁卯 15	戊辰 16	己巳 17	庚午 18	辛未 19		庚午立秋
七月大	壬申	天干地支 西曆	壬申 20	癸酉 21	甲戌 22	乙亥 23	丙子 24	丁丑 25	戊寅 26	己卯 27	庚辰 28	辛巳 29	壬午 30	癸未 31	甲申 (9)	乙酉 2	丙戌 3	丁亥 4	戊子 5	己丑 6	庚寅 7	辛卯 8	壬辰 9	癸巳 10	甲午 11	乙未 12	丙申 13	丁酉 14	戊戌 15	己亥 16	庚子 17	辛丑 18	
八月小	癸酉	天干地支 西曆	壬寅 19	癸卯 20	甲辰 21	乙巳 22	丙午 23	丁未 24	戊申 25	己酉 26	庚戌 27	辛亥 28	壬子 29	癸丑 30	甲寅 (10)	乙卯 2	丙辰 3	丁巳 4	戊午 5	己未 6	庚申 7	辛酉 8	壬戌 9	癸亥 10	甲子 11	乙丑 12	丙寅 13	丁卯 14	戊辰 15	己巳 16	庚午 17		乙卯秋分
九月大	甲戌	天干地支 西曆	辛未 18	壬申 19	癸酉 20	甲戌 21	乙亥 22	丙子 23	丁丑 24	戊寅 25	己卯 26	庚辰 27	辛巳 28	壬午 29	癸未 30	甲申 31	乙酉 (11)	丙戌 2	丁亥 3	戊子 4	己丑 5	庚寅 6	辛卯 7	壬辰 8	癸巳 9	甲午 10	乙未 11	丙申 12	丁酉 13	戊戌 14	己亥 15	庚子 16	己亥立冬
十月小	乙亥	天干地支 西曆	辛丑 17	壬寅 18	癸卯 19	甲辰 20	乙巳 21	丙午 22	丁未 23	戊申 24	己酉 25	庚戌 26	辛亥 27	壬子 28	癸丑 29	甲寅 30	乙卯 (12)	丙辰 2	丁巳 3	戊午 4	己未 5	庚申 6	辛酉 7	壬戌 8	癸亥 9	甲子 10	乙丑 11	丙寅 12	丁卯 13	戊辰 14	己巳 15		
十一月大	丙子	天干地支 西曆	庚午 16	辛未 17	壬申 18	癸酉 19	甲戌 20	乙亥 21	丙子 22	丁丑 23	戊寅 24	己卯 25	庚辰 26	辛巳 27	壬午 28	癸未 29	甲申 30	乙酉 31	丙戌 (1)	丁亥 2	戊子 3	己丑 4	庚寅 5	辛卯 6	壬辰 7	癸巳 8	甲午 9	乙未 10	丙申 11	丁酉 12	戊戌 13	己亥 14	甲申冬至
十二月大	丁丑	天干地支 西曆	庚子 15	辛丑 16	壬寅 17	癸卯 18	甲辰 19	乙巳 20	丙午 21	丁未 22	戊申 23	己酉 24	庚戌 25	辛亥 26	壬子 27	癸丑 28	甲寅 29	乙卯 30	丙辰 31	丁巳 (2)	戊午 2	己未 3	庚申 4	辛酉 5	壬戌 6	癸亥 7	甲子 8	乙丑 9	丙寅 10	丁卯 11	戊辰 12	己巳 13	戊辰立春

年代異同	史記魯世家	漢書律曆志	帝王世紀	竹書紀年	皇極經世	文獻通考	歷代帝王年表	歷代統紀表	中國年曆總譜	西周年代	斷代工程
	周懿王三年		周懿王十九年	周恭王六年	周孝王八年	周孝王八年	周孝王八年	周孝王八年	周夷王二十三年	周懿王十四年	周共王二十一年

周共王十五年（庚申 猴年） 公元前901～前900年

夏曆月序		中西曆日對照	初一	初二	初三	初四	初五	初六	初七	初八	初九	初十	十一	十二	十三	十四	十五	十六	十七	十八	十九	二十	二一	二二	二三	二四	二五	二六	二七	二八	二九	三十	節氣與天象
正月小	戊寅	天干地支 西曆	庚午 14	辛未 15	壬申 16	癸酉 17	甲戌 18	乙亥 19	丙子 20	丁丑 21	戊寅 22	己卯 23	庚辰 24	辛巳 25	壬午 26	癸未 27	甲申 28	乙酉 29	丙戌 (3)	丁亥 2	戊子 3	己丑 4	庚寅 5	辛卯 6	壬辰 7	癸巳 8	甲午 9	乙未 10	丙申 11	丁酉 12	戊戌 13		
二月大	己卯	天干地支 西曆	己亥 14	庚子 15	辛丑 16	壬寅 17	癸卯 18	甲辰 19	乙巳 20	丙午 21	丁未 22	戊申 23	己酉 24	庚戌 25	辛亥 26	壬子 27	癸丑 28	甲寅 29	乙卯 30	丙辰 31	丁巳 (4)	戊午 2	己未 3	庚申 4	辛酉 5	壬戌 6	癸亥 7	甲子 8	乙丑 9	丙寅 10	丁卯 11	戊辰 12	甲寅春分
三月大	庚辰	天干地支 西曆	己巳 13	庚午 14	辛未 15	壬申 16	癸酉 17	甲戌 18	乙亥 19	丙子 20	丁丑 21	戊寅 22	己卯 23	庚辰 24	辛巳 25	壬午 26	癸未 27	甲申 28	乙酉 29	丙戌 30	丁亥 (5)	戊子 2	己丑 3	庚寅 4	辛卯 5	壬辰 6	癸巳 7	甲午 8	乙未 9	丙申 10	丁酉 11	戊戌 12	
四月小	辛巳	天干地支 西曆	己亥 13	庚子 14	辛丑 15	壬寅 16	癸卯 17	甲辰 18	乙巳 19	丙午 20	丁未 21	戊申 22	己酉 23	庚戌 24	辛亥 25	壬子 26	癸丑 27	甲寅 28	乙卯 29	丙辰 30	丁巳 31	戊午 (6)	己未 2	庚申 3	辛酉 4	壬戌 5	癸亥 6	甲子 7	乙丑 8	丙寅 9	丁卯 10		壬寅立夏
五月大	壬午	天干地支 西曆	戊辰 11	己巳 12	庚午 13	辛未 14	壬申 15	癸酉 16	甲戌 17	乙亥 18	丙子 19	丁丑 20	戊寅 21	己卯 22	庚辰 23	辛巳 24	壬午 25	癸未 26	甲申 27	乙酉 28	丙戌 29	丁亥 30	戊子 (7)	己丑 2	庚寅 3	辛卯 4	壬辰 5	癸巳 6	甲午 7	乙未 8	丙申 9	丁酉 10	己丑夏至
六月小	癸未	天干地支 西曆	戊戌 11	己亥 12	庚子 13	辛丑 14	壬寅 15	癸卯 16	甲辰 17	乙巳 18	丙午 19	丁未 20	戊申 21	己酉 22	庚戌 23	辛亥 24	壬子 25	癸丑 26	甲寅 27	乙卯 28	丙辰 29	丁巳 30	戊午 31	己未 (8)	庚申 2	辛酉 3	壬戌 4	癸亥 5	甲子 6	乙丑 7	丙寅 8		
七月小	甲申	天干地支 西曆	丁卯 9	戊辰 10	己巳 11	庚午 12	辛未 13	壬申 14	癸酉 15	甲戌 16	乙亥 17	丙子 18	丁丑 19	戊寅 20	己卯 21	庚辰 22	辛巳 23	壬午 24	癸未 25	甲申 26	乙酉 27	丙戌 28	丁亥 29	戊子 30	己丑 31	庚寅 (9)	辛卯 2	壬辰 3	癸巳 4	甲午 5	乙未 6		乙亥立秋
八月大	乙酉	天干地支 西曆	丙申 7	丁酉 8	戊戌 9	己亥 10	庚子 11	辛丑 12	壬寅 13	癸卯 14	甲辰 15	乙巳 16	丙午 17	丁未 18	戊申 19	己酉 20	庚戌 21	辛亥 22	壬子 23	癸丑 24	甲寅 25	乙卯 26	丙辰 27	丁巳 28	戊午 29	己未 30	庚申 (10)	辛酉 2	壬戌 3	癸亥 4	甲子 5	乙丑 6	庚申秋分
九月小	丙戌	天干地支 西曆	丙寅 7	丁卯 8	戊辰 9	己巳 10	庚午 11	辛未 12	壬申 13	癸酉 14	甲戌 15	乙亥 16	丙子 17	丁丑 18	戊寅 19	己卯 20	庚辰 21	辛巳 22	壬午 23	癸未 24	甲申 25	乙酉 26	丙戌 27	丁亥 28	戊子 29	己丑 30	庚寅 31	辛卯 (11)	壬辰 2	癸巳 3	甲午 4		
十月大	丁亥	天干地支 西曆	乙未 5	丙申 6	丁酉 7	戊戌 8	己亥 9	庚子 10	辛丑 11	壬寅 12	癸卯 13	甲辰 14	乙巳 15	丙午 16	丁未 17	戊申 18	己酉 19	庚戌 20	辛亥 21	壬子 22	癸丑 23	甲寅 24	乙卯 25	丙辰 26	丁巳 27	戊午 28	己未 29	庚申 30	辛酉 (12)	壬戌 2	癸亥 3	甲子 4	乙巳立冬 乙未日食
十一月小	戊子	天干地支 西曆	乙丑 5	丙寅 6	丁卯 7	戊辰 8	己巳 9	庚午 10	辛未 11	壬申 12	癸酉 13	甲戌 14	乙亥 15	丙子 16	丁丑 17	戊寅 18	己卯 19	庚辰 20	辛巳 21	壬午 22	癸未 23	甲申 24	乙酉 25	丙戌 26	丁亥 27	戊子 28	己丑 29	庚寅 30	辛卯 31	壬辰 (1)	癸巳 2		己丑冬至
十二月大	己丑	天干地支 西曆	甲午 3	乙未 4	丙申 5	丁酉 6	戊戌 7	己亥 8	庚子 9	辛丑 10	壬寅 11	癸卯 12	甲辰 13	乙巳 14	丙午 15	丁未 16	戊申 17	己酉 18	庚戌 19	辛亥 20	壬子 21	癸丑 22	甲寅 23	乙卯 24	丙辰 25	丁巳 26	戊午 27	己未 28	庚申 29	辛酉 30	壬戌 31	癸亥 (2)	

年代異同	史記魯世家	漢書律曆志	帝王世紀	竹書紀年	皇極經世	文獻通考	歷代帝王年表	歷代統紀表	中國年曆總譜	西周年代	斷代工程
	周懿王四年		周懿王二十年	周恭王七年	周孝王九年	周孝王九年	周孝王九年	周孝王九年	周夷王二十四年	周懿王十五年	周共王二十二年

周共王十六年（辛酉 鷄年） 公元前 900 ~ 前 899 年

夏曆月序		中西曆日對照	初一	初二	初三	初四	初五	初六	初七	初八	初九	初十	十一	十二	十三	十四	十五	十六	十七	十八	十九	二十	二一	二二	二三	二四	二五	二六	二七	二八	二九	三十	節氣與天象
正月小	庚寅	干支曆 天地西	甲子 2	乙丑 3	丙寅 4	丁卯 5	戊辰 6	己巳 7	庚午 8	辛未 9	壬申 10	癸酉 11	甲戌 12	乙亥 13	丙子 14	丁丑 15	戊寅 16	己卯 17	庚辰 18	辛巳 19	壬午 20	癸未 21	甲申 22	乙酉 23	丙戌 24	丁亥 25	戊子 26	己丑 27	庚寅 28	辛卯 (3)	壬辰 2		甲戌立春
二月大	辛卯	干支曆 天地西	癸巳 3	甲午 4	乙未 5	丙申 6	丁酉 7	戊戌 8	己亥 9	庚子 10	辛丑 11	壬寅 12	癸卯 13	甲辰 14	乙巳 15	丙午 16	丁未 17	戊申 18	己酉 19	庚戌 20	辛亥 21	壬子 22	癸丑 23	甲寅 24	乙卯 25	丙辰 26	丁巳 27	戊午 28	己未 29	庚申 30	辛酉 31	壬戌 (4)	庚申春分
三月大	壬辰	干支曆 天地西	癸亥 2	甲子 3	乙丑 4	丙寅 5	丁卯 6	戊辰 7	己巳 8	庚午 9	辛未 10	壬申 11	癸酉 12	甲戌 13	乙亥 14	丙子 15	丁丑 16	戊寅 17	己卯 18	庚辰 19	辛巳 20	壬午 21	癸未 22	甲申 23	乙酉 24	丙戌 25	丁亥 26	戊子 27	己丑 28	庚寅 29	辛卯 30	壬辰 (5)	
四月小	癸巳	干支曆 天地西	癸巳 2	甲午 3	乙未 4	丙申 5	丁酉 6	戊戌 7	己亥 8	庚子 9	辛丑 10	壬寅 11	癸卯 12	甲辰 13	乙巳 14	丙午 15	丁未 16	戊申 17	己酉 18	庚戌 19	辛亥 20	壬子 21	癸丑 22	甲寅 23	乙卯 24	丙辰 25	丁巳 26	戊午 27	己未 28	庚申 29	辛酉 30		丁未立夏
閏四月大	癸巳	干支曆 天地西	壬戌 31	癸亥 (6)	甲子 2	乙丑 3	丙寅 4	丁卯 5	戊辰 6	己巳 7	庚午 8	辛未 9	壬申 10	癸酉 11	甲戌 12	乙亥 13	丙子 14	丁丑 15	戊寅 16	己卯 17	庚辰 18	辛巳 19	壬午 20	癸未 21	甲申 22	乙酉 23	丙戌 24	丁亥 25	戊子 26	己丑 27	庚寅 28	辛卯 29	
五月小	甲午	干支曆 天地西	壬辰 30	癸巳 (7)	甲午 2	乙未 3	丙申 4	丁酉 5	戊戌 6	己亥 7	庚子 8	辛丑 9	壬寅 10	癸卯 11	甲辰 12	乙巳 13	丙午 14	丁未 15	戊申 16	己酉 17	庚戌 18	辛亥 19	壬子 20	癸丑 21	甲寅 22	乙卯 23	丙辰 24	丁巳 25	戊午 26	己未 27	庚申 28		甲午夏至
六月大	乙未	干支曆 天地西	辛酉 29	壬戌 30	癸亥 31	甲子 (8)	乙丑 2	丙寅 3	丁卯 4	戊辰 5	己巳 6	庚午 7	辛未 8	壬申 9	癸酉 10	甲戌 11	乙亥 12	丙子 13	丁丑 14	戊寅 15	己卯 16	庚辰 17	辛巳 18	壬午 19	癸未 20	甲申 21	乙酉 22	丙戌 23	丁亥 24	戊子 25	己丑 26	庚寅 27	庚辰立秋
七月小	丙申	干支曆 天地西	辛卯 28	壬辰 29	癸巳 30	甲午 31	乙未 (9)	丙申 2	丁酉 3	戊戌 4	己亥 5	庚子 6	辛丑 7	壬寅 8	癸卯 9	甲辰 10	乙巳 11	丙午 12	丁未 13	戊申 14	己酉 15	庚戌 16	辛亥 17	壬子 18	癸丑 19	甲寅 20	乙卯 21	丙辰 22	丁巳 23	戊午 24	己未 25		
八月大	丁酉	干支曆 天地西	庚申 26	辛酉 27	壬戌 28	癸亥 29	甲子 30	乙丑 (10)	丙寅 2	丁卯 3	戊辰 4	己巳 5	庚午 6	辛未 7	壬申 8	癸酉 9	甲戌 10	乙亥 11	丙子 12	丁丑 13	戊寅 14	己卯 15	庚辰 16	辛巳 17	壬午 18	癸未 19	甲申 20	乙酉 21	丙戌 22	丁亥 23	戊子 24	己丑 25	丙寅秋分
九月小	戊戌	干支曆 天地西	庚寅 26	辛卯 27	壬辰 28	癸巳 29	甲午 30	乙未 31	丙申 (11)	丁酉 2	戊戌 3	己亥 4	庚子 5	辛丑 6	壬寅 7	癸卯 8	甲辰 9	乙巳 10	丙午 11	丁未 12	戊申 13	己酉 14	庚戌 15	辛亥 16	壬子 17	癸丑 18	甲寅 19	乙卯 20	丙辰 21	丁巳 22	戊午 23		庚戌立冬 庚寅日食
十月大	己亥	干支曆 天地西	己未 24	庚申 25	辛酉 26	壬戌 27	癸亥 28	甲子 29	乙丑 30	丙寅 (12)	丁卯 2	戊辰 3	己巳 4	庚午 5	辛未 6	壬申 7	癸酉 8	甲戌 9	乙亥 10	丙子 11	丁丑 12	戊寅 13	己卯 14	庚辰 15	辛巳 16	壬午 17	癸未 18	甲申 19	乙酉 20	丙戌 21	丁亥 22	戊子 23	
十一月小	庚子	干支曆 天地西	己丑 24	庚寅 25	辛卯 26	壬辰 27	癸巳 28	甲午 29	乙未 30	丙申 31	丁酉 (1)	戊戌 2	己亥 3	庚子 4	辛丑 5	壬寅 6	癸卯 7	甲辰 8	乙巳 9	丙午 10	丁未 11	戊申 12	己酉 13	庚戌 14	辛亥 15	壬子 16	癸丑 17	甲寅 18	乙卯 19	丙辰 20	丁巳 21		甲午冬至
十二月大	辛丑	干支曆 天地西	戊午 22	己未 23	庚申 24	辛酉 25	壬戌 26	癸亥 27	甲子 28	乙丑 29	丙寅 30	丁卯 31	戊辰 (2)	己巳 2	庚午 3	辛未 4	壬申 5	癸酉 6	甲戌 7	乙亥 8	丙子 9	丁丑 10	戊寅 11	己卯 12	庚辰 13	辛巳 14	壬午 15	癸未 16	甲申 17	乙酉 18	丙戌 19	丁亥 20	己卯立春

年代異同	史記魯世家	漢書律曆志	帝王世紀	竹書紀年	皇極經世	文獻通考	歷代帝王年表	歷代統紀表	中國年曆總譜	西周年代	斷代工程
	周懿王五年		周懿王二十一年	周恭王八年	周孝王十年	周孝王十年	周孝王十年	周孝王十年	周夷王二十五年	周懿王十六年	周共王二十三年

周共王十七年（壬戌 狗年） 公元前 899 ~ 前 898 年

夏曆月序		中西曆日對照	夏曆日序																														節氣與天象
			初一	初二	初三	初四	初五	初六	初七	初八	初九	初十	十一	十二	十三	十四	十五	十六	十七	十八	十九	二十	二一	二二	二三	二四	二五	二六	二七	二八	二九	三十	
正月小	壬寅	天干支曆 地西曆	戊子 21	己丑 22	庚寅 23	辛卯 24	壬辰 25	癸巳 26	甲午 27	乙未 28	丙申 (3)	丁酉 2	戊戌 3	己亥 4	庚子 5	辛丑 6	壬寅 7	癸卯 8	甲辰 9	乙巳 10	丙午 11	丁未 12	戊申 13	己酉 14	庚戌 15	辛亥 16	壬子 17	癸丑 18	甲寅 19	乙卯 20	丙辰 21		
二月大	癸卯	天干支曆 地西曆	丁巳 22	戊午 23	己未 24	庚申 25	辛酉 26	壬戌 27	癸亥 28	甲子 29	乙丑 30	丙寅 31	丁卯 (4)	戊辰 2	己巳 3	庚午 4	辛未 5	壬申 6	癸酉 7	甲戌 8	乙亥 9	丙子 10	丁丑 11	戊寅 12	己卯 13	庚辰 14	辛巳 15	壬午 16	癸未 17	甲申 18	乙酉 19	丙戌 20	乙丑春分
三月小	甲辰	天干支曆 地西曆	丁亥 21	戊子 22	己丑 23	庚寅 24	辛卯 25	壬辰 26	癸巳 27	甲午 28	乙未 29	丙申 30	丁酉 (5)	戊戌 2	己亥 3	庚子 4	辛丑 5	壬寅 6	癸卯 7	甲辰 8	乙巳 9	丙午 10	丁未 11	戊申 12	己酉 13	庚戌 14	辛亥 15	壬子 16	癸丑 17	甲寅 18	乙卯 19		壬子立夏 丁亥日食
四月大	乙巳	天干支曆 地西曆	丙辰 20	丁巳 21	戊午 22	己未 23	庚申 24	辛酉 25	壬戌 26	癸亥 27	甲子 28	乙丑 29	丙寅 30	丁卯 31	戊辰 (6)	己巳 2	庚午 3	辛未 4	壬申 5	癸酉 6	甲戌 7	乙亥 8	丙子 9	丁丑 10	戊寅 11	己卯 12	庚辰 13	辛巳 14	壬午 15	癸未 16	甲申 17	乙酉 18	
五月大	丙午	天干支曆 地西曆	丙戌 19	丁亥 20	戊子 21	己丑 22	庚寅 23	辛卯 24	壬辰 25	癸巳 26	甲午 27	乙未 28	丙申 29	丁酉 30	戊戌 (7)	己亥 2	庚子 3	辛丑 4	壬寅 5	癸卯 6	甲辰 7	乙巳 8	丙午 9	丁未 10	戊申 11	己酉 12	庚戌 13	辛亥 14	壬子 15	癸丑 16	甲寅 17	乙卯 18	己亥夏至
六月小	丁未	天干支曆 地西曆	丙辰 19	丁巳 20	戊午 21	己未 22	庚申 23	辛酉 24	壬戌 25	癸亥 26	甲子 27	乙丑 28	丙寅 29	丁卯 30	戊辰 31	己巳 (8)	庚午 2	辛未 3	壬申 4	癸酉 5	甲戌 6	乙亥 7	丙子 8	丁丑 9	戊寅 10	己卯 11	庚辰 12	辛巳 13	壬午 14	癸未 15	甲申 16		
七月大	戊申	天干支曆 地西曆	乙酉 17	丙戌 18	丁亥 19	戊子 20	己丑 21	庚寅 22	辛卯 23	壬辰 24	癸巳 25	甲午 26	乙未 27	丙申 28	丁酉 29	戊戌 30	己亥 31	庚子 (9)	辛丑 2	壬寅 3	癸卯 4	甲辰 5	乙巳 6	丙午 7	丁未 8	戊申 9	己酉 10	庚戌 11	辛亥 12	壬子 13	癸丑 14	甲寅 15	丙戌立秋
八月小	己酉	天干支曆 地西曆	乙卯 16	丙辰 17	丁巳 18	戊午 19	己未 20	庚申 21	辛酉 22	壬戌 23	癸亥 24	甲子 25	乙丑 26	丙寅 27	丁卯 28	戊辰 29	己巳 30	庚午 (10)	辛未 2	壬申 3	癸酉 4	甲戌 5	乙亥 6	丙子 7	丁丑 8	戊寅 9	己卯 10	庚辰 11	辛巳 12	壬午 13	癸未 14		辛未秋分
九月大	庚戌	天干支曆 地西曆	甲申 15	乙酉 16	丙戌 17	丁亥 18	戊子 19	己丑 20	庚寅 21	辛卯 22	壬辰 23	癸巳 24	甲午 25	乙未 26	丙申 27	丁酉 28	戊戌 29	己亥 30	庚子 31	辛丑 (11)	壬寅 2	癸卯 3	甲辰 4	乙巳 5	丙午 6	丁未 7	戊申 8	己酉 9	庚戌 10	辛亥 11	壬子 12	癸丑 13	
十月小	辛亥	天干支曆 地西曆	甲寅 14	乙卯 15	丙辰 16	丁巳 17	戊午 18	己未 19	庚申 20	辛酉 21	壬戌 22	癸亥 23	甲子 24	乙丑 25	丙寅 26	丁卯 27	戊辰 28	己巳 29	庚午 30	辛未 (12)	壬申 2	癸酉 3	甲戌 4	乙亥 5	丙子 6	丁丑 7	戊寅 8	己卯 9	庚辰 10	辛巳 11	壬午 12		乙卯立冬
十一月大	壬子	天干支曆 地西曆	癸未 13	甲申 14	乙酉 15	丙戌 16	丁亥 17	戊子 18	己丑 19	庚寅 20	辛卯 21	壬辰 22	癸巳 23	甲午 24	乙未 25	丙申 26	丁酉 27	戊戌 28	己亥 29	庚子 30	辛丑 31	壬寅 (1)	癸卯 2	甲辰 3	乙巳 4	丙午 5	丁未 6	戊申 7	己酉 8	庚戌 9	辛亥 10	壬子 11	己亥冬至
十二月小	癸丑	天干支曆 地西曆	癸丑 12	甲寅 13	乙卯 14	丙辰 15	丁巳 16	戊午 17	己未 18	庚申 19	辛酉 20	壬戌 21	癸亥 22	甲子 23	乙丑 24	丙寅 25	丁卯 26	戊辰 27	己巳 28	庚午 29	辛未 30	壬申 31	癸酉 (2)	甲戌 2	乙亥 3	丙子 4	丁丑 5	戊寅 6	己卯 7	庚辰 8	辛巳 9		

年代異同	史記魯世家	漢書律曆志	帝王世紀	竹書紀年	皇極經世	文獻通考	歷代帝王年表	歷代統紀表	中國年曆總譜	西周年代	斷代工程
	周懿王六年		周懿王二十二年	周恭王九年	周孝王十一年	周孝王十一年	周孝王十一年	周孝王十一年	周夷王二十六年	周懿王十七年	周懿王元年

周共王十八年（癸亥 猪年） 公元前898 ~ 前897年

夏曆月序		中西曆日對照	初一	初二	初三	初四	初五	初六	初七	初八	初九	初十	十一	十二	十三	十四	十五	十六	十七	十八	十九	二十	二一	二二	二三	二四	二五	二六	二七	二八	二九	三十	節氣與天象
正月大	甲寅	干支曆 天地西	壬午10	癸未11	甲申12	乙酉13	丙戌14	丁亥15	戊子16	己丑17	庚寅18	辛卯19	壬辰20	癸巳21	甲午22	乙未23	丙申24	丁酉25	戊戌26	己亥27	庚子28	辛丑(3)	壬寅2	癸卯3	甲辰4	乙巳5	丙午6	丁未7	戊申8	己酉9	庚戌10	辛亥11	甲申立春
二月小	乙卯	干支曆 天地西	壬子12	癸丑13	甲寅14	乙卯15	丙辰16	丁巳17	戊午18	己未19	庚申20	辛酉21	壬戌22	癸亥23	甲子24	乙丑25	丙寅26	丁卯27	戊辰28	己巳29	庚午30	辛未31	壬申(4)	癸酉2	甲戌3	乙亥4	丙子5	丁丑6	戊寅7	己卯8	庚辰9		庚午春分
三月大	丙辰	干支曆 天地西	辛巳10	壬午11	癸未12	甲申13	乙酉14	丙戌15	丁亥16	戊子17	己丑18	庚寅19	辛卯20	壬辰21	癸巳22	甲午23	乙未24	丙申25	丁酉26	戊戌27	己亥28	庚子29	辛丑30	壬寅(5)	癸卯2	甲辰3	乙巳4	丙午5	丁未6	戊申7	己酉8	庚戌9	
四月小	丁巳	干支曆 天地西	辛亥10	壬子11	癸丑12	甲寅13	乙卯14	丙辰15	丁巳16	戊午17	己未18	庚申19	辛酉20	壬戌21	癸亥22	甲子23	乙丑24	丙寅25	丁卯26	戊辰27	己巳28	庚午29	辛未30	壬申31	癸酉(6)	甲戌2	乙亥3	丙子4	丁丑5	戊寅6	己卯7		丁巳立夏
五月大	戊午	干支曆 天地西	庚辰8	辛巳9	壬午10	癸未11	甲申12	乙酉13	丙戌14	丁亥15	戊子16	己丑17	庚寅18	辛卯19	壬辰20	癸巳21	甲午22	乙未23	丙申24	丁酉25	戊戌26	己亥27	庚子28	辛丑29	壬寅30	癸卯(7)	甲辰2	乙巳3	丙午4	丁未5	戊申6	己酉7	甲辰夏至
六月小	己未	干支曆 天地西	庚戌8	辛亥9	壬子10	癸丑11	甲寅12	乙卯13	丙辰14	丁巳15	戊午16	己未17	庚申18	辛酉19	壬戌20	癸亥21	甲子22	乙丑23	丙寅24	丁卯25	戊辰26	己巳27	庚午28	辛未29	壬申30	癸酉31	甲戌(8)	乙亥2	丙子3	丁丑4	戊寅5		
七月大	庚申	干支曆 天地西	己卯6	庚辰7	辛巳8	壬午9	癸未10	甲申11	乙酉12	丙戌13	丁亥14	戊子15	己丑16	庚寅17	辛卯18	壬辰19	癸巳20	甲午21	乙未22	丙申23	丁酉24	戊戌25	己亥26	庚子27	辛丑28	壬寅29	癸卯30	甲辰31	乙巳(9)	丙午2	丁未3	戊申4	辛卯立秋
八月大	辛酉	干支曆 天地西	己酉5	庚戌6	辛亥7	壬子8	癸丑9	甲寅10	乙卯11	丙辰12	丁巳13	戊午14	己未15	庚申16	辛酉17	壬戌18	癸亥19	甲子20	乙丑21	丙寅22	丁卯23	戊辰24	己巳25	庚午26	辛未27	壬申28	癸酉29	甲戌30	乙亥(10)	丙子2	丁丑3	戊寅4	丙子秋分
九月小	壬戌	干支曆 天地西	己卯5	庚辰6	辛巳7	壬午8	癸未9	甲申10	乙酉11	丙戌12	丁亥13	戊子14	己丑15	庚寅16	辛卯17	壬辰18	癸巳19	甲午20	乙未21	丙申22	丁酉23	戊戌24	己亥25	庚子26	辛丑27	壬寅28	癸卯29	甲辰30	乙巳31	丙午(11)	丁未2		
十月大	癸亥	干支曆 天地西	戊申3	己酉4	庚戌5	辛亥6	壬子7	癸丑8	甲寅9	乙卯10	丙辰11	丁巳12	戊午13	己未14	庚申15	辛酉16	壬戌17	癸亥18	甲子19	乙丑20	丙寅21	丁卯22	戊辰23	己巳24	庚午25	辛未26	壬申27	癸酉28	甲戌29	乙亥30	丙子(12)	丁丑2	庚申立冬
十一月大	甲子	干支曆 天地西	戊寅3	己卯4	庚辰5	辛巳6	壬午7	癸未8	甲申9	乙酉10	丙戌11	丁亥12	戊子13	己丑14	庚寅15	辛卯16	壬辰17	癸巳18	甲午19	乙未20	丙申21	丁酉22	戊戌23	己亥24	庚子25	辛丑26	壬寅27	癸卯28	甲辰29	乙巳30	丙午31	丁未(1)	乙巳冬至
十二月小	乙丑	干支曆 天地西	戊申2	己酉3	庚戌4	辛亥5	壬子6	癸丑7	甲寅8	乙卯9	丙辰10	丁巳11	戊午12	己未13	庚申14	辛酉15	壬戌16	癸亥17	甲子18	乙丑19	丙寅20	丁卯21	戊辰22	己巳23	庚午24	辛未25	壬申26	癸酉27	甲戌28	乙亥29	丙子30		

年代異同	史記魯世家	漢書律曆志	帝王世紀	竹書紀年	皇極經世	文獻通考	歷代帝王年表	歷代統紀表	中國年曆總譜	西周年代	斷代工程
	周懿王七年		周懿王二十三年	周恭王十年	周孝王十二年	周孝王十二年	周孝王十二年	周孝王十二年	周夷王二十七年	周懿王十八年	周懿王二年

周共王十九年（甲子 鼠年） 公元前 **897** ~ 前 896 年

夏曆月序		中西曆日對照	初一	初二	初三	初四	初五	初六	初七	初八	初九	初十	十一	十二	十三	十四	十五	十六	十七	十八	十九	二十	二一	二二	二三	二四	二五	二六	二七	二八	二九	三十	節氣與天象
正月小	丙寅	天干地支西曆	丁丑31	戊寅(2)	己卯2	庚辰3	辛巳4	壬午5	癸未6	甲申7	乙酉8	丙戌9	丁亥10	戊子11	己丑12	庚寅13	辛卯14	壬辰15	癸巳16	甲午17	乙未18	丙申19	丁酉20	戊戌21	己亥22	庚子23	辛丑24	壬寅25	癸卯26	甲辰27	乙巳28		己丑立春
二月大	丁卯	天干地支西曆	丙午29	丁未(3)	戊申2	己酉3	庚戌4	辛亥5	壬子6	癸丑7	甲寅8	乙卯9	丙辰10	丁巳11	戊午12	己未13	庚申14	辛酉15	壬戌16	癸亥17	甲子18	乙丑19	丙寅20	丁卯21	戊辰22	己巳23	庚午24	辛未25	壬申26	癸酉27	甲戌28	乙亥29	乙亥春分
閏二月小	丁卯	天干地支西曆	丙子30	丁丑31	戊寅(4)	己卯2	庚辰3	辛巳4	壬午5	癸未6	甲申7	乙酉8	丙戌9	丁亥10	戊子11	己丑12	庚寅13	辛卯14	壬辰15	癸巳16	甲午17	乙未18	丙申19	丁酉20	戊戌21	己亥22	庚子23	辛丑24	壬寅25	癸卯26	甲辰27		
三月小	戊辰	天干地支西曆	乙巳28	丙午29	丁未30	戊申(5)	己酉2	庚戌3	辛亥4	壬子5	癸丑6	甲寅7	乙卯8	丙辰9	丁巳10	戊午11	己未12	庚申13	辛酉14	壬戌15	癸亥16	甲子17	乙丑18	丙寅19	丁卯20	戊辰21	己巳22	庚午23	辛未24	壬申25	癸酉26		壬戌立夏
四月大	己巳	天干地支西曆	甲戌27	乙亥28	丙子29	丁丑30	戊寅31	己卯(6)	庚辰2	辛巳3	壬午4	癸未5	甲申6	乙酉7	丙戌8	丁亥9	戊子10	己丑11	庚寅12	辛卯13	壬辰14	癸巳15	甲午16	乙未17	丙申18	丁酉19	戊戌20	己亥21	庚子22	辛丑23	壬寅24	癸卯25	
五月小	庚午	天干地支西曆	甲辰26	乙巳27	丙午28	丁未29	戊申30	己酉(7)	庚戌2	辛亥3	壬子4	癸丑5	甲寅6	乙卯7	丙辰8	丁巳9	戊午10	己未11	庚申12	辛酉13	壬戌14	癸亥15	甲子16	乙丑17	丙寅18	丁卯19	戊辰20	己巳21	庚午22	辛未23	壬申24		庚戌夏至
六月大	辛未	天干地支西曆	癸酉25	甲戌26	乙亥27	丙子28	丁丑29	戊寅30	己卯31	庚辰(8)	辛巳2	壬午3	癸未4	甲申5	乙酉6	丙戌7	丁亥8	戊子9	己丑10	庚寅11	辛卯12	壬辰13	癸巳14	甲午15	乙未16	丙申17	丁酉18	戊戌19	己亥20	庚子21	辛丑22	壬寅23	丙申立秋
七月大	壬申	天干地支西曆	癸卯24	甲辰25	乙巳26	丙午27	丁未28	戊申29	己酉30	庚戌31	辛亥(9)	壬子2	癸丑3	甲寅4	乙卯5	丙辰6	丁巳7	戊午8	己未9	庚申10	辛酉11	壬戌12	癸亥13	甲子14	乙丑15	丙寅16	丁卯17	戊辰18	己巳19	庚午20	辛未21	壬申22	癸卯日食
八月大	癸酉	天干地支西曆	癸酉23	甲戌24	乙亥25	丙子26	丁丑27	戊寅28	己卯29	庚辰30	辛巳(10)	壬午2	癸未3	甲申4	乙酉5	丙戌6	丁亥7	戊子8	己丑9	庚寅10	辛卯11	壬辰12	癸巳13	甲午14	乙未15	丙申16	丁酉17	戊戌18	己亥19	庚子20	辛丑21	壬寅22	辛巳秋分
九月小	甲戌	天干地支西曆	癸卯23	甲辰24	乙巳25	丙午26	丁未27	戊申28	己酉29	庚戌30	辛亥31	壬子(11)	癸丑2	甲寅3	乙卯4	丙辰5	丁巳6	戊午7	己未8	庚申9	辛酉10	壬戌11	癸亥12	甲子13	乙丑14	丙寅15	丁卯16	戊辰17	己巳18	庚午19	辛未20		丙寅立冬
十月大	乙亥	天干地支西曆	壬申21	癸酉22	甲戌23	乙亥24	丙子25	丁丑26	戊寅27	己卯28	庚辰29	辛巳30	壬午(12)	癸未2	甲申3	乙酉4	丙戌5	丁亥6	戊子7	己丑8	庚寅9	辛卯10	壬辰11	癸巳12	甲午13	乙未14	丙申15	丁酉16	戊戌17	己亥18	庚子19	辛丑20	
十一月大	丙子	天干地支西曆	壬寅21	癸卯22	甲辰23	乙巳24	丙午25	丁未26	戊申27	己酉28	庚戌29	辛亥30	壬子31	癸丑(1)	甲寅2	乙卯3	丙辰4	丁巳5	戊午6	己未7	庚申8	辛酉9	壬戌10	癸亥11	甲子12	乙丑13	丙寅14	丁卯15	戊辰16	己巳17	庚午18	辛未19	庚戌冬至
十二月小	丁丑	天干地支西曆	壬申20	癸酉21	甲戌22	乙亥23	丙子24	丁丑25	戊寅26	己卯27	庚辰28	辛巳29	壬午30	癸未31	甲申(2)	乙酉2	丙戌3	丁亥4	戊子5	己丑6	庚寅7	辛卯8	壬辰9	癸巳10	甲午11	乙未12	丙申13	丁酉14	戊戌15	己亥16	庚子17		乙未立春

年代異同	史記魯世家	漢書律曆志	帝王世紀	竹書紀年	皇極經世	文獻通考	歷代帝王年表	歷代統紀表	中國年曆總譜	西周年代	斷代工程
	周懿王八年		周懿王二十四年	周恭王十一年	周孝王十三年	周孝王十三年	周孝王十三年	周孝王十三年	周夷王二十八年	周懿王十九年	周懿王三年

周共王二十年（乙丑 牛年） 公元前 896 ~ 前 895 年

夏曆月序		中西曆日對照	夏曆日序																													節氣與天象
			初一	初二	初三	初四	初五	初六	初七	初八	初九	初十	十一	十二	十三	十四	十五	十六	十七	十八	十九	二十	二一	二二	二三	二四	二五	二六	二七	二八	二九	三十	
正月小	戊寅	天干 地支 西曆	辛丑18	壬寅19	癸卯20	甲辰21	乙巳22	丙午23	丁未24	戊申25	己酉26	庚戌27	辛亥28	壬子(3)	癸丑2	甲寅3	乙卯4	丙辰5	丁巳6	戊午7	己未8	庚申9	辛酉10	壬戌11	癸亥12	甲子13	乙丑14	丙寅15	丁卯16	戊辰17	己巳18		辛丑日食
二月大	己卯	天干 地支 西曆	庚午19	辛未20	壬申21	癸酉22	甲戌23	乙亥24	丙子25	丁丑26	戊寅27	己卯28	庚辰29	辛巳30	壬午31	癸未(4)	甲申2	乙酉3	丙戌4	丁亥5	戊子6	己丑7	庚寅8	辛卯9	壬辰10	癸巳11	甲午12	乙未13	丙申14	丁酉15	戊戌16	己亥17	辛巳春分
三月小	庚辰	天干 地支 西曆	庚子18	辛丑19	壬寅20	癸卯21	甲辰22	乙巳23	丙午24	丁未25	戊申26	己酉27	庚戌28	辛亥29	壬子30	癸丑(5)	甲寅2	乙卯3	丙辰4	丁巳5	戊午6	己未7	庚申8	辛酉9	壬戌10	癸亥11	甲子12	乙丑13	丙寅14	丁卯15	戊辰16		戊辰立夏
四月小	辛巳	天干 地支 西曆	己巳17	庚午18	辛未19	壬申20	癸酉21	甲戌22	乙亥23	丙子24	丁丑25	戊寅26	己卯27	庚辰28	辛巳29	壬午30	癸未31	甲申(6)	乙酉2	丙戌3	丁亥4	戊子5	己丑6	庚寅7	辛卯8	壬辰9	癸巳10	甲午11	乙未12	丙申13	丁酉14		
五月大	壬午	天干 地支 西曆	戊戌15	己亥16	庚子17	辛丑18	壬寅19	癸卯20	甲辰21	乙巳22	丙午23	丁未24	戊申25	己酉26	庚戌27	辛亥28	壬子29	癸丑30	甲寅(7)	乙卯2	丙辰3	丁巳4	戊午5	己未6	庚申7	辛酉8	壬戌9	癸亥10	甲子11	乙丑12	丙寅13	丁卯14	乙卯夏至
六月小	癸未	天干 地支 西曆	戊辰15	己巳16	庚午17	辛未18	壬申19	癸酉20	甲戌21	乙亥22	丙子23	丁丑24	戊寅25	己卯26	庚辰27	辛巳28	壬午29	癸未30	甲申31	乙酉(8)	丙戌2	丁亥3	戊子4	己丑5	庚寅6	辛卯7	壬辰8	癸巳9	甲午10	乙未11	丙申12		
七月大	甲申	天干 地支 西曆	丁酉13	戊戌14	己亥15	庚子16	辛丑17	壬寅18	癸卯19	甲辰20	乙巳21	丙午22	丁未23	戊申24	己酉25	庚戌26	辛亥27	壬子28	癸丑29	甲寅30	乙卯31	丙辰(9)	丁巳2	戊午3	己未4	庚申5	辛酉6	壬戌7	癸亥8	甲子9	乙丑10	丙寅11	辛丑立秋
八月大	乙酉	天干 地支 西曆	丁卯12	戊辰13	己巳14	庚午15	辛未16	壬申17	癸酉18	甲戌19	乙亥20	丙子21	丁丑22	戊寅23	己卯24	庚辰25	辛巳26	壬午27	癸未28	甲申29	乙酉30	丙戌(10)	丁亥2	戊子3	己丑4	庚寅5	辛卯6	壬辰7	癸巳8	甲午9	乙未10	丙申11	丁亥秋分
九月小	丙戌	天干 地支 西曆	丁酉12	戊戌13	己亥14	庚子15	辛丑16	壬寅17	癸卯18	甲辰19	乙巳20	丙午21	丁未22	戊申23	己酉24	庚戌25	辛亥26	壬子27	癸丑28	甲寅29	乙卯30	丙辰31	丁巳(11)	戊午2	己未3	庚申4	辛酉5	壬戌6	癸亥7	甲子8	乙丑9		
十月大	丁亥	天干 地支 西曆	丙寅10	丁卯11	戊辰12	己巳13	庚午14	辛未15	壬申16	癸酉17	甲戌18	乙亥19	丙子20	丁丑21	戊寅22	己卯23	庚辰24	辛巳25	壬午26	癸未27	甲申28	乙酉29	丙戌30	丁亥(12)	戊子2	己丑3	庚寅4	辛卯5	壬辰6	癸巳7	甲午8	乙未9	辛未立冬
十一月大	戊子	天干 地支 西曆	丙申10	丁酉11	戊戌12	己亥13	庚子14	辛丑15	壬寅16	癸卯17	甲辰18	乙巳19	丙午20	丁未21	戊申22	己酉23	庚戌24	辛亥25	壬子26	癸丑27	甲寅28	乙卯29	丙辰30	丁巳31	戊午(1)	己未2	庚申3	辛酉4	壬戌5	癸亥6	甲子7	乙丑8	乙卯冬至
十二月大	己丑	天干 地支 西曆	丙寅9	丁卯10	戊辰11	己巳12	庚午13	辛未14	壬申15	癸酉16	甲戌17	乙亥18	丙子19	丁丑20	戊寅21	己卯22	庚辰23	辛巳24	壬午25	癸未26	甲申27	乙酉28	丙戌29	丁亥30	戊子31	己丑(2)	庚寅2	辛卯3	壬辰4	癸巳5	甲午6	乙未7	

	史記魯世家	漢書律曆志	帝王世紀	竹書紀年	皇極經世	文獻通考	歷代帝王年表	歷代統紀表	中國年曆總譜	西周年代	斷代工程
年代異同	周懿王九年		周懿王二十五年	周恭王十二年	周孝王十四年	周孝王十四年	周孝王十四年	周孝王十四年	周夷王二十九年	周懿王二十年	周懿王四年

周懿王元年（丙寅 虎年） 公元前 **895** ~ 前 894 年

夏曆月序		中西曆日對照	初一	初二	初三	初四	初五	初六	初七	初八	初九	初十	十一	十二	十三	十四	十五	十六	十七	十八	十九	二十	二一	二二	二三	二四	二五	二六	二七	二八	二九	三十	節氣與天象
正月小	庚寅	天干地支西曆	丙申8	丁酉9	戊戌10	己亥11	庚子12	辛丑13	壬寅14	癸卯15	甲辰16	乙巳17	丙午18	丁未19	戊申20	己酉21	庚戌22	辛亥23	壬子24	癸丑25	甲寅26	乙卯27	丙辰28	丁巳(3)	戊午2	己未3	庚申4	辛酉5	壬戌6	癸亥7	甲子8		庚子立春
二月小	辛卯	天干地支西曆	乙丑9	丙寅10	丁卯11	戊辰12	己巳13	庚午14	辛未15	壬申16	癸酉17	甲戌18	乙亥19	丙子20	丁丑21	戊寅22	己卯23	庚辰24	辛巳25	壬午26	癸未27	甲申28	乙酉29	丙戌30	丁亥31	戊子(4)	己丑2	庚寅3	辛卯4	壬辰5	癸巳6		丙戌春分
三月大	壬辰	天干地支西曆	甲午7	乙未8	丙申9	丁酉10	戊戌11	己亥12	庚子13	辛丑14	壬寅15	癸卯16	甲辰17	乙巳18	丙午19	丁未20	戊申21	己酉22	庚戌23	辛亥24	壬子25	癸丑26	甲寅27	乙卯28	丙辰29	丁巳30	戊午(5)	己未2	庚申3	辛酉4	壬戌5	癸亥6	
四月小	癸巳	天干地支西曆	甲子7	乙丑8	丙寅9	丁卯10	戊辰11	己巳12	庚午13	辛未14	壬申15	癸酉16	甲戌17	乙亥18	丙子19	丁丑20	戊寅21	己卯22	庚辰23	辛巳24	壬午25	癸未26	甲申27	乙酉28	丙戌29	丁亥30	戊子31	己丑(6)	庚寅2	辛卯3	壬辰4		癸酉立夏
五月小	甲午	天干地支西曆	癸巳5	甲午6	乙未7	丙申8	丁酉9	戊戌10	己亥11	庚子12	辛丑13	壬寅14	癸卯15	甲辰16	乙巳17	丙午18	丁未19	戊申20	己酉21	庚戌22	辛亥23	壬子24	癸丑25	甲寅26	乙卯27	丙辰28	丁巳29	戊午30	己未(7)	庚申2	辛酉3		庚申夏至
六月大	乙未	天干地支西曆	壬戌4	癸亥5	甲子6	乙丑7	丙寅8	丁卯9	戊辰10	己巳11	庚午12	辛未13	壬申14	癸酉15	甲戌16	乙亥17	丙子18	丁丑19	戊寅20	己卯21	庚辰22	辛巳23	壬午24	癸未25	甲申26	乙酉27	丙戌28	丁亥29	戊子30	己丑31	庚寅(8)	辛卯2	
七月小	丙申	天干地支西曆	壬辰3	癸巳4	甲午5	乙未6	丙申7	丁酉8	戊戌9	己亥10	庚子11	辛丑12	壬寅13	癸卯14	甲辰15	乙巳16	丙午17	丁未18	戊申19	己酉20	庚戌21	辛亥22	壬子23	癸丑24	甲寅25	乙卯26	丙辰27	丁巳28	戊午29	己未30	庚申31		丁未立秋
八月大	丁酉	天干地支西曆	辛酉(9)	壬戌2	癸亥3	甲子4	乙丑5	丙寅6	丁卯7	戊辰8	己巳9	庚午10	辛未11	壬申12	癸酉13	甲戌14	乙亥15	丙子16	丁丑17	戊寅18	己卯19	庚辰20	辛巳21	壬午22	癸未23	甲申24	乙酉25	丙戌26	丁亥27	戊子28	己丑29	庚寅30	
九月小	戊戌	天干地支西曆	辛卯(10)	壬辰2	癸巳3	甲午4	乙未5	丙申6	丁酉7	戊戌8	己亥9	庚子10	辛丑11	壬寅12	癸卯13	甲辰14	乙巳15	丙午16	丁未17	戊申18	己酉19	庚戌20	辛亥21	壬子22	癸丑23	甲寅24	乙卯25	丙辰26	丁巳27	戊午28	己未29		壬辰秋分
閏九月大	戊戌	天干地支西曆	庚申30	辛酉31	壬戌(11)	癸亥2	甲子3	乙丑4	丙寅5	丁卯6	戊辰7	己巳8	庚午9	辛未10	壬申11	癸酉12	甲戌13	乙亥14	丙子15	丁丑16	戊寅17	己卯18	庚辰19	辛巳20	壬午21	癸未22	甲申23	乙酉24	丙戌25	丁亥26	戊子27	己丑28	丙子立冬
十月大	己亥	天干地支西曆	庚寅29	辛卯30	壬辰(12)	癸巳2	甲午3	乙未4	丙申5	丁酉6	戊戌7	己亥8	庚子9	辛丑10	壬寅11	癸卯12	甲辰13	乙巳14	丙午15	丁未16	戊申17	己酉18	庚戌19	辛亥20	壬子21	癸丑22	甲寅23	乙卯24	丙辰25	丁巳26	戊午27	己未28	
十一月大	庚子	天干地支西曆	庚申29	辛酉30	壬戌31	癸亥(1)	甲子2	乙丑3	丙寅4	丁卯5	戊辰6	己巳7	庚午8	辛未9	壬申10	癸酉11	甲戌12	乙亥13	丙子14	丁丑15	戊寅16	己卯17	庚辰18	辛巳19	壬午20	癸未21	甲申22	乙酉23	丙戌24	丁亥25	戊子26	己丑27	庚申冬至
十二月小	辛丑	天干地支西曆	庚寅28	辛卯29	壬辰30	癸巳31	甲午(2)	乙未2	丙申3	丁酉4	戊戌5	己亥6	庚子7	辛丑8	壬寅9	癸卯10	甲辰11	乙巳12	丙午13	丁未14	戊申15	己酉16	庚戌17	辛亥18	壬子19	癸丑20	甲寅21	乙卯22	丙辰23	丁巳24	戊午25		乙巳立春

年代異同	史記魯世家	漢書律曆志	帝王世紀	竹書紀年	皇極經世	文獻通考	歷代帝王年表	歷代統紀表	中國年曆總譜	西周年代	斷代工程
	周懿王十年		周孝王元年	周懿王元年	周孝王十五年	周孝王十五年	周孝王十五年	周孝王十五年	周夷王三十年	周懿王二十一年	周懿王五年

周懿王二年（丁卯 兔年） 公元前894 ~ 前893年

夏曆月序		中西曆日對照	初一	初二	初三	初四	初五	初六	初七	初八	初九	初十	十一	十二	十三	十四	十五	十六	十七	十八	十九	二十	二一	二二	二三	二四	二五	二六	二七	二八	二九	三十	節氣與天象
正月大	壬寅	天干支 地西曆	己未 26	庚申 27	辛酉 28	壬戌 (3)	癸亥 2	甲子 3	乙丑 4	丙寅 5	丁卯 6	戊辰 7	己巳 8	庚午 9	辛未 10	壬申 11	癸酉 12	甲戌 13	乙亥 14	丙子 15	丁丑 16	戊寅 17	己卯 18	庚辰 19	辛巳 20	壬午 21	癸未 22	甲申 23	乙酉 24	丙戌 25	丁亥 26	戊子 27	
二月小	癸卯	天干支 地西曆	己丑 28	庚寅 29	辛卯 30	壬辰 31	癸巳 (4)	甲午 2	乙未 3	丙申 4	丁酉 5	戊戌 6	己亥 7	庚子 8	辛丑 9	壬寅 10	癸卯 11	甲辰 12	乙巳 13	丙午 14	丁未 15	戊申 16	己酉 17	庚戌 18	辛亥 19	壬子 20	癸丑 21	甲寅 22	乙卯 23	丙辰 24	丁巳 25		辛卯春分
三月大	甲辰	天干支 地西曆	戊午 26	己未 27	庚申 28	辛酉 29	壬戌 30	癸亥 (5)	甲子 2	乙丑 3	丙寅 4	丁卯 5	戊辰 6	己巳 7	庚午 8	辛未 9	壬申 10	癸酉 11	甲戌 12	乙亥 13	丙子 14	丁丑 15	戊寅 16	己卯 17	庚辰 18	辛巳 19	壬午 20	癸未 21	甲申 22	乙酉 23	丙戌 24	丁亥 25	戊寅立夏
四月小	乙巳	天干支 地西曆	戊子 26	己丑 27	庚寅 28	辛卯 29	壬辰 30	癸巳 31	甲午 (6)	乙未 2	丙申 3	丁酉 4	戊戌 5	己亥 6	庚子 7	辛丑 8	壬寅 9	癸卯 10	甲辰 11	乙巳 12	丙午 13	丁未 14	戊申 15	己酉 16	庚戌 17	辛亥 18	壬子 19	癸丑 20	甲寅 21	乙卯 22	丙辰 23		
五月小	丙午	天干支 地西曆	丁巳 24	戊午 25	己未 26	庚申 27	辛酉 28	壬戌 29	癸亥 30	甲子 (7)	乙丑 2	丙寅 3	丁卯 4	戊辰 5	己巳 6	庚午 7	辛未 8	壬申 9	癸酉 10	甲戌 11	乙亥 12	丙子 13	丁丑 14	戊寅 15	己卯 16	庚辰 17	辛巳 18	壬午 19	癸未 20	甲申 21	乙酉 22		乙丑夏至 丁巳日食
六月大	丁未	天干支 地西曆	丙戌 23	丁亥 24	戊子 25	己丑 26	庚寅 27	辛卯 28	壬辰 29	癸巳 30	甲午 31	乙未 (8)	丙申 2	丁酉 3	戊戌 4	己亥 5	庚子 6	辛丑 7	壬寅 8	癸卯 9	甲辰 10	乙巳 11	丙午 12	丁未 13	戊申 14	己酉 15	庚戌 16	辛亥 17	壬子 18	癸丑 19	甲寅 20	乙卯 21	壬子立秋
七月小	戊申	天干支 地西曆	丙辰 22	丁巳 23	戊午 24	己未 25	庚申 26	辛酉 27	壬戌 28	癸亥 29	甲子 30	乙丑 31	丙寅 (9)	丁卯 2	戊辰 3	己巳 4	庚午 5	辛未 6	壬申 7	癸酉 8	甲戌 9	乙亥 10	丙子 11	丁丑 12	戊寅 13	己卯 14	庚辰 15	辛巳 16	壬午 17	癸未 18	甲申 19		
八月大	己酉	天干支 地西曆	乙酉 20	丙戌 21	丁亥 22	戊子 23	己丑 24	庚寅 25	辛卯 26	壬辰 27	癸巳 28	甲午 29	乙未 30	丙申 (10)	丁酉 2	戊戌 3	己亥 4	庚子 5	辛丑 6	壬寅 7	癸卯 8	甲辰 9	乙巳 10	丙午 11	丁未 12	戊申 13	己酉 14	庚戌 15	辛亥 16	壬子 17	癸丑 18	甲寅 19	丁酉秋分
九月小	庚戌	天干支 地西曆	乙卯 20	丙辰 21	丁巳 22	戊午 23	己未 24	庚申 25	辛酉 26	壬戌 27	癸亥 28	甲子 29	乙丑 30	丙寅 31	丁卯 (11)	戊辰 2	己巳 3	庚午 4	辛未 5	壬申 6	癸酉 7	甲戌 8	乙亥 9	丙子 10	丁丑 11	戊寅 12	己卯 13	庚辰 14	辛巳 15	壬午 16	癸未 17		辛巳立冬
十月大	辛亥	天干支 地西曆	甲申 18	乙酉 19	丙戌 20	丁亥 21	戊子 22	己丑 23	庚寅 24	辛卯 25	壬辰 26	癸巳 27	甲午 28	乙未 29	丙申 30	丁酉 (12)	戊戌 2	己亥 3	庚子 4	辛丑 5	壬寅 6	癸卯 7	甲辰 8	乙巳 9	丙午 10	丁未 11	戊申 12	己酉 13	庚戌 14	辛亥 15	壬子 16	癸丑 17	
十一月大	壬子	天干支 地西曆	甲寅 18	乙卯 19	丙辰 20	丁巳 21	戊午 22	己未 23	庚申 24	辛酉 25	壬戌 26	癸亥 27	甲子 28	乙丑 29	丙寅 30	丁卯 31	戊辰 (1)	己巳 2	庚午 3	辛未 4	壬申 5	癸酉 6	甲戌 7	乙亥 8	丙子 9	丁丑 10	戊寅 11	己卯 12	庚辰 13	辛巳 14	壬午 15	癸未 16	丙寅冬至
十二月小	癸丑	天干支 地西曆	甲申 17	乙酉 18	丙戌 19	丁亥 20	戊子 21	己丑 22	庚寅 23	辛卯 24	壬辰 25	癸巳 26	甲午 27	乙未 28	丙申 29	丁酉 30	戊戌 31	己亥 (2)	庚子 2	辛丑 3	壬寅 4	癸卯 5	甲辰 6	乙巳 7	丙午 8	丁未 9	戊申 10	己酉 11	庚戌 12	辛亥 13	壬子 14		庚戌立春

	史記魯世家	漢書律曆志	帝王世紀	竹書紀年	皇極經世	文獻通考	歷代帝王年表	歷代統紀表	中國年曆總譜	西周年代	斷代工程
年代異同	周懿王十一年		周孝王二年	周懿王二年	周夷王元年	周夷王元年	周夷王元年	周夷王元年	周夷王三十一年	周懿王二十二年	周懿王六年

周懿王三年（戊辰 龍年） 公元前 893 ~ 前 892 年

夏曆月序		中西曆日對照	初一	初二	初三	初四	初五	初六	初七	初八	初九	初十	十一	十二	十三	十四	十五	十六	十七	十八	十九	二十	二一	二二	二三	二四	二五	二六	二七	二八	二九	三十	節氣與天象
正月大	甲寅	天干地支 西曆	癸丑 15	甲寅 16	乙卯 17	丙辰 18	丁巳 19	戊午 20	己未 21	庚申 22	辛酉 23	壬戌 24	癸亥 25	甲子 26	乙丑 27	丙寅 28	丁卯 29	戊辰 (3)	己巳 2	庚午 3	辛未 4	壬申 5	癸酉 6	甲戌 7	乙亥 8	丙子 9	丁丑 10	戊寅 11	己卯 12	庚辰 13	辛巳 14	壬午 15	
二月小	乙卯	天干地支 西曆	癸未 16	甲申 17	乙酉 18	丙戌 19	丁亥 20	戊子 21	己丑 22	庚寅 23	辛卯 24	壬辰 25	癸巳 26	甲午 27	乙未 28	丙申 29	丁酉 30	戊戌 31	己亥 (4)	庚子 2	辛丑 3	壬寅 4	癸卯 5	甲辰 6	乙巳 7	丙午 8	丁未 9	戊申 10	己酉 11	庚戌 12	辛亥 13		丙申春分
三月大	丙辰	天干地支 西曆	壬子 14	癸丑 15	甲寅 16	乙卯 17	丙辰 18	丁巳 19	戊午 20	己未 21	庚申 22	辛酉 23	壬戌 24	癸亥 25	甲子 26	乙丑 27	丙寅 28	丁卯 29	戊辰 30	己巳 (5)	庚午 2	辛未 3	壬申 4	癸酉 5	甲戌 6	乙亥 7	丙子 8	丁丑 9	戊寅 10	己卯 11	庚辰 12	辛巳 13	
四月大	丁巳	天干地支 西曆	壬午 14	癸未 15	甲申 16	乙酉 17	丙戌 18	丁亥 19	戊子 20	己丑 21	庚寅 22	辛卯 23	壬辰 24	癸巳 25	甲午 26	乙未 27	丙申 28	丁酉 29	戊戌 30	己亥 31	庚子 (6)	辛丑 2	壬寅 3	癸卯 4	甲辰 5	乙巳 6	丙午 7	丁未 8	戊申 9	己酉 10	庚戌 11	辛亥 12	癸未立夏
五月小	戊午	天干地支 西曆	壬子 13	癸丑 14	甲寅 15	乙卯 16	丙辰 17	丁巳 18	戊午 19	己未 20	庚申 21	辛酉 22	壬戌 23	癸亥 24	甲子 25	乙丑 26	丙寅 27	丁卯 28	戊辰 29	己巳 30	庚午 (7)	辛未 2	壬申 3	癸酉 4	甲戌 5	乙亥 6	丙子 7	丁丑 8	戊寅 9	己卯 10	庚辰 11		辛未夏至
六月小	己未	天干地支 西曆	辛巳 12	壬午 13	癸未 14	甲申 15	乙酉 16	丙戌 17	丁亥 18	戊子 19	己丑 20	庚寅 21	辛卯 22	壬辰 23	癸巳 24	甲午 25	乙未 26	丙申 27	丁酉 28	戊戌 29	己亥 30	庚子 31	辛丑 (8)	壬寅 2	癸卯 3	甲辰 4	乙巳 5	丙午 6	丁未 7	戊申 8	己酉 9		
七月大	庚申	天干地支 西曆	庚戌 10	辛亥 11	壬子 12	癸丑 13	甲寅 14	乙卯 15	丙辰 16	丁巳 17	戊午 18	己未 19	庚申 20	辛酉 21	壬戌 22	癸亥 23	甲子 24	乙丑 25	丙寅 26	丁卯 27	戊辰 28	己巳 29	庚午 30	辛未 31	壬申 (9)	癸酉 2	甲戌 3	乙亥 4	丙子 5	丁丑 6	戊寅 7	己卯 8	丁巳立秋
八月小	辛酉	天干地支 西曆	庚辰 9	辛巳 10	壬午 11	癸未 12	甲申 13	乙酉 14	丙戌 15	丁亥 16	戊子 17	己丑 18	庚寅 19	辛卯 20	壬辰 21	癸巳 22	甲午 23	乙未 24	丙申 25	丁酉 26	戊戌 27	己亥 28	庚子 29	辛丑 30	壬寅 (10)	癸卯 2	甲辰 3	乙巳 4	丙午 5	丁未 6	戊申 7		壬寅秋分
九月大	壬戌	天干地支 西曆	己酉 8	庚戌 9	辛亥 10	壬子 11	癸丑 12	甲寅 13	乙卯 14	丙辰 15	丁巳 16	戊午 17	己未 18	庚申 19	辛酉 20	壬戌 21	癸亥 22	甲子 23	乙丑 24	丙寅 25	丁卯 26	戊辰 27	己巳 28	庚午 29	辛未 30	壬申 31	癸酉 (11)	甲戌 2	乙亥 3	丙子 4	丁丑 5	戊寅 6	
十月小	癸亥	天干地支 西曆	己卯 7	庚辰 8	辛巳 9	壬午 10	癸未 11	甲申 12	乙酉 13	丙戌 14	丁亥 15	戊子 16	己丑 17	庚寅 18	辛卯 19	壬辰 20	癸巳 21	甲午 22	乙未 23	丙申 24	丁酉 25	戊戌 26	己亥 27	庚子 28	辛丑 29	壬寅 30	癸卯 (12)	甲辰 2	乙巳 3	丙午 4	丁未 5		丁亥立冬
十一月大	甲子	天干地支 西曆	戊申 6	己酉 7	庚戌 8	辛亥 9	壬子 10	癸丑 11	甲寅 12	乙卯 13	丙辰 14	丁巳 15	戊午 16	己未 17	庚申 18	辛酉 19	壬戌 20	癸亥 21	甲子 22	乙丑 23	丙寅 24	丁卯 25	戊辰 26	己巳 27	庚午 28	辛未 29	壬申 30	癸酉 31	甲戌 (1)	乙亥 2	丙子 3	丁丑 4	辛未冬至 戊申日食
十二月小	乙丑	天干地支 西曆	戊寅 5	己卯 6	庚辰 7	辛巳 8	壬午 9	癸未 10	甲申 11	乙酉 12	丙戌 13	丁亥 14	戊子 15	己丑 16	庚寅 17	辛卯 18	壬辰 19	癸巳 20	甲午 21	乙未 22	丙申 23	丁酉 24	戊戌 25	己亥 26	庚子 27	辛丑 28	壬寅 29	癸卯 30	甲辰 31	乙巳 (2)	丙午 2		

年代異同	史記魯世家	漢書律曆志	帝王世紀	竹書紀年	皇極經世	文獻通考	歷代帝王年表	歷代統紀表	中國年曆總譜	西周年代	斷代工程
	周懿王十二年		周孝王三年	周懿王三年	周夷王二年	周夷王二年	周夷王二年	周夷王二年	周夷王三十二年	周懿王二十三年	周懿王七年

周懿王四年（己巳 蛇年） 公元前892 ~ 前891年

夏曆月序		中西曆日對照	初一	初二	初三	初四	初五	初六	初七	初八	初九	初十	十一	十二	十三	十四	十五	十六	十七	十八	十九	二十	二一	二二	二三	二四	二五	二六	二七	二八	二九	三十	節氣與天象
正月大	丙寅	干支曆 天地西曆	丁未 3	戊申 4	己酉 5	庚戌 6	辛亥 7	壬子 8	癸丑 9	甲寅 10	乙卯 11	丙辰 12	丁巳 13	戊午 14	己未 15	庚申 16	辛酉 17	壬戌 18	癸亥 19	甲子 20	乙丑 21	丙寅 22	丁卯 23	戊辰 24	己巳 25	庚午 26	辛未 27	壬申 28	癸酉 (3)	甲戌 2	乙亥 3	丙子 4	丙辰立春
二月大	丁卯	干支曆 天地西曆	丁丑 5	戊寅 6	己卯 7	庚辰 8	辛巳 9	壬午 10	癸未 11	甲申 12	乙酉 13	丙戌 14	丁亥 15	戊子 16	己丑 17	庚寅 18	辛卯 19	壬辰 20	癸巳 21	甲午 22	乙未 23	丙申 24	丁酉 25	戊戌 26	己亥 27	庚子 28	辛丑 29	壬寅 30	癸卯 31	甲辰 (4)	乙巳 2	丙午 3	壬寅春分
三月小	戊辰	干支曆 天地西曆	丁未 4	戊申 5	己酉 6	庚戌 7	辛亥 8	壬子 9	癸丑 10	甲寅 11	乙卯 12	丙辰 13	丁巳 14	戊午 15	己未 16	庚申 17	辛酉 18	壬戌 19	癸亥 20	甲子 21	乙丑 22	丙寅 23	丁卯 24	戊辰 25	己巳 26	庚午 27	辛未 28	壬申 29	癸酉 30	甲戌 (5)	乙亥 2		
四月大	己巳	干支曆 天地西曆	丙子 3	丁丑 4	戊寅 5	己卯 6	庚辰 7	辛巳 8	壬午 9	癸未 10	甲申 11	乙酉 12	丙戌 13	丁亥 14	戊子 15	己丑 16	庚寅 17	辛卯 18	壬辰 19	癸巳 20	甲午 21	乙未 22	丙申 23	丁酉 24	戊戌 25	己亥 26	庚子 27	辛丑 28	壬寅 29	癸卯 30	甲辰 31	乙巳 (6)	己丑立夏
五月大	庚午	干支曆 天地西曆	丙午 2	丁未 3	戊申 4	己酉 5	庚戌 6	辛亥 7	壬子 8	癸丑 9	甲寅 10	乙卯 11	丙辰 12	丁巳 13	戊午 14	己未 15	庚申 16	辛酉 17	壬戌 18	癸亥 19	甲子 20	乙丑 21	丙寅 22	丁卯 23	戊辰 24	己巳 25	庚午 26	辛未 27	壬申 28	癸酉 29	甲戌 30	乙亥 (7)	
六月小	辛未	干支曆 天地西曆	丙子 2	丁丑 3	戊寅 4	己卯 5	庚辰 6	辛巳 7	壬午 8	癸未 9	甲申 10	乙酉 11	丙戌 12	丁亥 13	戊子 14	己丑 15	庚寅 16	辛卯 17	壬辰 18	癸巳 19	甲午 20	乙未 21	丙申 22	丁酉 23	戊戌 24	己亥 25	庚子 26	辛丑 27	壬寅 28	癸卯 29	甲辰 30		丙子夏至
閏六月小	辛未	干支曆 天地西曆	乙巳 31	丙午 (8)	丁未 2	戊申 3	己酉 4	庚戌 5	辛亥 6	壬子 7	癸丑 8	甲寅 9	乙卯 10	丙辰 11	丁巳 12	戊午 13	己未 14	庚申 15	辛酉 16	壬戌 17	癸亥 18	甲子 19	乙丑 20	丙寅 21	丁卯 22	戊辰 23	己巳 24	庚午 25	辛未 26	壬申 27	癸酉 28		壬戌立秋
七月大	壬申	干支曆 天地西曆	甲戌 29	乙亥 30	丙子 31	丁丑 (9)	戊寅 2	己卯 3	庚辰 4	辛巳 5	壬午 6	癸未 7	甲申 8	乙酉 9	丙戌 10	丁亥 11	戊子 12	己丑 13	庚寅 14	辛卯 15	壬辰 16	癸巳 17	甲午 18	乙未 19	丙申 20	丁酉 21	戊戌 22	己亥 23	庚子 24	辛丑 25	壬寅 26	癸卯 27	
八月小	癸酉	干支曆 天地西曆	甲辰 28	乙巳 29	丙午 30	丁未 (10)	戊申 2	己酉 3	庚戌 4	辛亥 5	壬子 6	癸丑 7	甲寅 8	乙卯 9	丙辰 10	丁巳 11	戊午 12	己未 13	庚申 14	辛酉 15	壬戌 16	癸亥 17	甲子 18	乙丑 19	丙寅 20	丁卯 21	戊辰 22	己巳 23	庚午 24	辛未 25	壬申 26		戊申秋分
九月大	甲戌	干支曆 天地西曆	癸酉 27	甲戌 28	乙亥 29	丙子 30	丁丑 31	戊寅 (11)	己卯 2	庚辰 3	辛巳 4	壬午 5	癸未 6	甲申 7	乙酉 8	丙戌 9	丁亥 10	戊子 11	己丑 12	庚寅 13	辛卯 14	壬辰 15	癸巳 16	甲午 17	乙未 18	丙申 19	丁酉 20	戊戌 21	己亥 22	庚子 23	辛丑 24	壬寅 25	壬辰立冬
十月大	乙亥	干支曆 天地西曆	癸卯 26	甲辰 27	乙巳 28	丙午 29	丁未 30	戊申 (12)	己酉 2	庚戌 3	辛亥 4	壬子 5	癸丑 6	甲寅 7	乙卯 8	丙辰 9	丁巳 10	戊午 11	己未 12	庚申 13	辛酉 14	壬戌 15	癸亥 16	甲子 17	乙丑 18	丙寅 19	丁卯 20	戊辰 21	己巳 22	庚午 23	辛未 24	壬申 25	
十一月小	丙子	干支曆 天地西曆	癸酉 26	甲戌 27	乙亥 28	丙子 29	丁丑 30	戊寅 31	己卯 (1)	庚辰 2	辛巳 3	壬午 4	癸未 5	甲申 6	乙酉 7	丙戌 8	丁亥 9	戊子 10	己丑 11	庚寅 12	辛卯 13	壬辰 14	癸巳 15	甲午 16	乙未 17	丙申 18	丁酉 19	戊戌 20	己亥 21	庚子 22	辛丑 23		丙子冬至
十二月小	丁丑	干支曆 天地西曆	壬寅 24	癸卯 25	甲辰 26	乙巳 27	丙午 28	丁未 29	戊申 30	己酉 31	庚戌 (2)	辛亥 2	壬子 3	癸丑 4	甲寅 5	乙卯 6	丙辰 7	丁巳 8	戊午 9	己未 10	庚申 11	辛酉 12	壬戌 13	癸亥 14	甲子 15	乙丑 16	丙寅 17	丁卯 18	戊辰 19	己巳 20	庚午 21		辛酉立春

	史記魯世家	漢書律曆志	帝王世紀	竹書紀年	皇極經世	文獻通考	歷代帝王年表	歷代統紀表	中國年曆總譜	西周年代	斷代工程
年代異同	周懿王十三年		周孝王四年	周懿王四年	周夷王三年	周夷王三年	周夷王三年	周夷王三年	周夷王三十三年	周懿王二十四年	周懿王八年

周懿王五年（庚午 馬年） 公元前 **891** ~ 前 890 年

夏曆月序		中西曆日對照	初一	初二	初三	初四	初五	初六	初七	初八	初九	初十	十一	十二	十三	十四	十五	十六	十七	十八	十九	二十	二一	二二	二三	二四	二五	二六	二七	二八	二九	三十	節氣與天象
正月大	戊寅	天干地支西曆	辛未22	壬申23	癸酉24	甲戌25	乙亥26	丙子27	丁丑28	戊寅(3)	己卯2	庚辰3	辛巳4	壬午5	癸未6	甲申7	乙酉8	丙戌9	丁亥10	戊子11	己丑12	庚寅13	辛卯14	壬辰15	癸巳16	甲午17	乙未18	丙申19	丁酉20	戊戌21	己亥22	庚子23	
二月大	己卯	天干地支西曆	辛丑24	壬寅25	癸卯26	甲辰27	乙巳28	丙午29	丁未30	戊申31	己酉(4)	庚戌2	辛亥3	壬子4	癸丑5	甲寅6	乙卯7	丙辰8	丁巳9	戊午10	己未11	庚申12	辛酉13	壬戌14	癸亥15	甲子16	乙丑17	丙寅18	丁卯19	戊辰20	己巳21	庚午22	丁未春分
三月小	庚辰	天干地支西曆	辛未23	壬申24	癸酉25	甲戌26	乙亥27	丙子28	丁丑29	戊寅30	己卯(5)	庚辰2	辛巳3	壬午4	癸未5	甲申6	乙酉7	丙戌8	丁亥9	戊子10	己丑11	庚寅12	辛卯13	壬辰14	癸巳15	甲午16	乙未17	丙申18	丁酉19	戊戌20	己亥21		甲午立夏
四月大	辛巳	天干地支西曆	庚子22	辛丑23	壬寅24	癸卯25	甲辰26	乙巳27	丙午28	丁未29	戊申30	己酉31	庚戌(6)	辛亥2	壬子3	癸丑4	甲寅5	乙卯6	丙辰7	丁巳8	戊午9	己未10	庚申11	辛酉12	壬戌13	癸亥14	甲子15	乙丑16	丙寅17	丁卯18	戊辰19	己巳20	
五月小	壬午	天干地支西曆	庚午21	辛未22	壬申23	癸酉24	甲戌25	乙亥26	丙子27	丁丑28	戊寅29	己卯30	庚辰(7)	辛巳2	壬午3	癸未4	甲申5	乙酉6	丙戌7	丁亥8	戊子9	己丑10	庚寅11	辛卯12	壬辰13	癸巳14	甲午15	乙未16	丙申17	丁酉18	戊戌19		辛巳夏至
六月大	癸未	天干地支西曆	己亥20	庚子21	辛丑22	壬寅23	癸卯24	甲辰25	乙巳26	丙午27	丁未28	戊申29	己酉30	庚戌31	辛亥(8)	壬子2	癸丑3	甲寅4	乙卯5	丙辰6	丁巳7	戊午8	己未9	庚申10	辛酉11	壬戌12	癸亥13	甲子14	乙丑15	丙寅16	丁卯17	戊辰18	戊辰立秋
七月小	甲申	天干地支西曆	己巳19	庚午20	辛未21	壬申22	癸酉23	甲戌24	乙亥25	丙子26	丁丑27	戊寅28	己卯29	庚辰30	辛巳31	壬午(9)	癸未2	甲申3	乙酉4	丙戌5	丁亥6	戊子7	己丑8	庚寅9	辛卯10	壬辰11	癸巳12	甲午13	乙未14	丙申15	丁酉16		
八月大	乙酉	天干地支西曆	戊戌17	己亥18	庚子19	辛丑20	壬寅21	癸卯22	甲辰23	乙巳24	丙午25	丁未26	戊申27	己酉28	庚戌29	辛亥30	壬子(10)	癸丑2	甲寅3	乙卯4	丙辰5	丁巳6	戊午7	己未8	庚申9	辛酉10	壬戌11	癸亥12	甲子13	乙丑14	丙寅15	丁卯16	癸丑秋分
九月小	丙戌	天干地支西曆	戊辰17	己巳18	庚午19	辛未20	壬申21	癸酉22	甲戌23	乙亥24	丙子25	丁丑26	戊寅27	己卯28	庚辰29	辛巳30	壬午31	癸未(11)	甲申2	乙酉3	丙戌4	丁亥5	戊子6	己丑7	庚寅8	辛卯9	壬辰10	癸巳11	甲午12	乙未13	丙申14		
十月大	丁亥	天干地支西曆	丁酉15	戊戌16	己亥17	庚子18	辛丑19	壬寅20	癸卯21	甲辰22	乙巳23	丙午24	丁未25	戊申26	己酉27	庚戌28	辛亥29	壬子30	癸丑(12)	甲寅2	乙卯3	丙辰4	丁巳5	戊午6	己未7	庚申8	辛酉9	壬戌10	癸亥11	甲子12	乙丑13	丙寅14	丁酉立冬
十一月小	戊子	天干地支西曆	丁卯15	戊辰16	己巳17	庚午18	辛未19	壬申20	癸酉21	甲戌22	乙亥23	丙子24	丁丑25	戊寅26	己卯27	庚辰28	辛巳29	壬午30	癸未31	甲申(1)	乙酉2	丙戌3	丁亥4	戊子5	己丑6	庚寅7	辛卯8	壬辰9	癸巳10	甲午11	乙未12		辛巳冬至
十二月大	己丑	天干地支西曆	丙申13	丁酉14	戊戌15	己亥16	庚子17	辛丑18	壬寅19	癸卯20	甲辰21	乙巳22	丙午23	丁未24	戊申25	己酉26	庚戌27	辛亥28	壬子29	癸丑30	甲寅31	乙卯(2)	丙辰2	丁巳3	戊午4	己未5	庚申6	辛酉7	壬戌8	癸亥9	甲子10	乙丑11	

年代異同	史記魯世家	漢書律曆志	帝王世紀	竹書紀年	皇極經世	文獻通考	歷代帝王年表	歷代統紀表	中國年曆總譜	西周年代	斷代工程
	周懿王十四年		周孝王五年	周懿王五年	周夷王四年	周夷王四年	周夷王四年	周夷王四年	周夷王三十四年	周懿王二十五年	周孝王元年

周懿王六年（辛未 羊年） 公元前 890 ~ 前 889 年

夏曆月序		中西曆日對照	初一	初二	初三	初四	初五	初六	初七	初八	初九	初十	十一	十二	十三	十四	十五	十六	十七	十八	十九	二十	二一	二二	二三	二四	二五	二六	二七	二八	二九	三十	節氣與天象
正月小	庚寅	天干地支西曆	丙寅12	丁卯13	戊辰14	己巳15	庚午16	辛未17	壬申18	癸酉19	甲戌20	乙亥21	丙子22	丁丑23	戊寅24	己卯25	庚辰26	辛巳27	壬午28	癸未(3)	甲申2	乙酉3	丙戌4	丁亥5	戊子6	己丑7	庚寅8	辛卯9	壬辰10	癸巳11	甲午12		丙寅立春
二月大	辛卯	天干地支西曆	乙未13	丙申14	丁酉15	戊戌16	己亥17	庚子18	辛丑19	壬寅20	癸卯21	甲辰22	乙巳23	丙午24	丁未25	戊申26	己酉27	庚戌28	辛亥29	壬子30	癸丑31	甲寅(4)	乙卯2	丙辰3	丁巳4	戊午5	己未6	庚申7	辛酉8	壬戌9	癸亥10	甲子11	壬子春分
三月小	壬辰	天干地支西曆	乙丑12	丙寅13	丁卯14	戊辰15	己巳16	庚午17	辛未18	壬申19	癸酉20	甲戌21	乙亥22	丙子23	丁丑24	戊寅25	己卯26	庚辰27	辛巳28	壬午29	癸未30	甲申(5)	乙酉2	丙戌3	丁亥4	戊子5	己丑6	庚寅7	辛卯8	壬辰9	癸巳10		
四月大	癸巳	天干地支西曆	甲午11	乙未12	丙申13	丁酉14	戊戌15	己亥16	庚子17	辛丑18	壬寅19	癸卯20	甲辰21	乙巳22	丙午23	丁未24	戊申25	己酉26	庚戌27	辛亥28	壬子29	癸丑30	甲寅31	乙卯(6)	丙辰2	丁巳3	戊午4	己未5	庚申6	辛酉7	壬戌8	癸亥9	己亥立夏
五月小	甲午	天干地支西曆	甲子10	乙丑11	丙寅12	丁卯13	戊辰14	己巳15	庚午16	辛未17	壬申18	癸酉19	甲戌20	乙亥21	丙子22	丁丑23	戊寅24	己卯25	庚辰26	辛巳27	壬午28	癸未29	甲申30	乙酉(7)	丙戌2	丁亥3	戊子4	己丑5	庚寅6	辛卯7	壬辰8		丙戌夏至
六月大	乙未	天干地支西曆	癸巳9	甲午10	乙未11	丙申12	丁酉13	戊戌14	己亥15	庚子16	辛丑17	壬寅18	癸卯19	甲辰20	乙巳21	丙午22	丁未23	戊申24	己酉25	庚戌26	辛亥27	壬子28	癸丑29	甲寅30	乙卯31	丙辰(8)	丁巳2	戊午3	己未4	庚申5	辛酉6	壬戌7	
七月大	丙申	天干地支西曆	癸亥8	甲子9	乙丑10	丙寅11	丁卯12	戊辰13	己巳14	庚午15	辛未16	壬申17	癸酉18	甲戌19	乙亥20	丙子21	丁丑22	戊寅23	己卯24	庚辰25	辛巳26	壬午27	癸未28	甲申29	乙酉30	丙戌31	丁亥(9)	戊子2	己丑3	庚寅4	辛卯5	壬辰6	癸酉立秋
八月小	丁酉	天干地支西曆	癸巳7	甲午8	乙未9	丙申10	丁酉11	戊戌12	己亥13	庚子14	辛丑15	壬寅16	癸卯17	甲辰18	乙巳19	丙午20	丁未21	戊申22	己酉23	庚戌24	辛亥25	壬子26	癸丑27	甲寅28	乙卯29	丙辰30	丁巳(10)	戊午2	己未3	庚申4	辛酉5		戊午秋分
九月大	戊戌	天干地支西曆	壬戌6	癸亥7	甲子8	乙丑9	丙寅10	丁卯11	戊辰12	己巳13	庚午14	辛未15	壬申16	癸酉17	甲戌18	乙亥19	丙子20	丁丑21	戊寅22	己卯23	庚辰24	辛巳25	壬午26	癸未27	甲申28	乙酉29	丙戌30	丁亥31	戊子(11)	己丑2	庚寅3	辛卯4	
十月小	己亥	天干地支西曆	壬辰5	癸巳6	甲午7	乙未8	丙申9	丁酉10	戊戌11	己亥12	庚子13	辛丑14	壬寅15	癸卯16	甲辰17	乙巳18	丙午19	丁未20	戊申21	己酉22	庚戌23	辛亥24	壬子25	癸丑26	甲寅27	乙卯28	丙辰29	丁巳30	戊午(12)	己未2	庚申3		壬寅立冬
十一月大	庚子	天干地支西曆	辛酉4	壬戌5	癸亥6	甲子7	乙丑8	丙寅9	丁卯10	戊辰11	己巳12	庚午13	辛未14	壬申15	癸酉16	甲戌17	乙亥18	丙子19	丁丑20	戊寅21	己卯22	庚辰23	辛巳24	壬午25	癸未26	甲申27	乙酉28	丙戌29	丁亥30	戊子31	己丑(1)	庚寅2	丁亥冬至
十二月小	辛丑	天干地支西曆	辛卯3	壬辰4	癸巳5	甲午6	乙未7	丙申8	丁酉9	戊戌10	己亥11	庚子12	辛丑13	壬寅14	癸卯15	甲辰16	乙巳17	丙午18	丁未19	戊申20	己酉21	庚戌22	辛亥23	壬子24	癸丑25	甲寅26	乙卯27	丙辰28	丁巳29	戊午30	己未31		

年代異同	史記魯世家	漢書律曆志	帝王世紀	竹書紀年	皇極經世	文獻通考	歷代帝王年表	歷代統紀表	中國年曆總譜	西周年代	斷代工程
	周懿王十五年		周孝王六年	周懿王六年	周夷王五年	周夷王五年	周夷王五年	周夷王五年	周夷王三十五年	周孝王元年	周孝王二年

周懿王七年（壬申 猴年） 公元前 **889** ~ 前 888 年

夏曆月序		中西曆日對照	夏曆日序																														節氣與天象
			初一	初二	初三	初四	初五	初六	初七	初八	初九	初十	十一	十二	十三	十四	十五	十六	十七	十八	十九	二十	二一	二二	二三	二四	二五	二六	二七	二八	二九	三十	
正月大	壬寅	天干 地支 西曆	庚申 (2)	辛酉 2	壬戌 3	癸亥 4	甲子 5	乙丑 6	丙寅 7	丁卯 8	戊辰 9	己巳 10	庚午 11	辛未 12	壬申 13	癸酉 14	甲戌 15	乙亥 16	丙子 17	丁丑 18	戊寅 19	己卯 20	庚辰 21	辛巳 22	壬午 23	癸未 24	甲申 25	乙酉 26	丙戌 27	丁亥 28	戊子 29	己丑 (3)	辛未立春
二月小	癸卯	天干 地支 西曆	庚寅 2	辛卯 3	壬辰 4	癸巳 5	甲午 6	乙未 7	丙申 8	丁酉 9	戊戌 10	己亥 11	庚子 12	辛丑 13	壬寅 14	癸卯 15	甲辰 16	乙巳 17	丙午 18	丁未 19	戊申 20	己酉 21	庚戌 22	辛亥 23	壬子 24	癸丑 25	甲寅 26	乙卯 27	丙辰 28	丁巳 29	戊午 30		丁巳春分
閏二月小	癸卯	天干 地支 西曆	己未 31	庚申 (4)	辛酉 2	壬戌 3	癸亥 4	甲子 5	乙丑 6	丙寅 7	丁卯 8	戊辰 9	己巳 10	庚午 11	辛未 12	壬申 13	癸酉 14	甲戌 15	乙亥 16	丙子 17	丁丑 18	戊寅 19	己卯 20	庚辰 21	辛巳 22	壬午 23	癸未 24	甲申 25	乙酉 26	丙戌 27	丁亥 28		
三月大	甲辰	天干 地支 西曆	戊子 29	己丑 30	庚寅 (5)	辛卯 2	壬辰 3	癸巳 4	甲午 5	乙未 6	丙申 7	丁酉 8	戊戌 9	己亥 10	庚子 11	辛丑 12	壬寅 13	癸卯 14	甲辰 15	乙巳 16	丙午 17	丁未 18	戊申 19	己酉 20	庚戌 21	辛亥 22	壬子 23	癸丑 24	甲寅 25	乙卯 26	丙辰 27	丁巳 28	甲辰立夏
四月小	乙巳	天干 地支 西曆	戊午 29	己未 30	庚申 31	辛酉 (6)	壬戌 2	癸亥 3	甲子 4	乙丑 5	丙寅 6	丁卯 7	戊辰 8	己巳 9	庚午 10	辛未 11	壬申 12	癸酉 13	甲戌 14	乙亥 15	丙子 16	丁丑 17	戊寅 18	己卯 19	庚辰 20	辛巳 21	壬午 22	癸未 23	甲申 24	乙酉 25	丙戌 26		
五月大	丙午	天干 地支 西曆	丁亥 27	戊子 28	己丑 29	庚寅 30	辛卯 (7)	壬辰 2	癸巳 3	甲午 4	乙未 5	丙申 6	丁酉 7	戊戌 8	己亥 9	庚子 10	辛丑 11	壬寅 12	癸卯 13	甲辰 14	乙巳 15	丙午 16	丁未 17	戊申 18	己酉 19	庚戌 20	辛亥 21	壬子 22	癸丑 23	甲寅 24	乙卯 25	丙辰 26	壬辰夏至
六月大	丁未	天干 地支 西曆	丁巳 27	戊午 28	己未 29	庚申 30	辛酉 31	壬戌 (8)	癸亥 2	甲子 3	乙丑 4	丙寅 5	丁卯 6	戊辰 7	己巳 8	庚午 9	辛未 10	壬申 11	癸酉 12	甲戌 13	乙亥 14	丙子 15	丁丑 16	戊寅 17	己卯 18	庚辰 19	辛巳 20	壬午 21	癸未 22	甲申 23	乙酉 24	丙戌 25	戊寅立秋
七月大	戊申	天干 地支 西曆	丁亥 26	戊子 27	己丑 28	庚寅 29	辛卯 30	壬辰 31	癸巳 (9)	甲午 2	乙未 3	丙申 4	丁酉 5	戊戌 6	己亥 7	庚子 8	辛丑 9	壬寅 10	癸卯 11	甲辰 12	乙巳 13	丙午 14	丁未 15	戊申 16	己酉 17	庚戌 18	辛亥 19	壬子 20	癸丑 21	甲寅 22	乙卯 23	丙辰 24	
八月小	己酉	天干 地支 西曆	丁巳 25	戊午 26	己未 27	庚申 28	辛酉 29	壬戌 30	癸亥 (10)	甲子 2	乙丑 3	丙寅 4	丁卯 5	戊辰 6	己巳 7	庚午 8	辛未 9	壬申 10	癸酉 11	甲戌 12	乙亥 13	丙子 14	丁丑 15	戊寅 16	己卯 17	庚辰 18	辛巳 19	壬午 20	癸未 21	甲申 22	乙酉 23		癸亥秋分
九月大	庚戌	天干 地支 西曆	丙戌 24	丁亥 25	戊子 26	己丑 27	庚寅 28	辛卯 29	壬辰 30	癸巳 31	甲午 (11)	乙未 2	丙申 3	丁酉 4	戊戌 5	己亥 6	庚子 7	辛丑 8	壬寅 9	癸卯 10	甲辰 11	乙巳 12	丙午 13	丁未 14	戊申 15	己酉 16	庚戌 17	辛亥 18	壬子 19	癸丑 20	甲寅 21	乙卯 22	戊申立冬
十月小	辛亥	天干 地支 西曆	丙辰 23	丁巳 24	戊午 25	己未 26	庚申 27	辛酉 28	壬戌 29	癸亥 30	甲子 (12)	乙丑 2	丙寅 3	丁卯 4	戊辰 5	己巳 6	庚午 7	辛未 8	壬申 9	癸酉 10	甲戌 11	乙亥 12	丙子 13	丁丑 14	戊寅 15	己卯 16	庚辰 17	辛巳 18	壬午 19	癸未 20	甲申 21		
十一月大	壬子	天干 地支 西曆	乙酉 22	丙戌 23	丁亥 24	戊子 25	己丑 26	庚寅 27	辛卯 28	壬辰 29	癸巳 30	甲午 31	乙未 (1)	丙申 2	丁酉 3	戊戌 4	己亥 5	庚子 6	辛丑 7	壬寅 8	癸卯 9	甲辰 10	乙巳 11	丙午 12	丁未 13	戊申 14	己酉 15	庚戌 16	辛亥 17	壬子 18	癸丑 19	甲寅 20	壬辰冬至
十二月小	癸丑	天干 地支 西曆	乙卯 21	丙辰 22	丁巳 23	戊午 24	己未 25	庚申 26	辛酉 27	壬戌 28	癸亥 29	甲子 30	乙丑 31	丙寅 (2)	丁卯 2	戊辰 3	己巳 4	庚午 5	辛未 6	壬申 7	癸酉 8	甲戌 9	乙亥 10	丙子 11	丁丑 12	戊寅 13	己卯 14	庚辰 15	辛巳 16	壬午 17	癸未 18		丁丑立春

年代異同	史記魯世家	漢書律曆志	帝王世紀	竹書紀年	皇極經世	文獻通考	歷代帝王年表	歷代統紀表	中國年曆總譜	西周年代	斷代工程
	周懿王十六年		周孝王七年	周懿王七年	周夷王六年	周夷王六年	周夷王六年	周夷王六年	周夷王三十六年	周孝王二年	周孝王三年

周懿王八年（癸酉 鷄年） 公元前 888 ~ 前 887 年

夏曆月序		中西曆日對照	初一	初二	初三	初四	初五	初六	初七	初八	初九	初十	十一	十二	十三	十四	十五	十六	十七	十八	十九	二十	二一	二二	二三	二四	二五	二六	二七	二八	二九	三十	節氣與天象
正月大	甲寅	天干地支西曆	甲申19	乙酉20	丙戌21	丁亥22	戊子23	己丑24	庚寅25	辛卯26	壬辰27	癸巳28	甲午(3)	乙未2	丙申3	丁酉4	戊戌5	己亥6	庚子7	辛丑8	壬寅9	癸卯10	甲辰11	乙巳12	丙午13	丁未14	戊申15	己酉16	庚戌17	辛亥18	壬子19	癸丑20	
二月小	乙卯	天干地支西曆	甲寅21	乙卯22	丙辰23	丁巳24	戊午25	己未26	庚申27	辛酉28	壬戌29	癸亥30	甲子31	乙丑(4)	丙寅2	丁卯3	戊辰4	己巳5	庚午6	辛未7	壬申8	癸酉9	甲戌10	乙亥11	丙子12	丁丑13	戊寅14	己卯15	庚辰16	辛巳17	壬午18		癸亥春分
三月小	丙辰	天干地支西曆	癸未19	甲申20	乙酉21	丙戌22	丁亥23	戊子24	己丑25	庚寅26	辛卯27	壬辰28	癸巳29	甲午30	乙未(5)	丙申2	丁酉3	戊戌4	己亥5	庚子6	辛丑7	壬寅8	癸卯9	甲辰10	乙巳11	丙午12	丁未13	戊申14	己酉15	庚戌16	辛亥17		庚戌立夏
四月大	丁巳	天干地支西曆	壬子18	癸丑19	甲寅20	乙卯21	丙辰22	丁巳23	戊午24	己未25	庚申26	辛酉27	壬戌28	癸亥29	甲子30	乙丑31	丙寅(6)	丁卯2	戊辰3	己巳4	庚午5	辛未6	壬申7	癸酉8	甲戌9	乙亥10	丙子11	丁丑12	戊寅13	己卯14	庚辰15	辛巳16	
五月小	戊午	天干地支西曆	壬午17	癸未18	甲申19	乙酉20	丙戌21	丁亥22	戊子23	己丑24	庚寅25	辛卯26	壬辰27	癸巳28	甲午29	乙未30	丙申(7)	丁酉2	戊戌3	己亥4	庚子5	辛丑6	壬寅7	癸卯8	甲辰9	乙巳10	丙午11	丁未12	戊申13	己酉14	庚戌15		丁酉夏至
六月大	己未	天干地支西曆	辛亥16	壬子17	癸丑18	甲寅19	乙卯20	丙辰21	丁巳22	戊午23	己未24	庚申25	辛酉26	壬戌27	癸亥28	甲子29	乙丑30	丙寅31	丁卯(8)	戊辰2	己巳3	庚午4	辛未5	壬申6	癸酉7	甲戌8	乙亥9	丙子10	丁丑11	戊寅12	己卯13	庚辰14	
七月大	庚申	天干地支西曆	辛巳15	壬午16	癸未17	甲申18	乙酉19	丙戌20	丁亥21	戊子22	己丑23	庚寅24	辛卯25	壬辰26	癸巳27	甲午28	乙未29	丙申30	丁酉31	戊戌(9)	己亥2	庚子3	辛丑4	壬寅5	癸卯6	甲辰7	乙巳8	丙午9	丁未10	戊申11	己酉12	庚戌13	癸未立秋
八月小	辛酉	天干地支西曆	辛亥14	壬子15	癸丑16	甲寅17	乙卯18	丙辰19	丁巳20	戊午21	己未22	庚申23	辛酉24	壬戌25	癸亥26	甲子27	乙丑28	丙寅29	丁卯30	戊辰(10)	己巳2	庚午3	辛未4	壬申5	癸酉6	甲戌7	乙亥8	丙子9	丁丑10	戊寅11	己卯12		己巳秋分
九月大	壬戌	天干地支西曆	庚辰13	辛巳14	壬午15	癸未16	甲申17	乙酉18	丙戌19	丁亥20	戊子21	己丑22	庚寅23	辛卯24	壬辰25	癸巳26	甲午27	乙未28	丙申29	丁酉30	戊戌31	己亥(11)	庚子2	辛丑3	壬寅4	癸卯5	甲辰6	乙巳7	丙午8	丁未9	戊申10	己酉11	
十月大	癸亥	天干地支西曆	庚戌12	辛亥13	壬子14	癸丑15	甲寅16	乙卯17	丙辰18	丁巳19	戊午20	己未21	庚申22	辛酉23	壬戌24	癸亥25	甲子26	乙丑27	丙寅28	丁卯29	戊辰30	己巳(12)	庚午2	辛未3	壬申4	癸酉5	甲戌6	乙亥7	丙子8	丁丑9	戊寅10	己卯11	癸丑立冬
十一月小	甲子	天干地支西曆	庚辰12	辛巳13	壬午14	癸未15	甲申16	乙酉17	丙戌18	丁亥19	戊子20	己丑21	庚寅22	辛卯23	壬辰24	癸巳25	甲午26	乙未27	丙申28	丁酉29	戊戌30	己亥31	庚子(1)	辛丑2	壬寅3	癸卯4	甲辰5	乙巳6	丙午7	丁未8	戊申9		丁酉冬至
十二月大	乙丑	天干地支西曆	己酉10	庚戌11	辛亥12	壬子13	癸丑14	甲寅15	乙卯16	丙辰17	丁巳18	戊午19	己未20	庚申21	辛酉22	壬戌23	癸亥24	甲子25	乙丑26	丙寅27	丁卯28	戊辰29	己巳30	庚午31	辛未(2)	壬申2	癸酉3	甲戌4	乙亥5	丙子6	丁丑7	戊寅8	

	史記魯世家	漢書律曆志	帝王世紀	竹書紀年	皇極經世	文獻通考	歷代帝王年表	歷代統紀表	中國年曆總譜	西周年代	斷代工程
年代異同	周懿王十七年		周孝王八年	周懿王八年	周夷王七年	周夷王七年	周夷王七年	周夷王七年	周夷王三十七年	周孝王三年	周孝王四年

周懿王九年（甲戌 狗年） 公元前 887 ~ 前 886 年

夏曆月序	中西曆日對照		初一	初二	初三	初四	初五	初六	初七	初八	初九	初十	十一	十二	十三	十四	十五	十六	十七	十八	十九	二十	二一	二二	二三	二四	二五	二六	二七	二八	二九	三十	節氣與天象
正月小	丙寅	干支 天地西曆	己卯 9	庚辰 10	辛巳 11	壬午 12	癸未 13	甲申 14	乙酉 15	丙戌 16	丁亥 17	戊子 18	己丑 19	庚寅 20	辛卯 21	壬辰 22	癸巳 23	甲午 24	乙未 25	丙申 26	丁酉 27	戊戌 28	己亥 (3)	庚子 2	辛丑 3	壬寅 4	癸卯 5	甲辰 6	乙巳 7	丙午 8	丁未 9		壬午立春 己卯日食
二月大	丁卯	干支 天地西曆	戊申 10	己酉 11	庚戌 12	辛亥 13	壬子 14	癸丑 15	甲寅 16	乙卯 17	丙辰 18	丁巳 19	戊午 20	己未 21	庚申 22	辛酉 23	壬戌 24	癸亥 25	甲子 26	乙丑 27	丙寅 28	丁卯 29	戊辰 30	己巳 31	庚午 (4)	辛未 2	壬申 3	癸酉 4	甲戌 5	乙亥 6	丙子 7	丁丑 8	戊辰春分
三月小	戊辰	干支 天地西曆	戊寅 9	己卯 10	庚辰 11	辛巳 12	壬午 13	癸未 14	甲申 15	乙酉 16	丙戌 17	丁亥 18	戊子 19	己丑 20	庚寅 21	辛卯 22	壬辰 23	癸巳 24	甲午 25	乙未 26	丙申 27	丁酉 28	戊戌 29	己亥 30	庚子 (5)	辛丑 2	壬寅 3	癸卯 4	甲辰 5	乙巳 6	丙午 7		
四月小	己巳	干支 天地西曆	丁未 8	戊申 9	己酉 10	庚戌 11	辛亥 12	壬子 13	癸丑 14	甲寅 15	乙卯 16	丙辰 17	丁巳 18	戊午 19	己未 20	庚申 21	辛酉 22	壬戌 23	癸亥 24	甲子 25	乙丑 26	丙寅 27	丁卯 28	戊辰 29	己巳 30	庚午 31	辛未 (6)	壬申 2	癸酉 3	甲戌 4	乙亥 5		乙卯立夏
五月大	庚午	干支 天地西曆	丙子 6	丁丑 7	戊寅 8	己卯 9	庚辰 10	辛巳 11	壬午 12	癸未 13	甲申 14	乙酉 15	丙戌 16	丁亥 17	戊子 18	己丑 19	庚寅 20	辛卯 21	壬辰 22	癸巳 23	甲午 24	乙未 25	丙申 26	丁酉 27	戊戌 28	己亥 29	庚子 30	辛丑 (7)	壬寅 2	癸卯 3	甲辰 4	乙巳 5	壬寅夏至
六月小	辛未	干支 天地西曆	丙午 6	丁未 7	戊申 8	己酉 9	庚戌 10	辛亥 11	壬子 12	癸丑 13	甲寅 14	乙卯 15	丙辰 16	丁巳 17	戊午 18	己未 19	庚申 20	辛酉 21	壬戌 22	癸亥 23	甲子 24	乙丑 25	丙寅 26	丁卯 27	戊辰 28	己巳 29	庚午 30	辛未 31	壬申 (8)	癸酉 2	甲戌 3		
七月大	壬申	干支 天地西曆	乙亥 4	丙子 5	丁丑 6	戊寅 7	己卯 8	庚辰 9	辛巳 10	壬午 11	癸未 12	甲申 13	乙酉 14	丙戌 15	丁亥 16	戊子 17	己丑 18	庚寅 19	辛卯 20	壬辰 21	癸巳 22	甲午 23	乙未 24	丙申 25	丁酉 26	戊戌 27	己亥 28	庚子 29	辛丑 30	壬寅 31	癸卯 (9)	甲辰 2	己丑立秋
八月小	癸酉	干支 天地西曆	乙巳 3	丙午 4	丁未 5	戊申 6	己酉 7	庚戌 8	辛亥 9	壬子 10	癸丑 11	甲寅 12	乙卯 13	丙辰 14	丁巳 15	戊午 16	己未 17	庚申 18	辛酉 19	壬戌 20	癸亥 21	甲子 22	乙丑 23	丙寅 24	丁卯 25	戊辰 26	己巳 27	庚午 28	辛未 29	壬申 30	癸酉 (10)		
九月大	甲戌	干支 天地西曆	甲戌 2	乙亥 3	丙子 4	丁丑 5	戊寅 6	己卯 7	庚辰 8	辛巳 9	壬午 10	癸未 11	甲申 12	乙酉 13	丙戌 14	丁亥 15	戊子 16	己丑 17	庚寅 18	辛卯 19	壬辰 20	癸巳 21	甲午 22	乙未 23	丙申 24	丁酉 25	戊戌 26	己亥 27	庚子 28	辛丑 29	壬寅 30	癸卯 31	甲戌秋分
十月大	乙亥	干支 天地西曆	甲辰 (11)	乙巳 2	丙午 3	丁未 4	戊申 5	己酉 6	庚戌 7	辛亥 8	壬子 9	癸丑 10	甲寅 11	乙卯 12	丙辰 13	丁巳 14	戊午 15	己未 16	庚申 17	辛酉 18	壬戌 19	癸亥 20	甲子 21	乙丑 22	丙寅 23	丁卯 24	戊辰 25	己巳 26	庚午 27	辛未 28	壬申 29	癸酉 30	戊午立冬
十一月大	丙子	干支 天地西曆	甲戌 (12)	乙亥 2	丙子 3	丁丑 4	戊寅 5	己卯 6	庚辰 7	辛巳 8	壬午 9	癸未 10	甲申 11	乙酉 12	丙戌 13	丁亥 14	戊子 15	己丑 16	庚寅 17	辛卯 18	壬辰 19	癸巳 20	甲午 21	乙未 22	丙申 23	丁酉 24	戊戌 25	己亥 26	庚子 27	辛丑 28	壬寅 29	癸卯 30	壬寅冬至
閏十一小	丙子	干支 天地西曆	甲辰 31	乙巳 (1)	丙午 2	丁未 3	戊申 4	己酉 5	庚戌 6	辛亥 7	壬子 8	癸丑 9	甲寅 10	乙卯 11	丙辰 12	丁巳 13	戊午 14	己未 15	庚申 16	辛酉 17	壬戌 18	癸亥 19	甲子 20	乙丑 21	丙寅 22	丁卯 23	戊辰 24	己巳 25	庚午 26	辛未 27	壬申 28		
十二月大	丁丑	干支 天地西曆	癸酉 29	甲戌 30	乙亥 31	丙子 (2)	丁丑 2	戊寅 3	己卯 4	庚辰 5	辛巳 6	壬午 7	癸未 8	甲申 9	乙酉 10	丙戌 11	丁亥 12	戊子 13	己丑 14	庚寅 15	辛卯 16	壬辰 17	癸巳 18	甲午 19	乙未 20	丙申 21	丁酉 22	戊戌 23	己亥 24	庚子 25	辛丑 26	壬寅 27	丁亥立春

年代異同	史記魯世家	漢書律曆志	帝王世紀	竹書紀年	皇極經世	文獻通考	歷代帝王年表	歷代統紀表	中國年曆總譜	西周年代	斷代工程
	周懿王十八年		周孝王九年	周懿王九年	周夷王八年	周夷王八年	周夷王八年	周夷王八年	周夷王三十八年	周孝王四年	周孝王五年

周懿王十年（乙亥 猪年） 公元前 886 ~ 前 885 年

夏曆月序		中西曆日對照	初一	初二	初三	初四	初五	初六	初七	初八	初九	初十	十一	十二	十三	十四	十五	十六	十七	十八	十九	二十	二一	二二	二三	二四	二五	二六	二七	二八	二九	三十	節氣與天象
正月小	戊寅	天干地支西曆	癸卯28	甲辰(3)	乙巳2	丙午3	丁未4	戊申5	己酉6	庚戌7	辛亥8	壬子9	癸丑10	甲寅11	乙卯12	丙辰13	丁巳14	戊午15	己未16	庚申17	辛酉18	壬戌19	癸亥20	甲子21	乙丑22	丙寅23	丁卯24	戊辰25	己巳26	庚午27	辛未28		
二月大	己卯	天干地支西曆	壬申29	癸酉30	甲戌31	乙亥(4)	丙子2	丁丑3	戊寅4	己卯5	庚辰6	辛巳7	壬午8	癸未9	甲申10	乙酉11	丙戌12	丁亥13	戊子14	己丑15	庚寅16	辛卯17	壬辰18	癸巳19	甲午20	乙未21	丙申22	丁酉23	戊戌24	己亥25	庚子26	辛丑27	癸酉春分
三月小	庚辰	天干地支西曆	壬寅28	癸卯29	甲辰30	乙巳(5)	丙午2	丁未3	戊申4	己酉5	庚戌6	辛亥7	壬子8	癸丑9	甲寅10	乙卯11	丙辰12	丁巳13	戊午14	己未15	庚申16	辛酉17	壬戌18	癸亥19	甲子20	乙丑21	丙寅22	丁卯23	戊辰24	己巳25	庚午26		庚申立夏
四月小	辛巳	天干地支西曆	辛未27	壬申28	癸酉29	甲戌30	乙亥31	丙子(6)	丁丑2	戊寅3	己卯4	庚辰5	辛巳6	壬午7	癸未8	甲申9	乙酉10	丙戌11	丁亥12	戊子13	己丑14	庚寅15	辛卯16	壬辰17	癸巳18	甲午19	乙未20	丙申21	丁酉22	戊戌23	己亥24		
五月大	壬午	天干地支西曆	庚子25	辛丑26	壬寅27	癸卯28	甲辰29	乙巳30	丙午(7)	丁未2	戊申3	己酉4	庚戌5	辛亥6	壬子7	癸丑8	甲寅9	乙卯10	丙辰11	丁巳12	戊午13	己未14	庚申15	辛酉16	壬戌17	癸亥18	甲子19	乙丑20	丙寅21	丁卯22	戊辰23	己巳24	丁未夏至
六月小	癸未	天干地支西曆	庚午25	辛未26	壬申27	癸酉28	甲戌29	乙亥30	丙子31	丁丑(8)	戊寅2	己卯3	庚辰4	辛巳5	壬午6	癸未7	甲申8	乙酉9	丙戌10	丁亥11	戊子12	己丑13	庚寅14	辛卯15	壬辰16	癸巳17	甲午18	乙未19	丙申20	丁酉21	戊戌22		甲午立秋
七月小	甲申	天干地支西曆	己亥23	庚子24	辛丑25	壬寅26	癸卯27	甲辰28	乙巳29	丙午30	丁未31	戊申(9)	己酉2	庚戌3	辛亥4	壬子5	癸丑6	甲寅7	乙卯8	丙辰9	丁巳10	戊午11	己未12	庚申13	辛酉14	壬戌15	癸亥16	甲子17	乙丑18	丙寅19	丁卯20		
八月大	乙酉	天干地支西曆	戊辰21	己巳22	庚午23	辛未24	壬申25	癸酉26	甲戌27	乙亥28	丙子29	丁丑30	戊寅(10)	己卯2	庚辰3	辛巳4	壬午5	癸未6	甲申7	乙酉8	丙戌9	丁亥10	戊子11	己丑12	庚寅13	辛卯14	壬辰15	癸巳16	甲午17	乙未18	丙申19	丁酉20	己卯秋分
九月大	丙戌	天干地支西曆	戊戌21	己亥22	庚子23	辛丑24	壬寅25	癸卯26	甲辰27	乙巳28	丙午29	丁未30	戊申31	己酉(11)	庚戌2	辛亥3	壬子4	癸丑5	甲寅6	乙卯7	丙辰8	丁巳9	戊午10	己未11	庚申12	辛酉13	壬戌14	癸亥15	甲子16	乙丑17	丙寅18	丁卯19	癸亥立冬
十月大	丁亥	天干地支西曆	戊辰20	己巳21	庚午22	辛未23	壬申24	癸酉25	甲戌26	乙亥27	丙子28	丁丑29	戊寅30	己卯(12)	庚辰2	辛巳3	壬午4	癸未5	甲申6	乙酉7	丙戌8	丁亥9	戊子10	己丑11	庚寅12	辛卯13	壬辰14	癸巳15	甲午16	乙未17	丙申18	丁酉19	
十一月小	戊子	天干地支西曆	戊戌20	己亥21	庚子22	辛丑23	壬寅24	癸卯25	甲辰26	乙巳27	丙午28	丁未29	戊申30	己酉31	庚戌(1)	辛亥2	壬子3	癸丑4	甲寅5	乙卯6	丙辰7	丁巳8	戊午9	己未10	庚申11	辛酉12	壬戌13	癸亥14	甲子15	乙丑16	丙寅17		戊申冬至
十二月大	己丑	天干地支西曆	丁卯18	戊辰19	己巳20	庚午21	辛未22	壬申23	癸酉24	甲戌25	乙亥26	丙子27	丁丑28	戊寅29	己卯30	庚辰31	辛巳(2)	壬午2	癸未3	甲申4	乙酉5	丙戌6	丁亥7	戊子8	己丑9	庚寅10	辛卯11	壬辰12	癸巳13	甲午14	乙未15	丙申16	壬辰立春

年代異同	史記魯世家	漢書律曆志	帝王世紀	竹書紀年	皇極經世	文獻通考	歷代帝王年表	歷代統紀表	中國年曆總譜	西周年代	斷代工程
	周懿王十九年		周孝王十年	周懿王十年	周夷王九年	周夷王九年	周夷王九年	周夷王九年	周夷王三十九年	周孝王五年	周孝王六年

周懿王十一年（丙子 鼠年） 公元前885 ~ 前884年

夏曆月序		中西曆日對照	初一	初二	初三	初四	初五	初六	初七	初八	初九	初十	十一	十二	十三	十四	十五	十六	十七	十八	十九	二十	二一	二二	二三	二四	二五	二六	二七	二八	二九	三十	節氣與天象
正月大	庚寅	天干地支西曆	丁酉17	戊戌18	己亥19	庚子20	辛丑21	壬寅22	癸卯23	甲辰24	乙巳25	丙午26	丁未27	戊申28	己酉29	庚戌(3)	辛亥2	壬子3	癸丑4	甲寅5	乙卯6	丙辰7	丁巳8	戊午9	己未10	庚申11	辛酉12	壬戌13	癸亥14	甲子15	乙丑16	丙寅17	
二月小	辛卯	天干地支西曆	丁卯18	戊辰19	己巳20	庚午21	辛未22	壬申23	癸酉24	甲戌25	乙亥26	丙子27	丁丑28	戊寅29	己卯30	庚辰31	辛巳(4)	壬午2	癸未3	甲申4	乙酉5	丙戌6	丁亥7	戊子8	己丑9	庚寅10	辛卯11	壬辰12	癸巳13	甲午14	乙未15		戊寅春分
三月大	壬辰	天干地支西曆	丙申16	丁酉17	戊戌18	己亥19	庚子20	辛丑21	壬寅22	癸卯23	甲辰24	乙巳25	丙午26	丁未27	戊申28	己酉29	庚戌30	辛亥(5)	壬子2	癸丑3	甲寅4	乙卯5	丙辰6	丁巳7	戊午8	己未9	庚申10	辛酉11	壬戌12	癸亥13	甲子14	乙丑15	乙丑立夏
四月小	癸巳	天干地支西曆	丙寅16	丁卯17	戊辰18	己巳19	庚午20	辛未21	壬申22	癸酉23	甲戌24	乙亥25	丙子26	丁丑27	戊寅28	己卯29	庚辰30	辛巳31	壬午(6)	癸未2	甲申3	乙酉4	丙戌5	丁亥6	戊子7	己丑8	庚寅9	辛卯10	壬辰11	癸巳12	甲午13		
五月小	甲午	天干地支西曆	乙未14	丙申15	丁酉16	戊戌17	己亥18	庚子19	辛丑20	壬寅21	癸卯22	甲辰23	乙巳24	丙午25	丁未26	戊申27	己酉28	庚戌29	辛亥30	壬子(7)	癸丑2	甲寅3	乙卯4	丙辰5	丁巳6	戊午7	己未8	庚申9	辛酉10	壬戌11	癸亥12		癸丑夏至
六月大	乙未	天干地支西曆	甲子13	乙丑14	丙寅15	丁卯16	戊辰17	己巳18	庚午19	辛未20	壬申21	癸酉22	甲戌23	乙亥24	丙子25	丁丑26	戊寅27	己卯28	庚辰29	辛巳30	壬午31	癸未(8)	甲申2	乙酉3	丙戌4	丁亥5	戊子6	己丑7	庚寅8	辛卯9	壬辰10	癸巳11	甲子日食
七月小	丙申	天干地支西曆	甲午12	乙未13	丙申14	丁酉15	戊戌16	己亥17	庚子18	辛丑19	壬寅20	癸卯21	甲辰22	乙巳23	丙午24	丁未25	戊申26	己酉27	庚戌28	辛亥29	壬子30	癸丑31	甲寅(9)	乙卯2	丙辰3	丁巳4	戊午5	己未6	庚申7	辛酉8	壬戌9		己亥立秋
八月小	丁酉	天干地支西曆	癸亥10	甲子11	乙丑12	丙寅13	丁卯14	戊辰15	己巳16	庚午17	辛未18	壬申19	癸酉20	甲戌21	乙亥22	丙子23	丁丑24	戊寅25	己卯26	庚辰27	辛巳28	壬午29	癸未30	甲申(10)	乙酉2	丙戌3	丁亥4	戊子5	己丑6	庚寅7	辛卯8		甲申秋分
九月大	戊戌	天干地支西曆	壬辰9	癸巳10	甲午11	乙未12	丙申13	丁酉14	戊戌15	己亥16	庚子17	辛丑18	壬寅19	癸卯20	甲辰21	乙巳22	丙午23	丁未24	戊申25	己酉26	庚戌27	辛亥28	壬子29	癸丑30	甲寅31	乙卯(11)	丙辰2	丁巳3	戊午4	己未5	庚申6	辛酉7	
十月大	己亥	天干地支西曆	壬戌8	癸亥9	甲子10	乙丑11	丙寅12	丁卯13	戊辰14	己巳15	庚午16	辛未17	壬申18	癸酉19	甲戌20	乙亥21	丙子22	丁丑23	戊寅24	己卯25	庚辰26	辛巳27	壬午28	癸未29	甲申30	乙酉(12)	丙戌2	丁亥3	戊子4	己丑5	庚寅6	辛卯7	己巳立冬
十一月小	庚子	天干地支西曆	壬辰8	癸巳9	甲午10	乙未11	丙申12	丁酉13	戊戌14	己亥15	庚子16	辛丑17	壬寅18	癸卯19	甲辰20	乙巳21	丙午22	丁未23	戊申24	己酉25	庚戌26	辛亥27	壬子28	癸丑29	甲寅30	乙卯31	丙辰(1)	丁巳2	戊午3	己未4	庚申5		癸丑冬至
十二月大	辛丑	天干地支西曆	辛酉6	壬戌7	癸亥8	甲子9	乙丑10	丙寅11	丁卯12	戊辰13	己巳14	庚午15	辛未16	壬申17	癸酉18	甲戌19	乙亥20	丙子21	丁丑22	戊寅23	己卯24	庚辰25	辛巳26	壬午27	癸未28	甲申29	乙酉30	丙戌31	丁亥(2)	戊子2	己丑3	庚寅4	

年代異同	史記魯世家	漢書律曆志	帝王世紀	竹書紀年	皇極經世	文獻通考	歷代帝王年表	歷代統紀表	中國年曆總譜	西周年代	斷代工程
	周懿王二十年		周孝王十一年	周懿王十一年	周夷王十年	周夷王十年	周夷王十年	周夷王十年	周夷王四十年	周孝王六年	周夷王元年

周懿王十二年（丁丑 牛年） 公元前 **884** ~ 前 883 年

夏曆月序		中西曆日對照	夏曆日序																														節氣與天象
			初一	初二	初三	初四	初五	初六	初七	初八	初九	初十	十一	十二	十三	十四	十五	十六	十七	十八	十九	二十	二一	二二	二三	二四	二五	二六	二七	二八	二九	三十	
正月大	壬寅	干支曆 天地西	辛卯 5	壬辰 6	癸巳 7	甲午 8	乙未 9	丙申 10	丁酉 11	戊戌 12	己亥 13	庚子 14	辛丑 15	壬寅 16	癸卯 17	甲辰 18	乙巳 19	丙午 20	丁未 21	戊申 22	己酉 23	庚戌 24	辛亥 25	壬子 26	癸丑 27	甲寅 28	乙卯 (3)	丙辰 2	丁巳 3	戊午 4	己未 5	庚申 6	戊戌立春
二月大	癸卯	干支曆 天地西	辛酉 7	壬戌 8	癸亥 9	甲子 10	乙丑 11	丙寅 12	丁卯 13	戊辰 14	己巳 15	庚午 16	辛未 17	壬申 18	癸酉 19	甲戌 20	乙亥 21	丙子 22	丁丑 23	戊寅 24	己卯 25	庚辰 26	辛巳 27	壬午 28	癸未 29	甲申 30	乙酉 31	丙戌 (4)	丁亥 2	戊子 3	己丑 4	庚寅 5	甲申春分
三月小	甲辰	干支曆 天地西	辛卯 6	壬辰 7	癸巳 8	甲午 9	乙未 10	丙申 11	丁酉 12	戊戌 13	己亥 14	庚子 15	辛丑 16	壬寅 17	癸卯 18	甲辰 19	乙巳 20	丙午 21	丁未 22	戊申 23	己酉 24	庚戌 25	辛亥 26	壬子 27	癸丑 28	甲寅 29	乙卯 30	丙辰 (5)	丁巳 2	戊午 3	己未 4		
四月大	乙巳	干支曆 天地西	庚申 5	辛酉 6	壬戌 7	癸亥 8	甲子 9	乙丑 10	丙寅 11	丁卯 12	戊辰 13	己巳 14	庚午 15	辛未 16	壬申 17	癸酉 18	甲戌 19	乙亥 20	丙子 21	丁丑 22	戊寅 23	己卯 24	庚辰 25	辛巳 26	壬午 27	癸未 28	甲申 29	乙酉 30	丙戌 31	丁亥 (6)	戊子 2	己丑 3	辛未立夏
五月小	丙午	干支曆 天地西	庚寅 4	辛卯 5	壬辰 6	癸巳 7	甲午 8	乙未 9	丙申 10	丁酉 11	戊戌 12	己亥 13	庚子 14	辛丑 15	壬寅 16	癸卯 17	甲辰 18	乙巳 19	丙午 20	丁未 21	戊申 22	己酉 23	庚戌 24	辛亥 25	壬子 26	癸丑 27	甲寅 28	乙卯 29	丙辰 30	丁巳 (7)	戊午 2		戊午夏至
六月小	丁未	干支曆 天地西	己未 3	庚申 4	辛酉 5	壬戌 6	癸亥 7	甲子 8	乙丑 9	丙寅 10	丁卯 11	戊辰 12	己巳 13	庚午 14	辛未 15	壬申 16	癸酉 17	甲戌 18	乙亥 19	丙子 20	丁丑 21	戊寅 22	己卯 23	庚辰 24	辛巳 25	壬午 26	癸未 27	甲申 28	乙酉 29	丙戌 30	丁亥 31		
七月大	戊申	干支曆 天地西	戊子 (8)	己丑 2	庚寅 3	辛卯 4	壬辰 5	癸巳 6	甲午 7	乙未 8	丙申 9	丁酉 10	戊戌 11	己亥 12	庚子 13	辛丑 14	壬寅 15	癸卯 16	甲辰 17	乙巳 18	丙午 19	丁未 20	戊申 21	己酉 22	庚戌 23	辛亥 24	壬子 25	癸丑 26	甲寅 27	乙卯 28	丙辰 29	丁巳 30	甲辰立秋
閏七月小	戊申	干支曆 天地西	戊午 31	己未 (9)	庚申 2	辛酉 3	壬戌 4	癸亥 5	甲子 6	乙丑 7	丙寅 8	丁卯 9	戊辰 10	己巳 11	庚午 12	辛未 13	壬申 14	癸酉 15	甲戌 16	乙亥 17	丙子 18	丁丑 19	戊寅 20	己卯 21	庚辰 22	辛巳 23	壬午 24	癸未 25	甲申 26	乙酉 27	丙戌 28		
八月小	己酉	干支曆 天地西	丁亥 29	戊子 30	己丑 (10)	庚寅 2	辛卯 3	壬辰 4	癸巳 5	甲午 6	乙未 7	丙申 8	丁酉 9	戊戌 10	己亥 11	庚子 12	辛丑 13	壬寅 14	癸卯 15	甲辰 16	乙巳 17	丙午 18	丁未 19	戊申 20	己酉 21	庚戌 22	辛亥 23	壬子 24	癸丑 25	甲寅 26	乙卯 27		庚寅秋分
九月大	庚戌	干支曆 天地西	丙辰 28	丁巳 29	戊午 30	己未 31	庚申 (11)	辛酉 2	壬戌 3	癸亥 4	甲子 5	乙丑 6	丙寅 7	丁卯 8	戊辰 9	己巳 10	庚午 11	辛未 12	壬申 13	癸酉 14	甲戌 15	乙亥 16	丙子 17	丁丑 18	戊寅 19	己卯 20	庚辰 21	辛巳 22	壬午 23	癸未 24	甲申 25	乙酉 26	甲戌立冬
十月大	辛亥	干支曆 天地西	丙戌 27	丁亥 28	戊子 29	己丑 30	庚寅 (12)	辛卯 2	壬辰 3	癸巳 4	甲午 5	乙未 6	丙申 7	丁酉 8	戊戌 9	己亥 10	庚子 11	辛丑 12	壬寅 13	癸卯 14	甲辰 15	乙巳 16	丙午 17	丁未 18	戊申 19	己酉 20	庚戌 21	辛亥 22	壬子 23	癸丑 24	甲寅 25	乙卯 26	丙戌日食
十一月小	壬子	干支曆 天地西	丙辰 27	丁巳 28	戊午 29	己未 30	庚申 31	辛酉 (1)	壬戌 2	癸亥 3	甲子 4	乙丑 5	丙寅 6	丁卯 7	戊辰 8	己巳 9	庚午 10	辛未 11	壬申 12	癸酉 13	甲戌 14	乙亥 15	丙子 16	丁丑 17	戊寅 18	己卯 19	庚辰 20	辛巳 21	壬午 22	癸未 23	甲申 24		戊午冬至
十二月大	癸丑	干支曆 天地西	乙酉 25	丙戌 26	丁亥 27	戊子 28	己丑 29	庚寅 30	辛卯 31	壬辰 (2)	癸巳 2	甲午 3	乙未 4	丙申 5	丁酉 6	戊戌 7	己亥 8	庚子 9	辛丑 10	壬寅 11	癸卯 12	甲辰 13	乙巳 14	丙午 15	丁未 16	戊申 17	己酉 18	庚戌 19	辛亥 20	壬子 21	癸丑 22	甲寅 23	癸卯立春

年代異同	史記魯世家	漢書律曆志	帝王世紀	竹書紀年	皇極經世	文獻通考	歷代帝王年表	歷代統紀表	中國年曆總譜	西周年代	斷代工程
	周懿王二十一年		周孝王十二年	周懿王十二年	周夷王十一年	周夷王十一年	周夷王十一年	周夷王十一年	周夷王四十一年	周孝王七年	周夷王二年

周懿王十三年（戊寅 虎年） 公元前 **883** ~ 前 882 年

夏曆月序		中西曆日對照	夏曆日序																													節氣與天象
			初一	初二	初三	初四	初五	初六	初七	初八	初九	初十	十一	十二	十三	十四	十五	十六	十七	十八	十九	二十	二一	二二	二三	二四	二五	二六	二七	二八	二九	三十	
正月大	甲寅	天干	乙	丙	丁	戊	己	庚	辛	壬	癸	甲	乙	丙	丁	戊	己	庚	辛	壬	癸	甲	乙	丙	丁	戊	己	庚	辛	壬	癸	甲	
		地支	卯	辰	巳	午	未	申	酉	戌	亥	子	丑	寅	卯	辰	巳	午	未	申	酉	戌	亥	子	丑	寅	卯	辰	巳	午	未	申	
		西曆	24	25	26	27	28	(3)	2	3	4	5	6	7	8	9	10	11	12	13	14	15	16	17	18	19	20	21	22	23	24	25	
二月小	乙卯	天干	乙	丙	丁	戊	己	庚	辛	壬	癸	甲	乙	丙	丁	戊	己	庚	辛	壬	癸	甲	乙	丙	丁	戊	己	庚	辛	壬	癸		己丑春分
		地支	酉	戌	亥	子	丑	寅	卯	辰	巳	午	未	申	酉	戌	亥	子	丑	寅	卯	辰	巳	午	未	申	酉	戌	亥	子	丑		
		西曆	26	27	28	29	30	31	(4)	2	3	4	5	6	7	8	9	10	11	12	13	14	15	16	17	18	19	20	21	22	23		
三月大	丙辰	天干	甲	乙	丙	丁	戊	己	庚	辛	壬	癸	甲	乙	丙	丁	戊	己	庚	辛	壬	癸	甲	乙	丙	丁	戊	己	庚	辛	壬	癸	丙子立夏
		地支	寅	卯	辰	巳	午	未	申	酉	戌	亥	子	丑	寅	卯	辰	巳	午	未	申	酉	戌	亥	子	丑	寅	卯	辰	巳	午	未	
		西曆	24	25	26	27	28	29	30	(5)	2	3	4	5	6	7	8	9	10	11	12	13	14	15	16	17	18	19	20	21	22	23	
四月小	丁巳	天干	甲	乙	丙	丁	戊	己	庚	辛	壬	癸	甲	乙	丙	丁	戊	己	庚	辛	壬	癸	甲	乙	丙	丁	戊	己	庚	辛	壬		
		地支	申	酉	戌	亥	子	丑	寅	卯	辰	巳	午	未	申	酉	戌	亥	子	丑	寅	卯	辰	巳	午	未	申	酉	戌	亥	子		
		西曆	24	25	26	27	28	29	30	31	(6)	2	3	4	5	6	7	8	9	10	11	12	13	14	15	16	17	18	19	20	21		
五月大	戊午	天干	癸	甲	乙	丙	丁	戊	己	庚	辛	壬	癸	甲	乙	丙	丁	戊	己	庚	辛	壬	癸	甲	乙	丙	丁	戊	己	庚	辛	壬	癸亥夏至
		地支	丑	寅	卯	辰	巳	午	未	申	酉	戌	亥	子	丑	寅	卯	辰	巳	午	未	申	酉	戌	亥	子	丑	寅	卯	辰	巳	午	
		西曆	22	23	24	25	26	27	28	29	30	(7)	2	3	4	5	6	7	8	9	10	11	12	13	14	15	16	17	18	19	20	21	
六月小	己未	天干	癸	甲	乙	丙	丁	戊	己	庚	辛	壬	癸	甲	乙	丙	丁	戊	己	庚	辛	壬	癸	甲	乙	丙	丁	戊	己	庚	辛		庚戌立秋
		地支	未	申	酉	戌	亥	子	丑	寅	卯	辰	巳	午	未	申	酉	戌	亥	子	丑	寅	卯	辰	巳	午	未	申	酉	戌	亥		
		西曆	22	23	24	25	26	27	28	29	30	31	(8)	2	3	4	5	6	7	8	9	10	11	12	13	14	15	16	17	18	19		
七月大	庚申	天干	壬	癸	甲	乙	丙	丁	戊	己	庚	辛	壬	癸	甲	乙	丙	丁	戊	己	庚	辛	壬	癸	甲	乙	丙	丁	戊	己	庚	辛	
		地支	子	丑	寅	卯	辰	巳	午	未	申	酉	戌	亥	子	丑	寅	卯	辰	巳	午	未	申	酉	戌	亥	子	丑	寅	卯	辰	巳	
		西曆	20	21	22	23	24	25	26	27	28	29	30	31	(9)	2	3	4	5	6	7	8	9	10	11	12	13	14	15	16	17	18	
八月小	辛酉	天干	壬	癸	甲	乙	丙	丁	戊	己	庚	辛	壬	癸	甲	乙	丙	丁	戊	己	庚	辛	壬	癸	甲	乙	丙	丁	戊	己	庚		乙未秋分
		地支	午	未	申	酉	戌	亥	子	丑	寅	卯	辰	巳	午	未	申	酉	戌	亥	子	丑	寅	卯	辰	巳	午	未	申	酉	戌		
		西曆	19	20	21	22	23	24	25	26	27	28	29	30	(10)	2	3	4	5	6	7	8	9	10	11	12	13	14	15	16	17		
九月大	壬戌	天干	辛	壬	癸	甲	乙	丙	丁	戊	己	庚	辛	壬	癸	甲	乙	丙	丁	戊	己	庚	辛	壬	癸	甲	乙	丙	丁	戊	己	庚	己卯立冬
		地支	亥	子	丑	寅	卯	辰	巳	午	未	申	酉	戌	亥	子	丑	寅	卯	辰	巳	午	未	申	酉	戌	亥	子	丑	寅	卯	辰	
		西曆	18	19	20	21	22	23	24	25	26	27	28	29	30	31	(11)	2	3	4	5	6	7	8	9	10	11	12	13	14	15	16	
十月小	癸亥	天干	辛	壬	癸	甲	乙	丙	丁	戊	己	庚	辛	壬	癸	甲	乙	丙	丁	戊	己	庚	辛	壬	癸	甲	乙	丙	丁	戊	己		
		地支	巳	午	未	申	酉	戌	亥	子	丑	寅	卯	辰	巳	午	未	申	酉	戌	亥	子	丑	寅	卯	辰	巳	午	未	申	酉		
		西曆	17	18	19	20	21	22	23	24	25	26	27	28	29	30	(12)	2	3	4	5	6	7	8	9	10	11	12	13	14	15		
十一月大	甲子	天干	庚	辛	壬	癸	甲	乙	丙	丁	戊	己	庚	辛	壬	癸	甲	乙	丙	丁	戊	己	庚	辛	壬	癸	甲	乙	丙	丁	戊	己	癸亥冬至
		地支	戌	亥	子	丑	寅	卯	辰	巳	午	未	申	酉	戌	亥	子	丑	寅	卯	辰	巳	午	未	申	酉	戌	亥	子	丑	寅	卯	
		西曆	16	17	18	19	20	21	22	23	24	25	26	27	28	29	30	31	(1)	2	3	4	5	6	7	8	9	10	11	12	13	14	
十二月小	乙丑	天干	庚	辛	壬	癸	甲	乙	丙	丁	戊	己	庚	辛	壬	癸	甲	乙	丙	丁	戊	己	庚	辛	壬	癸	甲	乙	丙	丁	戊		戊申立春
		地支	辰	巳	午	未	申	酉	戌	亥	子	丑	寅	卯	辰	巳	午	未	申	酉	戌	亥	子	丑	寅	卯	辰	巳	午	未	申		
		西曆	15	16	17	18	19	20	21	22	23	24	25	26	27	28	29	30	31	(2)	2	3	4	5	6	7	8	9	10	11	12		

年代異同	史記魯世家	漢書律曆志	帝王世紀	竹書紀年	皇極經世	文獻通考	歷代帝王年表	歷代統紀表	中國年曆總譜	西周年代	斷代工程
	周懿王二十二年		周孝王十三年	周懿王十三年	周夷王十二年	周夷王十二年	周夷王十二年	周夷王十二年	周夷王四十二年	周孝王八年	周夷王三年

周懿王十四年（己卯 兔年） 公元前882～前881年

夏曆月序		中西曆日對照	初一	初二	初三	初四	初五	初六	初七	初八	初九	初十	十一	十二	十三	十四	十五	十六	十七	十八	十九	二十	二一	二二	二三	二四	二五	二六	二七	二八	二九	三十	節氣與天象
正月大	丙寅	天干 地支 西曆	己酉 13	庚戌 14	辛亥 15	壬子 16	癸丑 17	甲寅 18	乙卯 19	丙辰 20	丁巳 21	戊午 22	己未 23	庚申 24	辛酉 25	壬戌 26	癸亥 27	甲子 28	乙丑 (3)	丙寅 2	丁卯 3	戊辰 4	己巳 5	庚午 6	辛未 7	壬申 8	癸酉 9	甲戌 10	乙亥 11	丙子 12	丁丑 13	戊寅 14	
二月小	丁卯	天干 地支 西曆	己卯 15	庚辰 16	辛巳 17	壬午 18	癸未 19	甲申 20	乙酉 21	丙戌 22	丁亥 23	戊子 24	己丑 25	庚寅 26	辛卯 27	壬辰 28	癸巳 29	甲午 30	乙未 31	丙申 (4)	丁酉 2	戊戌 3	己亥 4	庚子 5	辛丑 6	壬寅 7	癸卯 8	甲辰 9	乙巳 10	丙午 11	丁未 12		甲午春分
三月大	戊辰	天干 地支 西曆	戊申 13	己酉 14	庚戌 15	辛亥 16	壬子 17	癸丑 18	甲寅 19	乙卯 20	丙辰 21	丁巳 22	戊午 23	己未 24	庚申 25	辛酉 26	壬戌 27	癸亥 28	甲子 29	乙丑 30	丙寅 (5)	丁卯 2	戊辰 3	己巳 4	庚午 5	辛未 6	壬申 7	癸酉 8	甲戌 9	乙亥 10	丙子 11	丁丑 12	
四月大	己巳	天干 地支 西曆	戊寅 13	己卯 14	庚辰 15	辛巳 16	壬午 17	癸未 18	甲申 19	乙酉 20	丙戌 21	丁亥 22	戊子 23	己丑 24	庚寅 25	辛卯 26	壬辰 27	癸巳 28	甲午 29	乙未 30	丙申 31	丁酉 (6)	戊戌 2	己亥 3	庚子 4	辛丑 5	壬寅 6	癸卯 7	甲辰 8	乙巳 9	丙午 10	丁未 11	辛巳立夏 戊寅日食
五月小	庚午	天干 地支 西曆	戊申 12	己酉 13	庚戌 14	辛亥 15	壬子 16	癸丑 17	甲寅 18	乙卯 19	丙辰 20	丁巳 21	戊午 22	己未 23	庚申 24	辛酉 25	壬戌 26	癸亥 27	甲子 28	乙丑 29	丙寅 30	丁卯 (7)	戊辰 2	己巳 3	庚午 4	辛未 5	壬申 6	癸酉 7	甲戌 8	乙亥 9	丙子 10		戊辰夏至
六月大	辛未	天干 地支 西曆	丁丑 11	戊寅 12	己卯 13	庚辰 14	辛巳 15	壬午 16	癸未 17	甲申 18	乙酉 19	丙戌 20	丁亥 21	戊子 22	己丑 23	庚寅 24	辛卯 25	壬辰 26	癸巳 27	甲午 28	乙未 29	丙申 30	丁酉 31	戊戌 (8)	己亥 2	庚子 3	辛丑 4	壬寅 5	癸卯 6	甲辰 7	乙巳 8	丙午 9	
七月小	壬申	天干 地支 西曆	丁未 10	戊申 11	己酉 12	庚戌 13	辛亥 14	壬子 15	癸丑 16	甲寅 17	乙卯 18	丙辰 19	丁巳 20	戊午 21	己未 22	庚申 23	辛酉 24	壬戌 25	癸亥 26	甲子 27	乙丑 28	丙寅 29	丁卯 30	戊辰 31	己巳 (9)	庚午 2	辛未 3	壬申 4	癸酉 5	甲戌 6	乙亥 7		乙卯立秋
八月大	癸酉	天干 地支 西曆	丙子 8	丁丑 9	戊寅 10	己卯 11	庚辰 12	辛巳 13	壬午 14	癸未 15	甲申 16	乙酉 17	丙戌 18	丁亥 19	戊子 20	己丑 21	庚寅 22	辛卯 23	壬辰 24	癸巳 25	甲午 26	乙未 27	丙申 28	丁酉 29	戊戌 30	己亥 (10)	庚子 2	辛丑 3	壬寅 4	癸卯 5	甲辰 6	乙巳 7	庚子秋分
九月小	甲戌	天干 地支 西曆	丙午 8	丁未 9	戊申 10	己酉 11	庚戌 12	辛亥 13	壬子 14	癸丑 15	甲寅 16	乙卯 17	丙辰 18	丁巳 19	戊午 20	己未 21	庚申 22	辛酉 23	壬戌 24	癸亥 25	甲子 26	乙丑 27	丙寅 28	丁卯 29	戊辰 30	己巳 31	庚午 (11)	辛未 2	壬申 3	癸酉 4	甲戌 5		
十月大	乙亥	天干 地支 西曆	乙亥 6	丙子 7	丁丑 8	戊寅 9	己卯 10	庚辰 11	辛巳 12	壬午 13	癸未 14	甲申 15	乙酉 16	丙戌 17	丁亥 18	戊子 19	己丑 20	庚寅 21	辛卯 22	壬辰 23	癸巳 24	甲午 25	乙未 26	丙申 27	丁酉 28	戊戌 29	己亥 30	庚子 (12)	辛丑 2	壬寅 3	癸卯 4	甲辰 5	甲申立冬
十一月小	丙子	天干 地支 西曆	乙巳 6	丙午 7	丁未 8	戊申 9	己酉 10	庚戌 11	辛亥 12	壬子 13	癸丑 14	甲寅 15	乙卯 16	丙辰 17	丁巳 18	戊午 19	己未 20	庚申 21	辛酉 22	壬戌 23	癸亥 24	甲子 25	乙丑 26	丙寅 27	丁卯 28	戊辰 29	己巳 30	庚午 31	辛未 (1)	壬申 2	癸酉 3		戊辰冬至
十二月大	丁丑	天干 地支 西曆	甲戌 4	乙亥 5	丙子 6	丁丑 7	戊寅 8	己卯 9	庚辰 10	辛巳 11	壬午 12	癸未 13	甲申 14	乙酉 15	丙戌 16	丁亥 17	戊子 18	己丑 19	庚寅 20	辛卯 21	壬辰 22	癸巳 23	甲午 24	乙未 25	丙申 26	丁酉 27	戊戌 28	己亥 29	庚子 30	辛丑 31	壬寅 (2)	癸卯 2	

年代異同	史記魯世家	漢書律曆志	帝王世紀	竹書紀年	皇極經世	文獻通考	歷代帝王年表	歷代統紀表	中國年曆總譜	西周年代	斷代工程
	周懿王二十三年		周孝王十四年	周懿王十四年	周夷王十三年	周夷王十三年	周夷王十三年	周夷王十三年	周夷王四十三年	周孝王九年	周夷王四年

周懿王十五年（庚辰 龍年） 公元前 **881** ~ 前 880 年

夏曆月序		中西曆日對照	初一	初二	初三	初四	初五	初六	初七	初八	初九	初十	十一	十二	十三	十四	十五	十六	十七	十八	十九	二十	二一	二二	二三	二四	二五	二六	二七	二八	二九	三十	節氣與天象
正月小	戊寅	天干 地支 西曆	甲辰3	乙巳4	丙午5	丁未6	戊申7	己酉8	庚戌9	辛亥10	壬子11	癸丑12	甲寅13	乙卯14	丙辰15	丁巳16	戊午17	己未18	庚申19	辛酉20	壬戌21	癸亥22	甲子23	乙丑24	丙寅25	丁卯26	戊辰27	己巳28	庚午29	辛未(3)	壬申2		癸丑立春
二月大	己卯	天干 地支 西曆	癸酉3	甲戌4	乙亥5	丙子6	丁丑7	戊寅8	己卯9	庚辰10	辛巳11	壬午12	癸未13	甲申14	乙酉15	丙戌16	丁亥17	戊子18	己丑19	庚寅20	辛卯21	壬辰22	癸巳23	甲午24	乙未25	丙申26	丁酉27	戊戌28	己亥29	庚子30	辛丑31	壬寅(4)	己亥春分
三月小	庚辰	天干 地支 西曆	癸卯2	甲辰3	乙巳4	丙午5	丁未6	戊申7	己酉8	庚戌9	辛亥10	壬子11	癸丑12	甲寅13	乙卯14	丙辰15	丁巳16	戊午17	己未18	庚申19	辛酉20	壬戌21	癸亥22	甲子23	乙丑24	丙寅25	丁卯26	戊辰27	己巳28	庚午29	辛未30		
四月大	辛巳	天干 地支 西曆	壬申(5)	癸酉2	甲戌3	乙亥4	丙子5	丁丑6	戊寅7	己卯8	庚辰9	辛巳10	壬午11	癸未12	甲申13	乙酉14	丙戌15	丁亥16	戊子17	己丑18	庚寅19	辛卯20	壬辰21	癸巳22	甲午23	乙未24	丙申25	丁酉26	戊戌27	己亥28	庚子29	辛丑30	丙戌立夏 壬申日食
閏四月小	辛巳	天干 地支 西曆	壬寅31	癸卯(6)	甲辰2	乙巳3	丙午4	丁未5	戊申6	己酉7	庚戌8	辛亥9	壬子10	癸丑11	甲寅12	乙卯13	丙辰14	丁巳15	戊午16	己未17	庚申18	辛酉19	壬戌20	癸亥21	甲子22	乙丑23	丙寅24	丁卯25	戊辰26	己巳27	庚午28		
五月大	壬午	天干 地支 西曆	辛未29	壬申30	癸酉(7)	甲戌2	乙亥3	丙子4	丁丑5	戊寅6	己卯7	庚辰8	辛巳9	壬午10	癸未11	甲申12	乙酉13	丙戌14	丁亥15	戊子16	己丑17	庚寅18	辛卯19	壬辰20	癸巳21	甲午22	乙未23	丙申24	丁酉25	戊戌26	己亥27	庚子28	甲戌夏至
六月大	癸未	天干 地支 西曆	辛丑29	壬寅30	癸卯31	甲辰(8)	乙巳2	丙午3	丁未4	戊申5	己酉6	庚戌7	辛亥8	壬子9	癸丑10	甲寅11	乙卯12	丙辰13	丁巳14	戊午15	己未16	庚申17	辛酉18	壬戌19	癸亥20	甲子21	乙丑22	丙寅23	丁卯24	戊辰25	己巳26	庚午27	庚申立秋
七月小	甲申	天干 地支 西曆	辛未28	壬申29	癸酉30	甲戌31	乙亥(9)	丙子2	丁丑3	戊寅4	己卯5	庚辰6	辛巳7	壬午8	癸未9	甲申10	乙酉11	丙戌12	丁亥13	戊子14	己丑15	庚寅16	辛卯17	壬辰18	癸巳19	甲午20	乙未21	丙申22	丁酉23	戊戌24	己亥25		
八月大	乙酉	天干 地支 西曆	庚子26	辛丑27	壬寅28	癸卯29	甲辰30	乙巳(10)	丙午2	丁未3	戊申4	己酉5	庚戌6	辛亥7	壬子8	癸丑9	甲寅10	乙卯11	丙辰12	丁巳13	戊午14	己未15	庚申16	辛酉17	壬戌18	癸亥19	甲子20	乙丑21	丙寅22	丁卯23	戊辰24	己巳25	乙巳秋分
九月小	丙戌	天干 地支 西曆	庚午26	辛未27	壬申28	癸酉29	甲戌30	乙亥31	丙子(11)	丁丑2	戊寅3	己卯4	庚辰5	辛巳6	壬午7	癸未8	甲申9	乙酉10	丙戌11	丁亥12	戊子13	己丑14	庚寅15	辛卯16	壬辰17	癸巳18	甲午19	乙未20	丙申21	丁酉22	戊戌23		庚寅立冬
十月大	丁亥	天干 地支 西曆	己亥24	庚子25	辛丑26	壬寅27	癸卯28	甲辰29	乙巳30	丙午(12)	丁未2	戊申3	己酉4	庚戌5	辛亥6	壬子7	癸丑8	甲寅9	乙卯10	丙辰11	丁巳12	戊午13	己未14	庚申15	辛酉16	壬戌17	癸亥18	甲子19	乙丑20	丙寅21	丁卯22	戊辰23	
十一月小	戊子	天干 地支 西曆	己巳24	庚午25	辛未26	壬申27	癸酉28	甲戌29	乙亥30	丙子31	丁丑(1)	戊寅2	己卯3	庚辰4	辛巳5	壬午6	癸未7	甲申8	乙酉9	丙戌10	丁亥11	戊子12	己丑13	庚寅14	辛卯15	壬辰16	癸巳17	甲午18	乙未19	丙申20	丁酉21		甲戌冬至
十二月大	己丑	天干 地支 西曆	戊戌22	己亥23	庚子24	辛丑25	壬寅26	癸卯27	甲辰28	乙巳29	丙午30	丁未31	戊申(2)	己酉2	庚戌3	辛亥4	壬子5	癸丑6	甲寅7	乙卯8	丙辰9	丁巳10	戊午11	己未12	庚申13	辛酉14	壬戌15	癸亥16	甲子17	乙丑18	丙寅19	丁卯20	己未立春

年代異同	史記魯世家	漢書律曆志	帝王世紀	竹書紀年	皇極經世	文獻通考	歷代帝王年表	歷代統紀表	中國年曆總譜	西周年代	斷代工程
	周懿王二十四年		周孝王十五年	周懿王十五年	周夷王十四年	周夷王十四年	周夷王十四年	周夷王十四年	周夷王四十四年	周孝王十年	周夷王五年

周懿王十六年（辛巳 蛇年） 公元前 **880** ~ 前 879 年

夏曆月序		中西曆日對照	初一	初二	初三	初四	初五	初六	初七	初八	初九	初十	十一	十二	十三	十四	十五	十六	十七	十八	十九	二十	二一	二二	二三	二四	二五	二六	二七	二八	二九	三十	節氣與天象
正月小	庚寅	干支 天地西曆	戊辰21	己巳22	庚午23	辛未24	壬申25	癸酉26	甲戌27	乙亥28	丙子(3)	丁丑2	戊寅3	己卯4	庚辰5	辛巳6	壬午7	癸未8	甲申9	乙酉10	丙戌11	丁亥12	戊子13	己丑14	庚寅15	辛卯16	壬辰17	癸巳18	甲午19	乙未20	丙申21		
二月小	辛卯	干支 天地西曆	丁酉22	戊戌23	己亥24	庚子25	辛丑26	壬寅27	癸卯28	甲辰29	乙巳30	丙午31	丁未(4)	戊申2	己酉3	庚戌4	辛亥5	壬子6	癸丑7	甲寅8	乙卯9	丙辰10	丁巳11	戊午12	己未13	庚申14	辛酉15	壬戌16	癸亥17	甲子18	乙丑19		乙巳春分
三月大	壬辰	干支 天地西曆	丙寅20	丁卯21	戊辰22	己巳23	庚午24	辛未25	壬申26	癸酉27	甲戌28	乙亥29	丙子30	丁丑(5)	戊寅2	己卯3	庚辰4	辛巳5	壬午6	癸未7	甲申8	乙酉9	丙戌10	丁亥11	戊子12	己丑13	庚寅14	辛卯15	壬辰16	癸巳17	甲午18	乙未19	壬辰立夏
四月小	癸巳	干支 天地西曆	丙申20	丁酉21	戊戌22	己亥23	庚子24	辛丑25	壬寅26	癸卯27	甲辰28	乙巳29	丙午30	丁未31	戊申(6)	己酉2	庚戌3	辛亥4	壬子5	癸丑6	甲寅7	乙卯8	丙辰9	丁巳10	戊午11	己未12	庚申13	辛酉14	壬戌15	癸亥16	甲子17		
五月大	甲午	干支 天地西曆	乙丑18	丙寅19	丁卯20	戊辰21	己巳22	庚午23	辛未24	壬申25	癸酉26	甲戌27	乙亥28	丙子29	丁丑30	戊寅(7)	己卯2	庚辰3	辛巳4	壬午5	癸未6	甲申7	乙酉8	丙戌9	丁亥10	戊子11	己丑12	庚寅13	辛卯14	壬辰15	癸巳16	甲午17	己卯夏至
六月大	乙未	干支 天地西曆	乙未18	丙申19	丁酉20	戊戌21	己亥22	庚子23	辛丑24	壬寅25	癸卯26	甲辰27	乙巳28	丙午29	丁未30	戊申31	己酉(8)	庚戌2	辛亥3	壬子4	癸丑5	甲寅6	乙卯7	丙辰8	丁巳9	戊午10	己未11	庚申12	辛酉13	壬戌14	癸亥15	甲子16	
七月小	丙申	干支 天地西曆	乙丑17	丙寅18	丁卯19	戊辰20	己巳21	庚午22	辛未23	壬申24	癸酉25	甲戌26	乙亥27	丙子28	丁丑29	戊寅30	己卯31	庚辰(9)	辛巳2	壬午3	癸未4	甲申5	乙酉6	丙戌7	丁亥8	戊子9	己丑10	庚寅11	辛卯12	壬辰13	癸巳14		乙丑立秋
八月大	丁酉	干支 天地西曆	甲午15	乙未16	丙申17	丁酉18	戊戌19	己亥20	庚子21	辛丑22	壬寅23	癸卯24	甲辰25	乙巳26	丙午27	丁未28	戊申29	己酉30	庚戌(10)	辛亥2	壬子3	癸丑4	甲寅5	乙卯6	丙辰7	丁巳8	戊午9	己未10	庚申11	辛酉12	壬戌13	癸亥14	辛亥秋分
九月大	戊戌	干支 天地西曆	甲子15	乙丑16	丙寅17	丁卯18	戊辰19	己巳20	庚午21	辛未22	壬申23	癸酉24	甲戌25	乙亥26	丙子27	丁丑28	戊寅29	己卯30	庚辰31	辛巳(11)	壬午2	癸未3	甲申4	乙酉5	丙戌6	丁亥7	戊子8	己丑9	庚寅10	辛卯11	壬辰12	癸巳13	
十月小	己亥	干支 天地西曆	甲午14	乙未15	丙申16	丁酉17	戊戌18	己亥19	庚子20	辛丑21	壬寅22	癸卯23	甲辰24	乙巳25	丙午26	丁未27	戊申28	己酉29	庚戌30	辛亥(12)	壬子2	癸丑3	甲寅4	乙卯5	丙辰6	丁巳7	戊午8	己未9	庚申10	辛酉11	壬戌12		乙未立冬
十一月大	庚子	干支 天地西曆	癸亥13	甲子14	乙丑15	丙寅16	丁卯17	戊辰18	己巳19	庚午20	辛未21	壬申22	癸酉23	甲戌24	乙亥25	丙子26	丁丑27	戊寅28	己卯29	庚辰30	辛巳31	壬午(1)	癸未2	甲申3	乙酉4	丙戌5	丁亥6	戊子7	己丑8	庚寅9	辛卯10	壬辰11	己卯冬至
十二月小	辛丑	干支 天地西曆	癸巳12	甲午13	乙未14	丙申15	丁酉16	戊戌17	己亥18	庚子19	辛丑20	壬寅21	癸卯22	甲辰23	乙巳24	丙午25	丁未26	戊申27	己酉28	庚戌29	辛亥30	壬子31	癸丑(2)	甲寅2	乙卯3	丙辰4	丁巳5	戊午6	己未7	庚申8	辛酉9		

年代異同	史記魯世家	漢書律曆志	帝王世紀	竹書紀年	皇極經世	文獻通考	歷代帝王年表	歷代統紀表	中國年曆總譜	西周年代	斷代工程
	周懿王二十五年		周夷王元年	周懿王十六年	周夷王十五年	周夷王十五年	周夷王十五年	周夷王十五年	周夷王四十五年	周孝王十一年	周夷王六年

周懿王十七年（壬午 馬年） 公元前879 ~ 前878年

夏曆月序		中西曆日對照	初一	初二	初三	初四	初五	初六	初七	初八	初九	初十	十一	十二	十三	十四	十五	十六	十七	十八	十九	二十	二一	二二	二三	二四	二五	二六	二七	二八	二九	三十	節氣與天象
正月大	壬寅	天干地支西曆	壬戌10	癸亥11	甲子12	乙丑13	丙寅14	丁卯15	戊辰16	己巳17	庚午18	辛未19	壬申20	癸酉21	甲戌22	乙亥23	丙子24	丁丑25	戊寅26	己卯27	庚辰28	辛巳(3)	壬午2	癸未3	甲申4	乙酉5	丙戌6	丁亥7	戊子8	己丑9	庚寅10	辛卯11	甲子立春
二月小	癸卯	天干地支西曆	壬辰12	癸巳13	甲午14	乙未15	丙申16	丁酉17	戊戌18	己亥19	庚子20	辛丑21	壬寅22	癸卯23	甲辰24	乙巳25	丙午26	丁未27	戊申28	己酉29	庚戌30	辛亥31	壬子(4)	癸丑2	甲寅3	乙卯4	丙辰5	丁巳6	戊午7	己未8	庚申9		庚戌春分
三月小	甲辰	天干地支西曆	辛酉10	壬戌11	癸亥12	甲子13	乙丑14	丙寅15	丁卯16	戊辰17	己巳18	庚午19	辛未20	壬申21	癸酉22	甲戌23	乙亥24	丙子25	丁丑26	戊寅27	己卯28	庚辰29	辛巳30	壬午(5)	癸未2	甲申3	乙酉4	丙戌5	丁亥6	戊子7	己丑8		
四月大	乙巳	天干地支西曆	庚寅9	辛卯10	壬辰11	癸巳12	甲午13	乙未14	丙申15	丁酉16	戊戌17	己亥18	庚子19	辛丑20	壬寅21	癸卯22	甲辰23	乙巳24	丙午25	丁未26	戊申27	己酉28	庚戌29	辛亥30	壬子31	癸丑(6)	甲寅2	乙卯3	丙辰4	丁巳5	戊午6	己未7	丁酉立夏
五月小	丙午	天干地支西曆	庚申8	辛酉9	壬戌10	癸亥11	甲子12	乙丑13	丙寅14	丁卯15	戊辰16	己巳17	庚午18	辛未19	壬申20	癸酉21	甲戌22	乙亥23	丙子24	丁丑25	戊寅26	己卯27	庚辰28	辛巳29	壬午30	癸未(7)	甲申2	乙酉3	丙戌4	丁亥5	戊子6		甲申夏至
六月大	丁未	天干地支西曆	己丑7	庚寅8	辛卯9	壬辰10	癸巳11	甲午12	乙未13	丙申14	丁酉15	戊戌16	己亥17	庚子18	辛丑19	壬寅20	癸卯21	甲辰22	乙巳23	丙午24	丁未25	戊申26	己酉27	庚戌28	辛亥29	壬子30	癸丑31	甲寅(8)	乙卯2	丙辰3	丁巳4	戊午5	
七月小	戊申	天干地支西曆	己未6	庚申7	辛酉8	壬戌9	癸亥10	甲子11	乙丑12	丙寅13	丁卯14	戊辰15	己巳16	庚午17	辛未18	壬申19	癸酉20	甲戌21	乙亥22	丙子23	丁丑24	戊寅25	己卯26	庚辰27	辛巳28	壬午29	癸未30	甲申31	乙酉(9)	丙戌2	丁亥3		辛未立秋
八月大	己酉	天干地支西曆	戊子4	己丑5	庚寅6	辛卯7	壬辰8	癸巳9	甲午10	乙未11	丙申12	丁酉13	戊戌14	己亥15	庚子16	辛丑17	壬寅18	癸卯19	甲辰20	乙巳21	丙午22	丁未23	戊申24	己酉25	庚戌26	辛亥27	壬子28	癸丑29	甲寅30	乙卯(10)	丙辰2	丁巳3	丙辰秋分
九月大	庚戌	天干地支西曆	戊午4	己未5	庚申6	辛酉7	壬戌8	癸亥9	甲子10	乙丑11	丙寅12	丁卯13	戊辰14	己巳15	庚午16	辛未17	壬申18	癸酉19	甲戌20	乙亥21	丙子22	丁丑23	戊寅24	己卯25	庚辰26	辛巳27	壬午28	癸未29	甲申30	乙酉31	丙戌(11)	丁亥2	
十月大	辛亥	天干地支西曆	戊子3	己丑4	庚寅5	辛卯6	壬辰7	癸巳8	甲午9	乙未10	丙申11	丁酉12	戊戌13	己亥14	庚子15	辛丑16	壬寅17	癸卯18	甲辰19	乙巳20	丙午21	丁未22	戊申23	己酉24	庚戌25	辛亥26	壬子27	癸丑28	甲寅29	乙卯30	丙辰(12)	丁巳2	庚子立冬
十一月小	壬子	天干地支西曆	戊午3	己未4	庚申5	辛酉6	壬戌7	癸亥8	甲子9	乙丑10	丙寅11	丁卯12	戊辰13	己巳14	庚午15	辛未16	壬申17	癸酉18	甲戌19	乙亥20	丙子21	丁丑22	戊寅23	己卯24	庚辰25	辛巳26	壬午27	癸未28	甲申29	乙酉30	丙戌31		甲申冬至
十二月大	癸丑	天干地支西曆	丁亥(1)	戊子2	己丑3	庚寅4	辛卯5	壬辰6	癸巳7	甲午8	乙未9	丙申10	丁酉11	戊戌12	己亥13	庚子14	辛丑15	壬寅16	癸卯17	甲辰18	乙巳19	丙午20	丁未21	戊申22	己酉23	庚戌24	辛亥25	壬子26	癸丑27	甲寅28	乙卯29	丙辰30	

年代異同	史記魯世家	漢書律曆志	帝王世紀	竹書紀年	皇極經世	文獻通考	歷代帝王年表	歷代統紀表	中國年曆總譜	西周年代	斷代工程
	周孝王元年		周夷王二年	周懿王十七年	周夷王十六年	周夷王十六年	周夷王十六年	周夷王十六年	周夷王四十六年	周孝王十二年	周夷王七年

周懿王十八年（癸未 羊年） 公元前878 ~ 前877年

夏曆月序		中西曆日對照	初一	初二	初三	初四	初五	初六	初七	初八	初九	初十	十一	十二	十三	十四	十五	十六	十七	十八	十九	二十	二一	二二	二三	二四	二五	二六	二七	二八	二九	三十	節氣與天象
正月小	甲寅	干支 天地西曆	丁巳 31	戊午 (2)	己未 2	庚申 3	辛酉 4	壬戌 5	癸亥 6	甲子 7	乙丑 8	丙寅 9	丁卯 10	戊辰 11	己巳 12	庚午 13	辛未 14	壬申 15	癸酉 16	甲戌 17	乙亥 18	丙子 19	丁丑 20	戊寅 21	己卯 22	庚辰 23	辛巳 24	壬午 25	癸未 26	甲申 27	乙酉 28		己巳立春
二月大	乙卯	干支 天地西曆	丙戌 (3)	丁亥 2	戊子 3	己丑 4	庚寅 5	辛卯 6	壬辰 7	癸巳 8	甲午 9	乙未 10	丙申 11	丁酉 12	戊戌 13	己亥 14	庚子 15	辛丑 16	壬寅 17	癸卯 18	甲辰 19	乙巳 20	丙午 21	丁未 22	戊申 23	己酉 24	庚戌 25	辛亥 26	壬子 27	癸丑 28	甲寅 29	乙卯 30	乙卯春分
三月小	丙辰	干支 天地西曆	丙辰 31	丁巳 (4)	戊午 2	己未 3	庚申 4	辛酉 5	壬戌 6	癸亥 7	甲子 8	乙丑 9	丙寅 10	丁卯 11	戊辰 12	己巳 13	庚午 14	辛未 15	壬申 16	癸酉 17	甲戌 18	乙亥 19	丙子 20	丁丑 21	戊寅 22	己卯 23	庚辰 24	辛巳 25	壬午 26	癸未 27	甲申 28		
閏三月小	丙辰	干支 天地西曆	乙酉 29	丙戌 30	丁亥 (5)	戊子 2	己丑 3	庚寅 4	辛卯 5	壬辰 6	癸巳 7	甲午 8	乙未 9	丙申 10	丁酉 11	戊戌 12	己亥 13	庚子 14	辛丑 15	壬寅 16	癸卯 17	甲辰 18	乙巳 19	丙午 20	丁未 21	戊申 22	己酉 23	庚戌 24	辛亥 25	壬子 26	癸丑 27		壬寅立夏
四月大	丁巳	干支 天地西曆	甲寅 28	乙卯 29	丙辰 30	丁巳 31	戊午 (6)	己未 2	庚申 3	辛酉 4	壬戌 5	癸亥 6	甲子 7	乙丑 8	丙寅 9	丁卯 10	戊辰 11	己巳 12	庚午 13	辛未 14	壬申 15	癸酉 16	甲戌 17	乙亥 18	丙子 19	丁丑 20	戊寅 21	己卯 22	庚辰 23	辛巳 24	壬午 25	癸未 26	
五月小	戊午	干支 天地西曆	甲申 27	乙酉 28	丙戌 29	丁亥 30	戊子 (7)	己丑 2	庚寅 3	辛卯 4	壬辰 5	癸巳 6	甲午 7	乙未 8	丙申 9	丁酉 10	戊戌 11	己亥 12	庚子 13	辛丑 14	壬寅 15	癸卯 16	甲辰 17	乙巳 18	丙午 19	丁未 20	戊申 21	己酉 22	庚戌 23	辛亥 24	壬子 25		己丑夏至
六月小	己未	干支 天地西曆	癸丑 26	甲寅 27	乙卯 28	丙辰 29	丁巳 30	戊午 31	己未 (8)	庚申 2	辛酉 3	壬戌 4	癸亥 5	甲子 6	乙丑 7	丙寅 8	丁卯 9	戊辰 10	己巳 11	庚午 12	辛未 13	壬申 14	癸酉 15	甲戌 16	乙亥 17	丙子 18	丁丑 19	戊寅 20	己卯 21	庚辰 22	辛巳 23		丙子立秋
七月大	庚申	干支 天地西曆	壬午 24	癸未 25	甲申 26	乙酉 27	丙戌 28	丁亥 29	戊子 30	己丑 31	庚寅 (9)	辛卯 2	壬辰 3	癸巳 4	甲午 5	乙未 6	丙申 7	丁酉 8	戊戌 9	己亥 10	庚子 11	辛丑 12	壬寅 13	癸卯 14	甲辰 15	乙巳 16	丙午 17	丁未 18	戊申 19	己酉 20	庚戌 21	辛亥 22	
八月大	辛酉	干支 天地西曆	壬子 23	癸丑 24	甲寅 25	乙卯 26	丙辰 27	丁巳 28	戊午 29	己未 30	庚申 (10)	辛酉 2	壬戌 3	癸亥 4	甲子 5	乙丑 6	丙寅 7	丁卯 8	戊辰 9	己巳 10	庚午 11	辛未 12	壬申 13	癸酉 14	甲戌 15	乙亥 16	丙子 17	丁丑 18	戊寅 19	己卯 20	庚辰 21	辛巳 22	辛酉秋分
九月大	壬戌	干支 天地西曆	壬午 23	癸未 24	甲申 25	乙酉 26	丙戌 27	丁亥 28	戊子 29	己丑 30	庚寅 31	辛卯 (11)	壬辰 2	癸巳 3	甲午 4	乙未 5	丙申 6	丁酉 7	戊戌 8	己亥 9	庚子 10	辛丑 11	壬寅 12	癸卯 13	甲辰 14	乙巳 15	丙午 16	丁未 17	戊申 18	己酉 19	庚戌 20	辛亥 21	乙巳立冬
十月小	癸亥	干支 天地西曆	壬子 22	癸丑 23	甲寅 24	乙卯 25	丙辰 26	丁巳 27	戊午 28	己未 29	庚申 30	辛酉 (12)	壬戌 2	癸亥 3	甲子 4	乙丑 5	丙寅 6	丁卯 7	戊辰 8	己巳 9	庚午 10	辛未 11	壬申 12	癸酉 13	甲戌 14	乙亥 15	丙子 16	丁丑 17	戊寅 18	己卯 19	庚辰 20		
十一月大	甲子	干支 天地西曆	辛巳 21	壬午 22	癸未 23	甲申 24	乙酉 25	丙戌 26	丁亥 27	戊子 28	己丑 29	庚寅 30	辛卯 31	壬辰 (1)	癸巳 2	甲午 3	乙未 4	丙申 5	丁酉 6	戊戌 7	己亥 8	庚子 9	辛丑 10	壬寅 11	癸卯 12	甲辰 13	乙巳 14	丙午 15	丁未 16	戊申 17	己酉 18	庚戌 19	己丑冬至
十二月大	乙丑	干支 天地西曆	辛亥 20	壬子 21	癸丑 22	甲寅 23	乙卯 24	丙辰 25	丁巳 26	戊午 27	己未 28	庚申 29	辛酉 30	壬戌 31	癸亥 (2)	甲子 2	乙丑 3	丙寅 4	丁卯 5	戊辰 6	己巳 7	庚午 8	辛未 9	壬申 10	癸酉 11	甲戌 12	乙亥 13	丙子 14	丁丑 15	戊寅 16	己卯 17	庚辰 18	甲戌立春

年代異同	史記魯世家	漢書律曆志	帝王世紀	竹書紀年	皇極經世	文獻通考	歷代帝王年表	歷代統紀表	中國年曆總譜	西周年代	斷代工程
	周孝王二年		周夷王三年	周懿王十八年	周厲王元年	周厲王元年	周厲王元年	周厲王元年	周厲王元年	周孝王十三年	周夷王八年

周懿王十九年（甲申 猴年） 公元前 877 ~ 前 876 年

夏曆月序		中西曆日對照	初一	初二	初三	初四	初五	初六	初七	初八	初九	初十	十一	十二	十三	十四	十五	十六	十七	十八	十九	二十	二一	二二	二三	二四	二五	二六	二七	二八	二九	三十	節氣與天象
正月小	丙寅	天干地支西曆	辛巳19	壬午20	癸未21	甲申22	乙酉23	丙戌24	丁亥25	戊子26	己丑27	庚寅28	辛卯29	壬辰(3)	癸巳2	甲午3	乙未4	丙申5	丁酉6	戊戌7	己亥8	庚子9	辛丑10	壬寅11	癸卯12	甲辰13	乙巳14	丙午15	丁未16	戊申17	己酉18		辛巳日食
二月大	丁卯	天干地支西曆	庚戌19	辛亥20	壬子21	癸丑22	甲寅23	乙卯24	丙辰25	丁巳26	戊午27	己未28	庚申29	辛酉30	壬戌31	癸亥(4)	甲子2	乙丑3	丙寅4	丁卯5	戊辰6	己巳7	庚午8	辛未9	壬申10	癸酉11	甲戌12	乙亥13	丙子14	丁丑15	戊寅16	己卯17	庚申春分
三月小	戊辰	天干地支西曆	庚辰18	辛巳19	壬午20	癸未21	甲申22	乙酉23	丙戌24	丁亥25	戊子26	己丑27	庚寅28	辛卯29	壬辰30	癸巳(5)	甲午2	乙未3	丙申4	丁酉5	戊戌6	己亥7	庚子8	辛丑9	壬寅10	癸卯11	甲辰12	乙巳13	丙午14	丁未15	戊申16		丁未立夏
四月小	己巳	天干地支西曆	己酉17	庚戌18	辛亥19	壬子20	癸丑21	甲寅22	乙卯23	丙辰24	丁巳25	戊午26	己未27	庚申28	辛酉29	壬戌30	癸亥31	甲子(6)	乙丑2	丙寅3	丁卯4	戊辰5	己巳6	庚午7	辛未8	壬申9	癸酉10	甲戌11	乙亥12	丙子13	丁丑14		
五月大	庚午	天干地支西曆	戊寅15	己卯16	庚辰17	辛巳18	壬午19	癸未20	甲申21	乙酉22	丙戌23	丁亥24	戊子25	己丑26	庚寅27	辛卯28	壬辰29	癸巳30	甲午(7)	乙未2	丙申3	丁酉4	戊戌5	己亥6	庚子7	辛丑8	壬寅9	癸卯10	甲辰11	乙巳12	丙午13	丁未14	乙未夏至
六月小	辛未	天干地支西曆	戊申15	己酉16	庚戌17	辛亥18	壬子19	癸丑20	甲寅21	乙卯22	丙辰23	丁巳24	戊午25	己未26	庚申27	辛酉28	壬戌29	癸亥30	甲子31	乙丑(8)	丙寅2	丁卯3	戊辰4	己巳5	庚午6	辛未7	壬申8	癸酉9	甲戌10	乙亥11	丙子12		
七月小	壬申	天干地支西曆	丁丑13	戊寅14	己卯15	庚辰16	辛巳17	壬午18	癸未19	甲申20	乙酉21	丙戌22	丁亥23	戊子24	己丑25	庚寅26	辛卯27	壬辰28	癸巳29	甲午30	乙未31	丙申(9)	丁酉2	戊戌3	己亥4	庚子5	辛丑6	壬寅7	癸卯8	甲辰9	乙巳10		辛巳立秋
八月大	癸酉	天干地支西曆	丙午11	丁未12	戊申13	己酉14	庚戌15	辛亥16	壬子17	癸丑18	甲寅19	乙卯20	丙辰21	丁巳22	戊午23	己未24	庚申25	辛酉26	壬戌27	癸亥28	甲子29	乙丑30	丙寅(10)	丁卯2	戊辰3	己巳4	庚午5	辛未6	壬申7	癸酉8	甲戌9	乙亥10	丙寅秋分
九月大	甲戌	天干地支西曆	丙子11	丁丑12	戊寅13	己卯14	庚辰15	辛巳16	壬午17	癸未18	甲申19	乙酉20	丙戌21	丁亥22	戊子23	己丑24	庚寅25	辛卯26	壬辰27	癸巳28	甲午29	乙未30	丙申31	丁酉(11)	戊戌2	己亥3	庚子4	辛丑5	壬寅6	癸卯7	甲辰8	乙巳9	
十月小	乙亥	天干地支西曆	丙午10	丁未11	戊申12	己酉13	庚戌14	辛亥15	壬子16	癸丑17	甲寅18	乙卯19	丙辰20	丁巳21	戊午22	己未23	庚申24	辛酉25	壬戌26	癸亥27	甲子28	乙丑29	丙寅30	丁卯(12)	戊辰2	己巳3	庚午4	辛未5	壬申6	癸酉7	甲戌8		辛亥立冬
十一月大	丙子	天干地支西曆	乙亥9	丙子10	丁丑11	戊寅12	己卯13	庚辰14	辛巳15	壬午16	癸未17	甲申18	乙酉19	丙戌20	丁亥21	戊子22	己丑23	庚寅24	辛卯25	壬辰26	癸巳27	甲午28	乙未29	丙申30	丁酉31	戊戌(1)	己亥2	庚子3	辛丑4	壬寅5	癸卯6	甲辰7	乙未冬至
十二月大	丁丑	天干地支西曆	乙巳8	丙午9	丁未10	戊申11	己酉12	庚戌13	辛亥14	壬子15	癸丑16	甲寅17	乙卯18	丙辰19	丁巳20	戊午21	己未22	庚申23	辛酉24	壬戌25	癸亥26	甲子27	乙丑28	丙寅29	丁卯30	戊辰31	己巳(2)	庚午2	辛未3	壬申4	癸酉5	甲戌6	

年代異同	史記魯世家	漢書律曆志	帝王世紀	竹書紀年	皇極經世	文獻通考	歷代帝王年表	歷代統紀表	中國年曆總譜	西周年代	斷代工程
	周孝王三年		周夷王四年	周懿王十九年	周厲王二年	周厲王二年	周厲王二年	周厲王二年	周厲王二年	周夷王元年	周厲王元年

周懿王二十年（乙酉鷄年） 公元前**876** ~ 前875年

夏曆月序		中西曆日對照	初一	初二	初三	初四	初五	初六	初七	初八	初九	初十	十一	十二	十三	十四	十五	十六	十七	十八	十九	二十	二一	二二	二三	二四	二五	二六	二七	二八	二九	三十	節氣與天象
正月大	戊寅	干支天地 西曆	乙亥7	丙子8	丁丑9	戊寅10	己卯11	庚辰12	辛巳13	壬午14	癸未15	甲申16	乙酉17	丙戌18	丁亥19	戊子20	己丑21	庚寅22	辛卯23	壬辰24	癸巳25	甲午26	乙未27	丙申28	丁酉(3)	戊戌2	己亥3	庚子4	辛丑5	壬寅6	癸卯7	甲辰8	庚辰立春
二月小	己卯	干支天地 西曆	乙巳9	丙午10	丁未11	戊申12	己酉13	庚戌14	辛亥15	壬子16	癸丑17	甲寅18	乙卯19	丙辰20	丁巳21	戊午22	己未23	庚申24	辛酉25	壬戌26	癸亥27	甲子28	乙丑29	丙寅30	丁卯31	戊辰(4)	己巳2	庚午3	辛未4	壬申5	癸酉6		丙寅春分
三月大	庚辰	干支天地 西曆	甲戌7	乙亥8	丙子9	丁丑10	戊寅11	己卯12	庚辰13	辛巳14	壬午15	癸未16	甲申17	乙酉18	丙戌19	丁亥20	戊子21	己丑22	庚寅23	辛卯24	壬辰25	癸巳26	甲午27	乙未28	丙申29	丁酉30	戊戌(5)	己亥2	庚子3	辛丑4	壬寅5	癸卯6	
四月小	辛巳	干支天地 西曆	甲辰7	乙巳8	丙午9	丁未10	戊申11	己酉12	庚戌13	辛亥14	壬子15	癸丑16	甲寅17	乙卯18	丙辰19	丁巳20	戊午21	己未22	庚申23	辛酉24	壬戌25	癸亥26	甲子27	乙丑28	丙寅29	丁卯30	戊辰31	己巳(6)	庚午2	辛未3	壬申4		癸丑立夏
五月小	壬午	干支天地 西曆	癸酉5	甲戌6	乙亥7	丙子8	丁丑9	戊寅10	己卯11	庚辰12	辛巳13	壬午14	癸未15	甲申16	乙酉17	丙戌18	丁亥19	戊子20	己丑21	庚寅22	辛卯23	壬辰24	癸巳25	甲午26	乙未27	丙申28	丁酉29	戊戌30	己亥(7)	庚子2	辛丑3		庚子夏至
六月大	癸未	干支天地 西曆	壬寅4	癸卯5	甲辰6	乙巳7	丙午8	丁未9	戊申10	己酉11	庚戌12	辛亥13	壬子14	癸丑15	甲寅16	乙卯17	丙辰18	丁巳19	戊午20	己未21	庚申22	辛酉23	壬戌24	癸亥25	甲子26	乙丑27	丙寅28	丁卯29	戊辰30	己巳31	庚午(8)	辛未2	壬寅日食
七月小	甲申	干支天地 西曆	壬申3	癸酉4	甲戌5	乙亥6	丙子7	丁丑8	戊寅9	己卯10	庚辰11	辛巳12	壬午13	癸未14	甲申15	乙酉16	丙戌17	丁亥18	戊子19	己丑20	庚寅21	辛卯22	壬辰23	癸巳24	甲午25	乙未26	丙申27	丁酉28	戊戌29	己亥30	庚子31		丙戌立秋
八月小	乙酉	干支天地 西曆	辛丑(9)	壬寅2	癸卯3	甲辰4	乙巳5	丙午6	丁未7	戊申8	己酉9	庚戌10	辛亥11	壬子12	癸丑13	甲寅14	乙卯15	丙辰16	丁巳17	戊午18	己未19	庚申20	辛酉21	壬戌22	癸亥23	甲子24	乙丑25	丙寅26	丁卯27	戊辰28	己巳29		
閏八月大	乙酉	干支天地 西曆	庚午30	辛未(10)	壬申2	癸酉3	甲戌4	乙亥5	丙子6	丁丑7	戊寅8	己卯9	庚辰10	辛巳11	壬午12	癸未13	甲申14	乙酉15	丙戌16	丁亥17	戊子18	己丑19	庚寅20	辛卯21	壬辰22	癸巳23	甲午24	乙未25	丙申26	丁酉27	戊戌28	己亥29	壬申秋分
九月大	丙戌	干支天地 西曆	庚子30	辛丑31	壬寅(11)	癸卯2	甲辰3	乙巳4	丙午5	丁未6	戊申7	己酉8	庚戌9	辛亥10	壬子11	癸丑12	甲寅13	乙卯14	丙辰15	丁巳16	戊午17	己未18	庚申19	辛酉20	壬戌21	癸亥22	甲子23	乙丑24	丙寅25	丁卯26	戊辰27	己巳28	丙辰立冬
十月小	丁亥	干支天地 西曆	庚午29	辛未30	壬申(12)	癸酉2	甲戌3	乙亥4	丙子5	丁丑6	戊寅7	己卯8	庚辰9	辛巳10	壬午11	癸未12	甲申13	乙酉14	丙戌15	丁亥16	戊子17	己丑18	庚寅19	辛卯20	壬辰21	癸巳22	甲午23	乙未24	丙申25	丁酉26	戊戌27		
十一月大	戊子	干支天地 西曆	己亥28	庚子29	辛丑30	壬寅31	癸卯(1)	甲辰2	乙巳3	丙午4	丁未5	戊申6	己酉7	庚戌8	辛亥9	壬子10	癸丑11	甲寅12	乙卯13	丙辰14	丁巳15	戊午16	己未17	庚申18	辛酉19	壬戌20	癸亥21	甲子22	乙丑23	丙寅24	丁卯25	戊辰26	庚子冬至
十二月大	己丑	干支天地 西曆	己巳27	庚午28	辛未29	壬申30	癸酉31	甲戌(2)	乙亥2	丙子3	丁丑4	戊寅5	己卯6	庚辰7	辛巳8	壬午9	癸未10	甲申11	乙酉12	丙戌13	丁亥14	戊子15	己丑16	庚寅17	辛卯18	壬辰19	癸巳20	甲午21	乙未22	丙申23	丁酉24	戊戌25	乙酉立春

年代異同	史記魯世家	漢書律曆志	帝王世紀	竹書紀年	皇極經世	文獻通考	歷代帝王年表	歷代統紀表	中國年曆總譜	西周年代	斷代工程
	周孝王四年		周夷王五年	周懿王二十年	周厲王三年	周厲王三年	周厲王三年	周厲王三年	周厲王三年	周夷王二年	周厲王二年

周懿王二十一年（丙戌 狗年） 公元前 875 ~ 前 874 年

夏曆月序		中西曆日對照	夏曆日序																														節氣與天象
			初一	初二	初三	初四	初五	初六	初七	初八	初九	初十	十一	十二	十三	十四	十五	十六	十七	十八	十九	二十	二一	二二	二三	二四	二五	二六	二七	二八	二九	三十	
正月小	庚寅	天干地支西曆	己亥 26	庚子 27	辛丑 28	壬寅 (3)	癸卯 2	甲辰 3	乙巳 4	丙午 5	丁未 6	戊申 7	己酉 8	庚戌 9	辛亥 10	壬子 11	癸丑 12	甲寅 13	乙卯 14	丙辰 15	丁巳 16	戊午 17	己未 18	庚申 19	辛酉 20	壬戌 21	癸亥 22	甲子 23	乙丑 24	丙寅 25	丁卯 26		
二月大	辛卯	天干地支西曆	戊辰 27	己巳 28	庚午 29	辛未 30	壬申 31	癸酉 (4)	甲戌 2	乙亥 3	丙子 4	丁丑 5	戊寅 6	己卯 7	庚辰 8	辛巳 9	壬午 10	癸未 11	甲申 12	乙酉 13	丙戌 14	丁亥 15	戊子 16	己丑 17	庚寅 18	辛卯 19	壬辰 20	癸巳 21	甲午 22	乙未 23	丙申 24	丁酉 25	辛未春分
三月大	壬辰	天干地支西曆	戊戌 26	己亥 27	庚子 28	辛丑 29	壬寅 30	癸卯 (5)	甲辰 2	乙巳 3	丙午 4	丁未 5	戊申 6	己酉 7	庚戌 8	辛亥 9	壬子 10	癸丑 11	甲寅 12	乙卯 13	丙辰 14	丁巳 15	戊午 16	己未 17	庚申 18	辛酉 19	壬戌 20	癸亥 21	甲子 22	乙丑 23	丙寅 24	丁卯 25	戊午立夏
四月小	癸巳	天干地支西曆	戊辰 26	己巳 27	庚午 28	辛未 29	壬申 30	癸酉 31	甲戌 (6)	乙亥 2	丙子 3	丁丑 4	戊寅 5	己卯 6	庚辰 7	辛巳 8	壬午 9	癸未 10	甲申 11	乙酉 12	丙戌 13	丁亥 14	戊子 15	己丑 16	庚寅 17	辛卯 18	壬辰 19	癸巳 20	甲午 21	乙未 22	丙申 23		
五月小	甲午	天干地支西曆	丁酉 24	戊戌 25	己亥 26	庚子 27	辛丑 28	壬寅 29	癸卯 30	甲辰 (7)	乙巳 2	丙午 3	丁未 4	戊申 5	己酉 6	庚戌 7	辛亥 8	壬子 9	癸丑 10	甲寅 11	乙卯 12	丙辰 13	丁巳 14	戊午 15	己未 16	庚申 17	辛酉 18	壬戌 19	癸亥 20	甲子 21	乙丑 22		乙巳夏至 丁酉日食
六月大	乙未	天干地支西曆	丙寅 23	丁卯 24	戊辰 25	己巳 26	庚午 27	辛未 28	壬申 29	癸酉 30	甲戌 31	乙亥 (8)	丙子 2	丁丑 3	戊寅 4	己卯 5	庚辰 6	辛巳 7	壬午 8	癸未 9	甲申 10	乙酉 11	丙戌 12	丁亥 13	戊子 14	己丑 15	庚寅 16	辛卯 17	壬辰 18	癸巳 19	甲午 20	乙未 21	辛卯立秋
七月小	丙申	天干地支西曆	丙申 22	丁酉 23	戊戌 24	己亥 25	庚子 26	辛丑 27	壬寅 28	癸卯 29	甲辰 30	乙巳 31	丙午 (9)	丁未 2	戊申 3	己酉 4	庚戌 5	辛亥 6	壬子 7	癸丑 8	甲寅 9	乙卯 10	丙辰 11	丁巳 12	戊午 13	己未 14	庚申 15	辛酉 16	壬戌 17	癸亥 18	甲子 19		
八月小	丁酉	天干地支西曆	乙丑 20	丙寅 21	丁卯 22	戊辰 23	己巳 24	庚午 25	辛未 26	壬申 27	癸酉 28	甲戌 29	乙亥 30	丙子 (10)	丁丑 2	戊寅 3	己卯 4	庚辰 5	辛巳 6	壬午 7	癸未 8	甲申 9	乙酉 10	丙戌 11	丁亥 12	戊子 13	己丑 14	庚寅 15	辛卯 16	壬辰 17	癸巳 18		丁丑秋分
九月大	戊戌	天干地支西曆	甲午 19	乙未 20	丙申 21	丁酉 22	戊戌 23	己亥 24	庚子 25	辛丑 26	壬寅 27	癸卯 28	甲辰 29	乙巳 30	丙午 31	丁未 (11)	戊申 2	己酉 3	庚戌 4	辛亥 5	壬子 6	癸丑 7	甲寅 8	乙卯 9	丙辰 10	丁巳 11	戊午 12	己未 13	庚申 14	辛酉 15	壬戌 16	癸亥 17	辛酉立冬
十月小	己亥	天干地支西曆	甲子 18	乙丑 19	丙寅 20	丁卯 21	戊辰 22	己巳 23	庚午 24	辛未 25	壬申 26	癸酉 27	甲戌 28	乙亥 29	丙子 30	丁丑 (12)	戊寅 2	己卯 3	庚辰 4	辛巳 5	壬午 6	癸未 7	甲申 8	乙酉 9	丙戌 10	丁亥 11	戊子 12	己丑 13	庚寅 14	辛卯 15	壬辰 16		
十一月大	庚子	天干地支西曆	癸巳 17	甲午 18	乙未 19	丙申 20	丁酉 21	戊戌 22	己亥 23	庚子 24	辛丑 25	壬寅 26	癸卯 27	甲辰 28	乙巳 29	丙午 30	丁未 31	戊申 (1)	己酉 2	庚戌 3	辛亥 4	壬子 5	癸丑 6	甲寅 7	乙卯 8	丙辰 9	丁巳 10	戊午 11	己未 12	庚申 13	辛酉 14	壬戌 15	乙巳冬至
十二月大	辛丑	天干地支西曆	癸亥 16	甲子 17	乙丑 18	丙寅 19	丁卯 20	戊辰 21	己巳 22	庚午 23	辛未 24	壬申 25	癸酉 26	甲戌 27	乙亥 28	丙子 29	丁丑 30	戊寅 31	己卯 (2)	庚辰 2	辛巳 3	壬午 4	癸未 5	甲申 6	乙酉 7	丙戌 8	丁亥 9	戊子 10	己丑 11	庚寅 12	辛卯 13	壬辰 14	庚寅立春

年代異同	史記魯世家	漢書律曆志	帝王世紀	竹書紀年	皇極經世	文獻通考	歷代帝王年表	歷代統紀表	中國年曆總譜	西周年代	斷代工程
	周孝王五年		周夷王六年	周懿王二十一年	周厲王四年	周厲王四年	周厲王四年	周厲王四年	周厲王四年	周夷王三年	周厲王三年

周懿王二十二年（丁亥 猪年） 公元前 **874** ~ 前 873 年

夏曆月序	中西曆日對照	初一	初二	初三	初四	初五	初六	初七	初八	初九	初十	十一	十二	十三	十四	十五	十六	十七	十八	十九	二十	二一	二二	二三	二四	二五	二六	二七	二八	二九	三十	節氣與天象
正月小 壬寅	天干地支西曆	癸巳15	甲午16	乙未17	丙申18	丁酉19	戊戌20	己亥21	庚子22	辛丑23	壬寅24	癸卯25	甲辰26	乙巳27	丙午28	丁未(3)	戊申2	己酉3	庚戌4	辛亥5	壬子6	癸丑7	甲寅8	乙卯9	丙辰10	丁巳11	戊午12	己未13	庚申14	辛酉15		
二月大 癸卯	天干地支西曆	壬戌16	癸亥17	甲子18	乙丑19	丙寅20	丁卯21	戊辰22	己巳23	庚午24	辛未25	壬申26	癸酉27	甲戌28	乙亥29	丙子30	丁丑31	戊寅(4)	己卯2	庚辰3	辛巳4	壬午5	癸未6	甲申7	乙酉8	丙戌9	丁亥10	戊子11	己丑12	庚寅13	辛卯14	丙子春分
三月小 甲辰	天干地支西曆	壬辰15	癸巳16	甲午17	乙未18	丙申19	丁酉20	戊戌21	己亥22	庚子23	辛丑24	壬寅25	癸卯26	甲辰27	乙巳28	丙午29	丁未30	戊申(5)	己酉2	庚戌3	辛亥4	壬子5	癸丑6	甲寅7	乙卯8	丙辰9	丁巳10	戊午11	己未12	庚申13	辛酉14	
四月小 乙巳	天干地支西曆	壬戌15	癸亥16	甲子17	乙丑18	丙寅19	丁卯20	戊辰21	己巳22	庚午23	辛未24	壬申25	癸酉26	甲戌27	乙亥28	丙子29	丁丑30	戊寅31	己卯(6)	庚辰2	辛巳3	壬午4	癸未5	甲申6	乙酉7	丙戌8	丁亥9	戊子10	己丑11	庚寅12		癸亥立夏
五月大 丙午	天干地支西曆	辛卯13	壬辰14	癸巳15	甲午16	乙未17	丙申18	丁酉19	戊戌20	己亥21	庚子22	辛丑23	壬寅24	癸卯25	甲辰26	乙巳27	丙午28	丁未29	戊申30	己酉(7)	庚戌2	辛亥3	壬子4	癸丑5	甲寅6	乙卯7	丙辰8	丁巳9	戊午10	己未11	庚申12	庚戌夏至
六月小 丁未	天干地支西曆	辛酉13	壬戌14	癸亥15	甲子16	乙丑17	丙寅18	丁卯19	戊辰20	己巳21	庚午22	辛未23	壬申24	癸酉25	甲戌26	乙亥27	丙子28	丁丑29	戊寅30	己卯31	庚辰(8)	辛巳2	壬午3	癸未4	甲申5	乙酉6	丙戌7	丁亥8	戊子9	己丑10		
七月大 戊申	天干地支西曆	庚寅11	辛卯12	壬辰13	癸巳14	甲午15	乙未16	丙申17	丁酉18	戊戌19	己亥20	庚子21	辛丑22	壬寅23	癸卯24	甲辰25	乙巳26	丙午27	丁未28	戊申29	己酉30	庚戌31	辛亥(9)	壬子2	癸丑3	甲寅4	乙卯5	丙辰6	丁巳7	戊午8	己未9	丁酉立秋
八月小 己酉	天干地支西曆	庚申10	辛酉11	壬戌12	癸亥13	甲子14	乙丑15	丙寅16	丁卯17	戊辰18	己巳19	庚午20	辛未21	壬申22	癸酉23	甲戌24	乙亥25	丙子26	丁丑27	戊寅28	己卯29	庚辰30	辛巳(10)	壬午2	癸未3	甲申4	乙酉5	丙戌6	丁亥7	戊子8		壬午秋分
九月大 庚戌	天干地支西曆	己丑9	庚寅10	辛卯11	壬辰12	癸巳13	甲午14	乙未15	丙申16	丁酉17	戊戌18	己亥19	庚子20	辛丑21	壬寅22	癸卯23	甲辰24	乙巳25	丙午26	丁未27	戊申28	己酉29	庚戌30	辛亥31	壬子(11)	癸丑2	甲寅3	乙卯4	丙辰5	丁巳6	戊午7	
十月小 辛亥	天干地支西曆	己未8	庚申9	辛酉10	壬戌11	癸亥12	甲子13	乙丑14	丙寅15	丁卯16	戊辰17	己巳18	庚午19	辛未20	壬申21	癸酉22	甲戌23	乙亥24	丙子25	丁丑26	戊寅27	己卯28	庚辰29	辛巳30	壬午(12)	癸未2	甲申3	乙酉4	丙戌5	丁亥6		丙寅立冬
十一月大 壬子	天干地支西曆	戊子7	己丑8	庚寅9	辛卯10	壬辰11	癸巳12	甲午13	乙未14	丙申15	丁酉16	戊戌17	己亥18	庚子19	辛丑20	壬寅21	癸卯22	甲辰23	乙巳24	丙午25	丁未26	戊申27	己酉28	庚戌29	辛亥30	壬子31	癸丑(1)	甲寅2	乙卯3	丙辰4	丁巳5	庚戌冬至 戊子日食
十二月小 癸丑	天干地支西曆	戊午6	己未7	庚申8	辛酉9	壬戌10	癸亥11	甲子12	乙丑13	丙寅14	丁卯15	戊辰16	己巳17	庚午18	辛未19	壬申20	癸酉21	甲戌22	乙亥23	丙子24	丁丑25	戊寅26	己卯27	庚辰28	辛巳29	壬午30	癸未31	甲申(2)	乙酉2	丙戌3		

	史記魯世家	漢書律曆志	帝王世紀	竹書紀年	皇極經世	文獻通考	歷代帝王年表	歷代統紀表	中國年曆總譜	西周年代	斷代工程
年代異同	周孝王六年		周夷王七年	周懿王二十二年	周厲王五年	周厲王五年	周厲王五年	周厲王五年	周厲王五年	周夷王四年	周厲王四年

周懿王二十三年（戊子 鼠年） 公元前 873 ~ 前 872 年

夏曆月序		中西曆日對照	夏曆日序																														節氣與天象
			初一	初二	初三	初四	初五	初六	初七	初八	初九	初十	十一	十二	十三	十四	十五	十六	十七	十八	十九	二十	二一	二二	二三	二四	二五	二六	二七	二八	二九	三十	
正月大	甲寅	天干地支 西曆	丁亥 4	戊子 5	己丑 6	庚寅 7	辛卯 8	壬辰 9	癸巳 10	甲午 11	乙未 12	丙申 13	丁酉 14	戊戌 15	己亥 16	庚子 17	辛丑 18	壬寅 19	癸卯 20	甲辰 21	乙巳 22	丙午 23	丁未 24	戊申 25	己酉 26	庚戌 27	辛亥 28	壬子 29	癸丑 (3)	甲寅 2	乙卯 3	丙辰 4	乙未立春
二月小	乙卯	天干地支 西曆	丁巳 5	戊午 6	己未 7	庚申 8	辛酉 9	壬戌 10	癸亥 11	甲子 12	乙丑 13	丙寅 14	丁卯 15	戊辰 16	己巳 17	庚午 18	辛未 19	壬申 20	癸酉 21	甲戌 22	乙亥 23	丙子 24	丁丑 25	戊寅 26	己卯 27	庚辰 28	辛巳 29	壬午 30	癸未 31	甲申 (4)	乙酉 2		辛巳春分
三月大	丙辰	天干地支 西曆	丙戌 3	丁亥 4	戊子 5	己丑 6	庚寅 7	辛卯 8	壬辰 9	癸巳 10	甲午 11	乙未 12	丙申 13	丁酉 14	戊戌 15	己亥 16	庚子 17	辛丑 18	壬寅 19	癸卯 20	甲辰 21	乙巳 22	丙午 23	丁未 24	戊申 25	己酉 26	庚戌 27	辛亥 28	壬子 29	癸丑 30	甲寅 (5)	乙卯 2	
四月小	丁巳	天干地支 西曆	丙辰 3	丁巳 4	戊午 5	己未 6	庚申 7	辛酉 8	壬戌 9	癸亥 10	甲子 11	乙丑 12	丙寅 13	丁卯 14	戊辰 15	己巳 16	庚午 17	辛未 18	壬申 19	癸酉 20	甲戌 21	乙亥 22	丙子 23	丁丑 24	戊寅 25	己卯 26	庚辰 27	辛巳 28	壬午 29	癸未 30	甲申 31		戊辰立夏
五月大	戊午	天干地支 西曆	乙酉 (6)	丙戌 2	丁亥 3	戊子 4	己丑 5	庚寅 6	辛卯 7	壬辰 8	癸巳 9	甲午 10	乙未 11	丙申 12	丁酉 13	戊戌 14	己亥 15	庚子 16	辛丑 17	壬寅 18	癸卯 19	甲辰 20	乙巳 21	丙午 22	丁未 23	戊申 24	己酉 25	庚戌 26	辛亥 27	壬子 28	癸丑 29	甲寅 30	
六月大	己未	天干地支 西曆	乙卯 (7)	丙辰 2	丁巳 3	戊午 4	己未 5	庚申 6	辛酉 7	壬戌 8	癸亥 9	甲子 10	乙丑 11	丙寅 12	丁卯 13	戊辰 14	己巳 15	庚午 16	辛未 17	壬申 18	癸酉 19	甲戌 20	乙亥 21	丙子 22	丁丑 23	戊寅 24	己卯 25	庚辰 26	辛巳 27	壬午 28	癸未 29	甲申 30	乙卯夏至
閏六月小	己未	天干地支 西曆	乙酉 31	丙戌 (8)	丁亥 2	戊子 3	己丑 4	庚寅 5	辛卯 6	壬辰 7	癸巳 8	甲午 9	乙未 10	丙申 11	丁酉 12	戊戌 13	己亥 14	庚子 15	辛丑 16	壬寅 17	癸卯 18	甲辰 19	乙巳 20	丙午 21	丁未 22	戊申 23	己酉 24	庚戌 25	辛亥 26	壬子 27	癸丑 28		壬寅立秋
七月大	庚申	天干地支 西曆	甲寅 29	乙卯 30	丙辰 31	丁巳 (9)	戊午 2	己未 3	庚申 4	辛酉 5	壬戌 6	癸亥 7	甲子 8	乙丑 9	丙寅 10	丁卯 11	戊辰 12	己巳 13	庚午 14	辛未 15	壬申 16	癸酉 17	甲戌 18	乙亥 19	丙子 20	丁丑 21	戊寅 22	己卯 23	庚辰 24	辛巳 25	壬午 26	癸未 27	
八月小	辛酉	天干地支 西曆	甲申 28	乙酉 29	丙戌 30	丁亥 (10)	戊子 2	己丑 3	庚寅 4	辛卯 5	壬辰 6	癸巳 7	甲午 8	乙未 9	丙申 10	丁酉 11	戊戌 12	己亥 13	庚子 14	辛丑 15	壬寅 16	癸卯 17	甲辰 18	乙巳 19	丙午 20	丁未 21	戊申 22	己酉 23	庚戌 24	辛亥 25	壬子 26		丁亥秋分
九月大	壬戌	天干地支 西曆	癸丑 27	甲寅 28	乙卯 29	丙辰 30	丁巳 31	戊午 (11)	己未 2	庚申 3	辛酉 4	壬戌 5	癸亥 6	甲子 7	乙丑 8	丙寅 9	丁卯 10	戊辰 11	己巳 12	庚午 13	辛未 14	壬申 15	癸酉 16	甲戌 17	乙亥 18	丙子 19	丁丑 20	戊寅 21	己卯 22	庚辰 23	辛巳 24	壬午 25	壬申立冬
十月小	癸亥	天干地支 西曆	癸未 26	甲申 27	乙酉 28	丙戌 29	丁亥 30	戊子 (12)	己丑 2	庚寅 3	辛卯 4	壬辰 5	癸巳 6	甲午 7	乙未 8	丙申 9	丁酉 10	戊戌 11	己亥 12	庚子 13	辛丑 14	壬寅 15	癸卯 16	甲辰 17	乙巳 18	丙午 19	丁未 20	戊申 21	己酉 22	庚戌 23	辛亥 24		
十一月大	甲子	天干地支 西曆	壬子 25	癸丑 26	甲寅 27	乙卯 28	丙辰 29	丁巳 30	戊午 31	己未 (1)	庚申 2	辛酉 3	壬戌 4	癸亥 5	甲子 6	乙丑 7	丙寅 8	丁卯 9	戊辰 10	己巳 11	庚午 12	辛未 13	壬申 14	癸酉 15	甲戌 16	乙亥 17	丙子 18	丁丑 19	戊寅 20	己卯 21	庚辰 22	辛巳 23	丙辰冬至
十二月小	乙丑	天干地支 西曆	壬午 24	癸未 25	甲申 26	乙酉 27	丙戌 28	丁亥 29	戊子 30	己丑 31	庚寅 (2)	辛卯 2	壬辰 3	癸巳 4	甲午 5	乙未 6	丙申 7	丁酉 8	戊戌 9	己亥 10	庚子 11	辛丑 12	壬寅 13	癸卯 14	甲辰 15	乙巳 16	丙午 17	丁未 18	戊申 19	己酉 20	庚戌 21		庚子立春

年代異同	史記魯世家	漢書律曆志	帝王世紀	竹書紀年	皇極經世	文獻通考	歷代帝王年表	歷代統紀表	中國年曆總譜	西周年代	斷代工程
	周孝王七年		周夷王八年	周懿王二十三年	周厲王六年	周厲王六年	周厲王六年	周厲王六年	周厲王六年	周夷王五年	周厲王五年

周懿王二十四年（己丑 牛年） 公元前 **872** ~ 前 871 年

夏曆月序		中西曆日對照	初一	初二	初三	初四	初五	初六	初七	初八	初九	初十	十一	十二	十三	十四	十五	十六	十七	十八	十九	二十	二一	二二	二三	二四	二五	二六	二七	二八	二九	三十	節氣與天象
正月小	丙寅	干支曆 天地西	辛亥22	壬子23	癸丑24	甲寅25	乙卯26	丙辰27	丁巳28	戊午(3)	己未2	庚申3	辛酉4	壬戌5	癸亥6	甲子7	乙丑8	丙寅9	丁卯10	戊辰11	己巳12	庚午13	辛未14	壬申15	癸酉16	甲戌17	乙亥18	丙子19	丁丑20	戊寅21	己卯22		
二月大	丁卯	干支曆 天地西	庚辰23	辛巳24	壬午25	癸未26	甲申27	乙酉28	丙戌29	丁亥30	戊子31	己丑(4)	庚寅2	辛卯3	壬辰4	癸巳5	甲午6	乙未7	丙申8	丁酉9	戊戌10	己亥11	庚子12	辛丑13	壬寅14	癸卯15	甲辰16	乙巳17	丙午18	丁未19	戊申20	己酉21	丙戌春分
三月小	戊辰	干支曆 天地西	庚戌22	辛亥23	壬子24	癸丑25	甲寅26	乙卯27	丙辰28	丁巳29	戊午30	己未(5)	庚申2	辛酉3	壬戌4	癸亥5	甲子6	乙丑7	丙寅8	丁卯9	戊辰10	己巳11	庚午12	辛未13	壬申14	癸酉15	甲戌16	乙亥17	丙子18	丁丑19	戊寅20		甲戌立夏 庚戌日食
四月大	己巳	干支曆 天地西	己卯21	庚辰22	辛巳23	壬午24	癸未25	甲申26	乙酉27	丙戌28	丁亥29	戊子30	己丑31	庚寅(6)	辛卯2	壬辰3	癸巳4	甲午5	乙未6	丙申7	丁酉8	戊戌9	己亥10	庚子11	辛丑12	壬寅13	癸卯14	甲辰15	乙巳16	丙午17	丁未18	戊申19	
五月大	庚午	干支曆 天地西	己酉20	庚戌21	辛亥22	壬子23	癸丑24	甲寅25	乙卯26	丙辰27	丁巳28	戊午29	己未30	庚申(7)	辛酉2	壬戌3	癸亥4	甲子5	乙丑6	丙寅7	丁卯8	戊辰9	己巳10	庚午11	辛未12	壬申13	癸酉14	甲戌15	乙亥16	丙子17	丁丑18	戊寅19	辛酉夏至
六月小	辛未	干支曆 天地西	己卯20	庚辰21	辛巳22	壬午23	癸未24	甲申25	乙酉26	丙戌27	丁亥28	戊子29	己丑30	庚寅31	辛卯(8)	壬辰2	癸巳3	甲午4	乙未5	丙申6	丁酉7	戊戌8	己亥9	庚子10	辛丑11	壬寅12	癸卯13	甲辰14	乙巳15	丙午16	丁未17		丁未立秋
七月大	壬申	干支曆 天地西	戊申18	己酉19	庚戌20	辛亥21	壬子22	癸丑23	甲寅24	乙卯25	丙辰26	丁巳27	戊午28	己未29	庚申30	辛酉31	壬戌(9)	癸亥2	甲子3	乙丑4	丙寅5	丁卯6	戊辰7	己巳8	庚午9	辛未10	壬申11	癸酉12	甲戌13	乙亥14	丙子15	丁丑16	
八月大	癸酉	干支曆 天地西	戊寅17	己卯18	庚辰19	辛巳20	壬午21	癸未22	甲申23	乙酉24	丙戌25	丁亥26	戊子27	己丑28	庚寅29	辛卯30	壬辰(10)	癸巳2	甲午3	乙未4	丙申5	丁酉6	戊戌7	己亥8	庚子9	辛丑10	壬寅11	癸卯12	甲辰13	乙巳14	丙午15	丁未16	壬辰秋分
九月小	甲戌	干支曆 天地西	戊申17	己酉18	庚戌19	辛亥20	壬子21	癸丑22	甲寅23	乙卯24	丙辰25	丁巳26	戊午27	己未28	庚申29	辛酉30	壬戌31	癸亥(11)	甲子2	乙丑3	丙寅4	丁卯5	戊辰6	己巳7	庚午8	辛未9	壬申10	癸酉11	甲戌12	乙亥13	丙子14		
十月大	乙亥	干支曆 天地西	丁丑15	戊寅16	己卯17	庚辰18	辛巳19	壬午20	癸未21	甲申22	乙酉23	丙戌24	丁亥25	戊子26	己丑27	庚寅28	辛卯29	壬辰30	癸巳(12)	甲午2	乙未3	丙申4	丁酉5	戊戌6	己亥7	庚子8	辛丑9	壬寅10	癸卯11	甲辰12	乙巳13	丙午14	丁丑立冬
十一月小	丙子	干支曆 天地西	丁未15	戊申16	己酉17	庚戌18	辛亥19	壬子20	癸丑21	甲寅22	乙卯23	丙辰24	丁巳25	戊午26	己未27	庚申28	辛酉29	壬戌30	癸亥31	甲子(1)	乙丑2	丙寅3	丁卯4	戊辰5	己巳6	庚午7	辛未8	壬申9	癸酉10	甲戌11	乙亥12		辛酉冬至
十二月大	丁丑	干支曆 天地西	丙子13	丁丑14	戊寅15	己卯16	庚辰17	辛巳18	壬午19	癸未20	甲申21	乙酉22	丙戌23	丁亥24	戊子25	己丑26	庚寅27	辛卯28	壬辰29	癸巳30	甲午31	乙未(2)	丙申2	丁酉3	戊戌4	己亥5	庚子6	辛丑7	壬寅8	癸卯9	甲辰10	乙巳11	

年代異同	史記魯世家	漢書律曆志	帝王世紀	竹書紀年	皇極經世	文獻通考	歷代帝王年表	歷代統紀表	中國年曆總譜	西周年代	斷代工程
	周夷王元年		周夷王九年	周懿王二十四年	周厲王七年	周厲王七年	周厲王七年	周厲王七年	周厲王七年	周夷王六年	周厲王六年

周懿王二十五年（庚寅 虎年） 公元前 **871** ~ 前 870 年

夏曆月序	中西曆日對照		初一	初二	初三	初四	初五	初六	初七	初八	初九	初十	十一	十二	十三	十四	十五	十六	十七	十八	十九	二十	二一	二二	二三	二四	二五	二六	二七	二八	二九	三十	節氣與天象
正月小	戊寅	天干地支西曆	丙午12	丁未13	戊申14	己酉15	庚戌16	辛亥17	壬子18	癸丑19	甲寅20	乙卯21	丙辰22	丁巳23	戊午24	己未25	庚申26	辛酉27	壬戌28	癸亥(3)	甲子2	乙丑3	丙寅4	丁卯5	戊辰6	己巳7	庚午8	辛未9	壬申10	癸酉11	甲戌12		丙午立春
二月小	己卯	天干地支西曆	乙亥13	丙子14	丁丑15	戊寅16	己卯17	庚辰18	辛巳19	壬午20	癸未21	甲申22	乙酉23	丙戌24	丁亥25	戊子26	己丑27	庚寅28	辛卯29	壬辰30	癸巳31	甲午(4)	乙未2	丙申3	丁酉4	戊戌5	己亥6	庚子7	辛丑8	壬寅9	癸卯10		壬辰春分
三月大	庚辰	天干地支西曆	甲辰11	乙巳12	丙午13	丁未14	戊申15	己酉16	庚戌17	辛亥18	壬子19	癸丑20	甲寅21	乙卯22	丙辰23	丁巳24	戊午25	己未26	庚申27	辛酉28	壬戌29	癸亥30	甲子(5)	乙丑2	丙寅3	丁卯4	戊辰5	己巳6	庚午7	辛未8	壬申9	癸酉10	
四月小	辛巳	天干地支西曆	甲戌11	乙亥12	丙子13	丁丑14	戊寅15	己卯16	庚辰17	辛巳18	壬午19	癸未20	甲申21	乙酉22	丙戌23	丁亥24	戊子25	己丑26	庚寅27	辛卯28	壬辰29	癸巳30	甲午31	乙未(6)	丙申2	丁酉3	戊戌4	己亥5	庚子6	辛丑7	壬寅8		己卯立夏
五月大	壬午	天干地支西曆	癸卯9	甲辰10	乙巳11	丙午12	丁未13	戊申14	己酉15	庚戌16	辛亥17	壬子18	癸丑19	甲寅20	乙卯21	丙辰22	丁巳23	戊午24	己未25	庚申26	辛酉27	壬戌28	癸亥29	甲子30	乙丑(7)	丙寅2	丁卯3	戊辰4	己巳5	庚午6	辛未7	壬申8	丙寅夏至
六月小	癸未	天干地支西曆	癸酉9	甲戌10	乙亥11	丙子12	丁丑13	戊寅14	己卯15	庚辰16	辛巳17	壬午18	癸未19	甲申20	乙酉21	丙戌22	丁亥23	戊子24	己丑25	庚寅26	辛卯27	壬辰28	癸巳29	甲午30	乙未31	丙申(8)	丁酉2	戊戌3	己亥4	庚子5	辛丑6		
七月大	甲申	天干地支西曆	壬寅7	癸卯8	甲辰9	乙巳10	丙午11	丁未12	戊申13	己酉14	庚戌15	辛亥16	壬子17	癸丑18	甲寅19	乙卯20	丙辰21	丁巳22	戊午23	己未24	庚申25	辛酉26	壬戌27	癸亥28	甲子29	乙丑30	丙寅31	丁卯(9)	戊辰2	己巳3	庚午4	辛未5	壬子立秋
八月大	乙酉	天干地支西曆	壬申6	癸酉7	甲戌8	乙亥9	丙子10	丁丑11	戊寅12	己卯13	庚辰14	辛巳15	壬午16	癸未17	甲申18	乙酉19	丙戌20	丁亥21	戊子22	己丑23	庚寅24	辛卯25	壬辰26	癸巳27	甲午28	乙未29	丙申30	丁酉(10)	戊戌2	己亥3	庚子4	辛丑5	戊戌秋分
九月大	丙戌	天干地支西曆	壬寅6	癸卯7	甲辰8	乙巳9	丙午10	丁未11	戊申12	己酉13	庚戌14	辛亥15	壬子16	癸丑17	甲寅18	乙卯19	丙辰20	丁巳21	戊午22	己未23	庚申24	辛酉25	壬戌26	癸亥27	甲子28	乙丑29	丙寅30	丁卯31	戊辰(11)	己巳2	庚午3	辛未4	壬寅日食
十月小	丁亥	天干地支西曆	壬申5	癸酉6	甲戌7	乙亥8	丙子9	丁丑10	戊寅11	己卯12	庚辰13	辛巳14	壬午15	癸未16	甲申17	乙酉18	丙戌19	丁亥20	戊子21	己丑22	庚寅23	辛卯24	壬辰25	癸巳26	甲午27	乙未28	丙申29	丁酉30	戊戌(12)	己亥2	庚子3		壬午立冬
十一月大	戊子	天干地支西曆	辛丑4	壬寅5	癸卯6	甲辰7	乙巳8	丙午9	丁未10	戊申11	己酉12	庚戌13	辛亥14	壬子15	癸丑16	甲寅17	乙卯18	丙辰19	丁巳20	戊午21	己未22	庚申23	辛酉24	壬戌25	癸亥26	甲子27	乙丑28	丙寅29	丁卯30	戊辰31	己巳(1)	庚午2	丙寅冬至
十二月小	己丑	天干地支西曆	辛未3	壬申4	癸酉5	甲戌6	乙亥7	丙子8	丁丑9	戊寅10	己卯11	庚辰12	辛巳13	壬午14	癸未15	甲申16	乙酉17	丙戌18	丁亥19	戊子20	己丑21	庚寅22	辛卯23	壬辰24	癸巳25	甲午26	乙未27	丙申28	丁酉29	戊戌30	己亥31		

年代異同	史記魯世家	漢書律曆志	帝王世紀	竹書紀年	皇極經世	文獻通考	歷代帝王年表	歷代統紀表	中國年曆總譜	西周年代	斷代工程
	周夷王二年		周夷王十年	周懿王二十五年	周厲王八年	周厲王八年	周厲王八年	周厲王八年	周厲王八年	周夷王七年	周厲王七年

周孝王元年（辛卯 兔年） 公元前 870 ~ 前 869 年

夏曆月序		中西曆日對照	初一	初二	初三	初四	初五	初六	初七	初八	初九	初十	十一	十二	十三	十四	十五	十六	十七	十八	十九	二十	二一	二二	二三	二四	二五	二六	二七	二八	二九	三十	節氣與天象
正月大	庚寅	天干地支 西曆	庚子 (2)	辛丑 2	壬寅 3	癸卯 4	甲辰 5	乙巳 6	丙午 7	丁未 8	戊申 9	己酉 10	庚戌 11	辛亥 12	壬子 13	癸丑 14	甲寅 15	乙卯 16	丙辰 17	丁巳 18	戊午 19	己未 20	庚申 21	辛酉 22	壬戌 23	癸亥 24	甲子 25	乙丑 26	丙寅 27	丁卯 28	戊辰 (3)	己巳 2	辛亥立春
二月小	辛卯	天干地支 西曆	庚午 3	辛未 4	壬申 5	癸酉 6	甲戌 7	乙亥 8	丙子 9	丁丑 10	戊寅 11	己卯 12	庚辰 13	辛巳 14	壬午 15	癸未 16	甲申 17	乙酉 18	丙戌 19	丁亥 20	戊子 21	己丑 22	庚寅 23	辛卯 24	壬辰 25	癸巳 26	甲午 27	乙未 28	丙申 29	丁酉 30	戊戌 31		丁酉春分
三月小	壬辰	天干地支 西曆	己亥 (4)	庚子 2	辛丑 3	壬寅 4	癸卯 5	甲辰 6	乙巳 7	丙午 8	丁未 9	戊申 10	己酉 11	庚戌 12	辛亥 13	壬子 14	癸丑 15	甲寅 16	乙卯 17	丙辰 18	丁巳 19	戊午 20	己未 21	庚申 22	辛酉 23	壬戌 24	癸亥 25	甲子 26	乙丑 27	丙寅 28	丁卯 29		
閏三月大	壬辰	天干地支 西曆	戊辰 30	己巳 (5)	庚午 2	辛未 3	壬申 4	癸酉 5	甲戌 6	乙亥 7	丙子 8	丁丑 9	戊寅 10	己卯 11	庚辰 12	辛巳 13	壬午 14	癸未 15	甲申 16	乙酉 17	丙戌 18	丁亥 19	戊子 20	己丑 21	庚寅 22	辛卯 23	壬辰 24	癸巳 25	甲午 26	乙未 27	丙申 28	丁酉 29	甲申立夏
四月小	癸巳	天干地支 西曆	戊戌 30	己亥 31	庚子 (6)	辛丑 2	壬寅 3	癸卯 4	甲辰 5	乙巳 6	丙午 7	丁未 8	戊申 9	己酉 10	庚戌 11	辛亥 12	壬子 13	癸丑 14	甲寅 15	乙卯 16	丙辰 17	丁巳 18	戊午 19	己未 20	庚申 21	辛酉 22	壬戌 23	癸亥 24	甲子 25	乙丑 26	丙寅 27		
五月大	甲午	天干地支 西曆	丁卯 28	戊辰 29	己巳 30	庚午 (7)	辛未 2	壬申 3	癸酉 4	甲戌 5	乙亥 6	丙子 7	丁丑 8	戊寅 9	己卯 10	庚辰 11	辛巳 12	壬午 13	癸未 14	甲申 15	乙酉 16	丙戌 17	丁亥 18	戊子 19	己丑 20	庚寅 21	辛卯 22	壬辰 23	癸巳 24	甲午 25	乙未 26	丙申 27	辛未夏至
六月小	乙未	天干地支 西曆	丁酉 28	戊戌 29	己亥 30	庚子 31	辛丑 (8)	壬寅 2	癸卯 3	甲辰 4	乙巳 5	丙午 6	丁未 7	戊申 8	己酉 9	庚戌 10	辛亥 11	壬子 12	癸丑 13	甲寅 14	乙卯 15	丙辰 16	丁巳 17	戊午 18	己未 19	庚申 20	辛酉 21	壬戌 22	癸亥 23	甲子 24	乙丑 25		戊午立秋
七月大	丙申	天干地支 西曆	丙寅 26	丁卯 27	戊辰 28	己巳 29	庚午 30	辛未 31	壬申 (9)	癸酉 2	甲戌 3	乙亥 4	丙子 5	丁丑 6	戊寅 7	己卯 8	庚辰 9	辛巳 10	壬午 11	癸未 12	甲申 13	乙酉 14	丙戌 15	丁亥 16	戊子 17	己丑 18	庚寅 19	辛卯 20	壬辰 21	癸巳 22	甲午 23	乙未 24	
八月大	丁酉	天干地支 西曆	丙申 25	丁酉 26	戊戌 27	己亥 28	庚子 29	辛丑 30	壬寅 (10)	癸卯 2	甲辰 3	乙巳 4	丙午 5	丁未 6	戊申 7	己酉 8	庚戌 9	辛亥 10	壬子 11	癸丑 12	甲寅 13	乙卯 14	丙辰 15	丁巳 16	戊午 17	己未 18	庚申 19	辛酉 20	壬戌 21	癸亥 22	甲子 23	乙丑 24	癸卯秋分
九月小	戊戌	天干地支 西曆	丙寅 25	丁卯 26	戊辰 27	己巳 28	庚午 29	辛未 30	壬申 31	癸酉 (11)	甲戌 2	乙亥 3	丙子 4	丁丑 5	戊寅 6	己卯 7	庚辰 8	辛巳 9	壬午 10	癸未 11	甲申 12	乙酉 13	丙戌 14	丁亥 15	戊子 16	己丑 17	庚寅 18	辛卯 19	壬辰 20	癸巳 21	甲午 22		丁亥立冬
十月大	己亥	天干地支 西曆	乙未 23	丙申 24	丁酉 25	戊戌 26	己亥 27	庚子 28	辛丑 29	壬寅 30	癸卯 (12)	甲辰 2	乙巳 3	丙午 4	丁未 5	戊申 6	己酉 7	庚戌 8	辛亥 9	壬子 10	癸丑 11	甲寅 12	乙卯 13	丙辰 14	丁巳 15	戊午 16	己未 17	庚申 18	辛酉 19	壬戌 20	癸亥 21	甲子 22	
十一月大	庚子	天干地支 西曆	乙丑 23	丙寅 24	丁卯 25	戊辰 26	己巳 27	庚午 28	辛未 29	壬申 30	癸酉 31	甲戌 (1)	乙亥 2	丙子 3	丁丑 4	戊寅 5	己卯 6	庚辰 7	辛巳 8	壬午 9	癸未 10	甲申 11	乙酉 12	丙戌 13	丁亥 14	戊子 15	己丑 16	庚寅 17	辛卯 18	壬辰 19	癸巳 20	甲午 21	辛未冬至
十二月小	辛丑	天干地支 西曆	乙未 22	丙申 23	丁酉 24	戊戌 25	己亥 26	庚子 27	辛丑 28	壬寅 29	癸卯 30	甲辰 31	乙巳 (2)	丙午 2	丁未 3	戊申 4	己酉 5	庚戌 6	辛亥 7	壬子 8	癸丑 9	甲寅 10	乙卯 11	丙辰 12	丁巳 13	戊午 14	己未 15	庚申 16	辛酉 17	壬戌 18	癸亥 19		丙辰立春

年代異同	史記魯世家	漢書律曆志	帝王世紀	竹書紀年	皇極經世	文獻通考	歷代帝王年表	歷代統紀表	中國年曆總譜	西周年代	斷代工程
	周夷王三年		周夷王十一年	周孝王元年	周厲王九年	周厲王九年	周厲王九年	周厲王九年	周厲王九年	周夷王八年	周厲王八年

周孝王二年（壬辰 龍年） 公元前 **869** ~ 前 868 年

夏曆月序		中西曆日對照	初一	初二	初三	初四	初五	初六	初七	初八	初九	初十	十一	十二	十三	十四	十五	十六	十七	十八	十九	二十	二一	二二	二三	二四	二五	二六	二七	二八	二九	三十	節氣與天象
正月大	壬寅	天干地支西曆	甲子20	乙丑21	丙寅22	丁卯23	戊辰24	己巳25	庚午26	辛未27	壬申28	癸酉29	甲戌(3)	乙亥2	丙子3	丁丑4	戊寅5	己卯6	庚辰7	辛巳8	壬午9	癸未10	甲申11	乙酉12	丙戌13	丁亥14	戊子15	己丑16	庚寅17	辛卯18	壬辰19	癸巳20	
二月小	癸卯	天干地支西曆	甲午21	乙未22	丙申23	丁酉24	戊戌25	己亥26	庚子27	辛丑28	壬寅29	癸卯30	甲辰31	乙巳(4)	丙午2	丁未3	戊申4	己酉5	庚戌6	辛亥7	壬子8	癸丑9	甲寅10	乙卯11	丙辰12	丁巳13	戊午14	己未15	庚申16	辛酉17	壬戌18		壬寅春分
三月小	甲辰	天干地支西曆	癸亥19	甲子20	乙丑21	丙寅22	丁卯23	戊辰24	己巳25	庚午26	辛未27	壬申28	癸酉29	甲戌30	乙亥(5)	丙子2	丁丑3	戊寅4	己卯5	庚辰6	辛巳7	壬午8	癸未9	甲申10	乙酉11	丙戌12	丁亥13	戊子14	己丑15	庚寅16	辛卯17		己丑立夏
四月大	乙巳	天干地支西曆	壬辰18	癸巳19	甲午20	乙未21	丙申22	丁酉23	戊戌24	己亥25	庚子26	辛丑27	壬寅28	癸卯29	甲辰30	乙巳31	丙午(6)	丁未2	戊申3	己酉4	庚戌5	辛亥6	壬子7	癸丑8	甲寅9	乙卯10	丙辰11	丁巳12	戊午13	己未14	庚申15	辛酉16	
五月小	丙午	天干地支西曆	壬戌17	癸亥18	甲子19	乙丑20	丙寅21	丁卯22	戊辰23	己巳24	庚午25	辛未26	壬申27	癸酉28	甲戌29	乙亥30	丙子(7)	丁丑2	戊寅3	己卯4	庚辰5	辛巳6	壬午7	癸未8	甲申9	乙酉10	丙戌11	丁亥12	戊子13	己丑14	庚寅15		丙子夏至
六月小	丁未	天干地支西曆	辛卯16	壬辰17	癸巳18	甲午19	乙未20	丙申21	丁酉22	戊戌23	己亥24	庚子25	辛丑26	壬寅27	癸卯28	甲辰29	乙巳30	丙午31	丁未(8)	戊申2	己酉3	庚戌4	辛亥5	壬子6	癸丑7	甲寅8	乙卯9	丙辰10	丁巳11	戊午12	己未13		
七月大	戊申	天干地支西曆	庚申14	辛酉15	壬戌16	癸亥17	甲子18	乙丑19	丙寅20	丁卯21	戊辰22	己巳23	庚午24	辛未25	壬申26	癸酉27	甲戌28	乙亥29	丙子30	丁丑31	戊寅(9)	己卯2	庚辰3	辛巳4	壬午5	癸未6	甲申7	乙酉8	丙戌9	丁亥10	戊子11	己丑12	癸亥立秋
八月大	己酉	天干地支西曆	庚寅13	辛卯14	壬辰15	癸巳16	甲午17	乙未18	丙申19	丁酉20	戊戌21	己亥22	庚子23	辛丑24	壬寅25	癸卯26	甲辰27	乙巳28	丙午29	丁未30	戊申(10)	己酉2	庚戌3	辛亥4	壬子5	癸丑6	甲寅7	乙卯8	丙辰9	丁巳10	戊午11	己未12	戊申秋分
九月小	庚戌	天干地支西曆	庚申13	辛酉14	壬戌15	癸亥16	甲子17	乙丑18	丙寅19	丁卯20	戊辰21	己巳22	庚午23	辛未24	壬申25	癸酉26	甲戌27	乙亥28	丙子29	丁丑30	戊寅31	己卯(11)	庚辰2	辛巳3	壬午4	癸未5	甲申6	乙酉7	丙戌8	丁亥9	戊子10		
十月大	辛亥	天干地支西曆	己丑11	庚寅12	辛卯13	壬辰14	癸巳15	甲午16	乙未17	丙申18	丁酉19	戊戌20	己亥21	庚子22	辛丑23	壬寅24	癸卯25	甲辰26	乙巳27	丙午28	丁未29	戊申30	己酉(12)	庚戌2	辛亥3	壬子4	癸丑5	甲寅6	乙卯7	丙辰8	丁巳9	戊午10	癸巳立冬
十一月大	壬子	天干地支西曆	己未11	庚申12	辛酉13	壬戌14	癸亥15	甲子16	乙丑17	丙寅18	丁卯19	戊辰20	己巳21	庚午22	辛未23	壬申24	癸酉25	甲戌26	乙亥27	丙子28	丁丑29	戊寅30	己卯31	庚辰(1)	辛巳2	壬午3	癸未4	甲申5	乙酉6	丙戌7	丁亥8	戊子9	丁丑冬至
十二月大	癸丑	天干地支西曆	己丑10	庚寅11	辛卯12	壬辰13	癸巳14	甲午15	乙未16	丙申17	丁酉18	戊戌19	己亥20	庚子21	辛丑22	壬寅23	癸卯24	甲辰25	乙巳26	丙午27	丁未28	戊申29	己酉30	庚戌31	辛亥(2)	壬子2	癸丑3	甲寅4	乙卯5	丙辰6	丁巳7	戊午8	

年代異同	史記魯世家	漢書律曆志	帝王世紀	竹書紀年	皇極經世	文獻通考	歷代帝王年表	歷代統紀表	中國年曆總譜	西周年代	斷代工程
	周夷王四年		周夷王十二年	周孝王二年	周厲王十年	周厲王十年	周厲王十年	周厲王十年	周厲王十年	周夷王九年	周厲王九年

周孝王三年（癸巳 蛇年） 公元前 **868** ~ 前 867 年

夏曆月序		中西曆日對照	初一	初二	初三	初四	初五	初六	初七	初八	初九	初十	十一	十二	十三	十四	十五	十六	十七	十八	十九	二十	二一	二二	二三	二四	二五	二六	二七	二八	二九	三十	節氣與天象
正月小	甲寅	天干支地西曆	己未9	庚申10	辛酉11	壬戌12	癸亥13	甲子14	乙丑15	丙寅16	丁卯17	戊辰18	己巳19	庚午20	辛未21	壬申22	癸酉23	甲戌24	乙亥25	丙子26	丁丑27	戊寅28	己卯(3)	庚辰2	辛巳3	壬午4	癸未5	甲申6	乙酉7	丙戌8	丁亥9		辛酉立春
二月大	乙卯	天干支地西曆	戊子10	己丑11	庚寅12	辛卯13	壬辰14	癸巳15	甲午16	乙未17	丙申18	丁酉19	戊戌20	己亥21	庚子22	辛丑23	壬寅24	癸卯25	甲辰26	乙巳27	丙午28	丁未29	戊申30	己酉31	庚戌(4)	辛亥2	壬子3	癸丑4	甲寅5	乙卯6	丙辰7	丁巳8	丁未春分
三月小	丙辰	天干支地西曆	戊午9	己未10	庚申11	辛酉12	壬戌13	癸亥14	甲子15	乙丑16	丙寅17	丁卯18	戊辰19	己巳20	庚午21	辛未22	壬申23	癸酉24	甲戌25	乙亥26	丙子27	丁丑28	戊寅29	己卯30	庚辰(5)	辛巳2	壬午3	癸未4	甲申5	乙酉6	丙戌7		
四月小	丁巳	天干支地西曆	丁亥8	戊子9	己丑10	庚寅11	辛卯12	壬辰13	癸巳14	甲午15	乙未16	丙申17	丁酉18	戊戌19	己亥20	庚子21	辛丑22	壬寅23	癸卯24	甲辰25	乙巳26	丙午27	丁未28	戊申29	己酉30	庚戌31	辛亥(6)	壬子2	癸丑3	甲寅4	乙卯5		甲午立夏
五月大	戊午	天干支地西曆	丙辰6	丁巳7	戊午8	己未9	庚申10	辛酉11	壬戌12	癸亥13	甲子14	乙丑15	丙寅16	丁卯17	戊辰18	己巳19	庚午20	辛未21	壬申22	癸酉23	甲戌24	乙亥25	丙子26	丁丑27	戊寅28	己卯29	庚辰30	辛巳(7)	壬午2	癸未3	甲申4	乙酉5	壬午夏至
六月小	己未	天干支地西曆	丙戌6	丁亥7	戊子8	己丑9	庚寅10	辛卯11	壬辰12	癸巳13	甲午14	乙未15	丙申16	丁酉17	戊戌18	己亥19	庚子20	辛丑21	壬寅22	癸卯23	甲辰24	乙巳25	丙午26	丁未27	戊申28	己酉29	庚戌30	辛亥31	壬子(8)	癸丑2	甲寅3		
七月小	庚申	天干支地西曆	乙卯4	丙辰5	丁巳6	戊午7	己未8	庚申9	辛酉10	壬戌11	癸亥12	甲子13	乙丑14	丙寅15	丁卯16	戊辰17	己巳18	庚午19	辛未20	壬申21	癸酉22	甲戌23	乙亥24	丙子25	丁丑26	戊寅27	己卯28	庚辰29	辛巳30	壬午31	癸未(9)		戊辰立秋
八月大	辛酉	天干支地西曆	甲申2	乙酉3	丙戌4	丁亥5	戊子6	己丑7	庚寅8	辛卯9	壬辰10	癸巳11	甲午12	乙未13	丙申14	丁酉15	戊戌16	己亥17	庚子18	辛丑19	壬寅20	癸卯21	甲辰22	乙巳23	丙午24	丁未25	戊申26	己酉27	庚戌28	辛亥29	壬子30	癸丑(10)	癸丑秋分
九月小	壬戌	天干支地西曆	甲寅2	乙卯3	丙辰4	丁巳5	戊午6	己未7	庚申8	辛酉9	壬戌10	癸亥11	甲子12	乙丑13	丙寅14	丁卯15	戊辰16	己巳17	庚午18	辛未19	壬申20	癸酉21	甲戌22	乙亥23	丙子24	丁丑25	戊寅26	己卯27	庚辰28	辛巳29	壬午30		
閏九月大	壬戌	天干支地西曆	癸未31	甲申(11)	乙酉2	丙戌3	丁亥4	戊子5	己丑6	庚寅7	辛卯8	壬辰9	癸巳10	甲午11	乙未12	丙申13	丁酉14	戊戌15	己亥16	庚子17	辛丑18	壬寅19	癸卯20	甲辰21	乙巳22	丙午23	丁未24	戊申25	己酉26	庚戌27	辛亥28	壬子29	戊戌立冬
十月大	癸亥	天干支地西曆	癸丑30	甲寅(12)	乙卯2	丙辰3	丁巳4	戊午5	己未6	庚申7	辛酉8	壬戌9	癸亥10	甲子11	乙丑12	丙寅13	丁卯14	戊辰15	己巳16	庚午17	辛未18	壬申19	癸酉20	甲戌21	乙亥22	丙子23	丁丑24	戊寅25	己卯26	庚辰27	辛巳28	壬午29	壬午冬至
十一月大	甲子	天干支地西曆	癸未30	甲申31	乙酉(1)	丙戌2	丁亥3	戊子4	己丑5	庚寅6	辛卯7	壬辰8	癸巳9	甲午10	乙未11	丙申12	丁酉13	戊戌14	己亥15	庚子16	辛丑17	壬寅18	癸卯19	甲辰20	乙巳21	丙午22	丁未23	戊申24	己酉25	庚戌26	辛亥27	壬子28	
十二月大	乙丑	天干支地西曆	癸丑29	甲寅30	乙卯31	丙辰(2)	丁巳2	戊午3	己未4	庚申5	辛酉6	壬戌7	癸亥8	甲子9	乙丑10	丙寅11	丁卯12	戊辰13	己巳14	庚午15	辛未16	壬申17	癸酉18	甲戌19	乙亥20	丙子21	丁丑22	戊寅23	己卯24	庚辰25	辛巳26	壬午27	丁卯立春

年代異同	史記魯世家	漢書律曆志	帝王世紀	竹書紀年	皇極經世	文獻通考	歷代帝王年表	歷代統紀表	中國年曆總譜	西周年代	斷代工程
	周夷王五年		周夷王十三年	周孝王三年	周厲王十一年	周厲王十一年	周厲王十一年	周厲王十一年	周厲王十一年	周夷王十年	周厲王十年

周孝王四年（甲午 馬年） 公元前**867** ~ 前866年

夏曆月序		中西曆日對照	初一	初二	初三	初四	初五	初六	初七	初八	初九	初十	十一	十二	十三	十四	十五	十六	十七	十八	十九	二十	二一	二二	二三	二四	二五	二六	二七	二八	二九	三十	節氣與天象
正月小	丙寅	天干地支西曆	癸未28	甲申(3)	乙酉2	丙戌3	丁亥4	戊子5	己丑6	庚寅7	辛卯8	壬辰9	癸巳10	甲午11	乙未12	丙申13	丁酉14	戊戌15	己亥16	庚子17	辛丑18	壬寅19	癸卯20	甲辰21	乙巳22	丙午23	丁未24	戊申25	己酉26	庚戌27	辛亥28		
二月大	丁卯	天干地支西曆	壬子29	癸丑30	甲寅31	乙卯(4)	丙辰2	丁巳3	戊午4	己未5	庚申6	辛酉7	壬戌8	癸亥9	甲子10	乙丑11	丙寅12	丁卯13	戊辰14	己巳15	庚午16	辛未17	壬申18	癸酉19	甲戌20	乙亥21	丙子22	丁丑23	戊寅24	己卯25	庚辰26	辛巳27	癸丑春分
三月小	戊辰	天干地支西曆	壬午28	癸未29	甲申30	乙酉(5)	丙戌2	丁亥3	戊子4	己丑5	庚寅6	辛卯7	壬辰8	癸巳9	甲午10	乙未11	丙申12	丁酉13	戊戌14	己亥15	庚子16	辛丑17	壬寅18	癸卯19	甲辰20	乙巳21	丙午22	丁未23	戊申24	己酉25	庚戌26		庚子立夏
四月小	己巳	天干地支西曆	辛亥27	壬子28	癸丑29	甲寅30	乙卯31	丙辰(6)	丁巳2	戊午3	己未4	庚申5	辛酉6	壬戌7	癸亥8	甲子9	乙丑10	丙寅11	丁卯12	戊辰13	己巳14	庚午15	辛未16	壬申17	癸酉18	甲戌19	乙亥20	丙子21	丁丑22	戊寅23	己卯24		
五月大	庚午	天干地支西曆	庚辰25	辛巳26	壬午27	癸未28	甲申29	乙酉30	丙戌(7)	丁亥2	戊子3	己丑4	庚寅5	辛卯6	壬辰7	癸巳8	甲午9	乙未10	丙申11	丁酉12	戊戌13	己亥14	庚子15	辛丑16	壬寅17	癸卯18	甲辰19	乙巳20	丙午21	丁未22	戊申23	己酉24	丁亥夏至
六月小	辛未	天干地支西曆	庚戌25	辛亥26	壬子27	癸丑28	甲寅29	乙卯30	丙辰31	丁巳(8)	戊午2	己未3	庚申4	辛酉5	壬戌6	癸亥7	甲子8	乙丑9	丙寅10	丁卯11	戊辰12	己巳13	庚午14	辛未15	壬申16	癸酉17	甲戌18	乙亥19	丙子20	丁丑21	戊寅22		癸酉立秋
七月小	壬申	天干地支西曆	己卯23	庚辰24	辛巳25	壬午26	癸未27	甲申28	乙酉29	丙戌30	丁亥31	戊子(9)	己丑2	庚寅3	辛卯4	壬辰5	癸巳6	甲午7	乙未8	丙申9	丁酉10	戊戌11	己亥12	庚子13	辛丑14	壬寅15	癸卯16	甲辰17	乙巳18	丙午19	丁未20		
八月大	癸酉	天干地支西曆	戊申21	己酉22	庚戌23	辛亥24	壬子25	癸丑26	甲寅27	乙卯28	丙辰29	丁巳30	戊午(10)	己未2	庚申3	辛酉4	壬戌5	癸亥6	甲子7	乙丑8	丙寅9	丁卯10	戊辰11	己巳12	庚午13	辛未14	壬申15	癸酉16	甲戌17	乙亥18	丙子19	丁丑20	己未秋分
九月小	甲戌	天干地支西曆	戊寅21	己卯22	庚辰23	辛巳24	壬午25	癸未26	甲申27	乙酉28	丙戌29	丁亥30	戊子31	己丑(11)	庚寅2	辛卯3	壬辰4	癸巳5	甲午6	乙未7	丙申8	丁酉9	戊戌10	己亥11	庚子12	辛丑13	壬寅14	癸卯15	甲辰16	乙巳17	丙午18		癸卯立冬
十月大	乙亥	天干地支西曆	丁未19	戊申20	己酉21	庚戌22	辛亥23	壬子24	癸丑25	甲寅26	乙卯27	丙辰28	丁巳29	戊午30	己未(12)	庚申2	辛酉3	壬戌4	癸亥5	甲子6	乙丑7	丙寅8	丁卯9	戊辰10	己巳11	庚午12	辛未13	壬申14	癸酉15	甲戌16	乙亥17	丙子18	
十一月大	丙子	天干地支西曆	丁丑19	戊寅20	己卯21	庚辰22	辛巳23	壬午24	癸未25	甲申26	乙酉27	丙戌28	丁亥29	戊子30	己丑31	庚寅(1)	辛卯2	壬辰3	癸巳4	甲午5	乙未6	丙申7	丁酉8	戊戌9	己亥10	庚子11	辛丑12	壬寅13	癸卯14	甲辰15	乙巳16	丙午17	丁亥冬至
十二月大	丁丑	天干地支西曆	丁未18	戊申19	己酉20	庚戌21	辛亥22	壬子23	癸丑24	甲寅25	乙卯26	丙辰27	丁巳28	戊午29	己未30	庚申31	辛酉(2)	壬戌2	癸亥3	甲子4	乙丑5	丙寅6	丁卯7	戊辰8	己巳9	庚午10	辛未11	壬申12	癸酉13	甲戌14	乙亥15	丙子16	壬申立春

年代異同	史記魯世家	漢書律曆志	帝王世紀	竹書紀年	皇極經世	文獻通考	歷代帝王年表	歷代統紀表	中國年曆總譜	西周年代	斷代工程
	周夷王六年		周夷王十四年	周孝王四年	周厲王十二年	周厲王十二年	周厲王十二年	周厲王十二年	周厲王十二年	周夷王十一年	周厲王十一年

周孝王五年（乙未 羊年） 公元前866～前865年

夏曆月序		中西曆日對照	夏曆日序																														節氣與天象
			初一	初二	初三	初四	初五	初六	初七	初八	初九	初十	十一	十二	十三	十四	十五	十六	十七	十八	十九	二十	二一	二二	二三	二四	二五	二六	二七	二八	二九	三十	
正月小	戊寅	天干地支西曆	丁丑17	戊寅18	己卯19	庚辰20	辛巳21	壬午22	癸未23	甲申24	乙酉25	丙戌26	丁亥27	戊子28	己丑(3)	庚寅2	辛卯3	壬辰4	癸巳5	甲午6	乙未7	丙申8	丁酉9	戊戌10	己亥11	庚子12	辛丑13	壬寅14	癸卯15	甲辰16	乙巳17		
二月大	己卯	天干地支西曆	丙午18	丁未19	戊申20	己酉21	庚戌22	辛亥23	壬子24	癸丑25	甲寅26	乙卯27	丙辰28	丁巳29	戊午30	己未31	庚申(4)	辛酉2	壬戌3	癸亥4	甲子5	乙丑6	丙寅7	丁卯8	戊辰9	己巳10	庚午11	辛未12	壬申13	癸酉14	甲戌15	乙亥16	戊午春分
三月小	庚辰	天干地支西曆	丙子17	丁丑18	戊寅19	己卯20	庚辰21	辛巳22	壬午23	癸未24	甲申25	乙酉26	丙戌27	丁亥28	戊子29	己丑30	庚寅(5)	辛卯2	壬辰3	癸巳4	甲午5	乙未6	丙申7	丁酉8	戊戌9	己亥10	庚子11	辛丑12	壬寅13	癸卯14	甲辰15		
四月大	辛巳	天干地支西曆	乙巳16	丙午17	丁未18	戊申19	己酉20	庚戌21	辛亥22	壬子23	癸丑24	甲寅25	乙卯26	丙辰27	丁巳28	戊午29	己未30	庚申31	辛酉(6)	壬戌2	癸亥3	甲子4	乙丑5	丙寅6	丁卯7	戊辰8	己巳9	庚午10	辛未11	壬申12	癸酉13	甲戌14	乙巳立夏
五月小	壬午	天干地支西曆	乙亥15	丙子16	丁丑17	戊寅18	己卯19	庚辰20	辛巳21	壬午22	癸未23	甲申24	乙酉25	丙戌26	丁亥27	戊子28	己丑29	庚寅30	辛卯(7)	壬辰2	癸巳3	甲午4	乙未5	丙申6	丁酉7	戊戌8	己亥9	庚子10	辛丑11	壬寅12	癸卯13		壬辰夏至
六月大	癸未	天干地支西曆	甲辰14	乙巳15	丙午16	丁未17	戊申18	己酉19	庚戌20	辛亥21	壬子22	癸丑23	甲寅24	乙卯25	丙辰26	丁巳27	戊午28	己未29	庚申30	辛酉31	壬戌(8)	癸亥2	甲子3	乙丑4	丙寅5	丁卯6	戊辰7	己巳8	庚午9	辛未10	壬申11	癸酉12	甲辰日食
七月小	甲申	天干地支西曆	甲戌13	乙亥14	丙子15	丁丑16	戊寅17	己卯18	庚辰19	辛巳20	壬午21	癸未22	甲申23	乙酉24	丙戌25	丁亥26	戊子27	己丑28	庚寅29	辛卯30	壬辰31	癸巳(9)	甲午2	乙未3	丙申4	丁酉5	戊戌6	己亥7	庚子8	辛丑9	壬寅10		己卯立秋
八月小	乙酉	天干地支西曆	癸卯11	甲辰12	乙巳13	丙午14	丁未15	戊申16	己酉17	庚戌18	辛亥19	壬子20	癸丑21	甲寅22	乙卯23	丙辰24	丁巳25	戊午26	己未27	庚申28	辛酉29	壬戌30	癸亥(10)	甲子2	乙丑3	丙寅4	丁卯5	戊辰6	己巳7	庚午8	辛未9		甲子秋分
九月大	丙戌	天干地支西曆	壬申10	癸酉11	甲戌12	乙亥13	丙子14	丁丑15	戊寅16	己卯17	庚辰18	辛巳19	壬午20	癸未21	甲申22	乙酉23	丙戌24	丁亥25	戊子26	己丑27	庚寅28	辛卯29	壬辰30	癸巳31	甲午(11)	乙未2	丙申3	丁酉4	戊戌5	己亥6	庚子7	辛丑8	
十月小	丁亥	天干地支西曆	壬寅9	癸卯10	甲辰11	乙巳12	丙午13	丁未14	戊申15	己酉16	庚戌17	辛亥18	壬子19	癸丑20	甲寅21	乙卯22	丙辰23	丁巳24	戊午25	己未26	庚申27	辛酉28	壬戌29	癸亥30	甲子(12)	乙丑2	丙寅3	丁卯4	戊辰5	己巳6	庚午7		戊申立冬
十一月大	戊子	天干地支西曆	辛未8	壬申9	癸酉10	甲戌11	乙亥12	丙子13	丁丑14	戊寅15	己卯16	庚辰17	辛巳18	壬午19	癸未20	甲申21	乙酉22	丙戌23	丁亥24	戊子25	己丑26	庚寅27	辛卯28	壬辰29	癸巳30	甲午31	乙未(1)	丙申2	丁酉3	戊戌4	己亥5	庚子6	壬辰冬至
十二月大	己丑	天干地支西曆	辛丑7	壬寅8	癸卯9	甲辰10	乙巳11	丙午12	丁未13	戊申14	己酉15	庚戌16	辛亥17	壬子18	癸丑19	甲寅20	乙卯21	丙辰22	丁巳23	戊午24	己未25	庚申26	辛酉27	壬戌28	癸亥29	甲子30	乙丑31	丙寅(2)	丁卯2	戊辰3	己巳4	庚午5	

年代異同	史記魯世家	漢書律曆志	帝王世紀	竹書紀年	皇極經世	文獻通考	歷代帝王年表	歷代統紀表	中國年曆總譜	西周年代	斷代工程
	周夷王七年		周夷王十五年	周孝王五年	周厲王十三年	周厲王十三年	周厲王十三年	周厲王十三年	周厲王十三年	周夷王十二年	周厲王十二年

周孝王六年（丙申 猴年） 公元前 865 ~ 前 864 年

夏曆月序	中西曆日對照	初一	初二	初三	初四	初五	初六	初七	初八	初九	初十	十一	十二	十三	十四	十五	十六	十七	十八	十九	二十	二一	二二	二三	二四	二五	二六	二七	二八	二九	三十	節氣與天象
正月小 庚寅	天干 地支 西曆	辛未 6	壬申 7	癸酉 8	甲戌 9	乙亥 10	丙子 11	丁丑 12	戊寅 13	己卯 14	庚辰 15	辛巳 16	壬午 17	癸未 18	甲申 19	乙酉 20	丙戌 21	丁亥 22	戊子 23	己丑 24	庚寅 25	辛卯 26	壬辰 27	癸巳 28	甲午 29	乙未 (3)	丙申 2	丁酉 3	戊戌 4	己亥 5		丁丑立春
二月大 辛卯	天干 地支 西曆	庚子 6	辛丑 7	壬寅 8	癸卯 9	甲辰 10	乙巳 11	丙午 12	丁未 13	戊申 14	己酉 15	庚戌 16	辛亥 17	壬子 18	癸丑 19	甲寅 20	乙卯 21	丙辰 22	丁巳 23	戊午 24	己未 25	庚申 26	辛酉 27	壬戌 28	癸亥 29	甲子 30	乙丑 31	丙寅 (4)	丁卯 2	戊辰 3	己巳 4	癸亥春分
三月大 壬辰	天干 地支 西曆	庚午 5	辛未 6	壬申 7	癸酉 8	甲戌 9	乙亥 10	丙子 11	丁丑 12	戊寅 13	己卯 14	庚辰 15	辛巳 16	壬午 17	癸未 18	甲申 19	乙酉 20	丙戌 21	丁亥 22	戊子 23	己丑 24	庚寅 25	辛卯 26	壬辰 27	癸巳 28	甲午 29	乙未 30	丙申 (5)	丁酉 2	戊戌 3	己亥 4	
四月小 癸巳	天干 地支 西曆	庚子 5	辛丑 6	壬寅 7	癸卯 8	甲辰 9	乙巳 10	丙午 11	丁未 12	戊申 13	己酉 14	庚戌 15	辛亥 16	壬子 17	癸丑 18	甲寅 19	乙卯 20	丙辰 21	丁巳 22	戊午 23	己未 24	庚申 25	辛酉 26	壬戌 27	癸亥 28	甲子 29	乙丑 30	丙寅 31	丁卯 (6)	戊辰 2		庚戌立夏
五月大 甲午	天干 地支 西曆	己巳 3	庚午 4	辛未 5	壬申 6	癸酉 7	甲戌 8	乙亥 9	丙子 10	丁丑 11	戊寅 12	己卯 13	庚辰 14	辛巳 15	壬午 16	癸未 17	甲申 18	乙酉 19	丙戌 20	丁亥 21	戊子 22	己丑 23	庚寅 24	辛卯 25	壬辰 26	癸巳 27	甲午 28	乙未 29	丙申 30	丁酉 (7)	戊戌 2	丁酉夏至
六月小 乙未	天干 地支 西曆	己亥 3	庚子 4	辛丑 5	壬寅 6	癸卯 7	甲辰 8	乙巳 9	丙午 10	丁未 11	戊申 12	己酉 13	庚戌 14	辛亥 15	壬子 16	癸丑 17	甲寅 18	乙卯 19	丙辰 20	丁巳 21	戊午 22	己未 23	庚申 24	辛酉 25	壬戌 26	癸亥 27	甲子 28	乙丑 29	丙寅 30	丁卯 31		
七月大 丙申	天干 地支 西曆	戊辰 (8)	己巳 2	庚午 3	辛未 4	壬申 5	癸酉 6	甲戌 7	乙亥 8	丙子 9	丁丑 10	戊寅 11	己卯 12	庚辰 13	辛巳 14	壬午 15	癸未 16	甲申 17	乙酉 18	丙戌 19	丁亥 20	戊子 21	己丑 22	庚寅 23	辛卯 24	壬辰 25	癸巳 26	甲午 27	乙未 28	丙申 29	丁酉 30	甲申立秋
閏七月小 丙申	天干 地支 西曆	戊戌 31	己亥 (9)	庚子 2	辛丑 3	壬寅 4	癸卯 5	甲辰 6	乙巳 7	丙午 8	丁未 9	戊申 10	己酉 11	庚戌 12	辛亥 13	壬子 14	癸丑 15	甲寅 16	乙卯 17	丙辰 18	丁巳 19	戊午 20	己未 21	庚申 22	辛酉 23	壬戌 24	癸亥 25	甲子 26	乙丑 27	丙寅 28		
八月小 丁酉	天干 地支 西曆	丁卯 29	戊辰 30	己巳 (10)	庚午 2	辛未 3	壬申 4	癸酉 5	甲戌 6	乙亥 7	丙子 8	丁丑 9	戊寅 10	己卯 11	庚辰 12	辛巳 13	壬午 14	癸未 15	甲申 16	乙酉 17	丙戌 18	丁亥 19	戊子 20	己丑 21	庚寅 22	辛卯 23	壬辰 24	癸巳 25	甲午 26	乙未 27		己巳秋分
九月大 戊戌	天干 地支 西曆	丙申 28	丁酉 29	戊戌 30	己亥 31	庚子 (11)	辛丑 2	壬寅 3	癸卯 4	甲辰 5	乙巳 6	丙午 7	丁未 8	戊申 9	己酉 10	庚戌 11	辛亥 12	壬子 13	癸丑 14	甲寅 15	乙卯 16	丙辰 17	丁巳 18	戊午 19	己未 20	庚申 21	辛酉 22	壬戌 23	癸亥 24	甲子 25	乙丑 26	癸丑立冬
十月小 己亥	天干 地支 西曆	丙寅 27	丁卯 28	戊辰 29	己巳 30	庚午 (12)	辛未 2	壬申 3	癸酉 4	甲戌 5	乙亥 6	丙子 7	丁丑 8	戊寅 9	己卯 10	庚辰 11	辛巳 12	壬午 13	癸未 14	甲申 15	乙酉 16	丙戌 17	丁亥 18	戊子 19	己丑 20	庚寅 21	辛卯 22	壬辰 23	癸巳 24	甲午 25		丙寅日食
十一月大 庚子	天干 地支 西曆	乙未 26	丙申 27	丁酉 28	戊戌 29	己亥 30	庚子 31	辛丑 (1)	壬寅 2	癸卯 3	甲辰 4	乙巳 5	丙午 6	丁未 7	戊申 8	己酉 9	庚戌 10	辛亥 11	壬子 12	癸丑 13	甲寅 14	乙卯 15	丙辰 16	丁巳 17	戊午 18	己未 19	庚申 20	辛酉 21	壬戌 22	癸亥 23	甲子 24	戊戌冬至
十二月小 辛丑	天干 地支 西曆	乙丑 25	丙寅 26	丁卯 27	戊辰 28	己巳 29	庚午 30	辛未 31	壬申 (2)	癸酉 2	甲戌 3	乙亥 4	丙子 5	丁丑 6	戊寅 7	己卯 8	庚辰 9	辛巳 10	壬午 11	癸未 12	甲申 13	乙酉 14	丙戌 15	丁亥 16	戊子 17	己丑 18	庚寅 19	辛卯 20	壬辰 21	癸巳 22		壬午立春

年代異同	史記魯世家	漢書律曆志	帝王世紀	竹書紀年	皇極經世	文獻通考	歷代帝王年表	歷代統紀表	中國年曆總譜	西周年代	斷代工程
	周夷王八年		周夷王十六年	周孝王六年	周厲王十四年	周厲王十四年	周厲王十四年	周厲王十四年	周厲王十四年	周夷王十三年	周厲王十三年

周孝王七年（丁酉 鷄年） 公元前 **864** ~ 前 863 年

夏曆月序		中西曆日對照	夏曆日序																														節氣與天象
			初一	初二	初三	初四	初五	初六	初七	初八	初九	初十	十一	十二	十三	十四	十五	十六	十七	十八	十九	二十	二一	二二	二三	二四	二五	二六	二七	二八	二九	三十	
正月大	壬寅	天干地支西曆	甲午23	乙未24	丙申25	丁酉26	戊戌27	己亥28	庚子(3)	辛丑2	壬寅3	癸卯4	甲辰5	乙巳6	丙午7	丁未8	戊申9	己酉10	庚戌11	辛亥12	壬子13	癸丑14	甲寅15	乙卯16	丙辰17	丁巳18	戊午19	己未20	庚申21	辛酉22	壬戌23	癸亥24	
二月大	癸卯	天干地支西曆	甲子25	乙丑26	丙寅27	丁卯28	戊辰29	己巳30	庚午31	辛未(4)	壬申2	癸酉3	甲戌4	乙亥5	丙子6	丁丑7	戊寅8	己卯9	庚辰10	辛巳11	壬午12	癸未13	甲申14	乙酉15	丙戌16	丁亥17	戊子18	己丑19	庚寅20	辛卯21	壬辰22	癸巳23	戊辰春分
三月小	甲辰	天干地支西曆	甲午24	乙未25	丙申26	丁酉27	戊戌28	己亥29	庚子30	辛丑(5)	壬寅2	癸卯3	甲辰4	乙巳5	丙午6	丁未7	戊申8	己酉9	庚戌10	辛亥11	壬子12	癸丑13	甲寅14	乙卯15	丙辰16	丁巳17	戊午18	己未19	庚申20	辛酉21	壬戌22		乙卯立夏
四月大	乙巳	天干地支西曆	癸亥23	甲子24	乙丑25	丙寅26	丁卯27	戊辰28	己巳29	庚午30	辛未31	壬申(6)	癸酉2	甲戌3	乙亥4	丙子5	丁丑6	戊寅7	己卯8	庚辰9	辛巳10	壬午11	癸未12	甲申13	乙酉14	丙戌15	丁亥16	戊子17	己丑18	庚寅19	辛卯20	壬辰21	癸亥日食
五月小	丙午	天干地支西曆	癸巳22	甲午23	乙未24	丙申25	丁酉26	戊戌27	己亥28	庚子29	辛丑30	壬寅(7)	癸卯2	甲辰3	乙巳4	丙午5	丁未6	戊申7	己酉8	庚戌9	辛亥10	壬子11	癸丑12	甲寅13	乙卯14	丙辰15	丁巳16	戊午17	己未18	庚申19	辛酉20		癸卯夏至
六月大	丁未	天干地支西曆	壬戌21	癸亥22	甲子23	乙丑24	丙寅25	丁卯26	戊辰27	己巳28	庚午29	辛未30	壬申31	癸酉(8)	甲戌2	乙亥3	丙子4	丁丑5	戊寅6	己卯7	庚辰8	辛巳9	壬午10	癸未11	甲申12	乙酉13	丙戌14	丁亥15	戊子16	己丑17	庚寅18	辛卯19	己丑立秋
七月大	戊申	天干地支西曆	壬辰20	癸巳21	甲午22	乙未23	丙申24	丁酉25	戊戌26	己亥27	庚子28	辛丑29	壬寅30	癸卯31	甲辰(9)	乙巳2	丙午3	丁未4	戊申5	己酉6	庚戌7	辛亥8	壬子9	癸丑10	甲寅11	乙卯12	丙辰13	丁巳14	戊午15	己未16	庚申17	辛酉18	
八月小	己酉	天干地支西曆	壬戌19	癸亥20	甲子21	乙丑22	丙寅23	丁卯24	戊辰25	己巳26	庚午27	辛未28	壬申29	癸酉30	甲戌(10)	乙亥2	丙子3	丁丑4	戊寅5	己卯6	庚辰7	辛巳8	壬午9	癸未10	甲申11	乙酉12	丙戌13	丁亥14	戊子15	己丑16	庚寅17		甲戌秋分
九月大	庚戌	天干地支西曆	辛卯18	壬辰19	癸巳20	甲午21	乙未22	丙申23	丁酉24	戊戌25	己亥26	庚子27	辛丑28	壬寅29	癸卯30	甲辰31	乙巳(11)	丙午2	丁未3	戊申4	己酉5	庚戌6	辛亥7	壬子8	癸丑9	甲寅10	乙卯11	丙辰12	丁巳13	戊午14	己未15	庚申16	己未立冬
十月小	辛亥	天干地支西曆	辛酉17	壬戌18	癸亥19	甲子20	乙丑21	丙寅22	丁卯23	戊辰24	己巳25	庚午26	辛未27	壬申28	癸酉29	甲戌30	乙亥(12)	丙子2	丁丑3	戊寅4	己卯5	庚辰6	辛巳7	壬午8	癸未9	甲申10	乙酉11	丙戌12	丁亥13	戊子14	己丑15		
十一月大	壬子	天干地支西曆	庚寅16	辛卯17	壬辰18	癸巳19	甲午20	乙未21	丙申22	丁酉23	戊戌24	己亥25	庚子26	辛丑27	壬寅28	癸卯29	甲辰30	乙巳31	丙午(1)	丁未2	戊申3	己酉4	庚戌5	辛亥6	壬子7	癸丑8	甲寅9	乙卯10	丙辰11	丁巳12	戊午13	己未14	癸卯冬至
十二月小	癸丑	天干地支西曆	庚申15	辛酉16	壬戌17	癸亥18	甲子19	乙丑20	丙寅21	丁卯22	戊辰23	己巳24	庚午25	辛未26	壬申27	癸酉28	甲戌29	乙亥30	丙子31	丁丑(2)	戊寅2	己卯3	庚辰4	辛巳5	壬午6	癸未7	甲申8	乙酉9	丙戌10	丁亥11	戊子12		戊子立春

年代異同	史記魯世家	漢書律曆志	帝王世紀	竹書紀年	皇極經世	文獻通考	歷代帝王年表	歷代統紀表	中國年曆總譜	西周年代	斷代工程
	周厲王元年		周厲王元年	周孝王七年	周厲王十五年	周厲王十五年	周厲王十五年	周厲王十五年	周厲王十五年	周厲王元年	周厲王十四年

周孝王八年（戊戌 狗年） 公元前863～前862年

夏曆月序		中西曆日對照	初一	初二	初三	初四	初五	初六	初七	初八	初九	初十	十一	十二	十三	十四	十五	十六	十七	十八	十九	二十	二一	二二	二三	二四	二五	二六	二七	二八	二九	三十	節氣與天象
正月小	甲寅	干支 天地西曆	己丑13	庚寅14	辛卯15	壬辰16	癸巳17	甲午18	乙未19	丙申20	丁酉21	戊戌22	己亥23	庚子24	辛丑25	壬寅26	癸卯27	甲辰28	乙巳(3)	丙午2	丁未3	戊申4	己酉5	庚戌6	辛亥7	壬子8	癸丑9	甲寅10	乙卯11	丙辰12	丁巳13		
二月大	乙卯	干支 天地西曆	戊午14	己未15	庚申16	辛酉17	壬戌18	癸亥19	甲子20	乙丑21	丙寅22	丁卯23	戊辰24	己巳25	庚午26	辛未27	壬申28	癸酉29	甲戌30	乙亥31	丙子(4)	丁丑2	戊寅3	己卯4	庚辰5	辛巳6	壬午7	癸未8	甲申9	乙酉10	丙戌11	丁亥12	甲戌春分
三月小	丙辰	干支 天地西曆	戊子13	己丑14	庚寅15	辛卯16	壬辰17	癸巳18	甲午19	乙未20	丙申21	丁酉22	戊戌23	己亥24	庚子25	辛丑26	壬寅27	癸卯28	甲辰29	乙巳30	丙午(5)	丁未2	戊申3	己酉4	庚戌5	辛亥6	壬子7	癸丑8	甲寅9	乙卯10	丙辰11		
四月大	丁巳	干支 天地西曆	丁巳12	戊午13	己未14	庚申15	辛酉16	壬戌17	癸亥18	甲子19	乙丑20	丙寅21	丁卯22	戊辰23	己巳24	庚午25	辛未26	壬申27	癸酉28	甲戌29	乙亥30	丙子31	丁丑(6)	戊寅2	己卯3	庚辰4	辛巳5	壬午6	癸未7	甲申8	乙酉9	丙戌10	辛酉立夏
五月大	戊午	干支 天地西曆	丁亥11	戊子12	己丑13	庚寅14	辛卯15	壬辰16	癸巳17	甲午18	乙未19	丙申20	丁酉21	戊戌22	己亥23	庚子24	辛丑25	壬寅26	癸卯27	甲辰28	乙巳29	丙午30	丁未(7)	戊申2	己酉3	庚戌4	辛亥5	壬子6	癸丑7	甲寅8	乙卯9	丙辰10	戊申夏至
六月小	己未	干支 天地西曆	丁巳11	戊午12	己未13	庚申14	辛酉15	壬戌16	癸亥17	甲子18	乙丑19	丙寅20	丁卯21	戊辰22	己巳23	庚午24	辛未25	壬申26	癸酉27	甲戌28	乙亥29	丙子30	丁丑31	戊寅(8)	己卯2	庚辰3	辛巳4	壬午5	癸未6	甲申7	乙酉8		
七月大	庚申	干支 天地西曆	丙戌9	丁亥10	戊子11	己丑12	庚寅13	辛卯14	壬辰15	癸巳16	甲午17	乙未18	丙申19	丁酉20	戊戌21	己亥22	庚子23	辛丑24	壬寅25	癸卯26	甲辰27	乙巳28	丙午29	丁未30	戊申31	己酉(9)	庚戌2	辛亥3	壬子4	癸丑5	甲寅6	乙卯7	甲午立秋
八月大	辛酉	干支 天地西曆	丙辰8	丁巳9	戊午10	己未11	庚申12	辛酉13	壬戌14	癸亥15	甲子16	乙丑17	丙寅18	丁卯19	戊辰20	己巳21	庚午22	辛未23	壬申24	癸酉25	甲戌26	乙亥27	丙子28	丁丑29	戊寅30	己卯(10)	庚辰2	辛巳3	壬午4	癸未5	甲申6	乙酉7	庚辰秋分
九月小	壬戌	干支 天地西曆	丙戌8	丁亥9	戊子10	己丑11	庚寅12	辛卯13	壬辰14	癸巳15	甲午16	乙未17	丙申18	丁酉19	戊戌20	己亥21	庚子22	辛丑23	壬寅24	癸卯25	甲辰26	乙巳27	丙午28	丁未29	戊申30	己酉31	庚戌(11)	辛亥2	壬子3	癸丑4	甲寅5		
十月大	癸亥	干支 天地西曆	乙卯6	丙辰7	丁巳8	戊午9	己未10	庚申11	辛酉12	壬戌13	癸亥14	甲子15	乙丑16	丙寅17	丁卯18	戊辰19	己巳20	庚午21	辛未22	壬申23	癸酉24	甲戌25	乙亥26	丙子27	丁丑28	戊寅29	己卯30	庚辰(12)	辛巳2	壬午3	癸未4	甲申5	甲子立冬
十一月小	甲子	干支 天地西曆	乙酉6	丙戌7	丁亥8	戊子9	己丑10	庚寅11	辛卯12	壬辰13	癸巳14	甲午15	乙未16	丙申17	丁酉18	戊戌19	己亥20	庚子21	辛丑22	壬寅23	癸卯24	甲辰25	乙巳26	丙午27	丁未28	戊申29	己酉30	庚戌31	辛亥(1)	壬子2	癸丑3		戊申冬至
十二月大	乙丑	干支 天地西曆	甲寅4	乙卯5	丙辰6	丁巳7	戊午8	己未9	庚申10	辛酉11	壬戌12	癸亥13	甲子14	乙丑15	丙寅16	丁卯17	戊辰18	己巳19	庚午20	辛未21	壬申22	癸酉23	甲戌24	乙亥25	丙子26	丁丑27	戊寅28	己卯29	庚辰30	辛巳31	壬午(2)	癸未2	

年代異同	史記魯世家	漢書律曆志	帝王世紀	竹書紀年	皇極經世	文獻通考	歷代帝王年表	歷代統紀表	中國年曆總譜	西周年代	斷代工程
	周厲王二年		周厲王二年	周孝王八年	周厲王十六年	周厲王十六年	周厲王十六年	周厲王十六年	周厲王十六年	周厲王二年	周厲王十五年

周孝王九年（己亥 猪年） 公元前862～前861年

夏曆月序		中西曆日對照	初一	初二	初三	初四	初五	初六	初七	初八	初九	初十	十一	十二	十三	十四	十五	十六	十七	十八	十九	二十	二一	二二	二三	二四	二五	二六	二七	二八	二九	三十	節氣與天象
正月小	丙寅	干支曆 天地西	甲申3	乙酉4	丙戌5	丁亥6	戊子7	己丑8	庚寅9	辛卯10	壬辰11	癸巳12	甲午13	乙未14	丙申15	丁酉16	戊戌17	己亥18	庚子19	辛丑20	壬寅21	癸卯22	甲辰23	乙巳24	丙午25	丁未26	戊申27	己酉28	庚戌(3)	辛亥2	壬子3		癸巳立春
二月小	丁卯	干支曆 天地西	癸丑4	甲寅5	乙卯6	丙辰7	丁巳8	戊午9	己未10	庚申11	辛酉12	壬戌13	癸亥14	甲子15	乙丑16	丙寅17	丁卯18	戊辰19	己巳20	庚午21	辛未22	壬申23	癸酉24	甲戌25	乙亥26	丙子27	丁丑28	戊寅29	己卯30	庚辰31	辛巳(4)		己卯春分
三月大	戊辰	干支曆 天地西	壬午2	癸未3	甲申4	乙酉5	丙戌6	丁亥7	戊子8	己丑9	庚寅10	辛卯11	壬辰12	癸巳13	甲午14	乙未15	丙申16	丁酉17	戊戌18	己亥19	庚子20	辛丑21	壬寅22	癸卯23	甲辰24	乙巳25	丙午26	丁未27	戊申28	己酉29	庚戌30	辛亥(5)	
四月小	己巳	干支曆 天地西	壬子2	癸丑3	甲寅4	乙卯5	丙辰6	丁巳7	戊午8	己未9	庚申10	辛酉11	壬戌12	癸亥13	甲子14	乙丑15	丙寅16	丁卯17	戊辰18	己巳19	庚午20	辛未21	壬申22	癸酉23	甲戌24	乙亥25	丙子26	丁丑27	戊寅28	己卯29	庚辰30		丙寅立夏
閏四月大	己巳	干支曆 天地西	辛巳31	壬午(6)	癸未2	甲申3	乙酉4	丙戌5	丁亥6	戊子7	己丑8	庚寅9	辛卯10	壬辰11	癸巳12	甲午13	乙未14	丙申15	丁酉16	戊戌17	己亥18	庚子19	辛丑20	壬寅21	癸卯22	甲辰23	乙巳24	丙午25	丁未26	戊申27	己酉28	庚戌29	
五月小	庚午	干支曆 天地西	辛亥30	壬子(7)	癸丑2	甲寅3	乙卯4	丙辰5	丁巳6	戊午7	己未8	庚申9	辛酉10	壬戌11	癸亥12	甲子13	乙丑14	丙寅15	丁卯16	戊辰17	己巳18	庚午19	辛未20	壬申21	癸酉22	甲戌23	乙亥24	丙子25	丁丑26	戊寅27	己卯28		癸丑夏至
六月大	辛未	干支曆 天地西	庚辰29	辛巳30	壬午31	癸未(8)	甲申2	乙酉3	丙戌4	丁亥5	戊子6	己丑7	庚寅8	辛卯9	壬辰10	癸巳11	甲午12	乙未13	丙申14	丁酉15	戊戌16	己亥17	庚子18	辛丑19	壬寅20	癸卯21	甲辰22	乙巳23	丙午24	丁未25	戊申26	己酉27	庚子立秋
七月大	壬申	干支曆 天地西	庚戌28	辛亥29	壬子30	癸丑31	甲寅(9)	乙卯2	丙辰3	丁巳4	戊午5	己未6	庚申7	辛酉8	壬戌9	癸亥10	甲子11	乙丑12	丙寅13	丁卯14	戊辰15	己巳16	庚午17	辛未18	壬申19	癸酉20	甲戌21	乙亥22	丙子23	丁丑24	戊寅25	己卯26	
八月小	癸酉	干支曆 天地西	庚辰27	辛巳28	壬午29	癸未30	甲申(10)	乙酉2	丙戌3	丁亥4	戊子5	己丑6	庚寅7	辛卯8	壬辰9	癸巳10	甲午11	乙未12	丙申13	丁酉14	戊戌15	己亥16	庚子17	辛丑18	壬寅19	癸卯20	甲辰21	乙巳22	丙午23	丁未24	戊申25		乙酉秋分
九月大	甲戌	干支曆 天地西	己酉26	庚戌27	辛亥28	壬子29	癸丑30	甲寅31	乙卯(11)	丙辰2	丁巳3	戊午4	己未5	庚申6	辛酉7	壬戌8	癸亥9	甲子10	乙丑11	丙寅12	丁卯13	戊辰14	己巳15	庚午16	辛未17	壬申18	癸酉19	甲戌20	乙亥21	丙子22	丁丑23	戊寅24	己巳立冬
十月大	乙亥	干支曆 天地西	己卯25	庚辰26	辛巳27	壬午28	癸未29	甲申30	乙酉(12)	丙戌2	丁亥3	戊子4	己丑5	庚寅6	辛卯7	壬辰8	癸巳9	甲午10	乙未11	丙申12	丁酉13	戊戌14	己亥15	庚子16	辛丑17	壬寅18	癸卯19	甲辰20	乙巳21	丙午22	丁未23	戊申24	
十一月小	丙子	干支曆 天地西	己酉25	庚戌26	辛亥27	壬子28	癸丑29	甲寅30	乙卯31	丙辰(1)	丁巳2	戊午3	己未4	庚申5	辛酉6	壬戌7	癸亥8	甲子9	乙丑10	丙寅11	丁卯12	戊辰13	己巳14	庚午15	辛未16	壬申17	癸酉18	甲戌19	乙亥20	丙子21	丁丑22		癸丑冬至
十二月大	丁丑	干支曆 天地西	戊寅23	己卯24	庚辰25	辛巳26	壬午27	癸未28	甲申29	乙酉30	丙戌31	丁亥(2)	戊子2	己丑3	庚寅4	辛卯5	壬辰6	癸巳7	甲午8	乙未9	丙申10	丁酉11	戊戌12	己亥13	庚子14	辛丑15	壬寅16	癸卯17	甲辰18	乙巳19	丙午20	丁未21	戊戌立春

	史記魯世家	漢書律曆志	帝王世紀	竹書紀年	皇極經世	文獻通考	歷代帝王年表	歷代統紀表	中國年曆總譜	西周年代	斷代工程
年代異同	周厲王三年		周厲王三年	周孝王九年	周厲王十七年	周厲王十七年	周厲王十七年	周厲王十七年	周厲王十七年	周厲王三年	周厲王十六年

周夷王元年（庚子 鼠年） 公元前 **861** ~ 前 860 年

夏曆月序	中西曆日對照	初一	初二	初三	初四	初五	初六	初七	初八	初九	初十	十一	十二	十三	十四	十五	十六	十七	十八	十九	二十	二一	二二	二三	二四	二五	二六	二七	二八	二九	三十	節氣與天象
正月小 戊寅	干支 天地 西曆	戊申 22	己酉 23	庚戌 24	辛亥 25	壬子 26	癸丑 27	甲寅 28	乙卯 29	丙辰 (3)	丁巳 2	戊午 3	己未 4	庚申 5	辛酉 6	壬戌 7	癸亥 8	甲子 9	乙丑 10	丙寅 11	丁卯 12	戊辰 13	己巳 14	庚午 15	辛未 16	壬申 17	癸酉 18	甲戌 19	乙亥 20	丙子 21		
二月小 己卯	干支 天地 西曆	丁丑 22	戊寅 23	己卯 24	庚辰 25	辛巳 26	壬午 27	癸未 28	甲申 29	乙酉 30	丙戌 31	丁亥 (4)	戊子 2	己丑 3	庚寅 4	辛卯 5	壬辰 6	癸巳 7	甲午 8	乙未 9	丙申 10	丁酉 11	戊戌 12	己亥 13	庚子 14	辛丑 15	壬寅 16	癸卯 17	甲辰 18	乙巳 19		甲申春分
三月大 庚辰	干支 天地 西曆	丙午 20	丁未 21	戊申 22	己酉 23	庚戌 24	辛亥 25	壬子 26	癸丑 27	甲寅 28	乙卯 29	丙辰 30	丁巳 (5)	戊午 2	己未 3	庚申 4	辛酉 5	壬戌 6	癸亥 7	甲子 8	乙丑 9	丙寅 10	丁卯 11	戊辰 12	己巳 13	庚午 14	辛未 15	壬申 16	癸酉 17	甲戌 18	乙亥 19	辛未立夏
四月小 辛巳	干支 天地 西曆	丙子 20	丁丑 21	戊寅 22	己卯 23	庚辰 24	辛巳 25	壬午 26	癸未 27	甲申 28	乙酉 29	丙戌 30	丁亥 31	戊子 (6)	己丑 2	庚寅 3	辛卯 4	壬辰 5	癸巳 6	甲午 7	乙未 8	丙申 9	丁酉 10	戊戌 11	己亥 12	庚子 13	辛丑 14	壬寅 15	癸卯 16	甲辰 17		
五月小 壬午	干支 天地 西曆	乙巳 18	丙午 19	丁未 20	戊申 21	己酉 22	庚戌 23	辛亥 24	壬子 25	癸丑 26	甲寅 27	乙卯 28	丙辰 29	丁巳 30	戊午 (7)	己未 2	庚申 3	辛酉 4	壬戌 5	癸亥 6	甲子 7	乙丑 8	丙寅 9	丁卯 10	戊辰 11	己巳 12	庚午 13	辛未 14	壬申 15	癸酉 16		戊午夏至
六月大 癸未	干支 天地 西曆	甲戌 17	乙亥 18	丙子 19	丁丑 20	戊寅 21	己卯 22	庚辰 23	辛巳 24	壬午 25	癸未 26	甲申 27	乙酉 28	丙戌 29	丁亥 30	戊子 31	己丑 (8)	庚寅 2	辛卯 3	壬辰 4	癸巳 5	甲午 6	乙未 7	丙申 8	丁酉 9	戊戌 10	己亥 11	庚子 12	辛丑 13	壬寅 14	癸卯 15	
七月大 甲申	干支 天地 西曆	甲辰 16	乙巳 17	丙午 18	丁未 19	戊申 20	己酉 21	庚戌 22	辛亥 23	壬子 24	癸丑 25	甲寅 26	乙卯 27	丙辰 28	丁巳 29	戊午 30	己未 31	庚申 (9)	辛酉 2	壬戌 3	癸亥 4	甲子 5	乙丑 6	丙寅 7	丁卯 8	戊辰 9	己巳 10	庚午 11	辛未 12	壬申 13	癸酉 14	乙巳立秋
八月小 乙酉	干支 天地 西曆	甲戌 15	乙亥 16	丙子 17	丁丑 18	戊寅 19	己卯 20	庚辰 21	辛巳 22	壬午 23	癸未 24	甲申 25	乙酉 26	丙戌 27	丁亥 28	戊子 29	己丑 30	庚寅 (10)	辛卯 2	壬辰 3	癸巳 4	甲午 5	乙未 6	丙申 7	丁酉 8	戊戌 9	己亥 10	庚子 11	辛丑 12	壬寅 13		庚寅秋分
九月大 丙戌	干支 天地 西曆	癸卯 14	甲辰 15	乙巳 16	丙午 17	丁未 18	戊申 19	己酉 20	庚戌 21	辛亥 22	壬子 23	癸丑 24	甲寅 25	乙卯 26	丙辰 27	丁巳 28	戊午 29	己未 30	庚申 31	辛酉 (11)	壬戌 2	癸亥 3	甲子 4	乙丑 5	丙寅 6	丁卯 7	戊辰 8	己巳 9	庚午 10	辛未 11	壬申 12	
十月大 丁亥	干支 天地 西曆	癸酉 13	甲戌 14	乙亥 15	丙子 16	丁丑 17	戊寅 18	己卯 19	庚辰 20	辛巳 21	壬午 22	癸未 23	甲申 24	乙酉 25	丙戌 26	丁亥 27	戊子 28	己丑 29	庚寅 30	辛卯 (12)	壬辰 2	癸巳 3	甲午 4	乙未 5	丙申 6	丁酉 7	戊戌 8	己亥 9	庚子 10	辛丑 11	壬寅 12	甲戌立冬
十一月大 戊子	干支 天地 西曆	癸卯 13	甲辰 14	乙巳 15	丙午 16	丁未 17	戊申 18	己酉 19	庚戌 20	辛亥 21	壬子 22	癸丑 23	甲寅 24	乙卯 25	丙辰 26	丁巳 27	戊午 28	己未 29	庚申 30	辛酉 31	壬戌 (1)	癸亥 2	甲子 3	乙丑 4	丙寅 5	丁卯 6	戊辰 7	己巳 8	庚午 9	辛未 10	壬申 11	己未冬至
十二月小 己丑	干支 天地 西曆	癸酉 12	甲戌 13	乙亥 14	丙子 15	丁丑 16	戊寅 17	己卯 18	庚辰 19	辛巳 20	壬午 21	癸未 22	甲申 23	乙酉 24	丙戌 25	丁亥 26	戊子 27	己丑 28	庚寅 29	辛卯 30	壬辰 31	癸巳 (2)	甲午 2	乙未 3	丙申 4	丁酉 5	戊戌 6	己亥 7	庚子 8	辛丑 9		

年代異同	史記魯世家	漢書律曆志	帝王世紀	竹書紀年	皇極經世	文獻通考	歷代帝王年表	歷代統紀表	中國年曆總譜	西周年代	斷代工程
	周厲王四年		周厲王四年	周夷王元年	周厲王十八年	周厲王十八年	周厲王十八年	周厲王十八年	周厲王十八年	周厲王四年	周厲王十七年

周夷王二年（辛丑 牛年） 公元前**860** ~ 前859年

夏曆月序		中西曆日對照	初一	初二	初三	初四	初五	初六	初七	初八	初九	初十	十一	十二	十三	十四	十五	十六	十七	十八	十九	二十	二一	二二	二三	二四	二五	二六	二七	二八	二九	三十	節氣與天象
正月大	庚寅	干支 天地西曆	壬寅 10	癸卯 11	甲辰 12	乙巳 13	丙午 14	丁未 15	戊申 16	己酉 17	庚戌 18	辛亥 19	壬子 20	癸丑 21	甲寅 22	乙卯 23	丙辰 24	丁巳 25	戊午 26	己未 27	庚申 28	辛酉 (3)	壬戌 2	癸亥 3	甲子 4	乙丑 5	丙寅 6	丁卯 7	戊辰 8	己巳 9	庚午 10	辛未 11	癸卯立春
二月小	辛卯	干支 天地西曆	壬申 12	癸酉 13	甲戌 14	乙亥 15	丙子 16	丁丑 17	戊寅 18	己卯 19	庚辰 20	辛巳 21	壬午 22	癸未 23	甲申 24	乙酉 25	丙戌 26	丁亥 27	戊子 28	己丑 29	庚寅 30	辛卯 31	壬辰 (4)	癸巳 2	甲午 3	乙未 4	丙申 5	丁酉 6	戊戌 7	己亥 8	庚子 9		己丑春分
三月小	壬辰	干支 天地西曆	辛丑 10	壬寅 11	癸卯 12	甲辰 13	乙巳 14	丙午 15	丁未 16	戊申 17	己酉 18	庚戌 19	辛亥 20	壬子 21	癸丑 22	甲寅 23	乙卯 24	丙辰 25	丁巳 26	戊午 27	己未 28	庚申 29	辛酉 30	壬戌 (5)	癸亥 2	甲子 3	乙丑 4	丙寅 5	丁卯 6	戊辰 7	己巳 8		
四月大	癸巳	干支 天地西曆	庚午 9	辛未 10	壬申 11	癸酉 12	甲戌 13	乙亥 14	丙子 15	丁丑 16	戊寅 17	己卯 18	庚辰 19	辛巳 20	壬午 21	癸未 22	甲申 23	乙酉 24	丙戌 25	丁亥 26	戊子 27	己丑 28	庚寅 29	辛卯 30	壬辰 31	癸巳 (6)	甲午 2	乙未 3	丙申 4	丁酉 5	戊戌 6	己亥 7	丙子立夏
五月小	甲午	干支 天地西曆	庚子 8	辛丑 9	壬寅 10	癸卯 11	甲辰 12	乙巳 13	丙午 14	丁未 15	戊申 16	己酉 17	庚戌 18	辛亥 19	壬子 20	癸丑 21	甲寅 22	乙卯 23	丙辰 24	丁巳 25	戊午 26	己未 27	庚申 28	辛酉 29	壬戌 30	癸亥 (7)	甲子 2	乙丑 3	丙寅 4	丁卯 5	戊辰 6		甲子夏至
六月小	乙未	干支 天地西曆	己巳 7	庚午 8	辛未 9	壬申 10	癸酉 11	甲戌 12	乙亥 13	丙子 14	丁丑 15	戊寅 16	己卯 17	庚辰 18	辛巳 19	壬午 20	癸未 21	甲申 22	乙酉 23	丙戌 24	丁亥 25	戊子 26	己丑 27	庚寅 28	辛卯 29	壬辰 30	癸巳 31	甲午 (8)	乙未 2	丙申 3	丁酉 4		
七月大	丙申	干支 天地西曆	戊戌 5	己亥 6	庚子 7	辛丑 8	壬寅 9	癸卯 10	甲辰 11	乙巳 12	丙午 13	丁未 14	戊申 15	己酉 16	庚戌 17	辛亥 18	壬子 19	癸丑 20	甲寅 21	乙卯 22	丙辰 23	丁巳 24	戊午 25	己未 26	庚申 27	辛酉 28	壬戌 29	癸亥 30	甲子 31	乙丑 (9)	丙寅 2	丁卯 3	庚戌立秋
八月小	丁酉	干支 天地西曆	戊辰 4	己巳 5	庚午 6	辛未 7	壬申 8	癸酉 9	甲戌 10	乙亥 11	丙子 12	丁丑 13	戊寅 14	己卯 15	庚辰 16	辛巳 17	壬午 18	癸未 19	甲申 20	乙酉 21	丙戌 22	丁亥 23	戊子 24	己丑 25	庚寅 26	辛卯 27	壬辰 28	癸巳 29	甲午 30	乙未 (10)	丙申 2		乙未秋分 戊辰日食
九月大	戊戌	干支 天地西曆	丁酉 3	戊戌 4	己亥 5	庚子 6	辛丑 7	壬寅 8	癸卯 9	甲辰 10	乙巳 11	丙午 12	丁未 13	戊申 14	己酉 15	庚戌 16	辛亥 17	壬子 18	癸丑 19	甲寅 20	乙卯 21	丙辰 22	丁巳 23	戊午 24	己未 25	庚申 26	辛酉 27	壬戌 28	癸亥 29	甲子 30	乙丑 31	丙寅 (11)	
十月大	己亥	干支 天地西曆	丁卯 2	戊辰 3	己巳 4	庚午 5	辛未 6	壬申 7	癸酉 8	甲戌 9	乙亥 10	丙子 11	丁丑 12	戊寅 13	己卯 14	庚辰 15	辛巳 16	壬午 17	癸未 18	甲申 19	乙酉 20	丙戌 21	丁亥 22	戊子 23	己丑 24	庚寅 25	辛卯 26	壬辰 27	癸巳 28	甲午 29	乙未 30	丙申 (12)	庚辰立冬
十一月大	庚子	干支 天地西曆	丁酉 2	戊戌 3	己亥 4	庚子 5	辛丑 6	壬寅 7	癸卯 8	甲辰 9	乙巳 10	丙午 11	丁未 12	戊申 13	己酉 14	庚戌 15	辛亥 16	壬子 17	癸丑 18	甲寅 19	乙卯 20	丙辰 21	丁巳 22	戊午 23	己未 24	庚申 25	辛酉 26	壬戌 27	癸亥 28	甲子 29	乙丑 30	丙寅 31	甲子冬至
十二月大	辛丑	干支 天地西曆	丁卯 (1)	戊辰 2	己巳 3	庚午 4	辛未 5	壬申 6	癸酉 7	甲戌 8	乙亥 9	丙子 10	丁丑 11	戊寅 12	己卯 13	庚辰 14	辛巳 15	壬午 16	癸未 17	甲申 18	乙酉 19	丙戌 20	丁亥 21	戊子 22	己丑 23	庚寅 24	辛卯 25	壬辰 26	癸巳 27	甲午 28	乙未 29	丙申 30	

年代異同	史記魯世家	漢書律曆志	帝王世紀	竹書紀年	皇極經世	文獻通考	歷代帝王年表	歷代統紀表	中國年曆總譜	西周年代	斷代工程
	周厲王五年		周厲王五年	周夷王二年	周厲王十九年	周厲王十九年	周厲王十九年	周厲王十九年	周厲王十九年	周厲王五年	周厲王十八年

周夷王三年（壬寅 虎年） 公元前 859 ~ 前 858 年

夏曆月序		中西曆日對照	初一	初二	初三	初四	初五	初六	初七	初八	初九	初十	十一	十二	十三	十四	十五	十六	十七	十八	十九	二十	二一	二二	二三	二四	二五	二六	二七	二八	二九	三十	節氣與天象
正月小	壬寅	天干地支西曆	丁酉31	戊戌(2)	己亥2	庚子3	辛丑4	壬寅5	癸卯6	甲辰7	乙巳8	丙午9	丁未10	戊申11	己酉12	庚戌13	辛亥14	壬子15	癸丑16	甲寅17	乙卯18	丙辰19	丁巳20	戊午21	己未22	庚申23	辛酉24	壬戌25	癸亥26	甲子27	乙丑28		己酉立春
二月大	癸卯	天干地支西曆	丙寅(3)	丁卯2	戊辰3	己巳4	庚午5	辛未6	壬申7	癸酉8	甲戌9	乙亥10	丙子11	丁丑12	戊寅13	己卯14	庚辰15	辛巳16	壬午17	癸未18	甲申19	乙酉20	丙戌21	丁亥22	戊子23	己丑24	庚寅25	辛卯26	壬辰27	癸巳28	甲午29	乙未30	乙未春分
閏二月小	癸卯	天干地支西曆	丙申31	丁酉(4)	戊戌2	己亥3	庚子4	辛丑5	壬寅6	癸卯7	甲辰8	乙巳9	丙午10	丁未11	戊申12	己酉13	庚戌14	辛亥15	壬子16	癸丑17	甲寅18	乙卯19	丙辰20	丁巳21	戊午22	己未23	庚申24	辛酉25	壬戌26	癸亥27	甲子28		
三月小	甲辰	天干地支西曆	乙丑29	丙寅30	丁卯(5)	戊辰2	己巳3	庚午4	辛未5	壬申6	癸酉7	甲戌8	乙亥9	丙子10	丁丑11	戊寅12	己卯13	庚辰14	辛巳15	壬午16	癸未17	甲申18	乙酉19	丙戌20	丁亥21	戊子22	己丑23	庚寅24	辛卯25	壬辰26	癸巳27		壬午立夏
四月大	乙巳	天干地支西曆	甲午28	乙未29	丙申30	丁酉31	戊戌(6)	己亥2	庚子3	辛丑4	壬寅5	癸卯6	甲辰7	乙巳8	丙午9	丁未10	戊申11	己酉12	庚戌13	辛亥14	壬子15	癸丑16	甲寅17	乙卯18	丙辰19	丁巳20	戊午21	己未22	庚申23	辛酉24	壬戌25	癸亥26	
五月小	丙午	天干地支西曆	甲子27	乙丑28	丙寅29	丁卯30	戊辰(7)	己巳2	庚午3	辛未4	壬申5	癸酉6	甲戌7	乙亥8	丙子9	丁丑10	戊寅11	己卯12	庚辰13	辛巳14	壬午15	癸未16	甲申17	乙酉18	丙戌19	丁亥20	戊子21	己丑22	庚寅23	辛卯24	壬辰25		己巳夏至
六月小	丁未	天干地支西曆	癸巳26	甲午27	乙未28	丙申29	丁酉30	戊戌31	己亥(8)	庚子2	辛丑3	壬寅4	癸卯5	甲辰6	乙巳7	丙午8	丁未9	戊申10	己酉11	庚戌12	辛亥13	壬子14	癸丑15	甲寅16	乙卯17	丙辰18	丁巳19	戊午20	己未21	庚申22	辛酉23		乙卯立秋
七月大	戊申	天干地支西曆	壬戌24	癸亥25	甲子26	乙丑27	丙寅28	丁卯29	戊辰30	己巳31	庚午(9)	辛未2	壬申3	癸酉4	甲戌5	乙亥6	丙子7	丁丑8	戊寅9	己卯10	庚辰11	辛巳12	壬午13	癸未14	甲申15	乙酉16	丙戌17	丁亥18	戊子19	己丑20	庚寅21	辛卯22	
八月小	己酉	天干地支西曆	壬辰23	癸巳24	甲午25	乙未26	丙申27	丁酉28	戊戌29	己亥30	庚子(10)	辛丑2	壬寅3	癸卯4	甲辰5	乙巳6	丙午7	丁未8	戊申9	己酉10	庚戌11	辛亥12	壬子13	癸丑14	甲寅15	乙卯16	丙辰17	丁巳18	戊午19	己未20	庚申21		辛丑秋分
九月大	庚戌	天干地支西曆	辛酉22	壬戌23	癸亥24	甲子25	乙丑26	丙寅27	丁卯28	戊辰29	己巳30	庚午31	辛未(11)	壬申2	癸酉3	甲戌4	乙亥5	丙子6	丁丑7	戊寅8	己卯9	庚辰10	辛巳11	壬午12	癸未13	甲申14	乙酉15	丙戌16	丁亥17	戊子18	己丑19	庚寅20	乙酉立冬
十月大	辛亥	天干地支西曆	辛卯21	壬辰22	癸巳23	甲午24	乙未25	丙申26	丁酉27	戊戌28	己亥29	庚子30	辛丑(12)	壬寅2	癸卯3	甲辰4	乙巳5	丙午6	丁未7	戊申8	己酉9	庚戌10	辛亥11	壬子12	癸丑13	甲寅14	乙卯15	丙辰16	丁巳17	戊午18	己未19	庚申20	
十一月大	壬子	天干地支西曆	辛酉21	壬戌22	癸亥23	甲子24	乙丑25	丙寅26	丁卯27	戊辰28	己巳29	庚午30	辛未31	壬申(1)	癸酉2	甲戌3	乙亥4	丙子5	丁丑6	戊寅7	己卯8	庚辰9	辛巳10	壬午11	癸未12	甲申13	乙酉14	丙戌15	丁亥16	戊子17	己丑18	庚寅19	己巳冬至
十二月小	癸丑	天干地支西曆	辛卯20	壬辰21	癸巳22	甲午23	乙未24	丙申25	丁酉26	戊戌27	己亥28	庚子29	辛丑30	壬寅31	癸卯(2)	甲辰2	乙巳3	丙午4	丁未5	戊申6	己酉7	庚戌8	辛亥9	壬子10	癸丑11	甲寅12	乙卯13	丙辰14	丁巳15	戊午16	己未17		甲寅立春

年代異同	史記魯世家	漢書律曆志	帝王世紀	竹書紀年	皇極經世	文獻通考	歷代帝王年表	歷代統紀表	中國年曆總譜	西周年代	斷代工程
	周厲王六年		周厲王六年	周夷王三年	周厲王二十年	周厲王二十年	周厲王二十年	周厲王二十年	周厲王二十年	周厲王六年	周厲王十九年

周夷王四年（癸卯 兔年） 公元前858 ~ 前857年

夏曆月序		中西曆日對照	初一	初二	初三	初四	初五	初六	初七	初八	初九	初十	十一	十二	十三	十四	十五	十六	十七	十八	十九	二十	二一	二二	二三	二四	二五	二六	二七	二八	二九	三十	節氣與天象
正月大	甲寅	天地干支西曆	庚申18	辛酉19	壬戌20	癸亥21	甲子22	乙丑23	丙寅24	丁卯25	戊辰26	己巳27	庚午28	辛未(3)	壬申2	癸酉3	甲戌4	乙亥5	丙子6	丁丑7	戊寅8	己卯9	庚辰10	辛巳11	壬午12	癸未13	甲申14	乙酉15	丙戌16	丁亥17	戊子18	己丑19	
二月小	乙卯	天地干支西曆	庚寅20	辛卯21	壬辰22	癸巳23	甲午24	乙未25	丙申26	丁酉27	戊戌28	己亥29	庚子30	辛丑31	壬寅(4)	癸卯2	甲辰3	乙巳4	丙午5	丁未6	戊申7	己酉8	庚戌9	辛亥10	壬子11	癸丑12	甲寅13	乙卯14	丙辰15	丁巳16	戊午17		庚子春分
三月大	丙辰	天地干支西曆	己未18	庚申19	辛酉20	壬戌21	癸亥22	甲子23	乙丑24	丙寅25	丁卯26	戊辰27	己巳28	庚午29	辛未30	壬申(5)	癸酉2	甲戌3	乙亥4	丙子5	丁丑6	戊寅7	己卯8	庚辰9	辛巳10	壬午11	癸未12	甲申13	乙酉14	丙戌15	丁亥16	戊子17	丁亥立夏
四月小	丁巳	天地干支西曆	己丑18	庚寅19	辛卯20	壬辰21	癸巳22	甲午23	乙未24	丙申25	丁酉26	戊戌27	己亥28	庚子29	辛丑30	壬寅31	癸卯(6)	甲辰2	乙巳3	丙午4	丁未5	戊申6	己酉7	庚戌8	辛亥9	壬子10	癸丑11	甲寅12	乙卯13	丙辰14	丁巳15		
五月大	戊午	天地干支西曆	戊午16	己未17	庚申18	辛酉19	壬戌20	癸亥21	甲子22	乙丑23	丙寅24	丁卯25	戊辰26	己巳27	庚午28	辛未29	壬申30	癸酉(7)	甲戌2	乙亥3	丙子4	丁丑5	戊寅6	己卯7	庚辰8	辛巳9	壬午10	癸未11	甲申12	乙酉13	丙戌14	丁亥15	甲戌夏至
六月小	己未	天地干支西曆	戊子16	己丑17	庚寅18	辛卯19	壬辰20	癸巳21	甲午22	乙未23	丙申24	丁酉25	戊戌26	己亥27	庚子28	辛丑29	壬寅30	癸卯31	甲辰(8)	乙巳2	丙午3	丁未4	戊申5	己酉6	庚戌7	辛亥8	壬子9	癸丑10	甲寅11	乙卯12	丙辰13		
七月小	庚申	天地干支西曆	丁巳14	戊午15	己未16	庚申17	辛酉18	壬戌19	癸亥20	甲子21	乙丑22	丙寅23	丁卯24	戊辰25	己巳26	庚午27	辛未28	壬申29	癸酉30	甲戌31	乙亥(9)	丙子2	丁丑3	戊寅4	己卯5	庚辰6	辛巳7	壬午8	癸未9	甲申10	乙酉11		辛酉立秋
八月大	辛酉	天地干支西曆	丙戌12	丁亥13	戊子14	己丑15	庚寅16	辛卯17	壬辰18	癸巳19	甲午20	乙未21	丙申22	丁酉23	戊戌24	己亥25	庚子26	辛丑27	壬寅28	癸卯29	甲辰30	乙巳(10)	丙午2	丁未3	戊申4	己酉5	庚戌6	辛亥7	壬子8	癸丑9	甲寅10	乙卯11	丙午秋分
九月小	壬戌	天地干支西曆	丙辰12	丁巳13	戊午14	己未15	庚申16	辛酉17	壬戌18	癸亥19	甲子20	乙丑21	丙寅22	丁卯23	戊辰24	己巳25	庚午26	辛未27	壬申28	癸酉29	甲戌30	乙亥31	丙子(11)	丁丑2	戊寅3	己卯4	庚辰5	辛巳6	壬午7	癸未8	甲申9		
十月大	癸亥	天地干支西曆	乙酉10	丙戌11	丁亥12	戊子13	己丑14	庚寅15	辛卯16	壬辰17	癸巳18	甲午19	乙未20	丙申21	丁酉22	戊戌23	己亥24	庚子25	辛丑26	壬寅27	癸卯28	甲辰29	乙巳30	丙午(12)	丁未2	戊申3	己酉4	庚戌5	辛亥6	壬子7	癸丑8	甲寅9	庚寅立冬
十一月大	甲子	天地干支西曆	乙卯10	丙辰11	丁巳12	戊午13	己未14	庚申15	辛酉16	壬戌17	癸亥18	甲子19	乙丑20	丙寅21	丁卯22	戊辰23	己巳24	庚午25	辛未26	壬申27	癸酉28	甲戌29	乙亥30	丙子31	丁丑(1)	戊寅2	己卯3	庚辰4	辛巳5	壬午6	癸未7	甲申8	甲戌冬至
十二月小	乙丑	天地干支西曆	乙酉9	丙戌10	丁亥11	戊子12	己丑13	庚寅14	辛卯15	壬辰16	癸巳17	甲午18	乙未19	丙申20	丁酉21	戊戌22	己亥23	庚子24	辛丑25	壬寅26	癸卯27	甲辰28	乙巳29	丙午30	丁未31	戊申(2)	己酉2	庚戌3	辛亥4	壬子5	癸丑6		

年代異同	史記魯世家	漢書律曆志	帝王世紀	竹書紀年	皇極經世	文獻通考	歷代帝王年表	歷代統紀表	中國年曆總譜	西周年代	斷代工程
	周厲王七年		周厲王七年	周夷王四年	周厲王二十一年	周厲王二十一年	周厲王二十一年	周厲王二十一年	周厲王二十一年	周厲王七年	周厲王二十年

周夷王五年（甲辰 龍年） 公元前857 ~ 前856年

夏曆月序		中西曆日對照	初一	初二	初三	初四	初五	初六	初七	初八	初九	初十	十一	十二	十三	十四	十五	十六	十七	十八	十九	二十	二一	二二	二三	二四	二五	二六	二七	二八	二九	三十	節氣與天象
正月大	丙寅	干支 天地 西曆	甲寅7	乙卯8	丙辰9	丁巳10	戊午11	己未12	庚申13	辛酉14	壬戌15	癸亥16	甲子17	乙丑18	丙寅19	丁卯20	戊辰21	己巳22	庚午23	辛未24	壬申25	癸酉26	甲戌27	乙亥28	丙子29	丁丑(3)	戊寅2	己卯3	庚辰4	辛巳5	壬午6	癸未7	己未立春
二月大	丁卯	干支 天地 西曆	甲申8	乙酉9	丙戌10	丁亥11	戊子12	己丑13	庚寅14	辛卯15	壬辰16	癸巳17	甲午18	乙未19	丙申20	丁酉21	戊戌22	己亥23	庚子24	辛丑25	壬寅26	癸卯27	甲辰28	乙巳29	丙午30	丁未31	戊申(4)	己酉2	庚戌3	辛亥4	壬子5	癸丑6	乙巳春分
三月小	戊辰	干支 天地 西曆	甲寅7	乙卯8	丙辰9	丁巳10	戊午11	己未12	庚申13	辛酉14	壬戌15	癸亥16	甲子17	乙丑18	丙寅19	丁卯20	戊辰21	己巳22	庚午23	辛未24	壬申25	癸酉26	甲戌27	乙亥28	丙子29	丁丑30	戊寅(5)	己卯2	庚辰3	辛巳4	壬午5		
四月大	己巳	干支 天地 西曆	癸未6	甲申7	乙酉8	丙戌9	丁亥10	戊子11	己丑12	庚寅13	辛卯14	壬辰15	癸巳16	甲午17	乙未18	丙申19	丁酉20	戊戌21	己亥22	庚子23	辛丑24	壬寅25	癸卯26	甲辰27	乙巳28	丙午29	丁未30	戊申31	己酉(6)	庚戌2	辛亥3	壬子4	壬辰立夏
五月小	庚午	干支 天地 西曆	癸丑5	甲寅6	乙卯7	丙辰8	丁巳9	戊午10	己未11	庚申12	辛酉13	壬戌14	癸亥15	甲子16	乙丑17	丙寅18	丁卯19	戊辰20	己巳21	庚午22	辛未23	壬申24	癸酉25	甲戌26	乙亥27	丙子28	丁丑29	戊寅30	己卯(7)	庚辰2	辛巳3		己卯夏至
六月大	辛未	干支 天地 西曆	壬午4	癸未5	甲申6	乙酉7	丙戌8	丁亥9	戊子10	己丑11	庚寅12	辛卯13	壬辰14	癸巳15	甲午16	乙未17	丙申18	丁酉19	戊戌20	己亥21	庚子22	辛丑23	壬寅24	癸卯25	甲辰26	乙巳27	丙午28	丁未29	戊申30	己酉31	庚戌(8)	辛亥2	壬午日食
七月小	壬申	干支 天地 西曆	壬子3	癸丑4	甲寅5	乙卯6	丙辰7	丁巳8	戊午9	己未10	庚申11	辛酉12	壬戌13	癸亥14	甲子15	乙丑16	丙寅17	丁卯18	戊辰19	己巳20	庚午21	辛未22	壬申23	癸酉24	甲戌25	乙亥26	丙子27	丁丑28	戊寅29	己卯30	庚辰31		丙寅立秋
八月小	癸酉	干支 天地 西曆	辛巳(9)	壬午2	癸未3	甲申4	乙酉5	丙戌6	丁亥7	戊子8	己丑9	庚寅10	辛卯11	壬辰12	癸巳13	甲午14	乙未15	丙申16	丁酉17	戊戌18	己亥19	庚子20	辛丑21	壬寅22	癸卯23	甲辰24	乙巳25	丙午26	丁未27	戊申28	己酉29		
閏八月大	癸酉	干支 天地 西曆	庚戌30	辛亥(10)	壬子2	癸丑3	甲寅4	乙卯5	丙辰6	丁巳7	戊午8	己未9	庚申10	辛酉11	壬戌12	癸亥13	甲子14	乙丑15	丙寅16	丁卯17	戊辰18	己巳19	庚午20	辛未21	壬申22	癸酉23	甲戌24	乙亥25	丙子26	丁丑27	戊寅28	己卯29	辛亥秋分
九月小	甲戌	干支 天地 西曆	庚辰30	辛巳31	壬午(11)	癸未2	甲申3	乙酉4	丙戌5	丁亥6	戊子7	己丑8	庚寅9	辛卯10	壬辰11	癸巳12	甲午13	乙未14	丙申15	丁酉16	戊戌17	己亥18	庚子19	辛丑20	壬寅21	癸卯22	甲辰23	乙巳24	丙午25	丁未26	戊申27		乙未立冬
十月大	乙亥	干支 天地 西曆	己酉28	庚戌29	辛亥30	壬子(12)	癸丑2	甲寅3	乙卯4	丙辰5	丁巳6	戊午7	己未8	庚申9	辛酉10	壬戌11	癸亥12	甲子13	乙丑14	丙寅15	丁卯16	戊辰17	己巳18	庚午19	辛未20	壬申21	癸酉22	甲戌23	乙亥24	丙子25	丁丑26	戊寅27	
十一月小	丙子	干支 天地 西曆	己卯28	庚辰29	辛巳30	壬午31	癸未(1)	甲申2	乙酉3	丙戌4	丁亥5	戊子6	己丑7	庚寅8	辛卯9	壬辰10	癸巳11	甲午12	乙未13	丙申14	丁酉15	戊戌16	己亥17	庚子18	辛丑19	壬寅20	癸卯21	甲辰22	乙巳23	丙午24	丁未25		庚辰冬至 己卯日食
十二月大	丁丑	干支 天地 西曆	戊申26	己酉27	庚戌28	辛亥29	壬子30	癸丑31	甲寅(2)	乙卯2	丙辰3	丁巳4	戊午5	己未6	庚申7	辛酉8	壬戌9	癸亥10	甲子11	乙丑12	丙寅13	丁卯14	戊辰15	己巳16	庚午17	辛未18	壬申19	癸酉20	甲戌21	乙亥22	丙子23	丁丑24	甲子立春

年代異同	史記魯世家	漢書律曆志	帝王世紀	竹書紀年	皇極經世	文獻通考	歷代帝王年表	歷代統紀表	中國年曆總譜	西周年代	斷代工程
	周厲王八年		周厲王八年	周夷王五年	周厲王二十二年	周厲王二十二年	周厲王二十二年	周厲王二十二年	周厲王二十二年	周厲王八年	周厲王二十一年

周夷王六年（乙巳 蛇年） 公元前 856 ～ 前 855 年

夏曆月序		中西曆日對照	初一	初二	初三	初四	初五	初六	初七	初八	初九	初十	十一	十二	十三	十四	十五	十六	十七	十八	十九	二十	二一	二二	二三	二四	二五	二六	二七	二八	二九	三十	節氣與天象
正月大	戊寅	天干地支西曆	戊寅25	己卯26	庚辰27	辛巳28	壬午(3)	癸未2	甲申3	乙酉4	丙戌5	丁亥6	戊子7	己丑8	庚寅9	辛卯10	壬辰11	癸巳12	甲午13	乙未14	丙申15	丁酉16	戊戌17	己亥18	庚子19	辛丑20	壬寅21	癸卯22	甲辰23	乙巳24	丙午25	丁未26	
二月小	己卯	天干地支西曆	戊申27	己酉28	庚戌29	辛亥30	壬子31	癸丑(4)	甲寅2	乙卯3	丙辰4	丁巳5	戊午6	己未7	庚申8	辛酉9	壬戌10	癸亥11	甲子12	乙丑13	丙寅14	丁卯15	戊辰16	己巳17	庚午18	辛未19	壬申20	癸酉21	甲戌22	乙亥23	丙子24		庚戌春分
三月大	庚辰	天干地支西曆	丁丑25	戊寅26	己卯27	庚辰28	辛巳29	壬午30	癸未(5)	甲申2	乙酉3	丙戌4	丁亥5	戊子6	己丑7	庚寅8	辛卯9	壬辰10	癸巳11	甲午12	乙未13	丙申14	丁酉15	戊戌16	己亥17	庚子18	辛丑19	壬寅20	癸卯21	甲辰22	乙巳23	丙午24	丁酉立夏
四月大	辛巳	天干地支西曆	丁未25	戊申26	己酉27	庚戌28	辛亥29	壬子30	癸丑31	甲寅(6)	乙卯2	丙辰3	丁巳4	戊午5	己未6	庚申7	辛酉8	壬戌9	癸亥10	甲子11	乙丑12	丙寅13	丁卯14	戊辰15	己巳16	庚午17	辛未18	壬申19	癸酉20	甲戌21	乙亥22	丙子23	
五月小	壬午	天干地支西曆	丁丑24	戊寅25	己卯26	庚辰27	辛巳28	壬午29	癸未30	甲申(7)	乙酉2	丙戌3	丁亥4	戊子5	己丑6	庚寅7	辛卯8	壬辰9	癸巳10	甲午11	乙未12	丙申13	丁酉14	戊戌15	己亥16	庚子17	辛丑18	壬寅19	癸卯20	甲辰21	乙巳22		乙酉夏至
六月大	癸未	天干地支西曆	丙午23	丁未24	戊申25	己酉26	庚戌27	辛亥28	壬子29	癸丑30	甲寅31	乙卯(8)	丙辰2	丁巳3	戊午4	己未5	庚申6	辛酉7	壬戌8	癸亥9	甲子10	乙丑11	丙寅12	丁卯13	戊辰14	己巳15	庚午16	辛未17	壬申18	癸酉19	甲戌20	乙亥21	辛未立秋
七月小	甲申	天干地支西曆	丙子22	丁丑23	戊寅24	己卯25	庚辰26	辛巳27	壬午28	癸未29	甲申30	乙酉31	丙戌(9)	丁亥2	戊子3	己丑4	庚寅5	辛卯6	壬辰7	癸巳8	甲午9	乙未10	丙申11	丁酉12	戊戌13	己亥14	庚子15	辛丑16	壬寅17	癸卯18	甲辰19		
八月小	乙酉	天干地支西曆	乙巳20	丙午21	丁未22	戊申23	己酉24	庚戌25	辛亥26	壬子27	癸丑28	甲寅29	乙卯30	丙辰(10)	丁巳2	戊午3	己未4	庚申5	辛酉6	壬戌7	癸亥8	甲子9	乙丑10	丙寅11	丁卯12	戊辰13	己巳14	庚午15	辛未16	壬申17	癸酉18		丙辰秋分
九月大	丙戌	天干地支西曆	甲戌19	乙亥20	丙子21	丁丑22	戊寅23	己卯24	庚辰25	辛巳26	壬午27	癸未28	甲申29	乙酉30	丙戌31	丁亥(11)	戊子2	己丑3	庚寅4	辛卯5	壬辰6	癸巳7	甲午8	乙未9	丙申10	丁酉11	戊戌12	己亥13	庚子14	辛丑15	壬寅16	癸卯17	辛丑立冬
十月小	丁亥	天干地支西曆	甲辰18	乙巳19	丙午20	丁未21	戊申22	己酉23	庚戌24	辛亥25	壬子26	癸丑27	甲寅28	乙卯29	丙辰30	丁巳(12)	戊午2	己未3	庚申4	辛酉5	壬戌6	癸亥7	甲子8	乙丑9	丙寅10	丁卯11	戊辰12	己巳13	庚午14	辛未15	壬申16		
十一月大	戊子	天干地支西曆	癸酉17	甲戌18	乙亥19	丙子20	丁丑21	戊寅22	己卯23	庚辰24	辛巳25	壬午26	癸未27	甲申28	乙酉29	丙戌30	丁亥31	戊子(1)	己丑2	庚寅3	辛卯4	壬辰5	癸巳6	甲午7	乙未8	丙申9	丁酉10	戊戌11	己亥12	庚子13	辛丑14	壬寅15	乙酉冬至
十二月小	己丑	天干地支西曆	癸卯16	甲辰17	乙巳18	丙午19	丁未20	戊申21	己酉22	庚戌23	辛亥24	壬子25	癸丑26	甲寅27	乙卯28	丙辰29	丁巳30	戊午31	己未(2)	庚申2	辛酉3	壬戌4	癸亥5	甲子6	乙丑7	丙寅8	丁卯9	戊辰10	己巳11	庚午12	辛未13		庚午立春

年代異同	史記魯世家	漢書律曆志	帝王世紀	竹書紀年	皇極經世	文獻通考	歷代帝王年表	歷代統紀表	中國年曆總譜	西周年代	斷代工程
	周厲王九年		周厲王九年	周夷王六年	周厲王二十三年	周厲王二十三年	周厲王二十三年	周厲王二十三年	周厲王二十三年	周厲王九年	周厲王二十二年

周夷王七年（丙午 馬年） 公元前855 ~ 前854年

夏曆月序	中西曆日對照	初一	初二	初三	初四	初五	初六	初七	初八	初九	初十	十一	十二	十三	十四	十五	十六	十七	十八	十九	二十	二一	二二	二三	二四	二五	二六	二七	二八	二九	三十	節氣與天象
正月大 庚寅	干支 天地 西曆	壬申14	癸酉15	甲戌16	乙亥17	丙子18	丁丑19	戊寅20	己卯21	庚辰22	辛巳23	壬午24	癸未25	甲申26	乙酉27	丙戌28	丁亥(3)	戊子2	己丑3	庚寅4	辛卯5	壬辰6	癸巳7	甲午8	乙未9	丙申10	丁酉11	戊戌12	己亥13	庚子14	辛丑15	
二月小 辛卯	干支 天地 西曆	壬寅16	癸卯17	甲辰18	乙巳19	丙午20	丁未21	戊申22	己酉23	庚戌24	辛亥25	壬子26	癸丑27	甲寅28	乙卯29	丙辰30	丁巳31	戊午(4)	己未2	庚申3	辛酉4	壬戌5	癸亥6	甲子7	乙丑8	丙寅9	丁卯10	戊辰11	己巳12	庚午13		丙辰春分
三月大 壬辰	干支 天地 西曆	辛未14	壬申15	癸酉16	甲戌17	乙亥18	丙子19	丁丑20	戊寅21	己卯22	庚辰23	辛巳24	壬午25	癸未26	甲申27	乙酉28	丙戌29	丁亥30	戊子(5)	己丑2	庚寅3	辛卯4	壬辰5	癸巳6	甲午7	乙未8	丙申9	丁酉10	戊戌11	己亥12	庚子13	
四月大 癸巳	干支 天地 西曆	辛丑14	壬寅15	癸卯16	甲辰17	乙巳18	丙午19	丁未20	戊申21	己酉22	庚戌23	辛亥24	壬子25	癸丑26	甲寅27	乙卯28	丙辰29	丁巳30	戊午31	己未(6)	庚申2	辛酉3	壬戌4	癸亥5	甲子6	乙丑7	丙寅8	丁卯9	戊辰10	己巳11	庚午12	癸卯立夏
五月小 甲午	干支 天地 西曆	辛未13	壬申14	癸酉15	甲戌16	乙亥17	丙子18	丁丑19	戊寅20	己卯21	庚辰22	辛巳23	壬午24	癸未25	甲申26	乙酉27	丙戌28	丁亥29	戊子30	己丑(7)	庚寅2	辛卯3	壬辰4	癸巳5	甲午6	乙未7	丙申8	丁酉9	戊戌10	己亥11		庚寅夏至
六月大 乙未	干支 天地 西曆	庚子12	辛丑13	壬寅14	癸卯15	甲辰16	乙巳17	丙午18	丁未19	戊申20	己酉21	庚戌22	辛亥23	壬子24	癸丑25	甲寅26	乙卯27	丙辰28	丁巳29	戊午30	己未31	庚申(8)	辛酉2	壬戌3	癸亥4	甲子5	乙丑6	丙寅7	丁卯8	戊辰9	己巳10	
七月大 丙申	干支 天地 西曆	庚午11	辛未12	壬申13	癸酉14	甲戌15	乙亥16	丙子17	丁丑18	戊寅19	己卯20	庚辰21	辛巳22	壬午23	癸未24	甲申25	乙酉26	丙戌27	丁亥28	戊子29	己丑30	庚寅31	辛卯(9)	壬辰2	癸巳3	甲午4	乙未5	丙申6	丁酉7	戊戌8	己亥9	丙子立秋
八月小 丁酉	干支 天地 西曆	庚子10	辛丑11	壬寅12	癸卯13	甲辰14	乙巳15	丙午16	丁未17	戊申18	己酉19	庚戌20	辛亥21	壬子22	癸丑23	甲寅24	乙卯25	丙辰26	丁巳27	戊午28	己未29	庚申30	辛酉(10)	壬戌2	癸亥3	甲子4	乙丑5	丙寅6	丁卯7	戊辰8		壬戌秋分
九月大 戊戌	干支 天地 西曆	己巳9	庚午10	辛未11	壬申12	癸酉13	甲戌14	乙亥15	丙子16	丁丑17	戊寅18	己卯19	庚辰20	辛巳21	壬午22	癸未23	甲申24	乙酉25	丙戌26	丁亥27	戊子28	己丑29	庚寅30	辛卯31	壬辰(11)	癸巳2	甲午3	乙未4	丙申5	丁酉6	戊戌7	
十月小 己亥	干支 天地 西曆	己亥8	庚子9	辛丑10	壬寅11	癸卯12	甲辰13	乙巳14	丙午15	丁未16	戊申17	己酉18	庚戌19	辛亥20	壬子21	癸丑22	甲寅23	乙卯24	丙辰25	丁巳26	戊午27	己未28	庚申29	辛酉30	壬戌(12)	癸亥2	甲子3	乙丑4	丙寅5	丁卯6		丙午立冬
十一月小 庚子	干支 天地 西曆	戊辰7	己巳8	庚午9	辛未10	壬申11	癸酉12	甲戌13	乙亥14	丙子15	丁丑16	戊寅17	己卯18	庚辰19	辛巳20	壬午21	癸未22	甲申23	乙酉24	丙戌25	丁亥26	戊子27	己丑28	庚寅29	辛卯30	壬辰31	癸巳(1)	甲午2	乙未3	丙申4		庚寅冬至
十二月大 辛丑	干支 天地 西曆	丁酉5	戊戌6	己亥7	庚子8	辛丑9	壬寅10	癸卯11	甲辰12	乙巳13	丙午14	丁未15	戊申16	己酉17	庚戌18	辛亥19	壬子20	癸丑21	甲寅22	乙卯23	丙辰24	丁巳25	戊午26	己未27	庚申28	辛酉29	壬戌30	癸亥31	甲子(2)	乙丑2	丙寅3	

年代異同	史記魯世家	漢書律曆志	帝王世紀	竹書紀年	皇極經世	文獻通考	歷代帝王年表	歷代統紀表	中國年曆總譜	西周年代	斷代工程
	周厲王十年		周厲王十年	周夷王七年	周厲王二十四年	周厲王二十四年	周厲王二十四年	周厲王二十四年	周厲王二十四年	周厲王十年	周厲王二十三年

周夷王八年（丁未 羊年） 公元前854～前853年

夏曆月序		中西曆日對照	初一	初二	初三	初四	初五	初六	初七	初八	初九	初十	十一	十二	十三	十四	十五	十六	十七	十八	十九	二十	二一	二二	二三	二四	二五	二六	二七	二八	二九	三十	節氣與天象
正月小	壬寅	天干地支西曆	丁卯4	戊辰5	己巳6	庚午7	辛未8	壬申9	癸酉10	甲戌11	乙亥12	丙子13	丁丑14	戊寅15	己卯16	庚辰17	辛巳18	壬午19	癸未20	甲申21	乙酉22	丙戌23	丁亥24	戊子25	己丑26	庚寅27	辛卯28	壬辰(3)	癸巳2	甲午3	乙未4		乙亥立春
二月大	癸卯	天干地支西曆	丙申5	丁酉6	戊戌7	己亥8	庚子9	辛丑10	壬寅11	癸卯12	甲辰13	乙巳14	丙午15	丁未16	戊申17	己酉18	庚戌19	辛亥20	壬子21	癸丑22	甲寅23	乙卯24	丙辰25	丁巳26	戊午27	己未28	庚申29	辛酉30	壬戌31	癸亥(4)	甲子2	乙丑3	辛酉春分
三月小	甲辰	天干地支西曆	丙寅4	丁卯5	戊辰6	己巳7	庚午8	辛未9	壬申10	癸酉11	甲戌12	乙亥13	丙子14	丁丑15	戊寅16	己卯17	庚辰18	辛巳19	壬午20	癸未21	甲申22	乙酉23	丙戌24	丁亥25	戊子26	己丑27	庚寅28	辛卯29	壬辰30	癸巳(5)	甲午2		
四月大	乙巳	天干地支西曆	乙未3	丙申4	丁酉5	戊戌6	己亥7	庚子8	辛丑9	壬寅10	癸卯11	甲辰12	乙巳13	丙午14	丁未15	戊申16	己酉17	庚戌18	辛亥19	壬子20	癸丑21	甲寅22	乙卯23	丙辰24	丁巳25	戊午26	己未27	庚申28	辛酉29	壬戌30	癸亥31	甲子(6)	戊申立夏 乙未日食
五月小	丙午	天干地支西曆	乙丑2	丙寅3	丁卯4	戊辰5	己巳6	庚午7	辛未8	壬申9	癸酉10	甲戌11	乙亥12	丙子13	丁丑14	戊寅15	己卯16	庚辰17	辛巳18	壬午19	癸未20	甲申21	乙酉22	丙戌23	丁亥24	戊子25	己丑26	庚寅27	辛卯28	壬辰29	癸巳30		
六月大	丁未	天干地支西曆	甲午(7)	乙未2	丙申3	丁酉4	戊戌5	己亥6	庚子7	辛丑8	壬寅9	癸卯10	甲辰11	乙巳12	丙午13	丁未14	戊申15	己酉16	庚戌17	辛亥18	壬子19	癸丑20	甲寅21	乙卯22	丙辰23	丁巳24	戊午25	己未26	庚申27	辛酉28	壬戌29	癸亥30	乙未夏至
閏六月大	丁未	天干地支西曆	甲子31	乙丑(8)	丙寅2	丁卯3	戊辰4	己巳5	庚午6	辛未7	壬申8	癸酉9	甲戌10	乙亥11	丙子12	丁丑13	戊寅14	己卯15	庚辰16	辛巳17	壬午18	癸未19	甲申20	乙酉21	丙戌22	丁亥23	戊子24	己丑25	庚寅26	辛卯27	壬辰28	癸巳29	壬午立秋
七月小	戊申	天干地支西曆	甲午30	乙未31	丙申(9)	丁酉2	戊戌3	己亥4	庚子5	辛丑6	壬寅7	癸卯8	甲辰9	乙巳10	丙午11	丁未12	戊申13	己酉14	庚戌15	辛亥16	壬子17	癸丑18	甲寅19	乙卯20	丙辰21	丁巳22	戊午23	己未24	庚申25	辛酉26	壬戌27		
八月大	己酉	天干地支西曆	癸亥28	甲子29	乙丑30	丙寅(10)	丁卯2	戊辰3	己巳4	庚午5	辛未6	壬申7	癸酉8	甲戌9	乙亥10	丙子11	丁丑12	戊寅13	己卯14	庚辰15	辛巳16	壬午17	癸未18	甲申19	乙酉20	丙戌21	丁亥22	戊子23	己丑24	庚寅25	辛卯26	壬辰27	丁卯秋分
九月大	庚戌	天干地支西曆	癸巳28	甲午29	乙未30	丙申31	丁酉(11)	戊戌2	己亥3	庚子4	辛丑5	壬寅6	癸卯7	甲辰8	乙巳9	丙午10	丁未11	戊申12	己酉13	庚戌14	辛亥15	壬子16	癸丑17	甲寅18	乙卯19	丙辰20	丁巳21	戊午22	己未23	庚申24	辛酉25	壬戌26	辛亥立冬
十月小	辛亥	天干地支西曆	癸亥27	甲子28	乙丑29	丙寅30	丁卯(12)	戊辰2	己巳3	庚午4	辛未5	壬申6	癸酉7	甲戌8	乙亥9	丙子10	丁丑11	戊寅12	己卯13	庚辰14	辛巳15	壬午16	癸未17	甲申18	乙酉19	丙戌20	丁亥21	戊子22	己丑23	庚寅24	辛卯25		
十一月大	壬子	天干地支西曆	壬辰26	癸巳27	甲午28	乙未29	丙申30	丁酉31	戊戌(1)	己亥2	庚子3	辛丑4	壬寅5	癸卯6	甲辰7	乙巳8	丙午9	丁未10	戊申11	己酉12	庚戌13	辛亥14	壬子15	癸丑16	甲寅17	乙卯18	丙辰19	丁巳20	戊午21	己未22	庚申23	辛酉24	乙未冬至
十二月小	癸丑	天干地支西曆	壬戌25	癸亥26	甲子27	乙丑28	丙寅29	丁卯30	戊辰31	己巳(2)	庚午2	辛未3	壬申4	癸酉5	甲戌6	乙亥7	丙子8	丁丑9	戊寅10	己卯11	庚辰12	辛巳13	壬午14	癸未15	甲申16	乙酉17	丙戌18	丁亥19	戊子20	己丑21	庚寅22		庚辰立春

年代異同	史記魯世家	漢書律曆志	帝王世紀	竹書紀年	皇極經世	文獻通考	歷代帝王年表	歷代統紀表	中國年曆總譜	西周年代	斷代工程
	周厲王十一年		周厲王十一年	周夷王八年	周厲王二十五年	周厲王二十五年	周厲王二十五年	周厲王二十五年	周厲王二十五年	周厲王十一年	周厲王二十四年

周厲王元年（戊申 猴年） 公元前853 ~ 前852年

夏曆月序		中西曆日對照	初一	初二	初三	初四	初五	初六	初七	初八	初九	初十	十一	十二	十三	十四	十五	十六	十七	十八	十九	二十	二一	二二	二三	二四	二五	二六	二七	二八	二九	三十	節氣與天象
正月小	甲寅	天干 地支 西曆	辛卯23	壬辰24	癸巳25	甲午26	乙未27	丙申28	丁酉29	戊戌(3)	己亥2	庚子3	辛丑4	壬寅5	癸卯6	甲辰7	乙巳8	丙午9	丁未10	戊申11	己酉12	庚戌13	辛亥14	壬子15	癸丑16	甲寅17	乙卯18	丙辰19	丁巳20	戊午21	己未22		
二月大	乙卯	天干 地支 西曆	庚申23	辛酉24	壬戌25	癸亥26	甲子27	乙丑28	丙寅29	丁卯30	戊辰31	己巳(4)	庚午2	辛未3	壬申4	癸酉5	甲戌6	乙亥7	丙子8	丁丑9	戊寅10	己卯11	庚辰12	辛巳13	壬午14	癸未15	甲申16	乙酉17	丙戌18	丁亥19	戊子20	己丑21	丙寅春分
三月小	丙辰	天干 地支 西曆	庚寅22	辛卯23	壬辰24	癸巳25	甲午26	乙未27	丙申28	丁酉29	戊戌30	己亥(5)	庚子2	辛丑3	壬寅4	癸卯5	甲辰6	乙巳7	丙午8	丁未9	戊申10	己酉11	庚戌12	辛亥13	壬子14	癸丑15	甲寅16	乙卯17	丙辰18	丁巳19	戊午20		癸丑立夏
四月小	丁巳	天干 地支 西曆	己未21	庚申22	辛酉23	壬戌24	癸亥25	甲子26	乙丑27	丙寅28	丁卯29	戊辰30	己巳31	庚午(6)	辛未2	壬申3	癸酉4	甲戌5	乙亥6	丙子7	丁丑8	戊寅9	己卯10	庚辰11	辛巳12	壬午13	癸未14	甲申15	乙酉16	丙戌17	丁亥18		
五月大	戊午	天干 地支 西曆	戊子19	己丑20	庚寅21	辛卯22	壬辰23	癸巳24	甲午25	乙未26	丙申27	丁酉28	戊戌29	己亥30	庚子(7)	辛丑2	壬寅3	癸卯4	甲辰5	乙巳6	丙午7	丁未8	戊申9	己酉10	庚戌11	辛亥12	壬子13	癸丑14	甲寅15	乙卯16	丙辰17	丁巳18	庚子夏至
六月大	己未	天干 地支 西曆	戊午19	己未20	庚申21	辛酉22	壬戌23	癸亥24	甲子25	乙丑26	丙寅27	丁卯28	戊辰29	己巳30	庚午31	辛未(8)	壬申2	癸酉3	甲戌4	乙亥5	丙子6	丁丑7	戊寅8	己卯9	庚辰10	辛巳11	壬午12	癸未13	甲申14	乙酉15	丙戌16	丁亥17	丁亥立秋
七月小	庚申	天干 地支 西曆	戊子18	己丑19	庚寅20	辛卯21	壬辰22	癸巳23	甲午24	乙未25	丙申26	丁酉27	戊戌28	己亥29	庚子30	辛丑31	壬寅(9)	癸卯2	甲辰3	乙巳4	丙午5	丁未6	戊申7	己酉8	庚戌9	辛亥10	壬子11	癸丑12	甲寅13	乙卯14	丙辰15		
八月大	辛酉	天干 地支 西曆	丁巳16	戊午17	己未18	庚申19	辛酉20	壬戌21	癸亥22	甲子23	乙丑24	丙寅25	丁卯26	戊辰27	己巳28	庚午29	辛未30	壬申(10)	癸酉2	甲戌3	乙亥4	丙子5	丁丑6	戊寅7	己卯8	庚辰9	辛巳10	壬午11	癸未12	甲申13	乙酉14	丙戌15	壬申秋分
九月大	壬戌	天干 地支 西曆	丁亥16	戊子17	己丑18	庚寅19	辛卯20	壬辰21	癸巳22	甲午23	乙未24	丙申25	丁酉26	戊戌27	己亥28	庚子29	辛丑30	壬寅31	癸卯(11)	甲辰2	乙巳3	丙午4	丁未5	戊申6	己酉7	庚戌8	辛亥9	壬子10	癸丑11	甲寅12	乙卯13	丙辰14	丙辰立冬 丁亥日食
十月大	癸亥	天干 地支 西曆	丁巳15	戊午16	己未17	庚申18	辛酉19	壬戌20	癸亥21	甲子22	乙丑23	丙寅24	丁卯25	戊辰26	己巳27	庚午28	辛未29	壬申30	癸酉(12)	甲戌2	乙亥3	丙子4	丁丑5	戊寅6	己卯7	庚辰8	辛巳9	壬午10	癸未11	甲申12	乙酉13	丙戌14	
十一月小	甲子	天干 地支 西曆	丁亥15	戊子16	己丑17	庚寅18	辛卯19	壬辰20	癸巳21	甲午22	乙未23	丙申24	丁酉25	戊戌26	己亥27	庚子28	辛丑29	壬寅30	癸卯31	甲辰(1)	乙巳2	丙午3	丁未4	戊申5	己酉6	庚戌7	辛亥8	壬子9	癸丑10	甲寅11	乙卯12		辛丑冬至
十二月大	乙丑	天干 地支 西曆	丙辰13	丁巳14	戊午15	己未16	庚申17	辛酉18	壬戌19	癸亥20	甲子21	乙丑22	丙寅23	丁卯24	戊辰25	己巳26	庚午27	辛未28	壬申29	癸酉30	甲戌31	乙亥(2)	丙子2	丁丑3	戊寅4	己卯5	庚辰6	辛巳7	壬午8	癸未9	甲申10	乙酉11	乙酉立春

年代異同	史記魯世家	漢書律曆志	帝王世紀	竹書紀年	皇極經世	文獻通考	歷代帝王年表	歷代統紀表	中國年曆總譜	西周年代	斷代工程
	周厲王十二年		周厲王十二年	周厲王元年	周厲王二十六年	周厲王二十六年	周厲王二十六年	周厲王二十六年	周厲王二十六年	周厲王十二年	周厲王二十五年

周厲王二年（己酉 鷄年） 公元前 **852** ~ 前 851 年

夏曆月序		中西曆日對照	初一	初二	初三	初四	初五	初六	初七	初八	初九	初十	十一	十二	十三	十四	十五	十六	十七	十八	十九	二十	二一	二二	二三	二四	二五	二六	二七	二八	二九	三十	節氣與天象
正月小	丙寅	天干地支	丙戌	丁亥	戊子	己丑	庚寅	辛卯	壬辰	癸巳	甲午	乙未	丙申	丁酉	戊戌	己亥	庚子	辛丑	壬寅	癸卯	甲辰	乙巳	丙午	丁未	戊申	己酉	庚戌	辛亥	壬子	癸丑	甲寅		
		西曆	12	13	14	15	16	17	18	19	20	21	22	23	24	25	26	27	28	(3)	2	3	4	5	6	7	8	9	10	11	12		
二月小	丁卯	天干地支	乙卯	丙辰	丁巳	戊午	己未	庚申	辛酉	壬戌	癸亥	甲子	乙丑	丙寅	丁卯	戊辰	己巳	庚午	辛未	壬申	癸酉	甲戌	乙亥	丙子	丁丑	戊寅	己卯	庚辰	辛巳	壬午	癸未		辛未春分
		西曆	13	14	15	16	17	18	19	20	21	22	23	24	25	26	27	28	29	30	31	(4)	2	3	4	5	6	7	8	9	10		
三月大	戊辰	天干地支	甲申	乙酉	丙戌	丁亥	戊子	己丑	庚寅	辛卯	壬辰	癸巳	甲午	乙未	丙申	丁酉	戊戌	己亥	庚子	辛丑	壬寅	癸卯	甲辰	乙巳	丙午	丁未	戊申	己酉	庚戌	辛亥	壬子	癸丑	
		西曆	11	12	13	14	15	16	17	18	19	20	21	22	23	24	25	26	27	28	29	30	(5)	2	3	4	5	6	7	8	9	10	
四月小	己巳	天干地支	甲寅	乙卯	丙辰	丁巳	戊午	己未	庚申	辛酉	壬戌	癸亥	甲子	乙丑	丙寅	丁卯	戊辰	己巳	庚午	辛未	壬申	癸酉	甲戌	乙亥	丙子	丁丑	戊寅	己卯	庚辰	辛巳	壬午		戊午立夏
		西曆	11	12	13	14	15	16	17	18	19	20	21	22	23	24	25	26	27	28	29	30	31	(6)	2	3	4	5	6	7	8		
五月小	庚午	天干地支	癸未	甲申	乙酉	丙戌	丁亥	戊子	己丑	庚寅	辛卯	壬辰	癸巳	甲午	乙未	丙申	丁酉	戊戌	己亥	庚子	辛丑	壬寅	癸卯	甲辰	乙巳	丙午	丁未	戊申	己酉	庚戌	辛亥		丙午夏至
		西曆	9	10	11	12	13	14	15	16	17	18	19	20	21	22	23	24	25	26	27	28	29	30	(7)	2	3	4	5	6	7		
六月大	辛未	天干地支	壬子	癸丑	甲寅	乙卯	丙辰	丁巳	戊午	己未	庚申	辛酉	壬戌	癸亥	甲子	乙丑	丙寅	丁卯	戊辰	己巳	庚午	辛未	壬申	癸酉	甲戌	乙亥	丙子	丁丑	戊寅	己卯	庚辰	辛巳	
		西曆	8	9	10	11	12	13	14	15	16	17	18	19	20	21	22	23	24	25	26	27	28	29	30	31	(8)	2	3	4	5	6	
七月小	壬申	天干地支	壬午	癸未	甲申	乙酉	丙戌	丁亥	戊子	己丑	庚寅	辛卯	壬辰	癸巳	甲午	乙未	丙申	丁酉	戊戌	己亥	庚子	辛丑	壬寅	癸卯	甲辰	乙巳	丙午	丁未	戊申	己酉	庚戌		壬辰立秋
		西曆	7	8	9	10	11	12	13	14	15	16	17	18	19	20	21	22	23	24	25	26	27	28	29	30	31	(9)	2	3	4		
八月大	癸酉	天干地支	辛亥	壬子	癸丑	甲寅	乙卯	丙辰	丁巳	戊午	己未	庚申	辛酉	壬戌	癸亥	甲子	乙丑	丙寅	丁卯	戊辰	己巳	庚午	辛未	壬申	癸酉	甲戌	乙亥	丙子	丁丑	戊寅	己卯	庚辰	丁丑秋分
		西曆	5	6	7	8	9	10	11	12	13	14	15	16	17	18	19	20	21	22	23	24	25	26	27	28	29	30	(10)	2	3	4	
九月大	甲戌	天干地支	辛巳	壬午	癸未	甲申	乙酉	丙戌	丁亥	戊子	己丑	庚寅	辛卯	壬辰	癸巳	甲午	乙未	丙申	丁酉	戊戌	己亥	庚子	辛丑	壬寅	癸卯	甲辰	乙巳	丙午	丁未	戊申	己酉	庚戌	辛巳日食
		西曆	5	6	7	8	9	10	11	12	13	14	15	16	17	18	19	20	21	22	23	24	25	26	27	28	29	30	31	(11)	2	3	
十月大	乙亥	天干地支	辛亥	壬子	癸丑	甲寅	乙卯	丙辰	丁巳	戊午	己未	庚申	辛酉	壬戌	癸亥	甲子	乙丑	丙寅	丁卯	戊辰	己巳	庚午	辛未	壬申	癸酉	甲戌	乙亥	丙子	丁丑	戊寅	己卯	庚辰	壬戌立冬
		西曆	4	5	6	7	8	9	10	11	12	13	14	15	16	17	18	19	20	21	22	23	24	25	26	27	28	29	30	(12)	2	3	
十一月大	丙子	天干地支	辛巳	壬午	癸未	甲申	乙酉	丙戌	丁亥	戊子	己丑	庚寅	辛卯	壬辰	癸巳	甲午	乙未	丙申	丁酉	戊戌	己亥	庚子	辛丑	壬寅	癸卯	甲辰	乙巳	丙午	丁未	戊申	己酉	庚戌	丙午冬至
		西曆	4	5	6	7	8	9	10	11	12	13	14	15	16	17	18	19	20	21	22	23	24	25	26	27	28	29	30	31	(1)	2	
十二月小	丁丑	天干地支	辛亥	壬子	癸丑	甲寅	乙卯	丙辰	丁巳	戊午	己未	庚申	辛酉	壬戌	癸亥	甲子	乙丑	丙寅	丁卯	戊辰	己巳	庚午	辛未	壬申	癸酉	甲戌	乙亥	丙子	丁丑	戊寅	己卯		
		西曆	3	4	5	6	7	8	9	10	11	12	13	14	15	16	17	18	19	20	21	22	23	24	25	26	27	28	29	30	31		

年代異同	史記魯世家	漢書律曆志	帝王世紀	竹書紀年	皇極經世	文獻通考	歷代帝王年表	歷代統紀表	中國年曆總譜	西周年代	斷代工程
	周厲王十三年		周厲王十三年	周厲王二年	周厲王二十七年	周厲王二十七年	周厲王二十七年	周厲王二十七年	周厲王二十七年	周厲王十三年	周厲王二十六年

周厲王三年（庚戌 狗年） 公元前 851 ~ 前 850 年

夏曆月序		中西曆日對照	初一	初二	初三	初四	初五	初六	初七	初八	初九	初十	十一	十二	十三	十四	十五	十六	十七	十八	十九	二十	二一	二二	二三	二四	二五	二六	二七	二八	二九	三十	節氣與天象
正月大	戊寅	天干地支西曆	庚辰(2)	辛巳2	壬午3	癸未4	甲申5	乙酉6	丙戌7	丁亥8	戊子9	己丑10	庚寅11	辛卯12	壬辰13	癸巳14	甲午15	乙未16	丙申17	丁酉18	戊戌19	己亥20	庚子21	辛丑22	壬寅23	癸卯24	甲辰25	乙巳26	丙午27	丁未28	戊申(3)	己酉2	辛卯立春
二月小	己卯	天干地支西曆	庚戌3	辛亥4	壬子5	癸丑6	甲寅7	乙卯8	丙辰9	丁巳10	戊午11	己未12	庚申13	辛酉14	壬戌15	癸亥16	甲子17	乙丑18	丙寅19	丁卯20	戊辰21	己巳22	庚午23	辛未24	壬申25	癸酉26	甲戌27	乙亥28	丙子29	丁丑30	戊寅31		丁丑春分
三月小	庚辰	天干地支西曆	己卯(4)	庚辰2	辛巳3	壬午4	癸未5	甲申6	乙酉7	丙戌8	丁亥9	戊子10	己丑11	庚寅12	辛卯13	壬辰14	癸巳15	甲午16	乙未17	丙申18	丁酉19	戊戌20	己亥21	庚子22	辛丑23	壬寅24	癸卯25	甲辰26	乙巳27	丙午28	丁未29		
閏三月大	庚辰	天干地支西曆	戊申30	己酉(5)	庚戌2	辛亥3	壬子4	癸丑5	甲寅6	乙卯7	丙辰8	丁巳9	戊午10	己未11	庚申12	辛酉13	壬戌14	癸亥15	甲子16	乙丑17	丙寅18	丁卯19	戊辰20	己巳21	庚午22	辛未23	壬申24	癸酉25	甲戌26	乙亥27	丙子28	丁丑29	甲子立夏
四月小	辛巳	天干地支西曆	戊寅30	己卯31	庚辰(6)	辛巳2	壬午3	癸未4	甲申5	乙酉6	丙戌7	丁亥8	戊子9	己丑10	庚寅11	辛卯12	壬辰13	癸巳14	甲午15	乙未16	丙申17	丁酉18	戊戌19	己亥20	庚子21	辛丑22	壬寅23	癸卯24	甲辰25	乙巳26	丙午27		
五月小	壬午	天干地支西曆	丁未28	戊申29	己酉30	庚戌(7)	辛亥2	壬子3	癸丑4	甲寅5	乙卯6	丙辰7	丁巳8	戊午9	己未10	庚申11	辛酉12	壬戌13	癸亥14	甲子15	乙丑16	丙寅17	丁卯18	戊辰19	己巳20	庚午21	辛未22	壬申23	癸酉24	甲戌25	乙亥26		辛亥夏至
六月大	癸未	天干地支西曆	丙子27	丁丑28	戊寅29	己卯30	庚辰31	辛巳(8)	壬午2	癸未3	甲申4	乙酉5	丙戌6	丁亥7	戊子8	己丑9	庚寅10	辛卯11	壬辰12	癸巳13	甲午14	乙未15	丙申16	丁酉17	戊戌18	己亥19	庚子20	辛丑21	壬寅22	癸卯23	甲辰24	乙巳25	丁酉立秋
七月小	甲申	天干地支西曆	丙午26	丁未27	戊申28	己酉29	庚戌30	辛亥31	壬子(9)	癸丑2	甲寅3	乙卯4	丙辰5	丁巳6	戊午7	己未8	庚申9	辛酉10	壬戌11	癸亥12	甲子13	乙丑14	丙寅15	丁卯16	戊辰17	己巳18	庚午19	辛未20	壬申21	癸酉22	甲戌23		
八月大	乙酉	天干地支西曆	乙亥24	丙子25	丁丑26	戊寅27	己卯28	庚辰29	辛巳30	壬午(10)	癸未2	甲申3	乙酉4	丙戌5	丁亥6	戊子7	己丑8	庚寅9	辛卯10	壬辰11	癸巳12	甲午13	乙未14	丙申15	丁酉16	戊戌17	己亥18	庚子19	辛丑20	壬寅21	癸卯22	甲辰23	癸未秋分
九月大	丙戌	天干地支西曆	乙巳24	丙午25	丁未26	戊申27	己酉28	庚戌29	辛亥30	壬子31	癸丑(11)	甲寅2	乙卯3	丙辰4	丁巳5	戊午6	己未7	庚申8	辛酉9	壬戌10	癸亥11	甲子12	乙丑13	丙寅14	丁卯15	戊辰16	己巳17	庚午18	辛未19	壬申20	癸酉21	甲戌22	丁卯立冬
十月大	丁亥	天干地支西曆	乙亥23	丙子24	丁丑25	戊寅26	己卯27	庚辰28	辛巳29	壬午30	癸未(12)	甲申2	乙酉3	丙戌4	丁亥5	戊子6	己丑7	庚寅8	辛卯9	壬辰10	癸巳11	甲午12	乙未13	丙申14	丁酉15	戊戌16	己亥17	庚子18	辛丑19	壬寅20	癸卯21	甲辰22	
十一月小	戊子	天干地支西曆	乙巳23	丙午24	丁未25	戊申26	己酉27	庚戌28	辛亥29	壬子30	癸丑31	甲寅(1)	乙卯2	丙辰3	丁巳4	戊午5	己未6	庚申7	辛酉8	壬戌9	癸亥10	甲子11	乙丑12	丙寅13	丁卯14	戊辰15	己巳16	庚午17	辛未18	壬申19	癸酉20		辛亥冬至
十二月大	己丑	天干地支西曆	甲戌21	乙亥22	丙子23	丁丑24	戊寅25	己卯26	庚辰27	辛巳28	壬午29	癸未30	甲申31	乙酉(2)	丙戌2	丁亥3	戊子4	己丑5	庚寅6	辛卯7	壬辰8	癸巳9	甲午10	乙未11	丙申12	丁酉13	戊戌14	己亥15	庚子16	辛丑17	壬寅18	癸卯19	丙申立春

年代異同	史記魯世家	漢書律曆志	帝王世紀	竹書紀年	皇極經世	文獻通考	歷代帝王年表	歷代統紀表	中國年曆總譜	西周年代	斷代工程
	周厲王十四年		周厲王十四年	周厲王三年	周厲王二十八年	周厲王二十八年	周厲王二十八年	周厲王二十八年	周厲王二十八年	周厲王十四年	周厲王二十七年

周厲王四年（辛亥 猪年） 公元前 850 ~ 前 849 年

夏曆月序	中西曆日對照	夏曆日序																														節氣與天象
		初一	初二	初三	初四	初五	初六	初七	初八	初九	初十	十一	十二	十三	十四	十五	十六	十七	十八	十九	二十	二一	二二	二三	二四	二五	二六	二七	二八	二九	三十	
正月大 庚寅	天干 地支 西曆	甲辰20	乙巳21	丙午22	丁未23	戊申24	己酉25	庚戌26	辛亥27	壬子28	癸丑(3)	甲寅2	乙卯3	丙辰4	丁巳5	戊午6	己未7	庚申8	辛酉9	壬戌10	癸亥11	甲子12	乙丑13	丙寅14	丁卯15	戊辰16	己巳17	庚午18	辛未19	壬申20	癸酉21	甲辰日食
二月小 辛卯	天干 地支 西曆	甲戌22	乙亥23	丙子24	丁丑25	戊寅26	己卯27	庚辰28	辛巳29	壬午30	癸未31	甲申(4)	乙酉2	丙戌3	丁亥4	戊子5	己丑6	庚寅7	辛卯8	壬辰9	癸巳10	甲午11	乙未12	丙申13	丁酉14	戊戌15	己亥16	庚子17	辛丑18	壬寅19		壬午春分
三月小 壬辰	天干 地支 西曆	癸卯20	甲辰21	乙巳22	丙午23	丁未24	戊申25	己酉26	庚戌27	辛亥28	壬子29	癸丑30	甲寅(5)	乙卯2	丙辰3	丁巳4	戊午5	己未6	庚申7	辛酉8	壬戌9	癸亥10	甲子11	乙丑12	丙寅13	丁卯14	戊辰15	己巳16	庚午17	辛未18		己巳立夏
四月大 癸巳	天干 地支 西曆	壬申19	癸酉20	甲戌21	乙亥22	丙子23	丁丑24	戊寅25	己卯26	庚辰27	辛巳28	壬午29	癸未30	甲申31	乙酉(6)	丙戌2	丁亥3	戊子4	己丑5	庚寅6	辛卯7	壬辰8	癸巳9	甲午10	乙未11	丙申12	丁酉13	戊戌14	己亥15	庚子16	辛丑17	
五月小 甲午	天干 地支 西曆	壬寅18	癸卯19	甲辰20	乙巳21	丙午22	丁未23	戊申24	己酉25	庚戌26	辛亥27	壬子28	癸丑29	甲寅30	乙卯(7)	丙辰2	丁巳3	戊午4	己未5	庚申6	辛酉7	壬戌8	癸亥9	甲子10	乙丑11	丙寅12	丁卯13	戊辰14	己巳15	庚午16		丙辰夏至
六月小 乙未	天干 地支 西曆	辛未17	壬申18	癸酉19	甲戌20	乙亥21	丙子22	丁丑23	戊寅24	己卯25	庚辰26	辛巳27	壬午28	癸未29	甲申30	乙酉31	丙戌(8)	丁亥2	戊子3	己丑4	庚寅5	辛卯6	壬辰7	癸巳8	甲午9	乙未10	丙申11	丁酉12	戊戌13	己亥14		
七月大 丙申	天干 地支 西曆	庚子15	辛丑16	壬寅17	癸卯18	甲辰19	乙巳20	丙午21	丁未22	戊申23	己酉24	庚戌25	辛亥26	壬子27	癸丑28	甲寅29	乙卯30	丙辰31	丁巳(9)	戊午2	己未3	庚申4	辛酉5	壬戌6	癸亥7	甲子8	乙丑9	丙寅10	丁卯11	戊辰12	己巳13	癸卯立秋
八月小 丁酉	天干 地支 西曆	庚午14	辛未15	壬申16	癸酉17	甲戌18	乙亥19	丙子20	丁丑21	戊寅22	己卯23	庚辰24	辛巳25	壬午26	癸未27	甲申28	乙酉29	丙戌30	丁亥(10)	戊子2	己丑3	庚寅4	辛卯5	壬辰6	癸巳7	甲午8	乙未9	丙申10	丁酉11	戊戌12		戊子秋分
九月大 戊戌	天干 地支 西曆	己亥13	庚子14	辛丑15	壬寅16	癸卯17	甲辰18	乙巳19	丙午20	丁未21	戊申22	己酉23	庚戌24	辛亥25	壬子26	癸丑27	甲寅28	乙卯29	丙辰30	丁巳31	戊午(11)	己未2	庚申3	辛酉4	壬戌5	癸亥6	甲子7	乙丑8	丙寅9	丁卯10	戊辰11	
十月大 己亥	天干 地支 西曆	己巳12	庚午13	辛未14	壬申15	癸酉16	甲戌17	乙亥18	丙子19	丁丑20	戊寅21	己卯22	庚辰23	辛巳24	壬午25	癸未26	甲申27	乙酉28	丙戌29	丁亥30	戊子(12)	己丑2	庚寅3	辛卯4	壬辰5	癸巳6	甲午7	乙未8	丙申9	丁酉10	戊戌11	壬申立冬
十一月小 庚子	天干 地支 西曆	己亥12	庚子13	辛丑14	壬寅15	癸卯16	甲辰17	乙巳18	丙午19	丁未20	戊申21	己酉22	庚戌23	辛亥24	壬子25	癸丑26	甲寅27	乙卯28	丙辰29	丁巳30	戊午31	己未(1)	庚申2	辛酉3	壬戌4	癸亥5	甲子6	乙丑7	丙寅8	丁卯9		丙辰冬至
十二月大 辛丑	天干 地支 西曆	戊辰10	己巳11	庚午12	辛未13	壬申14	癸酉15	甲戌16	乙亥17	丙子18	丁丑19	戊寅20	己卯21	庚辰22	辛巳23	壬午24	癸未25	甲申26	乙酉27	丙戌28	丁亥29	戊子30	己丑31	庚寅(2)	辛卯2	壬辰3	癸巳4	甲午5	乙未6	丙申7	丁酉8	

年代異同	史記魯世家	漢書律曆志	帝王世紀	竹書紀年	皇極經世	文獻通考	歷代帝王年表	歷代統紀表	中國年曆總譜	西周年代	斷代工程
	周厲王十五年		周厲王十五年	周厲王四年	周厲王二十九年	周厲王二十九年	周厲王二十九年	周厲王二十九年	周厲王二十九年	周厲王十五年	周厲王二十八年

周厲王五年（壬子 鼠年） 公元前849 ~ 前848年

夏曆月序		中西曆日對照	初一	初二	初三	初四	初五	初六	初七	初八	初九	初十	十一	十二	十三	十四	十五	十六	十七	十八	十九	二十	二一	二二	二三	二四	二五	二六	二七	二八	二九	三十	節氣與天象
正月大	壬寅	天干地支 西曆	戊戌 9	己亥 10	庚子 11	辛丑 12	壬寅 13	癸卯 14	甲辰 15	乙巳 16	丙午 17	丁未 18	戊申 19	己酉 20	庚戌 21	辛亥 22	壬子 23	癸丑 24	甲寅 25	乙卯 26	丙辰 27	丁巳 28	戊午 29	己未 (3)	庚申 2	辛酉 3	壬戌 4	癸亥 5	甲子 6	乙丑 7	丙寅 8	丁卯 9	辛丑立春
二月小	癸卯	天干地支 西曆	戊辰 10	己巳 11	庚午 12	辛未 13	壬申 14	癸酉 15	甲戌 16	乙亥 17	丙子 18	丁丑 19	戊寅 20	己卯 21	庚辰 22	辛巳 23	壬午 24	癸未 25	甲申 26	乙酉 27	丙戌 28	丁亥 29	戊子 30	己丑 31	庚寅 (4)	辛卯 2	壬辰 3	癸巳 4	甲午 5	乙未 6	丙申 7		丁亥春分
三月大	甲辰	天干地支 西曆	丁酉 8	戊戌 9	己亥 10	庚子 11	辛丑 12	壬寅 13	癸卯 14	甲辰 15	乙巳 16	丙午 17	丁未 18	戊申 19	己酉 20	庚戌 21	辛亥 22	壬子 23	癸丑 24	甲寅 25	乙卯 26	丙辰 27	丁巳 28	戊午 29	己未 30	庚申 (5)	辛酉 2	壬戌 3	癸亥 4	甲子 5	乙丑 6	丙寅 7	
四月小	乙巳	天干地支 西曆	丁卯 8	戊辰 9	己巳 10	庚午 11	辛未 12	壬申 13	癸酉 14	甲戌 15	乙亥 16	丙子 17	丁丑 18	戊寅 19	己卯 20	庚辰 21	辛巳 22	壬午 23	癸未 24	甲申 25	乙酉 26	丙戌 27	丁亥 28	戊子 29	己丑 30	庚寅 31	辛卯 (6)	壬辰 2	癸巳 3	甲午 4	乙未 5		甲戌立夏
五月大	丙午	天干地支 西曆	丙申 6	丁酉 7	戊戌 8	己亥 9	庚子 10	辛丑 11	壬寅 12	癸卯 13	甲辰 14	乙巳 15	丙午 16	丁未 17	戊申 18	己酉 19	庚戌 20	辛亥 21	壬子 22	癸丑 23	甲寅 24	乙卯 25	丙辰 26	丁巳 27	戊午 28	己未 29	庚申 30	辛酉 (7)	壬戌 2	癸亥 3	甲子 4	乙丑 5	辛酉夏至
六月小	丁未	天干地支 西曆	丙寅 6	丁卯 7	戊辰 8	己巳 9	庚午 10	辛未 11	壬申 12	癸酉 13	甲戌 14	乙亥 15	丙子 16	丁丑 17	戊寅 18	己卯 19	庚辰 20	辛巳 21	壬午 22	癸未 23	甲申 24	乙酉 25	丙戌 26	丁亥 27	戊子 28	己丑 29	庚寅 30	辛卯 31	壬辰 (8)	癸巳 2	甲午 3		
七月小	戊申	天干地支 西曆	乙未 4	丙申 5	丁酉 6	戊戌 7	己亥 8	庚子 9	辛丑 10	壬寅 11	癸卯 12	甲辰 13	乙巳 14	丙午 15	丁未 16	戊申 17	己酉 18	庚戌 19	辛亥 20	壬子 21	癸丑 22	甲寅 23	乙卯 24	丙辰 25	丁巳 26	戊午 27	己未 28	庚申 29	辛酉 30	壬戌 31	癸亥 (9)		戊申立秋 乙未日食
八月大	己酉	天干地支 西曆	甲子 2	乙丑 3	丙寅 4	丁卯 5	戊辰 6	己巳 7	庚午 8	辛未 9	壬申 10	癸酉 11	甲戌 12	乙亥 13	丙子 14	丁丑 15	戊寅 16	己卯 17	庚辰 18	辛巳 19	壬午 20	癸未 21	甲申 22	乙酉 23	丙戌 24	丁亥 25	戊子 26	己丑 27	庚寅 28	辛卯 29	壬辰 30	癸巳 (10)	癸巳秋分
九月小	庚戌	天干地支 西曆	甲午 2	乙未 3	丙申 4	丁酉 5	戊戌 6	己亥 7	庚子 8	辛丑 9	壬寅 10	癸卯 11	甲辰 12	乙巳 13	丙午 14	丁未 15	戊申 16	己酉 17	庚戌 18	辛亥 19	壬子 20	癸丑 21	甲寅 22	乙卯 23	丙辰 24	丁巳 25	戊午 26	己未 27	庚申 28	辛酉 29	壬戌 30		
閏九月大	庚戌	天干地支 西曆	癸亥 31	甲子 (11)	乙丑 2	丙寅 3	丁卯 4	戊辰 5	己巳 6	庚午 7	辛未 8	壬申 9	癸酉 10	甲戌 11	乙亥 12	丙子 13	丁丑 14	戊寅 15	己卯 16	庚辰 17	辛巳 18	壬午 19	癸未 20	甲申 21	乙酉 22	丙戌 23	丁亥 24	戊子 25	己丑 26	庚寅 27	辛卯 28	壬辰 29	丁丑立冬
十月小	辛亥	天干地支 西曆	癸巳 30	甲午 (12)	乙未 2	丙申 3	丁酉 4	戊戌 5	己亥 6	庚子 7	辛丑 8	壬寅 9	癸卯 10	甲辰 11	乙巳 12	丙午 13	丁未 14	戊申 15	己酉 16	庚戌 17	辛亥 18	壬子 19	癸丑 20	甲寅 21	乙卯 22	丙辰 23	丁巳 24	戊午 25	己未 26	庚申 27	辛酉 28		
十一月大	壬子	天干地支 西曆	壬戌 29	癸亥 30	甲子 31	乙丑 (1)	丙寅 2	丁卯 3	戊辰 4	己巳 5	庚午 6	辛未 7	壬申 8	癸酉 9	甲戌 10	乙亥 11	丙子 12	丁丑 13	戊寅 14	己卯 15	庚辰 16	辛巳 17	壬午 18	癸未 19	甲申 20	乙酉 21	丙戌 22	丁亥 23	戊子 24	己丑 25	庚寅 26	辛卯 27	壬戌冬至
十二月大	癸丑	天干地支 西曆	壬辰 28	癸巳 29	甲午 30	乙未 31	丙申 (2)	丁酉 2	戊戌 3	己亥 4	庚子 5	辛丑 6	壬寅 7	癸卯 8	甲辰 9	乙巳 10	丙午 11	丁未 12	戊申 13	己酉 14	庚戌 15	辛亥 16	壬子 17	癸丑 18	甲寅 19	乙卯 20	丙辰 21	丁巳 22	戊午 23	己未 24	庚申 25	辛酉 26	丙午立春

年代異同	史記魯世家	漢書律曆志	帝王世紀	竹書紀年	皇極經世	文獻通考	歷代帝王年表	歷代統紀表	中國年曆總譜	西周年代	斷代工程
	周厲王十六年		周厲王十六年	周厲王五年	周厲王三十年	周厲王三十年	周厲王三十年	周厲王三十年	周厲王三十年	周厲王十六年	周厲王二十九年

周厲王六年（癸丑 牛年） 公元前 **848** ~ 前 847 年

夏曆月序		中西曆日對照	初一	初二	初三	初四	初五	初六	初七	初八	初九	初十	十一	十二	十三	十四	十五	十六	十七	十八	十九	二十	二一	二二	二三	二四	二五	二六	二七	二八	二九	三十	節氣與天象
正月大	甲寅	天干地支西曆	壬戌27	癸亥28	甲子(3)	乙丑2	丙寅3	丁卯4	戊辰5	己巳6	庚午7	辛未8	壬申9	癸酉10	甲戌11	乙亥12	丙子13	丁丑14	戊寅15	己卯16	庚辰17	辛巳18	壬午19	癸未20	甲申21	乙酉22	丙戌23	丁亥24	戊子25	己丑26	庚寅27	辛卯28	
二月小	乙卯	天干地支西曆	壬辰29	癸巳30	甲午31	乙未(4)	丙申2	丁酉3	戊戌4	己亥5	庚子6	辛丑7	壬寅8	癸卯9	甲辰10	乙巳11	丙午12	丁未13	戊申14	己酉15	庚戌16	辛亥17	壬子18	癸丑19	甲寅20	乙卯21	丙辰22	丁巳23	戊午24	己未25	庚申26		壬辰春分
三月大	丙辰	天干地支西曆	辛酉27	壬戌28	癸亥29	甲子30	乙丑(5)	丙寅2	丁卯3	戊辰4	己巳5	庚午6	辛未7	壬申8	癸酉9	甲戌10	乙亥11	丙子12	丁丑13	戊寅14	己卯15	庚辰16	辛巳17	壬午18	癸未19	甲申20	乙酉21	丙戌22	丁亥23	戊子24	己丑25	庚寅26	己卯立夏
四月小	丁巳	天干地支西曆	辛卯27	壬辰28	癸巳29	甲午30	乙未31	丙申(6)	丁酉2	戊戌3	己亥4	庚子5	辛丑6	壬寅7	癸卯8	甲辰9	乙巳10	丙午11	丁未12	戊申13	己酉14	庚戌15	辛亥16	壬子17	癸丑18	甲寅19	乙卯20	丙辰21	丁巳22	戊午23	己未24		
五月大	戊午	天干地支西曆	庚申25	辛酉26	壬戌27	癸亥28	甲子29	乙丑30	丙寅(7)	丁卯2	戊辰3	己巳4	庚午5	辛未6	壬申7	癸酉8	甲戌9	乙亥10	丙子11	丁丑12	戊寅13	己卯14	庚辰15	辛巳16	壬午17	癸未18	甲申19	乙酉20	丙戌21	丁亥22	戊子23	己丑24	丁卯夏至
六月小	己未	天干地支西曆	庚寅25	辛卯26	壬辰27	癸巳28	甲午29	乙未30	丙申31	丁酉(8)	戊戌2	己亥3	庚子4	辛丑5	壬寅6	癸卯7	甲辰8	乙巳9	丙午10	丁未11	戊申12	己酉13	庚戌14	辛亥15	壬子16	癸丑17	甲寅18	乙卯19	丙辰20	丁巳21	戊午22		癸丑立秋
七月小	庚申	天干地支西曆	己未23	庚申24	辛酉25	壬戌26	癸亥27	甲子28	乙丑29	丙寅30	丁卯31	戊辰(9)	己巳2	庚午3	辛未4	壬申5	癸酉6	甲戌7	乙亥8	丙子9	丁丑10	戊寅11	己卯12	庚辰13	辛巳14	壬午15	癸未16	甲申17	乙酉18	丙戌19	丁亥20		
八月大	辛酉	天干地支西曆	戊子21	己丑22	庚寅23	辛卯24	壬辰25	癸巳26	甲午27	乙未28	丙申29	丁酉30	戊戌(10)	己亥2	庚子3	辛丑4	壬寅5	癸卯6	甲辰7	乙巳8	丙午9	丁未10	戊申11	己酉12	庚戌13	辛亥14	壬子15	癸丑16	甲寅17	乙卯18	丙辰19	丁巳20	戊戌秋分
九月小	壬戌	天干地支西曆	戊午21	己未22	庚申23	辛酉24	壬戌25	癸亥26	甲子27	乙丑28	丙寅29	丁卯30	戊辰31	己巳(11)	庚午2	辛未3	壬申4	癸酉5	甲戌6	乙亥7	丙子8	丁丑9	戊寅10	己卯11	庚辰12	辛巳13	壬午14	癸未15	甲申16	乙酉17	丙戌18		癸未立冬
十月大	癸亥	天干地支西曆	丁亥19	戊子20	己丑21	庚寅22	辛卯23	壬辰24	癸巳25	甲午26	乙未27	丙申28	丁酉29	戊戌30	己亥(12)	庚子2	辛丑3	壬寅4	癸卯5	甲辰6	乙巳7	丙午8	丁未9	戊申10	己酉11	庚戌12	辛亥13	壬子14	癸丑15	甲寅16	乙卯17	丙辰18	
十一月小	甲子	天干地支西曆	丁巳19	戊午20	己未21	庚申22	辛酉23	壬戌24	癸亥25	甲子26	乙丑27	丙寅28	丁卯29	戊辰30	己巳31	庚午(1)	辛未2	壬申3	癸酉4	甲戌5	乙亥6	丙子7	丁丑8	戊寅9	己卯10	庚辰11	辛巳12	壬午13	癸未14	甲申15	乙酉16		丁卯冬至
十二月大	乙丑	天干地支西曆	丙戌17	丁亥18	戊子19	己丑20	庚寅21	辛卯22	壬辰23	癸巳24	甲午25	乙未26	丙申27	丁酉28	戊戌29	己亥30	庚子31	辛丑(2)	壬寅2	癸卯3	甲辰4	乙巳5	丙午6	丁未7	戊申8	己酉9	庚戌10	辛亥11	壬子12	癸丑13	甲寅14	乙卯15	壬子立春

年代異同	史記魯世家	漢書律曆志	帝王世紀	竹書紀年	皇極經世	文獻通考	歷代帝王年表	歷代統紀表	中國年曆總譜	西周年代	斷代工程
	周厲王十七年		周厲王十七年	周厲王六年	周厲王三十一年	周厲王三十一年	周厲王三十一年	周厲王三十一年	周厲王三十一年	周厲王十七年	周厲王三十年

周厲王七年（甲寅 虎年） 公元前847 ~ 前846年

夏曆月序		中西曆日對照	初一	初二	初三	初四	初五	初六	初七	初八	初九	初十	十一	十二	十三	十四	十五	十六	十七	十八	十九	二十	二一	二二	二三	二四	二五	二六	二七	二八	二九	三十	節氣與天象
正月大	丙寅	天干地支	丙辰	丁巳	戊午	己未	庚申	辛酉	壬戌	癸亥	甲子	乙丑	丙寅	丁卯	戊辰	己巳	庚午	辛未	壬申	癸酉	甲戌	乙亥	丙子	丁丑	戊寅	己卯	庚辰	辛巳	壬午	癸未	甲申	乙酉	
		西曆	16	17	18	19	20	21	22	23	24	25	26	27	28	(3)	2	3	4	5	6	7	8	9	10	11	12	13	14	15	16	17	
二月小	丁卯	天干地支	丙戌	丁亥	戊子	己丑	庚寅	辛卯	壬辰	癸巳	甲午	乙未	丙申	丁酉	戊戌	己亥	庚子	辛丑	壬寅	癸卯	甲辰	乙巳	丙午	丁未	戊申	己酉	庚戌	辛亥	壬子	癸丑	甲寅		戊戌春分
		西曆	18	19	20	21	22	23	24	25	26	27	28	29	30	31	(4)	2	3	4	5	6	7	8	9	10	11	12	13	14	15		
三月大	戊辰	天干地支	乙卯	丙辰	丁巳	戊午	己未	庚申	辛酉	壬戌	癸亥	甲子	乙丑	丙寅	丁卯	戊辰	己巳	庚午	辛未	壬申	癸酉	甲戌	乙亥	丙子	丁丑	戊寅	己卯	庚辰	辛巳	壬午	癸未	甲申	
		西曆	16	17	18	19	20	21	22	23	24	25	26	27	28	29	30	(5)	2	3	4	5	6	7	8	9	10	11	12	13	14	15	
四月小	己巳	天干地支	乙酉	丙戌	丁亥	戊子	己丑	庚寅	辛卯	壬辰	癸巳	甲午	乙未	丙申	丁酉	戊戌	己亥	庚子	辛丑	壬寅	癸卯	甲辰	乙巳	丙午	丁未	戊申	己酉	庚戌	辛亥	壬子	癸丑		乙酉立夏
		西曆	16	17	18	19	20	21	22	23	24	25	26	27	28	29	30	31	(6)	2	3	4	5	6	7	8	9	10	11	12	13		
五月大	庚午	天干地支	甲寅	乙卯	丙辰	丁巳	戊午	己未	庚申	辛酉	壬戌	癸亥	甲子	乙丑	丙寅	丁卯	戊辰	己巳	庚午	辛未	壬申	癸酉	甲戌	乙亥	丙子	丁丑	戊寅	己卯	庚辰	辛巳	壬午	癸未	壬申夏至
		西曆	14	15	16	17	18	19	20	21	22	23	24	25	26	27	28	29	30	(7)	2	3	4	5	6	7	8	9	10	11	12	13	
六月大	辛未	天干地支	甲申	乙酉	丙戌	丁亥	戊子	己丑	庚寅	辛卯	壬辰	癸巳	甲午	乙未	丙申	丁酉	戊戌	己亥	庚子	辛丑	壬寅	癸卯	甲辰	乙巳	丙午	丁未	戊申	己酉	庚戌	辛亥	壬子	癸丑	
		西曆	14	15	16	17	18	19	20	21	22	23	24	25	26	27	28	29	30	31	(8)	2	3	4	5	6	7	8	9	10	11	12	
七月小	壬申	天干地支	甲寅	乙卯	丙辰	丁巳	戊午	己未	庚申	辛酉	壬戌	癸亥	甲子	乙丑	丙寅	丁卯	戊辰	己巳	庚午	辛未	壬申	癸酉	甲戌	乙亥	丙子	丁丑	戊寅	己卯	庚辰	辛巳	壬午		戊午立秋
		西曆	13	14	15	16	17	18	19	20	21	22	23	24	25	26	27	28	29	30	31	(9)	2	3	4	5	6	7	8	9	10		
八月小	癸酉	天干地支	癸未	甲申	乙酉	丙戌	丁亥	戊子	己丑	庚寅	辛卯	壬辰	癸巳	甲午	乙未	丙申	丁酉	戊戌	己亥	庚子	辛丑	壬寅	癸卯	甲辰	乙巳	丙午	丁未	戊申	己酉	庚戌	辛亥		甲辰秋分
		西曆	11	12	13	14	15	16	17	18	19	20	21	22	23	24	25	26	27	28	29	30	(10)	2	3	4	5	6	7	8	9		
九月大	甲戌	天干地支	壬子	癸丑	甲寅	乙卯	丙辰	丁巳	戊午	己未	庚申	辛酉	壬戌	癸亥	甲子	乙丑	丙寅	丁卯	戊辰	己巳	庚午	辛未	壬申	癸酉	甲戌	乙亥	丙子	丁丑	戊寅	己卯	庚辰	辛巳	
		西曆	10	11	12	13	14	15	16	17	18	19	20	21	22	23	24	25	26	27	28	29	30	31	(11)	2	3	4	5	6	7	8	
十月小	乙亥	天干地支	壬午	癸未	甲申	乙酉	丙戌	丁亥	戊子	己丑	庚寅	辛卯	壬辰	癸巳	甲午	乙未	丙申	丁酉	戊戌	己亥	庚子	辛丑	壬寅	癸卯	甲辰	乙巳	丙午	丁未	戊申	己酉	庚戌		戊子立冬
		西曆	9	10	11	12	13	14	15	16	17	18	19	20	21	22	23	24	25	26	27	28	29	30	(12)	2	3	4	5	6	7		
十一月大	丙子	天干地支	辛亥	壬子	癸丑	甲寅	乙卯	丙辰	丁巳	戊午	己未	庚申	辛酉	壬戌	癸亥	甲子	乙丑	丙寅	丁卯	戊辰	己巳	庚午	辛未	壬申	癸酉	甲戌	乙亥	丙子	丁丑	戊寅	己卯	庚辰	壬申冬至
		西曆	8	9	10	11	12	13	14	15	16	17	18	19	20	21	22	23	24	25	26	27	28	29	30	31	(1)	2	3	4	5	6	
十二月小	丁丑	天干地支	辛巳	壬午	癸未	甲申	乙酉	丙戌	丁亥	戊子	己丑	庚寅	辛卯	壬辰	癸巳	甲午	乙未	丙申	丁酉	戊戌	己亥	庚子	辛丑	壬寅	癸卯	甲辰	乙巳	丙午	丁未	戊申	己酉		
		西曆	7	8	9	10	11	12	13	14	15	16	17	18	19	20	21	22	23	24	25	26	27	28	29	30	31	(2)	2	3	4		

	史記魯世家	漢書律曆志	帝王世紀	竹書紀年	皇極經世	文獻通考	歷代帝王年表	歷代統紀表	中國年曆總譜	西周年代	斷代工程
年代異同	周厲王十八年		周厲王十八年	周厲王七年	周厲王三十二年	周厲王三十二年	周厲王三十二年	周厲王三十二年	周厲王三十二年	周厲王十八年	周厲王三十一年

周厲王八年（乙卯 兔年） 公元前 **846** ~ 前 845 年

夏曆月序		中西曆日對照	初一	初二	初三	初四	初五	初六	初七	初八	初九	初十	十一	十二	十三	十四	十五	十六	十七	十八	十九	二十	二一	二二	二三	二四	二五	二六	二七	二八	二九	三十	節氣與天象
正月大	戊寅	天干地支西曆	庚戌5	辛亥6	壬子7	癸丑8	甲寅9	乙卯10	丙辰11	丁巳12	戊午13	己未14	庚申15	辛酉16	壬戌17	癸亥18	甲子19	乙丑20	丙寅21	丁卯22	戊辰23	己巳24	庚午25	辛未26	壬申27	癸酉28	甲戌(3)	乙亥2	丙子3	丁丑4	戊寅5	己卯6	丁巳立春
二月小	己卯	天干地支西曆	庚辰7	辛巳8	壬午9	癸未10	甲申11	乙酉12	丙戌13	丁亥14	戊子15	己丑16	庚寅17	辛卯18	壬辰19	癸巳20	甲午21	乙未22	丙申23	丁酉24	戊戌25	己亥26	庚子27	辛丑28	壬寅29	癸卯30	甲辰31	乙巳(4)	丙午2	丁未3	戊申4		癸卯春分
三月大	庚辰	天干地支西曆	己酉5	庚戌6	辛亥7	壬子8	癸丑9	甲寅10	乙卯11	丙辰12	丁巳13	戊午14	己未15	庚申16	辛酉17	壬戌18	癸亥19	甲子20	乙丑21	丙寅22	丁卯23	戊辰24	己巳25	庚午26	辛未27	壬申28	癸酉29	甲戌30	乙亥(5)	丙子2	丁丑3	戊寅4	
四月小	辛巳	天干地支西曆	己卯5	庚辰6	辛巳7	壬午8	癸未9	甲申10	乙酉11	丙戌12	丁亥13	戊子14	己丑15	庚寅16	辛卯17	壬辰18	癸巳19	甲午20	乙未21	丙申22	丁酉23	戊戌24	己亥25	庚子26	辛丑27	壬寅28	癸卯29	甲辰30	乙巳31	丙午(6)	丁未2		庚寅立夏
五月大	壬午	天干地支西曆	戊申3	己酉4	庚戌5	辛亥6	壬子7	癸丑8	甲寅9	乙卯10	丙辰11	丁巳12	戊午13	己未14	庚申15	辛酉16	壬戌17	癸亥18	甲子19	乙丑20	丙寅21	丁卯22	戊辰23	己巳24	庚午25	辛未26	壬申27	癸酉28	甲戌29	乙亥30	丙子(7)	丁丑2	丁丑夏至
六月大	癸未	天干地支西曆	戊寅3	己卯4	庚辰5	辛巳6	壬午7	癸未8	甲申9	乙酉10	丙戌11	丁亥12	戊子13	己丑14	庚寅15	辛卯16	壬辰17	癸巳18	甲午19	乙未20	丙申21	丁酉22	戊戌23	己亥24	庚子25	辛丑26	壬寅27	癸卯28	甲辰29	乙巳30	丙午31	丁未(8)	
七月小	甲申	天干地支西曆	戊申2	己酉3	庚戌4	辛亥5	壬子6	癸丑7	甲寅8	乙卯9	丙辰10	丁巳11	戊午12	己未13	庚申14	辛酉15	壬戌16	癸亥17	甲子18	乙丑19	丙寅20	丁卯21	戊辰22	己巳23	庚午24	辛未25	壬申26	癸酉27	甲戌28	乙亥29	丙子30		甲子立秋
閏七月大	甲申	天干地支西曆	丁丑31	戊寅(9)	己卯2	庚辰3	辛巳4	壬午5	癸未6	甲申7	乙酉8	丙戌9	丁亥10	戊子11	己丑12	庚寅13	辛卯14	壬辰15	癸巳16	甲午17	乙未18	丙申19	丁酉20	戊戌21	己亥22	庚子23	辛丑24	壬寅25	癸卯26	甲辰27	乙巳28	丙午29	
八月小	乙酉	天干地支西曆	丁未30	戊申(10)	己酉2	庚戌3	辛亥4	壬子5	癸丑6	甲寅7	乙卯8	丙辰9	丁巳10	戊午11	己未12	庚申13	辛酉14	壬戌15	癸亥16	甲子17	乙丑18	丙寅19	丁卯20	戊辰21	己巳22	庚午23	辛未24	壬申25	癸酉26	甲戌27	乙亥28		己酉秋分
九月大	丙戌	天干地支西曆	丙子29	丁丑30	戊寅31	己卯(11)	庚辰2	辛巳3	壬午4	癸未5	甲申6	乙酉7	丙戌8	丁亥9	戊子10	己丑11	庚寅12	辛卯13	壬辰14	癸巳15	甲午16	乙未17	丙申18	丁酉19	戊戌20	己亥21	庚子22	辛丑23	壬寅24	癸卯25	甲辰26	乙巳27	癸巳立冬
十月小	丁亥	天干地支西曆	丙午28	丁未29	戊申30	己酉(12)	庚戌2	辛亥3	壬子4	癸丑5	甲寅6	乙卯7	丙辰8	丁巳9	戊午10	己未11	庚申12	辛酉13	壬戌14	癸亥15	甲子16	乙丑17	丙寅18	丁卯19	戊辰20	己巳21	庚午22	辛未23	壬申24	癸酉25	甲戌26		
十一月大	戊子	天干地支西曆	乙亥27	丙子28	丁丑29	戊寅30	己卯31	庚辰(1)	辛巳2	壬午3	癸未4	甲申5	乙酉6	丙戌7	丁亥8	戊子9	己丑10	庚寅11	辛卯12	壬辰13	癸巳14	甲午15	乙未16	丙申17	丁酉18	戊戌19	己亥20	庚子21	辛丑22	壬寅23	癸卯24	甲辰25	丁丑冬至
十二月小	己丑	天干地支西曆	乙巳26	丙午27	丁未28	戊申29	己酉30	庚戌31	辛亥(2)	壬子2	癸丑3	甲寅4	乙卯5	丙辰6	丁巳7	戊午8	己未9	庚申10	辛酉11	壬戌12	癸亥13	甲子14	乙丑15	丙寅16	丁卯17	戊辰18	己巳19	庚午20	辛未21	壬申22	癸酉23		壬戌立春

年代異同	史記魯世家	漢書律曆志	帝王世紀	竹書紀年	皇極經世	文獻通考	歷代帝王年表	歷代統紀表	中國年曆總譜	西周年代	斷代工程
	周厲王十九年		周厲王十九年	周厲王八年	周厲王三十三年	周厲王三十三年	周厲王三十三年	周厲王三十三年	周厲王三十三年	周厲王十九年	周厲王三十二年

周厲王九年（丙辰 龍年） 公元前 **845** ~ 前 844 年

夏曆月序		中西曆日對照	初一	初二	初三	初四	初五	初六	初七	初八	初九	初十	十一	十二	十三	十四	十五	十六	十七	十八	十九	二十	二一	二二	二三	二四	二五	二六	二七	二八	二九	三十	節氣與天象
正月大	庚寅	天干地支西曆	甲戌 24	乙亥 25	丙子 26	丁丑 27	戊寅 28	己卯 29	庚辰 (3)	辛巳 2	壬午 3	癸未 4	甲申 5	乙酉 6	丙戌 7	丁亥 8	戊子 9	己丑 10	庚寅 11	辛卯 12	壬辰 13	癸巳 14	甲午 15	乙未 16	丙申 17	丁酉 18	戊戌 19	己亥 20	庚子 21	辛丑 22	壬寅 23	癸卯 24	
二月小	辛卯	天干地支西曆	甲辰 25	乙巳 26	丙午 27	丁未 28	戊申 29	己酉 30	庚戌 31	辛亥 (4)	壬子 2	癸丑 3	甲寅 4	乙卯 5	丙辰 6	丁巳 7	戊午 8	己未 9	庚申 10	辛酉 11	壬戌 12	癸亥 13	甲子 14	乙丑 15	丙寅 16	丁卯 17	戊辰 18	己巳 19	庚午 20	辛未 21	壬申 22		戊申春分
三月大	壬辰	天干地支西曆	癸酉 23	甲戌 24	乙亥 25	丙子 26	丁丑 27	戊寅 28	己卯 29	庚辰 30	辛巳 (5)	壬午 2	癸未 3	甲申 4	乙酉 5	丙戌 6	丁亥 7	戊子 8	己丑 9	庚寅 10	辛卯 11	壬辰 12	癸巳 13	甲午 14	乙未 15	丙申 16	丁酉 17	戊戌 18	己亥 19	庚子 20	辛丑 21	壬寅 22	乙未立夏
四月小	癸巳	天干地支西曆	癸卯 23	甲辰 24	乙巳 25	丙午 26	丁未 27	戊申 28	己酉 29	庚戌 30	辛亥 31	壬子 (6)	癸丑 2	甲寅 3	乙卯 4	丙辰 5	丁巳 6	戊午 7	己未 8	庚申 9	辛酉 10	壬戌 11	癸亥 12	甲子 13	乙丑 14	丙寅 15	丁卯 16	戊辰 17	己巳 18	庚午 19	辛未 20		
五月大	甲午	天干地支西曆	壬申 21	癸酉 22	甲戌 23	乙亥 24	丙子 25	丁丑 26	戊寅 27	己卯 28	庚辰 29	辛巳 30	壬午 (7)	癸未 2	甲申 3	乙酉 4	丙戌 5	丁亥 6	戊子 7	己丑 8	庚寅 9	辛卯 10	壬辰 11	癸巳 12	甲午 13	乙未 14	丙申 15	丁酉 16	戊戌 17	己亥 18	庚子 19	辛丑 20	壬午夏至
六月小	乙未	天干地支西曆	壬寅 21	癸卯 22	甲辰 23	乙巳 24	丙午 25	丁未 26	戊申 27	己酉 28	庚戌 29	辛亥 30	壬子 31	癸丑 (8)	甲寅 2	乙卯 3	丙辰 4	丁巳 5	戊午 6	己未 7	庚申 8	辛酉 9	壬戌 10	癸亥 11	甲子 12	乙丑 13	丙寅 14	丁卯 15	戊辰 16	己巳 17	庚午 18		己巳立秋
七月大	丙申	天干地支西曆	辛未 19	壬申 20	癸酉 21	甲戌 22	乙亥 23	丙子 24	丁丑 25	戊寅 26	己卯 27	庚辰 28	辛巳 29	壬午 30	癸未 31	甲申 (9)	乙酉 2	丙戌 3	丁亥 4	戊子 5	己丑 6	庚寅 7	辛卯 8	壬辰 9	癸巳 10	甲午 11	乙未 12	丙申 13	丁酉 14	戊戌 15	己亥 16	庚子 17	
八月大	丁酉	天干地支西曆	辛丑 18	壬寅 19	癸卯 20	甲辰 21	乙巳 22	丙午 23	丁未 24	戊申 25	己酉 26	庚戌 27	辛亥 28	壬子 29	癸丑 30	甲寅 (10)	乙卯 2	丙辰 3	丁巳 4	戊午 5	己未 6	庚申 7	辛酉 8	壬戌 9	癸亥 10	甲子 11	乙丑 12	丙寅 13	丁卯 14	戊辰 15	己巳 16	庚午 17	甲寅秋分
九月大	戊戌	天干地支西曆	辛未 18	壬申 19	癸酉 20	甲戌 21	乙亥 22	丙子 23	丁丑 24	戊寅 25	己卯 26	庚辰 27	辛巳 28	壬午 29	癸未 30	甲申 31	乙酉 (11)	丙戌 2	丁亥 3	戊子 4	己丑 5	庚寅 6	辛卯 7	壬辰 8	癸巳 9	甲午 10	乙未 11	丙申 12	丁酉 13	戊戌 14	己亥 15	庚子 16	戊戌立冬
十月小	己亥	天干地支西曆	辛丑 17	壬寅 18	癸卯 19	甲辰 20	乙巳 21	丙午 22	丁未 23	戊申 24	己酉 25	庚戌 26	辛亥 27	壬子 28	癸丑 29	甲寅 30	乙卯 (12)	丙辰 2	丁巳 3	戊午 4	己未 5	庚申 6	辛酉 7	壬戌 8	癸亥 9	甲子 10	乙丑 11	丙寅 12	丁卯 13	戊辰 14	己巳 15		
十一月大	庚子	天干地支西曆	庚午 16	辛未 17	壬申 18	癸酉 19	甲戌 20	乙亥 21	丙子 22	丁丑 23	戊寅 24	己卯 25	庚辰 26	辛巳 27	壬午 28	癸未 29	甲申 30	乙酉 31	丙戌 (1)	丁亥 2	戊子 3	己丑 4	庚寅 5	辛卯 6	壬辰 7	癸巳 8	甲午 9	乙未 10	丙申 11	丁酉 12	戊戌 13	己亥 14	壬午冬至
十二月小	辛丑	天干地支西曆	庚子 15	辛丑 16	壬寅 17	癸卯 18	甲辰 19	乙巳 20	丙午 21	丁未 22	戊申 23	己酉 24	庚戌 25	辛亥 26	壬子 27	癸丑 28	甲寅 29	乙卯 30	丙辰 31	丁巳 (2)	戊午 2	己未 3	庚申 4	辛酉 5	壬戌 6	癸亥 7	甲子 8	乙丑 9	丙寅 10	丁卯 11	戊辰 12		丁卯立春

年代異同	史記魯世家	漢書律曆志	帝王世紀	竹書紀年	皇極經世	文獻通考	歷代帝王年表	歷代統紀表	中國年曆總譜	西周年代	斷代工程
	周厲王二十年		周厲王二十年	周厲王九年	周厲王三十四年	周厲王三十四年	周厲王三十四年	周厲王三十四年	周厲王三十四年	周厲王二十年	周厲王三十三年

周厲王十年（丁巳 蛇年） 公元前844 ~ 前843年

夏曆月序		中西曆日對照	初一	初二	初三	初四	初五	初六	初七	初八	初九	初十	十一	十二	十三	十四	十五	十六	十七	十八	十九	二十	二一	二二	二三	二四	二五	二六	二七	二八	二九	三十	節氣與天象
正月小	壬寅	天干地支西曆	己巳13	庚午14	辛未15	壬申16	癸酉17	甲戌18	乙亥19	丙子20	丁丑21	戊寅22	己卯23	庚辰24	辛巳25	壬午26	癸未27	甲申28	乙酉(3)	丙戌2	丁亥3	戊子4	己丑5	庚寅6	辛卯7	壬辰8	癸巳9	甲午10	乙未11	丙申12	丁酉13		
二月大	癸卯	天干地支西曆	戊戌14	己亥15	庚子16	辛丑17	壬寅18	癸卯19	甲辰20	乙巳21	丙午22	丁未23	戊申24	己酉25	庚戌26	辛亥27	壬子28	癸丑29	甲寅30	乙卯31	丙辰(4)	丁巳2	戊午3	己未4	庚申5	辛酉6	壬戌7	癸亥8	甲子9	乙丑10	丙寅11	丁卯12	癸丑春分
三月小	甲辰	天干地支西曆	戊辰13	己巳14	庚午15	辛未16	壬申17	癸酉18	甲戌19	乙亥20	丙子21	丁丑22	戊寅23	己卯24	庚辰25	辛巳26	壬午27	癸未28	甲申29	乙酉30	丙戌(5)	丁亥2	戊子3	己丑4	庚寅5	辛卯6	壬辰7	癸巳8	甲午9	乙未10	丙申11		
四月小	乙巳	天干地支西曆	丁酉12	戊戌13	己亥14	庚子15	辛丑16	壬寅17	癸卯18	甲辰19	乙巳20	丙午21	丁未22	戊申23	己酉24	庚戌25	辛亥26	壬子27	癸丑28	甲寅29	乙卯30	丙辰31	丁巳(6)	戊午2	己未3	庚申4	辛酉5	壬戌6	癸亥7	甲子8	乙丑9		庚子立夏
五月大	丙午	天干地支西曆	丙寅10	丁卯11	戊辰12	己巳13	庚午14	辛未15	壬申16	癸酉17	甲戌18	乙亥19	丙子20	丁丑21	戊寅22	己卯23	庚辰24	辛巳25	壬午26	癸未27	甲申28	乙酉29	丙戌30	丁亥(7)	戊子2	己丑3	庚寅4	辛卯5	壬辰6	癸巳7	甲午8	乙未9	戊子夏至
六月小	丁未	天干地支西曆	丙申10	丁酉11	戊戌12	己亥13	庚子14	辛丑15	壬寅16	癸卯17	甲辰18	乙巳19	丙午20	丁未21	戊申22	己酉23	庚戌24	辛亥25	壬子26	癸丑27	甲寅28	乙卯29	丙辰30	丁巳31	戊午(8)	己未2	庚申3	辛酉4	壬戌5	癸亥6	甲子7		
七月大	戊申	天干地支西曆	乙丑8	丙寅9	丁卯10	戊辰11	己巳12	庚午13	辛未14	壬申15	癸酉16	甲戌17	乙亥18	丙子19	丁丑20	戊寅21	己卯22	庚辰23	辛巳24	壬午25	癸未26	甲申27	乙酉28	丙戌29	丁亥30	戊子31	己丑(9)	庚寅2	辛卯3	壬辰4	癸巳5	甲午6	甲戌立秋
八月大	己酉	天干地支西曆	乙未7	丙申8	丁酉9	戊戌10	己亥11	庚子12	辛丑13	壬寅14	癸卯15	甲辰16	乙巳17	丙午18	丁未19	戊申20	己酉21	庚戌22	辛亥23	壬子24	癸丑25	甲寅26	乙卯27	丙辰28	丁巳29	戊午30	己未(10)	庚申2	辛酉3	壬戌4	癸亥5	甲子6	己未秋分
九月大	庚戌	天干地支西曆	乙丑7	丙寅8	丁卯9	戊辰10	己巳11	庚午12	辛未13	壬申14	癸酉15	甲戌16	乙亥17	丙子18	丁丑19	戊寅20	己卯21	庚辰22	辛巳23	壬午24	癸未25	甲申26	乙酉27	丙戌28	丁亥29	戊子30	己丑31	庚寅(11)	辛卯2	壬辰3	癸巳4	甲午5	
十月小	辛亥	天干地支西曆	乙未6	丙申7	丁酉8	戊戌9	己亥10	庚子11	辛丑12	壬寅13	癸卯14	甲辰15	乙巳16	丙午17	丁未18	戊申19	己酉20	庚戌21	辛亥22	壬子23	癸丑24	甲寅25	乙卯26	丙辰27	丁巳28	戊午29	己未30	庚申(12)	辛酉2	壬戌3	癸亥4		甲辰立冬
十一月大	壬子	天干地支西曆	甲子5	乙丑6	丙寅7	丁卯8	戊辰9	己巳10	庚午11	辛未12	壬申13	癸酉14	甲戌15	乙亥16	丙子17	丁丑18	戊寅19	己卯20	庚辰21	辛巳22	壬午23	癸未24	甲申25	乙酉26	丙戌27	丁亥28	戊子29	己丑30	庚寅31	辛卯(1)	壬辰2	癸巳3	戊子冬至
十二月大	癸丑	天干地支西曆	甲午4	乙未5	丙申6	丁酉7	戊戌8	己亥9	庚子10	辛丑11	壬寅12	癸卯13	甲辰14	乙巳15	丙午16	丁未17	戊申18	己酉19	庚戌20	辛亥21	壬子22	癸丑23	甲寅24	乙卯25	丙辰26	丁巳27	戊午28	己未29	庚申30	辛酉31	壬戌(2)	癸亥2	

年代異同	史記魯世家	漢書律曆志	帝王世紀	竹書紀年	皇極經世	文獻通考	歷代帝王年表	歷代統紀表	中國年曆總譜	西周年代	斷代工程
	周厲王二十一年		周厲王二十一年	周厲王十年	周厲王三十五年	周厲王三十五年	周厲王三十五年	周厲王三十五年	周厲王三十五年	周厲王二十一年	周厲王三十四年

周厲王十一年（戊午 馬年） 公元前 **843** ~ 前 842 年

夏曆月序	中西曆日對照		初一	初二	初三	初四	初五	初六	初七	初八	初九	初十	十一	十二	十三	十四	十五	十六	十七	十八	十九	二十	二一	二二	二三	二四	二五	二六	二七	二八	二九	三十	節氣與天象
正月小	甲寅	天干地支西曆	甲子3	乙丑4	丙寅5	丁卯6	戊辰7	己巳8	庚午9	辛未10	壬申11	癸酉12	甲戌13	乙亥14	丙子15	丁丑16	戊寅17	己卯18	庚辰19	辛巳20	壬午21	癸未22	甲申23	乙酉24	丙戌25	丁亥26	戊子27	己丑28	庚寅(3)	辛卯2	壬辰3		癸酉立春
二月小	乙卯	天干地支西曆	癸巳4	甲午5	乙未6	丙申7	丁酉8	戊戌9	己亥10	庚子11	辛丑12	壬寅13	癸卯14	甲辰15	乙巳16	丙午17	丁未18	戊申19	己酉20	庚戌21	辛亥22	壬子23	癸丑24	甲寅25	乙卯26	丙辰27	丁巳28	戊午29	己未30	庚申31	辛酉(4)		己未春分
三月大	丙辰	天干地支西曆	壬戌2	癸亥3	甲子4	乙丑5	丙寅6	丁卯7	戊辰8	己巳9	庚午10	辛未11	壬申12	癸酉13	甲戌14	乙亥15	丙子16	丁丑17	戊寅18	己卯19	庚辰20	辛巳21	壬午22	癸未23	甲申24	乙酉25	丙戌26	丁亥27	戊子28	己丑29	庚寅30	辛卯(5)	
四月小	丁巳	天干地支西曆	壬辰2	癸巳3	甲午4	乙未5	丙申6	丁酉7	戊戌8	己亥9	庚子10	辛丑11	壬寅12	癸卯13	甲辰14	乙巳15	丙午16	丁未17	戊申18	己酉19	庚戌20	辛亥21	壬子22	癸丑23	甲寅24	乙卯25	丙辰26	丁巳27	戊午28	己未29	庚申30		丙午立夏
閏四月小	丁巳	天干地支西曆	辛酉31	壬戌(6)	癸亥2	甲子3	乙丑4	丙寅5	丁卯6	戊辰7	己巳8	庚午9	辛未10	壬申11	癸酉12	甲戌13	乙亥14	丙子15	丁丑16	戊寅17	己卯18	庚辰19	辛巳20	壬午21	癸未22	甲申23	乙酉24	丙戌25	丁亥26	戊子27	己丑28		
五月大	戊午	天干地支西曆	庚寅29	辛卯30	壬辰(7)	癸巳2	甲午3	乙未4	丙申5	丁酉6	戊戌7	己亥8	庚子9	辛丑10	壬寅11	癸卯12	甲辰13	乙巳14	丙午15	丁未16	戊申17	己酉18	庚戌19	辛亥20	壬子21	癸丑22	甲寅23	乙卯24	丙辰25	丁巳26	戊午27	己未28	癸巳夏至
六月小	己未	天干地支西曆	庚申29	辛酉30	壬戌31	癸亥(8)	甲子2	乙丑3	丙寅4	丁卯5	戊辰6	己巳7	庚午8	辛未9	壬申10	癸酉11	甲戌12	乙亥13	丙子14	丁丑15	戊寅16	己卯17	庚辰18	辛巳19	壬午20	癸未21	甲申22	乙酉23	丙戌24	丁亥25	戊子26		己卯立秋
七月大	庚申	天干地支西曆	己丑27	庚寅28	辛卯29	壬辰30	癸巳31	甲午(9)	乙未2	丙申3	丁酉4	戊戌5	己亥6	庚子7	辛丑8	壬寅9	癸卯10	甲辰11	乙巳12	丙午13	丁未14	戊申15	己酉16	庚戌17	辛亥18	壬子19	癸丑20	甲寅21	乙卯22	丙辰23	丁巳24	戊午25	
八月大	辛酉	天干地支西曆	己未26	庚申27	辛酉28	壬戌29	癸亥30	甲子(10)	乙丑2	丙寅3	丁卯4	戊辰5	己巳6	庚午7	辛未8	壬申9	癸酉10	甲戌11	乙亥12	丙子13	丁丑14	戊寅15	己卯16	庚辰17	辛巳18	壬午19	癸未20	甲申21	乙酉22	丙戌23	丁亥24	戊子25	乙丑秋分 己未日食
九月大	壬戌	天干地支西曆	己丑26	庚寅27	辛卯28	壬辰29	癸巳30	甲午31	乙未(11)	丙申2	丁酉3	戊戌4	己亥5	庚子6	辛丑7	壬寅8	癸卯9	甲辰10	乙巳11	丙午12	丁未13	戊申14	己酉15	庚戌16	辛亥17	壬子18	癸丑19	甲寅20	乙卯21	丙辰22	丁巳23	戊午24	己酉立冬
十月小	癸亥	天干地支西曆	己未25	庚申26	辛酉27	壬戌28	癸亥29	甲子30	乙丑(12)	丙寅2	丁卯3	戊辰4	己巳5	庚午6	辛未7	壬申8	癸酉9	甲戌10	乙亥11	丙子12	丁丑13	戊寅14	己卯15	庚辰16	辛巳17	壬午18	癸未19	甲申20	乙酉21	丙戌22	丁亥23		
十一月大	甲子	天干地支西曆	戊子24	己丑25	庚寅26	辛卯27	壬辰28	癸巳29	甲午30	乙未31	丙申(1)	丁酉2	戊戌3	己亥4	庚子5	辛丑6	壬寅7	癸卯8	甲辰9	乙巳10	丙午11	丁未12	戊申13	己酉14	庚戌15	辛亥16	壬子17	癸丑18	甲寅19	乙卯20	丙辰21	丁巳22	癸巳冬至
十二月大	乙丑	天干地支西曆	戊午23	己未24	庚申25	辛酉26	壬戌27	癸亥28	甲子29	乙丑30	丙寅31	丁卯(2)	戊辰2	己巳3	庚午4	辛未5	壬申6	癸酉7	甲戌8	乙亥9	丙子10	丁丑11	戊寅12	己卯13	庚辰14	辛巳15	壬午16	癸未17	甲申18	乙酉19	丙戌20	丁亥21	戊寅立春

年代異同	史記魯世家	漢書律曆志	帝王世紀	竹書紀年	皇極經世	文獻通考	歷代帝王年表	歷代統紀表	中國年曆總譜	西周年代	斷代工程
	周厲王二十二年		周厲王二十二年	周厲王十一年	周厲王三十六年	周厲王三十六年	周厲王三十六年	周厲王三十六年	周厲王三十六年	周厲王二十二年	周厲王三十五年

周厲王十二年（己未 羊年） 公元前 842 ~ 前 841 年

夏曆月序	中西曆日對照	初一	初二	初三	初四	初五	初六	初七	初八	初九	初十	十一	十二	十三	十四	十五	十六	十七	十八	十九	二十	二一	二二	二三	二四	二五	二六	二七	二八	二九	三十	節氣與天象
正月小 丙寅	天干地支西曆	戊子22	己丑23	庚寅24	辛卯25	壬辰26	癸巳27	甲午28	乙未(3)	丙申2	丁酉3	戊戌4	己亥5	庚子6	辛丑7	壬寅8	癸卯9	甲辰10	乙巳11	丙午12	丁未13	戊申14	己酉15	庚戌16	辛亥17	壬子18	癸丑19	甲寅20	乙卯21	丙辰22		
二月小 丁卯	天干地支西曆	丁巳23	戊午24	己未25	庚申26	辛酉27	壬戌28	癸亥29	甲子30	乙丑31	丙寅(4)	丁卯2	戊辰3	己巳4	庚午5	辛未6	壬申7	癸酉8	甲戌9	乙亥10	丙子11	丁丑12	戊寅13	己卯14	庚辰15	辛巳16	壬午17	癸未18	甲申19	乙酉20		甲子春分 丁巳日食
三月大 戊辰	天干地支西曆	丙戌21	丁亥22	戊子23	己丑24	庚寅25	辛卯26	壬辰27	癸巳28	甲午29	乙未30	丙申(5)	丁酉2	戊戌3	己亥4	庚子5	辛丑6	壬寅7	癸卯8	甲辰9	乙巳10	丙午11	丁未12	戊申13	己酉14	庚戌15	辛亥16	壬子17	癸丑18	甲寅19	乙卯20	辛亥立夏
四月小 己巳	天干地支西曆	丙辰21	丁巳22	戊午23	己未24	庚申25	辛酉26	壬戌27	癸亥28	甲子29	乙丑30	丙寅31	丁卯(6)	戊辰2	己巳3	庚午4	辛未5	壬申6	癸酉7	甲戌8	乙亥9	丙子10	丁丑11	戊寅12	己卯13	庚辰14	辛巳15	壬午16	癸未17	甲申18		
五月小 庚午	天干地支西曆	乙酉19	丙戌20	丁亥21	戊子22	己丑23	庚寅24	辛卯25	壬辰26	癸巳27	甲午28	乙未29	丙申30	丁酉(7)	戊戌2	己亥3	庚子4	辛丑5	壬寅6	癸卯7	甲辰8	乙巳9	丙午10	丁未11	戊申12	己酉13	庚戌14	辛亥15	壬子16	癸丑17		戊戌夏至
六月大 辛未	天干地支西曆	甲寅18	乙卯19	丙辰20	丁巳21	戊午22	己未23	庚申24	辛酉25	壬戌26	癸亥27	甲子28	乙丑29	丙寅30	丁卯31	戊辰(8)	己巳2	庚午3	辛未4	壬申5	癸酉6	甲戌7	乙亥8	丙子9	丁丑10	戊寅11	己卯12	庚辰13	辛巳14	壬午15	癸未16	
七月小 壬申	天干地支西曆	甲申17	乙酉18	丙戌19	丁亥20	戊子21	己丑22	庚寅23	辛卯24	壬辰25	癸巳26	甲午27	乙未28	丙申29	丁酉30	戊戌31	己亥(9)	庚子2	辛丑3	壬寅4	癸卯5	甲辰6	乙巳7	丙午8	丁未9	戊申10	己酉11	庚戌12	辛亥13	壬子14		甲申立秋
八月大 癸酉	天干地支西曆	癸丑15	甲寅16	乙卯17	丙辰18	丁巳19	戊午20	己未21	庚申22	辛酉23	壬戌24	癸亥25	甲子26	乙丑27	丙寅28	丁卯29	戊辰30	己巳(10)	庚午2	辛未3	壬申4	癸酉5	甲戌6	乙亥7	丙子8	丁丑9	戊寅10	己卯11	庚辰12	辛巳13	壬午14	庚午秋分
九月大 甲戌	天干地支西曆	癸未15	甲申16	乙酉17	丙戌18	丁亥19	戊子20	己丑21	庚寅22	辛卯23	壬辰24	癸巳25	甲午26	乙未27	丙申28	丁酉29	戊戌30	己亥31	庚子(11)	辛丑2	壬寅3	癸卯4	甲辰5	乙巳6	丙午7	丁未8	戊申9	己酉10	庚戌11	辛亥12	壬子13	
十月小 乙亥	天干地支西曆	癸丑14	甲寅15	乙卯16	丙辰17	丁巳18	戊午19	己未20	庚申21	辛酉22	壬戌23	癸亥24	甲子25	乙丑26	丙寅27	丁卯28	戊辰29	己巳30	庚午(12)	辛未2	壬申3	癸酉4	甲戌5	乙亥6	丙子7	丁丑8	戊寅9	己卯10	庚辰11	辛巳12		甲寅立冬
十一月大 丙子	天干地支西曆	壬午13	癸未14	甲申15	乙酉16	丙戌17	丁亥18	戊子19	己丑20	庚寅21	辛卯22	壬辰23	癸巳24	甲午25	乙未26	丙申27	丁酉28	戊戌29	己亥30	庚子31	辛丑(1)	壬寅2	癸卯3	甲辰4	乙巳5	丙午6	丁未7	戊申8	己酉9	庚戌10	辛亥11	戊戌冬至
十二月大 丁丑	天干地支西曆	壬子12	癸丑13	甲寅14	乙卯15	丙辰16	丁巳17	戊午18	己未19	庚申20	辛酉21	壬戌22	癸亥23	甲子24	乙丑25	丙寅26	丁卯27	戊辰28	己巳29	庚午30	辛未31	壬申(2)	癸酉2	甲戌3	乙亥4	丙子5	丁丑6	戊寅7	己卯8	庚辰9	辛巳10	

年代異同	史記魯世家	漢書律曆志	帝王世紀	竹書紀年	皇極經世	文獻通考	歷代帝王年表	歷代統紀表	中國年曆總譜	西周年代	斷代工程
	周厲王二十三年		周厲王二十三年	周厲王十二年	周厲王三十七年	周厲王三十七年	周厲王三十七年	周厲王三十七年	周厲王三十七年	周厲王二十三年	周厲王三十六年

周厲王十三年 共和元年（庚申 猴年） 公元前 841 ~ 前 840 年

夏曆月序		中西曆日對照	夏曆日序																														節氣與天象
			初一	初二	初三	初四	初五	初六	初七	初八	初九	初十	十一	十二	十三	十四	十五	十六	十七	十八	十九	二十	二一	二二	二三	二四	二五	二六	二七	二八	二九	三十	
正月小	戊寅	天干地支	壬午	癸未	甲申	乙酉	丙戌	丁亥	戊子	己丑	庚寅	辛卯	壬辰	癸巳	甲午	乙未	丙申	丁酉	戊戌	己亥	庚子	辛丑	壬寅	癸卯	甲辰	乙巳	丙午	丁未	戊申	己酉	庚戌		癸未立春
		西曆	11	12	13	14	15	16	17	18	19	20	21	22	23	24	25	26	27	28	29	(3)	2	3	4	5	6	7	8	9	10		
二月大	己卯	天干地支	辛亥	壬子	癸丑	甲寅	乙卯	丙辰	丁巳	戊午	己未	庚申	辛酉	壬戌	癸亥	甲子	乙丑	丙寅	丁卯	戊辰	己巳	庚午	辛未	壬申	癸酉	甲戌	乙亥	丙子	丁丑	戊寅	己卯	庚辰	己巳春分
		西曆	11	12	13	14	15	16	17	18	19	20	21	22	23	24	25	26	27	28	29	30	31	(4)	2	3	4	5	6	7	8	9	
三月小	庚辰	天干地支	辛巳	壬午	癸未	甲申	乙酉	丙戌	丁亥	戊子	己丑	庚寅	辛卯	壬辰	癸巳	甲午	乙未	丙申	丁酉	戊戌	己亥	庚子	辛丑	壬寅	癸卯	甲辰	乙巳	丙午	丁未	戊申	己酉		
		西曆	10	11	12	13	14	15	16	17	18	19	20	21	22	23	24	25	26	27	28	29	30	(5)	2	3	4	5	6	7	8		
四月大	辛巳	天干地支	庚戌	辛亥	壬子	癸丑	甲寅	乙卯	丙辰	丁巳	戊午	己未	庚申	辛酉	壬戌	癸亥	甲子	乙丑	丙寅	丁卯	戊辰	己巳	庚午	辛未	壬申	癸酉	甲戌	乙亥	丙子	丁丑	戊寅	己卯	丙辰立夏
		西曆	9	10	11	12	13	14	15	16	17	18	19	20	21	22	23	24	25	26	27	28	29	30	31	(6)	2	3	4	5	6	7	
五月小	壬午	天干地支	庚辰	辛巳	壬午	癸未	甲申	乙酉	丙戌	丁亥	戊子	己丑	庚寅	辛卯	壬辰	癸巳	甲午	乙未	丙申	丁酉	戊戌	己亥	庚子	辛丑	壬寅	癸卯	甲辰	乙巳	丙午	丁未	戊申		癸卯夏至
		西曆	8	9	10	11	12	13	14	15	16	17	18	19	20	21	22	23	24	25	26	27	28	29	30	(7)	2	3	4	5	6		
六月小	癸未	天干地支	己酉	庚戌	辛亥	壬子	癸丑	甲寅	乙卯	丙辰	丁巳	戊午	己未	庚申	辛酉	壬戌	癸亥	甲子	乙丑	丙寅	丁卯	戊辰	己巳	庚午	辛未	壬申	癸酉	甲戌	乙亥	丙子	丁丑		
		西曆	7	8	9	10	11	12	13	14	15	16	17	18	19	20	21	22	23	24	25	26	27	28	29	30	31	(8)	2	3	4		
七月大	甲申	天干地支	戊寅	己卯	庚辰	辛巳	壬午	癸未	甲申	乙酉	丙戌	丁亥	戊子	己丑	庚寅	辛卯	壬辰	癸巳	甲午	乙未	丙申	丁酉	戊戌	己亥	庚子	辛丑	壬寅	癸卯	甲辰	乙巳	丙午	丁未	庚寅立秋
		西曆	5	6	7	8	9	10	11	12	13	14	15	16	17	18	19	20	21	22	23	24	25	26	27	28	29	30	31	(9)	2	3	
八月小	乙酉	天干地支	戊申	己酉	庚戌	辛亥	壬子	癸丑	甲寅	乙卯	丙辰	丁巳	戊午	己未	庚申	辛酉	壬戌	癸亥	甲子	乙丑	丙寅	丁卯	戊辰	己巳	庚午	辛未	壬申	癸酉	甲戌	乙亥	丙子		乙亥秋分
		西曆	4	5	6	7	8	9	10	11	12	13	14	15	16	17	18	19	20	21	22	23	24	25	26	27	28	29	30	(10)	2		
九月大	丙戌	天干地支	丁丑	戊寅	己卯	庚辰	辛巳	壬午	癸未	甲申	乙酉	丙戌	丁亥	戊子	己丑	庚寅	辛卯	壬辰	癸巳	甲午	乙未	丙申	丁酉	戊戌	己亥	庚子	辛丑	壬寅	癸卯	甲辰	乙巳	丙午	
		西曆	3	4	5	6	7	8	9	10	11	12	13	14	15	16	17	18	19	20	21	22	23	24	25	26	27	28	29	30	31	(11)	
十月小	丁亥	天干地支	丁未	戊申	己酉	庚戌	辛亥	壬子	癸丑	甲寅	乙卯	丙辰	丁巳	戊午	己未	庚申	辛酉	壬戌	癸亥	甲子	乙丑	丙寅	丁卯	戊辰	己巳	庚午	辛未	壬申	癸酉	甲戌	乙亥		己未立冬
		西曆	2	3	4	5	6	7	8	9	10	11	12	13	14	15	16	17	18	19	20	21	22	23	24	25	26	27	28	29	30		
十一月大	戊子	天干地支	丙子	丁丑	戊寅	己卯	庚辰	辛巳	壬午	癸未	甲申	乙酉	丙戌	丁亥	戊子	己丑	庚寅	辛卯	壬辰	癸巳	甲午	乙未	丙申	丁酉	戊戌	己亥	庚子	辛丑	壬寅	癸卯	甲辰	乙巳	癸卯冬至
		西曆	(12)	2	3	4	5	6	7	8	9	10	11	12	13	14	15	16	17	18	19	20	21	22	23	24	25	26	27	28	29	30	
閏十一大	戊子	天干地支	丙午	丁未	戊申	己酉	庚戌	辛亥	壬子	癸丑	甲寅	乙卯	丙辰	丁巳	戊午	己未	庚申	辛酉	壬戌	癸亥	甲子	乙丑	丙寅	丁卯	戊辰	己巳	庚午	辛未	壬申	癸酉	甲戌	乙亥	
		西曆	31	(1)	2	3	4	5	6	7	8	9	10	11	12	13	14	15	16	17	18	19	20	21	22	23	24	25	26	27	28	29	
十二月大	己丑	天干地支	丙子	丁丑	戊寅	己卯	庚辰	辛巳	壬午	癸未	甲申	乙酉	丙戌	丁亥	戊子	己丑	庚寅	辛卯	壬辰	癸巳	甲午	乙未	丙申	丁酉	戊戌	己亥	庚子	辛丑	壬寅	癸卯	甲辰	乙巳	戊子立春
		西曆	30	31	(2)	2	3	4	5	6	7	8	9	10	11	12	13	14	15	16	17	18	19	20	21	22	23	24	25	26	27	28	

年代異同	史記魯世家	漢書律曆志	帝王世紀	竹書紀年	皇極經世	文獻通考	歷代帝王年表	歷代統紀表	中國年曆總譜	西周年代	斷代工程
	共和元年		共和元年	共和元年	共和元年	共和元年	共和元年	共和元年	共和元年	共和元年	周厲王三十七年/共和元年

周厲王十四年 共和二年（辛酉 鷄年） 公元前 **840** ~ 前 839 年

夏曆月序	中西曆日對照	初一	初二	初三	初四	初五	初六	初七	初八	初九	初十	十一	十二	十三	十四	十五	十六	十七	十八	十九	二十	二一	二二	二三	二四	二五	二六	二七	二八	二九	三十	節氣與天象
正月小 庚寅	天干 地支 西曆	丙午(3)	丁未2	戊申3	己酉4	庚戌5	辛亥6	壬子7	癸丑8	甲寅9	乙卯10	丙辰11	丁巳12	戊午13	己未14	庚申15	辛酉16	壬戌17	癸亥18	甲子19	乙丑20	丙寅21	丁卯22	戊辰23	己巳24	庚午25	辛未26	壬申27	癸酉28	甲戌29		甲戌春分
二月大 辛卯	天干 地支 西曆	乙亥30	丙子31	丁丑(4)	戊寅2	己卯3	庚辰4	辛巳5	壬午6	癸未7	甲申8	乙酉9	丙戌10	丁亥11	戊子12	己丑13	庚寅14	辛卯15	壬辰16	癸巳17	甲午18	乙未19	丙申20	丁酉21	戊戌22	己亥23	庚子24	辛丑25	壬寅26	癸卯27	甲辰28	
三月小 壬辰	天干 地支 西曆	乙巳29	丙午30	丁未(5)	戊申2	己酉3	庚戌4	辛亥5	壬子6	癸丑7	甲寅8	乙卯9	丙辰10	丁巳11	戊午12	己未13	庚申14	辛酉15	壬戌16	癸亥17	甲子18	乙丑19	丙寅20	丁卯21	戊辰22	己巳23	庚午24	辛未25	壬申26	癸酉27		辛酉立夏
四月大 癸巳	天干 地支 西曆	甲戌28	乙亥29	丙子30	丁丑31	戊寅(6)	己卯2	庚辰3	辛巳4	壬午5	癸未6	甲申7	乙酉8	丙戌9	丁亥10	戊子11	己丑12	庚寅13	辛卯14	壬辰15	癸巳16	甲午17	乙未18	丙申19	丁酉20	戊戌21	己亥22	庚子23	辛丑24	壬寅25	癸卯26	
五月小 甲午	天干 地支 西曆	甲辰27	乙巳28	丙午29	丁未30	戊申(7)	己酉2	庚戌3	辛亥4	壬子5	癸丑6	甲寅7	乙卯8	丙辰9	丁巳10	戊午11	己未12	庚申13	辛酉14	壬戌15	癸亥16	甲子17	乙丑18	丙寅19	丁卯20	戊辰21	己巳22	庚午23	辛未24	壬申25		戊申夏至
六月小 乙未	天干 地支 西曆	癸酉26	甲戌27	乙亥28	丙子29	丁丑30	戊寅31	己卯(8)	庚辰2	辛巳3	壬午4	癸未5	甲申6	乙酉7	丙戌8	丁亥9	戊子10	己丑11	庚寅12	辛卯13	壬辰14	癸巳15	甲午16	乙未17	丙申18	丁酉19	戊戌20	己亥21	庚子22	辛丑23		乙未立秋
七月大 丙申	天干 地支 西曆	壬寅24	癸卯25	甲辰26	乙巳27	丙午28	丁未29	戊申30	己酉31	庚戌(9)	辛亥2	壬子3	癸丑4	甲寅5	乙卯6	丙辰7	丁巳8	戊午9	己未10	庚申11	辛酉12	壬戌13	癸亥14	甲子15	乙丑16	丙寅17	丁卯18	戊辰19	己巳20	庚午21	辛未22	
八月小 丁酉	天干 地支 西曆	壬申23	癸酉24	甲戌25	乙亥26	丙子27	丁丑28	戊寅29	己卯30	庚辰(10)	辛巳2	壬午3	癸未4	甲申5	乙酉6	丙戌7	丁亥8	戊子9	己丑10	庚寅11	辛卯12	壬辰13	癸巳14	甲午15	乙未16	丙申17	丁酉18	戊戌19	己亥20	庚子21		庚辰秋分
九月大 戊戌	天干 地支 西曆	辛丑22	壬寅23	癸卯24	甲辰25	乙巳26	丙午27	丁未28	戊申29	己酉30	庚戌31	辛亥(11)	壬子2	癸丑3	甲寅4	乙卯5	丙辰6	丁巳7	戊午8	己未9	庚申10	辛酉11	壬戌12	癸亥13	甲子14	乙丑15	丙寅16	丁卯17	戊辰18	己巳19	庚午20	乙丑立冬
十月小 己亥	天干 地支 西曆	辛未21	壬申22	癸酉23	甲戌24	乙亥25	丙子26	丁丑27	戊寅28	己卯29	庚辰30	辛巳(12)	壬午2	癸未3	甲申4	乙酉5	丙戌6	丁亥7	戊子8	己丑9	庚寅10	辛卯11	壬辰12	癸巳13	甲午14	乙未15	丙申16	丁酉17	戊戌18	己亥19		
十一月大 庚子	天干 地支 西曆	庚子20	辛丑21	壬寅22	癸卯23	甲辰24	乙巳25	丙午26	丁未27	戊申28	己酉29	庚戌30	辛亥31	壬子(1)	癸丑2	甲寅3	乙卯4	丙辰5	丁巳6	戊午7	己未8	庚申9	辛酉10	壬戌11	癸亥12	甲子13	乙丑14	丙寅15	丁卯16	戊辰17	己巳18	己酉冬至
十二月大 辛丑	天干 地支 西曆	庚午19	辛未20	壬申21	癸酉22	甲戌23	乙亥24	丙子25	丁丑26	戊寅27	己卯28	庚辰29	辛巳30	壬午31	癸未(2)	甲申2	乙酉3	丙戌4	丁亥5	戊子6	己丑7	庚寅8	辛卯9	壬辰10	癸巳11	甲午12	乙未13	丙申14	丁酉15	戊戌16	己亥17	癸巳立春

年代異同	史記魯世家	漢書律曆志	帝王世紀	竹書紀年	皇極經世	文獻通考	歷代帝王年表	歷代統紀表	中國年曆總譜	西周年代	斷代工程
	共和二年	共和二年	共和二年	共和二年	共和二年	共和二年	共和二年	共和二年	共和二年	共和二年	共和二年

周厲王十五年 共和三年（壬戌 狗年） 公元前 839 ~ 前 838 年

夏曆月序		中西曆日對照	初一	初二	初三	初四	初五	初六	初七	初八	初九	初十	十一	十二	十三	十四	十五	十六	十七	十八	十九	二十	二十一	二十二	二十三	二十四	二十五	二十六	二十七	二十八	二十九	三十	節氣與天象
正月小	壬寅	天地干支西曆	庚子18	辛丑19	壬寅20	癸卯21	甲辰22	乙巳23	丙午24	丁未25	戊申26	己酉27	庚戌28	辛亥(3)	壬子2	癸丑3	甲寅4	乙卯5	丙辰6	丁巳7	戊午8	己未9	庚申10	辛酉11	壬戌12	癸亥13	甲子14	乙丑15	丙寅16	丁卯17	戊辰18		
二月大	癸卯	天地干支西曆	己巳19	庚午20	辛未21	壬申22	癸酉23	甲戌24	乙亥25	丙子26	丁丑27	戊寅28	己卯29	庚辰30	辛巳31	壬午(4)	癸未2	甲申3	乙酉4	丙戌5	丁亥6	戊子7	己丑8	庚寅9	辛卯10	壬辰11	癸巳12	甲午13	乙未14	丙申15	丁酉16	戊戌17	己卯春分
三月大	甲辰	天地干支西曆	己亥18	庚子19	辛丑20	壬寅21	癸卯22	甲辰23	乙巳24	丙午25	丁未26	戊申27	己酉28	庚戌29	辛亥30	壬子(5)	癸丑2	甲寅3	乙卯4	丙辰5	丁巳6	戊午7	己未8	庚申9	辛酉10	壬戌11	癸亥12	甲子13	乙丑14	丙寅15	丁卯16	戊辰17	丙寅立夏
四月小	乙巳	天地干支西曆	己巳18	庚午19	辛未20	壬申21	癸酉22	甲戌23	乙亥24	丙子25	丁丑26	戊寅27	己卯28	庚辰29	辛巳30	壬午31	癸未(6)	甲申2	乙酉3	丙戌4	丁亥5	戊子6	己丑7	庚寅8	辛卯9	壬辰10	癸巳11	甲午12	乙未13	丙申14	丁酉15		
五月大	丙午	天地干支西曆	戊戌16	己亥17	庚子18	辛丑19	壬寅20	癸卯21	甲辰22	乙巳23	丙午24	丁未25	戊申26	己酉27	庚戌28	辛亥29	壬子30	癸丑(7)	甲寅2	乙卯3	丙辰4	丁巳5	戊午6	己未7	庚申8	辛酉9	壬戌10	癸亥11	甲子12	乙丑13	丙寅14	丁卯15	甲寅夏至
六月小	丁未	天地干支西曆	戊辰16	己巳17	庚午18	辛未19	壬申20	癸酉21	甲戌22	乙亥23	丙子24	丁丑25	戊寅26	己卯27	庚辰28	辛巳29	壬午30	癸未31	甲申(8)	乙酉2	丙戌3	丁亥4	戊子5	己丑6	庚寅7	辛卯8	壬辰9	癸巳10	甲午11	乙未12	丙申13		
七月小	戊申	天地干支西曆	丁酉14	戊戌15	己亥16	庚子17	辛丑18	壬寅19	癸卯20	甲辰21	乙巳22	丙午23	丁未24	戊申25	己酉26	庚戌27	辛亥28	壬子29	癸丑30	甲寅31	乙卯(9)	丙辰2	丁巳3	戊午4	己未5	庚申6	辛酉7	壬戌8	癸亥9	甲子10	乙丑11		庚子立秋
八月大	己酉	天地干支西曆	丙寅12	丁卯13	戊辰14	己巳15	庚午16	辛未17	壬申18	癸酉19	甲戌20	乙亥21	丙子22	丁丑23	戊寅24	己卯25	庚辰26	辛巳27	壬午28	癸未29	甲申30	乙酉(10)	丙戌2	丁亥3	戊子4	己丑5	庚寅6	辛卯7	壬辰8	癸巳9	甲午10	乙未11	乙酉秋分
九月小	庚戌	天地干支西曆	丙申12	丁酉13	戊戌14	己亥15	庚子16	辛丑17	壬寅18	癸卯19	甲辰20	乙巳21	丙午22	丁未23	戊申24	己酉25	庚戌26	辛亥27	壬子28	癸丑29	甲寅30	乙卯31	丙辰(11)	丁巳2	戊午3	己未4	庚申5	辛酉6	壬戌7	癸亥8	甲子9		
十月大	辛亥	天地干支西曆	乙丑10	丙寅11	丁卯12	戊辰13	己巳14	庚午15	辛未16	壬申17	癸酉18	甲戌19	乙亥20	丙子21	丁丑22	戊寅23	己卯24	庚辰25	辛巳26	壬午27	癸未28	甲申29	乙酉30	丙戌(12)	丁亥2	戊子3	己丑4	庚寅5	辛卯6	壬辰7	癸巳8	甲午9	庚午立冬
十一月小	壬子	天地干支西曆	乙未10	丙申11	丁酉12	戊戌13	己亥14	庚子15	辛丑16	壬寅17	癸卯18	甲辰19	乙巳20	丙午21	丁未22	戊申23	己酉24	庚戌25	辛亥26	壬子27	癸丑28	甲寅29	乙卯30	丙辰31	丁巳(1)	戊午2	己未3	庚申4	辛酉5	壬戌6	癸亥7		甲寅冬至
十二月大	癸丑	天地干支西曆	甲子8	乙丑9	丙寅10	丁卯11	戊辰12	己巳13	庚午14	辛未15	壬申16	癸酉17	甲戌18	乙亥19	丙子20	丁丑21	戊寅22	己卯23	庚辰24	辛巳25	壬午26	癸未27	甲申28	乙酉29	丙戌30	丁亥31	戊子(2)	己丑2	庚寅3	辛卯4	壬辰5	癸巳6	甲子日食

* 共和元年以后西周年代，諸家所載相同，兹不贅述。汪曰楨《歷代長術輯要》（以下簡称《長術》）：周曆建子，正月己亥，二月戊辰，四月丁卯，六月丙寅，八月乙丑，十月甲子，十二月癸亥朔。后《長術》引文中“月”字省。

周厲王十六年 共和四年（癸亥 猪年） 公元前**838** ~ 前837年

夏曆月序		中西曆日對照	初一	初二	初三	初四	初五	初六	初七	初八	初九	初十	十一	十二	十三	十四	十五	十六	十七	十八	十九	二十	二一	二二	二三	二四	二五	二六	二七	二八	二九	三十	節氣與天象
正月小	甲寅	天干 地支 西曆	甲午7	乙未8	丙申9	丁酉10	戊戌11	己亥12	庚子13	辛丑14	壬寅15	癸卯16	甲辰17	乙巳18	丙午19	丁未20	戊申21	己酉22	庚戌23	辛亥24	壬子25	癸丑26	甲寅27	乙卯28	丙辰(3)	丁巳2	戊午3	己未4	庚申5	辛酉6	壬戌7		己亥立春
二月大	乙卯	天干 地支 西曆	癸亥8	甲子9	乙丑10	丙寅11	丁卯12	戊辰13	己巳14	庚午15	辛未16	壬申17	癸酉18	甲戌19	乙亥20	丙子21	丁丑22	戊寅23	己卯24	庚辰25	辛巳26	壬午27	癸未28	甲申29	乙酉30	丙戌31	丁亥(4)	戊子2	己丑3	庚寅4	辛卯5	壬辰6	乙酉春分
三月大	丙辰	天干 地支 西曆	癸巳7	甲午8	乙未9	丙申10	丁酉11	戊戌12	己亥13	庚子14	辛丑15	壬寅16	癸卯17	甲辰18	乙巳19	丙午20	丁未21	戊申22	己酉23	庚戌24	辛亥25	壬子26	癸丑27	甲寅28	乙卯29	丙辰30	丁巳(5)	戊午2	己未3	庚申4	辛酉5	壬戌6	
四月小	丁巳	天干 地支 西曆	癸亥7	甲子8	乙丑9	丙寅10	丁卯11	戊辰12	己巳13	庚午14	辛未15	壬申16	癸酉17	甲戌18	乙亥19	丙子20	丁丑21	戊寅22	己卯23	庚辰24	辛巳25	壬午26	癸未27	甲申28	乙酉29	丙戌30	丁亥31	戊子(6)	己丑2	庚寅3	辛卯4		壬申立夏
五月大	戊午	天干 地支 西曆	壬辰5	癸巳6	甲午7	乙未8	丙申9	丁酉10	戊戌11	己亥12	庚子13	辛丑14	壬寅15	癸卯16	甲辰17	乙巳18	丙午19	丁未20	戊申21	己酉22	庚戌23	辛亥24	壬子25	癸丑26	甲寅27	乙卯28	丙辰29	丁巳30	戊午(7)	己未2	庚申3	辛酉4	己未夏至
六月小	己未	天干 地支 西曆	壬戌5	癸亥6	甲子7	乙丑8	丙寅9	丁卯10	戊辰11	己巳12	庚午13	辛未14	壬申15	癸酉16	甲戌17	乙亥18	丙子19	丁丑20	戊寅21	己卯22	庚辰23	辛巳24	壬午25	癸未26	甲申27	乙酉28	丙戌29	丁亥30	戊子31	己丑(8)	庚寅2		
七月大	庚申	天干 地支 西曆	辛卯3	壬辰4	癸巳5	甲午6	乙未7	丙申8	丁酉9	戊戌10	己亥11	庚子12	辛丑13	壬寅14	癸卯15	甲辰16	乙巳17	丙午18	丁未19	戊申20	己酉21	庚戌22	辛亥23	壬子24	癸丑25	甲寅26	乙卯27	丙辰28	丁巳29	戊午30	己未31	庚申(9)	乙巳立秋
八月小	辛酉	天干 地支 西曆	辛酉2	壬戌3	癸亥4	甲子5	乙丑6	丙寅7	丁卯8	戊辰9	己巳10	庚午11	辛未12	壬申13	癸酉14	甲戌15	乙亥16	丙子17	丁丑18	戊寅19	己卯20	庚辰21	辛巳22	壬午23	癸未24	甲申25	乙酉26	丙戌27	丁亥28	戊子29	己丑30		
九月大	壬戌	天干 地支 西曆	庚寅(10)	辛卯2	壬辰3	癸巳4	甲午5	乙未6	丙申7	丁酉8	戊戌9	己亥10	庚子11	辛丑12	壬寅13	癸卯14	甲辰15	乙巳16	丙午17	丁未18	戊申19	己酉20	庚戌21	辛亥22	壬子23	癸丑24	甲寅25	乙卯26	丙辰27	丁巳28	戊午29	己未30	辛卯秋分
閏九月小	壬戌	天干 地支 西曆	庚申31	辛酉(11)	壬戌2	癸亥3	甲子4	乙丑5	丙寅6	丁卯7	戊辰8	己巳9	庚午10	辛未11	壬申12	癸酉13	甲戌14	乙亥15	丙子16	丁丑17	戊寅18	己卯19	庚辰20	辛巳21	壬午22	癸未23	甲申24	乙酉25	丙戌26	丁亥27	戊子28		乙亥立冬
十月大	癸亥	天干 地支 西曆	己丑29	庚寅30	辛卯(12)	壬辰2	癸巳3	甲午4	乙未5	丙申6	丁酉7	戊戌8	己亥9	庚子10	辛丑11	壬寅12	癸卯13	甲辰14	乙巳15	丙午16	丁未17	戊申18	己酉19	庚戌20	辛亥21	壬子22	癸丑23	甲寅24	乙卯25	丙辰26	丁巳27	戊午28	
十一月小	甲子	天干 地支 西曆	己未29	庚申30	辛酉31	壬戌(1)	癸亥2	甲子3	乙丑4	丙寅5	丁卯6	戊辰7	己巳8	庚午9	辛未10	壬申11	癸酉12	甲戌13	乙亥14	丙子15	丁丑16	戊寅17	己卯18	庚辰19	辛巳20	壬午21	癸未22	甲申23	乙酉24	丙戌25	丁亥26		己未冬至
十二月大	乙丑	天干 地支 西曆	戊子27	己丑28	庚寅29	辛卯30	壬辰31	癸巳(2)	甲午2	乙未3	丙申4	丁酉5	戊戌6	己亥7	庚子8	辛丑9	壬寅10	癸卯11	甲辰12	乙巳13	丙午14	丁未15	戊申16	己酉17	庚戌18	辛亥19	壬子20	癸丑21	甲寅22	乙卯23	丙辰24	丁巳25	甲辰立春

*《長術》：正癸巳，二壬戌，四辛酉，七庚寅，九己丑，十一戊子朔。

周厲王十七年 共和五年（甲子 鼠年） 公元前837 ~ 前836年

夏曆月序		中西曆日對照	初一	初二	初三	初四	初五	初六	初七	初八	初九	初十	十一	十二	十三	十四	十五	十六	十七	十八	十九	二十	二一	二二	二三	二四	二五	二六	二七	二八	二九	三十	節氣與天象
正月小	丙寅	干支	戊午	己未	庚申	辛酉	壬戌	癸亥	甲子	乙丑	丙寅	丁卯	戊辰	己巳	庚午	辛未	壬申	癸酉	甲戌	乙亥	丙子	丁丑	戊寅	己卯	庚辰	辛巳	壬午	癸未	甲申	乙酉	丙戌		
		天地西曆	26	27	28	29	(3)	2	3	4	5	6	7	8	9	10	11	12	13	14	15	16	17	18	19	20	21	22	23	24	25		
二月大	丁卯	干支	丁亥	戊子	己丑	庚寅	辛卯	壬辰	癸巳	甲午	乙未	丙申	丁酉	戊戌	己亥	庚子	辛丑	壬寅	癸卯	甲辰	乙巳	丙午	丁未	戊申	己酉	庚戌	辛亥	壬子	癸丑	甲寅	乙卯	丙辰	庚寅春分
		天地西曆	26	27	28	29	30	31	(4)	2	3	4	5	6	7	8	9	10	11	12	13	14	15	16	17	18	19	20	21	22	23	24	
三月小	戊辰	干支	丁巳	戊午	己未	庚申	辛酉	壬戌	癸亥	甲子	乙丑	丙寅	丁卯	戊辰	己巳	庚午	辛未	壬申	癸酉	甲戌	乙亥	丙子	丁丑	戊寅	己卯	庚辰	辛巳	壬午	癸未	甲申	乙酉		丁丑立夏
		天地西曆	25	26	27	28	29	30	(5)	2	3	4	5	6	7	8	9	10	11	12	13	14	15	16	17	18	19	20	21	22	23		
四月大	己巳	干支	丙戌	丁亥	戊子	己丑	庚寅	辛卯	壬辰	癸巳	甲午	乙未	丙申	丁酉	戊戌	己亥	庚子	辛丑	壬寅	癸卯	甲辰	乙巳	丙午	丁未	戊申	己酉	庚戌	辛亥	壬子	癸丑	甲寅	乙卯	
		天地西曆	24	25	26	27	28	29	30	31	(6)	2	3	4	5	6	7	8	9	10	11	12	13	14	15	16	17	18	19	20	21	22	
五月大	庚午	干支	丙辰	丁巳	戊午	己未	庚申	辛酉	壬戌	癸亥	甲子	乙丑	丙寅	丁卯	戊辰	己巳	庚午	辛未	壬申	癸酉	甲戌	乙亥	丙子	丁丑	戊寅	己卯	庚辰	辛巳	壬午	癸未	甲申	乙酉	甲子夏至
		天地西曆	23	24	25	26	27	28	29	30	(7)	2	3	4	5	6	7	8	9	10	11	12	13	14	15	16	17	18	19	20	21	22	
六月小	辛未	干支	丙戌	丁亥	戊子	己丑	庚寅	辛卯	壬辰	癸巳	甲午	乙未	丙申	丁酉	戊戌	己亥	庚子	辛丑	壬寅	癸卯	甲辰	乙巳	丙午	丁未	戊申	己酉	庚戌	辛亥	壬子	癸丑	甲寅		辛亥立秋
		天地西曆	23	24	25	26	27	28	29	30	31	(8)	2	3	4	5	6	7	8	9	10	11	12	13	14	15	16	17	18	19	20		
七月大	壬申	干支	乙卯	丙辰	丁巳	戊午	己未	庚申	辛酉	壬戌	癸亥	甲子	乙丑	丙寅	丁卯	戊辰	己巳	庚午	辛未	壬申	癸酉	甲戌	乙亥	丙子	丁丑	戊寅	己卯	庚辰	辛巳	壬午	癸未	甲申	
		天地西曆	21	22	23	24	25	26	27	28	29	30	31	(9)	2	3	4	5	6	7	8	9	10	11	12	13	14	15	16	17	18	19	
八月小	癸酉	干支	乙酉	丙戌	丁亥	戊子	己丑	庚寅	辛卯	壬辰	癸巳	甲午	乙未	丙申	丁酉	戊戌	己亥	庚子	辛丑	壬寅	癸卯	甲辰	乙巳	丙午	丁未	戊申	己酉	庚戌	辛亥	壬子	癸丑		丙申秋分
		天地西曆	20	21	22	23	24	25	26	27	28	29	30	(10)	2	3	4	5	6	7	8	9	10	11	12	13	14	15	16	17	18		
九月大	甲戌	干支	甲寅	乙卯	丙辰	丁巳	戊午	己未	庚申	辛酉	壬戌	癸亥	甲子	乙丑	丙寅	丁卯	戊辰	己巳	庚午	辛未	壬申	癸酉	甲戌	乙亥	丙子	丁丑	戊寅	己卯	庚辰	辛巳	壬午	癸未	庚辰立冬
		天地西曆	19	20	21	22	23	24	25	26	27	28	29	30	31	(11)	2	3	4	5	6	7	8	9	10	11	12	13	14	15	16	17	
十月小	乙亥	干支	甲申	乙酉	丙戌	丁亥	戊子	己丑	庚寅	辛卯	壬辰	癸巳	甲午	乙未	丙申	丁酉	戊戌	己亥	庚子	辛丑	壬寅	癸卯	甲辰	乙巳	丙午	丁未	戊申	己酉	庚戌	辛亥	壬子		
		天地西曆	18	19	20	21	22	23	24	25	26	27	28	29	30	(12)	2	3	4	5	6	7	8	9	10	11	12	13	14	15	16		
十一月大	丙子	干支	癸丑	甲寅	乙卯	丙辰	丁巳	戊午	己未	庚申	辛酉	壬戌	癸亥	甲子	乙丑	丙寅	丁卯	戊辰	己巳	庚午	辛未	壬申	癸酉	甲戌	乙亥	丙子	丁丑	戊寅	己卯	庚辰	辛巳	壬午	甲子冬至
		天地西曆	17	18	19	20	21	22	23	24	25	26	27	28	29	30	31	(1)	2	3	4	5	6	7	8	9	10	11	12	13	14	15	
十二月小	丁丑	干支	癸未	甲申	乙酉	丙戌	丁亥	戊子	己丑	庚寅	辛卯	壬辰	癸巳	甲午	乙未	丙申	丁酉	戊戌	己亥	庚子	辛丑	壬寅	癸卯	甲辰	乙巳	丙午	丁未	戊申	己酉	庚戌	辛亥		己酉立春
		天地西曆	16	17	18	19	20	21	22	23	24	25	26	27	28	29	30	31	(2)	2	3	4	5	6	7	8	9	10	11	12	13		

*《長術》：正丁亥，二丙戌，四乙酉，六甲申，九癸丑，十一壬子朔。閏正月，乙卯冬至，二丙戌大寒。

周厲王十八年 共和六年（乙丑 牛年） 公元前**836** ~ 前835年

夏曆月序		中西曆日對照	夏曆日序																														節氣與天象
			初一	初二	初三	初四	初五	初六	初七	初八	初九	初十	十一	十二	十三	十四	十五	十六	十七	十八	十九	二十	二一	二二	二三	二四	二五	二六	二七	二八	二九	三十	
正月大	戊寅	天干 地支 西曆	壬子 14	癸丑 15	甲寅 16	乙卯 17	丙辰 18	丁巳 19	戊午 20	己未 21	庚申 22	辛酉 23	壬戌 24	癸亥 25	甲子 26	乙丑 27	丙寅 28	丁卯 (3)	戊辰 2	己巳 3	庚午 4	辛未 5	壬申 6	癸酉 7	甲戌 8	乙亥 9	丙子 10	丁丑 11	戊寅 12	己卯 13	庚辰 14	辛巳 15	
二月小	己卯	天干 地支 西曆	壬午 16	癸未 17	甲申 18	乙酉 19	丙戌 20	丁亥 21	戊子 22	己丑 23	庚寅 24	辛卯 25	壬辰 26	癸巳 27	甲午 28	乙未 29	丙申 30	丁酉 31	戊戌 (4)	己亥 2	庚子 3	辛丑 4	壬寅 5	癸卯 6	甲辰 7	乙巳 8	丙午 9	丁未 10	戊申 11	己酉 12	庚戌 13		乙未春分
三月小	庚辰	天干 地支 西曆	辛亥 14	壬子 15	癸丑 16	甲寅 17	乙卯 18	丙辰 19	丁巳 20	戊午 21	己未 22	庚申 23	辛酉 24	壬戌 25	癸亥 26	甲子 27	乙丑 28	丙寅 29	丁卯 30	戊辰 (5)	己巳 2	庚午 3	辛未 4	壬申 5	癸酉 6	甲戌 7	乙亥 8	丙子 9	丁丑 10	戊寅 11	己卯 12		
四月大	辛巳	天干 地支 西曆	庚辰 13	辛巳 14	壬午 15	癸未 16	甲申 17	乙酉 18	丙戌 19	丁亥 20	戊子 21	己丑 22	庚寅 23	辛卯 24	壬辰 25	癸巳 26	甲午 27	乙未 28	丙申 29	丁酉 30	戊戌 31	己亥 (6)	庚子 2	辛丑 3	壬寅 4	癸卯 5	甲辰 6	乙巳 7	丙午 8	丁未 9	戊申 10	己酉 11	壬午立夏
五月大	壬午	天干 地支 西曆	庚戌 12	辛亥 13	壬子 14	癸丑 15	甲寅 16	乙卯 17	丙辰 18	丁巳 19	戊午 20	己未 21	庚申 22	辛酉 23	壬戌 24	癸亥 25	甲子 26	乙丑 27	丙寅 28	丁卯 29	戊辰 30	己巳 (7)	庚午 2	辛未 3	壬申 4	癸酉 5	甲戌 6	乙亥 7	丙子 8	丁丑 9	戊寅 10	己卯 11	己巳夏至
六月小	癸未	天干 地支 西曆	庚辰 12	辛巳 13	壬午 14	癸未 15	甲申 16	乙酉 17	丙戌 18	丁亥 19	戊子 20	己丑 21	庚寅 22	辛卯 23	壬辰 24	癸巳 25	甲午 26	乙未 27	丙申 28	丁酉 29	戊戌 30	己亥 31	庚子 (8)	辛丑 2	壬寅 3	癸卯 4	甲辰 5	乙巳 6	丙午 7	丁未 8	戊申 9		
七月大	甲申	天干 地支 西曆	己酉 10	庚戌 11	辛亥 12	壬子 13	癸丑 14	甲寅 15	乙卯 16	丙辰 17	丁巳 18	戊午 19	己未 20	庚申 21	辛酉 22	壬戌 23	癸亥 24	甲子 25	乙丑 26	丙寅 27	丁卯 28	戊辰 29	己巳 30	庚午 31	辛未 (9)	壬申 2	癸酉 3	甲戌 4	乙亥 5	丙子 6	丁丑 7	戊寅 8	丙辰立秋
八月大	乙酉	天干 地支 西曆	己卯 9	庚辰 10	辛巳 11	壬午 12	癸未 13	甲申 14	乙酉 15	丙戌 16	丁亥 17	戊子 18	己丑 19	庚寅 20	辛卯 21	壬辰 22	癸巳 23	甲午 24	乙未 25	丙申 26	丁酉 27	戊戌 28	己亥 29	庚子 30	辛丑 (10)	壬寅 2	癸卯 3	甲辰 4	乙巳 5	丙午 6	丁未 7	戊申 8	辛丑秋分
九月小	丙戌	天干 地支 西曆	己酉 9	庚戌 10	辛亥 11	壬子 12	癸丑 13	甲寅 14	乙卯 15	丙辰 16	丁巳 17	戊午 18	己未 19	庚申 20	辛酉 21	壬戌 22	癸亥 23	甲子 24	乙丑 25	丙寅 26	丁卯 27	戊辰 28	己巳 29	庚午 30	辛未 31	壬申 (11)	癸酉 2	甲戌 3	乙亥 4	丙子 5	丁丑 6		
十月大	丁亥	天干 地支 西曆	戊寅 7	己卯 8	庚辰 9	辛巳 10	壬午 11	癸未 12	甲申 13	乙酉 14	丙戌 15	丁亥 16	戊子 17	己丑 18	庚寅 19	辛卯 20	壬辰 21	癸巳 22	甲午 23	乙未 24	丙申 25	丁酉 26	戊戌 27	己亥 28	庚子 29	辛丑 30	壬寅 (12)	癸卯 2	甲辰 3	乙巳 4	丙午 5	丁未 6	丙戌立冬
十一月小	戊子	天干 地支 西曆	戊申 7	己酉 8	庚戌 9	辛亥 10	壬子 11	癸丑 12	甲寅 13	乙卯 14	丙辰 15	丁巳 16	戊午 17	己未 18	庚申 19	辛酉 20	壬戌 21	癸亥 22	甲子 23	乙丑 24	丙寅 25	丁卯 26	戊辰 27	己巳 28	庚午 29	辛未 30	壬申 31	癸酉 (1)	甲戌 2	乙亥 3	丙子 4		庚午冬至
十二月大	己丑	天干 地支 西曆	丁丑 5	戊寅 6	己卯 7	庚辰 8	辛巳 9	壬午 10	癸未 11	甲申 12	乙酉 13	丙戌 14	丁亥 15	戊子 16	己丑 17	庚寅 18	辛卯 19	壬辰 20	癸巳 21	甲午 22	乙未 23	丙申 24	丁酉 25	戊戌 26	己亥 27	庚子 28	辛丑 29	壬寅 30	癸卯 31	甲辰 (2)	乙巳 2	丙午 3	

*《長術》：正辛亥，三庚戌，五己酉，七戊申，九丁未，十一丙午朔。

周厲王十九年 共和七年（丙寅 虎年） 公元前 835 ~ 前 834 年

夏曆月序		中西曆日對照	初一	初二	初三	初四	初五	初六	初七	初八	初九	初十	十一	十二	十三	十四	十五	十六	十七	十八	十九	二十	二一	二二	二三	二四	二五	二六	二七	二八	二九	三十	節氣與天象
正月小	庚寅	天干地支西曆	丁未4	戊申5	己酉6	庚戌7	辛亥8	壬子9	癸丑10	甲寅11	乙卯12	丙辰13	丁巳14	戊午15	己未16	庚申17	辛酉18	壬戌19	癸亥20	甲子21	乙丑22	丙寅23	丁卯24	戊辰25	己巳26	庚午27	辛未28	壬申(3)	癸酉2	甲戌3	乙亥4		甲寅立春
二月大	辛卯	天干地支西曆	丙子5	丁丑6	戊寅7	己卯8	庚辰9	辛巳10	壬午11	癸未12	甲申13	乙酉14	丙戌15	丁亥16	戊子17	己丑18	庚寅19	辛卯20	壬辰21	癸巳22	甲午23	乙未24	丙申25	丁酉26	戊戌27	己亥28	庚子29	辛丑30	壬寅31	癸卯(4)	甲辰2	乙巳3	庚子春分
三月小	壬辰	天干地支西曆	丙午4	丁未5	戊申6	己酉7	庚戌8	辛亥9	壬子10	癸丑11	甲寅12	乙卯13	丙辰14	丁巳15	戊午16	己未17	庚申18	辛酉19	壬戌20	癸亥21	甲子22	乙丑23	丙寅24	丁卯25	戊辰26	己巳27	庚午28	辛未29	壬申30	癸酉(5)	甲戌2		
四月小	癸巳	天干地支西曆	乙亥3	丙子4	丁丑5	戊寅6	己卯7	庚辰8	辛巳9	壬午10	癸未11	甲申12	乙酉13	丙戌14	丁亥15	戊子16	己丑17	庚寅18	辛卯19	壬辰20	癸巳21	甲午22	乙未23	丙申24	丁酉25	戊戌26	己亥27	庚子28	辛丑29	壬寅30	癸卯31		丁亥立夏 乙亥日食
五月大	甲午	天干地支西曆	甲辰(6)	乙巳2	丙午3	丁未4	戊申5	己酉6	庚戌7	辛亥8	壬子9	癸丑10	甲寅11	乙卯12	丙辰13	丁巳14	戊午15	己未16	庚申17	辛酉18	壬戌19	癸亥20	甲子21	乙丑22	丙寅23	丁卯24	戊辰25	己巳26	庚午27	辛未28	壬申29	癸酉30	
六月小	乙未	天干地支西曆	甲戌(7)	乙亥2	丙子3	丁丑4	戊寅5	己卯6	庚辰7	辛巳8	壬午9	癸未10	甲申11	乙酉12	丙戌13	丁亥14	戊子15	己丑16	庚寅17	辛卯18	壬辰19	癸巳20	甲午21	乙未22	丙申23	丁酉24	戊戌25	己亥26	庚子27	辛丑28	壬寅29		乙亥夏至
閏六月大	乙未	天干地支西曆	癸卯30	甲辰31	乙巳(8)	丙午2	丁未3	戊申4	己酉5	庚戌6	辛亥7	壬子8	癸丑9	甲寅10	乙卯11	丙辰12	丁巳13	戊午14	己未15	庚申16	辛酉17	壬戌18	癸亥19	甲子20	乙丑21	丙寅22	丁卯23	戊辰24	己巳25	庚午26	辛未27	壬申28	辛酉立秋
七月大	丙申	天干地支西曆	癸酉29	甲戌30	乙亥31	丙子(9)	丁丑2	戊寅3	己卯4	庚辰5	辛巳6	壬午7	癸未8	甲申9	乙酉10	丙戌11	丁亥12	戊子13	己丑14	庚寅15	辛卯16	壬辰17	癸巳18	甲午19	乙未20	丙申21	丁酉22	戊戌23	己亥24	庚子25	辛丑26	壬寅27	
八月大	丁酉	天干地支西曆	癸卯28	甲辰29	乙巳30	丙午(10)	丁未2	戊申3	己酉4	庚戌5	辛亥6	壬子7	癸丑8	甲寅9	乙卯10	丙辰11	丁巳12	戊午13	己未14	庚申15	辛酉16	壬戌17	癸亥18	甲子19	乙丑20	丙寅21	丁卯22	戊辰23	己巳24	庚午25	辛未26	壬申27	丙午秋分
九月小	戊戌	天干地支西曆	癸酉28	甲戌29	乙亥30	丙子31	丁丑(11)	戊寅2	己卯3	庚辰4	辛巳5	壬午6	癸未7	甲申8	乙酉9	丙戌10	丁亥11	戊子12	己丑13	庚寅14	辛卯15	壬辰16	癸巳17	甲午18	乙未19	丙申20	丁酉21	戊戌22	己亥23	庚子24	辛丑25		辛卯立冬
十月大	己亥	天干地支西曆	壬寅26	癸卯27	甲辰28	乙巳29	丙午30	丁未(12)	戊申2	己酉3	庚戌4	辛亥5	壬子6	癸丑7	甲寅8	乙卯9	丙辰10	丁巳11	戊午12	己未13	庚申14	辛酉15	壬戌16	癸亥17	甲子18	乙丑19	丙寅20	丁卯21	戊辰22	己巳23	庚午24	辛未25	
十一月大	庚子	天干地支西曆	壬申26	癸酉27	甲戌28	乙亥29	丙子30	丁丑31	戊寅(1)	己卯2	庚辰3	辛巳4	壬午5	癸未6	甲申7	乙酉8	丙戌9	丁亥10	戊子11	己丑12	庚寅13	辛卯14	壬辰15	癸巳16	甲午17	乙未18	丙申19	丁酉20	戊戌21	己亥22	庚子23	辛丑24	乙亥冬至
十二月小	辛丑	天干地支西曆	壬寅25	癸卯26	甲辰27	乙巳28	丙午29	丁未30	戊申31	己酉(2)	庚戌2	辛亥3	壬子4	癸丑5	甲寅6	乙卯7	丙辰8	丁巳9	戊午10	己未11	庚申12	辛酉13	壬戌14	癸亥15	甲子16	乙丑17	丙寅18	丁卯19	戊辰20	己巳21	庚午22		庚申立春

*《長術》：正丙午，二乙亥，四甲戌，六癸酉，八壬申，十辛未，十一庚午朔。閏十。

周厲王二十年 共和八年（丁卯 兔年） 公元前834 ~ 前833年

夏曆月序		中西曆日對照	初一	初二	初三	初四	初五	初六	初七	初八	初九	初十	十一	十二	十三	十四	十五	十六	十七	十八	十九	二十	二一	二二	二三	二四	二五	二六	二七	二八	二九	三十	節氣與天象
正月小	壬寅	天干 地支 西曆	辛未 23	壬申 24	癸酉 25	甲戌 26	乙亥 27	丙子 28	丁丑 (3)	戊寅 2	己卯 3	庚辰 4	辛巳 5	壬午 6	癸未 7	甲申 8	乙酉 9	丙戌 10	丁亥 11	戊子 12	己丑 13	庚寅 14	辛卯 15	壬辰 16	癸巳 17	甲午 18	乙未 19	丙申 20	丁酉 21	戊戌 22	己亥 23		
二月大	癸卯	天干 地支 西曆	庚子 24	辛丑 25	壬寅 26	癸卯 27	甲辰 28	乙巳 29	丙午 30	丁未 31	戊申 (4)	己酉 2	庚戌 3	辛亥 4	壬子 5	癸丑 6	甲寅 7	乙卯 8	丙辰 9	丁巳 10	戊午 11	己未 12	庚申 13	辛酉 14	壬戌 15	癸亥 16	甲子 17	乙丑 18	丙寅 19	丁卯 20	戊辰 21	己巳 22	丙午春分
三月小	甲辰	天干 地支 西曆	庚午 23	辛未 24	壬申 25	癸酉 26	甲戌 27	乙亥 28	丙子 29	丁丑 30	戊寅 (5)	己卯 2	庚辰 3	辛巳 4	壬午 5	癸未 6	甲申 7	乙酉 8	丙戌 9	丁亥 10	戊子 11	己丑 12	庚寅 13	辛卯 14	壬辰 15	癸巳 16	甲午 17	乙未 18	丙申 19	丁酉 20	戊戌 21		癸巳立夏
四月小	乙巳	天干 地支 西曆	己亥 22	庚子 23	辛丑 24	壬寅 25	癸卯 26	甲辰 27	乙巳 28	丙午 29	丁未 30	戊申 31	己酉 (6)	庚戌 2	辛亥 3	壬子 4	癸丑 5	甲寅 6	乙卯 7	丙辰 8	丁巳 9	戊午 10	己未 11	庚申 12	辛酉 13	壬戌 14	癸亥 15	甲子 16	乙丑 17	丙寅 18	丁卯 19		
五月大	丙午	天干 地支 西曆	戊辰 20	己巳 21	庚午 22	辛未 23	壬申 24	癸酉 25	甲戌 26	乙亥 27	丙子 28	丁丑 29	戊寅 30	己卯 (7)	庚辰 2	辛巳 3	壬午 4	癸未 5	甲申 6	乙酉 7	丙戌 8	丁亥 9	戊子 10	己丑 11	庚寅 12	辛卯 13	壬辰 14	癸巳 15	甲午 16	乙未 17	丙申 18	丁酉 19	庚辰夏至
六月小	丁未	天干 地支 西曆	戊戌 20	己亥 21	庚子 22	辛丑 23	壬寅 24	癸卯 25	甲辰 26	乙巳 27	丙午 28	丁未 29	戊申 30	己酉 31	庚戌 (8)	辛亥 2	壬子 3	癸丑 4	甲寅 5	乙卯 6	丙辰 7	丁巳 8	戊午 9	己未 10	庚申 11	辛酉 12	壬戌 13	癸亥 14	甲子 15	乙丑 16	丙寅 17		丙寅立秋
七月大	戊申	天干 地支 西曆	丁卯 18	戊辰 19	己巳 20	庚午 21	辛未 22	壬申 23	癸酉 24	甲戌 25	乙亥 26	丙子 27	丁丑 28	戊寅 29	己卯 30	庚辰 31	辛巳 (9)	壬午 2	癸未 3	甲申 4	乙酉 5	丙戌 6	丁亥 7	戊子 8	己丑 9	庚寅 10	辛卯 11	壬辰 12	癸巳 13	甲午 14	乙未 15	丙申 16	
八月大	己酉	天干 地支 西曆	丁酉 17	戊戌 18	己亥 19	庚子 20	辛丑 21	壬寅 22	癸卯 23	甲辰 24	乙巳 25	丙午 26	丁未 27	戊申 28	己酉 29	庚戌 30	辛亥 (10)	壬子 2	癸丑 3	甲寅 4	乙卯 5	丙辰 6	丁巳 7	戊午 8	己未 9	庚申 10	辛酉 11	壬戌 12	癸亥 13	甲子 14	乙丑 15	丙寅 16	壬子秋分
九月小	庚戌	天干 地支 西曆	丁卯 17	戊辰 18	己巳 19	庚午 20	辛未 21	壬申 22	癸酉 23	甲戌 24	乙亥 25	丙子 26	丁丑 27	戊寅 28	己卯 29	庚辰 30	辛巳 31	壬午 (11)	癸未 2	甲申 3	乙酉 4	丙戌 5	丁亥 6	戊子 7	己丑 8	庚寅 9	辛卯 10	壬辰 11	癸巳 12	甲午 13	乙未 14		
十月大	辛亥	天干 地支 西曆	丙申 15	丁酉 16	戊戌 17	己亥 18	庚子 19	辛丑 20	壬寅 21	癸卯 22	甲辰 23	乙巳 24	丙午 25	丁未 26	戊申 27	己酉 28	庚戌 29	辛亥 30	壬子 (12)	癸丑 2	甲寅 3	乙卯 4	丙辰 5	丁巳 6	戊午 7	己未 8	庚申 9	辛酉 10	壬戌 11	癸亥 12	甲子 13	乙丑 14	丙申立冬
十一月大	壬子	天干 地支 西曆	丙寅 15	丁卯 16	戊辰 17	己巳 18	庚午 19	辛未 20	壬申 21	癸酉 22	甲戌 23	乙亥 24	丙子 25	丁丑 26	戊寅 27	己卯 28	庚辰 29	辛巳 30	壬午 31	癸未 (1)	甲申 2	乙酉 3	丙戌 4	丁亥 5	戊子 6	己丑 7	庚寅 8	辛卯 9	壬辰 10	癸巳 11	甲午 12	乙未 13	庚辰冬至
十二月小	癸丑	天干 地支 西曆	丙申 14	丁酉 15	戊戌 16	己亥 17	庚子 18	辛丑 19	壬寅 20	癸卯 21	甲辰 22	乙巳 23	丙午 24	丁未 25	戊申 26	己酉 27	庚戌 28	辛亥 29	壬子 30	癸丑 31	甲寅 (2)	乙卯 2	丙辰 3	丁巳 4	戊午 5	己未 6	庚申 7	辛酉 8	壬戌 9	癸亥 10	甲子 11		

*《長術》：正己巳，四戊戌，六丁酉，八丙申，十乙未，十二甲午。

周厲王二十一年 共和九年（戊辰 龍年） 公元前 **833** ~ 前 832 年

夏曆月序		中西曆日對照	初一	初二	初三	初四	初五	初六	初七	初八	初九	初十	十一	十二	十三	十四	十五	十六	十七	十八	十九	二十	二一	二二	二三	二四	二五	二六	二七	二八	二九	三十	節氣與天象
正月大	甲寅	天干地支西曆	乙丑12	丙寅13	丁卯14	戊辰15	己巳16	庚午17	辛未18	壬申19	癸酉20	甲戌21	乙亥22	丙子23	丁丑24	戊寅25	己卯26	庚辰27	辛巳28	壬午29	癸未(3)	甲申2	乙酉3	丙戌4	丁亥5	戊子6	己丑7	庚寅8	辛卯9	壬辰10	癸巳11	甲午12	乙丑立春
二月小	乙卯	天干地支西曆	乙未13	丙申14	丁酉15	戊戌16	己亥17	庚子18	辛丑19	壬寅20	癸卯21	甲辰22	乙巳23	丙午24	丁未25	戊申26	己酉27	庚戌28	辛亥29	壬子30	癸丑31	甲寅(4)	乙卯2	丙辰3	丁巳4	戊午5	己未6	庚申7	辛酉8	壬戌9	癸亥10		辛亥春分 乙未日食
三月大	丙辰	天干地支西曆	甲子11	乙丑12	丙寅13	丁卯14	戊辰15	己巳16	庚午17	辛未18	壬申19	癸酉20	甲戌21	乙亥22	丙子23	丁丑24	戊寅25	己卯26	庚辰27	辛巳28	壬午29	癸未30	甲申(5)	乙酉2	丙戌3	丁亥4	戊子5	己丑6	庚寅7	辛卯8	壬辰9	癸巳10	
四月小	丁巳	天干地支西曆	甲午11	乙未12	丙申13	丁酉14	戊戌15	己亥16	庚子17	辛丑18	壬寅19	癸卯20	甲辰21	乙巳22	丙午23	丁未24	戊申25	己酉26	庚戌27	辛亥28	壬子29	癸丑30	甲寅31	乙卯(6)	丙辰2	丁巳3	戊午4	己未5	庚申6	辛酉7	壬戌8		戊戌立夏
五月小	戊午	天干地支西曆	癸亥9	甲子10	乙丑11	丙寅12	丁卯13	戊辰14	己巳15	庚午16	辛未17	壬申18	癸酉19	甲戌20	乙亥21	丙子22	丁丑23	戊寅24	己卯25	庚辰26	辛巳27	壬午28	癸未29	甲申30	乙酉(7)	丙戌2	丁亥3	戊子4	己丑5	庚寅6	辛卯7		乙酉夏至
六月大	己未	天干地支西曆	壬辰8	癸巳9	甲午10	乙未11	丙申12	丁酉13	戊戌14	己亥15	庚子16	辛丑17	壬寅18	癸卯19	甲辰20	乙巳21	丙午22	丁未23	戊申24	己酉25	庚戌26	辛亥27	壬子28	癸丑29	甲寅30	乙卯31	丙辰(8)	丁巳2	戊午3	己未4	庚申5	辛酉6	
七月小	庚申	天干地支西曆	壬戌7	癸亥8	甲子9	乙丑10	丙寅11	丁卯12	戊辰13	己巳14	庚午15	辛未16	壬申17	癸酉18	甲戌19	乙亥20	丙子21	丁丑22	戊寅23	己卯24	庚辰25	辛巳26	壬午27	癸未28	甲申29	乙酉30	丙戌31	丁亥(9)	戊子2	己丑3	庚寅4		壬申立秋
八月大	辛酉	天干地支西曆	辛卯5	壬辰6	癸巳7	甲午8	乙未9	丙申10	丁酉11	戊戌12	己亥13	庚子14	辛丑15	壬寅16	癸卯17	甲辰18	乙巳19	丙午20	丁未21	戊申22	己酉23	庚戌24	辛亥25	壬子26	癸丑27	甲寅28	乙卯29	丙辰30	丁巳(10)	戊午2	己未3	庚申4	丁巳秋分
九月小	壬戌	天干地支西曆	辛酉5	壬戌6	癸亥7	甲子8	乙丑9	丙寅10	丁卯11	戊辰12	己巳13	庚午14	辛未15	壬申16	癸酉17	甲戌18	乙亥19	丙子20	丁丑21	戊寅22	己卯23	庚辰24	辛巳25	壬午26	癸未27	甲申28	乙酉29	丙戌30	丁亥31	戊子(11)	己丑2		
十月大	癸亥	天干地支西曆	庚寅3	辛卯4	壬辰5	癸巳6	甲午7	乙未8	丙申9	丁酉10	戊戌11	己亥12	庚子13	辛丑14	壬寅15	癸卯16	甲辰17	乙巳18	丙午19	丁未20	戊申21	己酉22	庚戌23	辛亥24	壬子25	癸丑26	甲寅27	乙卯28	丙辰29	丁巳30	戊午(12)	己未2	辛丑立冬
十一月大	甲子	天干地支西曆	庚申3	辛酉4	壬戌5	癸亥6	甲子7	乙丑8	丙寅9	丁卯10	戊辰11	己巳12	庚午13	辛未14	壬申15	癸酉16	甲戌17	乙亥18	丙子19	丁丑20	戊寅21	己卯22	庚辰23	辛巳24	壬午25	癸未26	甲申27	乙酉28	丙戌29	丁亥30	戊子31	己丑(1)	乙酉冬至
十二月大	乙丑	天干地支西曆	庚寅2	辛卯3	壬辰4	癸巳5	甲午6	乙未7	丙申8	丁酉9	戊戌10	己亥11	庚子12	辛丑13	壬寅14	癸卯15	甲辰16	乙巳17	丙午18	丁未19	戊申20	己酉21	庚戌22	辛亥23	壬子24	癸丑25	甲寅26	乙卯27	丙辰28	丁巳29	戊午30	己未31	

*《長術》：正甲子，二癸巳，四壬辰，六辛卯，九庚申，十一己未。

周厲王二十二年 共和十年（己巳 蛇年） 公元前832 ~ 前831年

夏曆月序		中西曆日對照	初一	初二	初三	初四	初五	初六	初七	初八	初九	初十	十一	十二	十三	十四	十五	十六	十七	十八	十九	二十	二一	二二	二三	二四	二五	二六	二七	二八	二九	三十	節氣與天象
正月小	丙寅	天干地支西曆	庚申 (2)	辛酉 2	壬戌 3	癸亥 4	甲子 5	乙丑 6	丙寅 7	丁卯 8	戊辰 9	己巳 10	庚午 11	辛未 12	壬申 13	癸酉 14	甲戌 15	乙亥 16	丙子 17	丁丑 18	戊寅 19	己卯 20	庚辰 21	辛巳 22	壬午 23	癸未 24	甲申 25	乙酉 26	丙戌 27	丁亥 28	戊子 (3)		庚午立春
二月大	丁卯	天干地支西曆	己丑 2	庚寅 3	辛卯 4	壬辰 5	癸巳 6	甲午 7	乙未 8	丙申 9	丁酉 10	戊戌 11	己亥 12	庚子 13	辛丑 14	壬寅 15	癸卯 16	甲辰 17	乙巳 18	丙午 19	丁未 20	戊申 21	己酉 22	庚戌 23	辛亥 24	壬子 25	癸丑 26	甲寅 27	乙卯 28	丙辰 29	丁巳 30	戊午 31	丙辰春分
三月小	戊辰	天干地支西曆	己未 (4)	庚申 2	辛酉 3	壬戌 4	癸亥 5	甲子 6	乙丑 7	丙寅 8	丁卯 9	戊辰 10	己巳 11	庚午 12	辛未 13	壬申 14	癸酉 15	甲戌 16	乙亥 17	丙子 18	丁丑 19	戊寅 20	己卯 21	庚辰 22	辛巳 23	壬午 24	癸未 25	甲申 26	乙酉 27	丙戌 28	丁亥 29		
閏三月大	戊辰	天干地支西曆	戊子 30	己丑 (5)	庚寅 2	辛卯 3	壬辰 4	癸巳 5	甲午 6	乙未 7	丙申 8	丁酉 9	戊戌 10	己亥 11	庚子 12	辛丑 13	壬寅 14	癸卯 15	甲辰 16	乙巳 17	丙午 18	丁未 19	戊申 20	己酉 21	庚戌 22	辛亥 23	壬子 24	癸丑 25	甲寅 26	乙卯 27	丙辰 28	丁巳 29	癸卯立夏
四月小	己巳	天干地支西曆	戊午 30	己未 31	庚申 (6)	辛酉 2	壬戌 3	癸亥 4	甲子 5	乙丑 6	丙寅 7	丁卯 8	戊辰 9	己巳 10	庚午 11	辛未 12	壬申 13	癸酉 14	甲戌 15	乙亥 16	丙子 17	丁丑 18	戊寅 19	己卯 20	庚辰 21	辛巳 22	壬午 23	癸未 24	甲申 25	乙酉 26	丙戌 27		
五月小	庚午	天干地支西曆	丁亥 28	戊子 29	己丑 30	庚寅 (7)	辛卯 2	壬辰 3	癸巳 4	甲午 5	乙未 6	丙申 7	丁酉 8	戊戌 9	己亥 10	庚子 11	辛丑 12	壬寅 13	癸卯 14	甲辰 15	乙巳 16	丙午 17	丁未 18	戊申 19	己酉 20	庚戌 21	辛亥 22	壬子 23	癸丑 24	甲寅 25	乙卯 26		庚寅夏至
六月大	辛未	天干地支西曆	丙辰 27	丁巳 28	戊午 29	己未 30	庚申 31	辛酉 (8)	壬戌 2	癸亥 3	甲子 4	乙丑 5	丙寅 6	丁卯 7	戊辰 8	己巳 9	庚午 10	辛未 11	壬申 12	癸酉 13	甲戌 14	乙亥 15	丙子 16	丁丑 17	戊寅 18	己卯 19	庚辰 20	辛巳 21	壬午 22	癸未 23	甲申 24	乙酉 25	丁卯立秋
七月小	壬申	天干地支西曆	丙戌 26	丁亥 27	戊子 28	己丑 29	庚寅 30	辛卯 31	壬辰 (9)	癸巳 2	甲午 3	乙未 4	丙申 5	丁酉 6	戊戌 7	己亥 8	庚子 9	辛丑 10	壬寅 11	癸卯 12	甲辰 13	乙巳 14	丙午 15	丁未 16	戊申 17	己酉 18	庚戌 19	辛亥 20	壬子 21	癸丑 22	甲寅 23		
八月大	癸酉	天干地支西曆	乙卯 24	丙辰 25	丁巳 26	戊午 27	己未 28	庚申 29	辛酉 30	壬戌 (10)	癸亥 2	甲子 3	乙丑 4	丙寅 5	丁卯 6	戊辰 7	己巳 8	庚午 9	辛未 10	壬申 11	癸酉 12	甲戌 13	乙亥 14	丙子 15	丁丑 16	戊寅 17	己卯 18	庚辰 19	辛巳 20	壬午 21	癸未 22	甲申 23	壬戌秋分
九月小	甲戌	天干地支西曆	乙酉 24	丙戌 25	丁亥 26	戊子 27	己丑 28	庚寅 29	辛卯 30	壬辰 31	癸巳 (11)	甲午 2	乙未 3	丙申 4	丁酉 5	戊戌 6	己亥 7	庚子 8	辛丑 9	壬寅 10	癸卯 11	甲辰 12	乙巳 13	丙午 14	丁未 15	戊申 16	己酉 17	庚戌 18	辛亥 19	壬子 20	癸丑 21		丁未立冬
十月大	乙亥	天干地支西曆	甲寅 22	乙卯 23	丙辰 24	丁巳 25	戊午 26	己未 27	庚申 28	辛酉 29	壬戌 30	癸亥 (12)	甲子 2	乙丑 3	丙寅 4	丁卯 5	戊辰 6	己巳 7	庚午 8	辛未 9	壬申 10	癸酉 11	甲戌 12	乙亥 13	丙子 14	丁丑 15	戊寅 16	己卯 17	庚辰 18	辛巳 19	壬午 20	癸未 21	
十一月大	丙子	天干地支西曆	甲申 22	乙酉 23	丙戌 24	丁亥 25	戊子 26	己丑 27	庚寅 28	辛卯 29	壬辰 30	癸巳 31	甲午 (1)	乙未 2	丙申 3	丁酉 4	戊戌 5	己亥 6	庚子 7	辛丑 8	壬寅 9	癸卯 10	甲辰 11	乙巳 12	丙午 13	丁未 14	戊申 15	己酉 16	庚戌 17	辛亥 18	壬子 19	癸丑 20	辛卯冬至
十二月小	丁丑	天干地支西曆	甲寅 21	乙卯 22	丙辰 23	丁巳 24	戊午 25	己未 26	庚申 27	辛酉 28	壬戌 29	癸亥 30	甲子 31	乙丑 (2)	丙寅 2	丁卯 3	戊辰 4	己巳 5	庚午 6	辛未 7	壬申 8	癸酉 9	甲戌 10	乙亥 11	丙子 12	丁丑 13	戊寅 14	己卯 15	庚辰 16	辛巳 17	壬午 18		乙亥立春

*《長術》：正戊午，三丁巳，五丙辰，七乙卯，八甲寅，十癸丑。閏七。

周厲王二十三年 共和十一年（庚午 馬年） 公元前 **831** ~ 前 830 年

夏曆月序		中西曆日對照	初一	初二	初三	初四	初五	初六	初七	初八	初九	初十	十一	十二	十三	十四	十五	十六	十七	十八	十九	二十	二一	二二	二三	二四	二五	二六	二七	二八	二九	三十	節氣與天象
正月大	戊寅	天干地支西曆	癸未19	甲申20	乙酉21	丙戌22	丁亥23	戊子24	己丑25	庚寅26	辛卯27	壬辰28	癸巳(3)	甲午2	乙未3	丙申4	丁酉5	戊戌6	己亥7	庚子8	辛丑9	壬寅10	癸卯11	甲辰12	乙巳13	丙午14	丁未15	戊申16	己酉17	庚戌18	辛亥19	壬子20	
二月大	己卯	天干地支西曆	癸丑21	甲寅22	乙卯23	丙辰24	丁巳25	戊午26	己未27	庚申28	辛酉29	壬戌30	癸亥31	甲子(4)	乙丑2	丙寅3	丁卯4	戊辰5	己巳6	庚午7	辛未8	壬申9	癸酉10	甲戌11	乙亥12	丙子13	丁丑14	戊寅15	己卯16	庚辰17	辛巳18	壬午19	辛酉春分
三月小	庚辰	天干地支西曆	癸未20	甲申21	乙酉22	丙戌23	丁亥24	戊子25	己丑26	庚寅27	辛卯28	壬辰29	癸巳30	甲午(5)	乙未2	丙申3	丁酉4	戊戌5	己亥6	庚子7	辛丑8	壬寅9	癸卯10	甲辰11	乙巳12	丙午13	丁未14	戊申15	己酉16	庚戌17	辛亥18		戊申立夏
四月大	辛巳	天干地支西曆	壬子19	癸丑20	甲寅21	乙卯22	丙辰23	丁巳24	戊午25	己未26	庚申27	辛酉28	壬戌29	癸亥30	甲子31	乙丑(6)	丙寅2	丁卯3	戊辰4	己巳5	庚午6	辛未7	壬申8	癸酉9	甲戌10	乙亥11	丙子12	丁丑13	戊寅14	己卯15	庚辰16	辛巳17	
五月小	壬午	天干地支西曆	壬午18	癸未19	甲申20	乙酉21	丙戌22	丁亥23	戊子24	己丑25	庚寅26	辛卯27	壬辰28	癸巳29	甲午30	乙未(7)	丙申2	丁酉3	戊戌4	己亥5	庚子6	辛丑7	壬寅8	癸卯9	甲辰10	乙巳11	丙午12	丁未13	戊申14	己酉15	庚戌16		丙申夏至
六月小	癸未	天干地支西曆	辛亥17	壬子18	癸丑19	甲寅20	乙卯21	丙辰22	丁巳23	戊午24	己未25	庚申26	辛酉27	壬戌28	癸亥29	甲子30	乙丑31	丙寅(8)	丁卯2	戊辰3	己巳4	庚午5	辛未6	壬申7	癸酉8	甲戌9	乙亥10	丙子11	丁丑12	戊寅13	己卯14		
七月大	甲申	天干地支西曆	庚辰15	辛巳16	壬午17	癸未18	甲申19	乙酉20	丙戌21	丁亥22	戊子23	己丑24	庚寅25	辛卯26	壬辰27	癸巳28	甲午29	乙未30	丙申31	丁酉(9)	戊戌2	己亥3	庚子4	辛丑5	壬寅6	癸卯7	甲辰8	乙巳9	丙午10	丁未11	戊申12	己酉13	壬午立秋 庚辰日食
八月小	乙酉	天干地支西曆	庚戌14	辛亥15	壬子16	癸丑17	甲寅18	乙卯19	丙辰20	丁巳21	戊午22	己未23	庚申24	辛酉25	壬戌26	癸亥27	甲子28	乙丑29	丙寅30	丁卯(10)	戊辰2	己巳3	庚午4	辛未5	壬申6	癸酉7	甲戌8	乙亥9	丙子10	丁丑11	戊寅12		丁卯秋分
九月大	丙戌	天干地支西曆	己卯13	庚辰14	辛巳15	壬午16	癸未17	甲申18	乙酉19	丙戌20	丁亥21	戊子22	己丑23	庚寅24	辛卯25	壬辰26	癸巳27	甲午28	乙未29	丙申30	丁酉31	戊戌(11)	己亥2	庚子3	辛丑4	壬寅5	癸卯6	甲辰7	乙巳8	丙午9	丁未10	戊申11	
十月小	丁亥	天干地支西曆	己酉12	庚戌13	辛亥14	壬子15	癸丑16	甲寅17	乙卯18	丙辰19	丁巳20	戊午21	己未22	庚申23	辛酉24	壬戌25	癸亥26	甲子27	乙丑28	丙寅29	丁卯30	戊辰(12)	己巳2	庚午3	辛未4	壬申5	癸酉6	甲戌7	乙亥8	丙子9	丁丑10		壬子立冬
十一月大	戊子	天干地支西曆	戊寅11	己卯12	庚辰13	辛巳14	壬午15	癸未16	甲申17	乙酉18	丙戌19	丁亥20	戊子21	己丑22	庚寅23	辛卯24	壬辰25	癸巳26	甲午27	乙未28	丙申29	丁酉30	戊戌31	己亥(1)	庚子2	辛丑3	壬寅4	癸卯5	甲辰6	乙巳7	丙午8	丁未9	丙申冬至
十二月小	己丑	天干地支西曆	戊申10	己酉11	庚戌12	辛亥13	壬子14	癸丑15	甲寅16	乙卯17	丙辰18	丁巳19	戊午20	己未21	庚申22	辛酉23	壬戌24	癸亥25	甲子26	乙丑27	丙寅28	丁卯29	戊辰30	己巳31	庚午(2)	辛未2	壬申3	癸酉4	甲戌5	乙亥6	丙子7		

*《長術》：正壬午，三辛巳，五庚辰，七己卯，九戊寅，十一丁丑。

周厲王二十四年 共和十二年（辛未 羊年） 公元前830 ~ 前829年

夏曆月序		西中曆日對照	初一	初二	初三	初四	初五	初六	初七	初八	初九	初十	十一	十二	十三	十四	十五	十六	十七	十八	十九	二十	二一	二二	二三	二四	二五	二六	二七	二八	二九	三十	節氣與天象
正月大	庚寅	天干地支 西曆	丁丑 8	戊寅 9	己卯 10	庚辰 11	辛巳 12	壬午 13	癸未 14	甲申 15	乙酉 16	丙戌 17	丁亥 18	戊子 19	己丑 20	庚寅 21	辛卯 22	•壬辰 23	癸巳 24	甲午 25	乙未 26	丙申 27	丁酉 28	戊戌 (3)	己亥 2	庚子 3	辛丑 4	壬寅 5	癸卯 6	甲辰 7	乙巳 8	丙午 9	辛巳立春
二月大	辛卯	天干地支 西曆	丁未 10	戊申 11	己酉 12	庚戌 13	辛亥 14	壬子 15	癸丑 16	甲寅 17	乙卯 18	丙辰 19	丁巳 20	戊午 21	己未 22	庚申 23	辛酉 24	壬戌 25	癸亥 26	甲子 27	乙丑 28	丙寅 29	丁卯 30	戊辰 31	己巳 (4)	庚午 2	辛未 3	壬申 4	癸酉 5	甲戌 6	乙亥 7	丙子 8	丁卯春分
三月小	壬辰	天干地支 西曆	丁丑 9	戊寅 10	己卯 11	庚辰 12	辛巳 13	壬午 14	癸未 15	甲申 16	乙酉 17	丙戌 18	丁亥 19	戊子 20	己丑 21	庚寅 22	辛卯 23	壬辰 24	癸巳 25	甲午 26	乙未 27	丙申 28	丁酉 29	戊戌 30	己亥 (5)	庚子 2	辛丑 3	壬寅 4	癸卯 5	甲辰 6	乙巳 7		
四月大	癸巳	天干地支 西曆	丙午 8	丁未 9	戊申 10	己酉 11	庚戌 12	辛亥 13	壬子 14	癸丑 15	甲寅 16	乙卯 17	丙辰 18	丁巳 19	戊午 20	己未 21	庚申 22	辛酉 23	壬戌 24	癸亥 25	甲子 26	乙丑 27	丙寅 28	丁卯 29	戊辰 30	己巳 31	庚午 (6)	辛未 2	壬申 3	癸酉 4	甲戌 5	乙亥 6	甲寅立夏
五月小	甲午	天干地支 西曆	丙子 7	丁丑 8	戊寅 9	己卯 10	庚辰 11	辛巳 12	壬午 13	癸未 14	甲申 15	乙酉 16	丙戌 17	丁亥 18	戊子 19	己丑 20	庚寅 21	辛卯 22	壬辰 23	癸巳 24	甲午 25	乙未 26	丙申 27	丁酉 28	戊戌 29	己亥 30	庚子 (7)	辛丑 2	壬寅 3	癸卯 4	甲辰 5		辛丑夏至
六月大	乙未	天干地支 西曆	乙巳 6	丙午 7	丁未 8	戊申 9	己酉 10	庚戌 11	辛亥 12	壬子 13	癸丑 14	甲寅 15	乙卯 16	丙辰 17	丁巳 18	戊午 19	己未 20	庚申 21	辛酉 22	壬戌 23	癸亥 24	甲子 25	乙丑 26	丙寅 27	丁卯 28	戊辰 29	己巳 30	庚午 31	辛未 (8)	壬申 2	癸酉 3	甲戌 4	
七月小	丙申	天干地支 西曆	乙亥 5	丙子 6	丁丑 7	戊寅 8	己卯 9	庚辰 10	辛巳 11	壬午 12	癸未 13	甲申 14	乙酉 15	丙戌 16	丁亥 17	戊子 18	己丑 19	庚寅 20	辛卯 21	壬辰 22	癸巳 23	甲午 24	乙未 25	丙申 26	丁酉 27	戊戌 28	己亥 29	庚子 30	辛丑 31	壬寅 (9)	癸卯 2		丁亥立秋
八月大	丁酉	天干地支 西曆	甲辰 3	乙巳 4	丙午 5	丁未 6	戊申 7	己酉 8	庚戌 9	辛亥 10	壬子 11	癸丑 12	甲寅 13	乙卯 14	丙辰 15	丁巳 16	戊午 17	己未 18	庚申 19	辛酉 20	壬戌 21	癸亥 22	甲子 23	乙丑 24	丙寅 25	丁卯 26	戊辰 27	己巳 28	庚午 29	辛未 30	壬申 (10)	癸酉 2	癸酉秋分
九月小	戊戌	天干地支 西曆	甲戌 3	乙亥 4	丙子 5	丁丑 6	戊寅 7	己卯 8	庚辰 9	辛巳 10	壬午 11	癸未 12	甲申 13	乙酉 14	丙戌 15	丁亥 16	戊子 17	己丑 18	庚寅 19	辛卯 20	壬辰 21	癸巳 22	甲午 23	乙未 24	丙申 25	丁酉 26	戊戌 27	己亥 28	庚子 29	辛丑 30	壬寅 31		
十月大	己亥	天干地支 西曆	癸卯 (11)	甲辰 2	乙巳 3	丙午 4	丁未 5	戊申 6	己酉 7	庚戌 8	辛亥 9	壬子 10	癸丑 11	甲寅 12	乙卯 13	丙辰 14	丁巳 15	戊午 16	己未 17	庚申 18	辛酉 19	壬戌 20	癸亥 21	甲子 22	乙丑 23	丙寅 24	丁卯 25	戊辰 26	己巳 27	庚午 28	辛未 29	壬申 30	丁巳立冬
十一月小	庚子	天干地支 西曆	癸酉 (12)	甲戌 2	乙亥 3	丙子 4	丁丑 5	戊寅 6	己卯 7	庚辰 8	辛巳 9	壬午 10	癸未 11	甲申 12	乙酉 13	丙戌 14	丁亥 15	戊子 16	己丑 17	庚寅 18	辛卯 19	壬辰 20	癸巳 21	甲午 22	乙未 23	丙申 24	丁酉 25	戊戌 26	己亥 27	庚子 28	辛丑 29		辛丑冬至
閏十一大	庚子	天干地支 西曆	壬寅 30	癸卯 31	甲辰 (1)	乙巳 2	丙午 3	丁未 4	戊申 5	己酉 6	庚戌 7	辛亥 8	壬子 9	癸丑 10	甲寅 11	乙卯 12	丙辰 13	丁巳 14	戊午 15	己未 16	庚申 17	辛酉 18	壬戌 19	癸亥 20	甲子 21	乙丑 22	丙寅 23	丁卯 24	戊辰 25	己巳 26	庚午 27	辛未 28	壬寅日食
十二月小	辛丑	天干地支 西曆	壬申 29	癸酉 30	甲戌 31	乙亥 (2)	丙子 2	丁丑 3	戊寅 4	己卯 5	庚辰 6	辛巳 7	壬午 8	癸未 9	甲申 10	乙酉 11	丙戌 12	丁亥 13	戊子 14	己丑 15	庚寅 16	辛卯 17	壬辰 18	癸巳 19	甲午 20	乙未 21	丙申 22	丁酉 23	戊戌 24	己亥 25	庚子 26		丙戌立春

*《長術》：正丙子，四乙巳，六甲辰，八癸卯，十壬寅，十二辛丑。

周厲王二十五年 共和十三年（壬申 猴年） 公元前829 ~ 前828年

夏曆月序		中西曆日對照	初一	初二	初三	初四	初五	初六	初七	初八	初九	初十	十一	十二	十三	十四	十五	十六	十七	十八	十九	二十	二一	二二	二三	二四	二五	二六	二七	二八	二九	三十	節氣與天象
正月大	壬寅	天干地支西曆	辛丑27	壬寅28	癸卯29	甲辰(3)	乙巳2	丙午3	丁未4	戊申5	己酉6	庚戌7	辛亥8	壬子9	癸丑10	甲寅11	乙卯12	丙辰13	丁巳14	戊午15	己未16	庚申17	辛酉18	壬戌19	癸亥20	甲子21	乙丑22	丙寅23	丁卯24	戊辰25	己巳26	庚午27	
二月小	癸卯	天干地支西曆	辛未28	壬申29	癸酉30	甲戌31	乙亥(4)	丙子2	丁丑3	戊寅4	己卯5	庚辰6	辛巳7	壬午8	癸未9	甲申10	乙酉11	丙戌12	丁亥13	戊子14	己丑15	庚寅16	辛卯17	壬辰18	癸巳19	甲午20	乙未21	丙申22	丁酉23	戊戌24	己亥25		壬申春分
三月大	甲辰	天干地支西曆	庚子26	辛丑27	壬寅28	癸卯29	甲辰30	乙巳(5)	丙午2	丁未3	戊申4	己酉5	庚戌6	辛亥7	壬子8	癸丑9	甲寅10	乙卯11	丙辰12	丁巳13	戊午14	己未15	庚申16	辛酉17	壬戌18	癸亥19	甲子20	乙丑21	丙寅22	丁卯23	戊辰24	己巳25	己未立夏
四月大	乙巳	天干地支西曆	庚午26	辛未27	壬申28	癸酉29	甲戌30	乙亥31	丙子(6)	丁丑2	戊寅3	己卯4	庚辰5	辛巳6	壬午7	癸未8	甲申9	乙酉10	丙戌11	丁亥12	戊子13	己丑14	庚寅15	辛卯16	壬辰17	癸巳18	甲午19	乙未20	丙申21	丁酉22	戊戌23	己亥24	
五月小	丙午	天干地支西曆	庚子25	辛丑26	壬寅27	癸卯28	甲辰29	乙巳30	丙午(7)	丁未2	戊申3	己酉4	庚戌5	辛亥6	壬子7	癸丑8	甲寅9	乙卯10	丙辰11	丁巳12	戊午13	己未14	庚申15	辛酉16	壬戌17	癸亥18	甲子19	乙丑20	丙寅21	丁卯22	戊辰23		丙午夏至
六月大	丁未	天干地支西曆	己巳24	庚午25	辛未26	壬申27	癸酉28	甲戌29	乙亥30	丙子31	丁丑(8)	戊寅2	己卯3	庚辰4	辛巳5	壬午6	癸未7	甲申8	乙酉9	丙戌10	丁亥11	戊子12	己丑13	庚寅14	辛卯15	壬辰16	癸巳17	甲午18	乙未19	丙申20	丁酉21	戊戌22	癸巳立秋
七月小	戊申	天干地支西曆	己亥23	庚子24	辛丑25	壬寅26	癸卯27	甲辰28	乙巳29	丙午30	丁未31	戊申(9)	己酉2	庚戌3	辛亥4	壬子5	癸丑6	甲寅7	乙卯8	丙辰9	丁巳10	戊午11	己未12	庚申13	辛酉14	壬戌15	癸亥16	甲子17	乙丑18	丙寅19	丁卯20		
八月大	己酉	天干地支西曆	戊辰21	己巳22	庚午23	辛未24	壬申25	癸酉26	甲戌27	乙亥28	丙子29	丁丑30	戊寅(10)	己卯2	庚辰3	辛巳4	壬午5	癸未6	甲申7	乙酉8	丙戌9	丁亥10	戊子11	己丑12	庚寅13	辛卯14	壬辰15	癸巳16	甲午17	乙未18	丙申19	丁酉20	戊寅秋分
九月小	庚戌	天干地支西曆	戊戌21	己亥22	庚子23	辛丑24	壬寅25	癸卯26	甲辰27	乙巳28	丙午29	丁未30	戊申31	己酉(11)	庚戌2	辛亥3	壬子4	癸丑5	甲寅6	乙卯7	丙辰8	丁巳9	戊午10	己未11	庚申12	辛酉13	壬戌14	癸亥15	甲子16	乙丑17	丙寅18		壬戌立冬
十月大	辛亥	天干地支西曆	丁卯19	戊辰20	己巳21	庚午22	辛未23	壬申24	癸酉25	甲戌26	乙亥27	丙子28	丁丑29	戊寅30	己卯(12)	庚辰2	辛巳3	壬午4	癸未5	甲申6	乙酉7	丙戌8	丁亥9	戊子10	己丑11	庚寅12	辛卯13	壬辰14	癸巳15	甲午16	乙未17	丙申18	
十一月小	壬子	天干地支西曆	丁酉19	戊戌20	己亥21	庚子22	辛丑23	壬寅24	癸卯25	甲辰26	乙巳27	丙午28	丁未29	戊申30	己酉31	庚戌(1)	辛亥2	壬子3	癸丑4	甲寅5	乙卯6	丙辰7	丁巳8	戊午9	己未10	庚申11	辛酉12	壬戌13	癸亥14	甲子15	乙丑16		丙午冬至
十二月大	癸丑	天干地支西曆	丙寅17	丁卯18	戊辰19	己巳20	庚午21	辛未22	壬申23	癸酉24	甲戌25	乙亥26	丙子27	丁丑28	戊寅29	己卯30	庚辰31	辛巳(2)	壬午2	癸未3	甲申4	乙酉5	丙戌6	丁亥7	戊子8	己丑9	庚寅10	辛卯11	壬辰12	癸巳13	甲午14	乙未15	辛卯立春

*《長術》：正辛未，二庚子，閏三己亥，五戊戌，八丁卯，十丙寅，十二乙丑。

周厲王二十六年 共和十四年（癸酉 鷄年） 公元前 828 ~ 前 827 年

夏曆月序		中西曆日對照	初一	初二	初三	初四	初五	初六	初七	初八	初九	初十	十一	十二	十三	十四	十五	十六	十七	十八	十九	二十	二一	二二	二三	二四	二五	二六	二七	二八	二九	三十	節氣與天象
正月小	甲寅	干支 天地西曆	丙申16	丁酉17	戊戌18	己亥19	庚子20	辛丑21	壬寅22	癸卯23	甲辰24	乙巳25	丙午26	丁未27	戊申28	己酉(3)	庚戌2	辛亥3	壬子4	癸丑5	甲寅6	乙卯7	丙辰8	丁巳9	戊午10	己未11	庚申12	辛酉13	壬戌14	癸亥15	甲子16		
二月大	乙卯	干支 天地西曆	乙丑17	丙寅18	丁卯19	戊辰20	己巳21	庚午22	辛未23	壬申24	癸酉25	甲戌26	乙亥27	丙子28	丁丑29	戊寅30	己卯31	庚辰(4)	辛巳2	壬午3	癸未4	甲申5	乙酉6	丙戌7	丁亥8	戊子9	己丑10	庚寅11	辛卯12	壬辰13	癸巳14	甲午15	丁丑春分
三月小	丙辰	干支 天地西曆	乙未16	丙申17	丁酉18	戊戌19	己亥20	庚子21	辛丑22	壬寅23	癸卯24	甲辰25	乙巳26	丙午27	丁未28	戊申29	己酉30	庚戌(5)	辛亥2	壬子3	癸丑4	甲寅5	乙卯6	丙辰7	丁巳8	戊午9	己未10	庚申11	辛酉12	壬戌13	癸亥14		
四月大	丁巳	干支 天地西曆	甲子15	乙丑16	丙寅17	丁卯18	戊辰19	己巳20	庚午21	辛未22	壬申23	癸酉24	甲戌25	乙亥26	丙子27	丁丑28	戊寅29	己卯30	庚辰31	辛巳(6)	壬午2	癸未3	甲申4	乙酉5	丙戌6	丁亥7	戊子8	己丑9	庚寅10	辛卯11	壬辰12	癸巳13	甲子立夏
五月小	戊午	干支 天地西曆	甲午14	乙未15	丙申16	丁酉17	戊戌18	己亥19	庚子20	辛丑21	壬寅22	癸卯23	甲辰24	乙巳25	丙午26	丁未27	戊申28	己酉29	庚戌30	辛亥(7)	壬子2	癸丑3	甲寅4	乙卯5	丙辰6	丁巳7	戊午8	己未9	庚申10	辛酉11	壬戌12		辛亥夏至
六月大	己未	干支 天地西曆	癸亥13	甲子14	乙丑15	丙寅16	丁卯17	戊辰18	己巳19	庚午20	辛未21	壬申22	癸酉23	甲戌24	乙亥25	丙子26	丁丑27	戊寅28	己卯29	庚辰30	辛巳31	壬午(8)	癸未2	甲申3	乙酉4	丙戌5	丁亥6	戊子7	己丑8	庚寅9	辛卯10	壬辰11	
七月大	庚申	干支 天地西曆	癸巳12	甲午13	乙未14	丙申15	丁酉16	戊戌17	己亥18	庚子19	辛丑20	壬寅21	癸卯22	甲辰23	乙巳24	丙午25	丁未26	戊申27	己酉28	庚戌29	辛亥30	壬子31	癸丑(9)	甲寅2	乙卯3	丙辰4	丁巳5	戊午6	己未7	庚申8	辛酉9	壬戌10	戊戌立秋
八月小	辛酉	干支 天地西曆	癸亥11	甲子12	乙丑13	丙寅14	丁卯15	戊辰16	己巳17	庚午18	辛未19	壬申20	癸酉21	甲戌22	乙亥23	丙子24	丁丑25	戊寅26	己卯27	庚辰28	辛巳29	壬午30	癸未(10)	甲申2	乙酉3	丙戌4	丁亥5	戊子6	己丑7	庚寅8	辛卯9		癸未秋分
九月大	壬戌	干支 天地西曆	壬辰10	癸巳11	甲午12	乙未13	丙申14	丁酉15	戊戌16	己亥17	庚子18	辛丑19	壬寅20	癸卯21	甲辰22	乙巳23	丙午24	丁未25	戊申26	己酉27	庚戌28	辛亥29	壬子30	癸丑31	甲寅(11)	乙卯2	丙辰3	丁巳4	戊午5	己未6	庚申7	辛酉8	
十月小	癸亥	干支 天地西曆	壬戌9	癸亥10	甲子11	乙丑12	丙寅13	丁卯14	戊辰15	己巳16	庚午17	辛未18	壬申19	癸酉20	甲戌21	乙亥22	丙子23	丁丑24	戊寅25	己卯26	庚辰27	辛巳28	壬午29	癸未30	甲申(12)	乙酉2	丙戌3	丁亥4	戊子5	己丑6	庚寅7		丁卯立冬
十一月大	甲子	干支 天地西曆	辛卯8	壬辰9	癸巳10	甲午11	乙未12	丙申13	丁酉14	戊戌15	己亥16	庚子17	辛丑18	壬寅19	癸卯20	甲辰21	乙巳22	丙午23	丁未24	戊申25	己酉26	庚戌27	辛亥28	壬子29	癸丑30	甲寅31	乙卯(1)	丙辰2	丁巳3	戊午4	己未5	庚申6	壬子冬至
十二月小	乙丑	干支 天地西曆	辛酉7	壬戌8	癸亥9	甲子10	乙丑11	丙寅12	丁卯13	戊辰14	己巳15	庚午16	辛未17	壬申18	癸酉19	甲戌20	乙亥21	丙子22	丁丑23	戊寅24	己卯25	庚辰26	辛巳27	壬午28	癸未29	甲申30	乙酉31	丙戌(2)	丁亥2	戊子3	己丑4		

*《長術》：正乙未，二甲子，四癸亥，六壬戌，八辛酉，十一庚寅。

周宣王元年（甲戌 狗年） 公元前 827 ~ 前 826 年

夏曆月序		中西曆日對照	初一	初二	初三	初四	初五	初六	初七	初八	初九	初十	十一	十二	十三	十四	十五	十六	十七	十八	十九	二十	二一	二二	二三	二四	二五	二六	二七	二八	二九	三十	節氣與天象
正月大	丙寅	天干地支西曆	庚寅5	辛卯6	壬辰7	癸巳8	甲午9	乙未10	丙申11	丁酉12	戊戌13	己亥14	庚子15	辛丑16	壬寅17	癸卯18	甲辰19	乙巳20	丙午21	丁未22	戊申23	己酉24	庚戌25	辛亥26	壬子27	癸丑28	甲寅(3)	乙卯2	丙辰3	丁巳4	戊午5	己未6	丙申立春
二月小	丁卯	天干地支西曆	庚申7	辛酉8	壬戌9	癸亥10	甲子11	乙丑12	丙寅13	丁卯14	戊辰15	己巳16	庚午17	辛未18	壬申19	癸酉20	甲戌21	乙亥22	丙子23	丁丑24	戊寅25	己卯26	庚辰27	辛巳28	壬午29	癸未30	甲申31	乙酉(4)	丙戌2	丁亥3	戊子4		壬午春分
三月小	戊辰	天干地支西曆	己丑5	庚寅6	辛卯7	壬辰8	癸巳9	甲午10	乙未11	丙申12	丁酉13	戊戌14	己亥15	庚子16	辛丑17	壬寅18	癸卯19	甲辰20	乙巳21	丙午22	丁未23	戊申24	己酉25	庚戌26	辛亥27	壬子28	癸丑29	甲寅30	乙卯(5)	丙辰2	丁巳3		
四月大	己巳	天干地支西曆	戊午4	己未5	庚申6	辛酉7	壬戌8	癸亥9	甲子10	乙丑11	丙寅12	丁卯13	戊辰14	己巳15	庚午16	辛未17	壬申18	癸酉19	甲戌20	乙亥21	丙子22	丁丑23	戊寅24	己卯25	庚辰26	辛巳27	壬午28	癸未29	甲申30	乙酉31	丙戌(6)	丁亥2	己巳立夏
五月小	庚午	天干地支西曆	戊子3	己丑4	庚寅5	辛卯6	壬辰7	癸巳8	甲午9	乙未10	丙申11	丁酉12	戊戌13	己亥14	庚子15	辛丑16	壬寅17	癸卯18	甲辰19	乙巳20	丙午21	丁未22	戊申23	己酉24	庚戌25	辛亥26	壬子27	癸丑28	甲寅29	乙卯30	丙辰(7)		戊子日食
六月大	辛未	天干地支西曆	丁巳2	戊午3	己未4	庚申5	辛酉6	壬戌7	癸亥8	甲子9	乙丑10	丙寅11	丁卯12	戊辰13	己巳14	庚午15	辛未16	壬申17	癸酉18	甲戌19	乙亥20	丙子21	丁丑22	戊寅23	己卯24	庚辰25	辛巳26	壬午27	癸未28	甲申29	乙酉30	丙戌31	丁巳夏至
七月大	壬申	天干地支西曆	丁亥(8)	戊子2	己丑3	庚寅4	辛卯5	壬辰6	癸巳7	甲午8	乙未9	丙申10	丁酉11	戊戌12	己亥13	庚子14	辛丑15	壬寅16	癸卯17	甲辰18	乙巳19	丙午20	丁未21	戊申22	己酉23	庚戌24	辛亥25	壬子26	癸丑27	甲寅28	乙卯29	丙辰30	癸卯立秋
閏七月大	壬申	天干地支西曆	丁巳31	戊午(9)	己未2	庚申3	辛酉4	壬戌5	癸亥6	甲子7	乙丑8	丙寅9	丁卯10	戊辰11	己巳12	庚午13	辛未14	壬申15	癸酉16	甲戌17	乙亥18	丙子19	丁丑20	戊寅21	己卯22	庚辰23	辛巳24	壬午25	癸未26	甲申27	乙酉28	丙戌29	
八月小	癸酉	天干地支西曆	丁亥30	戊子(10)	己丑2	庚寅3	辛卯4	壬辰5	癸巳6	甲午7	乙未8	丙申9	丁酉10	戊戌11	己亥12	庚子13	辛丑14	壬寅15	癸卯16	甲辰17	乙巳18	丙午19	丁未20	戊申21	己酉22	庚戌23	辛亥24	壬子25	癸丑26	甲寅27	乙卯28		戊子秋分
九月大	甲戌	天干地支西曆	丙辰29	丁巳30	戊午31	己未(11)	庚申2	辛酉3	壬戌4	癸亥5	甲子6	乙丑7	丙寅8	丁卯9	戊辰10	己巳11	庚午12	辛未13	壬申14	癸酉15	甲戌16	乙亥17	丙子18	丁丑19	戊寅20	己卯21	庚辰22	辛巳23	壬午24	癸未25	甲申26	乙酉27	癸酉立冬
十月小	乙亥	天干地支西曆	丙戌28	丁亥29	戊子30	己丑(12)	庚寅2	辛卯3	壬辰4	癸巳5	甲午6	乙未7	丙申8	丁酉9	戊戌10	己亥11	庚子12	辛丑13	壬寅14	癸卯15	甲辰16	乙巳17	丙午18	丁未19	戊申20	己酉21	庚戌22	辛亥23	壬子24	癸丑25	甲寅26		
十一月大	丙子	天干地支西曆	乙卯27	丙辰28	丁巳29	戊午30	己未31	庚申(1)	辛酉2	壬戌3	癸亥4	甲子5	乙丑6	丙寅7	丁卯8	戊辰9	己巳10	庚午11	辛未12	壬申13	癸酉14	甲戌15	乙亥16	丙子17	丁丑18	戊寅19	己卯20	庚辰21	辛巳22	壬午23	癸未24	甲申25	丁巳冬至
十二月小	丁丑	天干地支西曆	乙酉26	丙戌27	丁亥28	戊子29	己丑30	庚寅31	辛卯(2)	壬辰2	癸巳3	甲午4	乙未5	丙申6	丁酉7	戊戌8	己亥9	庚子10	辛丑11	壬寅12	癸卯13	甲辰14	乙巳15	丙午16	丁未17	戊申18	己酉19	庚戌20	辛亥21	壬子22	癸丑23		壬寅立春

*《長術》：正己丑，三戊子，五丁亥，七丙戌，九乙酉，十一甲申，十二癸未。閏十一。

周宣王二年（乙亥 豬年） 公元前 826 ~ 前 825 年

夏曆月序		中西曆日對照	夏曆日序																														節氣與天象
			初一	初二	初三	初四	初五	初六	初七	初八	初九	初十	十一	十二	十三	十四	十五	十六	十七	十八	十九	二十	二一	二二	二三	二四	二五	二六	二七	二八	二九	三十	
正月大	戊寅	天干地支西曆	甲寅24	乙卯25	丙辰26	丁巳27	戊午28	己未(3)	庚申2	辛酉3	壬戌4	癸亥5	甲子6	乙丑7	丙寅8	丁卯9	戊辰10	己巳11	庚午12	辛未13	壬申14	癸酉15	甲戌16	乙亥17	丙子18	丁丑19	戊寅20	己卯21	庚辰22	辛巳23	壬午24	癸未25	
二月小	己卯	天干地支西曆	甲申26	乙酉27	丙戌28	丁亥29	戊子30	己丑31	庚寅(4)	辛卯2	壬辰3	癸巳4	甲午5	乙未6	丙申7	丁酉8	戊戌9	己亥10	庚子11	辛丑12	壬寅13	癸卯14	甲辰15	乙巳16	丙午17	丁未18	戊申19	己酉20	庚戌21	辛亥22	壬子23		戊子春分
三月小	庚辰	天干地支西曆	癸丑24	甲寅25	乙卯26	丙辰27	丁巳28	戊午29	己未30	庚申(5)	辛酉2	壬戌3	癸亥4	甲子5	乙丑6	丙寅7	丁卯8	戊辰9	己巳10	庚午11	辛未12	壬申13	癸酉14	甲戌15	乙亥16	丙子17	丁丑18	戊寅19	己卯20	庚辰21	辛巳22		乙亥立夏
四月大	辛巳	天干地支西曆	壬午23	癸未24	甲申25	乙酉26	丙戌27	丁亥28	戊子29	己丑30	庚寅31	辛卯(6)	壬辰2	癸巳3	甲午4	乙未5	丙申6	丁酉7	戊戌8	己亥9	庚子10	辛丑11	壬寅12	癸卯13	甲辰14	乙巳15	丙午16	丁未17	戊申18	己酉19	庚戌20	辛亥21	
五月小	壬午	天干地支西曆	壬子22	癸丑23	甲寅24	乙卯25	丙辰26	丁巳27	戊午28	己未29	庚申30	辛酉(7)	壬戌2	癸亥3	甲子4	乙丑5	丙寅6	丁卯7	戊辰8	己巳9	庚午10	辛未11	壬申12	癸酉13	甲戌14	乙亥15	丙子16	丁丑17	戊寅18	己卯19	庚辰20		壬戌夏至
六月大	癸未	天干地支西曆	辛巳21	壬午22	癸未23	甲申24	乙酉25	丙戌26	丁亥27	戊子28	己丑29	庚寅30	辛卯31	壬辰(8)	癸巳2	甲午3	乙未4	丙申5	丁酉6	戊戌7	己亥8	庚子9	辛丑10	壬寅11	癸卯12	甲辰13	乙巳14	丙午15	丁未16	戊申17	己酉18	庚戌19	戊申立秋
七月大	甲申	天干地支西曆	辛亥20	壬子21	癸丑22	甲寅23	乙卯24	丙辰25	丁巳26	戊午27	己未28	庚申29	辛酉30	壬戌31	癸亥(9)	甲子2	乙丑3	丙寅4	丁卯5	戊辰6	己巳7	庚午8	辛未9	壬申10	癸酉11	甲戌12	乙亥13	丙子14	丁丑15	戊寅16	己卯17	庚辰18	
八月小	乙酉	天干地支西曆	辛巳19	壬午20	癸未21	甲申22	乙酉23	丙戌24	丁亥25	戊子26	己丑27	庚寅28	辛卯29	壬辰30	癸巳(10)	甲午2	乙未3	丙申4	丁酉5	戊戌6	己亥7	庚子8	辛丑9	壬寅10	癸卯11	甲辰12	乙巳13	丙午14	丁未15	戊申16	己酉17		甲午秋分
九月大	丙戌	天干地支西曆	庚戌18	辛亥19	壬子20	癸丑21	甲寅22	乙卯23	丙辰24	丁巳25	戊午26	己未27	庚申28	辛酉29	壬戌30	癸亥31	甲子(11)	乙丑2	丙寅3	丁卯4	戊辰5	己巳6	庚午7	辛未8	壬申9	癸酉10	甲戌11	乙亥12	丙子13	丁丑14	戊寅15	己卯16	戊寅立冬
十月大	丁亥	天干地支西曆	庚辰17	辛巳18	壬午19	癸未20	甲申21	乙酉22	丙戌23	丁亥24	戊子25	己丑26	庚寅27	辛卯28	壬辰29	癸巳30	甲午(12)	乙未2	丙申3	丁酉4	戊戌5	己亥6	庚子7	辛丑8	壬寅9	癸卯10	甲辰11	乙巳12	丙午13	丁未14	戊申15	己酉16	
十一月小	戊子	天干地支西曆	庚戌17	辛亥18	壬子19	癸丑20	甲寅21	乙卯22	丙辰23	丁巳24	戊午25	己未26	庚申27	辛酉28	壬戌29	癸亥30	甲子31	乙丑(1)	丙寅2	丁卯3	戊辰4	己巳5	庚午6	辛未7	壬申8	癸酉9	甲戌10	乙亥11	丙子12	丁丑13	戊寅14		壬戌冬至
十二月大	己丑	天干地支西曆	己卯15	庚辰16	辛巳17	壬午18	癸未19	甲申20	乙酉21	丙戌22	丁亥23	戊子24	己丑25	庚寅26	辛卯27	壬辰28	癸巳29	甲午30	乙未31	丙申(2)	丁酉2	戊戌3	己亥4	庚子5	辛丑6	壬寅7	癸卯8	甲辰9	乙巳10	丙午11	丁未12	戊申13	丁未立春

*《長術》：正癸丑，三壬子，五辛亥，七庚戌，九己酉，十一戊申。

周宣王三年（丙子 鼠年） 公元前825 ~ 前824年

夏曆月序		中西曆日對照	初一	初二	初三	初四	初五	初六	初七	初八	初九	初十	十一	十二	十三	十四	十五	十六	十七	十八	十九	二十	二一	二二	二三	二四	二五	二六	二七	二八	二九	三十	節氣與天象
正月小	庚寅	天干地支西曆	己酉14	庚戌15	辛亥16	壬子17	癸丑18	甲寅19	乙卯20	丙辰21	丁巳22	戊午23	己未24	庚申25	辛酉26	壬戌27	癸亥28	甲子29	乙丑(3)	丙寅2	丁卯3	戊辰4	己巳5	庚午6	辛未7	壬申8	癸酉9	甲戌10	乙亥11	丙子12	丁丑13		
二月大	辛卯	天干地支西曆	戊寅14	己卯15	庚辰16	辛巳17	壬午18	癸未19	甲申20	乙酉21	丙戌22	丁亥23	戊子24	己丑25	庚寅26	辛卯27	壬辰28	癸巳29	甲午30	乙未31	丙申(4)	丁酉2	戊戌3	己亥4	庚子5	辛丑6	壬寅7	癸卯8	甲辰9	乙巳10	丙午11	丁未12	癸巳春分
三月小	壬辰	天干地支西曆	戊申13	己酉14	庚戌15	辛亥16	壬子17	癸丑18	甲寅19	乙卯20	丙辰21	丁巳22	戊午23	己未24	庚申25	辛酉26	壬戌27	癸亥28	甲子29	乙丑30	丙寅(5)	丁卯2	戊辰3	己巳4	庚午5	辛未6	壬申7	癸酉8	甲戌9	乙亥10	丙子11		
四月小	癸巳	天干地支西曆	丁丑12	戊寅13	己卯14	庚辰15	辛巳16	壬午17	癸未18	甲申19	乙酉20	丙戌21	丁亥22	戊子23	己丑24	庚寅25	辛卯26	壬辰27	癸巳28	甲午29	乙未30	丙申31	丁酉(6)	戊戌2	己亥3	庚子4	辛丑5	壬寅6	癸卯7	甲辰8	乙巳9		庚辰立夏
五月大	甲午	天干地支西曆	丙午10	丁未11	戊申12	己酉13	庚戌14	辛亥15	壬子16	癸丑17	甲寅18	乙卯19	丙辰20	丁巳21	戊午22	己未23	庚申24	辛酉25	壬戌26	癸亥27	甲子28	乙丑29	丙寅30	丁卯(7)	戊辰2	己巳3	庚午4	辛未5	壬申6	癸酉7	甲戌8	乙亥9	丁卯夏至
六月小	乙未	天干地支西曆	丙子10	丁丑11	戊寅12	己卯13	庚辰14	辛巳15	壬午16	癸未17	甲申18	乙酉19	丙戌20	丁亥21	戊子22	己丑23	庚寅24	辛卯25	壬辰26	癸巳27	甲午28	乙未29	丙申30	丁酉31	戊戌(8)	己亥2	庚子3	辛丑4	壬寅5	癸卯6	甲辰7		
七月大	丙申	天干地支西曆	乙巳8	丙午9	丁未10	戊申11	己酉12	庚戌13	辛亥14	壬子15	癸丑16	甲寅17	乙卯18	丙辰19	丁巳20	戊午21	己未22	庚申23	辛酉24	壬戌25	癸亥26	甲子27	乙丑28	丙寅29	丁卯30	戊辰31	己巳(9)	庚午2	辛未3	壬申4	癸酉5	甲戌6	甲寅立秋
八月小	丁酉	天干地支西曆	乙亥7	丙子8	丁丑9	戊寅10	己卯11	庚辰12	辛巳13	壬午14	癸未15	甲申16	乙酉17	丙戌18	丁亥19	戊子20	己丑21	庚寅22	辛卯23	壬辰24	癸巳25	甲午26	乙未27	丙申28	丁酉29	戊戌30	己亥(10)	庚子2	辛丑3	壬寅4	癸卯5		己亥秋分
九月大	戊戌	天干地支西曆	甲辰6	乙巳7	丙午8	丁未9	戊申10	己酉11	庚戌12	辛亥13	壬子14	癸丑15	甲寅16	乙卯17	丙辰18	丁巳19	戊午20	己未21	庚申22	辛酉23	壬戌24	癸亥25	甲子26	乙丑27	丙寅28	丁卯29	戊辰30	己巳31	庚午(11)	辛未2	壬申3	癸酉4	
十月大	己亥	天干地支西曆	甲戌5	乙亥6	丙子7	丁丑8	戊寅9	己卯10	庚辰11	辛巳12	壬午13	癸未14	甲申15	乙酉16	丙戌17	丁亥18	戊子19	己丑20	庚寅21	辛卯22	壬辰23	癸巳24	甲午25	乙未26	丙申27	丁酉28	戊戌29	己亥30	庚子(12)	辛丑2	壬寅3	癸卯4	癸未立冬
十一月大	庚子	天干地支西曆	甲辰5	乙巳6	丙午7	丁未8	戊申9	己酉10	庚戌11	辛亥12	壬子13	癸丑14	甲寅15	乙卯16	丙辰17	丁巳18	戊午19	己未20	庚申21	辛酉22	壬戌23	癸亥24	甲子25	乙丑26	丙寅27	丁卯28	戊辰29	己巳30	庚午31	辛未(1)	壬申2	癸酉3	丁卯冬至
十二月小	辛丑	天干地支西曆	甲戌4	乙亥5	丙子6	丁丑7	戊寅8	己卯9	庚辰10	辛巳11	壬午12	癸未13	甲申14	乙酉15	丙戌16	丁亥17	戊子18	己丑19	庚寅20	辛卯21	壬辰22	癸巳23	甲午24	乙未25	丙申26	丁酉27	戊戌28	己亥29	庚子30	辛丑31	壬寅(2)		

*《長術》：正丁未，三丙午，五乙巳，八申戌，十癸酉，十二壬申。

周宣王四年（丁丑 牛年） 公元前 **824** ~ 前 823 年

夏曆月序	中西曆日對照		初一	初二	初三	初四	初五	初六	初七	初八	初九	初十	十一	十二	十三	十四	十五	十六	十七	十八	十九	二十	二一	二二	二三	二四	二五	二六	二七	二八	二九	三十	節氣與天象
正月大	壬寅	天干地支西曆	癸卯 2	甲辰 3	乙巳 4	丙午 5	丁未 6	戊申 7	己酉 8	庚戌 9	辛亥 10	壬子 11	癸丑 12	甲寅 13	乙卯 14	丙辰 15	丁巳 16	戊午 17	己未 18	庚申 19	辛酉 20	壬戌 21	癸亥 22	甲子 23	乙丑 24	丙寅 25	丁卯 26	戊辰 27	己巳 28	庚午 (3)	辛未 2	壬申 3	壬子立春
二月小	癸卯	天干地支西曆	癸酉 4	甲戌 5	乙亥 6	丙子 7	丁丑 8	戊寅 9	己卯 10	庚辰 11	辛巳 12	壬午 13	癸未 14	甲申 15	乙酉 16	丙戌 17	丁亥 18	戊子 19	己丑 20	庚寅 21	辛卯 22	壬辰 23	癸巳 24	甲午 25	乙未 26	丙申 27	丁酉 28	戊戌 29	己亥 30	庚子 31	辛丑 (4)		戊戌春分
三月大	甲辰	天干地支西曆	壬寅 2	癸卯 3	甲辰 4	乙巳 5	丙午 6	丁未 7	戊申 8	己酉 9	庚戌 10	辛亥 11	壬子 12	癸丑 13	甲寅 14	乙卯 15	丙辰 16	丁巳 17	戊午 18	己未 19	庚申 20	辛酉 21	壬戌 22	癸亥 23	甲子 24	乙丑 25	丙寅 26	丁卯 27	戊辰 28	己巳 29	庚午 30	辛未 (5)	
四月小	乙巳	天干地支西曆	壬申 2	癸酉 3	甲戌 4	乙亥 5	丙子 6	丁丑 7	戊寅 8	己卯 9	庚辰 10	辛巳 11	壬午 12	癸未 13	甲申 14	乙酉 15	丙戌 16	丁亥 17	戊子 18	己丑 19	庚寅 20	辛卯 21	壬辰 22	癸巳 23	甲午 24	乙未 25	丙申 26	丁酉 27	戊戌 28	己亥 29	庚子 30		乙酉立夏
閏四月小	乙巳	天干地支西曆	辛丑 31	壬寅 (6)	癸卯 2	甲辰 3	乙巳 4	丙午 5	丁未 6	戊申 7	己酉 8	庚戌 9	辛亥 10	壬子 11	癸丑 12	甲寅 13	乙卯 14	丙辰 15	丁巳 16	戊午 17	己未 18	庚申 19	辛酉 20	壬戌 21	癸亥 22	甲子 23	乙丑 24	丙寅 25	丁卯 26	戊辰 27	己巳 28		
五月大	丙午	天干地支西曆	庚午 29	辛未 30	壬申 (7)	癸酉 2	甲戌 3	乙亥 4	丙子 5	丁丑 6	戊寅 7	己卯 8	庚辰 9	辛巳 10	壬午 11	癸未 12	甲申 13	乙酉 14	丙戌 15	丁亥 16	戊子 17	己丑 18	庚寅 19	辛卯 20	壬辰 21	癸巳 22	甲午 23	乙未 24	丙申 25	丁酉 26	戊戌 27	己亥 28	壬申夏至
六月小	丁未	天干地支西曆	庚子 29	辛丑 30	壬寅 31	癸卯 (8)	甲辰 2	乙巳 3	丙午 4	丁未 5	戊申 6	己酉 7	庚戌 8	辛亥 9	壬子 10	癸丑 11	甲寅 12	乙卯 13	丙辰 14	丁巳 15	戊午 16	己未 17	庚申 18	辛酉 19	壬戌 20	癸亥 21	甲子 22	乙丑 23	丙寅 24	丁卯 25	戊辰 26		己未立秋
七月小	戊申	天干地支西曆	己巳 27	庚午 28	辛未 29	壬申 30	癸酉 31	甲戌 (9)	乙亥 2	丙子 3	丁丑 4	戊寅 5	己卯 6	庚辰 7	辛巳 8	壬午 9	癸未 10	甲申 11	乙酉 12	丙戌 13	丁亥 14	戊子 15	己丑 16	庚寅 17	辛卯 18	壬辰 19	癸巳 20	甲午 21	乙未 22	丙申 23	丁酉 24		
八月大	己酉	天干地支西曆	戊戌 25	己亥 26	庚子 27	辛丑 28	壬寅 29	癸卯 30	甲辰 (10)	乙巳 2	丙午 3	丁未 4	戊申 5	己酉 6	庚戌 7	辛亥 8	壬子 9	癸丑 10	甲寅 11	乙卯 12	丙辰 13	丁巳 14	戊午 15	己未 16	庚申 17	辛酉 18	壬戌 19	癸亥 20	甲子 21	乙丑 22	丙寅 23	丁卯 24	甲辰秋分
九月大	庚戌	天干地支西曆	戊辰 25	己巳 26	庚午 27	辛未 28	壬申 29	癸酉 30	甲戌 31	乙亥 (11)	丙子 2	丁丑 3	戊寅 4	己卯 5	庚辰 6	辛巳 7	壬午 8	癸未 9	甲申 10	乙酉 11	丙戌 12	丁亥 13	戊子 14	己丑 15	庚寅 16	辛卯 17	壬辰 18	癸巳 19	甲午 20	乙未 21	丙申 22	丁酉 23	戊子立冬
十月大	辛亥	天干地支西曆	戊戌 24	己亥 25	庚子 26	辛丑 27	壬寅 28	癸卯 29	甲辰 30	乙巳 (12)	丙午 2	丁未 3	戊申 4	己酉 5	庚戌 6	辛亥 7	壬子 8	癸丑 9	甲寅 10	乙卯 11	丙辰 12	丁巳 13	戊午 14	己未 15	庚申 16	辛酉 17	壬戌 18	癸亥 19	甲子 20	乙丑 21	丙寅 22	丁卯 23	
十一月小	壬子	天干地支西曆	戊辰 24	己巳 25	庚午 26	辛未 27	壬申 28	癸酉 29	甲戌 30	乙亥 31	丙子 (1)	丁丑 2	戊寅 3	己卯 4	庚辰 5	辛巳 6	壬午 7	癸未 8	甲申 9	乙酉 10	丙戌 11	丁亥 12	戊子 13	己丑 14	庚寅 15	辛卯 16	壬辰 17	癸巳 18	甲午 19	乙未 20	丙申 21		癸酉冬至
十二月大	癸丑	天干地支西曆	丁酉 22	戊戌 23	己亥 24	庚子 25	辛丑 26	壬寅 27	癸卯 28	甲辰 29	乙巳 30	丙午 31	丁未 (2)	戊申 2	己酉 3	庚戌 4	辛亥 5	壬子 6	癸丑 7	甲寅 8	乙卯 9	丙辰 10	丁巳 11	戊午 12	己未 13	庚申 14	辛酉 15	壬戌 16	癸亥 17	甲子 18	乙丑 19	丙寅 20	丁巳立春

*《長術》：正壬寅，二辛未，四庚午，六己巳，八戊辰，十丁酉，十二丙申。閏九。

周宣王五年（戊寅 虎年） 公元前 823 ~ 前 822 年

夏曆月序		中西曆日對照	夏曆日序																														節氣與天象
			初一	初二	初三	初四	初五	初六	初七	初八	初九	初十	十一	十二	十三	十四	十五	十六	十七	十八	十九	二十	二一	二二	二三	二四	二五	二六	二七	二八	二九	三十	
正月大	甲寅	天干 地支 西曆	丁卯 21	戊辰 22	己巳 23	庚午 24	辛未 25	壬申 26	癸酉 27	甲戌 28	乙亥 (3)	丙子 2	丁丑 3	戊寅 4	己卯 5	庚辰 6	辛巳 7	壬午 8	癸未 9	甲申 10	乙酉 11	丙戌 12	丁亥 13	戊子 14	己丑 15	庚寅 16	辛卯 17	壬辰 18	癸巳 19	甲午 20	乙未 21	丙申 22	
二月小	乙卯	天干 地支 西曆	丁酉 23	戊戌 24	己亥 25	庚子 26	辛丑 27	壬寅 28	癸卯 29	甲辰 30	乙巳 31	丙午 (4)	丁未 2	戊申 3	己酉 4	庚戌 5	辛亥 6	壬子 7	癸丑 8	甲寅 9	乙卯 10	丙辰 11	丁巳 12	戊午 13	己未 14	庚申 15	辛酉 16	壬戌 17	癸亥 18	甲子 19	乙丑 20		癸卯春分 丁酉日食
三月大	丙辰	天干 地支 西曆	丙寅 21	丁卯 22	戊辰 23	己巳 24	庚午 25	辛未 26	壬申 27	癸酉 28	甲戌 29	乙亥 30	丙子 (5)	丁丑 2	戊寅 3	己卯 4	庚辰 5	辛巳 6	壬午 7	癸未 8	甲申 9	乙酉 10	丙戌 11	丁亥 12	戊子 13	己丑 14	庚寅 15	辛卯 16	壬辰 17	癸巳 18	甲午 19	乙未 20	庚寅立夏
四月小	丁巳	天干 地支 西曆	丙申 21	丁酉 22	戊戌 23	己亥 24	庚子 25	辛丑 26	壬寅 27	癸卯 28	甲辰 29	乙巳 30	丙午 31	丁未 (6)	戊申 2	己酉 3	庚戌 4	辛亥 5	壬子 6	癸丑 7	甲寅 8	乙卯 9	丙辰 10	丁巳 11	戊午 12	己未 13	庚申 14	辛酉 15	壬戌 16	癸亥 17	甲子 18		
五月小	戊午	天干 地支 西曆	乙丑 19	丙寅 20	丁卯 21	戊辰 22	己巳 23	庚午 24	辛未 25	壬申 26	癸酉 27	甲戌 28	乙亥 29	丙子 30	丁丑 (7)	戊寅 2	己卯 3	庚辰 4	辛巳 5	壬午 6	癸未 7	甲申 8	乙酉 9	丙戌 10	丁亥 11	戊子 12	己丑 13	庚寅 14	辛卯 15	壬辰 16	癸巳 17		戊寅夏至
六月大	己未	天干 地支 西曆	甲午 18	乙未 19	丙申 20	丁酉 21	戊戌 22	己亥 23	庚子 24	辛丑 25	壬寅 26	癸卯 27	甲辰 28	乙巳 29	丙午 30	丁未 31	戊申 (8)	己酉 2	庚戌 3	辛亥 4	壬子 5	癸丑 6	甲寅 7	乙卯 8	丙辰 9	丁巳 10	戊午 11	己未 12	庚申 13	辛酉 14	壬戌 15	癸亥 16	
七月小	庚申	天干 地支 西曆	甲子 17	乙丑 18	丙寅 19	丁卯 20	戊辰 21	己巳 22	庚午 23	辛未 24	壬申 25	癸酉 26	甲戌 27	乙亥 28	丙子 29	丁丑 30	戊寅 31	己卯 (9)	庚辰 2	辛巳 3	壬午 4	癸未 5	甲申 6	乙酉 7	丙戌 8	丁亥 9	戊子 10	己丑 11	庚寅 12	辛卯 13	壬辰 14		甲子立秋
八月小	辛酉	天干 地支 西曆	癸巳 15	甲午 16	乙未 17	丙申 18	丁酉 19	戊戌 20	己亥 21	庚子 22	辛丑 23	壬寅 24	癸卯 25	甲辰 26	乙巳 27	丙午 28	丁未 29	戊申 30	己酉 (10)	庚戌 2	辛亥 3	壬子 4	癸丑 5	甲寅 6	乙卯 7	丙辰 8	丁巳 9	戊午 10	己未 11	庚申 12	辛酉 13		己酉秋分
九月大	壬戌	天干 地支 西曆	壬戌 14	癸亥 15	甲子 16	乙丑 17	丙寅 18	丁卯 19	戊辰 20	己巳 21	庚午 22	辛未 23	壬申 24	癸酉 25	甲戌 26	乙亥 27	丙子 28	丁丑 29	戊寅 30	己卯 31	庚辰 (11)	辛巳 2	壬午 3	癸未 4	甲申 5	乙酉 6	丙戌 7	丁亥 8	戊子 9	己丑 10	庚寅 11	辛卯 12	
十月大	癸亥	天干 地支 西曆	壬辰 13	癸巳 14	甲午 15	乙未 16	丙申 17	丁酉 18	戊戌 19	己亥 20	庚子 21	辛丑 22	壬寅 23	癸卯 24	甲辰 25	乙巳 26	丙午 27	丁未 28	戊申 29	己酉 30	庚戌 (12)	辛亥 2	壬子 3	癸丑 4	甲寅 5	乙卯 6	丙辰 7	丁巳 8	戊午 9	己未 10	庚申 11	辛酉 12	甲午立冬
十一月小	甲子	天干 地支 西曆	壬戌 13	癸亥 14	甲子 15	乙丑 16	丙寅 17	丁卯 18	戊辰 19	己巳 20	庚午 21	辛未 22	壬申 23	癸酉 24	甲戌 25	乙亥 26	丙子 27	丁丑 28	戊寅 29	己卯 30	庚辰 31	辛巳 (1)	壬午 2	癸未 3	甲申 4	乙酉 5	丙戌 6	丁亥 7	戊子 8	己丑 9	庚寅 10		戊寅冬至
十二月大	乙丑	天干 地支 西曆	辛卯 11	壬辰 12	癸巳 13	甲午 14	乙未 15	丙申 16	丁酉 17	戊戌 18	己亥 19	庚子 20	辛丑 21	壬寅 22	癸卯 23	甲辰 24	乙巳 25	丙午 26	丁未 27	戊申 28	己酉 29	庚戌 30	辛亥 31	壬子 (2)	癸丑 2	甲寅 3	乙卯 4	丙辰 5	丁巳 6	戊午 7	己未 8	庚申 9	

*《長術》：正丙寅，二乙未，四甲午，六癸巳，八壬辰，十辛卯，十二庚寅。

周宣王六年（己卯 兔年） 公元前 822 ~ 前 821 年

夏曆月序		中西曆日對照	夏曆日序																														節氣與天象
			初一	初二	初三	初四	初五	初六	初七	初八	初九	初十	十一	十二	十三	十四	十五	十六	十七	十八	十九	二十	二一	二二	二三	二四	二五	二六	二七	二八	二九	三十	
正月大	丙寅	干支 天地 西曆	辛酉 10	壬戌 11	癸亥 12	甲子 13	乙丑 14	丙寅 15	丁卯 16	戊辰 17	己巳 18	庚午 19	辛未 20	壬申 21	癸酉 22	甲戌 23	乙亥 24	丙子 25	丁丑 26	戊寅 27	己卯 28	庚辰 (3)	辛巳 2	壬午 3	癸未 4	甲申 5	乙酉 6	丙戌 7	丁亥 8	戊子 9	己丑 10	庚寅 11	癸亥立春
二月大	丁卯	干支 天地 西曆	辛卯 12	壬辰 13	癸巳 14	甲午 15	乙未 16	丙申 17	丁酉 18	戊戌 19	己亥 20	庚子 21	辛丑 22	壬寅 23	癸卯 24	甲辰 25	乙巳 26	丙午 27	丁未 28	戊申 29	己酉 30	庚戌 31	辛亥 (4)	壬子 2	癸丑 3	甲寅 4	乙卯 5	丙辰 6	丁巳 7	戊午 8	己未 9	庚申 10	己酉春分
三月小	戊辰	干支 天地 西曆	辛酉 11	壬戌 12	癸亥 13	甲子 14	乙丑 15	丙寅 16	丁卯 17	戊辰 18	己巳 19	庚午 20	辛未 21	壬申 22	癸酉 23	甲戌 24	乙亥 25	丙子 26	丁丑 27	戊寅 28	己卯 29	庚辰 30	辛巳 (5)	壬午 2	癸未 3	甲申 4	乙酉 5	丙戌 6	丁亥 7	戊子 8	己丑 9		
四月大	己巳	干支 天地 西曆	庚寅 10	辛卯 11	壬辰 12	癸巳 13	甲午 14	乙未 15	丙申 16	丁酉 17	戊戌 18	己亥 19	庚子 20	辛丑 21	壬寅 22	癸卯 23	甲辰 24	乙巳 25	丙午 26	丁未 27	戊申 28	己酉 29	庚戌 30	辛亥 31	壬子 (6)	癸丑 2	甲寅 3	乙卯 4	丙辰 5	丁巳 6	戊午 7	己未 8	丙申立夏
五月小	庚午	干支 天地 西曆	庚申 9	辛酉 10	壬戌 11	癸亥 12	甲子 13	乙丑 14	丙寅 15	丁卯 16	戊辰 17	己巳 18	庚午 19	辛未 20	壬申 21	癸酉 22	甲戌 23	乙亥 24	丙子 25	丁丑 26	戊寅 27	己卯 28	庚辰 29	辛巳 30	壬午 (7)	癸未 2	甲申 3	乙酉 4	丙戌 5	丁亥 6	戊子 7		癸未夏至
六月小	辛未	干支 天地 西曆	己丑 8	庚寅 9	辛卯 10	壬辰 11	癸巳 12	甲午 13	乙未 14	丙申 15	丁酉 16	戊戌 17	己亥 18	庚子 19	辛丑 20	壬寅 21	癸卯 22	甲辰 23	乙巳 24	丙午 25	丁未 26	戊申 27	己酉 28	庚戌 29	辛亥 30	壬子 31	癸丑 (8)	甲寅 2	乙卯 3	丙辰 4	丁巳 5		
七月大	壬申	干支 天地 西曆	戊午 6	己未 7	庚申 8	辛酉 9	壬戌 10	癸亥 11	甲子 12	乙丑 13	丙寅 14	丁卯 15	戊辰 16	己巳 17	庚午 18	辛未 19	壬申 20	癸酉 21	甲戌 22	乙亥 23	丙子 24	丁丑 25	戊寅 26	己卯 27	庚辰 28	辛巳 29	壬午 30	癸未 31	甲申 (9)	乙酉 2	丙戌 3	丁亥 4	己巳立秋 戊午日食
八月小	癸酉	干支 天地 西曆	戊子 5	己丑 6	庚寅 7	辛卯 8	壬辰 9	癸巳 10	甲午 11	乙未 12	丙申 13	丁酉 14	戊戌 15	己亥 16	庚子 17	辛丑 18	壬寅 19	癸卯 20	甲辰 21	乙巳 22	丙午 23	丁未 24	戊申 25	己酉 26	庚戌 27	辛亥 28	壬子 29	癸丑 30	甲寅 (10)	乙卯 2	丙辰 3		乙卯秋分
九月小	甲戌	干支 天地 西曆	丁巳 4	戊午 5	己未 6	庚申 7	辛酉 8	壬戌 9	癸亥 10	甲子 11	乙丑 12	丙寅 13	丁卯 14	戊辰 15	己巳 16	庚午 17	辛未 18	壬申 19	癸酉 20	甲戌 21	乙亥 22	丙子 23	丁丑 24	戊寅 25	己卯 26	庚辰 27	辛巳 28	壬午 29	癸未 30	甲申 31	乙酉 (11)		
十月大	乙亥	干支 天地 西曆	丙戌 2	丁亥 3	戊子 4	己丑 5	庚寅 6	辛卯 7	壬辰 8	癸巳 9	甲午 10	乙未 11	丙申 12	丁酉 13	戊戌 14	己亥 15	庚子 16	辛丑 17	壬寅 18	癸卯 19	甲辰 20	乙巳 21	丙午 22	丁未 23	戊申 24	己酉 25	庚戌 26	辛亥 27	壬子 28	癸丑 29	甲寅 30	乙卯 (12)	己亥立冬
十一月大	丙子	干支 天地 西曆	丙辰 2	丁巳 3	戊午 4	己未 5	庚申 6	辛酉 7	壬戌 8	癸亥 9	甲子 10	乙丑 11	丙寅 12	丁卯 13	戊辰 14	己巳 15	庚午 16	辛未 17	壬申 18	癸酉 19	甲戌 20	乙亥 21	丙子 22	丁丑 23	戊寅 24	己卯 25	庚辰 26	辛巳 27	壬午 28	癸未 29	甲申 30	乙酉 31	癸未冬至
十二月小	丁丑	干支 天地 西曆	丙戌 (1)	丁亥 2	戊子 3	己丑 4	庚寅 5	辛卯 6	壬辰 7	癸巳 8	甲午 9	乙未 10	丙申 11	丁酉 12	戊戌 13	己亥 14	庚子 15	辛丑 16	壬寅 17	癸卯 18	甲辰 19	乙巳 20	丙午 21	丁未 22	戊申 23	己酉 24	庚戌 25	辛亥 26	壬子 27	癸丑 28	甲寅 29		

*《長術》：正庚申，三己未，五戊午，七丁巳，九丙辰，十一乙卯。

周宣王七年（庚辰 龍年） 公元前821 ~ 前820年

夏曆月序		中西曆日對照	夏曆日序 初一	初二	初三	初四	初五	初六	初七	初八	初九	初十	十一	十二	十三	十四	十五	十六	十七	十八	十九	二十	二一	二二	二三	二四	二五	二六	二七	二八	二九	三十	節氣與天象
正月大	戊寅	天干地支西曆	乙卯30	丙辰31	丁巳(2)	戊午2	己未3	庚申4	辛酉5	壬戌6	癸亥7	甲子8	乙丑9	丙寅10	丁卯11	戊辰12	己巳13	庚午14	辛未15	壬申16	癸酉17	甲戌18	乙亥19	丙子20	丁丑21	戊寅22	己卯23	庚辰24	辛巳25	壬午26	癸未27	甲申28	戊辰立春
二月大	己卯	天干地支西曆	乙酉29	丙戌(3)	丁亥2	戊子3	己丑4	庚寅5	辛卯6	壬辰7	癸巳8	甲午9	乙未10	丙申11	丁酉12	戊戌13	己亥14	庚子15	辛丑16	壬寅17	癸卯18	甲辰19	乙巳20	丙午21	丁未22	戊申23	己酉24	庚戌25	辛亥26	壬子27	癸丑28	甲寅29	甲寅春分
閏二月小	己卯	天干地支西曆	乙卯30	丙辰31	丁巳(4)	戊午2	己未3	庚申4	辛酉5	壬戌6	癸亥7	甲子8	乙丑9	丙寅10	丁卯11	戊辰12	己巳13	庚午14	辛未15	壬申16	癸酉17	甲戌18	乙亥19	丙子20	丁丑21	戊寅22	己卯23	庚辰24	辛巳25	壬午26	癸未27		
三月大	庚辰	天干地支西曆	甲申28	乙酉29	丙戌30	丁亥(5)	戊子2	己丑3	庚寅4	辛卯5	壬辰6	癸巳7	甲午8	乙未9	丙申10	丁酉11	戊戌12	己亥13	庚子14	辛丑15	壬寅16	癸卯17	甲辰18	乙巳19	丙午20	丁未21	戊申22	己酉23	庚戌24	辛亥25	壬子26	癸丑27	辛丑立夏
四月小	辛巳	天干地支西曆	甲寅28	乙卯29	丙辰30	丁巳31	戊午(6)	己未2	庚申3	辛酉4	壬戌5	癸亥6	甲子7	乙丑8	丙寅9	丁卯10	戊辰11	己巳12	庚午13	辛未14	壬申15	癸酉16	甲戌17	乙亥18	丙子19	丁丑20	戊寅21	己卯22	庚辰23	辛巳24	壬午25		
五月大	壬午	天干地支西曆	癸未26	甲申27	乙酉28	丙戌29	丁亥30	戊子(7)	己丑2	庚寅3	辛卯4	壬辰5	癸巳6	甲午7	乙未8	丙申9	丁酉10	戊戌11	己亥12	庚子13	辛丑14	壬寅15	癸卯16	甲辰17	乙巳18	丙午19	丁未20	戊申21	己酉22	庚戌23	辛亥24	壬子25	戊子夏至
六月小	癸未	天干地支西曆	癸丑26	甲寅27	乙卯28	丙辰29	丁巳30	戊午31	己未(8)	庚申2	辛酉3	壬戌4	癸亥5	甲子6	乙丑7	丙寅8	丁卯9	戊辰10	己巳11	庚午12	辛未13	壬申14	癸酉15	甲戌16	乙亥17	丙子18	丁丑19	戊寅20	己卯21	庚辰22	辛巳23		乙亥立秋 癸丑日食
七月大	甲申	天干地支西曆	壬午24	癸未25	甲申26	乙酉27	丙戌28	丁亥29	戊子30	己丑31	庚寅(9)	辛卯2	壬辰3	癸巳4	甲午5	乙未6	丙申7	丁酉8	戊戌9	己亥10	庚子11	辛丑12	壬寅13	癸卯14	甲辰15	乙巳16	丙午17	丁未18	戊申19	己酉20	庚戌21	辛亥22	
八月小	乙酉	天干地支西曆	壬子23	癸丑24	甲寅25	乙卯26	丙辰27	丁巳28	戊午29	己未30	庚申(10)	辛酉2	壬戌3	癸亥4	甲子5	乙丑6	丙寅7	丁卯8	戊辰9	己巳10	庚午11	辛未12	壬申13	癸酉14	甲戌15	乙亥16	丙子17	丁丑18	戊寅19	己卯20	庚辰21		庚申秋分
九月大	丙戌	天干地支西曆	辛巳22	壬午23	癸未24	甲申25	乙酉26	丙戌27	丁亥28	戊子29	己丑30	庚寅31	辛卯(11)	壬辰2	癸巳3	甲午4	乙未5	丙申6	丁酉7	戊戌8	己亥9	庚子10	辛丑11	壬寅12	癸卯13	甲辰14	乙巳15	丙午16	丁未17	戊申18	己酉19	庚戌20	甲辰立冬
十月小	丁亥	天干地支西曆	辛亥21	壬子22	癸丑23	甲寅24	乙卯25	丙辰26	丁巳27	戊午28	己未29	庚申30	辛酉(12)	壬戌2	癸亥3	甲子4	乙丑5	丙寅6	丁卯7	戊辰8	己巳9	庚午10	辛未11	壬申12	癸酉13	甲戌14	乙亥15	丙子16	丁丑17	戊寅18	己卯19		
十一月大	戊子	天干地支西曆	庚辰20	辛巳21	壬午22	癸未23	甲申24	乙酉25	丙戌26	丁亥27	戊子28	己丑29	庚寅30	辛卯31	壬辰(1)	癸巳2	甲午3	乙未4	丙申5	丁酉6	戊戌7	己亥8	庚子9	辛丑10	壬寅11	癸卯12	甲辰13	乙巳14	丙午15	丁未16	戊申17	己酉18	戊子冬至
十二月小	己丑	天干地支西曆	庚戌19	辛亥20	壬子21	癸丑22	甲寅23	乙卯24	丙辰25	丁巳26	戊午27	己未28	庚申29	辛酉30	壬戌31	癸亥(2)	甲子2	乙丑3	丙寅4	丁卯5	戊辰6	己巳7	庚午8	辛未9	壬申10	癸酉11	甲戌12	乙亥13	丙子14	丁丑15	戊寅16		癸酉立春

*《長術》：正甲寅，三癸丑，六壬午，七辛巳，九庚辰，十一己卯。閏六。

周宣王八年（辛巳 蛇年） 公元前820 ~ 前819年

夏曆月序		中西曆日對照	初一	初二	初三	初四	初五	初六	初七	初八	初九	初十	十一	十二	十三	十四	十五	十六	十七	十八	十九	二十	二一	二二	二三	二四	二五	二六	二七	二八	二九	三十	節氣與天象
正月大	庚寅	天干支 地西曆	己卯17	庚辰18	辛巳19	壬午20	癸未21	甲申22	乙酉23	丙戌24	丁亥25	戊子26	己丑27	庚寅28	辛卯(3)	壬辰2	癸巳3	甲午4	乙未5	丙申6	丁酉7	戊戌8	己亥9	庚子10	辛丑11	壬寅12	癸卯13	甲辰14	乙巳15	丙午16	丁未17	戊申18	
二月小	辛卯	天干支 地西曆	己酉19	庚戌20	辛亥21	壬子22	癸丑23	甲寅24	乙卯25	丙辰26	丁巳27	戊午28	己未29	庚申30	辛酉31	壬戌(4)	癸亥2	甲子3	乙丑4	丙寅5	丁卯6	戊辰7	己巳8	庚午9	辛未10	壬申11	癸酉12	甲戌13	乙亥14	丙子15	丁丑16		己未春分
三月大	壬辰	天干支 地西曆	戊寅17	己卯18	庚辰19	辛巳20	壬午21	癸未22	甲申23	乙酉24	丙戌25	丁亥26	戊子27	己丑28	庚寅29	辛卯30	壬辰(5)	癸巳2	甲午3	乙未4	丙申5	丁酉6	戊戌7	己亥8	庚子9	辛丑10	壬寅11	癸卯12	甲辰13	乙巳14	丙午15	丁未16	丙午立夏
四月大	癸巳	天干支 地西曆	戊申17	己酉18	庚戌19	辛亥20	壬子21	癸丑22	甲寅23	乙卯24	丙辰25	丁巳26	戊午27	己未28	庚申29	辛酉30	壬戌31	癸亥(6)	甲子2	乙丑3	丙寅4	丁卯5	戊辰6	己巳7	庚午8	辛未9	壬申10	癸酉11	甲戌12	乙亥13	丙子14	丁丑15	
五月小	甲午	天干支 地西曆	戊寅16	己卯17	庚辰18	辛巳19	壬午20	癸未21	甲申22	乙酉23	丙戌24	丁亥25	戊子26	己丑27	庚寅28	辛卯29	壬辰30	癸巳(7)	甲午2	乙未3	丙申4	丁酉5	戊戌6	己亥7	庚子8	辛丑9	壬寅10	癸卯11	甲辰12	乙巳13	丙午14		癸巳夏至
六月大	乙未	天干支 地西曆	丁未15	戊申16	己酉17	庚戌18	辛亥19	壬子20	癸丑21	甲寅22	乙卯23	丙辰24	丁巳25	戊午26	己未27	庚申28	辛酉29	壬戌30	癸亥31	甲子(8)	乙丑2	丙寅3	丁卯4	戊辰5	己巳6	庚午7	辛未8	壬申9	癸酉10	甲戌11	乙亥12	丙子13	
七月小	丙申	天干支 地西曆	丁丑14	戊寅15	己卯16	庚辰17	辛巳18	壬午19	癸未20	甲申21	乙酉22	丙戌23	丁亥24	戊子25	己丑26	庚寅27	辛卯28	壬辰29	癸巳30	甲午31	乙未(9)	丙申2	丁酉3	戊戌4	己亥5	庚子6	辛丑7	壬寅8	癸卯9	甲辰10	乙巳11		庚辰立秋
八月大	丁酉	天干支 地西曆	丙午12	丁未13	戊申14	己酉15	庚戌16	辛亥17	壬子18	癸丑19	甲寅20	乙卯21	丙辰22	丁巳23	戊午24	己未25	庚申26	辛酉27	壬戌28	癸亥29	甲子30	乙丑(10)	丙寅2	丁卯3	戊辰4	己巳5	庚午6	辛未7	壬申8	癸酉9	甲戌10	乙亥11	乙丑秋分
九月小	戊戌	天干支 地西曆	丙子12	丁丑13	戊寅14	己卯15	庚辰16	辛巳17	壬午18	癸未19	甲申20	乙酉21	丙戌22	丁亥23	戊子24	己丑25	庚寅26	辛卯27	壬辰28	癸巳29	甲午30	乙未31	丙申(11)	丁酉2	戊戌3	己亥4	庚子5	辛丑6	壬寅7	癸卯8	甲辰9		
十月大	己亥	天干支 地西曆	乙巳10	丙午11	丁未12	戊申13	己酉14	庚戌15	辛亥16	壬子17	癸丑18	甲寅19	乙卯20	丙辰21	丁巳22	戊午23	己未24	庚申25	辛酉26	壬戌27	癸亥28	甲子29	乙丑30	丙寅(12)	丁卯2	戊辰3	己巳4	庚午5	辛未6	壬申7	癸酉8	甲戌9	己酉立冬
十一月小	庚子	天干支 地西曆	乙亥10	丙子11	丁丑12	戊寅13	己卯14	庚辰15	辛巳16	壬午17	癸未18	甲申19	乙酉20	丙戌21	丁亥22	戊子23	己丑24	庚寅25	辛卯26	壬辰27	癸巳28	甲午29	乙未30	丙申31	丁酉(1)	戊戌2	己亥3	庚子4	辛丑5	壬寅6	癸卯7		甲午冬至
十二月大	辛丑	天干支 地西曆	甲辰8	乙巳9	丙午10	丁未11	戊申12	己酉13	庚戌14	辛亥15	壬子16	癸丑17	甲寅18	乙卯19	丙辰20	丁巳21	戊午22	己未23	庚申24	辛酉25	壬戌26	癸亥27	甲子28	乙丑29	丙寅30	丁卯31	戊辰(2)	己巳2	庚午3	辛未4	壬申5	癸酉6	甲辰日食

*《長術》：正戊寅，三丁丑，五丙子，七乙亥，十甲辰，十二癸卯。

周宣王九年（壬午 馬年） 公元前 **819** ~ 前 818 年

夏曆月序		中西曆日對照	夏曆日序																														節氣與天象
			初一	初二	初三	初四	初五	初六	初七	初八	初九	初十	十一	十二	十三	十四	十五	十六	十七	十八	十九	二十	二一	二二	二三	二四	二五	二六	二七	二八	二九	三十	
正月小	壬寅	天干地支西曆	甲戌7	乙亥8	丙子9	丁丑10	戊寅11	己卯12	庚辰13	辛巳14	壬午15	癸未16	甲申17	乙酉18	丙戌19	丁亥20	戊子21	己丑22	庚寅23	辛卯24	壬辰25	癸巳26	甲午27	乙未28	丙申(3)	丁酉2	戊戌3	己亥4	庚子5	辛丑6	壬寅7		戊寅立春
二月小	癸卯	天干地支西曆	癸卯8	甲辰9	乙巳10	丙午11	丁未12	戊申13	己酉14	庚戌15	辛亥16	壬子17	癸丑18	甲寅19	乙卯20	丙辰21	丁巳22	戊午23	己未24	庚申25	辛酉26	壬戌27	癸亥28	甲子29	乙丑30	丙寅31	丁卯(4)	戊辰2	己巳3	庚午4	辛未5		甲子春分
三月大	甲辰	天干地支西曆	壬申6	癸酉7	甲戌8	乙亥9	丙子10	丁丑11	戊寅12	己卯13	庚辰14	辛巳15	壬午16	癸未17	甲申18	乙酉19	丙戌20	丁亥21	戊子22	己丑23	庚寅24	辛卯25	壬辰26	癸巳27	甲午28	乙未29	丙申30	丁酉(5)	戊戌2	己亥3	庚子4	辛丑5	
四月大	乙巳	天干地支西曆	壬寅6	癸卯7	甲辰8	乙巳9	丙午10	丁未11	戊申12	己酉13	庚戌14	辛亥15	壬子16	癸丑17	甲寅18	乙卯19	丙辰20	丁巳21	戊午22	己未23	庚申24	辛酉25	壬戌26	癸亥27	甲子28	乙丑29	丙寅30	丁卯31	戊辰(6)	己巳2	庚午3	辛未4	辛亥立夏
五月小	丙午	天干地支西曆	壬申5	癸酉6	甲戌7	乙亥8	丙子9	丁丑10	戊寅11	己卯12	庚辰13	辛巳14	壬午15	癸未16	甲申17	乙酉18	丙戌19	丁亥20	戊子21	己丑22	庚寅23	辛卯24	壬辰25	癸巳26	甲午27	乙未28	丙申29	丁酉30	戊戌(7)	己亥2	庚子3		己亥夏至
六月大	丁未	天干地支西曆	辛丑4	壬寅5	癸卯6	甲辰7	乙巳8	丙午9	丁未10	戊申11	己酉12	庚戌13	辛亥14	壬子15	癸丑16	甲寅17	乙卯18	丙辰19	丁巳20	戊午21	己未22	庚申23	辛酉24	壬戌25	癸亥26	甲子27	乙丑28	丙寅29	丁卯30	戊辰31	己巳(8)	庚午2	
七月大	戊申	天干地支西曆	辛未3	壬申4	癸酉5	甲戌6	乙亥7	丙子8	丁丑9	戊寅10	己卯11	庚辰12	辛巳13	壬午14	癸未15	甲申16	乙酉17	丙戌18	丁亥19	戊子20	己丑21	庚寅22	辛卯23	壬辰24	癸巳25	甲午26	乙未27	丙申28	丁酉29	戊戌30	己亥31	庚子(9)	乙酉立秋
八月小	己酉	天干地支西曆	辛丑2	壬寅3	癸卯4	甲辰5	乙巳6	丙午7	丁未8	戊申9	己酉10	庚戌11	辛亥12	壬子13	癸丑14	甲寅15	乙卯16	丙辰17	丁巳18	戊午19	己未20	庚申21	辛酉22	壬戌23	癸亥24	甲子25	乙丑26	丙寅27	丁卯28	戊辰29	己巳30		
九月大	庚戌	天干地支西曆	庚午(10)	辛未2	壬申3	癸酉4	甲戌5	乙亥6	丙子7	丁丑8	戊寅9	己卯10	庚辰11	辛巳12	壬午13	癸未14	甲申15	乙酉16	丙戌17	丁亥18	戊子19	己丑20	庚寅21	辛卯22	壬辰23	癸巳24	甲午25	乙未26	丙申27	丁酉28	戊戌29	己亥30	庚午秋分
閏九月小	庚戌	天干地支西曆	庚子31	辛丑(11)	壬寅2	癸卯3	甲辰4	乙巳5	丙午6	丁未7	戊申8	己酉9	庚戌10	辛亥11	壬子12	癸丑13	甲寅14	乙卯15	丙辰16	丁巳17	戊午18	己未19	庚申20	辛酉21	壬戌22	癸亥23	甲子24	乙丑25	丙寅26	丁卯27	戊辰28		乙卯立冬
十月大	辛亥	天干地支西曆	己巳29	庚午30	辛未(12)	壬申2	癸酉3	甲戌4	乙亥5	丙子6	丁丑7	戊寅8	己卯9	庚辰10	辛巳11	壬午12	癸未13	甲申14	乙酉15	丙戌16	丁亥17	戊子18	己丑19	庚寅20	辛卯21	壬辰22	癸巳23	甲午24	乙未25	丙申26	丁酉27	戊戌28	
十一月小	壬子	天干地支西曆	己亥29	庚子30	辛丑31	壬寅(1)	癸卯2	甲辰3	乙巳4	丙午5	丁未6	戊申7	己酉8	庚戌9	辛亥10	壬子11	癸丑12	甲寅13	乙卯14	丙辰15	丁巳16	戊午17	己未18	庚申19	辛酉20	壬戌21	癸亥22	甲子23	乙丑24	丙寅25	丁卯26		己亥冬至
十二月大	癸丑	天干地支西曆	戊辰27	己巳28	庚午29	辛未30	壬申31	癸酉(2)	甲戌2	乙亥3	丙子4	丁丑5	戊寅6	己卯7	庚辰8	辛巳9	壬午10	癸未11	甲申12	乙酉13	丙戌14	丁亥15	戊子16	己丑17	庚寅18	辛卯19	壬辰20	癸巳21	甲午22	乙未23	丙申24	丁酉25	甲申立春

*《長術》：正癸酉，二壬寅，四辛丑，六庚子，八己亥，十戊戌，十二丁酉。

周宣王十年（癸未 羊年） 公元前 818 ~ 前 817 年

夏曆月序		中西曆日對照	初一	初二	初三	初四	初五	初六	初七	初八	初九	初十	十一	十二	十三	十四	十五	十六	十七	十八	十九	二十	二一	二二	二三	二四	二五	二六	二七	二八	二九	三十	節氣與天象
正月小	甲寅	天干地支西曆	戊戌 26	己亥 27	庚子 28	辛丑 (3)	壬寅 2	癸卯 3	甲辰 4	乙巳 5	丙午 6	丁未 7	戊申 8	己酉 9	庚戌 10	辛亥 11	壬子 12	癸丑 13	甲寅 14	乙卯 15	丙辰 16	丁巳 17	戊午 18	己未 19	庚申 20	辛酉 21	壬戌 22	癸亥 23	甲子 24	乙丑 25	丙寅 26		
二月小	乙卯	天干地支西曆	丁卯 27	戊辰 28	己巳 29	庚午 30	辛未 31	壬申 (4)	癸酉 2	甲戌 3	乙亥 4	丙子 5	丁丑 6	戊寅 7	己卯 8	庚辰 9	辛巳 10	壬午 11	癸未 12	甲申 13	乙酉 14	丙戌 15	丁亥 16	戊子 17	己丑 18	庚寅 19	辛卯 20	壬辰 21	癸巳 22	甲午 23	乙未 24		庚午春分
三月大	丙辰	天干地支西曆	丙申 25	丁酉 26	戊戌 27	己亥 28	庚子 29	辛丑 30	壬寅 (5)	癸卯 2	甲辰 3	乙巳 4	丙午 5	丁未 6	戊申 7	己酉 8	庚戌 9	辛亥 10	壬子 11	癸丑 12	甲寅 13	乙卯 14	丙辰 15	丁巳 16	戊午 17	己未 18	庚申 19	辛酉 20	壬戌 21	癸亥 22	甲子 23	乙丑 24	丁巳立夏
四月小	丁巳	天干地支西曆	丙寅 25	丁卯 26	戊辰 27	己巳 28	庚午 29	辛未 30	壬申 31	癸酉 (6)	甲戌 2	乙亥 3	丙子 4	丁丑 5	戊寅 6	己卯 7	庚辰 8	辛巳 9	壬午 10	癸未 11	甲申 12	乙酉 13	丙戌 14	丁亥 15	戊子 16	己丑 17	庚寅 18	辛卯 19	壬辰 20	癸巳 21	甲午 22		丙寅日食
五月大	戊午	天干地支西曆	乙未 23	丙申 24	丁酉 25	戊戌 26	己亥 27	庚子 28	辛丑 29	壬寅 30	癸卯 (7)	甲辰 2	乙巳 3	丙午 4	丁未 5	戊申 6	己酉 7	庚戌 8	辛亥 9	壬子 10	癸丑 11	甲寅 12	乙卯 13	丙辰 14	丁巳 15	戊午 16	己未 17	庚申 18	辛酉 19	壬戌 20	癸亥 21	甲子 22	甲辰夏至
六月大	己未	天干地支西曆	乙丑 23	丙寅 24	丁卯 25	戊辰 26	己巳 27	庚午 28	辛未 29	壬申 30	癸酉 31	甲戌 (8)	乙亥 2	丙子 3	丁丑 4	戊寅 5	己卯 6	庚辰 7	辛巳 8	壬午 9	癸未 10	甲申 11	乙酉 12	丙戌 13	丁亥 14	戊子 15	己丑 16	庚寅 17	辛卯 18	壬辰 19	癸巳 20	甲午 21	庚寅立秋
七月小	庚申	天干地支西曆	乙未 22	丙申 23	丁酉 24	戊戌 25	己亥 26	庚子 27	辛丑 28	壬寅 29	癸卯 30	甲辰 31	乙巳 (9)	丙午 2	丁未 3	戊申 4	己酉 5	庚戌 6	辛亥 7	壬子 8	癸丑 9	甲寅 10	乙卯 11	丙辰 12	丁巳 13	戊午 14	己未 15	庚申 16	辛酉 17	壬戌 18	癸亥 19		
八月大	辛酉	天干地支西曆	甲子 20	乙丑 21	丙寅 22	丁卯 23	戊辰 24	己巳 25	庚午 26	辛未 27	壬申 28	癸酉 29	甲戌 30	乙亥 (10)	丙子 2	丁丑 3	戊寅 4	己卯 5	庚辰 6	辛巳 7	壬午 8	癸未 9	甲申 10	乙酉 11	丙戌 12	丁亥 13	戊子 14	己丑 15	庚寅 16	辛卯 17	壬辰 18	癸巳 19	丙子秋分
九月大	壬戌	天干地支西曆	甲午 20	乙未 21	丙申 22	丁酉 23	戊戌 24	己亥 25	庚子 26	辛丑 27	壬寅 28	癸卯 29	甲辰 30	乙巳 31	丙午 (11)	丁未 2	戊申 3	己酉 4	庚戌 5	辛亥 6	壬子 7	癸丑 8	甲寅 9	乙卯 10	丙辰 11	丁巳 12	戊午 13	己未 14	庚申 15	辛酉 16	壬戌 17	癸亥 18	庚申立冬
十月小	癸亥	天干地支西曆	甲子 19	乙丑 20	丙寅 21	丁卯 22	戊辰 23	己巳 24	庚午 25	辛未 26	壬申 27	癸酉 28	甲戌 29	乙亥 30	丙子 (12)	丁丑 2	戊寅 3	己卯 4	庚辰 5	辛巳 6	壬午 7	癸未 8	甲申 9	乙酉 10	丙戌 11	丁亥 12	戊子 13	己丑 14	庚寅 15	辛卯 16	壬辰 17		
十一月大	甲子	天干地支西曆	癸巳 18	甲午 19	乙未 20	丙申 21	丁酉 22	戊戌 23	己亥 24	庚子 25	辛丑 26	壬寅 27	癸卯 28	甲辰 29	乙巳 30	丙午 31	丁未 (1)	戊申 2	己酉 3	庚戌 4	辛亥 5	壬子 6	癸丑 7	甲寅 8	乙卯 9	丙辰 10	丁巳 11	戊午 12	己未 13	庚申 14	辛酉 15	壬戌 16	甲辰冬至
十二月小	乙丑	天干地支西曆	癸亥 17	甲子 18	乙丑 19	丙寅 20	丁卯 21	戊辰 22	己巳 23	庚午 24	辛未 25	壬申 26	癸酉 27	甲戌 28	乙亥 29	丙子 30	丁丑 31	戊寅 (2)	己卯 2	庚辰 3	辛巳 4	壬午 5	癸未 6	甲申 7	乙酉 8	丙戌 9	丁亥 10	戊子 11	己丑 12	庚寅 13	辛卯 14		己丑立春

*《長術》：正丁卯，二丙寅，四乙丑，六甲子，八癸亥，十壬戌，十二辛酉。閏二。

周宣王十一年（甲申 猴年） 公元前**817** ~ 前816年

夏曆月序		中西曆日對照	初一	初二	初三	初四	初五	初六	初七	初八	初九	初十	十一	十二	十三	十四	十五	十六	十七	十八	十九	二十	二一	二二	二三	二四	二五	二六	二七	二八	二九	三十	節氣與天象
正月大	丙寅	天干地支西曆	壬辰15	癸巳16	甲午17	乙未18	丙申19	丁酉20	戊戌21	己亥22	庚子23	辛丑24	壬寅25	癸卯26	甲辰27	乙巳28	丙午29	丁未(3)	戊申2	己酉3	庚戌4	辛亥5	壬子6	癸丑7	甲寅8	乙卯9	丙辰10	丁巳11	戊午12	己未13	庚申14	辛酉15	
二月小	丁卯	天干地支西曆	壬戌16	癸亥17	甲子18	乙丑19	丙寅20	丁卯21	戊辰22	己巳23	庚午24	辛未25	壬申26	癸酉27	甲戌28	乙亥29	丙子30	丁丑31	戊寅(4)	己卯2	庚辰3	辛巳4	壬午5	癸未6	甲申7	乙酉8	丙戌9	丁亥10	戊子11	己丑12	庚寅13		乙亥春分
三月小	戊辰	天干地支西曆	辛卯14	壬辰15	癸巳16	甲午17	乙未18	丙申19	丁酉20	戊戌21	己亥22	庚子23	辛丑24	壬寅25	癸卯26	甲辰27	乙巳28	丙午29	丁未30	戊申(5)	己酉2	庚戌3	辛亥4	壬子5	癸丑6	甲寅7	乙卯8	丙辰9	丁巳10	戊午11	己未12		
四月大	己巳	天干地支西曆	庚申13	辛酉14	壬戌15	癸亥16	甲子17	乙丑18	丙寅19	丁卯20	戊辰21	己巳22	庚午23	辛未24	壬申25	癸酉26	甲戌27	乙亥28	丙子29	丁丑30	戊寅31	己卯(6)	庚辰2	辛巳3	壬午4	癸未5	甲申6	乙酉7	丙戌8	丁亥9	戊子10	己丑11	壬戌立夏 庚申日食
五月小	庚午	天干地支西曆	庚寅12	辛卯13	壬辰14	癸巳15	甲午16	乙未17	丙申18	丁酉19	戊戌20	己亥21	庚子22	辛丑23	壬寅24	癸卯25	甲辰26	乙巳27	丙午28	丁未29	戊申30	己酉(7)	庚戌2	辛亥3	壬子4	癸丑5	甲寅6	乙卯7	丙辰8	丁巳9	戊午10		己酉夏至
六月大	辛未	天干地支西曆	己未11	庚申12	辛酉13	壬戌14	癸亥15	甲子16	乙丑17	丙寅18	丁卯19	戊辰20	己巳21	庚午22	辛未23	壬申24	癸酉25	甲戌26	乙亥27	丙子28	丁丑29	戊寅30	己卯31	庚辰(8)	辛巳2	壬午3	癸未4	甲申5	乙酉6	丙戌7	丁亥8	戊子9	
七月小	壬申	天干地支西曆	己丑10	庚寅11	辛卯12	壬辰13	癸巳14	甲午15	乙未16	丙申17	丁酉18	戊戌19	己亥20	庚子21	辛丑22	壬寅23	癸卯24	甲辰25	乙巳26	丙午27	丁未28	戊申29	己酉30	庚戌31	辛亥(9)	壬子2	癸丑3	甲寅4	乙卯5	丙辰6	丁巳7		丙申立秋
八月大	癸酉	天干地支西曆	戊午8	己未9	庚申10	辛酉11	壬戌12	癸亥13	甲子14	乙丑15	丙寅16	丁卯17	戊辰18	己巳19	庚午20	辛未21	壬申22	癸酉23	甲戌24	乙亥25	丙子26	丁丑27	戊寅28	己卯29	庚辰30	辛巳(10)	壬午2	癸未3	甲申4	乙酉5	丙戌6	丁亥7	辛巳秋分
九月大	甲戌	天干地支西曆	戊子8	己丑9	庚寅10	辛卯11	壬辰12	癸巳13	甲午14	乙未15	丙申16	丁酉17	戊戌18	己亥19	庚子20	辛丑21	壬寅22	癸卯23	甲辰24	乙巳25	丙午26	丁未27	戊申28	己酉29	庚戌30	辛亥31	壬子(11)	癸丑2	甲寅3	乙卯4	丙辰5	丁巳6	
十月大	乙亥	天干地支西曆	戊午7	己未8	庚申9	辛酉10	壬戌11	癸亥12	甲子13	乙丑14	丙寅15	丁卯16	戊辰17	己巳18	庚午19	辛未20	壬申21	癸酉22	甲戌23	乙亥24	丙子25	丁丑26	戊寅27	己卯28	庚辰29	辛巳30	壬午(12)	癸未2	甲申3	乙酉4	丙戌5	丁亥6	乙丑立冬 戊午日食
十一月小	丙子	天干地支西曆	戊子7	己丑8	庚寅9	辛卯10	壬辰11	癸巳12	甲午13	乙未14	丙申15	丁酉16	戊戌17	己亥18	庚子19	辛丑20	壬寅21	癸卯22	甲辰23	乙巳24	丙午25	丁未26	戊申27	己酉28	庚戌29	辛亥30	壬子31	癸丑(1)	甲寅2	乙卯3	丙辰4		己酉冬至
十二月大	丁丑	天干地支西曆	丁巳5	戊午6	己未7	庚申8	辛酉9	壬戌10	癸亥11	甲子12	乙丑13	丙寅14	丁卯15	戊辰16	己巳17	庚午18	辛未19	壬申20	癸酉21	甲戌22	乙亥23	丙子24	丁丑25	戊寅26	己卯27	庚辰28	辛巳29	壬午30	癸未31	甲申(2)	乙酉2	丙戌3	

*《長術》：正辛卯，二庚申，五己丑，七戊子，九丁亥，十一丙戌。

周宣王十二年（乙酉 鷄年） 公元前**816** ~ 前815年

夏曆月序		中西曆日對照	初一	初二	初三	初四	初五	初六	初七	初八	初九	初十	十一	十二	十三	十四	十五	十六	十七	十八	十九	二十	二一	二二	二三	二四	二五	二六	二七	二八	二九	三十	節氣與天象
正月小	戊寅	天干地支西曆	丁亥4	戊子5	己丑6	庚寅7	辛卯8	壬辰9	癸巳10	甲午11	乙未12	丙申13	丁酉14	戊戌15	己亥16	庚子17	辛丑18	壬寅19	癸卯20	甲辰21	乙巳22	丙午23	丁未24	戊申25	己酉26	庚戌27	辛亥28	壬子(3)	癸丑2	甲寅3	乙卯4		甲午立春
二月大	己卯	天干地支西曆	丙辰5	丁巳6	戊午7	己未8	庚申9	辛酉10	壬戌11	癸亥12	甲子13	乙丑14	丙寅15	丁卯16	戊辰17	己巳18	庚午19	辛未20	壬申21	癸酉22	甲戌23	乙亥24	丙子25	丁丑26	戊寅27	己卯28	庚辰29	辛巳30	壬午31	癸未(4)	甲申2	乙酉3	庚辰春分
三月小	庚辰	天干地支西曆	丙戌4	丁亥5	戊子6	己丑7	庚寅8	辛卯9	壬辰10	癸巳11	甲午12	乙未13	丙申14	丁酉15	戊戌16	己亥17	庚子18	辛丑19	壬寅20	癸卯21	甲辰22	乙巳23	丙午24	丁未25	戊申26	己酉27	庚戌28	辛亥29	壬子30	癸丑(5)	甲寅2		
四月小	辛巳	天干地支西曆	乙卯3	丙辰4	丁巳5	戊午6	己未7	庚申8	辛酉9	壬戌10	癸亥11	甲子12	乙丑13	丙寅14	丁卯15	戊辰16	己巳17	庚午18	辛未19	壬申20	癸酉21	甲戌22	乙亥23	丙子24	丁丑25	戊寅26	己卯27	庚辰28	辛巳29	壬午30	癸未31		丁卯立夏
五月大	壬午	天干地支西曆	甲申(6)	乙酉2	丙戌3	丁亥4	戊子5	己丑6	庚寅7	辛卯8	壬辰9	癸巳10	甲午11	乙未12	丙申13	丁酉14	戊戌15	己亥16	庚子17	辛丑18	壬寅19	癸卯20	甲辰21	乙巳22	丙午23	丁未24	戊申25	己酉26	庚戌27	辛亥28	壬子29	癸丑30	
六月小	癸未	天干地支西曆	甲寅(7)	乙卯2	丙辰3	丁巳4	戊午5	己未6	庚申7	辛酉8	壬戌9	癸亥10	甲子11	乙丑12	丙寅13	丁卯14	戊辰15	己巳16	庚午17	辛未18	壬申19	癸酉20	甲戌21	乙亥22	丙子23	丁丑24	戊寅25	己卯26	庚辰27	辛巳28	壬午29		甲寅夏至
閏六月小	癸未	天干地支西曆	癸未30	甲申31	乙酉(8)	丙戌2	丁亥3	戊子4	己丑5	庚寅6	辛卯7	壬辰8	癸巳9	甲午10	乙未11	丙申12	丁酉13	戊戌14	己亥15	庚子16	辛丑17	壬寅18	癸卯19	甲辰20	乙巳21	丙午22	丁未23	戊申24	己酉25	庚戌26	辛亥27		辛丑立秋
七月大	甲申	天干地支西曆	壬子28	癸丑29	甲寅30	乙卯31	丙辰(9)	丁巳2	戊午3	己未4	庚申5	辛酉6	壬戌7	癸亥8	甲子9	乙丑10	丙寅11	丁卯12	戊辰13	己巳14	庚午15	辛未16	壬申17	癸酉18	甲戌19	乙亥20	丙子21	丁丑22	戊寅23	己卯24	庚辰25	辛巳26	
八月大	乙酉	天干地支西曆	壬午27	癸未28	甲申29	乙酉30	丙戌(10)	丁亥2	戊子3	己丑4	庚寅5	辛卯6	壬辰7	癸巳8	甲午9	乙未10	丙申11	丁酉12	戊戌13	己亥14	庚子15	辛丑16	壬寅17	癸卯18	甲辰19	乙巳20	丙午21	丁未22	戊申23	己酉24	庚戌25	辛亥26	丙戌秋分
九月大	丙戌	天干地支西曆	壬子27	癸丑28	甲寅29	乙卯30	丙辰31	丁巳(11)	戊午2	己未3	庚申4	辛酉5	壬戌6	癸亥7	甲子8	乙丑9	丙寅10	丁卯11	戊辰12	己巳13	庚午14	辛未15	壬申16	癸酉17	甲戌18	乙亥19	丙子20	丁丑21	戊寅22	己卯23	庚辰24	辛巳25	庚午立冬 壬子日食
十月小	丁亥	天干地支西曆	壬午26	癸未27	甲申28	乙酉29	丙戌30	丁亥(12)	戊子2	己丑3	庚寅4	辛卯5	壬辰6	癸巳7	甲午8	乙未9	丙申10	丁酉11	戊戌12	己亥13	庚子14	辛丑15	壬寅16	癸卯17	甲辰18	乙巳19	丙午20	丁未21	戊申22	己酉23	庚戌24		
十一月大	戊子	天干地支西曆	辛亥25	壬子26	癸丑27	甲寅28	乙卯29	丙辰30	丁巳31	戊午(1)	己未2	庚申3	辛酉4	壬戌5	癸亥6	甲子7	乙丑8	丙寅9	丁卯10	戊辰11	己巳12	庚午13	辛未14	壬申15	癸酉16	甲戌17	乙亥18	丙子19	丁丑20	戊寅21	己卯22	庚辰23	乙卯冬至
十二月大	己丑	天干地支西曆	辛巳24	壬午25	癸未26	甲申27	乙酉28	丙戌29	丁亥30	戊子31	己丑(2)	庚寅2	辛卯3	壬辰4	癸巳5	甲午6	乙未7	丙申8	丁酉9	戊戌10	己亥11	庚子12	辛丑13	壬寅14	癸卯15	甲辰16	乙巳17	丙午18	丁未19	戊申20	己酉21	庚戌22	己亥立春

*《長術》：正乙酉，三甲申，五癸未，七壬午，十辛亥，十一庚戌。閏十。

周宣王十三年（丙戌 狗年） 公元前815 ~ 前814年

夏曆月序	中西曆日對照	初一	初二	初三	初四	初五	初六	初七	初八	初九	初十	十一	十二	十三	十四	十五	十六	十七	十八	十九	二十	二一	二二	二三	二四	二五	二六	二七	二八	二九	三十	節氣與天象
正月小 庚寅	天干地支 西曆	辛亥23	壬子24	癸丑25	甲寅26	乙卯27	丙辰28	丁巳(3)	戊午2	己未3	庚申4	辛酉5	壬戌6	癸亥7	甲子8	乙丑9	丙寅10	丁卯11	戊辰12	己巳13	庚午14	辛未15	壬申16	癸酉17	甲戌18	乙亥19	丙子20	丁丑21	戊寅22	己卯23		
二月大 辛卯	天干地支 西曆	庚辰24	辛巳25	壬午26	癸未27	甲申28	乙酉29	丙戌30	丁亥31	戊子(4)	己丑2	庚寅3	辛卯4	壬辰5	癸巳6	甲午7	乙未8	丙申9	丁酉10	戊戌11	己亥12	庚子13	辛丑14	壬寅15	癸卯16	甲辰17	乙巳18	丙午19	丁未20	戊申21	己酉22	乙酉春分
三月小 壬辰	天干地支 西曆	庚戌23	辛亥24	壬子25	癸丑26	甲寅27	乙卯28	丙辰29	丁巳30	戊午(5)	己未2	庚申3	辛酉4	壬戌5	癸亥6	甲子7	乙丑8	丙寅9	丁卯10	戊辰11	己巳12	庚午13	辛未14	壬申15	癸酉16	甲戌17	乙亥18	丙子19	丁丑20	戊寅21		壬申立夏
四月小 癸巳	天干地支 西曆	己卯22	庚辰23	辛巳24	壬午25	癸未26	甲申27	乙酉28	丙戌29	丁亥30	戊子31	己丑(6)	庚寅2	辛卯3	壬辰4	癸巳5	甲午6	乙未7	丙申8	丁酉9	戊戌10	己亥11	庚子12	辛丑13	壬寅14	癸卯15	甲辰16	乙巳17	丙午18	丁未19		
五月大 甲午	天干地支 西曆	戊申20	己酉21	庚戌22	辛亥23	壬子24	癸丑25	甲寅26	乙卯27	丙辰28	丁巳29	戊午30	己未(7)	庚申2	辛酉3	壬戌4	癸亥5	甲子6	乙丑7	丙寅8	丁卯9	戊辰10	己巳11	庚午12	辛未13	壬申14	癸酉15	甲戌16	乙亥17	丙子18	丁丑19	庚申夏至
六月小 乙未	天干地支 西曆	戊寅20	己卯21	庚辰22	辛巳23	壬午24	癸未25	甲申26	乙酉27	丙戌28	丁亥29	戊子30	己丑31	庚寅(8)	辛卯2	壬辰3	癸巳4	甲午5	乙未6	丙申7	丁酉8	戊戌9	己亥10	庚子11	辛丑12	壬寅13	癸卯14	甲辰15	乙巳16	丙午17		丙午立秋
七月小 丙申	天干地支 西曆	丁未18	戊申19	己酉20	庚戌21	辛亥22	壬子23	癸丑24	甲寅25	乙卯26	丙辰27	丁巳28	戊午29	己未30	庚申31	辛酉(9)	壬戌2	癸亥3	甲子4	乙丑5	丙寅6	丁卯7	戊辰8	己巳9	庚午10	辛未11	壬申12	癸酉13	甲戌14	乙亥15		
八月大 丁酉	天干地支 西曆	丙子16	丁丑17	戊寅18	己卯19	庚辰20	辛巳21	壬午22	癸未23	甲申24	乙酉25	丙戌26	丁亥27	戊子28	己丑29	庚寅30	辛卯(10)	壬辰2	癸巳3	甲午4	乙未5	丙申6	丁酉7	戊戌8	己亥9	庚子10	辛丑11	壬寅12	癸卯13	甲辰14	乙巳15	辛卯秋分
九月大 戊戌	天干地支 西曆	丙午16	丁未17	戊申18	己酉19	庚戌20	辛亥21	壬子22	癸丑23	甲寅24	乙卯25	丙辰26	丁巳27	戊午28	己未29	庚申30	辛酉31	壬戌(11)	癸亥2	甲子3	乙丑4	丙寅5	丁卯6	戊辰7	己巳8	庚午9	辛未10	壬申11	癸酉12	甲戌13	乙亥14	
十月小 己亥	天干地支 西曆	丙子15	丁丑16	戊寅17	己卯18	庚辰19	辛巳20	壬午21	癸未22	甲申23	乙酉24	丙戌25	丁亥26	戊子27	己丑28	庚寅29	辛卯30	壬辰(12)	癸巳2	甲午3	乙未4	丙申5	丁酉6	戊戌7	己亥8	庚子9	辛丑10	壬寅11	癸卯12	甲辰13		丙子立冬
十一月大 庚子	天干地支 西曆	乙巳14	丙午15	丁未16	戊申17	己酉18	庚戌19	辛亥20	壬子21	癸丑22	甲寅23	乙卯24	丙辰25	丁巳26	戊午27	己未28	庚申29	辛酉30	壬戌31	癸亥(1)	甲子2	乙丑3	丙寅4	丁卯5	戊辰6	己巳7	庚午8	辛未9	壬申10	癸酉11	甲戌12	庚申冬至
十二月大 辛丑	天干地支 西曆	乙亥13	丙子14	丁丑15	戊寅16	己卯17	庚辰18	辛巳19	壬午20	癸未21	甲申22	乙酉23	丙戌24	丁亥25	戊子26	己丑27	庚寅28	辛卯29	壬辰30	癸巳31	甲午(2)	乙未2	丙申3	丁酉4	戊戌5	己亥6	庚子7	辛丑8	壬寅9	癸卯10	甲辰11	

*《長術》：正己酉，三戊申，五丁未，七丙午，九乙巳，十二甲戌，超辰。岁星超大梁入實沈。

周宣王十四年（丁亥 豬年） 公元前 **814** ~ 前 813 年

夏曆月序		中西曆對照	夏曆日序																														節氣與天象
			初一	初二	初三	初四	初五	初六	初七	初八	初九	初十	十一	十二	十三	十四	十五	十六	十七	十八	十九	二十	二一	二二	二三	二四	二五	二六	二七	二八	二九	三十	
正月大	壬寅	干支 天地西曆	乙巳 12	丙午 13	丁未 14	戊申 15	己酉 16	庚戌 17	辛亥 18	壬子 19	癸丑 20	甲寅 21	乙卯 22	丙辰 23	丁巳 24	戊午 25	己未 26	庚申 27	辛酉 28	壬戌 (3)	癸亥 2	甲子 3	乙丑 4	丙寅 5	丁卯 6	戊辰 7	己巳 8	庚午 9	辛未 10	壬申 11	癸酉 12	甲戌 13	乙巳立春
二月小	癸卯	干支 天地西曆	乙亥 14	丙子 15	丁丑 16	戊寅 17	己卯 18	庚辰 19	辛巳 20	壬午 21	癸未 22	甲申 23	乙酉 24	丙戌 25	丁亥 26	戊子 27	己丑 28	庚寅 29	辛卯 30	壬辰 31	癸巳 (4)	甲午 2	乙未 3	丙申 4	丁酉 5	戊戌 6	己亥 7	庚子 8	辛丑 9	壬寅 10	癸卯 11		辛卯春分
三月大	甲辰	干支 天地西曆	甲辰 12	乙巳 13	丙午 14	丁未 15	戊申 16	己酉 17	庚戌 18	辛亥 19	壬子 20	癸丑 21	甲寅 22	乙卯 23	丙辰 24	丁巳 25	戊午 26	己未 27	庚申 28	辛酉 29	壬戌 30	癸亥 (5)	甲子 2	乙丑 3	丙寅 4	丁卯 5	戊辰 6	己巳 7	庚午 8	辛未 9	壬申 10	癸酉 11	
四月小	乙巳	干支 天地西曆	甲戌 12	乙亥 13	丙子 14	丁丑 15	戊寅 16	己卯 17	庚辰 18	辛巳 19	壬午 20	癸未 21	甲申 22	乙酉 23	丙戌 24	丁亥 25	戊子 26	己丑 27	庚寅 28	辛卯 29	壬辰 30	癸巳 31	甲午 (6)	乙未 2	丙申 3	丁酉 4	戊戌 5	己亥 6	庚子 7	辛丑 8	壬寅 9		戊寅立夏
五月小	丙午	干支 天地西曆	癸卯 10	甲辰 11	乙巳 12	丙午 13	丁未 14	戊申 15	己酉 16	庚戌 17	辛亥 18	壬子 19	癸丑 20	甲寅 21	乙卯 22	丙辰 23	丁巳 24	戊午 25	己未 26	庚申 27	辛酉 28	壬戌 29	癸亥 30	甲子 (7)	乙丑 2	丙寅 3	丁卯 4	戊辰 5	己巳 6	庚午 7	辛未 8		乙丑夏至
六月大	丁未	干支 天地西曆	壬申 9	癸酉 10	甲戌 11	乙亥 12	丙子 13	丁丑 14	戊寅 15	己卯 16	庚辰 17	辛巳 18	壬午 19	癸未 20	甲申 21	乙酉 22	丙戌 23	丁亥 24	戊子 25	己丑 26	庚寅 27	辛卯 28	壬辰 29	癸巳 30	甲午 31	乙未 (8)	丙申 2	丁酉 3	戊戌 4	己亥 5	庚子 6	辛丑 7	
七月小	戊申	干支 天地西曆	壬寅 8	癸卯 9	甲辰 10	乙巳 11	丙午 12	丁未 13	戊申 14	己酉 15	庚戌 16	辛亥 17	壬子 18	癸丑 19	甲寅 20	乙卯 21	丙辰 22	丁巳 23	戊午 24	己未 25	庚申 26	辛酉 27	壬戌 28	癸亥 29	甲子 30	乙丑 31	丙寅 (9)	丁卯 2	戊辰 3	己巳 4	庚午 5		辛亥立秋
八月小	己酉	干支 天地西曆	辛未 6	壬申 7	癸酉 8	甲戌 9	乙亥 10	丙子 11	丁丑 12	戊寅 13	己卯 14	庚辰 15	辛巳 16	壬午 17	癸未 18	甲申 19	乙酉 20	丙戌 21	丁亥 22	戊子 23	己丑 24	庚寅 25	辛卯 26	壬辰 27	癸巳 28	甲午 29	乙未 30	丙申 (10)	丁酉 2	戊戌 3	己亥 4		丁酉秋分
九月大	庚戌	干支 天地西曆	庚子 5	辛丑 6	壬寅 7	癸卯 8	甲辰 9	乙巳 10	丙午 11	丁未 12	戊申 13	己酉 14	庚戌 15	辛亥 16	壬子 17	癸丑 18	甲寅 19	乙卯 20	丙辰 21	丁巳 22	戊午 23	己未 24	庚申 25	辛酉 26	壬戌 27	癸亥 28	甲子 29	乙丑 30	丙寅 31	丁卯 (11)	戊辰 2	己巳 3	
十月大	辛亥	干支 天地西曆	庚午 4	辛未 5	壬申 6	癸酉 7	甲戌 8	乙亥 9	丙子 10	丁丑 11	戊寅 12	己卯 13	庚辰 14	辛巳 15	壬午 16	癸未 17	甲申 18	乙酉 19	丙戌 20	丁亥 21	戊子 22	己丑 23	庚寅 24	辛卯 25	壬辰 26	癸巳 27	甲午 28	乙未 29	丙申 30	丁酉 (12)	戊戌 2	己亥 3	辛巳立冬
十一月小	壬子	干支 天地西曆	庚子 4	辛丑 5	壬寅 6	癸卯 7	甲辰 8	乙巳 9	丙午 10	丁未 11	戊申 12	己酉 13	庚戌 14	辛亥 15	壬子 16	癸丑 17	甲寅 18	乙卯 19	丙辰 20	丁巳 21	戊午 22	己未 23	庚申 24	辛酉 25	壬戌 26	癸亥 27	甲子 28	乙丑 29	丙寅 30	丁卯 31	戊辰 (1)		乙丑冬至
十二月大	癸丑	干支 天地西曆	己巳 2	庚午 3	辛未 4	壬申 5	癸酉 6	甲戌 7	乙亥 8	丙子 9	丁丑 10	戊寅 11	己卯 12	庚辰 13	辛巳 14	壬午 15	癸未 16	甲申 17	乙酉 18	丙戌 19	丁亥 20	戊子 21	己丑 22	庚寅 23	辛卯 24	壬辰 25	癸巳 26	甲午 27	乙未 28	丙申 29	丁酉 30	戊戌 31	

*《長術》：正甲辰，二癸酉，四壬申，六辛未，八庚午，十己巳，十二戊辰。

周宣王十五年（戊子 鼠年） 公元前813 ~ 前812年

夏曆月序		中西曆日對照	初一	初二	初三	初四	初五	初六	初七	初八	初九	初十	十一	十二	十三	十四	十五	十六	十七	十八	十九	二十	二一	二二	二三	二四	二五	二六	二七	二八	二九	三十	節氣與天象
正月大	甲寅	天干地支西曆	己亥(2)	庚子2	辛丑3	壬寅4	癸卯5	甲辰6	乙巳7	丙午8	丁未9	戊申10	己酉11	庚戌12	辛亥13	壬子14	癸丑15	甲寅16	乙卯17	丙辰18	丁巳19	戊午20	己未21	庚申22	辛酉23	壬戌24	癸亥25	甲子26	乙丑27	丙寅28	丁卯29	戊辰(3)	庚戌立春
二月小	乙卯	天干地支西曆	己巳2	庚午3	辛未4	壬申5	癸酉6	甲戌7	乙亥8	丙子9	丁丑10	戊寅11	己卯12	庚辰13	辛巳14	壬午15	癸未16	甲申17	乙酉18	丙戌19	丁亥20	戊子21	己丑22	庚寅23	辛卯24	壬辰25	癸巳26	甲午27	乙未28	丙申29	丁酉30		丙申春分
閏二月大	乙卯	天干地支西曆	戊戌31	己亥(4)	庚子2	辛丑3	壬寅4	癸卯5	甲辰6	乙巳7	丙午8	丁未9	戊申10	己酉11	庚戌12	辛亥13	壬子14	癸丑15	甲寅16	乙卯17	丙辰18	丁巳19	戊午20	己未21	庚申22	辛酉23	壬戌24	癸亥25	甲子26	乙丑27	丙寅28	丁卯29	
三月小	丙辰	天干地支西曆	戊辰30	己巳(5)	庚午2	辛未3	壬申4	癸酉5	甲戌6	乙亥7	丙子8	丁丑9	戊寅10	己卯11	庚辰12	辛巳13	壬午14	癸未15	甲申16	乙酉17	丙戌18	丁亥19	戊子20	己丑21	庚寅22	辛卯23	壬辰24	癸巳25	甲午26	乙未27	丙申28		癸未立夏
四月大	丁巳	天干地支西曆	丁酉29	戊戌30	己亥31	庚子(6)	辛丑2	壬寅3	癸卯4	甲辰5	乙巳6	丙午7	丁未8	戊申9	己酉10	庚戌11	辛亥12	壬子13	癸丑14	甲寅15	乙卯16	丙辰17	丁巳18	戊午19	己未20	庚申21	辛酉22	壬戌23	癸亥24	甲子25	乙丑26	丙寅27	
五月小	戊午	天干地支西曆	丁卯28	戊辰29	己巳30	庚午(7)	辛未2	壬申3	癸酉4	甲戌5	乙亥6	丙子7	丁丑8	戊寅9	己卯10	庚辰11	辛巳12	壬午13	癸未14	甲申15	乙酉16	丙戌17	丁亥18	戊子19	己丑20	庚寅21	辛卯22	壬辰23	癸巳24	甲午25	乙未26		庚午夏至
六月大	己未	天干地支西曆	丙申27	丁酉28	戊戌29	己亥30	庚子31	辛丑(8)	壬寅2	癸卯3	甲辰4	乙巳5	丙午6	丁未7	戊申8	己酉9	庚戌10	辛亥11	壬子12	癸丑13	甲寅14	乙卯15	丙辰16	丁巳17	戊午18	己未19	庚申20	辛酉21	壬戌22	癸亥23	甲子24	乙丑25	丁巳立秋
七月小	庚申	天干地支西曆	丙寅26	丁卯27	戊辰28	己巳29	庚午30	辛未31	壬申(9)	癸酉2	甲戌3	乙亥4	丙子5	丁丑6	戊寅7	己卯8	庚辰9	辛巳10	壬午11	癸未12	甲申13	乙酉14	丙戌15	丁亥16	戊子17	己丑18	庚寅19	辛卯20	壬辰21	癸巳22	甲午23		
八月小	辛酉	天干地支西曆	乙未24	丙申25	丁酉26	戊戌27	己亥28	庚子29	辛丑30	壬寅(10)	癸卯2	甲辰3	乙巳4	丙午5	丁未6	戊申7	己酉8	庚戌9	辛亥10	壬子11	癸丑12	甲寅13	乙卯14	丙辰15	丁巳16	戊午17	己未18	庚申19	辛酉20	壬戌21	癸亥22		壬寅秋分
九月大	壬戌	天干地支西曆	甲子23	乙丑24	丙寅25	丁卯26	戊辰27	己巳28	庚午29	辛未30	壬申31	癸酉(11)	甲戌2	乙亥3	丙子4	丁丑5	戊寅6	己卯7	庚辰8	辛巳9	壬午10	癸未11	甲申12	乙酉13	丙戌14	丁亥15	戊子16	己丑17	庚寅18	辛卯19	壬辰20	癸巳21	丙戌立冬
十月小	癸亥	天干地支西曆	甲午22	乙未23	丙申24	丁酉25	戊戌26	己亥27	庚子28	辛丑29	壬寅30	癸卯(12)	甲辰2	乙巳3	丙午4	丁未5	戊申6	己酉7	庚戌8	辛亥9	壬子10	癸丑11	甲寅12	乙卯13	丙辰14	丁巳15	戊午16	己未17	庚申18	辛酉19	壬戌20		
十一月大	甲子	天干地支西曆	癸亥21	甲子22	乙丑23	丙寅24	丁卯25	戊辰26	己巳27	庚午28	辛未29	壬申30	癸酉31	甲戌(1)	乙亥2	丙子3	丁丑4	戊寅5	己卯6	庚辰7	辛巳8	壬午9	癸未10	甲申11	乙酉12	丙戌13	丁亥14	戊子15	己丑16	庚寅17	辛卯18	壬辰19	庚午冬至
十二月大	乙丑	天干地支西曆	癸巳20	甲午21	乙未22	丙申23	丁酉24	戊戌25	己亥26	庚子27	辛丑28	壬寅29	癸卯30	甲辰31	乙巳(2)	丙午2	丁未3	戊申4	己酉5	庚戌6	辛亥7	壬子8	癸丑9	甲寅10	乙卯11	丙辰12	丁巳13	戊午14	己未15	庚申16	辛酉17	壬戌18	乙卯立春

*《長術》：正戊戌，三丁卯，五丙申，七乙未，八甲午，十癸巳，十二壬辰。閏七。

周宣王十六年（己丑 牛年） 公元前**812** ~ 前811年

夏曆月序		中西曆日對照	夏曆日序																														節氣與天象
			初一	初二	初三	初四	初五	初六	初七	初八	初九	初十	十一	十二	十三	十四	十五	十六	十七	十八	十九	二十	二一	二二	二三	二四	二五	二六	二七	二八	二九	三十	
正月小	丙寅	天干地支	癸亥	甲子	乙丑	丙寅	丁卯	戊辰	己巳	庚午	辛未	壬申	癸酉	甲戌	乙亥	丙子	丁丑	戊寅	己卯	庚辰	辛巳	壬午	癸未	甲申	乙酉	丙戌	丁亥	戊子	己丑	庚寅	辛卯		
		西曆	19	20	21	22	23	24	25	26	27	28	(3)	2	3	4	5	6	7	8	9	10	11	12	13	14	15	16	17	18	19		
二月大	丁卯	天干地支	壬辰	癸巳	甲午	乙未	丙申	丁酉	戊戌	己亥	庚子	辛丑	壬寅	癸卯	甲辰	乙巳	丙午	丁未	戊申	己酉	庚戌	辛亥	壬子	癸丑	甲寅	乙卯	丙辰	丁巳	戊午	己未	庚申	辛酉	辛丑春分
		西曆	20	21	22	23	24	25	26	27	28	29	30	31	(4)	2	3	4	5	6	7	8	9	10	11	12	13	14	15	16	17	18	
三月大	戊辰	天干地支	壬戌	癸亥	甲子	乙丑	丙寅	丁卯	戊辰	己巳	庚午	辛未	壬申	癸酉	甲戌	乙亥	丙子	丁丑	戊寅	己卯	庚辰	辛巳	壬午	癸未	甲申	乙酉	丙戌	丁亥	戊子	己丑	庚寅	辛卯	戊子立夏
		西曆	19	20	21	22	23	24	25	26	27	28	29	30	(5)	2	3	4	5	6	7	8	9	10	11	12	13	14	15	16	17	18	
四月小	己巳	天干地支	壬辰	癸巳	甲午	乙未	丙申	丁酉	戊戌	己亥	庚子	辛丑	壬寅	癸卯	甲辰	乙巳	丙午	丁未	戊申	己酉	庚戌	辛亥	壬子	癸丑	甲寅	乙卯	丙辰	丁巳	戊午	己未	庚申		
		西曆	19	20	21	22	23	24	25	26	27	28	29	30	31	(6)	2	3	4	5	6	7	8	9	10	11	12	13	14	15	16		
五月大	庚午	天干地支	辛酉	壬戌	癸亥	甲子	乙丑	丙寅	丁卯	戊辰	己巳	庚午	辛未	壬申	癸酉	甲戌	乙亥	丙子	丁丑	戊寅	己卯	庚辰	辛巳	壬午	癸未	甲申	乙酉	丙戌	丁亥	戊子	己丑	庚寅	乙亥夏至
		西曆	17	18	19	20	21	22	23	24	25	26	27	28	29	30	(7)	2	3	4	5	6	7	8	9	10	11	12	13	14	15	16	
六月小	辛未	天干地支	辛卯	壬辰	癸巳	甲午	乙未	丙申	丁酉	戊戌	己亥	庚子	辛丑	壬寅	癸卯	甲辰	乙巳	丙午	丁未	戊申	己酉	庚戌	辛亥	壬子	癸丑	甲寅	乙卯	丙辰	丁巳	戊午	己未		
		西曆	17	18	19	20	21	22	23	24	25	26	27	28	29	30	31	(8)	2	3	4	5	6	7	8	9	10	11	12	13	14		
七月大	壬申	天干地支	庚申	辛酉	壬戌	癸亥	甲子	乙丑	丙寅	丁卯	戊辰	己巳	庚午	辛未	壬申	癸酉	甲戌	乙亥	丙子	丁丑	戊寅	己卯	庚辰	辛巳	壬午	癸未	甲申	乙酉	丙戌	丁亥	戊子	己丑	壬戌立秋 庚申日食
		西曆	15	16	17	18	19	20	21	22	23	24	25	26	27	28	29	30	31	(9)	2	3	4	5	6	7	8	9	10	11	12	13	
八月小	癸酉	天干地支	庚寅	辛卯	壬辰	癸巳	甲午	乙未	丙申	丁酉	戊戌	己亥	庚子	辛丑	壬寅	癸卯	甲辰	乙巳	丙午	丁未	戊申	己酉	庚戌	辛亥	壬子	癸丑	甲寅	乙卯	丙辰	丁巳	戊午		丁未秋分
		西曆	14	15	16	17	18	19	20	21	22	23	24	25	26	27	28	29	30	(10)	2	3	4	5	6	7	8	9	10	11	12		
九月大	甲戌	天干地支	己未	庚申	辛酉	壬戌	癸亥	甲子	乙丑	丙寅	丁卯	戊辰	己巳	庚午	辛未	壬申	癸酉	甲戌	乙亥	丙子	丁丑	戊寅	己卯	庚辰	辛巳	壬午	癸未	甲申	乙酉	丙戌	丁亥	戊子	
		西曆	13	14	15	16	17	18	19	20	21	22	23	24	25	26	27	28	29	30	31	(11)	2	3	4	5	6	7	8	9	10	11	
十月小	乙亥	天干地支	己丑	庚寅	辛卯	壬辰	癸巳	甲午	乙未	丙申	丁酉	戊戌	己亥	庚子	辛丑	壬寅	癸卯	甲辰	乙巳	丙午	丁未	戊申	己酉	庚戌	辛亥	壬子	癸丑	甲寅	乙卯	丙辰	丁巳		辛卯立冬
		西曆	12	13	14	15	16	17	18	19	20	21	22	23	24	25	26	27	28	29	30	(12)	2	3	4	5	6	7	8	9	10		
十一月小	丙子	天干地支	戊午	己未	庚申	辛酉	壬戌	癸亥	甲子	乙丑	丙寅	丁卯	戊辰	己巳	庚午	辛未	壬申	癸酉	甲戌	乙亥	丙子	丁丑	戊寅	己卯	庚辰	辛巳	壬午	癸未	甲申	乙酉	丙戌		乙亥冬至
		西曆	11	12	13	14	15	16	17	18	19	20	21	22	23	24	25	26	27	28	29	30	31	(1)	2	3	4	5	6	7	8		
十二月大	丁丑	天干地支	丁亥	戊子	己丑	庚寅	辛卯	壬辰	癸巳	甲午	乙未	丙申	丁酉	戊戌	己亥	庚子	辛丑	壬寅	癸卯	甲辰	乙巳	丙午	丁未	戊申	己酉	庚戌	辛亥	壬子	癸丑	甲寅	乙卯	丙辰	
		西曆	9	10	11	12	13	14	15	16	17	18	19	20	21	22	23	24	25	26	27	28	29	30	31	(2)	2	3	4	5	6	7	

*《長術》：正壬戌，二辛卯，四庚寅，六己丑，九戊午，十一丁巳。

周宣王十七年（庚寅 虎年） 公元前811 ~ 前810年

夏曆月序		中西曆日對照	初一	初二	初三	初四	初五	初六	初七	初八	初九	初十	十一	十二	十三	十四	十五	十六	十七	十八	十九	二十	二一	二二	二三	二四	二五	二六	二七	二八	二九	三十	節氣與天象
正月大	戊寅	天干地支西曆	丁巳8	戊午9	己未10	庚申11	辛酉12	壬戌13	癸亥14	甲子15	乙丑16	丙寅17	丁卯18	戊辰19	己巳20	庚午21	辛未22	壬申23	癸酉24	甲戌25	乙亥26	丙子27	丁丑28	戊寅(3)	己卯2	庚辰3	辛巳4	壬午5	癸未6	甲申7	乙酉8	丙戌9	庚申立春
二月小	己卯	天干地支西曆	丁亥10	戊子11	己丑12	庚寅13	辛卯14	壬辰15	癸巳16	甲午17	乙未18	丙申19	丁酉20	戊戌21	己亥22	庚子23	辛丑24	壬寅25	癸卯26	甲辰27	乙巳28	丙午29	丁未30	戊申31	己酉(4)	庚戌2	辛亥3	壬子4	癸丑5	甲寅6	乙卯7		丙午春分
三月大	庚辰	天干地支西曆	丙辰8	丁巳9	戊午10	己未11	庚申12	辛酉13	壬戌14	癸亥15	甲子16	乙丑17	丙寅18	丁卯19	戊辰20	己巳21	庚午22	辛未23	壬申24	癸酉25	甲戌26	乙亥27	丙子28	丁丑29	戊寅30	己卯(5)	庚辰2	辛巳3	壬午4	癸未5	甲申6	乙酉7	
四月小	辛巳	天干地支西曆	丙戌8	丁亥9	戊子10	己丑11	庚寅12	辛卯13	壬辰14	癸巳15	甲午16	乙未17	丙申18	丁酉19	戊戌20	己亥21	庚子22	辛丑23	壬寅24	癸卯25	甲辰26	乙巳27	丙午28	丁未29	戊申30	己酉31	庚戌(6)	辛亥2	壬子3	癸丑4	甲寅5		癸巳立夏
五月大	壬午	天干地支西曆	乙卯6	丙辰7	丁巳8	戊午9	己未10	庚申11	辛酉12	壬戌13	癸亥14	甲子15	乙丑16	丙寅17	丁卯18	戊辰19	己巳20	庚午21	辛未22	壬申23	癸酉24	甲戌25	乙亥26	丙子27	丁丑28	戊寅29	己卯30	庚辰(7)	辛巳2	壬午3	癸未4	甲申5	辛巳夏至
六月大	癸未	天干地支西曆	乙酉6	丙戌7	丁亥8	戊子9	己丑10	庚寅11	辛卯12	壬辰13	癸巳14	甲午15	乙未16	丙申17	丁酉18	戊戌19	己亥20	庚子21	辛丑22	壬寅23	癸卯24	甲辰25	乙巳26	丙午27	丁未28	戊申29	己酉30	庚戌31	辛亥(8)	壬子2	癸丑3	甲寅4	
七月小	甲申	天干地支西曆	乙卯5	丙辰6	丁巳7	戊午8	己未9	庚申10	辛酉11	壬戌12	癸亥13	甲子14	乙丑15	丙寅16	丁卯17	戊辰18	己巳19	庚午20	辛未21	壬申22	癸酉23	甲戌24	乙亥25	丙子26	丁丑27	戊寅28	己卯29	庚辰30	辛巳31	壬午(9)	癸未2		丁卯立秋
八月大	乙酉	天干地支西曆	甲申3	乙酉4	丙戌5	丁亥6	戊子7	己丑8	庚寅9	辛卯10	壬辰11	癸巳12	甲午13	乙未14	丙申15	丁酉16	戊戌17	己亥18	庚子19	辛丑20	壬寅21	癸卯22	甲辰23	乙巳24	丙午25	丁未26	戊申27	己酉28	庚戌29	辛亥30	壬子(10)	癸丑2	壬子秋分
九月小	丙戌	天干地支西曆	甲寅3	乙卯4	丙辰5	丁巳6	戊午7	己未8	庚申9	辛酉10	壬戌11	癸亥12	甲子13	乙丑14	丙寅15	丁卯16	戊辰17	己巳18	庚午19	辛未20	壬申21	癸酉22	甲戌23	乙亥24	丙子25	丁丑26	戊寅27	己卯28	庚辰29	辛巳30	壬午31		
十月大	丁亥	天干地支西曆	癸未(11)	甲申2	乙酉3	丙戌4	丁亥5	戊子6	己丑7	庚寅8	辛卯9	壬辰10	癸巳11	甲午12	乙未13	丙申14	丁酉15	戊戌16	己亥17	庚子18	辛丑19	壬寅20	癸卯21	甲辰22	乙巳23	丙午24	丁未25	戊申26	己酉27	庚戌28	辛亥29	壬子30	丁酉立冬
十一月小	戊子	天干地支西曆	癸丑(12)	甲寅2	乙卯3	丙辰4	丁巳5	戊午6	己未7	庚申8	辛酉9	壬戌10	癸亥11	甲子12	乙丑13	丙寅14	丁卯15	戊辰16	己巳17	庚午18	辛未19	壬申20	癸酉21	甲戌22	乙亥23	丙子24	丁丑25	戊寅26	己卯27	庚辰28	辛巳29		辛巳冬至
閏十一大	戊子	天干地支西曆	壬午30	癸未31	甲申(1)	乙酉2	丙戌3	丁亥4	戊子5	己丑6	庚寅7	辛卯8	壬辰9	癸巳10	甲午11	乙未12	丙申13	丁酉14	戊戌15	己亥16	庚子17	辛丑18	壬寅19	癸卯20	甲辰21	乙巳22	丙午23	丁未24	戊申25	己酉26	庚戌27	辛亥28	壬午日食
十二月小	己丑	天干地支西曆	壬子29	癸丑30	甲寅31	乙卯(2)	丙辰2	丁巳3	戊午4	己未5	庚申6	辛酉7	壬戌8	癸亥9	甲子10	乙丑11	丙寅12	丁卯13	戊辰14	己巳15	庚午16	辛未17	壬申18	癸酉19	甲戌20	乙亥21	丙子22	丁丑23	戊寅24	己卯25	庚辰26		丙寅立春

*《長術》：正丙辰，三乙卯，五甲寅，七癸丑，九壬子，十二辛巳。

周宣王十八年（辛卯 兔年） 公元前810 ~ 前809年

夏曆月序		中西曆日對照	初一	初二	初三	初四	初五	初六	初七	初八	初九	初十	十一	十二	十三	十四	十五	十六	十七	十八	十九	二十	二一	二二	二三	二四	二五	二六	二七	二八	二九	三十	節氣與天象
正月小	庚寅	干支 天地 西曆	辛巳27	壬午28	癸未(3)	甲申2	乙酉3	丙戌4	丁亥5	戊子6	己丑7	庚寅8	辛卯9	壬辰10	癸巳11	甲午12	乙未13	丙申14	丁酉15	戊戌16	己亥17	庚子18	辛丑19	壬寅20	癸卯21	甲辰22	乙巳23	丙午24	丁未25	戊申26	己酉27		
二月大	辛卯	干支 天地 西曆	庚戌28	辛亥29	壬子30	癸丑31	甲寅(4)	乙卯2	丙辰3	丁巳4	戊午5	己未6	庚申7	辛酉8	壬戌9	癸亥10	甲子11	乙丑12	丙寅13	丁卯14	戊辰15	己巳16	庚午17	辛未18	壬申19	癸酉20	甲戌21	乙亥22	丙子23	丁丑24	戊寅25	己卯26	壬子春分
三月小	壬辰	干支 天地 西曆	庚辰27	辛巳28	壬午29	癸未30	甲申(5)	乙酉2	丙戌3	丁亥4	戊子5	己丑6	庚寅7	辛卯8	壬辰9	癸巳10	甲午11	乙未12	丙申13	丁酉14	戊戌15	己亥16	庚子17	辛丑18	壬寅19	癸卯20	甲辰21	乙巳22	丙午23	丁未24	戊申25		己亥立夏
四月大	癸巳	干支 天地 西曆	己酉26	庚戌27	辛亥28	壬子29	癸丑30	甲寅31	乙卯(6)	丙辰2	丁巳3	戊午4	己未5	庚申6	辛酉7	壬戌8	癸亥9	甲子10	乙丑11	丙寅12	丁卯13	戊辰14	己巳15	庚午16	辛未17	壬申18	癸酉19	甲戌20	乙亥21	丙子22	丁丑23	戊寅24	
五月大	甲午	干支 天地 西曆	己卯25	庚辰26	辛巳27	壬午28	癸未29	甲申30	乙酉(7)	丙戌2	丁亥3	戊子4	己丑5	庚寅6	辛卯7	壬辰8	癸巳9	甲午10	乙未11	丙申12	丁酉13	戊戌14	己亥15	庚子16	辛丑17	壬寅18	癸卯19	甲辰20	乙巳21	丙午22	丁未23	戊申24	丙戌夏至 己卯日食
六月小	乙未	干支 天地 西曆	己酉25	庚戌26	辛亥27	壬子28	癸丑29	甲寅30	乙卯31	丙辰(8)	丁巳2	戊午3	己未4	庚申5	辛酉6	壬戌7	癸亥8	甲子9	乙丑10	丙寅11	丁卯12	戊辰13	己巳14	庚午15	辛未16	壬申17	癸酉18	甲戌19	乙亥20	丙子21	丁丑22		壬申立秋
七月大	丙申	干支 天地 西曆	戊寅23	己卯24	庚辰25	辛巳26	壬午27	癸未28	甲申29	乙酉30	丙戌31	丁亥(9)	戊子2	己丑3	庚寅4	辛卯5	壬辰6	癸巳7	甲午8	乙未9	丙申10	丁酉11	戊戌12	己亥13	庚子14	辛丑15	壬寅16	癸卯17	甲辰18	乙巳19	丙午20	丁未21	
八月大	丁酉	干支 天地 西曆	戊申22	己酉23	庚戌24	辛亥25	壬子26	癸丑27	甲寅28	乙卯29	丙辰30	丁巳(10)	戊午2	己未3	庚申4	辛酉5	壬戌6	癸亥7	甲子8	乙丑9	丙寅10	丁卯11	戊辰12	己巳13	庚午14	辛未15	壬申16	癸酉17	甲戌18	乙亥19	丙子20	丁丑21	戊午秋分
九月小	戊戌	干支 天地 西曆	戊寅22	己卯23	庚辰24	辛巳25	壬午26	癸未27	甲申28	乙酉29	丙戌30	丁亥31	戊子(11)	己丑2	庚寅3	辛卯4	壬辰5	癸巳6	甲午7	乙未8	丙申9	丁酉10	戊戌11	己亥12	庚子13	辛丑14	壬寅15	癸卯16	甲辰17	乙巳18	丙午19		壬寅立冬
十月大	己亥	干支 天地 西曆	丁未20	戊申21	己酉22	庚戌23	辛亥24	壬子25	癸丑26	甲寅27	乙卯28	丙辰29	丁巳30	戊午(12)	己未2	庚申3	辛酉4	壬戌5	癸亥6	甲子7	乙丑8	丙寅9	丁卯10	戊辰11	己巳12	庚午13	辛未14	壬申15	癸酉16	甲戌17	乙亥18	丙子19	
十一月小	庚子	干支 天地 西曆	丁丑20	戊寅21	己卯22	庚辰23	辛巳24	壬午25	癸未26	甲申27	乙酉28	丙戌29	丁亥30	戊子31	己丑(1)	庚寅2	辛卯3	壬辰4	癸巳5	甲午6	乙未7	丙申8	丁酉9	戊戌10	己亥11	庚子12	辛丑13	壬寅14	癸卯15	甲辰16	乙巳17		丙戌冬至
十二月大	辛丑	干支 天地 西曆	丙午18	丁未19	戊申20	己酉21	庚戌22	辛亥23	壬子24	癸丑25	甲寅26	乙卯27	丙辰28	丁巳29	戊午30	己未31	庚申(2)	辛酉2	壬戌3	癸亥4	甲子5	乙丑6	丙寅7	丁卯8	戊辰9	己巳10	庚午11	辛未12	壬申13	癸酉14	甲戌15	乙亥16	辛未立春

*《長術》：正辛亥，二庚辰，四己卯，五戊寅，七丁丑，九丙子，十一乙亥。閏四。

周宣王十九年（壬辰 龍年） 公元前**809** ~ 前808年

夏曆月序		中西曆日對照	初一	初二	初三	初四	初五	初六	初七	初八	初九	初十	十一	十二	十三	十四	十五	十六	十七	十八	十九	二十	二一	二二	二三	二四	二五	二六	二七	二八	二九	三十	節氣與天象
正月小	壬寅	天地干支西曆	丙子17	丁丑18	戊寅19	己卯20	庚辰21	辛巳22	壬午23	癸未24	甲申25	乙酉26	丙戌27	丁亥28	戊子29	己丑(3)	庚寅2	辛卯3	壬辰4	癸巳5	甲午6	乙未7	丙申8	丁酉9	戊戌10	己亥11	庚子12	辛丑13	壬寅14	癸卯15	甲辰16		
二月小	癸卯	天地干支西曆	乙巳17	丙午18	丁未19	戊申20	己酉21	庚戌22	辛亥23	壬子24	癸丑25	甲寅26	乙卯27	丙辰28	丁巳29	戊午30	己未31	庚申(4)	辛酉2	壬戌3	癸亥4	甲子5	乙丑6	丙寅7	丁卯8	戊辰9	己巳10	庚午11	辛未12	壬申13	癸酉14		丁巳春分
三月大	甲辰	天地干支西曆	甲戌15	乙亥16	丙子17	丁丑18	戊寅19	己卯20	庚辰21	辛巳22	壬午23	癸未24	甲申25	乙酉26	丙戌27	丁亥28	戊子29	己丑30	庚寅(5)	辛卯2	壬辰3	癸巳4	甲午5	乙未6	丙申7	丁酉8	戊戌9	己亥10	庚子11	辛丑12	壬寅13	癸卯14	
四月小	乙巳	天地干支西曆	甲辰15	乙巳16	丙午17	丁未18	戊申19	己酉20	庚戌21	辛亥22	壬子23	癸丑24	甲寅25	乙卯26	丙辰27	丁巳28	戊午29	己未30	庚申31	辛酉(6)	壬戌2	癸亥3	甲子4	乙丑5	丙寅6	丁卯7	戊辰8	己巳9	庚午10	辛未11	壬申12		甲辰立夏
五月大	丙午	天地干支西曆	癸酉13	甲戌14	乙亥15	丙子16	丁丑17	戊寅18	己卯19	庚辰20	辛巳21	壬午22	癸未23	甲申24	乙酉25	丙戌26	丁亥27	戊子28	己丑29	庚寅30	辛卯(7)	壬辰2	癸巳3	甲午4	乙未5	丙申6	丁酉7	戊戌8	己亥9	庚子10	辛丑11	壬寅12	辛卯夏至 癸酉日食
六月小	丁未	天地干支西曆	癸卯13	甲辰14	乙巳15	丙午16	丁未17	戊申18	己酉19	庚戌20	辛亥21	壬子22	癸丑23	甲寅24	乙卯25	丙辰26	丁巳27	戊午28	己未29	庚申30	辛酉31	壬戌(8)	癸亥2	甲子3	乙丑4	丙寅5	丁卯6	戊辰7	己巳8	庚午9	辛未10		
七月大	戊申	天地干支西曆	壬申11	癸酉12	甲戌13	乙亥14	丙子15	丁丑16	戊寅17	己卯18	庚辰19	辛巳20	壬午21	癸未22	甲申23	乙酉24	丙戌25	丁亥26	戊子27	己丑28	庚寅29	辛卯30	壬辰31	癸巳(9)	甲午2	乙未3	丙申4	丁酉5	戊戌6	己亥7	庚子8	辛丑9	丁丑立秋
八月大	己酉	天地干支西曆	壬寅10	癸卯11	甲辰12	乙巳13	丙午14	丁未15	戊申16	己酉17	庚戌18	辛亥19	壬子20	癸丑21	甲寅22	乙卯23	丙辰24	丁巳25	戊午26	己未27	庚申28	辛酉29	壬戌30	癸亥(10)	甲子2	乙丑3	丙寅4	丁卯5	戊辰6	己巳7	庚午8	辛未9	癸亥秋分
九月大	庚戌	天地干支西曆	壬申10	癸酉11	甲戌12	乙亥13	丙子14	丁丑15	戊寅16	己卯17	庚辰18	辛巳19	壬午20	癸未21	甲申22	乙酉23	丙戌24	丁亥25	戊子26	己丑27	庚寅28	辛卯29	壬辰30	癸巳31	甲午(11)	乙未2	丙申3	丁酉4	戊戌5	己亥6	庚子7	辛丑8	
十月小	辛亥	天地干支西曆	壬寅9	癸卯10	甲辰11	乙巳12	丙午13	丁未14	戊申15	己酉16	庚戌17	辛亥18	壬子19	癸丑20	甲寅21	乙卯22	丙辰23	丁巳24	戊午25	己未26	庚申27	辛酉28	壬戌29	癸亥30	甲子(12)	乙丑2	丙寅3	丁卯4	戊辰5	己巳6	庚午7		丁未立冬
十一月大	壬子	天地干支西曆	辛未8	壬申9	癸酉10	甲戌11	乙亥12	丙子13	丁丑14	戊寅15	己卯16	庚辰17	辛巳18	壬午19	癸未20	甲申21	乙酉22	丙戌23	丁亥24	戊子25	己丑26	庚寅27	辛卯28	壬辰29	癸巳30	甲午31	乙未(1)	丙申2	丁酉3	戊戌4	己亥5	庚子6	辛卯冬至
十二月小	癸丑	天地干支西曆	辛丑7	壬寅8	癸卯9	甲辰10	乙巳11	丙午12	丁未13	戊申14	己酉15	庚戌16	辛亥17	壬子18	癸丑19	甲寅20	乙卯21	丙辰22	丁巳23	戊午24	己未25	庚申26	辛酉27	壬戌28	癸亥29	甲子30	乙丑31	丙寅(2)	丁卯2	戊辰3	己巳4		

*《長術》：正甲戌，四癸卯，六壬寅，八辛丑，十庚子，十二己亥。

周宣王二十年（癸巳 蛇年） 公元前 **808** ~ 前 807 年

夏曆月序		中西曆日對照	初一	初二	初三	初四	初五	初六	初七	初八	初九	初十	十一	十二	十三	十四	十五	十六	十七	十八	十九	二十	二一	二二	二三	二四	二五	二六	二七	二八	二九	三十	節氣與天象
正月大	甲寅	干支天地西曆	庚午5	辛未6	壬申7	癸酉8	甲戌9	乙亥10	丙子11	丁丑12	戊寅13	己卯14	庚辰15	辛巳16	壬午17	癸未18	甲申19	乙酉20	丙戌21	丁亥22	戊子23	己丑24	庚寅25	辛卯26	壬辰27	癸巳28	甲午(3)	乙未2	丙申3	丁酉4	戊戌5	己亥6	丙子立春
二月小	乙卯	干支天地西曆	庚子7	辛丑8	壬寅9	癸卯10	甲辰11	乙巳12	丙午13	丁未14	戊申15	己酉16	庚戌17	辛亥18	壬子19	癸丑20	甲寅21	乙卯22	丙辰23	丁巳24	戊午25	己未26	庚申27	辛酉28	壬戌29	癸亥30	甲子31	乙丑(4)	丙寅2	丁卯3	戊辰4		壬戌春分
三月小	丙辰	干支天地西曆	己巳5	庚午6	辛未7	壬申8	癸酉9	甲戌10	乙亥11	丙子12	丁丑13	戊寅14	己卯15	庚辰16	辛巳17	壬午18	癸未19	甲申20	乙酉21	丙戌22	丁亥23	戊子24	己丑25	庚寅26	辛卯27	壬辰28	癸巳29	甲午30	乙未(5)	丙申2	丁酉3		
四月大	丁巳	干支天地西曆	戊戌4	己亥5	庚子6	辛丑7	壬寅8	癸卯9	甲辰10	乙巳11	丙午12	丁未13	戊申14	己酉15	庚戌16	辛亥17	壬子18	癸丑19	甲寅20	乙卯21	丙辰22	丁巳23	戊午24	己未25	庚申26	辛酉27	壬戌28	癸亥29	甲子30	乙丑31	丙寅(6)	丁卯2	己酉立夏
五月小	戊午	干支天地西曆	戊辰3	己巳4	庚午5	辛未6	壬申7	癸酉8	甲戌9	乙亥10	丙子11	丁丑12	戊寅13	己卯14	庚辰15	辛巳16	壬午17	癸未18	甲申19	乙酉20	丙戌21	丁亥22	戊子23	己丑24	庚寅25	辛卯26	壬辰27	癸巳28	甲午29	乙未30	丙申(7)		丙申夏至
六月小	己未	干支天地西曆	丁酉2	戊戌3	己亥4	庚子5	辛丑6	壬寅7	癸卯8	甲辰9	乙巳10	丙午11	丁未12	戊申13	己酉14	庚戌15	辛亥16	壬子17	癸丑18	甲寅19	乙卯20	丙辰21	丁巳22	戊午23	己未24	庚申25	辛酉26	壬戌27	癸亥28	甲子29	乙丑30		
閏六月大	己未	干支天地西曆	丙寅31	丁卯(8)	戊辰2	己巳3	庚午4	辛未5	壬申6	癸酉7	甲戌8	乙亥9	丙子10	丁丑11	戊寅12	己卯13	庚辰14	辛巳15	壬午16	癸未17	甲申18	乙酉19	丙戌20	丁亥21	戊子22	己丑23	庚寅24	辛卯25	壬辰26	癸巳27	甲午28	乙未29	癸未立秋
七月大	庚申	干支天地西曆	丙申30	丁酉31	戊戌(9)	己亥2	庚子3	辛丑4	壬寅5	癸卯6	甲辰7	乙巳8	丙午9	丁未10	戊申11	己酉12	庚戌13	辛亥14	壬子15	癸丑16	甲寅17	乙卯18	丙辰19	丁巳20	戊午21	己未22	庚申23	辛酉24	壬戌25	癸亥26	甲子27	乙丑28	
八月大	辛酉	干支天地西曆	丙寅29	丁卯30	戊辰(10)	己巳2	庚午3	辛未4	壬申5	癸酉6	甲戌7	乙亥8	丙子9	丁丑10	戊寅11	己卯12	庚辰13	辛巳14	壬午15	癸未16	甲申17	乙酉18	丙戌19	丁亥20	戊子21	己丑22	庚寅23	辛卯24	壬辰25	癸巳26	甲午27	乙未28	戊辰秋分
九月小	壬戌	干支天地西曆	丙申29	丁酉30	戊戌31	己亥(11)	庚子2	辛丑3	壬寅4	癸卯5	甲辰6	乙巳7	丙午8	丁未9	戊申10	己酉11	庚戌12	辛亥13	壬子14	癸丑15	甲寅16	乙卯17	丙辰18	丁巳19	戊午20	己未21	庚申22	辛酉23	壬戌24	癸亥25	甲子26		壬子立冬
十月大	癸亥	干支天地西曆	乙丑27	丙寅28	丁卯29	戊辰30	己巳(12)	庚午2	辛未3	壬申4	癸酉5	甲戌6	乙亥7	丙子8	丁丑9	戊寅10	己卯11	庚辰12	辛巳13	壬午14	癸未15	甲申16	乙酉17	丙戌18	丁亥19	戊子20	己丑21	庚寅22	辛卯23	壬辰24	癸巳25	甲午26	
十一月大	甲子	干支天地西曆	乙未27	丙申28	丁酉29	戊戌30	己亥31	庚子(1)	辛丑2	壬寅3	癸卯4	甲辰5	乙巳6	丙午7	丁未8	戊申9	己酉10	庚戌11	辛亥12	壬子13	癸丑14	甲寅15	乙卯16	丙辰17	丁巳18	戊午19	己未20	庚申21	辛酉22	壬戌23	癸亥24	甲子25	丙申冬至
十二月小	乙丑	干支天地西曆	乙丑26	丙寅27	丁卯28	戊辰29	己巳30	庚午31	辛未(2)	壬申2	癸酉3	甲戌4	乙亥5	丙子6	丁丑7	戊寅8	己卯9	庚辰10	辛巳11	壬午12	癸未13	甲申14	乙酉15	丙戌16	丁亥17	戊子18	己丑19	庚寅20	辛卯21	壬辰22	癸巳23		辛巳立春

*《長術》：正己巳，二戊戌，四丁酉，七丙寅，九乙丑，十一甲子。閏十二。

周宣王二十一年（甲午 馬年） 公元前 807 ~ 前 806 年

夏曆月序		中西曆日對照	初一	初二	初三	初四	初五	初六	初七	初八	初九	初十	十一	十二	十三	十四	十五	十六	十七	十八	十九	二十	二一	二二	二三	二四	二五	二六	二七	二八	二九	三十	節氣與天象
正月大	丙寅	天干地支西曆	甲午 24	乙未 25	丙申 26	丁酉 27	戊戌 28	己亥 (3)	庚子 2	辛丑 3	壬寅 4	癸卯 5	甲辰 6	乙巳 7	丙午 8	丁未 9	戊申 10	己酉 11	庚戌 12	辛亥 13	壬子 14	癸丑 15	甲寅 16	乙卯 17	丙辰 18	丁巳 19	戊午 20	己未 21	庚申 22	辛酉 23	壬戌 24	癸亥 25	
二月小	丁卯	天干地支西曆	甲子 26	乙丑 27	丙寅 28	丁卯 29	戊辰 30	己巳 31	庚午 (4)	辛未 2	壬申 3	癸酉 4	甲戌 5	乙亥 6	丙子 7	丁丑 8	戊寅 9	己卯 10	庚辰 11	辛巳 12	壬午 13	癸未 14	甲申 15	乙酉 16	丙戌 17	丁亥 18	戊子 19	己丑 20	庚寅 21	辛卯 22	壬辰 23		丁卯春分
三月小	戊辰	天干地支西曆	癸巳 24	甲午 25	乙未 26	丙申 27	丁酉 28	戊戌 29	己亥 30	庚子 (5)	辛丑 2	壬寅 3	癸卯 4	甲辰 5	乙巳 6	丙午 7	丁未 8	戊申 9	己酉 10	庚戌 11	辛亥 12	壬子 13	癸丑 14	甲寅 15	乙卯 16	丙辰 17	丁巳 18	戊午 19	己未 20	庚申 21	辛酉 22		甲寅立夏
四月大	己巳	天干地支西曆	壬戌 23	癸亥 24	甲子 25	乙丑 26	丙寅 27	丁卯 28	戊辰 29	己巳 30	庚午 31	辛未 (6)	壬申 2	癸酉 3	甲戌 4	乙亥 5	丙子 6	丁丑 7	戊寅 8	己卯 9	庚辰 10	辛巳 11	壬午 12	癸未 13	甲申 14	乙酉 15	丙戌 16	丁亥 17	戊子 18	己丑 19	庚寅 20	辛卯 21	
五月小	庚午	天干地支西曆	壬辰 22	癸巳 23	甲午 24	乙未 25	丙申 26	丁酉 27	戊戌 28	己亥 29	庚子 30	辛丑 (7)	壬寅 2	癸卯 3	甲辰 4	乙巳 5	丙午 6	丁未 7	戊申 8	己酉 9	庚戌 10	辛亥 11	壬子 12	癸丑 13	甲寅 14	乙卯 15	丙辰 16	丁巳 17	戊午 18	己未 19	庚申 20		辛丑夏至
六月小	辛未	天干地支西曆	辛酉 21	壬戌 22	癸亥 23	甲子 24	乙丑 25	丙寅 26	丁卯 27	戊辰 28	己巳 29	庚午 30	辛未 31	壬申 (8)	癸酉 2	甲戌 3	乙亥 4	丙子 5	丁丑 6	戊寅 7	己卯 8	庚辰 9	辛巳 10	壬午 11	癸未 12	甲申 13	乙酉 14	丙戌 15	丁亥 16	戊子 17	己丑 18		戊子立秋
七月大	壬申	天干地支西曆	庚寅 19	辛卯 20	壬辰 21	癸巳 22	甲午 23	乙未 24	丙申 25	丁酉 26	戊戌 27	己亥 28	庚子 29	辛丑 30	壬寅 31	癸卯 (9)	甲辰 2	乙巳 3	丙午 4	丁未 5	戊申 6	己酉 7	庚戌 8	辛亥 9	壬子 10	癸丑 11	甲寅 12	乙卯 13	丙辰 14	丁巳 15	戊午 16	己未 17	
八月大	癸酉	天干地支西曆	庚申 18	辛酉 19	壬戌 20	癸亥 21	甲子 22	乙丑 23	丙寅 24	丁卯 25	戊辰 26	己巳 27	庚午 28	辛未 29	壬申 30	癸酉 (10)	甲戌 2	乙亥 3	丙子 4	丁丑 5	戊寅 6	己卯 7	庚辰 8	辛巳 9	壬午 10	癸未 11	甲申 12	乙酉 13	丙戌 14	丁亥 15	戊子 16	己丑 17	癸酉秋分
九月小	甲戌	天干地支西曆	庚寅 18	辛卯 19	壬辰 20	癸巳 21	甲午 22	乙未 23	丙申 24	丁酉 25	戊戌 26	己亥 27	庚子 28	辛丑 29	壬寅 30	癸卯 31	甲辰 (11)	乙巳 2	丙午 3	丁未 4	戊申 5	己酉 6	庚戌 7	辛亥 8	壬子 9	癸丑 10	甲寅 11	乙卯 12	丙辰 13	丁巳 14	戊午 15		戊午立冬
十月大	乙亥	天干地支西曆	己未 16	庚申 17	辛酉 18	壬戌 19	癸亥 20	甲子 21	乙丑 22	丙寅 23	丁卯 24	戊辰 25	己巳 26	庚午 27	辛未 28	壬申 29	癸酉 30	甲戌 (12)	乙亥 2	丙子 3	丁丑 4	戊寅 5	己卯 6	庚辰 7	辛巳 8	壬午 9	癸未 10	甲申 11	乙酉 12	丙戌 13	丁亥 14	戊子 15	
十一月大	丙子	天干地支西曆	己丑 16	庚寅 17	辛卯 18	壬辰 19	癸巳 20	甲午 21	乙未 22	丙申 23	丁酉 24	戊戌 25	己亥 26	庚子 27	辛丑 28	壬寅 29	癸卯 30	甲辰 31	乙巳 (1)	丙午 2	丁未 3	戊申 4	己酉 5	庚戌 6	辛亥 7	壬子 8	癸丑 9	甲寅 10	乙卯 11	丙辰 12	丁巳 13	戊午 14	壬寅冬至
十二月大	丁丑	天干地支西曆	己未 15	庚申 16	辛酉 17	壬戌 18	癸亥 19	甲子 20	乙丑 21	丙寅 22	丁卯 23	戊辰 24	己巳 25	庚午 26	辛未 27	壬申 28	癸酉 29	甲戌 30	乙亥 31	丙子 (2)	丁丑 2	戊寅 3	己卯 4	庚辰 5	辛巳 6	壬午 7	癸未 8	甲申 9	乙酉 10	丙戌 11	丁亥 12	戊子 13	丙戌立春

*《長術》：正癸巳，二壬戌，四辛酉，六庚申，八己未，十一戊子。

周宣王二十二年（乙未 羊年） 公元前 **806** ~ 前 805 年

夏曆月序		中西曆日對照	初一	初二	初三	初四	初五	初六	初七	初八	初九	初十	十一	十二	十三	十四	十五	十六	十七	十八	十九	二十	二一	二二	二三	二四	二五	二六	二七	二八	二九	三十	節氣與天象
正月小	戊寅	天干支 地西曆	己丑 14	庚寅 15	辛卯 16	壬辰 17	癸巳 18	甲午 19	乙未 20	丙申 21	丁酉 22	戊戌 23	己亥 24	庚子 25	辛丑 26	壬寅 27	癸卯 28	甲辰 (3)	乙巳 2	丙午 3	丁未 4	戊申 5	己酉 6	庚戌 7	辛亥 8	壬子 9	癸丑 10	甲寅 11	乙卯 12	丙辰 13	丁巳 14		
二月大	己卯	天干支 地西曆	戊午 15	己未 16	庚申 17	辛酉 18	壬戌 19	癸亥 20	甲子 21	乙丑 22	丙寅 23	丁卯 24	戊辰 25	己巳 26	庚午 27	辛未 28	壬申 29	癸酉 30	甲戌 31	乙亥 (4)	丙子 2	丁丑 3	戊寅 4	己卯 5	庚辰 6	辛巳 7	壬午 8	癸未 9	甲申 10	乙酉 11	丙戌 12	丁亥 13	壬申春分
三月小	庚辰	天干支 地西曆	戊子 14	己丑 15	庚寅 16	辛卯 17	壬辰 18	癸巳 19	甲午 20	乙未 21	丙申 22	丁酉 23	戊戌 24	己亥 25	庚子 26	辛丑 27	壬寅 28	癸卯 29	甲辰 30	乙巳 (5)	丙午 2	丁未 3	戊申 4	己酉 5	庚戌 6	辛亥 7	壬子 8	癸丑 9	甲寅 10	乙卯 11	丙辰 12		
四月小	辛巳	天干支 地西曆	丁巳 13	戊午 14	己未 15	庚申 16	辛酉 17	壬戌 18	癸亥 19	甲子 20	乙丑 21	丙寅 22	丁卯 23	戊辰 24	己巳 25	庚午 26	辛未 27	壬申 28	癸酉 29	甲戌 30	乙亥 31	丙子 (6)	丁丑 2	戊寅 3	己卯 4	庚辰 5	辛巳 6	壬午 7	癸未 8	甲申 9	乙酉 10		己未立夏
五月大	壬午	天干支 地西曆	丙戌 11	丁亥 12	戊子 13	己丑 14	庚寅 15	辛卯 16	壬辰 17	癸巳 18	甲午 19	乙未 20	丙申 21	丁酉 22	戊戌 23	己亥 24	庚子 25	辛丑 26	壬寅 27	癸卯 28	甲辰 29	乙巳 30	丙午 (7)	丁未 2	戊申 3	己酉 4	庚戌 5	辛亥 6	壬子 7	癸丑 8	甲寅 9	乙卯 10	丁未夏至
六月小	癸未	天干支 地西曆	丙辰 11	丁巳 12	戊午 13	己未 14	庚申 15	辛酉 16	壬戌 17	癸亥 18	甲子 19	乙丑 20	丙寅 21	丁卯 22	戊辰 23	己巳 24	庚午 25	辛未 26	壬申 27	癸酉 28	甲戌 29	乙亥 30	丙子 31	丁丑 (8)	戊寅 2	己卯 3	庚辰 4	辛巳 5	壬午 6	癸未 7	甲申 8		
七月小	甲申	天干支 地西曆	乙酉 9	丙戌 10	丁亥 11	戊子 12	己丑 13	庚寅 14	辛卯 15	壬辰 16	癸巳 17	甲午 18	乙未 19	丙申 20	丁酉 21	戊戌 22	己亥 23	庚子 24	辛丑 25	壬寅 26	癸卯 27	甲辰 28	乙巳 29	丙午 30	丁未 31	戊申 (9)	己酉 2	庚戌 3	辛亥 4	壬子 5	癸丑 6		癸巳立秋
八月大	乙酉	天干支 地西曆	甲寅 7	乙卯 8	丙辰 9	丁巳 10	戊午 11	己未 12	庚申 13	辛酉 14	壬戌 15	癸亥 16	甲子 17	乙丑 18	丙寅 19	丁卯 20	戊辰 21	己巳 22	庚午 23	辛未 24	壬申 25	癸酉 26	甲戌 27	乙亥 28	丙子 29	丁丑 30	戊寅 (10)	己卯 2	庚辰 3	辛巳 4	壬午 5	癸未 6	己卯秋分
九月小	丙戌	天干支 地西曆	甲申 7	乙酉 8	丙戌 9	丁亥 10	戊子 11	己丑 12	庚寅 13	辛卯 14	壬辰 15	癸巳 16	甲午 17	乙未 18	丙申 19	丁酉 20	戊戌 21	己亥 22	庚子 23	辛丑 24	壬寅 25	癸卯 26	甲辰 27	乙巳 28	丙午 29	丁未 30	戊申 31	己酉 (11)	庚戌 2	辛亥 3	壬子 4		甲申日食
十月大	丁亥	天干支 地西曆	癸丑 5	甲寅 6	乙卯 7	丙辰 8	丁巳 9	戊午 10	己未 11	庚申 12	辛酉 13	壬戌 14	癸亥 15	甲子 16	乙丑 17	丙寅 18	丁卯 19	戊辰 20	己巳 21	庚午 22	辛未 23	壬申 24	癸酉 25	甲戌 26	乙亥 27	丙子 28	丁丑 29	戊寅 30	己卯 (12)	庚辰 2	辛巳 3	壬午 4	癸亥立冬
十一月大	戊子	天干支 地西曆	癸未 5	甲申 6	乙酉 7	丙戌 8	丁亥 9	戊子 10	己丑 11	庚寅 12	辛卯 13	壬辰 14	癸巳 15	甲午 16	乙未 17	丙申 18	丁酉 19	戊戌 20	己亥 21	庚子 22	辛丑 23	壬寅 24	癸卯 25	甲辰 26	乙巳 27	丙午 28	丁未 29	戊申 30	己酉 31	庚戌 (1)	辛亥 2	壬子 3	丁未冬至
十二月大	己丑	天干支 地西曆	癸丑 4	甲寅 5	乙卯 6	丙辰 7	丁巳 8	戊午 9	己未 10	庚申 11	辛酉 12	壬戌 13	癸亥 14	甲子 15	乙丑 16	丙寅 17	丁卯 18	戊辰 19	己巳 20	庚午 21	辛未 22	壬申 23	癸酉 24	甲戌 25	乙亥 26	丙子 27	丁丑 28	戊寅 29	己卯 30	庚辰 31	辛巳 (2)	壬午 2	

*《長術》：正丁亥，三丙戌，五乙酉，七甲申，九癸未，十一壬午。

周宣王二十三年（丙申 猴年） 公元前 805 ~ 前 804 年

夏曆月序		中西曆日對照	初一	初二	初三	初四	初五	初六	初七	初八	初九	初十	十一	十二	十三	十四	十五	十六	十七	十八	十九	二十	二一	二二	二三	二四	二五	二六	二七	二八	二九	三十	節氣與天象
正月小	庚寅	天干地支 西曆	癸未3	甲申4	乙酉5	丙戌6	丁亥7	戊子8	己丑9	庚寅10	辛卯11	壬辰12	癸巳13	甲午14	乙未15	丙申16	丁酉17	戊戌18	己亥19	庚子20	辛丑21	壬寅22	癸卯23	甲辰24	乙巳25	丙午26	丁未27	戊申28	己酉29	庚戌(3)	辛亥2		壬辰立春
二月大	辛卯	天干地支 西曆	壬子3	癸丑4	甲寅5	乙卯6	丙辰7	丁巳8	戊午9	己未10	庚申11	辛酉12	壬戌13	癸亥14	甲子15	乙丑16	丙寅17	丁卯18	戊辰19	己巳20	庚午21	辛未22	壬申23	癸酉24	甲戌25	乙亥26	丙子27	丁丑28	戊寅29	己卯30	庚辰31	辛巳(4)	戊寅春分
三月大	壬辰	天干地支 西曆	壬午2	癸未3	甲申4	乙酉5	丙戌6	丁亥7	戊子8	己丑9	庚寅10	辛卯11	壬辰12	癸巳13	甲午14	乙未15	丙申16	丁酉17	戊戌18	己亥19	庚子20	辛丑21	壬寅22	癸卯23	甲辰24	乙巳25	丙午26	丁未27	戊申28	己酉29	庚戌30	辛亥(5)	
四月小	癸巳	天干地支 西曆	壬子2	癸丑3	甲寅4	乙卯5	丙辰6	丁巳7	戊午8	己未9	庚申10	辛酉11	壬戌12	癸亥13	甲子14	乙丑15	丙寅16	丁卯17	戊辰18	己巳19	庚午20	辛未21	壬申22	癸酉23	甲戌24	乙亥25	丙子26	丁丑27	戊寅28	己卯29	庚辰30		乙丑立夏
閏四月小	癸巳	天干地支 西曆	辛巳31	壬午(6)	癸未2	甲申3	乙酉4	丙戌5	丁亥6	戊子7	己丑8	庚寅9	辛卯10	壬辰11	癸巳12	甲午13	乙未14	丙申15	丁酉16	戊戌17	己亥18	庚子19	辛丑20	壬寅21	癸卯22	甲辰23	乙巳24	丙午25	丁未26	戊申27	己酉28		
五月大	甲午	天干地支 西曆	庚戌29	辛亥30	壬子(7)	癸丑2	甲寅3	乙卯4	丙辰5	丁巳6	戊午7	己未8	庚申9	辛酉10	壬戌11	癸亥12	甲子13	乙丑14	丙寅15	丁卯16	戊辰17	己巳18	庚午19	辛未20	壬申21	癸酉22	甲戌23	乙亥24	丙子25	丁丑26	戊寅27	己卯28	壬子夏至
六月小	乙未	天干地支 西曆	庚辰29	辛巳30	壬午31	癸未(8)	甲申2	乙酉3	丙戌4	丁亥5	戊子6	己丑7	庚寅8	辛卯9	壬辰10	癸巳11	甲午12	乙未13	丙申14	丁酉15	戊戌16	己亥17	庚子18	辛丑19	壬寅20	癸卯21	甲辰22	乙巳23	丙午24	丁未25	戊申26		戊戌立秋
七月小	丙申	天干地支 西曆	己酉27	庚戌28	辛亥29	壬子30	癸丑31	甲寅(9)	乙卯2	丙辰3	丁巳4	戊午5	己未6	庚申7	辛酉8	壬戌9	癸亥10	甲子11	乙丑12	丙寅13	丁卯14	戊辰15	己巳16	庚午17	辛未18	壬申19	癸酉20	甲戌21	乙亥22	丙子23	丁丑24		
八月大	丁酉	天干地支 西曆	戊寅25	己卯26	庚辰27	辛巳28	壬午29	癸未30	甲申(10)	乙酉2	丙戌3	丁亥4	戊子5	己丑6	庚寅7	辛卯8	壬辰9	癸巳10	甲午11	乙未12	丙申13	丁酉14	戊戌15	己亥16	庚子17	辛丑18	壬寅19	癸卯20	甲辰21	乙巳22	丙午23	丁未24	甲申秋分
九月小	戊戌	天干地支 西曆	戊申25	己酉26	庚戌27	辛亥28	壬子29	癸丑30	甲寅31	乙卯(11)	丙辰2	丁巳3	戊午4	己未5	庚申6	辛酉7	壬戌8	癸亥9	甲子10	乙丑11	丙寅12	丁卯13	戊辰14	己巳15	庚午16	辛未17	壬申18	癸酉19	甲戌20	乙亥21	丙子22		戊辰立冬
十月大	己亥	天干地支 西曆	丁丑23	戊寅24	己卯25	庚辰26	辛巳27	壬午28	癸未29	甲申30	乙酉(12)	丙戌2	丁亥3	戊子4	己丑5	庚寅6	辛卯7	壬辰8	癸巳9	甲午10	乙未11	丙申12	丁酉13	戊戌14	己亥15	庚子16	辛丑17	壬寅18	癸卯19	甲辰20	乙巳21	丙午22	
十一月大	庚子	天干地支 西曆	丁未23	戊申24	己酉25	庚戌26	辛亥27	壬子28	癸丑29	甲寅30	乙卯31	丙辰(1)	丁巳2	戊午3	己未4	庚申5	辛酉6	壬戌7	癸亥8	甲子9	乙丑10	丙寅11	丁卯12	戊辰13	己巳14	庚午15	辛未16	壬申17	癸酉18	甲戌19	乙亥20	丙子21	壬子冬至
十二月大	辛丑	天干地支 西曆	丁丑22	戊寅23	己卯24	庚辰25	辛巳26	壬午27	癸未28	甲申29	乙酉30	丙戌31	丁亥(2)	戊子2	己丑3	庚寅4	辛卯5	壬辰6	癸巳7	甲午8	乙未9	丙申10	丁酉11	戊戌12	己亥13	庚子14	辛丑15	壬寅16	癸卯17	甲辰18	乙巳19	丙午20	丁酉立春

*《長術》：正辛巳，四庚戌，六己酉，八戊申，九丁未，十一丙午朔。閏八。

周宣王二十四年（丁酉 鷄年） 公元前 804 ~ 前 803 年

夏曆月序		中西曆日對照	夏曆日序																														節氣與天象
			初一	初二	初三	初四	初五	初六	初七	初八	初九	初十	十一	十二	十三	十四	十五	十六	十七	十八	十九	二十	二一	二二	二三	二四	二五	二六	二七	二八	二九	三十	
正月小	壬寅	干支 天地 曆西	丁未21	戊申22	己酉23	庚戌24	辛亥25	壬子26	癸丑27	甲寅28	乙卯(3)	丙辰2	丁巳3	戊午4	己未5	庚申6	辛酉7	壬戌8	癸亥9	甲子10	乙丑11	丙寅12	丁卯13	戊辰14	己巳15	庚午16	辛未17	壬申18	癸酉19	甲戌20	乙亥21		
二月大	癸卯	干支 天地 曆西	丙子22	丁丑23	戊寅24	己卯25	庚辰26	辛巳27	壬午28	癸未29	甲申30	乙酉31	丙戌(4)	丁亥2	戊子3	己丑4	庚寅5	辛卯6	壬辰7	癸巳8	甲午9	乙未10	丙申11	丁酉12	戊戌13	己亥14	庚子15	辛丑16	壬寅17	癸卯18	甲辰19	乙巳20	癸未春分
三月小	甲辰	干支 天地 曆西	丙午21	丁未22	戊申23	己酉24	庚戌25	辛亥26	壬子27	癸丑28	甲寅29	乙卯30	丙辰(5)	丁巳2	戊午3	己未4	庚申5	辛酉6	壬戌7	癸亥8	甲子9	乙丑10	丙寅11	丁卯12	戊辰13	己巳14	庚午15	辛未16	壬申17	癸酉18	甲戌19		庚午立夏
四月大	乙巳	干支 天地 曆西	乙亥20	丙子21	丁丑22	戊寅23	己卯24	庚辰25	辛巳26	壬午27	癸未28	甲申29	乙酉30	丙戌31	丁亥(6)	戊子2	己丑3	庚寅4	辛卯5	壬辰6	癸巳7	甲午8	乙未9	丙申10	丁酉11	戊戌12	己亥13	庚子14	辛丑15	壬寅16	癸卯17	甲辰18	
五月小	丙午	干支 天地 曆西	乙巳19	丙午20	丁未21	戊申22	己酉23	庚戌24	辛亥25	壬子26	癸丑27	甲寅28	乙卯29	丙辰30	丁巳(7)	戊午2	己未3	庚申4	辛酉5	壬戌6	癸亥7	甲子8	乙丑9	丙寅10	丁卯11	戊辰12	己巳13	庚午14	辛未15	壬申16	癸酉17		丁巳夏至
六月大	丁未	干支 天地 曆西	甲戌18	乙亥19	丙子20	丁丑21	戊寅22	己卯23	庚辰24	辛巳25	壬午26	癸未27	甲申28	乙酉29	丙戌30	丁亥31	戊子(8)	己丑2	庚寅3	辛卯4	壬辰5	癸巳6	甲午7	乙未8	丙申9	丁酉10	戊戌11	己亥12	庚子13	辛丑14	壬寅15	癸卯16	
七月小	戊申	干支 天地 曆西	甲辰17	乙巳18	丙午19	丁未20	戊申21	己酉22	庚戌23	辛亥24	壬子25	癸丑26	甲寅27	乙卯28	丙辰29	丁巳30	戊午31	己未(9)	庚申2	辛酉3	壬戌4	癸亥5	甲子6	乙丑7	丙寅8	丁卯9	戊辰10	己巳11	庚午12	辛未13	壬申14		甲辰立秋
八月小	己酉	干支 天地 曆西	癸酉15	甲戌16	乙亥17	丙子18	丁丑19	戊寅20	己卯21	庚辰22	辛巳23	壬午24	癸未25	甲申26	乙酉27	丙戌28	丁亥29	戊子30	己丑(10)	庚寅2	辛卯3	壬辰4	癸巳5	甲午6	乙未7	丙申8	丁酉9	戊戌10	己亥11	庚子12	辛丑13		己丑秋分
九月大	庚戌	干支 天地 曆西	壬寅14	癸卯15	甲辰16	乙巳17	丙午18	丁未19	戊申20	己酉21	庚戌22	辛亥23	壬子24	癸丑25	甲寅26	乙卯27	丙辰28	丁巳29	戊午30	己未31	庚申(11)	辛酉2	壬戌3	癸亥4	甲子5	乙丑6	丙寅7	丁卯8	戊辰9	己巳10	庚午11	辛未12	
十月小	辛亥	干支 天地 曆西	壬申13	癸酉14	甲戌15	乙亥16	丙子17	丁丑18	戊寅19	己卯20	庚辰21	辛巳22	壬午23	癸未24	甲申25	乙酉26	丙戌27	丁亥28	戊子29	己丑30	庚寅(12)	辛卯2	壬辰3	癸巳4	甲午5	乙未6	丙申7	丁酉8	戊戌9	己亥10	庚子11		癸酉立冬
十一月大	壬子	干支 天地 曆西	辛丑12	壬寅13	癸卯14	甲辰15	乙巳16	丙午17	丁未18	戊申19	己酉20	庚戌21	辛亥22	壬子23	癸丑24	甲寅25	乙卯26	丙辰27	丁巳28	戊午29	己未30	庚申31	辛酉(1)	壬戌2	癸亥3	甲子4	乙丑5	丙寅6	丁卯7	戊辰8	己巳9	庚午10	丁巳冬至
十二月大	癸丑	干支 天地 曆西	辛未11	壬申12	癸酉13	甲戌14	乙亥15	丙子16	丁丑17	戊寅18	己卯19	庚辰20	辛巳21	壬午22	癸未23	甲申24	乙酉25	丙戌26	丁亥27	戊子28	己丑29	庚寅30	辛卯31	壬辰(2)	癸巳2	甲午3	乙未4	丙申5	丁酉6	戊戌7	己亥8	庚子9	

*《長術》：正乙巳，三甲辰，六癸酉，八壬申，十辛未，十二庚午。

周宣王二十五年（戊戌 狗年） 公元前 803 ~ 前 802 年

夏曆月序	中西曆日對照	初一	初二	初三	初四	初五	初六	初七	初八	初九	初十	十一	十二	十三	十四	十五	十六	十七	十八	十九	二十	二一	二二	二三	二四	二五	二六	二七	二八	二九	三十	節氣與天象
正月小 甲寅	天干地支西曆	辛丑 10	壬寅 11	癸卯 12	甲辰 13	乙巳 14	丙午 15	丁未 16	戊申 17	己酉 18	庚戌 19	辛亥 20	壬子 21	癸丑 22	甲寅 23	乙卯 24	丙辰 25	丁巳 26	戊午 27	己未 28	庚申 (3)	辛酉 2	壬戌 3	癸亥 4	甲子 5	乙丑 6	丙寅 7	丁卯 8	戊辰 9	己巳 10		壬寅立春
二月大 乙卯	天干地支西曆	庚午 11	辛未 12	壬申 13	癸酉 14	甲戌 15	乙亥 16	丙子 17	丁丑 18	戊寅 19	己卯 20	庚辰 21	辛巳 22	壬午 23	癸未 24	甲申 25	乙酉 26	丙戌 27	丁亥 28	戊子 29	己丑 30	庚寅 31	辛卯 (4)	壬辰 2	癸巳 3	甲午 4	乙未 5	丙申 6	丁酉 7	戊戌 8	己亥 9	戊子春分
三月大 丙辰	天干地支西曆	庚子 10	辛丑 11	壬寅 12	癸卯 13	甲辰 14	乙巳 15	丙午 16	丁未 17	戊申 18	己酉 19	庚戌 20	辛亥 21	壬子 22	癸丑 23	甲寅 24	乙卯 25	丙辰 26	丁巳 27	戊午 28	己未 29	庚申 30	辛酉 (5)	壬戌 2	癸亥 3	甲子 4	乙丑 5	丙寅 6	丁卯 7	戊辰 8	己巳 9	
四月小 丁巳	天干地支西曆	庚午 10	辛未 11	壬申 12	癸酉 13	甲戌 14	乙亥 15	丙子 16	丁丑 17	戊寅 18	己卯 19	庚辰 20	辛巳 21	壬午 22	癸未 23	甲申 24	乙酉 25	丙戌 26	丁亥 27	戊子 28	己丑 29	庚寅 30	辛卯 31	壬辰 (6)	癸巳 2	甲午 3	乙未 4	丙申 5	丁酉 6	戊戌 7		乙亥立夏
五月大 戊午	天干地支西曆	己亥 8	庚子 9	辛丑 10	壬寅 11	癸卯 12	甲辰 13	乙巳 14	丙午 15	丁未 16	戊申 17	己酉 18	庚戌 19	辛亥 20	壬子 21	癸丑 22	甲寅 23	乙卯 24	丙辰 25	丁巳 26	戊午 27	己未 28	庚申 29	辛酉 30	壬戌 (7)	癸亥 2	甲子 3	乙丑 4	丙寅 5	丁卯 6	戊辰 7	壬戌夏至
六月小 己未	天干地支西曆	己巳 8	庚午 9	辛未 10	壬申 11	癸酉 12	甲戌 13	乙亥 14	丙子 15	丁丑 16	戊寅 17	己卯 18	庚辰 19	辛巳 20	壬午 21	癸未 22	甲申 23	乙酉 24	丙戌 25	丁亥 26	戊子 27	己丑 28	庚寅 29	辛卯 30	壬辰 31	癸巳 (8)	甲午 2	乙未 3	丙申 4	丁酉 5		
七月大 庚申	天干地支西曆	戊戌 6	己亥 7	庚子 8	辛丑 9	壬寅 10	癸卯 11	甲辰 12	乙巳 13	丙午 14	丁未 15	戊申 16	己酉 17	庚戌 18	辛亥 19	壬子 20	癸丑 21	甲寅 22	乙卯 23	丙辰 24	丁巳 25	戊午 26	己未 27	庚申 28	辛酉 29	壬戌 30	癸亥 31	甲子 (9)	乙丑 2	丙寅 3	丁卯 4	己酉立秋 戊戌日食
八月小 辛酉	天干地支西曆	戊辰 5	己巳 6	庚午 7	辛未 8	壬申 9	癸酉 10	甲戌 11	乙亥 12	丙子 13	丁丑 14	戊寅 15	己卯 16	庚辰 17	辛巳 18	壬午 19	癸未 20	甲申 21	乙酉 22	丙戌 23	丁亥 24	戊子 25	己丑 26	庚寅 27	辛卯 28	壬辰 29	癸巳 30	甲午 (10)	乙未 2	丙申 3		甲午秋分
九月小 壬戌	天干地支西曆	丁酉 4	戊戌 5	己亥 6	庚子 7	辛丑 8	壬寅 9	癸卯 10	甲辰 11	乙巳 12	丙午 13	丁未 14	戊申 15	己酉 16	庚戌 17	辛亥 18	壬子 19	癸丑 20	甲寅 21	乙卯 22	丙辰 23	丁巳 24	戊午 25	己未 26	庚申 27	辛酉 28	壬戌 29	癸亥 30	甲子 31	乙丑 (11)		
十月大 癸亥	天干地支西曆	丙寅 2	丁卯 3	戊辰 4	己巳 5	庚午 6	辛未 7	壬申 8	癸酉 9	甲戌 10	乙亥 11	丙子 12	丁丑 13	戊寅 14	己卯 15	庚辰 16	辛巳 17	壬午 18	癸未 19	甲申 20	乙酉 21	丙戌 22	丁亥 23	戊子 24	己丑 25	庚寅 26	辛卯 27	壬辰 28	癸巳 29	甲午 30	乙未 (12)	己卯立冬
十一月小 甲子	天干地支西曆	丙申 2	丁酉 3	戊戌 4	己亥 5	庚子 6	辛丑 7	壬寅 8	癸卯 9	甲辰 10	乙巳 11	丙午 12	丁未 13	戊申 14	己酉 15	庚戌 16	辛亥 17	壬子 18	癸丑 19	甲寅 20	乙卯 21	丙辰 22	丁巳 23	戊午 24	己未 25	庚申 26	辛酉 27	壬戌 28	癸亥 29	甲子 30		癸亥冬至
閏十一大 甲子	天干地支西曆	乙丑 31	丙寅 (1)	丁卯 2	戊辰 3	己巳 4	庚午 5	辛未 6	壬申 7	癸酉 8	甲戌 9	乙亥 10	丙子 11	丁丑 12	戊寅 13	己卯 14	庚辰 15	辛巳 16	壬午 17	癸未 18	甲申 19	乙酉 20	丙戌 21	丁亥 22	戊子 23	己丑 24	庚寅 25	辛卯 26	壬辰 27	癸巳 28	甲午 29	
十二月小 乙丑	天干地支西曆	乙未 30	丙申 31	丁酉 (2)	戊戌 2	己亥 3	庚子 4	辛丑 5	壬寅 6	癸卯 7	甲辰 8	乙巳 9	丙午 10	丁未 11	戊申 12	己酉 13	庚戌 14	辛亥 15	壬子 16	癸丑 17	甲寅 18	乙卯 19	丙辰 20	丁巳 21	戊午 22	己未 23	庚申 24	辛酉 25	壬戌 26	癸亥 27		丁未立春 乙未日食

*《長術》：正庚子，二己巳，四戊辰，六丁卯，八丙寅，十一乙未。

周宣王二十六年（己亥 豬年） 公元前 802 ~ 前 801 年

夏曆月序		中西曆日對照	初一	初二	初三	初四	初五	初六	初七	初八	初九	初十	十一	十二	十三	十四	十五	十六	十七	十八	十九	二十	二一	二二	二三	二四	二五	二六	二七	二八	二九	三十	節氣與天象
正月大	丙寅	干支曆 天地西	甲子 28	乙丑 (3)	丙寅 2	丁卯 3	戊辰 4	己巳 5	庚午 6	辛未 7	壬申 8	癸酉 9	甲戌 10	乙亥 11	丙子 12	丁丑 13	戊寅 14	己卯 15	庚辰 16	辛巳 17	壬午 18	癸未 19	甲申 20	乙酉 21	丙戌 22	丁亥 23	戊子 24	己丑 25	庚寅 26	辛卯 27	壬辰 28	癸巳 29	癸巳春分
二月大	丁卯	干支曆 天地西	甲午 30	乙未 31	丙申 (4)	丁酉 2	戊戌 3	己亥 4	庚子 5	辛丑 6	壬寅 7	癸卯 8	甲辰 9	乙巳 10	丙午 11	丁未 12	戊申 13	己酉 14	庚戌 15	辛亥 16	壬子 17	癸丑 18	甲寅 19	乙卯 20	丙辰 21	丁巳 22	戊午 23	己未 24	庚申 25	辛酉 26	壬戌 27	癸亥 28	
三月小	戊辰	干支曆 天地西	甲子 29	乙丑 30	丙寅 (5)	丁卯 2	戊辰 3	己巳 4	庚午 5	辛未 6	壬申 7	癸酉 8	甲戌 9	乙亥 10	丙子 11	丁丑 12	戊寅 13	己卯 14	庚辰 15	辛巳 16	壬午 17	癸未 18	甲申 19	乙酉 20	丙戌 21	丁亥 22	戊子 23	己丑 24	庚寅 25	辛卯 26	壬辰 27		庚辰立夏
四月大	己巳	干支曆 天地西	癸巳 28	甲午 29	乙未 30	丙申 31	丁酉 (6)	戊戌 2	己亥 3	庚子 4	辛丑 5	壬寅 6	癸卯 7	甲辰 8	乙巳 9	丙午 10	丁未 11	戊申 12	己酉 13	庚戌 14	辛亥 15	壬子 16	癸丑 17	甲寅 18	乙卯 19	丙辰 20	丁巳 21	戊午 22	己未 23	庚申 24	辛酉 25	壬戌 26	
五月小	庚午	干支曆 天地西	癸亥 27	甲子 28	乙丑 29	丙寅 30	丁卯 (7)	戊辰 2	己巳 3	庚午 4	辛未 5	壬申 6	癸酉 7	甲戌 8	乙亥 9	丙子 10	丁丑 11	戊寅 12	己卯 13	庚辰 14	辛巳 15	壬午 16	癸未 17	甲申 18	乙酉 19	丙戌 20	丁亥 21	戊子 22	己丑 23	庚寅 24	辛卯 25		戊辰夏至
六月大	辛未	干支曆 天地西	壬辰 26	癸巳 27	甲午 28	乙未 29	丙申 30	丁酉 31	戊戌 (8)	己亥 2	庚子 3	辛丑 4	壬寅 5	癸卯 6	甲辰 7	乙巳 8	丙午 9	丁未 10	戊申 11	己酉 12	庚戌 13	辛亥 14	壬子 15	癸丑 16	甲寅 17	乙卯 18	丙辰 19	丁巳 20	戊午 21	己未 22	庚申 23	辛酉 24	甲寅立秋
七月大	壬申	干支曆 天地西	壬戌 25	癸亥 26	甲子 27	乙丑 28	丙寅 29	丁卯 30	戊辰 31	己巳 (9)	庚午 2	辛未 3	壬申 4	癸酉 5	甲戌 6	乙亥 7	丙子 8	丁丑 9	戊寅 10	己卯 11	庚辰 12	辛巳 13	壬午 14	癸未 15	甲申 16	乙酉 17	丙戌 18	丁亥 19	戊子 20	己丑 21	庚寅 22	辛卯 23	
八月小	癸酉	干支曆 天地西	壬辰 24	癸巳 25	甲午 26	乙未 27	丙申 28	丁酉 29	戊戌 30	己亥 (10)	庚子 2	辛丑 3	壬寅 4	癸卯 5	甲辰 6	乙巳 7	丙午 8	丁未 9	戊申 10	己酉 11	庚戌 12	辛亥 13	壬子 14	癸丑 15	甲寅 16	乙卯 17	丙辰 18	丁巳 19	戊午 20	己未 21	庚申 22		己亥秋分
九月大	甲戌	干支曆 天地西	辛酉 23	壬戌 24	癸亥 25	甲子 26	乙丑 27	丙寅 28	丁卯 29	戊辰 30	己巳 31	庚午 (11)	辛未 2	壬申 3	癸酉 4	甲戌 5	乙亥 6	丙子 7	丁丑 8	戊寅 9	己卯 10	庚辰 11	辛巳 12	壬午 13	癸未 14	甲申 15	乙酉 16	丙戌 17	丁亥 18	戊子 19	己丑 20	庚寅 21	甲申立冬
十月小	乙亥	干支曆 天地西	辛卯 22	壬辰 23	癸巳 24	甲午 25	乙未 26	丙申 27	丁酉 28	戊戌 29	己亥 30	庚子 (12)	辛丑 2	壬寅 3	癸卯 4	甲辰 5	乙巳 6	丙午 7	丁未 8	戊申 9	己酉 10	庚戌 11	辛亥 12	壬子 13	癸丑 14	甲寅 15	乙卯 16	丙辰 17	丁巳 18	戊午 19	己未 20		
十一月小	丙子	干支曆 天地西	庚申 21	辛酉 22	壬戌 23	癸亥 24	甲子 25	乙丑 26	丙寅 27	丁卯 28	戊辰 29	己巳 30	庚午 31	辛未 (1)	壬申 2	癸酉 3	甲戌 4	乙亥 5	丙子 6	丁丑 7	戊寅 8	己卯 9	庚辰 10	辛巳 11	壬午 12	癸未 13	甲申 14	乙酉 15	丙戌 16	丁亥 17	戊子 18		戊辰冬至
十二月大	丁丑	干支曆 天地西	己丑 19	庚寅 20	辛卯 21	壬辰 22	癸巳 23	甲午 24	乙未 25	丙申 26	丁酉 27	戊戌 28	己亥 29	庚子 30	辛丑 31	壬寅 (2)	癸卯 2	甲辰 3	乙巳 4	丙午 5	丁未 6	戊申 7	己酉 8	庚戌 9	辛亥 10	壬子 11	癸丑 12	甲寅 13	乙卯 14	丙辰 15	丁巳 16	戊午 17	癸丑立春

*《長術》：正甲午，三癸巳，五壬辰，六辛卯，八庚寅，十己丑朔。閏五。

周宣王二十七年（庚子 鼠年） 公元前801 ~ 前800年

夏曆月序		中西曆日對照	初一	初二	初三	初四	初五	初六	初七	初八	初九	初十	十一	十二	十三	十四	十五	十六	十七	十八	十九	二十	廿一	廿二	廿三	廿四	廿五	廿六	廿七	廿八	廿九	三十	節氣與天象
正月小	戊寅	天干地支西曆	己未18	庚申19	辛酉20	壬戌21	癸亥22	甲子23	乙丑24	丙寅25	丁卯26	戊辰27	己巳28	庚午29	辛未(3)	壬申2	癸酉3	甲戌4	乙亥5	丙子6	丁丑7	戊寅8	己卯9	庚辰10	辛巳11	壬午12	癸未13	甲申14	乙酉15	丙戌16	丁亥17		
二月大	己卯	天干地支西曆	戊子18	己丑19	庚寅20	辛卯21	壬辰22	癸巳23	甲午24	乙未25	丙申26	丁酉27	戊戌28	己亥29	庚子30	辛丑31	壬寅(4)	癸卯2	甲辰3	乙巳4	丙午5	丁未6	戊申7	己酉8	庚戌9	辛亥10	壬子11	癸丑12	甲寅13	乙卯14	丙辰15	丁巳16	己亥春分
三月小	庚辰	天干地支西曆	戊午17	己未18	庚申19	辛酉20	壬戌21	癸亥22	甲子23	乙丑24	丙寅25	丁卯26	戊辰27	己巳28	庚午29	辛未30	壬申(5)	癸酉2	甲戌3	乙亥4	丙子5	丁丑6	戊寅7	己卯8	庚辰9	辛巳10	壬午11	癸未12	甲申13	乙酉14	丙戌15		丙戌立夏
四月大	辛巳	天干地支西曆	丁亥16	戊子17	己丑18	庚寅19	辛卯20	壬辰21	癸巳22	甲午23	乙未24	丙申25	丁酉26	戊戌27	己亥28	庚子29	辛丑30	壬寅31	癸卯(6)	甲辰2	乙巳3	丙午4	丁未5	戊申6	己酉7	庚戌8	辛亥9	壬子10	癸丑11	甲寅12	乙卯13	丙辰14	
五月小	壬午	天干地支西曆	丁巳15	戊午16	己未17	庚申18	辛酉19	壬戌20	癸亥21	甲子22	乙丑23	丙寅24	丁卯25	戊辰26	己巳27	庚午28	辛未29	壬申30	癸酉(7)	甲戌2	乙亥3	丙子4	丁丑5	戊寅6	己卯7	庚辰8	辛巳9	壬午10	癸未11	甲申12	乙酉13		癸酉夏至
六月大	癸未	天干地支西曆	丙戌14	丁亥15	戊子16	己丑17	庚寅18	辛卯19	壬辰20	癸巳21	甲午22	乙未23	丙申24	丁酉25	戊戌26	己亥27	庚子28	辛丑29	壬寅30	癸卯31	甲辰(8)	乙巳2	丙午3	丁未4	戊申5	己酉6	庚戌7	辛亥8	壬子9	癸丑10	甲寅11	乙卯12	
七月大	甲申	天干地支西曆	丙辰13	丁巳14	戊午15	己未16	庚申17	辛酉18	壬戌19	癸亥20	甲子21	乙丑22	丙寅23	丁卯24	戊辰25	己巳26	庚午27	辛未28	壬申29	癸酉30	甲戌31	乙亥(9)	丙子2	丁丑3	戊寅4	己卯5	庚辰6	辛巳7	壬午8	癸未9	甲申10	乙酉11	己未立秋
八月大	乙酉	天干地支西曆	丙戌12	丁亥13	戊子14	己丑15	庚寅16	辛卯17	壬辰18	癸巳19	甲午20	乙未21	丙申22	丁酉23	戊戌24	己亥25	庚子26	辛丑27	壬寅28	癸卯29	甲辰30	乙巳(10)	丙午2	丁未3	戊申4	己酉5	庚戌6	辛亥7	壬子8	癸丑9	甲寅10	乙卯11	乙巳秋分
九月小	丙戌	天干地支西曆	丙辰12	丁巳13	戊午14	己未15	庚申16	辛酉17	壬戌18	癸亥19	甲子20	乙丑21	丙寅22	丁卯23	戊辰24	己巳25	庚午26	辛未27	壬申28	癸酉29	甲戌30	乙亥31	丙子(11)	丁丑2	戊寅3	己卯4	庚辰5	辛巳6	壬午7	癸未8	甲申9		
十月大	丁亥	天干地支西曆	乙酉10	丙戌11	丁亥12	戊子13	己丑14	庚寅15	辛卯16	壬辰17	癸巳18	甲午19	乙未20	丙申21	丁酉22	戊戌23	己亥24	庚子25	辛丑26	壬寅27	癸卯28	甲辰29	乙巳30	丙午(12)	丁未2	戊申3	己酉4	庚戌5	辛亥6	壬子7	癸丑8	甲寅9	己丑立冬
十一月小	戊子	天干地支西曆	乙卯10	丙辰11	丁巳12	戊午13	己未14	庚申15	辛酉16	壬戌17	癸亥18	甲子19	乙丑20	丙寅21	丁卯22	戊辰23	己巳24	庚午25	辛未26	壬申27	癸酉28	甲戌29	乙亥30	丙子31	丁丑(1)	戊寅2	己卯3	庚辰4	辛巳5	壬午6	癸未7		癸酉冬至
十二月大	己丑	天干地支西曆	甲申8	乙酉9	丙戌10	丁亥11	戊子12	己丑13	庚寅14	辛卯15	壬辰16	癸巳17	甲午18	乙未19	丙申20	丁酉21	戊戌22	己亥23	庚子24	辛丑25	壬寅26	癸卯27	甲辰28	乙巳29	丙午30	丁未31	戊申(2)	己酉2	庚戌3	辛亥4	壬子5	癸丑6	

*《長術》：正戊午，三丁巳，五丙辰，七乙卯，九甲寅，十一癸丑。

周宣王二十八年（辛丑 牛年） 公元前 800 ~ 前 799 年

夏曆月序		中西曆日對照	初一	初二	初三	初四	初五	初六	初七	初八	初九	初十	十一	十二	十三	十四	十五	十六	十七	十八	十九	二十	二一	二二	二三	二四	二五	二六	二七	二八	二九	三十	節氣與天象
正月小	庚寅	干支 天地西曆	甲寅 7	乙卯 8	丙辰 9	丁巳 10	戊午 11	己未 12	庚申 13	辛酉 14	壬戌 15	癸亥 16	甲子 17	乙丑 18	丙寅 19	丁卯 20	戊辰 21	己巳 22	庚午 23	辛未 24	壬申 25	癸酉 26	甲戌 27	乙亥 28	丙子 (3)	丁丑 2	戊寅 3	己卯 4	庚辰 5	辛巳 6	壬午 7		戊午立春
二月小	辛卯	干支 天地西曆	癸未 8	甲申 9	乙酉 10	丙戌 11	丁亥 12	戊子 13	己丑 14	庚寅 15	辛卯 16	壬辰 17	癸巳 18	甲午 19	乙未 20	丙申 21	丁酉 22	戊戌 23	己亥 24	庚子 25	辛丑 26	壬寅 27	癸卯 28	甲辰 29	乙巳 30	丙午 31	丁未 (4)	戊申 2	己酉 3	庚戌 4	辛亥 5		甲辰春分
三月大	壬辰	干支 天地西曆	壬子 6	癸丑 7	甲寅 8	乙卯 9	丙辰 10	丁巳 11	戊午 12	己未 13	庚申 14	辛酉 15	壬戌 16	癸亥 17	甲子 18	乙丑 19	丙寅 20	丁卯 21	戊辰 22	己巳 23	庚午 24	辛未 25	壬申 26	癸酉 27	甲戌 28	乙亥 29	丙子 30	丁丑 (5)	戊寅 2	己卯 3	庚辰 4	辛巳 5	
四月小	癸巳	干支 天地西曆	壬午 6	癸未 7	甲申 8	乙酉 9	丙戌 10	丁亥 11	戊子 12	己丑 13	庚寅 14	辛卯 15	壬辰 16	癸巳 17	甲午 18	乙未 19	丙申 20	丁酉 21	戊戌 22	己亥 23	庚子 24	辛丑 25	壬寅 26	癸卯 27	甲辰 28	乙巳 29	丙午 30	丁未 31	戊申 (6)	己酉 2	庚戌 3		辛卯立夏
五月大	甲午	干支 天地西曆	辛亥 4	壬子 5	癸丑 6	甲寅 7	乙卯 8	丙辰 9	丁巳 10	戊午 11	己未 12	庚申 13	辛酉 14	壬戌 15	癸亥 16	甲子 17	乙丑 18	丙寅 19	丁卯 20	戊辰 21	己巳 22	庚午 23	辛未 24	壬申 25	癸酉 26	甲戌 27	乙亥 28	丙子 29	丁丑 30	戊寅 (7)	己卯 2	庚辰 3	戊寅夏至
六月小	乙未	干支 天地西曆	辛巳 4	壬午 5	癸未 6	甲申 7	乙酉 8	丙戌 9	丁亥 10	戊子 11	己丑 12	庚寅 13	辛卯 14	壬辰 15	癸巳 16	甲午 17	乙未 18	丙申 19	丁酉 20	戊戌 21	己亥 22	庚子 23	辛丑 24	壬寅 25	癸卯 26	甲辰 27	乙巳 28	丙午 29	丁未 30	戊申 31	己酉 (8)		
七月大	丙申	干支 天地西曆	庚戌 2	辛亥 3	壬子 4	癸丑 5	甲寅 6	乙卯 7	丙辰 8	丁巳 9	戊午 10	己未 11	庚申 12	辛酉 13	壬戌 14	癸亥 15	甲子 16	乙丑 17	丙寅 18	丁卯 19	戊辰 20	己巳 21	庚午 22	辛未 23	壬申 24	癸酉 25	甲戌 26	乙亥 27	丙子 28	丁丑 29	戊寅 30	己卯 31	乙丑立秋
八月大	丁酉	干支 天地西曆	庚辰 (9)	辛巳 2	壬午 3	癸未 4	甲申 5	乙酉 6	丙戌 7	丁亥 8	戊子 9	己丑 10	庚寅 11	辛卯 12	壬辰 13	癸巳 14	甲午 15	乙未 16	丙申 17	丁酉 18	戊戌 19	己亥 20	庚子 21	辛丑 22	壬寅 23	癸卯 24	甲辰 25	乙巳 26	丙午 27	丁未 28	戊申 29	己酉 30	
九月小	戊戌	干支 天地西曆	庚戌 (10)	辛亥 2	壬子 3	癸丑 4	甲寅 5	乙卯 6	丙辰 7	丁巳 8	戊午 9	己未 10	庚申 11	辛酉 12	壬戌 13	癸亥 14	甲子 15	乙丑 16	丙寅 17	丁卯 18	戊辰 19	己巳 20	庚午 21	辛未 22	壬申 23	癸酉 24	甲戌 25	乙亥 26	丙子 27	丁丑 28	戊寅 29		庚戌秋分
閏九月大	戊戌	干支 天地西曆	己卯 30	庚辰 31	辛巳 (11)	壬午 2	癸未 3	甲申 4	乙酉 5	丙戌 6	丁亥 7	戊子 8	己丑 9	庚寅 10	辛卯 11	壬辰 12	癸巳 13	甲午 14	乙未 15	丙申 16	丁酉 17	戊戌 18	己亥 19	庚子 20	辛丑 21	壬寅 22	癸卯 23	甲辰 24	乙巳 25	丙午 26	丁未 27	戊申 28	甲午立冬
十月大	己亥	干支 天地西曆	己酉 29	庚戌 30	辛亥 (12)	壬子 2	癸丑 3	甲寅 4	乙卯 5	丙辰 6	丁巳 7	戊午 8	己未 9	庚申 10	辛酉 11	壬戌 12	癸亥 13	甲子 14	乙丑 15	丙寅 16	丁卯 17	戊辰 18	己巳 19	庚午 20	辛未 21	壬申 22	癸酉 23	甲戌 24	乙亥 25	丙子 26	丁丑 27	戊寅 28	戊寅冬至
十一月小	庚子	干支 天地西曆	己卯 29	庚辰 30	辛巳 31	壬午 (1)	癸未 2	甲申 3	乙酉 4	丙戌 5	丁亥 6	戊子 7	己丑 8	庚寅 9	辛卯 10	壬辰 11	癸巳 12	甲午 13	乙未 14	丙申 15	丁酉 16	戊戌 17	己亥 18	庚子 19	辛丑 20	壬寅 21	癸卯 22	甲辰 23	乙巳 24	丙午 25	丁未 26		
十二月大	辛丑	干支 天地西曆	戊申 27	己酉 28	庚戌 29	辛亥 30	壬子 31	癸丑 (2)	甲寅 2	乙卯 3	丙辰 4	丁巳 5	戊午 6	己未 7	庚申 8	辛酉 9	壬戌 10	癸亥 11	甲子 12	乙丑 13	丙寅 14	丁卯 15	戊辰 16	己巳 17	庚午 18	辛未 19	壬申 20	癸酉 21	甲戌 22	乙亥 23	丙子 24	丁丑 25	癸亥立春

*《長術》：正壬子，三辛亥，六庚辰，八己卯，十戊寅，十二丁丑。

周宣王二十九年（壬寅 虎年） 公元前799 ~ 前798年

夏曆月序	中西曆日對照	初一	初二	初三	初四	初五	初六	初七	初八	初九	初十	十一	十二	十三	十四	十五	十六	十七	十八	十九	二十	二一	二二	二三	二四	二五	二六	二七	二八	二九	三十	節氣與天象
正月小 壬寅	天干地支	戊寅	己卯	庚辰	辛巳	壬午	癸未	甲申	乙酉	丙戌	丁亥	戊子	己丑	庚寅	辛卯	壬辰	癸巳	甲午	乙未	丙申	丁酉	戊戌	己亥	庚子	辛丑	壬寅	癸卯	甲辰	乙巳	丙午		
	西曆	26	27	28	(3)	2	3	4	5	6	7	8	9	10	11	12	13	14	15	16	17	18	19	20	21	22	23	24	25	26		
二月小 癸卯	天干地支	丁未	戊申	己酉	庚戌	辛亥	壬子	癸丑	甲寅	乙卯	丙辰	丁巳	戊午	己未	庚申	辛酉	壬戌	癸亥	甲子	乙丑	丙寅	丁卯	戊辰	己巳	庚午	辛未	壬申	癸酉	甲戌	乙亥		己酉春分
	西曆	27	28	29	30	31	(4)	2	3	4	5	6	7	8	9	10	11	12	13	14	15	16	17	18	19	20	21	22	23	24		
三月大 甲辰	天干地支	丙子	丁丑	戊寅	己卯	庚辰	辛巳	壬午	癸未	甲申	乙酉	丙戌	丁亥	戊子	己丑	庚寅	辛卯	壬辰	癸巳	甲午	乙未	丙申	丁酉	戊戌	己亥	庚子	辛丑	壬寅	癸卯	甲辰	乙巳	丙申立夏
	西曆	25	26	27	28	29	30	(5)	2	3	4	5	6	7	8	9	10	11	12	13	14	15	16	17	18	19	20	21	22	23	24	
四月小 乙巳	天干地支	丙午	丁未	戊申	己酉	庚戌	辛亥	壬子	癸丑	甲寅	乙卯	丙辰	丁巳	戊午	己未	庚申	辛酉	壬戌	癸亥	甲子	乙丑	丙寅	丁卯	戊辰	己巳	庚午	辛未	壬申	癸酉	甲戌		
	西曆	25	26	27	28	29	30	31	(6)	2	3	4	5	6	7	8	9	10	11	12	13	14	15	16	17	18	19	20	21	22		
五月小 丙午	天干地支	乙亥	丙子	丁丑	戊寅	己卯	庚辰	辛巳	壬午	癸未	甲申	乙酉	丙戌	丁亥	戊子	己丑	庚寅	辛卯	壬辰	癸巳	甲午	乙未	丙申	丁酉	戊戌	己亥	庚子	辛丑	壬寅	癸卯		癸未夏至
	西曆	23	24	25	26	27	28	29	30	(7)	2	3	4	5	6	7	8	9	10	11	12	13	14	15	16	17	18	19	20	21		
六月大 丁未	天干地支	甲辰	乙巳	丙午	丁未	戊申	己酉	庚戌	辛亥	壬子	癸丑	甲寅	乙卯	丙辰	丁巳	戊午	己未	庚申	辛酉	壬戌	癸亥	甲子	乙丑	丙寅	丁卯	戊辰	己巳	庚午	辛未	壬申	癸酉	庚午立秋
	西曆	22	23	24	25	26	27	28	29	30	31	(8)	2	3	4	5	6	7	8	9	10	11	12	13	14	15	16	17	18	19	20	
七月大 戊申	天干地支	甲戌	乙亥	丙子	丁丑	戊寅	己卯	庚辰	辛巳	壬午	癸未	甲申	乙酉	丙戌	丁亥	戊子	己丑	庚寅	辛卯	壬辰	癸巳	甲午	乙未	丙申	丁酉	戊戌	己亥	庚子	辛丑	壬寅	癸卯	
	西曆	21	22	23	24	25	26	27	28	29	30	31	(9)	2	3	4	5	6	7	8	9	10	11	12	13	14	15	16	17	18	19	
八月小 己酉	天干地支	甲辰	乙巳	丙午	丁未	戊申	己酉	庚戌	辛亥	壬子	癸丑	甲寅	乙卯	丙辰	丁巳	戊午	己未	庚申	辛酉	壬戌	癸亥	甲子	乙丑	丙寅	丁卯	戊辰	己巳	庚午	辛未	壬申		乙卯秋分
	西曆	20	21	22	23	24	25	26	27	28	29	30	(10)	2	3	4	5	6	7	8	9	10	11	12	13	14	15	16	17	18		
九月大 庚戌	天干地支	癸酉	甲戌	乙亥	丙子	丁丑	戊寅	己卯	庚辰	辛巳	壬午	癸未	甲申	乙酉	丙戌	丁亥	戊子	己丑	庚寅	辛卯	壬辰	癸巳	甲午	乙未	丙申	丁酉	戊戌	己亥	庚子	辛丑	壬寅	庚子立冬
	西曆	19	20	21	22	23	24	25	26	27	28	29	30	31	(11)	2	3	4	5	6	7	8	9	10	11	12	13	14	15	16	17	
十月大 辛亥	天干地支	癸卯	甲辰	乙巳	丙午	丁未	戊申	己酉	庚戌	辛亥	壬子	癸丑	甲寅	乙卯	丙辰	丁巳	戊午	己未	庚申	辛酉	壬戌	癸亥	甲子	乙丑	丙寅	丁卯	戊辰	己巳	庚午	辛未	壬申	
	西曆	18	19	20	21	22	23	24	25	26	27	28	29	30	(12)	2	3	4	5	6	7	8	9	10	11	12	13	14	15	16	17	
十一月大 壬子	天干地支	癸酉	甲戌	乙亥	丙子	丁丑	戊寅	己卯	庚辰	辛巳	壬午	癸未	甲申	乙酉	丙戌	丁亥	戊子	己丑	庚寅	辛卯	壬辰	癸巳	甲午	乙未	丙申	丁酉	戊戌	己亥	庚子	辛丑	壬寅	甲申冬至
	西曆	18	19	20	21	22	23	24	25	26	27	28	29	30	31	(1)	2	3	4	5	6	7	8	9	10	11	12	13	14	15	16	
十二月小 癸丑	天干地支	癸卯	甲辰	乙巳	丙午	丁未	戊申	己酉	庚戌	辛亥	壬子	癸丑	甲寅	乙卯	丙辰	丁巳	戊午	己未	庚申	辛酉	壬戌	癸亥	甲子	乙丑	丙寅	丁卯	戊辰	己巳	庚午	辛未		戊辰立春
	西曆	17	18	19	20	21	22	23	24	25	26	27	28	29	30	31	(2)	2	3	4	5	6	7	8	9	10	11	12	13	14		

*《長術》：正丁未，二丙子，三乙亥，五甲戌，七癸酉，十壬寅，十二辛丑朔。閏二。

周宣王三十年（癸卯 兔年） 公元前 798 ~ 前 797 年

夏曆月序	月建	中西曆日對照	初一	初二	初三	初四	初五	初六	初七	初八	初九	初十	十一	十二	十三	十四	十五	十六	十七	十八	十九	二十	二一	二二	二三	二四	二五	二六	二七	二八	二九	三十	節氣與天象
正月大	甲寅	干支曆	壬申	癸酉	甲戌	乙亥	丙子	丁丑	戊寅	己卯	庚辰	辛巳	壬午	癸未	甲申	乙酉	丙戌	丁亥	戊子	己丑	庚寅	辛卯	壬辰	癸巳	甲午	乙未	丙申	丁酉	戊戌	己亥	庚子	辛丑	
		天地西曆	15	16	17	18	19	20	21	22	23	24	25	26	27	28	(3)	2	3	4	5	6	7	8	9	10	11	12	13	14	15	16	
二月小	乙卯	干支曆	壬寅	癸卯	甲辰	乙巳	丙午	丁未	戊申	己酉	庚戌	辛亥	壬子	癸丑	甲寅	乙卯	丙辰	丁巳	戊午	己未	庚申	辛酉	壬戌	癸亥	甲子	乙丑	丙寅	丁卯	戊辰	己巳	庚午		甲寅春分
		天地西曆	17	18	19	20	21	22	23	24	25	26	27	28	29	30	31	(4)	2	3	4	5	6	7	8	9	10	11	12	13	14		
三月小	丙辰	干支曆	辛未	壬申	癸酉	甲戌	乙亥	丙子	丁丑	戊寅	己卯	庚辰	辛巳	壬午	癸未	甲申	乙酉	丙戌	丁亥	戊子	己丑	庚寅	辛卯	壬辰	癸巳	甲午	乙未	丙申	丁酉	戊戌	己亥		
		天地西曆	15	16	17	18	19	20	21	22	23	24	25	26	27	28	29	30	(5)	2	3	4	5	6	7	8	9	10	11	12	13		
四月大	丁巳	干支曆	庚子	辛丑	壬寅	癸卯	甲辰	乙巳	丙午	丁未	戊申	己酉	庚戌	辛亥	壬子	癸丑	甲寅	乙卯	丙辰	丁巳	戊午	己未	庚申	辛酉	壬戌	癸亥	甲子	乙丑	丙寅	丁卯	戊辰	己巳	辛丑立夏
		天地西曆	14	15	16	17	18	19	20	21	22	23	24	25	26	27	28	29	30	31	(6)	2	3	4	5	6	7	8	9	10	11	12	
五月小	戊午	干支曆	庚午	辛未	壬申	癸酉	甲戌	乙亥	丙子	丁丑	戊寅	己卯	庚辰	辛巳	壬午	癸未	甲申	乙酉	丙戌	丁亥	戊子	己丑	庚寅	辛卯	壬辰	癸巳	甲午	乙未	丙申	丁酉	戊戌		己丑夏至
		天地西曆	13	14	15	16	17	18	19	20	21	22	23	24	25	26	27	28	29	30	(7)	2	3	4	5	6	7	8	9	10	11		
六月小	己未	干支曆	己亥	庚子	辛丑	壬寅	癸卯	甲辰	乙巳	丙午	丁未	戊申	己酉	庚戌	辛亥	壬子	癸丑	甲寅	乙卯	丙辰	丁巳	戊午	己未	庚申	辛酉	壬戌	癸亥	甲子	乙丑	丙寅	丁卯		
		天地西曆	12	13	14	15	16	17	18	19	20	21	22	23	24	25	26	27	28	29	30	31	(8)	2	3	4	5	6	7	8	9		
七月大	庚申	干支曆	戊辰	己巳	庚午	辛未	壬申	癸酉	甲戌	乙亥	丙子	丁丑	戊寅	己卯	庚辰	辛巳	壬午	癸未	甲申	乙酉	丙戌	丁亥	戊子	己丑	庚寅	辛卯	壬辰	癸巳	甲午	乙未	丙申	丁酉	乙亥立秋
		天地西曆	10	11	12	13	14	15	16	17	18	19	20	21	22	23	24	25	26	27	28	29	30	31	(9)	2	3	4	5	6	7	8	
八月小	辛酉	干支曆	戊戌	己亥	庚子	辛丑	壬寅	癸卯	甲辰	乙巳	丙午	丁未	戊申	己酉	庚戌	辛亥	壬子	癸丑	甲寅	乙卯	丙辰	丁巳	戊午	己未	庚申	辛酉	壬戌	癸亥	甲子	乙丑	丙寅		庚申秋分
		天地西曆	9	10	11	12	13	14	15	16	17	18	19	20	21	22	23	24	25	26	27	28	29	30	(10)	2	3	4	5	6	7		
九月大	壬戌	干支曆	丁卯	戊辰	己巳	庚午	辛未	壬申	癸酉	甲戌	乙亥	丙子	丁丑	戊寅	己卯	庚辰	辛巳	壬午	癸未	甲申	乙酉	丙戌	丁亥	戊子	己丑	庚寅	辛卯	壬辰	癸巳	甲午	乙未	丙申	
		天地西曆	8	9	10	11	12	13	14	15	16	17	18	19	20	21	22	23	24	25	26	27	28	29	30	31	(11)	2	3	4	5	6	
十月大	癸亥	干支曆	丁酉	戊戌	己亥	庚子	辛丑	壬寅	癸卯	甲辰	乙巳	丙午	丁未	戊申	己酉	庚戌	辛亥	壬子	癸丑	甲寅	乙卯	丙辰	丁巳	戊午	己未	庚申	辛酉	壬戌	癸亥	甲子	乙丑	丙寅	乙巳立冬 丁酉日食
		天地西曆	7	8	9	10	11	12	13	14	15	16	17	18	19	20	21	22	23	24	25	26	27	28	29	30	(12)	2	3	4	5	6	
十一月大	甲子	干支曆	丁卯	戊辰	己巳	庚午	辛未	壬申	癸酉	甲戌	乙亥	丙子	丁丑	戊寅	己卯	庚辰	辛巳	壬午	癸未	甲申	乙酉	丙戌	丁亥	戊子	己丑	庚寅	辛卯	壬辰	癸巳	甲午	乙未	丙申	己丑冬至
		天地西曆	7	8	9	10	11	12	13	14	15	16	17	18	19	20	21	22	23	24	25	26	27	28	29	30	31	(1)	2	3	4	5	
十二月大	乙丑	干支曆	丁酉	戊戌	己亥	庚子	辛丑	壬寅	癸卯	甲辰	乙巳	丙午	丁未	戊申	己酉	庚戌	辛亥	壬子	癸丑	甲寅	乙卯	丙辰	丁巳	戊午	己未	庚申	辛酉	壬戌	癸亥	甲子	乙丑	丙寅	
		天地西曆	6	7	8	9	10	11	12	13	14	15	16	17	18	19	20	21	22	23	24	25	26	27	28	29	30	31	(2)	2	3	4	

*《長術》：正辛未，二庚子，四己亥，六戊戌，八丁酉，十丙申。

周宣王三十一年（甲辰 龍年） 公元前 **797** ~ 前 796 年

夏曆月序		中西曆日對照	夏曆日序																													節氣與天象
			初一	初二	初三	初四	初五	初六	初七	初八	初九	初十	十一	十二	十三	十四	十五	十六	十七	十八	十九	二十	二一	二二	二三	二四	二五	二六	二七	二八	二九	三十	
正月小	丙寅	天干地支 西曆	丁卯 5	戊辰 6	己巳 7	庚午 8	辛未 9	壬申 10	癸酉 11	甲戌 12	乙亥 13	丙子 14	丁丑 15	戊寅 16	己卯 17	庚辰 18	辛巳 19	壬午 20	癸未 21	甲申 22	乙酉 23	丙戌 24	丁亥 25	戊子 26	己丑 27	庚寅 28	辛卯 29	壬辰 (3)	癸巳 2	甲午 3	乙未 4		甲戌立春
二月大	丁卯	天干地支 西曆	丙申 5	丁酉 6	戊戌 7	己亥 8	庚子 9	辛丑 10	壬寅 11	癸卯 12	甲辰 13	乙巳 14	丙午 15	丁未 16	戊申 17	己酉 18	庚戌 19	辛亥 20	壬子 21	癸丑 22	甲寅 23	乙卯 24	丙辰 25	丁巳 26	戊午 27	己未 28	庚申 29	辛酉 30	壬戌 31	癸亥 (4)	甲子 2	乙丑 3	庚申春分
三月小	戊辰	天干地支 西曆	丙寅 4	丁卯 5	戊辰 6	己巳 7	庚午 8	辛未 9	壬申 10	癸酉 11	甲戌 12	乙亥 13	丙子 14	丁丑 15	戊寅 16	己卯 17	庚辰 18	辛巳 19	壬午 20	癸未 21	甲申 22	乙酉 23	丙戌 24	丁亥 25	戊子 26	己丑 27	庚寅 28	辛卯 29	壬辰 30	癸巳 (5)	甲午 2		
四月小	己巳	天干地支 西曆	乙未 3	丙申 4	丁酉 5	戊戌 6	己亥 7	庚子 8	辛丑 9	壬寅 10	癸卯 11	甲辰 12	乙巳 13	丙午 14	丁未 15	戊申 16	己酉 17	庚戌 18	辛亥 19	壬子 20	癸丑 21	甲寅 22	乙卯 23	丙辰 24	丁巳 25	戊午 26	己未 27	庚申 28	辛酉 29	壬戌 30	癸亥 31		丁未立夏
五月大	庚午	天干地支 西曆	甲子 (6)	乙丑 2	丙寅 3	丁卯 4	戊辰 5	己巳 6	庚午 7	辛未 8	壬申 9	癸酉 10	甲戌 11	乙亥 12	丙子 13	丁丑 14	戊寅 15	己卯 16	庚辰 17	辛巳 18	壬午 19	癸未 20	甲申 21	乙酉 22	丙戌 23	丁亥 24	戊子 25	己丑 26	庚寅 27	辛卯 28	壬辰 29	癸巳 30	
六月小	辛未	天干地支 西曆	甲午 (7)	乙未 2	丙申 3	丁酉 4	戊戌 5	己亥 6	庚子 7	辛丑 8	壬寅 9	癸卯 10	甲辰 11	乙巳 12	丙午 13	丁未 14	戊申 15	己酉 16	庚戌 17	辛亥 18	壬子 19	癸丑 20	甲寅 21	乙卯 22	丙辰 23	丁巳 24	戊午 25	己未 26	庚申 27	辛酉 28	壬戌 29		甲午夏至
閏六月小	辛未	天干地支 西曆	癸亥 30	甲子 31	乙丑 (8)	丙寅 2	丁卯 3	戊辰 4	己巳 5	庚午 6	辛未 7	壬申 8	癸酉 9	甲戌 10	乙亥 11	丙子 12	丁丑 13	戊寅 14	己卯 15	庚辰 16	辛巳 17	壬午 18	癸未 19	甲申 20	乙酉 21	丙戌 22	丁亥 23	戊子 24	己丑 25	庚寅 26	辛卯 27		庚辰立秋
七月大	壬申	天干地支 西曆	壬辰 28	癸巳 29	甲午 30	乙未 31	丙申 (9)	丁酉 2	戊戌 3	己亥 4	庚子 5	辛丑 6	壬寅 7	癸卯 8	甲辰 9	乙巳 10	丙午 11	丁未 12	戊申 13	己酉 14	庚戌 15	辛亥 16	壬子 17	癸丑 18	甲寅 19	乙卯 20	丙辰 21	丁巳 22	戊午 23	己未 24	庚申 25	辛酉 26	
八月小	癸酉	天干地支 西曆	壬戌 27	癸亥 28	甲子 29	乙丑 30	丙寅 (10)	丁卯 2	戊辰 3	己巳 4	庚午 5	辛未 6	壬申 7	癸酉 8	甲戌 9	乙亥 10	丙子 11	丁丑 12	戊寅 13	己卯 14	庚辰 15	辛巳 16	壬午 17	癸未 18	甲申 19	乙酉 20	丙戌 21	丁亥 22	戊子 23	己丑 24	庚寅 25		丙寅秋分
九月大	甲戌	天干地支 西曆	辛卯 26	壬辰 27	癸巳 28	甲午 29	乙未 30	丙申 31	丁酉 (11)	戊戌 2	己亥 3	庚子 4	辛丑 5	壬寅 6	癸卯 7	甲辰 8	乙巳 9	丙午 10	丁未 11	戊申 12	己酉 13	庚戌 14	辛亥 15	壬子 16	癸丑 17	甲寅 18	乙卯 19	丙辰 20	丁巳 21	戊午 22	己未 23	庚申 24	庚戌立冬
十月大	乙亥	天干地支 西曆	辛酉 25	壬戌 26	癸亥 27	甲子 28	乙丑 29	丙寅 30	丁卯 (12)	戊辰 2	己巳 3	庚午 4	辛未 5	壬申 6	癸酉 7	甲戌 8	乙亥 9	丙子 10	丁丑 11	戊寅 12	己卯 13	庚辰 14	辛巳 15	壬午 16	癸未 17	甲申 18	乙酉 19	丙戌 20	丁亥 21	戊子 22	己丑 23	庚寅 24	
十一月大	丙子	天干地支 西曆	辛卯 25	壬辰 26	癸巳 27	甲午 28	乙未 29	丙申 30	丁酉 31	戊戌 (1)	己亥 2	庚子 3	辛丑 4	壬寅 5	癸卯 6	甲辰 7	乙巳 8	丙午 9	丁未 10	戊申 11	己酉 12	庚戌 13	辛亥 14	壬子 15	癸丑 16	甲寅 17	乙卯 18	丙辰 19	丁巳 20	戊午 21	己未 22	庚申 23	甲午冬至
十二月小	丁丑	天干地支 西曆	辛酉 24	壬戌 25	癸亥 26	甲子 27	乙丑 28	丙寅 29	丁卯 30	戊辰 31	己巳 (2)	庚午 2	辛未 3	壬申 4	癸酉 5	甲戌 6	乙亥 7	丙子 8	丁丑 9	戊寅 10	己卯 11	庚辰 12	辛巳 13	壬午 14	癸未 15	甲申 16	乙酉 17	丙戌 18	丁亥 19	戊子 20	己丑 21		己卯立春

*《長術》：正乙丑，三甲子，五癸亥，七壬戌，九辛酉，十庚申，十二己未。閏十。

周宣王三十二年（乙巳 蛇年） 公元前796 ~ 前795年

夏曆月序		中西曆日對照	初一	初二	初三	初四	初五	初六	初七	初八	初九	初十	十一	十二	十三	十四	十五	十六	十七	十八	十九	二十	二一	二二	二三	二四	二五	二六	二七	二八	二九	三十	節氣與天象
正月大	戊寅	天干地支西曆	庚寅22	辛卯23	壬辰24	癸巳25	甲午26	乙未27	丙申28	丁酉(3)	戊戌2	己亥3	庚子4	辛丑5	壬寅6	癸卯7	甲辰8	乙巳9	丙午10	丁未11	戊申12	己酉13	庚戌14	辛亥15	壬子16	癸丑17	甲寅18	乙卯19	丙辰20	丁巳21	戊午22	己未23	
二月小	己卯	天干地支西曆	庚申24	辛酉25	壬戌26	癸亥27	甲子28	乙丑29	丙寅30	丁卯31	戊辰(4)	己巳2	庚午3	辛未4	壬申5	癸酉6	甲戌7	乙亥8	丙子9	丁丑10	戊寅11	己卯12	庚辰13	辛巳14	壬午15	癸未16	甲申17	乙酉18	丙戌19	丁亥20	戊子21		乙丑春分 庚申日食
三月大	庚辰	天干地支西曆	己丑22	庚寅23	辛卯24	壬辰25	癸巳26	甲午27	乙未28	丙申29	丁酉30	戊戌(5)	己亥2	庚子3	辛丑4	壬寅5	癸卯6	甲辰7	乙巳8	丙午9	丁未10	戊申11	己酉12	庚戌13	辛亥14	壬子15	癸丑16	甲寅17	乙卯18	丙辰19	丁巳20	戊午21	壬子立夏
四月小	辛巳	天干地支西曆	己未22	庚申23	辛酉24	壬戌25	癸亥26	甲子27	乙丑28	丙寅29	丁卯30	戊辰31	己巳(6)	庚午2	辛未3	壬申4	癸酉5	甲戌6	乙亥7	丙子8	丁丑9	戊寅10	己卯11	庚辰12	辛巳13	壬午14	癸未15	甲申16	乙酉17	丙戌18	丁亥19		
五月大	壬午	天干地支西曆	戊子20	己丑21	庚寅22	辛卯23	壬辰24	癸巳25	甲午26	乙未27	丙申28	丁酉29	戊戌30	己亥(7)	庚子2	辛丑3	壬寅4	癸卯5	甲辰6	乙巳7	丙午8	丁未9	戊申10	己酉11	庚戌12	辛亥13	壬子14	癸丑15	甲寅16	乙卯17	丙辰18	丁巳19	己亥夏至
六月小	癸未	天干地支西曆	戊午20	己未21	庚申22	辛酉23	壬戌24	癸亥25	甲子26	乙丑27	丙寅28	丁卯29	戊辰30	己巳31	庚午(8)	辛未2	壬申3	癸酉4	甲戌5	乙亥6	丙子7	丁丑8	戊寅9	己卯10	庚辰11	辛巳12	壬午13	癸未14	甲申15	乙酉16	丙戌17		丙戌立秋
七月小	甲申	天干地支西曆	丁亥18	戊子19	己丑20	庚寅21	辛卯22	壬辰23	癸巳24	甲午25	乙未26	丙申27	丁酉28	戊戌29	己亥30	庚子31	辛丑(9)	壬寅2	癸卯3	甲辰4	乙巳5	丙午6	丁未7	戊申8	己酉9	庚戌10	辛亥11	壬子12	癸丑13	甲寅14	乙卯15		
八月大	乙酉	天干地支西曆	丙辰16	丁巳17	戊午18	己未19	庚申20	辛酉21	壬戌22	癸亥23	甲子24	乙丑25	丙寅26	丁卯27	戊辰28	己巳29	庚午30	辛未(10)	壬申2	癸酉3	甲戌4	乙亥5	丙子6	丁丑7	戊寅8	己卯9	庚辰10	辛巳11	壬午12	癸未13	甲申14	乙酉15	辛未秋分
九月小	丙戌	天干地支西曆	丙戌16	丁亥17	戊子18	己丑19	庚寅20	辛卯21	壬辰22	癸巳23	甲午24	乙未25	丙申26	丁酉27	戊戌28	己亥29	庚子30	辛丑31	壬寅(11)	癸卯2	甲辰3	乙巳4	丙午5	丁未6	戊申7	己酉8	庚戌9	辛亥10	壬子11	癸丑12	甲寅13		
十月大	丁亥	天干地支西曆	乙卯14	丙辰15	丁巳16	戊午17	己未18	庚申19	辛酉20	壬戌21	癸亥22	甲子23	乙丑24	丙寅25	丁卯26	戊辰27	己巳28	庚午29	辛未30	壬申(12)	癸酉2	甲戌3	乙亥4	丙子5	丁丑6	戊寅7	己卯8	庚辰9	辛巳10	壬午11	癸未12	甲申13	乙卯立冬
十一月大	戊子	天干地支西曆	乙酉14	丙戌15	丁亥16	戊子17	己丑18	庚寅19	辛卯20	壬辰21	癸巳22	甲午23	乙未24	丙申25	丁酉26	戊戌27	己亥28	庚子29	辛丑30	壬寅31	癸卯(1)	甲辰2	乙巳3	丙午4	丁未5	戊申6	己酉7	庚戌8	辛亥9	壬子10	癸丑11	甲寅12	己亥冬至
十二月小	己丑	天干地支西曆	乙卯13	丙辰14	丁巳15	戊午16	己未17	庚申18	辛酉19	壬戌20	癸亥21	甲子22	乙丑23	丙寅24	丁卯25	戊辰26	己巳27	庚午28	辛未29	壬申30	癸酉31	甲戌(2)	乙亥2	丙子3	丁丑4	戊寅5	己卯6	庚辰7	辛巳8	壬午9	癸未10		

*《長術》：正己丑，二戊午，五丁亥，七丙戌，九乙酉，十一甲申。

周宣王三十三年（丙午 馬年） 公元前 **795** ~ 前 794 年

夏曆月序		中西曆日對照	初一	初二	初三	初四	初五	初六	初七	初八	初九	初十	十一	十二	十三	十四	十五	十六	十七	十八	十九	二十	二一	二二	二三	二四	二五	二六	二七	二八	二九	三十	節氣與天象
正月大	庚寅	天干地支西曆	甲申11	乙酉12	丙戌13	丁亥14	戊子15	己丑16	庚寅17	辛卯18	壬辰19	癸巳20	甲午21	乙未22	丙申23	丁酉24	戊戌25	己亥26	庚子27	辛丑28	壬寅(3)	癸卯2	甲辰3	乙巳4	丙午5	丁未6	戊申7	己酉8	庚戌9	辛亥10	壬子11	癸丑12	甲申立春
二月大	辛卯	天干地支西曆	甲寅13	乙卯14	丙辰15	丁巳16	戊午17	己未18	庚申19	辛酉20	壬戌21	癸亥22	甲子23	乙丑24	丙寅25	丁卯26	戊辰27	己巳28	庚午29	辛未30	壬申31	癸酉(4)	甲戌2	乙亥3	丙子4	丁丑5	戊寅6	己卯7	庚辰8	辛巳9	壬午10	癸未11	庚午春分
三月小	壬辰	天干地支西曆	甲申12	乙酉13	丙戌14	丁亥15	戊子16	己丑17	庚寅18	辛卯19	壬辰20	癸巳21	甲午22	乙未23	丙申24	丁酉25	戊戌26	己亥27	庚子28	辛丑29	壬寅30	癸卯(5)	甲辰2	乙巳3	丙午4	丁未5	戊申6	己酉7	庚戌8	辛亥9	壬子10		
四月大	癸巳	天干地支西曆	癸丑11	甲寅12	乙卯13	丙辰14	丁巳15	戊午16	己未17	庚申18	辛酉19	壬戌20	癸亥21	甲子22	乙丑23	丙寅24	丁卯25	戊辰26	己巳27	庚午28	辛未29	壬申30	癸酉31	甲戌(6)	乙亥2	丙子3	丁丑4	戊寅5	己卯6	庚辰7	辛巳8	壬午9	丁巳立夏
五月小	甲午	天干地支西曆	癸未10	甲申11	乙酉12	丙戌13	丁亥14	戊子15	己丑16	庚寅17	辛卯18	壬辰19	癸巳20	甲午21	乙未22	丙申23	丁酉24	戊戌25	己亥26	庚子27	辛丑28	壬寅29	癸卯30	甲辰(7)	乙巳2	丙午3	丁未4	戊申5	己酉6	庚戌7	辛亥8		甲辰夏至
六月大	乙未	天干地支西曆	壬子9	癸丑10	甲寅11	乙卯12	丙辰13	丁巳14	戊午15	己未16	庚申17	辛酉18	壬戌19	癸亥20	甲子21	乙丑22	丙寅23	丁卯24	戊辰25	己巳26	庚午27	辛未28	壬申29	癸酉30	甲戌31	乙亥(8)	丙子2	丁丑3	戊寅4	己卯5	庚辰6	辛巳7	
七月小	丙申	天干地支西曆	壬午8	癸未9	甲申10	乙酉11	丙戌12	丁亥13	戊子14	己丑15	庚寅16	辛卯17	壬辰18	癸巳19	甲午20	乙未21	丙申22	丁酉23	戊戌24	己亥25	庚子26	辛丑27	壬寅28	癸卯29	甲辰30	乙巳31	丙午(9)	丁未2	戊申3	己酉4	庚戌5		辛卯立秋
八月小	丁酉	天干地支西曆	辛亥6	壬子7	癸丑8	甲寅9	乙卯10	丙辰11	丁巳12	戊午13	己未14	庚申15	辛酉16	壬戌17	癸亥18	甲子19	乙丑20	丙寅21	丁卯22	戊辰23	己巳24	庚午25	辛未26	壬申27	癸酉28	甲戌29	乙亥30	丙子(10)	丁丑2	戊寅3	己卯4		丙子秋分 辛亥日食
九月大	戊戌	天干地支西曆	庚辰5	辛巳6	壬午7	癸未8	甲申9	乙酉10	丙戌11	丁亥12	戊子13	己丑14	庚寅15	辛卯16	壬辰17	癸巳18	甲午19	乙未20	丙申21	丁酉22	戊戌23	己亥24	庚子25	辛丑26	壬寅27	癸卯28	甲辰29	乙巳30	丙午31	丁未(11)	戊申2	己酉3	
十月小	己亥	天干地支西曆	庚戌4	辛亥5	壬子6	癸丑7	甲寅8	乙卯9	丙辰10	丁巳11	戊午12	己未13	庚申14	辛酉15	壬戌16	癸亥17	甲子18	乙丑19	丙寅20	丁卯21	戊辰22	己巳23	庚午24	辛未25	壬申26	癸酉27	甲戌28	乙亥29	丙子30	丁丑(12)	戊寅2		辛酉立冬
十一月大	庚子	天干地支西曆	己卯3	庚辰4	辛巳5	壬午6	癸未7	甲申8	乙酉9	丙戌10	丁亥11	戊子12	己丑13	庚寅14	辛卯15	壬辰16	癸巳17	甲午18	乙未19	丙申20	丁酉21	戊戌22	己亥23	庚子24	辛丑25	壬寅26	癸卯27	甲辰28	乙巳29	丙午30	丁未31	戊申(1)	乙巳冬至
十二月小	辛丑	天干地支西曆	己酉2	庚戌3	辛亥4	壬子5	癸丑6	甲寅7	乙卯8	丙辰9	丁巳10	戊午11	己未12	庚申13	辛酉14	壬戌15	癸亥16	甲子17	乙丑18	丙寅19	丁卯20	戊辰21	己巳22	庚午23	辛未24	壬申25	癸酉26	甲戌27	乙亥28	丙子29	丁丑30		

*《長術》：正癸未，三壬午，五辛巳，八庚戌，十己酉，十二戊申。

周宣王三十四年（丁未 羊年） 公元前794 ~ 前793年

夏曆月序		中西曆日對照	初一	初二	初三	初四	初五	初六	初七	初八	初九	初十	十一	十二	十三	十四	十五	十六	十七	十八	十九	二十	二一	二二	二三	二四	二五	二六	二七	二八	二九	三十	節氣與天象
正月大	壬寅	天干 地支 西曆	戊寅31	己卯(2)	庚辰2	辛巳3	壬午4	癸未5	甲申6	乙酉7	丙戌8	丁亥9	戊子10	己丑11	庚寅12	辛卯13	壬辰14	癸巳15	甲午16	乙未17	丙申18	丁酉19	戊戌20	己亥21	庚子22	辛丑23	壬寅24	癸卯25	甲辰26	乙巳27	丙午28	丁未(3)	己丑立春
二月大	癸卯	天干 地支 西曆	戊申2	己酉3	庚戌4	辛亥5	壬子6	癸丑7	甲寅8	乙卯9	丙辰10	丁巳11	戊午12	己未13	庚申14	辛酉15	壬戌16	癸亥17	甲子18	乙丑19	丙寅20	丁卯21	戊辰22	己巳23	庚午24	辛未25	壬申26	癸酉27	甲戌28	乙亥29	丙子30	丁丑31	乙亥春分
三月小	甲辰	天干 地支 西曆	戊寅(4)	己卯2	庚辰3	辛巳4	壬午5	癸未6	甲申7	乙酉8	丙戌9	丁亥10	戊子11	己丑12	庚寅13	辛卯14	壬辰15	癸巳16	甲午17	乙未18	丙申19	丁酉20	戊戌21	己亥22	庚子23	辛丑24	壬寅25	癸卯26	甲辰27	乙巳28	丙午29		
閏三月大	甲辰	天干 地支 西曆	丁未30	戊申(5)	己酉2	庚戌3	辛亥4	壬子5	癸丑6	甲寅7	乙卯8	丙辰9	丁巳10	戊午11	己未12	庚申13	辛酉14	壬戌15	癸亥16	甲子17	乙丑18	丙寅19	丁卯20	戊辰21	己巳22	庚午23	辛未24	壬申25	癸酉26	甲戌27	乙亥28	丙子29	壬戌立夏
四月大	乙巳	天干 地支 西曆	丁丑30	戊寅31	己卯(6)	庚辰2	辛巳3	壬午4	癸未5	甲申6	乙酉7	丙戌8	丁亥9	戊子10	己丑11	庚寅12	辛卯13	壬辰14	癸巳15	甲午16	乙未17	丙申18	丁酉19	戊戌20	己亥21	庚子22	辛丑23	壬寅24	癸卯25	甲辰26	乙巳27	丙午28	
五月小	丙午	天干 地支 西曆	丁未29	戊申30	己酉(7)	庚戌2	辛亥3	壬子4	癸丑5	甲寅6	乙卯7	丙辰8	丁巳9	戊午10	己未11	庚申12	辛酉13	壬戌14	癸亥15	甲子16	乙丑17	丙寅18	丁卯19	戊辰20	己巳21	庚午22	辛未23	壬申24	癸酉25	甲戌26	乙亥27		庚戌夏至
六月大	丁未	天干 地支 西曆	丙子28	丁丑29	戊寅30	己卯31	庚辰(8)	辛巳2	壬午3	癸未4	甲申5	乙酉6	丙戌7	丁亥8	戊子9	己丑10	庚寅11	辛卯12	壬辰13	癸巳14	甲午15	乙未16	丙申17	丁酉18	戊戌19	己亥20	庚子21	辛丑22	壬寅23	癸卯24	甲辰25	乙巳26	丙申立秋
七月小	戊申	天干 地支 西曆	丙午27	丁未28	戊申29	己酉30	庚戌31	辛亥(9)	壬子2	癸丑3	甲寅4	乙卯5	丙辰6	丁巳7	戊午8	己未9	庚申10	辛酉11	壬戌12	癸亥13	甲子14	乙丑15	丙寅16	丁卯17	戊辰18	己巳19	庚午20	辛未21	壬申22	癸酉23	甲戌24		
八月小	己酉	天干 地支 西曆	乙亥25	丙子26	丁丑27	戊寅28	己卯29	庚辰30	辛巳(10)	壬午2	癸未3	甲申4	乙酉5	丙戌6	丁亥7	戊子8	己丑9	庚寅10	辛卯11	壬辰12	癸巳13	甲午14	乙未15	丙申16	丁酉17	戊戌18	己亥19	庚子20	辛丑21	壬寅22	癸卯23		辛巳秋分
九月大	庚戌	天干 地支 西曆	甲辰24	乙巳25	丙午26	丁未27	戊申28	己酉29	庚戌30	辛亥31	壬子(11)	癸丑2	甲寅3	乙卯4	丙辰5	丁巳6	戊午7	己未8	庚申9	辛酉10	壬戌11	癸亥12	甲子13	乙丑14	丙寅15	丁卯16	戊辰17	己巳18	庚午19	辛未20	壬申21	癸酉22	丙寅立冬
十月小	辛亥	天干 地支 西曆	甲戌23	乙亥24	丙子25	丁丑26	戊寅27	己卯28	庚辰29	辛巳30	壬午(12)	癸未2	甲申3	乙酉4	丙戌5	丁亥6	戊子7	己丑8	庚寅9	辛卯10	壬辰11	癸巳12	甲午13	乙未14	丙申15	丁酉16	戊戌17	己亥18	庚子19	辛丑20	壬寅21		
十一月大	壬子	天干 地支 西曆	癸卯22	甲辰23	乙巳24	丙午25	丁未26	戊申27	己酉28	庚戌29	辛亥30	壬子31	癸丑(1)	甲寅2	乙卯3	丙辰4	丁巳5	戊午6	己未7	庚申8	辛酉9	壬戌10	癸亥11	甲子12	乙丑13	丙寅14	丁卯15	戊辰16	己巳17	庚午18	辛未19	壬申20	庚戌冬至
十二月小	癸丑	天干 地支 西曆	癸酉21	甲戌22	乙亥23	丙子24	丁丑25	戊寅26	己卯27	庚辰28	辛巳29	壬午30	癸未31	甲申(2)	乙酉2	丙戌3	丁亥4	戊子5	己丑6	庚寅7	辛卯8	壬辰9	癸巳10	甲午11	乙未12	丙申13	丁酉14	戊戌15	己亥16	庚子17	辛丑18		乙未立春

*《長術》：正戊寅，二丁未，四丙午，六乙巳，七甲辰，九癸卯，十二壬申朔。閏六。

周宣王三十五年（戊申 猴年） 公元前**793** ~ 前792年

夏曆月序	中西曆日對照	初一	初二	初三	初四	初五	初六	初七	初八	初九	初十	十一	十二	十三	十四	十五	十六	十七	十八	十九	二十	二一	二二	二三	二四	二五	二六	二七	二八	二九	三十	節氣與天象
正月大 甲寅	天干 地支 西曆	壬寅19	癸卯20	甲辰21	乙巳22	丙午23	丁未24	戊申25	己酉26	庚戌27	辛亥28	壬子29	癸丑(3)	甲寅2	乙卯3	丙辰4	丁巳5	戊午6	己未7	庚申8	辛酉9	壬戌10	癸亥11	甲子12	乙丑13	丙寅14	丁卯15	戊辰16	己巳17	庚午18	辛未19	
二月小 乙卯	天干 地支 西曆	壬申20	癸酉21	甲戌22	乙亥23	丙子24	丁丑25	戊寅26	己卯27	庚辰28	辛巳29	壬午30	癸未31	甲申(4)	乙酉2	丙戌3	丁亥4	戊子5	己丑6	庚寅7	辛卯8	壬辰9	癸巳10	甲午11	乙未12	丙申13	丁酉14	戊戌15	己亥16	庚子17		辛巳春分
三月大 丙辰	天干 地支 西曆	辛丑18	壬寅19	癸卯20	甲辰21	乙巳22	丙午23	丁未24	戊申25	己酉26	庚戌27	辛亥28	壬子29	癸丑30	甲寅(5)	乙卯2	丙辰3	丁巳4	戊午5	己未6	庚申7	辛酉8	壬戌9	癸亥10	甲子11	乙丑12	丙寅13	丁卯14	戊辰15	己巳16	庚午17	戊辰立夏
四月大 丁巳	天干 地支 西曆	辛未18	壬申19	癸酉20	甲戌21	乙亥22	丙子23	丁丑24	戊寅25	己卯26	庚辰27	辛巳28	壬午29	癸未30	甲申31	乙酉(6)	丙戌2	丁亥3	戊子4	己丑5	庚寅6	辛卯7	壬辰8	癸巳9	甲午10	乙未11	丙申12	丁酉13	戊戌14	己亥15	庚子16	
五月小 戊午	天干 地支 西曆	辛丑17	壬寅18	癸卯19	甲辰20	乙巳21	丙午22	丁未23	戊申24	己酉25	庚戌26	辛亥27	壬子28	癸丑29	甲寅30	乙卯(7)	丙辰2	丁巳3	戊午4	己未5	庚申6	辛酉7	壬戌8	癸亥9	甲子10	乙丑11	丙寅12	丁卯13	戊辰14	己巳15		乙卯夏至
六月大 己未	天干 地支 西曆	庚午16	辛未17	壬申18	癸酉19	甲戌20	乙亥21	丙子22	丁丑23	戊寅24	己卯25	庚辰26	辛巳27	壬午28	癸未29	甲申30	乙酉31	丙戌(8)	丁亥2	戊子3	己丑4	庚寅5	辛卯6	壬辰7	癸巳8	甲午9	乙未10	丙申11	丁酉12	戊戌13	己亥14	
七月小 庚申	天干 地支 西曆	庚子15	辛丑16	壬寅17	癸卯18	甲辰19	乙巳20	丙午21	丁未22	戊申23	己酉24	庚戌25	辛亥26	壬子27	癸丑28	甲寅29	乙卯30	丙辰31	丁巳(9)	戊午2	己未3	庚申4	辛酉5	壬戌6	癸亥7	甲子8	乙丑9	丙寅10	丁卯11	戊辰12		辛丑立秋
八月大 辛酉	天干 地支 西曆	己巳13	庚午14	辛未15	壬申16	癸酉17	甲戌18	乙亥19	丙子20	丁丑21	戊寅22	己卯23	庚辰24	辛巳25	壬午26	癸未27	甲申28	乙酉29	丙戌30	丁亥(10)	戊子2	己丑3	庚寅4	辛卯5	壬辰6	癸巳7	甲午8	乙未9	丙申10	丁酉11	戊戌12	丁亥秋分
九月大 壬戌	天干 地支 西曆	己亥13	庚子14	辛丑15	壬寅16	癸卯17	甲辰18	乙巳19	丙午20	丁未21	戊申22	己酉23	庚戌24	辛亥25	壬子26	癸丑27	甲寅28	乙卯29	丙辰30	丁巳31	戊午(11)	己未2	庚申3	辛酉4	壬戌5	癸亥6	甲子7	乙丑8	丙寅9	丁卯10	戊辰11	
十月小 癸亥	天干 地支 西曆	己巳12	庚午13	辛未14	壬申15	癸酉16	甲戌17	乙亥18	丙子19	丁丑20	戊寅21	己卯22	庚辰23	辛巳24	壬午25	癸未26	甲申27	乙酉28	丙戌29	丁亥30	戊子(12)	己丑2	庚寅3	辛卯4	壬辰5	癸巳6	甲午7	乙未8	丙申9	丁酉10		辛未立冬
十一月小 甲子	天干 地支 西曆	戊戌11	己亥12	庚子13	辛丑14	壬寅15	癸卯16	甲辰17	乙巳18	丙午19	丁未20	戊申21	己酉22	庚戌23	辛亥24	壬子25	癸丑26	甲寅27	乙卯28	丙辰29	丁巳30	戊午31	己未(1)	庚申2	辛酉3	壬戌4	癸亥5	甲子6	乙丑7	丙寅8		乙卯冬至
十二月大 乙丑	天干 地支 西曆	丁卯9	戊辰10	己巳11	庚午12	辛未13	壬申14	癸酉15	甲戌16	乙亥17	丙子18	丁丑19	戊寅20	己卯21	庚辰22	辛巳23	壬午24	癸未25	甲申26	乙酉27	丙戌28	丁亥29	戊子30	己丑31	庚寅(2)	辛卯2	壬辰3	癸巳4	甲午5	乙未6	丙申7	

*《長術》：正壬寅，二辛未，四庚午，六己巳，八戊辰，十丁卯，十二丙寅。

周宣王三十六年（己酉 鷄年） 公元前 792 ~ 前 791 年

夏曆月序		中西曆日對照	初一	初二	初三	初四	初五	初六	初七	初八	初九	初十	十一	十二	十三	十四	十五	十六	十七	十八	十九	二十	二一	二二	二三	二四	二五	二六	二七	二八	二九	三十	節氣與天象
正月小	丙寅	天干地支西曆	丁酉8	戊戌9	己亥10	庚子11	辛丑12	壬寅13	癸卯14	甲辰15	乙巳16	丙午17	丁未18	戊申19	己酉20	庚戌21	辛亥22	壬子23	癸丑24	甲寅25	乙卯26	丙辰27	丁巳28	戊午(3)	己未2	庚申3	辛酉4	壬戌5	癸亥6	甲子7	乙丑8		庚子立春
二月大	丁卯	天干地支西曆	丙寅9	丁卯10	戊辰11	己巳12	庚午13	辛未14	壬申15	癸酉16	甲戌17	乙亥18	丙子19	丁丑20	戊寅21	己卯22	庚辰23	辛巳24	壬午25	癸未26	甲申27	乙酉28	丙戌29	丁亥30	戊子31	己丑(4)	庚寅2	辛卯3	壬辰4	癸巳5	甲午6	乙未7	丙戌春分
三月小	戊辰	天干地支西曆	丙申8	丁酉9	戊戌10	己亥11	庚子12	辛丑13	壬寅14	癸卯15	甲辰16	乙巳17	丙午18	丁未19	戊申20	己酉21	庚戌22	辛亥23	壬子24	癸丑25	甲寅26	乙卯27	丙辰28	丁巳29	戊午30	己未(5)	庚申2	辛酉3	壬戌4	癸亥5	甲子6		
四月大	己巳	天干地支西曆	乙丑7	丙寅8	丁卯9	戊辰10	己巳11	庚午12	辛未13	壬申14	癸酉15	甲戌16	乙亥17	丙子18	丁丑19	戊寅20	己卯21	庚辰22	辛巳23	壬午24	癸未25	甲申26	乙酉27	丙戌28	丁亥29	戊子30	己丑31	庚寅(6)	辛卯2	壬辰3	癸巳4	甲午5	癸酉立夏
五月小	庚午	天干地支西曆	乙未6	丙申7	丁酉8	戊戌9	己亥10	庚子11	辛丑12	壬寅13	癸卯14	甲辰15	乙巳16	丙午17	丁未18	戊申19	己酉20	庚戌21	辛亥22	壬子23	癸丑24	甲寅25	乙卯26	丙辰27	丁巳28	戊午29	己未30	庚申(7)	辛酉2	壬戌3	癸亥4		庚申夏至
六月大	辛未	天干地支西曆	甲子5	乙丑6	丙寅7	丁卯8	戊辰9	己巳10	庚午11	辛未12	壬申13	癸酉14	甲戌15	乙亥16	丙子17	丁丑18	戊寅19	己卯20	庚辰21	辛巳22	壬午23	癸未24	甲申25	乙酉26	丙戌27	丁亥28	戊子29	己丑30	庚寅31	辛卯(8)	壬辰2	癸巳3	
七月大	壬申	天干地支西曆	甲午4	乙未5	丙申6	丁酉7	戊戌8	己亥9	庚子10	辛丑11	壬寅12	癸卯13	甲辰14	乙巳15	丙午16	丁未17	戊申18	己酉19	庚戌20	辛亥21	壬子22	癸丑23	甲寅24	乙卯25	丙辰26	丁巳27	戊午28	己未29	庚申30	辛酉31	壬戌(9)	癸亥2	丁未立秋
八月小	癸酉	天干地支西曆	甲子3	乙丑4	丙寅5	丁卯6	戊辰7	己巳8	庚午9	辛未10	壬申11	癸酉12	甲戌13	乙亥14	丙子15	丁丑16	戊寅17	己卯18	庚辰19	辛巳20	壬午21	癸未22	甲申23	乙酉24	丙戌25	丁亥26	戊子27	己丑28	庚寅29	辛卯30	壬辰(10)		壬辰秋分
九月大	甲戌	天干地支西曆	癸巳2	甲午3	乙未4	丙申5	丁酉6	戊戌7	己亥8	庚子9	辛丑10	壬寅11	癸卯12	甲辰13	乙巳14	丙午15	丁未16	戊申17	己酉18	庚戌19	辛亥20	壬子21	癸丑22	甲寅23	乙卯24	丙辰25	丁巳26	戊午27	己未28	庚申29	辛酉30	壬戌31	
十月大	乙亥	天干地支西曆	癸亥(11)	甲子2	乙丑3	丙寅4	丁卯5	戊辰6	己巳7	庚午8	辛未9	壬申10	癸酉11	甲戌12	乙亥13	丙子14	丁丑15	戊寅16	己卯17	庚辰18	辛巳19	壬午20	癸未21	甲申22	乙酉23	丙戌24	丁亥25	戊子26	己丑27	庚寅28	辛卯29	壬辰30	丙子立冬
十一月小	丙子	天干地支西曆	癸巳(12)	甲午2	乙未3	丙申4	丁酉5	戊戌6	己亥7	庚子8	辛丑9	壬寅10	癸卯11	甲辰12	乙巳13	丙午14	丁未15	戊申16	己酉17	庚戌18	辛亥19	壬子20	癸丑21	甲寅22	乙卯23	丙辰24	丁巳25	戊午26	己未27	庚申28	辛酉29		庚申冬至
閏十一大	丙子	天干地支西曆	壬戌30	癸亥31	甲子(1)	乙丑2	丙寅3	丁卯4	戊辰5	己巳6	庚午7	辛未8	壬申9	癸酉10	甲戌11	乙亥12	丙子13	丁丑14	戊寅15	己卯16	庚辰17	辛巳18	壬午19	癸未20	甲申21	乙酉22	丙戌23	丁亥24	戊子25	己丑26	庚寅27	辛卯28	
十二月小	丁丑	天干地支西曆	壬辰29	癸巳30	甲午31	乙未(2)	丙申2	丁酉3	戊戌4	己亥5	庚子6	辛丑7	壬寅8	癸卯9	甲辰10	乙巳11	丙午12	丁未13	戊申14	己酉15	庚戌16	辛亥17	壬子18	癸丑19	甲寅20	乙卯21	丙辰22	丁巳23	戊午24	己未25	庚申26		乙巳立春

*《長術》：正丙申，二乙丑，五甲午，七癸巳，九壬辰，十一辛卯。

周宣王三十七年（庚戌 狗年） 公元前 791 ~ 前 790 年

夏曆月序		中西曆日對照	初一	初二	初三	初四	初五	初六	初七	初八	初九	初十	十一	十二	十三	十四	十五	十六	十七	十八	十九	二十	二一	二二	二三	二四	二五	二六	二七	二八	二九	三十	節氣與天象
正月小	戊寅	干支 天地西曆	辛酉 27	壬戌 28	癸亥 (3)	甲子 2	乙丑 3	丙寅 4	丁卯 5	戊辰 6	己巳 7	庚午 8	辛未 9	壬申 10	癸酉 11	甲戌 12	乙亥 13	丙子 14	丁丑 15	戊寅 16	己卯 17	庚辰 18	辛巳 19	壬午 20	癸未 21	甲申 22	乙酉 23	丙戌 24	丁亥 25	戊子 26	己丑 27		
二月大	己卯	干支 天地西曆	庚寅 28	辛卯 29	壬辰 30	癸巳 31	甲午 (4)	乙未 2	丙申 3	丁酉 4	戊戌 5	己亥 6	庚子 7	辛丑 8	壬寅 9	癸卯 10	甲辰 11	乙巳 12	丙午 13	丁未 14	戊申 15	己酉 16	庚戌 17	辛亥 18	壬子 19	癸丑 20	甲寅 21	乙卯 22	丙辰 23	丁巳 24	戊午 25	己未 26	辛卯春分
三月小	庚辰	干支 天地西曆	庚申 27	辛酉 28	壬戌 29	癸亥 30	甲子 (5)	乙丑 2	丙寅 3	丁卯 4	戊辰 5	己巳 6	庚午 7	辛未 8	壬申 9	癸酉 10	甲戌 11	乙亥 12	丙子 13	丁丑 14	戊寅 15	己卯 16	庚辰 17	辛巳 18	壬午 19	癸未 20	甲申 21	乙酉 22	丙戌 23	丁亥 24	戊子 25		戊寅立夏
四月小	辛巳	干支 天地西曆	己丑 26	庚寅 27	辛卯 28	壬辰 29	癸巳 30	甲午 31	乙未 (6)	丙申 2	丁酉 3	戊戌 4	己亥 5	庚子 6	辛丑 7	壬寅 8	癸卯 9	甲辰 10	乙巳 11	丙午 12	丁未 13	戊申 14	己酉 15	庚戌 16	辛亥 17	壬子 18	癸丑 19	甲寅 20	乙卯 21	丙辰 22	丁巳 23		
五月大	壬午	干支 天地西曆	戊午 24	己未 25	庚申 26	辛酉 27	壬戌 28	癸亥 29	甲子 30	乙丑 (7)	丙寅 2	丁卯 3	戊辰 4	己巳 5	庚午 6	辛未 7	壬申 8	癸酉 9	甲戌 10	乙亥 11	丙子 12	丁丑 13	戊寅 14	己卯 15	庚辰 16	辛巳 17	壬午 18	癸未 19	甲申 20	乙酉 21	丙戌 22	丁亥 23	乙丑夏至
六月大	癸未	干支 天地西曆	戊子 24	己丑 25	庚寅 26	辛卯 27	壬辰 28	癸巳 29	甲午 30	乙未 31	丙申 (8)	丁酉 2	戊戌 3	己亥 4	庚子 5	辛丑 6	壬寅 7	癸卯 8	甲辰 9	乙巳 10	丙午 11	丁未 12	戊申 13	己酉 14	庚戌 15	辛亥 16	壬子 17	癸丑 18	甲寅 19	乙卯 20	丙辰 21	丁巳 22	壬子立秋
七月小	甲申	干支 天地西曆	戊午 23	己未 24	庚申 25	辛酉 26	壬戌 27	癸亥 28	甲子 29	乙丑 30	丙寅 31	丁卯 (9)	戊辰 2	己巳 3	庚午 4	辛未 5	壬申 6	癸酉 7	甲戌 8	乙亥 9	丙子 10	丁丑 11	戊寅 12	己卯 13	庚辰 14	辛巳 15	壬午 16	癸未 17	甲申 18	乙酉 19	丙戌 20		
八月大	乙酉	干支 天地西曆	丁亥 21	戊子 22	己丑 23	庚寅 24	辛卯 25	壬辰 26	癸巳 27	甲午 28	乙未 29	丙申 30	丁酉 (10)	戊戌 2	己亥 3	庚子 4	辛丑 5	壬寅 6	癸卯 7	甲辰 8	乙巳 9	丙午 10	丁未 11	戊申 12	己酉 13	庚戌 14	辛亥 15	壬子 16	癸丑 17	甲寅 18	乙卯 19	丙辰 20	丁酉秋分
九月大	丙戌	干支 天地西曆	丁巳 21	戊午 22	己未 23	庚申 24	辛酉 25	壬戌 26	癸亥 27	甲子 28	乙丑 29	丙寅 30	丁卯 31	戊辰 (11)	己巳 2	庚午 3	辛未 4	壬申 5	癸酉 6	甲戌 7	乙亥 8	丙子 9	丁丑 10	戊寅 11	己卯 12	庚辰 13	辛巳 14	壬午 15	癸未 16	甲申 17	乙酉 18	丙戌 19	辛巳立冬
十月大	丁亥	干支 天地西曆	丁亥 20	戊子 21	己丑 22	庚寅 23	辛卯 24	壬辰 25	癸巳 26	甲午 27	乙未 28	丙申 29	丁酉 30	戊戌 (12)	己亥 2	庚子 3	辛丑 4	壬寅 5	癸卯 6	甲辰 7	乙巳 8	丙午 9	丁未 10	戊申 11	己酉 12	庚戌 13	辛亥 14	壬子 15	癸丑 16	甲寅 17	乙卯 18	丙辰 19	
十一月小	戊子	干支 天地西曆	丁巳 20	戊午 21	己未 22	庚申 23	辛酉 24	壬戌 25	癸亥 26	甲子 27	乙丑 28	丙寅 29	丁卯 30	戊辰 31	己巳 (1)	庚午 2	辛未 3	壬申 4	癸酉 5	甲戌 6	乙亥 7	丙子 8	丁丑 9	戊寅 10	己卯 11	庚辰 12	辛巳 13	壬午 14	癸未 15	甲申 16	乙酉 17		丙寅冬至
十二月大	己丑	干支 天地西曆	丙戌 18	丁亥 19	戊子 20	己丑 21	庚寅 22	辛卯 23	壬辰 24	癸巳 25	甲午 26	乙未 27	丙申 28	丁酉 29	戊戌 30	己亥 31	庚子 (2)	辛丑 2	壬寅 3	癸卯 4	甲辰 5	乙巳 6	丙午 7	丁未 8	戊申 9	己酉 10	庚戌 11	辛亥 12	壬子 13	癸丑 14	甲寅 15	乙卯 16	庚戌立春

*《長術》：正庚寅，三己丑，四戊子，七丁巳，九丙辰，十一乙卯朔。閏三。

周宣王三十八年（辛亥 猪年） 公元前 790 ～ 前 789 年

夏曆月序		中西曆日對照	初一	初二	初三	初四	初五	初六	初七	初八	初九	初十	十一	十二	十三	十四	十五	十六	十七	十八	十九	二十	二一	二二	二三	二四	二五	二六	二七	二八	二九	三十	節氣與天象
正月小	庚寅	干支 天地 西曆	丙辰 17	丁巳 18	戊午 19	己未 20	庚申 21	辛酉 22	壬戌 23	癸亥 24	甲子 25	乙丑 26	丙寅 27	丁卯 28	戊辰 (3)	己巳 2	庚午 3	辛未 4	壬申 5	癸酉 6	甲戌 7	乙亥 8	丙子 9	丁丑 10	戊寅 11	己卯 12	庚辰 13	辛巳 14	壬午 15	癸未 16	甲申 17		
二月小	辛卯	干支 天地 西曆	乙酉 18	丙戌 19	丁亥 20	戊子 21	己丑 22	庚寅 23	辛卯 24	壬辰 25	癸巳 26	甲午 27	乙未 28	丙申 29	丁酉 30	戊戌 31	己亥 (4)	庚子 2	辛丑 3	壬寅 4	癸卯 5	甲辰 6	乙巳 7	丙午 8	丁未 9	戊申 10	己酉 11	庚戌 12	辛亥 13	壬子 14	癸丑 15		丙申春分
三月大	壬辰	干支 天地 西曆	甲寅 16	乙卯 17	丙辰 18	丁巳 19	戊午 20	己未 21	庚申 22	辛酉 23	壬戌 24	癸亥 25	甲子 26	乙丑 27	丙寅 28	丁卯 29	戊辰 30	己巳 (5)	庚午 2	辛未 3	壬申 4	癸酉 5	甲戌 6	乙亥 7	丙子 8	丁丑 9	戊寅 10	己卯 11	庚辰 12	辛巳 13	壬午 14	癸未 15	癸未立夏
四月小	癸巳	干支 天地 西曆	甲申 16	乙酉 17	丙戌 18	丁亥 19	戊子 20	己丑 21	庚寅 22	辛卯 23	壬辰 24	癸巳 25	甲午 26	乙未 27	丙申 28	丁酉 29	戊戌 30	己亥 31	庚子 (6)	辛丑 2	壬寅 3	癸卯 4	甲辰 5	乙巳 6	丙午 7	丁未 8	戊申 9	己酉 10	庚戌 11	辛亥 12	壬子 13		
五月小	甲午	干支 天地 西曆	癸丑 14	甲寅 15	乙卯 16	丙辰 17	丁巳 18	戊午 19	己未 20	庚申 21	辛酉 22	壬戌 23	癸亥 24	甲子 25	乙丑 26	丙寅 27	丁卯 28	戊辰 29	己巳 30	庚午 (7)	辛未 2	壬申 3	癸酉 4	甲戌 5	乙亥 6	丙子 7	丁丑 8	戊寅 9	己卯 10	庚辰 11	辛巳 12		辛未夏至 癸丑日食
六月大	乙未	干支 天地 西曆	壬午 13	癸未 14	甲申 15	乙酉 16	丙戌 17	丁亥 18	戊子 19	己丑 20	庚寅 21	辛卯 22	壬辰 23	癸巳 24	甲午 25	乙未 26	丙申 27	丁酉 28	戊戌 29	己亥 30	庚子 31	辛丑 (8)	壬寅 2	癸卯 3	甲辰 4	乙巳 5	丙午 6	丁未 7	戊申 8	己酉 9	庚戌 10	辛亥 11	
七月小	丙申	干支 天地 西曆	壬子 12	癸丑 13	甲寅 14	乙卯 15	丙辰 16	丁巳 17	戊午 18	己未 19	庚申 20	辛酉 21	壬戌 22	癸亥 23	甲子 24	乙丑 25	丙寅 26	丁卯 27	戊辰 28	己巳 29	庚午 30	辛未 31	壬申 (9)	癸酉 2	甲戌 3	乙亥 4	丙子 5	丁丑 6	戊寅 7	己卯 8	庚辰 9		丁巳立秋
八月大	丁酉	干支 天地 西曆	辛巳 10	壬午 11	癸未 12	甲申 13	乙酉 14	丙戌 15	丁亥 16	戊子 17	己丑 18	庚寅 19	辛卯 20	壬辰 21	癸巳 22	甲午 23	乙未 24	丙申 25	丁酉 26	戊戌 27	己亥 28	庚子 29	辛丑 30	壬寅 (10)	癸卯 2	甲辰 3	乙巳 4	丙午 5	丁未 6	戊申 7	己酉 8	庚戌 9	壬寅秋分
九月大	戊戌	干支 天地 西曆	辛亥 10	壬子 11	癸丑 12	甲寅 13	乙卯 14	丙辰 15	丁巳 16	戊午 17	己未 18	庚申 19	辛酉 20	壬戌 21	癸亥 22	甲子 23	乙丑 24	丙寅 25	丁卯 26	戊辰 27	己巳 28	庚午 29	辛未 30	壬申 31	癸酉 (11)	甲戌 2	乙亥 3	丙子 4	丁丑 5	戊寅 6	己卯 7	庚辰 8	
十月大	己亥	干支 天地 西曆	辛巳 9	壬午 10	癸未 11	甲申 12	乙酉 13	丙戌 14	丁亥 15	戊子 16	己丑 17	庚寅 18	辛卯 19	壬辰 20	癸巳 21	甲午 22	乙未 23	丙申 24	丁酉 25	戊戌 26	己亥 27	庚子 28	辛丑 29	壬寅 30	癸卯 (12)	甲辰 2	乙巳 3	丙午 4	丁未 5	戊申 6	己酉 7	庚戌 8	丁亥立冬
十一月大	庚子	干支 天地 西曆	辛亥 9	壬子 10	癸丑 11	甲寅 12	乙卯 13	丙辰 14	丁巳 15	戊午 16	己未 17	庚申 18	辛酉 19	壬戌 20	癸亥 21	甲子 22	乙丑 23	丙寅 24	丁卯 25	戊辰 26	己巳 27	庚午 28	辛未 29	壬申 30	癸酉 31	甲戌 (1)	乙亥 2	丙子 3	丁丑 4	戊寅 5	己卯 6	庚辰 7	辛未冬至
十二月小	辛丑	干支 天地 西曆	辛巳 8	壬午 9	癸未 10	甲申 11	乙酉 12	丙戌 13	丁亥 14	戊子 15	己丑 16	庚寅 17	辛卯 18	壬辰 19	癸巳 20	甲午 21	乙未 22	丙申 23	丁酉 24	戊戌 25	己亥 26	庚子 27	辛丑 28	壬寅 29	癸卯 30	甲辰 31	乙巳 (2)	丙午 2	丁未 3	戊申 4	己酉 5		

*《長術》：正甲寅，三癸丑，五壬子，七辛亥，九庚戌，十己卯。

周宣王三十九年（壬子 鼠年） 公元前789 ~ 前788年

夏曆月序		中西曆日對照	初一	初二	初三	初四	初五	初六	初七	初八	初九	初十	十一	十二	十三	十四	十五	十六	十七	十八	十九	二十	二一	二二	二三	二四	二五	二六	二七	二八	二九	三十	節氣與天象
正月大	壬寅	天干地支西曆	庚戌6	辛亥7	壬子8	癸丑9	甲寅10	乙卯11	丙辰12	丁巳13	戊午14	己未15	庚申16	辛酉17	壬戌18	癸亥19	甲子20	乙丑21	丙寅22	丁卯23	戊辰24	己巳25	庚午26	辛未27	壬申28	癸酉29	甲戌(3)	乙亥2	丙子3	丁丑4	戊寅5	己卯6	丙辰立春
二月小	癸卯	天干地支西曆	庚辰7	辛巳8	壬午9	癸未10	甲申11	乙酉12	丙戌13	丁亥14	戊子15	己丑16	庚寅17	辛卯18	壬辰19	癸巳20	甲午21	乙未22	丙申23	丁酉24	戊戌25	己亥26	庚子27	辛丑28	壬寅29	癸卯30	甲辰31	乙巳(4)	丙午2	丁未3	戊申4		壬寅春分
三月小	甲辰	天干地支西曆	己酉5	庚戌6	辛亥7	壬子8	癸丑9	甲寅10	乙卯11	丙辰12	丁巳13	戊午14	己未15	庚申16	辛酉17	壬戌18	癸亥19	甲子20	乙丑21	丙寅22	丁卯23	戊辰24	己巳25	庚午26	辛未27	壬申28	癸酉29	甲戌30	乙亥(5)	丙子2	丁丑3		
四月大	乙巳	天干地支西曆	戊寅4	己卯5	庚辰6	辛巳7	壬午8	癸未9	甲申10	乙酉11	丙戌12	丁亥13	戊子14	己丑15	庚寅16	辛卯17	壬辰18	癸巳19	甲午20	乙未21	丙申22	丁酉23	戊戌24	己亥25	庚子26	辛丑27	壬寅28	癸卯29	甲辰30	乙巳31	丙午(6)	丁未2	己丑立夏
五月小	丙午	天干地支西曆	戊申3	己酉4	庚戌5	辛亥6	壬子7	癸丑8	甲寅9	乙卯10	丙辰11	丁巳12	戊午13	己未14	庚申15	辛酉16	壬戌17	癸亥18	甲子19	乙丑20	丙寅21	丁卯22	戊辰23	己巳24	庚午25	辛未26	壬申27	癸酉28	甲戌29	乙亥30	丙子(7)		丙子夏至
六月小	丁未	天干地支西曆	丁丑2	戊寅3	己卯4	庚辰5	辛巳6	壬午7	癸未8	甲申9	乙酉10	丙戌11	丁亥12	戊子13	己丑14	庚寅15	辛卯16	壬辰17	癸巳18	甲午19	乙未20	丙申21	丁酉22	戊戌23	己亥24	庚子25	辛丑26	壬寅27	癸卯28	甲辰29	乙巳30		
閏六月大	丁未	天干地支西曆	丙午31	丁未(8)	戊申2	己酉3	庚戌4	辛亥5	壬子6	癸丑7	甲寅8	乙卯9	丙辰10	丁巳11	戊午12	己未13	庚申14	辛酉15	壬戌16	癸亥17	甲子18	乙丑19	丙寅20	丁卯21	戊辰22	己巳23	庚午24	辛未25	壬申26	癸酉27	甲戌28	乙亥29	壬戌立秋
七月小	戊申	天干地支西曆	丙子30	丁丑31	戊寅(9)	己卯2	庚辰3	辛巳4	壬午5	癸未6	甲申7	乙酉8	丙戌9	丁亥10	戊子11	己丑12	庚寅13	辛卯14	壬辰15	癸巳16	甲午17	乙未18	丙申19	丁酉20	戊戌21	己亥22	庚子23	辛丑24	壬寅25	癸卯26	甲辰27		
八月大	己酉	天干地支西曆	乙巳28	丙午29	丁未30	戊申(10)	己酉2	庚戌3	辛亥4	壬子5	癸丑6	甲寅7	乙卯8	丙辰9	丁巳10	戊午11	己未12	庚申13	辛酉14	壬戌15	癸亥16	甲子17	乙丑18	丙寅19	丁卯20	戊辰21	己巳22	庚午23	辛未24	壬申25	癸酉26	甲戌27	戊申秋分
九月大	庚戌	天干地支西曆	乙亥28	丙子29	丁丑30	戊寅31	己卯(11)	庚辰2	辛巳3	壬午4	癸未5	甲申6	乙酉7	丙戌8	丁亥9	戊子10	己丑11	庚寅12	辛卯13	壬辰14	癸巳15	甲午16	乙未17	丙申18	丁酉19	戊戌20	己亥21	庚子22	辛丑23	壬寅24	癸卯25	甲辰26	壬辰立冬 乙亥日食
十月大	辛亥	天干地支西曆	乙巳27	丙午28	丁未29	戊申30	己酉(12)	庚戌2	辛亥3	壬子4	癸丑5	甲寅6	乙卯7	丙辰8	丁巳9	戊午10	己未11	庚申12	辛酉13	壬戌14	癸亥15	甲子16	乙丑17	丙寅18	丁卯19	戊辰20	己巳21	庚午22	辛未23	壬申24	癸酉25	甲戌26	
十一月小	壬子	天干地支西曆	乙亥27	丙子28	丁丑29	戊寅30	己卯31	庚辰(1)	辛巳2	壬午3	癸未4	甲申5	乙酉6	丙戌7	丁亥8	戊子9	己丑10	庚寅11	辛卯12	壬辰13	癸巳14	甲午15	乙未16	丙申17	丁酉18	戊戌19	己亥20	庚子21	辛丑22	壬寅23	癸卯24		丙子冬至
十二月大	癸丑	天干地支西曆	甲辰25	乙巳26	丙午27	丁未28	戊申29	己酉30	庚戌31	辛亥(2)	壬子2	癸丑3	甲寅4	乙卯5	丙辰6	丁巳7	戊午8	己未9	庚申10	辛酉11	壬戌12	癸亥13	甲子14	乙丑15	丙寅16	丁卯17	戊辰18	己巳19	庚午20	辛未21	壬申22	癸酉23	辛酉立春

*《長術》：正己酉，二戊寅，四丁丑，六丙子，八乙亥，十甲戌，十二癸酉朔。閏十二。

周宣王四十年（癸丑 牛年） 公元前 **788** ~ 前 787 年

夏曆月序		中西曆日對照	初一	初二	初三	初四	初五	初六	初七	初八	初九	初十	十一	十二	十三	十四	十五	十六	十七	十八	十九	二十	二一	二二	二三	二四	二五	二六	二七	二八	二九	三十	節氣與天象
正月大	甲寅	天干地支西曆	甲戌24	乙亥25	丙子26	丁丑27	戊寅28	己卯(3)	庚辰2	辛巳3	壬午4	癸未5	甲申6	乙酉7	丙戌8	丁亥9	戊子10	己丑11	庚寅12	辛卯13	壬辰14	癸巳15	甲午16	乙未17	丙申18	丁酉19	戊戌20	己亥21	庚子22	辛丑23	壬寅24	癸卯25	
二月小	乙卯	天干地支西曆	甲辰26	乙巳27	丙午28	丁未29	戊申30	己酉31	庚戌(4)	辛亥2	壬子3	癸丑4	甲寅5	乙卯6	丙辰7	丁巳8	戊午9	己未10	庚申11	辛酉12	壬戌13	癸亥14	甲子15	乙丑16	丙寅17	丁卯18	戊辰19	己巳20	庚午21	辛未22	壬申23		丁未春分
三月小	丙辰	天干地支西曆	癸酉24	甲戌25	乙亥26	丙子27	丁丑28	戊寅29	己卯30	庚辰(5)	辛巳2	壬午3	癸未4	甲申5	乙酉6	丙戌7	丁亥8	戊子9	己丑10	庚寅11	辛卯12	壬辰13	癸巳14	甲午15	乙未16	丙申17	丁酉18	戊戌19	己亥20	庚子21	辛丑22		甲午立夏 癸酉日食
四月大	丁巳	天干地支西曆	壬寅23	癸卯24	甲辰25	乙巳26	丙午27	丁未28	戊申29	己酉30	庚戌31	辛亥(6)	壬子2	癸丑3	甲寅4	乙卯5	丙辰6	丁巳7	戊午8	己未9	庚申10	辛酉11	壬戌12	癸亥13	甲子14	乙丑15	丙寅16	丁卯17	戊辰18	己巳19	庚午20	辛未21	
五月小	戊午	天干地支西曆	壬申22	癸酉23	甲戌24	乙亥25	丙子26	丁丑27	戊寅28	己卯29	庚辰30	辛巳(7)	壬午2	癸未3	甲申4	乙酉5	丙戌6	丁亥7	戊子8	己丑9	庚寅10	辛卯11	壬辰12	癸巳13	甲午14	乙未15	丙申16	丁酉17	戊戌18	己亥19	庚子20		辛巳夏至
六月小	己未	天干地支西曆	辛丑21	壬寅22	癸卯23	甲辰24	乙巳25	丙午26	丁未27	戊申28	己酉29	庚戌30	辛亥31	壬子(8)	癸丑2	甲寅3	乙卯4	丙辰5	丁巳6	戊午7	己未8	庚申9	辛酉10	壬戌11	癸亥12	甲子13	乙丑14	丙寅15	丁卯16	戊辰17	己巳18		戊辰立秋
七月大	庚申	天干地支西曆	庚午19	辛未20	壬申21	癸酉22	甲戌23	乙亥24	丙子25	丁丑26	戊寅27	己卯28	庚辰29	辛巳30	壬午31	癸未(9)	甲申2	乙酉3	丙戌4	丁亥5	戊子6	己丑7	庚寅8	辛卯9	壬辰10	癸巳11	甲午12	乙未13	丙申14	丁酉15	戊戌16	己亥17	
八月小	辛酉	天干地支西曆	庚子18	辛丑19	壬寅20	癸卯21	甲辰22	乙巳23	丙午24	丁未25	戊申26	己酉27	庚戌28	辛亥29	壬子30	癸丑(10)	甲寅2	乙卯3	丙辰4	丁巳5	戊午6	己未7	庚申8	辛酉9	壬戌10	癸亥11	甲子12	乙丑13	丙寅14	丁卯15	戊辰16		癸丑秋分
九月大	壬戌	天干地支西曆	己巳17	庚午18	辛未19	壬申20	癸酉21	甲戌22	乙亥23	丙子24	丁丑25	戊寅26	己卯27	庚辰28	辛巳29	壬午30	癸未31	甲申(11)	乙酉2	丙戌3	丁亥4	戊子5	己丑6	庚寅7	辛卯8	壬辰9	癸巳10	甲午11	乙未12	丙申13	丁酉14	戊戌15	丁酉立冬
十月大	癸亥	天干地支西曆	己亥16	庚子17	辛丑18	壬寅19	癸卯20	甲辰21	乙巳22	丙午23	丁未24	戊申25	己酉26	庚戌27	辛亥28	壬子29	癸丑30	甲寅(12)	乙卯2	丙辰3	丁巳4	戊午5	己未6	庚申7	辛酉8	壬戌9	癸亥10	甲子11	乙丑12	丙寅13	丁卯14	戊辰15	
十一月小	甲子	天干地支西曆	己巳16	庚午17	辛未18	壬申19	癸酉20	甲戌21	乙亥22	丙子23	丁丑24	戊寅25	己卯26	庚辰27	辛巳28	壬午29	癸未30	甲申31	乙酉(1)	丙戌2	丁亥3	戊子4	己丑5	庚寅6	辛卯7	壬辰8	癸巳9	甲午10	乙未11	丙申12	丁酉13		辛巳冬至
十二月大	乙丑	天干地支西曆	戊戌14	己亥15	庚子16	辛丑17	壬寅18	癸卯19	甲辰20	乙巳21	丙午22	丁未23	戊申24	己酉25	庚戌26	辛亥27	壬子28	癸丑29	甲寅30	乙卯31	丙辰(2)	丁巳2	戊午3	己未4	庚申5	辛酉6	壬戌7	癸亥8	甲子9	乙丑10	丙寅11	丁卯12	丙寅立春

*《長術》：正癸酉，二壬寅，四辛丑，六庚子，八己亥，十戊戌，十二丁酉。

周宣王四十一年（甲寅 虎年） 公元前 787 ~ 前 786 年

夏曆月序	中西曆日對照	夏曆日序																														節氣與天象
		初一	初二	初三	初四	初五	初六	初七	初八	初九	初十	十一	十二	十三	十四	十五	十六	十七	十八	十九	二十	二一	二二	二三	二四	二五	二六	二七	二八	二九	三十	
正月大 丙寅	干支 西曆	戊辰 13	己巳 14	庚午 15	辛未 16	壬申 17	癸酉 18	甲戌 19	乙亥 20	丙子 21	丁丑 22	戊寅 23	己卯 24	庚辰 25	辛巳 26	壬午 27	癸未 28	甲申 (3)	乙酉 2	丙戌 3	丁亥 4	戊子 5	己丑 6	庚寅 7	辛卯 8	壬辰 9	癸巳 10	甲午 11	乙未 12	丙申 13	丁酉 14	
二月小 丁卯	干支 西曆	戊戌 15	己亥 16	庚子 17	辛丑 18	壬寅 19	癸卯 20	甲辰 21	乙巳 22	丙午 23	丁未 24	戊申 25	己酉 26	庚戌 27	辛亥 28	壬子 29	癸丑 30	甲寅 31	乙卯 (4)	丙辰 2	丁巳 3	戊午 4	己未 5	庚申 6	辛酉 7	壬戌 8	癸亥 9	甲子 10	乙丑 11	丙寅 12		壬子春分
三月大 戊辰	干支 西曆	丁卯 13	戊辰 14	己巳 15	庚午 16	辛未 17	壬申 18	癸酉 19	甲戌 20	乙亥 21	丙子 22	丁丑 23	戊寅 24	己卯 25	庚辰 26	辛巳 27	壬午 28	癸未 29	甲申 30	乙酉 (5)	丙戌 2	丁亥 3	戊子 4	己丑 5	庚寅 6	辛卯 7	壬辰 8	癸巳 9	甲午 10	乙未 11	丙申 12	
四月小 己巳	干支 西曆	丁酉 13	戊戌 14	己亥 15	庚子 16	辛丑 17	壬寅 18	癸卯 19	甲辰 20	乙巳 21	丙午 22	丁未 23	戊申 24	己酉 25	庚戌 26	辛亥 27	壬子 28	癸丑 29	甲寅 30	乙卯 31	丙辰 (6)	丁巳 2	戊午 3	己未 4	庚申 5	辛酉 6	壬戌 7	癸亥 8	甲子 9	乙丑 10		己亥立夏
五月大 庚午	干支 西曆	丙寅 11	丁卯 12	戊辰 13	己巳 14	庚午 15	辛未 16	壬申 17	癸酉 18	甲戌 19	乙亥 20	丙子 21	丁丑 22	戊寅 23	己卯 24	庚辰 25	辛巳 26	壬午 27	癸未 28	甲申 29	乙酉 30	丙戌 (7)	丁亥 2	戊子 3	己丑 4	庚寅 5	辛卯 6	壬辰 7	癸巳 8	甲午 9	乙未 10	丙戌夏至
六月小 辛未	干支 西曆	丙申 11	丁酉 12	戊戌 13	己亥 14	庚子 15	辛丑 16	壬寅 17	癸卯 18	甲辰 19	乙巳 20	丙午 21	丁未 22	戊申 23	己酉 24	庚戌 25	辛亥 26	壬子 27	癸丑 28	甲寅 29	乙卯 30	丙辰 31	丁巳 (8)	戊午 2	己未 3	庚申 4	辛酉 5	壬戌 6	癸亥 7	甲子 8		
七月小 壬申	干支 西曆	乙丑 9	丙寅 10	丁卯 11	戊辰 12	己巳 13	庚午 14	辛未 15	壬申 16	癸酉 17	甲戌 18	乙亥 19	丙子 20	丁丑 21	戊寅 22	己卯 23	庚辰 24	辛巳 25	壬午 26	癸未 27	甲申 28	乙酉 29	丙戌 30	丁亥 31	戊子 (9)	己丑 2	庚寅 3	辛卯 4	壬辰 5	癸巳 6		癸酉立秋
八月大 癸酉	干支 西曆	甲午 7	乙未 8	丙申 9	丁酉 10	戊戌 11	己亥 12	庚子 13	辛丑 14	壬寅 15	癸卯 16	甲辰 17	乙巳 18	丙午 19	丁未 20	戊申 21	己酉 22	庚戌 23	辛亥 24	壬子 25	癸丑 26	甲寅 27	乙卯 28	丙辰 29	丁巳 30	戊午 (10)	己未 2	庚申 3	辛酉 4	壬戌 5	癸亥 6	戊午秋分
九月小 甲戌	干支 西曆	甲子 7	乙丑 8	丙寅 9	丁卯 10	戊辰 11	己巳 12	庚午 13	辛未 14	壬申 15	癸酉 16	甲戌 17	乙亥 18	丙子 19	丁丑 20	戊寅 21	己卯 22	庚辰 23	辛巳 24	壬午 25	癸未 26	甲申 27	乙酉 28	丙戌 29	丁亥 30	戊子 31	己丑 (11)	庚寅 2	辛卯 3	壬辰 4		
十月大 乙亥	干支 西曆	癸巳 5	甲午 6	乙未 7	丙申 8	丁酉 9	戊戌 10	己亥 11	庚子 12	辛丑 13	壬寅 14	癸卯 15	甲辰 16	乙巳 17	丙午 18	丁未 19	戊申 20	己酉 21	庚戌 22	辛亥 23	壬子 24	癸丑 25	甲寅 26	乙卯 27	丙辰 28	丁巳 29	戊午 30	己未 (12)	庚申 2	辛酉 3	壬戌 4	壬寅立冬
十一月小 丙子	干支 西曆	癸亥 5	甲子 6	乙丑 7	丙寅 8	丁卯 9	戊辰 10	己巳 11	庚午 12	辛未 13	壬申 14	癸酉 15	甲戌 16	乙亥 17	丙子 18	丁丑 19	戊寅 20	己卯 21	庚辰 22	辛巳 23	壬午 24	癸未 25	甲申 26	乙酉 27	丙戌 28	丁亥 29	戊子 30	己丑 31	庚寅 (1)	辛卯 2		丁亥冬至
十二月大 丁丑	干支 西曆	壬辰 3	癸巳 4	甲午 5	乙未 6	丙申 7	丁酉 8	戊戌 9	己亥 10	庚子 11	辛丑 12	壬寅 13	癸卯 14	甲辰 15	乙巳 16	丙午 17	丁未 18	戊申 19	己酉 20	庚戌 21	辛亥 22	壬子 23	癸丑 24	甲寅 25	乙卯 26	丙辰 27	丁巳 28	戊午 29	己未 30	庚申 31	辛酉 (2)	

*《長術》：正丁卯，二丙申，四乙未，七甲子，九癸亥，十一壬戌。

周宣王四十二年（乙卯 兔年） 公元前786～前785年

夏曆月序		中西曆日對照	初一	初二	初三	初四	初五	初六	初七	初八	初九	初十	十一	十二	十三	十四	十五	十六	十七	十八	十九	二十	二一	二二	二三	二四	二五	二六	二七	二八	二九	三十	節氣與天象
正月大	戊寅	天干地支 西曆	壬戌 2	癸亥 3	甲子 4	乙丑 5	丙寅 6	丁卯 7	戊辰 8	己巳 9	庚午 10	辛未 11	壬申 12	癸酉 13	甲戌 14	乙亥 15	丙子 16	丁丑 17	戊寅 18	己卯 19	庚辰 20	辛巳 21	壬午 22	癸未 23	甲申 24	乙酉 25	丙戌 26	丁亥 27	戊子 28	己丑 (3)	庚寅 2	辛卯 3	辛未立春
二月大	己卯	天干地支 西曆	壬辰 4	癸巳 5	甲午 6	乙未 7	丙申 8	丁酉 9	戊戌 10	己亥 11	庚子 12	辛丑 13	壬寅 14	癸卯 15	甲辰 16	乙巳 17	丙午 18	丁未 19	戊申 20	己酉 21	庚戌 22	辛亥 23	壬子 24	癸丑 25	甲寅 26	乙卯 27	丙辰 28	丁巳 29	戊午 30	己未 31	庚申 (4)	辛酉 2	丁巳春分
三月小	庚辰	天干地支 西曆	壬戌 3	癸亥 4	甲子 5	乙丑 6	丙寅 7	丁卯 8	戊辰 9	己巳 10	庚午 11	辛未 12	壬申 13	癸酉 14	甲戌 15	乙亥 16	丙子 17	丁丑 18	戊寅 19	己卯 20	庚辰 21	辛巳 22	壬午 23	癸未 24	甲申 25	乙酉 26	丙戌 27	丁亥 28	戊子 29	己丑 30	庚寅 (5)		
四月大	辛巳	天干地支 西曆	辛卯 2	壬辰 3	癸巳 4	甲午 5	乙未 6	丙申 7	丁酉 8	戊戌 9	己亥 10	庚子 11	辛丑 12	壬寅 13	癸卯 14	甲辰 15	乙巳 16	丙午 17	丁未 18	戊申 19	己酉 20	庚戌 21	辛亥 22	壬子 23	癸丑 24	甲寅 25	乙卯 26	丙辰 27	丁巳 28	戊午 29	己未 30	庚申 31	甲辰立夏
五月小	壬午	天干地支 西曆	辛酉 (6)	壬戌 2	癸亥 3	甲子 4	乙丑 5	丙寅 6	丁卯 7	戊辰 8	己巳 9	庚午 10	辛未 11	壬申 12	癸酉 13	甲戌 14	乙亥 15	丙子 16	丁丑 17	戊寅 18	己卯 19	庚辰 20	辛巳 21	壬午 22	癸未 23	甲申 24	乙酉 25	丙戌 26	丁亥 27	戊子 28	己丑 29		
閏五月大	壬午	天干地支 西曆	庚寅 30	辛卯 (7)	壬辰 2	癸巳 3	甲午 4	乙未 5	丙申 6	丁酉 7	戊戌 8	己亥 9	庚子 10	辛丑 11	壬寅 12	癸卯 13	甲辰 14	乙巳 15	丙午 16	丁未 17	戊申 18	己酉 19	庚戌 20	辛亥 21	壬子 22	癸丑 23	甲寅 24	乙卯 25	丙辰 26	丁巳 27	戊午 28	己未 29	壬辰夏至
六月小	癸未	天干地支 西曆	庚申 30	辛酉 31	壬戌 (8)	癸亥 2	甲子 3	乙丑 4	丙寅 5	丁卯 6	戊辰 7	己巳 8	庚午 9	辛未 10	壬申 11	癸酉 12	甲戌 13	乙亥 14	丙子 15	丁丑 16	戊寅 17	己卯 18	庚辰 19	辛巳 20	壬午 21	癸未 22	甲申 23	乙酉 24	丙戌 25	丁亥 26	戊子 27		戊寅立秋
七月小	甲申	天干地支 西曆	己丑 28	庚寅 29	辛卯 30	壬辰 31	癸巳 (9)	甲午 2	乙未 3	丙申 4	丁酉 5	戊戌 6	己亥 7	庚子 8	辛丑 9	壬寅 10	癸卯 11	甲辰 12	乙巳 13	丙午 14	丁未 15	戊申 16	己酉 17	庚戌 18	辛亥 19	壬子 20	癸丑 21	甲寅 22	乙卯 23	丙辰 24	丁巳 25		
八月大	乙酉	天干地支 西曆	戊午 26	己未 27	庚申 28	辛酉 29	壬戌 30	癸亥 (10)	甲子 2	乙丑 3	丙寅 4	丁卯 5	戊辰 6	己巳 7	庚午 8	辛未 9	壬申 10	癸酉 11	甲戌 12	乙亥 13	丙子 14	丁丑 15	戊寅 16	己卯 17	庚辰 18	辛巳 19	壬午 20	癸未 21	甲申 22	乙酉 23	丙戌 24	丁亥 25	癸亥秋分
九月小	丙戌	天干地支 西曆	戊子 26	己丑 27	庚寅 28	辛卯 29	壬辰 30	癸巳 31	甲午 (11)	乙未 2	丙申 3	丁酉 4	戊戌 5	己亥 6	庚子 7	辛丑 8	壬寅 9	癸卯 10	甲辰 11	乙巳 12	丙午 13	丁未 14	戊申 15	己酉 16	庚戌 17	辛亥 18	壬子 19	癸丑 20	甲寅 21	乙卯 22	丙辰 23		戊申立冬
十月大	丁亥	天干地支 西曆	丁巳 24	戊午 25	己未 26	庚申 27	辛酉 28	壬戌 29	癸亥 30	甲子 (12)	乙丑 2	丙寅 3	丁卯 4	戊辰 5	己巳 6	庚午 7	辛未 8	壬申 9	癸酉 10	甲戌 11	乙亥 12	丙子 13	丁丑 14	戊寅 15	己卯 16	庚辰 17	辛巳 18	壬午 19	癸未 20	甲申 21	乙酉 22	丙戌 23	
十一月小	戊子	天干地支 西曆	丁亥 24	戊子 25	己丑 26	庚寅 27	辛卯 28	壬辰 29	癸巳 30	甲午 31	乙未 (1)	丙申 2	丁酉 3	戊戌 4	己亥 5	庚子 6	辛丑 7	壬寅 8	癸卯 9	甲辰 10	乙巳 11	丙午 12	丁未 13	戊申 14	己酉 15	庚戌 16	辛亥 17	壬子 18	癸丑 19	甲寅 20	乙卯 21		壬辰冬至
十二月大	己丑	天干地支 西曆	丙辰 22	丁巳 23	戊午 24	己未 25	庚申 26	辛酉 27	壬戌 28	癸亥 29	甲子 30	乙丑 31	丙寅 (2)	丁卯 2	戊辰 3	己巳 4	庚午 5	辛未 6	壬申 7	癸酉 8	甲戌 9	乙亥 10	丙子 11	丁丑 12	戊寅 13	己卯 14	庚辰 15	辛巳 16	壬午 17	癸未 18	甲申 19	乙酉 20	丁丑立春

*《長術》：正辛酉，三庚申，五己未，七戊午，八丁巳，十一丙戌。閏八。

周宣王四十三年（丙辰 龍年） 公元前785 ~ 前784年

夏曆月序		中西曆日對照	夏曆日序																														節氣與天象
			初一	初二	初三	初四	初五	初六	初七	初八	初九	初十	十一	十二	十三	十四	十五	十六	十七	十八	十九	二十	二一	二二	二三	二四	二五	二六	二七	二八	二九	三十	
正月大	庚寅	干支 天地 西曆	丙戌21	丁亥22	戊子23	己丑24	庚寅25	辛卯26	壬辰27	癸巳28	甲午29	乙未(3)	丙申2	丁酉3	戊戌4	己亥5	庚子6	辛丑7	壬寅8	癸卯9	甲辰10	乙巳11	丙午12	丁未13	戊申14	己酉15	庚戌16	辛亥17	壬子18	癸丑19	甲寅20	乙卯21	
二月小	辛卯	干支 天地 西曆	丙辰22	丁巳23	戊午24	己未25	庚申26	辛酉27	壬戌28	癸亥29	甲子30	乙丑31	丙寅(4)	丁卯2	戊辰3	己巳4	庚午5	辛未6	壬申7	癸酉8	甲戌9	乙亥10	丙子11	丁丑12	戊寅13	己卯14	庚辰15	辛巳16	壬午17	癸未18	甲申19		癸亥春分
三月大	壬辰	干支 天地 西曆	乙酉20	丙戌21	丁亥22	戊子23	己丑24	庚寅25	辛卯26	壬辰27	癸巳28	甲午29	乙未30	丙申(5)	丁酉2	戊戌3	己亥4	庚子5	辛丑6	壬寅7	癸卯8	甲辰9	乙巳10	丙午11	丁未12	戊申13	己酉14	庚戌15	辛亥16	壬子17	癸丑18	甲寅19	庚戌立夏
四月小	癸巳	干支 天地 西曆	乙卯20	丙辰21	丁巳22	戊午23	己未24	庚申25	辛酉26	壬戌27	癸亥28	甲子29	乙丑30	丙寅31	丁卯(6)	戊辰2	己巳3	庚午4	辛未5	壬申6	癸酉7	甲戌8	乙亥9	丙子10	丁丑11	戊寅12	己卯13	庚辰14	辛巳15	壬午16	癸未17		
五月大	甲午	干支 天地 西曆	甲申18	乙酉19	丙戌20	丁亥21	戊子22	己丑23	庚寅24	辛卯25	壬辰26	癸巳27	甲午28	乙未29	丙申30	丁酉(7)	戊戌2	己亥3	庚子4	辛丑5	壬寅6	癸卯7	甲辰8	乙巳9	丙午10	丁未11	戊申12	己酉13	庚戌14	辛亥15	壬子16	癸丑17	丁酉夏至
六月小	乙未	干支 天地 西曆	甲寅18	乙卯19	丙辰20	丁巳21	戊午22	己未23	庚申24	辛酉25	壬戌26	癸亥27	甲子28	乙丑29	丙寅30	丁卯31	戊辰(8)	己巳2	庚午3	辛未4	壬申5	癸酉6	甲戌7	乙亥8	丙子9	丁丑10	戊寅11	己卯12	庚辰13	辛巳14	壬午15		
七月大	丙申	干支 天地 西曆	癸未16	甲申17	乙酉18	丙戌19	丁亥20	戊子21	己丑22	庚寅23	辛卯24	壬辰25	癸巳26	甲午27	乙未28	丙申29	丁酉30	戊戌31	己亥(9)	庚子2	辛丑3	壬寅4	癸卯5	甲辰6	乙巳7	丙午8	丁未9	戊申10	己酉11	庚戌12	辛亥13	壬子14	癸未立秋
八月小	丁酉	干支 天地 西曆	癸丑15	甲寅16	乙卯17	丙辰18	丁巳19	戊午20	己未21	庚申22	辛酉23	壬戌24	癸亥25	甲子26	乙丑27	丙寅28	丁卯29	戊辰30	己巳(10)	庚午2	辛未3	壬申4	癸酉5	甲戌6	乙亥7	丙子8	丁丑9	戊寅10	己卯11	庚辰12	辛巳13		己巳秋分
九月大	戊戌	干支 天地 西曆	壬午14	癸未15	甲申16	乙酉17	丙戌18	丁亥19	戊子20	己丑21	庚寅22	辛卯23	壬辰24	癸巳25	甲午26	乙未27	丙申28	丁酉29	戊戌30	己亥31	庚子(11)	辛丑2	壬寅3	癸卯4	甲辰5	乙巳6	丙午7	丁未8	戊申9	己酉10	庚戌11	辛亥12	
十月小	己亥	干支 天地 西曆	壬子13	癸丑14	甲寅15	乙卯16	丙辰17	丁巳18	戊午19	己未20	庚申21	辛酉22	壬戌23	癸亥24	甲子25	乙丑26	丙寅27	丁卯28	戊辰29	己巳30	庚午(12)	辛未2	壬申3	癸酉4	甲戌5	乙亥6	丙子7	丁丑8	戊寅9	己卯10	庚辰11		癸丑立冬
十一月大	庚子	干支 天地 西曆	辛巳12	壬午13	癸未14	甲申15	乙酉16	丙戌17	丁亥18	戊子19	己丑20	庚寅21	辛卯22	壬辰23	癸巳24	甲午25	乙未26	丙申27	丁酉28	戊戌29	己亥30	庚子31	辛丑(1)	壬寅2	癸卯3	甲辰4	乙巳5	丙午6	丁未7	戊申8	己酉9	庚戌10	丁酉冬至
十二月小	辛丑	干支 天地 西曆	辛亥11	壬子12	癸丑13	甲寅14	乙卯15	丙辰16	丁巳17	戊午18	己未19	庚申20	辛酉21	壬戌22	癸亥23	甲子24	乙丑25	丙寅26	丁卯27	戊辰28	己巳29	庚午30	辛未31	壬申(2)	癸酉2	甲戌3	乙亥4	丙子5	丁丑6	戊寅7	己卯8		

*《長術》：正乙酉，三甲申，五癸未，七壬午，九辛巳，十一庚辰。

周宣王四十四年（丁巳 蛇年） 公元前 784 ~ 前 783 年

夏曆月序		中西曆日對照	初一	初二	初三	初四	初五	初六	初七	初八	初九	初十	十一	十二	十三	十四	十五	十六	十七	十八	十九	二十	二一	二二	二三	二四	二五	二六	二七	二八	二九	三十	節氣與天象
正月大	壬寅	天干地支西曆	庚辰9	辛巳10	壬午11	癸未12	甲申13	乙酉14	丙戌15	丁亥16	戊子17	己丑18	庚寅19	辛卯20	壬辰21	癸巳22	甲午23	乙未24	丙申25	丁酉26	戊戌27	己亥28	庚子(3)	辛丑2	壬寅3	癸卯4	甲辰5	乙巳6	丙午7	丁未8	戊申9	己酉10	壬午立春
二月小	癸卯	天干地支西曆	庚戌11	辛亥12	壬子13	癸丑14	甲寅15	乙卯16	丙辰17	丁巳18	戊午19	己未20	庚申21	辛酉22	壬戌23	癸亥24	甲子25	乙丑26	丙寅27	丁卯28	戊辰29	己巳30	庚午31	辛未(4)	壬申2	癸酉3	甲戌4	乙亥5	丙子6	丁丑7	戊寅8		戊辰春分
三月大	甲辰	天干地支西曆	己卯9	庚辰10	辛巳11	壬午12	癸未13	甲申14	乙酉15	丙戌16	丁亥17	戊子18	己丑19	庚寅20	辛卯21	壬辰22	癸巳23	甲午24	乙未25	丙申26	丁酉27	戊戌28	己亥29	庚子30	辛丑(5)	壬寅2	癸卯3	甲辰4	乙巳5	丙午6	丁未7	戊申8	
四月小	乙巳	天干地支西曆	己酉9	庚戌10	辛亥11	壬子12	癸丑13	甲寅14	乙卯15	丙辰16	丁巳17	戊午18	己未19	庚申20	辛酉21	壬戌22	癸亥23	甲子24	乙丑25	丙寅26	丁卯27	戊辰28	己巳29	庚午30	辛未31	壬申(6)	癸酉2	甲戌3	乙亥4	丙子5	丁丑6		乙卯立夏
五月大	丙午	天干地支西曆	戊寅7	己卯8	庚辰9	辛巳10	壬午11	癸未12	甲申13	乙酉14	丙戌15	丁亥16	戊子17	己丑18	庚寅19	辛卯20	壬辰21	癸巳22	甲午23	乙未24	丙申25	丁酉26	戊戌27	己亥28	庚子29	辛丑30	壬寅(7)	癸卯2	甲辰3	乙巳4	丙午5	丁未6	壬寅夏至
六月大	丁未	天干地支西曆	戊申7	己酉8	庚戌9	辛亥10	壬子11	癸丑12	甲寅13	乙卯14	丙辰15	丁巳16	戊午17	己未18	庚申19	辛酉20	壬戌21	癸亥22	甲子23	乙丑24	丙寅25	丁卯26	戊辰27	己巳28	庚午29	辛未30	壬申31	癸酉(8)	甲戌2	乙亥3	丙子4	丁丑5	
七月小	戊申	天干地支西曆	戊寅6	己卯7	庚辰8	辛巳9	壬午10	癸未11	甲申12	乙酉13	丙戌14	丁亥15	戊子16	己丑17	庚寅18	辛卯19	壬辰20	癸巳21	甲午22	乙未23	丙申24	丁酉25	戊戌26	己亥27	庚子28	辛丑29	壬寅30	癸卯31	甲辰(9)	乙巳2	丙午3		己丑立秋
八月大	己酉	天干地支西曆	丁未4	戊申5	己酉6	庚戌7	辛亥8	壬子9	癸丑10	甲寅11	乙卯12	丙辰13	丁巳14	戊午15	己未16	庚申17	辛酉18	壬戌19	癸亥20	甲子21	乙丑22	丙寅23	丁卯24	戊辰25	己巳26	庚午27	辛未28	壬申29	癸酉30	甲戌(10)	乙亥2	丙子3	甲戌秋分
九月小	庚戌	天干地支西曆	丁丑4	戊寅5	己卯6	庚辰7	辛巳8	壬午9	癸未10	甲申11	乙酉12	丙戌13	丁亥14	戊子15	己丑16	庚寅17	辛卯18	壬辰19	癸巳20	甲午21	乙未22	丙申23	丁酉24	戊戌25	己亥26	庚子27	辛丑28	壬寅29	癸卯30	甲辰31	乙巳(11)		
十月大	辛亥	天干地支西曆	丙午2	丁未3	戊申4	己酉5	庚戌6	辛亥7	壬子8	癸丑9	甲寅10	乙卯11	丙辰12	丁巳13	戊午14	己未15	庚申16	辛酉17	壬戌18	癸亥19	甲子20	乙丑21	丙寅22	丁卯23	戊辰24	己巳25	庚午26	辛未27	壬申28	癸酉29	甲戌30	乙亥(12)	戊午立冬
十一月小	壬子	天干地支西曆	丙子2	丁丑3	戊寅4	己卯5	庚辰6	辛巳7	壬午8	癸未9	甲申10	乙酉11	丙戌12	丁亥13	戊子14	己丑15	庚寅16	辛卯17	壬辰18	癸巳19	甲午20	乙未21	丙申22	丁酉23	戊戌24	己亥25	庚子26	辛丑27	壬寅28	癸卯29	甲辰30		壬寅冬至
閏十一大	壬子	天干地支西曆	乙巳31	丙午(1)	丁未2	戊申3	己酉4	庚戌5	辛亥6	壬子7	癸丑8	甲寅9	乙卯10	丙辰11	丁巳12	戊午13	己未14	庚申15	辛酉16	壬戌17	癸亥18	甲子19	乙丑20	丙寅21	丁卯22	戊辰23	己巳24	庚午25	辛未26	壬申27	癸酉28	甲戌29	
十二月小	癸丑	天干地支西曆	乙亥30	丙子31	丁丑(2)	戊寅2	己卯3	庚辰4	辛巳5	壬午6	癸未7	甲申8	乙酉9	丙戌10	丁亥11	戊子12	己丑13	庚寅14	辛卯15	壬辰16	癸巳17	甲午18	乙未19	丙申20	丁酉21	戊戌22	己亥23	庚子24	辛丑25	壬寅26	癸卯27		丁亥立春 乙亥日食

*《長術》：正庚辰，二己酉，四戊申，六丁未，八丙午，十乙巳，十二甲辰。

周宣王四十五年（戊午 馬年） 公元前 783 ~ 前 782 年

夏曆月序		中西曆日對照	初一	初二	初三	初四	初五	初六	初七	初八	初九	初十	十一	十二	十三	十四	十五	十六	十七	十八	十九	二十	二一	二二	二三	二四	二五	二六	二七	二八	二九	三十	節氣與天象
正月大	甲寅	天干地支西曆	甲辰28	乙巳(3)	丙午2	丁未3	戊申4	己酉5	庚戌6	辛亥7	壬子8	癸丑9	甲寅10	乙卯11	丙辰12	丁巳13	戊午14	己未15	庚申16	辛酉17	壬戌18	癸亥19	甲子20	乙丑21	丙寅22	丁卯23	戊辰24	己巳25	庚午26	辛未27	壬申28	癸酉29	癸酉春分
二月小	乙卯	天干地支西曆	甲戌30	乙亥31	丙子(4)	丁丑2	戊寅3	己卯4	庚辰5	辛巳6	壬午7	癸未8	甲申9	乙酉10	丙戌11	丁亥12	戊子13	己丑14	庚寅15	辛卯16	壬辰17	癸巳18	甲午19	乙未20	丙申21	丁酉22	戊戌23	己亥24	庚子25	辛丑26	壬寅27		
三月大	丙辰	天干地支西曆	癸卯28	甲辰29	乙巳30	丙午(5)	丁未2	戊申3	己酉4	庚戌5	辛亥6	壬子7	癸丑8	甲寅9	乙卯10	丙辰11	丁巳12	戊午13	己未14	庚申15	辛酉16	壬戌17	癸亥18	甲子19	乙丑20	丙寅21	丁卯22	戊辰23	己巳24	庚午25	辛未26	壬申27	庚申立夏
四月小	丁巳	天干地支西曆	癸酉28	甲戌29	乙亥30	丙子31	丁丑(6)	戊寅2	己卯3	庚辰4	辛巳5	壬午6	癸未7	甲申8	乙酉9	丙戌10	丁亥11	戊子12	己丑13	庚寅14	辛卯15	壬辰16	癸巳17	甲午18	乙未19	丙申20	丁酉21	戊戌22	己亥23	庚子24	辛丑25		
五月大	戊午	天干地支西曆	壬寅26	癸卯27	甲辰28	乙巳29	丙午30	丁未(7)	戊申2	己酉3	庚戌4	辛亥5	壬子6	癸丑7	甲寅8	乙卯9	丙辰10	丁巳11	戊午12	己未13	庚申14	辛酉15	壬戌16	癸亥17	甲子18	乙丑19	丙寅20	丁卯21	戊辰22	己巳23	庚午24	辛未25	丁未夏至
六月小	己未	天干地支西曆	壬申26	癸酉27	甲戌28	乙亥29	丙子30	丁丑31	戊寅(8)	己卯2	庚辰3	辛巳4	壬午5	癸未6	甲申7	乙酉8	丙戌9	丁亥10	戊子11	己丑12	庚寅13	辛卯14	壬辰15	癸巳16	甲午17	乙未18	丙申19	丁酉20	戊戌21	己亥22	庚子23		甲午立秋
七月大	庚申	天干地支西曆	辛丑24	壬寅25	癸卯26	甲辰27	乙巳28	丙午29	丁未30	戊申31	己酉(9)	庚戌2	辛亥3	壬子4	癸丑5	甲寅6	乙卯7	丙辰8	丁巳9	戊午10	己未11	庚申12	辛酉13	壬戌14	癸亥15	甲子16	乙丑17	丙寅18	丁卯19	戊辰20	己巳21	庚午22	
八月大	辛酉	天干地支西曆	辛未23	壬申24	癸酉25	甲戌26	乙亥27	丙子28	丁丑29	戊寅30	己卯(10)	庚辰2	辛巳3	壬午4	癸未5	甲申6	乙酉7	丙戌8	丁亥9	戊子10	己丑11	庚寅12	辛卯13	壬辰14	癸巳15	甲午16	乙未17	丙申18	丁酉19	戊戌20	己亥21	庚子22	己卯秋分
九月小	壬戌	天干地支西曆	辛丑23	壬寅24	癸卯25	甲辰26	乙巳27	丙午28	丁未29	戊申30	己酉31	庚戌(11)	辛亥2	壬子3	癸丑4	甲寅5	乙卯6	丙辰7	丁巳8	戊午9	己未10	庚申11	辛酉12	壬戌13	癸亥14	甲子15	乙丑16	丙寅17	丁卯18	戊辰19	己巳20		癸亥立冬
十月大	癸亥	天干地支西曆	庚午21	辛未22	壬申23	癸酉24	甲戌25	乙亥26	丙子27	丁丑28	戊寅29	己卯30	庚辰(12)	辛巳2	壬午3	癸未4	甲申5	乙酉6	丙戌7	丁亥8	戊子9	己丑10	庚寅11	辛卯12	壬辰13	癸巳14	甲午15	乙未16	丙申17	丁酉18	戊戌19	己亥20	
十一月大	甲子	天干地支西曆	庚子21	辛丑22	壬寅23	癸卯24	甲辰25	乙巳26	丙午27	丁未28	戊申29	己酉30	庚戌31	辛亥(1)	壬子2	癸丑3	甲寅4	乙卯5	丙辰6	丁巳7	戊午8	己未9	庚申10	辛酉11	壬戌12	癸亥13	甲子14	乙丑15	丙寅16	丁卯17	戊辰18	己巳19	戊申冬至
十二月小	乙丑	天干地支西曆	庚午20	辛未21	壬申22	癸酉23	甲戌24	乙亥25	丙子26	丁丑27	戊寅28	己卯29	庚辰30	辛巳31	壬午(2)	癸未2	甲申3	乙酉4	丙戌5	丁亥6	戊子7	己丑8	庚寅9	辛卯10	壬辰11	癸巳12	甲午13	乙未14	丙申15	丁酉16	戊戌17		壬辰立春

*《長術》：正甲戌，二癸卯，四壬寅，六辛未，八庚午，十己巳，十二戊辰朔。閏五。

周宣王四十六年（己未 羊年） 公元前**782** ~ 前781年

夏曆月序		中西曆日對照	初一	初二	初三	初四	初五	初六	初七	初八	初九	初十	十一	十二	十三	十四	十五	十六	十七	十八	十九	二十	二一	二二	二三	二四	二五	二六	二七	二八	二九	三十	節氣與天象
正月小	丙寅	干支 天地西曆	己亥 18	庚子 19	辛丑 20	壬寅 21	癸卯 22	甲辰 23	乙巳 24	丙午 25	丁未 26	戊申 27	己酉 28	庚戌 (3)	辛亥 2	壬子 3	癸丑 4	甲寅 5	乙卯 6	丙辰 7	丁巳 8	戊午 9	己未 10	庚申 11	辛酉 12	壬戌 13	癸亥 14	甲子 15	乙丑 16	丙寅 17	丁卯 18		
二月大	丁卯	干支 天地西曆	戊辰 19	己巳 20	庚午 21	辛未 22	壬申 23	癸酉 24	甲戌 25	乙亥 26	丙子 27	丁丑 28	戊寅 29	己卯 30	庚辰 31	辛巳 (4)	壬午 2	癸未 3	甲申 4	乙酉 5	丙戌 6	丁亥 7	戊子 8	己丑 9	庚寅 10	辛卯 11	壬辰 12	癸巳 13	甲午 14	乙未 15	丙申 16	丁酉 17	戊寅春分
三月小	戊辰	干支 天地西曆	戊戌 18	己亥 19	庚子 20	辛丑 21	壬寅 22	癸卯 23	甲辰 24	乙巳 25	丙午 26	丁未 27	戊申 28	己酉 29	庚戌 30	辛亥 (5)	壬子 2	癸丑 3	甲寅 4	乙卯 5	丙辰 6	丁巳 7	戊午 8	己未 9	庚申 10	辛酉 11	壬戌 12	癸亥 13	甲子 14	乙丑 15	丙寅 16		乙丑立夏
四月小	己巳	干支 天地西曆	丁卯 17	戊辰 18	己巳 19	庚午 20	辛未 21	壬申 22	癸酉 23	甲戌 24	乙亥 25	丙子 26	丁丑 27	戊寅 28	己卯 29	庚辰 30	辛巳 31	壬午 (6)	癸未 2	甲申 3	乙酉 4	丙戌 5	丁亥 6	戊子 7	己丑 8	庚寅 9	辛卯 10	壬辰 11	癸巳 12	甲午 13	乙未 14		
五月大	庚午	干支 天地西曆	丙申 15	丁酉 16	戊戌 17	己亥 18	庚子 19	辛丑 20	壬寅 21	癸卯 22	甲辰 23	乙巳 24	丙午 25	丁未 26	戊申 27	己酉 28	庚戌 29	辛亥 30	壬子 (7)	癸丑 2	甲寅 3	乙卯 4	丙辰 5	丁巳 6	戊午 7	己未 8	庚申 9	辛酉 10	壬戌 11	癸亥 12	甲子 13	乙丑 14	癸丑夏至
六月小	辛未	干支 天地西曆	丙寅 15	丁卯 16	戊辰 17	己巳 18	庚午 19	辛未 20	壬申 21	癸酉 22	甲戌 23	乙亥 24	丙子 25	丁丑 26	戊寅 27	己卯 28	庚辰 29	辛巳 30	壬午 31	癸未 (8)	甲申 2	乙酉 3	丙戌 4	丁亥 5	戊子 6	己丑 7	庚寅 8	辛卯 9	壬辰 10	癸巳 11	甲午 12		
七月大	壬申	干支 天地西曆	乙未 13	丙申 14	丁酉 15	戊戌 16	己亥 17	庚子 18	辛丑 19	壬寅 20	癸卯 21	甲辰 22	乙巳 23	丙午 24	丁未 25	戊申 26	己酉 27	庚戌 28	辛亥 29	壬子 30	癸丑 31	甲寅 (9)	乙卯 2	丙辰 3	丁巳 4	戊午 5	己未 6	庚申 7	辛酉 8	壬戌 9	癸亥 10	甲子 11	己亥立秋
八月大	癸酉	干支 天地西曆	乙丑 12	丙寅 13	丁卯 14	戊辰 15	己巳 16	庚午 17	辛未 18	壬申 19	癸酉 20	甲戌 21	乙亥 22	丙子 23	丁丑 24	戊寅 25	己卯 26	庚辰 27	辛巳 28	壬午 29	癸未 30	甲申 (10)	乙酉 2	丙戌 3	丁亥 4	戊子 5	己丑 6	庚寅 7	辛卯 8	壬辰 9	癸巳 10	甲午 11	甲申秋分
九月大	甲戌	干支 天地西曆	乙未 12	丙申 13	丁酉 14	戊戌 15	己亥 16	庚子 17	辛丑 18	壬寅 19	癸卯 20	甲辰 21	乙巳 22	丙午 23	丁未 24	戊申 25	己酉 26	庚戌 27	辛亥 28	壬子 29	癸丑 30	甲寅 31	乙卯 (11)	丙辰 2	丁巳 3	戊午 4	己未 5	庚申 6	辛酉 7	壬戌 8	癸亥 9	甲子 10	
十月小	乙亥	干支 天地西曆	乙丑 11	丙寅 12	丁卯 13	戊辰 14	己巳 15	庚午 16	辛未 17	壬申 18	癸酉 19	甲戌 20	乙亥 21	丙子 22	丁丑 23	戊寅 24	己卯 25	庚辰 26	辛巳 27	壬午 28	癸未 29	甲申 30	乙酉 (12)	丙戌 2	丁亥 3	戊子 4	己丑 5	庚寅 6	辛卯 7	壬辰 8	癸巳 9		己巳立冬
十一月大	丙子	干支 天地西曆	甲午 10	乙未 11	丙申 12	丁酉 13	戊戌 14	己亥 15	庚子 16	辛丑 17	壬寅 18	癸卯 19	甲辰 20	乙巳 21	丙午 22	丁未 23	戊申 24	己酉 25	庚戌 26	辛亥 27	壬子 28	癸丑 29	甲寅 30	乙卯 31	丙辰 (1)	丁巳 2	戊午 3	己未 4	庚申 5	辛酉 6	壬戌 7	癸亥 8	癸丑冬至
十二月大	丁丑	干支 天地西曆	甲子 9	乙丑 10	丙寅 11	丁卯 12	戊辰 13	己巳 14	庚午 15	辛未 16	壬申 17	癸酉 18	甲戌 19	乙亥 20	丙子 21	丁丑 22	戊寅 23	己卯 24	庚辰 25	辛巳 26	壬午 27	癸未 28	甲申 29	乙酉 30	丙戌 31	丁亥 (2)	戊子 2	己丑 3	庚寅 4	辛卯 5	壬辰 6	癸巳 7	

*《長術》：正戊戌，二丁卯，四丙寅，六乙丑，八甲子，十一癸巳。

周幽王元年（庚申 猴年） 公元前 781 ~ 前 780 年

夏曆月序		中西曆日對照	初一	初二	初三	初四	初五	初六	初七	初八	初九	初十	十一	十二	十三	十四	十五	十六	十七	十八	十九	二十	二一	二二	二三	二四	二五	二六	二七	二八	二九	三十	節氣與天象
正月小	戊寅	天干地支西曆	甲午8	乙未9	丙申10	丁酉11	戊戌12	己亥13	庚子14	辛丑15	壬寅16	癸卯17	甲辰18	乙巳19	丙午20	丁未21	戊申22	己酉23	庚戌24	辛亥25	壬子26	癸丑27	甲寅28	乙卯29	丙辰(3)	丁巳2	戊午3	己未4	庚申5	辛酉6	壬戌7		戊戌立春
二月小	己卯	天干地支西曆	癸亥8	甲子9	乙丑10	丙寅11	丁卯12	戊辰13	己巳14	庚午15	辛未16	壬申17	癸酉18	甲戌19	乙亥20	丙子21	丁丑22	戊寅23	己卯24	庚辰25	辛巳26	壬午27	癸未28	甲申29	乙酉30	丙戌31	丁亥(4)	戊子2	己丑3	庚寅4	辛卯5		甲申春分
三月大	庚辰	天干地支西曆	壬辰6	癸巳7	甲午8	乙未9	丙申10	丁酉11	戊戌12	己亥13	庚子14	辛丑15	壬寅16	癸卯17	甲辰18	乙巳19	丙午20	丁未21	戊申22	己酉23	庚戌24	辛亥25	壬子26	癸丑27	甲寅28	乙卯29	丙辰30	丁巳(5)	戊午2	己未3	庚申4	辛酉5	
四月小	辛巳	天干地支西曆	壬戌6	癸亥7	甲子8	乙丑9	丙寅10	丁卯11	戊辰12	己巳13	庚午14	辛未15	壬申16	癸酉17	甲戌18	乙亥19	丙子20	丁丑21	戊寅22	己卯23	庚辰24	辛巳25	壬午26	癸未27	甲申28	乙酉29	丙戌30	丁亥31	戊子(6)	己丑2	庚寅3		辛未立夏
五月小	壬午	天干地支西曆	辛卯4	壬辰5	癸巳6	甲午7	乙未8	丙申9	丁酉10	戊戌11	己亥12	庚子13	辛丑14	壬寅15	癸卯16	甲辰17	乙巳18	丙午19	丁未20	戊申21	己酉22	庚戌23	辛亥24	壬子25	癸丑26	甲寅27	乙卯28	丙辰29	丁巳30	戊午(7)	己未2		戊午夏至 辛卯日食
六月大	癸未	天干地支西曆	庚申3	辛酉4	壬戌5	癸亥6	甲子7	乙丑8	丙寅9	丁卯10	戊辰11	己巳12	庚午13	辛未14	壬申15	癸酉16	甲戌17	乙亥18	丙子19	丁丑20	戊寅21	己卯22	庚辰23	辛巳24	壬午25	癸未26	甲申27	乙酉28	丙戌29	丁亥30	戊子31	己丑(8)	
七月小	甲申	天干地支西曆	庚寅2	辛卯3	壬辰4	癸巳5	甲午6	乙未7	丙申8	丁酉9	戊戌10	己亥11	庚子12	辛丑13	壬寅14	癸卯15	甲辰16	乙巳17	丙午18	丁未19	戊申20	己酉21	庚戌22	辛亥23	壬子24	癸丑25	甲寅26	乙卯27	丙辰28	丁巳29	戊午30		甲辰立秋
閏七月大	甲申	天干地支西曆	己未31	庚申(9)	辛酉2	壬戌3	癸亥4	甲子5	乙丑6	丙寅7	丁卯8	戊辰9	己巳10	庚午11	辛未12	壬申13	癸酉14	甲戌15	乙亥16	丙子17	丁丑18	戊寅19	己卯20	庚辰21	辛巳22	壬午23	癸未24	甲申25	乙酉26	丙戌27	丁亥28	戊子29	
八月大	乙酉	天干地支西曆	己丑30	庚寅(10)	辛卯2	壬辰3	癸巳4	甲午5	乙未6	丙申7	丁酉8	戊戌9	己亥10	庚子11	辛丑12	壬寅13	癸卯14	甲辰15	乙巳16	丙午17	丁未18	戊申19	己酉20	庚戌21	辛亥22	壬子23	癸丑24	甲寅25	乙卯26	丙辰27	丁巳28	戊午29	庚寅秋分
九月大	丙戌	天干地支西曆	己未30	庚申31	辛酉(11)	壬戌2	癸亥3	甲子4	乙丑5	丙寅6	丁卯7	戊辰8	己巳9	庚午10	辛未11	壬申12	癸酉13	甲戌14	乙亥15	丙子16	丁丑17	戊寅18	己卯19	庚辰20	辛巳21	壬午22	癸未23	甲申24	乙酉25	丙戌26	丁亥27	戊子28	甲戌立冬
十月小	丁亥	天干地支西曆	己丑29	庚寅30	辛卯(12)	壬辰2	癸巳3	甲午4	乙未5	丙申6	丁酉7	戊戌8	己亥9	庚子10	辛丑11	壬寅12	癸卯13	甲辰14	乙巳15	丙午16	丁未17	戊申18	己酉19	庚戌20	辛亥21	壬子22	癸丑23	甲寅24	乙卯25	丙辰26	丁巳27		
十一月大	戊子	天干地支西曆	戊午28	己未29	庚申30	辛酉31	壬戌(1)	癸亥2	甲子3	乙丑4	丙寅5	丁卯6	戊辰7	己巳8	庚午9	辛未10	壬申11	癸酉12	甲戌13	乙亥14	丙子15	丁丑16	戊寅17	己卯18	庚辰19	辛巳20	壬午21	癸未22	甲申23	乙酉24	丙戌25	丁亥26	戊午冬至
十二月大	己丑	天干地支西曆	戊子27	己丑28	庚寅29	辛卯30	壬辰31	癸巳(2)	甲午2	乙未3	丙申4	丁酉5	戊戌6	己亥7	庚子8	辛丑9	壬寅10	癸卯11	甲辰12	乙巳13	丙午14	丁未15	戊申16	己酉17	庚戌18	辛亥19	壬子20	癸丑21	甲寅22	乙卯23	丙辰24	丁巳25	癸卯立春

*《長術》：正壬辰，三辛卯，五庚寅，七己丑，九戊子，十一丁亥。

周幽王二年（辛酉 鷄年） 公元前780 ~ 前779年

夏曆月序		中西曆日對照	夏曆日序																													節氣與天象
			初一	初二	初三	初四	初五	初六	初七	初八	初九	初十	十一	十二	十三	十四	十五	十六	十七	十八	十九	二十	二一	二二	二三	二四	二五	二六	二七	二八	二九	三十	
正月小	庚寅	天干地支西曆	戊午26	己未27	庚申28	辛酉(3)	壬戌2	癸亥3	甲子4	乙丑5	丙寅6	丁卯7	戊辰8	己巳9	庚午10	辛未11	壬申12	癸酉13	甲戌14	乙亥15	丙子16	丁丑17	戊寅18	己卯19	庚辰20	辛巳21	壬午22	癸未23	甲申24	乙酉25	丙戌26		
二月小	辛卯	天干地支西曆	丁亥27	戊子28	己丑29	庚寅30	辛卯31	壬辰(4)	癸巳2	甲午3	乙未4	丙申5	丁酉6	戊戌7	己亥8	庚子9	辛丑10	壬寅11	癸卯12	甲辰13	乙巳14	丙午15	丁未16	戊申17	己酉18	庚戌19	辛亥20	壬子21	癸丑22	甲寅23	乙卯24		己丑春分
三月大	壬辰	天干地支西曆	丙辰25	丁巳26	戊午27	己未28	庚申29	辛酉30	壬戌(5)	癸亥2	甲子3	乙丑4	丙寅5	丁卯6	戊辰7	己巳8	庚午9	辛未10	壬申11	癸酉12	甲戌13	乙亥14	丙子15	丁丑16	戊寅17	己卯18	庚辰19	辛巳20	壬午21	癸未22	甲申23	乙酉24	丙子立夏
四月小	癸巳	天干地支西曆	丙戌25	丁亥26	戊子27	己丑28	庚寅29	辛卯30	壬辰31	癸巳(6)	甲午2	乙未3	丙申4	丁酉5	戊戌6	己亥7	庚子8	辛丑9	壬寅10	癸卯11	甲辰12	乙巳13	丙午14	丁未15	戊申16	己酉17	庚戌18	辛亥19	壬子20	癸丑21	甲寅22		
五月小	甲午	天干地支西曆	乙卯23	丙辰24	丁巳25	戊午26	己未27	庚申28	辛酉29	壬戌30	癸亥(7)	甲子2	乙丑3	丙寅4	丁卯5	戊辰6	己巳7	庚午8	辛未9	壬申10	癸酉11	甲戌12	乙亥13	丙子14	丁丑15	戊寅16	己卯17	庚辰18	辛巳19	壬午20	癸未21		癸亥夏至
六月大	乙未	天干地支西曆	甲申22	乙酉23	丙戌24	丁亥25	戊子26	己丑27	庚寅28	辛卯29	壬辰30	癸巳31	甲午(8)	乙未2	丙申3	丁酉4	戊戌5	己亥6	庚子7	辛丑8	壬寅9	癸卯10	甲辰11	乙巳12	丙午13	丁未14	戊申15	己酉16	庚戌17	辛亥18	壬子19	癸丑20	庚戌立秋
七月小	丙申	天干地支西曆	甲寅21	乙卯22	丙辰23	丁巳24	戊午25	己未26	庚申27	辛酉28	壬戌29	癸亥30	甲子31	乙丑(9)	丙寅2	丁卯3	戊辰4	己巳5	庚午6	辛未7	壬申8	癸酉9	甲戌10	乙亥11	丙子12	丁丑13	戊寅14	己卯15	庚辰16	辛巳17	壬午18		
八月大	丁酉	天干地支西曆	癸未19	甲申20	乙酉21	丙戌22	丁亥23	戊子24	己丑25	庚寅26	辛卯27	壬辰28	癸巳29	甲午30	乙未(10)	丙申2	丁酉3	戊戌4	己亥5	庚子6	辛丑7	壬寅8	癸卯9	甲辰10	乙巳11	丙午12	丁未13	戊申14	己酉15	庚戌16	辛亥17	壬子18	乙未秋分
九月大	戊戌	天干地支西曆	癸丑19	甲寅20	乙卯21	丙辰22	丁巳23	戊午24	己未25	庚申26	辛酉27	壬戌28	癸亥29	甲子30	乙丑31	丙寅(11)	丁卯2	戊辰3	己巳4	庚午5	辛未6	壬申7	癸酉8	甲戌9	乙亥10	丙子11	丁丑12	戊寅13	己卯14	庚辰15	辛巳16	壬午17	己卯立冬
十月小	己亥	天干地支西曆	癸未18	甲申19	乙酉20	丙戌21	丁亥22	戊子23	己丑24	庚寅25	辛卯26	壬辰27	癸巳28	甲午29	乙未30	丙申(12)	丁酉2	戊戌3	己亥4	庚子5	辛丑6	壬寅7	癸卯8	甲辰9	乙巳10	丙午11	丁未12	戊申13	己酉14	庚戌15	辛亥16		
十一月大	庚子	天干地支西曆	壬子17	癸丑18	甲寅19	乙卯20	丙辰21	丁巳22	戊午23	己未24	庚申25	辛酉26	壬戌27	癸亥28	甲子29	乙丑30	丙寅31	丁卯(1)	戊辰2	己巳3	庚午4	辛未5	壬申6	癸酉7	甲戌8	乙亥9	丙子10	丁丑11	戊寅12	己卯13	庚辰14	辛巳15	癸亥冬至
十二月大	辛丑	天干地支西曆	壬午16	癸未17	甲申18	乙酉19	丙戌20	丁亥21	戊子22	己丑23	庚寅24	辛卯25	壬辰26	癸巳27	甲午28	乙未29	丙申30	丁酉31	戊戌(2)	己亥2	庚子3	辛丑4	壬寅5	癸卯6	甲辰7	乙巳8	丙午9	丁未10	戊申11	己酉12	庚戌13	辛亥14	戊申立春

*《長術》：正丁亥，二丙辰，三乙卯，五甲寅，七癸丑，九壬子，十二辛亥朔。閏二。

周幽王三年（壬戌 狗年） 公元前 779 ~ 前 778 年

夏曆月序		中西曆日對照	初一	初二	初三	初四	初五	初六	初七	初八	初九	初十	十一	十二	十三	十四	十五	十六	十七	十八	十九	二十	二一	二二	二三	二四	二五	二六	二七	二八	二九	三十	節氣與天象
正月小	壬寅	干支 天地 西曆	壬子15	癸丑16	甲寅17	乙卯18	丙辰19	丁巳20	戊午21	己未22	庚申23	辛酉24	壬戌25	癸亥26	甲子27	乙丑28	丙寅(3)	丁卯2	戊辰3	己巳4	庚午5	辛未6	壬申7	癸酉8	甲戌9	乙亥10	丙子11	丁丑12	戊寅13	己卯14	庚辰15		
二月大	癸卯	干支 天地 西曆	辛巳16	壬午17	癸未18	甲申19	乙酉20	丙戌21	丁亥22	戊子23	己丑24	庚寅25	辛卯26	壬辰27	癸巳28	甲午29	乙未30	丙申31	丁酉(4)	戊戌2	己亥3	庚子4	辛丑5	壬寅6	癸卯7	甲辰8	乙巳9	丙午10	丁未11	戊申12	己酉13	庚戌14	甲午春分
三月小	甲辰	干支 天地 西曆	辛亥15	壬子16	癸丑17	甲寅18	乙卯19	丙辰20	丁巳21	戊午22	己未23	庚申24	辛酉25	壬戌26	癸亥27	甲子28	乙丑29	丙寅30	丁卯(5)	戊辰2	己巳3	庚午4	辛未5	壬申6	癸酉7	甲戌8	乙亥9	丙子10	丁丑11	戊寅12	己卯13		辛亥日食
四月大	乙巳	干支 天地 西曆	庚辰14	辛巳15	壬午16	癸未17	甲申18	乙酉19	丙戌20	丁亥21	戊子22	己丑23	庚寅24	辛卯25	壬辰26	癸巳27	甲午28	乙未29	丙申30	丁酉31	戊戌(6)	己亥2	庚子3	辛丑4	壬寅5	癸卯6	甲辰7	乙巳8	丙午9	丁未10	戊申11	己酉12	辛巳立夏
五月小	丙午	干支 天地 西曆	庚戌13	辛亥14	壬子15	癸丑16	甲寅17	乙卯18	丙辰19	丁巳20	戊午21	己未22	庚申23	辛酉24	壬戌25	癸亥26	甲子27	乙丑28	丙寅29	丁卯30	戊辰(7)	己巳2	庚午3	辛未4	壬申5	癸酉6	甲戌7	乙亥8	丙子9	丁丑10	戊寅11		戊辰夏至
六月小	丁未	干支 天地 西曆	己卯12	庚辰13	辛巳14	壬午15	癸未16	甲申17	乙酉18	丙戌19	丁亥20	戊子21	己丑22	庚寅23	辛卯24	壬辰25	癸巳26	甲午27	乙未28	丙申29	丁酉30	戊戌31	己亥(8)	庚子2	辛丑3	壬寅4	癸卯5	甲辰6	乙巳7	丙午8	丁未9		
七月大	戊申	干支 天地 西曆	戊申10	己酉11	庚戌12	辛亥13	壬子14	癸丑15	甲寅16	乙卯17	丙辰18	丁巳19	戊午20	己未21	庚申22	辛酉23	壬戌24	癸亥25	甲子26	乙丑27	丙寅28	丁卯29	戊辰30	己巳31	庚午(9)	辛未2	壬申3	癸酉4	甲戌5	乙亥6	丙子7	丁丑8	乙卯立秋
八月小	己酉	干支 天地 西曆	戊寅9	己卯10	庚辰11	辛巳12	壬午13	癸未14	甲申15	乙酉16	丙戌17	丁亥18	戊子19	己丑20	庚寅21	辛卯22	壬辰23	癸巳24	甲午25	乙未26	丙申27	丁酉28	戊戌29	己亥30	庚子(10)	辛丑2	壬寅3	癸卯4	甲辰5	乙巳6	丙午7		庚子秋分
九月大	庚戌	干支 天地 西曆	丁未8	戊申9	己酉10	庚戌11	辛亥12	壬子13	癸丑14	甲寅15	乙卯16	丙辰17	丁巳18	戊午19	己未20	庚申21	辛酉22	壬戌23	癸亥24	甲子25	乙丑26	丙寅27	丁卯28	戊辰29	己巳30	庚午31	辛未(11)	壬申2	癸酉3	甲戌4	乙亥5	丙子6	
十月小	辛亥	干支 天地 西曆	丁丑7	戊寅8	己卯9	庚辰10	辛巳11	壬午12	癸未13	甲申14	乙酉15	丙戌16	丁亥17	戊子18	己丑19	庚寅20	辛卯21	壬辰22	癸巳23	甲午24	乙未25	丙申26	丁酉27	戊戌28	己亥29	庚子30	辛丑(12)	壬寅2	癸卯3	甲辰4	乙巳5		甲申立冬
十一月大	壬子	干支 天地 西曆	丙午6	丁未7	戊申8	己酉9	庚戌10	辛亥11	壬子12	癸丑13	甲寅14	乙卯15	丙辰16	丁巳17	戊午18	己未19	庚申20	辛酉21	壬戌22	癸亥23	甲子24	乙丑25	丙寅26	丁卯27	戊辰28	己巳29	庚午30	辛未31	壬申(1)	癸酉2	甲戌3	乙亥4	己巳冬至
十二月大	癸丑	干支 天地 西曆	丙子5	丁丑6	戊寅7	己卯8	庚辰9	辛巳10	壬午11	癸未12	甲申13	乙酉14	丙戌15	丁亥16	戊子17	己丑18	庚寅19	辛卯20	壬辰21	癸巳22	甲午23	乙未24	丙申25	丁酉26	戊戌27	己亥28	庚子29	辛丑30	壬寅31	癸卯(2)	甲辰2	乙巳3	

*《長術》：正庚戌，三己酉，六戊寅，八丁丑，十丙子，十二乙亥。

周幽王四年（癸亥 猪年） 公元前 778 ~ 前 777 年

夏曆月序		中西曆日對照	初一	初二	初三	初四	初五	初六	初七	初八	初九	初十	十一	十二	十三	十四	十五	十六	十七	十八	十九	二十	二十一	二十二	二十三	二十四	二十五	二十六	二十七	二十八	二十九	三十	節氣與天象
正月大	甲寅	干支 天地西曆	丙午 4	丁未 5	戊申 6	己酉 7	庚戌 8	辛亥 9	壬子 10	癸丑 11	甲寅 12	乙卯 13	丙辰 14	丁巳 15	戊午 16	己未 17	庚申 18	辛酉 19	壬戌 20	癸亥 21	甲子 22	乙丑 23	丙寅 24	丁卯 25	戊辰 26	己巳 27	庚午 28	辛未 (3)	壬申 2	癸酉 3	甲戌 4	乙亥 5	癸丑立春
二月小	乙卯	干支 天地西曆	丙子 6	丁丑 7	戊寅 8	己卯 9	庚辰 10	辛巳 11	壬午 12	癸未 13	甲申 14	乙酉 15	丙戌 16	丁亥 17	戊子 18	己丑 19	庚寅 20	辛卯 21	壬辰 22	癸巳 23	甲午 24	乙未 25	丙申 26	丁酉 27	戊戌 28	己亥 29	庚子 30	辛丑 31	壬寅 (4)	癸卯 2	甲辰 3		己亥春分
三月大	丙辰	干支 天地西曆	乙巳 4	丙午 5	丁未 6	戊申 7	己酉 8	庚戌 9	辛亥 10	壬子 11	癸丑 12	甲寅 13	乙卯 14	丙辰 15	丁巳 16	戊午 17	己未 18	庚申 19	辛酉 20	壬戌 21	癸亥 22	甲子 23	乙丑 24	丙寅 25	丁卯 26	戊辰 27	己巳 28	庚午 29	辛未 30	壬申 (5)	癸酉 2	甲戌 3	乙巳日食
四月小	丁巳	干支 天地西曆	乙亥 4	丙子 5	丁丑 6	戊寅 7	己卯 8	庚辰 9	辛巳 10	壬午 11	癸未 12	甲申 13	乙酉 14	丙戌 15	丁亥 16	戊子 17	己丑 18	庚寅 19	辛卯 20	壬辰 21	癸巳 22	甲午 23	乙未 24	丙申 25	丁酉 26	戊戌 27	己亥 28	庚子 29	辛丑 30	壬寅 31	癸卯 (6)		丙戌立夏
五月大	戊午	干支 天地西曆	甲辰 2	乙巳 3	丙午 4	丁未 5	戊申 6	己酉 7	庚戌 8	辛亥 9	壬子 10	癸丑 11	甲寅 12	乙卯 13	丙辰 14	丁巳 15	戊午 16	己未 17	庚申 18	辛酉 19	壬戌 20	癸亥 21	甲子 22	乙丑 23	丙寅 24	丁卯 25	戊辰 26	己巳 27	庚午 28	辛未 29	壬申 30	癸酉 (7)	癸酉夏至
六月小	己未	干支 天地西曆	甲戌 2	乙亥 3	丙子 4	丁丑 5	戊寅 6	己卯 7	庚辰 8	辛巳 9	壬午 10	癸未 11	甲申 12	乙酉 13	丙戌 14	丁亥 15	戊子 16	己丑 17	庚寅 18	辛卯 19	壬辰 20	癸巳 21	甲午 22	乙未 23	丙申 24	丁酉 25	戊戌 26	己亥 27	庚子 28	辛丑 29	壬寅 30		
閏六月小	己未	干支 天地西曆	癸卯 31	甲辰 (8)	乙巳 2	丙午 3	丁未 4	戊申 5	己酉 6	庚戌 7	辛亥 8	壬子 9	癸丑 10	甲寅 11	乙卯 12	丙辰 13	丁巳 14	戊午 15	己未 16	庚申 17	辛酉 18	壬戌 19	癸亥 20	甲子 21	乙丑 22	丙寅 23	丁卯 24	戊辰 25	己巳 26	庚午 27	辛未 28		庚申立秋
七月大	庚申	干支 天地西曆	壬申 29	癸酉 30	甲戌 31	乙亥 (9)	丙子 2	丁丑 3	戊寅 4	己卯 5	庚辰 6	辛巳 7	壬午 8	癸未 9	甲申 10	乙酉 11	丙戌 12	丁亥 13	戊子 14	己丑 15	庚寅 16	辛卯 17	壬辰 18	癸巳 19	甲午 20	乙未 21	丙申 22	丁酉 23	戊戌 24	己亥 25	庚子 26	辛丑 27	
八月小	辛酉	干支 天地西曆	壬寅 28	癸卯 29	甲辰 30	乙巳 (10)	丙午 2	丁未 3	戊申 4	己酉 5	庚戌 6	辛亥 7	壬子 8	癸丑 9	甲寅 10	乙卯 11	丙辰 12	丁巳 13	戊午 14	己未 15	庚申 16	辛酉 17	壬戌 18	癸亥 19	甲子 20	乙丑 21	丙寅 22	丁卯 23	戊辰 24	己巳 25	庚午 26		乙巳秋分
九月大	壬戌	干支 天地西曆	辛未 27	壬申 28	癸酉 29	甲戌 30	乙亥 31	丙子 (11)	丁丑 2	戊寅 3	己卯 4	庚辰 5	辛巳 6	壬午 7	癸未 8	甲申 9	乙酉 10	丙戌 11	丁亥 12	戊子 13	己丑 14	庚寅 15	辛卯 16	壬辰 17	癸巳 18	甲午 19	乙未 20	丙申 21	丁酉 22	戊戌 23	己亥 24	庚子 25	庚寅立冬
十月小	癸亥	干支 天地西曆	辛丑 26	壬寅 27	癸卯 28	甲辰 29	乙巳 30	丙午 (12)	丁未 2	戊申 3	己酉 4	庚戌 5	辛亥 6	壬子 7	癸丑 8	甲寅 9	乙卯 10	丙辰 11	丁巳 12	戊午 13	己未 14	庚申 15	辛酉 16	壬戌 17	癸亥 18	甲子 19	乙丑 20	丙寅 21	丁卯 22	戊辰 23	己巳 24		
十一月大	甲子	干支 天地西曆	庚午 25	辛未 26	壬申 27	癸酉 28	甲戌 29	乙亥 30	丙子 31	丁丑 (1)	戊寅 2	己卯 3	庚辰 4	辛巳 5	壬午 6	癸未 7	甲申 8	乙酉 9	丙戌 10	丁亥 11	戊子 12	己丑 13	庚寅 14	辛卯 15	壬辰 16	癸巳 17	甲午 18	乙未 19	丙申 20	丁酉 21	戊戌 22	己亥 23	甲戌冬至
十二月大	乙丑	干支 天地西曆	庚子 24	辛丑 25	壬寅 26	癸卯 27	甲辰 28	乙巳 29	丙午 30	丁未 31	戊申 (2)	己酉 2	庚戌 3	辛亥 4	壬子 5	癸丑 6	甲寅 7	乙卯 8	丙辰 9	丁巳 10	戊午 11	己未 12	庚申 13	辛酉 14	壬戌 15	癸亥 16	甲子 17	乙丑 18	丙寅 19	丁卯 20	戊辰 21	己巳 22	己未立春

*《長術》：正乙巳，二甲戌，四癸酉，六壬申，九辛丑，十一庚子，十二己亥。閏十一。

周幽王五年（甲子 鼠年） 公元前777 ~ 前776年

夏曆月序		中西曆日對照	夏曆日序																													節氣與天象
			初一	初二	初三	初四	初五	初六	初七	初八	初九	初十	十一	十二	十三	十四	十五	十六	十七	十八	十九	二十	二一	二二	二三	二四	二五	二六	二七	二八	二九	三十	
正月小	丙寅	天干地支西曆	庚午23	辛未24	壬申25	癸酉26	甲戌27	乙亥28	丙子29	丁丑(3)	戊寅2	己卯3	庚辰4	辛巳5	壬午6	癸未7	甲申8	乙酉9	丙戌10	丁亥11	戊子12	己丑13	庚寅14	辛卯15	壬辰16	癸巳17	甲午18	乙未19	丙申20	丁酉21	戊戌22		
二月大	丁卯	天干地支西曆	己亥23	庚子24	辛丑25	壬寅26	癸卯27	甲辰28	乙巳29	丙午30	丁未31	戊申(4)	己酉2	庚戌3	辛亥4	壬子5	癸丑6	甲寅7	乙卯8	丙辰9	丁巳10	戊午11	己未12	庚申13	辛酉14	壬戌15	癸亥16	甲子17	乙丑18	丙寅19	丁卯20	戊辰21	乙巳春分
三月大	戊辰	天干地支西曆	己巳22	庚午23	辛未24	壬申25	癸酉26	甲戌27	乙亥28	丙子29	丁丑30	戊寅(5)	己卯2	庚辰3	辛巳4	壬午5	癸未6	甲申7	乙酉8	丙戌9	丁亥10	戊子11	己丑12	庚寅13	辛卯14	壬辰15	癸巳16	甲午17	乙未18	丙申19	丁酉20	戊戌21	壬辰立夏
四月小	己巳	天干地支西曆	己亥22	庚子23	辛丑24	壬寅25	癸卯26	甲辰27	乙巳28	丙午29	丁未30	戊申31	己酉(6)	庚戌2	辛亥3	壬子4	癸丑5	甲寅6	乙卯7	丙辰8	丁巳9	戊午10	己未11	庚申12	辛酉13	壬戌14	癸亥15	甲子16	乙丑17	丙寅18	丁卯19		
五月小	庚午	天干地支西曆	戊辰20	己巳21	庚午22	辛未23	壬申24	癸酉25	甲戌26	乙亥27	丙子28	丁丑29	戊寅30	己卯(7)	庚辰2	辛巳3	壬午4	癸未5	甲申6	乙酉7	丙戌8	丁亥9	戊子10	己丑11	庚寅12	辛卯13	壬辰14	癸巳15	甲午16	乙未17	丙申18		己卯夏至
六月大	辛未	天干地支西曆	丁酉19	戊戌20	己亥21	庚子22	辛丑23	壬寅24	癸卯25	甲辰26	乙巳27	丙午28	丁未29	戊申30	己酉31	庚戌(8)	辛亥2	壬子3	癸丑4	甲寅5	乙卯6	丙辰7	丁巳8	戊午9	己未10	庚申11	辛酉12	壬戌13	癸亥14	甲子15	乙丑16	丙寅17	乙丑立秋
七月小	壬申	天干地支西曆	丁卯18	戊辰19	己巳20	庚午21	辛未22	壬申23	癸酉24	甲戌25	乙亥26	丙子27	丁丑28	戊寅29	己卯30	庚辰31	辛巳(9)	壬午2	癸未3	甲申4	乙酉5	丙戌6	丁亥7	戊子8	己丑9	庚寅10	辛卯11	壬辰12	癸巳13	甲午14	乙未15		
八月大	癸酉	天干地支西曆	丙申16	丁酉17	戊戌18	己亥19	庚子20	辛丑21	壬寅22	癸卯23	甲辰24	乙巳25	丙午26	丁未27	戊申28	己酉29	庚戌30	辛亥(10)	壬子2	癸丑3	甲寅4	乙卯5	丙辰6	丁巳7	戊午8	己未9	庚申10	辛酉11	壬戌12	癸亥13	甲子14	乙丑15	辛亥秋分
九月小	甲戌	天干地支西曆	丙寅16	丁卯17	戊辰18	己巳19	庚午20	辛未21	壬申22	癸酉23	甲戌24	乙亥25	丙子26	丁丑27	戊寅28	己卯29	庚辰30	辛巳31	壬午(11)	癸未2	甲申3	乙酉4	丙戌5	丁亥6	戊子7	己丑8	庚寅9	辛卯10	壬辰11	癸巳12	甲午13		
十月大	乙亥	天干地支西曆	乙未14	丙申15	丁酉16	戊戌17	己亥18	庚子19	辛丑20	壬寅21	癸卯22	甲辰23	乙巳24	丙午25	丁未26	戊申27	己酉28	庚戌29	辛亥30	壬子(12)	癸丑2	甲寅3	乙卯4	丙辰5	丁巳6	戊午7	己未8	庚申9	辛酉10	壬戌11	癸亥12	甲子13	乙未立冬
十一月小	丙子	天干地支西曆	乙丑14	丙寅15	丁卯16	戊辰17	己巳18	庚午19	辛未20	壬申21	癸酉22	甲戌23	乙亥24	丙子25	丁丑26	戊寅27	己卯28	庚辰29	辛巳30	壬午31	癸未(1)	甲申2	乙酉3	丙戌4	丁亥5	戊子6	己丑7	庚寅8	辛卯9	壬辰10	癸巳11		己卯冬至
十二月大	丁丑	天干地支西曆	甲午12	乙未13	丙申14	丁酉15	戊戌16	己亥17	庚子18	辛丑19	壬寅20	癸卯21	甲辰22	乙巳23	丙午24	丁未25	戊申26	己酉27	庚戌28	辛亥29	壬子30	癸丑31	甲寅(2)	乙卯2	丙辰3	丁巳4	戊午5	己未6	庚申7	辛酉8	壬戌9	癸亥10	

*《長術》：正己巳，二戊戌，四丁酉，六丙申，八乙未，十甲午。

周幽王六年（乙丑 牛年） 公元前776 ~ 前775年

夏曆月序		中西曆日對照	初一	初二	初三	初四	初五	初六	初七	初八	初九	初十	十一	十二	十三	十四	十五	十六	十七	十八	十九	二十	二一	二二	二三	二四	二五	二六	二七	二八	二九	三十	節氣與天象
正月小	戊寅	天干地支西曆	甲子11	乙丑12	丙寅13	丁卯14	戊辰15	己巳16	庚午17	辛未18	壬申19	癸酉20	甲戌21	乙亥22	丙子23	丁丑24	戊寅25	己卯26	庚辰27	辛巳28	壬午(3)	癸未2	甲申3	乙酉4	丙戌5	丁亥6	戊子7	己丑8	庚寅9	辛卯10	壬辰11		甲子立春
二月大	己卯	天干地支西曆	癸巳12	甲午13	乙未14	丙申15	丁酉16	戊戌17	己亥18	庚子19	辛丑20	壬寅21	癸卯22	甲辰23	乙巳24	丙午25	丁未26	戊申27	己酉28	庚戌29	辛亥30	壬子31	癸丑(4)	甲寅2	乙卯3	丙辰4	丁巳5	戊午6	己未7	庚申8	辛酉9	壬戌10	庚戌春分
三月大	庚辰	天干地支西曆	癸亥11	甲子12	乙丑13	丙寅14	丁卯15	戊辰16	己巳17	庚午18	辛未19	壬申20	癸酉21	甲戌22	乙亥23	丙子24	丁丑25	戊寅26	己卯27	庚辰28	辛巳29	壬午30	癸未(5)	甲申2	乙酉3	丙戌4	丁亥5	戊子6	己丑7	庚寅8	辛卯9	壬辰10	
四月小	辛巳	天干地支西曆	癸巳11	甲午12	乙未13	丙申14	丁酉15	戊戌16	己亥17	庚子18	辛丑19	壬寅20	癸卯21	甲辰22	乙巳23	丙午24	丁未25	戊申26	己酉27	庚戌28	辛亥29	壬子30	癸丑31	甲寅(6)	乙卯2	丙辰3	丁巳4	戊午5	己未6	庚申7	辛酉8		丁酉立夏
五月大	壬午	天干地支西曆	壬戌9	癸亥10	甲子11	乙丑12	丙寅13	丁卯14	戊辰15	己巳16	庚午17	辛未18	壬申19	癸酉20	甲戌21	乙亥22	丙子23	丁丑24	戊寅25	己卯26	庚辰27	辛巳28	壬午29	癸未30	甲申(7)	乙酉2	丙戌3	丁亥4	戊子5	己丑6	庚寅7	辛卯8	甲申夏至
六月小	癸未	天干地支西曆	壬辰9	癸巳10	甲午11	乙未12	丙申13	丁酉14	戊戌15	己亥16	庚子17	辛丑18	壬寅19	癸卯20	甲辰21	乙巳22	丙午23	丁未24	戊申25	己酉26	庚戌27	辛亥28	壬子29	癸丑30	甲寅31	乙卯(8)	丙辰2	丁巳3	戊午4	己未5	庚申6		
七月大	甲申	天干地支西曆	辛酉7	壬戌8	癸亥9	甲子10	乙丑11	丙寅12	丁卯13	戊辰14	己巳15	庚午16	辛未17	壬申18	癸酉19	甲戌20	乙亥21	丙子22	丁丑23	戊寅24	己卯25	庚辰26	辛巳27	壬午28	癸未29	甲申30	乙酉31	丙戌(9)	丁亥2	戊子3	己丑4	庚寅5	庚午立秋
八月小	乙酉	天干地支西曆	辛卯6	壬辰7	癸巳8	甲午9	乙未10	丙申11	丁酉12	戊戌13	己亥14	庚子15	辛丑16	壬寅17	癸卯18	甲辰19	乙巳20	丙午21	丁未22	戊申23	己酉24	庚戌25	辛亥26	壬子27	癸丑28	甲寅29	乙卯30	丙辰(10)	丁巳2	戊午3	己未4		丙辰秋分 辛卯日食
九月大	丙戌	天干地支西曆	庚申5	辛酉6	壬戌7	癸亥8	甲子9	乙丑10	丙寅11	丁卯12	戊辰13	己巳14	庚午15	辛未16	壬申17	癸酉18	甲戌19	乙亥20	丙子21	丁丑22	戊寅23	己卯24	庚辰25	辛巳26	壬午27	癸未28	甲申29	乙酉30	丙戌31	丁亥(11)	戊子2	己丑3	
十月小	丁亥	天干地支西曆	庚寅4	辛卯5	壬辰6	癸巳7	甲午8	乙未9	丙申10	丁酉11	戊戌12	己亥13	庚子14	辛丑15	壬寅16	癸卯17	甲辰18	乙巳19	丙午20	丁未21	戊申22	己酉23	庚戌24	辛亥25	壬子26	癸丑27	甲寅28	乙卯29	丙辰30	丁巳(12)	戊午2		庚子立冬
十一月大	戊子	天干地支西曆	己未3	庚申4	辛酉5	壬戌6	癸亥7	甲子8	乙丑9	丙寅10	丁卯11	戊辰12	己巳13	庚午14	辛未15	壬申16	癸酉17	甲戌18	乙亥19	丙子20	丁丑21	戊寅22	己卯23	庚辰24	辛巳25	壬午26	癸未27	甲申28	乙酉29	丙戌30	丁亥31	戊子(1)	甲申冬至
十二月小	己丑	天干地支西曆	己丑2	庚寅3	辛卯4	壬辰5	癸巳6	甲午7	乙未8	丙申9	丁酉10	戊戌11	己亥12	庚子13	辛丑14	壬寅15	癸卯16	甲辰17	乙巳18	丙午19	丁未20	戊申21	己酉22	庚戌23	辛亥24	壬子25	癸丑26	甲寅27	乙卯28	丙辰29	丁巳30		

*《長術》：正癸亥，三壬戌，五辛酉，七庚申，九己未，十一戊午。

周幽王七年（丙寅 虎年） 公元前 775 ~ 前 774 年

夏曆月序		中西曆日對照	初一	初二	初三	初四	初五	初六	初七	初八	初九	初十	十一	十二	十三	十四	十五	十六	十七	十八	十九	二十	二一	二二	二三	二四	二五	二六	二七	二八	二九	三十	節氣與天象
正月大	庚寅	天干 地支 西曆	戊午 31	己未 (2)	庚申 2	辛酉 3	壬戌 4	癸亥 5	甲子 6	乙丑 7	丙寅 8	丁卯 9	戊辰 10	己巳 11	庚午 12	辛未 13	壬申 14	癸酉 15	甲戌 16	乙亥 17	丙子 18	丁丑 19	戊寅 20	己卯 21	庚辰 22	辛巳 23	壬午 24	癸未 25	甲申 26	乙酉 27	丙戌 28	丁亥 (3)	己巳立春
二月小	辛卯	天干 地支 西曆	戊子 2	己丑 3	庚寅 4	辛卯 5	壬辰 6	癸巳 7	甲午 8	乙未 9	丙申 10	丁酉 11	戊戌 12	己亥 13	庚子 14	辛丑 15	壬寅 16	癸卯 17	甲辰 18	乙巳 19	丙午 20	丁未 21	戊申 22	己酉 23	庚戌 24	辛亥 25	壬子 26	癸丑 27	甲寅 28	乙卯 29	丙辰 30		乙卯春分
閏二月大	辛卯	天干 地支 西曆	丁巳 31	戊午 (4)	己未 2	庚申 3	辛酉 4	壬戌 5	癸亥 6	甲子 7	乙丑 8	丙寅 9	丁卯 10	戊辰 11	己巳 12	庚午 13	辛未 14	壬申 15	癸酉 16	甲戌 17	乙亥 18	丙子 19	丁丑 20	戊寅 21	己卯 22	庚辰 23	辛巳 24	壬午 25	癸未 26	甲申 27	乙酉 28	丙戌 29	
三月小	壬辰	天干 地支 西曆	丁亥 30	戊子 (5)	己丑 2	庚寅 3	辛卯 4	壬辰 5	癸巳 6	甲午 7	乙未 8	丙申 9	丁酉 10	戊戌 11	己亥 12	庚子 13	辛丑 14	壬寅 15	癸卯 16	甲辰 17	乙巳 18	丙午 19	丁未 20	戊申 21	己酉 22	庚戌 23	辛亥 24	壬子 25	癸丑 26	甲寅 27	乙卯 28		壬寅立夏
四月大	癸巳	天干 地支 西曆	丙辰 29	丁巳 30	戊午 31	己未 (6)	庚申 2	辛酉 3	壬戌 4	癸亥 5	甲子 6	乙丑 7	丙寅 8	丁卯 9	戊辰 10	己巳 11	庚午 12	辛未 13	壬申 14	癸酉 15	甲戌 16	乙亥 17	丙子 18	丁丑 19	戊寅 20	己卯 21	庚辰 22	辛巳 23	壬午 24	癸未 25	甲申 26	乙酉 27	
五月大	甲午	天干 地支 西曆	丙戌 28	丁亥 29	戊子 30	己丑 (7)	庚寅 2	辛卯 3	壬辰 4	癸巳 5	甲午 6	乙未 7	丙申 8	丁酉 9	戊戌 10	己亥 11	庚子 12	辛丑 13	壬寅 14	癸卯 15	甲辰 16	乙巳 17	丙午 18	丁未 19	戊申 20	己酉 21	庚戌 22	辛亥 23	壬子 24	癸丑 25	甲寅 26	乙卯 27	己丑夏至
六月小	乙未	天干 地支 西曆	丙辰 28	丁巳 29	戊午 30	己未 31	庚申 (8)	辛酉 2	壬戌 3	癸亥 4	甲子 5	乙丑 6	丙寅 7	丁卯 8	戊辰 9	己巳 10	庚午 11	辛未 12	壬申 13	癸酉 14	甲戌 15	乙亥 16	丙子 17	丁丑 18	戊寅 19	己卯 20	庚辰 21	辛巳 22	壬午 23	癸未 24	甲申 25		丙子立秋
七月大	丙申	天干 地支 西曆	乙酉 26	丙戌 27	丁亥 28	戊子 29	己丑 30	庚寅 31	辛卯 (9)	壬辰 2	癸巳 3	甲午 4	乙未 5	丙申 6	丁酉 7	戊戌 8	己亥 9	庚子 10	辛丑 11	壬寅 12	癸卯 13	甲辰 14	乙巳 15	丙午 16	丁未 17	戊申 18	己酉 19	庚戌 20	辛亥 21	壬子 22	癸丑 23	甲寅 24	
八月小	丁酉	天干 地支 西曆	乙卯 25	丙辰 26	丁巳 27	戊午 28	己未 29	庚申 30	辛酉 (10)	壬戌 2	癸亥 3	甲子 4	乙丑 5	丙寅 6	丁卯 7	戊辰 8	己巳 9	庚午 10	辛未 11	壬申 12	癸酉 13	甲戌 14	乙亥 15	丙子 16	丁丑 17	戊寅 18	己卯 19	庚辰 20	辛巳 21	壬午 22	癸未 23		辛酉秋分
九月大	戊戌	天干 地支 西曆	甲申 24	乙酉 25	丙戌 26	丁亥 27	戊子 28	己丑 29	庚寅 30	辛卯 31	壬辰 (11)	癸巳 2	甲午 3	乙未 4	丙申 5	丁酉 6	戊戌 7	己亥 8	庚子 9	辛丑 10	壬寅 11	癸卯 12	甲辰 13	乙巳 14	丙午 15	丁未 16	戊申 17	己酉 18	庚戌 19	辛亥 20	壬子 21	癸丑 22	乙巳立冬
十月小	己亥	天干 地支 西曆	甲寅 23	乙卯 24	丙辰 25	丁巳 26	戊午 27	己未 28	庚申 29	辛酉 30	壬戌 (12)	癸亥 2	甲子 3	乙丑 4	丙寅 5	丁卯 6	戊辰 7	己巳 8	庚午 9	辛未 10	壬申 11	癸酉 12	甲戌 13	乙亥 14	丙子 15	丁丑 16	戊寅 17	己卯 18	庚辰 19	辛巳 20	壬午 21		
十一月大	庚子	天干 地支 西曆	癸未 22	甲申 23	乙酉 24	丙戌 25	丁亥 26	戊子 27	己丑 28	庚寅 29	辛卯 30	壬辰 31	癸巳 (1)	甲午 2	乙未 3	丙申 4	丁酉 5	戊戌 6	己亥 7	庚子 8	辛丑 9	壬寅 10	癸卯 11	甲辰 12	乙巳 13	丙午 14	丁未 15	戊申 16	己酉 17	庚戌 18	辛亥 19	壬子 20	己丑冬至
十二月小	辛丑	天干 地支 西曆	癸丑 21	甲寅 22	乙卯 23	丙辰 24	丁巳 25	戊午 26	己未 27	庚申 28	辛酉 29	壬戌 30	癸亥 31	甲子 (2)	乙丑 2	丙寅 3	丁卯 4	戊辰 5	己巳 6	庚午 7	辛未 8	壬申 9	癸酉 10	甲戌 11	乙亥 12	丙子 13	丁丑 14	戊寅 15	己卯 16	庚辰 17	辛巳 18		甲戌立春

*《長術》：正丁巳，三丙辰，六乙酉，閏七甲申，九癸未，十一壬午。

周幽王八年（丁卯 兔年） 公元前 **774** ~ 前 773 年

夏曆月序		中西曆日對照	初一	初二	初三	初四	初五	初六	初七	初八	初九	初十	十一	十二	十三	十四	十五	十六	十七	十八	十九	二十	二一	二二	二三	二四	二五	二六	二七	二八	二九	三十	節氣與天象
正月大	壬寅	天干地支 西曆	壬午19	癸未20	甲申21	乙酉22	丙戌23	丁亥24	戊子25	己丑26	庚寅27	辛卯28	壬辰(3)	癸巳2	甲午3	乙未4	丙申5	丁酉6	戊戌7	己亥8	庚子9	辛丑10	壬寅11	癸卯12	甲辰13	乙巳14	丙午15	丁未16	戊申17	己酉18	庚戌19	辛亥20	
二月小	癸卯	天干地支 西曆	壬子21	癸丑22	甲寅23	乙卯24	丙辰25	丁巳26	戊午27	己未28	庚申29	辛酉30	壬戌31	癸亥(4)	甲子2	乙丑3	丙寅4	丁卯5	戊辰6	己巳7	庚午8	辛未9	壬申10	癸酉11	甲戌12	乙亥13	丙子14	丁丑15	戊寅16	己卯17	庚辰18		庚申春分
三月小	甲辰	天干地支 西曆	辛巳19	壬午20	癸未21	甲申22	乙酉23	丙戌24	丁亥25	戊子26	己丑27	庚寅28	辛卯29	壬辰30	癸巳(5)	甲午2	乙未3	丙申4	丁酉5	戊戌6	己亥7	庚子8	辛丑9	壬寅10	癸卯11	甲辰12	乙巳13	丙午14	丁未15	戊申16	己酉17		丁未立夏
四月大	乙巳	天干地支 西曆	庚戌18	辛亥19	壬子20	癸丑21	甲寅22	乙卯23	丙辰24	丁巳25	戊午26	己未27	庚申28	辛酉29	壬戌30	癸亥31	甲子(6)	乙丑2	丙寅3	丁卯4	戊辰5	己巳6	庚午7	辛未8	壬申9	癸酉10	甲戌11	乙亥12	丙子13	丁丑14	戊寅15	己卯16	
五月大	丙午	天干地支 西曆	庚辰17	辛巳18	壬午19	癸未20	甲申21	乙酉22	丙戌23	丁亥24	戊子25	己丑26	庚寅27	辛卯28	壬辰29	癸巳30	甲午(7)	乙未2	丙申3	丁酉4	戊戌5	己亥6	庚子7	辛丑8	壬寅9	癸卯10	甲辰11	乙巳12	丙午13	丁未14	戊申15	己酉16	甲午夏至
六月小	丁未	天干地支 西曆	庚戌17	辛亥18	壬子19	癸丑20	甲寅21	乙卯22	丙辰23	丁巳24	戊午25	己未26	庚申27	辛酉28	壬戌29	癸亥30	甲子31	乙丑(8)	丙寅2	丁卯3	戊辰4	己巳5	庚午6	辛未7	壬申8	癸酉9	甲戌10	乙亥11	丙子12	丁丑13	戊寅14		
七月大	戊申	天干地支 西曆	己卯15	庚辰16	辛巳17	壬午18	癸未19	甲申20	乙酉21	丙戌22	丁亥23	戊子24	己丑25	庚寅26	辛卯27	壬辰28	癸巳29	甲午30	乙未31	丙申(9)	丁酉2	戊戌3	己亥4	庚子5	辛丑6	壬寅7	癸卯8	甲辰9	乙巳10	丙午11	丁未12	戊申13	辛巳立秋
八月大	己酉	天干地支 西曆	己酉14	庚戌15	辛亥16	壬子17	癸丑18	甲寅19	乙卯20	丙辰21	丁巳22	戊午23	己未24	庚申25	辛酉26	壬戌27	癸亥28	甲子29	乙丑30	丙寅(10)	丁卯2	戊辰3	己巳4	庚午5	辛未6	壬申7	癸酉8	甲戌9	乙亥10	丙子11	丁丑12	戊寅13	丙寅秋分
九月小	庚戌	天干地支 西曆	己卯14	庚辰15	辛巳16	壬午17	癸未18	甲申19	乙酉20	丙戌21	丁亥22	戊子23	己丑24	庚寅25	辛卯26	壬辰27	癸巳28	甲午29	乙未30	丙申31	丁酉(11)	戊戌2	己亥3	庚子4	辛丑5	壬寅6	癸卯7	甲辰8	乙巳9	丙午10	丁未11		
十月大	辛亥	天干地支 西曆	戊申12	己酉13	庚戌14	辛亥15	壬子16	癸丑17	甲寅18	乙卯19	丙辰20	丁巳21	戊午22	己未23	庚申24	辛酉25	壬戌26	癸亥27	甲子28	乙丑29	丙寅30	丁卯(12)	戊辰2	己巳3	庚午4	辛未5	壬申6	癸酉7	甲戌8	乙亥9	丙子10	丁丑11	辛亥立冬
十一月小	壬子	天干地支 西曆	戊寅12	己卯13	庚辰14	辛巳15	壬午16	癸未17	甲申18	乙酉19	丙戌20	丁亥21	戊子22	己丑23	庚寅24	辛卯25	壬辰26	癸巳27	甲午28	乙未29	丙申30	丁酉31	戊戌(1)	己亥2	庚子3	辛丑4	壬寅5	癸卯6	甲辰7	乙巳8	丙午9		乙未冬至
十二月大	癸丑	天干地支 西曆	丁未10	戊申11	己酉12	庚戌13	辛亥14	壬子15	癸丑16	甲寅17	乙卯18	丙辰19	丁巳20	戊午21	己未22	庚申23	辛酉24	壬戌25	癸亥26	甲子27	乙丑28	丙寅29	丁卯30	戊辰31	己巳(2)	庚午2	辛未3	壬申4	癸酉5	甲戌6	乙亥7	丙子8	

*《長術》：正辛巳，三庚辰，五己卯，八戊申，十丁未，十二丙午。

周幽王九年（戊辰 龍年） 公元前 **773** ~ 前 772 年

夏曆月序		中西曆日對照	初一	初二	初三	初四	初五	初六	初七	初八	初九	初十	十一	十二	十三	十四	十五	十六	十七	十八	十九	二十	二一	二二	二三	二四	二五	二六	二七	二八	二九	三十	節氣與天象
正月小	甲寅	天干地支西曆	丁丑 9	戊寅 10	己卯 11	庚辰 12	辛巳 13	壬午 14	癸未 15	甲申 16	乙酉 17	丙戌 18	丁亥 19	戊子 20	己丑 21	庚寅 22	辛卯 23	壬辰 24	癸巳 25	甲午 26	乙未 27	丙申 28	丁酉 29	戊戌 (3)	己亥 2	庚子 3	辛丑 4	壬寅 5	癸卯 6	甲辰 7	乙巳 8		庚辰立春
二月大	乙卯	天干地支西曆	丙午 9	丁未 10	戊申 11	己酉 12	庚戌 13	辛亥 14	壬子 15	癸丑 16	甲寅 17	乙卯 18	丙辰 19	丁巳 20	戊午 21	己未 22	庚申 23	辛酉 24	壬戌 25	癸亥 26	甲子 27	乙丑 28	丙寅 29	丁卯 30	戊辰 31	己巳 (4)	庚午 2	辛未 3	壬申 4	癸酉 5	甲戌 6	乙亥 7	乙丑春分
三月小	丙辰	天干地支西曆	丙子 8	丁丑 9	戊寅 10	己卯 11	庚辰 12	辛巳 13	壬午 14	癸未 15	甲申 16	乙酉 17	丙戌 18	丁亥 19	戊子 20	己丑 21	庚寅 22	辛卯 23	壬辰 24	癸巳 25	甲午 26	乙未 27	丙申 28	丁酉 29	戊戌 30	己亥 (5)	庚子 2	辛丑 3	壬寅 4	癸卯 5	甲辰 6		
四月小	丁巳	天干地支西曆	乙巳 7	丙午 8	丁未 9	戊申 10	己酉 11	庚戌 12	辛亥 13	壬子 14	癸丑 15	甲寅 16	乙卯 17	丙辰 18	丁巳 19	戊午 20	己未 21	庚申 22	辛酉 23	壬戌 24	癸亥 25	甲子 26	乙丑 27	丙寅 28	丁卯 29	戊辰 30	己巳 31	庚午 (6)	辛未 2	壬申 3	癸酉 4		壬子立夏
五月大	戊午	天干地支西曆	甲戌 5	乙亥 6	丙子 7	丁丑 8	戊寅 9	己卯 10	庚辰 11	辛巳 12	壬午 13	癸未 14	甲申 15	乙酉 16	丙戌 17	丁亥 18	戊子 19	己丑 20	庚寅 21	辛卯 22	壬辰 23	癸巳 24	甲午 25	乙未 26	丙申 27	丁酉 28	戊戌 29	己亥 30	庚子 (7)	辛丑 2	壬寅 3	癸卯 4	庚子夏至
六月小	己未	天干地支西曆	甲辰 5	乙巳 6	丙午 7	丁未 8	戊申 9	己酉 10	庚戌 11	辛亥 12	壬子 13	癸丑 14	甲寅 15	乙卯 16	丙辰 17	丁巳 18	戊午 19	己未 20	庚申 21	辛酉 22	壬戌 23	癸亥 24	甲子 25	乙丑 26	丙寅 27	丁卯 28	戊辰 29	己巳 30	庚午 31	辛未 (8)	壬申 2		甲辰日食
七月大	庚申	天干地支西曆	癸酉 3	甲戌 4	乙亥 5	丙子 6	丁丑 7	戊寅 8	己卯 9	庚辰 10	辛巳 11	壬午 12	癸未 13	甲申 14	乙酉 15	丙戌 16	丁亥 17	戊子 18	己丑 19	庚寅 20	辛卯 21	壬辰 22	癸巳 23	甲午 24	乙未 25	丙申 26	丁酉 27	戊戌 28	己亥 29	庚子 30	辛丑 31	壬寅 (9)	丙戌立秋
八月大	辛酉	天干地支西曆	癸卯 2	甲辰 3	乙巳 4	丙午 5	丁未 6	戊申 7	己酉 8	庚戌 9	辛亥 10	壬子 11	癸丑 12	甲寅 13	乙卯 14	丙辰 15	丁巳 16	戊午 17	己未 18	庚申 19	辛酉 20	壬戌 21	癸亥 22	甲子 23	乙丑 24	丙寅 25	丁卯 26	戊辰 27	己巳 28	庚午 29	辛未 30	壬申 (10)	壬申秋分
九月大	壬戌	天干地支西曆	癸酉 2	甲戌 3	乙亥 4	丙子 5	丁丑 6	戊寅 7	己卯 8	庚辰 9	辛巳 10	壬午 11	癸未 12	甲申 13	乙酉 14	丙戌 15	丁亥 16	戊子 17	己丑 18	庚寅 19	辛卯 20	壬辰 21	癸巳 22	甲午 23	乙未 24	丙申 25	丁酉 26	戊戌 27	己亥 28	庚子 29	辛丑 30	壬寅 31	
十月小	癸亥	天干地支西曆	癸卯 (11)	甲辰 2	乙巳 3	丙午 4	丁未 5	戊申 6	己酉 7	庚戌 8	辛亥 9	壬子 10	癸丑 11	甲寅 12	乙卯 13	丙辰 14	丁巳 15	戊午 16	己未 17	庚申 18	辛酉 19	壬戌 20	癸亥 21	甲子 22	乙丑 23	丙寅 24	丁卯 25	戊辰 26	己巳 27	庚午 28	辛未 29		丙辰立冬
閏十月大	癸亥	天干地支西曆	壬申 30	癸酉 (12)	甲戌 2	乙亥 3	丙子 4	丁丑 5	戊寅 6	己卯 7	庚辰 8	辛巳 9	壬午 10	癸未 11	甲申 12	乙酉 13	丙戌 14	丁亥 15	戊子 16	己丑 17	庚寅 18	辛卯 19	壬辰 20	癸巳 21	甲午 22	乙未 23	丙申 24	丁酉 25	戊戌 26	己亥 27	庚子 28	辛丑 29	庚子冬至
十一月小	甲子	天干地支西曆	壬寅 30	癸卯 31	甲辰 (1)	乙巳 2	丙午 3	丁未 4	戊申 5	己酉 6	庚戌 7	辛亥 8	壬子 9	癸丑 10	甲寅 11	乙卯 12	丙辰 13	丁巳 14	戊午 15	己未 16	庚申 17	辛酉 18	壬戌 19	癸亥 20	甲子 21	乙丑 22	丙寅 23	丁卯 24	戊辰 25	己巳 26	庚午 27		
十二月大	乙丑	天干地支西曆	辛未 28	壬申 29	癸酉 30	甲戌 31	乙亥 (2)	丙子 2	丁丑 3	戊寅 4	己卯 5	庚辰 6	辛巳 7	壬午 8	癸未 9	甲申 10	乙酉 11	丙戌 12	丁亥 13	戊子 14	己丑 15	庚寅 16	辛卯 17	壬辰 18	癸巳 19	甲午 20	乙未 21	丙申 22	丁酉 23	戊戌 24	己亥 25	庚子 26	乙酉立春

*《長術》：正丙子，二乙巳，四甲辰，六癸卯，八壬寅，十辛丑。

周幽王十年（己巳 蛇年） 公元前 **772** ~ 前 771 年

夏曆月序		中西曆日對照	初一	初二	初三	初四	初五	初六	初七	初八	初九	初十	十一	十二	十三	十四	十五	十六	十七	十八	十九	二十	二一	二二	二三	二四	二五	二六	二七	二八	二九	三十	節氣與天象
正月小	丙寅	干支	辛丑	壬寅	癸卯	甲辰	乙巳	丙午	丁未	戊申	己酉	庚戌	辛亥	壬子	癸丑	甲寅	乙卯	丙辰	丁巳	戊午	己未	庚申	辛酉	壬戌	癸亥	甲子	乙丑	丙寅	丁卯	戊辰	己巳		
		西曆	27	28	(3)	2	3	4	5	6	7	8	9	10	11	12	13	14	15	16	17	18	19	20	21	22	23	24	25	26	27		
二月大	丁卯	干支	庚午	辛未	壬申	癸酉	甲戌	乙亥	丙子	丁丑	戊寅	己卯	庚辰	辛巳	壬午	癸未	甲申	乙酉	丙戌	丁亥	戊子	己丑	庚寅	辛卯	壬辰	癸巳	甲午	乙未	丙申	丁酉	戊戌	己亥	辛未春分
		西曆	28	29	30	31	(4)	2	3	4	5	6	7	8	9	10	11	12	13	14	15	16	17	18	19	20	21	22	23	24	25	26	
三月小	戊辰	干支	庚子	辛丑	壬寅	癸卯	甲辰	乙巳	丙午	丁未	戊申	己酉	庚戌	辛亥	壬子	癸丑	甲寅	乙卯	丙辰	丁巳	戊午	己未	庚申	辛酉	壬戌	癸亥	甲子	乙丑	丙寅	丁卯	戊辰		戊午立夏
		西曆	27	28	29	30	(5)	2	3	4	5	6	7	8	9	10	11	12	13	14	15	16	17	18	19	20	21	22	23	24	25		
四月小	己巳	干支	己巳	庚午	辛未	壬申	癸酉	甲戌	乙亥	丙子	丁丑	戊寅	己卯	庚辰	辛巳	壬午	癸未	甲申	乙酉	丙戌	丁亥	戊子	己丑	庚寅	辛卯	壬辰	癸巳	甲午	乙未	丙申	丁酉		
		西曆	26	27	28	29	30	31	(6)	2	3	4	5	6	7	8	9	10	11	12	13	14	15	16	17	18	19	20	21	22	23		
五月大	庚午	干支	戊戌	己亥	庚子	辛丑	壬寅	癸卯	甲辰	乙巳	丙午	丁未	戊申	己酉	庚戌	辛亥	壬子	癸丑	甲寅	乙卯	丙辰	丁巳	戊午	己未	庚申	辛酉	壬戌	癸亥	甲子	乙丑	丙寅	丁卯	乙巳夏至
		西曆	24	25	26	27	28	29	30	(7)	2	3	4	5	6	7	8	9	10	11	12	13	14	15	16	17	18	19	20	21	22	23	
六月小	辛未	干支	戊辰	己巳	庚午	辛未	壬申	癸酉	甲戌	乙亥	丙子	丁丑	戊寅	己卯	庚辰	辛巳	壬午	癸未	甲申	乙酉	丙戌	丁亥	戊子	己丑	庚寅	辛卯	壬辰	癸巳	甲午	乙未	丙申		辛卯立秋
		西曆	24	25	26	27	28	29	30	31	(8)	2	3	4	5	6	7	8	9	10	11	12	13	14	15	16	17	18	19	20	21		
七月大	壬申	干支	丁酉	戊戌	己亥	庚子	辛丑	壬寅	癸卯	甲辰	乙巳	丙午	丁未	戊申	己酉	庚戌	辛亥	壬子	癸丑	甲寅	乙卯	丙辰	丁巳	戊午	己未	庚申	辛酉	壬戌	癸亥	甲子	乙丑	丙寅	
		西曆	22	23	24	25	26	27	28	29	30	31	(9)	2	3	4	5	6	7	8	9	10	11	12	13	14	15	16	17	18	19	20	
八月小	癸酉	干支	丁卯	戊辰	己巳	庚午	辛未	壬申	癸酉	甲戌	乙亥	丙子	丁丑	戊寅	己卯	庚辰	辛巳	壬午	癸未	甲申	乙酉	丙戌	丁亥	戊子	己丑	庚寅	辛卯	壬辰	癸巳	甲午	乙未		丁丑秋分
		西曆	21	22	23	24	25	26	27	28	29	30	(10)	2	3	4	5	6	7	8	9	10	11	12	13	14	15	16	17	18	19		
九月大	甲戌	干支	丙申	丁酉	戊戌	己亥	庚子	辛丑	壬寅	癸卯	甲辰	乙巳	丙午	丁未	戊申	己酉	庚戌	辛亥	壬子	癸丑	甲寅	乙卯	丙辰	丁巳	戊午	己未	庚申	辛酉	壬戌	癸亥	甲子	乙丑	辛酉立冬
		西曆	20	21	22	23	24	25	26	27	28	29	30	31	(11)	2	3	4	5	6	7	8	9	10	11	12	13	14	15	16	17	18	
十月大	乙亥	干支	丙寅	丁卯	戊辰	己巳	庚午	辛未	壬申	癸酉	甲戌	乙亥	丙子	丁丑	戊寅	己卯	庚辰	辛巳	壬午	癸未	甲申	乙酉	丙戌	丁亥	戊子	己丑	庚寅	辛卯	壬辰	癸巳	甲午	乙未	
		西曆	19	20	21	22	23	24	25	26	27	28	29	30	(12)	2	3	4	5	6	7	8	9	10	11	12	13	14	15	16	17	18	
十一月大	丙子	干支	丙申	丁酉	戊戌	己亥	庚子	辛丑	壬寅	癸卯	甲辰	乙巳	丙午	丁未	戊申	己酉	庚戌	辛亥	壬子	癸丑	甲寅	乙卯	丙辰	丁巳	戊午	己未	庚申	辛酉	壬戌	癸亥	甲子	乙丑	乙巳冬至
		西曆	19	20	21	22	23	24	25	26	27	28	29	30	31	(1)	2	3	4	5	6	7	8	9	10	11	12	13	14	15	16	17	
十二月小	丁丑	干支	丙寅	丁卯	戊辰	己巳	庚午	辛未	壬申	癸酉	甲戌	乙亥	丙子	丁丑	戊寅	己卯	庚辰	辛巳	壬午	癸未	甲申	乙酉	丙戌	丁亥	戊子	己丑	庚寅	辛卯	壬辰	癸巳	甲午		庚寅立春
		西曆	18	19	20	21	22	23	24	25	26	27	28	29	30	31	(2)	2	3	4	5	6	7	8	9	10	11	12	13	14	15		

*《長術》：正庚午，三己巳，四戊辰，六丁卯，八丙寅，十乙丑，十二甲子朔。閏三。

周幽王十一年（庚午 馬年） 公元前 771 ~ 前 770 年

夏曆月序		中西曆日對照	夏曆日序																														節氣與天象
			初一	初二	初三	初四	初五	初六	初七	初八	初九	初十	十一	十二	十三	十四	十五	十六	十七	十八	十九	二十	二一	二二	二三	二四	二五	二六	二七	二八	二九	三十	
正月大	戊寅	天干地支 西曆	乙未 16	丙申 17	丁酉 18	戊戌 19	己亥 20	庚子 21	辛丑 22	壬寅 23	癸卯 24	甲辰 25	乙巳 26	丙午 27	丁未 28	戊申 (3)	己酉 2	庚戌 3	辛亥 4	壬子 5	癸丑 6	甲寅 7	乙卯 8	丙辰 9	丁巳 10	戊午 11	己未 12	庚申 13	辛酉 14	壬戌 15	癸亥 16	甲子 17	
二月小	己卯	天干地支 西曆	乙丑 18	丙寅 19	丁卯 20	戊辰 21	己巳 22	庚午 23	辛未 24	壬申 25	癸酉 26	甲戌 27	乙亥 28	丙子 29	丁丑 30	戊寅 31	己卯 (4)	庚辰 2	辛巳 3	壬午 4	癸未 5	甲申 6	乙酉 7	丙戌 8	丁亥 9	戊子 10	己丑 11	庚寅 12	辛卯 13	壬辰 14	癸巳 15		丙子春分
三月大	庚辰	天干地支 西曆	甲午 16	乙未 17	丙申 18	丁酉 19	戊戌 20	己亥 21	庚子 22	辛丑 23	壬寅 24	癸卯 25	甲辰 26	乙巳 27	丙午 28	丁未 29	戊申 30	己酉 (5)	庚戌 2	辛亥 3	壬子 4	癸丑 5	甲寅 6	乙卯 7	丙辰 8	丁巳 9	戊午 10	己未 11	庚申 12	辛酉 13	壬戌 14	癸亥 15	癸亥立夏
四月小	辛巳	天干地支 西曆	甲子 16	乙丑 17	丙寅 18	丁卯 19	戊辰 20	己巳 21	庚午 22	辛未 23	壬申 24	癸酉 25	甲戌 26	乙亥 27	丙子 28	丁丑 29	戊寅 30	己卯 31	庚辰 (6)	辛巳 2	壬午 3	癸未 4	甲申 5	乙酉 6	丙戌 7	丁亥 8	戊子 9	己丑 10	庚寅 11	辛卯 12	壬辰 13		
五月小	壬午	天干地支 西曆	癸巳 14	甲午 15	乙未 16	丙申 17	丁酉 18	戊戌 19	己亥 20	庚子 21	辛丑 22	壬寅 23	癸卯 24	甲辰 25	乙巳 26	丙午 27	丁未 28	戊申 29	己酉 30	庚戌 (7)	辛亥 2	壬子 3	癸丑 4	甲寅 5	乙卯 6	丙辰 7	丁巳 8	戊午 9	己未 10	庚申 11	辛酉 12		庚戌夏至
六月大	癸未	天干地支 西曆	壬戌 13	癸亥 14	甲子 15	乙丑 16	丙寅 17	丁卯 18	戊辰 19	己巳 20	庚午 21	辛未 22	壬申 23	癸酉 24	甲戌 25	乙亥 26	丙子 27	丁丑 28	戊寅 29	己卯 30	庚辰 31	辛巳 (8)	壬午 2	癸未 3	甲申 4	乙酉 5	丙戌 6	丁亥 7	戊子 8	己丑 9	庚寅 10	辛卯 11	
七月小	甲申	天干地支 西曆	壬辰 12	癸巳 13	甲午 14	乙未 15	丙申 16	丁酉 17	戊戌 18	己亥 19	庚子 20	辛丑 21	壬寅 22	癸卯 23	甲辰 24	乙巳 25	丙午 26	丁未 27	戊申 28	己酉 29	庚戌 30	辛亥 31	壬子 (9)	癸丑 2	甲寅 3	乙卯 4	丙辰 5	丁巳 6	戊午 7	己未 8	庚申 9		丁酉立秋
八月大	乙酉	天干地支 西曆	辛酉 10	壬戌 11	癸亥 12	甲子 13	乙丑 14	丙寅 15	丁卯 16	戊辰 17	己巳 18	庚午 19	辛未 20	壬申 21	癸酉 22	甲戌 23	乙亥 24	丙子 25	丁丑 26	戊寅 27	己卯 28	庚辰 29	辛巳 30	壬午 (10)	癸未 2	甲申 3	乙酉 4	丙戌 5	丁亥 6	戊子 7	己丑 8	庚寅 9	壬午秋分
九月小	丙戌	天干地支 西曆	辛卯 10	壬辰 11	癸巳 12	甲午 13	乙未 14	丙申 15	丁酉 16	戊戌 17	己亥 18	庚子 19	辛丑 20	壬寅 21	癸卯 22	甲辰 23	乙巳 24	丙午 25	丁未 26	戊申 27	己酉 28	庚戌 29	辛亥 30	壬子 31	癸丑 (11)	甲寅 2	乙卯 3	丙辰 4	丁巳 5	戊午 6	己未 7		
十月大	丁亥	天干地支 西曆	庚申 8	辛酉 9	壬戌 10	癸亥 11	甲子 12	乙丑 13	丙寅 14	丁卯 15	戊辰 16	己巳 17	庚午 18	辛未 19	壬申 20	癸酉 21	甲戌 22	乙亥 23	丙子 24	丁丑 25	戊寅 26	己卯 27	庚辰 28	辛巳 29	壬午 30	癸未 (12)	甲申 2	乙酉 3	丙戌 4	丁亥 5	戊子 6	己丑 7	丙寅立冬
十一月大	戊子	天干地支 西曆	庚寅 8	辛卯 9	壬辰 10	癸巳 11	甲午 12	乙未 13	丙申 14	丁酉 15	戊戌 16	己亥 17	庚子 18	辛丑 19	壬寅 20	癸卯 21	甲辰 22	乙巳 23	丙午 24	丁未 25	戊申 26	己酉 27	庚戌 28	辛亥 29	壬子 30	癸丑 31	甲寅 (1)	乙卯 2	丙辰 3	丁巳 4	戊午 5	己未 6	庚戌冬至
十二月大	己丑	天干地支 西曆	庚申 7	辛酉 8	壬戌 9	癸亥 10	甲子 11	乙丑 12	丙寅 13	丁卯 14	戊辰 15	己巳 16	庚午 17	辛未 18	壬申 19	癸酉 20	甲戌 21	乙亥 22	丙子 23	丁丑 24	戊寅 25	己卯 26	庚辰 27	辛巳 28	壬午 29	癸未 30	甲申 31	乙酉 (2)	丙戌 2	丁亥 3	戊子 4	己丑 5	

*《長術》：正甲午，三癸巳，五壬辰，七辛卯，九庚寅，十一己丑。